冲　压　手　册

第 3 版

主编　王孝培
参编　储家佑　何大钧
　　　曾健华　温　彤

机 械 工 业 出 版 社

本手册对冲压工艺及模具设计进行了全面系统的论述。手册共有15章和附录，主要内容包括概论、冲裁、弯曲、拉深、成形、连续冲压工艺及模具设计、管材冲压、模具结构及设计、硬质合金模具及简易模具、数字化技术及其在冲压领域中的应用、模具材料及热处理、压力机、冲压生产自动化与安全技术等。对非金属材料冲裁，精密冲裁方法，板料冲压性能及试验方法，冲压用原材料，特种拉深，大型覆盖件拉深，反求工程及快速原型技术在冲压生产中的应用，氮气弹簧技术的应用以及冲压柔性加工系统、激光成形等方面的内容，也作了适量的介绍。手册还编入了冲压工艺及冲模设计典型实例、模具标准件以及必要的设计资料。全书内容丰富，实用性强，运用面广。

本手册可供从事冲压工艺及模具设计、制造工程的技术人员使用，亦可供有关的科研人员及大专院校师生参考。

图书在版编目（CIP）数据

冲压手册/王孝培主编. —3版. —北京：机械工业出版社，2011.7
ISBN 978-7-111-35482-6

Ⅰ.①冲… Ⅱ.①王… Ⅲ.①冲压-技术手册
Ⅳ.①TG38-62

中国版本图书馆CIP数据核字（2011）第152671号

机械工业出版社（北京市百万庄大街22号 邮政编码100037）
策划编辑：倪少秋 责任编辑：倪少秋 版式设计：霍永明
封面设计：马精明 责任校对：胡艳萍 刘秀丽 责任印制：杨 曦
北京京丰印刷厂印刷
2012年10月第3版 · 第1次印刷
184mm×260mm · 72.75印张 · 2插页 · 2048千字
标准书号：ISBN 978-7-111-35482-6
定价：198.00元

凡购本书，如有缺页、倒页、脱页，由本社发行部调换

电话服务
社服务中心：（010）88361066
销售一部：（010）68326294
销售二部：（010）88379649
读者购书热线：（010）88379203

网络服务
教材网：http://www.cmpedu.com
机工官网：http://www.cmpbook.com
机工官博：http://weibo.com/cmp1952
封面无防伪标均为盗版

前　　言

近年来冲压技术发展迅速，模具成形已成为当今工业生产的重要手段，出现了许多新的研究成果与加工方法，数字化技术在冲压领域中的应用日益广泛，从而大大提高了冲压技术水平。为此，《冲压手册》第3版在第2版的基础上进行了必要的修订，以适应技术发展和社会需求。

此次修订工作，本着尽量反映当今国内外最新冲压技术成果的原则，不仅对近年来国内成熟的研究成果及实际生产经验加以总结、补充，而且还结合我国国情适当介绍了国外的新工艺、新技术，对本手册内容进行了删减、充实和提高。在编写上，注重理论联系实际，突出实用特点，引用理论以能说明冲压成形规律为限；所列各种计算公式、数据、图表资料着重于应用。全书力求内容丰富，重点突出，深入浅出，通俗易懂，并配以实例，便于读者自学、理解和掌握。

本手册共有15章和附录。第一、第二、第三、第七、第八章由重庆大学王孝培编写；第四、第六、第十三、第十五章由西安交通大学储家佑编写；第十二、第十四章及附录由重庆大学何大钧编写；第九章由贵州省机械研究所曾健华编写；第十章由重庆大学温彤编写；第五章由储家佑和王孝培编写；第十一章由何大钧和王孝培编写。全书由王孝培主编，四川省机械设计院谢懿主审。

由于编者水平有限，本次修订工作中还可能存在不少缺点和错误，虽经校对，但疏漏之处在所难免，敬请读者批评指正。

编　者

目　录

第一章　概　　论

冲压加工是金属塑性加工的基本方法之一。它主要是利用装在压力机上的模具对毛坯施加外力，使其产生塑性变形或分离，从而得到一定尺寸、形状和性能的制件的一种加工方法。由于这种加工一般以板料为原材料，且多在常温下进行，所以也常称为板料冲压或冷冲压。

冲压加工技术应用范围十分广泛，在国民经济各工业部门中，几乎都有冲压加工或冲压产品的生产。如汽车、飞机、拖拉机、电机、电器、仪表、铁道、电信、化工以及轻工日用产品中均占有相当大的比重。

冲压生产主要是利用冲压设备和模具实现对金属材料（板料）的加工过程，所以冲压加工具有以下特点：

1）生产率高、操作简单、容易实现机械化和自动化，特别适用于成批大量生产。

2）冲压零件表面光洁，尺寸精度稳定，互换性好，成本低廉。

3）在材料消耗不多的情况下，可以获得强度高、刚度大、重量轻的零件。

4）可得到其他加工方法难以加工或无法加工的复杂形状零件。

由于冲压加工具有节材、节能和生产率高等突出特点，决定了冲压产品成本低廉，效益较好，因而冲压生产在制造行业中占有重要地位。

随着科学技术的进步和工业生产的迅速发展，模具已成为当代工业生产的重要手段，冲压生产和模具工业得到了世界各国的高度重视。

第一节　冲压工序的分类

根据通用的分类方法，可将冲压的基本工序分为材料的分离和成形两大类，每一类中又包括许多不同工序。其具体的工序分类见表 1-1 和表 1-2。

表 1-1　分 离 工 序

工　序	图　　例	特点及应用范围
落料	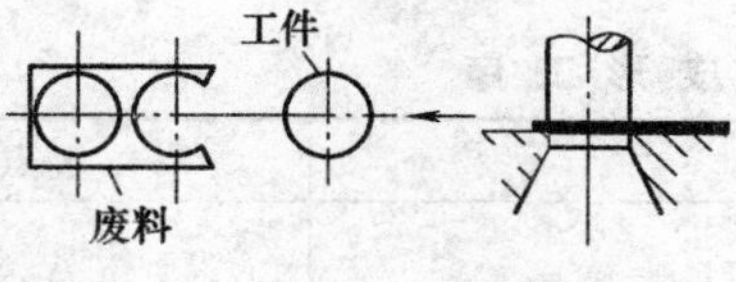	用模具沿封闭线冲切板料，冲下的部分为工件，其余部分为废料
冲孔	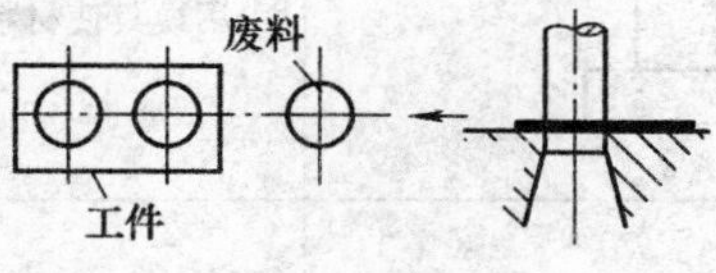	用模具沿封闭线冲切板料，冲下的部分是废料
剪切	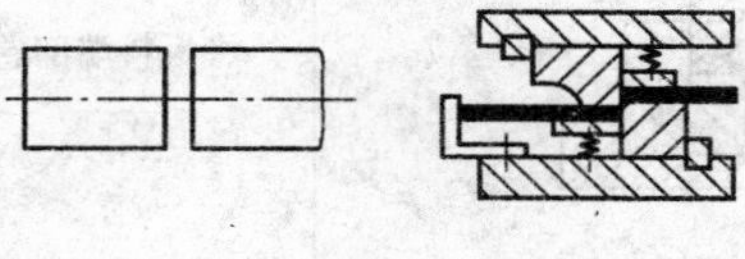	用模具切断板料，切断线不封闭

（续）

工　序	图　　例	特点及应用范围
切口	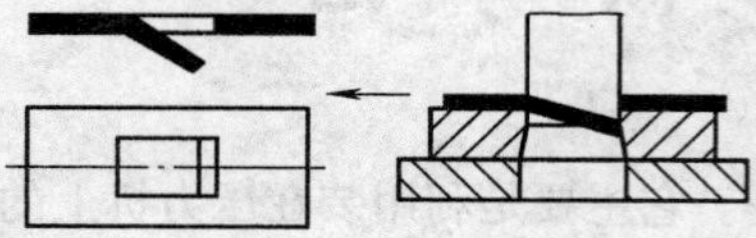	在坯料上将板料部分切开，切口部分发生弯曲
切边	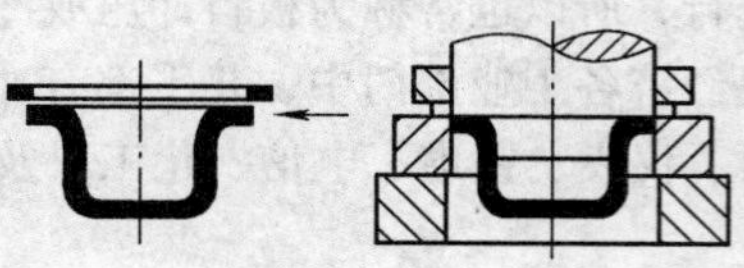	将拉深或成形后的半成品边缘部分的多余材料切掉
剖切	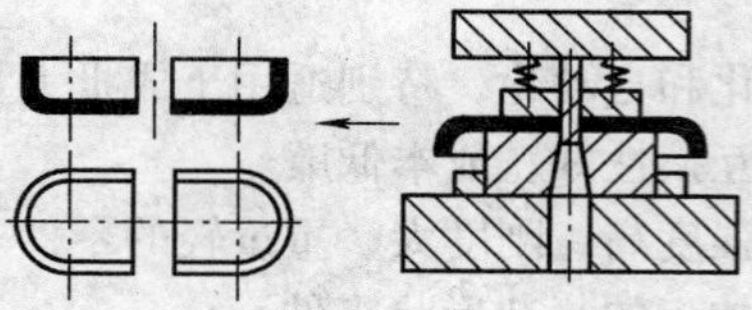	将半成品切开成两个或几个工件，常用于成双冲压
管件冲孔	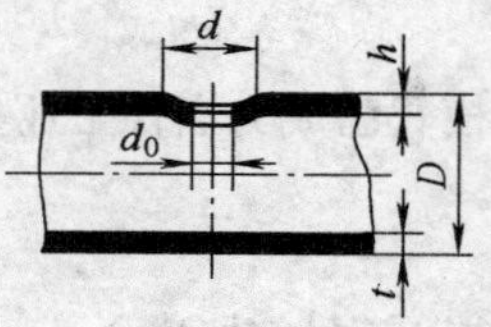	管件无凹模冲孔时，因管件内无凹模支撑，在冲孔部位易形成局部塌陷
管件剖口	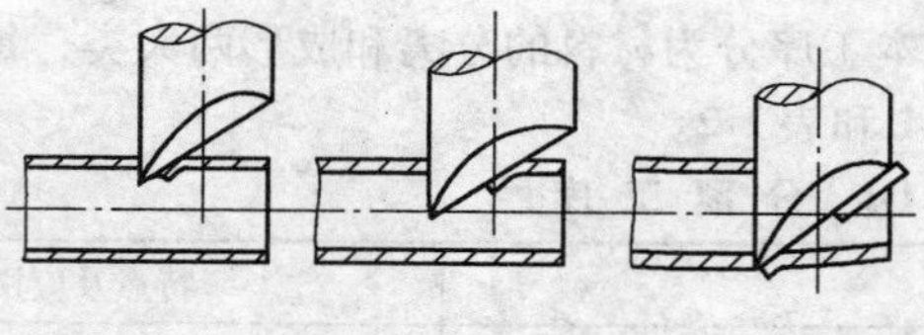	管件剖口质量的好坏主要取决于剖口凸模的几何形状参数

表1-2　成 形 工 序

工　序	图　　例	特点及应用范围
弯曲	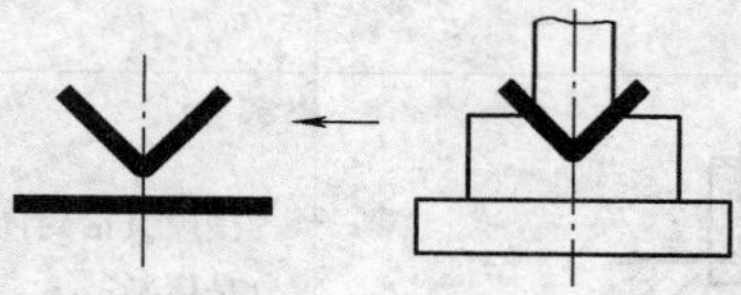	用模具使材料弯曲成一定形状
卷圆	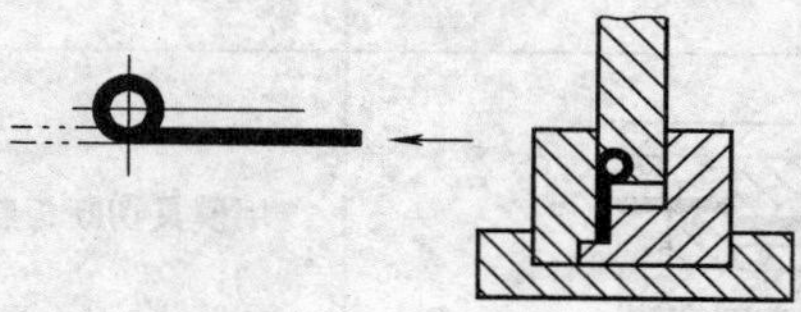	将板料端部卷圆

（续）

工 序	图 例	特点及应用范围
扭曲	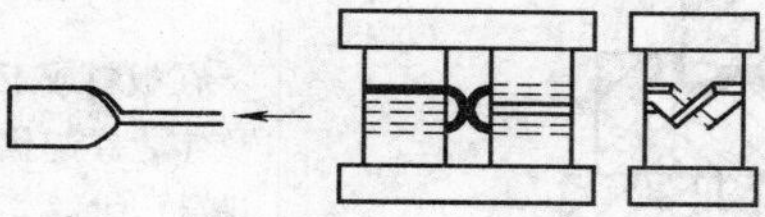	将平板毛坯的一部分相对于另一部分扭转一个角度
拉深	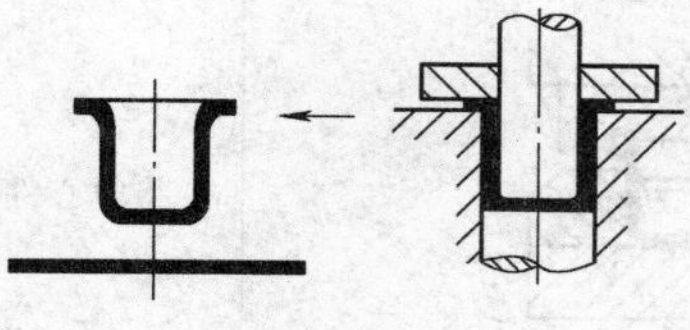	将板料毛坯压制成空心工件，壁厚基本不变
变薄拉深	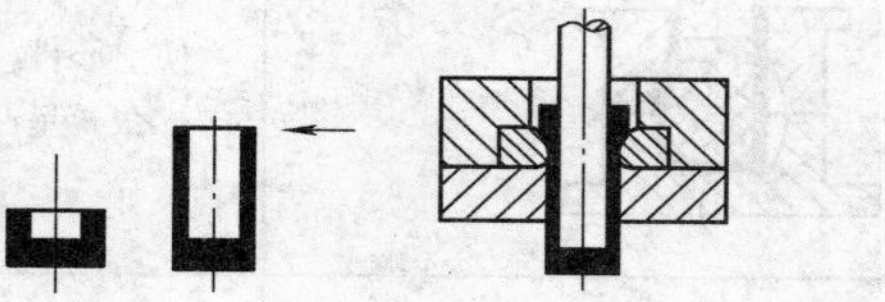	用减小壁厚、增加工件高度的方法来改变空心件的尺寸，得到要求的底厚、壁薄的工件
翻边 孔的翻边	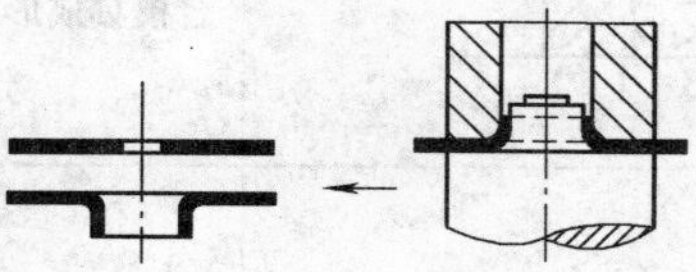	将板料或工件上有孔的边缘翻成竖立边缘
翻边 外缘翻边	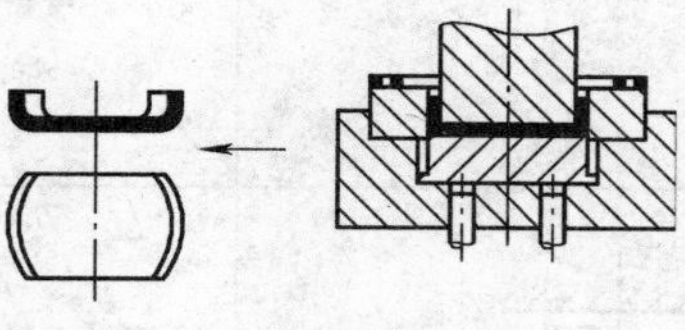	将工件的外缘翻起圆弧或曲线状的竖立边缘
缩口	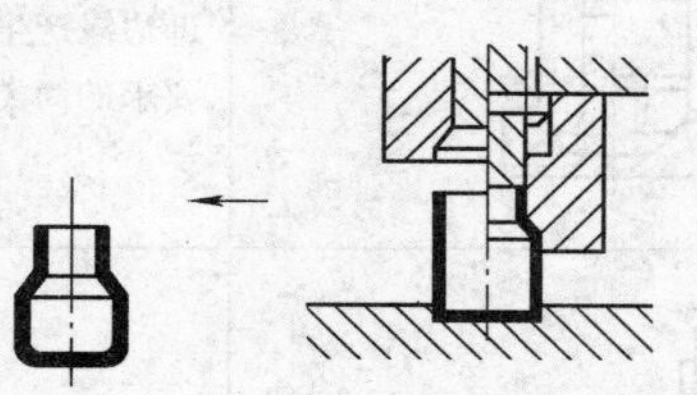	将空心件的口部缩小
扩口	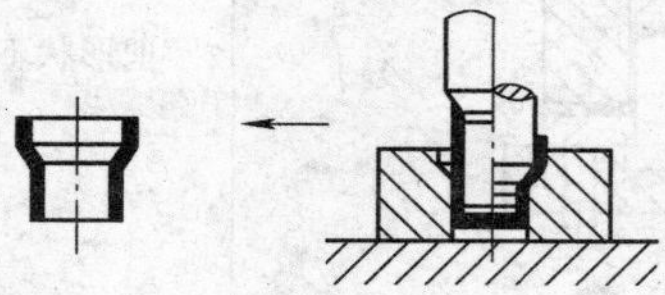	将空心件的口部扩大，常用于管子

（续）

工 序	图 例	特点及应用范围
起伏	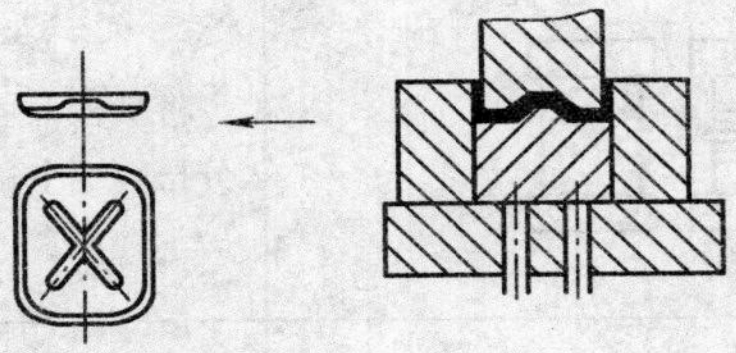	在板料或工件上压出筋条、花纹或文字，在起伏处的整个厚度上都有变薄
卷边	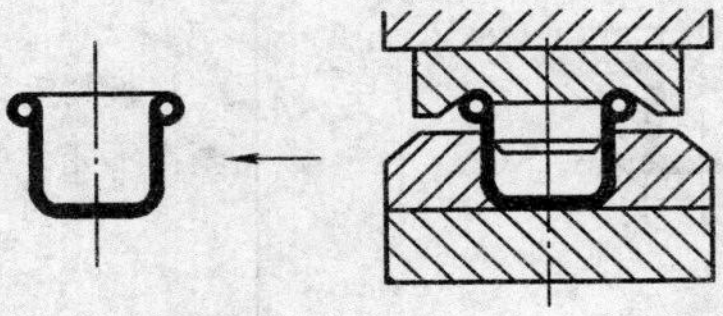	将空心件的边缘卷成一定的形状
胀形	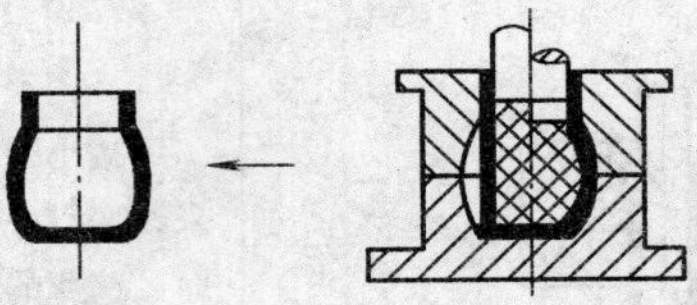	使空心件（或管料）的一部分沿径向扩张，呈凸肚形
内高压成形	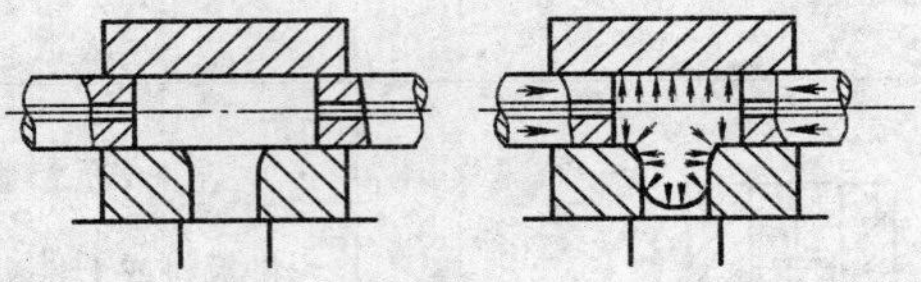	在管材中作用高压液体，使材料贴合模具成形
拉弯	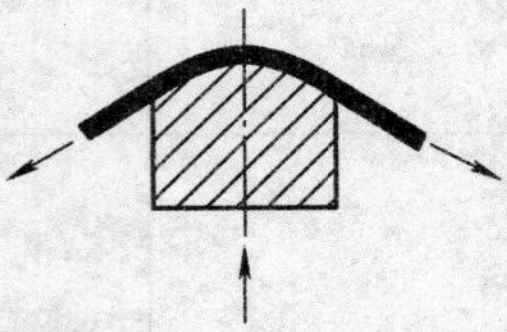	在接力与弯矩共同作用下实现弯曲变形，可得到精度较好的零件
翻卷成形	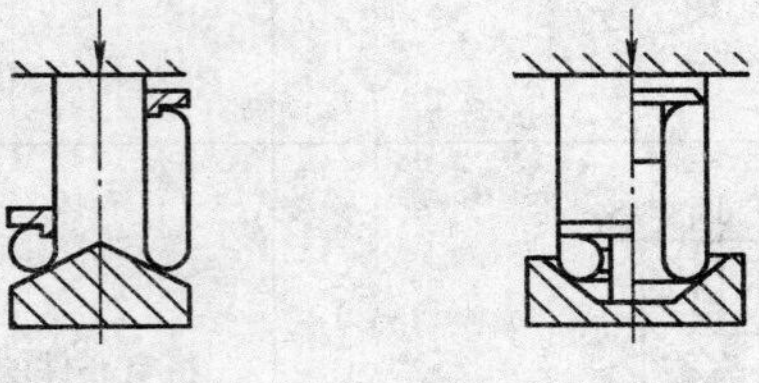	管材在轴向压力作用下，使管材口部边缘产生局部弯曲翻卷成形而得到要求的筒类双层管式零件
整形	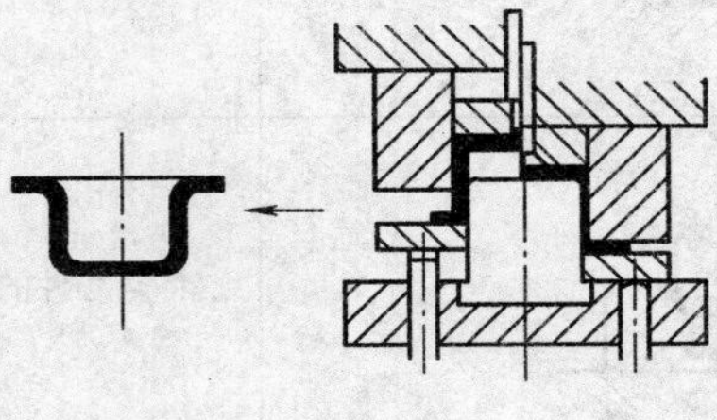	把形状不太准确的工件校正成形

（续）

工 序	图 例	特点及应用范围
校平	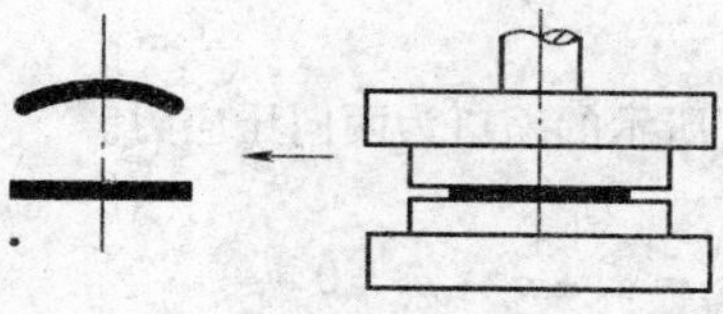	将毛坯或工件不平的面予以压平
压印	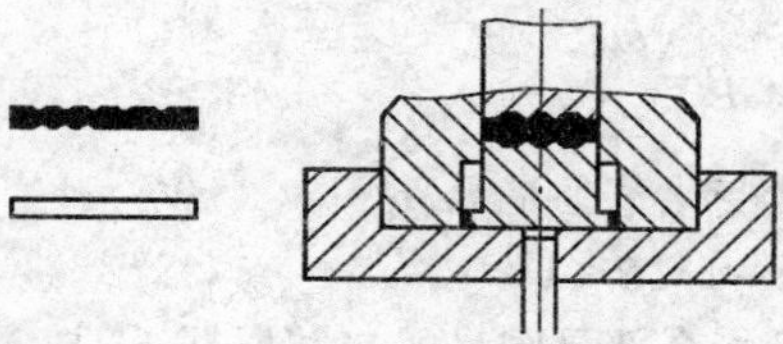	改变工件厚度，在表面上压出文字或花纹

第二节 冲压成形的变形力学特点与分类

在冲压成形中，大多数情况下板料毛坯的厚度远小于它的板面尺寸，工具对毛坯的作用力通常是作用于板坯的表面，而且数值不大的垂直于板面方向的单位压力便可引起板面方向上足以产生塑性变形的内应力。由于垂直于板面方向上单位压力的数值远小于板面方向的内应力，所以大多数的冲压变形都可近似地当作平面应力状态来处理，还可认为在平面方向上作用的这两个主应力在厚度方向上的数值是不变的。如果板面内绝对值较大的主应力记为 σ_{ma}，绝对值较小的主应力记为 σ_{mi}，则比值 $\alpha=\sigma_{mi}/\sigma_{ma}$ 可表示板料冲压成形时的应力状态特点。α 的变化范围是

$$-1\leqslant\alpha\leqslant1$$

根据 α 的取值及板面内的应力 σ_{ma} 是拉应力还是压应力，板料冲压成形时变形区的应力状态可概括为四种基本类型（图 1-1）：

1）拉—拉（$\alpha\geqslant0$，$\sigma_{ma}>0$），如图 1-1a、b 所示的两种均为拉应力，即胀形和翻孔工艺。

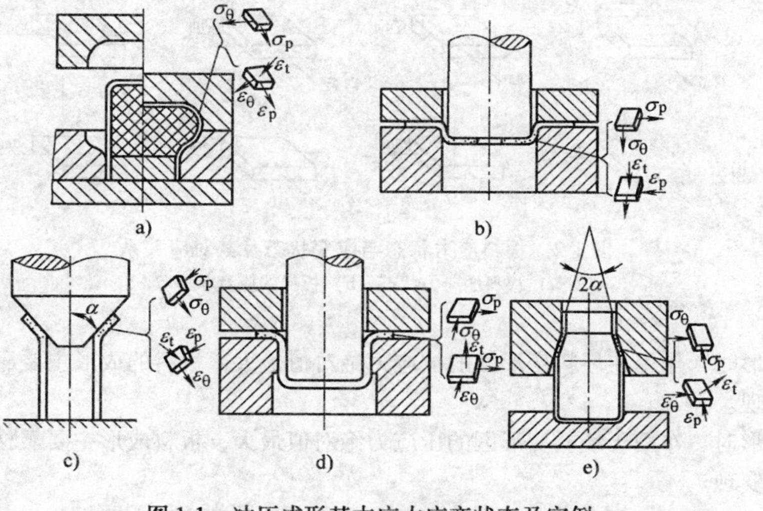

图 1-1 冲压成形基本应力应变状态及实例

a）胀形 b）翻孔 c）扩口 d）拉深 e）缩口

2）拉—压（$\alpha<0$，$\sigma_{ma}>0$），如图1-1c所示的扩口变形，且切向拉应力的绝对值大于压应力的绝对值。

3）压—拉（$\alpha<0$，$\sigma_{ma}<0$），如图1-1d所示的拉深变形，其压应力的绝对值大于拉应力的绝对值。

4）压—压（$\alpha\geqslant0$，$\sigma_{ma}<0$），如图1-1e所示的缩口为两向压应力。

按塑性变形体积不变条件

$$\varepsilon_x+\varepsilon_y+\varepsilon_z=\varepsilon_1+\varepsilon_2+\varepsilon_3=0$$

若以ε_{ma}、ε_{mi}分别表示板面内绝对值较大与较小的主应变，其比值

$$\beta=\frac{\varepsilon_{mi}}{\varepsilon_{ma}}$$

可用来表示板料成形时的应变状态特点，其变化范围是

$$-1\leqslant\beta\leqslant1$$

由于塑性变形时的三个正应变分量不可能全部是同号的，并根据ε_{ma}与ε_{mi}的可能取值，板料成形时的应变状态亦可划分为四种基本类型（图1-1）：

1）拉—拉（$\beta\geqslant0$，$\varepsilon_{ma}>0$）　胀形和翻孔变形，为两向拉应力，在变形中材料发生变薄现象。

2）拉—压（$\beta<0$，$\varepsilon_{ma}>0$）　扩口变形，如图所示，板料厚度方向应变为负，材料发生变薄现象。

3）压—拉（$\beta<0$，$\varepsilon_{ma}<0$）　图示的拉深变形，凸缘变形区压应力的绝对值大于拉应力，此时，材料发生变厚现象。

4）压—压（$\beta\geqslant0$，$\varepsilon_{ma}<0$）　缩口为两向压应力，材料厚度发生变厚。

由此可见，各种冲压成形方法根据毛坯变形区的受力情况和变形特点，从变形力学实质分析，可分为伸长类成形和压缩类成形，$\varepsilon_{ma}>0$时为伸长类成形；$\varepsilon_{ma}<0$时为压缩类成形。图1-2表示了板料成形时变形区可能出现的全部应力以及对应的应变状态。

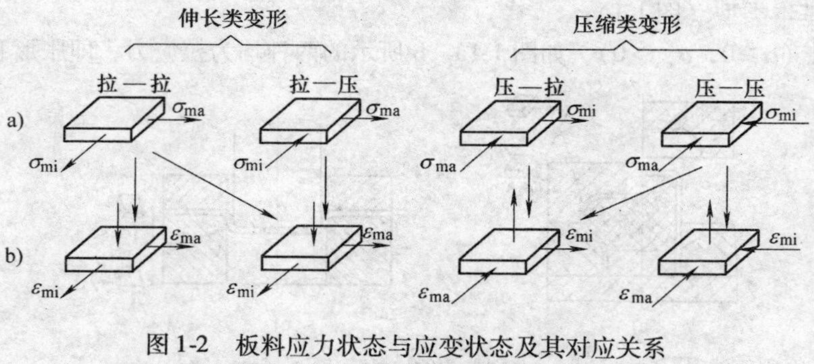

图1-2　板料应力状态与应变状态及其对应关系
a）板料的应力状态　b）板料的应变状态

伸长类成形时，作用在坯料变形区的拉应力绝对值最大，板料的成形主要靠材料的伸长与厚度的减薄来实现。

压缩类成形时，作用于坯料变形区的压应力绝对值最大，板料成形主要靠材料的压缩变形和厚度的增加来实现。

通过各种成形方法进行分类，可以对同一类变形中的各种成形方法，用相同的观点和方法去分析和解决冲压成形中产生的各种实际问题。

但是，实际冲压生产中的成形是相当复杂的，有的可能存在两个以上不同性质的变形区（如曲面零件拉深）。对这样的成形方法，就不能简单确定为伸长类或压缩类成形，而是同一个毛坯上的不同变形区分别反映出不同的变形特点。这时，可将每个不同性质的变形区划分到不同类别的成形领域里。因此，对各种成形方法还可进一步分为：具有单一变形区的成形方法和具有多个变形区的成形方法。具有单一变形区的成形方法的变形性质与变形区的变形性质是一致的。具有多个变形区的冲压成形方法的性质，可分为三种情况来研究。第一种是以伸长类变形为主的，毛坯的变形区中伸长变形区出现的问题是主要的（如平板弯曲、锥形件拉深等），可以从伸长类变形的规律出发，研究和解决成形的问题；第二种是压缩类成形为主的，毛坯变形区中压缩类变形区出现的问题是主要的（如管材弯曲等），可以从压缩变形的规律出发研究和解决成形中的各种问题；第三种是兼有压缩类和伸长类变形特点的成形方法，不同的变形区出现的问题都是不容忽视的。由于冲压中出现的问题是两方面的，应该根据两种成形方法的不同特点采取必要的措施，解决两方面的问题。

第三节 板料冲压性能及试验方法

板料冲压性能是指板料对各种冲压加工方法的适应能力，它不仅与板料的化学成分、金相组织和力学性能有关，同时还取决于冲压加工的工艺方法和工艺条件。

由于冲压工序分为材料的分离和成形两大类，而这两大类工艺方法的变形机理及目的要求是根本不同的。因此，板料冲压性能也应该由与之对应的两类性能构成，即板料冲压性能按冲压工艺方法可以分为冲压分离性能和冲压成形性能两大类。

冲压分离性能是指板料对冲压分离加工的适应能力、冲压成形性能是指板料对冲压成形加工的适应能力。

成形性能应包括抗裂性、贴模性和形状冻结性等几方面的性能。板料在成形过程中，一是由于起皱、塌陷及鼓包等缺陷而不能与模具完全贴合；另一方面因为回弹，造成零件脱模后较大的形状和尺寸误差。通常将板料冲压成形中取得与模具形状一致的能力，称与贴模性；而把零件脱模后保持模具既得形状和尺寸的能力，称为形状冻结性。板料的贴模性和形状冻结性是决定工件形状和尺寸精度的重要因素。

板料冲压分离性能主要包括加工难易程度，工件的精度、刚度及模具的寿命等。鉴于冲压成形性能所包括的内容要比冲压分离性能的更多、更为系统，而在生产中反映出来的问题还比较突出，对生产中的影响也较大，所以人们对板料成形性能的研究更为重视。本节主要介绍有关成形性能方面的内容。

板料冲压成形性能的好坏会直接影响到冲压工艺过程、生产率、产品质量和生产成本。板料的冲压成形性能好，对冲压成形方法的适应性就强，就可以采用简便的工艺，高生产率设备，生产出优质低成本的冲压零件。

对冲压成形件来说，既不能产生破裂，同时对它的表面质量和形状尺寸精度也有一定的要求，故板料应具备好的抗裂性、贴模性和形状冻结性。由于目前对板料的贴模性和形状冻结性的研究尚不成熟，而不破裂又是冲压成形的基本前提，所以，通常把板料开始出现破裂时的极限变形程度，作为评定板料冲压成形性能好坏的指标。极限变形程度也叫成形极限，它是板料发生拉伸失稳即颈缩破裂（或压缩失稳起皱）之前可能达到的最大变形程度。

根据把冲压成形基本工序按其变形区应力应变的特点分为伸长类（拉伸类）与压缩类两个基本类别的理论，可以将这种冲压成形的分类与冲压成形性能的分类建立起表 1-3 所示的对应关系。

表 1-3　冲压成形性能的分类

冲压成形类别	成形性能类别	提高极限变形程度的措施
伸长类冲压成形（翻边、胀形等）	伸长类成形性能（翻边性能、胀形性能等）	1）提高材料的塑性 2）减少变形不均匀程度 3）消除变形区局部硬化层和应力集中
压缩类冲压成形（拉深、缩口等）	压缩类成形性能（拉深性能、缩口性能等）	1）降低变形区的变形抗力、摩擦阻力 2）防止变形区的压缩失稳（起皱） 3）提高传力区的承载能力
复合类冲压成形（弯曲、曲面零件拉深成形等）	复合类成形性能（弯曲性能等）	根据所述成形类别的主次，分别采取相应措施

板料冲压成形的试验方法有多种，概括起来分为直接试验和间接试验两类。直接试验中板料的应力和变形情况与真实冲压基本相同，所得的结果也比较准确；而间接试验（基础试验法）时板料的受力情况与变形特点却与实际冲压时有一定的差别。所以，所得的结果也只能间接地反映板料的冲压性能，有时还要借助于一定的分析方法才能得到。

常用的试验方法为：直接试验中的模拟试验和间接试验中的拉伸试验。

一、模拟试验

试验中，试件的应力状态及变形特点与相应的冲压工艺基本一致，因此试验结果可直接反映该种工艺的成形性能。目前应用较多，且具有普通意义的几种模拟试验方法的特点列于表 1-4。

表 1-4　常用模拟试验方法的特点

试验方法	试验目的与测定内容	试验结果表示方法
埃里克森（Erichsen）试验	胀形性能	埃里克森值（mm）
拉深试验	拉深性能	极限拉深比 LDR
扩孔试验	扩口性能	扩口系数
弯曲试验	塑性与应变梯度大时的抗缩颈能力	最小弯曲半径（mm）

对伸长类成形常用的模拟试验方法有埃里克森试验（杯突试验）、液压胀形试验、扩孔试验等。对压缩类成形常用杯形件拉深成形（又称 Swift 拉深试验）、最大拉伸力对比试验及锥形杯复合成形性能试验等。对于复合成形（大型覆盖件的成形多为复合成形），常用锥形杯复合成形性能试验、杯突试验及方板对角试验等。

1. 埃里克森试验（杯突试验）

埃里克森试验采用材料胀形深度 h 值作为衡量胀形工艺的性能指标。在试验时，材料向凹模孔中有一定的流入，并非纯胀形，略带一点拉深工艺的特点，比较接近于实际生产的胀形工艺，因此，其试验数据比较反映实际。埃里克森试验由于操作简单，所以应用较广。试验装置如图 1-3 所示，标准的杯突值如图 1-4 所示。我国标准见 GB/T 4156—2007《金属材料　薄板和薄带埃里克森杯突试验》。

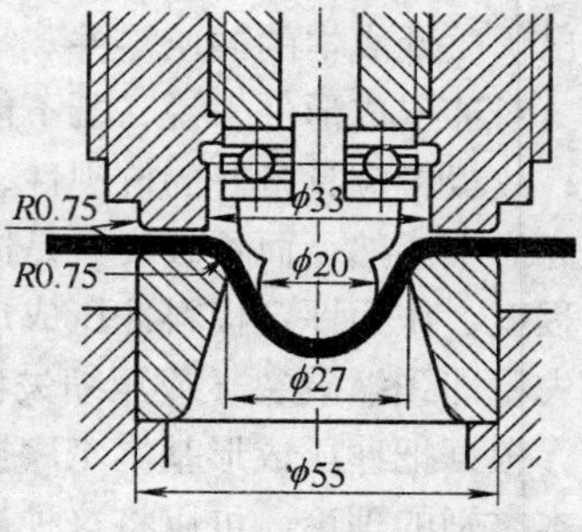

图 1-3　埃里克森试验

2. 液压胀形试验

常用液压胀形法评定材料的纯胀形性，试验装置简图如图 1-5 所示。试验参数用极限胀形系数表示，即

$$K=\left(\frac{h_{\max}}{a}\right)^2$$

式中　$h_{\max}$——开始产生裂纹时的高度；

a——模口半径。

极极胀形系数 K 值越大，材料的胀形性能越好。

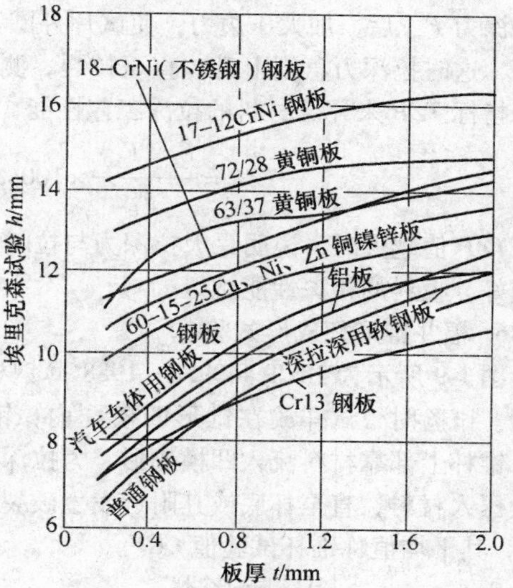

图 1-4　标准杯突值

3. KWI 扩孔试验

作为评价材料翻边性能的试验方法，KWI 扩孔试验是采用带有内孔直径为 d_0 的圆形毛坯，在图 1-6 所示的模具中进行扩孔，直到内孔边缘出现裂纹为止。测定此时的内孔直径 d_f，并用下式计算极限扩孔系数 λ

$$\lambda=\frac{d_f-d_0}{d_0}\times100\%$$

式中　$d_f=\dfrac{d_{f\max}+d_{f\min}}{2}$

λ 值越大，材料扩孔性能越好。

4. Swift 杯形件拉深试验

Swift 拉伸试验是以求极限拉深比 LDR 作为评定板料拉深性能的试验方法，JB/T 4409.3—1988 中称为冲杯试验。试验用模具如图 1-7 所示。

试验时，用不同直径的平板毛坯置于模具中，按规定的条件进行试验。确定出不发生破裂所能拉深成杯形件的最大毛坯直径 $D_{\max}$ 与凸模直径 d_p 之比，此比值称极限拉深比。通常用 LDR 表示，即

$$LDR=\frac{D_{\max}}{d_p}$$

LDR 值越大，板料的拉深性能就越好。这种方法简单易行。缺点是压边力不能准确地确定，影响试验值的准确性。

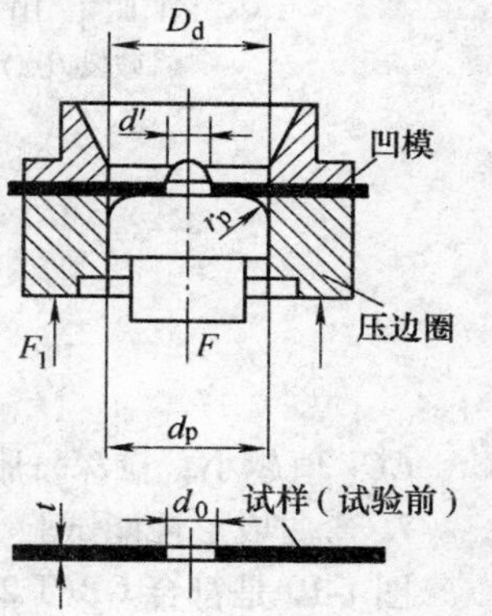

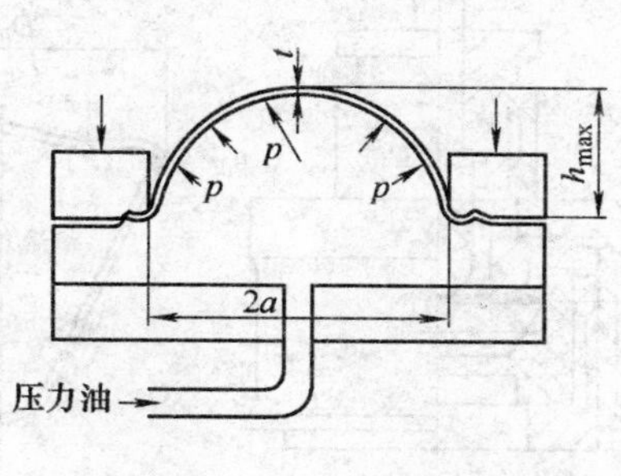

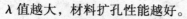

图 1-5　液压胀形试验

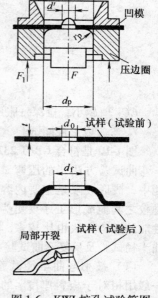

图 1-6　KWI 扩孔试验简图

5. 拉深力对比试验（TZP 试验）

图 1-8 所示为 JB/T 4409.2—1988 薄钢板 *TZP* 试验方法的示意图。试验模具的凸模直径 d 与试片直径 D_0 的比例可采用 $d/D_0=30/52$。试验时，当拉深力越过最大拉深力 F_{max}后，加大压边力，使试片外圈完全压死，然后再往下拉深，这时拉深力急剧上升，直至拉裂，测得破裂点的拉深力 F_f，采用指标 *TZP* 来评定材料的拉深工艺性能，即

$$TZP=\frac{F_f-F_{max}}{F_f}\times100\%$$

TZP 值越大时，说明最大拉深力与拉断力之差越大，工艺稳定性越好，板料的拉深性能越好。

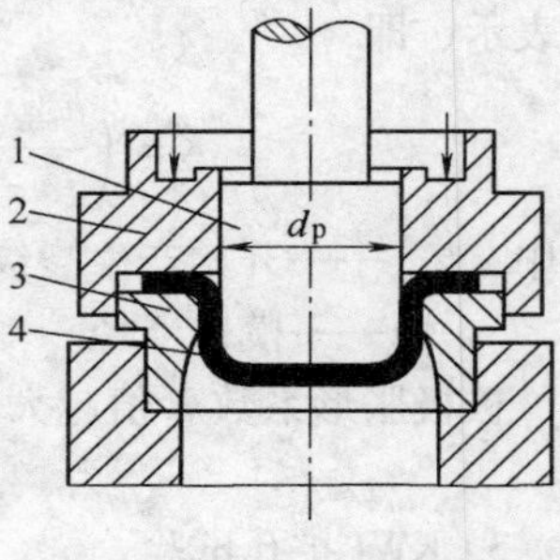

图 1-7　求 *LDR* 的试验方法

1—凸模　2—压力圈　3—凹模　4—试样

6. 福井锥形杯成形试验

图 1-9 所示为 JB/T 4409.6—1988 薄钢板锥形杯试验方法的示意图。试验时，试样放在锥形凹模孔内，钢球压入试样成形为锥杯，锥杯上部靠材料流入凹模成形，为拉深成形；底部球面靠材料变薄成形，为胀形变形。钢球继续压入材料，直至杯底或其附近发生破裂时停止试验，测量杯口部的最大直径 D_{max}和最小直径 D_{min}，其平均值称锥杯试验值 *CCV*。

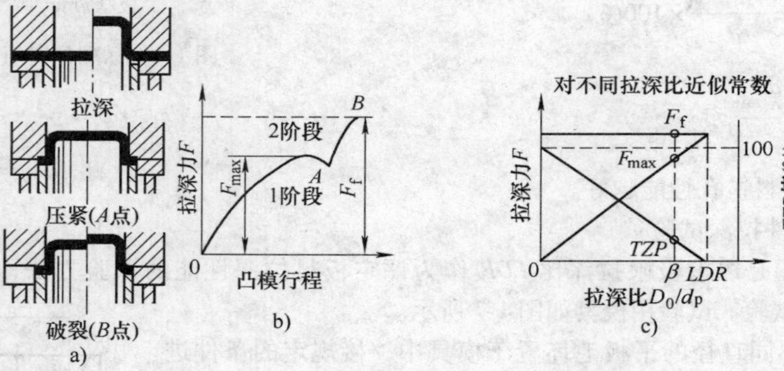

图 1-8　TZP 拉深力对比试验

a）试验方法　b）拉深力—行程的关系　c）*TZP* 试验

$$CCV=\frac{1}{2}\left(D_{max}+D_{min}\right)$$

CCV 值越小，拉深—胀形成形性能越好。

7. 弯曲成形性能试验

图 1-10 是符合 GB/T 232—2010《金属材料　弯曲试验方法》的压弯试验法。弯曲成形性能中，成形极限是主要内容，但弯曲的精度问题较之其他成形工序要更为突出。所以，弯曲性能的试验方法也比较多。下面仅介绍最小弯曲半径试验及反复弯曲试验。

（1）最小弯曲半径试验　最小弯曲半径，一般用相对于板料厚度 t 的比值来表示。即相对最小弯曲半径 r_{min}/t。此值愈小，表明板料的弯曲性能愈好。实际上，用几种弯曲试验方法

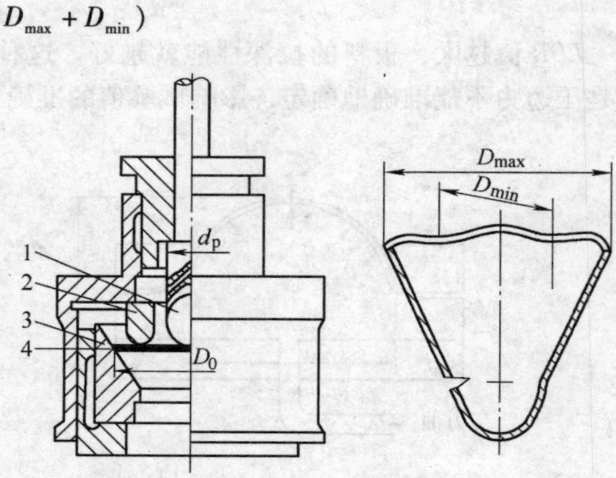

图 1-9　锥形件拉深试验法（福井试验）

1—球形冲头　2—支撑圈　3—凹模　4—试样

均能测出弯曲试件外表面不产生破坏裂纹的最小弯曲半径。

采用压弯法（图 1-10）时，试件置于两个支柱上，如图 1-10a 所示，用规定的心轴（凸模）逐渐加大压力进行压弯。支柱为圆柱面且半径大于 10mm，两支柱之间的距离 $L=2r+3t$。

如使心轴与试件一起穿过两支柱间的间隙，则能进行到 180°的弯曲，即板料弯面两侧平行。

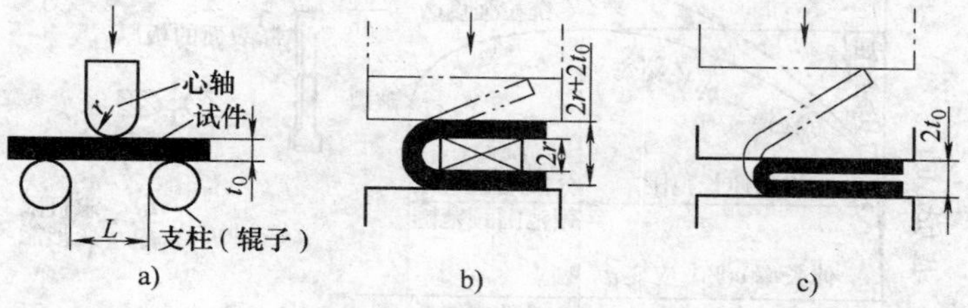

图 1-10　压弯试验法

a）基本压弯法　b）180°压弯　c）贴合压弯法

也可按图 1-10b 所示的方法进行 180°弯曲，它是用于厚度为两倍于弯曲半径的垫板使两侧压弯成平行。

贴合弯曲时，如图 1-10c 所示，取消 180°弯曲中的垫板，逐渐加压，使试件两侧面压合即可。

（2）反复弯曲试验　这种方法是将金属板料竖在专用试验设备上反复拉弯 90°，直至弯裂为止。折弯的弯曲半径 r 愈小，弯曲次数愈多，表明弯曲性能愈好。反复弯曲试验，主要适用于鉴定厚度 $t\leqslant5$mm 板料的弯曲性能。

反复弯曲试验装置及试验方法如图 1-11 所示，并可见 GB/T 235—1999 的规定。

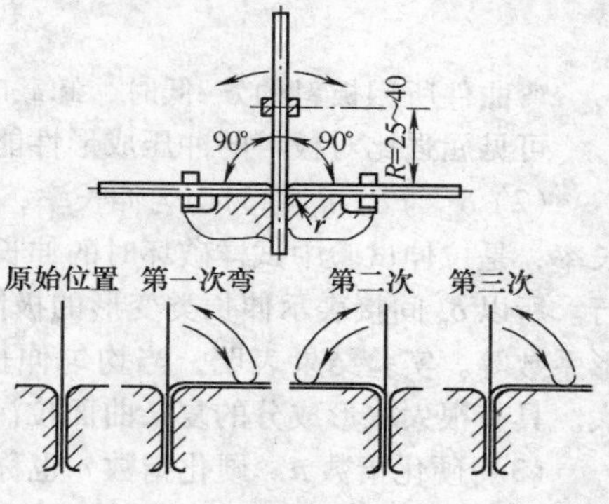

图 1-11　反复弯曲试验

二、板料拉伸试验

板料单向拉伸试验是目前研究较为充分，应用较为普遍的一种间接试验方法，它在工艺中的应用已有多年历史，是一种相当成熟的用以测定材料力学性能的方法。为了适应鉴定板料冲压性能的要求，对传统的拉伸试验作了必要的补充与改进，形成了在生产实际（践）中广泛应用的板料冲压性能的单向拉伸试验方法。由单向拉伸试验所能获得的材料特性值如图 1-12 所示。

拉伸试验值与冲压成形性能有密切关系的主要性能参数有七项：

（1）屈强比 σ_s/σ_b　屈强比对于材料冲压性能是一个极为重要的参数。塑性成形就是利用材料屈服强度与抗拉强度之间的这一段可塑性能而实现的。屈强比越小，说明 σ_s 与 σ_b 之间的距离越宽，材料塑性变形的能力越强；对压缩类成形，材料不易起皱。

拉深时，如果板料的屈服强度 σ_s 低，材料起皱的趋势小，防止起皱所必需的压边力和摩擦损失也会降低，对提高极限变形程度有利。

例如，低碳钢的 $\sigma_s/\sigma_b\approx0.57$ 时，极限拉深系数 $m=0.48\sim0.5$。

65Mn 的 $\sigma_s/\sigma_b\approx0.61$ 时，极限拉深系数则为 $m=0.68\sim0.7$。

在伸长类成形工艺中，如胀形、拉型、拉弯、曲面形状的成形等，当 σ_s 低时，为消除零件的松弛等弊病和为使零件的形状和尺寸得到固定所需的拉力也小，所以成形工艺的稳定性高，不易出废品。

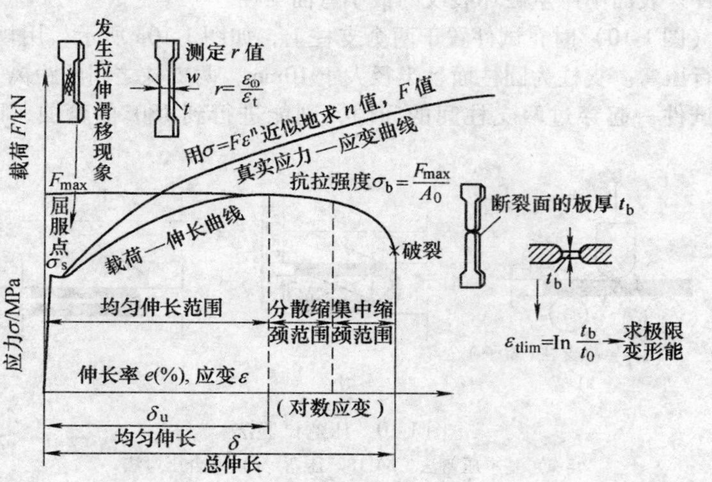

图 1-12　单向拉伸试验所得到的材料特性值示意图

弯曲件所用板料的 σ_s 低时，卸载时的回弹变形也小，有利于提高零件精度。

可见屈强比对板料的冲压成形性能的有利影响是多方面的，而且也是很重要的。

(2) δ_u 与 δ　δ_u 称为均匀伸长率，板料在拉力作用下开始产生缩颈时的伸长率。δ 称为总伸长率，是拉伸试验中试样破坏时的伸长率。一般情况下，冲压成形性都在板料均匀变形范围内进行。所以 δ_u 间接表示伸长类变形的极限变形程度，如翻边系数、扩口系数、最小弯曲半径、胀形系数等。实验结果表明，当均匀伸长率大时，胀形、翻边、扩口等伸长类成形的成形极限也大。具有很大胀形成分的复杂曲面拉深件用的优质冲压钢板，要求具有很高的 δ_u 值。

(3) 硬化指数 n　硬化指数 n 也称 n 值，它表示在塑性变形中材料硬化的强度。n 值大的板料在冲压成形时加工硬化剧烈，就是说，变形抗力增加较快。因此，如果板料的 n 值大，就能够提高材料的局部应变能力，使在伸长类变形过程中的变形均匀化，具有扩展变形区、减少坯料的局部变薄和增大极限变形作用，n 值小时，不大的塑性变形就会使材料进入加工硬化的饱和状态，不利于局部变形的扩展，容易出现集中变形，导致破坏。从图 1-13 可以看出 n 值对胀形性能的影响。n 值是评定板料成形性能的重要指标，可用幂次式近似表示为：$\sigma=F\varepsilon^n$。式中指数 n 称为应变强化指数，它在数量上就等于单向拉伸时材料刚要出现颈缩时的实际应变。表 1-5 给出了几种常用金属板料的 n 值及 σ 值。

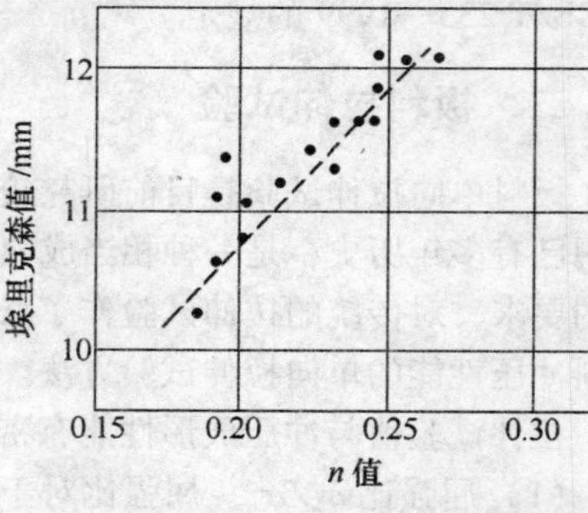

图 1-13　n 值对埃里克森值的影响

表 1-5　部分板料的 n 值和 σ 值

材　料	n 值	σ/MPa	材　料	n 值	σ/MPa
08F	0.185	708.76	T2	0.455	538.37
08Al (ZF)	0.252	553.47	H62	0.513	773.38
08Al (HF)	0.247	521.27	H68	0.435	759.12
08Al (Z)	0.233	507.73	QSn6.5-0.1	0.492	864.49

（续）

材　料	n值	σ/MPa	材　料	n值	σ/MPa
08Al（P）	0.25	613.13	Q235	0.236	630.27
10	0.215	583.84	SPCC（日本）	0.212	569.76
20	0.166	709.06	SPCD（日本）	0.249	497.63
5A02（LF2）	0.164	165.64	1Cr18Ni9Ti	0.347	1093.61
2A12（LY12）	0.192	366.29	1035M	0.286	112.43

（4）厚向异性系数 r　r 是评价板料拉深成形性能的一个重要材料参数。r 值反映了板料在板平面方向和板厚方向由于各向异性而引起应变能力不一致的情况，它反映了板料在板平面内承受拉力或压力时抵抗变薄或变厚的能力，它是板料拉伸试验中宽度应变 ε_b 与厚度应变 ε_t 之比，即

$$r=\frac{\varepsilon_b}{\varepsilon_t}=\frac{\ln\dfrac{b}{b_0}}{\ln\dfrac{t}{t_0}}$$

式中　b_0，b——变形前后试样的宽度；

t_0，t——变形前后试样的厚度。

当 $r=1$ 时，板宽与板厚间属各向同性。而 $r\neq1$ 时，则为各向异性。$r>1$ 说明该板料的宽度方向比厚度方向更易变形。即 r 值大时，能使筒形件的拉深极限变形程度增大。用软钢、不锈钢、铝、黄铜等所做的试验也证明了拉深比与 r 值之间的关系，见表 1-6。

表 1-6　拉深比与 r 值间的关系

r 值	0.5	1	2
拉深比 $K=\dfrac{D}{d}$	2.12	2.18	2.5

由于板料轧制的方向性，所以板料平面内各方向上的 r 值是不同的。因此，采用 r 值应取各个方向上的平均值。即

$$\bar{r}=\frac{r_0+2r_{45}+r_{90}}{4}$$

式中　r_0、r_{90}、r_{45}——表示板料纵向（轧制方向）、横向和45°方向上的厚向异性系数，如图 1-14 所示。

（5）板平面各向异性系数 Δr　板料平面内的力学性能与方向有关，称为板平面方向性。圆筒形件拉伸时，板平面方向性明显地表现在零件口部形成突耳现象。板平面方向性越大，突耳的高度也越大，这时须增加切边余量，从而增加了材料的消耗。

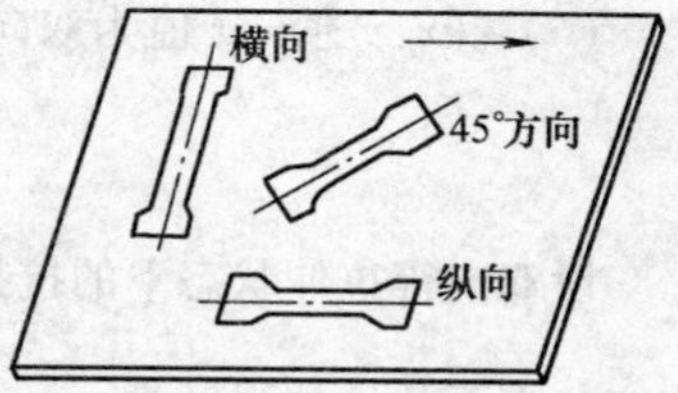

图 1-14　板料轧制方向

板平面方向性大时，在拉深、翻边、胀形等冲压过程中，能够引起毛坯变形的不均匀分布。其结果不但可能因为局部变形程度的加大而使总体的极限变形程度减小，而且还可能形成冲压件的不等壁厚，降低冲压件的质量。

在板平面内不同方向上力学性能的各项指标中，板厚方向性系数对冲压成形性能的影响较明

显，所以在生产中都用 Δr 表示板平面方向性的大小。Δr 是板料平面内不同方向上板厚方向性系数 r 的平均差别，其值为

$$\Delta r=\frac{r_b+r_{90}-2r_{45}}{2}$$

$\Delta r=0$ 时，不产生突耳；

$\Delta r>0$ 时，在0°、90°方向产生凸耳；

$\Delta r<0$ 时，在45°方向产生凸耳。

突耳的方位与 Δr 的关系如图 1-15 所示。

由于板平面方向性对冲压变形和冲压件质量均为不利，所以生产中应尽量设法降低 Δr 值。表 1-7 给出了常用板料的 r 及 Δr 值。

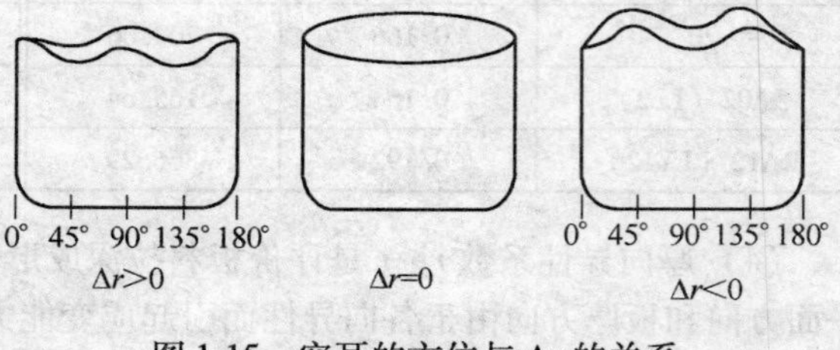

图 1-15　突耳的方位与 Δr 的关系

表 1-7　一些板料的 r 值及 Δr 值

材料	r_0	r_{45}	r_{90}	$\bar{r}$	Δr
沸腾钢	1.23	0.91	1.58	1.16	0.51
脱碳沸腾钢	1.88	1.63	2.52	1.92	0.57
钛镇静钢	1.85	1.92	2.61	2.08	0.31
铝镇静钢	1.68	1.19	1.90	1.49	0.60
钛	4.00	5.49	7.05	5.51	—
铜 O[①]材	0.90	0.94	0.77	0.89	−0.10
铜 $\frac{1}{2}$H[②]材	0.76	0.87	0.90	0.85	−0.04
铝 O 材	0.62	1.58	0.52	1.08	−1.01
铝 $\frac{1}{2}$H 材	0.41	1.12	0.81	0.87	−0.51
不锈钢	1.02	1.19	0.98	1.10	−0.19
黄铜 2 种 O 材	0.94	1.12	1.01	1.05	−0.14
黄铜 3 种 $\frac{1}{4}$H 材	0.94	1.00	1.00	0.99	−0.03

① O 意思是软质，铜 O 材指软质铜材。

② H 意思是硬质，铜 $\frac{1}{2}$H 材指半硬质的铜材。

（6）$x(x_{\sigma_b})$值　x 值为双向等拉与单向拉伸的抗拉强度之比，即

$$x=\frac{\text{双向等拉伸抗拉强度}}{\text{单向拉伸抗拉强度}}$$

设双向等拉伸状态下的抗拉强度为 $[\sigma_b]_{\alpha=1}$，单向拉伸状态下的抗拉强度为 $[\sigma_b]_{\alpha=0}$，平面应变状态下的抗拉强度为 $[\sigma_b]_{\alpha=0.5}$，α 为应力比值，即 $\alpha=\frac{\sigma_y}{\sigma_x}$，上式可写成下式

$$x=\frac{[\sigma_b]_{\alpha=1}}{[\sigma_b]_{\alpha=0}} \tag{1-1}$$

x 值可用图 1-16 所示的方法求出。x 值与拉深深度的关系如图 1-17 所示。由图 1-17 可知，x 值能很好反映各种板料的拉深性能。

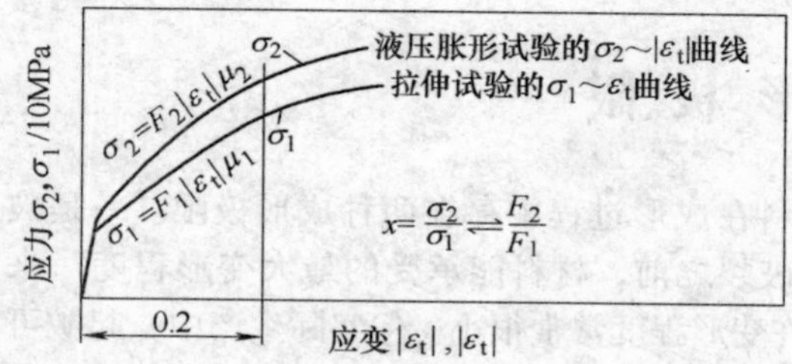

图 1-16 x 值的求法

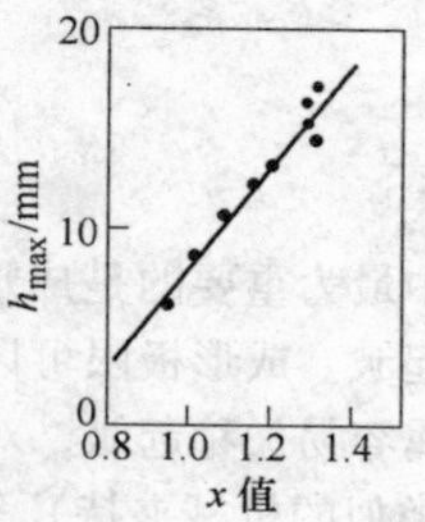

图 1-17 成形深度与 x 值的关系

用式（1-1）求 x 值实际比较困难，所以用 x_{σ_b} 代替 x 值，即

$$x_{\sigma_b}=\frac{\text{平面应变下抗拉强度}}{\text{单向拉伸抗拉强度}} \tag{1-2}$$

具体求 x_{σ_b} 的方法是：用常规拉伸试样进行拉伸试验，求出单向拉伸时的抗拉强度 $[\sigma_b]_{\alpha=0}$，再用带圆弧切口试样进行拉伸试验求出平面应变下的抗拉强度 $[\sigma_b]_{\alpha=0.5}$。然后取二者比值，即可得到 x_{σ_b} 值。

x（x_{σ_b}）值是与材料力学性能有关的参数。x 值表达式中 $[\sigma_b]_{\alpha=1}$ 对应的应力状态（双等拉）与圆筒形拉深件的凸模圆角处毛坯的应力状态相似，而 x_{σ_b} 表达式中 $[\sigma_b]_{\alpha=0.5}$ 对应的应力状态（平面应变）与圆角形拉深件侧壁部分的应力状态相似。因此，x_{σ_b} 值大的材料，表明拉深变形时毛坯侧壁传力区具有更高的强度，即有更高的承载能力。另外，对 x_{σ_B} 高的材料，当应力从单向拉伸转为双向拉伸时，表现出更强的性质。所以圆筒形拉深件侧壁所经历的变形，材料可以得到强化。因此，x_{σ_b} 高的材料拉深极限也高。

（7）应变速率敏感性指数 m　m 值原为超塑性成形材料的一个重要性能参数。经研究表明，即使在非超塑性状态下，甚至是很小的 m 值，也将影响胀形成形极限。m 值的增大，使成形极限线水平提高。一般认为，m 值对提高伸长类变形的成形极限的贡献主要在拉伸失稳以后，使过缩颈伸长率得到了提高。

板料单向拉伸性能与冲压成形性能的关系列于表 1-8。

表 1-8　板料单向拉伸性能与冲压成形性能的关系

冲压成形性能 \ 材料基本性能		主要影响参数	次要影响参数
抗破裂性能	胀形成形性能	n	$\bar{r}$、σ_s、δ_u
	扩孔（翻边）成形性能	δ_u	$\bar{r}$ 强度和塑性的平面各向异性程度
	拉伸成形性能	$\bar{r}$	n、$\frac{\sigma_s}{\sigma_b}$、$\sigma_s$
	弯曲成形性能	δ_u	总伸长率的平面各向异性程度
贴模性		σ_s	$\bar{r}$、n、$\frac{\sigma_s}{\sigma_b}$
形状冻结性		σ_s、E	$\bar{r}$、n、$\frac{\sigma_s}{\sigma_b}$

第四节 成形极限

成形性能中最为重要的是成形极限的大小。板料在成形过程中存在两种成形极限。一是破裂，另一种是起皱。成形极限可以用“发生起皱或破裂之前，材料能承受的最大变形程度”来表示。薄板金属容易失稳起皱，对应于不起皱的允许变形程度常常很小。但实际生产中，起皱可用压边圈（或类似的机械夹持）等方法来防止，故起主导作用的成形极限经常是破裂。材料的破裂是受拉的情况下，由于是拉伸失稳发生的，故在成形性研究中，板料抵抗拉伸失稳的能力，是个重要内容。

对一个具体冲压件，有两种指标来说明其变形程度的大小。其一是总体变形程度，一般用拉深系数、翻边系数、胀形系数、相对弯曲半径等来表示。另一种是局部的变形程度，可用坐标网格法来求得。对变形分布均匀的零件，这两种指数是一致的，对于变形分布不均匀的零件，两者就有差别。某一局部的变形程度已濒于破裂（达到极限），而其他部位的变形程度可能很小，就总体变形量看也并不大。如大型复杂薄板冲压件的成形，凹模内毛坯产生破裂的情况较高。这一部分毛坯一般是在拉应力作用下成形的，变形区内产生的断裂多是延性断裂。掌握板料拉伸失稳理论，建立成形极限图，可以对这种破裂问题较快地作出判断，找出原因，得出相应的解决办法。

成形极限是指板料不发生塑性失稳破坏时的极限应变值。但由于目前失稳理论的试验值还不能准确反映实际冲压成形件毛坯的变形极限，故实际生产中仍普遍应用由实验得到的成形极限图。

成形极限图（FLD），也称成形极限线（FLC），是对板料成形性能的一种定量描述，同时也是对冲压工艺成败性的一种判断曲线。它比用总体成形极限参数来判断能否成形更为方便而准确。

成形极限图（FLD）是板料在不同应变路径下的局部失稳极限应变 e_1 和 e_2（相对应变）或 ε_1 和 ε_2（真实应变）构成的条带形区域或曲线（图1-18）。它全面反映了板料在单向或双向拉应力作用下的局部成形极限。在板料成形中，板平面内的两个主应变的任意组合，只要落在成形极限图中的成形极限曲线上，板料变形时就会产生破裂；反之则是安全的。图1-18中的条带形区域称为临界区，变形如位于临界区，表明此处板料有濒临于破裂的危险。由此可见，FLD是判断和评定板料成形性能最为简便和直观的方法，是解决板料冲压成形问题的一个非常有效的工具。

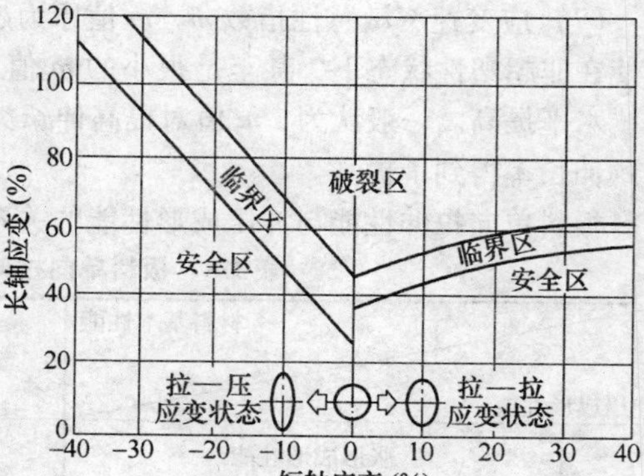

图1-18 成形极限图（FLD）

一、成形极限图（FLD）的制作

目前，试验确定板料成形极限图的方法是：在毛坯（试样）表面预先作出一定形状的网格。冲压成形后，观察、测定网格尺寸的变化量，经过计算，即可得到网格所在位置的应变。对变形区内各点网格尺寸的变化进行测量与计算，可得到应变的分布。网格图形如图1-19所示。图1-20是采用圆形网格，在变形后网格变成椭圆形状，椭圆的长、短轴方向就是主轴方向，主应变数值为相对应变：

长轴应变：
$$e_1=\frac{d_{长}-d_0}{d_0}$$

短轴应变：
$$e_2=\frac{d_{短}-d_0}{d_0}$$

真实应变：

长轴应变：
$$\varepsilon_1=\frac{d_{长}}{d_0}$$

短轴应变：
$$\varepsilon_2=\frac{d_{短}}{d_0}$$

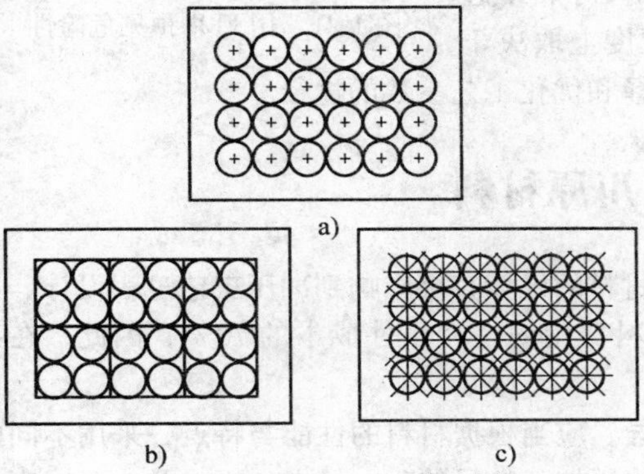

图 1-19　常用网格形式

a）圆形网格　b）组合网格　c）叠加网格

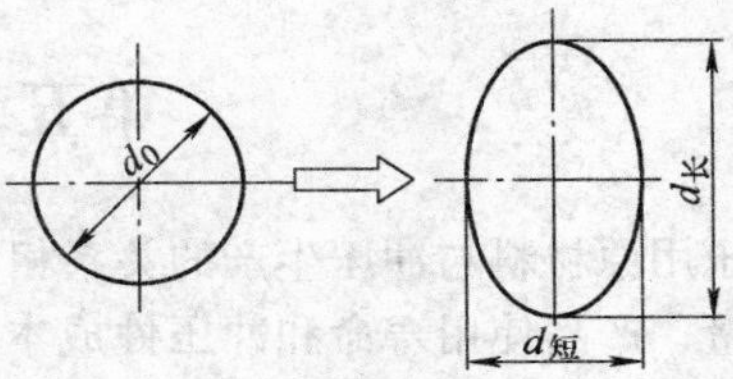

图 1-20　网格的变形

因为圆形测量方便，所以多采用圆形。网格大小可以根据冲压件的具体情况选定。一般在曲率较小的部位可选用较大的网格，这样可以减小测量误差。而在曲率较大的部位，应选用较小的网格，以利于提高测量精度。对于小尺寸的网格，直径一般小于 5mm，如 ϕ2mm、ϕ3.5mm 的圆形网格。而实际生产中，网格的尺寸可以大一些，如 ϕ10mm、ϕ20mm。

网格制作可用机械刻线法、印相法或电腐蚀法等。

对每个试样的极限变形均作为一个试验点（ε_1 和 ε_2），绘入 $\varepsilon_1-\varepsilon_2$ 坐标系内，并以尽可能小的区域将这些点都包括进去，即得到该试验材料的 FLD。

二、FLD 在生产中的应用

成形极限图与应变分析网格法结合在一起，可以分析解决许多生产实际问题。这种方法用于分析解决问题的原理是：首先通过试验方法获得研究零件所用板料的成形极限图。再将网格系统制作在研究零件的毛坯表面或变形危险区，坯料成形为零件后，测定其网格的变化量，计算出应变值。将该应变值标注在所用材料的成形极限图上。这时零件的变形危险区域便可准确地加以判断。

成形极限图的应用大致有以下几个方面：

1）解决冲模调试中的破裂问题。

2）判断所设计工艺过程的安全裕度，选用合适的冲压材料。

3）可用于冲压成形过程的监视和寻找故障。

FLD 应用举例：为消除破裂，指出应采取的工艺措施。

将汽车覆盖件上某一危险部位的应变值标注到所用材料的成形极限图上（图 1-21）。如果覆盖件上危险部位的应变点位于 A 处，要增加其安全，由图中看出：应减小 e_1 或增大 e_2，最好兼而有之。减小 e_1 需降低椭圆长轴方向的流动阻力，还可以采用在该方向减小坯料尺寸，增大模具圆角半径，改善其润滑条件等方法来实现。如要增加 e_2，需增加椭圆短轴方向的流动阻力，实现的方法是在这一方向上增加坯料尺寸，减小模具圆角，在垂直于短轴方向设置拉深肋等。若覆盖件危险部位的应变点位于 C 处，要增加其安全性，可以减小 e_1 或减小 e_2 的代数值着手，应注意的是，减小 e_2 的代数值应减小短轴方向的流动阻力。

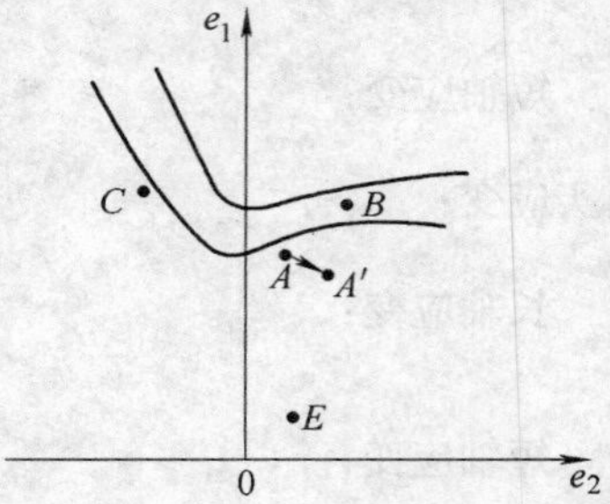

图 1-21　用 FLD 预见危险性

通过上述分析可知，汽车覆盖件成形中，对其成形质量影响较大的工艺参数是：模具圆角半径、坯料形状和尺寸、压边力、润滑状态等，成形工艺设计的优劣，在很大程度上取决于合理选择这些工艺参数，成形极限图提供了合理选择和优化工艺参数的途径。

第五节　冲压用原材料

冲压用原材料与冲压生产的关系相当密切，原材料的好坏直接影响到冲压工艺过程设计、冲压件质量、产品使用寿命和冲压件成本。冲压件材料费用约占冲压件成本的 70%，因此，在冲压加工中，合理选用材料具有重要意义。

冲压加工中用的材料，有很多种类，其性能各异，应当根据材料的性能与特点，采用不同的冲压工艺方法、工艺参数和模具参数，才能够达到冲压加工的目的。

冲压用原材料主要是各种金属与非金属板料，也对某些管材及型材进行冲压加工。金属板料包括各种黑色金属与有色金属板料。虽然在冲压生产中所用金属种类较多，但用得最多的主要是钢板、不锈钢板、铝及铝合金板、铜及铜合金板、钛及钛合金板等。

一、常用板料的冲压性能

（一）普通钢板

按国家标准规定，钢板分为薄板和厚板两种。厚度 $t \leqslant 4$mm 的钢板称之为薄板，其余为厚板。

钢是铁和碳的合金，而且含有少量的锰、硅、磷、硫以及铝等元素。这些元素对钢板的冲压性能有不同影响。表 1-9 列举了钢中所含元素碳（C）、锰（Mn）、硅（Si）、磷（P）、硫（S）以及铝（Al）对 08 钢冲压性能的影响。

表 1-9　主要元素对 08 钢冲压性能的影响

元素	对冲压性能的影响
C	增加碳化铁的数量，提高钢板的屈服强度与抗拉强度，降低塑性，特别是当 Fe_3C 出现于晶界时，对冲压性能的不利影响更大
Si	硅熔于铁素体中，强化铁素体的作用很大，增加强度，降低塑性，故含硅量越低越好。08 钢中硅的质量分数不应超过 0.03%
Mn	锰的直接影响不大，锰和硫形成 MnS 夹杂物，其数量和形态对冲压性能有影响。为了保证 08 钢的拉深性能，其锰的质量分数不应超过 0.35%
P	磷显著地增高钢板的强度，增加脆性，并有偏析倾向，会形成较多的带状组织，对冲压性能不利
S	硫形成硫化物，对板料的冲压性能无疑是有害的，它是影响最大的一种元素
Al	铝是钢中最终脱氧剂，与碳形成碳化铝，显著地降低“应变时效”倾向，容易获得“饼形”铁素体晶粒，能改善冲压性能。08 钢中铝的质量分数一般为 0.02% ~0.07%，最佳值为 0.03% ~0.05%

在冲压生产中，使用最为广泛的板料是轧制薄钢板，分热轧板和冷轧板。由于产品使用目的与功能要求不同，在冲压生产中所用的钢板种类与形式也各不相同。

1. 热轧钢板

热轧钢板的供应状态有两种形式。经热轧后直接供应的钢板，表面有厚度为10μm左右的黑色氧化皮。氧化皮脆而硬，在冲压成形尤其是在剥落时，容易损坏模具。为了排除这个问题，钢铁厂也提供经酸洗等表面处理去除氧化皮后的热轧钢板。这种钢板表面粗糙，但也有利于润滑的优点，可用于成形工序。

热轧钢板的冲压性能不如冷轧钢板，而厚度与性能波动大，对冲压加工不利。除化学成分外，晶粒度的大小对强度、n值等也有影响。生产中也常用控制晶粒度的方法，对热轧钢板的性能作适当的调整。由于热轧钢板的价格便宜，现在钢铁企业也在开发冲压性能好、可用于深拉成形的热轧钢板。

2. 冷轧钢板

冲压用冷轧薄钢板中，金相组织主要是铁素体基体上分布着极少量非金属夹杂物及游离碳化铁。这三种组合的分布状况对钢板的冲压性能都有影响。铁素体晶粒最理想的晶粒度是6级，粗于6级时，冲压件表面粗糙，晶粒过于粗大时，冲压零件将产生“桔皮”状表面或引起冲裂。晶粒度过小，则钢板的强度提高，使冲压性能变差。特别是晶粒不均匀时，对冲压性能的影响更为严重。在晶粒形状中，“饼形”晶粒好于等轴晶粒板的冲压性能。

冷轧钢板表面质量好，冲压性能优异，而且板料的各种性能和厚度精度等都相当稳定。所以它在冲压生产中的应用相当广泛。冷轧钢板的主要特点是，利用轧制中的变形与退火中的再结晶处理方法，可获得r值增大的织构组织，改善冷轧钢板的拉深性能、曲面零件成形的贴模性能。表1-10是冷轧钢板与热轧钢板在质量与性能方面的大致比较。

表1-10　冷轧钢板与热轧钢板的比较

对比项目	热轧钢板	冷轧钢板
表面粗糙度/μm	20～25	0.25～25
厚度公差/mm	±(0.18～0.25)	±(0.08～0.13)
均匀伸长率δ(%)	27～35	37～42
板厚方向性系数r值	0.8～0.95	1.1～1.8

冷轧钢板分为非时效型和时效型两种。一般的低碳钢冷轧钢板退火后在拉伸曲线上具有屈服平台，其原因是由于C和N原子的作用而形成的不连续的屈服现象。这种钢板在冲压成形时，会出现破坏表面光滑的滑移线。为了克服这种不良现象，通常在退火后使钢板经历一定压下量的平整冷轧。虽然这种办法十分有效，但其效果不能长期保持下去，经过一段时间又会出现滑移线。这种钢板即为时效型的冷轧钢板。用添加Al和Ti的方法，可以把平整轧制的效果保持下去，这种钢板称为非时效型冷轧钢板。当前在冲压生产中大量应用的08Al就是这种非时效型低碳冷轧钢板。

近年来，随着汽车工业的发展，对汽车用冷轧钢板的品种和质量提出了越来越高的要求。如优良的成形性能、焊接性能、表面形貌和粗糙度、良好的抗凹陷性和耐腐蚀性等。其中，优良的成性性能尤为重要。

如武汉钢铁公司生产的IF、08Al、SPCC三种冷轧深冲薄钢板所进行的拉深、扩孔、锥杯及凸耳等模拟试验结果如图1-22所示。三种钢板的试验结果表明：*LDR*值、扩孔率λ、锥杯比η值均高，其中IF板最高、08Al次之、SPCC较差；但凸耳率e较低，IF板低于08Al，08Al又低于SPCC板。

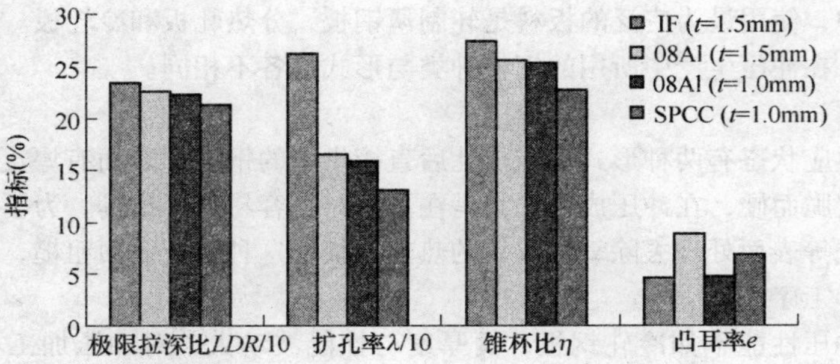

图 1-22　模拟成形性能试验结果

由此可知这三种汽车用薄钢板的成形性能，其中 IF 板最好，08Al 次之，SPCC 较差。钢板的凸耳率 e 低，说明其平面各向异性指数 Δr 值也低，由于板平面各向异性对冲压件的成形和质量都是不利的，板料平面各向异性越小，其成形质量越好。因此，IF 钢板成形质量最好，08Al 钢板次之，SPCC 板较差。所以，IF、08Al 一类薄钢板更适用于复杂深冲成形。

试验钢板的化学成分和力学性能列于表 1-11 和表 1-12。表 1-12 中的 n 值（加工硬化指数）是决定胀形工序时成形性能好坏的指标，而 r 值（塑性应变比）则是板料抵抗变薄能力的指标。因此，n 值越大，在变形中应变分布越均匀，极限变形程度越高，扩孔性能越好。在拉深试验中，r 值越大，其板厚方向就越不易变薄或增厚，越容易进行拉深成形。在锥杯试验中，成形特点为拉深与胀形复合成形，nr 值越大，复合成形性能越好。Δr 的绝对值越大，板平面各向异性指数 Δr 也越大，凸耳率也就变大。

表 1-11　钢板的化学成分（质量分数）　　（%）

材料 \ 化学成分	C	Si	Mn	P	S	Als	Ti
IF	0.003	<0.02	0.13	0.008	0.008	0.03	0.05
08Al	0.04	<0.02	0.15	0.008	0.008	0.04	
SPCC	0.08	<0.03	0.28	0.018	0.015	0.05	

表 1-12　钢板的力学性能

钢板品种	屈服强度 σ_s/MPa	强度极限 σ_b/MPa	屈服比 σ_s/σ_b	总延伸率 δ（%）	硬化指数 n 值	塑性应变比 r 值
IF	155	290	0.53	44	0.24	2.3
08Al	200	320	0.63	45	0.22	1.6
SPCC	230	335	0.69	39	0.19	1.4

以上分析表明，钢板的模拟成形性能试验与基本成本性能关系密切。而晶相组织是影响 n、r 值的主要因素，即 n、r 值的大小取决于钢板材质的组织结构。钢质纯净度及晶粒的大小决定 n 值。纯净的钢质和较粗大的晶粒有利于提高 n 值。而钢板在退火过程中，晶粒长大有利于织构的发展，从而 r 值增大。所以在一定晶粒度范围内，较大的晶粒（6～8 级）有利于成形性能提高。但晶粒过大，表面粗糙度差，甚至表面出现“桔皮”。但能提高成形性能。在表面质量与成形性能之间可作出合理的折衷选择。

冷轧深冲薄钢板组织的晶粒均匀，且较粗大，其对应的基本成形性能和模拟成形性能就好。

（二）不锈钢板

不锈钢板有多种类型，但在冲压成形中应用的不锈板多为铁素体不锈钢（铬系不锈钢）与奥氏体不锈钢（铬镍系不锈钢）。由于这两种不锈钢板的成分与组织不同，它们的冲压性能也不相同。不论是铁素体或奥氏体不锈钢，含碳量最多为0.1%（质量分数），含碳量愈少成形性能愈好。

铁素体不锈钢的冲压性能接近于冷轧钢板，在这种不锈钢板生产过程中可利用热轧、冷轧与退火的方法获得织构组织，使r值达到1.2～1.8左右。因此，可以认为这种钢板具有良好的拉深性能。但是，铁素体不锈钢板的硬化指数n值为0.2左右，伸长率δ约为0.25～0.3左右，均小于奥氏体不锈钢板，所以它的伸长类成形性能较差，即胀形性能低于奥氏体不锈钢板。

奥氏体不锈钢板的拉深性能稍差，但其硬化指数n值大于铁素体不锈钢板，它的埃里克森值也大，所以它具有良好的伸长类成形的冲压件性能，如胀形等。但由于奥低体不锈钢板具有较为均衡的冲压成形性能，因此适用于各种冲压成形。

由于不锈钢的强度和硬度比普通软钢要高，因此，冲压力比较大。其中，铁素体不锈钢的冲压力一般达到软钢的1.4～1.6倍，r值比软钢小。而奥氏体不锈钢的冲压力为软钢的1.8倍左右，其n值比软钢大。

不锈钢的晶粒度对*LDR*及*CCV*值有十分明显的影响：试验表明晶粒愈大，极限拉深比*LDR*愈大；在一定的晶粒大小范围内，不锈钢的*CCV*值随着晶粒增大而剧烈下降。因为*CCV*值愈小以及*LDR*值愈大，这都表明冲压成形极限越高。所以，在一定范围内，晶粒较大的不锈钢板的冲压性能好。

为了适应各种产品的要求，也为了得到不同的冲压性能，在冲压生产中应用的不锈钢种类与牌号虽有多种，但都可以通过化学成分上的调整或添加某些化学元素（如铜、镍、钛等）来改变其性能。表1-13是铁素体不锈钢板和奥氏体不锈钢板冲压性能的对比。

表1-13　常用铁素体与奥氏体不锈钢板冲压性能的对比

项目	Md30 /℃	$\sigma_{0.2}$ /MPa	σ_b /MPa	δ (%)	n值	r值	埃里克森值 /mm	*LDR*
铁素体不锈钢板		300～390	430～590	25～33	0.18～0.25	1.25～1.75	8.5～10	2.25～2.4
奥氏体不锈钢板	−46～45	240～300	540～700	48～65	0.4～0.6	0.95～1.04	12～13	2.2～2.42

注：Md30——衡量奥氏体相变稳定性的参数。

奥氏体不锈钢在冲压加工中，对冲裁模刃口锋利和间隙的合理性要求特别重要，否则会因其显著的加工硬化加剧了毛刺阻碍金属在成形中自由流动的危害性。

在其他条件相同时，由于奥氏体不锈钢所需的能量比软钢多50%以上，这就加剧了模具的磨损和粘结现象，因此，必须采用优质润滑剂。

应注意奥氏体和铁素体这两种不锈钢在成形中的不同特点：对奥氏体不锈钢，首次拉深要尽量增大变形程度；而铁素体不锈钢则要求首次拉深变形程度小些，再次拉深时可以进行变形程度大的拉深。

另外，在不锈钢板加工时，也会出现某些在普通钢板冲压时不易出现的问题。如用不锈钢板拉深零件时的开裂现象以及在拉深过程中出现的因模具表面粘结引起的拉深件表面划伤问题等。

（三）铝及铝合金板

铝材是冲压加工中常用的一种有色金属。它有纯铝与合金铝之分。铝的纯度在98%以上者称为纯铝。纯铝的成形性能比合金铝好得多。其牌号有1070A、1060、1050A、1035、1200等。

铝的特点是塑性较高，在空气中具有良好的抗蚀性。但是，纯铝的强度很低，常通过合金化及热处理或加工硬化等方法提高强度。

铝成形的主要难题是容易粘结模具和起皱，尤其是纯铝，由于加工硬化率低，很容易缩颈破裂。

冲压加工中用得更多的铝合金板有防锈铝（5A03、5A05）及硬铝（2A11、2A12 等）。表 1-14 介绍了铝合金的冲压成形性能的实验数据。

表 1-14　铝合金板的冲压性能实验数据

材料状态	极限拉深比 LDR	极限翻边系数 $K_{f\cdot c}$	胀形深度 h/d		最小弯曲半径 r_{min}
软质	1.9～2.1	0.74～0.63	0.10～0.18	0.30～0.46	$(0.5\sim1.2)t$
$\frac{1}{4}$硬	1.4～2.0	0.87～0.67	0.06～0.25	0.12～0.40	$(1.0\sim5.0)t$
硬质	1.45～1.56	0.80～0.74	0.05～0.10	0.10～0.18	$(2.0\sim3.0)t$
淬火后自然时效	1.4～1.5	0.83～0.77	—	—	$(2.5\sim3.5)t$

软质态铝合金板与软钢板在拉深、翻边、胀形和弯曲性能方面大致相同。

铝合金的加工及硬化指数 n 比纯铝大，其强度指标也较大，所以，铝合金的冲压力比纯铝大，而形状稳定性方面，铝合金又比纯铝差。

在用 n 值、r 值分别评价板料的冲压性能中，铝材有时会出现与钢板规律性不同的情况。

铝和铝合金板在成形中有几个特点需要注意：

1）铝对压边力、毛坯尺寸、硬度特别敏感，对铝和铝合金成形时，要求比对其他金属有更为严格的控制，用对钢板和黄铜行之有效的毛坯尺寸在同样的模具内成形铝和铝合金往往不能成功，在多道工序的拉深中，合理确定首次拉深的毛坯形状和压边力，以及正确设计模具，尤为重要。

2）铝在拉深中对模具圆角半径也很敏感，尤其是凸模圆角。凸模圆角太小会使板料缩颈破裂，太大时会刺穿底部。将凸模底部作出 45°的斜度和侧圆，最有利于拉深，尤其是对于退火的板料。

3）铝也可以进行变薄拉深及反拉深，但由于粘结原因，还是以多次拉深为宜。铝板尤其是薄板，应使拉深毛坯表面保持干净，避免外物擦伤。因为一旦擦伤部分的润滑层被破坏，未氧化的内部金属就会裸露，从而更加重了粘结现象。

4）沉淀硬化铝合金在飞机工业中最常用的是杜拉铝。这种铝合金经过适当的固溶热处理或退火后，可进行深拉深成形。倘若杜拉铝在连续成形中如有破裂时，其间可采用加热到 100～180℃使板料部分恢复韧性的方法。由于沉淀硬化铝合金强度大，故模具要求硬化钢模或渗氮钢并很好地抛光，以免粘结。

（四）铜及铜合金板

铜及其合金也是冲压加工中应用较多的有色金属。铜的纯度在 99% 以上者为纯铜，其牌号为 T1～T3；其余纯度的为铜合金。常用的铜合金有黄铜（其牌号为 H68、H62 等）和青铜（其牌号为 QSn4-4-2.5、QBe2 等）。

黄铜的铜含量正常为 62%～63%（质量分数）、63%（质量分数）铜含量，其拉深性能优于含 64%（质量分数）铜。

几种杂质总的不良效果对黄铜性能的影响往往大于各种成分分别作用的效果之和，如铁、铝和磷的结合就是这样，故必须控制总的杂质含量保持在最低限度。这往往比只限制一种杂质的含量更显得重要。

在冲压成形中，铜板的冲压性能试验值大致为：

极限拉深比　　　　$LDR = 1.8\sim1.9$

极限翻边系数　$K_{f \cdot c} \approx 0.69 \sim 0.63$

极限胀形深度　$h/d = 0.25 \sim 0.35$（平冲头）

$h/d = 0.35 \sim 0.50$（球冲头）

最小弯曲半径 $r_{\min} = (0.3 \sim 0.5)\ t$（$t$ 为料厚）

纯铜的抗压缩失稳能力差，拉深性能亦差。一般情况下，青铜的冲压成形性能也较差。而且，加工硬化剧烈，往往需要中间退火才能继续经受变形。所以，青铜较少用于冲压成形加工。

黄铜的冲压成形性能特别是拉深性能与晶粒尺寸有关，可按表 1-15 适当选择黄铜板的晶粒度。

表 1-15　黄铜的晶粒度与用途

晶粒大小/μm	15	25	35	50	100
拉深场合	很浅的拉深	浅拉深	深拉深且表面光洁件	一般深拉深	复杂的深拉深件

评价晶粒度的影响时，主要是晶粒大小的不均匀性和平均晶粒尺寸。当两块黄铜的平均晶粒尺寸相同时，最大和最小晶粒差别大的板料，其韧性要差些，成形后的表面也要粗糙些，这一点用埃里克森杯突试验很容易看出来。平均晶粒尺寸也影响拉深件的表面光洁程度，一般平均晶粒尺寸为 0.03mm 左右较合适，但其韧性显然比 0.045mm 的板料差。对于大多数中小型零件，用平均晶粒尺寸为 0.035 ~ 0.045mm 之间的板料，可兼顾既要有韧性又要有表面光洁的要求。对于不要求表面光洁的大零件，可用 0.05 ~ 0.06mm 甚至 0.1mm 的平均晶粒。但应记住，韧性随平均晶粒尺寸的增加而增加，但强度却随之降低。

对于铜材冲压成形性能的鉴定，拉伸试验和埃里克森试验特别有效，作为材料特征值，σ_s、σ_b、δ 和 n 值更为重要，r 值也有较广泛的应用。研究表明，n 值与晶粒度密切相关，故也有用晶粒度来鉴定冲压成形性能的，这是铜材的独特之处。由表 1-15 看出，黄铜的晶粒度在 15μm 和 100μm 之间变化，其间相应的 n 值为 0.05 ~ 0.5，而 r 值基本上在 0.9 左右变化。

此外，黄铜件进行成形加工后常会发生应力腐蚀裂纹。提高黄铜的铜含量可以减小腐蚀裂纹现象的发生。唯一防止腐蚀裂纹的有效方法是进行退火处理，消除冷加工的残余应力，或将其减小到不足为害的程度。

（五）钛及钛合金板

钛和钛合金在航空、航天工业中获得广泛的应用，堪称理想的飞机结构材料。主要是由于它有许多优异的性能，如密度较小、强度高、热强度好（在 300 ~ 400℃还能保持在室温时所具有的力学性能）；耐腐蚀性好，能耐大气、海水及许多强烈化学试剂的侵蚀，低温韧性优异等。但是，也有其缺点，就是屈服极限和抗拉强度比较接近，因而冷成形性差，成形抗力大，易拉裂；弹性模量较低，屈服应力较高，因而成形后回弹量大，冻结性能差。通常钛板零件都采用热成形的工艺方法。

由于钛合金在常温下 $\sigma_{0.2}$ 较高，且 $\sigma_{0.2}/\sigma_b$ 较大，E 与 $E/\sigma_{0.2}$ 值皆较小，因而钛板的塑性变形范围很窄，需成形力大，易开裂和回弹严重，都给冷成形带来困难。通常，冷成形多用于制造形状简单的零件。

不同牌号的钛和钛合金成形性能也各不相同。TA2、TA3 及 TC1 塑性较好，而 TC3、TC4 和 TA7 则难于冷成形。

冷成形后往往回弹量很大，同时材料还发生了强烈的冷作硬化。为了消除残余应力，改善材料性能，零件成形后必须进行退火。

在一定的高温状态下，钛板的塑性可得到明显的改善，伸长率增大，成形性显著提高。

钛的以上特点是由于它的物理性能不同于钢和其他有色金属所致，其性能比较见表 1-16。

表 1-16　钛与一些金属物理性能比较

物理性能	钛	碳　钢	不锈钢	铝	黄　铜
密度/(g/cm^3)	4.5	7.8	7.9	2.7 ~ 2.8	8.9
熔点/℃	1660	1430 ~ 1535	1430	660	1083
导热系数/[J/(cm · s · K)]	0.176	0.502 ~ 0.795	0.163	1.256 ~ 2.093	3.935
线膨胀系数 $\alpha/10^{-6}℃^{-1}$	9.0	11 ~ 12	17.3	22 ~ 24	18.1 ~ 21
单位热容量/[J/(g · K)]	0.586	0.460	0.502	0.879 ~ 0.963	0.385
弹性模量 E/MPa	110000 ~ 117000	200000 ~ 210000	195000 ~ 205000	72000 ~ 74000	74000 ~ 130000

钛有纯钛（w_{Ti}在 99% 以上）和钛合金之分。冲压加工中主要是钛合金。国产钛板的典型牌号为 TA1、TA2、TA3、TA5、TA6、TA7、TB2、TC1、TC2、TC3、TC10 等。

钛合金板冲压成形性能的特点为：

1）与钢相比，钛合金的 σ_s、σ_b 大，弹性模量 E 小。因此，所需的变形力大，冲压件的回弹比较大，模具容易磨损，工件表面容易划伤。

2）屈服比 σ_s/σ_b 较大，有的钛板其值为 0.9 以上，故允许的变形范围很窄，拉伸类成形性能不佳。

3）伸长率 δ_n、δ 及硬化指数 n 值均较小，所以，拉伸类（伸长类）成形性能差。

4）强度高、硬度高，加工硬化效应较大，故多次冲压需进行中间退火。为了消除钛合金零件的残余应力，还需进行最终退火处理。

5）对切口和表面缺陷的敏感性高，因此，必须对其毛坯消除毛刺或用机加工方法整修毛坯的边缘。

6）各向异性系数非常高，r 可达到 2 ~ 6，故拉深性能比较好，但钛板的弯曲性能差。

7）料厚增加对冲压成形性能的改善程度甚微，这性能与其他金属材料不同。

表 1-17 介绍了国产钛板的一些材料特性值，同时列出了几种常用的其他金属材料的数值对比。

表 1-17　钛板的材料特性值及对比值

材料 类别	材料 牌号	σ_s/σ_b	r	硬度 HBW	$\frac{r_{min}}{t}$	δ_j (%)	δ (%)	ψ (%)	n	回弹指标/10^{-4}
钛及钛合金	TA2	0.8 ~ 0.85	3 ~ 3.5	200 ~ 295	1.7 ~ 2.2	10 ~ 16	25 ~ 40	40 ~ 55	0.10 ~ 0.16	3.5 ~ 4.5
	TA7	0.85 ~ 0.95	2.8 ~ 4.6	240 ~ 300	4 ~ 4.5	8 ~ 13	12 ~ 25	25 ~ 40	0.08 ~ 0.13	5.4 ~ 7.1
	TC1	0.80 ~ 0.85	1.02 ~ 1.86	210 ~ 250	1.7 ~ 2.5	9 ~ 15	20 ~ 35	30 ~ 50	0.09 ~ 0.15	3.8 ~ 5.4
	TC3	0.85 ~ 0.90	1.57 ~ 1.9	320 ~ 360	5.5 ~ 6.0	5 ~ 8	10 ~ 15	25 ~ 40	0.05 ~ 0.08	7.3 ~ 8.6
黄铜	H62	0.3	1	56	0.3	20	50	66	0.20	1.1
碳素钢	10	0.63	1.16	140	0.3 ~ 0.5	15 ~ 24	35	55 ~ 65	0.15 ~ 0.24	1.2
不锈钢	1Cr18Ni9Ti	0.6	0.86	140 ~ 200	0.3 ~ 1.2	20 ~ 35	40	63	0.20 ~ 0.35	2.1
铝合金	2A12	0.48 ~ 0.52	0.61	40	0.5 ~ 1.2	14 ~ 15	18	50 ~ 60	0.14 ~ 0.15	1.3

（六）常用金属材料的力学与成形性能

常用金属材料的力学与成形性能见表1-18。

表1-18　常用金属材料的力学与成形性能

材料牌号	$\sigma_{0.2}$ /MPa	σ_b /MPa	$\frac{\sigma_{0.2}}{\sigma_b}$	δ_{10} (δ_5) (%)	ψ_p (%)	$n=\varepsilon_j$	$A=\frac{\sigma_j}{\varepsilon_j^n}$	r	E/MPa	$\frac{E}{\sigma_{0.2}}$	拉深系数 m_{min}
LF21M	63	106	0.59	30	80	0.21	17.7	0.44	71000	1132	0.525
LF2M	90	177	0.51	20	70	0.16	27.5	0.63			0.503
LY12M	104	166	0.63	19	53	0.13	24.6	0.64	71000	662	0.520
LY12C	295	457	0.65	15.6	35	0.13	68.1		71000	234	
LC4M	100	210	0.48	17	52	0.12	30.5		71000	670	0.570
LC4C	491	576	0.85	10.3	25.2	0.04	63.7		71000	136.5	
MB8	211	270	0.78	15~20	25~30	0.11	38.4		41000	195	0.820
10F	232	310	0.75	45	70	0.23	54.7	1.30	210000	945	0.493
20	236	391	0.6	28	45	0.18	63.7	0.60	210000	890	
30CrMnSi	388	609	0.64	26	50	0.14	92.4	0.90			0.50
1Cr18Ni9Ti	357	652	0.55	45	65	0.34	134	0.89	200000	560	0.498
TC1	460~650	600~750	0.8~0.85	20~35	30~50	0.08~0.09			110000	239~169	
T2	174	220	0.79	43	61	0.27	41.1	1.09	110000	632	0.580
H62	161	320	0.5	50	58	0.38	67.2	1.00			0.478

二、冲压常用材料的种类、性能和规格

（一）材料的种类

冲压生产中，常用的材料种类如下：

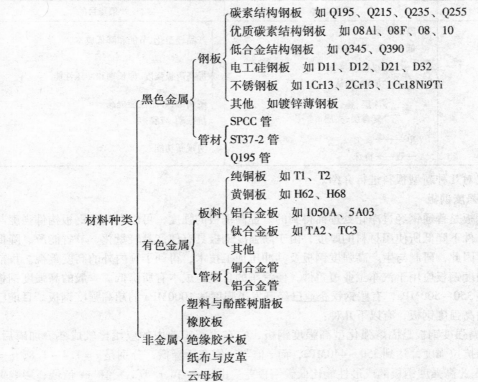

- 材料种类
  - 黑色金属
    - 钢板
      - 碳素结构钢板　如Q195、Q215、Q235、Q255
      - 优质碳素结构钢板　如08Al、08F、08、10
      - 低合金结构钢板　如Q345、Q390
      - 电工硅钢板　如D11、D12、D21、D32
      - 不锈钢板　如1Cr13、2Cr13、1Cr18Ni9Ti
      - 其他　如镀锌薄钢板
    - 管材
      - SPCC管
      - ST37-2管
      - Q195管
  - 有色金属
    - 板料
      - 纯铜板　如T1、T2
      - 黄铜板　如H62、H68
      - 铝合金板　如1050A、5A03
      - 钛合金板　如TA2、TC3
      - 其他
    - 管材
      - 铜合金管
      - 铝合金管
  - 非金属
    - 塑料与酚醛树脂板
    - 橡胶板
    - 绝缘胶木板
    - 纸布与皮革
    - 云母板

（二）材料性能

冲压常用材料的化学成分及力学性能见附录 A。

（三）材料规格

冲压原材料大部分是各种规格的板料、带料（卷料）和块料。也还有各种管材及型材。

板料：是冲压生产中应用最广的材料，适用于成批生产。常用的规格有 710mm×1420mm，1000mm×2000mm 等，生产中按需要将板料剪裁成各种尺寸的条料再进行冲压。

带料（卷料）：用于大量生产，根据材料不同，有不同的宽度尺寸，长度达几米到几十米，有的薄板金属长达上百米。应用卷料时，一般装有自动送料机构。在仪器仪表制造业中应用较多。

块料：小量或单件生产时用。对于价值较贵的特种金属，可由制造厂根据用户要求的尺寸制备块料。

冲压材料在供应时，除了尺寸有标准之外，其厚度、宽度的公差也有规定。同时以多种状态（退火、淬火、半冷作硬化、冷作硬化等）供应。使用时需根据需要进行选择。

常用的薄钢板有冷轧与热轧两种。

上述材料的规格已有国家标准，见附录 B。

三、冲压用新材料

随着汽车、电子、家用电器及日用五金等工业的迅速发展，对与其相关的金属薄板生产及成形技术提出了愈来愈高的要求。这有力地推动着现代金属薄板的发展。当代材料学的进步，使其很多新型的冲压用板料不断出现。

新型冲压板料的发展趋势，见表 1-19。

表 1-19 新型冲压薄板发展趋势

内　容	发展趋势	效果与目的
厚度	厚→薄	产品轻型化、节能和降低成本
强度	低→高	（同上）
组织	单相→双相；单相→加磷、加钛	提高薄板强度、伸长率和冲压性能
板层	单层→涂层、叠合；单层→复合层、夹层	耐腐蚀，冲压性能提高；抗振动，减噪声
功能	单一→多个；一般→特殊	实现新功能

在这里仅对几种新型板料进行介绍。

（一）高强度钢板

高强度钢板是普通钢经过净化处理而得到的。提高钢板的强度，可以在保证钢板构件强度与刚度要求的条件下降低所使用材料的厚度，由于高强度钢板具有使产品轻量化、节省能源、降低成本等优点，因此，研制与生产高强度钢板及其冲压加工技术，得到了国内外的高度重视。目前已有多种高强度钢板应用于汽车工业覆盖件，使汽车的自重与成本有所降低。一般的高强度钢板的抗拉强度是 350～500MPa，有些钢铁企业已经开发了强度达 1000MPa 的超高强度钢板。目前已经用于生产的高强度钢板，有以下几种：

1）加磷高强度钢板是固熔强化型高强度钢板，它在汽车工业中的应用比较成熟。加磷后，可提高钢板的抗拉强度，达到 350～440MPa，而 $\bar{r}$ 值与 n 值有所降低，分别是 $\bar{r}=1.4\sim1.8$，$n=0.2\sim0.24$，因此高强度钢板的成形性能比低碳钢板差。由于 σ_s 和 σ_b 高，n 值与 r 值低，影响钢板成形的贴模性及形状冻结性，所以要保证高强度钢板的冲压质量，不仅要避免开裂与起皱，更重要的是要保证零件的尺寸与形状精度。

2）BH 硬化型高强度钢板具有十分良好的冲压性能，与低碳钢相近。但在冲压成形后，经涂装和低温烘烤，它的强度因 BH 型硬化而有所提高，成为高强度钢板。在同样抗凹陷能力条件下，汽车零件厚度可减薄 15%。

BH 性能在板的不同方向上存在差异，它可增强板料的各向异性。BH 的这一特性，对生产有较大实际意义。

3）双相高强度钢板，也称复合组织钢板，具有软的铁素体与硬的马氏体组织，所以它同时具有较高的强度和较好的塑性。目前这种钢板主要用于汽车结构件。

国产冷轧 07SiMn 双相钢板（w_C0.08%，w_{Si}0.39%，w_{Mn}1.19%，w_P < 0.03%），厚度为 1mm，其材料特性值与 08Al（ZF）钢之对比列于表 1-20。这种钢已用于汽车零件的制造。

表 1-20 07SiMn 双相钢与 08Al 性能比较

钢种	σ_s/MPa	σ_b/MPa	σ_s/σ_b	δ（%）	杯突值/mm	n	r
07SiMn	335	540	0.626	33.5	10.35	0.23	0.96
08Al	180	330	0.454	43	11.8	0.234	1.7～1.8

表 1-21 列出了部分高强度钢板的冲压问题及解决方法。

表 1-21 高强度钢板成形时产生的问题及解决办法

产生的问题	典型零件	解决措施	
		材料方面	工艺方面
破裂和起皱	深覆盖件	1）降低 σ_s（防皱） 2）提高 $\bar{r}$ 值（避免破裂）	降低成形深度
表面几何缺陷	外覆盖件	1）降低 σ_s 2）提高 $\bar{r}$ 值 3）提高硬化指数 n^*①	1）凹模面光滑 2）缩短贴模时间差 3）减少拉深成分 4）采用阶梯拉深
定形性差（冻结性差）	外覆盖件	降低 σ_s	1）增大压边力 2）增大拉深肋的作用
回弹	型钢梁（保险杠件）	降低$\frac{\sigma_s+\sigma_b}{2}$	1）用辊式代替冲压 2）凸模下面加反压弹性垫 3）调整压边力和反压力
曲度 中凸反翘	型钢梁	降低材料强度	1）采用自由成形 2）加预变形 3）优化设计凹模相对圆角半径 r_d/t 和相对间隙 c/t
磨损	所有零件	降低材料强度	1）改善凹模材料和润滑 2）降低压边力 3）浅成形

① n^* 为小变形程度时测定的应变硬化指数。

（二）复合板料

复合金属板是利用轧制复合或其他复合的方法，将两种金属板压合成牢固接合在一起的双层或三层板料。通常都是在厚度较大的基层板表面复合以厚度较薄的敷层板。复合板兼有组成的组分板料金属的两种性质（力学性能与物理性能），可以认为它是一种功能性材料。为了适应不同的用途与要求，在冲压加工中应用多种复合板料，常用的有：钢—钢复合板，钢—铝复合板、钢—不锈钢复合板、不锈钢—铝复合板等，也有在钢板或铝的两类表面上各覆一层不锈钢的三层复合板。

以钢为基体，多孔性青铜为中间层，塑料为表层的三层复合板料，特别适用于汽车、飞机及核反应堆氦循环器中的轴承零件等。因为这类复合板料的冲压性能取决于基体钢，摩擦磨损性能取决于塑料，钢与塑料间通过多孔性青铜层为媒介，结合力牢固，所以性能大大优于一般涂层板料。塑料—铜—钢三层复合板料的结构组成如图 1-23 所示。

用于汽车减振、降低噪声以及提高舒适性要求而研制的单用复合钢板，是在两层薄钢之间用粘弹性材料（树脂）夹层，形成所谓的“三明治”型复合板料，它具有钢板的强度高、塑性好以及树脂阻尼性的双重优良性能。目的要求不同，中间夹层可选择不同性质的材料，从而达到降低噪声及减振的目的。图 1-24 所示是两种防振复合板料的组成示意图。

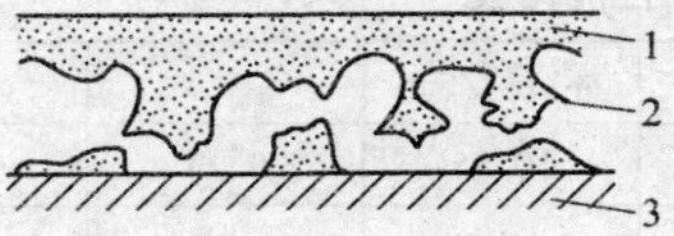

图 1-23　三层复合板料结构示意图

1—塑料　2—铜　3—钢

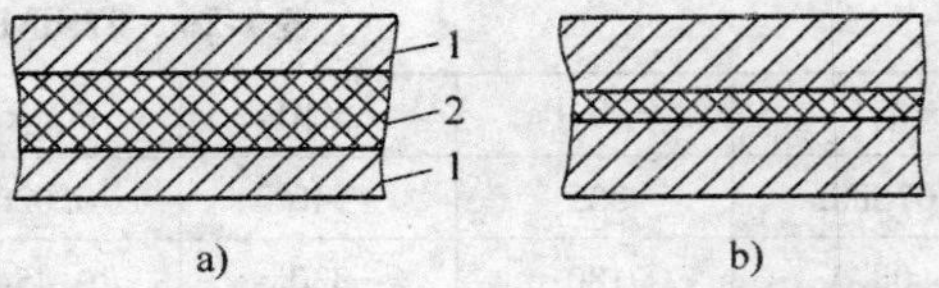

图 1-24　防振复合板料组成示意图

a）钢厚 0.2 ~ 0.3mm　塑料厚 0.3 ~ 0.5mm

b）钢厚 0.3 ~ 1.6mm　塑料厚 0.3 ~ 0.5mm

1—钢　2—塑料

研究结果表明，复合板的成形性能与粘接强度有关，当粘接强度达到 15MPa 以上时，复合板材的 n 值、r 值及均匀伸长率等均与塑料夹层的关系不大，取决于表层钢板性能，而复合板料的极限拉深比随夹层厚度的增加而减少；抗起皱能力随厚度的增加而下降，而胀形高度和扩孔率 λ 几乎不受塑料夹层性能的影响，而主要取决于表层钢板的冲压性能。

另外，复合板料的冲压成形性能还取决于组分材料的性能及厚度比例。图 1-25 所示为三种典型的复合板料受弯曲变形时的定性分析结果。由图可知，当组分材料中厚度比例很小时，复合板料的弯曲变形近似于厚度大的组分板料的弯曲变形，厚度很小的组分板料的影响很小，可以忽略。

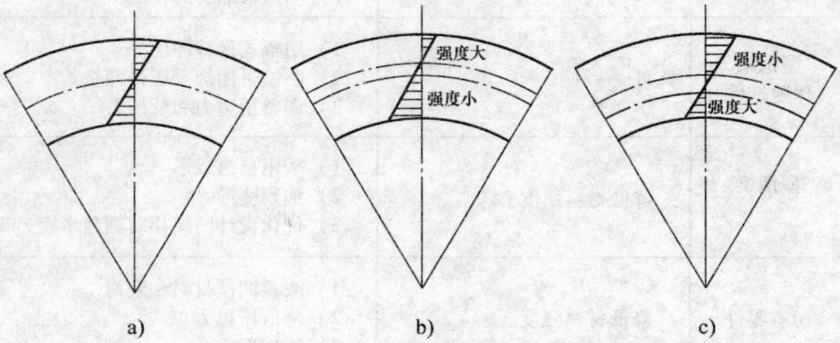

图 1-25　复合板料弯曲时的应变分布

a）普通板料　b）、c）复合板料

当组分材料的强度不同时，复合板料在弯曲变形时厚度方向上的应变分布决定于复合板的方位。当强度大的组分材料处于弯曲中心的外侧时，弯曲中性层外移，接近于外表面。这时弯曲变形区板厚增大，而且复合板内侧的压缩应变大于外侧的伸长应变（图 1-25b）。当强度大的组分板料处于弯曲中心一侧时，弯曲变形区的板厚减薄，弯曲中性层向内侧移动，而且外侧的伸长应变大于内侧的压缩应变（图 1-25c）。因此，从提高冲压成形极限出发，当复合板料承受弯曲变形时，应尽量使强度大的组分板料或塑性好的组分板料处于弯曲变形区外侧表面。

（三）涂层板料

上述的传统的镀锡板、镀锌板等已不能适应汽车工业、电器工业、农业机械及建筑工业的需要，耐腐蚀钢板中的各种镀层钢板也属于一种涂层板，因此需要开发一些新品种的镀层钢板。

电镀锌板比热镀锌板抗腐蚀能力高很多，其镀层与基体钢的结合性能及加工性能均好。

锌铬镀层板可用作汽车车身材料。这种板料有良好的焊接性、成形性和抗腐蚀能力，不但有利于加工，而且使用寿命长。

在基体钢的两面分别镀上不同的金属层（如锡—钢—铅）板料，已用于制造汽车零件。

与镀锡钢板相对应的一种无锡钢板，可节约稀少昂贵的锡，用于制造食品罐头盒，还可延长食品的储存期。

在涂层板中，各种涂覆有机膜层的板料由于有更好的防腐蚀、防表面损伤的性能，已被大量地用于制造各类结构零件。日本在 20 世纪 70 年代就开发生产涂覆氯化乙烯树脂的钢板，在 0.2 ~1.2mm 厚的基体钢板上涂覆 0.1 ~0.45mm 厚的树脂，其结构如图 1-26 所示。

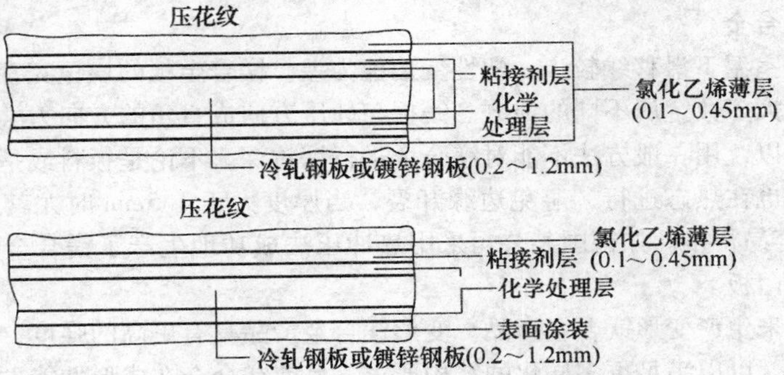

图 1-26　氯化乙烯涂层薄钢板结构示意图

涂覆塑料薄钢板可提高冲压成形性能。例如采用双面涂覆 0.04mm 聚氯乙烯薄膜的 08F 钢板进行拉深，极限拉深系数比不涂覆的 08F 钢板减小 12%，拉深件的相对高度提高 29%。为了更有效地提高塑料涂层板的冲压成形性能，塑料涂层在基体钢上有单双面之分，以适应不同成形工艺与变形特征的要求。

（四）镁合金板

镁合金材料由于本身具有许多不可替代的特性和资源优势，在国内外受到高度重视，是 21 世纪重要的商用轻质结构金属材料。

镁是特别轻的金属，镁的密度只有 1.8g/mm^3，铝是 2.8g/mm^3，镁合金在汽车工业和航空航天领域具有重要作用。

汽车轻量化是当今汽车工业的核心问题之一。有关机构研究表明：若汽车重量减轻 10%，可使燃烧效率提高 7%，并减少 10% 的污染。美国新一代汽车研究计划要求：整车重量减轻 40% 至 50%，动力及传动系统必须减轻 10%。这样，新一代汽车中钢铁这一黑色金属用量将大幅度减少，而铝及镁合金用量将显著增加，铝合金将从 129kg 增加到 332kg，镁合金将从 4.5kg 增加到 39kg。显然，未来汽车的轻量化，实际上就是零部件的轻量化，没有先进的制造技术，就没有汽车零部件的轻量化。

传统的轿车车身结构是钢车身。铝合金空间构架（ASF）技术的研发和应用，使轿车车身结构技术内容迈进了一大步。同时，通过使用更好的金属——镁，使该技术进一步完善，应用潜力更大。使用镁铸件、镁合金薄板件以及镁型材取代铝制件，可使车身重量减轻15%～20%。

镁作为比铝更轻的金属材料，从现有使用状况来看还没有发挥镁合金的潜在优势，在实际工业应用方面的发展还不及铝合金迅速。这是由于镁的晶体结构为密排六方，塑性不及面心立方结构的铝好，塑性成形能力差，因而铸造镁合金优先得到重视和发展。但是为了使镁合金更大量地应用于结构上，必须发展变形镁合金及其制品。与铸造镁合金相比，变形镁合金具有优良综合性能，以满足多样化结构的要求。而且从世界镁合金应用领域的发展前景看，变形镁合金是未来空中运输、陆上运输以及军工领域的重要结构材料。

变形镁合金通过塑性加工和热处理可以获得比铸镁合金材料更高的强度、更好的延展性、更多样化的力学性能。变形镁合金系列主要有Mg-Al、Mg-Zn等。

Mg-Al系变形镁合金中Al的质量分数一般不超过8%。Mg-Al系变形镁合金具有良好的强度、塑性和耐腐蚀的综合力学性能，典型合金有AZ31，AZ61，AZ80等。

Mg-Zn系变形镁合金具有较高的强度，典型合金有ZK60。

AZ31镁合金是目前应用最广泛的变形镁合金，它具有较好的室温强度，良好的延展性以及优良的抗大气腐蚀能力。它可以轧制成薄板、厚板，挤压成板料、管材、型材，加工成锻件，是一种很好的商用镁合金。

由于镁合金在室温下滑移线较少，塑性变形能力差。镁合金板的埃里克森试验值随厚度的增加而减小，这是与大多数金属不同的地方。镁板与轧压方向成直角的方向力学性能最高，这也是它的一个特点。所以，用一般方法不能对镁合金进行深拉深。不论是板料或是半成品，只能在热态成形；冲裁最好也在热态进行，避免边缘开裂，当厚度大于1.5mm时尤其如此，当温度高于250℃时，变形就容易得多。如德国某公司采用热冲压法成功地生产了镁合金拼焊板冲压件。典型的零件有汽车内门板。

通常通过加热来生产变形镁合金产品。变形镁合金产品具有更高的强度，更好的延展性和更多样化的力学性能，可以满足更多样化的结构要求。目前镁合金在成形性能方面的研究热点集中在超塑性变形和镁合金板料的成形性能以及冲压性能的改善方面。不久将可能实现部分镁合金零件的室温冲压成形。

第二章　冲　　裁

冲裁是利用模具使板料分离的一种冲压工艺。它包括切断（剪切）、落料、冲孔、修边、切口等多种工序。其中又以落料、冲孔应用最为广泛。从板料上冲下所需形状的零件（或毛坯）称落料，在工件上冲出所需形状的孔（冲去的为废料）称为冲孔。冲裁既可得到平板零件，也可为弯曲、拉深、成形等工序准备毛坯。

第一节　冲裁过程变形分析

一、冲裁过程

冲裁变形过程可分为三个阶段。

第一阶段：弹性变形阶段（图 2-1a）。

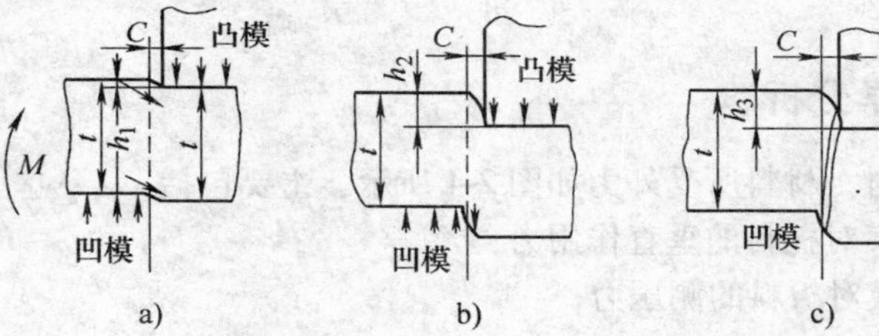

图 2-1　冲裁变形过程

凸模与材料接触后，先将材料压平，继而凸模及凹模刃口压入材料中，由于弯矩 M 的作用，材料不仅产生弹性压缩且略弯曲。随着凸模的继续压入，材料在刃口部分所受的应力逐渐增大，直到 h_1 深度时，材料内应力达到弹性极限，此为材料的弹性变形阶段。

第二阶段：塑性变形阶段（图 2-1b）。

凸模继续压入，压力增加，材料内的应力达到屈服点，产生塑性变形。随着塑性变形程度的增大，材料内部的拉应力和弯矩随之增大，变形区材料硬化加剧，当压入深度达到 h_2 时，刃口附近材料的应力值达到最大值，此为塑性变形阶段。

第三阶段：断裂阶段（图 2-1c）。

凸模压入深度达到 h_3 时，先后在凹、凸模刃口侧面产生裂纹。裂纹产生后，沿最大切应力方向向材料内层发展，当凹、凸模刃口处的裂纹相遇重合时，材料便被切断分离。

冲裁变形的三个阶段，可以在剪切曲线图中得到验证，如图 2-2 所示。

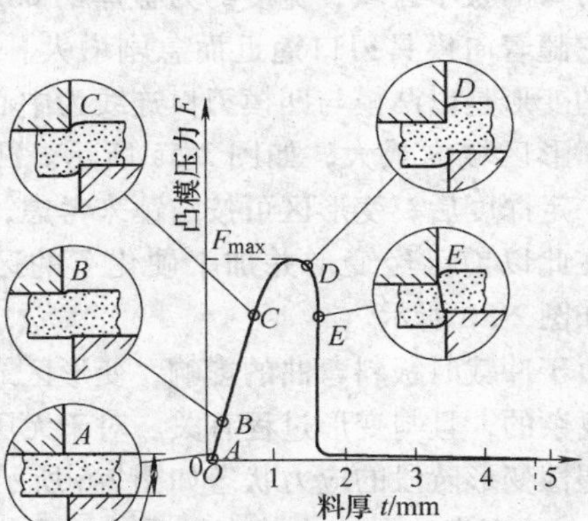

图 2-2　凸模压力与冲裁过程

A—压平材料之应力　OC—弹性区域　B—材料弹性变形之应力　CD—塑性区域　C—屈服应力　E—整个板厚被切断　D—材料最大强度

板料切断后，冲裁件与孔断面的形状如图 2-3 所示。现将切断面各部分加以说明。

图 2-3 中的 a 塌角约为 $5\%t$，t 为板料厚度，它是凸模压入材料时，刃口附件的材料被牵连拉入变形的结果；b 为光亮带，约为 $t/3$，其表面光滑，断面质量最佳；c 为剪裂带，约为 $62\%t$，表面倾斜且粗糙；d 为毛刺，其高度约为 $(5\% \sim 10\%)t$，它是在出现裂纹时形成的。

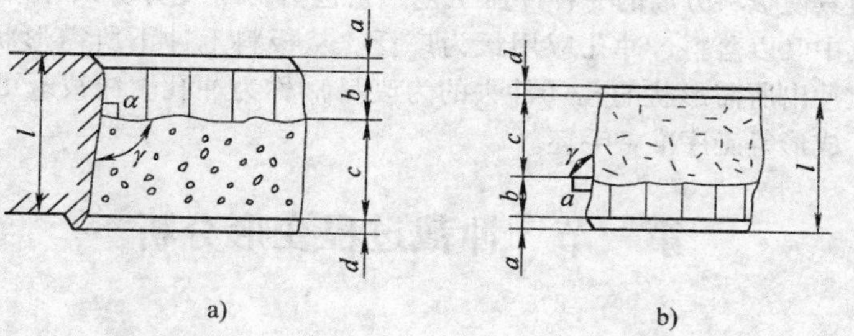

图 2-3　冲裁时孔壁和冲件切断面

a）孔壁切断面　b）冲件四周切断面

二、变形过程力学分析

在无压边装置冲裁时，材料所受外力如图 2-4 所示。主要包括：

F_p、F_d——凸、凹模对板料的垂直作用力；

F_1、F_2——凸、凹模对板料的侧压力；

μF_p、μF_d——凸、凹模端面与板料间的摩擦力，其方向与间隙大小有关，但一般指向模具刃口，其中，μ 是摩擦系数，下同。

μF_1、μF_2——凸、凹模侧壁与板料间的摩擦力。

由图可见，板料由于受到模具刃口的力偶作用而弯曲、翘起，使模具表面板料的接触面仅局限在刃口的狭小区域，宽度约为板厚的 0.2～0.4。接触面间相互作用的垂直压力分布是不均匀的，它随着向模具刃口逼近而急剧增大。冲裁时，板料的变形是以凸模与凹模刃口连线为中心而形成的纺缍形区域内最大，如图 2-5a 所示。凸模压入材料一定深度后，变形区可按纺锤来考虑，但变形区被在此以前已经变形并加工硬化了的区域所包围，如图 2-5b 所示。

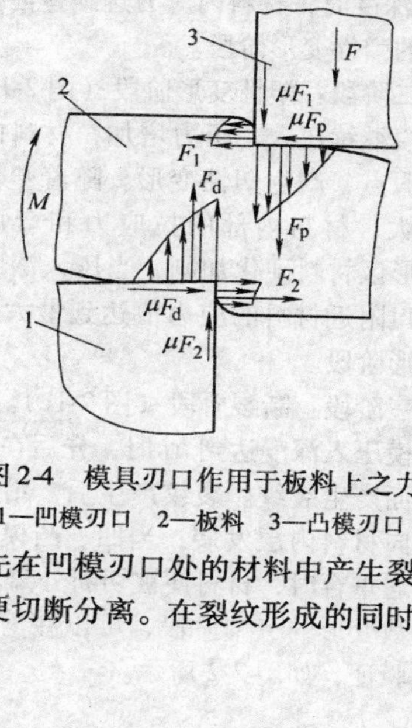

图 2-4　模具刃口作用于板料上之力

1—凹模刃口　2—板料　3—凸模刃口

由于冲裁时板料弯曲的影响，变形区的应力状态是复杂的，且与变形过程有关。对于无压料的冲裁，塑性变形阶段的应力状态如图 2-6 所示。从 A、B、C、D、E 各点的应力状态可看出，凸模与凹模端面的 B、D 点处的静水压力高于侧面的 A、E 点处的静水压力。即凸模与凹模侧面处的静水压力较低，且凹模侧面处的静水压力最低，所以冲裁过程中，首先在凹模刃口处的材料中产生裂纹，继而才在凸模刃口侧面处产生裂纹，上、下裂纹会合后材料便切断分离。在裂纹形成的同时，冲件上就形成了毛刺。

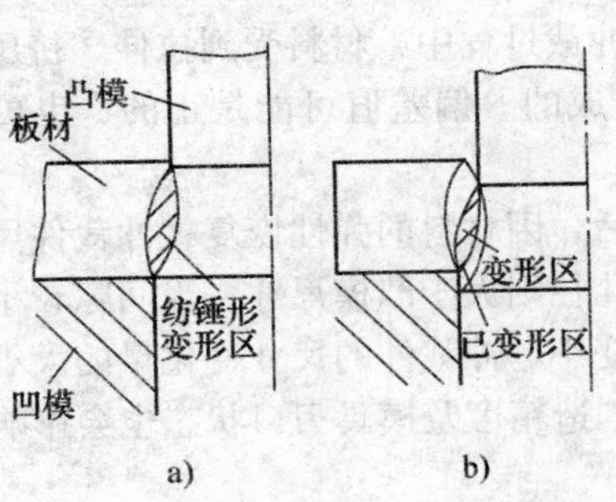

图 2-5 冲裁变形区

a）初始阶段 b）剪切过程中

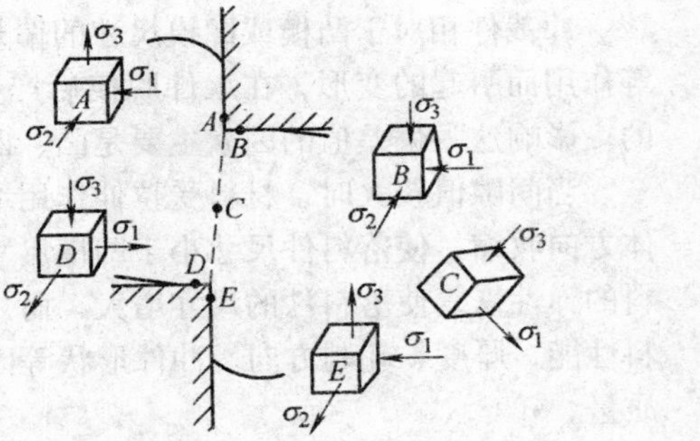

图 2-6 变形区应力状态图

第二节 冲 裁 间 隙

在冲裁过程中，材料受到弯矩的作用，工件产生穹弯，而不平整。由于冲裁变形的特点，在冲裁断面上具有明显的 4 个特征区（图 2-3）。

冲裁件的 4 个特征区在整个断面上所占比例的大小并非一成不变，而是随着材料的力学性能、冲裁间隙、刃口状态等条件的不同而变化的。

冲裁间隙的大小对冲裁件质量、模具寿命、冲裁力的影响很大，它是冲裁工艺与模具设计中的一个重要的工艺参数。

冲裁间隙是指冲裁模的凸模与凹模刃口之间的间隙，单面间隙用 c 表示，双面间隙用 z 表示（图 2-7）。

一、间隙的影响

（一）对冲裁质量的影响

冲裁件的质量主要是指断面质量、尺寸精度和弯曲度。

（1）对断面质量的影响 冲裁断面应平直、光洁、圆角小；光亮带应占有一定的比例；毛刺较小；冲裁件表面应尽可能平整，尺寸应在图样规定的公差范围之内。影响冲裁件质量的因素有：凸、凹模间隙值大小及其分布的均匀性，模具刃口锋利状态，模具结构与制造精度，材料性能等。其中，间隙值大小与分布的均匀程度是主要因素。

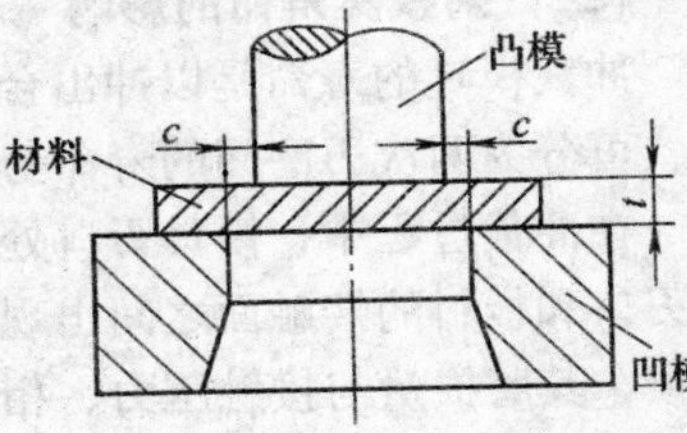

图 2-7 冲裁间隙示意图

冲裁时，间隙合适，可使上下裂纹与最大切应力方向重合，此时产生的冲裁断面比较平直、光洁，毛刺较小，制件的断面质量较好（图 2-8b）。间隙过小或过大将导致上、下裂纹不重合。当间隙过小时，上下裂纹中间部分被第二次剪切，在断面上产生撕裂面，并形成第二个光亮带（图 2-8a），在端面出现挤长毛刺。间隙过大，板料所受弯曲与拉伸均变大，断面容易撕裂，使光亮带所占比例减小，产生较大塌角，粗糙的断裂带斜度增大，毛刺大而厚，难以除去，使冲裁断面质量下降（图 2-8c）。

（2）对尺寸精度的影响 冲裁件的尺寸精度是指冲裁件实际尺寸与基本尺寸的差值，差值越小，精度越高。该差值包括两方面的偏差，一是冲裁件相对于凸模或凹模尺寸之偏差，二是模具本身的制造偏差。

冲裁件相对于凸模或凹模尺寸的偏差，主要是由于冲裁过程中，材料受到拉伸、挤压、弯曲等作用而引起的变形，在工件脱模后产生的弹性恢复造成的。偏差值可能是正的，也可能是负的。影响这一偏差值的因素主要是凸、凹模间隙。

当间隙值较大时，材料受拉伸作用增大，冲裁完毕后，因材料的弹性恢复，冲裁件尺寸向实体方向收缩，使落料件尺寸小于凹模尺寸，而冲孔件的孔径则大于凸模尺寸；当间隙较小时，材料的弹性恢复使落料件的尺寸增大，而冲孔件的孔径则变小。冲裁件的尺寸变化量的大小还与材料性能、厚度、轧制方向、冲件形状等因素有关。模具制造精度及模具刃口状态也会影响冲裁件质量。

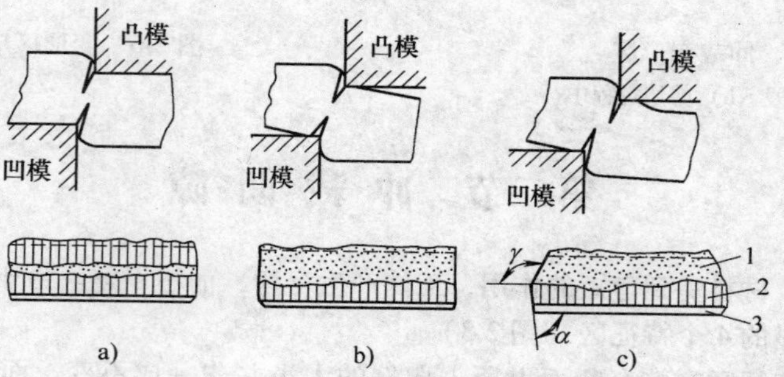

图 2-8　间隙对工件断面质量的影响

a）间隙过小　b）间隙适合　c）间隙过大

1—断裂带　2—光亮带　3—圆角带

（3）对弯曲的影响　冲裁过程中由于材料受到弯矩作用而产生弯曲，若变形达到塑性弯曲，冲裁件脱模后即使回弹，工件仍残留有一定弯曲度。这种弯曲程度随凸、凹模间隙的大小、材料性能及材料支撑方法而异。图 2-9 为在 1.6mm 厚的钢板上冲制 ϕ20mm 的冲件的实验所求得的凸、凹模刃口双面间隙与冲件曲率半径的关系。

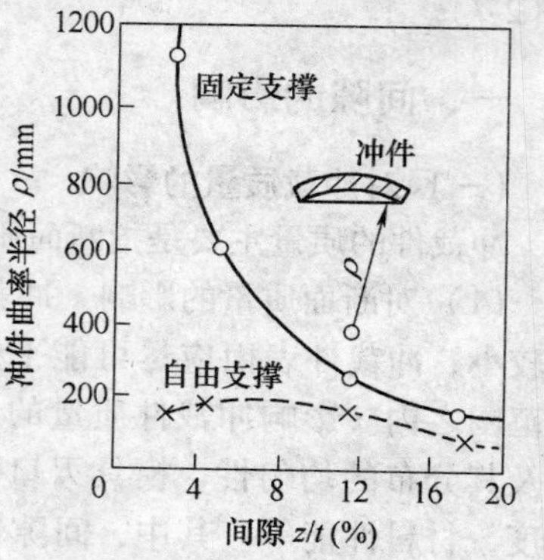

图 2-9　间隙与冲件曲率半径的关系

（二）对模具寿命的影响

冲裁模具的寿命是以冲出合格制品的冲裁次数来衡量的，可分为两次刃磨间的寿命与全磨损后总的寿命。

在冲裁过程中，模具刃口处所受的压力非常大，使模具刃口和板料的接触面之间出现局部附着现象，产生附着磨损，其磨损量与接触压力、相对滑动距离成正比，与材料屈服强度成反比。附着磨损被认为是模具磨损的主要形式。

当间隙减小时，接触压力（垂直力、侧压力、摩擦力）会增大，摩擦距离增长，摩擦发热严重，导致模具磨损加剧（图 2-10），使模具与材料之间产生粘结现象，还会引起刃口的压缩疲劳破坏，使之崩刃。间隙过大时，板料弯曲拉伸相对增加，使模具刃口端面上的正压力增大，容易产生崩刃或产生塑性变形，使磨损加剧，可见间隙过小与过大都会导致模具寿命降低。因此，间隙合适或适当增大模具间隙，可使凸、凹模侧面与材料间隙摩擦减小，并减缓间隙不均匀的不利因素，从而提高模具寿命。

从图 2-10 可看出，凹模端面磨损比凸模大，这是因为凹模端面上材料的滑动比较自由，而凸模下面的材料沿板面方向滑动受到限制的原因。而凸模侧面的磨损最大，是因为凸模侧面受到卸料作用的长距离摩擦，加剧了侧壁的磨损。若采用较大间隙，可使孔径在冲裁后的回弹增大，减小卸料时与凸模侧面的磨擦，从而减小凸模侧面的磨损。

模具刃口磨损，导致刃口的钝化和间隙增加，使制件尺寸精度降低，冲裁能量增加，断面粗糙，毛刺增大。为了提高模具寿命，一般需采用较大间隙，若制作要求精度不高时，采用合理大间隙，模具寿命可以提高。若采用小间隙，就必须提高模具硬度与制造精度，对冲模刃口进行充分润滑，以减少磨损。

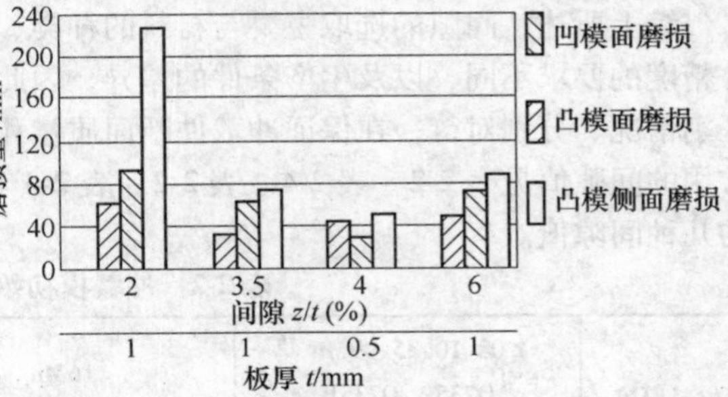

图 2-10 间隙与磨损的关系

（三）对冲裁力的影响

一般认为，增大间隙可以降低冲裁力，而小间隙则使冲裁力增大。当间隙合理时，上下裂纹重合，最大剪切力较小。而小间隙时，材料所受力矩和拉应力减小，压应力增大，材料不易产生撕裂，上下裂纹不重合又产生二次剪切，使冲裁力、冲裁功有所增大；增大间隙时材料所受力矩与拉应力增大，材料易于剪裂分离，故最大冲裁力有所减小，如对冲裁件质量要求不高，为降低冲裁力、减少模具磨损，倾向于取偏大的冲裁间隙。

二、间隙的确定

由以上分析可见，冲裁间隙对冲裁件质量、冲裁力、模具寿命等都有很大的影响，设计模具时应选用合理间隙值。但分别符合这些要求的合理间隙值并不相同，只是彼此接近。生产中通常是选择一个适当的范围作为合理间隙。这个范围的最小值称为最小合理间隙（z_{min}），最大值称最大合理间隙（z_{max}）。考虑到生产过程中的磨损使间隙变大，故设计与制造模具时，通常采用最小合理间隙值 z_{min}。确定合理间隙值有以下两种方法。

（一）理论确定法

理论确定法的主要依据是保证裂纹重合，以获得良好的冲裁断面。图 2-11 是冲裁过程中开始产生裂纹的瞬时状态。

由图中几何关系可得出计算合理间隙的公式：

$$z = 2(t - h_0)\tan\beta = 2t\left(1 - \frac{h_0}{t}\right)\tan\beta \qquad (2\text{-}1)$$

式中 t——板料厚度（mm）；

$\frac{h_0}{t}$——产生裂纹时凸模相对压入深度（mm）；

β——裂纹与垂线间的夹角。

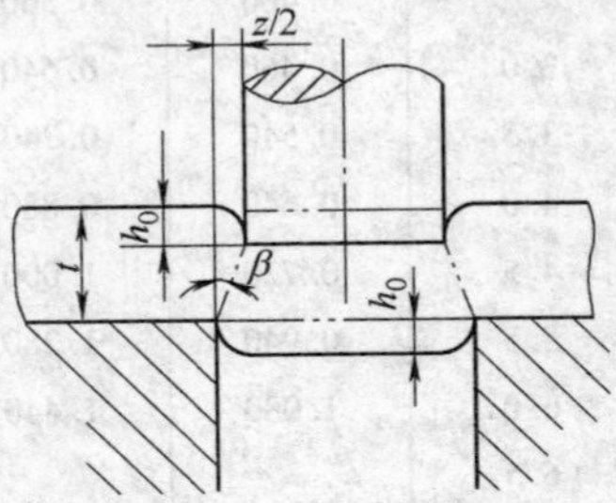

图 2-11 合理冲裁间隙的确定

由上述可知，间隙 z 与板料厚度、相对压入深度 h_0/t、裂纹方向角 β 有关。而 h_0、β 又与材料性质有关，表 2-1 为常用材料的 h_0/t 与 β 的近似值。由表可知，影响间隙值的主要因素是板料力学性能及其厚度，板料越厚、越硬或塑性越差，h_0/t 值越小，合理间隙值越大。材料越软，h_0/t 值越大，合理间隙值越小。

表 2-1 h_0/t 与 β 值 （单位：mm）

材料	h_0/t(%)				β
	$t<1$	$t=1\sim2$	$t=2\sim4$	$t>4$	
软钢	75～70	70～65	65～55	50～40	5°～6°
中硬钢	65～60	60～55	55～48	45～35	4°～5°
硬钢	54～47	47～45	44～38	35～25	4°

因为计算法在生产中使用不方便，故目前普遍使用查表选取法。

(二) 查表选取法

综上所述，间隙的选取主要与材料的种类、厚度有关。但由于多种冲压件对其断面质量和尺寸精度的要求不同，以及生产条件的差异，因此在实际生产中很难有一种统一的间隙数值，而应区别情况、分别对待，在保证冲裁件断面质量和尺寸精度的前提下，使模具寿命最高。国内工厂常用的间隙值见表2-2～表2-4。表2-2～表2-4给出了汽车、拖拉机、电器仪表和机电行业推荐的几种间隙值。

表2-2　冲裁模初始双面间隙 z ($z=2c$)　　(单位：mm)

材料厚度	08、10、35、09Mn Q235A、Q235B		16Mn		40、50		65Mn	
	z_{min}	z_{max}	z_{min}	z_{max}	z_{min}	z_{max}	z_{min}	z_{max}
小于0.5	极小间隙							
0.5	0.040	0.060	0.040	0.060	0.040	0.060	0.040	0.060
0.6	0.048	0.072	0.048	0.072	0.048	0.072	0.048	0.072
0.7	0.064	0.092	0.064	0.092	0.064	0.092	0.064	0.092
0.8	0.072	0.104	0.072	0.104	0.072	0.104	0.064	0.092
0.9	0.090	0.126	0.090	0.126	0.090	0.126	0.090	0.126
1.0	0.100	0.140	0.100	0.140	0.100	0.140	0.090	0.126
1.2	0.126	0.180	0.132	0.180	0.132	0.180		
1.5	0.132	0.240	0.170	0.240	0.170	0.230		
1.75	0.220	0.320	0.220	0.320	0.220	0.320		
2.0	0.246	0.360	0.260	0.380	0.260	0.380		
2.1	0.260	0.380	0.280	0.400	0.280	0.400		
2.5	0.360	0.500	0.380	0.540	0.380	0.540		
2.75	0.400	0.560	0.420	0.600	0.420	0.600		
3.0	0.460	0.640	0.480	0.660	0.480	0.660		
3.5	0.540	0.740	0.580	0.780	0.580	0.780		
4.0	0.640	0.880	0.680	0.920	0.680	0.920		
4.5	0.720	1.000	0.680	0.960	0.780	1.040		
5.5	0.940	1.280	0.780	1.100	0.980	1.320		
6.0	1.080	1.440	0.840	1.200	1.140	1.500		
6.5			0.940	1.300				
8.0			1.200	1.680				

注：1. 冲裁皮革、石棉和纸板时，间隙取08钢的25%。
2. c为单面间隙。

表2-3　冲裁模初始双面间隙 z ($z=2c$)　　(单位：mm)

材料厚度	软铝		纯铜、黄铜、软钢 ($w_C=0.08\%\sim0.2\%$)		杜拉铝、中等硬钢 ($w_C=0.3\%\sim0.4\%$)		硬钢 ($w_C=0.5\%\sim0.6\%$)	
	z_{min}	z_{max}	z_{min}	z_{max}	z_{min}	z_{max}	z_{min}	z_{max}
0.2	0.008	0.012	0.010	0.014	0.012	0.016	0.014	0.018
0.3	0.012	0.018	0.015	0.021	0.018	0.024	0.021	0.027
0.4	0.016	0.024	0.020	0.028	0.024	0.032	0.028	0.036
0.5	0.020	0.030	0.025	0.035	0.030	0.040	0.035	0.015

（续）

材料厚度	软铝		纯铜、黄铜、软钢（$w_C=0.08\%\sim0.2\%$）		杜拉铝、中等硬钢（$w_C=0.3\%\sim0.4\%$）		硬钢（$w_C=0.5\%\sim0.6\%$）	
	z_{min}	z_{max}	z_{min}	z_{max}	z_{min}	z_{max}	z_{min}	z_{max}
0.6	0.024	0.036	0.030	0.042	0.036	0.048	0.042	0.054
0.7	0.028	0.042	0.035	0.049	0.042	0.056	0.049	0.063
0.8	0.032	0.048	0.040	0.056	0.048	0.064	0.056	0.072
0.9	0.036	0.054	0.045	0.063	0.054	0.072	0.063	0.081
1.0	0.040	0.060	0.050	0.070	0.060	0.080	0.070	0.090
1.2	0.060	0.084	0.072	0.096	0.084	0.108	0.096	0.120
1.5	0.075	0.105	0.090	0.120	0.105	0.135	0.120	0.150
1.8	0.090	0.126	0.108	0.144	0.126	0.162	0.144	0.180
2.0	0.100	0.140	0.120	0.160	0.140	0.180	0.160	0.200
2.2	0.132	0.176	0.154	0.198	0.176	0.220	0.198	0.242
2.5	0.150	0.200	0.175	0.225	0.200	0.250	0.225	0.275
2.8	0.168	0.224	0.196	0.252	0.224	0.280	0.252	0.308
3.0	0.180	0.240	0.210	0.270	0.240	0.300	0.270	0.330
3.5	0.245	0.315	0.280	0.350	0.315	0.385	0.350	0.420
4.0	0.280	0.360	0.320	0.400	0.360	0.440	0.400	0.480
4.5	0.315	0.405	0.360	0.450	0.405	0.495	0.450	0.540
5.0	0.350	0.450	0.400	0.500	0.450	0.550	0.500	0.600
6.0	0.480	0.600	0.540	0.660	0.600	0.720	0.660	0.780
7.0	0.560	0.700	0.630	0.770	0.700	0.840	0.770	0.910
8.0	0.720	0.880	0.800	0.960	0.880	1.040	0.960	1.120
9.0	0.810	0.990	0.900	1.080	0.990	1.170	1.080	1.260
1.0	0.900	1.100	1.000	1.200	1.100	1.300	1.200	1.400

注：1. 初始间隙的最小值相当于间隙的公称数值。

2. 初始间隙的最大值是考虑到凸模和凹模的制造公差所增加的数值。

3. 在使用过程中，由于模具工作部分的磨损，间隙将有所增加，因而间隙的使用最大数值要超过表列数值。

4. c 为单面间隙。

表 2-4 冲裁模刃口双面间隙 z（$z=2c$） （单位：mm）

合金 / 间隙 z / 材料厚度 t	T8、45 1Cr18Ni9		Q215、Q235、35CrMo QSnP10-1、D41、D44		08F、10、15 H62、T1、T2、T3		1060、1050A、1035	
	z_{min}	z_{max}	z_{min}	z_{max}	z_{min}	z_{max}	z_{min}	z_{max}
0.35	0.03	0.05	0.02	0.05	0.01	0.03	—	—
0.5	0.04	0.08	0.03	0.07	0.02	0.04	0.02	0.03
0.8	0.09	0.12	0.06	0.10	0.04	0.07	0.023	0.045
1.0	0.11	0.15	0.08	0.12	0.05	0.08	0.04	0.06
1.2	0.11	0.18	0.10	0.11	0.07	0.10	0.05	0.07
1.5	0.19	0.23	0.13	0.17	0.08	0.12	0.06	0.10
1.8	0.23	0.27	0.17	0.22	0.12	0.16	0.07	0.11
2.0	0.28	0.32	0.20	0.24	0.13	0.18	0.08	0.12
2.5	0.37	0.43	0.25	0.31	0.16	0.22	0.11	0.17
3.0	0.43	0.54	0.33	0.39	0.21	0.27	0.14	0.20
3.5	0.58	0.65	0.42	0.49	0.25	0.33	0.13	0.26
4.0	0.68	0.76	0.52	0.60	0.32	0.10	0.21	0.29

（续）

材料厚度 t ＼ 间隙 z ＼ 合金	T8、45 1Cr18Ni9		Q215、Q235、35CrMo QSnP10-1、D41、D44		08F、10、15 H62、T1、T2、T3		1060、1050A、1035	
	z_{min}	z_{max}	z_{min}	z_{max}	z_{min}	z_{max}	z_{min}	z_{max}
4.5	0.79	0.88	0.64	0.72	0.38	0.46	0.36	0.34
5.0	0.90	1.0	0.75	0.85	0.45	0.55	0.30	0.40
6.0	1.16	1.26	0.97	1.07	0.60	0.70	0.40	0.50
8.0	1.75	1.87	1.46	1.58	0.85	0.97	0.60	0.72
10	2.41	2.56	2.01	2.16	1.14	1.26	0.80	0.92

表 2-5 摘自 GB/T 16743—1997《冲裁间隙》。该标准将间隙分成三类。其中第Ⅰ类适用于对断面质量与冲裁件精度均要求高的工件，但模具寿命较低。第Ⅱ类适用于断面质量、冲裁件精度要求一般，以及需要继续塑性变形的工件。第Ⅲ类适用于断面质量、冲裁件精度均要求不高的工件，但模具寿命较长。

表 2-5　冲裁单面间隙比值 c/t　（%）

材　料	抗剪强度 τ_b/MPa	Ⅰ类	Ⅱ类	Ⅲ类
低碳钢 08F、10F、10、20、Q235、Q215	≥210～400	3.0～7.0	7.0～10.0	10.0～12.5
中碳钢 45 不锈钢 1Cr18Ni9Ti、4Cr13 膨胀合金（可代合金）4J29	≥420～560	3.5～8.0	8.0～11.0	11.0～15.0
高碳钢 T8A、T10A、65Mn	≥590～930	8.0～12.0	12.0～15.0	15.0～18.0
纯铝 1060、1050A、1035 铝合金（软态）3A21 黄铜（软态）H62 纯铜（软态）T1、T2、T3	≥65～255	2.0～4.0	4.5～6.0	6.5～9.0
铅黄铜 HPb59-1、黄铜（硬态）H62 纯铜（硬态）T1、T2、T3	≥290～420	3.0～5.0	5.5～8.0	8.5～11.0
铝合金（硬态）2Al2 锡青铜 QSn4-4-2.5 铝青铜 QA17 铍青铜 QBe2	≥225～550	3.5～6.0	7.0～10.0	11.0～13.0
镁合金 MB1、MB8	≥120～180	1.5～2.5		
电工硅钢 D21、D31、D41	190	2.5～5.0	5.0～9.0	

注：1. 本表适用于厚度为 10mm 以下的金属材料。考虑到料厚对间隙比值的影响，将料厚分成≤1.0mm；>1.0～2.5mm；>2.5～4.5mm；>4.5～7.0mm；>7.0～10.0mm 五档，当料厚为 0.1～1.0mm 时，各类间隙比值取下限值。并以此为基数，随着料厚的增加，再逐档递增（0.5～1.0）t%（有色金属和低碳钢取小值，中碳钢和高碳钢取大值）。

2. 凸、凹模的制造偏差和磨损均使间隙变大，故新模具应取最小间隙值。

3. 其他金属材料的间隙比值可参照表中抗剪强度相近的材料选取。

4. 非金属材料：红纸板、胶纸板、胶布板的间隙比值分二类：相当于表中Ⅰ类时，取（0.5～2）t%；相当于表中Ⅱ类时，取（>2～4）t%。纸、皮革、云母纸的间隙比值取（0.25～0.75）t%。

第三节　冲裁力和冲裁功

一、冲裁力的计算

冲裁力是指冲裁过程中的最大剪切抗力。计算冲裁力的目的是为了合理选择压力机和设计模具。考虑到模具刃口的磨损、凸模与凹模间隙不均匀、材料性能的波动和材料厚度偏差等因素，实际所需冲裁力应比表列公式计算的值增加30%。

如用平刃口模具冲裁时，按下列公式进行计算

$$F = Lt\tau_b \tag{2-2}$$

式中　F——冲裁力（N）；

L——冲裁件周长（mm）；

t——材料厚度（mm）；

τ_b——材料剪切强度（MPa）。

而实际冲裁力应按下式计算

$$F_{冲} = 1.3F = 1.3Lt\tau_b \approx Lt\sigma_b \tag{2-3}$$

式中　σ_b——材料抗拉强度（MPa）。

二、降低冲裁力的方法

在冲裁高硬度材料或厚度大、周边长的工件时，所需冲裁力较大。如果超过现有压力机吨位，就必须采取措施降低冲裁力。一般采用以下几种方法。

（一）材料加热冲裁

材料加热后，抗剪强度大大降低，从而降低冲裁力。但材料加热后产生氧化皮，故此方法一般只适用于厚板或工件表面质量及精度要求不高的零件。

表2-6所示钢在加热状态下的剪切强度。在计算加热冲裁力时，τ_k 应按实际冲压温度取值。由于散热原因，冲压温度通常比加热温度低150～200℃。另外加热时由于材料变软，模具间隙应比冷却时适当减小。

表2-6　钢在加热状态的抗剪强度　（单位：MPa）

材料牌号	加热温度/℃					
	200	500	600	700	800	900
Q195、Q215、10、15	360	320	200	110	60	30
Q235、Q225、20、25	450	450	240	130	90	60
Q275、30、35	530	520	330	160	90	70
40、45、50	600	580	380	190	90	70

（二）阶梯凸模冲裁

将凸模制成不同高度（图2-12），使各凸模冲裁力的最大值不同时出现，这样就能降低总的冲裁力。特别是在几个凸模直径相差悬殊，彼此距离又很近的情况下，采用阶梯形布置还能避免小直径凸模由于承受材料流动的挤压力而产生折断或倾斜的现象（此时应将小凸模做短一些）。凸模间的高度差 H 取决于材料厚度，如：

$$t < 3\text{mm},\quad H = t;$$

$$t > 3\text{mm},\quad H = 0.5t。$$

（三）用斜刃口模具冲裁

用平刃口模具冲裁时，整个刃口同时与工件周边接触且同时切断，所需的冲裁力大。若采用斜刃模具冲裁，也就是凸（或凹）模刃口做成有一定倾斜角度 φ 的斜刃，如图 2-13 所示，冲裁时刃口就不是同时切入，而是逐步切入材料，逐步切断，这样，所需冲裁力可以减小，并能减小冲击、振动和噪声。对于大型冲压件，斜刃冲裁也用得比较广泛。

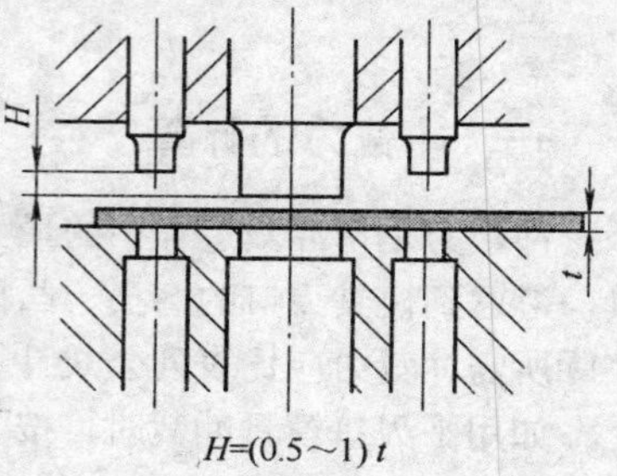

图 2-12　阶梯形布置凸模

斜刃有多种形式（图 2-13）。为了得到平整零件，落料时应将凹模做成斜刃，凸模做成平口，如图 2-13a、b 所示。冲孔时则应将凸模做成斜刃，凹模做成平口，如图 2-13c、d 所示。一般，斜刃应对称布置，对于大型冲裁模的斜刃，应做成对称布置的波浪式，如图 2-13e 所示，以免冲裁时模具刃口单侧受压而发生偏移，啃切刃口。刃口斜角 φ 不宜太大，一般斜刃角 φ 与斜刃高度 H 值可按表 2-7 选用。

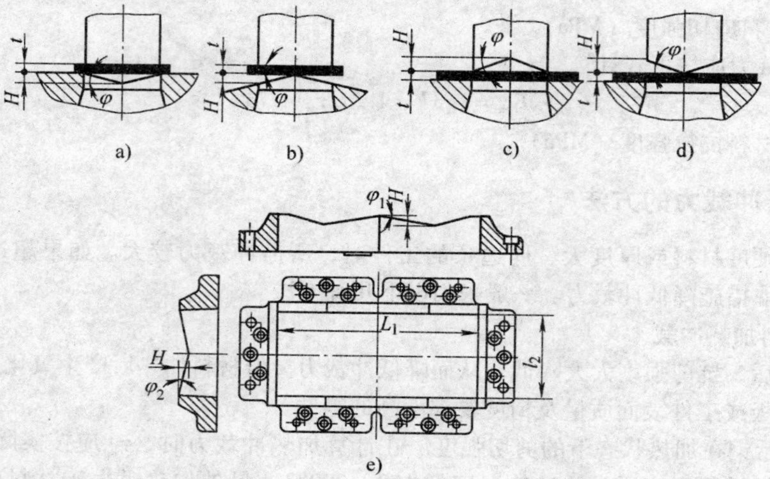

图 2-13　斜刃冲裁模

a）、b）落料　c）、d）冲孔　e）矩形件斜刃

表 2-7　斜刃凸模和凹模的主要参数

材料厚度 t/mm	斜刃高度 h/mm	斜刃倾角 φ/(°)	平均冲裁力为平刃的百分比(%)
<3	2t	<5	30~40
3~10	t	<8	60~65

斜刃冲模的冲裁力可用斜刃剪切公式近似计算。即

$$F_{斜}=K\frac{0.5t^2\tau}{\tan\varphi}\approx\frac{0.5t^2\sigma_b}{\tan\varphi} \tag{2-4}$$

式中　$F_{斜}$——斜刃冲裁力（N）；

K——系数，一般取 1.3；

τ——材料抗剪强度（MPa）；

σ_b——材料抗拉强度（MPa）；

φ——斜刃角度。

斜刃冲模虽降低了冲裁力，但增加了模具制造和修磨的困难，刃口也易磨损，故一般用于大型工件冲裁及厚板冲裁。

各种形状刃口冲裁力的基本计算公式及其计算举例见表2-8。

表2-8　冲裁力的基本计算公式及其举例

工序	简图	尺寸/mm	计算公式：公式	计算公式：例
在剪床上用平刃口切断	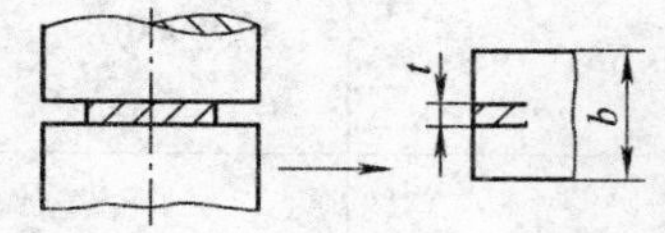	$t=1$ $b=100$	$F=bt\tau$	$F=1000\times1\times440\text{N}=440000\text{N}$
在剪床上用斜刃剪切	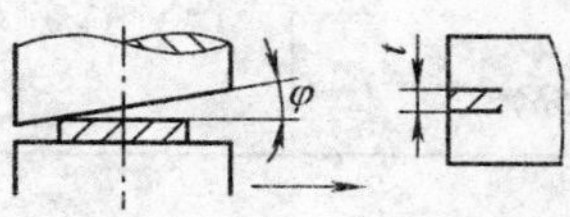	$t=1$	$F=0.5^2\tau\frac{1}{\tan\varphi}$ 一般 φ 在2°~5°之间	当 $\varphi=3°$ 时 $F=0.5\times1\times440\frac{1}{0.0524}\text{N}$ $=4200\text{N}$
用平刃口冲裁工件	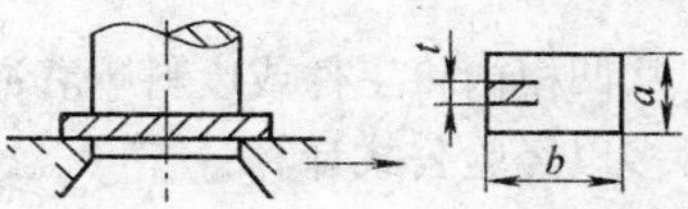	$t=1$ $a=100$ $b=200$	$F=bt\tau$ $L=2(a+b)$	$F=600\times1\times440\text{N}=264000\text{N}$ $L=2(100+200)\text{mm}=600\text{mm}$
	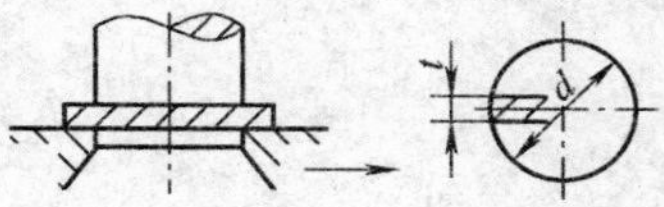	$t=1$ $d=476$	$F=\pi dt\tau$	$F=3.14\times476\times1\times440\text{N}$ $=657633\text{N}$
用单边斜刃冲模冲裁工件或冲缺口	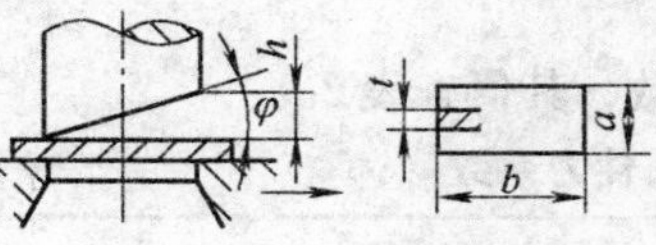	$t=1$ $a=100$ $b=200$	当 $h>t$ 时 $F=t\tau\left(a+b\frac{t}{h}\right)$ 当 $h=t$ 时 $F=t\tau(a+b)$	当 $h=t$ 时 $F=1\times440\times(100+200)\text{N}$ $=13200\text{N}$
在双边斜刃冲模上冲裁工件	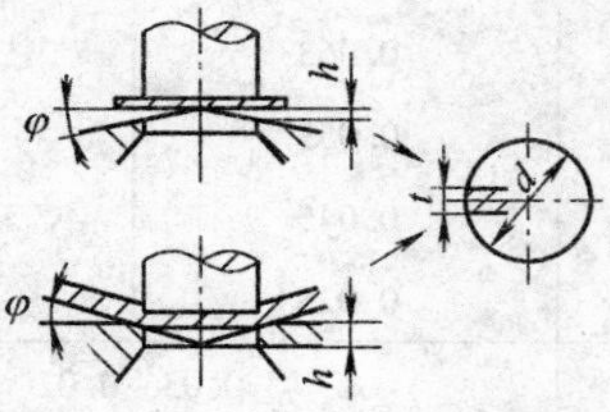	$t=1$ $d=100$	当 $h>0.5t$ 时 $F=2dt\tau\times\arccos\frac{h-0.5t}{h}$	当 $h=t$ 时 $F=2\times100\times100\times440\times\arccos\frac{1-0.5}{1}\text{N}$ $=92107\text{N}$
	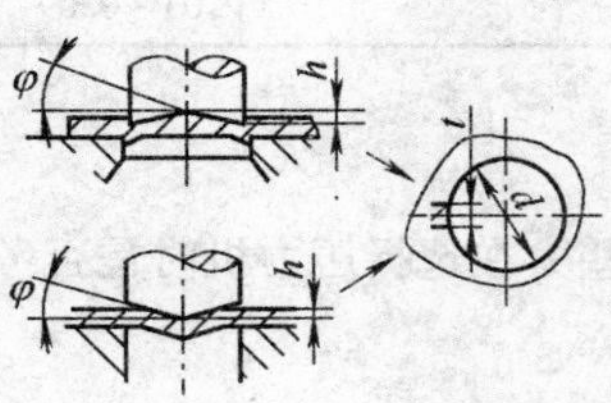		当 $h>0.5t$ 时 $F=2dt\tau\times\arccos\frac{h-0.5t}{h}$	

（续）

工序	简　图	尺寸/mm	计算公式	
			公式	例
在双边斜刃冲模上冲裁工件	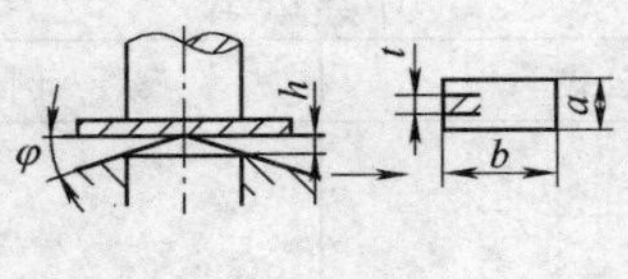	$t=1$ $a=100$ $b=200$	当 $h>t$ 时 $F=2t\tau\times\left(a+b\dfrac{0.5t}{h}\right)$ 当 $h=t$ 时 $F=2t\tau(a+0.5b)$	当 $h=t$ 时 $F=2\times1\times440$ $\times(100+0.5200)\text{N}$ $=176000\text{N}$
	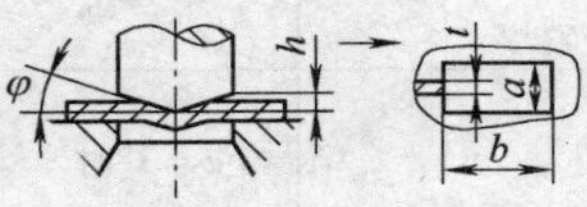		当 $h>t$ 时 $F=2t\tau\times\left(a+b\dfrac{0.5t}{h}\right)$ 当 $h=t$ 时 $F=2t\tau(a+0.5b)$	

注：τ 为材料之抗剪强度，取 $\tau=440\text{MPa}$。

三、卸料力、推件力和顶件力

冲裁时，工件或废料从凸模上卸下来的力叫卸料力，从凹模内将工件或废料顺着冲裁的方向推出的力叫推件力，逆冲裁方向顶出的力叫顶件力。通常多以经验公式计算：

卸料力　$$F_{卸}=K_{卸}F_{冲} \tag{2-5}$$

推件力　$$F_{推}=nK_{推}F_{冲} \tag{2-6}$$

顶件力　$$F_{顶}=K_{顶}F_{冲} \tag{2-7}$$

式中　$F_{冲}$——冲裁力（N）；

n——同时卡在凹模里的工件（或废料）数目；$n=\dfrac{h}{t}$（h——凹模孔口直壁高度；

t——材料厚度）；

$K_{卸}$、$K_{推}$、$K_{顶}$——分别为卸料力、推件力、顶件力系数，其值查表 2-9。

表 2-9　卸料力、推件力和顶件力系数

板厚/mm		$K_{卸}$	$K_{推}$	$K_{顶}$
钢	≤0.1	0.065~0.075	0.1	0.14
	>0.1~0.5	0.045~0.055	0.063	0.08
	>0.5~2.5	0.04~0.05	0.055	0.06
	>2.5~6.5	0.03~0.04	0.045	0.05
	>6.5	0.02~0.03	0.025	0.03
铝、铝合金		0.025~0.08	0.03~0.07	
纯铜、黄铜		0.02~0.06	0.03~0.09	

注：卸料力系数 $K_{卸}$ 在冲多孔、大搭边和轮廓复杂时取上限值。

冲裁时之冲压力为冲裁力、卸料力和推件力之和，这些力在选择压力机时是否考虑进去，应根据不同的模具结构区别对待，即：

采用弹性卸料装置和上出料方式的冲裁模为

$$F_{总} = F_{冲} + F_{卸} + F_{顶} \tag{2-8}$$

采用刚性卸料装置和下出料方式的冲裁模为

$$F_{总} = F_{冲} + F_{推} \tag{2-9}$$

采用弹性卸料装置和下出料方式的冲裁模为

$$F_{总} = F_{冲} + F_{卸} + F_{推} \tag{2-10}$$

【例1】 采用落料—冲孔复合模冲裁垫圈（图2-14），计算冲裁力、推件力和卸料力。

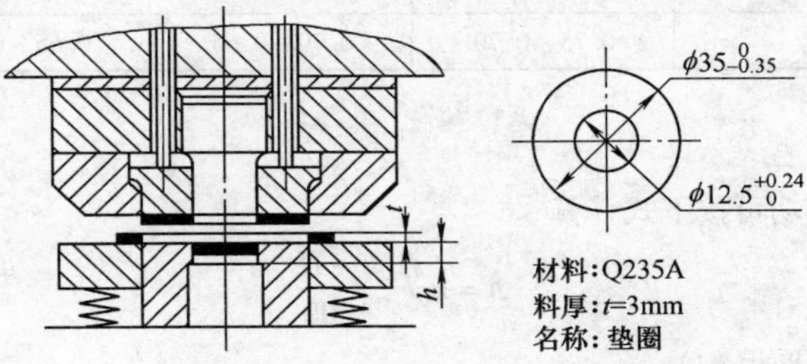

图2-14　落料—冲孔复合模和垫圈

解　由表查出 $\tau = 304 \sim 373\text{MPa}$；取 $\tau = 343\text{MPa}$。

冲裁力计算：

$$F_{落} = 1.3\pi dt\tau = 1.3 \times 3.14 \times 35 \times 3 \times 343\text{N} = 147013\text{N}$$

$$F_{孔} = 1.3\pi dt\tau = 1.3 \times 3.14 \times 12.5 \times 3 \times 343\text{N} = 52504\text{N}$$

$$F_{冲} = F_{落} + F_{孔} = (147013 + 52504)\text{N} = 199517\text{N}$$

卸料力计算：

由表2-9查出 $K_{卸} = 0.03$

$$F_{卸} = K_{卸} F_{落} = 0.03 \times 147013\text{N} = 4410\text{N}$$

推件力计算：

由表2-9查出 $K_{推} = 0.045$，凹模刃口直壁高度 $h = 6\text{mm}$

$$n = \frac{h}{t} = \frac{6}{3} = 2$$

$$F_{推} = nK_{推} F_{孔} = 2 \times 0.045 \times 52504\text{N} = 4725\text{N}$$

总的冲压力

$$F_{总} = F_{冲} + F_{卸} + F_{推} = (147013 + 52504 + 4410 + 4725)\text{N} = 208652\text{N}$$

四、冲裁功

（一）平刃冲裁功

平刃口模具的冲裁功可由下式计算

$$A = \frac{xF_{冲}\, t}{1000} \tag{2-11}$$

式中　A——平刃口冲裁功（J）；

$F_{冲}$——平刃口冲裁力（N）；

t——材料厚度（mm）；

x——平均冲裁力与最大冲裁力的比值，$x = \frac{F_{冲}}{F}$。由材料种类及厚度决定，其值见表2-10。

表 2-10　系数 x 的数值

材　料	材料厚度/mm			
	<1	1~2	2~4	>4
软钢($\tau_k=250\sim350$MPa)	0.70~0.65	0.65~0.60	0.60~0.50	0.45~0.35
中等硬度钢($\tau_k=350\sim500$MPa)	0.60~0.55	0.55~0.50	0.50~0.42	0.40~0.30
硬钢($\tau_k=500\sim700$MPa)	0.45~0.40	0.40~0.75	0.35~0.30	0.30~0.15
铝钢(退火)	0.75~0.70	0.70~0.65	0.65~0.55	0.50~0.40

(二) 斜刃冲裁功

斜刃口模具的冲裁功可按下式计算

$$A=x_1F_{斜}\frac{t+H}{1000} \tag{2-12}$$

式中　A——斜刃口冲裁功（J）；

$F_{斜}$——斜刃口冲裁力（N）；

H——斜刃高度（mm）；

t——材料厚度（mm）；

x_1——系数，对软钢可近似取为：

当 $H=t$ 时，$x_1\approx0.5\sim0.6$；

当 $H=2t$ 时，$x_1\approx0.7\sim0.8$。

第四节　排样与材料的经济利用

在冲压生产中，冲裁件在板、条等材料上的布置方法称为排样。排样是否合理直接影响到材料的经济利用。

一、材料的利用率

冲压生产的成本中，毛坯材料费用占 60% 以上，排样的目的就是在于合理利用材料。评价排样经济性、合理性的指标是材料的利用率。其计算公式如下：

一个进距内的材料利用率为

$$\eta_1=\frac{n_1F}{Bh}\times100\%$$

条料的材料利用率为

$$\eta_2=\frac{n_2F}{LB}\times100\%$$

板料的材料利用率为

$$\eta_3=\frac{n_3F}{L_0B_0}\times100\%$$

式中　F——冲裁件面积（mm^2）；

B——条料宽度（mm）；

h——送料进距（mm）；

n_1——一个进距内冲件数；

n_2——条料上冲件总数；

n_3——板料上冲件总数；

L——条料长度（mm）；

L_0——板料长度（mm）；

B_0——板料宽度（mm）。

条料冲裁时，所产生的废料包括工艺废料和结构废料两种（图2-15）。搭边和余料属于工艺废料，这是与排样形式及冲压方式有关的废料；结构废料由工件的形状特点决定，一般不能改变。所以只有设计合理的排样方案，减少工艺废料，才能提高材料利用率。

二、排样方法

根据材料的利用情况，排样方法可分为三种：

（1）有废料排样　沿工件全部外形冲裁，工件与工件之间、工件与条料侧边之间都存在搭边废料（图2-16a）。

（2）无搭边少废料排样　沿工件部分外形轮廓冲裁或切断，只有局部的搭边或废料（图2-16b）。

（3）无废料排样　工件与工件之间、工件与条料侧边之间均无搭边废料，条料以直线或曲线的切断而得到工件（图2-16c）。

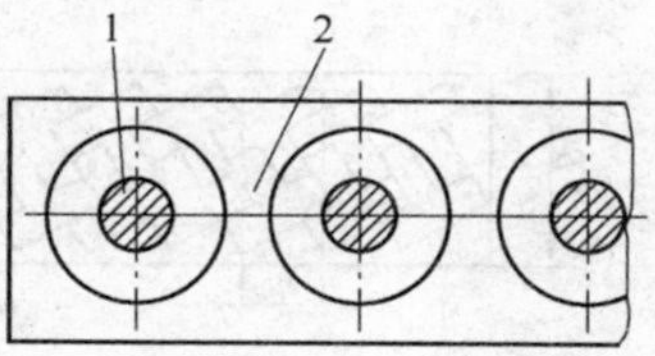

图2-15　废料分类

1—结构废料　2—工艺废料

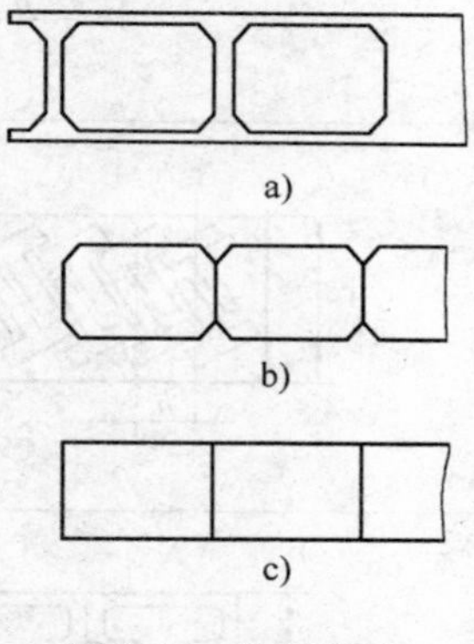

图2-16　排样方法

a）有废料排样　b）无搭边少废料排样　c）无废料排样

有废料、无搭边少废料和无废料排样的形式，按其外形特征又可分为直排、斜排、直对排、斜对排、混合排、多行排、裁搭边等，见表2-11。

【例2】　计算圆形工件在条料上为多行交错排列的材料利用率。图2-17a为三行排列，三个相邻圆心的连线是等边三角形。

解　图中a_1为两相邻圆心之间的搭边，a为侧搭边，d为工件直径，计算条料宽度B为

$$B = 2 \times \frac{\sqrt{3}}{2}(a_1 + d) + d + 2a$$

若$a_1 = a$，则$B = 2.732d + 3.723a$。

由图2-17b可知，材料利用率η随a_1/d的增大而降低，随行数n的增多而提高。图2-17c为$a_1 = a$时，行数n与η之关系曲线。

表 2-11　常用的排样类型

	有废料排样	少、无废料排样
直排	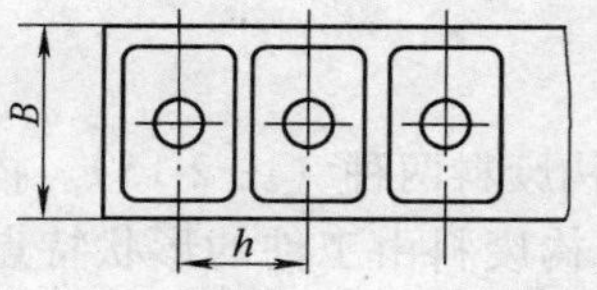	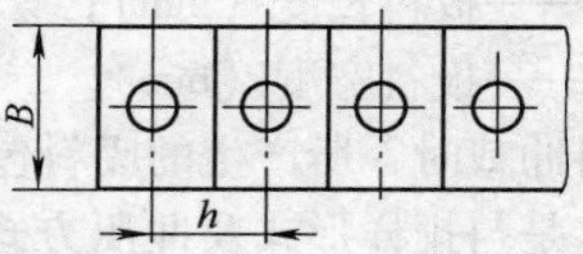
斜排	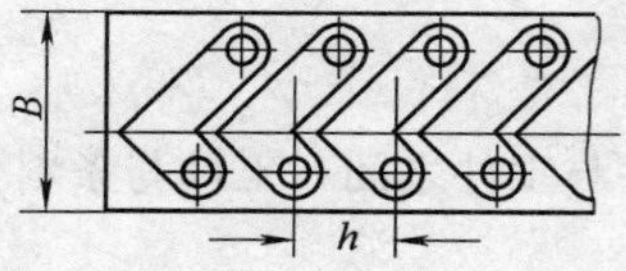	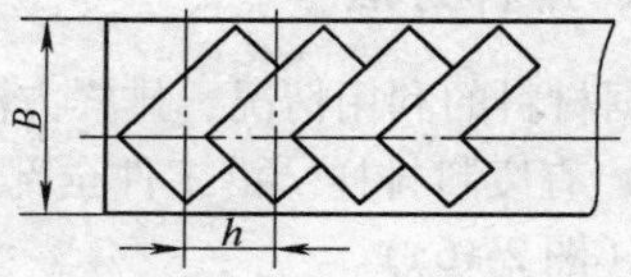
直对排	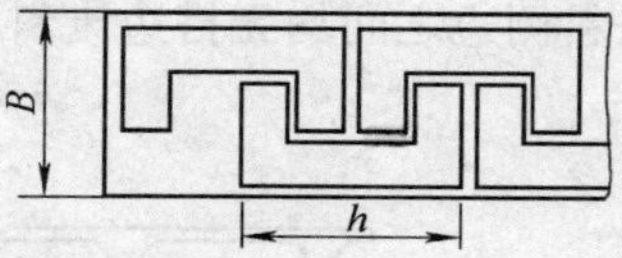	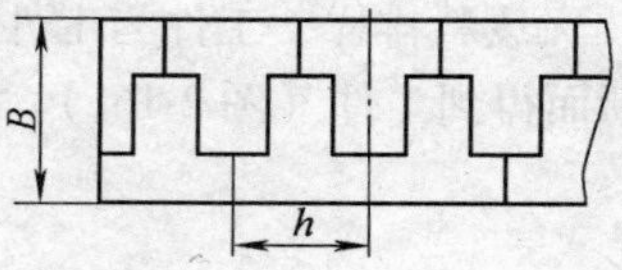
斜对排	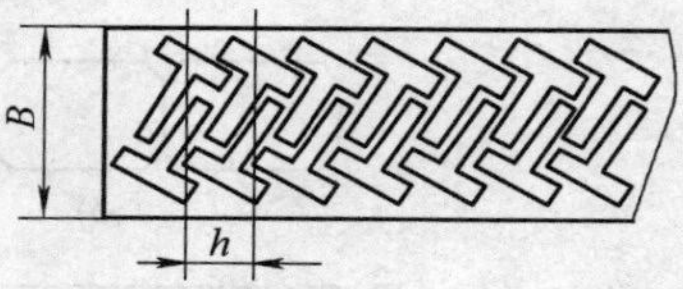	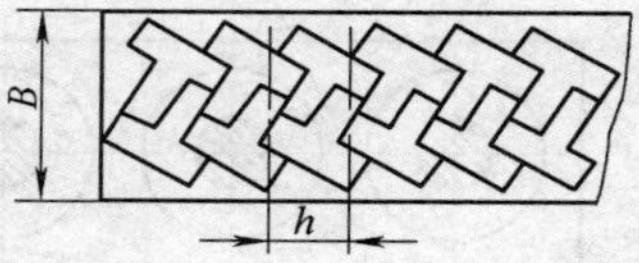
混合排	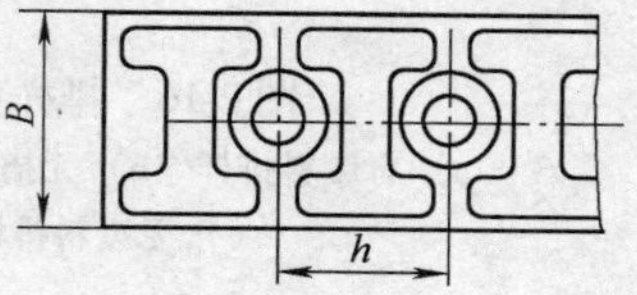	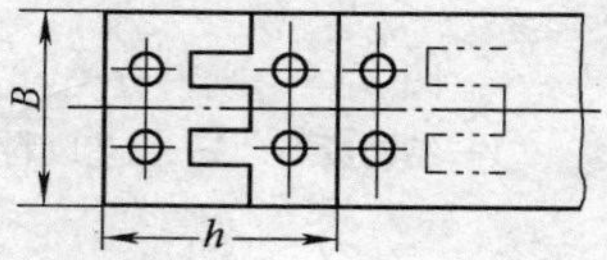
多行排	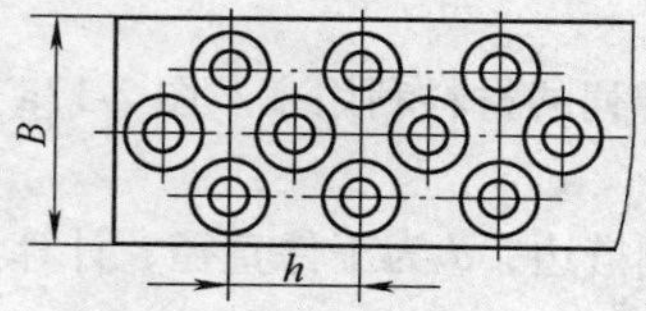	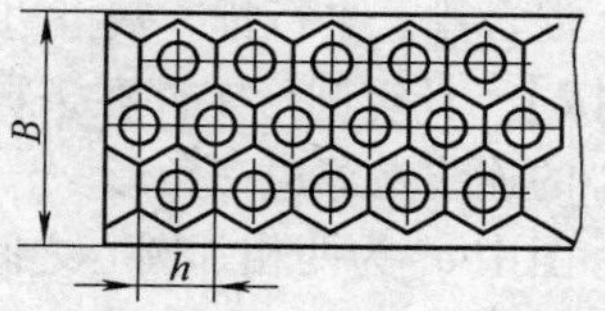
裁搭边	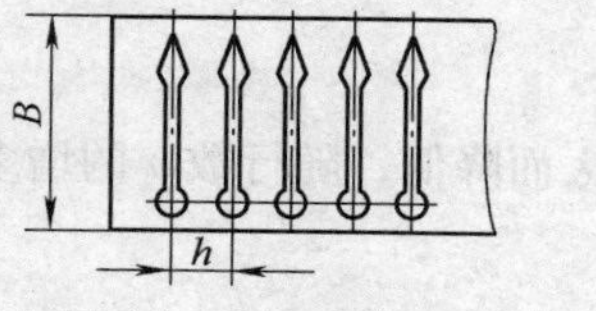	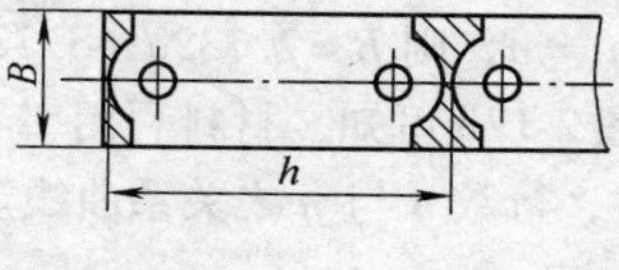

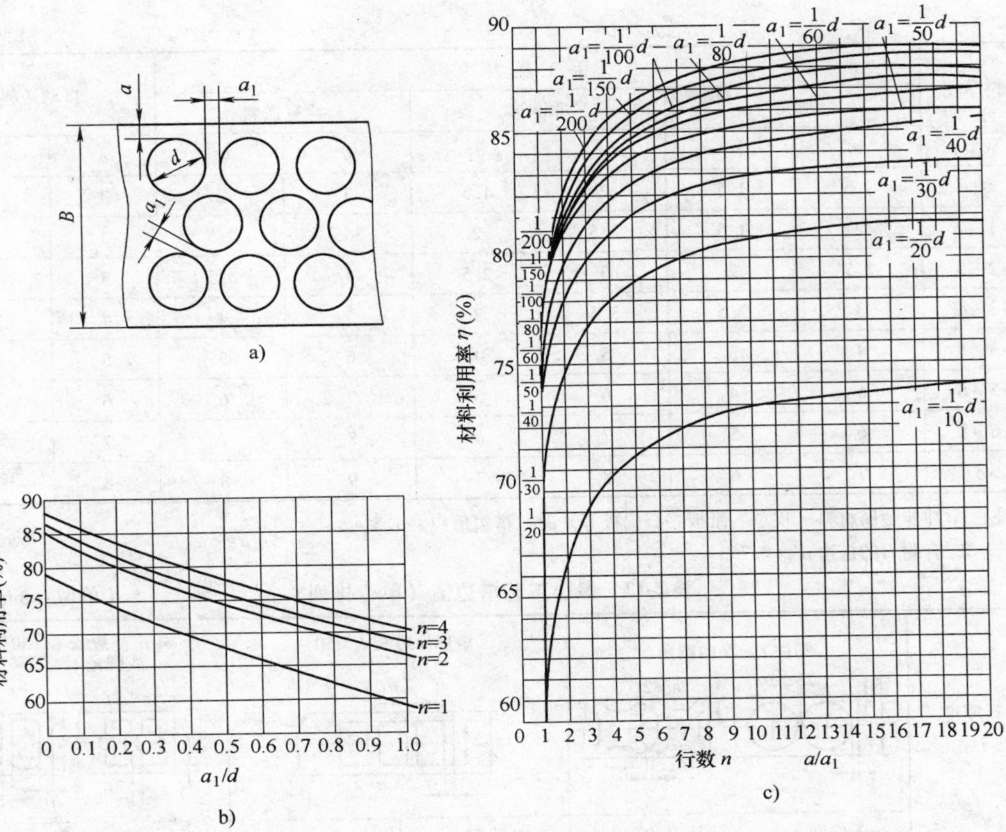

图 2-17　η—n 曲线图

a）三行的材料布置　b）a_1/d 与 η　c）曲线图

圆形工件为 n 行排列的条料宽度 B 及材料利用率之计算公式为

$$B=(n-1)(d+a_1)\sin 60^\circ+d+2a_1$$

令 $a_1=a$

$$\eta=\frac{nF}{Bh}\times 100\%=\frac{n\frac{\pi}{4}d^2}{B(d+a_1)}\times 100\%$$

$$=\frac{0.785n}{\left(1+\frac{a_1}{d}\right)\left[1+2\frac{a_1}{d}+0.866(n-1)\left(1+\frac{a_1}{d}\right)\right]}\times 100\%$$

三、搭边及条料宽度

对一般金属材料的搭边值见表 2-12（适用于大零件）或表 2-13。

表 2-12　冲裁金属材料的搭边值　　（单位：mm）

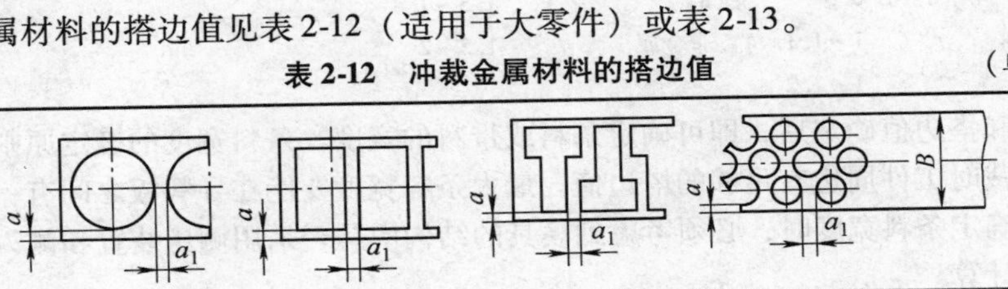

（续）

材料厚度 t	手工送料						自动送料	
	圆形		非圆形		往复送料			
	a	a_1	a	a_1	a	a_1	a	a_1
≤1	1.5	1.5	2	1.5	3	2	3	2
>1～2	2	1.5	2.5	2	3.5	2.5	3	2
>2～3	2.5	2	3	2.5	4	3.5	3	2
>3～4	3	2.5	3.5	3	5	4	4	3
>4～5	4	3	5	4	6	5	5	4
>5～6	5	4	6	5	7	6	6	5
>6～8	6	5	7	6	8	7	7	6
>8	7	6	8	7	9	8	8	7

注：1. 冲非金属材料（皮革、纸板、石棉板等）时，搭边值应乘 1.5～2。

2. 有侧刃的搭边 $\alpha'=0.75a$。

表 2-13　最小工艺搭边值（单行排列）　　（单位：mm）

材料厚度 t	圆件 $r>2t$ 的圆角 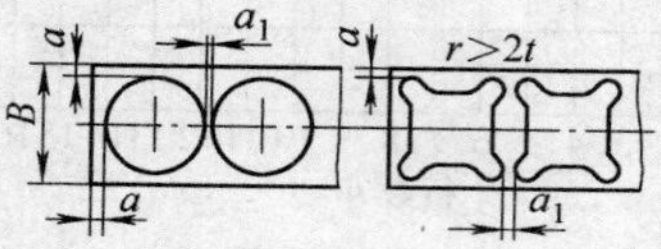		矩形件边长 $L\leqslant50$ 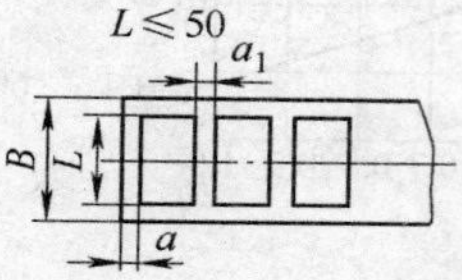		矩形件边长 $L>50$ 或圆角 $r\leqslant2t$ 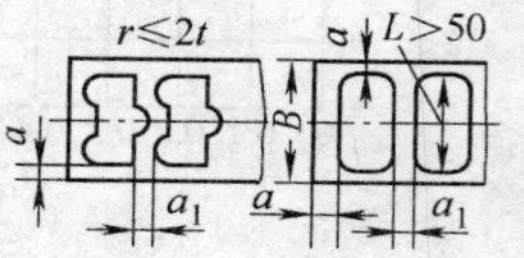	
	工件间 a_1	沿边 a	工件间 a_1	沿边 a	工件间 a_1	沿边 a
≤0.25	1.8	2.0	2.2	2.5	2.8	3.0
>0.25～0.5	1.2	1.5	1.8	2.0	2.2	2.5
>0.5～0.8	1.0	1.2	1.5	1.8	1.8	2.0
>0.8～1.2	0.8	1.0	1.2	1.5	1.5	1.8
>1.2～1.6	1.0	1.2	1.5	1.8	1.8	2.0
>1.6～2.0	1.2	1.5	1.8	2.5	2.0	2.2
>2.0～2.5	1.5	1.8	2.0	2.2	2.2	2.5
>2.5～3.0	1.8	2.2	2.2	2.5	2.5	2.8
>3.0～3.5	2.2	2.5	2.5	2.8	2.8	3.2
>3.5～4.0	2.5	2.8	2.5	3.2	3.2	3.5
>4.0～5.0	3.0	3.5	3.5	4.0	4.0	4.5
>5.0～12	$0.6t$	$0.7t$	$0.7t$	$0.8t$	$0.8t$	$0.9t$

注：表列搭边值适用于低碳钢，对于其他材料，应将表中数值乘以下列系数：

中等硬度的钢	0.9	软黄铜、纯铜	1.2
硬钢	0.8	铝	1.3～1.4
硬黄铜	1～1.1	非金属	1.5～2
硬铝	1～1.2		

排样方案和搭边值确定后，即可确定条料或带料的宽度。条料宽度的确定原则是：最小条料宽度要保证冲裁时工件周边有足够的塔边值，最大条料宽度要能在导料板之间有一定间隙，并能顺利通过。在确定条料宽度时，必须考虑到模具的结构中是否采用侧压装置和侧刃，应根据不同结构分别进行计算。

1. 有侧压（图 2-18）

条料宽度：　$B_{-\Delta}^{\ 0}=(D+2a+\Delta)_{-\Delta}^{\ 0}$

导尺间距离：　$A=B+c_1=D+2a+\Delta+c_1$

2. 无侧压（图 2-19）

条料宽度：　$B_{-\Delta}^{\ 0}=[D+2(a+\Delta)+c_1]_{-\Delta}^{\ 0}$

导尺间距离：　$A=B+c_1=D+2(a+\Delta+c_1)$

式中　D——冲裁件垂直于送料方向的尺寸；

a——侧搭边的最小值，见表 2-12 或表 2-13；

Δ——条料宽度的单向（负向）偏差，见表 2-14、表 2-15；

c_1——导尺与最宽条料之间的单面小间隙，其值见表 2-16。

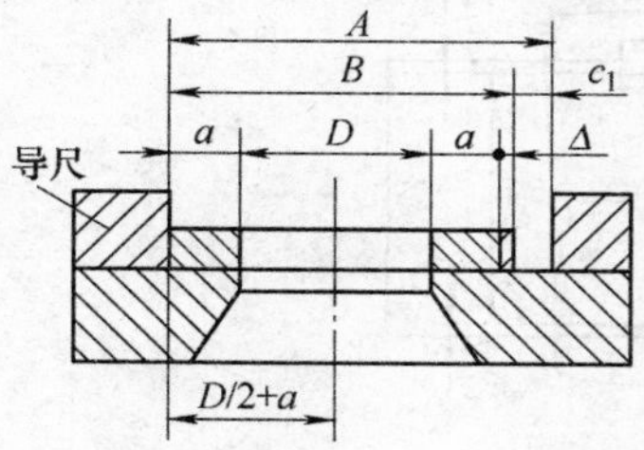

图 2-18　有侧压冲裁

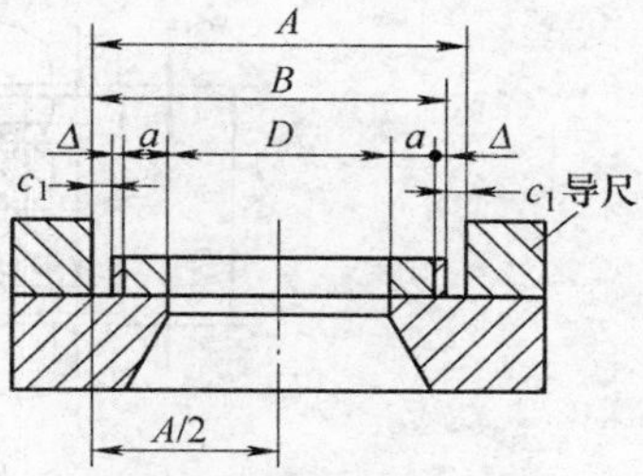

图 2-19　无侧压冲裁

表 2-14　条料宽度偏差 Δ　（单位：mm）

条料宽度 B	材料厚度 t				条料宽度 B	材料厚度 t			
	≤1	>1~2	>2~3	>3~5		≤1	>1~2	>2~3	>3~5
≤50	−0.4	−0.5	−0.7	−0.9	150~220	−0.7	−0.8	−1.0	−1.2
>50~100	−0.5	−0.6	−0.8	−1.0	220~300	−0.8	−0.9	−1.1	−1.3
>100~150	−0.6	−0.7	−0.9	−1.1					

注：表中数值系用龙门剪床下料。

表 2-15　条料宽度偏差　（单位：mm）

条料宽度 B	材料厚度 t		
	≤0.5	>0.5~1	>1~2
≤20	−0.05	−0.08	−0.10
>20~30	−0.08	−0.10	−0.15
>30~50	−0.10	−0.15	−0.20

表 2-16　送料最小间隙 c_1　（单位：mm）

导向方式 / 条料宽度 B / 材料厚度 t	无侧压装置			有侧压装置	
	≤100	>100~200	>200~300	≤100	>100
≤0.5	0.5	0.5	1	5	8
>0.5~1	0.5	0.5	1	5	8
>1~2	0.5	1	1	5	8
>2~3	0.5	1	1	5	8
>3~4	0.5	1	1	5	8
>4~5	0.5	1	1	5	8

3. 有侧刃（图 2-20）

条料宽度：

$$B_{-\Delta}^{\ 0} = (l + 2a' + nb)_{-\Delta}^{\ 0} = (l + 1.5a + nb)_{-\Delta}^{\ 0} \qquad (a' = 0.75a)$$

导尺间距离：

$$A = l + 1.5a + nb + c_1$$

$$A' = l + 1.5a + nb + c_1'$$

式中　l——工件垂直于送料方向的尺寸；

n——侧刃数；

b——侧刃裁切的条边宽度，见表 2-17；

c_1'——冲裁后的条料宽度与导尺间的间隙，见表 2-17。

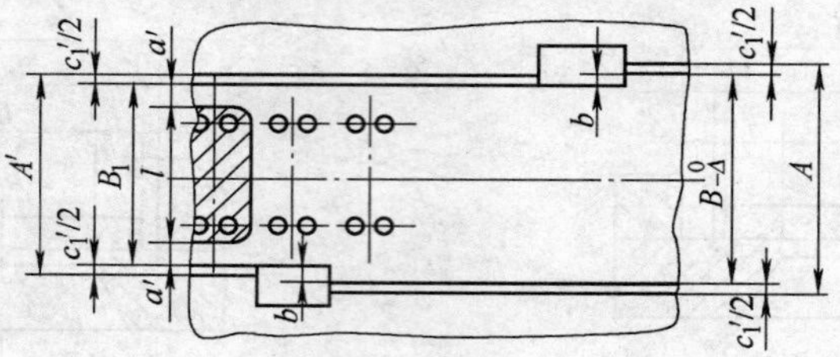

图 2-20　有侧刃的冲裁

表 2-17　b、c_1'值　（单位：mm）

条料厚度 t	b		c_1'
	金属材料	非金属材料	
≤1.5	1.5	2	0.10
>1.5～2.5	2.0	3	0.15
>2.5～3	2.5	4	0.20

第五节　冲裁件的工艺性

冲裁件的工艺性，是指冲裁件对冲压工艺的适应性。冲裁件的工艺性对冲裁件质量、材料经济利用、生产率、模具制造及使用寿命等都有很大影响。因此，在设计中应尽可能提高其工艺性。冲裁件的工艺性主要包括以下几个方面。

一、冲裁件的形状和尺寸

1）冲裁件形状应尽可能设计成简单、对称，使排样时废料最少，如图 2-21 所示。

2）冲裁件的外形和内孔应尽量避免尖锐的角，在各直线或曲线连接处，除少、无废料排样或采用镶拼模结构外，都应有适当的圆角相连，其半径 R 的最小值见表 2-18。

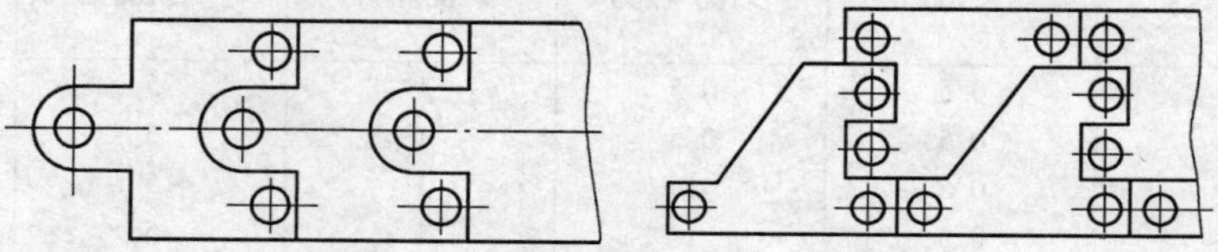

图 2-21　少废料冲裁的排样

表 2-18　冲裁件圆角半径 R 的最小值

连接角度	$\alpha \geqslant 90°$	$\alpha < 90°$	$\alpha \geqslant 90°$	$\alpha < 90°$
简图	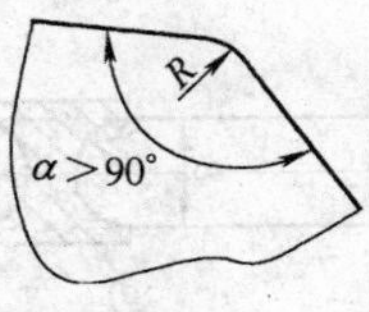	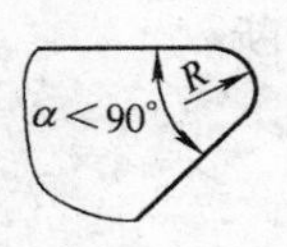	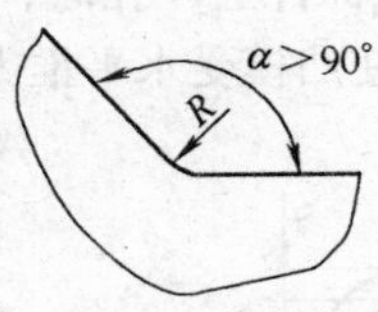	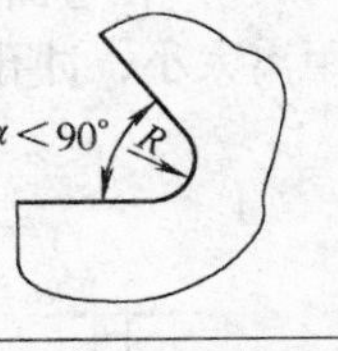
低碳钢	0.30t	0.50t	0.35t	0.60t
黄铜、铝	0.24t	0.35t	0.20t	0.45t
高碳钢、合金钢	0.45t	0.70t	0.50t	0.90t

3）冲裁件的凸出悬臂和凹槽宽度不宜过小，其合理数值可参考表 2-19。

4）冲孔时，孔径不宜过小。其最小孔径与孔的形状、材料的力学性能、材料的厚度等有关。见表 2-20、表 2-21。

表 2-19　冲裁件的凸出悬臂和凹槽的最小宽度 b

简图		材　料	宽度 b
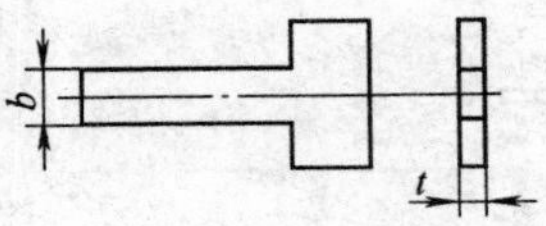	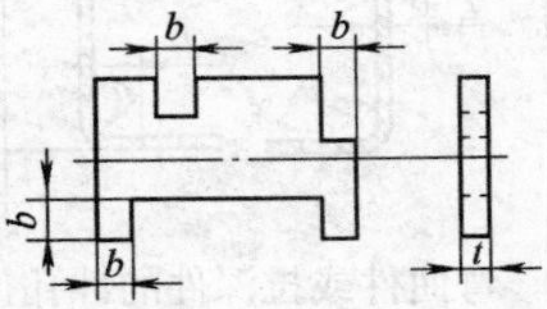	硬钢	$(1.5 \sim 2.0)t$
		黄铜、软钢	$(1.0 \sim 1.2)t$
		纯铜、铝	$(0.8 \sim 0.9)t$

表 2-20　无导向凸模冲孔的最小尺寸

材　料	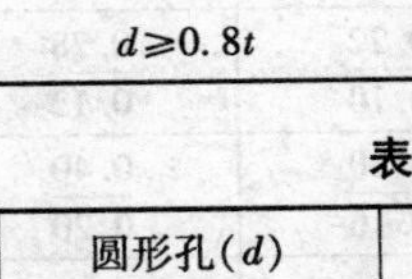	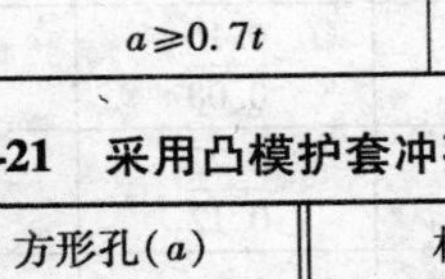	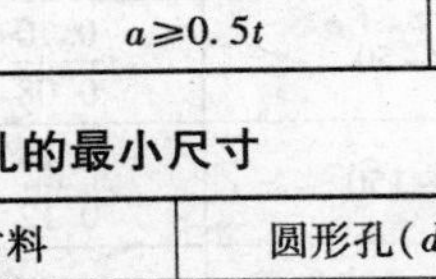	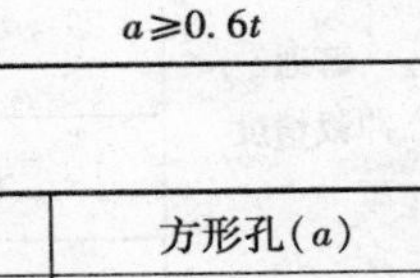
硬钢	$d \geqslant 1.3t$	$a \geqslant 1.2t$	$a \geqslant 0.9t$	$a \geqslant 1.0t$
软钢及黄铜	$d \geqslant 1.0t$	$a \geqslant 0.9t$	$a \geqslant 0.7t$	$a \geqslant 0.8t$
铝、锌	$d \geqslant 0.8t$	$a \geqslant 0.7t$	$a \geqslant 0.5t$	$a \geqslant 0.6t$

表 2-21　采用凸模护套冲孔的最小尺寸

材料	圆形孔(d)	方形孔(a)	材料	圆形孔(d)	方形孔(a)
硬钢	0.5t	0.4t	铝、锌	0.3t	0.28t
软钢及黄铜	0.35t	0.3t			

5）冲裁件的孔与孔之间，孔与边缘之间的距离 a（图 2-22），受模具强度和冲裁件质量的限制，其值不应过小，宜取 $a \geqslant 2t$，并不得小于 3～4mm，必要时可取 $a = (1 \sim 1.5)t$（$t < 1$mm 时，按 $t = 1$mm 计算），但模具寿命因此降低或结构复杂程度增加。

6）端头圆弧尺寸的腰鼓形冲压件，如若采用两侧无废料排样，如图 2-23 所示，$R = \dfrac{B}{2}$时，当条件出现正偏差就会使两端产生台阶（图 2-23b），因而最好取 $R>\dfrac{B+\Delta}{2}$（图 2-23c）。

7）在弯曲件或拉深件上冲孔时，其孔壁与工件直壁之间应保持一定的距离（图 2-24），若距离太小，冲孔时会使凸模受水平推力而折断。

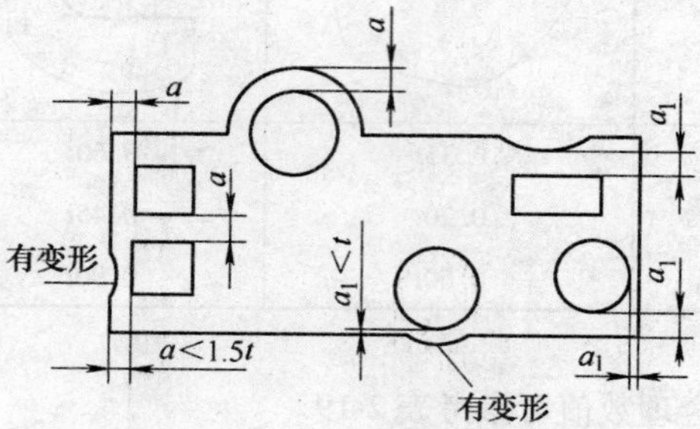

图 2-22　最小孔边距

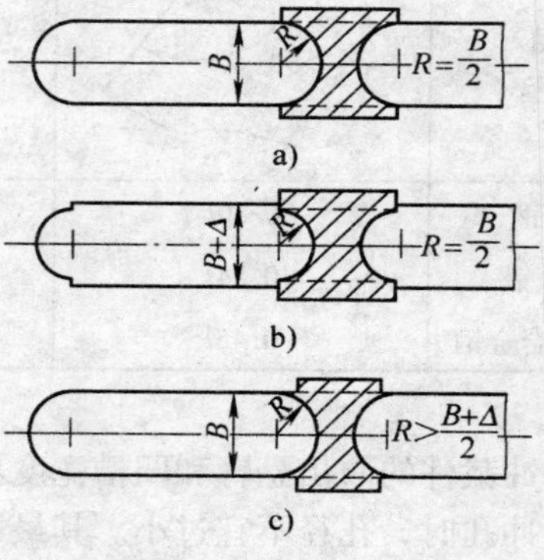

图 2-23　工件两端弧形与宽度的关系

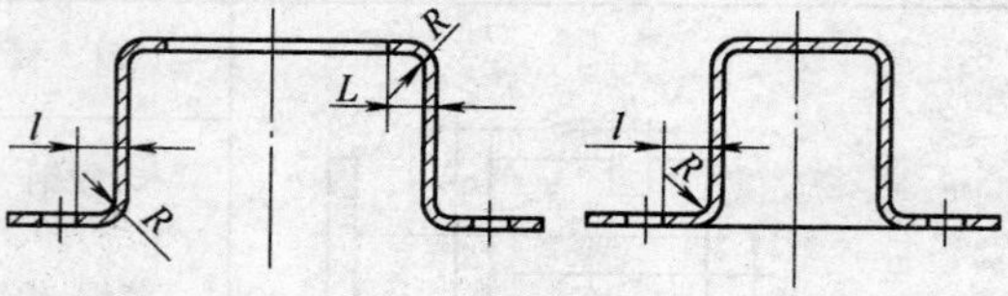

图 2-24　弯曲件或拉深件的冲孔位置

二、冲裁件的精度与表面粗糙度

1）冲裁件内外形的经济精度不高于 IT11 级。一般要求落料精度最好低于 IT10 级，冲孔件最好低于 IT9 级。具体数值可参考表 2-22～表 2-24。

2）冲裁件断面的表面粗糙度和允许的毛刺高度可见表 2-25～表 2-27。

表 2-22　冲裁件外形与内孔尺寸公差　（单位：mm）

冲裁精度	零件尺寸 \ 材料厚度	>0.2～0.5	>0.5～1	>1～2	>2～4	>4～6
普通冲裁精度	≤10	0.08/0.05	0.12/0.05	0.18/0.06	0.24/0.08	0.30/0.10
	>10～50	0.10/0.08	0.16/0.08	0.22/0.10	0.28/0.12	0.35/0.15
	>50～150	0.14/0.12	0.22/0.12	0.30/0.16	0.40/0.20	0.50/0.25
	>150～300	0.201	0.30	0.50	0.70	1.00
较高冲裁精度	≤10	0.025/0.02	0.03/0.02	0.04/0.03	0.06/0.04	0.10/0.06
	>10～50	0.03/0.04	0.04/0.04	0.06/0.06	0.08/0.08	0.12/0.10
	>50～150	0.05/0.08	0.06/0.08	0.08/0.10	0.10/0.12	0.15/0.15
	>150～300	0.08	0.10	0.12	0.15	0.20

注：表中分子为外形的公差值，分母为内孔的公差值。

表 2-23　冲裁件孔中心距离公差　　（单位：mm）

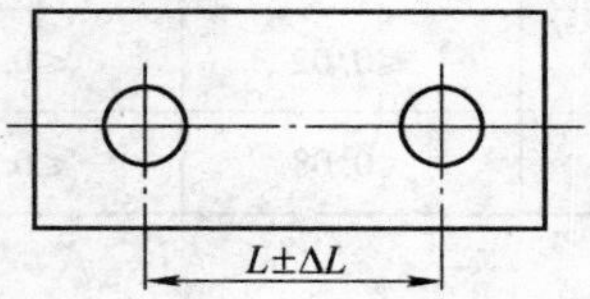

冲裁精度	孔距尺寸＼材料厚度	≤1	>1~2	>2~4	>4~6
一般	≤50	±0.10	±0.12	±0.15	±0.20
	>50~150	±0.15	±0.20	±0.25	±0.30
	>150~300	±0.20	±0.30	±0.35	±0.40
高级	≤50	±0.03	±0.04	±0.06	±0.08
	>50~150	±0.05	±0.06	±0.08	±0.10
	>150~300	±0.08	±0.10	±0.12	±0.15

表 2-24　孔对外缘轮廓的尺寸公差　　（单位：mm）

模具形式和定位方法	模具精度	工件尺寸 ≤30	30~100	100~200	模具形式和定位方法	模具精度	工件尺寸 ≤30	30~100	100~200
复合模	高级的	±0.015	±0.02	±0.025	无导正销的连续模	高级的	±0.10	±0.15	±0.25
	普通的	±0.02	±0.03	±0.04		普通的	±0.20	±0.30	±0.40
有导正销的连续模	高级的	±0.05	±0.10	±0.12	外形定位的冲孔模	高级的	±0.08	±0.12	±0.18
	普通的	±0.10	±0.15	±0.20		普通的	±0.15	±0.20	±0.30

表 2-25　一般冲裁件剪断面的表面粗糙度

材料厚度 t/mm	≤1	>1~2	>2~3	>3~4	>4~5
表面粗糙度 R_a/μm	3.2	6.3	12.5	25	50

表 2-26　各种材料冲裁的光亮带相对宽度

材　料	占料厚的百分比(%) 退火	硬化	材　料	占料厚的百分比(%) 退火	硬化
w_C0.1%的钢板	50	38	硅钢	30	
w_C0.2%的钢板	40	28	青铜板	25	17
w_C0.3%的钢板	33	22	黄铜	50	20
w_C0.4%的钢板	27	17	纯铜	55	30
w_C0.6%的钢板	20	9	硬铝	50	30
w_C0.8%的钢板	15	5	铝	50	30
w_C1.0%的钢板	10	2			

表 2-27 冲裁件的允许毛刺高度 （单位：mm）

材料厚度	≤0.3	>0.3~0.5	>0.5~1.0	>1.0~1.5	>1.5~2.0
新模试冲时允许毛刺高度	≤0.015	≤0.02	≤0.03	≤0.04	≤0.05
生产时允许毛刺高度	≤0.05	≤0.08	≤0.10	≤0.13	≤0.15

第六节 冲模刃口尺寸的计算

一、尺寸计算原则

在确定冲模凸模和凹模刃口尺寸时，必须遵循以下原则：

1）根据落料和冲孔的特点，落料件的尺寸取决于凹模尺寸，因此落料模应先决定凹模尺寸，用减小凸模尺寸来保证合理间隙；冲孔件的尺寸取决于凸模尺寸，故冲孔模应先决定凸模尺寸，用增大凹模尺寸来保证合理间隙。

2）根据凸、凹模刃口的磨损规律，凹模刃口磨损后使落料件尺寸变大，其刃口的基本尺寸应取接近或等于工件的最小极限尺寸；凸模刃口磨损后使冲孔件孔径减小，故应使刃口尺寸接近或等于工件的最大极限尺寸。

3）考虑工件精度与模具精度间的关系，在确定模具制造公差时，既要保证工件的精度要求，又能保证有合理的间隙数值。一般冲模精度较工件精度高 2~3 级。

二、尺寸计算方法

由于模具加工和测量方法的不同，尺寸计算方法可分为以下两类。

（一）凸模与凹模分开加工

这种加工方法适用于圆形或简单规则形状的冲裁件。其尺寸计算公式见表 2-28。

表 2-28 分开加工法凸、凹模工作部分尺寸和公差计算公式

工序性质	工件尺寸	凸模尺寸	凹模尺寸
落料	$D_{-\Delta}^{\ 0}$	$D_凸=(D-x\Delta-2c_{\min})_{-\delta_凸}^{\ 0}$	$D_凹=(D-x\Delta)_{\ 0}^{+\delta_凹}$
冲孔	$d_{\ 0}^{+\Delta}$	$d_凸=(d+x\Delta)_{-\delta_凸}^{\ 0}$	$d_凹=(d+x\Delta+2c_{\min})_{\ 0}^{+\delta_凹}$

注：计算时，需先将工件尺寸化成 $D_{-\Delta}^{\ 0}$、$d_{\ 0}^{+\Delta}$ 的形式。

表中 $D_凸$、$D_凹$——分别为落料凸、凹模的刃口尺寸（mm）；

$d_凸$、$d_凹$——分别为冲孔凸、凹模的刃口尺寸（mm）；

D——落料件外形的最大极限尺寸（mm）；

d——冲孔件孔径的最小极限尺寸（mm）；

$\delta_凸$、$\delta_凹$——分别为凸、凹模的制造公差（mm），见表 2-29、表 2-30；

Δ——零件（工件）的公差（mm）；

$2c_{\min}$——最小合理间隙；

x——磨损系数，其值的选取见表 2-31。

落料、冲孔时刃口部分各尺寸关联图如图 2-25 所示。

表 2-29 规则形状（圆形、方形）冲裁凸模、凹模的极限偏差 （单位：mm）

基本尺寸	凸模偏差 $\delta_{凸}$	凹模偏差 $\delta_{凹}$	基本尺寸	凸模偏差 $\delta_{凸}$	凹模偏差 $\delta_{凹}$
≤18	-0.020	+0.020	>120~180	-0.030	+0.040
>18~30		+0.025	>180~260		+0.045
>30~80		+0.030	>260~360	-0.035	+0.050
>80~120	-0.025	+0.035	>360~500	-0.040	+0.060
			>500	-0.050	+0.070

注：1. 当$|\delta_{凸}|+|\delta_{凹}|>2c_{max}-2c_{min}$时，图样只在凸模或凹模一个零件上标注偏差，而另一件则注明配作间隙。

2. 本表适用于汽车拖拉机行业。

表 2-30 圆形凸、凹模的极限偏差 （单位：mm）

材料厚度 t	基本尺寸									
	≤10		>10~50		>50~100		>100~150		>150~200	
	$\delta_{凹}$	$\delta_{凸}$	$\delta_{凹}$	$\delta_{凸}$	$\delta_{凹}$	$\delta_{凸}$	$\delta_{凹}$	$\delta_{凸}$	$\delta_{凹}$	$\delta_{凸}$
0.4	+0.006	-0.004	+0.006	-0.004	—	—	—	—	—	—
0.5	+0.006	-0.004	+0.006	-0.004	+0.008	-0.005	—	—	—	—
0.6	+0.006	-0.004	+0.008	-0.005	+0.008	-0.005	+0.010	-0.007	—	—
0.8	+0.007	-0.005	+0.008	-0.006	+0.010	-0.007	+0.012	-0.008	—	—
1.0	+0.008	-0.006	+0.010	-0.007	+0.012	-0.008	+0.015	-0.010	+0.017	-0.012
1.2	+0.010	-0.007	+0.012	-0.008	+0.015	-0.010	+0.017	-0.012	+0.022	-0.014
1.5	+0.012	-0.008	+0.015	-0.010	+0.017	-0.012	+0.020	-0.014	+0.025	-0.017
1.8	+0.015	-0.010	+0.017	-0.012	+0.020	-0.014	+0.025	-0.017	+0.029	-0.019
2.0	+0.017	-0.012	+0.020	-0.014	+0.025	-0.017	+0.029	-0.019	+0.032	-0.031
2.5	+0.023	-0.014	+0.027	-0.017	+0.030	-0.020	+0.035	-0.023	+0.040	-0.037
3.0	+0.027	-0.017	+0.030	-0.020	+0.035	-0.023	+0.040	-0.027	+0.045	-0.030
4.0	+0.030	-0.020	+0.035	-0.023	+0.040	-0.027	+0.045	-0.030	+0.050	-0.035
5.0	+0.035	-0.023	+0.040	-0.027	+0.045	-0.030	+0.050	-0.035	+0.060	-0.040
6.0	+0.045	-0.030	+0.050	-0.035	+0.060	-0.040	+0.070	-0.045	+0.080	-0.050
8.0	+0.060	-0.040	+0.070	-0.045	+0.080	-0.050	+0.090	-0.055	+0.100	-0.060

注：1. 当$|\delta_{凸}|+|\delta_{凹}|>2c_{max}-2c_{min}$时，图样只在凸模或凹模一个零件上标注偏差，而另一件则注明配作间隙。

2. 本表适用于电器仪表行业。

为了保证新冲模的间隙小于最大合理间隙（$2c_{max}$），凸模和凹模制造公差必须保证

$$|\delta_{凸}|+|\delta_{凹}|\leqslant 2c_{max}-2c_{min}$$

当$\delta_{凸}$、$\delta_{凹}$无现成资料时，一般可取

$$\delta_{凸}=\frac{1}{4}\Delta \qquad \delta_{凹}=2\delta_{凸}$$

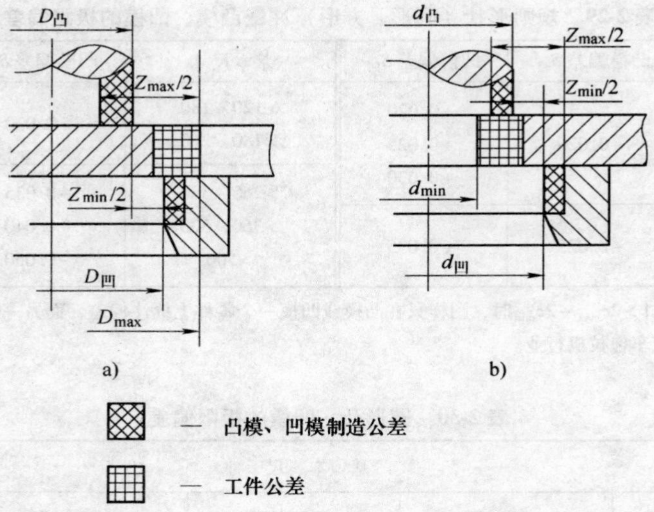

图 2-25 刃口部分各尺寸关联图

a）落料模 b）冲孔模

表 2-31 磨损系数 x

材料厚度 t/mm	非圆形			圆形	
	1	0.75	0.5	0.75	0.5
	工件公差 Δ/mm				
≤1	<0.16	0.17~0.35	≥0.36	<0.16	≥0.16
>1~2	<0.20	0.21~0.41	≥0.42	<0.20	≥0.20
>2~4	<0.24	0.25~0.49	≥0.50	<0.24	≥0.24
>4	<0.30	0.31~0.59	≥0.60	<0.30	≥0.30

【例 3】 如图 2-26 所示的垫圈，材料为 08 钢，料厚 3mm，试计算凸模与凹模刃口尺寸及制造公差。

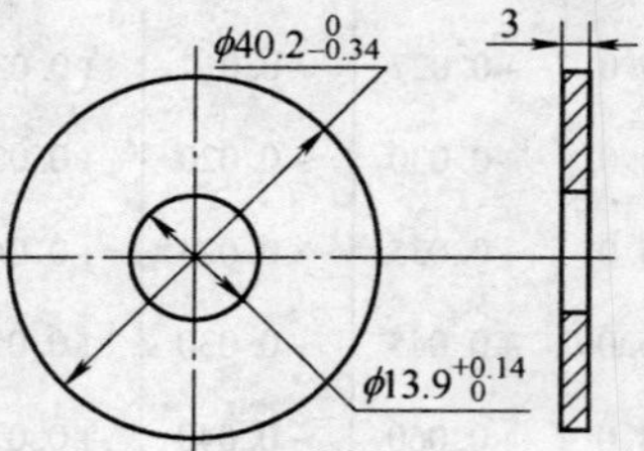

图 2-26 垫圈

材料：08 钢 料厚：3mm

由表 2-2 查得

$$2c_{max}=0.64\text{mm}$$

$$2c_{min}=0.46\text{mm}$$

$$2c_{max}-2c_{min}=(0.64-0.46)\text{mm}=0.18\text{mm}$$

对落料件尺寸 $\phi40.2_{-0.34}^{0}$ 的凹、凸模偏差值查表 2-29 得

$$\delta_凹=+0.030\text{mm}$$

$$\delta_凸=-0.020\text{mm}$$

$$|\delta_凹|+|\delta_凸|=0.05\text{mm}<2c_{max}-2c_{min}$$

由表 2-31 查得：$x=0.5$

对冲孔尺寸 $\phi13.9_{0}^{+0.24}$ 的凸、凹模偏差查表 2-29 得

$$\delta_凸=-0.020\text{mm}$$

$$\delta_凹=+0.020\text{mm}$$

$$|\delta_凸|+|\delta_凹|=0.04\text{mm}<2c_{max}-2c_{min}$$

由表 2-31 查得：$x=0.5$

尺寸计算见表 2-32。

表 2-32 尺 寸 计 算 （单位：mm）

冲裁种类	工件尺寸	凸模尺寸	凹模尺寸
落料	$D_{-\Delta}^{\ 0}=40.2_{-0.34}$	$D_{凸}=(D-x\Delta-2c_{\min})_{-\delta_{凸}}^{\ 0}$ $=(40.2-0.5\times0.34-0.46)_{-0.02}^{\ 0}\text{mm}$ $=39.57_{-0.02}^{\ 0}\text{mm}$	$D_{凹}=(D-x\Delta)_{\ 0}^{+\delta_{凹}}$ $=(40.2-0.5\times0.34)_{\ 0}^{+0.03}\text{mm}$ $=40.03_{\ 0}^{+0.03}\text{mm}$
冲孔	$d_{\ 0}^{+\Delta}=13.9^{+0.24}$	$d_{凸}=(d+x\Delta)_{-\delta_{凸}}^{\ 0}$ $=(13.9+0.5\times0.24)_{-0.02}^{\ 0}\text{mm}$ $=14.02_{-0.02}^{\ 0}\text{mm}$	$d_{凹}=(d+x\Delta+2c_{\min})_{\ 0}^{+\delta_{凹}}$ $=(13.9+0.5\times0.24+0.46)_{\ 0}^{+0.02}\text{mm}$ $=14.48_{\ 0}^{+0.02}\text{mm}$

（二）凸模与凹模配合加工

对冲制形状复杂或薄材料工件的模具，其凸、凹模通常采用配合加工的方法。

此方法是先做凸模或凹模中的一件，然后根据制作好的凸模或凹模的实际尺寸，配做另一件，使它们之间达到最小合理间隙值。落料时，先做凹模，并以它作为基准配制凸模，保证最小合理间隙；冲孔时，先做凸模，并以它作为基准配做凹模，保证最小合理间隙。因此，只需在基准件上标注尺寸和公差，另一件只标注基本尺寸，并注明“凸模尺寸按凹模实际尺寸配制，保证间隙××”（落料时）；或“凹模尺寸按凸模实际尺寸配做，保证间隙××”（冲孔时）。这种方法，可放大基准件的制造公差，使其公差大小不再受凸、凹模间隙值的限制，制造容易。对一些复杂的冲裁件，由于各部分尺寸的性质不同，凸、凹模刃口的磨损规律也不相同，所以基准件刃口尺寸计算方法也不同。

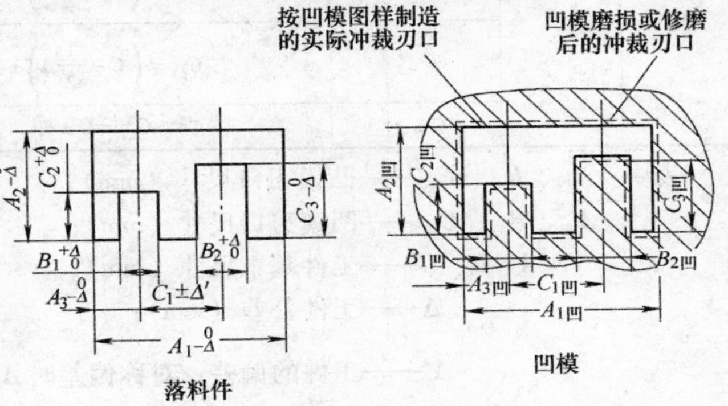

图 2-27 落料件与凹模尺寸

表 2-33 列有凸、凹模刃口尺寸计算公式，落料件按凹模磨损后尺寸变大（图 2-27 中 A 类尺寸）、变小（图 2-27 中 B 类尺寸）、不变（图 2-27 中 C 类尺寸）的规律分三种；冲孔件按凸模磨损后尺寸变小（图 2-28 中 A 类尺寸）、变大（图 2-28 中 B 类尺寸）、不变（图 2-28 中 C 类尺寸）的规律分为三种。

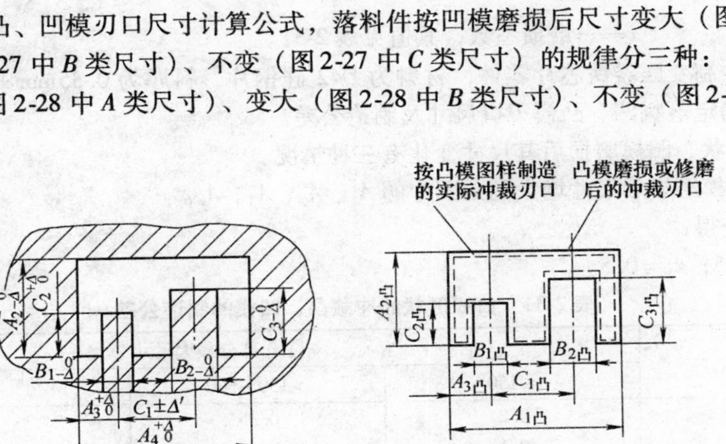

图 2-28 冲孔件与凸模尺寸

表 2-33 配合加工法凸、凹模尺寸及其公差的计算公式

工序性质	工件尺寸（图 2-27）（图 2-28）	凸模尺寸	凹模尺寸
落料	$A_{-\Delta}^{\ 0}$	按凹模尺寸配制，其双面间隙为 $2c_{\min}\sim 2c_{\max}$	$A_{凹}=(A-x\Delta)_{\ \ 0}^{-\delta_{凹}}$
落料	$B_{\ 0}^{+\Delta}$	按凹模尺寸配制，其双面间隙为 $2c_{\min}\sim 2c_{\max}$	$B_{凹}=(B+x\Delta)_{-\delta_{凹}}^{\ \ 0}$
落料	C：$C_{\ 0}^{+\Delta}$	按凹模尺寸配制，其双面间隙为 $2c_{\min}\sim 2c_{\max}$	$C_{凹}=\left(C+\frac{1}{2}\Delta\right)\pm\delta_{凹}$
落料	C：$C_{-\Delta}^{\ 0}$	按凹模尺寸配制，其双面间隙为 $2c_{\min}\sim 2c_{\max}$	$C_{凹}=\left(C-\frac{1}{2}\Delta\right)\pm\delta_{凹}$
落料	C：$C\pm\Delta'$	按凹模尺寸配制，其双面间隙为 $2c_{\min}\sim 2c_{\max}$	$C_{凹}=C\pm\delta_{凹}$
冲孔	$A_{\ 0}^{+\Delta}$	$A_{凸}=(A+x\Delta)_{-\delta_{凹}}^{\ \ 0}$	按凸模尺寸配制，其双面间隙为 $2c_{\min}\sim 2c_{\max}$
冲孔	$B_{-\Delta}^{\ 0}$	$B_{凸}=(B-x\Delta)_{\ \ 0}^{+\delta_{凹}}$	按凸模尺寸配制，其双面间隙为 $2c_{\min}\sim 2c_{\max}$
冲孔	C：$C_{\ 0}^{+\Delta}$	$C_{凸}=\left(C+\frac{1}{2}\Delta\right)\pm\delta_{凸}$	按凸模尺寸配制，其双面间隙为 $2c_{\min}\sim 2c_{\max}$
冲孔	C：$C_{-\Delta}^{\ 0}$	$C_{凸}=\left(C-\frac{1}{2}\Delta\right)\pm\delta_{凸}$	按凸模尺寸配制，其双面间隙为 $2c_{\min}\sim 2c_{\max}$
冲孔	C：$C\pm\Delta'$	$C_{凸}=C\pm\delta_{凸}$	按凸模尺寸配制，其双面间隙为 $2c_{\min}\sim 2c_{\max}$

表中 $A_{凸}$、$B_{凸}$、$C_{凸}$——凸模刃口尺寸（mm）；

$A_{凹}$、$B_{凹}$、$C_{凹}$——凹模刃口尺寸（mm）；

A、B、C——工件基本尺寸（mm）；

Δ——工件公差（mm）；

Δ'——工件的偏差，对称偏差时 $\Delta'=\frac{1}{2}\Delta$

$\delta_{凸}$、$\delta_{凹}$——凸、凹模制造公差，（mm）：见表 2-34、表 2-35；

当标注形式为 $+\delta_{凹}$（或 $-\delta_{凸}$）时，$\delta_{凸}=\delta_{凹}=\frac{\Delta}{4}$

当标注形式为 $\pm\delta_{凹}$（或 $\pm\delta_{凸}$）时，$\delta_{凸}=\delta_{凹}=\frac{\Delta}{8}=\frac{\Delta'}{4}$

x——磨损系数，其值见表 2-31。

【例 4】 冲制变压器铁芯片零件，材料为 D42 硅钢片，料厚为 0.35mm ± 0.04mm，尺寸如图 2-29 所示，确定落料凹、凸模刃口尺寸及制造公差。

根据零件形状、凹模磨损后其尺寸变化有三种情况。

第一类：凹模磨损后尺寸增大的是图中的 A_1、A_2、A_3、A_4。

由表 3-31 查得：

x_1、$x_2=0.75$；$x_3=0.5$

表 2-34 曲线形状的冲载凸、凹模的制造公差 （单位：mm）

工件要求	工作部分最大尺寸		
	≤150	>150～500	>500
普通精度	0.2	0.35	0.5
高精度	0.1	0.2	0.3

注：1. 本表所列公差，只在凸模或凹模一个零件上标注，而另一件则注明配作间隙。

2. 本表适用于汽车拖拉机行业。

表 2-35　工件为非圆形时，冲裁凸、凹模的制造偏差　　（单位：mm）

工件基本尺寸及公差等级		Δ	xΔ	制造偏差	工件基本尺寸及公差等级		Δ	xΔ	制造偏差
IT10	IT11	（+或−）	（+或−）	凸模−　凹模+	IT13	IT14	（+或−）	（+或−）	凸模−　凹模+
1～3		0.040	0.040	0.010	1～3		0.140	0.105	0.030
3～6		0.048	0.048	0.012	3～6		0.180	0.135	0.040
6～8		0.058	0.058	0.014	6～10		0.220	0.160	0.050
	1～3	0.060	0.045	0.015	10～18		0.270	0.200	0.060
10～18		0.070	0.070	0.018		1～3	0.250	0.130	0.060
	3～6	0.075	0.050	0.020	18～30		0.330	0.250	0.070
18～30		0.084	0.080	0.021		3～6	0.300	0.150	0.075
30～50		0.100	0.100	0.023	30～50		0.390	0.290	0.085
	6～10	0.090	0.060	0.025		6～10	0.360	0.180	0.090
60～80		0.120	0.120	0.030	50～80		0.460	0.340	0.100
	10～18	0.110	0.080	0.035		10～18	0.430	0.220	0.110
80～120		0.140	0.140	0.040	80～120		0.540	0.400	0.115
	18～30	0.130	0.090	0.042		18～30	0.520	0.260	0.130
120～180		0.160	0.160	0.046	120～180		0.630	0.470	0.130
	30～50	0.160	0.120	0.050	180～250		0.720	0.540	0.150
180～250		0.185	0.185	0.054		30～50	0.620	0.310	0.150
	50～80	0.190	0.140	0.057	250～315		0.810	0.600	0.170
250～315		0.210	0.210	0.062		50～80	0.740	0.370	0.185
	80～120	0.220	0.170	0.065	315～400		0.890	0.660	0.190
315～400		0.230	0.230	0.075		80～120	0.870	0.440	0.210
	120～180	0.250	0.180	0.085		120～180	1.000	0.500	0.250
	180～250	0.290	0.210	0.095		180～250	1.150	0.570	0.290
	250～315	0.320	0.240			250～315	1.300	0.650	0.340
	315～400	0.360	0.270			315～400	1.400	0.700	0.350

注：本表适用于电器仪表行业。

由表 2-33 中计算式得

$$A_{1凹}=(40-0.75\times0.34)^{+\frac{1}{4}0.34}_{0}\text{mm}=39.75^{+0.09}_{0}\text{mm}$$

$$A_{2凹}=(10-0.75\times0.3)^{+\frac{1}{4}0.3}_{0}\text{mm}=9.85^{+0.07}_{0}\text{mm}$$

尺寸 A_3 为 30 ± 0.34 化成为 $30.34^{0}_{-0.68}$mm

则　$A_{3凹}=(30.34-0.5\times0.68)^{+\frac{1}{4}0.68}_{0}\text{mm}=30^{+0.17}_{0}\text{mm}$

$A_{4凹}$在确定 A_1、A_2 与 B 的尺寸之后即可确定。

第二类：凹模磨损后减小的尺寸是图中的尺寸 B。

查表 2-31：

$x=0.75$

由表 2-33 计算式得

$$B=(10+0.75\times0.2)^{0}_{-\frac{1}{4}0.2}\text{mm}=10.15^{0}_{-0.05}\text{mm}$$

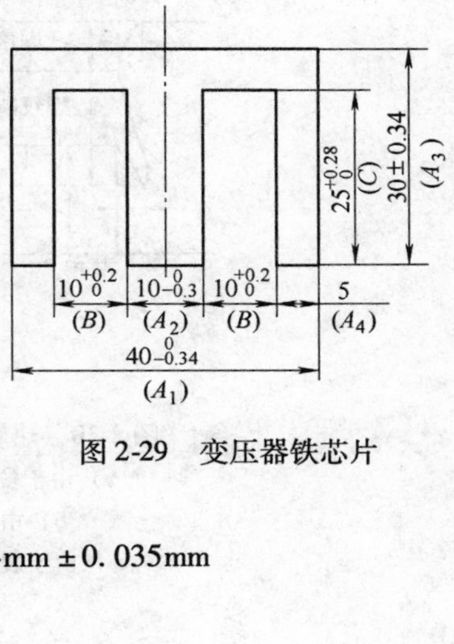

图 2-29　变压器铁芯片

第三类：磨损后尺寸没有增减的是 C（图中 C 为正偏差）。

$$C_{凹}=\left(25+\frac{1}{2}\times0.28\right)\text{mm}\pm\frac{1}{8}0.28\text{mm}=25.14\text{mm}\pm0.035\text{mm}$$

第七节　非金属材料冲裁

剪切加工的非金属材料有塑料、纸、橡胶、皮革、胶合板等很多种。尤其是各种塑料在机械制造用的材料中所占的比例在急剧增加。塑料的剪切加工得到相当广泛的应用，因塑料的力学性能、化学成分与金属有很大的差异，所以塑料的剪切与前述的金属材料的剪切加工特点有相当大的不同。

一、热塑性塑料板的剪切

1. 剪切过程和剪切断面

根据材料种类不同，热塑性塑料的剪切分离状况也不一样。在常温下，用较低速度的冲床冲裁三种不同的材料，出现三种不同分离状况，如图 2-30 所示。

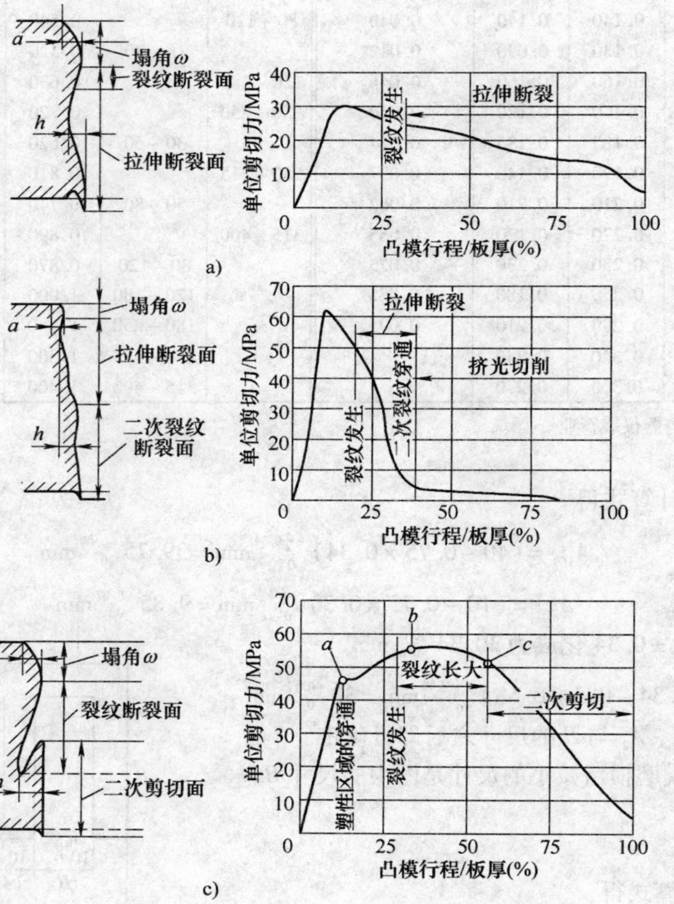

图 2-30　热塑性塑料冲裁件的剪切分离状态和剪切曲线图

a）由于拉伸而分离（聚丙烯、聚乙烯、尼龙 6、聚缩醛）

b）由于裂纹贯穿而分离（聚氯乙烯、聚苯乙烯）

c）由于裂纹成长和二次剪切面分离（聚碳酸脂、赛璐珞）

由图 2-30 可以看出，聚丙烯一类是由于拉力切断。而聚氯乙烯是由于裂纹贯通切通。这两种切断方式都与金属剪切相似；聚碳酸脂是由裂纹长大和二次剪切来进行分离，与用小间隙剪切金属相似。

2. 温度和速度的影响

速度和温度对热塑性塑料的剪切面有很大影响。这是因为塑料的熔点低的缘故。对于不同的塑料，温度和速度的影响也有较大的差别。

聚碳酸脂对温度与速度不太敏感，剪切面形状几乎没有变化。但聚丙烯和聚氯乙烯却相当敏感，特别是聚氯乙烯更为显著。当材料温度在 20 ~ 80℃范围内时，剪切速度在 0.5 ~ 1.9m/min 之间，有一个使断离形态发生变化的临界速度，在该临界速度以下，按图 2-30a 的拉伸断离。在该临界速度以上，按图 2-30b 的裂纹的穿透而断离。一般说来，高速冲裁能得到极佳的断面。通常是间隙越小越好。

二、酚醛树脂层压板的剪切

酚醛树脂层压板热固性塑料，是把酚醛树脂浸泡过的纸、布、石棉布和玻璃布等基体材料叠摞起来，经加热及加压下粘合而成的复合材料，作为电气、通信设备材料，被广泛使用。由于酚醛树脂本身是热固性的脆性材料，因而这种材料的冲裁过程与金属或热塑性塑料等不同。在这种材料上呈现出特有的剪切断面，其剪切过程和断面如图 2-31 所示。由于材料内的脆性断裂，许多微细裂纹向刃口外侧发生。这叫一次裂纹。接着连接这些裂纹的二次裂纹就开始了材料的最初的分离。但是，二次裂纹与板面不成直角，所以，要靠模具刃口剪切材料，这时会产生一些切屑。因为是经过这样过程进行剪切分离的，所以断面形状如图 2-31 所示的那样，由切削形成的光亮带、塌角和一次裂纹与二次裂纹构成的剪切带三部分组成。因为是脆性材料，塌角和毛刺非常小。

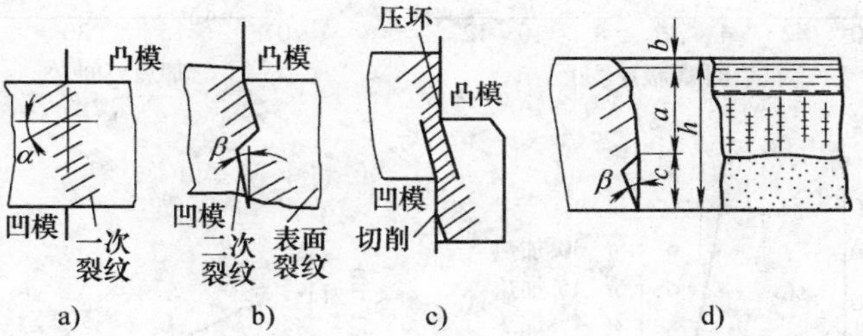

图 2-31　酚醛树脂层压板的剪切过程和断面

a）一次裂纹发生　b）二次裂纹　c）切削期　d）断面形状

层间剥离性大的材料会产生层裂，因而冲裁过程与上述的稍有不同，如图 2-32 所示，层间剥离的各层由于拉力的作用而断裂所形成的剪切断面不光洁。云母的冲裁就是明显的例子（凸、凹模间隙控制在（1% ~5%）t 为宜）。

在冲直径小于板厚的小孔时，会在凸模刃口尖端产生较大的二次裂纹，这种二次裂纹与凹模刃口尖端产生的一次裂纹会成一体，虽然在凸模下面的废料上产生较大的凹陷，但孔面基本上是全部剪切，如图 2-33 所示。

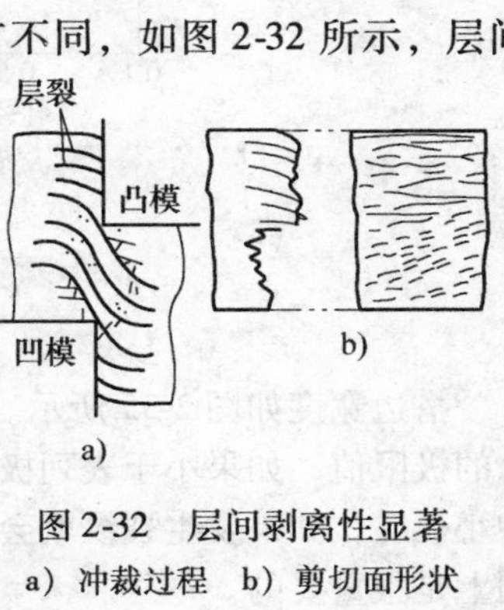

图 2-32　层间剥离性显著

a）冲裁过程　b）剪切面形状

酚醛树脂层压板由于冲裁时应力的作用，在冲裁轮廓附近的材料表面上，会产生图 2-33c 所示的膨胀、变色层、裂纹等缺陷。尤其是冲小孔时，这些缺陷更为明显。如果适当地选择间隙、加热温度和加热时间，能大量地减小切断面的缺陷，如图 2-34 所示。

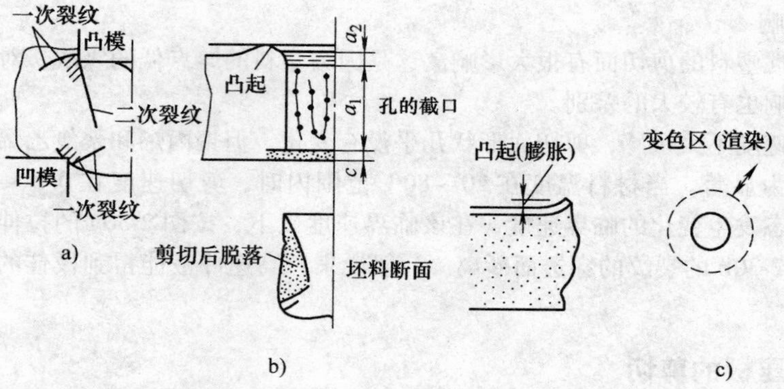

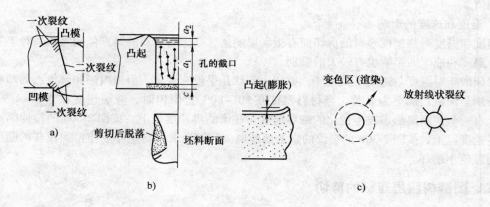

图 2-33　冲孔剪切断面形状及表面缺陷
a）剪切过程　b）断面形状　c）表面缺陷

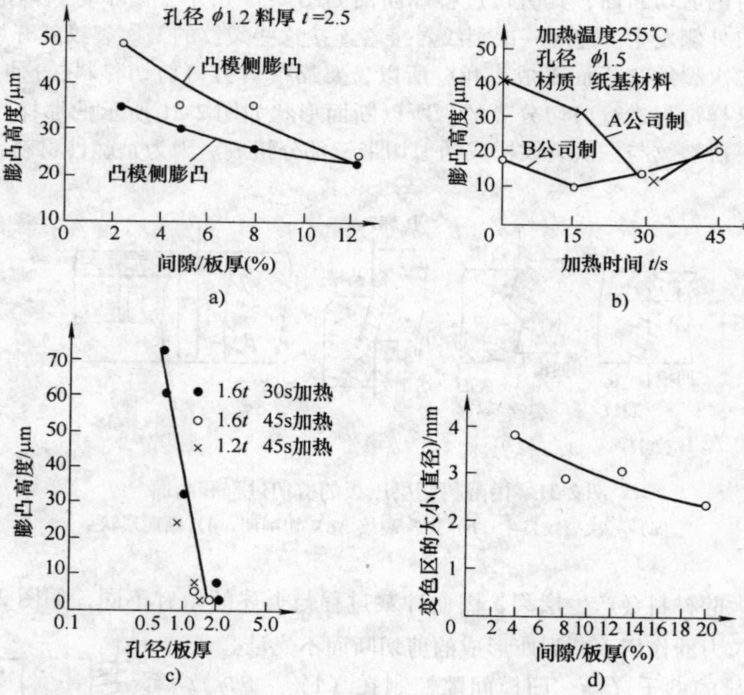

图 2-34　剪切条件对表面缺陷的影响

搭边宽度如图 2-35 所示。图 2-35 表示冲孔加工时应注意的四项尺寸，表 2-36 列举出四项尺寸的极限值，如果小于表列极限值，在这部分易产生裂纹。尤其像印制电路板那样开有若干接近的小孔时，如果发生裂纹就会引起电气特性下降，因而事先了解四项尺寸的最小极限值在实际应用上是很重要的。

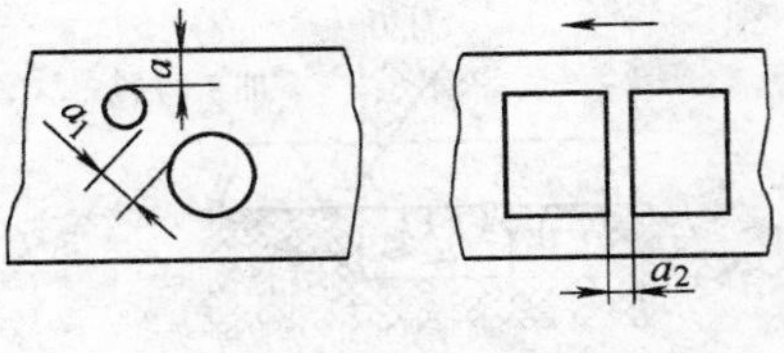

图 2-35 搭边

a_1—径宽 a—边宽 a_2—纵向宽

表 2-36 冲孔搭边极限值

项 目	板厚 t 的倍数
最小孔径 d	$2t/3$
径宽 a_1	$>(1-1.5)t$
纵向宽 a_2	$>(2.5\sim3)t$
边宽 a	$>3t$

三、非金属材料冲裁模

非金属材料冲裁可用普通模具，从生产率方面看有很大优越性，但一般说来无论怎样选择冲压条件也不能得到光洁的剪切断面。根据这种情况，采用刀刃剪切法却能获得平滑而光洁的剪切断面。其冲模的典型结构如图 2-36 所示。

这种模具适用于非金属如石棉、橡胶、皮革、硬纸、塑料及纤维布等板料所使用的落料或冲孔。为了防止刀刃变钝或崩裂，在被冲切材料下面垫以硬质木板，有包金属或硬纸板。

凸模刃口形式有三种（图 2-37）。凸模刃尖角 α 值见表 2-37。

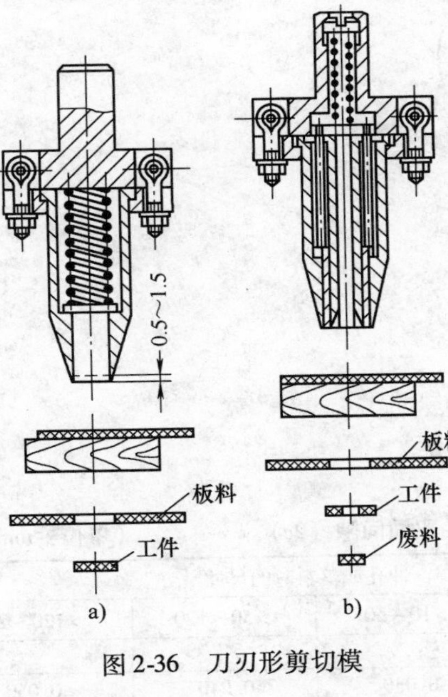

图 2-36 刀刃形剪切模

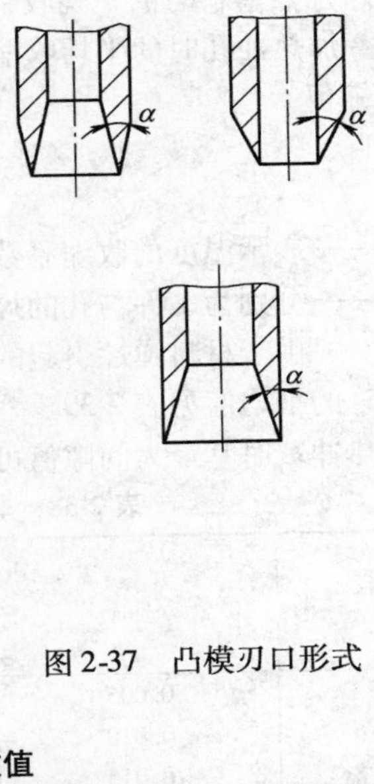

图 2-37 凸模刃口形式

表 2-37 凸模刃尖角 α 的数值

材料名称	α/(°)	材料名称	α/(°)
烘热的硬化橡皮	8 ~ 12	石棉	20 ~ 25
皮、毛、毡、棉布纺织品	10 ~ 15	纤维板	25 ~ 30
纸、纸板、马粪纸	15 ~ 20	红纸板、纸胶板、布胶板	30 ~ 40

为了防止下垫的损伤，可在下垫上面制成如图 2-38 所示的与刀刃相配合的沟槽，或者如图 2-39 所示的沟槽中充填橡胶一类柔软物体，以得到与用硬质平板作下垫时同样的良好效果。

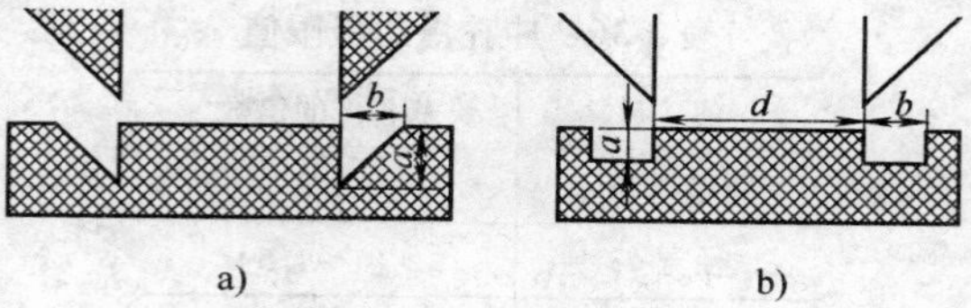

图 2-38　下垫沟槽结构

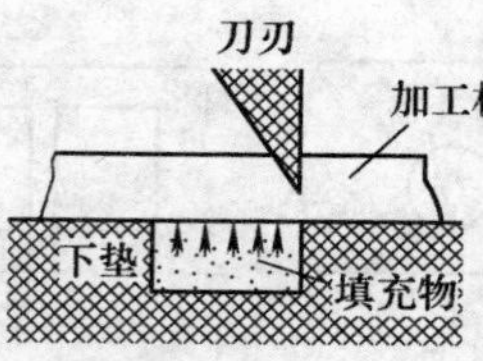

图 2-39　沟槽填充的下垫

对于形状复杂的零件，采用带压边圈的一般冲模冲裁。厚度大于 1mm 的脆性材料，一般宜用加热冲裁。对于 1mm 的有机玻璃，加热温度为 60～80℃，加热时间为 1.5min，在模具加热温度为 90～110℃下冲裁。对于硬橡胶板，在毛坯加热温度为 60～80℃下冲裁。对于乙烯塑料、赛璐珞、多聚乙烯热塑性塑料等，当断面粗糙度要求严时，可在热水槽内加热，保温 1.5～2.5h，水槽温度为 80～90℃。

非金属材料冲模刃口尺寸计算与金属材料冲模刃口尺寸计算方法相似。凸、凹模间隙值可查表 2-38。但加热冲裁时要考虑材料的弹性收缩与温度收缩。

落料时：

$$D_{凹}=\left(D-\frac{\Delta}{2}+\delta_{H}\right)_{0}^{+\delta_{凹}}$$

冲孔时：

$$d_{凸}=\left(d+\frac{\Delta}{2}+\delta_{B}\right)_{-\delta_{凸}}^{0}$$

式中　δ_H——加热落料时的平均收缩值；

δ_B——加热冲孔时的平均收缩值。

平均收缩值

$$\delta_H = AD-\delta_y$$
$$\delta_B = cd+\delta_y$$

式中　A、c——表示温度的收缩系数；

D、d——分别为工件与孔的尺寸；

δ_y——由于材料弹性引起的尺寸变化。

A、c、δ_y 的平均值见表 2-39。

材料加热冲裁时其最大间隙值可以增大 20%～30%。

表 2-38　非金属材料冲裁模初始双面间隙（2c）　（单位：mm）

材料厚度 t	$2c_{min}$	冲孔或落料时的尺寸			
		≤10	>10～50	>50～120	>120～260
		$2c_{max}$			
≤0.5	0.005	0.020	0.030	0.040	0.050
>0.5～0.6	0.010	0.030	0.030	0.040	0.050
>0.6～0.8	0.015	0.030	0.040	0.050	0.060
>0.8～1.0	0.020	0.035	0.045	0.055	0.065
>1.0～1.2	0.025	0.040	0.050	0.060	0.070
>1.2～1.5	0.030	0.045	0.055	0.065	0.075
>1.5～1.8	0.035	0.050	0.060	0.070	0.080
>1.8～2.1	0.040	0.055	0.065	0.075	0.085
>2.1～2.5	0.045	0.060	0.070	0.080	0.090
>2.5～3.0	0.050	0.065	0.075	0.085	0.095

注：1. 在模具设计图样上只注明最小双面间隙。

2. 最大双面间隙只是作为制造时参考，尽可能小于最大间隙值以便延长冲模寿命。

表 2-39　A、c、δ_y 值

材料名称	材料厚度/mm	A	c	δ_y/mm
胶纸板	1	0.002	0.0025	0.03
	1.5	0.0022	0.003	0.05
	2.0	0.0025	0.0035	0.07
	2.5	0.0027	0.004	0.10
	3.0	0.003	0.005	0.12
夹布胶木	2.0	0.002	0.0026	0.08
	2.5	0.0025	0.003	0.12
	3.0	0.0028	0.0036	0.15

第八节　精密冲裁方法

用普通冲裁所得到的工件，剪切面上有塌角、断裂面和毛刺，还带有明显的锥度，表面粗糙度 R_a 值仅为 12.5～6.3μm，同时制作尺寸精度较低，一般为 IT10～IT11，在通常情况下，已能满足零件的技术要求。当要求冲裁件的剪切面作为工作表面或配合表面时，采用一般冲裁工艺不能满足零件的技术要求，这时，必须采用提高冲裁件质量和精度的精密冲裁方法。

精密冲裁是通过改进模具来提高制件精度，改善断面质量的。其尺寸精度可达 IT8～IT9（级），断面表面粗糙度 R_a 值为 1.6～0.4μm，断面垂直度可达 89°30′或更佳。精密冲裁方法主要有整修、光洁冲裁、负间隙冲裁、小间隙圆角刃口冲裁、上下冲裁、对向凹模冲裁、精冲等。

一、精密冲裁的几种工艺方法

精密冲裁的几种工艺方法见表 2-40。

表 2-40　精密冲裁的几种工艺方法

工艺名称	简　图	方法要点	主要优缺点
整修	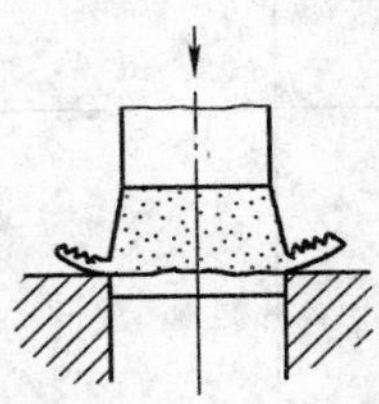	切去冲裁坯料的断裂面，整修模的单边间隙为 0.006～0.01mm 或负间隙，整修余量的最佳值因材料而异，一般为材料厚度的 4%～7%，外缘整修质量与整修次数、整修余量以及整修模结构等因素有关	断面平滑，尺寸精度高，塌角和毛刺小，定位要求高，自动化比较困难，生产效率低于精冲
挤压	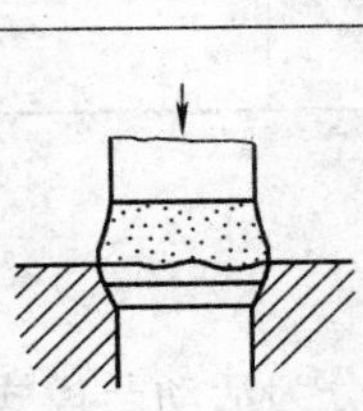	锥形凹模挤光余量单边小于 0.04～0.06mm，凸、凹模的间隙一般取（0.1～0.2）t，（t—料厚，下同）	质量低于整修和精冲，只适用于软材料，效率低于精冲
负间隙冲裁	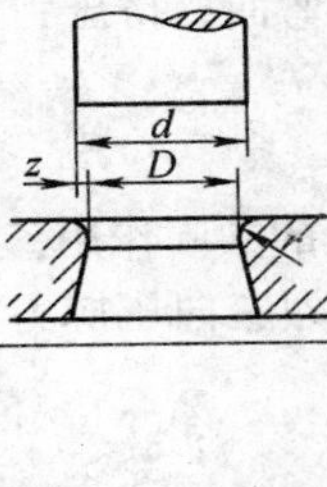	凸模尺寸大于凹模尺寸（0.05～0.3）t，凹模圆角（0.05～0.1）t	工件较光洁的表面、适用于软的有色金属及合金、软钢等

（续）

工艺名称	简　图	方法要点	主要优缺点
小间隙圆角刃口冲裁	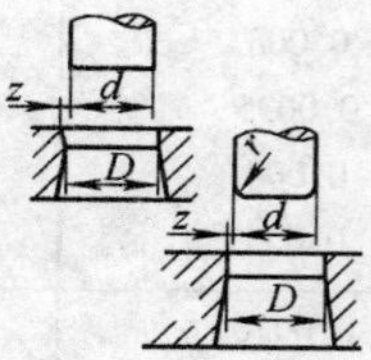	间隙小于 0.02mm，落料凹模刃口圆角半径与冲孔凸模刃口圆角半径均为 0.1t	能比较简便地得到平滑的冲裁断面，塌角和毛刺较大
上下冲裁	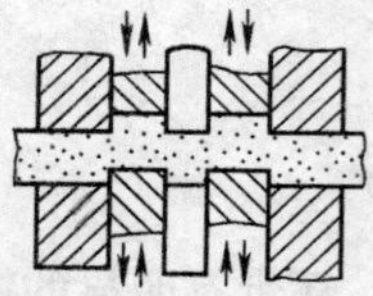	第一步（压凸） 凸模压入深度（0.15～0.30）t 第二步 反向分离工作	上下侧无毛刺，仍有塌角和撕裂面，动作复杂
对向凹模冲裁	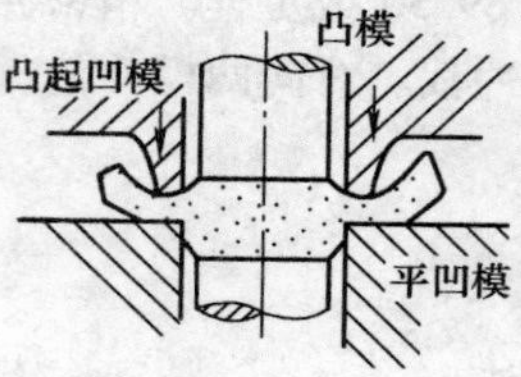	凸起凹模： 凸起凹模高度（1～1.2）t 凸起凹模平顶宽度（0.3～0.4）t 凸起凹模倾角 25°～30° 凸起压入深度（70%～80%）t 凸模顶面与凸起凹模顶面距离 25t% 冲裁凸模与凸起凹模之间间隙 0.01～0.03mm 凸模与平凹模之间间隙：0.01～0.03mm	工艺特点：①塑性变形主要产生在废料内，沿工件剪切面轮廓分离处的材料基本上没有发生塑性变形，故冲切时一般不会因材料塑性过低而产生撕裂现象。所以对向凹模精冲扩大了可精冲的厚度范围，降低了对材料塑性的要求，与齿圈压板精冲相比能冲切塑性差，厚度大的板料。②工件塌角小。③工件毛刺小。④可精冲内形，但需要预冲排料孔
精冲（齿圈压板冲裁）	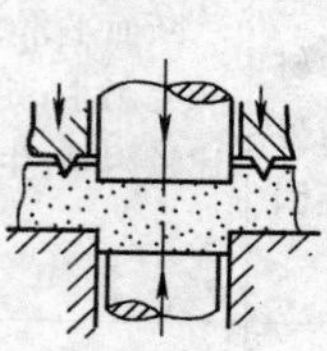	见本节第二小节	

二、精冲（齿圈压板冲裁）

目前齿圈压板精冲方法使用较为广泛，其模具的结构形式可分为活动凸模式（图 2-40）和固定凸模式（图 2-41）。而且还可把精冲工序与其他成形工序（如弯曲、挤压、压印等）合在一起进行复合或连续冲压，从而大大提高生产率和降低生产成本。

（一）精冲的主要特点

在冲裁过程中，由于有齿圈压板强力压边，顶件板和冲裁凸模的共同作用，并在间隙很小而凹模刃口带圆角的情况下（图 2-42），从而使坯料的变形区处于强烈三向压应力状态，提高了材料的塑性，抑制了剪切过程中裂纹的产生，材料自始至终是塑形变形过程，使得冲裁件的断面质量和尺寸精度都有所提高。精冲工艺过程如图2-43所示。根据精冲工艺要求，精冲设备应是能够提供三种加压压力（冲裁力、齿圈压力、顶出器反压力）的、导向精度要求高的专用精冲压力机。根据我国情况，也可将普通压力机改装用于精冲。

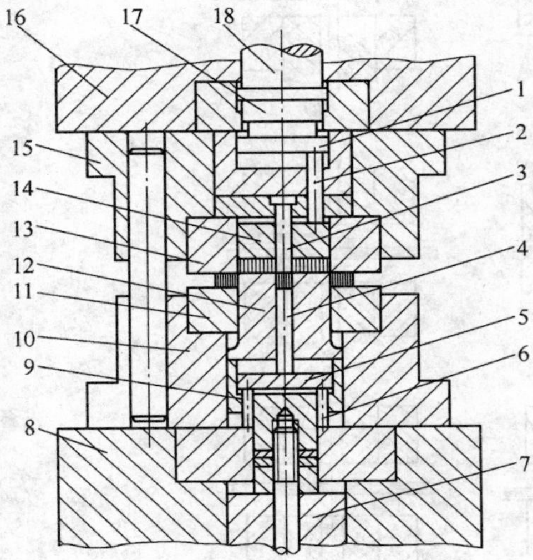

图2-40　活动凸模式精冲模

1—压力垫　2—传力杆　3—冲孔凸模　4—顶杆　5—托板　6—传力杆　7、18—活塞　8—压床工作台　9—凸模底板　10—下模座　11—齿圈压板　12—凸凹模　13—凹模　14—推板　15—上模座　16—压床滑块　17—压力柱

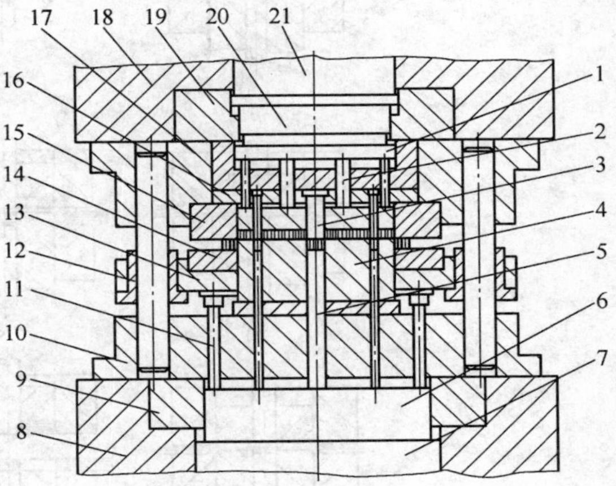

图2-41　固定凸模式精冲模

1、6、20—压力垫　2、11—传力杆　3—冲孔凸模　4—凸凹模　5—顶杆　7—压边力活塞　8—压力机工作台　9、19—接合环　10—模座　12—导套　13—座圈　14—压边圈　15—凹模　16—凸模固定板　17—模座　18—上工作台　21—反压力垫

精冲总冲裁力比普通冲裁力大，而凸、凹模间隙很小，故模具的刚度要求高。为了保证凸、凹模同心，使间隙均匀，要有精确而稳定的导向装置。为了避免刃口损坏，要求严格控制凸模进入凹模的深度，同时模具工作部分应选择耐磨、液透性好、热处理变形小的材料。

由于精冲材料直接影响精冲件的剪切表面质量、尺寸精度和模具寿命，所以对材料的要求是比较严格的。适合于精冲的材料必须具有良好的塑性，足够的变形能力（而屈强比 σ_a/σ_b 越小越好）和良好的组织结构。

一般以铁素体为主要成分的碳钢是最好的精冲材料，因而纯铁是有利于精冲的。

对于含碳量较高的钢，由于存在片状渗碳体，对精冲不利，只有通过热处理，使渗碳体呈球状小颗粒，并均匀分布于细晶粒的铁素体中。这样的组织才适宜于精冲。

精冲件中钢件约占90%，其中大部分是低碳钢。适于精冲的主要钢种见表2-41。

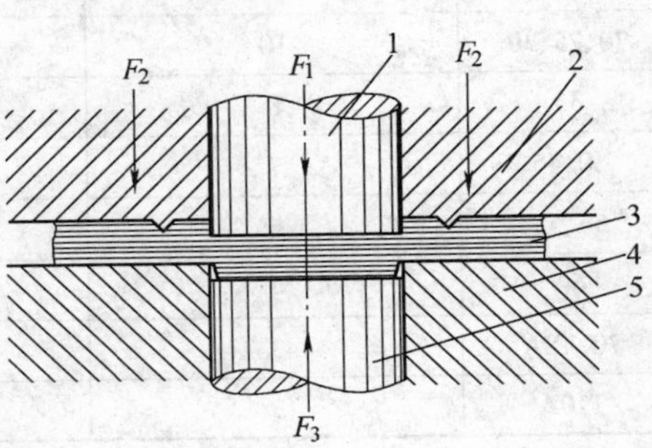

图2-42　精冲变形示意图

1—凸模　2—压边圈　3—坯料　4—凹模　5—反压板

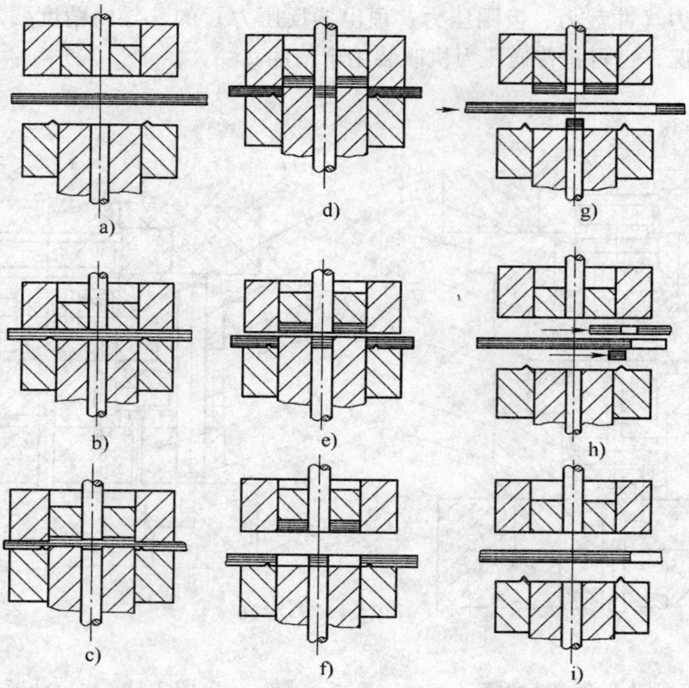

图 2-43　精冲过程

a）模具开启、送料　b）模具闭合 V 形压边圈和反压板压紧材料　c）工件在完全压紧的状态下冲裁　d）滑块行程结束，工件及废料分别进入凹模及凸模　e）模具开启，压力释放　f）卸料、顶料　g）顶出工件，开始送料　h）吹出工件及废料　i）准备下一个工件的冲裁

表 2-41　适于精冲的主要钢种

钢种	可精冲的大约厚度/mm	精冲适应性	钢种	可精冲的大约厚度/mm	精冲适应性
08、10	15	好	Q290、20Mn	8	中
15	12	好	15CrMn	5	中
20、25、30	10	好	20MnMo	8	中
35	8	中	20CrMo	4	中
40、45	7	中	GCr15	6	差
50、55	6	中	1Cr18Ni9	8	中
60	4	中	0Cr13	6	中
70、T8A	3	差	1Cr13	5	中
T10A	3	差	4Cr13	4	中

对于 1Cr18Ni9Ti，精冲前进行热处理亦可得到令人满意的表面粗糙度。

在有色金属中，铜及铜合金、铝及铝合金也是较好的精冲材料（表 2-42），凡能够进行冷弯、折边、拉深和冷挤的材料就有精冲性能。硬铝的精冲效果不太理想，如果淬火时效的时间内实行精冲，其效果会有所改善。对冷作硬化的铝及其合金在精冲前应给予软化处理。纯铜与黄铜（H62 等）如在软化状态或经退火处理能取得良好的精冲效果。

表 2-42 铜和铜合金、铝和铝合金的精冲适应性

材料	适应性	材料	适应性
T2、T3、T4、TU1、TU2	好	QBe2、QBe1.7	差
H96、H90、H80、H70、H68	好	QA17	差
H62	中	1070A、1060、1050A、1200	好
HSn70-1、HSn62-1	中	3A21	好
HNi65-5	中	5A02、5A03	中
QSn4-3	中	2A11、2A12	中

精冲工艺的润滑是实现精冲的关键措施之一。它与模具寿命、制件质量密切相关，直接影响到精冲的技术经济效果，在精冲技术领域中占有重要位置。

精冲过程中金属材料在三向受压条件下进行塑性剪切变形，新生的剪切面和模具工作表面之间因发生强烈摩擦而产生局部高温，容易引起“焊合”和附着磨损。采用耐压、耐温和附着力强的润滑剂，使其在边界润滑条件下形成一层耐压、耐温的坚韧薄膜，将新生的剪切面和模具工作表面隔开，借以改善材料与模具间的润滑条件，减少摩擦，散发热量，从而达到较高模具寿命、稳定制件剪切面质量的目的。

（二）精冲零件的工艺性

精冲件的工艺性系指该零件在精冲时的难易程度。在一般情况下，影响精冲件工艺性的因素有：零件的几何形状、零件的尺寸公差和形位公差、剪切质量、材料及厚度。其中零件的几何形状是主要影响因素。

精冲件的几何形状，在满足技术要求的前提下，主要是简单、规则，避免尖角。正确设计精冲件有利于提高产品质量，提高模具寿命，降低生产成本。

虽然精冲时冲模零件所受的载荷要比普通冲裁大 30% ~50%，甚至更高，但精冲件的尺寸极限比普通冲裁件小，这是由于精冲设备性能良好，导向精度高以及模具的高效、精密，提高了承受载荷的能力的结果。

在精冲零件结构许可的条件下，还可将弯曲、压印、冲沉孔、半冲孔、体积成形等各冲压工序与精冲工序合并在一起进行复合或连续加工来完成多工序零件的生产，从而提高精冲技术的经济效益。

一般可将精冲零件加工难度分为三个等级：S_1 表示容易；S_2 表示中等；S_3 表示困难。模具寿命随着精冲难度增加而降低。在 S_3 范围以外，一般不适于精冲。

1. 精冲件的几何形状

（1）圆角半径 精冲件应力求避免凸出尖角。因为过小的圆角半径会使零件剪切表面上产生撕裂和模具相应部分应力集中及严重的磨损。圆角半径在允许范围内尽可能放大，它和零件角度、零件材料、厚度及其强度有关，如图 2-44 所示。

圆角半径大小，一般取 $R_1 = r_1$，$R_2 = r_2$，$R_2 = 0.6R_1$，$r_2 = 0.6r_1$，$r_2 = 0.6R_1$。例如零件角度 30°，材料厚度为 3mm，圆半径为 1.45mm，由图 2-44 查得，其加工难度，即在 S_2 和 S_3 之间。

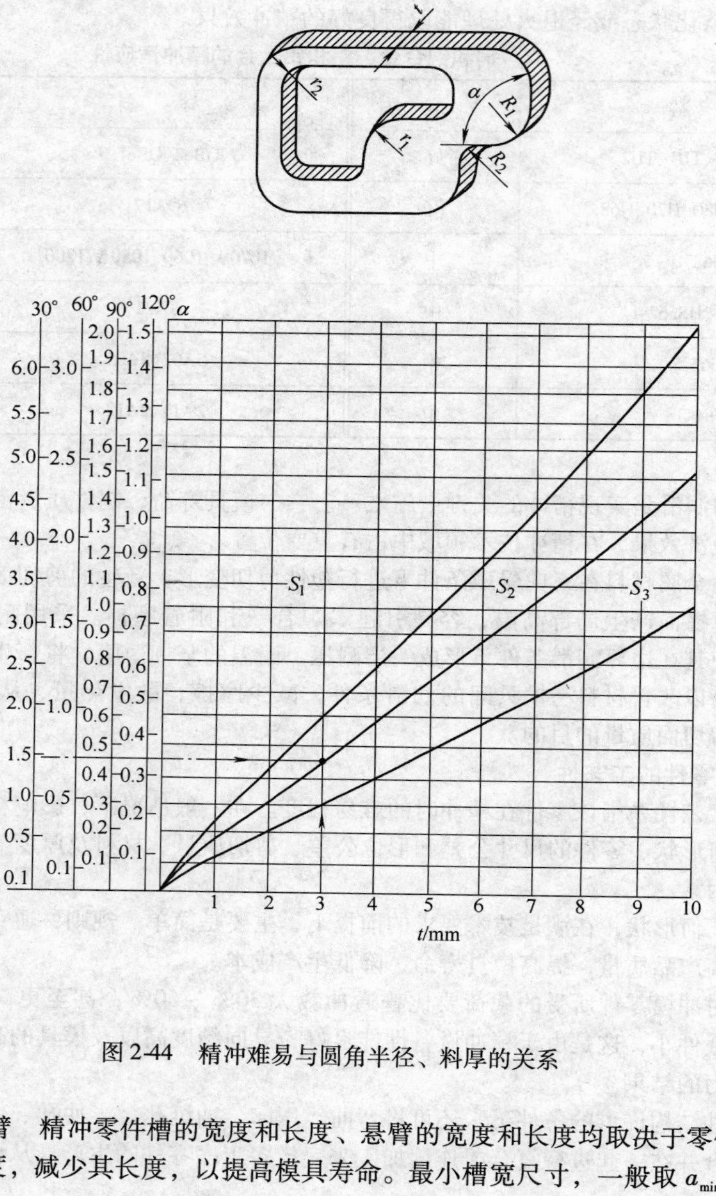

图 2-44　精冲难易与圆角半径、料厚的关系

（2）槽宽与悬臂　精冲零件槽的宽度和长度、悬臂的宽度和长度均取决于零件材料和强度。应尽可能增大其宽度，减少其长度，以提高模具寿命。最小槽宽尺寸，一般取 $a_{min}=0.6t$，$b_{min}=0.6t$，$L_{max}=12a$。

精冲难易程度与槽宽，悬臂与料厚的关系如图 2-45 所示。如零件槽宽 a，悬臂为 4mm；材料厚度为 5mm，由图 2-46 查得其加工难易程度为 S_3。

（3）孔径与孔边距　精冲的难易程度与孔径、孔边距和料厚的关系如图 2-46 所示。

最小孔径和孔边距一般取 $0.6t$。如零件孔径为 3.5mm，材料厚度为 5mm，由图 2-46 查得其精冲难易程度为 S_3。

（4）环宽　精冲难易程度与环宽和料厚的关系如图 2-47 所示。环形件最小壁厚一般取 $a=0.6t$。

如已知零件环宽为 6mm，材料厚度为 6mm，由图 4-47 得其加工难易程度在 S_2 和 S_3 之间。

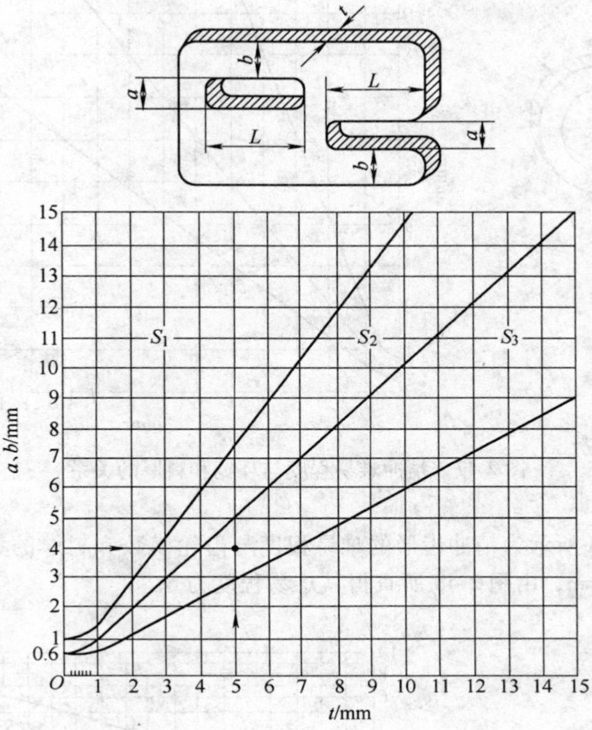

图2-45　精冲难易程度与槽宽、悬臂和料厚的关系

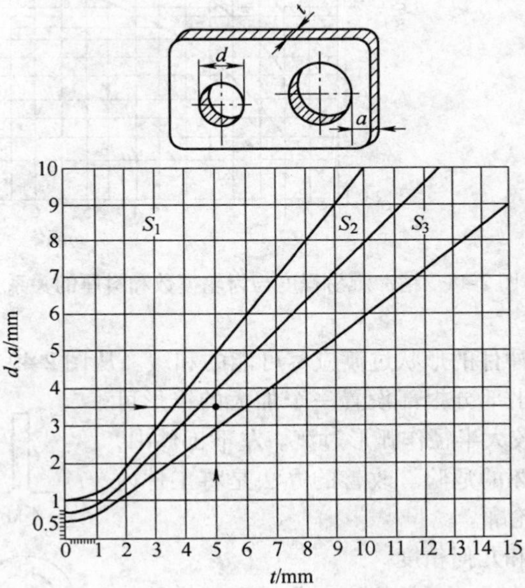

图2-46　精冲难易程度与孔径、孔边定位和料厚的关系

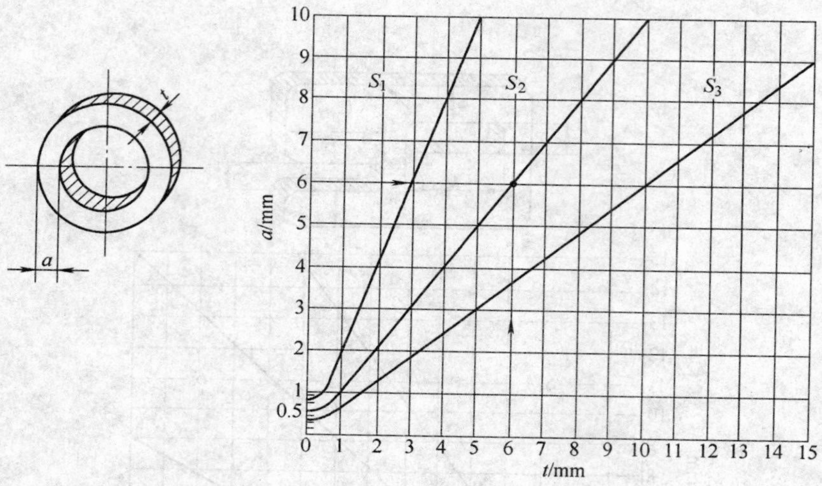

图 2-47　精冲难易程度与环宽和料厚的关系

（5）齿形　图 2-48 所示为精冲齿形的难易程度与齿轮模数和料厚的关系。已知齿轮模数为 1.4mm，料厚度为 4.5mm，由图 2-48 所查得其难易程度为 S_3。

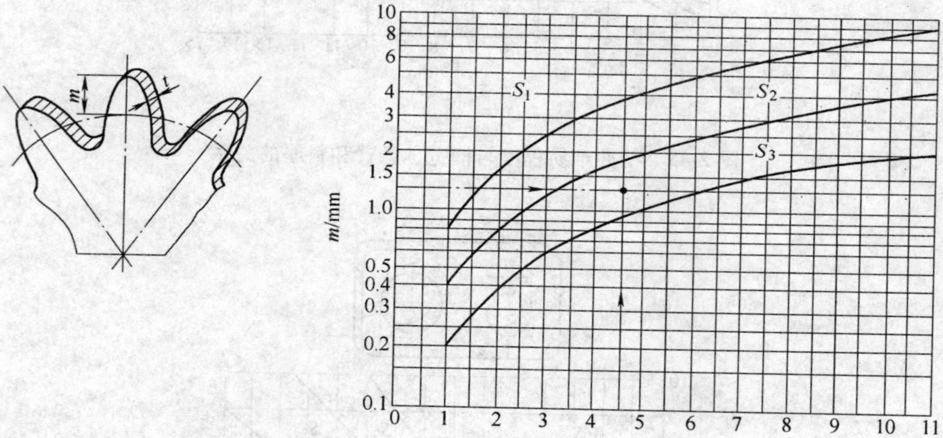

图 2-48　精冲难易程度与齿轮模数和料厚的关系

（6）形状的过渡　精冲件的形状过渡应尽可能的和缓。从图 2-49 所示的两个实例中可以看出：将图中工件中窄长突出部分根部设置一个加大的锥形可以改善应力图，而优于用较大半径作弧形过渡。左下工件中，内形的转角处构成严重损坏的危险。改善的办法是将工件内形轮廓做成圆形或修正外轮廓。

2. 精冲件的尺寸精度和几何精度

精冲件的质量与模具结构、模具精度、凸模和凹模的状况、材料的状态、料厚、润滑条件、设备精度、冲裁速度、压边力和顶件反力等因素有关，正常情况下，精冲件的尺寸

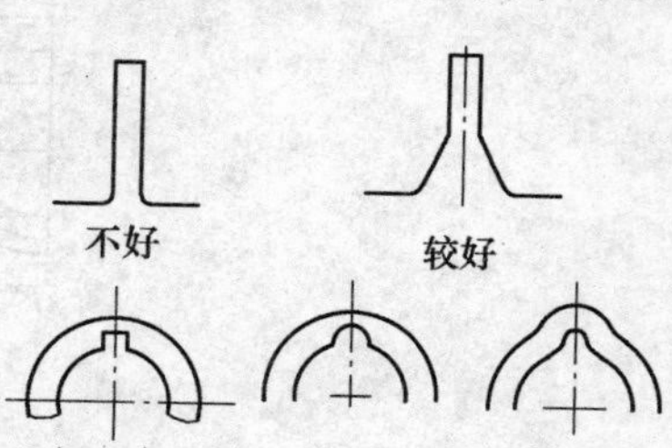

图 2-49　精冲件上的过渡形状

精度和几何精度列于表2-43。

表2-43 精冲件尺寸精度和几何精度

料厚 t/mm	公差等级 $\sigma_b \leqslant 500$MPa		公差等级 $\sigma_b > 500$MPa		孔间距 /mm	100mm长度上的平面度 /mm	剪切面倾斜值 δ/mm 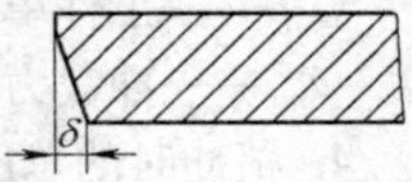
	内形	外形	内形	外形			
0.5~1	IT6~IT7	IT6	IT7	IT7	±0.01	0.13~0.06	0~0.01
1~2	IT7	IT6	IT7~IT8	IT7	±0.015	0.12~0.055	0~0.014
2~3	IT7	IT6	IT7~IT8	IT7	±0.02	0.11~0.045	0.001~0.018
3~4	IT7	IT7	IT8	IT9	±0.02	0.10~0.04	0.003~0.022
4~5	IT7~IT8	IT7	IT8	IT9	±0.03	0.09~0.04	0.005~0.026
5~6	IT8	IT9	IT8~IT9	IT9	±0.03	0.085~0.035	0.007~0.030
6~7	IT8	IT9	IT8~IT9	IT9	±0.03	0.08~0.035	0.009~0.034
7~8	IT8	IT9	IT9	IT9	±0.03	0.07~0.03	0.011~0.038
8~9	IT8	IT9	IT9	IT9~IT10	±0.03	0.065~0.03	0.013~0.042
9~10	IT8~IT9	IT9	IT9	IT10	±0.035	0.065~0.025	0.015~0.046

注：1. 表中δ系指外形剪切面的倾斜值，内形的倾斜值小于表中数值。

2. 精冲件剪切的表面粗糙度R_a值一般可达3.2~0.4μm，精冲件仍有塌角和毛刺，但比一般冲裁件小。

（三）精冲压力

精冲时作用的力如图2-50所示。精冲过程中是在压边力、反压力和冲裁力的共同作用下进行的。冲裁结束后，卸料力将废料从凸凹模上卸下，推件力将工件从凸模内顶出，模具复位完成整个工艺过程。正确计算、合理选定以上各力，对选用压力机、设计模具、保证质量及提高模具寿命都具有重要意义。

1. 冲裁力

冲裁力的大小取决于冲裁内外周边长度、材料的厚度和抗拉强度等诸多因素，要在计算中精确考虑是有困难的。因此在设计中，冲裁力$F_{冲}$(N)可按经验公式计算

$$F_{冲} = 0.9Lt\sigma_b$$

式中 L——内外周边的总长（mm）；

t——材料厚度（mm）；

σ_b——材料的抗拉强度（MPa）。

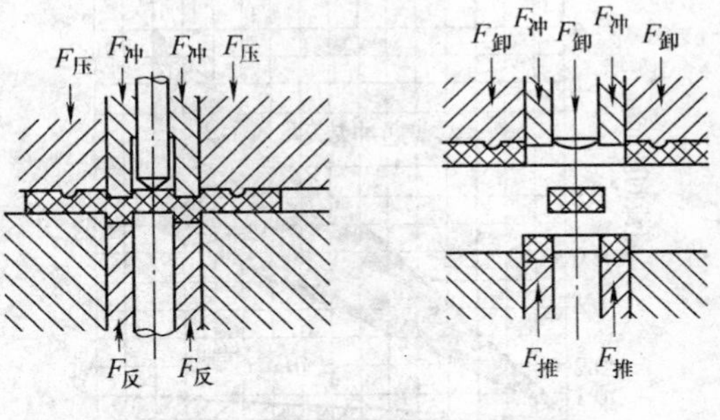

图2-50 精冲时作用力示意图

$F_{冲}$—冲裁力 $F_{压}$—齿圈压力 $F_{反}$—反向压力

$F_{卸}$—卸料力 $F_{推}$—推件力

2. 压边力（齿圈压力）

齿圈压板压力的大小对保证工件剪切断面质量、降低动力消耗和提高模具寿命都有密切关系。

压边力$F_{压}$(N)按以下经验公式计算

$$F_{压} = (40\% \sim 60\%)F_{冲}$$

3. 反压力

顶出器的反压力是影响工件精度的主要因素，反压力大，对工件的平整度、尺寸精度和剪切断面质量都有不同程度的改善。但是，太大的压力容易损坏模具，因此，通常是试模确定的，在模具设计中可按下式计算

$$F_{反} = Ap$$

$$F_{反} = (0.1 \sim 0.25)F_{冲}$$

式中　A——工件受压面积（mm^2）；

p——工件单位反压力，$p = 20 \sim 70MPa$；

$F_{冲}$——冲裁力（N）。

4. 精冲时的总压力

工件精冲所需的总压力 $F_{总}$(N)，是选用精冲压力机的主要依据，而总压力是冲裁力、压边力及反压力之和。目前大多数精冲压力机的压边系统都设置有无级调节的部分自动卸压装置，为了提高精冲压力机的有效负载能力，在精冲开始时，首先是满足 V 形齿圈所需要压入材料的大压边力 $F_{压}$，在完成压边后，压力机自动卸压到预先设定的保压压边力 $F'_{压}$，一般 $F'_{压} = (0.3 \sim 0.5)F_{压}$，然后再进行冲裁。因此实现精冲所需的总压力为

$$F_{总} = F_{冲} + F'_{压} + F_{反}$$

式中　$F_{冲}$——冲裁力（N）；

$F'_{压}$——保证压边力（N）；

$F_{反}$——反压力（N）。

精冲的卸料力 $F_{卸}$ 和推件力 $F_{推}$ 按以下经验公式计算

$$F_{卸} = (0.1 \sim 0.15)F_{冲}$$

$$F_{推} = (0.1 \sim 0.15)F_{冲}$$

（四）精冲间隙

一般精冲模的凸、凹模的双面间隙值为料厚的 1%，软材料取大值，硬材料取略小的数值。它与普通冲裁相比，要小得多（图 2-51）。而精冲模的冲孔和落料时其凸、凹模的间隙值是不一样的，其值见表 2-44。

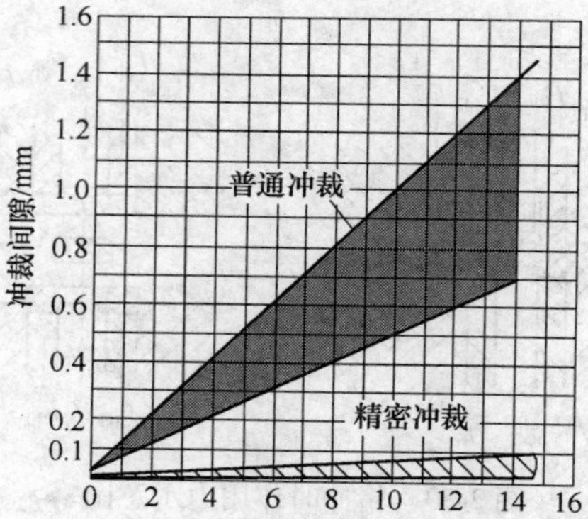

图 2-51　普通冲裁与精冲时的间隙

表 2-44　凸模和凹模的间隙

<table>
<tr><th rowspan="2">材料厚度
t/mm</th><th rowspan="2">外形</th><th colspan="3">内　孔</th></tr>
<tr><th>$d<t$</th><th>$d=(1\sim5)t$</th><th>$d>5t$</th></tr>
<tr><td>0.5</td><td rowspan="8">0.005t</td><td rowspan="3">0.012T</td><td rowspan="2">0.01t</td><td rowspan="2">0.005t</td></tr>
<tr><td>1</td></tr>
<tr><td>2</td><td rowspan="2">0.005t</td><td rowspan="6">0.0025t</td></tr>
<tr><td>3</td><td>0.01t</td></tr>
<tr><td>4</td><td rowspan="2">0.008t</td><td>0.037t</td></tr>
<tr><td>6</td><td rowspan="3">0.0025t</td></tr>
<tr><td>10</td><td>0.007t</td></tr>
<tr><td>15</td><td>0.005t</td></tr>
</table>

注：1. 本表适于精冲要求的金相组织结构，沿整个剪切断面均十分光洁，且在两次修磨后具有较高寿命的基础上制订的。

2. 外形上向内凹的轮廓及齿圈不沿轮廓分布的部分，按内孔确定间隙。

（五）凸模和凹模尺寸

精冲模刃口尺寸设计与普通冲裁模刃口设计基本相同，落料件仍以凹模为基准，冲孔件以凸模为基准，不同的是精冲后零件外形或内孔均有微量收缩（约有 0.005～0.01mm 的收缩量），一般外形比凹模口稍小，内孔略小于冲孔冲头的尺寸。因此，落料凹模和冲孔凸模在理想情况下，应比工件要求尺寸约大 0.005～0.01mm。在确定凸模和凹模尺寸时，主要考虑这一点。计算公式如下：

落料：

$$D_{凹}=\left(D_{\min}+\frac{1}{4}\Delta\right)_{0}^{+\delta_{凹}} \quad 或 \quad D_{凹}=\left(D-\frac{3}{4}\Delta\right)_{0}^{+\delta_{凹}}$$

凸模刃口尺寸按凹模实际尺寸配制，保证双边间隙 z。

冲孔：

$$d_{凸}=\left(d_{\max}-\frac{1}{4}\Delta\right)_{-\delta_{凸}}^{0} \quad 或 \quad d_{凸}=\left(d+\frac{3}{4}\Delta\right)_{-\delta_{凸}}^{0}$$

凹模刃口尺寸按凸模实际尺寸配制，保证双边间隙 z。

式中 $D_{凹}$——凹模刃口尺寸（mm）；

$d_{凸}$——凸模刃口尺寸（mm）；

D、d——工件基本尺寸（mm）；

Δ——工件公差（mm）；

$\delta_{凸}$、$\delta_{凹}$——分别为凸、凹模制造公差（mm），按 IT5～IT6 级制造。

（六）排样与搭边

由于精冲时在压力圈上有 V 形环，故搭边较普通冲裁要大些，如果零件不考虑材料的纤维方向，则排样时就尽量减少废料。对于零件形状复杂的，带锯齿形的冲裁表面应放在进料方向，以便精冲时搭边更充分，如图 2-52 所示。

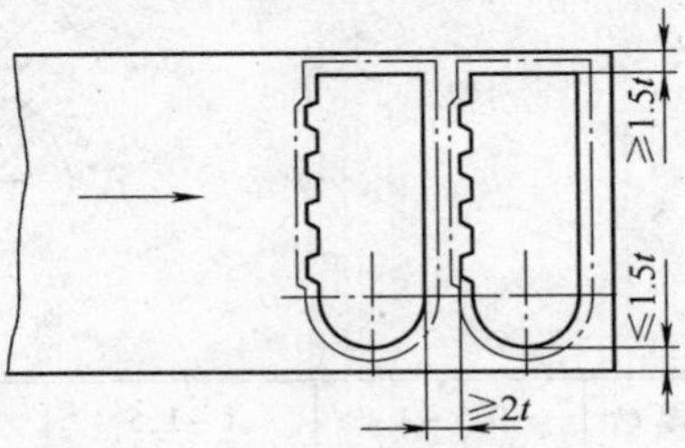

图 2-52 排样

搭边宽度 a 可由表 2-45 中查得。

（七）齿圈尺寸

齿圈压板的齿形，常用的是尖齿（或称 V 形圈），根据加工方法的不同，分为对称角度齿形和非对称角度齿形两种（图 2-53）。V 形齿圈的尺寸取决于料厚。当冲制的材料厚度在 4mm 以下时，只需在齿圈压板上设计齿形，即单面齿圈精冲，齿圈尺寸见表 2-46；当冲制材料厚度大于 4mm 或材料塑性较好时，为了获得完整的光洁断面，还需要在凹模刃口外一定距离处，相应设计齿圈，双面齿圈精冲，齿圈尺寸见表 2-47。对于齿轮的精冲，因要求剪切面垂直度较高，即使料厚在 4mm 以下，也多采用双面齿圈。

表 2-45 搭边最小值 （单位：mm）

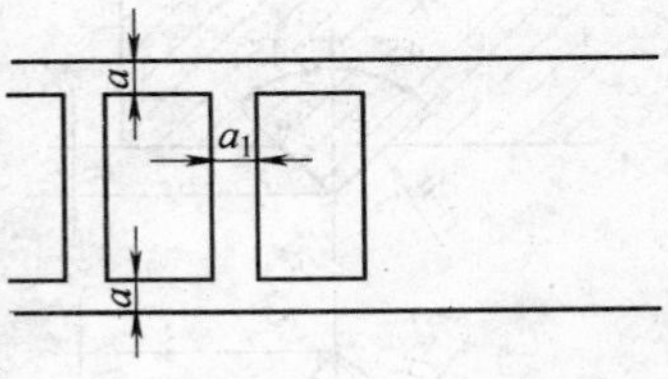

料厚 t	0.5	1	1.5	2	2.5	3	3.5	4	5	6	8	10	12	15
a_1	1.5	2	2.5	3	4	4.5	5	5.5	6	7	8	10	12	15
a	2	3	4	4.5	5	5.5	6	6.5	7	8	10	12	15	18

冲小孔时一般可不用齿圈，当孔径在 30～40mm 以上时，可在顶杆上加齿形圈。齿圈应和工件轮廓形状相一致，工件有较小向内凹的缺口和凸弯很大的部分，齿圈可不紧靠轮廓分布，如图 2-54 所示。

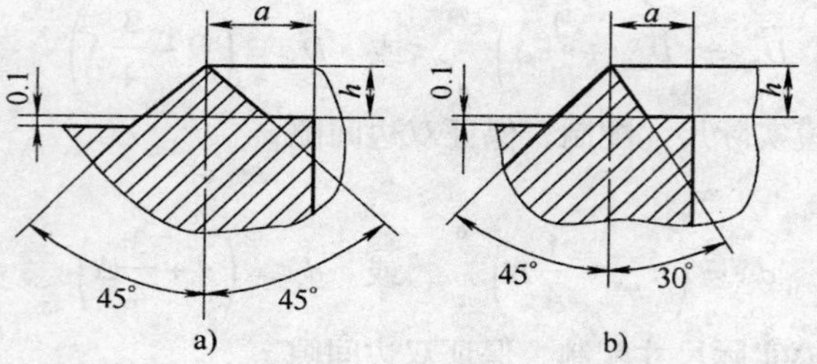

图 2-53　齿圈的齿形

a）对称角度齿形　b）非对称角度齿形

表 2-46　单面齿圈齿形尺寸　（单位：mm）

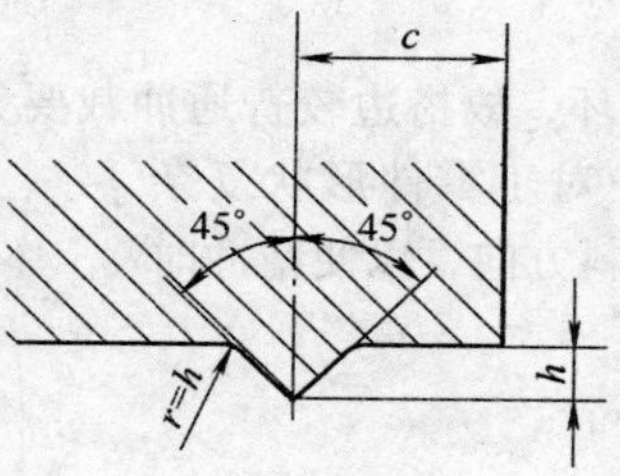

料厚 t	0.5～1	1～1.5	1.5～2	2～2.5	2.5～3	3～3.5	3.5～4
a	1	1.3	1.6	2	2.4	2.8	3.2
h	0.3	0.4	0.5	0.6	0.7	0.8	0.9

表 2-47　双面齿圈齿形尺寸　（单位：mm）

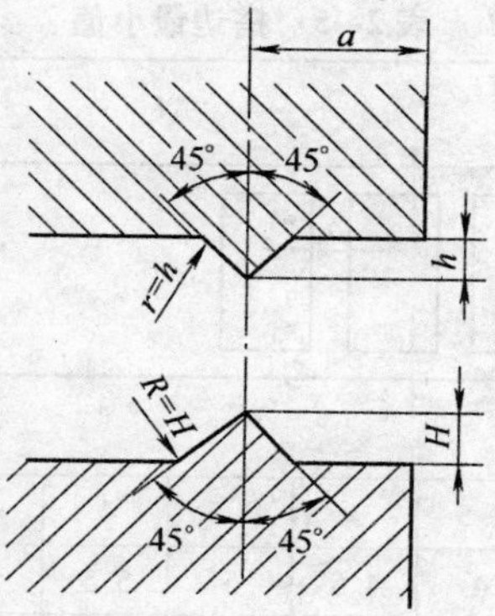

料厚 t	4～5	5～6	6～8	8～10	10～12	12～15
a	2.5	3	3.5	4.5	5.5	7
h	0.6	0.8	1.1	1.2	1.6	2.2
H	0.9	1.1	1.4	1.6	2	2.6

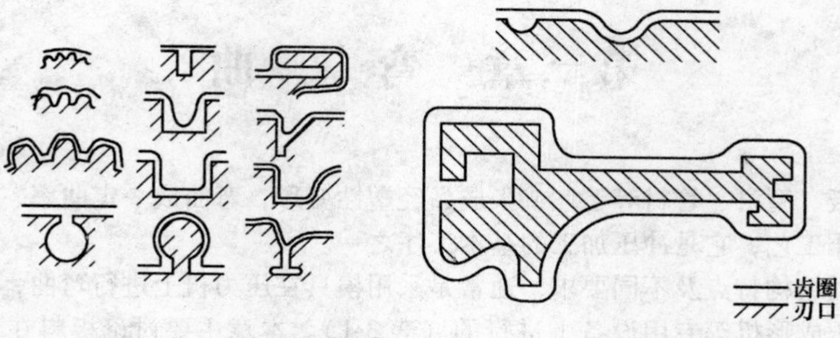

图 2-54 齿圈与刃口的相对位置

第三章　弯　　曲

弯曲是将平板、型材、管材等毛坯或半成品经塑性变形，弯曲成一定曲率、一定角度形成所需形状工件的冲压工艺，它是冲压加工的基本工序之一。

根据弯曲件的结构特点及不同要求，通常是采用模具在压力机上进行弯曲，此外也有在折弯机、拉弯机、滚压成形机等专用设备上进行的（表 3-1）。本章主要讨论板料在弯曲模上的弯曲成形工艺。

表 3-1　板料的弯曲形式

类　别	简　　图	特　　点
模具压弯	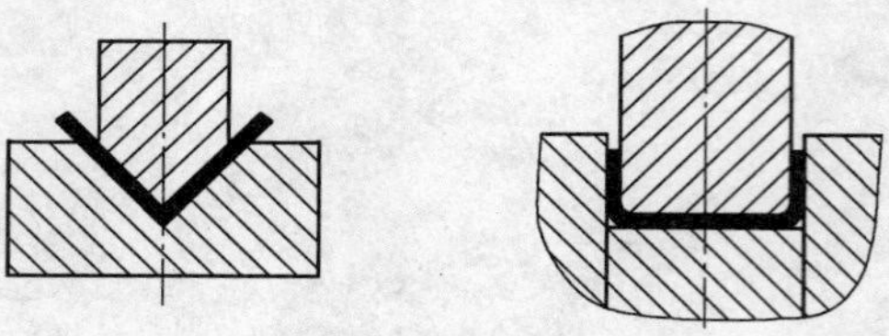	板料在压力机或弯板机上的弯曲
拉弯	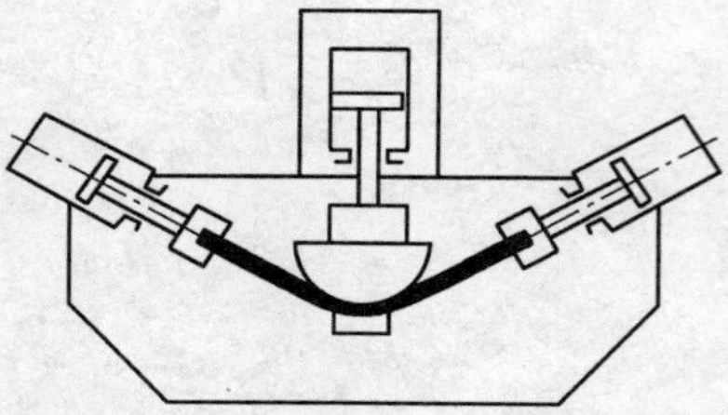	对于弯曲半径大(曲率小)的零件,在拉力作用下进行弯曲,从而得到塑性变形
折弯	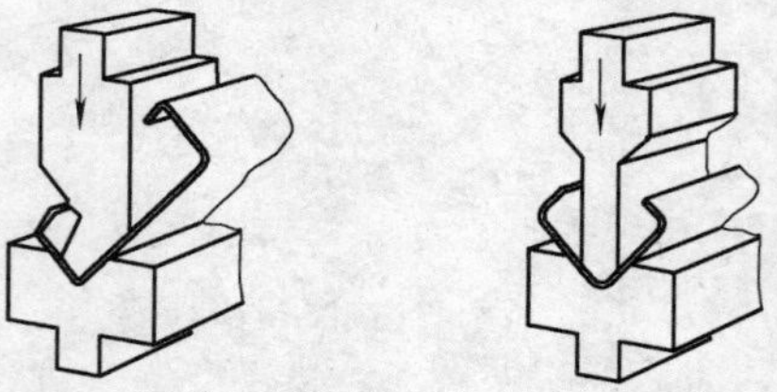	在板料折弯机上借助简单的通用或专用弯曲模进行折弯加工,便可得到各种角度不同形状的弯曲件。特别适用于具有较长弯曲线和较小弯曲角半径的弯曲件
滚弯	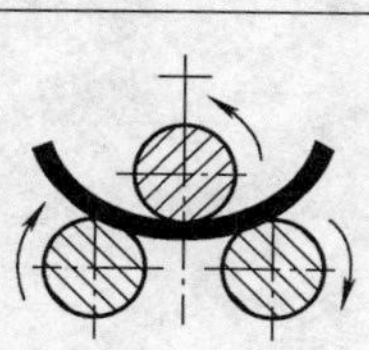	用 2 ~4 个滚轮,完成大曲率半径的弯曲
滚压成形（辊形）	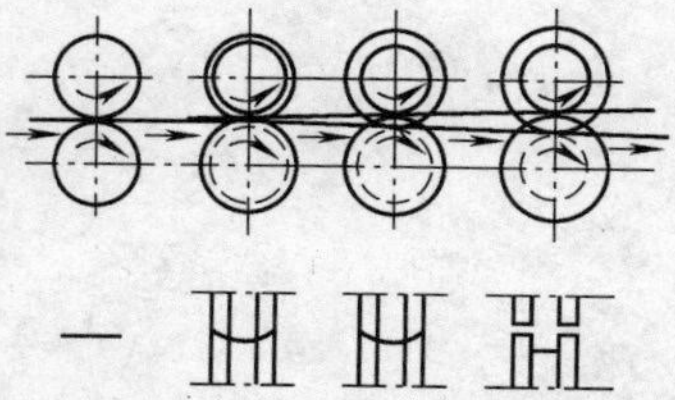	在带料纵向连续运动过程中,通过几组滚轮逐步弯曲成所需的形状

第一节 弯曲变形特点

图 3-1 所示为 V 形件弯曲时的变形情况。观察其变形可以看出，变形区主要发生在圆角部分，直线部分可视为不产生塑性变形。在变形区内，纵向金属纤维沿厚度方向变形是不同的。内侧金属纤维受压缩而缩短，外侧金属纤维受拉伸而伸长。由于金属纤维的连续性，在内侧与外侧之间存在一个既不伸长也不缩短的中间层，被称为应变中性层，曲率半径用 ρ 表示。

从弯曲变形区的横断面来看，变形有两种情况：对于窄板（$B<3t$），宽度方向产生了显著的畸变，原矩形断面变成了扇形。对于宽板（$B>3t$），弯曲后在宽度方向无明显变化，断面仍保持为矩形。

上述弯曲过程的变形特点是由于弯曲时的应力和应变状态所决定的。由于板料的相对宽度 (B/t) 不同，其应力和应变状态也不相同。

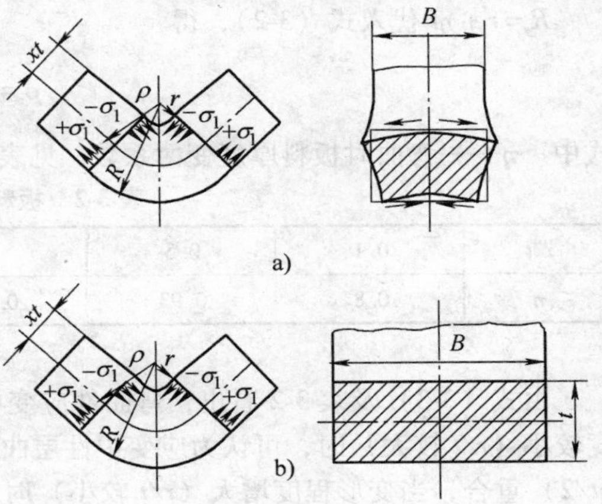

图 3-1 板料弯曲时应力与应变状态
a）窄板（$B<3t$） b）宽板（$B>3t$）

无论是窄板还是宽板，纵向金属纤维都发生了变化，内侧金属纤维受压而缩短，外侧金属纤维受拉伸而伸长。对于窄板，在内侧由于纵向金属纤维的缩短而使横向增宽，在外侧由于纵向金属纤维的伸长而使横向收缩。窄板在宽度方向能自由变形，内、外侧横向应力均接近于零。对于宽板，横向变形阻力较大，几乎不产生变形，内、外侧横向变形均接近于零，在内侧，金属阻止增宽的结果，便产生了压应力；在外侧，金属阻止收缩的结果，便产生了拉应力。

无论是窄板还是宽板，由于弯曲时外层金属对内层金属的挤压作用，故产生了径向压应力。根据塑性变形体积不变原则，在外侧纵向为最大伸长应变，横向和径向均为压缩应变（其中宽板横向压缩应变等于零）。在内侧纵向为最大压缩应变，横向与径向均为伸长应变（其中宽板横向伸长应变等于零）。

综上所述，窄板弯曲时为平面应力状态和立体应变状态，宽板弯曲时为立体应力状态和平面应变状态。在冲压生产中，经常用到的是宽板弯曲。

第二节 弯曲件毛坯长度的计算

弯曲件的毛坯长度是根据应变中性层在弯曲变形前后长度不变的原则来计算的。

一、应变中性层的确定

应变中性层可用弯曲前后毛坯和工件体积不变的条件求出，如图 3-2 所示。

冲压所用板料一般为宽板，宽度方向的应变 $\varepsilon_b \approx 0$，因此

$$tLB = \frac{1}{2}(R^2 - r^2)\alpha B \tag{3-1}$$

而毛坯长度等于应变中性层的长度，即

$$L = \alpha\rho$$

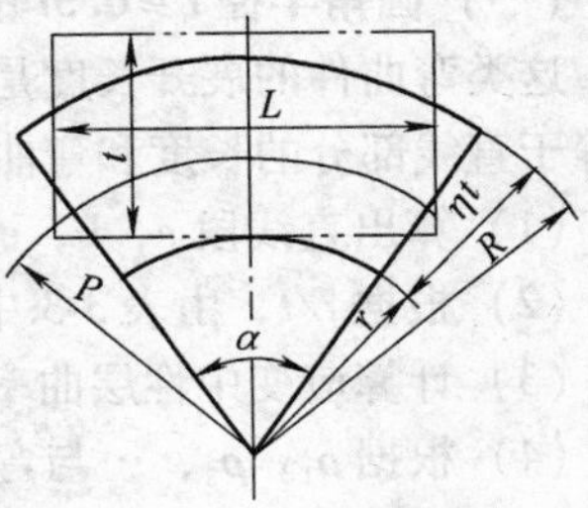

图 3-2 板料在弯曲中的弯形
（板坯宽度为 B）

式中 ρ——应变中性层的曲率半径；

α——弯曲中心角。

将 $L=\alpha\rho$ 代入式（3-1）则有

$$\rho=\frac{R^2-r^2}{2t} \tag{3-2}$$

由图3-2得知

$R=r+\eta t$ 代入式（3-2），得

$$\rho=\left(r+\frac{\eta t}{2}\right)\eta \tag{3-3}$$

式中 η——弯曲时板料厚度变薄系数，见表3-2。

表3-2 板料厚度变薄系数 η 值

r/t	0.1	0.5	1	2	5	>10
η	0.8	0.93	0.97	0.99	0.998	1.0

由式（3-3）及表3-2看出，弯曲件应变中性层 ρ 的值与弯曲变形程度有关。当弯曲变形程度较小（r/t 较大）时，可认为应变中性层曲率半径与弯曲毛坯断面的几何中性层曲率半径（$r+\eta t/2$）重合，当变形程度增大（r/t 较小）时，同时，由于 η 值减小，板厚的减薄，致使应变中性层的曲率半径小于（$r+\eta t/2$），即应变中性层的位置随 r/t 的减小而向内侧移动。这说明，板料弯曲时会引起板料变薄，r/t 愈小，应变中性层内移愈多，板料变薄也愈严重。

在实际生产中，板料弯曲时应变中性层的曲率半径可按下式计算

$$\rho=r+xt \tag{3-4}$$

式中 x——应变中性层的位移系数，见表3-3。

表3-3 应变中性层的位移系数 x 值

r/t	0.1	0.2	0.3	0.4	0.5	0.6	0.7	0.8	1.0	1.2
x	0.21	0.22	0.23	0.24	0.25	0.26	0.28	0.3	0.32	0.33
r/t	1.3	1.5	2.0	2.5	3.0	4.0	5.0	6.0	7.0	≥8.0
x	0.34	0.36	0.38	0.39	0.4	0.42	0.44	0.46	0.48	0.50

二、毛坯展开尺寸的计算

根据弯曲件结构形状不同，弯曲圆角半径和弯曲方法的不同，其毛坯尺寸的计算方法也不尽相同。下面分别介绍它们的展开长度的计算方法。

（一）圆角半径 $r\geqslant0.5t$ 的弯曲件（图3-3）

这类弯曲件的展开长度是根据弯曲前、后应变中性层长度不变的原则进行计算的。其展开长度等于直线部分的长度和弯曲部分应变中性层展开长度之和。具体计算步骤如下：

（1）算出直线段a，b，c，…的长度。

（2）根据 r/t，由表3-3中查出应变中性层的位移系数 x 值。

（3）计算应变中性层曲率半径：$\rho=r+xt$（图3-4）

（4）根据 ρ_1，ρ_2，…与弯曲中心角 α_1，α_2，…计算 l_1，l_2，…圆弧的展开长度（图3-3）：

$$l_i=\frac{\pi\alpha_i}{180^\circ}\rho_i \qquad (i=1,2,\cdots)$$

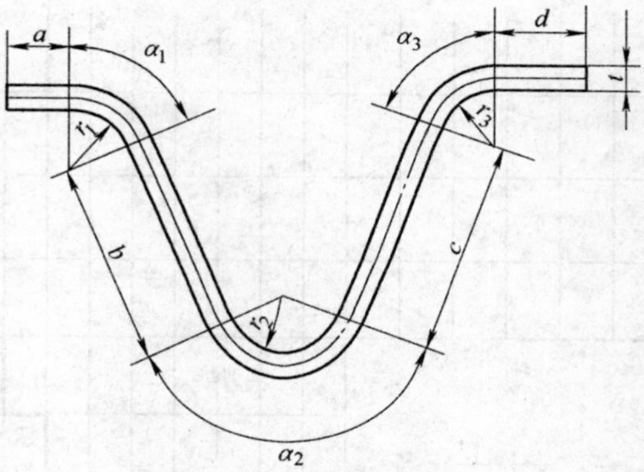

图 3-3　弯曲半径 $r \geqslant \frac{t}{2}$ 的弯曲件

（5）计算毛坯总长度

$$L = a + b + \cdots + l_1 + l_2 \cdots$$

当工件的弯曲角为 90°时，尺寸如图 3-5 所示，则毛坯的长度为

$$L = a + b + \frac{\pi}{2}(r + xt) = a + b + 1.57(t + xt)$$

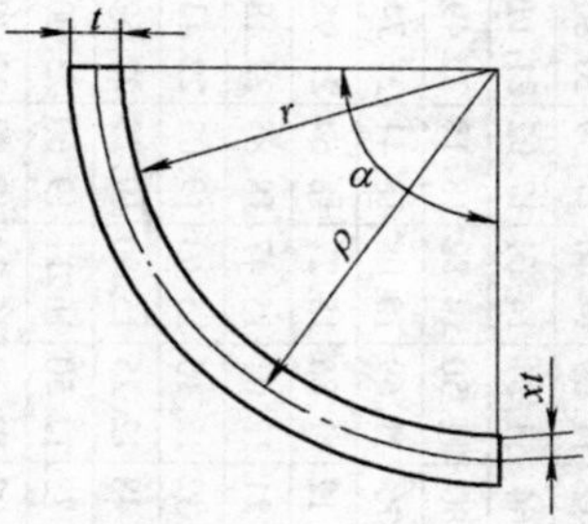

图 3-4　应变中性层曲率半径

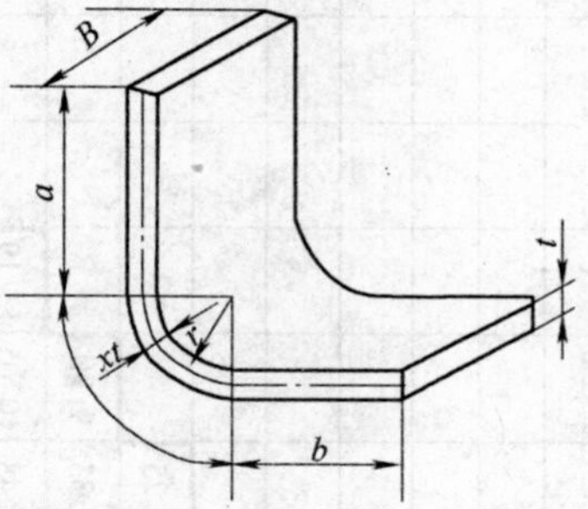

图 3-5　90°角的弯曲

为了计算方便，表 3-4 列出了弯曲 90°角时弯曲部分应变中性层弧长 1.57（$t + xt$）的数值（JB/T 5109—2001）。

当 90°角的弯曲件其尺寸标注在内侧时（图 3-6），则毛坯长度可按下式近似计算（JB/T 5109—2001）。

$$K = l_1 + l_2 + K$$

式中　l_1、l_2——标注在内侧的弯曲件边长尺寸；

K——修正系数，见表 3-5。

表 3-6 列出了弯曲半径 $r \geqslant 0.5t$ 时，毛坯展开长度的计算公式（JB/T 5109—2001）。

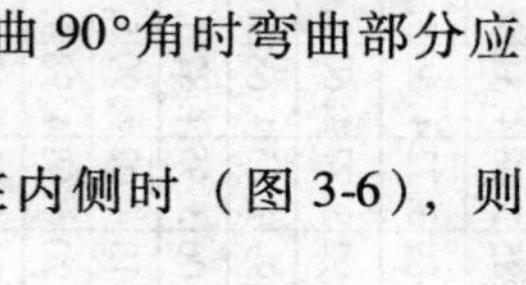

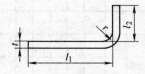

图 3-6　尺寸标注在内侧的 90°角的弯曲件

表 3-4　弯曲 90°时圆角部分应变中性层弧长

（单位：mm）

t \ r	0.1	0.2	0.3	0.5	0.8	1.0	1.2	1.5	2	2.5	3	4	5	6	8	10	12	15	20	25	30	35	40	45	50	63	80	100
0.15	0.22	0.39	0.57	0.90	1.37	1.69	2.00	2.47																				
0.20	0.23	0.41	0.58	0.92	1.41	1.73	2.04	2.51	3.30																			
0.25	0.24	0.42	0.60	0.94	1.44	1.76	2.08	2.55	3.34	4.12																		
0.3	0.25	0.44	0.61	0.96	1.46	1.79	2.11	2.59	3.38	4.16	4.95																	
0.4		0.47	0.64	1.00	1.51	1.84	2.17	2.65	3.46	4.24	5.03	6.60																
0.5		0.49	0.67	1.02	1.55	1.88	2.22	2.72	3.52	4.32	5.12	6.68	8.25															
0.6		0.50	0.70	1.50	1.58	1.92	2.26	2.76	3.59	4.38	5.18	6.75	8.33	9.90														
0.8				1.10	1.63	1.99	2.34	2.85	3.68	4.51	5.31	6.91	8.48	10.05	13.19													
0.9				1.13	1.65	2.02	2.37	2.89	3.72	4.56	5.38	6.98	8.56	10.13	13.27													
1.0				1.16	1.69	2.04	2.40	2.92	3.77	4.60	5.43	7.04	8.64	10.21	13.35	16.49												
1.2					1.74	2.09	2.45	2.99	3.85	4.68	5.52	7.16	8.76	10.37	13.51	16.65												
1.5					1.83	2.18	2.53	3.06	3.95	4.82	5.65	7.32	8.97	10.56	13.74	16.89	20.03	24.74										
1.75						2.25	2.59	3.13	4.02	4.90	5.75	7.41	9.09	10.74	13.92	17.08	20.22	24.94										
2.0						2.32	2.67	3.20	4.08	4.98	5.84	7.54	9.20	10.87	14.07	17.28	20.48	25.13	32.99									
2.5							2.83	3.34	4.22	5.10	6.00	7.74	9.42	11.09	14.40	17.59	20.80	25.53	33.38	41.23								
3.0								3.49	4.35	5.24	6.13	7.90	9.64	11.31	14.64	17.92	21.11	25.92	33.77	41.63								
3.5									4.50	5.36	6.26	8.05	9.80	11.50	14.82	18.18	21.49	26.23	34.16	42.02	49.87							
4.0									4.65	5.52	6.40	8.17	9.96	11.69	15.08	18.41	21.74	26.55	34.56	42.41	50.27	58.12	65.97					
4.5										5.66	6.53	8.28	10.12	11.85	15.27	18.64	21.95	26.86	34.87	42.80	50.66	58.51	66.37	74.22				
5.0										5.81	6.68	8.44	10.21	12.01	15.47	18.85	22.18	27.17	35.19	43.20	51.50	58.97	66.76	74.61	82.47			
5.5											6.82	8.57	10.32	12.15	15.63	19.03	22.43	27.40	35.58	43.51	51.44	59.30	67.15	75.01	82.86			
6											6.97	8.71	10.48	12.25	15.80	19.29	22.62	27.61	35.85	43.83	51.84	59.69	67.54	75.40	83.25			
7												9.00	10.73	12.50	16.11	19.60	23.00	28.07	36.36	44.55	52.40	60.48	68.33	76.18	84.04	104.46		
8												9.30	11.02	12.79	16.34	19.92	23.37	28.48	36.82	45.4	53.15	61.14	69.12	76.97	84.82	105.24	131.95	
9													11.32	13.06	16.55	20.18	23.70	28.86	37.24	45.63	53.63	61.76	69.74	77.75	85.61	106.03	132.73	
10													11.62	13.35	16.88	20.42	24.03	29.23	37.70	46.02	54.35	62.36	70.69	78.38	86.39	106.81	133.52	164.93

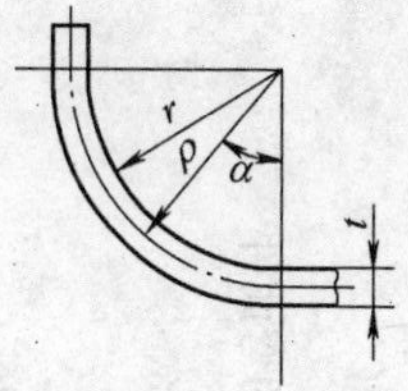

注：表中粗线框内为选取数值。

表 3-5 弯曲 90°时修正值 K （单位：mm）

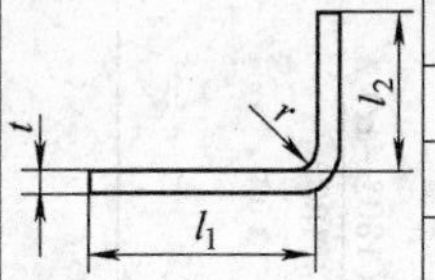

t \ r	0.1	0.2	0.3	0.5	0.8	1.0	1.2	1.5	2	2.5	3	4	5	6	8	10	12	15	20	25	30	35	40	45	50	63	80	100
0.15	+0.02	-0.01	-0.03	-0.10	-0.23	-0.31	-0.40	-0.53																				
0.20	+0.03	+0.01	-0.02	-0.08	-0.19	-0.27	-0.36	-0.49	-0.70																			
0.25	+0.04	+0.02	0.00	-0.06	-0.16	-0.24	-0.32	-0.45	-0.66	-0.88																		
0.3	+0.04	+0.03	+0.01	-0.04	-0.14	-0.21	-0.29	-0.41	-0.62	-0.84	-1.05																	
0.4		+0.06	+0.04	0.00	-0.09	-0.16	-0.23	-0.35	-0.54	-0.76	-0.97	-1.40																
0.5		+0.08	+0.07	+0.02	-0.05	-0.12	-0.18	-0.28	-0.48	-0.68	-0.88	-1.32	-1.75															
0.6			+0.10	+0.05	-0.02	-0.07	-0.14	-0.24	-0.41	-0.62	-0.82	-1.25	-1.67	-2.10														
0.8				+0.10	+0.03	-0.01	-0.06	-0.15	-0.32	-0.49	-0.69	-1.09	-1.52	-1.95	-2.81													
0.9				+0.13	+0.06	+0.02	-0.03	-0.11	-0.27	-0.44	-0.62	-1.02	-1.44	-1.87	-2.73													
1.0				+0.16	+0.09	+0.04	0.00	-0.08	-0.23	-0.40	-0.57	-0.96	-1.36	-1.79	-2.65	-3.51												
1.2					+0.14	+0.09	+0.05	-0.01	-0.15	-0.31	-0.48	-0.84	-1.24	-1.63	-2.49	-3.35												
1.5					+0.23	+0.18	+0.13	+0.06	-0.05	-0.18	-0.27	-0.68	-1.01	-1.44	-2.26	-3.11	-3.97	-5.26										
1.75						+0.25	+0.19	+0.13	+0.03	-0.10	-0.25	-0.58	-0.91	-1.26	-2.08	-2.92	-3.78	-5.06										
2.0						+0.32	+0.27	+0.20	+0.08	-0.02	-0.16	-0.46	-0.80	-1.13	-1.93	-2.72	-3.58	-4.87	-7.01									
2.5							+0.43	+0.34	+0.22	+0.11	+0.01	-0.26	-0.58	-0.91	-1.61	-2.41	-3.20	-4.47	-6.62	-8.77								
3.0								+0.49	+0.35	+0.24	+0.13	-0.10	-0.36	-0.69	-1.36	-2.08	-2.89	-4.08	-6.23	-8.37	-10.51	-12.66						
3.5									+0.50	+0.36	+0.26	+0.05	-0.21	-0.50	-1.18	-1.82	-2.51	-3.77	-5.84	-7.89	-10.13	-12.27						
4.0									+0.65	+0.51	+0.40	+0.17	-0.04	-0.31	-0.92	-1.59	-2.26	-3.45	-5.44	-7.59	-9.73	-11.88	-14.03					
4.5										+0.66	+0.52	+0.28	+0.09	0.15	-0.73	-1.36	-2.04	-3.14	-5.13	-7.20	-9.34	-11.49	-13.63	-15.88				
5.0										+0.81	+0.68	+0.44	+0.21	+0.02	-0.53	-1.15	-1.82	-2.83	-4.81	-6.08	-8.95	-11.09	-13.24	-15.39	-17.53			
5.5											+0.82	+0.57	+0.32	+0.15	-0.37	-0.96	-1.59	-2.60	-4.42	-6.49	-8.60	-10.70	-12.85	-14.99	-17.14			
6											+0.97	+0.70	+0.47	+0.25	-0.20	-0.73	-1.38	-2.39	-4.11	-6.17	-8.16	-10.31	-12.46	-14.60	-16.75			
7												+1.00	+0.73	+0.51	+0.11	-4.11	-0.99	-1.93	-3.64	-5.45	-7.59	-9.52	-11.67	-13.82	-15.96	-21.54		
8												+1.30	+1.03	+0.80	+0.34	-0.08	-0.63	-1.52	-3.18	-4.89	-6.97	-8.86	-10.88	-13.03	-15.18	-20.76	-28.05	
9													+1.32	+1.06	+0.55	+0.19	-0.30	-1.14	-2.73	-4.44	-6.37	-8.24	-10.26	-12.25	-14.39	-19.97	-27.27	
10													+1.62	+1.35	+0.89	+0.42	+0.03	-0.77	-2.30	-3.98	-5.65	-7.64	-9.31	-11.62	-13.61	-19.19	-26.48	-35.07

注：粗线以上为负值。

表 3-6　$r>0.5t$ 弯曲毛坯的展开长度计算公式

弯曲形式	简　图	计算公式
单角弯曲（切点尺寸）	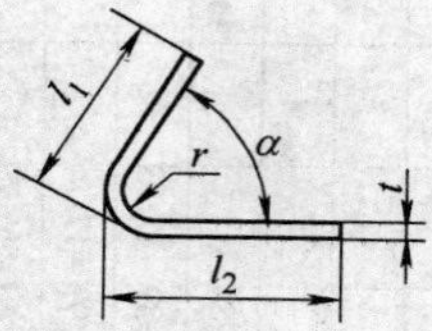	$L=l_1+l_2+\frac{\pi(180^\circ-\alpha)}{180^\circ}(r+xt)-2(r+t)$
单角弯曲（交点尺寸）	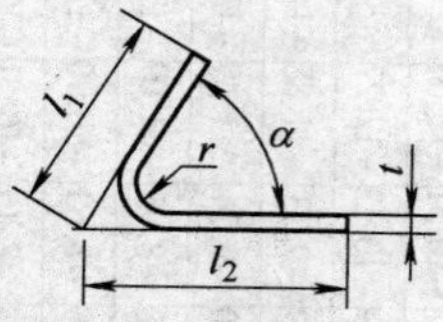	$L=l_1+l_2+\frac{\pi(180^\circ-\alpha)}{180^\circ}(r+xt)-2\cot\frac{\alpha}{2}(r+t)$
单角弯曲（中心尺寸）	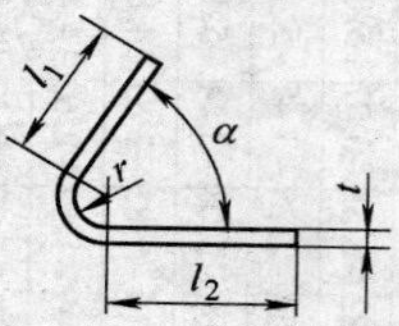	$L=l_1+l_2+\frac{\pi(180^\circ-\alpha)}{180^\circ}(r+xt)$
双直角弯曲	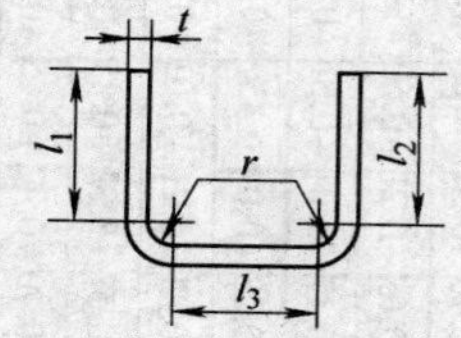	$L=l_1+l_2+l_3+\pi(r+xt)$
四直角弯曲	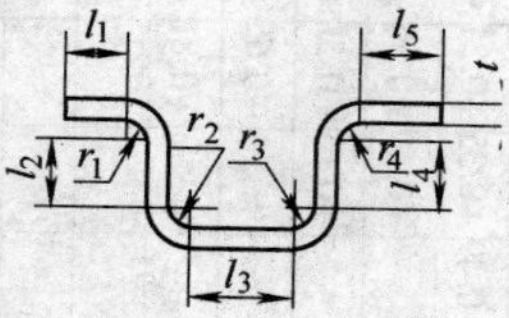	$L=l_1+l_2+l_3+l_4+l_5+\frac{\pi}{2}(r_1+r_2+r_3+r_4)+\frac{\pi}{2}(x_1+x_2+x_3+x_4)t$
半圆弯曲	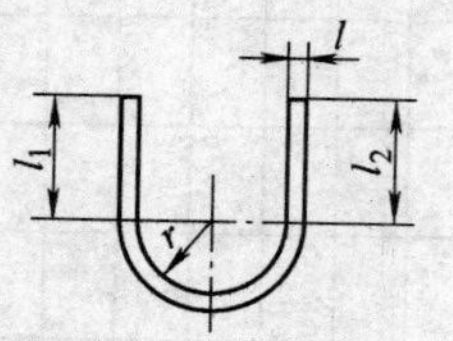	$L=l_1+l_2+\pi(r+xt)$

（二）圆角半径 $r<0.5t$ 的弯曲件

小圆角半径或无圆角半径弯曲件，如图 3-7 所示。这类弯曲件的毛坯尺寸是根据弯曲前、后材料体积不变的原则进行计算的。由于弯曲时弯曲处材料变薄严重，因此，按体积相等原则计算出的毛坯尺寸还需要加以修正。表 3-7 列出了这类弯曲件毛坯尺寸的计算公式。

表 3-7　$r<0.5t$ 弯曲毛坯的展开长度计算公式

弯曲形式	简　图	计 算 公 式
	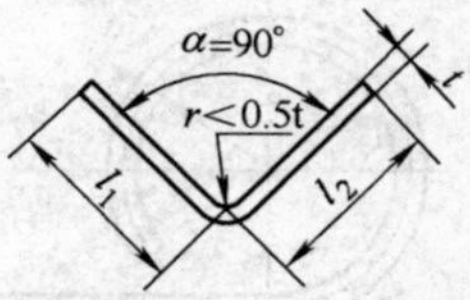	$L=l_1+l_2+0.5t$
单角弯曲	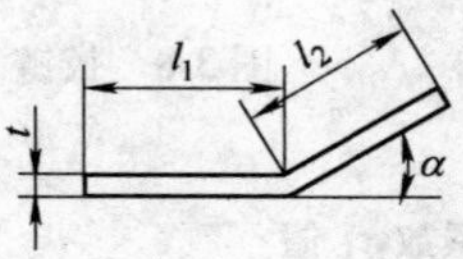	$L=l_1+l_2+\frac{a}{90°}\times0.5t$
	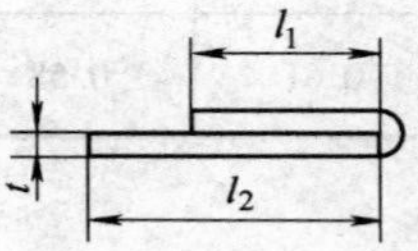	$L=l_1+l_2+t$
双角弯曲	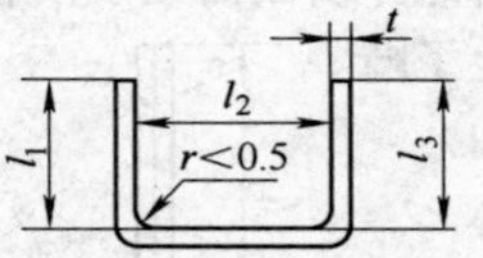	$L=l_1+l_2+l_3+0.5t$
三角弯曲	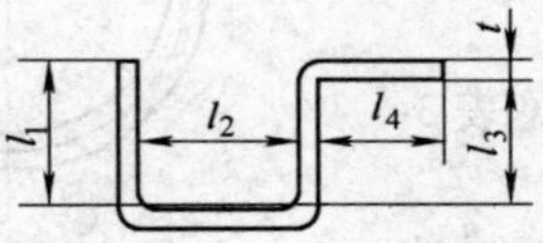	同时弯三个角时： $L=l_1+l_2+l_3+l_4+0.75t$ 先弯二个角后弯另一个角时： $L=l_1+l_2+l_3+l_4+t$
四角弯曲	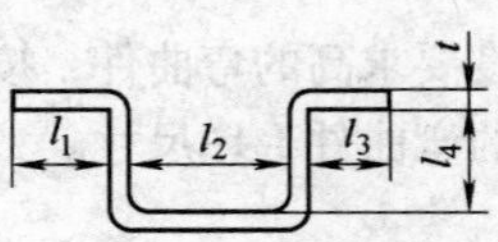	$L=l_1+l_2+l_3+2l_4+t$

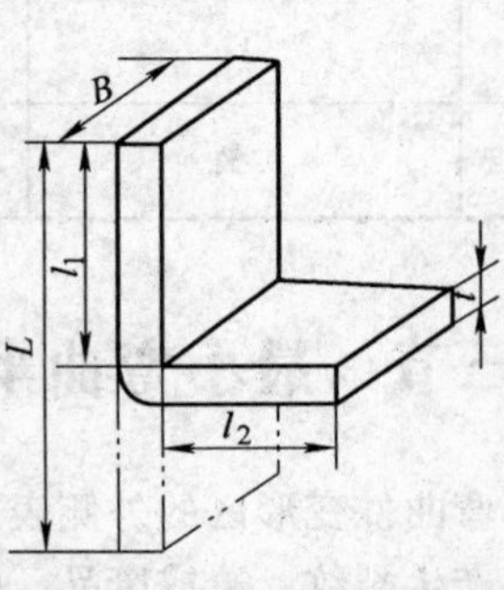

图 3-7　无圆角半径弯曲件的毛坯展开长度

（三）铰链式弯曲件毛坯尺寸的计算

对于 $r=(0.6\sim3.5)t$ 的铰链件（图3-8），常用推卷的方法弯曲成形，在卷圆弯曲的过程中，材料受到挤压和弯曲作用，因此，板料增厚，应变中性层外移。此时毛坯长度可按下式近似计算：

$$L=l+5.7r+4.7x_1t$$

式中　l——铰链件直线段长度；

r——铰链的内弯曲半径；

x_1——卷圆时应变中性层位移系数，见表3-8。

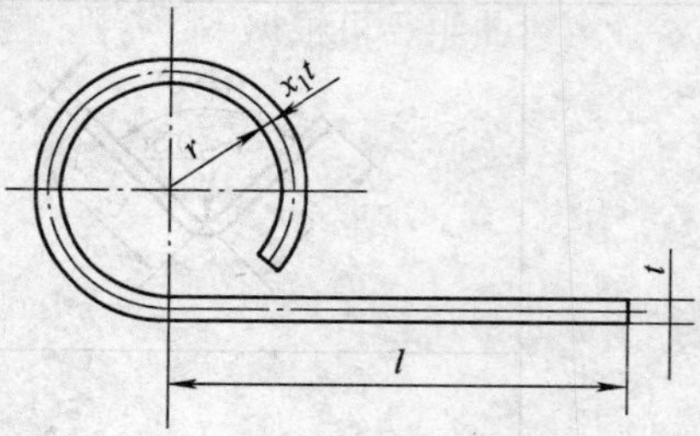

图3-8　铰链式弯曲件

表3-8　卷圆时应变中性层位移系数 x_1 值

r/t	>0.5~0.6	>0.6~0.8	>0.8~1	>1~1.2	>1.2~1.5	>1.5~1.8	>1.8~2	>2~2.2	>2.2
x_1	0.76	0.73	0.7	0.67	0.64	0.61	0.58	0.54	0.5

（四）棒料弯曲件毛坯尺寸的计算

棒料弯曲（图3-9）时，当弯曲半径 $r\geqslant1.5d$ 时，弯曲部分横截面几乎没有变化，应变中性层系数 x_2 近似为0.5。当 $r<1.5d$ 时，弯曲部分横截面发生了畸变，应变中性层外移，毛坯长度可按下式计算：

$$L=l_1+l_2+\pi(r+x_2d)$$

式中　l_1、l_2——棒料弯曲件直线段长度；

d——棒料的直径；

x_2——棒料弯曲时应变中性层位移系数，其值见表3-9。

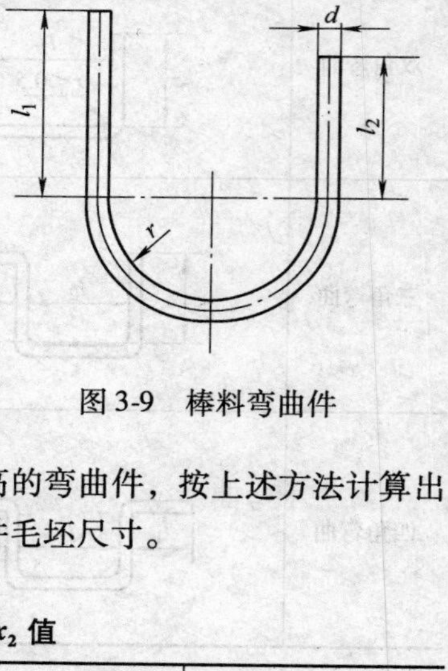

图3-9　棒料弯曲件

在实际生产中，影响弯曲件毛坯长度的因素是很多的。因此，上述各种弯曲件展开尺寸的计算方法，仅适用于形状简单、尺寸精度要求不高的弯曲件。对于形状比较复杂或尺寸精度要求高的弯曲件，按上述方法计算出来的展开尺寸，还要经过反复试弯，最后才能确定出合适的弯曲件毛坯尺寸。

表3-9　圆棒料弯曲时应变中性层位移系数 x_2 值

r/t	≥1.5	1	0.5	0.25
x_2	0.5	0.51	0.53	0.55

第三节　最小弯曲半径

弯曲件弯曲时，弯曲半径愈小，弯曲件变形区的外侧表面层纤维的拉伸变形程度愈大，若超过材料的最大许可变形程度，即容易产生裂纹，造成废品。因此必须控制变形区的拉伸变形，而拉伸变形的大小主要取决于相对弯曲半径 r/t。

一、最小弯曲半径的理论计算

最小弯曲半径可根据图 3-2 进行理论推算。弯曲时，毛坯外侧表面纵向纤维的伸长率 δ 可按下式计算

$$\delta = \frac{(r+\eta t)\alpha - \rho\alpha}{\rho\alpha} \tag{3-5}$$

则弯曲半径

$$r = \rho(1+\delta) - \eta t \tag{3-6}$$

断面收缩率 ψ 与伸长率 δ 有如下关系

$$\psi = \frac{\delta}{1+\delta} \tag{3-7}$$

将式（3-5）代入式（3-7）得

$$\psi = \frac{r-\eta t-\rho}{1+\eta t} \tag{3-8}$$

将前式（3-3）的 ρ 值代入式（3-8），则得弯曲半径

$$r = \frac{2-2\psi-\eta}{2(\eta+\psi-1)}\eta t \tag{3-9}$$

或

$$\frac{r}{t} = \frac{2-2\psi-\eta}{2(\eta+\psi-1)}\eta$$

式中的 r/t 称为相对弯曲半径。由上式可知，r/t 越小，则 ψ 越大。如果 r/t 减小致使 ψ 达到拉伸试验所得的最大断面收缩率 $\psi_{\max}$，则此时的 r/t 即为最小相对弯曲半径，以 $r_{\min}/t$ 表示。

于是

$$\frac{r_{\min}}{t} = \frac{2-\psi_{\max}-\eta}{2(\eta+\psi_{\max}-1)}\eta$$

或最小弯曲半径

$$r_{\min} = \frac{2-\psi_{\max}-\eta}{2(\eta+\psi_{\max}-1)}\eta t \tag{3-10}$$

常用材料的最小弯曲半径实用推荐值可查表 3-10。

二、最小弯曲半径的影响因素

（1）材料力学性能　材料的力学性能，直接影响 $r_{\min}$ 的大小，材料塑性好，塑性指标（$\delta-\psi$）高，外层纤维允许变形程度大，许可的最小弯曲半径就小。相反，塑性差的材料，塑性指标（$\delta-\psi$）就低，最小弯曲半径相应变大。

（2）材料纤维方向　轧制的冲压板料是各向异性的，顺着纤维方向的塑性指标高于垂直轧制方向的塑性指标。因此弯曲件的弯曲线如果垂直于纤维方向，则最小相对弯曲半径 $r_{\min}/t$ 的数值最小。反之，如果弯曲件的弯曲线平行于轧制方向，则最小相对弯曲半径 $r_{\min}/t$ 的值最大。当弯曲 r/t 较小的工件时，就尽量使弯曲线垂直于板料的纤维方向，以提高变形程度，避免外层纤

维拉裂。多向弯曲的工件。可使弯曲线与板料纤维方向成一定的角度。

表 3-10 常用材料的最小弯曲半径（摘自 JB/T 5109—2001）

材料		弯曲线与轧制纹向垂直	弯曲线与轧制纹向平行
08F、08Al		0.2t	0.4t
10、15、Q195		0.5t	0.8t
20、Q215A、Q235A、09MnXtL		0.8t	1.2t
25、30、35、40、Q235A、10Ti、13MnTi、16MnL、16MnXtL		1.3t	1.7t
65Mn	T(特硬)	3.0t	6.0t
	Y(硬)	2.0t	4.0t
1Cr18Ni9	I(冷作硬化)	0.5t	2.0t
	BI(半冷作硬化)	0.3t	0.5t
	R(软)	0.1t	0.2t
1J79	Y(硬)	0.5t	2.0t
	M(软)	0.1t	0.2t
3J1	Y(硬)	3.0t	6.0t
	M(软)	0.3t	0.6t
3J53	Y(硬)	0.7t	1.2t
	M(软)	0.4t	0.7t
TA1	冷作硬化	3.0t	4.0t
TA5		5.0t	6.0t
TB2		7.0t	8.0t
H62	Y(硬)	0.3t	0.8t
	Y2(半硬)	0.1t	0.2t
	M(软)	0.1t	0.1t
HPb59-1	Y(硬)	1.5t	2.5t
	M(软)	0.3t	0.4t
BZn15-20	Y(硬)	2.0t	3.0t
	M(软)	0.3t	0.5t
QSn6.5-0.1	Y(硬)	1.5t	2.5t
	M(软)	0.2t	0.3t
QBe2	Y(硬)	0.8t	1.5t
	M(软)	0.2t	0.2t
T2	Y(硬)	1.0t	1.5t
	M(软)	0.1t	0.1t
1050A(L3)[①]、1035(L4)	HX8(硬)	0.7t	1.5t
	O(软)	0.1t	0.2t
7A04(LC4)[①]	T9(淬火人工时效又经冷作硬化)	2.0t	3.0t
	O(软)	1.0t	1.5t

（续）

材　　料		弯曲线与轧制纹向垂直	弯曲线与轧制纹向平行
5A05(LF5)①、5A06(LF6) 3A21(LF21)	HX8(硬)	2.5t	4.0t
	O(软)	0.2t	0.3t
2A12(LY12)①	T4(淬火后自然时效)	2.0t	3.0t
	O(软)	0.3t	0.4t

注：1. 表中 t 为板料厚度。

2. 表中数值适用于下列条件：原材料为供货状态，90° V 形校正弯曲，毛坯板厚小于 20mm、宽度大于 3 倍板厚，毛坯剪切断面的光亮带在弯曲外侧。

① 铝及铝合金的牌号，按 GB/T 3190—1996 标出，括号中则为相应的旧牌号（按 GB 3190—1982）。

（3）弯曲中心角 α　理论上弯曲变形区局限于圆角部分，而直壁部分完全不参与变形，因而变形程度只与 r/t 有关，而与弯曲中心角无关。但实际上由于纤维的制约作用，接近圆角的直边也参与了变形，即扩大了弯曲变形区的范围。接近圆角区的直边材料参与变形后，分散了集中在圆角部分的弯曲应变，这对圆角外表面受拉状态有缓解作用，因而有利于降低最小弯曲半径的数值。弯曲中心角越小，变形分散效应越显著，所以最小弯曲半径的数值也越小。图 3-10 所示曲线表示弯曲中心角对于变形分散效应的影响。图中实线表示不同弯曲中心角的情况下，变形区的切向应变的实际分布；虚线表示不考虑变形分散效应时，切向应变的理论分布。

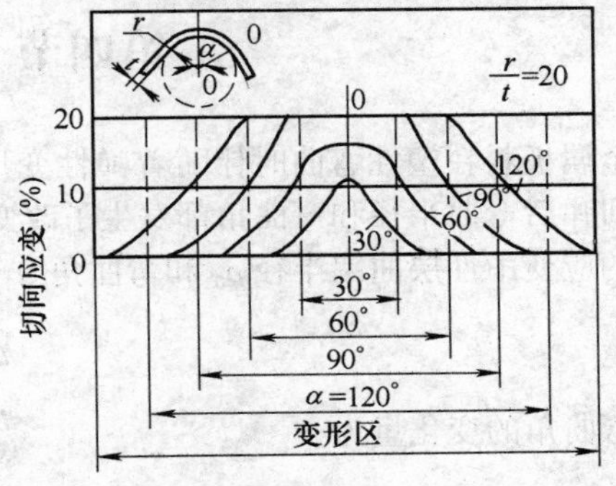

图 3-10　弯曲中心角对于变形分散效应的影响

当弯曲中心角大于60°以后，变形分散效应仅限于直边附近的局部区域，而在圆角中段又逐渐失去直边参与变形以后的有利影响。所以当弯曲中心角 α 大于 60° ~ 90°以后，最小弯曲半径的数值与弯曲中心角的大小无关。

弯曲中心角 α 对最小弯曲半径的实际影响如图 3-11 所示，$\alpha < 70°$时，弯曲中心角的影响比较显著，当 $\alpha > 70°$时，其影响大大减弱。

（4）板料的厚度和宽度　弯曲变形区内切向应变在厚度方向上按线性规律变化，外表面最大，应变中性层为零。当板料的厚度较小时，切向应变变化的梯度大，很快地由最大值衰减为零。这时与切向变形最大的外表面相邻的金属，可以起到阻止切向外表面金属产生局部不均匀延伸的作用。在这种情况下可能得到较大的变形程度和较小的最小相对弯曲半径。板料厚度对最小相对弯曲半径的影响如图 3-12 所示。

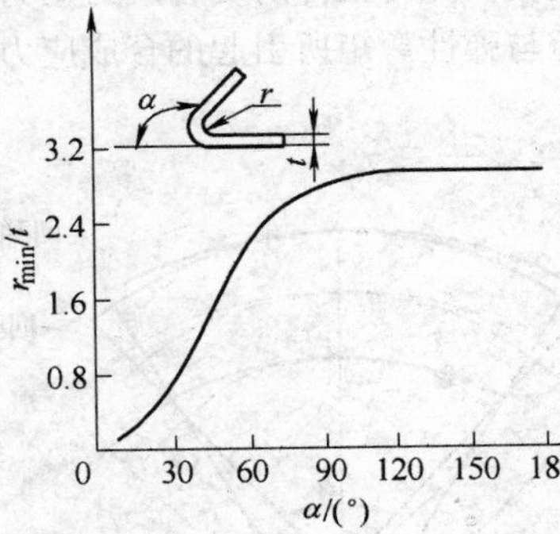

图 3-11　弯曲中心角对最小弯曲半径的影响

相对宽度 B/t 大时，因材料内部的应变强度较大，允许采用的相对弯曲半径应增大。B/t 对 r_{min}/t 的影响如图 3-13 所示，B/t 较小时其影响明显，$B/t > 10$ 时其影响不大。

（5）板料表面及剪切断面的质量　坯料表面如有划伤、裂纹或侧面（剪切或冲裁断面）有压制裂口和冷作硬化等缺陷，弯曲时易于开裂。所以表面质量和断面质量较差的板料，其最小相对弯曲半径 r_{min}/t 的数值应适当增大。

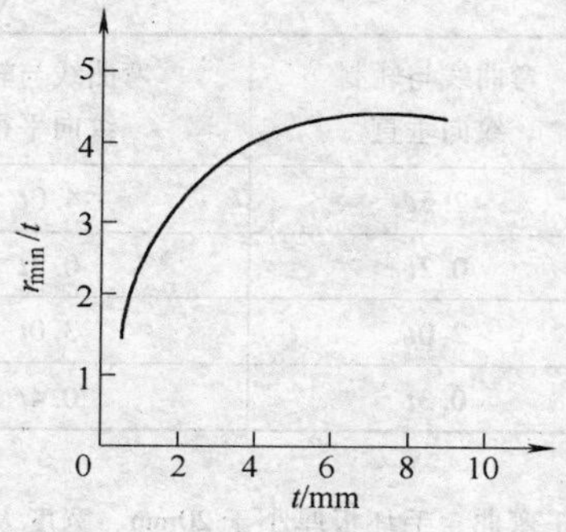

图 3-12　板料厚度对最小相对弯曲半径的影响

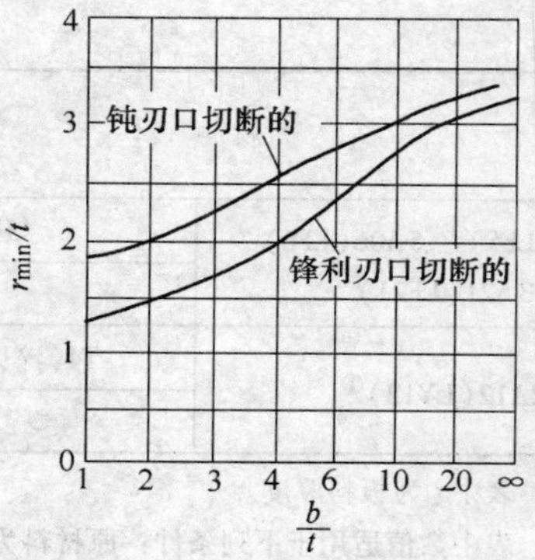

图 3-13　坯料断面质量和相对宽度对最小弯曲半径的影响

第四节　弯曲件的回弹

金属板料在塑性弯曲时伴随着弹性变形，因此，当工件弯曲后就会产生回弹，如图 3-14 所示，回弹后弯曲半径和弯曲角都发生了改变，由卸载前应变中性层曲率半径 ρ 和弯曲角 α 变为回弹后的应变中性层曲率半径 ρ_0 和弯曲角 α_0。应变中性层曲率变化量为

$$\Delta K = \frac{1}{\rho} - \frac{1}{\rho_0} \tag{3-11}$$

弯曲角的变化量为

$$\Delta\alpha = \alpha - \alpha_0 \tag{3-12}$$

曲率变化量和角度变化量均称为弯曲件的回弹量。

回弹是在塑性弯曲后卸载过程中产生的。若弯曲件在受外加弯矩（塑性变矩）M 的作用下产生塑性弯曲，当外加弯矩去除发生回弹时，根据平衡原则假设内部的抗弯力矩，即弹性弯矩（$-M$）的大小与塑性弯矩相等，方向相反，则内、外层纵向的卸载应力和加载时板料的内应力的方向相反。此时工件所受合成力矩为零，相当于工件弯曲变形后从模具中取出后的自由状态。外加弯矩与弹性弯矩所引起的合成应力便是卸载后工件在自由状态下断面内的残余应力，如图 3-15 所示。

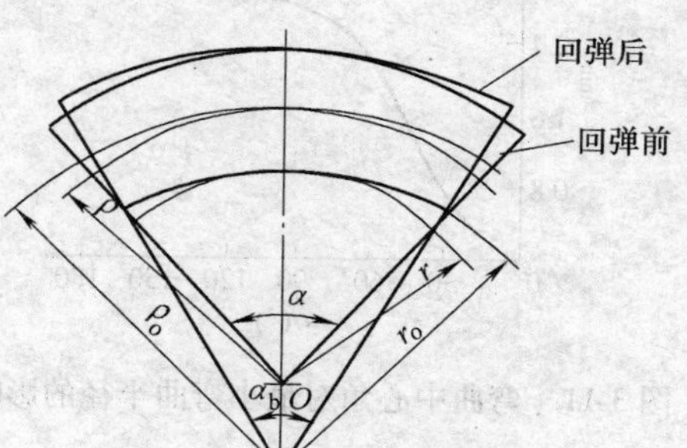

图 3-14　弯曲件的回弹

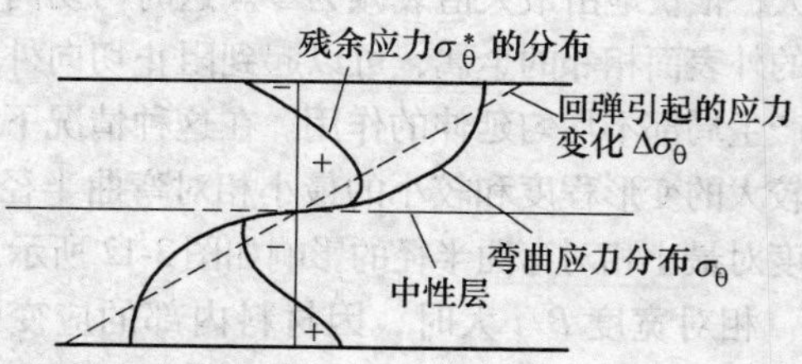

图 3-15　板料弯曲后的残余应力 σ_θ^* 的变化规律

由于影响弯曲件回弹量的因素很多（与材料的力学性能、板料的厚度、弯曲半径的大小以及弯曲时校正力的大小等因素有关），因此，在理论上计算回弹值是有困难的，通常在模具设计时，按经验总结的数据（表格或线图）来选用，经试冲后再对模具工作部分加以修正。

一、相对弯曲半径 r/t 较小的工件

当相对弯曲半径 $r/t<5\sim8$ 时，由于变形程度大，回弹后仅弯曲中心角发生了变化，而弯曲圆角半径的变化很小，可不予考虑。在此情况下，单角 90°自由弯曲时的回弹角可查表 3-11；单角 90 校正弯曲时的回弹角可查表 3-12。

校正弯曲时，由于增加了压应力，扩大了塑性变形边，减小了回弹量，其回弹角也比自由弯曲时大为减小。实验得知，校正弯曲力可达到自由弯曲力的 30~60 倍。

对于 U 形件的弯曲，回弹角还与凹模与凸模的间隙 c 成正比，回弹角可按表 3-13 选取。

表 3-11 90°单角自由弯曲时的回弹角

材料	$\frac{r}{t}$	材料厚度 t/mm		
		<0.8	0.8~2	>2
软钢板 钢 $\sigma_b=350$MPa 黄铜 铝和锌 $\sigma_b=350$MPa	≤1 >1~5 >5	4° 5° 6°	2° 3° 4°	0° 1° 2°
中等硬度的钢 $\sigma_b=400\sim500$MPa 硬黄铜 $\sigma_b=350\sim400$MPa 硬青铜	≤1 >1~5 >5	5° 6° 8°	2° 3° 5°	0° 1° 3°
硬钢 $\sigma_b>550$MPa	≤1 >1~5 >5	7° 9° 12°	4° 5° 7°	2° 3° 6°
A1T 钢 电工钢 XH78T(CrNi78Ti)	≤1 >1~5 >5	1° 4° 5°	1° 4° 5°	1° 4° 5°
30CrMnSiA	≤2 >2~5 >5	2° 4°30′ 8°	2° 4°30′ 8°	2° 4°30′ 8°
硬铝 2A12	≤2 >2~5 >5	2° 4° 6°30′	3° 6° 10°	4°30′ 8°30′ 14°
超硬铝 7A04	≤2 >2~5 >5	2°30′ 4° 7°	5° 8° 12°	8° 11°30′ 19°

表 3-12 单角 90°校正性弯曲时的回弹角

材 料	r/t		
	≤1	>1~2	>2~3
Q215A、Q235A	−1°~1°30′	0°~2°	1°30′~2°30′
纯铜、铝、黄铜	0°~1°30′	0°~3°	2°~4°

表3-13 U形件弯曲时的回弹角Δα

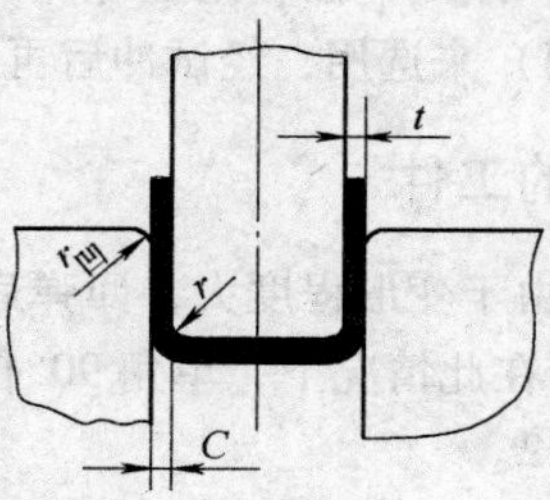

材料的牌号和状态	r/t	凹模和凸模的单边间隙c						
		0.8t	0.9t	t	1.1t	1.2t	1.3t	1.4t
		回弹角Δα						
2A12T4	2	-2°	0°	2°30′	5°	7°30′	10°	12°
	3	-1°	1°30′	4°	6°30′	9°30′	12°	14°
	4	0°	3°	5°30′	8°30′	11°30′	14°	16°30′
	5	1°	4°	7°	10°	12°30′	15°	18°
	6	2°	5°	8°	11°	13°30′	16°30′	19°30′
2A120	2	-1°30′	0°	1°30′	3°	5°	7°	8°30′
	3	-1°30′	0°30′	2°30′	4°	6°	8°	9°30′
	4	-1°	1°	3°	4°30′	6°30′	9°	10°30′
	5	-1°	1°	3°	5°	7°	9°30′	11°
	6	-0°30′	1°30′	3°30′	6°	8°	10°	12°
7A04T4	3	3°	7°	10°	12°30′	14°	16°	17°
	4	4°	8°	11°	13°30′	15°	17°	18°
	5	5°	9°	12°	14°	16°	18°	20°
	6	6°	10°	13°	15°	17°	20°	23°
	7	8°	13°30′	16°	19°	21°	23°	26°
7A040	2	-3°	-2°	0°	3°	5°	6°30′	8°
	3	-2°	-1°30′	2°	3°30′	6°30′	8°	9°
	4	-1°30′	-1°	2°30′	4°30′	7°	8°30′	10°
	5	-1°	-1°	3°	5°30′	8°	9°	11°
	6	0°	-0°30′	3°30′	6°30′	8°30′	10°	12°
20钢（已退火）	1	-2°30′	-1°	0°30′	1°30′	3°	4°	5°
	2	-2°	-0°30′	1°	2°	3°30′	5°	6°
	3	-1°30′	0°	1°30′	3°	4°30′	6°	7°30′
	4	-1°	0°30′	2°30′	4°	5°30′	7°	9°
	5	-0°30′	1°30′	3°	5°	6°30′	8°	10°
	6	-0°30′	2°	4°	6°	7°30′	9°	11°

（续）

材料的牌号和状态	r/t	凹模和凸模的单边间隙 c						
		0.8t	0.9t	t	1.1t	1.2t	1.3t	1.4t
		回弹角 Δα						
30CrMnSiA	1	-1°	-0°30′	0°	1°	2°	4°	5°
	2	-2°	-1°	1°	2°	4°	5°30′	7°
	3	-1°30′	0°	2°	3°30′	5°	6°30′	8°30′
	4	-0°30′	1°	3°	5°	6°30′	8°30′	10°
	5	0°	1°30′	4°	6°	8°	10°	11°
	6	0°30′	2°	5°	7°	9°	11°	13°
1Cr18Ni9Ti	1	-2°	-1°	-0°30′	0°	0°30′	1°30′	2°
	2	-1°	-0°30′	0°	1°	1°30′	2°	3°
	3	-0°30′	0°	1°	2°	2°30′	3°	4°
	4	0°	1°	2°	2°30′	3°	4°	5°
	5	0°30′	1°30′	2°30′	3°	4°	5°	6°
	6	1°30′	2°	3°	4°	5°	6°	7°

二、相对弯曲半径 *r/t* 较大的工件

当相对弯曲半径较大时（$r/t \geqslant 10$），不仅回弹角达到了相当大的数值，而且弯曲圆角半径也有较大的变化。这时的回弹主要决定于材料的力学性能。如简化计算，可以不考虑材料厚度的变化以及应力、应变中性层的移动。因此，凸模圆角半径和回弹角可按下式进行计算：

凸模圆角半径为

$$r_{凸} = \frac{r_0}{1 + \frac{3\sigma_s}{E} \cdot \frac{r_0}{t}}$$

设

$$\frac{3\sigma_s}{E} = K$$

故

$$r_{凸} = \frac{r_0}{1 + K\frac{r_0}{t}}$$

回弹角的数值为

$$\Delta\alpha = (180° - \alpha_0)\left(\frac{r_0}{r_{凸}} - 1\right)$$

式中　$r_{凸}$——凸模的圆角半径（mm）；

r_0——工件的圆角半径（mm）；

α_0——工件的弯曲角度（°）；

σ_s——工件材料屈服强度（MPa）；

E——工件材料弹性模量（MPa）；

t——工件材料厚度（mm）；

K——简化系数，见表3-14。

表 3-14　简化系数 K 值

名称	牌号	状态	K	名称	牌号	状态	K
铝	L4, L6	退火	0.0012	磷青铜	QSn65-0.1	硬	0.015
		冷硬	0.0041	铍青铜	QBe2	软	0.0064
防锈铝	LF21	退火	0.0021			硬	0.0265
		冷硬	0.0054	铝青铜	QA15	硬	0.0047
	LF12	软	0.0024	碳钢	08, 10, A2		0.0032
硬铝	LY11	软	0.0064		20, A3		0.005
		硬	0.0175		30, 35, A5		0.0068
	LY12	软	0.007		50		0.015
		硬	0.026	碳工钢	T8	退火	0.0076
铜	T1, T2, T3	软	0.0019			冷硬	0.0035
		硬	0.0088	不锈钢	1Cr18Ni9Ti	退火	0.0044
黄铜	H62	软	0.0033			冷硬	0.018
		半硬	0.008	弹簧钢	65Mn	退火	0.0076
		硬	0.015			冷硬	0.015
	H68	软	0.0026		60Si2MnA	冷硬	0.021
		硬	0.0148				

较大弯曲半径弯曲时产生的回弹角，除了用上述公式计算外，还可以从图 3-16 和图 3-17 中查出数据求得。

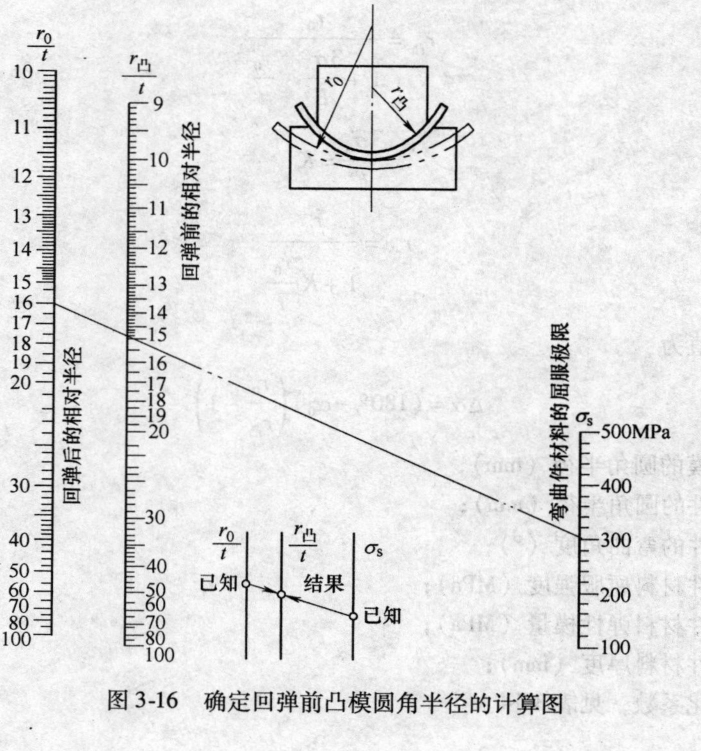

图 3-16　确定回弹前凸模圆角半径的计算图

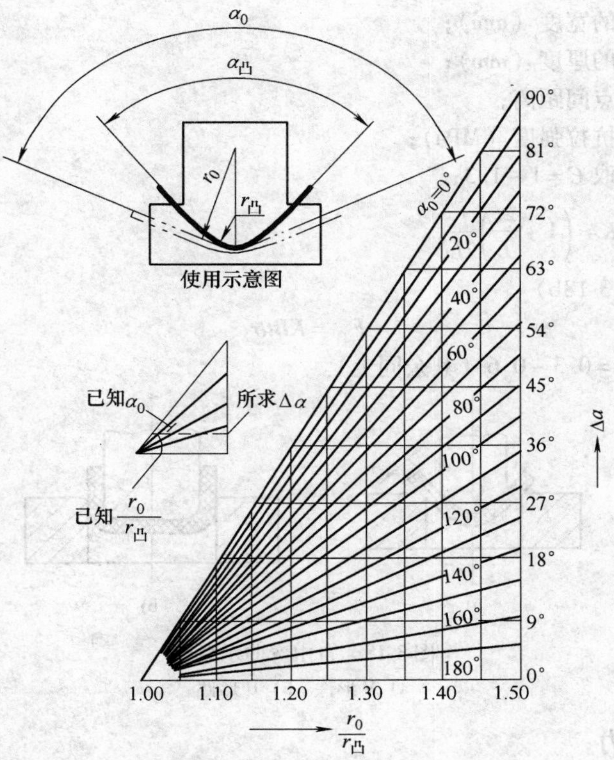

图 3-17 确定角度回弹量的计算图

【例】 有一弯曲件，弯曲角 $\alpha_0=85°$，弯曲内侧半径 $r_0=16\text{mm}$，板料厚度 $t=1\text{mm}$，材料屈服强度 $\sigma_s=300\text{MPa}$，试求凸模的圆角半径和角度。

解 按 $r_0/t=16$ 和 $\sigma_s=300\text{MPa}$，在图 3-16 中查出 $r_凸/t=15$，则

$$r_凸=15\text{mm}$$

$$\frac{r_0}{r_凸}=\frac{16}{15}=1.07$$

再按 $r_0/r_凸=1.07$ 和 $\alpha_0=85°$，在图 3-17 中查出回弹角 $\Delta\alpha=6°30'$。

凸模的角度为

$$\alpha_凸=85°-6°30'=78°30'$$

第五节 弯曲力的计算

弯曲力的大小不仅与毛坯尺寸、材料的力学性能、凹模支点的距离、弯曲半径以及模具结构有关，而且还与弯曲方式有很大关系。因此，要从理论上计算弯曲力不仅计算复杂，而且也不一定准确。因此在生产中通常用经验公式计算，作为工艺与模具设计以及选择设备的根据。

一、自由弯曲力

对于 V 形件（图 3-18a）

$$F_自=\frac{CBt^2\sigma_b}{2L}=KBt\sigma_b \tag{3-13}$$

式中　$F_{自}$——自由弯曲力（N）；

B——弯曲件的宽度（mm）；

t——弯曲件的厚度（mm）；

L——弯曲支点间距离；

σ_b——材料的抗拉强度（MPa）；

C——系数，取 $C=1\sim1.3$；

K——系数，$K\approx\left(1+\frac{2t}{L}\right)\frac{t}{2L}$。

对于U形件（图3-18b）

$$F_{自}=KBt\sigma_b \tag{3-14}$$

式中　K——系数，$K=0.3\sim0.6$（其余同上）。

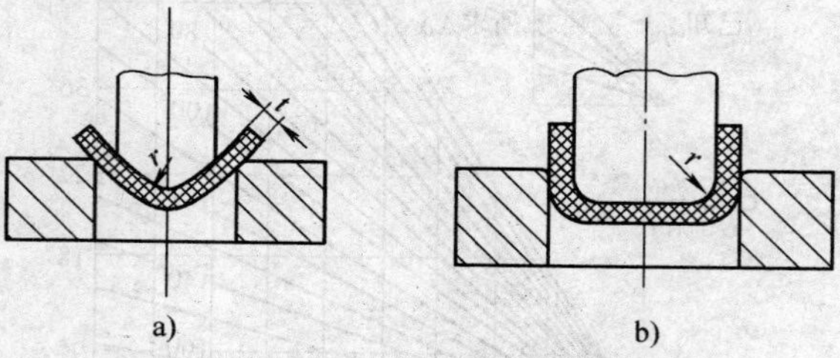

图3-18　自由弯曲示意图

a）V形件　b）U形件

二、校正弯曲力

如果弯曲件在冲压行程结束时受到模具的校正（图3-19），弯曲力急剧增大，称为校正弯曲。校正弯曲的目的在于减少回弹，提高弯曲件精度。校正力可按下式近似计算。

$$F_{校}=Ap \tag{3-15}$$

式中　$F_{校}$——校正性弯曲力（N）；

p——单位面积校正力（MPa），按表3-15选取；

A——校正部分投影面积（mm^2）。

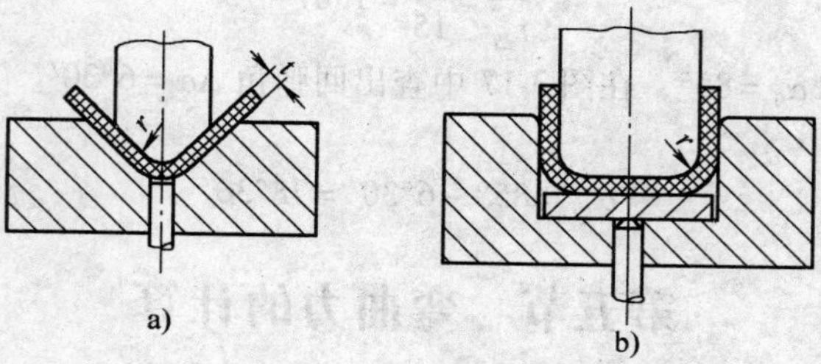

图3-19　校正弯曲示意图

a）V形件　b）U形件

表3-15　单位面积校正力 p 值　（单位：MPa）

材　料	材料厚度/mm			
	≤1	>1~3	>3~6	>6~10
铝	15~20	20~30	30~40	40~50
黄铜	20~30	30~40	40~60	60~80
10、20	30~40	30~60	60~80	80~100
25、30	40~50	50~70	70~100	100~120

三、顶件力或压料力

对于设有顶件装置或压料装置的弯曲模，其顶件力 $F_{顶}$ 或压料力 $F_{压}$ 可近似取自由弯曲力 $F_{自}$ 的 30% ~80%。

即

$$F_{顶}(F_{压}) = KF_{自} \tag{3-16}$$

式中　$F_{顶}$——顶件力（N）；

$F_{压}$——压料力（N）；

$F_{自}$——自由弯曲力（N）；

K——系数，见表 3-16。

表 3-16　系数 K 值

用　途	弯曲件复杂程度	
	简　单	复　杂
顶件	0.1 ~0.2	0.2 ~0.4
压料	0.3 ~0.5	0.5 ~0.8

四、弯曲时压力机压力的确定

对于有弹性顶件装置的自由弯曲

$$F_{压机} \geqslant (1.1 \sim 1.2)(F_{自} + F_{顶}) \tag{3-17}$$

对于有弹性压料装置的自由弯曲

$$F_{压机} \geqslant (1.1 \sim 1.2)(F_{自} + F_{压}) \tag{3-18}$$

对于校正性弯曲

$$F_{压机} \geqslant (1.1 \sim 1.2)F_{校} \tag{3-19}$$

式中　$F_{压机}$——压力机公称压力（N）。

第六节　弯曲件的工艺性

弯曲件的工艺性是指弯曲件对冲压工艺的适应性。具有良好工艺性的弯曲件，不仅能简化弯曲工艺过程和模具设计，而且能提高弯曲件精度和节省原材料。对弯曲件的工艺分析应遵循弯曲过程变形规律，通常考虑以下几个方面。

一、弯曲半径

弯曲件的圆角半径不宜过大或过小。过大时因受回弹的影响，弯曲件的精度不易保证；过小的弯曲半径容易产生裂纹。因此，弯曲件的内弯曲半径应大于表 3-10 所列的最小弯曲半径的数值。否则应采用多次弯曲并增加中间退火工艺，或者先在弯曲角内侧压槽后再进行弯曲（图 3-20）。

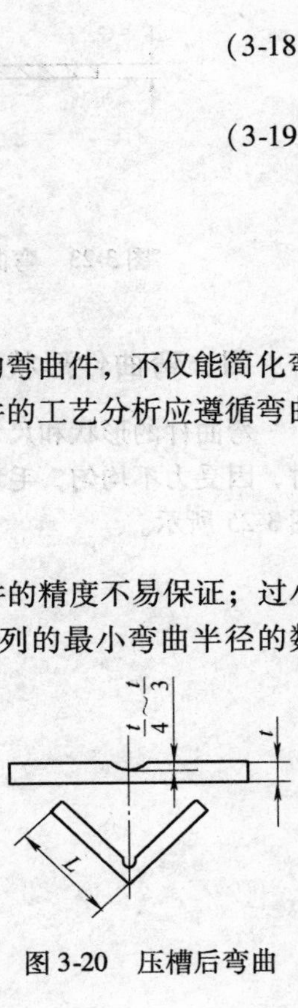

图 3-20　压槽后弯曲

二、弯曲件直边高度

当弯曲直角时，为了保证工件的弯曲质量，弯曲件的直边高度 h 必须大于或等于最小弯边高度 h_{min}，即

$$h \geqslant h_{min} = 2t$$

否则需先压槽（图 3-21）或加高直边（弯曲后切掉）。如果所弯直边带有斜线，且斜线达到了变形区，则应改变零件的形状，如图 3-22 所示。

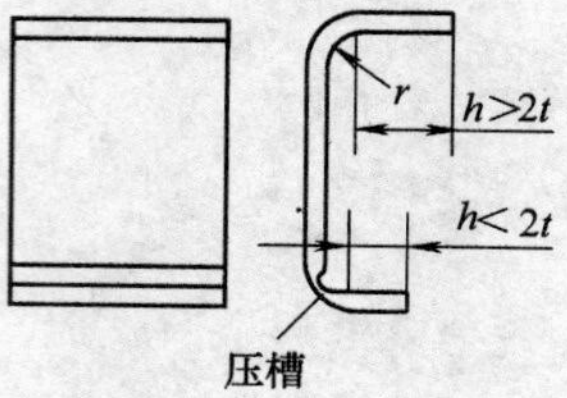

图 3-21　弯曲件直边的高度

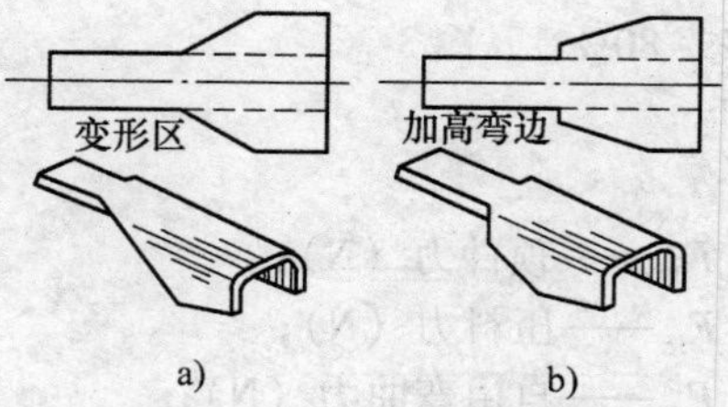

图 3-22　加大弯边高度以防止变裂

三、弯曲件的孔边距

当弯曲有孔的毛坯时，如果孔位过于靠近弯曲区，则弯曲时孔的形状会发生变化。为了避免这种缺陷的出现，必须使孔处于变形区之外（图 3-23、图 3-24a），从孔边到弯曲边的距离 l 应符合下式：

当 $t<2$ 时，$l \geqslant r+t$

当 $t \geqslant 2$ 时，$l \geqslant r+2t$

如果孔边距 l 过小，可在弯曲线上加冲工艺孔（图 3-24b）或切槽（图 3-24c）。

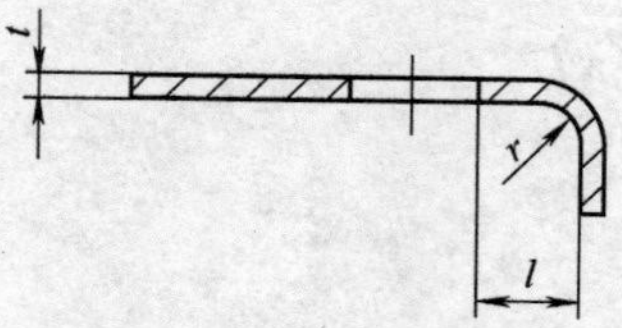

图 3-23　弯曲件的孔边距

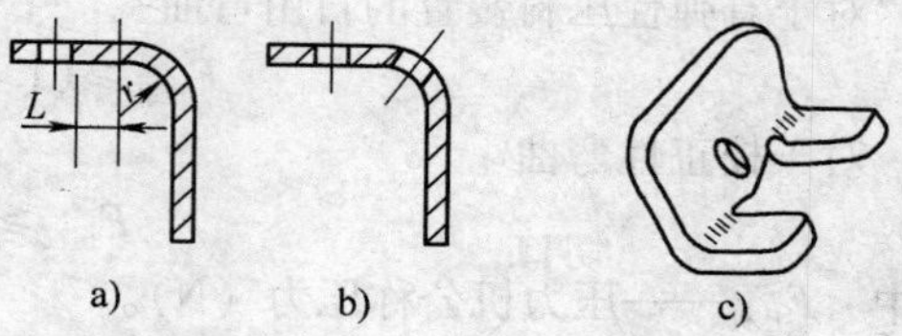

图 3-24　弯曲件的孔边距离

四、弯曲件形状和尺寸的对称性

弯曲件的形状和尺寸应尽可能对称，弯曲件的高度不应相差太大。当冲压不对称的弯曲件时，因受力不均匀，毛坯容易偏移。由于弯曲边形状相差太大，结果在小端处产生畸形的歪扭如图 3-25 所示。

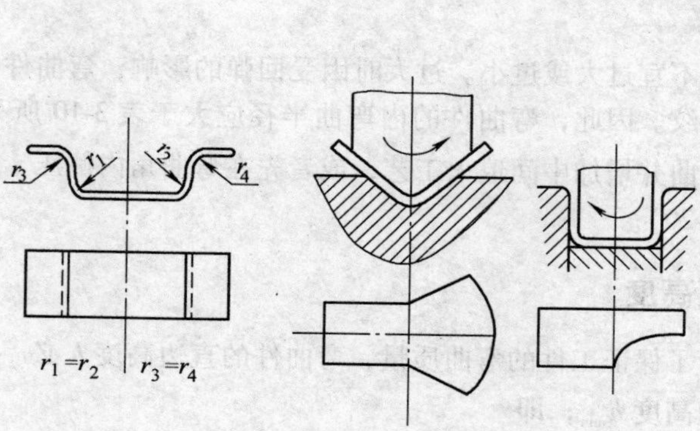

图 3-25　形状对称和不对称的弯曲件

五、部分边缘弯曲

在局部弯曲某一段边缘时，为了防止在交接处由于应力集中而产生撕裂，可预先冲卸荷孔（图3-26a），切槽（图3-26b），或将弯曲线位移一定距离（图3-26c）。

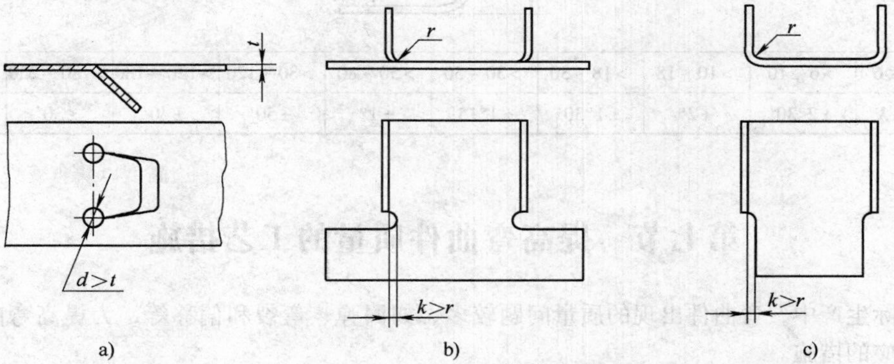

图3-26 防止弯曲边交接处应力集中的措施

a）冲卸荷孔 b）切槽 c）将弯曲线位移一定距离

六、弯曲件的宽度

窄板弯曲时，变形区的截面形状发生畸变。此时，内表面的宽度 $B_1>B$，外表面的宽度 $B_2<B$。当 $B<3t$ 时，畸变尤为明显，如图3-27所示。

如果弯曲件的宽度 B 精度要求较高，不允许有图3-27所示 $B_1>B$ 的鼓起现象时，应在弯曲线上预先做出工艺切口，如图3-28所示。

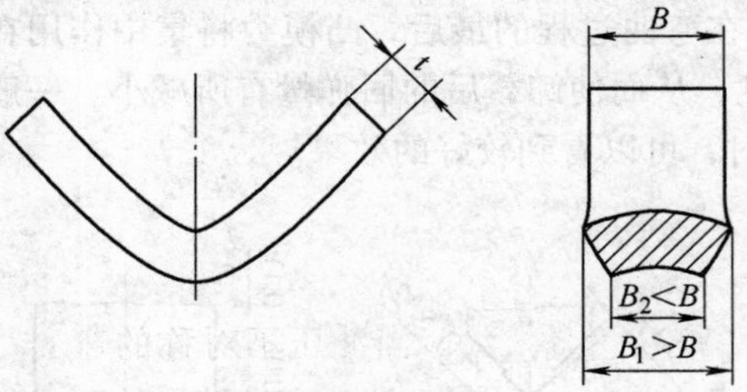

图3-27 弯曲时变形区的宽度变化

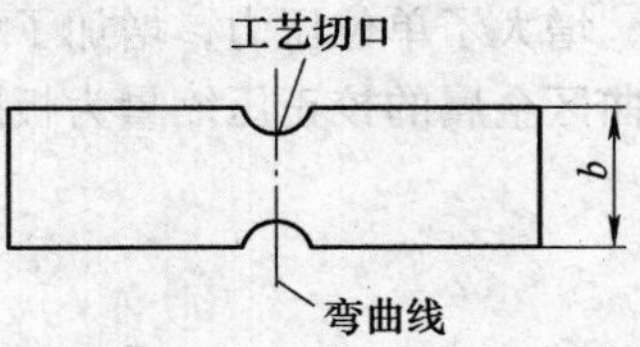

图3-28 弯曲毛坯的工艺切口

七、弯曲件的精度

一般弯曲件长度的自由公差见表3-17，角度的自由公差见表3-18。

表3-17 弯曲件长度的自由公差 （单位：mm）

长度尺寸		>3~6	>6~18	>18~50	>50~120	>120~260	>260~500
材料厚度	≤2	±0.3	±0.4	±0.6	±0.8	±1.0	±1.5
	>2~4	±0.4	±0.6	±0.8	±1.2	±1.5	±2.0
	>4	—	±0.8	±1.0	±1.5	±2.0	±2.5

表 3-18　弯曲件角度的自由公差

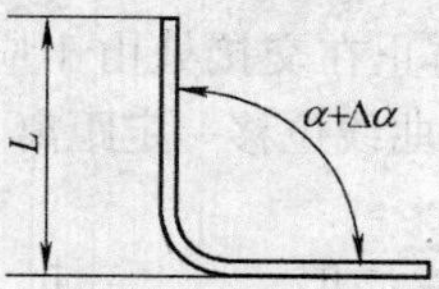

L/mm	≤6	>6 ~ 10	>10 ~ 18	>18 ~ 30	>30 ~ 50	>50 ~ 80	>80 ~ 120	>120 ~ 180	>180 ~ 250	>260 ~ 360
Δα	±3°	±2°30′	±2°	±1°30′	±1°15′	±1°	±50′	±40′	±30′	±25′

第七节　提高弯曲件质量的工艺措施

在实际生产中，弯曲件出现的质量问题较多、如回弹、弯裂和偏移等，为提高弯曲件质量，应采取相应的措施。

一、减少回弹的措施

要完全消除弯曲件的回弹是不可能的，但在生产中可以采取多种措施来减小或补偿因回弹而产生的误差，以提高弯曲件精度。

（一）合理设计产品

设计产品时，在满足使用的条件下，应选用屈服强度（σ_s）小、弹性模量（E）大、硬化指数（n）大、力学性能稳定的材料；还可以在弯曲区压制加强筋（图 3-29），以增加弯曲角变形区的变形程度，同时也增加了工件的刚度，有利于抑制回弹。

（二）提高变形程度和校正作用

将弯曲凸模的角部做成局部突起伏（图 3-30），在弯曲过程的最后，凸模力将集中作用在弯曲变形区，增大了单位压力，增加了塑性变形的程度，从而使卸载后的回弹量有所减小。一般认为，当弯曲区金属的校正压缩量为板厚的 2% ~5% 时，可以看到较好的效果。

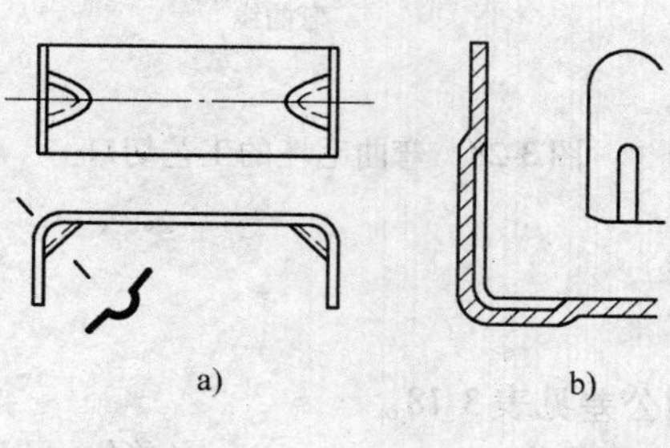

图 3-29　改进设计增加刚度

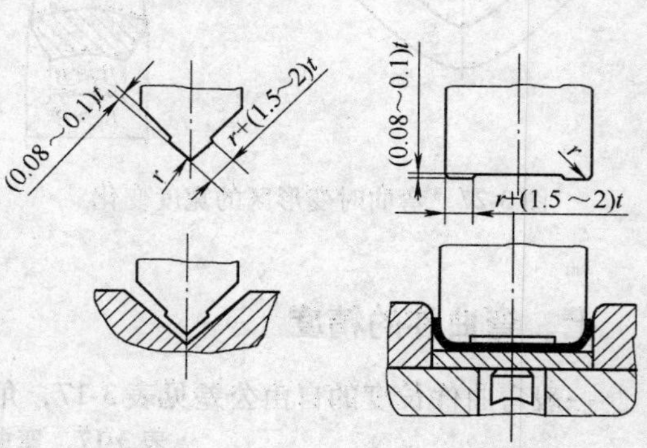

图 3-30　利用局部校正来减小回弹

（三）补偿法

根据弯曲件的回弹趋势与回弹量，修正冲模工作部分的几何形状与尺寸，使弯曲以后的工件回弹量恰好得到补偿。

弯曲 V 形件时，可将凸模弯曲角预先缩小，或将凸模与顶板做出等于回弹角向上的倾斜度（图 3-31），以补偿回弹。

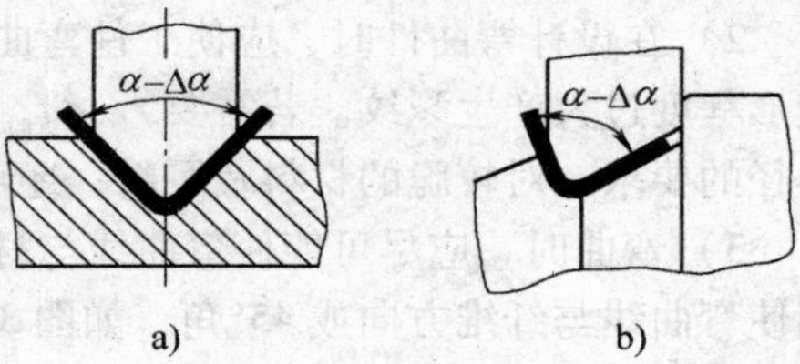

图 3-31 V 形弯曲件回弹的补偿

弯曲 U 形件时，可将凸模两侧分别做出等于回弹角的斜边，或将凹模内的顶件板做成凸弧状，以造成工件底部的局部弯曲，当工件取出后，由于工件底部曲面伸直，使两边产生负面回弹，以补偿直边张开所产生的正回弹，如图 3-32 所示。

（四）纵向加压法

在弯曲过程结束时，用凸模上的突肩沿弯曲毛坯的纵向加压，使变形区内的金属切向受到压缩变形，而变为压应力状态，从而可以减小弯曲回弹，如图 3-33 所示。

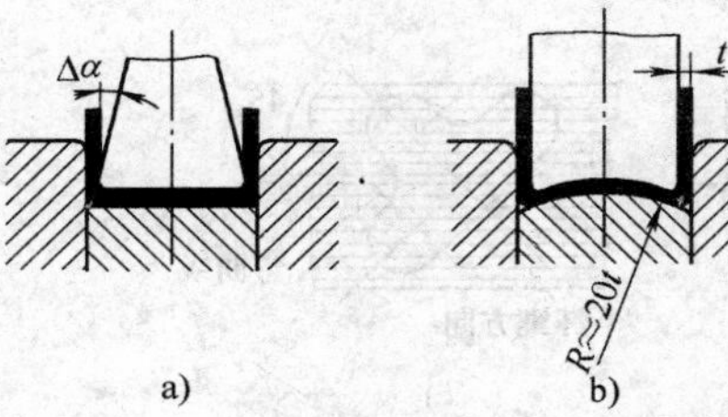

图 3-32 U 形弯曲件的回弹补偿

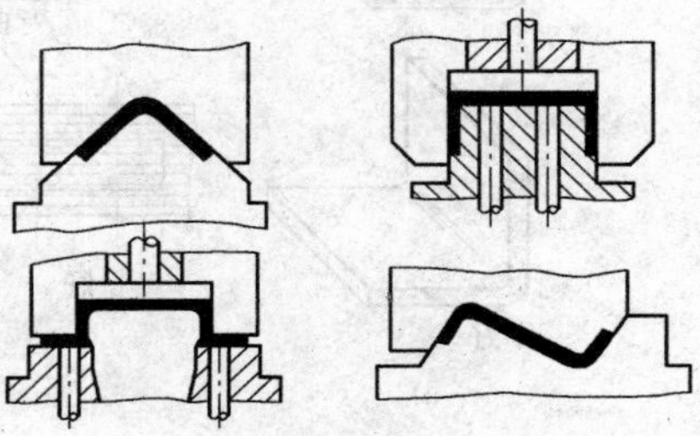

图 3-33 端部纵向加压法

（五）拉弯法

当板料在长度方向受拉，同时进行弯曲时，可以改变弯曲变形区的应力状态，使内层的切向压应力变为拉应力（图 3-34），因而零件的回弹量很小。这种方法主要用于大曲率半径的弯曲零件，有时为了提高精度，最后加大拉力进行所谓“补偿”。

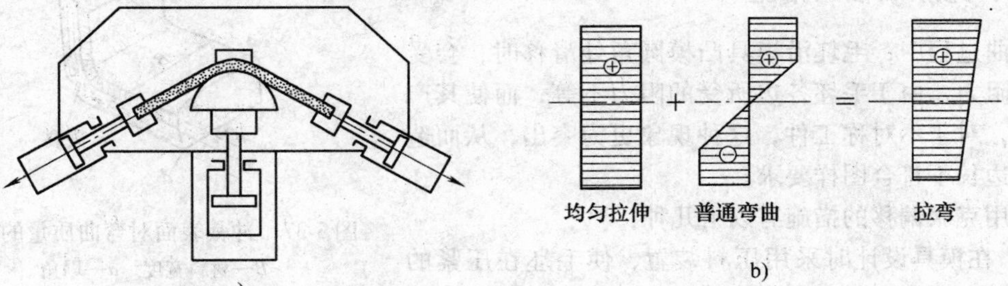

图 3-34 拉弯法

a）拉弯 b）拉弯时的切向应力分布

（六）软模法

利用橡胶或聚氨酯弹性体软凹模代替金属凹模（图 3-35），用调节凸模压入深度的方法控制弯曲回弹，使卸载回弹后，获得符合精度要求的零件。

二、防止弯裂的措施

弯曲过程中外层材料受拉，当相对弯曲半径小于最小相对弯曲半径 r_{min}/t 值时，外层材料会开裂。弯裂除了与材料本身有关之外，还与弯曲毛坯两侧边缘的加工状态、弯曲线与轧制方向的角度关系等因素有关。弯裂的解决办法有：

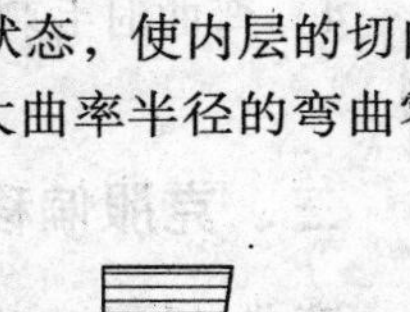

图 3-35 软模弯曲

1）选用表面质量好无缺陷的材料。

2）在设计弯曲件时，应使工件弯曲半径大于其最小弯曲半径（$r_{件} > r_{min}$），防止弯曲时由于变形程度过大产生裂纹。若需要 $r_{件} < r_{min}$ 时，则应两次弯曲，最后一次以校正工序达到工件圆角半径的要求。对较脆的材料及厚料，还可采用加热弯曲。

3）弯曲时，应尽可能使弯曲线与材料的纤维方向垂直。对于需要双向弯曲的工件，应尽可能使弯曲线与纤维方向成45°角，如图3-36所示。

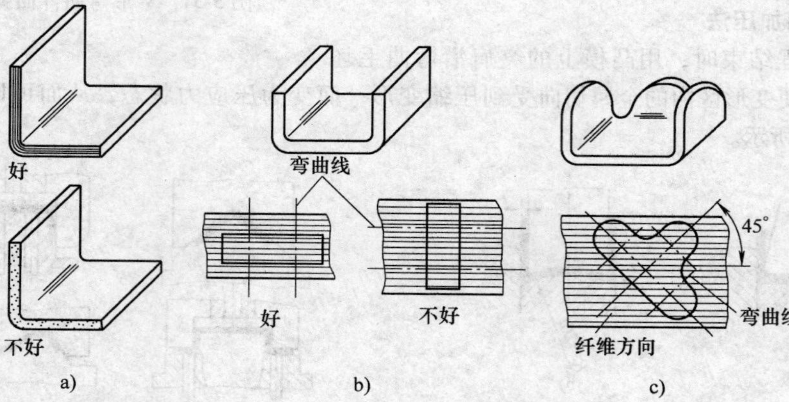

图3-36　弯曲线与材料纤维方向的关系

4）弯曲时毛刺会引起应力集中而使工件开裂（图3-37），故应把有毛刺的一边放在弯曲内侧。

三、克服偏移的措施

弯曲过程中，毛坯沿模具凸模圆角处滑移时，会受到摩擦阻力，由于毛坯各边所受的阻力不等，而使其产生偏移，对于不对称工件，这种现象更为突出，从而造成工件边长不符合图样要求。

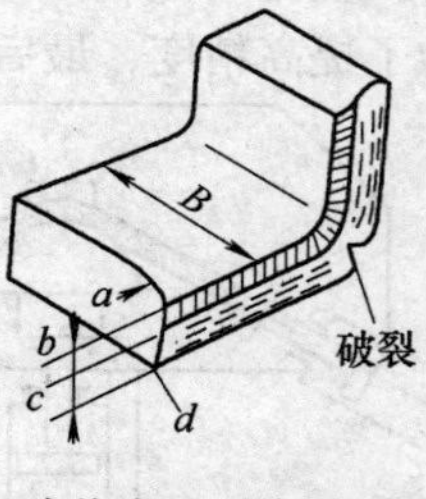

图3-37　冲裁表面对弯曲质量的影响

B—材料宽度　*a*—塌角

b—光亮带　*c*—剪裂带　*d*—毛刺

常用克服偏移的措施有以下几种：

1）在模具设计时采用压料装置，使毛坯在压紧的状态下逐渐弯曲成形，这样不仅能防止毛坯的滑动，而且能得到底部较平的工件，如图3-38所示。

2）要设计合理的定位板（外形定位）或定位销（工艺孔定位），保证毛坯在模具中定位可靠（图3-39a、图3-39b），对于某些弯曲件，工艺孔与压料板可兼用（图3-39c）。

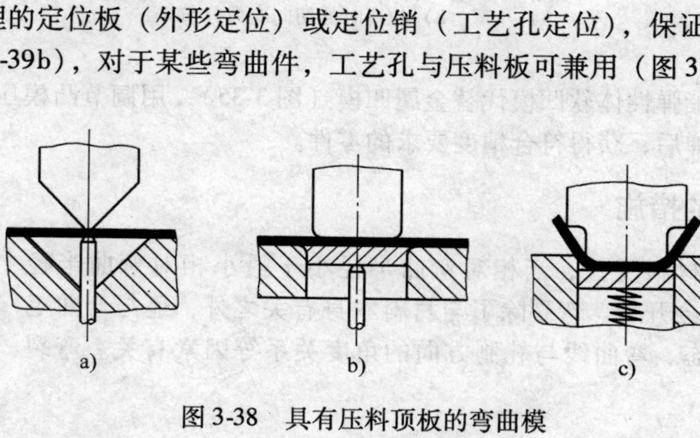

图3-38　具有压料顶板的弯曲模

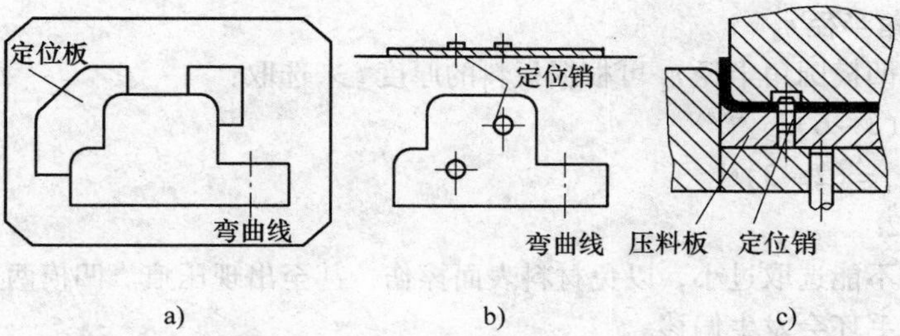

图 3-39　弯曲件的定位

3）拟定工艺方案时，可将尺寸不大的不对称形状弯曲件组合成对称的形状，弯曲后再切开（图 3-40），这样坯料在压弯时受力平衡，有利于防止产生偏移。

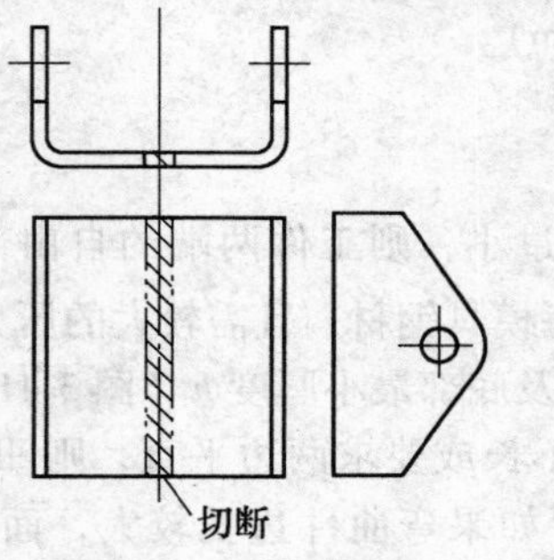

图 3-40　非对称件成对组合后的对称弯曲

第八节　弯曲模工作部分尺寸计算

弯曲模工作部分的尺寸主要是指凸模、凹模的圆角半径和凹模的深度。对 U 形件的弯曲模还有凸、凹模之间的单边间隙及模具横向尺寸等。

一、凸、凹模的圆角半径

（一）凸模圆角半径 r_p

如图 3-41 所示，当 r/t 较小时，若弯曲件内侧圆角半径为 r，则应取 $r_p=r$，但不能小于材料允许的最小弯曲半径，见表 3-10。

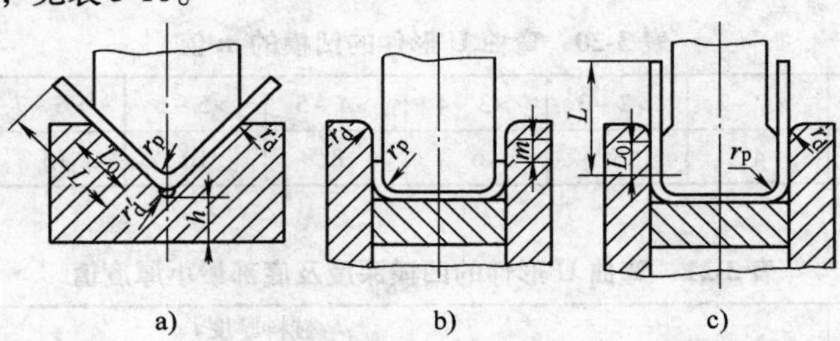

图 3-41　弯曲模的结构尺寸

如果工件因结构上的需要，出现 $r<r_{min}$ 时，则应取 $r_p \geqslant r_{min}$，弯曲后再增加一次整形工序，使整形凸模的 $r_p=r$。

当 $r/t>10$ 时，r_p 应考虑回弹后引起 r 的变化，预先将 r_p 修小 Δr。

（二）凹模圆角半径 r_d

实际生产中，凹模圆角半径 r_d 可根据板料的厚度 t 来选取：

$t \geqslant 2mm$，$r_d=(3\sim6)t$

$t=2\sim4mm$，$r_d=(2\sim3)t$

$t>4mm$，$r_d=2t$

凹模圆角半径不能选取过小，以免材料表面擦伤，甚至出现压痕。凹模两边的圆角半径应一致，否则在弯曲时毛坯会发生偏移。

V形件弯曲凹模的底部可开退刀槽或取圆角半径（图3-41）。

$$r_d'=(0.6\sim0.8)(r_p+t)$$

式中 r_d'——凹模底部圆角半径（mm）；

r_p——凸模圆角半径（mm）；

t——弯曲件材料厚度（mm）。

二、凹模深度

弯曲凹模深度 L_0 要适当。若过小，则工件两端的自由部分太多，弯曲件回弹大，不平直，影响零件质量。若过大，则多消耗模具钢材，且需较大的压力机行程。

弯曲V形件时，凹模深度 L_0 及底部最小厚度 h（图3-41a）的取值可查表3-19。

弯曲U形件时，若弯边高度不长或要求两边平直，则凹模深度应大于工件的高度，如图3-41b所示，图中的值列于表3-20。如果弯曲件边长较大，面对平直度要求不高时，可采用图3-41c所示的凹模形式，凹模深度 L_0 之值可查表3-21。

表3-19　弯曲V形件的凹模深度及底部最小厚度值　（单位：mm）

弯曲件边长 L	材料厚度 t					
	≤2		>2~4		>4	
	h	L_0	h	L_0	h	L_0
10~25	20	10~15	22	15	—	—
>25~50	22	15~20	27	25	32	30
>50~75	27	20~25	32	30	37	35
>75~100	32	25~30	37	35	42	40
>100~150	37	30~35	42	40	47	50

表3-20　弯曲U形件的凹模的 m 值　（单位：mm）

材料厚度 t	≤1	>1~2	>2~3	>3~4	>4~5	>5~6	>6~7	>7~8	>8~10
m	3	4	5	6	8	10	15	20	25

表3-21　弯曲U形件的凹模深度及底部最小厚度值　（单位：mm）

弯曲件边长 L	材料厚度 t				
	≤1	>1~2	>2~4	>4~5	>6~10
<50	15	20	25	30	35
50~75	20	25	30	35	40
75~100	25	30	35	40	40
100~150	30	35	40	50	50
150~200	40	45	55	65	65

三、凸、凹模间隙

V形件弯曲凸、凹模间隙采用板料厚度的名义尺寸。实际弯曲时，间隙可通过调整凸模行程来调节。

对U形形件弯曲，间隙过大则制件精度低；间隙过小则弯曲力增大，制件直边变薄，且模具寿命降低。合理的U形件弯曲凸、凹模单边间隙可按下式计算

$$c = t + \Delta + Kt$$

式中 c——弯曲凸、凹模单边间隙；

t——材料厚度；

Δ——材料厚度正偏差；

K——根据弯曲件高度 H 和弯曲线长度 B 而决定的系数，见表3-22。

表3-22 系数 K 的值

<table>
<tr><th rowspan="3">弯曲件高度
H/mm</th><th colspan="9">材料厚度 t/mm</th></tr>
<tr><th><0.5</th><th>>0.6~2</th><th>>2.1~4</th><th>>4.1~5</th><th><0.5</th><th>>0.6~2</th><th>>2.1~4</th><th>>4.1~7.5</th><th>>7.6~12</th></tr>
<tr><th colspan="4">B≤2H</th><th colspan="5">B>2H</th></tr>
<tr><td>10</td><td rowspan="2">0.05</td><td rowspan="3">0.05</td><td rowspan="3">0.04</td><td>—</td><td rowspan="2">0.10</td><td rowspan="3">0.10</td><td rowspan="3">0.08</td><td>—</td><td>—</td></tr>
<tr><td>20</td><td rowspan="2">0.03</td><td rowspan="3">0.06</td><td rowspan="3">0.06</td></tr>
<tr><td>35</td><td>0.07</td><td>0.15</td></tr>
<tr><td>50</td><td rowspan="2">0.10</td><td rowspan="3">0.07</td><td rowspan="3">0.05</td><td>0.04</td><td rowspan="2">0.20</td><td rowspan="3">0.15</td><td rowspan="3">0.10</td></tr>
<tr><td>75</td><td rowspan="3">0.05</td><td rowspan="3">0.10</td><td rowspan="2">0.08</td></tr>
<tr><td>100</td><td>—</td><td>—</td></tr>
<tr><td>150</td><td>—</td><td rowspan="2">0.10</td><td rowspan="2">0.07</td><td>—</td><td rowspan="2">0.20</td><td rowspan="2">0.15</td><td rowspan="2">0.10</td></tr>
<tr><td>200</td><td>—</td><td>0.07</td><td>—</td><td>0.15</td></tr>
</table>

注：B 为弯曲件宽度，单位为mm。

四、凸、凹模工作部分尺寸与公差

凸、凹模工作部分尺寸是指 L_p 与 L_d 的尺寸（图3-42），根据工件尺寸标注方式不同，凸、凹模尺寸可按表3-23所列公式进行计算。

表3-23 凸、凹模部分尺寸计算

<table>
<tr><th>工件尺寸标注方式</th><th>工件简图</th><th>凹模尺寸</th><th>凸模尺寸</th></tr>
<tr><td rowspan="2">用外形尺寸标注</td><td>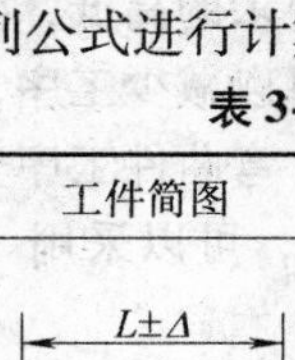
</td><td>$L_d = \left(L - \frac{1}{2}\Delta\right)_0^{+\delta_d}$</td><td rowspan="2">$L_p$ 按凹模尺寸配制，保证双面间隙为2c或
$L_p = (L_d - 2c) - \delta_p$</td></tr>
<tr><td>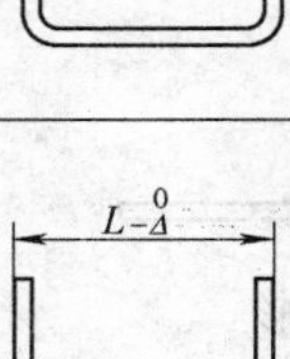
</td><td>$L_d = \left(L - \frac{3}{4}\Delta\right)_0^{+\delta_d}$</td></tr>
</table>

（续）

工件尺寸标注方式	工件简图	凹模尺寸	凸模尺寸
用内形尺寸标注	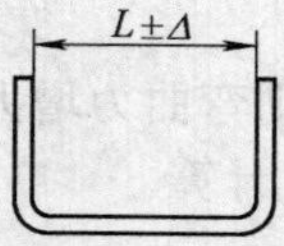 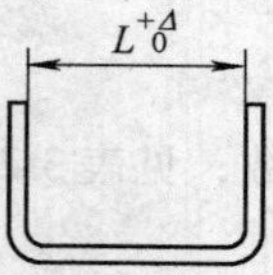	L_d 按凸模尺寸配制，保证双面间隙为 2c 或 $L_d=(L_p+2c)^{+\delta_d}_{0}$	$L_p=\left(L+\frac{1}{2}\Delta\right)^{0}_{-\delta_p}$ $L_p=\left(L+\frac{3}{4}\Delta\right)^{0}_{-\delta_p}$

注：L_p、L_d——弯曲凸、凹模宽度尺寸（mm）；
c——弯曲凸凹模单边间隙（mm）；
L——弯曲件外形或内形的基本尺寸（mm）；
Δ——弯曲件的尺寸偏差（mm）；
δ_p、δ_d——弯曲凸、凹模制造公差，采用 IT7 ~ IT9 级（标准公差等级）。

图 3-42　弯曲模工作部分尺寸

第九节　弯曲件的工序安排

弯曲件的工序安排应根据工件形状的复杂程序，精度要求的高低，生产批量的大小以及材料的力学性能等因素进行考虑，如果弯曲工序安排得合理，可以减少工序，简化模具设计，提高工件的质量和产量。反之安排不当，工件质量低劣废品率高。弯曲件工序安排一般方法是：

1）对于形状简单的弯曲件，如 V 形、U 形、Z 形等件，可以采用一次压弯成形，如图 3-43 所示。

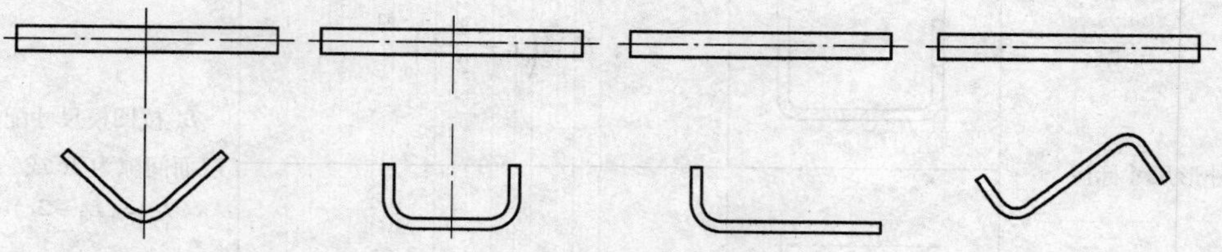

图 3-43　一道工序弯曲成形

2）对于形状较复杂的弯曲件，一般需要采用二次或多次压弯成形，如图 3-44、图 3-45 所示。

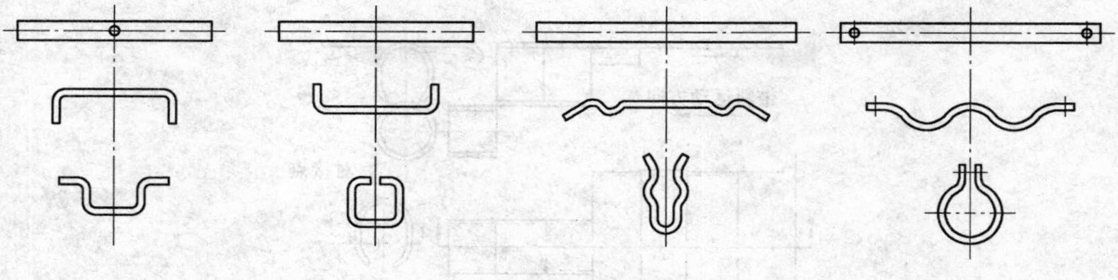

图 3-44　二道工序弯曲成形

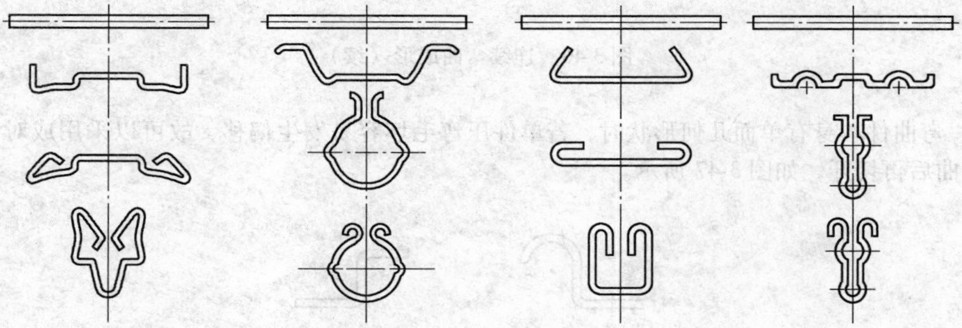

图 3-45　三道工序弯曲成形

但对于某些尺寸小，材料薄，形状较复杂的弹性接触件，最好采用一次复合弯曲成形较为有利，如采用多次弯曲，则定位不易准确，操作不方便，同时材料经过多次弯曲也易失去弹性。

3）对于批量大、尺寸较小的弯曲件，为了提高生产率，可以采用多工序的冲裁、压弯、切断连续工艺成形，如图 3-46 所示。

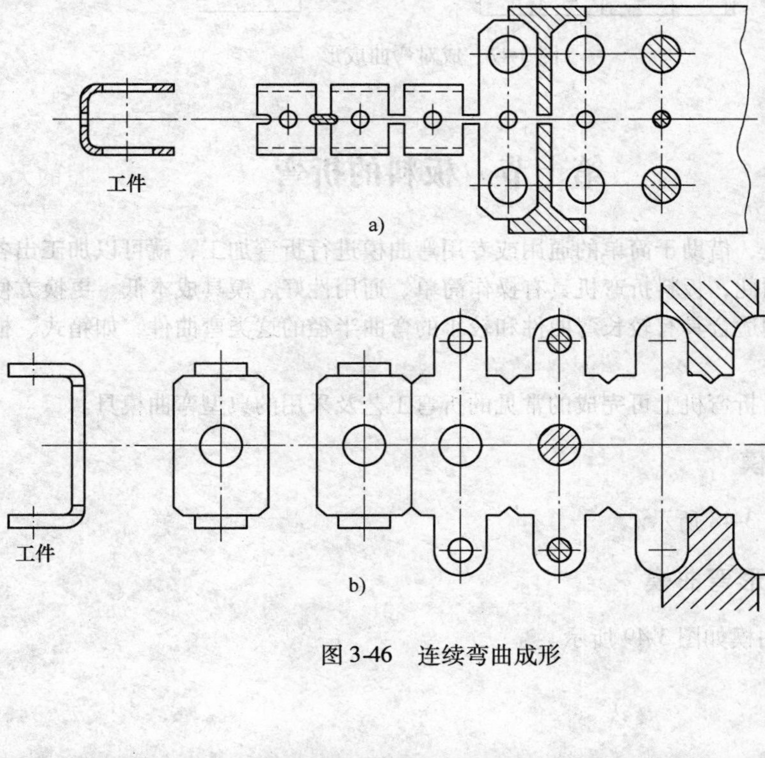

图 3-46　连续弯曲成形

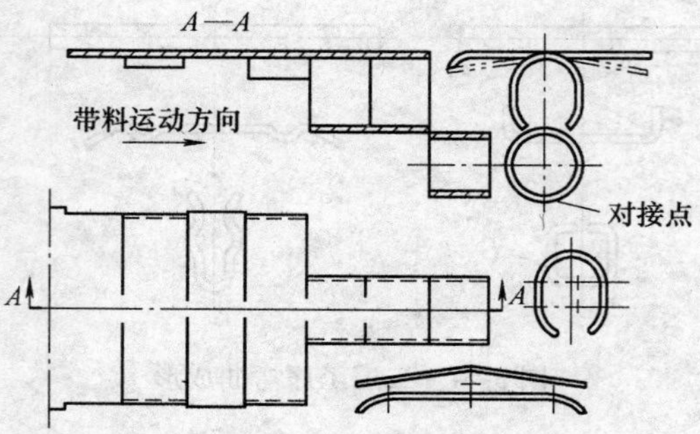

c)

图 3-46　连续弯曲成形（续）

4）弯曲件本身有单面几何形状时，若单件压弯毛坯容易发生偏移，故可以采用成对弯曲成形，弯曲后再切开，如图 3-47 所示。

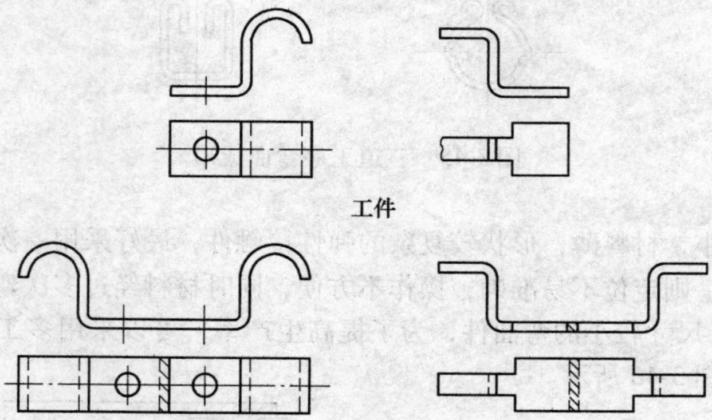

图 3-47　成对弯曲成形

第十节　板料的折弯

在板料折弯机上，借助于简单的通用或专用弯曲模进行折弯加工，就可以加工出各种角度不同形状的弯曲件。因此，板料折弯机具有操作简单、通用性好、模具成本低、更换方便、经济效益高的特点。它特别适合具有较长弯曲件和较小的弯曲半径的这类弯曲件，如箱式、框式零件或多品种小批量弯曲件。

下面介绍在板料折弯机上可完成的常见的折弯工艺及采用的典型弯曲模具。

一、V 形弯曲模

V 形弯曲模如图 3-48 所示。

二、⊔形与 U 形弯曲模

⊔形与 U 形弯曲模如图 3-49 所示。

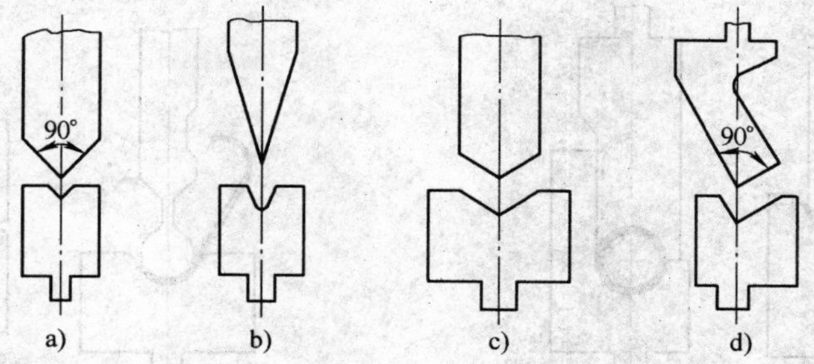

图 3-48　V 形弯曲模

a）90°角弯曲模　b）锐角弯曲模　c）钝角弯曲模　d）鹅颈形弯曲模

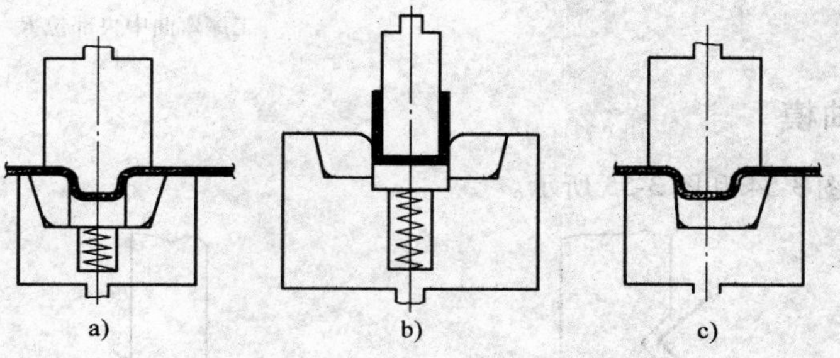

图 3-49　ᒣ形 U 形弯曲模

a）、c）ᒣ形弯曲模　b）带下顶料装置的 U 形弯曲模

三、卷边模

卷边模如图 3-50 和图 3-51 所示。

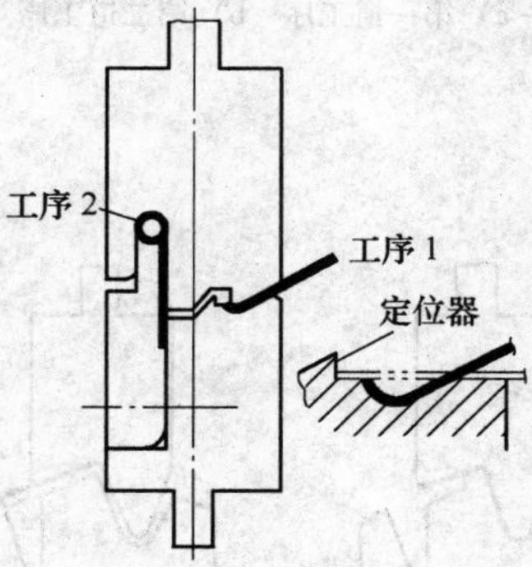

图 3-50　合页卷边模

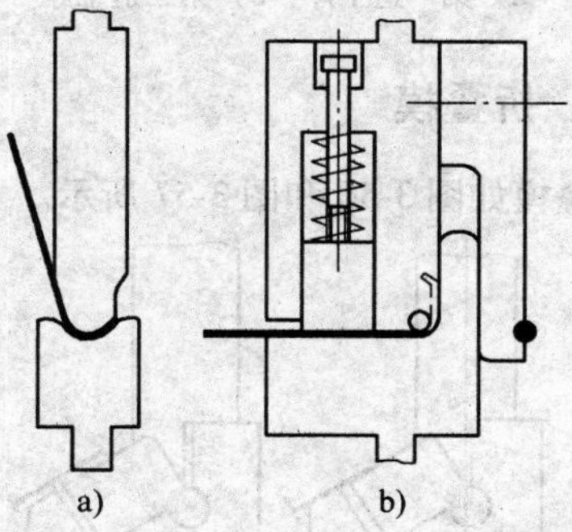

图 3-51　薄板卷边模

a）第一道工序　b）第二道工序

四、卷管模

卷管模如图 3-52 和图 3-53 所示。

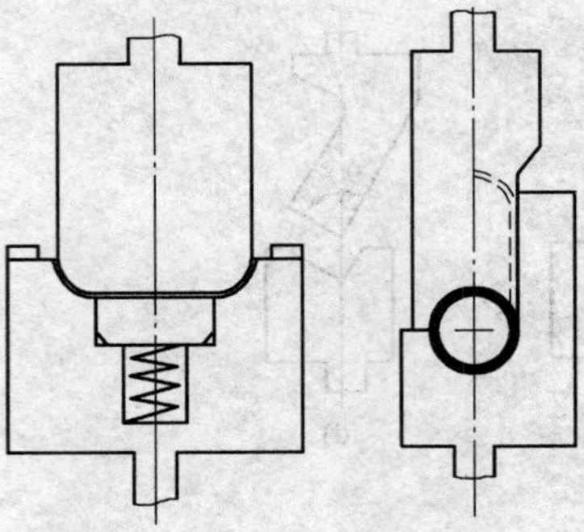

a)　b)

图 3-52　卷管模

a）第一道工序弯曲两端 *R*　b）第二道工序卷圆

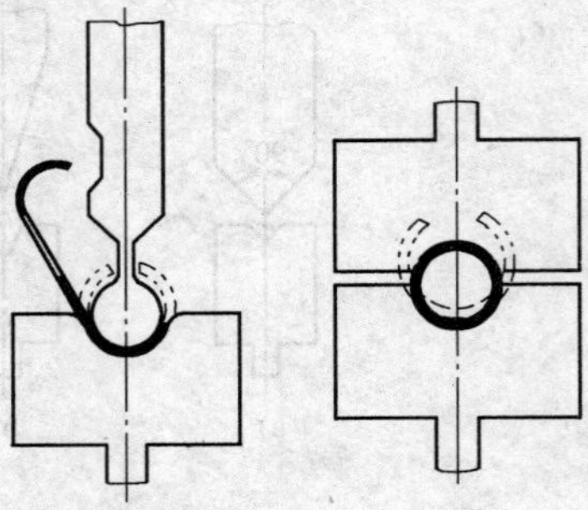

a)　b)

图 3-53　卷管模

a）第一、第二道工序弯曲单边 *R* 第三道工序弯曲中央部位 *R*　b）压合成圆

五、双折弯曲模

双折弯曲模如图 3-54 和图 3-55 所示。

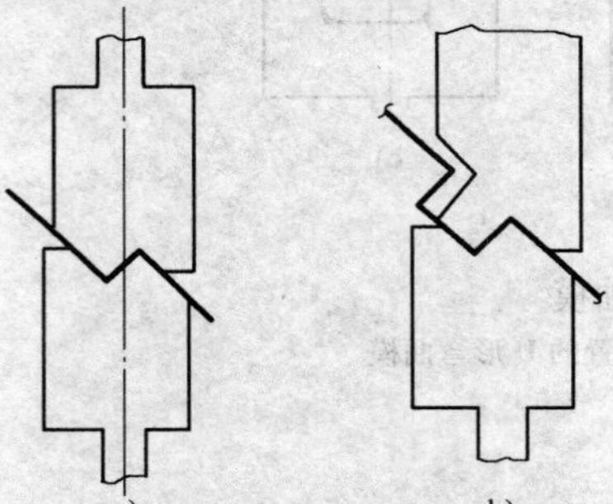

a)　b)

图 3-54　直角双折弯模

a）第一道工序　b）第二道工序

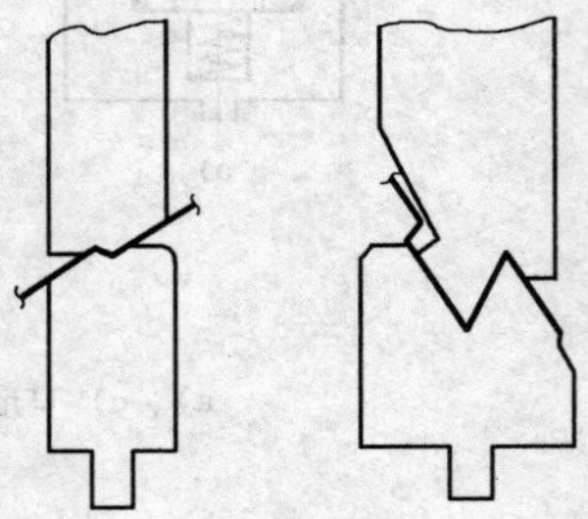

a)　b)

图 3-55　非直角双折弯曲

a）第一道工序　b）第二道工序

六、折叠模

折叠模如图 3-56 和图 3-57 所示。

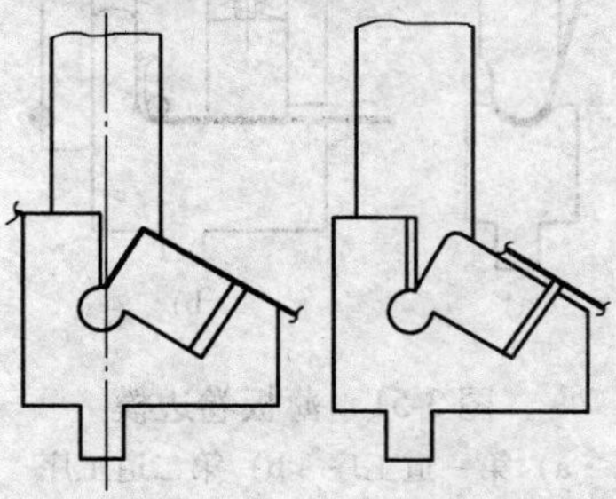

a)　b)

图 3-56　折叠模

a）第一道工序　b）第二道工序

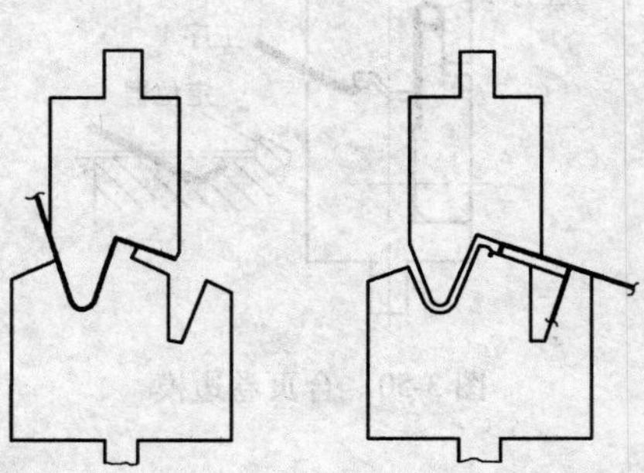

a)　b)

图 3-57　折叠模

a）第一道工序　b）第二道工序

七、锁扣模

锁扣模如图 3-58 和图 3-59 所示。

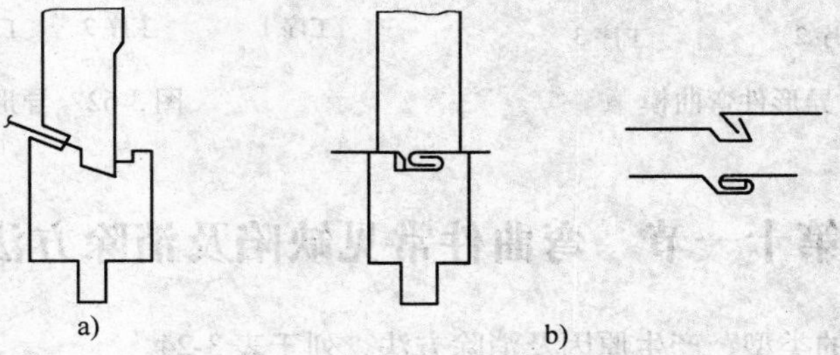

图 3-58 锁扣模

a）第一道工序 b）第二道工序

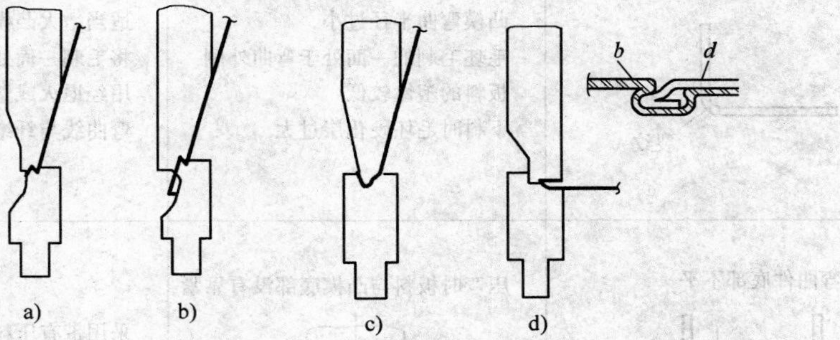

图 3-59 锁扣模

a）、c）工序 1 b）、d）工序 2

八、箱形弯曲模

箱形弯曲模如图 3-60 所示。

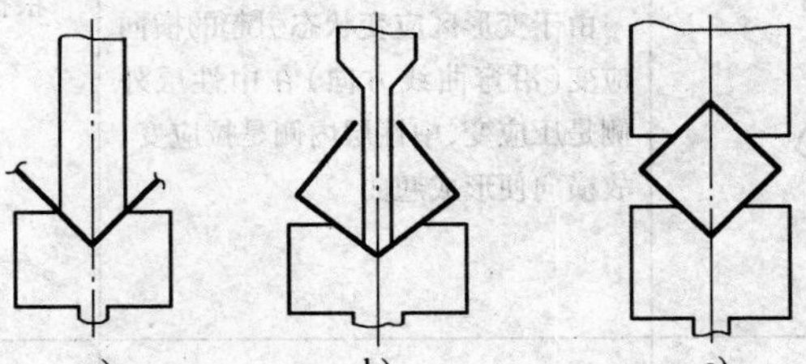

图 3-60 箱形件弯曲模

a）第一、第二道工序 V 形弯曲 b）第三道工序 V 形弯曲 c）第四道工序成形

九、异形件弯曲模

异形件弯曲模如图 3-61 和图 3-62 所示。

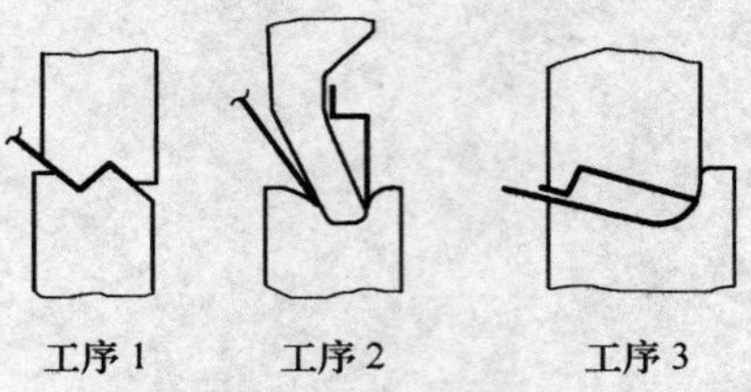

图 3-61　异形件弯曲模

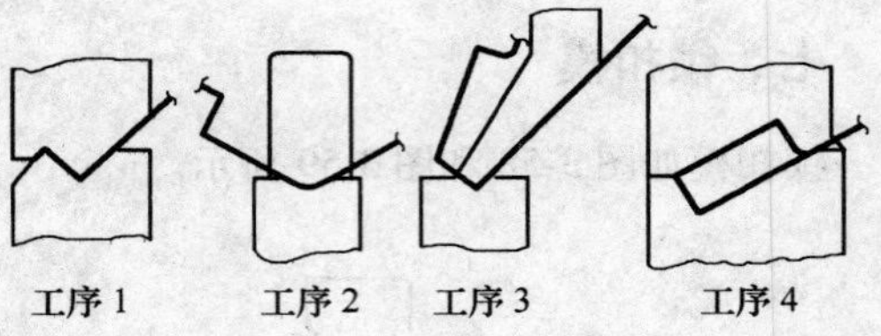

图 3-62　异形件弯曲模

第十一节　弯曲件常见缺陷及消除方法

弯曲件常见废品的类型、产生原因及消除方法，列于表 3-24。

表 3-24　弯曲件产生废次品的原因及消除方法

序号	废品或缺陷	产生的原因	消除的方法
1	弯裂 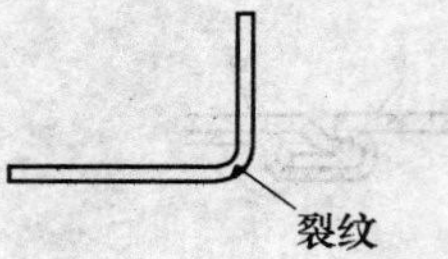	凸模弯曲半径过小 毛坯毛刺的一面处于弯曲外侧 板料的塑性较低 下料时毛坯硬化层过大	适当增大凸模圆角半径 将毛刺一面处于弯曲内侧 用经退火或塑性较好的材料 弯曲线与纤维方向垂直或成 45°方向
2	U 形弯曲件底部不平 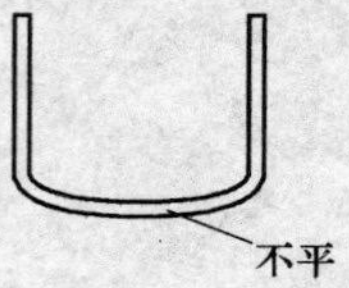	压弯时板料与凸模底部没有靠紧 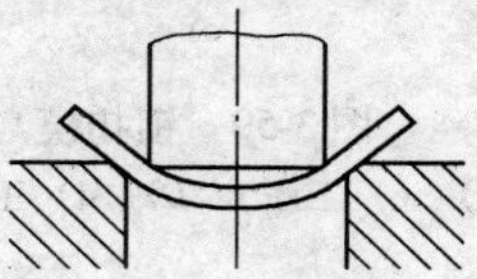	采用带有压料顶板的模具，在压弯开始时顶板便对毛坯施加足够的压力，最后对弯曲件进行校正
3	翘曲 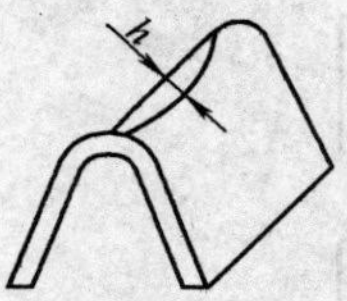	由于变形区应变状态引起的横向应变（沿弯曲线方向）在中性层外侧是压应变，中性层内侧是拉应变，故横向便形成翘曲	采用校正弯曲，增加单位面积压力 根据预定的弹性变形量，修正凸凹模 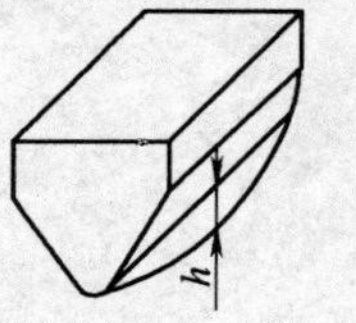
4	弯曲高度 h'尺寸不稳定 	高度 h'尺寸太小 凹模圆角不对称 弯曲过程中毛坯偏移	高度 h'尺寸不能小于最小弯曲高度 修正凹模圆角 增加工序并考虑工艺孔定位

（续）

序号	废品或缺陷	产生的原因	消除的方法
5	弯曲的两直边向左右张开，底部出现挠度 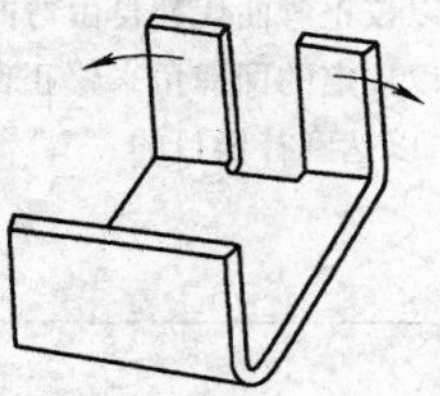	由于弯曲前毛坯带有切口，弯曲时失去刚性	改进弯曲件的结构 使切口连接起来，弯曲后再将工艺留量切去
6	孔不同心 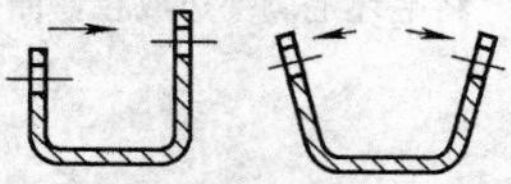 轴心线错移　轴心线倾斜	弯曲时毛坯产生了滑动，故引起孔中心线错移 弯曲后的弹复使孔中心线倾斜	毛坯准确定位，保证左右弯曲高度一致 设置防止毛坯空中动的定位销或压料顶板 减小工件回弹
7	弯曲线和两孔中心线不平行 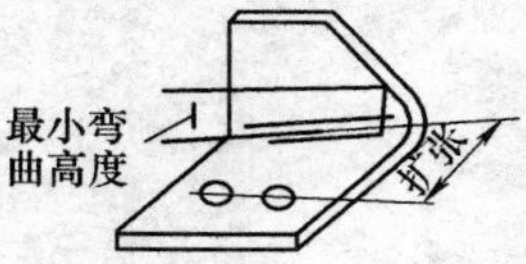	弯曲高度小于最小弯曲高度，在最小弯曲高度以下的部分出现张口	在设计工件时应保证大于或等于最小弯曲高度 改变弯曲件的结构设计 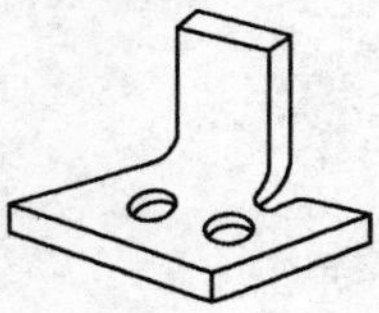
8	弯曲件擦伤 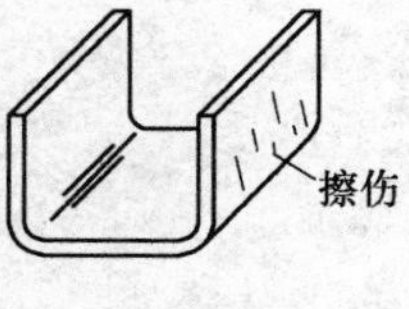	金属的微粒附在工作部分的表面上 凹模的圆角半径过小 凸凹模的间隙过小	适当增大凹模圆角半径 提高凸、凹模表面光洁度 采用合理凸凹模间隙值 清除工作部分表面脏物
9	弯曲件尺寸偏移 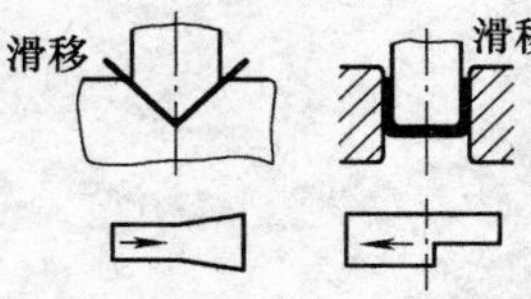	毛坯在向凹模滑动时，两边受到的摩擦阻力不相等，故发生尺寸偏移。以不对称形状件压弯为显著	采用压料顶板的模具 毛坯在模具中定位要准确 在有可能的情况下，采用成双性弯曲后，再切开
10	孔的变形 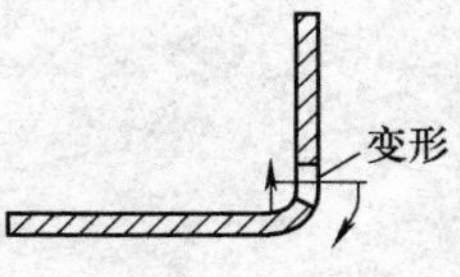	孔边距离曲线太近，在中性层内侧为压缩变形，而外侧为拉伸变形，故孔发生了变形	保证从孔边到弯曲半径 r 中心的距离大于一定值 在弯曲部位设置工艺孔，以减轻弯曲变形的影响

（续）

序号	废品或缺陷	产生的原因	消除的方法
11	弯曲角度变化 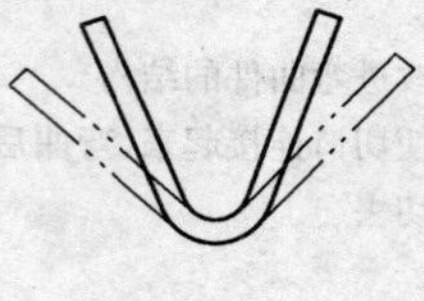	塑性弯曲时伴随着弹性变形，当压弯的工件从模具中取出后便产生了弹性恢复，从而使弯曲角度发生了变化	以校正弯曲代替自由弯曲 以预定的回弹角来修正凸、凹模的角度，以达到补偿目的
12	弯曲端部鼓起 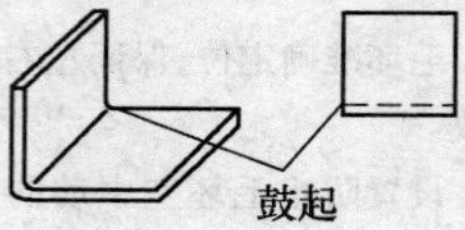 	弯曲时中性层内侧的金属层，纵向被压缩而缩短，宽度方向则伸长，故宽度方向边缘出现突起，以厚板小角度弯曲为明显	在弯曲部位两端预先做成圆弧切口 将毛坯毛刺一边放在弯曲内侧

第四章 拉 深

第一节 拉深变形分析

利用具有一定圆角半径的拉深模，将平板毛坯或开口空心毛坯冲压成容器状零件的冲压过程称为拉深。

拉深是主要的冲压工序之一，应用很广，像汽车、拖拉机的一些罩件、覆盖件，电器仪表的壳体件及众多的日用品等都是运用拉深成形的。拉深件的几何形状很多，大体可以划分为三类（图 4-1）：

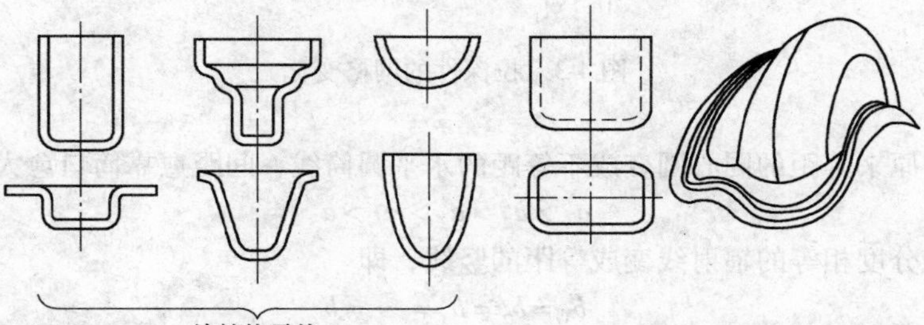

图 4-1 拉深件的分类

1）旋转体（轴对称）零件，包括直壁旋转体及曲面旋转体等。

2）盒形零件，包括方形、矩形、椭圆形、多角形等。

3）复杂曲面零件。

按有、无凸缘来区分，又可分为无凸缘拉深件和带凸缘拉深件（包括平凸缘和曲面凸缘）。

按壁厚变化情况分，又可分为普通拉深件（平均厚度接近毛坯原始厚度）和变薄拉深件。

圆筒形拉深件是拉深中最简单但又是最典型的，通过对圆筒形件拉深过程的分析，便可了解拉深的基本原理。

一、圆筒形件的拉深过程

一块圆形平板毛坯在拉深凸模、凹模作用下，逐渐压成圆筒形零件，其变形过程如图 4-2 所示。图 4-2a 中，一圆形平板毛坯在凸模、凹模作用下，开始进行拉深，图 4-2b 中，随着凸模的下压，迫使材料拉入凹模，形成了筒底、凸模圆角、筒壁、凹模圆角及仍未拉入凹模的凸缘部分等五个区域。图 4-2c 中，凸模继续下压，凸缘部分的材料继续被拉入凹模转变为筒壁，直至将全部凸缘材料转变为筒壁而结束拉深过程。

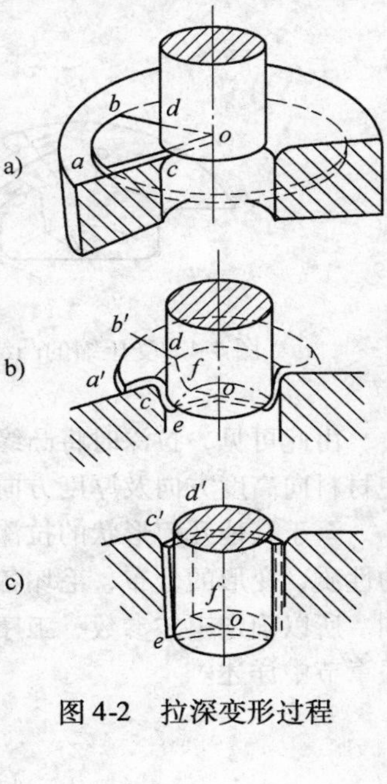

图 4-2 拉深变形过程

由此可见，拉深变形主要集中在凸缘部分的材料上（称凸缘部分为大变形区）。凸模的压力作用于筒底（称筒底为凸模力作用区），通过逐渐形成的筒壁，将压力传递到凸缘部分使之变形

（称筒壁为传力区）。拉深过程就是使凸缘逐渐收缩，转化为筒壁的过程。

为了进一步查明材料在拉深时的流动趋向，拉深前将毛坯画上等距的同心圆和分度相等的辐射线（图 4-3）所组成的扇形网格，拉深后观察这些网格的变化，发现：筒底的网格基本上保持原状，变形极少。

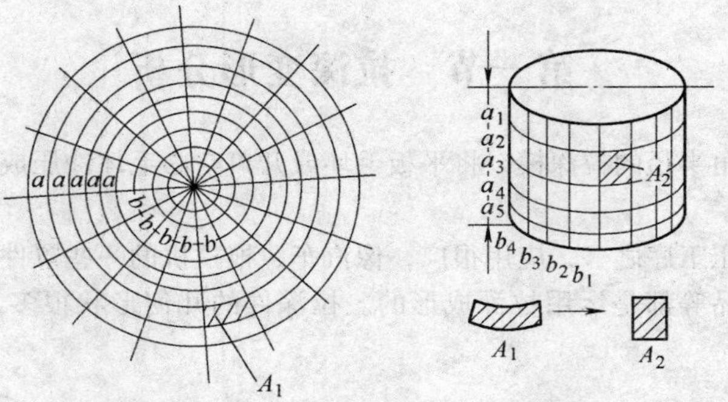

图 4-3　拉深件的网格变化

对于筒壁，原来等距的同心圆变成不等距的水平圆筒线，间距愈靠筒口愈大，即

$$a_1 > a_2 > a_3 > \cdots > a$$

另外，原来分度相等的辐射线变成等距的竖线，即

$$b_1 = b_2 = b_3 = \cdots = b$$

如果从凸缘上取出一个扇形单元体来分析（图 4-4），小单元体在切向受到压应力 σ_3 的作用，而在径向受到拉应力 σ_1 的作用，即材料在切向受压缩的同时被拉着向楔状的窄边方向流动，使原来的扇形网格变成了矩形网格。

若将拉深件剖开，测量各部分的厚度变化，发现筒壁上部变厚，愈靠筒口愈厚，最厚增加达 25%（1.25t），筒底稍许变薄，在凸模圆角处最薄，最薄处约为原来厚度的 87%，减薄了 13%，各部分厚度的变化可见图 4-5 所示的曲线。

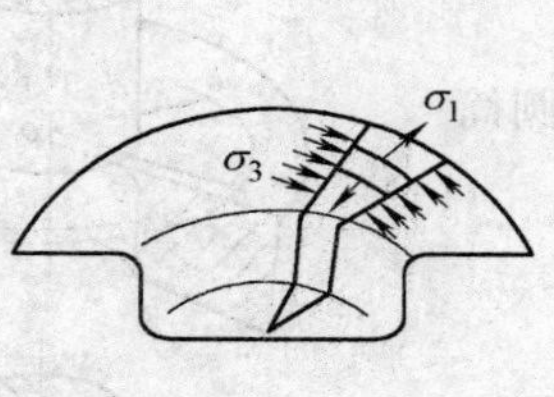

图 4-4　受压缩的凸缘的变形

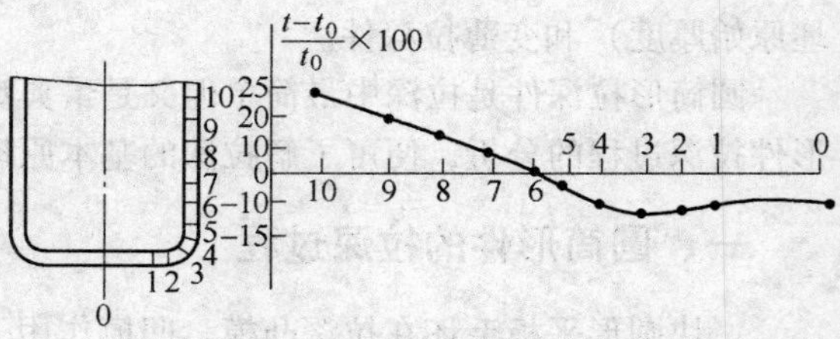

图 4-5　拉深件各处厚度变化情况

由此可见，拉深时将凸缘部分材料转化为筒壁的过程，就是将凸缘的扇形材料挤压成矩形，使材料向高度方向及厚度方向流动的过程。

至于其他几何形状的拉深件，虽然它们的冲压过程都称之为拉深，但是变形区的位置、变形的性质、变形的分布、毛坯各部位的应力状态和分布规律等都有一定的差异，甚至是本质上的差别。所以确定工艺参数、工序数目与顺序，以及设计模具的原则都有各自特点，这些将在后面有关章节中详述。

二、起皱与破裂

圆筒形件拉深过程顺利进行的两个主要障碍是凸缘起皱和筒壁拉裂。

拉深过程中，凸缘材料由扇形挤压成矩形，材料间产生很大的切向压力，这一压力犹如压杆两端受压失稳似的使凸缘材料失去稳定而形成皱折，如图 4-6 所示。

另外，当凸缘部分材料的变形抗力过大时，使得筒壁所传递的力量超过筒壁本身的极限强度，导致筒壁在最薄的凸模圆角处（危险断面）产生破裂，如图 4-7 所示。

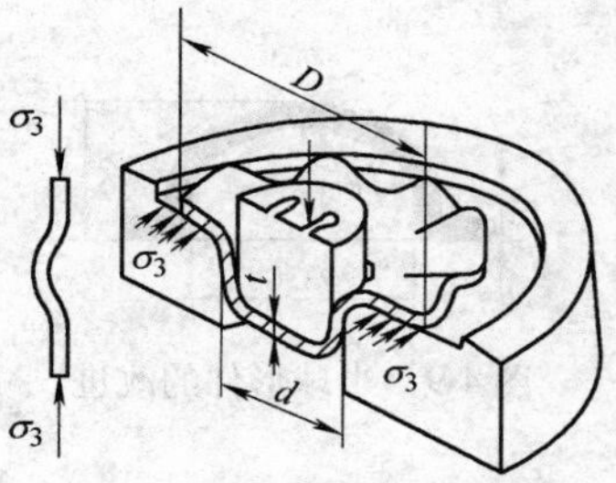

图 4-6 拉深时毛坯的起皱现象

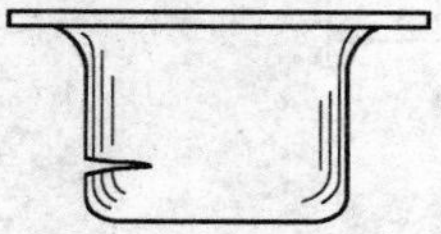
图 4-7 拉深时毛坯的断裂

为了防止起皱，需加压边力，此压边力又成为凸缘移动的阻力，此力与材料自身的变形阻力和材料通过凹模圆角时的弯曲阻力合在一起即成为总的拉深阻力。

对于凸缘上产生的拉深阻力，如果不施加与之平衡的拉深力，则成形是无法实现的。此拉深力由凸模给出，它经过筒壁传至凸缘部分。筒壁为了传递此力，就必须能经受住它的作用。筒壁强度最弱处为凸模圆角附近（即筒壁与底部转角处），所以此处的承载能力大小就成了决定拉深成形能否取得成功的关键。

在改善拉深成形，提高成形极限的时候，通常研究的问题是筒壁的承载能力和拉深阻力（包括摩擦阻力）这两个方面。目的是使拉深阻力减小和提高筒壁的承载能力。

三、拉深成形极限

影响圆筒形件拉深的主要问题是凸缘区压缩失稳产生起皱和零件底部圆角与筒壁连接处破裂。由于起皱可用压边圈或其他工艺措施避免，所以圆筒件拉深的成形极限主要由破裂来确定。

圆筒形件拉深的成形极限一般用极限拉深比 *LDR* 表示

$$LDR = \frac{D}{d}$$

式中 *d*——凸模直径；

D——零件底部圆角附近不被拉破时允许的最大毛坯直径。

目前生产中习惯用拉深系数 $m = d/D$ 来表示。

两者的关系是：$m = d/D = 1/LDR$

第二节 拉深件的工艺性

1. 拉深件的形状应尽量简单、对称

轴对称拉深件在圆周方向上的变形是均匀的，模具加工也容易，其工艺性最好。其他形状的拉深件，应尽量避免急剧的轮廓变化。

如图 4-8 所示为汽车消声器后盖，在保证使用要求的前提下，形状简化后，使生产过程由八道工序减为二道工序，材料消耗也减少了 50%。

又如图 4-9 所示的半球形拉深件，在半球形的根部增加 20mm 的直壁，可有效地解决起皱问题。

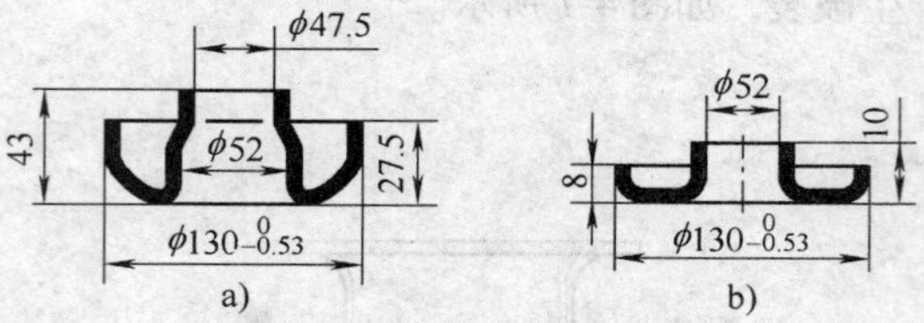

图 4-8　消声器后盖形状的改进
a）改进前　b）改进后

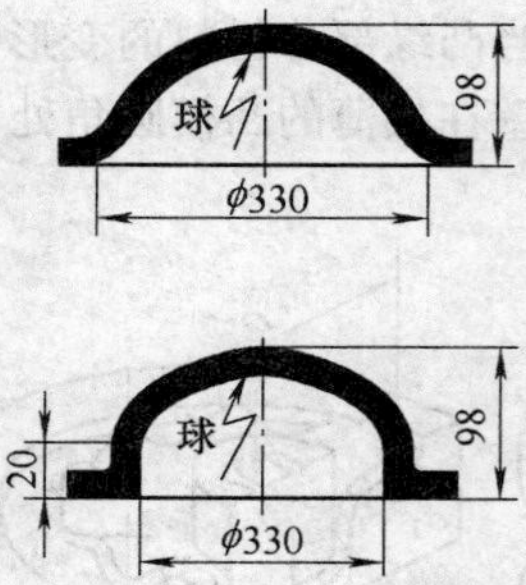

图 4-9　半球形件的改进

对于半敞及非对称的拉深件，工艺上还可以采取成双拉深，然后剖切成两件的方法，以改善拉深时的受力状况，如图 4-10 所示。

2. 拉深件各部分尺寸比例要恰当

应尽量避免设计宽凸缘和深度大的拉深件（即 $d_{凸} > 3d$，$h \geqslant 2d$），如图 4-11a 所示，因为这类工件需要较多的拉深次数。如图 4-11b 所示工件上部尺寸与下部尺寸相差太大，不符合拉深工艺要求。要使它符合工艺要求，可将它分成两部分，分别制出，然后再连接起来，如图 4-11c 所示。

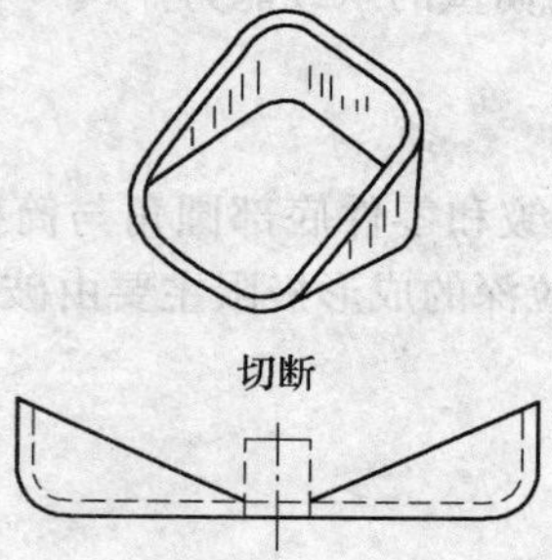

图 4-10　成双冲压的例子

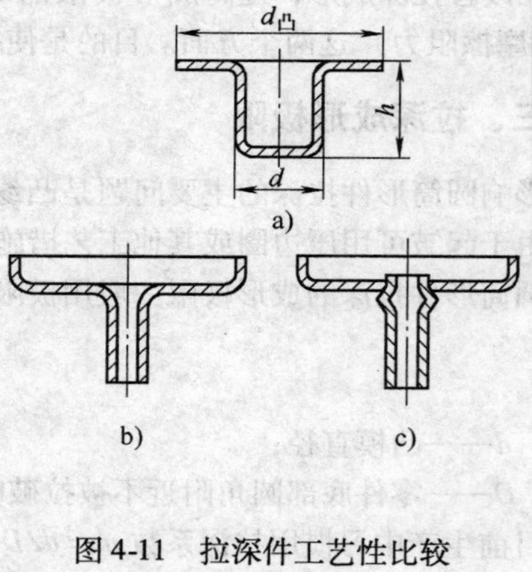

图 4-11　拉深件工艺性比较

如果工件空腔不深，但凸缘直径很大，制造也很费劲。如图 4-12a 所示工件，需 4 ~ 5 次拉深工序，还要中间退火后方可制成；如果将凸缘直径减小到如图 4-12b 所示，则无需中间退火，1 ~ 2 次拉深工序便可制成。

工件凸缘的外廓最好与拉深部分的轮廓形状相似（图 4-13a），如果凸缘的宽度不一致（图 4-13b），不仅拉深困难，需要添加工序，而且还需放宽切边余量，增加金属消耗。

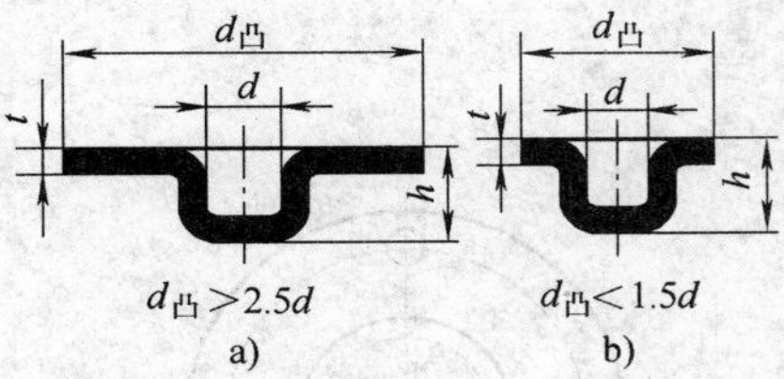

图 4-12 凸缘直径合适与否

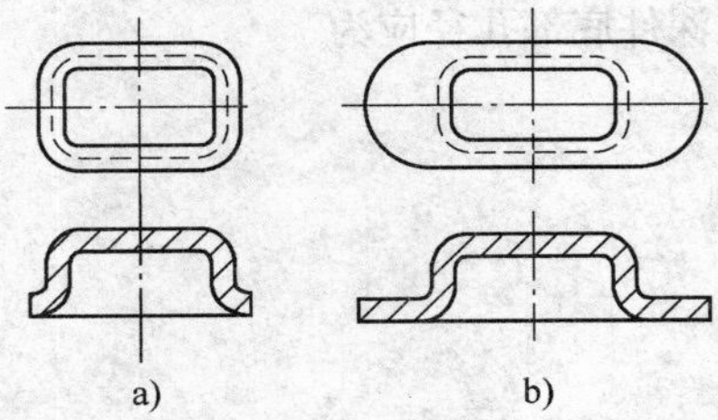

图 4-13 凸缘外廓形状合适与否

3. 拉深件的圆角半径应尽量大些

拉深件的圆角半径应尽量大些，以利于成形和减少拉深次数。

拉深件底与壁、凸缘与壁、矩形件的四壁间圆角半径（图 4-14）应满足 $r_1 \geqslant t$，$r_2 \geqslant 2t$，$r_3 \geqslant 3t$。否则，应增加整形工序。

如增加一次整形工序，其圆角半径可取 $r_1 \geqslant (0.1 \sim 0.3)t$；$r_2 \geqslant (0.1 \sim 0.3)t$。

4. 拉深件厚度的不均匀现象要考虑

拉深件由于各处变形不均匀，上下壁厚变化可达 1.2t 至 0.75t，如图 4-15 所示。

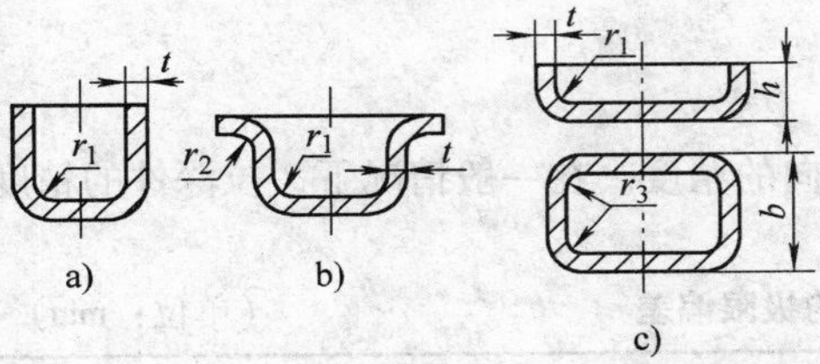

图 4-14 拉深件的圆角半径

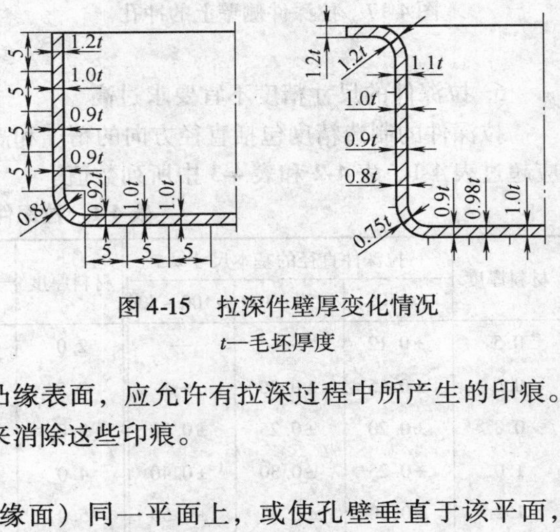

图 4-15 拉深件壁厚变化情况

t—毛坯厚度

多次拉深的工件内外壁上或带凸缘拉深件的凸缘表面，应允许有拉深过程中所产生的印痕。除非工件有特殊要求时才采用整形或赶形的方法来消除这些印痕。

5. 拉深件上的孔位要合理布置

拉深件上的孔位应设置在与主要结构面（凸缘面）同一平面上，或使孔壁垂直于该平面，以便冲孔与修边同时在一道工序中完成。图 4-16 所示为拉深件上孔位的比较。

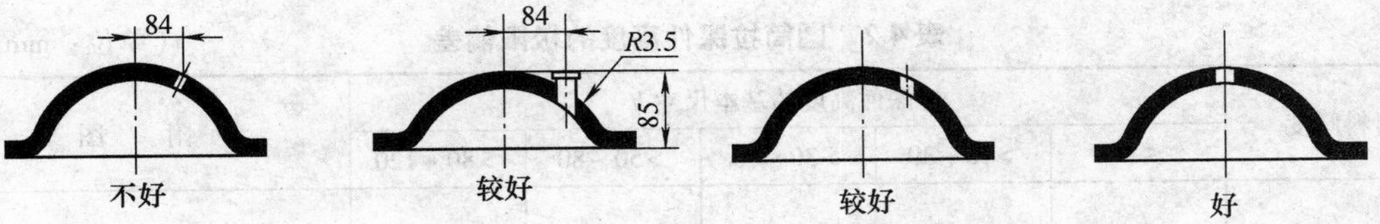

图 4-16 拉深件上孔位的比较

拉深件侧壁上的冲孔，只有当孔与底边或凸缘边的距离 $h > 2d + t$ 时才有可能冲出（图 4-17b），否则这孔只能钻出（图 4-17a）。

如图 4-18 所示，拉深件凸缘上的孔距应为

$$D_1 \geqslant (d_1 + 3t + 2r_2 + d)$$

拉深件底部孔径应为

$$d \leqslant d_1 - 2r_1 - t$$

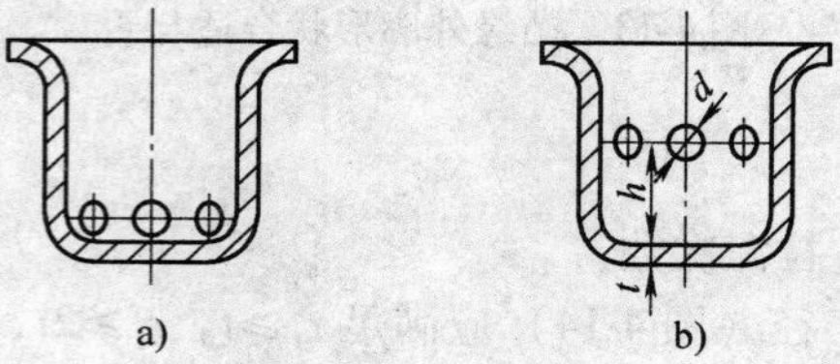

图 4-17 拉深件侧壁上的冲孔

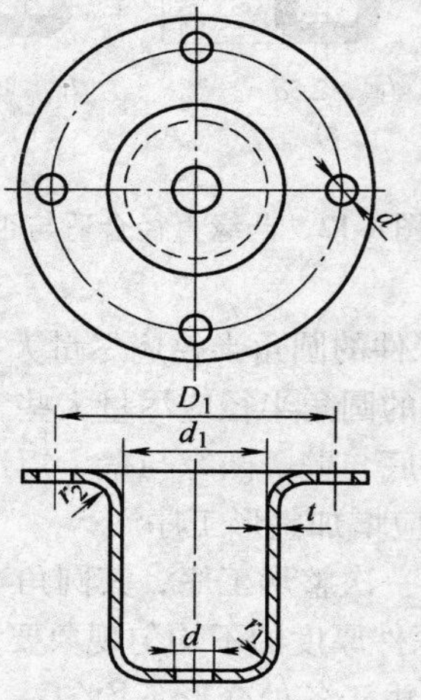

图 4-18 拉深件上孔位的合理设计

6. 拉深件的尺寸精度不宜要求过高

拉深件的制造精度包括直径方向的精度和高度方向的精度。在一般情况下，拉深件的精度不应超过表 4-1、表 4-2 和表 4-3 中所列数值。

表 4-1 拉深件直径的极限偏差 （单位：mm）

材料厚度	拉深件直径的基本尺寸 d			材料厚度	拉深件直径的基本尺寸 d			附图
	≤50	>50~100	>100~300		≤50	>50~100	>100~300	
0.5	±0.12	—	—	2.0	±0.40	±0.50	±0.70	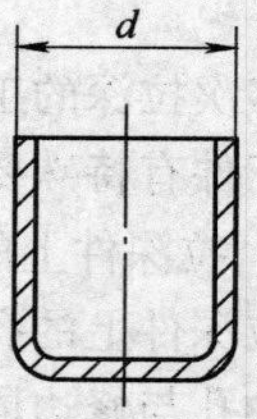
0.6	±0.15	±0.20	—	2.5	±0.45	±0.60	±0.80	
0.8	±0.20	±0.25	±0.30	3.0	±0.50	±0.70	±0.90	
1.0	±0.25	±0.30	±0.40	4.0	±0.60	±0.80	±1.00	
1.2	±0.30	±0.35	±0.50	5.0	±0.70	±0.90	±1.10	
1.5	±0.35	±0.40	±0.60	6.0	±0.80	±1.00	±1.20	

注：拉深件外形要求取正偏差，内形要求取负偏差。

表 4-2 圆筒拉深件高度的极限偏差 （单位：mm）

材料厚度	拉深件高度的基本尺寸 h					附图
	≤18	>18~30	>30~50	>50~80	>80~120	
≤1	±0.5	±0.6	±0.7	±0.9	±1.1	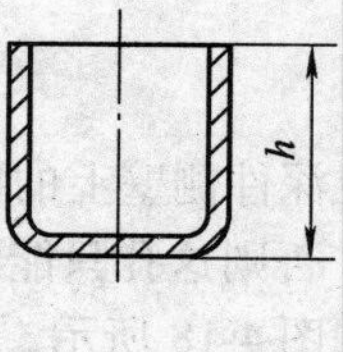
>1~2	±0.6	±0.7	±0.8	±1.0	±1.3	
>2~3	±0.7	±0.8	±0.9	±1.1	±1.5	
>3~4	±0.8	±0.9	±1.0	±1.2	±1.8	
>4~5	—	—	±1.2	±1.5	±2.0	
>5~6	—	—	—	±1.8	±2.2	

注：本表为不切边情况所达到的数值。

表 4-3　带凸缘拉深件高度的极限偏差　（单位：mm）

材料厚度	拉深件高度的基本尺寸 h					附　图
	≤18	>18~30	>30~50	>50~80	>80~120	
≤1	±0.3	±0.4	±0.5	±0.6	±0.7	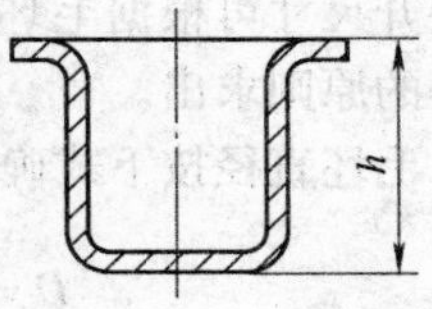
>1~2	±0.4	±0.5	±0.6	±0.7	±0.8	
>2~3	±0.5	±0.6	±0.7	±0.8	±0.9	
>3~4	±0.6	±0.7	±0.8	±0.9	±1.0	
>4~5	—	—	±0.9	±1.0	±1.1	
>5~6	—	—	—	±1.1	±1.2	

注：本表为未经整形所达到的数值。

产品图上的尺寸应注明必须保证外部尺寸或是内腔尺寸，不能同时标注内外形尺寸。

第三节　圆筒形件的拉深工序计算

一、修边余量的确定

在拉深过程中，常因材料力学性能的方向性、模具间隙不均、板厚变化、摩擦阻力不等及定位不准等影响，而使拉深件口部或凸缘周边不齐，必须进行修边。故在计算毛坯尺寸时应按加上修边余量后的零件尺寸进行展开计算。

修边余量的数值可查表 4-4 和表 4-5。

表 4-4　无凸缘圆筒形拉深件的修边余量 δ　（单位：mm）

工件高度 h	工件的相对高度 h/d				附　图
	>0.5~0.8	>0.8~1.6	>1.6~2.5	>2.5~4	
≤10	1.0	1.2	1.5	2	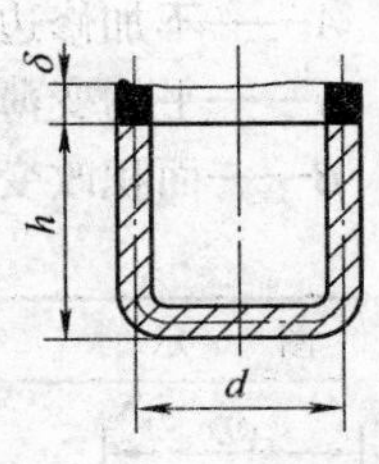
>10~20	1.2	1.6	2	2.5	
>20~50	2	2.5	3.3	4	
>50~100	3	3.8	5	6	
>100~150	4	5	6.5	8	
>150~200	5	6.3	8	10	
>200~250	6	7.5	9	11	
>250	7	8.5	10	12	

表 4-5　带凸缘圆筒形拉深件的修边余量 δ　（单位：mm）

凸缘直径 $d_凸$	凸缘的相对直径 $d_凸/d$				附　图
	≤1.5	>1.5~2.0	>2.0~2.5	>2.5	
≤25	1.8	1.6	1.4	1.2	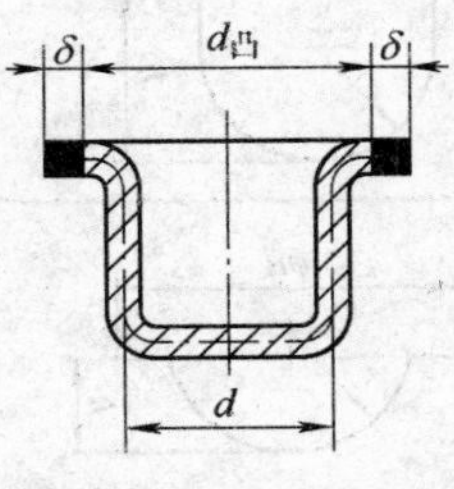
>25~50	2.5	2.0	1.8	1.6	
>50~100	3.5	3.0	2.5	2.2	
>100~150	4.3	3.6	3.0	2.5	
>150~200	5.0	4.2	3.5	2.7	
>200~250	5.5	4.6	3.8	2.8	
>250	6.0	5.0	4.0	3.0	

二、毛坯尺寸计算

（一）形状简单的旋转体拉深件的毛坯直径

在不变薄的拉深中，材料厚度虽有变化，但其平均值与毛坯原始厚度十分接近。因此，毛坯的展开尺寸可根据毛坯面积与拉深件面积（加上修边余量）相等的原则求出。

毛坯直径按下式确定

$$D=\sqrt{\frac{4}{\pi}A_0}=\sqrt{\frac{4}{\pi}\sum A} \tag{4-1}$$

式中　A_0——拉深件的表面积；

A——拉深件分解成简单几何形状的表面积。

例如图 4-19 有凸缘圆筒形拉深件的毛坯直径计算，可先将该零件分解成五个简单几何形状，并按表 4-6 所列公式求得 A_1、A_2、A_3、A_4、A_5，然后再按公式（4-1）求出。

对于常用的拉深件，可选用表 4-7 所列公式直接求得其毛坯直径 D。

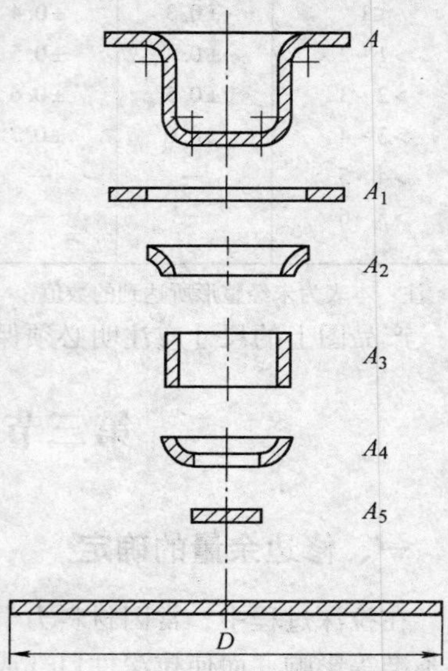

图 4-19　筒形件毛坯尺寸的确定

如果某些拉深件筒口或凸缘边沿不要求十分平齐，则工件在拉深后可不进行修边，但由于表 4-6、表 4-7 的计算公式都没有考虑到实际上材料在拉深后厚度发生变化的自然特征，因此为了比较准确地求得毛坯直径，以满足工件不修边的要求，对于不进行修边的拉深件的毛坯直径计算，应考虑材料厚度变薄的因素，其计算公式如下

$$D=1.13\sqrt{A\alpha}=1.13\sqrt{\frac{A}{\beta}} \tag{4-2}$$

式中　D——毛坯直径（mm）；

A——不加修边余量的冲件表面积（mm^2）；

α——平均变薄系数（表 4-8）；

β——面积改变系数（表 4-8）。

表 4-6　简单几何形状的表面积 A 的计算公式

图　示	计算公式	图　示	计算公式
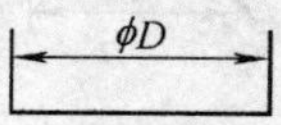	$\frac{\pi D^2}{4}=0.7854D^2$	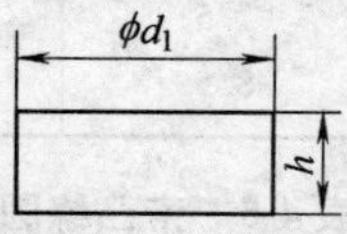	$\pi d_1 h$
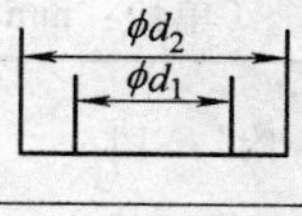	$\frac{\pi}{4}(d_2^2-d_1^2)$ $=0.7854(d_2^2-d_1^2)$	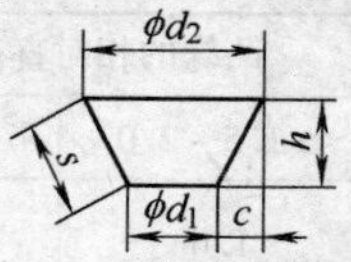	$\pi s\left(\frac{d_1+d_2}{2}\right)$ $s=\sqrt{h^2+c^2}$
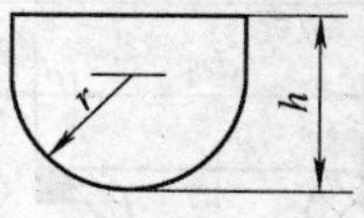	$2\pi rh=6.28rh$	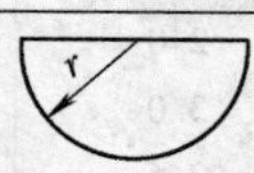	$2\pi r^2=6.28r^2$
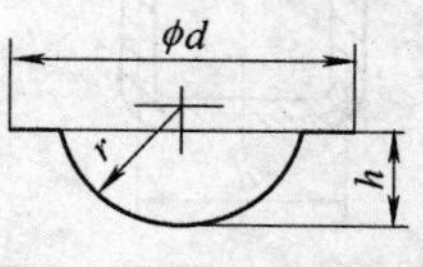	$\pi\left(\frac{d}{h}+h^2\right)$	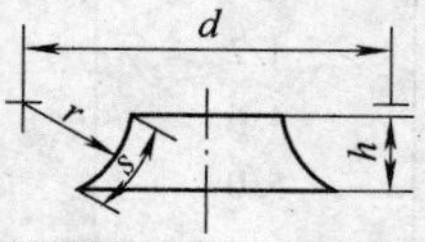	$\pi(ds-2hr)$

（续）

图　　示	计算公式	图　　示	计算公式
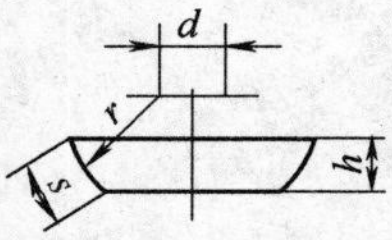	$\pi(ds+2hr)$	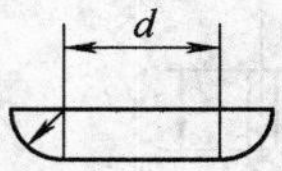	$\frac{\pi^2 rd}{2}+2\pi r^2=4.94rd+6.28r^2$
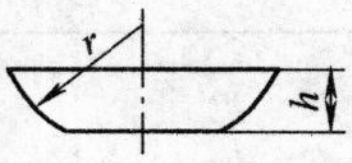	$2\pi rh=6.28rh$	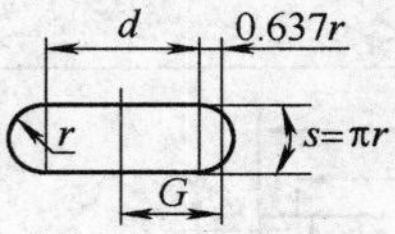	$2\pi Gs=2\pi^2 Gr=19.74Gr$
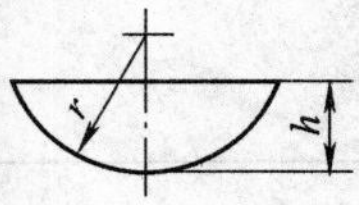	$2\pi rh=6.28rh$	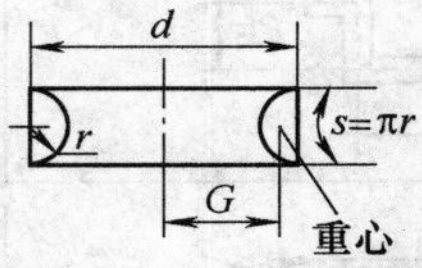	$2\pi Gs=2\pi^2 Gr=19.74Gr$
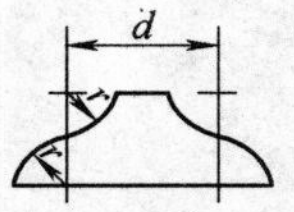	$\pi^2 rd=9.87rd$	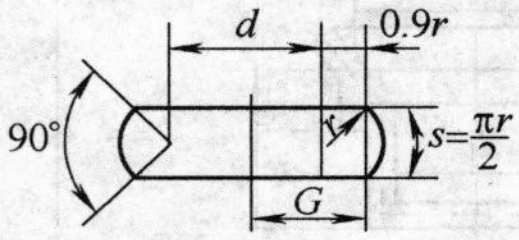	$2\pi Gs=\pi^2 Gr=9.87Gr$
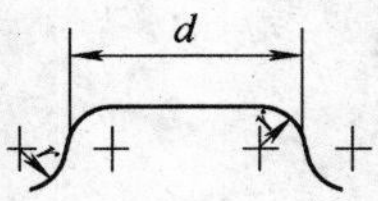	$\pi^2 rd=9.87rd$	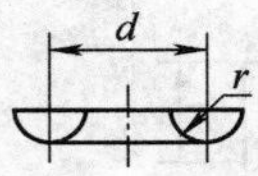	$\pi^2 rd=9.87rd$
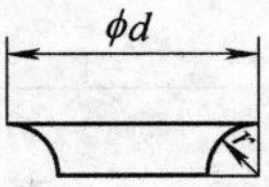	$\frac{\pi^2 rd}{2}-2\pi r^2=4.94rd-6.28r^2$	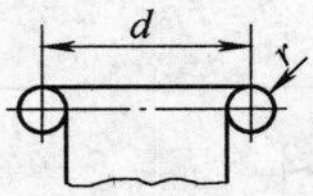	$17.7rd$

表 4-7　常用旋转体拉深件毛坯直径的计算公式

序　号	零件形状	毛坯直径 D
1	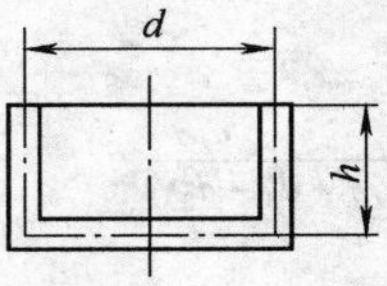	$\sqrt{d^2+4dh}$
2	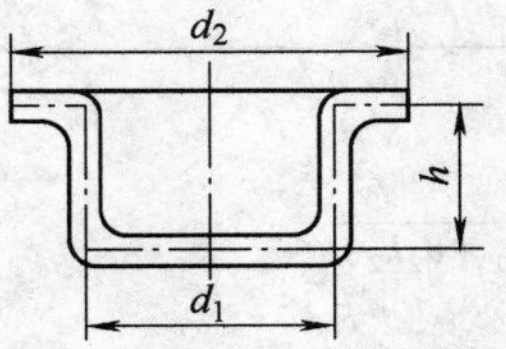	$\sqrt{d_2^2+4d_1h}$
3	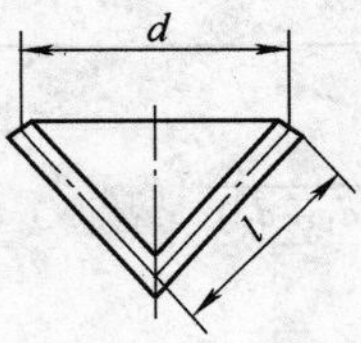	$\sqrt{2dl}$

（续）

序　号	零件形状	毛坯直径 D
4	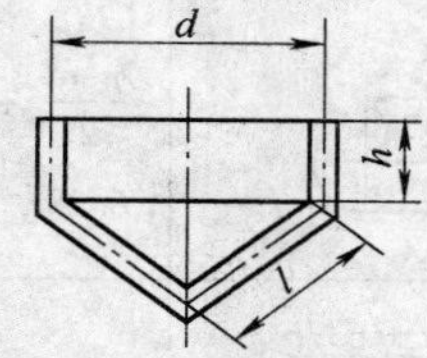	$\sqrt{2d(l+2h)}$
5	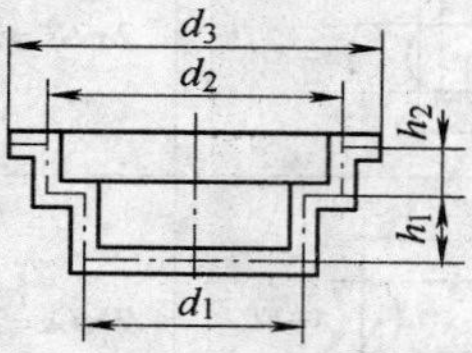	$\sqrt{d_3^2+4(d_1h_1+d_2h_2)}$
6	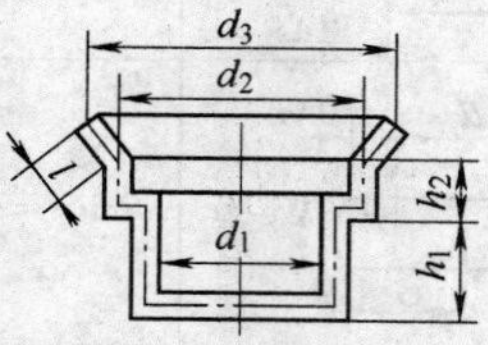	$\sqrt{d_2^2+4(d_1h_1+d_2h_2)+2l(d_2+d_3)}$
7	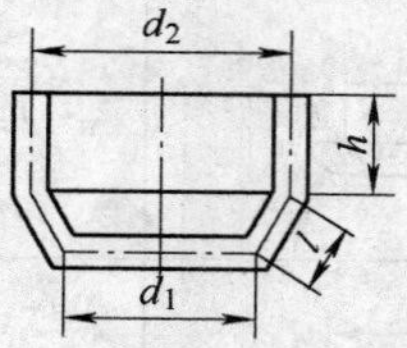	$\sqrt{d_1^2+2l(d_1+d_2)+4d_2h}$
8	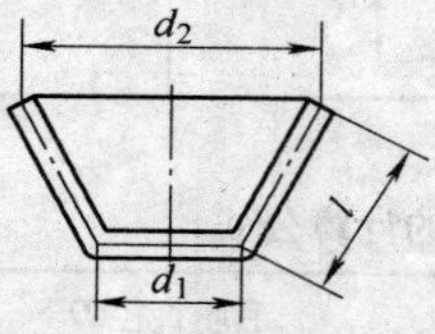	$\sqrt{d_1^2+2l(d_1+d_2)}$
9	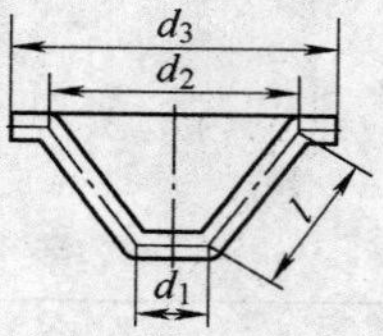	$\sqrt{d_1^2+2l(d_1+d_2)+d_3^2-d_2^2}$
10	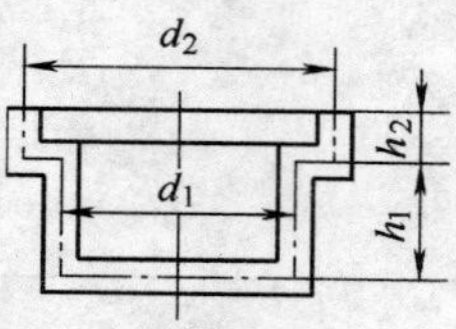	$\sqrt{d_2^2+4(d_1h_1+d_2h_2)}$
11	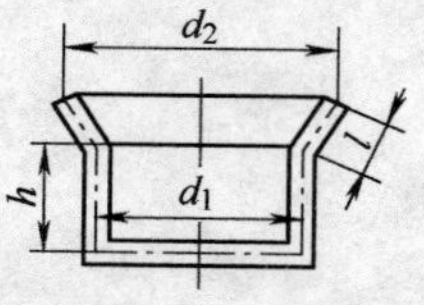	$\sqrt{d_1^2+4d_1h+2l(d_1+d_2)}$

（续）

序　号	零件形状	毛坯直径 D
12	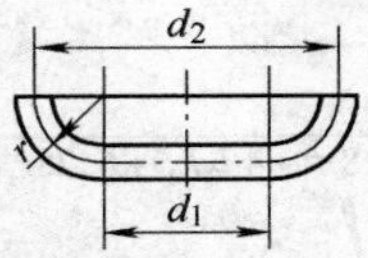	$\sqrt{d_1^2+2r(\pi d_1+4r)}$
13	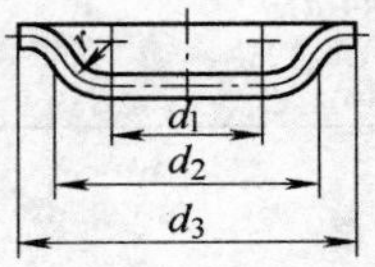	$\sqrt{d_1^2+6.28rd_1+8r^2+d_3^2-d_2^2}$
14	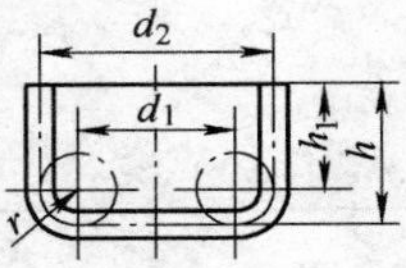	$\sqrt{d_1^2+4d_2h_1+6.28rd_1+8r^2}$ 或 $\sqrt{d_2^2+4d_2h-1.72rd_2-0.56r^2}$
15	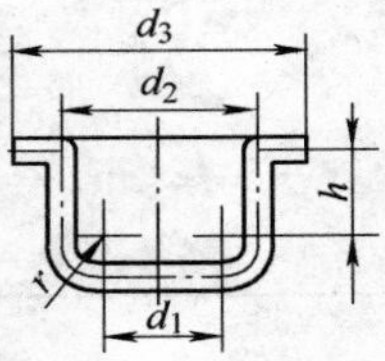	$\sqrt{d_1^2+2\pi rd_1+8r^2+4d_2h+d_3^2-d_2^2}$
16	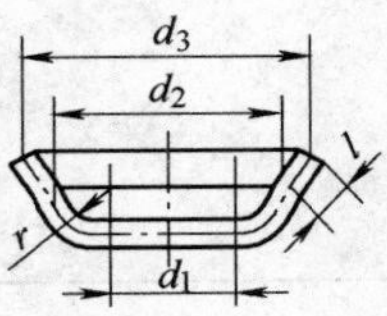	$\sqrt{d_1^2+2\pi rd_1+8r^2+2l(d_2+d_3)}$
17	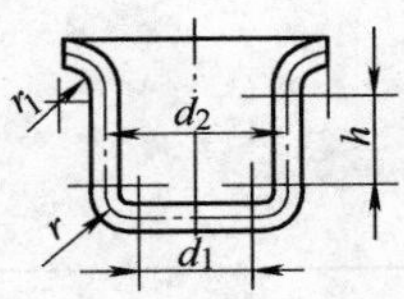	当 $r_1\neq r$ 时 $\sqrt{d_1^2+6.28rd_1+8r^2+4d_2h+6.28r_1d_2+4.56r_1^2}$ 当 $r_1=r$ 时 $\sqrt{d_1^2+4d_2h+2\pi r(d_1+d_2)+4\pi r^2}$
18	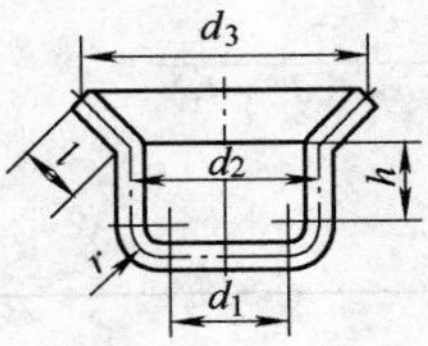	$\sqrt{d_1^2+2\pi rd_1+8r^2+4d_2h+2l(d_2+d_3)}$
19	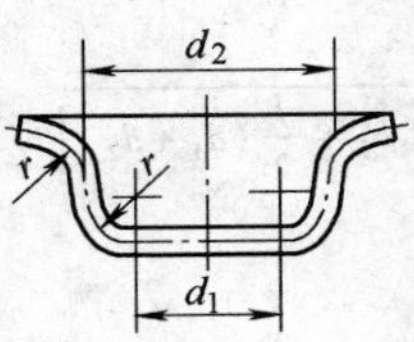	$\sqrt{d_1^2+2\pi r(d_1+d_2)+4\pi r^2}$

（续）

序号	零件形状	毛坯直径 D
20	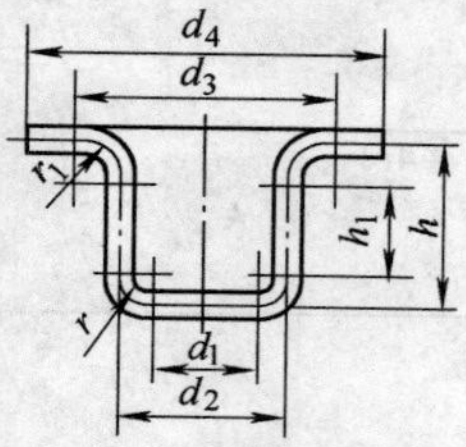	当 $r_1 \neq r$ 时 $\sqrt{d_1^2+6.28rd_1+8r^2+4d_2h_1+6.28r_1d_2+4.56r_1^2+d_4^2-d_3^2}$ 当 $r_1=r$ 时 $\sqrt{d_4^2+4d_2h-3.44rd_2}$
21	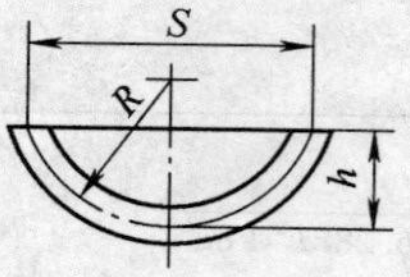	$\sqrt{8Rh}$ 或 $\sqrt{S^2+4h^2}$
22	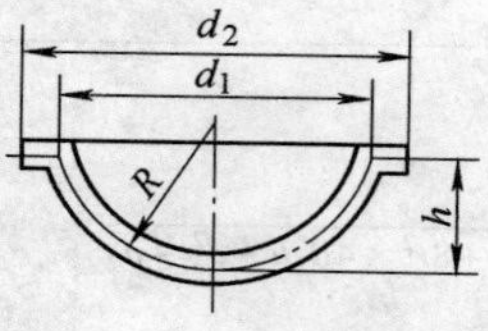	$\sqrt{d_2^2+4h^2}$
23	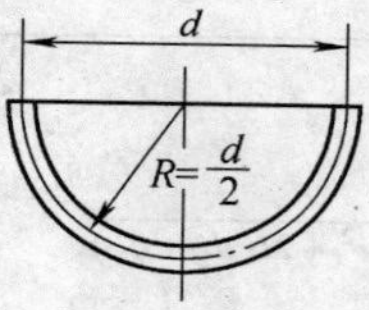	$\sqrt{2d^2}=1.414d$
24	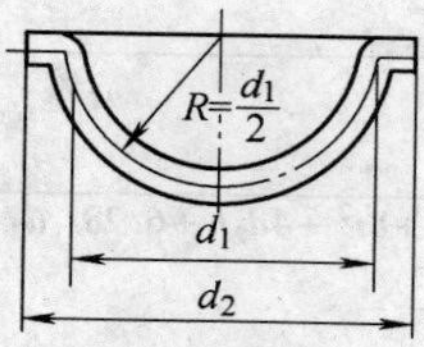	$\sqrt{d_1^2+d_2^2}$
25	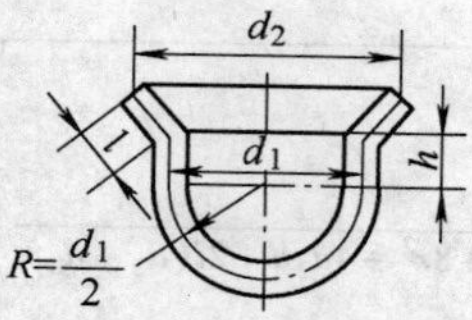	$1.414\sqrt{d_1^2+2d_1h+l(d_1+d_2)}$
26	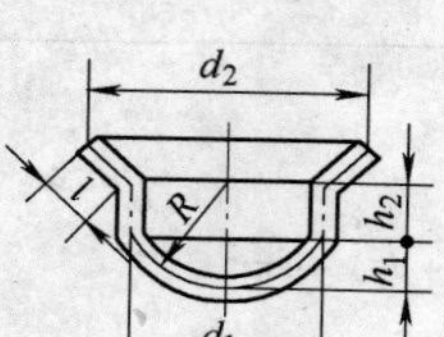	$\sqrt{d_1^2+4\left[h_1^2+d_1h_2+\frac{l}{2}(d_1+d_2)\right]}$

（续）

序　号	零件形状	毛坯直径 D
27	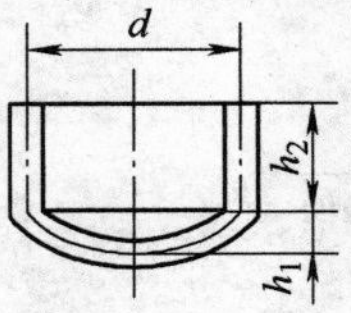	$\sqrt{d^2+4(h_1^2+dh_2)}$
28	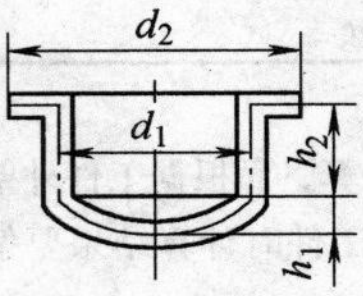	$d_2^2+4(h_1^2+d_1h_2)$
29	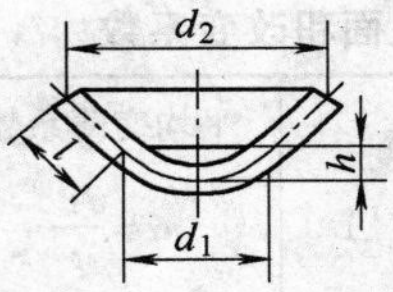	$\sqrt{d_1^2+4h^2+2l(d_1+d_2)}$
30	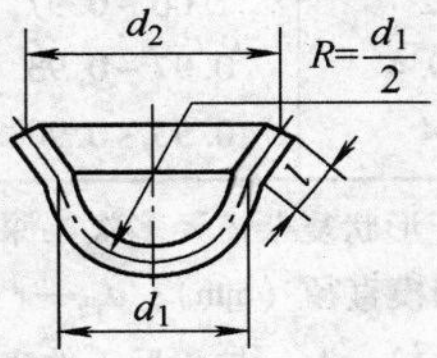	$1.414\sqrt{d_1^2+l(d_1+d_2)}$
31	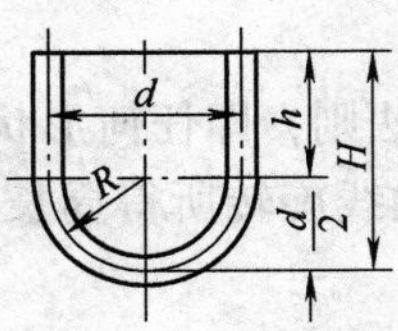	$1.414\sqrt{d^2+2dh_1}$ 或 $2\sqrt{dh}$
32	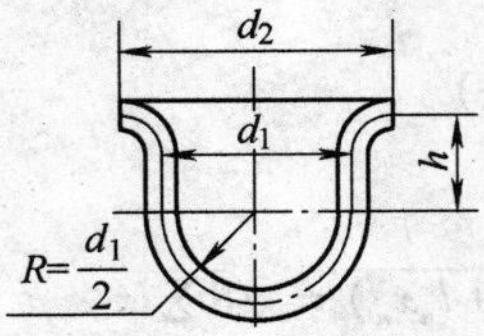	$\sqrt{d_1^2+d_2^2+4d_1h}$
33	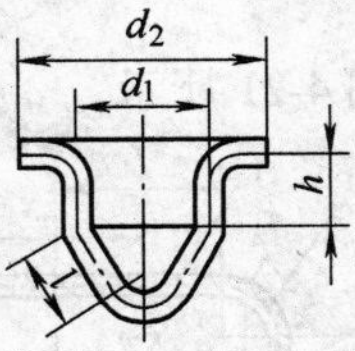	$\sqrt{d_2^2-d_1^2+4d_1\left(h+\frac{l}{2}\right)}$
34	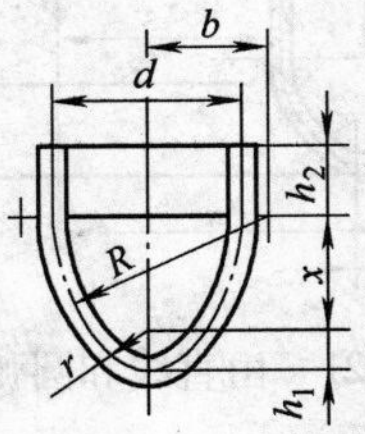	$\sqrt{8R\left[x-b\left(\arcsin\frac{x}{R}\right)\right]+4dh_2+8rh}$

（续）

序　号	零件形状	毛坯直径 D
35	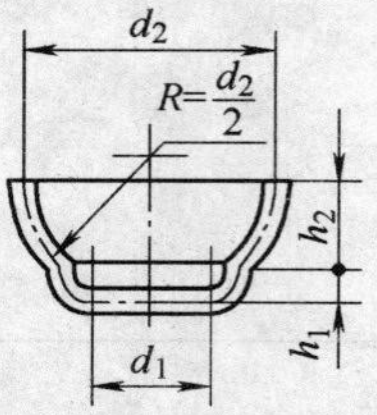	$\sqrt{d_1^2+4d_1h_1+4d_2h_2}$

注：1. 尺寸按工件材料厚度中心层尺寸计算。

2. 对于厚度小于 1mm 的拉深件，可不按工件材料厚度中心层尺寸计算，而根据工件外壁尺寸计算。

3. 对于部分未考虑工件圆角半径的计算公式，在计算有圆角半径的工件时计算结果要偏大，故此情形下，可不考虑或少考虑修边余量。

表 4-8　用压边圈拉深时的材料变薄系数及面积改变系数

相对圆角半径 $R_0=\frac{r_凹+r_凸}{t}$	相对间隙 $c_0=\frac{D_凹-d_凸}{2}$	单位压边力 p/MPa	拉深速度 $v/(\mathrm{m\cdot s^{-1}})$	平均变薄系数 $\alpha=\frac{t_1}{t}$	面积改变系数 $\beta=\frac{A_1}{A}$
>3	>1.1	1.0～2.0	<0.2	1.00～0.97	1.00～1.03
3～2	1.1～1.0	2.0～2.5	0.2～0.4	0.97～0.93	1.03～1.08
<2	<1.0～0.98	2.5～3.0	>0.4	0.93～0.90	1.08～1.11

注：表中 α 系数对于形状简单只进行一次拉深的制件，取较大值，对于形状复杂需经多次拉深的制件，取较小值。

表中：$r_凹$—凹模圆角半径（mm）；$r_凸$—凸模圆角半径（mm）；$D_凹$—凹模直径（mm）；$d_凸$—凸模直径（mm）；t—材料厚度（mm）；t_1—拉深件平均厚度（mm）；A—毛坯面积（mm^2）；A_1—拉深后工件实际面积（mm^2）。

（二）形状复杂的旋转体拉深件的毛坯直径

形状复杂的旋转体拉深件毛坯直径的计算可利用久里金法则，即任何形状的母线 AB 绕轴线 YY 旋转，所得到的旋转体面积等于母线长度 L 与其重心绕轴线旋转所得周长 $2\pi x$ 的乘积（x 是该段母线重心至轴线的距离）（图 4-20）。即：

旋转体面积：
$$A=2\pi Lx$$

毛坯面积：
$$A_0=\frac{\pi D^2}{4}(D-毛坯直径)$$

$$A=A_0$$

故毛坯直径
$$D=\sqrt{8Lx}=\sqrt{8(l_1x_1+l_2x_2+l_3x_3+\cdots+l_nx_n)}=\sqrt{8\sum lx} \tag{4-3}$$

求毛坯直径的方法有三种：

（1）解析法　此法适用于直径和圆弧相连接的形状，如图 4-21 所示。

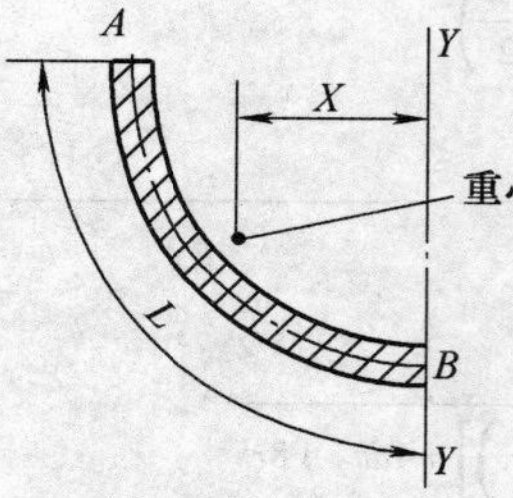

图 4-20　旋转体母线

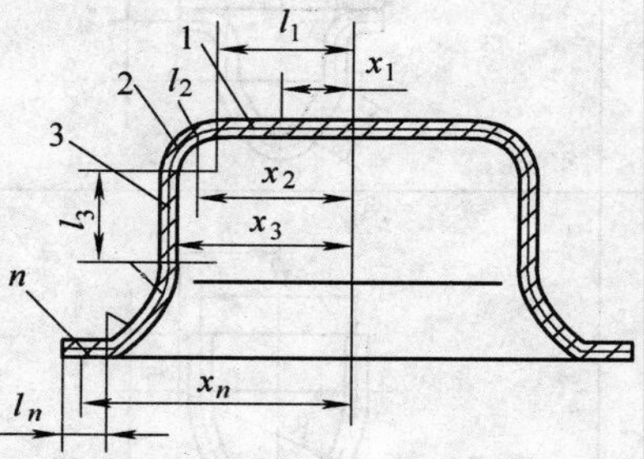

图 4-21　由直线和圆弧连接的母线

对于母线为直线和圆弧连接的旋转体拉深件，可将其母线分成简单的（直线和圆弧）线段1，2，3，…，n，算出各线段的长度（圆弧长度可从表4-9、表4-10查得）l_1，l_2，l_3，…，l_n，再算出各线段的重心至轴线的距离（圆弧的重心至轴线的距离可从表4-11、表4-12查得）x_1，x_2，x_3，…，x_n，然后按式（4-3）计算（或从表4-13查得）毛坯直径D。

表4-9　中心角$\alpha=90°$时的弧长L

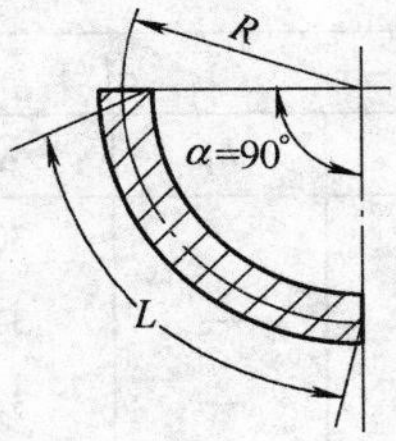

$$L=\frac{\pi}{2}R$$

例：$R=41.25$　查弧长L

R	L
41	64.40
0.2	0.31
0.05	0.08
41.25	64.79

R	L	R	L	R	L	R	L
		10	15.71	40	62.83	70	109.96
0.01	0.02	11	17.28	41	64.40	71	111.53
0.02	0.03	12	18.85	42	65.97	72	113.10
0.03	0.05	13	20.42	43	67.54	73	114.67
0.04	0.06	14	21.99	44	69.12	74	116.24
0.05	0.08	15	23.56	45	70.69	75	117.81
0.06	0.09	16	25.13	46	72.26	76	119.38
0.07	0.11	17	26.70	47	73.83	77	120.95
0.08	0.12	18	28.27	48	75.40	78	122.52
0.09	0.14	19	29.85	49	76.97	79	124.09
		20	31.42	50	78.54	80	125.66
0.1	0.16	21	32.99	51	80.11	81	127.23
0.2	0.31	22	34.56	52	81.68	82	128.81
0.3	0.47	23	36.13	53	83.25	83	130.38
0.4	0.63	24	37.70	54	84.82	84	131.95
0.5	0.79	25	39.27	55	86.39	85	133.52
0.6	0.94	26	40.84	56	87.96	86	135.09
0.7	1.10	27	42.41	57	89.54	87	136.66
0.8	1.26	28	43.98	58	91.11	88	138.23
0.9	1.41	29	45.55	59	92.68	89	139.80
		30	47.12	60	94.25	90	141.37
1	1.57	31	48.69	61	95.82	91	142.94
2	3.14	32	50.27	62	97.39	92	144.51
3	4.71	33	51.84	63	98.96	93	146.08
4	6.28	34	53.41	64	100.53	94	147.66
5	7.85	35	54.98	65	102.10	95	149.23
6	9.42	36	56.55	66	103.67	96	150.80
7	11.00	37	58.12	67	105.24	97	152.37
8	12.57	38	59.69	68	106.81	98	153.94
9	14.14	39	61.26	69	108.39	99	155.51

表4-10 中心角α<90°时的弧长L_1（$R=1$）

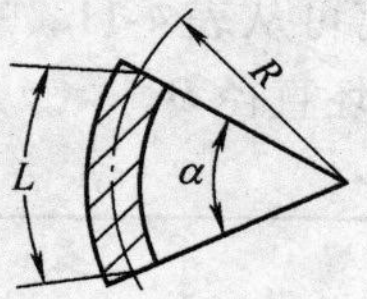

$$L=\pi R\frac{\alpha}{180°}=L_1R$$

例：$\alpha=25°30'$　$R=22.5$ 求弧长 L

$L=(0.436+0.009)\times22.5=10.01$

α(°)						α(′)			
α	L_1	α	L_1	α	L_1	α	L_1	α	L_1
		30	0.524	60	1.047			30	0.009
1	0.017	31	0.541	61	1.064	1	—	31	0.009
2	0.035	32	0.558	62	1.082	2	—	32	0.009
3	0.052	33	0.576	63	1.099	3	0.001	33	0.010
4	0.070	34	0.593	64	1.117	4	0.001	34	0.010
5	0.087	35	0.611	65	1.134	5	0.001	35	0.010
6	0.105	36	0.628	66	1.152	6	0.002	36	0.011
7	0.122	37	0.646	67	1.169	7	0.002	37	0.011
8	0.140	38	0.663	68	1.187	8	0.002	38	0.011
9	0.157	39	0.681	69	1.204	9	0.002	39	0.011
10	0.175	40	0.698	70	1.222	10	0.003	40	0.012
11	0.192	41	0.715	71	1.239	11	0.003	41	0.012
12	0.209	42	0.733	72	1.256	12	0.003	42	0.012
13	0.227	43	0.750	73	1.274	13	0.004	43	0.013
14	0.244	44	0.768	74	1.291	14	0.004	44	0.013
15	0.262	45	0.785	75	1.309	15	0.004	45	0.013
16	0.279	46	0.803	76	1.326	16	0.005	46	0.014
17	0.297	47	0.820	77	1.344	17	0.005	47	0.014
18	0.314	48	0.838	78	1.361	18	0.005	48	0.014
19	0.332	49	0.855	79	1.379	19	0.005	49	0.014
20	0.349	50	0.873	80	1.396	20	0.006	50	0.015
21	0.366	51	0.890	81	1.413	21	0.006	51	0.015
22	0.384	52	0.907	82	1.431	22	0.006	52	0.015
23	0.401	53	0.925	83	1.448	23	0.007	53	0.016
24	0.419	54	0.942	84	1.466	24	0.007	54	0.016
25	0.436	55	0.960	85	1.483	25	0.007	55	0.016
26	0.454	56	0.977	86	1.501	26	0.008	56	0.017
27	0.471	57	0.995	87	1.518	27	0.008	57	0.017
28	0.489	58	1.012	88	1.536	28	0.008	58	0.017
29	0.506	59	1.030	89	1.553	29	0.008	59	0.017

表 4-11 中心角 $\alpha=90°$ 时弧的重心到 $Y—Y$ 轴的距离 x

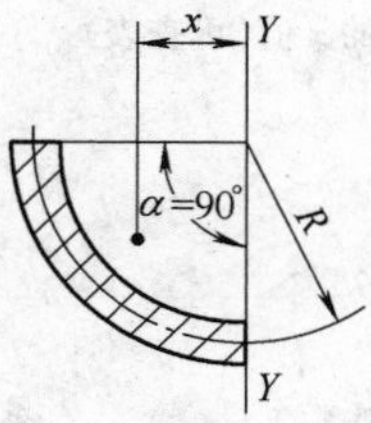

$$x=\frac{2}{\pi}R$$

例：$R=52.37$ 求 x

R	x
52	33.12
0.3	0.19
0.07	0.05
52.37	33.36

$\alpha=90°$，$R<100$ 时弧的重心到 $Y—Y$ 轴的距离

R	x	R	x	R	x	R	x
		10	6.37	40	25.48	70	44.58
0.01	0.01	11	7.01	41	26.11	71	45.22
0.02	0.01	12	7.64	42	26.75	72	45.86
0.03	0.02	13	8.28	43	27.39	73	46.49
0.04	0.03	14	8.92	44	28.02	74	47.13
0.05	0.03	15	9.55	45	28.66	75	47.77
0.06	0.04	16	10.19	46	29.30	76	48.41
0.07	0.05	17	10.83	47	29.93	77	49.05
0.08	0.05	18	11.46	48	30.57	78	49.69
0.09	0.06	19	12.10	49	31.21	79	50.32
		20	12.74	50	31.84	80	50.95
0.1	0.06	21	13.37	51	32.48	81	51.59
0.2	0.13	22	14.01	52	33.12	82	52.23
0.3	0.19	23	14.65	53	33.76	83	52.86
0.4	0.25	24	15.29	54	34.39	84	53.50
0.5	0.32	25	15.92	55	35.03	85	54.13
0.6	0.38	26	16.56	56	35.67	86	54.77
0.7	0.45	27	17.20	57	36.30	87	55.41
0.8	0.51	28	17.83	58	36.94	88	56.05
0.9	0.57	29	18.47	59	37.58	89	56.68
		30	19.11	60	38.21	90	57.33
1	0.64	31	19.74	61	38.85	91	57.96
2	1.27	32	20.38	62	39.49	92	58.59
3	1.91	33	21.02	63	40.12	93	59.23
4	2.55	34	21.65	64	40.76	94	59.87
5	3.18	35	22.29	65	41.40	95	60.51
6	3.82	36	22.93	66	42.04	96	61.15
7	4.46	37	23.57	67	42.67	97	61.79
8	5.10	38	24.20	68	43.31	98	62.43
9	5.73	39	24.84	69	43.95	99	63.06

表 4-12　中心角 $\alpha<90°$ 时弧的重心到 $Y—Y$ 轴的距离 x

$$x = R\frac{180°\sin\alpha}{\pi\alpha} = Rx_0$$

式中　x_0 为 $R=1$ 时的 x 值(可查表)

例:$R=20,\alpha=25°$时

求 x

$x = Rx_0$

$=20\times0.969$

$=19.38$

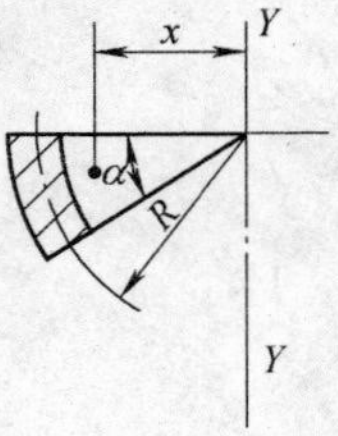

$$x = R\frac{180°(1-\cos\alpha)}{\pi\alpha} = Rx_0$$

式中　x_0 为 $R=1$ 时的 x 值(可查表)

例:$R=25,\alpha=38°$时

求 x

$x = Rx_0$

$=25\times0.320$

$=8$

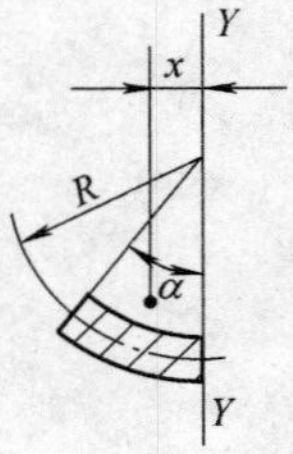

$R=1$ 时弧的重心到 $Y—Y$ 轴的距离 x_0						$R=1$ 时弧的重心到 $Y—Y$ 轴的距离 x_0					
α(°)	x_0	α(°)	x_0	α(°)	x_0	α(°)	x_0	α(°)	x_0	α(°)	x_0
		30	0.955	60	0.827			30	0.256	60	0.478
1	1.000	31	0.952	61	0.822	1	0.009	31	0.264	61	0.484
2	1.000	32	0.949	62	0.816	2	0.017	32	0.272	62	0.490
3	1.000	33	0.946	63	0.810	3	0.026	33	0.280	63	0.497
4	0.999	34	0.942	64	0.805	4	0.035	34	0.288	64	0.503
5	0.999	35	0.939	65	0.799	5	0.043	35	0.296	65	0.509
6	0.998	36	0.936	66	0.793	6	0.052	36	0.304	66	0.515
7	0.998	37	0.932	67	0.787	7	0.061	37	0.312	67	0.521
8	0.997	38	0.929	68	0.781	8	0.070	38	0.320	68	0.527
9	0.996	39	0.925	69	0.775	9	0.073	39	0.327	69	0.533
10	0.996	40	0.921	70	0.769	10	0.087	40	0.335	70	0.538
11	0.994	41	0.917	71	0.763	11	0.095	41	0.343	71	0.544
12	0.993	42	0.913	72	0.757	12	0.104	42	0.350	72	0.550
13	0.992	43	0.909	73	0.750	13	0.113	43	0.358	73	0.555
14	0.990	44	0.905	74	0.744	14	0.122	44	0.366	74	0.561
15	0.989	45	0.901	75	0.738	15	0.130	45	0.373	75	0.566
16	0.987	46	0.896	76	0.731	16	0.139	46	0.380	76	0.572
17	0.985	47	0.891	77	0.725	17	0.147	47	0.388	77	0.577
18	0.984	48	0.887	78	0.719	18	0.156	48	0.395	78	0.582
19	0.982	49	0.883	79	0.712	19	0.164	49	0.402	79	0.587
20	0.980	50	0.879	80	0.705	20	0.173	50	0.409	80	0.592
21	0.978	51	0.873	81	0.699	21	0.181	51	0.416	81	0.597
22	0.976	52	0.868	82	0.692	22	0.190	52	0.423	82	0.602
23	0.974	53	0.864	83	0.685	23	0.198	53	0.430	83	0.606
24	0.972	54	0.858	84	0.678	24	0.206	54	0.437	84	0.611
25	0.969	55	0.853	85	0.671	25	0.215	55	0.444	85	0.615
26	0.966	56	0.848	86	0.665	26	0.223	56	0.451	86	0.620
27	0.963	57	0.843	87	0.658	27	0.231	57	0.458	87	0.624
28	0.960	58	0.838	88	0.651	28	0.240	58	0.464	88	0.628
29	0.958	59	0.832	89	0.644	29	0.248	59	0.471	89	0.633

表 4-13 根据 *LX* 查毛坯直径 *D* （$D=\sqrt{8LX}$）

D	LX	D	LX	D	LX	D	LX
20	50	64	512	108	1458	152	2888
21	55	65	528	109	1485	153	2926
22	60. 5	66	544	110	1512	154	2964
23	66	67	561	111	1540	155	3003
24	72	68	578	112	1568	156	3042
25	78	69	595	113	1596	157	3081
26	84. 5	70	612. 5	114	1624	158	3120
27	91	71	630	115	1653	159	3161
28	98	72	648	116	1682	160	3200
29	105	73	666	117	1711	161	3240
30	112. 5	74	684. 5	118	1740	162	3280
31	120	75	703	119	1770	163	3321
32	128	76	722	120	1800	164	3362
33	136	77	741	121	1830	165	3403
34	144. 5	78	760. 5	122	1860	166	3444
35	154	79	780	123	1891	167	3486
36	162	80	800	124	1922	168	3528
37	171	81	820	125	1953	169	3570
38	180. 5	82	840. 5	126	1984	170	3612
39	190	83	861	127	2016	171	3655
40	200	84	882	128	2048	172	3698
41	210	85	903	129	2080	173	3741
42	220. 5	86	924. 5	130	2112	174	3784
43	231	87	946	131	2145	175	3828
44	242	88	968	132	2178	176	3872
45	253	89	990	133	2211	177	3916
46	264. 5	90	1012. 5	134	2244	178	3960
47	276	91	1035	135	2278	179	4005
48	285. 5	92	1058	136	2312	180	4050
49	300	93	1081	137	2346	181	4095
50	312. 5	94	1104. 5	138	2380	182	4140
51	325	95	1128	139	2415	183	4186
52	338	96	1152	140	2450	184	4232
53	351	97	1176	141	2485	185	4278
54	364. 5	98	1200	142	2520	186	4324
55	378	99	1225	143	2556	187	4371
56	392	100	1250	144	2592	188	4418
57	406	101	1275	145	2628	189	4465
58	420. 5	102	1300	146	2664	190	4512
59	435	103	1326	147	2701	191	4560
60	450	104	1352	148	2738	192	4608
61	465	105	1378	149	2775	193	4656
62	480. 5	106	1404	150	2812	194	4704
63	496	107	1431	151	2850	195	4753

（续）

D	LX	D	LX	D	LX	D	LX
196	4802	242	7320	288	10368	470	27612
197	4851	243	7381	289	10440	475	28203
198	4900	244	7442	290	10512	480	28800
199	4950	245	7503	291	10585	485	29403
200	5000	246	7564	292	10658	490	30012
201	5050	247	7626	293	10731	495	30628
202	5100	248	7688	294	10804	500	31250
203	5151	249	7750	295	10878	505	31878
204	5202	250	7812	296	10952	510	32512
205	5253	251	7875	297	11026	515	33153
206	5304	252	7938	298	11100	520	33800
207	5356	253	8001	299	11175	525	34453
208	5408	254	8064	300	11250	530	35112
209	5460	255	8128	305	11628	535	35778
210	5512	256	8192	310	12012	540	36450
211	5565	257	8256	315	12403	545	37128
212	5618	258	8320	320	12800	550	37812
213	5671	259	8385	325	13203	555	38503
214	5724	260	8450	330	13612	560	39200
215	5778	261	8515	335	14028	565	39903
216	5832	262	8580	340	14450	570	40612
217	5886	263	8646	345	14878	575	41328
218	5940	264	8712	350	15312	580	42050
219	5995	265	8778	355	15753	585	42778
220	6050	266	8844	360	16200	590	43512
221	6105	267	8911	365	16653	595	44253
222	6166	268	8978	370	17112	600	45000
223	6216	269	9045	375	17578	605	45753
224	6272	270	9112	380	18050	610	46512
225	6328	271	9180	385	18528	615	47278
226	6384	272	9248	390	19012	620	48050
227	6441	273	9316	395	19503	625	48828
228	6485	274	9384	400	20000	630	49612
229	6555	275	9453	405	20503	635	50403
230	6612	276	9522	410	21012	640	51200
231	6670	277	9591	415	21528	645	52003
232	6715	278	9660	420	22050	650	52812
233	6786	279	9730	425	22578	655	53628
234	6844	280	9800	430	23112	660	54450
235	6903	281	9870	435	23653	665	55278
236	6962	282	9940	440	24200	670	56112
237	7021	283	10011	415	24753	675	56953
238	7080	284	10082	450	25312	680	57800
239	7140	285	10153	455	25878	685	58653
240	7200	286	10224	460	26450	690	59512
241	7260	287	10296	405	27028	695	60378

（续）

$l_1=27$	$x_1=13.5$	$l_1x_1=364.5$	
$l_2=7.85$	$x_2=30.18$	$l_2x_2=236.91$	
$l_3=8$	$x_3=32$	$l_3x_3=256$	
$l_4=8.376$	$x_4=33.384$	$l_4x_4=279.62$	
$l_5=12.564$	$x_5=39.924$	$l_5x_5=501.61$	$\sum lx=2838.63$
$l_6=8$	$x_6=42$	$l_6x_6=336$	
$l_7=7.85$	$x_7=43.82$	$l_7x_7=343.99$	
$l_8=10$	$x_8=52$	$l_8x_8=520$	

【例1】 试计算图4-22所示旋转体拉深件（料厚 $t=1$mm）的毛坯直径。

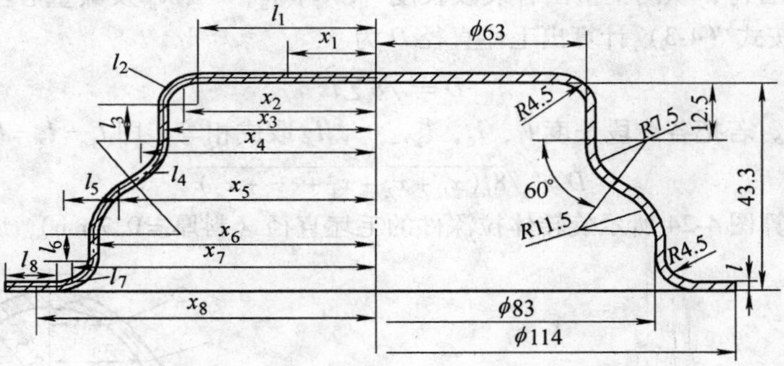

图4-22 旋转体拉深件的毛坯计算

解 先算出直线长度和圆弧长度（查表4-9、表4-10）l_1、l_2、l_3、l_4、l_5、l_6、l_7、l_8

$$l_1=\frac{63-9}{2}\text{mm}=27\text{mm}$$

$$l_2=7.85\text{mm}$$

$$l_3=(12.5-4.5)\text{mm}=8\text{mm}$$

$$l_4=8\times1.047\text{mm}=8.376\text{mm}$$

$$l_5=12\times1.047\text{mm}=12.564\text{mm}$$

$$l_6=(43.3-12.5-8\sin60^\circ-12\sin60^\circ-5.5)\text{mm}=8\text{mm}$$

$$l_7=7.85\text{mm}$$

$$l_8=\frac{114-83-2-9}{2}\text{mm}=10\text{mm}$$

再算出直线重心和圆弧重心至轴线的距离（查表4-11、表4-12）得：

$$x_1=\frac{27}{2}\text{mm}=13.5\text{mm}$$

$$x_2=(27+3.18)\text{mm}=30.18\text{mm}$$

$$x_3=\frac{63+1}{2}\text{mm}=32\text{mm}$$

$$x_4=(32+8-8\times0.827)\text{mm}=33.384\text{mm}$$

$$x_5=\left(\frac{83-23}{2}+12\times0.827\right)\text{mm}=39.924\text{mm}$$

$$x_6=\frac{83+1}{2}\text{mm}=42\text{mm}$$

$$x_7=(42+5-3.18)\text{mm}=43.82\text{mm}$$

$$x_8=\left(\frac{83+2+9}{2}+\frac{10}{2}\right)\text{mm}=52\text{mm}$$

将计算结果代入公式（4-3），或查表4-13，即可求得毛坯直径 D 为

$$D=\sqrt{8\sum lx}=\sqrt{8\times2838.63}\text{mm}=150.7\text{mm}$$

（2）作图解析法　此法适用于曲线连接的形状，如图4-23所示。

对于母线为曲线连接的旋转体拉深件，可将拉深件的母线分成线段1，2，3，…，n，把各线段近似当作直线看待，从图上量出各线段长度 l_1，l_2，l_3，…，l_n 及其重心至轴线距离 x_1，x_2，x_3，…，x_n，然后按式（4-3）计算出毛坯直径 D 为

$$D=\sqrt{8\sum lx}$$

为了计算方便，若把各线段长度 l_1，l_2，l_3，…，l_n 取成相等，即 $l_1=l_2=l_3=\cdots=l_n=l$，则

$$D=\sqrt{8l(x_1+x_2+x_3+\cdots+x_n)} \tag{4-4}$$

【例2】　试计算图4-24所示旋转体拉深件的毛坯直径（料厚=0.7mm）。

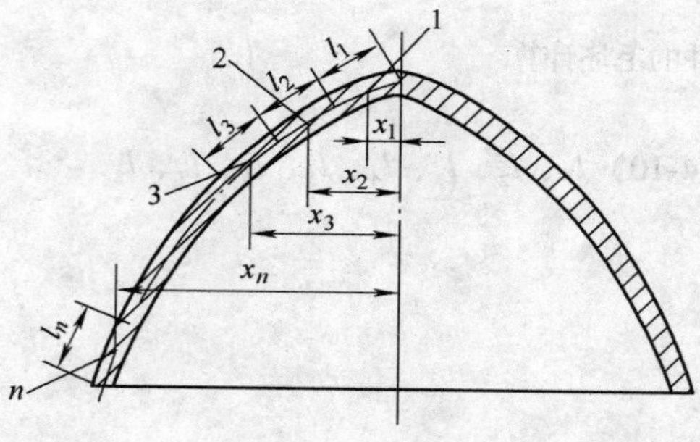

图4-23　母线为圆滑曲线的拉深件

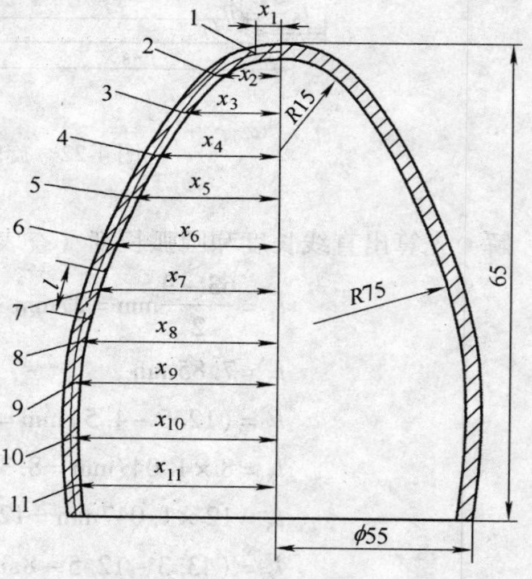

图4-24　作图解析法求毛坯直径

解　从图上量出 $l=7\text{mm}$，将母线刚好分成十一等分，再量出各线段重心至轴线的距离

$$x_1=3.5\text{mm}$$

$$x_2=9.8\text{mm}$$

$$x_3=13.8\text{mm}$$

$$x_4=17.2\text{mm}$$

$$x_5=20.5\text{mm}$$

$$x_6=23\text{mm}$$

$$x_7=25\text{mm}$$

$$x_8 = 26.5\text{mm}$$

$$x_9 = 27\text{mm}$$

$$x_{10} = 27.1\text{mm}$$

$$x_{11} = 27.1\text{mm}$$

然后按式（4-4）计算出毛坯直径 D 为

$$D = \sqrt{8 \times 7(3.5 + 9.8 + 13.8 + 17.2 + 20.5 + 23 + 25 + 26.5 + 27 + 27.1 + 27.1)}\text{mm}$$

$$= \sqrt{8 \times 1543.6}\text{mm} = 111\text{mm}(\text{查表 4-13 得出})。$$

（3）作图法　应用此法时，一定要严格按比例作图，否则误差很大。

作图法的步骤如图 4-25 所示。先将拉深件的母线分成线段 1、2、3、4、5、6、7、8，通过各线段的重心作轴线的平行线，再作一根平行于轴线的直线 AB，在直线 AB 上依次量取各线段长度 l_1、l_2、l_3、l_4、l_5、l_6、l_7、l_8，自任意点 O 作射线 1、2、3、4、5、6、7、8、9，然后依次作直线 1′、2′、3′、4′、5′、6′、7′、8′、9′与各射线平行，1′与 9′的交点就是拉深件母线的重心位置。

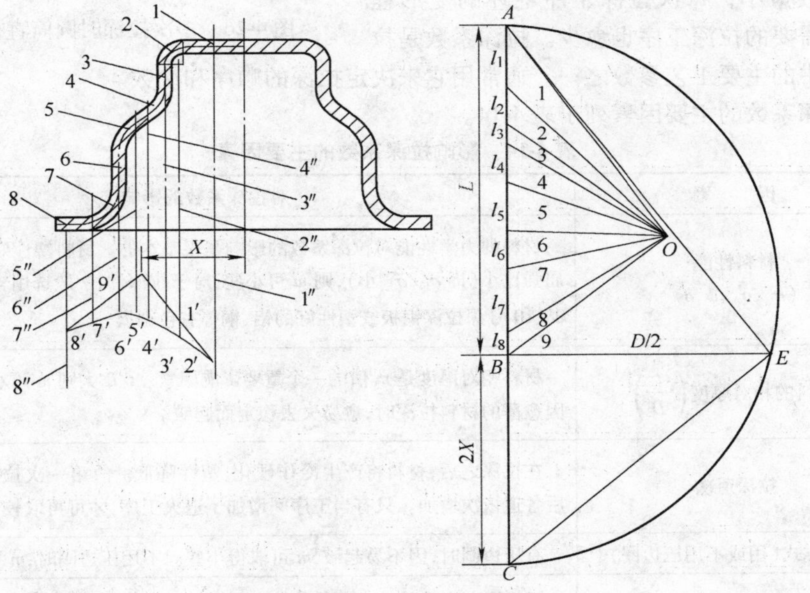

图 4-25　求毛坯尺寸的作图法

由于
$$D = \sqrt{8Lx}$$
则
$$D^2 = 8Lx$$

$$\left(\frac{D}{2}\right)^2 = L \cdot 2x \tag{4-5}$$

上式相当于一个直角三角形的定理，即直角三角形的顶点至弦的垂直线乃是弦两段的比例中项，根据这个定理可以用作图法求出毛坯半径 $D/2$。

将直线 AB 延长至 C，使 $BC = 2x$，以 AC 为直径作半圆，然后在 B 点作 AC 的垂线 BE，则 BE 的长度就是毛坯半径 $D/2$（图 4-25）。

三、圆筒形拉深件的拉深系数和拉深次数

在制定拉深件的工艺过程和设计拉深模具时，必须预先确定该零件是否可以一道工序拉成，

或是需要经由几道工序才能制成。正确地解决这个问题直接关系到制造的经济性和成品的质量。

在决定拉深工序的次数时，必须做到使毛坯内部的应力既不超过材料的强度极限，而且还能充分利用材料的塑性。也就是说每一次拉深工序，应在毛坯侧壁强度允许的条件下，采用最大可能的变形程度。

每次拉深后圆筒件直径与拉深前毛坯（或半成品）直径的比值（图 4-26），称为拉深系数，以 m 表示，它是衡量拉深变形程度的指标。

第一次拉深系数 $m_1=\dfrac{d_1}{D}$；

第二次拉深系数 $m_2=\dfrac{d_2}{d_1}$；

⋮

第 n 次拉深系数 $m_n=\dfrac{d_n}{d_{n-1}}$　（$m<1$）

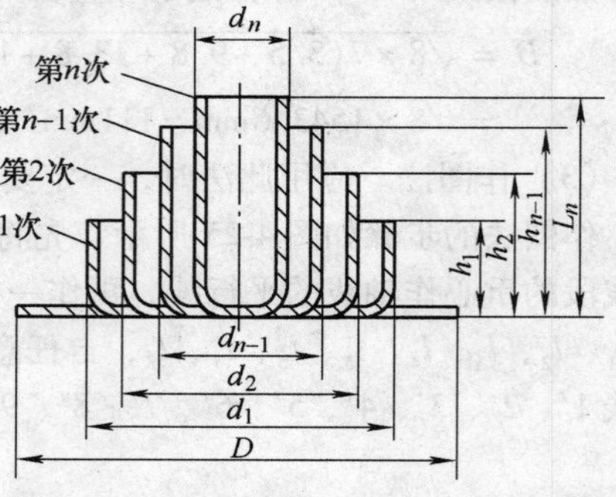

图 4-26　多次拉深时圆筒直径的变化

拉深系数愈小，每次拉深工序毛坯的变形程度越大，所需要的拉深工序也愈少。拉深系数是拉深工艺计算中的主要工艺参数之一。通常用它来决定拉深的顺序和次数。

影响拉深系数的主要因素列于表 4-14。

表 4-14　影响拉深系数的主要因素

序号	因　素	对拉深系数的影响
1	材料性能（$\sigma_a,\sigma_b,\psi,\delta$）	材料的力学性能对拉深系数的影响是很基本的。材料塑性好（即 δ,ψ 大），且屈强比小（即 σ_s/σ_b 小），则 m 可小些，对于拉深件，一般选用含碳量很低的 05、08、10 号深拉深钢板或塑性好的铝、铜等有色金属
2	材料的相对厚度$\left(\dfrac{t}{D}\right)$	材料相对厚度是 m 值的一个重要影响因素。t/D 大则 m 可小，反之，m 要大，因愈薄的材料拉深时，愈易失去稳定而起皱
3	拉深道次	在拉深之后，材料将产生冷作硬化，塑性降低。故第一次拉深，m 值最小，以后各道依次增加。只有当工序间增加了退火工序，才可再取较小的拉深系数
4	拉深方式（用或不用压边圈）	有压边圈时，因不易起皱，m 可取得小些。不用压边圈时，m 要取大些
5	凹模和凸模圆角半径（$r_凹$ 和 $r_凸$）	凹模圆角半径较大，则 m 可小，因拉深时，圆角处弯曲力小，且金属容易流动，摩擦阻力小。但 $r_凹$ 太大时，毛坯在压边圈下的压边面积减小，容易起皱 凸模圆角半径较大，则 m 可小，而 $r_凸$ 过小，易使危险断面变薄严重导致破裂
6	润滑条件及模具情况	模具表面光滑，间隙正常，润滑良好，均可改善金属流动条件，有助于拉深系数的减小
7	拉深速度（v）	一般情况，拉深速度对拉深系数影响不大。但对于复杂大型拉深件，由于变形复杂且不均匀，若拉深速度过高，会使局部变形加剧，不易向邻近部位扩展，而导致破裂。另外，对速度敏感的金属（如钛合金、不锈钢、耐热钢），拉深速度大时，拉深系数应适当加大

总之，凡是有利于提高危险断面强度，降低变形区变形阻力的因素，都有利于减小拉深系数。

（一）无凸缘筒形件的拉深系数和拉深次数

采用压边圈拉深时的拉深系数见表4-15，不用压边圈的拉深系数见表4-16，其他金属材料的拉深系数见表4-17。

表4-15 无凸缘筒形件用压边圈拉深时的拉深系数

拉深系数	毛坯相对厚度$\frac{t}{D}\times 100$					
	2～1.5	<1.5～1.0	<1.0～0.6	<0.6～0.3	<0.3～0.15	<0.15～0.08
m_1	0.48～0.50	0.50～0.53	0.53～0.55	0.55～0.58	0.58～0.60	0.60～0.63
m_2	0.73～0.75	0.75～0.76	0.76～0.78	0.78～0.79	0.79～0.80	0.80～0.82
m_3	0.76～0.78	0.78～0.79	0.79～0.80	0.80～0.81	0.81～0.82	0.82～0.84
m_4	0.78～0.80	0.80～0.81	0.81～0.82	0.82～0.83	0.83～0.85	0.85～0.86
m_5	0.80～0.82	0.82～0.84	0.84～0.85	0.85～0.86	0.86～0.87	0.87～0.88

注：1. 凹模圆角半径大时（$r_凹=8\sim15t$），拉深系数取小值，凹模圆角半径小时（$r_凹=(4\sim8)t$），拉深系数取大值。

2. 表中拉深系数适用于08、10S、15S钢与软黄铜H62、H68。当拉深塑性更大的金属时（05、08Z及10Z钢、铝等），应比表中数值减小1.5%～2%，而当拉深塑性较小的金属时（20、25、A2、A3、酸洗钢、硬铝、硬黄铜等），应比表中数值增大1.5%～2%（符号S为深拉深钢；Z为最深拉深钢）。

表4-16 无凸缘筒形件不用压边圈拉深时的拉深系数

材料相对厚度$\frac{t}{D}\times 100$	各次拉深系数					
	m_1	m_2	m_3	m_4	m_5	m_6
0.4	0.90	0.92	—	—	—	—
0.6	0.85	0.90	—	—	—	—
0.8	0.80	0.88	—	—	—	—
1.0	0.75	0.85	0.90	—	—	—
1.5	0.65	0.80	0.84	0.87	0.90	—
2.0	0.60	0.75	0.80	0.84	0.87	0.90
2.5	0.55	0.75	0.80	0.84	0.87	0.90
3.0	0.53	0.75	0.80	0.84	0.87	0.90
3以上	0.50	0.70	0.75	0.78	0.82	0.85

注：此表适用于08、10及15Mn等材料。

表4-17 其他金属材料的拉深系数

材料名称	牌 号	第一次拉深m_1	以后各次拉深m_n
铝和铝合金	L6-M、L4-M、LF21-M	0.52～0.55	0.70～0.75
硬铝	2A12、2A11	0.56～0.58	0.75～0.80
黄铜	H62	0.52～0.54	0.70～0.72
	H68	0.50～0.52	0.68～0.72
纯铜	T2、T3、T4	0.50～0.55	0.72～0.80
无氧铜		0.50～0.58	0.75～0.82
镍、镁镍、硅镍		0.48～0.53	0.70～0.75
康铜（铜镍合金）		0.50～0.56	0.74～0.84
白铁皮		0.58～0.65	0.80～0.85
酸洗钢板		0.54～0.58	0.75～0.78

(续)

材料名称	牌号	第一次拉深 m_1	以后各次拉深 m_n
不锈钢	0Cr13	0.52~0.56	0.75~0.78
	0Cr18Ni	0.50~0.52	0.70~0.75
	1Cr18Ni9Ti	0.52~0.55	0.78~0.81
	0Cr18Ni11Nb、0Cr23Ni18	0.52~0.55	0.78~0.80
镍铬合金	0Cr20Ni80Ti	0.54~0.59	0.78~0.84
合金结构钢	30CrMnSiA	0.62~0.70	0.80~0.84
可伐合金		0.65~0.67	0.85~0.90
钼铱合金		0.72~0.82	0.91~0.97
钽		0.65~0.67	0.84~0.87
铌		0.65~0.67	0.84~0.87
钛及钛合金	TA2、TA3	0.58~0.60	0.80~0.85
	TA5	0.60~0.65	0.80~0.85
锌		0.65~0.70	0.85~0.90

注：1. 凹模圆角半径 $r_{凹}<6t$ 时拉深系数取大值；

凹模圆角半径 $r_{凹}\geqslant(7\sim8)t$ 时拉深系数取小值。

2. 材料相对厚度$\frac{t}{D}\times100\geqslant0.62$时拉深系数取小值；

材料相对厚度$\frac{t}{D}\times100<0.62$时拉深系数取大值。

3. 材料为退火状态。

拉深次数通常只能概略进行估计，最后需通过工艺计算来确定。初步确定无凸缘圆筒件拉深次数的方法有以下几种：

（1）计算法　拉深次数由所采用的拉深系数按下式计算

$$n=1+\frac{\lg d_n-\lg(m_1D)}{\lg m_n} \tag{4-6}$$

式中　n——拉深次数；

d_n——工件直径（mm）；

D——毛坯直径（mm）；

m_1——第一次拉深系数；

m_n——第二次以后各次的平均拉深系数。

由公式（4-6）计算所得的拉深次数 n，通常不会是整数，此时须注意不得按照四舍五入法，而应取较大整数值。采用较大整数值的结果，使实际选用的各次拉深系数 m_1、m_2、m_3 等比初步估计的数值略大些，这样符合安全而不破裂的要求。在校正拉深系数时，应遵照以下原则：变形程度应逐渐减小，亦即后续拉深的拉深系数应逐渐取大些（需大于表中相同顺序的拉深系数）。

（2）查表法　根据拉深件的相对高度和毛坯相对厚度$\frac{t}{D}\times100$，由表4-18直接快速查出拉深次数。

表4-18　无凸缘圆筒形拉深件的最大相对高度$\frac{h}{d}$

拉深次数（n）	毛坯相对厚度$\frac{t}{D}\times100$					
	2~1.5	<1.5~1	<1~0.6	<0.6~0.3	<0.3~0.15	<0.15~0.08
1	0.94~0.77	0.84~0.65	0.70~0.57	0.62~0.5	0.52~0.45	0.46~0.38

（续）

拉深次数（n）	毛坯相对厚度$\frac{t}{D}\times 100$					
	2 ~ 1.5	<1.5 ~ 1	<1 ~ 0.6	<0.6 ~ 0.3	<0.3 ~ 0.15	<0.15 ~ 0.08
2	1.88 ~ 1.54	1.60 ~ 1.32	1.36 ~ 1.1	1.13 ~ 0.94	0.96 ~ 0.83	0.9 ~ 0.7
3	3.5 ~ 2.7	2.8 ~ 2.2	2.3 ~ 1.8	1.9 ~ 1.5	1.6 ~ 1.3	1.3 ~ 1.1
4	5.6 ~ 4.3	4.3 ~ 3.5	3.6 ~ 2.9	2.9 ~ 2.4	2.4 ~ 2.0	2.0 ~ 1.5
5	8.9 ~ 6.6	6.6 ~ 5.1	5.2 ~ 4.1	4.1 ~ 3.3	3.3 ~ 2.7	2.7 ~ 2.0

注：1. 大的$\frac{h}{d}$比值适用于在第一道工序内大的凹模圆角半径$\left(\text{由}\frac{t}{D}\times 100 = 2 \sim 1.5\text{ 时的 } r_{凹} = 8t \text{ 到} \frac{t}{D}\times 100 = 0.15 \sim 0.08 \text{ 时的 } r_{凹} = 15t\right)$，小的比值适用于小的凹模圆角半径（$r_{凹} = 4 \sim 8t$）。

2. 表中拉深次数适用于08及10钢的拉深件。

（3）推算法　筒形件的拉深次数，也可根据t/D值查出m_1，m_2，m_3，…，然后从第一道工序开始依次求半成品直径。即

$$d_1 = m_1 D$$
$$d_2 = m_2 d_1$$
$$\vdots$$
$$d_n = m_n d_{n-1}$$

一直计算到得出的直径不大于工件要求的直径为止。这样不仅可以求出拉深次数，还可知道中间工序的尺寸。

（4）查图法　为确定拉深次数及各次半成品尺寸，也可由查图法求得（图4-27），其查法如下：

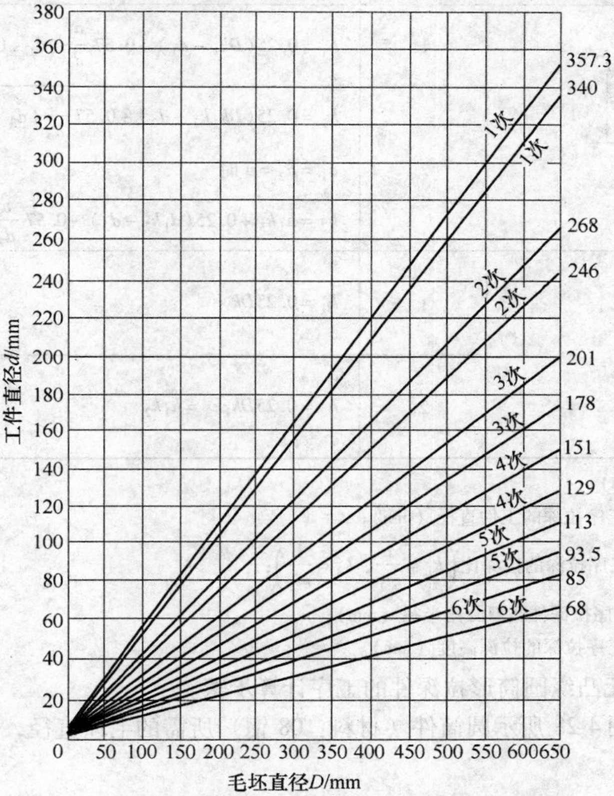

图4-27　确定拉深次数及半成品尺寸的线图

先在图中横坐标上找到相当毛坯直径 D 的点，从此点作一垂线。再从纵坐标上找到相当于工件直径 d 的点，并由此点作水平线，与垂线相交。根据交点，便可决定拉深次数，如交点位于两斜线之间，应取较大的次数。此线图适用于酸洗软钢板的圆筒形拉深件，图中的粗斜线用于材料厚度为0.5～2.0mm的情况，细斜线用于材料厚度为2～3mm的情况。

工序次数和各道工序半成品直径确定后，便应确定底部圆角半径（即拉深凸模的圆角半径），最后，可根据筒形件不同的底部形状，按表4-19所列公式计算出各道工序的拉深高度。

表4-19　圆筒形拉深件的拉深高度计算公式

工件形状	拉深工序	计 算 公 式
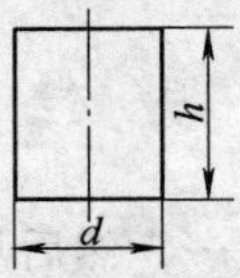 平底筒形件	1	$h_1 = 0.25(Dk_1 - d_1)$
	2	$h_2 = h_1 k_2 + 0.25(d_1 k_1 - d_2)$
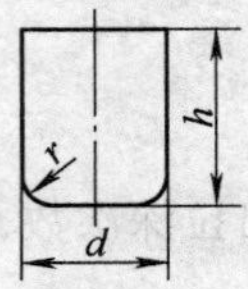 圆角底筒形件	1	$h_1 = 0.25(Dk_1 - d_1) + 0.43\dfrac{r_1}{d_1}(d_1 + 0.32r_1)$
	2	$h_2 = 0.25(Dk_1 k_2 - d_2) + 0.43\dfrac{r_2}{d_2}(d_2 + 0.32r_2)$ $r_1 = r_2 = r$ 时 $h_2 = h_1 k_2 + 0.25(d_1 - d_2) - 0.43\dfrac{r}{d_2}(d_1 - d_2)$
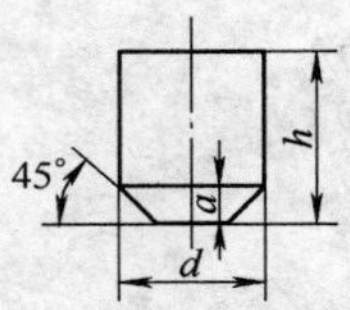 圆锥底筒形件	1	$h_1 = 0.25(Dk_1 - d_1) + 0.57\dfrac{a_1}{d_1}(d_1 + 0.86c_1)$
	2	$h_2 = 0.25(Dk_1 k_2 - d_2) + 0.57\dfrac{a_2}{d_2}(d_2 + 0.86a_2)$ $a_1 = a_2 = a$ 时 $h_2 = h_1 k_1 + 0.25(d_1 k_2 - d_2) - 0.57\dfrac{a}{d_2}(d_1 \fallingdotseq d_2)$
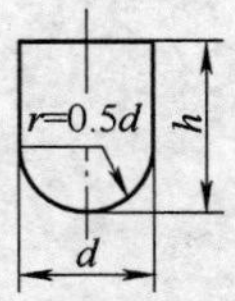 球面底筒形件	1	$h_1 = 0.25Dk_1$
	2	$h_2 = 0.25Dk_1 k_2 = h_1 k_2$

注：D—毛坯直径（mm）；

d_1，d_2—第1、2工序拉深的工件直径（mm）；

k_1，k_2—第1、2工序拉深的拉深比$\left(k_1 = \dfrac{1}{m_1},\ k_2 = \dfrac{1}{m_2}\right)$；

r_1，r_2—第1、2工序拉深件底部圆角半径（mm）；

h_1，h_2—第1、2工序拉深的拉深高度（mm）。

现通过实例介绍无凸缘圆筒形拉深件的工序计算步骤。

【例3】　试确定图4-28所示圆筒件（材料：08钢）所需的毛坯直径，拉深次数及拉深程序。

计算步骤：

（1）修边余量　查表4-4，$\dfrac{h}{d} = \dfrac{68}{20} = 3.4$，取 $\delta = 6\text{mm}$

（2）毛坯直径 查表 4-7

$$D=\sqrt{d_1^2+4d_2h+6.28rd_1+8r^2}=\sqrt{12^2+4\times20\times69.5+6.28\times4\times12+8\times4^2}$$
$$=\sqrt{6134.8}\text{mm}\approx78\text{mm}$$

（3）确定是否用压边圈 毛坯相对厚度$\frac{t}{D}\times100=\frac{1}{78}\times100\approx1.28$，查表 4-75 应采用压边圈。

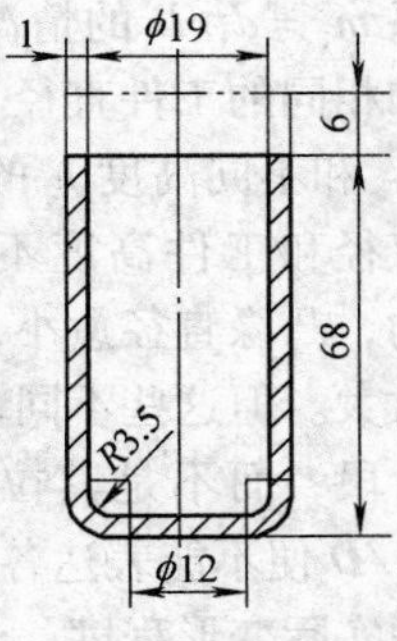

图 4-28 筒形件

（4）确定拉深次数 采用查表法，当$\frac{t}{D}\times100=1.28$，$\frac{k}{d}=3.7$（包括修边余量后的 h 为 74mm）时，由表 4-18 查得 $n=4$。

（5）确定各次拉深直径 由表 4-15 查得各次拉深的极限拉深系数为 $m_1=0.50$，$m_2=0.75$、$m_3=0.78$，$m_4=0.80$，则各次拉深直径为

$$d_1=0.5\times78\text{mm}=39\text{mm}$$
$$d_2=0.75\times39\text{mm}=29.3\text{mm}$$
$$d_3=0.78\times29.3\text{mm}=22.8\text{mm}$$
$$d_4=0.80\times22.8\text{mm}=18.3\text{mm}$$

$d_4=18.3\text{mm}<20\text{mm}$（工件直径），说明允许的变形程度未用足，应对各次拉深系数作适当调整，使均大于相应的极限拉深系数。经调整后，实际选取 $m_1=0.53$、$m_2=0.76$、$m_3=0.79$、$m_4=0.82$，各次拉深直径确定为

$$d_1=0.53\times78\text{mm}=41\text{mm}$$
$$d_2=0.76\times41\text{mm}=31\text{mm}$$
$$d_3=0.79\times31\text{mm}=24.5\text{mm}$$
$$d_4=0.82\times24.5\text{mm}=20\text{mm}$$

（6）选取各次半成品底部的圆角半径 根据 $r_{凹}=0.8\sqrt{(D-d)t}$和 $r_{凸}=(0.6\sim1)r_{凹}$的关系，取各次的 $r_{凸}$（即半成品底部的圆角半径）分别为：$r_1=5\text{mm}$；$r_2=4.5\text{mm}$；$r_3=4\text{mm}$；$r_4=3.5\text{mm}$。

（7）计算各次拉深高度 由查 4-19 的有关公式计算可得：

$$h_1=0.25(Dk_1-d_1)+0.43\frac{r_1}{d_1}(d_1+0.32r_1)$$
$$=0.25\left(78\times\frac{78}{41}-41\right)\text{mm}+0.43\frac{5}{41}(41+0.32\times5)\text{mm}$$
$$=30.4\text{mm}$$

$$h_2=0.25(Dk_1k_2-d_2)+0.43\frac{r_2}{d_2}(d_2+0.32r_2)$$
$$=0.25\left(78\times\frac{78}{41}\times\frac{41}{31}-31\right)\text{mm}+0.43\frac{4.5}{41}(31+0.32\times4.5)\text{mm}$$
$$=43.4\text{mm}$$

$$h_3=0.25(Dk_1k_2k_3-d_3)+0.43\frac{r_3}{d_3}(d_2+0.32r_3)$$
$$=0.25\left(78\times\frac{78}{41}\times\frac{41}{31}\times\frac{31}{24.5}-24.5\right)\text{mm}+0.43\frac{4}{24.5}(24.5+0.32\times4)\text{mm}$$
$$=58\text{mm}$$

$$h_4=74\text{mm}$$

（8）画出工序图（图 4-29）。

（二）带凸缘筒形件的拉深系数

拉深带凸缘筒形件时，决不可应用上述无凸缘筒形件的第一次拉深系数 m_1，因为这些系数只有当全部凸缘都转变为工件的侧表面时才能适用。而在带凸缘筒形件拉深时，可在同样的比例关系 $m_1=d_1/D$ 的情况下，即采用相同的毛坯直径 D 和相同的工件直径 d_1 时，拉深出各种不同凸缘直径 $d_凸$ 和不同高度 h 的工件（图 4-30a）。显然，凸缘直径和工件高度不同，其实际变形程度亦是不同的，凸缘直径愈小，工件高度愈大，其变形程度亦愈大。但这些不同情况只是无凸缘拉深过程的中间阶段，而不是其拉深过程的终结。因此，用 $m_1=d_1/D$ 便不能表达各种不同情况（不同 $d_凸$ 和 h）下的实际变形程度。

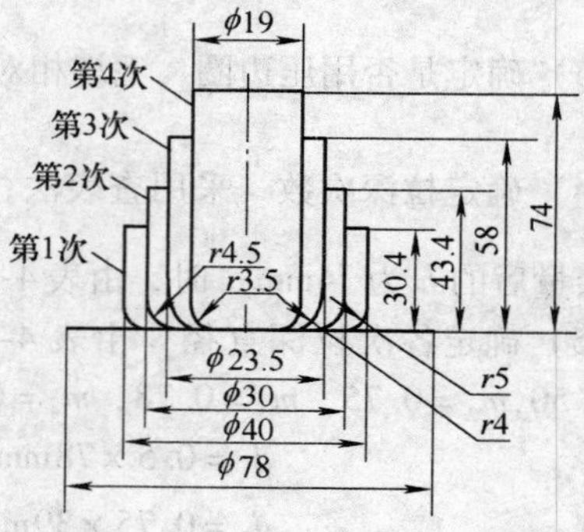

图 4-29　圆筒形拉深件工序图

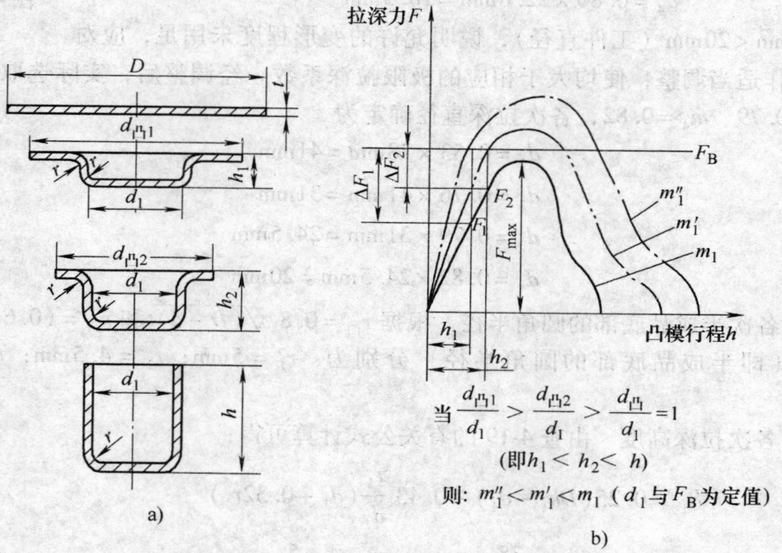

图 4-30　不同凸缘直径和高度的拉深件的变形比较

从平板毛坯 D 拉深成直径为 d_1，高度为 h 的筒形件，其变形全过程的力——行程图如图 4-30b 所示。为了保证拉深过程顺利进行，应使最大拉深力 $F_{max}\leqslant F_B$，F_B 为筒形件传力区危险断面的强度所允许承受的负荷。而凸缘直径为 $d_{凸1}$、$d_{凸2}$ 的工件可看作无凸缘拉深的任意中间阶段，相应变形力分别为 F_1、F_2（均小于 F_B 值），这样就有 $\Delta F_1=F_B-F_1$，$\Delta F_2=F_B-F_2$ 的强度富裕量。因此，为了充分发挥危险断面所允许承受负荷的潜力，充分利用允许的变形程度，可以选用较小的拉深系数，只要保证在拉深停止时，使 $F_{max}\leqslant F_B$ 就行了（图 4-30b）。当毛坯直径 D 和工件直径 d_1 不变时（即 F_B 一定），$d_凸$ 愈大，传力区强度潜力亦愈大，故 m_1 可愈小。但是必须认识到：随着凸缘直径增加而带来的第一次拉深系数的降低，并不意味着实际变形程度的增加。

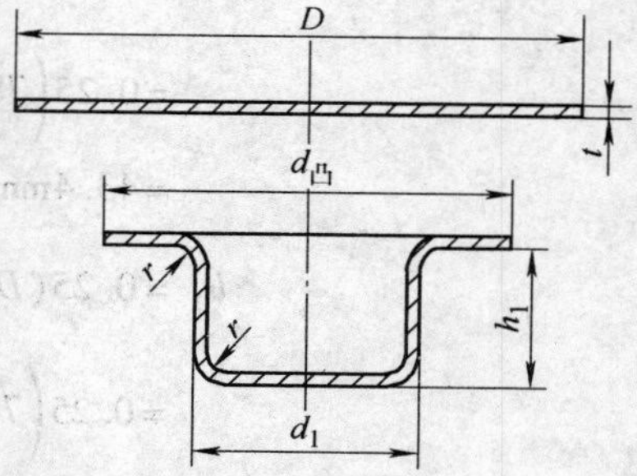

图 4-31　带凸缘筒形件

利用图4-31，根据变形前后面积相等的原则，毛坯直径为

$$D=\sqrt{d_{凸}^2+4d_1h-3.44d_1r}$$

故带凸缘筒形件的第一次拉深系数为

$$m_1=\frac{d_1}{D}=\frac{1}{\sqrt{\left(\frac{d_{凸}}{d_1}\right)^2+4\frac{h_1}{d_1}-3.44\frac{r}{d_1}}} \tag{4-7}$$

式中　$\frac{d_{凸}}{d_1}$——凸缘的相对直径（$d_{凸}$ 包括修边余量）；

$\frac{h_1}{d_1}$——相对拉深高度；

$\frac{r}{d_1}$——底部及凸缘部分的相对圆角半径。

此处，m_1 还应考虑毛坯相对厚度 t/D 的影响。

因此，带凸缘筒形件的第一次拉深的许可变形程度可用相应于 $d_{凸}/d_1$ 不同比值的最大相对拉深高度 h_1/d_1 来表示（表4-20）。

表4-20　带凸缘筒形件第一次拉深的最大相对高度 $\frac{h_1}{d_1}$

凸缘相对直径 $\frac{d_{凸}}{d_1}$	毛坯相对厚度 $\frac{t}{D}\times100$				
	>0.06~0.2	>0.2~0.5	>0.5~1	>1~1.5	>1.5
≤1.1	0.45~0.52	0.50~0.62	0.57~0.70	0.60~0.80	0.75~0.90
>1.1~1.3	0.40~0.47	0.45~0.53	0.50~0.60	0.56~0.72	0.65~0.80
>1.3~1.5	0.35~0.42	0.40~0.48	0.45~0.53	0.50~0.63	0.58~0.70
>1.5~1.8	0.29~0.35	0.34~0.39	0.37~0.44	0.42~0.53	0.48~0.58
>1.8~2.0	0.25~0.30	0.29~0.34	0.32~0.38	0.36~0.46	0.42~0.51
>2.0~2.2	0.22~0.26	0.25~0.29	0.27~0.33	0.31~0.40	0.35~0.45
>2.2~2.5	0.17~0.21	0.20~0.23	0.22~0.27	0.25~0.32	0.28~0.35
>2.5~2.8	0.13~0.16	0.15~0.18	0.17~0.21	0.19~0.24	0.22~0.27
>2.8~3.0	0.10~0.13	0.12~0.15	0.14~0.17	0.16~0.20	0.18~0.22

注：1. 适用于08、10钢。

2. 较大值相应于零件圆角半径较大情况，即 $r_{凹}$、$r_{凸}$ 为$(10\sim20)t$；较小值相应于零件圆角半径较小情况，即 $r_{凹}$、$r_{凸}$ 为$(4\sim8)t$。

当相对拉深高度 $h/d>h_1/d_1$ 时，就不能用一道工序拉深出来，则需两次或多次拉出。

带凸缘筒形件多次拉深时，第一次拉深的最小拉深系数列于表4-21。以后各次拉深（图4-32）时的拉深系数可相应地选取表4-15中的 m_2，m_3，…，m_n 值。在应用中间退火的情况下，可以将以后各次的拉深系数减小5%~8%。

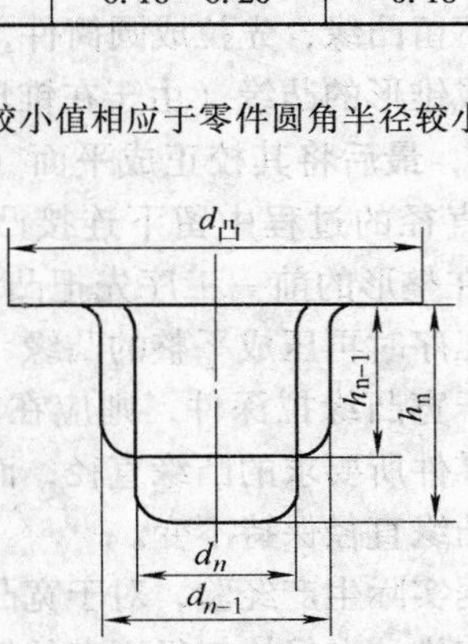

图4-32　带凸缘筒形件以后各次拉深

表 4-21　带凸缘筒形件第一次拉深时的拉深系数 m_1

凸缘相对直径 $\frac{d_凸}{d_1}$	毛坯相对厚度 $\frac{t}{D}\times 100$				
	>0.06～0.2	>0.2～0.5	>0.5～1.0	>1.0～1.5	>1.5
≤1.1	0.59	0.57	0.55	0.53	0.50
>1.1～1.3	0.55	0.54	0.53	0.51	0.49
>1.3～1.5	0.52	0.51	0.50	0.49	0.47
>1.5～1.8	0.48	0.48	0.47	0.46	0.45
>1.8～2.0	0.45	0.45	0.44	0.43	0.42
>2.0～2.2	0.42	0.42	0.42	0.41	0.40
>2.2～2.5	0.38	0.38	0.38	0.38	0.37
>2.5～2.8	0.35	0.35	0.34	0.34	0.33
>2.8～3.0	0.33	0.33	0.32	0.32	0.31

注：适用于08、10钢。

以后各次拉深的拉深系数为

$$m_n=\frac{d_n}{d_{n-1}}$$

（三）带凸缘筒形件的工序计算

带凸缘筒形件一般可分成两种类型：

第一种：窄凸缘

$$\frac{d_凸}{d}=1.1\sim1.4$$

第二种：宽凸缘

$$\frac{d_凸}{d}>1.4$$

计算带凸缘筒形拉深件的工序尺寸有两个原则：

（1）对于窄凸缘筒形拉深件，可在前几次拉深中不留凸缘，先拉成圆筒件，而在以后的拉深中形成锥形的凸缘（由于在锥形压边圈下拉进的结果），最后将其校正成平面（图4-33a）。或在缩小直径的过程中留下连接凸缘的圆角部分（$r_凹$），在整形的前一工序先把凸缘压成圆锥形，在整形工序时再压成平整的凸缘（图4-33b）。

对于宽凸缘拉深件，则应在第一次拉深时，就拉成零件所要求的凸缘直径，而在以后各次拉深中，凸缘直径保持不变。

根据实际生产经验，对于宽凸缘筒形件的拉深工序安排，在保持直径不变的情况下，常用下述几种方法：

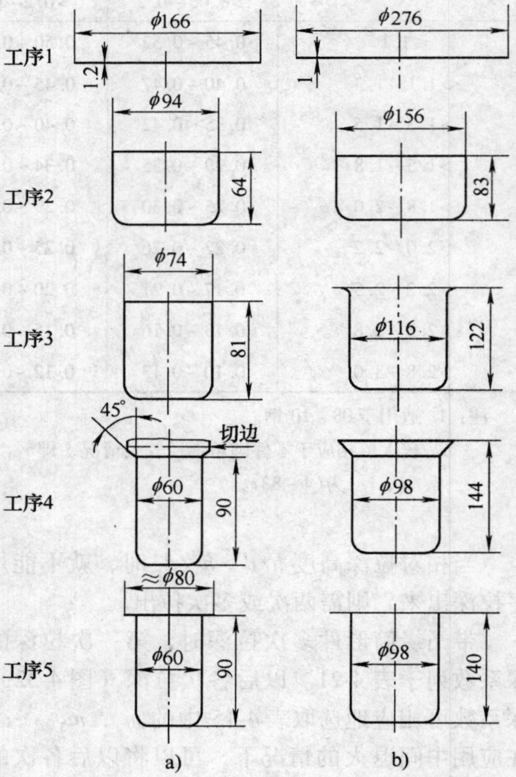

图4-33　窄凸缘筒形件的拉深程序

1）圆角半径基本不变或逐次减小，同时缩小筒形直径来达到增加高度的方法（图4-34a），它适用于材料较薄，拉深深度比直径大的中小型零件。

2）高度基本不变，而仅减小圆角半径，逐渐减小筒形直径的方法（图4-34b），它适用于材料较厚，直径和深度相近的大中型零件。

3）凸缘过大而圆角半径过小的情况，首先以适当的圆角半径成形，然后按图面尺寸整形（图4-34c）。

4）凸缘过大时，利用材料胀形成形的方法（图4-34d）。

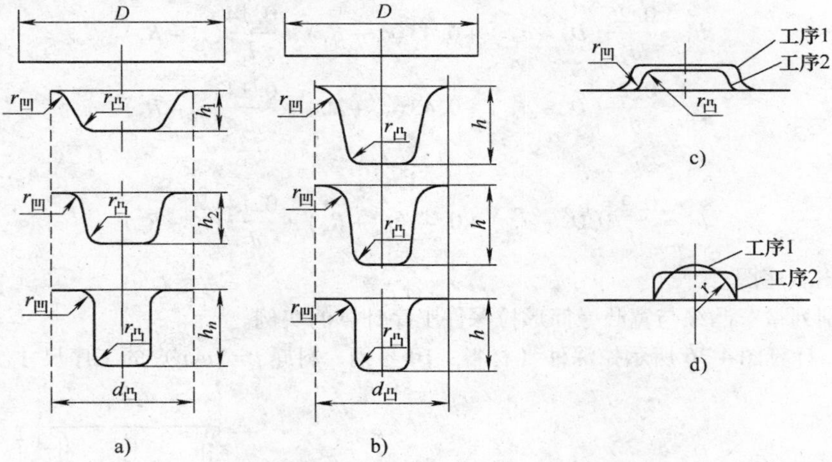

图4-34　宽凸缘筒形件的拉深方法

（2）为了保证以后拉深时凸缘不参加变形，宽凸缘拉深件首次拉入凹模的材料应比零件最后拉深部分实际所需材料多3%～10%（按面积计算），拉深次数多时取上限值，拉深次数少时取下限值，这些多余材料在以后各次拉深中，逐次将1.5%～3%的材料挤回到凸缘部分，使凸缘增厚，从而避免拉裂。这对料厚小于0.5mm的拉深件效果更为显著。

这一原则实际上是通过正确计算各次拉深高度和严格控制凸模进入凹模的深度来实现的。

带凸缘筒形件拉深工序计算程序：

1）选定修边余量δ（查表4-5）。

2）预算毛坯直径D。

3）算出$\frac{t}{D}\times 100$和$\frac{d_凸}{d}$，从表4-20查出第一次拉深允许的最大相对高度$\frac{h_1}{d_1}$之值，然后与零件的相对高度$\frac{h}{d}$相比，看能否一次拉成：

若$\frac{h}{d}\leqslant\frac{h_1}{d_1}$时，则可以一次拉出来，这种情况的工序尺寸计算到此结束。

若$\frac{h}{d}>\frac{h_1}{d_1}$时，则一次拉不出来，需多次拉深。这时应计算工序间的各尺寸。

4）从表4-21查出第一次拉深系数m_1，从表4-15查出以后各工序的拉深系数m_2，m_3，m_4，…，并预算各工序的拉深直径：$d_1=m_1D$，$d_2=m_2d_1$，$d_3=m_3d_2$，…，通过计算，即可知道所需的拉深次数。

5）确定拉深次数后，调整各工序的拉深系数，使各工序变形程度的分配更合理些。

6）根据调整后的各工序的拉深系数，再计算各工序的拉深直径：$d_1=m_1D$，$d_2=m_2d_1$，$d_3=m_3d_2$，…。

7）选定各工序的圆角半径。

8）根据上述计算工序尺寸的第二个原则，重新计算毛坯直径。

9）计算第一次拉深高度（见图4-35），并校核第一次拉深的相对高度，检查是否安全。

10）计算以后各次的拉深高度。

有凸缘拉深件拉深高度按下式计算

$$h_1=\frac{0.25}{d_1}(D^2-d_{凸}^2)+0.43(r_1+R_1)+\frac{0.14}{d_1}(r_1^2-R_1^2)$$

$$h_2=\frac{0.25}{d_2}(D^2-d_{凸}^2)+0.43(r_2+R_2)+\frac{0.14}{d_2}(r_2^2-R_2^2)$$

$$\vdots$$

$$h_n=\frac{0.25}{d_n}(D^2-d_{凸}^2)+0.43(r_n+R_n)+\frac{0.14}{d_n}(r_n^2-R_n^2) \tag{4-8}$$

11）画出工序图。

下面分别列举窄凸缘与宽凸缘筒形拉深件工序计算的实例。

【例4】 计算图4-36所示拉深件（材料：10号钢，料厚 $t=1\text{mm}$）的工序尺寸。

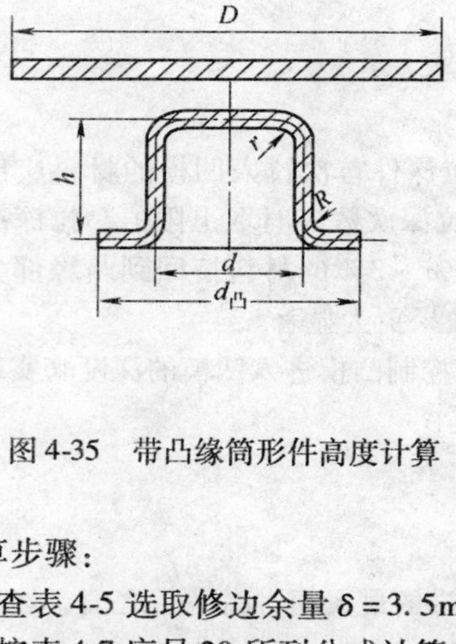

图4-35　带凸缘筒形件高度计算

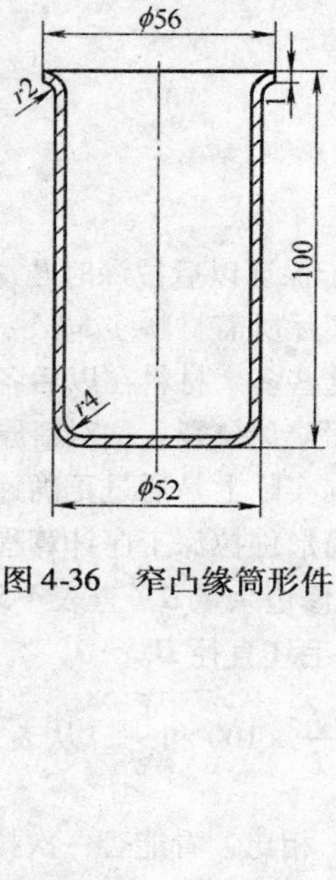

图4-36　窄凸缘筒形件

计算步骤：

1）查表4-5选取修边余量 $\delta=3.5\text{mm}$。

2）按表4-7序号20所列公式计算毛坯直径 D 为

$$D=\sqrt{d_1^2+6.28rd_1+8r^2+4d_2h+6.28r_1d_2+4.56r_1^2+d_4^2-d_3^2}$$

$$=\sqrt{42^2+6.28\times4.5\times42+8\times4.5^2+4\times51\times92+6.28\times2.5\times51+4.56\times2.5^2+63^2-56^2}\text{mm}$$

$$=\sqrt{22760+833}\text{mm}=\sqrt{23593}\text{mm}\approx154\text{mm}$$

3）当 $\frac{d_{凸}}{d}=\frac{63}{51}=1.24$，$\frac{t}{D}\times100=\frac{1}{154}\times100=0.63$ 时

由表4-20查出 $\frac{h_1}{d_1}=0.55$，而 $\frac{h}{d}=\frac{99}{51}=1.95>0.55$，故一次拉不出来。因 $\frac{d_{凸}}{d}=1.24<1.4$，属窄凸缘筒形拉深件，可先拉成筒形，然后将凸缘翻出。

4）由表4-15查出 $m_1=0.53\sim0.55$，$m_2=0.76\sim0.78$，$m_3=0.79\sim0.80$，算出 d_1、d_2、d_3 为

$$d_1 = D \times m_1 = 154 \times 0.53\text{mm} = 82\text{mm}$$
$$d_2 = d_1 \times m_2 = 82 \times 0.77\text{mm} = 63\text{mm}$$
$$d_3 = d_2 \times m_3 = 63 \times 0.80\text{mm} = 50\text{mm}$$

5）合理选取各次拉深的圆角半径。由表4-73查得：

$R_{凹1} = 7.5\text{mm}$，$R_{凹2} = 4\text{mm}$，$R_{凹3} = 4\text{mm}$

因 $R_{凸n} = (1 \sim 0.6) R_{凹n}$，$n = 1, 2, \cdots$，

故：$R_{凸1} = 6\text{mm}$，$R_{凸2} = 4\text{mm}$，使 $R_{凸n}$ = 工件圆角半径，故 $R_{凸3} = 4\text{mm}$。

6）确定各工序半成品高度，按表4-19有关公式计算：

首次拉深后高度

$$h_1 = 0.25(DK_1 - d_1) + 0.43\frac{r_1}{d_1}(d_1 + 0.32r_1)$$
$$= 0.25\left(154 \times \frac{154}{82} - 82\right)\text{mm} + 0.43\frac{6.5}{82}(82 + 0.32 \times 6.5)\text{mm} \approx 53.1\text{mm}$$
$$h_1 + \frac{t}{2} = (53.1 + 0.5)\text{mm} = 53.6\text{mm}$$

第二次拉深后高度

$$h_2 = 0.25(DK_1K_2 - d_2) + 0.43\frac{r_2}{d_2}(d_2 + 0.32r_2)$$
$$= 0.25\left(154 \times \frac{154}{82} \times \frac{82}{63} - 63\right)\text{mm} + 0.43\frac{4.5}{63}(63 + 0.32 \times 4.5)\text{mm} \approx 78.5\text{mm}$$
$$h_2 + \frac{t}{2} = (78.5 + 0.5)\text{mm} = 79\text{mm}$$

第三次拉深后高度：

$$h_3 = 100\text{mm}（达到工件要求高度）$$

7）画出工序图（图4-37）。

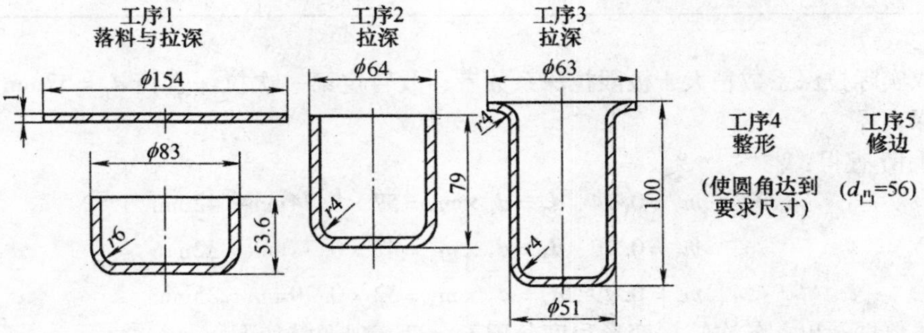

图4-37 例4工序图

【例5】 计算图4-38所示拉深件（材料：08钢，料厚 $t = 2\text{mm}$）的工序尺寸。

计算步骤（以下按料厚中心线计算）：

1）选取修边余量 δ

查表4-5，当 $\frac{d_{凸}}{d} = \frac{76}{28} = 2.7$ 时，取修边余量 δ 为2.2mm，故实际外径为：

$$d_{凸} = (76 + 4.4)\,\text{mm} \approx 80\text{mm}$$

2）按表 4-7 序号 20 所列公式，初算毛坯直径为

$$D = \sqrt{d_1^2 + 6.28rd_1 + 8r^2 + 4d_2h + 6.28r_1d_2 + 4.56r_1^2 + d_4^2 - d_3^2}$$

$$= \sqrt{20^2 + 6.28 \times 4 \times 20 + 8 \times 4^2 + 4 \times 28 \times 52 + 6.28 \times 4 \times 28 + 4.56 \times 4^2 + (80^2 - 36^2)}\,\text{mm}$$

$$= \sqrt{7630 + 5104}\,\text{mm} \approx 113\text{mm}$$

$\left(其中 7630 \times \dfrac{\pi}{4}\text{mm}^2\right.$ 为该零件除去凸缘部分的表面积，即零件最后拉深部分实际所需材料$\left.\right)$

3）确定一次能否拉出

$$\frac{h}{d} = \frac{60}{28} = 2.14，\quad \frac{d_{凸}}{d} = \frac{80}{28} = 2.86；$$

$$\frac{t}{D} \times 100 = \frac{2}{113} \times 100 = 1.77$$

查表 4-20，得$\dfrac{h_1}{d_1} = 0.22$，远远小于零件的$\dfrac{h}{d} = 2.14$，故零件一次拉不出来。

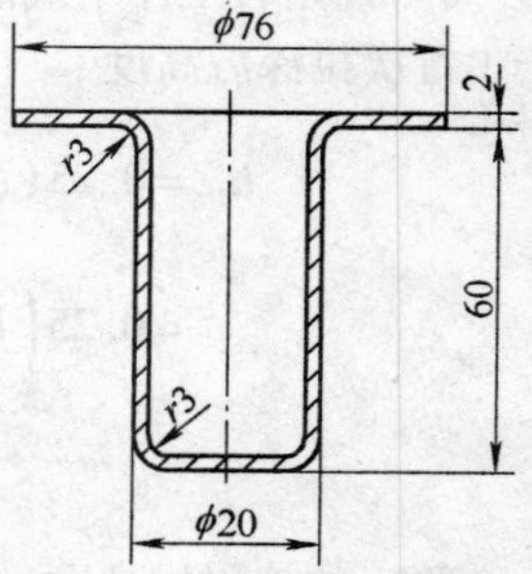

图 4-38　宽凸缘筒形件

4）计算拉深次数及各次拉深直径。用逼近法确定第一次拉深直径（以表格形式列出有关数据，便于比较）。

相对凸缘直径假定值 $N = d_{凸}/d_1$	毛坯相对厚度 $\frac{t}{D} \times 100$	第一次拉深直径 $d_1 = d_{凸}/N$	实际拉深系数 $m_1 = \frac{d_1}{D}$	极限拉深系数 $[m_1]$ 由表 4-21 查得	拉深系数相差值 $\Delta m = m_1 - [m_1]$
1.2	1.77	$d_1 = 80/1.2 = 67$	0.59	0.49	+0.10
1.3	1.77	$d_1 = 80/1.3 = 62$	0.55	0.49	+0.06
1.4	1.77	$d_1 = 80/1.4 = 57$	0.50	0.47	+0.03
1.5	1.77	$d_1 = 80/1.5 = 53$	0.47	0.47	0
1.6	1.77	$d_1 = 80/1.6 = 50$	0.44	0.45	−0.01

应选取实际拉深系数稍大于极限拉深系数者，故暂定第一次拉深直径 $d_1 = 57\text{mm}$。再确定以后各次拉深直径。

由表 4-15 查得：

$$m_2 = 0.74，d_2 = d_1 \times m_2 = 57 \times 0.74\text{mm} = 42\text{mm}$$

$$m_3 = 0.77，d_3 = d_2 \times m_3 = 42 \times 0.77\text{mm} = 32\text{mm}$$

$$m_4 = 0.79，d_4 = d_3 \times m_4 = 32 \times 0.79\text{mm} = 25\text{mm}$$

从上述数据看出，各次拉深变形程度分配不合理，现调整如下：

极限拉深系数 $[m_n]$	实际拉深系数 m_n	各次拉深直径 d_n	拉深系数差值 $\Delta m = m_n - [m_n]$
$[m_1] = 0.47$	$m_1 = 0.495$	$d_1 = D \times m_1 = 113 \times 0.495 = 56$	+0.025
$[m_2] = 0.74$	$m_2 = 0.77$	$d_2 = d_1 \times m_2 = 56 \times 0.77 = 43$	+0.03
$[m_3] = 0.77$	$m_3 = 0.79$	$d_3 = d_2 \times m_3 = 43 \times 0.79 = 34$	+0.02
$[m_4] = 0.79$	$m_4 = 0.82$	$d_4 = d_3 \times m_4 = 34 \times 0.82 = 28$	+0.03

表中数据表明，各次拉深系数差值 Δm 颇接近，亦即变形程度分配合理。

5）按表4-73查出各工序的圆角半径

$$\left.\begin{aligned}R_{凹1}&=9\text{mm}\\R_{凹2}&=6.5\text{mm}\\R_{凹3}&=4\text{mm}\end{aligned}\right\}因\ R_{凸n}=(0.6\sim1)R_{凹n},n=1,2,\cdots,故\left\{\begin{aligned}R_{凸1}&=7\text{mm}\\R_{凸2}&=6\text{mm}\\R_{凸3}&=4\text{mm}\end{aligned}\right.$$

$$R_{凹4}=3\text{mm},R_{凸n}=工件圆角半径，\qquad 故\ R_{凸4}=3\text{mm}$$

6）根据上述计算工序尺寸的第二个原则，拟于第一次拉入凹模的材料比零件最后拉深部分实际所需材料多5%。这样，毛坯直径应修正为

$$D=\sqrt{7630\times1.05+5104}\text{mm}=\sqrt{8012+5104}\text{mm}=115\text{mm}$$

则第一次拉深高度

$$\begin{aligned}h_1&=\frac{0.25}{d_1}(D^2-d_{凸}^2)+0.43(r_1+R_1)+\frac{0.14}{d_1}(r_1^2-R_1^2)\\&=\frac{0.25}{56}(115^2-80^2)\text{mm}+0.43(8+10)\text{mm}+\frac{0.14}{56}(8^2-10^2)\text{mm}\\&=(30.5+7.7-0.1)\text{mm}=38.1\text{mm}\end{aligned}$$

7）校核第一次拉深相对高度

查表4-20，当 $\frac{d_{凸}}{d_1}=\frac{80}{56}=1.43$，$\frac{t}{D}\times100=\frac{2}{115}\times100=1.74$ 时，许可最大相对高度

$$\left[\frac{h_1}{d_1}\right]=0.70>\frac{h_1}{d_1}=\frac{38.1}{56}=0.68,故安全。$$

8）计算以后各次拉深高度

设第二次拉深时多拉入3%的材料（其余2%的材料返回到凸缘上）。为了计算方便，先求出假想的毛坯直径。

$$D_2=\sqrt{7630\times1.03+5104}\text{mm}=\sqrt{7859+5104}\text{mm}=114\text{mm}$$

故

$$\begin{aligned}h_2&=\frac{0.25}{d_2}(D_2^2-d_{凸}^2)+0.43(r_2+R_2)+\frac{0.14}{d_2}(r_2^2-R_2^2)\\&=\frac{0.25}{43}(114^2-80^2)\text{mm}+0.43(7+7.5)\text{mm}+\frac{0.14}{43}(7^2-7.5^2)\text{mm}\\&=(38.6+6.2)\text{mm}=44.8\text{mm}\end{aligned}$$

第三次拉深多拉入1.5%的材料（另1.5%的材料返回到凸缘上）。则假想毛坯直径为：

$$D_3=\sqrt{7630\times1.015+5104}\text{mm}=\sqrt{7744+5104}\text{mm}=113.5\text{mm}$$

故

$$\begin{aligned}h_3&=\frac{0.25}{d_3}(D_3^2-d_{凸}^2)+0.43(r_3+R_3)+\frac{0.14}{d_3}(r_3^2-R_3^2)\\&=\frac{0.25}{34}(113.5^2-80^2)\text{mm}+0.43(5+5)\text{mm}+\frac{0.14}{34}(5^2-5^2)\text{mm}\\&=(48+4.3)\text{mm}=52.3\text{mm}\end{aligned}$$

$$h_4=60\text{mm}$$

9）画出工序图（图4-39）。

前述表4-20及表4-21共同存在一个缺陷：都是以未知数（$d_{凸}/d_1$ 的分母 d_1 是未知数，故 $d_{凸}/d_1$ 是未知数）求未知数，故需反复试凑，使用甚为不便。

为了克服这个缺陷，可从两表数据之间的内在联系，综合改造成新表（表4-22），这样从 $d_{凸}$

/D（已知数）查 m_1（未知数），就使带凸缘筒形件的工艺计算变得简便得多。

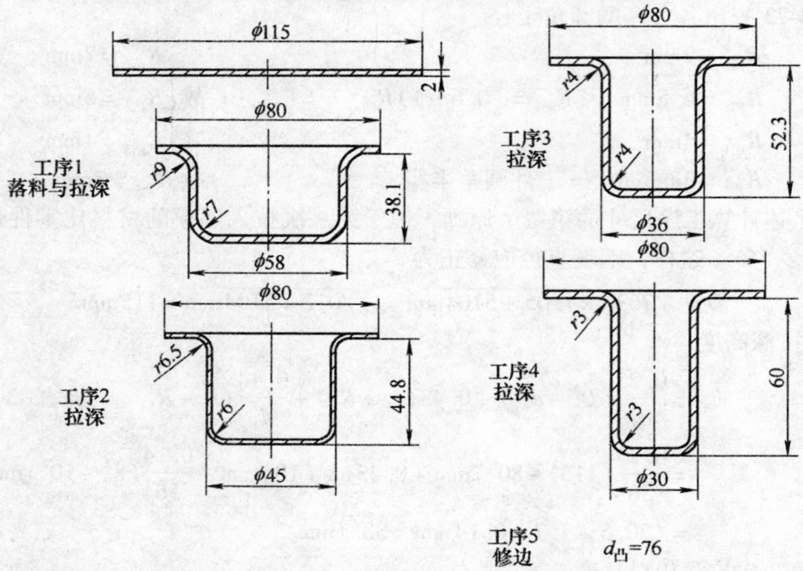

图 4-39　例 5 工序图

表 4-22　无凸缘或有凸缘筒形件用压边圈拉深的拉深系数（适用 08、10 钢）

$\frac{t}{D}\times100$ / r/t / m_1 / $\frac{d_凸}{D}$	1.5		1.0		0.6		0.3		0.1	
	10	4	12	5	15	6	18	7	20	8
0.48	0.48									
0.50	0.48	0.50								
0.51	0.48	0.50	0.51							
0.53	0.48	0.50	0.51		0.53					
0.54	0.48	0.50	0.51	0.54	0.53					
0.55	0.48	0.50	0.51	0.54	0.53	0.55	0.55			
0.58	0.48	0.50	0.51	0.54	0.53	0.55	0.55	0.58	0.58	
0.60	0.48	0.50	0.50	0.53	0.53	0.55	0.54	0.58	0.57	0.60
0.65	0.48	0.49	0.49	0.52	0.52	0.54	0.53	0.56	0.55	0.58
0.70	0.47	0.48	0.48	0.51	0.51	0.53	0.52	0.54	0.53	0.56
0.75	0.45	0.47	0.46	0.49	0.49	0.51	0.50	0.52	0.51	0.54
0.80	0.43	0.45	0.45	0.47	0.47	0.49	0.48	0.50	0.49	0.52
0.85	0.41	0.43	0.42	0.45	0.44	0.46	0.45	0.48	0.47	0.49
0.90	0.38	0.39	0.39	0.41	0.41	0.43	0.42	0.44	0.43	0.45
0.95	0.33	0.34	0.35	0.37	0.37	0.38	0.38	0.39	0.38	0.40
0.97	0.31	0.32	0.33	0.34	0.35	0.36	0.36	0.37	0.36	0.38
0.99	0.30	0.31	0.32	0.33	0.33	0.34	0.33	0.34	0.34	0.35

（续）

$\frac{t}{D}\times100$ / m_1 / r/t / $\frac{d_凸}{D}$		1.5		1.0		0.6		0.3		0.1	
		10	4	12	5	15	6	18	7	20	8
以后各次拉深	m_2	0.73	0.75	0.75	0.76	0.76	0.78	0.78	0.79	0.79	0.80
	m_3	0.76	0.78	0.78	0.79	0.79	0.80	0.80	0.81	0.81	0.82
	m_4	0.78	0.80	0.80	0.81	0.81	0.82	0.82	0.83	0.83	0.84
	m_5	0.80	0.82	0.82	0.84	0.83	0.85	0.84	0.85	0.85	0.86

注：1. 随材料塑性高低，表中数值应酌情增减。

2. ——线上方为直筒件（$d_凸=d_1$）。

3. ——线与~~~~线之间为弧面凸缘件（$d_凸\leqslant d_1+2r$），此区工件计算半成品尺寸 h_1 应加注意。

4. 随$\frac{d_凸}{D}$数值增大，$\frac{r}{t}$值可相应减小，满足 $2r_1\leqslant h_1$，保证筒部有直壁。

5. 查用时，可用插入法，也可用偏大值。

6. 多次拉深首次形成凸缘时，为考虑多拉入材料，m_1 增大 0.02。

为了对新、旧表格进行比较，现对上述例题再采用新表数据，作如下计算：

由于
$$\frac{d_凸}{D_1}=\frac{80}{115}=0.69$$

$$\frac{t}{D_1}\times100=\frac{2}{115}\times100=1.74,\ \frac{r}{t}=\frac{9}{2}\approx4$$

查表 4-22，选取 $m_1=0.49$

则
$$d_1=m_1\times D_1=0.49\times115\text{mm}=56.5\text{mm}\approx56\text{mm}$$

前述实际选定 $d_1=56$mm，与这次计算结果相符。

第二次以后的拉深工序计算与前相同，这里不再重复。

第四节 回转体阶梯形零件的拉深

回转体阶梯形零件拉深时，毛坯变形区的应力状态和变形特点与圆筒形件的拉深基本相同。但由于这类零件的多样性及复杂性，其拉深次数的确定和工序顺序的安排却和圆筒形件有较大的差别。下面介绍几种典型情况。

一、阶梯形零件的一次拉深

如果阶梯形零件的相对厚度$\frac{t}{D}\times100>1$，而阶梯之间直径之差和零件的高度较小时，可以一次拉深成形。

对于判断能否一次拉深成形，有两种实质相同的方法：

1. 按假想拉深系数（m_j）判断

用阶梯形零件的假想拉深系数 m_j 与圆筒形件的第一次拉深系数极限值比较，如果 $m_j>[m_1]$，则可一次拉深成形；如果 $m_j<[m_1]$，则需多次拉深。假想拉深系数 m_j 可用下式计算。

$$m_j = \frac{\frac{h_1}{h_2} \cdot \frac{d_1}{D} + \frac{h_2}{h_3} \cdot \frac{d_2}{D} + \cdots + \frac{h_{n-1}}{h_n} \cdot \frac{d_{n-1}}{D} + \frac{d_n}{D}}{\frac{h_1}{h_2} + \frac{h_2}{h_3} + \cdots + \frac{h_{n-1}}{h_n} + 1} \tag{4-9}$$

式中　D——毛坯直径；其他符号如图 4-40 所示。

2. 按相对高度判断

满足下式条件时，可以一次拉深成形。否则，需多次拉深成形。

$$\frac{h_1 + h_2 + \cdots + h_n}{d_n} \leqslant \frac{h}{d_n} \tag{4-10}$$

式中　h_1、h_2、…、h_n——分别为每个阶梯的高度（图 4-40）；

d_n——最小阶梯的直径；

h——直径为 d_n 的圆筒形件一次拉深的极限高度，可查表 4-18。

【例 6】　试确定图 4-41 所示阶梯形零件的拉深次数，材料为 08 钢，料厚 $t = 1.5$mm，毛坯直径 $D = 103$mm。

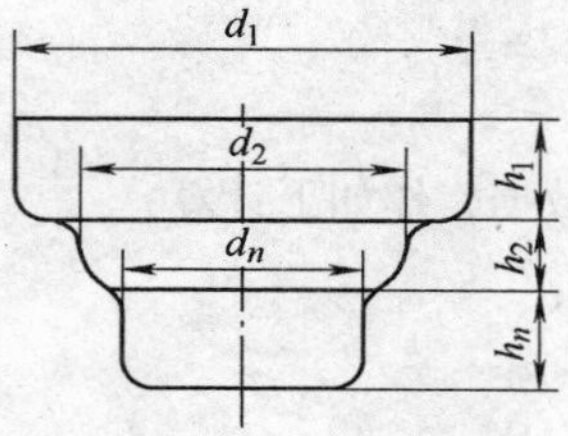

图 4-40　阶梯形零件

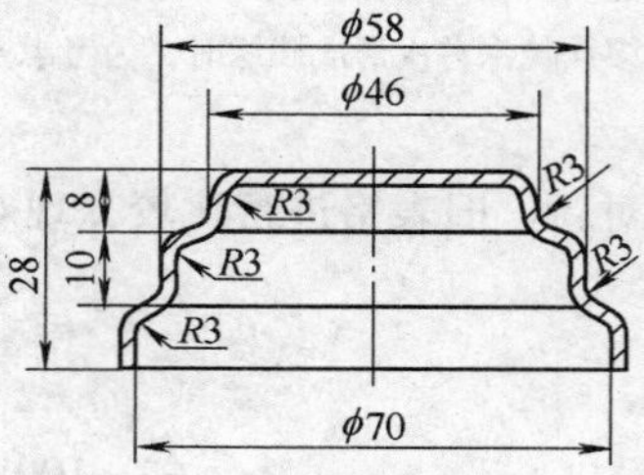

图 4-41　阶梯形拉深件

解　由式（4-9）计算假想拉深系数：

$$m_j = \frac{\frac{10}{10} \cdot \frac{71.5}{103} + \frac{10}{8} \cdot \frac{56.5}{103} + \frac{44.5}{103}}{\frac{10}{10} + \frac{10}{8} + 1} = 0.554$$

当 $\frac{t}{D} \times 100 = \frac{1.5}{103} \times 100 = 1.46$ 时，由表 4-15 查得第一次拉深的极限拉深系数 $[m_1] = 0.50 \sim 0.53$，故 $m_j > [m_1]$，所以该零件可一次拉深成形。

还可以由式（4-10）计算：

$$\frac{h_1 + h_2 + h_3}{d_n} = \frac{10 + 10 + 8}{46} = 0.61$$

当 $\frac{t}{D} \times 100 = \frac{1.5}{103} \times 100 = 1.46$ 时，查表 4-18 得一次拉深极限高度 $\left[\frac{h_1}{d_1}\right] = 0.65$，由于 $0.61 < 0.65$，所以可一次拉深成形。显然两种方法判断结果相同。

二、阶梯形零件的多次拉深

如果阶梯形零件由上述方法判断结果不能一次拉深成形，便需多次拉深。根据阶梯形零件形状特点和尺寸关系，可采用下述几种多次拉深方法。

1）当每相邻阶梯的直径比$\frac{d_2}{d_1}$，$\frac{d_3}{d_2}$，…，$\frac{d_n}{d_{n-1}}$均大于相应的圆筒形件的极限拉深系数时，则可以在每次拉深工序里成形一个阶梯。拉深顺序是大直径阶梯到小直径阶梯依次拉出（图4-42）。拉深工序数目等于零件阶梯数加上形成最大阶梯直径所需工序数目。

2）当某相邻的两个阶梯直径的比值小于相应圆筒形零件的极限拉深系数时，例如$\frac{d_2}{d_1}<[m_2]$，在这个阶梯成形时应按带凸缘零件拉深的方法。拉深顺序：先成形这个阶梯（d_2），然后由此阶梯向小阶梯直径依次成形，即由d_2依次拉出d_n。之后，再成形大阶梯直径d_1。如图4-43所示，$\frac{d_2}{d_1}<[m_2]$，通过工序Ⅰ至工序Ⅲ先拉出d_2，之后通过工序Ⅳ拉出d_n，最后通过工序Ⅴ拉出最大阶梯直径d_1。

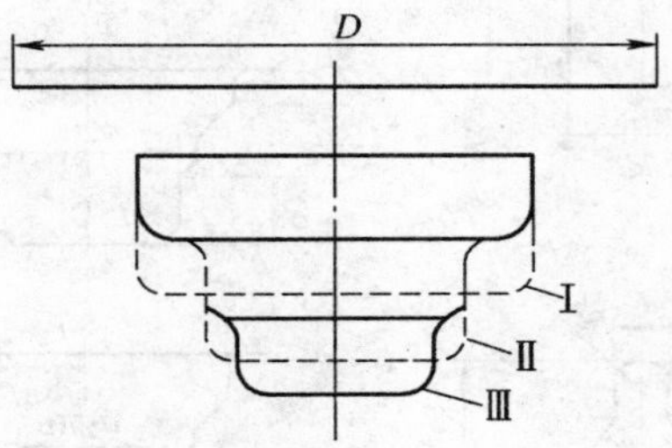

图4-42　由大阶梯到小阶梯的拉深循序

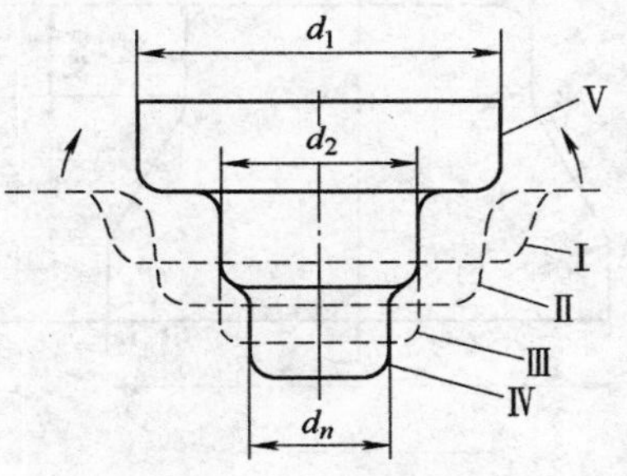

图4-43　由小阶梯到大阶梯的拉深循序

当最小阶梯直径d_n过小，也就是比值d_n/d_{n-1}过小，但最小阶梯的高度h_n不大时，则最小阶梯可以用胀形法得到。

3）对于浅阶梯零件，而阶梯直径差别大不能一次拉出时，成功的经验是：首次先拉成球面形状（图4-44a）或大圆角的圆筒件（图4-44b），然后用校形工序得到零件的形状和尺寸。

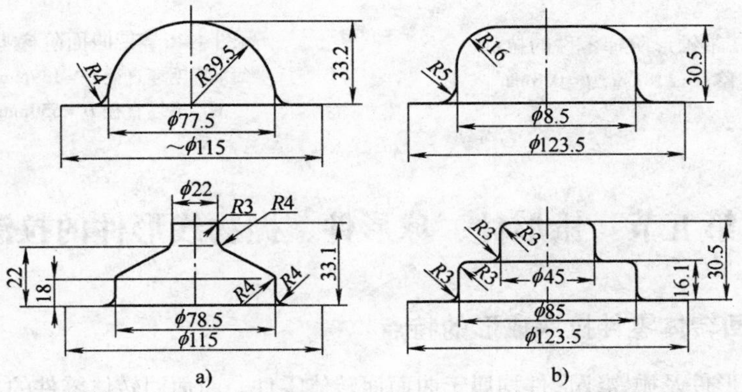

图4-44　浅阶梯形拉深件的成形方法

a）$D=128$mm，$t=0.8$mm，08钢　b）$t=1.5$mm，低碳钢

4）当拉深大、小直径差值大，阶梯部分带锥形的零件时，先拉深出大直径，再在拉深小直径的过程中拉出侧壁锥形（图4-45）。

5）当拉深大、小直径差值大，阶梯部分带曲面锥形的零件时，可采用直接法（图 4-46a），首先将大直径部分按图样尺寸拉出来，此时将头部制成与图纸近似的 R，然后再拉成小直径。或者可采用阶梯拉深法（图 4-46b），首先将大直径按图样尺寸拉出来，然后用多次拉深形成与曲面锥形近似的阶梯形状，最后经整形达到要求形状和尺寸。

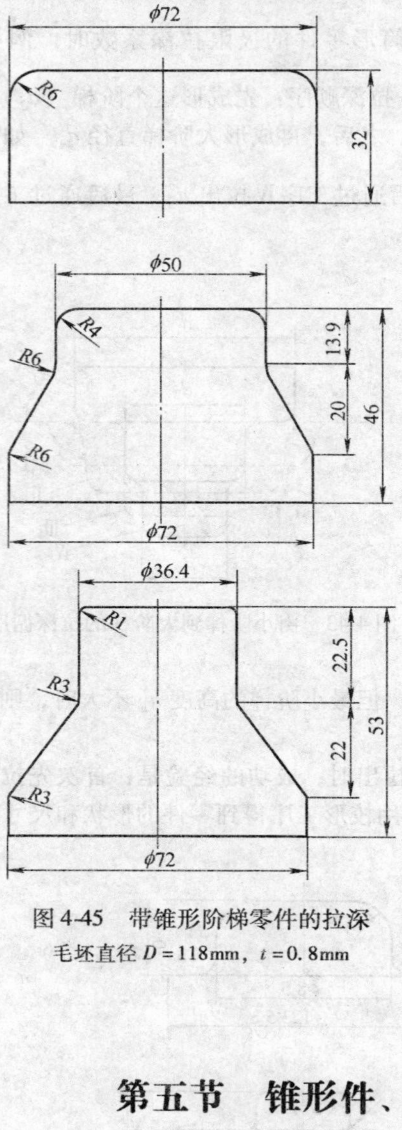

图 4-45　带锥形阶梯零件的拉深

毛坯直径 $D=118\text{mm}$，$t=0.8\text{mm}$

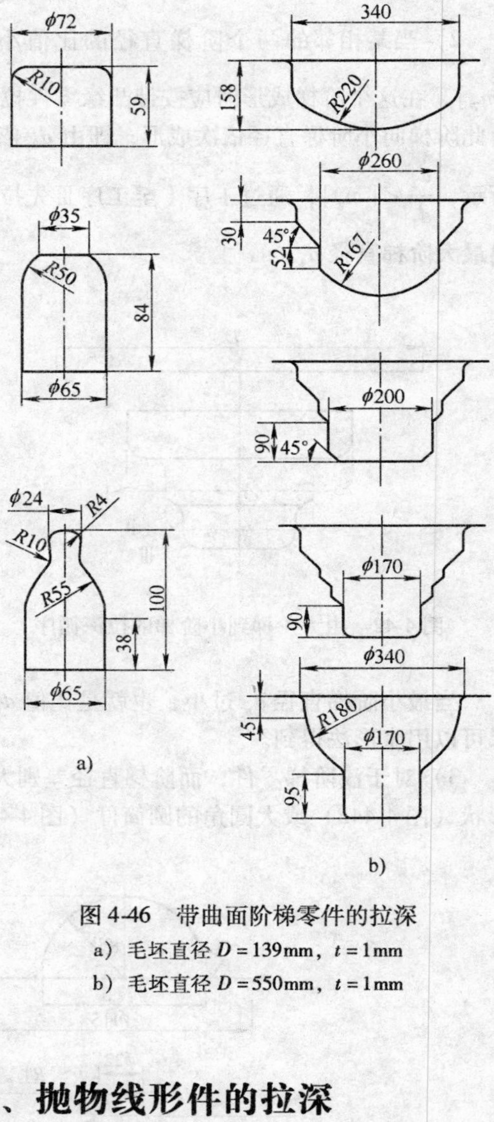

图 4-46　带曲面阶梯零件的拉深

a）毛坯直径 $D=139\text{mm}$，$t=1\text{mm}$

b）毛坯直径 $D=550\text{mm}$，$t=1\text{mm}$

第五节　锥形件、球形件、抛物线形件的拉深

一、曲面回转体零件拉深成形的特点

锥形件、球形件及抛物线形件均属于曲面回转体零件。曲面回转体零件的冲压成形，在生产中也称之为拉深，但其变形区的位置、应力状态、变形特点和直壁圆筒件拉深有所不同，因而对这类零件不能只用拉深系数这一工艺参数来衡量和判断拉深成形的难易程度，也不能用来作为模具设计和工艺过程设计的依据。

由于曲面回转体零件的几何特征，在冲压成形时，毛坯除凸缘部分产生与圆筒件拉深相同的变形之外，其中间部分也参与变形，即毛坯的凸缘部分与中间部分都是变形区。

研究曲面回转体零件的拉深成形过程（图4-47），根据其应力、应变情况，可将变形区分为三个部分。

AB 区——凸缘区，其变形特点和应力、应变状态与圆筒件拉深时相同，径向应力 σ_r 为拉应力、切向应力 σ_θ 为压应力。

BC 区——拉深变形区，该区材料悬空，在凸模作用下，毛坯受径向拉伸，切向压缩的变形。径向应力 σ_r 为拉应力、切向应力 σ_θ 为压应力。由于该区的材料悬空，其抗失稳能力差，容易起皱。

CD 区——胀形区，在凸模作用下，毛坯产生径向和切向拉伸变形，即材料处于双向拉应力作用，材料厚度变薄。

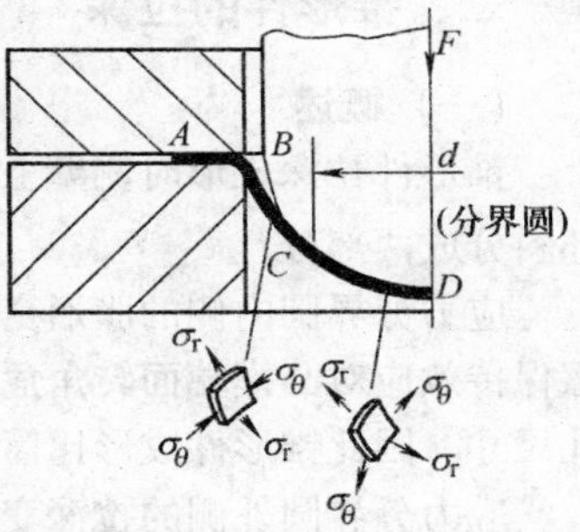

图4-47 回转体曲面零件的拉深

由此可见，曲面回转体零件的拉深，毛坯凸缘部分和中间部分的外缘具有拉深变形的特点，切向应力为压应力；而毛坯最中心的部分具有胀形的特点，其切向应力为拉应力，两者之间的分界线为分界圆。所以，可以得出结论：锥形零件、球形零件和抛物线形零件等曲面回转体零件的拉深成形机理是拉深与胀形两种变形的复合，其应力、应变既有压缩类成形，又有伸长类成形的特征。

拉深变形区属压缩类成形，其变形程度是受变形区失稳起皱或传力区破裂的限制。胀形变形区则属于伸长类成形，其变形程度受变形区破裂的限制。

曲面回转体零件的成形极限与零件几何形状、模具结构型式、润滑状态、材料冲压性能（*r*、*n* 值）等因素有关。

曲面回转体零件与直壁圆筒件相比，其拉深成形特点见表4-23。

表4-23 曲面回转体零件拉深成形的特点

比较内容 \ 特点 \ 类型	直壁圆筒形零件	曲面回转体零件
成形机理	拉深变形	拉深变形与胀形变形的复合
变形区位置	坯料外周部分的凸缘拉深变形区	坯料外周部分的凸缘拉深变形区及坯料中部的胀形变形区
变形区受力状态及变形特点	坯料变形区在切向压应力、径向拉应力的作用下，产生切向压缩、径向伸长的拉深变形	坯料外周的变形区在切向压应力和径向拉应力的作用下，产生切向压缩径向伸长的拉深变形。坯料中部的变形区在两向拉应力的作用下，产生两向伸长的胀形变形
材料冲压性能	要求 *r* 值，*n* 值影响不大	同时要求 *r* 值与 *n* 值
悬空部分	无明显的悬空部分	有明显的悬空部分
凸模侧壁的摩擦作用	凸模与侧壁接触，存在有凸模侧壁的摩擦作用	凸模与侧壁不接触，不存在凸模侧壁的摩擦作用
成形极限	受侧壁承载能力的限制	受侧壁承载能力、失稳起皱及胀形破裂的限制
成形难易	传力的危险断面受凸模侧壁摩擦的补强作用，比曲面回转体零件成形容易	传力的危险断面不受凸模侧壁摩擦的补强作用，且存在有易起皱的悬空部分，比直壁圆筒件成形的难度大

二、锥形件的拉深

（一）概述

锥形件拉深成形时侧壁上的应力分布如图4-48所示。应力分界圆（$\sigma_\theta=0$处）将悬空部分坯料分成两部分：

应力分界圆内侧的胀形变形区（$\sigma_r>0$、$\sigma_\theta>0$）。胀形变形区与凸模侧壁不接触，不存在摩擦保持效应对凸模端面转角危险断面的补强作用，而且承担传力的凸模端面，又明显地小于凹模孔尺寸。因此锥形件成形比筒形件的拉深，更容易出现破裂。

应力分界圆外侧的拉深变形区（$\sigma_r>0$、$\sigma_\theta<0$）。拉深变形区处于不受凸模、凹模约束的自由状态，即进入凹模孔内的坯料在悬空状态下切向受压，极易发生失稳起皱。

所以，锥形件拉深远比圆筒件拉深的难度大。锥形件拉深的难易程度与其几何形状 h/d_1 及 d_1/d_2，坯料的相对厚度 t/d_1 或 t/d_2，以及材料冲压性能 n 值、r 值等因素有关，如图4-49所示。

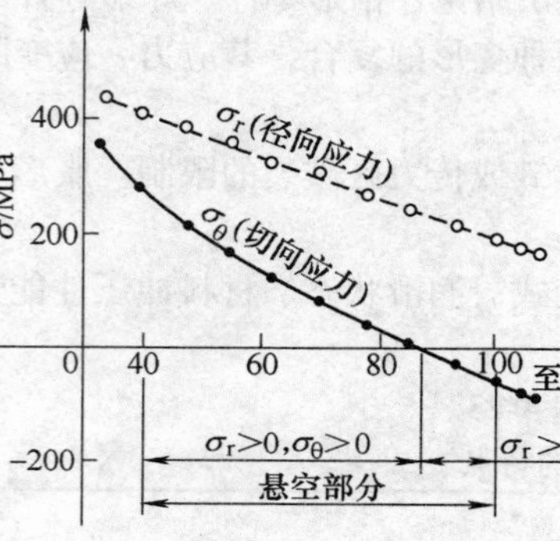

图4-48　锥形件拉深侧壁应力分布

凸模直径 $d_{凸}=80\text{mm}$

凹模直径 $D_{凹}=200\text{mm}$

拉深深度 $h=36.8\text{mm}$

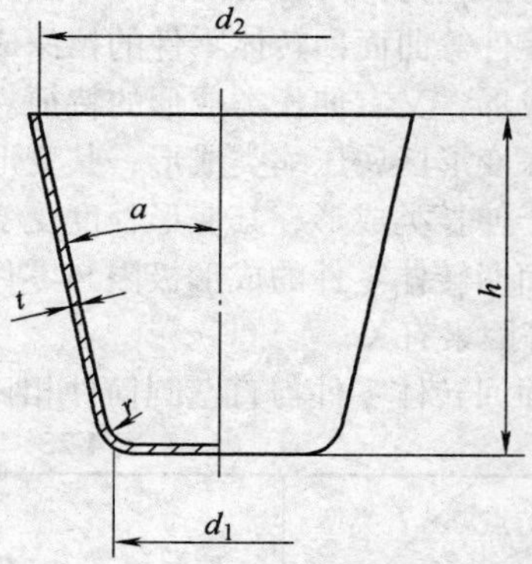

图4-49　锥形件的几何尺寸

锥形件拉深的难易程度见表4-24。

表4-24　锥形件的成形性

形　状	简　图	成 形 性
浅锥形 $h\leqslant(0.25\sim0.3)d_2$	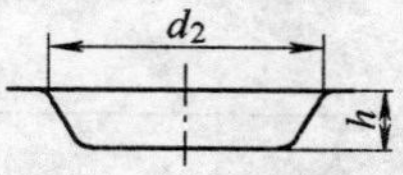	大部分可一道拉深成形
深度为最大直径二分之一左右 $h=(0.4\sim0.55)d_2$	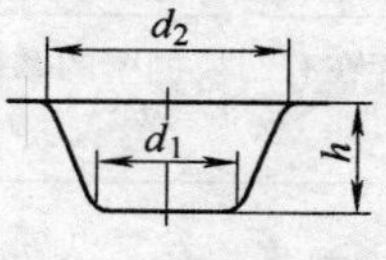	大部分可一道拉深成形。拉深系数用平均直径计算，采用圆筒件的拉深系数
大端与小端直径差小，深度相当大 $h=(0.8\sim1.5)d_2$	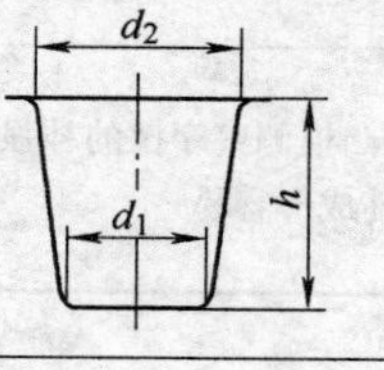	多道拉深成形，锥面容易残留冲压痕迹

（续）

形　状	简　图	成 形 性
极深的尖顶锥形	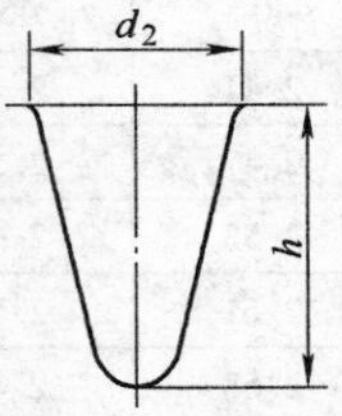	成形非常困难,需要多道拉深成形

根据模具的结构型式，可以把锥形件拉深的方法分为两类：用带压边装置的模具拉深；用不带压边装置的模具拉深。

（二）成形极限

1. 用带压边装置模具的成形极限

图4-50是锥形件的成形范围。曲线 AB 是压边力不足悬空部分起皱的界限，曲线 CD 是压边力过大底部破裂的界限。两条曲线的下部，是锥形件一次拉深可能成形的范围，曲线交点是该范围内的最大成形深度 h_{max}。

如果成形极限用坯料在悬空部分不起皱，底部不破裂的条件下，一次拉深所能得到的坯料最大相对直径 $[D/d_1]_{max}$，即用极限拉深比表示，见表4-25。该成形极限适用于带压边装置的柱形凸模、锥形凹模的柱—锥形模具。坯料尺寸用等面积法按料厚的中线展开确定。为保证拉深始终在有压边力的条件下进行，取最小凸缘宽度 $B=1.2r_{凹}$（图4-51），$r_{凹}$ 为凹模圆角半径。对于无凸缘的锥形件，可以在拉深后经切边得到。

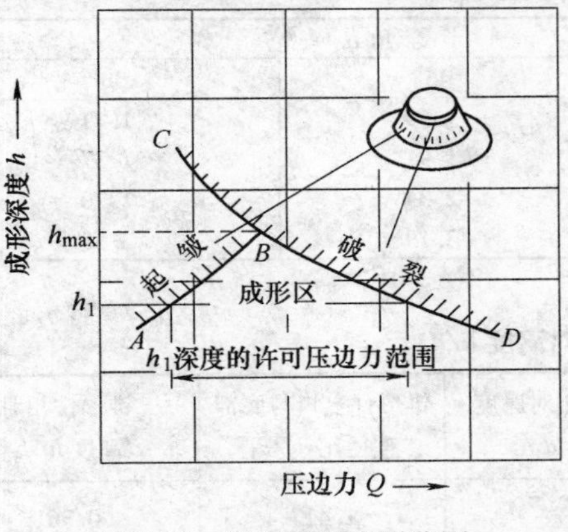

图4-50　锥形件的成形范围

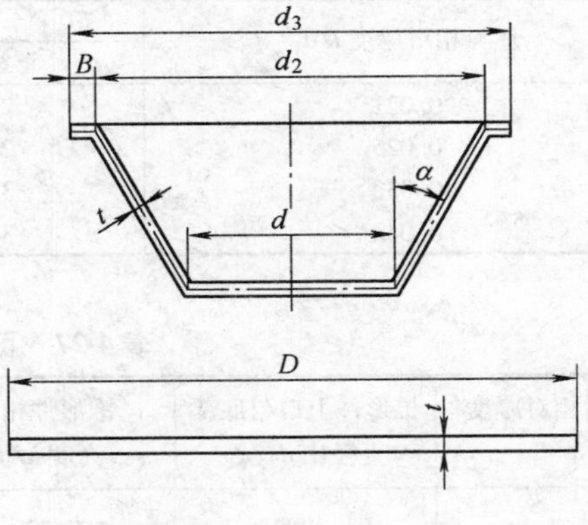

图4-51　坯料计算用图

表4-25　锥形件一次拉深成形极限 D/d_1

相对厚度 $\frac{t}{d_1}\times100$	半锥角 α						
	30°	35°	40°	45°	50°	55°	60°
0.8	2.10	2.17	2.27	2.40	2.58	2.84	3.25
0.9	2.13	2.20	2.29	2.42	2.60	2.86	3.26
1.0	2.16	2.23	2.32	2.45	2.63	2.88	3.27
1.1	2.21	2.27	2.37	2.49	2.66	2.91	3.29

（续）

相对厚度$\frac{t}{d_1}\times100$	半锥角 α						
	30°	35°	40°	45°	50°	55°	60°
1.2	2.26	2.32	2.41	2.54	2.71	2.95	3.33
1.3	2.31	2.38	2.47	2.59	2.76	3.01	3.38
1.4	2.38	2.44	2.53	2.66	2.83	3.07	3.44
1.5	2.45	2.51	2.61	2.73	2.90	3.14	3.51
1.6	2.52	2.59	2.68	2.81	2.98	3.22	3.59
1.7	2.61	2.68	2.77	2.89	3.07	3.31	3.69
1.8	2.70	2.77	2.86	2.99	3.16	3.41	3.79
1.9	2.79	2.87	2.96	3.09	3.27	3.52	3.90
2.0	2.90	2.97	3.07	3.20	3.38	3.64	4.02
2.1	3.01	3.08	3.18	3.32	3.50	3.76	4.16
2.2	3.13	3.20	3.31	3.44	3.63	3.90	4.30
2.3	3.25	3.33	3.44	3.58	3.77	4.04	4.46
2.4	3.39	3.47	3.58	3.72	3.92	4.20	4.62

2. 不带压边装置模具的成形极限

表4-26、表4-27给出了不带压边装置的模具，锥形件一次拉深成形的成形极限。表4-26是可能成形的坯料相对直径D/d_1；表4-27是可能成形的相对高度h/d_1。上述成形极限数值适用于板料厚度为1～2mm的锥形件。

表4-26 可能成形的坯料相对直径 D/d_1

坯料相对厚度 t/d_1	半锥角 α		
	60°	45°	30°
0.021	2.34	1.59	1.27
0.025	2.55	1.91	1.37
0.032	3.19	2.34	1.70
0.042	3.60	3.19	2.55

表4-27 可能成形的相对高度 h/d_1

坯料相对厚度 t/d_1	锥形件上口与底部直径比 d_2/d_1	锥形件相对高度 h/d_1	坯料相对厚度 t/d_1	锥形件上口与底部直径比 d_2/d_1	锥形件相对高度 h/d_1
0.021	1.292	0.229	0.032	1.417	0.361
	1.333	0.229		2.021	0.510
	2.063	0.307		2.958	0.565
0.025	1.302	0.262	0.042	2.229	1.064
	1.667	0.333		2.729	0.865
	2.354	0.391		3.167	0.625

（三）成形方法

1. 用带压边装置的模具成形

锥形件的拉深过程，取决于它的几何参数（图4-49），即相对高度（h/d_2）、锥度（α）及坯料的相对厚度$\left(\frac{t}{D}\times100\right)$不同，则拉深方法亦不同。应区别情况，分别对待。根据锥形件相对高度 h/d_2 的大小，可以分成下述三种情况：

（1）浅锥形件 指 $h/d_2=0.1\sim0.25$，$\alpha=50°\sim80°$一类锥形件。这种零件由于坯料变形程度小，冻结性能差，弹复量大，因此对制件形状、尺寸精度要求高时，必须加大径向拉应力提高胀形成分。因此无论制件有无凸缘，均需按有凸缘的制件，用带压边装置的模具一次拉深而成。无凸缘的制件拉深后再经切边修正。

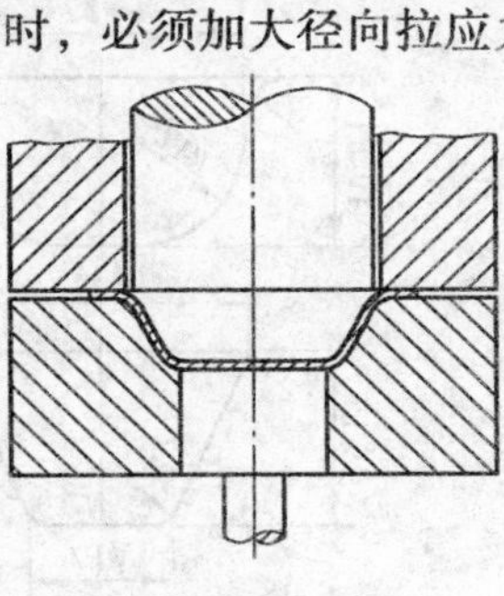

图 4-52 由带压边装置的模具一次成形

1）当坯料较厚时，用带压边装置的模具拉深成形（图 4-52），无凸缘的制件拉深后再经切边得到。可以通过加大压边力或加大坯料尺寸，增大径向拉应力。

2）当坯料较薄时，可以利用带拉深筋、拉深槛或反向锥度的凹模成形（图 4-53）。拉深筋凹模用于成形无凸缘的锥形件（图 4-53a）；拉深槛凹模用于成形窄凸缘的锥形件（图 4-53b）；反向锥度凹模用于成形宽凸缘的锥形件（图 4-53c）。对于各种形式的凹模，同样都可以通过加大坯料尺寸，增大径向拉应力。

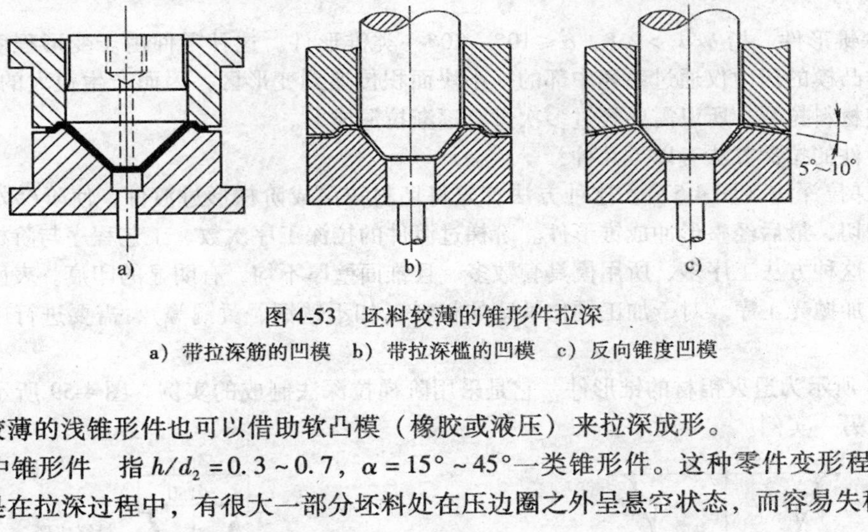

图 4-53 坯料较薄的锥形件拉深

a）带拉深筋的凹模 b）带拉深槛的凹模 c）反向锥度凹模

坯料较薄的浅锥形件也可以借助软凸模（橡胶或液压）来拉深成形。

（2）中锥形件 指 $h/d_2=0.3\sim0.7$，$\alpha=15°\sim45°$一类锥形件。这种零件变形程度也不大，主要问题是在拉深过程中，有很大一部分坯料处在压边圈之外呈悬空状态，而容易失稳起皱。按坯料的相对厚度$\frac{t}{D}\times100$不同，又可分以下三种情况：

1）当$\frac{t}{D}\times100>2.5$时，坯料相对厚度较大，不易失稳起皱，可以用不带压边装置的拉深模一次拉成，但需在工作行程终了时对工件施加精压整形（图 4-54）。

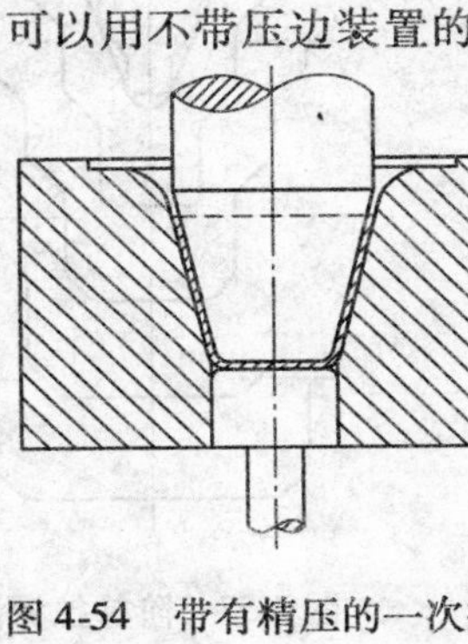

图 4-54 带有精压的一次拉深

2）当$\frac{t}{D}\times100=1.5\sim2$时，可采用带有压边装置的模具一次拉深成形。对于无凸缘的锥形件，可在拉深后再切边制成。

3）当$\frac{t}{D}\times100<1.5$，或有较宽的凸缘时，可用带压边装置的模具，经两、三次拉深而成。首次拉深出大圆角或半球形

圆筒件等近似形状，并取近似形状的面积等于锥形件面积。然后由此近似形状按图纸尺寸最终拉成锥形件（图 4-55）。有时第二次采用反拉深可有效防止皱纹的产生（图 4-56）。

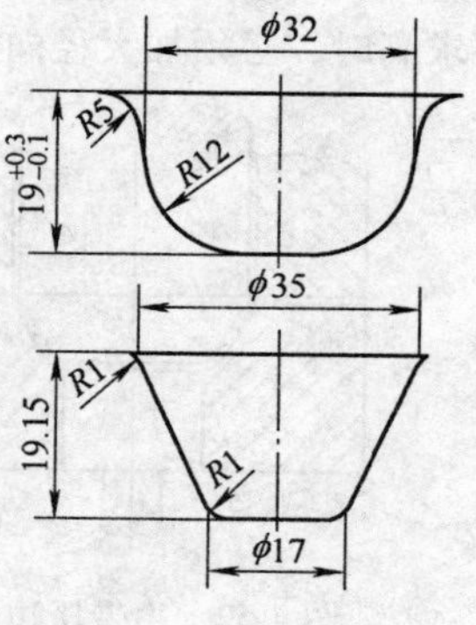

图 4-55　由大圆弧过渡拉成的锥形件

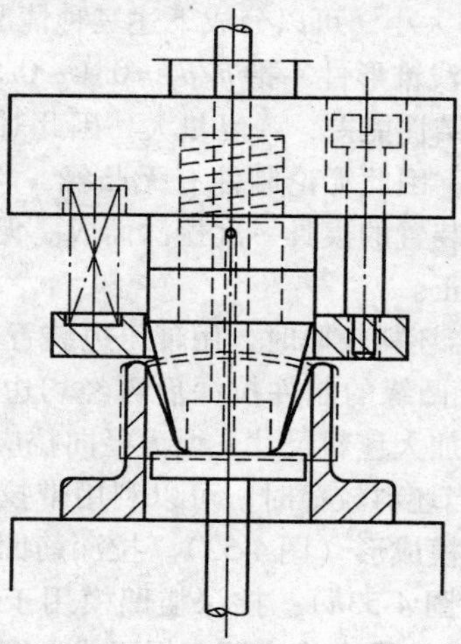

图 4-56　用反拉深成形锥形件

（3）深锥形件　指 $h/d_2>0.8$，$\alpha\leqslant10°\sim30°$一类锥形件。这种零件由于变形程度大，且有深的尖顶，凸模的压力仅通过毛坯中部的一小块面积传递到变形区，因而产生很大的局部变薄，有时甚至使材料拉裂。所以需要经过多次过渡逐渐拉深成形。

深锥形件的拉深方法有以下几种：

1）阶梯拉深法（图 4-57）。这种方法首先将坯料拉深成阶梯形过渡件，使阶梯外形与锥形件的内形相切，最后经整形冲成锥形件。阶梯过渡件的拉深工序次数、工艺程序与阶梯圆筒件的拉深相同。这种方法工序多、所用模具套数多、且锥面壁厚不均，有明显的印痕。表面质量要求高时，需增加抛光工序。对于加工硬化敏感的材料（如不锈钢、黄铜等），需要进行中间退火软化。

图 4-58 所示为退火铝材的锥形件，它是采用阶梯拉深法制成的实例。图 4-59 所示是阶梯拉深法应用的另一实例。

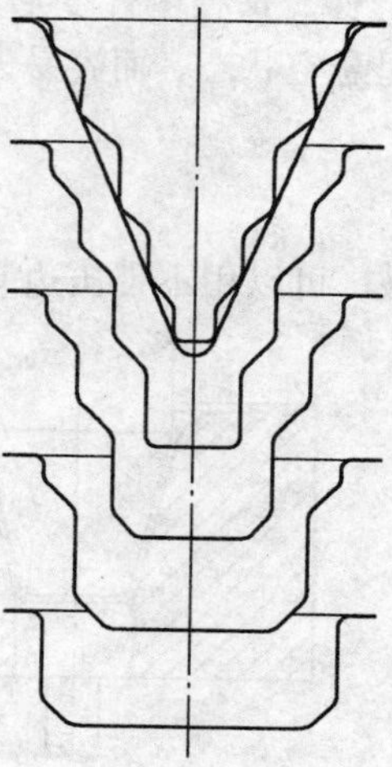

图 4-57　阶梯拉深法

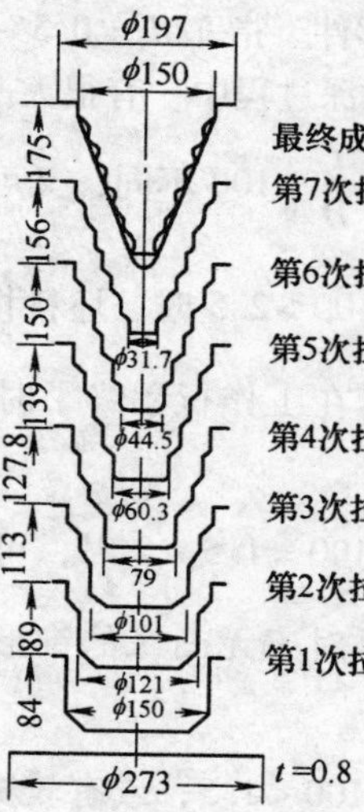

图 4-58　阶梯拉深法应用实例之一

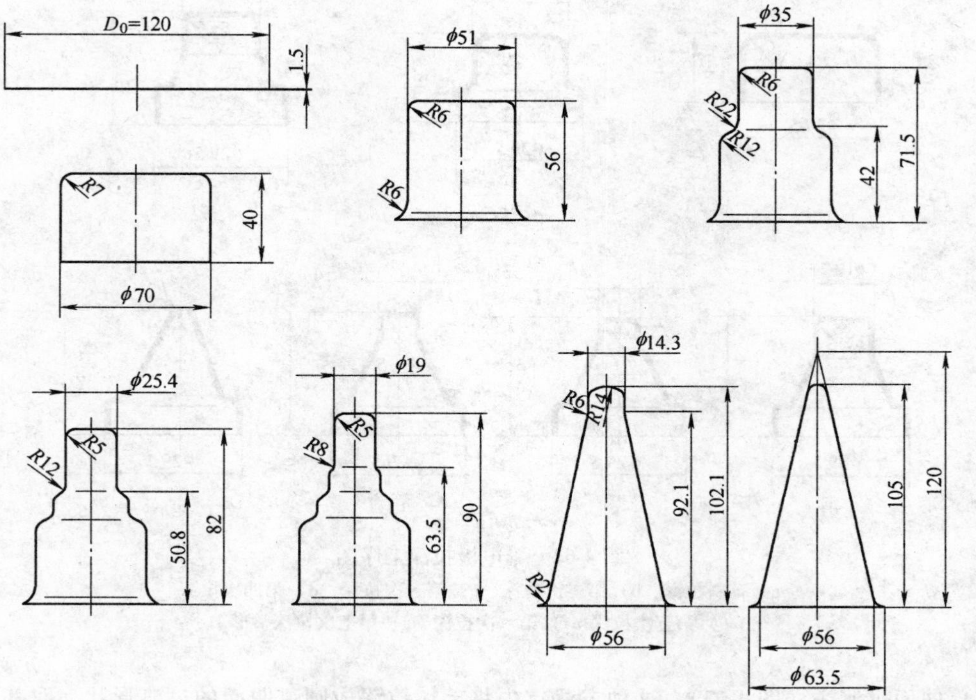

图 4-59 阶梯拉深法应用实例之二

2）锥面逐步成形法（图 4-60）。这种方法先将毛坯拉成圆筒形，使其表面积等于或大于成品圆锥表面积，而直径等于圆锥大端直径，以后各道工序逐步拉出圆锥面，使其高度逐渐增加，最后形成所需的圆锥形。这种方法与阶梯拉深法比较，在表面光滑与壁厚均匀性方面有所好转，但需要的模具套数还是较多。

图 4-61 所示的锥电极要求锥面具有较高的平直度和同轴度，故采用锥面逐步成形法。由于此工件大端呈圆筒形，因此首先将毛坯拉成圆筒形，其直径等于锥体大端直径，随后逐道拉深圆筒面，并逐渐增加锥面高度，最后以整形压平成为无皱折而光滑的直线外形，达到工件的质量和尺寸要求。拉深工序及尺寸变化如图 4-62 所示。

图 4-60 锥面逐步成形法

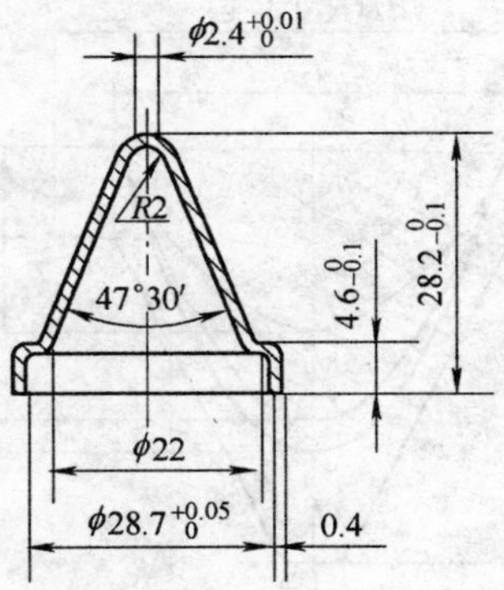

图 4-61 锥电极

材料：1Cr18Ni9Ti

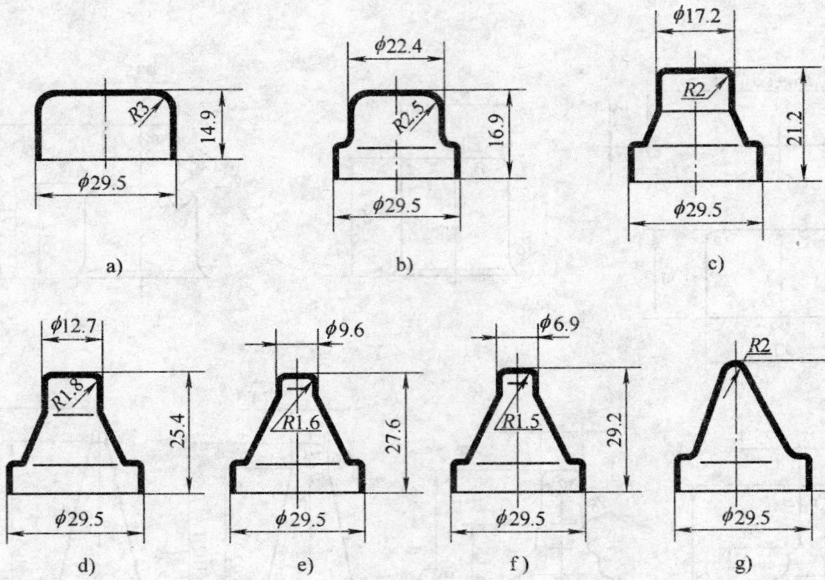

图 4-62　锥电极拉深工序图

a）落料拉深　b）第二次拉深　c）第三次拉深　d）第四次拉深
e）第五次拉深　f）第六次拉深　g）第七次拉深整形

3）曲面过渡法（图 4-63）。这种方法首先将毛坯拉深成圆弧曲面的过渡形状，取其表面积等于或略大于锥形件面积，曲面开口处的直径，等于或略小于锥形件的大端直径。在以后各道的变形过程中，凸缘外径尺寸不变，只是逐渐增大曲面的曲率半径和制件高度。曲面过渡法的锥面壁厚较均匀，表面光滑无印痕，模具套数较少、结构比较简单。这种方法适用于拉深尖顶的锥形件。

图 4-64 所示浮室下盖的锥形部分，相对高度 $h/d_2=0.87>0.8$，属深锥形件，图 4-65 是该零件采用曲面过渡法的拉深程序：第一、二、三次工序拉出的形体的母线为曲线形，经过这三次工序，锥形部分已具雏形，同时具备了多余的金属材料（由于首次的拉深面积略大于成品锥形面积）以保证后三次工序的成形。第四、五、六次拉出为锥顶角 60°的锥形体，仅是逐道减小锥顶圆弧的 R 值，逐次加高锥体高度，使锥顶逐渐变锐。

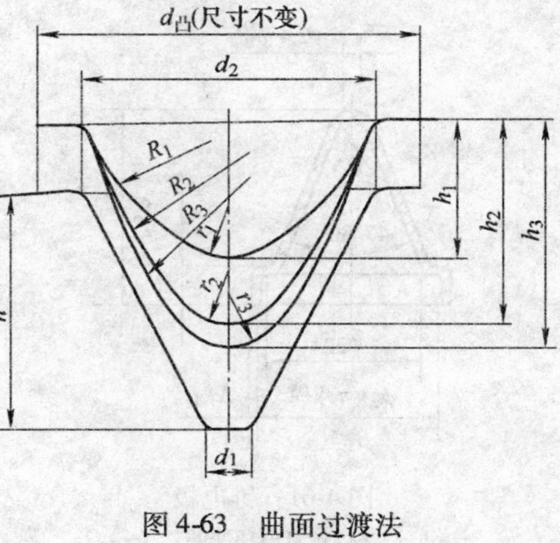

图 4-63　曲面过渡法

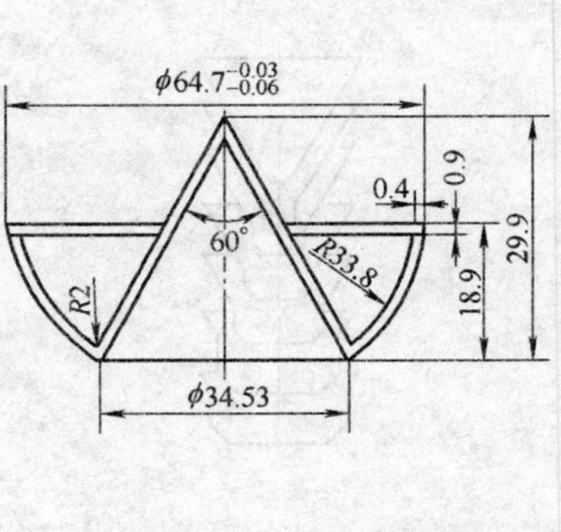

图 4-64　浮室下盖

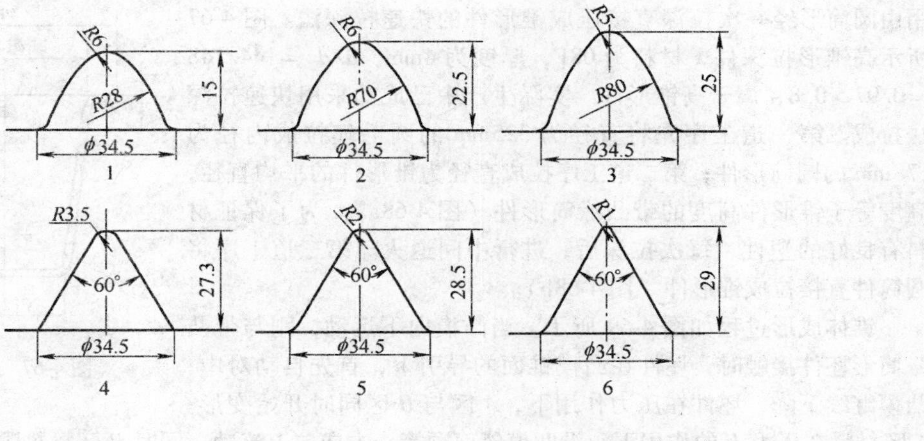

图 4-65　浮室下盖的拉深程序

锥形部分成形后，再经外缘翻边，便达到了图样要求的形状和尺寸。

4）整个锥面一次成形法（图 4-66）。这种方法先拉出等于锥形件大端直径的圆筒件，然后，锥面从底部开始成形，在以后的各道拉深工序中，锥面的平均直径逐次减小、高度逐次增加，直至最后锥面一次成形。该方法的优点是制件表面质量高，无工序间的压痕。这种拉深法的拉深系数采用平均直径来计算，即：

对第 $n-1$ 次拉深

$$d_{(n-1)均}=\frac{d_{(n-1)上}+d_{(n-1)下}}{2}$$

对第 n 次拉深

$$d_{n均}=\frac{d_{n上}+d_{n下}}{2} \tag{4-11}$$

则第 n 次的拉深系数

$$m_n=\frac{d_{n均}}{d_{(n-1)均}} \tag{4-12}$$

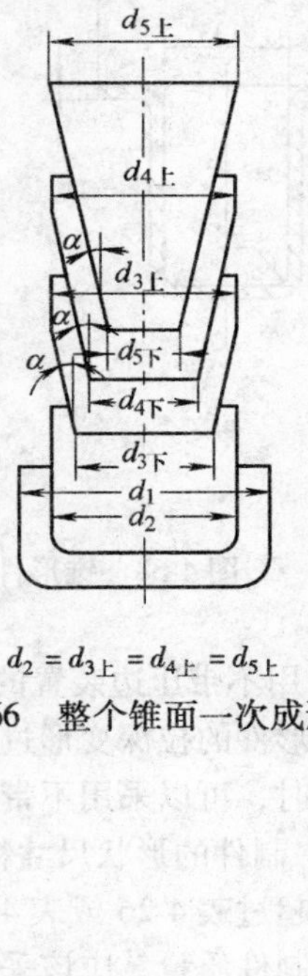

$d_2=d_{3上}=d_{4上}=d_{5上}$

图 4-66　整个锥面一次成形法

式中　n——拉深道次（1，2，…）；

$d_{n上}$、$d_{n下}$——第 n 道拉深的大端直径（上）、小端直径（下）；

$d_{n均}$——第 n 道拉深的平均直径；

$d_{(n-1)均}$——第 $n-1$ 道拉深的平均直径；

m_n——第 n 道的拉深系数。

根据平均直径确定的深锥形件的极限拉深系数，见表 4-28。

表 4-28　深锥形件的拉深系数

毛坯的相对厚度 $\frac{t}{d_{(n-1)均}}\times100$	0.5	1.0	1.5	2.0
拉深系数 $m_n=\frac{d_{n均}}{d_{(n-1)均}}$	0.85	0.8	0.75	0.70

5）快速拉深法。当材料的拉深性能较好；材料较厚，承压能力强；且锥角 α 较小时，可采用由圆筒形经一次拉深直接压成锥形件的快速拉深法。图 4-67 所示高锥形拉深件，材料为 08F，厚度为 4mm，$h/d_2 = 144/148 = 0.97 > 0.8$，属于高锥形件。实际生产中已成功采用快速拉深法拉成。第一道工序先将直径为 325mm 的圆毛坯拉成内径为 178mm 的圆筒形件；第二道工序拉成直径为锥形件的平均直径，高度等于锥形件高度的带凸缘筒形件（图 4-68a）。为了保证材料有良好的塑性，每次拉深后，进行中间退火。第三道工序将圆筒件直接拉成锥形件（图 4-68b）。

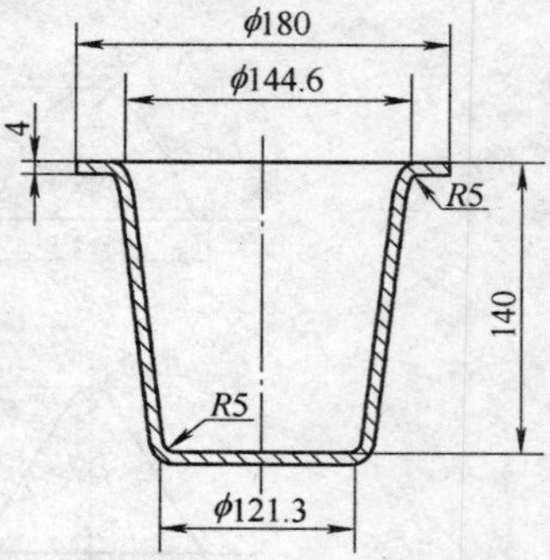

图 4-67　高锥形件

锥体成形过程如图 4-69 所示。当凸模向下运动，刚与带凸缘筒形坯件接触时，坯件在凸模锥面的导引下，首先自动对中；凸模继续下降，坯件在压力作用下，*A* 区与 *B* 区同时开始变形。*A* 区材料在压力 *F* 的作用下，沿凹模斜面顺箭头方向向上流动；同时 *B* 区材料顺箭头方向向下流动，其变形相当于内翻边过程。当凸模到达下止点时，锥形件即被压成。

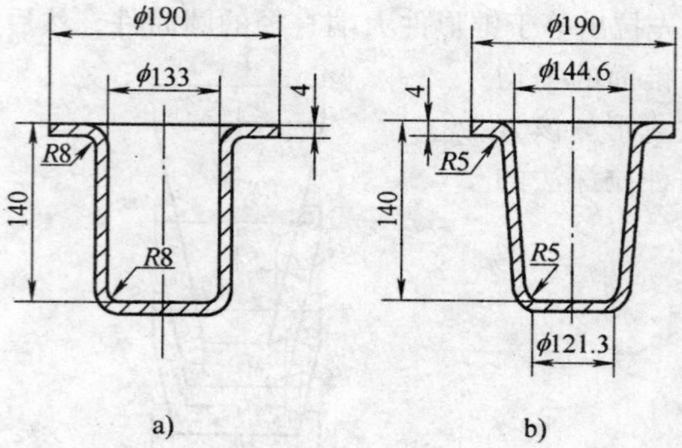

图 4-68　锥形件快速拉深法

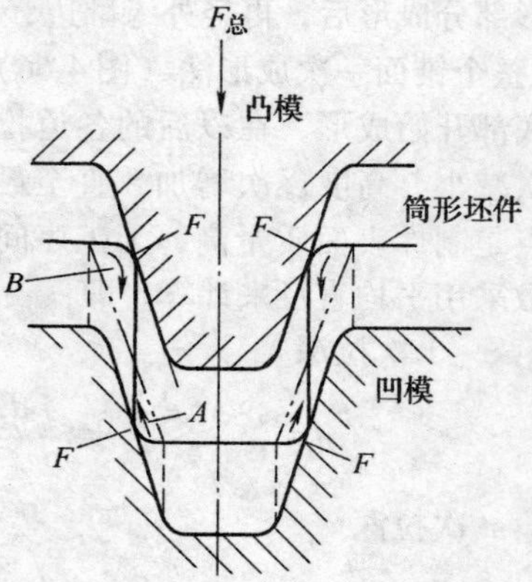

图 4-69　锥件成形过程分析

2. 用不带压边装置的模具成形

锥形件的拉深变形过程，与其几何形状参数：相对高度、锥度及材料相对厚度有关。属于下列情况时，可以采用不带压边装置的模具成形。

1）制件的形状尺寸精度要求不高，而且坯料的相对直径 D/d_1 或锥形件的相对高度 h/d_1 之值，不超过表 4-26 或表 4-27 给出的极限值，都可以利用不带压边装置的模具一次拉深成形。为了确保制件质量，应该采用带底凹模，在成形临终进行镦压校形。

2）中锥形件（$h/d_2 = 0.3 \sim 0.7$），当材料相对厚度 $t/D \times 100 > 2.5$ 时，可采用不带压边装置的模具一次拉深成形，但需精压整形（图 4-54）。

3）深锥形件（$h/d_2 > 0.8$），当材料相对厚度 $t/d_2 \times 100 > 1$，大端直径 $d_2 < 50\text{mm}$ 的小型深锥形件，可采用不带压边装置的模具，通过圆筒形过渡从圆筒口部逐渐拉深成形。图 4-70 所示零件，就是利用图 4-71 所示的不带压边装置的模具，从圆筒口部逐渐拉深成形的实例。

此外，对于某些无底的锥形件，可以采用带孔的毛坯压制成形，或者利用管坯通过缩口成形。

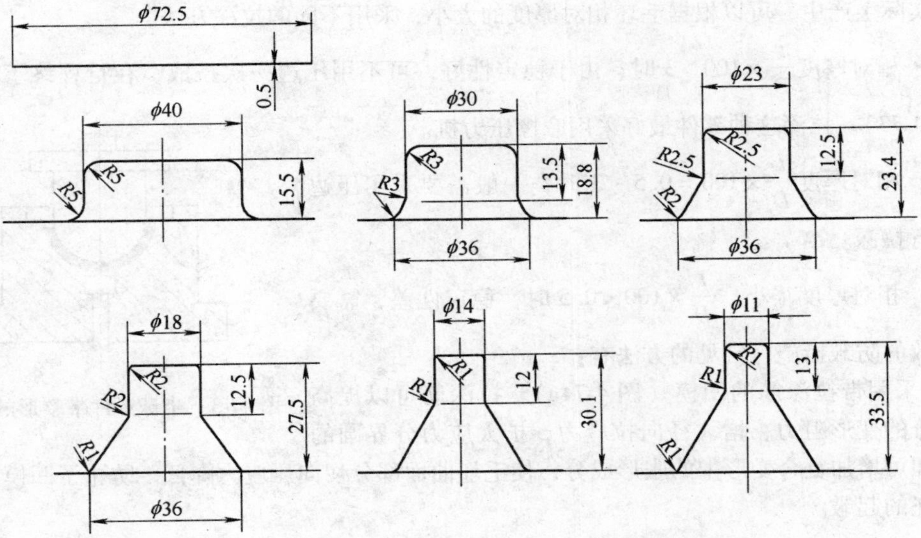

图 4-70　不用压边装置从圆筒口部逐渐拉深锥形件的实例

三、球形件的拉深

球形件拉深时，毛坯与凸模的球形顶部局部接触，其余大部分处于悬空的不受模具约束的自由状态。因此拉深成形的主要工艺问题，同样是局部接触部分的严重变薄乃至破裂，或者凹模口内毛坯曲面部分的失稳起皱。

球形件主要包括：半球形件、浅球形件及椭球形件三类，现分别介绍如下：

(一) 半球形件

常见的半球形件如图 4-72 所示。半球形件的拉深系数，对于任何直径，均为定值。即

$$m=\frac{d}{D}=\frac{d}{\sqrt{2}d}=0.71$$

故变形程度不大，可一次拉出。但要特别注意底部拉破和球壁起皱两个问题，其中起皱问题更为突出，故毛坯的相对厚度$\frac{t}{D}\times 100$是决定拉深难易和选定拉深方法的主要依据。

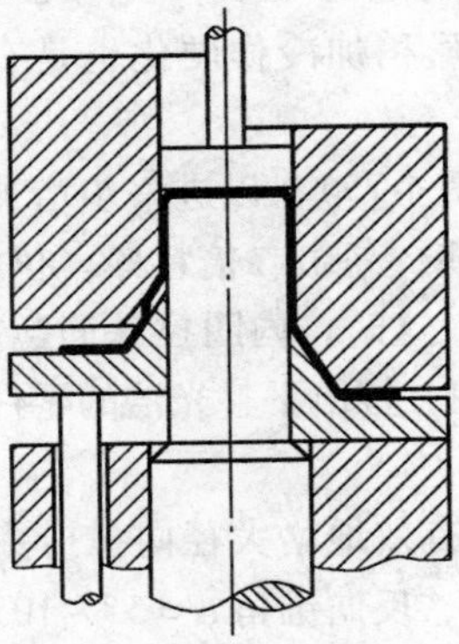

图 4-71　不带压边装置的拉深模

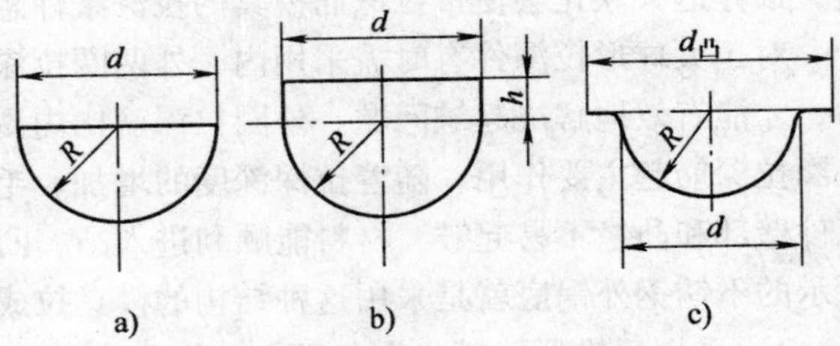

图 4-72　半球形件

a）半球形件　b）带直壁的半球形件　c）带凸缘的半球形件

在实际生产中，可以根据毛坯相对厚度的大小，采用不同的拉深方法。

（1）相对厚度$\frac{t}{D}\times100>3$时，由于稳定性好，可不用压边一次拉成，在行程终了须进行整形（图4-73）。拉深这种零件最好采用摩擦压力机。

（2）相对厚度$\frac{t}{D}\times100=0.5\sim3$时，一般需要采用压边装置进行拉深。

（3）相对厚度很小，$\frac{t}{D}\times100<0.5$时，稳定性差，需要采取有效的防皱措施。常见的方法有：

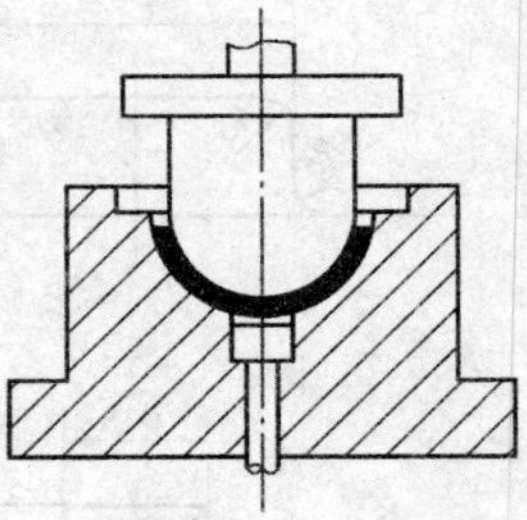

图4-73　半球形件带整形的拉深模

1）采用带拉深筋的凹模（图4-74a）。拉深筋可以提高凸缘部分的变形阻力，增大径向拉应力，扩大应力分界圆的直径。即可增加复合变形中的胀形成分，使毛坯曲面部分切向压应力降低，防止了凹模口内曲面部分毛坯的起皱。

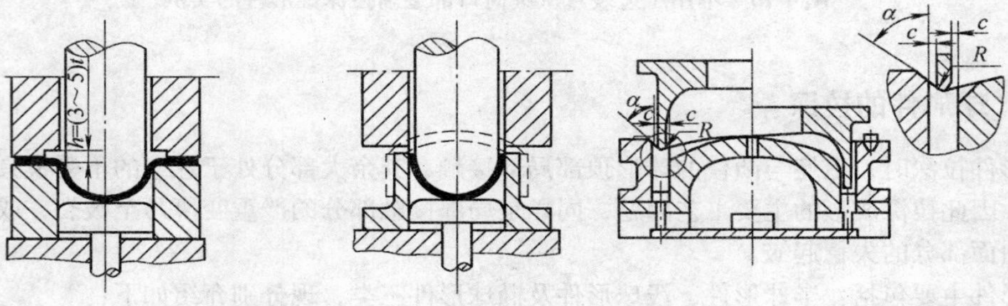

图4-74　半球形件拉深的防皱方法

a）带拉深筋凹模　b）反拉深　c）正、反方向联合拉深

带拉深筋的压边装置，对毛坯厚度波动、压力机调整和操作因素波动的影响不敏感，所以采用拉深筋防皱的工艺稳定性较高。

采用拉深筋防皱时，为了避免由于增大径向拉应力而可能导致胀形破裂，要求毛坯选用高强度、高塑性和n值大的材料。毛坯的相对厚度较小时，经预变形稍加冷作硬化也是有利的。但是，预先退火软化会使带拉深筋模具的拉深条件恶化。

对于大球形拉深件有时需采用内、外两圈拉深筋的凹模（图4-75），以进一步增加径向拉应力，才能有效地解决起皱问题。外圈拉深筋比内圈拉深筋稍高些，高出二倍料厚。拉深开始时，外圈拉深筋起主要作用，随着拉深深度的增加，毛坯向里收缩，这时，内圈拉深筋起主要作用，工件壁部和凸缘不易起皱，材料能顺利进入凸、凹模的间隙之中，拉出平整光洁的零件。图4-76所示的不锈钢外锅底就是采用这种结构的模具拉成的。

2）采用反锥形凹模（图4-77）。采用反锥形凹模时，为了有效地增大径向拉应力，应采取尽可能小的凹模圆角半径。一般可取凹模圆角半径$r_{凹}=(2\sim3)t$，反向锥角$\alpha=5°\sim10°$。

3）采用反拉深（图4-74b）。首先拉深出带凸形底部的圆筒形件，然后再用反拉深成形。反拉深时由于毛坯与凹模圆角处的包角为180°，材料沿凹模滑动时摩擦阻力大，增加了径向拉应力，使凹模口内悬空部分毛坯的切向压应力减小，因此不易起皱。

图 4-74c 所示为正、反向联合拉深模，该模具设计的关键是 a、c 及 R 数值的确定，只要取值合理，就不会产生起皱和破裂现象，成品合格率可达 100%。根据实际生产经验可取：$\alpha=60°$，$e=(1+0.05)t$，$R=5t$（t 为材料厚度）即可。此模具磨损极小，寿命高，用一般铸铁就可以制造。此模具拉深大球形件（图 4-78）生产效率高，成本低，经济效益好。

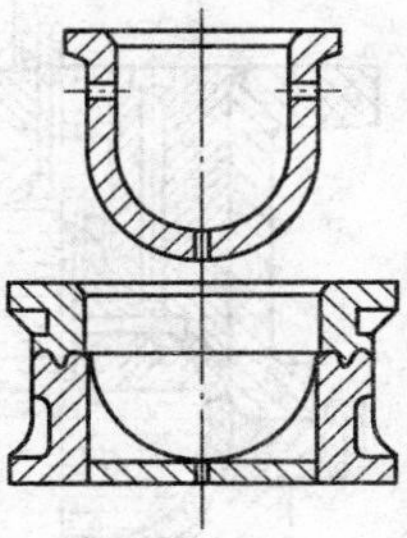

图 4-75 具有内、外圈拉深筋的模具

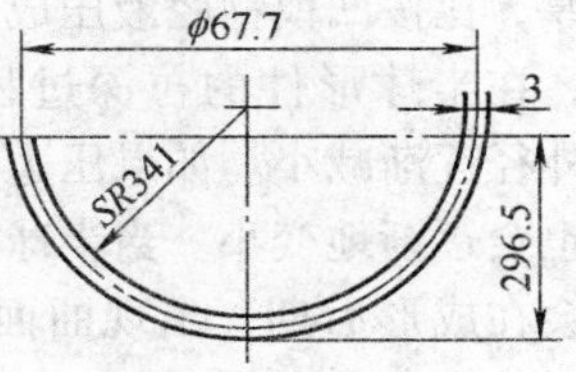

图 4-76 GZ-120 外壳底

材料：1Cr18Ni9Ti

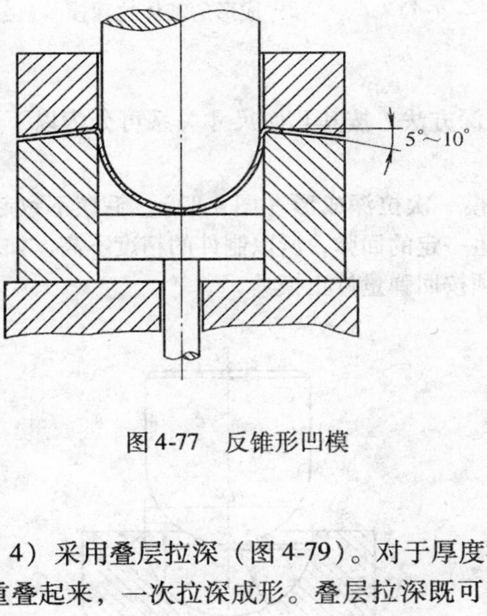

图 4-77 反锥形凹模

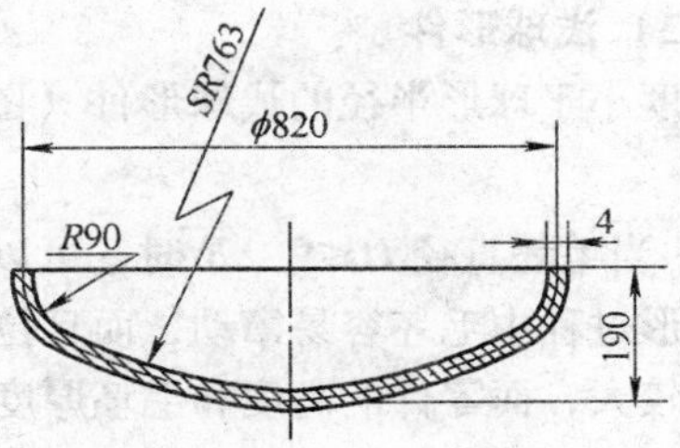

图 4-78 GZ-200 外锅底

材料：1Cr18Ni9Ti

4）采用叠层拉深（图 4-79）。对于厚度很薄、精度要求不同的半球形件，可以将 2～3 块毛坯重叠起来，一次拉深成形。叠层拉深既可以改善毛坯总体的抗失稳能力，又可以提高生产效率。

对于精度要求较高的半球形件，可以采用多层（2～3 层）毛坯经多次拉深成形。各道拉深的凹模孔尺寸逐渐增大，最后一道采用单层毛坯（前道工序的半成品）进一步拉深成形。

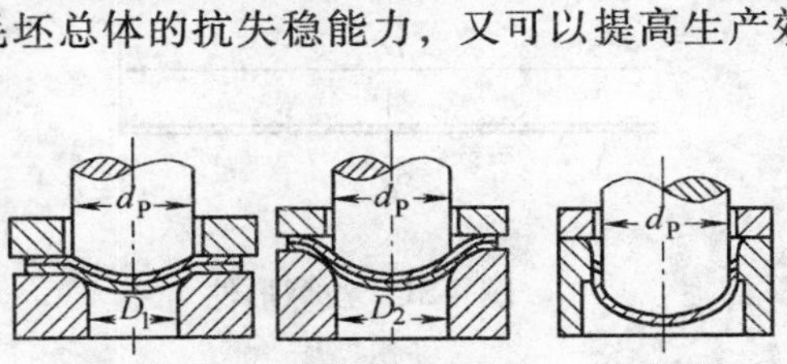

图 4-79 叠层拉深

5）采用液体拉深。这是一种利用液体压力，驱使毛坯按模具（凸模或凹模）拉深成形的方法，它可分为按凹模液压成形与按凸模液压成形两种方式，两者的变形特点及应用范围都有所不同。液体压力来自压力机的工作行程或高压泵，或来自两者的联合作用。液体拉深也可以和刚性模具的拉深结合使用。

图 4-80 所示为装在双动压力机上按凹模型腔成形半球形件的液体拉深模。工作液体是油，

密封在橡胶囊内，液体压力是来自压力机的工作行程。

按凹模型腔液压成形的特点：①不需要金属凸模与凹模配合；②可以不使用压力机进行液体拉深；③毛坯上压力分布比较均匀，半球形件可能一次成形；④制件壁厚不均，半球形件的顶部变薄量较大。

按凸模形状液压成形时，液体压力把毛坯紧紧地压靠在凸模上，可以阻止毛坯过量变薄，所以按凸模形状液压成形制件的壁厚，比按凹模型腔液压成形的均匀。

另外，在半球形件的拉深过程中，随着成形深度的增大，毛坯外径逐渐减小。如果压边力的数值不变，应力分界圆的直径也会逐渐地变小。当半球形件残留的凸缘宽度过小时，经常会在成形后期，出现曲面部分的起皱现象。相反，如果半球形件带有高度为（0.1～0.2）d 的竖壁，或带有每边宽度为（0.1～0.15）d（d 为半球形件直径）的凸缘时，一般都不会明显增加成形的难度，反倒有利于阻止曲面部分的起皱。所以，对于不带竖壁或不带凸缘的半球形件，为了保证制件的形状、尺寸精度，一般可以考虑附加工艺余料，成形后再予以切除。

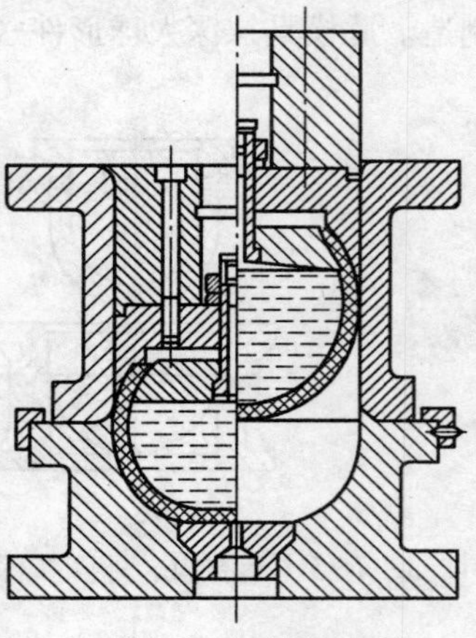

图 4-80　按凹模型腔成形的液体拉深模

（二）浅球形件

高度小于球形半径的浅球形件（图 4-81）的拉深方法，按其几何尺寸关系可分为以下两种情况：

1）当毛坯直径 $D\leqslant 9\sqrt{Rt}$ 时，可以用带底的凹模一次拉深成形（图 4-82），毛坯不致起皱。但在变形过程中毛坯容易窜动，而且拉深后可能产生一定的回弹，所以制件的精度不高。如果球面半径较大，而零件的高度和毛坯厚度较小时，必须按回弹量修正模具。

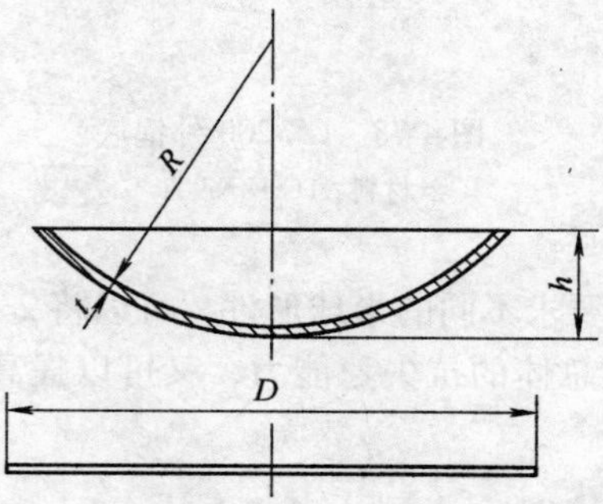

图 4-81　浅球形件

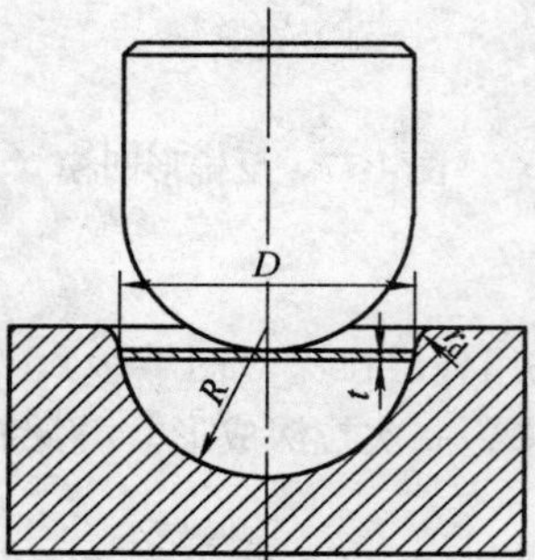

图 4-82　带底凹模

不用压边拉深浅球形件的成形极限见表 4-29。确定成形上极限值的条件是：制件上出现轻微的起皱痕迹，表面已经不再十分光滑，但采用带底的凹模校形，表面质量可以得到一定程度的改善。成形的下极限条件是：制件不出现起皱痕迹，表面十分光滑。

上极限值用于成形质量要求不高的浅球形件；下极限值用于成形质量要求较高的浅球形件。

2）当毛坯直径 $D>9\sqrt{Rt}$ 时，需要用带压边装置的模具，甚至还需要设置拉深筋，一次拉深成形。此时毛坯需要附加一定宽度的凸缘（工艺余料），拉深后再行切除。

表 4-29　不用压边装置拉深浅球形件的成形极限　　（单位：mm）

球面半径 RR	毛坯厚度 t	可能拉深的毛坯最大直径 D	
		勉强成形的上极限值	成形良好的下极限值
50	0.75	83	73
	1	90	76
	2	130	120
75	0.75	102	93
	1	120	102
	2	145	130
25	0.75	—	50～55

（三）椭球形件

如图 4-83 所示的椭球形件与半球形件相比，其凸模底部趋于平缓，相对高度明显减小（$h/d<0.5$）。椭球形件拉深时，毛坯变形中的胀形成分小于半球形件，所以椭球形件拉深的难度有所减轻。

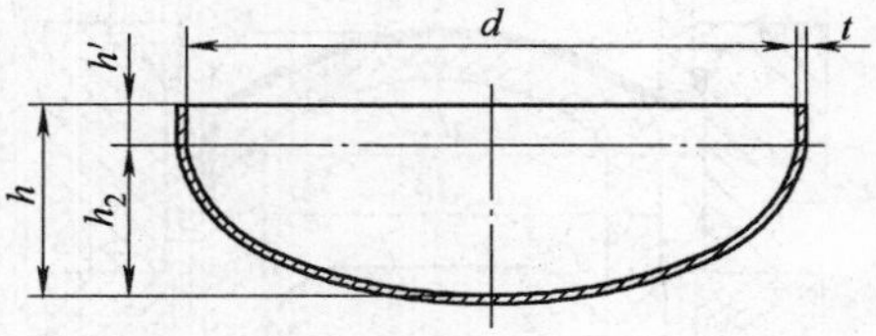

图 4-83　椭球形件

根据毛坯的相对厚度的不同，椭球形件的拉深方法可分为：

1. 用带压边圈的模具成形

当毛坯的相对厚度$\frac{t}{D}\times100\leqslant1.1$时，需要采用带压边圈的模具拉深成形。具体方法与半球形件相对厚度$\frac{t}{D}\times100<0.5$时的拉深方法相同。

2. 用不带压边圈的模具成形

当毛坯的相对厚度$\frac{t}{D}\times100>1.1$时，可以采用不带压边圈的模具拉深成形。生产中成功地采用如图 4-84 所示的正、反复合拉深的方法成形。

毛坯可以分成两部分：凸凹模模口内部的中间部分；凸凹模模口外部的外周部分。拉深过程中，中间部分毛坯靠自身的胀形变形与外周部分的拉深变形，逐渐贴靠凸模。外周部分毛坯连续地通过凸凹模，经受正、反复合拉深变形。

图 4-84a 是不用压边的正、反复合拉深模具的结构原理图。图 4-84b 是这种拉深方法的力-行程曲线，并显示出与曲线上 1、2、3、4 诸点对应的毛坯变形位置。

模具间隙确定如下：

凸凹模与凹模的单面间隙为（1.3～1.5）t；

凸凹模与凸模的单面间隙为（1.2～1.3）t。

这种拉深方法的特点是不需用压边装置，也不需用带拉深筋的凹模。正、反复合拉深是利用凸凹模在同一冲程中依次连续地完成，零件壁厚比较均匀，表面光滑平整。

四、抛物线形件的拉深

抛物线形件的相对高度 h/d 较大、顶部圆角半径 r 较小，尤其是在毛坯的相对厚度$\frac{t}{D}\times100$较小时，拉深的难度就更大（图 4-85）。为了毛坯的顺利贴模和防止起皱，应该提高胀形成分和加大径向拉应力。但是这样又经常受到毛坯承载能力的限制，因此应该根据抛物线形件相对高度 h/d 和毛坯相对厚度$\frac{t}{D}\times100$的不同，相应采用合适的拉深方法。

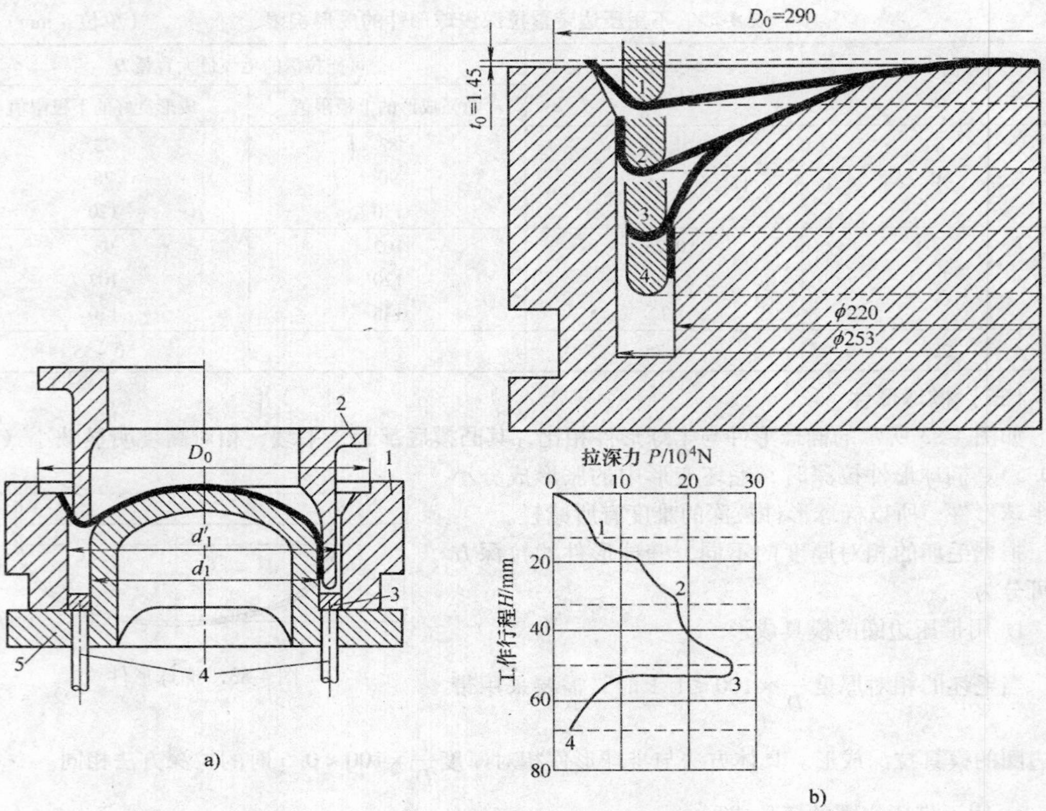

图4-84　正、反复合拉深

1—正拉深凹模　2—凸凹模　3—顶件板　4—顶杆　5—反拉深凸模

（一）浅抛物线形件（h/d≤0.5~0.6）

浅抛物线形件的高度小，几何形状与半球形件相近，因此，拉深方法与半球形件相似。即根据毛坯相对厚度$\frac{t}{D}\times100$，参照半球形件选用适当的拉深方法。

例如：汽车灯的外罩（图4-86）$d=126$mm，$h=76$mm，$t=0.7$mm，材料为08钢，毛坯直径$D=190$mm。按照$h/d=76/126=0.603$，$\frac{t}{D}\times100=0.37$，属于半球形件的第三种情况，可以采用带两道拉深筋的压边装置的模具，在双动压力机上一次拉深成形。

（二）深抛物线形件（$h/d>0.6$）

深抛物线形件的相对高度较大，特别是在毛坯的相对厚度较小时，需经多道拉深过渡才可能最终成形。如果对某一中间过渡形状处理不当，就会引起波纹、皱折、破裂等缺陷。所以应该根据零件相对高度和毛坯相对厚度的大小，分别选用适当的拉深方法。

1. 多道拉深法

1）相对高度h/d≤0.7，毛坯相对厚度$\frac{t}{D}\times100>0.3$时，失稳起皱的可能性较小，一般均可经三道拉深成形。如图4-87a所示，先按图样尺寸使口部拉深成近似的形状，然后在增加高度的同时，再使底部拉深成近似的形状，最后拉深成零件的形状。采用拉深筋压料，各道拉深的相对高度：

第一道拉深　$h_1/d=0.46\sim0.54$；
第二道拉深　$h_2/d=0.56\sim0.64$；
第三道拉深　$h_3/d=0.65\sim0.70$。

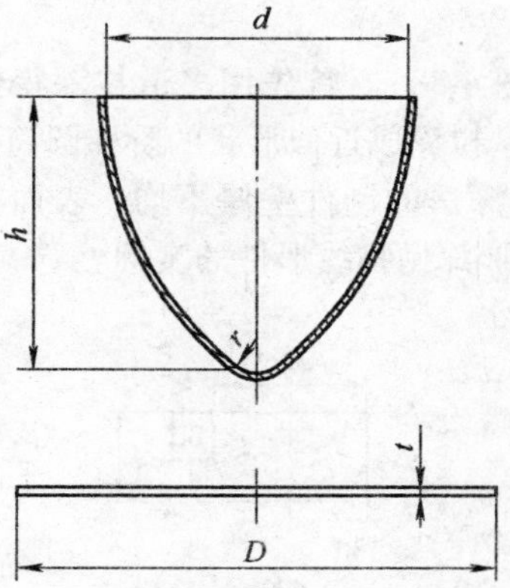

图 4-85　抛物线形件

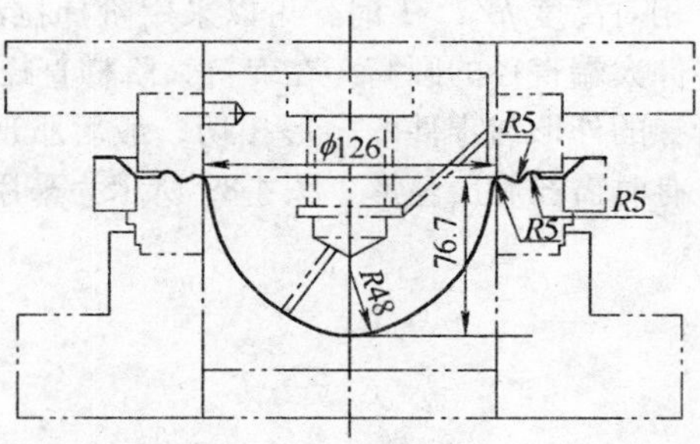

图 4-86　汽车灯的外罩

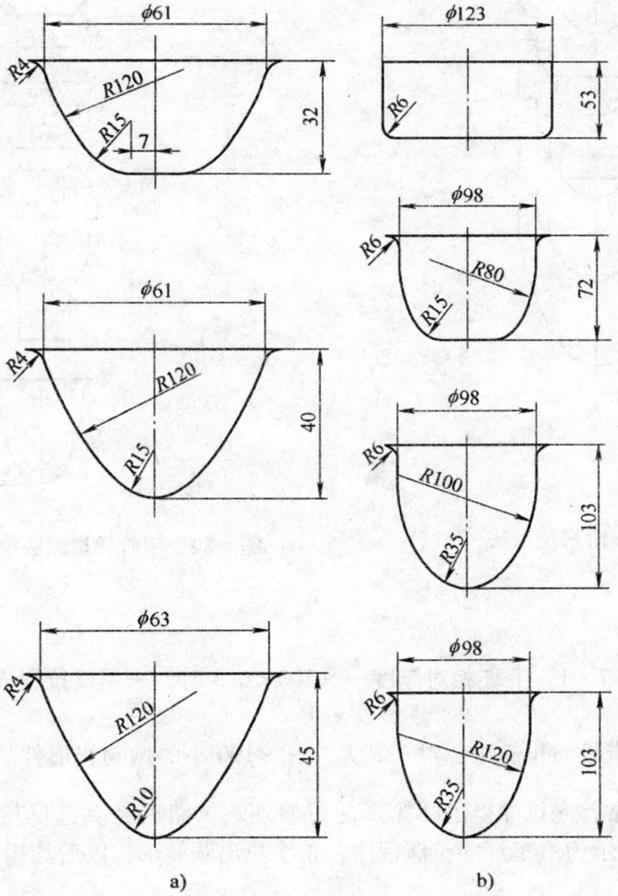

图 4-87　多道拉深成形实例

2）相对高度 $h/d \leqslant 0.7$，毛坯相对厚度较小时，失稳起皱的可能性较大，需经多道拉深过渡逐渐成形，如图 4-87b 所示。首先拉深成圆筒形（侧壁与底部用锥形或圆角过渡），再经多道拉深使圆筒直径接近零件大端开口的直径。然后在后继拉深过程中，保持开口尺寸不变，从口部开始逐次接近零件的形状。最后经胀形成形。

2. 阶梯拉深法

相对高度 $h/d>1$ 时，可以采用阶梯拉深逐渐成形（图 4-88）。首先用多道拉深得到直径等于零件大端直径的圆筒，在保持大阶梯直径不变的情况下，拉深成近似形状的阶梯圆筒形件，使各阶梯的外形与零件的内形相切，最后胀形成形。阶梯拉深法的制件壁厚不均，表面有过渡压痕，有时需经旋压整形。图 4-89 所示为采用阶梯拉深法成形深抛物线形件的实例。

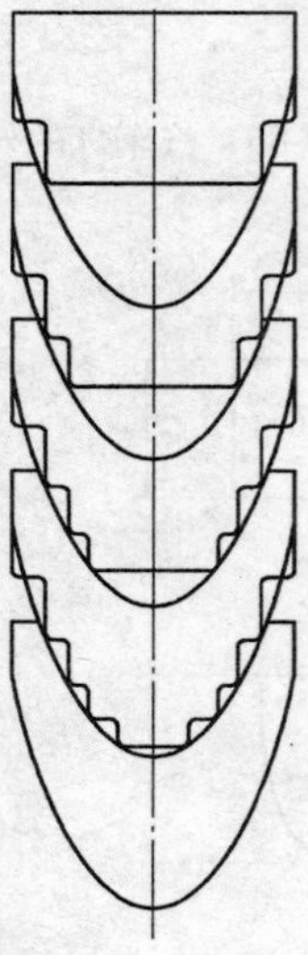

图 4-88　阶梯拉深法

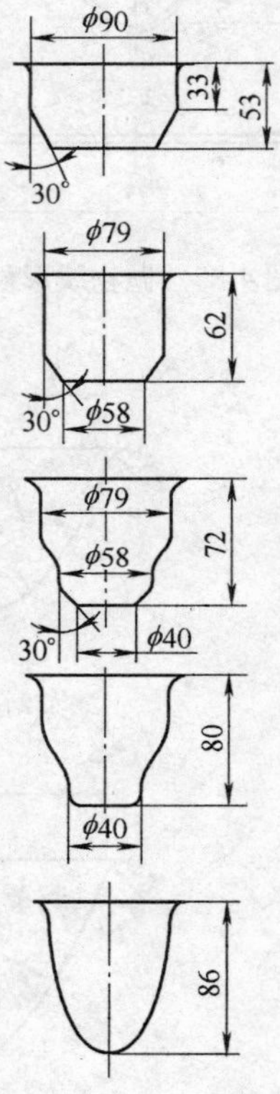

图 4-89　用阶梯拉深法拉深抛物线形件的实例

3. 反拉深法

相对高度 $h/d=0.7\sim1$，毛坯相对厚度 $\frac{t}{D}\times100<0.3$ 时，采用反拉深成形。反拉深法能增加径向拉应力，从而能有效防止起皱，对 h/d 大，$\frac{t}{D}\times100$ 小的抛物线形件的拉深，可收到较好的效果。反拉深法，通常首先拉深得出圆筒形的过渡坯料，然后经多道反拉深，最后用拉深成形（图 4-90）。图 4-91 所示为汽车灯的拉深程序，首次拉出圆筒形，以后均用反拉深逐渐拉成。

4. 曲面增大法

相对高度 $h/d>1$ 时，也可以采用曲面增大法逐渐拉深成形（图 4-92）。根据圆筒形件的拉深系数进行计算，由制件口部逐渐增大曲面，最后成形。制件表面质量较好。

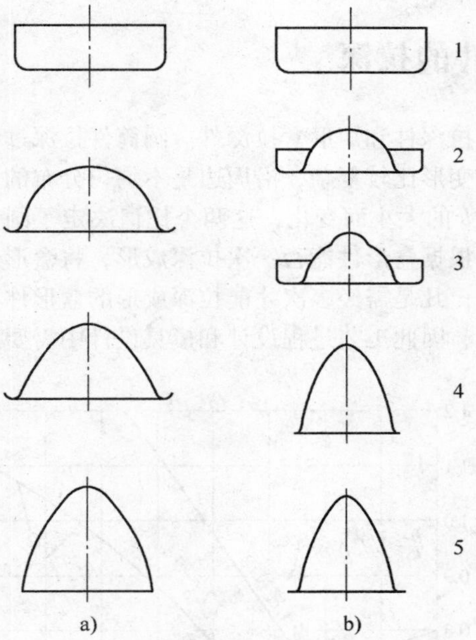

图 4-90 反拉深法

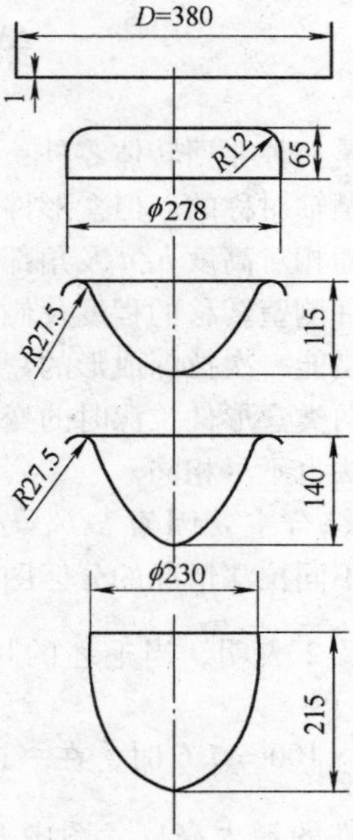

图 4-91 汽车灯的拉深程序

5. 液压机械拉深法

液压机械拉深时，毛坯在液压作用下，在凸凹模的间隙之间形成反凸而构成液体“凸坎”（图 4-93 中的 *A* 部分），它起着拉深筋的作用；同时，凸模下压时造成的液体压力使毛坯反拉而贴靠凸模成形，创造了良好的成形条件。这种方法与普通拉深相比，可大大增加一道工序的变形程度，且零件壁厚均匀，表面光滑美观，特别适合于抛物线形件和锥形件的拉深。图 4-94 所示的抛物线形件 h/d 高达 1.2，采用液压机械拉深，一次即可拉出，可代替 7 ~ 8 次普通拉深工序。

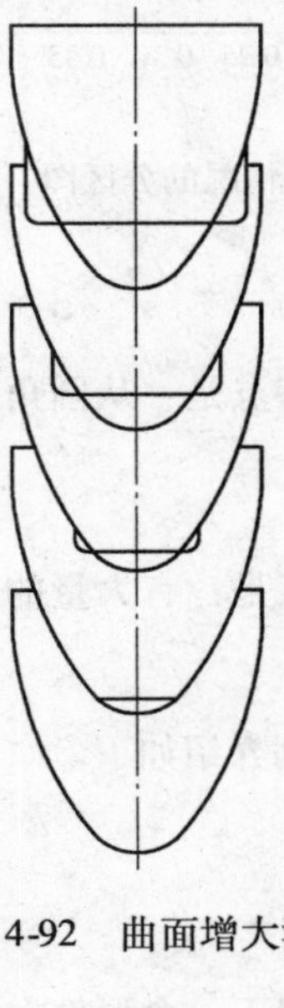

图 4-92 曲面增大法

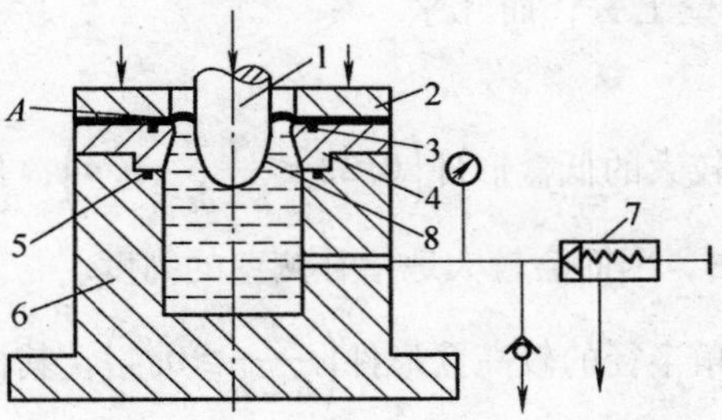

图 4-93 液压机械拉深法

1—凸模 2—压边圈 3、5—密封圈 4—凹模板

6—底座 7—压力控制阀 8—毛坯

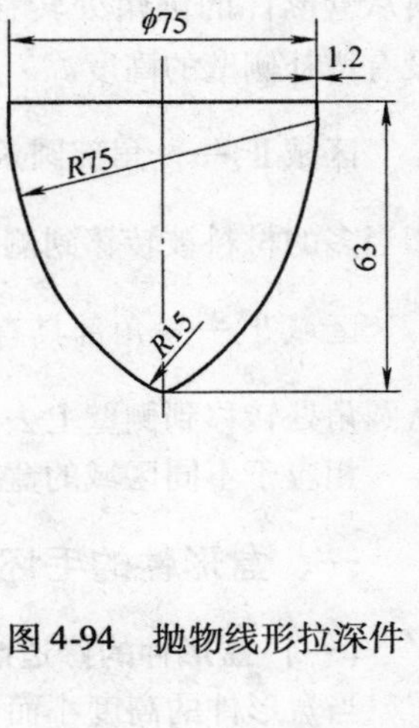

图 4-94 抛物线形拉深件

第六节　盒形件的拉深

盒形件是一种非回转体零件，盒形件包括方形盒拉深件和矩形盒拉深件。圆筒件拉深过程的应力和变形是轴对称的。但盒形件拉深过程的应力和变形比较复杂，沿周边是不均匀分布的。其不均匀程度随相对高度 h/d 及角部的相对圆角半径 r/b 的大小而变化，这两个比值决定了圆角部分材料向工件侧壁转移的程度及侧壁高度的增补量。根据盒形件能否一次拉深成形，将盒形件分为两类，凡是能一次拉深成形的盒形件称为低盒形件；凡是需经多次才能拉深成形的盒形件称为高盒形件。两类盒形件拉深时的变形特点是有差别的，因此工艺过程设计和模具设计中需要解决的问题和方法也不尽相同。

图4-95综合主要因素 h/b、r/b 和 t/D，制订出盒形件不同拉深情况的分区图。

曲线1及2表明，当毛坯的相对厚度 $\frac{t}{D}\times 100=2$ 及 $\frac{t}{D}\times 100=0.6$ 时，在一道工序内所能拉深的盒形件的最大高度。图中 h 为计入修边余量的工件高度，b 为矩形盒的短边宽度，r 为壁与壁之间的圆角半径，D 为毛坯尺寸，对圆形毛坯为其直径，对矩形毛坯为其短边宽度。

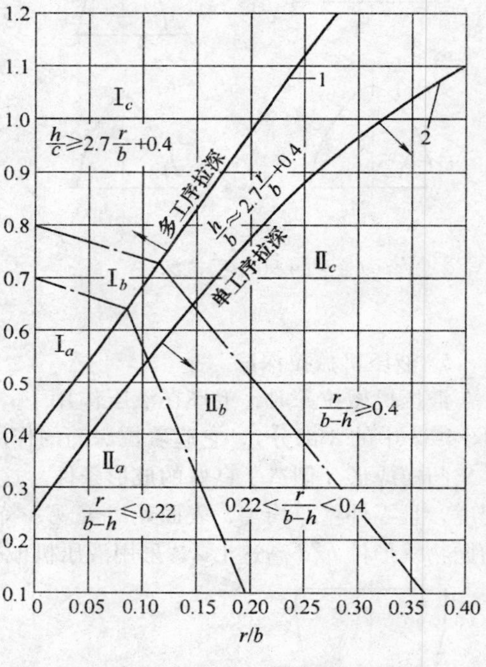

图4-95　盒形件不同拉深情况的分区图

位于界限线以上的区域是经多次拉深而成的高盒形件范围（$\mathrm{I}_a\sim\mathrm{I}_c$），低于界限线的区域是经一次拉深而成的低盒形件范围。根据盒形件角部材料转移到侧壁的程度，后者又分为三个区域：

区域 II_a——角部圆角半径较小的低盒形件 $\left(\frac{r}{b-h}\leqslant 0.22\right)$，其拉深特点是：只有微量的材料从盒形件的圆角处转移到侧壁上去，而几乎没有增补侧壁的高度。

区域 II_b——角部圆角半径较大的低盒形件 $\left(0.22<\frac{r}{b-h}<0.4\right)$，其拉深特点是：从圆角处有相当多的材料被转移到侧壁上去，因而会较大地增补侧壁的高度。

区域 II_c——角部具有大圆角半径的较高盒形件 $\left(\frac{r}{b-h}\geqslant 0.4\right)$，其拉深特点是：有大量的材料从圆角处转移到侧壁上去，因而会大大增补侧壁的高度。

相应于不同区域的盒形件，具有不同的毛坯计算和工艺计算方法，现分别介绍如下。

一、盒形件的毛坯计算

（一）盒形件的修边余量

当盒形件的高度小而且对上口要求不高时，才可免去修边工序。一般情况下，盒形件在拉深后都需要修边，所以在确定其毛坯尺寸和进行工艺计算之前，应在工件高度或凸缘宽度上加修边余量，无凸缘盒形件的修边余量见表4-30，带凸缘盒形件的修边余量可参考表4-5选取，使用表中数据时，表中 $d_凸$ 改为 $b_凸$，即盒形件短边凸缘宽度；d 改为 b，即盒形件短边宽度。

表4-30 无凸缘盒形件的修边余量

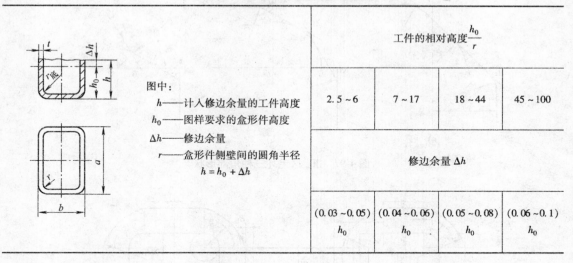

	工件的相对高度 $\frac{h_0}{r}$			
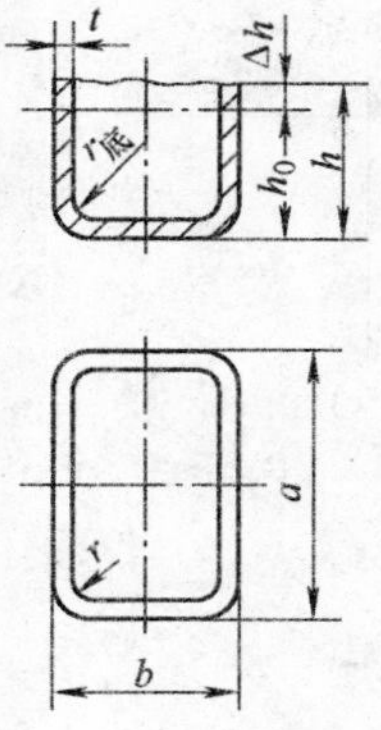 图中： h——计入修边余量的工件高度 h_0——图样要求的盒形件高度 Δh——修边余量 r——盒形件侧壁间的圆角半径 $h=h_0+\Delta h$	2.5~6	7~17	18~44	45~100
	修边余量 Δh			
	$(0.03\sim0.05)h_0$	$(0.04\sim0.06)h_0$	$(0.05\sim0.08)h_0$	$(0.06\sim0.1)h_0$

（二）低盒形件的毛坯计算

1. Ⅱ$_a$ 区——角部圆角半径较小的低盒形件 $\left(\frac{r}{b-h}\leqslant 0.22\right)$ 毛坯尺寸的计算和作图程序如下：

（1）直边部分按弯曲变形计算，其展开长度 l（图4-96）由下式确定

无凸缘时 $$l=h+0.57r_底 \tag{4-13}$$

带凸缘时 $$l=h+R_凸-0.43(r_凸+r_底) \tag{4-14}$$

（2）圆角部分按四分之一圆筒形件拉深变形计算，展开的角部毛坯半径 R 用以下各式进行计算

无凸缘时 当 $r=r_底$：

$$R=\sqrt{2rh} \tag{4-15}$$

当 $r\neq r_底$：

$$R=\sqrt{r^2+2rh-0.86r_底(r+0.16r_底)} \tag{4-16}$$

带凸缘时

$$R=\sqrt{R_凸^2+2rh-0.86(r_凸+r_底)+0.14(r_凸^2-r_底^2)} \tag{4-17}$$

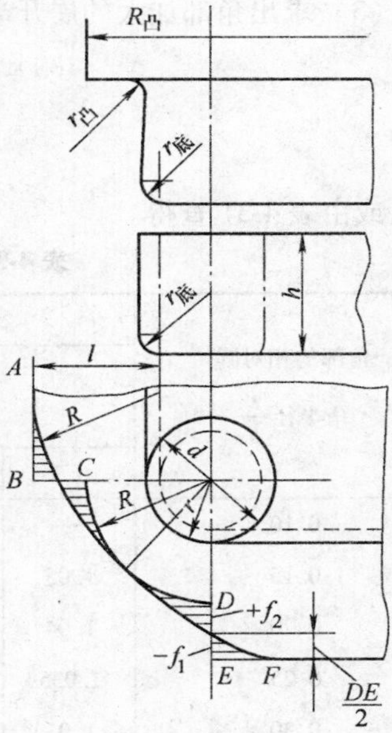

图4-96 低矩形盒的毛坯作图法

（3）作出从圆角部分到直边部分呈阶梯形过渡的平面毛坯 $ABCDEF$。

（4）过线段 BC、DE 中点分别向半径 R 的圆弧作切线，并用圆弧圆滑过渡，使 $f_1=f_2$，最好得到如图4-96所示的角部毛坯轮廓线。

根据盒形件几何尺寸的不同，Ⅱ$_a$ 区毛坯可能有如图4-97所示的三种角部形状。

2. Ⅱ$_b$ 区——角部圆角半径较大的低盒形件 $\left(0.22<\frac{r}{b-h}<0.4\right)$ 毛坯尺寸的计算和作图程序如下：

（1）按上述公式求出直壁的展开长度 l 和角部的毛坯半径 R。

（2）作出从圆角到直壁有阶梯过渡形状的毛坯（见图 4-98）。

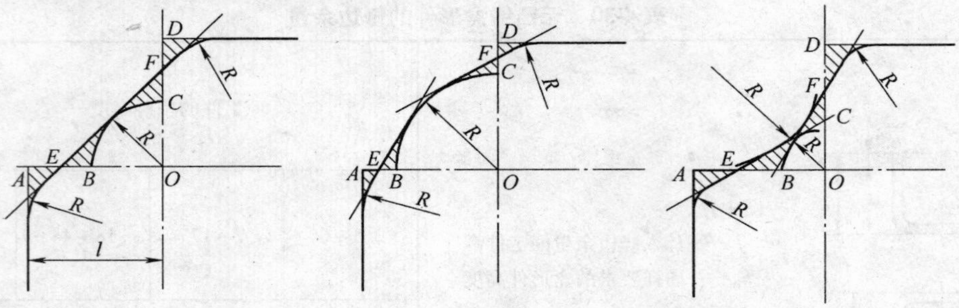

图 4-97　Ⅱ$_a$ 区毛坯三种角部形状

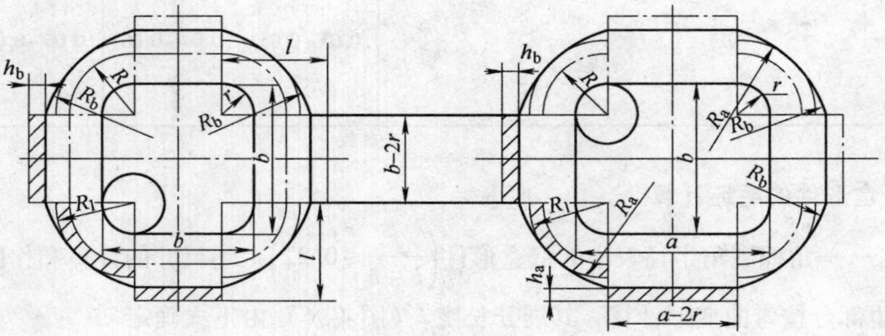

图 4-98　角部圆角半径较大的低盒形拉深件的毛坯作图法

a）方形盒　b）矩形盒

（3）求出角部加大的展开半径 R_1：

$$R_1 = xR \tag{4-18}$$

式中

$$x = 0.0185\left(\frac{R}{r}\right)^2 + 0.982 \tag{4-19}$$

或由表 4-31 查得。

表 4-31　计算盒形件毛坯尺寸用的系数 x 及 y 值

角部的相对圆角半径 $\frac{r}{b}$	系数 x 的值				系数 y 的值			
	相对拉深高度 $\frac{h}{b}$							
	0.3	0.4	0.5	0.6	0.3	0.4	0.5	0.6
0.10	—	1.09	1.12	1.16	—	0.15	0.20	0.27
0.15	1.05	1.07	1.10	1.12	0.08	0.11	0.17	0.20
0.20	1.04	1.06	1.08	1.10	0.06	0.10	0.12	0.17
0.25	1.035	1.05	1.06	1.08	0.05	0.08	0.10	0.12
0.30	1.03	1.04	1.05	—	0.04	0.06	0.08	—

（4）求出在直壁部分展开长度上应切去的条形宽度 h_a 和 h_b（图4-98）。h_a 和 h_b 的大小可根据角部毛坯半径由 R 扩大到 R_1 所增加的圆环面积与切去的条形面积相等的关系确定。分别按下列公式计算：

$$h_a = \gamma \frac{R^2}{a-2r} \tag{4-20}$$

$$h_b = \gamma \frac{R^2}{b-2r} \tag{4-21}$$

式中 γ——系数，可由表4-31查得。

（5）对展开尺寸进行修正，即将半径 R 增大到 R_1，将长度 l 减小 h_a 和 h_b。

（6）根据修正后的毛坯长度、宽度和角部半径，分别用圆弧半径 R_a，R_b 连成光滑的外形，就可得出所要求的毛坯形状和尺寸。

圆弧半径 R_a 和 R_b 可分别等于边长为 a 和 b 的方盒形件的圆形毛坯半径，可按公式（4-22）或公式（4-23）计算。

3. Ⅱ$_c$ 区——角部具有大圆角半径的较高盒形件$\left(\frac{r}{b-h} \geqslant 0.4\right)$毛坯尺寸是根据盒形件的表面积（按料厚中心线计算）和毛坯面积相等的原则求出，毛坯形状为圆形或扁圆形（图4-99）。

（1）对于方形盒拉深件可用圆形毛坯（图4-99a）。

当 $r = r_{底}$ 时，毛坯直径为

$$D = 1.13\sqrt{b^2 + 4b(h-0.43r) - 1.72r(h+0.33r)} \tag{4-22}$$

当 $r \neq r_{底}$ 时，毛坯直径为

$$D = 1.13\sqrt{b^2 + 4b(h-0.43r_{底}) - 1.72r(h+0.5r) - 4r_{底}(0.11r_{底} - 0.18r)} \tag{4-23}$$

（2）对于尺寸为 $a \times b$ 的矩形盒拉深件，可以看作由两个宽度为 b 的半正方形和中间为（$a-b$）的直边所组成。这时，毛坯形状是由两个半径为 R 的半圆弧和两个平行边所组成的扁圆形（图4-99b）。

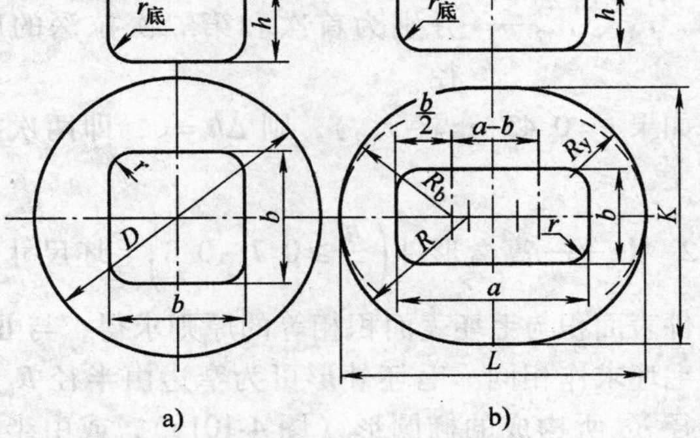

图4-99 角部圆角半径大的低盒形拉深件的毛坯形状和尺寸

a）方形盒 b）矩形盒

扁圆形毛坯的圆弧半径为：

$$R_b = \frac{D}{2}$$

式中 D 是尺寸为 $b \times b$ 的假想方形盒的毛坯直径，按式（4-22）或式（4-23）计算。

圆弧中心离工件短边的距离为$\frac{b}{2}$。

扁圆形的长度为

$$L = 2R_b + (a-b) = D + (a-b) \tag{4-24}$$

扁圆形毛坯的宽度为

$$K = \frac{D(b-2r) + [b+2(h-0.43r)](a-b)}{a-2r} \tag{4-25}$$

毛坯的作图方法如图4-99b所示。

当 $K \approx L$ 时，毛坯成为圆形 $R = 0.5K$

当$\frac{a}{b} < 1.3$，且$\frac{h}{b} < 0.8$ 时， $K = 2R_b = D$

（三）高盒形件的毛坯计算

根据毛坯形状及其确定方法的特点，高盒形拉深区可分为 I_a 和 I_c 两个区域，I_b 和 I_a 和 I_c 之间的过渡区域。

1. I_a 区——角部具有小圆角半径的较高盒形件 $\left(\dfrac{h}{b}\leqslant 0.7\sim0.8\right)$ 该区工件虽然相对高度并不大，但由于相对圆角半径较小，若一次拉深，因局部变形大，底部容易破裂，故须两次拉深。第二次拉深近似整形，主要目的是用来减小角部和底部圆角，而其外形不变，轮廓尺寸稍有改变，因此毛坯尺寸的求作与 II_a 相同（图 4-96）。

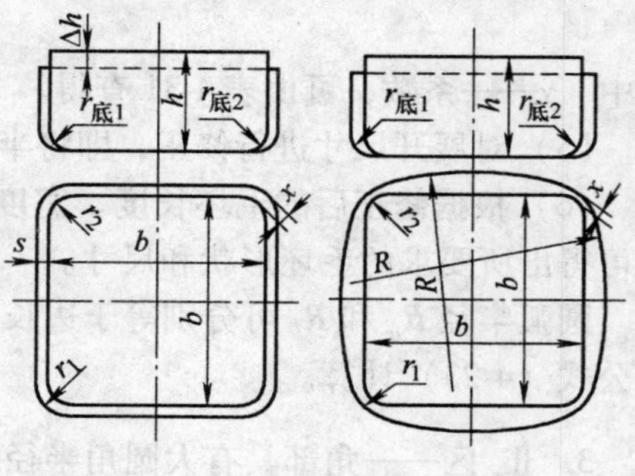

图 4-100　盒角半径进行整形的方盒形件的拉深

因考虑到工件圆角部分要两次拉深，同时材料有向侧壁挤流现象，故建议将展开圆角半径 R 加大 10% ~ 20%。

当 $r=r_{底}$ 时：

$$R=(1.1\sim1.2)\sqrt{2rh}$$

两次拉深的相互关系（图 4-100）应符合：

1）两次拉深的角部圆角半径中心不同。

2）第二次拉深可不带压边圈，故工序间的壁间距和角间距不宜太大。建议采用：

壁间距　$s=(4\sim5)t$

角间距　$x\leqslant 0.4b=0.5\sim2.5\mathrm{mm}$

3）第二次拉深高度的增量

$$\Delta h=s-0.43(r_{底1}-r_{底2})$$

式中　$r_{底1}$、$r_{底2}$——分别为首次和第二次拉深的底角半径。

如果 $s=0.43(r_{底1}-r_{底2})$，则 $\Delta h=0$，即两次拉深高度不变。

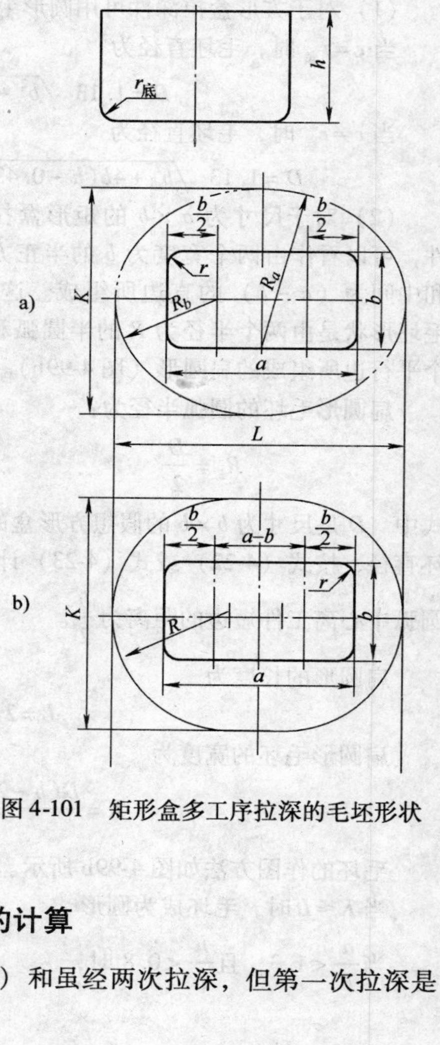

图 4-101　矩形盒多工序拉深的毛坯形状

2. I_c——高盒形件 $\left(\dfrac{h}{b}\geqslant 0.7\sim0.8\right)$ 毛坯尺寸是根据盒形件表面积与毛坯表面积相等的原则求得，与 II_c 区工件的毛坯求作相同。毛坯外形可为窄边由半径 R_b，宽边由半径 R_a 所构成的椭圆形（图 4-101a），或由半径 $R=0.5K$ 的两个半圆和两条平行边所构成的扁圆形（图 4-101b）。

L 和 K 可根据上述公式（4-24）、（4-25）计算。

椭圆宽边的圆弧半径

$$R_a=\frac{0.25(L^2+K^2)-LR_b}{K-2R_b} \tag{4-26}$$

当矩形盒的尺寸 a 与 b 相差不大，且有很大相对高度时，可直接采用圆形毛坯。

二、盒形件的拉深系数、拉深次数及工序尺寸的计算

低盒形件包括一次拉成的盒形件（II_a、II_b、II_c 区域）和虽经两次拉深，但第一次拉深是

主要的，第二次拉深近似整形者（I_a 区域）。

高盒形件是指相对高度很大需多次拉深者。

因此，在工序尺寸计算之前，要借助图4-95来判断所属类型，然后分别按照下述程序进行计算。

（一）低盒形件工序尺寸计算程序

1）按上述公式和方法计算毛坯尺寸。

2）计算相对高度$\frac{h}{b}$，与表4-32所列的$\left[\frac{h}{b}\right]$相比：

若$\frac{h}{b} \leqslant \left[\frac{h}{b}\right]$，则可一次拉成，若$\frac{h}{b} > \left[\frac{h}{b}\right]$，则不能一次拉成。

表4-32　在一道工序内所能拉深的矩形盒的最大相对高度$\left[\frac{h}{b}\right]$（材料：08、10钢）

角部的相对圆角半径 r/b	毛坯相对厚度$\frac{t}{D}\times 100$			
	2.0~1.5	1.5~1.0	1.0~0.5	0.5~0.2
0.30	1.2~1.0	1.1~0.95	1.0~0.9	0.9~0.85
0.20	1.0~0.9	0.9~0.82	0.85~0.70	0.8~0.7
0.15	0.9~0.75	0.8~0.7	0.75~0.65	0.7~0.6
0.10	0.8~0.6	0.7~0.55	0.65~0.5	0.6~0.45
0.05	0.7~0.5	0.6~0.45	0.55~0.4	0.5~0.35
0.02	0.5~0.4	0.45~0.35	0.4~0.3	0.35~0.25

注：1. 除了r/b和t/D外，许可拉深高度尚与矩形盒的绝对尺寸有关，故对较小尺寸的盒形件（$b<100$mm）取上限值，对大尺寸盒形件取较小值。

2. 对于其他材料，应根据金属塑性的大小，选取表中数据作或大或小的修正。例如1Cr18Ni9Ti和铝合金的修正系数约为1.1~1.15，20~25钢为0.85~0.9。

3）核算角部的拉深系数。对于低盒形件，由于圆角部分对直边部分的影响相对较小，圆角处的变形最大，故变形程度用圆角处的假想拉深系数来表示

$$m=\frac{r}{R_y} \tag{4-27}$$

式中　r——角部的圆角半径；

R_y——毛坯圆角部分的假想半径（如图4-96，R_y 即 R）。

当$r=r_{底}$时，拉深系数亦可用比值$\frac{h}{r}$来表示，因为

$$m=\frac{d}{D}=\frac{2r}{2\sqrt{2rh}}=\frac{1}{\sqrt{2\frac{h}{r}}} \tag{4-28}$$

盒形件第一次拉深系数m_1列于表4-33，若$m>m_1$，则可一次拉成。若$m<m_1$，则不能一次拉成。

表4-33　盒形件角部的第一次拉深系数m_1（材料：08、10钢）

$\frac{r}{b}$	毛坯的相对厚度$\frac{t}{D}\times 100$							
	0.3~0.6		0.6~1.0		1.0~1.5		1.5~2.0	
	矩形	方形	矩形	方形	矩形	方形	矩形	方形
0.025	0.31		0.30		0.29		0.28	

（续）

r/b	毛坯的相对厚度 $\frac{t}{D}\times100$							
	0.3～0.6		0.6～1.0		1.0～1.5		1.5～2.0	
	矩形	方形	矩形	方形	矩形	方形	矩形	方形
0.05	0.32		0.31		0.30		0.29	
0.10	0.33		0.32		0.31		0.30	
0.15	0.35		0.34		0.33		0.32	
0.20	0.36	0.38	0.35	0.36	0.34	0.35	0.33	0.34
0.30	0.40	0.42	0.38	0.40	0.37	0.39	0.36	0.38
0.40	0.44	0.48	0.42	0.45	0.41	0.43	0.40	0.42

或根据$\frac{h}{r}$值进行核算。盒形件第一次拉深许可的最大比值$\left[\frac{h}{r}\right]$列于表4-34。

表4-34　盒形件第一次拉深许可的最大比值$\left[\frac{h}{r}\right]$（材料：10钢）

r/b	方形盒			矩形盒		
	毛坯相对厚度$\frac{t}{D}\times100$					
	0.3～0.6	0.6～1	1～2	0.3～0.6	0.6～1	1～2
0.4	2.2	2.5	2.8	2.5	2.8	3.1
0.3	2.8	3.2	3.5	3.2	3.5	3.8
0.2	3.5	3.8	4.2	3.8	4.2	4.6
0.1	4.5	5.0	5.5	4.5	5.0	5.5
0.05	5.0	5.5	6.0	5.0	5.5	6.0

注：对塑性较差的金属拉深时，$\left[\frac{h}{r}\right]$的数值取比表值减小5%～7%，对塑性更大的金属拉深时，取比表中数值大5%～7%。

（二）高盒形件工序尺寸计算程序

（1）初步估算拉深次数　对于高盒形件，一般需要多次拉深，即先拉成较大的圆角，而后逐次减小圆角半径，直至达到工件要求。

矩形件的拉深系数为前后工序半成品角部圆角半径之比：

$$m_n=\frac{r_n}{r_{n-1}}$$

故各次拉深的圆角半径为：

$$r_1=m_1R_y$$
$$r_2=m_2r_1$$
$$r_3=m_3r_2$$
$$\cdots$$

根据盒形件的相对高度可由表4-35查出所需的拉深次数。但以后各次的拉深系数必须大于表4-36所列的数值。

表4-35　盒形件多次拉深所能达到的最大相对高度$\left[\frac{h}{b}\right]$

拉深次数	毛坯相对厚度$\frac{t}{b}\times100$			
	0.3~0.5	0.5~0.8	0.8~1.3	1.3~2.0
1	0.50	0.58	0.65	0.75
2	0.70	0.80	1.0	1.2
3	1.20	1.30	1.6	2.0
4	2.0	2.2	2.6	3.5
5	3.0	3.4	4.0	5.0
6	4.0	4.5	5.0	6.0

表4-36　盒形件以后各次许可拉深系数m_n（材料：08、10）

$\frac{r}{b}$	毛坯相对厚度$\frac{t}{D}\times100$			
	0.3~0.6	0.6~1	1~1.5	1.5~2
0.025	0.52	0.50	0.48	0.45
0.05	0.56	0.53	0.50	0.48
0.10	0.60	0.56	0.53	0.50
0.15	0.65	0.60	0.56	0.53
0.20	0.70	0.65	0.60	0.56
0.30	0.72	0.70	0.65	0.60
0.40	0.75	0.73	0.70	0.67

此外，拉深次数亦可通过盒形件多次拉深的总拉深系数来估算。如直径为D的圆毛坯的方盒（$b\times b$）拉深，其总拉深系数为

$$m_{总}=\frac{4b}{\pi D}=1.27\frac{b}{D}$$

由圆毛坯拉深矩形盒（$a\times b$）时：

$$m_{总}=\frac{2(a+b)}{\pi D}=1.27\frac{a+b}{2D}\tag{4-29}$$

由椭圆形毛坯（$L\times K$）拉深矩形盒（$a\times b$）时

$$m_{总}=\frac{2(a+b)}{0.5\pi(L+K)}=1.27\frac{a+b}{L+K}\tag{4-30}$$

根据总拉深系数可由表4-37查出矩形盒件的拉深次数。

表4-37　根据总拉深系数定矩形盒件的拉深次数

拉深次数	材料相对厚度$\frac{t}{D}\times100$或$\frac{t}{(L+K)}\times200$时的拉深系数$m_{总}$			
	2.0~1.5	1.5~1.0	1.0~0.5	0.5~0.2
2	0.40~0.45	0.43~0.48	0.45~0.50	0.47~0.58
3	0.32~0.39	0.34~0.42	0.36~0.44	0.38~0.40
4	0.25~0.30	0.27~0.32	0.28~0.34	0.30~0.36
5	0.20~0.24	0.22~0.26	0.24~0.27	0.25~0.29

（2）确定各工序半成品形状及尺寸　高盒形件需要多次拉深，一般在前几次拉深时，采用过渡形状（方形盒多用圆形过渡，矩形盒则用椭圆形或圆形过渡，而在最后一次才拉成方盒或

矩形盒），因此，需要确定各道工序的过渡形状。确定高盒形件半成品形状和尺寸的方法较多，这里介绍几种较为常用的方法。

方法一（罗氏法）：

该法首先确定倒数第二次（$n-1$ 次）拉深的半成品形状，往前逐次反推。

该法系采用平均拉深系数的概念，由于毛坯经过多次拉深，角部材料向直边的转移量很大，因此，不能像低盒形件那样仅仅考虑角部材料的变形程度，而要按照外形的平均变形程度作为该法进行计算的基础。

平均拉深系数
$$m_s=\frac{b-0.43r}{0.5\pi R_{s(n-1)}} \tag{4-31}$$

实际上，用 m_s 来进行计算和作图很不方便，因此，将上式化为

$$R_{s(n-1)}=\frac{b-0.43r}{1.57m_s}$$

$$s_n=R_{s(n-1)}-0.5b=\frac{\left(1-0.785m_s-0.43\dfrac{r}{b}\right)b}{1.57m_s} \tag{4-32}$$

式中　s_n——前后两次拉深时工序间的壁间距，我们就以它作为计算的基础数据。

s_n 的数值与 $\frac{r}{b}$ 及 m_s 有关，而 m_s 又与 $\frac{r}{b}$ 及工序次数有关，所以 s_n 与 $\frac{r}{b}$ 及工序次数有关。图 4-102 表示了这一关系，可供计算时查用。

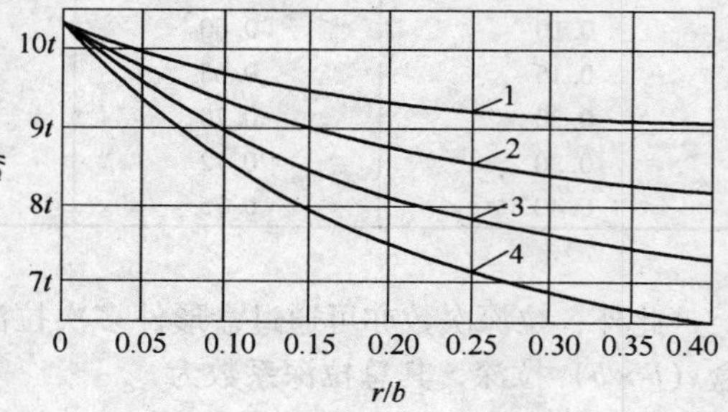

图 4-102　s_n 数值与比值 $\frac{r}{b}$ 及预拉深次数（1～4）的关系曲线当 $\frac{t}{b}\times100=2$ 或 $b=50t$ 时

不同材料相对厚度 $\left(\frac{t}{b}\times100\right)$ 的盒形拉深件，其变形过程中材料稳定性亦不同，因此，各工序的过渡形状及尺寸计算有所差异。

确定高方形盒多次拉深的过渡形状有两种方法（图 4-103），工序尺寸计算程序及有关公式列于表 4-38。

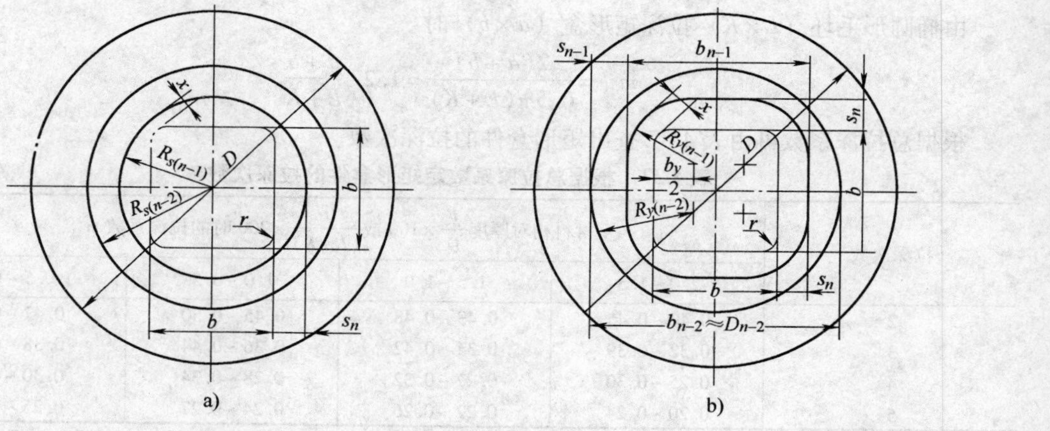

图 4-103　在不同的 $\frac{t}{d}$ 比值时，多工序拉深方形盒的各道工序程序

a）当 $b\leqslant50t$　b）当 $b>50t$

表 4-38　高方形盒多工序拉深的计算程序与计算公式

决定的数值		计算方法和计算公式	
		第一种方法（图 4-103a）	第二种方法（图 4-103b）
相对厚度		$\frac{t}{b}\times100\geqslant2;b\leqslant50t$	$\frac{t}{b}\times100<2;b>50t$
毛坯直径	$r=r_{底}$	$D=1.13\sqrt{b^2+4b(h-0.43r)-1.72r(h+0.33r)}$	
	$r\neq r_{底}$	$D=1.13\sqrt{b^2+4b(h-0.43r_{底})-1.72r(h+0.5r)-4r_{底}(0.11r_{底}-0.18r)}$	
角部计算尺寸 $b_y<b$		—	$b_y\approx50t$
工序间距离		$s_n\leqslant10t$	
$(n-1)$道工序（倒数第二道）半径		$R_{s(n-1)}=0.5b+s_n$	$R_{y(n-1)}=0.5b_y+s_n$
$(n-1)$道工序宽度		—	$b_{n-1}=b+2s_n$
角部间隙（包括 t 在内）		$x=s_n+0.41r-0.207b$	$x=s_n+0.41r-0.207b_y$
$(n-2)$道工序半径		$R_{s(n-2)}=R_{s(n-1)}/m_2=0.5Dm_1$	$R_{y(n-2)}=R_{y(n-1)}/m_{n-1}$
工序间距离		—	$s_{n-1}=R_{y(n-2)}-R_{y(n-1)}$
$(n-2)$道工序宽度（当 $n=4$）		—	$b_{n-2}=b_{n-1}+2s_{n-1}$
$(n-2)$道工序直径（三道工序时）		—	$D_{n-2}=2[R_{y(n-1)}/m_{n-1}+0.7(b-b_y)]$
盒的高度		$h=(1.05\sim1.10)h_0$	h_0—图样上的高度
$(n-1)$道工序（倒数第二道）高度		$h_{n-1}=0.88h$	$h_{n-1}\approx0.88h$
第一次拉深[$(n-2)$或$(n-3)$道工序]高度		$h_1=h_{n-2}=0.25\left(\frac{D}{m_1}-d_1\right)+0.43\frac{r_1}{d_1}(d_1+0.32r)$	

注：1. 尺寸 s_n 根据比值$\frac{r}{b}$（第一种方法）或$\frac{r}{b_y}$（第二种方法）及拉深次数（参看图 4-102）决定。

2. 系数 m_1；m_2；m_{n-1}根据筒形件拉深用的表列数值（表 4-15）。

3. 在作图时修正计算值是允许的。

4. 上列拉深方法，也适用于材料相对厚度大于表中数值的情况下。

确定高矩形盒多次拉深的过渡形状有两种方法（图 4-104），工序尺寸计算程序及有关公式列于表 4-39。

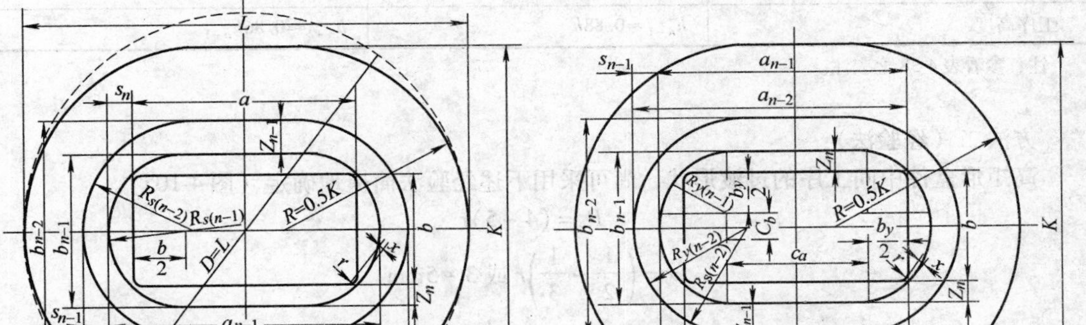

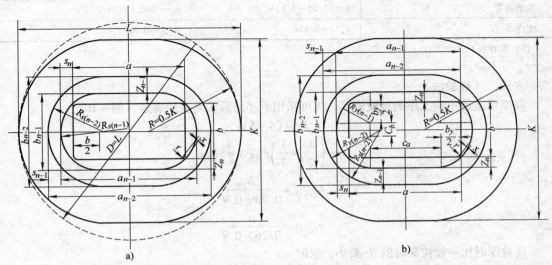

图 4-104　在不同的$\frac{t}{b}$比值时，多工序拉深矩形盒的各道工序程序

a）当 $b\leqslant50t$　b）当 $b>50t$

表 4-39　高矩形盒的多工序拉深的计算程序与计算公式

决定的数值		计算方法和计算公式	
		第一种方法(图 4-104a)	第二种方法(图 4-104b)
相对厚度		$\frac{t}{b}\times 100\geqslant 2;b\leqslant 50t$	$\frac{t}{b}\times 100<2;b>50t$
假想的毛坯直径	$r=r_{底}$	$D=1.13\sqrt{b^2+4b(h-0.43r)-1.72r(h+0.33r)}$	
	$r\neq r_{底}$	$D=1.13\sqrt{b^2+4b(h-0.43r_{底})-1.72r(h+0.5r)-4r_{底}(0.11r_{底}-0.18r)}$	
毛坯长度		$L=D+(a-b)$	
毛坯宽度		$K=D\frac{b-2r}{a-2r}+[b+2(h-0.43r)]\frac{a-b}{a-2r}$	
毛坯半径		$R=0.5K$	
工序比例系数		$x_1=(K-b)/(L-a)$	
工序间距离		$S_n=Z_n\leqslant 10t$	
角部计算尺寸 $B_y<B$		—	$b_y\approx 50t$
$(n-1)$道工序半径		$R_{s(n-1)}=0.5b+s_n$	$R_{y(n-1)}=0.5b_y+s_n$
角部间隙(包括 t 在内)		$x=s_n+0.41r-0.207b$	$x=s_n+0.41r-0.207b_y$
$(n-1)$道工序尺寸		$b_{n-1}=2R_{s(n-1)};a_{n-1}=a+2s_n$	$b_{n-1}=b+2Z_n;a_{n-1}=a+2s_n$
$(n-2)$道工序半径		$R_{s(n-2)}=R_{s(n-1)}/m_{s-1}$	$R_{y(n-2)}=R_{y(n-1)}/m_{n-1}$ $R_{s(n-2)}=b_{n-2}/2$
工序间距离		$s_{n-1}=\frac{R_{s(n-2)}-R_{s(n-1)}}{x_1}$ $a_{n-1}=R_{s(n-2)}-R_{s(n-1)}$	$s_{n-1}=R_{y(n-2)}-R_{y(n-1)}$ $Z_{n-1}=xs_{n-1}$
$(n-2)$道工序尺寸		$b_{n-2}=2R_{s(n-2)}$ $a_{n-2}=a+2(s_n+s_{n-1})$	$b_{n-2}=b+2(a_n+a_{n-1})$ $a_{n-2}=a+2(s_n+s_{n-1})$
盒的高度		$h=(1.05\sim1.1)h_0$	h_0—图纸上的高度
工序高度		$h_{n-1}\approx 0.88h$	$h_{n-2}\approx 0.86h_{n-1}$

注：参看表 4-38 之表注。

方法二（经验法）：

高矩形盒件中间工序的过渡形状，尚可采用下述经验法简捷地确定（图 4-105）。

$$R_s=(4\sim5)r$$

$$x=\left(\frac{1}{2}\sim\frac{1}{3}\right)r\text{ 或 }3\sim5\text{mm}$$

$$b_{(n-1)}=\frac{b}{0.76\sim0.9}$$

$$a_{(n-1)}=\frac{a}{0.76\sim0.9}$$

反拉深时比一般拉深时的 R_s 要小，这时

$$R_s=(2\sim3)r$$

$$x=\left(\frac{1}{2}\sim\frac{1}{3}\right)r$$

式中　a——矩形盒长边尺寸（mm）；

b——矩形盒短边尺寸（mm）；

x——角间距（mm）；

R_s——圆弧半径（mm）；

r——工件侧壁之间的圆角半径（mm）。

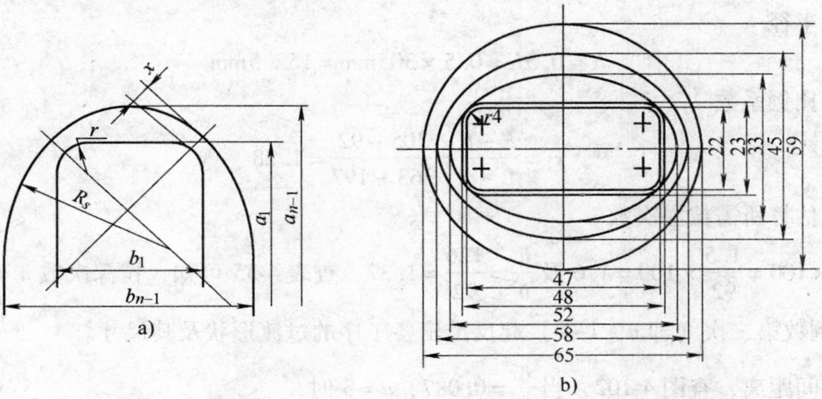

图 4-105　经验法

a）尺寸关系　b）实例

工序 1 拉深　$r_底=5mm$；工序 2 拉深　$r_底=3mm$；

工序 3 拉深　$r_底=2.5mm$；工序 4 拉深　$r_底=1.5mm$；工序 5 整形　$r_底=1.0mm$

【例 7】　试制订图 4-106 所示矩形盒拉深件的工艺程序。

解　根据已知尺寸：$a=197mm$，$b=92mm$，$h_0=120mm$，$r=8mm$，$r_底=6mm$，$t=1.5mm$。

则
$$\frac{r}{b}=\frac{8}{92}=0.087$$
$$\frac{h_0}{b}=\frac{120}{92}=1.30$$

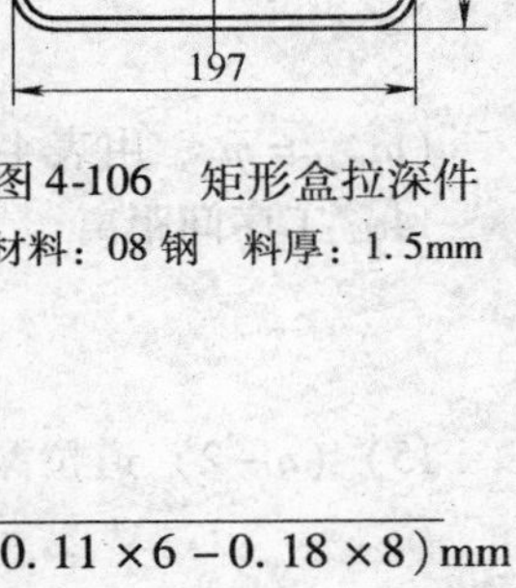

图 4-106　矩形盒拉深件

材料：08 钢　料厚：1.5mm

由图 4-95 查得该件属 I_c 区的高矩形件。又根据 $\frac{t}{b}\times100=\frac{1.5}{92}\times100=1.6<2$，可按表 4-39 所列的第二种方法计算：

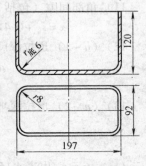

1）选取修边余量 Δh，并确定矩形盒的计算高度。

当 $\frac{h_0}{r}=\frac{120}{8}=15$，$\Delta h=0.05h_0=0.05\times120mm=6mm$

故　$$h=h_0+\Delta h=(120+6)mm=126mm$$

2）假想毛坯直径（$r\neq r_底$）

$$D=1.13\sqrt{b^2+4b(h-0.43r_底)-1.72r(h+0.5r)-4r_底(0.11r_底-0.18r)}$$
$$=1.13\sqrt{92^2+4\times92(126-0.43\times6)-1.72\times8(126+0.5\times8)-4\times6(0.11\times6-0.18\times8)}mm$$
$$=1.13\sqrt{52114}mm=1.13\times228mm=258mm$$

3）毛坯长度

$$L=D+(a-b)=258mm+(197-92)mm=363mm$$

4）毛坯宽度

$$K=\frac{D(b-2r)+[b+2(h-0.43r_{底})](a-b)}{a-2r}$$

$$=\frac{258(92-2\times8)+[92+2(126-0.43\times6)](197-92)}{197-2\times8}\text{mm}$$

$$=305\text{mm}$$

5）毛坯半径

$$R=0.5K=0.5\times305\text{mm}=152.5\text{mm}$$

6）工序比例系数

$$x_1=\frac{K-b}{L-a}=\frac{305-92}{363-197}=1.28$$

7）初步估算所需拉深次数

根据$\frac{t}{b}\times100=\frac{1.5}{92}\times100=1.6$及$\frac{h}{b}=\frac{126}{92}=1.37$，查表4-35可知，拉深次数$n=3$。

下面从倒数第二次（即$n-1$次）起反推出各工序的过渡形状及其尺寸。

8）工序间距离，查图4-102，当$\frac{r}{b}=0.087$，$n=3$时，

$$s_n=9.2t=9.2\times1.5\text{mm}=13.8\text{mm}$$

$$Z_n=s_n=13.8\text{mm}$$

9）假想宽度

$$b_y\approx50t=50\times1.5\text{mm}=75\text{mm}$$

10）$(n-1)$道工序半径

$$R_{y(n-1)}=0.5b_y+s_n=(0.5\times75+13.8)\text{mm}=51.3\text{mm}$$

11）角部间隙（包括t在内）

$$x=s_n+0.41r-0.207b_y=(13.8+0.41\times8-0.207\times75)\text{mm}=1.6\text{mm}$$

12）$(n-1)$道拉深尺寸

$$a_{n-1}=a+2b_n=(197+2\times13.8)\text{mm}=224.6\text{mm}$$

$$b_{n-1}=b+2Z_n=(92+2\times13.8)\text{mm}=119.6\text{mm}$$

13）$(n-2)$道拉深半径

$$R_{y(n-2)}=\frac{R_{y(n-1)}}{m_{n-1}}=\frac{51.3}{0.74}\text{mm}=69.3\text{mm}$$

（$m_{n-1}=m_2$，由表4-15查得）

14）工序间距离

$$s_{n-1}=R_{y(n-2)}-R_{y(n-1)}=(69.3-51.3)\text{mm}=18\text{mm}$$

$$Z_{n-1}=x_1\times S_{n-1}=1.28\times18\text{mm}=23\text{mm}$$

15）$(n-2)$道拉深尺寸

$$b_{n-2}=b+2(Z_n+Z_{n-1})=92\text{mm}+2(13.8+23)\text{mm}=165.6\text{mm}$$

$$a_{n-2}=a+2(s_n+s_{n-1})=197\text{mm}+2(13.8+18)\text{mm}=260.6\text{mm}$$

16）判断能否由平毛坯直接拉到$n-2$道的尺寸

$$m_1=\frac{R_{y(n-2)}}{0.5D-0.707c_b}=\frac{69.3}{0.5\times258-0.707\times17}=0.59$$

（式中$c_b=b-b_y=92-75=17$）

以$\frac{t}{D}\times 100=\frac{1.5}{258}\times 100=0.58$，由表4-15查得$[m_1]=0.55<0.59$，表示可由平毛坯直接拉出$n-2$道的尺寸，即共需三道拉深工序便可拉成，与初步估算的相一致。

如果计算结果发现第一道拉深变形程度太小（即m_1较表值的$[m_1]$大得多），应调整各道工序尺寸，使变形量分配较为均衡。本例$m_1=0.59-5[m_1]=0.55$差别不大，可不重新调整。

17）各道工序半成品的高度

$$h_{n-1}\approx 0.88h=0.88\times 126\text{mm}=111\text{mm}$$

$$h_{n-2}\approx 0.86h_{n-1}=0.86\times 111\text{mm}=96\text{mm}$$

过渡工序的凸模圆角半径（即$r_{底}$）分别取为：

第一道拉深工序：$r_{底1}=10t=10\times 1.5\text{mm}=15\text{mm}$；

第二道拉深工序：$r_{底2}=15t\approx 22\text{mm}$，且以45°倾斜侧壁与平底相连；

第三道拉深工序：$r_{底3}=4t=6\text{mm}$（与工件要求的$r_{底}$一致，故不需要增加整形工序）。

18）画出工序图，如图4-107所示。

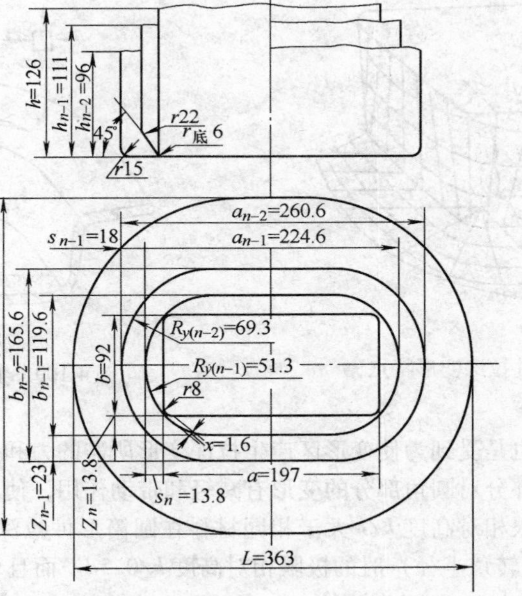

图4-107　矩形盒拉深件工序图

三、盒形件拉深工序计算的新方法

有关盒形件拉深工序的计算方法，以往一直沿用罗氏法，但从大量生产实践中发现，这种方法并不是完美无瑕的，特别是关于盒形件多次拉深，罗氏法计算程序特别繁杂，而且合理性和可靠性有不足之处，有时过于保守，有时局部变形过大而导致失败。近年来，我国冲压技术工作者，在盒形件冲压成形的理论研究和生产实践方面，都有许多新的成就和进展，有关工艺计算方法经生产实践验证，既简便又可靠，值得推广应用，现介绍如下。

（一）变形分析

盒形法——各种高度的直壁方形盒与矩形盒的冲压变形，和直壁圆筒零件的冲压变形性质有相同之处，亦有不同之处。相同之处是变形区都是在径向拉应力和切向压应力的作用下产生拉深变形，而且存在着变形区所需的拉应力与传力区的承载能力之间的关系问题。不同之处是直壁盒形件变形区的应力状态和所产生的拉深变形在周边上的分布是不均匀的，由此而引起一系列和圆筒形件成形不同的特点：

1）盒形件首次拉深成形时，也就是由平板毛坯拉深成盒形件的变形过程中，零件表面网格发生了明显变化（图 4-108），由此表明凸缘变形区直边部位发生了切向收缩变形，使圆角处的应变强化得到缓和，从而降低了圆角部分传力区的轴向拉应力，相对提高了传力区的承载能力。

2）盒形件拉深时，凸缘变形区圆角处的拉深阻力大于直边处的拉深阻力，圆角处的变形程度大于直边处的变形程度。因此，变形区内金属质点的位移量直边处大于圆角处。而位移量是在相同时间内完成的，于是两处的位移速度就不同。然而变形区是一连续的整体，这种位移速度差必然引起剪应力，称这种剪应力为位移速度差诱发剪应力，以便与通常所说的剪应力相区别。显然，诱发剪应力在两处交界的地方达最大值，并由此向直边处和圆角处的中心线逐渐减小。变形区内应力状态和剪应力分布情况可用图 4-109 示意。由图 4-109 可知圆角部分传力区内轴向拉应力减小了一个剪应力值。从而也相对地提高了传力区的承载能力。

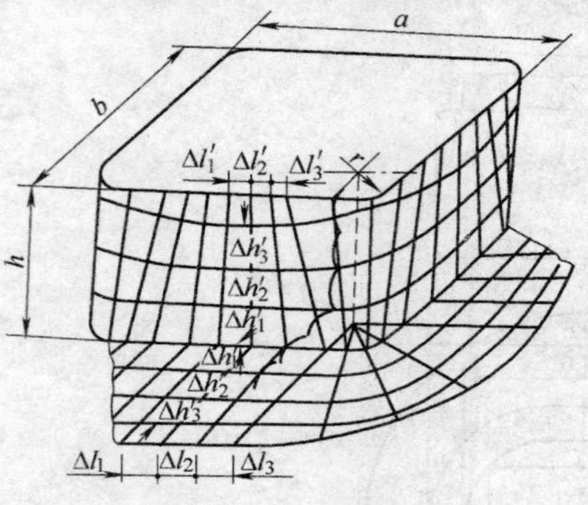

图 4-108　盒形件拉深变形特点

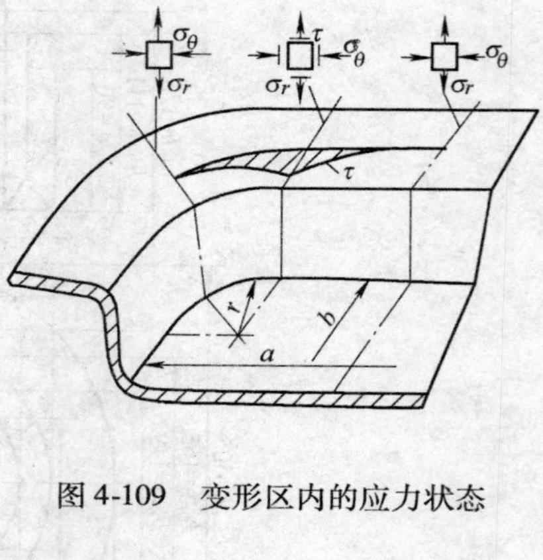

图 4-109　变形区内的应力状态

盒形件的成形极限也是受到为使变形区产生拉深变形所需的力和传力区的承载能力之间关系所限制的。但由于直边部分对圆角部分的变形有减轻和带动作用，使盒形件的成形极限大于圆筒形零件，即盒形件的极限相对高度 h/r 大于相同材料在圆筒形件拉深（使 $d=2r$，d 是圆筒形件的直径；r 是盒形件直壁转角半径）时的极限相对高度 $h/0.5d$。而且，盒形件的相对圆角半径 r/b 越小，这个现象也越突出。

3）由图 4-109 所示的剪应力形成的弯矩引起变形区板平面内的弯曲变形，从而使变形区内的变形变得相当复杂。板平面内的弯曲变形使变形区直边外缘和圆角处内缘形成起皱的危险区，同时还可能引起盒形件壁裂的产生。

4）高盒形件多次拉深时，是由首次拉深获得的带直立侧壁的半成品经再次拉深逐渐成形的，其变形情况如图 4-110 所示。毛坯底部和已经进入凹模高度为 h_2 的侧壁是不应产生塑性变形的传力区；与凹模的端面接触，宽度为 s 的环形凸缘是变形区；高度为 h_1 的直立侧壁是待变形区。在拉深过程中随着凸模的向下运动，高度 h_2 不断地增大，而高度 h_1 则逐渐减小，直到待变形区材料都进入凹模并形成零件的侧壁。当立体半成品形状与尺

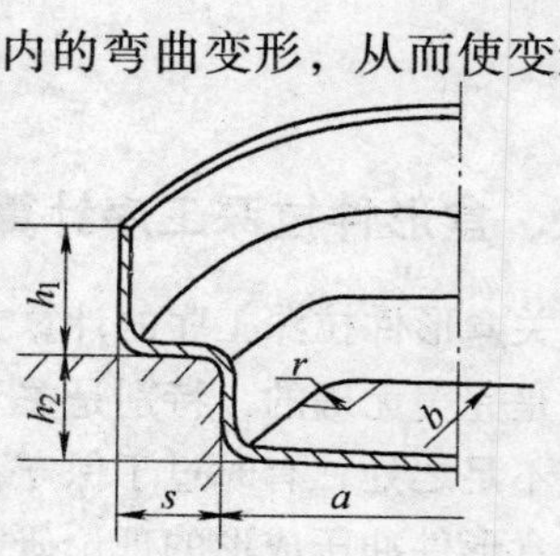

图 4-110　盒形件再次拉深时的变形分析

s—变形区宽度　h_1—待变形区高度

h_2—已变形区（传力区）高度

r—直壁转角半径　a、b—盒形件长度与宽度

寸不合适，就会在变形区内沿周边（圆角部分和直边部分）产生严重的不均匀变形。沿宽度（s 方向）的纵向不均匀伸长变形受到毛坯直立侧壁 h_1 的阻碍，从而引起附加应力。附加拉应力引起材料的过度变薄或破裂；附加压应力则引起材料横向堆聚或起皱，使拉深变形变得困难，甚至失败。所以，高盒形件多次拉深时，必须遵循均匀变形的原则，也就是必须保证变形区各处的伸长变形趋于相等。这是盒形件多次拉深过程中每道拉深工序所用半成品形状和尺寸的确定基础，而且也是模具设计，确定工序顺序、冲压方法和其他变形工艺参数的主要依据。

（二）低盒形件拉深

（1）盒形件一次拉深的成形极限　盒形件一次的成形极限与毛坯的形状关系很大。如果毛坯形状选择得合理，则拉深所得盒形件的口部比较平齐，也就是说沿盒形件的周边的拉深变形趋于均匀，这时能获得较大的拉深变形量。

如 DD28 型电度表外壳采用铝板拉深成形，其外形尺寸为 103mm × 103mm，圆角半径为 9mm，高度为 83mm，料厚 0.8mm，口部还略带点凸缘。按表 4-34 提供的数据计算，须采用两次拉深成形。选用下述圆形切弓形毛坯，毛坯外径为 237mm，等分地切去四个弓形，弓形高为 11mm。结果采用一次拉深成形获得了成功。

经过实验研究，认为盒形件一次拉深的极限相对高度可比表 4-34 的数据大大提高，推荐按表 4-40 选用。

表 4-40　盒形件一次拉深的最大相对高度 $\left[\frac{h}{r}\right]$

r/b	毛坯相对厚度 $\frac{t}{D}\times 100$		
	0.3 ~ 0.6	0.6 ~ 1.0	1.0 ~ 2.0
0.40	2.2 ~ 2.4	2.4 ~ 2.8	2.8 ~ 3.4
0.30	3.0 ~ 3.3	3.3 ~ 3.8	3.8 ~ 4.7
0.20	4.5 ~ 4.8	4.8 ~ 5.4	5.4 ~ 6.5
0.10	8.5 ~ 9.6	9.6 ~ 11.0	11.0 ~ 13.0
0.05	11.0 ~ 12.5	12.5 ~ 14.0	14.0 ~ 16.0

经实验还发现图 4-95 II_a、II_b、II_c 区的毛坯形状只适合于 $\frac{h}{r}$ 较小的情况，当 $\frac{h}{r}$ 较大而接近极限拉深条件时，往往在四角出现较大的突耳。为此，对方盒形推荐一种圆形切弓形的毛坯。

（2）切弓形毛坯的确定方法　切弓形毛坯是在圆形毛坯上，对应于盒形件四个角切去弓高为 h 的四个弓形而成，如图 4-111 所示。

毛坯厚度在变形前后仍近似地视为不变，根据变形前后总面积相等的条件，由盒形件（高度计入修边余量）的总面积求出圆形毛坯直径 D_0。为了保证切去弓形后的毛坯总面积与计算出的毛坯面积相等，假想地在直径为 D_0 的圆形毛坯上切去四个弓形，弓高为 h_0，并计算出四个弓形的总面积 S。将 S 加到直径为 D_0 的圆形毛坯上，得到直径增大为 D 的圆形毛坯。然后再从该毛坯上切去总面积为 S 的四个弓形，弓高为 $h < h_0$。于是得到总面积不变的切弓形毛坯。

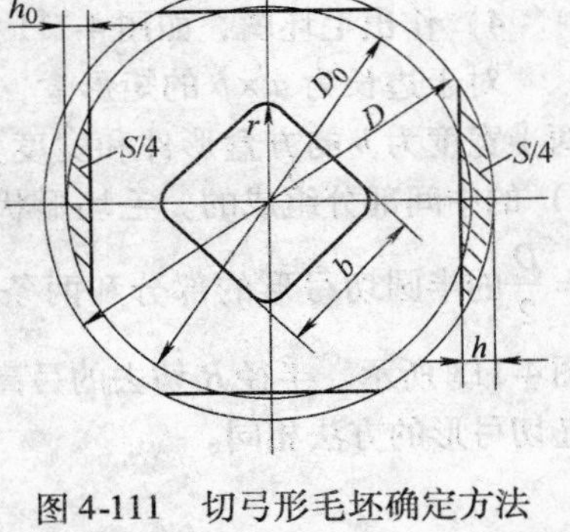

图 4-111　切弓形毛坯确定方法

切弓形毛坯具体确定方法如下：

1）由式（4-22）或式（4-23）求出毛坯直径 D_0。

2）求出直径放大系数 K 及放大后的毛坯直径 D。根据$\frac{r}{b}$由表 4-41 查出$\frac{h_0}{D_0}$值，再由图 4-112a 查出 K 值，由下式计算出放大后的毛坯直径 D 为

$$D = KD_0$$

表 4-41　$\frac{h_0}{D_0}$选用表

$\frac{r}{b}$	$\frac{h_0}{D_0}$	$\frac{r}{b}$	$\frac{h_0}{D_0}$
0~0.1	0.05~0.045	0.25~0.5	0.04~0
0.1~0.25	0.045~0.04		

注：$\frac{r}{b}$较大，$\frac{h}{r}$较小者取小值，反之取大值。

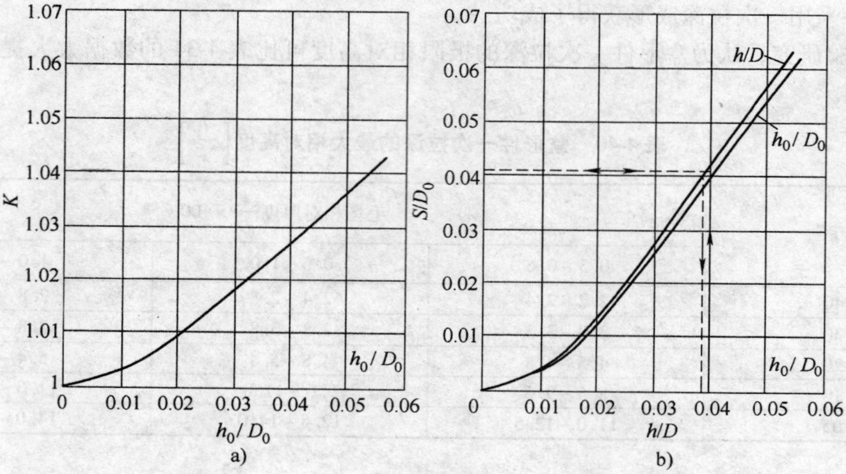

图 4-112　K 值、$\frac{h}{D}$值的选用曲线

3）求出切去的弓形高度 h。根据$\frac{h_0}{D_0}$值，由图 4-112b 查出$\frac{h}{D}$值，设为 α。由下式求出切去的弓形高度 h 为

$$h = \alpha D$$

4）作出毛坯图，如图 4-111 所示。

对于边长为 $a \times b$ 的矩形盒，同样可以看成是由两半宽度为 b 的方盒形件和宽度为 b，长度为（$a-b$）的中间部分组成的。毛坯形状是由两个半径为 $R=\frac{D}{2}$的半圆切弓形的部分和两条平行边组成的，如图 4-113 所示。半径 R 切去的弓高 h 的求法与圆形毛坯切弓形的方法相同。

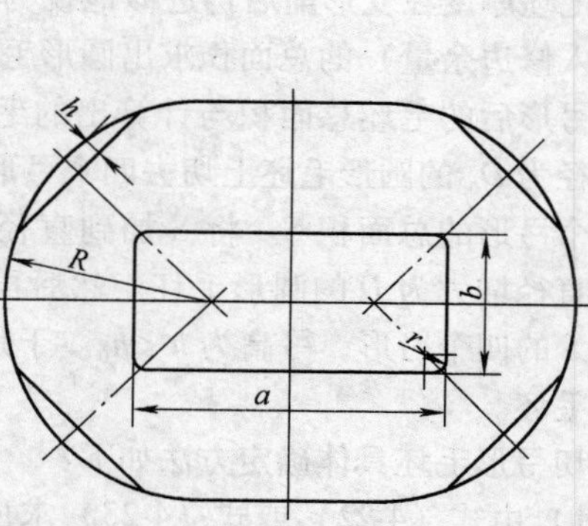

图 4-113　矩形盒的切弓形毛坯

（三）椭圆形件的拉深

1. 低椭圆形件的拉深工艺计算

（1）拉深系数

1）拉深系数表示方法。拉深系数用椭圆长轴两端圆弧半径 r_a 与其毛坯的半径 R_a 之比来表示。即 $m_t = \dfrac{r_a}{R_a}$。

第一次拉深系数

$$m_{t1} = \frac{r_a}{R_a} \tag{4-33}$$

以后各次拉深系数

$$m_{tn} = \frac{r_{an}}{R_{an-1}} \tag{4-34}$$

2）极限拉深系数。椭圆形件的极限拉深系数除与圆筒形件的极限拉深系数一样，受材料性能和相对厚度的影响之外，还与椭圆形件的椭圆度（轴比）$\dfrac{a_t}{b_t}$（a_t——椭圆的长半轴，b_t——椭圆的短半轴）有关。图 4-114 是几种材料的拉深特性曲线。

椭圆形件的极限拉深系数可用下式计算

$$[m_t] = c\sqrt{\frac{bt}{at}}[m_1] \tag{4-35}$$

式中 $[m_t]$——椭圆形件的极限拉深系数；

c——与材料性能有关的系数。$c = 1.04 \sim 1.08$，材料的拉深性能较好时，取小值；反之取大值。

$[m_1]$——圆筒形件的极限拉深系数。可查表 4-15 或表 4-17。表中的相对厚度用 $\dfrac{t}{2a_0}\times 100$ 代替 $\dfrac{t}{D}\times 100$。

（2）毛坯形状与尺寸的确定方法（图 4-115）

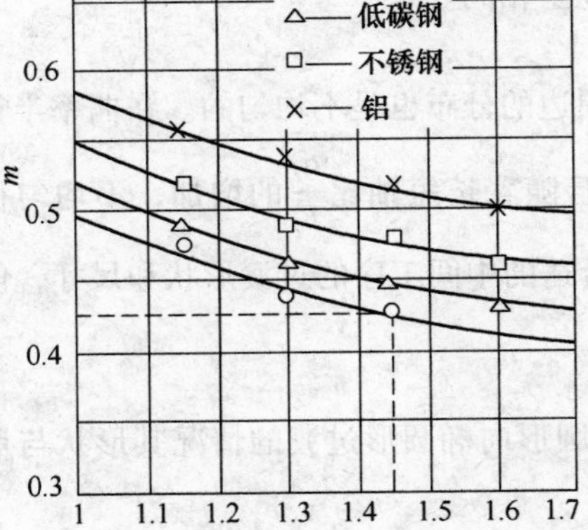

图 4-114 几种材料的拉深特性曲线

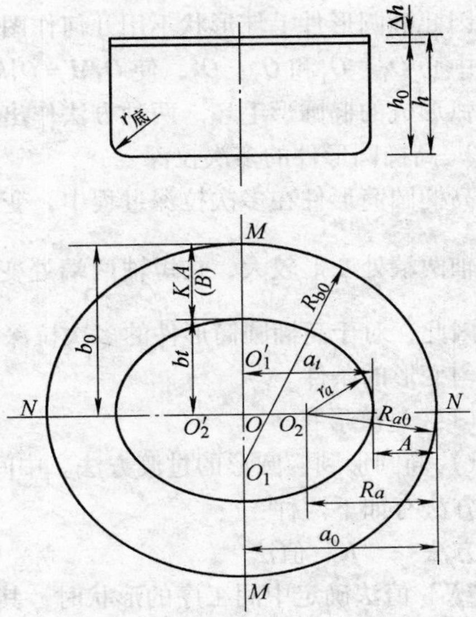

图 4-115 毛坯尺寸确定方法

1）按圆筒形件拉深将椭圆的长轴两端展开，即按式（4-36）求出毛坯半径 R_a 为

$$R_a = \sqrt{2r_a h + r_a^2} - 0.43r_{底} \tag{4-36}$$

式中　$h = h_c + \Delta h$（Δh 为修边余量，查表 4-4）。

$r_{底}$——椭圆筒件的底角半径。

2）求出拉深系数 $m_t = \dfrac{r_a}{R_a}$。

3）根据$\dfrac{a_t}{b_t}$，m_t 由图 4-116 查出 K 值，得出椭圆形毛坯的长轴及短轴。

部分变形区宽度为

$$\left.\begin{aligned} A &= R_a - r_a = r_a\left(\frac{1}{m} - 1\right) \\ B &= KA \end{aligned}\right\} \tag{4-37}$$

4）由下式求出毛坯的长半轴和短半轴：

$$\left.\begin{aligned} &长半轴：a_{t0} = a_t + r_a\left(\frac{1}{mt} - 1\right) \\ &短半轴：b_{t0} = b_t + Kr_a\left(\frac{1}{mt} - 1\right) \end{aligned}\right\} \tag{4-38}$$

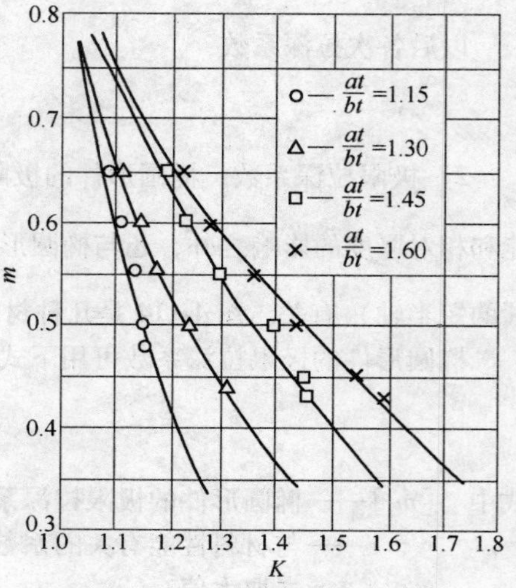

图 4-116　合理 K 值曲线

5）用几何作图法画出毛坯形状，如图 4-115 所示。

由图 4-115 可看出，由作图得到的毛坯，长轴处的曲率中心并非与 r_a 的中心重合，而是向椭圆中心移动一段距离，而毛坯的曲率中心移动后，毛坯长轴部分的曲率半径由下式计算

$$R_{a0} = \frac{\sqrt{a_{t0}^2 + b_{t0}^2} - a_{t0} + b_{t0}}{2\cos\arctan b_{t0}/a_{t0}} \tag{4-39}$$

短轴部分的曲率半径由下式确定

$$R_{b0} = \frac{\sqrt{a_{t0}^2 + b_{t0}^2} + a_{t0} - b_{t0}}{2\sin\arctan b_{t0}/a_{t0}} \tag{4-40}$$

因此椭圆形件毛坯形状不用几何作图法还可用下面方法直接作出。即在长轴和短轴上分别取曲率中心 O_1、O_1'和 O_2、O_2'，使 $O_1M = O_1'M' = R_{b0}$，$O_2N = O_2'N' = R_{a0}$。并以 R_{a0}和 R_{b0}为半径作出四段圆弧形成的椭圆形毛坯。两种方法作出的毛坯形状完全相同。

2. 高椭圆形件的多次拉深

高椭圆筒形件在多次拉深过程中，变形沿变形区周边的分布也是不均匀的。在曲率半径较小的长轴两端处变形较大，在短轴两端处变形较小，而且随着长短轴比$\dfrac{a_t}{b_t}$的增加，不均匀程度加大。因此，对于高椭圆筒形件的多次拉深同样要选择合适的中间工序的过渡形状和尺寸，使其满足均匀变形的条件。

（1）过渡形状

1）椭圆形到椭圆形的过渡方法。中间工序采用椭圆形向椭圆形过渡的情况其形状与尺寸的计算方法有如下两种：

方法一“K”值法

“K”值法确定中间工序的形状时，其方法与低椭圆筒形件的毛坯形状与尺寸的确定方法相同。对于高椭圆筒形件工艺计算是由末道工序向前推算，即先确定末前道（$n-1$ 道）拉深工序

的形状与尺寸，然后确定 $n-2$，$n-3$，…，直至第一道拉深工序。

长轴处的拉深系数按下式计算

$$m_{in-j}=\frac{r_{an-j}}{r_{an-j}+n'_{n-j}}=0.75\sim0.85 \quad (4\text{-}41)$$

式中 m_{in-j}——所求工序的拉深系数（脚标 j 为向前推算的工序号 $j=0$，1，2，…，$j=0$ 即末道，$j=1$，2，…即 $n-1$，$n-2$，…）；

r_{an-j}——椭圆长轴处的曲率半径（图 4-117）；

n'_{n-j}——长轴处变形区的宽度。

根据拉深系数选取原则（见“m”值法）选定 m_{in-j} 之后得到长轴处变形区宽度 n'_{n-j}，根据长短轴比 $\frac{a_{tn-j}}{b_{tn-j}}$ 和 m_{in-j} 由曲线（图 4-116）查出合理的“K”值，可以得到短轴处变形区宽度 $m'_{n-j}=Kn'_{n-j}$。因此，得出长半轴 a_{tn-j} 和短半轴 b_{tn-j}，用几何作图法作出 $n-j$ 道的椭圆形状。或者利用式（4-42）和式（4-43）求出长轴处曲率半径 r_{an-j} 和短轴处的曲率半径 r_{bn-j}，直接作出 $n-j$ 道椭圆形状。

$$r_{an-j}=\frac{\sqrt{a_{tn-j}^2+b_{tn-j}^2}-a_{tn-j}+b_{tn-j}}{2\cos\arctan b_{tn-j}/a_{tn-j}} \quad (4\text{-}42)$$

$$r_{bn-j}=\frac{\sqrt{a_{tn-j}^2+b_{tn-j}^2}-a_{tn-j}+b_{tn-j}}{2\sin\arctan b_{tn-j}/a_{tn-j}} \quad (4\text{-}43)$$

方法二“m”值法

为保证均匀变形条件，使长、短轴处的拉深系数相同，设 $m_a=\frac{r_{an-j}}{r_{an-j}+n'_{n-j}}$，$m_b=\frac{r_{bn-j}}{r_{bn-j}+m'_{n-j}}$ 分别为长、短轴处的拉深系数

令：$m_a=m_b$，即

$$\frac{r_{an-j}}{r_{an-j}+n'_{n-j}}=\frac{r_{bn-j}}{r_{bn-j}+m'_{n-j}}=0.75\sim0.85 \quad (4\text{-}44)$$

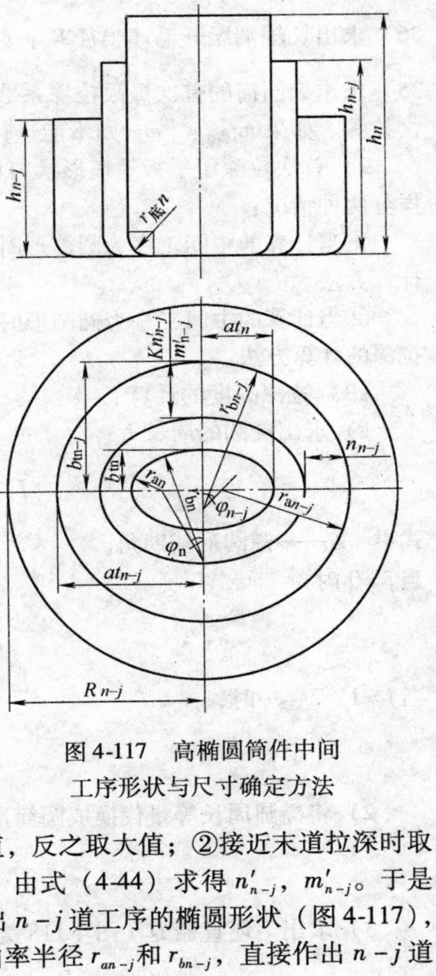

图 4-117 高椭圆筒件中间工序形状与尺寸确定方法

m_a 或 m_b 与材料性能、拉深条件、拉深道次等有关。选取时应遵循以下原则：①拉深性能好，拉深道次少选小值，反之取大值；②接近末道拉深时取大值，随着工序的向前推算逐渐减小。当选定 m_a 或 m_b 后，由式（4-44）求得 n'_{n-j}，m'_{n-j}。于是得到 $n-j$ 道的长半轴 a_{tn-j} 和短半轴 b_{tn-j}，然后用作图法作出 $n-j$ 道工序的椭圆形状（图 4-117），同样，或者利用式（4-42）和式（4-43）求出长、短轴处曲率半径 r_{an-j} 和 r_{bn-j}，直接作出 $n-j$ 道工序椭圆。

2）圆形到椭圆的过渡方法（图 4-117）。当向前推算到某中间工序的长、短轴比 $a_{tn-j}/b_{tn-j}\leqslant1.3$ 时，该工序的毛坯可用圆筒形。因此，称 $a_{tn-j}/b_{tn-j}\leqslant1.3$ 为圆形到椭圆形的过渡条件。显然，当作出（$n-1$）道工序之后，就应该检查是否满足 $a_{tn-1}/b_{tn-1}\leqslant1.3$ 的条件。如果满足，则（$n-1$）道以前各工序均应为圆形。否则，仍需用前述方法确定（$n-2$）道的形状。假设由 n 道向前推算到某工序的 $a_{tn-j}/b_{tn-j}\leqslant1.3$，将该工序编号为 $n-i$，其椭圆的长、短半轴分别为 a_{tn-i}、b_{tn-i}，长、短轴的曲率半径分别为 r_{an-i}、r_{bn-i}。该工序的圆筒形毛坯半径 R_{n-i} 可由下式求得

$$R_{n-i}=\frac{r_{bn-i}a_{tn-i}-r_{an-i}b_{tn-i}}{r_{bn-i}-r_{an-i}} \quad (4\text{-}45)$$

（2）拉深次数　由于中间工序是由末道工序向前推算得到的，一旦推算到某工序可以用平板毛坯进行第一次拉深时，拉深次数也自然就被确定了。问题是如何判断（检查）何时可用平板毛坯进行首次拉深。

1）首次拉深的判断（检查）。检查要从（$n-1$）道工序就开始进行。检查方法与所计算的中间工序的形状有关。可有两种情况：

①当所计算的中间某工序为圆筒形时，检查方法与圆筒形件拉深相同。即用首次极限拉深系数判断。

②当计算的中间某工序为椭圆形时，用椭圆筒件的极限拉深系数判断。其方法：先用式（4-36）求出长轴端展开毛坯半径 R_a，并计算出该道工序的椭圆筒拉深系数 $m_{tn-j}=\dfrac{r_{an-j}}{R_a}$。再用式（4-35）求出椭圆筒的首次极限拉深系数［m_t］。如果 $m_{tn-j}\geqslant[m_t]$，该工序可以用平板毛坯进行第一次拉深。如果 $m_{tn-j}<[m_t]$则不能进行第一次拉深，应该继续进行前一工序的计算。

2）首次拉深用平板毛坯形状与尺寸。首次拉深用的平板毛坯，其形状与尺寸的确定方法同样分两种情况：

①当计算的中间工序为圆筒形时，所用的平板毛坯显然也是圆形。毛坯直径同圆筒形拉深的计算方法。

②当计算的中间工序为椭圆形时，所用的平板毛坯也是椭圆形。尺寸计算方法同低椭圆形件拉深的计算方法。

（3）拉深高度的计算

1）求出椭圆的周长 L_{n-j}。

$$L_{n-j}=4r_{bn-j}\psi+4r_{an-j}\left(\frac{\pi}{2}-\psi\right) \tag{4-46}$$

式中　ψ——椭圆形辅助角。

当 $j=0$ 时，

$$\psi=\arctan\frac{a_{tn}-r_{an}}{r_{bn}-b_{tn}}\cdot\frac{\pi}{180°} \tag{4-47}$$

当 $j=1$，2，…时，

$$\psi=\arctan\frac{b_{tn-j}}{a_{tn-j}}\cdot\frac{\pi}{180°} \tag{4-48}$$

2）将椭圆周长等量代换成圆筒形周长，并求出圆筒直径 d_{2n-j}（图 4-118）为

$$L_{n-j}=\pi d_{2n-j}\qquad d_{2n-j}=\frac{L_{n-j}}{\pi} \tag{4-49}$$

3）求出毛坯直径 D（图 4-118 为）

$$D=\sqrt{d_{1n}^{2}+4d_{2n}h_1+6.28r_{底n}d_{1n}+8r_{底n}^2} \tag{4-50}$$

4）求出各工序的拉深高度（图 4-118）。选定椭圆筒形件的各工序底角半径（凸模圆角半径），选取方法与筒形件的拉深凸模圆角半径的选取方法相同。然后，用下式计算拉深高度

$$h_{1n-j}=\frac{D^2-d_{1n-j}^2-6.28r_{底n-j}-d_{1n-j}-8r_{底n-j}^2}{4d_{2n-j}} \tag{4-51}$$

$$h_{n-j}=h_{1n-j}+r_{底n-j} \tag{4-52}$$

或者

$$h_{n-j}=\frac{D^2-d_{2n-j}^2+1.72r_{底n-j}\cdot d_{2n-j}+0.56r_{底n-j}^2}{4d_{2n-j}} \tag{4-53}$$

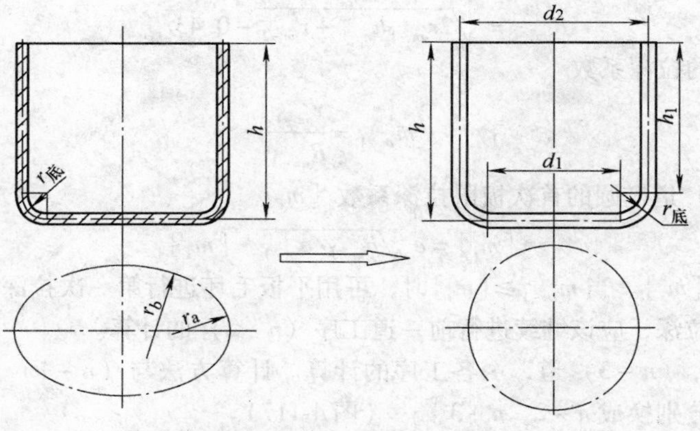

图 4-118　椭圆形件高度计算方法

（4）高椭圆形件多次拉深工艺计算程序　计算由末道工序向前推算（图 4-119）。

1）计算末前道（$n-1$ 道）工序形状与尺寸：

①计算长轴端变形区宽度 n'_{n-1}。首先根据拉深系数选取原则确定拉深系数 m_{tn}，再利用下式求出长两端变形区宽度 n'_{n-1}。

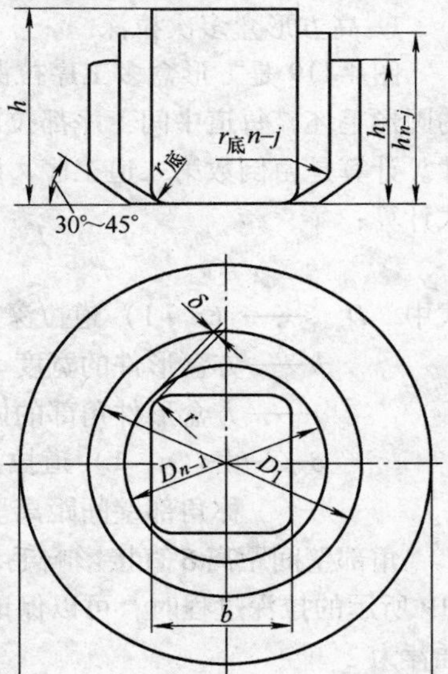

图 4-119　高方盒形件多工序拉深半成品的形状与尺寸

$$n'_{n-1}=\frac{r_{an}(1-m_{tn})}{m_{tn}} \tag{4-54}$$

②计算短轴端变形区宽度 m'_{n-1}。先计算出长、短轴比 $\dfrac{a_{tn}}{b_{tn}}$，由 $\dfrac{a_{tn}}{b_{tn}}$ 和 m_n 查图 4-116 曲线，得出合理 K 值，然后求出短轴端变形区宽度 $m'_{n-1}=Kn'_{n-1}$。

③确定（$n-1$）道工序椭圆的长、短半轴

$$\left.\begin{aligned}a_{tn-1}&=a_{tn}+n'_{n-1}\\b_{tn-1}&=b_{tn}+m'_{n-1}\end{aligned}\right\} \tag{4-55}$$

④作出（$n-1$）道工序椭圆形状：

a. 根据长、短轴，用几何作图法作出（$n-1$）道椭圆的形状。

b. 或者用式（4-42）和式（4-43）求出椭圆长、短轴两端的曲率半径 r_{an-1} 和 r_{bn-1}，并直接作出（$n-1$）道椭圆的形状。

⑤求（$n-1$）道工序拉深高度：

a. 利用式（4-46）、式（4-48）求出（$n-1$）道椭圆的周长 L_{n-1}。

b. 利用式（4-49）求出椭圆周长等量代换成圆筒形周长后的圆筒直径 $d_{2n-1}=\dfrac{L_{n-1}}{\pi}$。

c. 利用式（4-50）计算出毛坯直径 D。

d. 求出 L_{n-1}，之后求出 d_{2n-1}，并给定 $r_{底n-1}$。

e. 利用式（4-51）、式（4-52）或式（4-53）求出（$n-1$）道工序拉深高度 h_{1n-1} 和 h_{n-1}。

2）检查能否用平板毛坯拉成（$n-1$）道半成品：

①计算长轴处展开毛坯半径

$$R_{an-1}=\sqrt{2r_{an-1}h_{n-1}+r_{an-1}^{2}}-0.43r_{底n-1} \tag{4-56}$$

②计算长轴端的拉深系数

$$m_{tn-1}=\frac{r_{an-1}}{R_{an-1}}$$

③计算（$n-1$）道椭圆的首次极限拉深系数［m_t］

$$[m_t]=c\sqrt{b_{tn-1}/a_{tn-1}}\cdot[m_1]$$

④对比 m_{tn-1} 和［m_t］。当 $m_{tn-1}\geqslant[m_t]$ 时，可用平板毛坯进行第一次拉深；当 $m_{tn-1}<[m_t]$ 时，则不能进行第一次拉深，应该继续进行前一道工序（$n-2$）的计算。

3）（$n-2$）道，（$n-3$）道，…各工序的计算。计算方法与（$n-1$）道完全相同，只是各公式中的符号脚标分别换成 $n-2$，$n-3$，…（图 4-117）。

4）确定首次拉深用平板毛坯形状与尺寸，分两种情况：

①首次拉深工序半成品形状为圆筒形。毛坯用圆形，其确定方法同圆筒形件拉深。

②首次拉深工序半成品形状为椭圆形。毛坯形状用椭圆形，确定方法与低椭圆形件拉深用的毛坯计算方法相同。

（四）高盒形件拉深

1. 高方形盒多次拉深

图 4-119 是方形盒多工序拉深时各中间工序的半成品形状和尺寸的确定方法。采用直径为 D 的圆形毛坯，每道中间工序都拉深成圆筒形的半成品，最后一道工序得到成品零件的形状和尺寸。计算是由倒数第二道工序，即（$n-1$）道工序开始。（$n-1$）道工序所得半成品的直径用下式计算：

$$D_{n-1}=1.41b-0.82r+2\delta \tag{4-57}$$

式中　D_{n-1}——（$n-1$）道拉深工序后所得圆筒形半成品的内径；

b——方盒形件的宽度（按内表面计算）；

r——方盒形件角部的内转角半径；

δ——由（$n-1$）道拉深后得到的半成品圆角部分内表面到盒形件内表面之间距离，简称角部壁间距离。

角部壁间距离 δ 直接影响毛坯变形区拉深变形程度的大小和分布的均匀程度。当采用图 4-119 所示的拉深过程时，可以保证沿毛坯变形区周边产生适度而均匀变形的角部壁间距离 δ 的值推荐为

$$\delta=(0.2\sim0.25)r \tag{4-58}$$

其他各道工序的计算，可以参照圆筒形零件的拉深方法，相当于由直径 D 的平板毛坯拉深成直径为 d_{n-1} 高度为 h_{n-1} 的圆筒形零件。

方盒形件多工序拉深的最后一道工序，即由直径为 d_{n-1} 的圆筒形半成品拉深成方盒形件的拉深过程中，在拉深的初始阶段，从凸模端面与圆筒形毛坯底部接触开始，凸模端部四个转角处的材料首先产生局部胀形，随后才产生变形区范围的拉深变形。成形初期，凸模端部四个转角处的材料如果局部胀形程度过大，会造成盒形件拉深的早期破坏，使拉深不能顺利地进行。成形初期的胀形程度与相对转角半径 $\frac{r}{b}$ 及相对角部壁间距离 $\frac{\delta}{r}$ 有关，随着 $\frac{r}{b}$ 及 $\frac{\delta}{r}$ 的增加，胀形程度减小。

但是角部壁间距离 $\frac{\delta}{r}$ 较大时，由于变形的不均匀，容易引起角部材料的堆聚，又会导致传力区的晚期破坏。

因此，从可成形的角度分析，角部壁间距离$\frac{\delta}{r}$与相对转角半径$\frac{r}{b}$之间有如图 4-120 所示的关系。

如果从可以成形的角度确定（$n-1$）道工序的角部壁间距离 δ 值时，则可按下式选取

$$\delta=(0.1\sim0.4)r \tag{4-59}$$

（$n-1$）道凸模端部形状对成形过程及成形件质量有很大的影响。为避免早期破坏，保证零件质量：

1）当$\frac{\delta}{r}\leqslant0.25$及$\frac{r}{d}<0.3$时，（$n-1$）道工序的凸模应该做成由端面向侧壁用 30°～45°斜面过渡（图 4-120）。最后一道拉深凹模及压边圈的形状应与之相适应。

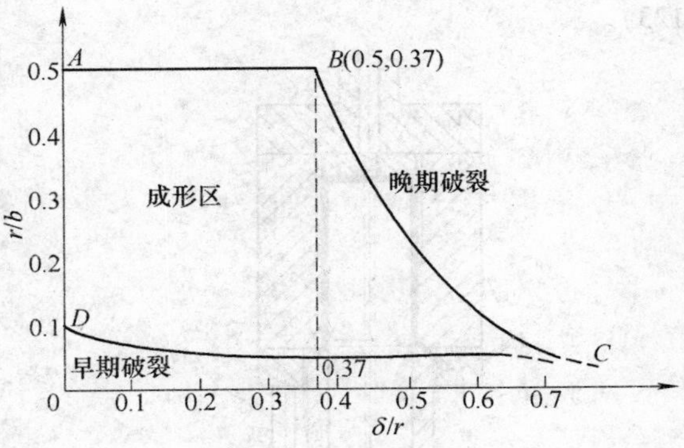

图 4-120 $\frac{r}{b}$与$\frac{\delta}{r}$对破坏形式的影响

2）当$\frac{\delta}{r}>0.25$，$\frac{r}{b}\geqslant0.1$或者$\frac{r}{b}\geqslant0.3$时，（$n-1$）道工序的凸模也可不用斜面过渡。

高方盒形件多工序拉深实例：

图 4-121 是纯铝电器元件外罩及多工序拉深的工序图；图 4-122 是该零件最后一道拉深用模具结构简图。

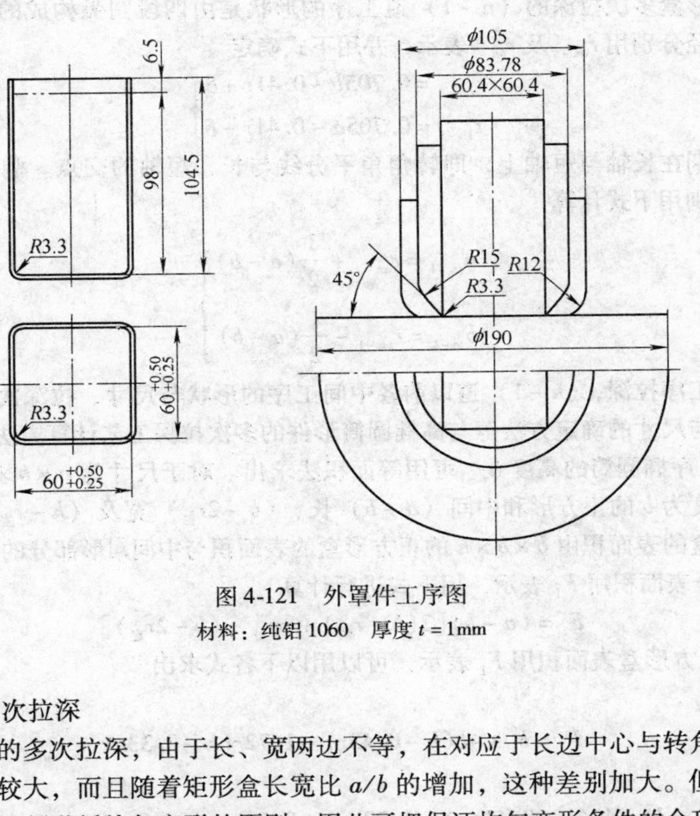

图 4-121 外罩件工序图

材料：纯铝 1060 厚度 $t=1$mm

2. 高矩形盒多次拉深

对于高矩形盒的多次拉深，由于长、宽两边不等，在对应于长边中心与转角对称中心的变形区内拉深变形差别较大，而且随着矩形盒长宽比 a/b 的增加，这种差别加大。但是不管怎样，在拉深高矩形盒时，必须遵循均匀变形的原则。因此可把保证均匀变形条件的合理角部壁间距离公

式（4-58），运用于高矩形盒的多次拉深。只要把矩形盒的两边视为两个$\frac{1}{2}$正方盒的边长，在保证同一角部壁间距离下，得出高矩形盒多次拉深的倒数第二道（$n-1$）工序的形状与尺寸（图4-123）。

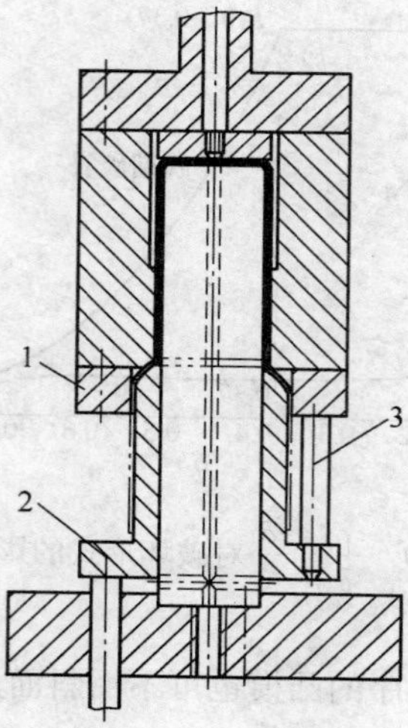

图 4-122　外罩件拉深模结构简图
1—限变形圈　2—压边圈　3—限位柱

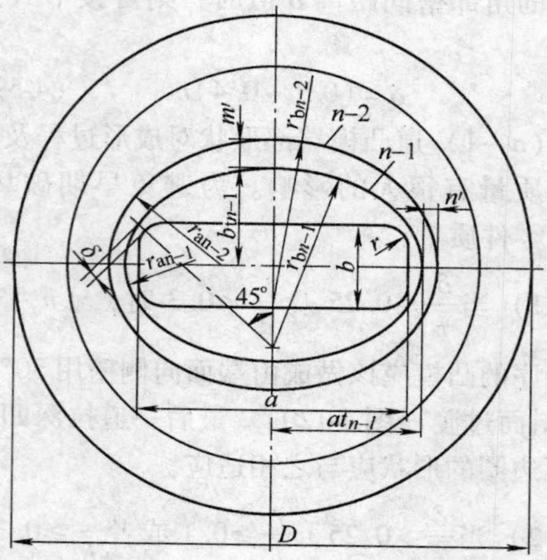

图 4-123　高矩形盒多工序拉深中间工序形状与尺寸

显然，高矩形盒多次拉深的（$n-1$）道工序的形状是由四段圆弧构成的椭圆形。其长轴与短轴处的曲率半径分别用r_{an-1}及r_{bn-1}表示，并用下式确定

$$\left.\begin{aligned} r_{an-1} &= 0.705b - 0.41r + \delta \\ r_{bn-1} &= 0.705a - 0.41r + \delta \end{aligned}\right\} \tag{4-60}$$

曲率中心分别在长轴与短轴上，即转角角平分线与长、短轴的交点。椭圆的长半轴a_{tn-1}和短半轴b_{tn-1}可分别用下式计算

$$\left.\begin{aligned} a_{tn-1} &= r_{an-1} + \frac{1}{2}(a-b) \\ b_{tn-1} &= r_{bn-1} - \frac{1}{2}(a-b) \end{aligned}\right\} \tag{4-61}$$

高矩形盒多工序拉深，（$n-1$）道以前各中间工序的形状与尺寸、拉深次数、第一次拉深用的平板毛坯形状与尺寸的确定方法等与高椭圆筒形件的多次拉深工艺计算方法完全相同。

（$n-1$）道工序椭圆筒的高度h_{n-1}可用等面积法求出。对于尺寸为$a \times b \times h$的矩形盒，可以看作由两半个宽度为b的正方形和中间（$a-b$）长、（$b-2r_{底}$）宽及（$h-r_{底}$）高的冂形部分组成。显然，矩形盒的表面积由$b \times b \times h$的正方形盒的表面积与中间冂形部分的表面积组成。

中间冂形部分表面积用F_1表示，用下式进行计算

$$F_1 = (a-b)\left[2(h-r_{底}) + \pi r_{底} + (b-2r_{底})\right] \tag{4-62}$$

$b \times b \times h$的正方形盒表面积用F_2表示，可以用以下各式求出

$r = r_{底}$ 时：

$$F_2 = b^2 + 4b(h-0.43r) - 1.72r(h-0.33r) \tag{4-63}$$

$r \neq r_{底}$ 时：

$$F_2 = b^2 + 4b(h-0.43r_{底}) - 1.72r(h+0.5r) - 4r_{底}(0.11r_{底} - 0.18r) \tag{4-64}$$

矩形盒毛坯面积为$\sum F = F_1 + F_2$。相当于圆形毛坯的直径D应用下式求出

$$D = \sqrt{\frac{4\sum F}{\pi}} = \sqrt{\frac{4}{\pi}(F_1 + F_2)} \tag{4-65}$$

再由式（4-46）计算出（$n-1$）道椭圆的周长L_{n-1}，并将其等量代换成圆筒形件的周长，求出圆筒形的直径d_{2n-1}。选定底角半径$r_{底n-1}$之后，可用下式求出（$n-1$）道工序椭圆筒的高度h_{n-1}。

$$h_{n-1} = \frac{D^2 - d_{2n-1}^2 + 1.72d_{2n-1} \cdot r_{底n-1} + 0.56r_{底n-1}^2}{4d_{2n-1}} \tag{4-66}$$

第七节　其他拉深方法

一、反拉深

反拉深方法只能用在第二道及以后各道的拉深。图4-124是反拉深的原理。由图中可知，反拉深与正拉深的差别，在于凸模对毛坯的作用方向正好相反。反拉深时，凸模从毛坯的底部反向压下，使毛坯的内表面成为外表面，外表面变成内表面。

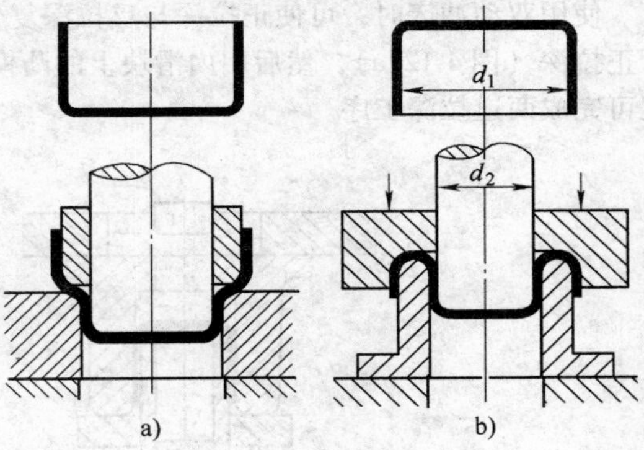

图4-124　反拉深与正拉深的比较

a）正拉深　b）反拉深

（一）反拉深的分类及用途

1. 分类

反拉深方法根据毛坯的相对厚度不同，可分为两类：

1）用压边圈的反拉深法。

2）不用压边圈的反拉深法。

2. 用途

一些形状特殊的零件如用正拉深法时常是很困难的甚至是不可能的。如果用反拉深方法可使加工难度大为降低。如图4-125所示的具有双重侧壁的零件，只能用反拉深的方法加工。但是，这种无凹模的反拉深法是以毛坯的外壁代替了拉深凹模，因此仅适用于毛坯的相对厚度小，而且板料的塑性高时。又如图4-126所示的零件，其形状很适合于反拉深法。反拉深与正拉深相比，不仅可以减少工序数目，而且还能提高零件的质量。

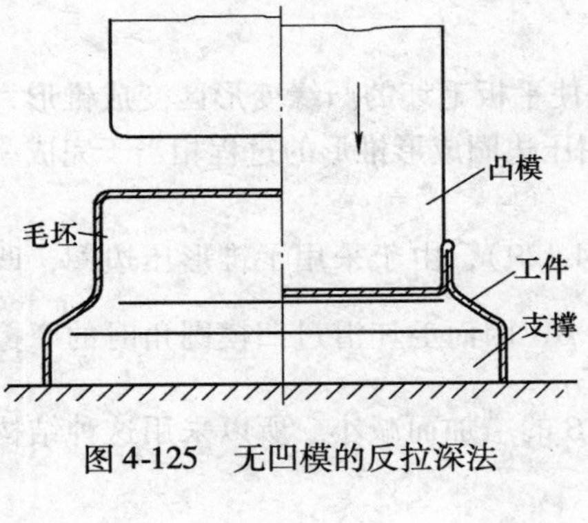

图4-125　无凹模的反拉深法

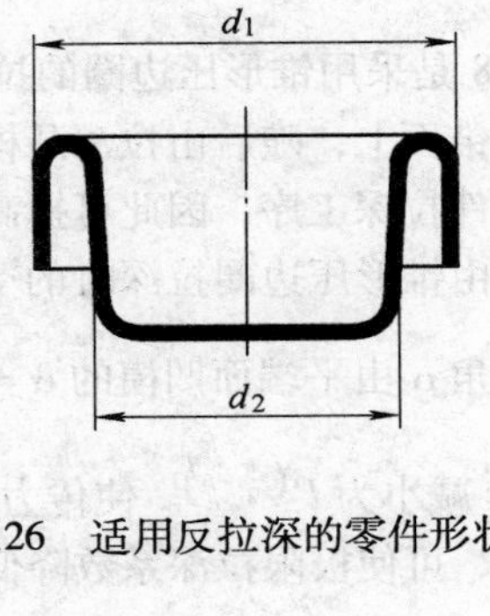

图4-126　适用反拉深的零件形状举例

球形、锥形、抛物线形等复杂形状的回转体零件，也常用反拉深法进行拉深，均能有效预防凹模圆角半径内侧悬空毛坯所产生的内皱，从而获得满意的零件表面质量。图 4-56 所示是锥形件反拉深示意图。图 4-74b 是球形件反拉深示意图。

（二）反拉深的特点

反拉深时由于毛坯与凹模间的包角为 180°，材料沿凹模滑动时摩擦阻力大，因此不易起皱。但是，拉深力比正拉深大 10% ~20% 。

从毛坯的应力状态和变形特点看，反拉深与正拉深没有本质的差别。反拉深时，毛坯侧壁反复弯曲的次数少，因此引起材料的硬化程度低于正拉深。拉深系数可比正拉深低 10% ~15% 。

反拉深时凹模的圆角半径 $r_{凹}$ 受到零件尺寸的限制，不能过大，其值不能超过$\frac{d_1-d_2}{2\times2}$。但也不能过小。所以反拉深法不适用于直径小而厚度大的零件。反拉深后的圆筒最小直径为

$$d=(30\sim60)t$$

反拉深凹模最小圆角半径为

$$r_{凹}>(2\sim6)t$$

使用双动冲床时，可使正拉深与反拉深复合完成，如图 4-127 所示。先用外滑块上的凹模进行正拉深（图 4-127a），然后用内滑块上的凸模进行反拉深（图 4-127b）。这样一副模具一次行程可完成两道拉深工序。

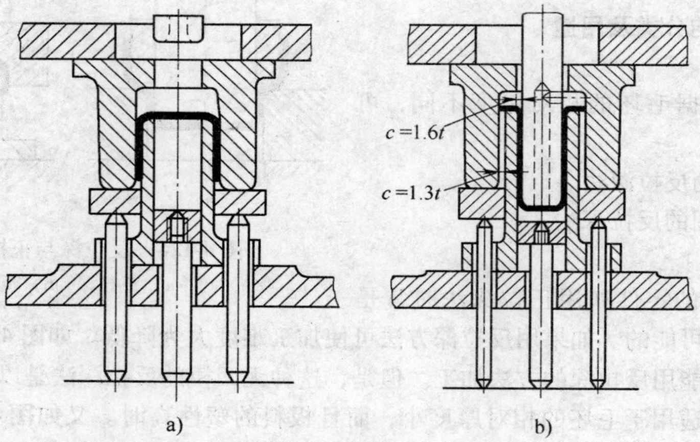

图 4-127　用于双动冲床上的正反拉深复合模
a）第一次拉深（正拉深）　b）第二次拉深（反拉深）

二、锥形压边圈的拉深

图 4-128 是采用锥形压边圈的拉深过程。压边圈先使平板毛坯的凸缘变形区变成锥形，并压紧在凹模的锥面上，随后由拉深凸模完成拉深工作。用压边圈成形锥形的过程相当于完成一道无压边的锥形件拉深工序，因此可提高变形程度。

另外，由锥形压边圈拉深时的受力状态可知（图 4-129），由于采用了锥形压边圈，凹模圆角处的包容角 α 由平端面凹模的 $\alpha=\frac{\pi}{2}$减小为 $\alpha=\frac{\pi}{2}-\beta$，因而毛坯滑过凹模圆角时的摩擦阻力系数也由 $l^{\mu\frac{\pi}{2}}$减小为 $l^{\mu\left(\frac{\pi}{2}-\beta\right)}$。使传力区的拉应力 p 随着 β 的增加而减小。所以采用这种结构的模具进行拉深，可使极限拉深系数降低到很小的数值。

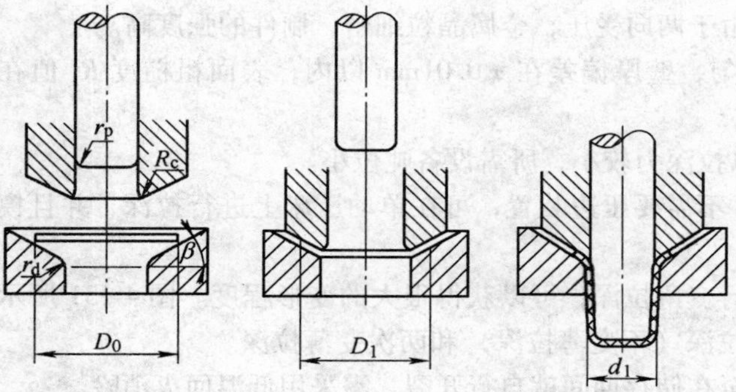

图 4-128　用锥形压边圈拉深模拉深过程

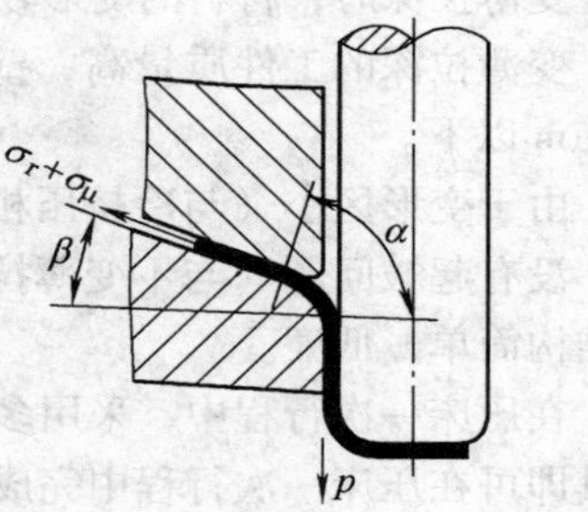

图 4-129　锥形压边圈拉深受力状态

采用锥形压边圈拉深时，极限拉深系数可按下式确定。

$$[m'] = K[m_1] \tag{4-67}$$

式中　$[m']$——采用锥形压边圈拉深的极限拉深系数；

K——与锥角 β 和相对厚度有关的系数，可查表 4-42 得到；

$[m_1]$——用平面压边圈拉深的极限拉深系数。

采用锥形压边圈的模具设计时注意事项：

1）模具圆角半径可与平面压边圈拉深模一样选取；

2）压边圈的 β 角要小于或等于凹模的 β 角。

应该指出，当毛坯相对厚度较小时，用过大的 β 角，可能引起起皱。因此对于厚度很薄的零件拉深时不宜采用此种方法。

表 4-42　系数K 值

$\frac{t}{D}\times 100$ \ β	8°	10°	12°	15°	20°	25°	30°	35°	40°	45°	50°	60°
1.5	0.852	0.849	0.846	0.841	0.835	0.826	0.821	0.812	0.805	0.797	0.792	0.781
1.3	0.892	0.889	0.886	0.883	0.875	0.867	0.856	0.851	0.845	0.837		
1.1	0.921	0.919	0.915	0.911	0.906	0.893	0.884	0.877	0.869			
0.9	0.945	0.943	0.939	0.934	0.927	0.916	0.909					
0.7	0.963	0.959	0.957	0.951	0.943	0.934						
0.5	0.988	0.973	0.970	0.960								

三、变薄拉深

变薄拉深工艺是利用材料的塑性变形减小拉深件的壁厚，增加拉深件的高度的一种冲压工艺方法。

变薄拉深用来制造壁部与底部厚度不等而高度很大的工件，例如弹壳、子弹套、雷管套、高压容器、易拉罐筒体、高压锅等，或用于制备波纹管、多层电容等的薄壁管状毛坯。

（一）变薄拉深工艺的特点

凸、凹模之间的间隙小于毛坯的厚度，而毛坯的直壁部分在通过间隙时受压，产生显著的变薄现象（图 4-130），而使侧壁高度增加，故称变薄拉深。

变薄拉深时，材料的变形较大，并且由于两向受压，金属晶粒细密，制件的强度高。

变薄拉深的工件质量高，壁厚比较均匀，壁厚偏差在 ±0.01mm 以内，表面粗糙度 R_a 值在 0.2μm 以下。

由于变形区小（与冷挤压相比），所以拉深力较小，所需设备吨位小。

没有起皱问题（与不变薄拉深相比），不需要压边装置，可在单动压床上进行拉深，并且模具结构简单，低廉。

在压床一次行程中，采用多层凹模进行变薄拉深，可以获得很大的变形程度。图 4-131 所示模具即可在压床一次行程中完成一次普通拉深（不变薄拉深）和两次变薄拉深。

变薄拉深件的残余应力较大，有的甚至在储存期间就自行开裂，需采用低温回火消除。

常用于变薄拉深的材料有：铜、白铜、无氧铜、磷青铜、德银、铝、铝合金、低碳钢、不锈钢、可伐合金（铁镍钴合金）等。

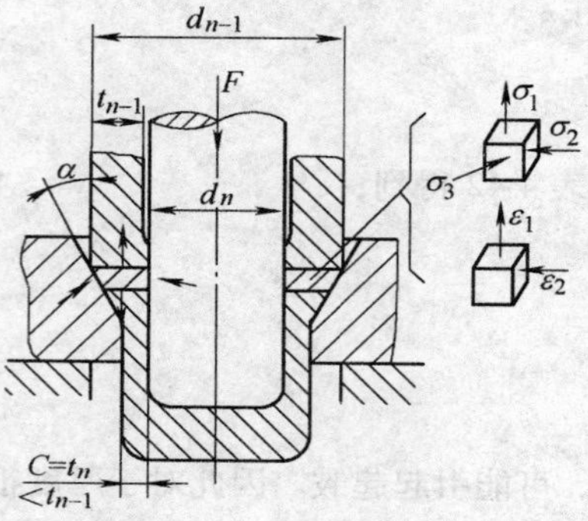

图 4-130　变薄拉深时的应力应变状态

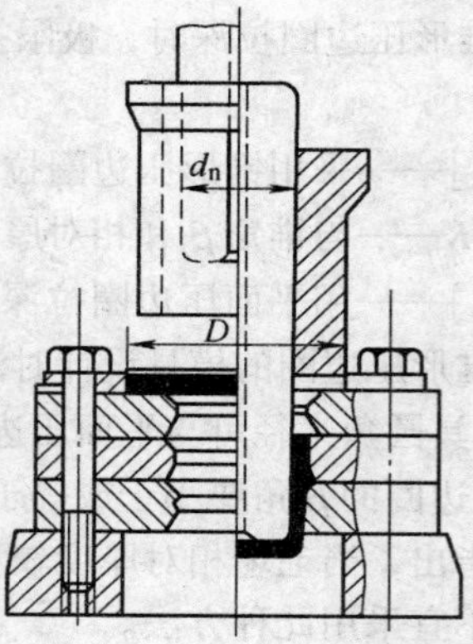

图 4-131　多层凹模变薄拉深

（二）变薄拉深形式

1. 根据拉深件内径是否变化分

（1）直径基本不变的变薄拉深　变薄拉深过程中，只是壁厚减薄，内径减小不明显（为便于凸模顺利地插入毛坯，坯件直径略大于凸模直径），这是一种经常采用的方式。

（2）直径缩小的变薄拉深　变薄拉深过程中，壁厚减薄的同时直径也在缩小，目前也有不少应用。

2. 根据所采用的凹模数目分

（1）单模变薄拉深　如图 4-130 所示，凸模的一次行程只通过一个凹模。

（2）多模变薄拉深　如图 4-132 所示，凸模一次行程通过两个或两个以上的直径不同的凹模。这种方式能提高一次行程的变形程度，得到较大的变薄效果。

多模变薄拉深的凹模布置形式有两种：

1）串列式多模变薄拉深。如图 4-133 所示，将两个或两个以上的凹模沿轴线方向串在一起，两模之间距离要保证拉深件从前一个凹模完全脱出后再进入下一个凹模。

2）连续式多模变薄拉深。如图 4-132 所示，将两个或两个以上的凹模沿轴线方向串在一起，使拉深件能同时在几个凹模内工作。这种连续式比串列式的优越性在于：变形所需的轴向拉应力一部分是由筒壁本身提供，另一部分由筒壁与凸模之间的摩擦力获得，因而筒壁内拉应力减小了 μg（图 4-132）。所以连续式多模变薄拉深比串列式多模变薄拉深可以提高变形程度，减少工序次数。

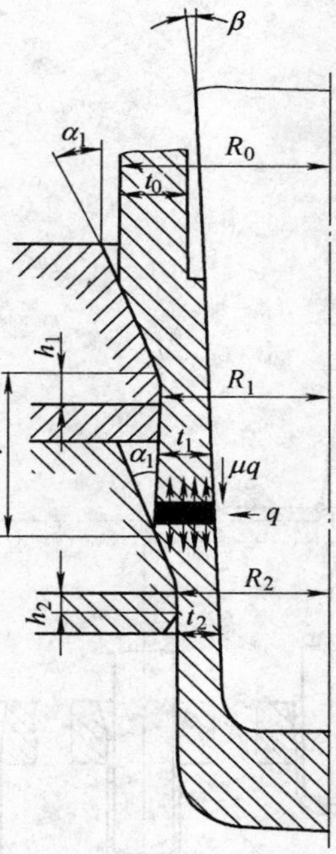

图 4-132　双模变薄拉深

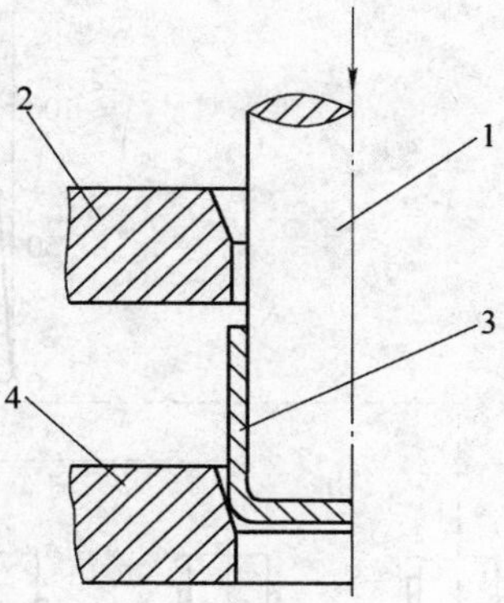

图 4-133　串列式多模变薄拉深
1—凸模　2、4—凹模　3—工件

（三）变薄拉深变形分析

1. 受力情况

变薄拉深时，毛坯变形区是处于凹模孔内锥形部分的金属。变形区的金属受力情况如图 4-130 所示。其应力状态为轴向受拉其他两个方向受压的三向应力状态。而传力区是已从凹模内被拉出的厚度为 t_n 的侧壁部分和底部。变薄拉深时最大变形程度是受传力区强度的限制。

多模变薄拉深时，各凹模锥形部分内金属（变形区）的受力状态基本上是一样的。但在多模变薄拉深时，于两模之间的一段距离 l（称模间距，见图 4-132）上作用着的摩擦力是个很有用的因素，且 l 越大越好。

图 4-134 是单模变薄拉深时力—行程曲线。图 4-135 是双模变薄拉深时力—行程曲线。

2. 变形程度表示方法

（1）断面收缩率

$$\varepsilon=\frac{A_{n-1}-A_n}{A_{n-1}}=1-\frac{A_n}{A_{n-1}} \tag{4-68}$$

式中　A_{n-1}、A_n——分别表示变薄前后拉深件横剖面的断面积。

（2）变薄系数 φ

$$\varphi_n=\frac{A_n}{A_{n-1}} \tag{4-69}$$

采用内径基本不变（$d_n \approx d_{n-1}$）的变薄拉深时，可近似地作如下简化，而没有太大的误差。

$$\varphi_n=\frac{\pi d_n t_n}{\pi d_{n-1} t_{n-1}} \approx \frac{t_n}{t_{n-1}} \tag{4-70}$$

式中　t_n、t_{n-1}——n 次及（$n-1$）次变薄拉深后的工件壁厚；

d_n、d_{n-1}——n 次及（$n-1$）次变薄拉深后的工件内径。

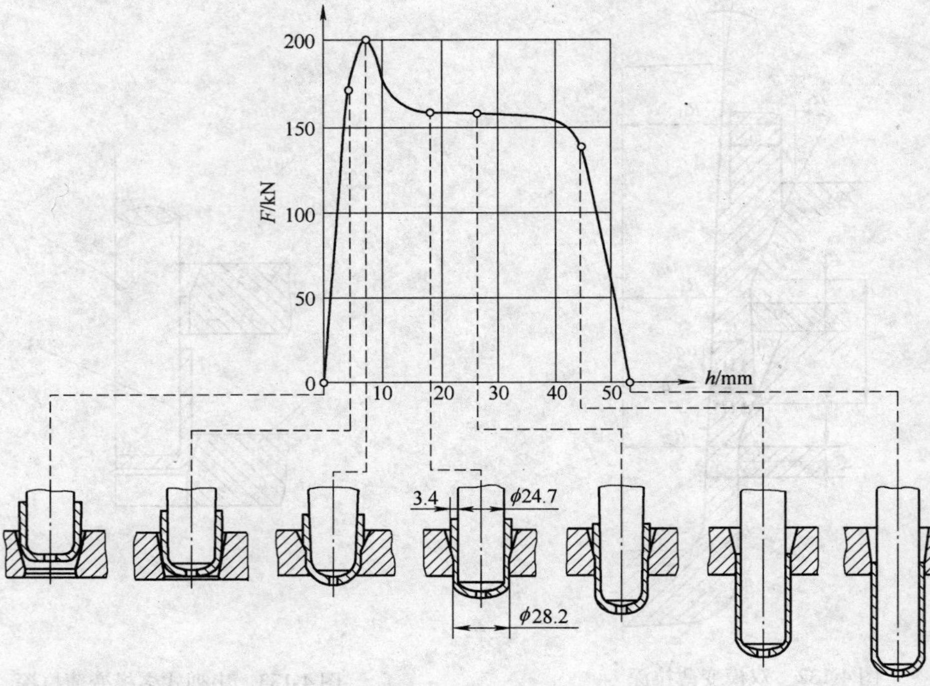

图 4-134　单模变薄拉深力—行程曲线

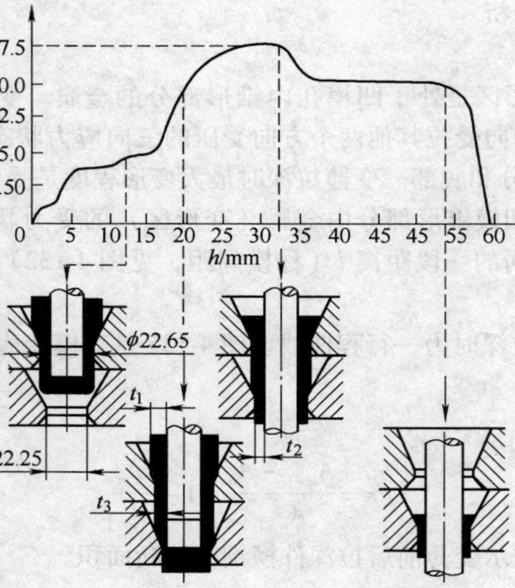

图 4-135　双模变薄拉深力—行程曲线

常用材料的变薄系数见表 4-43。

表 4-43　变薄系数的极限值

材　料	首次变薄系数 φ_1	中间工序变薄系数 φ	末次变薄系数 φ_n
铜、黄铜(H68、H80)	0.45~0.55	0.58~0.65	0.65~0.73
铝	0.50~0.60	0.62~0.68	0.72~0.77

（续）

材 料	首次变薄系数 φ_1	中间工序变薄系数 φ	末次变薄系数 φ_n
低碳钢、拉深钢板	0.53～0.63	0.63～0.72	0.75～0.77
中碳钢（w_C=0.25%～0.35%）	0.70～0.75	0.78～0.82	0.85～0.90
不锈钢	0.65～0.70	0.70～0.75	0.75～0.80

注：1. 中碳钢为试用数据。

2. 厚料取较小值，薄料取较大值。

（四）变薄拉深工序的计算程序

1. 毛坯尺寸的计算

变薄拉深大多是采用由普通拉深（不变薄）方法获得的筒形毛坯，有时亦可直接采用平板毛坯。

毛坯尺寸按毛坯体积和工件体积 V_1 相等的原则求得。

毛坯直径 D 为

$$D = 1.13\sqrt{\frac{V}{t_0}} \tag{4-71}$$

式中 t_0——毛坯的厚度；

V——包括修边余量和退火损耗的工件体积，$V = kV_1$；k 为考虑到修边余量和退火损耗的系数，$k = 1.15 \sim 1.20$。相对高度 H/d 愈大时，取上限值。

毛坯厚度的确定：

带底的工件

$$t_0 = t$$

式中 t——工件底部厚度。

如果工件底部尚需切削加工，则还应加上切削余量 δ，即切底的工件

$$t_0 = t + \delta$$

应尽量选取较薄的毛坯，以提高材料利用率和减少变薄拉深次数。但制备较薄的毛坯需增加毛坯的普通拉深次数。因此，应结合工件生产批量，通过各种方案的比较来合理选用。

2. 计算拉深次数

变薄拉深次数

$$n = \frac{\lg t_n - \lg t_0}{\lg \varphi} \tag{4-72}$$

式中 t_n——工件壁厚；

t_0——坯件壁厚；

φ——平均变薄系数（查表 4-43 中间工序变薄系数）。

毛坯制备时的不变薄拉深次数

$$n' = \frac{\lg d'_n - \lg(m_1 D)}{\lg m} + 1 \tag{4-73}$$

式中 D——毛坯直径；

m_1——不变薄首次拉深系数；

m——不变薄平均拉深系数；

d'_n——不变薄拉深最后一次半成品外径。

d'_n可按下式推算得到

$$d'_n = (1/C)^n d_n + 2t_0 \tag{4-74}$$

式中　d_n——工件内径；

n——变薄拉深次数；

C——系数，为保证在拉深时，半成品能方便地套入凸模，通常将凸模直径选得比前次半成品直径稍小些，取 $C=0.97\sim0.99$。

故总的拉深次数为

$$N = n + n' \tag{4-75}$$

3. 确定各次变薄拉深工序的毛坯壁厚

$$t_1 = t_0\varphi_1$$
$$t_2 = t_1\varphi$$
$$\vdots$$
$$t_n = t_{n-1}\varphi_n$$

式中　t_0——毛坯的壁厚；

t_1，t_2，…，t_{n-1}——中间各次工序半成品的壁厚；

t_n——工件壁厚；

φ_1——首次变薄拉深的变薄系数；

φ——中间各工序的变薄系数；

φ_n——末次变薄拉深的变薄系数。

4. 确定各次变薄拉深工序的直径

为了使凸模能顺利地套入上次工序的毛坯中，其直径需比毛坯内径小1%～3%（头几次变薄拉深工序取大值，以后逐次取小值；壁厚时取大值，壁薄时取小值）。

$$d_{n(n-1)} = d_n(1+0.01\sim0.03)$$
$$d_{n(n-2)} = d_{n(n-1)}(1+0.01\sim0.03)$$
$$\vdots$$
$$d_{n(1)} = d_{n(2)}(1+0.01\sim0.03)$$

式中　d_n——工件内径；

$d_{n(1)}$，$d_{n(2)}$，…，$d_{n(n-1)}$——各工序毛坯内径（即各工序凸模直径）。

5. 确定各次变薄拉深工序的工件高度（图 4-136）

（1）不考虑圆角半径（$r_n \approx 0$）

$$h_n = \frac{t_0(D^2 - d_{外}^2)}{2t_n(d_{外} + d_{内})} \tag{4-76}$$

式中　D——毛坯直径；

t_0——毛坯厚度；

$d_{外}$——该道工序的工件外径；

$d_{内}$——该道工序的工件内径；

t_n——该道工序的工件壁厚；

h_n——该道工序的工件高度（不包括底部厚度 t_0）。

总高度为：　$h_{on} = h_n + t_o$

（2）考虑圆角半径（$r_n \neq 0$）

$$h_n=\frac{t_0[D^2-(d_{内}-2r_n)^2]-8R_sA}{4t_n(d_{内}+t_n)} \tag{4-77}$$

式中　r_n——凸模圆角半径；

A——圆弧区的面积；

R_s——圆弧区面积的旋转半径（面积重心到转轴的距离）；

h_n——该道工序的工件高度（不包括底部厚度 t_0 及圆角半径 r_n）。

总高度为：　$h_{on}=h_n+r_n+t_o$

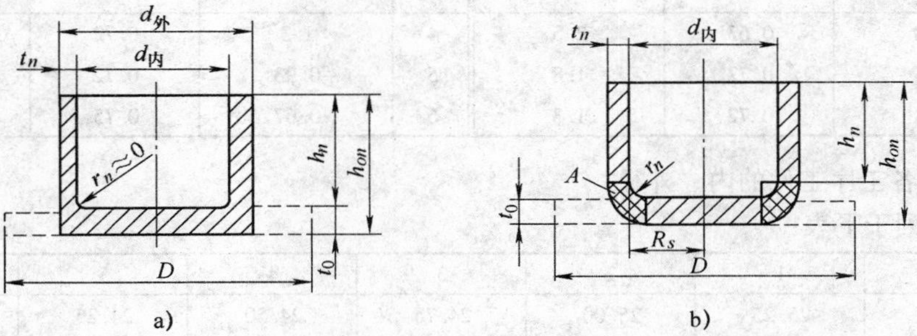

图 4-136　变薄拉深件的高度计算

a）不考虑圆角半径　b）考虑圆角半径

【例 8】　制订图 4-137 所示变薄拉深件的工序尺寸及程序。计算步骤：

解　（1）计算工件体积

按工件图上基本尺寸进行计算：

$$V_1=\frac{\pi}{4}(d_{外}^2 6h-d_{内}^2 6h)=\frac{3.14}{4}(25^2\times79-24^2\times75)\mathrm{mm}^3=4840\mathrm{mm}^3$$

（2）计算毛坯体积

$$V=kV_1=1.15V_1=1.15\times4840\mathrm{mm}^3=5560\mathrm{mm}^3$$

（3）毛坯厚度

$$t_0=t=4\mathrm{mm}$$

（4）计算毛坯直径

$$D=1.13\sqrt{\frac{V}{t_0}}=1.13\sqrt{\frac{5560}{4}}\mathrm{mm}\approx41.5\mathrm{mm}$$

（5）计算拉深次数

估算变薄拉深次数 n：

$$n=\frac{\lg t_n-\lg t_0}{\lg\varphi}=\frac{\lg0.5-\lg4}{\lg0.70}=\frac{-0.3010-0.6021}{-0.1549}\approx5.8\ 取\ n=6$$

（式中 $\varphi=0.70$ 由表 4-43 查得）

$$d'_n=\left(\frac{1}{c}\right)^n d_n+2t_0=\left(\frac{1}{0.99}\right)^6\times24\mathrm{mm}+2\times4\mathrm{mm}=25.25\mathrm{mm}+8\mathrm{mm}=33.25\mathrm{mm}$$

估算不变薄拉深次数 n'：

由于 $m_1=\frac{d_1}{D}=\frac{33.25}{41.5}=0.877$，而 $[m_1]=0.50$，拟由平板毛坯直接进行第一次变薄拉深。

$$N=n+n'=6+0=6$$

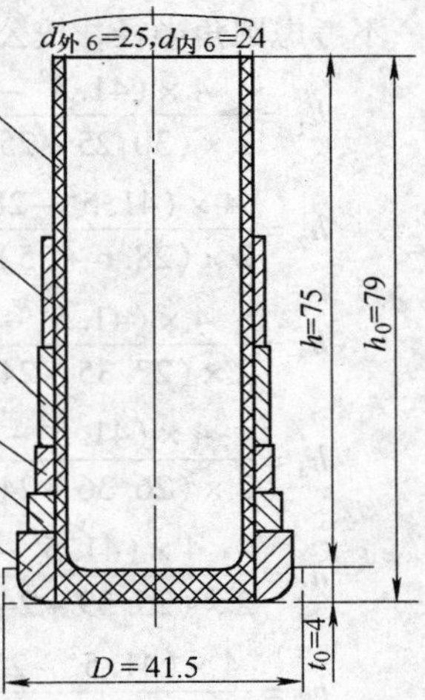

图 4-137　变薄拉深件的工序尺寸及程序计算

材料：10 钢　料厚：t_0 = 4mm

(6) 计算各次变薄拉深后的半成品壁厚

首次工序的变薄系数定为：$\varphi_1 = 0.63$

中间各次的变薄系数定为：$\varphi = 0.72$

末次工序的变薄系数定为：$\varphi_n = 0.75$

计算结果列表如下：

工序号	原来材料厚度 t_0/mm	变薄系数 φ	变薄后的材料厚度 t/mm	工序号	原来材料厚度 t_0/mm	变薄系数 φ	变薄后的材料厚度 t/mm
1	4.0	0.63	2.5	4	1.3	0.72	0.93
2	2.5	0.72	1.8	5	0.93	0.72	0.67
3	1.8	0.72	1.3	6	0.67	0.75	0.50

(7) 计算各工序工件的内、外径

计算结果列于下表：

工序号	1	2	3	4	5	6
内径 $d_{内}$/mm	25.25	25.00	24.75	24.50	24.25	24.00
壁厚 t/mm	2.50	1.80	1.30	0.93	0.67	0.50
外径 $d_{外}$/mm	30.25	28.60	27.35	26.36	25.59	25.00
高度 h/mm	11.6	18.7	29.5	43.4	64.0	89.6

(8) 计算各工序的工件高度

不考虑圆角半径，按公式（4-76）进行计算

$$h_1 = \frac{4\times(41.5^2 - 30.25^2)}{2\times(30.25+25.25)\times2.5}\text{mm} = 11.6\text{mm} \qquad h_{01} = h_1 + t_0 = 11.6\text{mm} + 4\text{mm} = 15.6\text{mm}$$

$$h_2 = \frac{4\times(41.5^2 - 28.6^2)}{2\times(28.6+25)\times1.8}\text{mm} = 18.7\text{mm} \qquad h_{02} = h_2 + t_0 = 18.7\text{mm} + 4\text{mm} = 22.7\text{mm}$$

$$h_3 = \frac{4\times(41.5^2 - 27.35^2)}{2\times(27.35+24.75)\times1.3}\text{mm} = 29.5\text{mm} \qquad h_{03} = h_3 + t_0 = 29.5\text{mm} + 4\text{mm} = 33.5\text{mm}$$

$$h_4 = \frac{4\times(41.5^2 - 26.36^2)}{2\times(26.36+24.5)\times0.93}\text{mm} = 43.4\text{mm} \qquad h_{04} = h_4 + t_0 = 43.4\text{mm} + 4\text{mm} = 47.4\text{mm}$$

$$h_5 = \frac{4\times(41.5^2 - 25.59^2)}{2\times(25.59+24.25)\times0.67}\text{mm} = 64\text{mm} \qquad h_{05} = h_5 + t_0 = 64\text{mm} + 4\text{mm} = 68\text{mm}$$

$$h_6 = \frac{4\times(41.5^2 - 25^2)}{2\times(25+24)\times0.5}\text{mm} = 89.6\text{mm} \qquad h_{06} = h_6 + t_0 = 89.6\text{mm} + 4\text{mm} = 93.6\text{mm}$$

(五) 多层凹模变薄拉深（图4-131）

多层凹模变薄拉深过程中，因有两个或两个以上凹模同时拉深的情况，凹模之间工件筒壁上有拉应力。同时与凸模相对摩擦，而存在摩擦力。所以，多层凹模变薄拉深比普通单模变薄拉深的应力、应变状态复杂。

影响多层凹模变薄拉深的因素较多，除凹模几何参数外，同时拉深模数及组合形式，模间间距和各模变形程度的分配等都有影响。其中，尤以各模变形程度分配的影响更为突出。

根据实际生产经验发现，在以对数计算的断面变形程度数据中，几乎都呈现一种共同趋向。这种趋向是：总拉深变形程度与总拉深模数有关；第一模变形程度是总变形程度的某一范围取值；第二、三、四模变形程度之比很接近，也就是说二、三、四模变形程度之间有近似几何级数的规律。故推荐下列多模变薄拉深各模变形程度的分配方法。

第一模变形程度

$$\varphi_{A1} = C \cdot \varphi_{Am} \tag{4-78}$$

第二模至第 n 模的变形程度

$$\varphi_{An} = \frac{\varphi_{Am}(1-C)(K-1)}{k^{m-1}-1}K^{m-n} \tag{4-79}$$

式中 $$\varphi_{Am} = \ln\frac{A_0}{A_m}\times 100\% = \ln\frac{D_0^2-d_0^2}{D_m^2-d_m^2}\times 100\%\text{——总变形程度} \tag{4-80}$$

$$\varphi_{A1} = \ln\frac{A_0}{A_1}\times 100\% = \ln\frac{D_0^2-d_0^2}{D_1^2-d_1^2}\times 100\% \tag{4-81}$$

$$\varphi_{An} = \ln\frac{A_{n-1}}{A_n}\times 100\% = \ln\frac{D_{n-1}^2-d_{n-1}^2}{D_n^2-d_n^2}\times 100\% \tag{4-82}$$

A_0 和 A_m——毛坯横截面积和工件口部横截面积（mm^2）；

d_0 和 D_0——毛坯内、外径（mm）；

d_m 和 D_m——工件口部内、外径（mm）；

C——变形系数；

n——凹模序号；

$k=\varphi_{A2}/\varphi_{A3}=\varphi_{A3}/\varphi_{A4}=\cdots=\varphi_{An-1}/\varphi_{An}$——各模变形程度比。

当 $k=1$ 时，即各模变形程度相等，所以

$$\varphi_{An} = \varphi_{Am}\frac{(1-C)}{m-1} \tag{4-83}$$

为了便于计算各模变形程度，忽略了拉深凸模一般有1°左右的拔模锥角，毛坯通过各模后，口部内径都取等于工件口部内径（d_m）。

应用这个分配方法时，可先根据拉深件总变形程度，由表4-44选取 m、C、K 值，代入式(4-78)、式（4-79）即得各个凹模变形程度，再将其代入式（4-81）、式（4-82）便得各个凹模工作直径。

表4-44　多层凹模变薄拉深分配各模变形程度的参数

总变形程度 φ_{Am}(%)	总拉深模数 m	变形系数 C	变形程度比 K	备　注
≤120	2	0.35～0.65	—	不取 $K=1$
110～180	3	0.35～0.55	0.7～1.35	
160～204	4	0.38～0.45	0.9～1.25	

注：1. 采用反挤压成形底部呈截头锥形的毛坯，按上限选取 C 值；板料拉深成形的平底毛坯按下限取值（图4-138）。

2. 当 $K<1$ 时，各模变形程度按递增分配；$K>1$ 时，各模变形程度按递减分配；$K=1$ 时，各模变形程度相等。一般取 $K>1$。

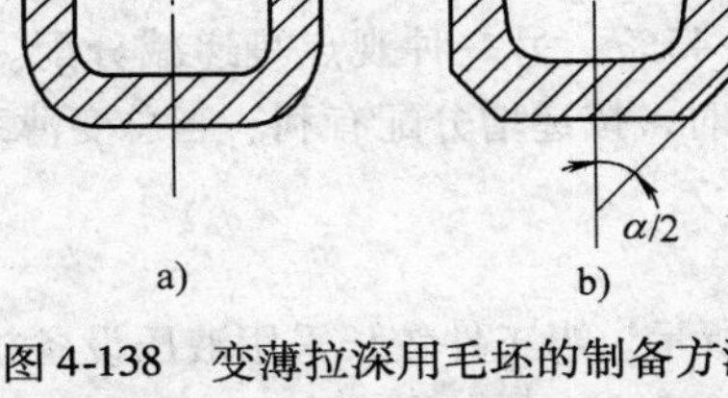

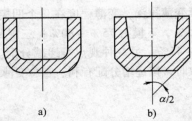

图4-138　变薄拉深用毛坯的制备方法

a）板料拉深成形　b）反挤压成形

【例9】 毛坯尺寸 $D_0=31.6$mm，$d_0=24.5$mm（反挤压制坯）

工件尺寸 $D_m=26.8$mm，$d_m=25.46$mm

总变形程度 $\varphi_{Am}=174\%$

材料：S20A 优质碳素钢

解 计算数据与实际选用数据的比较见表4-45。

表4-45 本分配方法计算数据与实际选用数据的比较

总拉深模数 m	序号	按分配法计算的各模变形程度及尺寸		各模实际选用变形程度及尺寸		参数取值		生产数或试验数/件
		$\varphi_{An}\times100$	D_n/mm	$\varphi_{An}\times100$	D_n/mm	C	K	
3	一模	90.48	28.45	90.5	28.45	0.52	1.35	10余万
	二模	47.98	27.35	48	27.35			
	三模	35.54	26.8	35.4	26.8			

【例10】 毛坯尺寸 $D_0=33.5$mm，$d_0=24.62$mm（反挤压制坯）

工件尺寸 $D_m=27.33$mm，$d_m=26.05$mm

总变形程度 $\varphi_{Am}=202.2\%$

材料：S20A 优质碳素钢

解 计算数据与实际选用数据的比较见表4-46。

表4-46 本分配方法计算数据与实际选用数据的比较

总拉深模数 m	序号	按分配法计算的各模变形程度及尺寸		各模实际选用变形程度及尺寸		参数取值		生产数或试验数/件
		$\varphi_{An}\times100$	D_n/mm	$\varphi_{An}\times100$	D_n/mm	C	K	
4	一模	90	29.81	90.2	29.8	0.445	1.2	亿以上
	二模	44.4	28.52	44.9	28.5			
	三模	37	27.78	34.9	27.8			
	四模	30.8	27.33	32.2	27.33			

（六）变薄拉深模具工作部分形状与尺寸

1. 凹模

变薄拉深用的凹模几何形状如图4-139所示，其主要尺寸见表4-47。工作部分的表面粗糙度要小，R_a 为0.2～0.05μm。凹模材料在大量生产时，最好用硬质合金，如YG8～YG15。成批生产时用CrWMn、Cr12MoV，淬火硬度为65～67HRC。

表4-47 变薄拉深凹模的几何尺寸

d	≤10	>10～20	>20～30	>30～50	>50
h	0.9	1	1.5～2	2～2.5	2.5～3
α	6°～10°				
α_1	10°～30°				

在大量生产中常用多模连续变薄拉深，变薄程度在几个凹模内分配，一种观点是递增分配，如两层凹模时：上模占20%～25%，下模占75%～80%；三层凹模时：上模占20%～25%，中模占30%～35%，下模占40%～45%。另一种观点是递减分配。有试验表明，当总变薄系数较大，但小于单模的极限变薄系数时，按递增分配有利。当总变薄系数小时，接近多模的极限变薄系数时，按递减分配有利。

2. 凸模

凸模的几何形状如图4-140所示。当工件较长采用液压设备拉深时，宜用浮动形式，便于凹模自动对中。凸模沿纵向带有500:0.02的锥度，便于工件脱模。凸模圆角半径 $r_凸$ 的径向跳动量不大于0.005mm。否则在较高的工件变薄时，容易出现斜壁或开裂。凸模材料常用T10A、CrWMn，淬火硬度为63～65HRC，略低于凹模。工作部分的粗糙度与凹模相同。

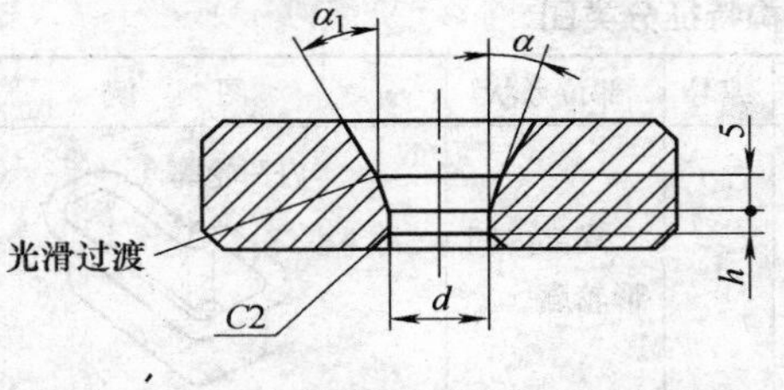

图4-139 变薄拉深凹模的几何形状

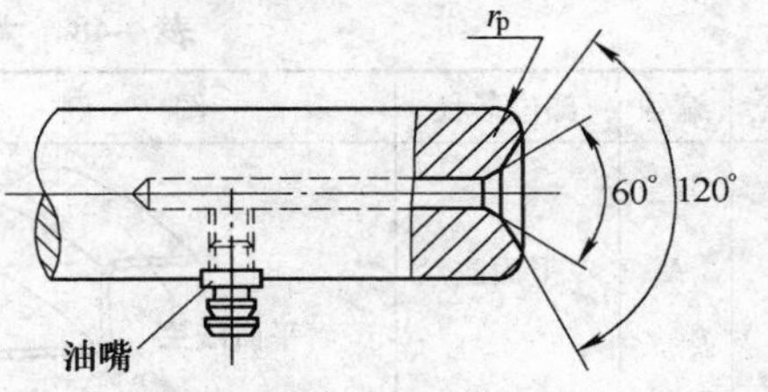

图4-140 变薄拉深凸模的几何形状

在变薄拉深时，工件紧紧地抱在凸模上，一般用刮件环卸件。对于不锈钢脱模压力约为1500～2000MPa，不宜用刮件环卸件，应在凸模上加一油嘴，借液压卸下工件。凸模油嘴接头处接上三通阀，一头通油一头通空气，在套坯件时通气断油，拉深时进油断气，卸件应在拉深结束时立即进行，否则工件冷却后卡得更紧不易卸下来。

第八节 大型覆盖件的拉深

大型覆盖件主要是指汽车车身、拖拉机驾驶室外部的裸露件，这类零件油漆后不再覆盖其他的装饰层而直接被人们观察到，因而，对这类覆盖件的表面质量要求很高，不仅不能有破裂、大的皱纹、折叠，就连很小的面畸变、冲击线、划痕、滑移线等都要避免。

这类大型薄板冲压件如驾驶室的顶盖、里门板、外门板、前围、后围、侧围、翼子板、发动机罩及水箱罩顶等，从结构形状及尺寸方面分析，这类零件的主要特点有：

1）总体尺寸大。如驾驶室顶盖的毛坯尺寸可达2800mm×2500mm。

2）相对厚度小。板料的厚度一般为0.8～1.2mm，相对厚度（t/D）最小值可达0.0003。

3）形状复杂。不能用简单的几何方程式来描述其空间曲面。

4）轮廓内部带有局部形状（如里、外门板和上后围的玻璃窗口部位）。而这些内部形状的成形往往对整个冲压件的成形有很大的影响，甚至是决定性的影响。

大型覆盖件的一般制造过程要经过落料（或剪切）、拉深（主要在双动压床上进行）、校形、修边、切断、翻边、冲孔等多道工序才能完成。实验证明，在多数情况下，拉深工序是制造这类零件的关键，它直接影响产品质量、材料利用率、生产效率和制造成本。

一、大型覆盖件的结构特点和变形分析

（一）大型覆盖件结构特点解析

虽然大型覆盖件的总体结构特点，决定了其变形特点，理论上可以对其进行变形分析，制订冲压工艺或分析产生质量问题的原因，但实际上难以从整体上进行这些工作。因此，为能够比较科学地分析判断大型覆盖件的变形特点，生产出高质量的冲压件，要对这类零件的结构组成进行分析，把一个覆盖件的形状看成是由若干个“基本形状”（或其一部分）组成的。这些“基本形状”有：直壁轴对称形状（包括变异的直壁椭圆形状）、曲面轴对称形状、圆锥体形状及盒形形状等。而每种基本形状都可分解成由凸缘部分、轮廓形状、侧壁形状、底部形状组成。

这些基本形状零件的冲压变形特点，主要冲压工艺参数等前已述及，已经基本可以定量化计算，各种因素对冲压成形的影响已基本上比较明确。所以，把大型覆盖件的结构组成进行分解，可以先确定各基本形状的主要变形特点，再把各基本形状之间的相互影响考虑进去，就能够分析出大型覆盖件的主要变形特点，判断出各部位的成形难点，预先制订相应对策。表4-48是大型

覆盖件的结构特征分类图，对任何一种覆盖件均可分解为图中所示的不同结构元素（或元素的部分形状）的组合。

表 4-48　大型覆盖件结构特征分类图

部位	编号	部位形状	图　例	部位	编号	部位形状	图　例
法兰形状	A	平面法兰	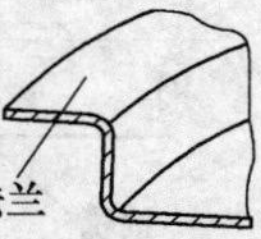	轮廓形状	J	局部内凹形轮廓	
	B	上凸形法兰	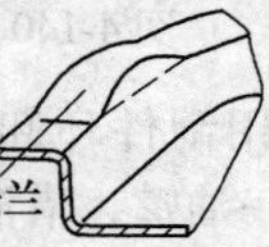	侧壁形状	K	直壁	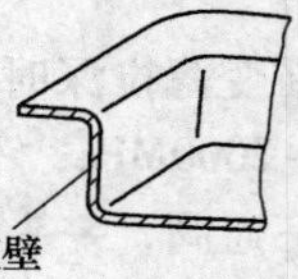
	C	下凹形法兰	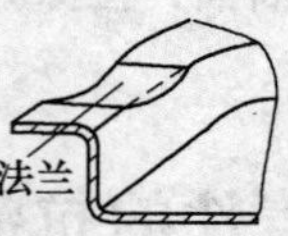		L	斜面侧壁	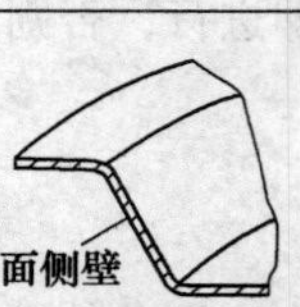
	D	多平面法兰	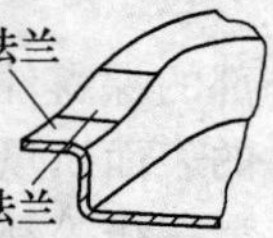		M	台阶侧壁	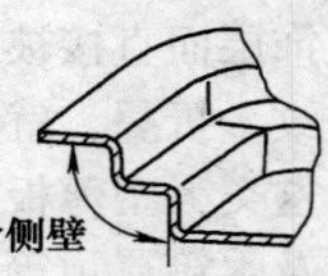
	E	综合性法兰	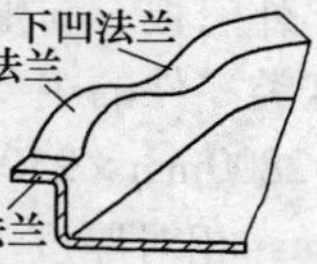	底部形状	N	平面底部	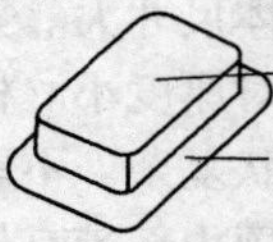
轮廓形状	F	圆形轮廓	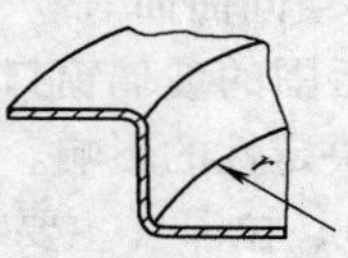		O	局部成形底部	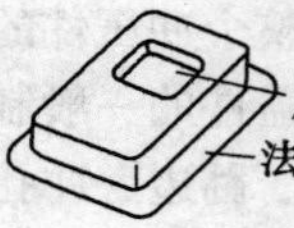
	G	随圆形轮廓			P	外凸形曲面底部	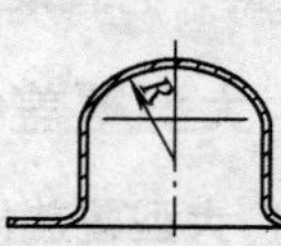
	H	长圆形轮廓	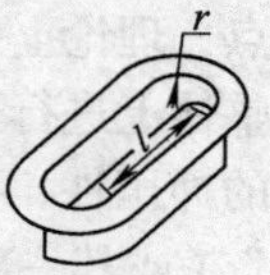		Q	内凹形曲面底部	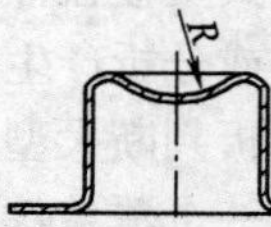
	I	矩形轮廓	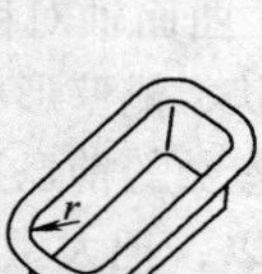		R	台阶形底部	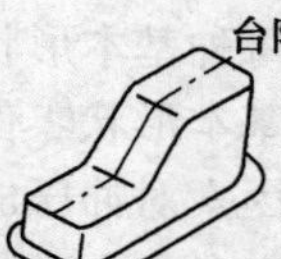

（二）大型覆盖件冲压成形过程中的变形特点

大型覆盖件冲压成形中，决定毛坯变形性质及冲压成形难度大小的最主要因素是其结构特点。只有根据其结构特点，分析清楚冲压成形中毛坯的主要变形特点及可能出现的问题，才能在拉深件设计、工艺设计和模具设计中采取相应的措施。

表4-48中所示大型覆盖件的结构特征元素的变形特点可从以下几方面来阐述。

1. 冲压件的凸缘形状

1）平面凸缘。在冲压成形中，凸缘上毛坯的流动速度、变形量、变形分布等随着内轮廓的变化而变化，外凸轮廓部分凸缘毛坯的变形特点以拉深变形为主（即压缩类变形）；内凹轮廓部分凸缘毛坯的变形特点以胀形变形为主（即伸长类变形）。

2）上凸形凸缘。带上凸形凸缘的零件在冲压成形时，冲模上的相应部位压料面也呈上凸形状，因而有可能导致某断面上压料面的线长大于冲压件相应断面的线长。该断面就会产生多余材料，在冲压件上形成折皱。同时，上凸部分压料面上的材料在向凹模内流动时，流动速度不均匀，且流动方向不垂直于凹模口。若上凸曲率较大，该部分材料内产生一定程度的切向拉应力。

3）下凹形凸缘。与上凸形凸缘零件相比，冲压成形时压料面形状对凹模内毛坯的变形产生的效果在总体上是基本相同的。但在凸缘上，下凹部分材料内会产生切向压应力。

4）多平面凸缘。若冲压件的凸缘是由几个平面组成的，倾斜的平面凸缘部分的毛坯比水平平面凸缘部分的毛坯受到模具压料面的阻力要小，材料容易流入凹模，但不易产生塑性变形，对高平面凸缘部分的材料有带动流动作用。材料内产生切应力和切应变。在两平面相交呈下凹形状的交界处，毛坯在变形过程中就会产生材料多余甚至堆积；而在两平面相交呈上凸形状的交界处，毛坯在变形过程中就会产生材料变薄。

5）综合性凸缘。是由多个平面、曲面组合而成的。这种凸缘上毛坯的流动与变形特点可参考以上几种类型进行分析。

2. 冲压件的轮廓形状

1）圆形轮廓。若凸缘和底部均为平面形状，那么在同一圆周上，变形是均匀分布的，凸缘上毛坯产生拉深变形；若凸缘形状为非平面，则变形随着凸缘的变化而变化。

2）随圆形轮廓。凸缘上毛坯的变形为拉深变形，但变形量和变形比沿轮廓形状相应变化。曲率越大的部分，毛坯的塑性变形量越大；反之，曲率越小的部分，毛坯的塑性变形量越小。

3）长圆形轮廓。其圆形部分以拉深变形为主，直边部分以弯曲变形为主，两部分交界区有剪切变形。

4）矩形轮廓。冲压件在成形时，直边部分凸缘上毛坯以弯曲变形为主，转角部分凸缘上毛坯以弯曲变形为主，转角部分凸缘上毛坯以拉深变形为主。直边部分与转角部分之间的流动速度有差别，故在两部分相交区域会产生剪切变形。

5）局部内凹轮廓（如T形轮廓，L形轮廓等）。成形过程中，局部内凹轮廓部分凸缘上的变形为两向伸长变形，而凸缘其他部位为拉深变形。

3. 侧壁形状

1）直壁。毛坯上的材料进入凹模后成为冲压件的侧壁，其主要作用是向变形区传递变形力，一般不产生塑性变形。

2）斜面侧壁。冲压件的侧壁为斜面时，侧壁在冲压过程中是悬空的，即不贴模，直到成形结束时才贴模。这种零件成形时侧壁的不同部位变形特点不完全相同，侧壁部分在径向受拉应力作用，产生伸长变形。靠近中央部位毛坯切向受拉应力，产生伸长变形，该部位的成形属胀形成形；而靠近凹模口部分毛坯切向受压应力，产生压缩变形，该部位的成形属拉深成形。即这种侧壁的成形属拉深—胀形复合成形。

3）台阶侧壁。冲压成形时，侧壁部位先是被径向拉伸形成斜面侧壁，成形的最后阶段才成为冲压件形状。这一部位的变形一般为胀形，有利于提高零件表面质量。

4. 底部形状

1）平面底部。拉深成形时该部位一般不产生塑性变形，刚性较差，表面形状精度不易保证。若胀形成形，则产生双向伸长变形。

2）局部成形部位。该部位一般产生胀形变形。

3）外凸曲面底部。一般在成形一开始就产生一定程度的胀形变形。

4）内凹曲面底部。一般在成形一开始就产生一定程度的胀形变形。

5）台阶形状底部。在成形一开始就有极度不均匀的变形分布，在台阶变化部分的侧壁易有诱发切应力存在，产生剪切变形，甚至形成皱纹或材料堆积。

（三）大型覆盖件的变形分析方法

分析大型覆盖件的变形特点可以利用“分解—综合”的方法。即：把一个大型覆盖件“分解”成若干个基本形状，先分别分析这些基本形状的变形特点，然后把这些基本形状综合起来，并考虑各基本形状之间的相互影响，总结出该冲压件的冲压变形特点及各种因素对成形的影响。具体的主要步骤为：

1）根据冲压件的结构、形状，按基本形状划分变形分析单元。即进行大型覆盖件的“分解”。

2）对各变形分析单元进行贴模过程的分析。

3）对各变形分析单元进行变形特点的分析和必要而可能的变形计算。

4）考虑各变形分析单元之间的相互影响及产生的变形趋向，调整各单元的变形分析结果。

5）根据各单元的变形特点及变形大小，确定冲压成形时的主要变形特点，即做综合分析，并确定成形中各基本单元的主要问题及整个冲压件的主要危险部位。

6）经分析计算，若内部胀形成形部分变形过大，超过材料塑性变形极限，则需要采取工艺或模具方面的措施（如零件内部胀形部分有工艺补充部分时，则可以考虑在工艺补充部分预开工艺孔、工艺切口等）。这时，应考虑工艺孔（或切口）的影响，并对各相关单元进行再次分析。

在设计拉深件时可以运用这种“分解—综合”方法，根据大型覆盖件的结构形状特点，分析其成形特点，以确定如何增加工艺补充部分、设计成什么样的压料面形状可以较好地改善各部位的变形大小和分布，最有利于拉深成形。同时，在设计大型覆盖件冲压成形工艺时也需要用这种“分解—综合”方法，找出拉深过程中最容易产生的质量问题及部位，确定正确的拉深方向、压边力大小与分布、拉深筋的设置以及润滑方式等，以便在冲压成形中能较好地防止质量问题的发生。

图4-141是某汽车覆盖件的拉深件示意图，对其冲压变形特点可作如下分析：

该冲压件的结构特点是：平面凸缘、直壁、矩形轮廓、底部有局部形状，即外轮廓是一个大盒形件，其内部有一个向大盒内凸起的小的盒形件形状。故该冲压件可分为大盒形件与小盒形件两个变形分析单元来分析其变形情况。

该冲压件的贴模过程是：在压边圈压住毛坯后，凸模下行与毛坯接触，法兰上的毛坯开始产生塑性变形，向凹模内流动，大盒开始拉深成形，但此时成形小盒部分的毛坯处于悬空状态；当凸模下行到 $h-h_1$ 距离时，成形小盒的小凸模与小盒部位毛坯接触，小盒处开始成形。此时，大盒与小盒形同时处于成形过程中，直至凸模到达最低位置，成形过程结束。

对于大盒，属于拉深成形。其变形区是压料面上的毛坯，属于基本形状零件中盒形件拉深变形特点，可根据盒形件拉深成形规律、r/b（$b<a$）、h/r 等参数来判断变形分布和成形难度。对

大盒内的小盒部分，由于它是在大盒成形到 $h-h_1$ 的深度之后才开始成形，故不可能靠外部流入材料，而主要靠该部位的材料变薄实现成形，即产生胀形变形。而转角 r_1 区域的胀形变形量最大，可视为是四分之一圆筒件的胀形，并判定该部位是否可以胀形到零件要求的深度。同时考虑到小盒的直边部分对转角处的胀形有一定的减轻作用，转角部位的极限胀形深度比相同半径的圆筒件的极限胀形深度有一定的提高。

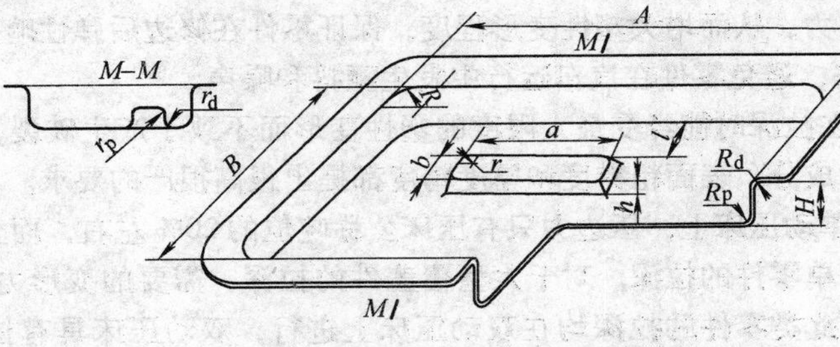

图 4-141 某汽车覆盖零件示意图

由于小盒是在大盒基本成形后才成形的，小盒对大盒的成形基本上没有影响。小盒成形属于胀形变形，大盒成形对它的影响也很小。但在 l 很小，$r_{凹}$、$r_{低}$ 较大，且 h 较大的情况下，小盒成形时会有一定量的材料从小盒外部流入，其极限胀形深度会更大些。

综合分析，该冲压件可能出现的问题有凸缘转角部位的起皱、$r_{底}$ 处的 α 破裂及小盒胀形时 β 破裂等。

二、大型覆盖件的拉深成形工艺

（一）大型覆盖件的拉深特点和分类

1）简单零件可由拉深系数来确定拉深次数和工序尺寸。但大型覆盖零件大多数都是由复杂的空间曲面组成，在拉深时毛坯在模内的变形甚为复杂，各处应力很不均匀，因此，不能按一般拉深那样用拉深系数来判断和计算它的拉深次和拉深可能性。目前，还只能用“分解—综合法”和“类比”法，经生产调整确定。而且大型覆盖件不希望经过多次拉深，一般都采用双动（或三动）压床一次拉深而成。

2）大型覆盖件成形过程中的毛坯变形并不是简单的拉深变形，而是拉深和胀形变形同时存在的复合成形。一般来说，除内凹形轮廓（如 L 形轮廓）对应的压料面外，压料面上的毛坯的变形为拉深变形（径向为拉应力，切向为压应力），而轮廓内部（特别是中心区域）毛坯的变形为胀形变形（径向和切向均为拉应力）。

3）轮廓内部有局部形状的覆盖件冲压成形时，凸模下行到一定深度时，局部形状才开始成形，并在成形过程的最终时刻全部贴模。所以，局部形状外部的材料难以向该部位流动，成形主要靠该部位毛坯在双向拉应力下的材料变薄来实现面积的增大，即这种内部局部成形为胀形成形。

4）大型覆盖件冲压成形时，内部的毛坯是随着冲压过程的进行而逐步贴模。这种逐步贴模过程，使毛坯保持塑性变形所需的力不断变化，毛坯各部位板面内的主应力方向与大小、板平面内两主应力之比（σ_1/σ_2）等受力情况不断变化，毛坯产生变形的主应变方向与大小、板平面内两主应变之比（$\varepsilon_1/\varepsilon_2$）等变形情况也随之不断地变化。即：毛坯在整个冲压过程中的变形路径（即 $\varepsilon_1/\varepsilon_2$）不是简单加载下的变形过程，而是变路径的。

5）简单零件的形状对称，深度均匀，而且通常压料面积比其余部分面积大，只要压边力调节合适，便能防止起皱。而大型覆盖件形状复杂，深度不均，又不对称，压料面积比其余部分小，因而需要采用拉深筋或拉深槛来加大进料阻力；或是利用拉深筋的合理布排，改善毛坯在压边圈下的流动条件，使各区段金属流动趋于均匀，才能有效地防止超皱。

6）简单零件拉深时，由于变形区（凸缘区）的变形抗力超出传力区（侧壁与底部过渡区）危险断面强度而导致破裂是拉深过程的主要问题。但有些覆盖件，由于拉深深度浅（如汽车外门板），拉深时材料得不到充分的拉伸变形，容易起皱，且刚性不够，这时需要采用拉深槛来加大压边圈下材料的牵引力，从而增大塑性变形程度，保证零件在修边后弹性畸变小，刚性好，以消除“鼓膜状”的缺陷，避免零件在汽车运行中发生颤抖和噪声。

7）为保证覆盖件在拉深时能经受最大限度的塑性变形而不致于产生破裂，对原材料的力学性能、金相组织、化学成分、表面粗糙度和厚度精度都提出很高很严的要求。

8）在通带气垫的单动压床上，压边力只有压床公称吨位的20%左右，而且压边力调节的可能性小，故仅适用于简单零件的拉深。对于大型覆盖件的拉深，需要的变形力和压边力都较大，因此，在大量生产中，此类零件的拉深均在双动压床上进行，双动压床具有拉深（内滑块）与压边（外滑块）两个滑块，压边力可达拉深力的60%以上，且四点连接的外滑块可进行压边力的局部调节，这可满足覆盖件拉深的特殊要求。

根据形状复杂程度和变形特点，覆盖件可分为三类：浅拉深件，一般拉深件和复杂拉深件。各类零件的变形特点列于表4-49。

表4-49 覆盖件的分类

分类	典型零件名称及简图	同类零件名称	零件外形特征	拉深变形特点
浅拉深件	外门板 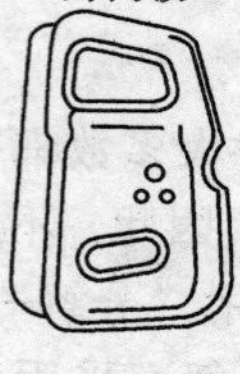	上后围等	1. 拉深深度浅（<50mm） 2. 外形较简单匀称 3. 平的或基本平的底，或是小台阶的底	1. 拉深中从压边面下获得少量的补充材料，工件本体的拉深成形主要依靠自身材料的延伸 2. 变形、应力比较均匀，成形表面的应力数值远小于抗拉强度极限，故需采用拉深槛来增加压边面下材料的流动阻力，使材料充分塑性变形，以保证制件得到应有的刚度 3. 一般不会产生破裂
一般拉深件	下后围 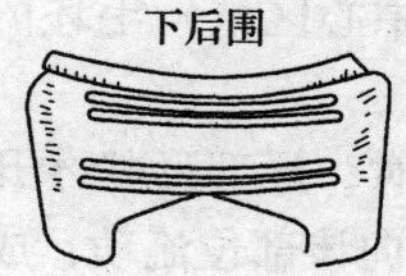	里门板、水箱护罩等	1. 拉深深度较深（<100mm） 2. 外形较复杂 3. 平的或基本平的底或是大曲率半径的外凸形底	1. 拉深表面主要靠压边面下的毛坯向内补充而拉深成形 2. 变形、应力比较均匀，成形表面塑性变形程度较大，但应力尚小于 σ_b 3. 只要材料合格或模具技术状态良好，一般不会破裂
复杂拉深件	前围外板 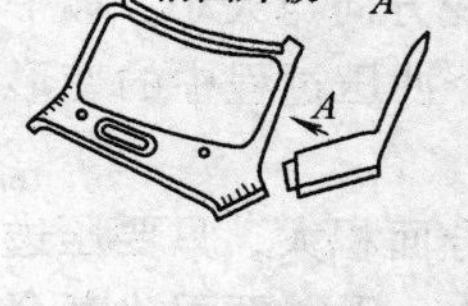	翼子板、油箱、油底壳、顶盖、水箱罩顶、前围内板等	1. 拉深深度深（170～240mm） 2. 外形复杂又不对称 3. 有外凸或内凹的底，或大台阶形底	1. 拉深表面既靠压边面下的材料补充，又靠内部表面材料延伸而拉深成形 2. 制件各处应力，变形很不均匀，大部分区域已充分塑性变形，且应力已临近 σ_b，个别区域尚有变形不足的状态 3. 若材料不合格或模具调整不当，容易出废品

9）根据大型覆盖件的类别，相应地把冷冲压用冷轧板料分成最复杂级（ZF）、很复杂级（HF）和复杂级（F）。这种分类基本上能反映大型覆盖件冲压成形时产生破裂的可能性大小和板料在拉深时的抗破裂性能。另外，对板料的表面质量要求很高，以保证油漆后的汽车车身表面光滑、色泽鲜亮宛如镜面。还要求很高的尺寸精度（互换性好），以便于车身焊接工艺的自动化。

（二）大型覆盖件的拉深工艺性

近代汽车车身的艺术造型趋向于曲线急剧过渡，显示出棱角清晰，线条分明，流线型，以适应高速行驶的要求。这往往使零件冲压工艺性较差，拉深时容易起皱或破裂，并给冲模制造和维修带来困难。故车身造型设计时应尽可能考虑零件的拉深成形工艺性。

1. 覆盖件的分块

根据零件的冲压工艺性和组合件的装配工艺性，以及外型美观等要求，统筹考虑如何将已定型的车身整体剖分成合适形状的分块，是一项十分重要的工作。

分块时必须考虑到：

1）既不宜分块太小，以便充分利用一块拉深成形的极限变形程度，又要认真估计现有条件下拉深成形的实际可能性，进行适当的分块。故拉深的难易程度是考虑如何分块的首要因素。

2）分块大小应适应目前国内能够供用的深拉深钢板的轮廓尺寸。

3）适应现有设备的各项参数限度，如压床压力、台面面积、行程、闭合高度等，以及流水生产线上设备的布置及数量等。

4）在机械化程度不高（往往受到生产批量的约束）的情况下，分块大小应充分考虑工人操作方便和减轻劳动强度。

5）分块线应与外部造型线条相适应。

6）分块线应尽量避免在圆弧面上。分界面上的相邻分块应有相近的材料厚度和钢号，以保证焊接的质量。

2. 覆盖件的形状

覆盖件大多数都是由复杂的曲面组成的，仅用几个平面尺寸不能将它表达清楚。要全面反映出此类零件的形状和尺寸，除了用坐标网标注尺寸的图样（包括主图板）外，还必须利用立体模型（主模型），通过两者互为补充，互为说明的手段，才能使产品设计者的意图全部表达出来。从拉深工艺性观点出发，对覆盖件的形状分析应考虑以下几个方面：

（1）覆盖件的深度　这里所指的深度并非零件深度，而是考虑了工艺补充部分以后，冲压件在模具中沿拉深方向的实际拉深深度。一般来说，拉深深度愈深，变形程度愈大，应力愈接近材料的强度极限。但它并不是影响拉深工艺性的唯一因素，因为拉深深度太浅（如外门板），由于材料得不到充分拉伸变形，容易起皱，且刚性不够。有些覆盖件深度虽深，但比较平缓和均匀（如顶盖，如图4-142b所示），使变形程度趋向一致，却很少拉破。

（2）覆盖件的底部形状　归纳起来，覆盖件的底部形状大致有五种类型（见表4-48）。

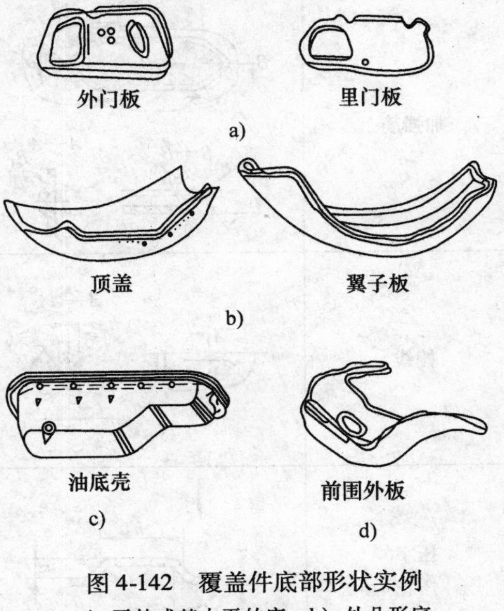

图4-142　覆盖件底部形状实例

a）平的或基本平的底　b）外凸形底
c）大台阶形底　d）内凹形底

这五种类型的底部形状，以平缓外凸形（如顶盖，如图 4-142b 所示）对拉深较有利，拉深时毛坯流动条件好，变形较均匀。随着外凸曲面曲率的增大，深度愈不均匀，拉深条件就会恶化（如翼子板，如图 4-142b 所示）。对于拉深深度浅的零件（如外门板，如图 4-142a 所示），平底的拉深条件并不理想，由于拉深开始时凸模同时接触毛坯，接触面积大，应力小，底部拉伸变形不足，修边后会产生弹性畸变，刚性不够，故须加拉深槛来解决。大台阶形底部，拉深条件就更差一些。但坡形比阶梯形进料条件要好些，如油底壳（图 4-142c）由原来的阶梯台阶改成坡形台阶，使拉深工艺性有较大的改善。台阶高差愈大，拉深工艺性愈趋恶劣。内凹的底部是拉深条件最差的一种（如前围外板，如图 4-142d 所示），内凹角度愈小，愈易起皱。若局部加大压边力，又带来了新的矛盾，即容易导致破裂。根据实际经验，应使内凹角 $\alpha \geqslant 120°$。

（3）覆盖件的局部形状　覆盖件的主要结构面上（底部、侧壁或凸缘），往往布置了各种形状的加强筋、装饰性棱线、标记和凸凹平台等。当它们的凸凹方向与拉深方向成某一个有利的角度时，都可以在拉深过程中同时压出。

这些局部形状的成形，大多是在得不到外部金属补充的状态下，完全依靠该部位自身材料的延伸和变薄达到的。此类形状往往要求圆角小，压出印痕又要深，所以有时由于材料局部变薄严重，会产生橘皮状粗糙表面，甚至出现裂纹而使工件报废。

产生裂纹的原因，是由于局部变形程度超过了材料允许的延伸率，故应校核实际变形是否超出成形极限值（见第五章）。另外，还应根据局部成形的不同形状，使其满足表 4-50 所列条件。当设计尺寸不符合这些条件时，可以通过加大圆角半径或预加工艺切口（如外门板的窗口部分，如图 4-156 所示）等办法，改善材料流动和补充条件。

表 4-50　不同形状的局部成形尺寸

成形名称	简　图	数　据	备　注
平台	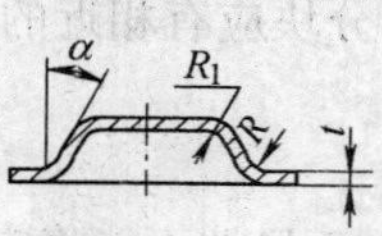	$\alpha \geqslant 40°$ $R \geqslant 2t$ $R_1 \geqslant 3t$	
加强筋	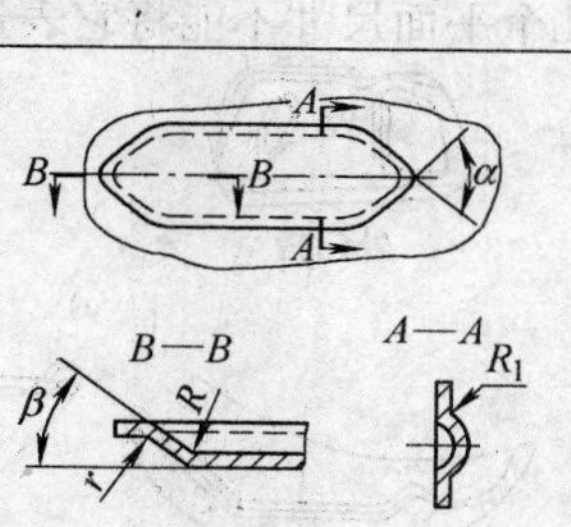	$\alpha = 60°$ $\beta = 30°$ $r \geqslant 5t$ $R \geqslant 10t$ $R_1 \geqslant 3t$	
棱线	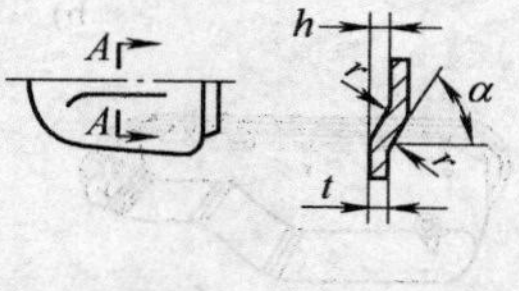	$h \leqslant 3 \sim 4t$ $r \geqslant 2 \sim 2.5t$ $\alpha \geqslant 45°$	材料 $t = 0.9 \sim 1.5$mm
压字 压花	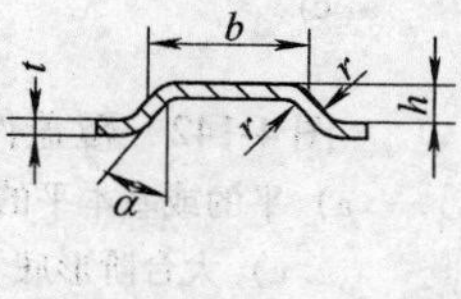	$h \leqslant 1.5t$ $b \geqslant 4t$ $r \geqslant 1.5t$ $\alpha \geqslant 30°$	

（4）覆盖件的翻边形状　在覆盖件中，几个每个零件都有翻边结构，其作用有的是为了加强零件的刚性，有的是在翻出的边上冲出孔用以连接其他零件，有的则是用于焊接装配。

直线段的翻边，其变形性质与简单压弯一样，一般问题不大。内凹型翻边的变形性质与内孔翻边相似，边缘材料受拉伸变形而容易拉裂（图4-143中L_2区段）。外凸型翻边的变形性质与浅拉深相似，边缘材料受压缩变形而易于起皱（图4-143中L_1区段）。用降低翻边高度h或增大翻边部分内凹或外凸曲面的曲率半径R，均可避免拉裂或起皱。

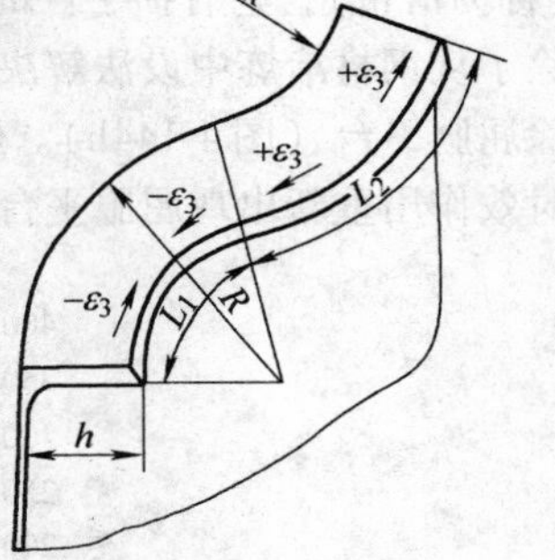

图4-143　覆盖件的翻边形状

（三）大型覆盖件拉深成形对原材料的要求

大型覆盖件由于形状复杂且不对称，在拉深过程中应力、变形很不均匀，而且多数情况要求工件一次拉深成形，材料需要承受很大的应力，产生最大限度的塑性变形，因此，它对深拉深钢板的冲压性能，提出了很高要求。影响深拉深钢板冲压性能的因素很多，钢板的表面质量、厚度公差、化学成分、力学性能、工艺性能和金相组织都直接或间接地影响其冲压性能。

根据生产经验，覆盖件对原材料提出的要求如下：

（1）冲压性能的好坏与钢板含碳量有关　低的含碳量有利于深拉深，所以深拉深钢板ω_C应介于0.06%～0.09%范围内，凡与铁能形成固溶体的元素如硅（$\omega_{Si}\leqslant 0.03\%$）、磷（$\omega_P\leqslant 0.06\%$）均应保持在最低容许含量内，因为它们使铁素体更坚固、变硬、变脆。另外，硫的含量亦应力求减少到最小限度（$\omega_S\leqslant 0.05\%$），因为它与铁和锰呈脆性的化合物存在。

（2）晶粒大小及其均匀度对材料的塑性和冲压件的质量有很大影响　均匀而细小的晶粒组织既有较好的塑性便于拉深成形，而且冲压件的表面质量亦光滑美观。晶粒粗大虽易于变形，但容易使工件表面产生麻点与橘皮纹。晶粒过细，由于难于变形而使工件产生裂纹，并且弹性亦大，影响工件精度。实践证明，具有良好拉深性能的钢板，其晶粒度级别应为6～7级，并要求晶粒度大小均匀。

铁素体晶粒形状分“等轴晶粒”和“饼形晶粒”两种，对于难冲的覆盖件（如前围外板）要求饼形晶粒的钢板，其板厚方向性系数r大，它厚度方向的晶粒数目较长度方向的晶粒数目多，而晶界具有阻止变形的作用，所以拉深时，板料厚度方向不易变形，长度或宽度方向比较容易变形，从而提高了钢板的拉深性能。

（3）钢板中珠光体的形状对冲压性能也有较大的影响　球状比片状球光体有利于拉深。游离渗碳体性硬且脆，当它沿铁素体晶界分布时，拉深时易产生裂纹，深拉深钢组织中游离渗碳体应限制在1～2级内。非金属夹杂物（尤以条状、方块状连续分布时）对拉深十分不利，实践证明：因工艺问题而产生的废品，一般裂口比较整齐；因材料质量差而产生的废品，裂口多半为锯齿状或不规则形状。

（4）力学性能是衡量钢板冲压性能好坏的重要指标　σ_s与σ_b的比值（屈强比）愈小，意味着应力不大时，就开始塑性变形，而且变形阶段长，能持久而不破裂。δ愈大，则塑性愈好。用于覆盖件的深拉深钢板，要求$\dfrac{\sigma_s}{\sigma_b}\leqslant 0.65$，$\delta_{10}\geqslant 40\%$。

另外，还要求大的硬化指数n，n值大的材料具有扩展变形区，减小集中变形，使变形均匀化，达到减少局部变薄和增大极限变形程度的目的，故成形性能好。

（5）深拉深钢板（尤其是沸腾钢）由于时效作用，在材料力学性能试验的拉伸图上有屈服平台（图4-144a），即当拉伸变形达到屈服强度后有相当长一段变形量内，材料的变形抗力维持不变，甚至略有下降　这在不均匀变形的情况下，就会使首先塑性变形的区域继续局部延伸，要当变形越过屈服平台后才能扩展至邻近区域，这种现象使得拉深后的零件表面出现局部凹纹（称为滑带），它有损工件的外观，这对表面要求很高的车身覆盖件是不允许的。为了消除滑带，除了从钢材冶炼中设法解决外，还可在拉深前，将钢板用0.5%～3%的压下量冷轧一下，以消除屈服平台（图4-144b）。经冷轧后的钢板应随即送去拉深成形，否则，搁置时间一长，又会因时效作用重新出现屈服平台。

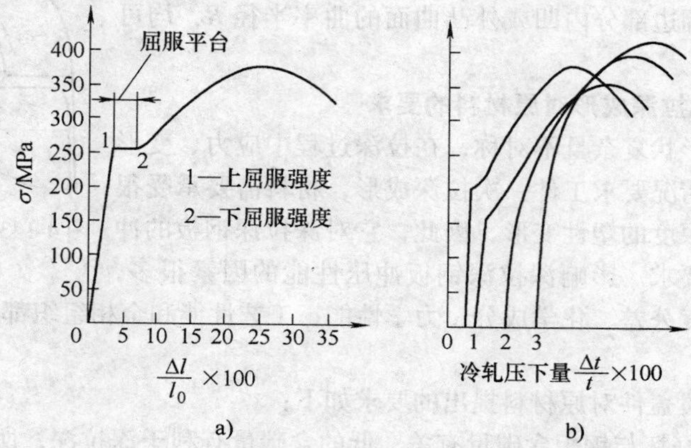

图4-144　低碳钢假想拉伸曲线与材料状态的关系

a）退火的　b）冷轧以后的

（6）覆盖件对钢板的表面质量和厚度偏差亦要求很高　表面质量要求达到特别高级精整平面（Ⅰ组）或高级精整平面（Ⅱ组）；厚度偏差要求达到高级精度（A级）或较高级精度（B级）。

（四）制订大型覆盖件拉深工序的工艺要素

1. 拉深方向

选定拉深方向，就是确定工件在模具中的三向坐标（x、y、z）位置。合理的拉深方向应符合如下原则：

1）保证凸模能将工件需拉深的部位在一次拉深中完成，不应有凸模接触不到的死角或死区。

2）拉深开始时，凸模两侧的包容角尽可做到基本一致（$\alpha\approx\beta$），使由两侧流入凹模的材料保持均匀（图4-145a）；凸模表面同时接触毛坯的点要多而分散，并尽可能分布均匀，防止毛坯窜动（图4-145b）；当凸模与毛坯为点接触时，应适当增大接触面积（图4-145c），防止材料应力集中，造成局部破裂。但是，也要避免凸模表面与毛坯以大平面接触的状态，否则由于平面上的拉应力不足，材料得不到充分的塑性变形，影响工件的刚性，并容易起皱。

3）尽可能减小拉深深度，而且使深度均匀。

2. 压料面

压料面有两种情况：一种是由工件本体部分组成；另一种是由于工艺补充部分所组成。这两种压料面的区别在

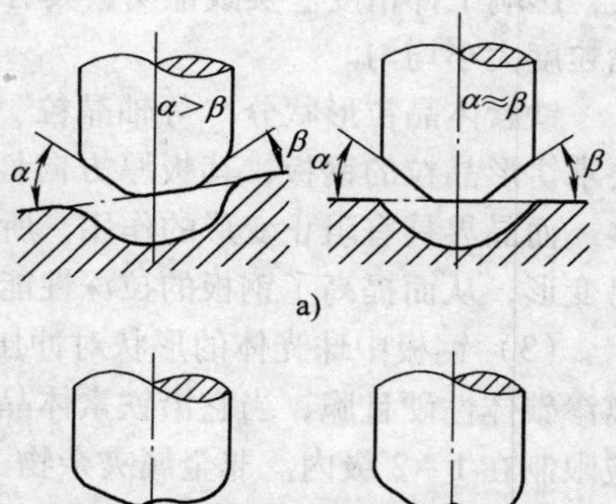

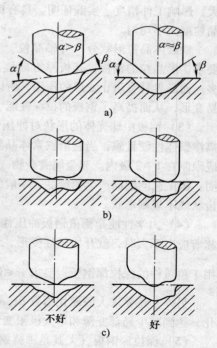

图4-145　凸模与毛坯接触状态

于：前者作为工件本体部分保留下来，后者在以后的修边工序中将被切除。

制订压料面的基本原则：

1）压料面应为平面、单曲面或曲率很小的双曲面（图 4-146），不允许有局部的起伏或折棱，当毛坯被压紧时，不产生摺皱现象，而且要求塑流阻力小，向凹模内流动顺利。

2）压料面与拉深凸模的形状应保持一定的几何关系，保证在拉深过程中毛坯处于张紧状态，并能平稳地、渐次地紧贴（包拢）凸模，以防产生皱纹。为此，必须满足如下关系（图 4-147）：

$$L > L_1$$
$$\alpha < \beta$$

式中 L——凸模展开长度；

L_1——压料面展开长度；

α——凸模倾角；

β——压料面倾角。

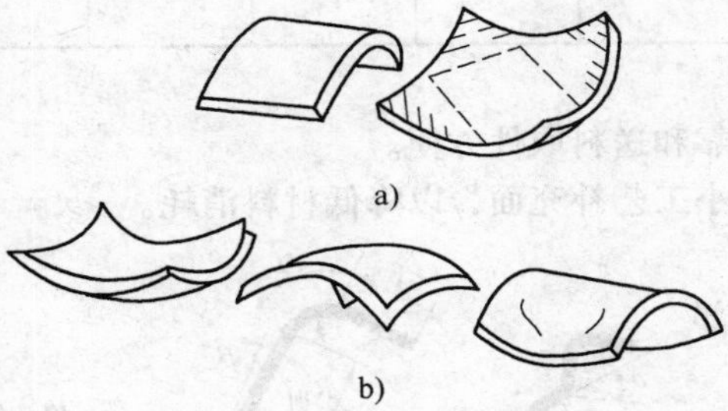

图 4-146 合理的压料面形状
a）单曲面 b）双曲面

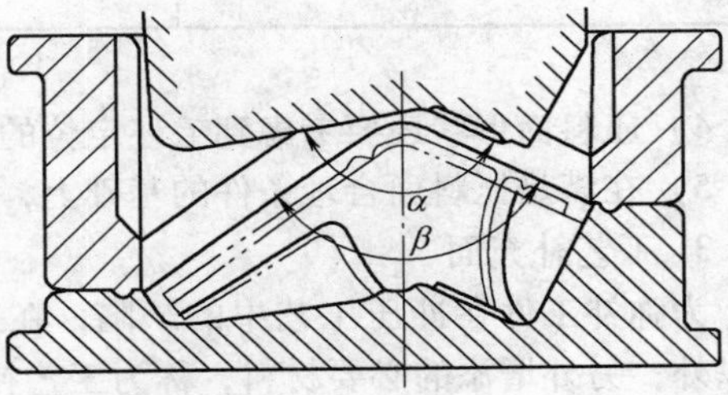

图 4-147 压料面与拉深凸模的几何关系

当 $L < L_1$，$\alpha > \beta$ 时，则压料面下会产生多余材料，这部分多余材料拉入凹模腔后，由于延展不开而形成皱纹。

3）为了在拉深时毛坯压边可靠，必须合理选择压料面与拉深方向的相对位置。最有利的压料面位置是水平位置（图 4-148a）；相对于水平面由上向下倾斜的压料面，只要倾角 α 不太大，亦是允许的（图 4-148b）。压料面相对水平面由下向上倾斜时，倾角 φ 必须采用非常小的角度。例如图 4-148c 的倾角是不恰当的，因为在拉深过程中金属的流动条件甚差。

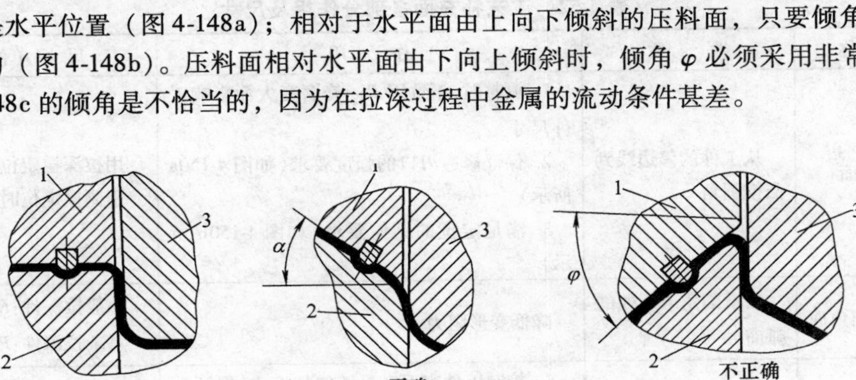

图 4-148 压料面与拉深方向的相对位置
a）水平位置的压料面 b）$\alpha \leq 40° \sim 50°$的倾斜压料面 c）由下向上倾斜的压料面
1—压边圈 2—凹模 3—凸模

当采用图 4-148b 所示的倾斜压料面时，为保证压边圈足够的强度，必须控制压料面的倾角 $\alpha \leqslant 40° \sim 45°$，否则在压边圈工作时，会产生很大的侧向分力和弯矩，使压边圈角部极易损坏。另外，随着压边圈倾角增大，凹模边缘至拉深筋中心线的距离 s 亦须相应增加（见表 4-51）。

表 4-51　凹模边缘至拉深筋中心线的距离

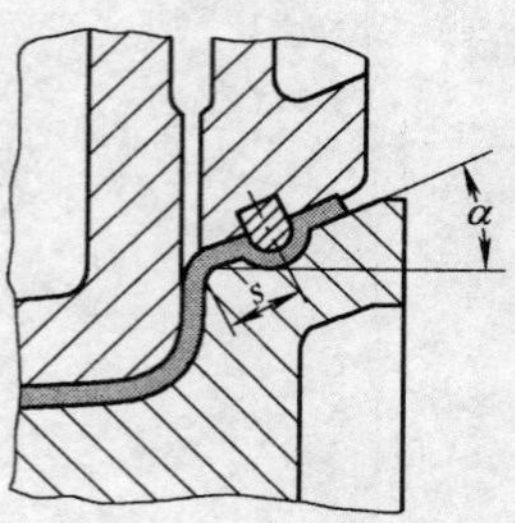

压边圈倾角 α°	<20	20~25	25~30	30~35	35~40
凹模边缘至拉深筋中心线的距离 s/mm	30	35	40	45	50

4）压料面形状还要考虑到毛坯定位的稳定、可靠和送料取件方便。

5）在满足压料面合理条件的基础上，应尽量减小工艺补充面，以降低材料消耗。

3. 工艺补充面

为弥补工件在冲压工艺中的缺陷，在工件本体部分以外，另外增添的必要材料，称为工艺补充面。

工艺补充面应考虑以下三方面的要求：

1）拉深时的进料条件。

2）压料面的形状和位置。

3）修边工序的工艺要求。

工艺补充面的组成部分见图 4-149，其各部分的作用和尺寸见表 4-52。

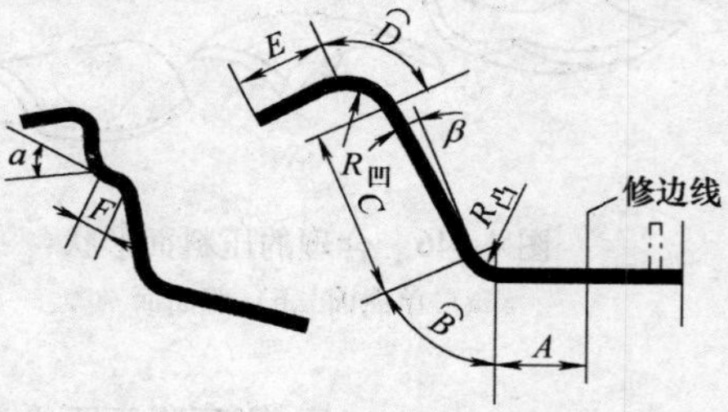

图 4-149　工艺补充部分结构示意

表 4-52　工艺补充面各部分作用及尺寸

代号	名称	性　质	作　用	尺寸(单位:mm)
A	底面	从工件的修边线到凸模圆角	1. 调整时,不致因 $R_凸$ 修磨变大而影响工件尺寸 2. 保证修边刃口的强度要求(如图 4-150a 所示) 3. 满足定位的结构要求(如图 4-150b 所示)	用拉深槛定位时:$A \geqslant 8$ 用侧壁定位时:$A \geqslant 5$
B	凸模圆角面	凸模圆角 $R_凸$ 处的弧面	降低变形阻力	一般拉深件:$R_凸=(4\sim8)t$ 复杂拉深件:$R_凸 \geqslant 10t$
C	侧壁面	使拉深件沿凹模周边形成一定的深度	1. 控制工件表面有足够的拉应力,保证毛坯全部延展,减小皱纹的形成(如图 4-151b 所示) 2. 调节深度,配置较理想的压边面 3. 满足定位和取件要求 4. 满足修边刃口强度要求	$C=10\sim20$ $\beta=6°\sim10°$

（续）

代号	名称	性　质	作　用	尺寸（单位：mm）
D	凹模圆角面	拉深材料流动面	$R_{凹}$ 的大小直接影响毛坯流动的变形阻力。$R_{凹}$ 愈大，则阻力愈小，容易拉深。$R_{凹}$ 小则反之	$R_{凹}=(4\sim10)t$ 料厚或深度大时取大值 允许在调整中变化
E	凸缘面	压边面	1. 控制拉深时进料阻力大小 2. 布置拉深筋（槛）和定位	$E=40\sim50$
F	棱台面		使水平修边改为垂直修边，简化冲模结构	$F=3\sim5$ $\alpha\leqslant40°$

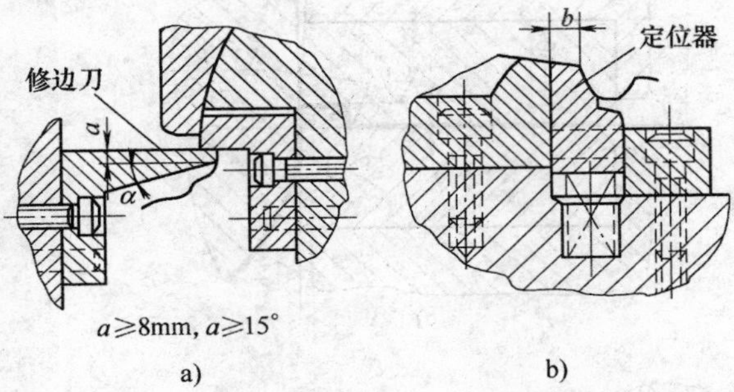

图 4-150　从工件修边线到凸模圆角的工艺补充余量

a）保证修边刃口的强度要求　b）满足定位器结构要求

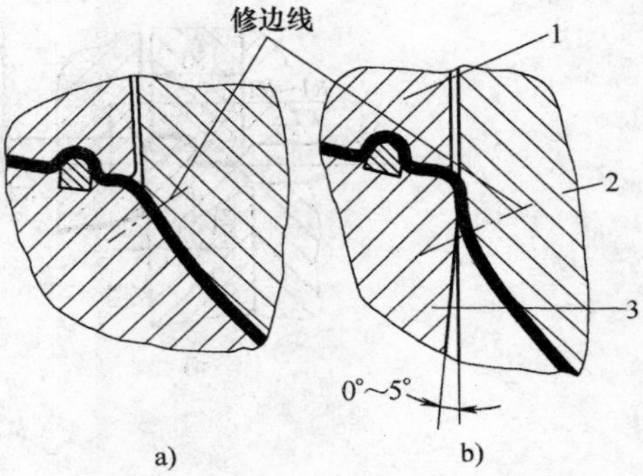

图 4-151　侧壁形状的影响

a）较差　b）较好

1—压边圈　2—凸模　3—凹模

4. 拉深筋（槛）

（1）拉深筋（槛）的作用

1）增加进料阻力，使拉深件表面承受足够的拉应力，提高拉深件的刚度和减少由于弹复而产生的凹面、扭曲、松弛和波纹等缺陷。

2）调节材料的流动情况，使拉深过程中各部分流动阻力均匀，或使材料流入模腔的量适合工件各处的需要，防止“多则皱，少则裂”的现象。

3）扩大压边力的调节范围。在双动压床上调节外滑块四个角的高低，只能粗略地调节压边力，并不能完全控制各处的进料量正好符合工件的需要，因此还需靠压料面和按深筋来辅助控制各处的压边力。

4）当具有拉深筋时，有可能降低对压料面的加工光洁度要求，这便降低了大型拉深模的制造劳动量。同时，由于拉深筋的存在，增加了上、下压边圈之间的间隙，使压料面的磨损减少，因而提高它的使用寿命。

5）纠正材料不平整的缺陷，并可消除产生滑带的可能性。因为当材料在通过拉深筋产生起伏后再向凹模流入的过程，相当于辊压校平的作用。

（2）拉深筋的种类及应用

1）拉深筋。拉深筋的断面呈半圆弧形状。拉深筋一般装在压边圈上，而凹模压料面上开出相应的槽。由于拉深筋比拉深槛在采用的数量上、形式上都较灵活，故应用比较广泛。但其流动阻力不如拉深槛高。拉深筋的结构如图 4-152（Ⅰ）所示。其尺寸参数见表 4-53。

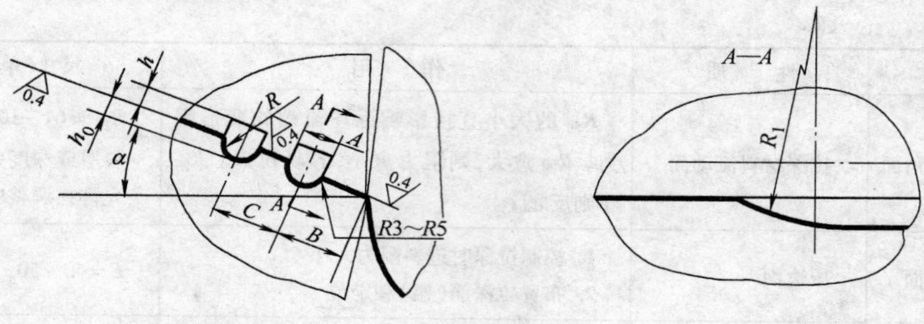

Ⅰ)

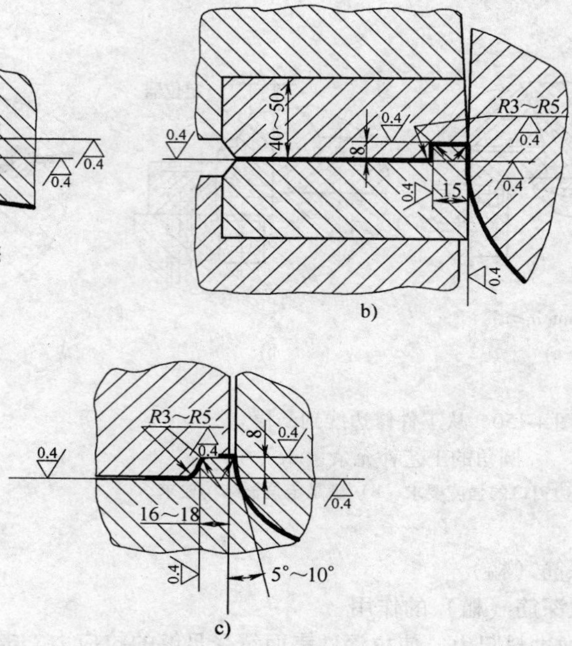

Ⅱ)

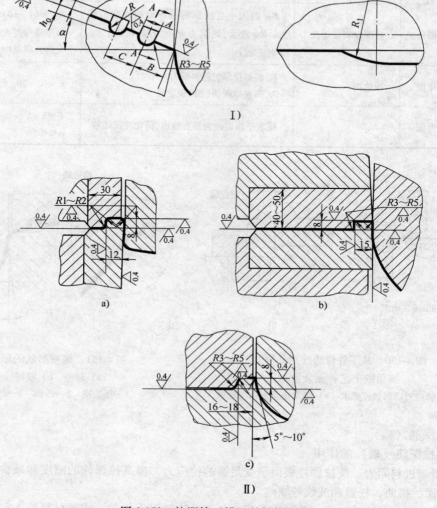

图 4-152　拉深筋（槛）的结构形式

Ⅰ）拉深筋　Ⅱ）拉深槛

表 4-53　拉深筋结构尺寸　　　　（单位：mm）

序号	应用范围	A	H	B	C	h	R	R_1
1	中小型拉深件	14	6	25～32	25～30	5	7	125
2	大中型拉深件	16	7	28～35	28～32	6	8	150
3	大型拉深件	20	8	32～38	32～38	7	10	150

2）拉深槛。拉深槛的剖面呈梯形，类似门槛，安装于凹模的洞口，它的流动阻力比拉深筋大，主要用于拉深深度浅而外形平滑的零件，这可减小压边圈下的凸缘宽度及毛坯尺寸。其结构及尺寸如图 4-152（Ⅱ）所示。其中形式 a 用于拉深深度小于 25mm 者；形式 b 用于拉深深度大于 25mm 者；形式 c 则用于整体铸铁凹模，生产批量小的场合。

（3）拉深筋的布置　拉深筋的数目及位置须视零件外形、起伏特点及拉深深度而定：

1）按拉深筋的作用，其布置原则见表 4-54。

表 4-54　拉深筋的布置原则

序　号	要　求	布 置 原 则
1	增加进料阻力，提高材料变形程度	放整圈的或间断的 1 条拉深槛或 1 ~ 3 条拉深筋
2	增加径向拉应力，降低切向压应力，防止毛坯起皱	在容易起皱的部位设置局部的短筋
3	调整进料阻力和进料量	1. 拉深深度大的直线部位，放 1 ~ 3 条拉深筋 2. 拉深深度大的圆弧部位，不放拉深筋 3. 拉深深度相差较大时，在深的部位不设拉深筋，浅的部位设筋

2）按凹模口几何形状的不同，拉深筋的布置方法见图 4-153 及表 4-55。筋条位置一定要保证与毛坯流动方向垂直。

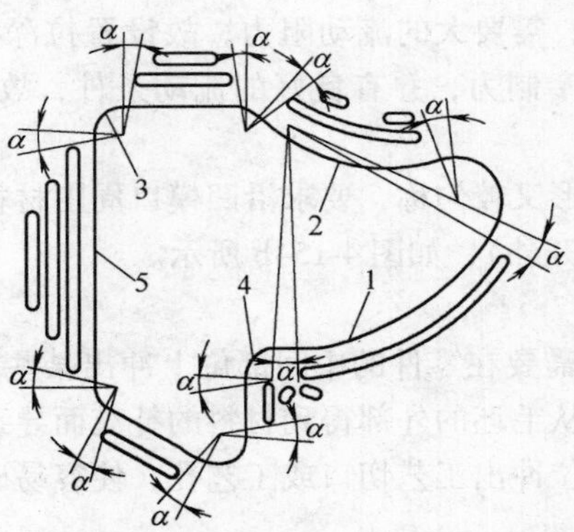

图 4-153　凹模口的形状及拉深筋的布置方法

$\alpha = 8° \sim 12°$

表 4-55　按凹模口形状布置拉深筋的方法

图 4-153 中位置序号	形　状	要　求	布 置 方 法
1	大外凸圆弧	补偿变形阻力不足	设置 1 条长筋
2	大内凹圆弧	1. 补偿变形阻力不足 2. 避免拉深时，材料从相邻两侧凸圆弧部分挤过来而形成皱纹	设置 1 条长筋和 2 条短筋
3	小外凸圆弧	塑流阻力大，应让材料有可能向直线区段挤流	1. 不设拉深筋 2. 相邻筋的位置应与凸圆弧保持 8° ~ 12°夹角关系
4	小内凹圆弧	将两相邻侧面挤过来的多余材料延展开，保证压边面下的毛坯处于良好状态	1. 沿凹模口不设筋 2. 在离凹模口较远处设置 2 条短筋
5	直线	补偿变形阻力不足	根据直线长短设置 1 ~ 3 条拉深筋（长者多设，并呈塔形分布；短者少设）

拉深筋（槛）的布置实例如图 4-154 所示。

外门板的拉深深度不大，塑性变形小，设置拉深槛能较大地增加流动阻力，使材料充分塑性变形，以获得挺刮的表面质量。同时，由于底部深度均匀，故采用沿工件外形封闭设置的拉深槛（图 4-154a）。

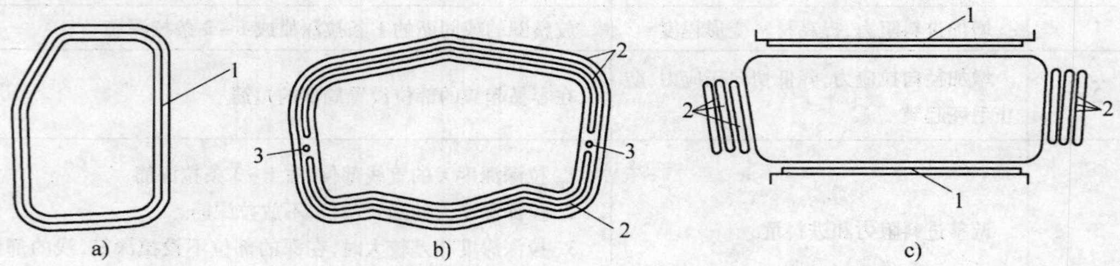

图 4-154　拉深筋布置实例

a）外门板　b）顶盖　c）上后围

1—拉深槛　2—拉深筋　3—定位孔

上后围的上、下部位平坦，需要大的流动阻力，故设置拉深槛。而左、右部位是弧形曲面，要求压料面下的材料有一定的牵制力，并有良好的流动条件，故在此处安设了三条拉深筋（图 4-154c）。

顶盖的深度比较均匀，外形又较匀称，要求沿凹模口周围材料流动阻力一致，故采用两条封闭形拉深筋（除定位孔部位让开外），如图 4-154b 所示。

5. 工艺切口

(1) 工艺切口的作用　当需要在零件的中间部位上冲出某些深度较大的局部突起或鼓包时，在一次拉深中，往往由于不能从毛坯的外部得到材料的补充而导致零件的局部破裂。这时，可考虑在局部突起变形区的适当部位冲出工艺切口或工艺孔，使容易破裂的区域从变形区内部得到材料的补充。

(2) 工艺切口的条件　必须在容易破裂的区域附近设置工艺切口，而这个切口又必须处在拉深件的修边线以外，以便在修边工序中切除，而不影响零件形体，例如里、外门板和上后围的玻璃窗口部位（图 4-155、图 4-156）。

(3) 工艺切口的制法

1）落料时冲出——用于局部成形深度较浅的场合。

2）拉深过程中切出——这是常用的方法，它可充分利用材料的塑性，即在拉深开始阶段利用材料径向延伸，然后切出工艺切口，利用材料切向延伸，这样成形深度可深一些。

在拉深过程中切割工艺切口时，并不希望切割材料与工件本体完全分离，切口废料可在以后的修边工序中一并切除。否则，将产生从冲模中清除废料的困难。

(4) 工艺切口的布置原则　工艺切口的大小和形状要视其所处的区域情况和其向外补充材料的要求而定。一般须注意下述几点：

1）切口应与局部突起周缘形状相适应，以使材料合理流动。

2）切口之间应留有足够的搭边，以使凸模张紧材料，保证成形清晰，避免波纹等缺陷；而且修边后可获得良好的窗口翻边孔缘质量。

3）切口的切断部分（即开口）应邻近突起部位的边缘（如图 4-155a、图 4-156 所示），或容易破裂的区域（图 4-155b）。

4）切口的数量应保证突起部位各处材料变形趋于均匀，否则不一定能防止裂纹产生。在图

4-155a 中，原只有左右两个工艺切口，结果中间仍产生裂纹，后来添加了中间的切口（虚线所示)，才完全免除破裂现象。

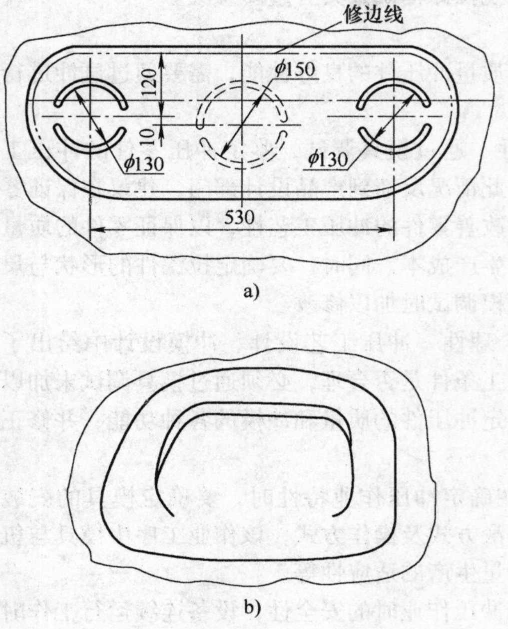

图 4-155 工艺切口布置

a）上后围成形部位工艺切口布置

b）里门板成形部位工艺切口布置

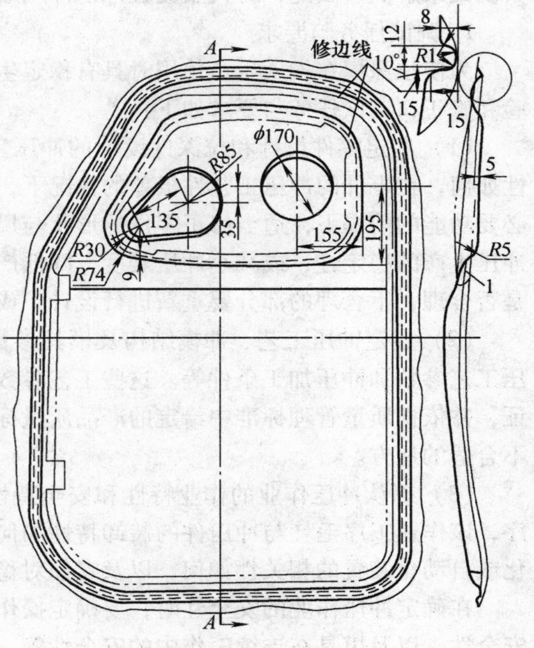

图 4-156 外门板

6. 定位形式

制订覆盖件拉深工艺时，必须为后续工序设计良好的定位形式，以确保已成形表面不被损伤，并获得内缘和外缘应有的精度（这些边缘一般是分块的装配面)。

常用的定位形式有以下几种：

1）用工件的外表面定位，即用凹形的定位装置控制拉深件在以后工序中的位置。在模具中此种定位一般都低于送料线以下，故送料比较简便。

2）用工件的内表面定位，即用凸形的定位装置控制拉深件在以后工序中的位置。由于凸形定位高出送料线以上，送料和出件都要提升一段高度，操作比较费劲。

3）在倾斜表面上用冲孔定位，在拉深的同时，可将孔直接冲出，如图 4-157a 所示。

4）在水平面采用刺孔作为工艺定位孔。此法用得较多，主要优点是无废料，且定位接触面积大，如图 4-157b、c 所示。

采用工艺孔定位，通常在拉深件上都是用两个孔，孔距越远，定位越可靠。其孔径可采用 ϕ（10 ~ 15）mm，工艺孔一般都布置在工艺补充面上，并在最后都要修掉。

（五）大型覆盖件拉深模的调试

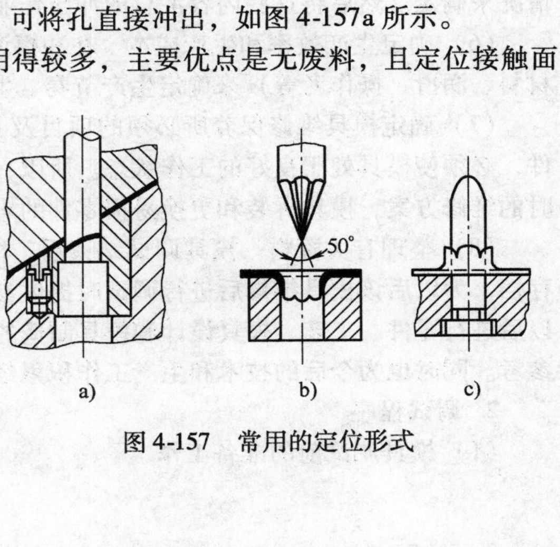

图 4-157 常用的定位形式

大型覆盖件拉深模在制造完成之后，必须进行模具调试。这是因为，以目前的冲压生产技术水平，还不能定量地给出材料在成形过程中的塑性变形规律和计算数据，在进行工艺设计、模具设计时，需要大量地利用工程技术人员的经验来弥补未知因素的不足。显然，经验只能是定性的，不可能是定量的，因而设计出的冲压工艺和模具在很大程度上存在未定因素，这些只能靠模具调试来解决。因此，对大型覆盖件的冲压成形来说拉深模调试具有重要意义。

1. 调试任务与要求

为使拉深模在投入生产使用时具有稳定生产高质量冲压件的良好性能，需要通过试冲进行试验和修正，调试任务与要求如下：

（1）鉴定零件设计和拉深件设计的冲压工艺性　通过模具调试，鉴定冲压零件的冲压工艺性如何，在零件的冲压工艺性极差的情况下，要将此情况反馈到产品设计部门，建议在保证零件必要功能的前提下，适当修正零件的形状与尺寸，改善零件的冲压工艺性，以保证零件的质量和冲压生产的稳定性，或减小冲压难度，降低产品的生产成本。同时，要确定拉深件的形状与尺寸是否合理，不合理的部分要重新进行设计，或在冲模调试时加以修改。

（2）鉴定冲压工艺、冲模结构及模具参数的合理性　冲压工艺设计、冲模设计中给出了冲压工艺参数和冲压加工条件等。这些工艺参数和加工条件是否合理，必须通过模具调试未加以验证，并依据质量管理标准中给定的产品质量标准鉴定冲压件的质量和冲模的各种功能，并修正其不合适的地方。

（3）确认冲压作业的作业特性和安全特性　在确定冲压作业特性时，要确定模具的安装程序，该作业工序毛坯与冲压件的装卸特性如何，润滑方式及操作方式，该作业工序中模具与机械化或自动化装置的相关性如何，以及它们对稳定批量生产的适应性等。

在确定冲压作业的安全性时，要确定操作者在冲压作业时的安全性，设备连续运行工作时的安全性，以及模具在连续工作中的安全性等。

（4）确定选材　冲压件的材料一般在进行产品设计时就进行了选择，这时主要是从零件的使用性能要求等方面来考虑的，但这种选择不可能详细地考虑板料的加工性能，在进行冲压工艺设计和冲模设计时给出了毛坯的形状和尺寸，对大型覆盖件一般只给出大概的毛坯形状与尺寸。因此，在冲模调试过程中，要根据冲压件的质量要求、板料冲压性能和冲压变形特点，确定板料的品种和毛坯的形状与尺寸，使之能够既符合零件的功能和质量要求，又能使冲压生产稳定性好，成本低。

（5）确认作业顺序　作业顺序是对操作工人进行冲压作业的技术文件要求。其内容有的部分是在工艺设计和模具设计时给出的，还有一部分是在冲模调试时确定的。其主要内容包括：设备、模具、毛坯的准备、冲压条件的确定、加工操作顺序、模具装卸顺序以及进行各项工作所需要的时间、操作人数、加工节奏、工作地布置等。这些都要根据工艺文件要求及生产现场的实际情况来确定。然后将这些内容汇总成冲压作业顺序表。

（6）确定生产效率和生产成本　在冲模调试时，还要根据冲压作业的情况（如设备、模具、材料、润滑、操作者等）来确定生产节奏、生产效率，并核算生产成本。

（7）确定模具维修保养所必须的项目及其准备工作　为保证生产效率、生产高质量的冲压件，必须使模具处于良好的工作状态。所以，在模具调试时，要研究该模具的正常磨损及不生产时的维修方案，模具拆装和更换易损零件的难易程度，制定长期的模具维修计划。

（8）整理有关资料　模具调试结束后，模具调试人员要将各项工作汇总成技术资料，进行存档，为以后该模具维修后进行调试时提供参考资料。同时要将这些资料反馈给技术部门，作为以后进行零件、工艺、模具设计和模具制造的参考，反馈给生产部门作为生产组织、成本核算的参考。同时也为今后的技术和生产工作积累经验。

2. 调试程序

（1）模具调试前的准备工作

1）认真研读技术文件。调试人员在进行模具调试之前要认真研读冲压工艺文件和冲模设计图样，不仅要了解该工序的作业内容，而且要充分理解设计思想，明确该冲压件在该工序中的质量要求、技术要求、模具的结构特点、作业顺序和特点以及该工序对后续工序的影响等。

2）分析冲压件变形特点。大型覆盖件拉深成形的变形十分复杂，在拉深模调试之前要对拉深件的变形特点进行尽量详细的分析，找出其变形特点、可能出现的质量问题及部位。变形分析时可利用本节中介绍的变形分析方法。

3）毛坯准备。根据工艺文件所要求的板料型号、形状、尺寸准备好毛坯，同时准备几种比工艺文件所要求的性能好或差的板料作为选材备用。

为分析冲压件可能产生的问题的原因并找出解决办法，必须了解毛坯的冲压成形过程中的变形情况。因此，在调试之前，应在毛坯上对可能出现问题的部位制出网格（可能划线法、感化复制法、电蚀法等），以便在试压后测量毛坯的变形情况。

4）成形极限图的准备。大型覆盖件在拉深成形时，凹模内的毛坯上产生破裂的部位一般产生双向拉应力下的塑性变形，在这种情况下不能用单向拉伸时的塑性变形指标来衡量，而应用表示板料在双向拉应力下的塑性变形能力的成形极限图（简称 FLD）来衡量。因此，为解决调试时出现的塑性破坏问题，便于选择合理材料，应提前准备好相关板料的 FLD。

5）设备的准备。调试前，要按照模具安装要求调整好压力机的闭合高度、校核压力机滑块、气垫或液压缸压力、顶杆数量和长度等，并进行数次空行程运行，确认设备处于良好状态。

（2）冲模调试

1）空行程调试。安装好模具，在进行正式试冲之前，要利用压力机的寸动功能使滑块上下运动几次，确认上下模具工作部分、导向部分的接触情况，调节压边力、顶出缸行程等。

2）试压。用已制作出网格的毛坯，采用阶段拉深法进行试压。

将已制备好网格的毛坯放在压力机上分阶段逐次试压（全过程可分成三次或四次完成），在拉深一个高度后，测量各部位网格的变形量，然后再压入一个高度，再测量相应点的变形，直至最后成形出制件，进行最后一次网格测量。

3）绘制变形状态图。用分段试冲后测量得到的数据计算应变，得出各测量点的两个主应变值 ε_1 和 ε_2。在 ε_1-ε_2 应变坐标系中，将一个测量点的应变坐标点相连接，其折线就是该测量点的变形路径；将同一试冲阶段各测量点的应变坐标相连，就是该变形时刻的应变状态曲线。该图就是变形状态图（简称 SCV），如图 4-158 所示。

4）借助 SCV 和 FLD 分析解决试冲过程中出现的质量问题。大型覆盖件尺寸大、料薄、形状复杂，成形难度较高。目前，尚难借助理论计算来准确设计冲压工艺过程和模具结构尺寸。只能凭经验靠分析和类比初步设计这些零件的冲压工艺过程，再通过试冲发现问题，加以修改和完善。

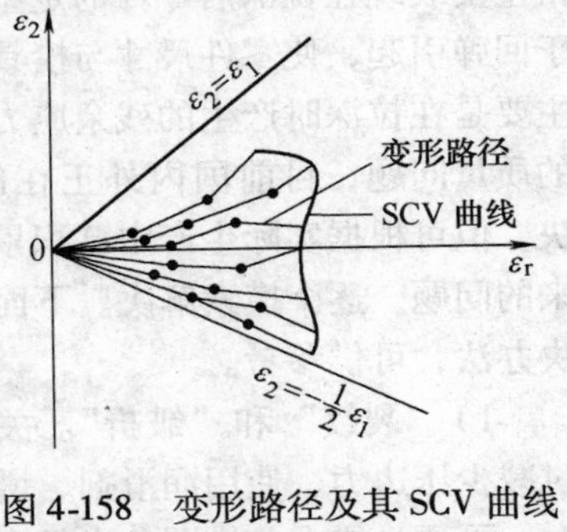

图 4-158　变形路径及其 SCV 曲线

大型覆盖件在冲压成形时，主要的质量问题是：①破裂；②起皱；③成形表面形状不良（即所谓不贴模或叫贴模性差）；④尺寸精度不合格（即所谓定型性差）。解决这些问题具有十分重要的现实意义，它不仅决定冲压过程能否顺利地完成，而且也是影响冲压件质量的关键。

对解决破裂问题，目前国内外都采用实验成形极限图（FLD）和变形状态图（SCV）比较分析法。通过比较，即可知道冲压件上哪些部位的变形较大或接近其成形极限，危险部位的变形程度与破坏时的变形程度之间的差值，即变形裕度。从而为合理选材，正确给定模具参数、工艺条件以及毛坯的形状和尺寸提供可靠依据。

图 4-159 中的曲线表示板料在不同应变比时产生破坏的变形程度，即成形极限图。当冲压成

形中，毛坯危险部位的应变值达到 A 点时，若变形路径不变，A、B 点间的距离即称为变形裕度。当然，变形裕度愈小，危险部位破裂的可能性愈大，冲压变形的条件稍有变化，就可能导致废品的产生。因此，在大量生产中对变形裕度应有一定的要求，田博孝等人根据汽车零件实际生产中的统计结果得出废品率与变形裕度的关系（图 4-160），并推荐应取变形裕度的数值为 0.06 ~0.1 以上，这时可控制废品率低于百分之一。

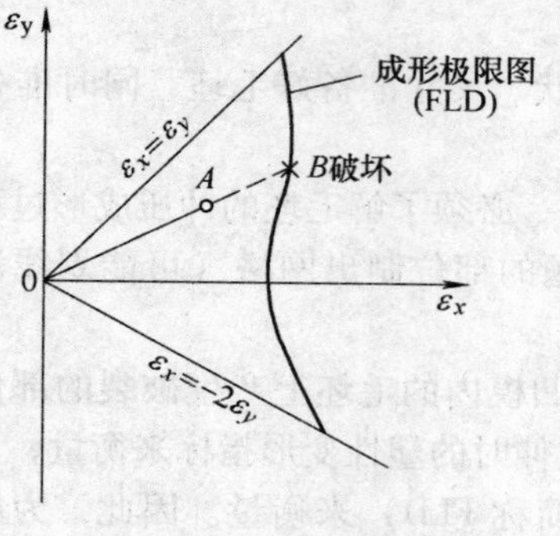

图 4-159　变形裕度

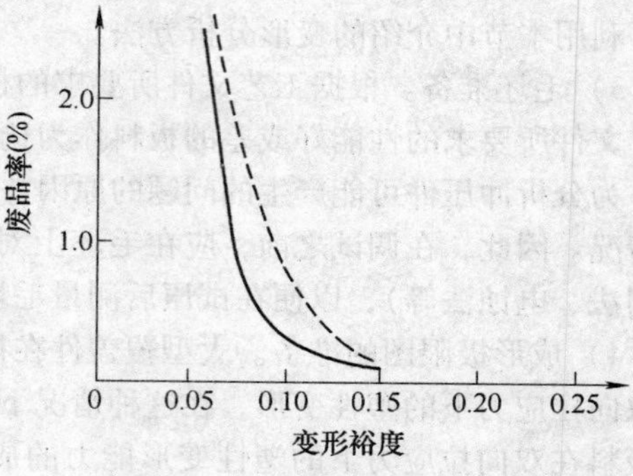

图 4-160　汽车覆盖件废品率与变形裕度的关系

在应用成形极限图时，必须对冲压件各部位的变形性质、变形过程（路径变化）和变形程度进行详细的分析，并初步判断变形最先达到危险程度的区域，以及冲压件的尺寸、形状、模具参数，工艺条件，毛坯的形状和尺寸因素对该部位的影响情况。

将 SCV 曲线绘入成形极限图（FLD）内（图 4-161），就可得到冲压件上某一点的最大变形 ε_S，与极限变形 ε_K 间的差别。可表示为

$$\Delta\varepsilon = \varepsilon_K - \varepsilon_S$$

不同点的变形不同，其 $\Delta\varepsilon$ 也不同，其中必有一最小 $\Delta\varepsilon$，记为 $\Delta\varepsilon_{min}$，即为该零件的变形裕度。为了保证生产的稳定性，$\Delta\varepsilon_{min}$ 应大于 8% ~10%。

成形表面形状不良主要表现在板料在拉深时的贴模性差（如起皱或表面翘曲影响贴模性），从应力分析看主要是由拉深时应力不均匀引起压应力或剪应力所致。尺寸精度不合格主要表现在拉深后零件的定型性差，产生的原因主要是由于回弹引起，使零件尺寸与模具尺寸不一致，从应力分析看主要是在拉深时产生的残余应力所引起的回弹。以上两方面的质量问题，目前国内外正在研究探讨中，还没有完全解决。但可根据实际生产中已积累的经验，针对调试中暴露出来的问题，逐个摸索解决。下面列举调试中常见的缺陷及解决办法，可供参考。

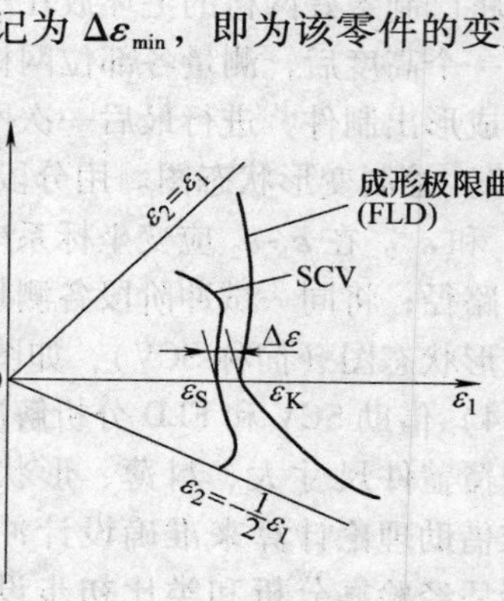

图 4-161　SCV 与 FLD 的比较

1）“裂纹”和“皱折”。关于“裂纹”问题，当毛坯的主要变形是压缩凸缘变形时，可通过减少压边力、使用润滑剂、增大凹模圆角半径等方法加以解决；当毛坯的主要变形是胀形变形时，可通过增大凸模圆角半径和调节凸模头部的润滑条件来防止。

另外，可通过改变破裂区变形状态和变形路径，以防止裂纹的产生。

图 4-162 A 处由于破裂区的变形比小，极限变形值很低，通过改变 A—A 剖面形状，变形点由 A 移至 B，变形比增大了。这样使得 B 处的变形与成形极限曲线之间留有很大的安全裕度，有效保证了稳定的冲压过程。

为了判断所设计工艺过程的安全裕度，选用合适的材料，可把冲压件上危险点的变形值标注

到与工件同种材料（n、r、t 亦相同）的成形极限图上（图 4-163）。如果落在临界区内（位置 A），说明濒临危险，零件冲压时废品率很高。如果落在极限曲线附近（位置 B 及 D），必须对敏感的工艺因素和生产条件严加控制，以免产生危险。如果远离极限线（位置 C），说明过分安全，还有潜力可挖，此时，常常可以改用成形性较差，较便宜的材料，以取得良好的经济效果。

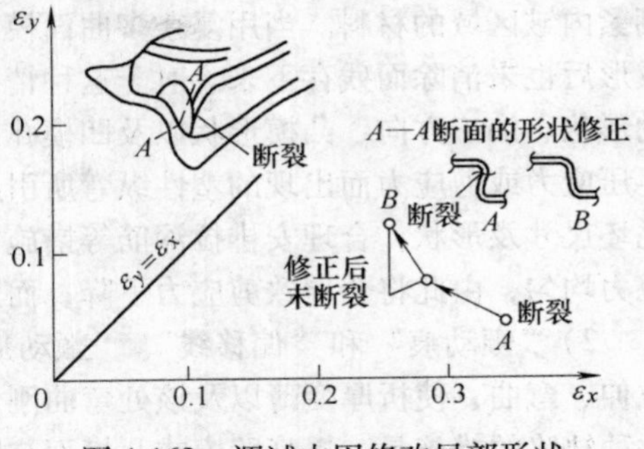

图 4-162　调试中因修改局部形状引起变形与变形比的变化

图 4-164 所示“罩盖”零件，原设计采用普通沸腾钢板（$\bar{r}=0.98$），成形后发现右下角凸台部位是危险区，为了查得情况，采用网格法，沿 $A—A$ 切面把小圆圈网格顺序编号，如图 4-165a 所示，当成形深度 $h=h'$时，测得 6 号圆处的变形为 $6'$点，7 号圆处的变形为 $7'$点，…。连接 $6'$，$7'$，$8'$，…可得到 h'时的 SCV 线 L'。L'远离成形极限曲线，说明还很安全。当 $h=h''$时，同理测得$6''$，$7''$，…，连接$6''$，$7''$，$8''$，…，可得 h''的 SCV 线 L''。如果连接 0-$6'$-$6''$则可得 6 号圆处的变形轨迹线（变形路径），同理 0-$9'$-$9''$为 9 号圆处的变形轨迹线。零件要求深度为 h''，但 h''时 9 号圆处发生破裂。由于零件尺寸、模具参数都不能改动，而生产工艺因素（例如润滑、模具安装、压力机调整等）都属正常，最后改用优质的深拉深钢板（$\bar{r}=1.33$）成功地冲出该零件（从图 4-165b 可以看出，$9''$已处于安全区。）

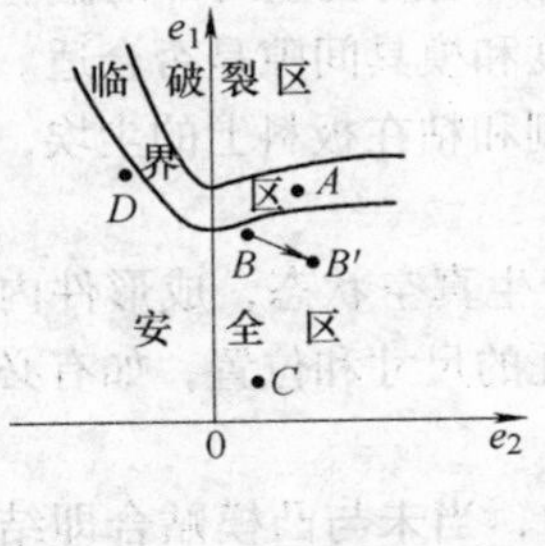

图 4-163　用 FLD 来预见危险性

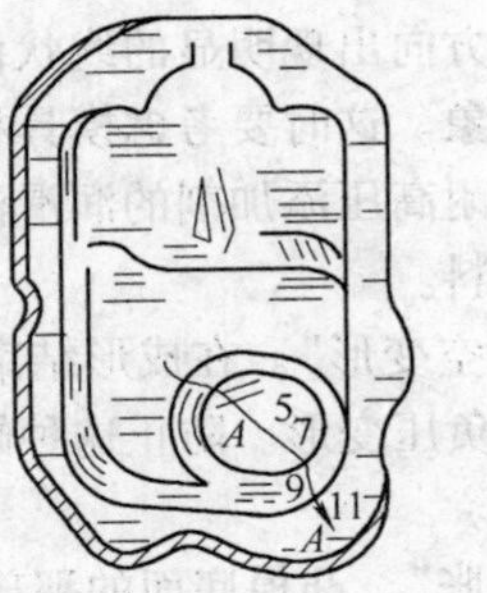

图 4-164　罩盖零件

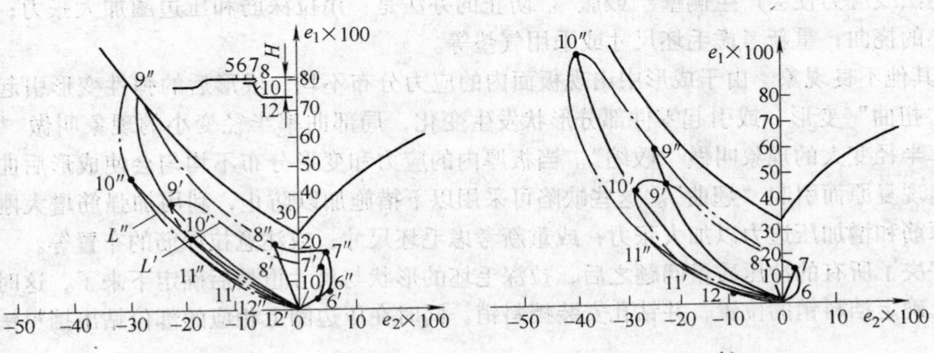

a)　　　　　　b)

图 4-165　两种不同材料的冲压情况

a）普通钢板　b）优质钢板

关于“皱折”问题，复杂拉深件成形时，为了防止因四周材料不均匀流动形成的边皱，以及中间悬空部分出现的内皱，可在零件凸缘上布置拉深筋，增加局部地区的流动阻力，和进一步绷紧内皱区域的材料。当用复杂多曲面模具支撑毛坯时，由于拉深或折曲作用产生的皱折，拉深成形后也未消除而残存下来。对于这种情况，或将板料放进模具前先施以预弯曲，或考虑压料面的形状、加工方向、凸模形状以及凹模孔的轮廓形状、拉深筋的配置等。由于成形中在毛坯上发生压应力或剪应力而出现的塑性纵弯所引起的皱折，则可使用良好的润滑剂，增大压边力，变更毛坯尺寸及形状，合理安排拉深筋等措施。采用这些办法将增大附加拉力、降低压缩应力，并使拉力均匀，由此将会导致剪应力下降，而达到防止皱折的目的。

2）“颤动痕”和“偏移线”。“颤动痕”是指成形初期凹模圆角半径处，由于以静摩擦状态拉伸、弯曲，使析厚变薄以及该处弯曲刚性增大，致使在成形后的侧壁部分留下线状痕迹。防止这种缺陷的措施是：提高凹模或凸模面与圆角半径连接部分的加工精度；或调整拉深筋到毛坯外周以及凹模肩部的距离来调整拉深筋的有效时间，调整压边力使其在行程后期起作用；或改进压料面的形状，增大轮廓半径和采用圆锥面来改变过渡轮廓处的形状。

“偏移线”是指成形完毕之前，存在于凸模底面上的某棱线成为界限，当作用于毛坯上的力不能保证材料均匀流动时，由于材料的一部分超越棱线被拉到一边，因而出现原有棱线的痕迹。防止偏移线的办法是：防止加工前毛坯挠曲，在成形中期或后期可加进工艺孔或切口使棱线变形量保持平衡；或增加拉深筋，使用阶梯拉深等。

3）“滑痕”和“粘着”。这些缺陷都是由于毛坯和模具的摩擦以及模具本身的变形引起的。“滑痕”是指毛坯经过拉深筋以及凹模圆角处所出现的细微伤痕。“粘着”是较滑痕稍深的缺陷，在板料运动方向出现明显的线状伤痕。“烧伤”是指板料和模具之间发生局部的融着，在板料上出现啃削现象。这时要考虑模具材料、模具硬度、表面粗糙度和模具间隙是否合适。如果合适则可使用含有耐高压添加剂的润滑油，或清除毛坯剪切面的毛刺和粘在板料上的尘埃，或使用经表面处理的板料。

4）“真空变形”。在成形结束后，模具和成形件脱离时产生真空状态，成形件内空间的压力过低，引起负压变形。防止这种缺陷的方法是合理考虑通气孔的尺寸和位置，如有必要可减小凸模上升速度。

5）“膨胀”。凸模底面的那部分板料，未给以足够的张力，当未与凸模贴合即结束成形，就在整体或局部地方出现“鼓胀”。具有倾斜侧壁的零件，在使用开式模具成形时，因弯曲刚性不足和发生法线应力便会产生侧壁“鼓胀”。防止的办法是：用拉深筋和压边圈加大张力；防止加工前毛坯的挠曲；重新考虑毛坯尺寸或采用气垫等。

6）其他不良现象。由于成形中出现板面内的应力分布不均，成形后的弹性变形引起整个零件发生“扭曲”变形，或引起零件部分形状发生变化，局部曲率半径变小的现象叫做“松弛”。局部曲率半径变大的现象叫做“收缩”。当板厚内的应力和变形分布不均匀会使成形后曲率半径和角度出现复原而引起“翘曲”。这些缺陷可采用以下措施加以防止，利用加强筋增大刚性；或采用拉深筋和增加压边力以加大张力；或重新考虑毛坯尺寸；或注意拉深筋的布置等。

在解决了所有的冲压质量问题之后，拉深毛坯的形状与尺寸也最后确定下来了，这时才能在凹模面上确定挡料销的位置，并钻孔安装挡料销。同时在压边圈上相应的部位钻出挡料销的躲避孔。

模具经过调试，冲制出合格冲压件之后，一般要进行至少30件的连续冲压，以检查冲压条件、模具参数等是否能稳定地生产出合格零件。

为便于拉深模调试时修模，拉深凹模一般不进行淬硬处理，当模具调试完毕之后，要对拉深凹模的圆角、棱线、凸包和拉深筋等处进行火焰淬火。

第九节　特 种 拉 深

前述基本拉深方法，虽是实际生产中广泛采用和比较成熟的工艺方法，但并非完美无缺，它们存在的问题是：

1）在成批及小批生产条件下，还不够合理和有效。

2）对室温下低塑性，硬化效应强的材料还不适应。

3）为进一步减小极限拉深系数，强化拉深效果，还有潜力可控。

众所周知，拉深时筒壁传递的拉应力主要包括三部分：克服毛坯凸缘变形区的变形抗力，克服毛坯在凹模圆角处的弯曲抗力，克服各种摩擦阻力。在正常条件下三者所占的比例大约分别为70%、20%、10%。为了降低筒壁传递的拉应力，减小极限拉深系数，最有效的措施是设法降低凸缘变形区的变形抗力，其次是设法降低材料在凹模圆角处的弯曲抗力和改善拉深条件减少有害摩擦阻力。另外，增加危险断面的强度当然也有利于强化拉深过程。

下面介绍的特种拉深，便是为适应某一生产特点而创立的较为有效的工艺方法。

一、软模拉深

软模拉深是指用橡胶或聚氨酯弹性体、液体或气体的压力代替刚性凸模或凹模对板料进行拉深。它又分为软凸模拉深和软凹模拉深，由于该法使模具简单化，特别在成批及小批生产中，获得较为广泛的应用。

（一）软凸模拉深

用液体的压力代替金属凸模进行拉深。其变形过程如图4-166所示。液体拉深时典型的压力曲线如图4-167所示。

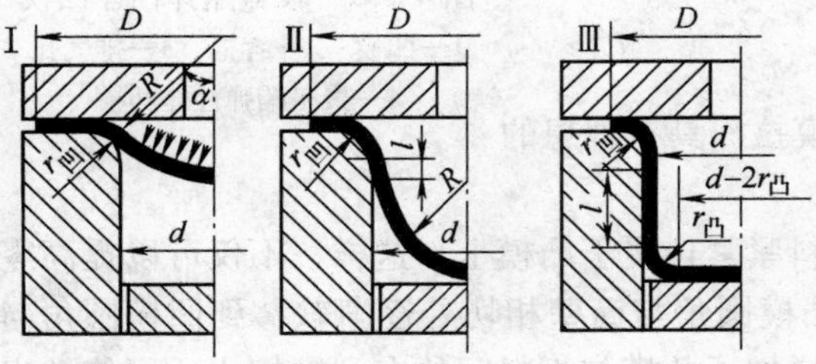

图4-166　液体凸模拉深的变形过程

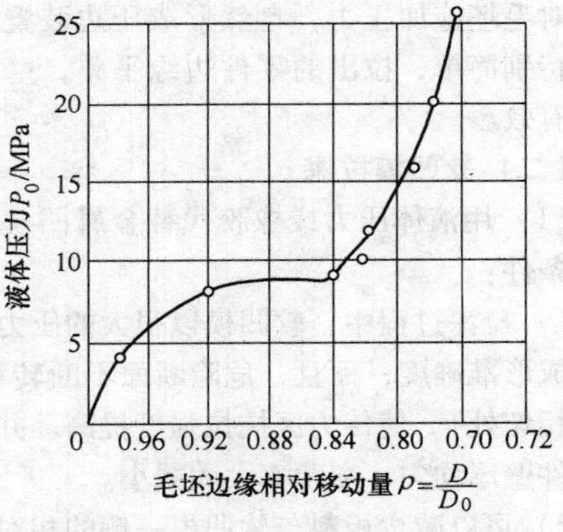

图4-167　液体凸模拉深时压力曲线

第一阶段：在液体压力作用下，平板毛坯的中间部分首先受两向拉应力作用而产生胀形，其形状由平面变成半球形，压力增加很快。

第二阶段：当液体压力继续增大，径向拉应力达到足以使凸缘变形区产生拉深变形时，材料逐渐进入凹模，并形成筒壁，压力趋于平缓。

第三阶段：在形成平底和小圆角的整形时，压力又急剧上升。

凸缘区材料产生拉深变形所需的液体压力为

$$P_0=\frac{4t}{d}p \tag{4-84}$$

式中　P_0——所需液体压力（MPa）；

d——零件直径（mm）；

t——板料厚度（mm）；

p——凸缘区材料产生拉深变形所需的径向拉应力（MPa）。

$$p=(\sigma_1+\sigma_{摩})(1+1.6\mu)+\sigma_{弯} \tag{4-85}$$

式中　σ_1——凸缘变形区径向拉应力（MPa）；

$\sigma_{摩}$——压边摩擦力在筒壁引起的拉应力（MPa）；

$\sigma_{弯}$——材料流经凹模圆角时所产生的弯曲阻力（MPa）；

μ——摩擦因数。

第三阶段最后一刻，成形零件底部圆角半径 $r_{凸}$ 时，所需的液体压力为

$$P=\frac{t}{r_{凸}}\sigma_b \tag{4-86}$$

式中　t——板料厚度（mm）；

$r_{凸}$——零件底部与直壁相接圆角半径（mm）；

σ_b——板料抗拉强度（MPa）。

用液体凸模拉深时，由于液体与毛坯之间不存在摩擦力，毛坯的稳定性不好，容易偏斜，而且中间部分容易变薄，所以该法应受到一定限制。但是，由于所用的模具简单，有时不用冲压设备也能进行拉深工作，所以它常用于大尺寸的或形状极为复杂零件的拉深。

软凸模拉深的另一种形式是采用容框式的聚氨酯弹性体凸模进行拉深（图 4-168），聚氨酯弹性体与钢制凹模的边缘部分在拉深过程中对毛坯施加压力，自然形成压边装置，起到防皱作用，故模具结构特别简单，拉出的零件边缘平整，壁厚均匀，对较浅的拉深件十分有效。

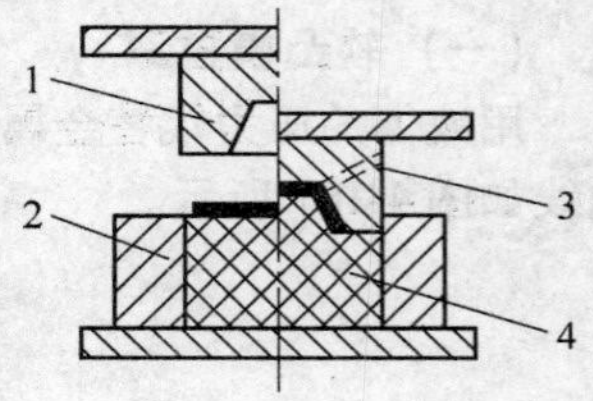

图 4-168　聚氨酯弹性体凸模
1—凹模　2—容框　3—排气孔
4—聚氨酯弹性体凸模

（二）软凹模拉深

（1）用液体压力或橡胶代替金属凹模的软凹模拉深具有理想的拉深条件：

1）拉深过程中，软凹模以很大的压力，将板料紧紧包覆于凸模上。这样，不仅可以提高零件的成形准确度；而且，危险断面不断转移（由凸模圆角与筒壁相切处逐渐软移到凹模圆角与筒壁相切处），使传力区抗拉强度提高。并且由于增加了凸模与板料间的有利摩擦力，可使拉出的零件壁厚均匀，变薄率大大减小。

2）可以减少板料与软凹模一侧的相对滑动，从而使有害摩擦力有相当程度的降低。

3）软凹模拉深时，凹模圆角半径 $r_{凹}$ 不象刚性凹模那样固定不变，而是在拉深过程中由大变小，在变形初始阶段产生峰值压力时，具有大的 $r_{凹}$ 是有利的，它可降低材料通过凹模圆角半径时的弯曲变形阻力。

4）拉深过程中，软凹模有从侧向推动凸缘向内流动的作用，这造成了有利于拉深变形的应力应变状态。

（2）软凹模拉深具有十分明显的技术经济效果：

1）简化了模具。凹模是通用的，只需要一个凸模与压边圈，而且凸模可以采用易于加工的材料（例如铸铁、锌—铝合金、塑料等），这可缩短生产准备周期、降低产品成本，特别适用于

中、小批生产。

2）提高了零件的成形质量。零件壁厚均匀，变薄率小，尺寸精确，表面粗糙度精度高。

3）扩大了零件一次成形的可能性。由于减小了总的流动阻力，提高了危险断面的强度，因此可以显著减小极限拉深系数 m_{min}。特别是对于锥形、球形一类零件，在拉深过程中，除了危险断面转移使抗拉强度提高，承载面积增加外，弹性凹模还可产生一定的反拉深作用，有效地防止了内皱。

另外，由于在拉深过程中，弹性凹模始终将板料压紧包覆于凸模，不仅使材料准确定位，而且有辅助成形的作用。因此，一些形状复杂的拉深件，例如非对称件、斜底、斜凸缘件、底部和凸缘上有局部凸起和凹陷的零件，均可用此法一次拉出，而用刚性模拉深往往是难以实现的。

（3）几种常用的软凹模拉深方法：

1）橡皮凹模拉深。橡皮凹模结构如图 4-169 所示。橡皮装在上模的容框内，凸模可根据工件形状进行更换，拉深开始时毛坯被压边圈和橡皮压紧，拉深后压边圈起顶件器作用，将工件从凸模上卸下。橡皮拉深常在液压机上进行。

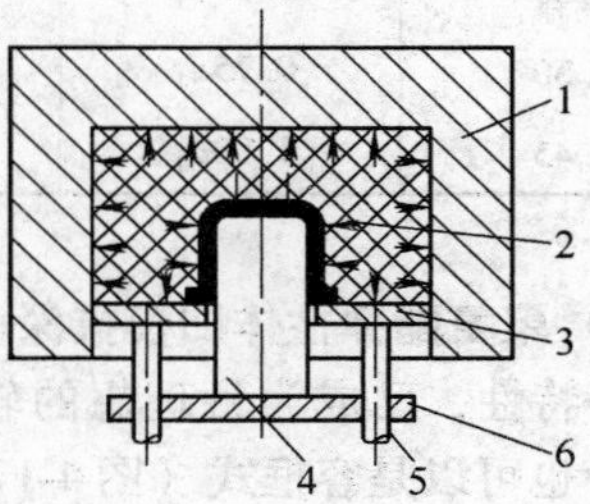

图 4-169　橡皮凹模拉深

1—容框　2—橡皮　3—压边圈

4—凸模　5—缓冲器顶杆　6—凸模座

所需橡皮的单位压力随拉深系数和毛坯相对厚度的大小而异。拉深硬铝时橡皮的单位压力见表 4-56。

表 4-56　拉深硬铝时橡皮的最大单位压力　　（单位：MPa）

拉深系数 m	毛坯相对厚度 $(t/D)\times100$			
	1.3	1.0	0.66	0.4
0.6	26	28	32	36
0.5	28	30	34	38
0.4	30	32	35	40

橡皮压力为 40MPa、凸模圆角半径 $r_{凸}=4t$ 情况下，圆筒形件的极限拉深系数和拉深深度见表 4-57。

表 4-57　橡皮拉深圆筒形件的极限拉深系数及拉深深度

材　料	拉深系数	拉深最大深度	毛坯最小相对厚度 $t/D\times100$	凸缘部分最小圆角半径
3A21	0.45	$1.0d_1$	1，但 t 不小于 0.4mm	$1.5t$
5A02、2A12	0.50	$0.75d_1$		$2\sim3t$
08 深拉深钢	0.50	$0.75d_1$	0.5，但 t 不小于 0.2mm	$4t$
1Cr18Ni9Ti	0.65	$0.33d_1$		$8t$

注：表中 D—毛坯直径　d_1—拉深直径　t—料厚。

在用橡皮拉深矩形或方形盒件时，其角部的最小圆角半径推荐值：

盒件高度 $h\leqslant100$mm　最小圆角半径 $r_{角}=0.25b$（b—盒形件宽度）

$h=100\sim125$mm　　$r_{角}=0.20b$

$h=125\sim150$mm　　$r_{角}=0.17b$

橡皮拉深圆筒形件时凸模最小圆角半径见表 4-58。

表 4-58　橡皮拉深圆筒形件时凸模最小圆角半径（橡皮单位压力为 40MPa）

拉深系数 m_1	拉深深度	材料			
		1070A、5A02、3A21	2A12	08	1Cr18Ni9Ti
0.70	$0.25d_1$	$1t$	$2t$	$0.5t$	$2t$
0.60	$0.50d_1$	$2t$	$3t$	$1t$	—
0.50	$0.75d_1$	$3t$	$4t$	$2t$	—
0.45	$1.00d_1$	$4t$	—	—	—

2）聚氨酯弹性体凹模拉深。由于聚氨酯弹性体具有高强度、高弹性、高耐磨性和易于机械加工等特性，已成为最理想的软模材料。聚氨酯弹性体凹模拉深的形式可以是型腔式（图 4-170）；也可以是容框式（图 4-171）。

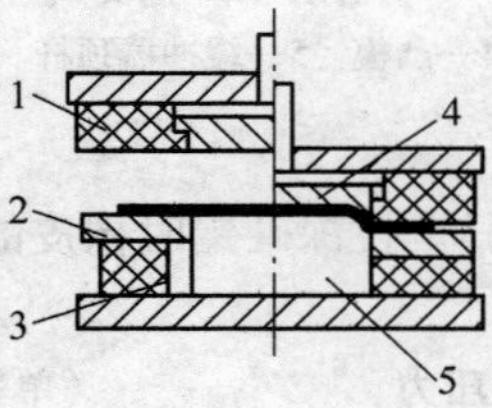

图 4-170　型腔式凹模

1—聚氨酯弹性体凹模　2—压边圈　3—橡皮　4—顶件器　5—凸模

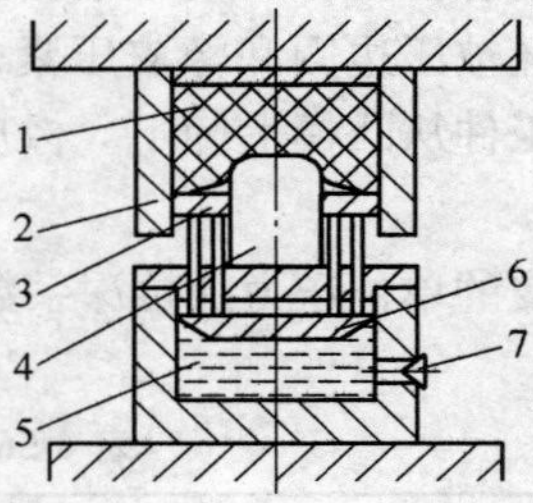

图 4-171　容框式凹模

1—层状聚氨酯弹性体　2—容框　3—压边圈　4—凸模　5—油缸　6—活塞　7—溢流阀

对于容框式凹模，为了提高压边力，容框内成形部分采用较软的聚氨酯弹性体，压边部分采用较硬的聚氨酯弹性体（图 4-172a），或镶一层钢环（见图 4-172b）。

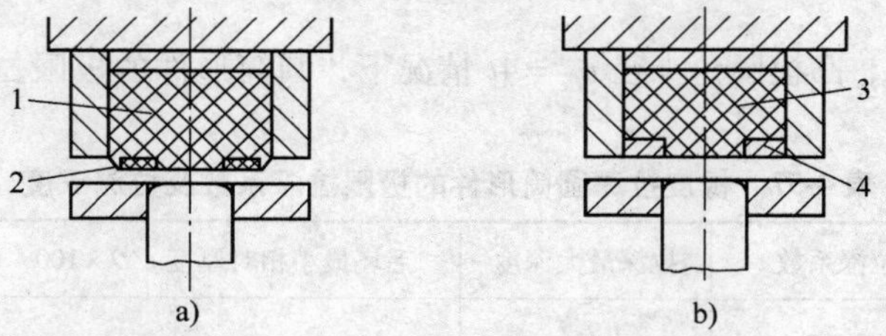

图 4-172　加强压边力的方法

1—较软的聚氨酯弹性体　2—较硬的聚氨酯弹性体　3—聚氨酯弹性体　4—钢环

聚氨酯弹性体硬度选择很重要，对于型腔式凹模宜采用硬度很高的聚氨酯弹性体（硬度约为邵氏 90A），而对于容框式凹模宜采用较软的聚氨酯弹性体（以邵氏 80A 为宜）。

3）橡皮液囊凹模拉深。这种方法所用的软凹模是通用的，为一橡皮容框内充液体的橡皮囊。凸模与压边圈为专用的、刚性的。其工作过程如图 4-173 所示。将平板毛坯 1 置于刚性压边圈 2 上，橡皮液囊凹模 4 下行，使毛坯与橡皮膜 3 接触。然后凹模继续下降，迫使压边圈向下运动，凸模 5 将毛坯拉入凹模腔内，逐渐拉深出工件。

拉深过程中，液囊内的单位压力 p 是变化的（图 4-174），并要求可以调节。单位压力 p 的变化范围随拉深件的形状、变形程度和材料的力学性能不同而变化。拉深不同材料、不同拉深系数的筒形件时，单位压力 p 的变化范围见表4-59。拉深比较复杂的零件，例如盒形、锥形、球形、底部或凸缘上有凹陷的零件以及非对称件等，所需最大单位压力 p_{max} 更大些。

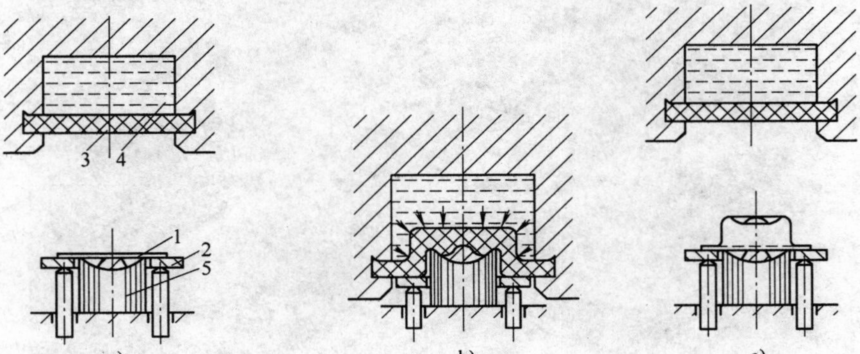

图4-173　橡皮液囊凹模拉深过程

a）原始位置　b）拉深过程在进行中　c）拉深完了，压边圈上升，推出工件

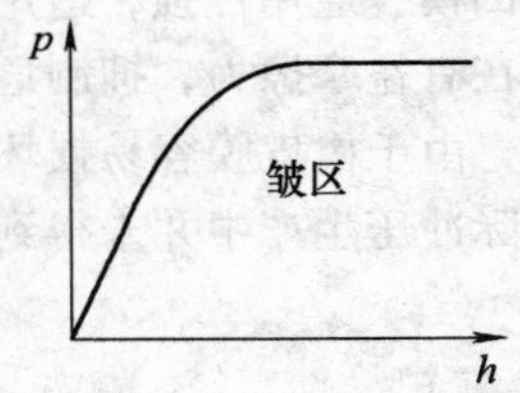

图4-174　拉深过程液囊内压力变化情况

表4-59　单位压力 p 的变化范围

（单位：MPa）（加工板厚 t = 1mm）

材　料	拉深系数 m					
	0.72	0.60	0.50	0.45	0.44	0.43
硬铝合金	0~22.5	0~31.5	0~34	0~34.5	0~35	0~35
低碳钢	0~50	0~55	0~60	0~60	0~65	—
不锈钢	0~60	0~60	0~70	0~75	0~75	0~90

橡皮囊凹模的拉深系数见表4-60。为了充分发挥这种工艺方法的特点，最好采用专用机床。我国已设计制造了6000×10kN、8000×10kN（均为卧式）及1200×10kN（立式）（XY—1200型）橡皮囊深拉深成形机，可对厚10mm以下，直径200~500mm的板坯拉深出各种形状的拉深件（图4-175）。

表4-60　橡皮囊凹模的拉深系数

材　料	$m = d/D$		材　料	$m = d/D$	
	极限值 m_K	常用值		极限值 m_K	常用值
杜拉铝	0.43	0.46	不锈钢	0.41	0.43
铜	0.42	0.45	10、20钢	0.42	0.45
铝	0.41	0.44			

图 4-175　橡皮囊液压拉深成形的典型拉深件

采用橡皮囊凹模拉深不需要金属凹模，通用性强，适用范围广，可大大降低模具成本，缩短模具制造周期。且凸模与毛坯之间存在有益摩擦力，抑制危险断面变薄，提高了传力区的承载能力，有利于提高拉深变形程度。然而，由于橡皮膜容易损坏，需经常更换，并且为消除凸缘部位起皱，需要很大的液压等原因，在实际冲压生产中并未得到广泛的应用。

二、对向液压拉深

对向液压拉深或称充液拉深，它用刚体凸模将毛坯压向充满液体的液压室，利用由此造成的对向液体压力的一种拉深方法。经多年研究，日趋成熟。1951 年在美国开发 Hydroform Press 以来就进入实用阶段。1958 年日本春日保男等人提出了"压力润滑拉深法"，1966 年 F. J. Fuchs 提出了从板料凸缘外周施加径向压力的对向液压拉深法，1977 年起日本中村和彦、中川威雄等人在对向液压拉深法方面做了比较系统、深入的研究工作。

传统的金属模拉深法，在减少拉深工序，降低模具成本，对复杂形状零件的拉深，适应多品种小批量的生产方式，提高拉深件尺寸精度和降低表面粗糙度，避免壁厚局部变薄等问题上受到一定限制。而对向液压拉深可有效解决这些实际问题，它可大幅度提高成形极限，缩减工序，防止壁厚减薄，提高拉深件精度和表面质量，简化模具。因此，受到人们的普遍重视。这种方法在欧、美、日已实用化，并开发了专用的液压成形设备，目前，比较著名的生产厂家有德国的 SMG 公司、瑞典的 LAGAN 公司、以及日本的 AMINO 株式会社等，所生产的双动液压机吨位由 200kN（内滑块）×100kN（外滑块）至 40MN×20MN，最大台面尺寸 4200mm×2700mm，最大成形深度 400mm，最大成形速度 70mm/s，液压室最大可控压力 150MPa，调压方法有三种：

1）*NC* 数控型。液体压力可随凸模行程无级变化。

2）限压型。液体压力迅速增至设定的溢流压力后，液体压力保持不变。

3）升压活塞型。液体压力随凹模腔容积的变化而改变。

在国内，从 1977 年首次应用对向液压拉深以来，一些单位相继对这项技术进行了试验研究，取得了可喜的成果。

现将对向液压拉深法的基本原理、变形特点、技术经济效果、工艺要点、应用实例作一概括介绍。

（一）基本原理

对向液压拉深法的工艺装置如图4-176所示。在双动压力机内滑块上安装凸模，在外滑块上安装压边圈，在工作台上安装带液压控制系统的液压室，其上部安装凹模。液压室的液压可以根据拉深件形状、材料性能、板厚的不同加以控制。其工作过程如图4-177所示，图a，用泵将液体（油或水）打入液压室内达到凹模面，然后将毛坯放在凹模面上。图b，加上压边力。图c，凸模压下将毛坯压入液压室，液压室因而增压，这时毛坯对向受到液体压力p的作用，而被均匀的压贴在凸模上。图d，凸模继续压下，由液压在毛坯与凸模之间产生有盖摩擦力μp，该摩擦力承担拉深力的一部分，使成形得以顺利进行。

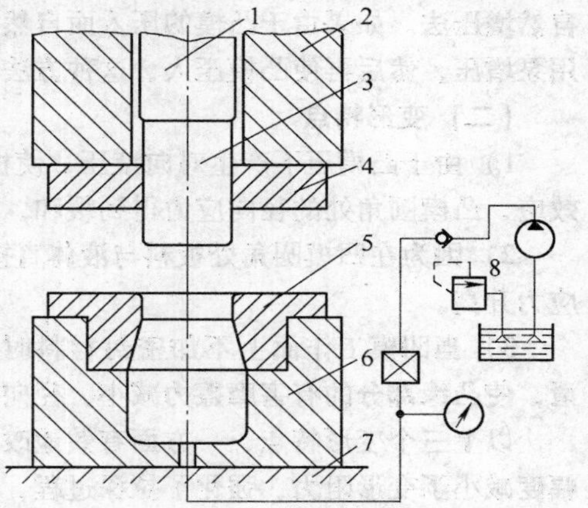

图4-176　对向液压拉深工艺装置简图
1—内滑块　2—外滑块　3—凸模
4—压边圈　5—凹模　6—液压室
7—底座　8—液压控制系统

如图4-178a所示，在凸缘部分凹模面上没有使用密封材料时，液体在所造成的压力作用下被迫从凸缘部分流出，凹模与毛坯之间呈现流体润滑状态。又如图4-178b所示，在凹模面上使用密封材料时，可防止液体泄漏，液压室内压力增高，造成的液压大小可由溢流阀任意控制。

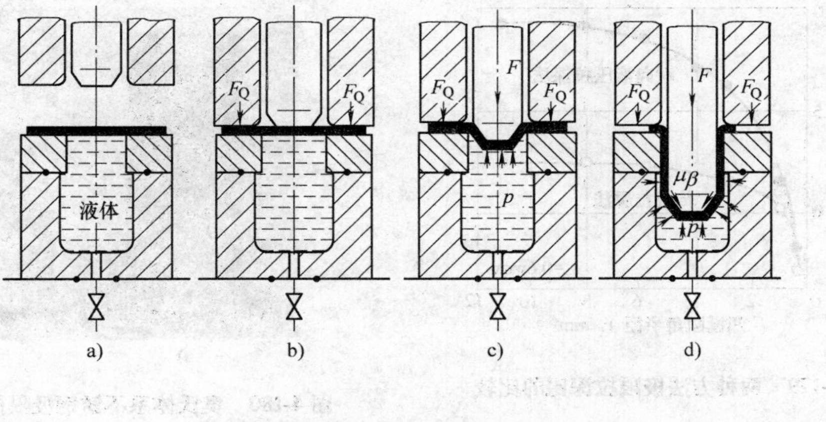

图4-177　对向液压拉深工作过程

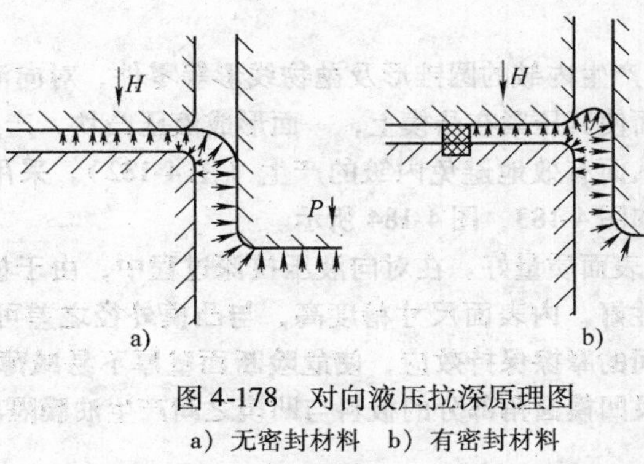

图4-178　对向液压拉深原理图
a）无密封材料　b）有密封材料

液体增压的方式有两种：①自然增压法；②强制增压法。用刚性凸模将板料压入充满液体的凹模内，迫使受压的液体压力升高，同时反作用于板料上，使板料紧贴凸模成形，这种方法称为自然增压法。如果由于凸模的压入而自然增加的液压在开始阶段不足时，可采用在加了压边力后用泵增压，然后再使凸模压入，这种方法称为强制增压法。

（二）变形特点

1）由于凸模压下产生对向液压，使板料压紧在凸模上，凸模和拉深件内表面发生摩擦保持效应，凸模圆角处的径向应力得到缓和，不易在凸模圆角处发生破裂。

2）因为在凹模圆角处板料与液体直接接触进行成形，所以不会与凹模圆角产生摩擦而引起应力升高。

3）当凹模工作面上不加密封材料时，液体由凸缘与凹模间的空隙中溢出，产生了流体润滑，使凸缘部分的有害摩擦力减小，径向拉应力降低。

以上三个变形特点，一方面有效地改善了凸模转角处材料危险断面的受力情况，另一方面大幅度减小了变形阻力，强化了拉深过程，从而显著提高了拉深的极限变形程度。

图4-179所示为冷轧钢板使用普通拉深与对向液压拉深时，对各种凹模圆角半径其单工序的极限拉深比的比较。对所有凹模圆角半径对向液压拉深的极限拉深比皆大。普通拉深时以 $D/d=2.2$ 为上限，而对向液压拉深时则提高到2.9。奥氏体系不锈钢板（SUS304系）普通拉深的极限拉深比为2.3，而对向液压拉深时大幅度提高到3.4左右，得到单工序的拉深高度为凸模直径的2.5倍，如图4-180所示。采用对向液压拉深边长为45mm的方形盒，其高度可达60mm以上（图4-181）。

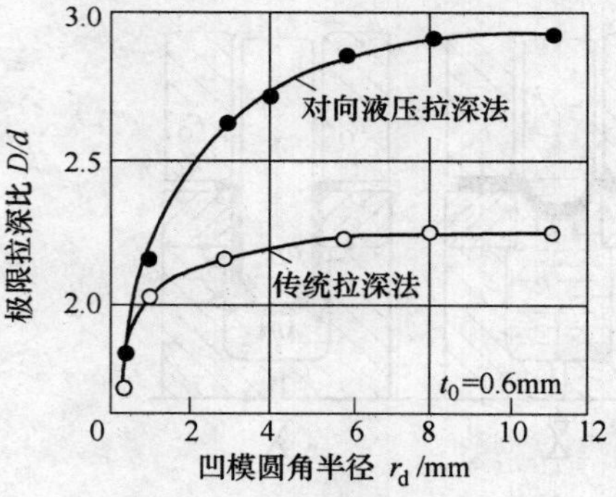

图4-179　两种方法极限拉深比的比较

a)　　b)

图4-180　奥氏体系不锈钢极限拉深比的对比

a）对向液压拉深　b）普通拉深凸模

直径 $d=50$mm，板厚0.7mm

4）对于拉深过程中容易产生内皱的圆锥形及抛物线形等零件，对向液压拉深时，材料向凸模压下的相反方向鼓起，一面使其压紧在凸模上，一面形成液压凸坎，产生所谓“液体拉深筋”的效果，增加了径向张力，从而有效地避免内皱的产生（图4-182）。采用对向液压拉深制成的锥形件及角锥台盒形件实例如图4-183、图4-184所示。

5）拉深件尺寸精度高，表面质量好。在对向液压拉深过程中，由于板料被液压均匀地压贴在凸模上，故拉深件的贴模性好，内表面尺寸精度高，与凸模外径之差可控制在0.02mm左右。且由于凸模与拉深件侧壁之间的摩擦保持效应，使危险断面壁厚不易减薄，各处厚度比较均匀。另外，高压液体使凸缘部分及凹模圆角部分的板料与凹模之间产生油膜隔离层，这样可避免由于干摩擦而擦伤拉深件表面。

图 4-181 方形盒的对向液压拉深
材料：SUS304，板厚 0.6mm

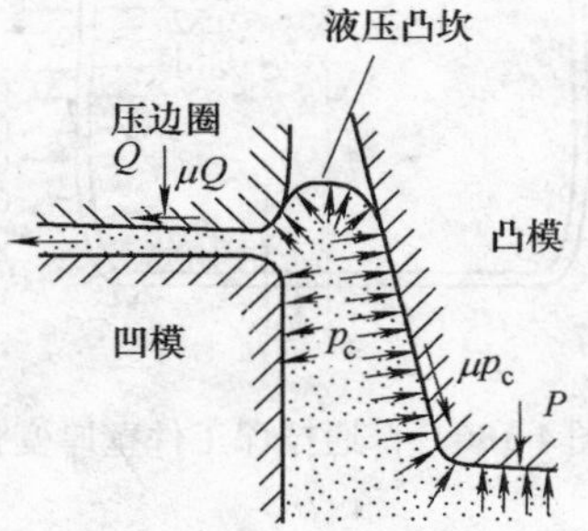

图 4-182 液压凸坎

图 4-183 锥形件
材料：A1100-0，毛坯直径：$D=760$mm，板厚 1.2mm

图 4-184 角锥台盒形件
材料：A6061-0，
毛坯尺寸：530mm×550mm，板厚 2mm

图 4-185 为普通拉深法（曲线 1）和对向液压拉深法（曲线 2）所冲出的拉深件沿高度方向内径的变化曲线。从图中可见，对向液压拉深法的工件内径变化很小，几乎与凸模大小一样，沿纵向截面形状误差只有 0.035 ~ 0.04mm，可采用这种方法拉深内径锥度很小的工件。对于内径为 21.5mm，$t=1$mm 的圆筒件，其横截面的圆度误差，普通拉深时达 0.05mm，对向液压拉深时≤0.01mm。由图 4-186 可见，用普通拉深，拉深比 $D/d=2$ 时，壁部变薄最严重处在接近底部圆弧部分，由 0.8mm 变到 0.63mm（变薄率为 21.3%）。而对向液压拉深（图 4-187），最薄的壁厚由 0.8mm 变到 0.72mm（变薄率为 10%）。

反光镜用中等光洁的板料，经对向液压拉深法冲压后，表面粗糙度 R_a 不大于 3μm。灯罩从聚光性考虑，要求内形尺寸精度高、表面粗糙度精度高，采用对向液压拉深加工，完全可以满足要求。图 4-188 所示为对向液压拉深法成形的各类灯罩。

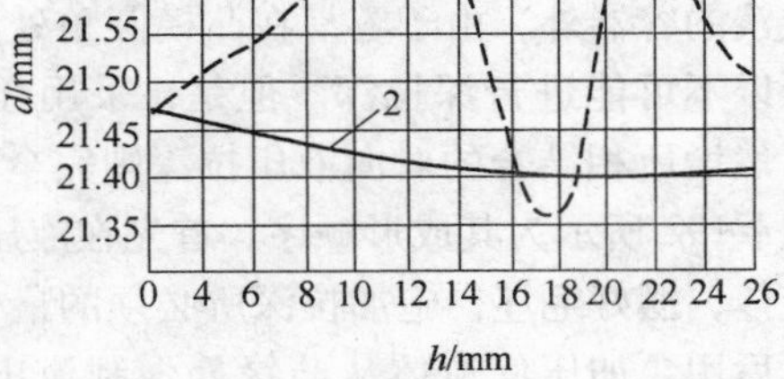

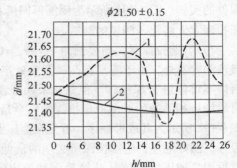

图 4-185 沿高度方向内径变化情况
1—普通拉深法 2—对向液压拉深法

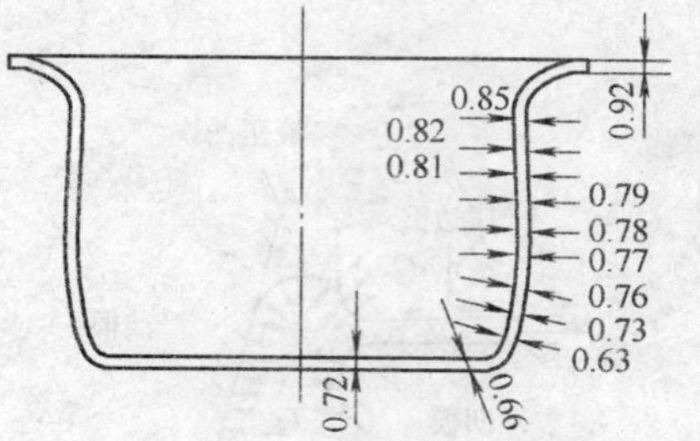

图 4-186　普通拉深工件壁厚变化

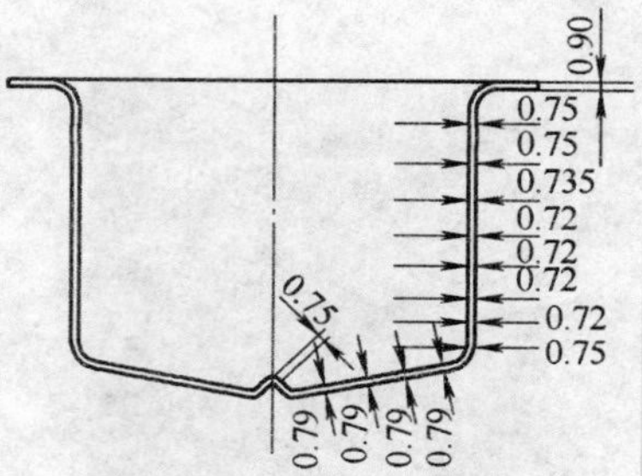

图 4-187　对向液压拉深工件壁厚变化

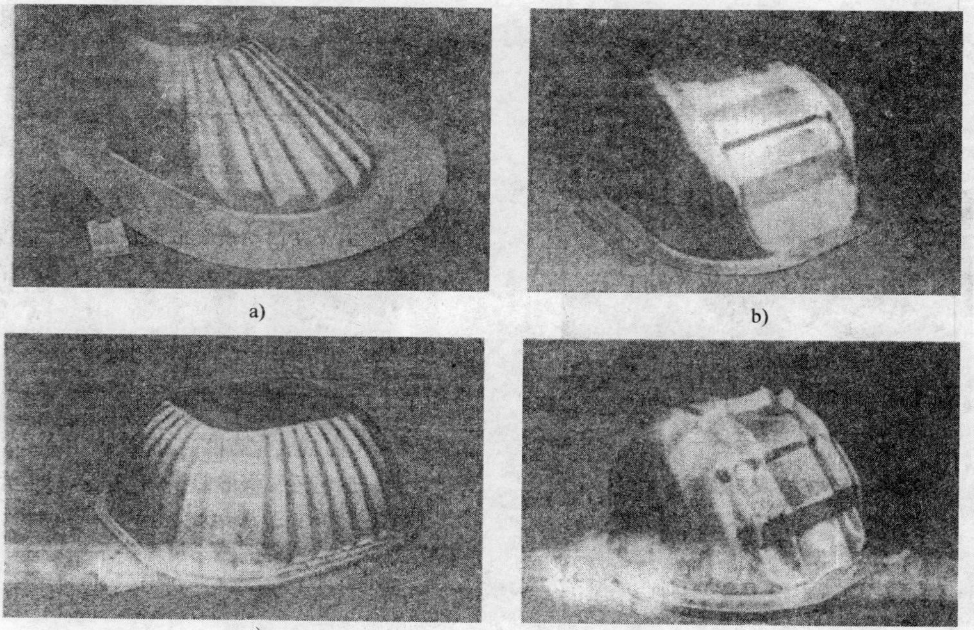

a)　b)　c)　d)

图 4-188　对向液压拉深法成形的各类灯罩

6）由于对向液压直接将板料压贴在凸模上，且液体压力比其它柔软特质的压力均匀，不使用有底的金属凹模也能清晰压出拉深件底部及侧壁的花纹，图 4-189、图 4-190 所示即为此类拉深件的实例。图 4-191 所示为用圆形凹模对向液压拉深四方筒的实例，由以上三例可见，对向液压拉深大大简化了凹模的制造。

7）普通拉深时，凸模圆角半径 $r_p=0$ 时，除极浅的容器外，由于容易在凸模圆角处产生断裂，所以不可能进行深拉深。但是，采用强制增压与自然增压相结合的对向液压拉深则完全是可能的。图 4-192 所示为其成形顺序，首先在液压室内充满液体，摆好毛坯，施加拉深所必须的最低压边力，然后用泵加压使流体从凸缘处强制流出，从一开始就使毛坯与凹模间呈现流体润滑状态以减小径向拉应力。此后，压下凸模，自然增压与用泵的

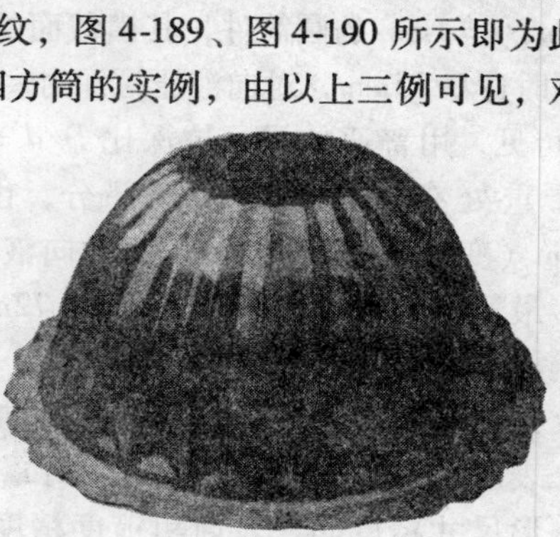

图 4-189　侧壁带花纹的拉深件

材料：A1100-0，毛坯直径 760mm，料厚：0.8mm

强制增压迭加起来，从拉深初期液压室内液压一直急剧上升，因此可使毛坯尽快折向凸模圆角部分，紧贴凸模侧壁，造成有利的摩擦力，防止裂纹的产生。尖角（$r=0$）容器的对向液压拉深过程如图 4-192 所示。尖角容器极限拉深比的对比如图 4-193 所示。

图 4-190　底部带凸凹纹的拉深件

材料：SPCE，板厚：0.8mm，

凸模直径 $d=110$mm

图 4-191　用圆形凹模成形四方筒的实例

材料：SUS304，板厚：0.7mm，

凹模内径 50mm

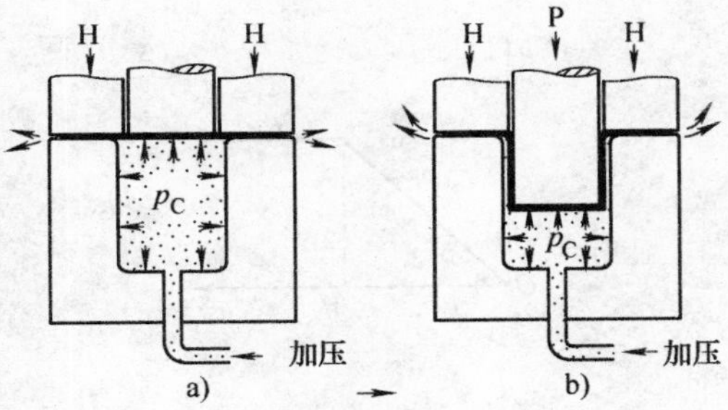

图 4-192　尖角容器的对向液压拉深法

图 4-193　尖角容器极限拉深比对比

a）对向液压拉深法 $D/d=2.39$，$p=49.5$MPa

b）常用拉深法 $D/d=1.70$

凸模直径 80mm，材料：SPCC，板厚 0.8mm

8）简化模具制造，降低模具费用。模具材料可选用淬硬工具钢、不淬硬钢、锌合金或塑料。还可用低碳钢作凸模（或凹模），经试压合格后再渗碳淬火。可单独制造凸模（或凹模），特别是形状很复杂时，由于不需要考虑凸模与凹模相配，使制造工艺简单，花费工时和费用较少。

9）经济效益好。虽因液压系统使装置复杂一些，且生产率略低。但由于极限拉深比高，可以减少拉深次数和模具套数，且可免除麻烦的中间退火，总的经济效益还是明显的。这种方法特别适用于多品种少批量生产情况下，尺寸要求准确、厚度变化要求均匀、表面光洁、复杂形状零件的成形。

（三）工艺要点

（1）液压室液体单位压力大小及其变化过程　采用自然增压的对向液压拉深时，工件质量不仅与液体压力大小有关，而且与液体压力的变化过程有密切联系。试验证实，压力过小，对向液压的作用不大，和普通拉深一样，危险断面上的应力因超过许用变形抗力而破裂，裂纹位置和普通拉深出现的裂纹位置一样（图 4-194a）；压力过大，在凸坎与直壁相切处出现局部爆破（图 4-194b）；若压力上升过慢，也会在直壁上部接近凸缘处产生拉裂现象（图 4-194c）。

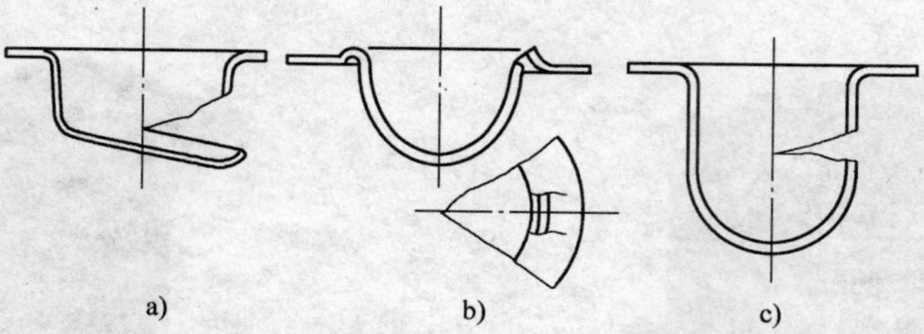

图 4-194　自然增压法拉深件的几种拉裂现象

图 4-195 所示为不同形状拉深件的液压—行程曲线。自然增压对向液压拉深的液体压力随拉深凸模行程增大从零增加到一定数值，然后稳定在一定范围内，直至拉深结束。上升的速度（曲线的斜率）和零件形状有关，若凸模排开液体的量越大，压力上升速度越快。图中可以看出，圆筒体上升最快，而具有 90°锥体的锥形件上升最慢。

对于一定形状的工件，其液体压力变化成图 4-196 所示特征曲线。

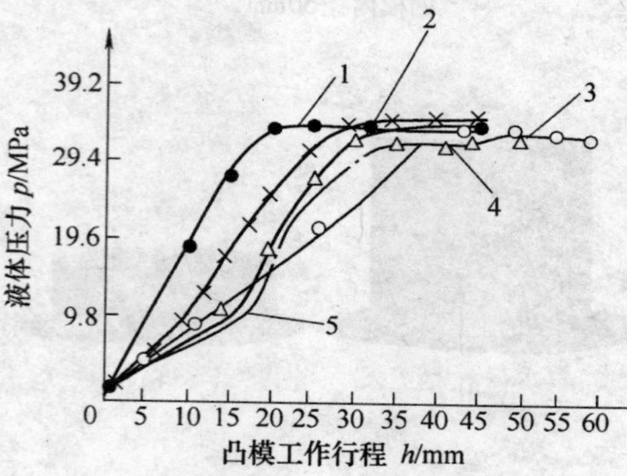

图 4-195　各种形状拉深件的液压—行程曲线
1—圆筒体　2—120°锥角的圆锥体
3—抛物体　4—半球体　5—90°锥角的圆锥体

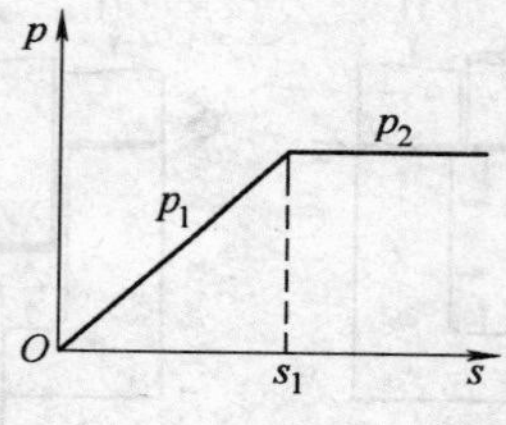

图 4-196　自然增压对向液压拉深特征曲线

图 4-196 中各参数为：

$$p_1 = K_1 h_1 \tag{4-87}$$

$$p_2 = K_2 \sigma_s t \tag{4-88}$$

$$h_1 = \frac{K_2}{K_1} \sigma_s t \tag{4-89}$$

式中　p_1——初期拉深阶段的液体压力（MPa）；

p_2——稳定拉深阶段的液体压力（MPa）；

h_1——稳定拉深阶段的初始行程（mm）；

σ_s——原材料的屈服点（MPa）；

t——材料厚度（mm）；

K_1、K_2——形状系数，见表 4-61。

表 4-61 形状系数 K_1、K_2

拉深件形状	K_1/MPa · mm^{-1}	K_2/mm^{-1}	拉深件形状	K_1/MPa · mm^{-1}	K_2/mm^{-1}
抛物体	8.3	0.226	具有 120°锥体	12	0.240
半球体	11	0.226	圆筒体	17	0.233

拉深以下材料时，液压 p_2 可取为：

铝 6 ~ 30MPa；当材料厚度 $t = 1$mm 时，取 20MPa。

深冲钢 20 ~ 70MPa；当材料厚度 $t = 1$mm 时，取 40MPa。

不锈钢 30 ~ 100MPa；当材料厚度 $t = 1$mm 时，取 60MPa。

强制润滑时，拉深过程的液体压力与拉深凸模行程曲线如图 4-197a 与 b 所示。拉深初期，形成的高压液体将毛坯逐渐包围凸模成形，液体压力升高到一定值时，顶起压边圈而向外泄漏。此后，液体压力继续升高，当凸缘变形区径向拉应力出现最大值时，液体压力最高。液体压力出现峰值后，由于变形力减小，液体压力缓慢下降。

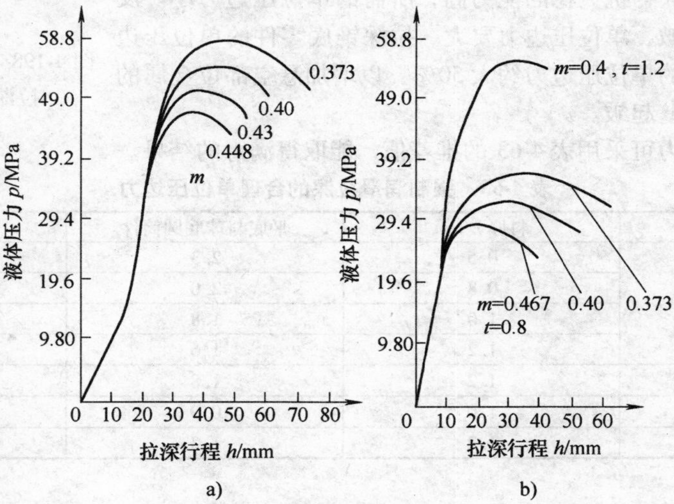

图 4-197 强制润滑时，液体压力与凸模行程曲线

a）拉深球底圆筒件 b）拉深平底圆筒件

强制润滑时，几种材料的最高液体压力见表 4-62。

表 4-62 几种材料的最高液体压力（$D/d = 2.5$） （单位：MPa）

料厚 t/mm ＼ 材料	纯 铝	黄铜	08、08F	不锈钢
1	13.7	—	47	—
1.2	—	56.8	56.8	117.6

（2）拉深力和压边力的计算 自然增压对向液压拉深过程受力分析如图 4-198 所示。

拉深力 $$P_{拉} = \pi dt\sigma_b K \quad (4\text{-}90)$$

液压对凸模的反作用力 $$P_{反} = \frac{\pi d^2}{4} p_2 \quad (4\text{-}91)$$

总拉深力 $$P_{总} = P_{拉} + P_{反} \quad (4\text{-}92)$$

压边力　$Q_{压} = \frac{\pi}{4}(D^2 - d_1^2)q$　(4-93)

液压对压边圈的反作用力　$Q_{反} = \frac{\pi}{4}(d_2^2 - d_1^2)p_2$　(4-94)

总压边力　$Q_{总} = Q_{压} + Q_{反}$　(4-95)

式中　σ_b——材料的抗拉强度（MPa）；

K——取决于拉深系数的校正系数，可查表 4-80；

q——单位压边力（MPa），一般为 2.35～2.55MPa；

p_2——液体单位压力（MPa）；

D——毛坯直径（mm）。

强制润滑拉深的单位压边力，比普通拉深的单位压边力略小。合理单位压边力主要决定于材料性质与厚度。同种材料和厚度，在不同拉深比下变形，其单位压边力相同。材料强度较高，单位压边力稍要加大。厚度大，抗失稳的能力高，所需的单位压边力小。反之，薄料易失稳起皱，单位压边力要大。拉深锥底零件的单位压边力要比平底筒形体的单位压边力约大 50%，以增加悬空部位金属的胀形成分，克服侧壁起皱。

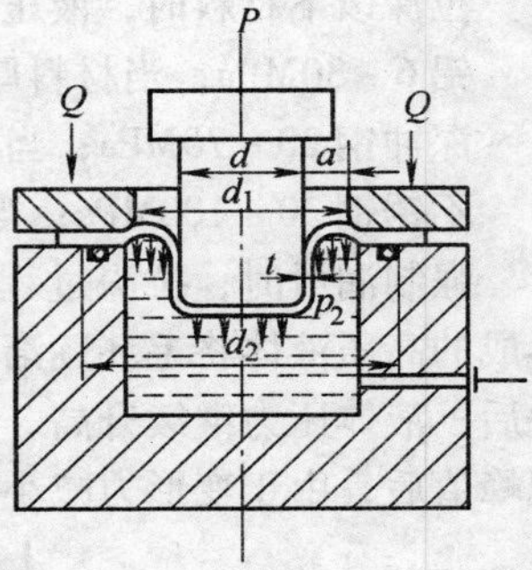

图 4-198　自然增压对向液压拉深过程受力分析

合理单位压边力可采用表 4-63 的推荐值，能取得满意的结果。

表 4-63　强制润滑拉深的合理单位压边力　（单位：MPa）

材　料	料厚 t/mm	平底与球底圆筒件	锥底圆筒件
08、08F	0.5	2.3	3.3
	0.8	2.0	3.0
	1.0	1.8	—
	1.2	1.6	2.5
不锈钢	1.2	1.8	—
纯铝	1.0	0.9	—
黄铜	1.2	1.3	—

强制润滑拉深的总拉深力为拉深变形力与凸模端面对向液压力之和。其最大拉深力约为普通拉深时拉深力的 2.5～3 倍。为了简化计算，可按下式计算

$$P_{max} = n\pi dt\sigma_b \quad (4\text{-}96)$$

式中系数 n 见表 4-64。

表 4-64　强制润滑拉深力计算系数 n

拉深比 K(D/d)	2.13	2.22	2.33	2.44	2.50	2.56	2.70
拉深系数 m	0.47	0.45	0.43	0.41	0.40	0.39	0.37
系数 n	2.3	2.4	2.6	2.7	2.8	3.0	3.2

（3）流体流经方向　凹模面上未用密封件的对向液压拉深，在拉深过程中，液压室内一部分液体流向板料凸缘外侧，其流程方式有三种。

一般对向液压拉深液体直接经凸缘与凹模间隙压出室外。只有凸缘与凹模面之间一边实现流体润滑。这种流经方式液压升高过程为：凸模压下一开始，液压与压下量成比例地急剧升高，液体从凸缘流出后，液压暂时下降，当板料与凹模圆角贴合，液压再次升高达到最大值（图 4-199）。

带径向压力的对向液压拉深，液体压至凸缘周边的途径有直接方式和间接方式两种（图 4-213）。

在间接方式情况下，随着凸模压下，开始液压直线增加，当液体由板料与凹模面间隙压至凸缘周边时，液压短时降低，当液体对凸缘周边加压时液压回升，增至溢流阀额定液压后，室内液压保持恒定。一旦液体由板料与压边圈之间压出，液压降低，至凸模行程后期，因板料厚度稍有增厚，可引起液压略有增加。

在直接方式情况下，因为与凸模压入的同时，室内液压便可通过油路压至凸缘周边部分，所以室内液压呈直线增加至额定液压（图 4-199）。

比较三种方式对拉深比提高的效果：直接式最佳，间接式次之，一般对向液压拉深殿后。

（4）压边间隙　固定压边圈的间隙 C_n 对液压室的液压大小，凸缘的两面润滑，凸缘起皱等有很大影响。图 4-200 所示为几种拉深方法，在不同压边间隙时对拉深比的影响。C_n 过小，在边力过大，在压边圈与凸缘之间难以形成流体润滑，所以极限拉深比下降。C_n 过大，发生液压不足，凸缘起皱而极限拉深比降低。带径向压力的对向液压拉深，在相同情况下与其他拉深法相比，极限拉深比最高，对向液压拉深法次之，金属模拉深法最低。

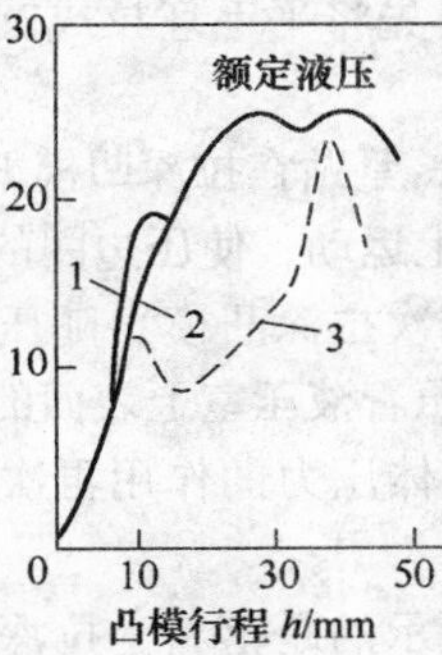

图 4-199　流体流径不同对液压室内液压的影响
1—间接方式　2—直接方式　3—一般对向液压

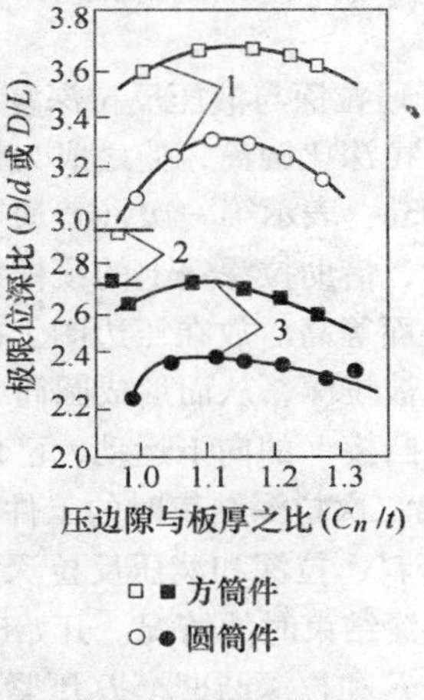

图 4-200　压边间隙与极限拉深比的关系
1—带径向压力的对向液压法
2—对向液压法　3—金属模

（5）凸模与凹模腔的单边间隙　只要压力控制得当，拉深时均会形成液体“凸坎”，其曲率半径随拉深深度的增加而减小，从试验结果可以看出，零件的拉深过程完全在液压“凸坎”上进行，不与凹模直接接触。凸、凹模之间的最小单边间隙可取为（1.5～5）t（t 为材料厚度）。

除上述因素以外，还要选用合适的压力机工作速度和传压介质。当压力机工作速度较快时，容易建立并保持液体高压，在实验的溢流条件下采用工作速度为 8mm/s 的压力机较工作速度为 6mm/s 时的成形效果稍好一些。根据实验结果，液体粘度大，溢流速度慢，有利于迅速建立并保持成形液体压力，譬如用机油要比乳化液拉深成形效果好。一般采用 20 号机油为宜。

（四）典型模具结构及工作过程

（1）由平毛坯一次拉成锥形件的对向液压拉深模（图 4-201）　凸模向下运动，使液压作用在毛坯上，亦使之向上鼓凸，凸坎的高度由压边圈上的凹槽深度来控制。凸模继续下压，使毛坯在液体“凸坎”上完成拉深过程。

（2）第二次拉深用对向液压拉深模（图 4-202）　这副模具用来拉深初步成形的圆筒。图 4-

202a 表示第二次拉深之前的准备情况，圆筒 *L* 由凹模 *M* 和压边圈 *N* 支撑。图 4-202b 表示第二次拉深结束时的工件和模具。

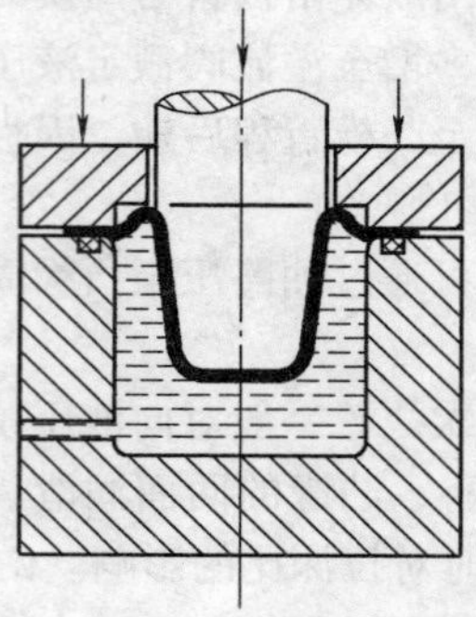

图 4-201　由平毛坯一次拉成锥形体的液压拉深模

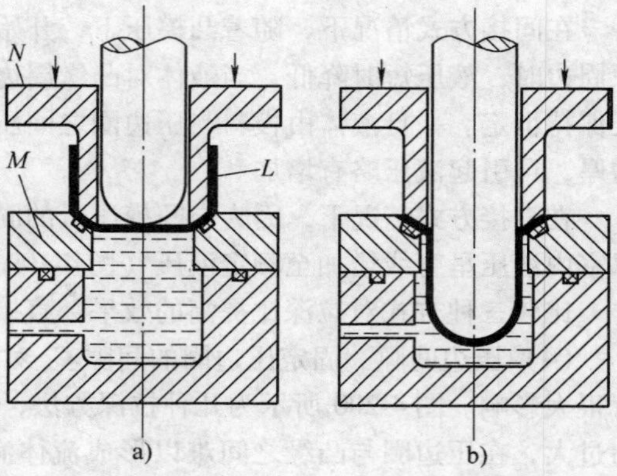

图 4-202　第二次拉深用对向液压拉深模

（3）普通拉深与液压反拉深复合模（图 4-203）　这副模具先将平毛坯拉成圆筒，然后利用对向液压反拉深比圆筒，使之成为带圆顶的零件。

图 4-203a，表示第一次（普通）拉深终了时的状态。最初，紧贴在拉深凹模 *P* 上的压边圈 *R* 在上部位置，借助拉深垫上的顶杆 *S* 推动压边圈和拉深凹模向上运动，使压边圈的上表面与液压室 *T* 的上表面等高。放在压边圈上的毛坯通过液压室（兼作首次拉深凸模）随压边圈和凹模的向下运动而被拉深，从而形成圆筒 *U*。接着，凹模 *P* 的内法兰压着液压室上表面的密封件并夹紧工件，随着凸模 *V* 的向下运动，已成形的圆筒件随液压室内液体压力的作用再次被拉深。图 4-203b 表示第二次拉深结束时的工件和模具。

（4）落料、拉深和液压反拉深复合模（图 4-204）　该图表示的是落料、拉深和液压反拉深复合模在拉深结束时的情况。开始时，卷料（或条料）被凸凹模 *D* 的外缘刃口切断，冲下的毛坯被压边圈 *F* 和拉深凸凹模 *D* 压紧，接着与图 4-203 的动作相类似，先通过压力室 *G* 成形一个圆筒，最后被主凸模 *H* 经液压反拉深成形。液压室里的第二个凹模 *K* 用来保证拉深终了时形成工件的最后轮廓。

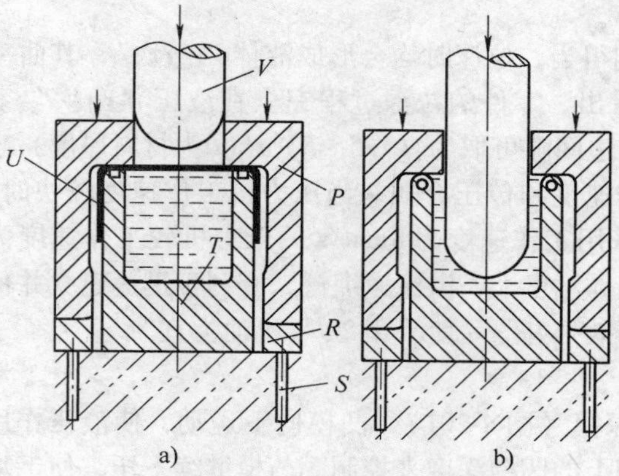

图 4-203　普通拉深与液压反拉深复合模

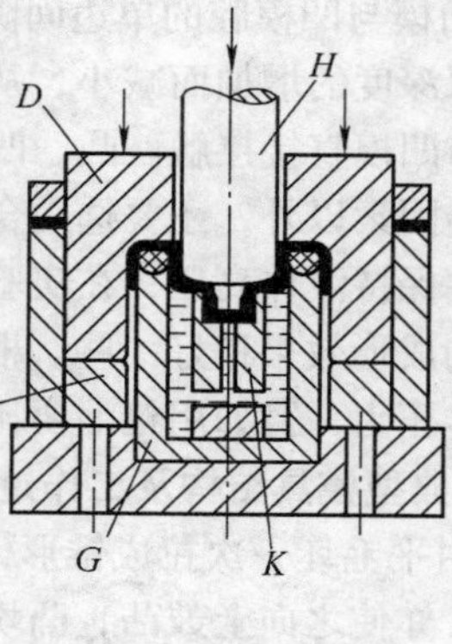

图 4-204　落料拉深和液压反拉深复合模

（五）对向液压拉深的复合工艺及新方法

（1）有反向预胀形的对向液压拉深　在以前金属模胀形时，只有一部分材料局部受拉伸长，其他部分尚未充分拉伸时就达到胀形极限，反向液压胀形时靠液压进行预胀形，以最大限度地有效利用材料的固有的伸长率，从而大幅度提高胀形高度。

图 4-205 所示为有反向预胀形的对向液压拉深的成形顺序，图 4-205a，首先将凸模调整到约低于胀形极限高度 10% 的位置 y。图 4-205b，施加液压进行底部预胀形，拉伸变形比较均匀。此后凸模下降，向液压室内压入拉深（图 4-205c）。这种方法存在的问题是，由于预胀形在接近于自由胀形状态下进行的，在形状上不必要的部分被拉伸了，在最终胀形时因材料有多余而发生皱折。然而，如在对向液压状态下进行最终胀形，由于液压的作用，凸模圆角部分保持摩擦，同时在压下相反方向有拉力作用，因而毛坯在径向伸长，作为皱折产生原因的毛坯松弛被吸收。

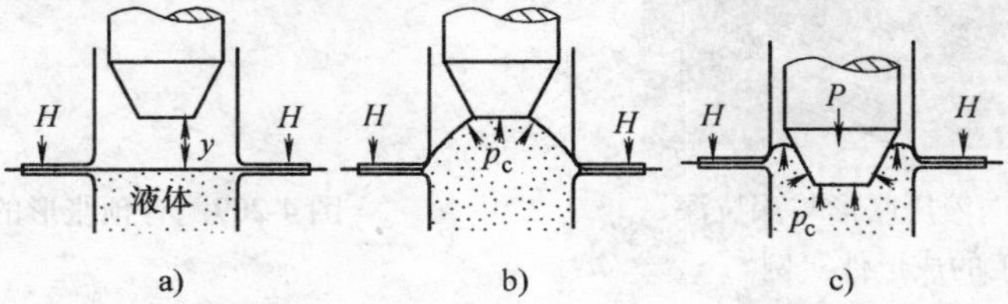

图 4-205　有反向预胀形的对向液压拉深的工作循序

图 4-206 所示对比结果可以看出，这种方法获得的胀形极限远超过普通金属模的胀形极限，且工件形状也很美观。如图 4-207 所示，这种方法径向拉伸变形均匀，平均拉伸可超过 30%，而金属模仅为 10%。

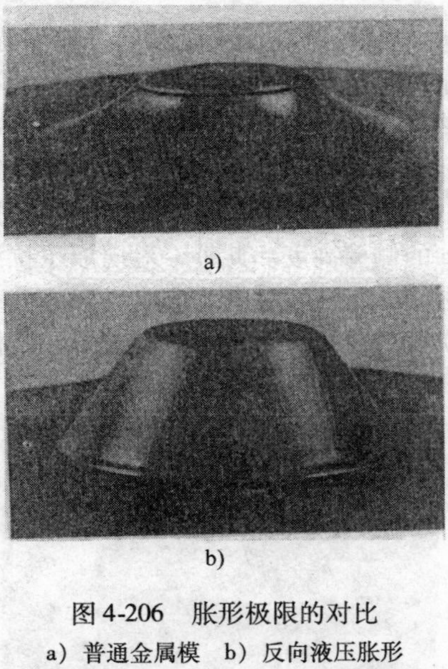

图 4-206　胀形极限的对比
a）普通金属模　b）反向液压胀形
材料：SPCE，板厚 0.8mm

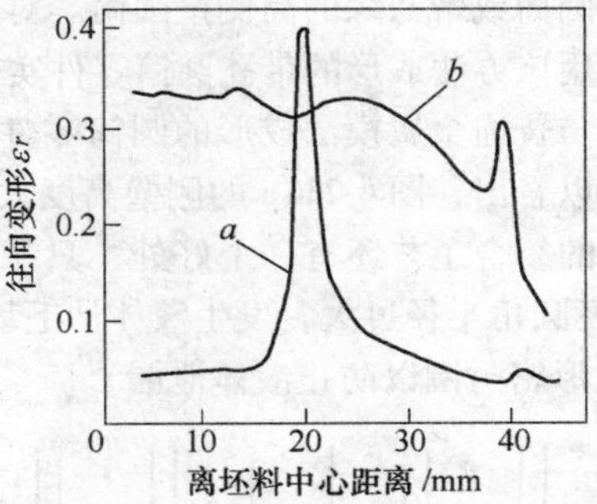

图 4-207　胀形成形件（图 4-206）的径向变形分布

图 4-208 所示为反向液压胀形与深拉深联合加工的成形件实例。

由于与凸模运动反向的压力作用，增大了成形所需的工艺力，致使对向液压拉深法一直用于最大边长不超过 60mm 的中小型零件的拉深成形。随着设备和工艺的改进，可将有反向预胀形的对向液压拉深工艺用于大型车身覆盖件的成形，成形件尺寸可达 2500～3000mm（图 4-209）。在拉深前增加反向预胀形，可改变毛坯断面应力分布，提高覆盖件成形的稳定性及压痕刚度，提高零件的尺寸精度，减小工件回弹。在满足同样的成形刚度条件下，采用这种改进的对向液压拉深工艺可去除加强筋或使板厚减薄，因此，可减轻成形件重量。

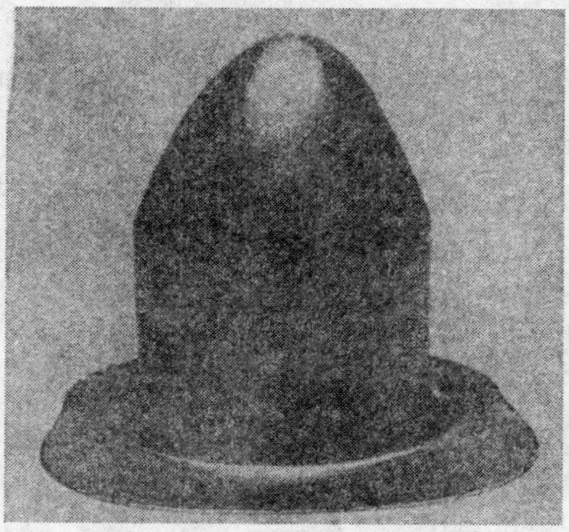

图 4-208　反向液压胀形与深拉深联合加工的成形件实例

材料：SPCC，板厚 0.8mm，$D/d=2.5$

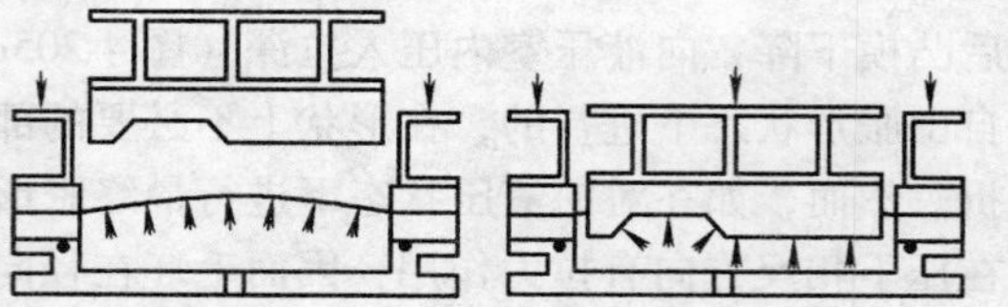

图 4-209　有预胀形的对向液压拉深

（2）对向液压拉深与内缘翻边的复合工艺　由于内缘翻边的成形极限决定于内孔边缘的伸长率，很难期待多大的成形高度。又由于内缘翻边的成形力比拉深力小的多，利用通常的方法不可能将带孔的毛坯先拉深，然后翻边作出侧壁，或成形具有一定高度、底部开孔的圆筒件。因此为了提高成形高度，不得不用不带孔毛坯进行深拉深，然后冲孔，或再进行翻边或使用冲底、切边等复杂的方法。

附加对向液压的翻边时，对带孔毛坯施加反向液压，利用毛坯与凸模端部的摩擦保持效应，制止内缘翻边变形而进行深拉深，然后去除液压，压下凸模联合进行内缘翻边，用一次冲程可成形带孔圆筒或带凸缘的高侧壁圆筒。对向液压拉深与内缘翻边复合工艺的基本过程如图 4-210 所示。采用该方法成形的带孔圆筒零件实例如图 4-211 所示。采用该方法成形的带凸缘的高侧壁圆筒零件与普通金属模法成形的圆筒零件比较如图 4-212 所示（与图 4-211 的成形条件相同），从图中可以看出，图 4-212a 的侧壁高度大大高于图 4-212b 的侧壁高度。此外，对向液压拉深与内缘翻边的复合工艺还有一个好处，只靠改变去除液压的时期，即可简单地选取任意的侧壁高度（当凸模圆角半径过大，发生液体从毛坯孔泄漏，制止扩孔的效果减小，因此有必要在凸模底部使用 O 形密封圈以防止液体泄漏）。

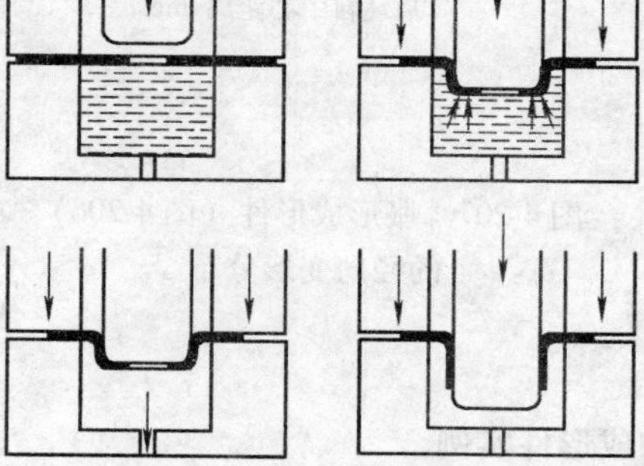

图 4-210　对向液压拉深与内缘翻边复合工艺的基本过程

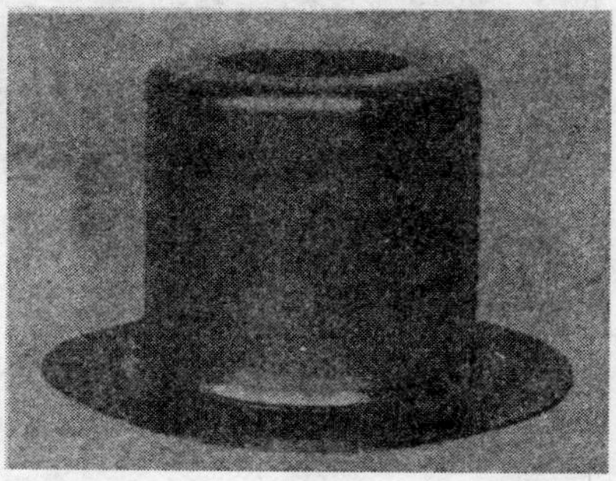

图 4-211　对向液压拉深与内缘翻边复合工艺应用实例之一（带孔圆筒）

材料：SPCC，毛坯直径 200mm，料厚 0.8mm，筒体内径 ϕ80mm，孔径 ϕ40mm，$p_2=48$MPa

（3）带径向压力的对向液压拉深　对向液压拉深依靠凸模将毛坯压入液压室成形，当毛坯直径较大时，凸缘部分变形阻力大大增加，毛坯在凹模圆角部位易发生断裂，成形受到限制。带径向压力的对向液压拉深，将高压液体引至凸缘的外周边，产生的径向压力推动毛坯向凹模内流动，降低了凸缘变形区的拉力；另方面，在毛坯与压边圈及凹模平面之间形成双面流体润滑，进一步降低了接触面上的有害摩擦阻力。两者综合的结果，使变形区总的流动应力大大减小，传力区的负荷大大减轻，从而使拉深的极限变形程度得到明显提高，这种方法的拉深比 D/d 高达3.06～3.31。

根据毛坯凸缘周边径向液体压力的施加方式可分为直接法和间接法，如图4-213所示。

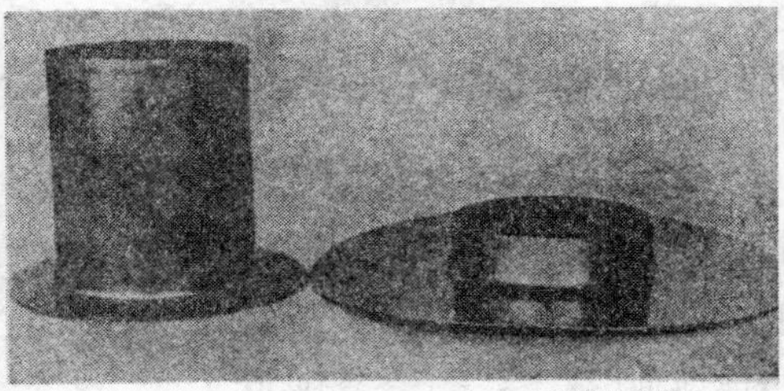

a)　　b)

图4-212　对向液压拉深与内缘翻边复合工艺实用实例之二（高侧壁圆筒）

a）对向液压拉深法　b）普通金属模法

（与图4-211的成形条件相同）

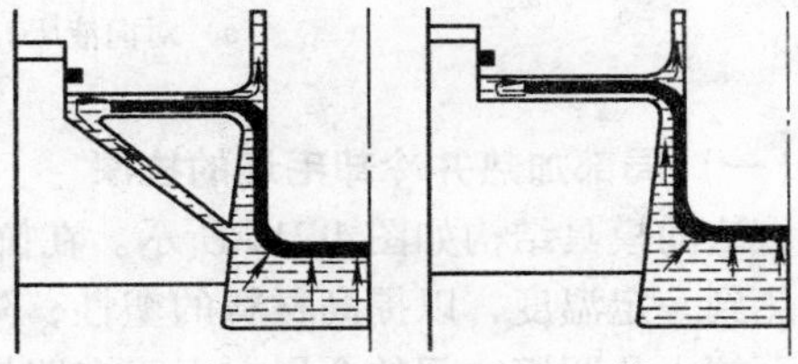

a)　　b)

图4-213　带径向压力的对向液压拉深

a）直接法　b）间接法

（4）周边带液压的对向液压反拉深　在对向液压反拉深的同时，将液压室内的高压液体通道引向圆筒坯件的外周边施压。由于上述同样道理，可进一步提高反向再拉深的成形极限，一次行程后得到的拉深件总拉深比高达4.92。该方法已成为成形超深筒形件的有效手段。周边带液压的对向液压反拉深如图4-214所示。

（5）充液变薄拉深　变薄拉深的成形极限受传力区强度的限制。充液变薄拉深如图4-215所示，按液压作用方式不同，可分为对向液压变薄拉深、正向液压变薄拉深和双向液压变薄拉深。根据实验表明：三种方式均可有效提高变薄拉深的变形程度，其中尤其以正向和双向更佳。若正向将液压力作用在坯件周边上对坯件施加推力，降低了传力区的拉应力；而且液体在凹模锥面形成强迫润滑，减小了摩擦阻力；再者，液压的作用还增大了坯件变形区的静水压力，利于提高材料的塑性，使极限变薄程度提高。同普通变薄拉深工艺相比，凸模力可减小，当充液压力达到临界值时凸模力可降至零。另外，强迫润滑还能有效抑制热粘着现象的发生。

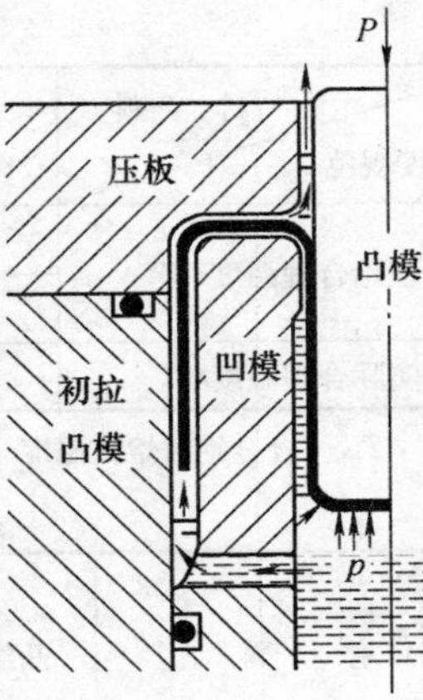

图4-214　周边带液压的对向液压反拉深

三、差温拉深

差温拉深是拉深过程有效的强化方法，它的实质是借变形区（一般指毛坯凸缘区）局部加热和传力区危险断面（侧壁与底部过渡区）局部冷却的办法，一方面减小变形区材料的变形抗力，另方面又不致减少、甚至提高传力区的承载能力，亦即造成两方合理的温度差，而获得大的强度差，以资最大限度地提高一次拉深成形的变形程度，大大降低材料的极限拉深系数。

下面介绍几种典型的差温拉深方法。

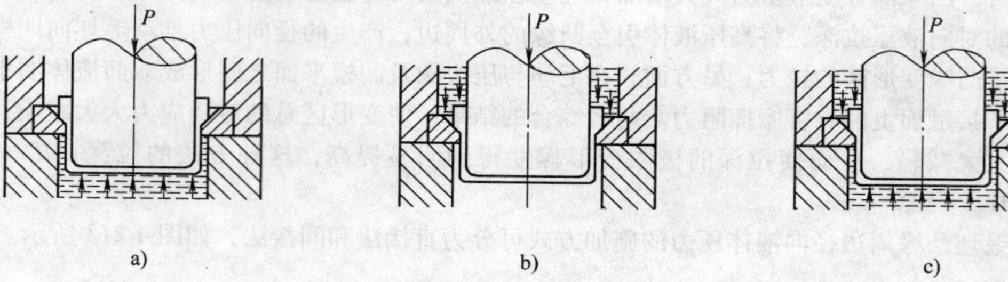

图 4-215　充液变薄拉深

a）对向液压　b）正向液压　c）双向液压

（一）局部加热并冷却毛坯的拉深

该法的模具结构如图 4-216 所示。在拉深过程中，利用凹模及压边圈之间的加热器将毛坯局部加热到一定温度，以提高材料的塑性，降低凸缘的变形抗力；而拉入凸凹模之间的金属，由于在凹模洞口与凸模内通以冷却水，将其热量散逸，不致降低传力区的抗拉强度。故在一道工序中可获得很大的变形程度。

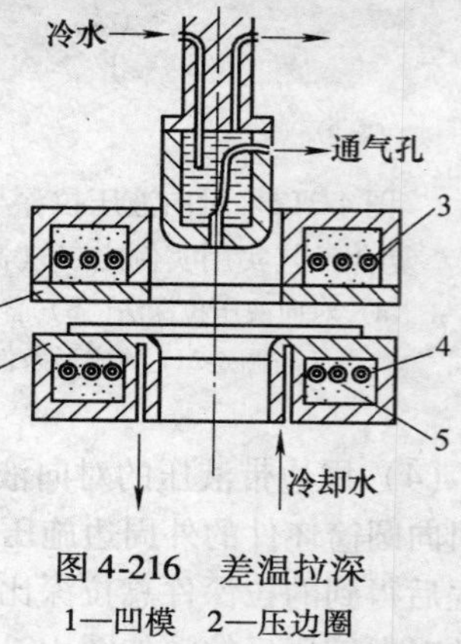

图 4-216　差温拉深

1—凹模　2—压边圈

3、4—电热元件　5—绝缘材料

这种方法最适宜于拉深低塑性材料（例如镁合金、钛合金）的零件及形状复杂的深拉深件。

局部加热拉深的合理温度见表 4-65。

局部加热拉深的极限高度见表 4-66。

（二）深冷拉深

该法的模具结构如图 4-217 所示。在拉深变形过程中，用液态空气（-183℃）或液态氮（-195℃）深冷凸模，使毛坯的传力区被冷却到 $-(160\sim170)$℃而得到大大强化，在这样低温下，10～20 钢的强度可提高到 1.9～2.1 倍，而 18-8 型不锈钢的强度能提高到 2.3 倍。从而显著地降低了拉深系数，对于 10～20 钢，$m=0.37\sim0.385$，对于 1Cr18Ni9 及 1Cr18Ni9Ti 不锈钢，$m=0.35\sim0.37$。

表 4-65　局部加热拉深时不同材料的合理温度

温度规范＼材料	铝合金	镁合金	铜合金
理论合理温度/℃	$0.7T_{熔}=0.7t_{熔}-82$		
	350～370	340～360	500～550
实际合理温度/℃	320～340	330～350	480～500

注：$T_{熔}$—合金绝对熔化温度　$t_{熔}$—合金熔化温度。

表 4-66　局部加热拉深的极限高度

材　料	凸缘加热温度/℃	零件的极限高度 $\frac{h}{d}$ 及 $\frac{h}{b}$		
		筒　形	方　形	矩　形
1050A(0)	325	1.44	1.5～1.52	1.46～1.6

（续）

材　料	凸缘加热温度/℃	零件的极限高度$\frac{h}{d}$及$\frac{h}{b}$		
		筒　形	方　形	矩　形
3A21(0)	325	1.30	1.44～1.46	1.44～1.55
2A12(0)	325	1.65	1.58～1.82	1.50～1.83
镁合金 MB1、MB8	375	2.56	2.7～3.0	2.93～3.22

注：h—高度　d—直径　b—方盒边长。

各类奥氏体钢采用该方法的可能性，将随合金度的增加与奥氏体稳定性的提高而减小（图4-218），因为只有当毛坯侧壁借助深冷以形成马氏体转变而得到组织强化时才是富有成效的。

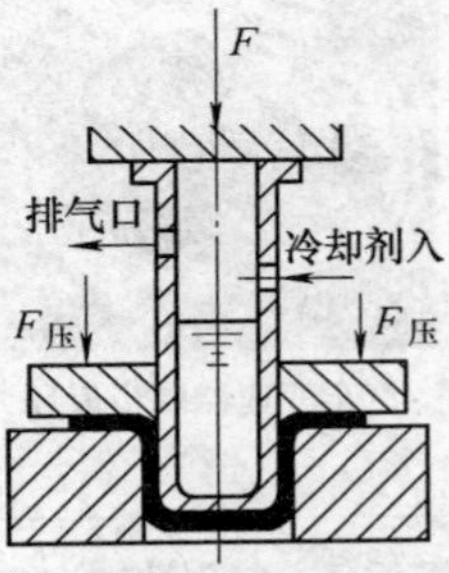

图4-217　深冷拉深

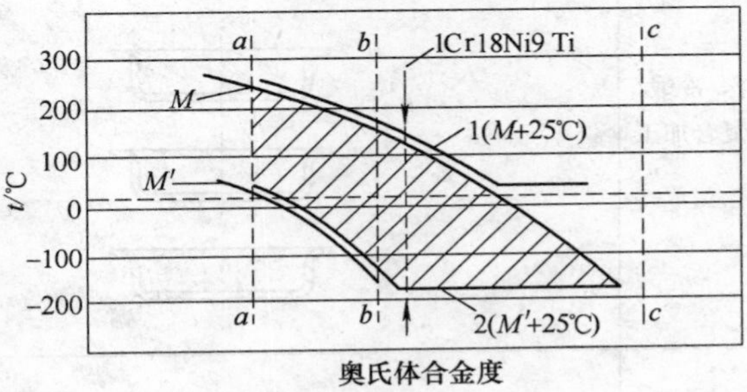

图4-218　M、M'点位置，毛坯凸缘的有利加热温度
1—危险断面的冷却温度
2—与奥氏体钢合金度的关系
M—塑性变形时，不产生奥氏体向马氏体转变的最低温度
M'—连续冷却时，不变形，而开始形成马氏体的温度

（三）Zn-Al系超塑性合金的差温拉深

Zn-Al系超塑合金板坯采用类似于图4-216所示的模具结构对凸缘部分加热（合理温度为150～250℃），凸模头部及凹模孔部用水冷却（20℃），借助温度差使变形区变形抗力降低和传力区承载能力提高，可大幅度提高一次拉深工序的拉深成形极限，极限拉深比（$LDR=D/d$）大于6，可得到很深的筒形件。

通常，一次拉深所得最大筒形件高径比h/d约为0.75，即深度和直径相等的筒形件不能一次拉深出来。但采用差温拉深法，拉深超塑性合金高径比可达$h/d=11$，实际上可能加工出15倍的深筒（圆筒）。

四、流动控制成形

流动控制成形（Flow Control Forming，FCF加工法）是一种将冲裁、拉深、弯曲、翻边等板料成形工序和冷锻、冷镦、冷挤压等体积成形工序相结合来完成某种零件的板料精密成形技术。这种工艺方法是20世纪90年代初由日本的中野隆志等人首先提出的，不仅在工艺方法上进行了大量研究和应用，而且研制了双点、立式肘杆运动方式的级进加工用冲床，这种冲床将板料用冲床和冷锻压力机结合起来成为适用于FCF加工法的新型冲压机械，它具有广阔的应用前景。FCF加工法的部分应用实例见表4-67及图4-219。

表 4-67　FCF 加工法的应用实例

复合工序名称	加工原理图	典型零件
冷挤压/翻边/压扁/冲裁复合加工法	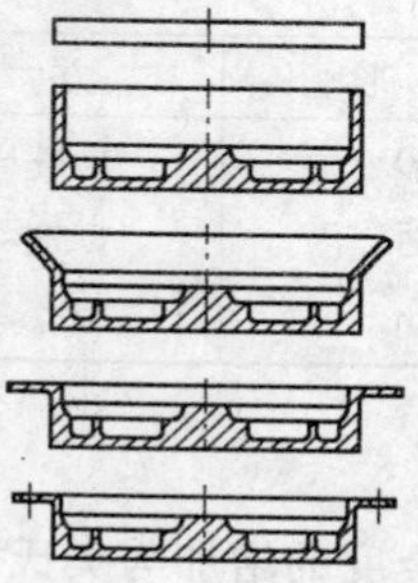	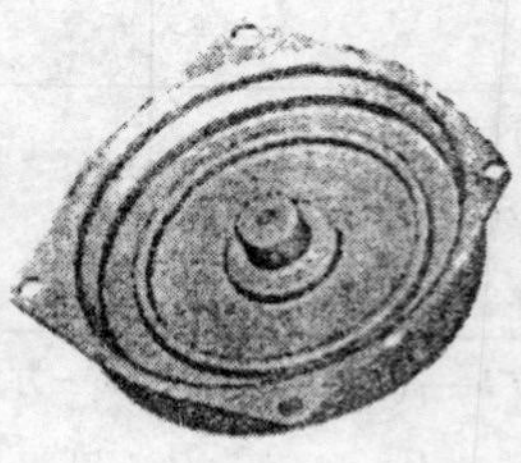 汽车安全气囊气体发生器零件
拉深/冷锻/冲裁复合加工法	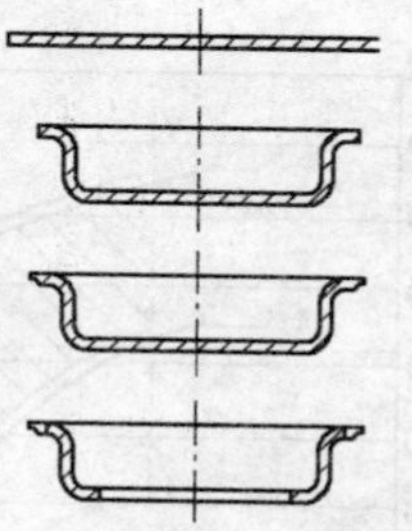	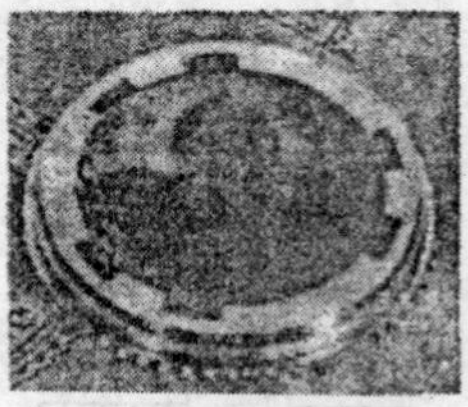 汽车变速器同步齿环
拉深/变薄成形/整形复合加工法	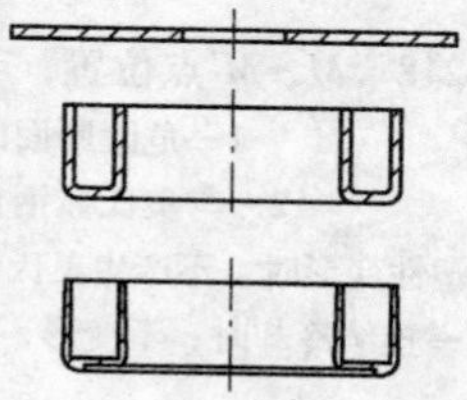	 电磁铁芯
拉深/正挤压复合加工法	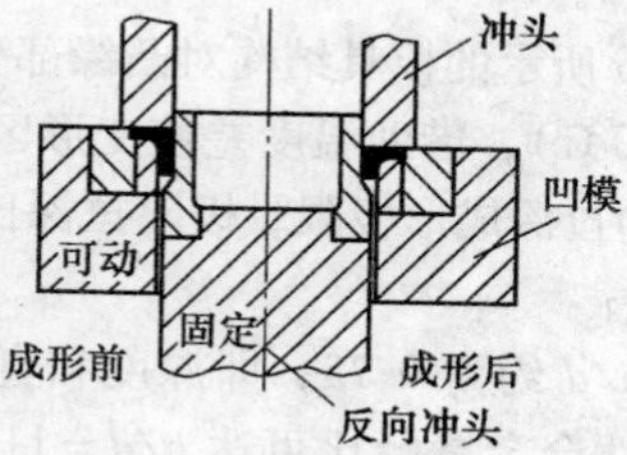	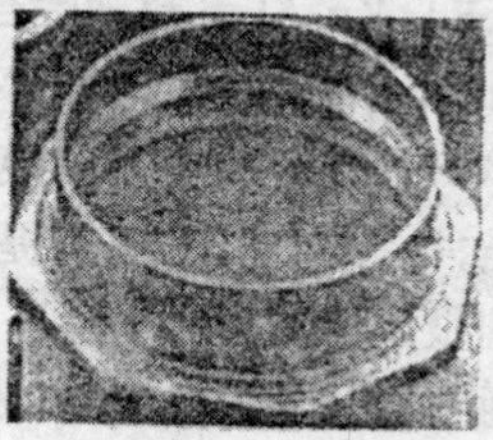 空心台阶法兰盖
翻边/正挤压复合加工法	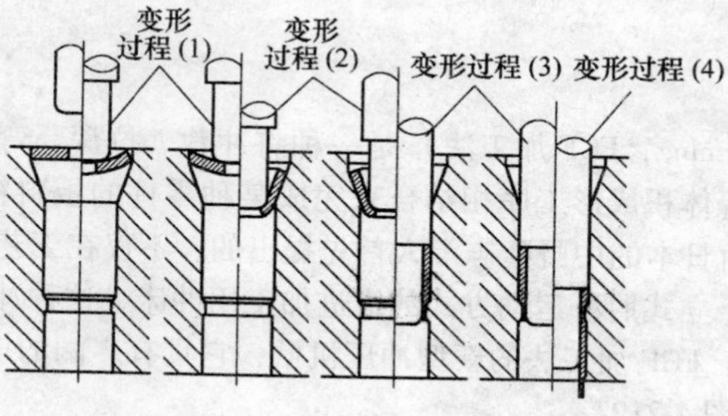	 空心法兰盘

（续）

复合工序名称	加工原理图	典型零件
冲孔/落料/连续镦挤复合加工法	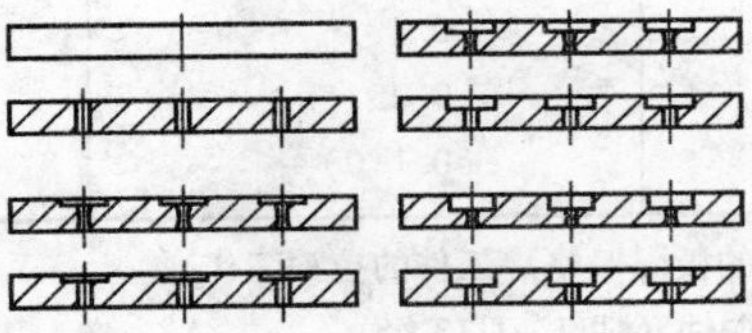	 扁平零件
精冲/浅拉深复合加工法	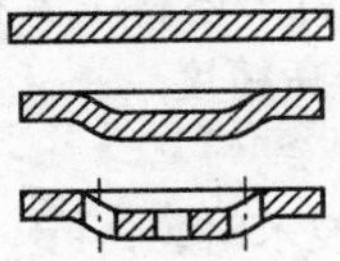	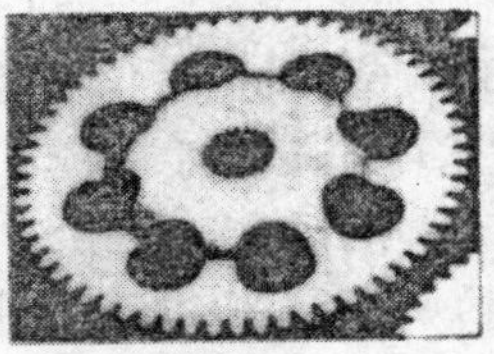 齿盘

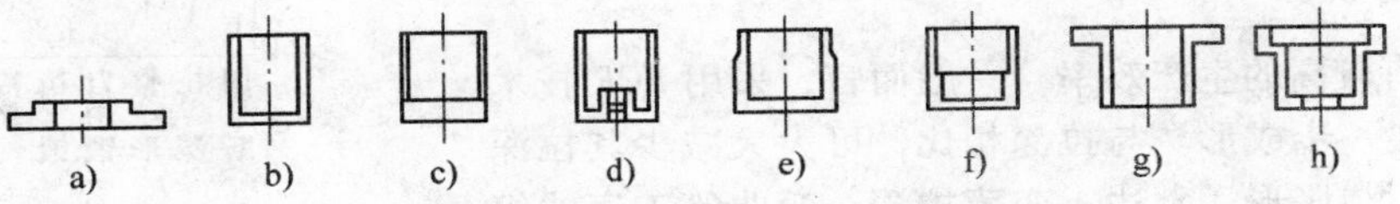

图 4-219 采用 FCF 加工的制品

a）带台阶的平面制品 b）底部为锐角的杯形制品 c）杯和底不等厚的杯形制品 d）底部带凹形或凸台的杯形制品 e）、f）壁部带有台阶的杯形制品 g）、h）各种形状的法兰制品

（一）流动控制成形技术的特点

（1）主要变形区及其应力应变状态 采用 FCF 技术，在同一副模具内要完成多种成形工序（表 4-67）。一般而言，在 FCF 成形过程中，整个坯料都要发生变形，各区域的变形是极不均匀的。根据其工序组合形式的不同，在整个变形过程中，不同变形区坯料所受的应力和应变状态也不相同。其中占主导地位的是：坯料在两向或三向压应力作用下，产生轴向伸长、周向和径向压缩变形。

（2）可加工复杂形状的制件 见表 4-68 和如图 4-219 所示，采用 FCF 技术可加工出壁与底不等厚，底部和壁部有凹、凸台阶的具有高附加值复杂形状的制件。

表 4-68 间隙系数 K

拉深工序数		材料厚度 t/mm		
		0.5～2	2～4	4～6
1	第一次	0.2(0)	0.1(0)	0.1(0)
2	第一次 第二次	0.3 0.1(0)	0.25 0.1(0)	0.2 0.1(0)
3	第一次 第二次 第三次	0.5 0.3 0.1(0)	0.4 0.25 0.1(0)	0.35 0.2 0.1(0)
4	第一、二次 第三次 第四次	0.5 0.3 0.1(0)	0.4 0.25 0.1(0)	0.35 0.2 0.1(0)

（续）

拉深工序数		材料厚度 t/mm		
		0.5～2	2～4	4～6
5	第一、二、三次 第四次 第五次	0.5 0.3 0.1(0)	0.4 0.25 0.1(0)	0.35 0.2 0.1(0)

注：1. 表中数值适用于一般精度（未注公差尺寸的极限偏差）工件的拉深工作。
2. 末道工序括弧内的数字，适用于较精密拉深件（IT11～IT13 级）。

（3）产品质量高　与变薄拉深和冷挤压类似，由于坯料主要在压应力作用下变形，故采用 FCF 技术可加工尺寸精确、表面光洁和组织细密的高精度制件。

（4）变形力适中　如图 4-220 所示，采用 FCF 技术时，制件和模具所受应力界于挤压和拉深之间，比冷挤压小得多，但比普通拉深要大些。一般而言，其所受应力小于 150MPa。

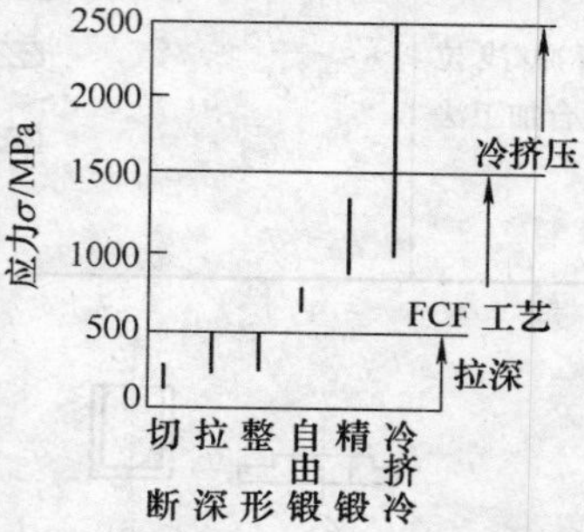

图 4-220　各种加工方法制件所受应力比较

（5）具有较高的生产效率　一般而言，采用 FCF 技术可由板料毛坯一步成形。与拉深相比，可大大减少其拉深道次。此外，与胀形、翻边、变薄拉深、弯曲等工序的组合也可减少成形的道次，提高生产的效率。

（二）流动控制成形对模具和毛坯材料的要求

FCF 技术的加工对象是板料，与冷挤压相比，断面缩减率较小，参与变形的材料和模具所受应力水平也不高。但是，一般来说，FCF 技术最终以冷挤压或冷锻方式实现板料的成形，模具所受应力较拉深要大得多。故 FCF 技术所采用的模具与冷挤压类似。从模具结构来看，要求模具具有好的刚性，凹模一般应设置预应力圈；从模具材料方面来看，为提高抗磨损和抗压能力，采用硬质合金或经 PVD、CVD 表面处理的工具钢为宜。

第十节　拉深模工作部分参数

一、拉深模的凸凹模间隙确定

1）拉深模的单边间隙：$c=\dfrac{d_{凹}-d_{凸}}{2}$

2）间隙值应合理选取，否则，c 过小会增加摩擦力，使拉深件容易破裂，且易擦伤表面，并降低模具寿命；c 过大，又易使拉深件起皱，且影响工件精度。

3）在确定间隙时，须考虑到毛坯在拉深中外缘的变厚现象，材料厚度偏差及拉深件的精度要求。

4）不用压边圈拉深时：

$$c=(1\sim1.1)t_{max}（末次拉深用小值，中间拉深用大值）$$

式中　t_{max}——板料厚度的最大极限尺寸（mm）。

5）用压边圈拉深时：

$$c=t_{max}+Kt$$

式中 t_{max}——板料厚度的最大极限尺寸（mm）；

t——板料厚度的基本尺寸（mm）；

K——系数，见表4-68。

材料厚度公差小或工件精度要求较高的，应取较小的间隙，按表4-69选取。

表4-69 有压边圈拉深时单边间隙值

总拉深次数	拉深工序	单边间隙 c	总拉深次数	拉深工序	单边间隙 c
1	一次拉深	$(1\sim1.1)t$	4	第一、二次拉深 第三次拉深 第四次拉深	$1.2t$ $1.1t$ $(1\sim1.05)t$
2	第一次拉深 第二次拉深	$1.1t$ $(1\sim1.05)t$			
3	第一次拉深 第二次拉深 第三次拉深	$1.2t$ $1.1t$ $(1\sim1.05)t$	5	第一、二、三次拉深 第四次拉深 第五次拉深	$1.2t$ $1.1t$ $(1\sim1.05)t$

注：1. t—材料厚度，取材料允许偏差的中间值。

2. 当拉深精密工件时，最末一次拉深间隙取 $c=t$。

6）对于拉深件精度要求达到IT11～IT13级者，其最后一次拉深工序的间隙值取为：

$$c=(1\sim0.95)t\text{（黑色金属取1，有色金属取0.95）}$$

式中 t——板料厚度的基本尺寸（mm）。

7）盒形件拉深模间隙

①低盒形件拉深模的间隙应根据拉深过程中毛坯各部分壁厚变化情况确定。

圆角部分间隙，根据工件尺寸的要求精度选择。

盒形件尺寸要求较高时：$c=(0.9\sim1.05)t$

盒形件尺寸要求不高时：$c=(1.1\sim1.3)t$

式中 c——单边间隙（mm）。

直边部分间隙比圆角部分小 $0.1t$ 左右，而且应从圆角到直边间隙由大到小均匀地过渡。

②高盒形件拉深模的间隙，前几道工序按圆筒形件多次拉深方法确定。最后一道拉深工序按低盒形拉深模间隙确定方法确定。

8）在多次拉深工序中，除最后一次拉深处，间隙的取向是没有规定的。

对于最后一次拉深工序：

1）尺寸标注在外径（或外形）的拉深件，以凹模为准，间隙取在凸模上，即减小凸模尺寸得到间隙。

2）尺寸标注在内径（或内形）的拉深件，以凸模为准，间隙取在凹模上，即增加凹模尺寸得到间隙。

二、拉深模工作部分尺寸的确定

1）确定凸模和凹模工作部分尺寸时，应考虑模具的磨损和拉深件的弹复，其尺寸公差只在最后一道工序考虑。

2）最后一道工序凸、凹模工作部分尺寸，应按拉深件尺寸标注方式的不同，由表4-70所列公式进行计算。

表 4-70　拉深模工作部分尺寸计算公式

尺寸标注方式	凹模尺寸 $D_{\text{凹}}$	凸模尺寸 $d_{\text{凸}}$
标注外形尺寸 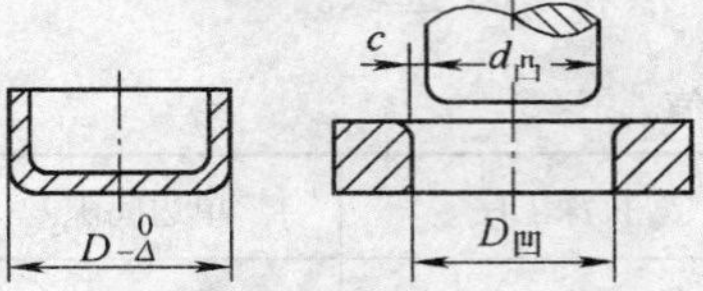	$D_{\text{凹}}=(D-0.75\Delta)^{+\delta_{\text{凹}}}_{0}$	$d_{\text{凸}}=(D-0.75\Delta-2c)^{0}_{-\delta_{\text{凸}}}$
标注内形尺寸 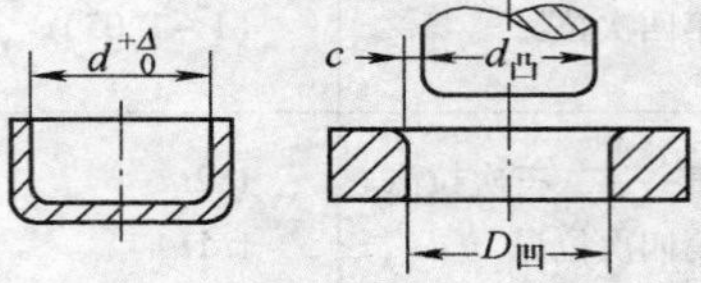	$D_{\text{凹}}=(d+0.4\Delta+2c)^{+\delta_{\text{凹}}}_{0}$	$d_{\text{凸}}=(d+0.4\Delta)^{0}_{-\delta_{\text{凸}}}$

表 4-70 中　$D_{\text{凹}}$——凹模尺寸（mm）；

$d_{\text{凸}}$——凸模尺寸（mm）；

D——拉深件外形的基本尺寸（mm）；

d——拉深件内形的基本尺寸（mm）；

c——凸、凹模的单边间隙（mm）；

$\delta_{\text{凹}}$——凹模的制造公式（mm）；

$\delta_{\text{凸}}$——凸模的制造公式（mm）。

3）凸、凹模的制造公差

①圆形凸、凹模的制造公差，根据工件的材料厚度与工件直径来选定，其数值列于表 4-71。

表 4-71　圆形拉深模凸、凹模的制造公差　（单位：mm）

材料厚度	工件直径的基本尺寸							
	~10		>10~50		>50~200		>200~500	
	$\delta_{\text{凹}}$	$\delta_{\text{凸}}$	$\delta_{\text{凹}}$	$\delta_{\text{凸}}$	$\delta_{\text{凹}}$	$\delta_{\text{凸}}$	$\delta_{\text{凹}}$	$\delta_{\text{凸}}$
0.25	0.015	0.010	0.02	0.010	0.03	0.015	0.03	0.015
0.35	0.020	0.010	0.03	0.020	0.04	0.020	0.04	0.025
0.50	0.030	0.015	0.04	0.030	0.05	0.030	0.05	0.035
0.80	0.040	0.025	0.06	0.035	0.06	0.040	0.06	0.040
1.00	0.045	0.030	0.07	0.040	0.08	0.050	0.08	0.060
1.20	0.055	0.040	0.08	0.050	0.09	0.060	0.10	0.070
1.50	0.065	0.050	0.09	0.060	0.10	0.070	0.12	0.080
2.00	0.080	0.055	0.11	0.070	0.12	0.080	0.14	0.090
2.50	0.095	0.060	0.13	0.085	0.15	0.100	0.17	0.120
3.50	—	—	0.15	0.100	0.18	0.120	0.20	0.140

注：1. 表列数值用于未精压的薄钢板。

2. 如用精压钢板，则凸模及凹模的制造公差，等于表列数值的 20%~25%。

3. 如用有色金属，则凸模及凹模的制造公差，等于表列数值的 50%。

②非圆形凸、凹模的制造公差可根据工件公差来选定。若拉深件的公差为 IT12、IT13 级以上者，凸、凹模制造公差采用 IT8、IT9 级精度；若拉深件的公差为 IT14 级以下者，则凸、凹模制造公差采用 IT10 级精度。但若采用配作时，只在凸模或凹模上标注公差，另一方则按间隙配作。如拉深件是标注外形尺寸时，则在凹模上标注公差；反之，标注内形尺寸时，则在凸模上标注公差。

4）对于需多次拉深成形的高盒形件，最初几道拉深工序所用模具工作部分形状与尺寸按圆筒形件多工序拉深方法确定。但是在 $n-1$ 道拉深工序后所得半成品的底面与盒形件底面尺寸相同，并用30°~45°斜面过渡到半成品的侧壁，如图 4-221 所示。$n-1$ 道工序的凸模做成与此相同的形状与尺寸。最后一道拉深工序的凹模与压边圈的工作部分也要做成与半成品尺寸相适应的斜面。对于 r/b、δ/r 较大的盒形件，$n-1$ 道拉深工序后所得半成品的底面与侧壁也可不用斜面过渡。

5）拉深凸模的出气孔尺寸（图 4-222）可查表 4-72。

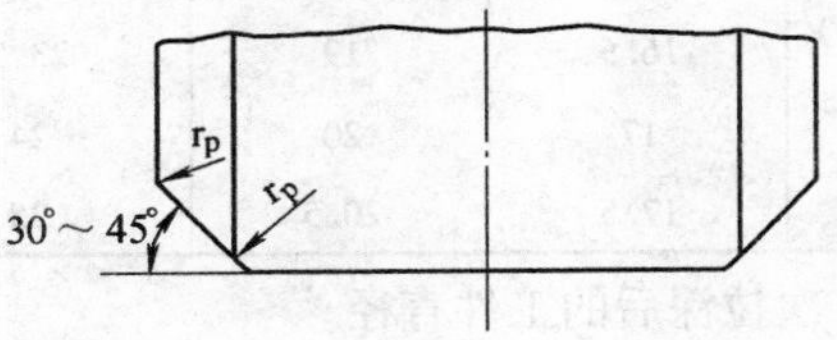

图 4-221 盒形件 $n-1$ 道拉深工序后半成品形状

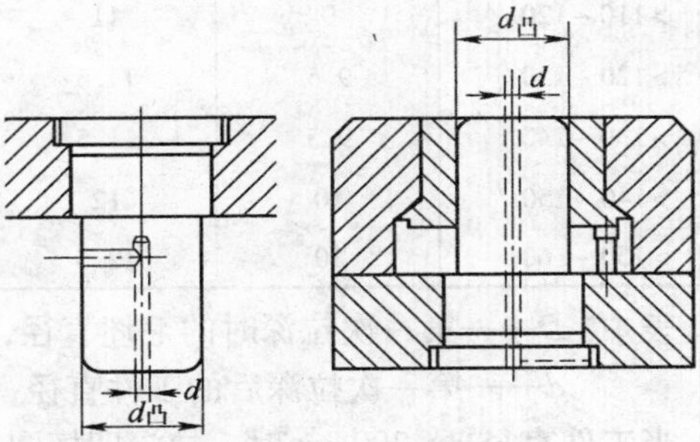

图 4-222 拉深凸模出气孔

表 4-72 拉深凸模出气孔尺寸 （单位：mm）

凸模直径 $d_凸$	~50	>50~100	>100~200	>200
出气孔直径 d	5	6.5	8	9.5

三、拉深凸模与凹模的圆角半径

（1）拉深凹模的圆角半径可按经验公式确定：

$$r_凹=0.8\sqrt{(D-d)t} \tag{4-97}$$

式中 $r_凹$——凹模圆角半径（mm）；

D——毛坯直径（mm）；

d——凹模内径（mm）；

t——材料厚度（mm）。

表 4-73 所列拉深凹模的圆角半径 $r_凹$ 的数值就是按上述公述公式的参数关系制定的。

表 4-73 拉深凹模的圆角半径 $r_凹$ 的数值 （单位：mm）

$D-d$ \ 材料厚度 t	~1	>1~1.5	>1.5~2	>2~3	>3~4	>4~6
~10	2.5	3.5	4	4.5	5.5	6.5
>10~20	4	4.5	5.5	6.5	7.5	9

（续）

材料厚度 t / $D-d$	~1	>1~1.5	>1.5~2	>2~3	>3~4	>4~6
>20~30	4.5	5.5	6.5	8	9	11
>30~40	5.5	6.5	7.5	9	10.5	12
>40~50	6	7	8	10	11.5	14
>50~60	6.5	8	9	11	12.5	15.5
>60~70	7	8.5	10	12	13.5	16.5
>70~80	7.5	9	10.5	12.5	14.5	18
>80~90	8	9.5	11	13.5	15.5	19
>90~100	8	10	11.5	14	16	20
>100~110	8.5	10.5	12	14.5	17	20.5
>110~120	9	11	12.5	15.5	18	21.5
>120~130	9.5	11.5	13	16	18.5	22.5
>130~140	9.5	11.5	13.5	16.5	19	23.5
>140~150	10	12	14	17	20	24
>150~160	10	12.5	14.5	17.5	20.5	25

表中：D——第一次拉深时的毛坯直径，或第 $n-1$ 次拉深后的工件直径。

d——第一次拉深后的工件直径，或第 n 次拉深后的工件直径。

当工件直径 $d>200$mm 时，拉深凹模圆角半径应按下式确定：

$$r_{凹\min}=0.039d+2 \tag{4-98}$$

（2）拉深凹模圆角半径也可以根据工件材料的种类与厚度来确定（表4-74）。一般对于钢的拉深件，$r_{凹}=10t$，对于有色金属（铝、黄铜、纯铜）的拉深件，$r_{凹}=5t$。

表4-74 拉深凹模的圆角半径 $r_{凹}$ 的数值

材料	厚度 t/mm	凹模圆角半径 $r_{凹}$	材料	厚度 t/mm	凹模圆角半径 $r_{凹}$
钢	<3	$(10\sim6)t$	铝、黄铜、纯铜	<3	$(8\sim5)t$
	3~6	$(6\sim4)t$		3~6	$(5\sim3)t$
	>6	$(4\sim2)t$		>6	$(3\sim1.5)t$

注：1. 对于第一次拉深和较薄的材料，应取表中的最大极限值。

2. 对于以后各次拉深和较厚的材料，应取表中的最小极限值。

（3）以后各次拉深时，$r_{凹}$ 值应逐渐减小，其关系为：

$$r_{凹n}=(0.6\sim0.9)r_{凹(n-1)} \tag{4-99}$$

（4）拉深凸模的圆角半径根据下述规定来选取：

1）除最后一次拉深工序外，其他所有各次拉深工序中，凸模圆角半径 $r_{凸}$ 取与凹模圆角半径相等或略小的数值：

$$r_{凸}=(0.6\sim1)r_{凹} \tag{4-100}$$

2）在最后一次拉深工序中，凸模圆角半径应与工件的圆角半径相等。但对于厚度 <6mm 的材料，其数值不得小于（2~3）t。对于厚度 >6mm 的材料，其值不得小于（1.5~2）t。

3）如果工件要求的圆角半径很小，则在最后一次拉深工序以后，须进行整形。

(5) 有压边圈的拉深模，相邻两次拉深工序的凸模和凹模圆角半径的相互关系见图 4-223。

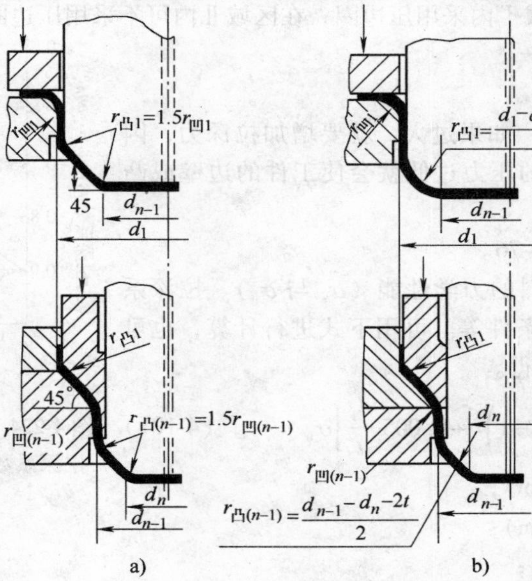

图 4-223　凸模与凹模圆角半径的相互关系

有斜角的凸模及凹模（图 4-223a），一般用来拉深中型及大型尺寸的筒形件。对于非圆形工件，$n-1$ 次底部做成斜角，将有利于成形。对于有斜角的凸模，其圆角半径应增大到 $r_{凸}=(1.5\sim2)r_{凹}$。

有圆角半径的凸模及凹模（图 4-223b），则用于拉深比较小（$d\leqslant100$mm）的零件及带宽凸缘与形状复杂的零件。

(6) 一般在冲模设计时，取较小的 $r_{凹}$ 及 $r_{凸}$ 数值，在冲模试冲调整时，根据实际情况再适当修磨加大，直到合适为止。

第十一节　压边圈的采用条件及其类型

一、采用压边圈的条件

为了防止在拉深过程中工件的边壁或凸缘起皱，应使毛坯（或半成品）被拉入凹模圆角以前，保持稳定状态，其稳定程度主要取决于毛坯的相对厚度 $\frac{t}{D}\times100$，或以后各次拉深半成品的相对厚度 $\frac{t}{d_{n-1}}\times100$。拉深时采用压边圈的条件见表 4-75。

表 4-75　采用或不采用压边圈的条件

拉深方法	第一次拉深		以后各次拉深	
	$\frac{t}{D}\times100$	m_1	$\frac{t}{d_{n-1}}\times100$	m_n
用压边圈	<1.5	<0.6	<1	<0.8
可用可不用	1.5~2.0	0.6	1~1.5	0.8
不用压边圈	>2.0	>0.6	>1.5	>0.8

为了作出更准确的估计，还应考虑拉深系数的大小，因此，根据图4-224来确定是否采用压边圈更符合实际情况，在区域Ⅰ内采用压边圈；在区域Ⅱ内可不采用压边圈。

二、压边力的计算

压边圈的压力必须适当，如果过大，就要增加拉深力，因而会使工件拉裂，而压边圈的压力过低就会使工件的边壁或凸缘起皱。

压边力的计算公式见表4-76。

单位压边力 p 决定于材料的力学性能（σ_s 与 σ_b）、拉深系数、毛坯的相对厚度及润滑条件等。可用下式进行计算，也可直接由表4-77或表4-78中查得。

$$p=0.25\left[\left(\frac{D}{d_1}-1\right)^2+0.005\frac{d_1}{t}\right]\sigma_b \quad (4\text{-}101)$$

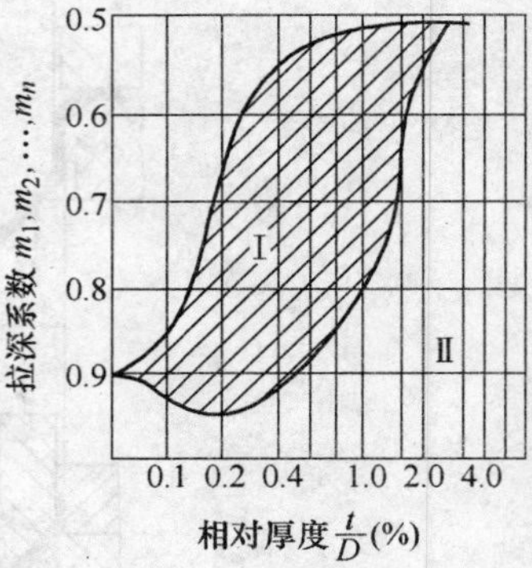

图4-224 根据毛坯相对厚度和拉深系数确定是否采用压边圈

式中 D——平毛坯直径（mm）；

d_1——拉深件直径（mm）；

t——材料厚度（mm）；

σ_b——材料抗拉强度（MPa）。

表4-76 压边力的计算公式

拉深情况	公式
拉深任何形状的工件	$F=Ap$
筒形件第一次拉深(用平毛坯)	$F=\frac{\pi}{4}[D^2-(d_1+2r_凹)^2]p$
筒形件以后各次拉深(用筒形毛坯)	$F=\frac{\pi}{4}[d_{n-1}^2-(d_n+2r_凹)^2]p$

注：A—压边圈的面积；p—单位压边力；D—平毛坯直径；d_1，…，d_n—拉深件直径；$r_凹$—凹模圆角半径。

表4-77 在单动压床上拉深时单位压边力的数值

材料	单位压边力 p/MPa	材料	单位压边力 p/MPa
铝	0.8~1.2	20钢、08钢、镀锡钢板	2.5~3
纯铜、硬铝(退火的或刚淬好火的)	1.2~1.8	软化状态的耐热钢	2.8~3.5
黄铜	1.5~2	高合金钢、高锰钢、不锈钢	3~4.5
压轧青铜	2~2.5		

表4-78 在双动压床上拉深时单位压边力的数值

工件复杂程度	单位压边力 p/MPa
难加工件	3.7
普通加工件	3
易加工件	2.5

三、压边装置的类型

1. 刚性压边装置

即在双动压床上利用外滑块压边。这种压边的特点是压边力不随压床行程变化，拉深效果较好，且模具结构简单。双动压床用拉深模刚性压边原理如图 4-225 所示，拉深凸模固定在压床的内滑块上，压边圈固定在外滑块上。在每次压床行程开始时，外滑块首先带动压边圈下降，压在毛坯外边缘上并在此位置停止不动，随后内滑块带动凸模下降并开始进行拉深变形。当冲压过程结束后，紧跟着内滑块回升，外滑块也带着压边圈回复到最上位置。这时工作台下的顶出装置将零件由模具内顶出。有时也利用外滑块完成拉深前的落料工作（图 4-225）。

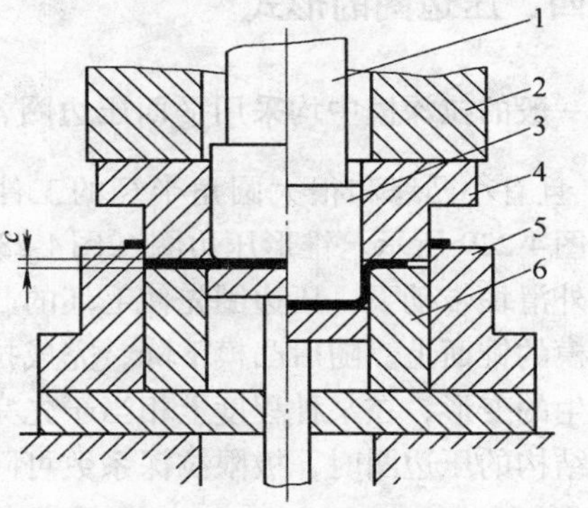

图 4-225 双动压床用拉深模刚性压边原理

1—内滑块 2—外滑块 3—拉深凸模 4—落料凸模兼压边圈 5—落料凹模 6—拉深凹模

刚性压边圈的压边作用是通过调整压边圈与凹模平面之间的间隙 c 获得的。考虑到毛坯凸缘在拉深过程中的增厚现象，在调整模具时都使间隙 c 稍大于料厚（图 4-225），一般取 $c=(1.03\sim1.07)t$。

2. 弹性压边装置

弹性压边装置用于一般的单动压床。特点是压边力要随压床行程而变化。弹性压边有气垫、弹簧垫、橡皮垫三种方式（图 4-226）。气垫装在压床工作台下；弹簧垫和橡皮垫一般装在冲模上，有时作为通用缓冲器也可装在压床工作台下。这三种压边装置所产生的压边力和行程的关系如图 4-227 所示。图中表示：气垫的压边力随行程变化很小，可以认为是不变的，因此，压边效果较好。弹簧垫和橡皮垫的压边力随行程增大而升高，故对拉深不利。但是气垫结构比较复杂，制造不易，并须使用压缩空气，小厂往往不具备这些条件。对于中、小厂的一般压床，采用弹簧垫和橡皮垫是很方便的。

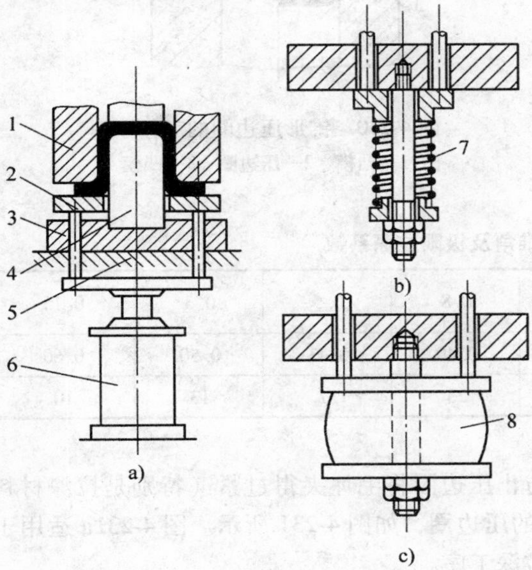

图 4-226 弹性压边的方式

a）气垫 b）弹簧垫 c）橡皮垫

1、4—凹模 2—压边圈 3—下模板

5—压床工作台 6—气缸

7—弹簧 8—橡皮

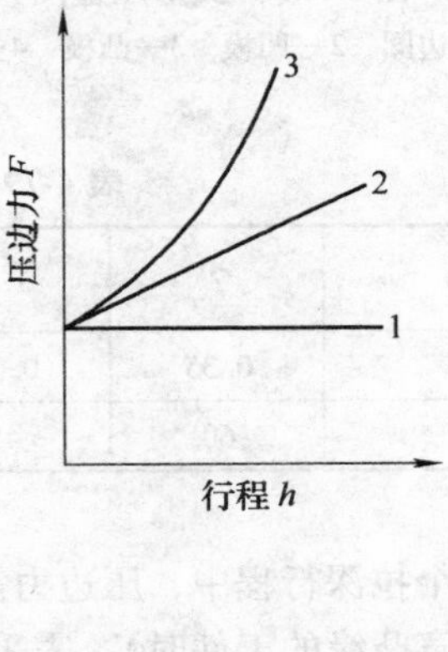

图 4-227 压边力和行程的关系

1—气垫 2—弹簧垫 3—橡皮垫

四、压边圈的形式

一般的拉深模中均采用平面压边圈，如图 4-228 所示。第一次拉深相对厚度$\left(\frac{t}{D}\times 100\right)$小于 0.3，且有小凸缘和很大圆角半径的工件时，应采用带弧形的压边圈如图 4-229 所示。锥形压边圈（图 4-230）的工作原理：在双动压床的外滑块带动下，压边圈先使毛坯的凸缘部分成为锥形，并压紧在凹模的锥面上。随后凸模下降，完成拉深工作。锥形压边圈使毛坯产生的变形，在某种程度上相当于先完成一道拉深工序，因此用这种结构的压边圈时，极限拉深系数可降低到很小的数值，甚至能达到 0.35。

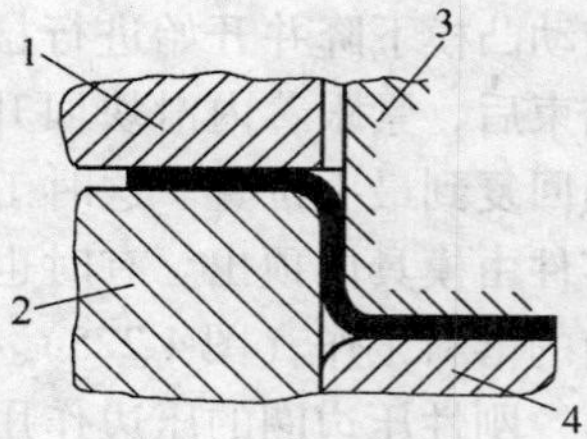

图 4-228　平面压边圈

1—压边圈　2—凹模　3—凸模　4—顶板

锥形压边圈的有利作用决定于锥面 α（图 4-230）的大小，α 越大其作用越显著。但是，当毛坯的相对厚度较小时，如用过大的 α 角，在压边圈使毛坯外缘成形的过程中，可能引起起皱现象。所以在厚度很薄的零件成形时，锥形压边圈的作用并不十分明显。表 4-79 中给出了 α 的数值和可能达到的极限拉深系数，在实际生产中应用时，要采用稍大于表中的数值。

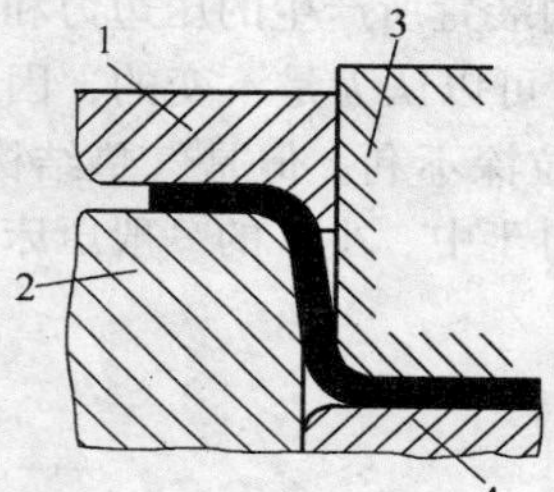

图 4-229　弧形压边圈

1—压边圈　2—凹模　3—凸模　4—顶板

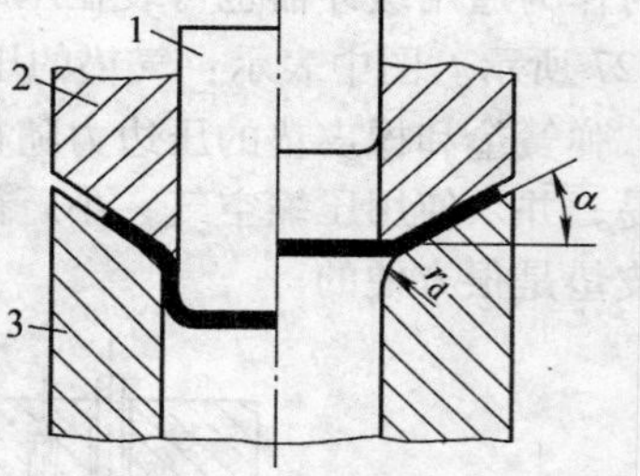

图 4-230　锥形压边圈的工作原理

1—凸模　2—压边圈　3—凹模

表 4-79　锥形压边圈的锥角及极限拉深系数

$\frac{t}{D}$(%)	2	1.5	1	0.8	0.5	0.3	0.15
$[m_1]$	0.35	0.36	0.38	0.40	0.43	0.50	0.60
$\alpha_1^{(\circ)}$	60	45	30	23	17	13	10

若在整个拉深行程中，压边力需保持均衡和防止压边圈将毛坯夹得过紧（特别是拉深材料较薄且有较宽凸缘的工件时），需采用带限位装置的压边圈，如图 4-231 所示。图 4-231a 适用于第一次拉深工序，图 4-231b 适用于第二次以后的拉深工序。

安装在凹模或压边圈上的支柱、垫板、垫环都可作为限制距离的装置。限制距离 s 的大小，根据工件的形状及材料的不同，取为：

拉深带凸缘的工件时：　$s=t+(0.05\sim0.1)$

拉深铝合金工件时：　$s=1.1t$

拉深钢制工件时：　$s=1.2t$

拉深带宽凸缘的工件时，压边圈与毛坯的接触面积要减小，常采用的压边方法有两种，如图 4-232 所示。

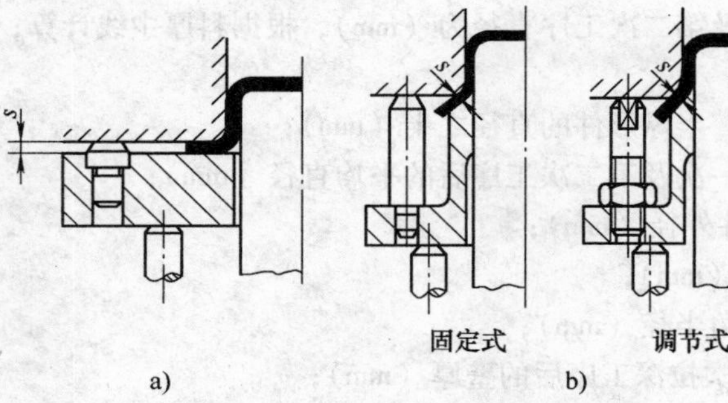

图 4-231　带限位装置的压边圈

a）第一次拉深　b）第二次以后拉深

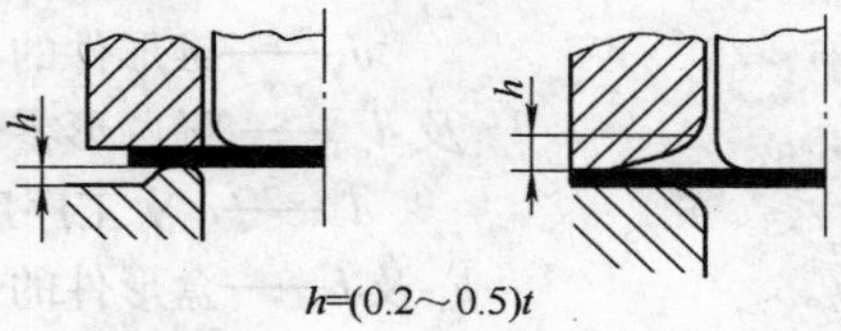

图 4-232　局部压边的压边圈

对凸缘特别小或半球形的工件，拉深时需加大拉应力，这时可采用带拉深筋的压边圈。拉深筋可沿凹模整个周边封闭或局部设置。拉深筋的结构形式和尺寸见图 4-152 及表 4-53。

第十二节　拉深力和拉深功的计算

一、拉深力

拉深力是确定拉深件成形时所需压床吨位的重要依据。为了简便地计算拉深力，可采用表 4-80 所推荐的实用公式。

表 4-80　计算拉深力的实用公式

拉深件形式	拉深工序	公　式	查系数 k 的表格编号
无凸缘的筒形零件	第 1 次 第 2 次及以后各次	$F=\pi d_1 t\sigma_b k_1$ $F=\pi d_2 t\sigma_b k_2$	表 4-81 表 4-82
宽凸缘的筒形零件	第 1 次	$F=\pi d_1 t\sigma_b k_3$	表 4-83
带凸缘的锥形及球形件	第 1 次	$F=\pi d_k t\sigma_b k_3$	表 4-83
椭圆形盒形件	第 1 次 第 2 次及以后各次	$F=\pi d_{cp1} t\sigma_b k_1$ $F=\pi d_{cp2} t\sigma_b k_2$	表 4-81 表 4-82
低的矩形盒（一次工序拉深）	—	$F=(2b_1+2b-1.72r)t\sigma_b k_4$	表 4-84
高的方形盒（多工序拉深）	第 1 次及 2 次以后各次	与筒形件同 $F=(4b-1.72r)t\sigma_b k_5$	表 4-81、表 4-82、表 4-85
高的矩形盒（多工序拉深）	第 1 次及 2 次以后各次	与椭圆盒形件同 $F=(2b_1+2b-1.72r)t\sigma_b k_5$	表 4-81、表 4-82、表 4-85
任意形状的拉深件	—	$F=Lt\sigma_b k_6$	表 4-86
变薄拉深（圆筒形零件）	—	$F=\pi d_n(t_{n-1}-t_n)\sigma_b k_7$	—

表中公式符号：

F——拉深力（N）；

d_1 及 d_2——筒形件的第一次及第二次工序直径为（mm），根据料厚中线计算；

t——材料厚度（mm）；

d_k——锥形件的小直径，半球形件的直径之半（mm）；

d_{cp1} 及 d_{cp2}——椭圆形零件的第一次及第二次工序后的平均直径（mm）；

d_n——n 次工序后的零件外径（mm）；

b_1 及 b——盒形件的长与宽（mm）；

r——盒形件的角部圆角半径（mm）；

t_{n-1} 及 t_n——（$n-1$）次及 n 次拉深工序后的壁厚（mm）；

σ_b——材料抗拉强度（MPa）；

L——凸模周边长度（mm）；

k_1、k_2、k_3、k_4、k_5、k_6——系数，分别由表 4-81、表 4-82、表 4-83、表 4-84、表 4-85、表 4-86 查得；

k_7——系数，黄铜为 1.6 ~ 1.8，钢为 1.8 ~ 2.25。

表 4-81　筒形件第一次拉深时的系数 k_1 值（08 ~ 15 钢）

相对厚度 $\frac{t}{D}\times100$	第一次拉深系数 m_1									
	0.45	0.48	0.50	0.52	0.55	0.60	0.65	0.70	0.75	0.80
5.0	0.95	0.85	0.75	0.65	0.60	0.50	0.43	0.35	0.28	0.20
2.0	1.10	1.00	0.90	0.80	0.75	0.60	0.50	0.42	0.35	0.25
1.2		1.10	1.00	0.90	0.80	0.68	0.56	0.47	0.37	0.30
0.8			1.10	1.00	0.90	0.75	0.60	0.50	0.40	0.33
0.5				1.10	1.00	0.82	0.67	0.55	0.45	0.36
0.2					1.10	0.90	0.75	0.60	0.50	0.40
0.1						1.10	0.90	0.75	0.60	0.50

注：1. 当凸模圆角半径 $r_凸=(4\sim6)t$ 时，系数 k_1 应按表中数值增加 5%。

2. 对于其他材料，根据材料塑性的变化，对查得值作修正（随塑性减低而增大）。

表 4-82　筒形件第二次拉深时的系数 k_2 值（08 ~ 15 钢）

相对厚度 $\frac{t}{D}\times100$	第二次拉深系数 m_2									
	0.7	0.72	0.75	0.78	0.80	0.82	0.85	0.88	0.90	0.92
5.0	0.85	0.70	0.60	0.50	0.42	0.32	0.28	0.20	0.15	0.12
2.0	1.10	0.90	0.75	0.60	0.52	0.42	0.32	0.25	0.20	0.14
1.2		1.10	0.90	0.75	0.62	0.52	0.42	0.30	0.25	0.16
0.8			1.00	0.82	0.70	0.57	0.46	0.35	0.27	0.18
0.5			1.10	0.90	0.76	0.63	0.50	0.40	0.30	0.20
0.2				1.00	0.85	0.70	0.56	0.44	0.33	0.23
0.1				1.10	1.00	0.82	0.68	0.55	0.40	0.30

注：1. 当凸模圆角半径 $r_凸=(4\sim6)t$，表中 k_2 值应加大 5%。

2. 对于第 3、4、5 次拉深的系数 k_2，由同一表格查出其相应的 m_n 及 $\frac{t}{D}\times100$ 的数值，但需根据是否有中间退火工序而取表中较大或较小的数值：

无中间退火时——k_2 取较大值（靠近下面的一个数值）

有中间退火时——k_2 取较小值（靠近上面的一个数值）

3. 对于其他材料，根据材料塑性的变化，对查得值作修正（随塑性减低而增大）。

表 4-83　宽凸缘筒形件第一次拉深时的系数 k_3 值（08～15 钢）

$$\left(用于\frac{t}{D}\times 100 = 0.6\sim 2\right)$$

凸缘相对直径 $\frac{d_凸}{d_1}$	第一次拉深系数 m_1										
	0.35	0.38	0.40	0.42	0.45	0.50	0.55	0.60	0.65	0.70	0.75
3.0	1.0	0.9	0.83	0.75	0.68	0.56	0.45	0.37	0.30	0.23	0.18
2.8	1.1	1.0	0.9	0.83	0.75	0.62	0.50	0.42	0.34	0.26	0.20
2.5		1.1	1.0	0.9	0.82	0.70	0.56	0.46	0.37	0.30	0.22
2.2			1.1	1.0	0.90	0.77	0.64	0.52	0.42	0.33	0.25
2.0				1.1	1.0	0.85	0.70	0.58	0.47	0.37	0.28
1.8					1.1	0.95	0.80	0.65	0.53	0.43	0.33
1.5						1.10	0.90	0.75	0.62	0.50	0.40
1.3							1.0	0.85	0.70	0.56	0.45

注：1. 这些系数也可用于带凸缘的锥形及半球形零件在无拉深筋模具上的拉深。当采用拉深筋时，k_3 值应增大 10%～20%。

2. 对于其他材料，根据材料塑性的变化，对查得值作修正（随塑性减低而增大）。

表 4-84　由一次拉深成的低矩形件的系数 k_4 值（08～15 钢）

毛坯相对厚度 $\frac{t}{D}$(%)				角部相对圆角半径 $\frac{r}{B}$				
2～1.5	1.5～1.0	1.0～0.6	0.6～0.3	0.3	0.2	0.15	0.10	0.05
盒形件相对高度 $\frac{h}{b}$				系数 k_4 值				
1.0	0.95	0.9	0.85	0.7	—	—	—	—
0.90	0.85	0.76	0.70	0.6	0.7	—	—	—
0.75	0.70	0.65	0.60	0.5	0.6	0.7	—	—
0.60	0.55	0.50	0.45	0.4	0.5	0.6	0.7	—
0.40	0.35	0.30	0.25	0.3	0.4	0.5	0.6	0.7

注：对于其他材料，根据材料塑性的变化，对查得值作修正（随塑性减低而增大）。

表 4-85　由空心的筒形或椭圆形毛坯拉深高盒形件最后工序的系数 k_5 值（08～15 钢）

毛坯相对厚度(%)			角部相对圆角半径 $\frac{r}{b}$				
$\frac{t}{D}$	$\frac{t}{d_1}$	$\frac{t}{d_2}$	0.3	0.2	0.15	0.1	0.05
			系数 k_5 值				
2.0	4.0	5.5	0.40	0.50	0.60	0.70	0.80
1.2	2.5	3.0	0.50	0.60	0.75	0.80	1.0
0.8	1.5	2.0	0.55	0.65	0.80	0.90	1.1
0.5	0.9	1.1	0.60	0.75	0.90	1.0	—

注：1. 对于矩形盒，d_1、d_2 为第 1 及第 2 道工序椭圆形毛坯的小直径。对于方形盒，d_1、d_2 为第 1 及第 2 道工序圆筒毛坯直径。

2. 对于其他材料，须视材料塑性好或差（与 08、15 号钢相比较），查得的 k_5 值再作或小或大的修正。

表 4-86

制件复杂程度	难加工件	普通加工件	易加工件
k_6 值	0.9	0.8	0.7

二、压床吨位的选择

对于单动压床：　$F > F_{拉} + F_{压}$

对于双动压床：　$F_1 > F_{拉}$　　$F_2 > F_{压}$

式中　F——压床的公称压力；

F_1——内滑块公称压力；

F_2——外滑块公称压力；

$F_{拉}$——拉深力；

$F_{压}$——压边力。

三、拉深功

拉深功也是选择压床的重要依据之一，压床的压力负荷是受曲轴或传动齿轮的强度限制的，而功率负荷是受飞轮的动能，电动机的功率或其允许的过载程度限制的。因此在选择压床时，压力大小及功的大小应综合考虑。

由于拉深力不是常数，而是随凸模的工作行程改变的，如图 4-233 所示。为了计算实际的拉深功（即曲线下的面积），不能用最大拉深力 F_{max}，而应该用其平均值 $F_{平均}$ 乘以拉深深度 h。

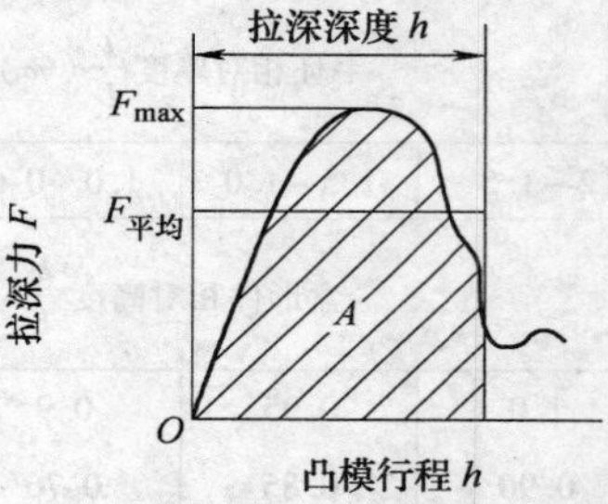

图 4-233　拉深力—行程图

拉深功的计算公式如下：

1）不变薄拉深：

$$A = F_{平均} h \times 10^{-3} = cF_{max} h \times 10^{-3} \quad (4\text{-}102)$$

式中　A——拉深功（J）；

F_{max}——最大拉深力（N）；

h——拉深深度（mm）；

c——系数，查表 4-87。

表 4-87　系数 c 与拉深系数的关系

拉深系数 m	0.55	0.60	0.65	0.70	0.75	0.80
系数 c	0.8	0.77	0.74	0.70	0.67	0.64

2）变薄拉深：

$$A = Fh \times 1.2 \times 10^{-3} \quad (4\text{-}103)$$

式中　F——变薄拉深力（N），按表 4-80 中所列最后一项公式计算，由于变薄拉深力在凸模工作行程中近似不变，故可视作平均值；

h——拉深深度（mm）；

1.2——安全系数，考虑由于变薄拉深中摩擦所增加的能量消耗。

压力机的电动机功率按下式计算：

$$N = \frac{KAn}{60 \times 750 \times \eta_1 \times \eta_2 \times 1.36} \tag{4-104}$$

式中 N——压力机电动机功率（kW）；

K——不平衡系数，$K = 1.2 \sim 1.4$；

A——拉深功（J）；

η_1——压力机效率，$\eta_1 = 0.6 \sim 0.8$；

η_2——电动机效率，$\eta_2 = 0.9 \sim 0.95$；

n——压力机每分钟的行程次数；

1.36——由马力转换成千瓦的转换系数。

第十三节 典型零件拉深工序安排实例

拉深工序安排的一般规则：

1）在大批量生产中，在凹、凸模模壁强度允许的条件下，就采用落料、拉深复合工艺，如图4-234、图4-235所示。

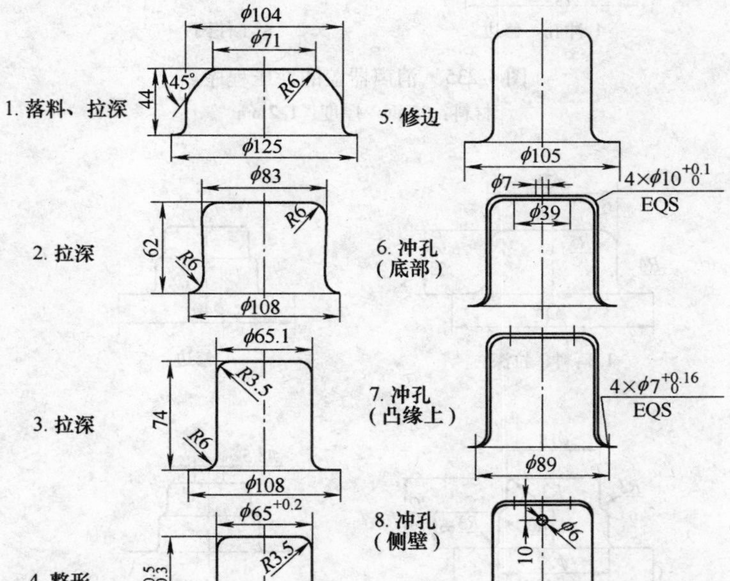

图4-234 电线插座外壳的冲压程序

2）除底部孔有可能采用落料、拉深复合冲压工艺外，凸缘部分及侧壁部分的孔、槽均需在拉深工序完成后再冲出，如图4-234、图4-235所示。

3）当拉深件的尺寸精度要求高或带有小的圆角半径时，须增加整形工序，如图4-234、图4-242所示。

4）修边工序一般安排在整形工序之后，如图4-234、图4-236所示。

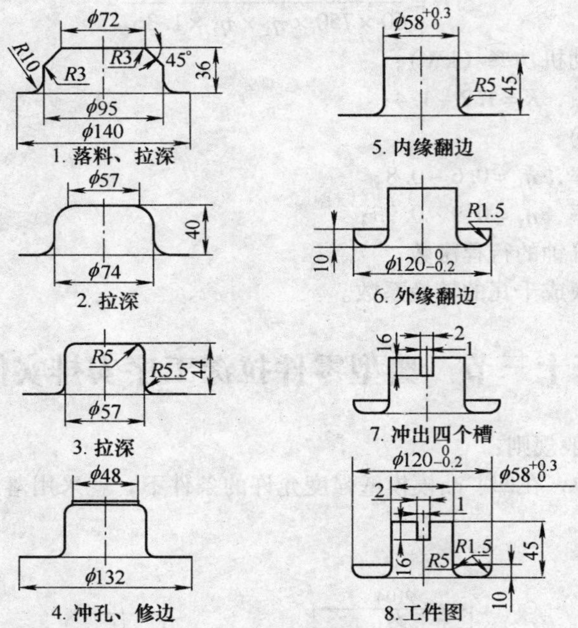

图 4-235　消声器盖的冲压程序

材料：08 钢　厚度：1.2mm

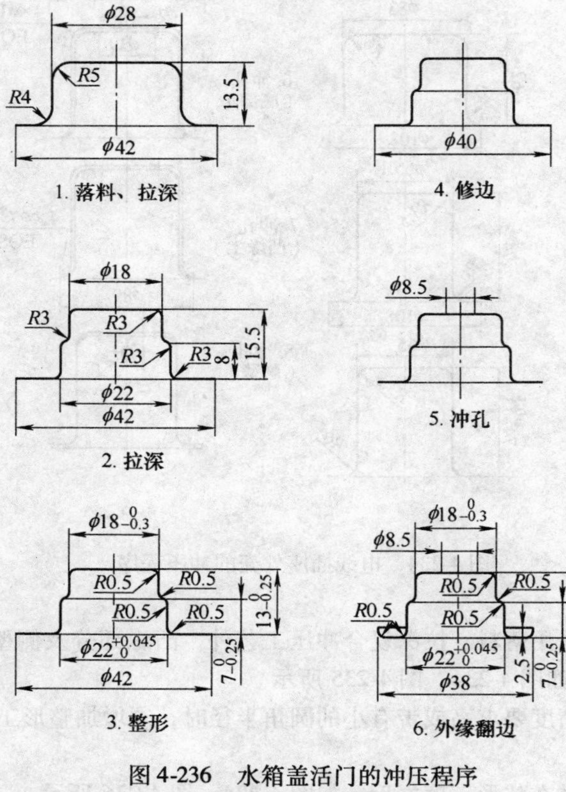

图 4-236　水箱盖活门的冲压程序

材料：黄铜 H62　厚度：1mm

5）修边冲孔常可复合完成，如图4-235、图4-241所示。

6）窄凸缘零件应先拉成圆筒形，然后形成锥形凸缘，最后经校平获得平凸缘，如图4-237所示。

7）宽凸缘零件应先按零件要求的尺寸拉出凸缘直径，并在以后拉深工序中保持凸缘直径不变，如图4-236、图4-238所示。

8）双壁空心零件采用反拉深法能获得良好效果，如图4-239所示。

9）制造抛物线形的零件，为了有效地防止内皱，常采用反拉深法，如图4-91所示。这类零件如用液压拉深法，只用一道或两道工序即可完成。

10）反拉深能增加径向拉应力，可有效防止起皱；且反拉深减少了毛坯侧壁的反复拉深次数，使材料的加工硬化程度比正拉深小，故常用于具有复杂内部形状零件的拉深成形（如图4-242）。

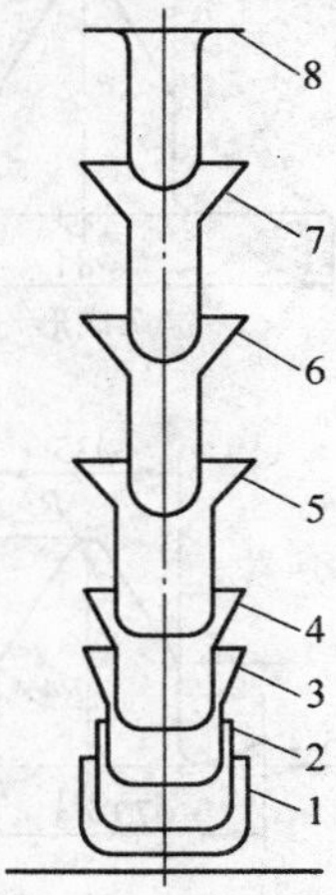

图4-237　窄凸缘筒形件的拉深程序

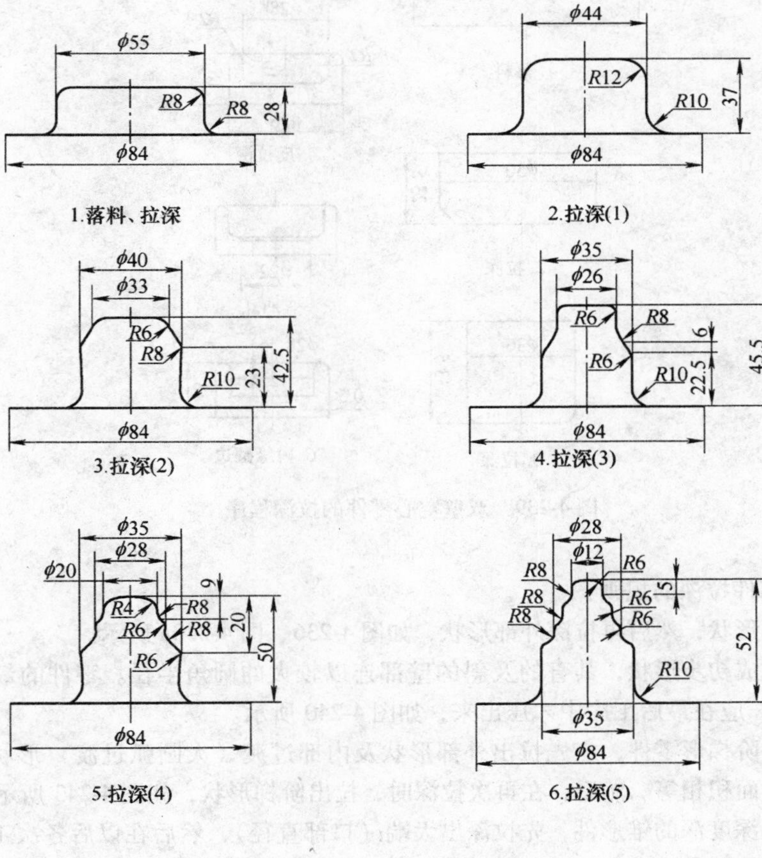

图4-238　空气调节器零件B的拉深程序

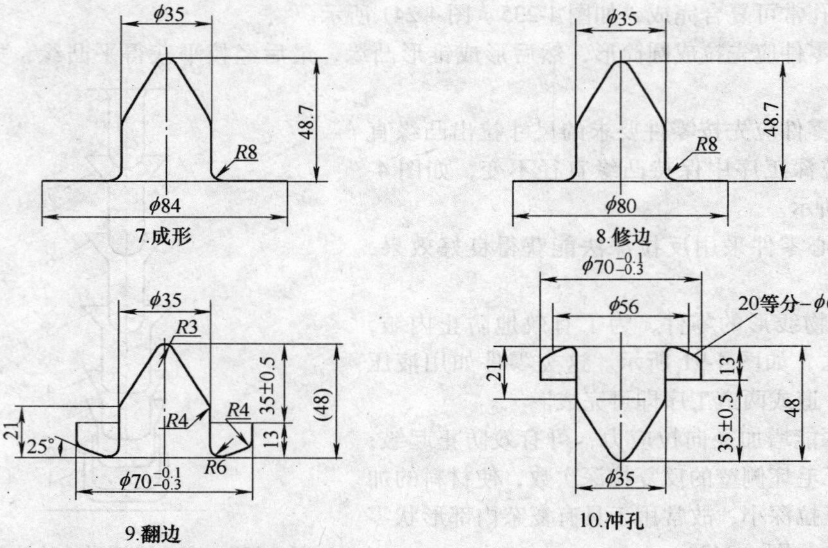

图 4-238　空气调节器零件 B 的拉深程序（续）

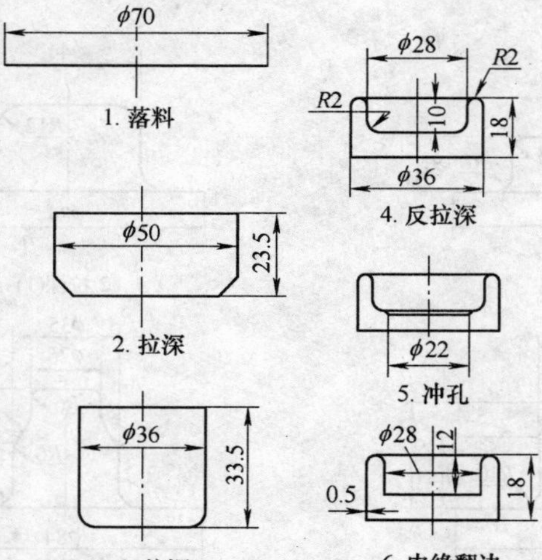

图 4-239　双壁空心零件的拉深程序

11）阶梯形零件拉深的规则：

①先拉深内部形状，然后再拉深外部形状，如图 4-236、图 4-240a 所示。

②先将零件拉成初步形状，其直的及斜的壁部连以较大的圆角半径。零件的最后形状（角部、凸出部分等），应在最后工序中才压出来，如图 4-240 所示。

③对宽凸缘的阶梯形零件，应先拉出外部形状及内部过渡（大圆弧过渡）形状，并使过渡部分与阶梯部分的面积相等。然后，在再次拉深时，拉出阶梯形状，如图 4-243 所示。

12）锥度大、深度深的锥形件，先拉深出大端（口部直径），然后在以后各次工序中将所有比零件大出的部分拉深成锥形表面，如图 4-241 所示。

13）头部带凹形的圆筒形件，当凹部深时，可先拉深出外形，再用宽凸缘成形法成形凹部，如图 4-244 所示。

14）复杂形状零件，一般是先拉深内部形状，然后再拉出外部形状，如图4-244、图4-245、图4-246所示。

15）多次拉深加工硬化严重的材料时，必须进行中间退火。

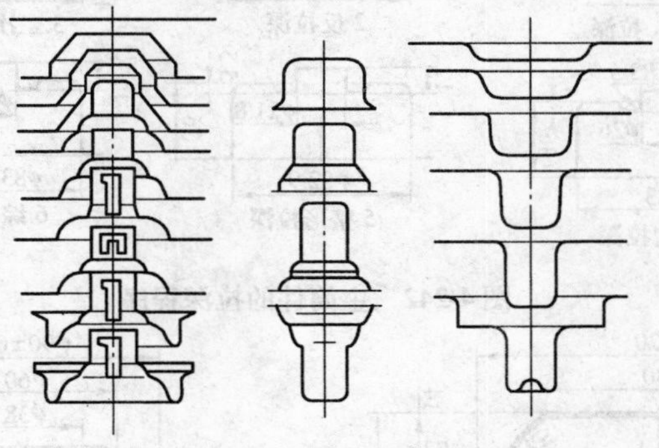

图4-240　复杂形状零件的拉深程序

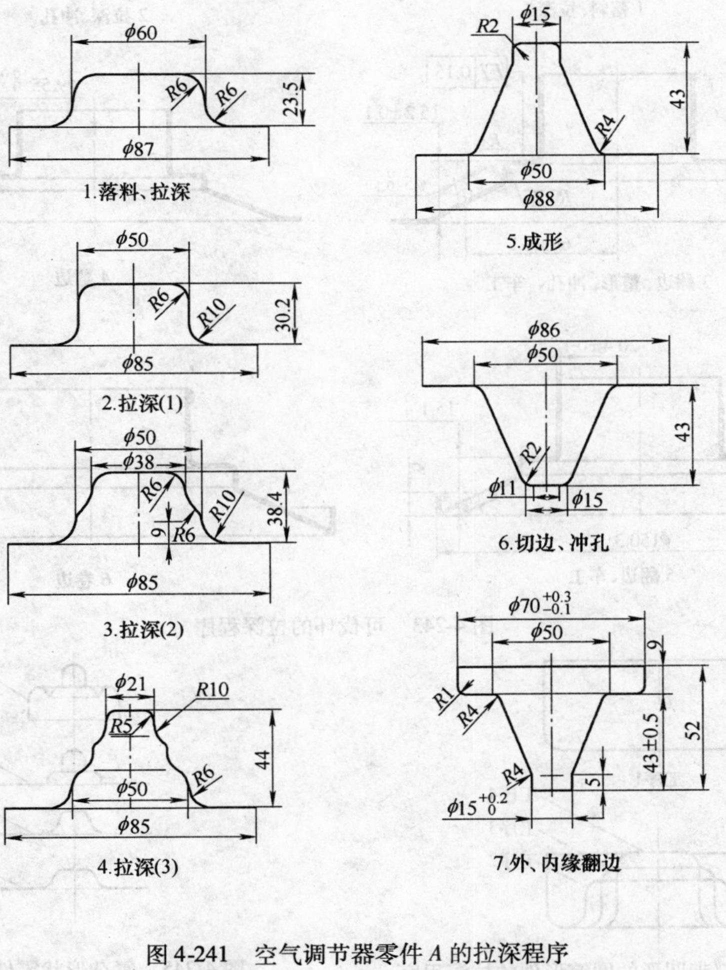

图4-241　空气调节器零件A的拉深程序

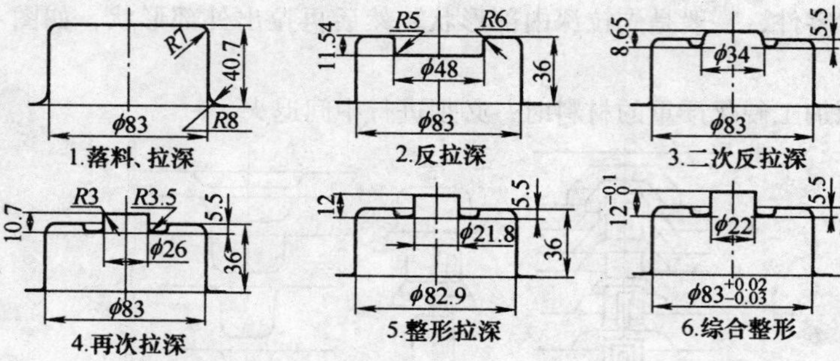

图 4-242　主筒件的拉深程序

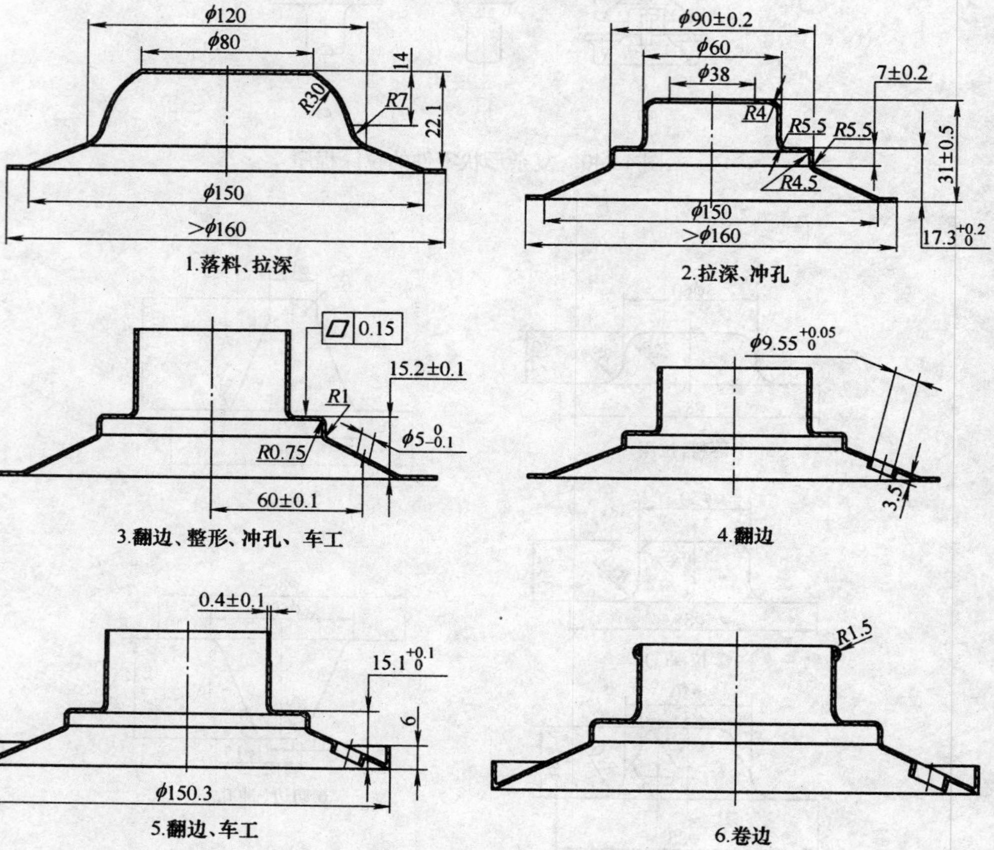

图 4-243　可伐环的拉深程序

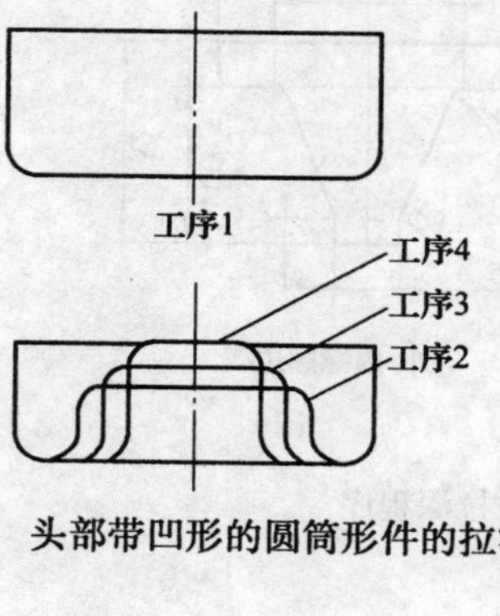

图 4-244　头部带凹形的圆筒形件的拉深程序

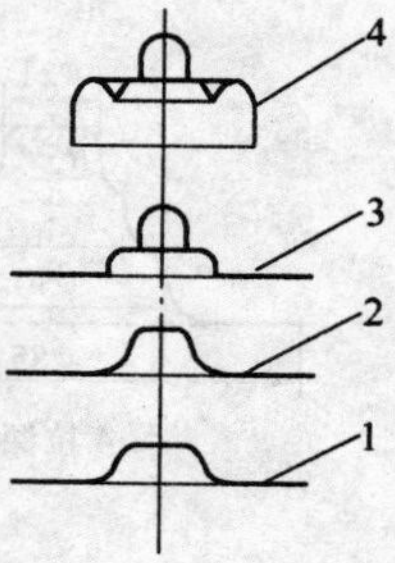

图 4-245　复杂形状零件的拉深程序

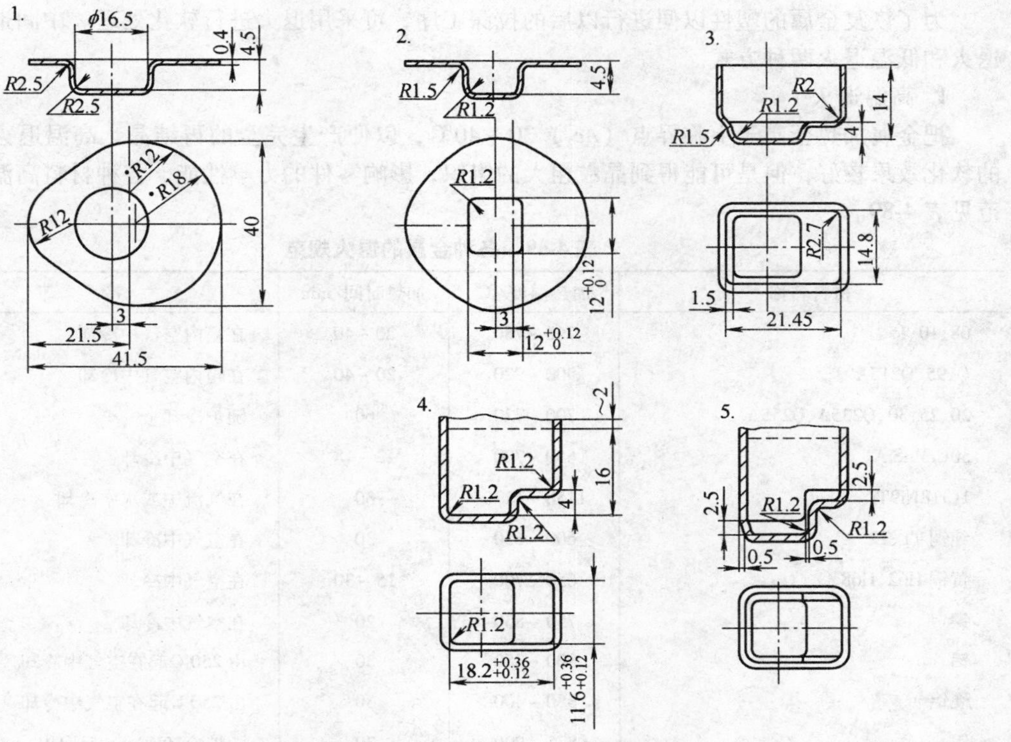

图 4-246　带有不对称凸肩的矩形外壳的拉深程序

注：第一道工序有＊标记尺寸系拉凸前落料尺寸

第十四节　拉深辅助工序

一、退火

在拉深过程中，和其他冷塑性变形一样，所有金属（除了铅和锡）都产生冷作硬化，使金属变形抗力和强度（硬度、σ_s、σ_b 等）增加，而塑性（δ 和 ψ）降低。经过几道拉深之后，变形区由于冷作硬化使变形抗力高到可能使传力区转化为弱区，而使拉深不能继续进行。另外，材料在拉深过程中产生的内应力，使一些应力敏感的材料，容易产生纵向开裂或者在产品储存或运输期间发生时效开裂。显然，硬化越明显及对应力越敏感的材料，不经中间退火所能拉深的次数越少。因此，为了消除材料在拉深过程中产生的冷作硬化和内应力，需要进行半成品的工序间退火和成品退火。

如果工艺过程制定得正确，则拉深普通硬化金属时差不多可以不进行中间退火（工序间退火），对于加工硬化明显的金属，在 1～2 次拉深后即须进行退火。

各种材料不进行中间退火的拉深次数见表 4-88。

表 4-88　无需中间退火所能完成的拉深工序次数

材　料	不用退火的工序次数	材　料	不用退火的工序次数
08、10、15	3～4	不锈钢 1Cr18Ni9Ti	1
铝	4～5	镁合金	1
黄铜 H68	2～4	钛合金	1
纯铜	1～2		

为了恢复金属的塑性以便进行以后的拉深工序，可采用退火进行软化处理。中间退火有高温退火和低温退火两种方式。

1. 高温退火

把金属加热至高于上临界点（Ac_3）30～40℃，以便产生完全的再结晶。高温退火时，金属的软化效果较好，但是可能得到晶粒粗大的组织，影响零件的力学性能。各种材料高温退火的规范见表4-89。

表4-89　各种金属的退火规范

材料名称	加热温度/℃	加热时间/min	冷　却
08、10、15	760～780	20～40	在箱内空气中冷却
Q195、Q215A	900～920	20～40	在箱内空气中冷却
20、25、30、Q235A、Q255A	700～720	60	随炉冷却
30CrMnSiA	650～700	12～18	在空气中冷却
1Cr18Ni9Ti	1150～1170	30	在气流中或水中冷却
纯铜 T1、T2	600～650	30	在空气中冷却
黄铜 H62、H68	650～700	15～30	在空气中冷却
镍	750～850	20	在空气中冷却
铝	300～350	30	由250℃起在空气中冷却
硬铝	350～400	30	由250℃起在空气中冷却
钼	875～900	30	随炉冷却40min后取出
精密合金带	875	30	随炉冷却40min后取出
铁镍合金	850～875	20～30	随炉冷却30～40min后取出
镁镍合金	850	15～20	随炉冷却30min后取出
康铜	725～850	15～40	随炉冷却30～40min后取出
无氧铜带	500～550	20	

2. 低温退火

即再结晶退火。把金属加热至再结晶温度，以消除硬化，恢复塑性，并能消除内应力。这是一般常用的方法。各种材料低温退火的规范见表4-90。

表4-90　各种材料低温退火（再结晶退火）温度

材 料 名 称	加热温度/℃	冷　却
08、10、15、20	600～650	在空气中冷却
纯铜 T1、T2	400～450	在空气中冷却
黄铜 H62、H68	500～540	在空气中冷却
铝	220～250	保温40～45min
镁合金 MB1、MB8	260～350	保温60min
钛合金 TA1	550～600	在空气中冷却
钛合金 TA5	650～700	在空气中冷却

二、酸洗

退火后的钢、铜等工件表面有氧化皮，在继续加工时会增加对模具的磨损。一般应加以酸洗净化。酸洗是将退火的拉深件（工序件）放在加热的稀酸液中浸蚀。在酸洗前先用苏打水去油，酸洗后用冷水漂洗，再用温度为60～80℃弱碱溶液将残留的酸液中和，最后再在热水中洗涤，在烘房中烘干。各种材料酸洗液的成分见表4-91。

表4-91 酸洗溶液的成分

工件材料	溶液成分	份量(质量分数)	说 明
低碳钢	硫酸或盐酸 水	10%～20% 其余	
高碳钢	硫酸 水	10%～15% 其余	预浸
	苛性钠或苛性钾	50～100g/L	最后酸洗
不锈钢	硝酸 盐酸 硫化胶 水	10% 1%～2% 0.1% 其余	得到光亮的表面
铜及其合金	硝酸 盐酸 炭黑	200份(重量) 1～2份(重量) 1～2份(重量)	预浸
	硝酸 硫酸 盐酸	75份(重量) 100份(重量) 1份(重量)	光亮酸洗
铝及锌	苛性钠或苛性钾 食盐 盐酸	100～200g/L 13g/L 50～100g/L	闪光酸洗

如果应用光亮退火，即在有中性或还原介质的电炉内退火，不会产生氧化皮，故不需要进行酸洗。

应该指出，退火、酸洗是延长生产周期和增加生产成本、产生环境污染的工序，应尽可能加以避免。若能够通过增加拉深次数的办法以减少退火工序时，一般宁可增加拉深次数。若工序数在6～10次以上时，应该考虑能否使用连续拉深或者将拉深与冷挤压、变薄拉深等工艺结合起来，以避免退火工序。

三、润滑

在拉深过程中，金属材料与模具的表面直接接触，而且相互间作用的压力很大。使材料在凹模表面滑动时，产生很大的摩擦。摩擦力增加了拉深所需的力和工件侧壁内的拉应力，因而对拉深过程不利，易使工件破裂，造成废品。另外，材料与凹模表面的摩擦还降低了模具的寿命和容易划伤工件表面。

在拉深中使用有效的润滑剂后，可在材料和凹模表面之间形成一层薄膜，将两者的滑动表面相互隔离，因而可以减少摩擦力和磨损现象，降低变形阻力，同时具有冷却的作用。还可以保护工件表面不被划伤，提高工件的表面质量。拉深时润滑条件与摩擦系数间的关系见表4-92。

表 4-92　拉深时的摩擦系数

润滑条件	拉深材料		
	08 钢	铝	硬铝合金
无润滑剂	0.18 ~ 0.20	0.25	0.22
矿物油润滑剂(机油、锭子油)	0.14 ~ 0.16	0.15	0.16
含附加料的润滑剂(滑石粉、石墨等)	0.06 ~ 0.10	0.10	0.08 ~ 0.10

对拉深用润滑剂的要求：

1）能形成一层坚固的薄膜，能够承受很大的压力。

2）在金属表面有很好的附着性，形成均匀分布的润滑层，并且有小的摩擦系数。

3）容易从工件表面上清洗掉。

4）不损坏模具及工件表面的力学及化学性能。

5）化学性能稳定，并且对人体没有毒害。

6）原料资源有充分的保证，而且价格低廉。

润滑剂的配方较多，在生产中，应根据拉深件的材料、工件复杂程度、温度及工艺特点进行合理选用。生产中常用的润滑剂配方见表 4-93 ~ 表 4-96。

表 4-93　拉深低碳钢用的润滑剂

简称号	润滑剂成分	含量(质量分数,%)	附注	简称号	润滑剂成分	含量(质量分数,%)	附注
5号	锭子油 鱼肝油 石墨 油酸 硫磺 绿肥皂 水	43 8 15 8 5 6 15	用这种润滑剂可得到最好的效果,硫磺应以粉末状态加进去	10号	锭子油 硫化蓖麻油 鱼肝油 白垩粉 油酸 苛性钠 水	33 1.5 1.2 45 5.6 0.7 13	润滑剂很容易去除,用于重的压制工作
6号	锭子油 黄油 滑石粉 硫磺 酒精	40 40 11 8 1	硫磺应以粉末状态加进去	2号	锭子油 黄油 鱼肝油 白垩粉 油酸 水	12 25 12 20.5 5.5 25	这种润滑剂比以上的略差
9号	锭子油 黄油 石墨 硫磺 酒精 水	20 40 20 7 1 12	将硫磺溶于温度约为160℃的锭子油内。其缺点是保存时间太久时会分层	8号	绿肥皂 水	20 80	将肥皂溶在温度为 60 ~ 70℃的水里。是很容易溶解的润滑剂,用于半球形及抛物线形工件的拉深中
					乳化液 白垩粉 焙烧苏打 水	37 45 1.3 16.7	可溶解的润滑剂,加 3%的硫化蓖麻油后,可改善其效用

表 4-94　拉深钛合金用的润滑剂

材料及拉深方法	润　滑　剂	备　　注
钛合金（BT1，BT5）不加热镦头及拉深	石墨水胶质制剂（B-0，B-1）	用排笔刷子涂在毛坯的表面上，在 20℃的温度下干燥 15～20s
	氯化乙烯漆	用稀释剂溶解的方法来清除
钛合金（BT1，BT5）加热镦头及拉深	石墨水胶质制剂（B-0，B-1）	
	耐热漆	用甲苯和二甲苯油溶解涂凹模及压边圈

表 4-95　拉深有色金属及不锈钢用的润滑剂

材料名称	润滑方法
铝	植物油（豆油），工业凡士林
硬铝合金	植物油乳浊液、废航空润滑油
黄铜、黄铜及青铜	菜油或肥皂与油的乳浊液（将油与浓的肥皂水溶液混合起来）
镍及其合金	肥皂与水的乳浊液
2Cr13 不锈钢	锭子油、石墨、钾肥皂与水的膏状混合剂
1Cr18Ni9Ti 不锈钢、耐热钢	氯化石腊油；氯化乙烯漆；地沥青＋50% 酸化石腊油

表 4-96　低碳钢变薄拉深用的润滑剂

润滑方法	成分含量	附　　注
接触镀铜化合物：		将胶先溶解在热水中，然后再将其余成分溶进去。将镀过铜的毛坯保存在热的肥皂溶液内，进行拉深时才由该溶液内将毛坯取出
硫酸铜	4.5～5kg	
食盐	5kg	
硫酸	7～8L	
木工用胶	200g	
水	80～100L	
先在磷酸盐内予以磷化，然后在肥皂乳浊液内予以皂化	磷化配方 马日夫盐—— 30～33g/L 氧化铜—— 0.3～0.5g/L	磷化液温度：96～98℃，保持 15～20min

拉深时润滑剂应涂抹在凹模圆角部位和压边面的部位，以及与此部位相接触的毛坯表面上。涂抹要均匀，间隔时间固定，并经常保持润滑部位的清洁。切忌在凸模表面或在凸模接触的毛坯面上涂润滑油，以防材料沿凸模滑动，并使材料变薄甚至破裂。

第十五节　拉深件的质量分析与控制

一、拉深件常见废次品形式及预防措施

拉深变形比冲裁和弯曲更为复杂。一般而言，冲裁与弯曲的工序性质一目了然，而拉深的工

序性质必须服从材料的变形规律，有时需要进行计算或凭借经验才能做出准确的判断。在实际生产中，拉深件出现的废次品形式主要有破裂、起皱、尺寸超差、形状不良和表面缺陷等几个方面。中小型拉深件常见废次品形式、产生原因及预防措施见表 4-97。大型覆盖件拉深时常见质量缺陷及解决途径见表 4-98。

表 4-97　拉深件常见废次品形式及预防措施

废次品形式		产生原因	预防方法
破裂	拉深破裂(强度破裂):制件壁部靠凸模圆角处,破裂发生在最大拉深力出现之前 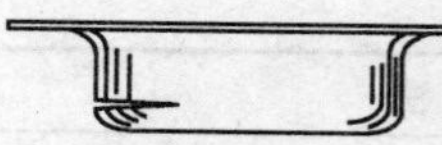 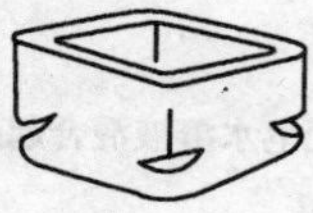	与材料的变形规律有关。拉深变形力大于壁部材料的承载能力或拉深变形力大于底部的胀形变形力。具体而言,可能是拉深系数已超过或非常接近材料的成形极限;压边力过大;凸、凹模圆角半径过小;润滑效果不好或润滑方式不对;凹模和压边圈过于粗糙或凸模过于光滑;凸、凹模间隙过小;下料毛坯过大等。这类破裂通常可以用拉深系数或相对拉深高度来预测	1. 增加一道拉深工序 2. 减小压边力,增大凹模圆角半径或改变凹模形状,增大间隙,尽量减小拉深变形阻力 3. 采用合适的毛坯形状和尺寸 4. 注意润滑剂的选用和润滑方式,圆筒形件拉深时,凸模一侧不润滑 5. 尽量降低凹模和压边圈接触面的表面粗糙度,适当增大凸模粗糙度 6. 采用拉深性能好的材料
破裂	起皱破裂:制件壁部靠凸模圆角处,破裂发生在产生起皱之后 	由于法兰处材料所受切向压应力超过了其临界值,或是材料的相对厚度较小,具体来说,可能是因为压边力太小,或不均匀;凸、凹模间隙过大;凸、凹模圆角半径过大等原因使凸缘部分先起皱,无法进入凹模型腔而被拉裂	1. 加大压边力,保证凸缘不起皱 2. 减小凸、凹模间隙;减小凸、凹模圆角半径。适当增大径向拉应力 3. 调整模具,使压边力均匀 4. 检修设备,使上滑块与压机下台面平行
破裂	壁裂(塑性破裂):制件壁部靠凹模圆角处,破裂常发生在拉深后期。筒形件呈人字形;盒形件呈 W 形 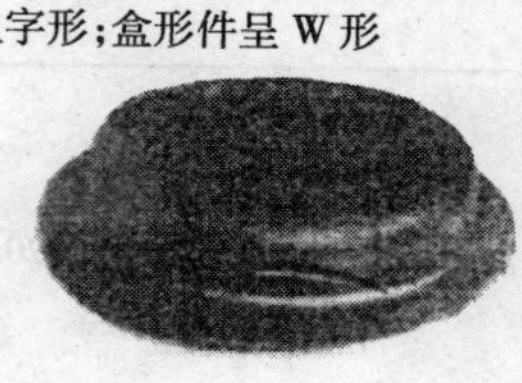 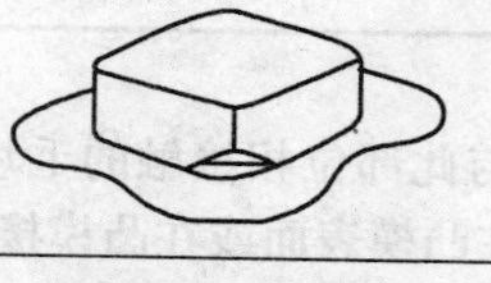	由于不均匀变形造成材料的局部变形超过其塑性成形极限。常在盒形件或复杂形状零件拉深时出现。日本学者用方形毛坯切角的大小来预测盒形件产生壁裂的可能性。目前有关这类破裂预测,成熟的是成形极限线图(FLD)	1. 采用落料拉深复合模时,要保证材料被同时落下 2. 减小压边力,增大凹模圆角半径,调整间隙,尽量使变形均匀 3. 采用矩形毛坯切角制坯时,应减小切角量,或采用圆形毛坯切弓来制坯 4. 注意润滑剂的选用和润滑方式,盒形件拉深时,凸模一侧也应润滑
破裂	纵向开裂:破裂发生在出模时,或放置一至数天后 	属晶界破裂,主要由于剧烈加工硬化造成晶界强度相对减弱;弯曲、反弯曲及材料各向异性形成周向残余拉应力造成的。多在再次拉深或深拉深中出现;不锈钢、热轧钢、硬化指数高、晶粒粗大的材料易发生。目前尚无工艺参数可以预测	1. 增加中间退火 2. 调整凸、凹模间隙,带一点变薄 3. 用反拉深代替正拉深 4. 留一点凸缘 5. 增大凹模圆角半径 6. 更换材料,采用硬化指数小,晶粒度小的材料

（续）

废次品形式		产生原因	预防方法
破裂	时效破裂：破裂发生在长期放置后 	由于剧烈加工硬化及不均匀变形造成残余拉应力引起的。多数情况与角部整形量过大，多道工序间隔时间较长，放置环境的气氛有关。热轧钢、硬化指数高、晶粒粗大的材料易发生。目前尚无工艺参数可以预测	1. 进行时效处理 2. 调整整形变形量 3. 多道工序连续生产，减小局部的变形程度和硬化程度 4. 增大凸、凹模圆角半径 5. 更换材料，采用硬化指数小，晶粒度小的材料
起皱	凸缘起皱：凸缘部分起皱，拉深无法进行 	由于凸缘处材料所受切向压应力超过了其临界值，或是材料的相对厚度较小具体来说，可能是因为压边力太小，或不均匀；凸、凹模间隙过大；凸、凹模圆角半径过大等原因使凸缘部分起皱，无法进入凹模型腔	1. 增加压边力或适当增加材料厚度 2. 减小凸、凹模间隙：减小凸、凹模圆有半径。适当增大径向拉应力 3. 调整模具，使压边力均匀 4. 检修设备，使上滑块与压机下台面平行
	壁部折皱：制件侧壁靠口部处折皱 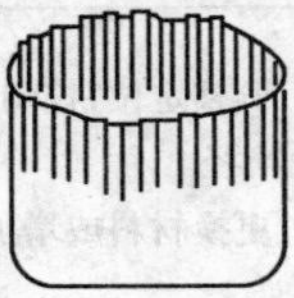	原因同上。由于起皱的程度较小，拉入凹模后形成壁部折皱	同上
	口缘折皱： 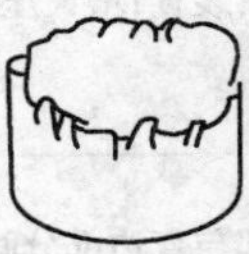 	凹模圆角半径太大，在拉深终了阶段，脱离了压边圈尚未越过凹模圆角的材料悬空，口部起皱，被继续拉入凹模，形成口缘折皱	减小凹模圆角半径或采用弧形压边圈
	盒形件角部起皱：角部向内折拢，局部起皱 	材料角部压边力太小，起皱后拉入凹模型腔，所以局部起皱	1. 加大压边力或增大角部毛坯面积 2. 减小角部凹模圆角半径；减小角部凸、凹模间隙
	纵向起皱：盒形件再拉深时圆角部分待变形区纵向起皱 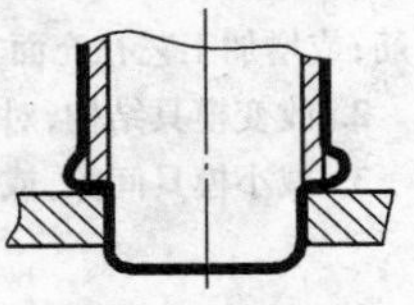	圆角部分和直边部分材料的流速差使角部纵向产生了附加压应力：模具上未设置导流块：过渡毛坯形状不良，角部材料过多	1. 增大角部凹模圆角半径，扩大角部凸、凹模间隙 2. 设置导流块 3. 合理设计过渡毛坯形状和尺寸；严格控制前道工序的半成品质量

（续）

废次品形式		产生原因	预防方法
起皱	内皱：锥形件的斜面或半球形件、抛物线形件的腰部起皱 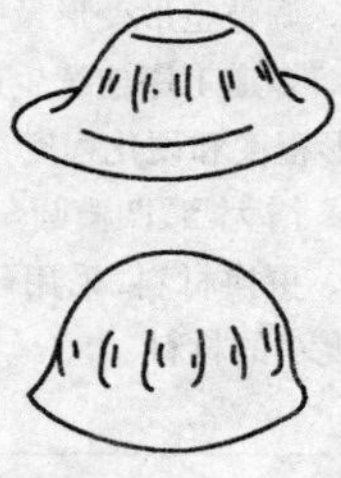	拉深开始时，大部分材料处于悬空状态，加之压边力太小，凹模圆角半径太大或润滑油过多，使径向拉应力 σ_1 小，材料在切向压应力 σ_3 的作用下，势必失去稳定而起皱	增加压边力或采用拉深筋；减小凹模圆角半径；亦可加厚材料或几片毛坯叠在一起拉深
形状不良	呈锯齿状边缘 	毛坯边缘有毛刺	修整毛坯落料模刃口，清除毛坯边缘毛刺
	口部对称凸耳 	坯料的各向异性	更换材料或增加修边余量
	口部不齐 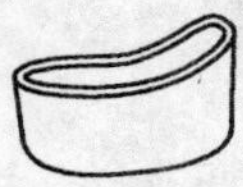	毛坯与凸、凹模中心不合或材料厚薄不匀以及凹模圆角半径，模具间隙不匀	1. 调整定位，校匀模具间隙和凹模圆角半径 2. 更换材料或增加修边余量
	底部不平整 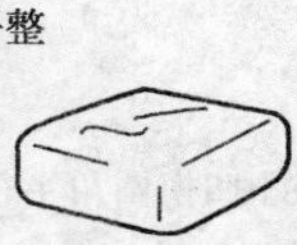	毛坯不平整，顶料杆与零件接触面积太小或缓冲器弹力不够	1. 改变下料方式，平整毛坯 2. 设置压料装置；增大压料力 3. 更换材料
	直壁凹陷：大盒形件易发生 	角部与直边间隙不合理，多余材料向侧壁挤压，失去稳定	1. 调整角部与直边部分间隙 2. 降低凸模粗糙度，注意凸模的良好润滑
	制件呈歪扭状 	模具没有排气孔，或排气孔太小、堵塞、以及顶料杆跟零件接触面太小，顶料时间太早（预料杆过长）等	钻、扩大或疏通模具排气孔，整修顶料装置
	口部扩张、端面翘曲、圆度超差 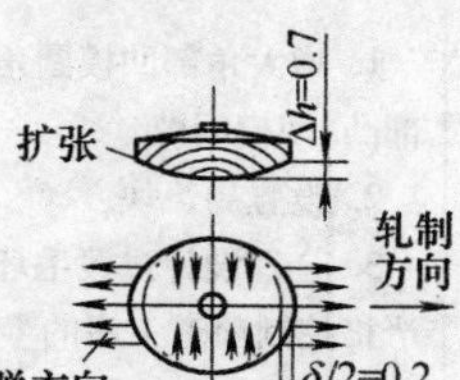	制件太浅，塑性变形量不足；材料较薄，且各向异性严重；凸、凹模间隙偏大	1. 改变零件结构，加一条环形加强筋；或增加工艺补充面 2. 改变模具结构，对制件进行校正 3. 减小模具间隙，或进行变薄拉深

（续）

废次品形式		产生原因	预防方法
表面缺陷	表面划伤 	模具工作面或圆角半径上有毛刺，毛坯表面或润滑油中有杂质，划伤零件表面；模具与制件材料不匹配，模具工作面上形成粘结瘤	1. 研磨抛光模具的工作平面和圆角，清洁毛坯，使用干净的润滑剂 2. 更换模具材料，例如：拉不锈钢时用铝青铜、磷青铜或铸铁
表面缺陷	径缩或冲击线 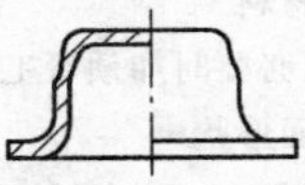	模具圆角半径太小，压边力太大，材料承受的拉深变形阻力较大，引起危险断面径缩；制件底部圆角半径大时，由胀形向拉深转换会产生冲击，但冲击线较浅	1. 加大模具圆角半径和间隙 2. 毛坯涂上合适的润滑剂 3. 采用液压机代替机械压力机，降低变形速度，减小冲击
尺寸超差	外径超差：口部外径偏大，制件壁部厚度不均，带有一定锥度	模具设计未能以凹模为基准；凸、凹模间隙大使得凸缘处材料增厚得不到清除；凹模圆角半径大，制件出模后回弹较大；模具制造精度差或模具磨损	1. 对外形尺寸有要求的制件，应以凹模为基准设计模具，或加整形工序 2. 减小凸、凹模间隙；减小凹模圆角半径；更换新模具
尺寸超差	内径超差：内径偏大或偏小，制件壁部厚度不匀，带有一定锥度	模具设计未能以凸模为基准；其余同上	1. 对内形尺寸有要求的制件，以凸模为基准设计模具，或加整形工序 2. 减小凸、凹模间隙；减小凹模圆角半径；更换新模具
尺寸超差	高度尺寸超差：对于具有高低差的拉深件，阶梯形件和不对称的复杂拉深件，高度尺寸容易超差	模具制造精度差；模具结构不合理；拉深时制件偏移；对于拉深、翻边等复合工序，未能掌握其变形规律	1. 提高模具制造精度或加整形工序；采用组合模具调整模具高度 2. 坯料准确定位；设置限位装置

表 4-98　大型覆盖件拉深时常见质量缺陷及解决途径

拉深件缺陷	产 生 原 因	解 决 办 法
破裂	1. 压边力太大 2. 凹模口或拉深筋槽的圆角半径太小 3. 拉深筋布置不当或间隙太小 4. 压料面的粗糙度高 5. 凹模与凸模间的间隙过小 6. 润滑不足 7. 毛坯放偏 8. 毛坯尺寸太大 9. 毛坯质量（厚度公差、表面质量、材料级别等）不符合要求 10. 局部形状变形条件恶劣	1. 减小外滑块压力 2. 加大有关的圆角半径 3. 调整拉深筋的数量、位置和间隙 4. 降低压料面的粗糙度 5. 调整间隙 6. 改善润滑条件 7. 使毛坯正确定位，必要时加预弯工序 8. 减小毛坯尺寸 9. 更换材料 10. 加工工艺切口或工艺孔，或改变拉深筋的局部形状

（续）

拉深件缺陷	产生原因	解决办法
皱纹	1. 压边力不够 2. 压料面"里松外紧" 3. 凹模口圆角半径太大 4. 拉深筋太少或布置不当 5. 润滑油太多或涂刷次数太频，或涂刷位置不当 6. 毛坯尺寸太小 7. 试冲毛坯过软 8. 毛坯定位不稳定 9. 压料面形状不当 10. 冲压方向不当	1. 调节处滑块调整螺母，加大压边力 2. 修磨压料面，消除"里松外紧"现象 3. 减小凹模圆角半径 4. 增加拉深筋或改变其位置 5. 适当减少润滑油，并注意操作 6. 加大毛坯尺寸 7. 更换试冲材料 8. 改善定位，必要时加预弯工序 9. 修改压料面形状 10. 改变冲压方向，重新设计冲模
修边后形状和尺寸不准确	1. 压边力不够 2. 拉深筋太少或布置不当 3. 材料塑性变形不够 4. 材料选择不当 5. 产品的工艺性差	1. 加大压边力 2. 增加拉深筋或改善其分布 3. 对于浅拉深件采用拉深槛 4. 更换材料 5. 产品增加加强筋
有"鼓膜"现象	1. 压边力不够 2. 拉深筋太少或布置不当 3. 毛坯扭曲，拉深时受力不均	1. 加大压边力 2. 增加拉深筋或改善其分布 3. 拉深前将毛坯放在多辊滚压机上进行滚压
装饰棱线不清，压双印	1. 凸模向下行程不够 2. 凸模与凹模不同心，间隙不均匀 3. 毛坯与凸模有相对运动	1. 调节凸模深度，或换大吨位压力机 2. 保证凸模与凹模之间的间隙均匀 3. 调整各部位的进料阻力，或改变冲压方向
表面有痕迹或划痕	1. 压料面的粗糙度高 2. 凹模圆角的粗糙度高 3. 镶块的接缝间隙太大 4. 毛坯表面有划伤 5. 凸模或凹模没有出气孔 6. 凹模内有杂物 7. 润滑不足或润滑剂质量差 8. 工艺补足部分不足 9. 冲压方向选择不当，毛坯与凸模有相对运动	1. 降低压料面的粗糙度 2. 降低凹模圆角的粗糙度 3. 消除镶块间的缝隙 4. 更换材料 5. 加出气孔 6. 保持模内清洁 7. 改善润滑条件 8. 增加工艺补充部分 9. 改变冲压方向
表面粗糙	钢板表面晶粒度大	1. 将板料进行正火处理 2. 更换合格材料
表面有滑带	材料的屈服极限不均匀	1. 采用质量好的材料 2. 拉深前将材料进行滚压

二、拉深件质量控制要点

1. 控制拉深破裂的加工极限

圆筒形拉深件首次拉深加工的实质在于凸缘部分的变形；再拉深加工的实质则在于直径发生

变化的环形区域的变形。当拉深变形阻力大于传力区的承载能力时，就会产生破裂，这就确定了拉深加工的极限。

拉深加工极限，不论是筒形件的极限拉深系数$[m_1]$、$[m_n]$或$\left[\frac{h}{d}\right]$；带凸缘圆筒件的$[m_1]$、$[m_n]$或$\left[\frac{h_1}{d_1}\right]$以及盒形件一次拉深的相对极限高度$\left[\frac{h}{b}\right]$或$\left[\frac{h}{r}\right]$等都不是绝对不变的界限。由于拉深加工极限取决于凸缘变形阻力和侧壁承载能力的平衡，而除了材料的成形性能之外影响凸缘变形阻力和侧壁承载能力的因素较多，如压边力的大小、凸凹模圆角半径、模具间隙、润滑效果和涂抹方式、模具加工和装配精度和压力机的精度等，故如何创造有利条件以降低凸缘变形阻力，提高侧壁的承载能力乃是生产中控制拉深破裂加工极限，保证拉深件质量的关键。

此外，对于表4-97中所列的壁裂、纵裂和时效破裂，目前尚无成熟的工艺参数来评价和判断。但是，这几类破裂的发生多与不均匀变形，材料剧裂的加工硬化以及原材料粗大的晶粒组织有关。因此，原材料的合理选择，对加工硬化剧烈材料的及时退火，尽量使变形均匀等措施可有效防止这几类破裂的发生。

2. 控制拉深起皱

拉深过程中，凸缘变形区所受的切向压应力超过了板料的临界压应力便会产生塑性失稳起皱。轻微起皱的坯料虽可通过凸、凹模的间隙成为筒壁，但却会在筒壁上留下折皱，影响制件的表面质量。

与压杆失稳类似，拉深起皱主要取决于切向压应力的大小和毛坯的相对厚度。目前，还不能用一个统一的工艺参数来表示拉深起皱的界限。生产中可用坯料的相对厚度$\frac{t}{D}\times 100$和拉深系数$m_1\left(\text{或}\frac{t}{d_{n-1}}\times 100\text{ 和 }m_n\right)$，按表4-75或图4-224来作为判断是否起皱和是否采用压边圈的条件。

生产中控制拉深起皱的有效措施是采用压边圈。对有压边圈的拉深，则可用单位压边力p来表示起皱的界限。单位压边力p按经验公式（4-101）来计算，也可查表4-77和表4-78。

压边力过大会增加拉深破裂的危险性。合适的压边力受润滑效果、模具和压力机平行度、坯料剪切面质量、凸凹模圆角半径和间隙大小、模具表面粗糙度和制件材质等众多因素的影响。因此，在生产实际中，合适的压边力往往要通过反复调试才能确定。

3. 重视板料的供货状况

一般而言，拉深破裂不属塑性破裂，对板料拉深成形性能影响较大的材料特性不是材料的塑性，而是塑性应变比R、屈服比$\frac{\sigma_s}{\sigma_b}$和硬化指数$n$值。除了材料的这些性能指标外，对拉深毛坯而言，还应特别注意以下几个方面：

（1）坯料厚度不得超差　由于模具间隙一定，故超厚的毛坯会加大拉深变形阻力，引起制件破裂；超薄的毛坯则易起皱。

（2）坯料表面质量好　坯料表面划痕、缩孔、夹层、锈蚀和酸洗过度等缺陷会因局部区域的应力集中造成制件的开裂；而坯料表面的氧化皮、沙粒等易造成制件擦伤、划痕和高温粘结等表面缺陷。

（3）注意对材料的特殊要求　对于深拉深件和多次拉深件，为了防止产生纵向开裂和时效破裂，应选择晶粒细小、硬化指数n值低的材料。

（4）保证制坯的质量　在为拉深制坯时，冲裁模间隙要合理，刃口要锋利。拉深件毛坯断面不得有大的毛刺，否则压边圈与凸模接触不好，容易产生局部折皱。在为拉深件制坯时产生的

“须状金属丝”应及时去除，采用落料拉深复合模时要保证落料毛坯的质量，否则易产生高温粘结，使制件表面形成划痕。

4. 认真分析拉深件的结构工艺性，正确制定冲压工艺方案

拉深件的结构工艺性是指拉深件对冲压工艺的适应性。认真分析拉深件的结构工艺性，掌握金属的变形规律，识别占主导地位的拉深工序性质及其在成形过程中所占的比例，正确制定冲压工艺方案对拉深件质量控制具有重要意义。

（1）正确判断拉深加工的工序性质　拉深加工总是伴随有弯曲、胀形和翻边等其他方式的成形同时发生。因此，在确定采用拉深成形工序时，必须保证凸缘区材料的变形阻力小于制件壁部和底部的胀形、翻边变形阻力，要为凸缘区的拉深变形创造条件。

（2）确定合理的拉深毛坯形状与尺寸　为了保证凸缘区为变形区（弱区）的条件，在满足制件高度尺寸的基础上应尽量减小拉深毛坯的尺寸。对于盒形拉深件，则不仅要确定合适的毛坯尺寸，还应根据制件的结构与变形特点来确定合理的毛坯形状。

（3）正确确定拉深次数，合理分配各次拉深系数　进行多次拉深时，拉深次数的确定及拉深系数的分配对拉深成败和拉深件质量有很大的影响。拉深次数过多易产生划痕、擦伤和卡伤等表面缺陷；而拉深系统分配不合理时，易出现拉深破裂使制件报废。因此，应尽可能减少拉深次数，并合理分配各次拉深的拉深系数。

（4）正确确定工序的顺序　对于带孔的拉深件，一般来说，都是先拉深，后冲孔。只有当孔的位置在零件底部，且孔径尺寸要求不高时，才能先冲孔后拉深。对复杂形状的拉深件，底部带有凸台或凹坑的拉深件，为了便于坯料变形和金属的流动，应先成形内部形状，再拉深外部形状。当拉深件圆角半径太小，尺寸精度要求高，对平面度、垂直度等形位公差有要求时，应增加一道整形工序。

（5）正确确定再拉深的方式和工序的组合形式　再拉深有两种方式，一种是正拉深，另一种是反拉深。反拉深有时可不用压边圈，这就避免了由于压边力过大或均匀造成的拉深破裂。采用反拉深时可有效防止起皱，且拉深系数可适当减小。但是，反拉深却受到凹模壁厚的限制。可见，拉深方式的确定应根据零件的尺寸与模具结构特点综合考虑。拉深工序与其他加工工序的组合形式主要取决于冲压件的生产批量、尺寸大小、精度要求和模具结构等因素。一般而言，大批量、小尺寸和高精度的拉深件应尽可能采用复合模加工；大批量、小尺寸和精度要求不高的拉深件可采用带料连续拉深；小批量，大零件则多采用单工序简单模加工。

5. 正确选择模具材料，保证模具设计与制造的质量

模具材料的选择、模具设计与制造对拉深加工同样非常重要。为了防止拉深件产生废次品，提高拉深件质量，在拉深模具材料选择，模具设计、制造和维修方面必须注意以下几点：

（1）根据拉深件的材料来选择模具材料　拉深软材料制件，应选择硬材料模具，淬火硬度也应提高；拉深硬材料或加工硬化剧烈的不锈钢一类的制件，应选用铝青铜、铸铁等耐磨性能好的软材料模具，这种模具材料可防止拉深件划伤、擦伤和出现高温粘结的缺陷，提高模具的寿命。

（2）正确确定拉深凸、凹模的圆角半径　选择模具圆角半径应具体问题具体分析，应根据拉深件的材料、拉深件的形状和尺寸来定。为防止拉深件起皱，应适当减小凸、凹模圆角半径；为防止拉深破裂，应适当增大凸、凹模圆角半径。对于盒形拉深件，为使转角和直边处的变形均匀，应适当增大转角处的凹模圆角半径，减小直边处的凹模圆角半径。

（3）正确确定模具表面的粗糙度　对于圆筒形拉深件而言，凹模端面及圆角处和压边圈端面的表面粗糙度一般取 $R_a0.4 \sim 0.8\mu m$；凸模圆角处的表面粗糙度一般取 $R_a1.6 \sim 3.2\mu m$。为了防止拉深件破裂，应降低凹模端面及圆角处和压边圈端面的表面粗糙度，打毛凸模表面；为了防止

起皱，则应适当提高凹模端面及圆角处和压边圈端面的表面粗糙度。

(4) 选择合理的凸、凹模间隙 拉深凸、凹模间隙可参照本章第十节推荐的公式和表列数据来确定。一般而言，为了防止拉深破裂、擦伤和划痕，应适当增大凸、凹模间隙；为防止起皱，应适当减小凸、凹模间隙。有研究表明，采用比料厚小10%的单边间隙值，因凸模与坯料的摩擦阻力加大，减小了危险断面承受的拉力，增加了侧壁承载能力，从而减小了破裂的可能性，使极限拉深系数减小。

(5) 注意排气孔的设计 拉深结束后，滑块上升，制件与凸模脱离时形成的真空会使制件底部产生变形，形成凹陷。因此，一般拉深凸模应开排气孔。凸模排气孔的尺寸可参考表4-72选取。

(6) 正确选择压边方式，合理设计压边装置 生产中主要采用压边圈来防止起皱的发生。因此，压边方式的选择和压边装置的设计、制造对提高拉深件质量、防止出现废次品是非常重要的。对于盒形件和复杂形状的拉深件，为了控制金属的流动，防止坯料不均匀变形形成的边皱、内皱，在凹模和压边圈适当位置设置拉深筋（槛）也是一项有效措施。

(7) 提高模具的制造与装配精度，及时修磨模具。

6. 正确选择和使用润滑剂

与其他冲压工艺相比，正确选择和使用润滑剂对拉深成形具有特殊的意义。表4-93～表4-96列出了各种材料常用的润滑剂配方，可供使用时参考。目前，生产中采用的高分子涂膜或塑料薄膜也具有较好的润滑效果。值得注意的是：对于不同材料、不同形状和尺寸的制件，不仅使用的润滑剂不同，而且润滑剂的涂抹与使用方式也往往有很大区别。

7. 注意设备的选用和维修

因拉深行程较大，故选择拉深设备时，压力机的公称压力要取大一些。一般而言，要大30%～50%（浅形件取小值，深拉深件取大值）。实践表明，由于液压机的行程长、施力均匀、运动平缓，故采用液压机进行拉深加工比采用机械压力机好。此外，及时检修设备，保证压力机和模具的装配精度对提高拉深件质量，防止出现废次品也是非常重要的。

第五章 成 形

第一节 翻 边

翻边是在板料坯件的边缘翻成竖直或呈一定角度直边的一种冲压成形方法。

按其工艺特点可分为孔翻边、外缘翻边和变薄翻边等。按变形性质翻边又可分为伸长类翻边和压缩类翻边。伸长类翻边时，由模具直接作用而引起变形区材料受拉应力作用，切向产生伸长变形，导致厚度变薄，容易发生破裂；压缩类翻边时，由于模具的作用而引起变形区材料切向受压缩应力，产生压缩变形，厚度增加，容易起皱。

一、孔的翻边

（一）圆孔翻边

1. 圆孔翻边的特点及翻边系数

圆孔翻边是伸长类翻边的一种形式，生产中应用较广。图 5-1 为圆孔翻边示意图。在翻边前毛坯的孔径为 d_0，翻边变形区是内径为 d_0 而外径为 D_0 的环形部分。在翻边过程中，带有圆孔的环形毛坯被压边圈压死，变形区在凸模的作用下其内径 d_0 不断扩大，凸模下面的材料逐渐向侧壁转移，直到完全贴靠凹模侧壁，最终形成竖直的边缘。

圆孔翻边时，毛坯变形区的应力与应变状态如图 5-1 所示，变形区材料处于双向拉应力状态，其切向拉应力 σ_θ 自孔边缘向凹模侧壁方向逐渐变小，亦即孔边缘 σ_θ 最大，而径向应力 σ_r 近乎等于零。其变形区的应变 ε_θ 自孔边缘向凹模侧壁方向逐渐减小，故料厚愈接近孔边缘处愈薄。因而使得翻边时的主要危险是边缘拉裂，这与翻边的变形程度有关。

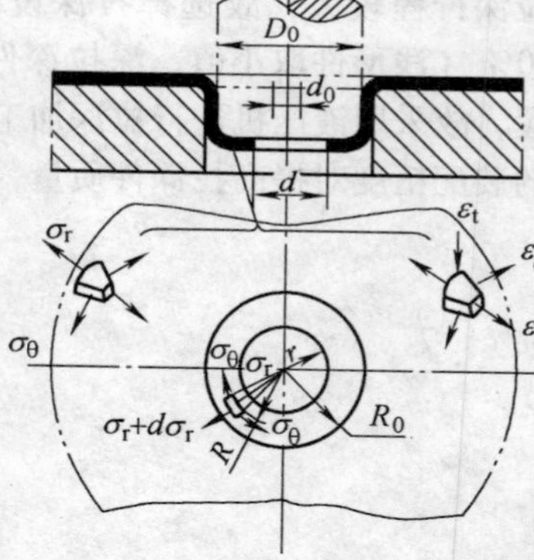

图 5-1 圆孔翻边

内孔翻边时的变形程度通常用翻边系数 K 表示

$$K=\frac{d_0}{d_m}$$

式中 d_0——预制孔直径；

d_m——翻边后竖直边的中径（如图 5-2 所示）。

显然，K 值愈大，变形程度愈小；K 值愈小，则变形程度愈大。翻边时孔边缘不破裂所能达到的最大变形程度时的 K 值，称为许可的极限翻边系数 $K_{\min}$。

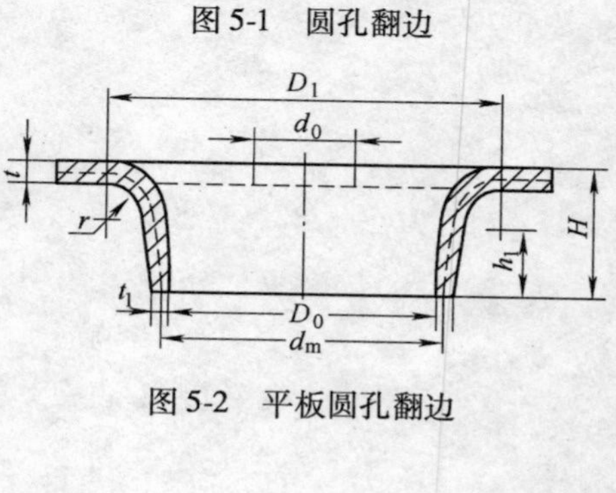

图 5-2 平板圆孔翻边

极限翻边系数 $K_{\min}$ 的理论值可根据板料成形的失稳理论导出

$$K_{\min}=e^{-(1+r)n} \tag{5-1}$$

式中 r——板料的厚向异性指数；

n——材料的硬化指数。

式（5-1）表明，材料的 n 值与 r 值愈大，则 $K_{\min}$ 愈小，即翻边的极限变形程度越大。一些材

料的 n 和 r 值如下：

	3A21-O	5A02-O	2A12-O	10F	20	1Cr18Ni9Ti	H62
n 值	0.21	0.16	0.13	0.23	0.18	0.34	0.38
r 值	0.44	0.63	0.64	1.30	0.60	0.89	1.00

试验表明，许可的极限翻边系数不仅与材料的种类及性能有关，而且与预制孔的加工性质和状态（钻孔或冲孔，有无毛刺）、毛坯的相对厚度 t/d_0，和凸模工作部分的形状等因素有关。表 5-1 所列为低碳钢的极限翻边系数。

表 5-1 低碳钢的极限翻边系数 K

翻边方法	孔的加工方法	比值 d_0/t										
		100	50	35	20	15	10	8	6.5	5	3	1
球形凸模	钻后去毛刺	0.70	0.60	0.52	0.45	0.40	0.36	0.33	0.31	0.30	0.25	0.20
	用冲孔模冲孔	0.75	0.65	0.57	0.52	0.48	0.45	0.44	0.43	0.42	0.42	—
圆柱形凸模	钻后去毛刺	0.80	0.70	0.60	0.50	0.45	0.42	0.40	0.37	0.35	0.30	0.25
	用冲孔模冲孔	0.85	0.75	0.65	0.60	0.55	0.52	0.50	0.50	0.48	0.47	—

其他一些材料的翻边系数见表 5-2。

表 5-2 其他一些材料的翻边系数

退火的材料	翻边系数		退火的材料	翻边系数	
	K	K_{min}		K	K_{min}
白铁皮	0.70	0.65	铝 $t=0.5\sim5$mm	0.70	0.64
黄铜 H62、$t=0.5\sim6$mm	0.68	0.62	硬铝	0.89	0.80

在竖边上允许有不大的裂纹时可用 K_{min}，翻边时预冲孔有毛刺的一侧向上。如将经冲孔的部分退火，可得到与钻孔相接近的翻边系数，但退火不应引起结晶颗粒的粗化。

2. 圆孔翻边工艺计算

圆孔翻边的工艺计算主要是利用坯料中性层不变的原则，因翻边高度计算翻边圆孔的预制孔直径，或用 d_0 和翻边系数计算可达到的翻边高度。当采用平板毛坯不能直接翻出所需高度时，则应预先拉深，然后在拉深件底部冲孔，再进行翻边。

（1）平板毛坯翻边

翻边高度不大时，可将平板毛坯一次翻边成形（图 5-2）。其预冲孔 d_0 可按下式计算

$$d_0=D_1-\left[\pi\left(r+\frac{t}{2}\right)+2H\right]=d_m-2(H-0.43r-0.72t)$$

翻边高度：

$$H=\frac{d_m-d_0}{2}+0.43r+0.72t=\frac{d_m}{2}\left(1-\frac{d_0}{d_m}\right)+0.43r+0.72t$$

$$=\frac{d_m}{2}(1-K)+0.43r+0.72t \tag{5-2}$$

由式（5-2）可知，在极限翻边系数 K_{min} 时的最大翻边高度 H_{max} 为

$$H_{max}=\frac{d_m}{2}(1-K_{min})+0.43r+0.72t$$

当制件要求高度 $H > H_{max}$ 时，则不能一次翻边成形。

（2）拉深后再裁边

这时，如果是单个毛坯的小孔翻边，应采用壁部变薄的翻边。对于大孔的翻边或在带料上连续拉深时的翻边，则用拉深、冲底孔再翻边的办法，如图 5-3 所示。

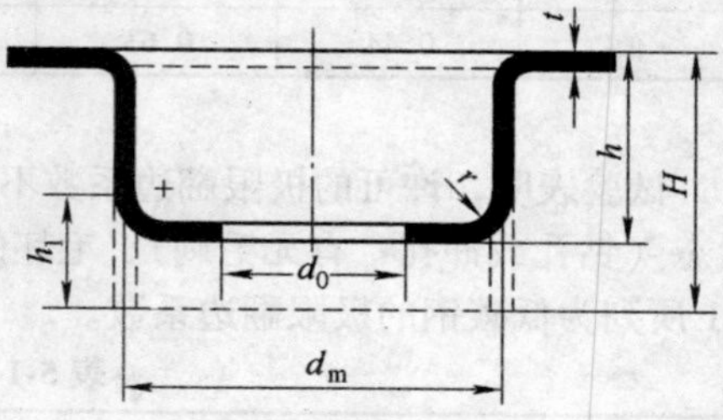

图 5-3 预先拉深的翻边

在拉深料底部冲孔翻边时，应先决定翻边所能达到的最大高度，然后根据翻边高度及制件高度来确定拉深高度，由图 5-3 可知，翻边高度

$$h_1 = \frac{d_m - d_0}{2} - \left(r + \frac{t}{2}\right) + \frac{\pi}{2}\left(r + \frac{t}{2}\right)$$

$$\approx \frac{d_m}{2}\left(1 - \frac{d_0}{d_m}\right) + 0.57r$$

以极限翻边系数 K_{min} 代入上式可得 h_{1max} 为

$$h_{1max} = \frac{d_m}{2}(1 - K_{min}) + 0.57r$$

此时，预制孔直径 d_0 为

$$d_0 = K_{min} d_m$$

或

$$d_0 = d_m + 1.14r - 2h_1$$

拉深高度

$$h = H - h_{1max} + r + t$$

翻边时竖边口部变薄严重，其厚度可按下式作近似计算

$$t_1 = t\sqrt{\frac{d_0}{d_m}} = t\sqrt{K}$$

式中符号如图 5-2 所示。

3. 圆孔翻边力的计算

（1）采用圆柱形平底凸模时，其翻边力可按下式计算

$$F = 1.1\pi t\sigma_s(d_m - d_0)$$

式中 d_m——翻边后竖边的中径（mm）；

d_0——毛坯预制孔直径（mm）；

σ_s——材料的屈服强度（MPa）。

（2）采用球形凸模的翻边力的计算

采用球形凸模或锥形凸模翻边时，所需的力略小于用上式计算的数值。采用球形凸模的翻边力可用下式计算

$$F = 1.2\pi d_m t m\sigma_s$$

式中 m——系数，其值按表 5-3 选取。

表 5-3 系数 m 值

K	m	K	m
0.5	0.2 ~ 0.25	0.7	0.08 ~ 0.12
0.6	0.14 ~ 0.16	0.8	0.05 ~ 0.07

注：表中 K 为翻边系数。

（二）非圆孔翻边

非圆孔翻边件（图 5-4），由不同曲率半径的凸弧、凹弧和直线组成。从变形情况分析，可沿孔边分为 a、b、c 三种性质不同的变形区。外凸弧线段的 a 区属于压缩类翻边，直线段 b 属于

弯曲，内凹弧线段 c 属于伸长类翻边。由于曲线部分和直线部分是连接在一起的整体，不可避免地会使曲线部分上的翻边变形在一定程度上扩展到直边部分，使曲线部分的切向伸长变形得到一定程度减轻，所以非圆孔翻边系数 K'（一般指内凹弧线段的翻边系数），可以小于内圆孔翻边时的极限翻边系数 K，两者间的关系大致是

$$K'=(0.85\sim0.95)K$$

上式说明，如果只考虑翻边破裂，则非圆孔翻边的成形极限比圆孔翻边的大，若还考虑非圆孔翻边在较大变形程度下容易使外沿弧线段部位失稳起皱，则可使用压边装置。

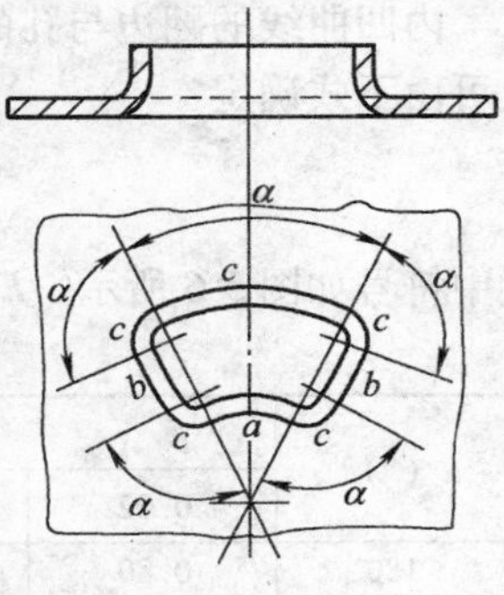

图 5-4　非圆孔翻边

表 5-4 列出了低碳钢材料在非圆孔翻边时，允许的极限翻边系数 K'与孔缘线段对应圆心角的关系，表中 r 表示孔缘曲率半径。

表 5-4　非圆孔的极限翻边系数 K_1'（低碳钢材料）

α/(°)	比值 $r/(2t)$						
	50	33	20	12.5 ~ 8.3	6.6	5	3.3
180 ~ 360	0.8	0.6	0.52	0.5	0.48	0.46	0.45
165	0.73	0.55	0.48	0.46	0.44	0.42	0.41
150	0.67	0.5	0.43	0.42	0.4	0.38	0.375
135	0.6	0.45	0.39	0.38	0.36	0.35	0.34
120	0.53	0.4	0.35	0.33	0.32	0.31	0.3
105	0.47	0.35	0.30	0.29	0.28	0.27	0.26
90	0.4	0.3	0.26	0.25	0.24	0.23	0.225
75	0.33	0.25	0.22	0.21	0.2	0.19	0.185
60	0.27	0.2	0.17	0.17	0.16	0.15	0.145
45	0.2	0.15	0.13	0.13	0.12	0.12	0.11
30	0.14	0.1	0.09	0.08	0.08	0.08	0.08
15	0.07	0.05	0.04	0.04	0.04	0.04	0.04
0	压弯变形						

非圆孔翻边的预制孔形状和尺寸，可分段类比圆孔翻边、弯曲和拉深毛坯计算方法确定。一般弧线段的展开宽度应比直线段大 5% ~10%。由理论计算出的孔形应加以适当修正，使各段平滑过渡。

二、外缘翻边

（一）平面外缘翻边

根据变形性质不同，平面外缘翻边分内凹曲线和外凸曲线的翻边两种，如图 5-5。当翻转轮廓曲线变为直线时，就成为弯曲变形。

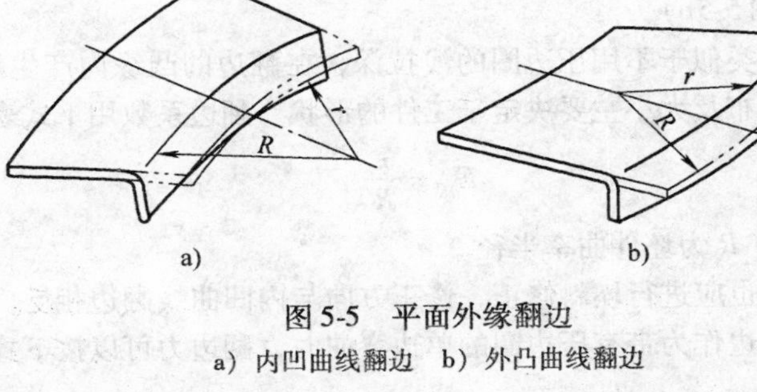

图 5-5　平面外缘翻边
a）内凹曲线翻边　b）外凸曲线翻边

1. 内凹曲线翻边（图 5-5a）

内凹曲线的翻边与孔的翻边相似，凸缘内产生拉应力而易于破裂，属伸长类翻边。其翻边系数可由下式确定

$$E_{伸}=\frac{r}{R}$$

式中符号如图 5-6 所示。$E_{伸}$ 值可参考表 5-5。

表 5-5　低碳钢内凹曲线翻边系数

α/(°)	坯料相对厚度 t/d_0						
	0.02	0.03	0.05	0.08 ~ 0.12	0.15	0.20	0.30
>180	0.80	0.60	0.52	0.50	0.48	0.46	0.45
165	0.73	0.55	0.48	0.46	0.44	0.42	0.41
150	0.67	0.50	0.43	0.42	0.40	0.38	0.375
135	0.60	0.45	0.39	0.38	0.36	0.35	0.34
120	0.53	0.40	0.35	0.33	0.32	0.31	0.30
105	0.47	0.35	0.30	0.29	0.28	0.27	0.26
90	0.40	0.30	0.26	0.25	0.24	0.23	0.225
75	0.33	0.25	0.22	0.21	0.20	0.19	0.185
60	0.27	0.20	0.17	0.17	0.16	0.15	0.145
45	0.20	0.15	0.13	0.13	0.12	0.12	0.11
30	0.14	0.10	0.09	0.08	0.08	0.08	0.08
15	0.07	0.05	0.04	0.04	0.04	0.04	0.04

当翻边曲线夹角 $\alpha>150°$ 时，可按圆孔翻边确定坯料尺寸。当 $150°>\alpha>60°$ 时（图 5-6），为了得到一致的翻边高度，已不能按曲率半径确定坯料尺寸。实验表明，随着翻边系数的减小，曲率半径 ρ 及角度 β 增大。此时可参考表 5-6 进行坯料修正。

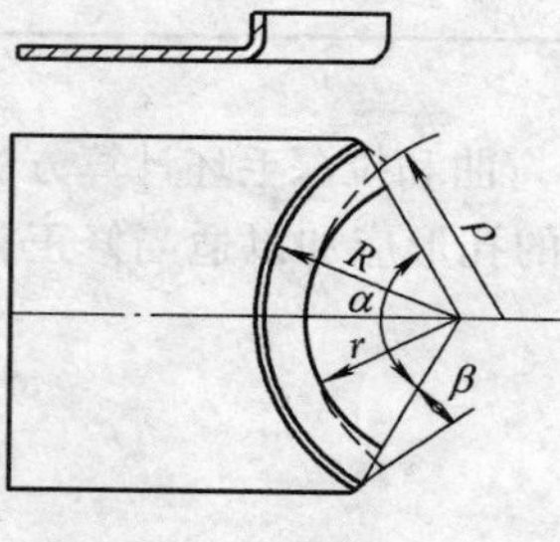

图 5-6　内凹曲线翻边的坯料修正

表 5-6　内凹曲线翻边坯料修正值

α/(°)	翻边系数 $E_{伸}$	β/(°)	ρ/mm
150	0.62	25	10.0
120	0.50	30	17.5
120	0.37	30	20.0
120	0.34	47	26.0
90	0.25	38	65.0
85	0.40	38	32.0
70	0.43	32	35.0
60	0.25	30	+∞

注：材料 08　料厚 1mm　$2r=32.5$mm。

2. 外凸曲线翻边（图 5-5b）

外凸曲线的翻边变形类似于不用压边圈的浅拉深，在翻边的凸缘内产生压应力，易于起皱，属压缩类翻边。其应变分布及大小主要决定于工件的形状。翻边系数用下式表示

$$E_{压}=\frac{r}{R}$$

r 为翻边线曲率半径，R 为坯件曲率半径。

同样，外凸曲线翻边也应进行坯料修正，修正方向与内凹曲线翻边相反。

当把不封闭的外缘翻边作为带有压边圈的单边弯曲时，翻边力可以按下式计算

$$F = Lt\sigma_b K + F_{压} \approx 1.25 Lt\sigma_b K$$

式中　F——外缘翻边所需的力（N）；

L——弯曲线长度（mm）；

t——料厚（mm）；

σ_b——零件材料的抗拉强度（MPa）；

$F_{压}$——压边力，为$(0.25 \sim 0.3)F$；

K——系数，近似为0.2～0.3。

外曲翻边毛坯翻边高度可参考浅拉深的毛坯计算。

（二）曲面外缘翻边

根据变形性质不同，曲面外缘翻边也分为伸长类曲面翻边和压缩类曲面翻边，如图 5-7 所示。

1. 伸长类曲面翻边

（1）变形特点　伸长类曲面翻边是沿曲面板料的边缘向曲面的曲率中心相反的方向翻起与曲面垂直竖边（图 5-7a）。翻边过程中，成形坯料的圆弧部分与直边部分的相互作用，引起圆弧部分产生切向伸长变形，使直边部分产生剪切变形和使坯料底面产生切向压缩变形。

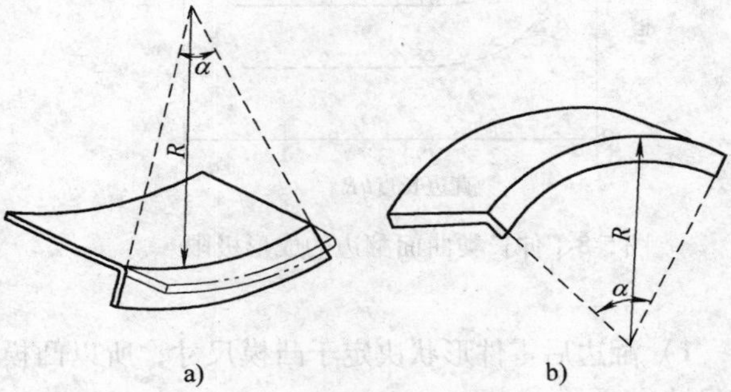

a）　　b）

图 5-7　曲面外缘翻边

a）伸长类曲面翻边　b）压缩类曲面翻边

（2）成形极限　伸长类曲面翻边的成形极限可用极限相对翻边高度表示，即用坯料不产生破坏的条件下可能达到的最大翻边高度 h_{max} 与圆弧部分的曲率半径 R 的比值 h_{max}/R 表示。表 5-7 与图 5-8 为冷轧低碳钢板、黄铜及铝板的极限相对翻边高度。

表 5-7　伸长类曲面翻边的成形极限 h_{max}/R

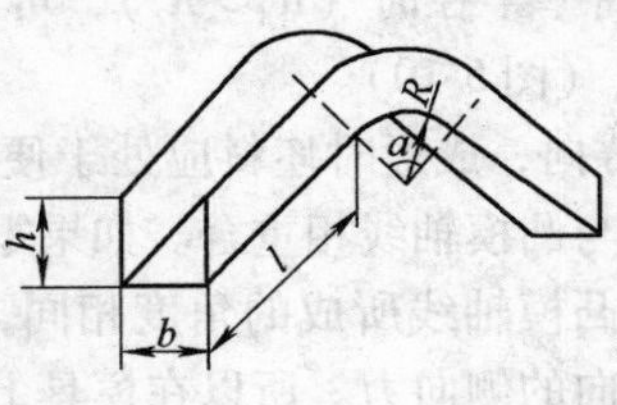

材料	R/mm	$\frac{l}{R}$						
		0.6	0.8	1.0	1.2	1.4	1.8	>2
低碳钢板	30	—	—	—	1.33	1.3	1.25	1.25
	45	—	—	—	1.27	1.22	1.22	1.22
黄铜板 H62	30	—	—	—	1.25	1.2	1.16	1.16
	45	—	—	—	1.22	1.16	1.05	1.05
纯铝板	30	—	—	—	0.83	0.8	0.66	0.66
	45	—	1.38	—	0.77	0.77	0.77	0.77
	70	0.86	0.82	0.82	0.82	0.82	0.82	0.82

注：此表适于 $\alpha = 90°$。

由图 5-8 可见，极限相对翻边高度 h_{max}/R 的数值决定于直边部分的长度 l。当直边长度大于某一极限值后（$l>2R$），极限相对翻边高度 h_{max}/R 成为一个基本不变的恒定数值。当直边部分长度小于某一极限值时，极限相对翻边高度 h_{max}/R 的数值急速地增大，并且当直边长度接近于零时，可能会出现翻边高度不受限制的情况，即成形任何高度的竖边也不致出现开裂。

（3）模具设计原则　伸长类曲面翻边模具的基本构造如图 5-9 所示。在进行模具设计时应注意下面几点：

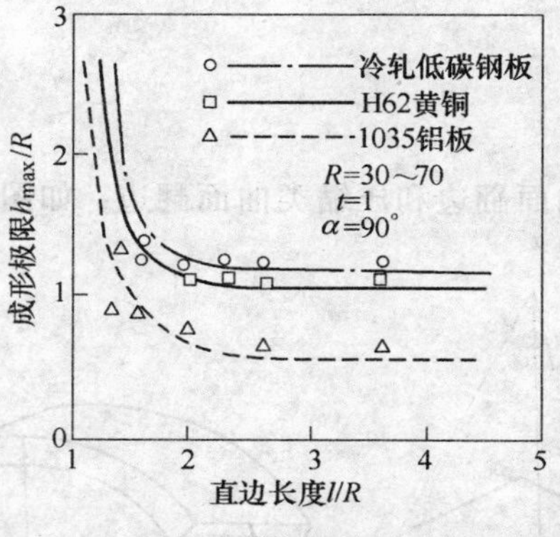

图 5-8　伸长类曲面翻边的成形极限

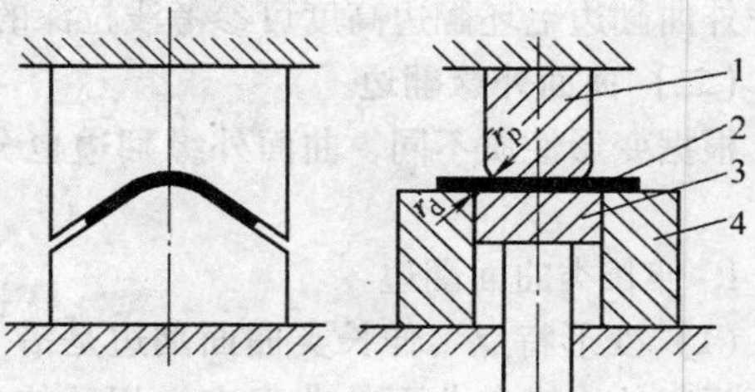

图 5-9　伸长类曲面翻边模具结构

1—凸模　2—坯料　3—压料板　4—凹模

1）翻边后零件形状决定于凸模尺寸，所以凸模曲率半径 R_p 与圆角半径 r_p 应等于零件的相应尺寸。

2）为防止坯料侧壁起皱，提高零件质量，应取凸、凹模单边间隙值等于或略小于料厚。同时应使凹模与模座间固定可靠以保证间隙不变。

3）底面应压边以有效地防止底面由于切向压应力引起的起皱。

4）凹模圆角半径虽然不决定零件形状，但对成形过程中坯料的变形有较大影响。应取尽量大的圆角半径，一般应保证 $r_d>8t$。

5）当凹模曲率半径大于凸模曲率半径时（$R_d>R_p$），可有效地降低圆弧部分切向应变的数值。因而，在允许时，宜取 $R_d>R_p$（图 5-10）。

6）要注意凸模对坯料的冲压方向，成形时坯料应处于便于成形的位置。在对称形状零件翻边时，应使坯料或零件的对称轴线与凸模轴线相重合。如果零件的形状不对称，应使成形后零件在模具中的位置保证两直边部分与凸模轴线所成的角度相同，如图 5-11 所示 N 向。如果两直边长度不等，可能出现较大的水平方向的侧向力。所以在模具上应考虑设置侧向力的平衡装置。

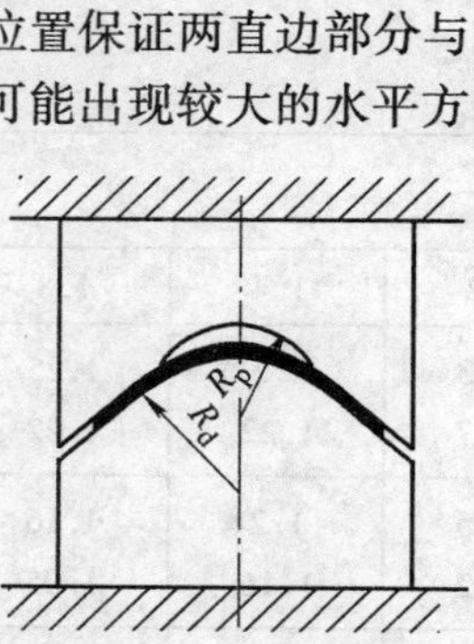

图 5-10　$R_d>R_p$

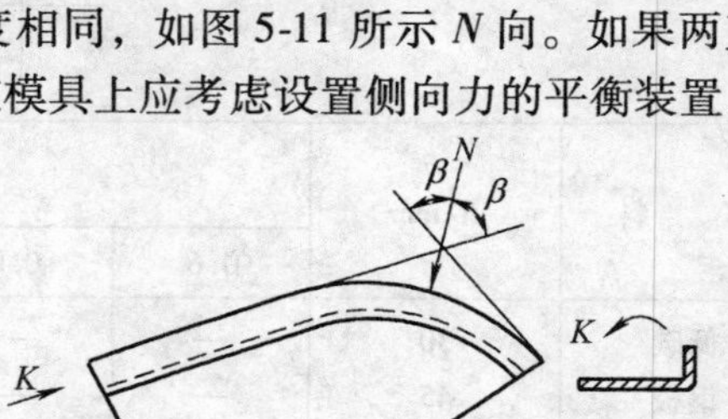

图 5-11　曲面翻边时冲压方向

2. 压缩类曲面翻边

（1）变形特点　压缩类曲面翻边是沿曲面板料边缘向曲面曲率中心相同方向翻起曲面垂直

的竖边（图 5-7b）。翻边坯料变形区内绝对值最大的主应力是切向（沿翻边线方向）的压应力，在该方向产生压缩变形，并主要发生在圆弧部分，所以容易在此处产生失稳起皱，这是限制压缩类曲面翻边成形极限的主要原因。因而减小圆弧部分的压应力，防止侧边失稳起皱的发生，是提高压缩类曲面翻边成形极限的关键。

（2）成形极限　压缩类曲面翻边的成形极限用极限翻边高度表示，即侧边不起皱的条件下，可能得到的最大翻边高度 h_{max}。无两侧压边时，纯铝板的极限翻边高度见表 5-8。因翻边高度较小，直边长度 l 无明显影响。

表 5-8　纯铝板的极限翻边高度 h_{max}　（单位：mm）

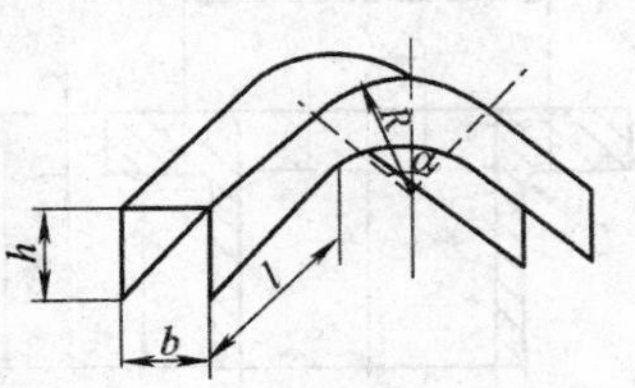

	$R=30$		$R=45$		$R=70$	
	$b=25$	$b=45$	$b=25$	$b=45$	$b=25$	$b=45$
$l=0$	5.5	4.5	6.0	5.0	6.5	5.5
$l=10$	5.5	4.5	6.0	5.0	7.5	6.0
$l=20$	5.5	4.5	6.0	5.0	—	6.5
$l=30$	5.5	4.5	6.0	5.0	—	6.5

注：本表适用于 $\alpha=90°$。

（3）模具设计原则　压缩类曲面翻边模具基本结构如图 5-12 所示。进行模具设计时一般应注意如下几点：

1）零件的形状决定于凸模尺寸。因此，应使凸模尺寸与零件相应尺寸相等。

2）凹模曲率半径尽管与零件形状无关，但对坯料的变形却有重要影响。从变形考虑，可取 $R_d > R_p$。

3）压缩类曲面翻边时底面应压料，且应保证足够的压料力。

4）当零件翻边高度较大时，应采用带两侧压边的模具结构，以防止变形过程中侧边的起皱。

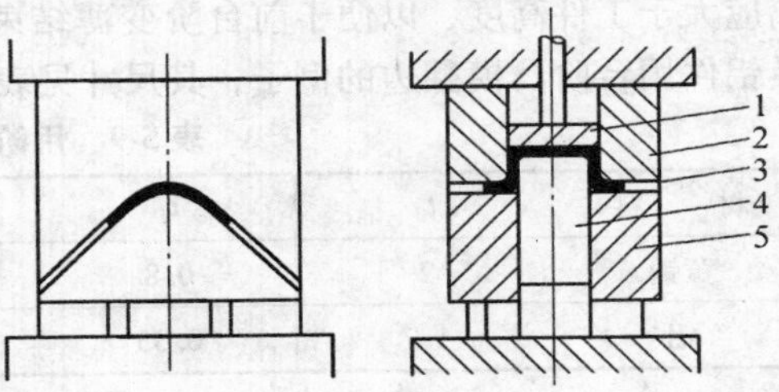

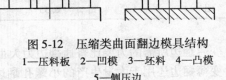

图 5-12　压缩类曲面翻边模具结构
1—压料板　2—凹模　3—坯料　4—凸模
5—侧压边

5）模具应保证足够的刚度，特别是凹模与模板的可靠固定，以保证模具间隙不致在翻边过程中因侧向力的作用而增大。

6）模具设计时同样应注意冲压方向的选择。

三、变薄翻边

（一）变形特点

当翻边零件要求具有较高的竖边高度，而壁部又允许变薄时，往往采用壁部变薄的翻边。变薄翻边属于体积成形，既提高了生产效率，又节约了材料，而从塑性变形的稳定性及不易发生裂纹的观点来看，变薄翻边比普通翻边更为合理。但变薄翻边要求材料具有良好的塑性，预制孔后的坯料最好经过软化退火处理。在冲制过程中需要强力压边，零件单边凸缘宽度 $b \geqslant 2.5t$ 以防止凸缘的移动和翘曲。

在变薄翻边中，在凸模压力作用下，变形区材料先受拉伸变形使孔径逐渐扩大，而后材料又在小于板料厚度的凸模、凹模间隙中受到挤压变形，使材料显著变薄。所以变薄翻边的变形程度不仅决定于翻边系数，而且决定于壁部的变薄系数。变薄翻边因其最终的结果是使材料竖边部分变薄，所以，变薄翻边的变形程度可以用变薄系数 K 表示：

$$K=\frac{t_1}{t}$$

式中　t_1——变薄翻边后竖边的厚度（mm）；

t——变薄翻边前材料厚度（mm）。

一次翻边的变薄系数可取 $K=0.4\sim0.5$。

（二）工艺计算

变薄翻边预制孔尺寸（图 5-13）的计算，应按翻边前后的体积相等的原则进行：

当 $r<3$mm 时

$$d_0=\sqrt{\frac{d_3^2t-d_3^2H+d_1^2H}{t}}$$

当 $r\geqslant3$ 时，应考虑到圆角处的体积，这时 d_0 可按下式计算：

$$d_0=\sqrt{\frac{d_1^2H-d_3^2h+\pi r^2D_1-D_1^2r}{H-h-r}}$$

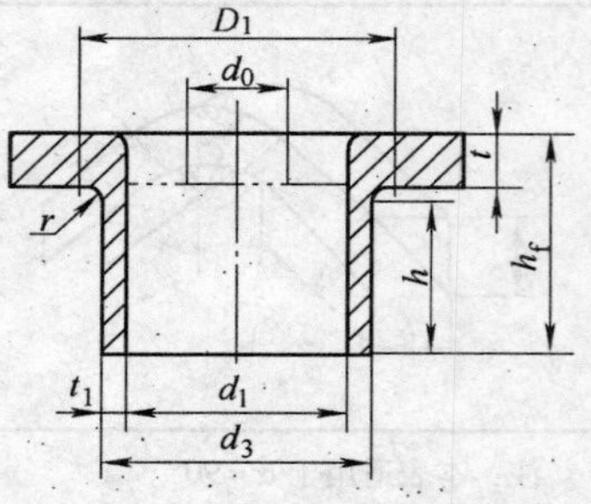

图 5-13　变薄翻边的尺寸

一般情况下，变薄翻边采用台阶形环状凸模在一次行程内对坯件作多次变薄加工来达到产品要求。凸模的台阶之间的距离应大于工件高度，以便于前台阶变薄结束后再进行后一台阶的变薄。图 5-14 所示为对黄铜件及铝件用台阶凸模翻边的例子，其尺寸见表 5-9。

表 5-9　用阶梯凸模变薄翻边的尺寸

材　料	t_0	t_1	d	D	D_1	H
黄铜	2	0.8	12	26.5	33	15
铝	1.7	0.35	4	12.7	21	15

变薄翻边所需的力要比普通翻边力大很多，力的增大与变薄量的增加成比例。

变薄翻边还用于大量生产的小螺孔翻边上，在这种情况下，壁部变薄量较小。图 5-15 所示为小螺孔翻边工作示意图。凸模采用抛物线形，翻边后的孔壁厚度 t_1 为

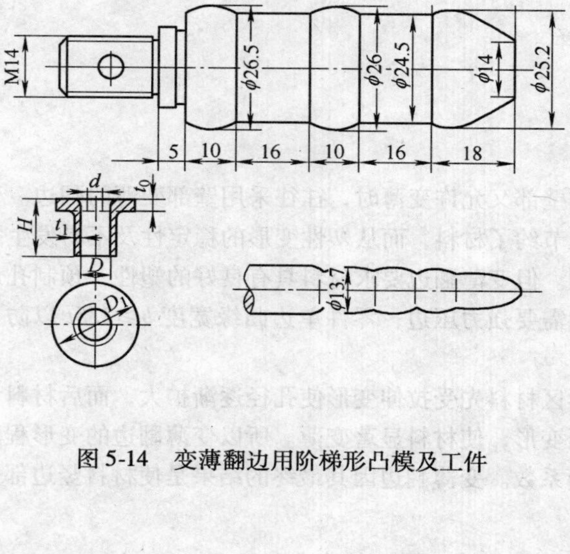

图 5-14　变薄翻边用阶梯形凸模及工件

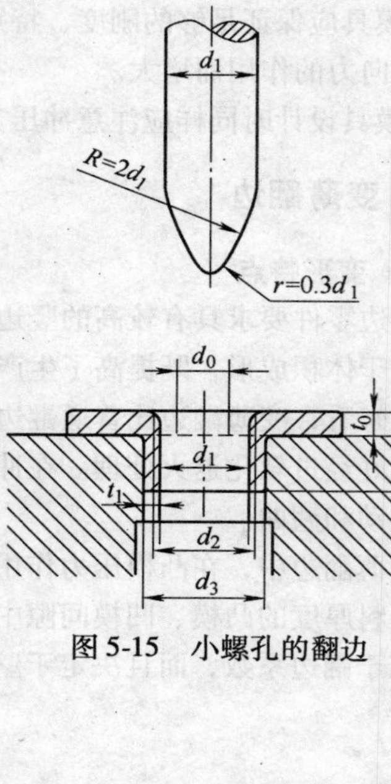

图 5-15　小螺孔的翻边

$$t_1=\frac{d_3-d_1}{2}=0.65t_0$$

或

$$t_0=1.54t_1$$

预制孔 $d_0=0.45d_1$ 此时翻边内径 d_1 取决于螺孔内径。螺孔内径 d_2 一般取以下数值

$$d_2\leqslant\frac{d_1+d_3}{2}$$

翻边外径：$d_3=d_1+1.3t_0$

翻边高度一般为

$$H=(2\sim2.5)t_0$$

式中符号如图 5-15 所示。

螺孔的翻边一般在 M6 以下。翻边凸模过渡圆弧 R，当 $t_0>1.5$mm 取 $R=2d_1$ 时，零件口部斜度较大，薄料则不明显。当取 $R\leqslant d_1$ 时，由于增加了与零件的摩擦，使端部较平整，故常数 $R\leqslant d_1$。

第二节　缩口和扩口

一、缩口

缩口工艺，是一种将无凸缘筒形空心件或管坯开口端直径加以缩小的冲压成形方法。如图 5-16。

1. 缩口变形程度

缩口前、后工件端部直径变化不宜过大，否则，端部材料会因受压缩变形剧烈而起皱。因此，由较大直径缩成很小直径的颈口，往往需多次缩口。缩口变形程度一般用缩口系数表示

$$K_{缩}=\frac{d_n}{D}$$

式中　$K_{缩}$——总的缩口系数；

d_n——工件开口端要求缩小的最后直径（mm）；

D——缩口前空心毛坯的直径（mm）。

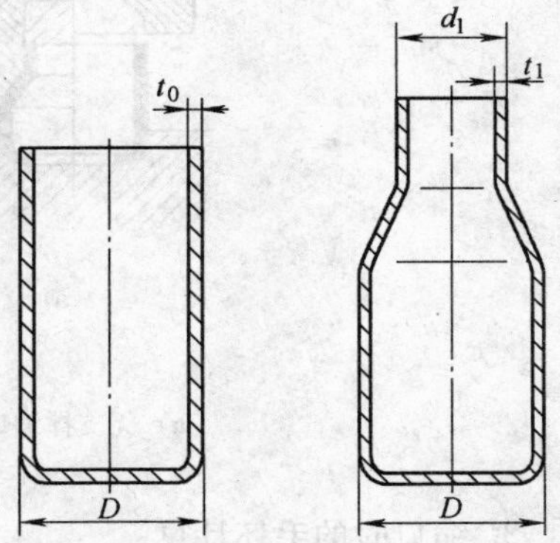

图 5-16　空心件的缩口

每一工序的平均缩口系数

$$K_j=\frac{d_1}{D}=\frac{d_2}{d_1}=\cdots=\frac{d_n}{d_{n-1}}$$

式中 d_1，d_2，…，d_n 分别为第一次、第二次、第 n 次缩口外径。

缩口次数

$$n=\frac{\lg K_{缩}}{\lg K_j}$$

缩口系数与模具的结构形式关系极大，还与材料的厚度和种类有关。材料厚度愈小，则系数相应增大。例如，无心柱式的模具，材料为黄铜板，其厚度在 0.5mm 以下者 K_j 取 0.85，厚度在 0.5～1mm 时 K_j 取 0.8～0.7。0.5mm 以下的软钢的平均缩口系数按 0.8 计算。表 5-10 给出了不同材料和不同模具支承方式的平均缩口系数。

一般第一道工序的缩口系数采用

$$K_1 = 0.9K_j$$

以后多次工序

$$K_n = (1.05 \sim 1.1)K_j$$

表 5-10 平均缩口系数 K_j

材料名称	模具形式		
	无支撑	外部支撑	内外支撑
软钢	0.70～0.75	0.55～0.60	0.30～0.35
黄铜 H62、H68	0.65～0.70	0.50～0.55	0.27～0.32
铝	0.68～0.72	0.53～0.57	0.27～0.32
硬铝(退火)	0.73～0.80	0.60～0.63	0.35～0.40
硬铝(淬火)	0.75～0.80	0.68～0.72	0.40～0.43

2. 模具形式

缩口模按其支撑方式一般可分三种。第一种是无支撑缩口模（图 5-17a），这种模具结构简单，但毛坯稳定性差；第二种是外支撑形式（图 5-17b），这种模具较前者复杂，但毛坯稳定性较好，允许的缩口系数可以减小；第三种为内、外支撑形式（图 5-17c），这种模具较前两种复杂，但稳定性更好，允许缩口系数可以取得更小。

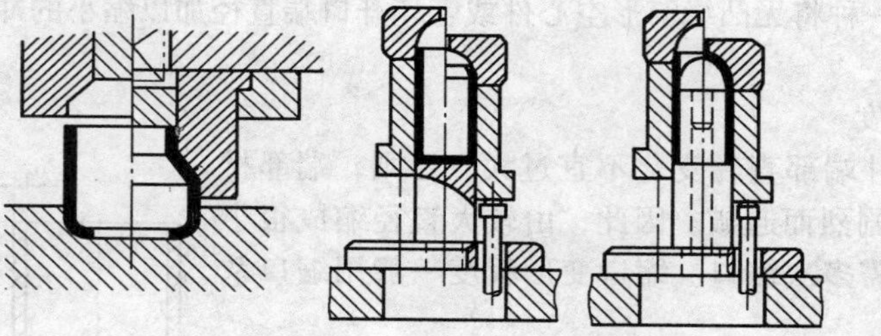

a) b) c)

图 5-17 缩口模具形式

a）无支撑缩口模 b）外部支撑缩口模 c）内外支撑缩口模

3. 缩口时的毛坯计算

缩口时颈口略有增厚，通常不予考虑。缩口在精确计算时，颈口厚度按下式计算

$$t_1 = t_0\sqrt{\frac{D}{d_1}}$$

$$t_n = t_{n-1}\sqrt{\frac{d_{n-1}}{d_n}}$$

式中 t_0——缩口前坯料厚度（mm）；

t_1——缩口后坯料厚度（mm）；

D——缩口前坯料直径（mm）；

d_1——缩口后坯料直径（mm）；

t_n——第 n 次缩口后坯料厚度（mm）。

应该指出，一般缩口后口部直径会出现 0.5%～0.8% 的回弹。缩口毛坯尺寸可根据变形前、后体积不变原则计算。图 5-18 是不同的缩口形式及其毛坯计算所用的公式。式中符号如图 所示。

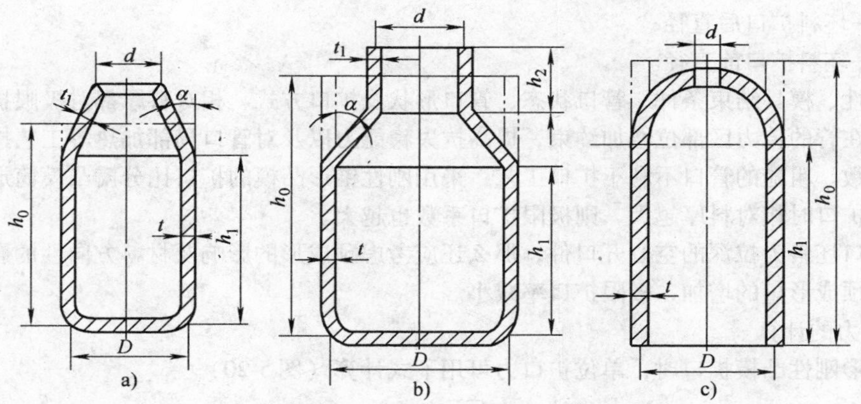

图 5-18 缩口时的毛坯计算

a) $h_0 = 1.05\left[h_1 + \frac{D^2 - d^2}{8D\sin\alpha}\left(1 + \sqrt{\frac{D}{d}}\right)\right]$ b) $h_0 = 1.05\left[h_1 + h_2\sqrt{\frac{d}{D}} + \frac{D^2 - d^2}{8D\sin\alpha}\left(1 + \sqrt{\frac{D}{d}}\right)\right]$

c) $h_0 = h_1 + \frac{1}{4}\left(1 + \sqrt{\frac{D}{d}}\right)\sqrt{D^2 - d^2}$

h—毛坯压缩部分高度($h = h_0 - h_1$) h_1—圆柱部分高度

4. 缩口力的计算

忽略凹模入口处的弯曲应力，缩口力可按下式计算

$$F = K\left[1.1\pi d_0 t\sigma_s\left(1 - \frac{d}{D}\right) \times (1 + \mu\cot\alpha)/\cos\alpha\right]$$

考虑弯曲力时，缩口力可按下式计算

$$F = K\left\{1.1\pi d_0 t_0 \sigma_s\left(1 - \frac{d}{D}\right)(1 + \mu\cot\alpha)/\cos\alpha + 1.82\sigma^2\left[d + r_d(1 - \cos\alpha)/r_d\right]\right\}$$

式中 F——缩口力（N）；

t_0——工件原始壁厚（mm）；

t——缩口后口部厚度（mm）；

d_0——按中性层计算的工件原始直径（mm）；

d——缩口后直径（mm）；

μ——摩擦系数；

α——凹模锥角（°）；

σ_s——材料屈服强度（MPa）；

σ——材料真实应力（MPa）；

r_d——凹模圆角半径（mm）；

K——速度系数，对曲柄压力机可以取 $K = 1.15$。

二、扩口

与缩口变形相反，扩口是使管材或冲压空心件口部扩大的一种成形方法，特别是在管材扩口中应用较多（图 5-19）。

1. 扩口变形程度

扩口变形程度的大小可用扩口系数 $K_{扩}$ 表示。

$$K_{扩} = \frac{D}{D_0}$$

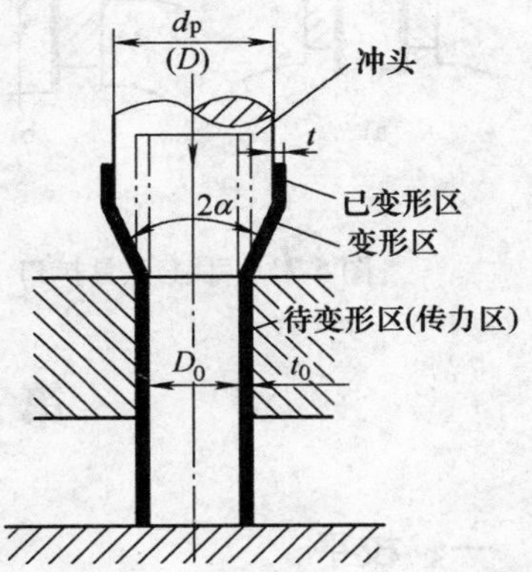

图 5-19 扩口工艺

式中　D——坯料扩口后直径；

D_0——坯料扩口前直径。

材料特性、模具结束条件、管口状态、管口形状及扩口方式、相对料厚都对极限扩口系数有一定影响。在管的传力区部位增加约束，提高抗失稳能力以及对管口局部加热等工艺措施可提高极限扩口系数。粗糙的管口不利于扩口工艺，采用刚性锥形凸模的扩口比分瓣凸模筒形扩口较有利。在钢管扩口时相对料厚越大，则极限扩口系数也越大。

如果扩口坯料为拉深的空心开口件，那么还应考虑预成形的影响及材料方向性的影响。实验证明，随着预成形量的增加，极限扩口率减小。

2. 扩口力的计算

采用锥形刚性凸模扩口时，单位扩口力可用下式计算（图5-20）

$$p = 1.15\sigma \frac{1}{3-\mu-\cos\alpha} \times \left[\ln K + \sqrt{\frac{t_0}{2R}}\sin\alpha\right]$$

式中　σ——单位变形抗力（N/mm^2）；

α——凸模半锥角（°）；

μ——摩擦系数；

K——扩口系数，$K=\dfrac{R}{R_0}$

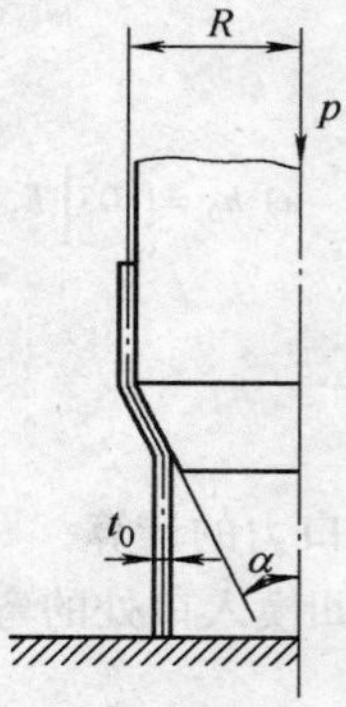

图5-20　锥形刚性凸模扩口

3. 扩口的主要方式

扩口的主要方式如图5-21～图5-23所示。

直径小于20mm，壁厚小于1mm的管材，如果产量不大，可采用如图5-21所示的简单手工工具进行扩口。但扩口的精度、粗糙度不很理想。当产量大，扩口质量要求高的时候，均需采用模具扩口（图5-22）或专机及工具扩口。

此外，旋压、爆炸成形、电磁成形等新工艺也都在扩口工艺中有许多成功的应用。当制件两端直径相差较大时，可以采用扩口与缩口复合工艺（图5-23）。

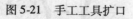

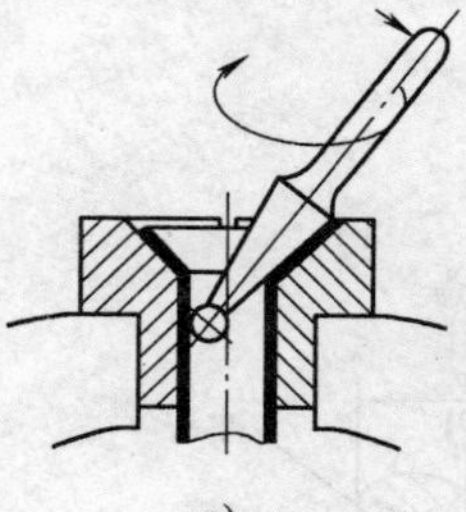

图5-21　手工工具扩口

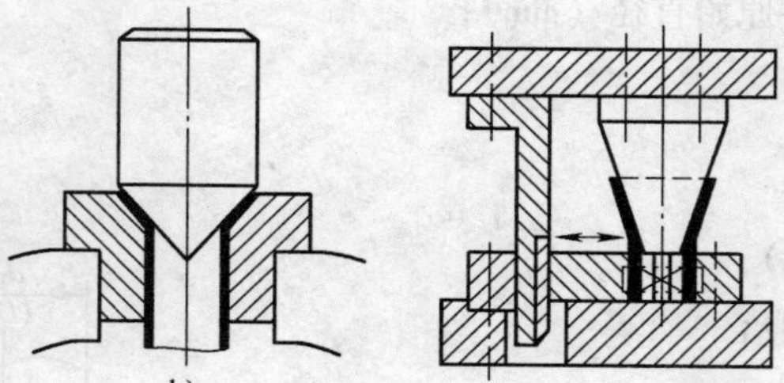
图5-22　模具扩口

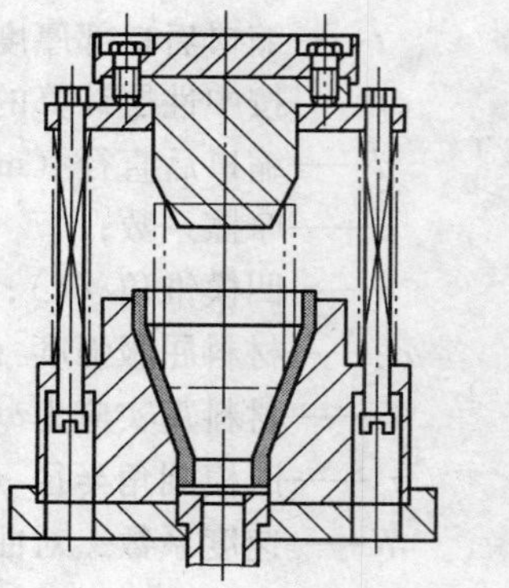
图5-23　扩口与缩口复合工艺

第三节　校平、整形与压印

一、校平

将毛坯或零件不平整的面压平，称为校平。如果工件某个面的平直度要求较高，则需校平。

校平常在冲裁后进行，以消除冲裁过程造成的不平直现象。平板零件的校平模主要有平面校平模和齿状校平模两种形式。

对于材料较薄且表面不允许有细痕的零件，可采用平面校平模。由于平面模的单位压力较小，对改变毛坯内应力状态的作用不大，校平后工件仍有相当大的回弹，因此效果一般不好，主要用于平直度要求不高，如软金属（如铝、软钢、铜）等制成的小型零件。为消除压力机台面与托板平直度不高的影响，通常采用浮动凸模或浮动凹模。

平面校平模校平时，单位校正力越高，校平效果越好，单位压力取等于材料屈服点上的二倍左右为宜。但对于常用的软钢及黄铜，通常可取单位校正力 $p=50\sim100\text{MPa}$，总压力 F 按下式计算

$$F=Ap$$

式中　A——工作面积（mm^2）。

在很大的校正压力作用下，模板中心部位会产生弹性凹陷变形，为此，有时需将模面中心预先作成凸形。

对于材料较厚，平直度要求较高且表面上容许有细痕出现，可采用齿状校平模。齿有尖齿和平齿两种，齿形用正方形或菱形，上下模齿尖应相互错开，如图 5-24 所示。

尖齿模校平时，模具的尖齿挤入毛坯材料达一定深度，毛坯在模具压力作用下的平直状态可以保持到卸载以后，因此校平效果好，可能达到较高的平面度要求，主要用于平直度要求较高或强度极限高的较硬材料。但用尖齿校平模时，在校平零件的表面上留有较深的压痕，毛坯容易粘在模具上不易脱模，模齿也易于磨钝，所以生产上多采用平齿校平模，即齿顶具有一定的宽度。它主要用于材料厚度较小和由铝、青铜、黄铜制成的工件（图 5-24）。

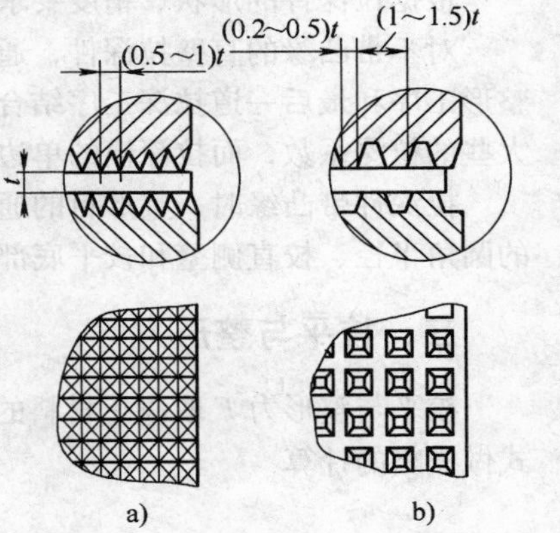

图 5-24　尖齿和平齿校平模
a）尖齿　b）平齿

当零件的表面不允许有压痕时，可以采用一面是平板，而另一面是带齿模板的校平方法。

假如零件的两个表面都不允许有压痕，或零件的尺寸较大，且要求较高平直度时，也可以采用压力下的加热校平方法。将需要校平的零件叠成一定的高度，用加压夹具压紧成平直状态，然后放进加热炉里加热。温度升高以后材料的屈服强度降低，毛坯在压平时因反弯变形引起的内应力数值也相应地下降，使回弹变形减小以达到校平的目的。加热温度取决于零件材料，对铝为 300～320°C，黄铜（H62）为 400～450°C。大批生产的中、厚板零件的校平可成叠在液压机上进行。对不大的平板零件也可采用滚轮校平。

二、整形

弯曲回弹会使工件的弯曲角度改变；由于凹模圆角半径的限制，拉深或翻边的工件也不能达到较小的圆角半径。利用模具使弯曲或拉深后的冲压件局部或整体产生少量塑性变形以得到较准确的尺寸和形状，称为整形。由于零件的形状和精度要求各不相同，冲压生产中所用的整形方法有多种形式，下面主要介绍弯曲和拉深件的整形。

1. 弯曲件的整形

弯曲件的整形方法主要有压校和镦校两种形式。

压校方法主要用于用折弯方法加工的弯曲件，以提高折弯后零件的角度精度，同时对弯曲件两臂的平面也有校平作用，如图 5-25 所示。压校时，零件内部应力状态的性质变化不大，所以

效果也不显著。

弯曲件镦校（图 5-26）时，要取半成品的长度稍大于成品零件。在校形模具的作用下，使零件变形区域成为三向受压的应力状态。因此，镦校时得到弯曲件的尺寸精度较高。但是，镦校方法的应用也常受零件的形状的限制，例如带大孔的零件或宽度不等的弯曲件都不能用镦校的方法。

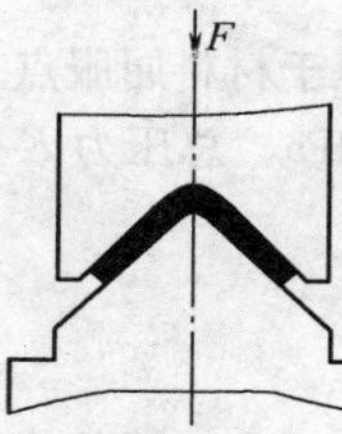

图 5-25　弯曲件压校

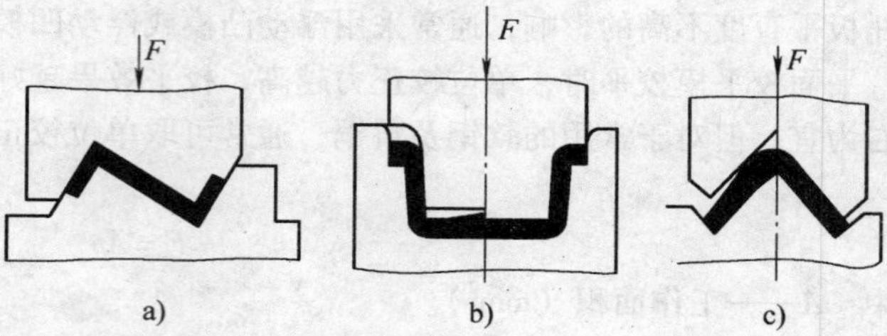

图 5-26　弯曲件镦校

2. 拉深件的整形

根据拉深件的形状、精度要求的不同，在生产中所采用的整形方法也不一样。

对不带凸缘的直壁拉深件，通常都是采用变薄拉深的整形方法提高零件侧壁的精度。可以把整形工序和最后一道拉深工序结合在一起，以一道工序完成。这时应取稍大些的拉深系数，而拉深模的单边间隙可取为$(0.9 \sim 0.95)t$。

拉深件带凸缘时，整形目的通常包括校平凸缘平面、校小根部与底部的圆角半径、校直侧壁和校平底部，如图 5-27 所示。

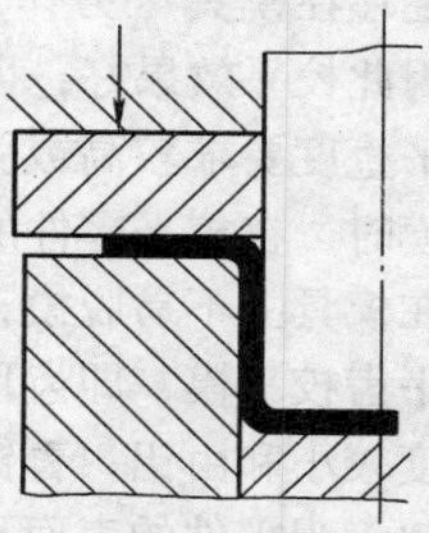

图 5-27　带凸缘筒形件的整形

三、校平与整形力

校平与整形力 F 取决于材料的力学性能、厚度等因素，可以用下列公式做概略的计算

$$F = Ap$$

式中　F——校平或整形力（N）；

A——工件的校平面积（mm^2）；

p——校平和整形单位压力，见表 5-11。

表 5-11　校平和整形的单位压力　（单位：MPa）

校形方式	单位压力 p	注
平面校平模校平	80 ~ 100	用于薄料
尖齿校平模校平	100 ~ 200	用于厚料，表面允许有细痕
平齿校平模校平	200 ~ 300	用于厚料，表面不允许有细痕
敞开形制件剖面整形	50 ~ 100	用于薄料
拉深件减小圆角及整形	150 ~ 200	

四、压印

在模具作用下使板料厚度发生变化，在零件表面上压出起伏花纹或字样的工序叫压印，如图 5-28 所示。压印广泛应用于用金属板来制造硬币、纪念章及在餐具和钟表零件上压标记或花纹。大多数情况下，压印是在封闭模具内进行，以免金属被挤压型腔外面。对于较大工件的压印或形状特殊成型后切边的工件，则采用敞开的表面压印。压印时要注意凸起宽度不要窄而高，同时避免尖角。

在压印过程中虽然金属的位移不大，但要得到清晰的花纹则需要相当大的单位压力。压印力可根据以下经验公式计算

$$F = Ap$$

式中　F——压印力（N）；

A——零件压印的投影面积（mm^2）；

p——单位压力，见表5-12。

为使工件有良好的表面，事先应将毛坯作退火、酸洗、喷砂等处理。

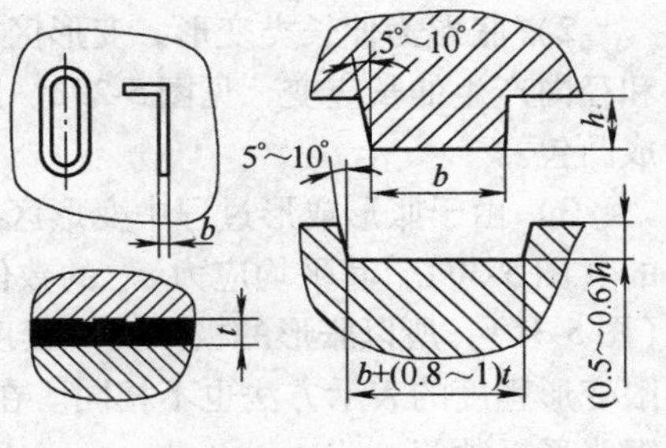

图5-28　压印

表5-12　压印单位压力　（单位：MPa）

工作性质	单位压力 p	工作性质	单位压力 p
在黄铜板上敞开压凸纹	200~500	银币或镍币的压印	1500~1800
在 t<1.8mm 的铜板上压凸凹图案	800~900	在 t<0.4mm 的薄黄铜板上压印单面花纹	2500~3000
用淬得很硬的凸模在凹模上压制轮廓	1000~1100	不锈钢上压印花纹	2500~3000

第四节　胀　形

胀形是毛坯（板料毛坯）在外力作用下产生厚度变薄和表面积增大以得到所需几何形状及尺寸的制件的冲压成形方法。常用于有起伏成形、圆柱形（或管形）毛坯的扩径及平板毛坯的张拉成形等。曲面零件拉深时毛坯的中间会产生胀形变形，大型覆盖件的冲压成形中，为使毛坯更好贴模，提高成形件的精度和刚度，必须使零件获得一定的变形量。因此，胀形是一种基本的成形方法。

一、变形特点

球头凸模胀形平板毛坯可视为纯胀形，如图5-29所示。其变形特点如下：

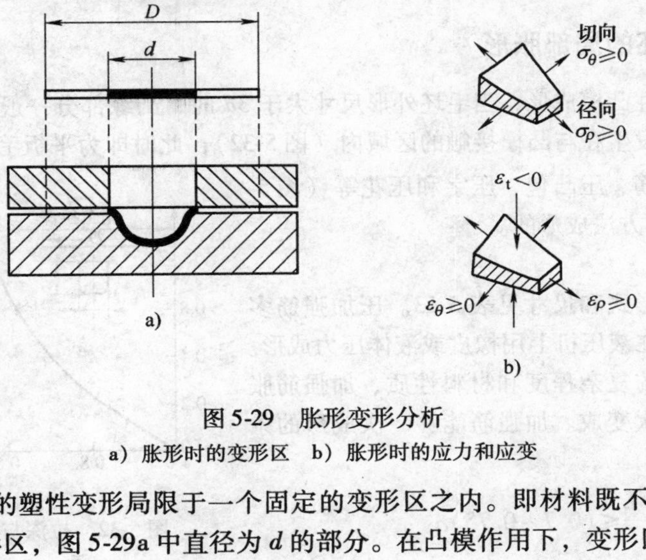

图5-29　胀形变形分析

a）胀形时的变形区　b）胀形时的应力和应变

1）胀形时毛坯的塑性变形局限于一个固定的变形区之内。即材料既不从变形区流向外部，也不从外部流入变形区，图5-29a中直径为 d 的部分。在凸模作用下，变形区材料受双向拉应力

作用，一般情况下变形区毛坯不会产生失稳起皱，卸载后的回弹很小，毛坯的贴模性与形状冻结性都较好，容易得到尺寸精度较高的、表面光洁、质量好的零件。

2）胀形为伸长类变形，变形区内板料形状的变化主要由其表面积局部增大实现，即沿切向和径向产生伸长应变，见图5-29b。厚向应变 $\varepsilon_t<0$，使材料厚度减薄，表面积增大，在凹模内形成凸包。

3）由于胀形成形过程中变形区的材料受双向拉应力作用，变形区各点的应变是不完全相同的（图5-30），其平均应力 σ_m 的数值大，一旦某点的拉应力超过了该点的强度，该点就会破裂（图5-31），所以胀形的极限变形程度是以零件是否发生破裂来判断。对于不同的胀形方法，极限变形程度的表示方法也不相同。在实际生产中，常用的有：断面变形程度、极限胀形高度、极限胀形系数等。

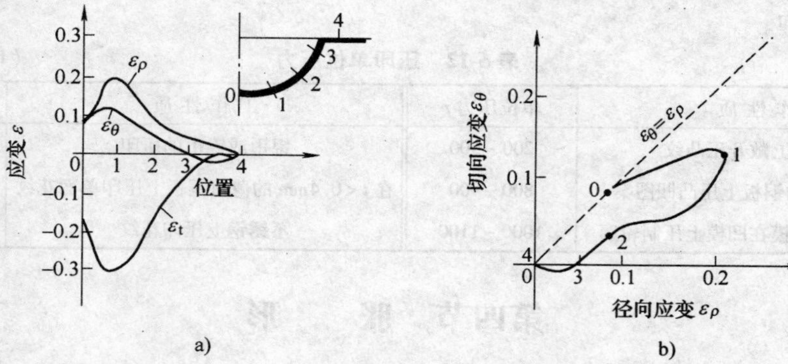

图5-30　胀形时的变形分析

a）应变分布图　b）应变状态图

虽然胀形方法不同，但变形区的应变性质都是一样的，破裂也总是发生在材料厚度减薄最严重的一部位。所以影响极限变形程度主要因素有硬化指数 n 和均匀伸长率 δ_u。硬化指数 n 较大，材料应变强化能力较强，可使变形区内各部分的变形分布趋于均匀，即使总体变形程度增大，能提高胀形的极限变形程度；均匀伸长率 δ_u 较大，材料塑性变形稳定性增大，故胀形极限变形程度也提高。

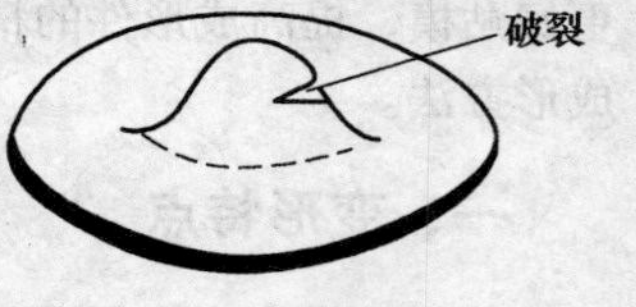

图5-31　胀形破裂

二、平板毛坯的局部胀形

平板毛坯用刚性凸模成形，当毛坯外形尺寸大于3d时，凸缘部分一般不可能产生切向收缩变形，于是变形只发生在与凸模接触的区域内（图5-32），此时即为平板毛坯的局部成形。在生产中常见的压加强筋、压凸包、压字和压花等（图5-33），都是采用这种方法成形的。

1. 压加强筋

常用的加强筋形式和尺寸见表5-13。压加强筋多用金属模，也可以在液压机上用橡皮或液体压力成形。

根据零件形状的复杂程度和材料性质、加强筋胀形可以由一次或几次变成。加强筋能够一次成形的条件是

$$\frac{L_1-L}{L}\leqslant(0.7\sim0.75)\delta$$

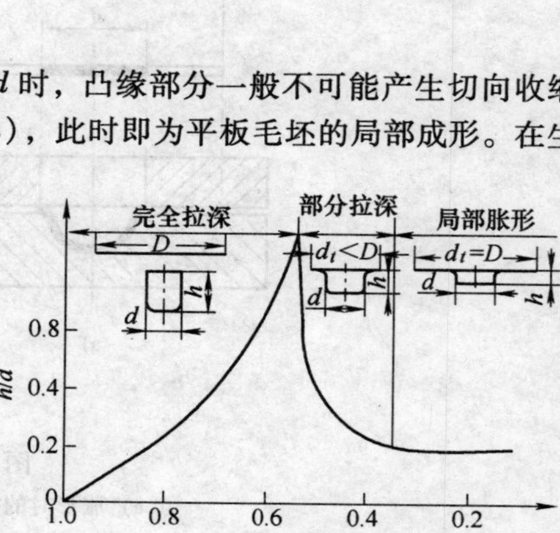

图5-32　拉深与局部胀形的分界

式中 L——成形前的原始长度（mm）；

L_1——成形后沿截面的材料长度（mm）；

δ——材料的伸长率（图 5-34）。

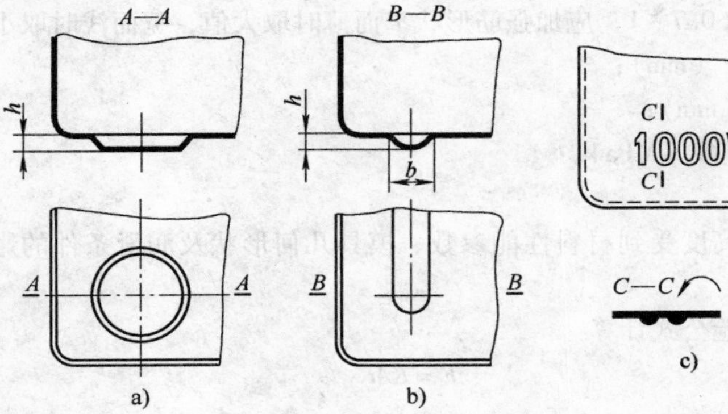

图 5-33 平板毛坯胀形的几种形式

a）压凸包 b）压加强筋 c）压字

表 5-13 加强筋的形式与尺寸

名 称	简 图	R/t	h/t	b/t 或 D/t	r/t	$\alpha/(°)$
半圆形肋	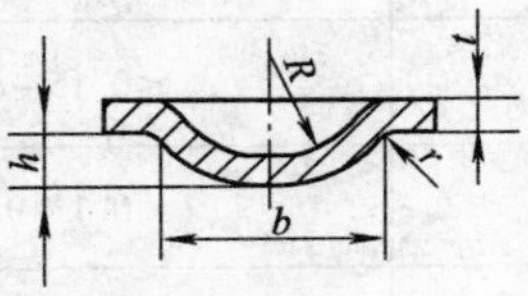	3 ~ 4	2 ~ 3	7 ~ 10	1 ~ 2	—
梯形肋	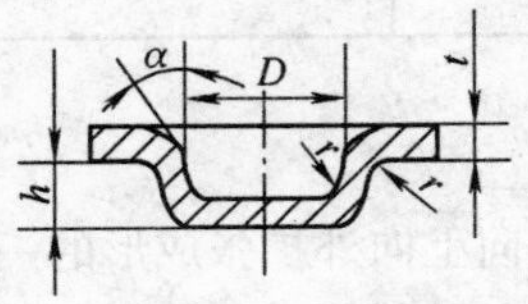	—	1.5 ~ 2	≥3	0.5 ~ 1.5	15 ~ 30

如果计算结果不符合这个条件，则应增加工序，如图 5-35 所示。

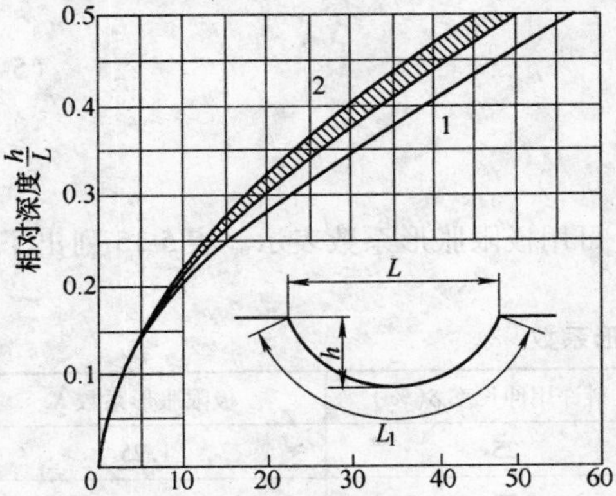

图 5-34 冲制加强筋时材料的伸长率

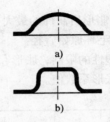

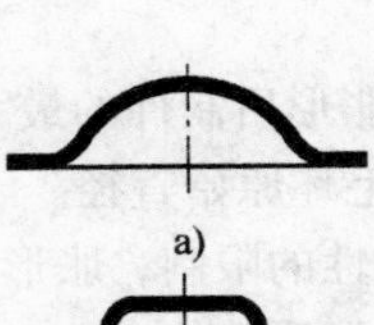

图 5-35 两道工序

a）预成形 b）最终成形

冲压加强筋的变形力按下式计算

$$F = KLt\sigma_b$$

式中　F——变形力（N）；

K——系数，可取 0.7 ~ 1，应加强筋形状窄而薄时取大值，宽而浅时取小值。

L——加强筋周长（mm）；

t——毛坯厚度（mm）；

σ_b——材料强度极限（MPa）。

2. 压凸包

冲压凸包时，凸包高度受到材料性能参数、模具几何形状及润滑条件的影响，一般不能太大，其数值列于表 5-14。

冲压力可用下列经验公式计算

$$F = KAt^2$$

式中　F——冲压力（N）；

K——系数，对钢为 200 ~ 300N/mm^4；对于铜为 50 ~ 200N/mm^4；

A——局部胀形面积（mm^2）；

t——极材厚度（mm）。

表 5-14　平板毛坯冲压凸包时成形极限

简　图	材　料	许用成形高度 h_{max}/d
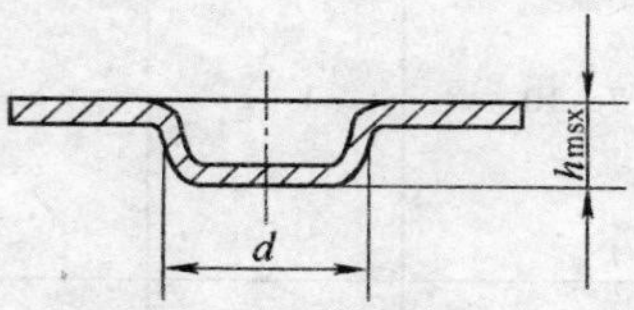	软钢	≤0.15 ~ 0.2
	铝	≤0.1 ~ 0.15
	黄铜	≤0.15 ~ 0.22

三、圆柱形空心坯料的胀形

圆柱形空心坯料的胀形是将空心零件或管毛坯，在半径方向上向外扩张成形的一种冲压加工方法。用该法可以生产高压气瓶、波纹管、皮带轮、三通接头以及其他一些异形空心件。

1. 胀形变形程度

胀形时的变形程度可用胀形系数 K 表示

$$K = \frac{D_{max}}{D_0} \tag{5-3}$$

式中　D_{max}——胀形后制件的最大直径；

D_0——毛坯原始直径。

由于材料塑性的限制，胀形存在一个变形极限，可用极限胀形系数表示。表 5-15 列出了部分材料的极限胀形系数值。

表 5-15　极限胀形系数

材　料	厚度/mm	材料许用伸长率 δ(%)	极限胀形系数 K
高塑性铝合金(如 3A21 等)	0.5	25	1.25
	1.0	28	1.28
	1.2	32	1.32
	2.0	32	1.32

（续）

材　　料	厚度/mm	材料许用伸长率 δ(%)	极限胀形系数 K
低碳钢（如08F、10及20钢）	0.5	20	1.20
	1.0	24	1.24
耐热不锈钢（如1Cr18Ni9Ti等）	0.5	26~32	1.26~1.32
	1.0	23~34	1.28~1.34
黄铜（如H62、H68等）	0.5~1.0	35	1.35
	1.5~2.0	40	1.40

胀形的极限变形程度主要取决于变形的均匀性和材料的塑性。材料的塑性好，加工硬化指数 n 值大，变形均匀，对胀形则有利。模具工作部分表面粗糙度值小、圆滑无棱以及良好的润滑，都可使材料变形趋于均匀，因此可以提高胀形的变形程度。反之毛坯上的擦伤、划痕、皱纹等缺陷则易导致毛坯的拉裂。

在对毛坯径向施加压力胀形的同时，也在轴向加压的话，胀形变形程度可以增大。因此为了得到较大的变形程度，在胀形时常常施加轴向推力使管坯压缩。此外，对毛坯进行局部加热（变形区加热）也会增大变形程度。

2. 坯料尺寸计算

胀形的坯料尺寸如图5-36所示。坯料直径 D_0 由下式计算

$$D_0 = \frac{D_{max}}{K} \tag{5-4}$$

圆柱形空心坯料的胀形时，为增加材料在圆周方向的变形程度和减少材料的变薄，坯料两端一般不固定，使其自由收缩，故毛坯长度 L_0 应比制件长度增加一定收缩量。L_0 计算式如下

$$L_0 = L[1 + (0.3 \sim 0.4)\delta] + \Delta l$$

式中　L——制件母线长度；

δ——$\delta = \dfrac{D_{max} - D_0}{D_0}$；

Δl——修边余量，约为10~20mm。

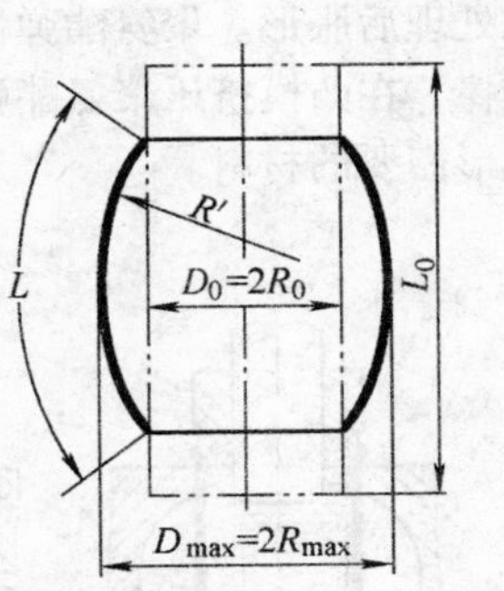

图5-36　圆柱形空心坯料胀形坯料尺寸

波纹管的毛坯计算可按表面积相等考虑，再根据胀形系数大小对管坯变薄的影响适当修正。

3. 胀形方法

按照胀形模具的不同，圆柱形空心坯料的胀形方法可分为刚性分瓣模胀形（刚模胀形）、半刚性模胀形以及软模胀形。半刚性模胀形采用钢球和砂子作为填充物来进行胀形，操作相对较麻烦。下面主要介绍刚模胀形和软模胀形。

（1）刚模胀形　胀形凹模一般采用可分式，凸模为刚性分块式（由楔状心块将其分开）。刚模胀形时，模瓣和毛坯之间有较大的摩擦，材料受力不均，制件上易出现加工痕迹，也不便加工复杂的形状。增加模瓣数可以使变形均匀，提高加工精度，但模瓣数目太多后效果不明显。一般模瓣数目在8~12块之间。图5-37为刚模胀形的例子。

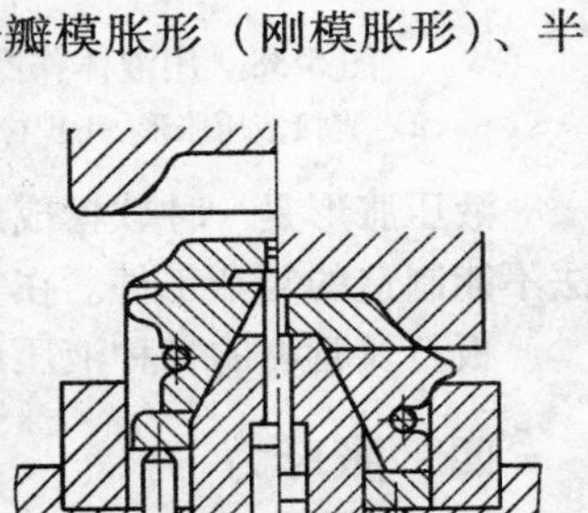

图5-37　刚模胀形

（2）软模胀形　利用弹性体或流体代替凸模或凹模压制金属板料、管料的冲压方法称为软模成形。软模成形可用于冲裁、弯曲、拉深、胀形等多种工艺。对胀形而言，软模胀形制件上无痕迹，变形比较均匀，便于加工复杂的形状，所以应用较多。

弹性材料通常用天然橡胶或聚氨酯弹性体，后者耐油、耐磨和耐温性较好，因此使用更多。此外也有用PVC塑料胀形的。PVC塑料虽然弹性和强度均不如聚氨酯弹性体，但价格比较低廉。

利用液体作为软体凸模进行薄板或管坯的胀形方法称为液压胀形，液体通常是用油、乳化液、水或粘性物质。液压胀形可得到较高压力，且作用均匀，容易控制，可以成形形状复杂、表面质量和精度要求高的零件。缺点是机构复杂，成本高。

近年来发展了玻璃基复合材料作为热流体用于热态成形，取得良好效果。当超塑材料成形时，由于变形抗力低，有时也用气压成形。另外，还有将液体装在橡皮囊内的橡皮囊成形。图5-38b是橡皮囊充液胀形，其优点是密封较易解决，且生产率比直接采用液压的胀形方法（图5-38a）要好。

软模胀形时有以下特点：

1）不会划伤板坯表面。

2）可以省去一个凸模或凹模，降低了模具制造精度要求。

3）生产率较低，适合于批量不大的冲压件生产。

4）软模胀形可用于制造某些特殊形状的零件，如波纹管等。

5）采用液压胀形时工件在高压液体作用下成形，实际上可以起到水压试验的作用，保证工件有良好的质量。

图5-39为聚氨酯弹性体实例。零件毛坯尺寸为$\phi39\text{mm}\times100\text{mm}\times2.5\text{mm}$的管材，经磷化-皂化处理后胀形。聚氨酯弹性体胶棒尺寸为$\phi32\text{mm}\times100\text{mm}$。冲压时上下凸模同时作用于坯料和胶棒，在凸模挤压聚氨酯弹性体胶棒使零件成形的同时，上下凸模的边缘推动坯料流动，以补充成形需要的材料。

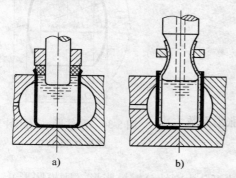

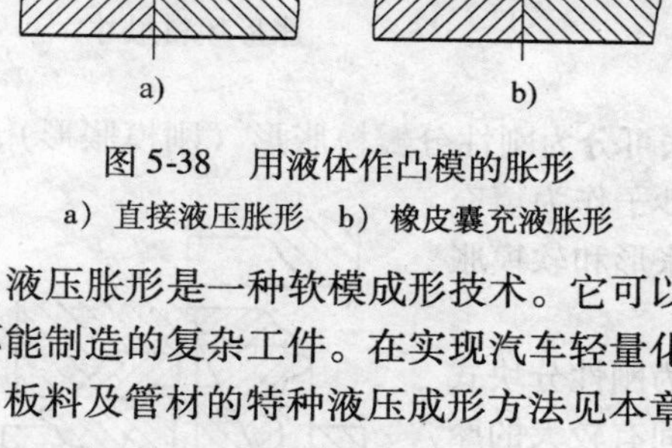

a)　b)

图5-38　用液体作凸模的胀形

a）直接液压胀形　b）橡皮囊充液胀形

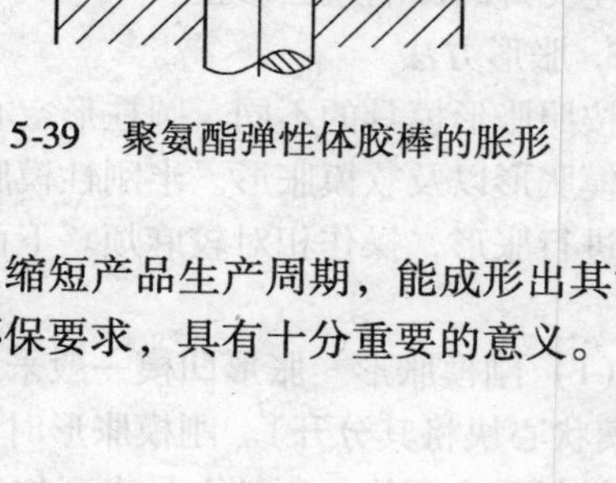

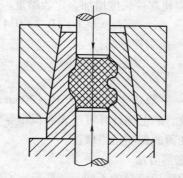

图5-39　聚氨酯弹性体胶棒的胀形

液压胀形是一种软模成形技术。它可以简化模具结构，缩短产品生产周期，能成形出其它方法不能制造的复杂工件。在实现汽车轻量化，满足节能和环保要求，具有十分重要的意义。

板料及管材的特种液压成形方法见本章第六节。

四、胀形力

胀形时，其胀形力可按下式计算：

$$F=pA \tag{5-5}$$

式中　F——胀形力（N）；

p——胀形单位压力（MPa）；

A——胀形面积（mm^2）。

胀形单位压力 p 可用下式计算：

$$p = 1.15\sigma_z \frac{2t}{D} \tag{5-6}$$

式中　p——胀形单位压力（MPa）；

σ_z——胀形变形区真实应力，近似估算时取 $\sigma_z \approx \sigma_b$（材料的抗拉强度）（MPa）；

D——胀形最大直径（mm）；

t——材料原始厚度（mm）。

第五节　旋　　压

旋压成形是利用赶棒或旋轮等工具作进给运动，加压于随旋压芯模沿同一轴线转动的板料或空心毛坯，使其产生连续的塑性变形，逐渐成形为空心回转体零件的一种特殊成形方法。旋压主要分为普通旋压（不变薄旋压）和变薄旋压（强力旋压）两种。前者在旋压过程中材料厚度不变薄或只有少许变薄，后者在旋压过程中壁厚减薄明显。

一、普通旋压

在旋压过程中，改变毛坯的形状、尺寸和性能，而毛坯厚度基本不变的成形方法称为普通旋压。根据旋压过程中毛坯的变形特征，普通旋压可分为拉深旋压（简称拉旋）、缩径旋压（简称缩旋）与扩径旋压（简称扩旋）三种基本类型，如图5-40、图5-41所示。

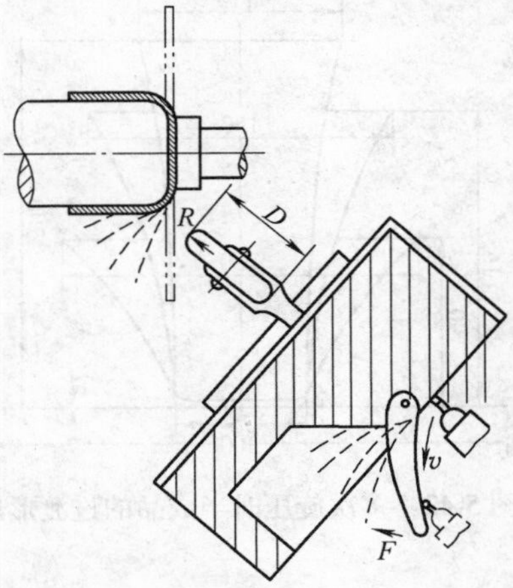

图5-40　拉深旋压

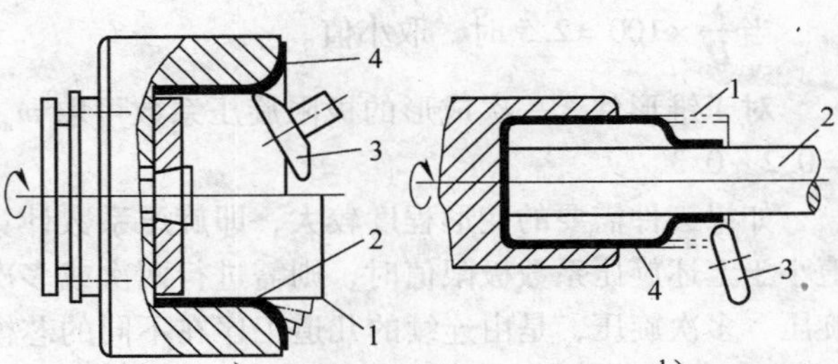

图5-41　扩径和缩径旋压

a）扩旋　b）缩旋

1—毛坯　2—成形芯模　3—旋轮　4—制品

圆筒形件拉深旋压，它是利用旋压工具，将平板毛坯旋制成空心回转体工件的成形方法。在普通旋压中应用最为广泛，且变形也较复杂。

在拉旋过程中，旋轮与毛坯基本上为点接触。毛坯在旋轮作用下产生两种变形。一种是材料产生局部的凹陷而发生塑性变形，另一种是材料沿旋轮加压的方向倒伏。前一种材料的塑性流动现象是成形所必需的，因为只有这样才能在旋压过程中引起毛坯的切向收缩和径向延伸，使平板毛坯最终取得和模具一致的外形，后一种变形使毛坯产生皱折、振动和失去稳定。防碍成形过程的顺利进行。

拉深旋压的变形程度可用旋压系数 m 表示

$$m=\frac{d}{D}$$

式中 D——毛坯直径（mm）；

d——旋压后筒形件直径（mm），若是锥形件则 d 为圆锥最小直径。

如果工件需要分几次旋压，则各次旋压系数为

$$m_1=\frac{d_1}{D}$$

$$m_2=\frac{d_2}{D_1}$$

$$\vdots$$

$$m_n=\frac{d_n}{d_{n-1}}$$

式中 m_1，m_2，…，m_n——各次旋压系数；

d_1，d_2，…，d_n——各次旋压直径；

D——毛坯直径。

拉旋的极限变形程度用极限旋压系数 m_{min} 表示。极限旋压系数取决于被旋压材料的力学性能、毛坯相对厚度、旋压工具的形状以及旋压工艺参数（主要是指机床主轴转速和旋轮进给量）等。

根据生产经验，对于圆筒形件，一次成形的极限旋压系数可取 $m_{min}=0.6\sim0.8$。

当毛坯相对厚度 $\frac{t}{D}\times100=0.5$ 时，取大值。

当 $\frac{t}{D}\times100=2.5$ 时，取小值。

对于锥形件，一次成形的极限旋压系数可取 $m_{min}=0.2\sim0.3$。

如果工件需要的变形程度较大，即旋压系数计算值小于上述旋压系数极限值时，则需进行两次或多次旋压。多次旋压，是由连续的几道工序在不同的芯模上进行的，但旋压半成品都应以锥形过渡，且是取小直径保持不变（图 5-42）。由于加工硬化，多次旋压时一般都要进行中间退火。

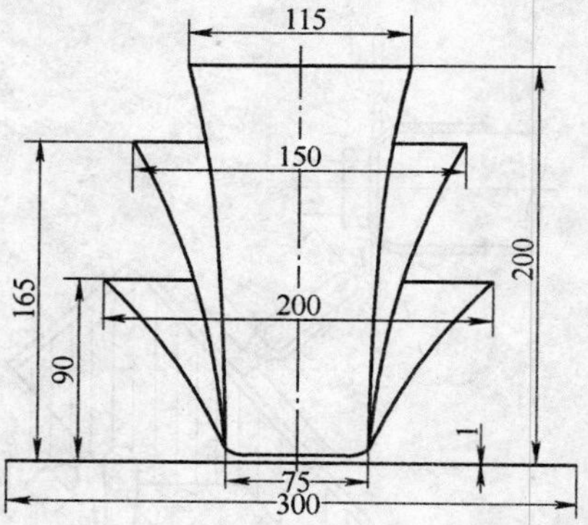

图 5-42 多次旋压时半成品的过渡形成

在用薄板毛坯旋压不同形状工件所需的旋压次数时，生产中有时按工件相对高度 h/d（工件高度与直径的比值）来大致确定，见表 5-16。

表 5-16 铝合金拉旋次数

工件相对高度 $\frac{h}{d}$ / 工件形状	<1.0	1~1.5	1.5~2.5	2.5~3.5	3.5~4.5
筒形件	1	1~2	2~3	3~4	4~5
锥形件	1	1	1~2	2~3	3~4
抛物形件	1	1	1~2	3	4

拉旋一般采取平板毛坯。平板毛坯直径 D，可按冲压工艺拉深件毛坯直径的计算方法求得，但由于拉旋时，材料的变薄比拉深时大，因而易引起表面积增加。拉旋浅筒形件时变薄量较小；反之较大些。因此拉旋的实用毛坯直径，应比计算值减少5%～7%左右。

在旋压过程中，为了保证旋压质量和旋压工作顺利进行，除了严格旋压操作和对毛坯合理施加压力外，还须选择合理的工艺参数。

旋压时合理选择芯模的转速和旋轮的进给量是很重要的。芯模转速过低，坯料边缘易起皱、增加了成形阻力、甚至导致工件的破裂。转速过高，材料变薄严重。各种材料的转速与旋压直径的关系如图5-43所示。铝板拉深旋压转速，参见表5-17。

旋压的进给量取决于材料的稳定性。最佳进给量大小，通常由经验确定，一般进给量取0.3～3.0mm/r。进给量小有利于改善表面粗糙度，但太小容易造成壁部减薄、不粘模、生产效率低。

旋压件的表面一般留有赶棒或旋轮的痕迹，其表面粗糙度 R_a 值约为3.2～1.6。普通旋压件可达到的直径公差为工件直径的0.5%左右，见表5-18。

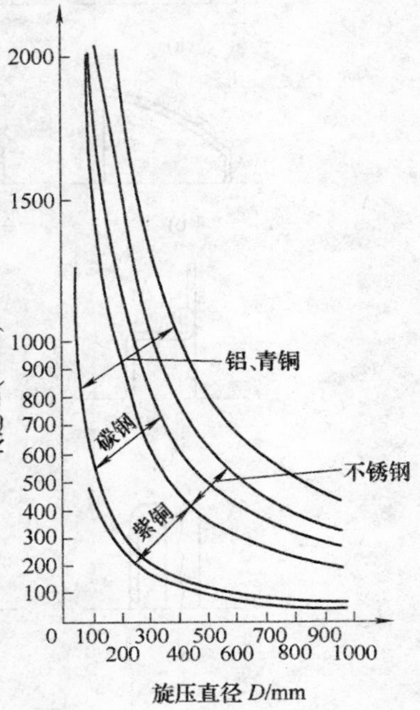

图5-43 转速与旋压直径的关系

用向线速度 v/(m/min)

铝、青铜：200～300 纯铜：150～600

碳钢：200～800 不锈钢：600～100

普通旋压除平板毛坯的拉旋外，还有将回转体空心件或管件毛坯进行径向局部旋转压缩，以减小其直径的缩径旋压和使毛坯进行局部（中间或端部）直径增大的扩径旋压等多种普通旋压方法，如图5-44所示。如果再加上其它辅助成形工序，旋压可以完成旋转体零件的拉深、缩口、胀形、翻边、卷边、压筋、制梗、咬接等不同工序（图5-45）。它的优点是机动性好，能用简单的设备和模具制造出复杂形状的零件，生产周期短。当然，旋压成形也还有一些局限性，目前还只限于加工回转形状制品，对大批量生产的简单形状制品比其它冲压成形生产效率要低。

表5-17 铝板拉深旋压转速

坯料直径 D_0/mm	<100	100～300		300～600		600～900	
坯料厚度 t_0/mm	0.5～1.3	0.5～1.0	1.0～2.0	1.0～2.0	2.0～4.5	1.0～2.0	2.0～4.5
转速 ω/(r/min)	1100～1800	850～1200	600～900	550～750	300～450	450～650	250～550

表5-18 普通旋压件直径精度 （单位：mm）

工件直径		<610	610～1220	1220～2440	2440～5335	5335～6605	6605～7915
直径精度	一般	±0.4～0.8	±0.8～1.6	±1.6～3.2	±3.2～4.8	±4.8～7.9	±7.9～12.7
	特殊	±0.02～0.12	±0.12～0.38	±0.38～0.63	±0.63～1.01	±1.01～1.27	±1.27～1.52

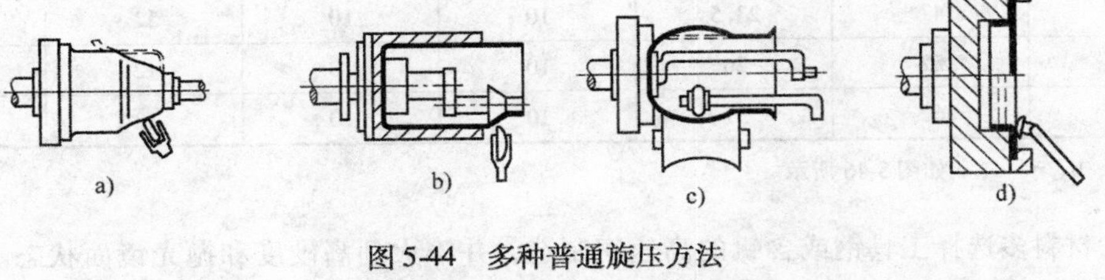

图5-44 多种普通旋压方法

a）拉深 b）缩口 c）胀形 d）翻边

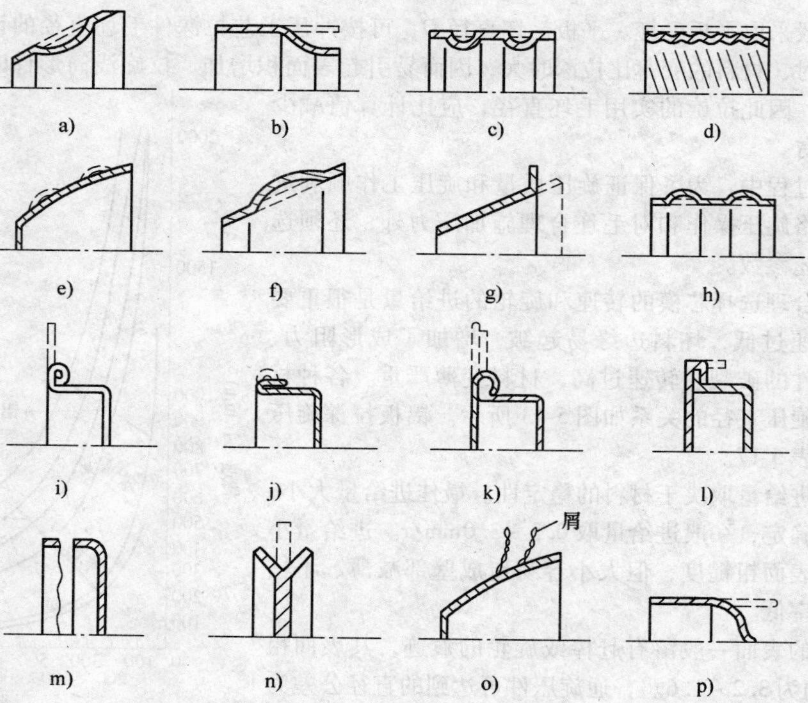

图 5-45 普通旋压可完成的工序

图 5-46 所示为旋压机上使用的各种旋轮形状。表 5-19 为旋轮尺寸。

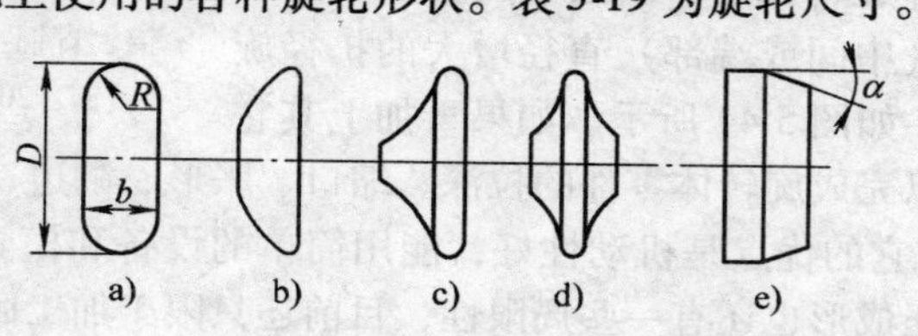

图 5-46 旋轮形状

a）旋压空心零件用 b）变薄旋压用 c）、d）缩口、滚波纹管用 e）精加工用

表 5-19 旋 轮 尺 寸

旋轮直径 D	旋轮宽度 b	旋轮圆角半径 R				
		a	b	c	d	e(α°)
140	45	22.5	6	5	6	4(2)
160	47	23.5	8	6	10	4(2)
180	47	23.5	8	8	10	4(2)
200	47	23.5	10	10	12	4(2)
220	52	26	10	10	12	4(2)
250	62	31	10	10	12	4(2)

注：a、b、c、d、e 如图 5-46 所示。

旋轮材料多选择工具钢或含钒的高速钢制造，并淬火到高硬度和抛光镜面状态。与表 5-20 给出了旋压芯模材料。

表 5-20　旋压芯模材料

材　料	特　点	用　途
硬木		普通旋压(软件、小批量)
工程塑料	回弹较大	
夹布胶木	价昂	
铸铝	轻、寿命短	
铸铁(优质、球墨)	要求表面无砂眼	普通旋压,变薄旋压(软料)
结构钢(45 钢等)	硬度≥30~35HRC	
渗氮钢(18CrNiW 等)	50~55HRC,深 0.3mm	
冷作工具钢、轴承钢、轧辊钢	硬度≥55~58HRC	通用

为了防止坯料与工具摩擦、粘结，旋压时应采用润滑剂。常用旋压润滑剂见表 5-21。

表 5-21　常用旋压润滑剂

坯　料		润　滑　剂
铝、铜、软钢	一般场合	机油
	对工件表面要求高	肥皂、凡士林、白蜡、动植物脂等
钢		二硫化钼油剂
不锈钢		氯化石蜡油剂

二、变薄旋压

在旋压过程中，不仅改变毛坯的形状、尺寸和性能，而且使毛坯还产生厚度变薄的成形方法称为变薄旋压（又称强力旋压）。变薄旋压可分为锥形件变薄旋压（又称为剪切旋压）和筒形件变薄旋压（又称挤出旋压）两种（图 5-47）。前者用于加工锥形抛物线形和半球形以及扩张形件；后者则用于筒形件和管形件的加工。

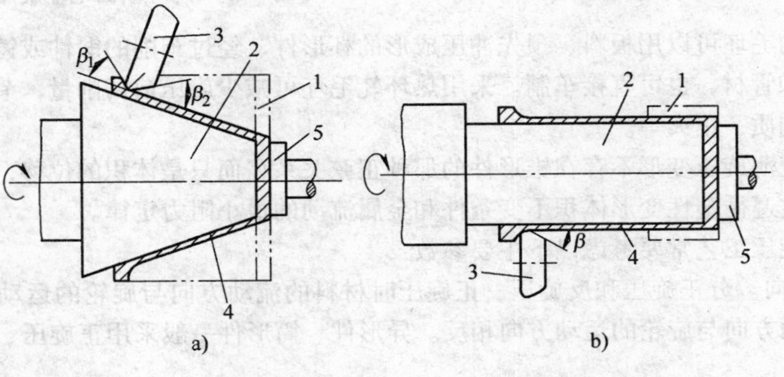

图 5-47　剪切旋压和挤出旋压

a）剪切旋压　b）挤出旋压

1—毛坯　2—成形凸模　3—旋轮　4—制品　5—压杆

变薄旋压与普通旋压以及拉深相比，可以得到较高的直径精度。表 5-22 给出了筒形变薄旋压件尺寸精度。

表 5-22　筒形变薄旋压件精度　　(单位：mm)

内　径	≤150			150～250			250～400			400～600		
壁厚	<1	1～2	>2	<1	1～2	>2	<1	1～2	>2	<1	1～2	>2
内径公差(±)	0.10	0.10	0.15	0.10	0.15	0.15	0.20	0.25	0.25	0.25	0.30	0.35
椭圆度(≤)	0.05	0.05	0.10	0.10	0.12	0.15	0.20	0.25	0.30	0.35	0.40	0.50
弯曲度/m(≤)	0.20	0.15	0.15	0.35	0.25	0.25	0.45	0.45	0.45	0.45	0.50	0.50
壁厚差/批(±)	0.02	0.03	0.03	0.03	0.03	0.04	0.03	0.03	0.04	0.03	0.04	0.05
壁厚差/件(±)	0.02	0.02	0.02	0.02	0.02	0.03	0.02	0.02	0.04	0.03	0.03	0.04

锥形件变薄旋压在纯剪变形时才能获得最佳的金属流动。此时毛坯在旋压过程中只有轴向的剪切滑移而无其他变形，因此旋压前后工件的直径和轴向厚度不变。对具有一定锥角和壁厚的锥形件进行变薄旋压时，根据纯剪切变形原理，可求出旋压时的最佳减薄率，即合理的毛坯厚度。变薄旋压时壁厚变化满足所谓正弦律（图 5-48）。

$$t = t_0 \sin\alpha$$

正弦律虽由锥形件所推出，但对其他异形件基本上都适用。

旋压半球形或抛物线形零件，板坯可用等断面的，也可用变断面的。等断面毛坯旋压后所得零件的壁厚是不相等的。图 5-49 即为用等断面毛坯旋压半球形零件的变形原理图，在零件凸缘直径不变的情况下，在不同的位置（不同的 α 角）上得到不同的壁厚。

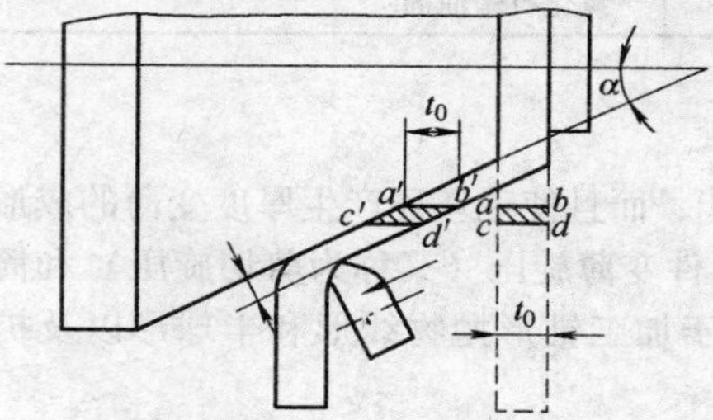

图 5-48　锥形件的变薄旋压

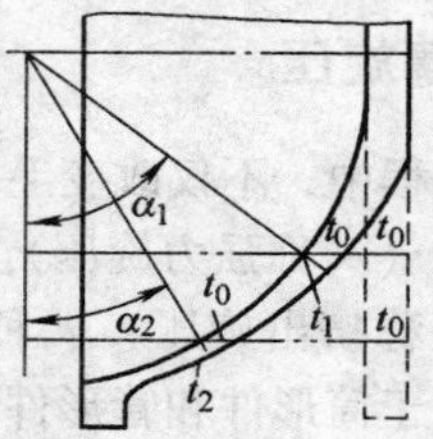

图 5-49　用等断面毛坯旋压半球形零件

变薄旋压的毛坯可以用板料、预先冲压成形的杯形件、经过车削的锻件或铸件、经预成形或车削的焊接件和管材，也可直接车制。采用热环轧毛坯可减少旋压前切削量，节约金属。坯料状态可为退火，调质，正火等。

筒形件的变薄旋压变形不存在锥形件的那种正弦关系，而只是体积的位移，所以这种旋压也叫挤出旋压。它遵循塑性变形体积不变条件和金属流动的最小阻力定律。

确定变薄旋压工艺常要考虑以下主要参数：

1）旋压方向。分正旋压和反旋压。正旋压时材料的流动方向与旋轮的运动方向相同，反旋压时材料的流动方向与旋轮的运动方向相反。异形件、筒形件一般采用正旋压、管形件一般采用反旋压。

2）减薄率。它直接影响到旋压力的大小和旋压精度的高低，表示如下

$$\psi = \frac{t_0 - t}{t_0}$$

式中　ψ——减薄率；

t_0——毛坯厚度（mm）；

t——零件厚度（mm）。

旋压时各种金属的最大总减薄率见表5-23。

表5-23　旋压最大总减薄率 ψ（无中间退火）

材　料	圆锥形(%)	半球形(%)	圆筒形(%)	材　料	圆锥形(%)	半球形(%)	圆筒形(%)
不锈钢	60~75	45~50	65~75	铝合金	50~75	35~50	70~75
高合金钢	65~75	50	75~82	钛合金①	30~55	—	30~35

① 钛合金为加热旋压。

试验表明，许多材料一次旋压中常取减薄率≤30%~40%可保证零件达到较高的尺寸精度。

3）主轴转速。它对旋压过程影响不显著，但提高转速可提高生产率和零件表面质量。对于铝、黄铜和锌最大转速约为1500m/min，对于钢则为此数的35%~50%。不锈钢板常取为120~300m/min。

4）进给量即芯模每转一周旋轮沿母线移动的距离。进给量，对旋压过程影响较大。对大多数体心立方晶格的金属可取0.3~3mm/r。

5）其他如芯模与旋轮之间的间隙、旋压温度、旋轮的结构尺寸等对旋压过程亦有影响。

对壁部特薄的旋转体空心件，可利用图5-50所示的钢球旋压法生产。

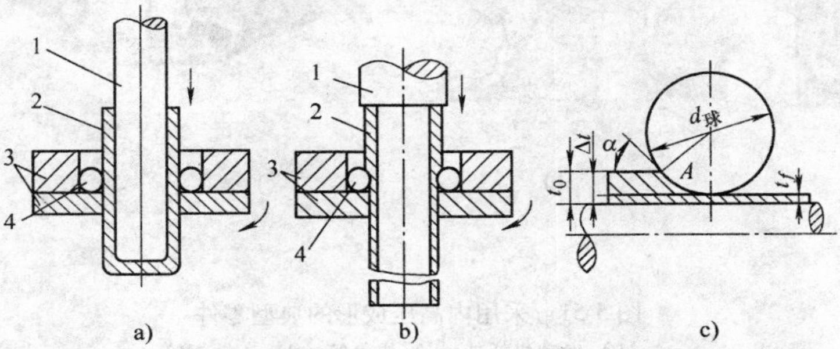

图5-50　钢球旋压

a）正旋压　b）反旋压　c）变形区

1—芯模　2—管坯　3—模环　4—钢球

第六节　液压成形

近年来，板料与管材的液压成形在欧洲、北美和日本的汽车工业界倍受青睐并获得广泛应用，世界各大汽车公司正在采用这种技术来取代传统的生产工艺，以提高产品品质，减少零件数量，减轻汽车自重，降低生产成本。

可用液压胀形生产的汽车零部件见表5-24。部分典型实例采用液压胀形技术与传统加工方法对比见表5-25。

表5-24　可用液压胀形生产的汽车零部件

车　身	底　盘	轴向系与悬架	发动机与驱动系
仪表板支架	前置发动机支架	控制臂	排气管
散热器支架	后置发动机支架	从动连杆	凸轮轴
座椅架	梯形臂	转向柱	驱动桥壳
车顶侧围横梁	牵引杆		曲轴
车顶纵梁	保险杆		
车身纵梁	前桥		
副车架	后桥		

表 5-25　液压胀形技术与传统加工方法对比

部件名称	传统加工方法				液压胀形技术			
	零件个数	制造工序数	构件质量/kg	每件成本（%）	零件个数	制造工序数	构件质量/kg	每件成本（%）
发动机支架(Mondeo 轿车)	6	32	12	100	1	3	8	50
整体后桥壳(轻型车)	10	22	28	100	4	6	19	70

图 5-51 所示为采用内高压成形的典型零件。

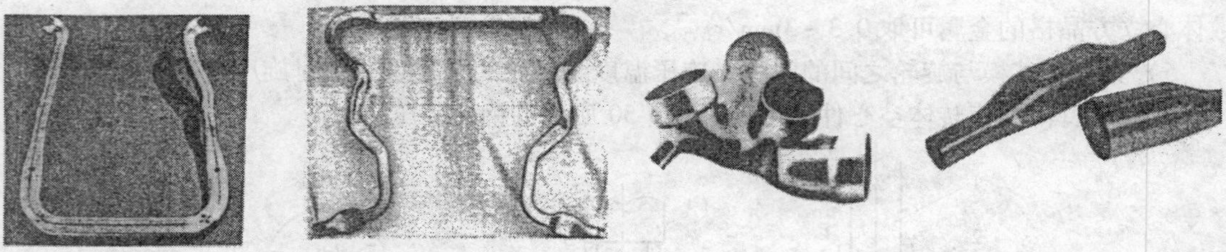

a)　b)　c)　d)

图 5-51　采用内高压成形的典型零件
a)、b) 发动机托架　c) 排气管　d) 不锈钢管

图 5-52 所示为采用液压胀形管件制成的轻体汽车后桥（德国大众汽车公司开发成功的铝合金液压胀形的 B5 缸 BMW 汽车的后桥，该后桥采用两个液压胀形的纵梁和两个横梁，用激光焊成）。

由于液压成形时良好的应力状态，液压成形技术可以获得比其他成形方法更大的变形程度，它还可以与弯曲、压印、冲孔等工序复合，取得更大的经济效益。近几年，德、美、日三个汽车工业发达国家都建成了管件预弯、退火、胀形等工序的流水生产线。传统的液压成形生产率较低，难以适应大批量生产的要求，但这个问题正在解决。欧、美、日等国家都开发出了专用的液压成形设备，不少欧洲汽车公司的液压成形单件产量已达到每天 1 万件以上。

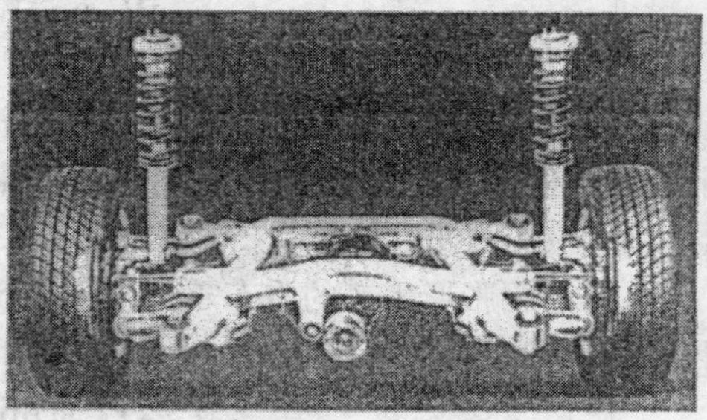

图 5-52　采用液压胀形管件制成的轻体汽车后桥

液压成形技术具有好的柔性，尤其适用于形状复杂、尺寸多变、批量不大的大型板料零件的生产，以及各类管接头的液压胀形，目前主要应用在汽车工业，但它有广阔的应用前景，可以推广到航空航天业、自行车业、管道业、家庭装饰业和家电业等其他工业部门。

有关橡皮囊的液压成形、对向液压拉深（充液拉深）及径向加压的液压拉深已在第四章第九节中作了详尽的介绍。本节着重介绍板料与管材的特种液压成形方法。

一、板料液压成形

(一) 液压成对成形

液压成对成形是德国在20世纪90年代提出的一种板料成形新工艺（hydroforming of sheet metal pairs）。板料成对液压成形时，首先将叠放的两块平板坯料放置在上下凹模中间，压边后充液预成形，边缘切割，对边缘采用激光焊接技术焊接。然后，在两板间充液加压进行最终校形，如图5-53所示。这种工艺适用于成形舱体零件。将零件的焊接加工安排在成形过程中间，原因有以下几个方面：

1）通过焊接实现了两板间的密封，以保证高的内压力，完成最后的贴模过程。

2）保证两板的准确定位，从而保证零件的精确配合。

3）通过最后的校形可消除焊接引起的变形。

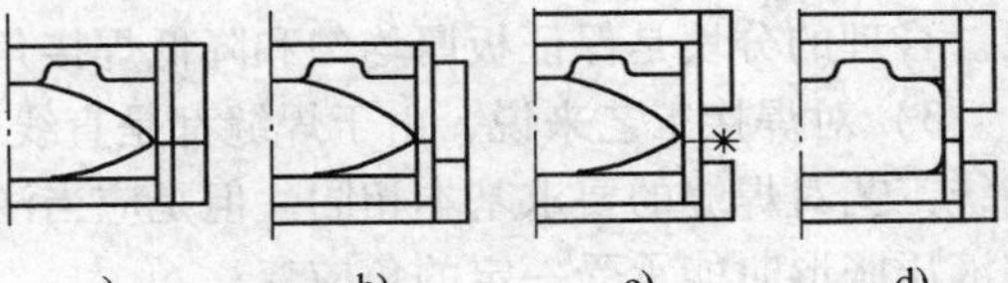

图5-53 液压成对成形工艺过程

a）预成形 b）切边 c）激光束焊接 d）液压校形

根据零件几何形状的不同，焊接工序可安排在预成形前或预成形之后（如上述），这种成形需要配套的焊接设备（激光焊和氩弧焊），设备工装较为复杂。

德国学者还提出一种有中间加压板的无焊缝对胀成形新工艺，它采用了中间加压板（内有加压管路），使上下两块板料不再直接接触，两板的变形不再相互影响，实际上是两个独立液压成形。因采用液压成对成形，生产周期将缩短，产品与模具贴合程度好，尺寸精度高，回弹小，通过高压塑性变形使残余应力接近完全消除。

(二) 球形容器整体无模液压胀形

球形容器（球罐）由于受力均匀，承压能力高，相对重量轻，占地面积小，造型美观等一系列优点，广泛用于石油化工、冶金、造纸等部门。球罐传统的制造方法是先下料，然后要在大型压力机上利用模具成形球瓣及封头，再进行装配组焊及打压试验，它是先成形后焊接的方法。1985年哈尔滨工业大学王仲仁教授提出的球形容器整体无模液压胀形新工艺，方法构思新颖，已申请专利（专利号为85106571），它是先焊接后成形。整体成形法的基本原理是采用一个封闭的多面壳体（由若干块多边形平板焊接而成），向壳内充满水，并排出气体，此后便可用高压泵打压胀形，使多面壳体在趋圆力矩作用下逐渐变成一个球体。图5-54所示为成形示意图，球形容器整体无模液压胀形的打压系统如图5-55所示。

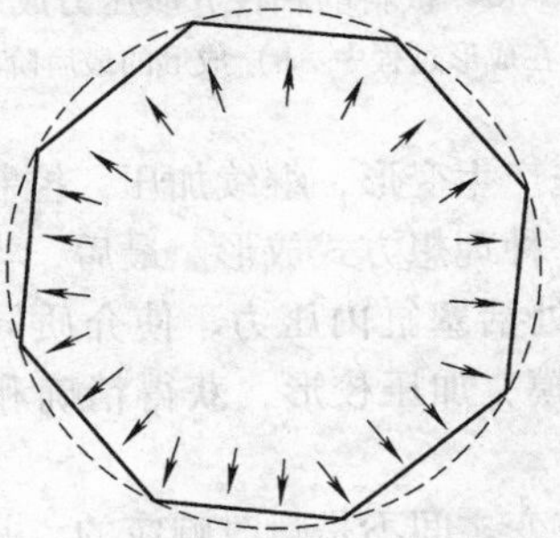

图5-54 成形示意图

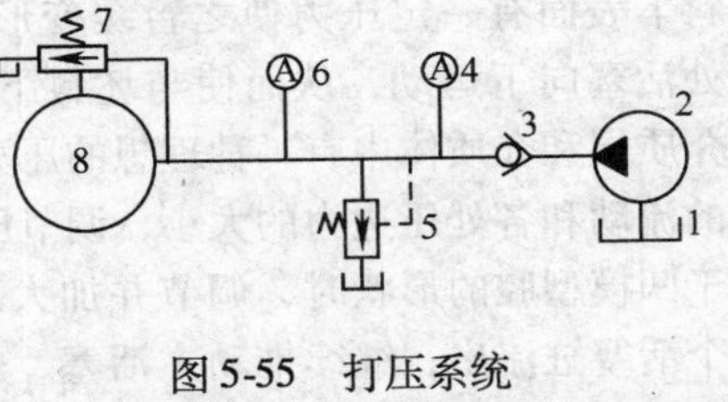

图5-55 打压系统

1—水箱 2—液压泵 3—单向阀 4、6—压力表 5—溢流阀 7—溢流阀（及排气阀） 8—成形球罐件

与传统的球形容器制造工艺相比，该工艺具有以下主要优点：

1）不需要大型压机及贵重模具就可以加工出大型球罐，可以省去压机设备及模具费用，大大降低球罐的制造成本。

2）拼缝为直线；下料简单，制造周期短。

3）整体成形过程的实质是超载处理，可以代替常规制造工艺必需的打压试验；同时还有利于减少由于焊接引起的残余应力。

4）由于是无模成形，产品尺寸变化有很大的适应性，对多品种小批量生产更能显现其优越性。

球形容器整体无模液压胀形的工艺要点有：

1）要保证板厚在成形后仍然保持基本均匀，壁厚差要控制在一定范围内。

2）由于多面壳体是由适当数量的多边形平板焊成，故分块不宜过多，否则将导致焊缝过长。合理的分块是保证板厚均匀和降低焊接角变形的关键。

3）对焊接工艺来说，由于焊缝都是直线，所以要比曲线焊缝有利。对焊缝的质量要求，与传统工艺对焊缝的要求基本相同。但是应当注意的是：焊缝和热影响区要具有一定的塑性，以便在液压胀形时能承受一定的角应变。

4）为消除焊缝处存在的隐患，胀形前、后必须各进行一次焊缝探伤。

5）成形时要采用合理的加载方式，按给定的加载曲线进行，尽量避免焊缝开裂。对于最终成形的形状及尺寸精度，主要靠控制液体的流量及压力来保证。

目前已用无模胀球方法制成厚24mm、内径为ϕ7100mm的16MnR大型球罐，200m^{3}液化气罐，200m^3、300m^{3}球形储水罐，直径为4m的钢球建筑装饰品和直径为1.1m和1.3m等不同尺寸的不锈钢建筑装饰品。正在开发双层球制造工艺。已用于低碳钢、16MnR、不锈钢及铝合金等金属材料。

（三）粘性介质压力成形

粘性介质压力成形（VPF，Viscous Pressure Forming）是近几年发展起来的一种板料软模成形技术，它是美国的Extrude Hone，Irwin，PA提出和发展的。粘性介质压力成形与薄板的液压成形相似，都是用柔性介质代替半边刚模，它们的不同是VPF用具有应变速率敏感性的粘性介质代替液体介质。如图5-56所示，在成形过程中，首先将坯料置于凹模型腔上，闭合型腔，并压紧压边圈，将粘性介质从坯料的两侧（或某一侧）注入并充满模具型腔。然后以一定速度向下推动主活塞（上活塞）内的粘性介质，同时下部浅模处活塞向上推动介质以保证在其附近的坯料下表面有一定压力使之暂缓变形，下部深模处活塞向下运动，从而使与坯料下表面接触的介质层和介质体中有一种理想的压力分布，使深模处先产生变形，继续加压，控制各个出口介质的流动和各处压边力的大小，调节压力分布，金属以一种理想方式成形。最后，当坯料变形近似于凹模型腔的形状时，调节并加大压边力，降低浅模处活塞缸内压力，使介质同时从下面的两个活塞缸流出，继续推动主活塞，使坯料最终变形贴模，加压校形，获得精确和满意的零件。

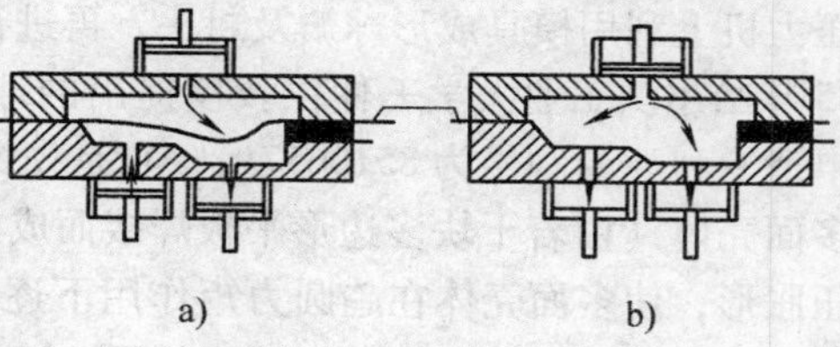

图5-56　板料的粘性介质压力成形

a）在成形过程中　b）成形的最后阶段

由于粘性介质的物理特性和力学特点，其自身应力和应变之间不是瞬时响应的，并且介质中存在法向应力差，因此介质内部可产生局部的高压或低压，模具型腔不同部位的瞬时压力分布是不均匀的（在成形过程中粘性介质形成理想非均匀分布的压力是这一工艺的关键因素）。这种不等静压可以通过在不同排放孔处加压和泄压装置来实现。通过控制模腔中不等静压的分布，可以控制坯料的中间变形形状和状态，使它更适合于冲压成形的需要，相当于根据零件的形状和材料的变形特点在成形过程中实时采用最佳自适应模具ADO（Adaptiue Die Optimization），以充分扩展变形区，最大限度地发挥材料本身的塑性变形能力，更有利于板料延伸的均匀性。

粘性介质压力成形的主要特点有：

（1）模具结构简单、生产周期短 由于粘性介质压力成形采用粘性介质作为传力介质，不需要考虑模具之间的配合，并且只需要更改凹模和压边装置就可以生产出不同的零件。因此，模具结构简单，成本低，生产周期短，具有柔性加工性质。

（2）适合于难成形材料的加工 由于粘性介质压力成形技术可以在成形过程中，通过控制粘性介质不等静压的分布来控制板料的中间变形形状和状态，使其按最佳方式变形，充分扩展变形区、最大限度地发挥材料本身的塑性变形能力。因此，对于像高强铝合金、钛合金、铝锂合金以及其他难成形材料的加工是一种理想的加工方法。

（3）表面质量好 在传统工艺中，金属的流动是沿着金属模表面进行的，很容易形成划痕。而粘性介质压力成形避免了金属与模具的接触，因此，成形零件表面质量好，无划痕。

粘性介质压力成形技术的工艺要点：

（1）合理选定粘性介质 粘性介质的物理和力学性能，特别是介质的粘度和应力应变关系对粘性介质压力成形有很大的影响。粘性介质压力成形对介质的要求是：相当高的应变速率敏感性；对金属的粘附性小，易于从工件表面清除；高压下有较好的粘性和稳定性，不易飞溅；对人体无害，可以重复使用。

介质粘度要适当，粘度过低，流体在加压时压力传递速度过快，型腔内不能形成非等静压，同时加压时难以进行密封，易出现压力泄漏。反之，如果粘度过高，介质应变速率敏感性降低，同样也难以形成非等静压，并且介质流动困难，成形时易出现局部颈缩。一般来说，粘性压力成形介质的粘度应为5000～10000Pa · s。

（2）介质与板料之间的摩擦因数 介质与板料间摩擦的增加有利于减小板厚方向的收缩率，板厚方向应变随摩擦的增大而减小。

（3）介质排放口位置 粘性介质压力成形的优点主要是能在模腔中产生非等静压，从而改善板料的应力应变分布，优化成形过程。非等静压的控制是通过在特定的位置排出模腔中的介质获得局部低压或注入介质获得局部高压来实现的，所以介质排放口的位置对成形的影响较大，应予以合理布置。

粘性介质压力成形技术有很好的成形性能，若采用粘性介质替代凹模，其成形极限有时甚至高于充液拉深成形，而且表面质量好。

（四）带轮的液压胀形

发动机的带轮其原来的制造工艺是采用铸件经切削加工而成。这种工艺的缺点是：费工、费料，而且结构笨重，又不美观。20世纪60年代末，我国开发了液压成形整体型槽冲压带轮，包括风扇带轮、单槽曲轴带轮、双槽曲轴带轮等，如图5-57所示。

整体型槽冲压带轮是先进的轻量化结构，它与铸造带轮比较，具有许多优点：结构简单、重量轻、美观、工艺性好、造价低。V带轮新、旧制造工艺对比见表5-26。

如图5-58所示为双槽V带轮的液压胀形模结构图。该模具是安装在液压机上进行胀形加工的。底座2的外缘与缸套3、缸盖7组成一气缸，活塞11可在缸内上下滑动，活塞顶端有一斜楔圈16，三瓣环座9的斜面与斜楔圈接触，每瓣环座下面紧固一导轮33，环座能在底座2的顶面上滑动，平时三瓣环座在弹簧29的作用下被张开，在每瓣环座上都有两个压槽的环，下环12固定在环座上，上环则由两个空心导柱15导向，能上下滑动，平时被弹簧10顶起，上环背后有一小倾角的斜面与锥环20相应的斜面吻合，锥环平时也被弹簧14顶起直至接触盖19为止。一托杆22装在底座2的中心，能上下滑动，在托杆顶面紧固一下凸模28和垫块25。

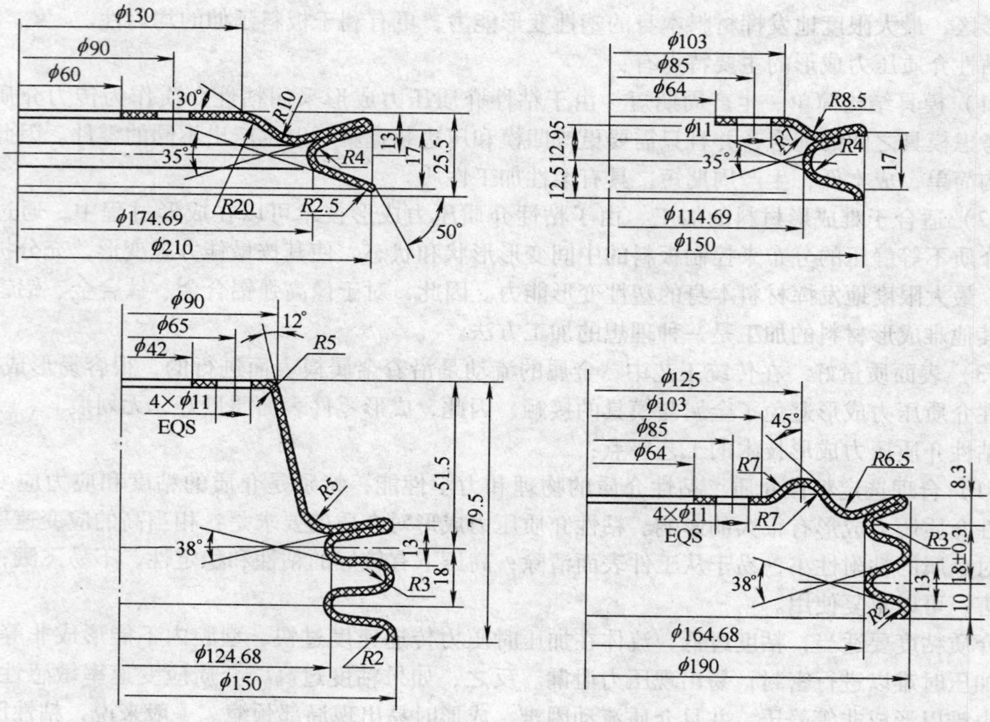

图 5-57　各种规格的冲压带轮

表 5-26　V 带轮新、旧制造工艺对比

加工方法	生产工序及所需工时 /min	占用设备/台	所用原材料	单位质量/kg		劳动条件	工时费用（%）
				毛重	净重		
铸造	造型→铸造→切削加工至成品 45	共 20	铸铁	11	5	差	100
液压胀形	下料→拉深→液压胀形→总装成品 3	2～3（压机）	轧制板料	3.5	2.5	好	15

工作开始时，气缸上端（*D* 处）通压缩空气，活塞 11 处在最下位置，此时环座张开，坯件扣在下凸模 28 上（见图 5-58 附图一）。然后气缸下端（*C* 处）通压缩空气，于是活塞上行，由于斜面圈的作用，使三瓣环座收拢，于是上、下环收拢，下环压住坯件（见主视图右半部）。上环在弹簧 10 作用下顶起，为了使三瓣上环对齐，上环间相接处有一圆柱销。此时对坯件内腔进行充油，油系以专门充油器（见图 5-58 附图五）以定量油从 *A* 处注入，上凸模 26 下行进行胀形，此时上环产生很大径向力。为了避免径向力传到空心导柱 15 上产生卡死现象，此径向力由锥环承受，且上环对锥环越压越紧，使两者贴紧成了整体，当上模下压胀形加剧，上环连同锥环也随之下行（见图 5-58 附图二）。上凸模下压胀形直至压成所需要的双槽带轮为止（见主视图左半部）。此时，由于上凸模压住上环，使上环与锥环分离，于是锥环在弹簧 14 作用下立即被顶起，而上环由于被工件的槽连着仍停住不动（见图 5-58 附图三），此时，让气缸上端通压缩空气，活塞 11 下行，三瓣环座 9 在弹簧 29 作用下张开，上下环脱离工件，将托杆顶起（托杆的顶起与下降由压缩空气操纵，图中未示出），于是将工件顶起（见图 5-58 附图四），此时用过的油从底座的排油孔 *B* 流回储油箱内。（注：1、4、6、21—O 形密封圈；13—圈；32—座；36—压板；38—垫，厚 1mm）。

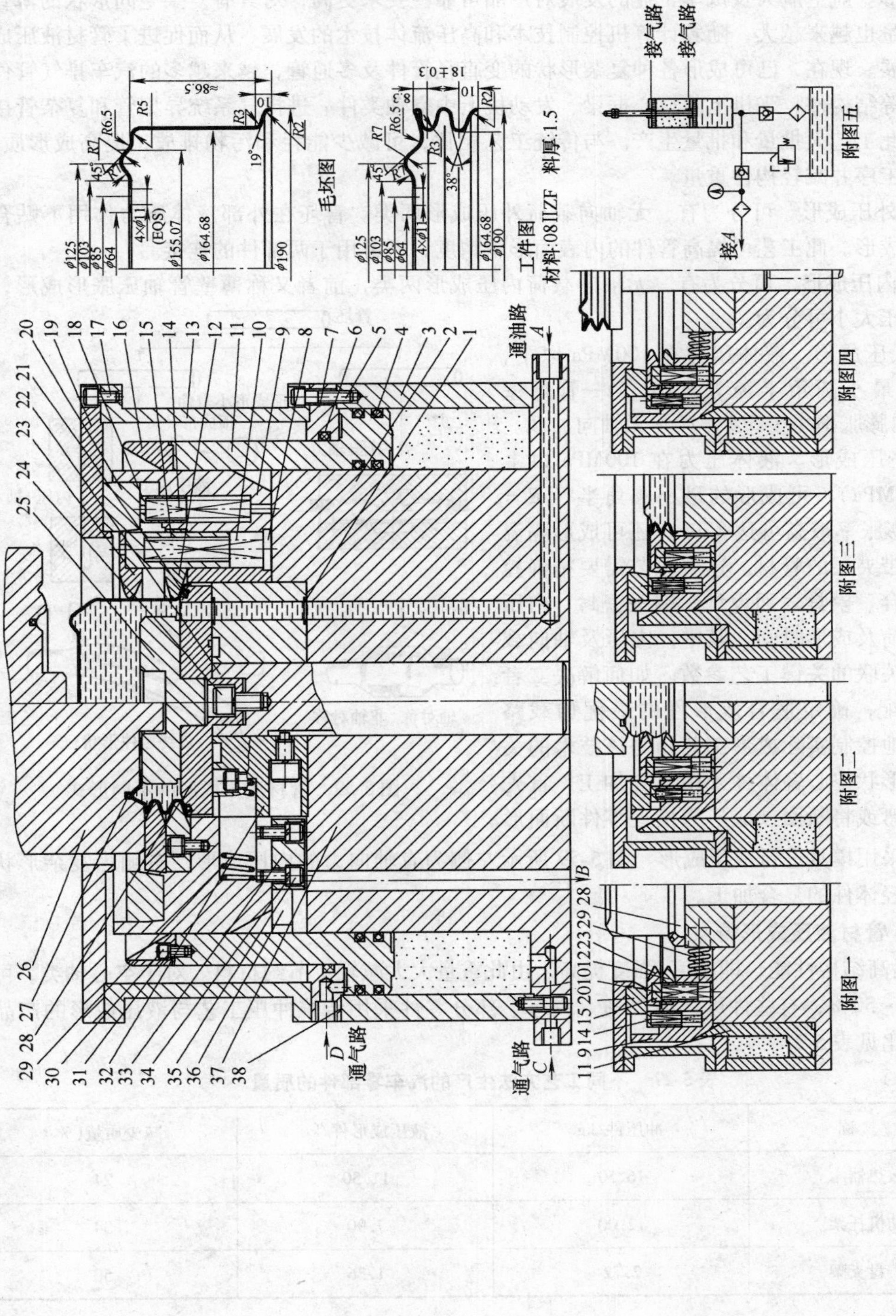

图5-58 双槽三角带轮液压胀形模

二、管材液压成形

（一）概述

管材液压成形技术是一种加工空心轻体件的先进工艺方法，它包括外压成形和内压成形。根据需要可在轴向加压补料。从20世纪60年代开始有批量的工业应用，主要是对简单的直管、弯管进行胀形。航空航天及汽车工业的发展对产品可靠性要求更高，对具有复杂空间形状的薄管零件的需求量也越来越大，随着计算机控制技术和高压流体技术的发展，从而促进了管材液压成形技术的发展。现在，已可成形各种复杂形状的变直径管件及多通管，越来越多的汽车排气管件及辅助支架等结构件，飞机上的空心框梁、发动机上中空轴类件、进排气系统异型管和复杂管接件等都采用此工艺大批量和批量生产。与传统工艺相比，可减少能耗和污物排放，提高成形质量，减少成形工序并减轻构件重量。

（1）外压成形　可分为有、无轴向载荷外压成形两类。管坯在外部液体压力作用下贴合内部的芯棒成形。此工艺可提高管件的内表面形状精度，还可用于两部件的连接。

（2）内压成形　可分为有、无轴向载荷内压成形两类，前者又称薄壁管轴压胀形成形，其工艺按内压大小可分为：

1）低压成形。液体压力在100MPa以下，可成形的最小圆角半径 $R=10t$（t—管件壁厚），周向膨胀率小于5%，通常无轴向加载。

2）高压成形。液体压力在100MPa以上（可达690MPa），可成形的最小圆角半径 $R=3t$，周向膨胀率最高可达85%，还可成形隔温或防振的带夹层的管材。这一工艺需要精确控制模具闭合、模具表面设计、端头密封、内压及轴向载荷及成形时间。其中，内压及轴向载荷是互相关联的关键工艺参数。如何解决二者的合理匹配，确定适合成形件的最优加载路径，有效地控制实际成形工艺乃是该技术的关键。复杂形状空心轻体件采用复合加工，首先将管坯预弯或将断面预成形为接近零件断面形状，之后采用模具进行液压成形。图5-59所示左侧为有轴向力的内压成形，右侧为复杂形状变断面空心轻体件的复合加工。

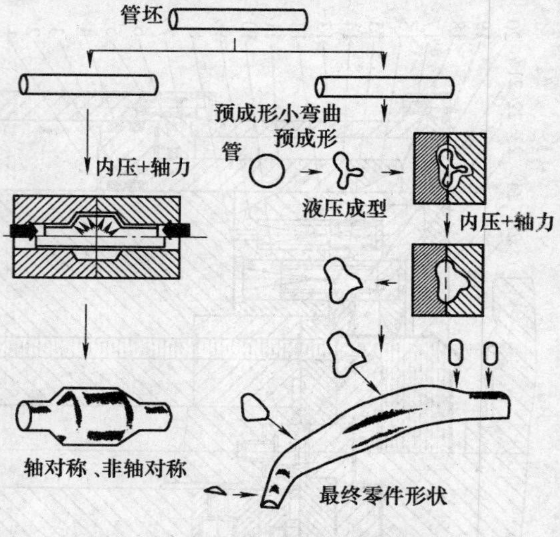

图5-59　管材液压成形的不同形式

（二）管材液压成形特点

1）提高结构性能，即刚度/强度提高，由此重量大大减轻，节约材料。对于空心轴类，可以减轻40%～50%，有些件可达到75%。汽车上部分零件采用传统冲压工艺与液压成形的产品结构重量对比见表5-27。

表5-27　不同工艺方法生产的汽车零部件的质量

名　　称	冲压件/kg	液压成形件/kg	减少质量(%)
散热器	16.50	11.50	24
发动机托架	12.00	7.90	34
仪表盘支架	2.72	1.36	50

2）减少模具和零件数量，降低模具费用。管材液压成形通常只需要一套模具（除预成形外），而普通冲压成形大多需要多套模具。发动机支架零件由 6 个减少到 1 个，散热器支架零件由 17 个减少到 10 个，模具费用降低 20% ~30%。

3）可减少后续机械加工和组装时焊接及连接的工作量。以散热器支架为例，散热面积增加 43%，焊点由 174 个减少到 20 个，组装工序由 13 道减少到 6 道，生产效率提高 66%。

4）材料利用率提高。

5）由于超高内压载荷的加工，回弹减小，零件的尺寸、形状精度提高。

6）生产成本降低，根据已应用零件统计，液压成形件比冲压件平均降低 15% ~20%。

（三）工艺参数

（1）胀形变形程度　胀形变形程度用胀形系数 K 表示，膨胀系数 K 见本章第四节式（5-3）。

由式（5-3）可知，胀形系数 K 值越大，则表示胀形变形程度越大。显然，当胀形系数过大时，胀形变形区的变形会超过材料的变形极限而导致破裂。因此，胀形后的直径 D_{max} 不可能任意大，其成形极限可用极限胀形系数 K_{max} 表示

$$K_{max} = \frac{D'_{max}}{D} \tag{5-7}$$

式中　D'_{max}——零件胀破前允许的最大胀形直径（mm）。

由于胀形的主要特点是变形区材料受切向和母线方向的拉伸，因此其极限变形程度受材料允许伸长率 δ 的限制。若胀形管坯切向的许用伸长率为 δ_{max}，则 δ_{max} 与极限胀形系数 K_{max} 的关系为

$$\delta_{\theta max} = \frac{\pi D'_{max} - \pi D}{\pi D} = K_{max} - 1 \tag{5-8}$$

或写成

$$K_{max} = 1 + \delta_{\theta max} \tag{5-9}$$

由式（5-9）可知，只要知道管坯材料的切向许用伸长率，便可求出它的极限胀形系数。在此应当特别指出，由于胀形时材料的变形条件和应力应变状态与单向拉伸不完全相同，所以上式中的 $\delta_{\theta max}$ 不能简单地用单向拉伸时的允许伸长率 δ 代入，而应由专门的工艺试验确定。

在对管坯施加内压力 p 的同时，又在轴向加压进行胀形时，其极限胀形系数随轴向压力的加大而增大，一般可增大 20% ~40%。若对管坯变形区进行局部加热，更会显著提高极限胀形系数，如对铝管坯变形区局部加热至 200 ~250°C 时胀形，K_{max} 可达 2.00 ~2.10。

部分金属材料自然胀形的极限胀形系数和切向许用伸长率的实验数值见表 5-15，可供使用时参考。若零件的胀形系数大于表中的极限胀形系数时，则需采取多次胀形，并在胀形工序之间安排退火工序。

波纹管的变形程度也用胀形系数表示，其极限胀形系数 K_{max} 与材料的塑性有关，一般来说，K_{max} = 1.3 ~1.5。当波纹管的胀形系数 $K > 1.5$ 时，必须进行多次胀形，中间增加退火工序。

（2）胀形力　液压胀形时所需的单位压力 p，与胀形件的形状、材料厚度、力学性能、胀形变形程度及胀形变形条件等因素有关。

液压胀形的液体压力可按式（5-5）及式（5-6）计算。

（四）典型零件的液压胀形工艺

1. 管接头轴向压缩液压胀形

支管类管接头属非轴对称零件，这类零件的液压胀形工作原理如图 5-60 所示。胀形加工时，先将管坯 2 置于下模 4 中，然后将上模 3 压下，再使左、右压头 1 压紧管坯端部，如图 5-60a 所示。随后由压头中心孔引进高压液体，则管坯在高压液体压力和轴向压力的联合作用下，胀出管接头支管形状，如图 5-60b 所示。

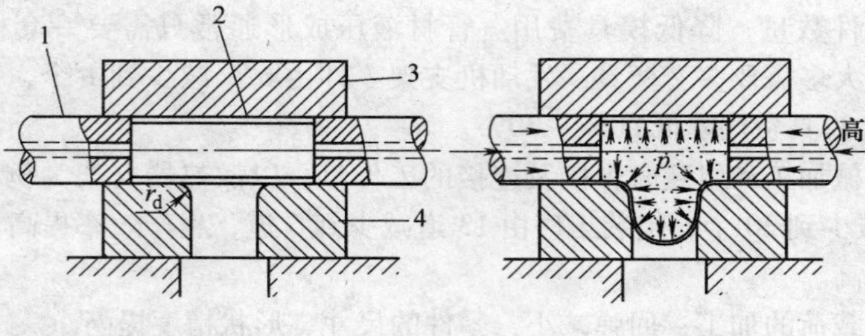

a) b)

图 5-60 单支管管接头液压胀形示意图

1—压头 2—管坯 3—上模 4—下模

双支管管接头液压胀形工作原理如图 5-61 所示。成形所需的液体压力，与管坯种类、尺寸及支管形状和尺寸有关。对于图 5-61 所示的情况，成形钢管时所需压力约为 70MPa。

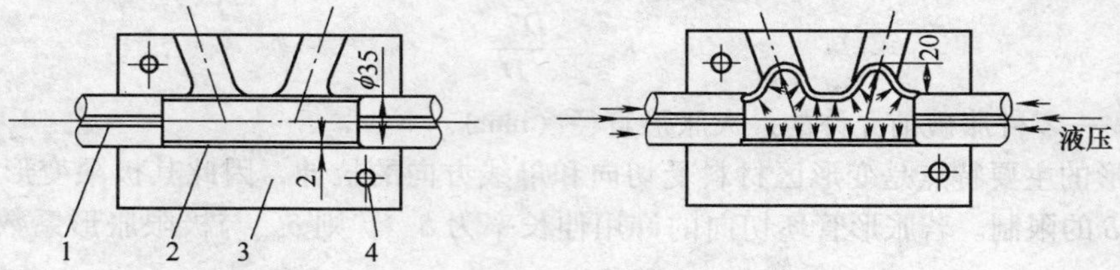

a) b)

图 5-61 双支管管接头液压胀形示意图

1—压头 2—管坯 3—组合凹模 4—合模销

为了进一步提高极限胀形系数和增加支管高度，可采用平衡凸模给支管端部施加压力 F_2（图 5-62），这样，使得胀形变形区的应力应变状态得到改善，胀形部位的壁厚变薄趋势受到极大的阻碍，危险变形区由支管端部中心转移到支管端部圆角部位。因此，极限胀形系数明显增加，其成形能力大大高于自然胀形和轴向压缩胀形工艺。例如采用轴向和支管复合压力胀形法，对 20 钢三通管接头液压胀形时，当 $t/D = 0.035$，支管相对高度 h/D 可达到 1。

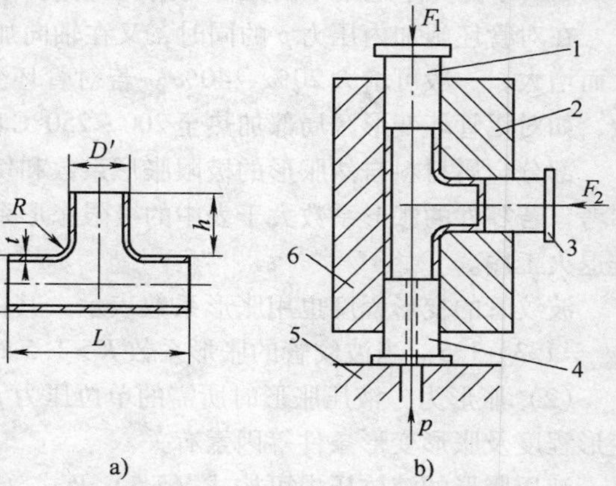

a) b)

图 5-62 轴向和支管复合压力胀形法

a）三通管零件图 b）复合压力胀形原理图

1、4—上、下凸模 2—右凹模 3—平衡凸模

5—下模板 6—左凹模

2. 波纹管液压胀形

波纹管的液压胀形，可分为整体成形与单波连续成形两种方式。整体成形的生产效率较高，可加工小直径、多层（管坯套装，最多 6 层）或要求组合波形的波纹管。但缺点是波纹管不能过长，产品规格变换困难。单波连续成形（凸筋依次逐个成形）可生产长度较长的波纹管，模具结构简单，成本低，产品规格变换灵活。但所需设备复杂，因密封要求高，故不宜用焊管作坯料。

波纹管液压胀形使用专用波纹管胀形机。图 5-63 所示为波纹管的整体液压胀形装置示意图。

波纹管胀形时，首先将管坯7装在弹性夹头2和夹紧型胎3之间，夹紧管坯使成形时液体不会由夹头处泄出。然后套上半环凹模4。半环凹模应均匀排列，其间距 L_0 按梳状定位板（图中未示出）调整，根据试验结果加以修正。当管内通入液体并使管坯稍微起鼓（图中双点画线所示的形状）后，去除梳状定位板，在保持压力的情况下，动模板6向右移动，沿轴向推压管端，直至栅片式半环凹模靠紧，使零件最后成形。而管内多余的液体，则通过溢流阀排出。波纹管成形后，卸去液压，松开弹性夹头，打开栅片凹模，同时动模板恢复到原始位置，波纹管即可从夹紧型胎上取出。

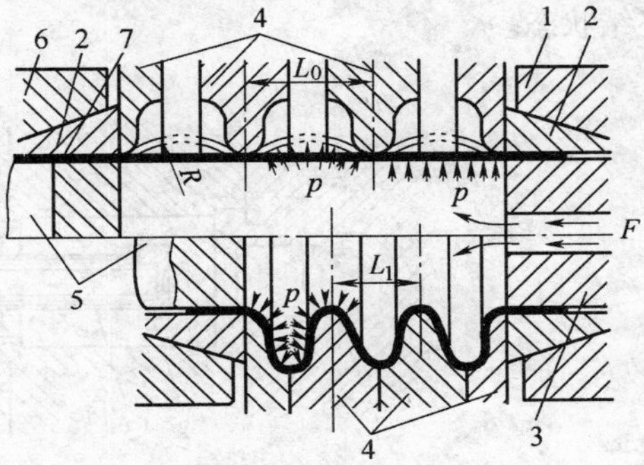

图5-63　波纹管液压胀形装置

1—定模板　2—弹性夹头　3—夹紧型胎　4—半环凹模　5—夹紧芯棒　6—动模板　7—管坯

由上述胀形过程可知，波纹管的成形主要靠管壁厚度的变薄和管坯轴向的自然收缩而获得，因而属于自然胀形的范畴。根据材料的可塑性，波纹管的极限胀形系数一般为1.3～1.5。

3. 复杂形状空心轻体件的复合加工

图5-64所示为汽车车身侧支架零件图和各主要断面图。管坯采用壁厚 $t=1.0$mm，外径 $D=96$mm，长 $L=2700$mm，$t/D=1.0\%$ 的薄壁钢管。该零件即使采用弯曲预成形及内高压成形方法，在目前的技术水准下也很难加工出符合要求的凸凹断面。因此，必须变更产品设计，使其便于加工。图5-65即为变更后的产品形状，此形状既确保冲击时的载荷传递，又有利于轻量化及零件统合。此时，加工工序为：

管坯→弯曲加工→预成形→液压成形

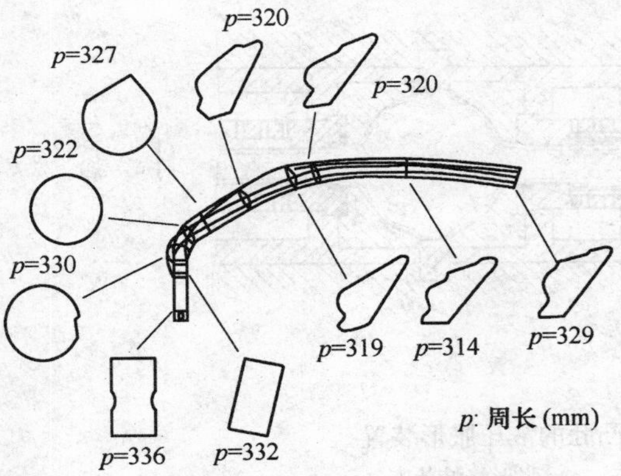

图5-64　汽车侧支架断面形状

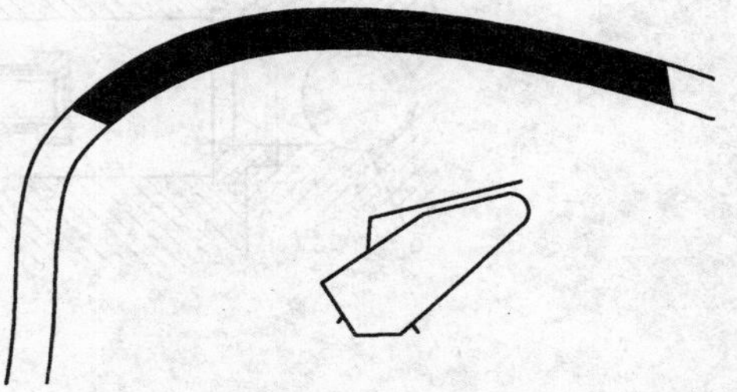

图5-65　变更后的汽车侧支架断面形状

弯曲加工采用通常的回转拉弯，预成形采用三分割模具成形并在管内施加较低内压的方式，如图5-66所示。首先两分割下模进行合模，然后上模下行进行加工。最后的液压成形工序采用上、下模，轴向加力并施加100MPa的内压进行成形。

4. 管子中部有球状凸肚的液压胀形

图5-67所示是借助液压冲击力对管材实现胀形的装置，该装置只对管子3的中间部分实施鼓凸胀形，左右对称，图中只示出左半部。液压腔1内的液体受到活塞（图中未画出）的冲击时，管子3端头有挡头2的筒8对管子施

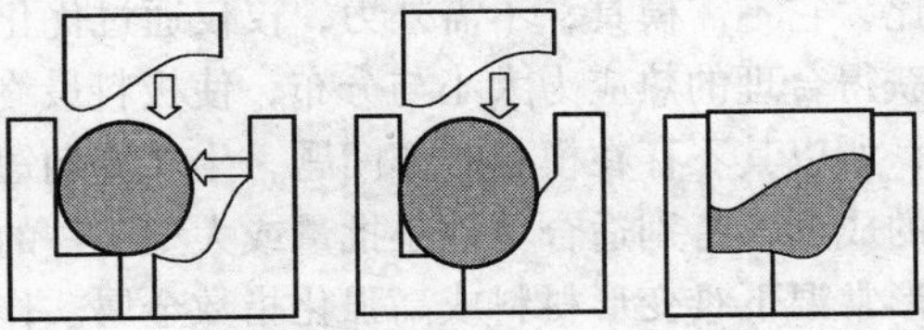

图5-66　汽车侧支架预成形

加轴向力，同时液体由挡头2上的通道进入管内，对其施加胀形力。管两端由于受筒8的约束，只在自由的中部有胀形作用，一面胀形，模腔6受活塞4推动，向中间挡块7靠齐，最终将管子中部胀成球形。用密封圈5防止液体进入模腔6。图a是初始状态。图b是中间状态。图c是胀形终结状态。

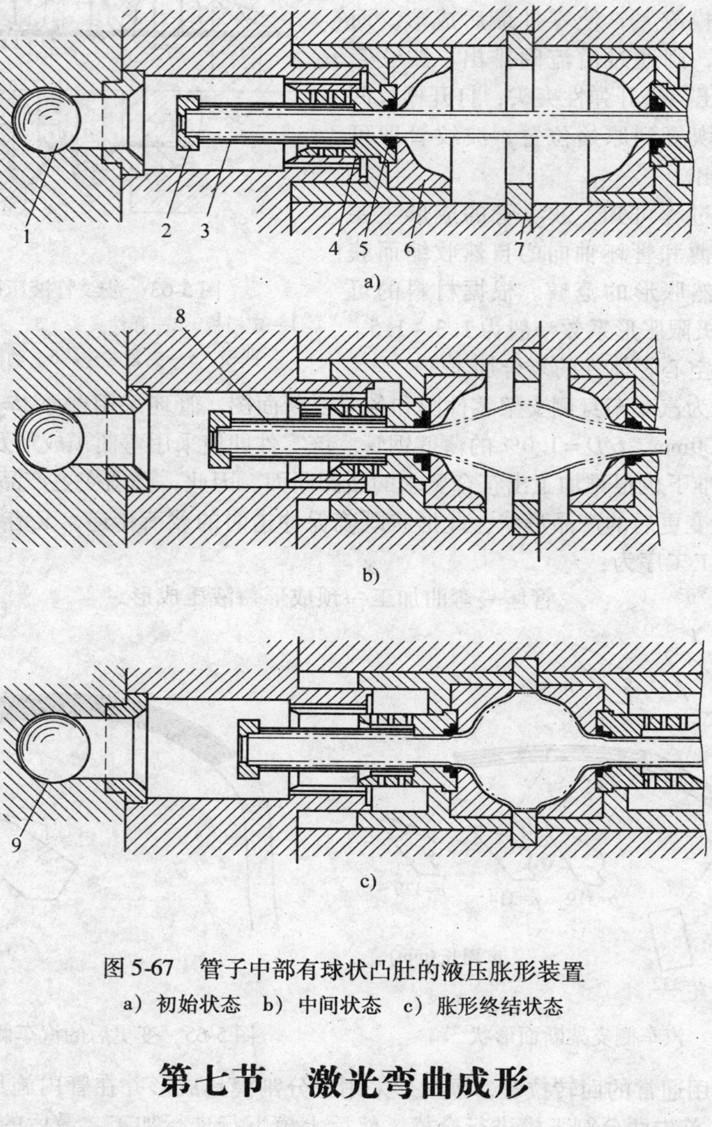

图5-67 管子中部有球状凸肚的液压胀形装置

a）初始状态 b）中间状态 c）胀形终结状态

第七节 激光弯曲成形

金属板料激光成形技术是国外近年来提出的一种新的板料成形方法。与传统的金属成形工艺相比，它不需模具，不需外力，仅仅通过优化激光加工工艺、精密控制热作用区的温度分布，从而获得合理的热应力大小与分布，使板料最终实现无模成形。由于激光成形仅靠热应力使板料成形，所以其不存在模具制作问题，生产周期短、柔性大，仅仅通过更改程序即可实现不同形状工件的成形，特别适合单件小批量或大型工件的生产。而且激光成形作为一种热态累积成形，能够成形常温下难变形材料或高强化指数金属。作为一种新的激光加工工艺及塑性成形方法，激光成形技术正显示出越来越诱人的应用前景。

一、激光弯曲成形工艺过程

用适当形状和能量分布的激光束按一定速度沿某种轨迹扫描板料表面，使板料局部瞬间加热至高温状态，以得到合乎要求的非均匀温度场，同时在滞后于光束某距离处，用水流或气流沿扫描轨迹进行冷却（对热传导率较高的材料可以采用自然冷却的方式），循环往复进行这种加热和冷却过程，将导致不同的变形积累，从而得到所要求的形状。一般来说，如果扫描轨迹为直线，则产生沿直线的弯曲成形。如果根据需要控制不同的扫描路径，就会得到不同形状的异形件（如球形件、筒形件等）。

对于板料的激光弯曲过程，在三轴激光加工机上便可完成。对于复杂形状的工件，需采用五轴激光机或在三轴激光机上配置专用附属装置以增加动作自由度。图5-68所示即为激光弯曲成形工艺过程简图。

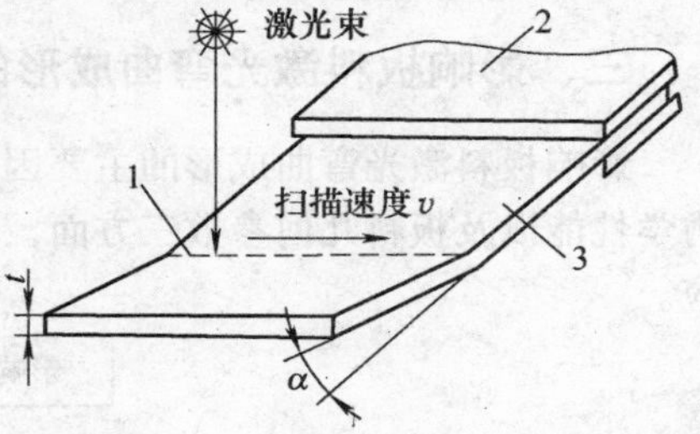

图5-68 激光弯曲成形工艺过程的简图
1—扫描线 2—夹持器 3—板料

二、激光成形机上的成形过程

板料经一次扫描只能发生很小的变形，为满足工程要求，一般需进行多次扫描，以达到所需的弯曲变形。由于在激光弯曲成形中，成形条件不稳定，例如材料对激光的吸收系数会因不断的烧灼和温度的不同而不断变化，因此即使采用相同的工艺参数，在后续扫描过程中也未必保持先前的变形量，使变形过程呈现出极强的非线性。而且在复杂异形件的成形中，需沿多条轨迹扫描，周围材料对当前扫描区域的变形存在强烈的约束，因此降低了该工艺的成形效率，这样使板料的变形更加复杂。为真正使激光弯曲成形进入大规模的工程应用，必须配备形状测量仪及红外测量仪，对工件的形状及加热区的温度进行实时监控，并根据反馈结果对工艺参数不断加以修正，以形成激光弯曲成形的闭环控制。图5-69所示为激光成形机上的闭环成形系统。

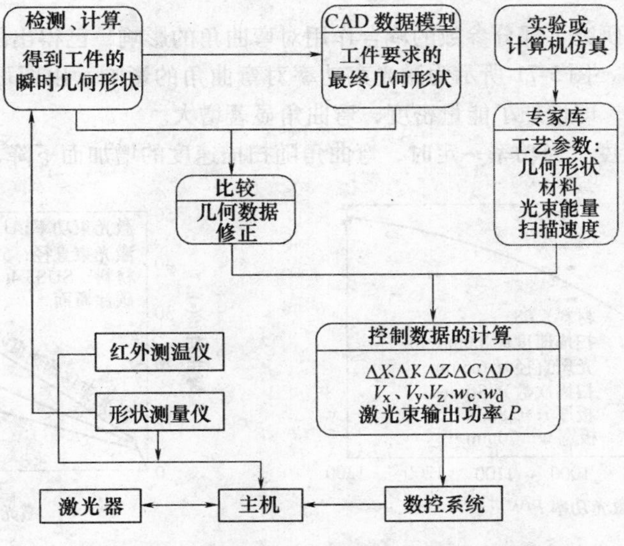

图5-69 激光成形机上的闭环成形系统

首先通过计算机仿真，并结合一定的实验研究，建立各影响因素与激光弯曲成形角度的关系等，进而建立一专家系统。在成形某一零件时，先通过CAD软件建立其CAD模型，专家系统根据模型数据对扫描路径等进行初步的规划和成形参数的选择。在成形过程中，形状测量仪对半成品零件的形状进行实时检测，以得到零件半成品瞬时几何数据，通过与零件的 CAD 模型数据的比较，可获得成形中的瞬时变形量大小，专家系统根据比较结果和红外测量仪的监控数据，对扫描轨迹进行修正，并提供给数控系统如扫描速度、光束功率等成形工艺参数，在数控系统的控制下，完成一次新的成形过程，直至零件的几何数据与其 CAD 模型数据完全一致。

由此可见，尽管在激光弯曲成形中很难保证成形条件的一致性，但通过此闭环系统，不仅实现了激光弯曲精密成形，而且实现了成形过程的智能化。

三、影响板料激光弯曲成形的技术参数

影响板料激光弯曲成形的主要因素如图 5-70 所示。它涉及激光束能量、板料热物理性能和力学性能以及板料几何参数三方面，即所谓激光束的能量效应、材料的性能效应和板料的几何效应。

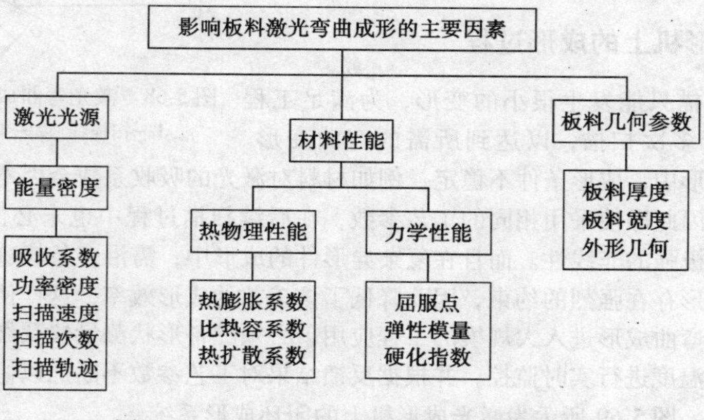

图 5-70　影响板料激光弯曲成形的主要因素

国内外学者试验研究了部分参数的耦合作用对弯曲角的影响，已得出的结论有：

（1）激光束功率　图 5-71 所示为激光束功率对弯曲角的影响。由图可见，在其他参数恒定时，增加激光束功率，即增加了能量密度，弯曲角显著增大。

（2）激光扫描速度　当功率一定时，弯曲角随扫描速度的增加而下降，如图 5-72 所示。

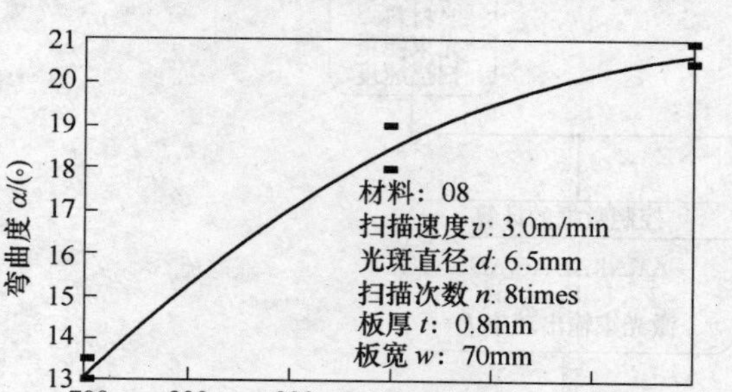

图 5-71　激光束功率对弯曲角的影响

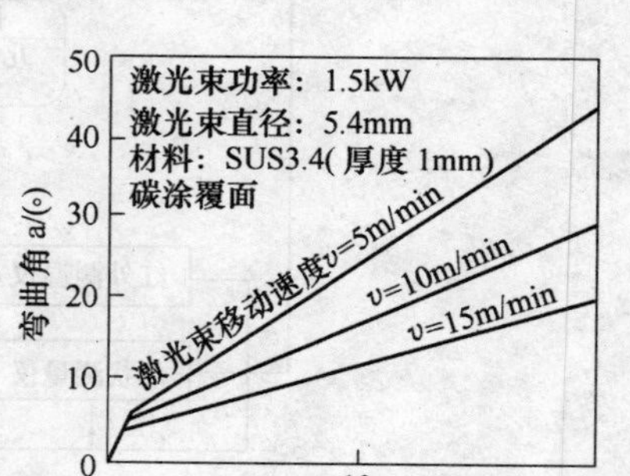

图 5-72　激光扫描速度对弯曲角的影响

（3）激光照射次数　一次激光照射所产生的变形量很小，大量的变形可以通过增加激光照射的次数来得到。板料弯曲角度随光束扫描次数呈线性增加，如图 5-73 所示。

(4) 板料厚度　当功率和激光束移动速度一定时，板料厚度越大，所获得的弯曲角就越小。从图 5-73 可以看出，SUS304 的三种料厚：$t=0.5$mm、1.0mm 及 2.0mm，弯曲角随料厚的增加，逐一减小。据试验结果显示，当料厚超过某一极限值时，板料将不产生任何塑性弯曲。亦即对于一组特定的工艺参数，存在一确定的厚度值与之对应，当板料厚度大于此值时，将不发生塑性弯曲。

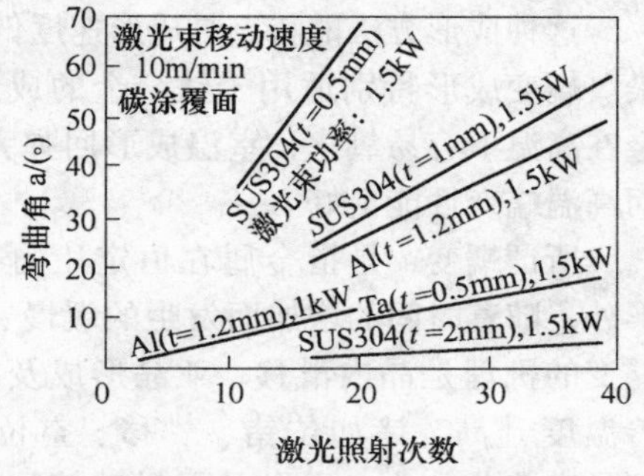

图 5-73　激光照射次数对弯曲角的影响

(5) 板料宽度　板料宽度对弯曲角度的影响亦很大，通常激光束的直径很小，使得同一时刻被加热材料的范围很小。在激光弯曲过程中，未被加热的冷态区域属于尚未变形的刚性区，它对正在进行变形的区域起着刚端抑制作用，板料越宽，这种抑制作用也越明显。实验结果初步证明：刚端对加热过程中反向弯曲的阻碍作用大于冷却过程的正向弯曲，所以材料越宽，一个加热冷却循环所能获得的弯曲角也就越大。图 5-74 所示为板料宽厚比（W/t）对弯曲角度的影响。从图中可以看出：板料的弯曲角度随板料宽厚比的增大而增大。

(6) 热物理性能　主要是材料的热膨胀系数、比热容及热导率等。如果材料具有高的热膨胀系数，则意味着受热区能够产生的材料堆积也越多。而比热容和密度又决定着注入相同的热量时材料的温升。单位体积的热容（比热容 C × 密度 ρ）越小，材料的温度就越高，屈服点就越低，体积膨胀也越严重，最终弯曲变形量就越大。图 5-75 所示表明：材料的热膨胀系数与比热容和密度乘积的比值愈大，愈易获得大的弯曲角。

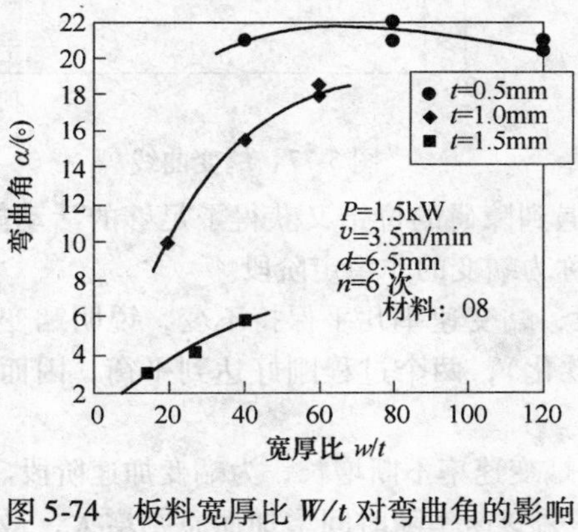

图 5-74　板料宽厚比 W/t 对弯曲角的影响

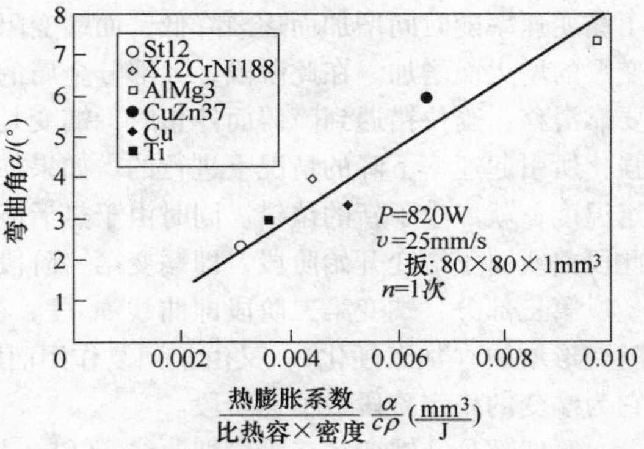

图 5-75　材料热物理性能对弯曲角的影响

(7) 材料屈服点强度　用材料的常温力学性能指标难以精确衡量其高温性能。试验结果显示：板料弯曲角与材料屈服强度之间缺乏一致性规律。

第八节　蠕变成形

近年来，利用金属或合金的蠕变特性，发展一种新的成形方法——蠕变成形工艺。蠕变成形的单位压力很低，为了防止金属在高温下受到氧化和污染，通过采用抽真空的办法成形，即真空蠕变成形。图 5-76 所示为一种简单的真空蠕变成形装置。在模具内装有电热管或电阻丝，并用热电偶测温和控温。在金属板坯上放一块 0.02 ~ 0.10mm 厚的不锈钢板，以保护成形坯料，并使容框密封。当抽去坯料与凹模间的空气以后，通过模具加热的坯料在大气压力下发生蠕变，逐渐贴靠凹模，成形为零件。

这种成形方法的特点是成形速度低，成形压力小，坯料在真空中成形可以避免高温氧化和污染。蠕变成形特别适用于钛合金的成形，因为钛合金在高温下容易氧化；室温成形回弹大，容易破裂，而高温蠕变性能良好。

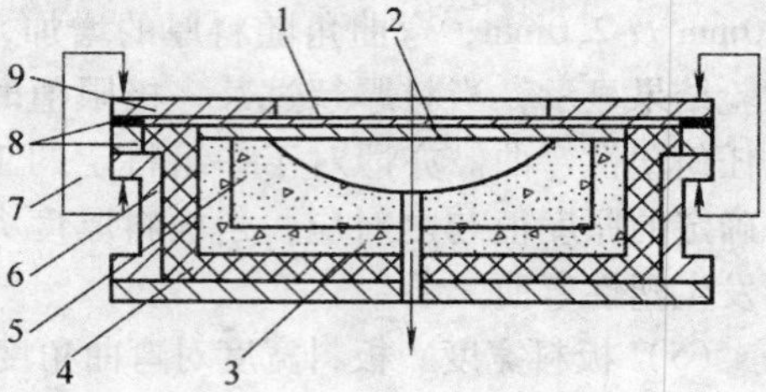

图 5-76　蠕变成形装置

1—不锈钢保护板　2—坯料　3—加热元件　4—保温层　5—陶瓷模　6—容框　7—C 形夹　8—密封　9—盖板

所谓蠕变，是指金属在恒定压力下，除瞬时变形外，随着时间的增加而发生的缓慢、持续的变形。蠕变的机理是晶内滑移、亚晶形成及晶界变形。随着温度升高，诸如位错、攀移、空位的定向扩散、亚晶完善与长大，以及晶界滑动等加快进行，而晶格畸变则减小，以至蠕变现象越来越显著。由于出现蠕变，材料承受载荷的能力大大降低，而塑性变形的能力则显著提高，后者对金属的塑性成形极为有利。

图 5-77 所示为一条典型的以应变与时间为坐标的蠕变曲线，它包括五个部分。

第一部分：蠕变开始部分即曲线的 $0a$ 段，是在施加载荷的瞬时产生的。如果材料的内应力超过该温度下的弹性极限，则此瞬间的变形又包括弹性变形 $0a'$ 和塑性变形 $a'a$ 两部分。在这开始瞬间的变形还没有蠕变现象的特征，仅是加载时发生的普通变形过程。

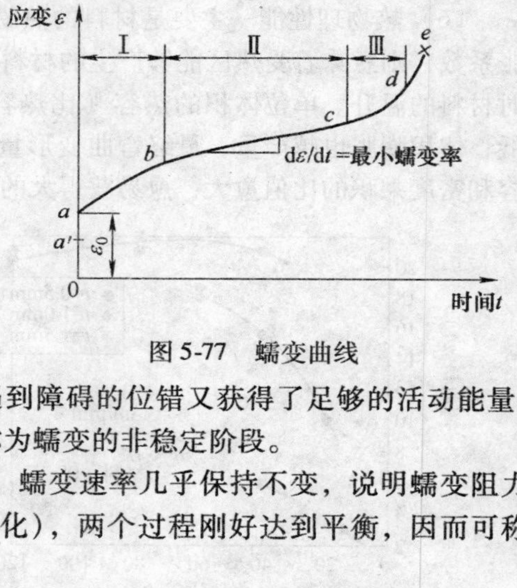

图 5-77　蠕变曲线

第二部分：蠕变第一阶段即曲线 ab 段，它反映了蠕变速率随时间增加而逐渐降低，而蠕变阻力则随变形的增大而增加。在此阶段，大部分金属的蠕变主要靠滑移，当位错遇到障碍而停止时，蠕变是在应变强化所引起速率下降的情况下进行的。如果加热到一定温度，就产生了新的位错。同时由于热活能增大，遇到障碍的位错又获得了足够的活动能量。此段曲线属于蠕变开始阶段，即蠕变第一阶段，也可称为蠕变的非稳定阶段。

第三部分：蠕变第二阶段即曲线 bc 段。在此阶段，蠕变速率几乎保持不变，说明蠕变阻力随变形增加（加工硬化），又由于回复作用而降低（软化），两个过程刚好达到平衡，因而可称它为蠕变的稳定阶段或恒速阶段。

第四部分：蠕变第三阶段即曲线 cd 段。其特点是蠕变速率不断增长，为蠕变加速阶段。

第五部分：蠕变断裂阶段即曲线 de 段。其特点是蠕变速率随时间增加而急剧增大，最后发生断裂。

蠕变曲线的形式与应力大小和温度有关。例如，在给定温度下，作用应力如果很小，蠕变曲线只反映了两个阶段，如图 5-78 中的曲线 d。在此情况下，稳定蠕变阶段可能持续很久，而在断裂前几乎不可能发生蠕变的加速阶段。稳定蠕变的速度始终是非常小的。反之，在给定温度下，材料内部的应力如果大了，则在较短时间内就可能发生断裂，而完全没有蠕变的第二阶段或者第二阶段很短，如图 5-78 中的曲线 a 和 b 所示。由此可见，大的应力是不适于蠕变成形的。图 5-79 所示为不同温度下的蠕变曲线。可以看出，温度越高，蠕变速率越

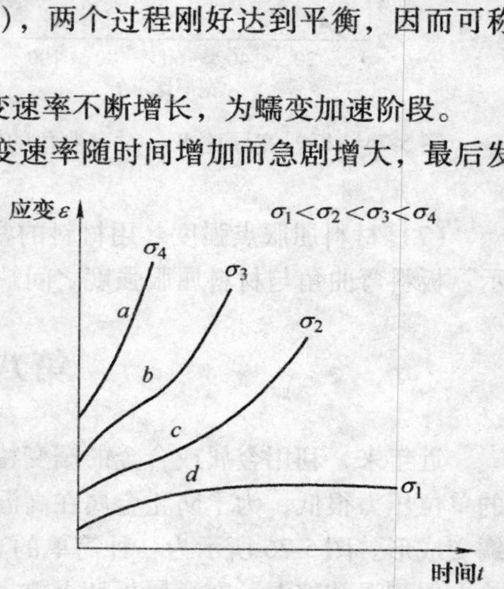

图 5-78　应力大小对蠕变曲线的影响

大。

概括起来，高温度、长时间和低应力是蠕变成形的特征，也是蠕变成形的条件。

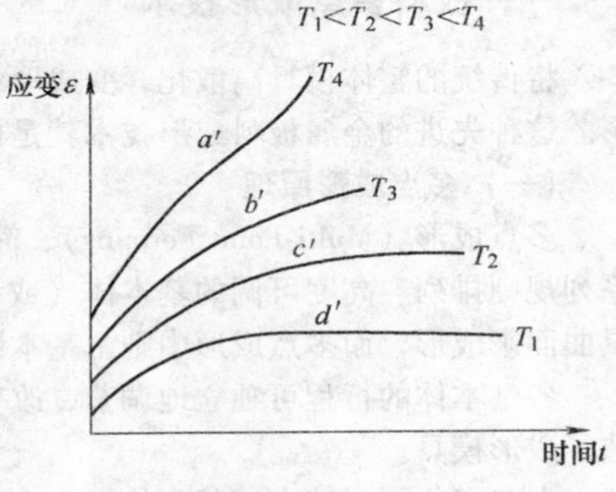

图 5-79　温度高低对蠕变曲线的影响

图 5-80 及图 5-81 所示为高温蠕变成形装置，适用于钛板的成形。图 5-80a 是活动上部 1 在轨道上离开固定的下部 2，以便装卸板件，由加热控制器 3 控制下模温度。图 b 是合模状态。

图 5-81a 是上部 1 和下部 2 合模后的初始状态。由抽真空的柔性管 7 抽真空，将对钛板 11 的加压软垫 10 悬到上部 1 的空间内。当下模 4 内由电热棒 3 加热到一定高温时，上部的管 8 关闭，由气门 9 进气，使软垫 10 下落到钛板 11 上。这时下部 2 由管 6 抽真空，垫 10 对钛板加压将其压到陶瓷模 4 上成形。成形后，管 6 关闭，由进气门 5 向下部 2 内进气，再对上部抽真空，将加压垫 10 吊离，并将上部 1 推到如图 5-81a 所示位置，将成形的板件取出。换上新板，进行新一轮成形工序。垫 10 由几层组成。柔性管 7 吊在上部 1 的框内，由钢环 12 保持形状。

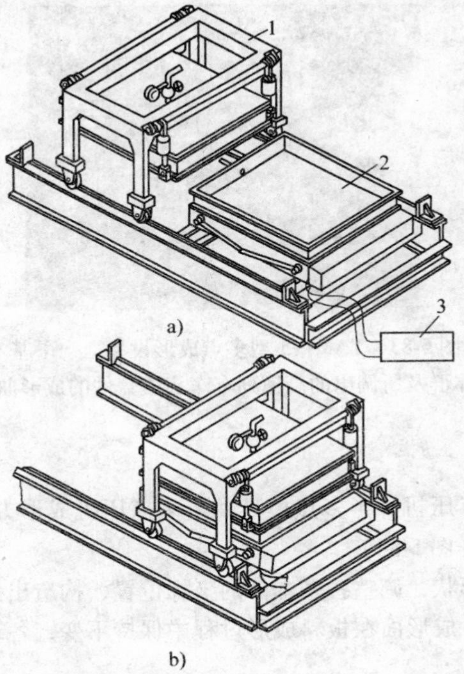

图 5-80　高温蠕变成形装置

a）移走活动上部 1　b）合模状态

1—活动上部　2—固定下部　3—加热控制器

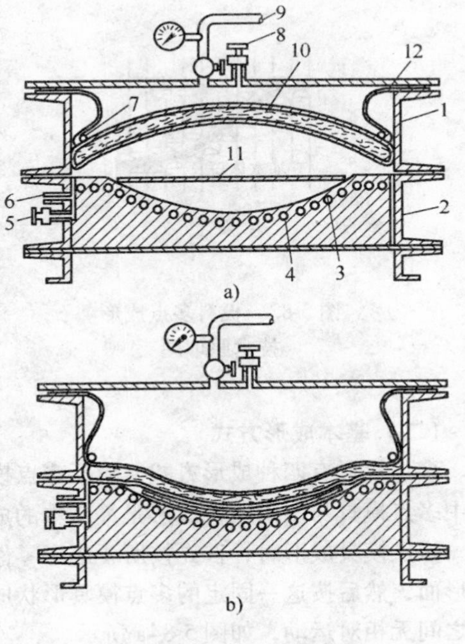

图 5-81　高温蠕变成形模具部分

a）成形前　b）成形后

1—上部　2—下部　3—电热棒　4—陶瓷模

5—进气门　6、8—管　7—柔性管

9—气门　10—软垫　11—钛板　12—钢环

第九节　多点成形和单点渐近成形

近年来，研究和开发的板料多点成形与单点渐近成形均属于无模成形技术，它们不仅适用于大批量的零件生产，而且同样适用于单件、小批量的零件生产。采用该技术可以节省大量的模具设计、制造及修模调试费用。所加工的零件尺寸越大，批量越小，其优越性越突出。

一、板料多点成形技术

将传统的整体模具离散化，变成形状可变的“柔性模具”，则可用于任意形状板料零件的成形。这种先进的金属板料成形技术就是板料多点成形技术。

（一）多点成形原理

多点成形（Multi-Point Forming），简称MPF技术的基本原理是：将传统的整体模具离散成一系列规则排列、高度可调的基本体（或称冲头），如图5-82所示。在整体模具成形中，板料由模具曲面来成形，而多点成形中则由基本体冲头的包络面（或称成形曲面）来完成。

各基本体的行程可独立地调节，改变各基本体的位置就改变了成形曲面，也就相当于重新构造了成形模具。

在多点成形系统中，基本体群及由其形成的“可变模具”是多点成形压力机的一个组成部分，从这个意义上讲，多点成形也可称为无模成形。

如图5-83所示为YAM—5型多点成形设备上、下基本体群及所调出的高速列车车头覆盖件的成形曲面。

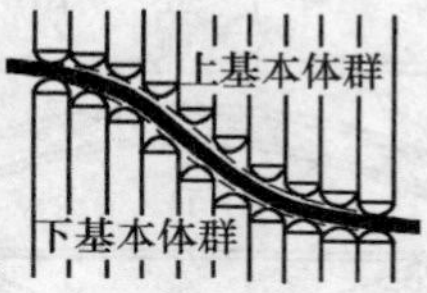

图5-82　板料多点成形技术原理图

图5-83　YAM—5型多点成形设备上、下基本体群及所调出的高速列车车头覆盖件的成形曲面

（二）基本成形方式

多点成形有四种成形方式，包括多点模具、多点压机、半多点模具及半多点压机成形方式。其中多点模具与多点压机成形是最基本的成形方式（图5-84）。

多点模具成形时，首先按所要成形零件的几何形状，调整各基本体的坐标位置，构造出无模成形面，然后按这一固定的多点模具形状成形板料；成形面在板料成形过程中保持不变，各基本体之间无相对运动，如图5-84a所示。

多点压机成形是通过实时控制各基本体的运动，形成随时变化的瞬时成形面。因其成形面不断变化，各基本体之间存在相对运动。在这种成形方式中，从成形开始到成形结束，上、下所有基本体始终与板料接触，夹持板料进行成形，如图5-84b所示。这种成形方式能实现板料的最优变形路径成形，消除起皱、压痕等成形缺陷，提高板料的成形能力。无模压机成形方式是一种理想的板料成形方法，但要实现这种成形方式，压力机必须具有实时精确控制各基本体运动的功能。

与多点压机成形相比，多点模具成形的设备投资小。利用多点成形的成形面柔性可变的特点，已开发出一次成形、分段成形、反复成形以及多道成形等无模模具成形工艺。

（1）一次成形技术　这种多点成形工艺与传统的整体模具冲压成形类似，根据零件的几何形状并考虑材料的回弹等因素设计出成形面，在成形前调整各基本体的位置，按调整后基本体群成形面一次完成零件成形。对于薄板类件的变形除设计成形面处，还需正确选择压边力。

（2）分段成形技术　分段成形利用多点成形的基本体群成形面可变的特点，对于尺寸大于设备成形尺寸的零件，逐段分区域连续成形，从而实现小设备成形大尺寸、大变形量的零件。在这种成形方式中，板料分成3个区：已成形区、过渡成形区及未成形区。这几个区域在变形过程中是相互影响的，过渡区中成形面的几何形状对分段成形效果具有决定性作用，过渡区设计是分段成形最关键的技术问题。

采用一种主要基于几何的过渡区设计方法，实践证明这种方法不仅简单，而且非常有效。其基本思想是使处于过渡区变形的板料的曲率从已变形区到未变形区之间的变化均匀。这时板料上将不会因某些局部过渡变形而产生缺陷，变形区间的衔接也会平滑。采用多点分段成形技术目前已成形出超过设备成形面积数倍甚至数十倍的样件。

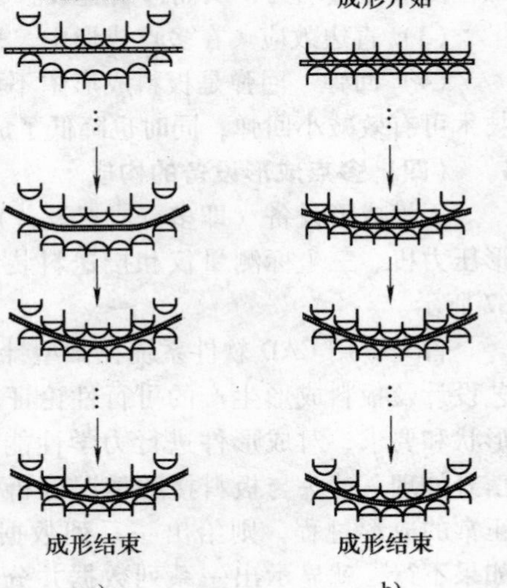

图5-84　两种基本的多点成形方式
a）多点模具成形　b）多点压机成形

（3）反复成形技术　反复成形时，首先使变形超过目标形状，然后反向变形并超过目标形状，再正向变形，如此以目标形状为中心循环反复成形，直至收敛于目标形状。采用反复成形方法，可以减小零件的回弹并降低残余应力。

图5-85所示为扭曲形试件反复成形6次时的实验结果。可以看出，随着反复成形次数的增加，试件的回弹逐渐减小，最终稳定于目标尺寸。

（4）多道成形技术　对于变形量很大的零件，可逐次改变多点模具的成形面形状，进行多道次成形。其基本思想是将一个较大的目标变形量分成多步，逐渐实现。通过多道次的成形，将一步步的小变形，最终累积到所需的大变形。

通过设计每一道次成形面形状，可以改变板料的变形路径，使各部分变形尽量均匀，使板料沿着近似的最佳路径成形，从而消除起皱等成形缺陷，提高板料的成形能力。因此，多道次成形也可看成是一种近似的多点压机成形，如图5-86所示。

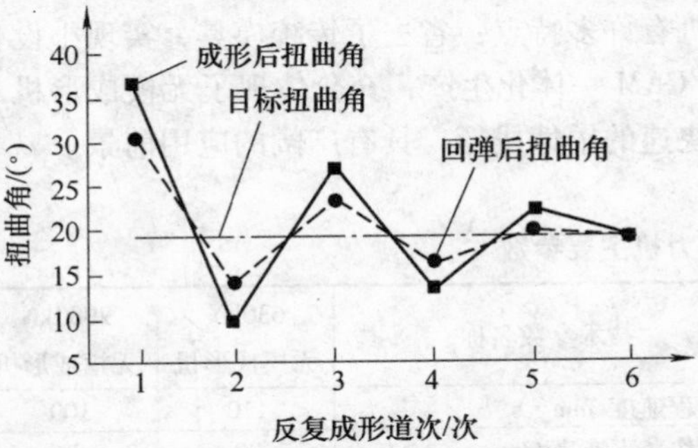

图5-85　扭曲形件反复成形后回弹减小的效果

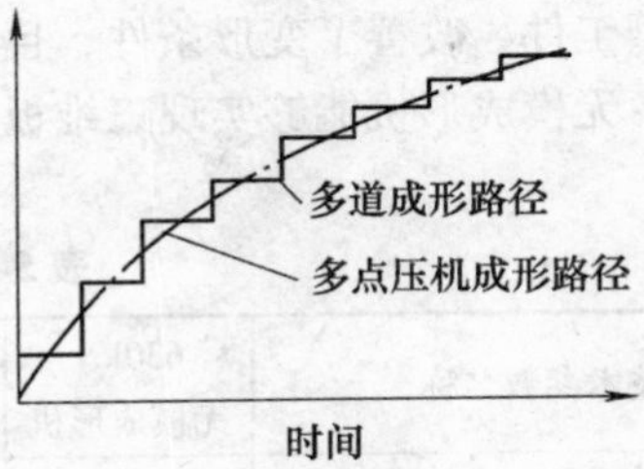

图5-86　多道成形路径与多点压机成形路径

（三）多点成形件的质量控制

多点成形件可能产生的质量缺陷有：压痕、皱纹、直边效应和回弹等，其预防措施如下：

（1）压痕　压痕是多点成形方法特有的不良现象。采用大半径冲头，使用弹性垫以及改变冲头排列方式，可以抑制压痕的产生。

(2) 起皱　对于起皱这种成形缺陷，可采用多点压力机成形方式改变板料变形路径，使各部位变形尽量均匀，从而抑制起皱。

(3) 直边效应　在多点成形中，采用分段成形方法可消除直边效应。

(4) 回弹　回弹是板料成形中不可避免的现象，根据多点成形的柔性特点，采用反复成形技术可有效减小回弹，同时也降低了成形件内部的残余应力。

(四) 多点成形设备的构成

无模成形设备（即多点成形设备）由 CAD 软件系统、微型计算机、电气控制装置、无模成形压力机、三坐标测量仪和接送料装置等几大部分组成，如图 5-87 所示。

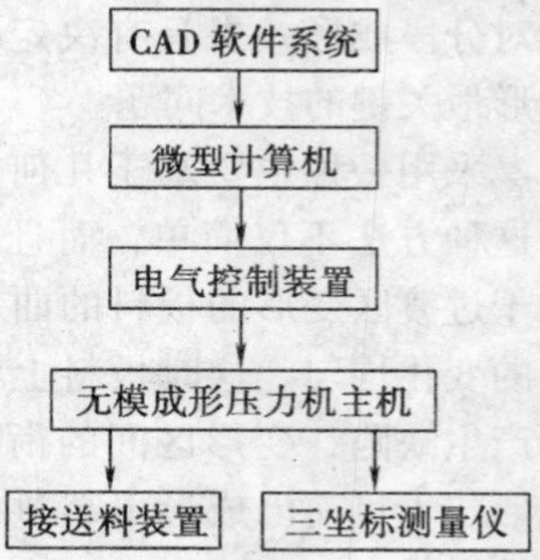

图 5-87　无模成形系统

首先，用 CAD 软件系统在微型计算机上对零件进行造型、工艺设计及板料成形生产的可行性论证。软件系统根据零件的不同形状和要求，对成形件进行力学性能计算、缺陷倾向预测、检测信号处理、冲头与板料接触情况分析等。如果分析结果可以实现正常的成形过程，则给出一系列数据并传送给计算机控制装置；如果不行，就显示出一系列数据并分析不可行的原因。这时，要通过人机对话，改变设计参数，再重新计算，直到满意为止。控制装置主要由单片机和其他控制电路组成，可以把 CAD 系统形成的数据文件转换成可执行的控制数据，同时对主机执行情况进行在线检测和控制。无模成形压力机主机部分主要由液压泵站、主机机架、机械手和上下基本体群组成。

在主机部分把电能转换成液压能、液压能转换成机械能、机械能又转换成无模成形能；它的运动精度、基本体调整精度、成形力的大小都对零件的成形精度产生重要的影响。三坐标测量仪测量经无模成形后的零件曲面，并把所测得的曲面数据反馈到计算机。CAD 系统对这些测得的数据进行比较和分析，如果结果未达到给定精度，则可以修改调形用数据，再进行一次调形并压制，直到结果满意为止。接送料装置用于把板坯送进成形机，并定位放置在成形用基本体群上；成形完成后，借助接送料装置把成形后的合格工件从设备上取下。

吉林大学已开发的 630kN、2000kN 无模成形压力机主要技术参数见表 5-28。其中 2000kN 无模成形压力机的参数主要为高速列车的流线型车头覆盖件成形的要求设计的。该设备开发成功后运行状态良好，已经应用于高速列车覆盖件成形中，生产了数十种成形件。

与传统整体模具板料成形相比，无模成形压力机有许多特点：省去了传统模具，实现小设备成形大型工件，改善了变形条件，且易于实现 CAD/CAM 一体化生产，充分体现了无模成形机的先进性。无模成形机能够实现三维板类件既经济又快速的柔性成形，具有广阔的应用前景。

表 5-28　无模成形压力机主要参数

技术参数名称	630kN 无模成形机	2000kN 无模成形机	技术参数名称	630kN 无模成形机	2000kN 无模成形机
成形压力/kN	630	2000	回程速度/$mm \cdot s^{-1}$	110	100
额定液压力/MPa	25	25	滑块落下速度/$mm \cdot s^{-1}$	90	80
滑块行程/mm	500	500	外形尺寸/mm 前后	700	2250
一次成形尺寸/mm × mm	320 × 400	600 × 840	外形尺寸/mm 左右	1600	1900
基本体排列/个	32 × 40	20 × 28	外形尺寸/mm 总高度	3600	5240
基本体行程/mm	150	200	液压泵电动机功率/kW	7.5	22
成形速度/$mm \cdot s^{-1}$	20	7	压力机总重/t	4.5	31

二、板料单点渐近成形技术

板料单点渐近成形技术又称薄板无模分层成形技术，是近年来新开发的先进加工方法，是集计算机技术、数控技术、塑性成形技术为一体的板料成形技术。华中科技大学自行研制并联合黄石锻压机床厂共同生产了国内首台金属板料单点渐近成形机，已开始满足这一工艺领域的系统研究。

（一）单点渐近成形的基本原理

单点渐近成形技术采用快速原型制造思想将三维 CAD 模型沿 z 轴方向离散化，转换成二维层面数据，在二维层上进行局部的塑性加工。其成形基本原理如图 5-88 所示。首先，将被加工板料置于一个通用模芯上，在板料四周用压板压紧材料，该压板可沿 z 轴上下运动。然后，将该装置固定在数控成形机上，成形工具先走到指定位置，并对板料产生一定的压下量，然后根据截面轮廓的轨迹，以走等高线的方式，对板料进行塑性加工；之后工具下降设定高度，再按下一层截面轮廓的轨迹，形成第二层轮廓，如此反复直到整个零件成形结束。这种方法特别适用于概念车的设计与开发，可直接生产出任意曲面薄壳构件。在成形过程中，除机床的机械精度外，其数控系统及成形工艺对成形件精度起到决定作用。

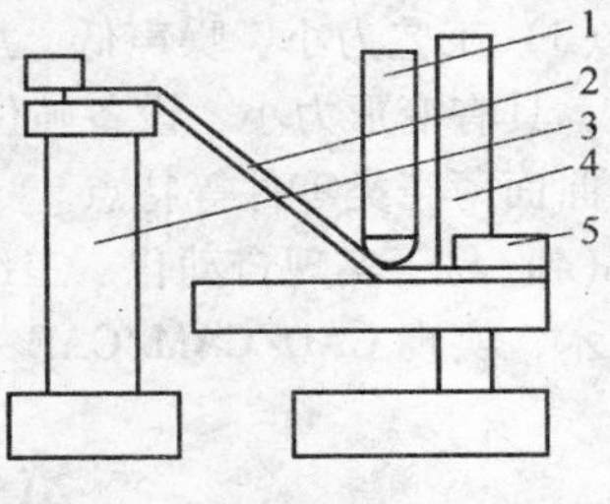

图 5-88　单点渐近成形原理图

1—成形工具　2—被加工板　3—模芯　4—导柱　5—夹板

（二）单点渐近成形机床

1. 硬件结构

单点渐近成形机床共有 4 个轴，其中两个 X 轴（X_1、X_2），一个 Y 轴、一个 Z 轴。机床成形空间为 800mm×500mm×300mm，最大加工速度 30m/min，成形精度达到汽车拉深件公差要求，可成形碳钢板、不锈钢板、铝板等材料。根据设计要求，该机床在加工速度为 30m/min 时，可在无人值守情况下保持长时间无故障运行。为此，除应保证两轴极好的同步性能之外，还应保证控制系统具有较高的可靠性和抗干扰能力，实时性好，配备有故障诊断系统。为此，该系统采用微型计算机加上功能强大的 PMAC 控制模块组成上、下位机结构，其中上位机执行轮廓信息文件读取、实体数据处理、层面信息优化、运行状态监测等功能，其用户界面友好；下位机则采用 DSP 技术实现各轴及同步高速实时插补控制。该系统硬件结构简单、易于实现，可靠性高。系统硬件结构如图 5-89 所示。

2. 软件系统

该系统输入数据可以通过 PRO/E、UG Ⅱ、POWERSHAPE 等三维 CAD 软件产生。系统根据用户参数设置，对输入数据进行优化，并分层处理，处理后的数据分片传给下位机，控制 X_1、X_2、Y、Z 轴运动。软件设计框图如图 5-90 所示。

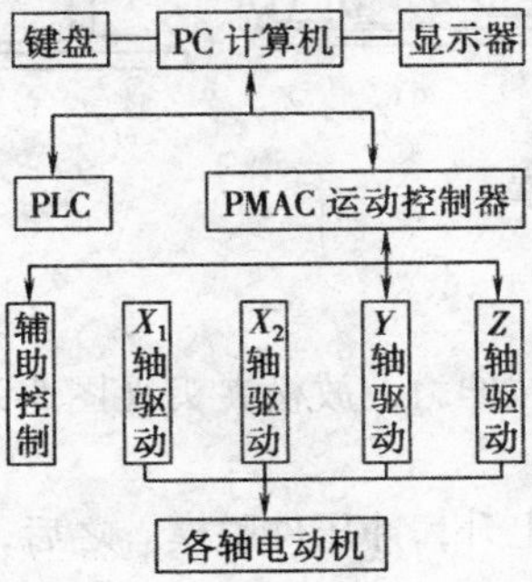

图 5-89　系统硬件结构

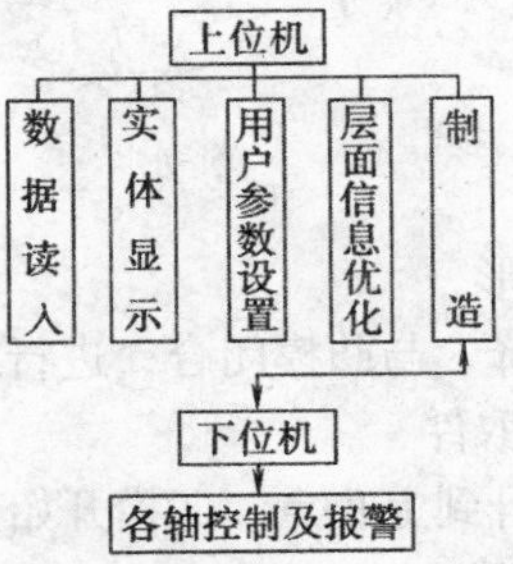

图 5-90　系统软件框图

（三）单点渐近成形技术特点

（1）实现无模成形　该成形技术无须专用模具，对于复杂零件仅仅需要做一个简单的模芯，与传统的整体模具成形相比，不但节省设计、制造模具的费用，而且无须试模和修模，成形的产品精度高、质量好。对于飞机、卫星等多品种小批量的产品以及用于汽车新型样本试制、家用电器等新产品的开发，都具有很大的经济价值。

（2）将快速原型制造技术与塑性成形技术有机结合　目前已有的快速原型制造方法很难造出能直接作为零件使用的薄壳类工件，对于大型零件传统意义的快速成型方法不仅无法保证其精度，而且制造过程耗时、原材料昂贵、后处理复杂，该项技术能够填补传统快速原型制造方法的空白，既是快速成型技术的发展，也是一种全新的塑性成形技术。

（3）工艺力小、噪声低、加工范围广　该技术是对板料局部加压变形连续积累而达到整体成形，具有变形力小、设备吨位小、投资少；近似于静压力，振动小、噪声低；可以成形复杂的三维曲面薄壳类零件等特点。

（4）易于实现自动化　三维造型、工艺规划、成形过程模拟、成形过程控制等全部采用计算技术，实现 CAD/CAM/CAE 一体化生产，是一项有发展前途的先进制造技术。

第十节　拉力成形与扩展成形

一、拉力成形

拉力成形或称张拉拉深成形，其工作原理是：在拉深前，先将板料施加单向预展拉应力，使之发生超过屈服点的伸长，在这一状态下，再用压力机进行拉深成形加工。

拉力成形的工作过程分以下几个步骤。

1. 预展

坯料装入拉伸装置后，以预定的载荷作单向拉伸（夹头按箭头方向朝两侧移动），其值由夹头的位移控制。各种冲压件所需的展延量尚难准确确定，通常取为 2% ~4% 的伸长（图 5-91a）。

2. 初步成形

在保持夹头的左右间距下，拉伸装置下降使坯料压向凸模，进行初步成形。下降位移由工件要求确定，用行程开关控制（图 5-91b）。

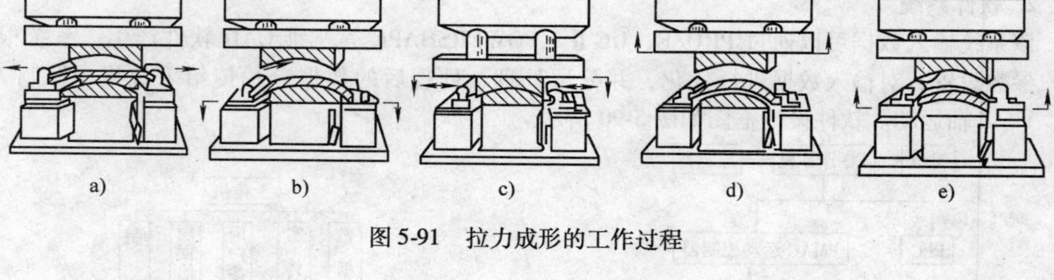

图 5-91　拉力成形的工作过程

3. 终成形

凹模下降，与凸模闭合，进行最后成形加工，这时除去拉伸力，放松夹头（图 5-91c）。

4. 脱模取件

凹模上升到上止点，凹模开始上升的同时，拉伸装置也上升，冲压件脱模。之后，用手或机械手将冲压件取走（图 5-91d、e）。

拉伸装置是用液压驱动的，可进行夹持、拉伸和下降三个动作。拉伸装置被安装在普通机械压力机或液压机的工作台上，它借助电气与压力机的滑块联动，以保证工作的协调。拉伸装置按夹头宽度做成各种标准规格，以适应不同零件的成形。

与普通拉深相比较，拉力成形的特点有：

1）由于材料预先产生超过屈服点的伸长，带来了很多好处。

①冲压力可降低1/2～2/3（降低的原因，可见图5-92的分析）。所以在2500～3000kN（附有拉伸装置的）压力机上几乎可以进行全部汽车车身覆盖件的加工，而采用普通拉深时，则需要8000～10000kN以上的压力机。

②使金属材料各部分均处于塑性变形状态，所以成形后回弹甚小，制件精度很高。

③由于材料各处变形均匀，残余应力极小，因此，再加工（切割、修整、焊接等）性能好。

2）工艺装备可以简化，模具重量和制作费均为普通拉深模的1/3。

3）由于废料量可减少一半，材料费可节约10%～15%，且废品率亦减少。

4）成品的力学性能大为提高，抗拉强度提高10%，硬度提高2%，耐冲击性提高30%。

5）复杂形状的零件可在一道工序内完成（普通方法必须经多道工序加工）。

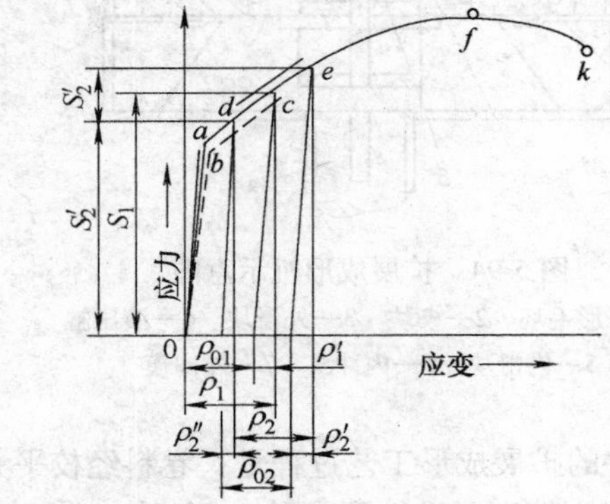

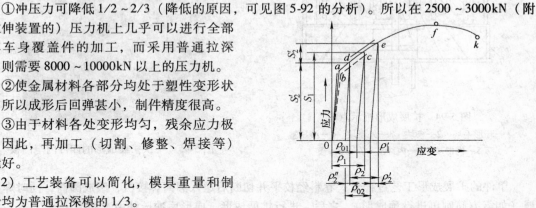

图5-92　从软钢的应力曲线图说明拉力成形的优点

普通冲压成形，当发生ρ_{01}的变形时，必须有S_1的应力；

用本加工法，当发生同样大小的变形ρ_{02}时，

其应力S_2远小于S_1。

0—a—b—d—c（普通冲压成形），d—c—e（本加工法）；

$\rho_{01}=\rho_{02}$，$S_1>>S_2$

近年来，拉力成形已在汽车、航空工业中获得应用。它特别有利于加工大曲率半径的圆滑曲面，如汽车车身的各种覆盖件、挡泥板、门翼板、壁板及保险杠等，但对于圆筒形及矩形件的深拉深困难较大。

二、扩展成形

扩展成形的实质是：把环形坯料（焊成圆筒形或方形）（图5-93），通过心部的内冲头组向外围的外冲模（凹模）组的扩张展延成形。

图5-94所示为扩展成形机的示意图，它由可径向移动的内、外滑块组（分别固定内冲头和外冲模）和液压驱动的楔形加载机构组成。外滑块通常分为四块，向心运动的最终位置是使其上的四块外冲模构成环形的连续表面。内滑块组和内冲头与之相应。冲压时，首先把坯料套入内外冲模之中，外滑块带着外冲模移入工作位置并锁住，然后打开液压缸的控制阀门，楔块下移，推动内滑块组带着内冲头向外作径向扩张，当把坯料最后压入外冲模后成形完毕。这时，内外滑块组分别复位，成形后的冲压件脱出。

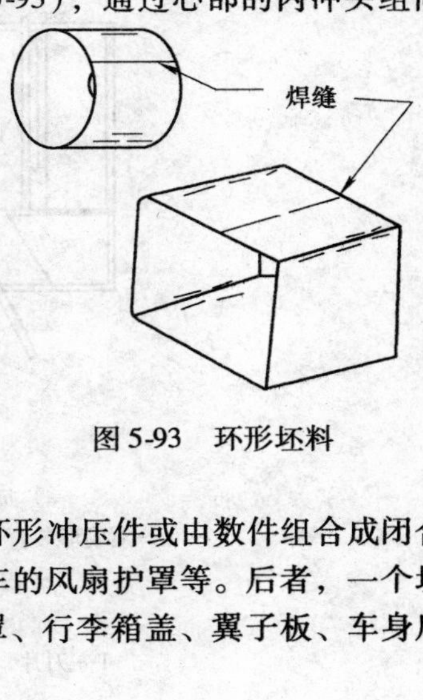

图5-93　环形坯料

由于扩展成形工艺只适用于闭合环形冲压件，因此可以冲压环形冲压件或由数件组合成闭合环形的冲压件。前者，一个坯料成形一个冲压件，如工具箱、汽车的风扇护罩等。后者，一个坯料成形后可以切割出数件，如汽车的车门板（图5-95），发动机罩、行李箱盖、翼子板、车身后边板、前围和仪表板、车底板、车顶板以及油箱半壳等。

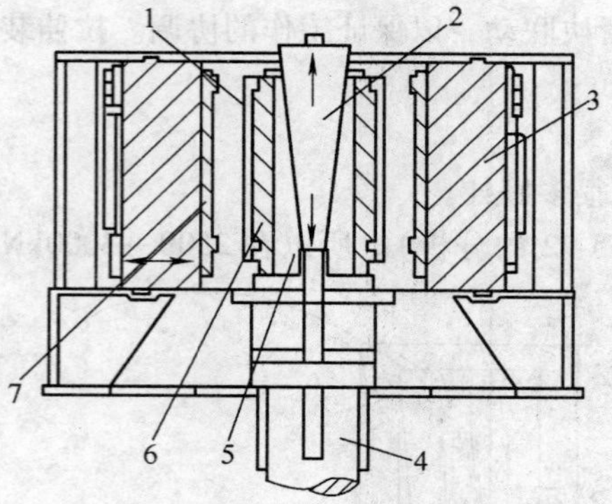

图 5-94　扩展成形机示意图
1—环形毛坯　2—楔块　3—外滑块　4—液压缸
5—内滑块　6—内冲头　7—外冲模

图 5-95　一次扩展成形的四件内车门板

单件的扩展成形工艺过程是：卷料经校平并切断后送入圆筒焊接机，滚成圆筒，同时焊接对缝（如需方筒则再进行预成形）。之后，进行扩展成形。成形后冲压件由上面退出。

多件组合的扩展成形过程与单件相同。只是在成形后，在冲模还未松开时，外模组合面上的切刀由凸轮推动切开组合件间的连接部分。这时，外冲模上的真空吸力器分别吸住本模上所带的冲压件，并随后退回原位。复位后，打开气路，零件落在底下的斜槽上并被导入输送带，送入下一工序。

多件组合的切割装置如图 5-96b 所示。当工件成形后仍被夹在冲模中时（图 5-96a），切割刀被液压推杆拉到下面，然后凸轮推动刀口向内移动，推杆上推，则由下到上切开制件（并不需要对应的剪切刀口），如图 5-96b 所示。

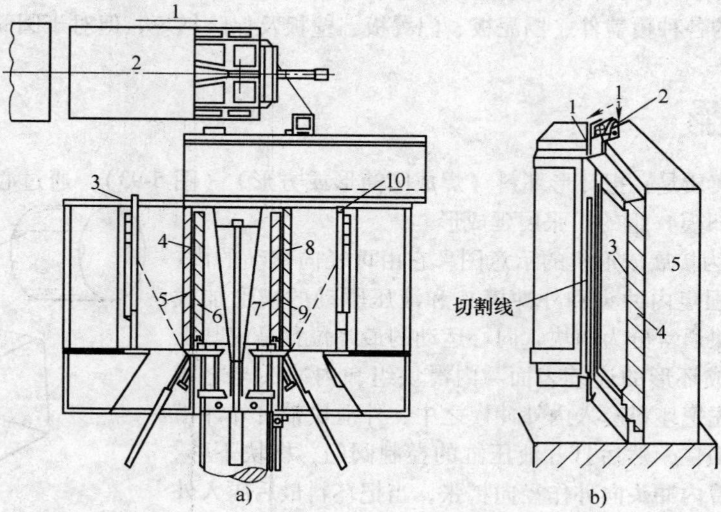

图 5-96　多件组合的切割装置
a）成形后切成 4 件，下一个坯料正在装入预成形装置
1—预成形装置　2—输送中的坯料　3—扩展成形机　4—坯料　5—外冲模
6、7—内冲头　8—吸力器　9—外冲模　10—外滑块锁止机构
b）切割示意图
1—刀片　2—液压推力杆支座　3—坯料　4—冲模　5—外滑块

与普通拉深相比，扩展成形具有如下优点：

1）成形前，先进行展延量为1.5%～3%的扩展，因此，类似拉力成形，变形均匀，回弹很小，制件精度高。

2）可以节省15%～50%的板料。

3）扩展成形机的生产率为每小时冲压400个坯料。如果一个坯料包括4个冲压件，那末每小时就可以制成1600件。这样的生产率对大型拉深件来说是很可观的。

4）设备成本低。模具结构简单、重量轻、费用小。

第六章　连续冲压工艺及模具设计

第一节　连续冲压工艺特点与高效、精密、长寿命多工位级进模的发展

连续冲压是指在压力机的一次行程中，在一副模具的不同工位同时完成多种工序冲压。所采用的模具称为级进模（或称连续模、跳步模）。在连续冲压中，不同的冲压工序分别按一定的次序排列，带料（或条料）按步距逐次送进，在等距离的不同工位上完成不同的冲压工序，经逐个工位冲压后，最终得到一个或数个完整的产品零件（或半成品）。一般说来，无论冲压零件的形状多么复杂，冲压工序怎样多，均可用一副多工位级进模冲制完成。对于批量非常大而厚度较薄的中、小型冲压件，特别适宜采用精密多工位级进模加工。在各类冷冲模中，级进模所占比例约为27%。

连续冲压具有以下特点：

1）生产效率高。级进模属于多工序模，在一副模具中可包括冲裁、弯曲、拉深、成形等多道工序，有的级进模增添了攻螺纹、焊接、扭槽、叠铆、分台、自动测量等工序，大大提高了冲压效率，具有很高的劳动生产率。

2）可实现高速冲压。由于采用诸如带异形超越离合器的辊式送料装置、蜗杆凸轮—滚子齿轮分度机构的辊式送料装置、摆辊夹钳送料装置和小型气动送料装置（见第十三章），确保在高速情况下，送料步距精度可达 ±（0.05～0.025）mm，经导正销精确定位后，步距精度可达 ±0.003mm。使精密多工位级进模可实现高速冲压，目前国外高速冲床的行程次数已达3000～4000次/min。

3）易于自动化。大批量生产时，可采用自动送料装置和监视检测装置，便于实现冲压过程的机械化和自动化。

4）操作安全。由于采用自动送料，且模具内装有各种故障诊断和安全检测装置，可有效防止加工时发生误送进或其他故障，由于操作者的手不必进入危险区域，从而确保了人身安全。

5）可减少厂房面积，半成品运输及仓库面积。一台冲床可完成从带料到成品的各种冲压工序的全过程，从而免去用单工序模冲压时占用多台设备，以及半成品的运输和仓储面积。

6）模具寿命长。由于工序不必集中在一个工位，必要时还可设置空工位，故不存在凹模“最小壁厚”问题，且改变了凸、凹模的受力情况，因而模具强度高、寿命长。

7）级进模结构复杂，技术含量高，制造精度要求严，给模具设计、制造、调试及维修带来一定难度。同时要求模具零件具有互换性，在模具零件磨损或损坏后要求更换迅速、方便、可靠。故模具造价高。

8）材料利用率较其他模具低，带料连续冲压时要增大搭边、设置载体、开工艺切口等，故产生的废料较多，特别是某些形状复杂的零件工艺废料更多些。

9）较难保持内、外形相对位置的一致性。因为零件内、外形是逐次冲出的，每次冲压都有定位误差，且连续地进行各种冲压，必然会引起带料载体和工序件的变形。

10）可免除中间退火。带料连续拉深时，由于可采用较大的拉深系数（较小的变形程度），可减缓拉深变形过程的冷作硬化，从而可免除麻烦的中间退火。

11）多工位级进模主要用于小型复杂形状冲压件的大批量生产；对较大的制件则可采用多工位传递模实现连续冲压。

现代级进模工位多、精度高、功能全、效率高、寿命长，属高效、精密、长寿命模具。一般有20余个工位，多的高达60余个工位。如集成电路用引线框架，其64条腿的引线框架级进模，凸模最小宽度仅为0.2mm，用硬质合金制造凸模和凹模拼块，制造精度达2μm，在800次/min的高速压力机上使用，模具寿命可达1亿次左右。有的级进模增添了攻螺纹、焊接、组装、自动扭角、叠压、分台、自动测量等工序，大大提高了冲压效率，节省了工时和冲压设备。例如电机定子、转子，变压器铁芯等制件的生产中，用于硅钢片的成组、成台、自动冲压、叠装的级进模，即集众多工序于一模，而且该模具精度高、寿命长。如美国奥伯格公司的双排电机定、转子铁芯冲压叠铆级进模生产效率高、功能多，寿命达2亿次。该公司的罩壳拉深40工位级进模具有双向拉深，一次出5件等功能，寿命达1亿次以上。德国克兰斯基精冲压模具公司的接插件65工位级进模，在一副模具上分别冲出两种不同材料的零件并能包联成一体，寿命达2亿次以上。日本山田公司制造的208条腿以上的集成电路引线框架，用多副级进模，多台冲床自动联机分步冲裁来完成（因一模成形工位过多，与冲床匹配也有困难），精度达2μm，寿命达1亿次以上。

近年来，我国高效、精密、长寿命多工位级进模有较快的发展。如常州日新精密机械有限公司研制的电机定、转子铁芯硬质合金双排级进模，模具外形尺寸为1470mm×600mm×415mm，重2.2t，用于2000kN高速冲床上生产。这是目前国内一副最大的双排扭斜自动叠铆级进模，扭斜采用步进电机式的机械驱动机构，转子铁芯双排扭斜，定子铁芯外径ϕ95mm的大尺寸双排叠铆，结构复杂，制造难度大，该模具已达到国际水平。陕西彩虹显像管总厂彩虹零件厂生产的64cm FS彩色显像管电子枪G3帽级进模，共24工位，采用滚动式分级多级精密双导向模架，上下模板组合式，凸模可快速更换，凹模拼块式等结构，模具主要零件制造精度达2μm，并经深冷处理。凸、凹模采用硬质合金材料，关键凸模进行表面氮化钛沉积处理，提高了使用寿命和产品尺寸精度的稳定性，确保产品变薄拉深的孔径偏差为±0.010mm和形位公差在0.010mm内，达到制品外观精美无缺陷的要求。上海柏斯高模具公司、无锡国盛精密制造有限公司的引线框架级进模，精度高，技术难度大，制品形状复杂，间距小，要求高，该类模具可替代进口。

第二节　精密多工位级进模的排样设计

在级进模设计中，要确定从毛坯板料到产品零件的转化过程，即要确定级进模各工位所要进行的加工工序内容，并在带料（或条料）上进行各工序的布排，这一设计过程就是带料排样。

带料排样设计是精密多工位级进模设计的关键。排样图的优化与否，不仅关系到材料的利用率、制件的精度、模具制造的难易程度和使用寿命等，而且直接关系到模具各工位的协调和稳定。

确定排样图时，首先要根据冲压件图样计算出毛坯展开尺寸，然后进行各种方式的排样。在确定排样方式时，还必须将制件的冲压方向、变形次数、变形工艺类型、相应的变形程度及模具结构的合理性、模具加工工艺性综合分析判断。同时在全面考虑工件精度和能否顺利进行自动级进冲压生产后，从几种排样方式中选择一种最佳方案。完整的排样图应包括：①确定工位数、工位排序和每一个工位的加工工序；②确定载体形式与坯料定位方式；③确定带料宽度、步距与材料利用率；④设计导料方式、导正孔直径、导正销数量及其安装位置；⑤绘制工序排样图。图6-1所示为工序排样图。

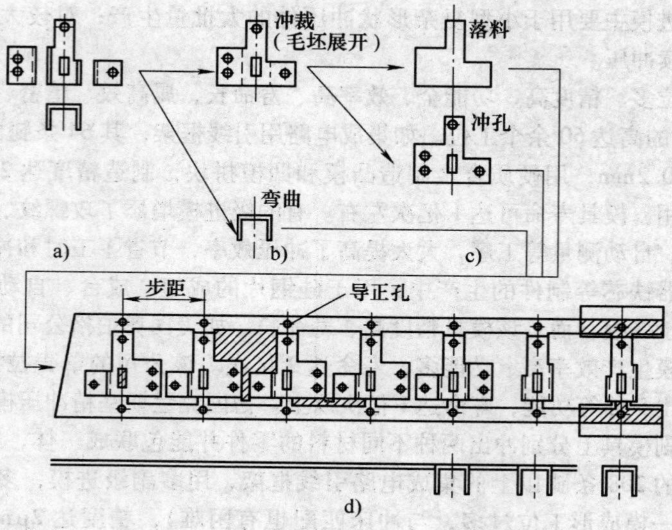

图 6-1　工序排样过程示意图

a）产品图　b）工序分解　c）工序二次分解　d）连续工序排样

一、排样设计应遵循的原则

设计带料（或条料）排样图时，必须认真分析，综合考虑，进行合理组合和排序，拟订出多种方案，加以分析、比较，以确定最佳方案。如图 6-2a 所示零件，就可拟订出四种方案的排样图。只有排样图设计合理，工序安排考虑周到，才能设计出比较成功的多工位级进模。

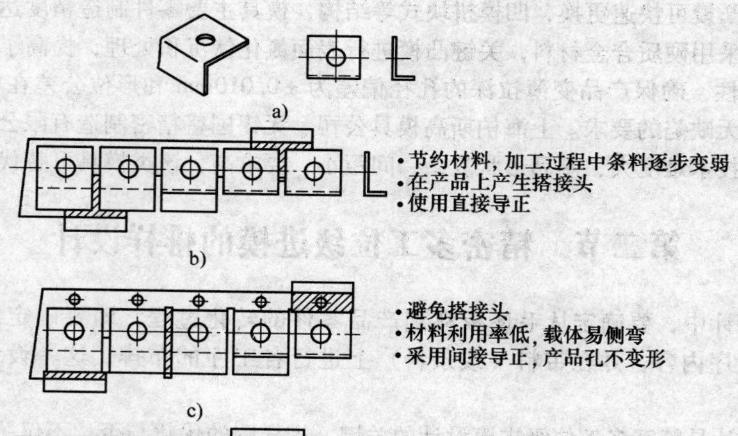

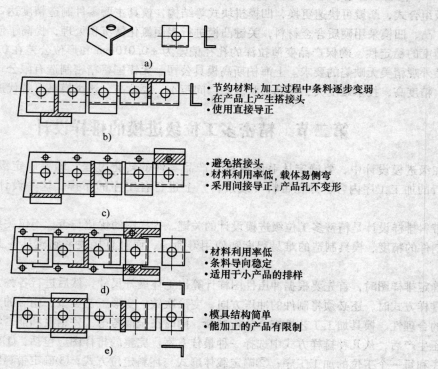

图 6-2　带料排样图设计方案

a）制件　b）、c）、d）、e）四种排样图方案

在排样设计分析比较时要遵循以下原则：

1）在保证产品零件精度的前提下，工序应尽量分散，以简化模具结构，有利于模具加工和提高模具寿命。

2）可制作冲压件展开毛坯样板（3~5个），在图面上反复试排，待初步方案确定后，在排样图的开始端安排冲孔、切口、切废料等分离工位，再向另一端依次安排成形工位，最后安排制件和载体分离。在安排工位时，要尽量避免冲小半孔，以防凸模受力不均而折断。

3）第一工位一般安排冲孔和工艺导正孔。第二工位设置导正销对带料导正，在以后的工位中，视其工位数和易发生窜动的工位设置导正销，也可在以后的工位中每隔2~3个工位设置导正销。第三工位根据冲压带料的定位精度，可设置送料步距的误送检测销。

4）冲压件上孔的数量较多，且孔的位置太近时，可分布在不同工位上冲出孔，但应防止孔受后续成形工序的影响而产生变形。对相对位置精度有较高要求的多孔，应考虑同一工位冲出，因模壁强度的限制不能同步冲出时，后续冲孔应采取保证孔相对位置精度要求的措施（如设置导正孔）。复杂的型孔，可分解为若干简单型孔分步冲出。

5）为提高凹模镶块、卸料板和固定板的强度和保证各成形零件安装位置不发生干涉，或者试模时供调整工序之用，在排样中可设置必要的空工位。图6-3所示为空工位示意图。

6）尽量提高材料利用率，使废料达到最小限度。对同一零件利用多行排列或双行穿插排列，以提高材料利用率（图6-4）；另外在材质、料厚完全相同的情况下，把不同形状的零件合到一副模具中冲裁，更有利于提高材料利用率。如图6-5所示为变压器两骨架零件，两零件的尺寸8mm、25mm有配合要求，且材质、料厚相同，当两零件合用一副级进模冲制时，材料利用率从原来分开冲制时的77.4%和69.2%提高到89.5%。

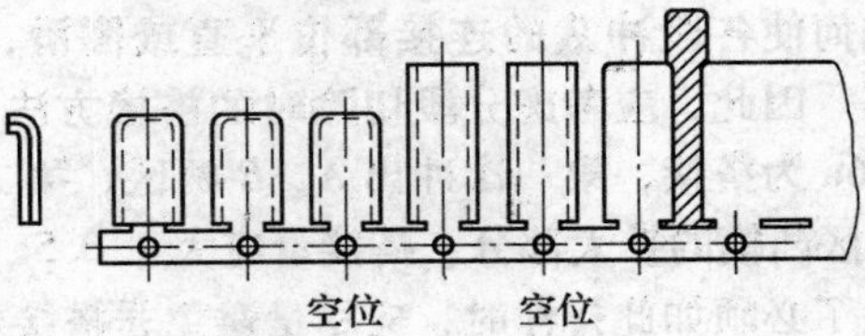

图6-3 空工位示意图

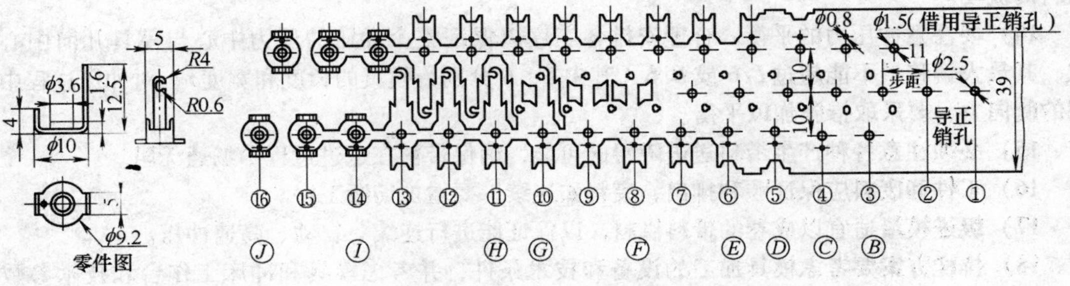

图6-4 双排样提高材料利用率示意图

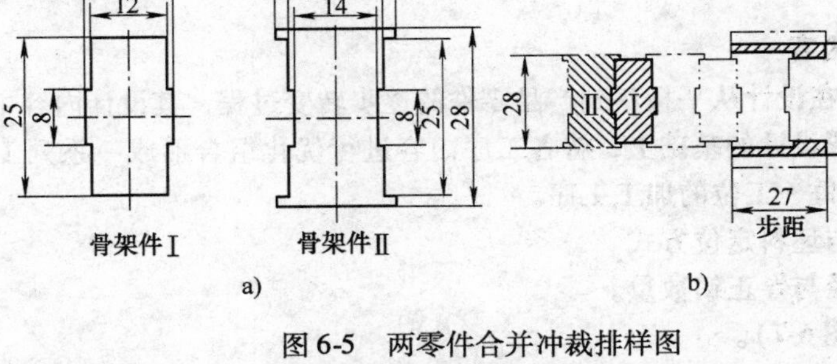

图6-5 两零件合并冲裁排样图

a）零件图 b）冲裁排样图

7）成形方向的选择（向上或向下）要有利于模具的设计和制造，有利于送料的顺畅。若有不同于冲床滑块冲程方向的冲压成形动作，可采用斜楔、滑块、杠杆和摆块等机构来转换成形方向。

8）对弯曲和拉深成形件，每一工位变形程度不宜过大，变形程度较大的冲压件可分几次成形，如为了避免U形弯曲件变形区材料的拉伸，应考虑先弯成45°，再弯成90°。这样既有利于零件质量保证，又有利于模具的调试修整。对精度要求较高的成形件，应设置整形工位。

9）当零件提出毛刺方向要求时，应保证冲出的零件毛刺方向一致；对于带有弯曲加工的冲压零件，应使毛刺面留在弯曲件内侧；在分段切除余料时，不允许一个冲压件的周边毛刺方向不一致。

10）压筋一般安排在冲孔前，在凸包的中央有孔时，可先冲一小孔，压凸后再冲到要求的孔径，这样有利于材料的流动。

11）当级进成形工位数不是很多，制件的精度要求较高时，可采用压回带料的技术，即将凸模切入料厚的20%～35%后，模具中的机构将被切制件反向压入带料内，再送到下一工位加工，但不能将制件完全脱离带料后再压入。

12）在级进冲压过程中，各工位分段切除余料后，形成完整的外形，此时一个重要的问题是如何使各段冲裁的连接部位平直或圆滑，以免出现毛刺、错位、尖角等。因此，应考虑分段切除时的搭接方法。搭接方法如图6-6所示，图6-6a为搭接，第一次冲出A、B两区，第二次冲出C区，搭接区是冲裁C区凸模的扩大部分，搭接量应大于$0.5t$（t为料厚）。图6-6b为平接，除了必须如此排样时，应尽量避免非搭接方式。平接时在平接附近要设置导正销，如果工件允许，第二次冲裁宽度适当增加一些，凸模修出微小的斜角（一般取3°～5°）。

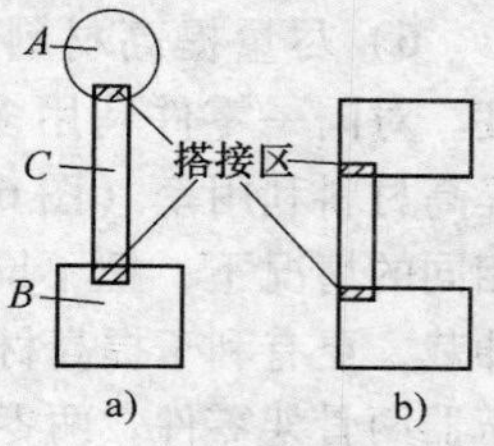

图6-6　搭接方法
a）搭接　b）平接

13）在连续拉深排样中，可应用拉深前切口、切槽等技术，以利于材料的流动。

14）要注意冲压力的平衡。合理安排各工序以保证整个冲压的压力中心与模具几何中心一致，其最大偏移量不能超过$L/6$或$B/6$（其中L、B分别为模具的长度和宽度），对冲压过程中出现的侧向力，要采取措施加以平衡。

15）必须注意各种产生带料送进障碍的可能，确保带料在送进过程中畅通无阻。

16）工件和废料应保证顺利排出，废料如连续，要增加切断工序。

17）级进模最适宜以成卷的带料供料，以保证能进行连续、自动、高速冲压。

18）排样方案要考虑模具加工的设备和技术条件，并考虑模具和冲床工作台和技术参数的匹配性。

二、排样的内容与类型

（一）工序排样的内容

工序排样的目的旨在设计从平板料到产品零件的逐步转变过程，其设计内容主要有：

1）在冲切刃口外形设计的基础上，将各工序内容进行优化组合形成一系列工序组；对工序组排序，确定工位数和每一工位的加工工序。

2）确定载体形式与坯料定位方式。

3）设计导正孔直径与导正销数量。

4）绘制排样图（图6-7）。

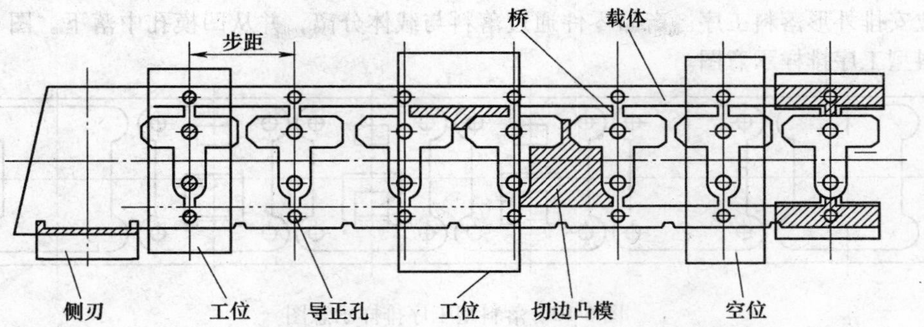

图 6-7　排样图示例

（二）工序排样的基本类型

按照级进模中获得毛坯外形和产品零件的方式不同（图 6-8），工序排样可以分为落料型、切边型和混合型三类（图 6-9）。

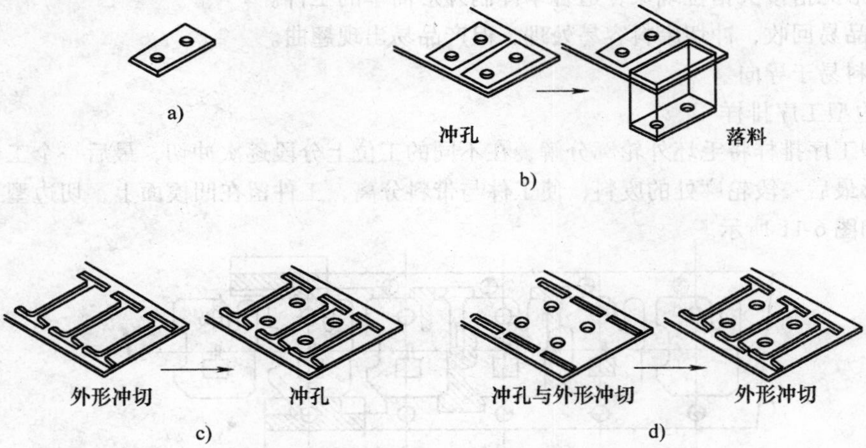

图 6-8　毛坯冲切方法比较

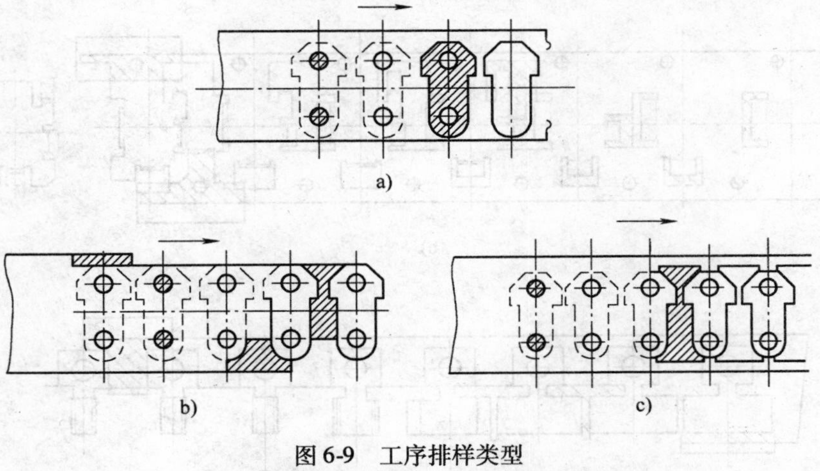

图 6-9　工序排样类型

a）落料型　b）切边型　c）混合型

1. 落料型工序排样

落料型工序排样是最基本的工序排样，它将产品零件内部孔的冲切安排在开始的若干工位，最后工位安排外形落料工序。产品零件通过落料与载体分离，并从凹模孔中落下。图 6-10 是典型的落料型工序排样示意图。

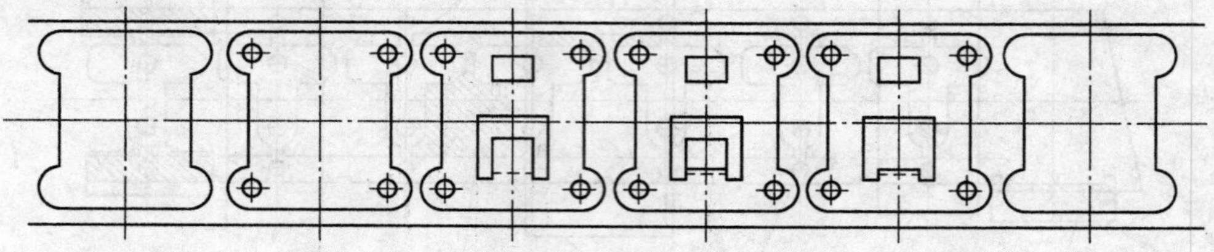

图 6-10　落料型工序排样示意图

落料型工序排样的主要特点是：

1）产品上孔与外形的毛刺方向相反。对正装式模具结构，孔的毛刺方向向下，外形部分的毛刺方向向上。

2）与其他类型的工序排样相比，工位数少，模具尺寸小，结构简单。

3）外形无搭接头错位现象，适合于冲制外形简单的工件。

4）产品易回收，冲切废料容易处理，但产品易出现翘曲。

5）带料易于导向。

2. 切边型工序排样

切边型工序排样将毛坯外轮廓分解，在不同的工位上分段逐次冲切，最后一个工位通过冲切工序件外形最后一段轮廓处的废料，使工件与带料分离，工件留在凹模面上，切边型工序排样的典型示例如图 6-11 所示。

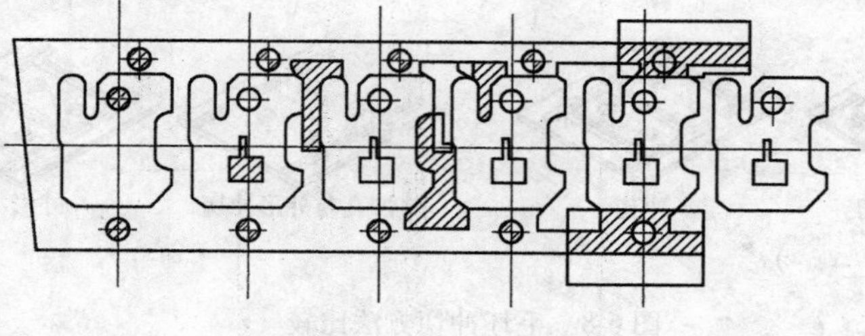

a)

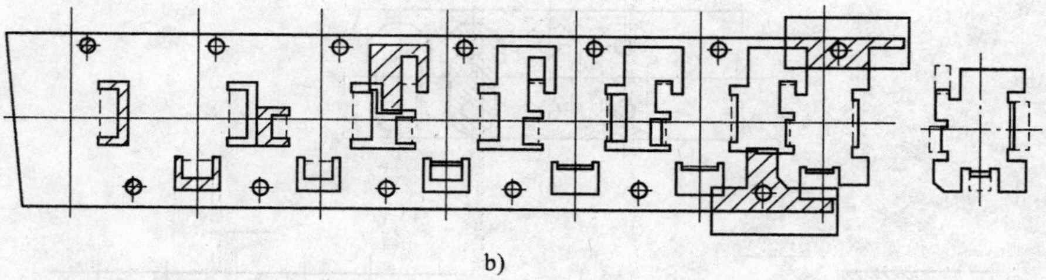

b)

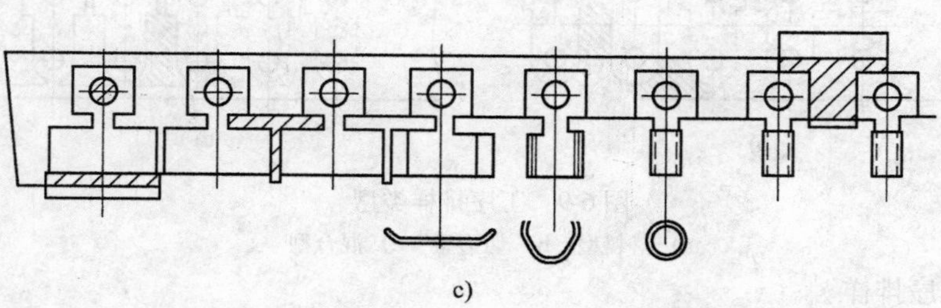

c)

图 6-11　切边型工序排样应用示例

切边型工序排样的特点是：

1）孔与外形的毛刺方向相同，对正装式模具毛刺向下。

2）产品留在凹模面上，产品的平整度容易保证。

3）适合于外形复杂零件的冲压加工。

4）外形分几次冲成，凸模数量多，并且容易出现搭接头不平直、错位和毛刺等问题。

5）因考虑冲切凸模的强度，与落料型排样相比材料利用率低。

6）对有些产品，带料的导向精度差。

7）切边凸模设计的自由度大，有很多设计技巧；因而设计难度大，易出现失误，模具制造难度大。

8）切边型排样中分段连接部位的尺寸如图 6-12 所示。

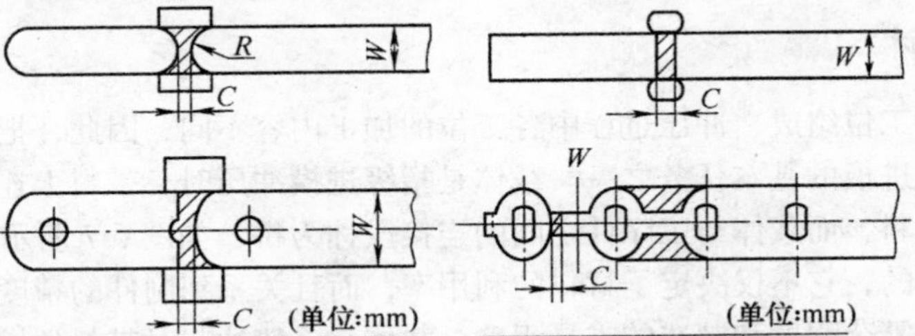

(单位:mm)

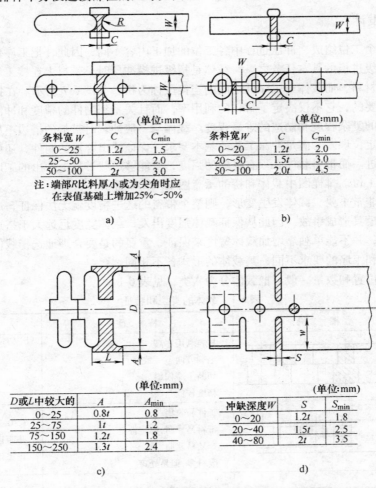

条料宽 W	C	C_{min}
0～25	$1.2t$	1.5
25～50	$1.5t$	2.0
50～100	$2t$	3.0

注：端部R比料厚小或为尖角时应在表值基础上增加25%～50%

a)

(单位:mm)

条料宽 W	C	C_{min}
0～20	$1.2t$	2.0
20～50	$1.5t$	3.0
50～100	$2.0t$	4.5

b)

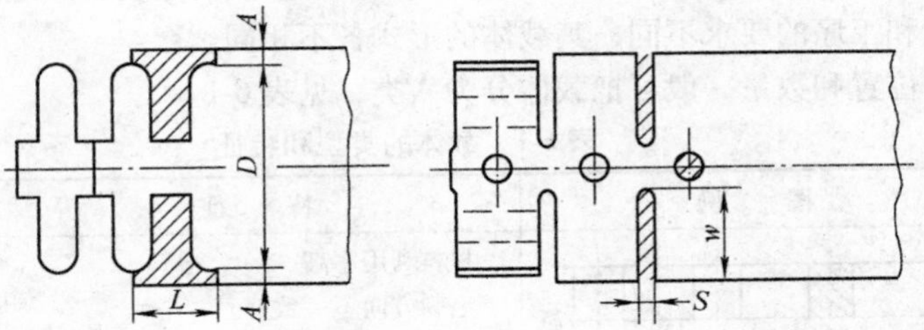

(单位:mm)

D或L中较大的	A	A_{min}
0～25	$0.8t$	0.8
25～75	$1t$	1.2
75～150	$1.2t$	1.8
150～250	$1.3t$	2.4

c)

(单位:mm)

冲缺深度W	S	S_{min}
0～20	$1.2t$	1.8
20～40	$1.5t$	2.5
40～80	$2t$	3.5

d)

图 6-12 切边型工序排样分段连接部位尺寸

3. 混合型工序排样

混合型工序排样兼有切边型和落料型工序排样之所长，在工序排样时，前边部分按切边型排样，最末工位为落料型排样，如图 6-9c 所示。混合型工序排样是常用的工序排样方法。

与切边型排样相比，混合型工序排样的主要特点是：

1）产品易回收。

2）最终落料的外形部分与其他部分的毛刺方向相反。

3）可以冲制外形复杂的产品零件。

混合型工序排样的典型示例如图 6-13 所示。

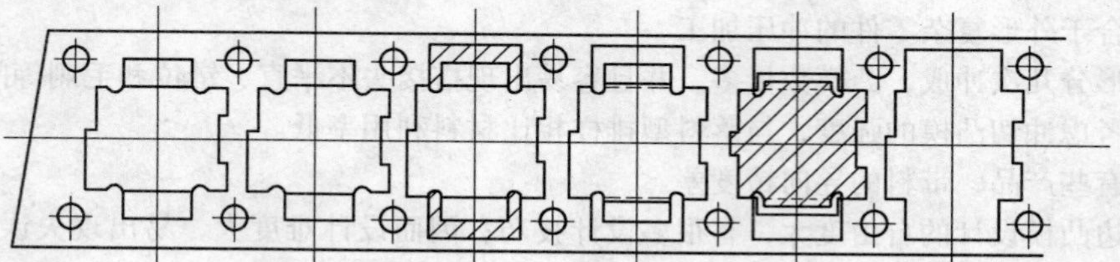

图 6-13 混合型排样应用示例

三、载体设计

级进模由多个工位组成，冲压过程中各工位的加工内容不同，因此，把工序件从第一工位运送到最后工位是级进模的基本任务之一。载体是指级进模冲压时，带料上连接工序件并运载其稳定送进的这部分材料，而载体与工序件之间的连接段称为桥，如图 6-7 所示。在排样过程中，载体设计是非常重要的，它不仅决定了材料的利用率，而且关系到制件的精度和冲制效果，更是直接影响模具结构的复杂程度和制造的难易程度。载体与一般冲裁时带料的搭边不尽相同，搭边的作用主要是补偿定位误差，满足冲压工艺的基本要求，保证冲出合格的制件，还可使带料有一定的刚度，便于送进。而带料载体必须有足够的强度，要能够运载带料上冲出的工序件，并且能够平稳地送到后续工位。排样图中载体和桥的示意图如图 6-7 所示。

载体的强度非常重要。载体发生变形，则整个带料的送进精度就无法保证，严重者会使带料无法送进而损坏模具造成事故。因此从保证载体强度出发，载体宽度远远大于搭边宽度。但带料载体强度的增强，并不能单独靠增加载体宽度来保证，重要的是要合理地选择载体形式。由于被加工工件的形状和工序的要求不同，其载体的形式各不相同。

按照载体的位置和数量一般可把载体分为六类，见表 6-1。

表 6-1 载体的类型和特征

类 型	图 例	特 征	适用范围
无载体	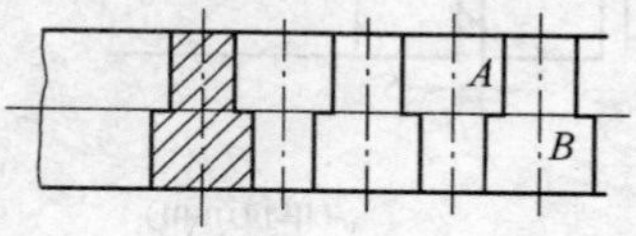	材料利用率高 毛刺方向不一致 切断工序偏斜 精度较低	
边料载体	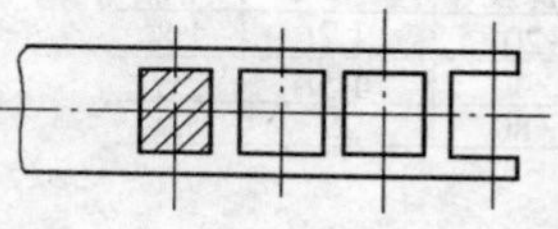	工件易收集 带料易导向，稳定性好 产品易翘曲 废料多，但易处理	$t>0.2$mm 步距可大于 20mm 可采用多排
双侧载体	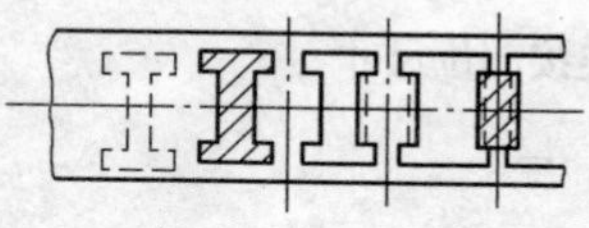	能稳定可靠地运载工序件 外形轮廓各段毛刺方向不一致 为标准载体	$t>0.4$mm 步距可大于 30mm
单侧载体	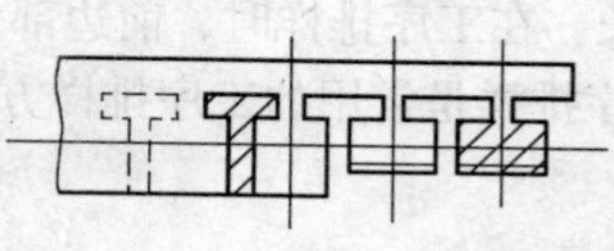	与双载体相比，应取更大的宽度 在冲切过程中，载体易产生横向弯曲，无载体一侧的导向比较困难 毛坯易倾斜	t 可小于 0.2mm 工位数可大于 15 步 一般用于单排

（续）

类　型	图　例	特　征	适用范围
中间载体	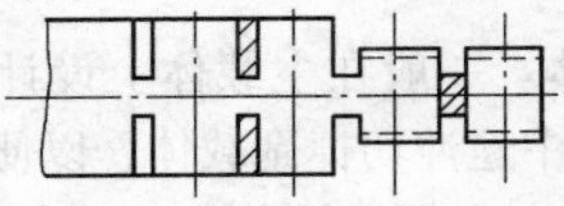	带料宽度方向难导向 载体易出现横向弯曲 易产生送料失误	$t=0.3\sim2$mm 工位数可大于 15 仅用于单排
双桥载体	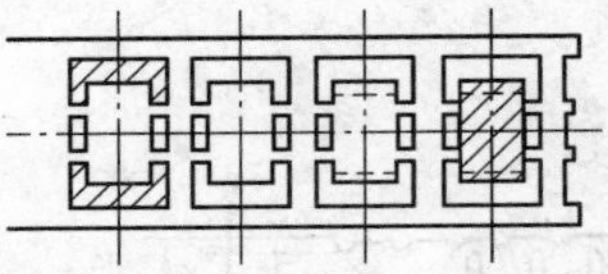	多用于非常小的产品 适用于薄料并张拉送进的情况 毛坯稳定性好，带料易导向 材料利用率差	

（一）无载体

无载体实际上与毛坯无废料排样是一致的，零件外形具有一定的特殊性，即要求毛坯左右边界在几何上具有互补性，如图 6-14 所示。

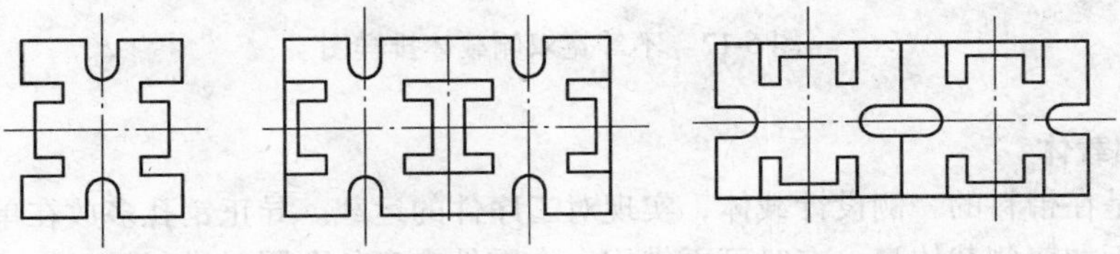

图 6-14　无载体排样对毛坯外形的要求

（二）边料载体

边料载体是利用带料搭边废料作为载体的一种形式。此种载体送料刚性好，省料、简单。边料载体主要用于落料型排样，如图 6-15 所示。

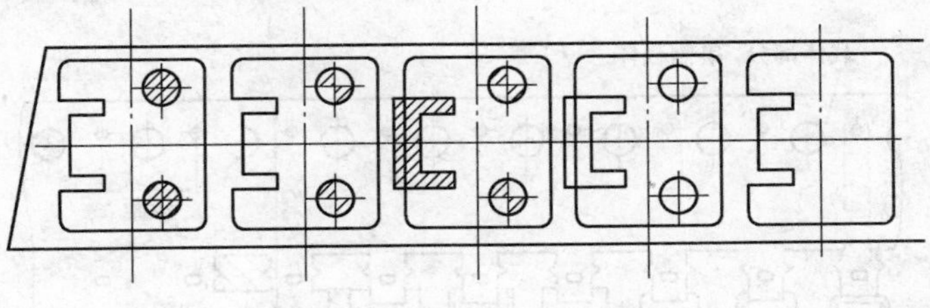

图 6-15　边料载体应用示例

（三）双侧载体

双侧载体是在带料的两侧设计载体，被加工的工序件连接在两侧载体的中间，如图 6-16 所示。双侧载体是理想的载体，可使工序件到最后一个工位前带料的两侧仍保持有完整的外形，这对于送进、定位和导正都十分有利。采用双侧载体送进十分平稳可靠，但材料利用率较低。双侧载体可分为等宽双侧载体和不等宽双侧载体。

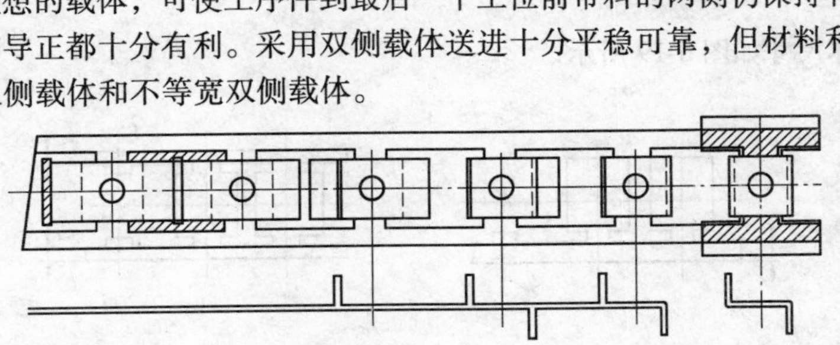

图 6-16　双侧载体

等宽双侧载体一般应用于送进步距精度高，带料偏薄，精度要求较高的冲裁件多工位级进模或精度较高的冲裁弯曲件多工位级进模。在载体两侧的对称位置可冲出导正销孔，在模具的相应位置设导正销，以提高定位精度。

不等宽双侧载体的一侧为主载体，窄的一侧为副载体。一般在主载体上设计导正销孔，此时，带料沿主载体一侧的导料板送进。冲压过程中需要在中途冲切掉副载体，以便进行侧向冲压加工，如图 6-17 所示。一般在冲切副载体之前将主要冲裁工序都进行完毕，以确保冲制精度。

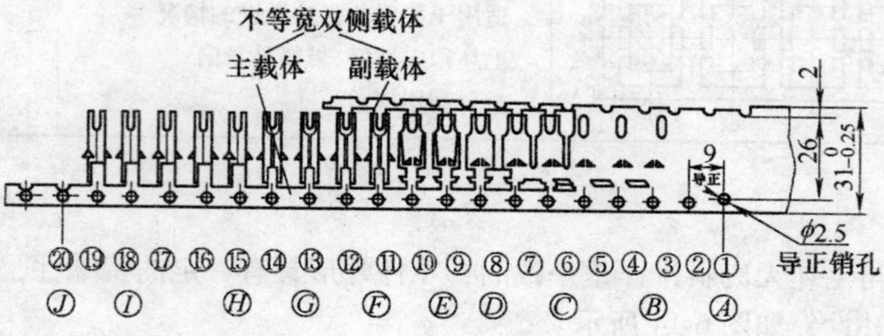

图 6-17　不等宽双侧载体排样图

（四）单侧载体

单侧载体是在带料的一侧设计载体，实现对工序件的运载。导正销孔多放在单侧载体上，其送进步距精度不如双侧载体高。有时可再借用一个零件本身的孔同时进行导正，以提高送进步距精度，防止载体在冲制过程中有微小变形，影响步距精度。与双侧载体相比，单侧载体应取更大的宽度。在冲切过程中，单侧载体易产生横向弯曲，无载体一侧的导向比较困难。

单侧载体一般应用于料厚为 0.5mm 以上的冲压件，特别是对于零件一端或几个方向带有弯曲，往往只能保持带料的一侧有完整外形的场合，采用单侧载体较多，如图 6-18 所示。

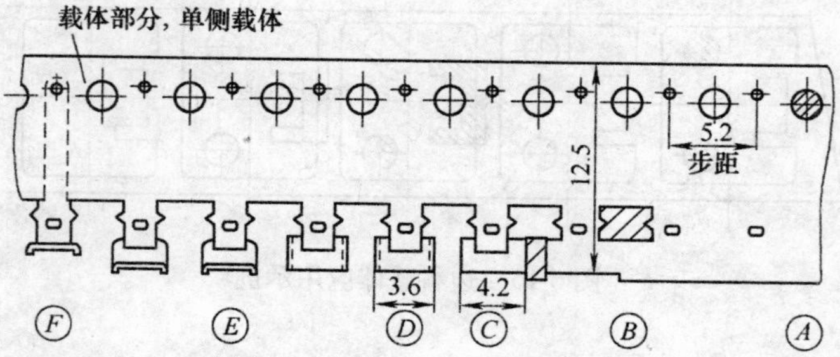

图 6-18　单侧载体排样图

单、双侧载体尺寸如图 6-19 所示。

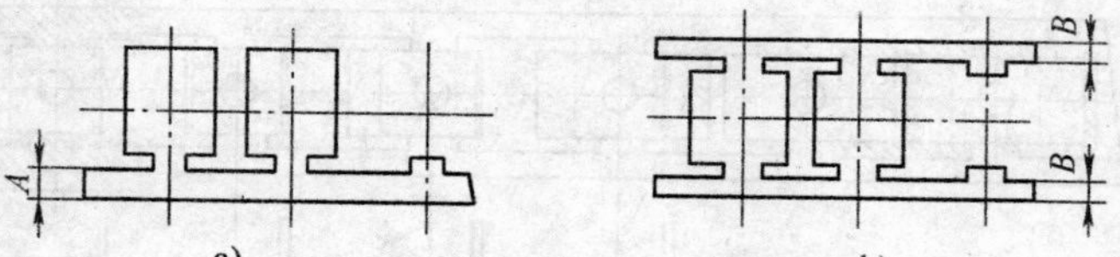

图 6-19　单、双侧载体尺寸

在冲裁细长零件时，为了增强载体的强度，并不过分增加载体宽度，仍设计为单侧载体，但在每两个冲压件之间的适当位置用一小部分连接起来，以增强带料的强度，称为桥接式载体，其中连接两工序件的部分称为桥。采用桥接式载体时，冲压进行到一定的工位或到最后再将桥接部分冲切掉，如图 6-20 所示。

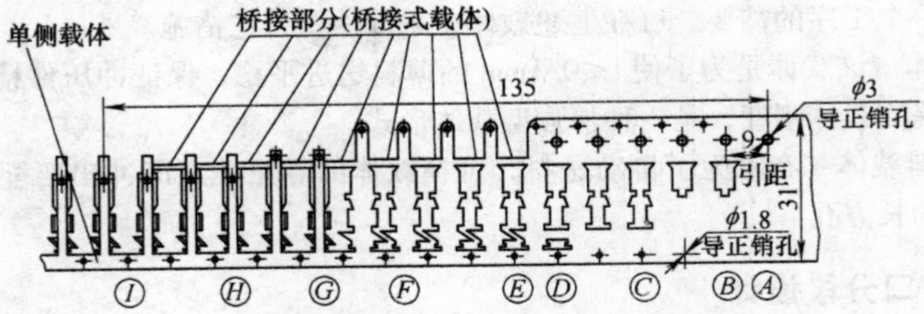

图 6-20　伴有桥接的单侧载体排样图

(五) 中间载体

中间载体是指载体设计在带料中间，如图 6-21 所示，一般适用于对称零件，尤其是两外侧有弯曲的对称零件。它不仅可以节省大量的原材料，还有利于抵消由于两侧压弯时产生的侧向力。对于一些不对称的单向弯曲零件，也可采用中间载体将被加工的零件对称于中间载体排列在两侧，变不对称零件为对称性排列，如图 6-22 所示，既提高了生产效率，又提高了材料利用率，也抵消了弯曲时产生的侧向力。

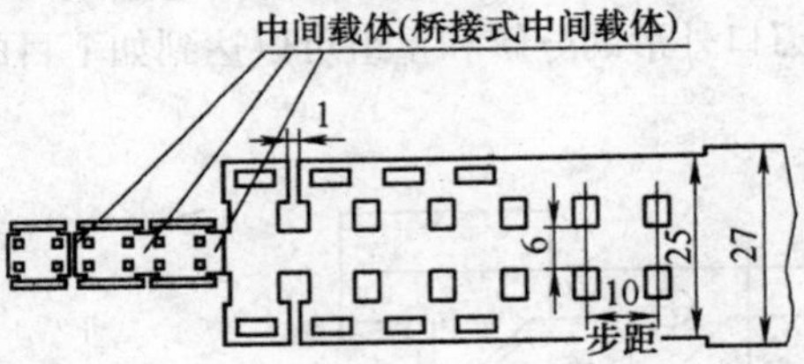

图 6-21　中间载体排样

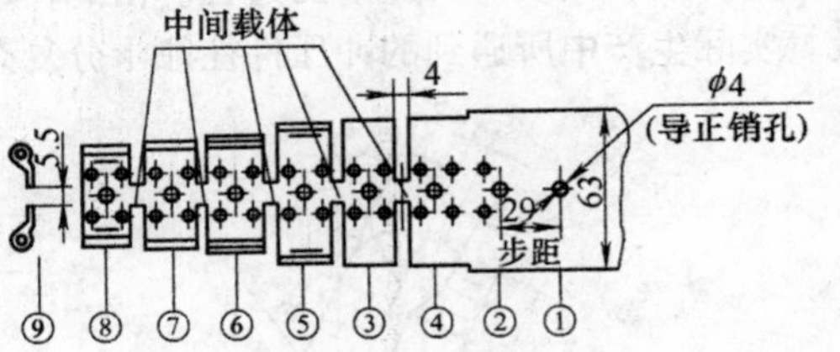

图 6-22　不对称零件用中间载体双列排样

图 6-23 所示零件要进行两侧以相反方向卷曲的成形弯曲，选用单中间载体排样难以保证成形件形状和成形后的精度要求，选用可延伸连接的双中间载体可保证成形件的质量。

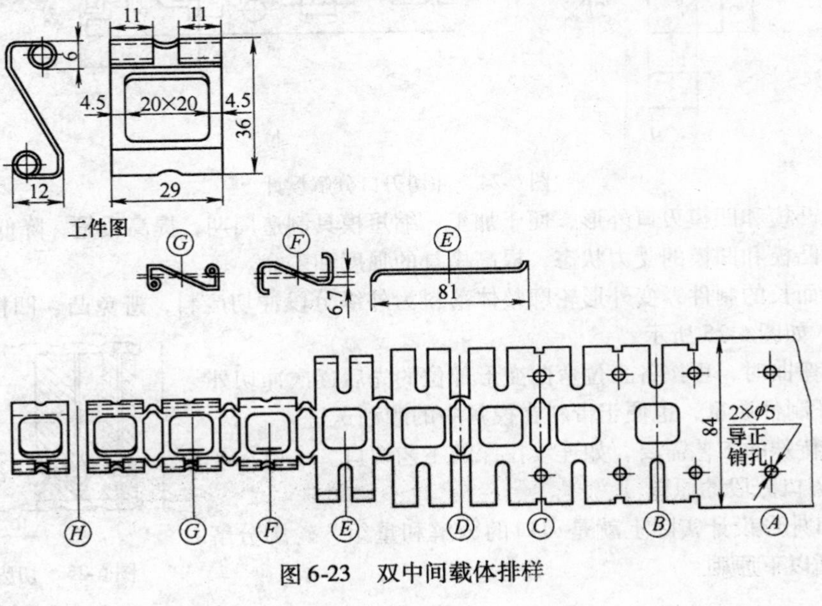

图 6-23　双中间载体排样

（六）双桥载体

双桥载体是双侧载体和中间载体的发展，在带料中央有两个载体桥，在侧边又类似于双侧载体。双桥载体具有很好的导向精度，可以稳定运载工序件，多用于非常小的精密零件。

（七）其他形式的载体

有时为了下一个工序的需要，可在上述载体中采取一些工艺措施。

（1）加强载体　该载体是为了使 $t \leqslant 0.1\text{mm}$ 的薄料送进平稳，保证冲压件精度，对载体采取压筋、翻边等以提高载体刚度，是一种加强型载体形式。

（2）自动送料载体　有时为了自动送料，可在载体的导正孔之间冲出匹配钩式自动送料装置拉动载体送进的长方孔。

四、冲切刃口分段设计

1. 冲切刃口分段的目的

冲压件的内形孔和外形轮廓从几何上可看成是各种封闭的几何曲线，内形孔和外形轮廓的冲切既可以一次完成，也可以分几次完成。

在级进模设计中，为了实现复杂零件的冲压或简化模具结构，通常总是将复杂内形孔和外形轮廓分几次冲切。冲切刃口外形设计就是把复杂的内形孔或外形轮廓分解为若干个简单几何单元，各单元又通过组合、补缺等方式构成新的冲切轮廓的设计过程，如图 6-24 所示，即设计出合理的凸模和凹模刃口外形的过程。由此，冲切刃口外形的设计可分为轮廓的分解与重组两个阶段。实际生产中所遇到的冲压件往往十分复杂，通过刃口外形的分解和重组可以达到如下目的：

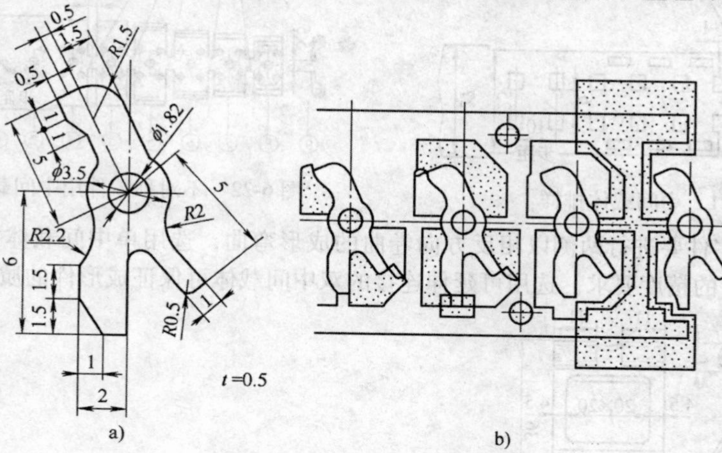

图 6-24　冲切刃口分解设计

1）简化凸模和凹模刃口外形，便于加工，缩短模具制造周期，提高质量，降低成本。

2）改善凸模和凹模的受力状态，提高模具的强度和寿命。

3）对细而长的制件，变外形轮廓整体落料为外缘分段冲切废料，避免凸、凹模的强度问题和制造难度，如图 6-25 所示。

4）连续弯曲时，可按各工位弯曲变形部位的先后逐次冲切外缘，以利保证制件质量，也便于带料在模具中的顺利送进。

5）满足特殊的工艺需要，如连续拉深的工艺切口。

2. 冲切刃口分段的原则

冲切刃口外形设计实际上就是刃口的分解和重组，轮廓分解与重组应遵循以下原则：

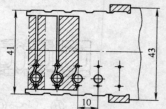

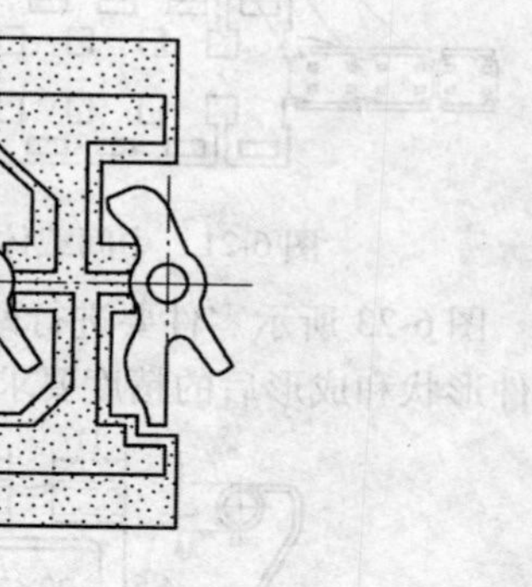

图 6-25　切废料排样

1）刃口分解与重组应有利于简化模具结构，分解段数应适量，重组后形成的凸模和凹模刃口外形要简单、规则，要便于加工，并保证足够的强度，如图6-26所示。

2）刃口分解应保证产品零件的形状、尺寸、精度和使用要求。

3）内、外形轮廓分解后，各段之间的连接应平直或圆滑。

4）分段搭接点应尽量少，搭接点位置要避开产品零件的薄弱部位和外形的重要部位，应将其放在不引人注目的位置。

5）有公差要求的直边和使用过程中有配合要求的边应一次冲切，不宜分段，以免误差积累。

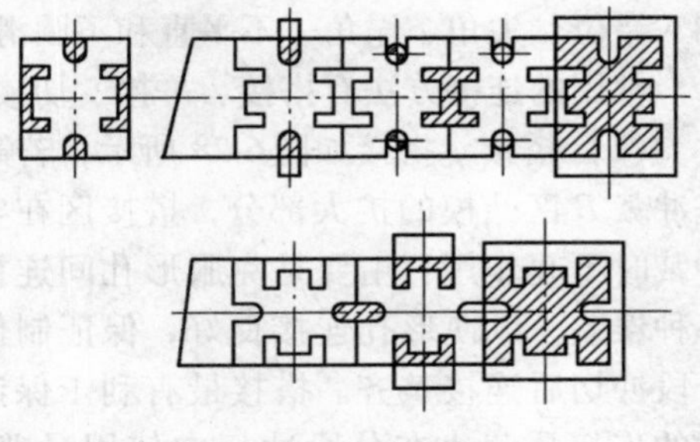

图6-26　刃口分解的示例

6）复杂外形以及有窄槽或细长臂的部位最好分解，复杂内形最好分解，如图6-40所示。

7）外轮廓各段毛刺方向有不同要求时应分解。

8）刃口分解应考虑加工设备条件和加工方法，应便于加工。

刃口外形的分解与重组不具有唯一性，设计过程比较灵活，经验性强，难度较大。设计时应多考虑几种方案，经综合比较后选出最佳方案。图6-27所示为刃口分解不同方案示例。

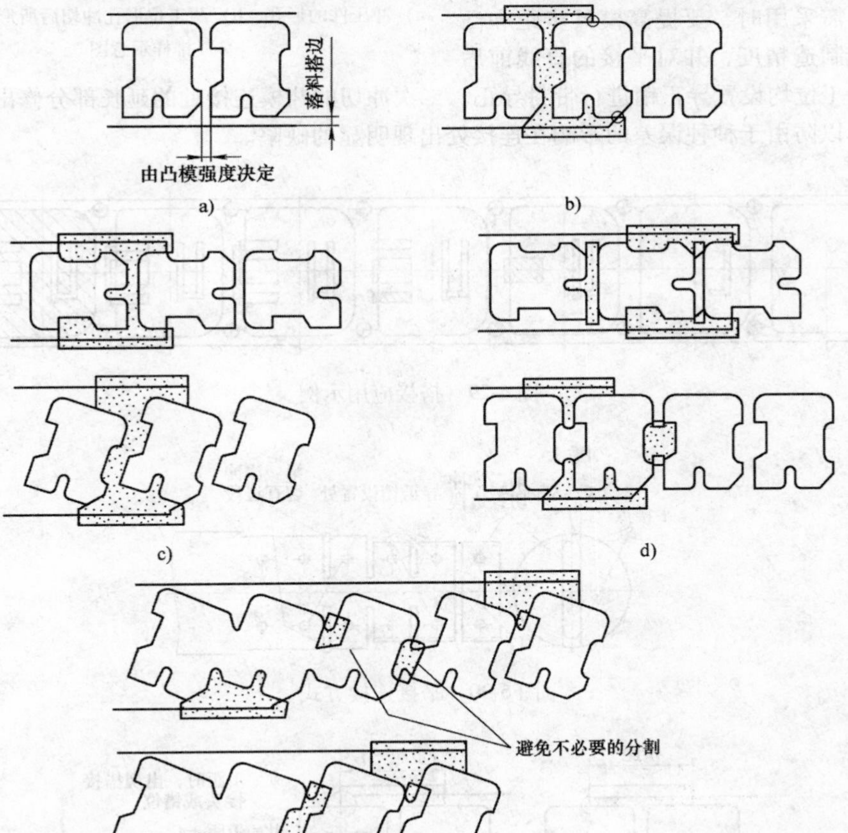

图6-27　刃口分解示例

a）毛坯排样　b）、c）切边分断　d）、e）多凸模切边分断

3. 分段冲切时搭接头形式的选择

内外形轮廓分段冲切后，各段之间必然会形成搭接头，不恰当的分解会导致搭接头处产生毛刺、错位、尖角、塌角、不平直和不圆滑等质量问题。

常用的连接方法有搭接、平接、切接三种方式。

（1）搭接　搭接如图6-28所示，若第一次冲出A、C两区，第二次冲出B区，图示的搭接区是冲裁B区凸模的扩大部分，搭接区在实际冲裁时不起作用，主要是克服形孔间连接的各种误差，以使形孔连接良好，保证制件在分段冲切后连接整齐。搭接最有利于保证冲件的连接质量，在分段冲切中使用最普遍。图6-29为搭接应用示例。

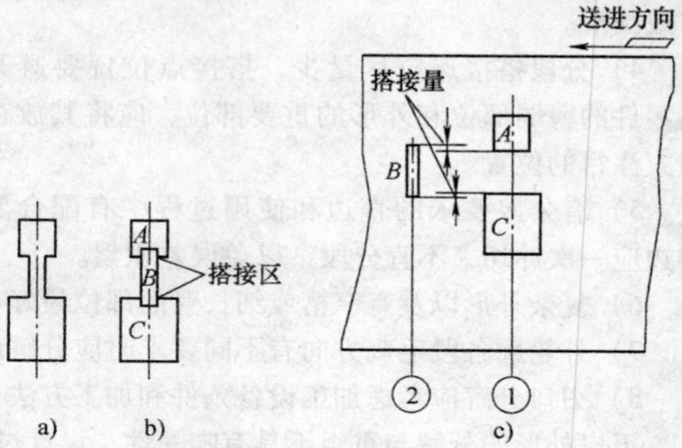

图6-28　搭接连接方式

a）冲压件的形孔　b）两工位形孔冲切后所形成的搭接区　c）排样示意图

（2）平接　平接如图6-30所示，先在零件的直边上冲切一段，然后在另一工位再切去余下的一段，两次冲切刃口平行，共线但不重叠。平接方式易出现毛刺、错位、不平直等质量问题（图6-31），设计时应尽量避免采用。若需采用时，要提高模具步距和凸模、凹模的制造精度，并对平接的直线前后两次冲切的工位均设置导正销进行带料导正。二次冲切的凸模连接处的延长部分修出微小的斜角（3°~5°），以防由于种种误差的影响在连接处出现明显的缺陷。

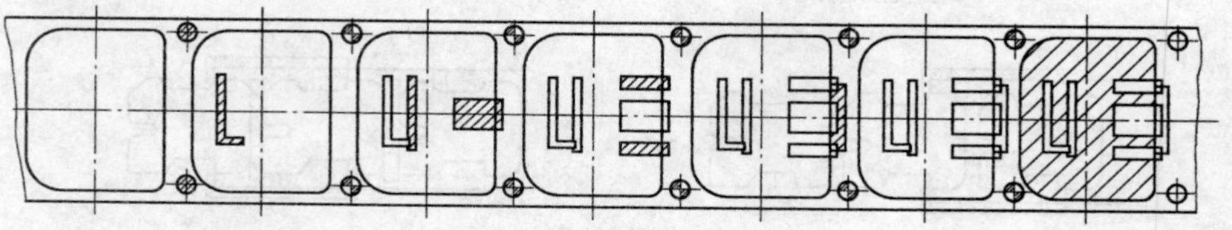

图6-29　搭接应用示例

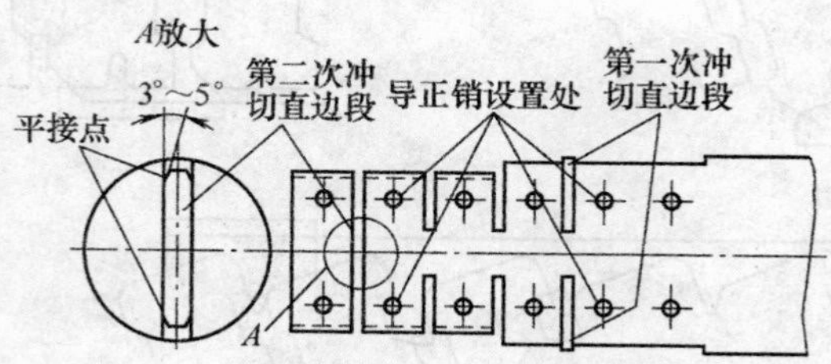

图6-30　平接连接方式

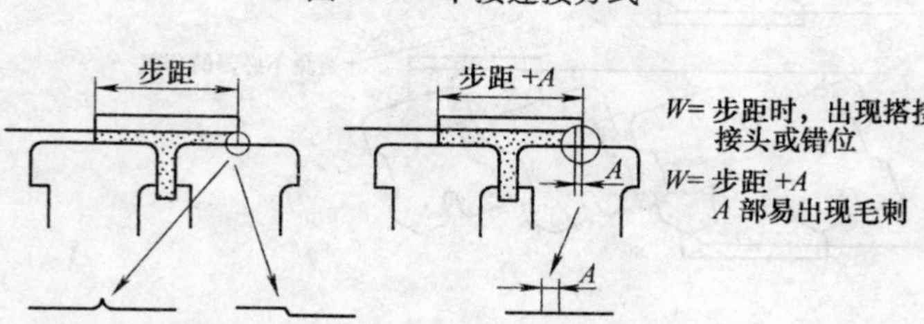

图6-31　平接连接在接头处易出现的几种缺陷

（3）切接 切接是指在零件的圆弧部分分段冲切时的连接方式，即在前一工位先冲切一部分圆弧段，在后续工位上再冲切去其余部分，前后两段相切，如图 6-32 所示。

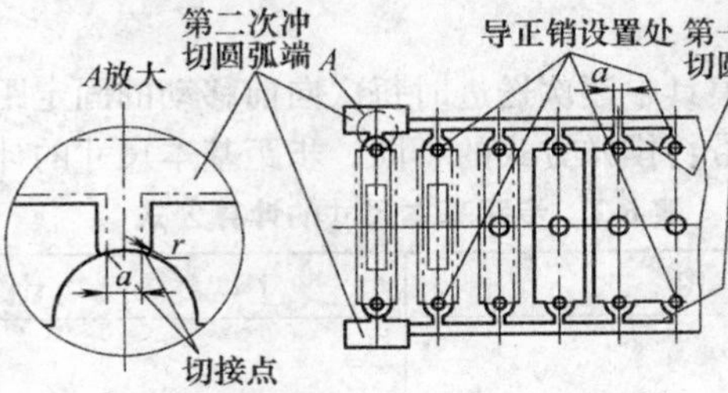

图 6-32 切接连接方式

与平接相似，切接也容易在连接处产生毛刺、错位、不圆滑等质量问题。为了改善切接质量，可在圆弧段设计凸台；在圆弧段与直边形成尖角处要注意尺寸关系，如图 6-33 所示。

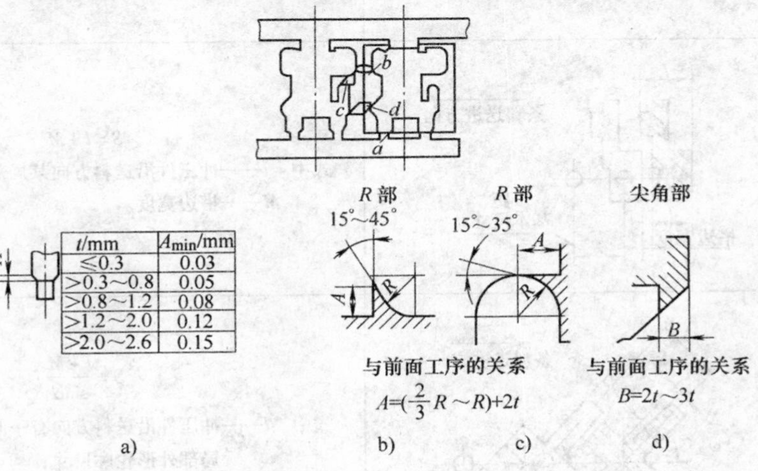

t/mm	A_{min}/mm
≤0.3	0.03
>0.3~0.8	0.05
>0.8~1.2	0.08
>1.2~2.0	0.12
>2.0~2.6	0.15

图 6-33 切接刃口尺寸关系

五、空工位及步距设计

（一）空工位

空工位（简称空位）是指带料经过时，不作任何冲切加工的工位，如图 6-3 及图 6-7 所示。在排样图中，增设空工位的目的是为了保证凹模、卸料板、凸模固定板有足够的强度，确保模具的使用寿命；或者为了便于模具设置特殊机构；或者为了作必要的储备工位，便于试模调整工序使用。由于空工位的设置，无疑会增大模具的尺寸，使带料送进的累积误差增大，因此，应慎重考虑设置空工位的数量和合适位置。

设置空工位时应遵循以下原则：

1）步距较小（步距<8mm）时，设置空工位可以提高模具强度，而且模具的一些零部件才有安装空间。反之，当步距较大（步距>16mm）时，不宜多设空工位。尤其对于一些步距大于 30mm 的多工位级进模更不能轻易设置空工位。

2）精度高、形状复杂的零件连续冲压时，不宜多设置空工位，以避免增大累积误差。

3）用导正销作精定位时，带料送进的累积误差较小，对产品精度影响不大，可适当多设置空工位。而单纯以侧刃定距的多工位级进模，带料送进时随着工位数的增多累积误差也加大，所以不应轻易增设空工位。

（二）步距基本尺寸与步距精度

1. 步距基本尺寸

级进模的步距是指带料在模具中逐次送进时每次向前移动的固定距离，级进模任意相邻两工位之间的步距必需相等。根据带料排样方式的不同，步距基本尺寸的计算公式见表 6-2。

表 6-2　步距基本尺寸的计算公式

排样方式	简　图	计 算 公 式
单排	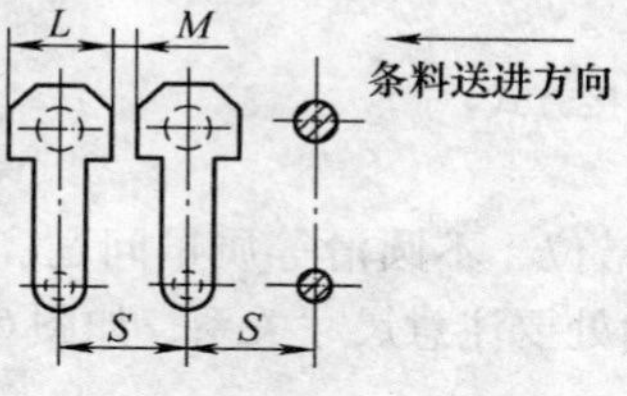	$S=L+M$ 式中　L——冲压件沿送料方向最大外形轮廓尺寸； M——搭边宽度。
同向交错排	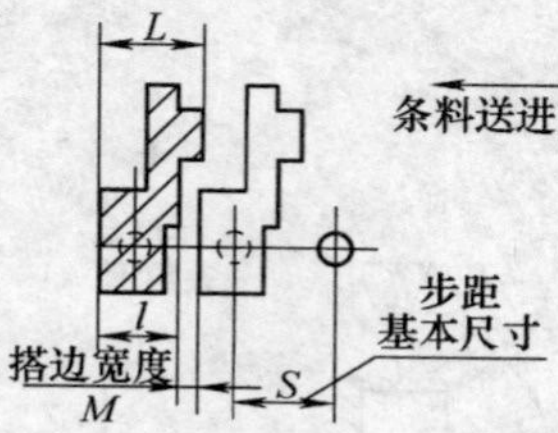	$S=l+M$ 式中　l——冲压件沿送料方向某局部外形轮廓尺寸； M——搭边宽度。
斜排	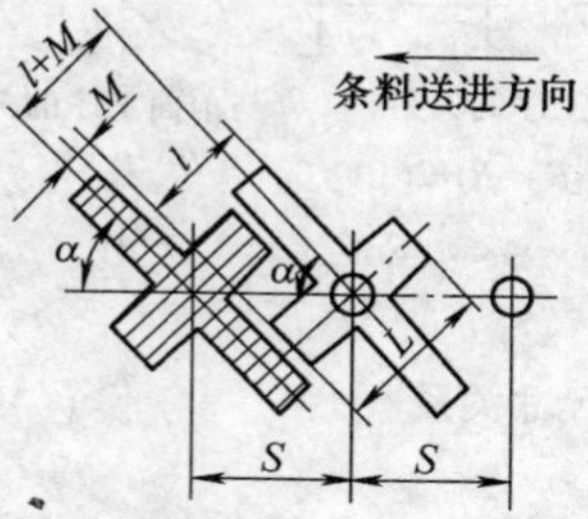	$S=\dfrac{l+M}{\sin\alpha}$ 式中　l——冲压件沿送料方向有一倾斜夹角方位的某个局部外形轮廓尺寸； M——搭边宽度； α——冲压件中心线与送料方向的夹角。
双向交错排	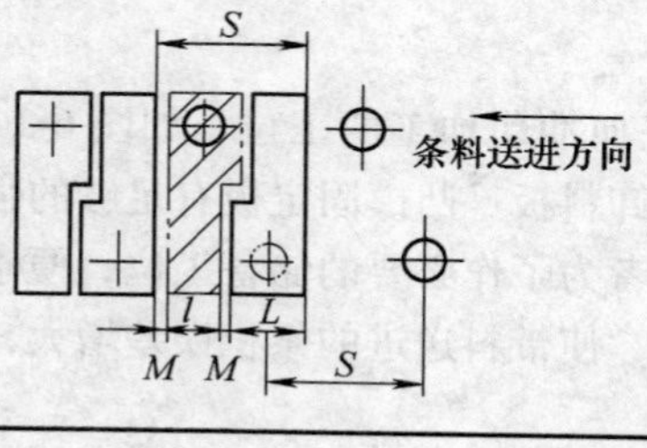	$S=L+l+2M$ 式中　L——冲压件外形轮廓大端尺寸； l——冲压件外形轮廓小端尺寸； M——搭边宽度。

2. 步距精度

步距的精度直接影响冲压件的精度。由于步距的误差，不仅影响分段切除余料时导致外形尺寸的误差，还影响冲压件内外形的相对位置精度。步距精度越高，冲压件精度也越高，但模具制造也就越困难。所以步距精度的确定应根据冲压件的具体情况来定。

影响步距精度的因素很多，但归纳起来主要有：冲压件的精度等级、形状复杂强度、冲压件的材质和厚度、模具的工位数、冲压时带料的送料方式和定距形式等。

多工位级进模步距精度一般可按如下经验公式估算

$$\delta = \pm \frac{\beta}{2\sqrt[3]{n}}k \tag{6-1}$$

式中 δ——多工位级进模步距对称极限偏差值（mm）；

β——冲压件沿带料送进方向最大轮廓基本尺寸（指毛坯展开尺寸）精度提高三级后的实际公差值（mm）；

n——模具工位数；

k——修正系数，见表6-3。

表6-3 修正系数值

冲裁(双面)间隙 $2c$/mm	k	冲裁(双面)间隙 $2c$/mm	k
0.01~0.03	0.85	>0.12~0.15	1.03
>0.03~0.05	0.90	>0.15~0.18	1.06
>0.05~0.08	0.95	>0.18~0.22	1.10
>0.08~0.12	1.00		

注：1. 修正系数 k 主要是考虑料厚、材质因素，并将其反映到冲裁间隙的关系上去。

2. 为了克服多工位级进模中，由于工位的步距累积误差，故在标注模具每步尺寸时，均由第①工位至其他工位直接标注其长度，不论这个长度多大，其步距的极限偏差均为 δ

六、定位方式选择与设计

（一）定位方式

在级进模中，由于冲压件的加工工序安排在多个工位上顺次完成，为了保证前后两次冲切中，工序件的准确匹配和连接，必须保证其在每一工位上都能准确定位。根据工序件的定位精度，级进模的定位方式可采用挡料销、侧刃、自动送料机构、导正销等，见表6-4。前三者使用时只能作为粗定位，级进模的精确定位都是采用导正销与其他粗定位方式配合使用。

表6-4 级进模工序件定位方式

类型	定位方式		图例	适用范围
粗定位	挡料销		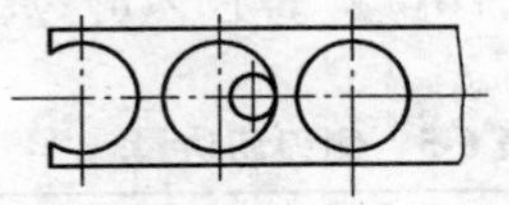	t>1.2mm,尺寸较大 产品精度要求低(IT10~IT13) 形状简单 手工送料
	侧刃	单侧刃	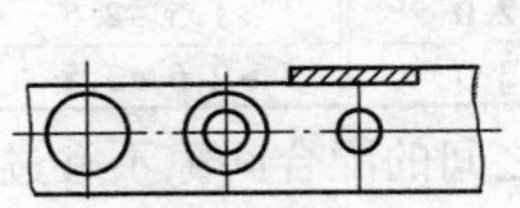	t=0.1~1.5mm 精度 IT11~IT14 工位数 3~10
		双侧刃	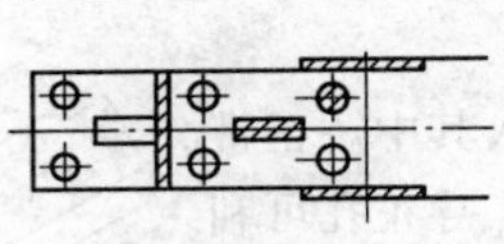	
	自动送料机构			机床配有自动送料机构
精定位	导正销			精度要求高 与粗定位方式结合使用

挡料销多适用于产品零件精度较低、尺寸较大，板料厚度较大（>1.2mm）、生产批量较小的手工送料的普通级进模，模具的设计和制造均较简单。根据在级进模中的用途、使用场合、使

用要求不同，可分别采用固定挡料销、活动挡料销、始冲挡料销和自动挡料销等。

自动送料机构的形式有多种，在压力机行程次数高低的不同场合，其送料步距精度有较大差别，应根据实际情况合理选用，详见第十三章。

在精密多工位级进模中，一般采用自动送料机构与侧刃作初定位，导正销作精定位。

（二）侧刃设计

侧刃是级进模中普遍使用的一种定位方式，可在带料的一侧或两侧冲切定距槽，然后依靠侧刃挡块定位来控制送料步距，它适用于0.1～1.5mm厚的板料，对于>1.5mm或<0.1mm的板料不宜采用，侧刃的定位精度比挡料销要高，一般适于IT11～IT14级精度冲压件的定位，个别也能满足IT10级精度的冲压件，但工位数不宜过多。

由于侧刃凸模有制造误差，侧刃刃口磨钝后会影响步距精度，所以单一用侧刃定位的级进模工位只能有3～6个，在多工位级进模中，一般以侧刃作粗定位，以导正销作精定位。侧刃凸模的长度应大于送料步距基本尺寸S一个微量l（l=0.04～0.12mm），即通过侧刃定距时多送进l，当导正销插入带料的导正销孔后，可使带料退回0.03～0.10mm，从而达到精定位的目的，如图6-34所示。

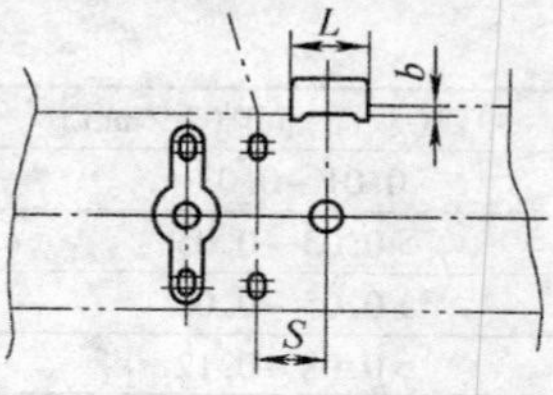

图6-34　单侧刃定距示例

用单侧刃定位不能对带料横向导向，且当带料末端通过侧刃后，因无法继续进行定距会浪费尾料。

双侧刃为在带料的两侧冲出缺口，一般两侧刃分别设置在第一工位和最后工位。由于双侧刃可以双向对带料导向，提高了定位的可靠位，并可避免出现尾料损失。

侧刃切除的废料可以是直条，也可以是冲压件垂直于送料方向的两侧外形。一般采用单侧载体或双侧载体时，侧刃刃口形状选用标准型，而对中间载体，则侧刃形状可以设计成与相应工位工序件冲切外形一致。

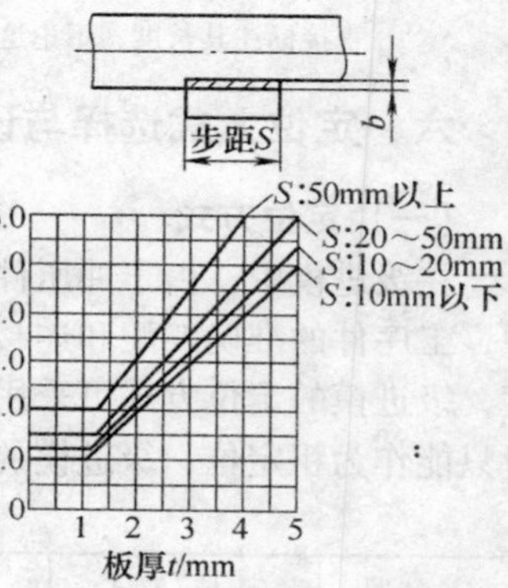

图6-35　侧刃冲切缺口的宽度尺寸

侧刃冲切缺口的宽度尺寸如图6-35所示。一般侧刃的切边量见表6-5。

表6-5　侧刃切边量　　（单位：mm）

材料厚度	金　属	非 金 属	材料厚度	金　属	非 金 属
≤0.5	1.0～1.5	1.5～2.0	>1.5～2:5	2.0～2.5	3.0～4.0
>0.5～1.5	1.5～2.0	2.0～3.0	>2.5～3.5	2.5～3.0	4.0～5.0

经侧刃冲切后的带料宽度与导料板之间的配合间隙不宜过大，一般为0.05～0.15mm，薄料取下限，厚料取上限。

（三）导正孔设计

导正孔是通过装在上模的导正销插入其中矫正带料位置来达到精确定位的如图6-36所示。导正孔可利用零件本身的孔，或利用废料载体上的孔，前者为直接导正，后者为间接导正。直接导正的材料利用率高，外形与孔的相对位置精度容易保证，模具加工容易，但易引起产品孔变形。间接导正的材料利用率较低，载体和毛坯的位置不易保证，模具加工工作量增加，但产品孔不会变形。

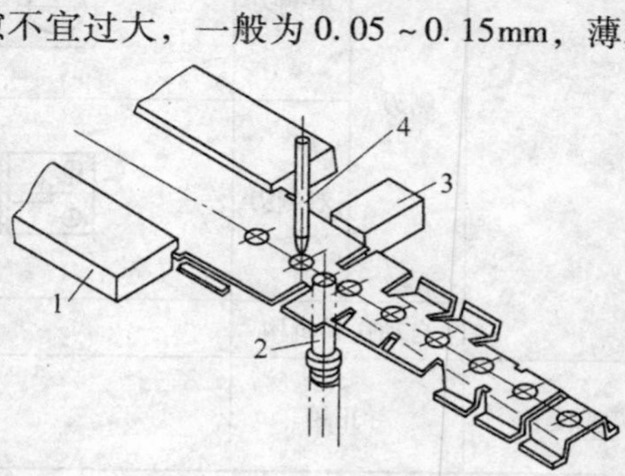

图6-36　导正销工作示意图

1—导尺　2—浮顶器　3—侧刃挡块　4—导正销

导正销矫正能力与料厚及相应的导正孔直径密切相关，导正销对带料的矫正能力见表6-6。导正孔直径的大小会影响材料利用率、载体强度、导正精度等，应结合考虑板料厚度、材质、硬度、毛坯尺寸、载体形式和尺寸、排样方案、导正方式、产品结构特点和精度等因素来确定。一般导正孔最小直径应大于或等于料厚的4倍。导正孔直径的经验值如下：

$$t<0.5\text{mm} \qquad d_{\min}=1.5\text{mm}$$

$$1.5\text{mm}\geqslant t\geqslant 0.5\text{mm} \qquad d_{\min}=2.0\text{mm}$$

$$t>1.5\text{mm} \qquad d_{\min}=2.5\text{mm}$$

表6-6　导正销矫正能力　（单位：mm）

料厚 t / 孔径 d	0.2	0.4	0.8	1.5	3.0	料厚 t / 孔径 d	0.2	0.4	0.8	1.5	3.0
3.0	0.05	0.08	0.13	—	—	10.0	0.13	0.20	0.30	0.50	0.75
5.0	0.08	0.13	0.20	0.25	—	13.0	0.15	0.25	0.38	0.75	0.80
6.0	0.10	0.20	0.25	0.35	—	19.0	0.15	0.25	0.40	0.80	1.00
8.0	0.12	0.20	0.25	0.40	0.65						

在设计排样图上确定导正孔位置时应遵循以下原则：

1）在带料排样的第一工位就应冲出导正销孔，紧接第二工位要设置导正销，第三工位可设置带料误送进检测销，如图6-37所示。以后每隔2~4个工位的相应位置等间隔地设置导正销，并优先在容易窜动的工位设置导正销。

2）导正孔位置应处于带料的基准平面（即冲压中不参与变形，位置不变的平面）上，否则将起不到定位孔的作用，一般可选在带料载体或余料上，如图6-17所示。

3）对于较厚的材料，也可选择零件上的孔作为导正孔，但在冲压过程中，该孔径导正销导正后，精度会降低，甚至会变形，应在最后的工位上予以精修达到要求精度。

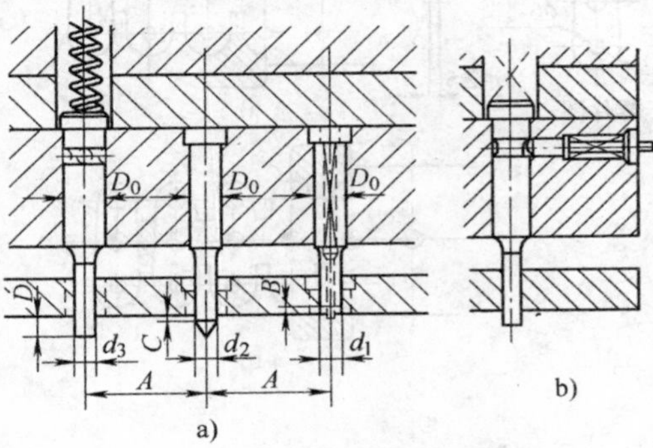

图6-37　带料的导正与检测

a）导正孔凸模、导正销、检测销　b）检测销

4）重要的加工工位前要设置导正销。

5）圆筒形件连续拉深时，可不必设置导正销孔，而直接利用拉深凸模进行导正。

6）必须要设置导正销而又与其他工序干涉时，可设置空工位。

七、排样图工位设计

在精密多工位级进模排样设计中，要涉及冲裁、弯曲、拉深和其他成形工序的设计，确定工序数目、工序的优化组合及冲压顺序，合理进行工位布置。由于各种工艺方法有其自身的成形特点，故工位设计时必须考虑各种工序的特点，遵循不同工序排样的基本原则。

（一）连续冲裁工序设计要点

1）工序的先后应按复杂程度而定，一般以有利于下道工序的进行为准，以保证制件的精度要求和零件几何形状的正确。冲孔落料件，应先冲孔，再逐步完成外形的冲裁，尺寸和形状要求高的轮廓布置在较后的工位上冲出，如图6-38所示。

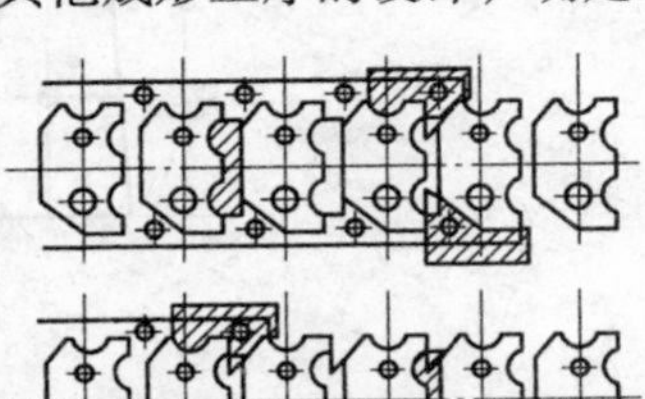

图6-38　冲裁工序排样示例

2）当孔到边缘的距离较小，而孔的精度又较高时，为防止冲外轮廓时引起孔的变形，可将孔旁的外缘先于内孔冲出如图 6-39 所示。

3）凹模上冲切轮廓之间的距离不应小于凹模的最小允许壁厚，一般取为 2.5t（t 为工件材料厚度），但最小要大于 2mm。

有时为增加凹模强度，可考虑在模具上适当位置安排空工位。

4）应尽量避免采用复杂形状的凸模，并避免形孔有尖的凸肩、窄槽、细腰等薄弱环节。复杂的形孔应分解为若干个简单的孔形，并分成几步进行冲裁，使模具型孔容易制造。如图 6-40a 所示的电能表铁芯冲片，其形孔复杂，现将其分解为五部分，用九个凸模冲制完成，图 6-40b 为其排样图。复杂制件的外形可通过多次局部冲裁，最后完成制件的外形要求如图 6-41 所示。

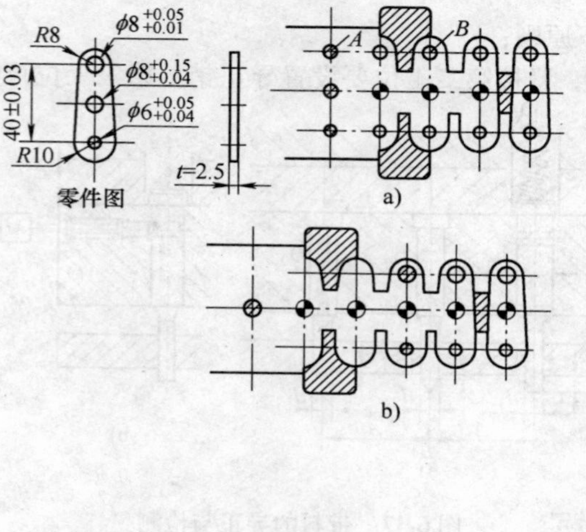

图 6-39　外缘先于内孔冲出实例

a）原排样图　b）修改后的排样图

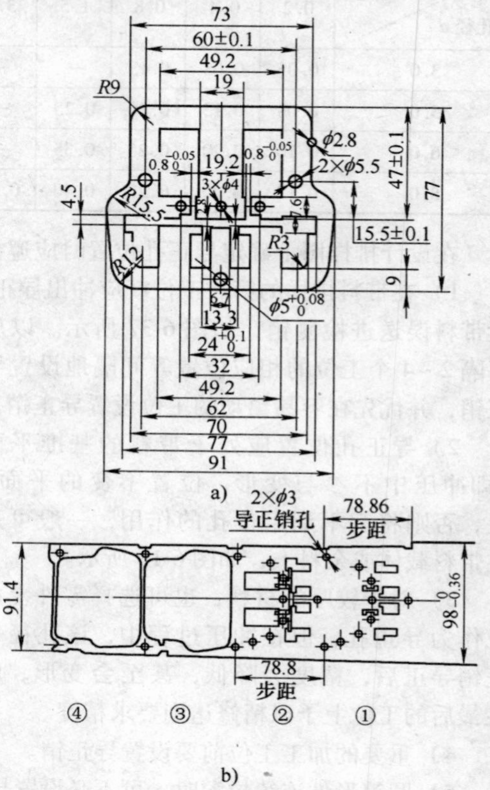

图 6-40　铁芯片带料排样图

a）铁芯冲片零件图　b）带料排样图

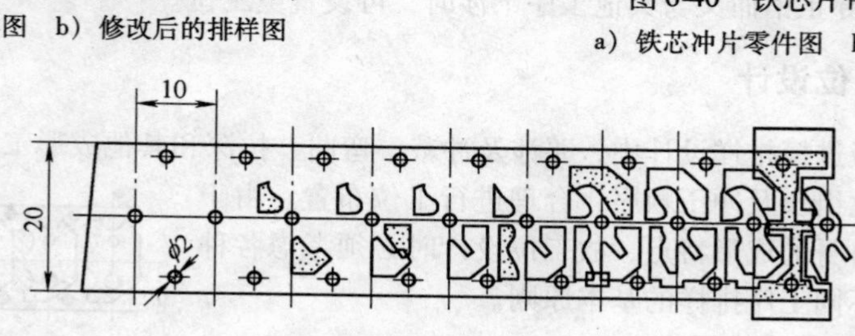

图 6-41　冲切刃口分解示例

5）有严格要求的局部内、外形及位置精度要求高的部位，应尽量集中在同一工位上冲出，以避免步距误差影响精度。如果确实在一个工位完成这一部分冲制有困难，需分解成两个工位，最好放在两个相邻工位连续冲制为好。

如在一个零件上有一组孔，其孔距位置尺寸要求严格，这一组孔应力求设计在同一工位，使误差只受模具制造的误差影响，而不受步距误差的影响。如图6-40中零件上的六个孔是组合装配孔，就安排在同一工位冲制，以保证零件精度要求。

6）应保证带料载体与零件连接处有足够的强度与刚度。当冲压件上有大小孔或窄肋时应先冲小孔（短边），后冲大孔（长边）。

7）分段型切除余料排样中的带料，因冲切加工其强度逐渐变弱，在安排各工位的加工内容时要考虑带料宽度方向的导向。

8）轮廓周界较长的冲切工艺，尽量安排在中间工位，以使压力中心与模具几何中心重合或尽可能减小偏载。

（二）连续弯曲工序设计要点

1）对于冲裁弯曲类零件，先冲孔再切除弯曲部位周边的废料后进行弯曲，然后再切除其余废料，如图6-42所示。

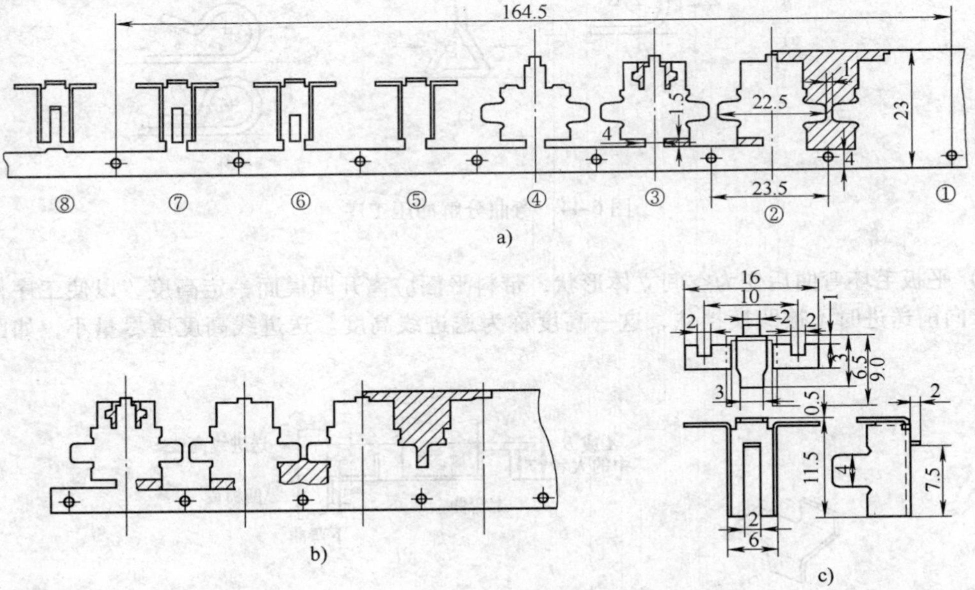

图6-42　连续弯曲工序工位布置示例

a）裁切工序分解形状（方案A）　b）裁切工序分解形状（方案B）　c）弯曲件零件图

2）近弯边的孔有精度要求时，应弯曲后再冲出，以防止孔变形。

3）为避免弯曲时载体变形和侧向滑动，对小件可两件组合成对称件弯曲，然后再剖分开，如图6-43所示。

4）对于复杂的弯曲零件，为了便于模具制造并保证弯曲角度合格，应分解为简单弯曲工序的组合，经逐次弯曲而成，切不可强行一次弯曲而成。要力求用简单的模具结构来连续弯出弯曲件所需形状，对精度要求较高的弯曲件，应以整形工序保证零件质量。图6-44所示为弯曲分解冲压工序的四个实例，在连续弯曲时，被加工材料的一个表面必须和凹模面保持平行，且被加工零件由顶料板和卸料板压在凹模面上保持静止，只有成形的部分材料可以活动。图a为向上的直角弯曲，为求得弯曲的精度，先预弯后再在下一工位进行直角弯曲。其目的是减少材料的回弹和

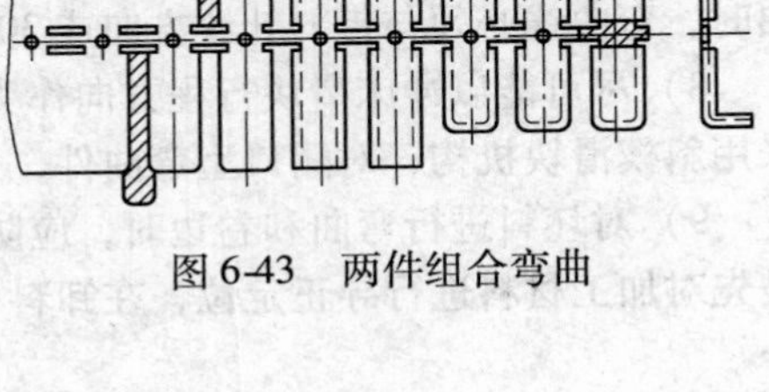

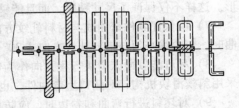

图6-43　两件组合弯曲

因材料厚度差异而出现的偏差。图 b 是将卷成形分为三次弯曲。图 c 是将接触线夹的接合面从两侧弯曲加工，冲裁的圆角带在内侧，分三次弯曲。图 d 是带有弯曲、卷边接合面的工件加工，分四次弯曲成形。

从上述四例可见，在分步弯曲成形时，不变形部分的材料被压紧在模具表面上，变形部分的材料在模具成形零件的加压下进行弯曲，加压的方向需根据弯曲要求而定，常使用斜滑块和摆动块技术进行力或运动方向的转换。如果要求从两侧水平加压时，需采用水平滑动模块，将冲床滑块的垂直运动，转变为模块的水平运动。

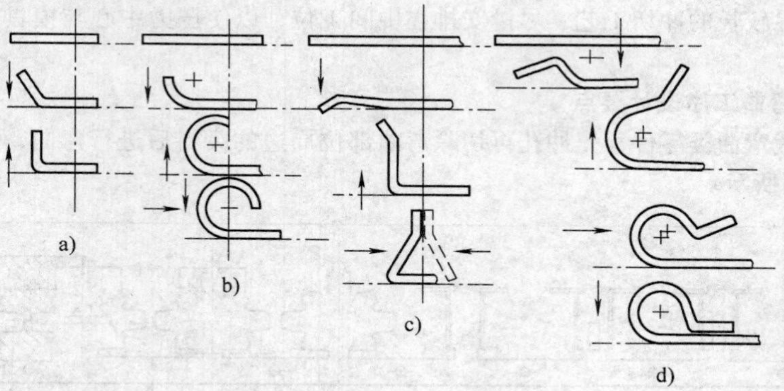

图 6-44　弯曲分解冲压工序

5）平板毛坯弯曲后变为空间立体形状，带料平面应离开凹模面一定高度，以使工序件能在进一步向前送进时不被凹模挡住，这一高度称为送进线高度。送进线高度应尽量小，如图 6-45 所示。

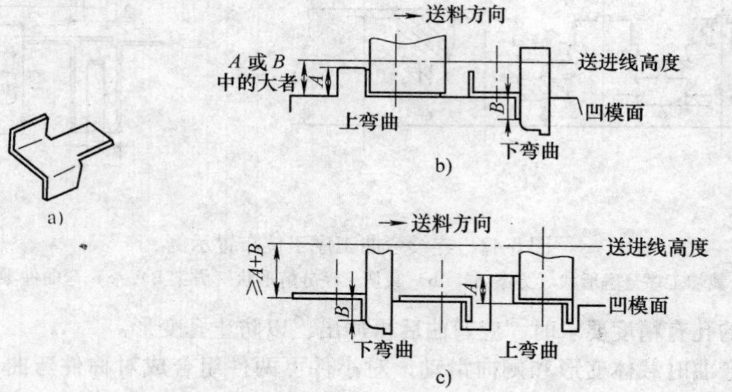

图 6-45　不同弯曲工序排样的送进线高度

6）对于一个零件的两个弯曲部分有尺寸精度要求时，则弯曲部分应当在同一工位一次成形。这样不仅保证了尺寸精度，而且能够准确地保持成批零件加工后的一致性。

7）应保证零件弯曲线与材料轧纹方向垂直，当零件在互相垂直方向或几个方向都要进行弯曲时，弯曲线必须与带料轧纹方向成 30°~60°的角度。

8）尽可能以冲床滑块行程方向作为弯曲方向，若要作不同于滑块行程方向的弯曲加工，可采用斜楔滑块机构；对闭口型弯曲件，也可采用斜口凸模弯曲，如图 6-46 所示。

9）对坯料进行弯曲和卷边时，应防止成形过程中材料的偏移而造成零件误差，采用的对策是先对加工材料进行导正定位，在卸料板与凹模接触并压紧后，再作弯曲动作。

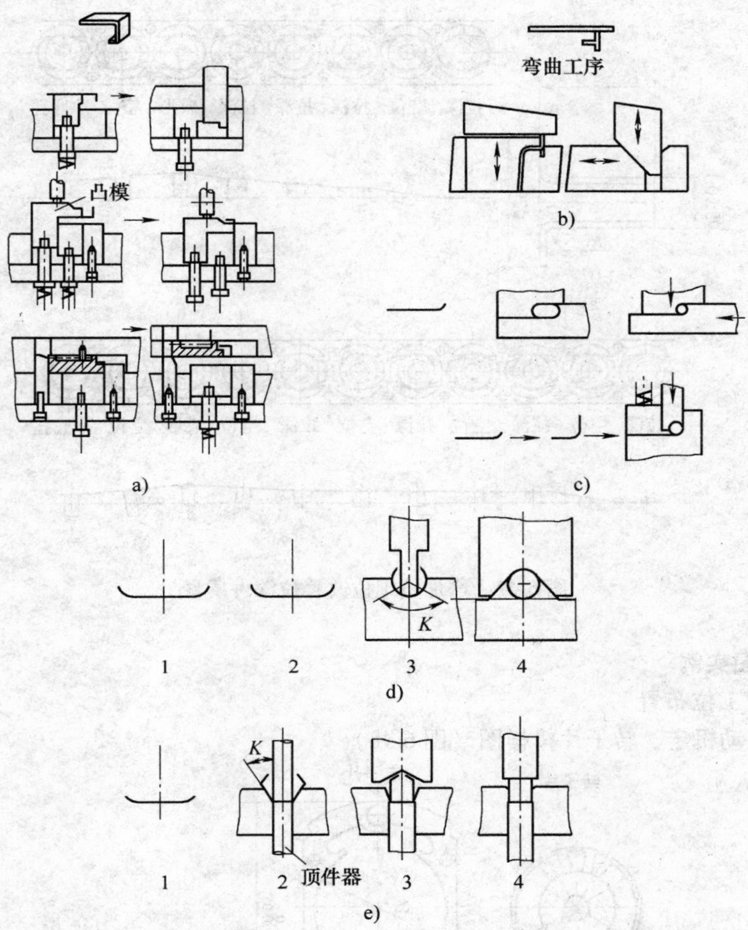

图6-46　复杂件弯曲方法

（三）连续拉深工序设计要点

1）单个毛坯拉深时，周围材料流动自由，而带料连续拉深时，各工位坯料在变形过程中相互制约，且不能进行中间退火，故要求材料具有较高的塑性。为减缓冷作硬化，每一工位拉深的变形程度不能太大（拉深系数应略大于单工序拉深的拉深系数）。当拉深复杂或深的拉深件时，为防止相互牵连，应在第一工位先冲出合理形状的工艺切口。

2）为了便于带料连续拉深时，在级进模试模过程中调整拉深次数，合理分配各次拉深系数，防止拉裂并确保成形过程的稳定性，应适当安排几个空工位作为预备工位。

3）拉深过程中筒形件高度在逐步增加，使各工序件高度不一致，易引起载体变形，影响拉深件质量和带料的顺利送进。对此，可在每次拉深后设置一空工位，以减少带料的倾斜角度，改善拉深件质量，如图6-47所示。

4）拉深件底部带有较大孔时，可在拉深前先冲出较小的预备孔，改善材料的流动条件，拉深后再将孔冲至要求的尺寸。

5）对精度要求高和凸缘及筒底具有小圆角半径的零件，应在拉深工序之后，安排整形工序。

6）对于有拉深又有其他工序的制件，应当先进行拉深，再安排其他工序。这是由于拉深过程中必然有材料的流动，若先安排其他工序，拉深时将使已定型的部位产生变形。

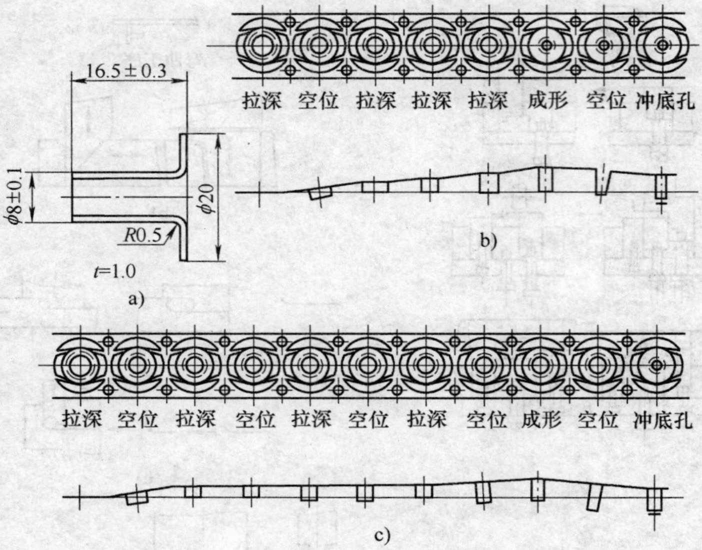

图 6-47 增加空工位改善拉深件质量

（四）排样图实例

1. 连续冲裁工位布置

（1）微型电动机定、转子片排样图（图 6-48）

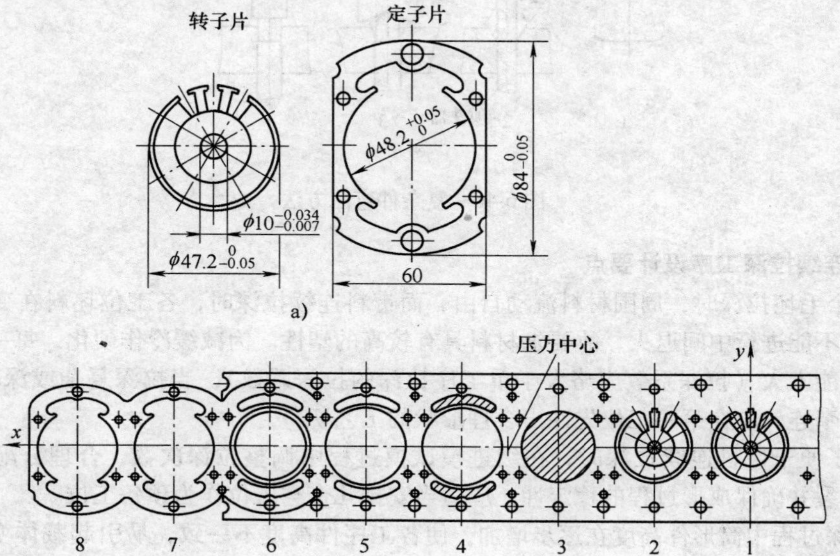

图 6-48 微型电动机定、转子片排样图

a）微型电动机定、转子片 b）排样图

原材料为电工硅钢，厚 0.35mm，共分为 8 个工位，其中 2 个空工位，6 个工作工位。第一工位冲 2 个 ϕ8mm 的导正销孔；冲转子片各槽孔和中心轴孔，冲定子片两端 4 个小孔的左侧 2 孔。第二工位冲定子片两端中间 2 孔，冲定子片角部 2 个工艺孔，转子片槽和 ϕ10mm 孔校平。第三工位转子片 $\phi 47.2\,^{0}_{-0.05}$mm 落料。第四工位冲定子片两端异形槽孔。第五工位为空工位。第

六工位冲定子片 $\phi48.2^{+0.05}_{0}$mm 内孔，定子片两端圆弧余料切除。第七工位为空工位。第八工位：定子片切除。排样图步距为 60mm，与工件宽相等。

（2）焊片混合排样图（图 6-49）

一次冲裁可获得 4 个圆环焊片，2 个马蹄形焊片，不仅节约材料，而且提高了生产效率。

共 5 个工位，第一工位单侧刃冲切和冲 4 个 $\phi1$mm 孔，第二工位 4 个圆环焊片 $\phi3.4$mm 外形落料，第三工位冲中间十字槽，第四工位冲 2 个马蹄形焊片的 4 个 $\phi1$mm 孔，第五工位 2 个马蹄形焊片外形落料。

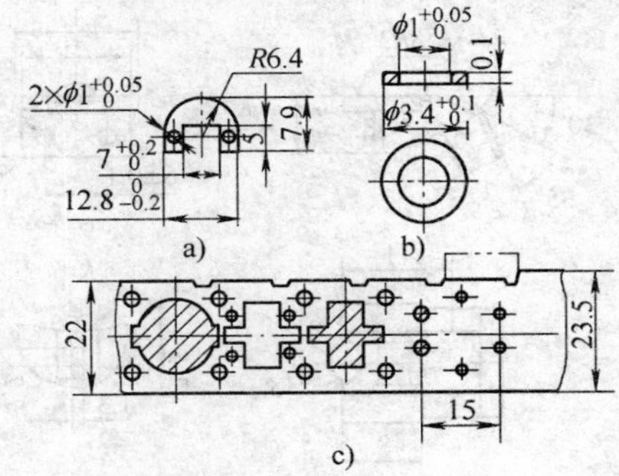

图 6-49　两种焊片混合排样图

a）马蹄形焊片　b）圆环焊片　c）混合排样图

2. 连续弯曲工位布置

（1）连接器端子排样图（图 6-50）

材料为厚 0.25mm 的镀锌磷青铜，带料采用成形侧刃粗定位，导正销精定位。全部加工过程共 17 个工位，包括 9 个工作工位，8 个空工位。工位 1 侧刃冲切及冲导正孔，2、3 工位为空工位，工位 4 分离，5、6 为空工位，工位 7 压扁两处包线引导头部斜角，工位 8 弯曲成形 Z 形台阶，工位 9 倒钩三边冲切，10 为空工位，工位 11 端子头部内凹弯曲成形，12 为空工位，工位 13 立体弯曲成形，头部 U 形直角成形，14 为空工位，工位 15 倒钩弯曲成形 43°，16 为空工位，工位 17 端子头部收口弯曲。

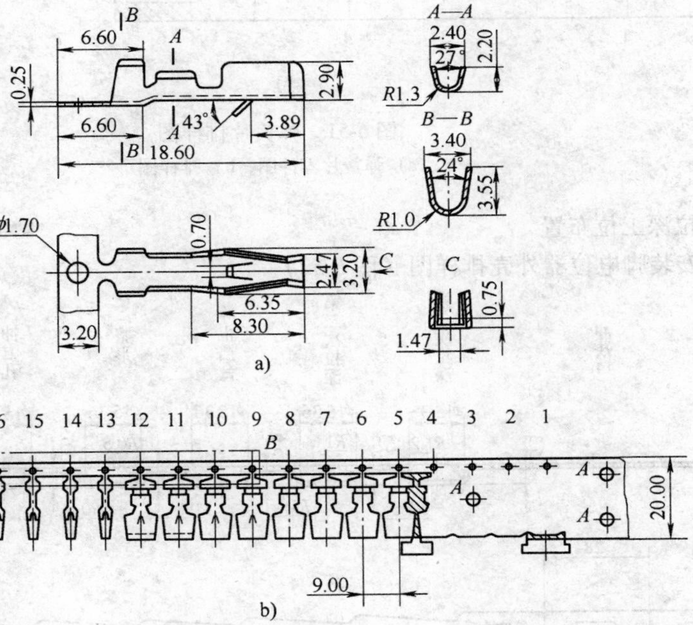

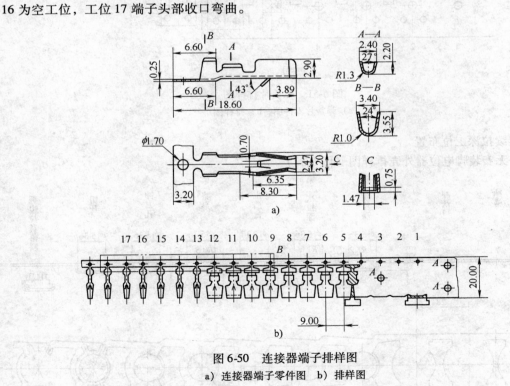

图 6-50　连接器端子排样图

a）连接器端子零件图　b）排样图

（2）弹簧片排样图（图 6-51）

电冰箱温控器的弹簧片采用的原材料为铍青铜 QBe19 条料，厚 0.2mm，手工送料，用侧刃定距，依靠导正销精定位。排样图共有八个工位，分别为：第一工位冲 $\phi3$mm 导正销孔，M 区切废料，并兼有侧刃定距作用。第二工位冲 5.5 × 1mm 窄长孔，冲 2 个 $\phi1.5$mm 圆孔，冲 1.3mm ×

1mm 长方孔。第三工位，*N* 区、*H* 区切废料，*B* 部位弯曲 0.6mm，导正销导正。第四工位，*C* 部位两侧边弯曲 1.5mm，*A* 部位第一次弯曲。第五工位，*F* 区切废料，用两个 $\phi1.5$mm 圆孔导正。第六工位，*K* 区切废料，兼有第二侧刃定距作用，*A* 部位第二次弯曲，球头成形。第七工位，*G* 部位 30°弯曲，*D* 部位 35°弯曲。第八工位，*E* 区切废料，工件分离。

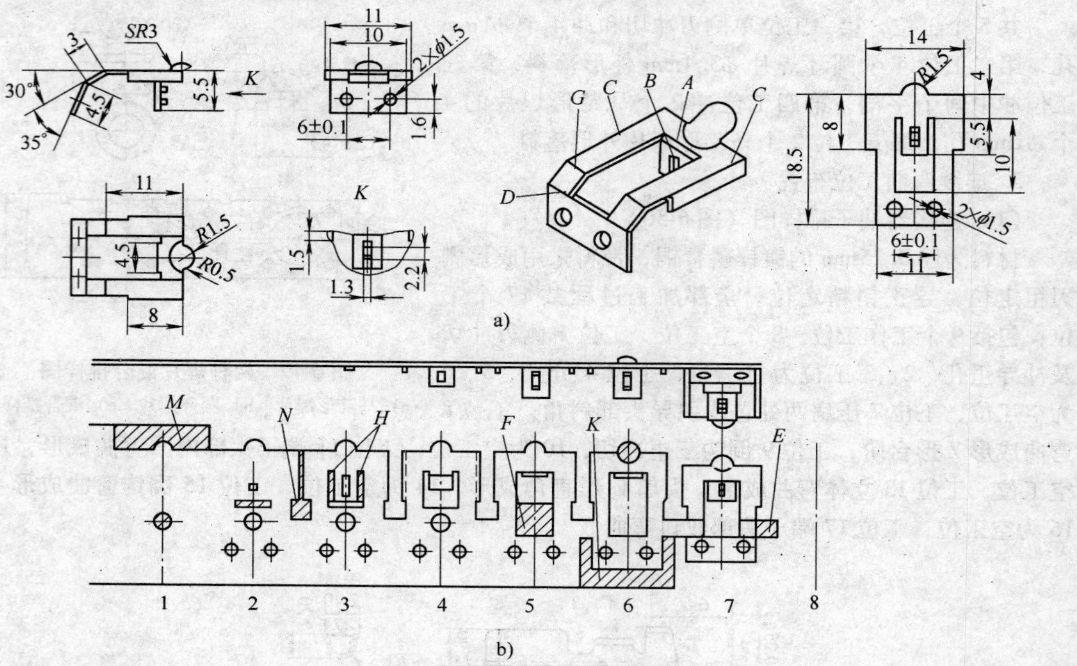

图 6-51　弹簧片排样图

a）弹簧片零件图　b）排样图

3. 连续拉深工位布置

（1）无安装脚电位器外壳排样图（图 6-52）

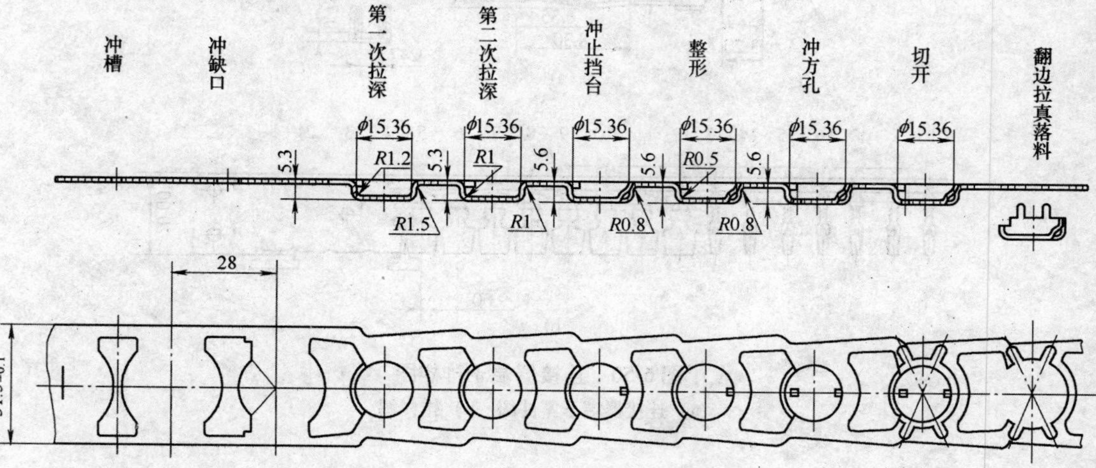

图 6-52　无安装脚电位器外壳排样图

（2）管底拉深排样图（图 6-53）

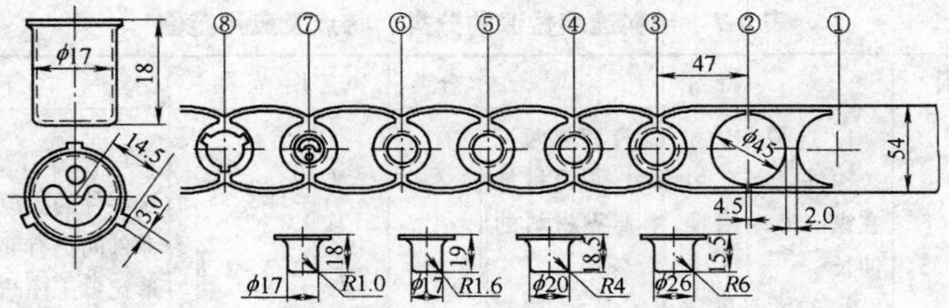

图 6-53　管底拉深排样图

①冲工艺切口；②空工位；③第一次拉深；④第二次拉深；⑤第三次拉深；⑥整形；⑦冲 2 个底孔；⑧冲落工件

第三节　带料连续拉深工艺设计

一、带料连续拉深的分类及应用范围

在成批或大量生产中，外形尺寸在 60mm 以内，材料厚度在 2mm 以内的中小型拉深件，可采用带料连续拉深。由于带料连续拉深时不能进行中间退火，因此用于连续拉深的材料必须具有高塑性，才能保证不会因为材料的多次拉深引起的加工硬化，而影响拉深成形。H62、H68 黄铜，08F、10F 钢、软铝等材料都适宜于带料连续拉深，3A21 铝合金和可伐合金（Ni29Co18）也可用于连续拉深。

带料连续拉深一般采用两种方法：一种是无工艺切口，如图 6-54a 所示，另一种是有工艺切口如图 6-54b 所示。两种方法的应用范围和特点见表 6-7。

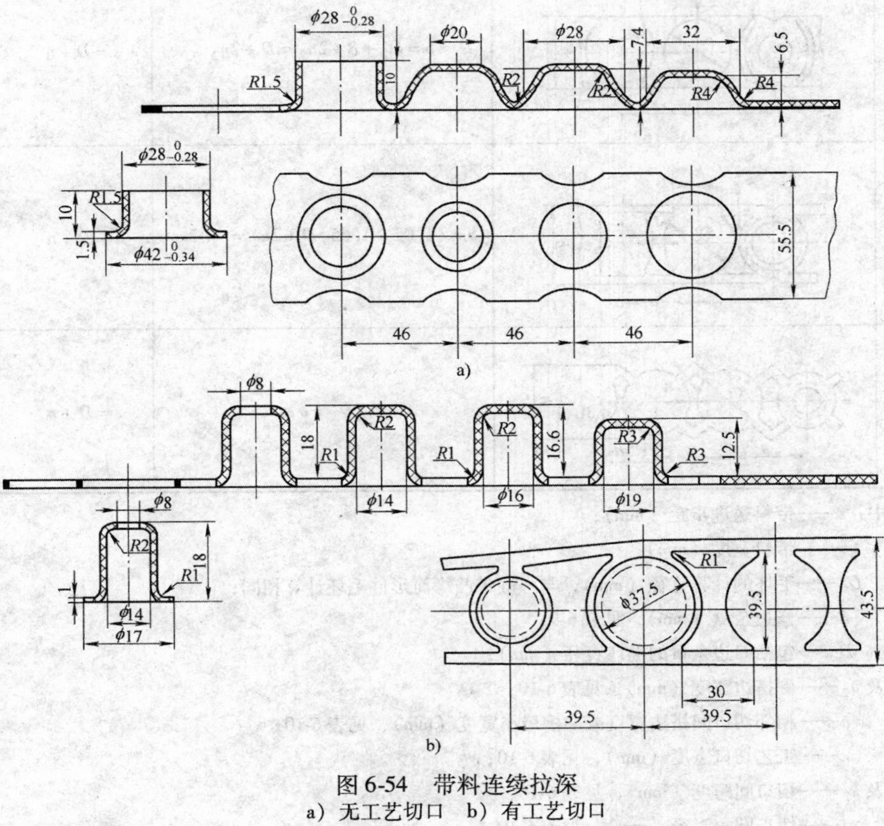

图 6-54　带料连续拉深

a）无工艺切口　b）有工艺切口

表 6-7　带料连续拉深的分类、特点及应用范围

分类	应用范围	特　点	分类	应用范围	特　点
无工艺切口	$\frac{t}{D}\times 100>1$ $\frac{d_{凸}}{d}=1.1\sim1.5$ $\frac{h}{d}<1$	1. 这种方法拉深时，相邻两个拉深件之间互相影响，使得材料在纵向流动困难，主要靠材料的伸长 2. 拉深系数比单工序大，拉深工序数需增加 3. 节省材料	有工艺切口	$\frac{t}{D}\times 100<1$ $\frac{d_{凸}}{d}=1.3\sim1.8$ $\frac{h}{d}>1$	1. 有了工艺切口，相似于有凸缘零件的拉深，但由于相邻两个拉深件间仍有部分材料相连，因此变形比单工序凸缘零件稍困难些 2. 拉深系数略大于单工序拉深 3. 费料

表中：t——材料厚度；D——包括修边余量的毛坯直径；$d_{凸}$——凸缘直径；d——工件内径；h——工件高度。

二、带料连续拉深的料宽和步距的计算

在带料上作连续拉深时，料宽和步距由表 6-8 所列公式确定。

表 6-8　带料连续拉深的料宽和步距计算公式

拉深方法	图　示	料宽计算公式	步距计算公式
无工艺切口的连续拉深	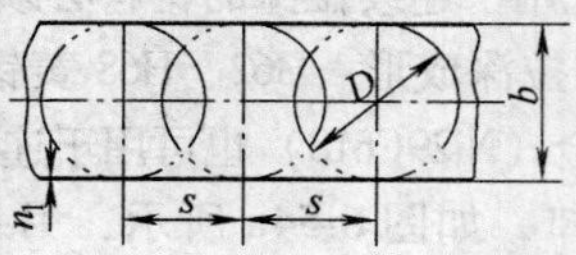	$b=D_1+\delta+2n_1=D+2n_1$	$s=(0.85\sim0.9)D$ （但不小于包括修边余量的凸缘直径）
有工艺切口的连续拉深	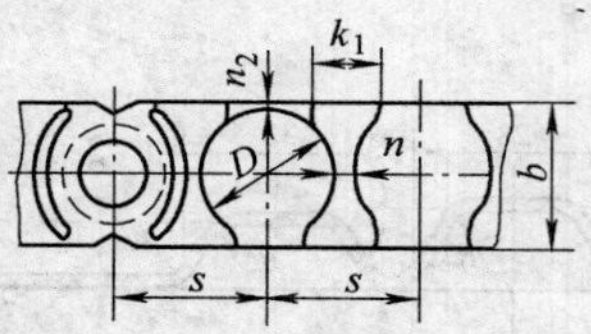	$b=D_1+\delta+2n_2=D+2n_2$	$s=D+n$
	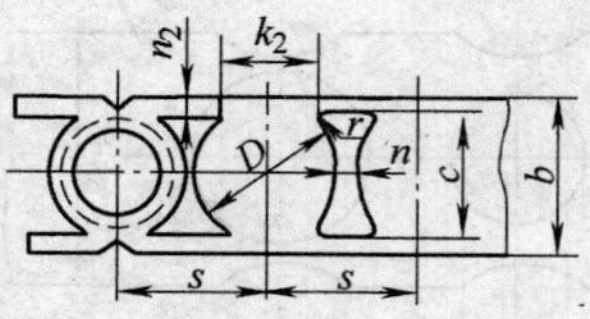	$b=(1.02\sim1.05)D+2n_2=c+2n_2$	$s=D+n$
有工艺切口的连续拉深	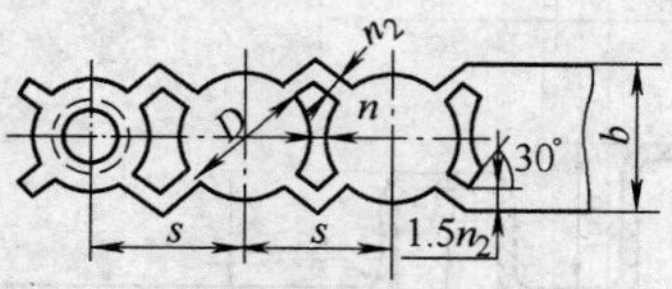	$b=D_1+\delta=D$	$s=D+n$

表列公式中：s——带料送进步距（mm）；

b——带料宽度（mm）；

D_1——毛坯的计算直径（mm），与一般带凸缘筒形件毛坯计算相同；

δ——修边余量（mm），见表 6-9；

D——包括修边余量的毛坯直径（mm）；

n_1 及 n_2——侧搭边宽度（mm），见表 6-10；

n——相邻切口间搭边宽度或冲槽最小宽度（mm），见表 6-10；

c——工艺切口宽度（mm），见表 6-10；

k_1 及 k_2——切口间跨度（mm），见表 6-10；

r——切口圆角半径（mm），见表 6-10。

表 6-9　修边余量 δ　（单位：mm）

毛坯计算直径 D_1	材料厚度 t 0.2	0.3	0.5	0.6	0.8	1.0	1.2	1.5	2
<10	1.0	1.0	1.2	1.5	1.8	2.0	—	—	—
>10～30	1.2	1.2	1.5	1.8	2.0	2.2	2.5	3.0	—
>30～60	1.2	1.5	1.8	2.0	2.2	2.5	2.8	3.0	3.5
>60	—	—	2.0	2.2	2.5	3.0	3.5	4.0	4.5

表 6-10　带料连续拉深搭边及切口参数推荐数值　（单位：mm）

参数符号	材料厚度 t ≤0.5	>0.5～1.5	>1.5
n_1	1.5	1.75	2
n_2	1.5	2	2.5
n	1.5	1.8	3.0
r	0.8	1	1.2
k_1	$k_1 \approx (0.5 \sim 0.7)D$		
k_2	$k_2 \approx (0.25 \sim 0.35)D$		
c	$(1.02 \sim 1.05)D$		

三、带料连续拉深的拉深系数和拉深相对高度

带料连续拉深总拉深系数的计算方法，与带凸缘的筒形件拉深系数的计算相同：

总拉深系数
$$m_{总} = d/D = m_1 m_2 \cdots m_n \tag{6-2}$$

式中　d——工件直径；

D——毛坯直径；

m_1，m_2，…，m_n——各次拉深系数。

总的拉深系数可按表 6-11 选用。

表 6-11　总拉深系数 $m_{总}$ 的极限值

材料	抗拉强度 σ_b/MPa	相对伸长率 δ(%)	总拉深系数 $m_{总}$：不带推件装置，材料厚度 t<1.2mm	不带推件装置，材料厚度 t=1.2～2mm	带推件装置
钢 08F	294～392	28～40	0.40	0.32	0.16
黄铜 H62、H68	294～392	28～40	0.35	0.29	0.24～0.2
软铝	78～108	22～25	0.38	0.30	0.18

（一）无工艺切口的带料连续拉深系数

无工艺切口的带料连续可以看成是宽凸缘零件的拉深，但由于相邻两个拉深件变形时相互有牵制，变形比较困难，因此，其拉深系数要选得更大一些。

无工艺切口的带料连续拉深的第一次拉深系数 m_1 见表 6-12，最大相对高度 h_1/d_1 见表 6-13。以后各次的拉深系数见表 6-14。

表 6-12　无工艺切口的第一次拉深系数 m_1（材料：08、10 钢）

凸缘相对直径 $d_凸/d_1$	毛坯相对厚度 $\frac{t}{D}\times100$			
	>0.2~0.5	>0.5~1.0	>1.0~1.5	>1.5
≤1.1	0.71	0.69	0.66	0.63
>1.1~1.3	0.68	0.66	0.64	0.61
>1.3~1.5	0.64	0.63	0.61	0.59
>1.5~1.8	0.54	0.53	0.52	0.51
>1.8~2.0	0.48	0.47	0.46	0.45

表 6-13　无工艺切口的第一次拉深的最大相对高度 h_1/d_1（材料：08、10 钢）

凸缘相对直径 $d_凸/d_1$	毛坯相对厚度 $\frac{t}{D}\times100$			
	>0.2~0.5	>0.5~1.0	>1.0~1.5	>1.5
≤1.1	0.36	0.39	0.42	0.45
>1.1~1.3	0.34	0.36	0.38	0.40
>1.3~1.5	0.32	0.34	0.36	0.38
>1.5~1.8	0.30	0.32	0.34	0.36
>1.8~2.0	0.28	0.30	0.32	0.35

表 6-14　无工艺切口的以后各次拉深系数 m_n（材料：08、10 钢）

拉深系数 m_n	毛坯相对厚度 $\frac{t}{D}\times100$			
	>0.2~0.5	>0.5~1.0	>1.0~1.5	>1.5
m_2	0.86	0.84	0.82	0.80
m_3	0.88	0.86	0.84	0.82
m_4	0.89	0.87	0.86	0.85
m_5	0.90	0.89	0.88	0.87

（二）有工艺切口的带料连续拉深系数

有工艺切口的带料连续拉深，相似于单个带凸缘零件的拉深，但由于相邻两个拉深件间仍有部分材料相连，其变形比单个带凸缘零件的拉深要困难一些，所以第一次拉深系数要大一些，而以后各次拉深系数可取带凸缘零件拉深的上限值。

有工艺切口的带料连续拉深的第一次拉深系数 m_1 见表 6-15，最大相对高度 h_1/d_1 可参见表 4-20（见第四章）。以后各次的拉深系数见表 6-16 及表 6-17。

表 6-15　有工艺切口的第一次拉深系数 m_1（材料：08、10 钢）

凸缘相对直径 $d_凸/d_1$	毛坯相对厚度 $\frac{t}{D}\times100$				
	>0.06~0.2	>0.2~0.5	>0.5~1.0	>1.0~1.5	>1.5
≤1.1	0.64	0.62	0.60	0.58	0.55
>1.1~1.3	0.60	0.59	0.58	0.56	0.53

（续）

凸缘相对直径 $d_凸/d_1$	毛坯相对厚度$\frac{t}{D}\times100$				
	>0.06~0.2	>0.2~0.5	>0.5~1.0	>1.0~1.5	>1.5
>1.3~1.5	0.57	0.56	0.55	0.53	0.51
>1.5~1.8	0.53	0.52	0.51	0.50	0.49
>1.8~2.0	0.47	0.46	0.45	0.44	0.43
>2.0~2.2	0.43	0.43	0.42	0.42	0.41
>2.2~2.5	0.38	0.38	0.38	0.38	0.37
>2.5~2.8	0.35	0.35	0.35	0.35	0.34
>2.8~3.0	0.33	0.33	0.33	0.33	0.33

表6-16 有工艺切口的以后各次拉深系数 m_n（材料：08、10钢）

拉深系数 m_n	毛坯相对厚度$\frac{t}{D}\times100$				
	>0.06~0.2	>0.2~0.5	>0.5~1.0	>1.0~1.5	>1.5
m_2	0.80	0.79	0.78	0.76	0.75
m_3	0.82	0.81	0.80	0.79	0.78
m_4	0.85	0.83	0.82	0.81	0.80
m_5	0.87	0.86	0.85	0.84	0.82

表6-17 有工艺切口的各次拉深系数

材料	拉深次数					
	1	2	3	4	5	6
	拉深系数 m					
黄铜	0.63	0.76	0.78	0.80	0.82	0.85
软钢、铝	0.67	0.78	0.80	0.82	0.85	0.90

四、带料连续拉深的工序计算程序

1. 计算毛坯直径 D

$$D=D_1+\delta \tag{6-3}$$

式中 D_1——毛坯的计算直径（mm）；

δ——修边余量（mm），查表6-9。

2. 核算总拉深系数 $m_总$

$m_总=\frac{d}{D}$，使 $m_总$ 不小于表6-11的极限总拉深系数。

3. 确定是否开切口及切口形式

根据$\frac{t}{D}\times100$，$\frac{d_凸}{d}$和$\frac{h}{d}$，按表6-7推荐的分类范围，确定是否要工艺切口，并相应于零件特点选用合适的切口形式，见表6-18。

计算料宽 b、步距 s 及切口尺寸查表6-8、表6-10。

表 6-18　工艺切口型式及其应用场合

序号	切口或切槽形式	应 用 场 合	优 缺 点
a	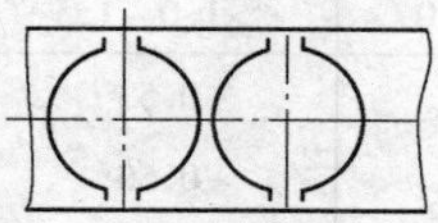	用于材料厚度 $t<1\text{mm}$ 的大直径（$d>5\text{mm}$）的圆形浅拉深件	1. 首次拉深工步，料边起皱情况较无切口时为好 2. 侧搭边会弯曲、妨碍送料
b	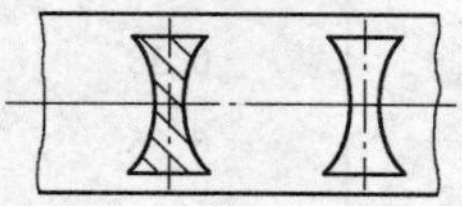	用于材料较厚（$t>0.5\text{mm}$）的圆形小工件，应用较广	1. 不易起皱，送料方便 2. 带料会缩小，不能用来定位 3. 费料
c	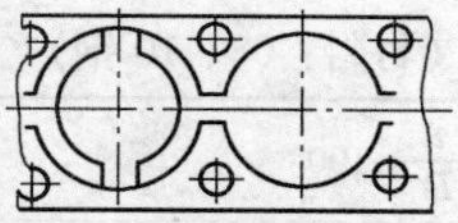	除用于特殊情况外，一般少用	1. 拉深过程中料宽与步距不变用于须装定位销的场合 2. 切口部分模具制造复杂 3. 费料
d	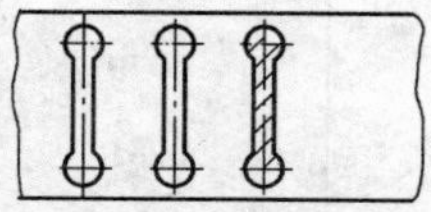	用于矩形件的拉深，其中型式 d 应用较广	与 b 型相同
e	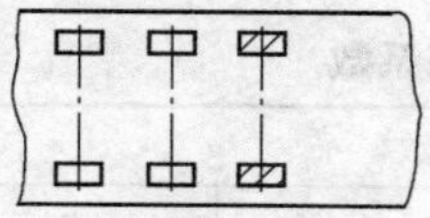		
f	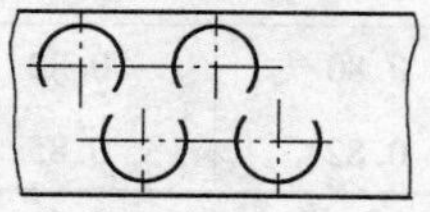	用于单排或双排的单头焊件	与 a 型相同
g	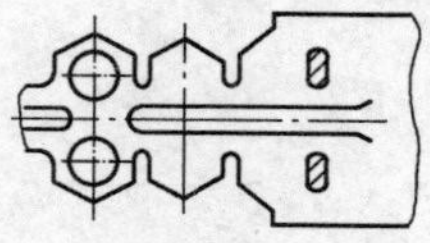	用于双排或多排筒形件的连续拉深（如双孔空心铆钉）	1. 中间压筋后，使在拉深过程中消除了两筒形间产生开裂的现象 2. 保证两筒形中心距不变

4. 计算拉深次数

由表 6-12、表 6-14（或表 6-15、表 6-16、表 6-17）查出拉深系数 m_1，m_2，m_3，…，初步算出 $d_1=m_1D$，$d_2=m_2d_1$，$d_3=m_3d_2$，…，从而可知所需的拉深次数。

5. 计算各次拉深凸模和凹模的圆角半径，见表 6-19。

若工件圆角半径 $r<t$，$R<2t$，亦即 $r_{凹n}<t$，$r_{凸n}<2t$ 时，应在不改变拉深直径的情况下，通过整形工序逐渐减小圆角半径，最后达到工件圆角半径（每次整形工序允许减小圆角半径 50%）。

设计拉深模时，凸、凹模圆角半径应采用小的容许值，以便在调试拉深模时按需要修大。

表 6-19　带料连续拉深时第一道工序的圆角半径

$\frac{t}{D}\times100$	$r_{凹}$	$r_{凸}$	备　注
0.1~0.3	$6t$	$7t$	1. 以后各道工序的冲模工作部分圆角半径为前道工序圆角半径的 0.6~0.8,其中较大值系最初工序所用 2. 在整形或带凸缘拉深时,$r_{凹}$ 与 $r_{凸}$ 按零件产品图给定 3. $r_{凹}$ 与 $r_{凸}$ 的值需在试模中予以修正 4. 在整形时,$r_{凹}$ 与 $r_{凸}$ 的值可取等于前道工序所用值的若干分之一,但不得小于 0.5t(t 为料厚)
0.3~0.8	$5t$	$6t$	
0.8~2.0	$4t$	$5t$	
2.0~4.0	$3t$	$4t$	
4.0~6.0	$2t$	$3t$	
6.0 以上	t	$2t$	

6. 计算各次拉深的工件高度

对于无工艺切口的带料连续拉深，第一工位拉入凹模的材料应比工件成品所需材料多 8%~10%（按面积计），而在有工艺切口时，则多拉入 4%~6%（工序次数多时取上限值，工序次数少时取下限值），并在以后各次拉深工位中逐步返回到凸缘上。

7. 校核第一次拉深的相对高度$\frac{h_1}{d_1}$，使它小于表 6-13（或表 4-20）所规定的最大相对高度。

8. 绘制工序图。

【例 1】 制订图 6-55 所示零件的带料连续工序过程，材料：黄铜，料厚 $t=0.8$mm。

解 1. 计算毛坯直径（按表 4-7 中序列 17 的公式进行计算）

$$D_1=\sqrt{d_1^2+6.28rd_1+8r^2+4d_2h+6.28r_1d_2+4.56r_1^2}$$
$$=\sqrt{13.4^2+6.28\times1.4\times13.4+8\times1.4^2+4\times16.2\times7.9+6.28\times0.9\times16.2+4.56\times0.9^2}\text{mm}$$
$$=\sqrt{920.22}\text{mm}=30.3\text{mm}$$

2. 确定是否需要工艺切口

查表 6-9，取修边余量 $\delta=2.2$mm

$D=D_1+\delta=(30.3+2.2)\text{mm}=32.5\text{mm}$

材料相对厚度$\frac{t}{D}\times100=\frac{0.8}{32.5}\times100=2.46>1$

凸缘相对直径$\frac{d_{凸}}{d}=\frac{18.5}{16.2}=1.14$

拉深相对高度 $h/d=10.2/16.2=0.63<1$

查表 6-7，不需工艺切口。

据表 6-8 有关公式，查表 6-10，$n_1=1.75$

料宽 $b=D+2n_1=(32.5+2\times1.75)\text{mm}=36\text{mm}$

步距 $s=(0.85\sim0.9)D=(0.85\sim0.9)\times32.5\text{mm}$，取为 27mm

$h/d=0.63>h_1/d_1=0.40$（查表 6-13），一次拉深不行，需多次拉深。

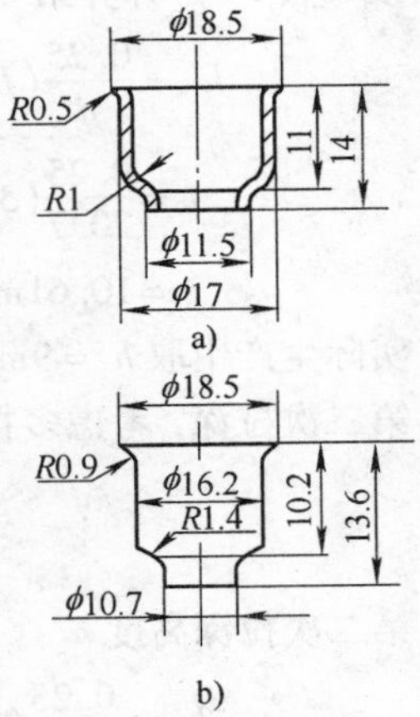

图 6-55　零件图（底部带内缘翻边）

a）零件图

b）按料厚中线绘出的零件图

3. 核算总拉深系数

$m_{总}=\frac{16.2}{32.5}=0.498>0.35$（查表 6-11），所以可连续拉深，不需中间退火。

4. 确定拉深次数和各次拉深系数

查表 6-12，$m_1=0.61$，查表 6-14，$m_2=0.80$，$m_3=0.82$，按式（6-2）得

$m_1m_2m_3=0.61\times0.80\times0.82=0.40<0.498$

因考虑 $R=0.5<t$，$r=1<2t$，凸、凹模圆角较小，所以考虑增加一次整形工序。生产中将三次拉深调整为四次拉深，每次拉深采用较大的拉深系数：$m_1=0.637$，$m_2=0.9$，$m_3=0.92$，$m_4=0.94$，而减小过渡工序凸、凹模圆角半径，最后不用整形工序。

5. 计算各次拉深工序件直径（中径）

$$d_1=32.5\times0.637\text{mm}=20.7\text{mm}$$
$$d_2=20.7\times0.90\text{mm}=18.7\text{mm}$$
$$d_3=18.7\times0.92\text{mm}=17.2\text{mm}$$
$$d_4=17.2\times0.94\text{mm}=16.2\text{mm}$$

6. 确定各次拉深凸、凹模的圆角半径（均按中心线计算）

查表 6-19 得 $r_{凹1}=3t=2.4\text{mm}$

$r_{凸1}=4t=3.2\text{mm}$

取 $r_{凹2}=1.9\text{mm}$，$r_{凹3}=1.4\text{mm}$，$r_{凹4}=0.9\text{mm}$

$r_{凸2}=2.4\text{mm}$，$r_{凸3}=1.8\text{mm}$，$r_{凸4}=1.4\text{mm}$

7. 计算拉深件高度

首次拉深时，拉入凹模的材料比实际所需材料多10%，所以假想毛坯展开直径 D_j：

$D_j=\sqrt{920.22\times1.1}+\delta=(31.8+2.2)\text{mm}=34\text{mm}$ $\left(920.22\times\dfrac{\pi}{4}\text{mm}^2\right.$ 为该零件除去凸缘部分余下的表面积，即零件最后拉深部分所需材料$\left.\right)$。

加入修边量后实际凸缘直径

$$d_{凸实}=\sqrt{D^2+d_{凸}^2-D_1^2}=\sqrt{32.5^2+18.5^2-30.3^2}\text{mm}=21.9\text{mm}$$

按式（4-8）计算第一次拉深高度 h_1：

$$\begin{aligned}h_1&=\frac{0.25}{d}(D_j^2-d_{凸实}^2)+0.43(r_1+R_1)+\frac{0.14}{d_1}(r_1^2-R_1^2)\\&=\frac{0.25}{20.7}(34^2-21.9^2)\text{mm}+0.43(3.2+2.4)\text{mm}+\frac{0.14}{20.7}(3.2^2-2.4^2)\text{mm}\\&=10.61\text{mm}\end{aligned}$$

实际生产中取 $h_1=9\text{mm}$。

第二次拉深，考虑多拉入凹模的材料比所需的多5%，假想毛坯展开直径 D_j：

$$\begin{aligned}D_j&=\sqrt{920.22\times1.05}+\delta=(31.1+2.2)\text{mm}\\&=33.3\text{mm}\end{aligned}$$

第二次拉深高度 h_2：

$$\begin{aligned}h_2&=\frac{0.25}{d_2}(D_j^2-d_{凸实}^2)+0.43(r_2+R_2)+\frac{0.14}{d_2}(r_2^2-R_2^2)\\&=\frac{0.25}{18.7}(33.3^2-21.9^2)\text{mm}+0.43(2.4+1.9)\text{mm}+\frac{0.14}{18.7}(2.4^2-1.9^2)\text{mm}\\&=10.28\text{mm}\end{aligned}$$

实际生产中取 $h_2=10\text{mm}$。

第三次拉深，考虑多拉入凹模的材料比所需的多3%，假想毛坯展开直径 D_j：

$$D_j=\sqrt{920.22\times1.03}+\delta=(30.8+2.2)\text{mm}=33\text{mm}$$

第三次拉深高度 h_3：

$$h_3 = \frac{0.25}{d_3}(D_j^2 - d_{凸实}^2) + 0.43(r_3 + R_3) + \frac{0.14}{d_3}(r_3^2 - R_3^2)$$
$$= \frac{0.25}{17.2}(33^2 - 21.9^2)\text{mm} + 0.43(1.8 + 1.4)\text{mm} + \frac{0.14}{17.2}(1.8^2 - 1.4^2)\text{mm}$$
$$= 10.25\text{mm}$$

实际生产中取 $h_3 = 10.5\text{mm}$。

第四次拉深，达到工件要求高度 $h_4 = 11\text{mm}$。

8. 校核第一次拉深高度

$h_1/d_1 = 9/20.7 = 0.435 < 0.45$ $\left(根据 \frac{t}{D} \times 100 = 2.46 及 \frac{d_{凸}}{d_1} = \frac{21.9}{20.7} = 1.06，由表 6-13 查得 \left[\frac{h_1}{d_1}\right] = 0.45\right)$，说明安全合理。

根据零件要求，拉深后还需在零件底部冲孔及内缘翻边（此处略去计算）。

9. 绘制工序图（图 6-56）

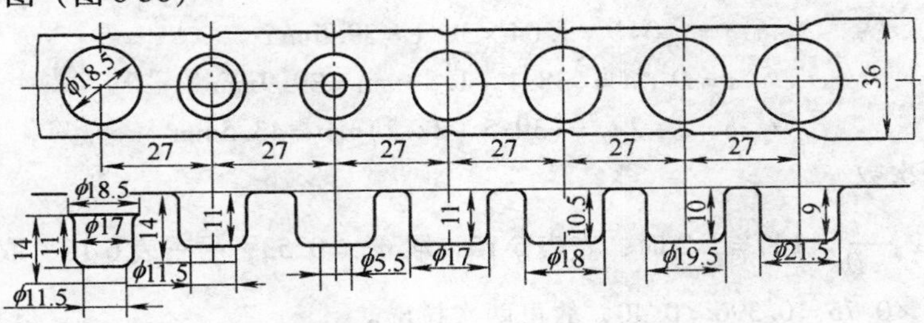

图 6-56　无工艺切口带料连续拉深工序图（实例一）

【例 2】　制订图 6-57a 所示零件的带料连续工序过程，材料：08 钢，厚度 $t = 1.2\text{mm}$。

解　1. 计算毛坯直径

（1）先按中线绘出零件图（图 6-57b）。

（2）求出计算毛坯直径　按表 4-7 中序号 17 的公式进行计算。

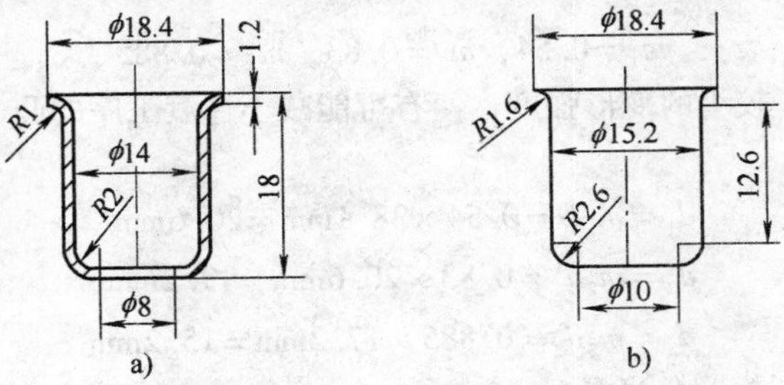

图 6-57　窄凸缘筒形件

a）零件图　b）按料厚中线绘出的零件图

$$D_1 = \sqrt{d_1^2 + 6.28rd_1 + 8r^2 + 4d_2h + 6.28r_1d_2 + 4.56r_1^2}$$
$$= \sqrt{10^2 + 6.28 \times 2.6 \times 10 + 8 \times 2.6^2 + 4 \times 15.2 \times 12.6 + 6.28 \times 1.6 \times 15.2 + 4.56 \times 1.6^2}\text{mm}$$
$$= \sqrt{1246}\text{mm} = 35.3\text{mm}$$

（3）按表 6-9 查得修边余量 $\delta = 2.8\text{mm}$。

（4）实际毛坯直径为

$$D = D_1 + \delta = (35.3 + 2.8)\text{mm} = 38.1\text{mm}$$

2. 计算总的拉深系数

$$m_{总}=\frac{d}{D}=\frac{15.2}{38.1}=0.40>[m_{总}]=0.32(查表6\text{-}11)$$

故可不用中间退火进行带料连续拉深。

3. 确定是否要工艺切口

由于

$$\frac{t}{D}\times100=\frac{1.2}{38.1}\times100=3.2$$

$$\frac{d_{凸}}{d}=\frac{18.4}{15.2}=1.2(图6\text{-}57b)$$

$$\frac{h}{d}=\frac{16.8}{15.2}=1.1$$

查表6-7，需采用工艺切口。工艺切口拟采用表6-18中形式b。

计算料宽 b、步距 s 和切口尺寸，由表6-10查得 $n_2=2$，$n=1.8$，$r=1$

$$k_2=0.3D=0.3\times38.1=11.5\text{mm}$$

$$c=1.04D=1.04\times38.1=39.5\text{mm}$$

$$s=D+n=(38.1+1.8)\text{mm}=39.9\text{mm}$$

$$b=c+2n_2=(39.5+2\times2)\text{mm}=43.5\text{mm}$$

4. 计算拉深次数

暂设 $\frac{d_{凸}}{d_1}=1.2$，$\frac{t}{D}\times100=3.2$ 时，查表6-15，取 $m_1=0.53$，另查表6-16，取 $m_2=0.75$

$m_1m_2=0.53\times0.75=0.396<0.40$，故可两次拉出。

但考虑到 $R_{凸n}=2\text{mm}<2t=2.4\text{mm}$

$R_{凹n}=1\text{mm}<t=1.2\text{mm}$

需增加整形工序。

5. 计算各工序拉深直径

确定拉深次数 $n=3$，调整各工序的拉深系数，使各工序变形程度分配更合理些，都留有余地。调整后的拉深系数为

$$m_1=0.54,\ m_2=0.83,\ m_3=0.885$$

由于每次拉深采用了较小的变形强度，便有可能减小过渡工序的凸、凹模圆角半径，并最后不用整形工序。则

$$d_1=m_1D=0.54\times38.1\text{mm}=20.6\text{mm}$$

$$d_2=m_2d_1=0.83\times20.6\text{mm}=17.2\text{mm}$$

$$d_3=m_3d_2=0.885\times17.2\text{mm}=15.2\text{mm}$$

6. 确定各工序凸、凹模圆角半径

查表6-19，偏小一档选取第一次拉深的凸、凹模圆角半径为

$$r_{凸1}=3t\approx3\text{mm}$$

$$r_{凸2}=0.8r_{凸1}=0.8\times3\text{mm}=2.4\text{mm}$$

$$r_{凸3}=2\text{mm}$$

$$r_{凹1}=2t\approx2\text{mm}$$

$$r_{凹2}=0.8r_{凹1}\approx1.5\text{mm}$$

$$r_{凹3}=1\text{mm}$$

7. 计算各次拉深的工件高度

考虑首次拉深拉入凹模的材料比所需的多4%，此时假想毛坯直径为

$$D_j = \sqrt{D^2 \times 1.04} = \sqrt{38.1^2 \times 1.04}\text{mm} \approx 39\text{mm}$$

按公式（4-8）计算第一次拉深的工件高度

$$h_1 = \frac{0.25}{d_1}(D_j^2 - d_{凸实}^2) + 0.43(r_1 + R_1) + \frac{0.14}{d_1}(r_1^2 - R_1^2)$$

先由下式计算出最后一道工序的实际凸缘直径

$$d_{凸实} = \sqrt{D^2 + d_{凸}^2 - D_1^2}$$

式中　$d_{凸}$——零件的凸缘直径（按产品图）；

$d_{凸实}$——计入修边量δ后的凸缘直径；

D_1——计算毛坯直径；

D——实际毛坯直径（$=D_1+\delta$）

$$d_{凸实} = \sqrt{D^2 + d_{凸}^2 - D_1^2} = \sqrt{38.1^2 + 18.4^2 - 35.3^2}\text{mm}$$
$$= \sqrt{545}\text{mm} = 23.3\text{mm}$$

故：　$$h_1 = \frac{0.25}{20.6}(39^2 - 23.3^2)\text{mm} + 0.43(3.6 + 2.6)\text{mm} + \frac{0.14}{20.6}(3.6^2 - 2.6^2)\text{mm}$$
$$= (11.9 + 2.66 + 0.04) = 14.6\text{mm}$$

（注：上述高度计算公式只适用于R_1包角为90°时。此例中零件的包角稍小于90°，但为简化计算，仍用此式，计算结果为近似值）。

第二次拉深时，考虑拉入凹模的材料比所需的多2%（其余2%在拉深过程中返回凸缘上），此时假想毛坯直径为

$$D_j = \sqrt{D^2 \times 1.02} = \sqrt{38.1^2 \times 1.02}\text{mm} = 38.5\text{mm}$$

$$h_2 = \frac{0.25}{d_2}(D_j^2 - d_{凸实}^2) + 0.43(r_2 + R_2) + \frac{0.14}{d_2}(r_2^2 - R_2^2)$$
$$= \frac{0.25}{17.2}(38.5^2 - 23.3^2)\text{mm} + 0.43(3 + 2.1)\text{mm} + \frac{0.14}{17.2}(3^2 - 2.1^2)\text{mm}$$
$$= (13.6 + 2.2 + 0.04)\text{mm} \approx 15.8\text{mm}$$

第三次拉深达到零件要求高度$h_3 = 16.8\text{mm}$

8. 校核第一次拉深的相对高度

查表4-20，当$\frac{t}{D} \times 100 = \frac{1.2}{38.1} \times 100 = 3.2$，

$\frac{d_{凸}}{d_1} = \frac{23.3}{20.6} = 1.1$时，$\left[\frac{h_1}{d_1}\right] = 0.75$

$\frac{h_1}{d_1} = \frac{14.6}{20.6} = 0.70 < \left[\frac{h_1}{d_1}\right] = 0.75$，故上述计算是恰当的。

9. 绘制工序图（图6-58）

五、小型空心件带料连续拉深的经验计算法

对于材料厚度$t = 0.25 \sim 0.5\text{mm}$，外径≤10mm的小型空心件，在采用整体带料连续拉深时，可以简捷地按下列经验公式进行工艺计算。

$$d = d_e + 0.1a^2（抛物线关系）$$

$$h = h_e(1 - 0.04a)（直线关系）$$

$$b = d_a + 1.2m$$

$$s = 1.15da$$

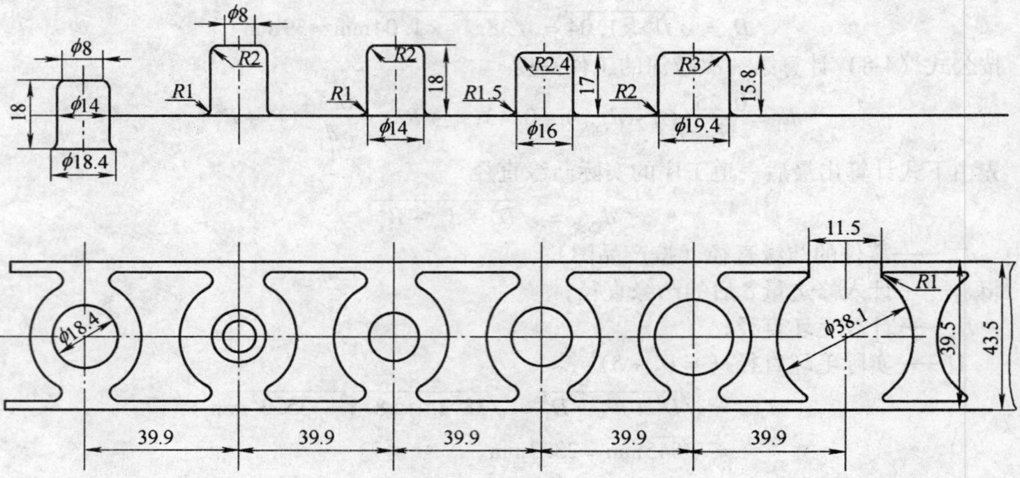

图 6-58 窄凸缘筒形件带料连续拉深工序图（实例二）

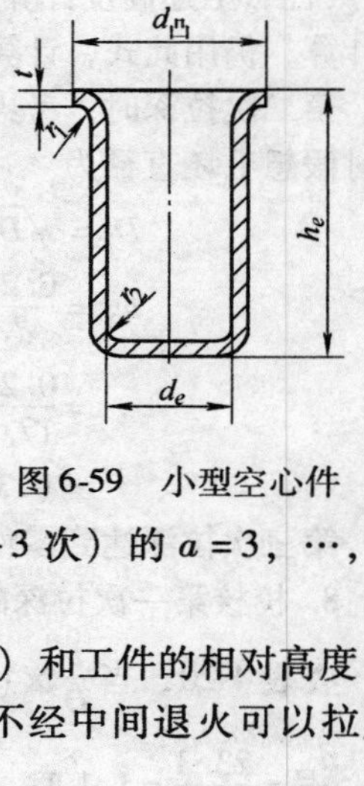

图 6-59 小型空心件

式中 d——其次拉深凸模直径；

h——某次拉深工件高度；

b——料宽；

s——步距；

d_a——第一次拉深凸模直径；

d_e——工件内径（见图 6-59）；

h_e——工件高度；

m——搭边值（$m=3\sim4$mm，d_e 大时取上限值）；

a——从倒数第二次（即 $n-1$ 次）起算，令该次的 $a=1$；例如倒数第三次（即 $n-2$ 次）的 $a=2$，倒数第四次（即 $n-3$ 次）的 $a=3$，…，以此类推。计算进行到 $h\leqslant0.5d$ 为止。

能否不经中间退火连续拉深至成品，这可以根据材料性能（$\beta=D/d$）和工件的相对高度 h_e/d_e 来判断。例如对铝板进行试验的结果表明：当 $\beta=2$，$h_e/d_e\leqslant4$ 时，不经中间退火可以拉成。与软铝性能相近的材料可参考这个数据。

【例 3】 制订图 6-60 所示工件的带料连续拉深程序。材料：纯铜带 T1，材料厚度 $t=0.4$mm。

解 从倒数第二次反推法进行计算。

倒数第二次：

$$d_{n-1}=d_a+0.1a^2=(4.39+0.1\times1^2)\text{mm}=4.49\text{mm}$$

$$h_{n-1}=h_e(1-0.04a)=(11-0.4)(1-0.04\times1)\text{mm}$$

$$=10.6\times0.96\text{mm}=10.18\text{mm}$$

倒数第三次：

$$d_{n-2}=(4.39+0.1\times2^2)\text{mm}=4.79\text{mm}$$

$$h_{n-2}=10.6(1-0.04\times2)\text{mm}=10.6\times0.92\text{mm}$$

$$=9.75\text{mm}$$

…

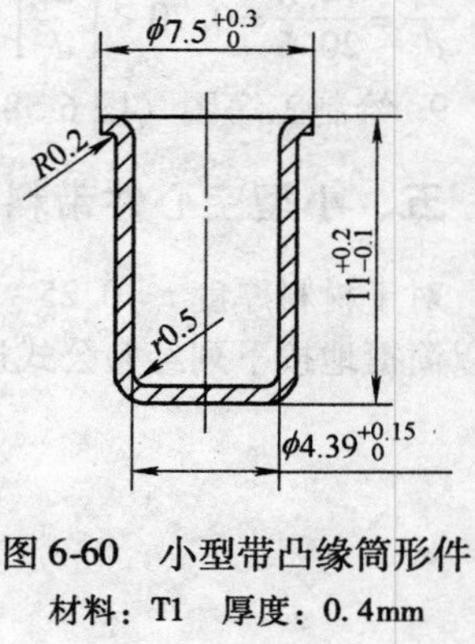

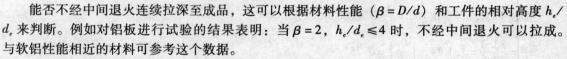

图 6-60 小型带凸缘筒形件

材料：T1 厚度：0.4mm

倒数第十一次：

$$d_{n-10}=(4.39+0.1\times10^2)\mathrm{mm}=14.39\mathrm{mm}$$

$$h_{n-10}=10.6(1-0.04\times10)\mathrm{mm}=10.6\times0.6\mathrm{mm}=6.36\mathrm{mm}$$

检查 h/d：

$$\frac{h_{n-10}}{d_{n-10}}=\frac{6.36}{14.39}=0.44<0.5$$

计算到此结束，确定 $n=11$。

料宽：　$b=d_a+1.2m=(14.39+1.2\times3)\mathrm{mm}=17.99\mathrm{mm}$

步距：　$s=1.15d_a=1.15\times14.39\mathrm{mm}=16.55\mathrm{mm}$

计算结果与某厂实际采用的模具尺寸列表对照如下：

（单位：mm）

拉深次数	凸模直径		工件高度		料宽 b		步距 s	
	实用	计算	实用	计算	实用	计算	实用	计算
1	14.43	14.39	5.75	6.36				
2	12.53	12.49	6.55	6.78				
3	10.83	10.79	7.25	7.21				
4	9.33	9.29	7.9	7.63				
5	8.03	7.99	8.5	8.06				
6	6.93	6.89	9.05	8.48	18.5	17.99	17	16.55
7	5.8	5.99	9.55	8.9				
8	5.2	5.29	9.95	9.33				
9	4.7	4.79	10.25	9.75				
10	4.49	4.49	10.45	10.18				
11	4.4	4.4	10.6	10.6				

【例4】　制订图6-61所示工件的带料连续拉深程序。材料：黄铜H68，材料厚度 $t=0.2\mathrm{mm}$

解　根据工件图得知：

$$d_e=(9.8-2\times0.2)\mathrm{mm}=9.4\mathrm{mm},\quad h_e=(10.5-0.2)\mathrm{mm}=10.3\mathrm{mm}$$

$$d_{n-1}=(9.4+0.1\times1^2)\mathrm{mm}=9.5\mathrm{mm}\quad h_{n-1}=10.3(1-0.04\times1)\mathrm{mm}=9.9\mathrm{mm}$$

$$d_{n-2}=(9.4+0.1\times2^2)\mathrm{mm}=9.8\mathrm{mm}\quad h_{n-2}=10.3(1-0.04\times2)\mathrm{mm}=9.5\mathrm{mm}$$

$$d_{n-3}=(9.4+0.1\times3^2)\mathrm{mm}=10.3\mathrm{mm}\quad h_{n-3}=10.3(1-0.04\times3)\mathrm{mm}=9.0\mathrm{mm}$$

$$d_{n-4}=(9.4+0.1\times4^2)\mathrm{mm}=11\mathrm{mm}\quad h_{n-4}=10.3(1-0.04\times4)\mathrm{mm}=8.6\mathrm{mm}$$

$$\cdots\qquad\qquad\cdots$$

$$d_{n-7}=(9.4+0.1\times7^2)\mathrm{mm}=14.3\mathrm{mm}\quad h_{n-7}=10.3(1-0.04\times7)\mathrm{mm}=7.4\mathrm{mm}$$

$$d_{n-8}=(9.4+0.1\times8^2)\mathrm{mm}=15.8\mathrm{mm}\quad h_{n-8}=10.3(1-0.04\times8)\mathrm{mm}=7\mathrm{mm}$$

因 $\frac{h_{n-8}}{d_{n-8}}=\frac{7}{15.8}=0.44<0.5$，故计算到此结束，确定 $n=9$。

料宽：　$b=d_a+1.2m=(15.8+1.2\times4)\mathrm{mm}=20.6\mathrm{mm}$

步距：　$s=1.15d_a=1.15\times15.8\mathrm{mm}=18.5\mathrm{mm}$

计算结果与实用值列表对照如下：

（单位：mm）

拉深次数	凸模直径		工件高度		圆角半径实用值		料宽		步距	
	实用	计算	实用	计算	r_1	r_2	实用	计算	实用	计算
1	14.6	15.8	6.8	7.0	4	3				
2	13.4	14.3	8.0	7.4	3.5	2.5				
3	12.6	13.0	8.6	7.8	3.0	1.8				
4	11.8	11.9	8.8	8.2	2.4	1.2				
5	11.0	11.0	9.2	8.6	2.0	1.0	22	20.6	17.5	18.5
6	10.4	10.3	9.6	9.0	1.8	1.0				
7	9.6	9.8	9.8	9.5	1.3	0.6				
8	9.5	9.5	10.0	9.9	1.2	0.4				
9	9.4	9.4	10.3	10.3	1.0	0.3				

工件图及其带料连续拉深工序图如图 6-61 所示。

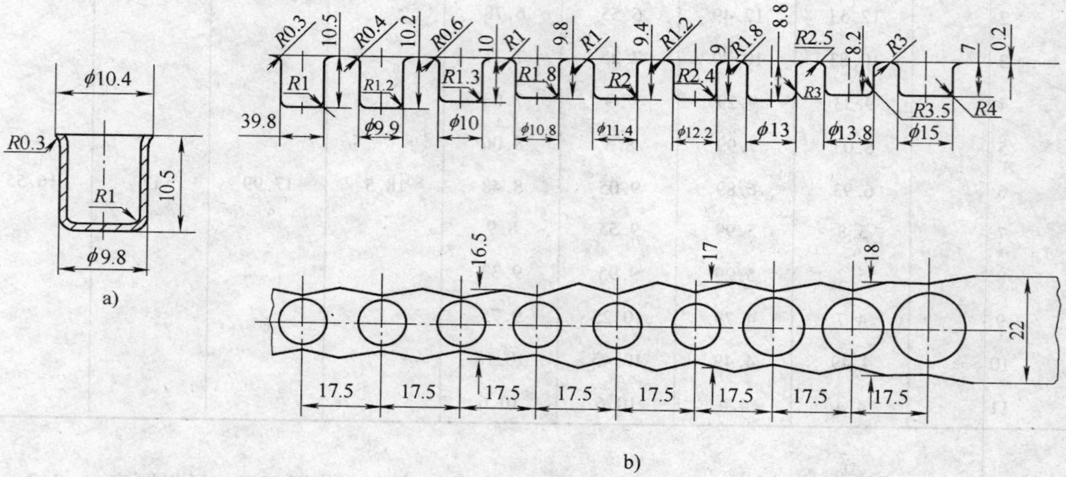

图 6-61　小型空心件及其带料连续拉深工序图

a）工件图　b）工序图

材料：黄铜 H68　料厚：t = 0.2mm

第四节　高效、精密、长寿命多工位级进模设计与制造要点

高效、精密、长寿命多工位级进模大多采用高速冲压，模具的振动、惯性力都很大，且模温较高，因此它的设计和制造技术要求高，它代表了冲压模具的最高技术水平。

高效、精密、长寿命多工位级进模的主要特点是自动化程度高，制造精度高（μ 级），凸、凹模及易损件互换性好，更换备件非常方便和迅速，拆装的重复精度高，模具使用寿命长。并且都配备精密的自动送料装置及自动监视和检测装置，遇故障时能自动停机，使用安全可靠。

高效、精密、长寿命多工位级进模的设计制造特点有别于普通冲模，现将要点逐一介绍。

一、采用刚性好和精度高的模架

模架的微小变形，会使模具精度与使用寿命降低。因此，多工位级进模都采用对称布置的四导柱（或六导柱）滚珠导套模架，并用强度较高的 S55C（相当于我国的 50 号钢）制造，并适当加厚下模座和上模座。考虑到高速冲裁时，如果上模重量大，惯性力对下死点精度有不利的影响。因此，设计模具时，应尽量减轻上模重量。如有可能，上模座等可选用密度小的高强度铝合金（如铝镍钴合金）或塑料制造。为了避免高速冲压时的振动，上、下模座的材料可以采用优质铸铁制造。上、下模座加工前需经调质处理，以消除内应力。

模座基准面粗糙度 Ra 为 0.8μm，模架装配平行度为 100∶0.003，导柱（导套）与上、下模座平面的垂直度为 100∶0.005。

对特别精密、长寿命的模具，还可采用新型的滚柱导向装置，该装置由瑞士阿加松（AGATHON）公司研制。图 6-62 所示就是新型滚柱导套的横断面图，这种成形滚柱由三段圆弧组成，中间一段凹圆弧与导柱外圆相配合，两端凸圆弧与导套内圆相配合。一般滚珠导套，长期使用后，导柱与导套表面往往磨出凹槽而产生间隙，影响导向精度，采用这种新型滚柱导套后，以线接触代替点接触，能进一步提高导向精度，并延缓导向装置的磨损。

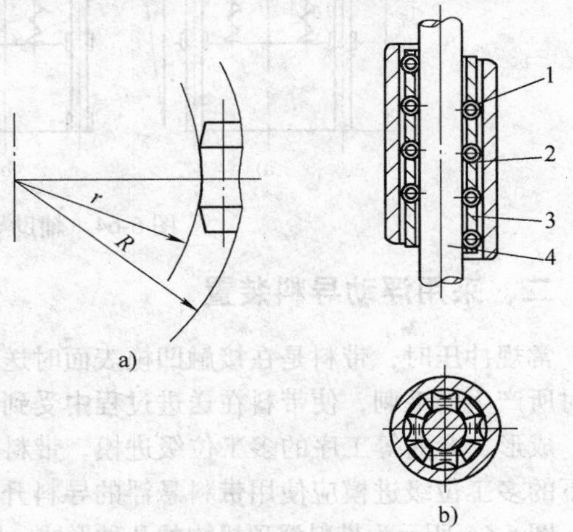

图 6-62 新型滚柱导套

a）滚柱与导柱、导套的配合关系

b）滚柱导套的装配图

1—滚柱 2—导套 3—滚柱保持圈 4—导柱

高效、精密、长寿命多工位级进模大多采用双重导向，除了上、下模座采用 4 根（或 6 根）滚珠导向装置外，凸模固定板、卸料板和凹模之间装有小导柱、导套进行辅助导向（图 6-63），小导柱、导套视模具的具体情况确定为 4 个或 6 个。辅助导向装置中导柱的安装位置有三种方案，如图 6-64 所示，图 6-64a 是导柱固定在凹模座板中，导套分别固定在卸料座板和凸模座板中；图 6-64b 是导柱固定在凸模座板中，导套分别固定在卸料座板和凹模座板中；图 6-64c 是导柱固定在卸料座板中，导套分别固定在凸模座板和凹模座板中。显然，图 6-64c 的导柱安装形式可以明显减少受侧向力而产生的变位偏移，从而可以提高模具的导向精度。集成电路用引线框架多工位级进模的卸料部分由卸料座板、卸料板镶件和卸料固定板组成，它是多工位级进模的关键零件，尤其是在高速冲裁下，凸模会受到冲击负荷作用，对于脆性的硬质合金材料，只要稍受侧向力，凸模就很容易崩刃和断裂，所以卸料板不但起到压料和卸料作用，还对凸模起到导向保护作用，因此卸料板的精度、刚性、耐磨性和平稳性就非常重要。卸料板上的型孔由镶拼式卸料板镶件组成，便于磨削和研磨，改善表面粗糙度，提高与凸模配合的精度。卸料板和凸模间的单面间隙小于凸模和凹模间的单面间隙，例如 24 腿引线框架的原材料为 C194 铜合金，材料厚度为 0.254mm，采用 36 工步的多工位级进模，该模具的冲孔、落料工步的凸模与卸料板的单面间隙取 0.006mm，凸、凹模的单面间隙为 0.01mm，由于辅助导向装置的精确导向，凸模通过卸料板后，便能顺利进入凹模，且间隙均匀，从面确保了冲件质量和高

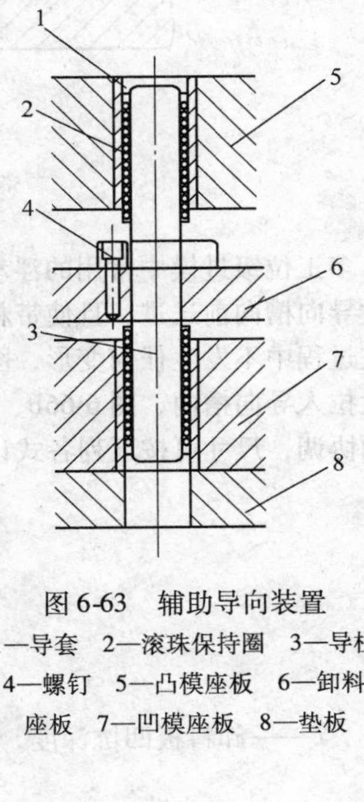

图 6-63 辅助导向装置

1—导套 2—滚珠保持圈 3—导柱 4—螺钉 5—凸模座板 6—卸料座板 7—凹模座板 8—垫板

的模具寿命。模具开启状态，凸模下端面缩入卸料板下平面 0.3mm，以保护凸模刃口不受损伤。

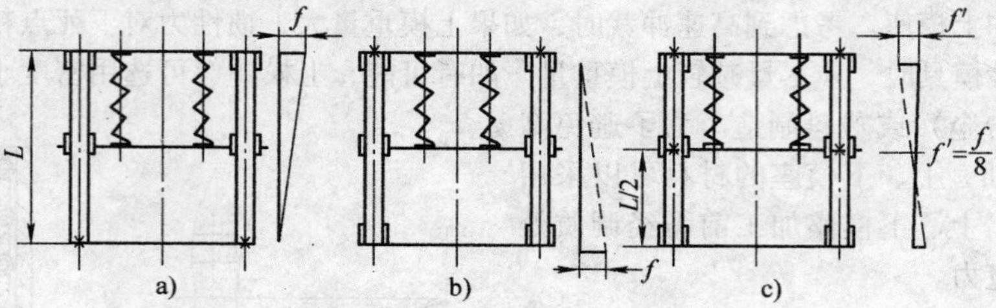

图 6-64 辅助导柱受倾向力的情况

二、采用浮动导料装置

常规冲压时，带料是在接触凹模表面时送进的，这样由于板料表面与凹模之间产生粘吸和冲裁时所产生的毛刺，使带料在送进过程中受到摩擦阻力，从而影响送料精度；另外对冲件含有冲裁、成形、弯曲等工序的多工位级进模，带料送进必须浮离凹模平面一定高度。因此，在高速运行下的多工位级进模应使用带料悬浮的导料升降装置。

图 6-65 所示为带料浮顶机构的几种形式，图 6-65a 是普通柱式浮钉；图 6-65b 是空心浮钉，浮钉设在导正孔位置，与导正销相配合（H7/h6），对导正销起保护作用，对带料起导正作用，且浮钉具有弹性，使带料导正孔不易变形，导正平稳，适用于薄料；图 6-65c 用于带料刚性较差，又没有成形的部位，可设计稍大的顶料块，由一平面托起带料，增大托起面积，提高带料刚性。

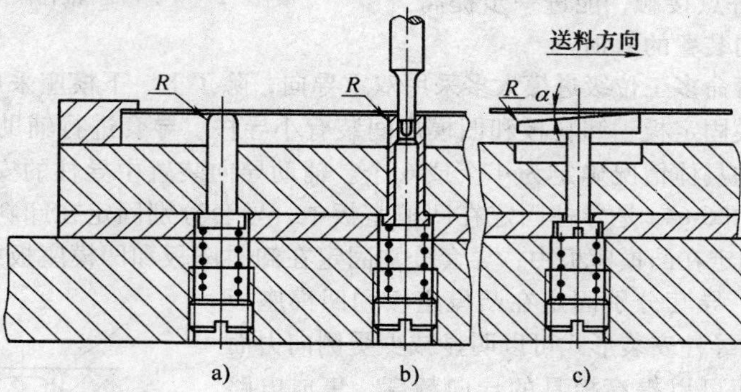

图 6-65 带料浮顶机构的几种形式

a)、c) 普通柱式浮钉 b) 空心浮钉

多工位级进模中常用的浮动导料装置是带导向槽的浮动导料销，如图 6-66 所示。带料可以通过导向槽向前送进，且使带料呈悬浮状态。卸料板与浮钉相应的让位凹坑深度 T 须保证带料在送进过程中不发生任何变形，图 6-66b 中 T 太深，带料被压入凹坑，图 6-66c 中 T 太浅，带料被硬性拉入导向槽内，图 6-66b、图 6-66c 都使带料产生变形。因此在结构设计时，必须注意各尺寸的协调，尺寸可按下列各式计算：

$$T = h_1 + (0.3 \sim 0.5)$$

$$h_1 = (1.5 \sim 3)$$

$$h_2 = t + (0.6 \sim 1)$$

$$h = \text{冲件最大高度} + (1.3 \sim 3.5)$$

$$(D-d)/2 = (2 \sim 3)t$$

式中 T——卸料板凹坑深度，mm；

h_1——导料销头高度，mm；
h_2——导料销导料槽的宽度，mm；
h——导料销浮动高度，mm；
t——带料厚度，mm；
d——导料槽处导料销直径，mm；
D——导料销直径，mm。

三、凸、凹模选材优质，制造精密，装配方式新颖

高效、精密、长寿命多工位级进模多用于大量生产，因此对凸、凹模等工作零部件的结构设计、合理选材、制造精度、表面强化处理和组装方式，均提出了更高的要求。凹模拼块与凸模材料选用高铬耐磨工具钢 SKD11、高速钢 SKH51 和硬质合金 G5、G8 制造，甚至采用横向断裂强度更高的 V30（HIP）、V40（HIP）及超微粒子硬质合金。硬质合金中碳化钨（WC）含量的增加，其硬度和耐磨性增加，冲击韧度下降。当钴含量相同时，随着碳化钨晶粒由粗变细，合金硬度增加，耐磨性提高，强度略为降低。碳化钨平均粒度为 3.0～5.0μm 者为粗晶粒度，牌号标称最后为 c；为 1.0～3.0μm 者为中晶粒度，牌号标称最后仅是阿拉伯数字；为 0.8～1.0μm 者为细晶粒度，牌号标称最后为 x。超微粒子硬质合金的碳化钨晶粒度更细（<0.5μm），横向断裂强度高达 4169MPa。纳米晶粒硬质合金的碳化钨更微细（<0.1μm），它具有更佳的硬度与韧性结合。

热等静压（HIP）处理是在高温高压的惰性气体中进行热压，使热压制品的孔隙度可以降低到 0.0001%，几乎接近于理论密度。经热等静压处理的硬质合金，在含钴量相同时，其抗弯强度比一般方法要提高 16%～30%。

由于硬质合金具有优于各类模具钢的耐磨性；热膨胀系数小（仅为钢的 1/2）；弹性模量高，受力时，挠曲变形小；摩擦因数小，它对被加工的金属材料粘附性（亲合力）小；硬质合金还可以制成具有耐腐蚀、无磁等特性的材料。正因为有了其他材料不可比拟的优良特性，使得乍看起来价格昂贵的硬质合金在使用上变得经济效益更好，制品成本反而降低。20 世纪 70 年代以后，硬质合金材料成为高效、精密、长寿命多工位级进模的最佳材料。当冲压速度很高时，只有硬质合金才使模具耐磨性高、刚性好，冲压过程平稳。也只有这种材料使极小尺寸的凸模等易损件有令人满意的使用寿命。如集成电路引线框架级进模的凸模最小宽度仅 0.2mm，用硬质合金制造的凸模和凹模拼块制造精度达 2μm。在 800 次/min 的高速冲压过程中模具刃磨寿命大于 100 万次，总寿命可超过 1 亿次，甚至更高。

凸模与固定板的配合关系，改变了传统的过盈压入后靠凸模台肩吊挂或铆头的装配方法，而采用小间隙呈“浮动”配合，凸模与固定板单面间隙仅为 0.003～0.005mm，这样不仅不会松动而影响精度，而且由于凸模工作部分与卸料板的精密配合，反而提高了凸模的垂直精度，并使凸模装配简易，维修和调换易损备件更加方便。以下介绍的凸模固定方法均属“浮动”配合。

图 6-67 所示为圆凸模的几种固定形式，图 6-67a 为用止紧螺钉固定；图 6-67b 为用螺塞和垫柱顶压固定；图 6-67c 为用保护套，压板压紧保护套外侧上的凸肩固定；图 6-67d 为用压板压住套圈下端面固定，刃磨后，在凸模上端加垫片，同时刃磨套圈，以保证压板压平。

图 6-68 所示为异形凸模的固定方法，图 6-68a 为穿钢丝法，将异形凸模的固定部分用电火花或线切割加工出 ϕ4mm 的小孔，并在固定板的对应位置铣槽。装配时，只要在凸模小孔内穿上钢丝就可将凸模挂在固定板上，最后将凸模上端面磨平即可。图 6-68b 为螺钉吊紧法，主要用于凸模端面较大，其面积又足够攻螺纹的异形凸模。加工时，要求先攻螺纹，后热处理，再线切割。为考虑维修方便，要求在上模座对应于螺钉的位置打一通孔，以便于螺钉的安装和拆卸。这样在维修时就不需要再拆卸料板、固定板、垫板等零件，而可直接拆、换凸模。图 6-68c 为托块压肩法，凸模工作

部分由光学曲线磨床磨削加工保证精度，刃口直线长度15mm左右，凸模尾端固定部分为简单的矩形，刃口部与固定部之间，由磨削砂轮半径过渡。这种凸模形式，既可增加凸模自身的刚性，又简化了制造。固定时用托块压住凸模尾端台肩，再用螺钉固紧。图6-68d为托块压槽法，该法与压肩法类同，不同之处仅为凸模尾端台肩改为小槽，然后用托块插入小槽后用螺钉固紧。

凹模拼块在凹模座板上的装配常用以下三种方法，如图6-69所示。

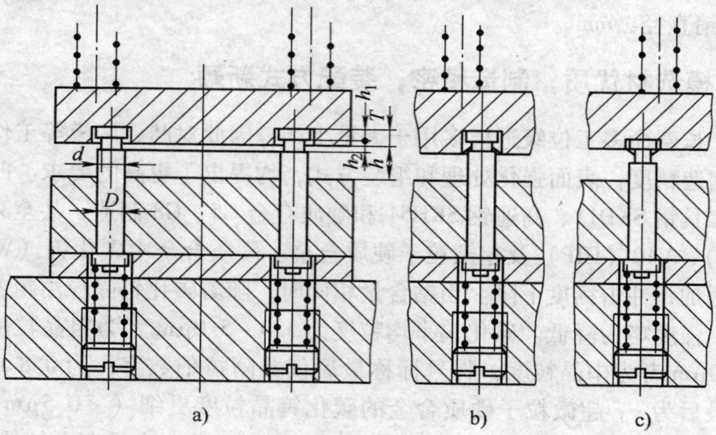

图6-66 带导向槽的浮动导料销及常见故障

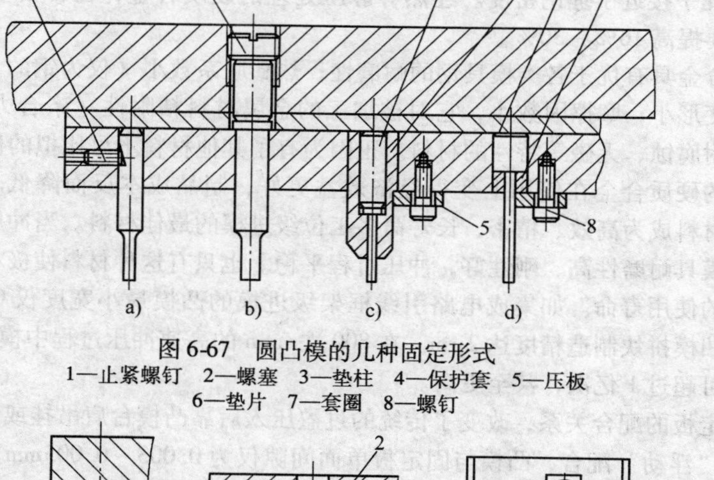

图6-67 圆凸模的几种固定形式

1—止紧螺钉 2—螺塞 3—垫柱 4—保护套 5—压板

6—垫片 7—套圈 8—螺钉

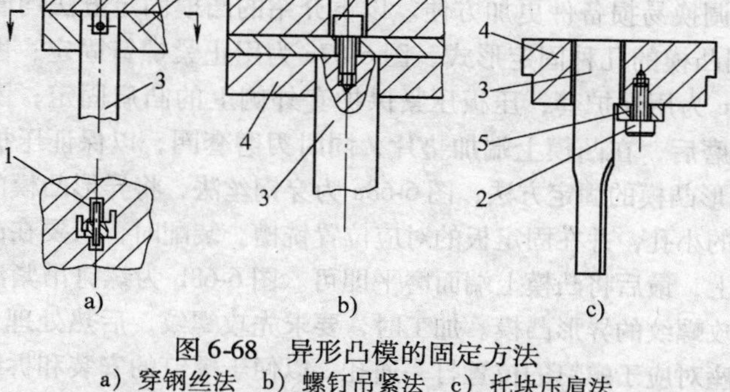

图6-68 异形凸模的固定方法

a）穿钢丝法 b）螺钉吊紧法 c）托块压肩法

1—钢丝 2—螺钉 3—凸模 4—固定板 5—托块

(1) 组合凹模拼块的直槽固定法（图6-69a）　该方法在凹模座板上精磨加工出直槽，槽宽与凹模拼块外形尺寸成0.002mm的间隙配合，凹模采用全拼块组合结构，拼块分割在刃口处，使凹模型孔由内形加工变为外形加工，拼块最终的精加工为磨削与研磨。在直通槽中间位置设有中心块（中心块上一般不设工位），直槽两端用螺钉从侧面固定左右挡块，如图6-70所示，各凹模拼块按工位先后次序组装在精密、耐磨的凹模基座的直槽中，并在紧靠左右挡块的内侧装入3°~7°的楔块锁紧，对凹模拼块产生一预压力，预压力的大小靠左右楔块调节。该法拼块数量多，制造、装配较麻烦，累积误差较大。为减少累积误差，须提高拼块和直槽的制造精度，使尺寸精度达到±0.003mm（μ级精度），从而使得互换性好。又由于拼块不用圆柱销定位，所以模具结构紧凑，更换备件非常方便和迅速，拆装的重复精度高，冲件质量高，模具使用寿命长，在引线框架多工位级进模裁模中应用广泛。

为了避免冲压过程中凹模型孔中的材料因弹性变形产生过大的涨力，凹模型孔常采用单锥形，刃口斜度一般取8′~12′，如图6-71a所示；或双锥形，刃口段斜度取5′~12′，漏料段斜度取5°~15°，如图6-71b所示。

(2) 分段凹模拼块的直槽固定法（图6-69b）　该方法凹模拼块在直槽中的固定方式与图6-69a类同，但由于拼块数量少，安装中累积误差较小，设计、制造简便，制模周期短。不足之处是拼块分割不在刃口部分，使封闭刃口的精加工以线切割为主，而凹模型孔在线切割时经过火花放电，使材料表面产生高温和热循环，形成与基体金属成分、组织、性能不同的变质层，组织疏松，层厚约0.02mm左右，对模具的使用寿命影响较大，所以线切割后，尚需经过喷射、抛光和研磨等处理。

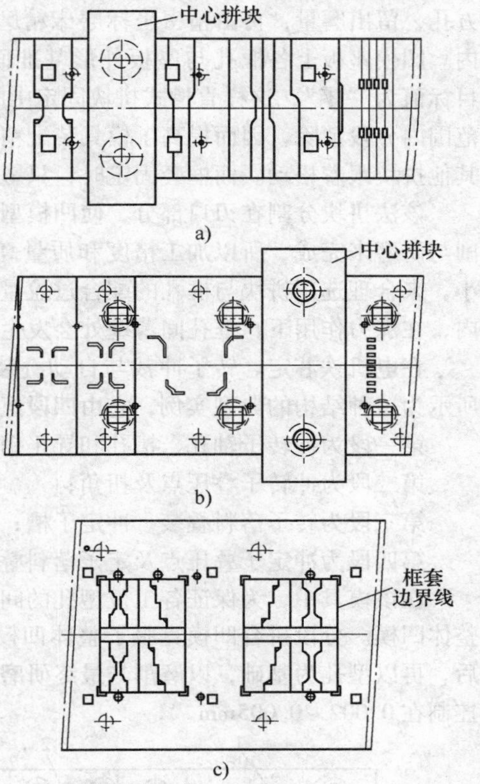

图6-69　凹模拼块在凹模座板上的固定方法

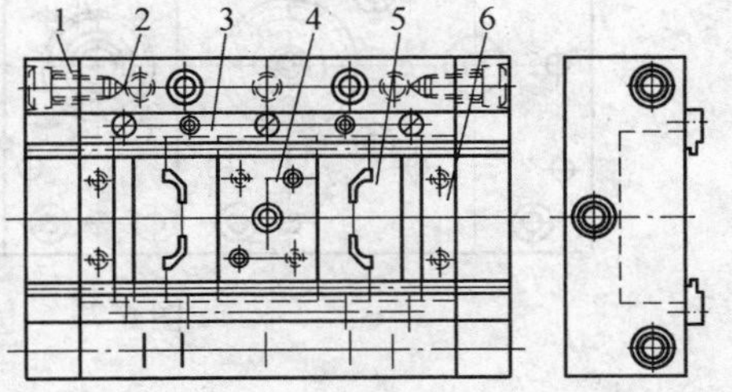

图6-70　组合凹模拼块的直槽固定
1—左右挡块　2—凹模座板　3—导料板
4—中心块　5—凹模拼块　6—左右楔块

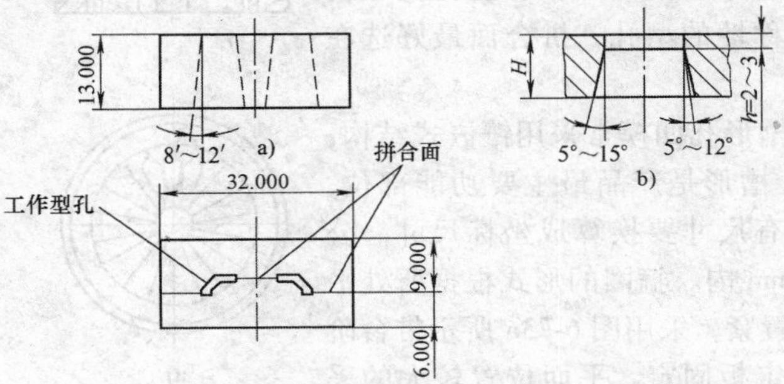

图6-71　凹模拼块
a）单锥工作型孔　b）双锥工作型孔

(3) 组合凹模拼块的框套固定法（图 6-69c）　该方法在凹模座板上用线切割预加工多个长方孔，留出磨量，再由精密坐标磨床精磨至所需尺寸，各凹模拼块组合后分别装入相应的框孔内。凹模座板上各框孔与座板外形基准面间的距离，其尺寸误差严格控制在 ±0.001mm 左右，目标值为“零”，这样直槽式拼块固定中的装配累积总误差，在框套固定中，可由各长方孔在小范围内分段消除，因而提高了模具装配精度。采用直槽固定时，修理或更换一拼块，必然会引起其他拼块跟着松动。而框套固定时，只影响修理件一组长方孔内的拼块。

该法拼块分割在刃口部分，使凹模型孔由内形加工变为外形加工，拼块最终的精加工可由磨削与研磨来完成，所以加工精度和质量高。考虑到冲压过程中被冲材料弹性变形产生涨力的大小，来合理选用拼块与框孔的配合过盈量。长方孔间的壁厚要有足够的强度，否则拼块装入框孔内，在涨力作用下，框孔间薄壁处会发生变形而影响模具精度。

在电机铁芯定、转子冲裁与自动叠装级进模中，常采用分段拼合凹模的设计方法，图 6-72 所示为这种结构的典型实例，它由四段组成：

第一段为冲转子轴孔、槽孔和导正销孔；

第二段为冲转子叠压点及扭角；

第三段为转子落料叠装、冲定子槽；

第四段为冲定子叠压点及定子落料叠装。

在该模具中，为保证各工位型孔的间距精度，将各段凹模的结合面研合镶为一体，构成一个整体凹模。分段拼合凹模克服了整体凹模所存在的缺点，它是在分段凹模的工位型孔加工结束后，再以型孔为基础，以磨削与最终研磨加工来控制各型孔的位置尺寸。一般凹模型孔间距精度控制在 0.002～0.005mm。

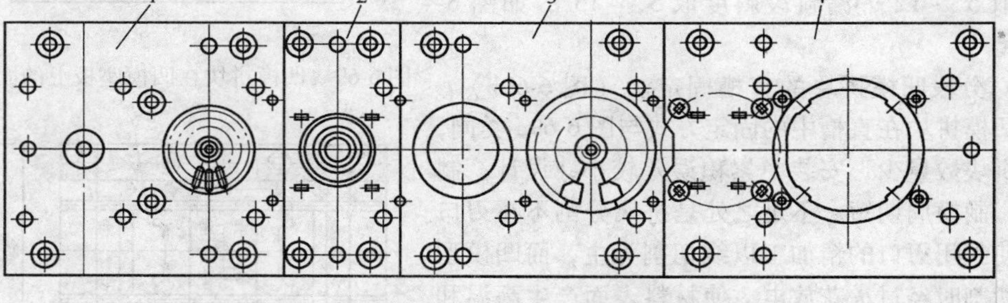

图 6-72　电机定、转子凹模分段拼合图

型孔中凹进或凸出部分，比较容易磨损，应单独做成一个拼块件。例如定子、转子槽应采用拼块式结构，如图 6-72 所示，镶件采用线切割粗加工后，再用光学曲线磨床磨削，以保证型孔尺寸精度和互换性。对于对称性的型孔，拼合面最好选在对称中心线上。

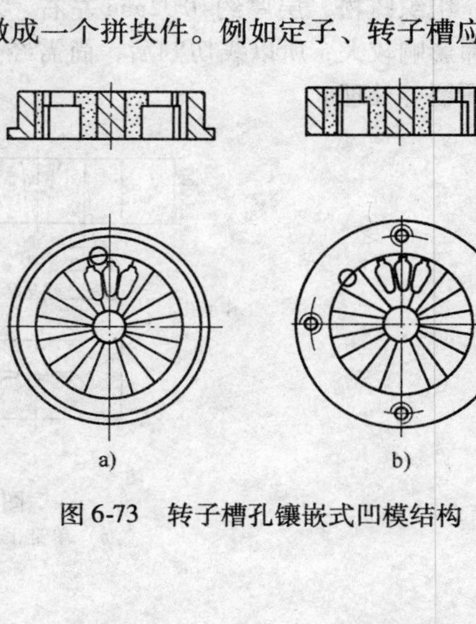

图 6-73　转子槽孔镶嵌式凹模结构

微电机转子冲片槽形孔凹模常采用镶嵌式结构，如图 6-73 所示。由于槽形是产品最主要功能部位，等分精度要求高，所有尺寸要换算成坐标尺寸。公差应控制在 ±0.0025mm 内。箍圈的形式根据所处平面位置确定，平面位置紧，采用图 6-73a 所示带台阶的形式，通过凹模固定板固定。平面位置较大的采用图 6-73b 所示形式，直接用螺钉、销钉固定和定

位。箍圈材料要求热稳定性好，淬硬55～58HRC，配合过盈量为0.0012mm。为了确保尺寸精度和稳定性，组合凹模下面设有垫板。

四、合理布置导正销

多工位级进模在冲压过程中，为了消除送料累积误差和高速冲压产生的振动及冲压成形时造成带料的窜动，通常由自动送料装置作送料的粗定位，导正销作精确、可靠的精定位。在第一工位先冲出导正孔，在第二工位设置导正销，并在以后的工位中，根据工位数优先在容易窜动的部位设置合适数量的导正销。导正孔位置，尽可能设在废料上，也可以借用冲件上的孔作导正孔，这样不致因定位而额外增加料宽，从而节约原材料。当利用冲件本身的孔作导正时，应先冲出较小孔径以供导正销导入，再在最后一道工位将孔修大到冲件实际要求的孔径。

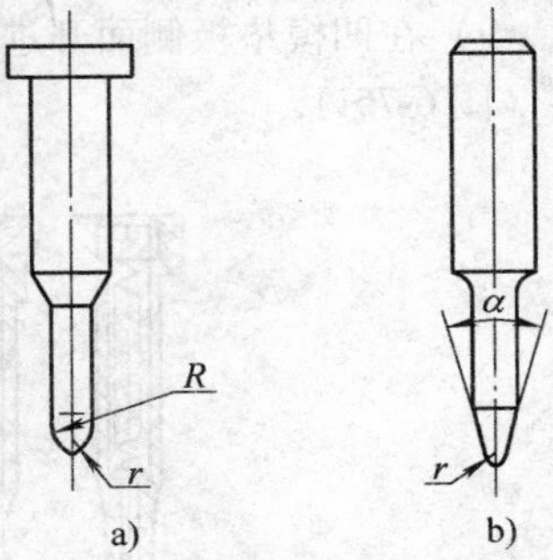

图6-74　导正销常见的结构形式

导正销的截面大部分设计成圆形，如图6-74所示。为了使导正销能顺利地导入带料上导正孔，导正销头部要从小圆弧逐步过渡到工作直径（图6-74a）。或是呈 $\alpha=30°\sim45°$ 锥形过渡到工作直径（图6-74b）。导正孔直径与导正销直径的关系见表6-20。

表6-20　*D*、*d* 与 *t* 的关系表　　（单位：mm）

材料厚度 t	导正孔直径 D	导正销直径 d	材料厚度 t	导正孔直径 D	导正销直径 d
1.0～1.6	2.5～4.0	$D-(0.08\sim0.1)$	0.2～0.5	1.6～2.0	$D-(0.02\sim0.04)$
0.5～1.0	2.0～2.5	$D-(0.04\sim0.08)$	0.06～0.2		$D-(0.008\sim0.02)$

如果材料足够，导正孔直径 D 宜取大值，因直径过小，冲孔凸模易损坏。导正销直径 d 与导正孔的尺寸关系按冲件精度、材料厚度及工位数量合理选取，当冲件精度要求不高、材料较厚、工位少时，两者直径差取大值，反之取小值。导正销的工作直径应露出卸料板 $(0.8\sim1.5)t$，导正销工作直径与卸料板的配合间隙为0.005～0.01mm。凹模上导正销的让位孔一般都做成通孔，以排除可能产生的废料，凹模让位孔与导正销的双面间隙取 $(0.12\sim0.2)t$。

五、防止工件和废料回升

在高速冲压连续工作时，工件及废料容易从凹模口上升，或吸附在凸模刃口端面上，干扰正常工作，严重时还会因迭片冲压损伤模具和压力机，造成不应有的损失。故应采取预防措施，常用的方法如图6-75所示。

1）在凸模内装设弹性顶料销（图6-75a），$d=\phi1\sim\phi3$mm，冲件外形尺寸大和厚料取大值，反之取小值。$h=(3\sim5)t$，顶料销头部制成球形。

2）在凸模中心钻 $\phi0.3\sim\phi0.8$mm 的气孔，利用压缩空气使工件或废料同凸模分离（图6-75b）。

3）在凸模端面做成45°～50°的尖端，h 为凸模直径 d 的1/2（图6-75c）。它的特点是工作时首先定位，然后冲裁，这样就破坏了凸模与工件或废料间的真空吸附。

4）凸模端面制成圆弧，h 为材料厚度的1/3～1/2，b 取料厚的1.5～2倍（图6-75d）。

5）凸模端面制成锥度，锥角为140°左右，h 为料厚的1/3～1/4（图6-75e）。

6）当凸模直径大于20mm时，在凸模端面制成凹坑并钻通气孔（通大气），h 为料厚的1/4，

b 为料厚的 2.5 ~ 3 倍（图 6-75f）。

7）大型凸模端面制成凹坑，坑内装弹簧片，利用弹簧片的作用力防止废料回升（图 6-75g）。

8）在大型凸模偏离中心处装弹性顶料销，顶料销伸出高度及直径的取值可参照图 6-75a 中有关参数（图 6-75h）。

9）在凹模垫板侧面开进气口，接通压缩空气，使凹模漏料口产生负压作用，吸走工件或废料（图 6-75i）。

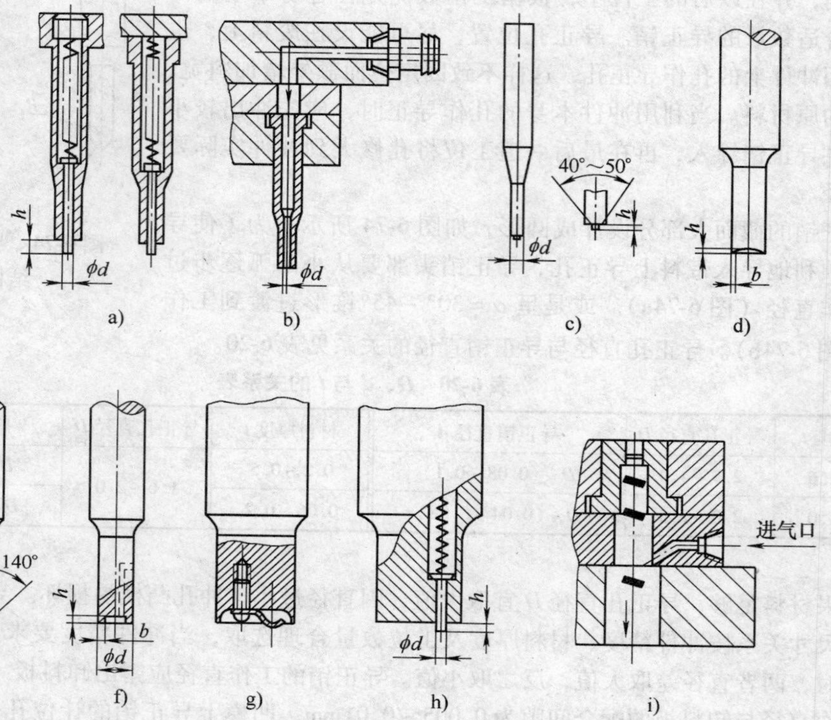

图 6-75　防止废料回升的措施

六、设置加工方向转换机构

在级进弯曲或其他成形工序冲压时，往往需要从不同方向进行，因此，需将压力机滑块垂直向下的运动，转化成凸模（或凹模）向上或水平等不同方向的加工。完成这种加工方向转换的机构，通常采用斜楔滑块机构或杠杆机构，如图 6-76 所示。图 6-76a 是通过上模压柱 5 打击斜楔 1，由件 1 推动滑块 2 和凸模固定板 3，转化成凸模 4 的向上运动，从而使坯件在凸模 4 和凹模之间局部成形（凸包）。这种结构由于成形方向向上，凹模板面不需设让位孔让已成形部位，动作平稳，应用广泛。图 6-76b 是利用杠杆摆动转化成凸模向上的直线运动，进行冲切或弯曲。图 6-76c 是用摆块机构向上成形。

图 6-77 是采用斜楔、滑块机构进行加工方向的转换，将模具的上下运动转换为镶件的水平运动，对制件的侧面进行加工。

图 6-78 是利用斜楔滑块机构进行圆形芯棒卷圆的成形方法。在该工位上，利用斜楔 1 推动装有芯棒的滑块 2 到规定的位置。压板 3 校正芯棒的高度后，再以成形凸模 4 成形。件 5 是使制件脱离芯棒的卸料板。

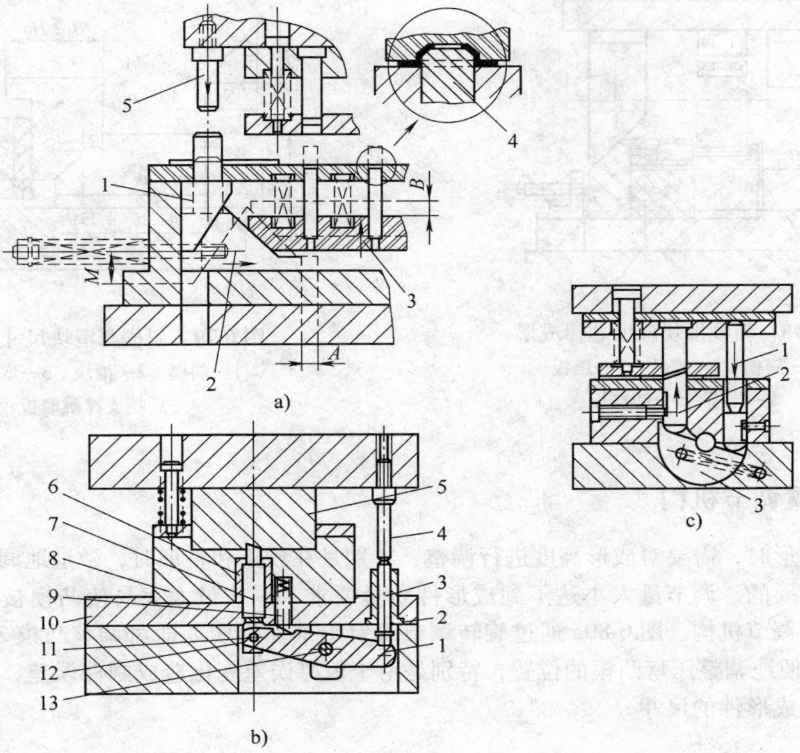

图 6-76　加工方向转换机构（Ⅰ）

a）斜楔滑块机构　b）杠杆机构　c）摆块机构

a）1—斜楔　2—滑块　3—凸模固定板　4—凸模　5—上模压柱

b）1—杠杆　2—导筒　3—推杆　4—压杆　5—上模　6—滑套　7—凸模　8—下模　9—螺钉　10—座板　11—柱销　12—顶块　13—轴销

c）1—压柱　2—成形凸模　3—摆块

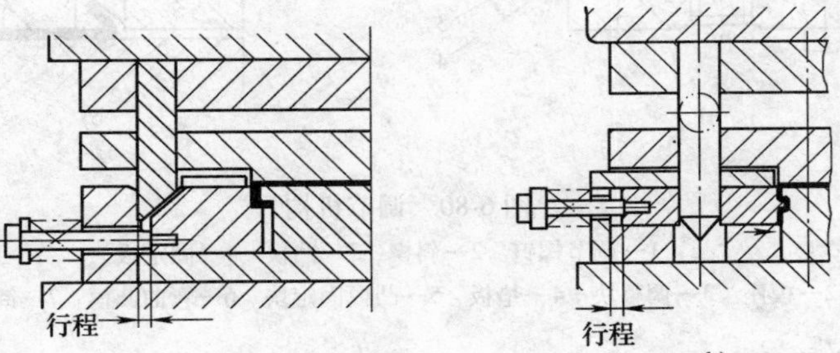

图 6-77　加工方向转换机构（Ⅱ）

在级进模中滑块的水平运动，多数是靠斜楔将压力机滑块的垂直运动转换而来的。在斜楔设计时，必须根据楔块的受力状态和运动要求，进行正确的设计，合理地选择设计参数。当滑块需要水平运动时，一般斜角取 $\alpha=40°\sim50°$，特殊情况可取至 $\alpha=55°\sim60°$。斜楔尺寸关系如图 6-79 所示。斜楔下死点高度 $a\geqslant5\text{mm}$，与滑块接触初始长度 $b\geqslant$ 滑块斜面长度/5，斜楔行程 S_1 与滑块行程 S 的关系为 $\tan\alpha=S/S_1$。

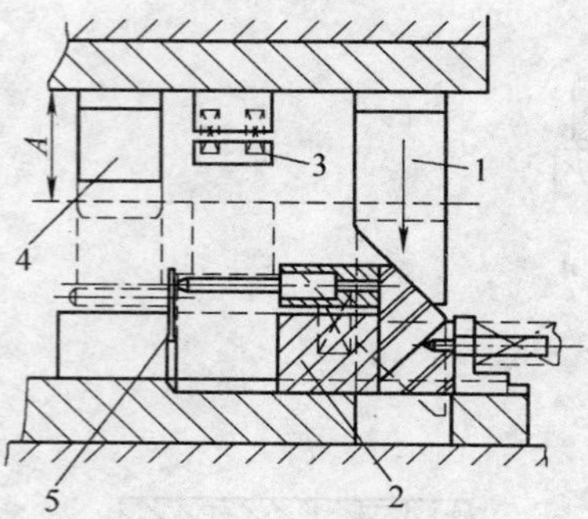

图 6-78 斜楔滑块辅助芯棒成形

1—斜楔 2—滑块 3—压板

4—凸模 5—卸料板

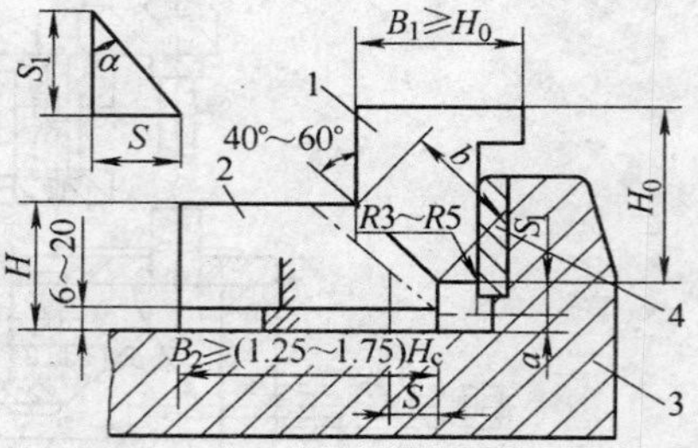

图 6-79 斜楔与滑块尺寸关系

1—斜楔 2—滑块 3—底座

4—后挡支撑耐磨板

七、设置调节机构

模具在成形时，需要对成形高度进行调整，特别是在校正和整形时，微量地调节成形凸模的位置是十分重要的。调节量太小达不到成形件质量要求，调节量太大易使凸模被折断。图 6-80 所示是常用的调节机构。图 6-80a 通过旋转调节螺钉 1 推动斜楔 2 即可调整凸模 3 伸出的长度。图 6-80b 可方便地调整压弯凸模的位置，特别是由于板厚误差变化造成制件误差，可通过调整凸模位置来保证成形件的尺寸

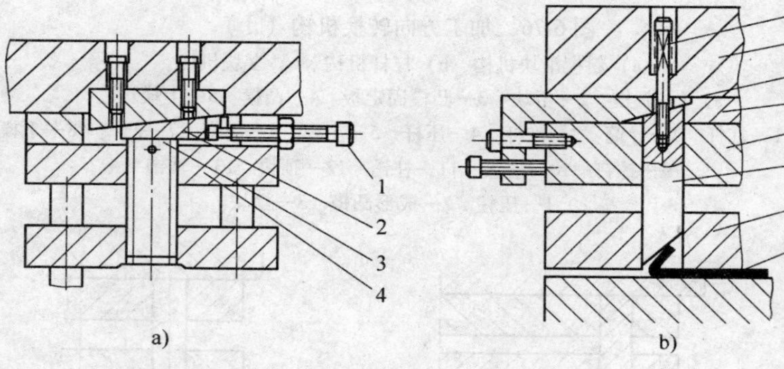

图 6-80 调节机构

a）1—调节螺钉 2—斜楔 3—凸模 4—固定板

b）1—螺钉 2—模座 3—调整块 4—垫板 5—凸模固定块 6—弯曲凸模 7—卸料板 8—制件

八、采用工件导出管

一般的多工位级进模，冲出的工件与废料由凹模型孔内落下混杂在一起，冲完后工件与废料分检工作量很大，所花费的工时大大超过冲压所需要的工时。采用铝合金管与塑料波纹管组成的工件导出管（集件器），不仅可以节约大量工时，而且工件被引出后直接包装，可以保证工件的清洁度。导出管的拆装采用灯头插口的形式，如图 6-81 所示，这样，模具安装使用和运输很方便。

图 6-82 所示是工件导出管的另一种固定形式，工件导出管 1 用螺钉 4 固定在下模座上，为防止工件从导出管中散出，做有弹性的锁键，它由带有两个按钮 3 的衬垫 2 组成，随着工件的推

压，弹性的锁键可以沿着导出管壁的滑槽自动地向下移动，空心防护罩5可防止导出管偶然脱落而造成翻转的现象。当采用分段套装的导出管时，可以定时调换末段的导出管而无须压力机停车。

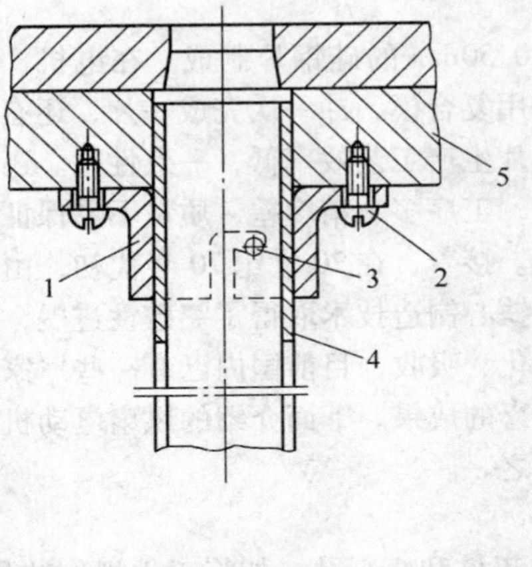

图6-81　灯头插口固定式的工件导出管

1—插座　2—螺钉　3—插销　4—工件导出管　5—下模座

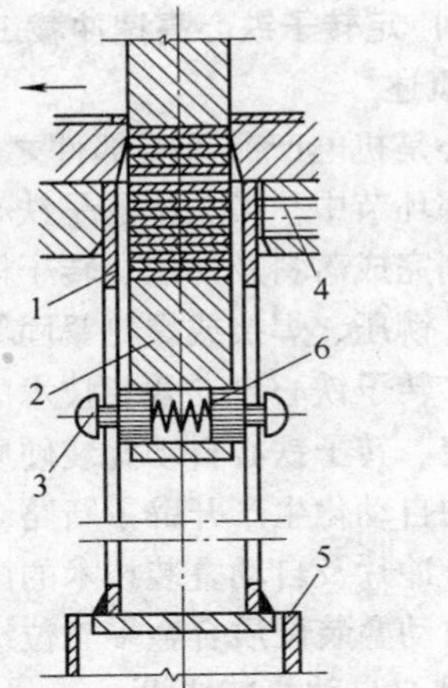

图6-82　螺钉固定的工件导出管

1—工件导出管　2—衬垫　3—按钮　4—螺钉　5—空心防护罩　6—弹簧

九、装设灵敏、可靠的自动监测装置

高速冲压时，在多工位级进模上应根据需要装设监视和检测装置，用于保护模具和控制冲件质量。板料冲压自动作业的各种监视和检测装置示意图可见第十三章的图13-156。自动监视装置主要监检以下几方面：

1）误送进，导正销不能进入导正孔或叠片。

2）材料厚度或宽度超差，带料纵向弯曲（起拱），带料横向弯曲（蛇形）以及带料末端（料已用完）。

3）凸模损坏或出现废品。

4）工件正常排出、计数和料斗满载等。

按动作原理分，监视和检测装置有机电式、光电式和射线式等，详见第十三章。

高效、精密、长寿命多工位级进模中，误送进检测销（MF）是最常用的安全保护装置，如图6-83所示。浮动检测销2的端头伸出卸料板下平面约2mm，在正常运行时，检测销2的端头能顺利通过带料上的导正孔。如果带料发生误送等异常现象，检测销2的端头无法通过导正孔而接触带料并迫使检测销向上浮动，这时压迫导通杆5往后移动，使固定在固定板外侧的微动开关9发出信号，使压力机紧急停车。固定在上模中的凸模尚未进入凹模而防止了误冲，保护了模具，同时也防止产生大量的废品。因为是高速、自动冲压，操作工人不易发现故障。这种误送进检测装置的成套零件在国外已标

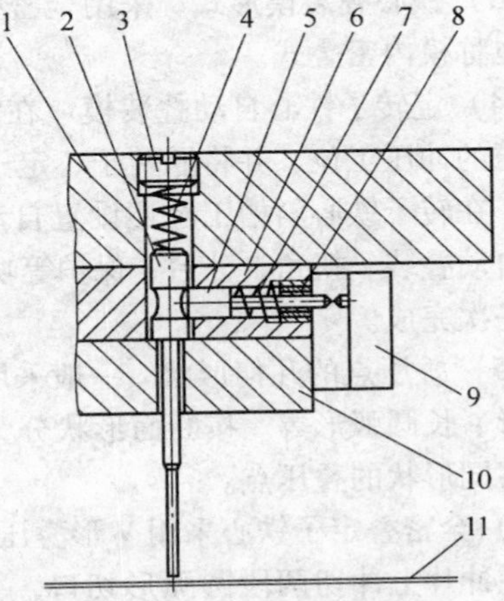

图6-83　误送进检测装置

1—上模座　2—浮动检测销　3—螺塞　4、7—弹簧　5—导通杆　6—垫板　8—带孔螺塞　9—微动开关　10—凸模固定板　11—送进中的带料

准化、商品化。

十、精密多工位级进模的典型示例

（一）定转子铁心高速冲裁工艺与模具结构

1. 概述

铁心是机电产品重要部件之一，一般由 0.35mm、0.50mm 的硅钢片制成。在电机、电器生产的全部环节中，最关键的是铁心片冲模，以往普遍采用复合模，冲一次完成一片，还有用3副冲模分别完成落料及冲定、转子槽。上述两种定、转子片生产工艺效率低，一致性差。还要用冲片理片、铆压、焊接或螺钉紧固等工艺将其叠铆成铁心，工序多、精度差，质量不易保证。

定、转子铁心自动叠装技术的设想，先由美国提出。接着，在20世纪70年代初，由日本研制成功定、转子铁心自动叠装硬质合金级进模，从而使铁心制造技术取得了突破性进展，给高精度铁心的自动化生产开辟了新路。通过对引进技术的消化、吸收，目前国内已有一些厂家在高速冲制铁心冲片及自动叠装技术的国产化方面，取得了可喜的成果。下面介绍的风扇电动机定、转子铁心自动叠装硬质合金多工位级进模是其中成功实例之一。

2. 铁心自动叠装技术

（1）叠装技术原理　带材在冲压分离时，分别形成工件和废料孔，如将工件视作被包容件，将废料孔视作包容件，在冲裁间隙和材料弹性变形适当条件下，如将同一基本尺寸的被包容件嵌入包容件，必然会自然形成过盈连接而达到两者紧固的目的。因此，根据上述带材冲压工艺的特定因素，只需在铁心的定、转子冲片的适当部位冲出一定尺寸和几何形状且与本体不分离的叠压点（即产生包容面和被包容面），在叠压点的凸、凹过盈配合和叠装凸模顶杆的作用下，就能把铁心冲片连接成所需高度的铁心，这便是自动叠铆的基本原理。

（2）转子铁心自动扭角　采用电子控制和机械传动相结合的驱动方式，也利用扭角（即转子斜槽所要求的螺旋角）在叠层上均布和叠装点斜面相对滑移原理来完成。在冲压过程中，转子铁心落料的活动凹模，在电子控制的脉冲信号下，通过步进电机带动蜗轮副促使落料凹模绕轴线转一定角度，使冲片在落料的同时，也旋转一定角度，达到上述叠装点斜面相对滑移，并在落料凸模叠装顶杆的作用下，形成转子铁心的叠装扭角或斜槽工序。

（3）铁心叠装模形式　采用全密叠装形式，铁心在一副模具内连续一次完成叠装结合力要求，也称模内密叠式。

（4）定转子铁心自动叠装模　在级进模上，除冲轴孔、转子、定子槽孔外，增设转子、定子叠压的冲压工位，并将原转子、定子的落料工位改变成带叠片分台（或称分组）功能的叠装工位。在转子铁心斜槽工位还设置自动扭转机构。因此，该模在高速压力机上使用具有自动冲压，自动叠装、扭角、分台、保护等功能。从卷料至铁心自动叠装成形在一副模具内分九个工位连续一次完成。

（5）叠压点的几何形状　一般采用图6-84所示几何形状。按冲片平面形状分圆形、长方形、长圆形、长圆弧形等。按断面形状分为V形、圆V形、阶梯形、圆弧形等。在不同的冲片上可选用不同形状的叠压点。

1）全密叠定子铁心采用V形叠压点形状，如图6-85所示。在冲片上冲切两段圆弧形切口，并同时冲压成V形凸台。

2）全密叠转子铁心采用圆弧形叠压点形状，如图6-86所示。在冲片上冲一个小圆孔，在另一工位上冲切两条弧形切口，同时冲压成长圆弧形凸台。

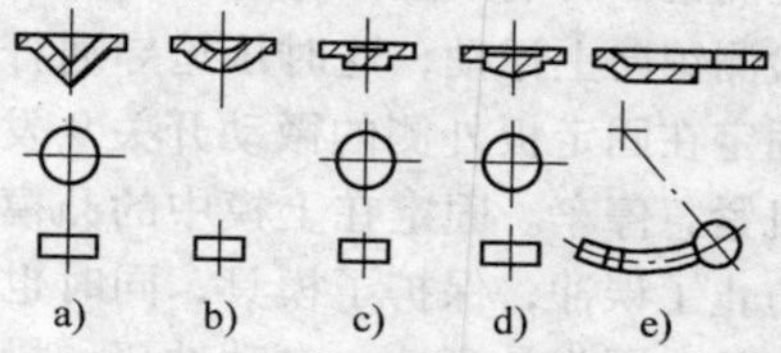

图6-84　叠压点形状

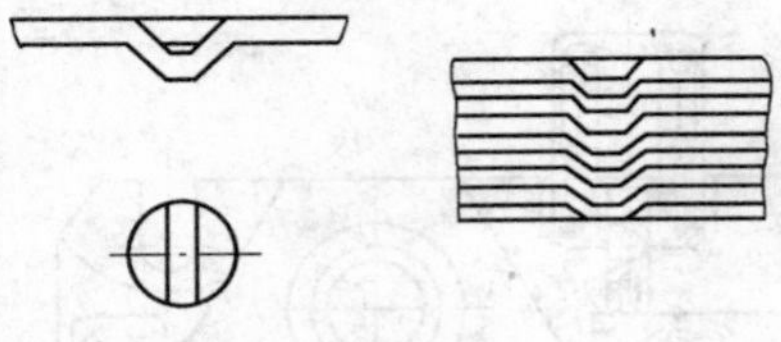

图 6-85　定子叠压点

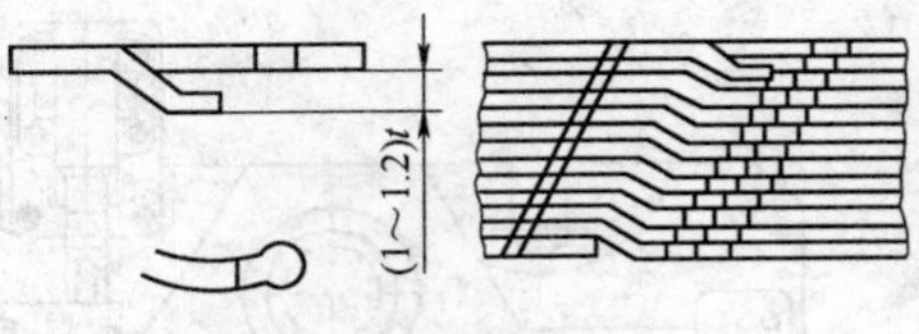

图 6-86　转子叠压点

风扇的转子冲片如图 6-87 所示，定子冲片如图 6-88 所示，均为厚 0.5mm 的硅钢片，叠压后铁心高度均为 25mm。

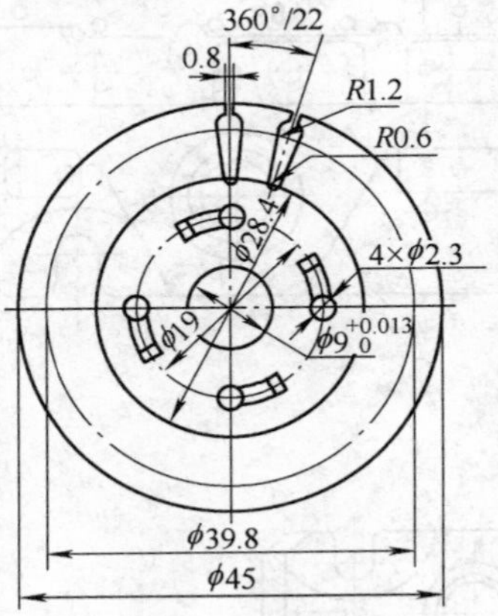

图 6-87　转子冲片

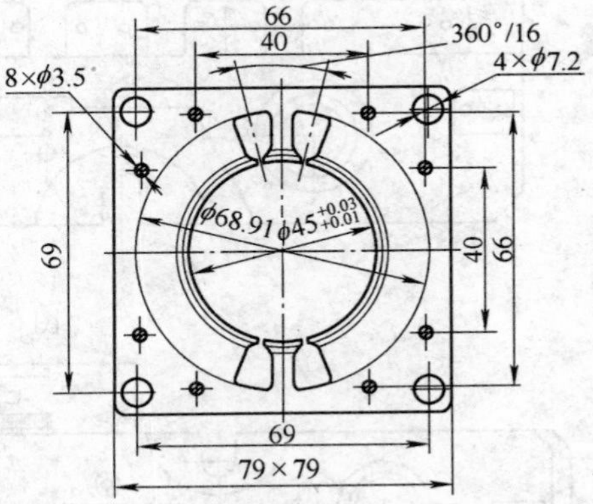

图 6-88　定子冲片

3. 铁心冲压工艺过程及模具结构特点

根据产品的要点，料宽为 83mm，步距为 80.5mm，冲压工艺过程及排样如图 6-89 所示。上、下模组装图如图 6-90 及图 6-91 所示。

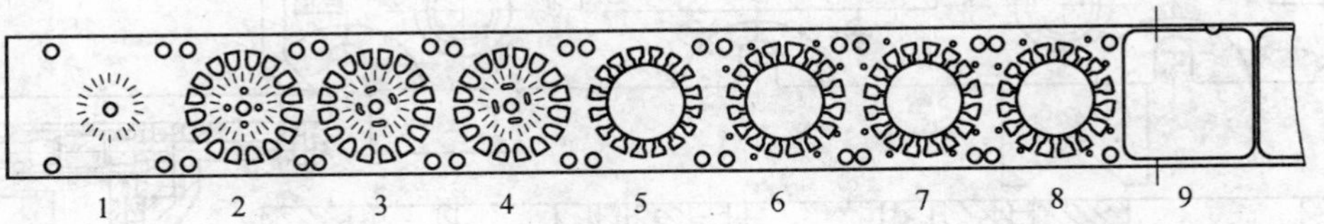

图 6-89　工位布置及排样图

从排样图可清晰看出九个工位的功能：

第一工位：冲导正孔、转子槽孔；

第二工位：冲定子槽孔、转子工艺孔；

第三工位：冲转子切口分离孔；

第四工位：转子切口成形；

第五工位：转子片落料、叠压斜槽；

第六工位：冲定子切口分离孔；

第七工位：定子切口成形；

第八工位：空工位；

第九工位：定子片落料及叠压。

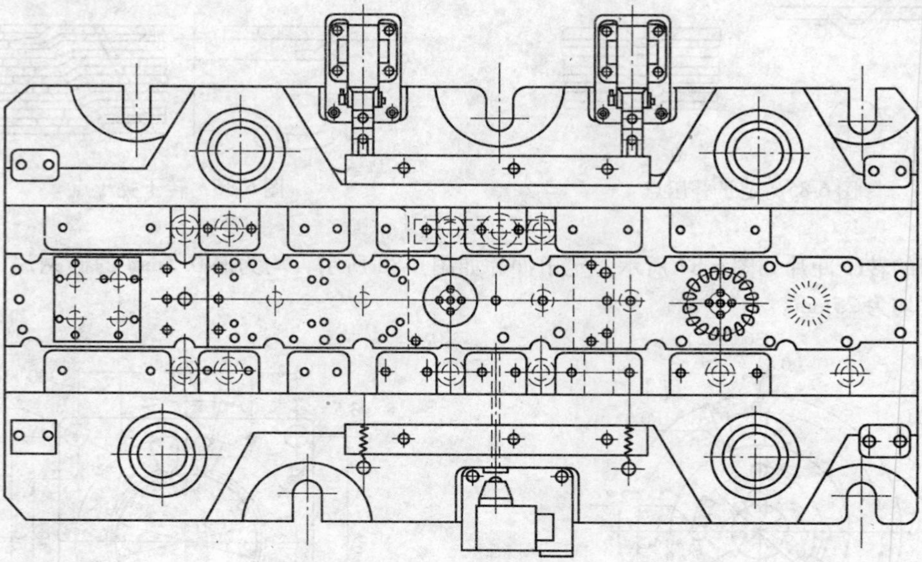

图 6-90　上模组装图

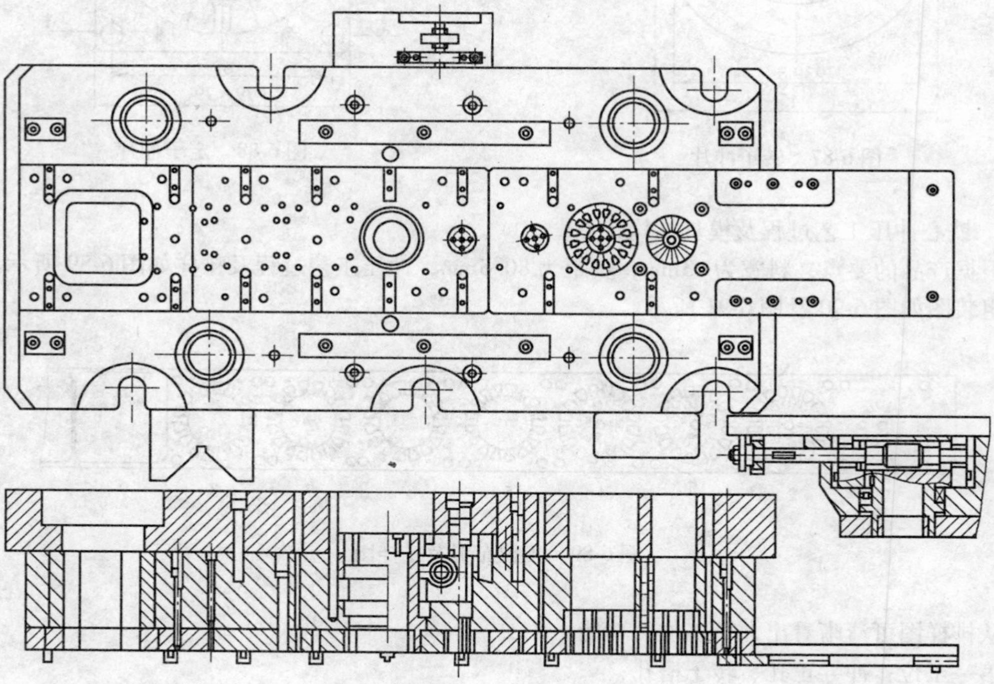

图 6-91　下模组装图

模具各部分特点及技术要点：

（1）模架的导向装置　采用 4 对 ϕ50mm 的导柱、滚珠导套，并和卸料板一同起导向作用。导柱、滚珠和导套的配合，取过盈量为 0.016 ~ 0.018mm。导正销与卸料板、导正板上的导正孔径配合间隙，应控制在 0.003 ~ 0.005mm 内，保证步距精度和使用性能。

（2）冲槽凸模的固定结构　采用浮动式，与固定板呈小间隙配合，并用环形板锁紧定位，与凹模的间隙由导向板控制。

（3）冲槽凹模结构 采用硬质合金分块式镶拼结构，各拼块尺寸精度在 ±0.002mm 以内，以保证镶块备件的互换性。

（4）凸、凹模材料 均采用国产 YG20C 硬质合金，其特性适宜于高速冲裁硅钢片。冲槽凹模有效刃口高度为 8mm，刃口斜度选用 6′，凸凹模起始双面间隙取冲材厚度的 8%。每次刃磨量平均为 0.08mm，刃磨寿命 100 万次以上，总寿命可达 8000 万次以上。

（5）步距精度 采用 14 个导正销精确定位，步距精度可达 ±0.003mm。

（6）铁心的叠装形式 采用全密叠，使铁心叠装后的结合力达到 80～120N。

（7）铁心叠装的分台 采用活动式抽板机构，在电气控制柜的脉冲指令下，使每台铁心高度达到设计要求 25mm。

（8）转子铁心的斜槽扭转机构 采用电气控制和机械传动相结合的结构形式。在冲压过程中，活动的转子凹模在脉冲信号作用下，通过步进电动机带动蜗轮副，促使凹模绕轴心线旋转一定角度，使冲片在落料的同时旋转一个角度，形成转子铁心的斜槽扭转工序。图 6-92 所示为转子铁心叠装扭角的传动原理图。图 6-93 所示为转子铁心叠装扭角凹模的旋转机构简图。

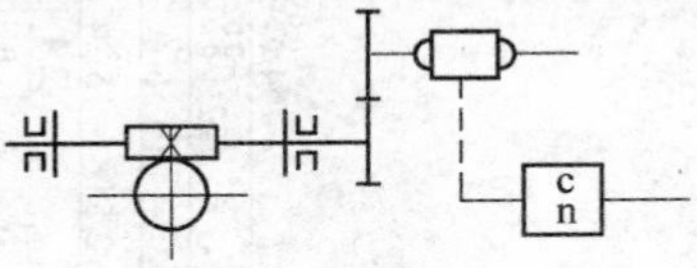

图 6-92 传动原理图

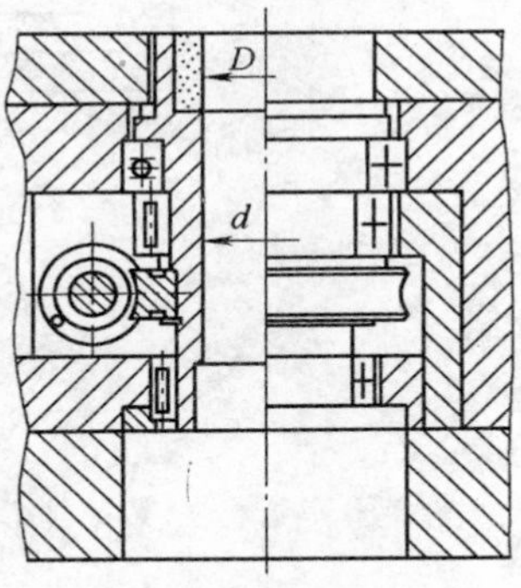

图 6-93 凹模旋转机构简图

（9）上、下模座及主要零件选材及制造技术要求 上、下模座采用 45 钢，要求淬火，精磨组装后模架的平行度和垂直度要求均在 0.01mm 内。导柱、导套材料采用 GCr15 钢，淬火硬度为 62～66HRC，精磨或研磨后，表面粗糙度 $Ra \leqslant 0.1\mu m$，圆度和同轴度均在 0.002mm 内。滚珠通过检测筛选，直径的一致性和圆度要求达到 0.002mm 以内。卸料板采用 40Cr 钢。导向板及固定板采用 CrWMn 钢。收紧圈采用 GCr15 钢。

（10）铁心叠装结合面最佳过盈量 全密叠形式铁心叠装结合是在模内进行的，为此，上、下冲片的凸台和凹孔间过盈配合的确定、叠压、力的调整等，是决定铁心自动叠装能否达到预定结合力的关键。经多次实践，过盈量在 0.005mm 内最佳。

（11）收紧圈尺寸要求 收紧圈是铁心自动叠装模的关键零件之一，其内成形尺寸加工成与落料叠压凹模一致为最佳，这样产生较适中的背压力，以达到铁心结合力和各项技术要求。

（12）卷料侧面导向结构 采用浮动圆柱导销，便于进行模内清理。

（13）弹簧的选用 弹压卸料板装置宜采用标准的矩形截面圆柱螺旋弹簧，确保高速冲压时弹簧的使用寿命和稳定性。

（14）防止废料回升 在定子槽形凸模上设置中心顶料杆，有效预防槽形废料上浮。

（15）安全检测装置 模具的检测工位上，设置误送进检测销，当高速压力机冲压时，若出现异常现象，压力机应立即停车，避免损坏模具和设备。

4. 定转子铁心自动叠装模的经济效益

1）模具的性能、使用寿命、制造周期与国际同类模具的技术水平基本相同，达到模具国产化，替代进口。

2）引进同类模具每副价格 20 万美元，国产模具每副价格是进口模具的三分之一，可为国家节省大量外汇。

（二）引线框架冲裁、压平自动切断级进模

图 6-94 所示为冲压件是集成电路引线框架，该制件主要技术要求是：

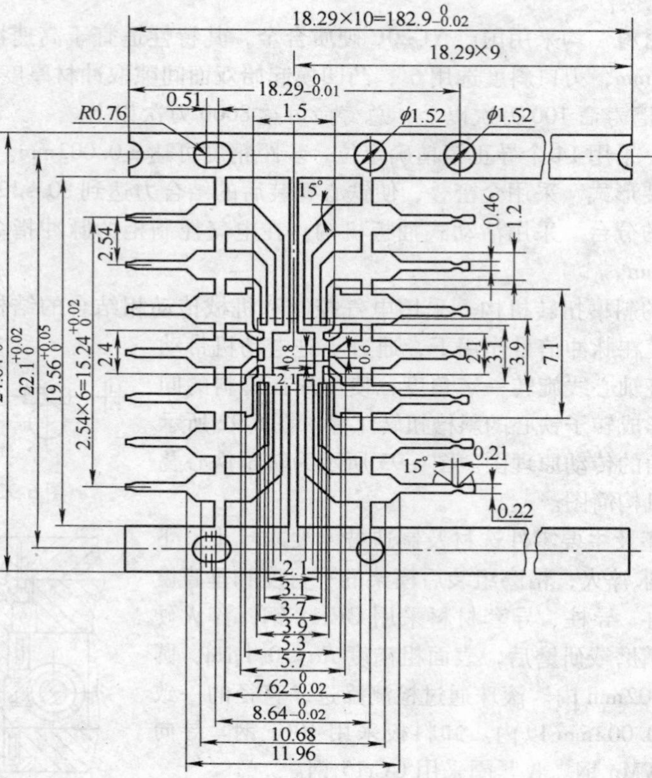

图 6-94　集成电路 16 条脚引线框架

材料：锡磷青铜　厚度：$t=0.3$mm

1）材料为 0.3mm 的锡磷青铜，在引线端部虚线内的部分，要求打扁矫平，并使材料厚度变薄至 0.28mm（见图中 2.4mm×2.4mm 部分）。

2）在引线端部 3.9mm×3.9mm 面积内（虚线所示），要均匀分布 16 条脚的引线，因此每条脚的宽度和空隙宽度均不能超过 0.4mm。

3）在集成电路塑封后，其外露引线部分应在 19.56mm×7.62mm 范围内均匀分布，因此引线由内向外要各自定向转弯，引线脚愈多，转弯愈多。

4）为了塑封模的定位，各引线粗细应均匀，要求每 10 个引线框架成一组，其孔距累积误差（$18.29\times10\text{mm}=182.9\,^{\ 0}_{-0.02}\text{mm}$）不准超过 0.02mm，因此每工步的平均误差应小于 0.002mm。

图 6-95 所示为 16 条脚引线框架冲裁排样图。

模具结构如图 6-96 所示，其结构特点如下：

1）模具采用滚动式、四导柱，可拆装的精密模架。

2）为了保证制件精度，在冲压工艺上采用了级进、复合式冲裁，如图 6-95 所示，即外引线部分采用级进式冲裁，内引线部分采用复合式冲裁。

3）为了使引线框架的各条引线在一个平面上不扭、不翘，内引线冲裁采用复合、复位冲裁。即先冲下废料，再用凹模推板将废料“复入”带料中，在带料传至下一工步时，再将它冲出。这样做有利于提高冲件精度，也有利于提高薄弱凹模的寿命。

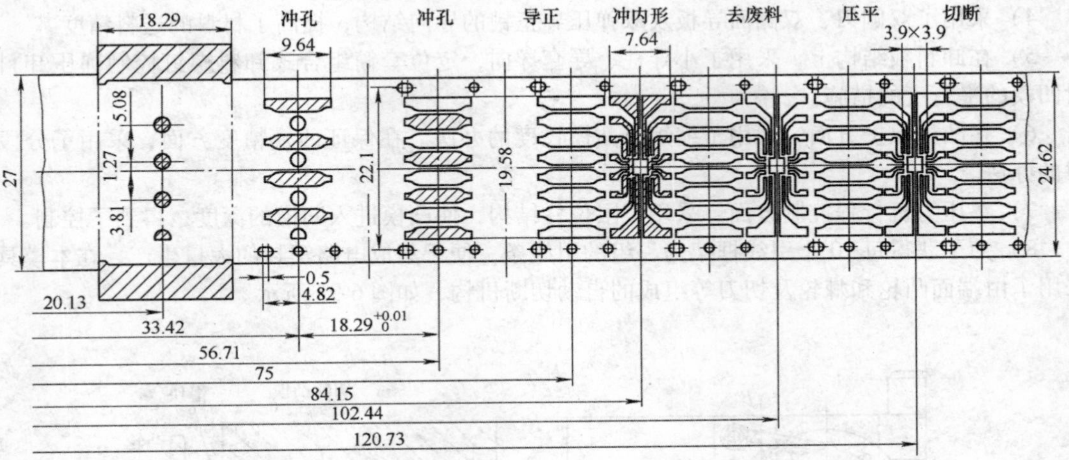

图 6-95　16 条脚引线框架冲裁排样图

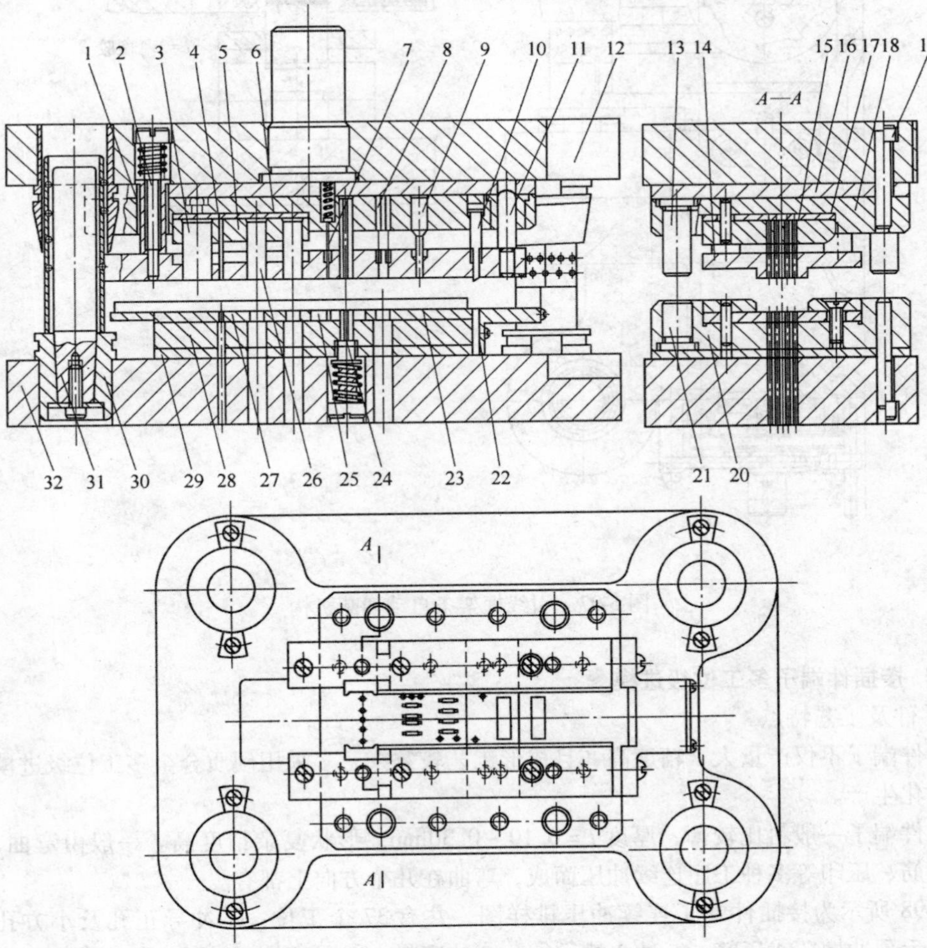

图 6-96　引线框架级进模

1—套筒　2—卸料螺钉　3—侧刃凸模　4、15、26—冲孔凸模　5、18—固定板　6、16、17、29—垫板　7—导向销　8—去废料顶杆　9—压平凸模　10—切断凸模　11—小导柱　12—上模座　13—限位柱　14—弹压卸料板　19—螺钉　20—下模框　21—限位柱　22—承料板　23、27—凹模板　24—顶块　25—镶块　28—支撑板　30—固定环　31—导柱　32—下模座

4）采用了双侧刃、双侧面导板及双弹压导正销的导向结构，提高了材料的送料精度。

5）在卸料板结构上，采用了小导柱、导套导向，定位套筒组合式卸料螺钉控制弹压卸料板对凹模的平行度的措施。

6）在凸模保护方面，采用了缩短小凸模长度的办法。在保证凹模精度方面，采用了分段镶拼的办法。

7）在压力机行程控制方面，采用了限位柱结构，使凸模进入凹模的深度，得到了控制。

8）为了获得每10个引线框架为一组的引线条，便于集成电路塑封的大量生产，在本模具上采用了由端面凸轮和棘轮及切刀等组成的自动切断机构，如图6-97所示。

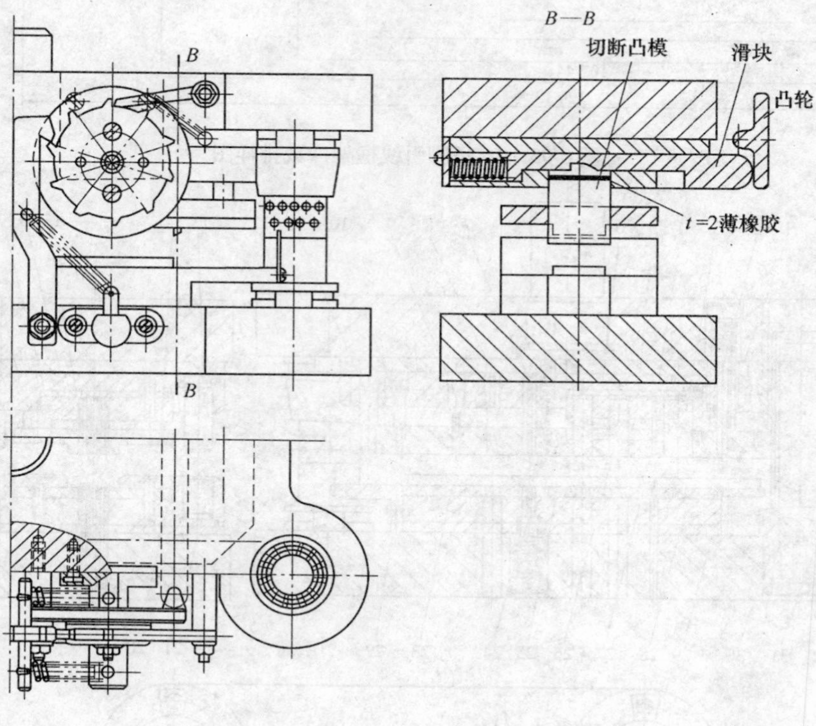

图6-97　引线框架条自动切断机构

（三）接插件端子多工位级进模

1. 零件及工艺特点

接插件端子不仅产量大、精度高，且成形工艺较复杂，多采用硬质合金多工位级进模进行大批量自动化生产。

接插件端子一般料比较薄，厚度 $t=0.10\sim0.30$mm，形状复杂精度高。一般由弯曲、卷圆、折方、压筋、压印等多种工序连续冲压而成，弯曲在几个方向上都有。

图6-98所示为接插件端子连续冲压排样图，共有37个工位：①冲导正孔及小方孔；②导正；③切舌预冲槽；④压筋；⑤冲小槽；⑥~⑦冲废料；⑧空工位；⑨预弯扣形、V形倒角；⑩~⑮空工位；⑯切去上边载体；⑰带料矫正；⑱空工位；⑲扣形弯成U形、V形弯成，两U形连接处台阶成形；⑳空工位；㉑切舌成形；㉒空工位；㉓弹片预弯；㉔~㉙空工位；㉚弹片再弯；㉛空工位；㉜弹片最后弯成；㉝弹片调整；㉞~㉟空工位；㊱扣形弯成；㊲扣形整形。

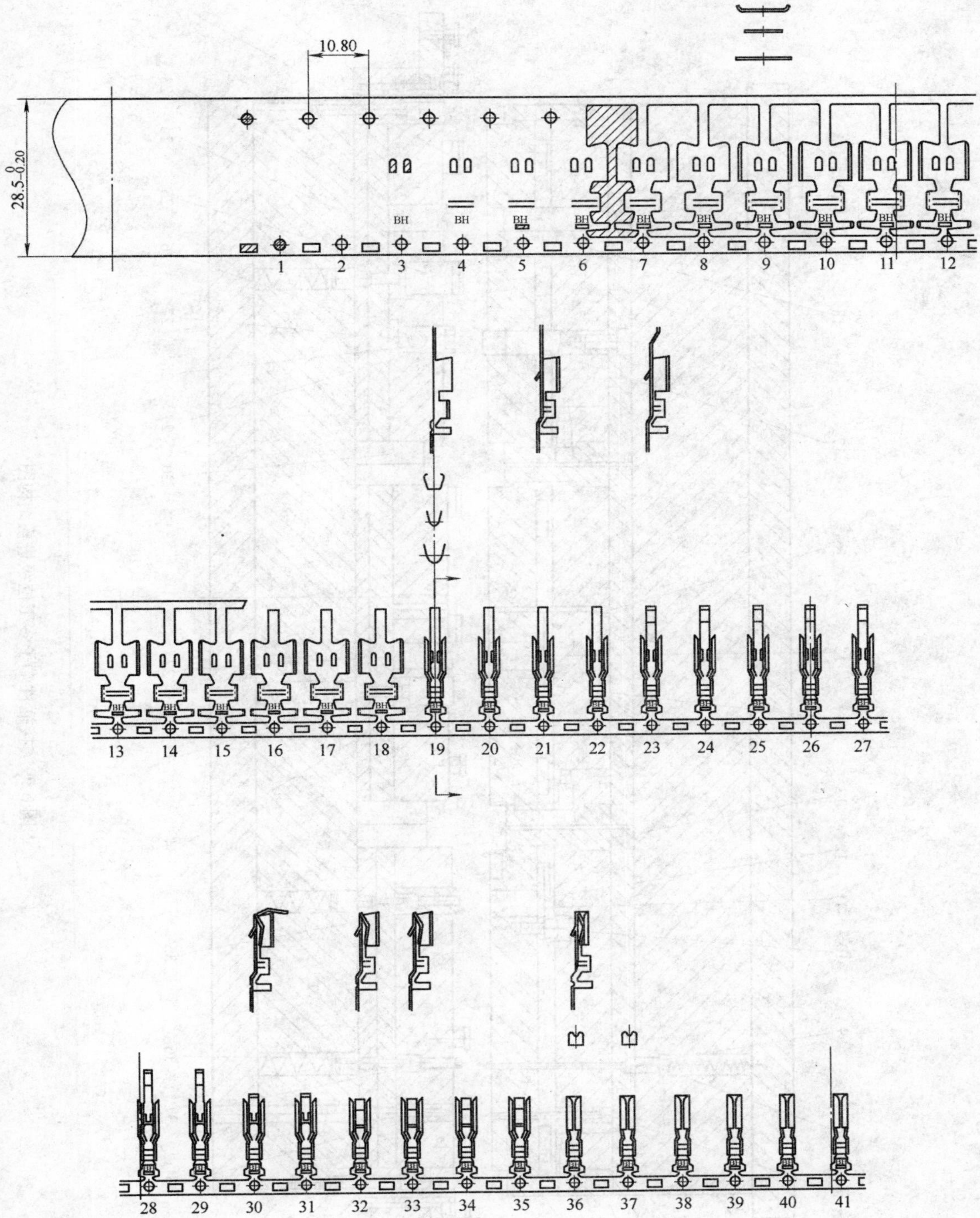

图 6-98　接插件端子连续冲压排样图

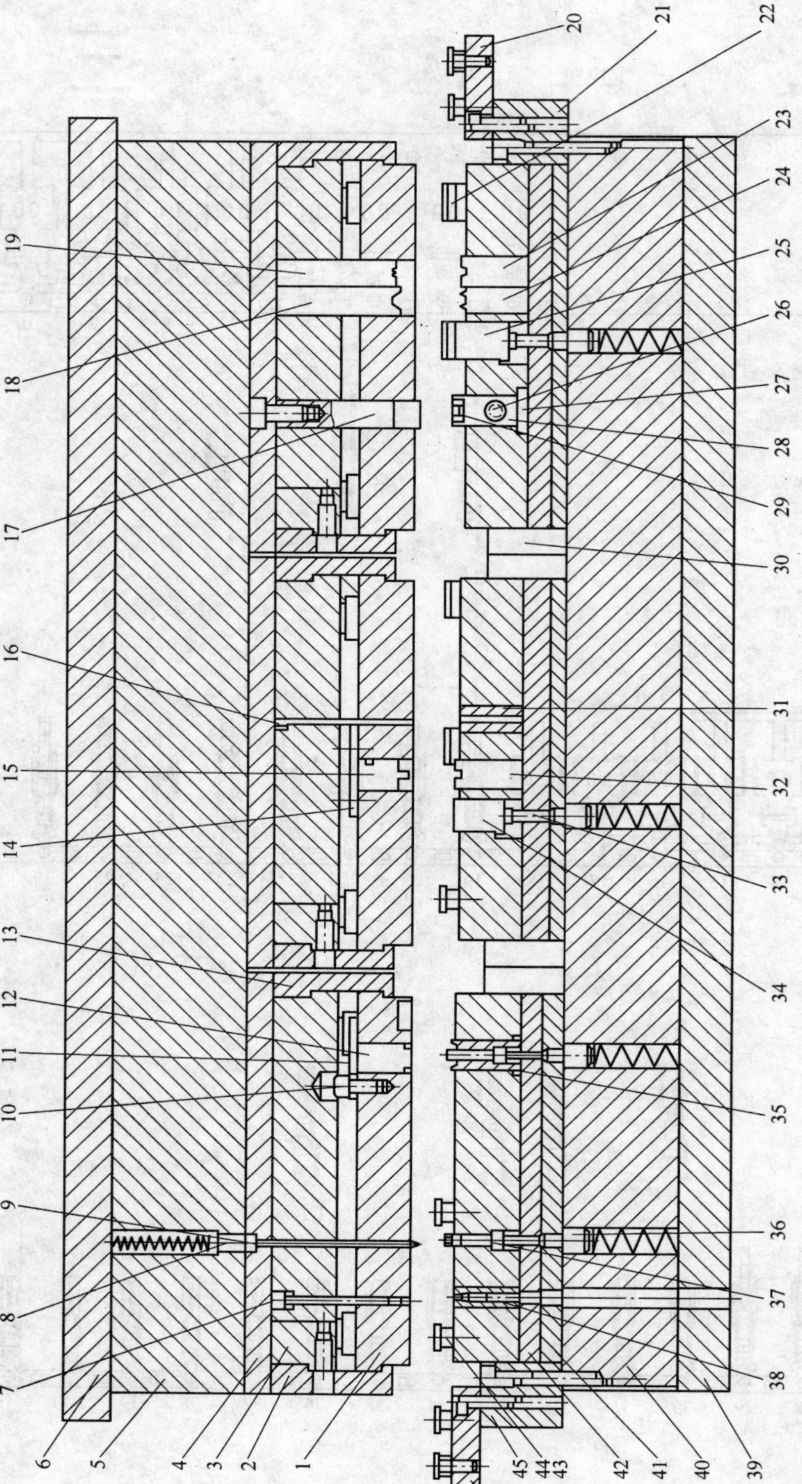

图 6-99 接插件端子多工位级进模结构图

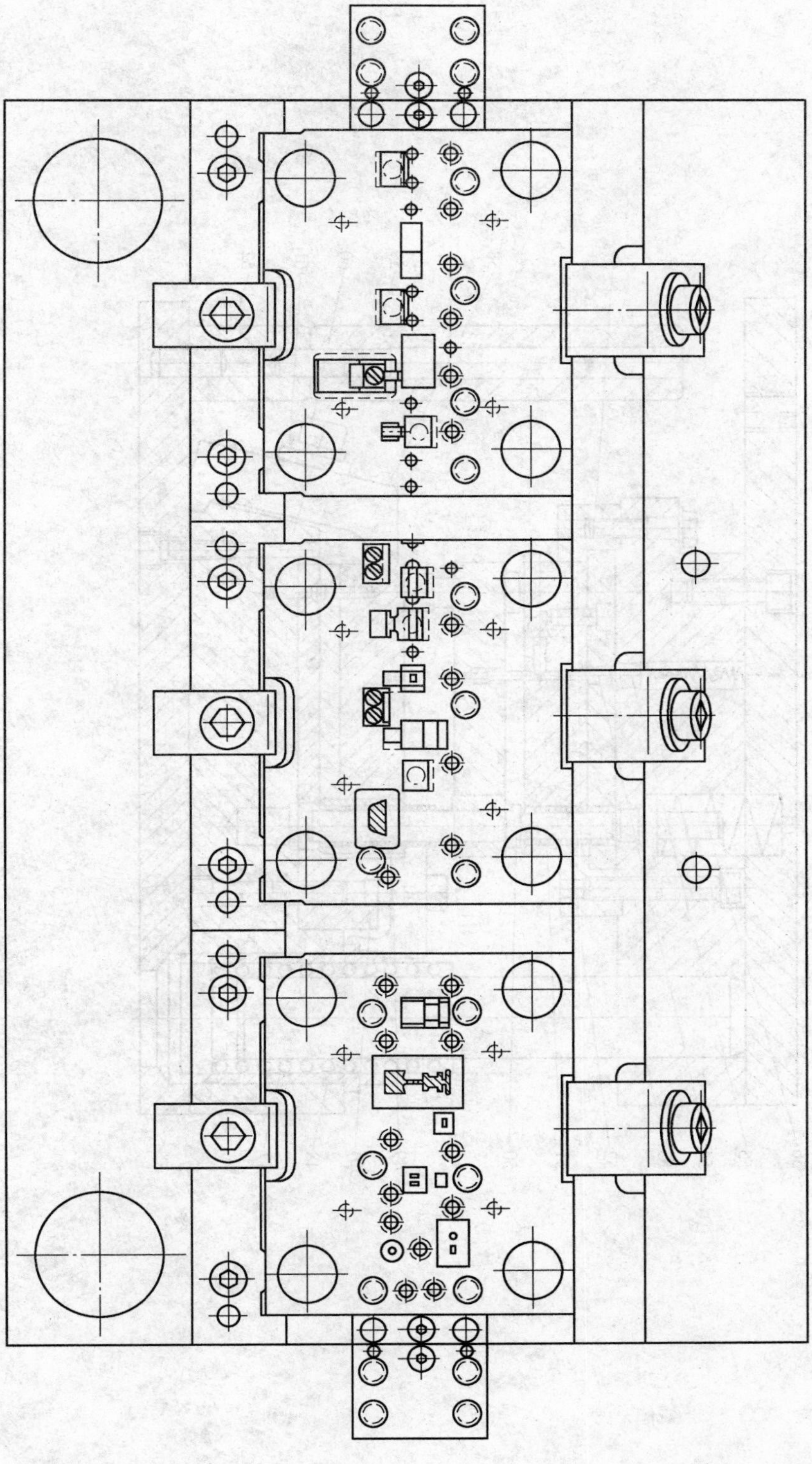

图 6-99　接插件端子多工位级进模结构图（续一）

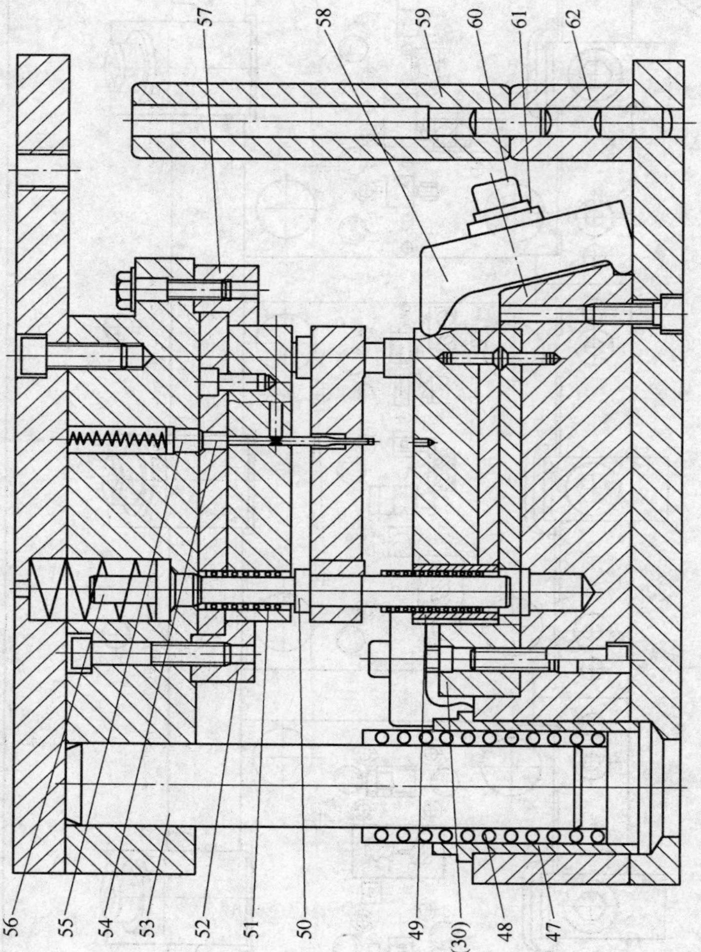

图 6-99 接插件端子多工位级进模结构图（续二）

2. 模具结构设计要点

1）总体结构。本模具采用接插件类专用多工位级进模 CAD/CAM 软件设计完成。为实现 CAD/CAM 一体化，此类模具总体结构是标准的，并实现模块单元标准化、系列化。接插件端子多工位级进模的装配图如图 6-99 所示。此模具共分三个单元，每个单元结构和外形尺寸完全一样。每个模块均由凸模固定板、卸料板、凹模固定板及 3 块垫板组成。零件复杂程度体现在工步多少上，这可通过模块单元的增减来实现。每个模块采用四根小滚珠导向系统，采用定位块 30 定位，压块 58 压紧在模架内，这种结构便于实现 CAD/CAM 一体化，也便于制造、装配、调试和维护。

2）模块单元取消螺钉、销孔定位方式，若采用“备模块”思路，可实现“不间断”维修模具连续生产方式。

3）用挂板 2 取代卸料螺钉，易实现模块单元标准化，并且有利于卸料板运动平稳。

4）所有弹簧都设置在上、下模座内，通过传力柱来实现弹顶动作，既便于结构标准化，又便于维护。

5）挂板 52、57 与上垫板 4 采用小间隙配合，使模块单元上模部分实现浮动，可克服压力机精度等带来的不利影响。

（四）带料连续拉深多工位级进模

1. 零件工艺过程及排样图

该零件为底部带内缘翻边的窄凸缘筒形件，材料为 H68 黄铜，料厚 $t=1.2$mm。需采用工艺切口。图 6-100 所示为排样图，共九工位。第一工位：冲工艺切口；第二工位：空工位；第三工位：首次拉深；第四工位：二次拉深；第五工位：三次拉深；第六工位：整形；第七工位：底部冲孔；第八工位：内缘翻边；第九工位：冲落工件。工位间距（步距）为 51mm，采用料宽为 57mm 的带料。

2. 模具结构特点

图 6-101 所示为带料连续拉深多工位级进模的典型结构，本模具采用钩式自动送料装置。卸料板 11 作成一整块，由十一个弹簧 30 托住，这种结构可以使搭边不易拉断，也便于自动送料，自动送料钩 9 也装在卸料板上随着上下活动。在整体的卸料板下又装有单独以两组蝶形弹簧 18 作用的压料板 14，压料力可由螺塞 17 调整，以保证首次拉深不起皱。用四个导柱 19、套筒 20 导向，避免卸料板与凸模蹩劲。上模还装有由四个蝶形弹簧 18 作用的推杆 21，上模下行时，推杆先压住卸料板，以减少卸料弹簧的压力集中在拉深件的壁部上。第七、八两工位的冲孔与翻边，装有单独的顶件器 12、13 顶件。垫板 3 上装有两对导正销 15、16，在拉深前便先插进切口孔中，阻止拉深时毛坯的窜动。第七工位冲孔的废料及第九工位冲落的工件，均采用上出料方式经由装在垫板侧面的滑板流入料箱。

本模具采用的钩式自动送料装置的结构是：一对支架 33 焊固在导板 24 上，导板以螺钉 4、柱销 5 固定在卸料板 11 上。一带齿条的滑板 2 能在导板 24 内左右滑动，一送料钩 9 以轴销 8 铰接在小滑板 7 上，小滑板又能在滑板 2 内移动，螺杆 1 和限位螺钉 25 能调节小滑板的位置，从而能微调送料钩的位置，便于调整送料位置。支架 33 上有一轴 32，其中部以键 26 联接一扇形齿轮 27，与滑板 2 上的齿条啮合，轴的两端也以键各连接一摇臂 28，摇臂上有滚子 29，上模的两凸轮槽板 23 与滚子保持接触，于是凸轮槽板上的上下运动使摇臂左右摆动，从而使扇形齿轮拨动装有送料钩的滑板 7 滑动。滑板左移时，钩子钩住搭边送料，这种放大机构很适合于步距送料。滑板右移时，利用钩子后端的斜面越过搭边，为了防止钩子右移时带动坯料窜动，还装有止退销 6、10、22 和止退爪 31 等数处止退装置。

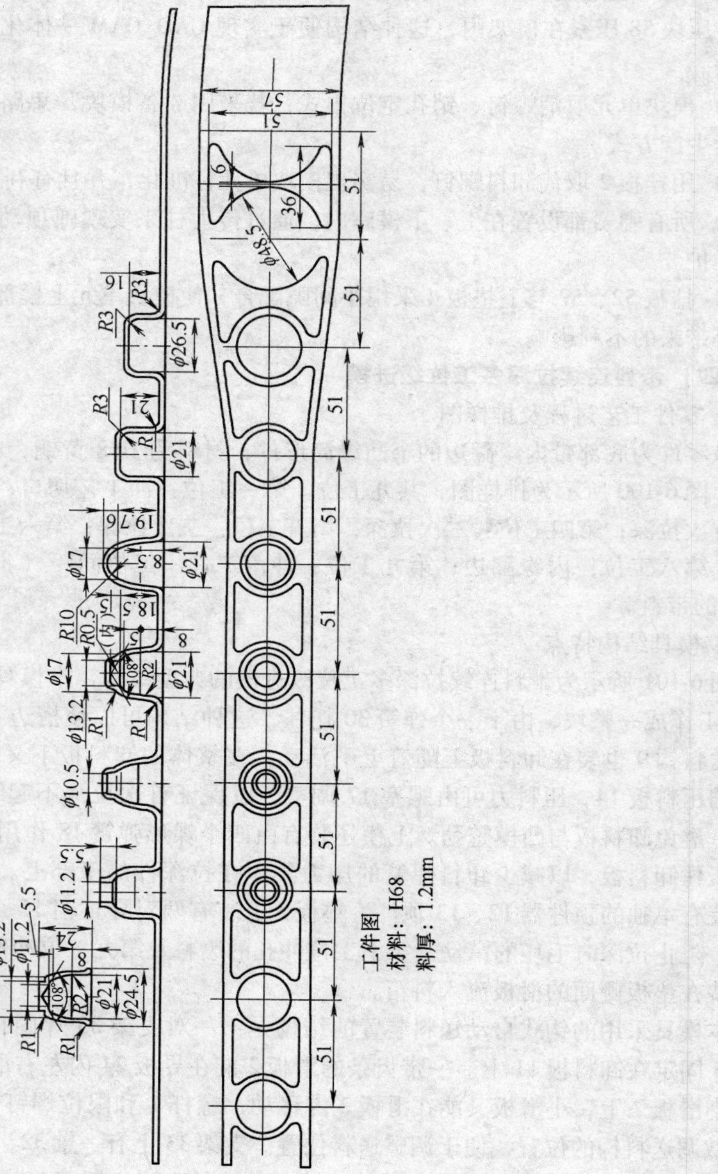

图 6-100 窄凸缘筒形件的工艺过程及排样图

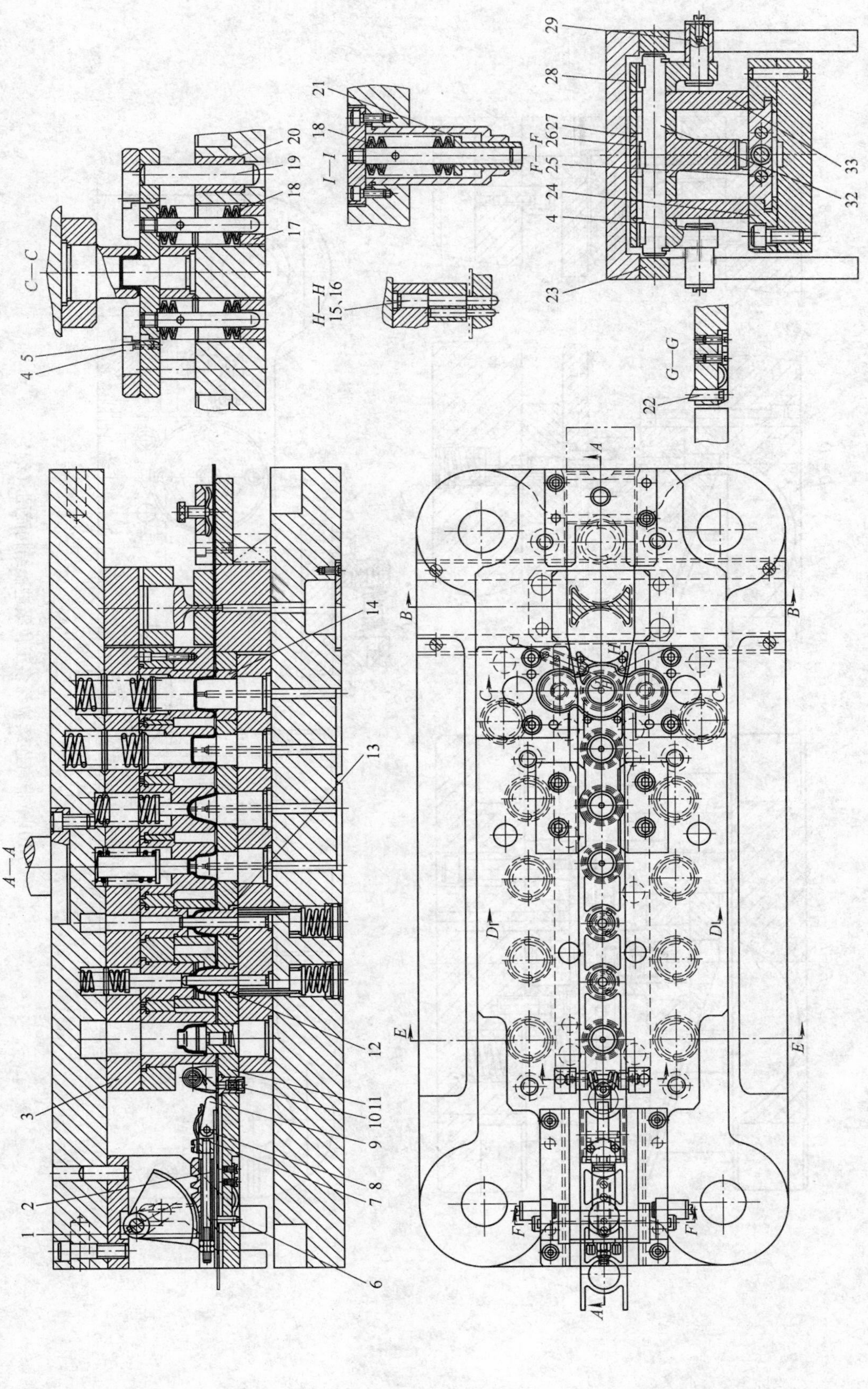

图 6-101　带料连续拉深多工位级进模结构简图

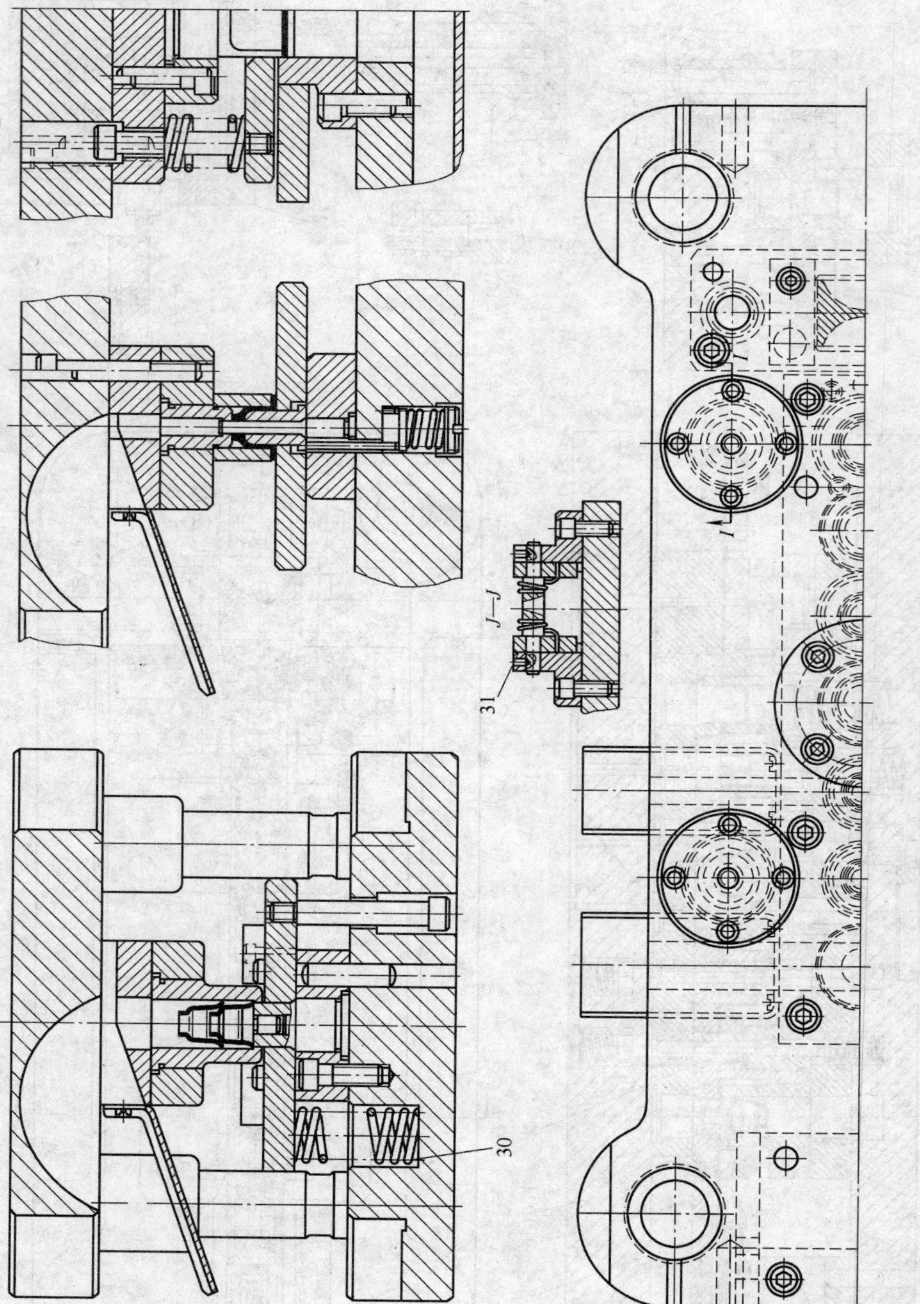

图 6-101 带料连续拉深多工位级进模结构简图（续）

第七章　管材冲压

管材冲压是指管材的第二次加工，属于管材深加工技术范畴。它是从传统的冲压工艺发展起来的一种新的加工技术。由于管材冲压方法具有工艺简便、成本低、效率高、质量好等一系列优点，因此，这种加工技术在现代工业生产中，愈来愈受到重视。它在航空航天、汽车、摩托车、机械、化工等工业部门得到了广泛应用。同时也为管材在工程上的广泛应用展示出诱人的前景。

管材种类繁多，在机械行业中常用的有圆形薄壁钢管、铝及铜管等。如摩托车上广泛采用的管式车架（图 7-1），主要由各种形状的薄壁钢管构成，根据多种管件的技术条件及不同使用要求，选用弯曲、冲孔、端头打扁、冲切等冲压方法加工，其后进行组焊、装配而成。在实际生产中，管材的冲压加工方法，主要有冲切（切断、剖口、冲孔）、弯曲、胀形、翻卷成形等。

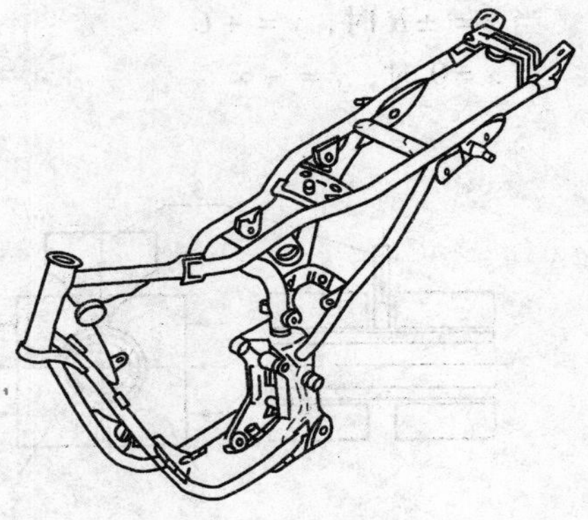

图 7-1　摩托车管式车架

管材的冲压与板料的冲压、尽管都是称之为冲压加工方法，但因其管材是空心截面，所以其工艺方法、工装结构设计，主要出现的产品质量问题以及防止措施等方面，与板料相比，都存在着较大的不同。本章主要讨论在机械行业中常见的圆形薄壁金属管材的冲切、弯曲、翻卷成形。

第一节　管材冲切加工

管材冲切加工适合于摩托车、汽车等行业的大批量生产。冲切加工方法可包括管材切断、剖口及冲孔等方面。

一、管材切断

在生产中，对管材的切断通常分为两类。一类是机械切割，如车切、锯切、砂轮切断等，另一类是冲压剪切。比较而言，机械切割的质量稳定，但生产率低，而冲压剪切则可大提高生产率，只要采用的工艺合适，就能较好地保证切割面质量。

1. 管材的冲压剪切

冲压剪切按有无芯棒支撑又可分为有芯切断和无芯切断两类。

（1）有芯切断（图 7-2）　切断时，为防止管壁被压扁而在管内设置芯棒，仅适合于短而直的管材切断。

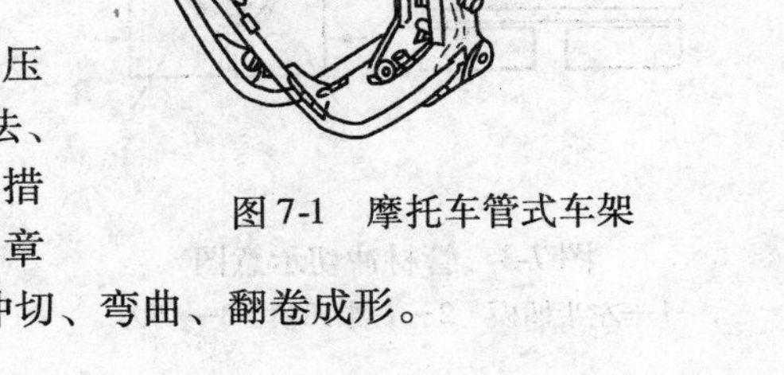

图 7-2　管材芯棒剪切法

（2）无芯切断（图 7-3）　由于管件结构需要各种长度的直管及弯管，这给采用芯棒带来了困

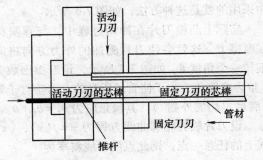

难，故无芯切断应用较多。

2. 受力分析及切刀设计

由于冲压剪切是用模具切断管材，而合理设计模具，特别是合理确定切刀形状及尺寸，是冲压剪切法成败的关键。用切刀冲切管子时，由于管内无支撑，在切刀作用下，会造成管材压扁或顶部管壁塌陷。为了提高剪切断面质量，减小管件变形，应尽量使其冲切时对管壁作用的剪切力指向外侧（图 7-4），即凸模切刃对管壁剪切点 A 的作用力方向与管壁在该点处法线的夹角 $\alpha \geqslant 90°$，满足所谓“切屑外翻”条件。由此条件可得出凸模刀片在剪切过程中（不计摩擦影响），使切屑外翻的切刃临界曲线

$$y = \sqrt{R^2 - x^2} - R\ln\frac{R + \sqrt{R^2 - x^2}}{x} + C \tag{7-1}$$

当 $x = \pm R$ 时，$y = +C$

当 $x = 0$ 时，$y = -\infty$

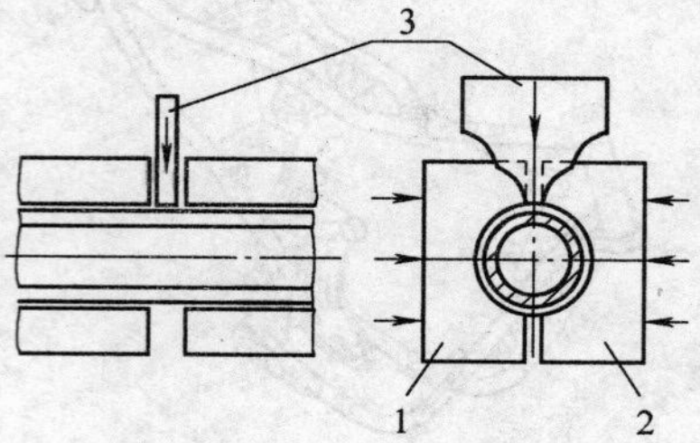

图 7-3　管材冲切示意图

1—左半凹模　2—右半凹模　3—切刀

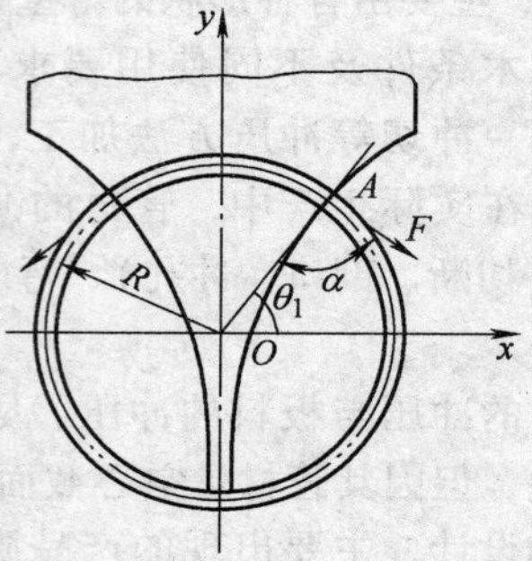

图 7-4　剪切刀片刃口的临界曲线

分析表明，按理论临界轮廓曲线设计的凸模刀片，尖而长，刚度差，很难在实际生产中应用。再就是在冲切管材顶部时，这种凸模也不可能满足“切屑外翻”条件。为此就提出了双重冲切法，如图 7-5 所示。其基本思路是先在管顶开一槽孔，然后再进行冲切，冲切时刀尖从开口处进入，其后进行切断，从而获得失圆度小的管件。

在实际生产中应用的双冲法是在同一副模具上先在管子侧面冲一槽口，然后转 90°置于下一工位进行切断。这样，既保证了管子的断面质量，又使结构紧凑，凸模刀片易于制造，延长寿命。目前，在汽车、摩托车生产中采用的就是这种方法，如图 7-6 所示。

实际上凸模刀片在冲切过程中，与管壁材料之间存在摩擦力，这就会使刀片施加的外力方向将向管壁内侧偏转一个角度 θ，如图 7-7 所示，设摩擦因数为 $\mu = \tan\theta$，θ 角为摩擦角，为了使管子所受的合力垂直于管壁的法线（满足“切屑外翻”），其倾角应为 $\theta_2 = \theta_1 + \theta$。

设刀片临界轮廓曲线方程为 $y = f(x)$，$[x, y]$ 为该曲线上的任意一点，则此点的切线斜率为

$$y' = \mathrm{d}y/\mathrm{d}x = \tan\theta_2 = \tan(\theta_1 + \theta) \tag{7-2}$$

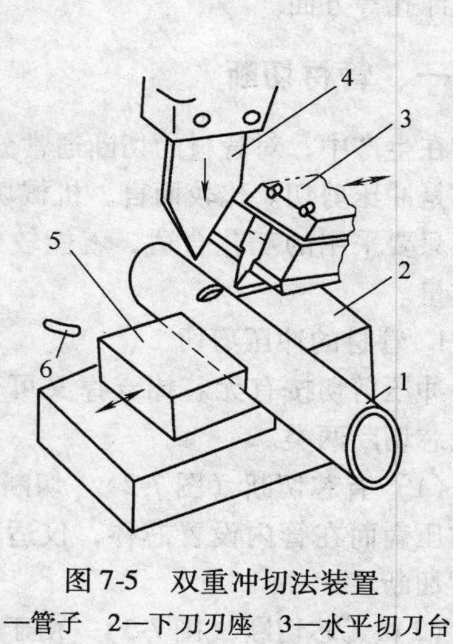

图 7-5　双重冲切法装置

1—管子　2—下刀刃座　3—水平切刀台　4—垂直切刀　5—活动切刀刃　6—切屑

$$\tan\theta_1 = \frac{\sqrt{R^2 - x^2}}{x} \tag{7-3}$$

故 $$y' = (\tan\theta_1 + \tan\theta)/(1 - \tan\theta\tan\theta_1) = (\sqrt{R^2 - x^2}/x + \mu)/(1 - \mu\sqrt{R^2 - x^2}/x) \tag{7-4}$$

对式（7-4）积分得

$$y = \frac{R}{\sqrt{\mu^2 + 1}}\ln\frac{\frac{R - x}{\sqrt{R^2 - x^2}} + \mu - \sqrt{\mu^2 + 1}}{\frac{R - x}{\sqrt{R^2 - x^2}} + \mu + \sqrt{\mu^2 + 1}} + R^2 - x^2 + C \tag{7-5}$$

由式（7-4）可知：

当 $x = \mu\sqrt{R^2 - x^2}$ 时，$y' = \infty$，此时，刀片刃口的临界轮廓曲线垂直于 x 轴；

当 $x < \mu\sqrt{R^2 - x^2}$ 时，$\theta_2 > 90°$，这是不可能的。采用双重冲切法，避免了该问题的出现。

式（7-5）为考虑了摩擦的影响而求得的刀片刃口临界曲线方程，它与式（7-1）相比，只是使法线偏转了一个摩擦角 θ。

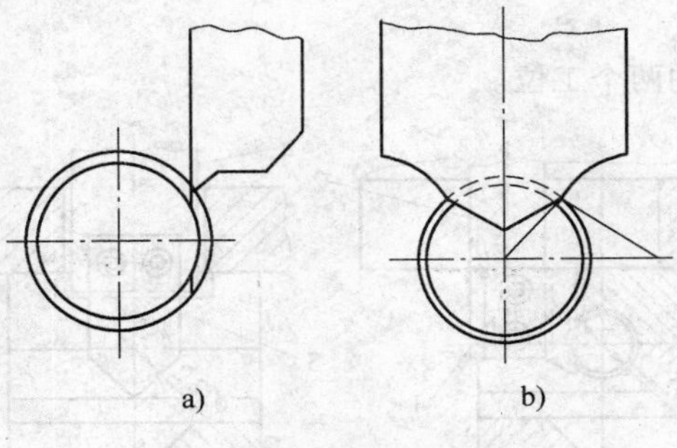

图 7-6 双重冲切示意图
a）冲槽 b）切断

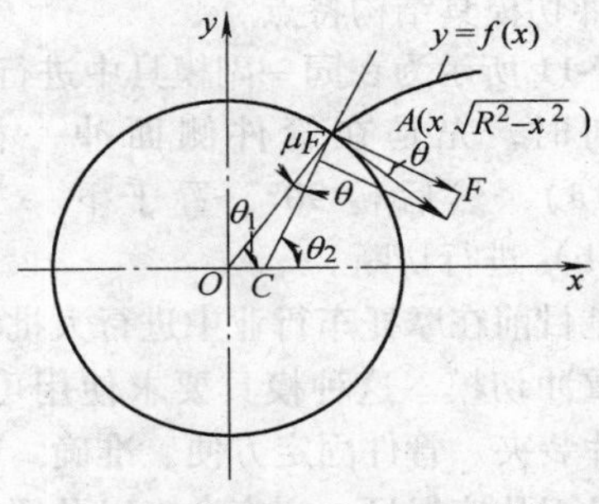

图 7-7 切管刀片刃口（考虑摩擦时）的受力状况

在实际使用中，可将式（7-5）所确定的刀片刃口临界轮廓曲线进行简化，以便于制造。图 7-8 为简化的刃口轮廓曲线，其作图方法是从切槽后的开口点 A 处引出直线与 x 轴相交于 B 点，AB 线与管子 A 处法线 AO 的夹角为 $90° + \theta$，以 B 为圆心，AB 为半径作圆弧，即为切刀刃口的轮廓线。

在此基础上还可进一步简化为直线，由式（7-2）和式（7-3）可知，θ_2 随着 x 的增加而减小，即可推得

$$\theta_2 = \arctan\frac{\sqrt{R^2 + x_0^2}}{x_0} + \arctan\mu \tag{7-6}$$

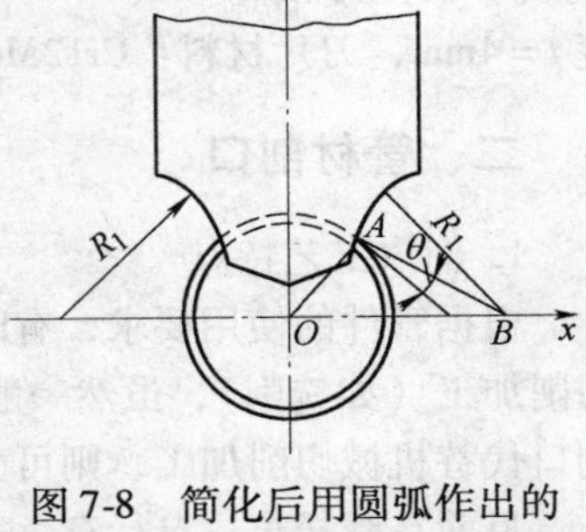

图 7-8 简化后用圆弧作出的切刀刃口轮廓曲线

由上式可知，过 A 点作一线与 AC 重合，该线即为直线刃口，AC 线与 x 轴之夹角为 θ_{02}，只要 $\theta_{02} \geqslant \theta_2$ 的直线均为合理。设切口深度 $h = kR$（k 为系数），设计刀片刃口轮廓最大临界倾角 θ_{02}，如图 7-9 所示。

由式（7-6）得知

$$\theta_{02} = \arctan\frac{\sqrt{R^2 + x_0^2}}{x_0} + \arctan\mu = \arctan\frac{1 - k}{\sqrt{2k - k^2}} + \arctan\mu \tag{7-7}$$

只要直线倾角等于或大于 θ_{02} 就能满足“切屑外翻”条件，由此而设计的直线轮廓刃口如图7-10所示。

设 $k=0.30\sim0.40$，$\mu=0.1$

则 $\theta_{02}=50°\sim43°$，$\alpha=80°\sim94°$

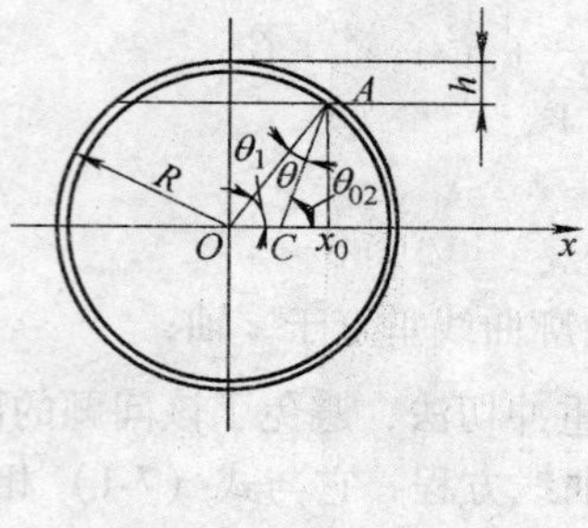

图7-9　刀片刃口最大临界倾角 θ_{02} 的求法

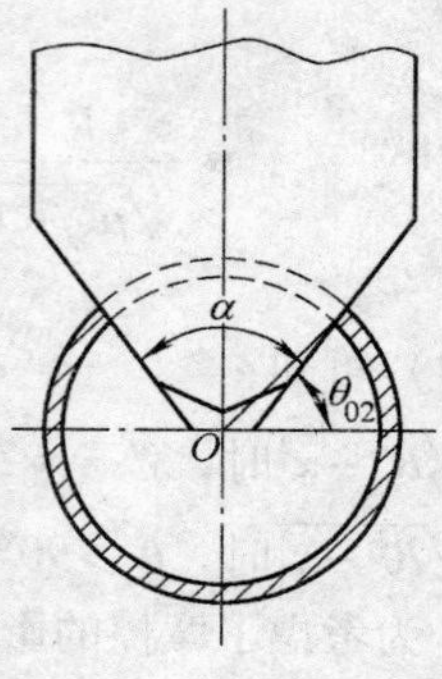

图7-10　刀片为直线刃口

3. 冲切模具结构特点

图7-11所示为在同一副模具中进行冲槽、切断的两个工位。

冲切时，先是在管件侧面冲一槽口（图7-11a），然后转90°，置于下一工位（图7-11b）进行切断。

这是目前在摩托车行业中进行大批量生产的双重冲切模。这种模具要求使用可靠，模具刀片装夹、管件固定方便、准确。

模具刀片应保证一定寿命，以及便于制造。刀片的几何形状及其工艺参数，已在刀片设计内容中有所介绍。

对于常用的低碳钢管件，直径 $D=20\sim25$mm，管壁厚度 $t=1.5\sim2.5$mm，刀片厚度 $t=4$mm，刀片材料：Cr12MoV。

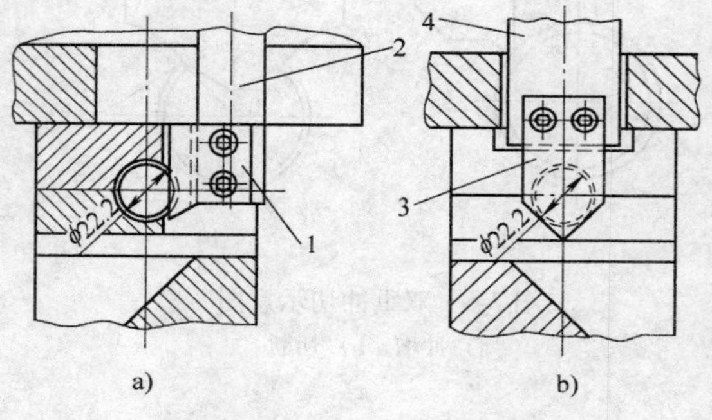

图7-11　冲切模具固定装置简图

1—切槽刀片　2—刀片固定座　3—切断刀　4—切断刀固定座

二、管材剖口

1. 剖口工艺特点

根据管件的使用要求，有时还需对其管端加工出各种弧口。传统的弧口加工方法是采用机械切削加工（如铣削），虽然一般能保证加工质量，但生产效率低，且加工成本高。如果采用冲切剖口代替机械切削加工，则可大大提高生产效率，降低成本，且加工质量也能得到保证。

目前在摩托车、自行车、家具等行业的管件加工中，大量采用图7-12所示管件端头焊接构件，其加工工艺一般为：下料、校直、弯曲、端头剖口、焊接。

为保证构件的强度及质量，在图7-12中，对件2的剖口质量有较高要求。冲切剖口适合加工直径一般为 $\phi5\sim\phi60$mm，相对壁厚 t/d（t 为管壁厚度，d 为管外径）在0.01～0.15之间的薄壁钢管。由于常用管结构中管材的尺寸规格属于此范围，因此管件的剖口加工方法有很大的实际应用价值。

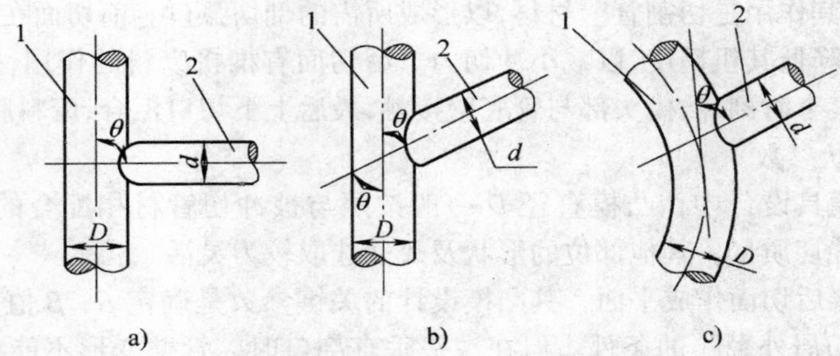

图 7-12　管子焊接构件

根据剖口凸模轴线与被剖弧口管材轴线的夹角大小（只考虑轴线相交），可将管端剖口分为垂直与斜交两种情况，其剖口工艺特点是不相同的（图 7-13）。

两轴线斜交时，可通过调节管坯在上下夹持凹模中端头伸出量，以保证凸模由端口进入，而不冲塌管材顶端。轴线垂直时，只有通过调节凸模几何形状参数或预先开槽，再冲剖口的方法来提高剖口质量。实际生产中，两类轴线夹角 θ 在 $90° \pm 10°$ 之内均可视为垂直情况处理。本节中讨论凸模从管材顶部垂直剖口的情况。

管端剖口质量的好坏主要取决于剖口凸模的几何形状参数，如图 7-14 所示。

图 7-14a 相当于圆柱体用一平面斜切而成，图 7-14b、图 7-14c 是图 7-14a 的变化形式。图 7-14a 可看作是图 7-14b 在 $\beta = 0°$ 的特例。

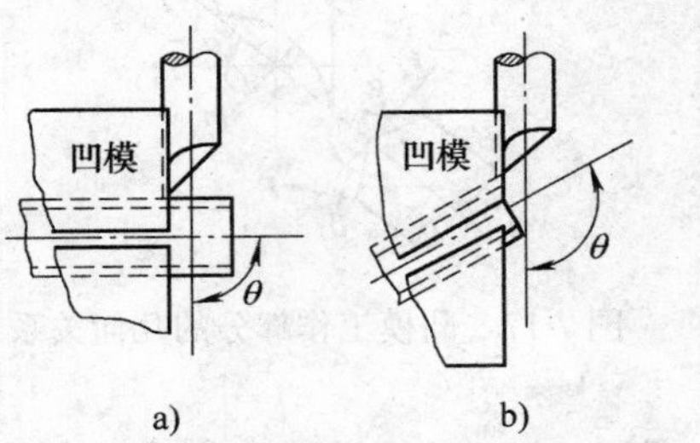

图 7-13　管件端头剖面示意图

a）轴线垂直　b）轴线斜交

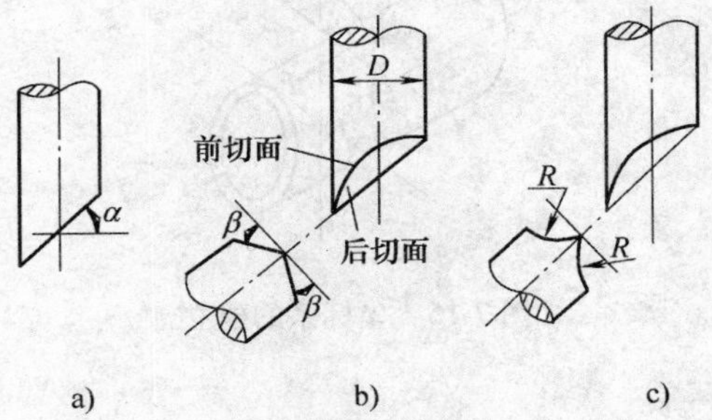

图 7-14　管端剖口凸模几何形状

2. 剖口时管壁的变形

剖口凸模从管材顶部切入时管壁的变形情况，如图 7-15 所示。图 7-15a ~ 图 7-15c 为凸模开始将顶部管壁压塌，切出小开口，随着凸模下压切口逐渐扩大，直至管材冲断，得到要求的剖口形状。同一凸模的切口在凸模的不同部位扩展的情况不一样，如图 7-15d 所示。刃口由凸模的“前切面”

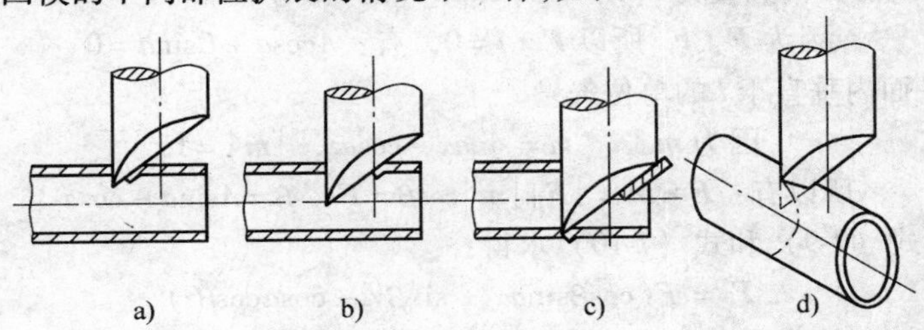

图 7-15　剖口过程管壁变形

和后切面相交形成，其作用是切割管壁材料，以形成所需的剖切弧口。前切面在剪切过程中与管壁材料有摩擦，应尽量降低其粗糙度，以减小冲切力。后切面有推挤废料的作用，并将废料压成内凹形状。冲切进行到某个时刻，凸模头部与管底壁接触，最后上下切口汇合，废料脱离管件。

3. 凸模几何形状参数

管材端头剖口模具设计中，凸模直径 D 一般按照与被冲切管材相配合的另一根管材选取，选取的好坏影响着冲切质量，其他部位的形状及尺寸选取较为灵活。

为加工方便，将后切面作成平面，其凸模设计的关键参数是确定 α、β 值。在前面分析管子切断时，利用了"切屑外翻"的条件。但在端头垂直剖口时，管壁变形不能在整个冲切过程中都满足"切屑外翻"的条件。

图 7-14b 形式的凸模在生产中应用广泛，将它作为讨论的重点。为进行理论分析，首先建立坐标系统，如图 7-16 所示。图 7-17 所示为剖口凸模的几何关系。两个角度 α、$\beta \in (0, 90°)$，α 为两切面的交线与 x 轴夹角，即与管轴线夹角。分析时应考虑以下情况：

1）不考虑摩擦力。

2）相对壁厚小，以管外径为分析对象。

3）管材和凸模轴线垂直。

4）管外径为 d，凸模直径为 D。

5）只分析管材上半部分，即冲切时管壁的主要变形部位。

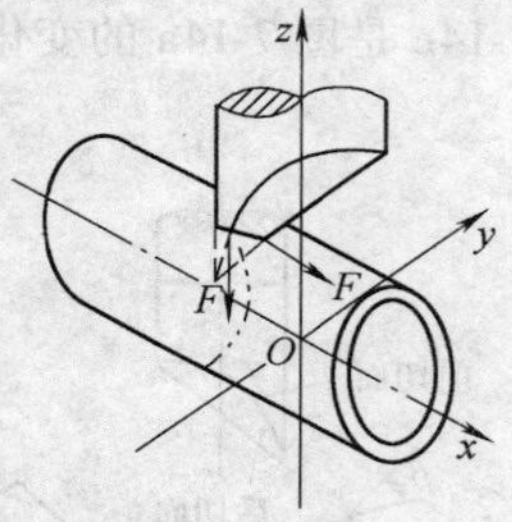

图 7-16　坐标系的建立

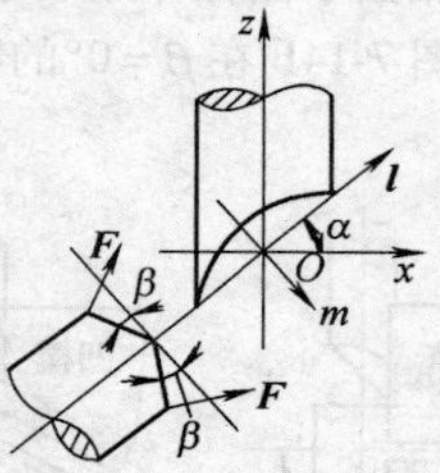

图 7-17　凸模工作部分的几何关系

应用矢量分析方法研究剖口凸模的几何形状参数，即 α、β 两个角度，根据满足最小冲切力条件得出凸模几何形状参数的计算公式。

设冲切力为 $\boldsymbol{F}$，冲切管材上部时，$\boldsymbol{F}$ 有两处，作用在凸模两边与管壁相交之处。实际冲切时，可认为冲切力方向与后切面的法线方向相同。

则 $\boldsymbol{F} = Ax + By + Cz$　（A、B、C 为常系数）

$$|\boldsymbol{F}| = \sqrt{A^2 + B^2 + C^2} \tag{7-8}$$

两后切面的交线的方向矢量为 $\boldsymbol{l} = \cos\alpha x + \sin\alpha z$（图 7-16）

$$因为 \boldsymbol{F} \perp \boldsymbol{l}，所以 \boldsymbol{F} \cdot \boldsymbol{l} = 0，有：A\cos\alpha + C\sin\alpha = 0 \tag{7-9}$$

设 $\boldsymbol{m}$ 为 xOz 平面内垂直于 l 的单位矢量

$$因为 \boldsymbol{m} \perp \boldsymbol{l}，m = \sin\alpha x - \cos\alpha z，\ |\boldsymbol{m}| = 1，$$

$$所以有：\boldsymbol{F} \cdot \boldsymbol{m} = |\boldsymbol{F}||\boldsymbol{m}|\cos\beta = \boldsymbol{F}\cos\beta = A\sin\alpha - \cos\alpha \tag{7-10}$$

由式（7-8）、式（7-9）和式（7-10）求得：

$$\boldsymbol{F} = F(\cos\beta\sin\alpha x \pm \sin\beta y - \cos\alpha\cos\beta z) \tag{7-11}$$

冲切力 $\boldsymbol{F}$ 在 Oyz 面的分量为：

$$\boldsymbol{F}_{Oyz} = F(\pm \sin\beta y - \cos\alpha\cos\beta z) \tag{7-12}$$

假设管壁上高度为 z 处的径向方向矢量为 v，如图 7-18 所示：

$$v = \mp \frac{\sqrt{d^2 - 4z^2}}{d}y - \frac{2z}{d}z$$

垂直轴线剖口冲切主要是管上部材料的塌陷，这是因为管内无支撑，冲切力超过了管壁刚度所致，这与平刃口模冲切时产生管壁塌陷类似，欲减小塌陷，应使 $\boldsymbol{F}_{Oyz}$ 沿管径向的分量尽量减小，如图 7-18 所示。虽然理论上可以通过变化凸模几何形状使 $\boldsymbol{F}_{Oyz}$ 沿管径向的分量指向圆外，但实际凸模一般只能做到使该分量指向圆内，冲切时切屑不能外翻。所以 $\boldsymbol{F}_{Oyz}$ 沿径向的分量越小越好，称为“最小冲切变形力”条件。

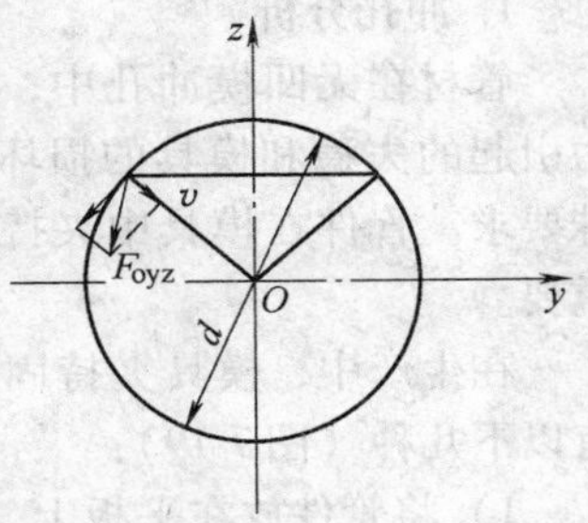

图 7-18 管断面 z 处的冲切力分量

令 $k = \boldsymbol{F}_{Oyz} \cdot v$，表示 $\boldsymbol{F}_{Oyz}$ 在径向的分量大小，则

$$k = F\left(\frac{2z}{d}\cos\alpha\cos\beta - \frac{\sqrt{d^2 - 4z^2}}{d}\sin\beta\right) = k(z,\alpha,\beta) \quad (7\text{-}13)$$

下面根据式（7-13）分析 k 与 α，β，z 的关系。

1）当 $z = \frac{d}{2}$ 时（冲切）开始，$k = F\cos\alpha\cos\beta$，此时，α 或 β 越大，管壁变形越小。理论上，α 或 β 可以等于 90°，此时，$k = 0$，但实际上是无法实现的。因为 α 或 β 越大，凸模越尖，强度越小。可见冲切开始时无法避免塌陷。

2）k 值随 α 增大而减小，因此，α 越大，冲切变形越小，但 α 太大同样会减弱凸模强度，且增大了冲切行程。

3）考虑 k 与 β 的关系，因为

$$\frac{\partial k}{\partial \beta} = -F\left(\frac{2z}{d}\cos\alpha\sin\beta + \frac{\sqrt{d^2 - 4z^2}}{d}\cos\beta\right) < 0 \quad (7\text{-}14)$$

可知，β 越大，k 越大。如令 $k \equiv 0$，则可得 β 与 α 的关系

$$\cos\alpha = \frac{\sqrt{d^2 - 4z^2}}{2z}\tan\beta \quad (7\text{-}15)$$

由式（7-11）、式（7-15）可以求出后切面冲切区域法矢量方向，从而确定最优后切面形状，但形状较复杂，如图 7-14c 所示。

经理论分析，并考虑到实际生产中加工方便及凸模强度、刚度等因素，一般将后切面制作成平面，因此只要求求出平均的 α 和 β 值。当轴线斜交时，α 的取值应保证两后切面的交线 l 方向与管轴线有一定角度，如图 7-13b 所示，实际设计中可设定 α 值，再根据 $z \in [0, d/2]$，利用式 7-15 求出 β；α 一般可取 25°～60°，β 取 10°～45°左右。

由于 k 式中不含 D，说明无论 D 为何值，总可以通过调整 α 和 β 值保证冲切变形力最小。

三、管材冲孔

生产中，管材壁部上的孔，通常是采用钻、铣等方法加工的，虽然质量稳定，但生产效率低，难以满足大批量生产的要求。随着生产的发展，近年，采用冲压方法冲孔增多起来。用冲压方法进行管材冲孔，不仅能满足管件的使用要求，而且效率提高，模具结构简单，不需特殊设备，在一般压力机上即可冲制，故适用于大批量生产。

管材冲孔，按其模具结构特征可分为有凹模冲孔和无凹模冲孔。目前生产中，对管材采用有凹模冲孔较为广泛，这里主要介绍管材无凹模冲孔。

管材无凹模冲孔，即是在管材中无凹模支撑的状态下，仅靠凸模对管壁进行冲孔加工。由于

凸模在冲制时，管材处于空心状态，凸模对管壁施加的压力超过管壁本身的刚度所能承受的能力时，管材容易被压扁、冲塌，使冲孔加工无法完成。所以进行无凹模冲孔，首要的条件，是尽可能提高管材刚度，同时，在工艺和模具结构方面，还应采取特殊措施，方能收到较好效果。这种方法多用于管件和其他高刚度工件的冲孔。

1. 冲孔分析

管材在无凹模冲孔中，为了防止冲孔力引起的失稳和模具的损坏，对模具有特殊要求。管件在模具中夹持固定方法非常重要。

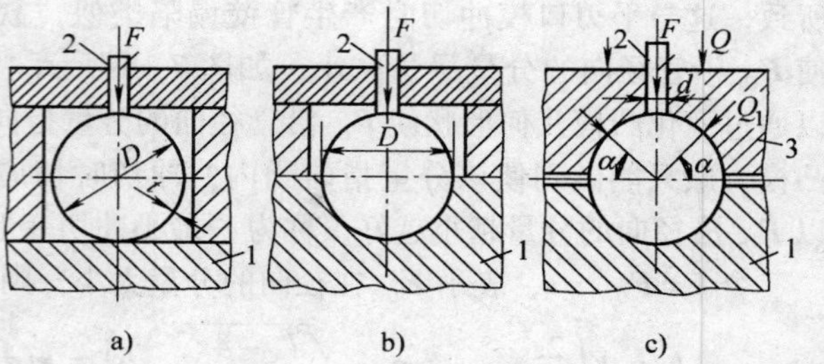

图 7-19　管件在模具中的固定
1—板　2—凸模　3—压紧板

在生产中，模具夹持固定管件的方法有以下几种（图 7-19）：

1）将管件放在平板上，如图 7-19a 所示。

2）将管件放置于带半圆凹槽的板上，如图 7-19b 所示。

3）将管件放置于带半圆凹槽的板上，其上加一带半椭圆凹槽压紧管件，如图 7-19c 所示。

带半椭圆凹槽的压紧板 3 使管上部分产生弹性变形，并增加其刚度，这种可冲孔的直径比前两种增大。

理论研究表明：冲孔直径与管材壁厚及材料性能之间有如下关系。

当管件放在平板上时（图 7-19a）冲孔直径 d_0 为

$$d_0 \leqslant \frac{bt}{1.91\pi R} \times \frac{\sigma_w}{\sigma_s} \tag{7-16}$$

式中　b——管材变形区的长度或短小工件的长度；

t——管件壁厚；

R——管件半径；

σ_w——管材的许用弯曲应力（抗弯强度）；

σ_s——管材屈服极限。

如果管件放在带半圆凹槽上时（图 7-19b），其冲孔直径 d_0 为

$$d_0 \leqslant \frac{bt}{\pi(0.46t + 0.91R)} \times \frac{\sigma_w}{\sigma_s} \tag{7-17}$$

式中　b——管件支撑在半圆槽板上的长度。

如果，采用图 7-19c 所示的模具，则冲孔直径 d_0 为

$$d_0 \leqslant \frac{bt}{\pi}\left(\frac{1}{0.46t + 0.91R} + \frac{0.5R - 0.75t}{0.25t^2 + 0.85tR + 0.72R^2}\right)\frac{\sigma_w}{\sigma_s} \tag{7-18}$$

式中　b——带半椭圆槽压紧板 3 的长度。

压紧板 3 加于管件的压紧力 Q_1 为

$$Q_1 = \frac{bt^2\sigma_w}{0.26t + 0.4R} \tag{7-19}$$

Q_1 的作用方向与水平方向的夹角 $\alpha = 45°$，则，压紧板 3 作用于管子的压力 Q 应满足

$$Q_1 = \sqrt{2}Q = 1.41Q \tag{7-20}$$

管件变形区在预压状态下，其冲孔的相对直径（d/t）会增大，如图 7-19c 所示。

对于35钢管 $\sigma_s = 340\text{MPa}$，$\sigma_w = 130\text{MPa}$，若外径 $D = 15 \sim 30\text{mm}$，夹紧长度约为80mm，根据式（7-18）计算，取不同之 D 值，可得冲孔直径 d_0 与35钢管壁厚的对应值，如图7-20所示。

无凹模冲孔时，因管件内无凹模支撑，在冲孔部位有局部的塌陷“凹坑”，如图7-21所示。“凹坑”的大小与管件的尺寸、管材种类、冲孔尺寸、模具结构、压紧力等因素有关，“凹坑”尺寸见表7-1。

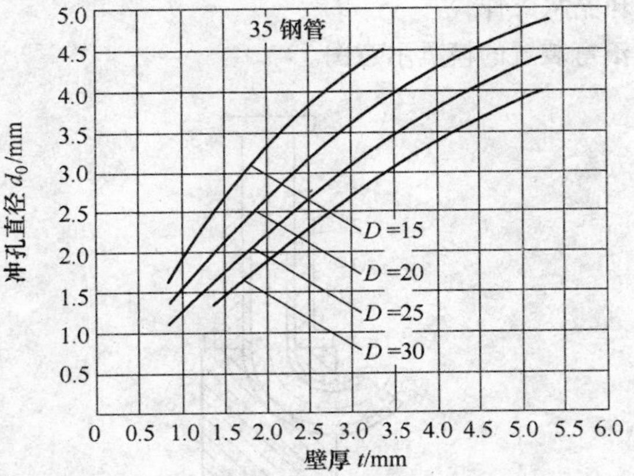

图7-20　冲孔直径及壁厚的关系
（D—管材外径）

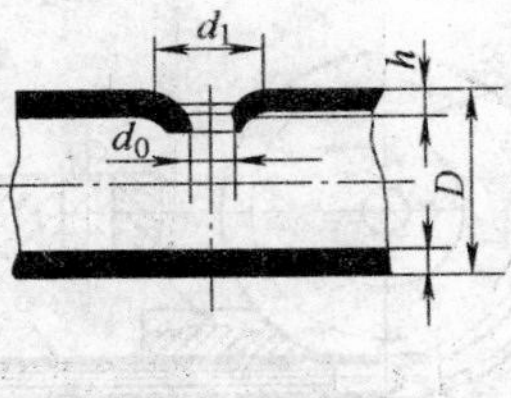

图7-21　管材冲孔时形成的“凹坑”

表7-1　管材冲孔时成形的“凹坑”尺寸

钢管外径 $D\times$壁厚/mm×mm	材料	冲孔直径 d_0/mm	“凹坑”直径 d_1/mm	“凹坑“深度 h/mm
$\phi30\times2.5$	20	$\phi9.5$	$\phi19$	3.2
$\phi30\times1.5$	10	$\phi9.5$	$\phi24$	7.5
$\phi30\times2.6$	10	$\phi9.5$	$\phi20$	6.5
$\phi30\times2.6$	10	$\phi4$	$\phi12$	3
$\phi30\times5$	10	$\phi9.5$	$\phi16$	2.5

如果用于高速冲孔，无凹模冲孔模的效率非常高。这种方法已成功用于工程行业及石油工业中的油井管道的爆炸冲孔。

2. 模具结构特点

图7-22是用于摩托车车架管加工的无凹模冲孔结构简图。管件外径及壁厚为 $\phi22.3\text{mm}\times2\text{mm}$，冲孔直径 $d_0=\phi5\text{mm}$。

图7-22中的件号2是冲孔凸模。这种凸模制造、修磨方便，由于凸模的工作状况较一般冲孔条件差，特别是大批量生产中，应合理设计凸模结构形式、固定方法，确定材质及热处理要求等，该凸模采用Cr12MoV一类的耐磨工具钢制造，要求热处理硬度60～63HRC。

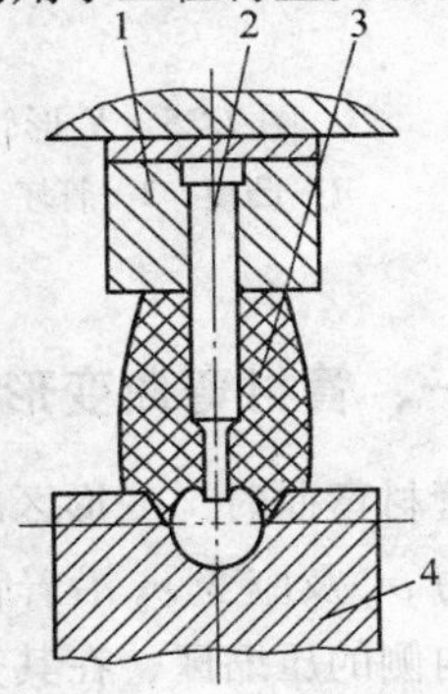

图7-22　模具简图
1—凸模固定板　2—凸模
3—聚氨酯弹性体　4—半圆凹模

该模具的下固定板为半圆槽，压紧装置采用聚氨酯弹性体，同样起到半椭圆槽压紧装置的作用，如图7-19c所示，使用效果良好。

第二节　管材弯曲

管材弯曲工艺是随着汽车、摩托车、自行车、石油化工等行业的兴起而发展起来的，管材弯曲常用的方法按弯曲方式可分为绕弯、推弯、压弯和滚弯；按弯曲加热与否可分为冷弯和热弯；按弯曲时有无填料（或芯棒）又可分为有芯弯管和无芯弯管。

图 7-23 ~ 图 7-26 分别为绕弯、推弯、压弯及滚弯装置的模具示意图。

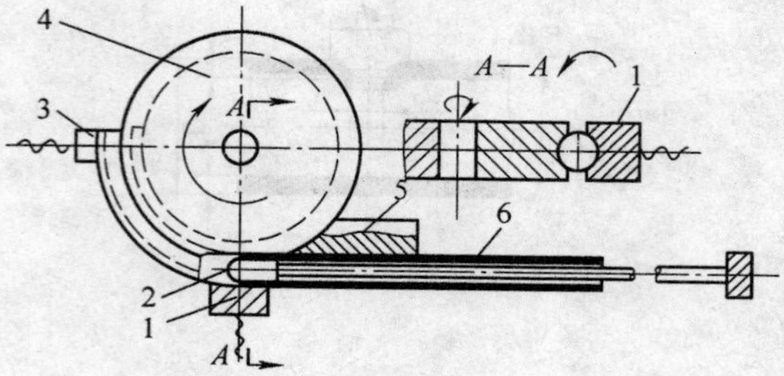

图 7-23　在弯管机上有芯弯管

1—压块　2—芯棒　3—夹持块

4—弯曲模胎　5—防皱块　6—管坯

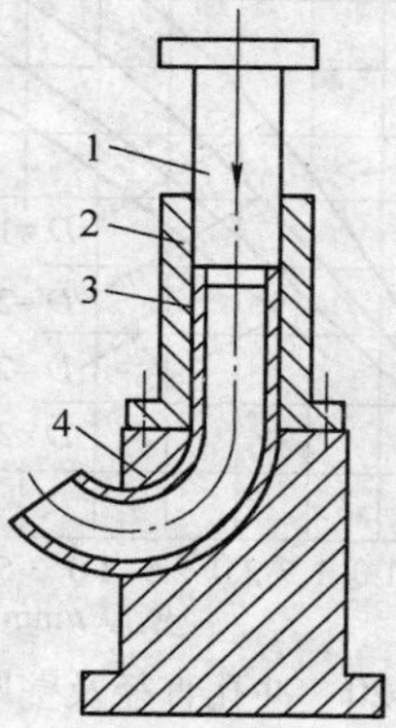

图 7-24　J 形模式冷推弯管装置

1—压柱　2—导向套

3—管坯　4—弯曲型膜

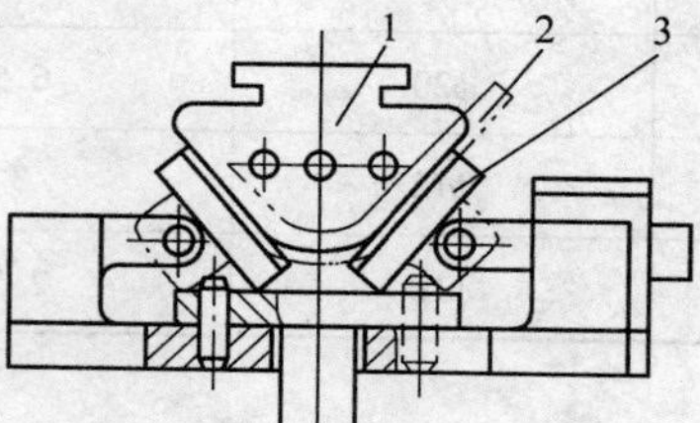

图 7-25　V 形管件压弯模

1—凸模　2—管坯　3—摆动凹模

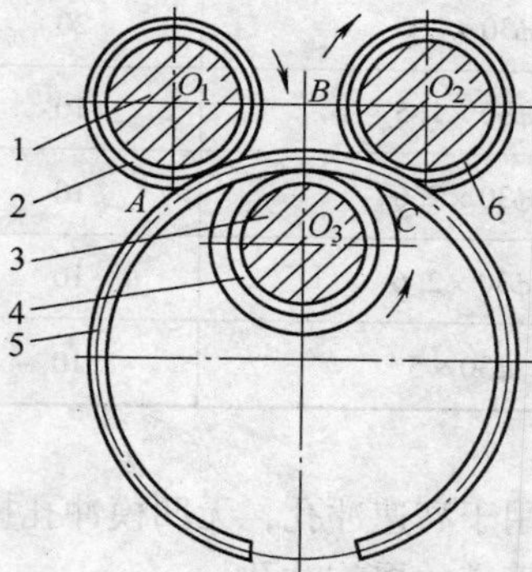

图 7-26　三辊弯曲管原理

1—轴　2、4、6—辊轮　3—主动轴　5—钢管

一、管材弯曲变形量及最小弯曲半径

管材弯曲时，变形区的外侧材料受切向拉伸而伸长，内侧材料受到切向压缩而缩短，由于切向应力 σ_θ 及应变 ε_θ 沿着管材断面的分布是连续的，可设想为与板料弯曲相似，外侧的拉伸区过渡到内侧的压缩区，在其交界处存在着中性层，为简化分析和计算，通常认为中性层与管材断面的中心层重合，它在断面中的位置可用曲率半径 ρ 表示，如图 7-27 所示。

管材的弯曲变形程度，取决于相对弯曲半径 ρ/D 和相对厚度 t/D（ρ 为管材断面中心层率曲半径，D 为管材外径，t 为管材壁厚）的数值大小，ρ/D 和 t/D 值越小，表示弯曲变形程度越大

（即 ρ/D 和 t/D 过小），弯曲中性层的外侧管壁会产生过渡变薄，甚至导致破裂；最内侧管壁将增厚，甚至失稳起皱。同时，随着变形程度的增加，断面畸变（扁化）也愈加严重。因此，为保证管材的成形质量，必须控制变形程度在许可的范围内。管材弯曲的允许变形程度，称为弯曲成形极限。管材的弯曲成形极限不仅取决于材料的力学性能及弯曲方法，而且还应考虑管件的使用要求。

对于一般用途的弯曲件，只要求管材弯曲变形区外侧断面上离中性层最远的位置所产生的最大伸长应变 ε_{max} 不超过材料塑性所允许的极限值作为定义成形极限的条件。即以管件弯曲变形区外侧的外表层保证不裂的情况下，能弯成零件的内侧的极限弯曲半径 r_{min}，作为管件弯曲的成形极限。r_{min} 与材料力学性能、管件结构尺寸、弯曲加工方法等因素有关。管坯常用钢、铜、铝等管材。

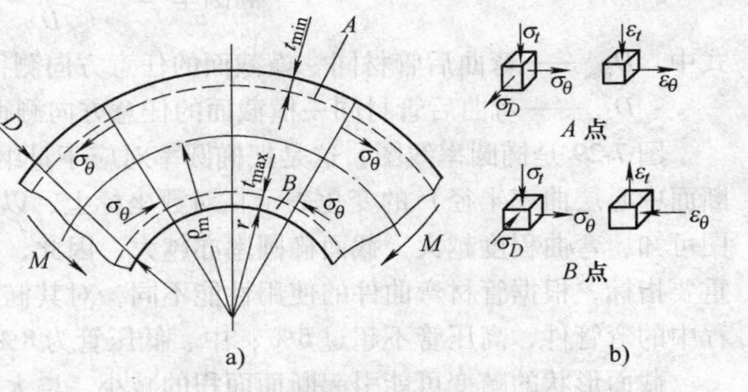

图 7-27　管材弯曲受力及其应力应变状况

a) 受力状态　b) 应力应变状态

不同弯曲加工方式的最小弯曲半径见表 7-2。

表 7-2　管材弯曲时的最小弯曲半径

弯 曲 方 法	最小弯曲半径 r_{min}	弯 曲 方 法	最小弯曲半径 r_{min}
压弯	$(3\sim5)D$	滚弯	$6D$
绕弯	$(2\sim2.5)D$	推弯	$(2.5\sim3)D$

注：D 为管材外径（mm）。

钢管和铝管的最小弯曲半径见表 7-3。

表 7-3　钢管和铝管的最小弯曲半径　（单位：mm）

管 材 外 径	4	6	8	10	12	14	16	18	20	22
最小弯曲半径 r_{min}	8	12	16	20	28	32	40	45	50	56
管 材 外 径	24	28	30	32	35	38	40	44	48	50
最小弯曲半径 r_{min}	68	84	90	96	105	114	120	132	144	150

二、管材截面形状畸变及其防止

管材弯曲时，难免产生截面形状的畸变，在中性层外侧的材料受切向拉伸应力，使管壁减薄；中性层内侧的材料受切向压缩应力，使管壁增厚。因位于弯曲变形区最外侧和最内侧的材料受切向应力最大，故其管壁厚度的变化也最大，如图 7-28 所示。在有填充物或芯棒的弯曲中，

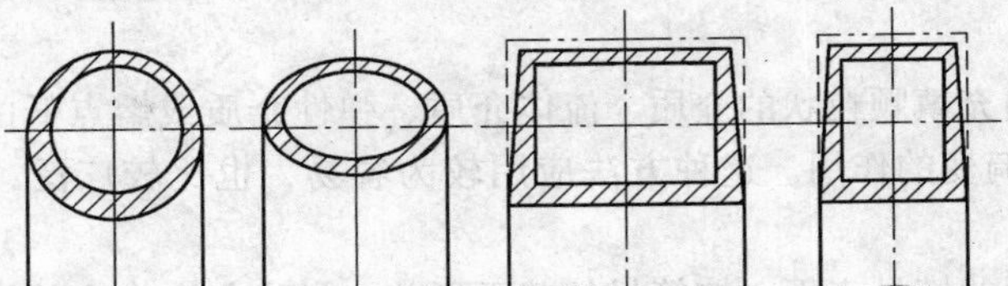

图 7-28　管材弯曲后的截面形状

截面基本上能保持圆形，但壁厚产生了变化，在无支撑的自由弯曲中，不论是内侧还是外侧圆管截面变成了椭圆，如图 7-28a、图 7-28b 所示，且当弯曲变形程度增大（即弯曲半径减小）时，会导致内侧失稳起皱；方管在有支撑的弯曲中，如图 7-28c、图 7-28d，截面变成梯形。

关于圆管截面的变化情况，在生产中常用椭圆率来衡量

$$椭圆率 = \frac{D_{max} - D_{min}}{D} \times 100\% \tag{7-21}$$

式中　D_{max}——弯曲后管材同一横截面的任意方向测得的最大外径尺寸；

D_{min}——弯曲后管材同一横截面的任意方向测得的最小外径尺寸。

图 7-29 是椭圆率线图，这是把椭圆率对应于量纲为一的曲率 R/ρ（R 为管外半径，ρ 为弯曲断面中心层曲率半径）的变化表示在对数坐标上，以比值 t/R 作为参变量的直线族来表示的。由图可知，弯曲程度越大，截面椭圆率亦越大，因此，生产中常用椭圆率作为检验弯管质量的一项重要指标，根据管材弯曲件的使用性能不同，对其椭圆率的要求也不相同。例如用于工业管道工程中的弯管件，高压管不超过 5%；中、低压管为 8%；铝管为 9%；铜合金、铝合金管为 8%。

截面形状的畸变可能引起断面面积的减小，增大流体流动的阻力，也会影响管件在结构中功能效果。因此，在管件的弯曲加工中，必须采取措施将畸变量控制在要求的范围内。

防止截面形状畸变的有效办法有：

1）在弯曲变形区用芯棒支撑断面，以防止断面畸变。对于不同的弯曲工艺，应采用不同类型的芯棒。压弯和绕弯时，多采用刚性芯棒，芯棒的头部呈半球形或其他曲面形状。弯曲时是否需要芯棒，用何种芯棒，可由图 7-30、图 7-31 确定。

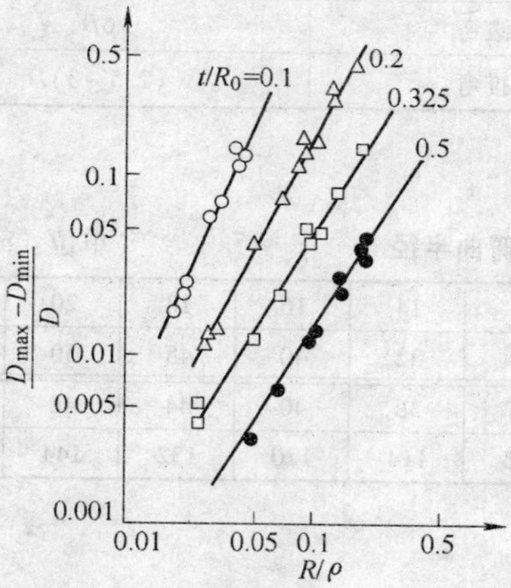

图 7-29　椭圆率

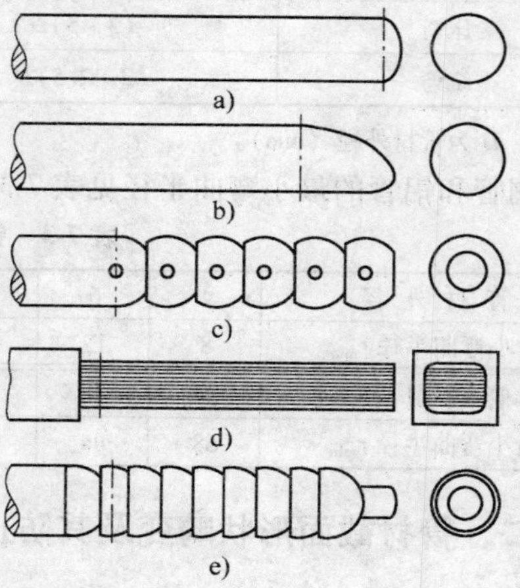

图 7-30　芯棒的结构形式

a）柱形芯棒　b）成形的　c）链节球状　d）叠层的　e）带钢缆球状

2）在弯曲管坯内充填颗粒状的介质、流体介质、弹性介质或熔点低的合金等，也可以代替芯棒，防止断面形状畸变的作用。这种方法应用较为容易，也比较广泛，多用于中小批量的生产。

3）在与管材接触的模具表面，按管材的截面形状，做成与之吻合的沟槽减小接触面上的压力，以阻断断面的歪扭，这是一个相当有效的防止断面形状畸变的措施。

4）利用反变形法控制管材截面变化，如图 7-32 所示，这种方法常用于在弯管机上的无芯弯管工艺，其特点是结构简单，所以应用广泛。

采用反变形法进行无芯弯管，即是管坯在预先给定以一定量的反向变形，则在弯曲后，由于不同方向变形的相互抵消，使管坯截面基本上保持圆形，以满足椭圆度的要求，从而保证弯管质量。

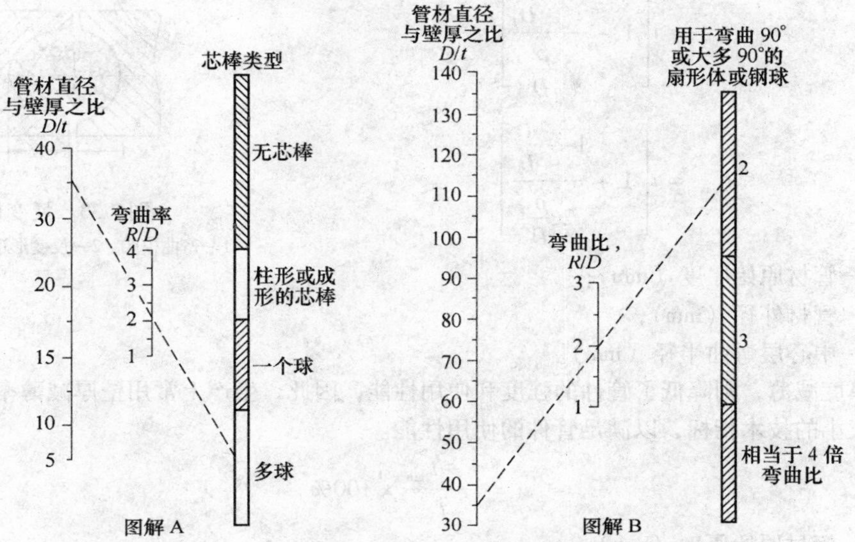

图 7-31　选用芯棒线图

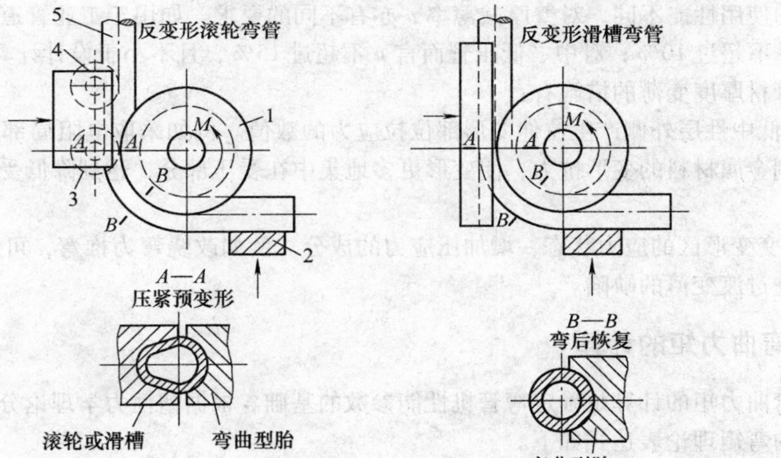

图 7-32　无芯弯管示意图

1—弯曲模胎　2—夹持块　3—辊轮　4—导向轮　5—管坯

反变形槽断面形状如图 7-33，反变形槽尺寸与相对弯曲半径 ρ/D（ρ 为中心层曲率半径，D 为管坯外径）有关，可见表 7-4。

表 7-4　反变形槽的尺寸

相对弯曲半径 ρ/D	R_1	R_2	R_3	H
1.5 ~2	0.5D	0.95D	0.37D	0.56D
>2 ~3.5	0.5D	1.0D	0.4D	0.545D
≥3.5	0.5D	—	0.5D	0.5D

管材厚度的变化，主要取决于管材的相对弯曲半径ρ/D和相对厚度t/D。在生产中，弯曲外侧的最小壁厚t_{min}和内侧的最大壁厚t_{max}，通常可用下式作估算

$$t_{min}=t\left[1-\frac{1-\frac{t}{D}}{2\frac{\rho}{D}}\right]$$

$$t_{max}=t\left[1+\frac{1-\frac{t}{D}}{2\frac{\rho}{D}}\right]$$

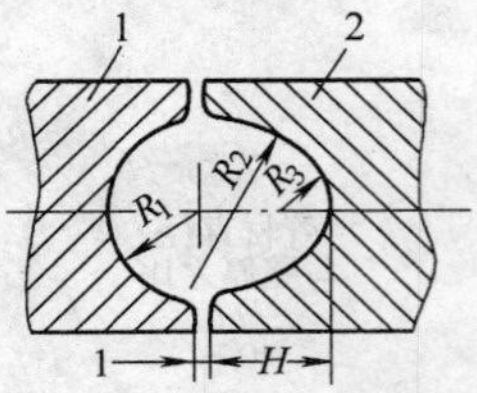

图7-33　反变形槽

1—弯曲模胎　2—反变形辊轮（或滑槽）

式中　t——管材原始厚度（mm）；

D——管材外径（mm）；

ρ——中心层弯曲半径（mm）。

管材厚度减薄，则降低了管件的强度和使用性能，因此，生产上常用壁厚减薄率ν作为衡量壁厚变化大小的技术指标，以满足管件的使用性能。

$$\nu=\frac{t-t_{min}}{t}\times 100\% \tag{7-22}$$

式中　t——管材原始厚度（mm）；

t_{min}——管材弯曲后最小壁厚（mm）。

管材的使用性能不同，对壁厚减薄率ν亦有不同的要求。如用于工业管道工程的管件，对高压管而言ν不超过10%；对中、低压管而言ν不超过15%，且不小于设计计算壁厚。

减小管材厚度变薄的措施有：

1）降低中性层外侧产生拉伸变形部位拉应力的数值。例如采取电阻局部加热的方法，降低中性层内侧金属材料的变形抗力，使变形更多地集中在受压部分，达到降低受拉部分应力水平的目的。

2）改变变形区的应力状态，增加压应力的成分。例如改绕弯为推弯，可以大幅度地从根本上克服管壁过渡变薄的缺陷。

三、弯曲力矩的计算

管材弯曲力矩的计算是确定弯管机性能参数的基础。根据塑性力学理论分析，推导出管材均匀弯曲时的弯矩理论表达式如下。

管材弯曲力矩

$$M=\frac{8\sigma_s tr^2}{\sqrt{3}}+\frac{4\pi Btr^2}{3\rho}$$

式中　σ_s——屈服应力；

t——管壁厚度；

r——管材内弯半径；

B——应变刚模数；

ρ——弯曲中性层曲率半径。

实际上管材弯曲时的弯矩、不仅取决于管材的性能、截面形状及尺寸、弯曲半径等参数，同时还与弯曲方法、使用的模具结构等有很大关系。因此，目前还不可能将诸多因素都用计算公式表示出来，在生产中只能进行估算。

管材弯曲力矩可用下式估算

$$M = \mu W \sigma_b \sqrt[3]{\frac{D}{\rho}} \tag{7-23}$$

式中　D——管材外径；

σ_b——材料抗拉强度；

W——抗弯断面系数；

μ——考虑因摩擦而使弯矩增大的系数。

系数μ不是摩擦因数，其值取决于管材的表面状态，弯曲方式，尤其是取决于是否采用芯棒、芯棒的类型及形状，甚至有关芯棒的位置等多种因素。一般说来，采用刚性芯棒、不用润滑时，可取$\mu=5\sim8$；若用刚性的铰链式活动芯棒时，可取$\mu=3$。

第三节　管材翻卷成形

管材翻卷成形是从传统的冲压翻边、缩口工艺发展起来的特种成形工艺，它是通过模具对管件施加轴向压力使管材口部边沿产生局部弯曲的变形过程。利用此项技术制造零件具有工艺简单、工序少、成本低、质量好等一系列优点，甚至可以生产出用其他冲压方法难以得到的零件。此工艺已在汽车、航空航天等工业领域得到广泛应用。

管材翻转成形有两种基本方式，即外翻卷和内翻卷，如图7-34所示。

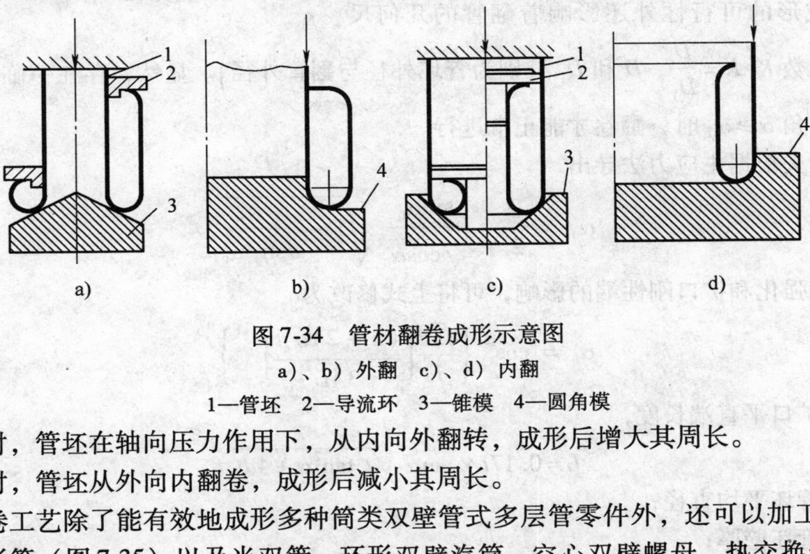

图7-34　管材翻卷成形示意图

a)、b) 外翻　c)、d) 内翻

1—管坯　2—导流环　3—锥模　4—圆角模

外翻卷时，管坯在轴向压力作用下，从内向外翻转，成形后增大其周长。

内翻卷时，管坯从外向内翻卷，成形后减小其周长。

利用翻卷工艺除了能有效地成形多种筒类双壁管式多层管零件外，还可以加工凸底杯形件、阶梯管、异形管（图7-35）以及半双管、环形双壁汽筒、空心双壁螺母、热交换器、汽车消声器、电子工业中的波导管等。目前上述零件一般采用多工步冲压和焊接方法加工，难度大，费用高，外观质量差。采用翻卷工艺可保证零件使用可靠性，轻量化，节省原材料。

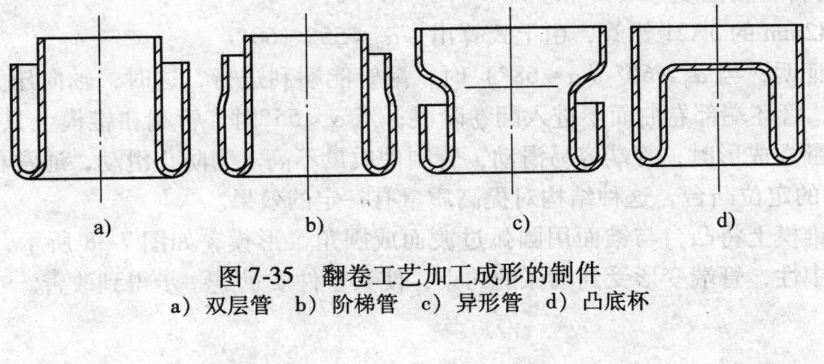

图7-35　翻卷工艺加工成形的制件

a) 双层管　b) 阶梯管　c) 异形管　d) 凸底杯

目前，根据资料，很多金属材料都可以在模具上以各种不同的翻卷方式成形，如铝合金、铜及铜合金、低碳钢、奥氏体不锈钢等，$\phi 10mm \times 1mm$ 到 $\phi 250mm \times 5mm$ 规格的管坯都可以成功地翻卷成双层管。

一、管材外翻卷成形

翻卷成形，较其他成形工艺而言，其变形过程更为复杂，它包括扩口、卷曲、翻卷几种变形过程及其相互转换。实现这种成形工艺的模具有多种，其中简单、常用的是锥形模和圆角模。

1. 锥形翻管模

锥形翻管模结构如图 7-36 所示，属于通用翻管模。这种模具结构简单，在一套模具上可成形不同规格的管材，这一点是在其他管材成形模具上很难做到的。另外作为精密管材翻卷成形的预成形工序，锥形模成形也得到广泛应用。

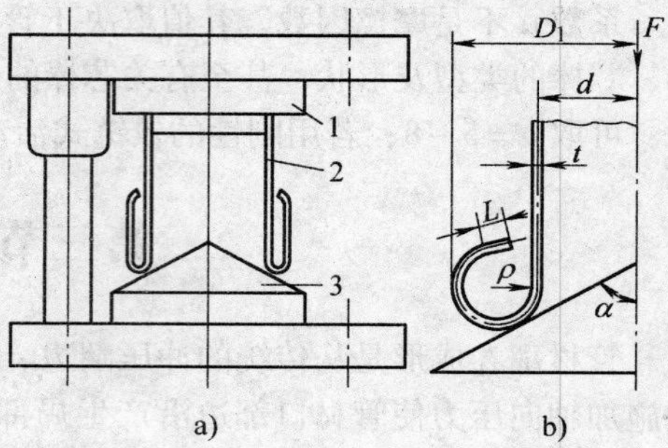

图 7-36 锥形翻管模

a）翻管模结构 b）锥形翻管工艺参数

1—压头 2—管坯 3—锥模

翻管时，管坯的一端置于锥模上，另一端由压力机滑块施加轴向压力，以实现管坯翻卷。设计这种模具时，模具的半锥角 α 是最关键的参数，α 的大小除了决定翻管成形的可行性外还影响着翻管的几何尺寸，即翻管系数 $K\left(K=\dfrac{D}{D_1}\right.$，$D$ 和 D_1 分别为管坯外径与翻管外径$\left.\right)$。显然，存在一临界半锥角 α_0，当模具的半锥角 $\alpha \geqslant \alpha_0$ 时，翻卷才能正常进行。

戈尔布诺夫根据主应力法导出

$$\alpha_0 = \frac{\pi}{2} - \frac{\sin\alpha_0}{\sqrt{\cos\alpha_0}}\sqrt{1-\frac{t}{d\sin^2\alpha_0}}$$

考虑材料强化和扩口刚性端的影响，可将上式修改为

$$\alpha_0 = \cos^{-1}\left\{\frac{\sqrt{3}d}{L}\left[\frac{(n+2)\sigma_s t}{3AL}\right]^{n+1}\right\} \tag{7-24}$$

式中 L——扩口平直端长度，

$$L = 0.17t \times \tan\alpha \sqrt{t^2\tan^2\alpha + 4dt}$$

d——管坯平均直径；

t——管坯壁厚；

n——材料硬化指数；

A——材料强化系数；

σ_s——材料屈服强度。

对于 $D=42mm$ 的 3A21 铝管，由上式算出，$\alpha_0 = 55° \sim 60°$。

通过实验证明，当 $\alpha_0 \geqslant 60°$（$\alpha \approx 68°$）时，翻管能顺利进行，这时，轴向压力为最小；当 $\alpha = 55° \sim 60°$时，管坯端部卷曲而不进入翻卷阶段；当 $\alpha < 55°$时，管端在锥模上只扩口而不卷曲。在通用锥模上翻卷成形时，管端容易滑动，管制件质量不高。为防止滑动，通常在锥模上设计成如图 7-37 所示的定位凸台，这种结构对提高质量有一定的效果。

若在凸台锥模上将凸台与锥面用圆弧过渡而成圆角锥形模，如图 7-38 所示，由于提高了管坯与锥模的对中性，管端变形受到圆弧的约束，使其管件质量进一步得到改善。

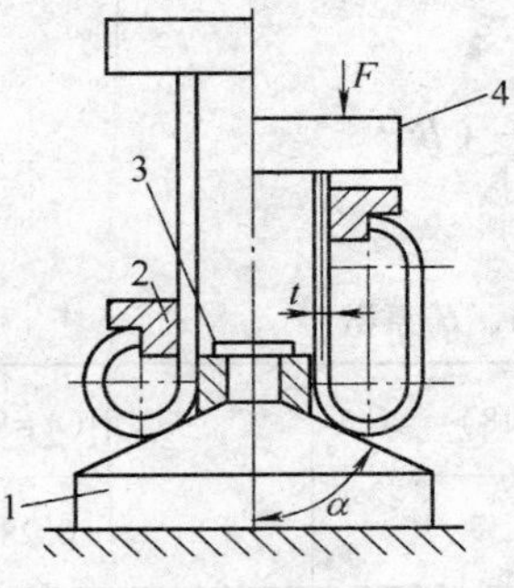

图 7-37 有凸台的锥形模

1—锥模 2—导流环 3—定位凸台 4—压头

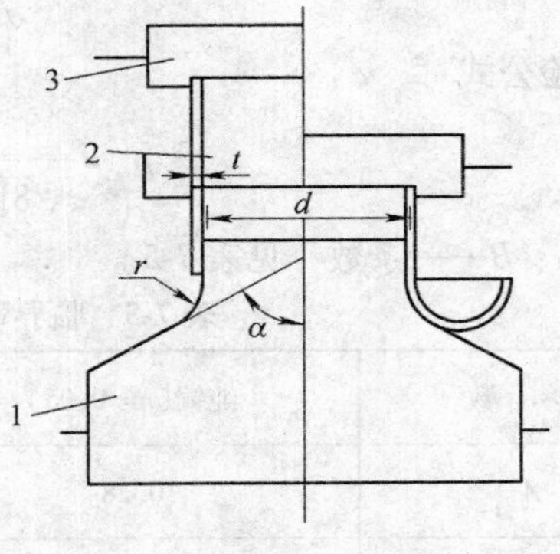

图 7-38 圆角锥形模

1—锥模 2—管坯 3—压头

在锥模设计中，模具半锥角 α 的大小，不仅决定翻卷成形的可能性，还影响翻管件的几何尺寸，有许多学者对此进行了研究，从理论上推导出了临界半锥角 α_0（$=55°\sim60°$），也有学者提出 $\alpha_0=52°\sim60°$，他们提出的半锥角数值非常接近。由此证明，锥模翻卷成形中临界半锥角确实存在，设计锥模时，必须满足 $\alpha\geqslant\alpha_0$。

实验证实，当 $\alpha\geqslant60°$时，管端发生翻卷成形，否则，不能顺利实现管材的翻卷。

对图 7-38 所示的圆角锥形模结构，因其锥面与定位凸台之间的圆弧过渡区，这种模具的主要工艺参数除半锥角 α 外，还有圆角半径 r。管坯在轴向压力作用下，管口端在锥台圆弧部分形成的入模弯曲半径，记作 ρ_0，称为弯曲半径。

学者 Manabe 和 Nishimura 研究发现，ρ_0 与 α 存在一定关系。在圆角锥形模成形时，弯曲半径 ρ_0 用量纲为一的 $\bar{\rho}_0$（$=\rho_0/\sqrt{dt}$）可得

$$\bar{\rho}_0=\frac{\rho_0}{\sqrt{dt}}=\frac{1}{\sqrt{8(1-\cos\alpha)}} \tag{7-25}$$

式中 d 和 t——管坯的中径与壁厚。

由式（7-25）得知，$\bar{\rho}_0$ 随着半锥角 α 的增加而减少，即随着 α 的增加，管坯末端趋向于卷曲。如果卷曲的发生条件取决于弯曲半径 ρ_0，那么就存在一个临界弯曲半径 ρ_m。从而可以推断当入模弯曲半径 $\rho_0>\rho_m$ 时，管坯末端紧贴模具锥面扩口，反之，若 $\rho_0\leqslant\rho_m$，则管端与模具锥面分离，并进行翻卷（图 7-39）。

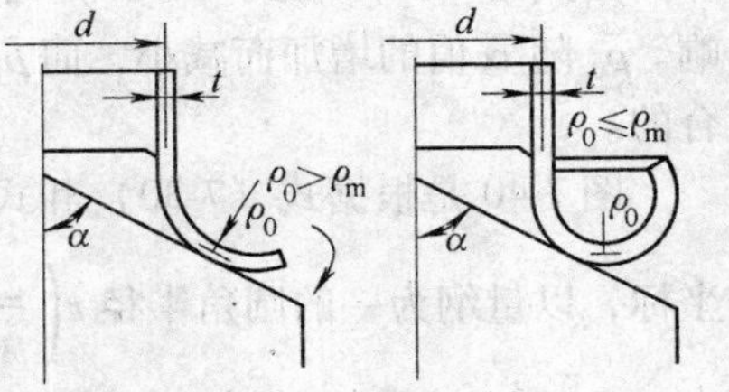

图 7-39 扩口和卷曲模型

a）扩口 b）卷曲

实验得知，临界弯曲半径 ρ_m 是随 α 的增加而增大的，ρ_m 的数值大小与管坯材料和润滑条件的关系不大。管坯的临界弯曲半径 ρ_m 与之对应的锥模圆角半径 r_m 之关系为

$$\rho_m=r_m-\frac{t}{2} \tag{7-26}$$

实验和理论解析结果表明，圆角锥形模的圆角半径 r 和半锥角 α 是划分扩口和卷曲成形的两个重要工艺参数。

理论推导出

$$\bar{\rho}_m = \frac{1}{\sqrt{8[2\cos\alpha - (\pi - 2a)\sin a]}} \tag{7-27}$$

实验公式

$$\bar{\rho}_m = \frac{A}{\sqrt{8[2\cos\alpha - (\pi - 2a)\sin a]}} + B \tag{7-28}$$

式中　A、B——系数，见表7-5。

表7-5　临界弯曲半径实验公式中的A、B系数

系　数	纯铜($n=0.05$)	黄铜($n=0.18$)	碳钢($n=0.05$)
A	0.28	0.27	0.28
B	0.35	0.35	0.34

将式（7-28）代入式（7-26）可得

$$\bar{r}_m = \bar{\rho}_m + \frac{\sqrt{\frac{t}{d}}}{2} = \frac{A}{\sqrt{8[2\cos\alpha - (\pi - 2a)\sin\alpha]}} + B + \frac{\sqrt{\frac{t}{d}}}{2} \tag{7-29}$$

$\left(\bar{r}_m \text{是对应于} \bar{\rho}_m \text{的锥模临界圆角半径}, \bar{r}_m = \frac{r_m}{\sqrt{dt}}\right)$

同理，由式（7-25）可得

$$\bar{r}_0 = \bar{\rho}_0 + \frac{\sqrt{\frac{t}{d}}}{2} = \frac{1}{\sqrt{8[1-\cos\alpha]}} + \frac{\sqrt{\frac{t}{d}}}{2} \tag{7-30}$$

$\left(\bar{r}_0 \text{是对应于} \bar{\rho}_0 \text{的锥模临界圆角半径}, \bar{r}_0 = \frac{r_0}{\sqrt{dt}}\right)$

由式（7-25）和式（7-27）可以看出：在圆角锥形模上翻卷时，半锥角α对$\bar{\rho}_0$和$\bar{\rho}_m$的影响。$\bar{\rho}_0$随α值的增加而减小，而$\bar{\rho}_m$随α值的增加而增大，从而证实了理论分析与实证结果是吻合的。

图7-40是根据式（7-30）和式（7-29）作出的曲线图。图中以圆角锥形模的半锥角α为横坐标，以量纲为一的圆角半径$\bar{r}\left(=\frac{r}{\sqrt{dt}}\right)$为纵坐标。图中两条曲线分别表示量纲为一的临界弯曲半径$\bar{\rho}_m$所对应的模具圆角半径$\bar{r}_m$的曲线和量纲为一的弯曲半径$\bar{\rho}_0$所对应的模具圆角半径$\bar{r}_0$的曲线。这两条曲线交于点B，表示弯曲半径$\bar{\rho}_0$与临界弯曲半径$\bar{\rho}_m$在B点相等，即$\rho_0=\rho_m$；BC段在r_m曲线之下，表明该区域$\rho_0 \leqslant \rho_m$，管端能进行卷曲成形。交点B在横坐标上的投影S点，为α_s（$\alpha_s=52°$），若$\alpha<\alpha_s$时管端只能扩口，不能卷曲；当$\alpha_s \leqslant \alpha \leqslant 90°$时，扩口与卷曲都可能发生。当$\alpha=90°$时，临界弯曲半径$\rho_m$变为无限大，圆角锥形模变成了圆角模，只能发生卷曲成形。

曲线ABS是管坯末端在圆角锥形模上翻卷成形方式的分界线，ABS曲线的左侧，管坯只能扩口变形，在其右侧，管坯端部可进行卷曲或翻卷变形，该区域对管材翻卷成形有意义。前面推导的公式及图7-40可作为设计圆角锥形模时确定工艺参数的参考依据，亦可供设计圆角模时参考。

2. 圆角模翻管

由于锥模翻管管端容易滑动，造成翻卷成形部分与原始管坯不同轴和翻卷发生轴向弯曲，很难得到满足装配要求质量的双层翻管零件，于是在锥模的基础上又出现了圆角翻管模。

圆角翻管模是利用模具工作部分为半径 r 的圆环强迫轴向受压的管端沿作圆弧变形来得到翻管。图 7-41 是厚度为 t，平均直径为 d 的管坯在半径为 r 的圆角模上翻卷的示意图，管坯在轴向载荷作用下，管端沿模具的圆弧卷曲而向上翻卷得到直径为 D_1 的翻卷管件。

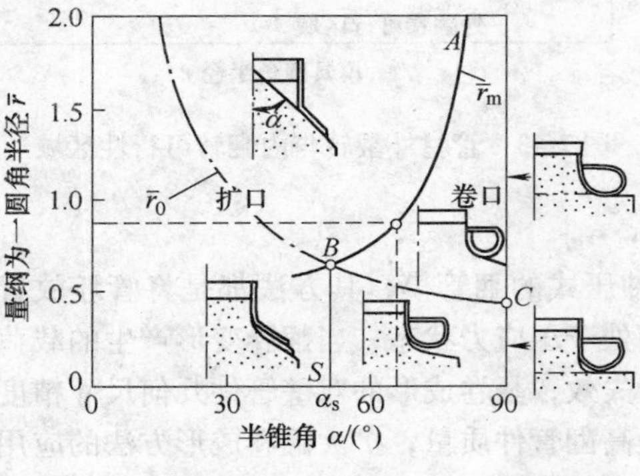

图 7-40　圆角锥形模上管端扩口与卷曲成形区划

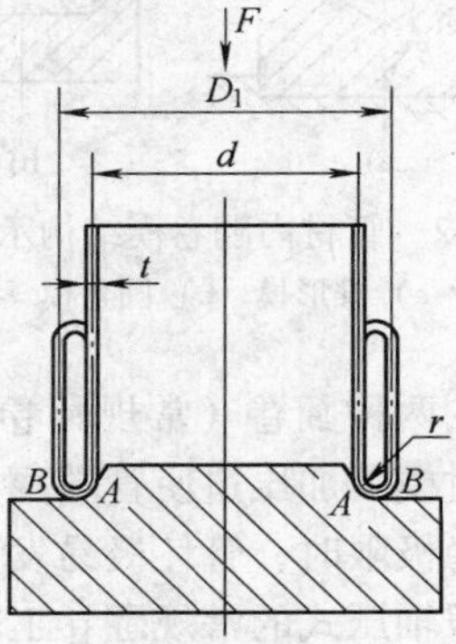

图 7-41　圆角模翻管示意图

设计圆角翻管模最重要的参数是模具的圆角半径 r，它既决定翻管件的几何尺寸，也影响翻管力的大小。

对于 ϕ42mm×1mm 的 3A21 退火铝管，由理论分析和实验结果得知，翻管失稳的临界模具圆角半径（最小圆角半径）约为 2mm；最佳圆角半径约为 3mm；最大圆角半径为 4mm。

由此表明，轴向载荷作用下的翻管的稳定性及翻管质量取决于模具圆角半径 r。当 r 小于某一临界值时，管端不沿模具圆弧而卷曲；当 r 过大时，则管端发生破裂而无法顺利翻管。r 只有在适当范围内才能实现翻管成形。

二、管材内翻卷成形

同管材的外翻卷成形一样，管材内翻卷也可在锥形模和圆角模上进行，如图 7-42 所示，与其他塑性成形工艺相比，容易出现失稳。由于内翻卷时，变形后管径变小，管壁增厚，翻管力变大，对翻卷成形带来困难。

根据理论计算与实践，翻管锥模的临界半锥角 $\beta \geqslant 120°$ 时，翻卷过程能顺利进行，在生产中 β 通常取值为 120°～125°。$r_p \approx 4$mm。

管材翻卷工艺只有在翻卷所需载荷小于轴向失稳极限时才能发生，由于翻卷成形载荷很大程度上取决于模具的几何参数，就圆角模而论，取决于圆角半径 r，故可确定一个翻卷成形的可行性区域，如图 7-43 所示。

由图 7-43 可以看出，内翻卷的区域很小，而翻卷载荷比外翻卷的载荷在数值上要高，几乎高 50%。现有资料表明，国内外已从理论和实践上研究了外翻卷成形的最佳工艺参数，并发现了完成翻转成形所需的轴向压应力最小的管材内径、外径与壁厚之间的关系。

管材外翻时，壁厚的变化不明显，而内翻时，由于周向的压应力使模具圆角处的壁厚不断增厚直至达到一恒定值，可为原始厚度的 1.5 倍。所以要完成其内翻成形，就需要更大的轴向载荷。

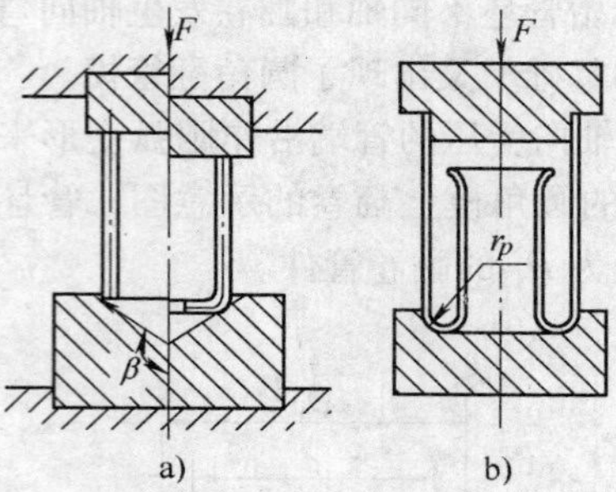

图 7-42 管材内翻卷模结构示意图

a）锥形模 b）圆角模

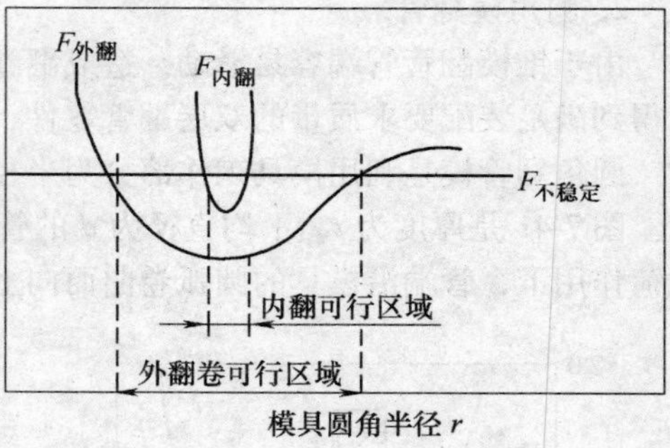

图 7-43 管材外翻转与内翻转可行性区域

在前述的两种翻卷（常规翻卷）工艺中，都是轴压式的翻管模，其方法都是将管坯放置于模具上，通过模具加压迫使管端翻卷。由于管坯轴向处于压应力状态，当翻卷变形产生的载荷大于轴向的失稳极限时，管坯极易发生失稳，使其翻管失效，翻卷成形的双壁管件几何尺寸精度不高。为了克服轴压式的常规翻卷工艺的不足之处，提高翻管件质量，扩大翻卷成形方法的应用范围，相继出现了如差温翻卷模、拉应力翻卷模、拉伸翻管模及拉压翻管模等非常规翻管工艺及其模具。

三、非常规翻卷成形

1. 差温翻卷成形

图 7-44 所示为差温翻卷槽形模。管坯变形部分能与模具槽面接触，整个管材与模具圆弧面间的摩擦力增大，容易导致管坯失稳，常用的解决办法是采用提高型面的光洁程度，搞好润滑，在模具上放置加热器，对管材变形部分进行软化等措施。

圆槽模圆槽半径 r 可按经验公式计算

$$0.9\sqrt{\frac{dt}{8}} \leqslant r \leqslant 0.9\sqrt{\frac{dt}{4}}+\frac{t}{2} \tag{7-31}$$

式中 d——管坯中径（mm）；

t——管坯料厚（mm）。

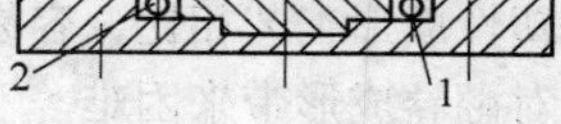

图 7-44 外翻管槽形模

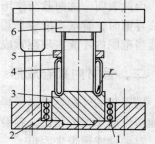

1—加热元件 2—绝缘材料 3—凹模 4—管坯 5—导流环 6—凸模

图 7-45 所示为差温内翻圆槽模。这种模具结构特点是在圆槽部分管材变形区设置加热器，而在起支撑作用的筒壁部分则进行冷却，特别适合于塑性差或强度低的管材翻管。因为它在提高变形区塑性，降低其硬度的同时，又提高了管坯壁部的强度，既降低了变形抗力，又提高了管壁成形的稳定性，以利于翻管的实现。

2. 拉应力翻卷成形

拉应力翻卷成形的特点是在管材内翻卷成形的第一阶段停止翻卷，并给翻出的边缘以反向弯曲，使其转向内腔外侧，然后通过凸模作用于内壁反弯曲边缘上的拉力使其管坯内翻卷成形，而不是以作用于外壁的轴向压力而翻卷成形，使其轴向压应力降低，这种工艺能得到更大的内壁高度，恒定的壁厚以及更高的产品精度。

拉应力翻卷成形法拓宽了内翻卷成形工艺应用范围，如生产管接头、滚动轴承座及其他，如图 7-46 所示。

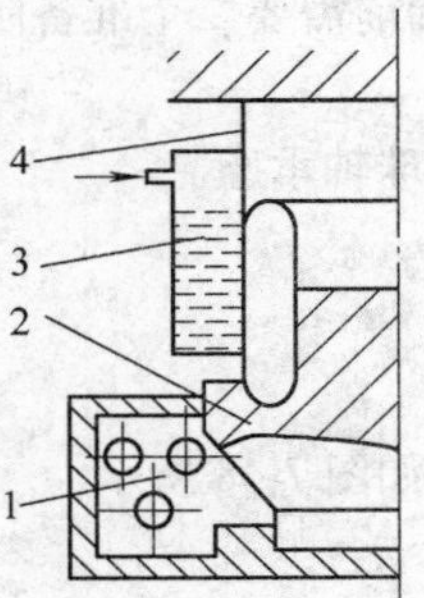

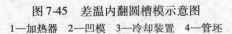

图 7-45 差温内翻圆槽模示意图
1—加热器 2—凹模 3—冷却装置 4—管坯

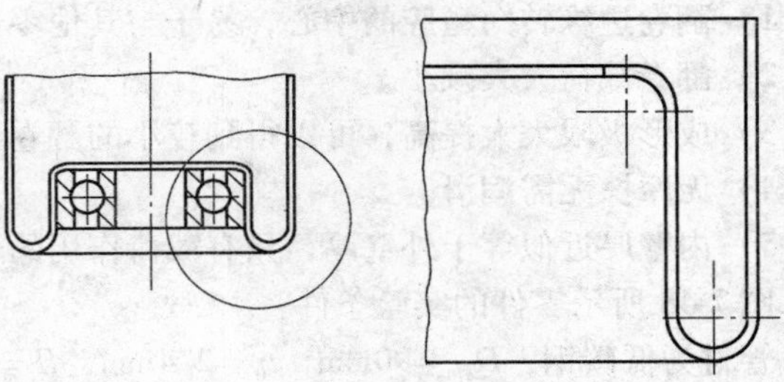

图 7-46 内翻卷成形工艺在生产轴承座上的应用

拉应力翻卷成形法可分三步进行，如图 7-47 所示。

第一步（图 7-47a），传统的内翻卷，在管端边缘离开圆角模的四分之一时卷边结束，这时管子边缘与模具内壁之间的距离将形成最终产品的径向支撑，必须等于要求的宽度。

第二步（图 7-47b），平底凸模下行，迫使管材边缘翻边（与板料的孔翻边相似），其凸模与内翻模的间隙按管材壁厚而定（管材内翻卷壁厚略有增厚）。

第三步（图 7-47c、图 7-47d），成形凸模上升，使管材边缘向内翻卷，从而在成形凸模推动下，生成第二层管壁。由图可见，成形凸模是用作用于管边缘的拉应力，而不是用作用于整个管子上的压应力进行翻卷的，模具与变形材料之间没有相对滑动，并且成形载荷间保持一段距离，从而减小了管材传力区上的轴向压应力，从而避免了失稳的出现。

所以，拉应力翻卷在选择翻卷半径有更大的自由度，而翻卷半径在传统加工工艺中是一个重要的工艺参数，如图 7-43 所示。

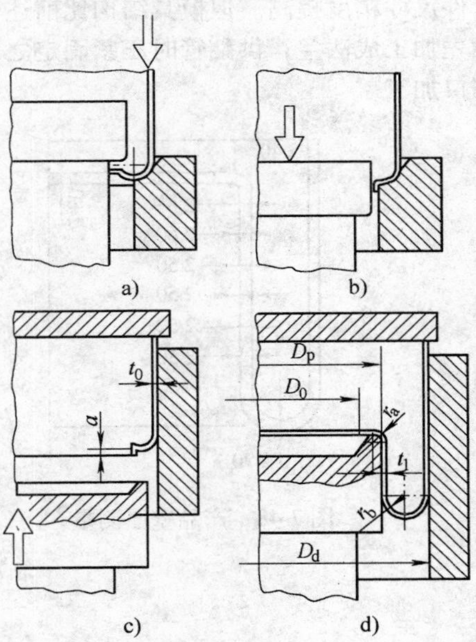

图 7-47 拉应力翻卷成形工艺
（改进的内翻成形工艺）

该工艺能顺利进行的条件

$$F_{翻孔} \geqslant F_{翻卷} \tag{7-32}$$

翻孔力包括三项（图 7-47d）：半径 r_b 处，使材料发生塑性变形的载荷；克服凸模圆角 r_a 处凸模与管子边缘间的摩擦力所需载荷；使边缘材料从径向到轴向位置的弯曲和反弯曲所需载荷。在解析式中，用 σ_1 表示内壁变形应力。

则
$$F_{翻孔} = \sigma_1\left[2\pi\left(\frac{D_p}{2}+\frac{t_1}{z}\right)t_1\frac{2(D_p-D_0)}{3D_p+D_0}e^{\mu\frac{\pi}{2}}+\frac{\pi D_p t_1^2}{2r_a}\right] \tag{7-33}$$

翻卷成形包括二项，材料翻卷到不同（曲率）半径位置所需载荷和变形区开始到结束处时弯曲及反弯曲所需载荷。在解析中用 σ_0 表示外壁的变形应力，σ_m 表示变形区平均塑变应力。

则
$$F_{翻卷} = \sigma_m \pi D_d t_0 + \frac{\pi}{2r_b}\left[\sigma_0 t_0^2\left(D_d-\frac{t_0}{2}\right)+\sigma_1 t_1^2\left(\frac{D_p}{2}+\frac{t_1}{2}\right)\right] \tag{7-34}$$

结论：

管材拉应力内翻卷成形方法，经过实验证实，虽然在翻卷开始前需要二个准备阶段和必要时进行再结晶退火，但比起传统翻卷工艺来有如下优点：

1） 翻卷边缘转向型腔的中心，易于与其他零部件配合，如滚珠轴承座。

2） 翻卷载荷大大减小。

3） 成形极限大大提高，可以得到较小的翻卷半径 r_b 的产品。

4） 无摩擦无需润滑。

5） 内壁厚近似等于外壁厚，只有载荷作用的边缘稍有增厚，如图 7-48 所示。

图 7-48 所示零件的实验条件：

管材为低碳钢，$D_{外}=90\text{mm}$，$t_0=2.4\text{mm}$，$H=150\text{mm}$。

凹模直径（图 7-47d），$D_d=97\text{mm}$。

凸模直径（图 7-47d），$D_p=72\text{mm}$。

6） 由于无摩擦以及凸、凹模对零件壁的双重约束，故零件具有较高的尺寸精度（图 7-46d）。

3. 拉深翻卷成形

拉深翻管成形也可以分为外翻与内翻两种，如图 7-49 所示。

这种模具的特点是将管坯处于轴向压力下的成形变为拉深环约束下的翻卷成形，这样能使翻管件尺寸精度提高。但模具结构比前述模具复杂，加工费用要高，且在翻管前，管坯的端口部要预先加工成法兰，供翻管时压紧固定之用。一般外翻卷，管端法兰用扩口翻边得到，内翻卷时用缩口加工。

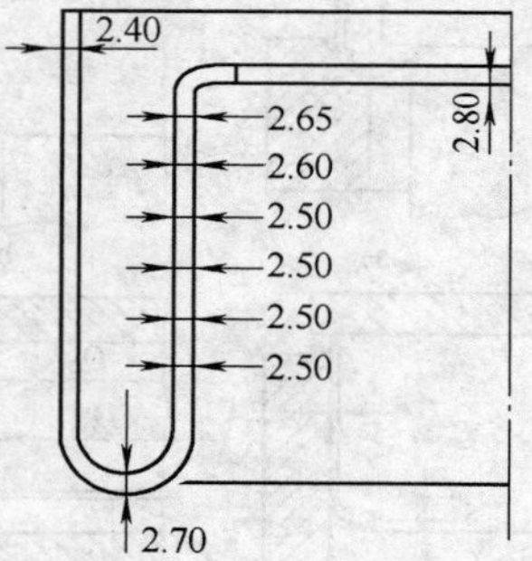

图 7-48　产品壁厚测量

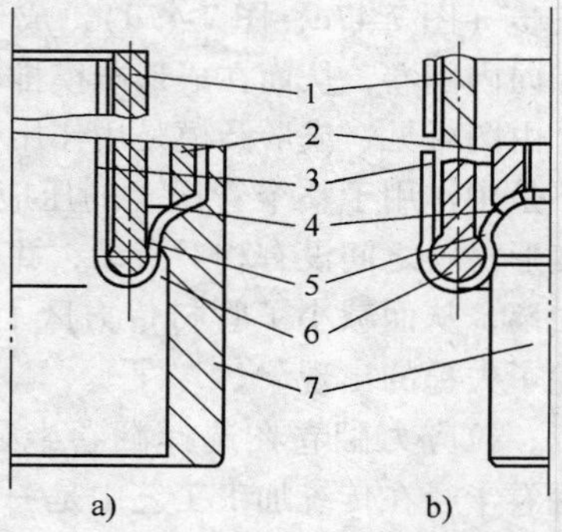

图 7-49　拉深翻管模示意图

1—拉深环　2—压边圈　3—管坯

4—压边部分　5—成形部分

6—拉伸围环工作表面

7—凸模或凹模装置

拉深环的工作部分尺寸，如图 7-50 所示。

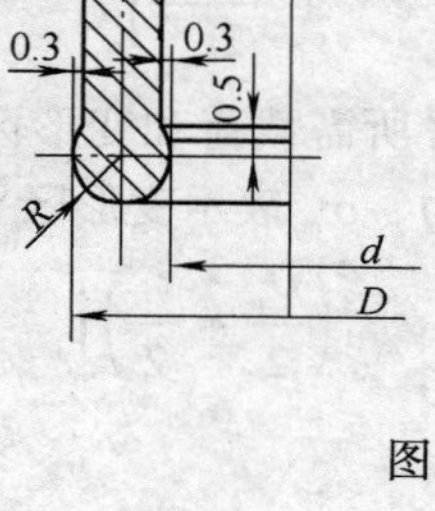

翻管方式	d/mm	D/mm	R/mm
外翻	$40.0^{+0.08}_{+0.05}$	44.0 48.0 52.0 } ±0.05	1.0 2.0 3.0
内翻	34.0 30.0 26.0 } ±0.05	$38.0^{-0.05}_{-0.08}$	1.0 2.0 3.0

模具材料:Cr12MoV 60～63HRC

图 7-50　拉深环工作部分尺寸

4. 拉压翻卷成形

拉压翻卷模能将拉卷成形（与反拉深相似）和压卷（内翻卷）成形的优点巧妙地结合起来，在一次行程中，制作出质量较高的长筒形件，成形过程如图 7-51 所示。

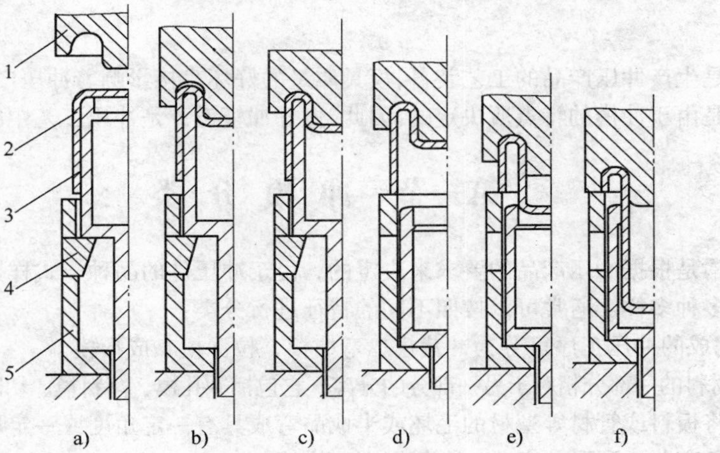

图 7-51　拉压翻卷模

a)、b)、c) 拉卷成形　d)、e)、f) 压卷成形

1—拉卷模（拉卷凸模、凹模结合）　2—圆筒形毛坯

3—卷压环（凸凹模）　4—限位器　5—支座

（1）第一阶段（拉卷成形）

1）开始将筒形件毛坯套在卷压环上，此时卷压环已被锁定。

2）拉卷模下行，将筒体毛坯在卷压环中进行反拉成形。此时，外侧筒壁不受力，内侧筒壁受拉力。随着拉卷模拉深高度的增加，成形载荷上升，筒底容易出现破裂。

3）拉卷模凹槽与筒壁材料、卷压环贴压在一起时（筒底拉裂之前），上模停止下行，拉卷成形结束。

（2）第二阶段（压卷成形）

1）此时卷压环被解锁退回，筒形件停靠在固定支座上。

2）上模继续下行，外侧筒壁受到轴向压力而进入内翻卷成形过程，此时，内侧筒壁不受拉应力作用，从而完全避免了筒底破裂的产生。

3）当上模停靠在支架（座）上时，整个成形过程结束。

从上述成形过程可知，模具的关键零件是上模（拉卷模）和卷压环。成形的第一阶段，拉卷模将筒体反拉得到一定深度（以筒底不开裂为限），凸模部分的长度是根据要求设定的，凹槽尺寸可参照槽形模确定。

对筒形件先进行拉深成形很重要，这不仅增加筒体件高度，还能控制筒体件底部的几何形状，提高了产品的质量。如果开始就进行内翻卷，筒底会产生畸变，最后要采用校形加工，消除其缺陷。第二阶段进行翻卷成形，使筒壁受力性质发生了改变，原受拉力的筒壁部分在压卷过程中不受力，避免了筒底拉裂，增大了一次变形程度。虽然外侧筒壁由不受力变为受轴向压应力，但这时由于相对高度减小，抗失稳能力增强，从而保证了翻卷成形稳定进行。再就是在筒体件的整个成形过程中，都受到必要的约束，保证了筒体件几何形状要求及尺寸精度的提高。

第八章 模具结构及设计

冲压模是是生产冲压产品的工艺装备，模具质量的好坏直接影响着冲压产品的质量，冲压加工的优势几乎都是由于冲模的特点所决定的，因此，做好冲模设计是冲压工艺中的一项关键工作。

第一节 冲 模 分 类

模具的结构是根据冲压产品的要求来决定的，由于冲压件的品种、式样繁多，导致冲模的种类和结构形式多种多样。通常可以按照不同的特征进行分类：

1）按所完成的冲压工序可分为冲裁模、弯曲模、拉深模、成形模。

冲裁模：材料的一部分相对于另一部分的分离，它包括冲孔模、落料模、切断模、修边模等。

弯曲模：将板料或管材等型材的毛坯或半成品弯成具有一定角度或一定形状制件的模具，如单角弯曲、双角弯曲、圆形件弯曲、带斜楔弯曲模等。

拉深模：将平板毛坯或开口空心毛坯成形为容器状制件的模具，如圆筒形件拉深模、盒形件拉深模等。

成形模：通过局部变形方式改变毛坯或制件形状，如翻边模、缩口模、扩口模等。

2）按完成冲压工序的数量及组合程度可以分为：单工序模、复合模、连续模。

单工序模：一般只有一对凸、凹模，在压力机的一次行程中只完成一道工序。

复合模：只有一个工位，在压力机的一次行程中，可完成两道或两道以上的工序。

连续模：模具在一次冲程中，在模具不同的位置上，同时完成两道以上的工序，这种模具又称级进模或跳步模、步进模。条料（带料）在逐次送进过程中逐步成形，它可以集几十道工序于一体。

单工序模、复合模和连续模的大致比较列于表 8-1。

表 8-1 单工序模、复合模和级进模的比较

比较项目	单工序模	复合模	级进模
冲压精度	一般较低	中高级精度	中高级精度
冲压生产率	较低，压力机一次行程内只完成一道工序。但在多工位压力机上使用多套模具时，生产率提高	较高，压力机一次行程内可完成二道以上工序	高，压力机一次行程内可能完成多道工序
实现操作机械化、自动化的可能性	较易，尤其适合于多工位压力机实现自动化	难，制造和废料排除复杂，只能在单机上实现部分机械操作	容易，尤其适合于在单机上实现自动化
生产通用性	好，适合于中小批量生产，及大型件的大量生产	较差，仅适合于大批量生产	较差，适合于中小型件的大批量生产
冲模制造复杂性和价格	结构简单，制造周期短，价格低	结构复杂，制造难度大，价格高	结构复杂，制造结构难度大，价格随工位数上升
模具安装、调整与操作	模具有导向时安装、调整方便	安装、调整较连续模容易，操作方便	安装、调整容易，操作简单
原材料要求	不严格	除条料外，小件可用边角料	条料或卷料

3）按导向方式可分为无导向的开式模、有导向的导板模、导柱模等。

4）按卸料方式可分为刚性卸料模、弹性卸料模等。

5）按送料出件及排除废料的方式可分为手动模、半自动模、自动模等。

6）按凸、凹模的材料可分为硬质合金模、锌基合金模、薄板模、钢带模、聚氨酯弹性体模等。

第二节　冲模的典型结构和特点

一、单工序模

（一）冲裁模

1. 落料模

图 8-1 是一套正装下顶出件的落料模，该模具冲出的工件表面平整，适合于材料厚度较薄的

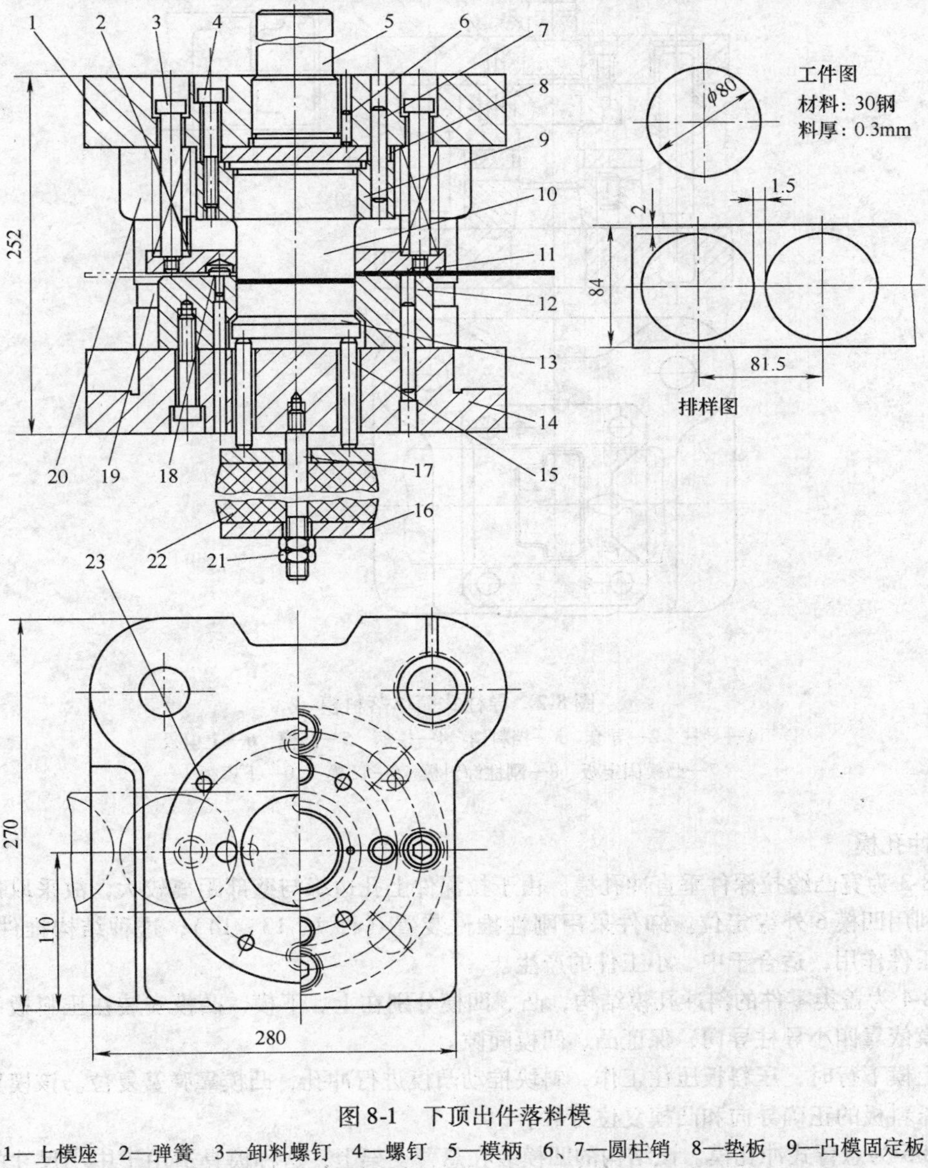

图 8-1　下顶出件落料模

1—上模座　2—弹簧　3—卸料螺钉　4—螺钉　5—模柄　6、7—圆柱销　8—垫板　9—凸模固定板　10—凸模　11—卸料板　12—凹模　13—顶件块　14—下模座　15—顶杆　16—托板　17—螺栓　18—挡料销　19—导柱　20—导套　21—螺母　22—聚氨酯弹性体　23—侧挡销

中小工件冲裁。模具采用导柱导套导向，故冲制的工件质量较高，模具寿命长，使用安装方便，适于成批大量生产。

图8-2为导柱式简单落料模。模具的上模主要由模柄4、上模板6、凸模5、凸模固定板7、导套2组成。下模主要由刚性卸料板8、凹模9、下模板10、拉料销3、导柱1组成。上下模利用导柱1、导套2的滑动配合导向。虽然采用导柱、导套导向会加大模具轮廓尺寸，使模具笨重，增加了成本，但导柱导套是圆柱形结构，制造并不复杂，容易达到高的导向精度，模具寿命长，更换安装方便，故在大量和成批生产中广泛采用导柱式冲裁模。

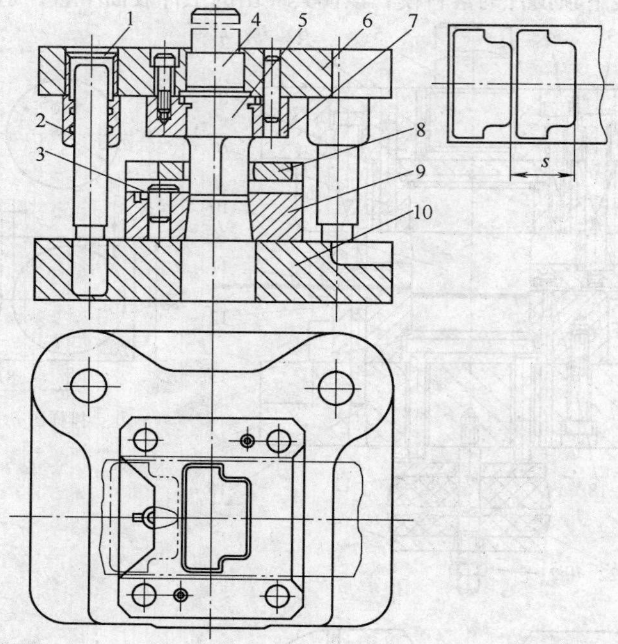

图8-2　导柱式简单落料模

1—导柱　2—导套　3—挡料销　4—模柄　5—凸模　6—上模板
7—凸模固定板　8—刚性卸料板　9—凹模　10—下模板

2. 冲孔模

图8-3为宽凸缘拉深件垂直冲孔模。由于拉深件上孔边缘与壁部距离较大，故采取口部向下放置，利用凹模6外缘定位。卸件采用刚性推件装置（件7、13、14），这种结构推件力较大，但不起压件作用，适合于中、小工件的产生。

图8-4为盖类零件的斜冲孔模结构，凸、凹模分别在上、下模，凸模安装在压料板中，压料板与下模依靠四小导柱导向，保证凸、凹模间隙。

当上模下行时，压料板压住工作，斜块推动凸模进行冲孔，凸模靠弹簧复位。该模具结构的关键是压料板的正确导向和凸模复位可靠。

图8-5为悬臂式冲孔模。该结构的凹模装在悬臂支架上，这种模具适用于中小尺寸的筒形件或盒形件的侧壁冲孔。这种模具结构简单，一般在小批或成批生产时采用。

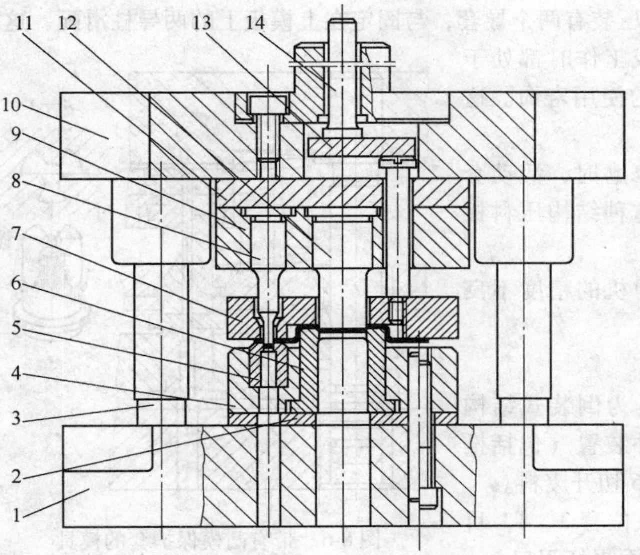

图 8-3　垂直冲孔模

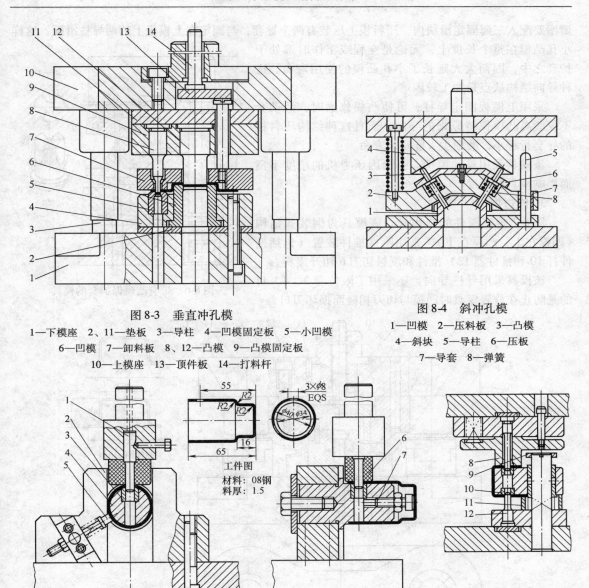

1—下模座　2、11—垫板　3—导柱　4—凹模固定板　5—小凹模　6—凹模　7—卸料板　8、12—凸模　9—凸模固定板　10—上模座　13—顶件板　14—打料杆

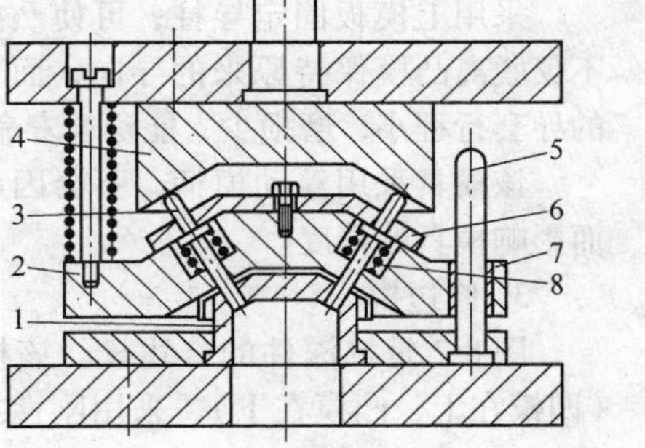

图 8-4　斜冲孔模

1—凹模　2—压料板　3—凸模　4—斜块　5—导柱　6—压板　7—导套　8—弹簧

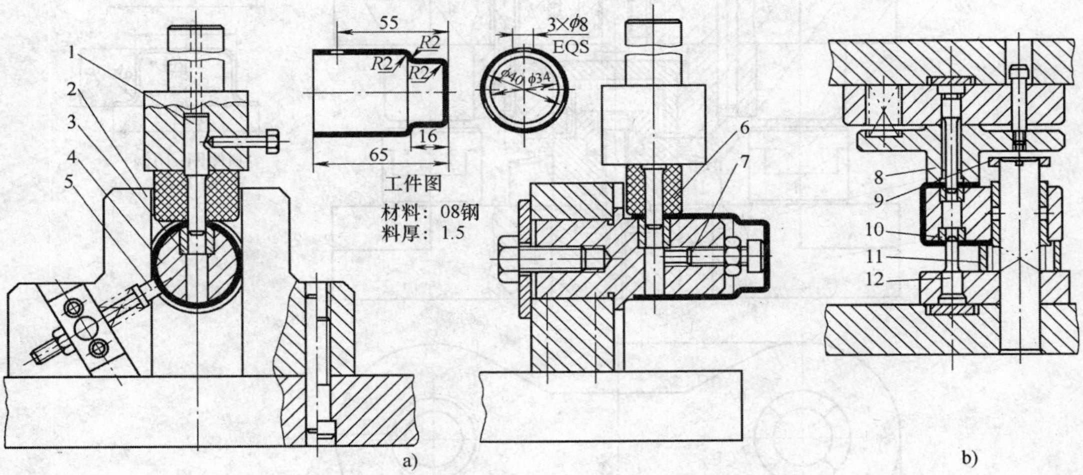

图 8-5　悬臂式冲孔模

1、12—凸模　2—支座　3、10—凹模　4—凹模支座　5—定位销　6—橡胶弹性体　7—定位螺钉　8—卸料板　9—限位环　11—限位器

工件筒壁上的三个等分孔分别由三次行程冲出。冲完第一个孔后将毛坯反时针转动，当定位销插入已冲的孔后，依次冲第二、第三个孔。

这种模具结构由于使用悬臂凹模，使用时有其局限性；当孔位与工件底部距离过小时，受凹模壁厚强度的限制，若工件较长，孔离筒口距离较大，使悬臂凹模过长，易发生变形甚至折断。

图 8-6 为冲小孔模，是在厚料上冲小孔的模具。由于冲孔凸模特别细长，为了更好地保护凸模不易折断，应增加凸模保护套在全部长度上均有导向。该模具还采用了导板、导柱联合导向的形式。

该模具凸模保护套的结构是：凸模固定板下面紧固一夹持板，三瓣扇形固定滑块固定在夹持板上，并三面夹持住凸模，而活动护套装固在压料板上，活动套以动配合套住凸模，它上段的三瓣槽要配入三瓣固定滑块内。压料板上压装有两个导套，与固定在上模板上的两导柱滑配，这样小孔凸模在整个长度上，无论是空程或工作时都处于护套之中，因而大大延长了小孔凸模的使用寿命。这种导向结构缺点是加工较困难。

采用上模板固定导柱，可使凸模修磨时，活动套不仅脱离凸模保持原来的导向，而且这种结构压料板的导套行程小，磨损少，能延长寿命。

该模具采用浮动模柄，不会因压力机的精度不良而影响模具的精度。

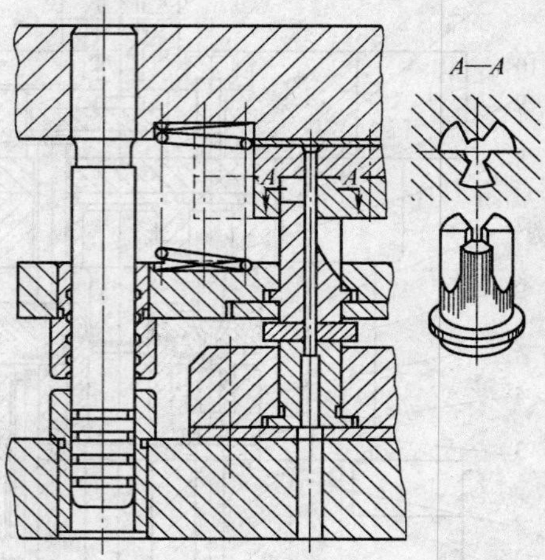

图 8-6　带有凸模保护套的模具

3. 修边模

图 8-7 是拉深件的修边模。该模具为倒装式结构（凹模在上，凸模在下），采用刚性推件装置（包括推件杆 10 和推件器 12）推件和废料切刀 6 切开废料。

该模具采用导柱导向，还采用了限位套 3、4，目的是防止在放置模具时凹模与切刀相碰而损坏刃口。

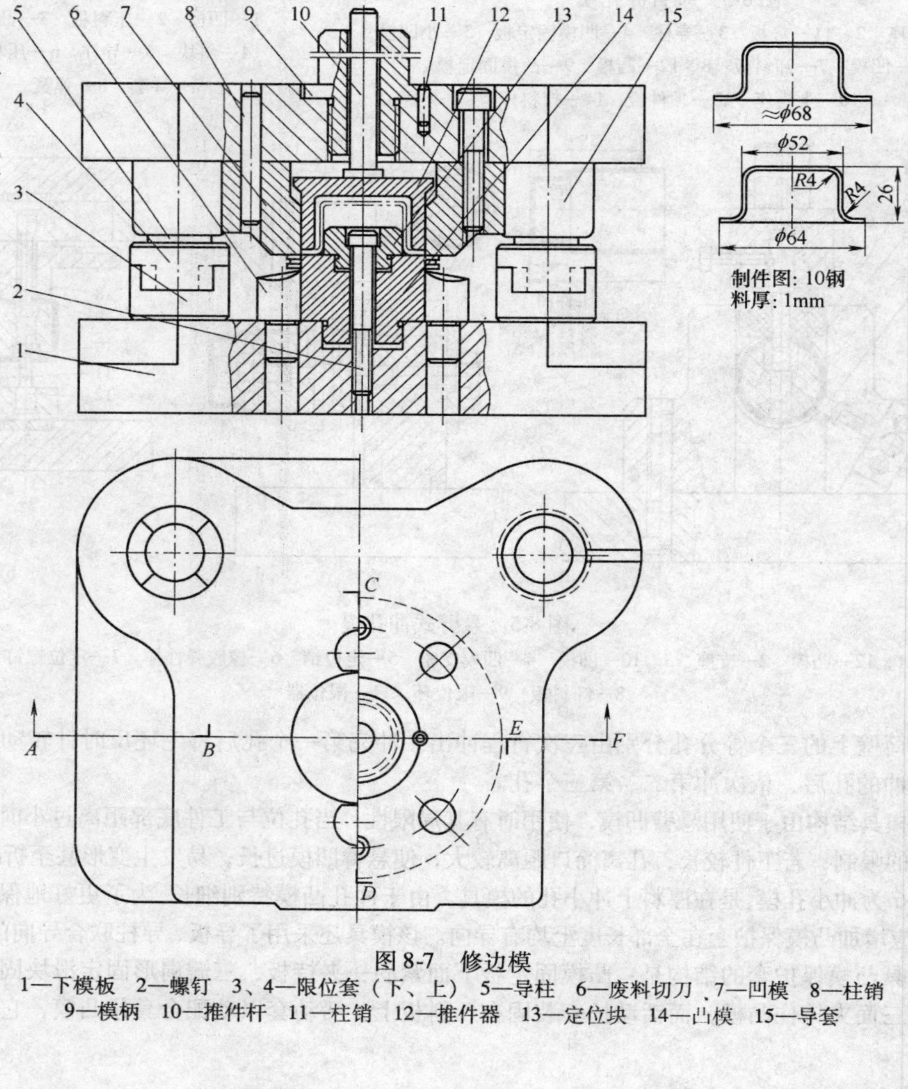

图 8-7　修边模

1—下模板　2—螺钉　3、4—限位套（下、上）　5—导柱　6—废料切刀　7—凹模　8—柱销　9—模柄　10—推件杆　11—柱销　12—推件器　13—定位块　14—凸模　15—导套

（二）弯曲模

弯曲模的结构形式很多，可根据弯曲件形状、精度要求、板料性能、生产批量和经济性等因素进行设计或选用。最常见的单工序弯曲模有：单角弯曲模、双角弯曲模、圆形件弯曲模和带斜楔弯曲模等。

1. 单角弯曲模

单角弯曲模又称V形弯曲模，根据弯曲件直边角度可分为V形块弯曲模和压板弯曲模。

图8-8为V形弯曲模，适于直边等长的弯曲。它由凸模3、凹模4、顶杆9和挡料销10等零件组成，顶杆9在凸模3下行时有压料作用，用以防止材料移动；而弯曲后，在弹簧8作用下，又起顶件作用。

图8-9为压板式弯曲模。图8-9a适于直边不等的V形件弯曲。弯曲时，凸模3与压料板5将板料压住，防止其移动；压料板5在弹簧或气垫作用下，向上复位顶出制件。凹模口部做成圆角，利于减少毛坯与凹模摩擦和弯曲变形。单角弯曲时会产生水平推力，为了防止凸模偏移，应设置水平止推块4，用以保证凸、凹模间隙和提高模具寿命。

图8-9b为另一种压板式弯曲模，适合于一直边较长的V形件弯曲。凹模1、凸模3、压料板4和止推块2的作用与图8-9a相同。

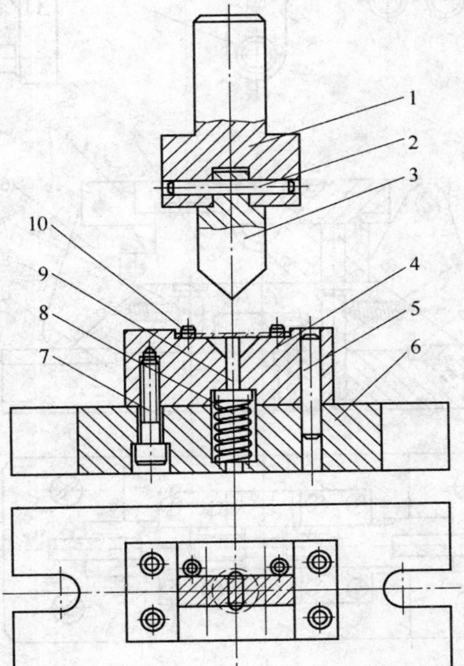

图8-8　V形弯曲模

1—模柄　2—圆销　3—凸模　4—凹模　5—定位销　6—底板　7—内六角螺钉　8—弹簧　9—顶杆　10—挡料销

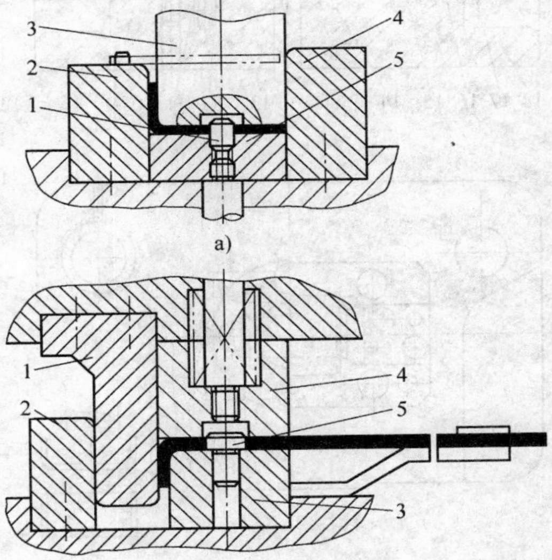

图8-9　压板式弯曲模

a) 1—定位销　2—凹模　3—凸模　4—止推块　5—压料板

b) 1—凹模　2—止推块　3—凸模　4—压料板　5—定位销

2. 双角弯曲模

双角弯曲模又称U形件弯曲模，如图8-10所示。工作时，毛坯靠定位销12和卸料板8定位。凸模4下行时，首先与压料板14一起压紧毛坯，然后开始弯曲。夹紧力靠顶杆13传递压力机下部气垫的压力。弯曲后，再由顶杆 13 和压料板 14 将冲压件顶出凹模口。如果冲压件夹在凸模上，则由卸料板 8 卸下冲压件。

3. 圆形件一次压弯成形模

图 8-11 所示为滑板式圆形件弯曲模，可以一次压弯成形。由图看出，毛坯置于成形滑块 5 的凹槽内定位，上模下行时，先将毛坯弯曲成 U 形，上模继续下行，芯棒 3 带着毛坯使凹模支架 4 向下运动。这时摆动块 6 绕轴销摆动，并通过芯轴 13 和滚套 14，带动成形滑块 5 作横向移动，将 U 形弯曲成圆形。上模回程后，圆形冲压件留在芯棒 3 上，由纵向取出。该弯曲模结构简单，成形质量高，适于弯曲板厚 0.5 ~ 1mm，直径 5 ~ 20mm 的各种圆形冲压件。

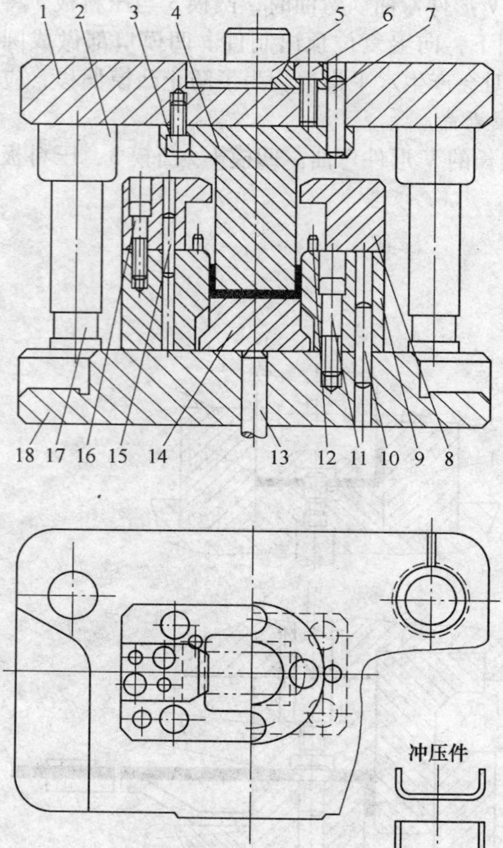

图 8-10　双角弯曲模

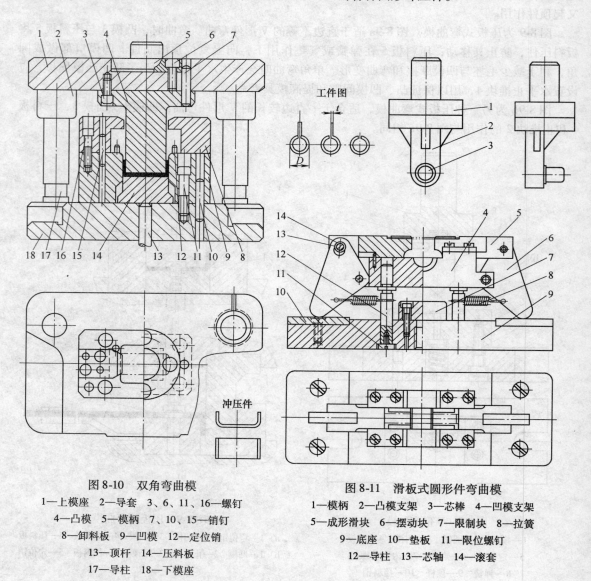

1—上模座　2—导套　3、6、11、16—螺钉　4—凸模　5—模柄　7、10、15—销钉　8—卸料板　9—凹模　12—定位销　13—顶杆　14—压料板　17—导柱　18—下模座

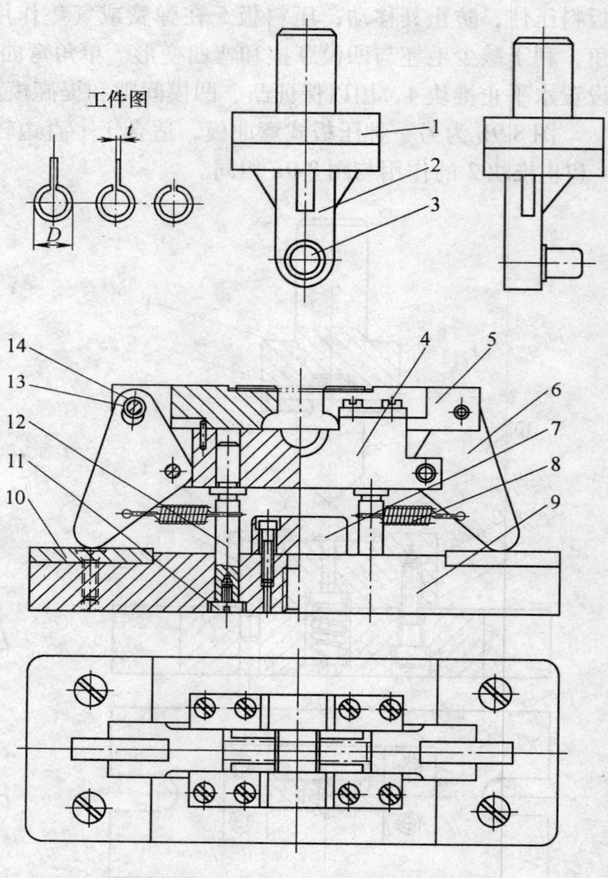

图 8-11　滑板式圆形件弯曲模

1—模柄　2—凸模支架　3—芯棒　4—凹模支架　5—成形滑块　6—摆动块　7—限制块　8—拉簧　9—底座　10—垫板　11—限位螺钉　12—导柱　13—芯轴　14—滚套

4. 斜楔弯曲模

图 8-12 所示为带斜楔的弯曲模，在压边机一次行程内，可以完成弯曲工序。图 8-12a 为模具的原始位置，斜楔 6 与活动成形块 7 脱开，在弹簧 8 作用下，斜楔停留在起始位置上。压弯时，

上模下行，先将毛坯弯成U形，上模继续下行，斜楔6迫使活动成形块7向左滑动，将弯曲件最后成形，如图8-12b所示。

通过上述各种弯曲模结构介绍，可以看出弯曲模的设计特点，除上模作上下运动外，凸、凹模还可完成摆动、转动或滑动等动作，用以将冲压件压弯成形，因此弯曲模设计时，该考虑弯曲成形时的毛坯走动、毛坯定位和卸料、取件等问题，同时尺寸精度要求较高的弯曲件，在模具设计时，还考虑它如何避免弯曲件的伸长和变薄以及消除回弹等问题，用以提高弯曲件质量。

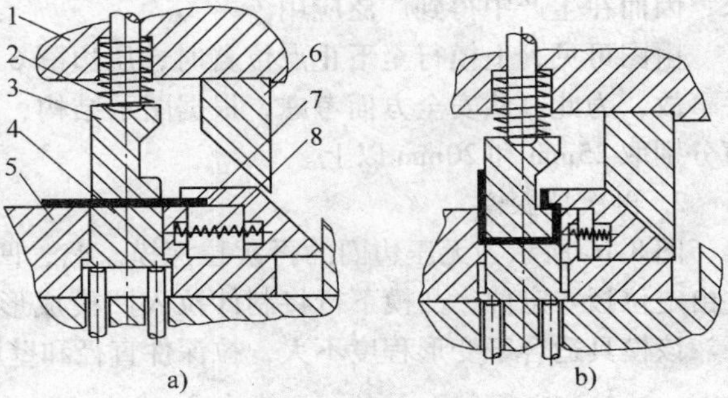

图8-12　带斜楔的弯曲模
1—上模板　2—弹簧　3—凸模
4—压料板　5—凹模　6—斜楔
7—活动成形块　8—弹簧

（三）拉深模

一个板料拉深件往往要经过多次拉深成形。一套模具，一般只能完成一次拉深工作，所以通常所说的拉深模具也是单工序模。

根据拉深件的大小和使用的冲压设备，拉深模可分为大型覆盖件拉深模和中小件拉深模，或单动压力机拉深模和双动、三动压力机拉深模。

下面介绍的是单动压力机用的中小件拉深模的常见结构形式。

1. 首次拉深

图8-13所示为带固定压边圈的首次拉深模。压边圈3用螺钉固定在凹模5上，它与凹模之间的间隙是不变的，约大于板料厚度。拉深时，毛坯在固定压边圈和凹模的间隙间流动，可以防止板料的起皱失稳。固定压边圈承受的压力很大，所以这种模具适于厚板拉深。

图8-14所示为正装首次拉深模。该模具采用的弹性压边圈（由压边圈8与弹簧1、螺栓5和限位螺栓9等组成），可防止板料拉深过程中的起皱失稳。为了防止压边力过大引起工件破裂，在压边圈上装有3~4个限位螺栓9，保持作用在毛坯上的压边力为一定值。为了提高拉深件表面质量，应减少拉深件与凹模直壁的摩擦，对于一般精度的拉深件，凹模直壁高度应取合理的数值。

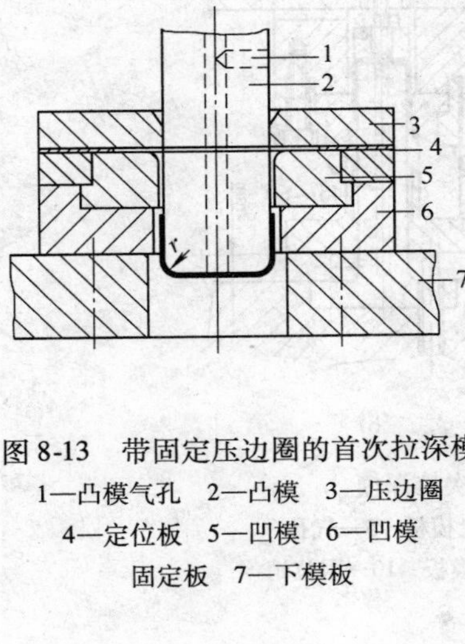

图8-13　带固定压边圈的首次拉深模
1—凸模气孔　2—凸模　3—压边圈
4—定位板　5—凹模　6—凹模固定板　7—下模板

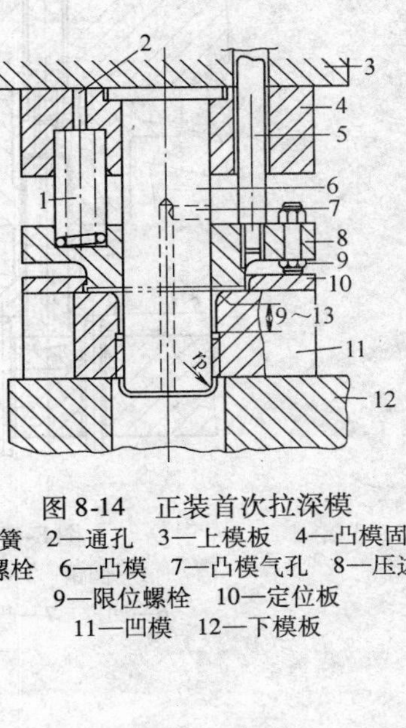

图8-14　正装首次拉深模
1—弹簧　2—通孔　3—上模板　4—凸模固定板
5—螺栓　6—凸模　7—凸模气孔　8—压边圈
9—限位螺栓　10—定位板
11—凹模　12—下模板

图 8-15 所示为倒装拉深模结构。该模具其结构较正装拉深模紧凑，因为它可以利用装在下模的弹簧、橡皮或气垫压料，用以增大压边力，同时压边力可以调整，以满足拉深件的压边要求，因而在生产中得到广泛应用。

由图可见，上模行至下止点位置时，压边圈 6 与下模板 8 之间的空间值 h_1 很小，易产生压手事故，为此，从安全方面考虑，根据图示结构，其空隙值 h_1 以及弹性压边圈和凹模间的空隙值分别取 25mm 和 20mm 以上。

2. 再次拉探模

图 8-16 所示为无压边圈的再次拉深模。凸、凹模分别固定在上、下模上，再次拉深后的制件由定位板 6 定位，凸模下行将制件拉入凹模成形。拉深后凸模回程，拉深件由凹模孔台阶卸下。该模具适合于变形程度不大，拉深件直径和壁厚要求均匀的再次拉深工件。

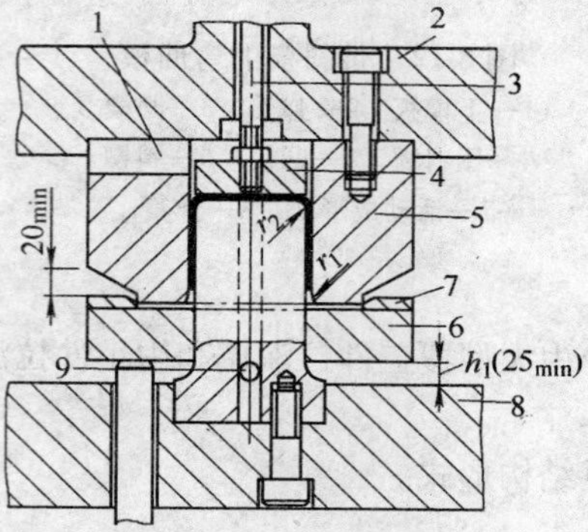

图 8-15　倒装拉深模

1—凹模气孔　2—上模板　3—打料杆
4—退料板　5—凹模　6—弹性压边圈
7—定位板　8—下模板　9—凸模气孔

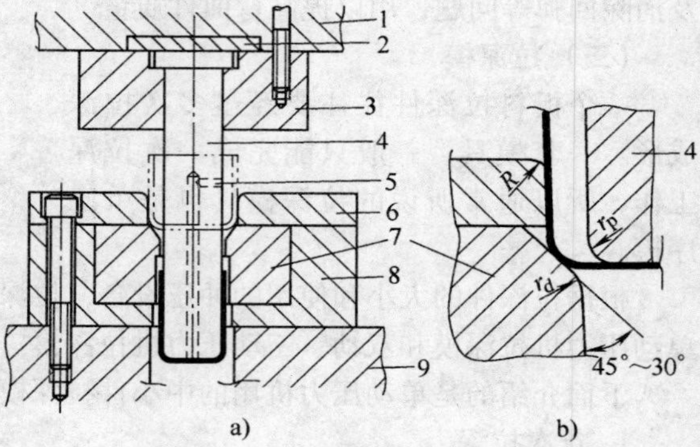

图 8-16　无压边圈的再次拉深模

1—上模板　2—垫板　3—凸模固定板
4—凸模　5—凸模气孔　6—定位板
7—凹模　8—凹模板　9—下模板

图 8-17 所示为带弹性压边圈的再次拉深模。首次拉深后的半成品制件由压边圈 8 外径定位，上模下行时，凹模 6 和压边圈 8 压住板料向下移动，将半成品制件拉入凹模成形。拉深后，上模

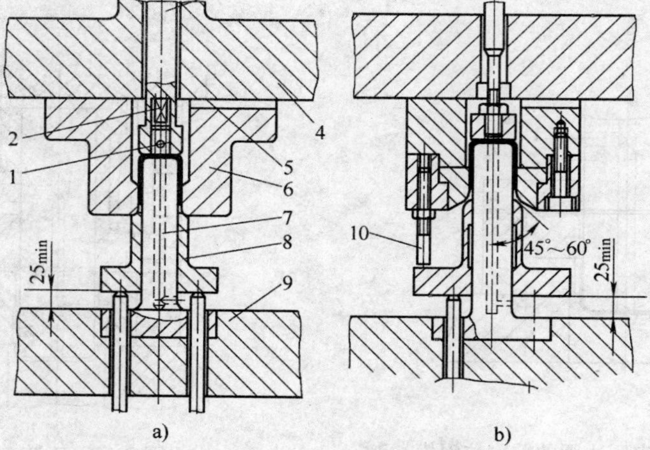

图 8-17　带弹性压边圈的再次拉深模

1—圆销　2—弹簧　3—打料杆　4—上模板　5—气孔
6—凹模　7—凸模　8—压边圈　9—下模板　10—限位销

回程，拉深件从凹模中推出。该模具的压边圈在下模，可以选用弹簧、橡皮或气垫压边。图 8-18b 所示模具上装有限位销 10，用以防止凸模下行时压边力急剧增加引起的制件破裂。这种模具结构合理、使用方便，在生产中广泛应用。

3. 反拉深模

图 8-18 所示为无压边圈的简单反向拉深模。首次拉深后的半成品制件，由凹模 2 外径定位，凸模 1 下行，将制件反向拉入凹模。拉深后，凸模上升，由凹模内孔台阶卸件。为了减少拉深件和凹模直壁摩擦，提高成品的表面质量，凹模直径壁高度 h 取 9～13mm。

由反向拉深材料进入凹模的阻力较大，所以一般情况下，反向拉深模不需要压边装置。但是，有时为了便于卸件半成品定位要求，在反拉深时也有带压边圈的，如图 8-19 所示。

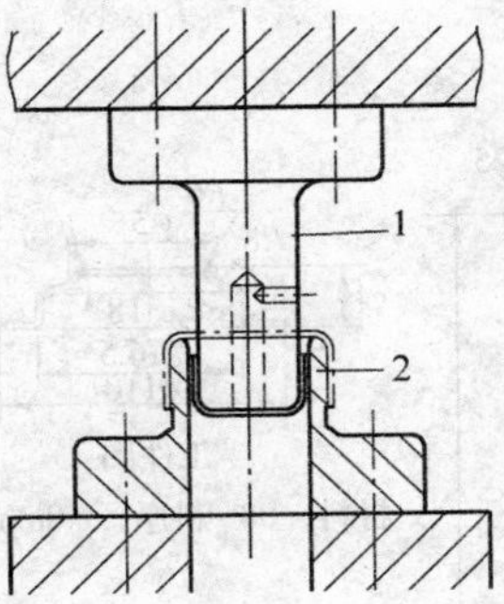

图 8-18　无压边装置的反拉深模具
1—凸模　2—凹模

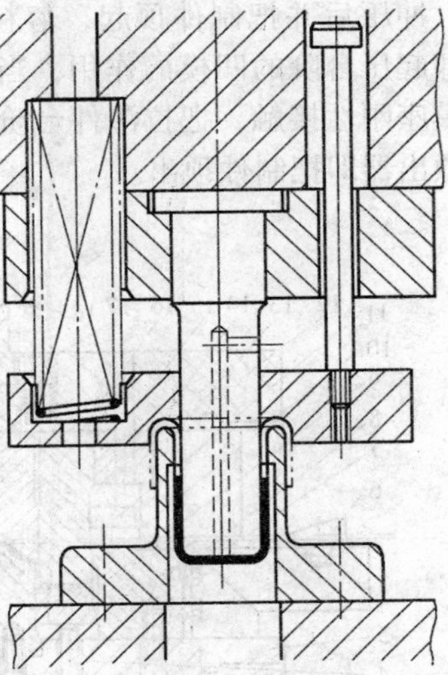

图 8-19　有压边装置的反拉深模具

二、复合模

复合模是在压力机的一次行程内完成两道或两道以上的冲压工序，是一种多工序模具。在冲压件生产中，常见的复合模，有落料—冲孔复合模、落料—拉深复合模等。

复合模与单工序模相比，主要优点是生产效率高和制件精度高，可以充分利用短料和边角余料，适宜冲制薄料，也适宜冲制硬性或软质材料；复合模结构紧凑，要求压力机工作台面的面积小。其缺点是模具结构较复杂，不易制造，特别是工序内容多如既有冲裁又有成形工序时，会对模具刀口的刃磨带来困难；凸凹模壁厚受到限制，尺寸不能太小，否则影响模具强度。

（一）凸凹模的最小壁厚

凸凹模是复合模中的一个关键零件。复合模中的工作零件有凸模、凹模和凸凹模，对落料冲孔复合模而言，凸凹模则分别与凸模和凹模相配合进行冲裁工作。其刃口平面和尺寸与制件大致相同，因此必须注意凸凹模的最小壁厚。凸凹模的最小壁厚尺寸太小，在冲压过程中容易开裂。

落料冲孔复合模的凸凹模最小壁厚可按表 8-9 选取。

为了增加凸凹模的强度和减少孔内废料的胀力，可以采用对凸凹模有效刃口以下增加壁厚或采用正装式复合模，使凸凹模孔内只有一个废料，且立即将废料推出，将废料反向顶出的办法，如图 8-20 所示。

（二）复合模正装和倒装的比较

常见的复合模结构有正装和倒装两种。图 8-21 为正装复合模结构，图 8-22 为倒装复合模。

图 8-21 是落料—拉深复合模。条料送进，由带导尺的固定卸料板导向，冲首件时以目测定位，待冲第二个制件时则以挡料销挡料，拉深压边靠压床的气垫通过三根托杆和顶件器进行，冲压后并把制件顶起，落料的卸料靠固定卸料板。顶出器即起压台阶的凹模的作用，当上模到下死点时，推件器与上模座刚性接触，把拉深件台阶压出。上模上行时，顶出杆、顶出器即把制件顶出。

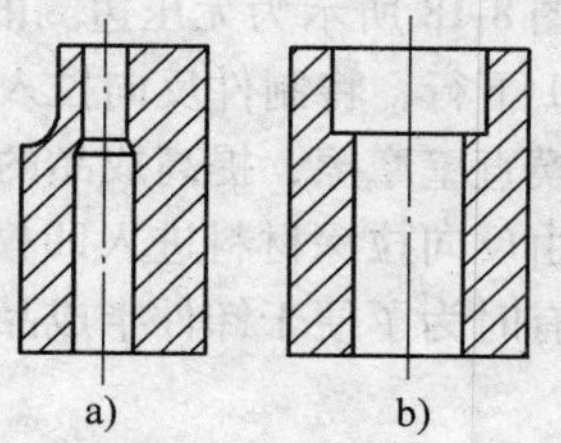

图 8-20 增加凸凹模强度
a）有效刃口以下增加壁厚
b）废料反向顶出

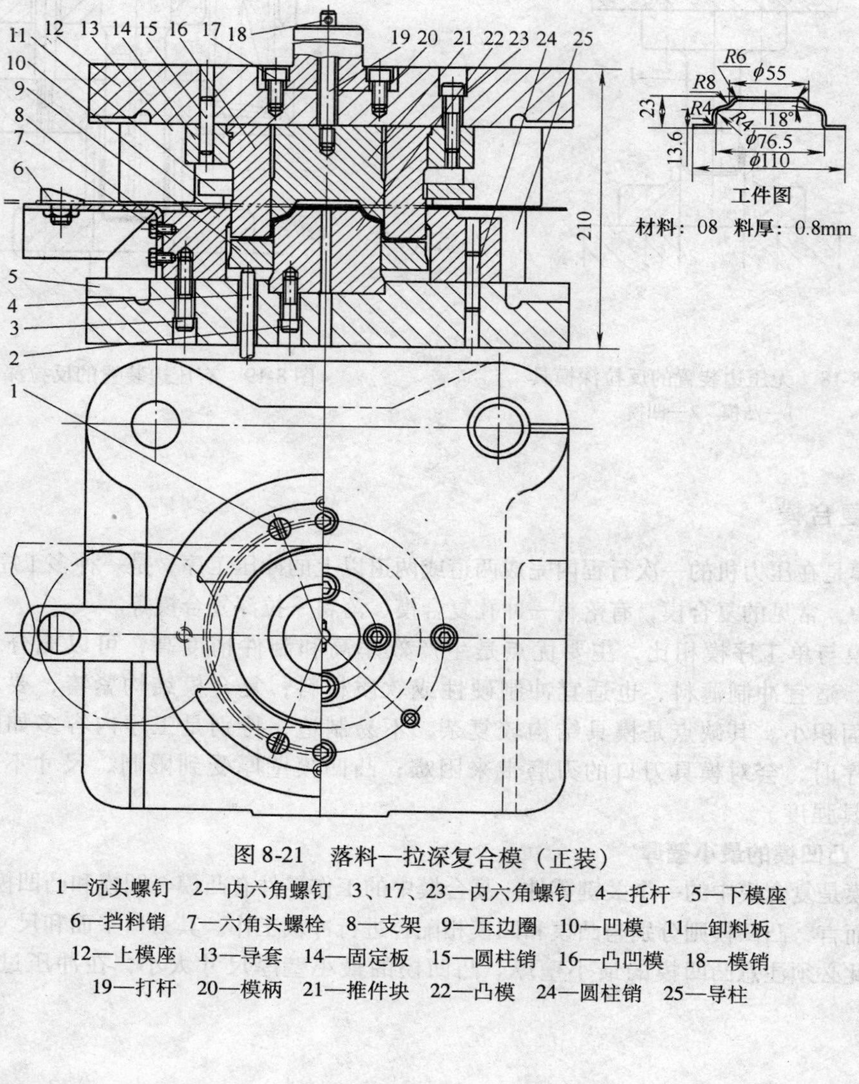

图 8-21 落料—拉深复合模（正装）

1—沉头螺钉 2—内六角螺钉 3、17、23—内六角螺钉 4—托杆 5—下模座 6—挡料销 7—六角头螺栓 8—支架 9—压边圈 10—凹模 11—卸料板 12—上模座 13—导套 14—固定板 15—圆柱销 16—凸凹模 18—模销 19—打杆 20—模柄 21—推件块 22—凸模 24—圆柱销 25—导柱

图 8-22 是倒装的冲压垫圈的复合模。装在下模部分的工作零件是落料冲孔用的凸凹模，上模部分装有的工作零件是落料凹模 5 和冲孔凸模 6。

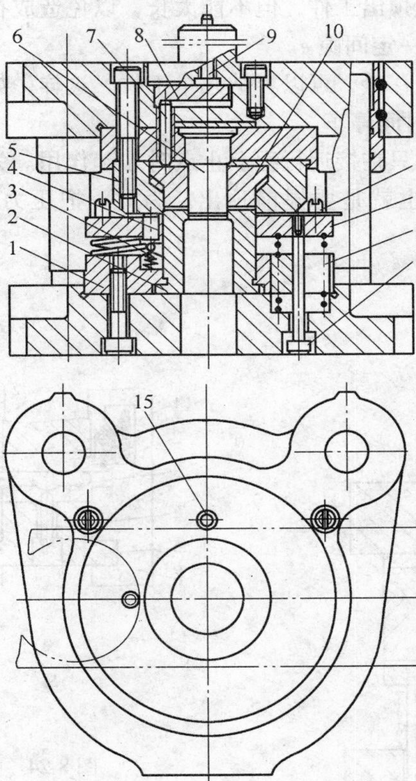

图 8-22　落料—冲孔复合模（倒装）

1—下模固定板　2—凸凹模　3、13—弹簧　4、15—活动挡料销　5—凹模　6—凸模　7—推料销　8—推料板　9—推杆　10—顶件块　11—固定挡料销　12—卸料板　14—螺钉

该套模具采用了刚性推件装置。通过推杆 9、推料块 8、推料销 7、推动顶件块 10，顶出工件。另外，用两个固定挡料销 11 和一个活动挡料销 15 导向，控制条料的送进方向。利用活动挡料销 4 挡料定位，控制条料送进距离。

复合模正装和倒装优缺点比较见表 8-2。

表 8-2　复合模正装和倒装比较

序号	正　装	倒　装
1	对于薄工件能达到平整要求	不能达到平整要求
2	操作不方便，不安全，孔的废料由打棒打出	操作方便，能装自动拨料装置，既能提高生产效率又能保证安全生产。孔的废料通过凸凹模的孔往下漏掉
3	废料不会在凸凹模孔内积聚，每次由打棒打出，可减少孔内废料的胀力，有利于凸凹模减小最小壁厚	废料在凸凹模孔内积聚，凸凹模要求有较大的壁厚以增加强度
4	装凹模的面积较大，有利于冲压复杂工件用拼块结构	如凸凹模较大，可直接将凸凹模固定在底座上，省去固定板

（三）出件装置

出件机构的设计，有以下几点值得注意：

1）顶杆应能使顶板有效地顶出工件，但不能太长，以免造成在行程下止点时受力，如图 8-23 所示。合理的设计应保证有一定间隙 e。

2）顶出装置要有足够的位移量，可以容纳几个工件。这样，如果顶出装置失效，工件没有顶出时，操作者可以有足够的时间停车。

3）压力机上的顶出装置，只在接近行程上止点时才起作用。为了使复合模在较高的冲次下工作，要适当延长卸件时间，也就是要提前顶出。为此，把压力机上的顶出装置改成“斜楔式”，如图 8-24 所示。

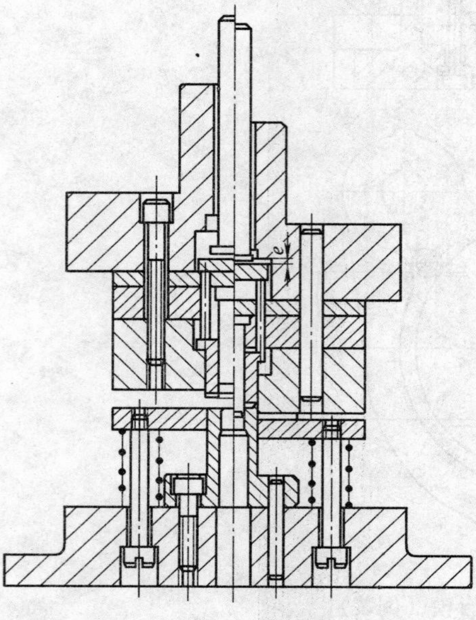

图 8-23　顶杆的长度要求

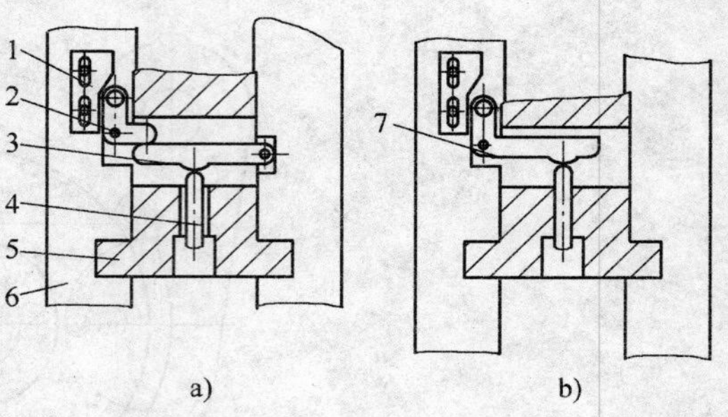

图 8-24　压力机顶出装置的改装

a）卸件负荷较大　b）卸件负荷较小

1—可调节斜楔　2、3、7—装在滑块上的杠杆　4—顶杆　5—滑块　6—压力机机身

4）有气源的车间，尽量利用压缩空气吹件。图 8-25 所示的吹件装置，喷嘴离工件较远，效果不好，且多耗费压缩空气。

图 8-26 所示的喷嘴，接近工件。冲压时喷嘴被推入凹模内，不损失空气；回程时空气压力把喷嘴顶出，压缩空气从小孔逸出，吹走工件。

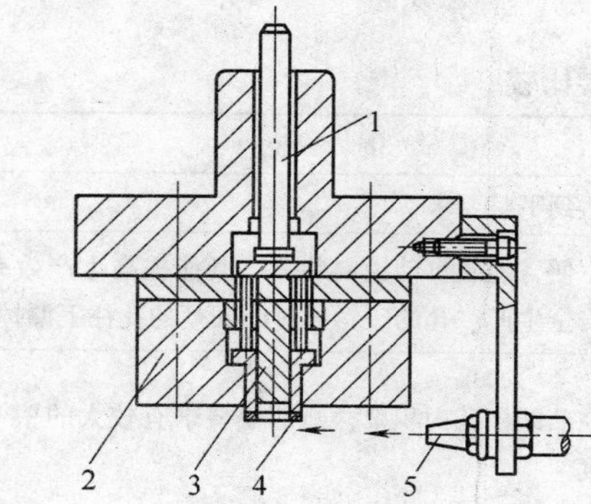

图 8-25　吹件装置效果不好

1—顶杆　2—凹模　3—顶板　4—工件　5—喷嘴

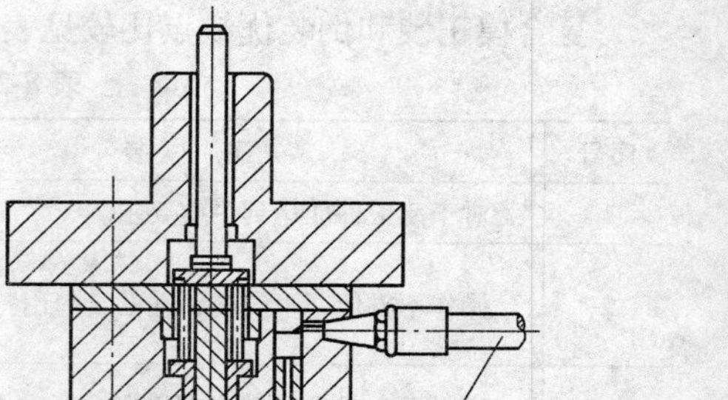

图 8-26　改进的吹件装置

1—喷嘴　2—气管

5）顶板有足够位置时应安装弹簧顶销，以避免顶杆吸住工件。弹簧顶销的位置要便于压缩空气从工件和顶板中间吹过，如图 8-27 所示。

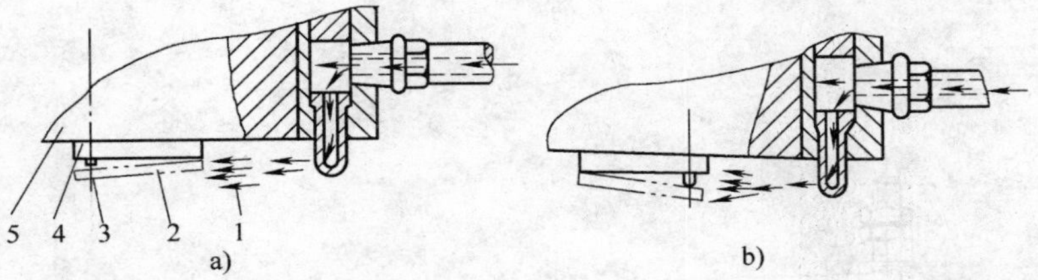

图 8-27　弹簧顶销与压缩空气喷嘴的相互位置
a）不好　b）较好
1—压缩空气　2—工件　3—弹簧顶销　4—顶板　5—凹模

6）顶板不能安装弹簧销时，可开通气槽，如图 8-28 所示。这样有利于压缩空气将工件和顶板分开。

顶板的通气槽有四种形式：

1）图 8-28a 所示的顶板端面开对穿槽，效果没有斜槽好，而且使顶板强度减弱。

2）图 8-28b 所示的顶板通气槽用斜面通道形式。

3）图 8-28c 所示的圆形顶板端面上的通气槽在圆周方向均匀分布，这样如顶板发生转动，通气槽仍然保持功能稳定。

4）图 8-28d 所示的端面带圆角的顶板适用于厚工件。因为如工件较薄，有可能造成工件本身的弯曲变形。

也可在顶板上开出气孔，让一路压缩空气从顶板中通过，使工件与顶板平面分离，另一路压缩空气将工件吹走。如图 8-29 所示。

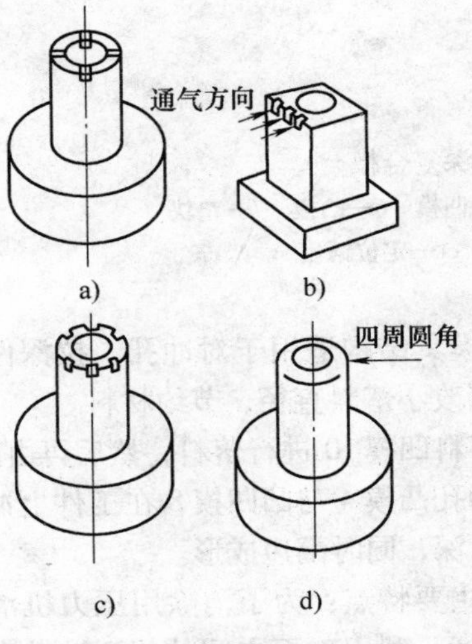

图 8-28　顶板上的通气槽

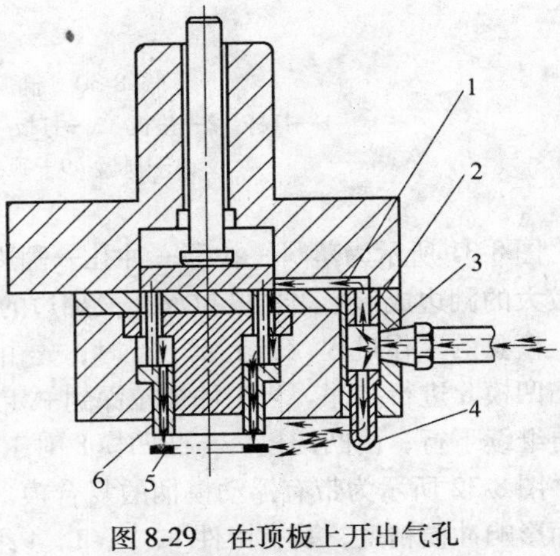

图 8-29　在顶板上开出气孔
1—通气槽　2—气塞　3—模块
4—喷嘴　5—工件　6—顶板

（四）复合模的典型结构

图 8-30 所示为椭圆形件落料—拉深复合模。其特点为：毛坯排样无中间搭边，冲裁后，废料从中间自动断开，因而送料方便，不必设置卸料板，既简化了模具，又节约了原材料。

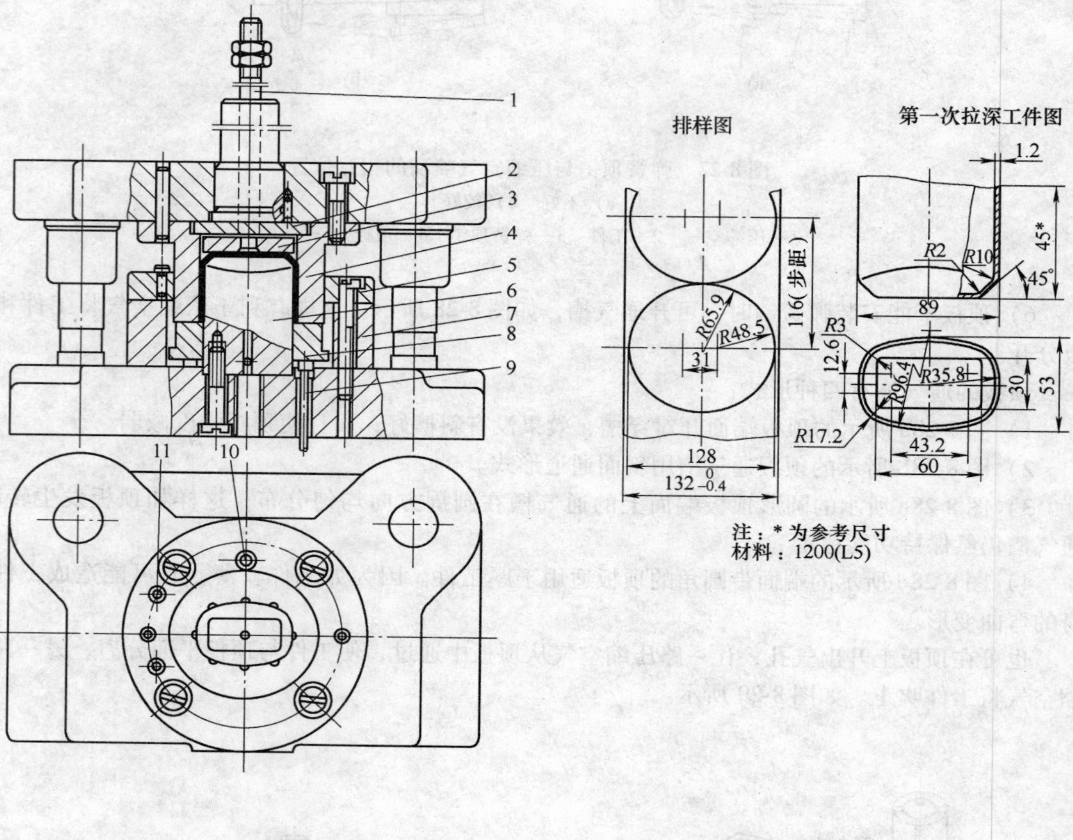

图 8-30　椭圆形件落料—拉深复合模

1—打杆　2—垫板　3—打板　4—凸凹模　5—凹模　6—凸模　7—垫块　8—顶板　9—顶杆　10—挡料钉　11—定位销

图 8-31 所示为落料—拉深—冲孔—翻边复合模。该模具结构适用于对冲孔、拉深件进行高度较大的翻边成形。采用既拉深、又翻边的工作方式，可改小落料直径，节约材料。

模具的工作过程：当上模下行时，先由凸凹模 7 与落料凹模 10 进行落料，然后再由凸凹模 7 与凸凹模 8 进行拉深。当工件被拉深到一定深度时，由冲孔凸模 4 与凸凹模 8 在工件上冲孔。上模再继续下行，由凸凹模 7 与凸凹模 8 对工件继续进行拉深，同时翻边成形。

图 8-32 所示为带有浮动模柄的复合模。该套模具的主要特点：为了消除用压力机滑块导向差而影响冲模精度，装有由件 1、2、3、4 组成的浮动模柄，利用球面之间的相互转动来适应压力机滑块的晃动，以保证模架的导向精度。

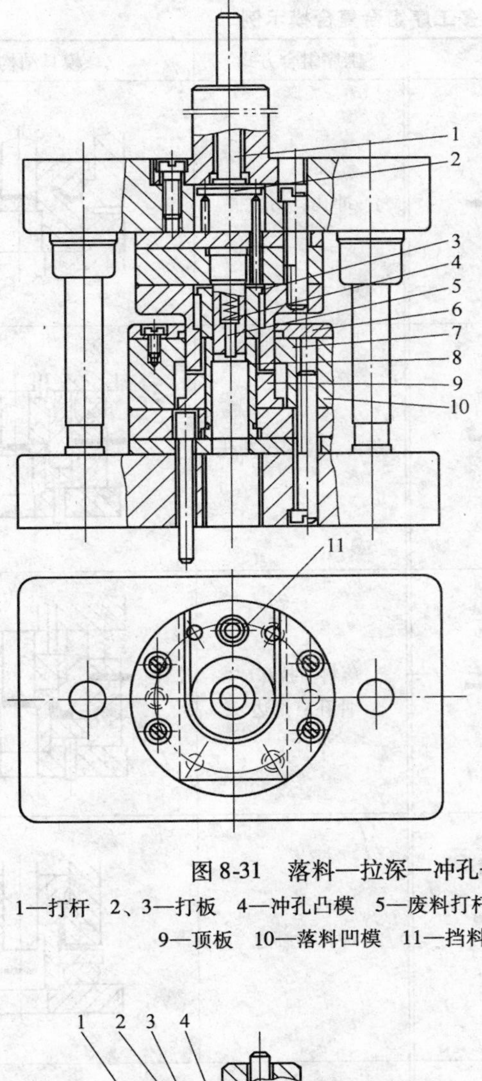

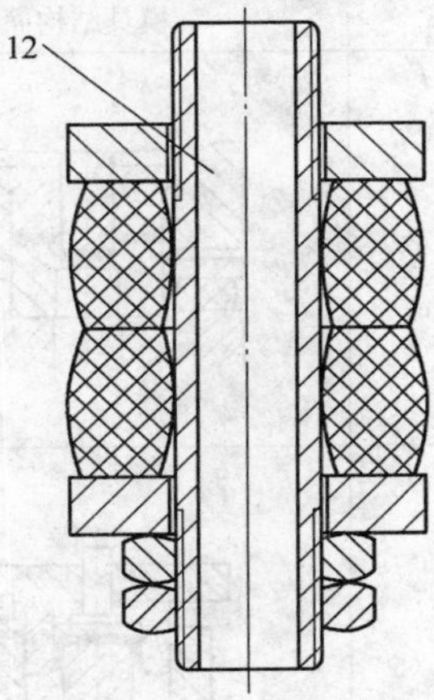

工件图

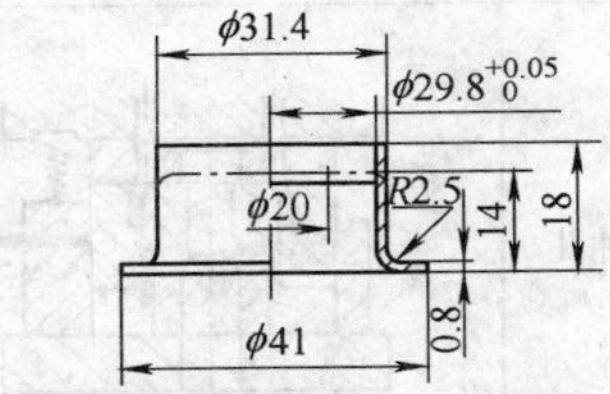

材料：膨胀合金

料厚：0.8mm

图 8-31　落料—拉深—冲孔—翻边复合模

1—打杆　2、3—打板　4—冲孔凸模　5—废料打杆　6—固定卸料板　7、8—凸凹模　9—顶板　10—落料凹模　11—挡料销　12—弹性装置

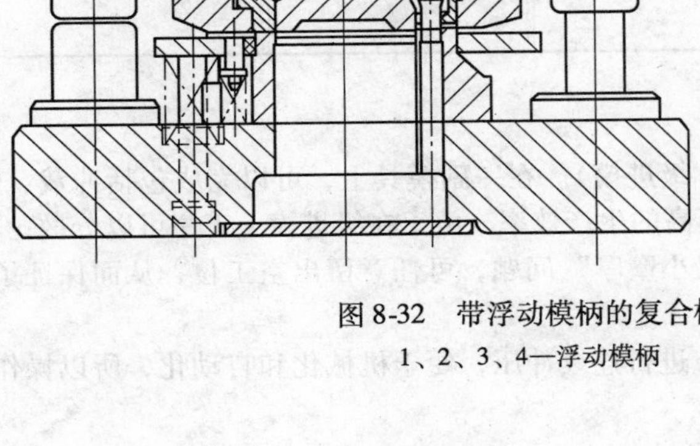

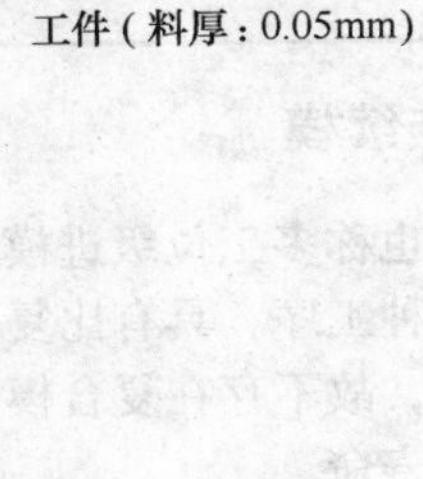

工件（料厚：0.05mm）

图 8-32　带浮动模柄的复合模

1、2、3、4—浮动模柄

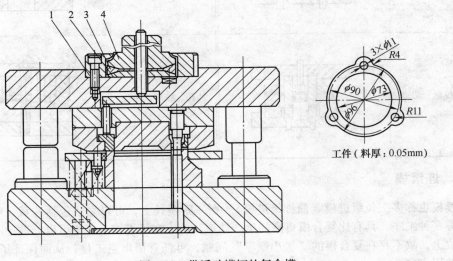

表8-3列出了常见的多工序组合复合模示例。

表8-3　多工序组合复合模示例

工序组合方式	模具结构简图	工序组合方式	模具结构简图
落料、冲孔	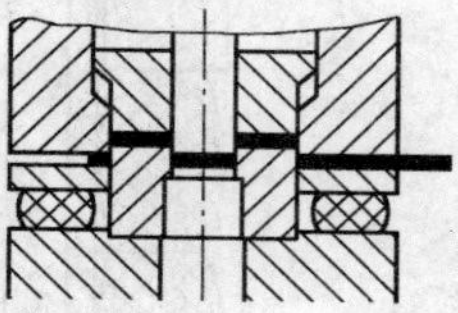	冲孔、切边	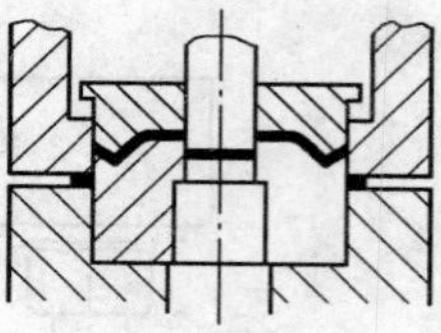
切断、弯曲	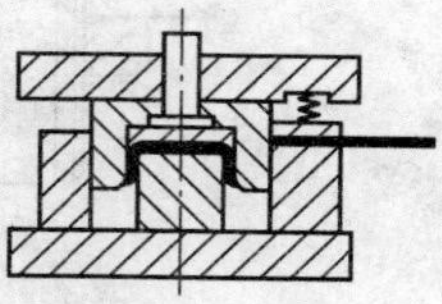	落料、拉深、冲孔	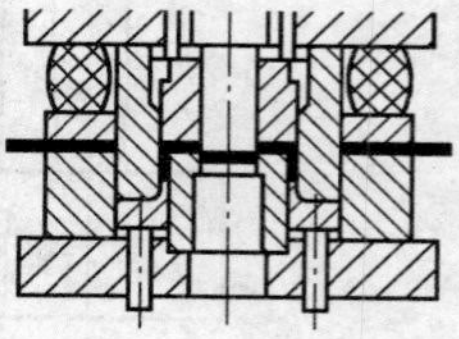
切断、弯曲、冲孔	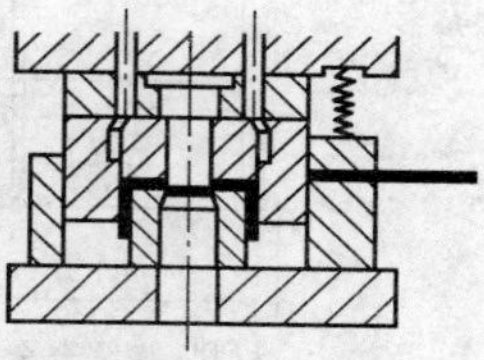	落料、拉深、冲孔、翻边	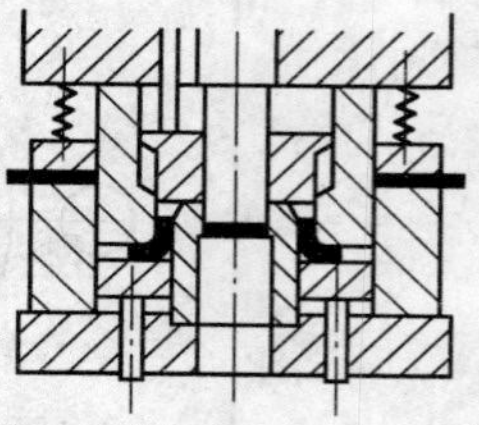
落料、拉深	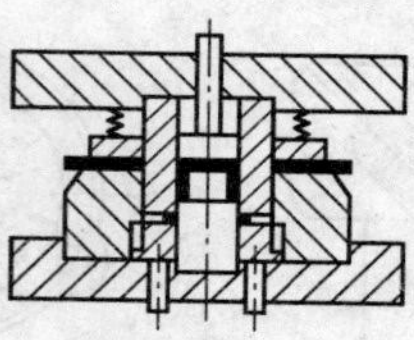	冲孔、翻边	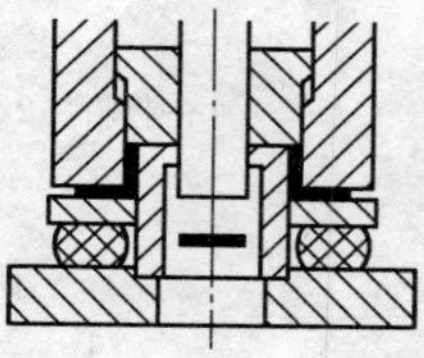
落料、拉深、切边	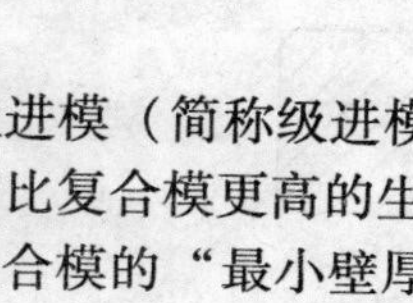	冲孔、胀形、冲孔	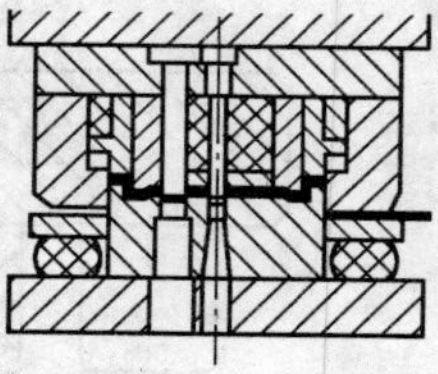

三、连续模

连续模也称多工位级进模（简称级进模）。在一副模具上，可以完成包括冲裁、弯曲、拉深和成形等多种工序，具有比复合模更高的生产效率。由于在级进模上工序可以分散，不必集中在一个工位上，故不存在复合模的“最小壁厚”问题，可任意留出空工位，从而保证了模具强度，延长了使用寿命。

由于级进模采用条料（或带料）进行连续冲压，便于机械化和自动化，所以操作方便安全，因而可以采用高速压力机生产。

级进模的缺点是结构复杂，制造精度高，周期长，成本高。因为级进模是将工件的内、外形是逐次冲出的，每次冲压都有定位误差，所以较难保持内、外形相对位置的一致性。但精度高的零件，并非全部轮廓的所有内、外形相对位置要求都高，可以在冲内形的同一工位上，把相对位置要求高的这部分轮廓同时冲出，从而保证零件的精度要求。

（一）常见级进模的工序组合方式

常见多工序组合级进模示例见表8-4。

表8-4 多工序组合连续模示例

冲孔、落料	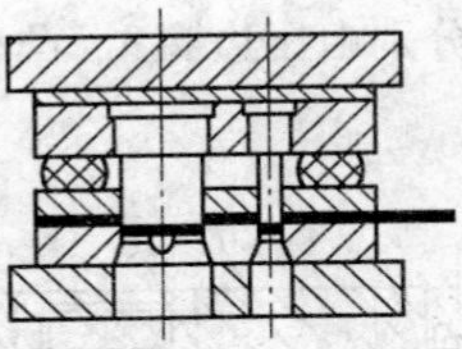	冲孔、切断、弯曲	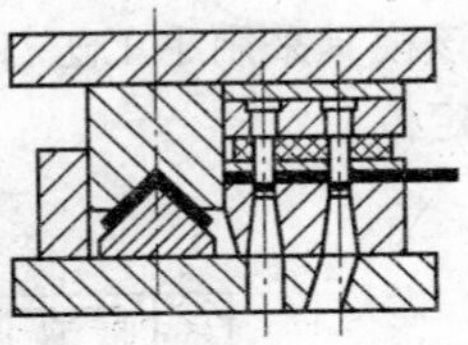
冲孔、截断	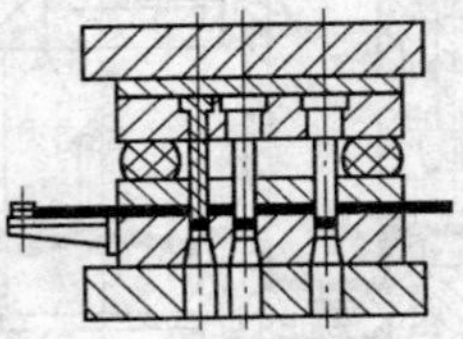	冲孔、翻边、落料	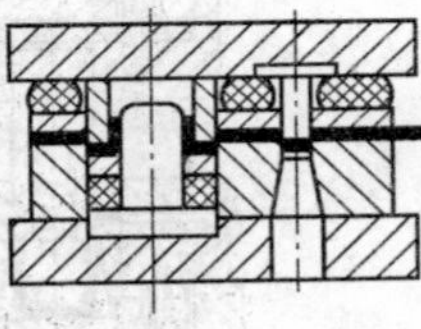
冲孔、弯曲、切断	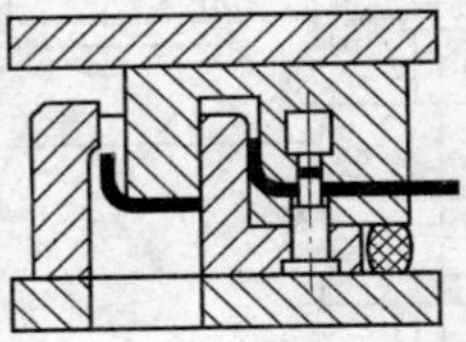	冲孔、切断	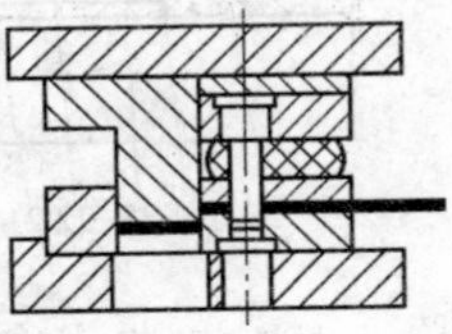
连续拉深、落料	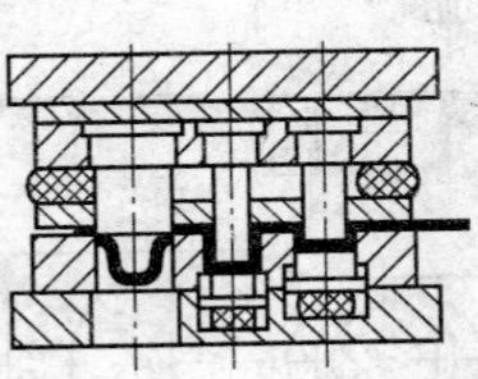	冲孔、压印、落料	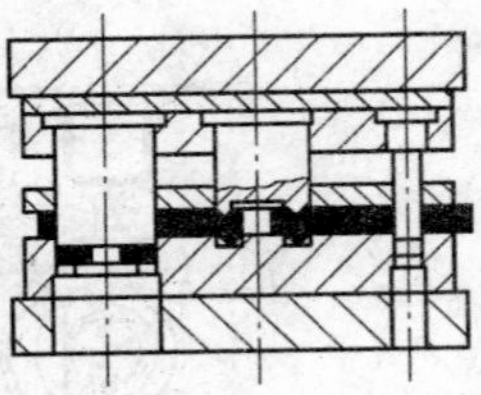
冲孔、翻边、落料	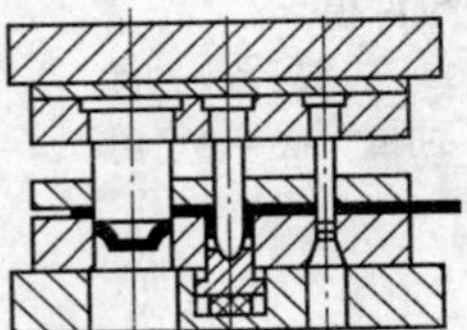	连续拉深、冲孔、落料	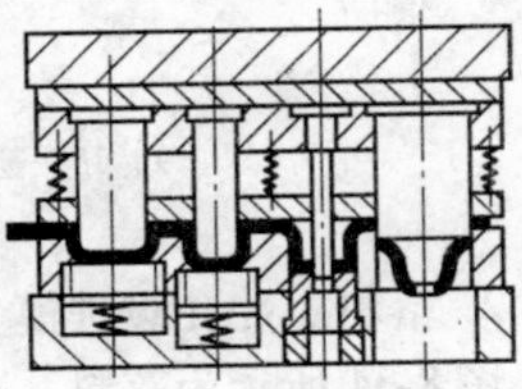

（二）级进模的典型结构

1. 带料级进模

图 8-33 所示为带料级进拉深模，正装式结构。其工作顺序是切口、首次拉深、二次拉深、三次拉深、整形，最后将制件分离，从下模中漏落。

该模具第一工位的切口凸模 13 和第六工位的落料凸模 2 与上模板均以球面接触。考虑到凸模磨钝修磨后会变短，分别装有螺塞 11、12 和螺塞 1、3，以便于调节凸模高度，不影响拉深高度。凹模 23 磨钝修磨后也可由螺塞 20、21 调节（但必须把垫块 24 与凹模磨成等量高度）。

第二、第三工位的拉深凸模 10、8 顶面分别有斜楔 6 能调节凸模高度，便于调节首次和二次拉深件的高度，以便压出合格的工件。

该模具采用手工送料，开始由目测预定位，然后分别由压边圈 9、凸模 4 及导正销 22 插入毛坯中定位。

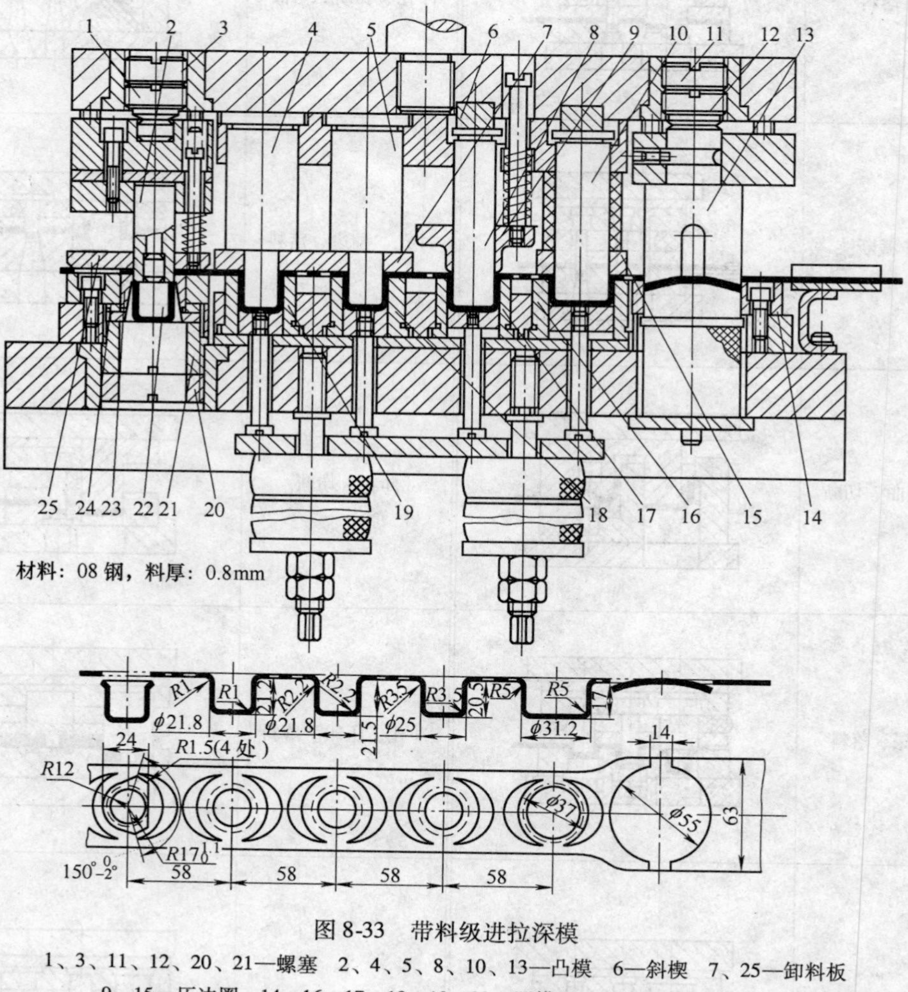

图 8-33　带料级进拉深模

1、3、11、12、20、21—螺塞　2、4、5、8、10、13—凸模　6—斜楔　7、25—卸料板　9、15—压边圈　14、16、17、18、19、23—凹模　22—导正销　24—垫块

2. 落料、冲孔级进模

图 8-34 所示为落料、冲孔级进模，两侧压块 12 在弹簧片 11 作用下把条料压向一边，挡料杆 1 挡料，使送料更为准确。

开始进行第一工位冲孔，第二工位落料时，用第一、第二临时挡料销 9 挡料，以后即由挡料杆 1 挡料。挡料杆装在冲搭边的凸模 3 下面且较长，当上模在上止点时，挡料杆仍不离开凹模刃面，故条料往左送进即被挡料杆挡住。在冲裁的同时，凸模 3 将搭边冲开一个缺口，条料可顺利（不用抬料）继续向左送料，实现连续冲裁。

在第二工位落料时，由导正销 5 精确定位，这样可保证垫圈孔与外圆同心。此结构适于用在行程不大的压力机上，否则挡料杆过长。结构的缺点是多一副冲切废料缺口的凸模 3 和凹模 2。

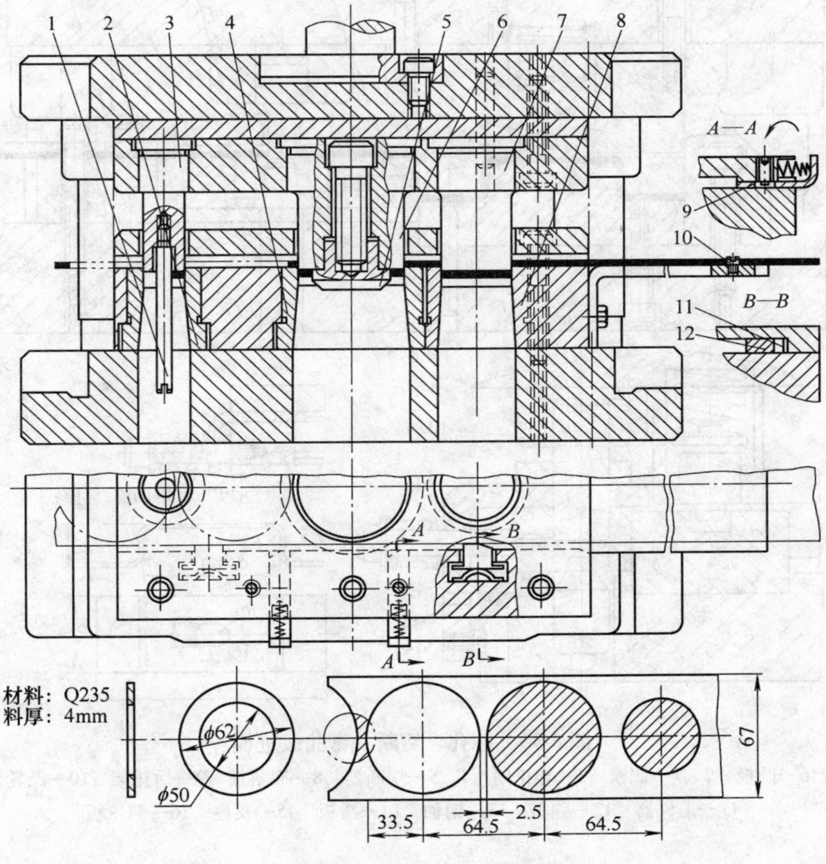

图 8-34 落料冲孔级进模

1—挡料杆 2、4、8—凹模 3、6、7—凸模 5—导正销 9—临时挡料销 10—螺钉 11—弹簧片 12—侧压块

3. 无废料排样的冲孔、切断、压弯级进模

图 8-35 所示为一套采用无废料排样的冲孔、切断、压弯级进模。侧压板 16 将条料压靠到后托架 9 上，第二工位则由导正销 3 定位。

自动退料装置的结构与动作大致如下：

1）上模装有一凸轮轴 10，插在下模支座 15 内。支座内有一退件器 11，其上有一圆孔，套在凸轮轴上。孔缘做成斜面。退件器上装有弹簧 12，且以销轴铰接滑板 14。滑板的作用为与凸轮轴配合以控制退件器弹簧动作。

2）冲压时，凸轮轴 10 下行，其下端推下滑板 14 必沿销轴 13 转动一个小的角度。凸轮轴中部凸轮槽使退件器 11 右移，此时滑板 14 在扭簧作用下马上复位。冲压完毕，凸轮轴随上模上行，当凸轮轴的凸轮槽行至退件器 11 的位置，而且滑板 14 也到了凸轮轴 10 下端端部位置时，退件器 11 在弹簧 12 作用下，瞬时向左弹出，将弯曲件排出。

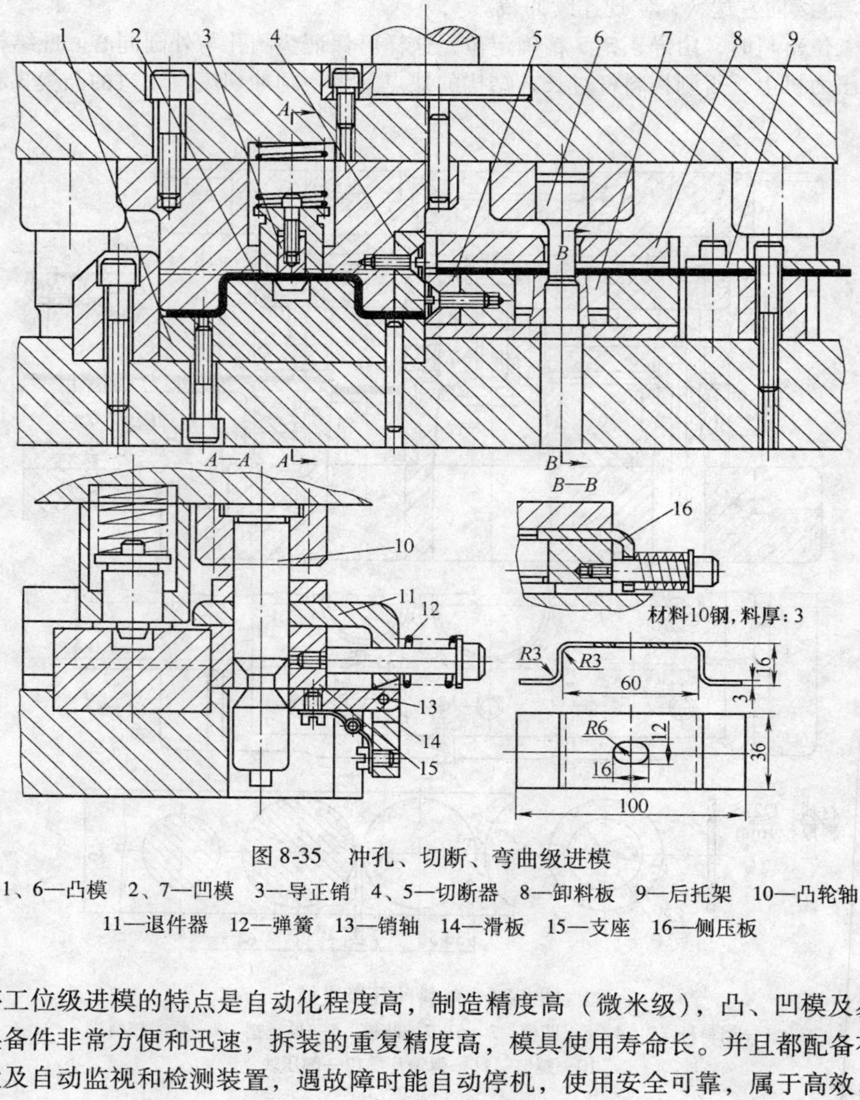

图 8-35　冲孔、切断、弯曲级进模

1、6—凸模　2、7—凹模　3—导正销　4、5—切断器　8—卸料板　9—后托架　10—凸轮轴　11—退件器　12—弹簧　13—销轴　14—滑板　15—支座　16—侧压板

现代多工位级进模的特点是自动化程度高，制造精度高（微米级），凸、凹模及易损件互换性好，更换备件非常方便和迅速，拆装的重复精度高，模具使用寿命长。并且都配备有精密的自动送料装置及自动监视和检测装置，遇故障时能自动停机，使用安全可靠，属于高效，精密、长寿命模具。

高效、精密、长寿命多工位级进模的设计与制造要点及其典型模具示例见第六章第四节。

第三节　冲模主要零部件的结构及设计

一、冲模主要零部件分类

前节介绍的各类冲模的结构形式和复杂程度各不相同，但冲模的结构组成是有规律的。就常用冲模而言，一般都是由固定和活动两部分组成。固定部分是用压铁、螺栓等紧固件固定在压力机的工作台面上，称下模；活动部分一般固定在压力机的滑块上，称上模。上模随着滑块作上、下往复运动，从而进行冲压工作。

一套模具根据其复杂程度不同，一般都是由数个、数十个甚至更多的零件组成。但无论其复杂程度如何或是哪一个结构形式，根据模具零件的功用，又可以分成五个类型的零件。

（1）工作零件　是直接完成冲压工作的零件，如凸模、凹模、凸凹模等。

（2）定位零件　这些零件的作用是保证送料时有良好的导向和控制送料的进距，如挡料销、定距侧刀、导正销、定位板、侧压板等。

（3）卸料、推件零件　这些零件的作用是保证在冲压工序完毕后将制件和废料排除，以保证下一次冲压工序顺利进行，如推件器、卸料板、废料切刀等。

（4）导向零件　这些零件的作用是保证上模和下模相对运动有精确的导向，使凸模、凹模间有均匀的间隙，提高冲压件的质量，如导柱、导套、导板等。

（5）安装、固定零件　这些零件的作用是使上述两部分零件联结成“整体”，保证各零件间的相对位置，并使模具能安装在压力机上，如上模板、下模板、模柄、固定板、垫板、螺钉、圆柱销等。

由此可见，在分析模具结构时，特别是中小型复杂模具，应从这五个方面去识别模具上的各个零件。当然并不是所有模具都必须具备上述五部分零件。对于试制或小批量生产的情况，为了缩短生产周期，有凸模、凹模和几个固定部分零件即可；而对于大批量生产，为了提高生产率，除做成包括上述零件的冲模外，甚至还附加自动送、退料装置等。上述的分类方法亦可供大型覆盖件模具及多工位高速冲压模具参考。

二、冲模零部件设计

冲模零部件已制定出国家标准（详见第十四章），设计时应采用标准和标准件，从而简化模具设计，缩短设计和制造周期，提高模具质量，降低模具成本。

设计模具时应尽量选用已标准化的零件，对非标准零件可参考标准零件设计。设计和选用冲模零件时，应充分考虑到各类零件的工作条件、装配关系、维修、制造等方面的要求，以使冲模零件具有良好的工作性能，足够的使用寿命，并使加工、装配容易，成本低廉。

（一）工作零件

1. 凹模

（1）冲裁凹模孔口形式及主要参数见表8-5。

表8-5　凹模孔型及参数

序号	简　图	特　点	应　用
1	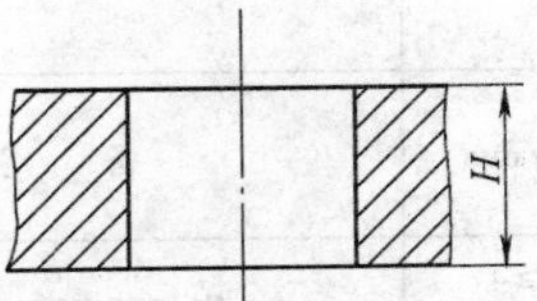	凹模孔壁全部为有效刃口高度，刃壁无斜度，刃磨后刃口尺寸不变	适用于冲件或废料逆冲压方向推出的模具，如复合模、薄料冲裁模及精冲模
2	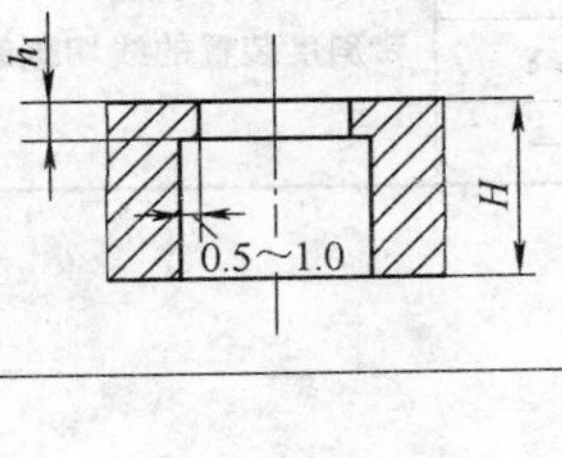	刃边强度较好，孔口尺寸不随刃磨而增大 易积冲件或废料，推件力大，且磨损大，刃磨时磨去的尺寸较多	形状复杂或精度较高的冲件向上顶出冲件或废料的模具

（续）

序号	简　图	特　点	应　用
3	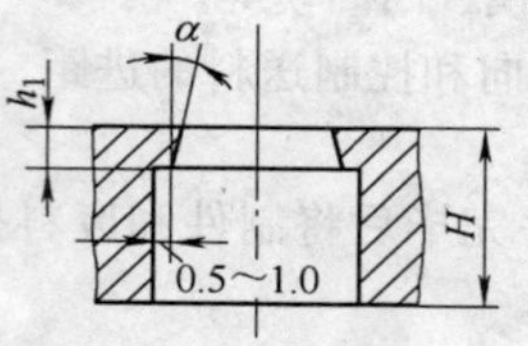	不易积冲件或废料，故孔口磨损及压力较小 刃边强度较差，孔口尺寸随刃磨而增大	形状简单或精度较低的冲件 冲件或废料向下落的模具
4	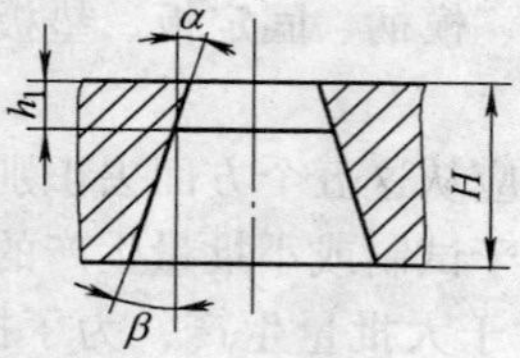	同序号 3	同序号 3，但冲件形状较复杂
5	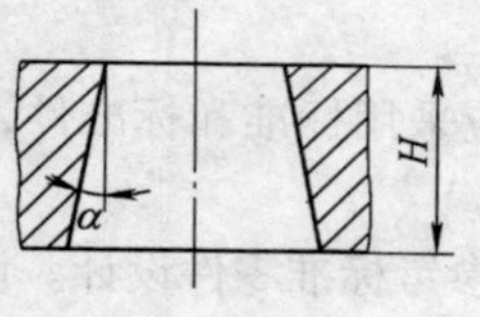	同序号 3	同序号 3，适合于凹模较薄的小型薄料冲裁模
6	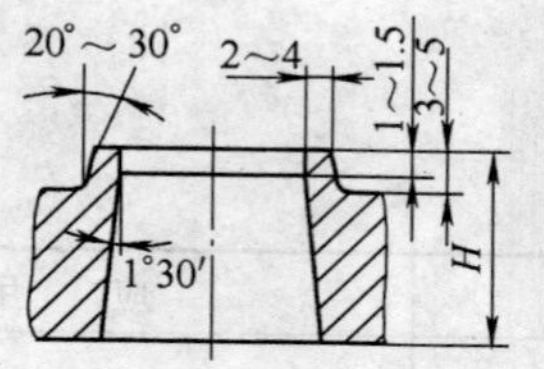	淬火硬度，35～40HRC，可用手锤打斜面以调整间隙，直到试出满意的冲件为止	适用于软而薄的金属冲裁模和非金属冲裁模

主要参数 材料厚度 t/mm	α	β	H/mm	备　注
<0.5	15′	2°	≥4	α、β 值仅适用于钳加工。电加工制造凹模时，一般 $\alpha=4'\sim20'$（复合模取小值）。$\beta=30'\sim50'$。带斜度装置的线切割时，$\beta=1°\sim1.5°$
0.5～1			≥5	
1.0～2.5			≥6	
2.5～6.0	30′	3°	≥8	
>6.0			—	

（2）常见凹模固定方式示于表 8-6。

表 8-6　常见凹模固定方式

序号	简　图	说　明
1	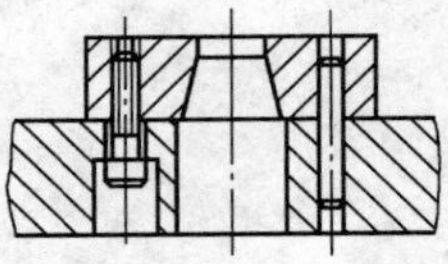	常见的固定方式，螺钉紧固销钉定位
2	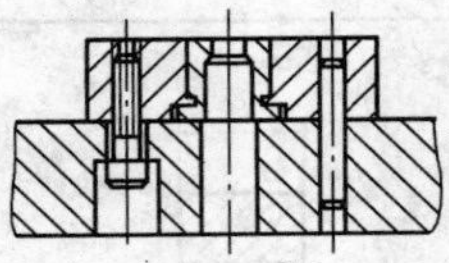	圆凹模压入固定板后，用螺钉销钉定位
3	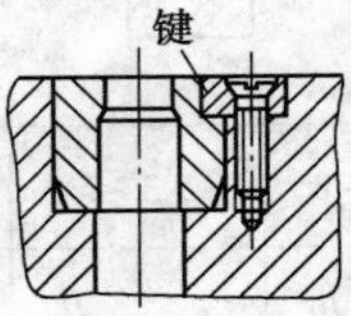	用键压住，螺钉紧固
4	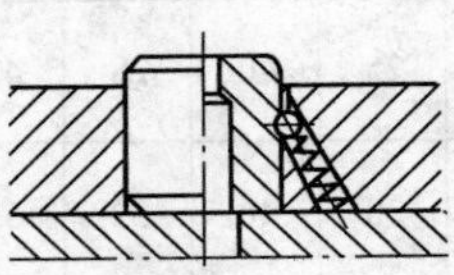	可快速更换凹模，用于冲薄板圆孔
5	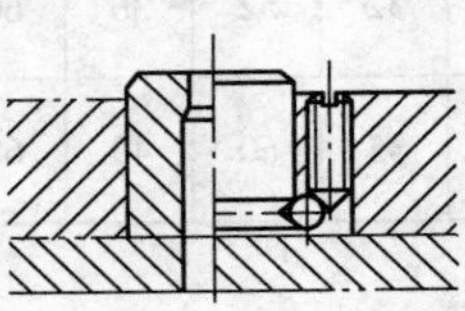	可快速更换凹模，更换速度稍慢，但可冲较厚板料
6	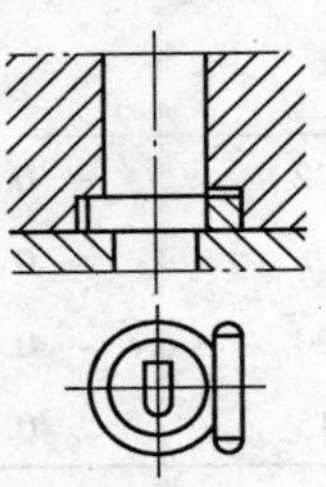	用于冲异形孔的圆凹模，可用平键定位防转
7	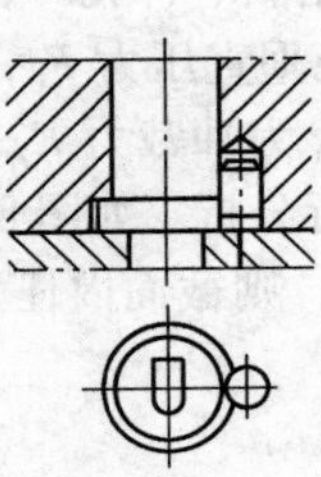	用于冲异形孔的圆凹模，可用圆销防转

（3）凹模的外形尺寸，包括凹模厚度和壁厚等，通常可根据冲件形状和尺寸按标准 JB/T 8057.4—1995 选用，在设计非标准凹模外形尺寸时，一般按经验方法确定。下面介绍两种：

1）查表确定凹模外形尺寸（见表 8-7）。

2）按经验公式计算

凹模高度：$H = kB$（$H \geqslant 15$mm）

式中 k——系数，其值见表 8-8；

B——最大孔口尺寸（mm）。

表 8-7 凹模高度 H 和壁厚 c （单位：mm）

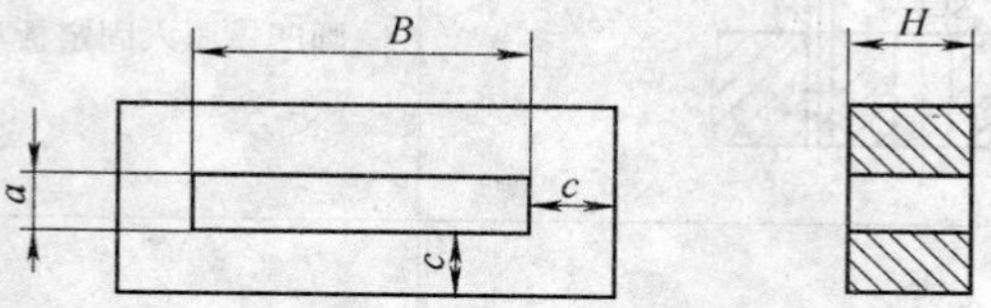

料厚 t / 凹模外形尺寸 / B	≤0.8		>0.8~1.5		>1.5~8		>3~5		>5~8		>8~12	
	c	H	c	H	c	H	c	H	c	H	c	H
<50 ≥50~75	26	20	30	22	34	25	40	28	47	30	55	35
>75~100 >100~150	32	22	36	25	40	28	46	32	55	35	65	40
>150~175 >175~200	38	25	42	28	46	32	52	36	60	40	75	45
>200	44	28	48	30	52	35	60	40	68	45	85	50

表 8-8 系数 k 的数值

料厚 t/mm / B/mm	0.5	1	2	3	>3
<50	0.3	0.35	0.42	0.50	0.60
≥50~100	0.2	0.22	0.28	0.35	0.42
>100~200	0.15	0.18	0.20	0.24	0.30
>200	0.10	0.12	0.15	0.18	0.22

3）圆凹模（导管式凹模）的设计。在进行直径较小的落料、冲孔时，凹模多用如图 8-36 所示的圆凹模。在冲裁加工中，因材料的变形使凹模孔壁承受垂直压力 F_0，此压力值不容易由理论分析法求出，一般根据经验估计，实用上可取垂直压力 F_0 为冲裁力 $F_{冲}$ 的 30%。即 $F_0 = 30\% F_{冲}$。F_0 值估计出来后，圆凹模强度则可用厚壁圆筒理论进行分析。如图 8-37 所示，设圆筒的内半径 r_1，外半径 r_2，在工作内压 p 作用下，假设没有轴向力，则截面内任意一点半径为 r 处的切向应力 σ_θ 和径向应力 σ_r 可按厚壁圆筒公式求出。即

$$\sigma_\theta = \frac{r_1^2 p}{r_2^2 - r_1^2}\left(1 + \frac{r_2^2}{r^2}\right) \tag{8-1}$$

$$\sigma_r = \frac{r_1^2 p}{r_2^2 - r_1^2}\left(1 - \frac{r_2^2}{r^2}\right) \tag{8-2}$$

式中　p——圆筒内压（内壁的平均应力）

$$p = \frac{F_0}{\pi dh},\ d = 2r_1$$

由式（8-1）、式（8-2）及图 8-37 中圆筒截面上应力分布可知，σ_θ 之值总是大于 σ_r，而 σ_θ 为切向拉应力，在内壁 $r = r_1$ 处最大，圆筒的最危险点，是在内表面处。即圆筒的内表面处出现过大的切向拉应力是引起模具开裂与损坏的主要原因。故可用式（8-1）进行凹模的强度计算与校核。

令 σ_θ 在凹模内壁上 $r = r_1$ 处之最大值等于凹模材料的许用应力 $[\sigma]$。由式（8-1）得

$$[\sigma] = \frac{p(r_1^2 + r_2^2)}{r_2^2 - r_1^2}$$

或

$$r_2 = \sqrt{\frac{r_1^2[\sigma] + p}{[\sigma] - p}} \tag{8-3}$$

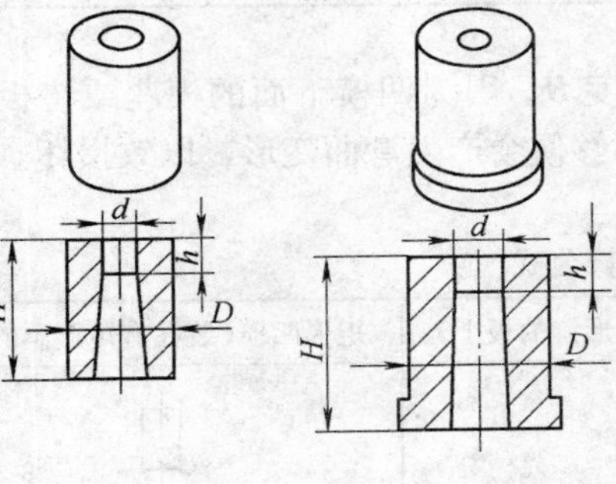

a)　　b)

图 8-36　圆凹模

a）圆柱凹模　b）带肩凹模

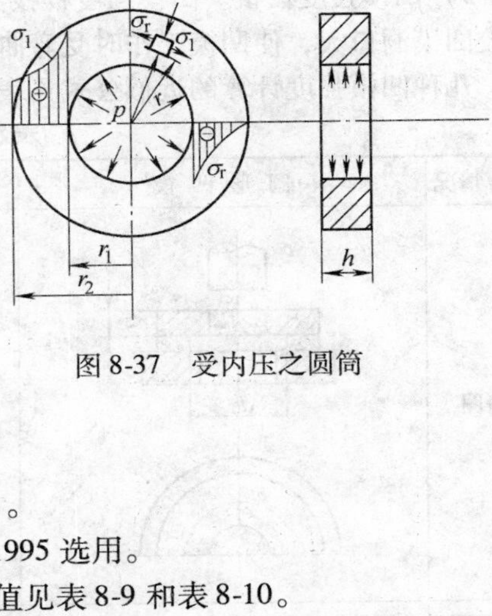

图 8-37　受内压之圆筒

由式（8-3）可以计算凹模的最小外半径 r_2（$D = 2r_2$）。

圆凹模已有标准，一般情况下，可按 JB/T 8057.4—1995 选用。

4）凸凹模最小壁厚。复合模用凸凹模的最小壁厚数值见表 8-9 和表 8-10。

表 8-9　凸凹模的最小壁厚 a（之一）　　（单位：mm）

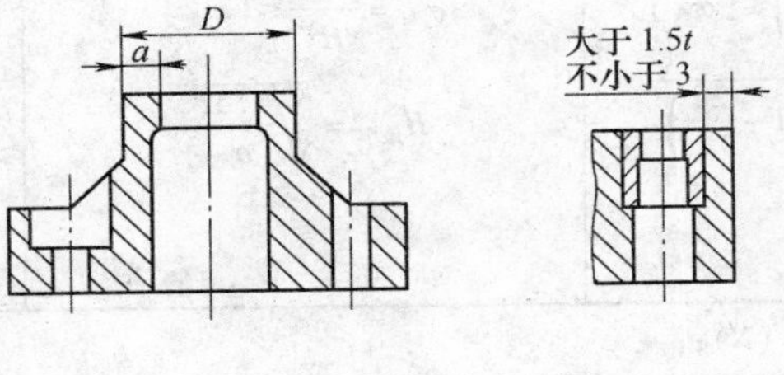

（续）

材料厚度 t	最小壁厚 a	最小直径 D	材料厚度 t	最小壁厚 a	最小直径 D	材料厚度 t	最小壁厚 a	最小直径 D	材料厚度 t	最小壁厚 a	最小直径 D
0.4	1.4	15	0.9	2.5	18	2.0	4.9	21	3.5	7.8	32
0.5	1.6		1.0	2.7		2.1	5.0	25	4.0	8.5	
0.6	1.8		1.2	3.2		2.5	5.8		4.5	9.3	35
0.7	2.0		1.5	3.8	21	2.75	6.3	28	5.0	10.0	40
0.8	2.3		1.75	4.0		3.0	6.7		5.5	12.0	45

表 8-10　凸凹模的最小壁厚 *a*（之二）　（单位：mm）

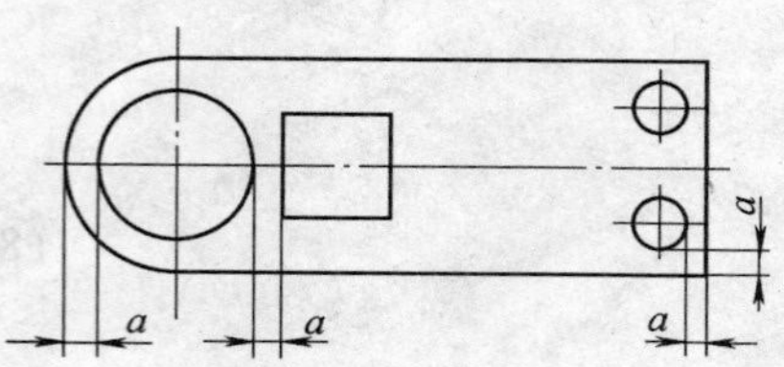

	冲裁的材料	
（见上图）	纸、皮、塑料薄膜、胶木板、软铝	$a \geqslant 0.8t$，但 $a_{最小} \geqslant 0.5$
	硬铝、纯铜、黄铜、纯铁	$a \geqslant t$，但 $a_{最小} \geqslant 0.7$
	08，10	$a \geqslant 1.2t$，但 $a_{最小} \geqslant 0.7$
	$t \leqslant 0.5$ 的硅钢板、弹簧钢、锡磷青铜	$a \geqslant 1.2t$

注：适用于仪表行业的小型薄料工件。

5）凹模强度校核。凹模强度校核主要是检查其高度 H。因为凹模下面的模座或垫板上的洞口较凹模洞口大，使凹模工作时受弯曲，若凹模高度不够便会产生弯曲变形，以致损坏。

几种凹模强度计算的近似公式见表 8-11。

表 8-11　凹模强度计算公式

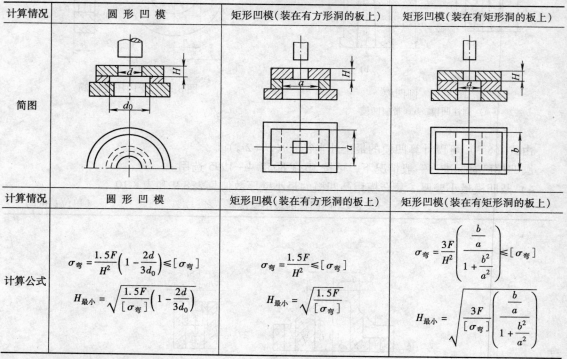

计算情况	圆 形 凹 模	矩形凹模（装在有方形洞的板上）	矩形凹模（装在有矩形洞的板上）
简图	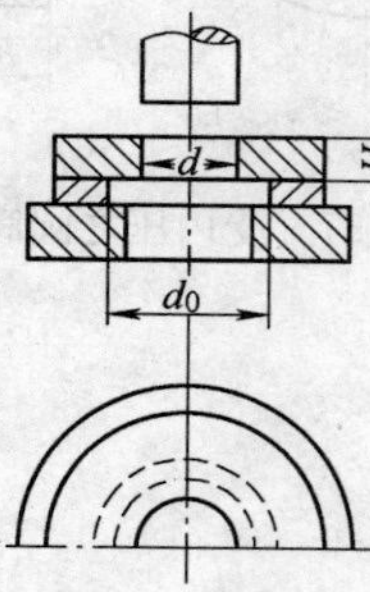	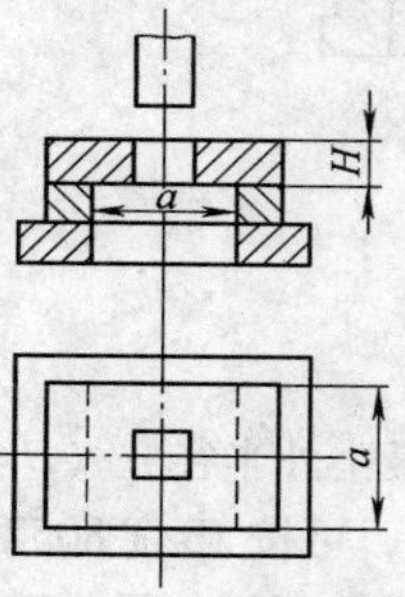	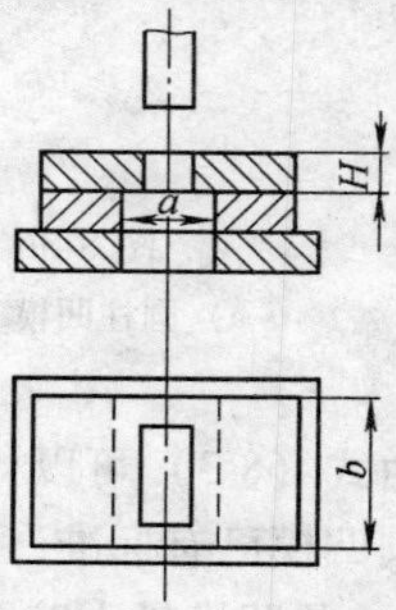
计算情况	圆 形 凹 模	矩形凹模（装在有方形洞的板上）	矩形凹模（装在有矩形洞的板上）
计算公式	$\sigma_{弯}=\dfrac{1.5F}{H^2}\left(1-\dfrac{2d}{3d_0}\right)\leqslant[\sigma_{弯}]$ $H_{最小}=\sqrt{\dfrac{1.5F}{[\sigma_{弯}]}\left(1-\dfrac{2d}{3d_0}\right)}$	$\sigma_{弯}=\dfrac{1.5F}{H^2}\leqslant[\sigma_{弯}]$ $H_{最小}=\sqrt{\dfrac{1.5F}{[\sigma_{弯}]}}$	$\sigma_{弯}=\dfrac{3F}{H^2}\left(\dfrac{\dfrac{b}{a}}{1+\dfrac{b^2}{a^2}}\right)\leqslant[\sigma_{弯}]$ $H_{最小}=\sqrt{\dfrac{3F}{[\sigma_{弯}]}\left(\dfrac{\dfrac{b}{a}}{1+\dfrac{b^2}{a^2}}\right)}$

注：式中符号：F——冲裁力（N）；

$[\sigma_{弯}]$——许用弯曲应力（MPa）（淬火钢为未淬火钢的 1.5～3 倍）；

$H_{最小}$——凹模最小厚度（mm）。

2. 凸模

（1）圆形凸模　圆形凸模的结构有以下几种形式：

1）冲小圆孔凸模。为了增加凸模的强度与刚度，凸模非工作部分直径应做成逐渐增大的多级形式（图 8-38）。

图 8-38a 所示适用于 $d = 1 \sim 8\text{mm}$，图 8-38b 所示适用于 $d = 1 \sim 15\text{mm}$。

2）冲中型圆孔的凸模。如图 8-39 所示，适用于 $d = 8 \sim 30\text{mm}$。

以上三种凸模都有标准尺寸，设计时可供参考。

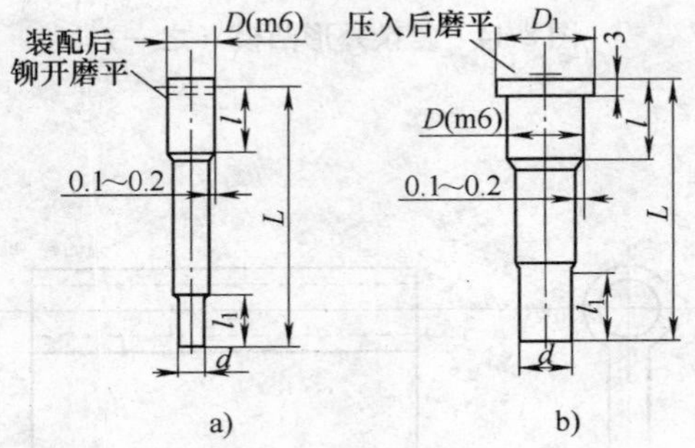

图 8-38　标准圆凸模（之一）

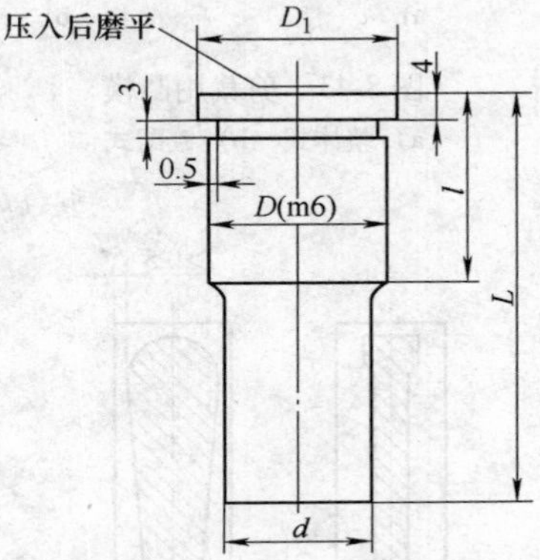

图 8-39　标准圆凸模（之二）

3）冲大圆孔或落料用的凸模。如图 8-40 所示，一般用窝座定位，然后用 3 ~ 4 个螺钉紧固。为减少磨削加工面积，凸模外圆直径要车小，端面要加工成凹坑形式。如采用图 8-41 所示的镶块式凸模，其工作部分用工具钢制造并进行热处理，非工作部分采用一般的结构钢。为减少凸模的磨削面积，故将中部挖成空心。

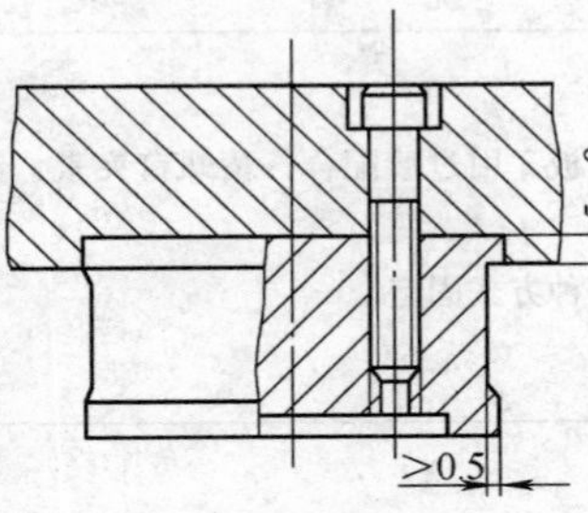

图 8-40　圆凸模

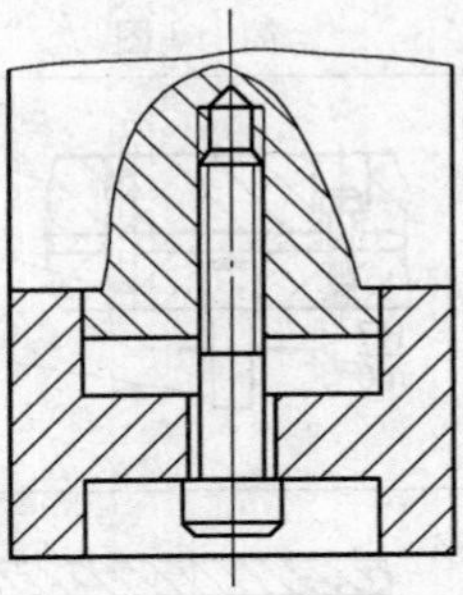

图 8-41　镶块式凸模

4）在厚板料上冲小孔时，常将凸模装在护套里，然后再将护套固定在凸模固定板上，如图 8-42 所示。

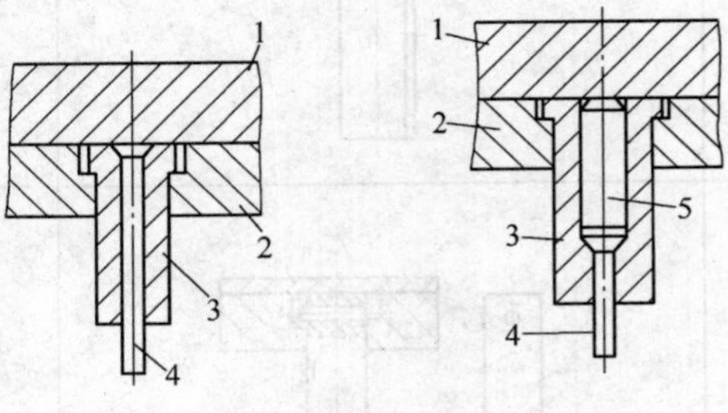

图 8-42　护套式凸模

1—垫板或模座　2—凸模固定板　3—护套　4—凸模　5—心柱

（2）非圆形凸模

1）剪裁模的凸模可设计成图 8-43a 所示形状。对剪裁较硬材料的凸模可做成镶配式结构，如图 8-43b 所示。

2）对于具有复杂外形的凸模，其固定部分应做成圆柱形（图 8-44）或长方形（图

8-45）。如采用成形磨削加工凸模时，工作部分和固定部分的尺寸应该一致，如图 8-46 所示。

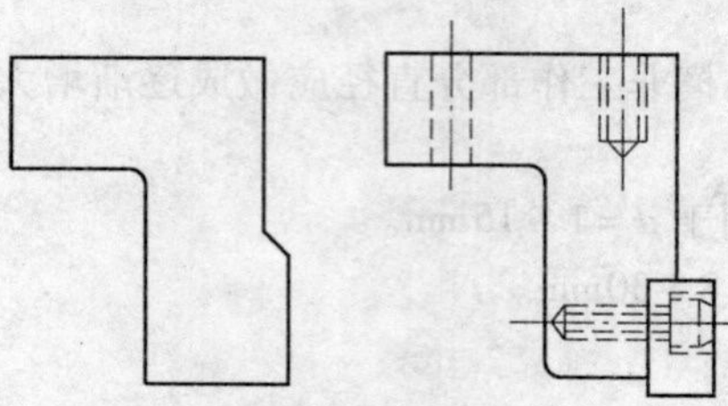

a)　　b)

图 8-43　剪裁用凸模

a）整体式　b）镶配式

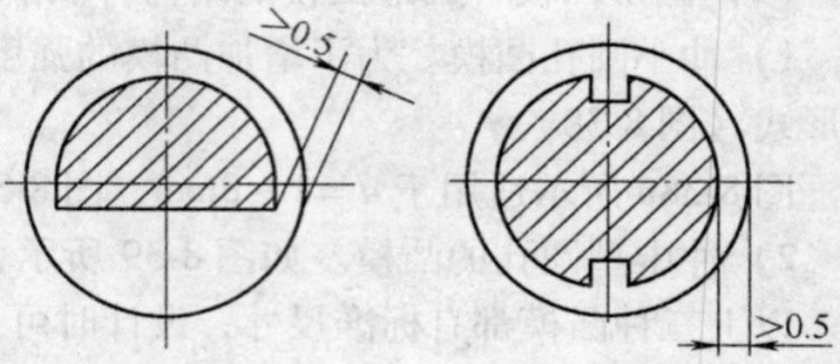

图 8-44　复杂外形凸模（之一）

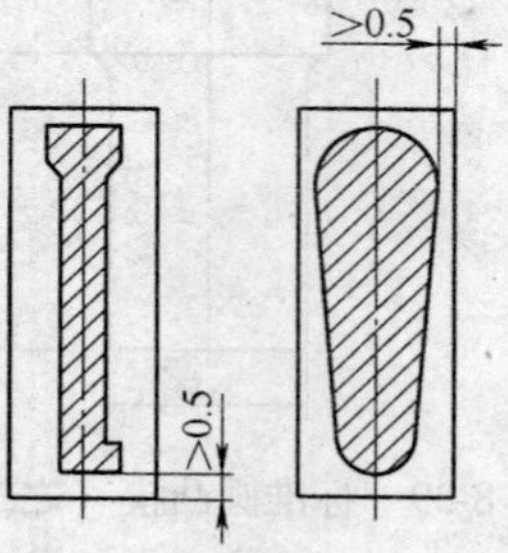

图 8-45　复杂外形凸模（之二）

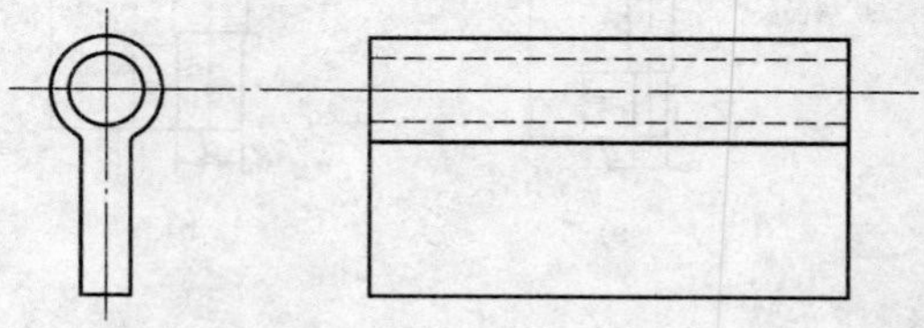

图 8-46　复杂外形凸模（之三）

（3）凸模固定方式　常见凸模固定方式示于表 8-12。

表 8-12　常见凸模固定方式

序号	简　图	说　明
1	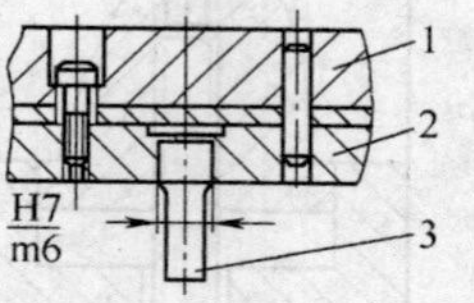	凸模 3 和凸模固定板 2 用过渡配合，藉螺钉夹紧，销钉定位，紧固在模座 1 上 圆冲孔凸模都用这种方式固定
2	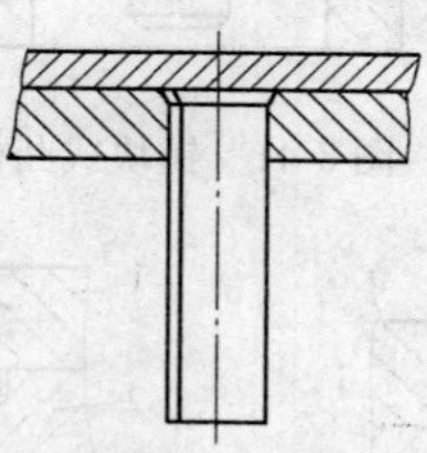	等截面凸模，端部回火后铆接在凸模固定板上磨平
3	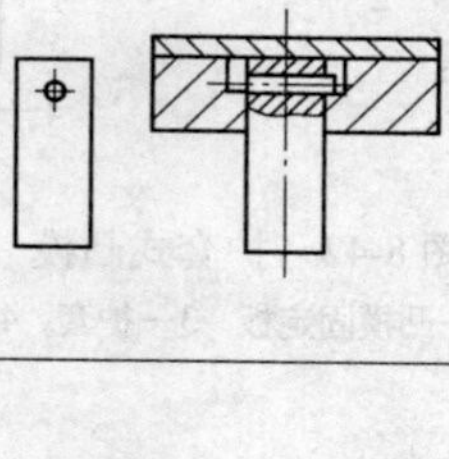	等截面凸模，上端开孔插入圆销以承受卸料力

（续）

序号	简　　图	说　　明
4	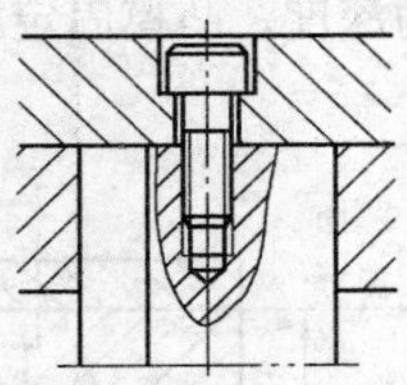	等截面凸模，当截面较大时，可直接用螺钉紧固在凸模固定板上
5	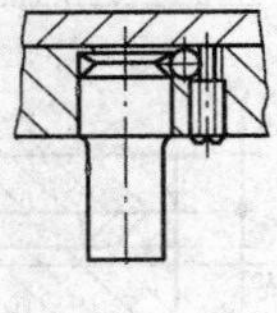	快速更换凸模。拧松螺钉即可更换凸模
6	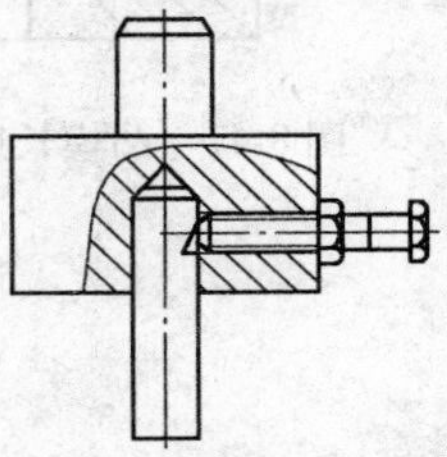	拧松螺钉即可更换凸模
7	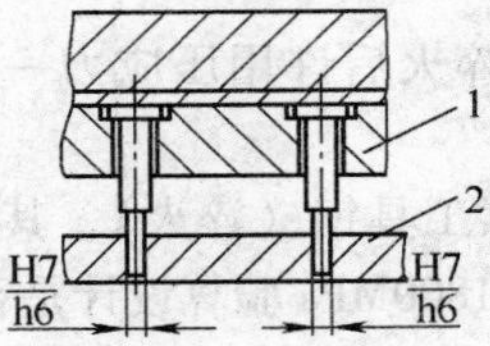	小凸模靠卸料板2精确定位等向，同时起保护作用，凸模固定板1只承受卸料力
8	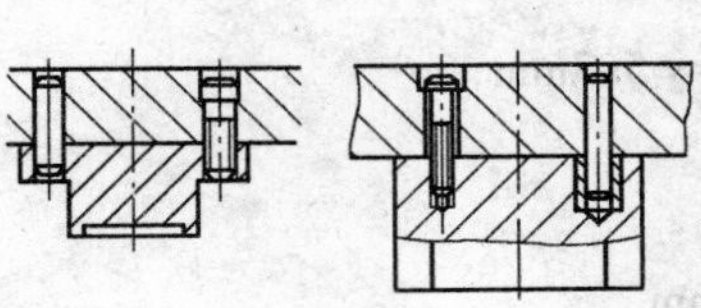	大尺寸落料凸模，通过螺钉压紧销钉定位，并紧固于模座上
9	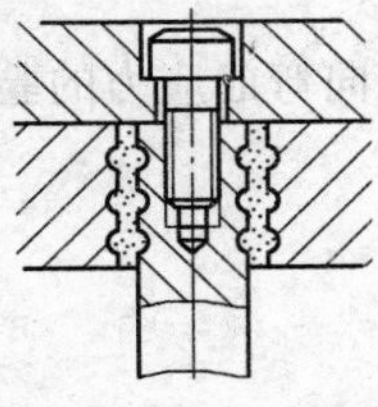	环氧树脂定位，螺钉承受卸料力

（4）凸模长度计算　凸模长度一般是根据结构上的需要而确定的。如图8-47所示结构，其凸模长度用下列公式计算

$$L = h_1 + h_2 + h_3 + h$$

式中　L——凸模长度（mm）；

h_1——凸模固定板高度（mm）；

h_2——卸料板高度（mm）；

h_3——导尺高度（mm）；

h——附加高度，它包括凸模的修磨量，凸模进入凹模的深度，凸模固定板与卸料板的安全距离等。一般取 $h=15\sim20$mm。

（5）凸模强度校核　对于特别细长的凸模，应进行压应力和弯曲应力校核，检查其危险断面尺寸和自由长度是否满足强度要求。

1）压应力校核。当凸模断面小而冲裁力相当大（冲厚板料）时，必须对凸模进行抗压强度计算。

对于圆形凸模

$$d_{min} \geqslant \frac{4t\tau}{[\sigma_{压}]}$$

对于其他各种断面的凸模

$$A_{min} \geqslant \frac{F}{[\sigma_{压}]}$$

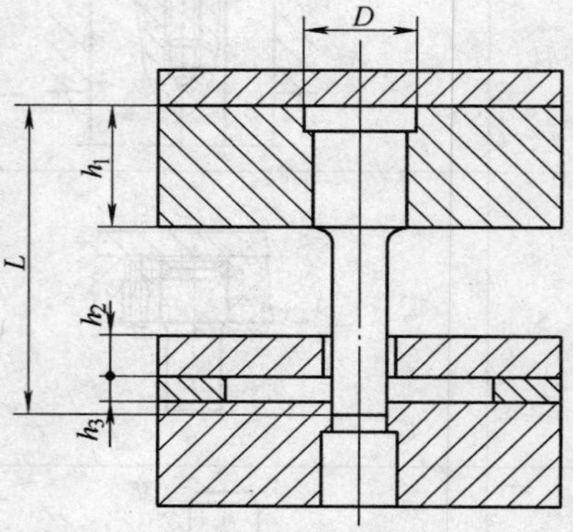

图 8-47　凸模长度的确定

式中　d_{min}——凸模最小直径（mm）；

t——料厚（mm）；

τ——抗剪强度（MPa）；

F——冲裁力（N）；

A_{min}——凸模最狭窄处的截面积（mm^2）；

$[\sigma_{压}]$——凸模材料的许用压应力（MPa），碳素工具钢淬火后许用压应力一般为淬火前的 1.5~3 倍。

【例 1】　在厚度 $t=6$mm 的钢板上冲孔，凸模为优质碳素工具钢（淬火），其直径 $d=6$mm。板料的抗剪强度 $\tau=425$MPa，凸模材料的许用压应力 $[\sigma_{压}]=1800$MPa 验算设计是否合理。

根据公式

$$\frac{4\tau t}{[\sigma_{压}]} = 4\times\frac{425\times6}{1800}\text{mm} \approx 5.7\text{mm}$$

而

$$d = 6\text{mm}$$

即

$$d \geqslant \frac{4\tau t}{[\sigma_{压}]} \approx 5.7\text{mm}$$

故设计合理

2）弯曲应力校核。当凸模断面小而又较长时，必须进行纵向弯曲应力的验算。可分为无导向装置和有导向装置两种。

a. 无导向装置的凸模（图 8-48a）

对于圆形凸模

$$L_{max} \leqslant 90\frac{d^2}{\sqrt{F}}$$

对于其他各种断面的凸模

$$L_{max} \leqslant 425\sqrt{\frac{I}{F}}$$

b. 有导向装置的凸模（图 8-48b）

对于圆形凸模

$$L_{max} \leqslant 270\frac{d^2}{\sqrt{F}}$$

对于其他各种断面的凸模

$$L_{max} \leqslant 1200\sqrt{\frac{I}{F}}$$

式中　L_{max}——允许的凸模最大自由长度（mm）；

d——凸模的最小直径（mm）；

F——冲裁力（N）；

I——凸模最小截面惯性矩（mm^4）。

【例 2】　如图 8-48 所示，凸模直径 $d=5mm$，钢板厚度 $t=2.5mm$，抗剪强度 $\tau=500MPa$，求凸模为无导向（图 8-48a）及有导向（图 8-48b）的最大自由长度。

解　根据前述公式，无导向装置的圆形凸模的自由长度

$$L_{max} \leqslant 90\frac{d^2}{\sqrt{F}} = 90\times\frac{5^2}{\sqrt{\pi\times5\times2.5\times500}}mm \approx 16.1mm$$

有导向装置的圆形凸模自由长度

$$L_{max} \leqslant 270\frac{d^2}{\sqrt{F}} = 270\times\frac{5^2}{\sqrt{\pi\times5\times2.5\times500}}mm \approx 48mm$$

3）凸模垫板承压计算（图 8-49）。圆形凸模承受面的压应力 $\sigma_{压}$，按下式计算

$$\sigma_{压} = \frac{F}{A} = \frac{F}{\frac{\pi}{4}D^2} \leqslant [\sigma_{压}]$$

式中　F——冲裁力（N）；

A——承压面积（mm^2）；

D——凸模承压面的直径（mm）；

$[\sigma_{压}]$——许用压应力（MPa）。

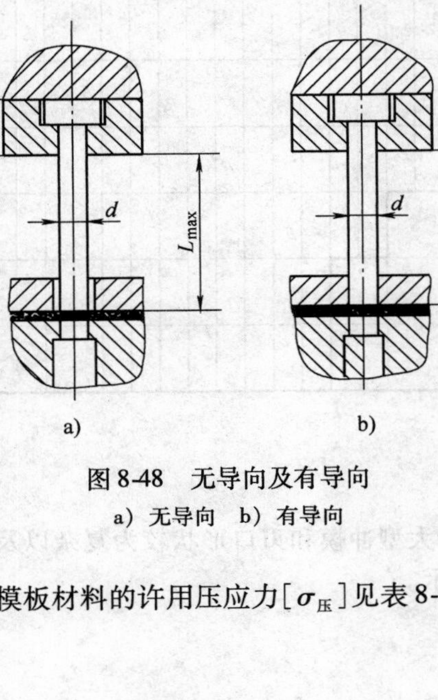

图 8-48　无导向及有导向

a）无导向　b）有导向

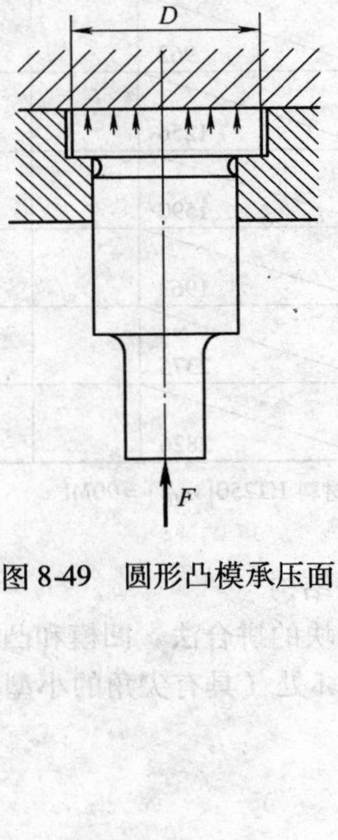

图 8-49　圆形凸模承压面

模板材料的许用压应力$[\sigma_{压}]$见表 8-13。

表 8-13 模板材料的许用压应力 [$\sigma_{压}$]

模 板 材 料	许用压应力/MPa
铸铁 HT250	90 ~ 140
铸钢 ZG310-570	110 ~ 150

表 8-14 中工件材料为 08，$\sigma_b = 400\text{MPa}$；模板材料 HT250，[$\sigma_{压}$] = 90MPa，按上式计算得出是否需要加凸模垫板的范围。

表 8-14 采用凸模垫板的范围

冲孔直径 d/mm	D/mm	A/mm²	材料 08[$\sigma_b = 400\text{MPa}$] 材料厚度 t/mm 小于1.5	1.75	2	2.1	2.5	2.75	3	3.5	4	4.5	5	5.5	6	6.5	8
2 ~ 4	11	95															
4 ~ 6	13	133															
6 ~ 8	15	177															
8 ~ 10	27	227															
10 ~ 14	21	346															
14 ~ 18	25	491															
18 ~ 20	27	572															
20 ~ 23	30	707									加 垫 板						
23 ~ 26	33	855															
26 ~ 28	35	962															
28 ~ 33	40	1256															
33 ~ 38	45	1590															
38 ~ 43	50	1963															
43 ~ 48	55	2375															
48 ~ 53	60	2826															

注：模板材料 HT250[$\sigma_{压}$] = 90MPa。

3. 镶拼结构

（1）镶块的拼合法　凹模和凸模的镶拼结构常用于大型冲模和刃口形状较为复杂以及个别部分容易损坏处（具有尖角的小型冲模），如图 8-50 所示。

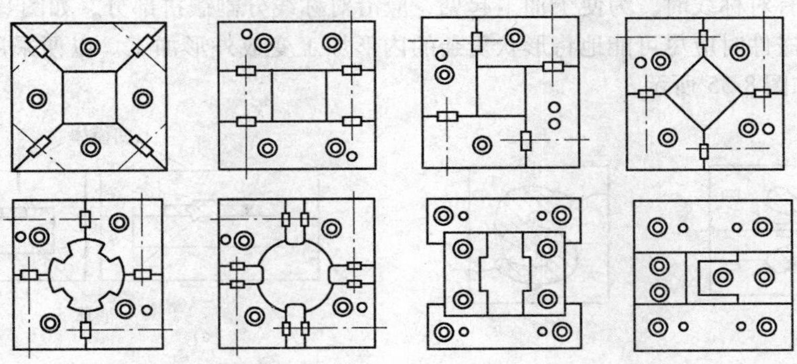

图 8-50　凹模拼合法

镶块拼合的基本要求：

1）镶拼块形状应为方形、圆形、直线等简单的形式。

2）凹模或凸模的每一镶块都必须具有良好的工艺性，以便于进行机械加工与热处理。例如尖角不仅加工困难，并且淬火时容易开裂，因而经常在刃口的尖角处拼接。在可能范围内，镶块的角度应为90°或钝角，避免锐角，如图 8-51a 所示。

3）凸出或凹进的部分容易磨损，应单独做成一块，以便于加工及更换。圆弧部分应单独做成一块，其凸、凹模镶块的接合面应位于直线部分。对于大型冲模，其镶块接缝应位于距直线与曲线相切处 5～7mm，对于小型冲模应位于距离 4～5mm 处，对于弧线曲率不大，且附近没有直线相连的大型拼块，为了不使拼块太大，可将弧线部分适当分成几块，其拼接线应垂直于弧线即沿曲率半径方向，如图 8-51b 所示。

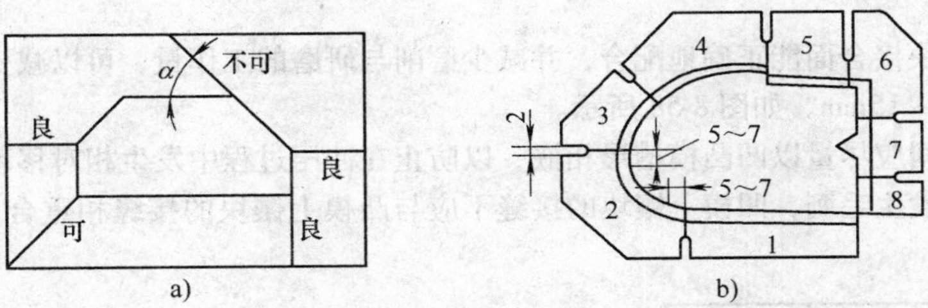

图 8-51　复杂形状冲件的镶拼

4）凹模镶块接缝不能相切于组成刃口的圆弧，而应在圆弧的中间，如图 8-52 所示。

5）对于外形为圆形的凹模，其工作部分应尽量按径向线来分割，如图 8-53 所示，其中各镶块可以按同一方式加工。

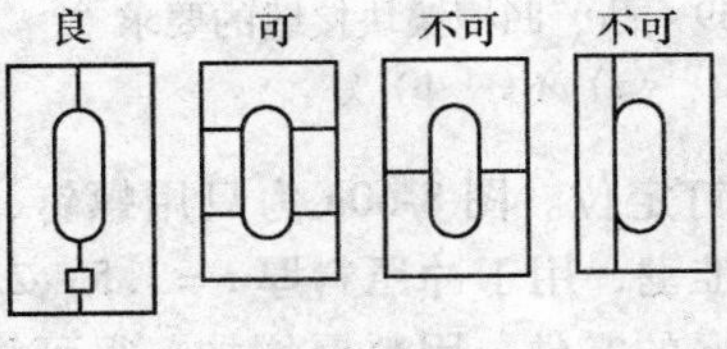

图 8-52　镶块接缝的比较

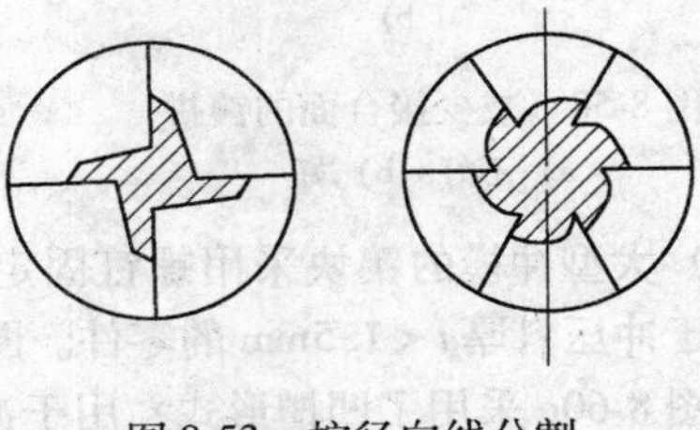

图 8-53　按径向线分割

6）如工件有对称线时，为便于加工起见，应沿对称线分割镶拼部分，如图 8-54 所示。

7）在考虑嵌件时应尽可能地将形状复杂的内形加工变成外形加工。以便采用机械加工，减少钳工加工，如图 8-55 所示。

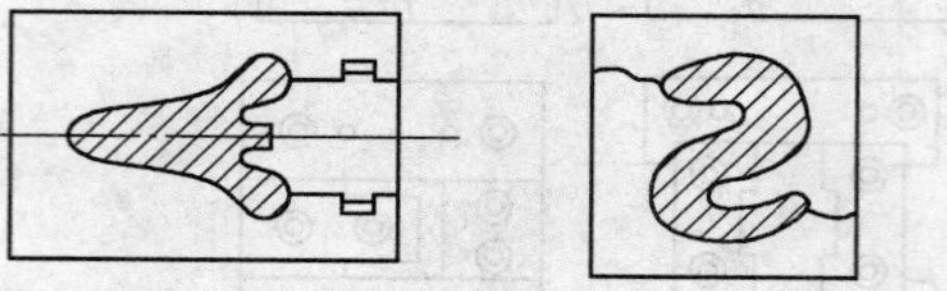

图 8-54　沿对称线分割

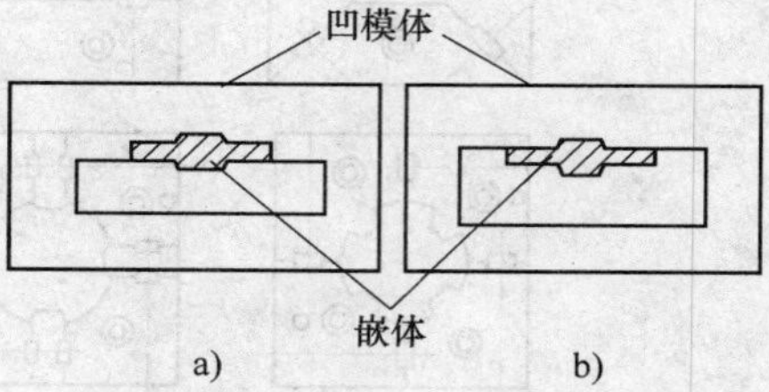

图 8-55　不同镶块拼法比较（之一）
a）不好　b）好

8）在考虑镶块的加工精度的同时，还应考虑到各拼块尺寸精度要容易而且确实能测定，如图 8-56 所示。

9）如果凹模孔的中心距要求有较高的精度，也可采用镶拼结构，通过研磨拼合的方法来达到高精度孔距的要求，如图 8-57 所示。

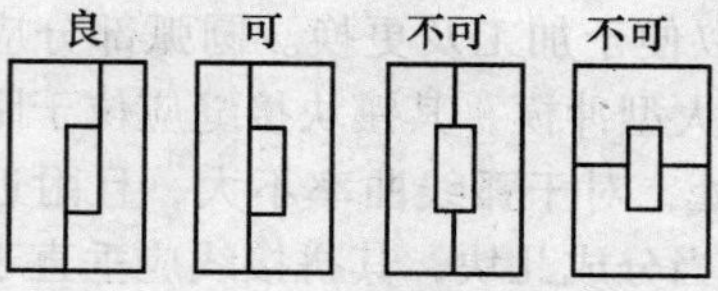

图 8-56　不同镶拼法比较（之二）

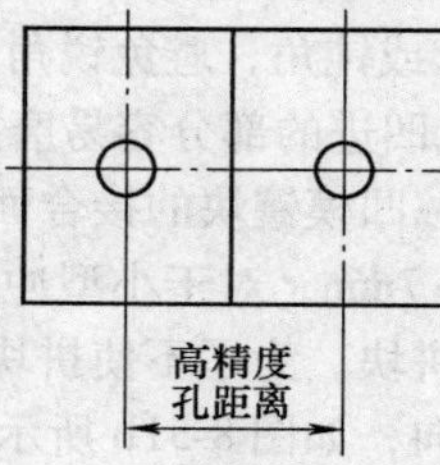

图 8-57　高精度孔距的镶拼

10）为使镶块接合面能正确地配合，并减少磨削与研磨的工作量，可以减少接缝的长度，大型冲模一般取 12 ~ 15mm，如图 8-58 所示。

11）镶块之间应尽量以凹凸模槽形相嵌，以防止在冲压过程中发生相对移动。

12）为避免发生毛刺，凹模上镶块的接缝不应与凸模上镶块的接缝相重合，而应相互错开，如图 8-59 所示。

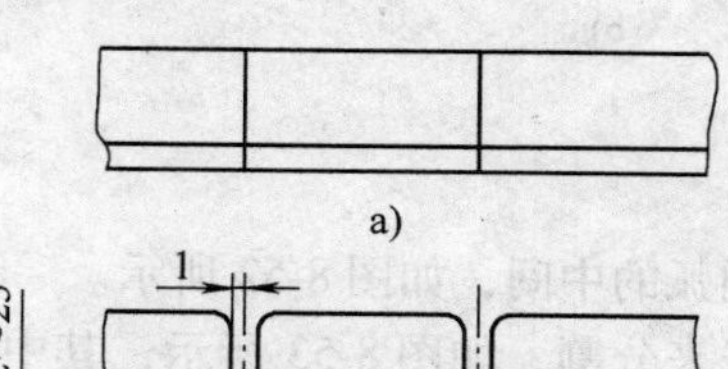

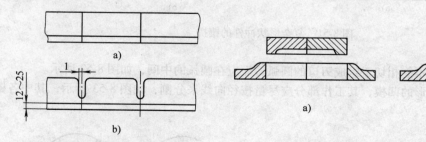

图 8-58　减少接合面的镶拼
a）不好　b）好

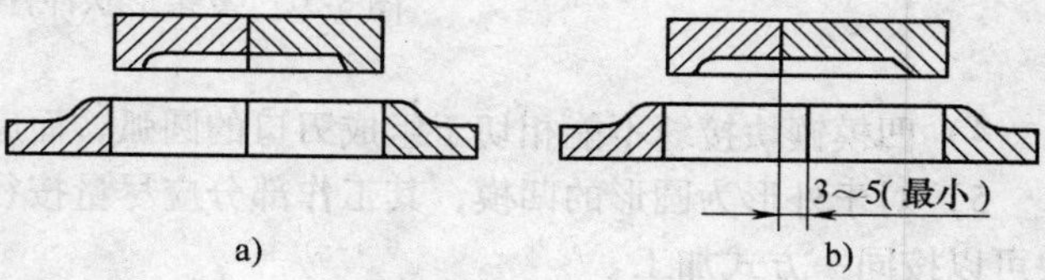

图 8-59　凸、凹槽镶块接缝的要求
a）不好　b）好

13）大型冲模的镶块采用螺钉固定时，应以两个销钉定位。图 8-60a 为只用螺钉、销钉紧固，用于冲压料厚 $t<1.5$mm 的零件。图 8-60b 增加了止推键，用于冲压料厚 $t=1.5\sim2.5$mm 的零件。图 8-60c 采用了凹槽形式，用于冲压料厚 $t>2.5$mm 的零件。因料厚增加，很可能导致水平推力增大。

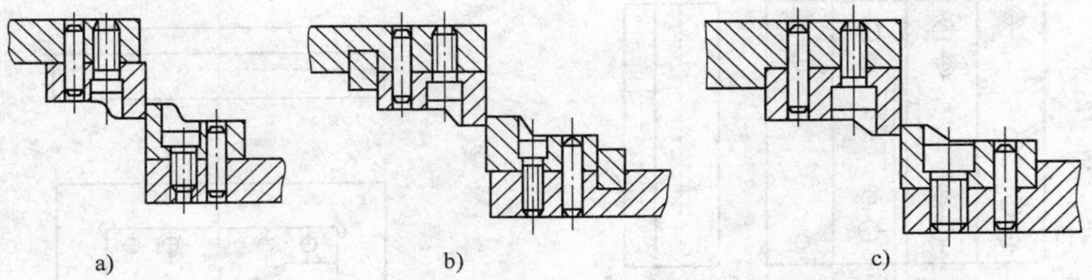

图 8-60　用螺钉与销钉紧固镶块

螺钉的位置应接近刃口并参差排列，而销钉则应离刃口愈远愈好，相对距离应尽量大，如图 8-61 所示。

14）镶块固定时要考虑到模具进行重磨的可能性。图 8-62 是由螺钉固定的，有利于重磨镶块。

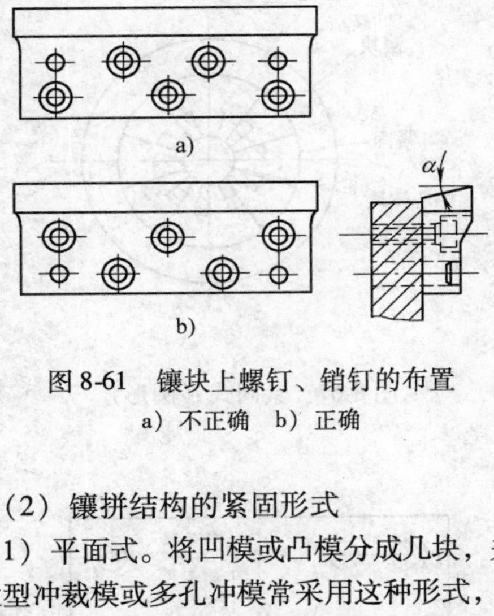

图 8-61　镶块上螺钉、销钉的布置
a）不正确　b）正确

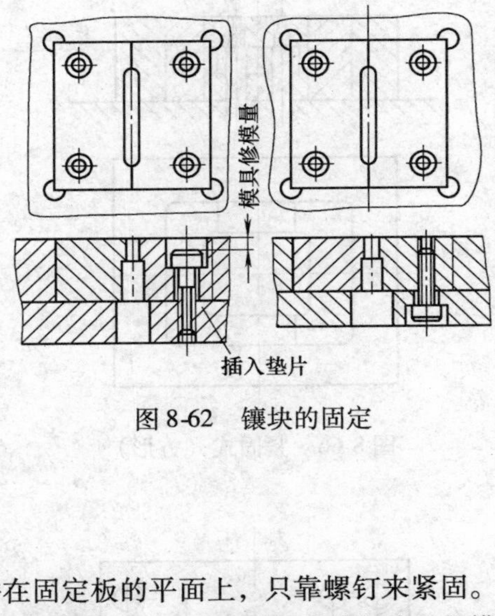

图 8-62　镶块的固定

（2）镶拼结构的紧固形式

1）平面式。将凹模或凸模分成几块，并列地镶拼在固定板的平面上，只靠螺钉来紧固。一般如大型冲裁模或多孔冲模常采用这种形式，图 8-63 所示为落料与冲孔复合模用的镶拼式凹凸模。

2）凸边式。将凸模或凹模分成几块，然后嵌入二边或四边制成凸边的固定板内。这种形式适用于冲裁力不大、冲裁材料较薄、工件形状窄小的冲裁模。图 8-64 所示为冲窄槽用的镶块凹模。

图 8-65 所示为冲指针用的镶块凹模。

3）紧固式。将凹模或凸模做成几块，经镶拼后用压配方法压入紧圈内。这种形式能承受较大的镶块内的侧胀力，故适于冲裁厚料的凹模，如图 8-66 所示。中小尺寸的圆形冲裁模可将镶块压入紧圈内，如图 8-67 所示。

4）种植式。将凹模中难于加工的悬臂很长受力较大部分分割出来做成凸模形式的镶块，种植在凹模固定板内。为防止种植的镶块因受力下沉，在凹模固定板下面应增加淬硬的垫板。图 8-68、图 8-69 所示为两种种植式凹模。

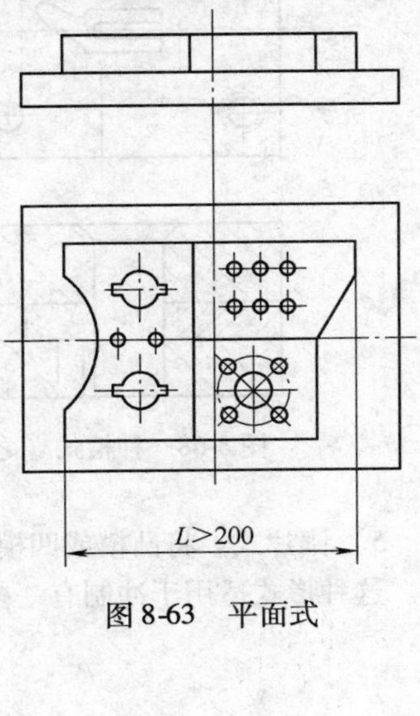

图 8-63　平面式

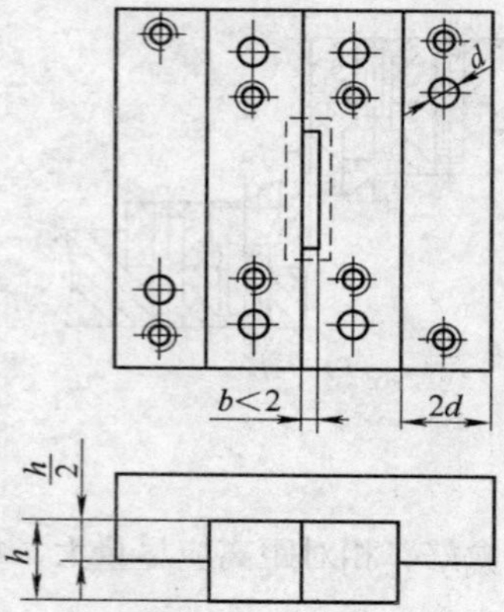

图 8-64　二面凸边式

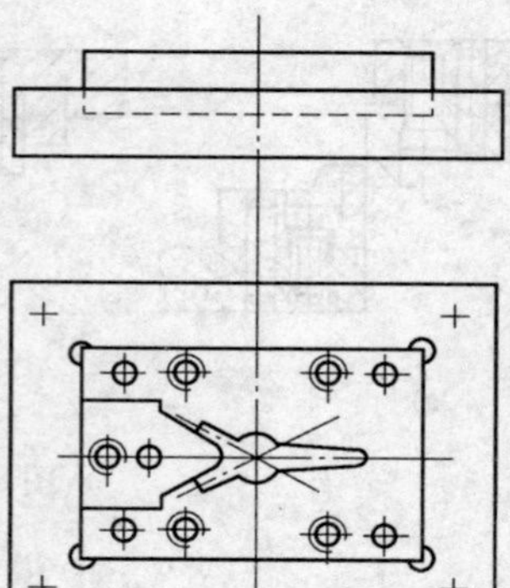

图 8-65　四面凸边式

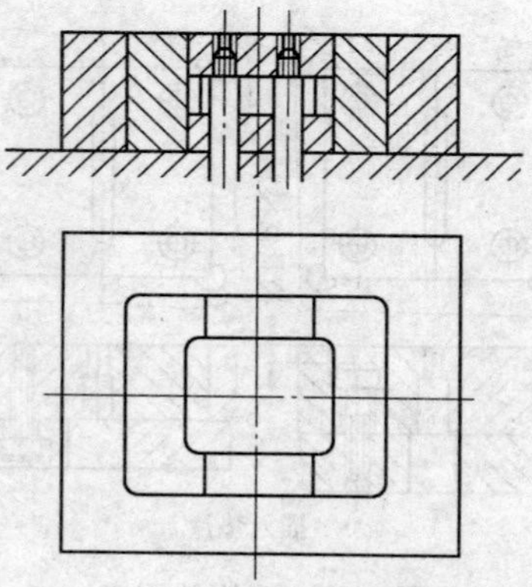

图 8-66　紧固式（方形）

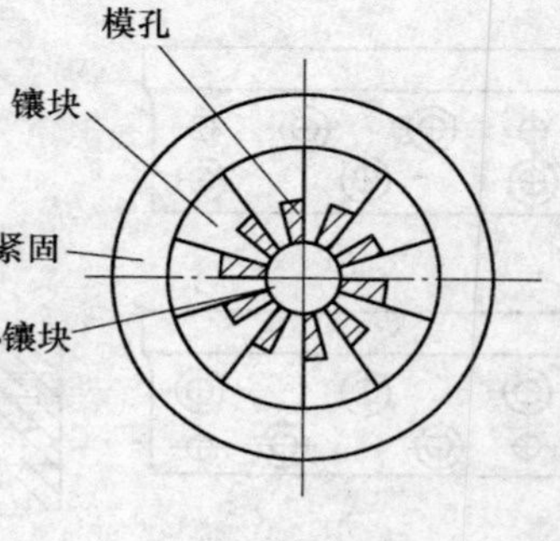

图 8-67　紧固式（圆形）

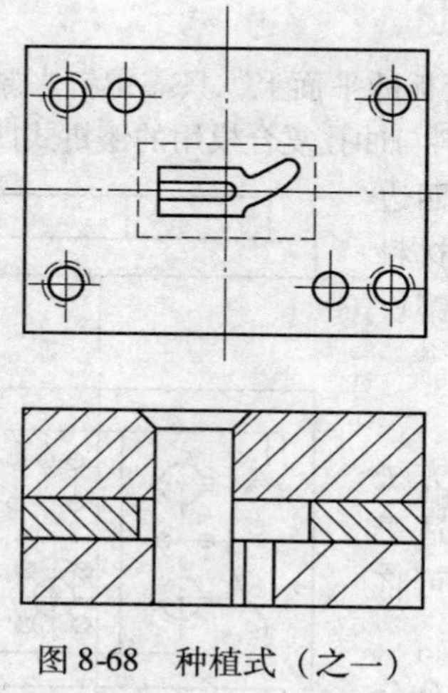

图 8-68　种植式（之一）

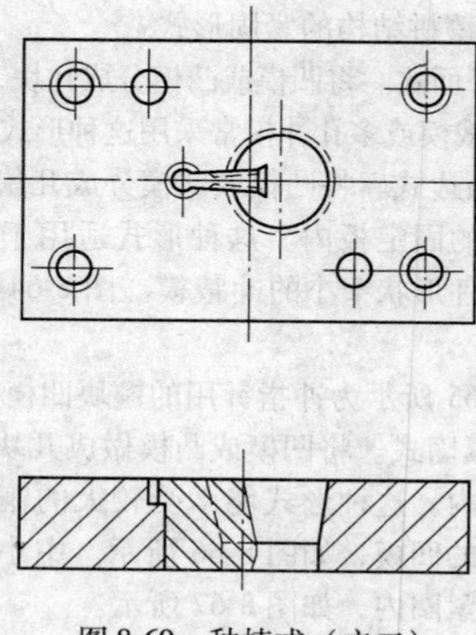

图 8-69　种植式（之二）

5）镶片式。将凸模或凹模按形状分成几片，然后用垫片隔开叠合镶拼在一起成为凸模或凹模。这种形式适用于冲制有一排狭长孔的工作用的冲孔模，如图 8-70 所示。

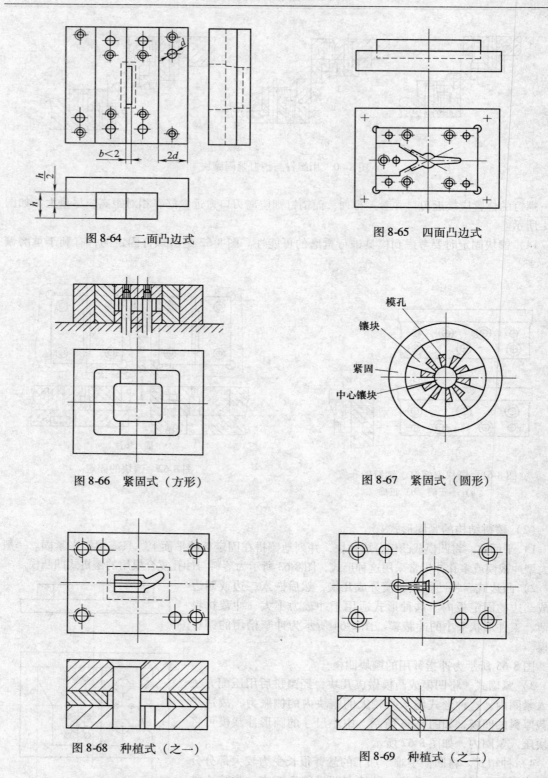

6）嵌楔式。适用于尺寸较小制件的冲模，其优点是拆卸与更换镶块方便。当凹模磨损、冲裁间隙增大时，可将一块镶块拆下，将其拼合面磨去少许，使其恢复正常间隙，如图8-71、图8-72所示。

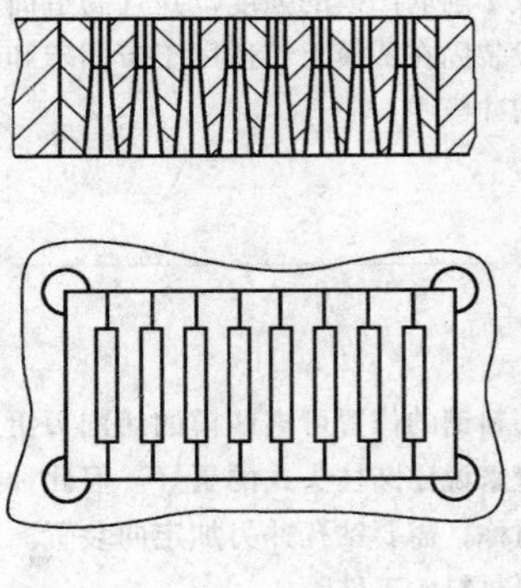

图8-70 镶片式

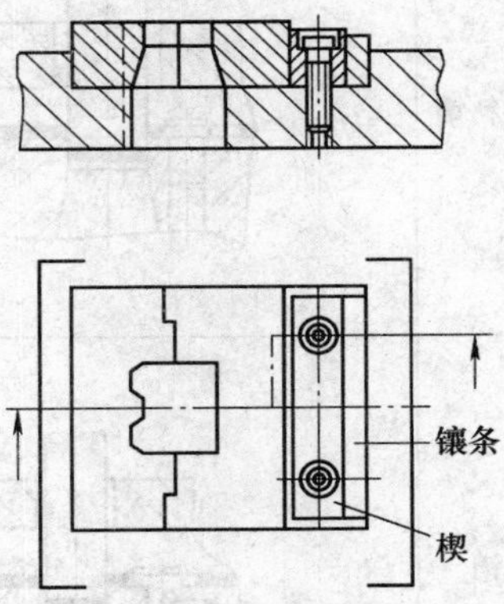

图8-71 斜面楔固定（之一）

7）嵌入式。将凹模按一定形状分成若干块，然后嵌入固定板内。该结构适于冲制长槽或压筋工件，如图8-73所示。

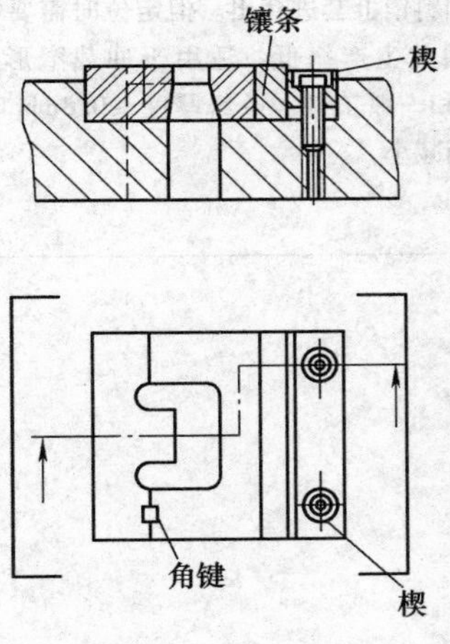

图8-72 斜面楔固定（之二）

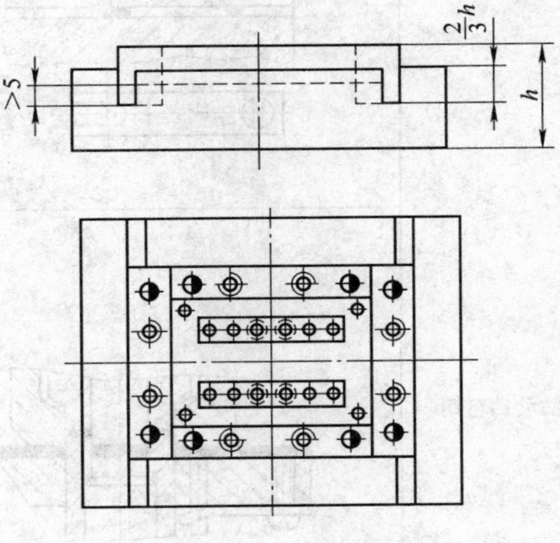

图8-73 嵌入式凹槽

(二) 定位装置（零件）

冲模定位装置的作用是使毛坯正确送进及在模具中处于正确的位置，保证冲出合格工件，不致冲缺而损废。

根据不同的毛坯和模具结构，必须采用各种形式的定位装置。下面分别进行介绍。

1. 挡料销

挡料销的作用是保证条料（带料）有准确的送料进距。其结构形式及应用见表8-15。

表 8-15　挡料销的形式及应用

挡料销形式	简　图	特点和应用
圆柱头式挡料销	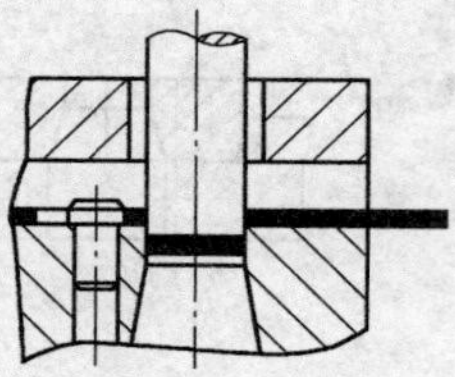	此种挡料销的固定部分和工作部分的直径差别很大，不致于削弱凹模的强度，并且制造简单，使用方便。一般装固在凹模上，适用于带固定卸料板和弹性卸料板的冲模中
钩形挡料销	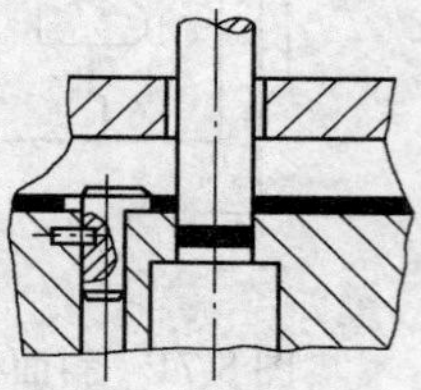	此种挡料销的位置可离凹模的切削刃更远一些，因而就位置来说比圆柱头式的更好。但此种挡料销由于形状不对称，需要钻孔并另加定向装置。适用于冲制较大较厚材料的工件
	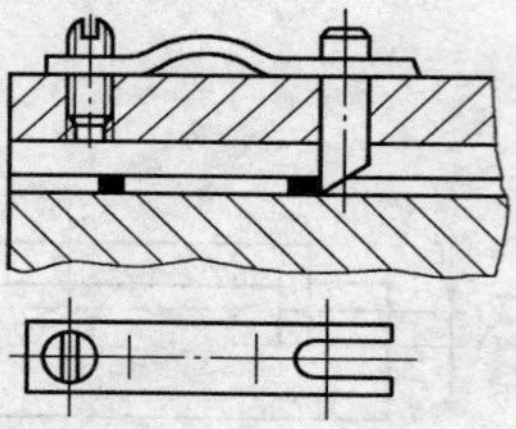	冲压时，条料向前推进就对挡料销的斜面施加压力，而将挡料销抬高，并使弹簧顶起，这样就不必将条料在挡料销上套进套出。但定位时需要将条料前后移动，因此生产率低。适用于冲裁窄形工件（6 ~ 20mm）和一般工件。条料厚度≤0.8mm 时，导尺厚度可适当减小
活动挡料销	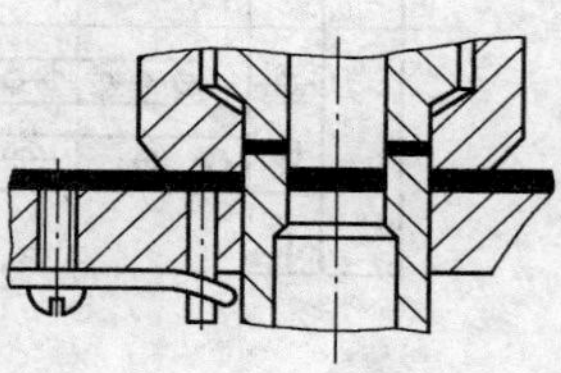 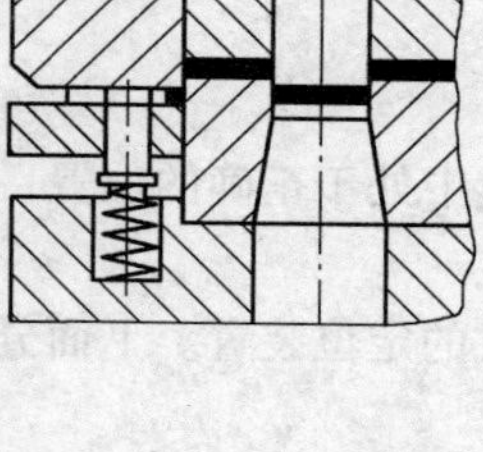	最常用在带有活动的下卸料板的敞开式冲模上，因它在冲压时随凹模下行而压入孔内，工作很方便

（续）

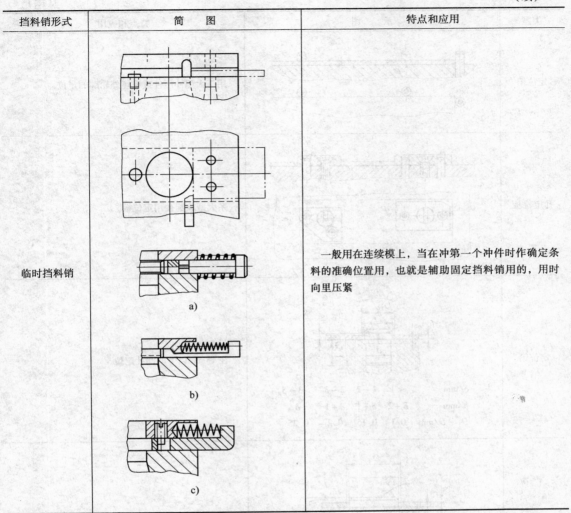

挡料销形式	简　图	特点和应用
临时挡料销	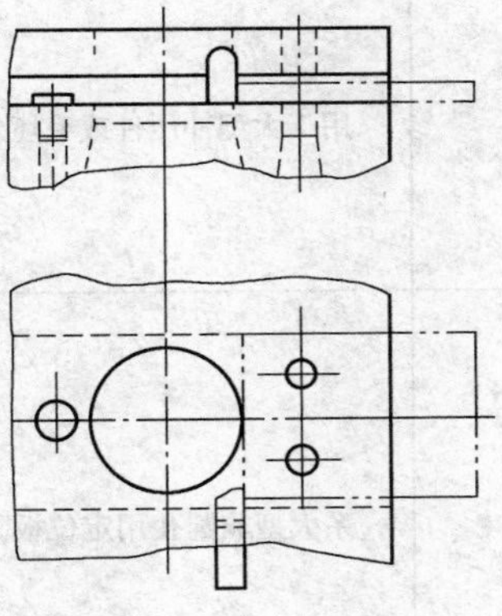 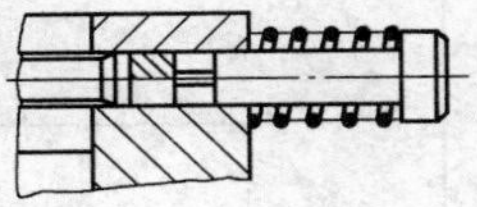 a) 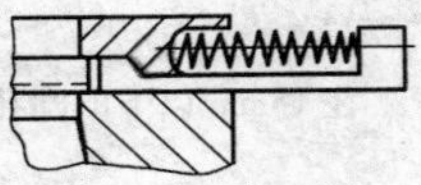 b) 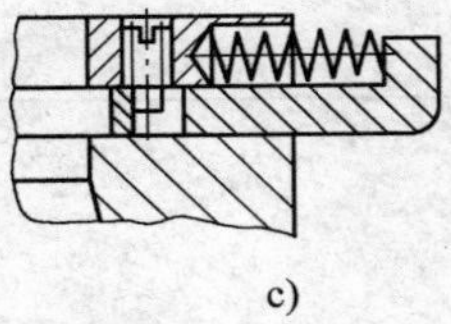 c)	一般用在连续模上，当在冲第一个冲件时作确定条料的准确位置用，也就是辅助固定挡料销用的，用时向里压紧

2. 定位板或定位销

一般用于对单个毛坯的定位。这种定位可以以外轮廓定位，也可以以内孔定位，其主要形式见表8-16。

表8-16　定位板（销）类型

类型	示　图	特点和应用
定位板	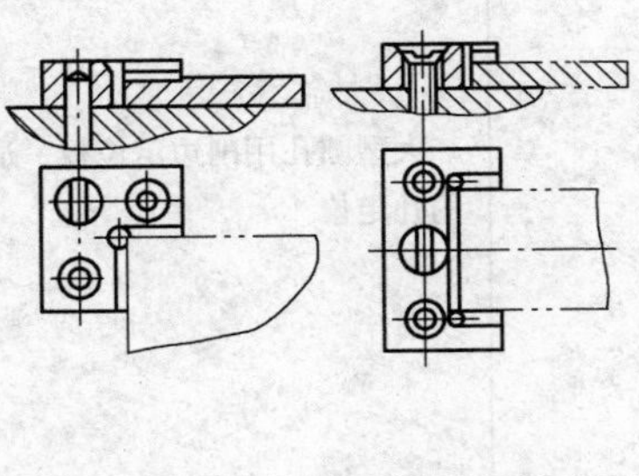	用于大型冲压件和毛坯外轮廓的定位

（续）

类型	示　图	特点和应用
定位销	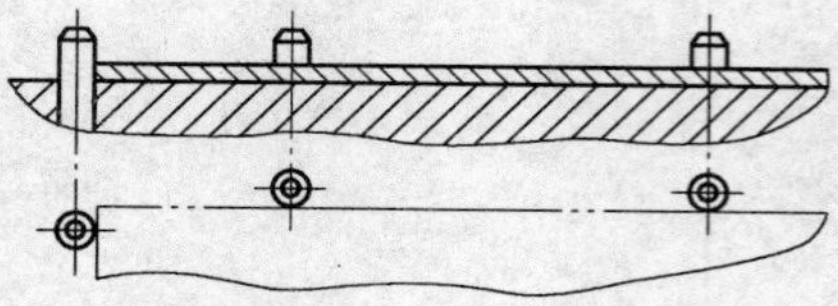	用于大型冲压件或毛坯外轮廓的定位
孔定位板	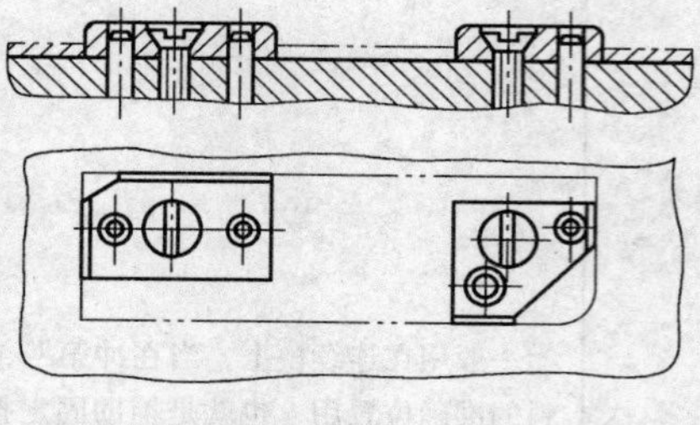	系大型非圆孔用定位板
定位销	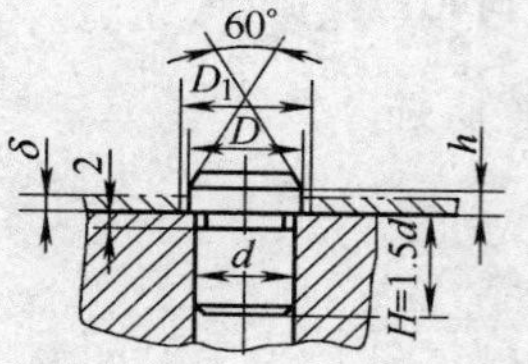 δ/mm　<1　1~2　2~3　>3~5 h/mm　$\delta+2$　$\delta+1$　$\delta+1$　δ D_1-D/mm　0.1　0.15　0.2　0.25	在15mm以下的圆孔定位
定位销	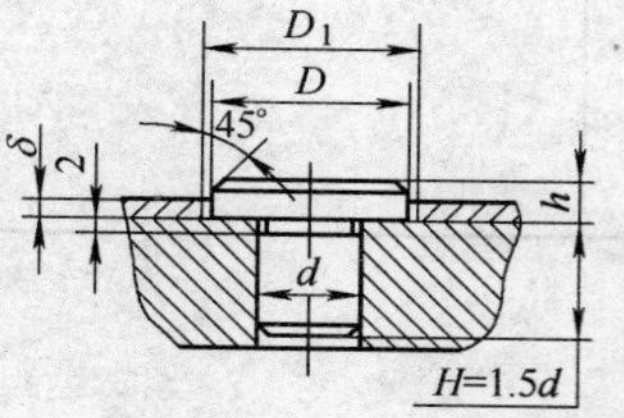 δ/mm　<1　1~2　2~3　>3~5 h/mm　$\delta+2$　$\delta+1$　$\delta+1$　δ D_1-D/mm　0.1　0.15　0.2　0.25	中型孔用定位钉，适用于孔径在 $D=15\sim30$mm 的孔定位
定位板	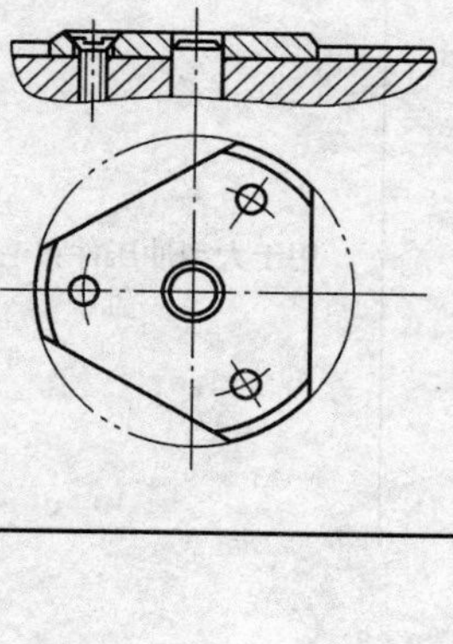	大型圆孔用削边定位板，适用于孔径 $D>30$mm 的孔定位

3. 导正销

导正销多用于连续模中，装在第二工位以后的凸模上，冲裁时它先插进已冲好的孔中，以保证内孔与外形相对位置的精度，消除由于送料而引起的误差。

其形式及应用见表 8-17。

表 8-17　导正销的形式及用途

序号	示　　图	应　　用
1	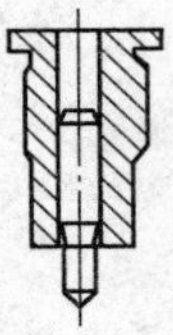	用于直径在 6mm 以下的孔
2		用于直径在 10mm 以下的孔
3	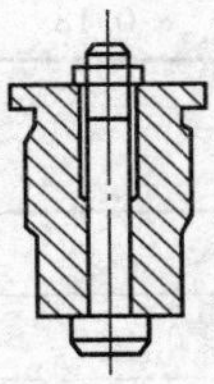	用于直径在 3 ~ 10mm 的孔
4	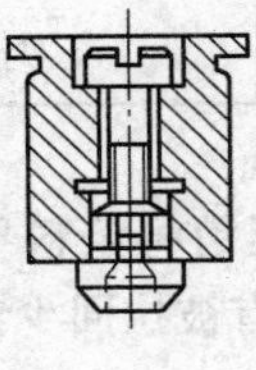	用于直径在 10 ~ 30mm 的孔
5	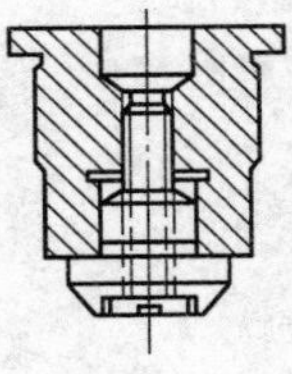	用于板厚为 20 ~ 50mm 的孔
6	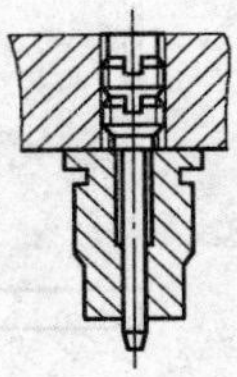	用于小的导正销，更换方便
7	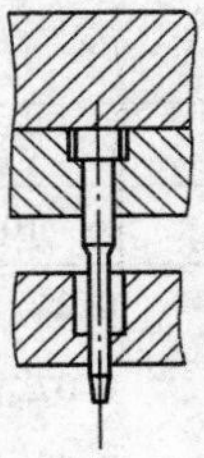	用于薄料，导正销装在上模固定板中。一般在条料两侧空孔处设工艺孔时采用
8	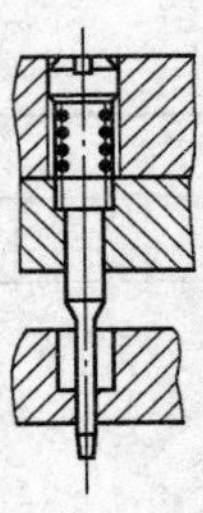	活动式导正销，可避免送料错位而引起导正销损坏
9	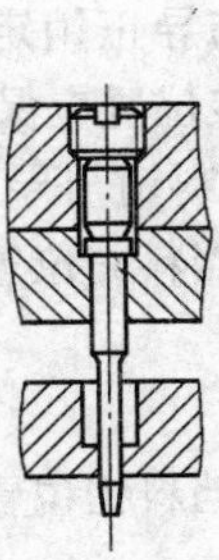	快换导正销

导正销的直径按基孔制 IT9 级精度间隙配合（h9），但考虑到冲孔后保证变形收缩，因此导正销直径的基本尺寸 D_1，比冲孔凸模直径小数值 $2a$。具体计算为

$$D_1 = d - 2a$$

式中　d——冲孔凸模直径；

$2a$——导正销与孔径两边的间隙，其值见表 8-18。

导正销圆柱高度 h 见表 8-19。

表 8-18　2a 数值　　（单位：mm）

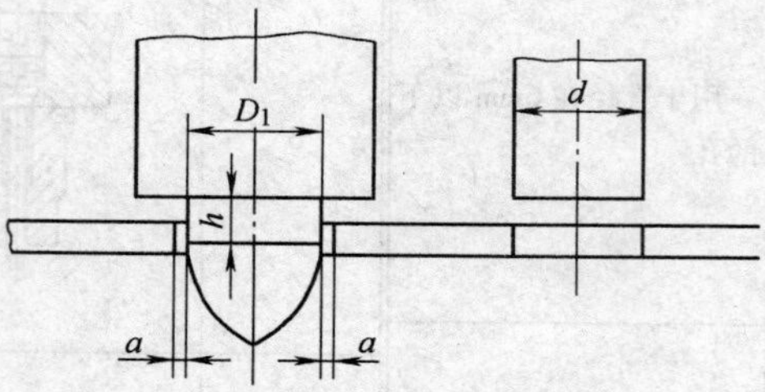

条料厚度 t	冲孔凸模直径 d						
	1.5~6	>6~10	>10~16	>16~24	>24~32	>32~42	>42~60
<1.5	0.04	0.06	0.06	0.08	0.09	0.10	0.12
>1.5~3	0.05	0.07	0.08	0.10	0.12	0.14	0.16
>3~5	0.06	0.08	0.10	0.12	0.16	0.18	0.20

表 8-19　导正销圆柱高度 h　　（单位：mm）

条料厚度 t	冲件尺寸		
	1.5~10	>10~25	>25~50
<1.5	1	1.2	1.5
>1.5~3	0.6t	0.8t	t
>3~5	0.5t	0.6t	0.8t

级进模采用挡料销与导正销定位时，挡料销只作初步定位，而导正销将条料导正到精确位置。所以，挡料销的安装位置应保证导正销在导正条料的过程中，条料有被拉回少许或推前少许的可能（图 8-74）。故挡料销与导正销的距离 e 应满足如下关系式：

1）如图 8-74a 所示挡料销位置

$$e = S - \frac{D}{2} + \frac{d}{2} + 0.1 \tag{8-4}$$

2）如图 8-74b 所示挡料销位置

$$e = S + \frac{D}{2} - \frac{d}{2} - 0.1 \tag{8-5}$$

式中　S——步距（mm）；

D——落料凸模直径（mm）；

d——挡料销直径（mm）。

以下几种情况不宜采用导正销：①冲裁条料过薄，小于 0.5mm 时，导正销插入孔内易使孔边弯曲；②冲孔直径过小；③落料凸模尺寸较小。

后两种情况会减弱凸模强度，可改用侧刃定位。

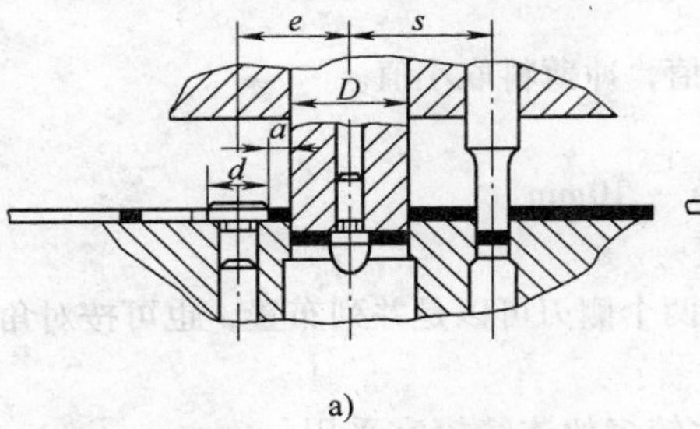

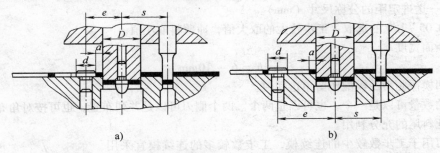

图 8-74　挡料销与导正销的位置关系

4. 定距侧刃

这种装置的作用是为切去条料旁侧少量材料而达到控料的目的。定距侧刃挡料的缺点是浪费材料，只有去冲制窄而长的制件和某些少、去废料排样，而用别的挡料销形式有困难时才采用。冲压厚度较薄（$t<0.5$mm）的材料而采用级进模时，也常用定距侧刃，如图 8-75 所示。

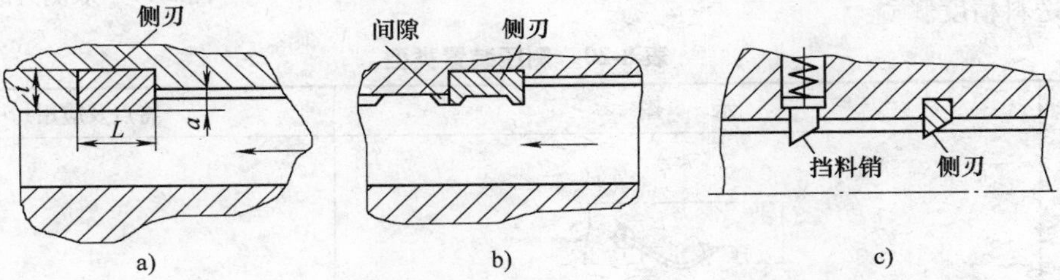

图 8-75　定距侧刃

a）长方形的定距侧刃　b）成形的定距侧刃　c）尖角的定距侧刃

图 8-75a 所示侧刃，制造简单，但当侧刃尖角磨钝后，条料边缘处便出现毛刺，影响送料。

图 8-75b 所示侧刃，其两端做成凸部，当条料边缘连接处出现毛刺时也处在凹槽内不影响送料，但制造稍有复杂。

图 8-75c 所示侧刃，其优点是不浪费材料，但每送一进距需把条料往后拉，以后端定距，操作不如前者方便。

侧刃的固定，一般可用下列几种方法，如图 8-76 所示。

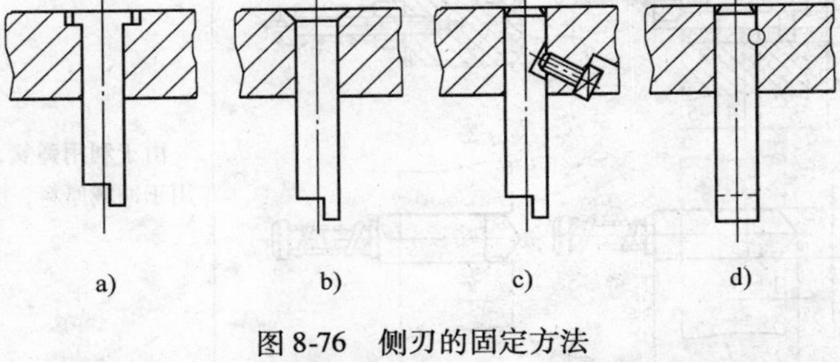

图 8-76　侧刃的固定方法

a）用侧刃的凸缘固定　b）侧刃铆紧在凸模固定板上　c）用螺钉固定　d）用销钉固定

侧刃的断面长度

$$L = S + (0.05 \sim 0.10)$$

式中　S——送进定距的公称尺寸（mm）。

系数0.05~1.0的选取：工步较大的取大值，冲薄料取小值。

侧刃断面宽度

$$b = 6 \sim 10\text{mm}$$

侧刃凹模按侧刃凸模配作留单边间隙。

侧刃的数量可以是一个，也可以是两个。两个侧刃可以是并列布置，也可按对角布置。对角布置可保证料尾的充分利用。

单侧刃用于工步数较少的连续模，工步数较多的连续模宜采用两个对角布置的侧刃，如图8-77所示。

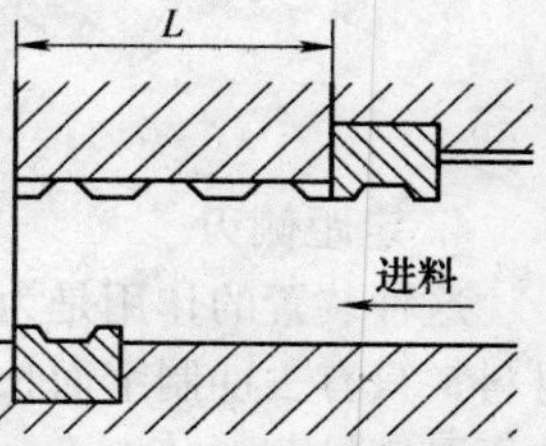

图8-77　双侧刃成形定距

5. 侧压装置

侧压装置的类型可见表8-20。

采用侧压装置时应注意：

1）条料厚度小于0.3mm时，不宜采用侧压装置。

2）采用辊式自动送料时，不宜采用侧压装置。因为侧壁的摩擦力会影响送料精度。

表8-20　侧压装置类型

类型	示　图	特点及应用
簧片式	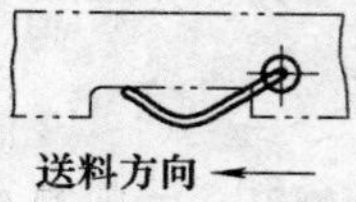	结构简单，但侧压力较小，适用于冲裁工件尺寸小、材料厚度为1mm以下的薄料。侧压块厚度一般为侧面导尺厚度的1/3~2/3，压块数量视具体情况而定
簧片压块式	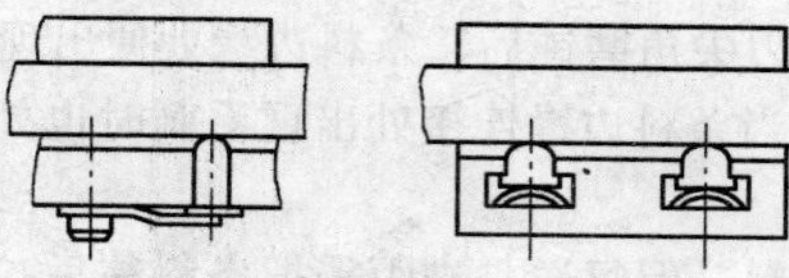	
弹簧压块式	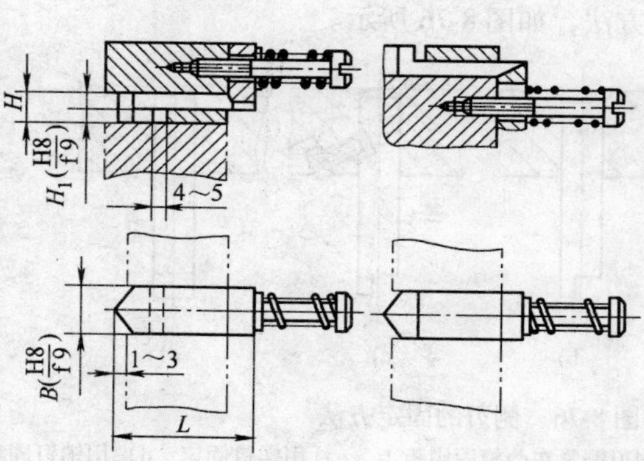	由于利用弹簧，所以侧压力较大，适用于冲裁厚料，一般设置2~3个

（续）

类型	示　图	特点及应用
压板式	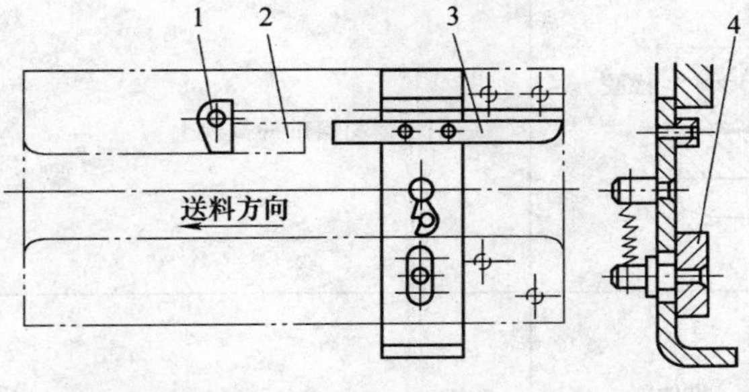 1—侧刃挡板　2—侧刃　3—侧压板　4—侧面导尺	侧压力大而均匀，使用可靠，一般装在送料端，在单侧刃的连续模中使用

（三）压料、卸料及推（顶）件装置

1. 卸料及顶件装置的形式

卸料装置有刚性卸料装置、弹性卸料装置和废料切刀等形式；推件装置也相应地分为刚性和弹性两种，见表8-21。

表8-21　卸料及顶件装置的形式

形式	简　图	应　用
固定卸料板	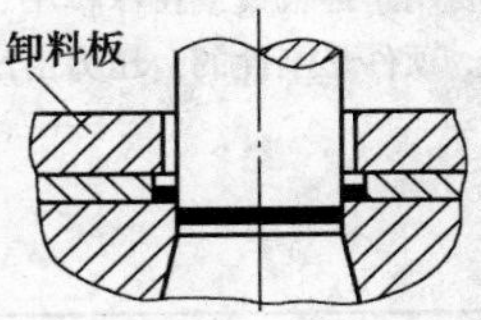	适用于冲制材料厚度为0.8mm和大于0.8mm的带料或条料
悬臂卸料板	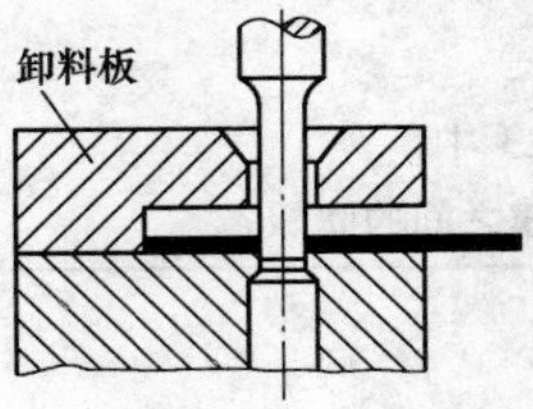	主要用于窄而长的冲件，在作冲孔和切口的冲模上使用
弹压卸料板	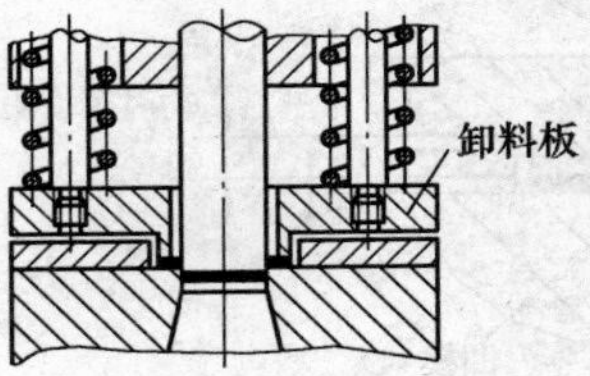	用于冲制薄料和要求平整的工件。常用于复合冲裁模。其弹力来源为弹簧或橡皮，用后者使模具装校更方便
沟形卸料装置	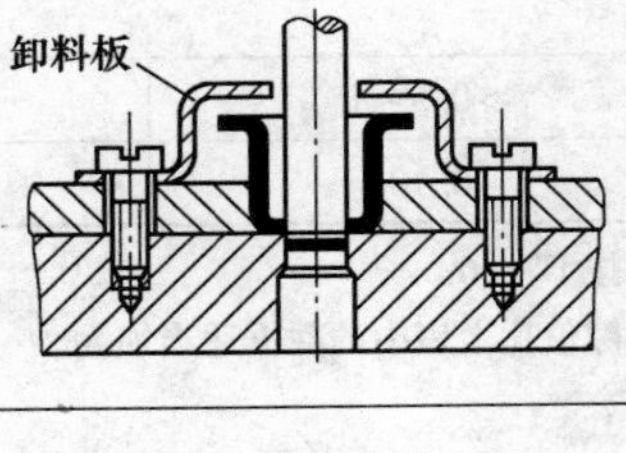	适用于在底部冲孔时卸空心工件用

（续）

形式	简图	应用
橡皮卸料装置	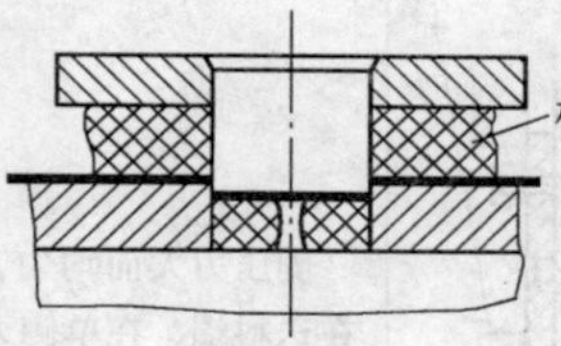	适用于薄材料的冲裁模上
弹压卸料装置及顶件	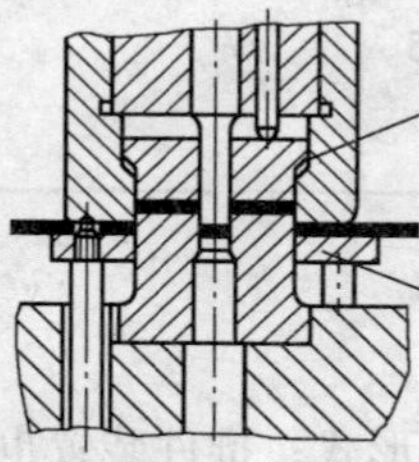	压力从橡皮或弹簧的弹顶器经卸料螺栓、顶杆传到卸料板或顶件块上，用途与弹压卸料板同
	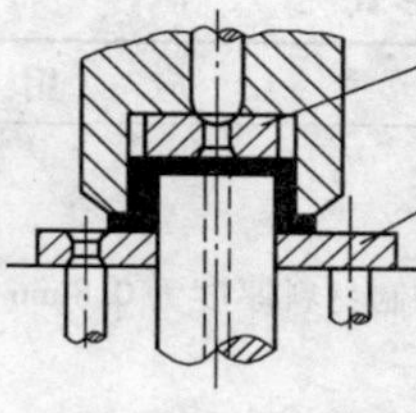	主要用于冲裁模或拉深模中，拉深时卸料板也作压边圈用。顶件是刚性的，压力由压床横杠经顶件传至顶块

2. 卸料板（顶件器）与凸模之间的间隙

卸料板与凸模之间的间隙分别列于表 8-22、表 8-23 中。

表 8-22　弹压卸料板与凸模之间的间隙 c

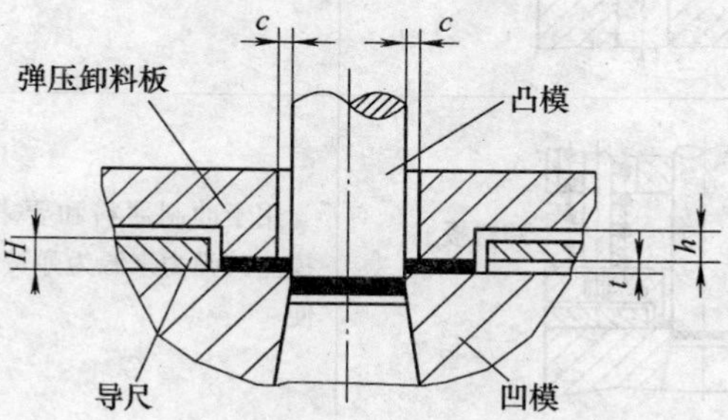

（单位：mm）

材料厚度 t	>0.5	>0.5~1	>1
单面间隙 c	0.05	0.10	0.15

注：1. 当用弹压卸料板作凸模导向时，凸模与卸料板孔配合按 H7/h6。

2. 对于连续模中特别小的冲孔凸模与卸料板孔的单面间隙值比上表中的数据适当加大。

表 8-23　固定卸料板与凸模间的间隙

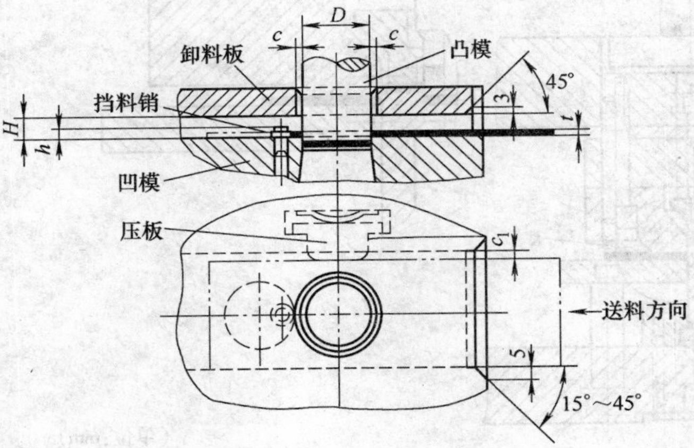

图中：

t——条料厚度

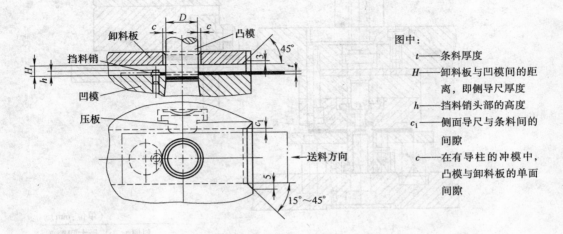

H——卸料板与凹模间的距离，即侧导尺厚度

h——挡料销头部的高度

c_1——侧面导尺与条料间的间隙

c——在有导柱的冲模中，凸模与卸料板的单面间隙

t	h	H				c	c_1
		用挡料销挡料的冲模的长度		用侧刃或用自动挡销的冲模的长度			
		<200	>200	<200	>200		
<1	2	4	5	3	4	0.2	—
>1～2	3	6	8	4	6	0.3	2
>2～3		8	10	6			
>3～4	4	10	12	8	8	0.5	3
>4～6		12	14	10	10		

注：1. c_1 最小值不小于 0.05mm。

2. 在无导柱的冲模中，用卸料板的孔来作凸模导向时，凸模与卸料板孔的配合应按 H7/h6 配合。

3. 当 $t \geqslant 1$mm 时，应采用侧压板。

对于带弹性卸料板的冲模，在带有导正销的连续冲裁模和连续成形模中，卸料板不仅起卸料作用或兼作导向用，而且还起压料作用。所以除考虑凸模和弹压卸料板型孔之间的间隙外，还要考虑卸料板压料台阶的高度 h。

$$h = H - t + k$$

式中　H——侧导尺厚度；

t——料厚；

k——系数。薄料取 0.3t，厚料（t > 1.0mm）取 0.1t。

卸料板、顶件器和凸模之间的间隙还可参考表 8-24。

表 8-24 卸料板、顶件器和凸模之间的间隙

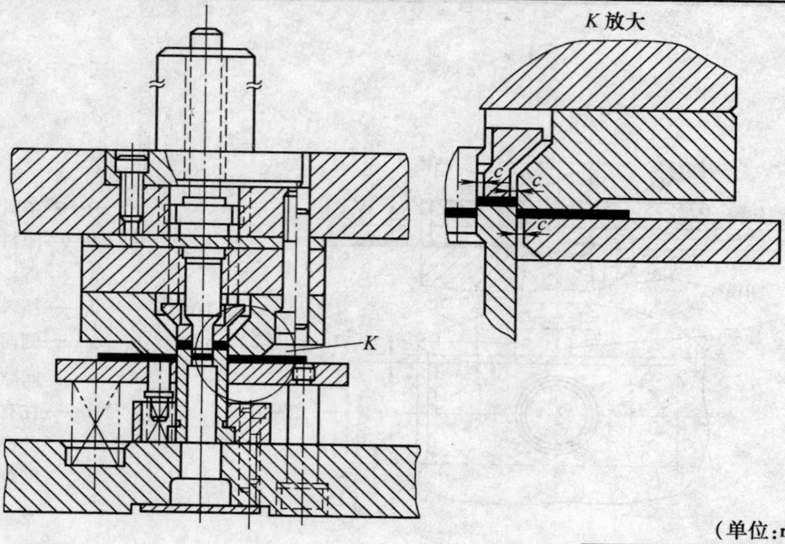

（单位：mm）

料厚 t	最大间隙 c
≤0.2	滑配
>0.2～0.5	0.1
>0.5～1	0.3
>1～2	0.4
>2	0.5

3. 卸料机构中关系尺寸的计算

（1）卸料弹簧窝座的深度　如图 8-78 所示弹簧窝座深度 h，应使冲模在闭合状态时，弹簧压缩到最大允许压缩量。其计算公式为

$$h = L - F + h_1 + t + 1 - h_2 + h_3$$

式中　L——弹簧自由状态长度；

F——弹簧最大允许压缩量；

h_1——卸料板厚度；

h_2——凸模高度；

t——料厚；

h_3——刃口修磨量，一般为 5～6mm；数值“1”为入模量。

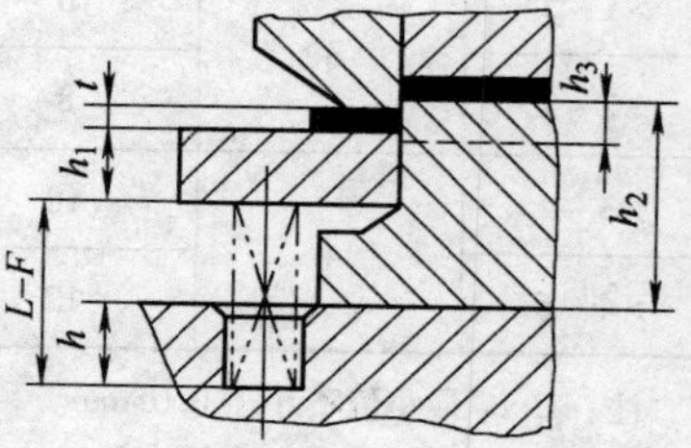

图 8-78　弹簧窝座的深度

（2）卸料板螺钉沉孔深度　如图 8-79 所示，螺钉沉孔深度可按下式计算

$$h_0 + h_3 + h_5 + (3 \sim 5) < h$$

$$h = h_1 + h_2 + 0.5 - h_4 - L$$

式中　h_0——螺栓头部高度；

h_1——模板厚度；

h_2——凸（凸凹）模高度；

h_3——刃口修磨量；

h_4——卸料板厚度；

h_5——入模量；

L——卸料螺钉长度。

4. 打杆的长度

如图 8-80 所示，打杆长度可按下式计算

$$L = L_1 + L_2 + c$$

式中　L_1——顶出状态时，打杆在上模板上平面以下的长度；

L_2——压床结构尺寸；

c——考虑各种误差而加的常数，通常取 $c = 10 \sim 15\text{mm}$。

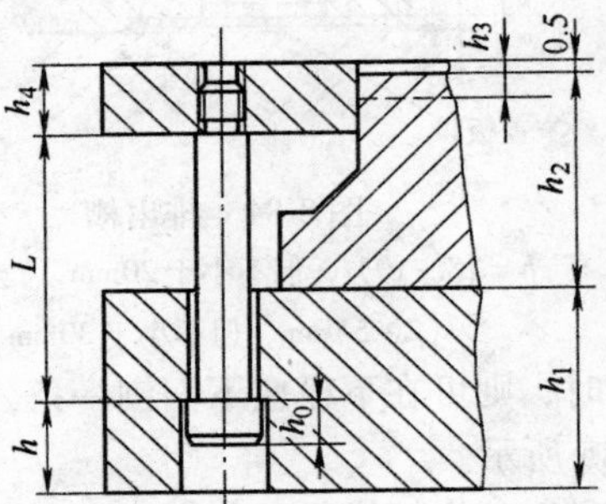

图 8-79　螺钉沉孔深度

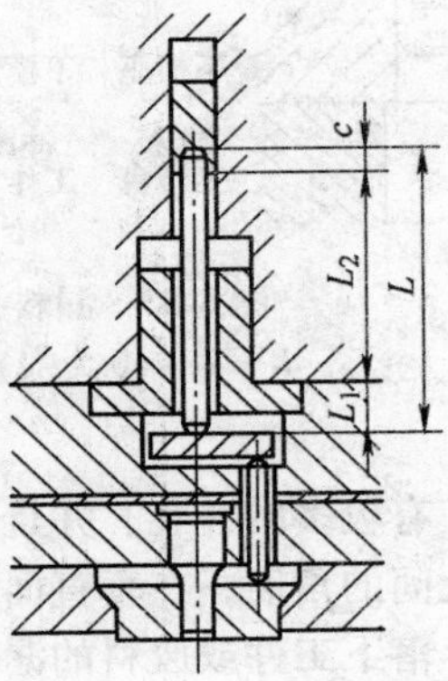

图 8-80　打杆的长度

5. 托杆的长度

如图 8-81 所示，托杆长度按下式计算

$$L = L_1 + L_2 + L_3$$

式中　L_1——气垫在上止点时，托杆在冲模内的长度；

L_2——压床工作台厚度；

L_3——气垫上平面与工作台下平面之间隙。

为了安全使用，气垫处于下止点时，要求托杆不脱离冲模，应满足下式

$$L > l + L_3$$

式中　l——气垫行程长度。

6. 工件或废料的排出

（1）废料切刀　对于大型零件冲裁或成形件切边时，一般采用废料切刀（图 8-82）分段切断废料。废料切刀的夹角 α 一般为 78°～80°，其刃口应比废料宽一些，高度低于模具切边刃 $3t$。图 8-82a 用于小型模具和切断薄废料，图 8-82b 用于大型模具和切断厚废料。

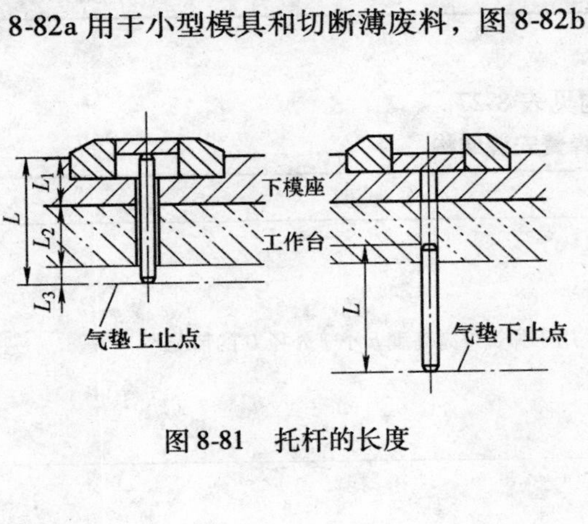

图 8-81　托杆的长度

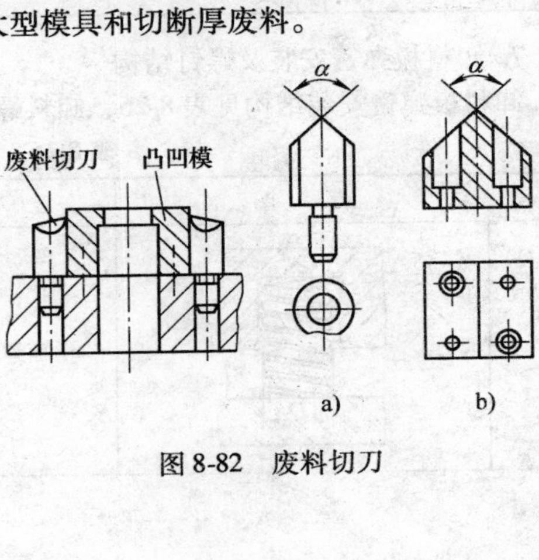

图 8-82　废料切刀

（2）排出槽及漏料孔　常用冲模冲出工件或废料从凹模下面漏下时，应在冲模下模座上作出漏料孔，如图 8-83 所示，废料或工件经过该孔及压力机工作台面的漏孔排出。若压力机工作台上没有漏料孔或冲模上的漏料孔比压力机上的漏料孔还大时，则该在冲模下模座下面（或下模座上面）做出排出槽，如图 8-84 所示。

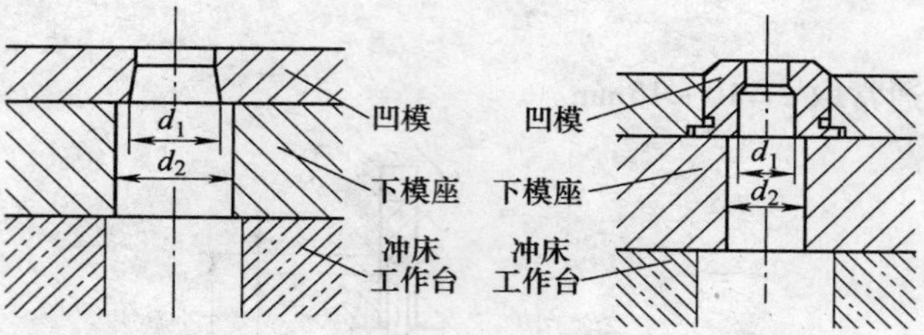

图 8-83　漏料孔

$d_2 = d_1 + (0.5 \sim 2)\mathrm{mm}$

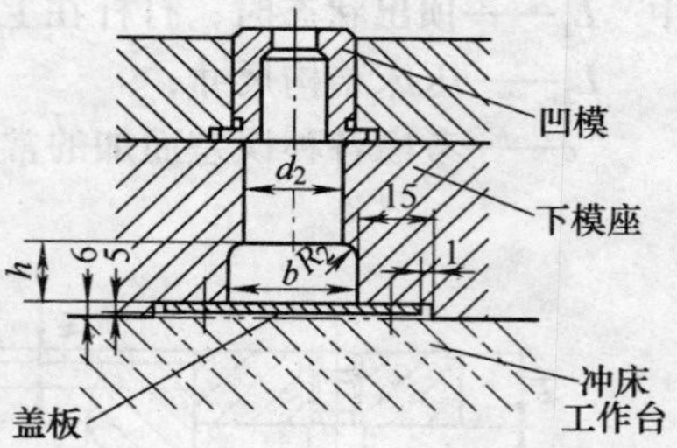

图 8-84　排出槽

$h = (8 \sim 10)t$，但不小于 20mm，$b = d_2 + (2 \sim 5)\mathrm{mm}$，但不小于 30mm

若冲模上有较多的冲孔，并且各孔间相互的距离很近时，则可在下模座下面刨一条公用的排出槽，漏料孔间的角度，在垂直面上不超过 35°，如图 8-85 所示。

若凹模上落下工件或废料的漏料孔紧靠着凹模的边缘，则可在下模座的相应位置开一倾斜的排出槽漏料，如图 8-86 所示，其尺寸可参考表 8-25 的数值确定。

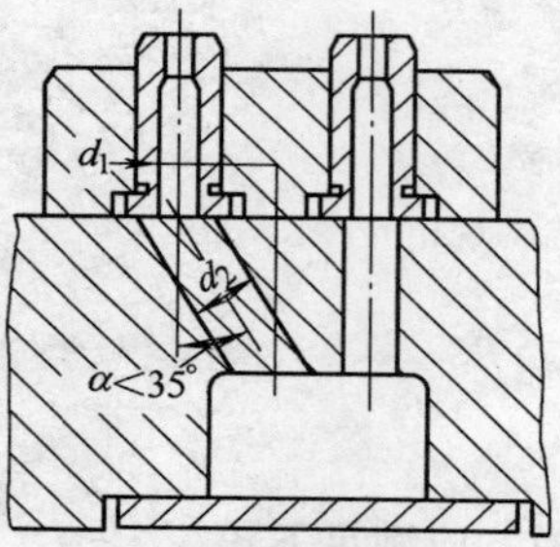

图 8-85　公用排出槽

$d_2 = d_1 + 4\mathrm{mm}$

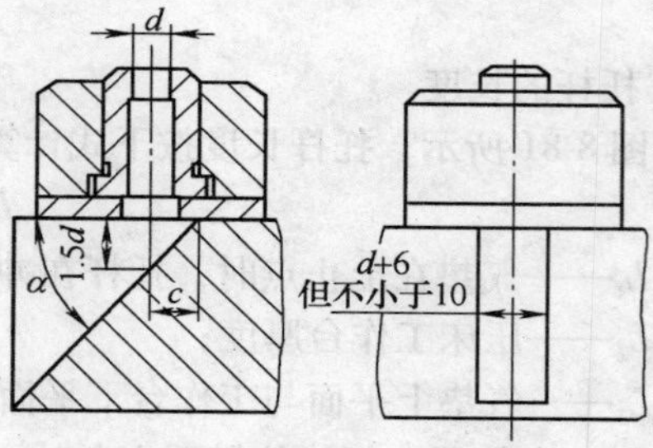

图 8-86　倾斜排出槽

$c = 1.5d\tan\alpha$　$\alpha = 30° \sim 40°$

表 8-25　排　出　槽

α	30°	35°	40°	45°
c	2.6d	2.2d	1.8d	1.5d

7. 卸料板弹簧安装及螺钉结构

卸料板弹簧安装结构见表 8-26，卸料螺钉结构见表 8-27。

表 8-26　卸料板弹簧安装结构

序号	简　图	说　明
1	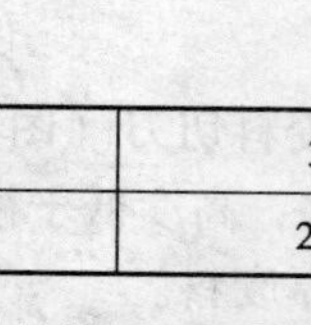	单面弹簧座孔，用于弹簧外露高度 h 小于外径 D 的情况

（续）

序号	简　图	说　明
2	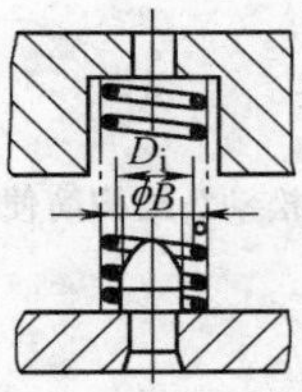	弹簧心柱用于卸料板薄不宜开弹簧座孔的情况 心柱外径 $B=D_i-(1\sim2)$ 其中 D_i 为弹簧内径
3	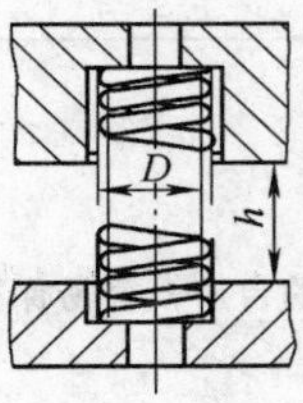	双面加工弹簧座孔，适用于 $h>D$ 的情况
4	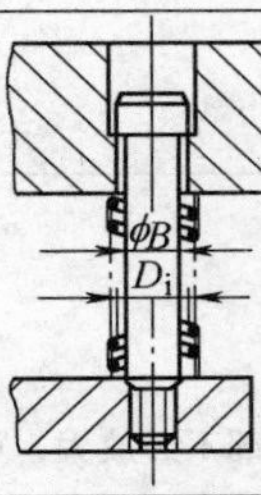	套在卸料螺钉外面的弹簧 $B=D_i-(2\sim3)$

表 8-27　常用卸料螺钉结构

序号	简　图	说　明
1	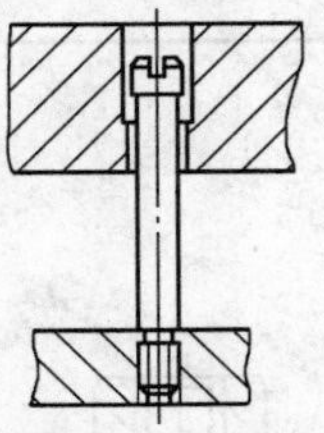	标准卸料螺钉结构。凸模刃磨后需在卸料螺钉头下加垫圈调节
2	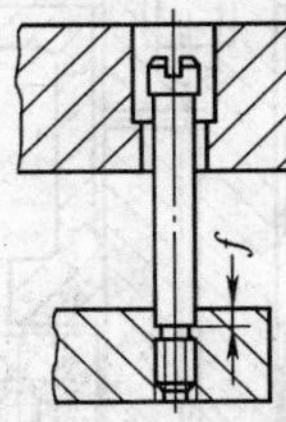	卸料螺钉圆柱部分进入卸料板 $f=3\sim5$mm，以防止螺纹根部受侧压力 凸模刃磨后也需在卸料螺钉头下加垫圈调节
3	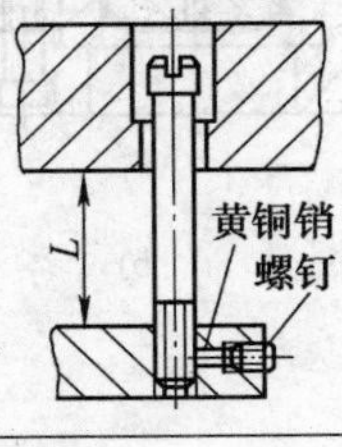	距离 L 可调节。为防止螺纹松动，用螺钉压紧从而承受较大的侧压力

（续）

序号	简　图	说　明
4	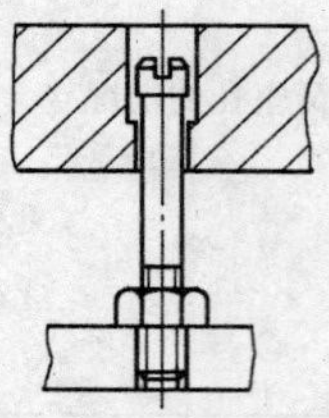	同序号 3，以螺母防止螺纹松动。结构简便，但占据较多空间
5	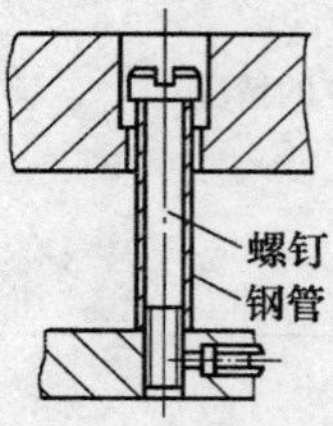	以钢管代替标准卸料螺钉的台肩，容易保持卸料板的平行度。螺钉头部直径放大
6	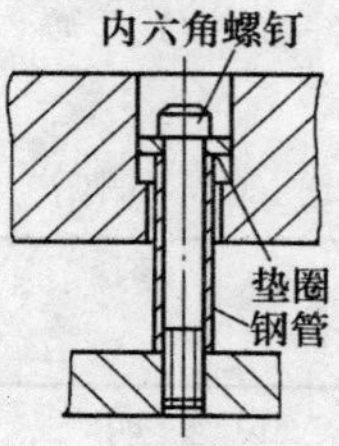	同序号 5。增加垫圈后螺钉头部不必放大，可仍用通用标准。垫圈宜淬硬

8. 压边圈

采用压边圈可以防止拉深件凸缘部分起皱，如图 8-87 所示。

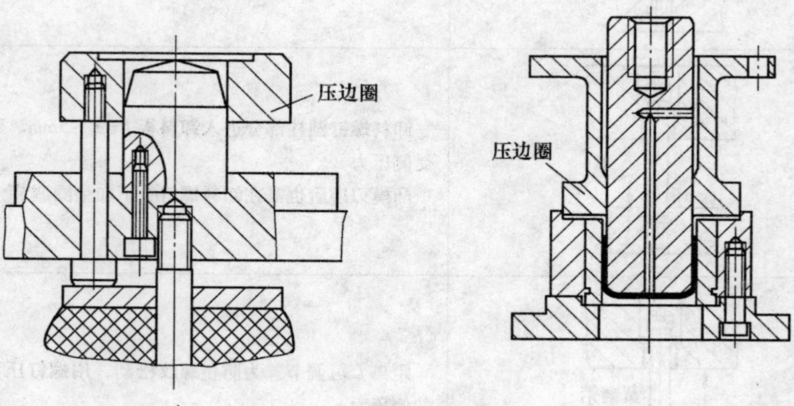

a)　　b)

图 8-87　压边装置

图 8-87a 为装在单动压力机上的拉深模。倒装形式结构可在下面安装弹顶器或利用压力机的气垫，有较大的压边力和压边行程。

图 8-87b 为装在双动压力机上的拉深模，凸模装在内滑块上，压边圈装在外滑块上。

9. 弹性元件

(1) 普通弹性元件　弹性元件主要用于卸料、压料或推件等。

模具用的普通弹簧形式很多，可分为圆钢丝螺旋弹簧、方钢丝螺旋弹簧和碟形弹簧等。圆钢丝螺旋弹簧制造方便，应用最广。方钢丝（或矩形钢丝）螺旋弹簧所产生的压力比圆钢丝螺旋弹簧大得多，主要用于卸料力或压料力较大的模具。

碟形弹簧的组装方法如图 8-88 所示。图 8-88a 为单片组装的碟形弹簧，图 8-88b 为多片组装的碟形弹簧。多片组装的弹簧压力比单片的大得多，但是弹簧压缩量较小。碟形片材料为 65Mn、60Si2Mn 等弹簧钢，一般用冲压方法制成，也有用摆辗加工的。

碟形弹簧在模具上的布置方式如图 8-89 所示。

在中小工厂，冲模的弹性零件还广泛使用橡皮，其优点是使用十分方便，价格便宜。但橡皮和油接触，容易被腐蚀损坏。

近年来又有使用聚氨酯弹性体作弹性零件的，它比橡皮的压力大，寿命也长，但价格较贵。

有关碟簧和其他螺旋弹簧及橡皮等弹性元件的计算和选用，可参考有关标准及机械零件设计资料。

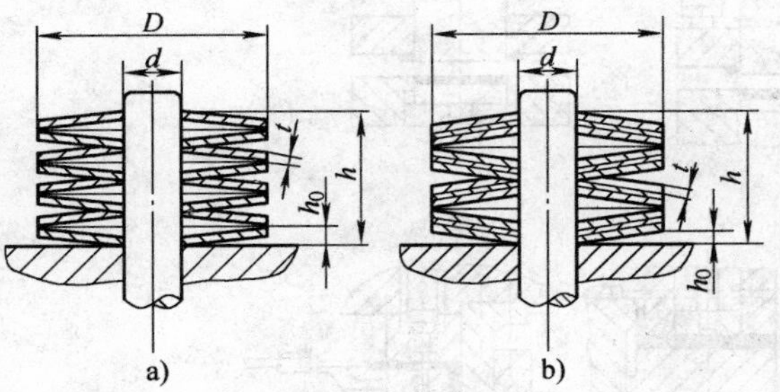

图 8-88　碟形弹簧的组装方法

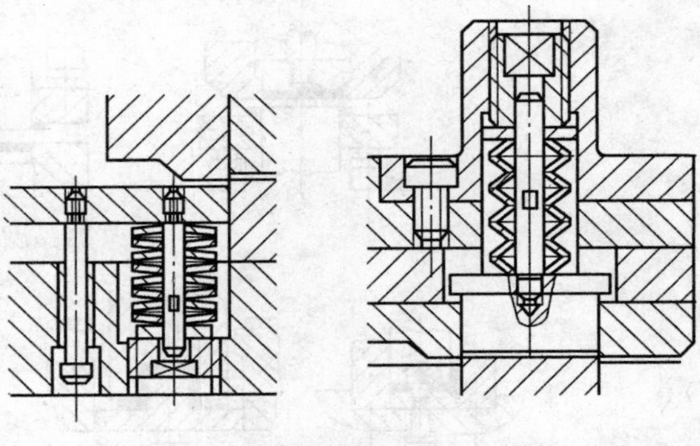

图 8-89　碟形弹簧在模具上的布置方式

(2) 氮气弹簧　小型压力机一般不配置气垫。大型压力机上的气垫所使用的介质是低压空气，需要有单独的压缩空气气源供应系统与之配套，结构比较庞大，调整压力既不方便，也不精确。模具在压力机上的位置需要相对固定，不具有灵活性。

氮气弹簧是一种具有弹性功能的部件，也有人称其为氮气缸、氮缸。它将高压氮气密封在确定的容器内，外力通过柱塞杆将氮气压缩。当外力去除时，靠高压氮气膨胀来获得一定的弹簧力。

氮气弹簧的构造如图 8-90 所示。它在不同程度上克服了其他弹簧、橡胶和气垫的缺点。几种弹性元件的特性曲线如图 8-91 所示。

氮气弹簧在冲裁、弯曲、拉深、成形、整形等模具中均有应用，其结构简图如图 8-92 所示。它大大简化了模具设计，缩短了模具制造周期，保证冲压件的品质稳定，也使模具的使用寿命延长。目前在国外已经相当普及使用氮气弹簧技术。在我国，人们对它的认识也在不断深化，在逐步推广应用。

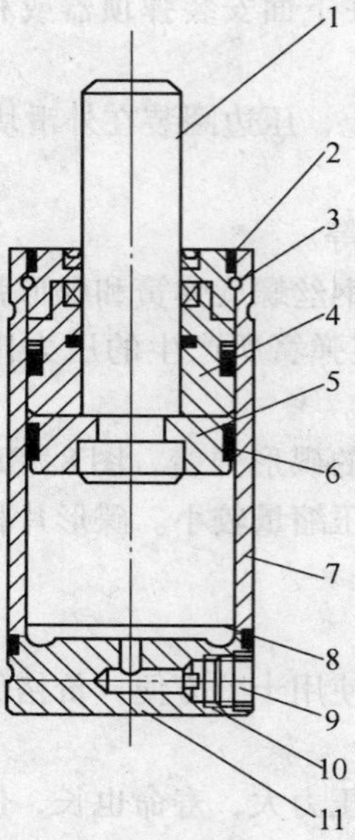

图 8-90　氮气弹簧构造图

1—柱塞或活塞杆　2—端面防尘密封　3—钢丝圈
4—上内套　5—支撑环　6—运动密封圈　7—缸体
8—内腔　9—螺塞　10—充气嘴　11—缸底

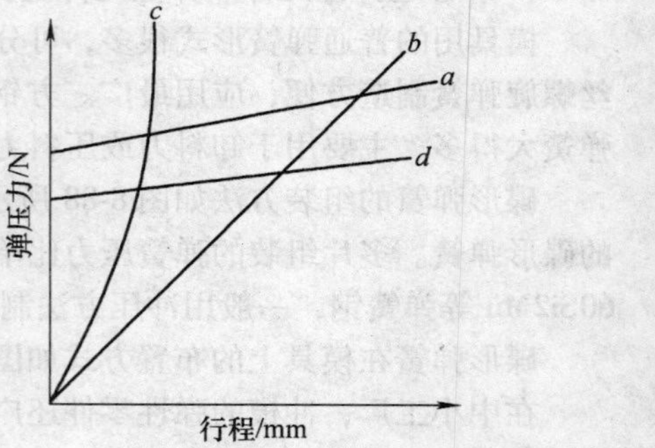

图 8-91　几种弹性元件特性曲线比较

a—氮气弹簧　*b*—弹簧　*c*—橡皮　*d*—气垫

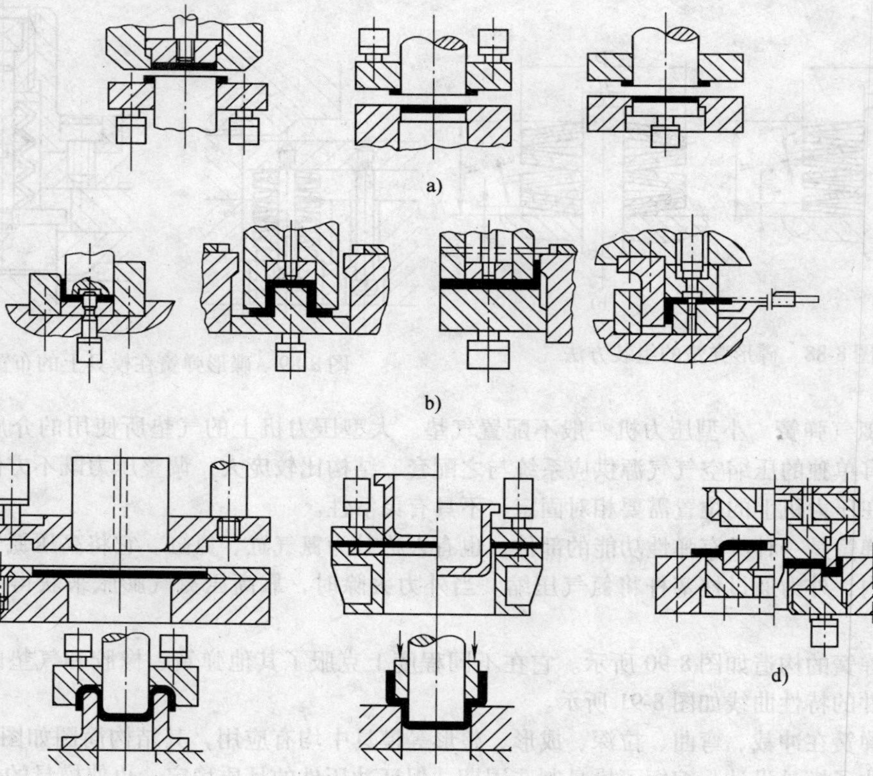

图 8-92　冲压模具中使用氮气弹簧时的结构简图

a）冲裁模具　b）弯曲模具　c）拉深模具　d）翻边成形模具

1）氮气弹簧结构形式的选择。在模具设计中使用氮气弹簧时，首先需要决定其结构形式。如独立式氮气弹簧、氮气弹簧组（座板式、管路连接式）等。需要根据冲压工艺要求、冲压件的形状尺寸、模具的结构形式、使用设备性能、工作环境、工作条件、模具成本、模具的调整和维修等因素综合考虑。

应用最为广泛的是独立式氮气弹簧。它经充气后，独立成为一个系统进行工作，所占的模具空间比较小，安放、紧固极为方便、灵活，结构形式多种多样，具有多种不同的增压比（或特性曲线）供用户选择使用，不需要任何附件，直接安放在模具中即可使用，深受模具设计者欢迎。

管路连接式氮气弹簧组一般应用于大型冲压件、大型覆盖件模具上，它采用高压管将两个以上的独立弹簧连接为一体，并安装一个控制仪表，如图 8-93 所示。也可以如图 8-94 所示，将一个或两个以上氮气弹簧布置在一个座板上，座板之间再用高压软管连接。整个系统的各个氮气弹簧的弹压力可保持一致，压力调整比较简单，维修更换方便，造价较低。

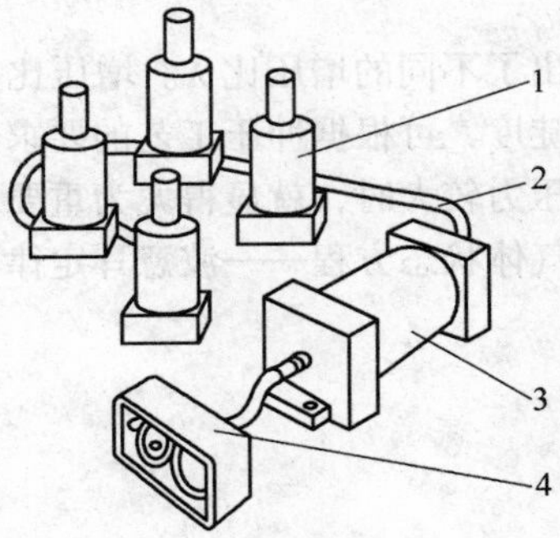

图 8-93　并联式氮气弹簧座板结构
1—氮气弹簧　2—高压软管
3—储气室　4—控制仪表

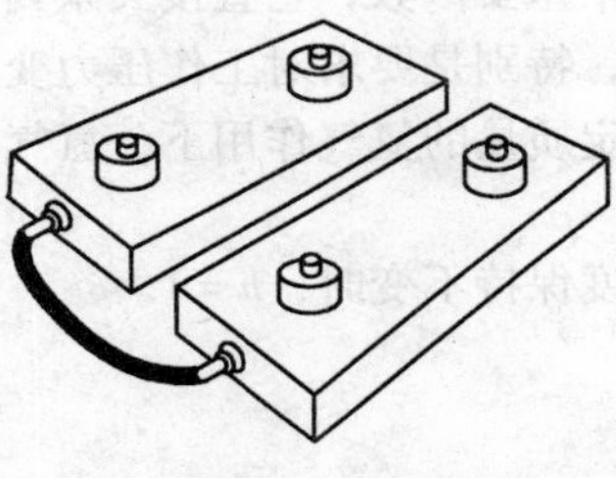

图 8-94　两个座板的安装形式

座板式氮气弹簧组这种结构形式适用面宽，从汽车覆盖件到中、小型冲压件都可以选用。整体座板式氮气弹簧结构如图 8-95 所示。虽然制造成本较高，制造周期长，但性能较为完善、稳定可靠，调整方便，可以实现几套模具共用一个座板式氮气弹簧系统。对于大批量生产的冲压件专业化生产，选用这种结构形式能可靠的保证冲压件品质，相对地说也比较经济。

2）氮气弹簧压力的选择。在进行冲压工艺参数计算时，需根据冲压力选择氮气弹簧的型号、弹压力以及氮气弹簧的数量等。一般不能直接应用计算出的冲压力为依据来选择。因为计算出冲压力未必准确地反映冲压件的变形力。例如当模具磨损后，凸模和凹模的刃口变钝，二者之间的间隙发生变化。此外，板料厚度和板料变形抗力的不一致性也会引起冲压件变形抗力的变化。还有，当氮气弹簧经长期使用以后，高压氮气会有一定的漏损，弹压力会略有下降。因此，为了保证大批量生产的冲压工艺顺利进行，往往按照下式选择使用氮气弹簧的数量

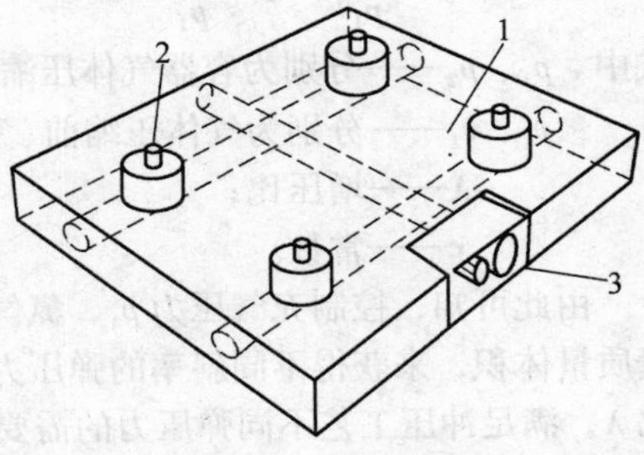

图 8-95　整体式氮气弹簧座板结构
1—座板　2—氮气弹簧　3—控制仪表

$$N = \frac{Kp_1}{p_0} \tag{8-6}$$

式中　p_0——氮气弹簧的额定压力（N）；

p_1——计算的冲压力，如拉深力、弯曲力、…、压件力等（N）；

K——弹压力增量系数，$K=1.15\sim1.20$。

弹簧的数量N选择以后应圆整为整数。确定具体的数量时应考虑单个氮气弹簧的弹压力。例如当总压边力为120kN时，可以有以下的不同组合来选择氮气弹簧个数，参见表8-28。

表8-28　氮气弹簧数量的选择

氮气弹簧压力/kN	2.5	5	10	20	30	40	60
氮气弹簧数量/个	48	24	12	6	4	3	2

究竟选择哪一组氮气弹簧最为合适，要根据设计者对着力点的布置要求而定。可根据冲压件的成形性能，结合模具的结构进行优化选择，使其保证氮气弹簧的合理布置，工作时不出现偏载现象。只有这样，才能保证氮气弹簧的使用寿命。当然，在布置氮气弹簧时也必须兼顾模具结构、模具调整方便、成本低廉等诸因素。

不同型号的氮气弹簧都给出了不同的特性曲线或是给出了不同的增压比λ。增压比是氮气弹簧中的一个重要参数，它直接关系到氮气弹簧特性曲线的陡度，可根据冲压工艺的要求选择合适的增压比，特别是要求对工作压力变化平稳或要求初始弹压力较大时，就显得尤为重要。

在一定质量的氮气作用下，氮气弹簧的工作过程遵循气体状态方程——波意耳定律

$$Pv^n = c$$

当温度保持不变时，$n=1$。

即

$$p_1v_1 = p_2v_2$$

则有

$$\frac{p_2}{p_1} = \frac{v_1}{v_2}$$

$$\frac{p_2-p_1}{p_1} = \frac{v_1-v_2}{v_2}$$

$$\frac{\Delta p}{p_1} = \frac{\Delta v}{v_2} = \lambda \quad (\Delta p = p_2-p_1, \Delta v = v_1-v_2)$$

故

$$p_2 = \frac{p_1v_1}{v_2} = p_1\frac{v_2+\Delta v}{v_2} = p_1(1+\lambda)$$

同理可得，$v_1 = \frac{p_2v_2}{p_1} = v_2\frac{p_1+\Delta p}{p_1} = v_2(1+\lambda)$

式中　p_1、p_2——分别为容器气体压缩前、后的压力（MPa）；

v_1、v_2——分别为气体压缩前、后的体积（m^3）；

λ——增压比；

c——常数。

由此可知，控制充气压力p_1，氮气弹簧可获得不同的弹压力曲线。也可以选择不同的氮气弹簧质量体积，来获得不同斜率的弹压力增压特性曲线。只要改变氮缸的压缩容积，就可改变增压比λ，满足冲压工艺不同弹压力的需要。在氮气弹簧设计中很容易满足这一要求。一般选择$\lambda<0.16$，这时氮气弹簧压缩行程每1mm压力增量为10N，此时可视该氮气弹簧所提供的弹压力是基本恒定的。

氮气弹簧的使用压力在10～15MPa以下，在正常工作情况下，它的一次充气寿命指标应达到50万次（国外）才有使用意义。因此，氮缸密封可靠性也是氮气弹簧使用中的一个关键问题。

3）氮气弹簧行程选择。氮气弹簧的行程应满足冲压工艺的要求，不同的冲压工序要求的行

程大小不一。冲裁分离工序，要求弹压力大、行程小、一般为 10～20mm。拉深工序一般要求行程比较大，作为压边力动力来源的氮气弹簧，要求其特性曲线比较平缓，保证在拉深过程中压边力变化不大，也就是说使弹压力基本保持恒定。对于需要顶出、卸件的工序要求有足够的行程，一般为 40～80mm。在弯曲和翻边工序中，通常都要求起始力大，以便能压住工件，防止工件在弯曲过程中产生侧滑或移动。一般要求行程比较大，除了工件的高度以外，再加 10～20mm。不论哪一种情况，希望氮气弹簧的总高度不宜太高，以免在加载后发生失稳现象。要避免氮气弹簧在模具上安装时的结构过于复杂，增加工装费用。氮气弹簧的行程越大，价格也越高。如果工艺需要氮气弹簧的行程大，可采用座板式氮气弹簧组系统，这样可以减少整个模具的高度、提高氮气弹簧工作的稳定性和可靠性。

（四）导向零件

大批量生产中为便于装模或在精度要求较高的情况下，模具都采用导向装置，以保证精确导向。

1. 导柱和导套导向

常见的几种导柱和导套的布置形式如图 8-96 所示。

图 8-96a 所示的后侧式两套柱，导向情况较差，但它能以三个方向送料，操作方便，对导向要求不太严格，且偏移力不大的情况广泛采用这种形式。

图 8-96b 所示为两导柱为中部两侧布置，图 8-96c 所示为两导柱对角布置，这两种形式的导柱中心线都通过压力中心，导向情况较图 8-96a 为好，但操作不如图 8-96a 方便。

图 8-96d 所示为四导柱导向，导向效果好，但结构复杂，只在导向要求高、偏移力大和大型冲模中采用。

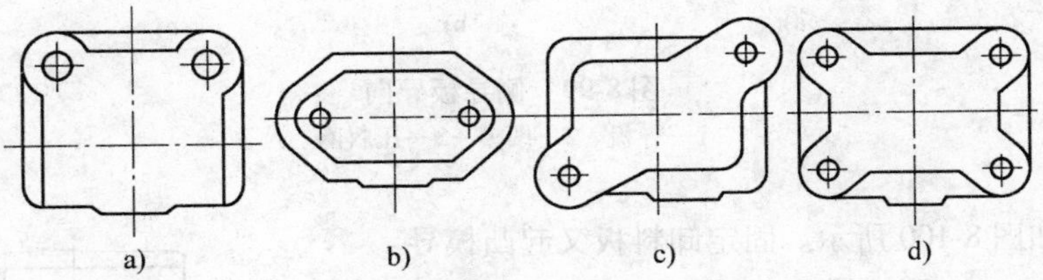

图 8-96　导柱和导套的布置形式

a）后侧布置　b）中间两侧布置　c）对角布置　d）四角布置

导柱、导套的安装尺寸如图 8-97 所示。在按标准选用导柱长度 L 时，应保证模具在闭合状态下，导柱上端面与上模座上平面的距离不小于 10～15mm，导柱下端面与下模座下平面的距离小于 2～3mm；导套与上模座上平面的距离应大于 3mm，用以排气与出油，导套的长度须保证在冲压时导柱一定要进入导套 10mm 以上。

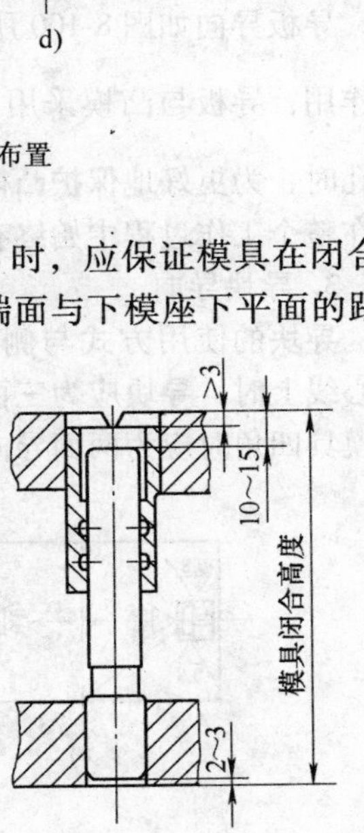

图 8-97　导柱、导套安装尺寸

导柱、导套的结构形式有滑动与滚动两种。对于一般的冲压加工，采用滑动导柱、导套能够保证导向精度；但对冲裁薄板（$t<0.1$mm）或精密冲裁模、硬质合金模和高速冲模等要求无间隙导向时，需要采用滚珠导柱、导套，如图 8-98 所示。

2. 侧导板与导板导向

侧导板导向主要用于大、中型拉深模、成形模、弯曲模、翻边模和整形模的上、下模导向，其结构形式如图 8-99 所示。

侧导板尺寸为：$a:b=1:(0.3\sim0.5)$，其中 $a=70\sim250$mm。

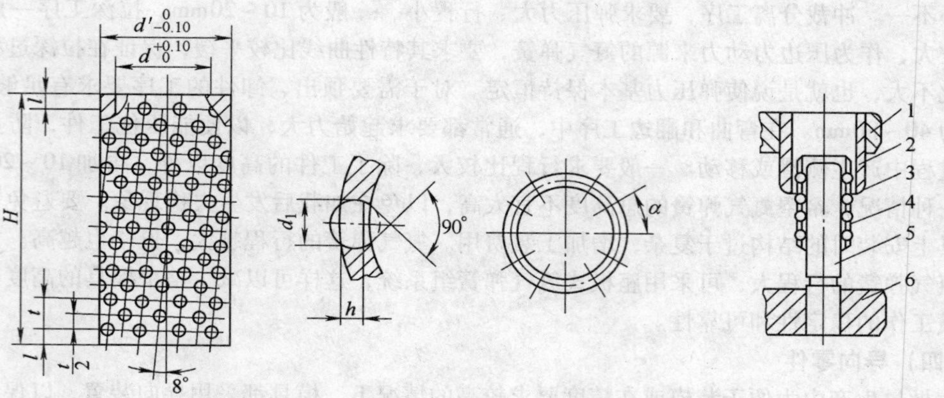

图 8-98　滚珠导柱导套

1—上模板　2—导套　3—钢珠　4—钢珠保持圈　5—导柱　6—下模板

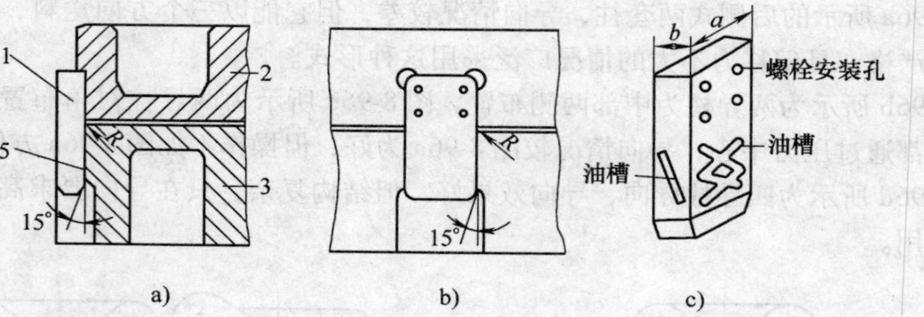

图 8-99　侧导板导向

1—导板　2—凹模　3—压料圈

导板导向如图 8-100 所示。固定卸料板又起凸模导向作用，导板与凸模采用$\frac{H7}{h6}$配合。用特别细长的凸模冲孔时，为更好地保护凸模，应增加凸模保护套，使凸模在整个工作过程中始终有导向，不致弯曲折断。

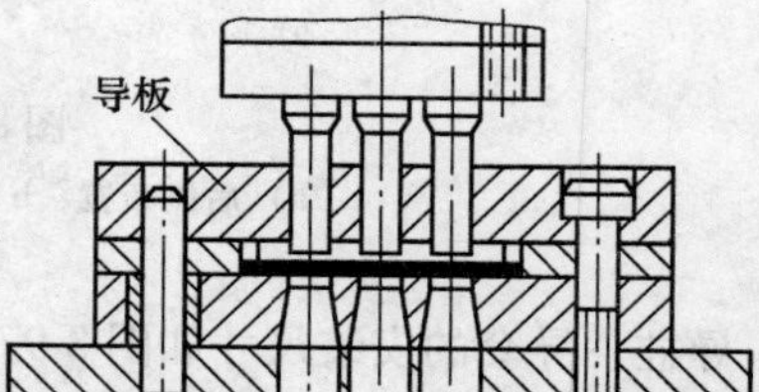

图 8-100　导板导向

3. 导块导向

导块的使用方式与侧导板相同，设置在模具对称中心线上时，导块应为三面导向（图 8-101a）。如设置于模具四角时应为两面导向（图 8-101b）。导块结构形式如图 8-101c 所示。

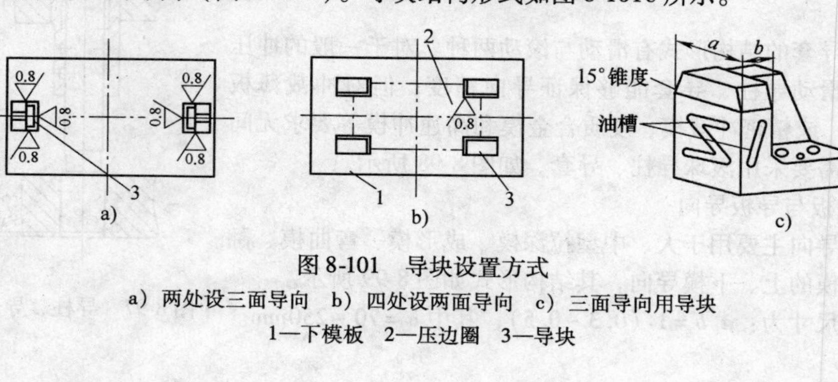

图 8-101　导块设置方式

a）两处设三面导向　b）四处设两面导向　c）三面导向用导块

1—下模板　2—压边圈　3—导块

背靠导块导向主要用于大型模具，合模时其滑动啮合面应在 50mm 以上。图 8-102 所示为背靠块导向与导柱并用的结构。

4. 套筒式导向

如图 8-103 所示的导向为套筒式导向。这种导向十分精确，导柱和套筒有很大的接触面，磨损较慢，使用时间长，但结构较复杂，且工作空间太小操作不便，只有在冲压钟表等精密小零件时才使用。

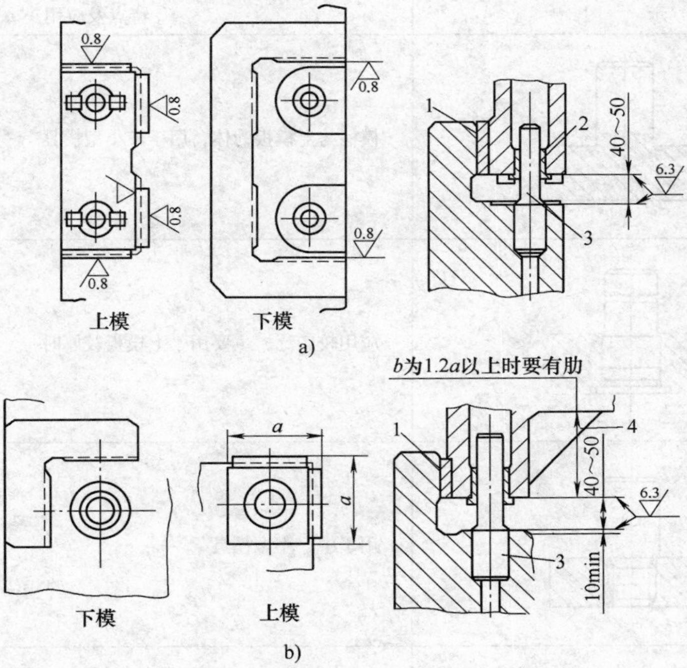

图 8-102　背靠块

a）框式背靠块　b）角式背靠块

1—背靠块防磨块　2—导套　3—导柱　4—筋

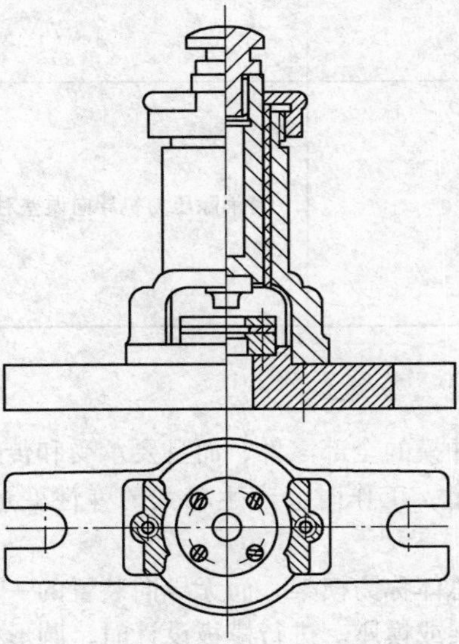

图 8-103　套筒导向

（五）固定与紧固零件

冲模的固定零件有模柄，上、下模板，凸、凹模固定板，垫板，螺钉和销钉等。

1. 模柄

中、小型冲模一般通过模柄将上模固定在压力机的滑块上。模柄的结构形式有多种，其结构类型和应用列于表 8-29 中。

表 8-29　模柄类型及应用

类型	示　图	特点及应用
整体式	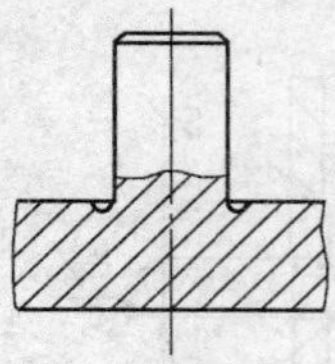	模柄与上模板为体，用于较小型模具
压入式	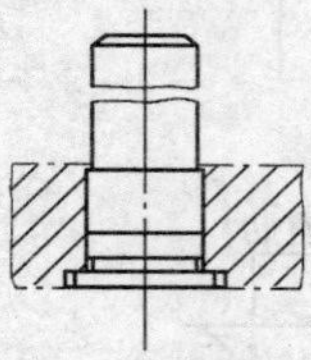	应用较广泛，主要用于上模板较厚时
旋入式	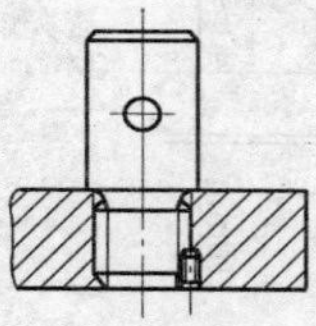	用于中、小型模具
螺钉固定凸缘式	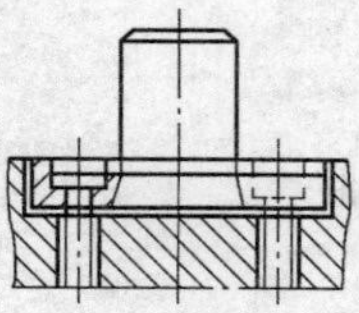	用于大型模具
浮动式	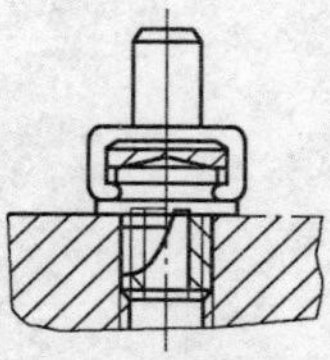	可消除压力机导向误差对模具的影响，用于精密导柱模

2. 模板

上、下模板上不仅要安装冲模的全部零件，而且要承受和传递冲压力。因此，模板应具有足够的强度和刚度。如果刚度不足，工作时会产生较大的弹性变形，导致模具零件迅速磨损或破坏，使冲模寿命显著降低。

上、下模板与导向装置的总体称为模架，而无导向装置的一套上、下模板称为模座。模具设计时，通常是按照标准选用模架或模座。进行模板设计时，圆形模板的外径应比圆形凹模直径大 30～70mm。同样，矩形模板的长度应比凹模长度大 40～70mm，而宽度取与凹模宽度相同或稍大。另外，下模板的轮廓尺寸还应比压力机工作台漏料孔每边至少大40～50mm。模板厚度可参照凹模厚度估算，通常为凹模厚度的1～1.5倍。

上、下模板上的导柱、导套安装孔通常采用组合加工，以保证上、下模板孔距的一致。模板上、下平面之间应有平行度要求。模板大多是铸铁或铸钢件（也有用厚板料切割而成），其铸件结构应满足铸造工艺要求。另外，大型模板上还应设置起重孔或起吊装置，便于模具起吊运输。

3. 固定板与垫板

固定板与垫板如图8-104所示。对于小型的凸凹模零件，一般通过固定板间接固定在模板上，以节约贵重的模具钢。固定形式前面已作了介绍。

凸模固定板有圆形和矩形两种，其平面尺寸除保证能安装凸模外，还要考虑螺钉和销钉孔的位置。固定板固定凸模（凹模）要求固紧牢靠并有良好的垂直度。因此，固定板必须有足够的厚度，可按下列经验公式计算：

对于凹模固定板　$H=(0.6\sim0.8)H_0$

对于凸模固定板　$H=(1\sim1.5)D$

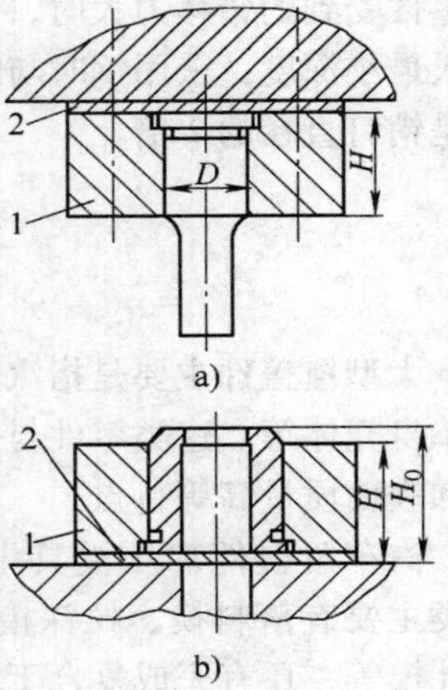

图8-104　固定板和垫板

1—固定板　2—垫板

当零件的料厚较大而外形尺寸又较小时，冲压中凸模上端面或凹模下端面对模板作用有较大的单位压力，有时可能超过模板的允许抗压应力，此时就应采用垫板。

采用刚性推件装置时，上模板被挖空，也需采用垫板。

垫板的作用是直接承受和分散凸模传来的压力，防止模板被凸模端面压陷。

对于第一种情况，可用下式检验

$$p=\frac{F}{A} \tag{8-7}$$

当$p>[\sigma_{压}]$时需采用垫板。

式中　F——凸（凹）模所承受的压力（N）；

A——凸（凹）模与上、下模板的接触面积（mm^2）；

$[\sigma_{压}]$——模板的许用压应力（MPa）。

对第二种情况，垫板承受全部凸（凹）模压力的面积减小，因而厚度较大，应按具体情况选择。

如果凸模端面上的压应力大于模板材料的许用压应力$[\sigma_{压}]$（查表8-13），则需加一个淬硬磨平的垫板，反之则不加。垫板厚度一般取4～12mm，外形尺寸与固定板相同。

4. 螺钉与销钉

螺钉是用于紧固模具的传统零件，主要承受拉应力。一般按经验选用。对于中、小型模具，螺钉的尺寸可根据凹模厚度参考表8-30选用。螺钉的数量视被紧固零件的外形尺寸及其受力大小而定，大多采用6个，特殊情况下可采用4个。螺钉的布置应对称，使紧固的零件受力均衡。冲模上的螺钉常用圆柱头内六角螺钉（GB/T 70.1—2008），这种螺钉坚固牢靠，且螺钉头埋在凹模内，使模具结构紧凑，外观美观。

先进的模具压紧方法采用与压力机联锁的具有可监控性能的液压压紧装置。夹紧力均匀稳定，可满足压紧厚度在相当广阔的范围内变化，有益于提高模具寿命和保证冲压件的质量。且换模时间迅速，只需要按动开关按钮即可实现对模具的夹紧与松脱。

表 8-30　螺钉的选用

凹模厚度/mm	≤13	>13～19	>19～25	>25～32	>35
螺钉规格/mm	M4，M5	M5，M6	M6，M8	M8，M10	M10，M12

销钉起定位作用，防止零件之间发生错移。销钉本身承受切应力。销钉一般用两个，多用圆柱销（GB/T 119.1—2000），与零件上的销孔采用过渡配合，其直径与螺钉上的螺纹直径相同。若零件受到的错移力大时，可选用较大的销钉，但如零件采用窝座定位，则可以不用销钉。螺钉拧入最小深度：采用钢时与螺纹直径相等；采用铸铁时为螺纹直径的 1.5 倍。销钉的最小配合长度是销钉直径的 2 倍。

第四节　大型覆盖件冲压模具

大型覆盖件主要是指汽车、拖拉机等上面的大型拉深成形件，如外门板、翼子板、发动机罩的车身壳体等。这类零件与一般冲压件相比较，具有材料薄、形状复杂、多空间曲面、结构尺寸大和表面质量高等特点。

汽车覆盖件冲压模具中，按完成工序内容分类主要有落料模、拉深模、修边模、翻边模、冲孔模等，还有完成复合工序的修边冲孔模、修边翻边模、翻边冲孔模等；按模具结构分类有单动拉深模、双动拉深模、斜楔模等。

一、覆盖件拉深模

根据使用的冲压设备不同，汽车覆盖件拉深模可分为在单动压力机上使用的单动拉深模和在双动压力机上使用的双动拉深模。

（一）单动拉深模结构

图 8-105 所示为单动拉深模，它是根据单动压力机设计的，模具主要由凸模 6、凹模 1、压边圈 5 三大件及一些辅助零件组成。限位螺钉 14 用于调整压边圈上下位置，使其与凹模之间间隙合理。限位块 3 用于限制模具冲压到位时的位置，同时也可用来调整凹模与压边圈之间的间隙。到位标志器 13 用来检验拉深件是否压到位。导板 12 用于凸模与压边圈导向，导板 4 用于凹模与压边圈的导向。定位块 9 用于毛坯定位，定位键 10 用于模具在压力机工作台 T 形槽中的定位，顶杆 7 用于顶件和压料。

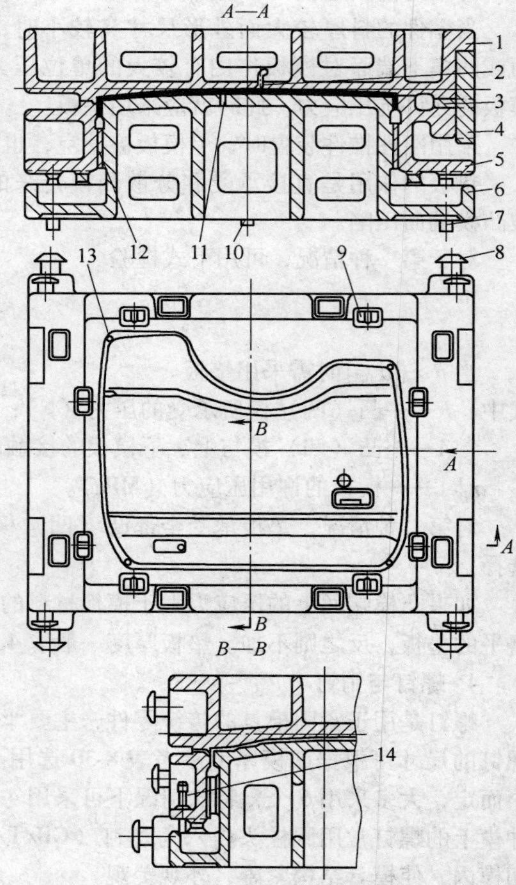

图 8-105　汽车左右车门外蒙皮单动拉深模
1—凹模　2、11—通气孔　3—限位块　4、12—导板　5—压边圈　6—凸模　7—顶杆　8—起重棒　9—定位块　10—定位键　13—到位标志器　14—限位螺钉

（二）双动拉深模典型结构

图 8-106 所示为双动拉深模典型结构，是按双动压力机设计的。模具主要由凸模 1、凹模 5、压边圈 3 三大件及一些辅助零件组成。凸模 1 安装在双动压力机的内滑块上，压边圈 3 安装在双

动压力机的外滑块上，凹模5安装在压力机工作台上。凸模与压边圈之间，用导板2导向，凹模与压边圈之间由背靠块（防磨板）11导向。

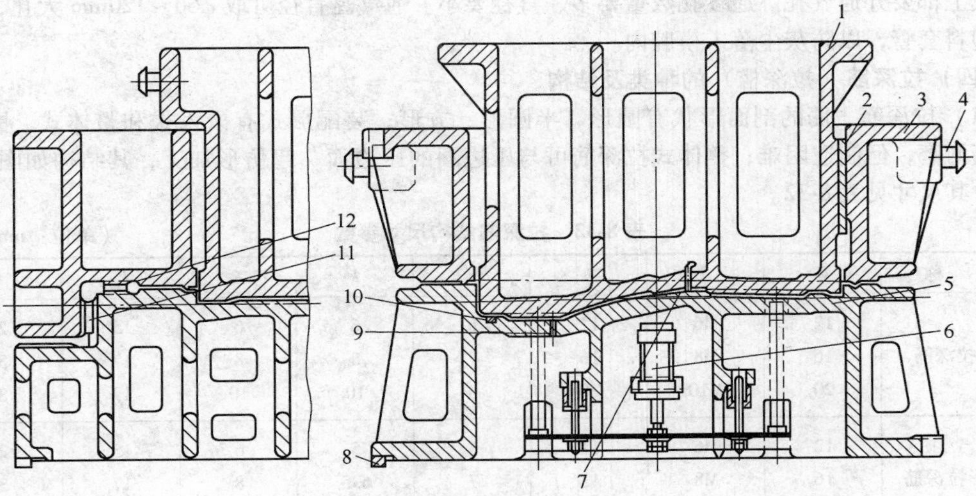

图8-106　汽车后围板双动拉深模

1—凸模　2—导板　3—压边圈　4—起重棒　5—凹模　6—顶件装置　7、9—通气孔　8—定位键　10—到位标志器　11—防磨板　12—限位块

（三）凸模、凹模及压边圈的结构尺寸

覆盖件拉深模是根据覆盖件零件图和主模型（相当于1∶1的立体零件）来设计的，凸凹模的开头及尺寸应符合覆盖件零件图和主模型的形状和尺寸要求。

因为凸、凹模和压边圈的尺寸大，形状复杂，所以常用铸件。材料为Cr铸铁、Mo铸铁、普通铸铁、合金铸铁等。要求凸凹模既要重量轻，又要有足够的强度，一些非重要部位应当挖空，在强度要求高的部位，应添加强筋，如图8-107所示。拉深模的结构尺寸见表8-31。

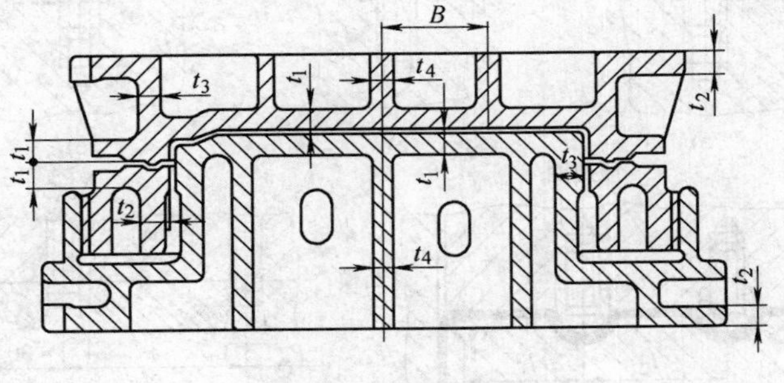

图8-107　拉深模结构

表8-31　拉深模的结构尺寸　　（单位：mm）

模具的长边尺寸 l	加强筋间隔 B	t_1	t_2	t_3	t_4
<600	≤200	≥35	30	30	25
>600～1200	≤300	≥40	30	35	28
>1200～2000	≤300	≥50	36～40	40	32
>2000～3000	≤300	≥60	40～45	45	38
>3000	≤300	≥75	50～62	50～62	48

拉深时，毛坯与凹模之间存有空气，若凹模内的空气不排出，则拉深件会被压缩空气顶瘪。拉深结束后，制件将紧贴凸模，若不及时在凸模与制件之间注入空气，则制件易发生破坏，故在凸凹模上都要开通气孔。通气孔数量要多、直径要小。通气孔直径可取 ϕ60～120mm 大孔，并装上一塑料套管，以防灰尘落入模腔内。

（四）拉深筋（拉深槛）的种类及结构

（1）拉深筋　筋的剖面形状有圆形、半圆形、方形；装配形式有嵌入式和整体式。嵌入式拉深筋耐磨，但制造困难；整体式拉深筋可与压边圈的压边面一起仿形加工，其结构如图 8-108 所示，其尺寸见表 8-32。

表 8-32　拉深筋结构尺寸参数　（单位：mm）

名　称	W	d	h	h_1	k	R	l_1	l_2
圆形拉深筋	12	M6	12	6	6	6	15	25
	16	M8	16	7	8	8	17	30
	20	M10	20	8	10	10	19	35
半圆形拉深筋	12	M6	11	6	5	6	15	25
	16	M8	13	7	6.5	8	17	30
	20	M10	15	8	8	10	19	35
方形拉深筋	12	M6	11	6	5	3	15	25
	16	M8	13	7	6.5	4	17	30
	20	M10	15	8	8	8	19	35

注：图 e 中之节距 P 与 W 有关。W＝12、16、20 时，节距 P＝100，150，200。

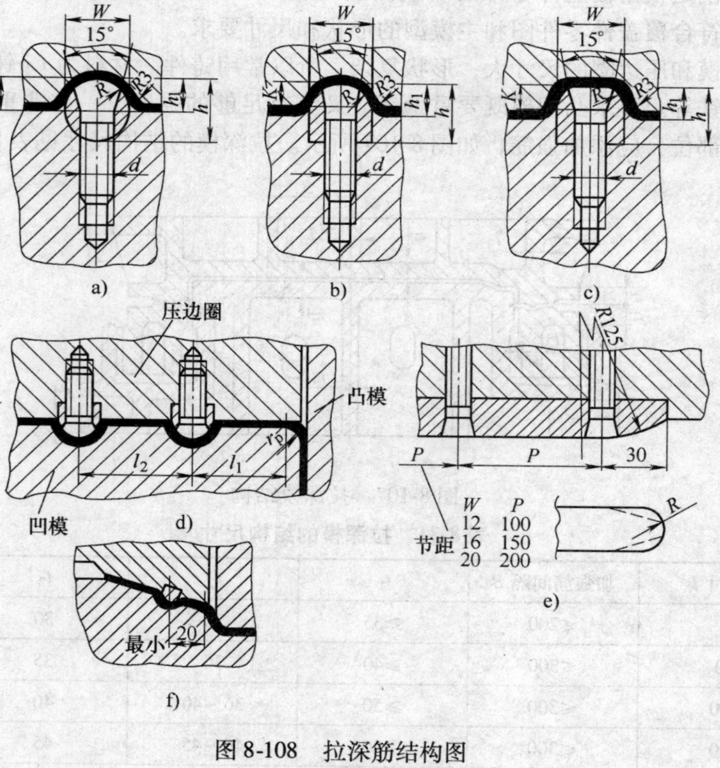

图 8-108　拉深筋结构图

（2）拉深槛　拉深槛的剖面呈梯形，它的阻力作用比拉深筋大，所以多在深度浅的大型曲面的拉深件中采用。拉深槛与凹模做成一体，放置在凹模口部，其结构及尺寸如图 8-109 所示。

与拉深筋相配的拉深槽，要按拉深筋的尺寸研配打磨。为操作方便，一般拉深筋安置在上压边面上，拉深槽安装在下压边面上。

（3）拉深筋的布置　拉深筋的数目及位置须视零件外形、起伏特点及成形深度而定，如图 8-110 所示。其原则是：

1）拉深深度大的工件在直线部位安置拉深筋，而在圆弧部位不设拉深筋。

2）同一工件拉深深度相差大时，在深的部位不设拉深筋，在浅的部位设拉深筋。

3）拉深筋的位置要保证与拉深毛坯材料流动方向垂直。

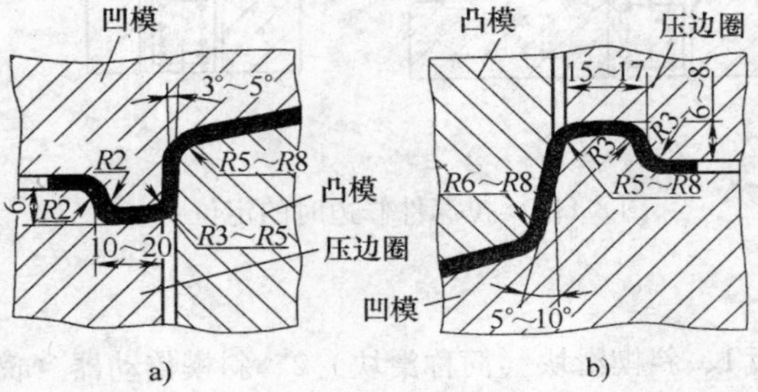

图 8-109　拉深槛结构及尺寸

a）用于浅拉深件　b）用于深拉深件

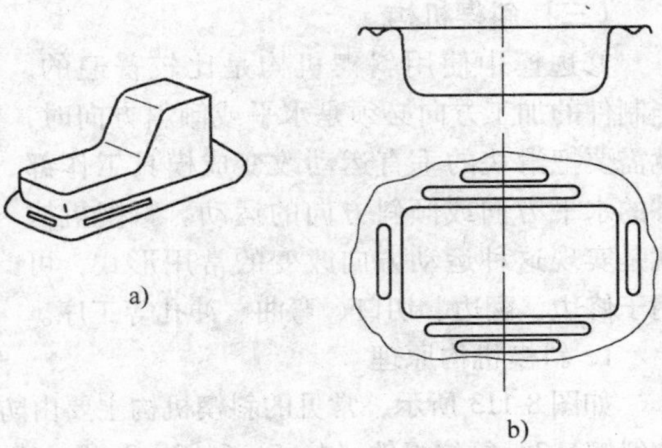

图 8-110　拉深筋布置

二、覆盖件修边模

（一）确定修边方式

修边模根据镶块修边的方式，可分为以下三种基本类型：

（1）垂直修边模　修边镶块与压力机滑块的运动方向一致作垂直运动，这类修边模称垂直修边模。

（2）斜楔修边模　修边镶块作水平或倾斜运动的修边模称斜楔修边模。

（3）垂直斜楔修边模　一些修边镶块作垂直方向运动，而另一些修边镶块作水平或倾斜方向的修边模称为垂直斜楔修边模。

垂直修边方式所有模具结构简单，应尽可能采用。但利用垂直修边方式不能满足修边要求时，就要考虑斜楔修边方式。同时，还要考虑在修边的同时进行翻边的可能性。

修边时，合理的冲裁条件应是使修边刃口的运动方向与修边型面垂直，从而形成垂直的断面。但在覆盖件的修边中很难达到。如图 8-111 所示，在斜面上进行垂直修边时，斜面与水平方向的夹角最好不大于 30°，否则断面修边过于锋锐，修边凸模刃口成较大的钝角，容易产生毛刺，影响修边件质量及操作者安全。

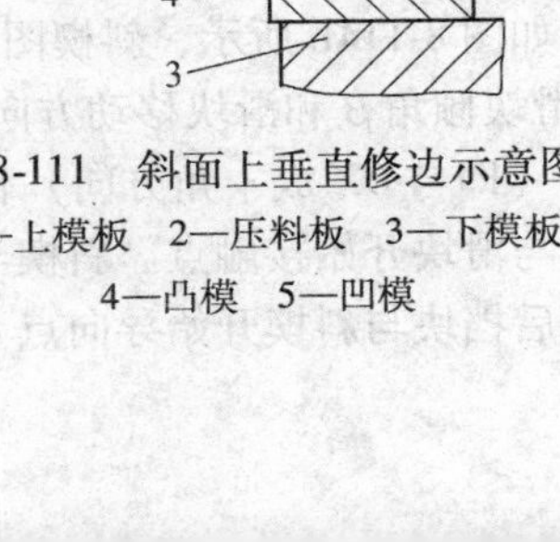

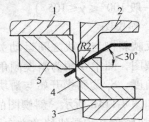

图 8-111　斜面上垂直修边示意图

1—上模板　2—压料板　3—下模板

4—凸模　5—凹模

（二）确定定位方式

修边模定位方式主要有按拉深件形状定位、拉深凸台定位、工艺孔定位等。

按拉深件形状定位的方式可靠，并有自动导正作用。但由于要考虑定位块的结构尺寸及凹模镶件的强度，因而增加了工艺补充部分的材料消耗。图 8-112a 是用拉深件内侧壁定位，拉深件朝下放置，并且要考虑定位块的结构尺寸 A；图 8-112b 是用拉深槛定位，拉深件必须朝上放，并且要考虑凹模镶件的强度即 B 的尺寸。

有些拉深件本身的形状不容易在修边时定位，为此可在工艺补充部分加上修边时定位用的凸台，或在工艺补充部分上设置修边时定位用的工艺孔，在拉深时成形出来，修边时修掉成为废料。

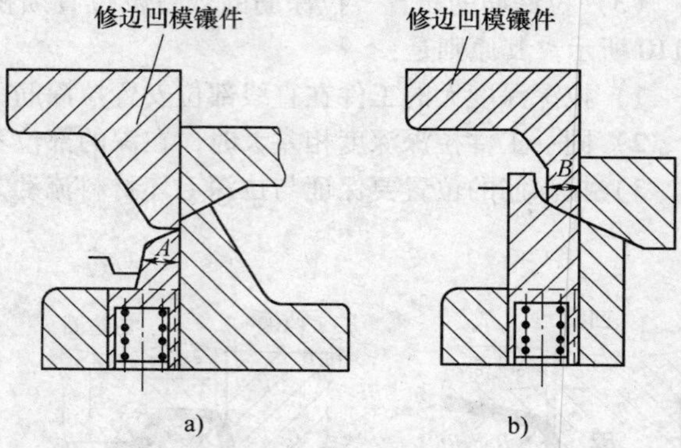

图 8-112　拉深件修边时的定位

（三）斜楔机构

修边模中使用斜楔机构是比较普遍的，当制件的加工方向必须是水平或倾斜方向时，就需要把滑块的垂直运动改变成模具工作部件的水平方向或倾斜方向的运动。斜楔机构就是实现这种运动方向改变的常用形式，可用于修边、翻边、切口、弯曲、冲孔等工序。

1. 斜楔机构原理

如图 8-113 所示，常见的斜楔机构主要由防磨板 1、斜楔滑块（简称滑块）2、斜楔传动器（简称斜楔）3、复位组件（4、5、6、7、8、9、10、11）等组成。当斜楔 3 随上模向下运动时，与滑块 2 接触并迫使其沿水平方向向左运动，完成水平方向的加工动作。当斜楔回程向上运动时，滑块在弹簧调整螺栓 4、弹簧 6 等复位部件的作用下沿水平方向向右运动，复位到原来的状态。

图 8-114 所示为斜楔机构运动示意图。图中 α 角为斜楔传动器倾角，β 角为斜楔滑块倾角，γ 角为斜楔滑块运动方向与斜楔传动器竖直运动方向所成的角度。

2. 斜楔种类

一般来说，根据滑块的运动方向将斜楔机构分为：滑块作水平方向运动的水平运动斜楔机构，适用加工方向为 $80° \leqslant \gamma \leqslant 100°$，即加工方向向上倾斜 10°和向下倾斜 10°的范围；滑块作向下倾斜运动的正向倾斜斜楔机构（一般 $\gamma < 80°$）；滑块作向上倾斜运动的反向倾斜斜楔机构（一般 $100° \leqslant \gamma \leqslant 105°$）。

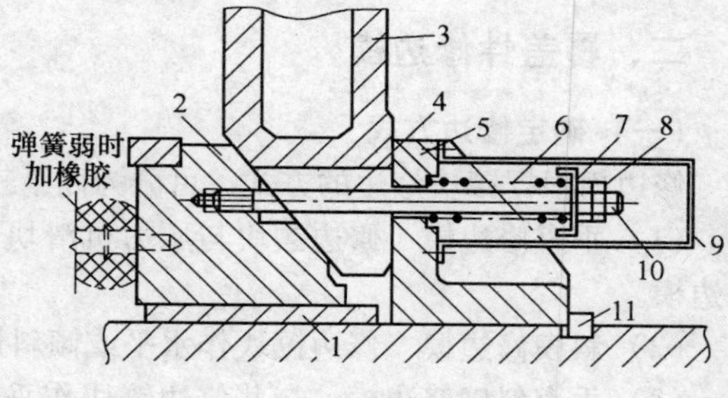

图 8-113　斜楔机构

1—防磨板　2—斜楔滑块　3—斜楔传动器　4—弹簧调整螺栓　5—后挡块　6—弹簧　7—弹簧座　8—双螺母　9—外罩　10—开口锁　11—键

3. 斜楔图

反映斜楔与滑块之间运动关系的图称为斜楔图，它是设计斜楔结构的必要基础。图 8-114b 为斜楔图，图中 α 角为斜楔倾角，β 角为滑块倾角，γ 角为滑块运动方向与斜楔竖直运动方向所成的角度，S_1 为斜楔开始与滑块接触运动至下止点的距离，S 为滑块行程或称滑块移动距离。

如图 8-114b 所示，斜楔图的作法是：首先根据加工工艺确定滑块行程 S，并给定斜楔倾角 α、滑块倾角 β 和滑块移动方向 γ 角。然后，取竖直线 XM，在其上取 O 点，由 O 点沿滑块移动方向（即与 OX 成 γ 角方向）作直线取 $OA = S$，由 A 点作 $\angle OAB = \beta$ 交 OX 于 B 点，则 B 点即为斜楔与滑块开始接触点。斜楔与滑块接触前必须与后挡块预先有不小于 25mm 的导向量，并由此决定后挡块与斜楔开始导向点 C。

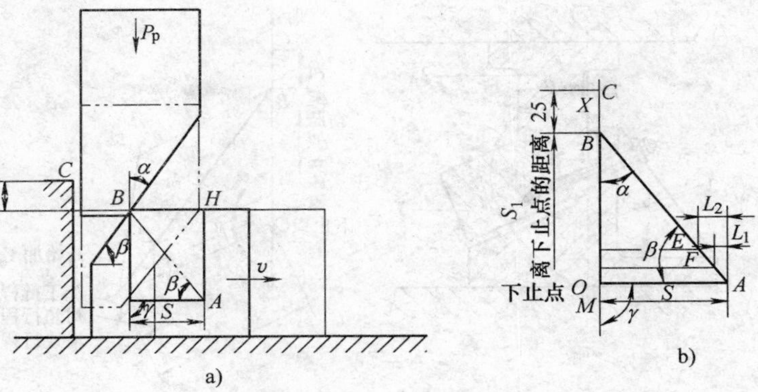

图 8-114　斜楔机构运动示意图

a）运动示意图　b）斜楔图

4. 斜楔的设计程序

（1）确定滑块移动距离 S　$S = L_1 + Z_C$。其中 L_1 为在运动方向上加工所需的行程量；Z_C 为考虑取出和放入制件时操作所必需的最小操作间隙。

（2）确定滑块倾角 β　滑块行程一定时，斜楔的运动距离随滑块倾角 β 变大而增大；反之，斜楔运动距离减小。但滑块所承受的垂直载荷变大，故 β 值不能太小。水平运动斜楔一般取 $\beta=50°\sim60°$；如果冲压加工行程不够时，也可取 $\beta=45°$；对于正向倾斜斜楔和反向倾斜斜楔时，一般取 $\alpha=\beta=(180°-\gamma)/2$。

（3）斜楔图　根据滑块行程 S 和滑块倾角 β 作出斜楔图：

1）在与垂线成 γ 角的方向上取 $OA=S$，作 $\angle OAB=\beta$，与竖轴交 B 点，此点即为斜楔与滑块的开始接触点 B。

2）根据后挡块与斜楔的预导向量不小于 25mm，决定后挡块与斜楔开始导向点 C 点。

3）根据卸料板或压制件的需要决定卸料板压制件的起始点 E 点。

（4）分析调整　综合分析斜楔模的动作关系后，如有问题，需对滑块行程 S 及滑块倾角 β 作适当调整。

图 8-115、图 8-116、图 8-117 分别表示了水平运动斜楔、正向倾斜斜楔、反向倾斜斜楔及斜楔结构和斜楔图。

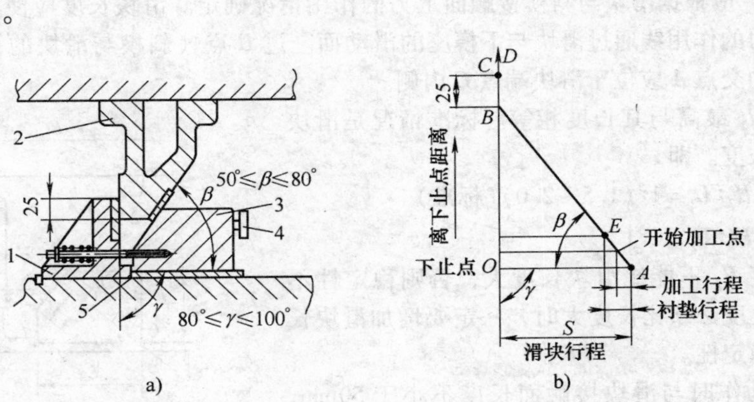

图 8-115　水平运动斜楔

a）斜楔机构　b）斜楔图

1—后挡块　2—斜楔　3—滑块　4—衬垫　5—限位器

A—加工结束点　B—斜楔在滑块上的接触点　C—斜楔和挡块的接触点

D—上下模导向接触点　E—垫板（卸料板）开始压制件的起始点

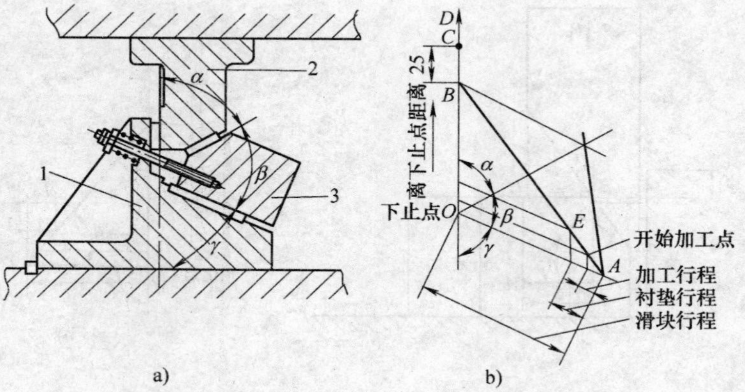

图 8-116 正向倾斜斜楔

1—后挡块 2—斜楔 3—滑块

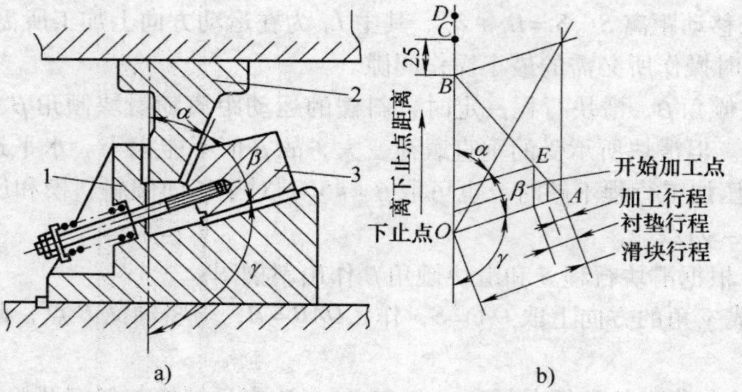

图 8-117 反向倾斜斜楔

1—后挡块 2—斜楔 3—滑块

5. 斜楔机构设计

（1）滑块的尺寸 图 8-118 所示为斜楔及滑块的形状与尺寸，以及滑块在开始动作前的状态。滑块长度 L_2 应根据滑块与斜楔接触面上力的作用情况确定。滑块长度应使其开始动作前与斜楔接触面上力的作用线通过滑块与下模座的滑动面。过 B 点（斜楔与滑块的初始接触点）的垂线与滑动面的交点 A 应位于滑块端点 C 内侧。

滑块高度 H_2 最高与其长度相等。标准情况是滑块高度小于滑块长度。即

$$H_2 : L_2 = 1 : (1.5 \sim 2.0)\text{（标准）}$$

$$H_2 : L_2 = 1 : 1$$

滑块的宽度 B_2 不能比滑块长度大，否则稳定性不好。如果滑块宽度必须比长度大时，一定要增加滑块长度，以增强其稳定性。

滑块开始动作时与滑块接触面长度不小于 50mm，且接触面应在 2/3 以上。

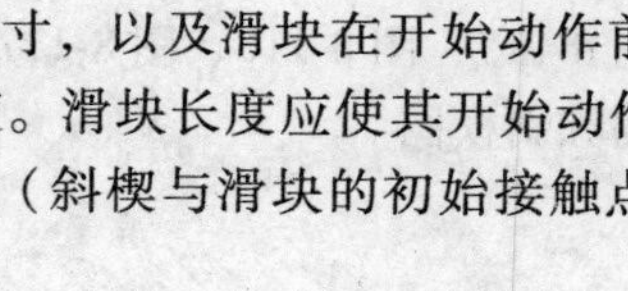

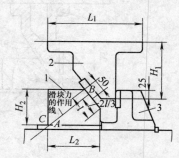

图 8-118 斜楔与滑块接触的初始状态

1—滑块 2—斜楔 3—后挡块

（2）斜楔形状与尺寸 斜楔形状及尺寸如图 8-119 所示。一般小件使用的斜楔模及侧向推力较小的斜楔模，可不采用后挡块。而大件使用的斜楔模及承受较大侧向推力的斜楔模，则需采用后挡块。

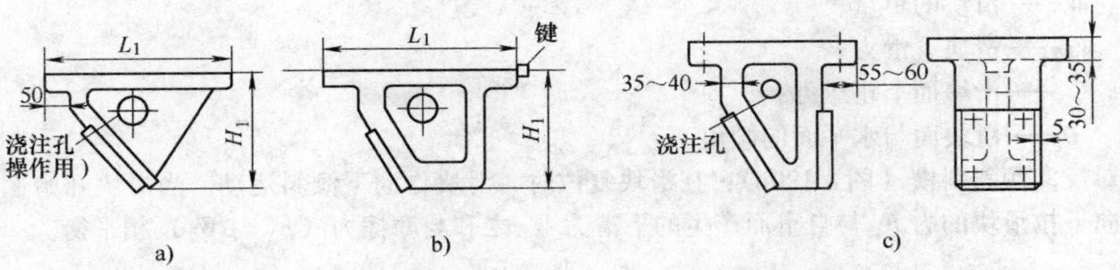

图 8-119　斜楔形状与尺寸

a）不用键的斜楔　b）用键的斜楔　c）采用后挡块的斜楔

不使用后挡块时，斜楔的长度 L_1 与高度 H_1 的关系为：$L_1 \geqslant 1.5H_1$。

使用后挡块时，斜楔的长度可不受上式的限制。

当侧向推力较小或侧向推力虽大但采用了后挡块时可以不用键，否则需要使用键，以部分抵消斜楔所受的侧向力。

斜楔的数量与宽度可根据滑块的宽度选取，见表 8-33。

表 8-33　斜楔的数量与宽度的选取

滑块宽度 B_2/mm	斜楔宽度 B_1/mm	斜楔数量/个
<300	70～120	1
300～600	70～120	2
>600	100～150	2～3

6. 滑块复位机构

斜楔由上模带动回程时，滑块也要相应地返回到原来位置。使滑块复位的机构有：用弹簧或气缸拉回滑块复位；由斜楔强制带动滑块复位（由斜楔上下运动带动滑块前后或左右运动）。复位弹簧使滑块复位的力可按下式计算

$$F = KF_1$$

式中　F——弹簧复位力；

K——考虑润滑、滑块部位精度等因素所取的安全系数，一般取 3～5；

F_1——移动滑块所需的力。

F_1 的大小根据不同的斜楔形式其计算公式也不同。

对水平斜楔（图 8-120a）：在拉动斜楔滑块开始返回动作时，其拉力 F_1 与反向摩擦力 F_2 相平衡，即 $F_1 = F_2$。

因为
$$F_2 = \mu W$$
所以
$$F_1 = \mu W$$

式中　F_1——拉动滑块所需的力；

μ——滑块面上的摩擦系数，取 $\mu = 0.4$；

W——滑块重量。

对正向倾斜斜楔（图 8-120b）：在滑块返回复位时，滑块作向上的倾斜运动。当滑块开始返回时，与向上拉动滑块的力 F_1 相平衡的是压在滑块面上的垂直力 W_2 产生的反向摩擦力及由滑块自重而产生的下滑力 W_1 之和。即

$$F_1 = \mu W_2 + W_1 = \mu W\cos\theta + W\sin\theta$$

式中　F_1——拉动滑块所需的力；

μ——滑块面上的摩擦系数，取 $\mu = 0.4$；

W——滑块的重量；

W_1——滑块下滑力；

W_2——滑块面上正压力；

θ——滑块面与水平面的倾角。

对反向倾斜斜楔（图 8-120c）：在滑块复位时，滑块作向下倾斜运动。当滑块开始返回动作时，向下拉滑块的力 F_1 与自重而产生的下滑力 W_1 之和与摩擦力（$F_2=\mu W_2$）相平衡。

$$F_1+W_1=\mu W_2$$

$$F_1=\mu W\cos\theta-W\sin\theta$$

滑块复位方式有弹簧复位方式、气缸复位方式及强制复位方式等。

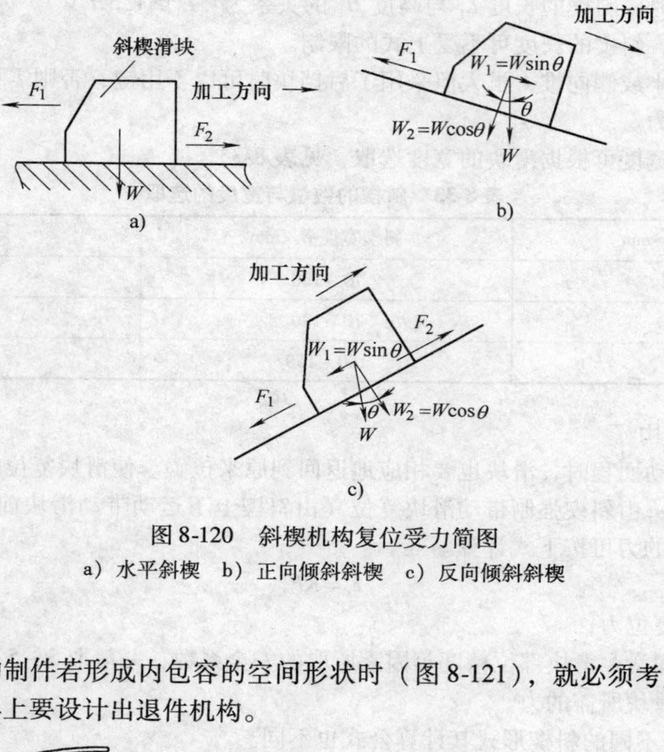

图 8-120　斜楔机构复位受力简图

a）水平斜楔　b）正向倾斜斜楔　c）反向倾斜斜楔

7. 退件机构

用斜楔模加工的制件若形成内包容的空间形状时（图 8-121），就必须考虑零件从模具中取出的问题，即在模具上要设计出退件机构。

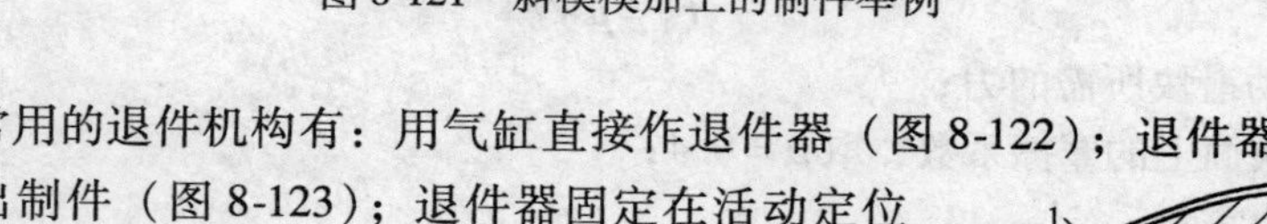

图 8-121　斜楔模加工的制件举例

在斜楔模中常用的退件机构有：用气缸直接作退件器（图 8-122）；退件器与活动定位装置连接在气缸上顶出制件（图 8-123）；退件器固定在活动定位装置上，退出制件（8-124）；使用双斜楔进行退件。

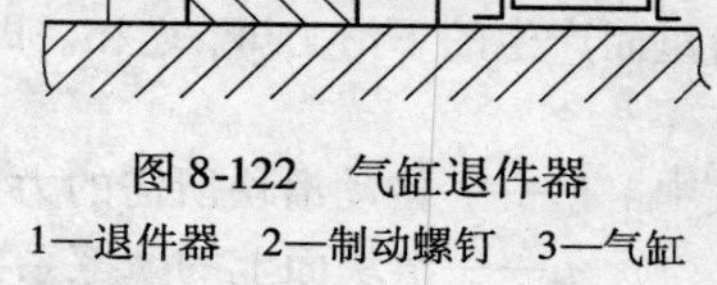

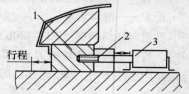

图 8-122　气缸退件器

1—退件器　2—制动螺钉　3—气缸

（四）确定修边模镶件

按修边制件图绘制凸模和凹模镶件图时，不标注整体尺寸。在凸模镶件图上注明“按修边样板加工”；在凹模镶件图上，则注明“按凸模镶件配制，考虑冲裁间隙”。

由于覆盖件多为三维曲面，修边轮廓形状复杂，并且尺寸大，因此为便于制造、维修与调整，以满足冲裁工艺要求，镶件必须进行分块设计。

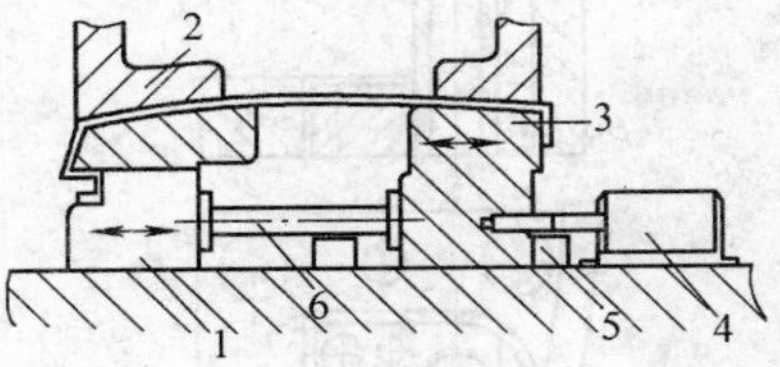

图 8-123　退件器与定位装置连接在气缸上退件

1—退件器　2—衬垫　3—活动定位装置

4—气缸　5—限位器　6—连接器

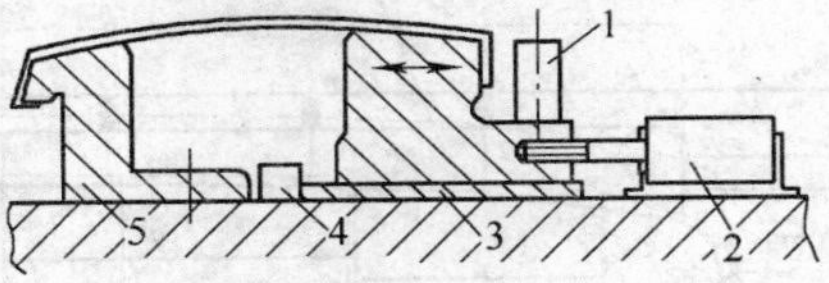

图 8-124　退件器固定在活动定位装置上退件

1—退件器　2—气缸　3—防磨板

4—限位器　5—凹模

1. 镶件分块原则

1）小圆弧部分单独作为一块，接合面距切点 5 ~ 10mm。大圆弧、长直线可以分成几块，接合面与刃口垂直，并且不宜过长，一般取 12 ~ 15mm。

2）凸模上和凹模上的接合面应错开 5 ~ 10mm，以免产生毛刺。

3）易磨损比较薄弱的局部刃口，应单独做成一块，以便于更换。

2. 镶件结构

图 8-125 所示为镶件固定与定位的一般形式。修边镶件的长度一般取 150 ~ 300mm，镶件太长则加工和热处理不方便，太短则螺钉和柱销不好布置。图 8-126 所示为修边镶件断面结构尺寸。为保证镶件的稳定性，镶件高度 H 与宽度 B 应有一定的比例，一般取 $H:B=1:(1.2\sim1.5)$。

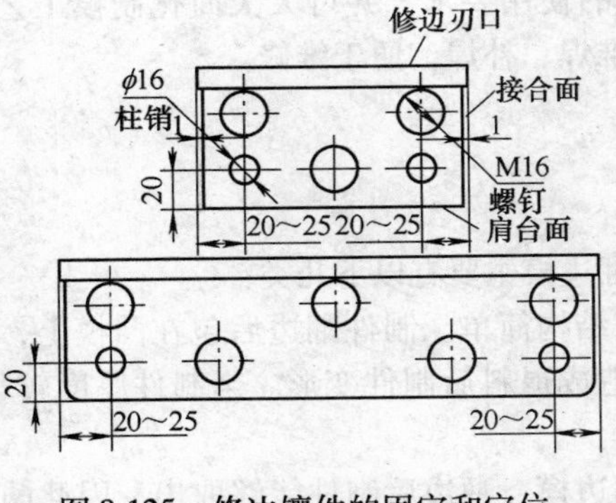

图 8-125　修边镶件的固定和定位

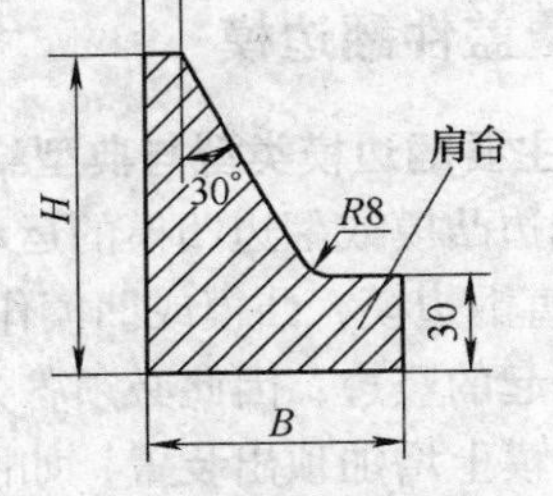

图 8-126　修边镶件的断面

3. 阶梯状镶件

修边刃口是立体曲面时，高度差比较大，为了降低修边镶件高度，保证其稳定性，可以将镶件的底面做成阶梯状，并在上下底板或固定板的相应位置，也做成阶梯形状，如图 8-127 所示。

4. 修边冲孔复合刃口镶件

为了便于制造和维修，修边凸模镶件和冲孔凹模镶件应做成两体。这时还可以将凸模镶件局部开槽或开孔，放入冲孔凹模，如图 8-128 所示。但是必须考虑是否会影响凸模镶件强度和热处理变形等，在这种情况下可设计得短一些，以便更换。

5. 其他

除以上主要零件外，在设计覆盖件修边模时还需要考虑废料刀的安排、废料的分块与排除方式等问题。

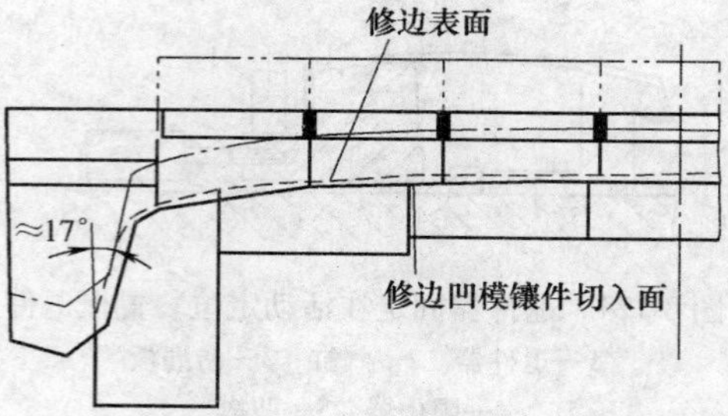

图 8-127　阶梯状的修边镶件

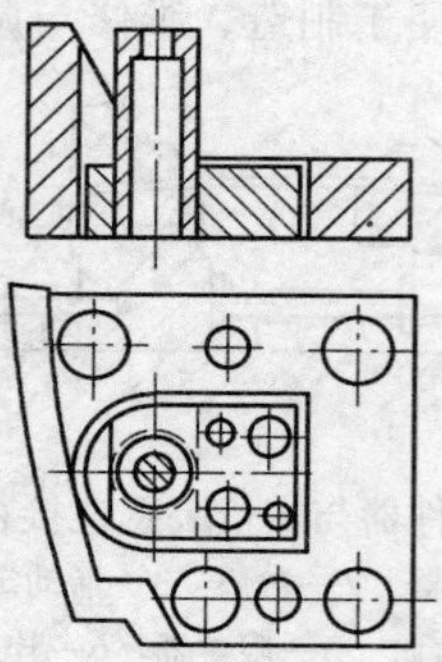

图 8-128　修边冲孔复合刃口镶件

（五）修边模镶件材料

经常使用的镶件材料为 T10A 工具钢，热处理硬度为 58～62HRC。因镶件是整体加热淬火，变形大，因此镶件需留有淬火后的精加工余量，制造周期长，费用高。

目前，T10A 工具钢已逐渐被 7CrSiMnMoV 空冷钢所代替，其优点是凸凹模镶件加工好以后只需在刃口部分局部火焰加热空气冷却淬火，硬度为 58～62HRC。由于淬火变形小，不需再修整刃口间隙。

另外，铸造 7CrSiMnMoV 空冷钢用于形状复杂的覆盖件修边以及冲孔的凸凹模镶件，镶件可以按冲裁要求的形状铸出，仅在安装基准面、接合面和刃口处要留出加工余量，其余部位均不需要加工。需要加工的部位，一次加工到要求的尺寸，经钳工精修后，即可进行火焰加热空气冷却淬火，硬度可达到 58～62HRC，完全可以满足冲裁模的使用要求。并可大大简化制模工艺，缩短制模周期，节省费用，模具镶件的刃口还可以进行堆焊、补焊，便于维修。

三、覆盖件翻边模

（一）主要翻边模类型与典型结构

根据翻边凸模或翻边凹模的运动方向及其特点，翻边模主要有以下几类：

1）垂直翻边模，凸模或凹模作垂直方向运动，其结构简单。制件翻边后包在凸模上，退料时需推动翻起的竖边，因此必须各处同时推，否则会造成退料后制件变形。当制件厚度较小时，还需要在凸模上增加顶出装置，如图 8-129 所示。

2）凹模单面向内作水平或倾斜方向运动的斜楔翻边模，翻边后制件能够取出，因此凸模是整体的。

3）凹模对称两面向外作水平或倾斜方向运动的斜楔翻边模，翻边后制件可以取出。

4）凹模对称的两面向内作水平或倾斜方向运动的斜楔模，翻边之后制件包在凸模上，无法取出，必须将凸模做成活动可分的，翻边时将凸模扩张成翻边形状。这类冲模的结构比较复杂。

5）凹模三面向内作水平或倾斜方向运动，翻边之后制件包在凸模上，无法取出，必须将凸模做成活动可分的，翻边时将凸模扩张成翻边形状。这类冲模的结构就更复杂。

6）覆盖件窗口封闭向外翻边的斜楔翻边模。翻边后制件包在凸模上，无法取出，必须将凸模做成活动可分的，翻边时缩

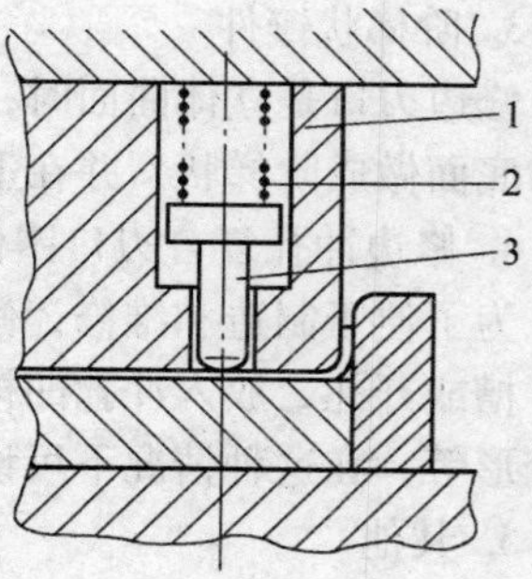

图 8-129　装在凸模内的退件装置

1—凸模　2—弹簧　3—打料器

小成翻边形状，而翻边凹模是扩张向外翻边的。这类翻边模是最复杂的。

（二）翻边凸模的扩张结构

覆盖件向内的翻边一般都是沿着覆盖件轮廓，翻边以后制件是包在凸模上的，无法取出，必须将翻边凸模做成活动可分的。在压力机滑块行程向下翻边以前，利用斜楔的作用将缩着的翻边凸模扩张成翻边形状后停止不动，在压力机滑块行程继续向下时与翻边凹模一起进行翻边。翻边以后凹模在弹簧的作用下回程，翻边凸模靠弹簧的作用返回原位，然后取出制件。翻边凸模的扩张行程以能取出翻边制件为准，这种结构称为翻边凸模扩张结构，俗称翻边凸模开花结构。图8-130所示为某汽车覆盖件翻边压圆角模翻边凸模镶件的扩张结构。

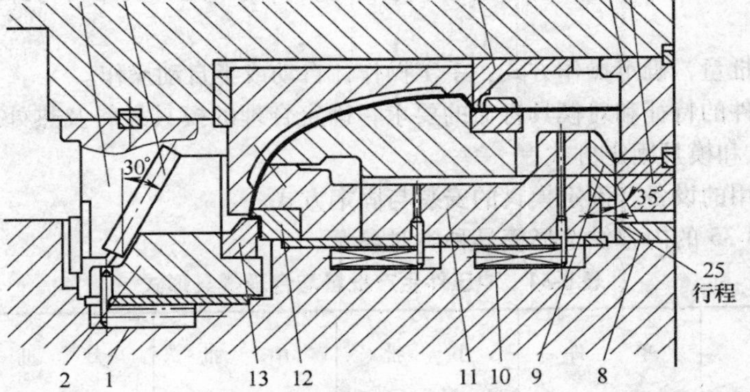

图8-130　某汽车覆盖件翻边压圆角模翻边凸模镶件的扩张结构

1、10—弹簧　2、11—滑块　3、7—斜楔　4—防磨板　5—凸模镶件

6—斜楔座　8—限位块　9—楔形块　12—翻边镶件　13—翻边凹模镶件

（三）凹模镶件

在制件的翻边轮廓变化较大时，往往需要从几个不同方向进行翻边，即不同的凹模镶件的运动方向是不同的。根据翻边轮廓变化的大小，可以通过在修边工序中修出几个缺口，或改变不同方向的翻边凹模镶件的先后翻边顺序等方式来提高翻边质量。也可以通过凹模镶件前沿的轮廓线与翻边轮廓线不重合，使不同部位的翻边顺序进行，改变材料的流动情况，达到提高翻边质量的目的。

在布置凹模镶件时，分块的接合面不要分在凸形的翻边外。因凸形处属于压缩类翻边，材料厚度增加后会挤入接合面的接缝中，加快镶件的磨损。应将易于磨损的区域集中在一块镶件上，便于维修和更换。

（四）翻边模材料

翻边凸模工作时，受力较小，磨损也较小。整体的翻边凸模尺寸大，形状复杂。为了简化结构和方便制造，不用镶件式而设计成整体的铸造结构。材料可选用铬钼钒合金铸铁或灰铸铁。对于局部表面进行火焰淬火、空冷。

翻边凹模工作时，受力较大，磨损也比较大，在大批量生产中，应设计成镶件结构。镶件材料多采用T10A，热处理硬度58~62HRC。

第五节　冲模设计要点

一、模具总体结构形式的确定

冲模设计时，首先要根据工艺方案选定模具类型（简单模、级进模或复合模），确定具体的模具总体结构形式。这是冲模设计的关键一步，它直接影响冲压件的质量，成本和冲压生产率。

模具的结构形式很多，可根据冲压件的形状、尺寸、精度、材料性能和生产批量及冲压设备、模具加工条件、工艺方案等设计。在满足冲压件质量要求的前提下，力求模具结构简单、制造周期短、成本低、生产效率高、使用寿命长。

确定模具结构形式的内容包括以下几个方面：

1）根据冲压件的形状和尺寸，确定凸、凹模的加工精度、结构形式和固定方式。

2）根据毛坯的特点、冲压件的精度和生产批量，确定定位、导料和挡料方式。

3）根据工件和废料的形状、大小，确定进料、出件和排除废料的方式。

4）根据板料的厚度和冲压件的精度要求，确定压料或不压料及压料与卸料方式，弹性卸料或刚性卸料。

5）根据生产批量，确定操作方式：手工操作，自动或半自动操作。

6）根据冲压件的特征和对模具寿命的要求，确定合理的模具材料及热处理、加工精度，选取合理的导向方式和模具固定方式。

7）根据所使用的设备，确定模具的安装与固定方式。

表 8-34 和表 8-35 的内容供选择模具种类时参考。

表 8-34　冲压件生产批量与合理模具形式　　（单位：千件）

项目＼批量	单件	小批	中批	大批	大量
大件 中件 小件	<1 <1 <1	1~2 1~5 1~10	2~10 5~50 10~100	20~300 50~1000 100~5000	>300 >1000 >5000
模具形式	简易模 组合模 简单模	简单模 组合模 简易模	级进模、复合模 简单模 半自动模	级进模、复合模 简单模 自动模	级进模 复合模
设备形式	通用压力机	通用压力机	高速压力机 自动和半自动机 通用压力机	机械化高速压力机、自动机	专用压力机 自动机

注：表内数字为每年（单班）产量的概略数值（千件），供参考。

表 8-35　级进模与复合模性能比较

比较项目	复合模	级进模
冲压精度	高级和中级精度（3~5 级）	中级和低级精度（5~8 级）
制件形状特点	零件的几何形状与尺寸受到模具结构与强度方面的限制	可以加工复杂、特殊形状的零件，如宽度很小的异形件等
制件质量	由于压料冲裁同时得到校平，制件平正（不弯曲）且有较好的剪切断面	中、小件不平正（弯曲），高质量件需校平
生产效率	工件被顶到模具工作面上，必须用手工或机械排除，生产效率稍低	工序间自动送料，可以自动排除工件，生产效率高
使用高速自动压力机	操作时出件困难，可能损坏弹簧缓冲机构，不作推荐	可在行程次数为每分钟 400 次或更高的高速压力机上工作

（续）

比较项目	复合模	级进模
工作安全性	手需伸入模具的工作区，不安全，需采用技术安全措施	手不需伸入模具工作区，比较安全
多排冲压法的应用	很少采用	广泛用于尺寸较小的工件
模具制造工作量和成本	冲裁复杂形状零件比级进模低	冲裁简单形状零件比复合模低

此外，在设计冲模时，还必须对其加工、维修、操作安全等方面予以注意：

1）大型、复杂形状的模具零件，加工困难时，应考虑采用镶拼结构，以利于加工。

2）模具结构应保证磨损后修磨方便；尽量做到不拆卸即可修磨工作零件；影响修磨而必须去掉的零件（如模柄等），可做成易拆卸的结构，等等。

3）冲模的工件零件较多，而且使用寿命相差较大，应将易损坏及易磨损的工作零件做成快换结构的形式，而且尽量做到可以分别调整和补偿易磨损件的相关尺寸。

4）需要经常修磨和调整的部分尽量放在模具的下部。

5）质量较大的模具应有方便的起吊孔或钩环等。

二、冲模压力中心

冲裁力合力的作用点称为模具的压力中心。如果模具的压力中心与压力机滑块中心不一致，冲压时会产生偏载，导致模具以及压力机滑块与导轨的急剧磨损，降低模具和压力机的使用寿命。严重时，甚至会损坏模具和设备，造成事故。所以设计模具时，应使模具的压力中心与压力机滑块中心相重合。但实际生产中，可能出现冲模压力中心在冲压过程中发生变化的情况，或者由于冲压件形状的特殊性，从模具结构考虑不宜使压力中心与滑块中心重合，这时应注意使压力中心的偏离不致超出所选用压力机所允许的范围。

冲模压力中心的计算，可采用空间平行力系和合力作用线（平面投影为作用点）的求解方法，即根据“各分力对某轴力矩之和等于其合力对同轴之矩”的力学原理求得。具体计算有解析法或图解法。

（一）解析法

1. 复杂形状冲裁

冲裁复杂形状的工件时，其压力中心位置按下述程序进行计算，如图 8-131 所示。

1）按比例画出凸模工作部分剖面的轮部图或对应的凹模刃口图形。

2）在轮廓内外任意距离处，选定坐标轴 x-x 和 y-y。

3）将轮廓线分成若干基本线段，计算各基本线段的长度 l_1，l_2，l_3，…，l_n（图中冲裁力与冲裁线长度成正比例，故冲裁线段的长短，即可代表冲裁力的大小）。

4）计算基本线段的重心位置到 y-y 轴的距离 x_1，x_2，x_3，…，x_n 及到 x-x 轴的距离 y_1，y_2，y_3，…，y_n。

5）根据上述力学原理，可按下式求出冲模压力中心到 x-x 轴和 y-y 轴的距离。

到 y-y 轴的距离

$$x_0=\frac{F_1x_1+F_2x_2+F_3x_3+\cdots+F_nx_n}{F_1+F_2+F_3+\cdots+F_n}=\frac{\sum_{i=1}^{n}F_ix_i}{\sum_{i=1}^{n}F_i}$$

到 x-x 轴的距离

$$y_0 = \frac{F_1y_1 + F_2y_2 + F_3y_3 + \cdots + F_nx_n}{F_1 + F_2 + F_3 + \cdots + F_n} = \frac{\sum_{i=1}^{n} F_iy_i}{\sum_{i=1}^{n} F_i}$$

因为 $F_1 = l_1t\sigma_b$；$F_2 = l_2t\sigma_b$；$F_3 = l_3t\sigma_b$，…，$F_n = l_nt\sigma_b$，所以

$$x_0 = \frac{l_1x_1 + l_2x_2 + l_3x_3 + \cdots + l_nx_n}{l_1 + l_2 + l_3 + \cdots + l_n} = \frac{\sum_{i=1}^{n} l_ix_i}{\sum_{i=1}^{n} l_i} \tag{8-8}$$

$$y_0 = \frac{l_1y_1 + l_2y_2 + l_3y_3 + \cdots + l_ny_n}{l_1 + l_2 + l_3 + \cdots + l_n} = \frac{\sum_{i=1}^{n} l_iy_i}{\sum_{i=1}^{n} l_i} \tag{8-9}$$

式中　t——料厚（mm）；

σ_b——材料抗拉强度（MPa）。

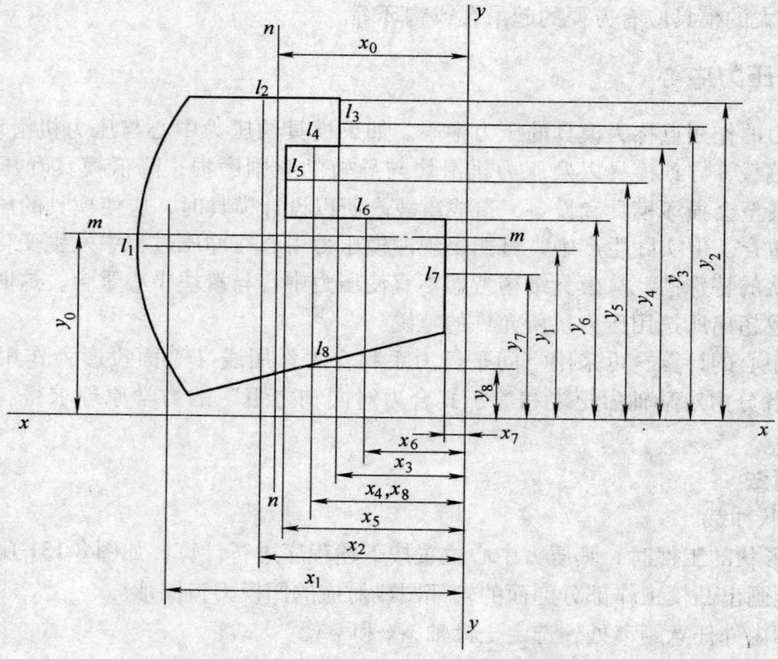

图 8-131　复杂工件冲裁时的压力中心

【例 3】　冲制如图 8-132a 所示的工件，求其压力中心。

解　将工件轮廓分为 9 段，坐标轴 x-x 和 y-y 选定在 l_3、l_9 线段上，$x_9=0$，$y_3=0$，可简化计算。各线段的长度为

$l_1 = 16\text{mm}$　　$l_2 = 8\text{mm}$　　$l_3 = 36\text{mm}$　　$l_4 = \frac{\pi}{2}R = 12.6\text{mm}$　　$l_5 = 11\text{mm}$

$l_6 = 20\text{mm}$　　$l_7 = 8\text{mm}$　　$l_8 = 14\text{mm}$　　$l_9 = 41\text{mm}$

则　　$l_1 + l_2 + l_3 + l_4 + l_5 + l_6 + l_7 + l_8 + l_9 = 166.6\text{mm}$

各段的重心：

直线段的重心在线段的中心点，圆弧 l_4 的重心 c 按下式决定（图 8-132b）

$$z = R\frac{\sin\alpha}{\pi\alpha/180} = 57.29R\frac{\sin\alpha}{\alpha}$$

或 $$z = R\frac{b}{s}$$

式中　b——弦长；

s——弧长；

R——圆弧半径；

z——重心到圆心的距离。

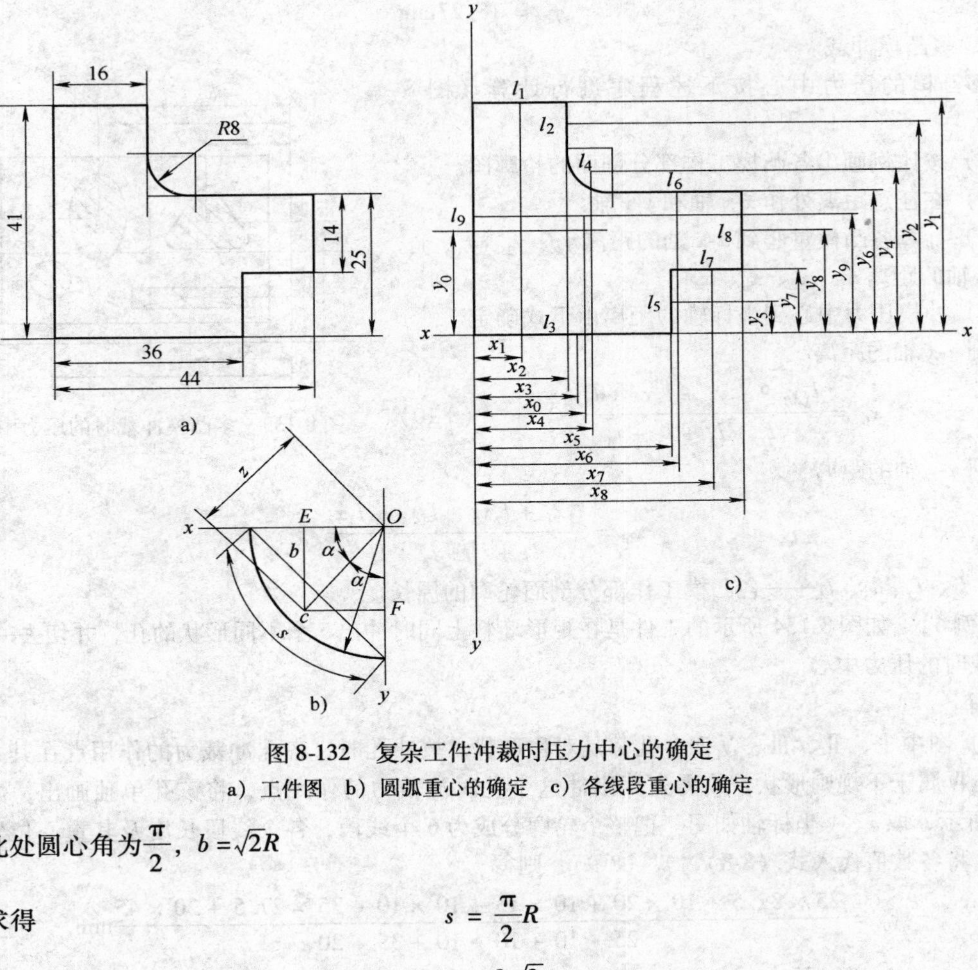

图 8-132　复杂工件冲裁时压力中心的确定

a）工件图　b）圆弧重心的确定　c）各线段重心的确定

此处圆心角为$\frac{\pi}{2}$，$b=\sqrt{2}R$

求得 $$s = \frac{\pi}{2}R$$

$$z = \frac{2\sqrt{2}}{\pi}R = 0.9R$$

转化到 x、y 坐标轴方向时，

$$OE = OF = z\cdot\sin\frac{\pi}{4} = \frac{2R}{\pi} \approx 5.1$$

于是求出各线段的重心如下，如图 8-132c 所示：

$x_1 = 8\text{mm}$　　$y_1 = 41\text{mm}$

$x_2 = 16\text{mm}$　　$y_2 = 37\text{mm}$

$x_3 = 18\text{mm}$　　$y_3 = 0\text{mm}$

$x_4 = 18.9\text{mm}$　　$y_4 = 27.9\text{mm}$

$x_5 = 36\text{mm}$　　$y_5 = 5.5\text{mm}$

$x_6 = 34\text{mm}$　　$y_6 = 25\text{mm}$

$x_7 = 36\text{mm}$　　$y_7 = 11\text{mm}$

$x_8 = 44\text{mm}$　　$y_8 = 18\text{mm}$

$x_9 = 0\text{mm}$　　$y_9 = 20.5\text{mm}$

将上述数值代入式（8-8）、式（8-9）可得压力中心的坐标

$$x_0 = 18.74\text{mm}$$

$$y_0 = 18.27\text{mm}$$

2. 多凸模冲裁

多凸模的压力中心按下述程序进行计算（图 8-133）：

1）按比例画出各凸模工作部分剖面的轮廓图。

2）在任意距离处作 x-x 轴和 y-y 轴。

3）计算各凸模重心到 x-x 轴的距离 y_1、y_2、y_3、y_4，到 y-y 轴的距离 x_1、x_2、x_3、x_4。

4）冲模压力中心到坐标轴的距离由下式确定

到 x-x 轴的距离

$$y_0 = \frac{l_1y_1 + l_2y_2 + l_3y_3 + l_4y_4}{l_1 + l_2 + l_3 + l_4} \tag{8-10}$$

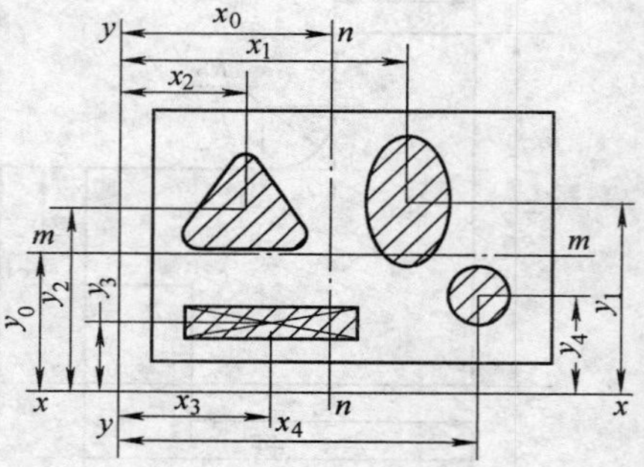

图 8-133　多凸模冲裁时的压力中心

到 y-y 轴的距离

$$x_0 = \frac{l_1x_1 + l_2x_2 + l_3x_3 + l_4x_4}{l_1 + l_2 + l_3 + l_4} \tag{8-11}$$

式中　l_1、l_2、l_3、l_4——各凸模工作部分剖面轮廓的周长。

【例 4】　如图 8-134 所示的工件是在矩形坯料上同时冲出 5 个不同形状的孔，并切去一个角，求冲裁时的压力中心。

解

1）图中Ⅰ、Ⅱ、Ⅲ、Ⅴ四个孔都是对称形状，故冲孔时，各孔冲裁力的作用点在其几何中心。孔Ⅳ属于不规则形状，故需先算出冲这个孔时冲裁力的作用点，将该孔单独画出，如图 8-134b 所示，取 x、y 坐标轴如图。把整个轮廓分成为 6 个线段，各个线段长度及其重心位置如图所示，将各数值代入式（8-8）、式（8-9），则得

$$x_0 = \frac{25 \times 32.5 + 10 \times 20 + 10 \times 15 + 10 \times 10 + 35 \times 27.5 + 20 \times 45}{25 + 10 + 10 + 10 + 35 + 20}\text{mm}$$

$$= \frac{3125}{110}\text{mm} = 28.4\text{mm}$$

$$y_0 = \frac{25 \times 30 + 10 \times 25 + 10 \times 20 + 10 \times 15 + 35 \times 10 + 20 \times 20}{110}\text{mm}$$

$$= \frac{2100}{110}\text{mm} = 19\text{mm}$$

将 x_0、y_0 值移算到孔Ⅳ的图形里，则得压力中心距 A 边的距离为

$$(28.4 - 10)\text{mm} = 18.4\text{mm}$$

距 B 边的距离为

$$(19-10)\text{mm}=9\text{mm}$$

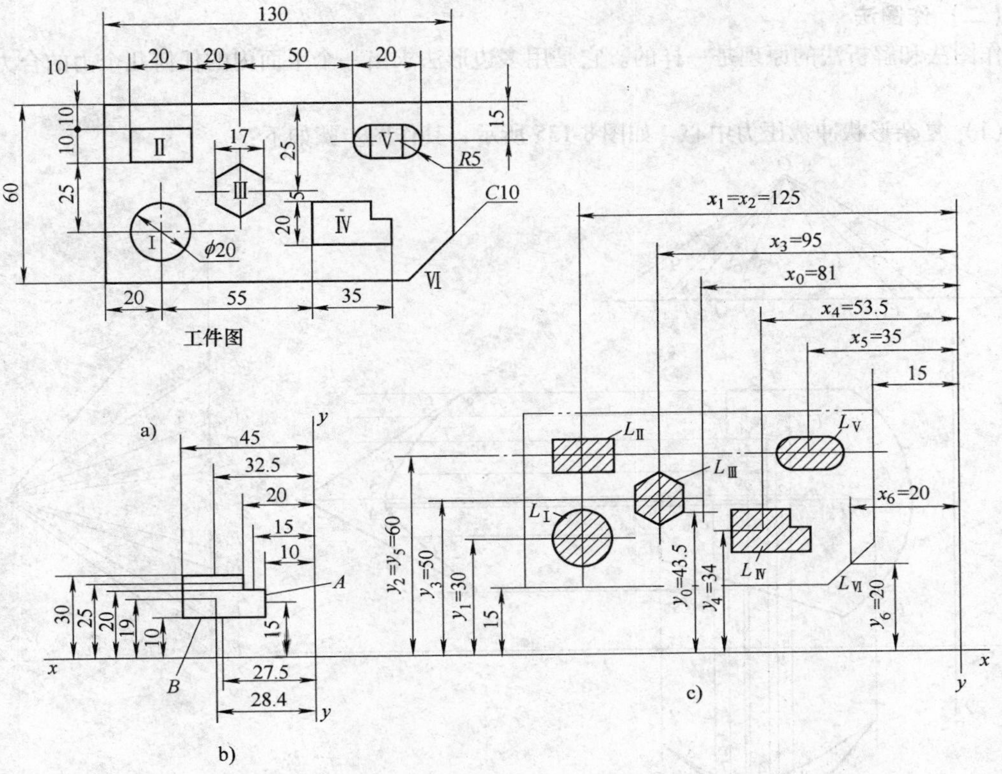

图 8-134　多凸模冲裁时压力中心的确定

2）计算出各个凸模的冲裁周边长度

$$L_{\mathrm{I}}=\pi\times 20\text{mm}=62.8\text{mm}$$

$$L_{\mathrm{II}}=(2\times10+2\times20)\text{mm}=60\text{mm}$$

$$L_{\mathrm{III}}=6\times\frac{17}{2\cos30^{\circ}}\text{mm}=59\text{mm}$$

$$L_{\mathrm{IV}}=(35+20+25+10+10+10)\text{mm}=110\text{mm}$$

$$L_{\mathrm{V}}=(2\times10+\pi\times10)\text{mm}=51.4\text{mm}$$

$$L_{\mathrm{VI}}=\frac{10}{\cos45^{\circ}}\text{mm}=\frac{10}{0.707}\text{mm}=14.1\text{mm}$$

3）对整个工件选定 x、y 坐标轴，如图 8-134c 所示，将各值代入式（8-10）、式（8-11），则得

$$x_0=\frac{62.8\times125+60\times125+59\times95+110\times53.5+51.4\times35+14.1\times20}{62.8+60+59+110+51.4+14.1}\text{mm}$$

$$=\frac{28921}{357.3}\text{mm}=81\text{mm}$$

$$y_0=\frac{62.8\times30+60\times60+59\times50+110\times34+51.4\times60+14.1\times20}{357.3}\text{mm}$$

$$=\frac{15540}{357.3}\text{mm}=43.5\text{mm}$$

实际上压力中心在工件中的位置是距左边为(81 - 15)mm = 66mm；距下边为(43.5 - 15)mm = 28.5mm。

（二）作图法

作图法和解析法的原理是一样的。它是用多边形法求出一个平面内的任何几个力的合力及其方向。

(1) 复杂形状冲裁压力中心　如图 8-135 所示，其作图步骤如下：

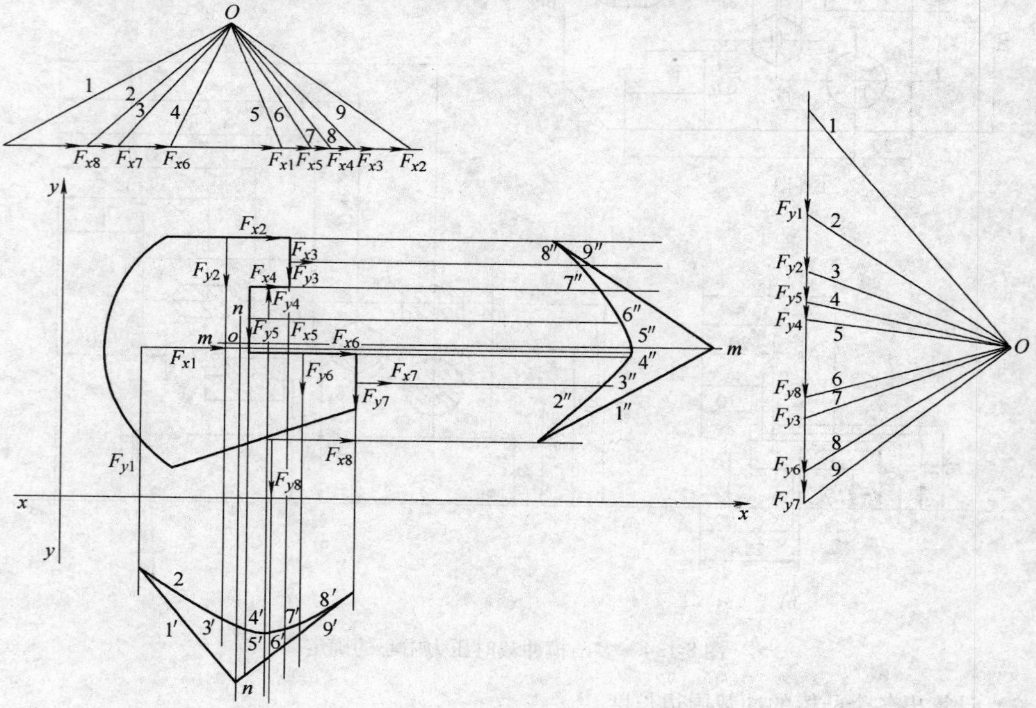

图 8-135　图解法求复杂工件的压力中心

1) 按比例画出凸模工作部分的轮廓图，定出坐标系 *x-x*，*y-y*。

2) 将外形轮廓分成若干部分，并确定它们的重心位置。

3) 根据比例，用线段表示各基本部分的冲裁力 F_{x1}，F_{x2}，…，F_{xn}和 F_{y1}，F_{y2}，…，F_{yn}。从它们各自基本部分的重心出发，并平行于 *x-x* 轴和 *y-y* 轴，将它们描绘在坐标系统中。

4) 在坐标系统的一旁，作一条平行于 *y-y* 轴的直线，根据各基本部分的重心到 *y-y* 轴的远近，依次截取 F_{y1}，F_{y2}，…，F_{yn}的线段。

5) 在线段的一旁，任意取一点 *o*，并通过 *o* 点作射线 1，2，3，…，*n* 分别连接各冲裁力的首末端。

6) 通过冲裁力 F_{y1}的延长线作射线 1 的平行线 1′，由该交点再作射线 2 的平行线 2′，交于 F_{y2}的延长线上，以后用同样方法作出 2′，3′，4′，5′等。

7) 通过第一条射线的平行线与最后一条射线的平行线的交点，作平行 *y-y* 轴的直线 *n-n*。

8) 同法作出平行 *x-x* 轴的直线 *m-m*。

9) *n-n* 和 *m-m* 的交点，即为该工件的压力中心。

(2) 多凸模的压力中心的确定　多凸模压力中心的图解法，步骤和前述相同，只是代表冲裁力的线段要按凸模周长计算确定，按比例量取即可，如图 8-136 所示。

三、冲压设备的选用

（一）冲压设备类型的选择

压力机类型的选择主要根据冲压件的生产批量、冲压工艺方法与性质、冲压件的几何形状、尺寸及精度要求，以及安全操作等因素来确定。

1. 根据冲压件的大小进行选择

对于中、小型冲压件，主要选用开式曲柄压力机。这种压力机虽然刚度差，降低了模具使用寿命和制件质量。但是它成本低，且有三个方向都可操作，操作方便，容易安装机械化装置，适宜于精度要求不太高的冲压件生产。对于大、中型冲压件生产，多采用闭式曲柄压力机，这类压力机刚度好、精度高，但只能两个方向操作，不如开式的方便。表 8-36 可供选择压力机时参考。

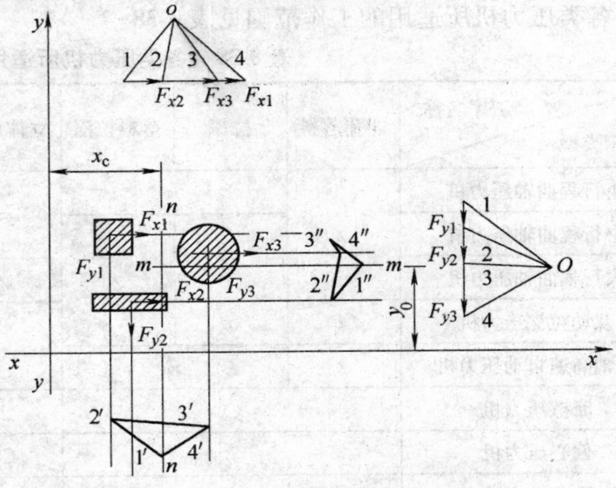

图 8-136　图解法求多凸模冲模的压力中心

表 8-36　按冲压件大小选择设备

零件大小	选用类型	特　点	适用工序
小型或中小型	开式机械压力机	有一定的精度和刚度；操作方便，价格低廉	分离及成形（深度浅的成形件）
大中型	闭式机械压力机	精度与刚度更高；结构紧凑，工作平稳	分离、成形（深度深的成形件及复合工序）

2. 根据冲压件的生产批量选择

在大批量生产中，应选用高速压力机或多工位自动压力机。在小批量，尤其是大型厚板件的成形工艺中，多选用液压机，此类设备压力大，没有固定的行程，不会因板料的厚度超差而过载。全行程中压力恒定，这对于工作行程较大的冲压工艺具有明显的优点。但是液压机的速度低，生产效率低，制件尺寸精度因受操作的影响不太稳定。液压机一般不适于冲裁工艺。表 8-37 可供选择压力机时参考。

表 8-37　按生产批量选择设备

冲压件批量		设备类型	特　点	适用工序
小批量	薄板	通用机械压力机	速度快、生产效率高，质量较稳定	各种工序
	厚板	液压机	行程不固定，不会因超载而损坏设备	拉深、胀形、弯曲等
大中批量		高速压力机 多工位自动压力机	高效率 高效率，消除了半成品堆储等问题	冲裁 各种工序

3. 根据冲压工艺方法与性质选择

校正、校平、整形等冲压工序要求压力机刚度大，可选用肘杆式精压机。这类压力机的刚度大，滑块行程小，在行程末端停留时间长。

对于校平、整形、弯曲、成形和温、热挤压等工序，可选用摩擦压力机。这类压力机结构简单、造价低，不易发生超负荷损坏。

对于复杂的大型拉深件的冲压工艺，最好选用双动拉深压力机，以保证压边的可靠性。

对于薄材料的冲裁工序，最好选用导向准确的精密压力机。

各类压力机所适用的工作范围见表 8-38。

表 8-38　各类压力机所适用的工作范围

<table>
<tr><th>工序名称
机床类型</th><th>冲孔落料</th><th>拉深</th><th>落料拉深</th><th>立体成形</th><th>弯曲</th><th>型材弯曲</th><th>冷挤</th><th>整形校平</th></tr>
<tr><td>小行程曲轴压力机</td><td rowspan="3">✓</td><td colspan="2">×</td><td rowspan="2">×</td><td rowspan="3">✓</td><td>×</td><td rowspan="2">×</td><td>×</td></tr>
<tr><td>中行程曲轴压力机</td><td rowspan="2">○</td><td rowspan="3">✓</td><td>○</td><td>○</td></tr>
<tr><td>大行程曲轴压力机</td><td>✓</td><td>✓</td><td>○</td><td>✓</td></tr>
<tr><td>双动拉深压力机</td><td>×</td><td>✓</td><td colspan="3" rowspan="2">×</td><td rowspan="2">×</td><td rowspan="2">×</td></tr>
<tr><td>曲轴高速自动压力机</td><td>✓</td><td colspan="2">×</td></tr>
<tr><td>摩擦压力机</td><td colspan="3">○</td><td>✓</td><td rowspan="2">✓</td><td colspan="2">○</td><td>✓</td></tr>
<tr><td>偏心压力机</td><td colspan="3">✓</td><td>○</td><td>✓</td><td colspan="2">○</td></tr>
<tr><td>卧式压力机</td><td rowspan="2">×</td><td>×</td><td rowspan="2">×</td><td colspan="3">×</td><td>✓</td><td>×</td></tr>
<tr><td>液压机</td><td>○</td><td colspan="5">○</td></tr>
<tr><td>自动弯曲机</td><td>✓</td><td colspan="3">×</td><td colspan="2">✓</td><td colspan="2">×</td></tr>
</table>

注：“✓”—表示适用　“○”—表示尚可适用　“×”—表示不适用。

4. 考虑精度与刚度

在选用设备类型时，还应充分注意到设备的精度与刚度。压力机的刚度是由床身刚度、传动刚度和导向刚度三部分组成，如果刚度较差，负载终了和卸载时模具间隙会发生很大变化，影响冲压件的精度和模具寿命。设备的精度也有类似的问题。

尤其是在进行校正弯曲、校形及整修这类工艺时更应选择刚度与精度较高的压力机。在这种情况下，板料的规格（如料厚波动）应该控制更严，否则，因设备过大的刚度和过高的精度反而容易造成模具或设备的超负载损坏。

5. 考虑生产现场的实际可能

在进行设备选择时，还应考虑生产现场的实际可能。如果目前没有较理想的设备供选择，则应该设法利用现有设备来完成工艺过程。比如，没有高速压力机而又希望实现自动化冲裁，可以在普通压力机上设计一套自动送料装置来实现。再如，一般不采用摩擦压力机来完成冲压加工工序，但是，在一定的条件下，有的工厂也用它来完成小批量的切断及某些成形工作。

6. 考虑技术上的先进性

需要采用先进技术进行冲压生产时，可以选择带有数字显示的、利用计算机操作的及具有数控加工装置的各类新设备。例如，对于断面要求特别光洁的冲压件（尤其是厚板冲压件），需要工艺先进和设备先进，则可选择精冲压力机甚至激光加工机。

（二）确定设备规格

在压力机类型选定之后，选择压力机规格应根据冲压件形状大小、模具尺寸及工艺变形力的大小等进行。从模具往压力机设备上安装并能开始工作的顺序来考虑，其压力机规格的主要参数有以下几个。

1. 行程和行程次数

压力机滑块行程大小，应保证成形零件的取出和方便毛坯的放进。在冲压工艺中，拉深和弯曲工序一般需要较大的行程。对于拉深工序所用压力机的行程，至少应为成品零件高度的两倍以上，一般取2.5倍。

行程次数与生产率有直接关系，并要受到冲压工艺变形速度和操作的可能性的限制。在确定滑块行程次数时，滑块的运动速度应满足冲压工艺的要求。对拉深工艺，如果变形速度过高，会产生工件破裂。拉深工艺合理的速度范围见表8-39。

表8-39　拉深工艺的合理速度范围

材料名称	钢	不锈钢	铝	硬铝	黄铜	纯铜	锌
最大拉深速度/($mm \cdot s^{-1}$)	400	180	890	200	1020	760	760

2. 工作台面和滑块底面尺寸

工作台面和滑块底面尺寸应大于冲模的平面尺寸，并还留有模具安装与固定的余地。但过大的余地对工作台受力不利，一般压力机台面应大于模具底座尺寸50～70mm以上。工作台和滑块的形式应充分考虑冲压工艺的需要，必须与模具的打料装置、出料装置及卸料装置等的结构相适应，工作台面中间孔的尺寸要保证漏料或顺利安放模具顶出料装置；大吨位压力机滑块上应加工出燕尾槽（与压力机工作台板一样），用于固定模具，而一般开式压力机滑块上有模柄孔尺寸（直径×高度），为两件哈夫式夹紧模柄用。

3. 装模高度

模具的闭合高度 h_m 是指工作行程终了时，模具上模座上平面与下模座下平面之间的距离。压力机的装模高度是指当工作台面上装有工作垫板，并且滑块在下止点时，滑块下平面到垫板上平面的距离。压力机的闭合高度 H 是装模高度与垫板厚度之和。

模具与压力机的安装尺寸如图8-137所示，h_{min} 和 h_{max} 分别为压力机的最小和最大装模高度，H_{min} 和 H_{max} 分别为压力机的最小和最大封闭高度，M 为装模高度调节量，h_m 为模具闭合高度，d 和 l 分别为压力机固定模具模柄的孔径和长度，N 为打料杆（推杆）最低位置打料杆底面到滑块底面的距离，c 为打料杆最大行程，h 和 D 为工作台垫板厚度和孔径，R 为压力机滑块中心对机身的距离，L 为工作台面到导轨之间的距离。

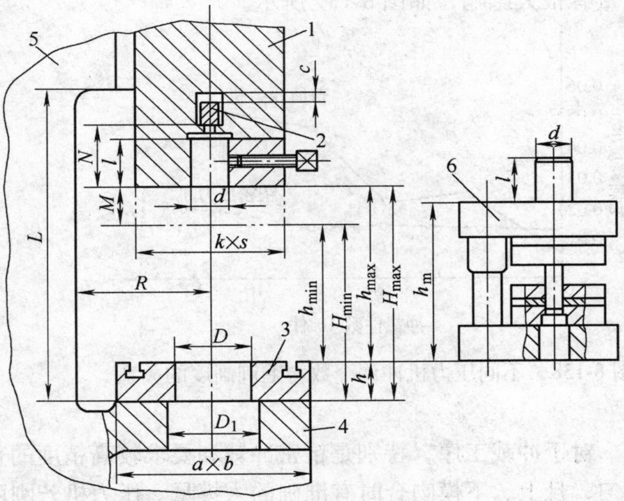

图8-137　模具与压力机的安装尺寸

1—滑块　2—打料横梁　3—垫板

4—工作台　5—机身　6—模具

设计模具时，必须使模具的闭合高度 h_m 介于压力机的最大装模高度 h_{max} 与最小装模高度 h_{min} 之间，一般应满足下式

$$h_{max} - 5mm \geqslant h_m \geqslant h_{min} + 10mm \tag{8-12}$$

上式中的5mm是考虑装模方便所留的间隙，10mm是保证修模所留的空间。

由于考虑到连杆受力情况，希望连杆以最短长度工作，以及考虑到修模而使模具闭合高度减小等原因，模具闭合高度 h_m 应取上限值，最好取

$$h_m \geqslant H_{min} + \frac{1}{3}L - h \tag{8-13}$$

如果模具闭合高度小，可在压力机垫板上加台板。

当多套冲模联合安装在同一台压力机上实现多工位冲压时，这些冲模应具有同一闭合高度，并使之满足式（8-12）或式（8-13）。

4. 压力机精度和刚度

在压力机的滑块和工作台上安装一副或数副模具，加工时上、下模要有正确的相对运动，这是一切冲压工艺的共同要求。

压力机的精度主要包括工作台面的平面度、滑块下平面的平面度、工作台面与滑块下平面的平行度、滑块行程同工作台面的垂直度及滑块中心孔同滑块行程的平行度等。

压力机精度的高低对冲压工序有很大的影响。精度高，则冲压件质量也高，冲模的使用寿命长。反之，压力机精度低，不仅冲压件质量低，且模具寿命短。例如若滑块行程与工作台的垂直度差，将导致上、下模的同轴度降低，冲模刃口易损伤。压力机的精度对冲裁加工的影响较之其他加工工序明显。图 8-138 所示为不同精度的压力机冲裁工件数与毛刺高度的关系。

压力机的刚度是指压力机在工作状态时抵抗弹性变形的能力。对开式压力机而言，有垂直刚度和角刚度两种指标。压力机在冲压力的作用下，机身会弹性伸长，工作台平面会弹性挠曲，尤其是角变形（这其中特别是 C 形机身更为突出），这些弹性变形破坏了压力机的精度，对冲压件质量有很大影响，如图 8-139 所示。

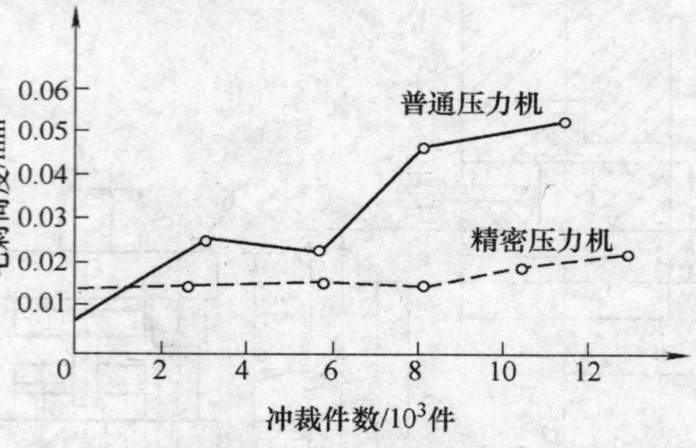

图 8-138　不同压力机冲件个数与毛刺高度的关系

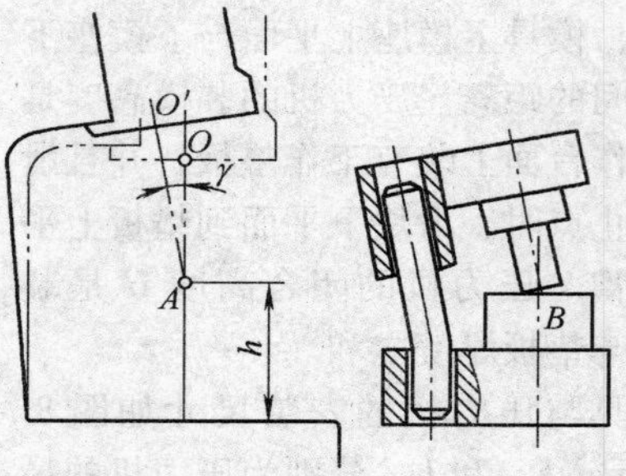

图 8-139　C 形机身负荷时的变形

对于冲裁工序，特别是精密冲裁和要求较高精度的普通薄板冲裁，要求凸凹模间的间隙小而均匀，且上、下模吻合时有准确的入模量。压力机若刚度不足，将使凸、凹模的间隙不均匀，制件精度差，甚至会造成废品，而且还会大大降低模具的使用寿命。

5. 压力机公称压力（吨位）和功率

设备吨位大小的选择，首先要以冲压工艺所需要的变形力为前提。要求设备的公称压力要大于所需的变形力，而且，还要有一定的力量储备，以防万一。例如，某道冲压工序的工艺变形力为 F_{max}，那么，选择的设备吨位一般为 $1.3F_{max}$。

从提高设备的工作刚度、冲压件的精度及延长设备的使用寿命出发，要求设备容量有较大剩余。最新的观点是使设备留有 40% ~30% 的余量，即只使用设备容量的 60% ~70%。还有的建议只使用设备容量的 50%，即取设备的吨位为工艺变形力的 2 倍。

压力机的承载能力受压力机本身各主要构件强度的限制，对曲轴压力机而言，其允许的最大作用是随曲轴转角位置的不同而变化的，公称压力 F_{max} 是指滑块离下止点前某一特定距 S_p（此距离称为公称压力行程）或曲轴转到离下止点某一特定角度 a_p（此角度称为公称压力角）时，滑块上所允许承受的最大作用力（转角从下止点算起，如图 8-140a 所示）。

对于一般的曲柄压力机，产生公称压力的行程仅为滑块行程的 5%～7%（对开式压力机公称压力行程为 3～15mm，闭式压力机为 13mm），而公称压力角，一般小型压力机为 30°，大中型压力机为 20°。

上述设备吨位的选择原则，对于冲裁、弯曲等工序的实现已经不存在什么问题了。但对于拉深等成形工序，可能有时还不保险。因为拉深与冲裁不同，最大变形力不是发生在冲床名义压力的位置，而是发生在拉深成形过程的中前期，这时，虽然最大变形力小于压力机的名义压力，但最大变形力发生的位置却远离压力机名义压力位置而不太保险。

图 8-140b 所示为粗略的许用压力曲线，冲压力应在压力曲线之下。表 8-40 给出了曲柄压力机曲轴在不同转角时，滑块的许用负荷[F]与公称压力 F_{max} 的比值。由此可知在 α_p 或 S_p 以外，压力要降低使用。

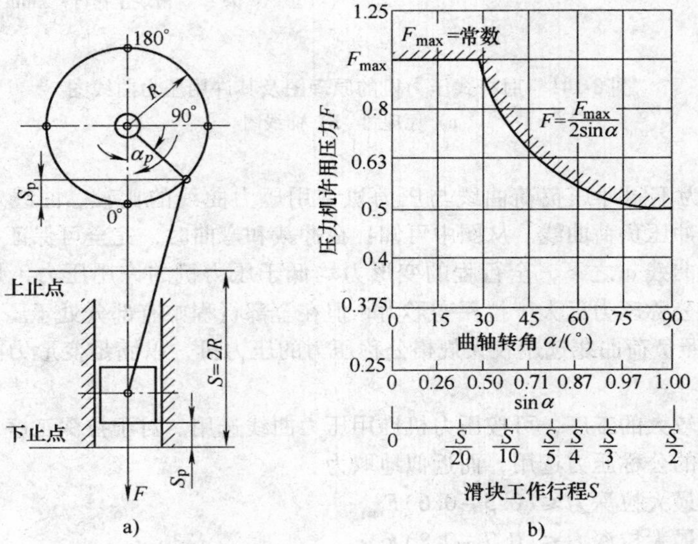

图 8-140　曲轴压力机的许用负荷

a）原理图　b）曲线图

表 8-40　压力机的[F]/F_{max}值

α/(°)	30	40	50	60	70	80	90
[F]/F_{max}	1	0.78	0.65	0.58	0.53	0.51	0.50

在选择压力机公称压力时，对于施力行程小于压力机的公称压力行程的冲压工序可直接按压力机的公称压力选择设备。一般为简便起见，采用工作行程小于 5% 压力机行程的工序即可。如一般的落料、冲孔、压印等工序。对于工作行程较大的工序，可按压力机许用压力曲线选用。目前国内外厂家对公称压力行程给定的标准不同。在使用中最好查阅产品说明书的滑块许用压力曲线图。

图 8-141 所示为肘杆式压力机（如精压机）的原理图及其许用压力曲线图。该压力曲线是依据下式作出的

$$F=\frac{M_{max}\sin(\delta+\gamma)\cos\eta}{\gamma\sin(\eta+\varepsilon)\sin(\alpha-\gamma)} \tag{8-14}$$

应用图 8-141b，根据滑块工作行程 S 就能查得压力机的许用压力。

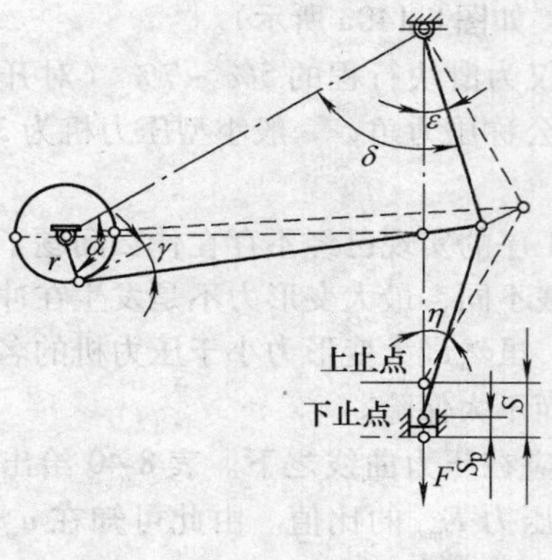

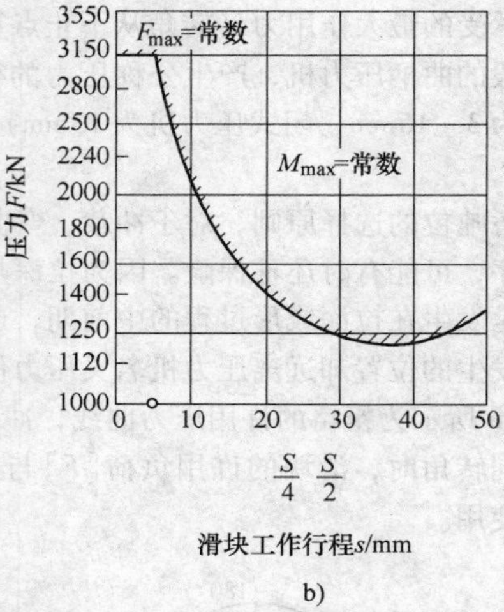

图 8-141　肘杆式压力机的原理图及其许用压力曲线图

a）原理图　b）曲线图

图 8-142 所示为不同冲压负荷曲线与压力机许用压力曲线的比较。曲线 1、2、3 分别为拉深、弯曲、冲裁的冲压负荷曲线。从图中可知：在冲裁和弯曲时，完全可保证冲压负荷曲线在该压力机的许用压力曲残 a 之下，全行程的变形力均低于压力机的许用压力，是合理的。在拉深时，虽然压力机的公称压力远大于拉深变形力，但在全部行程中有部分处于压力机许用压力曲线 a 之上，此时应按照负荷曲线选用较大规格公称压力的压力机，以满足变形力的要求，如图中曲线 b。

对于工作行程较大的工序，可按压力机许用压力曲线选用。对于拉深工序，由于工作行程较大，不能按压力机的公称压力选用，而近似地取为

在深拉深时，最大拉深力≤(0.5～0.6)F_{max}；

在浅拉深时，最大拉深力≤(0.7～0.8)F_{max}。

对于复合冲压工序如落料拉深复合冲压时，不能简单地将落料力与拉深力叠加选择压力机，需考虑落料力最大值所处的位置，如图 8-143 所示。虽然拉深力小于压力机的公称压力，但由于落料力已超过压力机的许用压力曲线，故需选用更大规格的压力机才能满足要求。

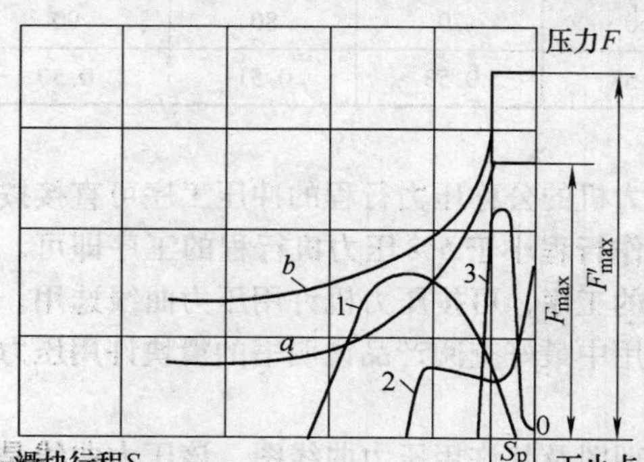

图 8-142　压力机许用负荷曲线与不同冲压负荷曲线的比较

1—拉深　2—弯曲　3—冲裁

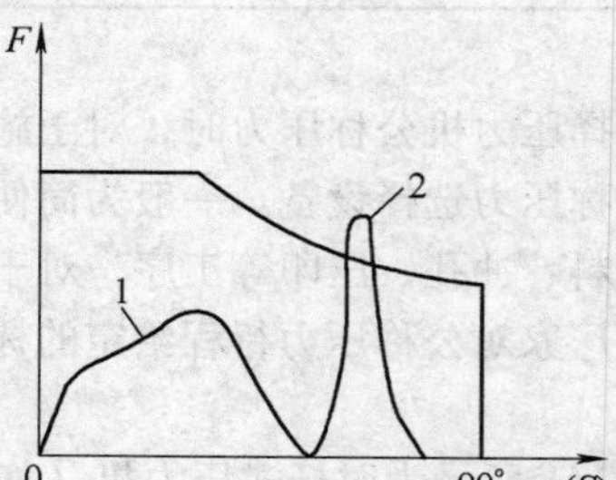

图 8-143　落料拉深复合工序的负荷曲线与压力机的许用压力曲线

1—拉深　2—落料

一般在保证了冲压工艺力的情况下，功率是足够的。但是在某些情况下，例如大型件的斜刃冲裁，深度很大的变薄拉深等，也会出现压力足够而功率不能满足要求的现象。此时必须对压力机的电动机功率进行校核，选择电动机功率大于冲压所需功率的压力机。

斜刃冲裁时的变形功

$$A_1 = xF \cdot \frac{t + H}{1000} \tag{8-15}$$

式中　A_1——斜刃冲裁的变形功（J）；

F——斜刃冲裁力（N）；

H——斜刃高度（mm）；

t——板料厚度（mm）；

x——系数，对于软钢可近似取为：

当 $h = t$ 时，$x \approx 0.5 \sim 0.6$；

当 $h = 2t$ 时，$x \approx 0.7 \sim 0.8$。

拉深时的变形功

$$A_1 = \frac{CFh}{1000} \tag{8-16}$$

式中　A_1——拉深变形功（J）；

F——最大拉深力（N）；

h——拉深深度（mm）；

C——系数，取 $C = 0.6 \sim 0.8$。

求得的变形功与压缩缓冲器及顶件装置等所需功之总和应小于压力机一个工作行程所能产生的功，即

$$A \geqslant A_1 + A_2 \tag{8-17}$$

式中　A_2——压缩缓冲器及顶件装置等所需的功（J）；

A——压力机一个工作行程所能输出的功（J）。

压力机的功率由飞轮的有效输出能量及电动机在工作行程时间内输出的能量组成，其中电动机输出的能量是比较少的，用来完成冲压加工所需的能量主要由飞轮储蓄的能量来供给，假设电动机所供给的能量在压力机工作行程中用来克服有害阻力，则飞轮的有效能量才是被用来完成冲压加工所需的能量，即压力机的有效功近似等于飞轮转速降低时放出的能量。飞轮的动能，可认为绝大多数在轮的边缘内，可按下式近似计算

$$E = \pi\omega^2 B\rho(R^4 - r^4)/4g \tag{8-18}$$

式中　E——飞轮的动能（在这里 $E \approx A$）（kN · mm）；

ω——飞轮角速度（r/s）；

B——飞轮边缘宽度（mm）；

ρ——飞轮材料密度（kN/mm^3）；对于铸铁 $\rho = 7.2 \times 10^{-8} kN/mm^3$；

g——重力加速度（mm/s^2）；

R——飞轮外半径（mm）；

r——飞轮边缘内半径（mm）。

当压力机在单行程工作时，飞轮速度降低不得超过20%，即输出动能为飞轮总能量的36%。

当压力机连续工作时，飞轮速度降低不得超过10%，输出动能为飞轮总能量的19%。

图 8-144 所示为假定飞轮边宽 $B = 100mm$，转速 $n = 100r/min$，近似计算压力机允许输出功能的一种简易方法。

图 8-144 中数乘以$\left[\frac{\text{飞轮边宽(mm)}}{100}\times\left(\frac{\text{每分钟转速}}{100}\text{r/min}\right)^2\right]$即为允许放出的能量—功。此值不应小于工序变形功、压缩弹压卸料板功、压缩弹顶器功等的总和$\sum A$。

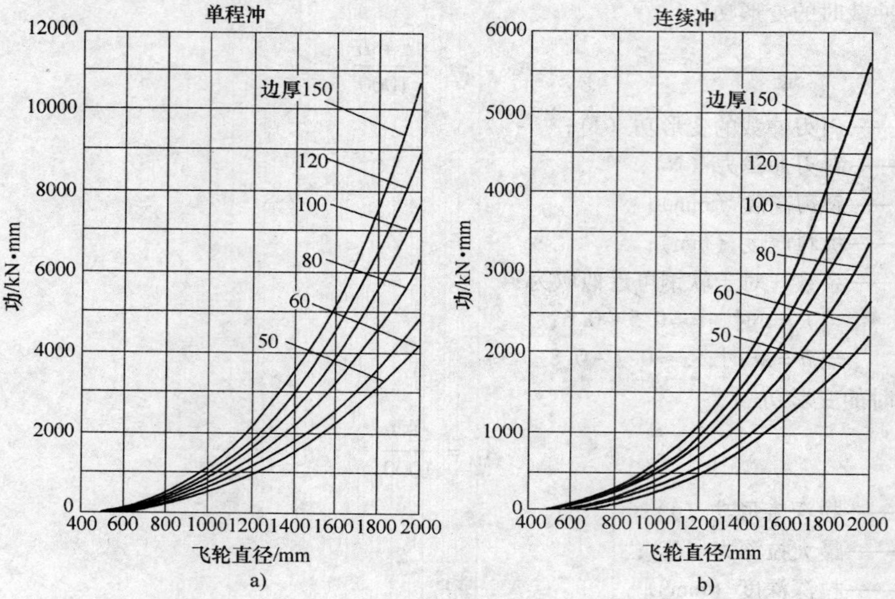

图 8-144　冲压时压力机飞轮所允许输出的功

（飞轮边宽 100mm，转速 100r/min）

举例：

例如选用行程为 100mm，公称压力 630kN 开式曲轴压力机去完成一冲件材料为 2mm 厚、08 钢的冲裁连拉深工序。压力机行程次数每分钟 80 次，飞轮外径 ϕ1160mm，轮宽 180mm，轮壁厚约 80mm。冲裁过程是在离下止点 35mm 处完成的，冲件厚 2mm，总冲裁力是 310kN，拉深过程是在离下止点 5.5mm 处完成的，总拉深力是 170kN。

按本例数据，从图 8-144 得出压力机在离下止点 35mm 时所能承受的压力约为 440kN。

总冲裁力计入安全系数 1.3 后为 403kN。此力小于离下止点 35mm 处压力机能承受的工作压力。

拉深是在冲裁后开始的，而拉深力小于冲裁力，故压力机肯定能安全承受拉深力，因为愈接近下止点压力机能承受的工作压力愈大。

因此，从力的配合关系看，所选用的压力机适合冲件工序对力的要求。

再按图 8-144 核定所选用的压力机的功是否适合完成此工序。

冲裁功按式（2-11）

$$A_{11} = \frac{xFt}{1000}$$

查表 2-10 得，软钢 $t=2$mm，$x=0.62$，$F=310$kN

$$A_{11} = 0.62\times\frac{310\times10^3\times2}{1000}\text{J} = 384.4\text{J}$$

拉深功按式（8-16）

$$A_{12} = \frac{CFh}{1000}$$

取 $C=0.7$，$F=170\text{kN}=170\times10^3\text{N}$，$h=(33-5.5)\text{mm}=27.5\text{mm}$

$$A_{12}=\frac{0.7\times170\times10^3\times27.5}{1000}\text{J}=3272.5\text{J}$$

完成冲件所需要的功应该是总冲裁功与总拉深功之和。

即 $\sum A=A_{11}+A_{12}=(384.4+3272.5)\text{J}=3656.9\text{J}$。

本例中的工序为单程冲，根据例中已知条件，飞轮外径 ϕ1160mm，轮壁厚约 80mm，从图 8-144 左图中查得的值大约为 1200kN · mm。按图表使用说明得出所选用压力机允许放出的功为

$$1200\times\frac{180}{100}\times\left(\frac{80}{100}\right)^2\text{J}=1380\text{J}$$

因为所选用压力机飞轮允许放出的功 1380J 小于完成冲件工序所需要的功 3656.9J，因此所选的压力机是不能完成例中冲件工序的，应另选功率较大的压力机。

四、冲模零部件的技术要求

模具零件的尺寸、精度、表明粗糙度和模架的技术要求等可按 JB/T 8070—2008《冲模模架零件技术条件》和 JB/T 8050—2008《冲模模架技术条件》中的规定执行。

五、冲模设计中的安全措施

1. 模具设计的安全要点

设计模具时应把保证人身安全的问题放在首位，它优先于对工序数量、制作费用等方面的考虑。一般应注意以下几点：

1）尽量避免操作者的手或身体的其他部位伸入模具的危险区。

2）手必须进入模内操作的模具，在其结构设计时应尽量考虑操作方便；尽可能缩小危险区；尽可能缩短操作者手在模内操作的时间。

3）设计时就应明确指示该模具的危险部位，并设计好防护措施。

4）保证模具的零件及附件有必要的强度和刚度，防止在使用时断裂和变形。

5）不应要求操作者做过多、过难的动作，不应要求操作者的脚步有过大的移动，以免身体失去平衡而出现失误。

6）应尽量避免因出件、清除废料而影响送料操作。

7）从上模打落的工件或废料最好采用接料器接出。

8）避免模具上的凸出处、尖棱处伤人或妨碍操作。

9）20kg 以上的零件及模具应有起重措施，起重及运输还应注意安全。

2. 选择模具结构时的注意事项

1）尽量采用机械化、自动化送、出料。

2）运动部件上可能伤人之处应设防护罩，如压料板的下部、气缸活塞、钩爪等处。

3）在模具上送进和取出工件的部位要制出空手槽。

4）模具中的压边圈、卸料板、斜楔滑板等弹性运动件要有终极位置限制器，防止弹出伤人。

5）防止上模顶出板、导正销等零件因振动而出现松动和脱落。

6）应使操作者清晰地观察到下模的表面状况，便于送料和定料。

7）危险部位应采用醒目的警戒色涂料，以便引起操作者的注意。

六、模具总图绘制及零件图测绘

绘制模具总图时，一般先绘制冲模下模和上模的俯视图，通过俯视图藉以反映冲模零件的平

面布置、送料和定位方式及凹模位置。然后再以剖视的形式画出模具闭合时的工作位置主视图。主视图可以反映模具各零件的结构和它们之间的装配关系。在必要时，还应画出侧视图或局部剖视图。如果工件是形状简单的轴对称件，也可先画主视图，再画俯视图，必要的尺寸必须注明，如闭合高度、轮廓尺寸、压力中心以及靠装配保证的有关尺寸和精度。在总图的右上角要画出排样图和工作图，右下角则画出标题栏并列出模具零件明细表。最后在总图的空白处注明技术条件。

模具主、俯视图的具体画法是："先画里面，再画外面；先画中部，再画四周。"即通常先用双点划线画出毛坯和工件的轮廓，再画凸、凹模工作部分轮廓，进一步再画定位、挡料、导料零件，然后再画凸、凹模的固定部分及卸料、顶件零件，最后画出导向零件、模板的轮廓尺寸和模柄的结构。

最后按设计的模具总图拆绘模具零件图，要将零件结构表达清楚，应有必要的投影图、剖面图和剖视图。要标注出零件的详细尺寸、制造公差、形位公差、表面粗糙度、材料热处理、技术要求等。还要将工作零件刃口尺寸及公差计算好，标在零件图上。

第九章　硬质合金模具及简易模具

第一节　硬质合金模具

硬质合金模具是用硬质合金或钢结硬质合金材料作为模具主要工作部件制作的模具，这种模具的主要特点是模具寿命长，比工具钢模具寿命高 30 ~ 50 倍，适用于大批大量生产，对冲件精度、表面粗糙度都有改善，但硬质合金模具成本要比一般模具要高 2 ~ 4 倍，而且加工困难。

一、材质的选择

目前硬质合金模具采用的材质有硬质合金和钢结硬质合金。硬质合金中又视其成分不同分钨钴类、钨钛类、钨钛钽钴类、钨化钛基硬质合金、超细晶钨钴类、涂层硬质合金、钢结硬质合金及其他硬质合金多种。我国生产用于模具制造最常用的为钨钴类和钢结硬质合金两大类。

（一）硬质合金

硬质合金是以难熔金属碳化物为基体及硬质相，以铁族金属为粘结相，用粉末冶金方法生产的多相复合材料。难熔金属碳化物基体如碳化钨、碳化钛、碳化钽、碳化铌、碳化钒等，其碳化钨的熔点为 2720℃、碳化钛的熔点为 3150℃，铁族金属主要是钴。在模具用钨钴类硬质合金中钴的含量变化对其性能的影响趋势如图 9-1 所示。

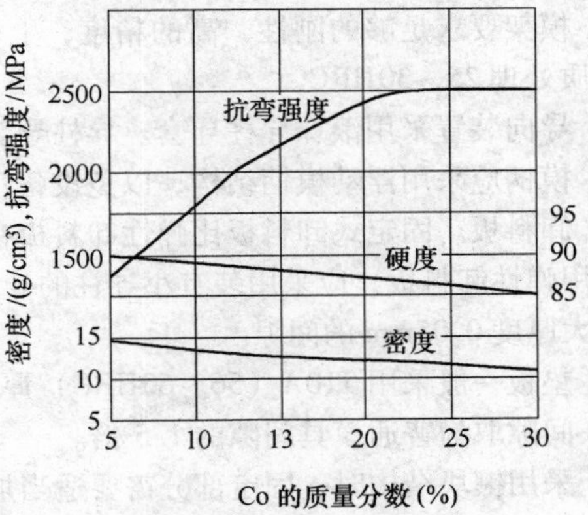

图 9-1　硬质合金含钴量对性能的影响

硬质合金是一种高生产率的工程材料，它具有以下特点：

1）硬度高，耐磨性高，耐疲劳性好，使用寿命长。在常温下，硬质合金的硬度为 86 ~ 93HRA。而且在高温条件下，如在 500℃时其硬度基本不变。既使在 600 ~ 1000℃时也超过高速钢和碳钢的常温硬度。硬质合金的耐磨性比高速钢高出 15 ~ 20 倍。用硬质合金制造的冷冲模一次刃磨寿命可达 100 万次。耐磨性高对产品的精度稳定有好处。

2）抗压强度高。硬质合金的抗压强度以钨钴合金为高，钴的质量分数为 15% 的钨钴合金抗压强度约为 3529MPa，适用于冷挤模的工作条件。

3）热导率低及线胀系数小，钨钛钴合金的热导率为 16.75 ~ 62.8W/mK，随碳化钛含量的增加而降低，比高速钢低。

4）耐蚀性好，耐氧化、耐酸、耐碱。

5）不需要热处理，不存在尺寸、硬度、时效等变化问题。

6）因为用粉末冶金制造，材料具有各向同性，不存在纤维方向影响。

硬质合金具有以下缺点：

1）脆性大。硬质合金的抗弯强度为 735 ~ 2450MPa。含钴量高的抗弯强度高；但碳化钛含量增加则抗弯强度剧降。此外，当硬质合金表面产生网状裂纹时抗弯强度也会下降。硬质合金的冲击韧度低，在常温时不及淬火钢的一半，为退火钢的1/10。硬质合金的冲击韧度随合金的含钴增加及碳化钨晶粒增大而提高。

2）硬质合金加工困难。由于它硬而脆，加工时要采用电加工工艺，对于磨削尤其要用金刚石砂轮等刃磨，严格控制进给量，车前要用高硬度硬质合金车刀或单点金刚石车刀车削。

3）价格昂贵。在使用硬质合金制模具时要充分考虑到它是一种高效、高生产率大批量生产的工模具材料，只有在大批量生产时才能充分发挥其优点。

（二）钢结硬质合金

钢结硬质合金是介于硬质合金和工具钢之间的一种新型模具材料。它的硬质相也是难熔金属碳化物（如碳化钨、碳化钛），但粘结相是钢基体。

钢结硬质合金的特点是：

1）合金经过退火后可以机械加工，易于制造形状较复杂的模具。

2）以GW50合金为例，含有50%质量比的硬质碳化钨，经最终热处理后能获得较高的硬度（68~71HRC）和良好的耐磨性。

3）具有一定的可锻性和冷塑性变形能力。

4）具有一定的焊接性能。

5）生产工艺简单，原材料立足于本国，资源丰富，价格比硬质合金便宜，但比合金钢昂贵，在作模具时常采用镶拼结构。

我国钢结硬质合金主要有GT35、GT50、GJW50等。

二、硬质合金模具设计注意事项

1. 硬质合金模具模架设计

1）模架要求足够的刚性，高的精度，上下模板厚度比钢模的厚度大5~10mm，材料用45钢，调质处理25~30HRC。

2）导向装置采用滚珠导柱导套。导柱导套及滚珠装配时保证过盈量0.015~0.02mm。

3）模柄应采用浮动模柄结构，以免设备精度对模具有影响。

4）卸料板。固定式卸料板比弹性卸料板精度高，可避免卸料板对凸模的冲击作用。冲薄料必须采用弹性卸料板，应采用装有小导柱的导向机构，模具闭合时，卸料板与凸模之间应有超过材料最大厚度0.05mm的间隙。

5）垫板一般采用T10A（56~60HRC）厚度不小于一般钢制垫板的1.2~1.25倍。

6）间隙取为普通模具间隙的1.5倍。

7）采用镶块结构时，固定部分需要适当加厚，以保证组合结构的稳定可靠。

2. 硬质合金模具凸模、凹模的固定方式

无论是硬质合金或钢结硬质合金，由于价格昂贵，因此在使用时都尽量把好材料用在刀刃上。在将硬质合金固定到钢件上常采用的方式有镶套、镶拼、螺钉、销连接，对焊、电焊、真空扩散焊、电子束焊及有机或无机粘结和镶铸等多种方式。其固定方式不外乎机械固定，热套固定和浇注固定，如图9-2所示。图9-2a是采用机械固定的典型结构，用冷压法紧固凸模、凹模，这种方法不易产生内应力，但配合的加工精度要求较高。冷压时的过盈取$\Delta\phi=(0.002\sim0.0025)d$为宜。固定锥度1:50。在图9-2b中所示的热套固定时加热硬质合金后易产生热应力，过盈量按直径的0.6%~1%计算。加温度500~600℃。凹模座一般用T10A制作。图9-2c所示为浇注固定方式，这种方式是用铋锡合金（熔点70~138℃）或用球氧树脂浇注固定，可避免机械损伤，保证凸、凹模同轴度要求。它一般用于冲薄板及冲多孔的模具。

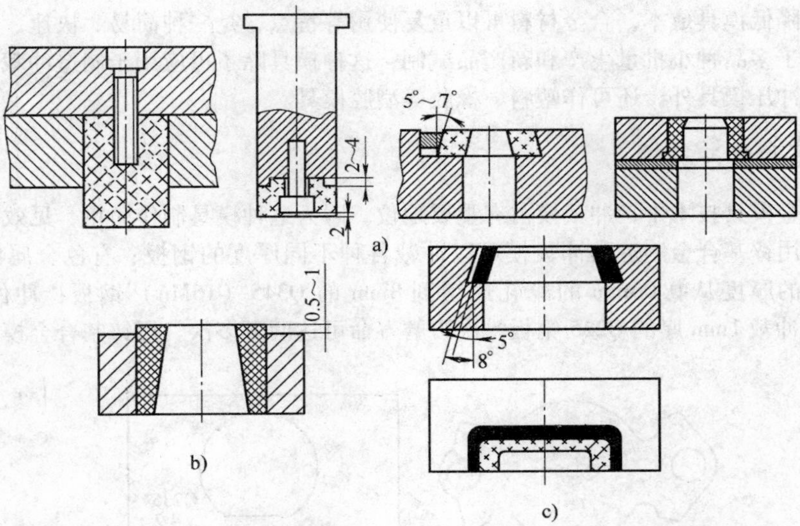

图 9-2　硬质合金固定的典型结构
a）机械固定　b）热套固定　c）浇注固定

三、硬质合金模具应用及发展

用硬质合金材料可制作冲裁模、拉深模、冷挤压模、冷镦模的凸模或凹模。应用时要考虑导向精度高，刚性好，间隙合适，设备完好。由于硬质合金加工困难，可采用金刚石磨削，电火花磨削、电化学及超声波加工。YG15 硬质合金模具寿命在 1000 万次以上。国外硬质合金冲模总寿命可达 3 亿次。

作为硬质合金模具的材料，其发展方向为：

1）添加碳化钽 TaC，使能承受更高的工作应力。如德国克虏伯公司对牌号 GT20、GT30 及 GT40 钨钴类硬质合金均加入了质量分数为 3% 的 TaC。

2）采用粗晶粒硬质合金。如前苏联的 BK8B 及美国的 K90A，前者用于拉丝模，后者用于重镦模。前苏联研制了特粗晶粒（6 ~ 25μm），如 BK10KC，BK20KC 等，适用于受强烈冲击负荷的模具。如 BK20KC 在镦制螺钉时的模具寿命可比 BK20 高出 8 ~ 10 倍。

3）采用超细晶粒（平均 < 1μm），提高耐磨性。超细晶粒的硬质合金硬度比相同含钴量的 WC-CO 合金一般高出 1.5 ~ 2HRA。抗弯强度要高出 590 ~ 785MPa，高温硬度也高，且抗压强度高，适用于玻璃成形模、热后模，也推荐用于冲裁模，发展前途广阔。

4）研制高强度、高耐磨性新材料。国外已研制成功抗压强度达 6375 ~ 7850MPa 的耐磨硬质合金。

第二节　锌基合金模具

为适应多品种小批量生产和新产品试制，有了各种简易结构的模具，这些模具具有结构简单，制模周期短，成本低，加工方便等特点。属于这类模具的有锌基合金模、聚氨酯弹性体模、薄板冲模、钢皮冲模、组合冲模及低熔点合金模等。

锌基合金模具是指用以锌为基体的锌、铝、铜三种元素加入微量镁组成的合金为制模材料，采取熔化浇注的方式制造全部或部分零件的模具。这种模具具有设计制造简单，制模周期短，节约模具钢材，降低模具成本，合金材料可以重复使用等特点，是一种简易、快速、高效、经济的模具。它适用于多品种小批量生产和新产品试制，这种模具除了可应用于制造冲裁、弯曲、拉深以及成形等冷冲压模具外，还可作塑料、橡胶等型腔模具。

一、锌基合金冲裁模

在锌基合金模具技术中，冲裁模占有重要地位。因为这种模具制作简单，见效快，易为广大应用者掌握。用锌基合金制造的冲裁模可以冲裁各种不同厚度的钢板、有色金属以及非金属板料。被冲板料的厚度从 0.06mm 的冷轧速钢到 8mm 的 Q345（16Mn）钢板；冲件周边可以从 10mm 到 7m。冲裁 1mm 厚的 Q235 钢板一次刃磨寿命可达两万多次。用锌基合金模具冲裁的部分冲件如图 9-3。

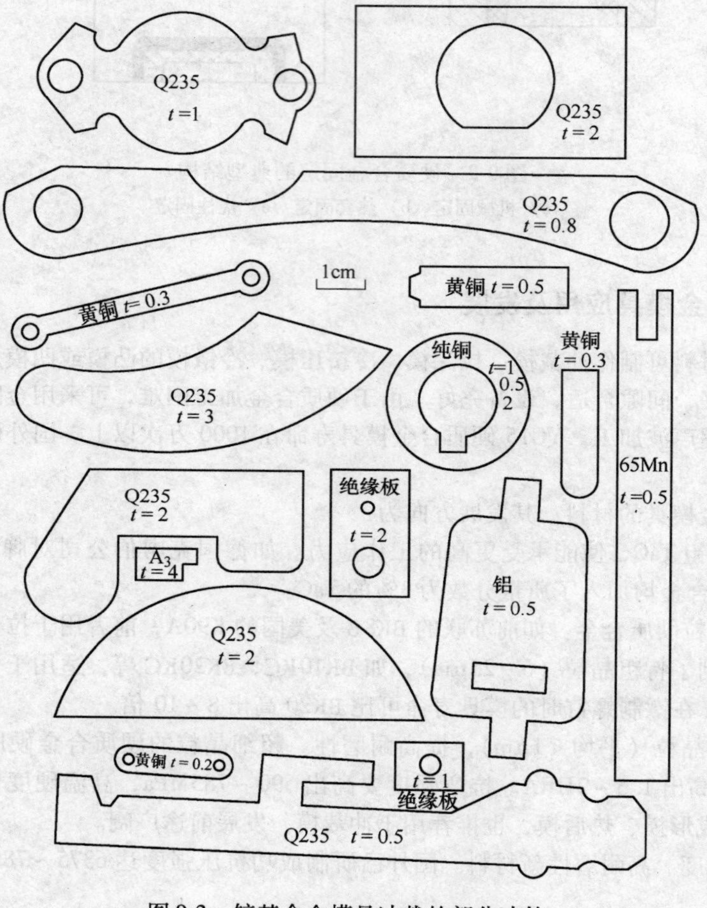

图 9-3　锌基合金模具冲裁的部分冲件

（一）锌基合金冲裁模的冲裁机理

锌基合金与淬火的工具钢相比是一种软质材料，用它制造模具刃口来冲切比它本身硬度、强度还高的材料，其冲裁机理与常规钢模不同。钢模冲压时必须使凸、凹模始终保持锋利的刃口和均匀的合理间隙，这种冲裁机理为“双向裂纹扩展分离”。锌基合金冲裁模由于凸模与凹模之间有较大的硬度差，锌基合金刃口不能始终保持锋利，冲裁时冲压件坯料只在钢刃口一面产生裂纹，然后裂纹扩展实现冲件和坯料相互分离，这种冲裁机理为“单向裂纹扩展分离”。其冲压分离过程如图 9-4 所示。

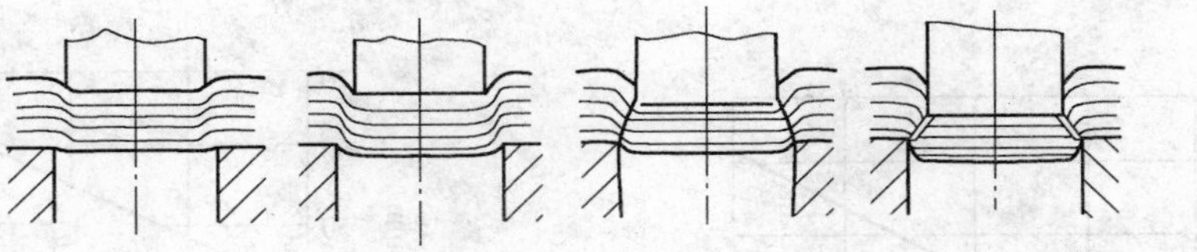

a)　b)　c)　d)

图 9-4　单向裂纹扩展分离冲裁过程

a）弹性变形阶段　b）塑性变形阶段　c）单向产生裂纹　d）单向裂纹扩展分离

（二）锌基合金冲裁模的设计

由于锌基合金冲裁模的冲裁机理与钢模不同，因此模具的设计方法、设计参数和结构形式与钢模也就不同。

（1）模具设计原则　为了提高冲件精度，使毛刺留在废料上，对于落料工序，凹模用锌基合金材料制造，凸模用工具钢制造；对于冲孔工序，凸模用锌基合金材料制造，凹模则用工具钢制造。一般用钢制凸模较多，由于制作方法的原因用锌基合金制凸模比较少，只在复合模中使用。

（2）凸模、凹模刃口尺寸的计算

1）落料工序。设冲件尺寸为 $D_{-\Delta}^{\ 0}$

$$D_{凸} = (D - K_0^{\Delta} - 2c)_{-\delta_{凸}}^{\ 0}$$

式中　$D_{凸}$——凸模（刃口）尺寸（mm）；

D——冲件的基本尺寸（mm）；

Δ——冲件的公差（mm）；

c——单面间隙（mm）；

$\delta_{凸}$——凸模制造公差（mm），按 IT6 级精度；

K——系数，与冲件的形状和精度有关，IT12 ~ IT13 级以上精度 $K = \frac{3}{4}$；

IT14 级以下精度 $K = \frac{1}{2}$。

对于精度 IT14 在以下的冲件，式中单面间隙"c"项可不考虑。

2）冲孔工序。设冲件孔径为 d_0^{Δ}。

$$d_{凹} = (d + K_0^{\Delta} + 2c)_0^{\delta_{凹}}$$

式中　$d_{凹}$——凹模尺寸（mm）；

d——冲件的基本尺寸（mm）；

Δ——冲件的公差（mm）；

$\delta_{凹}$——凸模制造公差（mm）；按 IT7 级精度；

K——系数，一般取 $K = 1/2 \sim 3/4$。

3）凹模洞口竖壁高度及凹模厚度的选择。锌基合金凹模洞口竖壁高度 h_1，凹模厚度 h 及壁厚 a、b 数值的确定按表 9-1，图 9-5 和图 9-6 选择。

表 9-1　凹模洞口竖壁高度及凹模厚度　（单位：mm）

材料厚度 t	≤1	≤2	≤3	≤4
h_1	5 ~ 8	>8 ~ 12	>12 ~ 15	>15 ~ 20
h	>30			

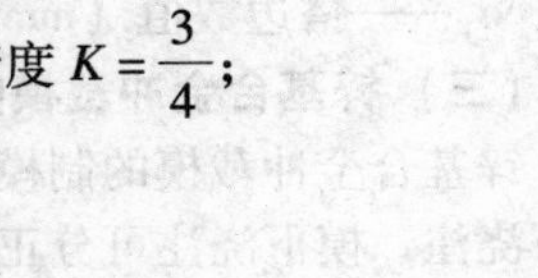

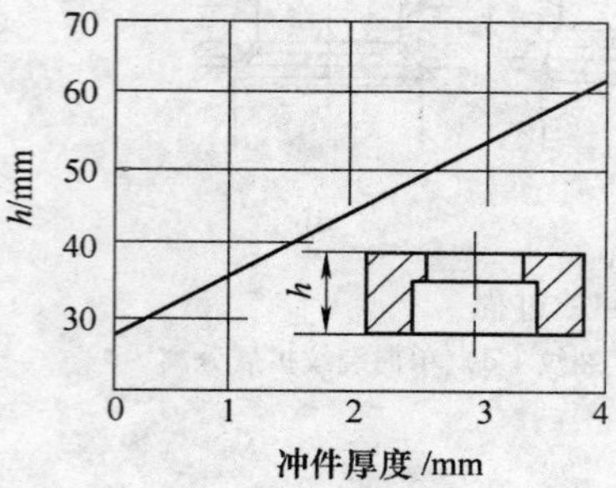

图 9-5　凹模厚度

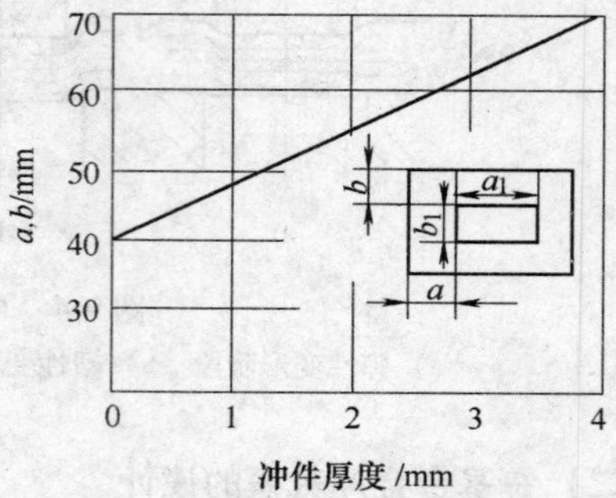

图 9-6　凹模壁厚

4）冲裁力的计算。锌基合金冲裁模实际冲裁力比钢模稍大，冲压力按下式计算：

$$F_{冲} = (1.5 \sim 2) Lt\tau$$

式中　$F_{冲}$——实际冲裁力（N）；

L——冲件轮廓周边长度（mm）；

t——冲件厚度（mm）；

τ——材料的抗剪强度（MPa）。

5）最小搭边值的确定。锌基合金冲裁模冲裁时搭边值大于钢模冲裁的搭边值，其值按下式确定：（参看图 9-7）

$$a = a_1 = (2 \sim 3) t$$

式中　t——材料厚度（mm）；

a、a_1——搭边数值（mm）。

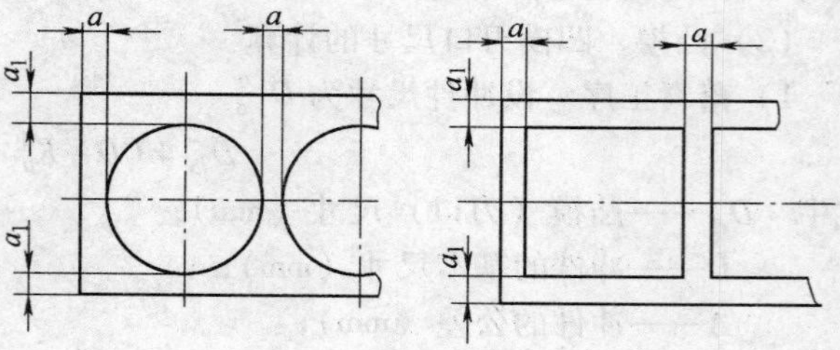

图 9-7　搭边位置

（三）锌基合金冲裁模的制模工艺

锌基合金冲裁模的制模方法可以分为浇注法、挤切法和镶拼法三种。浇注法又分模上浇注和模下浇注，模下浇注可分正浇和反浇两种。各种制模方法如表 9-2 所列。

表 9-2　锌基合金冲裁模的制模方法

浇　注　法			挤　切　法	镶　拼　法
模上浇注法	模下浇注法			
	正向浇注	反向浇注		
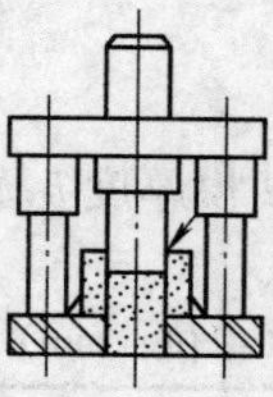	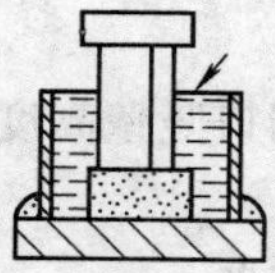	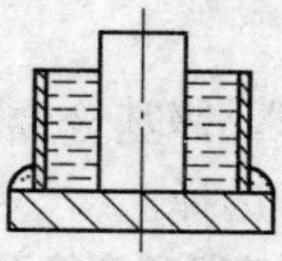	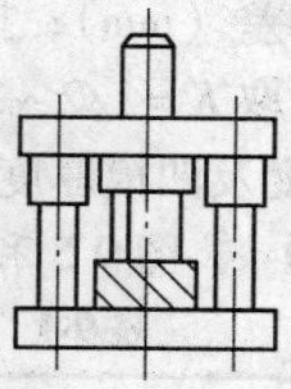	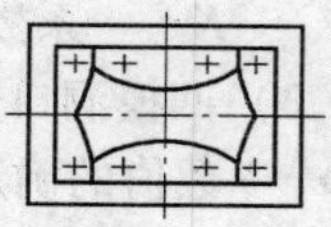

根据模架形式也可将锌基合金冲裁模分成敞开式（图 9-8）和导柱式（图 9-9）两种。

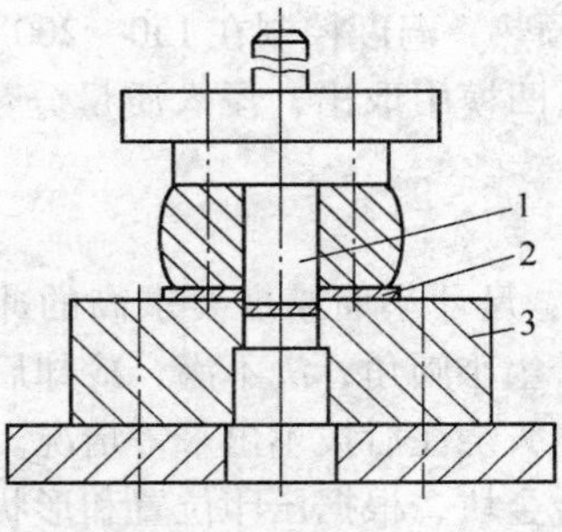

图 9-8　敞开式锌基合金模

1—钢凸模　2—坯料　3—锌基合金凹模

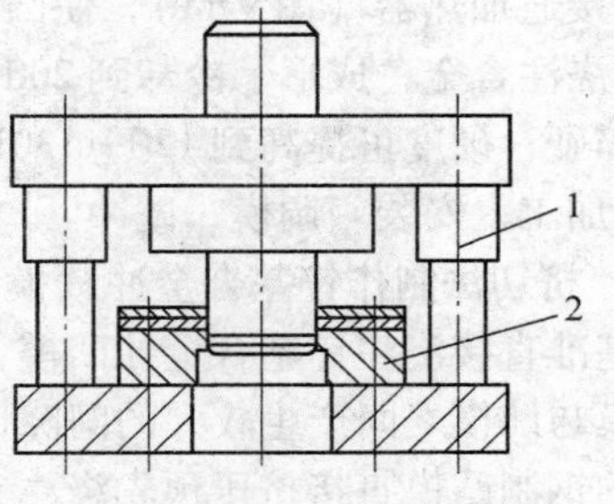

图 9-9　导柱式锌基合金模

1—导柱导套　2—锌基合金凹模

（1）模上浇注锌基合金凹模制模工艺　此法用于轮廓形状简单，尺寸不大的各种料厚冲件。如图 9-10 所示，其工艺过程为；

1）将加工完成、符合产品图样要求的钢凸模通过凸模固定板安装到上模座上并找平。

2）在下模座上安放围框，围框外围四周填上细砂堵漏。

3）在围框中心放上漏料孔模芯及预热好的凸模（150 ~ 200℃），注意与凸模对准并调整好凸模高度。

4）将已熔化的锌基合金（420 ~ 450℃）浇入围框内，直到所需要的高度，待合金冷却凝固（大约 200℃）时拔出凸模。

5）取出漏料孔模芯，加工锌基合金凹模上表面，加工螺孔、销孔，将凹模再装到下模座上。

6）用凸模刃口挤切锌基合金凹模刃口处因收缩而减小的尺寸，从而形成无间隙状态的冲裁模具。试冲时先从薄料逐步加厚，以自动形成合理间隙。

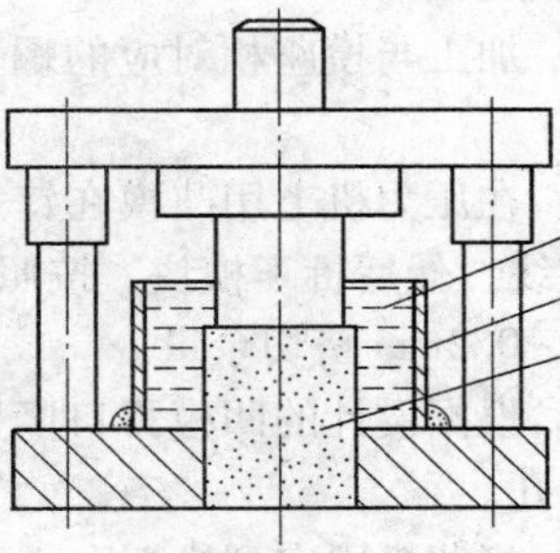

图 9-10　模上浇注

1—锌基合金　2—围框

3—漏料孔模芯

（2）模下浇注锌基合金冲凹模制模工艺　在模下浇注成形之后再加工、安装调试的方法应用较广，制模过程如图 9-11、图 9-12 所示。图 9-11 是反向浇注法，图 9-12 是正向浇注法。前者的优点是刃口质量较好，而后者在浇注之后锌基合金浮渣集中到刃口表面，为此需切削加工较多的合金才能得到满意的刃口质量。

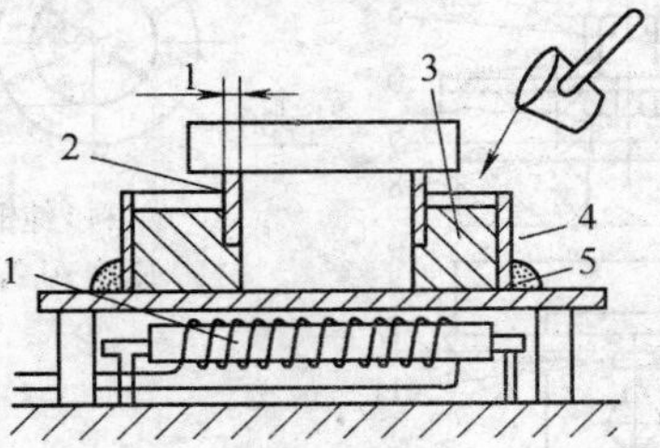

图 9-11　模下反向浇注

1—加热器　2—铝板　3—锌基合金

4—围框　5—砂

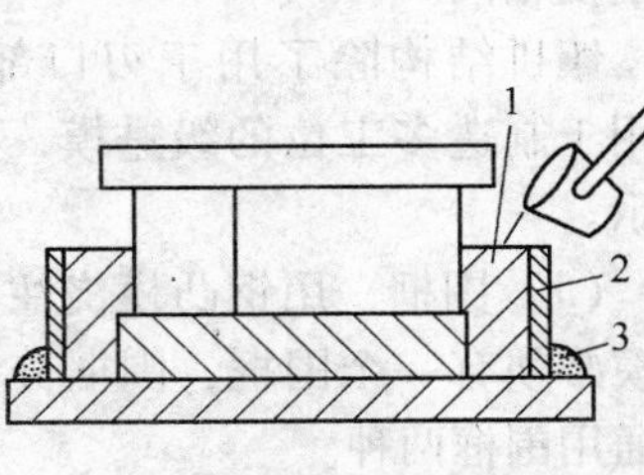

图 9-12　模下正向浇注

1—锌基合金　2—围框　3—砂

工艺过程如下：

1）将钢凸模尾部用 1mm 厚的铝板围绕一周后放到事先找平的预热平台上。

2）根据凹模外形尺寸要求安放好围框，并在四周填砂堵漏。

3）接通加热器（图 9-11），使凸模、围框及平台一起预热，温度控制在 150～200℃。

4）浇注合金，成形、冷却到 200～250℃时，将凸模从凹模中取出，浸入质量分数为 5% 食盐水中淬硬，硬度可提高到 120～130HBW。

5）加工、安装、调模、试冲。

（3）挤切法制作锌基合金冲裁模　对于几何形状复杂、尺寸小而精度要求高的冲件，若以钢模为基准直接浇注锌基合金冲凹模，往往会出现尖角处产生小圆角，浇不满，冷却后收缩不均匀，凸模与凹模之间产生较大的间隙，以至于发生对多孔冲头浇注后拔不出来等情况。为此，使用淬硬的钢制凸模直接挤压预先浇注、加工好平面的锌基合金块，根据压印位置和形状粗加工出比压印痕形状尺寸小 0.01～0.20mm 的相似形，然后用钢凸模挤切掉上述余量，形成刃口。用这种工艺制造的多孔冲模冲裁的冲件如图 9-13 所示。

挤切法制模工艺过程是：

1）根据设计的凹模尺寸大小浇注锌基合金模块，冷却后加工上下表面。

2）加工与模座相对应的螺钉孔，并将此模块安装到模座上。

3）在压力机上用凸模在锌基合金模块上表面压出凹模形腔轮廓线，然后拆下模块，按照压痕线粗加工出孔形，注意留出 0.1～0.2mm 挤切余量。

4）根据设计的凹模刃口竖壁高度，用切削加工方式加工出漏料孔。

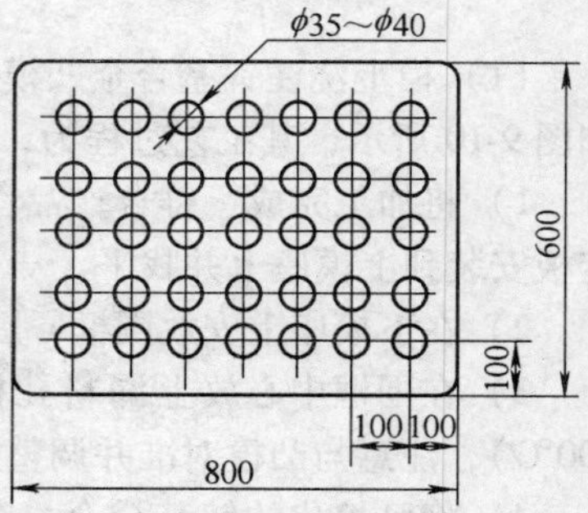

图 9-13　挤切法制模的冲件图

5）将凹模固定到模架上，合模后在压机上用凸模直接挤切锌基合金凹模，直到刃口竖壁高度全部挤切完成、获得光亮的刃口竖壁为止，此后即可试冲使用。

挤切法制造锌基合金冲裁凹模精度较高，它可以挤切出较小圆角或尖角，但挤切法的加工工作量比浇注法大。此法能有效地保证间隙值。提高模具寿命。

（4）镶拼法制造锌基合金冲裁模　镶拼法就是将组成锌基合金模具的工作零件分块加工，然后装拼为整体的一种方法。主要应用于大型冲压件、汽车覆盖零件的落料、修边等。对于大型冲压件采用镶拼结构有利于消除合金浇注时的收缩变形，其模具拼块划分原则与钢模相同。

镶拼结构除了用于刃口部分而外，还用于制造多工位的级进模，如图 9-14 所示。

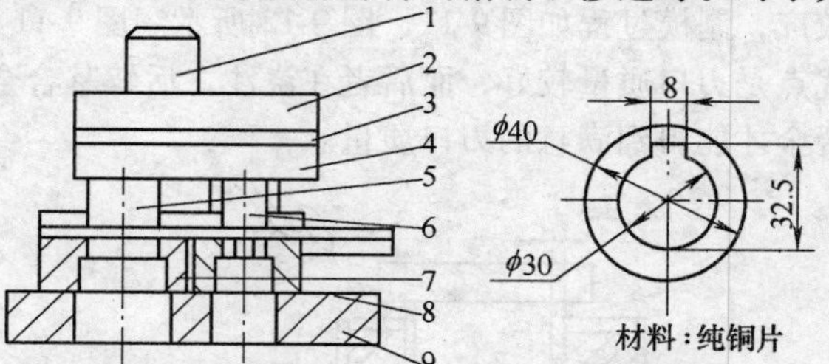

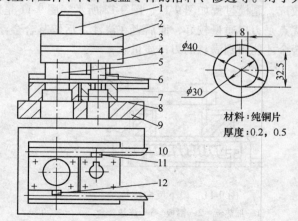

图 9-14　锌基合金镶拼级进模

1—模板　2—上模板　3—垫板　4—固定板　5—落料凸模　6—冲孔凸模　7—锌基合金落料凹模　8—锌基合金冲孔凹模　9—下模座　10—导向板　11、12—侧刃

（5）围框　用钢凸模浇注锌基合金凹模必须有一个围框，围框分专用围框和通用围框两种。

1）专用围框用 2～3mm 厚的钢板照凹模所需要的形状和尺寸焊接而成。图 9-15 所示为背负式喷雾器大底落料模专用围框浇注的锌基合金凹模示意图。

2）通用围框的结构形式如图 9-16 所示。它采用厚度为 8～10mm 的钢板按图 9-17 所示的形状加工成可以组装成不同大小的围框板，用图 9-18 的弓形夹及螺钉坚固连接而成。这种结构的特点是浇注时可以根据凹模的尺寸任意调节围框尺寸，调节时考虑合金壁厚距离 a、b 大于 40mm，如图 9-16 所示。

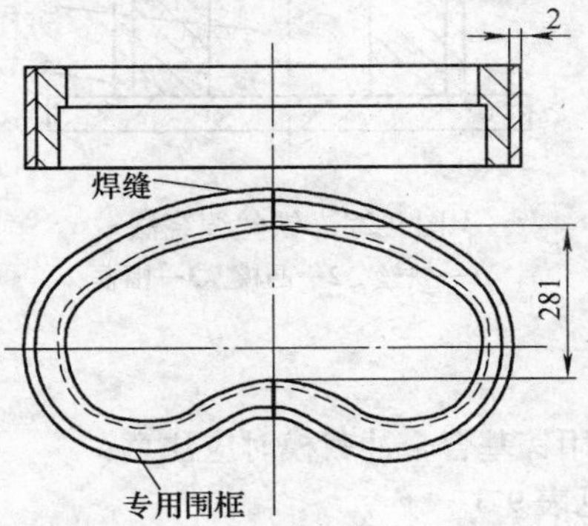

图 9-15　专用围框示意图

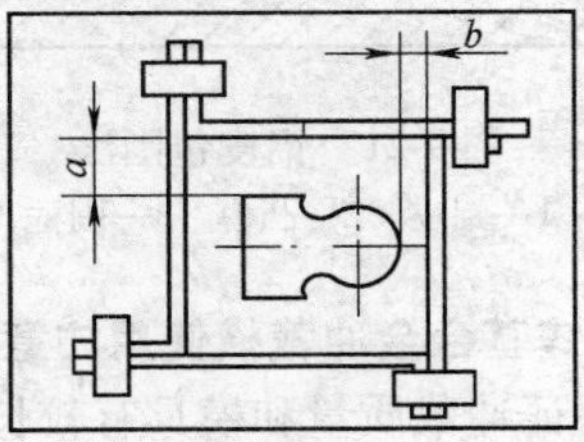

图 9-16　通用围框

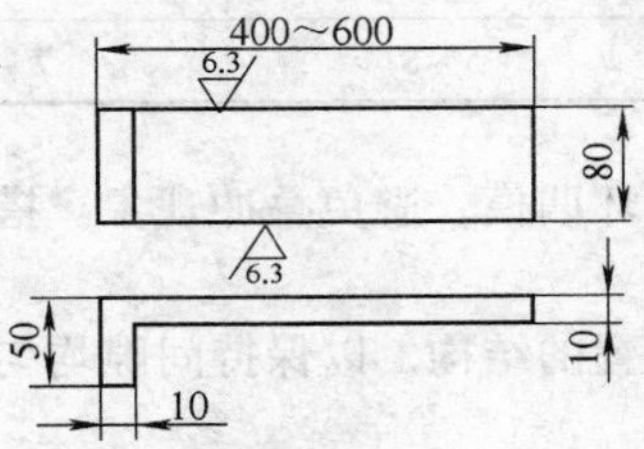

图 9-17　围框板

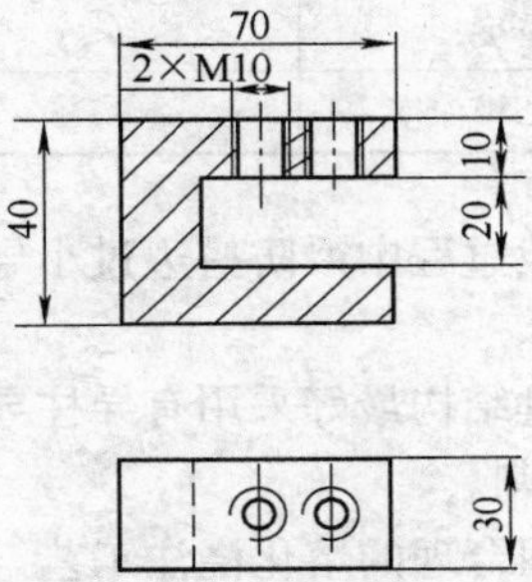

图 9-18　弓形夹

通用围框亦可用槽钢围制而成。

（6）凹模压板凸台的浇注成形　为了使锌基合金模具凹模或凸模进一步简化，在浇注成形时可以直接在围框内加放垫铁，浇注后直接安装使用。浇注方法及浇注后的锌基合金模块如图 9-19 所示。

（7）漏料孔模芯　凹模漏料孔模芯不仅是为了便于漏料，还可以在浇注时用来控制凹模刃口坚壁高度。浇注锌基合金冲裁凹模的漏料孔模芯结构常用形式如图 9-20 所示。此外，为了更进一步简化漏料孔模芯的制作工艺，还可以用 1～1.5mm 铝皮或铁丝根据凹模需要的尺寸剪成长条，沿凸模包缠。浇注后形成沿凸模形状均匀分布的漏料孔形。图 9-21、图 9-22 为用铝皮和铁丝缠绕漏料孔制作示意图。

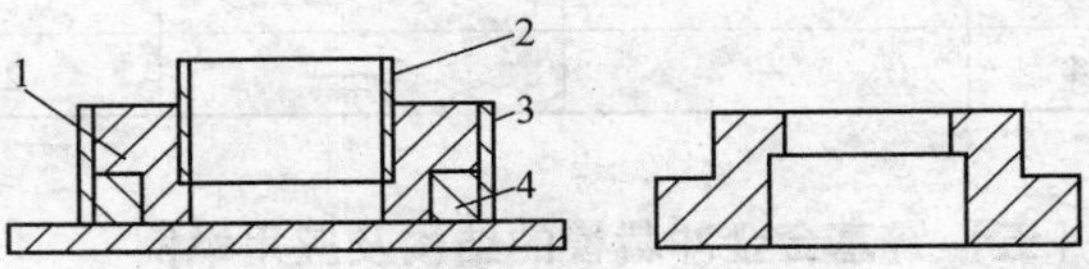

a)　　b)

图 9-19　凹模压板凸台的浇注

a）浇注方法　b）锌基合金模块

1—凹模　2—铝皮　3—围框　4—垫铁

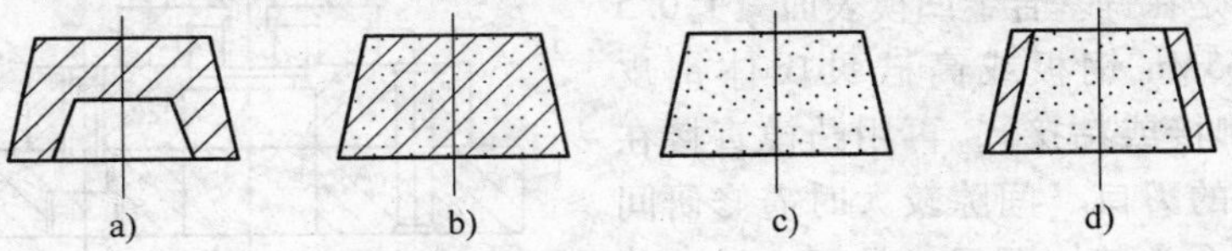

a)　　b)　　c)　　d)

图 9-20　漏料孔模芯的结构形式

a）金属模芯　b）砖制模芯　c）砂芯　d）框架模芯

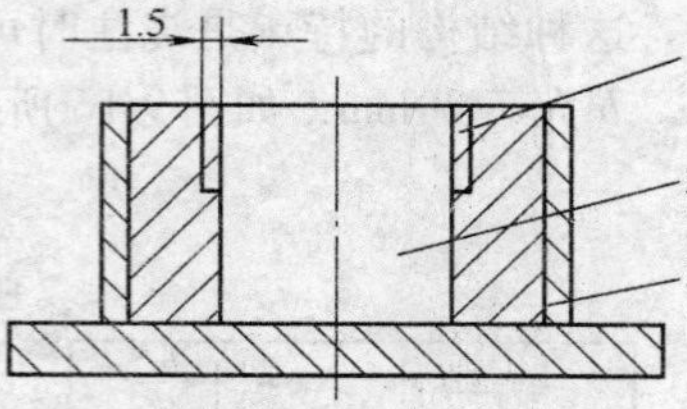

图 9-21　铝皮包围法

1—铝皮　2—凸模　3—围框

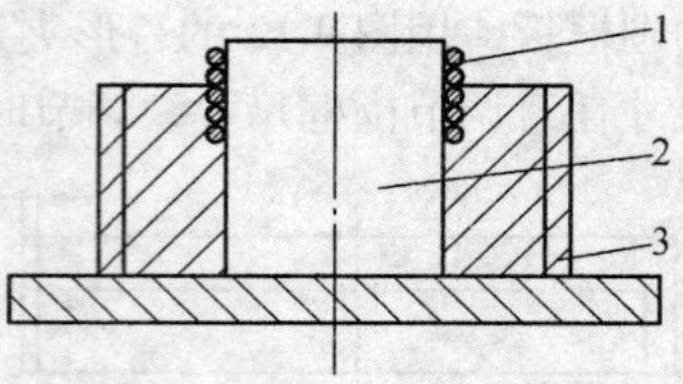

图 9-22　铁丝缠绕法

1—铁丝　2—凸模　3—围框

（四）锌基合金冲裁模使用注意事项

为了保证冲裁质量和模具有较长的使用寿命，在使用锌基合金冲裁模时应注意：

1）保证凸模进入凹模有足够的深度，其数值可参见表 9-3。

表 9-3　凸模进入凹模推荐值　（单位：mm）

板料厚度	$t \leqslant 1$	$t \leqslant 2$	$t \leqslant 3$	$t \leqslant 4$
凸模进入凹模深度	3 ~ 5	4 ~ 6	5 ~ 8	7 ~ 10

2）冲裁过程中严防搭边过小导致材料拉入凹模洞口损坏凹模，避免叠冲现象。搭边值的选取按图 9-7。

3）模具结构最好采用有导柱导向或者有弹性卸料板装置的结构，以保持间隙均匀，减少冲件弯曲和毛刺。

4）采用合理的熔化浇注工艺。合金浇注温度控制在 450 ~ 470℃。切勿在合金半凝固状态下移动模具。熔化用具及搅拌工具必须清理干净，并用涂料保护。保护涂料配方见表 9-4。

表 9-4　保护涂料配方表

编号	氧化锌质量分数（%）	滑石粉质量分数（%）	石墨质量分数（%）	水玻璃质量分数（%）	水	备注
1	5	93	—	2	适量	
2	25 ~ 30	—	—	3 ~ 5	余	浓度以能涂刷为适合
3	—	20 ~ 30	—	6	余	
4	—	—	25 ~ 30	5	余	

（五）锌基合金冲裁模的结构及应用举例

1）无导向装置的简单落料模（浇注法制模），如图 9-23 所示。

2）有导柱导套导向，用弹性卸料的多冲头冲孔模（用挤切法制造），如图 9-24 所示。

3）凹模刃口蒙钢皮的锌基合金冲裁模，如图 9-25 所示。它是在锌基合金凹模表面蒙上 0.5 ~ 0.8mm 厚的 65Mn 钢板或高硅贝氏体钢皮（用螺纹连接、铆接或粘接），再用凸模直接在钢皮上冲出所需的刃口（间隙较大时需修研间隙）形成锌基合金为基体而刃口是钢皮的冲裁模。用这种冲裁模可冲裁 8mm 厚的 Q345（16Mn）钢板。

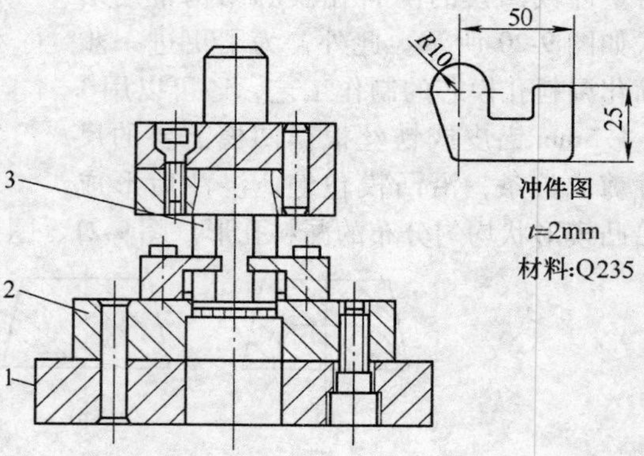

图 9-23　简单落料模

1—下模座　2—锌基合金凹模　3—钢凸模

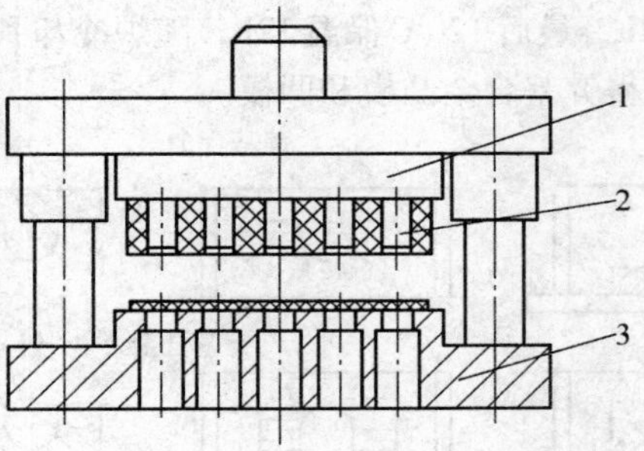

图 9-24　挤切法制造的多孔冲模

1—凸模固定板　2—凸模　3—锌基合金凹模

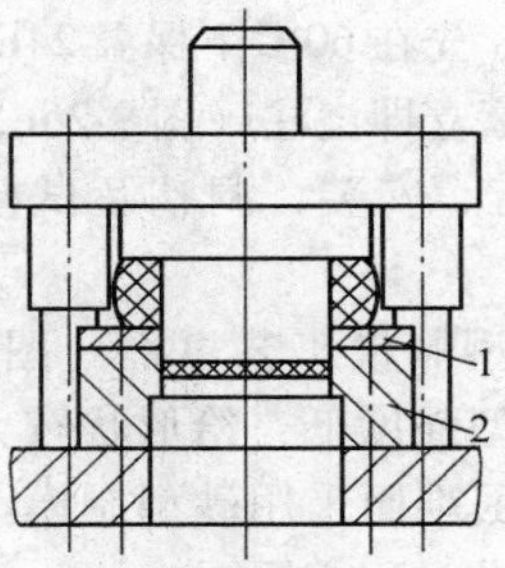

图 9-25　蒙钢皮的锌基合金冲裁模

1—钢皮　2—锌基合金凹模

二、锌基合金成形模和拉深模

在冲压模具中，成形模和拉深模比较难以加工，用锌基合金浇注法制造这类模具则十分简便，并且特别适合于中、小批生产。

（一）锌基合金成形模和拉深模的设计

（1）锌基合金成形模的设计　锌基合金成形模的设计一是结构方案设计；二是样件设计。锌基合金成形模的凸模和凹模是用样件或模型用铸造的方式浇注成形的，因此在设计时除了考虑冲压工艺性之外还必须考虑成形模具的铸造工艺性。

（2）锌基合金拉深模的设计　锌基合金拉深模设计的原则是只设计凸模模型，凹模模型是以凸模模型为基准加上拉深件的材料厚度为间隙翻制而成。

锌基合金材料在冷却之后的凝固收缩率为 1% ~1.2%，然后在浇注后凸模和凹模的尺寸收缩并不是绝对一致，因此在考虑它们的定向放收缩余量时应考虑以下因素。

1）拉深件的几何形状复杂程度。

2）浇注锌基合金时，控制浇注温度的高低。

3）锌基合金冷却条件的差异，快冷、慢冷、静置冷却或加压、振动，都会影响合金的凝固收缩率。

（二）锌基合金成形模和拉深模的制模工艺

锌基合金成形模和拉深模的制造方法分砂型制模、样件制模、石膏型制模以及液态金属挤压制模等各种形式。对于尺寸较小的零件用石膏模型浇注，尺寸大的则用砂型和样件浇注。

（1）石膏型制模工艺（图 9-26）

1）根据工件形状制木模。

2）按质量分数分别为 40% 的工业熟石膏、10% 的 500 号水泥及 50% 的清水的比例配制石膏浆，浇入围框（图 9-26a），3 ~ 5min 后取出石膏凹型，干燥后在表面涂上分模剂，以石膏凹型重浇一次（图 9-26b）获得石膏凸型。

3）将取出的石膏型稍微风吹干

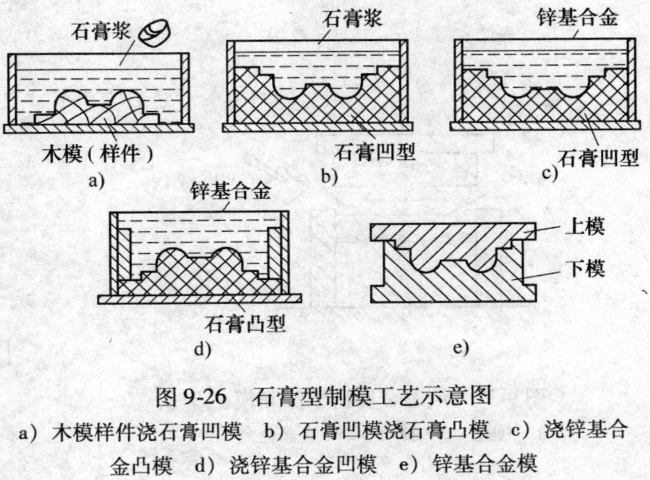

图 9-26　石膏型制模工艺示意图

a）木模样件浇石膏凹模　b）石膏凹模浇石膏凸模　c）浇锌基合金凸模　d）浇锌基合金凹模　e）锌基合金模

后装入烘箱，先在60℃下保温24h。然后100℃保温12h，最后120℃保温12h，随炉冷却到40℃出炉。出炉后立即浇注（图9-26c，图9-26d）；分别获得锌基合金凸模和凹模。

4）加工、安装、调整及试模（图9-26e）。

（2）砂型制模工艺过程（图9-27）

由于石膏型强度低，给形状较大的工件制模带来困难而采用砂型制模。图9-28是制模工艺过程方框图。

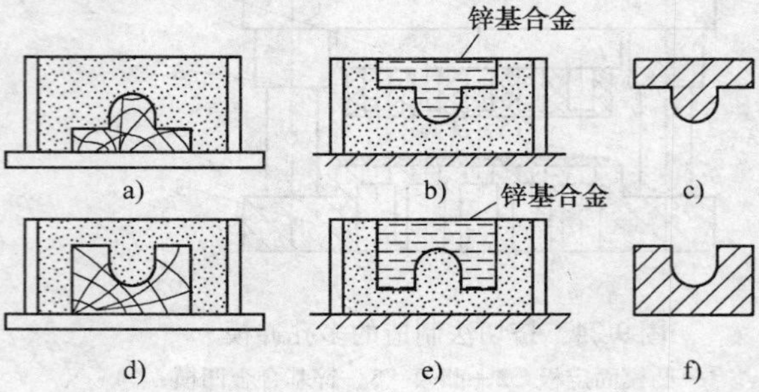

图9-27　砂型制模工艺过程示意图

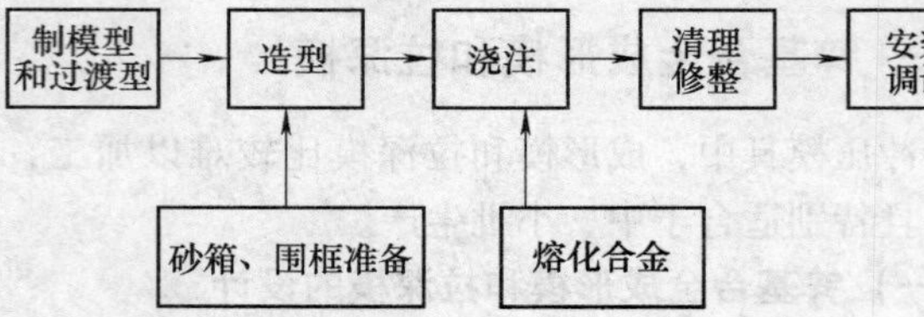

图9-28　砂型制模工艺方框图

（3）样件法制模工艺（图9-29）

样件法制模适合大型锌基合金模具制造，这种方法首先根据工件制作一个符合技术要求的样件（或用原实物零件）；利用样件制作砂型（由样件和砂型组成复合型腔）；开设浇注系统；清理干净型腔，浇注合金。先浇制凸模，根据凸模和样件浇凹模；经加工、修整后安装试模。样件必须有足够的刚度和表面质量。

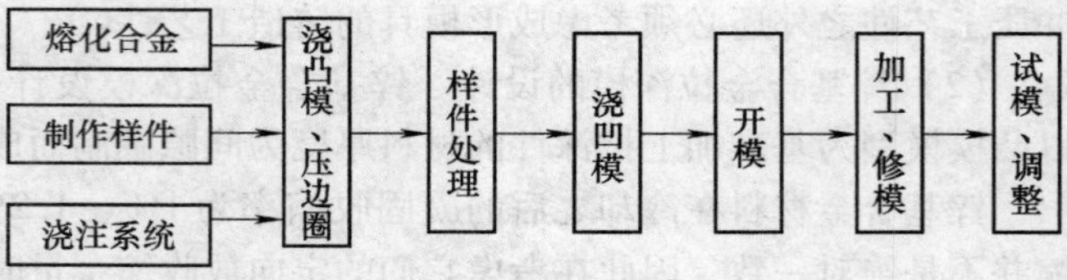

图9-29　样件法制模工艺方框图

（4）液态金属挤压制模　对小型、精度较高的成形件的模具加工可用液态金属挤压法制模（图9-30）。制模时，先将样件放在围框内，下部垫砂，浇注锌基合金之后将上模座徐徐下降浸入液态合金，保压一定时间（5～10s），待合金凝固后提上模即可获得锌基合金凸模。凹模也采用相同的方法制作。

三、锌基合金模具应用实例

1）前灯座锌基合金成形模（图9-31）。

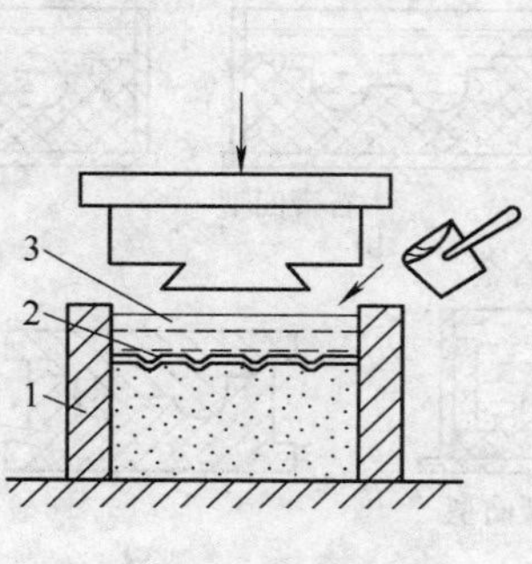

图9-30　液态金属挤压法制模

1—围框　2—样件　3—液态合金

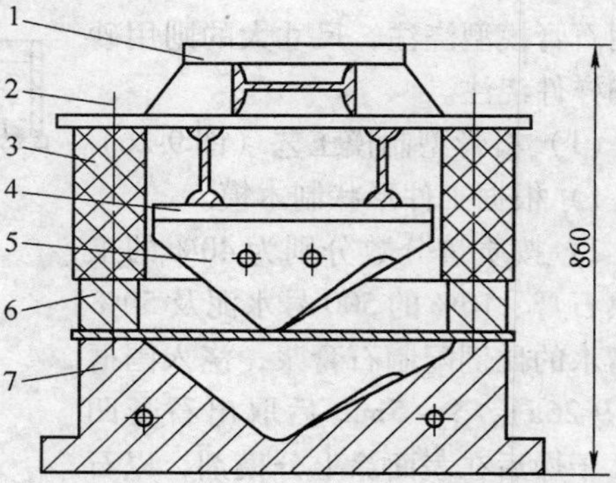

图9-31　前灯座锌基合金成形模

1、4—上模架　2—压边螺钉　3—压边橡胶　5—凸模　6—压边圈　7—凹模

2）电源夹头落料模（图 9-32）。

3）客车后顶内纵梁弯曲模（图 9-33）。此模的特点是凸模、凹模均由锌基合金一次浇注而成。

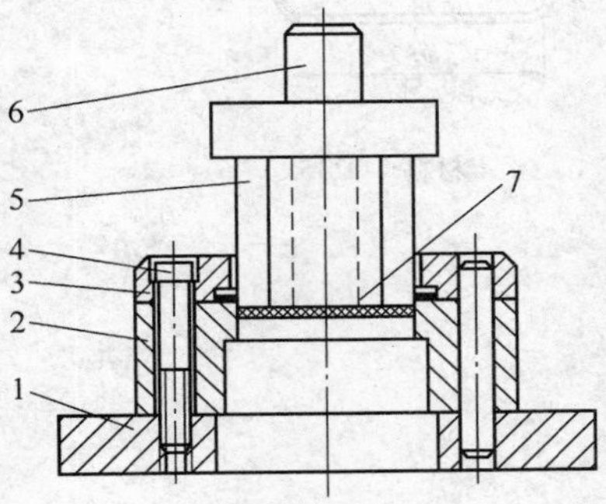

图 9-32 电源夹头落料模

1—下模板 2—锌基合金凹模 3—退料板 4—螺钉 5—凸模 6—模柄 7—冲件

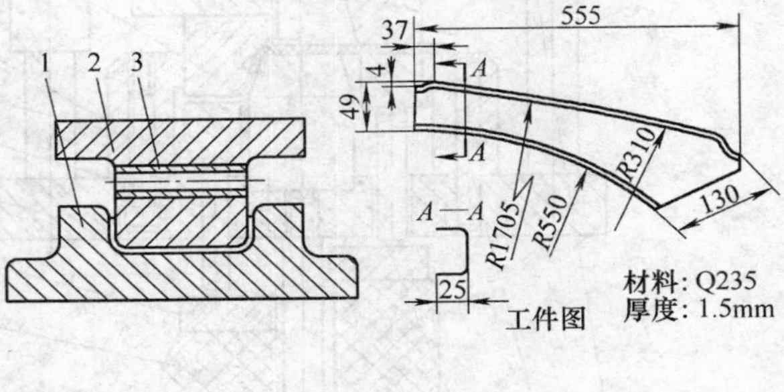

图 9-33 客车后顶内纵梁弯曲模

1—凹模 2—凸模 3—加强管

4）冲孔复合模（图 9-34）。

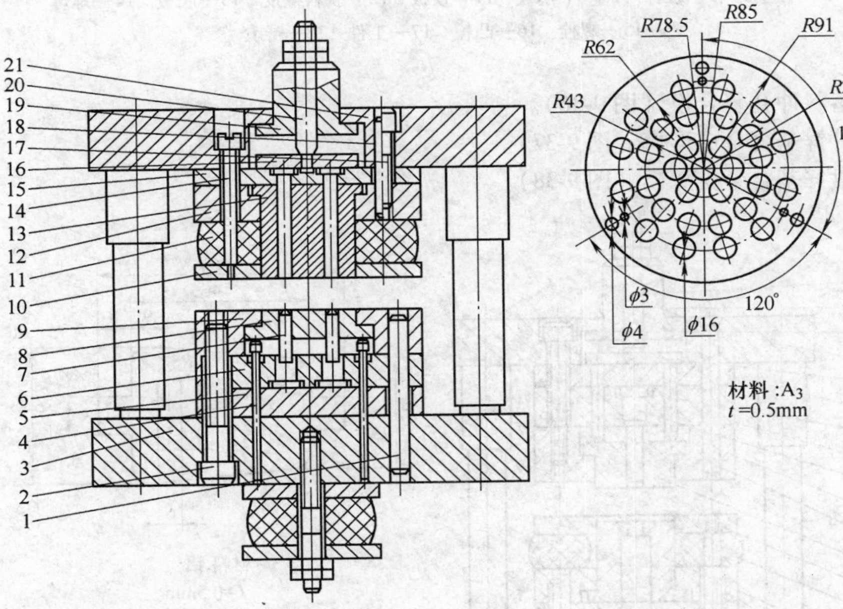

图 9-34 托盘落料冲孔复合模

1、18—销钉 2、14、17—螺钉 3—下模板 4—顶杆 5—凸模垫板 6—凸模固定板 7—凸模 8—顶块 9—锌基合金凹模 10—卸料板 11—卸料橡皮 12—凸凹模固定板 13—凸凹模 15—凸凹模垫板 16—顶块 19—模柄 20—打杆 21—上模板

5）甩水器落料拉深复合模（图 9-35）。

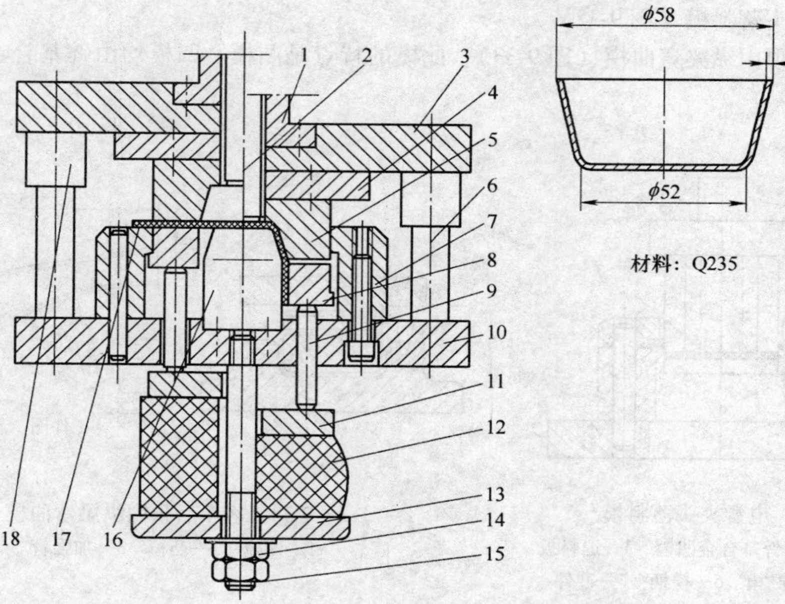

图 9-35　甩水器落料拉深复合模

1—模柄　2—打杆　3—上模板　4—垫板　5—凸凹模　6—导柱　7—锌基合金凹模　8—压边圈　9—顶杆　10—下模板　11—顶板　12—脱料橡皮　13—底板　14—螺母　15—螺栓　16—凸模　17—工件　18—导套

6）标牌落料冲孔复合模（图 9-36）。

7）覆盖件锌基合金成形模（图 9-37）。

8）分液盘锌基合金拉深模（图 9-38）。

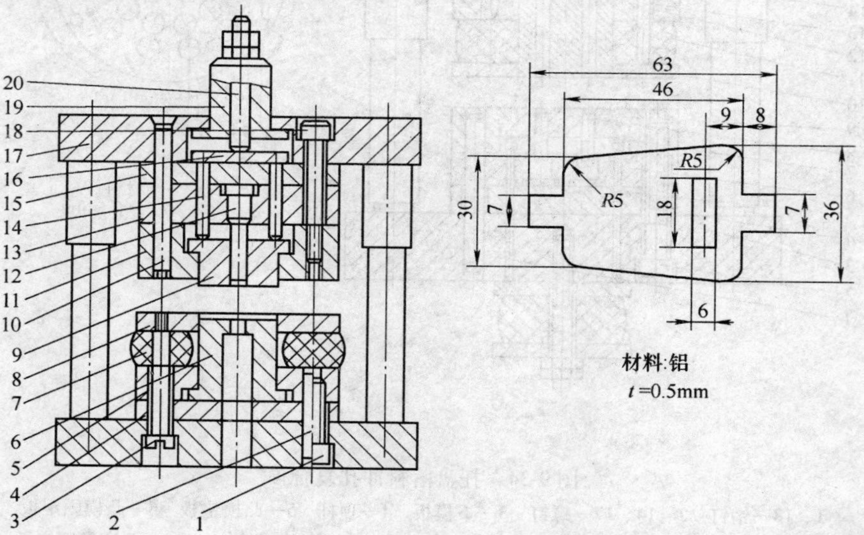

图 9-36　标牌落料冲孔复合模

1、3、18—螺钉　2、10—销钉　4—凸凹模垫板　5—凸凹模固定板　6—凸凹模　7—卸料橡皮　8—卸料板　9—顶块　11—锌基合金凹模　12—凸模　13—凸模固定板　14—顶杆　15—凸模垫板　16—顶块　17—上模板　19—模柄　20—打杆

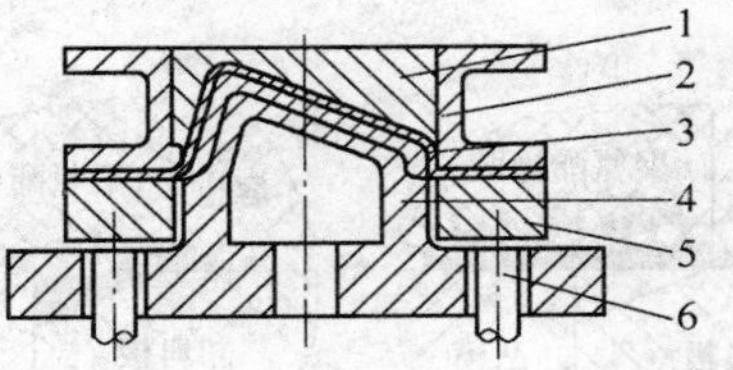

图 9-37　大型覆盖件锌基合金成形模

1—锌基合金凹模　2—凹模座　3—锌基合金凸模　4—下模座　5—压力圈　6—顶杆

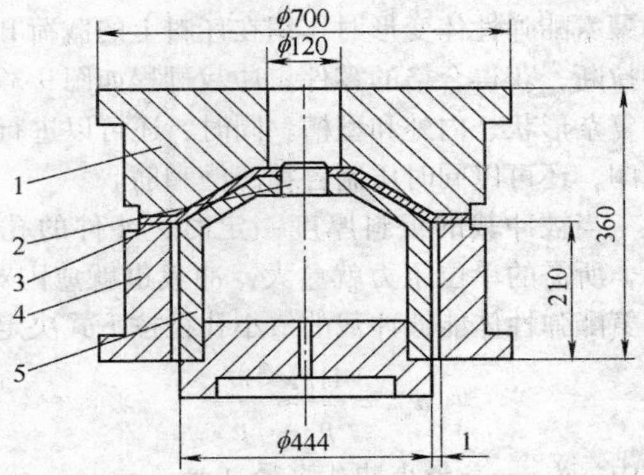

图 9-38　分液盘锌基合金拉深模

1—凹模　2—定位销　3—工件　4—压边圈　5—凸模

第三节　聚氨酯弹性体模具

利用聚氨酯弹性体（聚氨基甲酸酯、聚氨酯甲乙酯）压缩变形时作用在坯料上的力，使板料产生分离或塑性变形而获得合格冲压件的模具称为聚氨酯弹性体冲模。目前聚氨酯弹性体已被用于制造冲裁模、弯曲模、拉深模、翻边模、胀形模等各类冷冲模具。聚氨酯弹性体模具的特点是结构简单，制造方便，成本低，适宜于中小批量及试制生产。

一、聚氨酯弹性体冲压加工板料的许用厚度

由于聚氨酯弹性体在封闭容框内受压力时具有液体静压的性质，在各个方向上所受到的单位压力相同。因此，只要达到一定的单位压力，封闭的弹性体在很小的变形时，就能冲压成形零件。用于冲裁工序的聚氨酯弹性体有 8290、8295。其压缩量不大于 5%；弯曲、成形、拉深工序则用 8260、8270、8280 等牌号，压缩量不能超过 10% ~35%。

用于冲压加工能达到的板料厚度见表 9-5。

表 9-5　聚氨酯弹性体冲压加工的板料厚度　（单位：mm）

材　料	能加工材料厚度			
	落料、冲孔	弯　曲	成　形	拉　深
结构钢	≤1.0 ~1.5	≤2.5 ~3.0	≤1.0 ~1.5	≤1.0 ~2.0
合金钢	≤0.5 ~1.0	≤1.5 ~2.0	≤0.5 ~1.0	—
铜及其合金	≤1.0 ~2.0	≤3.0 ~4.0	≤2.5 ~3.0	≤2.5 ~3.0
铝及其合金	≤2.0 ~2.9	≤3.5 ~4.0	≤3.0 ~3.5	≤2.5 ~3.0
钛合金	≤0.8 ~1.0	≤1.0 ~1.5	≤0.5 ~1.0	—
非金属材料	≤1.5 ~2.0	—	—	—

注：作冲裁模时，冲钢件以 0.5mm 厚度以下较适宜。

二、聚氨酯弹性体冲裁模

（一）聚氨酯弹性体冲裁模的冲裁机理

聚氨酯弹性体冲裁模就是采用聚氨酯弹性体作工具使材料分离的模具。它是利用装在容框中

的聚氨酯弹性体变形时作用在坯料上的载荷P使坯料沿着冲裁凸模或凹模刃口处产生应力集中剪切拉断，获得合格的零件。冲裁过程如图9-39所示。用这种方法可以在板料（条料）上冲裁各种复杂形状、内外和型槽。同时，还可以进行复合工序，如落料、冲孔和压波纹；落料、冲孔和压印，还可以同时压制各种凹槽和筋。

当被冲裁的板料厚度一定时，冲件的孔愈小，所需的单位压力就愈大，冲裁也就愈困难。聚氨酯弹性体能够冲裁的最小孔径按下式决定：

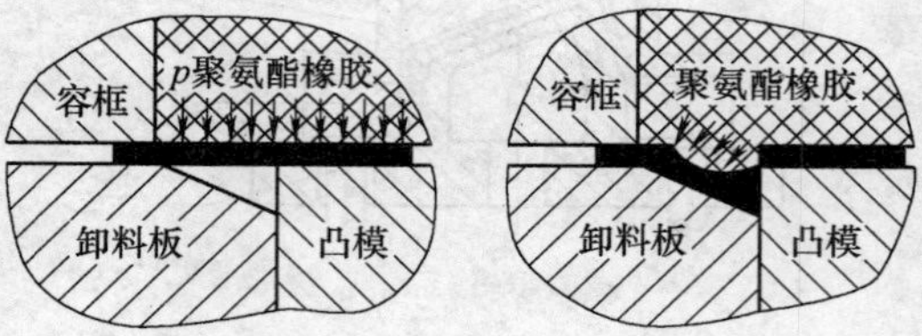

图9-39 聚氨酯弹性体冲裁的过程

$$d_{\min}=\frac{4\tau t}{p}\approx\frac{3t\sigma_b}{p}$$

式中 $d_{\min}$——最小冲孔直径（mm）；

τ——材料的抗剪强度（MPa）；

σ_b——材料的抗拉强度（MPa）；

t——材料厚度（mm）；

p——聚氨酯弹性体面上产生的单位压力（MPa）。

由上式可知，最小冲孔尺寸与板厚、原材料的力学性能和聚氨酯弹性体的单位压力有关。与板厚的关系为：

$$\frac{d_{\min}}{t}\approx 3\frac{\sigma_b}{p}$$

最小孔径尺寸 $d_{\min}$，对一定厚度的材料来说，与聚氨酯弹性体的单位压力成反比，只要单位压力 p 足够大，最小冲孔尺寸可以等于或小于 $3t$。最小冲孔尺寸与单位压力的关系可见表9-6。

表9-6 最小冲孔尺寸 （单位：mm）

聚氨酯单位压力/MPa	材料厚度							
	0.05～0.2		0.3～0.5		0.6～0.8		0.9～1.2	
	QBe2	1Cr18Ni19Ti	QBe2	1Cr18Ni19Ti	QBe2	1Cr18Ni19Ti	QBe2	1Cr18Ni19Ti
50	1.5～4.5	2.5～7.5	8.0～13.5	11.5～19.5	16.0～21.5	2.30～31.5	24.0～31.5	35.0～46.0
100	0.75～0.25	1.0～3.5	4.0～7.0	6.0～10.0	8.0～11.0	12.0～16.0	12.0～16.0	17.5～23.0
1000	0.15～0.5	0.2～0.7	0.8～1.5	1.2～2.0	1.5～2.0	2.5～3.0	2.5～3.0	3.5～4.0

（二）聚氨酯弹性体冲裁模的设计

（1）凸凹模的设计特点 一般钢钢复合模中的凸凹模是根据冲件材料性质、厚度及工艺要求，其内形和外形分别按凸模和凹模的实际尺寸配制间隙（零件制造公差分别标注在凸模和凹模上）。然而，这种模具的凸模和凹模由聚氨酯弹性体所代替，钢制凸凹模与聚氨酯凹模、凸模组成无间隙冲裁。因此，钢制凸凹模的尺寸精度决定着冲裁的质量，公差必须标注在钢凸凹模上。凸凹模选用T8A、T10A、CrWMn等材料，淬火硬度为60～64HRC。如图9-40所示。凸凹模刃口必须锋利，工作刃口部分的表面粗糙度 Ra 值为0.8μm，端面表面粗糙度 Ra 值为0.4μm，端面与工作刃口部分的垂直度误差应不大于0.005mm。凸凹模外形部分和内形部分刃口的尺寸按下式计算：

$$D_{凸}=(D-K\Delta)_{-\delta_{凸}}^{\ 0}$$

$$D_{凹}=(d+K\Delta)_{\ 0}^{+\delta_{凹}}$$

式中 $D_{凸}$、$D_{凹}$——凸凹模外形部分和内形部分刃口尺寸（mm）；

$\delta_{凸}$、$\delta_{凹}$——凸凹模外形部分和内形部分制造公差（mm）；

D、d——冲件的外形尺寸和内形尺寸（mm）；

Δ——冲件的公差；

K——系数，一般取 1/2 ~ 3/4。

（2）顶杆设计　顶杆是聚氨酯弹性体冲裁模的主要零件之一，它的作用是控制聚氨酯弹性体变形程度，改变应力分布，增大刃口外的剪切力，增大聚氨酯对孔的径向压力，提高冲件质量和聚氨酯的使用寿命。如图 9-41 所示，由于顶杆的作用，孔内聚氨酯处于封闭状态，聚氨酯在刃口处受到的单位压力比较大，聚氨酯的变形小，因此提高了聚氨酯的使用寿命。顶杆的结构形式取决于直径的大小，它的主要参数是端头处的聚氨酯冲压深度 h 与倒角 a 如图 9-42 所示。端头的倒角空间合理，聚氨酯冲孔时流进倒角处可以产生较大的剪切力，而且控制了模垫的冲压深度。参数 h、a 的数值见表 9-7。在同一个凸凹模内同时有几种不同直径的顶杆时，为了使不同孔径的刃口内聚氨酯垫的变形程度一致，应使不同端部形状的顶杆的聚氨酯压入深度相等，如图 9-42 所示。顶杆与凸凹模内孔的配合一般采用 $\frac{H8}{h7}$。对于厚度小于 0.03mm 的冲件，如果间隙过大可能将板料嵌入间隙而导致顶杆困难。

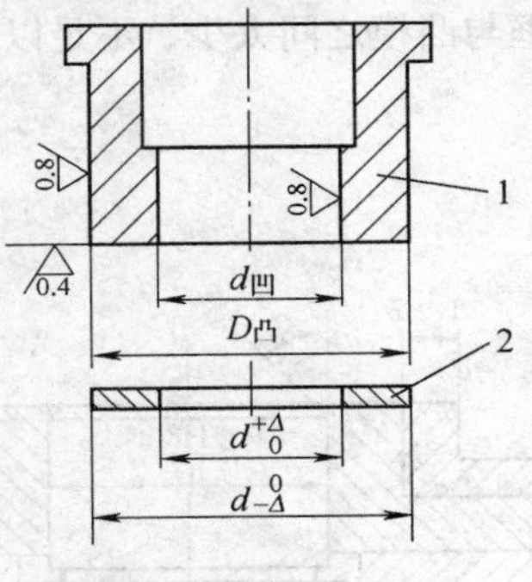

图 9-40　钢制凸凹模

1—凸凹模　2—冲件

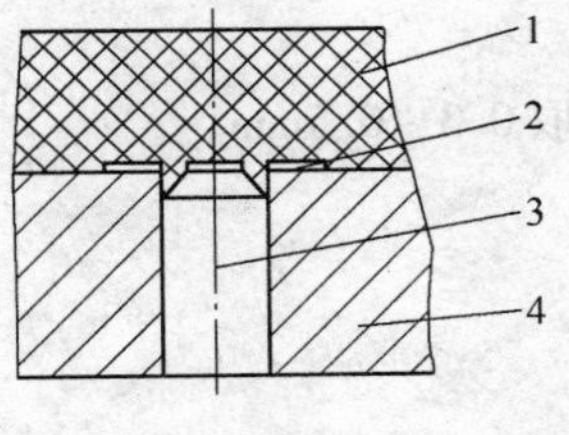

图 9-41　顶杆作用

1—聚氨酯弹性体　2—冲件　3—顶杆　4—凸凹模

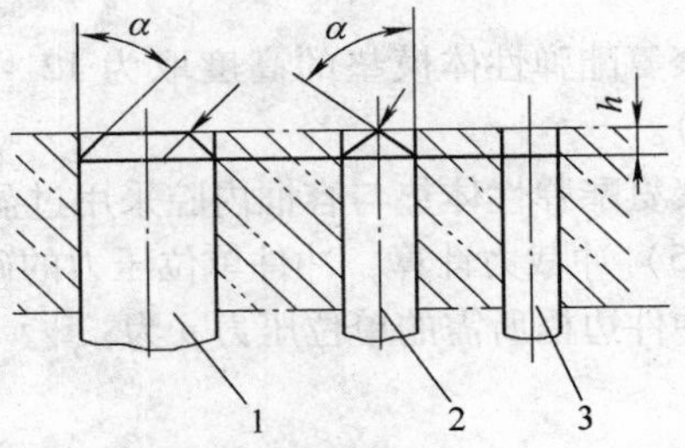

图 9-42　顶杆的形式

1—$d>5$　2—$2.5\leqslant d\leqslant 5$　3—$d<2.5$

表 9-7　顶杆及卸料板的几何参数　（单位：mm）

工件厚度	顶杆厚度		
	h	a	r
≤0.1	0.4~0.6	45° ~55°	0.5
>0.1 ~0.3	0.6 ~1.0	55° ~65°	0.5
>0.3 ~0.5	1.2	65° ~70°	0.5

（3）卸料板参数的决定　卸料板（图 9-43）在聚氨酯弹性体模中作用与顶杆相同，主要参数按表 9-7 选用。

（4）容框和聚氨酯弹性体垫　容框是聚氨酯弹性体冲裁模的重要部件之一，根据模具结构不同可以分为专用容框和通用容框两种。容框可以安装在模座上也可以与模座作成整体。冲裁时容框承受较大的张力，因此必须有足够的强度。在单位压力不大时，采用 45 钢、淬火硬度 40 ~

45HRC，若单位压力较大则选用高强度结构钢，如 30CrMnSiA 钢。

容框的内形与凸模相似，当板料厚度在 0.05mm 左右时，单边间隙取 0.5mm；厚度为 0.1 ~ 0.2mm 时，单边间隙取 1.0 ~ 1.5mm。在可能条件下取较小值，这样可减少工件搭边，提高材料的利用率。容框与凸模间隙过大，聚氨酯弹性体在压力作用下会沿凸模刃口向外流出，此时凸模刃口切入模垫边缘使模垫撕裂，形成“脱圈”现象（图 9-44）。如果间隙太小，聚氨酯弹性体流进容框与凸模之间太少，不足以对板料产生足够的剪切力，工件不易冲出。

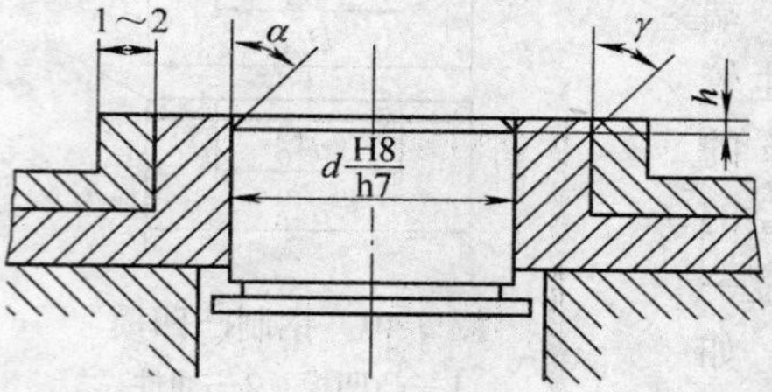

图 9-43 卸料板的几何参数

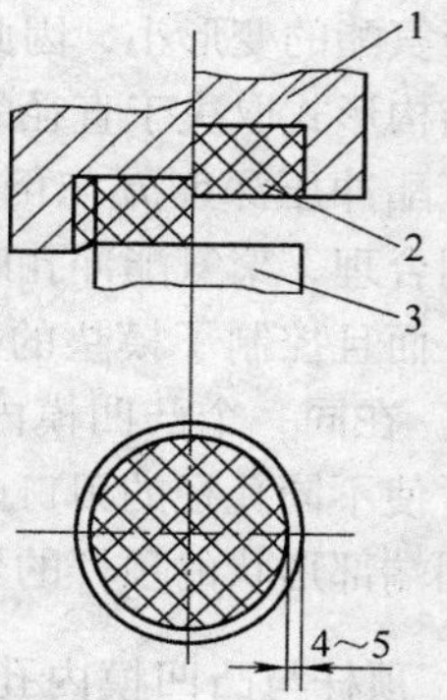

图 9-44 聚氨酯弹性体模垫“脱圈”现象
1—容框 2—聚氨酯弹性体 3—凸模

聚氨酯弹性体模垫的高度取为 12 ~ 15mm 为宜（对于通用容框，胶垫厚度推荐选用 25 ~ 30mm）。

聚氨酯弹性体垫与容框内腔采用过盈配合，单边过盈量取 0.3 ~ 0.5mm。

（5）冲裁力计算 冲件单位压力的确定：

冲件边框所需的单位压力 p 为：

$$p=\frac{1.4t\tau}{h}\approx\frac{t\sigma_b}{h}$$

式中 p——单位压力（MPa）；

t——材料厚度（mm）；

τ——材料抗剪强度（MPa）；

h——聚氨酯弹性体冲压深度（mm）；

σ_b——材料抗拉强度（MPa）。

上式适用于塑性材料，对塑性较差的材料单位压力有所降低。

冲圆孔时需要的单位压力为：

$$p=\frac{4t\tau}{d}\approx\frac{3t\sigma_b}{d}$$

式中 d——孔径（mm）；

其余符号意义同上式。

冲不宽的槽时需要的单位压力为：

$$p=\frac{2t(a+b)\tau}{ab}\approx\frac{1.4t(a+b)\sigma_b}{ab}$$

式中　a、b——槽的长、宽（mm）。

冲裁时所需的冲力：

$$F = KpA$$

式中　F——冲裁力（N）；

K——安全系数，取1.2～1.4；

p——单位压力（MPa）；

A——冲件面积（mm^2）；

（三）聚氨酯弹性体冲裁模应用实例

1）垫圈复合模（图9-45）。

2）上装式聚氨酯弹性体通用模（图9-46）。

3）下装式聚氨酯弹性体通用模（图9-47）。

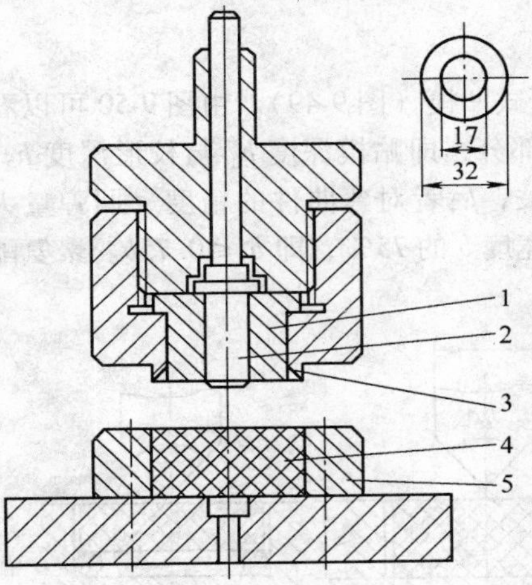

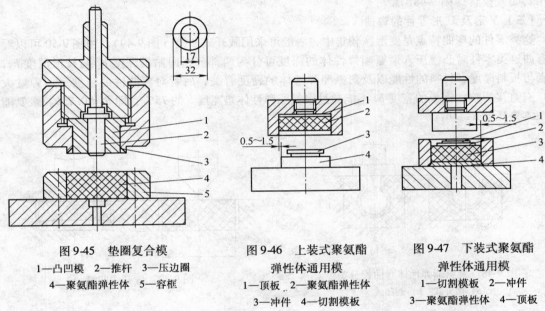

图9-45　垫圈复合模
1—凸凹模　2—推杆　3—压边圈
4—聚氨酯弹性体　5—容框

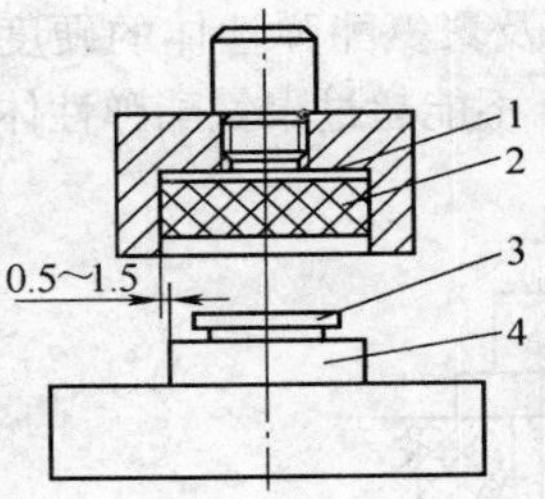

图9-46　上装式聚氨酯弹性体通用模
1—顶板　2—聚氨酯弹性体
3—冲件　4—切割模板

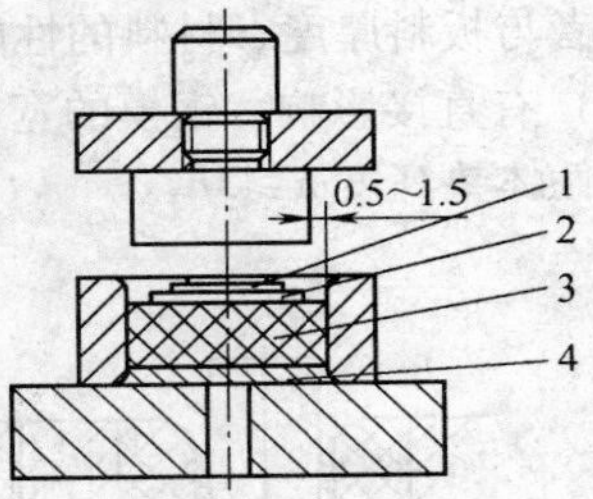

图9-47　下装式聚氨酯弹性体通用模
1—切割模板　2—冲件
3—聚氨酯弹性体　4—顶板

三、聚氨酯弹性体弯曲模

聚氨酯弹性体弯曲模是用聚氨酯弹性体来代替传统钢模中的凸模或凹模，在压力机作用下对坯料进行弯曲成形的一类模具。

（一）聚氨酯弹性体弯曲模的特点

1）模具结构简单，工艺简单，适用于中小批量及新产品试制。

2）有利于提高冲压件尺寸精度和表面质量。因为在弯曲过程中聚氨酯弹性体对毛坯表面的作用均匀，减少了零件的回弹。聚氨酯弹性体材料不会对冲件表面刮伤，从而能获得表面光洁平整的零件。

3）由于聚氨酯弹性体均匀作用于毛坯接触表面，使变形外层的塑性提高，这不仅有利于减少回弹，也利于减少最小弯曲半径。

（二）设计聚氨酯弹性体弯曲模应当注意的问题

1）充分利用聚氨酯弹性体各向流动的性质，即一模多用，减少了模具数量。

2）严格控制聚氨酯弹性体的变形程度，为了提高使用寿命，变形程度不应超过聚氨酯弹性体厚度的1/3，而且尽量使聚氨酯弹性体变形均匀。

3）根据冲件形状选用不同硬度的聚氨酯弹性体。当弯曲变形区比较集中，需要变形的力较大时应用硬度为70A以上的橡胶。变形大的杯形件可采用较软的60A左右的聚氨酯弹性体。当材料厚度小于2mm时，按表9-8选取。

表9-8　聚氨酯弹性体硬度选择表

工件材料	邵氏硬度AS	工件材料	邵氏硬度AS
钢板1Cr18Ni9Ti、10、08F	70～80	黄铜H62M、淬火后的铍青铜Qbe2	60～70
硬钢带T8A、T10A、65Mn	70～80		
锡青铜QSn65-0.1、硅青铜QSi3-1	70～80	铝板L4	60～70

4）对于弯曲成形区不大的零件可以采用敞开式凹模（图9-48a）。对于弯曲成形区较大的最好用封闭式模具（图9-48b）。

（三）V形及U形零件的弯曲

这类零件的弯曲特点是变形区较集中，一般可采用敞开式凹模（图9-49）。由图9-50可以看出弯曲这类零件时凸模压入聚氨酯弹性体的深度可分为两部分，即贴模深度h_1与校形深度h_2，前者与板料厚度、材料的性能以及聚氨酯弹性体的硬度有关，后者对弯曲件的精度（回弹量大小）有直接影响。钢模的宽度b_1不能超过聚氨酯弹性体垫宽度b的75%，即$b_1 \leqslant 0.75b$。聚氨酯弹性体垫高度$h \geqslant 3h_3$。

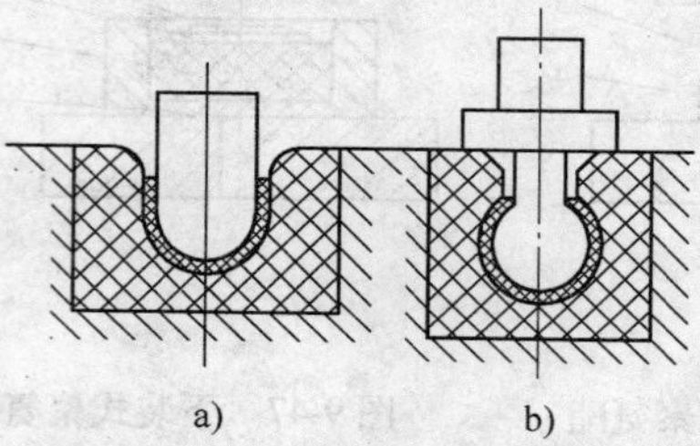

a)　　　　b)

图9-48　聚氨酯弹性体弯曲模分类
a）敞开式　b）封闭式

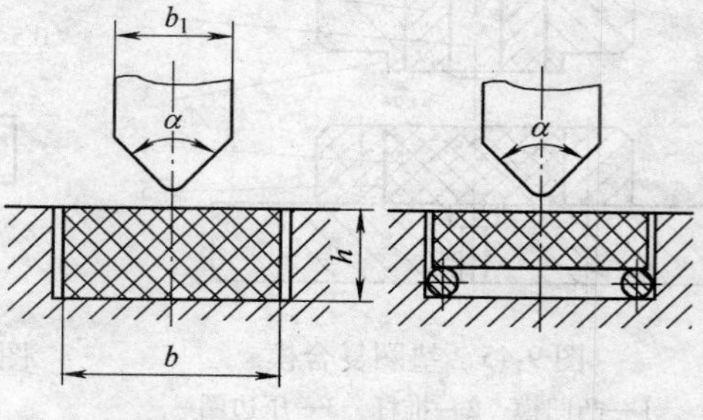

图9-49　敞开式凹模

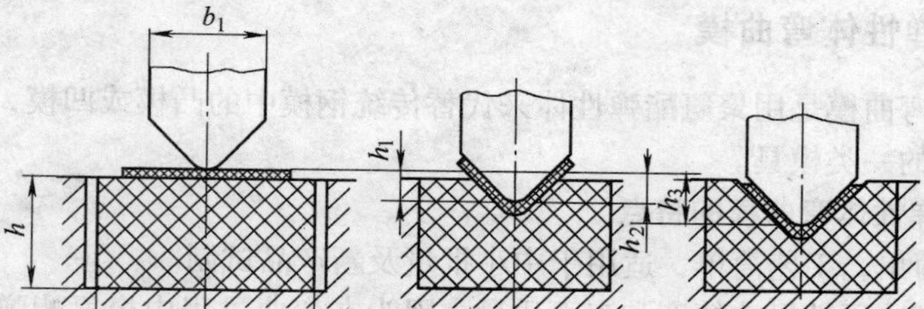

图9-50　弯曲深度

（四）弯曲力计算

简单零件的弯曲力计算法可按下式，即

$$F = 1.2A\sigma_b\sqrt{t^3}$$

式中　F——弯曲力（N）；

A——最大载荷时凸模的投影面积（mm^2）；

σ_b——抗拉强度（MPa）；

t——材料厚度（mm）。

为了保证凹模的足够寿命，对聚氨酯弹性体凹模单位压力，一般控制在 50～60MPa，弯曲材料的最大厚度 $t \leqslant 4mm$。

（五）聚氨酯弹性体弯曲模举例

1）通用弯曲模（图 9-51）。

2）双折弯曲模（图 9-52）。

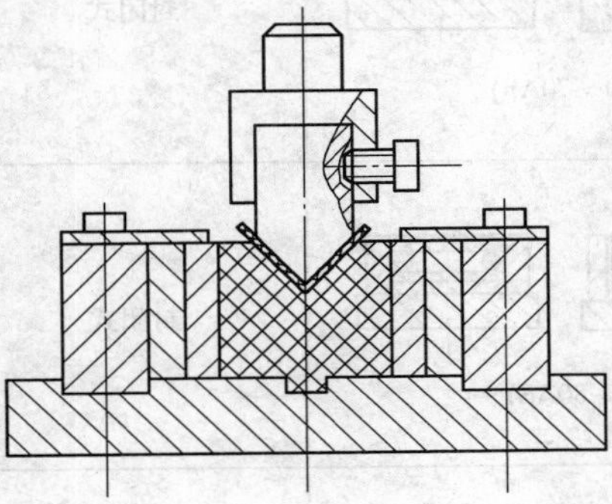

图 9-51　通用弯曲模

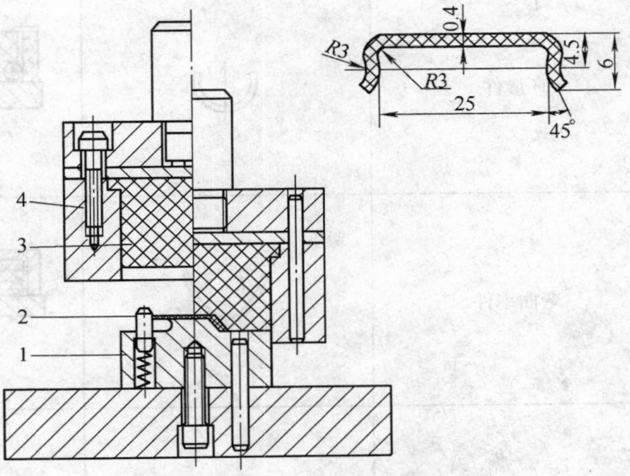

图 9-52　双折弯曲模

1—弯曲凸模　2—挡料销　3—聚氨酯弹性体　4—容框

（六）各种弯曲件所用容框结构与成形方法（表 9-9）

表 9-9　不同形状弯曲所用容框及聚氨酯弹性体硬度

名　称	零件形状	容框结构与聚氨酯弹性体硬度	成形方法
V 形件 弧形件 U 形件		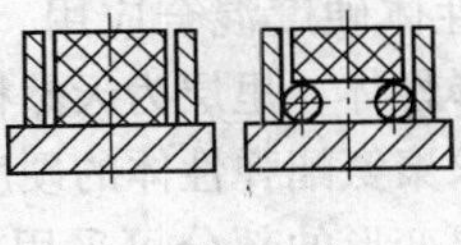 (70～80AS)	敞开式
U 形件	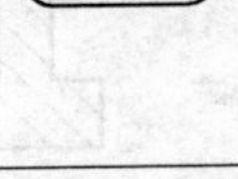	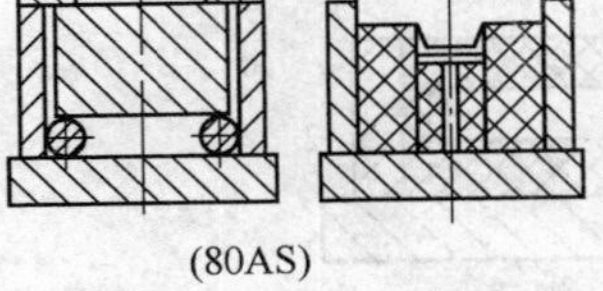 (80AS)	封闭式
带凸缘 U 形件	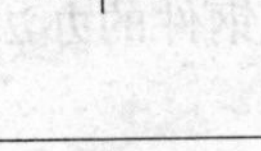	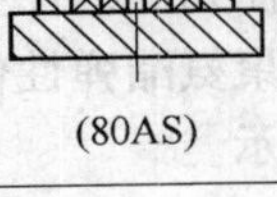 (80AS)	封闭式

（续）

名　称	零件形状	容框结构与聚氨酯弹性体硬度	成形方法
闭斜角 U 形件		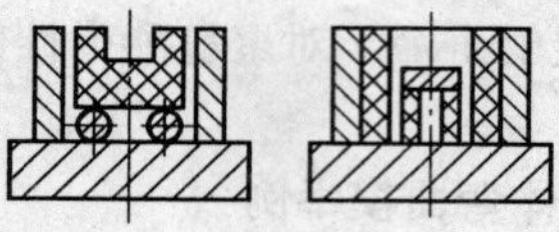 (80AS)	封闭式
环形件		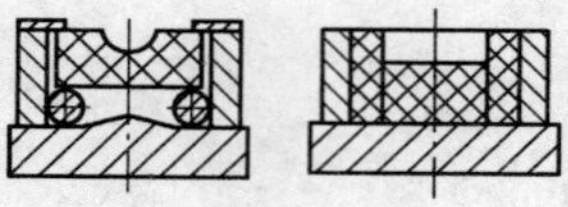 (60～70AS)	封闭式
弯曲率件		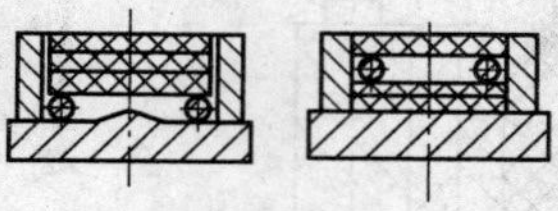 (70～80AS)	封闭式
曲率中心异侧件		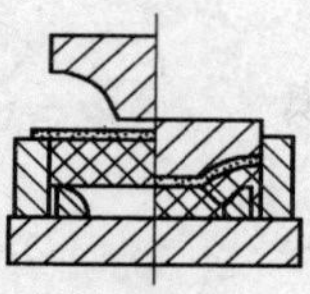 (70～80AS)	封闭式

（七）特种弯曲工艺

（1）不同聚氨酯弹性体硬度混合应用　在弯曲大型零件时，由于聚氨酯弹性体价格较贵，可采用表面层为聚氨酯弹性体，里层为天然橡胶组合使用（图 9-53）。有的弯曲件高度不大，由于各部分结构不同，要求聚氨酯弹性体的硬度也不一样，例如小圆角、尖角、成形、冲孔等部位需要较硬的橡胶，不需要变形的部分可采用较软的橡胶，这时用图 9-54 所示的结构就能满足这样的要求。

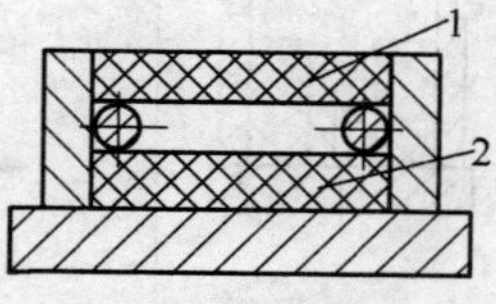

图 9-53　不同橡胶混合结构
1—聚氨酯弹性体　2—天然橡胶

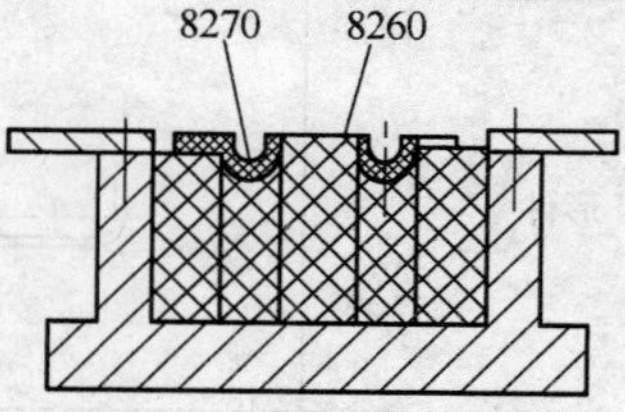

图 9-54　不同硬度混合结构

（2）聚氨酯弹性体与刚性元件组合　有些零件，如图 9-55a，不便一次成形或弯曲部位因尺寸小（图 9-55b），可采用在聚氨酯弹性体模具上镶入钢件的办法，使其预先成形或者压力集中易于成形部位，如图 9-56 所示。

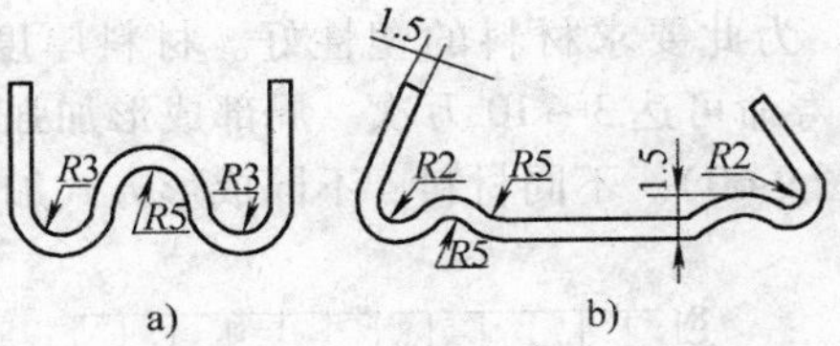

图 9-55　弯曲件

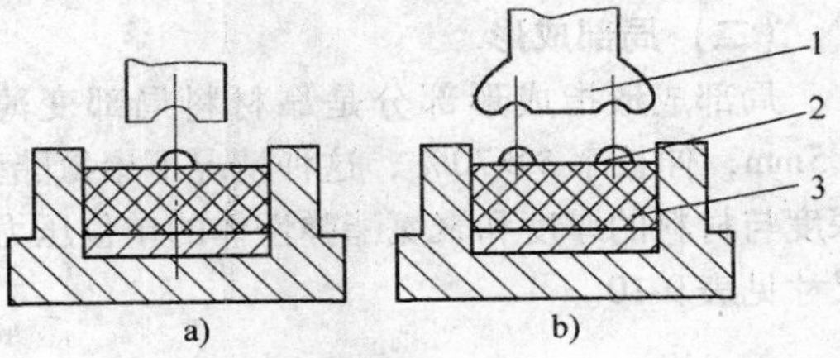

图 9-56　镶钢结构

1—凸模　2—镶钢件　3—聚氨酯弹性体

（3）带成形垫块的弯曲模　对于大而带筋的弯曲件，为使零件受力均匀，可用图 9-57 所示结构，这样可以降低成本，提高零件质量。

（八）聚氨酯弹性体包层辊弯曲工艺

在通常的双辊弯曲机的主动辊外径套上一层 50mm 厚，硬度为 80～90A 的聚氨酯弹性体，另一辊保持原样，就成为带聚氨酯弹性体包层辊。用这种辊子弯曲可以提高零件的精度，减少弯曲件头部直线长度，还可以用于已经过表面处理或涂层金属的弯曲和带孔材料的弯曲。这种弯曲工艺的变形过程分为自由弯曲和贴辊弯曲两个阶段，如图 9-58 所示。自由弯曲阶段是当钢辊压住毛坯深入至聚氨酯弹性体层内直到毛坯开始按钢辊面成形为止的一个阶段，毛坯弯曲主要靠聚氨酯弹性体的变形力。变形特点如图 9-58a 所示。当钢辊继续下压直到毛坯开始沿钢辊成形为贴辊弯曲阶段，本阶段的变形特点如图 9-58b 所示。这种弯曲工艺能够弯曲的直径和材料的力学性能、厚度、压下量和钢辊的直径有关。弯曲时主动辊的转速为 3～25r/min。

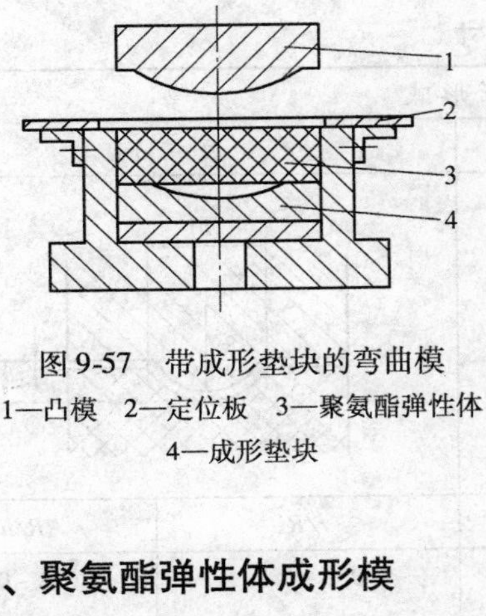

图 9-57　带成形垫块的弯曲模

1—凸模　2—定位板　3—聚氨酯弹性体　4—成形垫块

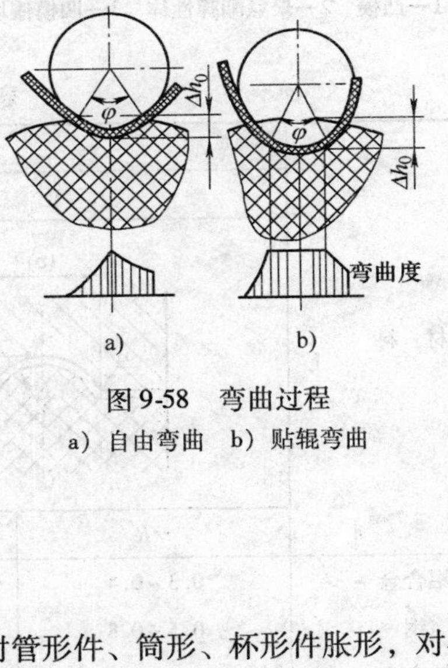

图 9-58　弯曲过程

a）自由弯曲　b）贴辊弯曲

四、聚氨酯弹性体成形模

利用聚氨酯弹性体各向流动的性质，在冲压技术中对管形件、筒形、杯形件胀形，对各种凸凹槽形、加强筋局部成形十分方便。

（一）胀形工艺及模具结构

图 9-59 所示为胀形模结构简图。成形极限取决于材料的伸长率。其数值按下式确定

$$\varepsilon = \frac{L_1 - L_0}{L_0} \times 100\% \leqslant 0.75\delta$$

式中　L_0——胀形前毛坯周长（mm）；

L_1——胀形后毛坯周长（mm）；

δ——材料的伸长率（%）。

（二）局部成形

局部成形指成形部分是靠材料局部变薄而成形。为此要求材料的塑性好。材料厚度 $t \leqslant 2.5$mm，伸长率 $\delta \geqslant 70\%$，这种情况下聚氨酯弹性体的寿命可达 3 ~ 10 万次。局部成形加强筋的深度与材料的厚度和聚氨酯弹性体的单位压力有关（图 9-60）。不同材料、不同成形方式加强筋尺寸见表 9-10。

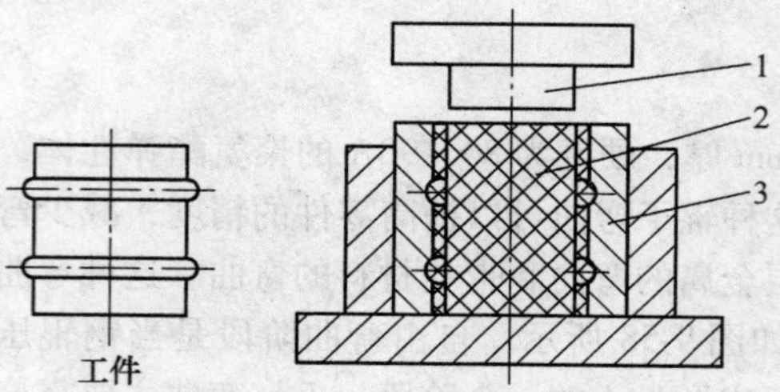

图 9-59　胀形模结构

1—凸模　2—聚氨酯弹性体　3—凹模镶块

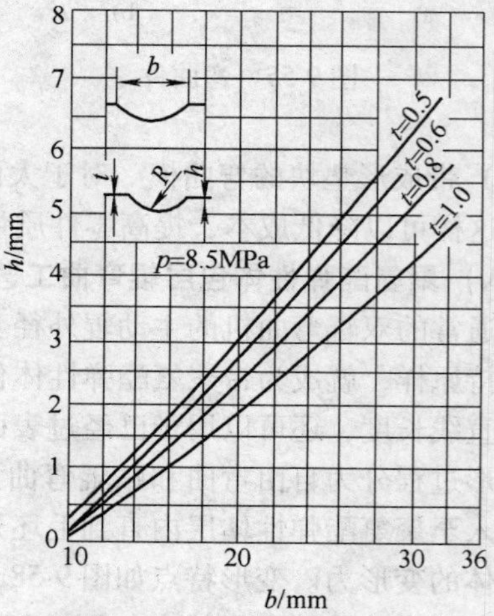

图 9-60　单位压力为 8.5MPa 时加强筋的极限深度

表 9-10　加强筋的尺寸

材　料	成形形式			
	正　向		反　向	
	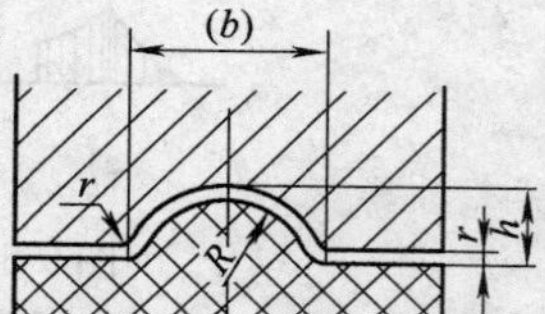		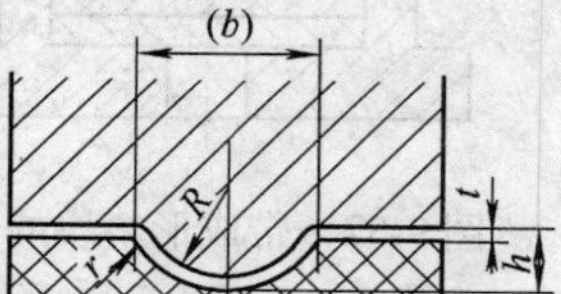	
	r/R	R/h	r/R	R/h
铝合金	0.3 ~ 0.4	0.6 ~ 0.7	0.3 ~ 0.5	0.8 ~ 0.9
钢	0.5 ~ 0.8	0.7 ~ 1.3	0.5 ~ 0.9	1.0 ~ 1.5
钛合金	0.9 ~ 1.0	1.8	0.8 ~ 1.0	2.0
镁合金	0.9 ~ 1.0	1.5	0.8 ~ 1.0	1.8

靠局部变薄成形的加强筋成形极限为

$$\varepsilon = \frac{L_1 - L_0}{L_0} \times 100\% \leqslant 0.75\delta$$

若不符号式中关系则有可能开裂或严重变薄。

允许深度 h 和 $\delta_{0.2}/\sigma_b$ 的比值有关

当 $\sigma_{0.2}/\sigma_b<0.35$ 时，$h=0.35D$；

$\sigma_{0.2}/\sigma_b>0.35\sim0.5$ 时，$h=0.25D$；

$\sigma_{0.2}/\sigma_b>0.5$ 时，$h=0.1D$；

式中　D——抗压直径（mm）。

反向成形时，筋和平面联接处的半径 r 不得小于 $3t$，壁和底的半径 R 不得小于 $8t$。成形所需的压力按下式计算

$$F=1.3Ap$$

式中　F——成形所需的压力（N）；

A——聚氨酯弹性体垫的面积（mm^2）；

p——聚氨酯弹性体垫的单位压力（MPa）。

在成形带圆弧的加强筋时

$$p=\frac{\sigma_b ht}{3bL}$$

成形方形或梯形加强筋时

$$p=\frac{\sigma_b ht}{3R}$$

式中　L——成形结构的几何长度（mm）；

R——成形筋底部圆角半径（mm）；

b——筋宽（mm）；

h——筋深（mm）；

t——材料厚度（mm）。

第四节　薄 板 冲 模

薄板冲模就是利用薄板（厚度为0.5～1mm）制凹模刃口的冲裁模。使用这种模具可以冲裁厚度为0.1～3mm的各种板料，一片薄板凹模寿命可达 $8\times10^3\sim10^4$ 万次。这种模具结构如图9-61所示。

一、薄板冲模的冲裁原理

薄板冲模的凸模与凹模材料均用淬火钢板制造，具有较锋利的刃口，凸、凹模之间仍然存在合理间隙，属于间隙冲裁，因此，“双向裂纹扩展分离”的机理适用于薄板冲模。其冲裁过程同样可分成弹性弯曲、塑性弯曲和剪裂分离三个阶段。

二、薄板凹模

薄板冲模与普通钢模的区别在于前者的凹模和凹模垫板两个部分，用螺钉固定。这种凹模制造简单，便于更换，成本低。

三、薄板冲模设计

（一）凸模的设计

薄板冲模凸模结构分为直通式和阶梯式两种。对于尺寸较大，端面可以容纳一定数量螺钉孔的凸模，通常采用直通式如图9-62a所示，但对于图9-62b的情况，无法容纳一定数量的螺钉孔时则可采用阶梯式。

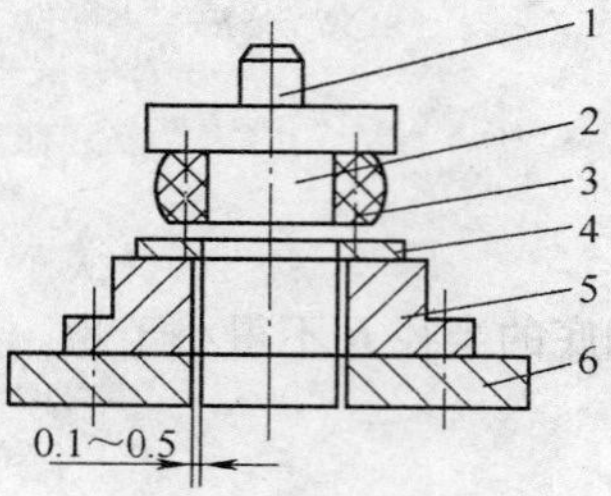

图 9-61　薄板冲模

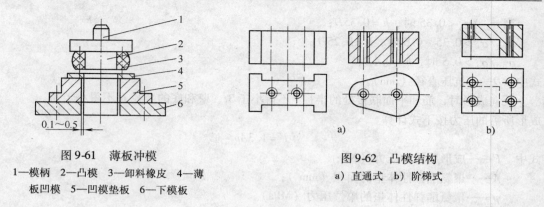

1—模柄　2—凸模　3—卸料橡皮　4—薄板凹模　5—凹模垫板　6—下模板

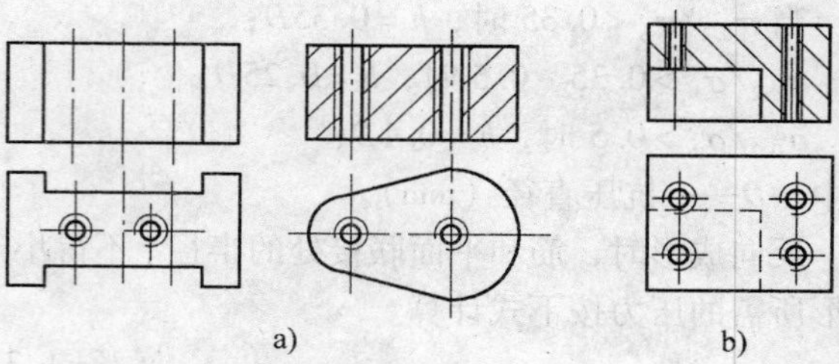

图 9-62　凸模结构

a）直通式　b）阶梯式

（二）凸、凹模尺寸计算

薄板冲模规定先制造凸模，然后由凸模配制凹模。因此必须确定凸模尺寸。计算公式与锌基合金模具计算相同。

第五节　钢 皮 冲 模

钢皮冲模亦称钢带冲模或钢线模，它是以钢皮（钢带、钢线）与层压板为模芯，配以通用模架组成的一种简易模具。

一、钢皮冲模的分类

钢皮冲模的分类见表 9-11。

表 9-11　钢皮冲模的分类表

常规式				样板式	切刀式
钢皮钢块组合式	全钢皮式	软硬钢皮组合式	钢皮橡胶组合式		

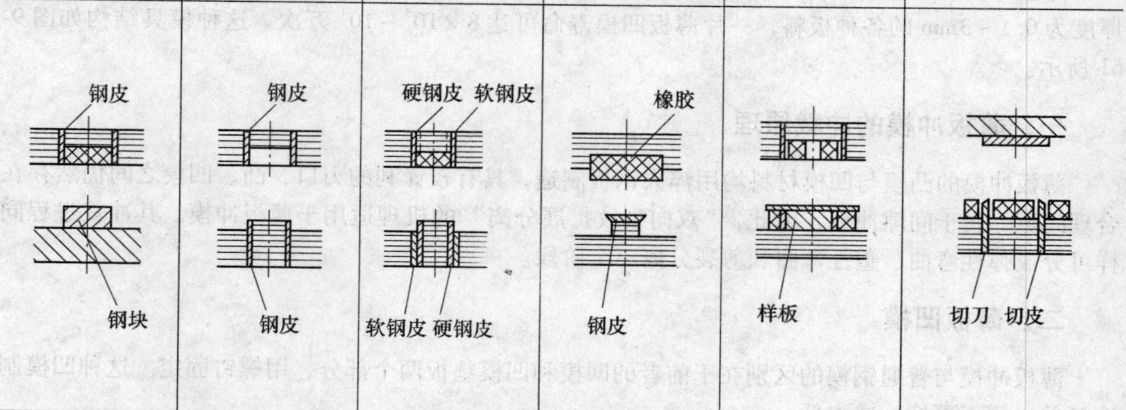

二、凸、凹模尺寸的决定和间隙

钢皮冲模凸、凹模尺寸的决定与一般钢模相同，落料尺寸即凹模尺寸、冲模尺寸即凸模尺寸。由于钢皮是嵌入硬木层压板之中，而且该层压板承受压力后产生一定的弹性，在一定范围内具有自动调节凸、凹模间隙的特性，所以设计时间隙一般取得较小，可按表 9-12 数值选用。

表 9-12　凸、凹模间隙表

材料厚度	凸、凹模间隙(单面)
0.35	<0.015
0.5	<0.025
>0.5	<0.05

三、钢皮刀刃的设计

钢皮刀刃必须有足够的强度、刚度、稳定性和耐磨性。因此，刃口材料要有较好的淬透性。此外还要有一定的韧性，以承受冲击载荷。钢带刀刃采用的材料以及热处理后的硬度由表 9-13 列出。钢皮的厚度取决于冲裁零件的材料种类和厚度，一般情况下，钢皮厚度应略大于冲裁零件的厚度，其最小厚度不得小于 1.5mm。

表 9-13　钢皮材料扩淬火硬度

钢皮材料	硬度(HRC)	备　注
碳素工具钢(T8A/T10A)	60 ~ 62	钢板
弹簧钢(60Si2Mn)	58 ~ 62	钢板
高速钢(W18Cr4V)	60 ~ 64	锯条
钢线		用印刷切刀钢线

冲件与钢皮、顶件器、内外模板的几何关系见表 9-14。钢皮的外伸高度 $h-h_1$ 取为钢皮高度 h 的 1/5 为宜。考虑到钢皮修磨（每次磨削 0.2 ~ 0.3mm）。钢皮的外伸高度应适增加 0.5 ~ 1mm，如图 9-63 所示。

表 9-14　冲件与钢皮、顶件器、内外模板的几何关系　（单位：mm）

冲件厚度 t	钢带厚度 t_1	钢带高度 h	顶件器高度 h_2	模板高度 h_1
$0.5 \leqslant t \leqslant 1.5$	1.5 ~ 2.0	25	8	20
$0.5 \leqslant t \leqslant 3.0$	2.0 ~ 4.0	35	10	28
$3.0 \leqslant t \leqslant 6.0$	4.0 ~ 6.0	45	12	36

钢皮刃口的几何形状有切刀式刃口、直刀刃口和斜角刃口等三种。切刀式刃口形状应采用斜面尖刀（图 9-64）。冲裁有色金属的最佳斜角为 $\alpha = 45°$。常规式和样板式钢皮冲模的刃口与通常模具一样是用 90°直角刃口。

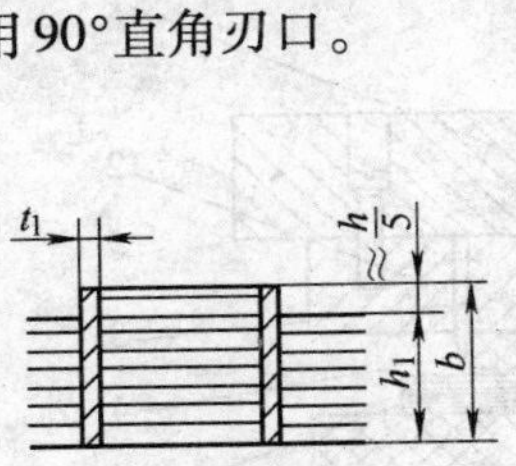

图 9-63　钢皮的伸出高度

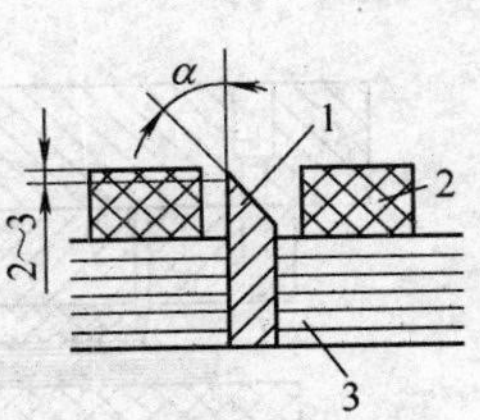

图 9-64　切刀式刃口
1—钢皮刀刃　2、3—内模板

四、内外模板的设计

支撑固紧钢皮刃口的部分称为模板，它是由桦木层压板或硬聚氯乙烯板制成。这两种材料的力学性能见表 9-15。为了确保模板的强度。对于小型钢皮冲模边距不得小于 50mm，大型模具不得小于 100mm。为了使刃口钢皮压入模板牢固紧密，钢皮厚度对刀槽的过盈量应取 0. 2mm。

表 9-15　两种模板材料的力学性能

性　　能	桦木层压板	硬聚氯乙烯板
顺纹拉伸强度极限/MPa	260	63
顺纹压缩强度极限/MPa	160	59. 5
弯曲强度极限/MPa	280	107
冲击强度/kJ/m^2	80	57

五、顶料与卸料

为了使冲件和废料方便取出常用聚氨酯弹性体制成如图 9-65 所示结构的顶料、卸料器。顶（卸）料高度一般高出刀刃 2 ~ 3mm。

六、钢皮冲模应用实例

1）用印刷切刀（钢线）为刃口制造的石棉垫密封圈落料模，如图 9-66 所示。

2）稻壳制环保餐具料皮落料模，如图 9-67 所示。

图 9-67 料皮落料模用聚氨酯弹性体作凹模，一次可切料皮 10 件。

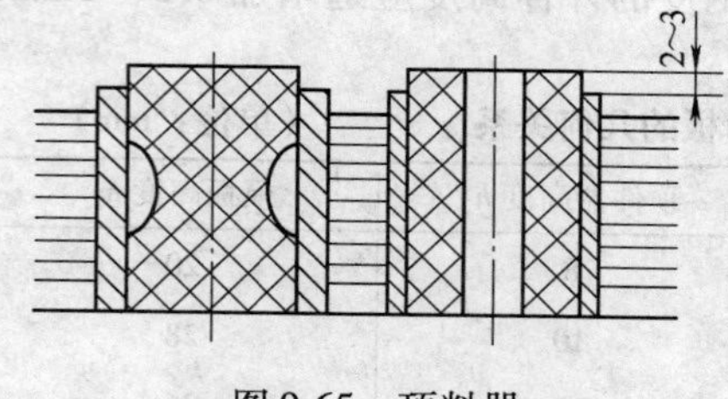

图 9-65　顶料器

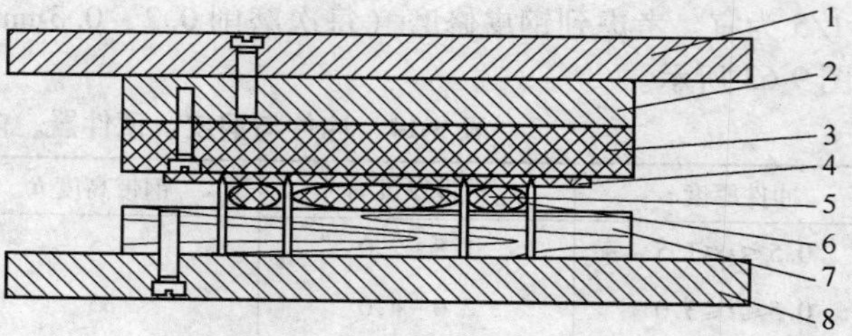

图 9-66　石棉垫密封圈落料模

1—上模板　2—垫板　3—凹模（尼龙板）　4—工件　5—顶件泡沫　6—钢线　7—层压板　8—下模板

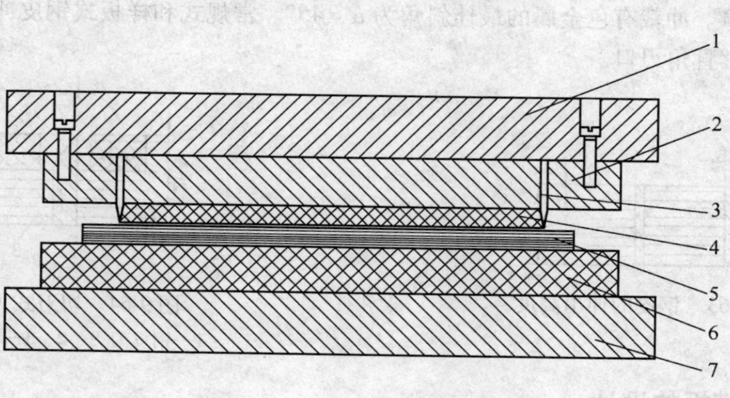

图 9-67　稻壳制环保餐具料皮落料模

1—上模板　2—层压板　3—钢线　4—顶件泡沫　5—工件　6—凹模　7—下模板

第六节　组 合 冲 模

组合冲模是小批试制生产中较理想的先进工艺装备。生产中使用的组合冲模有两种类型（分段冲压和常规冲压）；四种基本结构形式——通用可调式（俗称万能模具）、弓形架式（C形冲孔器）、积木式和通用模架式。

一、通用可调式组合冲模

通用可调式组合冲模属于分段冲压类型，它由剪裁、冲孔、成形等一套（一般8～15副）不同品种规格的单元冲模组成，各单元冲模在结构上采用拼合式，定位元件和工作元件（凸、凹模）可以方便地拆装和调整。

（一）分段冲压的工作原理

分段冲压是将冲压件的形状按几何基本要素分解成直线、圆弧、平面和曲面，按照这些要素设计制造出相应的单元冲模，用各单元冲模按一定的先后顺序对板坯（毛坯）逐次冲压而得到所需要的零件。其典型示例如图9-68所示。

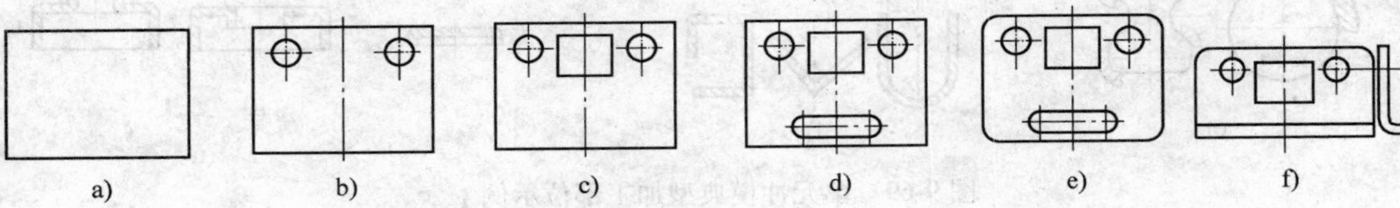

图9-68　分段冲压成形示例

（二）各单元冲模的设计原理

以少量的模具满足多种零件的冲压，是通用可调式组合冲模的根本目的。为此，在设计各单元冲模之前，首先必须对各种冲压件的材料性能、厚度、零件形状和几何要素尺寸（如孔径、圆弧、槽宽、翻宽、弯曲角度、局部成形尺寸）等诸方面情况作全面分析，然后将各几何要素、冲裁间隙等归纳分类，决定各单元冲模的品种规格。设计时必须考虑以下几方面问题：

1）每个单元冲模的使用范围要尽可能广泛。

2）要有足够的强度和刚度，以保证在不同使用条件下的可靠性。

3）凸模、凹模定位准确，稳定可靠，拆装调整方便。

4）用于冲裁的凸模、凹模，要考虑刃磨的可能性和刃磨后复位的方便准确。

5）定位零件拆装方便，调整灵活，工作稳定可靠。

6）冲压操作安全，定位、导向准确稳定，压料、卸料方便。

（三）单元冲模的选配

由于冲压件的材料、形状、结构尺寸等各不相同，它们所要求的单元冲模的品种规格也不完全相同。一般说来，只要配备剪切、冲直角边、冲孔、切槽、冲外圆弧、弯曲、翻边、局部成形等单元模具，就可以满足一般冲压件的加工要求。各单元冲模的加工部位如图9-69所示。

二、弓形架式组合冲模

弓形架式组合冲模亦称C形冲孔器。它的主要功能是冲孔，也可以改变凸模和凹模进行冲槽、切口、冲圆弧、剖切、翻边等冲压加工。它既可以单独使用，也可以把多个弓形架组装在有纵横分布T形槽的长方形基础板或有辐射状分布T形槽的圆形基础板上进行组合冲压，在零件上一次冲出直线分布、矩形分布或圆周分布的多个孔来。这样，既提高加工效率，又可提高孔的位置精度。

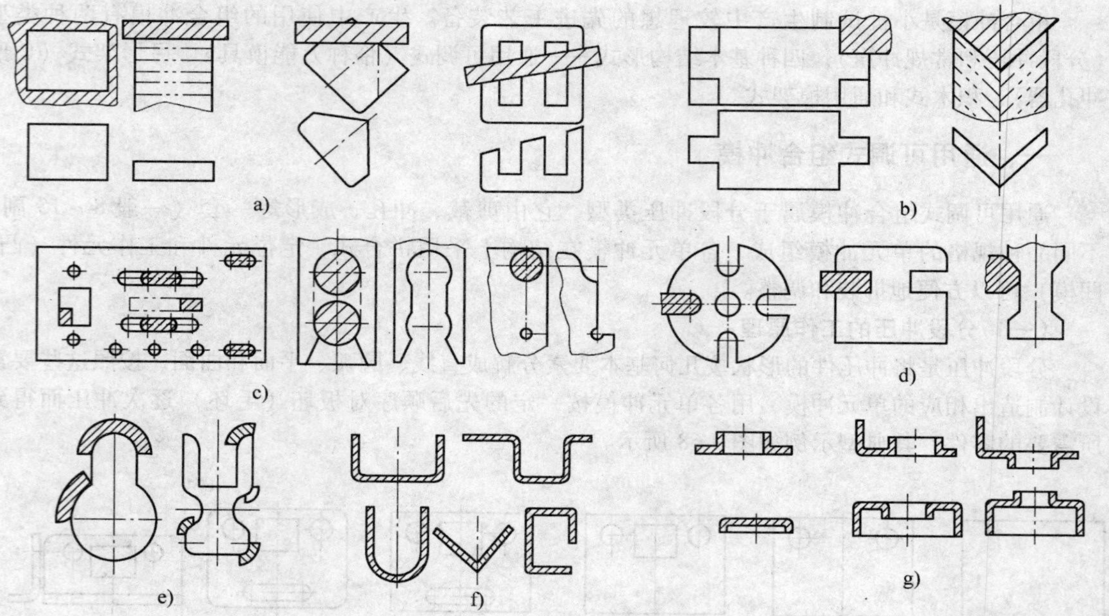

图 9-69　单元冲模典型加工部位示例

a）剪切模加工部位　b）直角边冲切模加工部位　c）冲孔模加工部位

d）冲槽模加工部位　e）外圆弧冲模加工部位　f）弯曲模加工部位

g）翻边模加工部位

图 9-70 是弓形架冲模的典型结构。弓形架也可以做成整体式，弹簧用聚氨酯弹性体代替，也可以使结构更紧凑，刚性和精度更高。

弓形架式组合冲模作多种组合式冲压时，须注意以下几点：

1）各个弓形架冲模的闭合高度要一致。

2）各个弓形架冲模的卸料力基本一致。

3）将冲压行程相近的加工，安排在同一道工序上。

4）根据产品材料特点、孔距精度要求、生产批量大小、生产周期长短，合理选择一次冲压孔数和合理的定位方式。

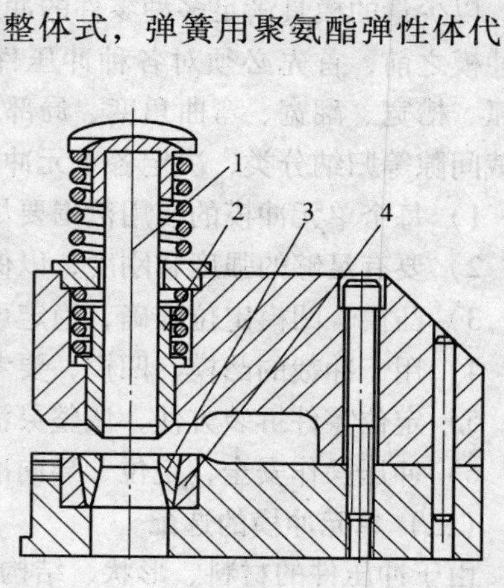

图 9-70　弓形架冲模的典型结构

1—凸模　2—压料器　3—凹模　4—凹模套

三、积木式组合冲模

（一）积木式组合冲模基本概念

积木式组合冲模也是分段冲压类型组合模具。其冲压工艺特点与通用可调式组合冲模相同。但它不以单元冲模配套，而是吸取了组合夹具的结构特点，以不同品种规格的组合元件配套。部分典型元件如图 9-71 所示。选择适当元件，即可组装出需要的模具来。

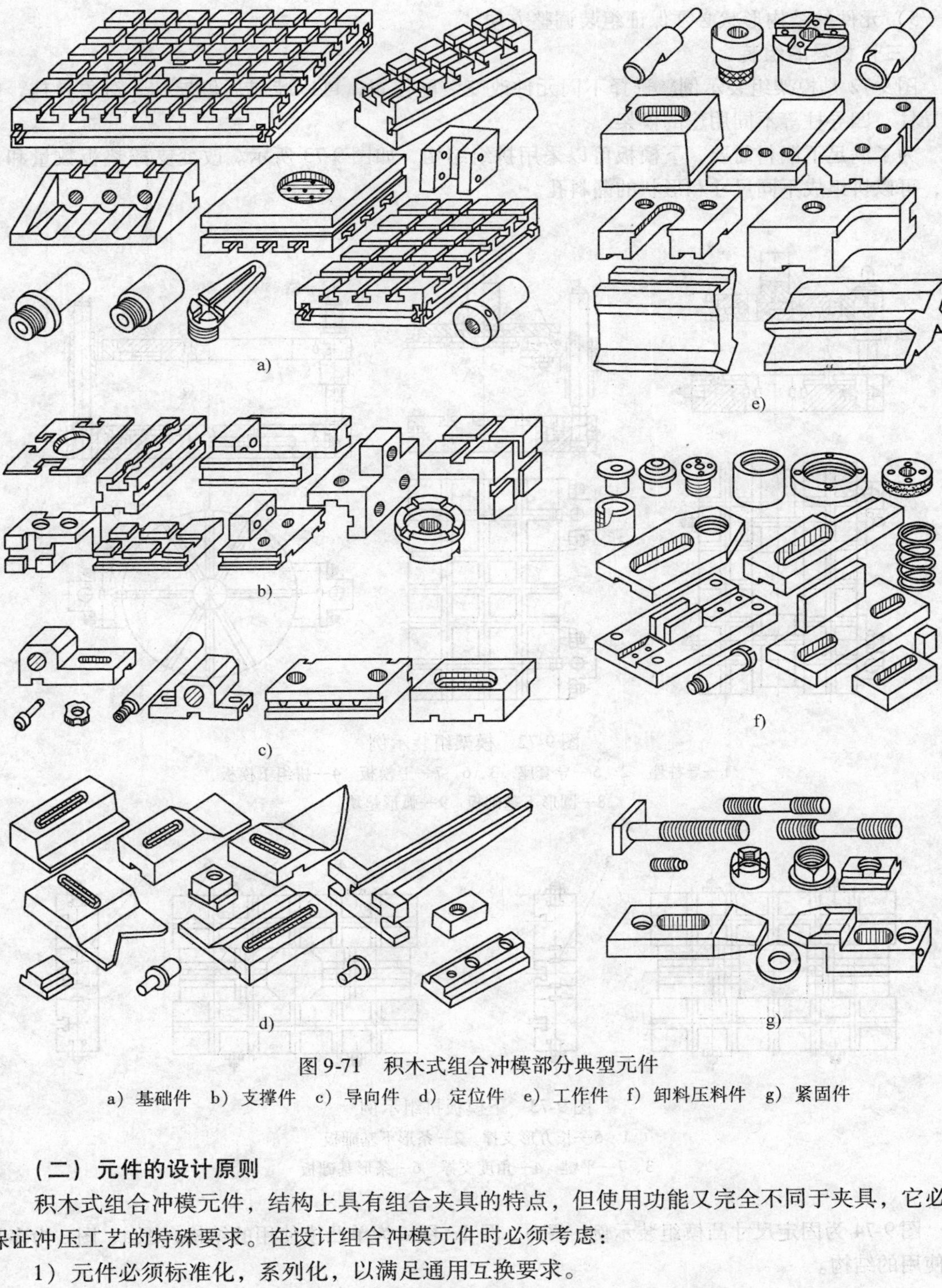

图9-71　积木式组合冲模部分典型元件

a）基础件　b）支撑件　c）导向件　d）定位件　e）工作件　f）卸料压料件　g）紧固件

（二）元件的设计原则

积木式组合冲模元件，结构上具有组合夹具的特点，但使用功能又完全不同于夹具，它必须保证冲压工艺的特殊要求。在设计组合冲模元件时必须考虑：

1）元件必须标准化，系列化，以满足通用互换要求。

2）元件的形位公差，必须保证组装后符合相应的模具精度要求。

3）元件必须有足够的强度和刚度，以承受冲击载荷。

4）基础件、支撑件、工作件等元件是主要受力部件，一般不允许开退刀槽，面与面的交接处应以圆弧（$R0.5mm$）过渡。

5）元件的结构形状必须保证组装调整方便。

（三）模具的组装

图 9-72 是模架组装示例。选择不同元件改变装配位置，可以装成后侧导柱、对角导柱、中间导柱，四导柱等不同用途的模架。

为了满足下漏料需要，下模板可以采用拼组结构，如图 9-73 所示。改变支撑垫板数量和尺寸，可以拼组成不同尺寸和形状的漏料孔。

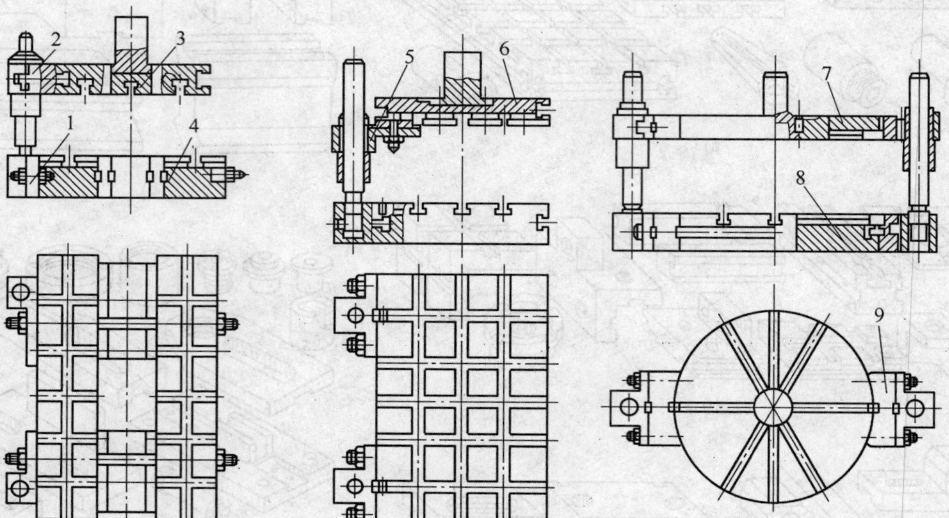

图 9-72　模架组装示例

1—导柱座　2、5—导套座　3、6、7—上模板　4—拼组下模板

8—圆形下基础板　9—弧形垫块

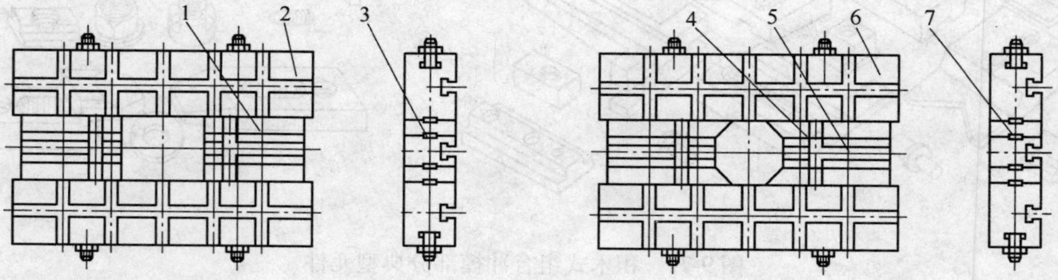

图 9-73　下模板拼组示例

1、5—长方形支撑　2—条形下基础板

3、7—平键　4—角度支撑　6—条形基础板

图 9-74 为固定尺寸凸模组装示例。图 b、图 d、图 e 为单凸模使用的结构；图 a、图 c 为多凸模使用的结构。

图 9-75 是矩形凸模拼组示例，选择不同规格数量的拼块，可组成不同尺寸矩形凸模。

图 9-76 是固定尺寸凹模组装示例。凸模可以装在模架上（冲多孔），也可以直接装到冲床上使用（无导柱结构）。

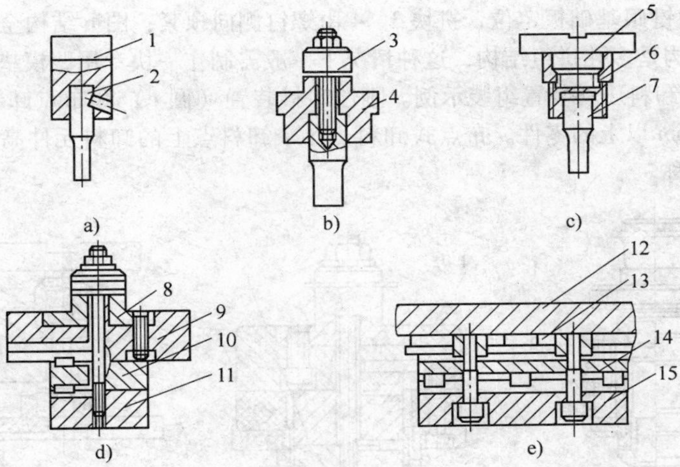

图 9-74　固定尺寸凸模组装示例

1、5—凸模座　2、4、7—凸模　3、8—模柄　6—压圈　9、12—上基础板　10、14—凸模垫块　11、15—短凸模　13—平键

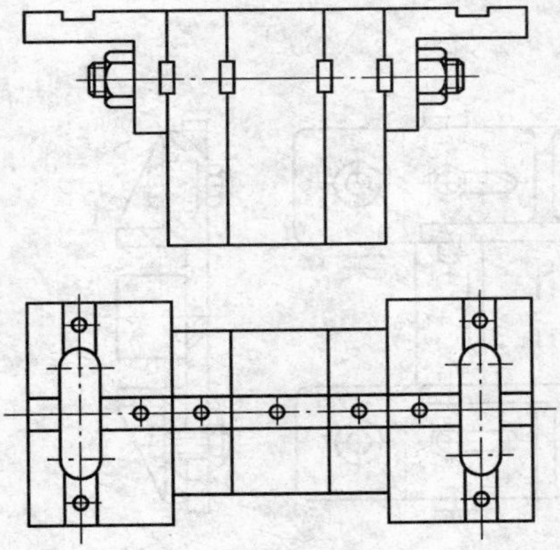

图 9-75　矩形凸模拼组示例

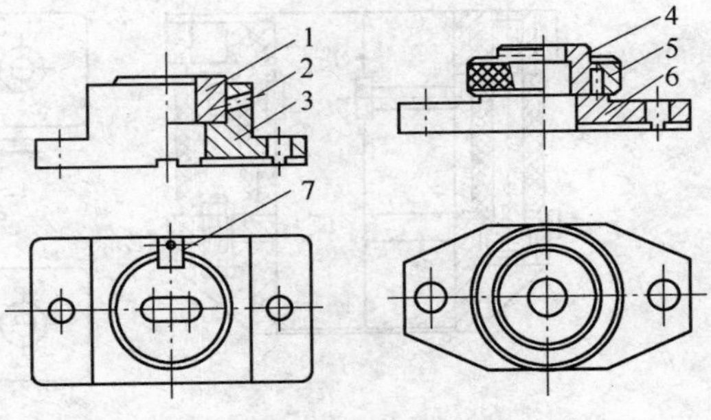

图 9-76　固定尺寸凹模组装示例

1、4—凹模　2—顶丝　3、6—凹模座　5—压圈　7—平键

矩形凹模和多孔凹模，也可以采用拼组结构，如图 9-77 所示。图 a 结构矩形尺寸可以无级

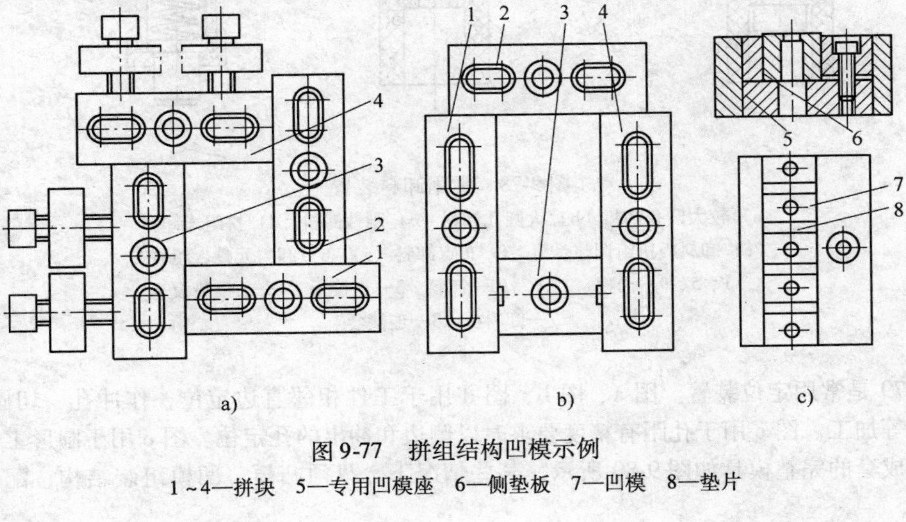

图 9-77　拼组结构凹模示例

1～4—拼块　5—专用凹模座　6—侧垫板　7—凹模　8—垫片

调节，拼块 1、2 由键跟基础板定位，拼块 3、4 由螺钉侧向顶紧；图 b 结构全由键定位，只能按档次调节；图 c 结构是多孔拼组结构，这种情况下一般需制作一块专用凹模垫板。

图 9-78 为常用卸料压料装置组装示例。刚性卸料装置（图 c）和布点卸料装置（图 f），一般适合冲压料厚 1mm 以上的零件。布点式卸料，各个卸料点上的卸料元件高度要基本一致，布点位置尽量均衡对称。

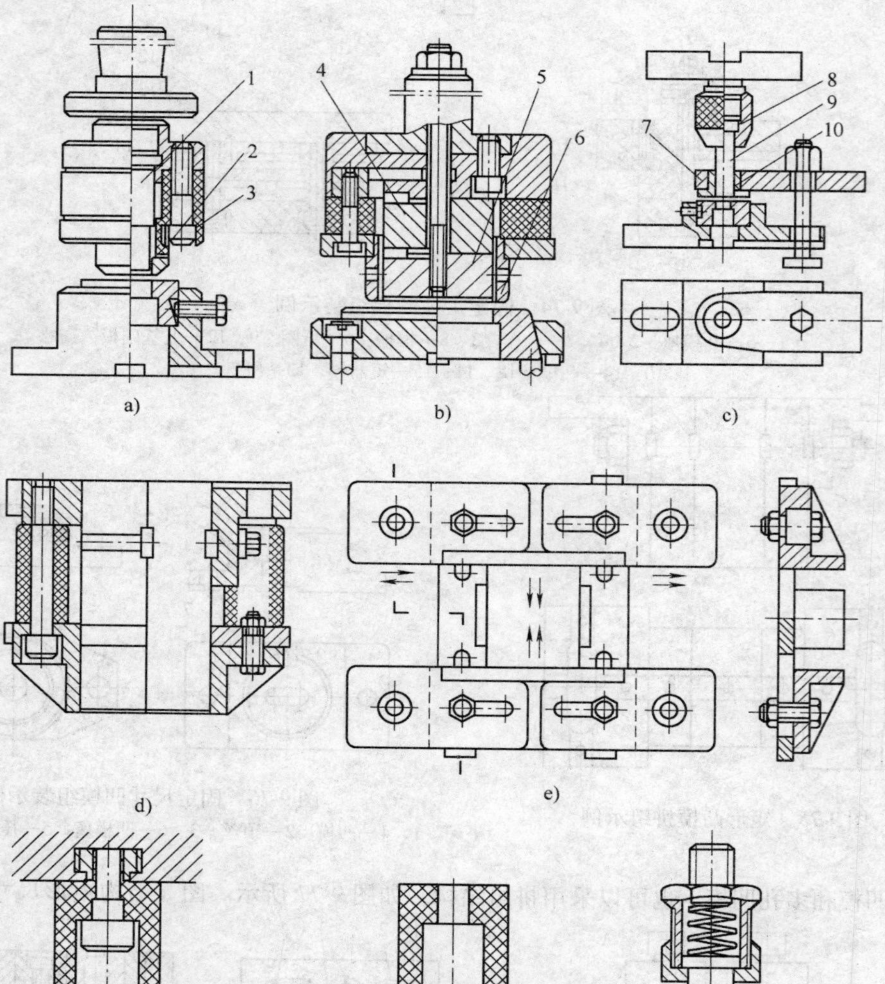

图 9-78　常用卸料装置

a）较大圆孔卸料　b）大圆孔卸料　c）刚性卸料　d）拼组式卸料
e）卸料板拼组调整示意　f）布点卸料　g）布点卸料元件、组件
1、5、9—凸模　2、6、10—卸料　3—连接板　4—凸模垫板
7—卸料板　8—连接套

图 9-79 是常用定位装置。图 a、图 b、图 d 用于工件相邻直边定位，作冲孔、切圆、冲槽、局部成形等加工。图 c 用于孔距有精度要求时以侧边和冲出的孔定位。图 e 用于圆形工件定位。

组装成套的完整模具如图 9-80 所示，某些情况下，只须凸模、凹模组装结构，配以卸料装置，就能进行冲压加工，如图 9-79a 和 c。

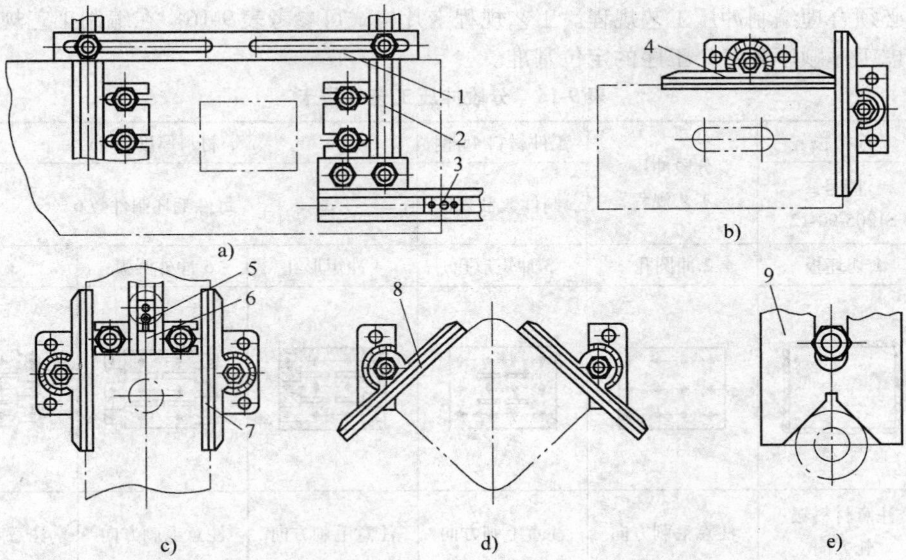

图 9-79　常用定位装置组装示例

1—定位板　2、6—槽形定位支座　3、5—弹性挡料销

4、7、8—角度定位器　9—V 形定位板

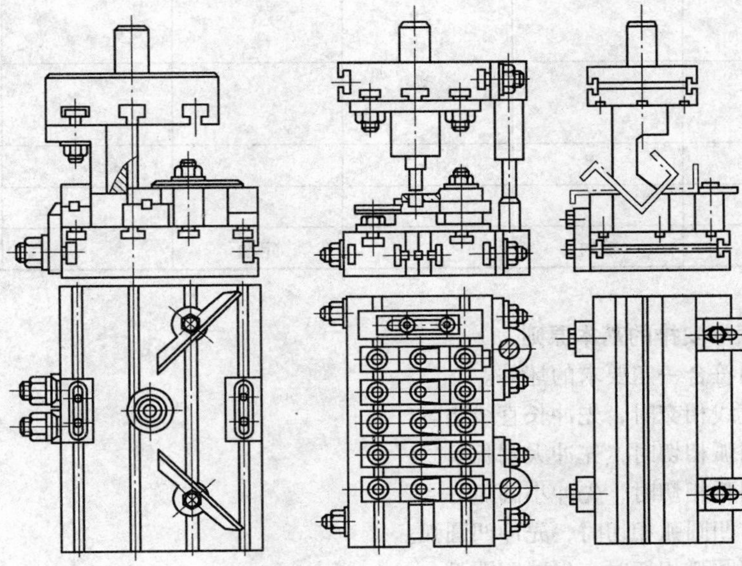

图 9-80　积木式组合冲模组装典型结构

a）切圆角冲模　b）刚性卸料多孔冲模　c）直角折弯模

四、分段冲压工艺要求

由于分段冲压是多套模具多道工序逐段冲压成形，所以能否顺利地冲出满足要求的零件来，

在很大程度上取决于冲压工艺安排的合理与否。为了保证零件的质量，在采用分段冲压类型组合冲模时，必须合理编制冲压工艺规程。工艺规程卡片格式可参考表9-16。在编制工艺规程时，必须慎重考虑工序顺序和各个工序的定位基准。

表9-16　分段冲压工艺规程卡

工件名称	连接板	分段冲压工艺规程	工件材料45钢	材料厚度2mm		
	图号 S1205-90-12		制件数量260	每件毛坯制件数6		
工序名称	1 切坯板	2 冲圆孔	3 冲矩形孔	4 冲矩形孔	5 冲外圆弧	6 切断
工序草图		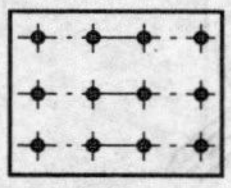	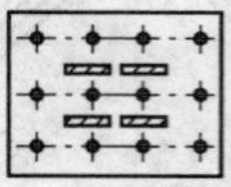	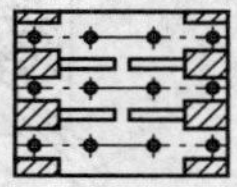	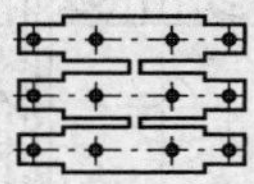	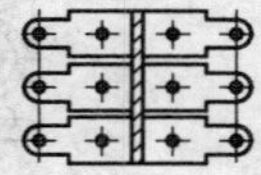
加工要求	注意材料辗轧方向	注意毛刺方向	注意毛刺方向	注意毛刺方向	注意毛刺方向	注意毛刺方向
使用模具	切断模或拼组落料模	冲孔模	冲孔模	冲槽模	外圆弧冲模	切断模或冲槽模
使用设备						
制造工时定额						
制造工时实作						
加工者						
检验						
工艺员		校对		定额		备注

（一）工序顺序安排的基本原则

1）首先冲制符合一定要求的坯件。

2）直线和直线相交时，先冲长直线边。

3）两个凸圆弧相切时，先冲大圆弧。

4）两个凹圆弧相切时，先冲小圆弧。

5）凸圆弧与凹圆弧相切时，先冲凹圆弧。

6）直线与凹圆弧相切时，先冲凹圆弧。

7）直线与凸圆弧相切时，先冲直线。

8）在确保孔位置和孔大小前提下，尽量先冲裁后弯曲或成形。

（二）选择定位基准的原则

1）尽量选择冲件图样上的设计基准作加工定位基准。

2）尽可能选择工件上较长的直边外形作加工定位基准。

3）尽可能选择多道工序中能通用的基准。

4）对圆形或冲裁部位具有回转中心的工件，尽可能选择中心孔作基准定位。

5）对于找不出合适的定位基准的工件，应保留坯件上的局部直边或增加工艺基准面，待其主要形状和尺寸加工完后，切除多余的定位面。

对一些特殊冲件，可采取套板定位加工，样板定位加工，合并加工，接刀冲压，槽变孔切余量加工等。

五、通用模架式组合冲模

（一）通用模架式组合冲模的结构原理

分段冲压改变了常规冲压的方法和习惯，这种类型的组合冲模，实现了冷冲模具通用化。但它只适宜于形状简单，精度要求不高，材料不太薄（0.6～3mm），批量较小的冲压件加工。大部分冲压件，往往都是形状较复杂，精度要求较高，材料较薄，批量较大，分段冲压就难以适应。从而产生了结构组合化，冲压工艺常规化的通用模架式组合冲模。

从分析冲压特征入手，得出了分段冲压工艺方法，产生了分段冲压类型的几种组合冲模；从分析模具入手，是实现冲压工艺常规化，模具结构组合化（通用模架式组合冲模）的主要途径。不同的冲模，尽管零部件的品种、规格和数量差异很大，但就其作用而言，不外乎两种类型的零件：一类是直接与冲压件形状尺寸相关的零件——凸模、凹模、压料卸料板等；另一类是完善模具功能的零件。一副模具中，后者占绝大多数，如果将它标准化、通用化，使其成为能互换组合反复使用的通用零件称其为组合冲模通用件，那么，在制造新模具时，只需制造少量的凸、凹模等专用件（称组合冲模专用件，预制成标准毛坯备用），这样就缩短了制模周期，降低模具成本，同时又不失去常规专用冲模应有的优点。在这种指导思想下设计的通用模架式组合冲模，是综合了导柱模、导板模和浮动式凸模的基本结构原理的新型冷冲模具。

（二）通用模架式组合冲模的主要特点

图 9-81 是用通用模架式组合冲模组装的冲孔落料复合模。图 9-82 是组装这套模具的主要通用元件和全部专用元件。图 a 是构成模架的元件，图 b 是支撑和连接专用元件并传递动力的元件，图 c 是专用元件（凹模、导向卸料板、凸凹模、顶件器、凸模）。

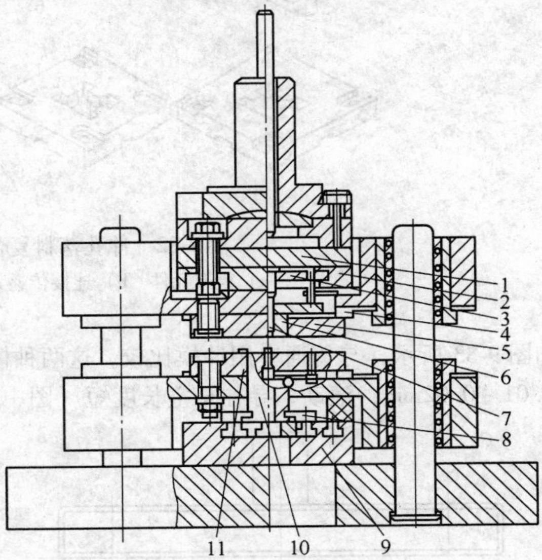

图 9-81　冲孔落料复合模典型示例

1—垫板　2—凸模固定板　3—凸模卡板　4—键　5—导向卸料板　6—顶件器　7—凸模　8—压板　9—凸凹模支撑　10—凸凹模　11—凹模

由图 9-81 和图 9-82 可以看出，这种模具既非专用模具，又非标准模架或一般的通用模架，它既有组合的特点（全部元件可以拆装），又具有专用冲模的使用优点。与分段冲压类型组合冲模和常规专用冲模比较，通用模架式组合冲模有以下主要特点。

1）不必分段冲压，不受冲件形状、精度、料厚、批量限制。

2）改变了专用模具的结构和装配定位方式，使得各个元件可以反复拆装、互换，并提高了模具工作精度。

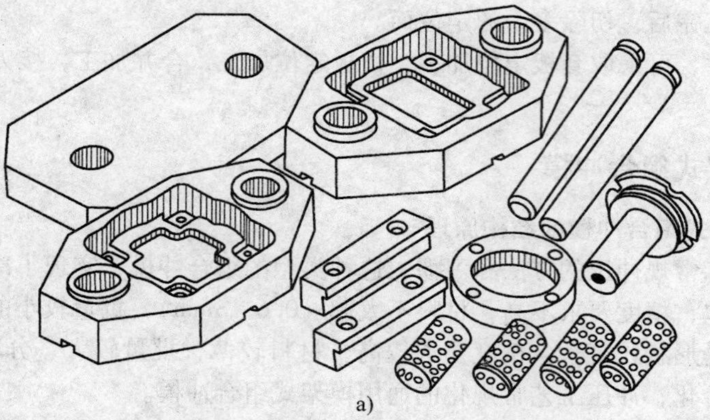

a)

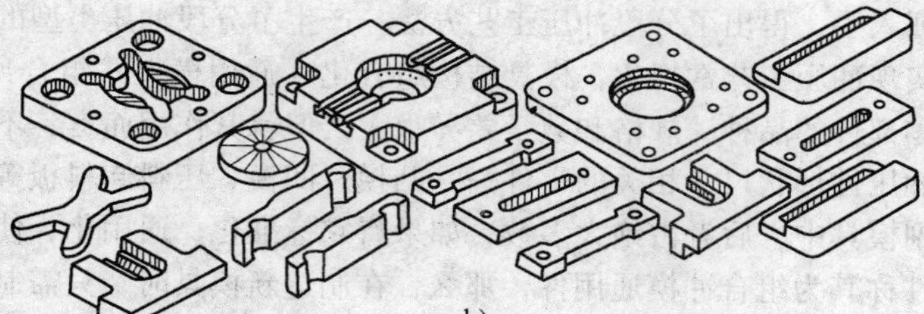

b)

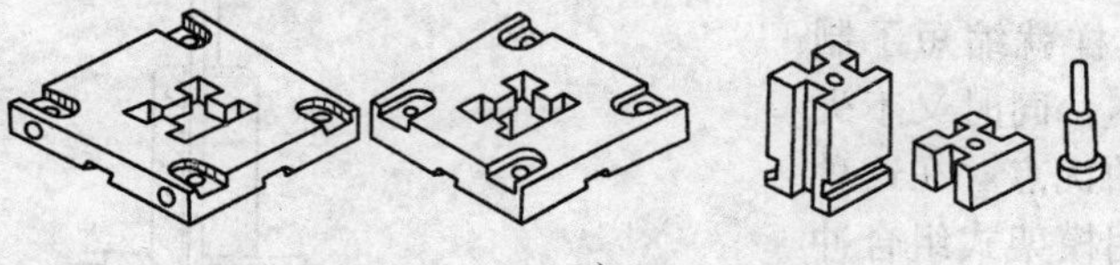

c)

图 9-82 冲孔落料复合模主要元件

a）模架元件 b）连接传递元件 c）专用元件

如图 9-83 所示，与普通专用冲模比较，这两种模具的导柱与导套之间通过钢球成过盈（过盈量 0.01 ~0.02mm）滚动，导柱悬空长度短（图中 L），从而提高了模架工作精度。

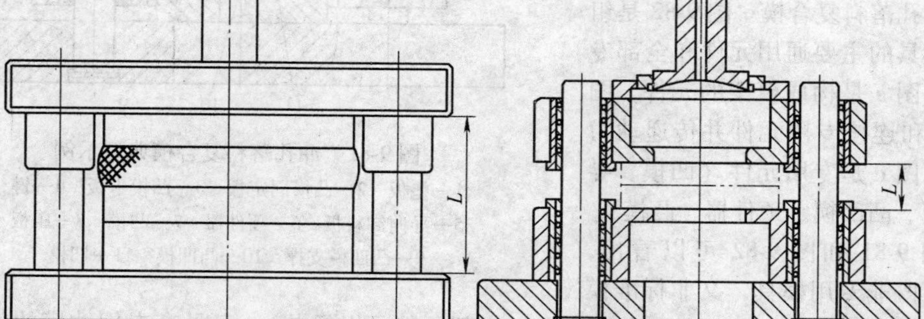

a) b)

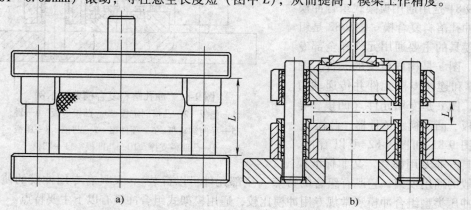

图 9-83 两种模具的模架结构

a）专用模具模架 b）组合模具模架

所谓浮动凸模（凸凹模），就是凸模（凸凹模）在其固定板中可以浮动（图 9-84），凸模

(凸凹模) 的工作位置由导向板 (复合模中的小凸模由顶件器和凹模) 来决定。

凸模 (凸凹模) 采用浮动式结构有两方面意义：一是使凸模连接板可以通用；二是使凸模在浮动状态下工作，产生冲裁间隙动态平衡，达到自动调整冲裁间隙均匀的目的。这种结构的卸料板既起卸料作用，又起凸模导向作用 (称作导向卸料板)，它与凸模间的间隙按下式选取。

$$C_{导}=KC_{冲}$$

式中　$C_{导}$——最大初始导向间隙 (mm)；

$C_{冲}$——最小初始冲裁间隙 (mm)；

K——系数，一般取0.2～0.5，冲裁间隙大时取小值，冲裁间隙小时取大值。

冲孔——落料复合模中的小凸模由顶件器导向，这种情况下的导向间隙应是小凸模与顶件器的间隙加上顶件器与凹模间隙之和如图9-81所示。

凸模 (凸凹模) 常用连接形式如图9-85所示。无论采用哪种形式，都必须保证凸模在引导孔中能自由移动；轴向要有0.01～0.05mm浮动间隙。

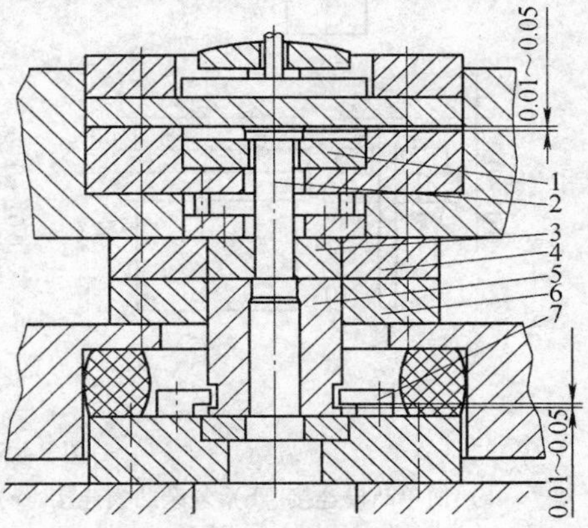

图9-84　浮动凸模 (凸凹模) 连接定位示意
1—凸模卡板　2—凸模　3—顶件器
4—凹模　5—凸凹模
6—导向卸料板　7—压板

3) 导向卸料板和凹模在上、下模板上的定位，通常采用键定位 (图9-81)，或者用环氧树脂填充螺栓与其过孔间的间隙，使螺栓既起连接作用，又起销钉定位作用。在冲裁薄料的封闭 (或非封闭对称) 形状冲件时，亦可采用过紧螺栓的方法，不需另加定位措施。这种情况下，使用时应随时注意冲件毛刺变化情况。

(三) 元件设计要求

(1) 通用元件设计要求　为了达到通用元件互换和反复使用的目的，通用元件必须高寿命、高精度、高强度、良好的稳定性、耐蚀性和耐磨性。

1) 模体基础板 (组装上、下模板) 等元件通常采用20CrMnTi渗碳淬火表面58～62HRC；心部35～45HRC；紧固螺栓用40Cr淬回火40～45HRC；导柱导套采用GCr15淬回火60～64HRC。

2) 各元件的形位公差，必须保证组装后满足冷冲模国家标准要求，其模架达到GB2854—1996OI级要求。

3) 所有元件上的螺纹孔或螺栓过孔的位置度误差不大于最小过孔 (有时螺栓通过几个元件) 与螺栓最大直径之差的1/3。

4) 除螺栓螺母外的其余通用元件均需人工时效。

5) 表面粗糙度 Ra 值大于0.8μm的面均需发黑处理。

(2) 专用元件设计要求　专用元件主要指凸模、凹模、导向卸料板 (复合模还包括凸凹模、顶件器)。凸模、凹模的冲裁间隙按一般专用模具要求选取 (见本书第二章)，导向间隙按本节浮动凸模 (凸凹模) 导向间隙要求选取。

带十字键槽的凹槽、导向卸料板上的十字槽槽宽精度不低于H7，两槽相互垂直度不低于3级 (GB 1184—1996《形位和位置公差未注公差的规定》)。

无键槽的凹模、导向卸料板在螺栓过孔侧面作环氧树脂浇注孔，其轴线与螺栓过孔轴线错开0.5～1mm (见图9-86的 K-K 视图)。

凸模及凹凸模的连接形式如图9-85所示，当冲件材料较厚时，在连接处应按图9-87制作过渡圆弧 ($R\geqslant1$mm)，以避免应力集中。

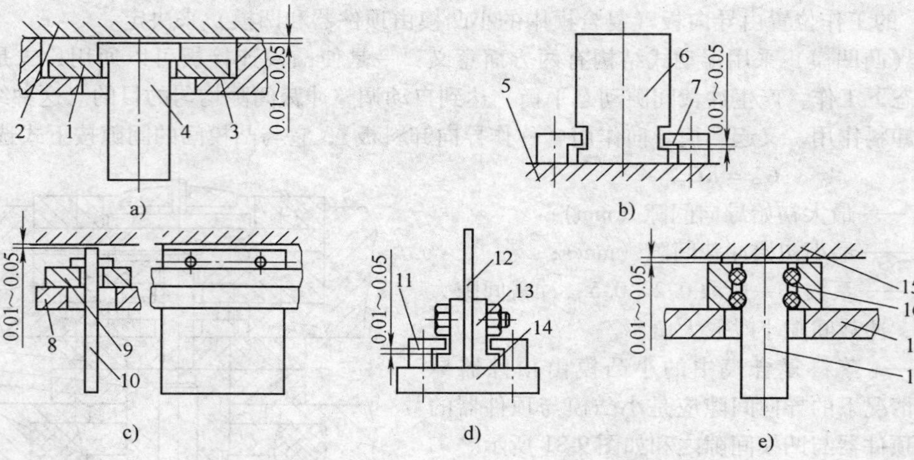

图 9-85　浮动凸模连接形式

a）简单凸模连接　b）复杂凸模连接　c）窄长凸模连接　d）系窄凸模连接　e）复杂多凸模连接

1、9—卡极　2、15—垫板　3、8、17—凸模连接板　4、6、10、12、18—凸模

5、14—垫板（凸凹模支撑）　7、11—压板　13—凸模夹板　16—粘接剂

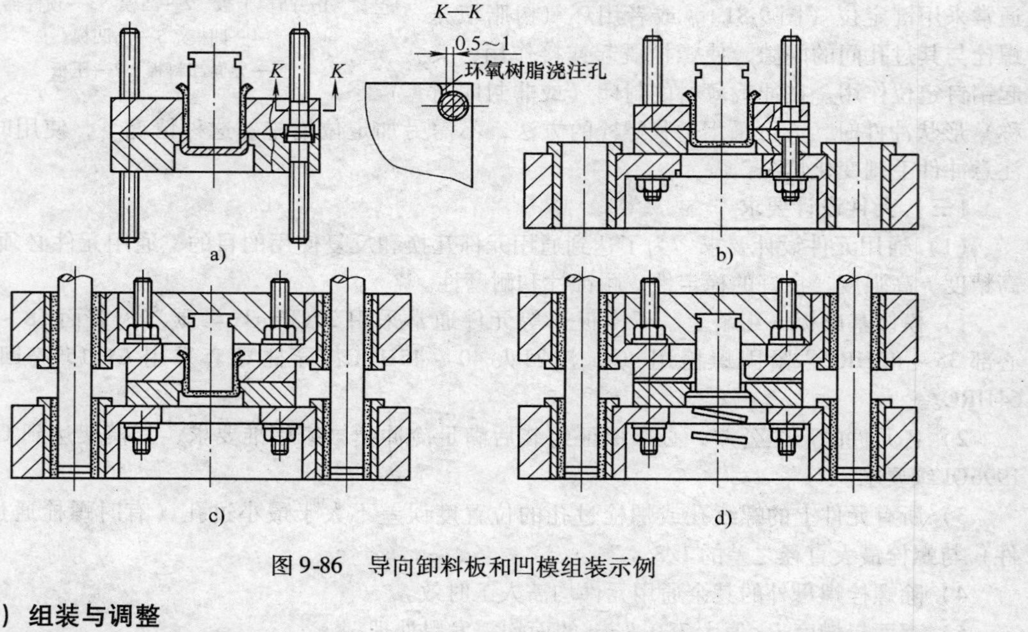

图 9-86　导向卸料板和凹模组装示例

（四）组装与调整

和导板模类似，通用模架式组合冲模组装调整的关键，是保证导向卸料板和凹模的准确工作位置。键定位的导向卸料板的凹模，型腔与键槽的位置关系，由线切割加工时靠夹具和机床保证，装配时一般不需调整。

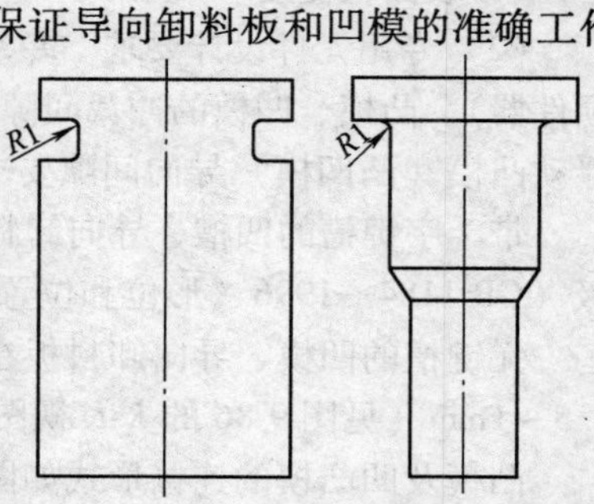

图 9-87　凸模（凸凹模）过渡圆角

无键定位情况，可按图 9-86a 放好螺栓垫好冲裁间隙和导向间隙（若是导向间隙太小可不加垫）；按图 9-86b 装在下模基础板上，螺母不宜拧得太紧；按图 9-86c 装上导向元件和上模基础板，适当调整，使螺栓与过孔周边都有间隙，然后拧紧各螺母；拔出凸模，去掉垫物，凸模（凸凹模）能松

快地通过导向板进入凹模后按图 9-86d 用纸片、铜皮等试冲，精调间隙均匀后，进一步拧紧螺母，用医用注射器注入配好的环氧树脂，以竹签木签等堵注浇注孔，树脂固化后（2~3h）将其他元件装完组成完整模具。

六、组合冲模的应用

只有根据冲压件的形状、尺寸、精度、材料特性及生产批量等合理地选择组合冲模的形式，才能发挥组合冲模的良好经济效益，否则将造成严重浪费。图 9-88 和表 9-17 为四种形式组合冲模主要特性比较。一般来说，通用可调式、积木式、弓形架式组合冲模适合小批量，精度不高，形状简单的冲压件加工；通用模架式组合冲模适合中等批量，形状复杂，精度高的冲压件加工，其最小批量可按下式计算

$$Q \geqslant K_1 K_2 B \frac{100}{t}$$

式中　Q——冲件最批量；

t——材料厚度（mm）；

K_1——冲件形状修整系数；

K_2——冲件材料修整系数；

B——单位厚度（mm）。

K_1、K_2 数值分别按表 9-18 和表 9-19 选取。

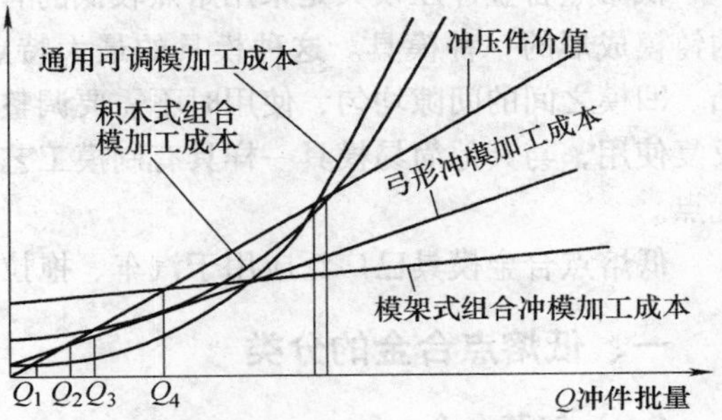

图 9-88　四种形式组合冲模经济特性曲线

表 9-17　组合冲模性能比较

	通用可调式	弓形架式	积木式	通用模架式
结构特点	由 8~15 套单元冲模配套组成流水作业线	由不同规格数量的弓形架和基础板配套使用	由数千件各类元件配套，随时组装模具	由一套或数套模架，配以适当附件用线切割配合加工专用件，组装成模具
工艺特点	分段冲压	分段或常规冲压	分段冲压	常规冲压
生产效率	低	一般、较高	低	高
冲压件精度	低	一般	低	高
对冲压工的技术要求	高	一般	高	低
使用范围	0.6~3mm 板件冲孔，槽和简单形状冲裁，成形加工	主要用于板件冲孔、槽	同通用可调式	2.5mm 以内各种精度较高形状复杂零件的冲裁
适用生产批量	50~200	不限	50~200	数百~上百万
设备占用量	大	小	小	小
一次性投资	较大	小	大	小
管理方式	建立冲压中心	建站或投放车间使用	建站组装	建站组装

表 9-18　K_1 系数值

	复杂形状	矩形	非金属
K_1	1	1~1.5	1.5~2

表 9-19　K_2 系数值

	金属		非金属	
t	<1	≥1	≤1	>1
K_2	1	1.5	1.5	1

第七节　低熔点合金模具

低熔点合金冲压模具是采用熔点较低的有色金属合金作为铸模材料，以样件为基础，在熔箱内铸模成形的一种模具。这种模具的最大特点是凸、凹模可以通过铸模同时形成；铸造模后，凸、凹模之间的间隙均匀，使用时不需要调整；在压力机上可直接铸模，铸后即可使用；材料可反复使用，与其他简易模具一样具有制模工艺简单，周期短，成本低，有利于提高产品的质量等优点。

低熔点合金模具已广泛应用于汽车、拖拉机、家电、日用五金，陶瓷和橡胶等工业部门。

一、低熔点合金的分类

（一）铋基合金

这类合金中的铋可以与锡、铅、锌、锑、镉、铝、铜、镁等组成二元、三元、四元或五元合金。由于组成元素的不同合金的熔点为 47～270℃参见表 9-20。

（二）锡基合金

锡基合金以锡、铅为主体，由于不含铋，所以冷凝时有冷缩性。

（三）铅基合金

这种合金以铅、锡为主体，可与铋、锌、锑和镉组成三元或四元合金。它的特点是凝固的温度范围较宽。

各种低熔点合金的组成、性能见表 9-20。由表可知，由于铋的膨胀率可达到 3.32%，为其他元素不具备，所以铋合金应用较多。

二、低熔点合金成形模的设计原则

设计制造低熔点合金模具应考虑有关铸造工艺和成形设备的种类。制模过程分为在专用模架上铸模；把熔箱、上模等安装在普通压力机上铸模；在机下铸模，然后再安装到压力机上使用几种。

所有低熔点合金模具都是依靠样件铸模，样件可以用金属材料、非金属材料（玻璃钢）或工件改造制成。样件的形状尺寸根据模具型腔而定，它的精度和表面质量决定着模具型腔的精度和质量。

设计样件必须满足以下要求：

1）样件应根据产品零件图（工艺模型）设计，必须具有正确的几何形状和精度尺寸以及表面粗糙度。

2）应具有一定强度和刚性，保证在铸模过程中不变形，为此须设计加强筋。

3）样件厚度必须均匀，与工件的厚度相等。

4）样件应设有一定数量的合金溢流孔。

5）应设合理的脱模斜度，一般取 1°～3°，大件取 3°～5°，避免倒锥现象发生

三、低熔点合金模具的铸模工艺

低熔点合金模具的铸模工艺分自铸模和浇铸模两大类。

把熔箱内的合金熔化，浸放样件及凸模连接板，待合金冷却后分模，样件将合金隔成凸、凹模，这种铸模工艺称为自铸模如图 9-89 所示。如果自铸模在压机上进行、称为机上自铸模，在压机下进行称为机下自铸模。

把样件和其他零件预先安装、调整好位置，将熔化的合金浇入型腔内，合金冷却后分模，由样件将合金分隔成凸、凹模。这种铸模工艺称为浇铸模（图 9-90）。此过程在压力机上进行称为机上浇铸模；在机下进行称为机下浇铸模。

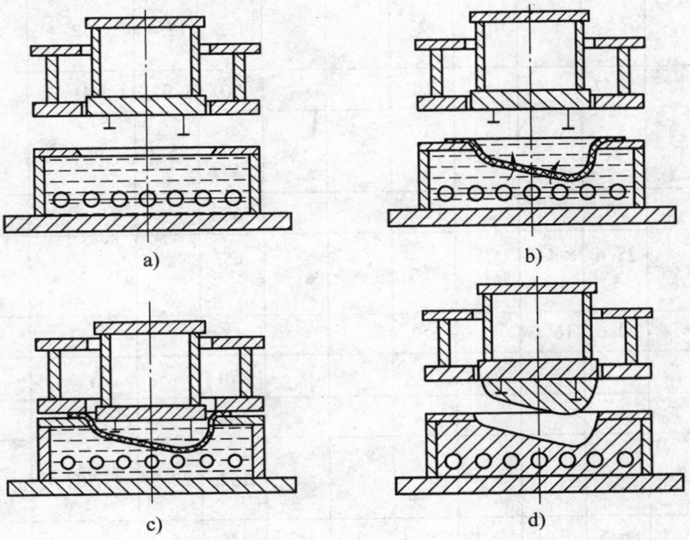

图 9-89　自铸模工艺示意图

a）熔化合金　b）浸放样件　c）合模冷却　d）分模成形

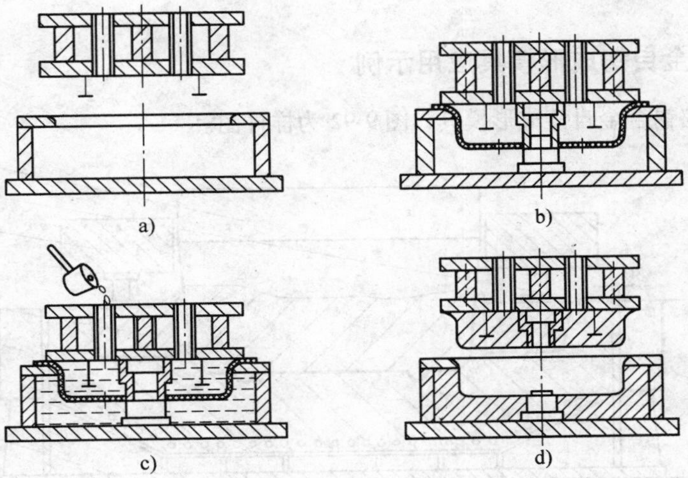

图 9-90　浇铸模工艺示意图

a）铸模型腔　b）在型腔内装样件　c）浇注合金　d）分模成形

表 9-20　常用低熔点合金的成分及性能表

分类	化学成分(质量分数,%)									熔点 ℃	力学性能			冷凝时膨胀或收缩	备注
	Bi	Sn	Sb	Pb	Zn	Al	Cd	Cu	Mg		硬度 HBW	强度极限 σ_b/MPa	伸长率 δ(%)		
铋基合金	58	42								138	24.6	57.2	11.25	膨胀	
	70		10	20						143					
	57	42	1							136	22.5	76			成形模材料
	56	42					2			135	17.4	72	5		成形模材料
	50	13.3		26.7			10			70	9	41			弯管填料
	44	50	6							170	25.1	95.4		收缩	成形模材料
	50	12.5		25			12.5			68					
	48	12.77		25.63	4		9.6			65					
	44.7	11.3		22.6	16.1		5.3			47					
锡基合金	30	70								170					
	42	58								139					
	46	52	2							152	22.5	78		收缩	成形模材料
铅基合金			13.5	86.5						245					
	12.5	37.5		50						178					
	34.9	20.1		35.5						80					

四、铋锡合金自铸成形模具应用示例

图 9-91 所示铋锡合金自铸成形模具，图 9-92 为样件图。

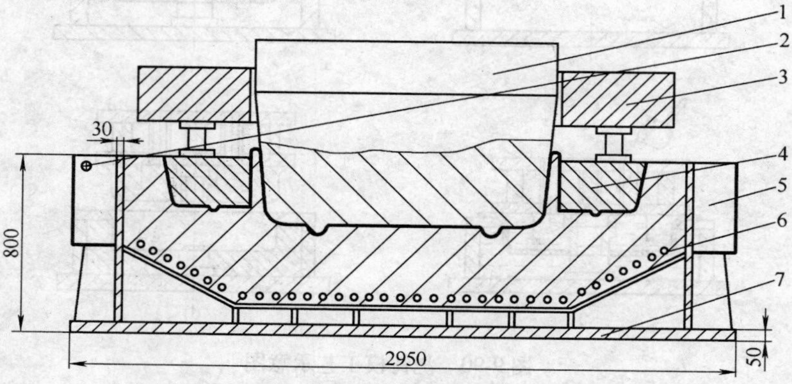

图 9-91　铋锡合金自铸成形模具

1—凸模　2—进水孔　3—压边滑块　4—压边圈　5—水槽　6—加热管　7—底板

（一）样件的设计及制作

样件如图9-92所示。样件用1mm钢板制作，由于在铸模过程中样件要浸入熔化的合金，密度很高的液态合金将通过小孔进入样件，在样件上设计加强筋提高刚性，样件底面钻出$\phi3\sim\phi6$mm溢流孔，它的作用是使液态合金自动流入样件充满整个样件。样件的竖直面必须有脱模斜度1°~3°（图9-94）样件侧壁光滑、无倒锥，表面用油膏刮平、烘干、磨光。

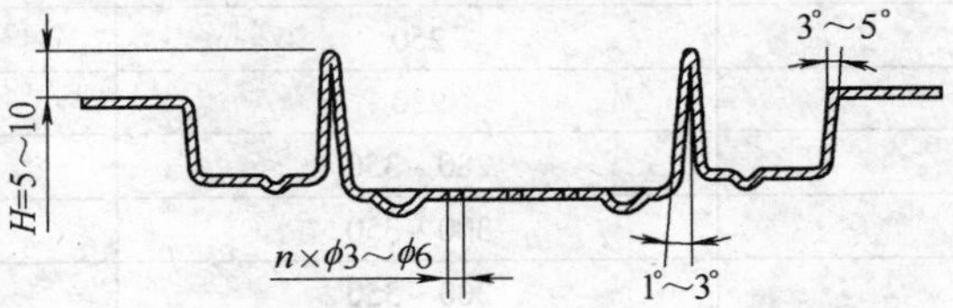

图9-92　样件图

（二）熔箱

熔箱尺寸根据最大工件尺寸确定，由于具有通用性，有效尺寸为2750mm×1800mm×800mm合金容量2.289m^3。可熔铋锡合金19.9t。

（三）应用操作

按图9-91铋锡合金成形模制模，凸模、凹模、压边圈、一次成形。操作过程是：

1）打开电源通电，放下样件。

2）压机压边滑块、凸模下行到位，停机。

3）断电，开冷却水，不断冷却循环使合金凝固。

4）冷至常温、起模。

5）取出样件。

6）修模。

7）试模。为提高冲件精度将试模第一代制品又作为样件重复操作过程，压出来的零件质量更好。

第八节　超塑性制模

利用金属超塑性的特点，即低的变形速度和高的塑性，可以降低金属的变形抗力，比较容易地挤出各种形状复杂的零件。采用超塑性加工工艺制造模具型腔可以缩短制模周期，降低型腔制造成本，为新产品试制提供了方便。

利用金属超塑性特点制作的模具型腔主要用于塑料模、成形模、橡胶模等型腔。用于超塑性制模的材料有碳钢、轴承钢以及锌铝合金、黄铜等。

一、塑性与超塑性

金属受外力作用，在完整性不破坏的条件下，产生永久变形的性能称为塑性，通常用伸长率δ来表示。一般黑色金属在室温下δ为30%~40%，铝、铜等有色金属δ约为50%~60%，在高温下也难超过100%。

然而，金属或合金在特定的组织结构、变形温度和变形速度条件下，则可以呈现出异常高的塑性，变形抗力也很小、伸长率可以达到百分之几百、甚至为1000%~2000%以上，称金属或合金的这种性质为“超塑性”。例如Zn-Al22合金在250℃时伸长率可达1500%以上，$\sigma_b=2$MPa；Ti-6Al-4V合金在950℃时伸长率可达1600%，$\sigma_b=10$MPa。表9-21列举了一部分超塑性材料的延伸率和试验温度。

表 9-21　部分超塑性材料延伸率

材　料	试验湿度/℃	最大伸长率(%)
Zn-Al 共析合金	250	900
Zn-Al22	250~300	1500
Zn-Al-Cu4	250	1000
Zn-40% Al	250	700
Zn-0.2% Al	230	465
Zn-Al4-1	280~350	2000
ZnAl5	300~350	2400
ZnAl5-0.03Mg	300~350	3200
Al-6% Cu-0.5Zn	450~480	>1000
工业纯钛	880	796
超高碳钢 Fe-1.3% C	650	470
低合金钢	800~900	400
轴承钢 Fe-0.1% C-1.5% Cr	700	543
超高碳钢	650	817
黄铜 Cu-41% Zn	620	>500
Zn-Al-0.2Cu	250	1080

二、超塑性现象的特点

(1) 大变形　金属在超塑性状态下，可以承受大变形而不破坏，对于复杂形状的零件可以实现一次成形而不需要预成形工序。

(2) 无缩颈　超塑性材料在拉伸试验时，均匀变形能力极好，抗缩颈能力强，断面收缩均匀地分布到整个变形区而无集中缩颈产生。

(3) 小应力　材料进入超塑变形稳定阶段后不存在应变硬化，金属的变形抗力很小。如 Zn-Al22 合金在于 250℃时流动应力只有 2MPa；GCr15 在 700℃时流动应力只有 30MPa，这样，零件成形时，需要的设备吨位可以大大减少。

(4) 易成形　对塑料模花纹成形特别有利。

(5) 尺寸稳定　不存在硬化和回弹现象。

三、Zn-Al22 合金超塑性制模

Zn-Al22 合金是一种超塑性合金，它适用于模具型腔的制造，并有制造方便，工艺性好，节约原材料，制模周期短等特点。

(一) Zn-Al22 合金的物理、力学性能

表 9-22 列出 Zn-Al22 合金的物理、力学性能。该材料呈现超塑性的条件是：稳定的微细晶粒组织（$a=0.5\sim5\mu m$）；变形温度 $t=250℃$；应变速率 $\varepsilon=10^{-4}mm/min$。在上述条件下，材料超塑性指标可达：伸长率 $\delta=1030\%\sim3120\%$；流动应力为 $\sigma_s\leqslant2MPa$。

表 9-22　Zn-Al22 的物理、机械性能（常温）

密度 ρ /(g·cm^{-3})	熔化温度 /℃	热膨胀系数 $C\times10^{-5}$/℃				抗拉强度 σ_b/MPa	屈服强度 σ_s/MPa	伸长率 (%)	硬度 (HV)
		20~50℃	100℃	150℃	250℃				
5.2	420~500	20.8	23.6	25.2	26.9	350~380	250~280	6~11	100

（二）热挤压型腔

用超塑性合金做型腔模制造容易，只要准备挤压型腔用的工艺凸模，一般可用普通材料制造，而且不要求特殊加工处理。压制型腔时可以在油压机上进行，挤压时可以调整速度，充模性能良好，操作也很简便。挤压时根据成形零件的形状、尺寸不同，超塑成形的挤压力、应变速度和时间均不相同。敞开挤压容易成形，超塑合金沿凸模四周挤出，多余合金挤压后加工切除。

（三）制造塑料模型腔

用超塑性可以制造挤塑、压塑、注塑、真空吸塑及吸塑模型腔。制模工艺为：

1）在 Zn-Al22 合金中添加 Cu 和 Mg 等微量元素，提高强度。

2）用工艺凸模压制合金塑腔。

3）表面处理改善型腔表面质量。

4）在超塑性合金型腔外围用钢制模框加固，以增加承压能力。

5）在注塑口位置配上镶钢件，经这样处理后完全可以用于 ABS 塑料加工，寿命可达 1 万 ~ 3 万件。

（四）超塑性挤压的形式和装置

超塑性挤压的形式可分为开式挤压，半开式和封闭式挤压三种（图 9-93）。

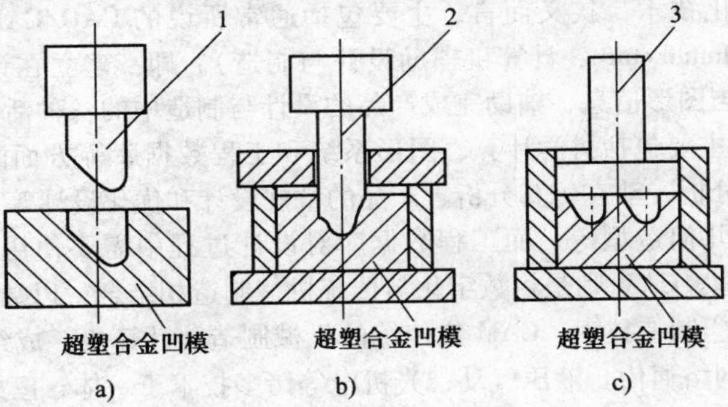

图 9-93　超塑性挤压的形式

a）开式挤压　b）半开式挤压　c）封闭式挤压

1、2、3—工艺凸模

设计工艺凸模时应考虑凸模材料和塑料件的收缩率，计算方法为

$$d = d_0[1 - a_{凸} t_{挤} + a_1(t_{挤} - t) + a_2 t]$$

式中　d_0——塑料件尺寸（mm）；

a_1——合金收缩率；

a_2——塑料收缩率；

$a_{凸}$——凸模热胀率；

t——塑料注射温度；

$t_{挤}$——挤压成形温度。

第十章 数字化技术及其在冲压领域中的应用

第一节 数字化技术概况

一、基本概念

数字化技术泛指运用二进制（即0和1两位数字）编码，通过电子计算机等设备来表达、传输和处理所有信息的技术。数字化技术是现代信息社会的基础，利用该技术，人们能够以先进的多媒体手段表达和处理从可视世界到虚拟现实的数字、文字、图像、语音等各种形式的信息，实现了建立在现代计算机基础上的工程制造、教育科研、通信、医疗乃至军事等各个领域的各类软、硬件技术。

制造领域的数字化技术，狭义而言，主要包括通常所说的CAD/CAM（Computer Aided Design/Computer Aided Manufacture，计算机辅助设计与制造），即：建立在计算机基础上，以数字化方式处理各种数字与图形信息，辅助完成产品的设计与制造中的各种活动。

一个CAD系统，主要包括科学计算、图形系统和工程数据库等方面的内容。科学计算包括有限元分析、可靠性分析、动态仿真分析、产品的常规设计和优化设计等，图形系统包括二维图形处理、三维（3D）几何造型等，而工程数据库对设计过程中需要使用和产生的数据、图形、文档等进行存储和管理。CAM则是将数字化与传统机械制造相结合，以数控（Numerical Control，NC）加工为核心的一门制造技术。CAM集传统的机械制造、计算机、成组技术与现代控制、传感检测、信息处理、网络通信、液压气动、光机电等诸多技术于一体，已成为提高产品质量、提高劳动生产率必不可少的手段和现代制造的基础。CAD和CAM相互关联和依存，只有将二者集成，即形成所谓“一体化”系统，才能充分发挥各自的作用。

CAD/CAM在20世纪60年代以后随着计算机的发展而兴起，已经成为数字化技术在工程设计、机械制造等领域中最有影响的一项高新应用技术。特别是近年来，由于计算机及其相关技术的迅猛发展，如高性能微机和大容量存贮投入实际应用，硬件性能不断提高而价格不断下降，加上大型高分辨率显示器、高速高精度绘图仪、打印机等功能强大的外围设备的问世；与此同时，为了适应生产的要求，几何造型、数据库、有限元分析、优化设计等相应的软件技术迅速发展，出现了大量商品化CAD/CAM软件，这些都极大地推动了CAD/CAM技术的普及与发展。目前，以CAD/CAM为代表的高新技术在许多方面已日益成熟，广泛应用于机械、电子、航空航天、建筑等领域。通过CAD/CAM的应用，极大地提高了设计与制造质量，缩短了生产周期、降低了成本，带来了巨大的效益，实现了传统制造产业的提升和改造。CAD/CAM已经成为先进制造技术的重要组成部分，是衡量一个国家工业水平以及一个企业的技术与管理水平的重要标志。

除CAD/CAM外，还有其他很多“计算机辅助”的数字化技术，如CAE（Computer Aided Engineering，计算机辅助工程）、CAPP（Computer Aided Process Planning，计算机辅助工艺设计）等，以及PDM（Product DataManagement，产品数据管理）、CIMS（Computer Integrated Manufacture System，计算机集成制造系统），逆向工程（Reverse Engineering，又称反求工程）与快速原型（Rapid Prototyping，RP）技术在制造行业得到应用。

上述数字化技术的发展和应用，使传统的工程设计、生产制造的模式发生了深刻变化，已经且必将继续产生巨大的经济和社会效益。

限于篇幅，本章将主要介绍 CAD、CAM、CAE 及逆向工程和快速原型技术及其在冲压领域的相关应用。

二、CAD/CAM 系统的组成

CAD/CAM 系统主要由硬件和软件两大部分组成。硬件（Hardware）为实际存在的物理装置的总称，包括主机（工作站或微机）以及外围设备（外设）；软件（Software）由算法（告诉计算机如何做的指令）及其计算机表示（程序）组成，程序可记录在穿孔卡片或磁带（均已基本淘汰）、磁盘、光盘等媒介上。

（一）硬件

1. 主机

主机包括 CPU（中央处理机）及主存储器（简称内存）等，负责控制及指挥整个系统并进行运算，是系统的中心（类似人的大脑）。

主机类型有大型机、中型机、小型机、工作站及微机（个人计算机，PC），常见的是后两者。工作站是介于小型机和微机之间的一种机型，它集高性能计算能力和图形功能于一体，主要面向高端用户。近年来，随着硬件技术的发展，微机已经用于三维设计、分析，并成为当前 CAD 系统的主要运行方式。

2. 外围设备

（1）输入设备　键盘和鼠标是目前最基本的输入设备。此外，还有图形输入设备和具有各种交互功能的设备，如扫描仪、操纵杆、图形输入板、光笔等。前沿性的输入技术还有语音输入、视觉跟踪等，另外人们正在探索利用脑电波信号实现设计人员与计算机之间更为直接的联系方式。

（2）输出设备　主要有显示器、绘图机、打印机等。显示器是设计者与计算机会话的媒介装置，常用有 CRT（阴极射线管）、液晶、等离子显示器等，目前主流是液晶。绘图机大致分为笔式绘图和静电式绘图。常用的笔式绘图有卷筒型和平板型两种。打印机主要用于文字和图形输出，类型有激光打印机、喷墨打印机以及针式打印机等。

（3）外存储器　它是用来存放大量暂时不用而等待调用的程序或数据。过去一般使用磁带（类似收录机上使用的，只能顺序存取）和磁盘，目前多为大容量光盘和硬盘。

（4）网络交互设备　用于与外界（利用局域网或 Internet）进行信息交流。

图 10-1 为 CAD/CAM 系统的硬件结构。

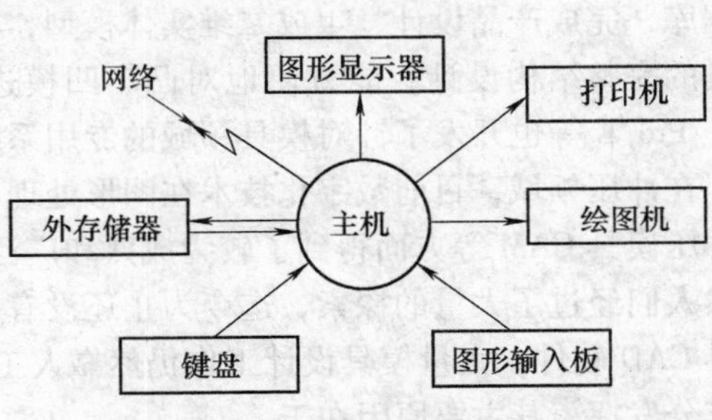

图 10-1　CAD/CAM 系统的硬件结构

（二）软件

CAD/CAM 系统的软件一般由系统软件、支撑软件、应用软件等组成。系统软件是指运行环境和开发工具，支撑软件是系统的基础软件，应用软件则具体针对 CAD/CAM 的应用。

1. 系统软件

系统软件主要由操作系统和软件开发工具组成，处于系统的最底层。操作系统完成整个计算机系统的管理和支持程序的运行。早期微机的操作系统以 DOS 为主，现多为图形方式并以 Microsoft 公司的 Windows 系统为主，此外还有苹果公司的 Mac OS 系统、开放的 Linux 系统。而工作站普遍采用 UNIX 系统。

软件开发工具主要指一些高级语言编译系统，用以编写 CAD/CAM 系统的各种应用软件。

2. 支撑软件

支撑软件由图形系统、通用工程分析软件和数据库管理系统等组成。

（1）图形系统　可完成图形的输入、输出以及图形编辑等基本功能，主要有二维（2D）的平面图形处理和三维（3D）的几何构型（三维实体造型、建模）两种层次。几何构型是 CAD 的基础，它是通过专用软件在计算机上构建物体在三维空间的数字化的虚拟几何模型，从早期的线框模型发展到表面模型以及 20 世纪 80 年代后期的实体模型。目前，主流平面绘图设计软件有 AutoCAD、CAXA 等，三维建模软件在高端产品方面主要有 UG、CATIA、Pro/E，中低端产品有 SolidEdge、Solidworks、Inventor 等。除几何图形处理外，这些软件通常也包含 CAM、分析等很多功能。

（2）工程分析与优化设计应用软件

1）数值分析（模拟）。主要采用有限元方法，用于工程领域的力（固体、流体）、热、电磁等方面问题的分析，如结构静强度、动态特性、金属成型的分析等。目前，商用软件主要有 ANSYS、Nastran、Abaqus 以及针对塑性成型领域的 Deform、Dynaform 等。

2）机械系统运动学/动力学模拟软件，如 Adams。

3）优化软件。

4）数控编程软件，如 MasterCAM 等。

5）其他，如数学计算的 MATLAB 等。

（3）数据库管理系统　用于建立、检索及修改设计中用到的工艺数据及几何构形数据，是各模块间数据交换和数据存储的中心。在数据库管理系统的集中管理之下，能为设计、绘图、检索、制造提供技术资料和标准数据。

3. 应用软件

应用软件是针对某一特定任务而设计的程序包，用于处理各种具体问题，处于系统的最外层。对于模具 CAD/CAM 系统，一般由系统运行管理程序、工艺计算分析软件、模具结构设计软件、专用图形处理软件、模具专用数据库和图形库组成。

三、数字化技术在冲压行业的应用

随着技术的飞速发展以及市场竞争的需要，CAD/CAM 等数字化技术的重要性得到了包括冲压在内的各行业的认可，应用日趋广泛。同时，各 CAD/CAM 开发商投入了很大的人力和物力，针对模具的特殊性，将通用 CAD/CAM 系统进行改造，推出了宜人化、集成化和智能比的模具专用系统。例如，以色列 Cimatron 公司推出的 Quick 系列产品，能在统一的系统环境下使用统一的数据库，完成产品设计、生成二维实体模型，在此基础上进行自动分类，生成凸、凹模，并完成模具的完整结构设计，能方便地对凸、凹模进行自动 NC 加工。其他一些 CAD/CAM 系统，如 UG、Pro/E 等也开发了针对模具领域的专用系统。

在冲压领域，目前数字化技术在图形处理与几何适型、板料成形过程模拟、产品数据管理以及冲压模具 CAM 等方面得到了较为成熟和广泛的应用，但针对冲压工艺与模具设计的核心问题，虽然人们经过了大量的探索，迄今为止还没有一个功能完善、自动化程度高的商品化冲压工艺与模具 CAD 软件，大量模具设计工作仍然靠人工完成，CAD 的优势并不突出，CAD 的巨大潜力尚未充分发挥。其主要原因在于：

1）冲压产品品种繁多，形状复杂，且设计过程以图形处理为主，需要系统有较高的图形识别及推理能力。

2）冲压工艺与模具设计涉及许多经验性的内容，要求有多种知识表达模式以适应设计过程的需要，这给建立模具 CAD/CAM 系统带来困难。

3）冲压工艺与模具设计是一个创造性的劳动过程，而目前计算机在“智能”方面仍然较弱。

4）冲压工艺与模具设计涉及信息面广，且带有很强的个性化特点。对同一零件，不同的人可能设计出不同形式的合格模具，设计结果具有多样性。

5）各企业在生产规模、生产的组织形式与管理方式、技术规范乃至产品特点等诸多方面存在较大的差别，这为通用冲压 CAD 软件的开发带来困难。从目前所开发的冲压 CAD 软件来看，只有冲裁模等特殊种类的模具 CAD 系统在生产中得到了一定的应用。

CAM 具有通用性，且技术上比较定型，因此模具 CAM 总体上已比较成熟，并得到了广泛应用。

概括起来，目前冲压领域的数字化设计与制造技术主要包括以下方面：

（一）冲压工艺与模具 CAD/CAE/CAPP

1. 冲压工艺计算机辅助设计

（1）基本冲压工艺参数的辅助计算（冲压 CAD 或 CAPP）　冲压工艺与模具设计时，需要确定的参数很多，例如冲裁的排样、冲裁力、卸料力、压力中心，以及弯曲的坯料展开、弯曲力，拉深的坯料尺寸和拉深系数 m 与成形道次，等等。许多计算在冲压手册上已经有明确的相关公式（数学模型），虽然一些经验公式可能计算精度不高，但容易实现程序化。

（2）冲压成形过程的数值模拟（Simulation，又称“仿真”）　目前主要用有限元法。模拟的作用是帮助了解和分析冲压的塑性成形过程，预测可能出现的缺陷和成形问题。后面将具体介绍。

一般将冲压成形的数值模拟归纳到 CAE 范畴。

2. 冲模计算机辅助设计

（1）模具实体造型　目前，模具设计过程已经由传统的“2D 装配图”开始，发展到利用造型软件直接进行 3D 的实体设计。包括零部件的设计、造型以及虚拟装配，并可以在此基础上检查模具各部件细节、模拟运动的过程，及早发现干涉等情况，并可进行后续的受力分析等，提高模具结构设计的质量和效率。但目前 3D 实体模型还需要结合二维工程图，才能完整表达零件的粗糙度。硬度以及加工公差等工程信息。

（2）模具图（2D 工程图）绘制　二维图形的处理已十分成熟，相关商品化的软件也较多，如功能强大的优秀平面设计软件 AutoCAD。利用这些二维工程图形处理软件，已经实现了工程设计的“无图板”操作。

现有造型软件中，由 3D 实体模型可以自动生成各种格式的二维投影图，编辑后可以得到二维工程图，从而大大提高工程图的绘制质量。

（3）模具结构的计算机辅助设计　现有 CAD 系统尚无法“自动”地帮助设计人员完成模具结构选择、模具结构设计以及模具图绘制，但通过标准化等手段并结合软件技术，可以辅助设计者完成上述工作，提高设计的质量和效率。例如，建立模具的标准件图形库（2D 或 3D），通过交互方式帮助设计者完成模具结构设计。

迄今为止，在 AutoCAD 等二维 CAD 系统上进行二次开发的一些机械结构以及特种塑性成型辅助设计软件（如针对辊弯成型的 COPRA），已经得到比较广泛的应用。今后的发展，应该是基于通用三维造型软件并针对各个专业领域进行深层次的二次开发。目前，NX（原 UG 软件）在包括塑料模具、钣金冲压模具的设计等方面已经开发了一些实用功能模块。

（二）模具计算机辅助制造（CAM）

该部分内容将在本章第三节介绍。

（三）生产组织与管理

在企业的生产组织与管理方面，数字化技术也能够并已发挥了重要作用，成为先进制造的重要内容，例如 PDM、企业资源计划 ERP 以及 CIMS 等。下面简单介绍 PDM 的有关知识。

在通常的 CAD/CAM 技术框架下，对于制造业而言，虽然各单元的计算机辅助技术已日益成熟，但各单元自成体系，彼此间缺少有效的信息沟通与协调，可能出现所谓“信息孤岛”的问题。在这种情况下，许多企业认识到：实现信息的有序管理将成为竞争中保持领先的关键。产品数据管理，即PDM，正是在这一背景下产生的一项管理思想和技术，它是指企业内分布于各种系统和介质中关于产品及产品数据的信息和应用的集成与管理。PDM视整个企业为一体，可跨越整个工程技术群体，有利于产品开发的加速。它也是在分布式企业管理模式的基础上，与其他应用系统建立直接联系的重要工具。

产品开发过程的管理，主要涉及三个领域：设计图样和电子文档的管理，材料明细表（bill of material，BOM）的管理及与工程文档的集成，工程变更请求/指令（engineering change request/order，ECR/ECO）的跟踪与管理。故PDM系统具有五个方面的基本功能：

1）电子仓库与文档管理。

2）工作流程与过程管理。

3）产品结构与配置管理。

4）零件分类管理。

5）工程变更管理。

PDM依据全局产品信息强调共享的观点，扩大了产品开发建模的含义，为不同地点、不同部门的人员提供了一个协同工作环境，使其可以在同一数字化产品模型上一起工作。由于它集数据管理能力、网络通信能力及过程控制能力于一体，因此提供了对产品全生命周期的信息管理能力，并为企业提供了产品设计与制造的并行化协同工作的环境。

PDM出现于20世纪80年代初期，从开始的工程图样管理逐渐扩展，迅速成为一门管理所有与产品相关的信息和所有与产品有关的过程的技术。随着企业需求的扩大，PDM技术的研究与开发已相当普遍，全球范围的商品化PDM软件有上百种。从现有的产品来看，PDM技术和相关产品的发展可以分为三代：

（1）第一代PDM产品　大多是由各CAD企业推出的配合各自CAD产品的系统。这一代PDM产品的功能局限在工程图样的管理，集成的工具主要是专用的CAD系统。第一代PDM产品在一定程度上缓解了“信息孤岛”的问题，但没有真正实现企业的数据和过程集成，同时普遍存在功能较弱、开放程度不高、集成能力不强的缺陷。

（2）第二代PDM产品　第二代PDM产品功能更加强大，少数产品真正可以实现企业级的信息集成和过程集成，同时软件的开放性、集成能力大大提高。这一代产品明确了PDM在企业中的地位，即PDM系统应是企业设计和工艺部门的基础数据平台，各种CAx，如CAD、CAPP、CAE的应用应当通过PDM进行集成，以PDM作为企业设计和工艺的数据管理中心和流程管理中心。PDM系统和其他管理系统如MRPⅡ、MIS等是相互协作的关系，PDM主要负责企业的设计领域，为企业提供各种产品工程信息，MRPⅡ主要管理企业的生产领域，而MIS系统主要管理企业的各种管理信息。通过一定的接口将PDM系统、MRPⅡ和企业MIS系统连接起来，与自动化的制造系统相结合，构成一个企业计算机集成制造系统（CIMS）。

第二代PDM产品真正使PDM的概念深得人心，功能得到广泛认可，同时在技术上有了巨大进步，商业上也获得了很大的成功。目前市场上的PDM产品绝大部分属于这种类型。

（3）第三代PDM产品　随着技术的发展和Internet在全球的广泛应用，对PDM的发展提出了更高的要求。建立在Internet平台和基于WEB的开发技术逐渐应用到PDM领域。PTC公司的Windchill和UGS的基于Java平台的iMAN（information manager）是第三代PDM产品的典型代表。

就创新设计而言，如果说CAD提供了先进手段的话，真正的障碍还在于关于产品概念的创新和设计知识以及设计模式的创新。PDM的作用不仅在于对数据的组织，而且更应该关注这些组织起来的数据应该怎样用于产品设计与开发之中，从而使PDM成为企业的知识库和资源库。

PDM是一种使能技术，它提供了一种组织、管理和利用产品数据的模式、机制和能力，但它必须着眼于企业，落脚于实际应用。要使PDM系统真正在企业发挥作用，必须经过一个实施的过程，使PDM的管理能力与企业的具体情况融合起来，成为企业自己的PDM系统。

（四）其他应用

包括反求工程、快速原型制造，以及激光弯曲成形、多点成形等一些新的板料成形技术，无一不与数字化技术密切相关。

四、冲压CAD/CAM系统的功能要求与关键技术

（一）冲压CAD/CAM系统的功能要求

冲压生产一般都涉及到图形绘制与处理、冲压工艺分析与计算、模具设计、模具制造、生产组织与管理等诸多方面的内容。其中，冲压工艺与模具的设计是一项技术含量高、工作量与难度较大，且耗费时间的工作。人们一直希望开发一个智能化程度较高、能在很大程度上帮助设计人员完成设计的冲压CAD系统。根据冲压工艺及模具设计和制造的实际情况，概括起来，一个完整的冲压工艺与模具CAD/CAM系统应有以下功能（模块）：

（1）图形处理　能方便地交互式处理工件图。包括完成工件图形的输入，以建立工件的几何模型，并完成几何构形信息的存储，供工艺设计分析模块和模具结构设计模块调用。此外，还提供图形修改编辑和尺寸标注等功能。

（2）零件的工艺性判断、工艺方案选择、工艺分析计算、毛坯图和各种工艺图输出　以工件几何构形信息为基础，调用设计参考数据，为模具结构设计模块提供原始数据。以冲裁为例，该模块可由以下子模块组成：工艺可行性分析、工艺方案选择（单工序、复合或级进模）、排样优化设计、压力中心及冲裁力计算、压力机初步选择、毛坯图和各种工艺图输出、工艺设计分析技术文档生成等。

（3）冲模结构形式的自动或半自动选择　根据工艺设计分析提供的结果以及工件几何构形信息，并调用相关的设计参考数据（工程文件）、冲模典型结构文件、标准件规格文件等模具信息，完成模具结构设计。工作内容有：冲模典型结构选取、冲模标准件和半标准件的形式及规格选取、冲模零件详细设计、强度校核、装配关系确定及装配图生成。

（4）冲模零部件设计及主要零件的强度校核，并绘制全套模具图。

（5）正确选择压力机的型号及规格。

（6）冲模结构的运动学仿真，用以检查各运动部件之间的干涉情况。

（7）以图形为基础（冲模零件）的数控加工辅助编程功能，刀具轨迹仿真及后置处理能力。

（8）完整的冲模设计数据库和图形库，具备较强的独立性和可维护性。

（9）有效地管理冲模图样资料和输出相关的技术文档。

完成图样资料的存放、检索工作。同时，还生成供信息管理使用的报表。报表中包括模具代号、模具名称、图样数量、设计者、完成日期等信息。

（二）冲压CAD/CAM系统的关键技术

1. 图形描述及处理技术

图形输入与处理是冲模CAD系统的基础和关键，它直接影响到整个系统的各个方面。图形输入工作首先是输入几何图形进入计算机，转换成几何模型并存入数据库中，供工艺设计、模具结构设计和数控加工调用，其次是零件图尺寸标注及装配图的生成等。

现有的一些CAD造型软件提供了“钣金模块”（Sheet Metal），可以根据钣金件的结构特点，通过定义和调用相关特征的办法，使设计人员在一定程度上简化钣金件三维模型的设计过程，加快建模速度。图10-2为CATIA软件Sheet Metal模块定义的钣金特征。可以看到，CATIA将钣金

件上常用的结构，如凸台、加强筋、翻边、弯曲、切槽等都定义为特征，建模时可以十分方便、快捷地进行调用。另外，软件还提供了坯料展开（Unfold）的功能。由于算法的问题，该展开尺寸计算结果准确度有待提高。第四节将简单介绍 UG 软件提供的钣金模块。

图 10-2　CATIA 软件 Sheet Metal 模块的钣金特征

2. 模具结构的标准化

模具结构的标准化包括制订冲模典型结构组合以及标准化的冲模零件，此外还包括模具图的绘制标准等。标准化在促进模具工业发展中具有十分重要的作用。一方面，模具标准件大批量的商品化、专业化生产，可以大幅度缩短模具制造周期，保证模具制造质量，降低材料和人工消耗，实现模具的专业化协作生产。另一方面，标准化对于实现模具 CAD 也具有重要意义。根据已有标准，可以建立图形库及专用工程数据库，大大加快模具设计、制造速度。可以说，没有模具标准化，就无法实现模具 CAD。

我国在冲压模具方面已制定了相应的标准，如有关冲模基础标准，冲压模具产品标准等（参见第十四章）。这些标准得到了一定的应用。但我国模具行业实际使用的模具标准一直十分混乱，除了国家标准外，还有机械、电子、轻工以及汽车等行业标准，也有各企业自行制订的企业标准。实际生产中，广大企业尚未实现真正的模具结构标准化，冲模 CAD 系统往往受到行业和区域的限制，这给冲模 CAD 的开发和推广应用带来了困难。

发达国家模具行业在标准化方面做得比较深入、系统。国际标准化组织（ISO）也制定了相应的模具标准。近年来随着大量外国模具的引进，我国企业也逐渐接触和应用到国外的模具标准，如日本三住商事株式会社（MISUMI）的 Face 标准，德国 STRACK 公司的标准，美国 DANLY 公司的标准等。

3. 设计方法的规范化、设计经验的程序化以及专家系统的研究

传统 CAD 系统存在许多不足，如：

1）智能化程度差，功能上只能解决局部的一些设计问题。

2）集成度、通用性不高。不同设计系统或不同设计环节不能完全实现数据交换与共享。

3）设计信息不完整。主要是针对零件几何实体的设计，缺少加工或其他生产环节所需要的材料功能信息，难以被后续的设计工作或是其他系统继承共享，存在很大的重复劳动。

4）二次开发能力弱，系统缺乏开放性，难以及时更新、补充和维护。

模具设计的经验和方法往往表现为非数值问题，即不是以数学公式为核心，而是依靠思考、推理、判断来解决。这种特征，在设计的初始阶段，表现得最为明显。现行的 CAD 策略，是无法有效解决这个问题的。冲模 CAD 技术迅速发展的同时，在继续深入的道路上仍然面临着严重的困难。问题的核心是“智能化”，即把人工智能技术引入到 CAD 系统中，形成智能型冲模 CAD 系统。计算机人工智能以及专家系统则是解决这类问题的可能出路。下面简单就有关内容作一说明。

专家系统（Expert System），是一种具有使计算机能够在专家级水平上工作的知识和能力的程序，规范化的设计方法和经验是专家系统推理的依据。知识工程（KBE，Knowledge Based Engineering）。是一种以知识驱动为基础的工程设计新思路，其基本含义是寻找并记录不同工程、

设计和产品配置的知识，并且对它加以理解、抽象、使用和维护。KBE 具有以下特征：

1）是一种通过知识驱动和繁衍，对工程问题提供最佳解决方案的计算机建成处理技术。

2）是众多领域专家知识的继承、集成、创新和管理。

3）是计算机辅助技术 CAx 和人工智能的集成。

4）可自动引导产品设计人员进行产品的设计活动，如规划、造型、评价等。

传统 CAx 系统以几何尺寸的约束为驱动力，而 KBE 以知识为驱动力。因此，KBE 与传统的 CAx 系统相比，其目标是不仅可以完成几何实体设计绘图工作，还可以对整个设计过程建模，并运用于设计过程的各个层次，以改善设计开发过程。另外，与传统的专家系统相比，KBE 希望可以处理多领域知识和多种描述形式的知识，是集成化的大规模知识处理环境；KBE 属于更开放的体系结构，并具有主动的知识获取能力。不过，目前 KBE 的研究仍然处于起步阶段，还需要深入理论探索和实践检验。

4. 冲压基础理论的研究

为了提高 CAD 系统的可靠性，必须提供足够的塑性成形理论数据和最新的模具技术研究成果，加强塑性成形理论和实验技术研究，使系统建立在较高的理论与实践经验水平上。例如，在板料成形过程模拟方面，通过力学家和工程技术人员的努力，对钣金成形过程的破裂与起皱已有很多理论成果，大大促进了板料成形模拟技术的发展，但回弹等问题仍有待深入研究。

五、冲压 CAD/CAM 的发展

国际上最早开始模具 CAD/CAM 的研究，是在 20 世纪 50 年代末，这是一个准备和酝酿的时期。到了 20 世纪六七十年代后，美国、日本、德国、加拿大等发达国家开始大量对模具 CAD/CAM 进行研究，模具 CAD/CAM 得到蓬勃发展，开始在实际中应用并日趋成熟。70 年代出现了面向中小企业的 CAD/CAM 的商品软件，如日本机械工程实验室成功研制的冲裁级进模 CAD 系统，美国 DIECDMP 公司成功地研制出计算机辅助设计级进模的 PDDC 系统。但仅限于二维图形的简单冲裁级进模，其主要功能如条料排样、凹模布置、工艺计算和 NC 编程等。

到 20 世纪 80 年代，一些工业发达国家在冷冲模设计制造中，已有 20% ~30% 采用了 CAD/CAM 系统。弯曲级进模 CAD/CAM 系统开始出现，美国、日本等工业发达国家的模具生产绝大多数采用了 CAD/CAM 技术。为了能够适应复杂模具的设计，富士通系统采用了自动设计和交互设计相结合的方法，在该系统中除毛坯展开、弯曲回弹计算和工步排序为自动处理外，其余均需要设计人员的参与。这些系统均具备实体造型和曲面造型的强大功能，能够设计制造汽车零部件的模具。丰田汽车公司自 1965 年将数控用于模具加工后，1980 年开始采用覆盖件冷冲模 CAD/CAM 系统。此系统包括设计覆盖件的 NTDFB 软件和 CADETT 软件，加工凸、凹模的 TNCA 软件，可完成车身外形设计、车身结构设计、冲模 CAD、主模型与冲模加工、夹具加工等。日本日新精密机器公司 1985 年采用了冷冲模 CAD/CAM 系统，该系统是在 UNIC 软件基础上，加上该公司专利建成，它具有建立几何模型、设计级进模、生成 NC 纸带等功能。日本山本制造公司 1983 年采用了精冲模 CAD/CAM 系统，其大致流程为设计模具草图，选择模具类型，选择工作零件，选择标准件，输出模具图、零件清单和 NC 程序。此外，英国 SALFORD 大学以及前苏联科学院综合技术研究所都进行了冲模 CAD/CAM 系统的研究。英国 SALFORD 大学和日本机械工程实验室还研制了复杂的多工位级进模 CAD 系统。英国著名的 DELTACAM 公司和美国 CAMAX 公司还分别推出了 DUCT 和 CAMAND 系统，它们均具有很强的复杂曲面造型功能和智能化的数控加工能力。美国通用以及福特汽车公司在覆盖件塑性成型模拟方面做了不少工作，应用大变形弹塑性有限元法模拟覆盖件的成型过程，预测其中的应力、应变分布，失稳破裂以及回弹的计算等。

进入 20 世纪 90 年代后，国外 CAD/CAM 技术向着更高的阶梯迈进。在 80 年代的基础上，从软件结构，产品数据管理，面向目标的开发技术，产品建模和智能设计，质量检测等方面都有所突破，为实现并行工程提供了更完善的环境。根据国际生产研究协会资料，到1990年工业发达国家有50%的模具由CAD/CAM系统完成，模具CAD/CAM一体化系统使设计和制造成为完整的信息流通过程。

我国模具CAD/CAM系统的研究、开发始于20世纪70年代末，如一些单位开发了微机冲裁模CAD/CAM系统。经过多年的努力，我国在CAD/CAM技术的研究、开发和应用上已经取得了很大的成绩，取得了显著效益。21世纪开始，国内CAD/CAM技术不断普及，现在具有一定生产能力的冲压模具企业基本都有了CAD/CAM技术，其中部分骨干重点企业还具备CAE能力。但与发达国家相比，在应用或二次开发的广度和深度上，还存在很大的差距。

以下一些方面，将可能是今后冲压CAD/CAM发展的重点内容：

1）深入开展相关基础理论研究。如基于以有限元为主的数值方法，开展塑性成型问题模拟技术研究，进一步扩大分析范围、提高精度；开展工程数据库研究，建立以工程数据库为核心的模具CAD/CAM一体化系统。和商用数据库相比，工程数据库的数据类型多（包括表格，图形等）、数据量大、结构复杂，属于动态结构，因此工程数据管理更为复杂；继续发展几何构型，提高造型精度及数据传递与转换的效率、可靠性与安全性。

2）提高模具CAD的整体水平和实用性。建立面向对象的基于知识的智能化冲模CAD/CAM系统，提高冲压工艺设计的可靠性和模具设计效率。

目前模具结构自动设计的难度很大，这实际上也是整个机械CAD普遍存在的问题。标准化有利于通过提高模具结构设计CAD软件的自动化程度，但标准化程度越高，软件使用面就越窄，通用性就越差，因此不能完全靠标准化来实现模具CAD。

3）针对不同的塑性成型工艺，通过二次开发等方式开发相应的专用应用软件。

4）将产品的设计、加工制造和经营管理等活动结合，实现CAD/CAM/CAE系统的高度集成化，以及网络化、柔性化。

第二节　冲裁工艺与模具CAD

一、冲裁模CAD/CAM系统

计算机辅助设计在冲裁模具中的应用较早，也比较成熟，这是因为冲裁零件为平面零件，图形输入和处理比较容易实现的缘故。

通常，冲裁模CAD/CAM系统可用于简单模、复合模和连续模的设计制造。将产品零件图输入计算机后，系统可完成工艺分析计算和模具结构设计，绘制模具零件图和装配图，完成数据NC编程。图10-3为模具CAD系统的软件结构。

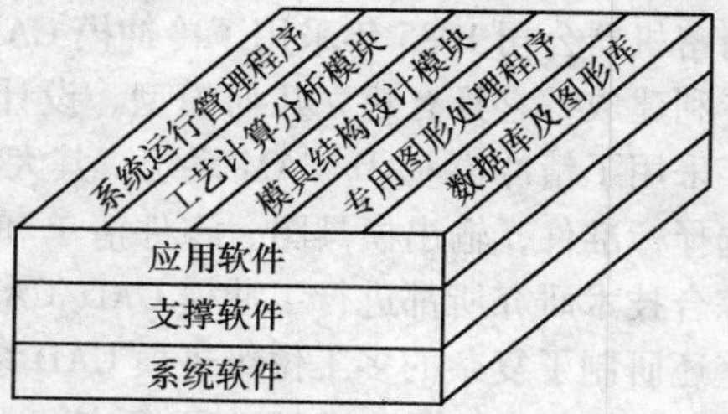

图10-3　模具CAD系统的软件结构

图形支撑软件可选用二维的AutoCAD等图形系统，今后的方向是基于三维建模系统进行开发，即在图形支撑系统基础上进一步开发产品零件图输入、模具结构设计和模具标准零件图形库。应用程序包括产品图输入、工艺性判断、毛坯排样、工艺方案选择、冲压力与压力中心计算、单冲模的工序设计以及级进模条料排样、模具结构设计与绘图、NC自动编程等模块。数据库中存放工艺设计参数、模具结构设计参数、标准数据以及公差、材料性能等数据。

图10-4为冲裁CAD系统的程序流程示意图。

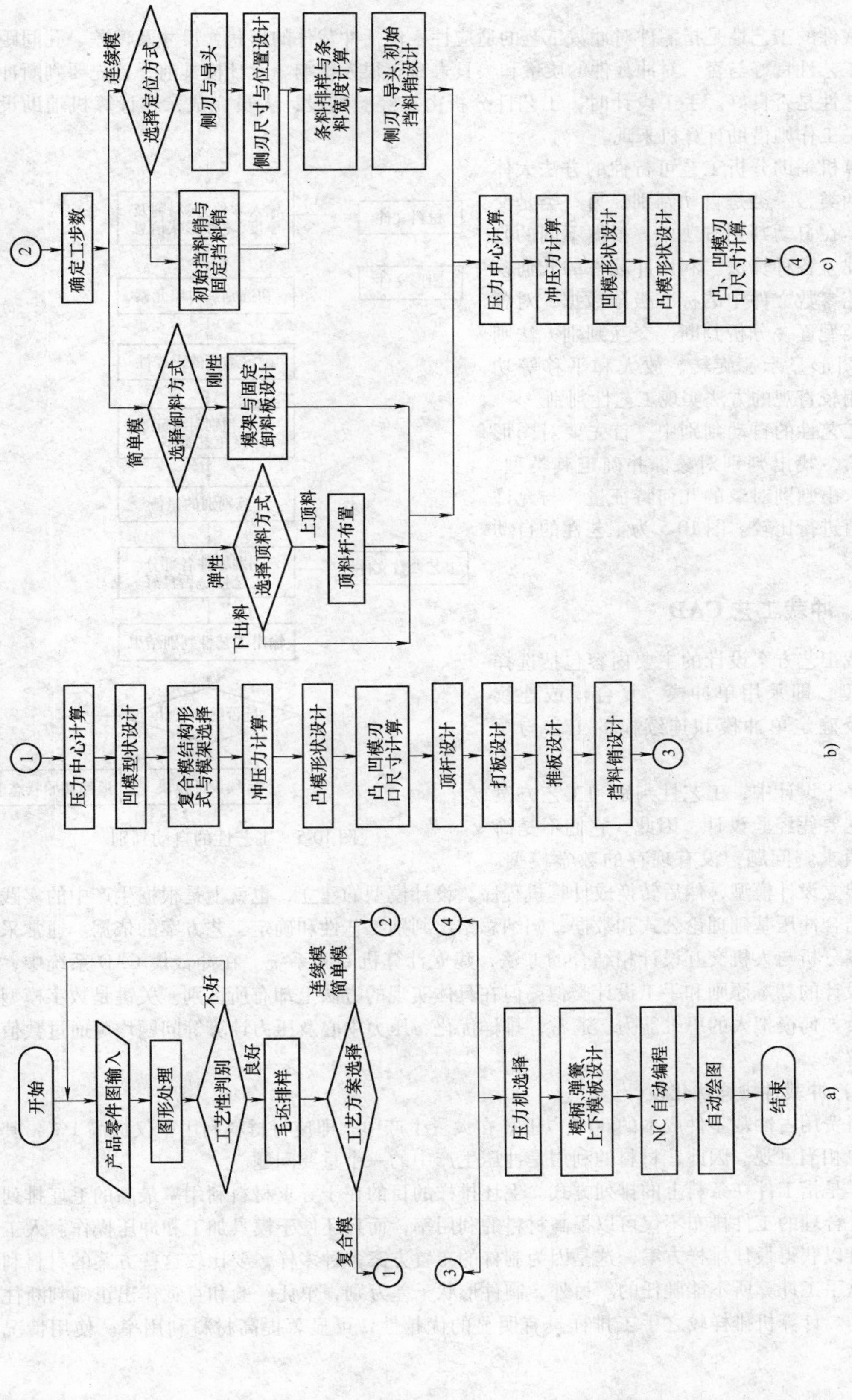

图 10-4　冲裁模 CAD/CAM 系统的程序流程示意图

二、冲裁件工艺性判断

冲裁件的工艺性是指零件对冲裁工艺的适应性，包括冲裁件的形状、尺寸及偏差、孔间距等内容。工艺性良好与否，对冲裁件的质量和模具寿命有很大影响。设计模具前，首先要判断冲裁件的工艺性是否良好。手工设计时，工艺性分析由有经验的设计人员完成，在计算机辅助设计中，这一工作则借助计算机来现。

计算机辅助分析工艺可行性的方法大体可分为两类，一类是自动判别，另一类是交互判别。在自动判别方法中，根据不同的判定类型建立各种算法。利用冲裁件的几何模型和工艺参数文件中的标准极限数据，对各种判定类型逐一分析判断。交互判别方法则是利用图形显示、旋转、放大和平移等功能，采用较直观的方法实现工艺性判别。

在工艺性的自动判别中，首先要对图形进行搜索，找出判别对象，并确定其类型。然后，求出判别对象的几何特征量，与允许的极限值进行比较。图 10-5 为工艺性的自动判别流程。

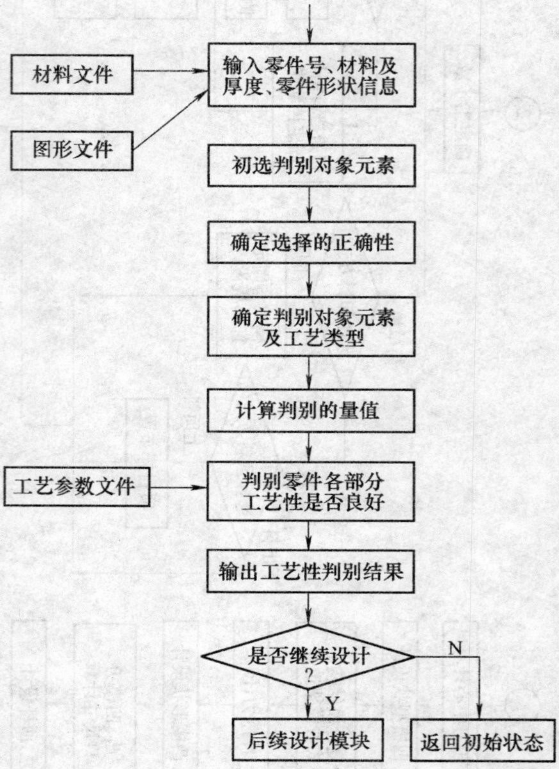

图 10-5　工艺性的自动判别

三、冲裁工艺 CAD

冲裁工艺方案设计的主要内容包括选择模具类型，即采用单冲模、复合模或连续模，以及确定单冲模和连续模的工步与顺序。

在手工设计中，工艺性判别和工艺方案的确定主要凭经验设计，因此，它们不是简单的数值求解问题，没有现存的数学模型。应首先建立设计模型，然后转换成计算机程序。设计模型的建立，也就上是根据生产中的实践经验，并结合冲压基础理论公式和数据，归纳总结出判别工艺性和确定工艺方案的依据。通常采用自动计算分析与人机交互设计相结合的办法，建立计算机专家系统。在冲裁模 CAD 系统中，冲裁工艺设计的基本原则和手工设计类似，但在具体实现的方法上却有所区别。关键是数字模型的建立以及如何模拟人的思维能力。通常，排样优化、压力中心及压力计算等问题均可通过数值求解方法解决。

（一）冲裁件排样优化设计

材料费用占冲裁零件成本的 60% 以上。在大量生产中，即使将材料利用率仅提高 1%，其经济效益也相当可观。因此，材料的利用是冲压生产中的一个重要问题。

排样是指工件在条料上的排列方式。毛坯排样的目的在于寻求材料利用率最高的毛坯排列方案，另外合理的工件排布不仅可以提高材料的利用率，而且还便于模具加工和冲压操作。人工排样一般难以获得最佳排样方案，这是因为制件的布置方案多种多样，要比较这些方案的材料利用率高低是手工计算所不能胜任的。另外，制件形状千差万别，单凭经验和直觉作出正确判断往往是困难的。计算机排样较之手工排样具有明显的优越性，可显著提高材料利用率。使用情况表明，计算机优化毛坯排样可使材料利用率提高3% ~7%。

在实际生产中常用的排样方式如图10-6所示。

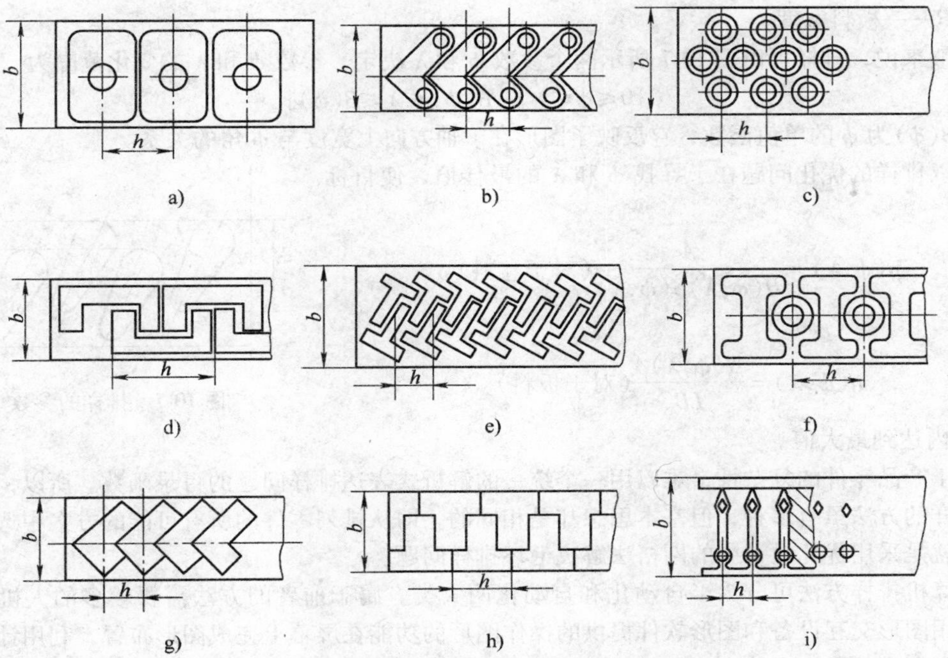

图10-6　常见冲压排样方式

a）直排　b）斜排　c）多排　d）直对排　e）斜对排　f）混合排　g）少废料　h）无废料　i）裁搭边

与手工设计相同，计算机优化排样通常是将工件沿条料的送进方向作各种倾角的排布，然后分别计算出各种倾角下工件实际占用面积与条料（或板料）面积之比，从中找出最大的材料利用率，则初步确定该倾角状态下的排样方案最优。

为了寻找最大的材料利用率，一般有两条途径：

1）采用常规的优化理论法，确定目标函数和约束条件。

2）采用穷举法，逐一计算各种排样方案的材料利用率，通过比较求出最大值。

在冲裁模设计中，凹模、卸料板和凸模固定板等零件的设计均需利用排样结果所提供的信息，因此在系统流程图中毛坯排样处于较前的位置。

1. 毛坯排样问题的数学描述

对于卷料（或带料）冲裁，可以用材料的步进利用率来评价排样方案的优劣，其材料利用率

$$\eta = \frac{A}{HS} \times 100\%$$

式中　A——一个步距上所排列的零件的面积；

H——卷（带）料的宽度；

S——进给步距。

对于板料冲裁，其材料利用率

$$\eta = \frac{NA_1}{LB} \times 100\%$$

式中　N——由板料冲得的零件数目；

A_1—— 一个零件的面积；

L——板料长度；

B——板料宽度。

一般来说，排样可由图 10-7 所示两个参数 ϕ 和 λ 决定。参数 ϕ 和 λ 的变化范围为

$$G\{0\leqslant\phi\leqslant\pi,\ -\beta(\phi)\leqslant\lambda\leqslant\beta(\phi)\}$$

式中，$\beta(\phi)$ 为 ϕ 的单值函数，它反映了图形在 y 轴方向上宽度与 ϕ 角的关系。

所以排样的优化问题在于寻找 ϕ 和 λ 的最佳值，使目标函数

$$\eta(\phi,\lambda)=\frac{A}{H(\phi,\lambda)S(\phi,\lambda)}(\text{对于卷料})$$

或

$$\eta(\phi,\lambda)=\frac{N(\phi,\lambda)A}{LB}(\text{对于板料})$$

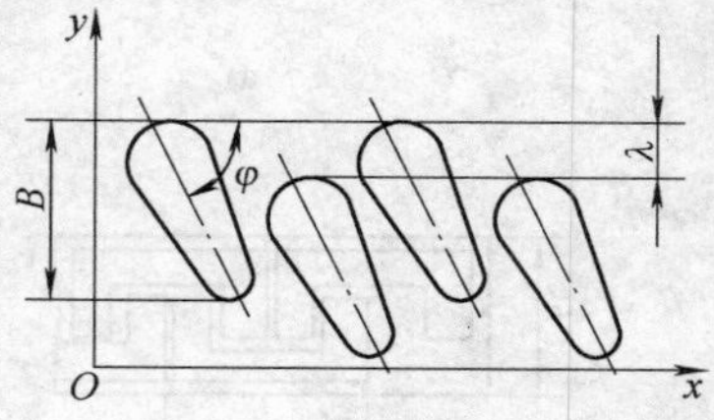

图 10-7　排样的参数

在域 G 内达到最大值。

由于产品零件的复杂性，难以用一个统一的解析式表达排样问题的目录函数。所以，计算机辅助排样的方法虽有多种，但基本思想却是相同的，即从排列零件的所有可能的方案中选出最优者，也就是采用优化设计中的网格法解决毛坯排样问题。

计算机排样方法可分为半自动化和自动化两大类。属于前者的方法需要较多的人机交互作用，利用图形交互设备和图形软件提供的操作图形的功能在屏幕上完成图形布置，利用计算机比较材料利用率的大小，从中选择理想的方案。

2. 自动化排样方法——多边形法

自动化排样方法由程序自动完成排样方案的产生、材料利用率的比较和最优方案的选择。常用的程序排样方法有多种，如多边形法、高度函数法和平行线分割纵横平移法等。下面简单介绍多边形法。

多边形法的特点是将平面图形以多边形近似，通过旋转、平移得到不同方案，从中选择最佳者。其主要步骤如下：

（1）多边形化　以直线段代替圆弧段，用多边形代替原来的零件图形，图 10-8 为多边形化的示意图。

（2）等距放大　排样零件之间的最小距离为搭边，在计算机排样时处理的是包括了搭边值的等距放大图，即将多边形化的图形向外等距放大 $\Delta/2$。当两等距图相切时，自然保证了搭边值 Δ。

（3）图形的旋转、平移　通过旋转、平移使等距图相切，这样就产生了一种排样方案。

（4）与已存储方案比较，保留材料利用率高的方案。如全部搜索完毕，转至（5），否则转到（3）。

（5）输出排样结果

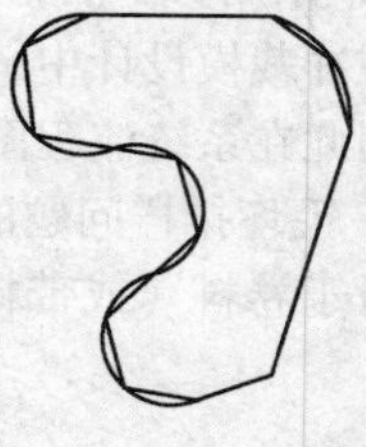
图 10-8　零件图形的多边形化

图 10-9 为采用多边形法实现旋转 180°单排排样的流程图。这种排样方法的优点是概念清晰，适用于各种情况，缺点是运行时间较长。应该指出的是，该方法对于凸多边形是完全正确的，对凹多边形而言，有可能丢失最优解。

3. 排样方案的最终选择

计算机的高速运算能力给排样提供了方便，设计人员可以将各种排样方式都一一进行计算，

这样使得输出的排样方案多种多样。通常的排队次序为：材料利用率最高者居前，然后则是一些特殊倾角下的材料利用率殿后。在优先考虑材料利用率的前提下，尽可能采用方位角特殊的排样方案。同时，还应该考虑到模具加工和冲压操作的方便，或照顾弯曲纤维的要求。

排样方案的最终选择可采用人机对话的方式进行。显示器能直观地显示各种方案图，方案图上可分别标出排样方式、倾角、材料利用率等信息，供设计人员直观、方便地进行选择。

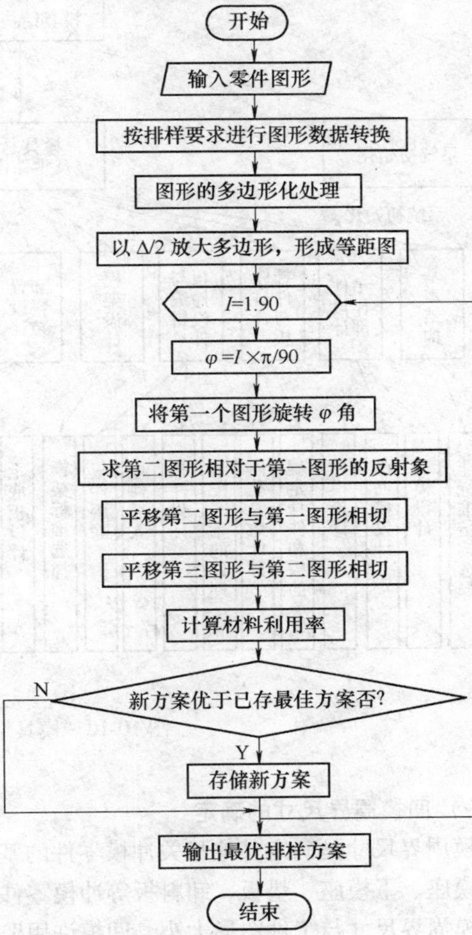

图 10-9　多边形法流程图

（二）冲裁件压力中心和冲裁力的计算及压力机选用

1. 压力中心与冲裁力的计算

压力中心就是冲裁力合力的作用点。利用计算机能迅速准确地算出压力中心。算法上通常利用平行力系合力作用点的方法，确定压力中心。

由于在 CAD 系统中，很容易获取包括周长在内的相关数据，因此冲裁力的计算是十分方便的。

2. 压力机选用

压力机选用的主要依据是冲裁总压力，而总压力与具体的模具结构有关。压力机的选用，一般应满足以下条件：

1）压力机额定吨位大于或等于总冲裁力。

2）压力机最小装模高度小于模具闭合高度再减去 10mm 的数值。

3）压力机最大装模高度大于模具闭合高度。

根据上述原则，就可以初步确定压力机的型号及规格。

四、冲模结构 CAD

冲模结构设计的显著特点是图形处理、数值计算和设计经验信息三位一体。设计经验往往极难数字化或建立数学模型。因此，人机交互设计成为冲模结构设计的主要手段。冲模结构设计的过程不同于手工设计，它不是先设计一个完整严格的装配图，再绘零件图，而是首先选择多个预先制订的规范化的典型结构组合，然后设计冲模零件，最后再将零件拼装成装配图。

图 10-10 所示为模具结构设计模块构成。

冲模结构设计必须建立在模具结构的标准化、规范化和系列化基础上，否则将无法进行。因此，应尽可能最大限度地总结设计经验，制订冲模设计规范，以便建立设计模型。在设计过程中，充分发挥数据库和图形库的功能，自动检索、查询全部设计中的数据表格及标准零件信息。此外，选择一个合适的图形系统更是至关重要。

下面主要介绍冲裁模结构设计的技术问题以及相应的处理方法。

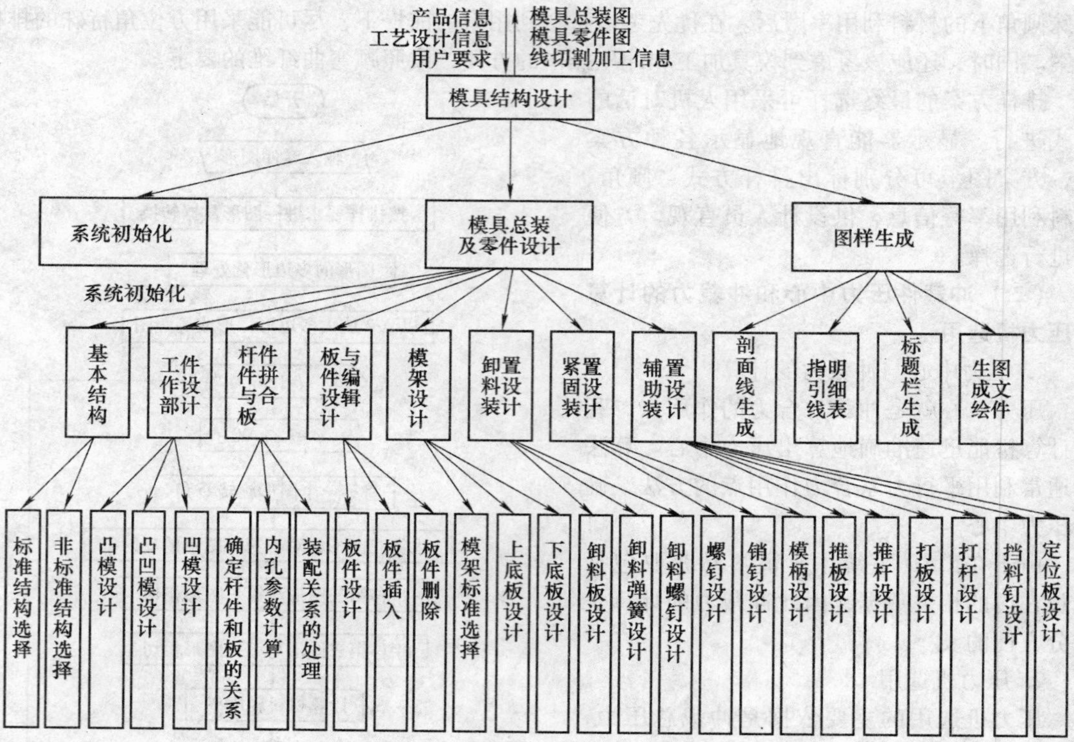

图 10-10　模具结构设计模块构成

（一）凹模周界尺寸的确定

凹模周界尺寸是确定其他相关冲模零件的基础。一旦确定了凹模周界尺寸，就能从数据库检索出上模座、下模座、垫板、卸料板等冲模零件的有关参数。

凹模周界尺寸与工件图形大小、凹模许用壁厚有关。凹模许用壁厚可从数据文件中调用，而工件图形大小则由工件图形外轮廓提供。工件的压力中心位于凹模板的几何中心，由工艺设计结果提供。

根据凹模周界的初步尺寸，计算机可以从凹模板数据库中自动检索出最接近的周界尺寸，由设计人员最终选择。由于工件压力中心位置的随机性较大，求出的凹模周界尺寸可能偏大。原则上压力中心应位于凹模板的几何中心，但在影响不大的情况下，可以适当调整压力中心的位置，允许压力中心与凹模板的几何中心具有一定的偏移量，偏移量的大小可按设计人员的经验确定。

（二）冲压零件数据库、图形库的建立及其检索

冲模零件按其标准化程度，大致可分为三大类：完全标准件、半标准件和非标准件。冲模零件尺寸规格的检索是按一定次序进行的，其基本参数是凹模周界尺寸。计算机以凹模周界尺寸为依据，能迅速准确地检索出所有零件信息，供冲模零件设计和装配图的生成调用。

1. 完全标准件

完全标准件包括导柱、导套、模柄、螺钉、销、挡料销、标准圆凸模及圆凹模等零件。目前，大部分完全标准件无需绘图，甚至上模座、下模座、垫板也不必绘图，只是在装配图的明细表中注明即可，这给冲模CAD系统的软件开发带来了极大的方便。对于完全标准件，只需将其标准规格参数以数表形式存放在数据库中。标准规定参数包括零件代号、基本尺寸参数、材料类型以及热处理规范等信息。对于那些无关紧要的尺寸参数，在建库时可以不予考虑，这样，不仅可以减少建库的工作量，而且还可以大幅度减少数据库占用的存储空间。

2. 半标准件

半标准件包括凹模板、凸模固定板、凹模固定板、卸料板、垫板、上模座、下模座等零件。

对于半标准件，大多数为板类零件，其外形及孔均已预先规定，而内形（型腔）随工件形状的变化各异。其标准部分可以直接从相应的数据库和图形库中调用，而非标准部分则由工件图形几何信息和设计信息提供。半标准件是冲模零件设计的主要对象，一般都需要绘图。

半标准件的标准规格参数以数表形式存放在数据库中，而实际图形则储存在图形库中。图形库的建立可以采用对每一类零件编制一个专用程序的方法，实际上就是建立标准零件程序库。标准零件图形专用程序是一个参数化模型，它可以完成图形坐标点计算、绘图以及部分尺寸标注工作。其入口参数为标准规格参数，可以从数据库中调用。在进行冲模零件设计时，只要调用图形库，就可以生成相应的图形。

3. 非标准件

非标准件包括异形凸模、凸凹模、推件板等零件。这类零件主要由工件图形确定，其厚度及有关孔的布置均有较大的随机性，没有标准规格参数可供检索。

（三）推件装置设计

推件装置的功能是将工件从凹模中推出，它一般由打杆、顶杆、顶板和推件板组成。推件装置设计的主要问题是顶杆的合理布置以及顶板轮廓形状的生成，若处理不当，将因顶杆产生偏心载荷而加速模具的损坏，甚至推不出工件，或影响上模座的强度。

顶杆的布置与顶板的形状都有较大的随机性，极难采用信息检索型设计方式，一般采用自动设计与人机交互设计相结合或完全由人机交互设计的处理方法。

1. 顶杆的布局

顶杆的布置与工件形状、模具结构和设计习惯等因素有关，一般应满足以下条件：

1）顶杆的合力中心尽可能靠近工件的压力中心。

2）顶杆应尽可能均匀分布。

3）顶杆应靠近工件外轮廓边缘布置。

4）在某些特殊位置（如工件的窄长部分）应布置顶杆。

5）对于台阶式推件板，顶杆的布置范围可扩大到工件轮廓之外。对于非台阶式推件板，顶杆的布置范围应控制在工件轮廓边缘以内。

2. 顶板形状的确定

由于顶杆位置的随机性，使得顶板形状也复杂多变。确定顶板形状的主要依据是顶杆的布置，同时，还应考虑对上模座强度的影响以及加工的方便，使之更加简单合理。顶板形式的最终选择，可结合上模座与模柄的设计以及其他因素综合决定，顶板形状可采用交互绘图或程序自动生成。

（四）卸料装置设计

卸料装置的功能是将条料从凸、凹模取出。对于弹性卸料装置，设计对象主要是卸料板和橡胶垫（或弹簧）。卸料板是典型的板类零件，属于半标准件。其标准规格参数完全可以从数据库中检索，然后调用图形库生成零件的外形，型腔部分（内形）不过是凸、凹模外形的偏移复制。因此，主要工作是确定挡料销的位置。挡料销的位置具有较大的随机性，没有固定的标准可循，只有采用交互式设计方法。

橡胶垫的设计主要是确定初始高度和卸料力的校核。橡胶垫的特性曲线可采用数据处理的有关方法程序化，供设计调用，确定单位压力。但实际生产使用和橡胶垫的力学特性波动较大，程序编制时应慎用资料上提供的参数。可先由计算机自动确定橡胶垫的理论高度，然后以人机交互方式由设计者最终确定。

第三节　冲压模具 CAM

一、CAM 的基本概念

CAM 是以数控加工为核心的一门材料成型技术。CAM 的广泛使用，给机械制造业生产方式、产业结构、管理方式带来深刻的变化，其关联效益和辐射能力更是难以估计。

（一）数控加工与数控机床

与普通的切削加工方法相比，数控加工的主要特点在于加工过程的控制方式不同，但由于这种不同，数控技术比传统加工又有了质的飞跃，使数控加工成为制造业实现自动化、柔性化、集成化生产的基础，而现代的 CAD/CAM、FMS、CIMS 等，都是建立在数控技术之上。

数控加工机床有多种，一般都由输入介质、输入装置、数控装置、伺服系统、反馈系统以及机械系统等部分组成。按加工工艺以及机床的用途，数控机床可分为以下几类：

（1）金属切削类　采用车、铣、刨、磨、镗、钻、铰等各种切削工艺的数控机床。包括普通型以及加工中心两大类。

（2）金属成型类　采用挤、冲、压、拉等成型工艺的数控机床，如数控压力机、数控折弯机、数控弯管机以及数控旋压机等。

（3）特种加工类　主要有数控电火花成型机、数控电火花线切割机、数控火焰切割机、数控激光加工机等。

后面主要以金属切削类机床为例进行介绍。

按机床加工功能（机床运动的控制轨迹）的不同可分为：

（1）点位控制　数控的钻床、镗床以及冲床等。

（2）直线控制　数控的车床、铣床以及磨床等。

（3）轮廓控制　数控的铣床、车床等。按所控制的联动坐标轴数的不同，又可分为二轴联动、二轴半联动、三轴、四轴以及复杂的五轴联动。

按所用进给伺服（serve）系统，可以分为：

1）开环数控机床。

2）半闭环数控机床。

3）闭环数控机床。

（二）数控加工的工作流程

1）对零件（图样或三维模型）进行分析，如果只有图样，则利用软件对需要数控加工的部分进行几何造型，确定需要数控加工的部分。

2）根据加工条件，选择合适加工参数，生成刀位轨迹。

3）轨迹的仿真检验。

4）生成加工代码文件并传给机床。

5）由数控机床完成数控加工。

图 10-11 为数控机床的组成以及基本工程过程的示意图。

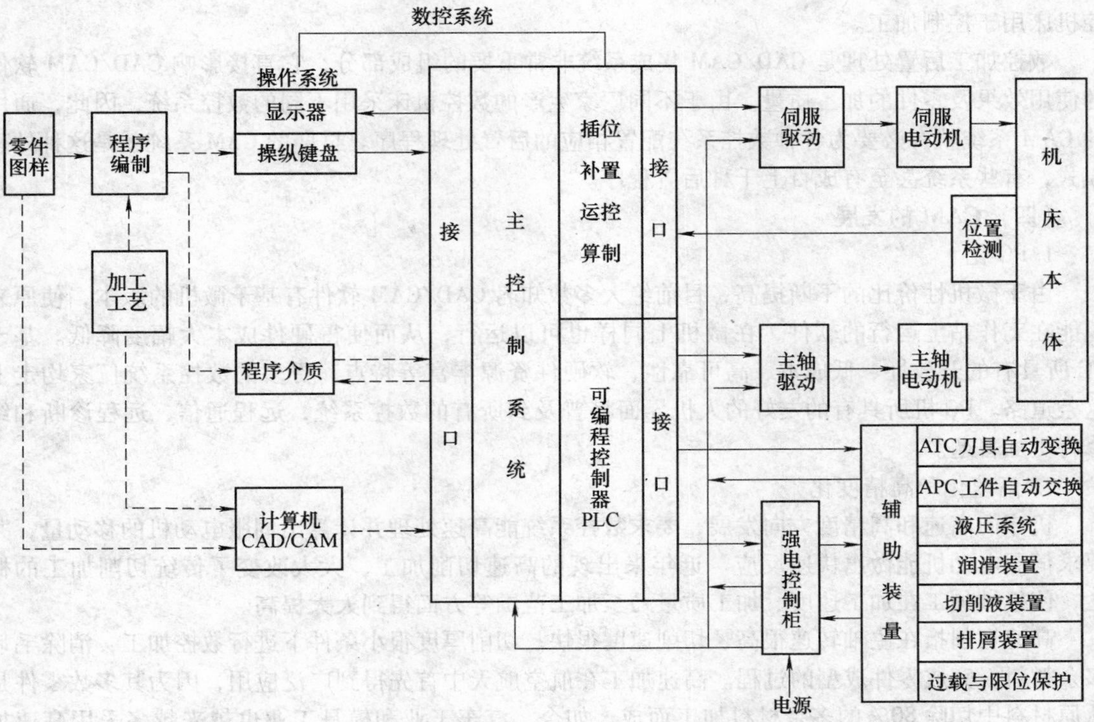

图 10-11 数控机床的组成以及基本工作过程的示意图

由此可以看出，数控加工需要人与计算机相互配合、共同完成。其中，需要大量计算、重复性的工作，如刀位轨迹计算、仿真检验、加工代码生成等，基本上可由计算机去完成，人只要指定加工部位与工艺条件。

优秀的 CAM 系统可以让用户方便地建立起工件的几何模型（曲面与实体模型），同时，只要用户在系统的引导下输入小量数据（工艺参数等），就可以迅速地完成相关的加工编程工作，而且系统还具有相当的柔性，可以适应不同类型的情况。

（三）数控加工程序的编制与处理

早期的数控加工程序完全靠人工编制，后来出现了 APT 一类的自动编程语言。目前，基于三维造型、直观而简便的图像自动编程得到广泛应用。这些三维造型软件包括加工方式完备、功能强大的高端软件 CATIA、UG 以及 Pro/E 等，以及主要面向中小企业的中低端软件 CIMATRON、MasterCAM 以及国产的 CAXA 等。

数控加工中，编程系统对零件源程序的处理可分为前置处理（主信息处理）以及后置处理两个阶段。前置处理是对刀具运动轨迹进行计算，得到刀具中心位置数据（刀具路径文件，纯几何信息），即刀位数据或 CLDATA，与数控系统无关。

加工刀具路径文件可利用 CAD/CAM 软件，根据加工对象的结构特征、加工环境特征（其中包括机床-夹具-刀具-工件所组成的具体工序加工系统的特征）以及加工工艺设计的具体特征来生成描述加工过程的刀具路径文件。

后置处理是通过后置处理器读取由 CAM 系统生成的刀具路径文件，从中提取相关的加工信息，并根据指定数控机床的特点及 NC 程序格式要求进行分析、判断和处理，最终生成数控机床所能直接识别的 NC 程序，就是数控加工的后置处理。简单地讲，后置处理就是针对特定的机床把 CAM 系统生成的刀位轨迹转换成机床代码指令（G 代码）。生成的指令可以直接输入到该数控机床用于控制加工。

数控加工后置处理是 CAD/CAM 集成系统非常重要的组成部分，它直接影响 CAD/CAM 软件的使用效果及零件的加工质量。由于不同厂家生产的数控机床采用不同的数控系统，因此，通用的 CAM 系统就有必要为各种数控系统配置相应的后置处理程序。早期的 CAM 系统就是这种处理模式，有些系统甚至有成百上千种后置程序。

（四）CAM 的发展

1. PC 化

由于微机性价比的不断提高，目前绝大多数知名 CAD/CAM 软件有基于微机的版本，使原来只能在工作站上运行的软件，在微机上同样也可以运行，从而使得硬件成本大幅度降低。基于 PC 所具有的开放性、低成本、高可靠性、软硬件资源丰富等特点，更多的数控系统厂家均走上这条道路。PC 机所具有的友好的人机界面将普及到所有的数控系统，远程通信、远程诊断和维修将更加普遍。

2. 高速化和高精度化

机床向高速和高精度方向发展，要求数控系统能高速处理并计算出伺服电动机的移动量，并要求伺服电动机能做出快速反应。近年来出现的高速切削加工，大大改变了传统切削加工的概念，使机械加工在加工速度、加工质量乃至加工范围等方面得到大大提高。

高速切削指在主轴转速很高、切削速度很快、切削厚度很小条件下进行数控加工，消除毛坯多余材料，完成零件成型的过程。高速加工在航空航天中首先得到广泛应用，因为其多数零件是从原材料中切除 80% 的多余材料加工而成。如今，汽车工业和模具工业也越来越多采用高速加工。例如用小直径立铣刀对模具型腔进行高速铣削，因为效率高，精度高，表面光洁，可省去后续的电加工和手工研磨等工序，大大加快了新产品的开发周期。

通常，高速切削机床主轴旋转速度为 8000～40000r/min，刀具切削速度为 50m/min，每层切削厚度应介于 0.3～0.5mm 之间。这种条件下，刀具切削时对刀具轨迹的平滑性要求很严，以保证刀具移动时的平稳性和安全性，同时提高产品的表面质量。

3. 智能化

随着人工智能在计算机领域的不断渗透和发展，数控系统的智能化程度将不断提高，加工的智能化也越来越被人们所重视。具体表现在：

1）CAM 系统自动生成产品的所有加工阶段的加工代码，如生成刀具轨迹的智能化，可以自动生成粗加工、半精加工、精加工、补加工的刀具轨迹。当 CAD 数据改变时，自动更新各加工工序的刀具轨迹；当某工序的加工参数改变，自动改变刀具轨迹，自动判断曲面自身的过切和装卡具及机床的碰撞。

2）自动生成所有加工阶段的工序单和工艺单，包括自动产生加工工艺文件和工序文件，工艺文件和工序文件自动随工序的改变而改变。

3）当生产管理以并行工程的模式组织时，产品设计的修改是随时可能发生的。

4）智能加工系统要实时跟踪产品的设计变化，从而产生相应的刀具轨迹及工艺工序报表。

智能加工是当前研究的热点。从技术上，可以采用以下手段：

1）自适应控制技术。通过数控系统检测过程中一些重要信息，并自动调整系统的有关参数，达到改进系统运行状态的目的。

2）引入专家系统。将熟练工人和专家的经验，加工的一般规律与特殊规律存入系统中，以工艺参数数据库为支撑，建立具有人工智能的专家系统。当前已开发出模糊逻辑控制和带自学习功能的人工神经网络电火花加工数控系统。另外，还可引入故障诊断专家系统。

3）智能化数字伺服驱动装置。可以通过自动识别负载而自动调整参数，使驱动系统获得最佳的运行。

4. 集成化

CAM 与 CAD 首先应该实现集成，才能充分发挥作用。另一集成是向 CIMS 发展，即通过计算机及软件，将企业的全部生产活动，包括设计、制造、管理及整个物流与信息流有机地集成，构成一个完整的生产系统，从而获得更高的效率。

5. 信息化与网络化

随着经济全球化的推进，制造业已经进入全球性竞争的时代，地理位置已不再成为一种障碍，竞争者可以在全球范围内制造和销售他们的产品，而制造业的网络化与信息化是大势所趋。基于 Internet/Intranet 的制造系统已经形成，这种模式大大突破了地理的限制，极大地整合了资源，使之得到最有效的应用。

另外，在计算机内部构造虚拟的生产系统模型，完成实际生产过程模拟的虚拟制造技术（Virtual Manufacturing Technology，VMT），在 20 世纪 80 年代后期提出后，得到了迅速的发展。虚拟制造技术以虚拟现实和仿真技术为基础，对产品的设计、生产过程统一建模，在计算机上实现产品从设计、加工和装配、检验到使用的整个生命周期的模拟和仿真。这样，可以在产品的设计阶段就模拟出产品及其性能和制造过程，以此来优化产品的设计质量和制造过程，优化生产管理和资源规划，以达到产品开发周期和成本的最小化，产品设计质量的最优化和生产效率的最高化，从而提高企业的市场竞争力。

虚拟制造的关键技术包括：

（1）虚拟模型的建立　虚拟模型的建立包括以下几个方面的研究：

1）基于微机的虚拟环境体系结构。计算机硬件发展的日新月异为基于微机的普及型虚拟环境体系结构的建立提供了物质基础。

2）基于几何建模和图像相结合的建模方法和相关算法。采用虚物实化、实物虚化、虚实结合、增强现实的方法既可以使模型的真实感强，又可以有效地减少模型的数据量，从而满足实时交互性的要求。

3）基于图像的虚拟现实关键技术。图像建模具有模型简单、数据量小的优点，适合于微机环境的实时建模和浏览。如何建立快速图像压缩和解压缩算法，实现基于图像的机械产品模型的三维重建等是关键。

（2）具有物理属性的虚拟模型的建立　建立具有物理属性的虚拟模型有着巨大的应用价值。如果用它来进行虚拟试验，既可以节省宝贵的产品开发时间，又可以节约试验费用。在某些情况下，试验的费用可能很大，甚至无法做试验。采用这种技术，设计人员将能设计出价格低廉、满足顾客各种各样需求的产品。

（3）分布式虚拟现实关键技术

1）通过利用客户端的 CPU 卡和服务器端的密码机来完成加密和解密工作，防止未经授权的用户访问企业数据。

2）建立基于网络的虚拟企业。

3）研究不同设计方之间的标准数据交换格式。

4）实现机械产品网上交易和 B2B 电子商务，完成企业内部和外部的电子商务集成化。

二、数控加工在模具行业的应用

（一）模具制造的特点

CAM 技术在模具行业中得到了广泛应用，这是由于模具行业自身的特点决定的：

1）模具的品种多。在机械行业中，特别是汽车等行业，每一个新的产品开发都需要制造大量的模具：包括车身外体，发动机，内饰等在内的90%以上部件均需依靠模具成形。据统计，制造一款普通轿车需要约1000套冲压模具，200多件内饰模具。

2）模具的生产为小批量生产，除了少数情况外，模具一般都是单件生产。

3）结构复杂。模具往往由多个部件构成，而大型汽车覆盖件模具，还具有复杂的曲面结构。

4）模具加工的要求高。特别是一些大型、精密的模具加工，必须要高精度、高质量的加工设备才能完成加工。

5）模具行业除需要通用的数控加工手段外，还需要一些特种数控加工或特种加工手段，如电火花、线切割加工。

此外，模具企业还面临着生产周期以及生产成本的压力。因此，模具行业特别需要数控加工技术才能满足要求。近年来，CAM在大型、复杂冲压模具制造方面发挥了极其重要的作用，可以毫不夸张地说，现代冲压模具的制造，已经无法离开CAM技术。

（二）汽车覆盖件冲压模具CAM基本流程

1. 覆盖件零件CAD数据的预处理

涉及到其他软件的数据或IGES、STEP转换格式数据，往往要对数据进行一定的修整。如果提供的是3D线框数据或图样资料，还要根据提供的数据自行完成产品的3D数据。总之，目的是达到高质量的产品数据，为数控加工做好准备。

另外，还要根据成形的工艺要求对零件进行工艺补充，完成建模造型工作，一般包括以下内容：

1）拉延补充型面和拉延筋的造型。

2）切边线的计算，切边刃口及废料刃口的造型。

3）翻边或整形加工型面的造型，及加工坐标系的准备。

4）单独加工件的分解和定位基准的准备。

5）辅助加上面体及毛坯体的准备。

2. 数控工艺的制定和分析

目前冲压模具所采用的材料包括：铸铁、铸钢、中碳钢、高碳钢、合金材料、有色金属等。根据不同情况，冲压模具的型面加工要考虑的几个要素包括：

（1）数控机床的加工性能　主轴转速、进给速度、主轴最大转矩

主轴转速通常3000～8000r/min，进给速度要与机床主轴转速相配合，低速切削通常小于3000mm/min，高速切削达到10000mm/min。

（2）刀具的选用　刀具有多种，根据材质可分为：高速工具钢、硬质合金、硬质合金涂层，根据形状可分为球头刀、端铣刀和R刀等多种，根据结构可分为：整体式、焊接刀片式、可转位刀片等。在三轴加工中，端刀和球刀的加工效果有明显的区别，当曲面形状复杂有起伏时，建议用球刀。在二轴加工中，为提高效率，建议用端刀，因为相同的参数，球刀会留下较大的残留高度。

（3）切削用量的选用　根据被加工材料、精度要求等合理确定进给速度、切削深度、步距以及加工余量。同时还要进行加工型面的干涉检查：在切削被加工表面时，如果刀具切到了不应该切的部分，称为出现过切现象（或称干涉）。过切通常是在加工一个或一系列表面时，对其他表面产生的过切。另外，当有被加工表面中存在刀具切削不到的部分时，有时也称为过切。

根据毛坯的加工余量，数控工艺路线通常可以分为：

1）粗加工。需要大量去除毛坯材料时，可选用粗加工方式。粗加工可以一层一层往下切，也可以采用区域切削。不过只有端铣刀才允许做粗加工，加工误差须小于加工余量，加工行距应少于刀的直径。此时可以选用较大型号的刀具和较大的步距、大切削量和较慢的进给速度或选小切削量和高速层加工。

2）清根加工。清根加工是为了加工前工序未加工完成的根部切削加工，或为后工序的加工减少在根部的冲击切削，延长刀具寿命，保护工件和机床。清根选择的刀具一般要小于等于后道工序的刀具大小，可选用单刀或多刀的加工方式。

3）半精加工。半精加工可以选用较小的步距和较快的进给速度。为精加工或超精加工留较少的、均匀的加工余量，可分块进行加工。

4）精加工。精加工选用高速加工刀具和高速进给，保证加工要求的型面尺寸精度和表面粗糙度。可以分块加工。

此外，还有一些二维加工和钻孔，需要加入数控加工工艺中。二维加工主要选用柱铣刀，选用 G41，G42，G43 指令进行加工刀具直径插补，或定义加工余量。二维加工方式主要选择顺铣或逆铣，钻孔程序可利用 CAD 数据进行钻孔编程或手工编程。

值得一提的是，上述加工方式只是系统计算刀位轨迹的算法或模型不同，在具体的应用中，它还必须有一系列给定的参数值（如刀具参数、进刀方式、退刀方式、走刀方式、拐角过渡方式、加工余量与精度、行距及轮廓补偿等），这些参数就是具体的工艺参数。

3. 数控加工程序的编制和计算

4. 数控加工程序的分析和校核

5. 后置处理

程序编制完成后要进行刀具路径的检查，看是否有干涉或过切的情况。通过后置处理生成加工用的 G 代码程序。

6. 数控程序的生成

在完成 G 代码程序后，可用第三方软件进行仿真切削，以对加工过程全程模拟，并分析过切、干涉等加工问题，还可以对进给进行一定的优化处理，能较大幅度地提高加工效率。

7. 同数控设备联机做 NC 加工

第四节　通用商品化 CAD/CAM 软件简介

一、常见 CAD/CAM 软件概况

1. AutoCAD/MDT/Inventor

AutoCAD 是美国 Autodesk 公司于 1982 年为微机上应用 CAD 技术而开发的绘图程序软件包，其图形绘制功能十分完善，图形编辑功能强大、用户界面良好，可以采用多种方式进行二次开发或用户定制，且支持多种硬件设备以及操作平台。经过不断的完善，AutoCAD 现已经成为国际上广为流行的绘图工具，后面将具体介绍。

MDT 是 Autodesk 公司为适应 CAD 技术从二维向三维的发展，在 PC 平台上开发的三维机械 CAD 系统。它以三维设计为基础，集设计、分析、制造以及文档管理等多种功能为一体，为用户提供从设计到制造一体化的解决方案。根据市场的情况，Autodesk 又推出了 PC 级的 3D 产品 Inventor。

2. Unigraphics（UG）

UG 源于航空业、汽车业，是从二维绘图、数控加工编程、曲面造型等功能发展起来的软件。

1976 年，McDonnell Douglas Automation 公司收购了 Unigraphics CAD/CAE/CAM 系统的开发商——United Computer 公司，其雏形问世。以后 UG 软件数易其主，从麦道飞机到通用汽车到 EDS，后独立出来成立 Unigraphics Solutions 公司。2001 年 5 月 EDS 公司又将其收归麾下，并且收购了 I-DEAS 软件开发商 SDRC 公司。2002 年，EDS 公司将 UG 和 I-DEAS 合并后的版本，重新命名为 Unigraphics NX。2007 年，EDS 被 Siemens（西门子）收购，并作为西门子自动化与驱动集团（Siemens A&D）的一个分支机构。

UG 以 Parasolid 几何造型核心为基础，参数化和变量化技术与传统的实体、线框和表面功能结合在一起，这种复合造型技术被实践证明是强有力的。其曲面功能包含于 Freeform Modeling 模块之中，采用了 NURBS（B 样条）、Bezier 数学基础，同时保留解析几何实体造型方法，造型能力强。曲面造型完全集成在实体造型之中，并可独立生成自由形状形体以备实体设计时使用。而许多曲面造型操作可直接产生或修改实体模型，曲面壳体、实体与定义它们的几何体完全相关。总体上，UG 的实体化曲面处理能力是其主要特征和优势，在包括模具在内的机械工装的设计、制造等领域的应用具有很强的优势。

3. CATIA

CATIA 诞生于 20 世纪 70 年代法国达索航空公司（Dassault Aviation）内部的软件开发项目 CADAM。1981 年，达索创立了专注于工程软件开发的子公司 Dassault System，并与 IBM 合作进行 CATIA 的营销与推广。1984 年波音公司启用 CATIA 作为其主要 CAD 软件，并从此成为 CATIA 的重要用户。1992 年，CATIA 被 IBM 公司收购。九十年代，波音公司使用 CATIA 完成了整个波音 777 的电子装配，创造了业界的一个奇迹，也确定了 CATIA 在 CAD/CAE/CAM 行业内的地位。

CATIA 采用混合建模技术，除一般的形体构建外还具有很强的曲面造型功能，具有曲面设计（Surface design）、高级曲面设计（Advanced surface design）、自由外形设计（Free form design）、整体外形修形（Global shape deformation）、创成式外形修形（Generative shape modeling）、白车身设计（Body-in-white templates）等模块。

CATIA 提供了包括 2D、3D、参数化混合建模及数据管理手段在内的完整的集成化设计工具。它将机械设计、工程分析及仿真、数控加工和 CATweb 网络应用解决方案结合在一起，为用户提供严密的无纸工作环境。特别是 CATIA V5 以后的版本，围绕数字化产品和电子商务集成概念进行系统结构设计，可为数字化企业建立一个针对产品整个开发过程的工作环境。在这个环境中，可以对产品开发过程的各个方面进行仿真，实现工程人员和非工程人员之间的电子通信。

4. Pro/Engineer

1985 年，列宁格勒大学前几何学教授 Samuel P. Geisberg 创建了 PTC 的前身“SPG 顾问公司”，1987 年更名为“参数技术公司”（PTC，Parametric Technology Corporation）。Pro/Engineer 即为 PTC 的一款集 CAD/CAM/CAE 功能一体化的综合性三维软件，目前在三维造型软件领域中占有着重要地位。

PTC 公司提出参数化、单一数据库、基于特征、全相关的概念，利用该概念开发出来的 Pro/Engineer 软件，能将设计至生产全过程集成到一起，形成一个全面、紧密集成的产品开发环境，让所有的用户能够同时进行同一产品的设计制造工作，即实现所谓的并行工程。其用户界面简洁、概念清晰，符合工程人员的设计思想与习惯。整个系统建立在统一的数据库上，具有完整而统一的模型。

PTC 的系列软件包括了工业设计和机械设计等方面的多项功能，还包括对大型装配体的管理、功能仿真、制造、产品数据管理等。

2010 年，PTC 公司将 Pro/Engineer 等 CAD 软件整合为 Creo 软件。

5. Solid Edge

Solid Edge 是美国 EDS 公司（目前属于 Siemens PLM Software 公司）定位于中端的 CAD-PDM 产品。Solid Edge 完全基于 Windows 操作系统开发，而不是像其他一些 CAD 软件一样从 Unix 工作站移植到 Windows 平台上。它与 Windows 的 OLE 技术兼容，这使得设计师们在使用 CAD 系统时，能够进行 Windows 文字处理、电子报表、数据库操作等。

6. SolidWorks

SolidWorks 是美国 SolidWorks 公司开发的基于 Windows 操作系统的全参数化造型设计软件。软件简单易用，可以十分方便地实现复杂的三维零件实体造型、复杂装配和生成工程图，且辅助分析功能较为强大，可以更好地满足设计需要。

7. Cimatron

Cimatron 是以色列 Cimatron 公司的 CAD/CAM/PDM 产品，是较早在微机平台上实现三维 CAD/CAM 全功能的软件系统。在数控加工编程方面具有独特的优势，具有各种通用、专用数据接口以及集成化的产品数据管理。

8. CAXA 电子图板和 CAXA-ME 制造工程师

CAXA 电子图板是国产的一套高效、方便、智能化的通用中文设计绘图软件，可帮助设计人员进行零件图、装配图、工艺图表、平面包装的设计，可以满足所有二维绘图的需要。

CAXA-ME 是面向机械制造业的自主开发的、中文界面、三维复杂型面 CAD/CAM 软件。

二、AutoCAD 软件简介

AutoCAD 是一个通用的交互式工程图绘制、编辑、处理软件，1982 年由 Autodesk 公司推出，其重要意义在于首次在微机上实现了以前只能在大、中型或小型机上才能完成的绘图功能。AutoCAD 推出后，迅速成为工程绘图软件的佼佼者。

AutoCAD 利用多种用户接口——键盘、鼠标、菜单、对话框等——提供了一套完善、便利的二维图形处理功能，还采用开放式的方式，使高级用户可以进行二次开发。AutoCAD 2000 以后的版本，在用户界面、文件操作、鼠标操作等方面完全采用 Windows 风格，支持所有的典型 Windows MDI 功能，如层叠、平铺、最小化、全屏等；在一个 AutnCAD 环境中，可以同时打开、编辑多个图形文件，并支持 Windows 的剪切/复制/粘贴（cut/copy/paste）和拖放等操作。另外，AutoCAD 还提供了 Internet 访问功能，可直接从网站上打开 AutoCAD 文件，在 AutoCAD 对象和图形中插入 Internet 超级链接。

图 10-12 为 AutoCAD 的基本界面。可以看到，软件分为几个主要区域：中间为绘图区，而四周为各种控制的菜单、图标。用户也可以根据自己的喜好定制 AutoCAD 界面。

AutoCAD 的主要功能有：

（1）基本绘图功能　采用笛卡儿直用坐标、极坐标、球坐标、柱坐标，或相对坐标、绝对坐标等坐标系，可绘制基本图形元素：点（Point）、直线（Line）、圆（Circle）与圆弧（ARC）以及文字、尺寸标注等。

（2）图形编辑　AutoCAD 可以对图形进行复制、移动、旋转、等比例调整尺寸、对称、阵列、延伸、修剪、切断、倒圆、倒角、删除等操作。

（3）辅助功能　如图形显示的控制，包括放大、缩小、窗口缩放等，另外还有特性查询、图元性质工具列、打印、退回、重做、更新画面、保存、自动保存、帮助。

AutoCAD 还提供了 DXF（图形交换文件）、ACIS、WMF、BMP 与其他软件的接口格式，提供 Autolisp、ARX 等二次开发工具。新版本后，还提供了一定的三维造型功能。

为了使用户能方便地绘图，AutoCAD 提供了一系列便利的功能，如对象捕捉（Object

Snap）功能，可将指定点限制在现有对象的确切位置上，例如中点或交点。使用对象捕捉可以迅速定位对象上的精确位置，而不必知道坐标或绘制构造线；在图形的组织与管理上，AutoCAD 提供了图层（layer）方式，它相当于图纸绘图中使用的重叠的图样，可以使用它们按功能编组信息以及执行线型、颜色和其他标准。通过创建图层，可以将类型相似的对象指定给同一个图层使其相关联。例如，可以将构造线、文字、标注和标题栏置于不同的图层上，然后可以控制许多内容，包括：图层上的对象是否在任何视口中都可见、是否以及如何打印对象、为图层上的所有对象指定什么颜色、为图层上的所有对象指定何种默认线型和线宽以及图层上的对象是否可以修改等。

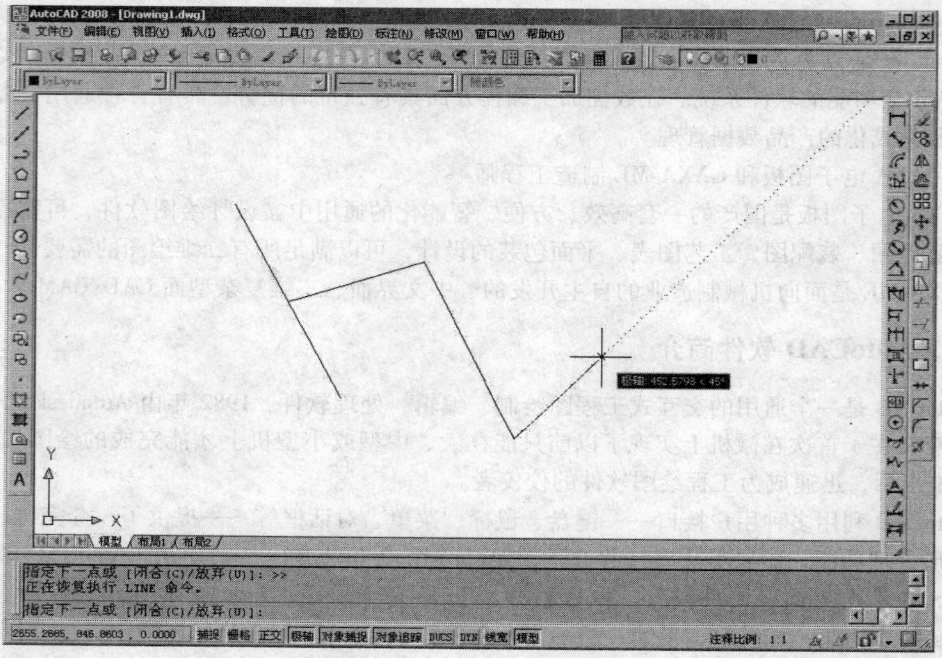

图 10-12　AutoCAD 的界面

三、UG 功能模块简介

大型的 CAD/CAM 软件除了最基本、最重要的几何造型功能外，往往集成了大量各种机械加工所需要的其他各种功能。下面以 UG 为例，简单介绍常用的功能模块。

（一）界面（Gateway）

该模块是连接所有 UG 模块的基础。它支持一些关键操作，如打开存在的 UG 零部件文件、创建新的零部件文件、绘制工程图以及输入、输出各种不同格式的文件。同时该模块还提供层控制、视图定义、屏幕布局、消隐，再现对象和在线帮助功能。另外，在该模块中，可以进行导航、动画、实体和表面模型着色等高级可视化操作。

（二）基本模块

1. 实体建模（Solid Modeling）

该模块将基于约束的特征建模和显式几何建模方法无缝结合起来，提供了强有力的“复合建模”工具，使用户可以充分利用传统的实体、面、线框造型优势。在该模块中，可建立二维和三维线框模型、扫描和旋转实体以及进行布尔运算及参数化编辑。另外，该模块还提供用于快速概念设计的草图工具和一些通用的建模、编辑工具。

2. 特征建模（Features Modeling）

该模块用工程特征定义设计信息，提供了多种常用设计特征，如孔、槽、型腔、凸台、垫、柱体、块体、锥体、球体、管道体、倒圆角和倒直角等。并可挖空实体建立薄壁件。各设计特征可以用参数化定义，其尺寸大小和位置可以被编辑。用户自定义特征存储在公共目录下，可以被添加到其他设计模型中。各特征可相对于其他特征或实体定位，也可被引用建立相关特征组。

3. 自由形状建模（Freeform Modeling）

该模块用于建立复杂的曲面形状，如机翼、进气道和其他工业产品的造型设计。它将实体建模和曲面建模的技术合并，组成一个功能强大的建模工具组。此建模技术包括沿曲线扫描，用标准二次曲线建立二次曲面体，并能在两个或更多实体间用桥接的方式建立光滑的连接曲面。用逆向工程的方法，通过曲线/点网格定义曲面和通过点云拟合曲面。另外，还可以通过修改所定义的曲线、改变参数值和用数学规律来编辑模型。

4. 用户自定义特征（User-Defined Features）

该模块用自定义特征的方式建立零件族，易于调用和编辑。它提供了一些工具，如允许用存在的参数化实体模型建立特征参数之间的关系，定义特征变量、设置缺省值，以及确定调用特征时所采用的一般形式。用户自定义特征建立以后，被存放在一个目录中，可供用户访问。当用户自定义特征加入到设计模型后，可用常规的特征编辑方法对模型的参数进行编辑。

5. 工程制图（Drafting）

该模块使设计人员获得与三维实体模型完全相关的二维工程图。保证随实体模型的改变，同步更新工程图中的尺寸、消隐线和相关视图，减少了因三维模型改变更新二维图样所需的时间。自动视图布局功能可快速布局二维视图，包括正交投影视图、轴侧视图、剖视图、辅助视图和局部放大视图等。另外还提供了一套基于图标菜单的标注工具，利用模型数据，自动沿用相关模型的尺寸和公差，大大节省了标注时间。Drafting 支持工业上颁布的主要制图标准，如 ANSI/ASME、ISO、DIN、JSIS 和我国的 GB。

6. 装配建模（Assembly Modeling）

该模块提供了并行的、自上而下和自下而上的产品开发方法。在装配过程中，可以进行零部件的设计和编辑。零部件可灵活地配对和定位，并保持关联性。装配件的参数化建模还可以描述各部件之间的配对关系。这种体系结构允许建立非常庞大的产品结构，并为各设计组之间共享，使产品开发组成员并行工作。

7. 高级装配（Advanced Assemblies）

UG 高级装配模块提供了数据装载控制功能，允许用户对装配结构中的部件进行过滤分析，可以管理、共享和评估数字模型，以完成一个复杂产品的全数字化装配。它提供的各种工具可对整个产品、指定子系统或零件进行装配分析和质量管理。在进行间隙检测的过程中，其检测结果可保存备用。在需要的时候，该模块还可对硬干涉进行精确定位。当要对一个大型产品的部分结构进行修改时，可以定义区域和组件集，以便于快速修改。

8. 虚拟现实（Reality）、漫游（Fly-Through）

这些模块提供了分布式工具、并行可视化工具和虚拟产品模拟化工具，利用高级装配来精确显示和进行动态干涉检查。Reality 在对产品功能方面进行实时模拟的同时可对产品进行评估，能根据部件的运动、装配的步骤和在部件内部的漫游建立动画。

Reality 允许建立运动副、显示连接处的滑动或转动部件，并模仿真实运动，对装配行为和装配顺序提出建议。Fly-Through 技术可进行部件运动过程的动画重放，多个用户可以同时观察虚拟产品，并能与其他部门一起评审设计方案。

9. 工业造型设计（Studio for Design）

该模块提供了三大功能用于产品的概念设计。其高级图形工具 Studio Visualize，通过选择质量等级、光源、阴影和工程材料等参数，可以制作出精美的产品图像，从而加强了 CAD 模型的视觉效果。其自由形状功能（Studio Freeform），可对曲面进行变形和变换处理，创建复杂的模型。其动态评估功能（Studio Analyze），可对自由几何形状进行分析评估。

10. WAVE

WAVE 提供了一个参数化产品开发平台，它将概念设计与详细设计贯穿到整个产品的设计过程。Wave 技术可对产品设计进行定义、控制和评估。通过定义几何形体框架和关键设计变量，表达产品的概念设计。通过参数化的编辑控制结构，不同的设计概念可以被迅速地分析和评估。控制结构中的关键几何模型，可链接拷贝到经过详细设计的产品装配中。这样，在后续的产品开发过程中，允许高级概念设计上的变化与整个产品设计改变相关联。

除以上 CAD 模块之外，UG 还有标准件库系统（FAST）和几何公差（Geometric Tolerancing）等设计模块。

（三）CAM 模块

1. CAM 基础（CAM Base）

该模块是连接 UG 所有加工模块的基础。用户可以在图形方式下通过观察刀具运动，用图形编辑刀具的运动轨迹，并有延伸、缩短和修改刀具轨迹等编辑功能。针对钻孔、攻螺纹和镗孔等，它还提供了点位加工程序。使用操作模板可进一步提高用户化水平，如允许用户建立粗加工、半精加工等专门的样板子程序。

2. 后置处理（Post processing）

应用该模块，用户可针对大多数数控机床建立自己的后置处理程序。其后处理功能包含了铣削加工（2~5 轴或更高）、车削加工（2~4 轴）和线切割加工等实际应用的检验。

3. 车加工（Lathe）

该模块提供了回转类零件加工所需要的全部功能。零件的几何模型和刀具轨迹完全相关，刀具轨迹能随几何模型的改变而自动更新。它包含了粗车、多次走刀精车、车沟槽、车螺纹和打中心孔等功能。输出的刀位源文件（CLSF）可直接进行后处理，产生机床可读的输出文件。用户可控制进给量、转速和吃刀量等参数，若不修改，这些参数将保持原有数值。可通过屏幕显示刀具轨迹，对数控程序进行模拟，检测参数设置是否正确，并可用文本格式输出所生成的刀位源文件。用户可以存储、删除或按要求修改刀位源文件。

4. 型芯和型腔铣削（Core & Cavity Milling）

该模块对汽车和消费品行业中的模具加工特别有用。它提供粗切单个或多个型腔、沿任意形状切去大量毛坯余量以及可加工出型芯的全部功能。最突出的功能是可对形状非常复杂的表面产生刀具运动轨迹，确定走刀方式。当 Core & Cavity Milling 检测到异常的型腔面时，它或是修改，或是在用户规定的公差范围内加工型腔。

5. 固定轴铣削（Fixed-Axis Milling）

该模块用于产生三轴运动的刀具路径。实际上，它能加工任何曲面模型和实体模型，提供了多种驱动方法和走刀方式，如沿边界、径向、螺旋线以及沿用户定义的方向驱动。

在边界驱动方法中，又可以选择同心圆和径向等多种走刀方式。此外，它还可以控制逆铣和顺铣切削，以及沿螺旋路线进刀等。同时，还能识别前道工序未能切除的区域和陡峭区，以便用户进一步清理这些地方。该模块还可以模仿刀具路径，产生刀位文件。

6. 清根切削（Flow Cut）

Flow Cut 处理器能节省半精加工或精加工的处理时间。这一模块与 Fixed-Axis Milling 模块结合，以加工参数为基础，可以分析零件的加工面（型腔的凹谷处或拐角），检测所有双相切条件。用户可以指定刀具，利用双相切条件求定义驱动轨迹，自动在这些区域内用一次走刀或多次走刀移去未被切除的材料。当加工复杂的型芯和型腔时，此模块将减小精加工零件的表面积，获得均匀的加工余量。

7. 可变轴铣削（Variable-Axis Milling）

该模块提供用固定轴和多轴铣加工任意曲面的功能，可用任意曲线或点控制刀具的运动轨迹。

8. 顺序铣削（Sequential Milling）

该模块用于在切削过程中必须对刀具每一步路径生成都要进行控制的场合，它与几何模型完全相关。用交互方式可以逐段地建立刀具路径，但处理过程的每一步都受总控制的约束。其循环功能允许用户通过定义轮廓的里边和外边，在曲面上进行多次走刀加工，并生成中间各步的加工程序。

此外，UG 的 CAM 部分还有制造资源管理系统（Genius）、切削仿真（VERICUT）、线切割 Wire EDM）、图形刀轨编辑器（Graphical Tool Path Editor）、机床仿真（Unisim）、SHOPS、NURBS（*B* 样条）轨迹生成器（NURBS（*B*-Spline）Path Generator）等加工模块。

（四）CAE 模块

1. 有限元分析（Scenario for Structure）

该模块是一个集成的 CAE 工具，它能将几何模型转换为有限元分析模型，快捷地对 UG 的零件和装配进行前、后置处理。有限元分析作为设计过程的一个集成部分，用于评估各种设计方案。其分析结果可以优化产品设计、提高产品质量。该模块含有限元分析求解器 FEA，它提供广泛的求解类型，包括线性静力、标准模态、稳态热传递和线性屈曲分析，同时还支持装配部件，包括间隙单元的分析，并可对薄壁结构和梁的尺寸进行优化。FEA 支持各向同性和各向异性的材料类型。

2. 机构学（Scenario for Motion）

该模块能对任何二维或三维机构进行复杂的运动学分析、动力学分析和设计仿真，可以完成大量的装配分析工作，诸如最小距离、干涉检查、轨迹包络等。其交互式运动学模式允许同时控制多个运动副，可以分析反作用力，并用图形表示各构件位移、速度、加速度的相互关系。同时，反作用力可输出到有限元分析模块中。该模块支持丰富的机构运动副单元库，嵌入其中的是 Mechanical Dynamics 公司（MDI）的求解器 ADAMS/Kinematics。同时，对于复杂问题，它能为 MDI 的全部动态求解器 ADAMS/Solver 建立输入文件。

3. 注塑模分析（MF Part Adviser）

该模块是一个集成在 UG 中的注塑模分析系统，具有前处理、解算和后处理能力，并提供了在线求解器和完整的材料数据库。分析结果是动态显示注塑过程中的流动、填充时间、焊线位置、气道、填充的可靠度、注塑模压力和降温过程。

（五）钣金模块（Sheet Metal）

1. 钣金件设计（Sheet Metal Design）

该模块包括一组成形设计特征，用于钣金产品的展开、压模和剪切。这些特征使设计人员能够以准确的变形图来定义和模拟加工工序。

2. 钣金制造（Sheet Metal Fabrication）

对用 Modeling 软件设计的钣金件，此模块提供了从转塔式多工位冲压到激光切割的功能，可对带圆孔和矩形孔特征的钣金件冲压进行自动编程，同时用户也可对冲压操作进行交互式编程。

3. 钣金件排样（Sheet Metal Nesing）

该模块可在一块毛坯板料上对若干品种的零件进行多种优化排样。只需提供零件的种类、每种零件的数量以及所用板料的规格，系统可进行“自动排样”，并对不同的组合布置进行择优选择。该模块还能优化冲压工序，减少刀具更换，使冲压零件时板料重定位最少。用户还可以在交互式图形方式下直接在板料上进行排样。

4. 高级钣金设计（Advanced Sheet Metal Design）

该模块提供的成型设计特征和工具可用于复杂钣金产品的压模、拉模和成型等操作。这些特征在汽车、航空、航天及消费产品中经常见到，如曲线弯曲边缘等。另外，该模块还提供了一个展平钣金零件的工具。

5. 钣金冲模工程（Sheet Metal Die Engineering）

该模块为设计冲模面提供了一组建立成形裁剪边缘、边料、组合件的工具。在成型过程中，这种工具对于分析模具截面、边料和组合件是有效的。

（六）管道、布线与其他模块

1. 走线模块

走线模块含 Routing、Tubing、Piping、Conduit 和 Steelwork 等。可以完成管道、管路、导槽、导线、电缆管道、水道和钢结构装配件的建立。

2. 电气布线（Harness）

该模块可在复杂的装配件内自动完成电气配件设计。它能在装配件中查找部件的连接关系，然后精确计算三维导线长度、估算电气布线的线束直径，并将生成的线束用三维表示，以进行间隙分析。同时还能将三维电气布线展平。

3. UG 其他模块

除以上介绍的常用模块外，UG 还有其他一些功能模块。如供用户定制菜单的 Open Menu Script 模块；供用户构造 UG 风格对话框的用户界面设计模块（Open UIStyler）；供用户进行二次开发由 OpenGRIP、Open API、Open ++ 组成的 UG 开发模块（Open）；以及数据交换模块、快速成型模块和由检验、检测、逆向工程组成的质量工程应用模块等。

第五节　冲压 CAE

一、板料成形有限元模拟概述

计算机辅助工程（CAE）是一个很广的概念，从字面上讲它可以包括工程和制造业信息化的所有方面，但是传统的 CAE 主要指用计算机对工程和产品进行性能与安全可靠性分析，对其未来的工作状态和运行行为进行模拟，及早发现设计缺陷，并证实未来工程、产品功能和性能的可用性与可靠性。

板料成形过程一般要经过复杂的变形，模具的形状、材料性能、毛坯形状和尺寸、边界条件、模具和板料之间的摩擦和润滑、凸凹模间隙等很多因素都会影响成形结果。传统的板料成形工艺与模具的设计主要依赖于经验和直觉，并通过生产中的多次反复试验来调整，通常很难达到缩短产品开发周期、降低成本的目的，同时，产品的质量也不易保证。因此，长期以来，如何对金属板料成形中涉及到的复杂物理现象进行精确分析，从而及时准确地评价工艺与模具设计的可行性，以保证生产出合格的产品，成为广大工程技术人员的迫切需求。

近年来，随着计算机技术迅速发展和有限元方法的不断成熟以及塑性计算力学的发展，设计人员开始采用数值模拟方法来研究钣金成形过程中的各种物理现象，以便更为准确地了解成形过程。通常所说数值模拟（或仿真）就是指利用计算机以及相关软件，模拟实际的金属塑性成形过程，得到成形各个阶段、各个区域的应力、应变、温度、速度等参数的分布以及金属的流动情况等各种信息，为正确制订成形工艺、合理设计模具提供依据和理论指导。数值模拟可看成在计算机上完成虚拟的实验，实质上就是利用数字模拟技术分析给定模具和工艺方案所成形的零件变形的全过程，从而判断模具和工艺方案的合理性。一般所说的塑性成形（包括板料冲压成形以及体积成形的锻造）CAE，就是指成形过程的计算机模拟。

成熟的仿真技术不仅可以减少试模次数，在一定条件下还可使模具和工艺设计一次合格，从而避免反复修模。因此，仿真技术的应用可大大缩短新产品开发周期，降低开发成本，提高产品品质和市场竞争力。特别是在汽车界，随着汽车外形设计越来越复杂，加之汽车开发周期不断缩短，汽车覆盖件冲压模具的开发面临新的挑战。在冲压领域，CAE 或数值模拟技术主要用于金属板料，特别是汽车上的大型覆盖件的冲压成形分析。现在，板料成形数值模拟技术的发展已经能够很好地辅助设计人员解决传统方法难以解决的模具设计和冲压工艺难题。

目前在板料成形数值模拟中应用最广的是弹塑性有限元法。它能准确地模拟实际的板料成形过程，可以预测复杂板料成形过程中的应力、应变分布、成形过程所需要的载荷；模拟成形过程中发生的起皱与破裂以及成形后的回弹等；计算工件的回弹残余应力；比较准确地分析各种工艺参数对成形过程的影响。而板料成形的有限元算法大致可以划分为动态显式算法和隐式算法。隐式求解算法的优点是具有无条件稳定性，即时间步长可以任意大，缺点是收敛问题。动态显式求解算法的优点是没有收敛问题，不需要求解联立方程组，缺点是时间步长受到数值积分稳定性的限制。显式算法由于要求很小的积分步长，也给求解冲压成形过程的计算问题带来困难，如工件卸载后的回弹计算。为了准确地计算出工件的回弹量，冲压成形过程的计算必须等到工件的动态响应足够小的时候才能终止，这个响应时间通常为几百毫秒甚至更长。单纯用显式算法来计算，计算量很大，由于回弹问题求解时非线性因素影响大为降低，因此可以采用隐式算法求解卸载过程。现在普遍认为以真实动态模型为基础的显隐式综合算法通用性最好，所以应用最为广泛。

从理论上讲，板料成形过程是一个涉及几何非线性、材料非线性和边界条件非线性等多重非线性问题。由于其非线性，给有限元计算带来了许多问题。许多学者对板料成形模拟进行了研究，提出了不同的假设，比较突出的问题有材料的数学模型、单元模型、接触摩擦模型、拉延筋模型和回弹模型等，进一步开展这一方面的研究工作意义重大。

二、Dynaform 软件介绍

目前已出现了众多融合了计算机图形学、有限元技术和塑性理论的板成形模拟软件，例如 Dynaform、PAPSTM、LS-DYNA3D、AUTOFORM、OPTRIS、ABAQUS/HPLICIT 等，这些软件各有特点，并得到了许多工业部门的重视和应用。下面以国内应用较广的 Dynaform 软件为例进行介绍。

（一）ETA/Dynaform 简介

Dynaform 是由美国 ETA 公司开发的用于板料成形模拟的专用软件包，包括了板成形分析所需的与 CAD 软件的接口、前后处理、分析求解等功能，主要用于工艺及模具设计涉及的复杂板成形问题，可以预测成形过程中板料的破裂、起皱、减薄、划痕、回弹，评估板料的成形性能，从而为板料成形工艺及模具设计提供帮助，帮助模具设计人员显著减少模具开发设计时间及试模周期。Dynaform 主要应用在以下几个方面：

1）冲压、压边、拉延、弯曲、回弹、多工步成形等典型钣金成形过程。

2）液压成形、辊弯成形。

3）模具设计。

4）压力机负载分析等。

Dynaform 不但具有良好的易用性，而且包括大量的智能化自动工具，可方便地求解各类板成形问题。它具有完备的前后处理功能，实现无文本编辑操作，所有操作在同一集成操作环境下进行，无需数据转换。其求解器采用业界著名、功能最强的 LS-DYNA。LS-DYNA 是动态非线性显示分析技术的创始和领导者，能解决最复杂的金属成形问题。目前，Dynaform 已在世界各大汽车、航空、钢铁公司，以及众多的大学和科研单位得到了广泛的应用。

Dynaform 的基本功能模块包括以下几个方面。

1. 基本模块

Dynaform 提供了良好的与 CAD 软件的 IGES、VDA、DXF，UG 和 CATIA 等接口，以及与 NASTRAN，IDEAS，MOLDFLOW 等 CAE 软件的专用接口，具有方便的几何模型修补功能；其模具网格自动划分与自动修补功能强大，用最少的单元最大程度地逼近模具型面；初始板料网格自动生成器，可以根据模具最小圆角尺寸自动确定最佳的板料网格尺寸，并尽量采用四边形单元，以确保计算的准确性；该软件提供的 Quick Set-up，能够帮助用户快速地完成分析模型的设置，大大提高了前处理的效率；软件可以实现与冲压工艺相对应的方便易用的流水线式的模拟参数定义，包括模具自动定位、自动接触描述、压边力预测、模具加载描述、边界条件定义等；Dynaform 采用等效拉延筋代替实际的拉延筋，大大节省了计算时间，并可以很方便地在有限元模型上修改拉延筋的尺寸及布置方式；对于多工步成形过程模拟，结合网格自适应细分，可以在不显著增加计算时间的前提下提高计算精度；Dynaform 允许用户在求解不同的物理行为时在显、隐式求解器之间进行无缝转换，如在拉延过程中应用显式求解，在后续回弹分析当中则切换到隐式求解；后处理方面，可以采用三维动态等值线和云图显示应力应变、工件厚度变化、成形过程等，在成形极限图上动态显示各单元的成形情况，如起皱，拉裂等。

2. BSE（板料尺寸计算）模块

采用一步法求解器，可以方便地将产品展开，从而得到落料尺寸。由于算法的原因，计算精度有待提高。

3. DFE（模面设计模块）

该模块可以从零件的几何形状进行模具设计，包括压料面与工艺补充。DFE 模块中包含了一系列基于曲面的自动工具，如冲裁填补功能、冲压方向调整功能以及压料面与工艺补充生成功能等，可以帮助模具设计工程师进行模具设计。

另外，Dynaform 还有以下几个特点：

(1) 基于几何曲面　所有的功能都是基于 NURB 曲面的。所有的曲面都可以输出用于模具的最终设计。

(2) 导角　单元导角功能使用户对设计零件上的尖角根据用户指定的半径快速进行导角，以满足分析的要求。

(3) 冲裁填补功能　根据成形的需要，自动填补零件上不完整的形状。能在填补区同时生成网格与曲面。

(4) 拉延深度与负角检查　图形显示零件的拉延深度与负角情况。

(5) 冲压方向调整功能　自动将零件从产品的设计坐标系调整到冲压的坐标系。

(6) 压料面生成功能　可以根据零件的形状自动生成四种压料面。生成的压料面可以根据用户的输入参数进行编辑与变形以满足设计要求。

（7）工艺补充面生成功能　可以根据产品的大小、深度及材料生成一系列轮廓线。然后将这些轮廓线生成曲面并划分网格形成完整的工艺补充部分。还可以对生成的轮廓线进行交互式编辑。

（8）MORPHING　DFE 模块中提供了线、曲面及网格的变形功能，可以很容易地处理 POL、冲裁填补、工艺补充设计以及压料面设计。

图 10-13 ~ 图 10-18 为利用 Dynaform 软件模拟的实例。

图 10-13　Dynaform 软件模拟的实例—板料的初始网格

图 10-14　Dynaform 软件模拟的实例—模拟的网格变形之一

图 10-15　Dynaform 软件模拟的实例—模拟的网格变形之二

图 10-16　Dynaform 软件模拟的实例—模拟的网格变形之三

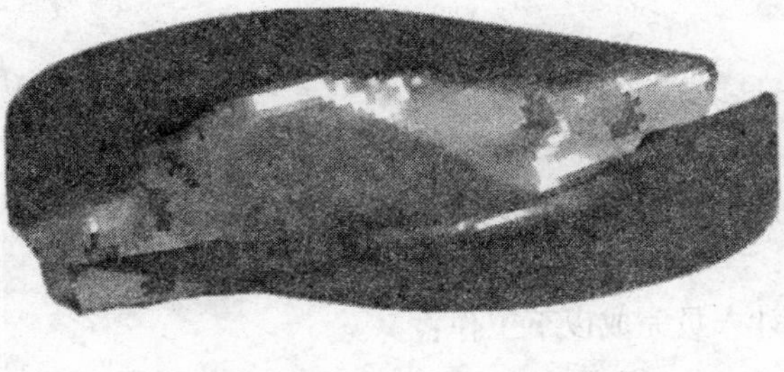

图 10-17　Dynaform 软件模拟的实例—变形后应变分布的模拟结果

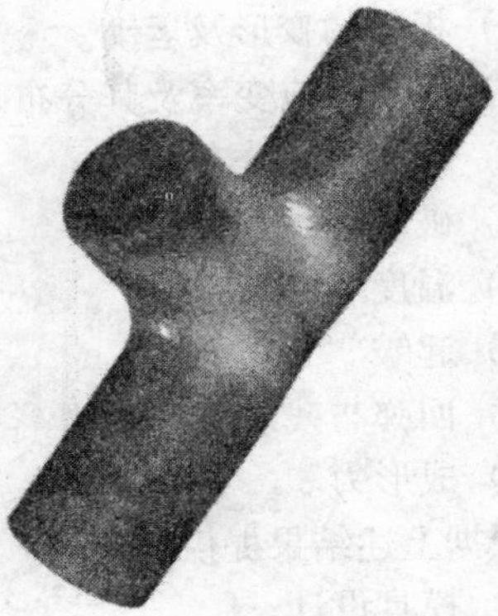

图 10-18　管材胀形的模拟结果

（二）数值模拟基本步骤

1. 数据输入

（1）几何参数　输入工件的形状与尺寸、模具的初始参数。

（2）材料参数　包括基本性能（E、σ_s 等），强化性能及其速度和温度的关系、温度变化、各向异性、组织状况、成形极限曲线（FLD）。

图 10-19 为 Dynaform 软件的材料参数列表。

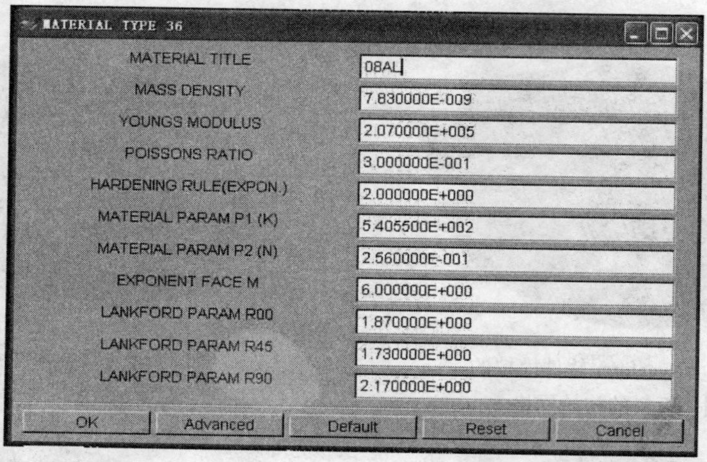

图 10-19　Dynaform 的材料参数

（3）工艺参数　包括摩擦模型与摩擦参数、压力变化、速度变化等。

（4）设备参数　包括加载方式、模具的安装与运动等。

2. 成形过程的模拟

初始参数设置完成后，就可以提交运算。在运算过程中，用户一般不去干预，但也可以临时中断。根据题目的大小、机器的快慢，有不同的运算时间。

3. 结果分析与调整

运算结束后，可以得到并打开结果文件。通常可以获取以下信息：

1）板料的变形及运动。

2）应变与应变率及其分布。

3）应力及其分布。

4）破裂。

5）温度场。

6）起皱。

7）回弹与残余应力。

8）成形力。

根据上述结果提供的信息，可以帮助设计人员完成以下工作：

1）模具设计。

2）设备选择。

3）缺陷预测。

4）产品设计。

5）工艺设计。

第六节 反求工程及快速原型技术在冲压生产中的应用

一、概况

传统测绘是利用手工测量实物，得到工程图样。对于车辆覆盖件等具有复杂曲面的形体，这种方式远远不能满足生产要求。反求（或逆向）技术的出现，解决了上述复杂实物形体的数字化问题。该技术利用三维坐标测量、光学扫描以及计算机与相关技术，可以快速而准确地由实物模型得到数字化几何模型，从而大大提高设计效率和精度。目前，反求技术已成为CAD/CAM的重要组成部分，在航空航天、汽车与摩托车、家电、计算机、机械等行业的新产品开发（如通过概念设计的油泥模型得到数字模型）、已有产品的类比或仿制以及模具设计与制造方面占有十分重要的地位。

广义来讲，反求包括材料反求、工艺反求、几何反求等，目前解决得较好，并在实际生产中得到广泛应用的是几何信息的反求。在工业领域的实际应用中，主要包括以下几个内容：

1）新零件的设计，主要用于产品的改型或仿型设计。

2）已有零件的复制，再现原产品的设计意图。

3）损坏或磨损零件的还原。

4）产品检测。如产品的变形分析、实物的数字化模型与理论模型的比较。

根据产品的三维数字模型，虽然可以进行很多分析研究工作，但仍然是一个"虚拟"的东西，并不能直观地评判所设计产品的效果和结构的合理性以及生产工艺的可行性，对形状复杂的产品尤其如此。很多情况下，需要在已有数字模型的基础上更好地完成新产品的评价、试验等工作，因此快速、低成本地得到一个可以实际使用，或部分使用的实物成为工程界的急需。快速原型RP技术的出现，在很大程度上解决了这个问题。

RP技术是将原型（或零件、部件）的几何形状等有关的组合信息建立数字化描述模型，然后将这些信息输出到计算机控制的机电集成制造系统中进行材料成型的过程，通常是利用三维CAD数据，基于离散/堆积的工艺方法将一层层的材料堆砌成实物模型。应用RP技术，能在几小时或上百个小时内制造出不同大小和任意复杂程度的零件原型，供设计者和用户直接进行测量、装配、功能实验和性能测试，从而快速经济地验证设计人员的设计思想、产品结构的合理性、可制造性、可装配性、美观性，找出设计缺陷，并进行反复修改、制造，完善产品设计。这种技术可以大大缩短新产品的设计周期，使设计符合预期的形状、尺寸和工艺要求。这一验证过程，使设计更趋完美，避免了盲目投产造成的浪费。

将反求技术与快速原型制造相结合，组成产品测量、建模、制造、修改、再测量的闭环系统，实现快速测量、设计、制造、修改的反复迭代，高质量、高效率完成产品设计，已成为各厂家适应新技术发展要求的重要手段。

本节将就有关冲压领域的反求技术以及快速原型制造技术进行简单的介绍。

二、反求技术及其在冲压中的应用

（一）反求实施条件及流程

1. 实施反求的软、硬件条件

（1）硬件条件　在逆向工程技术设计时，需要从设计对象中提取三维数据信息。检测设备的发展为产品三维信息的获取提供了硬件条件。目前，国内厂家使用较多的有英国、意大利、德国、日本等国家生产的三坐标测量机和三维扫描仪。就测头结构原理来说，可分为接触式和非接触式两种，其中，接触式测头又可分为硬测头和软测头两种，这种测头与被测头物体直接接触，获取数据信息。非接触式测头则是基于光学、声学、磁学等领域中的基本原理，将一定的物理模拟量通过适当的算法转化为样件表面的坐标点。近几年来，扫描设备有了很大发展。例如，英国雷尼绍（Renishaw）公司的 CYCLON2 高速扫描仪，可实现激光测头和接触式扫描头的互换，激光测头的扫描精度达 0.05mm，接触式扫描测头精度可达 0.02mm。可对易碎、易变形的形体及精细花纹进行扫描。德国 GOM 公司的 ATOS 扫描仪在测量时，可随意绕被测物体进行移动，利用光带经数据影像处理器得到实物表面数据，扫描范围可达 8m×8m。ATOS 扫描不仅适于复杂轮廓的扫描，而且可用于汽车、摩托车内外饰件的造型工作。此外，日本罗兰公司的 PIX-30 网点接触式扫描仪，英国泰勒·霍普森公司的 TALYSCAN 150 多传感扫描仪等，集中体现了检测设备的高速化、廉价化和功能复合化等特点，为实现从实物——建立数学模型——CAD/CAE/CAM 一体化提供了良好的硬件条件。

各种测量方法具有各自的优缺点。从总体来看，接触式坐标测量方式擅长单个点以及小尺寸几何元素（如小孔）的测量，精度较高，但工作效率低；光学扫描则擅长大范围曲面的数据采集，效率极高，但对单点的精确测量就不合适。不同的测量对象和测量目的，决定了测量过程和测量方法的不同。因此可以多种方式相互补充，以取得最高测量精度和最大测量效率。在实际三坐标测量时，应该根据测量对象的特点以及设计工作的要求确定合适的扫描方法并选择相应的扫描设备。例如，材质为硬质且形状较为简单、容易定位的物体，应尽量使用接触式扫描仪。这种扫描仪成本较低，设备损耗费相对较少，且可以输出扫描形式，便于扫描数据的进一步处理。但在对橡胶、油泥、人体头像或超薄形物体进行扫描时，则需要采用非接触式测量方法，它的特点是速度快，工作距离远，无材质要求，但设备成本较高。

（2）软件条件 目前比较常用的通用逆向工程软件有 Surfacer、Delcam、Cimatron 以及 Strim。具体应用的反向工程系统主要有以下几个：Evans 开发的针对机械零件识别的逆向工程系统；Dvorak 开发的仿制旧零件的逆向工程系统；H. H. Danzde CNC CMM 系统。这些系统对逆向设计中的实际问题进行处理，极大地方便了设计人员。此外，一些大型 CAD 软件也逐渐为逆向工程提供了设计模块。例如 Pro/E 的 ICEM Surf 和 Pro/SCANTOOLS 模块，可以接受有序点（测量线），也可以接受点云数据。其他的像 UG 软件，随着版本的提高，逆向工程模块也逐渐丰富起来。这些软件的发展为逆向工程的实施提供了条件。

2. 反求技术路线

根据复杂曲面钣金件的几何与工艺特点，可拟定如图 10-20 所示的反求技术路线。该路线主要分为数据采集、模型重构及模型处理三大部分。

对实物模型进行坐标数据采集是反求工作的第一步。

经过对实物模型的坐标数据采集，得到密集的点的坐标。这些点构成通常所称的“点云”（Dot Cloud）。一般测量机输出的测量数据量都很大，并带有一些测量“噪声”数据点，因此需要对原始数据进行过滤、筛减、去噪、平滑、编辑等操作，使其满足后续模型重建的要求。

点云的点是相互孤立的，需要进行模型重构以得到光滑连续的曲面。可通过相应的软件对点云进行拟合，得到可以编辑修改的 NURBS（非均匀有理 B 样条）曲面。这个过程称为模型重构，它是反求工程中的关键。一些通用的 CAD 软件带有基于测量数据的模型重建功能，但与其正向造型功能相比，逆向模型重建功能还不够成熟。美国 Imageware 公司的专业反求工程软件 Surfacer，提供了完善的模型重构功能，可以处理不同坐标测量设备得到的数据，快速将测量数据拟合成 NURBS 曲面，并支持对所重建 NURBS 曲面的交互修改。同时该软件具有快速原型和快速模具等模块，可以很好地支持反求工程与快速原型技术的集成。

Surfacer 在反求工程中的基本处理过程是：从“点”到“线”，再到“面”。它提供了多种工具及方法进行点、线及曲面的处理。整个处理过程中，Surfacer 提供了多种诊断方法来保证精度。

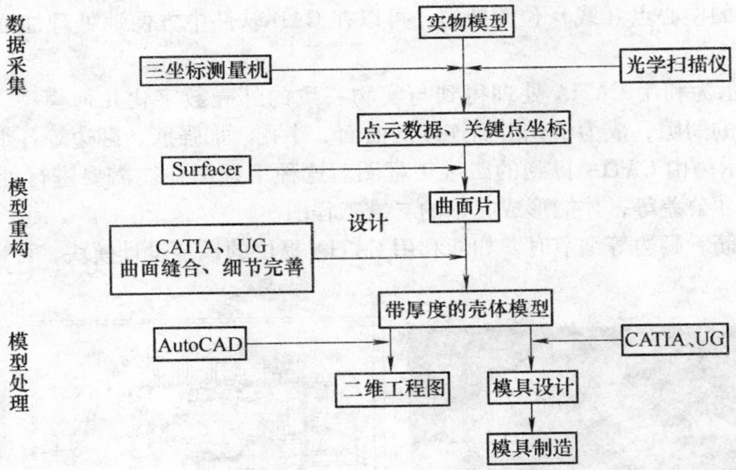

图 10-20　反求技术路线

由 Surfacer 得到曲面数据模型往往是由许多小的曲面片组成的，对具有一定厚度的钣金件而言，可以将该曲面数据模型传递到通用 CAD 软件，如 CATIA、UG、Pro/E 等进行处理，得到与实物一致的 CAD 模型。

最后，利用 AutoCAD 等通用图形处理软件，可以得到符合产品设计与成形工艺要求的二维工程图。

（二）微型车发动机油底壳冲压零件进行数字模型反求实例

该微型车发动机的油底壳冲压件由外壳和内壳两个具有复杂曲面形状的冲压零件组成，内、外壳上都有一些加强筋，外壳的法兰边上还有 17 个直径为 7.5mm 的小孔。实物是内、外壳焊接在一起的状态。

实物模型的数据采集，即进行三坐标测量和光学扫描时，要特别注意正确的定位。图 10-21 所示为外壳进行光学扫描后得到的点云。

数据采集后接着就是曲面重构，图 10-22 所示为利用 Surfacer 对外壳点云数据进行处理后得到的几何体。该几何体由几百个小曲面组成，各小曲面件间并不完全连续。

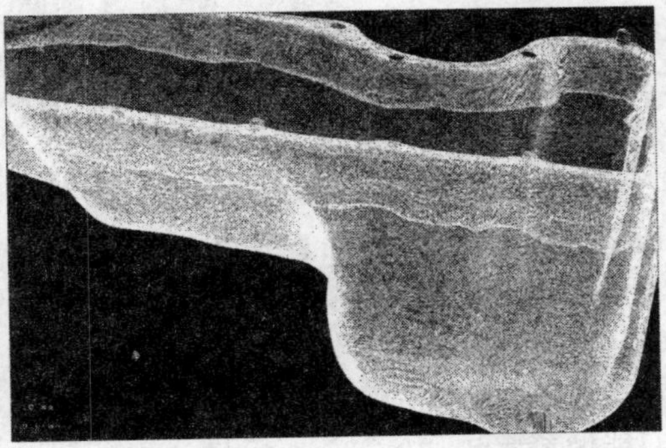

图 10-21　光学扫描得到的外壳点云数据

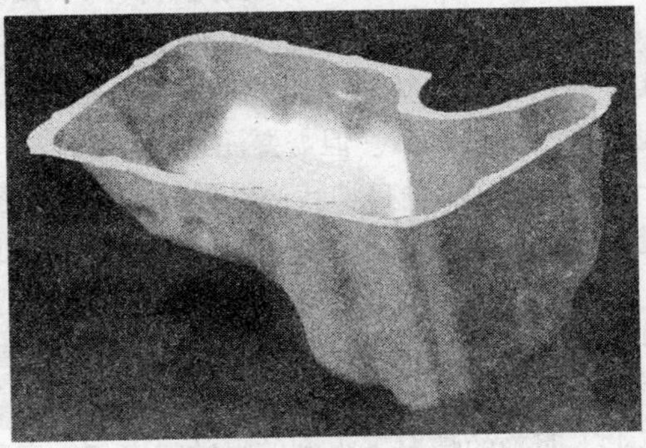

图 10-22　用 Surfacer 对点云进行处理，得到曲面片

对于尺寸小且具有共同规律的加强筋、翻边、倒角或小孔等几何元素，在 Surfacer 中处理比较麻烦，可以先不考虑，只保留关键的点（线）数据，如圆的中心位置，以便后面在通用 CAD 软件（如 UG、CATIA 等）中补充。图 10-22 中就略掉了法兰上的小孔和加强筋。利用壳体加强筋、翻边及小孔的中心点（线）位置数据，可以在 CAD 软件中方便地处理加强筋、翻边及小孔等几何元素。

图 10-23 所示为利用 CATIA 处理得到与实物一致的外壳数字化几何模型，此时已“缝合”了各小曲面片间的间隙，成为了光滑而连续的曲面。小孔、加强筋、翻边等各细节地方也补充完善。图 10-24 所示为由 CATIA 得到的二维工程图。这种工程图往往需要进行处理，加入工程信息，如材料、尺寸公差等，才能形成完整的二维工程图。

在处理加强筋、翻边等细节时，如能利用 CATIA 提供的钣金设计模块，可以减少工作量。

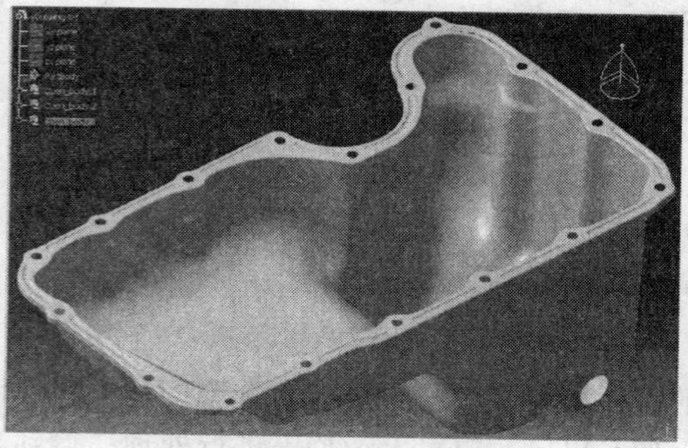

图 10-23　CATIA 处理得到的外壳数字模型

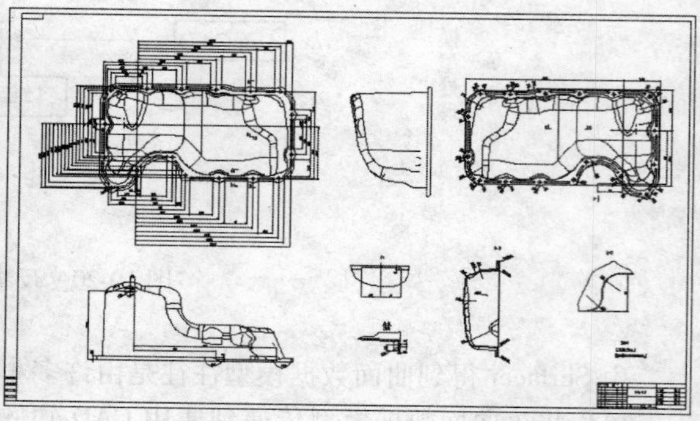

图 10-24　二维工程图

实际钣金件总是有厚度的，一般假设各处壁厚相等。通过扫描由 Surfacer 反求得到的数据为曲面数据，此时可以在 CATIA 或 UG 中进行处理得到带有厚度的几何实体。

通常模具设计与数控加工可能在不同单位用不同软件系统完成，因此需要将用 CATIA 得到的模型数据转换为其他 CAD 软件能识别的格式，如通用的 IGS 格式。在 CATIA V5 中，对于复杂曲面的几何模型要采用 *B* 样条（Spline）方式转换。由于软件系统的不兼容和不完善，模型转换可能会丢失部分面。这种情况下可以利用第三方的数据格式转换器，如 Theorem Solutions 公司的 CADverter and DataeXchange Navigator 转换。CADverter 支持 Sun、HP、SGI 以及 IBM 等硬件及 Windows 等相应操作系统，支持转换的 CAD 系统有 CATIA、Pro/E、I-DEAS，UG 等。

工程上往往习惯将三维几何实体模型转换为二维图，并在图上标注技术要求等内容。在三维实体的数字模型基础上，CAD 软件一般都提供了二维图的自动生成功能，可以十分方便地得到投影准确的二维图。但需要注意两点：

1）CAD 软件自动转换得到的二维工程图一般是严格按比例绘制的，因此在 AutoCAD 等图形处理软件中标注尺寸比较方便。通常产品设计阶段所定的几何轮廓大多由直线和圆弧组成。但由于制造以及测量误差，原来设计的直线或圆弧可能在反求阶段变成了复杂的曲线。这种情况下可进行适当处理，例如可用 AutoCAD 的三点定圆弧来拟合某段曲线，如果拟合情况较好，在满足相应的产品使用和装配关系等要求的前提下，可以考虑修正为圆弧。但在产品使用和装配关系等要求不明确的情况下得到的尺寸，在二维工程图上只能做参考。

2）完整的逆向工程除了要反求出实物的几何信息外，还包括得到实物的材料、工艺等多方面信息，这些工作只能由具有产品设计、加工工艺等专业知识的技术人员来完成。

上面利用激光扫描仪、三坐标测量机及相应软件系统，对一个具有复杂曲面形状的微型车发动机油底壳冲压零件进行了数字化几何模型反求，在几天的时间内就得到了准确的数字模型，而以前类似工作可能需要一个多月才能完成。

总之，要进行有效的反求工作，需要各种软、硬件相互补充，在相关的软、硬件方面需要有较大投入。同时，在实际处理过程中需要针对各种情况做具体分析，采取不同措施，才能充分发挥软、硬件的作用，以最高质量和效率完成反求工作。

三、快速原型（RP）技术及其在模具行业中的应用

RP 技术是由于现代设计和现代制造技术迅速发展的需求应运而生的，是近三十多年来制造技术领域的重大突破。RP 技术涉及数字技术、机械工程、自动控制、激光、材料等多个学科，自20世纪80年代问世以来，在成形系统、材料等方面有了长足的进步，同时推动了快速制模（Rapid Tooling，简称 RT）和快速制造（Rapid Manufacturing，简称 RM）的发展。

（一）RP 技术的发展

RP 是用材料逐层或逐点堆积出制件的制造方法。类似思想很早就产生了，如 1892 年 Blanther 主张用分层方法制作三维地图模型。1979 年，东京大学的中川威雄（Nakagama）教授，利用分层技术制造了金属冲裁模、成形模和注塑模。20 世纪 70 年代末到 80 年代初期，美国 3M 公司的 Alan J. Hebert（1978）、日本的小玉秀男（Kodama，1980）、美国 UVP 公司的 Charles W. Hull（1982）和日本的丸谷洋二（Malutani，1983），在不同的地点各自独立地提出了 RP 的概念，即利用连续层的选区固化产生三维实体的新思想。特别是 Charles W. Hull 在 UVP 的继续支持下，完成了一个能自动建造零件的称之为“光固化成形”（Stereo Lithography Apparatus，简称 SLA）的完整系统 SLA-1，1986 年该系统获得专利，这是 RP 发展的一个里程碑。同年，Charles W. Hull 和 UVP 的股东们一起建立了 3D System 公司，随后许多关于快速成形的概念和技术在 3D System 公司中发展成熟。

与此同时，其他的成形原理及相应的成形机也相继开发成功。1984 年 Michael Feygin 提出了“分层实体制造”或称“纸叠层成形”（Laminated Object Manufacturing，简称 LOM）的方法，并于 1985 年组建 Helisys 公司，1990 年前后开发了第一台商业机型 LOM-1015。1986 年，美国 Texas 大学的研究生 C. Deckard 提出了“选择性激光烧结”（Selective Laser Sintering，简称 SLS）的思想，稍后组建了 DTM 公司，于 1992 年开发了基于 SLS 的商业成形机（Sinterstation）。Scott Crump 在 1988 年提出了“熔丝沉积制模”（Fused Deposition Modeling，简称 FDM）的思想，1992 年开发了第一台商业机型 3D-Modeler。

自从 80 年代中期 SLA 光成形技术发展以来到 90 年代后期，出现了十几种不同的快速成形技术，除前述几种外，典型的还有 3DP，SDM，SGC 等。但是，SLA，LOW SLS 和 FDM 这四种技术，目前仍然是快速成形技术的主流。

20 世纪 90 年代中末期是 RP 技术蓬勃发展的阶段。在国内，一些单位于 20 世纪 90 年代初率先开展了 RP 及相关技术的研究、开发、推广和应用。到 1999 年，国内先后成立了近十家旨在推广应用 RP 技术的“快速原型制造技术生产力促进中心”，有数十台引进或国产 RP 系统在企业、高校、研究机构和快速成形服务中心运行，形成初具规模的 RP 市场。

（二）各种快速原型技术简介

迄今为止，出现了各种原理的快速原型制造技术，有基于液体聚合、固化成形的，也有基于粉末烧结与粘结成形或丝材、线材熔化粘结成形的，以及基于膜、板层合成形的等等。

下面按制造工艺原理，介绍目前世界上研究最深入、技术最成熟、应用最广泛的几种快速成

形技术。

1. 立体平版印刷（SLA-Stereo Lithography Apparatus）

该技术又称为光固化成形。该法将由 CAD 创建的三维数据模型进行平面分层，得到每一薄层的截面形状，然后用紫外线激光束按照每个切层的二维图形对液态光敏树脂进行扫描，从而形成一层固化层，每层光敏树脂固化以后会粘在以前的固化层上，这样一层粘一层堆砌起来的固化物即为所需的三维实体模型。研究 SLA 技术的有美国 3D System 公司、德国 EOS 公司，国内有西安交通大学等。图 10-25 为立体平版印刷 SLA 原理图。

2. 分层实体制造（LOM-Laminated Object Manufacturing）

LOM 工艺是激光器按照分层 CAD 模型所获得的数据，将一层单面涂有热溶胶的纸切割成分层模型的内外轮廓，然后新的一层纸再叠加在上面，通过加热辊热压与下面的已切割层粘结在一起，再切割，这样一层一层叠加粘合得到实体模型。目前有美国 Helisys 公司、新加坡 Kinergy 公司，国内有华中科技大学、清华大学等研究该工艺。图 10-26 为分层物体制造 LOM 原理图。

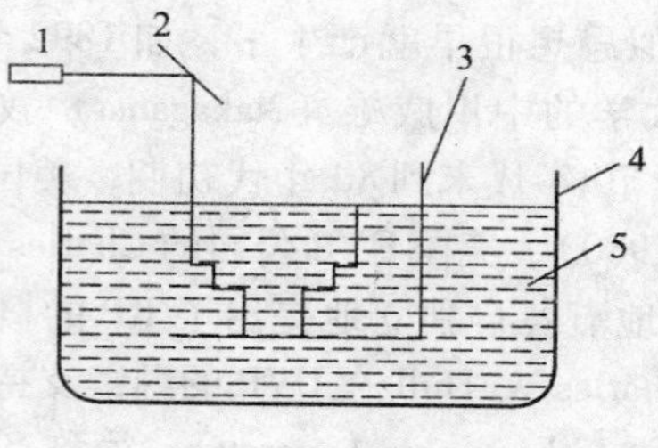

图 10-25　立体平版印刷 SLA 原理
1—激光器　2—扫描镜　3—升降装置
4—容器　5—光敏树脂

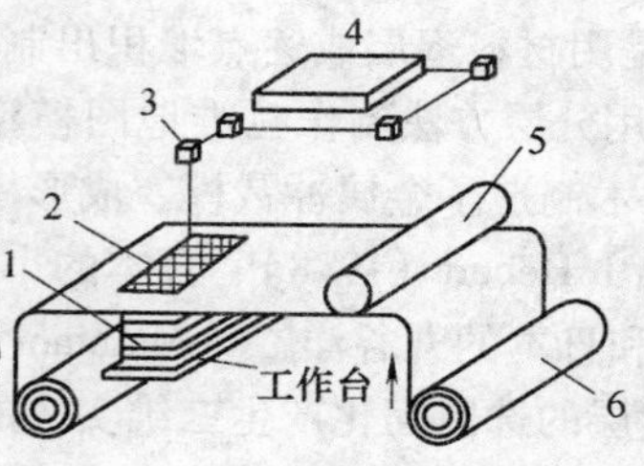

图 10-26　分层物体制造 LOM 原理
1—堆积中的模型　2—模型上表面　3—*XY* 扫描头
4—激光器　5—热轧辊　6—纸卷

3. 选域激光烧结（SLS-Selective Laser Sintering）

该工艺使用的材料多为粉末状，在一层很薄的均匀的热敏粉末上，激光按照分层 CAD 模型所获得的信息进行有选择性的烧结，被烧结部分固化在一起构成原型零件的实心部分，这样一层一层烧结便得到零件实物。目前，研究 SLS 技术的有美国 DTM 公司、德国 EOS 公司，国内有南京航空航天大学和华中科技大学等。图 10-27 为选域激光烧结 SLS 原理图。

4. 熔丝沉积制模（FDM-Fused Deposition Modeling）

该工艺使用的材料为丝状，FDM 加热喷头受分层 CAD 模型数据控制，半流动熔丝材料从 FDM 喷头中挤压出来，很快凝固，形成精确的层，这样一层叠一层，最后形成实物零件。研究该工艺的有美国 Stratasys 公司、MedModeler 公司，国内有清华大学等。此外，还有三维喷涂粘结（Three Dimensional Printing and Gluing）、焊接成型（Welding Forming）、数码累积造型（Digital-Brick Laying）、以及光掩膜法（Solid Ground Curing）、直接壳法（Direct Shell Production Casting）等技术，但相对应用较少。

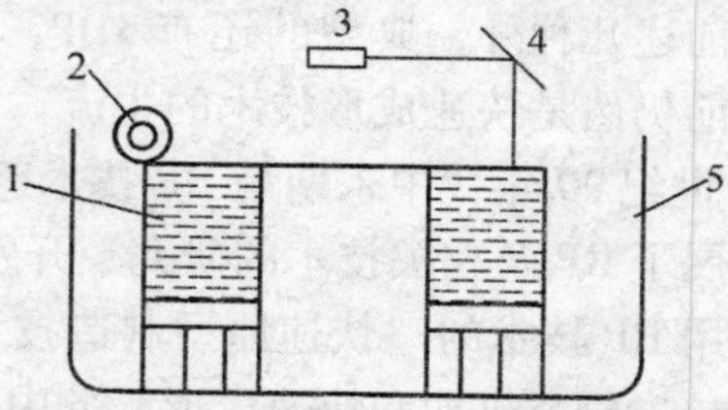

图 10-27　选域激光烧结 SLS 原理
1—粉末　2—粉末平整滚筒　3—激光器
4—扫描镜　5—容器

图10-28所示为采用RP技术的产品开发流程。

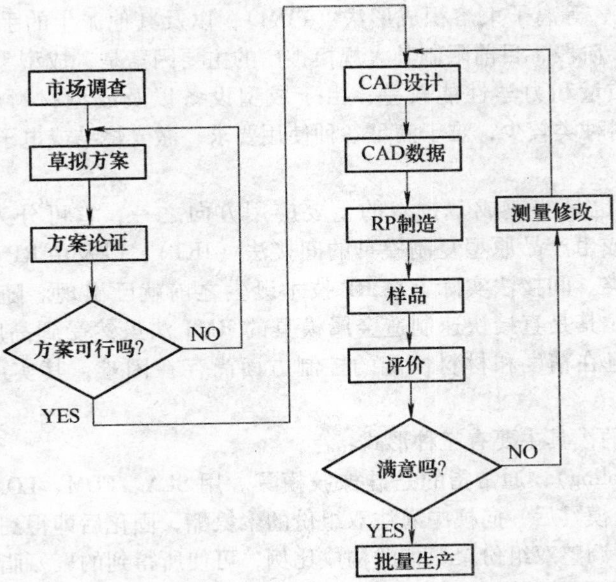

图10-28　采用RP技术的产品开发流程图

图10-29为RP系统的选型原则。

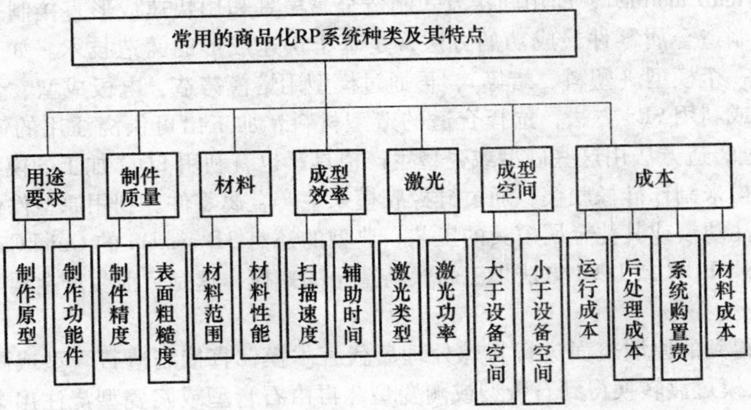

图10-29　RP系统的选型原则

（三）快速原型技术在模具行业中的应用

RP技术研制成功后，迅速在工业造型、制造、建筑、艺术、医学、航空航天、考古和影视等领域得到良好应用。目前RP技术在制造业中的应用份额最多，其应用范围主要在新产品设计检验、市场预测、工程测试（应力分析等）、装配测试、模具制造等方面。

零件的直接快速成型（Direct Rapid Manufacturing）具有重要的应用价值。目前对于一些小批量和复杂的塑料、金属、陶瓷及复合材料的零部件，已经可用SLS方法直接快速成型。其中，针对致密金属零件的直接快速制造，现阶段主要采用激光束、电子束、等离子束的高能三束，以及非高能束的成形方法，如选区激光熔化/烧结成形法（SLM/SLS）和激光近终成形法（LENS）、电子束成形法（EBM）、等离子束熔积成形法（PDM），以及其他派生的手段。但总的来讲，金属直接成型还处于起步阶段，目前限制其大规模推广的主要因素是：成型零件的质量与性能均有待提高，特别是表面质量和力学性能较差；由于成型设备以及成型材料的原因，生产成本较高；可用于成型的材料种类较少，难于满足各种使用要求；激光烧结或电子束固化的成型面积较小。

快速制模（RT）也是快速成型技术的重要应用方向之一，它可分为由 RP（快速原型）系统制作的快速原型或由产品原型复制模具的间接法（IRT），以及由 RP 系统直接制造模具的直接法（DRT）两大类。间接法实际上在 RP 技术诞生之前就已出现。随着 RP 技术的诞生而发展起来的直接法，尤其是直接快速制造金属模具的 RMT 法虽然受到高度关注，但目前由于可成形尺寸范围小，且在精度和材料性能的控制方面尚存在困难，其实用化程度远低于间接法。

目前，RT 所成型的模具主要有三种形式：

（1）软模（soft tooling），通常指的是硅橡胶模具。用 SLA、FDM、LOM 或 SLS 等技术制作的原型，再翻成硅橡胶模具后，向模中灌注双组份的聚氨酯，固化后即得到所需的零件，可用于小批量塑料制品生产。调整双组份聚氨酯的构成比例，可使所得到的聚氨脂零件的力学性能接近 ABS 或 PP。硅橡胶模具是到目前为止应用最多的基于快速成形的快速制模方法。

（2）桥模（bridge tooling），通常指的是可直接进行注塑生产的环氧树脂模具。采用还氧树脂模具与传统注塑模具相比，成本只有传统方法的几分之一，生产周期也大大缩短。模具寿命不及钢模，但比硅胶模高，可达 1000～5000 件，可满足中小批量生产的需要。如瑞士的 Ciba 精细化工公司开发了树脂模具系列材料 Ciba Tool。

（3）硬模（hard tooling），即用间接方式制造金属模具和用快速成形直接制造金属模具。目前快速成形用于制造金属零件最成功的方法，是基于快速成形的铸造技术。如通过 SLA、FDM 和 SLS 方法成型一个模型（塑料、蜡等），再通过模型用熔模铸造、电极成型、金属喷涂等方法生产成型模具，或利用 SLS 方法，选择合适的造型材料，加工出可供浇注用的铸造型腔（砂型或壳型），再通过铸造方法用这些砂型或壳型生产模具；也有利用 LOM 加工的模型及其他方法加工的制件作为母模来制作硅橡胶模，通过硅橡胶模来生产金属零件。利用原型件作为母模，结合精密铸造等制作注塑模或其他金属模具的工艺，典型的还有 3D system 的 QuickCast、Express Tool 等。用 SLA、SLS、FDM 或 LOM 方法加工熔模铸造中的蜡模，这是目前生产金属零件和金属模具最主要的途径之一。

对快速成形得到的原型表面进行特殊处理后代替木模，直接制造石膏型或陶瓷型，或是由 RP 原型经硅橡胶模过渡转换得到石膏型或陶瓷型，再由石膏型或陶瓷型浇注出金属模具，也是有效的方法。AC Tech 公司使用 EOSINT S700 系统制作树脂砂铸型。该系统采用 2 个激光头同时工作，分层将砂型烧结，分层厚度为 0.2mm。用此方法制作的铸型可用于铸造铝、镁、灰铸铁和高合金钢等零件。

金属直接快速制模目前主要用 SLS，其烧结件往往是低密度的多孔状结构，可将低熔点相的金属渗入后形成金属模具。但 RP 用于直接制造金属模具还有不少方面需要改进和完善，特别是制件的强度与精度问题一直是难以逾越的障碍。Optomec 公司于 1998 年和 1999 年分别推出了 LENS-50、LENS-1500 机型，以钢、钢合金、铁镍合金、钛钽合金和镍铝合金为原料，采用激光净成形技术，将金属直接沉积成形，生产的金属零件强度超过了传统方法生产的金属零件，精度在 X，Y 平面可达 0.13nm，Z 向 0.4mm，但表面粗糙度精度较差，相当于砂型铸件的表面粗糙度。DTM 也推出了新的烧结材料地 Rapid Steel 2.0，金属粉末由碳钢改变为不锈钢，所渗的合金由黄铜变为青铜，并且不像原来那样需要中间渗液态聚合物，其加工过程几乎缩短了一半。EOS 公司 90 年代末推出了用 SLS 方法直接制作金属零件和模具的技术（DMLS，Direct Metal LaserSintering）和型号为 EOS INTM 250 的设备。公司推出的 EOS INTM270，将 CO_2 激光器换为固体 Yb 光纤激光器。在激光作用下金属颗粒可充分熔化，最终成型零件的密度几乎可达到理论密度的 100%。EOS 还推出了用于金属成型的粉末材料 Driect Steel H20，其硬度可达 HRC42，抗拉强度达 1200MPa。用 H20 制作的模具镶块用于塑料注射模，寿命可达 10 万件。此外，东京技术研究所开发了用金属板材叠层制造金属模具的系统。

第十一章　模具材料及热处理

模具是一种重要的加工工艺装备，是国民经济各工业部门发展的重要基础之一。模具的性能好坏和寿命长短，直接影响产品的质量和经济效益。而模具材料与热处理、表面强化是影响模具寿命诸因素中的主要因素，所以目前世界各国都在不断地开发模具新材料，改进强韧化热处理新工艺和表面强化新技术。

第一节　冲压模具材料的选择原则

在冲压模具中，使用了各种金属材料和非金属材料，主要有碳钢、合金钢、铸铁、铸钢、硬质合金、低熔点合金、锌基合金、铝青铜、合成树脂、聚氨酯弹性体、塑料及层压桦木板等。

制造模具的材料，要求具有高硬度、高强度、高耐磨性、适当的韧性、高淬透性和热处理不变形（或少变形）及淬火时不易开裂等性能。合理选取模具材料及实施正确的热处理工艺是保证模具寿命的关键。对用途不同的模具，应根据其工作状态、受力条件及被加工材料的性能、生产批量及生产率等因素综合考虑，并对上述要求的各项性能有所侧重，然后作出对钢种及热处理工艺的相应选择。

1. 生产批量

当冲压件的生产批量很大时，模具的工作零件凸模和凹模的材料应选择质量高、耐磨性好的模具钢。对于模具的其他工艺结构部分和辅助结构部分的零件材料，也要相应地提高。在批量不大时，应适当放宽对材料性能的要求，以降低成本。

2. 被冲压材料的性能、模具零件的使用条件

当被冲压加工的材料较硬或变形抗力较大时，冲模的凸、凹模应选取耐磨性好、强度高的材料。拉深不锈钢时，可采用铝青铜凹模，因为它具有较好的抗黏着性。而导柱导套则要求耐磨和较好的韧性，故多采用低碳钢表面渗碳淬火。又如，碳素工具钢的主要不足是淬透性差，在冲模零件断面尺寸较大时，淬火后其中心硬度仍然较低，但是，在行程次数很大的压力机上工作时，由于它的耐冲击性好反而成为优点。对于固定板、卸料板类零件，不但要有足够的强度，而且要求在工作过程中变形小。另外，还可以采用冷处理和深冷处理、真空处理和表面强化的方法提高模具零件的性能。

3. 材料性能

应考虑材料的冷热加工性能和工厂现有条件。

4. 降低生产成本

注意采用微变形模具钢，以减少机加工费用。

5. 开发专用模具钢

对特殊要求的模具，应开发应用具有专门性能的模具钢。

6. 考虑我国模具的生产和使用情况

选择模具材料要根据模具零件的使用条件来决定，做到在满足主要条件的前提下，选用价格低廉的材料，以降低成本。

第二节　模具材料

冲压模具的材料主要是模具钢，世界各国将模具钢的产量统计在合金工具钢内，模具钢的产品一般占合金工具钢的80%左右。冷作模具钢是应用最广泛的模具材料。如：冲裁模具、拉深模具、弯曲模具、成形模具、剪切模具、压印模具等。冷作模具钢一般具有高的硬度、强度和耐磨性，一定的韧性和热硬性，以及良好的工艺性能。国外通用型冷作模具钢的代表性钢种有低合金油淬模具钢O1（9CrWMnV）、中合金空淬模具钢A2（Cr5Mo1V）和高铬高碳模具钢D3（Cr12）、D2（Cr12Mo1V1）。

我国通用型冷作模具钢是20世纪50年代从前苏联引进的CrWMn、Cr12、Cr12MoV三种。与国际比较存在一定的差距。Cr12MoV与Cr12Mo1V1比较，合金含量偏低、耐磨性和使用性能都不如Cr12Mo1V1钢；CrWMn与O1比较，碳含量偏高，不含钒，特别是大截面钢材中容易产生比较严重的网状或链状碳化物，影响其使用性能。中合金空淬模具钢Cr5Mo1V是国际上通用的钢号，其耐磨性优于低合金模具钢CrWMn、9CrWMn，而韧性则高于高合金模具钢Cr12、Cr12MoV、Cr12Mo1V1，既具有较好的耐磨性，又具有一定的韧性和热硬性。

一、模具钢的分类

国内外对模具钢一般根据工作条件的不同分为三大类，即冷作模具钢、热作模具钢和塑料成形用模具钢。冷作模具钢主要用于制造在常温下对工件进行压制成形的模具。此类模具其产值占模具总产值的1/3左右。热作模具钢主要用于制造高温状态下对工件进行压力加工的模具。如热冲裁模具等，在冲模中用得较少。

冷作模具钢按化学成分、工艺性能和承载能力可将冷作模具钢分类见表11-1和表11-2。

表11-1　冷作模具钢（按工艺性能和承载能力分类）

类型	钢　号
低淬透性冷作模具用钢	T7A、T8A、T10A、T12A、Cr2、9Cr2、CrW5、V、MnSi、W、GCr15
低变形冷作模具用钢	CrWMn、9Mn2、9Mn2V、MnCrWV、9CrWMn、SiMnMo、9SiCr
高耐磨微变形冷作模具用钢	Cr12、Cr12MoV、Cr6WV、Cr5Mo1V、Cr4W2MoV、Cr2Mn2SiWMoV、Cr12Mo1V1(D2)、Cr6W3Mo2.5V2.5
高强度冷作模具用钢①	W18Cr4V、W6Mo5Cr4V2(M2)、W12Mo3Cr4V3N(V3N)
抗冲击冷作模具用钢	4CrW2Si、5CrW2Si、6CrW2Si、60Si2Mn、5CrNiMo、5CrMnMo、5SiMnMoV、9SiCr
高强韧性冷作模具用钢	6W6Mo5Cr4V（6W6）、65Cr4W3Mo2VNb（65Nb）、7Cr7Mo2V2Si（LD）、Cr5Mo1V6Cr4Mo3Ni2WV(CG2)、5Cr4Mo3SiMnVA1(012A1)、6CrNiMnSiMoV(GD)、65W8Cr4VTi(LM1)、65Cr5Mo3W2VSiTi(LM2)、18Ni200、18Ni250、18Ni300
高耐磨、高韧性冷作模具用钢	9Cr6W3Mo2V2(GM)、Cr8MoWV3Si(ER5)
易切削精密冷作模具用钢	8Cr2MnWMoVS(8Cr2S)
火焰淬火冷作模具用钢	7CrSiMnMoV(CH-1)、6CrNiSiMnMoV(GD)
耐蚀冷作模具用钢	9Cr18、Cr18MoV、Cr14Mo、Cr14Mo4
无磁冷作模具用钢	1Cr18Ni9Ti、5Cr21Mn9Ni4N、7Mn15Cr2Al3V2WMo(7Mn15)

①　W18Cr4V、W6Mo5Cr4V2是常用的、具有代表性的高速钢，GB/T 9943—2008所列的19种高速钢可以选用。

表 11-2　常用模具钢的分类

序号	模具材料名称	简要说明	钢号举例
1	优质碳素结构钢	用于不需要经过热处理加工的模具零件，或比较不精密的模具淬硬零件	45 钢 55 钢
2	碳素工具钢	用于简单的模具零件或产量小，精度要求不高的模具。该钢种价格便宜，但耐磨性差，淬火容易变形和开裂	T7A、T8A、T10A、T12A
3	低合金工具钢	低合金钢含合金元素的总质量分数不超过5%，由于多种钢种均含有Cr、W、Mo等元素，所以比较耐磨，淬火变形小，使用寿命较长，是常用的中档模具钢	CrWMn、9SiCr、9Mn2V、GCr15、9CrWMn、7CrSiMnMoV（CH-1）、6CrNiMnSiMoV（GD）、6Cr3VSi、5CrW2Si
4	中合金工具钢	其合金元素的总质量分数大于5%，小于10%。由于合金元素的增加，模具的耐磨性、耐冲击性等进一步增加，该钢是中上等模具钢	Cr4W2MoV、Cr4WV、Cr6WV、Cr2Mn2SiWMoV
5	高合金工具钢	其合金元素的总质量分数大于10%，由于淬火硬度高，淬透性好，淬火变形小等特点，适用于制造精密、耐磨性好的模具	Cr12、Cr12MoV、Cr12Mo1V1（D2）、3Cr2W8V、4Cr5MoSiV、9Cr6W3Mo2V
6	高速工具钢	它是比高合金工具钢更好的模具钢，但价格昂贵，用于制造高精度、高效率、高寿命的三高模具	W18Cr4V、W9Cr4V2、W12Mo3Cr4V3N（V3N）、W6Mo5Cr4V2、6W6Mo5Cr4V（6W6）
7	超高强度基体钢	这类模具有高速钢基体的淬火性能，耐磨性好，强度高，而且韧性好，价格便宜，性能略次于高速钢	65Cr4W3Mo2VNb（65Nb）、6Cr4Mo3Ni2WV（CG-2）、7Cr7Mo3V2Si（LD）、5Cr4Mo3SiMnVAl（012Al）
8	钢结硬质合金	钢结硬质合金是用粉末冶金方法制造的铬钼合金钢，其中钢为粘接相，WC或TiC为硬质相。它的性能介于钢与硬质合金之间，可进行淬火等热处理，因此加工比硬质合金方便，而硬度比钢高得多	GT35、TLMW50、TMW50、GW50、DT
9	硬质合金	硬质合金是以硬而难熔的金属碳化物（如碳化钨、碳化钛等）粉末为基体，用钴或镍为粘结剂，用粉末冶金法生产的组合材料。硬质合金硬度高，耐磨性好，红硬性好，其缺点是脆性大；是高级制模具材料，用于批量大的生产	YG8、YG8C、YG11、YG11C、YG15、YG20、YG20C、YG25

二、常用优选模具钢

1. 高速工具钢

高速钢主要钢号有 W18Cr4V、W12Cr4V4Mo、W12Mo3Cr4V3N（V3N）、W9Mo3Cr4V3、W6Mo5Cr4V3、W6Mo5Cr4V2、6W6Mo5Cr4V（6W6）等。其中最常用的是 W18Cr4V 和含钨量较少的钼高速钢 W6Mo5Cr4V2、6W6Mo5Cr4V。它们具有高强度、高硬度、高耐磨性、高韧性等性能，是制造高精密、高耐磨的高级模具材料，但价格较贵，因此适用于小件的冲模或用于大型冲模的镶嵌部分。由于高速钢在高温状态下能保持高的硬度和耐磨性，所以又是制造温挤、热挤等模具的极好材料。其中 6W6Mo5Cr4V 有更高的韧性，虽然耐磨性略差，但可用氮碳共渗来提高其表面硬度和耐磨性，主要用于制作易于脆断或劈裂的冷挤压或冷镦凸模，可成倍提高使用寿命，用于大规格的圆钢下料剪刃，可提高寿命数十倍。

2. 基体钢

基体钢是以高速钢成分为基体，具有高速钢正常淬火后的基本成分，碳的质量分数一般在0.5%左右，合金元素的质量分数在10%~12%范围内，故而得名。这类钢不仅具有高速钢的特点，而且抗疲劳强度和韧性均优于高速钢，材料成本比高速钢低。有很高的抗压强度和耐磨性，在高温条件下使用时，其热硬性很好。耐磨性比高速钢和高铬合金钢差，多用于热处理中容易开裂的冲模，经淬火、回火、低温氮碳共渗处理后，用作冷挤压凸模比高速钢寿命高。

我国试用的新钢种有65Cr4W3Mo2VNb（65Nb）、7Cr7Mo2V2Si（LD）、6Cr4Mo3Ni2WV（CG2）及5Cr4Mo3SiMnVAl（012Al）等，采用新钢种制造冲裁模的凸、凹模，可大大提高模具的使用寿命。对其他模具来说，65Nb钢适用于加工形状复杂的有色金属的冷挤压模具和单位压力为2450MPa左右的黑色冷挤压模具以及轴承、汽车、标准件行业的冷镦模等。LD钢有良好的韧性及耐磨性，可用于制造冷挤、冷镦模。CG2和012Al钢是冷热模具兼用钢，它们主要用于冷镦用的凸、凹模、冲头、搓丝板，多工位自动冷镦机上生产螺柱用的切边模，内六角冲头等，其寿命比Cr12MoV钢大幅度提高。

3. 高韧性高耐磨性钢

Cr12型模具钢，耐磨性很好，但是韧性差，耐回火性也嫌不足，近30多年来，国内外相继发展了一些高韧性、高耐磨性模具钢，其碳、铬含量低于Cr12型模具钢，增加了钼、钒合金的含量，钢中形成大量MC型高弥散度碳化物，其耐磨性不低于或优于Cr12Mo1V1钢，韧性和抗回火软化能力则高于Cr12型钢。比较代表性的钢号有美国钒合金钢公司早期发表的Vasco Die（8Cr8Mo2V2Si），近年来日本山阳特殊钢公司发表的QCM8（8Cr8Mo2VSi）、日本大同特殊钢公司的DC53（Cr8Mo2VSi）等，我国自行开发的则有7Cr7Mo2V2Si（LD钢）、9Cr6W3Mo2V2（GM钢）等，分别用于冷挤压模具、冷冲模具及高强度螺栓的滚丝模具，均取得了良好的使用效果。

4. 低合金空淬微变形钢

减小热处理变形，对于形状复杂，精密的模具十分重要。这类钢的特点是合金含量低（质量分数小于5%），淬透性、淬硬性好，ϕ100mm的工件可以空冷淬透，淬火变形小、工艺性好、价格低，主要用于制造精密复杂模具。代表性的钢号有：美国ASTM标准钢号A4（Mn2CrMo）、A6（7Mn2CrMo）、日本大同特殊钢公司的G04，日本日立金属公司的ACD37等。我国自行研制的Cr2Mn2SiWMoV和8Cr2MnMoWVS等钢种也属于低合金空淬微变形钢，后一种钢号还兼备优良的可加工性。

5. 火焰淬火钢

为适应机电产品结构不断变化，更新换代迅速，制造模具方便，研究开发了火焰淬火冷作模具钢。

火焰淬火是在刃口或需要硬度和耐磨性高的部位用氧乙炔火焰加热至淬火温度，在空气中冷却，即可达到火焰淬火的目的。由于火焰淬火温度区域宽，所以操作方便，变形小，整个凸模或凹模均可采用分段淬硬。

由于用火焰淬火钢制造模具，其各机械加工工序均在火焰淬火之前完成，材料处于低硬度下加工，故加工容易，且能保证精度。由于火焰淬火只淬刃口部分，基体硬度较低，如遇有加工遗漏，设计更改，尺寸变动，都具有重新改制加工的余地。对于多孔位的冲模或复杂型腔的零部件，刃口表面火焰淬火，型腔和孔距变形小，因此简化了制造工艺，从而降低了成本。此外，这类钢还具有良好的焊接性能，对在使用中崩刃的模具可进行焊补。

火焰淬火钢可用于薄板冲孔模、整形模、切边模、拉深模及冷挤压模的型腔面。

我国开发的火焰淬火新型模具钢有7CrSiMnMoV（CH-1）、6CrNiMnSiMoV（GD）。与常用模具钢9Mn2V、CrWMn、Cr12MoV相比，CH-1钢的强韧性更高。是适用于火焰淬火的专用钢，表面加热后空冷淬火可获得58HRC以上的硬度和一定的淬透深度。但因其成分设计者首先考虑的是满足火焰淬火的目的，故其韧性和脱碳敏感性尚不够理想。GD钢是高强韧低合金冷作模具钢，淬火加热温度低，区间宽，可采用油淬、风冷及火焰淬火。可用它代替CrWMn、Cr12型、GCr15、9SiCr、9Mn2V、6CrW2Si等材料制作各类易崩刃、易断裂模具，可不同程度提高模具寿命。

6. 真空淬火钢

真空淬火的优点是被加工工件表面无氧化和脱碳现象，并具有精加工的光泽，热处理变形极小，一般选用Cr12MoV钢及其他的基体钢进行真空淬火处理。高速工具钢不宜真空淬火处理，淬火温度低的低合金钢，由于需经油冷淬硬，也不宜真空淬火。火焰淬火钢CH-1和GD钢均可采用真空淬火处理，其淬火温度为880~920℃，可得到60HRC以上的硬度。热处理后变形小，强度、硬度及耐磨性均好。

7. 调质预硬钢

这类钢是合金结构钢，属于热作模具钢种，但由于这类钢有一定的淬透性，经过调质处理后即可用于冷作模具，因此近些年来许多冲模都用这类钢制造。既便于切削加工，又简化了热处理工艺，降低了模具成本，并提高了制造精度。这类钢可用于制造小批量的成形模，拉深模的凸、凹模，各种模具的卸料板、凸模座、凸模衬套、凹模衬套、凸模板、凹模板及垫板等。常用的预硬钢牌号有35Cr、35CrMo、40Cr、42CrMo等。

8. 无磁模具钢

无磁模具钢除了一般冷作模具钢的使用性能外，还具有在磁场中使用时不被磁化的特性。典型的无磁模具钢有1Cr18Ni9Ti、7Mn15Cr2Al3V2WMo（7Mn15）等。

9. 硬质合金和钢结硬质合金

硬质合金是以硬而难熔的金属碳化物（如碳化钨、碳化钛、碳化铬等）粉末为基体，以铁族金属（主要是钴）作粘结剂，混合加压成形，再经烧结而成的一种粉末冶金多相组合材料。

硬质合金的种类有钨钴类（YG）、钨钴钛类（YT）、通用合金类（YW）、碳化钛基类（YN）等。冲模常采用钨钴类硬质合金（YG）制作。

硬质合金与其他模具钢比较，具有更高的硬度和耐磨性，但抗弯强度和韧性差，所以，一般都选用含钴量多、韧性大的牌号。对冲击大、工作压力大的模具，如冷挤压模可选用含钴量较高的YG20、YG25等牌号；YG15、YG20用于冲裁模；YG6、YG8、YG11用于拉深模。用硬质合金比一般工具钢制模具寿命可高出5~100倍。

用硬质合金作模具材料，硬度和耐磨性比较理想，但韧性差，加工困难。而钢结硬质合金却可取长补短。钢结硬质合金是一种新型的模具材料，是以一种或几种碳化物（碳化钛、碳化钨）为硬质相，以合金钢（如高速钢、铬钼钢）粉末为粘结剂，经配料、混料、压制、烧结而成的粉末冶金材料。其性能介于钢与硬质合金之间。它既有高的强、韧性又可进行各种机械加工及热加工，并具有硬质合金的高强度（经淬火、回火后可达68~73HRC）、高耐磨性，因此，极适于制造各种模具。但由于硬质合金和钢结硬质合金价格贵，且又韧性差，因此宜用镶嵌件形式在模具中出现，以提高模具的使用寿命，节约材料，降低成本。

常用的钢结硬质合金牌号有GT35、TLW50、TLMW50、GW50和DT等。

钢结硬质合金与硬质合金比较，具有可以切削加工，可以锻造、焊接，韧性和综合力学性能较好，成本较低等特点。用于制造冷冲压、冷镦、冷挤压、冷拉深、压印模具时，使用寿命可比钢模具提高几倍到几十倍，有时可接近硬质合金模具。

部分国内研制的模具钢代号说明见表11-3。

表11-3　国内研制的冲压模具用钢代号说明

代号或简称	牌　号　简　介
65Nb	基体钢类型的高强韧性冷作模具钢，华中科技大学等单位研制。钢的平均碳含量为0.65%，曾用钢号65Cr4W3Mo2VNb表示，故简称65Nb，以突出其碳含量和Nb含量的特点。该钢号已纳标，见GB/T 1299—2000，65Cr4W3Mo2VNb
6W6	低碳型高速钢用于冷作模具钢，北京钢铁研究总院、大冶钢厂等单位研制。6W6钢较常用的6—5—4—2高速钢（W6Mo5Cr4V2）的碳、钒含量均低，具有较高的韧性，主要用于钢铁冷挤压模具。该钢号已纳标，见GB/T 1299—2000、6W6Mo5Cr4V
8Cr2S	易切削精密冷作和塑料模具兼用的新型模具钢、华中科技大学、首钢特钢公司等单位研制。该钢号采用多元合金化，淬透性好，热处理变形小，合金含量低，经济性良好；提高碳含量以改善切削加工性是其特点。在《冲模用钢及其热处理技术条件》（JB/T 6058）文件中推荐了该钢号（8Cr2MnWMoVS）
CH-1	火焰淬火型冷作模具钢、首钢特钢公司研制。CH-1钢具有较好的淬透性，淬火温度可在100～150℃范围内波动，淬火后都能获得好的综合力学性能和表面强度，淬火后工件热处理变形小。该钢号已纳标，见GB/T 1299—2000，7CrSiMnMoV
ER5	高铬冷作模具钢，上海材料研究所研制。该钢（G8MoWV3）具有高耐磨性和高冲击韧度
GD	高强韧性低合金冷作模具钢，取“高、低”（Gao、Di）两个汉语拼音字头为其代号，华中科技大学研制。GD钢类似于美国（ASTM）的L6，俄罗斯（ГОСТ）的7ХГ2ВМФ和德国（DLN）的75CrMoNiW6-7等，在《冲模用钢及其热处理技术条件》（JB/T 6058）文件中推荐了该钢号（6CrNiSiMnMoV）
GM	高耐磨性冷作模具钢，取“高、磨”（Gao、Mo）两个汉语拼音字头为其代号，华中科技大学研制。GM（9Cr6W3Mo2V2）钢与ER5钢属于同一类型，具有高硬度，接近高速钢，优于高Cr钢和基体钢；其冲击韧度优于高速钢和高Cr钢
LD	高强韧性冷作模具钢，按其用途而取“冷镦”（Leng Dun）两个汉语拼音字头为其代号，上海材料研究所研制，LD原为系列钢号，分LD-1、LD-2，…等，但在实际应用中以LD-1为最佳，其余未推广应用，故仍用LD代号表示。该钢在保持较高韧性的情况下，其抗压强度、抗弯强度、耐磨性能较65Nb优，在上述的JB/T 6058文件中推荐了该钢号（7Cr7Mo2V2Si）
012Al	基体钢类型的冷作、热作兼用的模具钢，贵阳钢厂研制。该钢中加入Al，提高了韧性和塑性，其冷热疲劳性能优于3Cr2W8V钢。012Al钢已纳标，见GB/T 1299—2000，5Cr4Mo3SiMnVAl
CG-2	热作、冷作兼用的模具钢，上海钢铁研究所研制，贵阳钢厂试生产。该钢具有良好的强韧性、耐磨性和热疲劳抗力大等特点，可代替3Cr2W8V钢。CG-2（6Cr4Mo3Ni2WV）钢还可以氮碳共渗（软氮化）处理，以强化其性能，提高模具寿命
WCG	无磁模具钢，上海钢铁研究所等单位研制。该钢无磁性，高强度，耐磨性好，适用于磁性元件的粉末压铸模具及其他无磁模具
GT35	钢结硬质合金，具有极高的硬度和耐磨性，用于冷作模具，其使用寿命可比一般钢模具寿命成10倍的大幅度提高。与普通硬质合金相比，又具有韧性好、加工工艺性好、生产成本低等特点
TLMW50	钢结硬质合金，其硬度与耐磨性极高，并具有良好的可锻性和热处理的淬硬性。和GT35相比，其淬火回火状态的硬度略低于GT35，而其淬火态的抗弯强度和冲击值均高于GT35

三、模具钢的化学成分及用途

我国于2000年颁布了新的合金工具钢标准（GB 1299—2000），代替1985年的老标准（GB 1299—1985）。新标准中增加了塑料模具钢、冷作模具钢和耐冲击工具钢的钢号，以方便用户扩大选用范围。

1）冲压模具用钢的牌号、化学成分及用途见表 11-4。

2）国内市场销售的进口冷作模具钢牌号或简称及主要化学成分见表 11-5。

表 11-4 冲压模具用钢化学成分及用途

钢号	化学成分（质量分数，%）											用途
	C	Si	Mn	Cr	Ni	W	Mo	V	≤P	≤S	其他	
优质碳素结构钢												
40	0.37～0.45	0.17～0.37	0.50～0.80	≤0.25	≤0.25	—	—	—	0.04	0.04	—	①不淬火零件 ②不精密零件 ③少量生产的模具主要零件
45	0.42～0.50	0.17～0.37	0.50～0.80	≤0.25	≤0.25	—	—	—	0.04	0.04	—	
50	0.47～0.55	0.17～0.37	0.50～0.80	≤0.25	≤0.25	—	—	—	0.04	0.04	—	
55	0.52～0.60	0.17～0.37	0.50～0.80	≤0.25	≤0.25	—	—	—	0.04	0.04	—	
合金结构钢												
38CrA	0.34～0.42	0.17～0.37	0.50～0.80	0.80～1.10	≤0.40	—	—	—	0.03	0.035	Cu ≤0.25	①模具固定件 ②不淬火的模具主要零件 ③拉深模
40CrA	0.37～0.45	0.20～0.40	0.50～0.80	0.80～1.10	≤0.35	—	—	—	0.03	0.035	Cu ≤0.25	
35CrMo	0.32～0.40	0.20～0.40	0.40～0.70	0.80～1.10	—	—	—	—	0.03	0.035	Mo 0.15～0.25	
42CrMo	0.60～0.68	1.50～2.00	0.60～0.90	≤0.35	≤0.35	—	—	—	0.035	0.03	Cu ≤0.25	
弹簧钢												
65Mn	0.62～0.70	0.17～0.37	0.70～1.00	≤0.25	≤0.25	—	—	—	0.035	0.035	Cu ≤0.25	①绕制一般弹簧 ②绕制强力弹簧
50CrVA	0.46～0.54	0.17～0.37	0.50～0.80	0.80～1.10	≤0.40	—	—	0.1～0.2	0.03	0.03	Cu ≤0.25	
60Si2MnA	0.56～0.64	1.60～2.00	0.60～0.90	≤0.03	≤0.40	—	—	—	0.035	0.03	Cu ≤0.25	
62Si2MnA	0.60～0.68	1.50～2.00	0.60～0.90	≤0.35	≤0.35	—	—	—	0.035	0.03	Cu ≤0.25	
碳素工具钢												
T7A	0.65～0.74	≤0.35	≤0.40	—	—	—	—	—	0.035	0.03	—	①制造简单的主要零件 ②产量小的模具主要零件 ③要求不高的模具主要零件
T8A	0.75～0.84	≤0.35	≤0.40	—	—	—	—	—	0.035	0.03	—	
T10A	0.95～1.04	≤0.35	≤0.40	—	—	—	—	—	0.035	0.03	—	

（续）

钢号	化学成分（质量分数，%）											用途
	C	Si	Mn	Cr	Ni	W	Mo	V	≤P	≤S	其他	
T11A	1.05~1.14	≤0.35	≤0.40	—	—	—	—	—	0.035	0.03	—	①制造简单的主要零件 ②产量小的模具主要零件 ③要求不高的模具主要零件
T12A	1.15~1.24	≤0.35	≤0.40	—	—	—	—	—	0.035	0.03	—	
高碳低合金冷作模具钢												
9Mn2V	0.85~0.95	≤0.40	1.70~2.00	—	—	—	—	0.10~0.25	0.03	0.03	—	冲裁模等
9SiCr	0.85~0.95	1.20~1.60	0.30~0.50	0.95~1.25	—	—	—	—	0.03	0.03	—	冲裁模等
9CrWMn	0.85~0.95	≤0.40	0.90~1.20	—	0.50~0.80	—	—	—	0.03	0.03	—	冲模等
CrWMn	0.95~1.05	≤0.40	0.80~1.10	0.90~1.20	—	1.20~1.60	—	—	0.03	0.03	—	冲模等
MnCrWV	0.95~1.05	≤0.40	1.00~1.30	0.40~0.70	—	0.40~0.70	—	0.15~0.3	0.03	0.03	—	冲模等
Cr2	0.95~1.10	≤0.40	≤0.40	1.30~1.66	—	—	—	—	0.03	0.03	—	拉深模等
CrW	1.00~1.10	≤0.35	≤0.80	0.50~1.00	—	1.00~1.50	—	<0.20	0.03	0.03	—	拉深模等
GCr9（轴承钢）	1.00~1.10	0.15~0.35	0.20~0.40	0.90~1.20	≤0.30	—	—	—	0.027	0.02	Cu<0.25	冲裁模、拉深模等
GCr15（轴承钢）	0.95~1.05	0.15~0.35	0.20~0.40	1.30~1.60	≤0.30	—	—	—	0.027	0.02	Cu<0.25	冲裁模、拉深模等
7CrSiMnMoV（CH-1）	0.65~0.75	0.85~1.15	0.65~1.05	0.90~1.20	—		0.20~0.50	0.15~0.30	0.03	0.03	—	大、小型冲模
6CrNiMnSiMoV（GD）	0.64~0.74	0.50~0.90	0.70~1.00	1.00~1.30	0.70~1.00		0.30~0.60	适量	适量	适量	—	冲模
6Cr3VSi	0.55~0.65	0.50~0.80	≤0.004	2.60~3.20				0.15~0.30	0.03	0.03	—	冲裁、剪切等模具
8Cr2MnWMoVS（8Cr2S）	0.75~0.85	≤0.40	1.30~1.70	2.30~2.60	—	0.70~1.10	0.50~0.80	0.10~0.25	0.03	0.08~0.15	—	精密冷冲模
Cr2Mn2SiWMoV	0.95~1.05	0.60~0.90	1.80~2.30	2.30~2.60	—	0.70~1.10	0.50~0.80	0.10~0.25	0.03	0.03	—	微变形模具
抗磨损冷作模具钢												
Cr6WV	1.00~1.15	≤0.40	≤0.40	5.50~7.00	—	1.10~1.50	—	0.50~0.70	0.03	0.03	—	高耐磨冲模

（续）

钢号	化学成分（质量分数，%）											用途
	C	Si	Mn	Cr	Ni	W	Mo	V	≤P	≤S	其他	
Cr4W2MoV	1.12～1.25	0.40～0.70	≤0.40	3.50～4.00	—	1.90～2.00	0.80～1.20	0.80～1.10	0.03	0.03	—	冲裁模、冷挤压模
Cr12	2.00～2.30	≤0.40	≤0.40	11.50～13.50	—	—	—	—	0.03	0.03	—	高硬度冲模
Cr12W	1.80～2.20	≤0.40	≤0.40	12.00～15.00	—	2.50～3.50	—	—	0.03	0.03	—	高强度冲模
Cr12MoV	1.45～1.70	≤0.40	≤0.40	11.00～12.50	—	—	0.40～0.60	0.15～0.30	0.03	0.03	—	高强度冲模
9Cr6W3Mo2V2（GM）	0.86～0.96	—	—	5.60～6.40	—	2.80～3.20	2.00～2.50	1.70～2.20	适量	适量	—	高耐磨冲模
Cr8MoWV3Si（ER5）	0.95～1.10	0.90～1.20	0.30～0.60	7.00～8.00	—	0.8～1.20	1.40～1.80	2.20～2.70	—	—	—	高耐磨冲模
Cr5Mo1V	0.95～1.05	≤0.50	≤1.00	4.75～5.50	—	—	0.90～1.40	0.15～0.50	0.03	0.03	—	高耐磨高强韧冲模
7Cr7Mo2V2Si（LD）	0.70～0.80	0.70～1.20	≤0.50	6.50～7.50	—	—	2.00～2.50	1.70～2.20	0.03	0.03	—	超高强度模
65Cr4W3Mo2VNb（65Nb）	0.60～0.70	≤0.35	≤0.40	3.80～4.40	—	2.50～3.00	2.00～2.50	0.80～1.10	0.03	0.03	Nb 0.20～0.30	高级耐磨冲模
6Cr4Mo3Ni2WV（CG-2）	0.55～0.64	≤0.40	≤0.40	3.80～4.30	1.80～2.20	0.90～1.30	2.80～3.30	0.90～1.30	0.03	0.03	—	冷热兼用模具钢
5Cr4Mo3SiMnVAl（012Al）	0.47～0.57	0.80～1.10	0.80～1.10	3.80～4.30	—	—	2.80～3.40	0.80～1.20	0.03	0.03	Al 0.30～0.70	超高强度模冷热兼用
冷作模具用高速工具钢												
W18Cr4V	0.70～0.80	≤0.40	≤0.40	3.80～4.40	—	17.50～19.00	≤0.30	1.00～1.40	0.03	0.03	—	刀具、模具
W12Cr4V4Mo	1.20～1.40	≤0.40	≤0.40	3.80～4.40	—	11.50～13.00	0.90～1.20	3.80～4.40	0.03	0.03	—	刀具、模具
W12Mo3Cr4V3N（V3N）	1.15～1.25	≤0.40	≤0.40	3.50～4.00		11.00～12.50	2.70～3.30	2.50～3.10	0.03	0.03	N 0.04～0.10	高级冲模
W10Mo3Cr4V3（SKH57）	1.20～1.35	≤0.40	≤0.40	3.80～4.50	—	9.00～11.00	3.00～4.00	3.00～3.70	0.03	0.03	Co 9.00～11.00	高级冲模
W6Mo5Cr4V2	0.80～0.90	≤0.40	≤0.40	3.80～4.40	—	5.50～6.75	4.40～5.50	1.75～2.20	0.03	0.03	—	高级冲模
W6Mo5Cr4V3（SKH53）	1.15～1.25	≤0.35	≤0.40	3.80～4.40	—	5.75～6.75	4.75～5.75	2.80～3.20	0.03	0.03	—	高级冲模

（续）

钢号	化学成分（质量分数，%）											用途
	C	Si	Mn	Cr	Ni	W	Mo	V	≤P	≤S	其他	
W6Mo5Cr4V5SiNiAl（B201）	1.15～1.65	1.00～1.40	—	3.80～4.40	Nb 0.20～0.50	5.50～5.80	5.00～6.00	4.20～5.20	0.03	0.03	Al 0.30～0.70	高级冲模
6W6Mo5Cr4V（6W6）	0.55～0.65	≤0.40	≤0.60	3.70～4.30	—	6.00～7.00	4.50～5.50	0.70～1.10	0.03	0.03	—	高级冲模
SR—1（粉末高速钢）	1.75～1.85	—	—	3.50～4.50	—	12.00～13.00	6.00～7.00	4.50～5.50	—	—	O <0.05	刀具、模具
抗冲击冷作模具钢												
4CrW2Si	0.35～0.45	0.80～1.10	≤0.40	1.00～1.30	—	2.00～2.50	—	—	0.03	0.03	—	①冲模 ②冲裁、切边凹模 ③切边用剪刀 ④部分小型热作模具
5CrW2Si	0.45～0.55	0.50～0.80	≤0.40	1.00～1.30	—	2.00～2.50	—	—	0.03	0.03	—	
6CrW2Si	0.55～0.65	0.50～0.80	≤0.40	1.00～1.30	—	2.20～2.70	—	—	0.03	0.03	—	
6CrMnSi2Mo1V	0.50～0.65	1.75～2.25	0.60～1.00	0.10～0.50	—	—	0.20～1.35	0.15～0.35	0.03	0.03	—	
5Cr3Mn1SiMo1V	0.45～0.55	0.20～1.00	0.20～0.90	3.00～3.50	—	—	1.30～1.80	≤0.35	0.03	0.03	—	
无磁模具用钢												
7Mn15Cr2Al3V2WMo（7Mn15）	0.65～0.75	≤0.80	14.50～16.50	2.00～2.50	—	0.50～0.80	0.50～0.80	1.50～2.0	0.04	0.03	Al 2.30～3.30	①无磁模具 ②700～800℃以下的热作模具
热作模具钢												
5CrMnMo	0.50～0.60	0.25～0.60	1.20～1.60	0.60～0.90	—	—	0.15～0.30	—	0.03	0.03	—	低耐热模具钢，工作温度≤500℃的热作模具
5CrNiMo（L6）	0.50～0.60	≤0.40	0.50～0.80	0.50～0.80	1.40～1.80	—	0.15～0.30	—	0.03	0.03	—	
3Cr2W8V	0.30～0.40	≤0.40	≤0.40	2.20～2.70	—	7.50～9.00	—	0.20～0.50	0.03	0.03	—	高耐热模具钢，工作温度≤650℃ 热冲模、冲模，热切边模
5Cr4W5Mo2V（RM2）	0.40～0.50	≤0.40	≤0.40	3.40～4.40	—	4.50～5.30	1.50～2.10	0.70～1.10	0.03	0.03	—	
8Cr3	0.75～0.85	≤0.40	≤0.40	3.20～3.80	—	—	—	—	0.03	0.03	—	热冲裁模、热弯曲模 400～450℃工作的结构零件，中耐热模具钢
4Cr5MoSiV（H13）	0.33～0.43	0.8～1.20	0.2～0.5	4.75～5.50	—	—	1.10～1.60	0.30～0.60	0.03	0.03	—	

表 11-5　国内市场销售的进口模具钢牌号或简称及主要化学成分（质量分数，%）

外国牌号	按中国国家标准表示的模具钢钢号	C	Si	Mn	Cr	Mo	W	V	其他
A2	Cr5Mo1V	0.95~1.05	0.15~0.50	≤1.00	4.75~5.50	0.90~1.40	—	0.15~0.50	
D2	Cr12Mo1V1	1.40~1.60	0.15~0.60	0.15~0.60	11.0~13.0	0.70~1.20	—	≤1.10	—
D3	Cr12	2.00~2.35	0.15~0.60	0.15~0.60	11.0~13.0	(0.80)	≤1.00	(0.80)	—
DC11	Cr12Mo1V1	1.40~1.60	≤0.40	≤0.60	11.0~13.0	0.8~1.20	—	0.20~0.50	Ni≤0.50
DC53	—	（专利，成分未公开：退火硬度：HB≤255）							
DF-2	9Mn2V	0.90	≤0.40	2.00	—	—	—	0.20	—
DF-3	9CrWMn	0.90	≤0.40	1.10	0.70	—	0.70	—	—
GOA	9CrWMn	0.90	0.30	1.20	0.50	0.13	0.50	—	—
GSW-2379	Cr12Mo1V1	1.50~1.60	0.10~0.40	0.15~0.45	11.0~12.0	0.60~0.80	—	0.9~1.10	—
GSW-2510	CrMnV	0.90~1.05	0.15~0.35	1.00~1.20	0.50~0.70	—	—	0.05~0.15	—
K100	Cr12	1.90~2.20	0.10~0.40	0.15~0.45	11.0~12.0	—	—	—	—
K110	Cr12Mo1V1	1.50~1.60	0.10~0.40	0.15~0.45	11.0~12.0	0.60~0.80	—	0.90~1.10	—
K460	MnCrWV	0.90~1.05	0.15~0.35	1.00~1.20	0.50~0.70	—	0.50~0.70	0.05~0.15	—
L3	Cr2/GCr15	0.95~1.10	≤0.40	≤0.40	1.30~1.65	—	—	—	—
L6	5CrNiMo	0.50~0.60	≤0.40	0.50~0.80	0.50~0.80	0.15~0.30			Ni 1.40~1.80
M2	W6Mo5Cr4V2	0.80~0.90	≤0.40	≤0.40	3.80~4.40	4.50~5.50	5.50~6.75	1.75~2.20	—
O1	MnCrWV	0.85~1.00	0.10~0.50	1.00~1.40	0.40~0.60		0.40~0.60	≤0.30	
O2	9Mn2V	0.85~0.95	0.20~0.40	1.00~1.40	(0.35)	(0.30)	—	(0.20)	
P18	W18Cr4V	0.70~0.80	≤0.40	≤0.40	3.80~4.40	≤0.30	17.5~19.0	1.00~1.40	—
STD11	Cr12Mo1V1	1.40~1.60	≤0.40	≤0.60	11.0~13.0	0.80~1.20	—	0.20~0.50	—
WX-10	Cr5Mo1V	1.00	≤0.50	≤1.00	5.00	1.20		0.35	—
XW-42	Cr12Mo1V1	1.50	≤0.60	≤0.60	12.00	1.00	—	1.00	—
YK30	9Mn	1.05	0.40	1.00	0.50	—	—	—	—

四、硬质合金

硬质合金的种类很多，但制造模具用的硬质合金通常是金属陶瓷硬质合金和钢结硬质合金。

（一）金属陶瓷硬质合金

金属陶瓷硬质合金是将一些高熔点、高硬度的金属碳化物粉末（如 WC、TiC 等）和粘结剂（Co、Ni 等）混合后，加压成形，再经烧结而成的一种粉末冶金材料。金属陶瓷硬质合金的共性是：具有高的硬度、高的抗压强度和高的耐磨性，脆性大，不能进行锻造及热处理，主要用来制作多工位级进模、大直径拉深凹模的镶块。根据金属碳化物种类通常将其分为钨钴类硬质合金和钨钴钛类硬质合金。冷冲裁模用的硬质合金一般是钨钴类。表 11-6 是钨钴类硬质合金的成分与力学性能。

表 11-6 冲模工作零件用硬质合金牌号及性能

钨钴类硬质合金牌号	化学成分(质量分数,%)				物理性能	力学性能				主要用途
	WC	Ti	Co	TaC	密度 /(g·cm⁻³)	硬度 HRA (HRC)	抗弯强度 /MPa	抗压强度 /MPa	冲击韧度 /(J·cm⁻²)	举例
YG8	92	—	8	—	14.5~14.9	89(73)	1500	4470	2.5	拉深模
YG8C	92	—	8	—	14.5~14.9	88(72)	1750	3900	3.5	拉深模
YG11	89	—	11	—	14.0~14.4	87.5(71)	2100		3.8	拉深模
YG11C	89	—	11	—	14.0~14.4	87.5(71)	2100		3.8	拉深模
YG15	85	—	15	—	13.9~14.2	87(70)	2100	3660	4.0	冲裁模
YG20	80	—	20	—	13.4~13.7	85.5(68)	2600	3500	4.8	冲裁模、冷挤压模
YG20C	80	—	20	—	13.4~13.6	82(62)	2200			冲裁模、冷挤压模

我国钨钴类硬质合金的牌号与国外牌号的对照见表 11-7。

表 11-7 冲模用硬质合金国内外牌号近似对照示例

我国牌号	国际标准化组织 ISO	德国特殊钢厂	美国肯纳公司 Kennametal	英国(模具钢)	俄罗斯	日本 三菱金属矿业公司	日本 佳友金属公司	瑞典 SECO 厂
YG8			K1	BS5	BK8			
YG8C	G15				BK8B			
YG11C	G20			BS6	BK10			
YG15	G30	GTi30		BS8	BK15	GTi30	G6	
YG20	G40	GTi40	K91		BK20	GTi40	G7	G4
YG25	G50	GTi50	K90		BK25	GTi50	G8	G5

(二) 钢结硬质合金

钢结硬质合金是以难熔金属碳化物为硬质相，以合金钢为粘结剂，用粉末冶金方法生产的一种新型模具材料，它具有金属陶瓷硬质合金的高硬度、高耐磨和高抗压性，又具有钢的可加工性和热处理性和可焊接性。钢结硬质合金硬质相主要是碳化钨和碳化钛，我国是以 TiC 为硬质相起步，并以 GT35 牌号供应市场。WC 钢结硬质合金是 20 世纪 60 年代研制的，牌号为 TLMW50。模具用钢结硬质合金的化学成分见表 11-8。模具用钢结硬质合金的物理力学性能见表 11-9。国内外几种钢结硬质合金的性能比较见表 11-10。

表 11-8 模具钢结硬质合金的化学成分(质量分数,%)

牌号	TiC	WC	C	Cr	Mo	V	W	Fe
GT35	35		0.5	2.0	2.0			余量
R5	35~40		0.60~0.8	6.0~13.0	0.3~0.5	0.1~0.5		余量
TLMW50		50	0.5	1.25	1.25			余量
GW50		50	0.6	0.55	0.15			余量
GJW50		50	0.25	0.50	0.25			余量
D1	25~40		0.4~0.8	2~4		0.5~1.0	10~15	余量
T1	25~40		0.6~0.9	2~5	2~5	1.0~2.0	3~6	余量

表 11-9 模具用钢结硬质合金物理力学性能

牌号	密度 /(g·cm⁻³)	硬度 HRC		抗弯强度[①] /MPa	冲击韧度[①] /(J·cm⁻²)	临界温度/℃	
		退火态	淬回火态			Ac1	Ac3
GT35	6.40/6.60	39~46	68~72	1400/1800	6	740	770
R5	6.35/6.45	44~48	70~73	1200/1400	3	780	
TLMW50	10.21/10.37	35~40	66~68	2000	8	761	788
GW50	10.20/10.40	38~43	69~70	1700/2300	12	745	790
GJW50	10.20/10.30	35~38	65~66	1520/2200	7.1	760	810
D1	6.90/7.10	40~48	69~73	1400/1600		780	
T1	6.60/6.80	44~48	68~72	1300/1500	3~5	780	

① 淬火状态的性能。

表 11-10 国内外几种典型钢结硬质合金性能对照

牌号或代号	密度 /(g·cm⁻³)	硬度 HRC		抗弯强度 /MPa	抗压强度 /MPa	弹性模量 /MPa	冲击韧度 /(N·m·cm⁻²)
		退火态	淬回火态				
中国 GT35	6.40~6.60	39~46	68~72	137~176	—	292000	6
美国 Ferro-TiC-C	6.60	40	70	206	284	302100	
德国 Ferro-Titanit-$C_{特}$	6.60	40~44	66~73	—	—	—	—
荷兰 Ferro-TiC-$C_{特}$	6.60	38~42	69~70	221~226	373~392	372800	—
中国 R5	6.35~6.45	44~48	70~73	118~137	—	307000	3
美国 Ferro-TiC-CM	6.45	45	69	172	333	302100	
中国 ST60	5.7~5.9	—	70	137~157	—	—	3
荷兰 Ferro-TiC-U70	5.1	供货 68~70		—	不可热处理	—	—
中国 TLMW50	10.21~10.37	35~40	66~68	196	—	—	8
中国 GW50	10.20~10.40	38~43	69~70	167~226	—	—	12
中国 GJW50	10.20~10.30	35~38	65~66	147~216	—	—	7.1

第二代 WC 钢结硬质合金是我国 20 世纪 80 年代初研制成功的，简称 DT 合金。它保持了 TLMW50 的高硬度、高耐磨性，又较大幅度地提高了强度和韧性，因而能承受较大负荷的冲击，

同时还具有较好的抗热裂能力，不易出现崩刃、淬裂等，是较理想的工模具材料之一。

DT合金的力学性能见表11-11。DT合金与其他钢结硬质合金的性能比较见表11-12。

表11-11　DT合金的力学性能

状态＼力学性能	硬度 HRC	抗弯强度 σ_{bb}/MPa	抗压强度 σ_{bc}/MPa	抗拉强度 σ_b/MPa	冲击韧度 a_k/(J·cm^{-2})	弹性模量 E/MPa
低温淬火态	62~64	2500~3600	4000~4200	1500~1600	15~20	$(2.7\sim2.8)\times10^5$
等温淬火态	55~62	3200~3800	2400~2800	—	18~25	

表11-12　DT合金与其他钢结硬质合金的性能比较

合金牌号	硬质相类型	硬度 HRC		密度 /(g·cm^{-3})	抗弯强度 /MPa	冲击强度 /(J·cm^{-2})
		加工态	使用态			
DT	WC	32~36	62~64	9.7	2500~3600	15~20
TLMW50	WC	35~42	66~68	10.2	2000	8~10
GT35	TiC	39~46	67~69	6.5	1400~1800	6

五、有色金属及其合金

随着模具工业的发展、低熔点合金、锌基合金、铜基合金等有色金属合金在简易模具中有广泛的应用，具有制造周期短，制造工艺简单，成本低的特点。

（一）低熔点合金

低熔点合金是指熔点一般在300℃以下的合金，采用的元素有Bi、Sb、Cd、Sn、Pb、Zn等。对其性能的影响见表11-13。

表11-13　合金元素对低熔点合金性能的影响

元素名称	化学符号	HBW	冷凝膨胀率(%)	对低熔点合金的影响	备注
铋	Bi	—	3.32	①提高强度 ②降低熔点 ③提高流动性能	来源较困难
锡	Sn	5	—	①提高伸长率 ②降低熔点 ③提高流动性	微毒
镉	Cd	20	0.03	①提高强度和伸长率 ②降低熔点 ③提高填充性	氧化镉有毒
锑	Sb	—	0.95	①提高硬度与强度 ②降低冲击值 ③降低熔点 ④提高填充性能	有毒
铅	Pb	—	—	提高伸长率	氧化铅有毒
锌	Zn	—	—	提高伸长率	

低熔点合金主要用来制造拉深模和成形模，用来浇固凸模在固定板上，固定凹模镶块、固定导套、浇铸卸料板的导向部分及浇铸成形模的工作部分等。

采用低熔点合金浇固模具、浇固部分可以粗加工、省工时、生产周期短，并能得到准确的配合，提高模具质量。但对大于2mm的板料冲裁，因卸料力大而很少采用。常用的低熔点合金的化学成分和性能见表11-14和表11-15。用于浇注固定凸凹模的低熔点合金配方可参照表11-16。

表 11-14　共晶型低熔点合金

类别	合金牌号	化学成分(质量分数,%) Bi	Sn	Cd	Pb	熔点/℃	抗拉强度/MPa	硬度HBW
二元	Bi-Pb	55.5			44.5	124	50~60	20
	Bi-Sn	58	42			138.5		
	Bi-Cd	60		40		144		
	Sn-Pb		61.9		38.1	183		
	Pb-Cd			17.5	82.5	248		
	Sn-Cd		67.8	32.2		176		
三元	Bi-Pb-Sn	52	17		31	95		
	Sn-Pb-Cd		49.8	18.2	32	145		
	Bi-Sn-Cd	53.9	25.9	20.2		102.5		
	Bi-Pb-Cd	51.7		8.1	40.2	91.5		
四元	Bi-Pb-Sn-Cd	50	13.3	10	26.7	70	42	9.2

表 11-15　Bi-Sn-Sb、Bi-Sn-Pb-Sb 合金的化学成分、力学性能及物理性能

合金牌号	化学成分(质量分数,%) Bi	Sn	Sb	Pb	力学、物理性能 熔点/℃	收缩率(%)	硬度 HBW	抗拉强度/MPa
Bi-Sn-Sb	57	42	1	—	138	+0.05	20	63
Bi-Sn-Sb	44	50	6	—	139~170	-0.08	25	95
Bi-Sn-Sb	15	78	7	—	199~219	-0.2	29.7	106
Bi-Sn-Pb-Sb	50	13.3	10	26.7	200~205	—	24	60
Bi-Sn	40	60	—	—	138~155	0	22	—

注：添加微量元素 Ca、Mg 可以提高合金硬度和强度。

表 11-16　用于浇注固定凸、凹模的低熔点合金配方

参数及配方		化学成分(质量分数,%) Sb	Pb	Bi	Sn	合金熔点/℃
密度/g · cm^{-3}		6.690	11.34	9.8	7.284	
熔点/℃		630.5	327.4	271.0	232.0	
配方	1	9.0	28.5	48.0	14.5	120
	2	5.0	35	45.0	15.0	100
	3	—	—	42.0	58.0	139
	4	19.0	28.0	39.0	14.0	106
	5	—	—	30.0	70.0	170

（二）锌基合金

锌基合金是以锌为基体的 Zn、Al、Cu 三种元素加入微量 Mg 组成的合金。采取熔化浇铸的方式制造模具，其熔点为 380℃，密度为 6.7g/cm^3。

锌基合金是为克服低熔点合金所存在的强度低、硬度低、寿命低的缺点而发展起来的。锌基合金作为模具材料可有以下用途：制造薄板冲裁模的凸模或凹模；拉深模的凸模、凹模和压边圈；弯曲模的凸模、凹模；吸塑、吹塑模型腔；其他简单模具。

锌基合金的浇铸设备和技术都比较简单，强度硬度接近于低碳钢，其耐压、耐磨性也较好，加工性能类似青铜铸件。锌基合金有一定的收缩性，并且收缩性不够稳定，所以不适用于高精度大型的成形模具。

1. 锌基合金的化学成分及力学性能

一般模具用锌基合金是采用 w_{Zn} 为 99.995%、w_{Al} 为 99.7%、w_{Cu} 为 99.95% 的电解铜和 w_{Mg} 为 99.95% 按比例配制而成。使用这样高纯度的材料，对提高锌基合金的力学性能起到良好的作用。

锌基合金的化学成分及力学性能见表 11-17。

表 11-17　锌基合金化学成分及力学性能

代号	化学成分(质量分数,%)				热处理规范	力学性能		
	锌	铜	铝	镁		抗拉强度/MPa	伸长率(%)	硬度HBW
62-1	92.12	3.42	3.56	0.04		268	1.6	124
62-2	91.97	3.64	3.53	0.04	铸造冷凝后,冷至250℃,再水冷,人工时效(118℃下10h)	278	0.83	108.5
					250℃硝盐炉加热 1h,淬火(水温54℃)自然时效100h	267	0.88	118.3

2. 锌基合金的熔炼工艺

锌基合金的熔炼工艺有两种：直接熔炼法与中间合金熔炼法。直接熔炼法是将 Zn、Cu、Al 按其成分比例倒入坩埚直接进行熔炼的方法。中间合金熔炼法是先将铜、铝熔炼成中间合金，然后将锌与中间合金配制成锌合金。此方法可减少合金元素的氧化、烧损和金属熔液过热，便于控制合金化学成分，节约能源，缩短熔炼周期。

近年来，我国又研制和应用了一些新型锌基合金，其中具有代表性的是牌号为 ZMC 的锌基合金，既降低了合金的收缩率，增加其稳定性，又提高了合金的强度、硬度。其具体性能见表 11-18。该表中同时列出了国外具有代表性的一些锌基合金的性能。

表 11-18　国内外几种代表性的锌基合金性能比较

国别及牌号 / 性能指标	日本	美国		英国		德国	俄罗斯		中国
	ZAS	Kirksite	Gmoo-die	kayem	kayem-2	Z-430 (ZnAl4Cu3)	ЩАМ-53	Мазак	ZMC
熔点/℃	380	380	399~403	380	358	390			370~415
密度/(g·cm⁻³)	6.7	6.7		6.7	6.6	6.7			6.2
布氏硬度 HBW	100~115	100	130~150	109	140	60~70	100~110	110~115	≥150
抗拉强度/MPa	245~295	260	255~294	230	146	216~235	196~235	216~255	295
抗压强度/MPa	540~590	410~518		775	672		540~638	588~688	695~888
抗剪强度/MPa	235	240				295			295~310
伸长率(%)	1.1~3.4	3.0	3.0	1.25		1.0			
线胀系数/(1/℃)	26×10^{-6}	27×10^{-6}		28×10^{-6}		27×10^{-6}			25.8×10^{-6}
凝固收缩率(%)	1.1~1.2	0.7~1.2	0.91	1.1	1.1	1.1			0.74

（三）铝青铜

不锈钢、耐热钢等高韧性材料成形加工时，用工具钢模具易发生烧伤和擦伤。用铝青铜模具可防止此缺陷，因为铝青铜导热性好，能得到光滑的加工面，是摩擦热积蓄少的合金。表 11-19 列出铸造模具的铝青铜化学成分和力学性能。

表 11-19 铝青铜成分和性能

序号	化学成分（质量分数，%）						抗拉强度/MPa	伸长率（%）	硬度 HBW
	Cu	Al	Fe	Ni	Mn	杂质			
1	>78	8.0~11.0	2.5~6.0	1.0~3.0	<3.5	<0.5	>490	>20	>120
2	>78	8.5~11.5	2.5~6.0	2.5~6.0	<3.5	<0.5	>588	>15	>150

铝青铜铸造和机械加工较为困难，一般采用工具钢制作凸模，铝青铜制作凹模。铝青铜模具对钛、钽、钼等新材料的成形效果较好。铝青铜模具寿命一般不超过 1 万次。

（四）高温合金

主要包括铁基高温合金、镍基高温合金、钴基高温合金。工作温度可达 650~1100℃。广泛用于制造铜热挤压模、钛合金热压成形模等。典型高温合金的化学成分见表 11-20、表 11-21 和表 11-22。

表 11-20 铁基高温合金

铁基合金（质量分数，%）	C	Mn	Si	Cr	Ni	Mo	Ti	Al	V	Fe
A-286	0.05	1.35	0.5	15	20	1.25	2.0	0.2	0.3	其余

表 11-21 镍基高温合金

镍基合金（质量分数，%）	C	Cr	Mo	Ti	Al	Cu	B	Zr	Ni	工作温度/℃
Waspaloy	0.08	19	4.4	3	1.3	13.5	0.008	0.08	其余	815~1000
Rene'41	0.10	15	5.2	3.5	4.3	18	0.03	—	其余	815~1000

表 11-22 钴基高温合金

钴基合金（质量分数，%）	C	Cr	Ni	Mo	W	Cd	Fe	Co	工作温度/℃
S-816	0.38	20	20	4	4	4	4	4	>1000

六、聚氨酯弹性体

聚氨酯弹性体具有硬度高、强度好、高弹性、高耐磨性、耐撕裂、耐老化、耐臭氧、耐辐射及良好的导电性等优点，是一般橡胶所不能比拟的。因此聚氨酯弹性体在冲模上除了用于卸料、脱件橡皮垫外，还在冲裁、弯曲、浅拉深及成形工序中得到广泛应用。图 11-1 所示为聚氨酯弹性体的压缩特性曲线。

常用的几种聚氨酯弹性体的性能见表 11-23。聚氨酯弹性体硬度范围大，邵氏硬度（20~80）A 以上。用于卸料橡皮垫的硬度一般可在（80~90）A 左右，冲裁模中，以不小于 90A 为宜，拉深、成形、弯曲时可选用硬度值小于 90A 的聚氨酯弹性体。各种冲压工序对聚氨酯弹性体性能的要求见表 11-24，表 11-25 和表 11-26 分别列出聚氨酯弹性体冲压加工的板料厚度和最小冲孔尺寸。

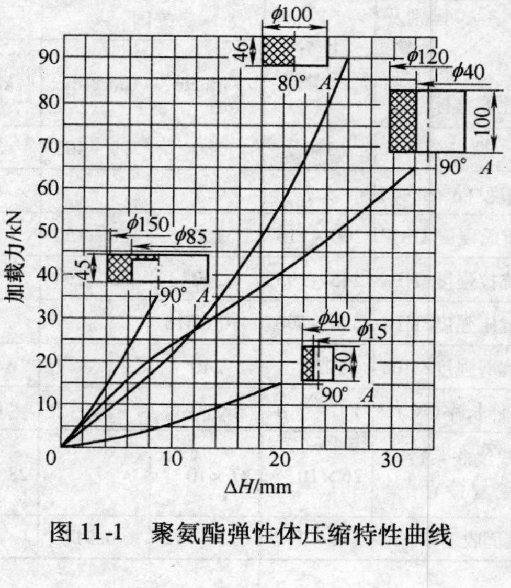

图 11-1 聚氨酯弹性体压缩特性曲线

表 11-23　国产聚氨酯弹性体的性能

性能参数 \ 指标 \ 牌号	8295 (CKY-ПФЛ)	8290	8280 (CKY-7Л)	8270	8260 (CKY-6Л)
硬度(邵氏 A)	95 ±3 (90 ~95)	90 ±3	83 ±5 (80 ~85)	73 ±5	63 ±5 (60 ~65)
伸长率(%)	400 (450)	450	450 (550)	500	550 (600)
抗拉强度/MPa	45 (50)	45	45 (55 ~60)	40	30 (40)
300%的定伸强度/MPa	15	13	10	5	2.5
断裂永久变形(%)	18 (12)	15	12 (4 ~6)	8	3 (2 ~3)
阿克隆磨耗/(cm^3/1.61km)	0.1	0.1	0.1	0.1	0.1
冲击回弹性(%)	15 ~30	15 ~30	15 ~30	15 ~30	15 ~30
抗撕强度/MPa	10	9	8	7	5
脆性温度/℃	-40	-40	-50	-50	-50
老化系数(100℃ ×72h)	≥0.9	≥0.9	≥0.9	≥0.9	≥0.9
耐油性(煤油室温 72h 的增重率)/%	≤3	≤3	≤4	≤4	≤4
适用范围	薄软件无毛刺冲裁	落料、精密冲裁、压边弹簧	弯曲、胀形模及卸料退料件的弹性元件		弯曲、胀形拉深模

注：1. 邵氏硬度也有叫肖氏硬度的。

2. 聚氨酯弹性体的许用压力为 100MPa，实际常用 50 ~60MPa。

表 11-24　冲压工序对聚氨酯弹性体性能的要求

工序名称	工序模	对聚氨酯弹性体性能要求			备注
		σ_b/MPa	δ(%)	硬度 A	
切断、落料冲孔	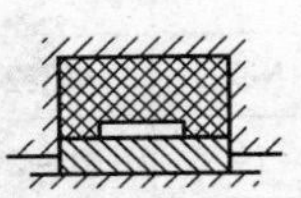	20 ~30	≥300	80 ~95	
弯曲成形	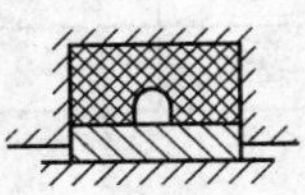	≥30	≥500	>70	
按凹模拉深	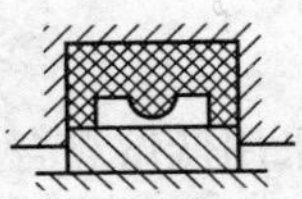	≥30	≥500	<50	
按凸模拉深(带活动压边圈)	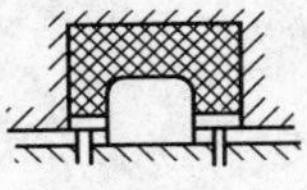	>40	~700	~60	

（续）

工序名称	工序模	对聚氨酯弹性体性能要求			备注
		σ_b/MPa	δ(%)	硬度 A	
按凸模拉深（不带活动压边圈）	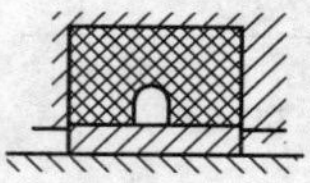	>40	600～650	≤50	
空间零件成形	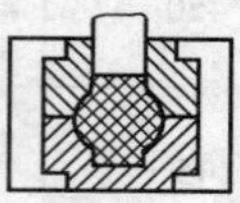	>40	～600	～50	
复杂零件的局部连续成形	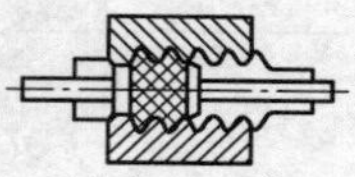	≥30	≥500	>60	

表 11-25　聚氨酯弹性体冲压加工的板料厚度　（单位：mm）

材料	能加工材料的厚度			
	落料、冲孔	弯曲	成形	拉深
结构钢	≤1.0～1.5	≤2.5～3.0	≤1.0～1.5	≤1.5～2.0
合金钢	≤0.5～1.0	≤1.5～2.0	≤0.5～1.0	—
铜及其合金	≤1.0～2.0	≤3.0～4.0	≤2.5～3.0	≤2.5～3.0
铝及其合金	≤2.0～2.5	≤3.5～4.0	≤3.0～3.5	≤2.5～3.0
钛合金	≤0.8～1.0	≤1.0～1.5	≤0.5～1.0	—
非金属材料	≤1.5～2.0	—	—	—

表 11-26　聚氨酯弹性体冲压加工的最小冲孔尺寸　（单位：mm）

聚氨酯弹性体单位压力/MPa	材料厚度							
	0.05～0.2		0.3～0.5		0.6～0.8		0.9～1.2	
	QBe2	1Cr18Ni9Ti	QBe2	1Cr18Ni9Ti	QBe2	1Cr18Ni9Ti	QBe2	1Cr18Ni9Ti
50	1.5～4.5	2.5～7.5	8.0～13.5	11.5～19.5	16.0～21.5	2.30～31.5	24.0～31.5	35.0～46.0
100	0.75～2.5	1.0～3.5	4.0～7.0	6.0～10.0	8.0～11.0	12.0～16.0	12.0～16.0	17.5～23.0
1000	0.15～0.5	0.2～0.7	0.8～1.5	1.2～2.0	1.5～2.0	2.5～3.0	2.5～3.0	3.5～4.0

七、环氧树脂

对于形状复杂的零件和多凸模冲模，广泛采用低熔点合金或高分子塑料的结合方法，使模具制造和装配大为简化。环氧树脂用来浇固凸模在固定板上，导套粘结在底板上及卸料板的孔形浇注等。

1. 常用环氧树脂粘结剂配方见表 11-27。

2. 环氧树脂常用粘结剂性能见表 11-28。

表 11-27　常用环氧树脂粘结剂的配方

组成成分	名称	配方(质量分数,%)				
		一	二	三	四	五
粘结剂	环氧树脂#6101	100	100	100	100	100
	环氧树脂#634					
填充剂	铁粉 200～300 目	250	250	250		
	石英粉 200 目				20	100
增塑剂	邻苯二甲酸二丁酯	15～20	15～20	15～20	10～12	15
固化剂	无水乙二胺	8～10				
	β 羟乙基乙二胺		16～19			
	二乙烯三胺					10
	间苯二胺①			14～16		
	邻苯二甲酸酐①				35～38	

注：1. 表中配方主要用于凸模—固定板、导套—底板的粘结和卸料板的孔型浇注。
2. 用于浇注卸料板时，应选用耐磨的填充剂。
① 硬化剂要加温固化。

表 11-28　环氧树脂常用粘结剂

名称牌号	软化点/℃	环氧值	特　点
#618（E-51）	（0.25Pa·s）液体	0.48	色淡、粘度低、纯度高
#634（E-42）	20～28	0.33～0.45	粘度较高
#637（E-33）	25～35	0.30～0.40	粘度较高
#6101（Z-44）	14～22	0.40～0.47	色淡、粘度低、纯度高

3. 环氧树脂常用增塑剂，见表 11-29。

表 11-29　环氧树脂常用增塑剂

名称	性能状态	活性否	使用量(%)
邻苯二甲酸二丁酯	无色液体	非	10～20
邻苯二甲酸二辛酯	无色液体	非	15～20

4. 环氧树脂常用固化剂见表 11-30。
5. 环氧树脂常用填充剂，见表 11-31。

表 11-30　环氧树脂常用固化剂

名称	性能状态	相对分子质量	活性氢数	使用量（%）
乙二胺	无色液体、挥发性高、毒性大	60	4	8～10
β 羟乙基乙二胺	液体、挥发性高、毒性小	104	3	16～18
650 聚酰胺	棕色液体、毒性小			40～100
二乙烯三胺		103	5	8～10
间苯二胺	黄色固体、熔点 63℃、需加热固化	108	4	14～16
邻苯二甲酸酐	白色光泽针状结晶、加热固化	148		35～45

表 11-31　环氧树脂常用填充剂

名　称	目的用途	使用量(%)
铁粉(200～300)目	提高强度	200～250
石英粉 200 目	提高强度和耐磨性	100～200
瓷粉	提高强度增加粘结力	
氧化铝粉	增加粘结力	

第三节　冲压模具材料的选用

模具材料的选择应根据模具材料的性能、模具的种类、被加工工件材料的种类、厚度、生产批量、尺寸和形状复杂程度等因素合理地进行选择。

一、按模具材料性能选择

模具材料的主要特性和基本性能列于表 11-32 和表 11-33。

表 11-32　常用冷作模具钢使用性能和加工性能

钢号	工作硬度 HRC	耐磨性	韧性	淬火不变形性	淬硬深度	可加工性	脱碳敏感性
Cr12	58～64	好	差	好	深	较差	较小
Cr12MoV	55～63	好	较差	好	深	较差	较小
9Mn2V	58～62	中等	中等	较好	较浅	较好	较大
CrWMn	58～62	中等	中等	中等	较浅	中等	较大
9SiCr	57～62	中等	中等	中等	较浅	中等	较大
Cr4W2MoV	58～62	较好	较差	中等	深	较差	中等
6W6Mo5Cr4V	56～62	较好	较好	中等	深	中等	中等
W18Cr4V	60～65	好	较差	中等	深	较差	小
W6Mo5Cr4V2	58～64	好	中等	中等	深	较差	中等
CrW2Si	54～58	较好	较好	中等	深	中等	中等
T10A	56～62	较差	中等	较差	浅	好	大
Cr2	58～62	中等	中等	中等	较浅	较好	较大
65Cr4W3Mo2VNb(65Nb)	57～61	较好	较好	中等	深	较差	较小
7Cr7Mo2V2Si(LD)	57～62	较好	较好	中等	深	较差	较小
7CrSiMnMoV(CH-1)	57～61	较好	较好	好	较深	中等	中等
6CrNiMnSiMoV(GD)	57～62	较好	较好	好	较深	中等	中等
8Cr2MnWMoVS(8Cr2S)	58～62	较好	中等	好	较深	较好	中等
5CrNiMo	47～51	中等	好	较好	较深	好	中等
60Si2Mn	47～51 57～61	中等	中等	较差	较深	较好	极大
65Mn	47～51 57～61	中等	中等	较差	较深	较好	较小
40Cr	45～50	差	中等	中等	中等	好	小
5Cr4Mo3SiMnVAl(012Al)	52～54 57～62	较好	较好	好	深	较差	较大

表 11-33 常用热作模具钢的性能比较

钢号	性能比较								
	耐磨性	韧性	高温强度	热稳定性/℃	耐热疲劳性	可加工性	淬硬深度	淬火不变形性	脱碳敏感性
5CrMnMo	中等	中等	较差	<500	较差	较好	中等	中等	较大
5CrNiMo	中等	较好	较差	500~550	中等	较好	中等	中等	较大
3Cr2W8V	较好	中等	较好	<600	较好	较差	中~深	较好	较小
8Cr3	中等	较差	较差	400~500	中等	较差	中等	中等	中等
4Cr5MoSiV	较好	中等	较好	<600	好	较好	深	较好	中等
5Cr4W5Mo2V(RM2)	较好	较差	好	600~650	较好	较好	深	中等	中等

二、按模具种类选择模具材料

由于冲裁、弯曲、拉深、成形等的受力方式和受力大小不同，因此选择的模具材料也不同。一般来说，这些工序的综合性的受力由小到大的顺序是：弯曲→成形→拉深→冲裁→冷挤压→冷镦。也就是说，弯曲模材料可差一些，冷挤压模、冷镦模的材料应该最好。

从模具材料的耐用度出发，选择模具材料的方向是，碳素工具钢→低合金钢→中合金钢→基体钢→高合金钢→钢结硬质合金→硬质合金→细晶粒硬质合金。

1. 冲裁模与弯曲模模具材料的选择，见表 11-34。

表 11-34 冷冲模模具材料的选用举例及其硬度要求

模具类型		工作条件	推荐选用的材料牌号		硬度 HRC	
			中、小批量生产	大量生产	凸模	凹模
冲裁模	精冲模		Cr12MoV、Cr12Mo1V1、Cr4W2MoV、Cr12、Cr5Mo1V、W6Mo5Cr4V2		60~62	61~63
	硅钢片冲模	形状简单，冲裁硅钢薄板厚度≤1mm 的凸、凹模	CrWMn、Cr6WV、Cr12、Cr12MoV	YG15、YG20 或 YG25 硬质合金，YE50 或 YE65 钢结硬质合金（另附模套，模套材料可采用中碳钢或 T10A）	60~62	60~64
		形状复杂，冲裁硅钢薄板厚度≤1mm 的凸、凹模	Cr6WV、Cr12、Cr4W2MoV、Cr2Mn2SiWMoV、Cr12MoV			
	钢板落料、冲孔模	形状简单，冲裁材料厚度≤4mm 的凸、凹模	T10A、9Mn2V、9SiCr、GCr15	YG15、YG20 或 YG25 硬质合金，YE50 或 YE65 钢结硬质合金（另附模套，模套材料可采用中碳钢或 T10A）	薄板（≤4mm）；58~60 厚板：<56	薄板（≤4mm）；60~62 厚板：<56
		形状复杂，冲裁材料厚度≤4mm 的凸、凹模	CrWMn、9CrWMn、9Mn2V、Cr6WV			
		冲裁材料厚度 >4mm，载荷较重的凸、凹模	Cr12、Cr12MoV、Cr4W2MoV、65Nb、Cr2Mn2SiWMoV、5CrW2Si、012Al、W6Mo5Cr4V2	同上，但模套材料需采用中碳合金钢		
		加热冲裁	8Cr3、3Cr2W8V、6CrW2Si、CG2、012Al		368~415HBW 48~52	321~368HBW 51~53

（续）

模具类型		工作条件	推荐选用的材料牌号		硬度 HRC	
			中、小批量生产	大量生产	凸模	凹模
冲裁模	穿孔冲头	轻载荷（冲裁薄板，厚度≤4mm）	T7A、T10A、9Mn2V		直径<5mm：56~62 直径>10mm：52~56；56~60	—
		重载荷（冲裁厚板，厚度>4mm）	W18Cr4V、W6Mo5Cr4V2、6W6Mo5Cr4V、V3N			
	剪刀（切断模）	剪切薄板（厚度≤4mm）	T10A、T12A、9Mn2V、GCr15		45~50；54~58	—
		剪切薄板的长剪刀	CrWMn、9CrWMn、9Mn2V、GCr15、Cr2Mn2SiWMoV			
		剪切厚板（厚度>4mm）	5CrW2Si、Cr4W2MoV、Cr12MoV		60~64	
	修（切）边模	形状简单的	T10A、T12A、9Mn2V、GCr15		56~60	58~62
		形状较复杂的	CrWMn、9Mn2V、Cr2Mn2SiWMoV			
弯曲模（压弯模）		一般弯曲的凸、凹模	T7A、T10A、9Mn2V、GCr15		54~58	56~60
		载荷较重、要求高度耐磨的凸、凹模	Cr6WV、Cr12、Cr12MoV、Cr4W2MoV		54~58	58~62
		热弯曲时的凸凹模	5CrNiMo、5CrNiTi、5CrMnMo、4Cr5MoSiV（H11）		52~54	52~56

2. 拉深模材料的选择见表 11-35。

表 11-35 拉深模具材料的选用举例及其硬度

零件名称	工作条件		推荐选用的材料牌号			硬度 HRC
	制品类别	拉深材料	小量生产（<1 万件）	中批量生产（<10 万件）	大量生产（100 万件）	
凹模	小型	铝合金或铜合金	T10A、GCr15、CrWMn、9CrWMn	CrWMn、9CrWMn、Cr6WV、Cr5MoV、7CrSiMnMoV	Cr6WV、Cr5MoV、Cr4W2MoV、Cr12MoV	62~64
		深冲用钢				
		奥氏体不锈钢	T10A（镀铬）、铝青铜 QAl9-4	铝青铜 QAl9-4、Cr6WV（渗氮）	Cr4W2MoV（渗氮）、Cr12MoV（渗氮）、YG 类硬质合金⑥、钢结硬质合金⑥	
	大、中型⑤	铝合金或铜合金	低合金铸铁①、球墨铸铁	低合金铸铁① 镶嵌模块： Cr6WV④、 Cr4W2MoV④	镶嵌模块： Cr6WV④、 Cr4W2MoV④、 Cr12MoV④	
		深冲用钢				

（续）

零件名称	工作条件		推荐选用的材料牌号			硬度HRC
	制品类别	拉深材料	小量生产（<1万件）	中批量生产（<10万件）	大量生产（100万件）	
凹模	大、中型⑤	奥氏体不锈钢	低合金铸铁②、镶嵌模块:铝青铜④、QAl9-4	镶嵌模块:Cr6WV（渗氮）④、Cr4W2MoV（渗氮）④、铝青铜QAl9-4④	镶嵌模块:Cr6WV（渗氮）④、Cr4W2MoV（渗氮）④、Cr12MoV（渗氮）④、W18Cr4V（渗氮）④	62～64
	加热拉深		5CrNiMo、5CrW2Si、4Cr5MoSiV（H11）			52～56
冲头③（凸模）	小型		T10A、40Cr（渗碳）	T10A、Cr6WV、Cr5MoV	Cr6WV、Cr5MoV、Cr4W2MoV、Cr12MoV	58～62
	大、中型⑤		低合金铸铁②	CrWMn、9CrWMn	Cr6WV、Cr5MoV、Cr4W2MoV、Cr12MoV	
	加热拉深		5CrNiMo，5CrW2Si、5CrMnMo			50～55
压边圈	小型		T10A、CrWMn、9CrWMn	T10A、CrWMn、9CrWMn	T10A、CrWMn、9CrWMn	54～58
	大、中型⑤		低合金铸铁①	低合金铸铁①	CrWMn、9CrWMn	

① 合金铸铁成分：$w(C)=3\%$、$w(Si)=1.6\%$、$w(Cr)=0.4\%$、$w(Mo)=0.4\%$，摩擦面进行火焰淬火。

② 合金铸铁成分同①，仅是摩擦面火焰淬火到<420HBW。

③ 冲头材料，除合金铸铁外，最好镀铬。

④ 镶嵌模块材料，镶嵌于经火焰淬火的低合金铸铁中。

⑤ 大、中型制品系指外径及高度大于200mm者。

⑥ 硬质合金模坯外面必须镶套，模套材料可采用中碳钢或中碳合金钢。

三、按制件产量选择模具材料

如果制件的产量大，则需选择耐磨性好的模具材料。因此，制件产量大小和模具材料的耐磨性应成正比。一般情况下，可参考表11-36来选择模具材料。表11-37所示为软钢板料工件减薄拉深按批量选择模具材料举例。

表11-36　按制件产量选择模具材料

选择材料次序	1	2	3	4	5	6
材料名称	低熔点合金	锌基合金	铸铁铸钢	铜铝合金	塑料模具	其他简易模具
型号举例	Sn42Bi58	Zn93Cu3Al4	HT200 ZG310～570	Cu-Al合金	各种型号	各种材料
试制和小生产时寿命/万次	<1	<1	成型模 <1	拉深模 <1	注射模 <1	<1

（续）

选择材料次序	7	8	9	10	11	12
材料名称	碳素工具钢	低合金工具钢	中高合金钢	高强度基体钢	高速工具钢	钢结硬质合金与硬质合金
型号举例	T8A	9Mn2V	Cr4W2MoV	65Cr4W3Mo2VNb	W12Mo3Cr4V3N	GT35，TLMW50
	T10A	CrWMn	Cr12MoV	6CrMo3Ni2WN	W18Cr4V	YG11、YG15
大生产时寿命/万次	<10	>10	<100	<100	>100	>100

表 11-37 软钢板料工件减薄拉深模具用材料选择表

工作拉深减薄率（%）		生产批量/件			
		10^3	10^4	10^5	10^6
拉①深凸模	<25	T8、T10	CrWMn	Cr5Mo1V	Cr5Mo1V、Cr12MoV、7Cr7Mo2V2Si
	25～35	T8、T10	Cr5Mo1V	Cr5Mo1V	Cr12、Cr12Mo1V1
	35～50	CrWMn、Cr5Mo1V	Cr5Mo1V	Cr12、Cr12MoV、7Cr7Mo2V2Si	Cr12Mo1V1、7Cr7Mo2V2Si
	>50	Cr12MoV、Cr12Mo1V1	Cr12、Cr12MoV、7Cr7Mo2V2Si	Cr12、Cr12Mo1V1、7Cr7Mo2V2Si	Cr12Mo1V1、高速工具钢
拉深凹模	<25	T8、T10	CrWMn、9CrWMn	CrWMn、9CrWMn	Cr5Mo1V、Cr12MoV
	25～35	T8、T10	CrWMn、Cr5Mo1V	Cr5Mo1V、Cr12MoV、7Cr7Mo2V2Si	Cr12、Cr12Mo1V1、7Cr7Mo2V2Si
	35～50	CrWMn、9CrWMn	Cr5Mo1V、Cr12MoV	Cr12MoV、Cr12Mo1V1、7Cr7Mo2V2Si	Cr12MoV、Cr12Mo1V1、高速工具钢
	>50	Cr5Mo1V、Cr12、Cr12MoV	Cr12、Cr12MoV、Cr12Mo1V1	Cr12Mo1V1、7Cr7Mo2V2Si	Cr12Mo1V1、7Cr7Mo2V2Si、高速工具钢

① 为了防止粘附，凸模可进行渗氮或镀硬铬处理。

四、按制件材料选择模具材料

由于制件的材料不同，模具承受的拉伸、压缩、弯曲、疲劳及摩擦等机械力也不同，作用力方式及大小也不同。因此，对于不同的制件材料，应选择不同的模具材料。

制件材料抗拉强度大、塑性变形抗力大的模具，要选择较好的材料，反之，制件材料软的、抗拉强度小的模具，可选择差一些的材料。

1. 推荐的冲裁模具用材料见表 11-38 和表 11-39。

表 11-38 冲裁模具用材料选择表

被加工材料	生产批量/件				
	10^3	10^4	10^5	10^6	10^7
铝、镁、铜合金	T8、T10、CrWMn、9CrWMn	CrWMn、Cr5Mo1V	CrWMn、Cr5Mo1V、Cr12MoV	Cr5Mo1V、Cr12MoV、Cr12Mo1V1、高速工具钢	高速工具钢、硬质合金

（续）

被加工材料	生产批量/件				
	10^3	10^4	10^5	10^6	10^7
碳素钢板、合金结构钢板	CrWMn、7CrSiMnMoV	CrWMn、Cr5Mo1V、7CrSiMnMoV	Cr5Mo1V、Cr12MoV	Cr12MoV、Cr12Mo1V1、7Cr7Mo2V2Si	硬质合金、钢结硬质合金
淬回火弹簧钢（≤52HRC）	Cr5Mo1V	Cr5Mo1V、Cr12MoV、Cr12Mo1V1	Cr12、Cr12Mo1V1、高速工具钢	Cr12Mo1V1、高速工具钢、7Cr7Mo2V2Si	硬质合金、钢结硬质合金
铁素体不锈钢	CrWMn、Cr5Mo1V	Cr5Mo1V	Cr5Mo1V、Cr12、Cr12MoV	Cr12Mo1V1、高速工具钢、7Cr7Mo2V2Si	硬质合金、钢结硬质合金
奥氏体不锈钢	CrWMn、Cr5Mo1V	Cr5Mo1V、Cr12、Cr12MoV	Cr12、Cr12MoV、Cr12Mo1V1	Cr12Mo1V1、高速工具钢、7Cr7Mo2V2Si	硬质合金、钢结硬质合金
变压器硅钢	Cr5Mo1V	Cr5Mo1V、Cr12、Cr12MoV	Cr12、Cr12MoV、Cr12Mo1V1、高速工具钢	Cr12Mo1V1、高速工具钢、超硬高速工具钢	硬质合金、钢结硬质合金
纸张等软材料	T8、T10、9CrWMn	T8、T10、9CrWMn、Cr2	T8、T10、Cr5Mo1V、CrWMn	Cr5Mo1V、Cr12、Cr12Mo1V1、Cr12MoV	Cr12、Cr12Mo1V1、高速工具钢
一般塑料板	T10、T8、CrWMn	CrWMn、9CrWMn	Cr5Mo1V、9CrWMn	Cr12、Cr12MoV、高速工具钢	高速工具钢、硬质合金
增强塑料板	CrWMn、9CrWMn、Cr5Mo1V	Cr5Mo1V、CrWMn、Cr5Mo1V（渗氮）	Cr5Mo1V、Cr12、Cr12Mo1V1（渗氮）	Cr12、Cr12Mo1V1、高速工具钢、7Cr7Mo2V2Si	高速工具钢、硬质合金

表 11-39　重冲裁模的工作硬度

模具	用材和硬度	作业条件				
		低碳中厚板	低碳厚板	奥氏体钢板	高强中厚板	偏心载荷
穿孔冲头	推荐钢号	T10A、T8A、9SiCr、Cr12MoV、60Si2Mn	5CrW2Si、6CrW2Si、Cr6WV、Cr12MoV	Cr12MoV、W18Cr4V	W6Mo5Cr4V2、6W6Mo5Cr4V、Cr4W2MoV、65Cr4W3Mo2VNb	5SiMnMoV
	硬度 HRC	54～58	52～56	56～61	58～61	57～60
穿孔凹模	推荐钢号	T10A、Cr12MoV	T10A、V	Cr12MoV	Cr12MoV	T10A、V
	硬度 HRC	57～60	56～58	57～60	57～60	56～58
成形模块	推荐钢号	Cr6WV、Cr12MoV、CrWMn	Cr12MoV	Cr12MoV	Cr12MoV、Cr4W2MoV	Cr4W2MoV
	硬度 HRC	56～58	56～58	56～58	56～58	56～58

2. 推荐的薄板冲压成形模具用材料见表11-40。

表11-40 薄板冲压成形用模具材料选择表

被加工材料	质量要求		生产批量/件				
	表面粗糙度	尺寸偏差/mm	10^2	10^3	10^4	10^5	10^6
铝、铜、黄铜	无	无	增强塑料、锌合金	增强塑料、锌合金	增强塑料、锌合金	合金铸铁、7CrSiMnMoV、镶块	合金铸铁、7CrSiMnMoV、镶块
铝、铜、黄铜	无	±0.1	增强塑料、锌合金	增强塑料、锌合金	合金铸铁	合金铸铁、7CrSiMnMoV、镶块	合金铸铁、Cr5Mo1V、镶块
铝、铜、黄铜	低	±0.1	增强塑料、锌合金	增强塑料、锌合金	合金铸铁	合金铸铁、7CrSiMnMoV、镶块	合金铸铁、Cr5Mo1V、镶块
低碳钢	无	无	增强塑料、锌合金	增强塑料、锌合金	合金铸铁	合金铸铁、7CrSiMnMoV、镶块	合金铸铁、Cr5Mo1V、镶块
低碳钢	低	±0.1	锌合金	锌合金	合金铸铁	合金铸铁、Cr5Mo1V、Cr12MoV、镶块	合金铸铁、Cr12MoV、Cr12Mo1V1、镶块
镍铬不锈钢	无	无	增强塑料、锌合金	锌合金	合金铸铁	合金铸铁、Cr12MoV、镶块	合金铸铁、Cr12Mo1V1、镶块
镍铬不锈钢耐热钢	低	±0.1	锌合金	锌合金	合金铸铁	合金铸铁 Cr12MoV、Cr12Mo1V1、渗氮镶块	合金铸铁、Cr12MoV、Cr12Mo1V1、渗氮镶块
低碳钢（无润滑）	低	±0.1	锌合金	锌合金	合金铸铁	合金铸铁 Cr12Mo1V1、渗氮镶块	合金铸铁、Cr12Mo1V1、渗氮镶块

五、按模具使用寿命选择模具材料

采用新钢号制造模具、模具寿命比用老钢号制造有明显的提高、社会效益和经济效益良好。表11-41列出采用新旧材料制造模具时模具寿命对比。表11-42所示是新型模具钢在冷冲裁模方面的应用实例。

表11-41 用新旧材料制造模具时模具寿命对比表

序号	模具材料	模具	加工产品材料	硬度HRC	平均寿命/件	寿命提高/倍
1	Cr12MoV	冲裁凸模	冷轧硅钢片 $\delta=0.35$mm	62~64	2万~5万	5~10
	V3N			67~69	25万	
2	Cr12MoV	冲裁凸凹模	55SiMnVB钢 $\delta=9\sim11$mm	58~60	400~600	5~8
	65Nb			57~59	3477	

（续）

序号	模具材料	模具	加工产品材料	硬度 HRC	平均寿命/件	寿命提高/倍
3	Cr12MoV	冲裁凸凹模	55SiMnVB 钢 $\delta=9\sim11$mm,330~350HBW	58~60	400~600	6~9
	012Al			58~60	3785	
4	Cr12MoV	冲裁凸凹模	55SiMnVB 钢 $\delta=9\sim11$mm,335~350HBW	58~60	400~600	4~7
	CG2			58~60	2952	
5	Cr12MoV	冲裁凸凹模	55SiMnVB 钢 $\delta=9\sim11$mm,330~350HBW	58~60	400~600	7~10
	LD			60~62	4458	
6	Cr12	冲裁凸模	锡青铜带 $\delta=0.3\sim0.4$mm 180~200HV	60~62	10万~15万	4~5
	GD			60~62	40万~50万	
7	Cr12	冲裁凸凹模	锡青铜带 $\delta=0.2\sim0.3$mm 160~180HV	58~60	10万~15万	3~4
	CH-1			58~60	30万~40万	
8	8Cr3	剪切模（镶件）	圆钢和方钢 ϕ10mm~ϕ130mm	44~48	1000	1.5~6
	6Cr3VSi			48~52	6000	
9	Cr12MoV	冲裁凸凹模	锡青铜带 $\delta=0.3\sim0.4$mm 180~200HV	62~64	15万~20万	2~3
	GM			64~66	40万~50万	

注：1. 横线“—”以下为新材料，以上为旧材料。
2. δ 为材料厚度。

表 11-42　新型冷作模具钢在冷冲裁模方面的应用举例

模具名称	钢号	平均寿命对比
簧片凹模	Cr12、CrWMn GD	总寿命：15 万件 60 万件
接触簧片级进模凸模	W6Mo5Cr4V2 GD	总寿命：0.1 万件 2.5 万件
GB66 光冲模	60Si2Mn LD	总寿命：1.0 万~1.2 万件 4.0 万~7.2 万件
中厚 45 钢板落料模	Cr12MoV、T10A 7CrSiMnMoV	刃磨一次寿命：600 件 1300 件
转子片复式冲模	Cr12、Cr12MoV GM ER5	总寿命：20 万~30 万件 100 万~120 万件 250 万~360 万件

六、冲模结构零件材料的选择

冲模结构零件材料见表 11-43。

表 11-43　冲模结构零件用料及热处理要求

零件名称及其使用情况		选用材料	热处理硬度 HRC
上模座 下模座	一般负荷	HT200、HT250	170~220HBW
	负荷较大	HT250、Q235	—
	负荷特大，受高速冲击	45	（调质）28~32
	用于滚动导柱模架	QT400-18、ZG310-570	—
	用于大型模具	HT250、ZG310-570	—

（续）

零件名称及其使用情况			选用材料	热处理硬度 HRC
模柄	压入式、旋入式和凸缘式		Q235、Q275、45	—
	通用互换性模柄		45、T8A	43～48
	带球面的活动模柄、垫块等		45	43～48
导柱导套	大量生产		20Cr、GCr15	（渗碳淬硬）58～62、渗碳深度0.8～1.2mm
	单件生产		T10A、9Mn2V	58～62
	用于滚动配合		Cr12、GCr15	62～64
固定板、卸料板、定位板			Q235、Q275、45	43～48
垫板	一般用途		45	43～48
	单位压力特大		T10A、9Mn2V	52～55
推板顶板	一般用途		Q235	—
	重要用途		45、T8A	43～48（45钢），54～58（T8A）
顶杆推杆	一般用途		45	43～48
	重要用途		Cr6WV、CrWMn	56～60
导料板			Q235（45）	28～32
导板模用导板			HT200、45	—
侧刃、挡块			45（T10A、9Mn2V、Cr12）	43～48（56～60）
定位钉、定位块、挡料销			45	43～48
废料切刀			T10A、9Mn2V、CrWMn	56～60
导正销	一般用途		T10A、9Mn2V、Cr12	52～56
	高耐磨		Cr12MoV	60～62
斜楔、滑块			T10A	54～58
圆柱销、销钉			T10A、GCr15	56～60
模套、模框			Q235（45）	（调质28～32）
卸料螺钉			45	（头部淬硬）43～48
圆钢丝弹簧			65Mn、60Si2MnA	44～50
碟形弹簧			65Mn、50CrVA	43～48
限位块（圈）			45	43～48
承料板			Q235	—
钢球保持圈			H62LY11、SFB-1（聚四氟乙烯）	—
压边圈	一般拉深	小型	45、T10A、9Mn2V、CrWMn	54～58
		大、中型②	低合金铸铁① CrWMn、9CrWMn	
	双动拉深		钼钒铸铁	—
中层预应力圈			5CrNiMo、40Cr、35CrMoA	45～47
外层预应力圈			5CrNiMo、35CrMoA、40Cr、35CrMnSiA、45钢	40～42

① 合金铸铁成分：$w_{C}=3\%$、$w_{Si}=1.6\%$、$w_{Cr}=0.4\%$、$w_{Mo}=0.4\%$，摩擦面进行火焰淬火。

② 大、中型制品系指外径及高度>200mm者。

第四节　冲压模具材料的许用应力

表 11-44 为冲模零件所用钢材的许用应力，供对模具零件进行强度校核时选用。

表 11-44　冲模所用钢材的许用应力

材料名称及钢号	许用应力/MPa			
	拉伸	压缩	弯曲	剪切
Q215、Q235、25	108～147	118～157	127～157	98～137
Q275、40、50	127～157	137～167	167～177	118～147
铸钢 ZG270-500，ZG310-570	—	108～147	118～147	88～118
铸铁 HT200、HT250	—	88～137	34～44	25～34
T7A 硬度 54～58HRC	—	539～785	34～44	25～34
T8A，T10A Cr12MoV，GCr15 硬度 52～60HRC	245	981～1569①	294～490	—
20（表面渗碳） 硬度 58～62HRC	—	245～294	—	—
65Mn 硬度 43～48HRC	—	—	490～785	

① 对小直径有导向的凸模此值可取 2000～3000MPa。

第五节　模具钢的锻造工艺

一、冲压模具用钢锻造工艺规范

冲压模具用钢的锻造工艺规范可参照表 11-45。

表 11-45　冲压模具用钢锻造工艺规范

钢号（代号）	加热温度/℃	始锻温度/℃	终锻温度/℃	冷却方式
10、30、45、55、20Cr、40Cr	1180～1220	1170～1200	≥800	空冷或堆放空冷
T7、T8	1050～1100	1020～1080	800～750	空冷
T10、T12	1050～1100	1020～1080	800～750	空冷至 700℃后转坑中缓冷
9Mn2V（O2）	1080～1120	1050～1100	850～800	坑冷或热砂缓冷
9SiCr	1100～1150	1050～1100	850～800	缓冷（砂冷或坑冷）
9CrWMn	1100～1150	1050～1100	≥850	缓冷（砂冷或坑冷）
CrWMn	1100～1150	1050～1100	850～800	空冷至 650～700℃后缓冷
Cr12（D3）	1120～1140	1080～1100	920～880	缓冷（砂冷或坑冷）
Cr12MoV	1050～1100	1000～1050	900～850	缓冷（砂冷或炉冷）
Cr12Mo1V1（D2）	1120～1140	1050～1070	≥850	红送退火或坑冷或砂冷

（续）

钢号(代号)	加热温度/℃	始锻温度/℃	终锻温度/℃	冷却方式
Cr4W2MoV(120)	1130～1150	1040～1060	≥850	缓冷(砂冷或坑冷)
Cr5Mo1V	1050～1100	1000～1050	900～850	坑冷或砂冷
Cr6WV	1060～1120	1000～1080	900～850	缓冷(砂冷或坑冷)
Cr2Mn2SiWMoV	1120～1140	1020～1040	≥850	缓冷(砂冷或坑冷)
9Cr6W3Mo2V2(GM)	1100～1150	1100	900～850	缓冷(砂冷或坑冷)
W18Cr4V(P18)	1180～1220	1120～1140	≥950	缓冷(砂冷或坑冷)
W6Mo5Cr4V2(M2)	1140～1150	1040～1080	≥900	缓冷(砂冷或坑冷)
6W6Mo5Cr4V(6W6)	1100～1140	1050～1100	≥850	缓冷(砂冷或坑冷)
W12Mo3Cr4V3N(V3N)	1100～1120	1050～1080	≥850	炉冷或砂冷
7Cr7Mo2V2Si(LD)	1120～1150	1100～1120	≥850	砂冷
6CrNiSiMnMoV(GD)	1080～1120	1040～1060	≥850	缓冷(灰冷、炉冷)
7CrSiMnMoV(CH-1)	1150～1200	1100～1150	850～800	缓冷(灰冷或炉冷)
8Cr2MnWMoVS(8Cr2S)	1100～1150	1050～1100	≥900	砂冷或灰冷
65Cr4W3Mo2VNb(65Nb)	1120～1150	1100～1120	900～850	灰冷、炉冷
5Cr4Mo3SiMnVAl(012Al)	1100～1140	1050～1100	≥850	砂冷、炉冷
6Cr4Mo3Ni2WV(CG2)	1100～1140	1050～1080	≥900	缓冷(砂冷或坑冷)
GCr15	1050～1100	1020～1080	≥850	空冷
4CrW2Si	1150～1180	1100～1140	≥800	缓冷(砂冷或坑冷)
5CrW2Si	1150～1180	1120～1150	≥800	缓冷(砂冷或坑冷)
6CrW2Si	1150～1170	1100～1140	≥800	缓冷(砂冷或坑冷)
5Cr4W5Mo2V(RM2)	1120～1170	1080～1130	≥850	缓冷(砂冷或坑冷)
7Mn15Cr2Al3V2WMo(7Mn15)	1140～1160	1090～1110	≥900	缓冷(砂冷或坑冷)
1Cr18Ni9Ti	1150～1200	1130～1180	≥850	缓冷(砂冷或坑冷)
Cr8MoWV3Si(ER5)	1150～1200	1150	≥900	缓冷(砂冷或炉冷)
5CrMnMo	1100～1150	1050～1100	850～800	缓冷(砂冷或坑冷)
5CrNiMo	1100～1150	1050～1100	850～800	缓冷(砂冷或坑冷)
3Cr2W8V	1130～1160	1080～1120	900～850	先空冷到700℃，后砂冷或坑冷
4Cr5MoSiV(H11)	1120～1150	1070～1100	900～850	砂冷或坑冷
8Cr3	1150～1180	1050～1100	≥800	缓冷(砂冷或坑冷)
DT	700～800℃保温热透后再升至1200～1240℃	1150～1200	900～880	缓冷
TLMW50	700～800℃保温热透后再升至1200～1240℃	1150～1200	920～900	坑冷、箱冷或炉中缓冷
GT35	700～750℃保温热透后再升至1220～1250℃	1180～1220	950～920	缓冷

锻打过程中始锻、终锻要轻击、中间进行重击，击打过程中注意各部分变形要均匀，要保持各部分的温度的均匀；注意多向镦拔；注意保证足够的锻造比，总的锻造比一般为 8 ~ 18，单次锻造比一般为 2 ~ 3，若采用 5 ~ 10 效果更佳。

二、新型冲压模具钢的锻造工艺特性

新型模具钢的导热性差，塑性低，变形抗力大，锻造范围窄，淬透性高，变形发热效应较大。若锻造工艺掌握不当，易裂，合格率低，碳化物级别不易达到要求。

（1）65Cr4W3Mo2VNb　简称 65Nb 钢，是一种冷作模具钢，属基体钢。可锻性良好，锻造时要缓慢加热，以保证烧透。对锻坯尤其是大规格坯料，应进行改锻并反复镦拔。对于带刃口的模具，经反复镦拔后，基本上克服了刃口剥落现象，寿命比只拔长的模具长 4 ~ 5 倍，这说明锻造工艺对模具钢的寿命有显著影响。加热温度 1120 ~ 1150℃。始锻温度不宜太高，1100 ~ 1120℃，终锻温度不宜过低，900 ~ 850℃为宜。锻后应回火、缓冷（砂冷或炉冷）或及时退火。65Nb 钢的抗氧化性良好，属于高合金钢，导热性差、与高速钢、高铬工具钢相比，变形抗力低，高温韧性好，用于中厚板冷冲裁模。

（2）5Cr4Mo3SiMnVAl　简称 012Al 钢，属于基体钢，具有较好的综合性能和热稳定性。强韧性高，通用性强，是冷、热兼用型模具钢，在替代 Cr12MoV 及 3Cr2W8V 钢制作冷、热作模具方面均取得较好效果。012Al 钢因合金元素含量多，可锻性比 3Cr2W8V 钢差。锻造加热温度 1100 ~ 1140℃，始锻温度 1050 ~ 1100℃，终锻温度≥850℃，锻后要回火，缓冷（砂冷或炉冷）或及时退火。

012Al 钢的锻造抗力大，锻造过程中需充分预热和保温，锻打时应采用“轻—重—轻”的方法，落锤均匀，避免连续重锤，严禁放冷锤，以防出现内裂等缺陷。012Al 钢锻造加热工艺如图 11-2 所示。该钢用于制造中厚钢板凸模、切边模等。

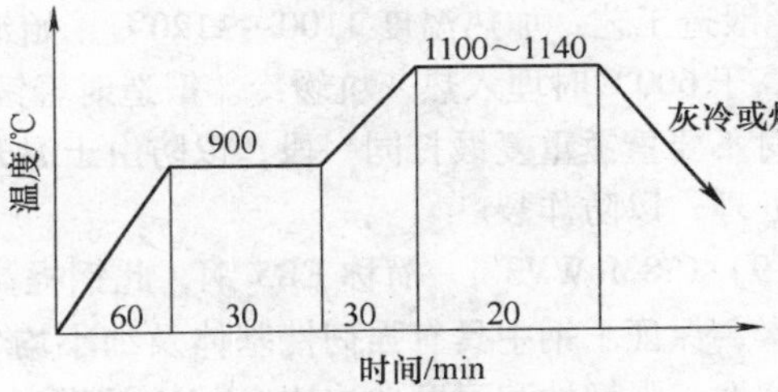

图 11-2　012Al 钢锻造加热工艺曲线

（3）7Cr7Mo2V2Si　简称 LD 钢，含 V 量较多，塑性一般。与 Cr12 型冷作模具钢和 W6Mo5Cr4V2 高速钢比较，具有更高的强度和韧性，而且有较好的耐磨性，适宜制造冲孔冲头，拉深凸模等。锻造性能良好，宜采用缓慢加热，保证烧透，加热温度不宜过高，应严格控制在 1150℃以下，否则容易断裂。始锻温度为 1100 ~ 1120℃，终锻温度≥850℃，锻后冷却方式为砂冷。模具锻造时应反复镦拔三次，有利于模具寿命的延长。

（4）6Cr4Mo3Ni2WV　简称 CG2 钢，属于基体钢类型，是冷热兼用的新型模具钢，该钢具有强度高，热硬性好，韧性也较好的综合性能。与 3Cr2W8V 相比，该钢强度较好，与高速钢相比，则韧性较好。可用于制造冷热冲模等。该钢加热工艺较难掌握，锻造开裂倾向较为严重。在加热时应予注意。锻造塑性一般，入炉温度≤800℃，加热温度 1100 ~ 1140℃，始锻温度 1050 ~ 1080℃，终锻温度≥900℃，锻造时要求反复镦拔三次以上，锻后应缓冷并及时退火。CG2 钢可氮碳共渗（软氮化）处理，以强化其性能，提高模具寿命。

（5）6CrNiSiMnMoV　简称 GD 钢，是一种新型低合金高强韧冷作模具钢。GD 钢的强韧性显著高于 CrWMn 和 Cr12MoV 钢。由于 GD 钢含有较低的合金元素，而且碳化物较为细小均匀，可直接下料使用。如需改锻，其加热温度为 1080 ~ 1120℃，始锻温度为 1040 ~ 1060℃，终锻温度≥850℃，由于该钢淬透性好，故锻后缓冷或立即退火，以防止产生裂纹。GD 钢的热塑性好，变形抗力小，可一次成形。

该钢适用于细长、薄片凸模，形状复杂、大型、薄壁凸凹模和中厚板冷冲裁模及剪刀等。

(6) 7CrSiMnMoV　简称 CH-1 钢，属于低合金钢，是具有火焰淬硬性能的冷作模具钢。CH-1 钢无大量的过剩碳化物，锻造性能良好，塑性变形抗力与中碳合金钢 40Cr 及低合金工具钢 9Mn2V 相近。锻造加热温度为 1150 ~ 1200℃，始锻温度为 1100 ~ 1150℃，终锻温度为 800 ~ 850℃，冷却方式为灰冷或炉冷。按此工艺锻造时未发现开裂等异常现象。

该钢的强韧性高于 T10A，9Mn2V，CrWMn，Cr12MoV。在要求强韧性高的落料模、冲孔模、切边模、弯曲模、成形模、拉深模等冷作模具用该钢代替上述钢可使模具寿命延长 1 ~ 3 倍以上。

(7) 9Cr6W3Mo2V2　简称 GM 钢，是一种高耐磨高强韧冷作模具钢。硬度接近于高速钢，韧性和强度优于高速钢和高铬工具钢，是较理想的精密、耐磨冷作模具钢。GM 钢中 Cr、W、Mo、V 等合金元素配比合理，碳的加入按平衡碳的规律配碳，未溶碳化物细小、弥散分布，避免了粗大一次碳化物的产生。GM 钢的锻造工艺为：锻造前应缓慢加热，充分透烧，加热温度为 1100 ~ 1150℃，始锻温度为 1100℃，终锻温度为 850 ~ 900℃。冷却方式：锻后缓冷或及时退火处理，以防止开裂。GM 钢锻造时采取轻—重—轻法操作，反复镦拔，可进一步改善碳化物的不均匀性。

GM 钢用于高速压力机多工位级进模、切边模及拉深模等，与 Cr12MoV 及某些基体钢比，延长寿命 2 ~ 6 倍。

(8) W12Mo3Cr4V3N　简称 V3N 钢，是一种无钴超硬高速钢。它具有比一般高速钢硬度高、耐磨等优点，可用于工作条件更苛刻的冷作模具。毛坯尺寸小于 $\phi50$ 的工件，可不经镦拔直接制作模块。钢坯加热时应缓慢加热，注意均匀透烧，加热时间为相同条件下的 W18Cr4V 的 1.5 ~ 2 倍。锻造工艺：加热温度 1100 ~ 1120℃，始锻温度 1050 ~ 1080℃，终锻温度≥850℃，冷却方式为高于 600℃时埋入热灰坑缓冷。锻造时轻锤快打，勤倒棱角，以免棱角温度降到 900℃以下，拔长时不要重锤重复锻打同一段，以防由于温升过高而产生内部十字裂纹。对大尺寸锻件应及时退火处理，以防炸裂。

(9) Cr8MoWV3Si　简称 ER5 钢，此钢提高了含碳量、含钒量，以及 Cr、Mo、W 碳化物形成元素，保证了钢中具有强韧性基体及细小均匀分布的特殊碳化物，从而使 ER5 钢具有高耐磨及高韧性。强韧性和耐磨性均比 Cr12MoV 钢高。ER5 钢锻造性能良好，加热温度 1150 ~ 1200℃，始锻温度为 1150℃，终锻温度≥900℃。锻后缓冷并及时退火，当接近终锻温度时应轻锤快打，可提高锻造质量。ER5 钢应用于冷镦模和冷冲裁模，模具寿命显著延长。如采用 ER5 钢制作电机硅钢片冷冲裁模，模具总寿命 360 万次，一次刃磨寿命 21 万次，达国内硅钢片冷冲裁模最高寿命水平。

(10) Cr12Mo1V1　简称 D2 钢，高耐磨微变形冷作模具钢，同 Cr12MoV 钢在化学成分上的差异是增加了 Mo、V，改变了钢的铸造组织，细化了晶粒，改善了莱氏体的形貌，强韧性及耐磨性优于 Cr12MoV 钢，提高了模具的使用寿命。由于 D2 钢的屈服强度及塑性变形抗力较 Cr12MoV 钢高，因而 D2 钢的锻造性能及热塑成形性较 Cr12MoV 略差。加热温度 1120 ~ 1140℃，锻造温度为 1050 ~ 1070℃，终锻温度≥850℃，红送退火或坑冷、砂冷。

用 D2 钢制造的滚丝轮、滚轧轮、“离合调整板”冷冲模，比用 Cr12MoV 钢制造的可提高寿命 5 ~ 6 倍。

(11) 6W6Mo5Cr4V　简称 6W6 钢，是一种低碳高速钢类型的冷作模具钢，它的淬透性好，并具有类似高速钢的高硬度、高耐磨性、高强度和良好的热硬性，而韧性又比高速钢高，主要用于重载凸模，如中厚板冲孔凸模，直径为 5 ~ 6mm 的小凸模及各种冲裁奥氏体钢、弹簧钢、高强度钢板的中、小型凸模。

6W6 钢用于制造模具时，由于碳化物往往呈现严重的带状和网状，都要经过改锻，并通过反复镦粗和拔长来改善碳化物的分布。锻造加热温度 1100 ~ 1140℃，始锻温度 1100 ~ 1050℃，终锻温度≥850℃，锻后坑冷、热砂缓冷。

（12）8Cr2MnWMoVS　简称 8Cr2S 钢，该钢作为易切削精密冷作模具钢，适于制作冲裁模。锻造加热温度 1100 ~ 1150℃，始锻温度 1050 ~ 1100℃，终锻温度≥900℃。

8Cr2S 钢合金含量中等，碳化物细小，分布均匀，锻造变形抗力小，锻造加工性能良好。关键是锻后必须缓冷（木炭和热灰），最好热装退火以去除应力，否则，锻件容易产生纵向表面裂纹。

（13）7Mn15Cr2Al3V2WMo　简称 7Mn15 钢，作为无磁冷作模具钢，除具备一般冷作模具钢的使用性能外，还具有在磁场中使用时不被磁化的特性。7Mn15 钢具有非常低的磁导率、高的硬度、强度和较好的耐磨性。

7Mn15 钢导热性差，锻造时装炉温度不宜过高，需缓慢升温，保温时间要求足够长，以保证钢中碳化物充分固溶。

7Mn15 钢适于制造无磁模具。由于其具有较高的高温强度和硬度，也可用来制造 700 ~ 800℃温度下使用的热作模具。

（14）GT35、TLMW50、GW50 钢结硬质合金　脆性大，在锻造过程中应以多向应力、单向变形的锻造方式较为合适。锻造中采用二轻一重的原则，锻造比可取 >2。自由锻时每火径向变形取 6% ~15%，模锻时每火轴向变形取 15% ~25%（开坯时取下限，锻透后取上限），锻坯愈大，相应的变形量愈小。主要用来制作多工位级进模、大直径拉深凹模的镶块。

（15）DT 钢结硬质合金　显微组织具有硬质颗粒均匀弥散分布，颗粒尺寸细小，而 GT35、TLMW50 等钢结硬质合金中的硬质颗粒的分布呈明显的聚集状态，均匀度较差。DT 合金的可锻性优于其他硬质合金，可锻温度较宽，热塑性较好，扭转 720°后未出现裂纹，其他品种不足一周就易出现裂纹。锻造工艺为：700 ~ 800℃预热，保温热透后加热到 1200 ~ 1240℃，1150 ~ 1200℃始锻，880 ~ 900℃终锻。在第一、二次锻打时，力求轻拍快打，进行镦粗，滚圆。每次锻打变形量控制在 5% 左右，须变向进行十字交叉锻打，以求锻透。改形锻打时，变形量可适当增加到 10% ~15%。达到终锻温度时，应及时停止锻打，重新回炉加热后再继续锻打，锻后必须缓冷。

第六节　模具钢的热处理

冲压模具的制造，一般要经过锻造、退火、机械加工成形（对于复杂模具在机械加工之前还须粗加工和去应力退火）、淬火、回火、精加工，最后组装修配而成。

热处理一般分预备热处理和最终热处理两大类。给予钢或零件最终性能的热处理叫最终热处理，如淬火、回火等。为最终热处理作组织或性能准备的热处理叫预备热处理，如退火、正火等。但也不是绝对的，如淬火并高温回火，即调质处理，有时是预备热处理，有时可作最终热处理。

一、冲压模具用钢锻件的预备热处理工艺

经锻造后的模具零件毛坯，为消除锻坯的内应力，并为淬火做好组织准备，必须进行预备热处理，以使获得良好的机械加工性能。其热处理的工艺有等温退火、球化退火、退火、正火、高温回火等。若模具锻坯在锻后出现晶粒粗大或存在严重的网状渗碳体时，在等温退火之前则应先正火，其目的是促进球化，提高淬透性、消除网状碳化物与粗片状碳化物，细化过热钢晶粒，改善机械加工性能。正火处理通常是高温加热后空冷或鼓风冷却，使二次渗碳体来不及呈网状析

出。若渗碳网状不太严重，则不一定先正火，只需在球化退火时增加保温时间即可。对于退火状态的硬度小于 187HBW 的锻件，为提高可加工性，改善工作表面的表面粗糙度，可采用调质处理。

为消除冷变形后的冷作硬化和淬火前切削加工的内应力可采用高温回火工艺。此外，含钨模具钢的毛坯以及小型模具以旧翻新时的软化处理和降低电火花加工层的硬度利于修磨，同样也可采用高温回火工艺。为防止回火时产生氧化和脱碳，可采用保护气体、木炭屑或铸铁屑保护。冲压模具用钢的锻件预备热处理规范可参照表 11-46。

表 11-46　冲压模具用钢锻件预备热处理规范

钢号（代号）	工序	工 艺 规 范	硬度 HBW
45	正火	850 ~ 870℃，空冷	170 ~ 217
	淬火	820 ~ 840℃，水冷	55 ~ 60HRC
	回火	520 ~ 560℃，空冷	228 ~ 286
50	退火	820 ~ 840℃，炉冷	≤207
	正火	850 ~ 870℃，空冷	217 ~ 241
	淬火	820 ~ 830℃，水冷	58 ~ 63HRC
	回火	500 ~ 560℃，空冷	30 ~ 35HRC
40Cr	退火	825 ~ 845℃，炉冷	≤207
	正火	850 ~ 870℃，空冷	187 ~ 220
	淬火	840 ~ 870℃，油冷或水冷	54 ~ 59HRC
	回火	560 ~ 580℃，空冷	28 ~ 33HRC
65Mn	退火	780 ~ 800℃，炉冷	179 ~ 229
	淬火	780 ~ 840℃，油冷或水冷	—
	回火	380 ~ 400℃，水冷	45 ~ 50HRC
60Si2Mn	退火	830 ~ 850℃，炉冷	179 ~ 228
	淬火	860 ~ 880℃，油冷	>60HRC
	回火	410 ~ 460℃，水冷	45 ~ 50HRC
GCr15	球化退火	790 ± 10℃，保温 2 ~ 4h 后，炉冷（≤20℃/h）至 650℃出炉	187 ~ 228
	等温退火	加热温度 770 ~ 790℃，保温 2 ~ 4h 等温温度 690 ~ 720℃，等温 4 ~ 6h，炉冷	217 ~ 255
	正火	900 ~ 920℃，冷速≥40 ~ 50℃/min，小件空冷，大件风冷或喷雾冷却	—
	高温回火	650 ~ 700℃，保温 2 ~ 3h，空冷	—
T7	退火	740 ~ 760℃，保温 3 ~ 4h，炉冷（≤80℃/h）至 600℃以下出炉	≤187
	球化退火	680 ~ 700℃，保温 8 ~ 10h，↗730 ~ 750℃，保温 0.5 ~ 1h；↘680 ~ 700℃，保温 0.5 ~ 1h，↗730 ~ 750℃，保温 0.5 ~ 1h；↘680 ~ 700℃，保温 0.5 ~ 1h，↗730 ~ 750℃，保温 0.5 ~ 1h；炉冷（10 ~ 20℃/h）至 600℃以下出炉	≤187
	等温退火	加热温度 790 ~ 810℃，保温 1 ~ 2h； 等温温度 650 ~ 680℃，等温 1 ~ 2h，炉冷（≤80℃/h）至 600℃以下出炉	≤187

（续）

钢号（代号）	工序	工艺规范	硬度 HBW
T7	正火	800~820℃，保温：盐浴炉 20~25s/mm，空气炉 50~80s/mm，空冷	229~285
	高温回火	650~700℃，保温 2~3h，空冷	≤187
T8	退火	690~710℃，保温 4~5h，炉冷（≤50℃/h）至 600℃以下出炉	≤187
	球化退火	680~700℃，保温 8~10h，↗730~750℃，保温 0.5~1h；↘680~700℃，保温 0.5~1h，↗730~750℃，保温 0.5~1h；↘680~700℃，保温 0.5~1h，↗730~750℃，保温 0.5~1h；炉冷（10~20℃/h）至 600℃以下出炉	≤187
	等温退火	加热温度 740~760℃，保温 1~2h； 等温温度 650~680℃，等温 1~2h，炉冷（≤80℃/h）至 600℃以下出炉	≤187
	正火	760~780℃，保温：盐浴炉 20~25s/mm，空气炉 50~80s/mm，空冷	241~302
	高温回火	650~700℃，保温 2~3h，空冷	≤187
T10	退火	750~770℃，保温 1~2h，炉冷（≤50℃/h）至 600℃以下出炉	≤197
	球化退火	680~700℃，保温 8~10h，↗730~750℃，保温 0.5~1h；↘680~700℃，保温 0.5~1h，↗730~750℃，保温 0.5~1h；↘680~700℃，保温 0.5~1h，↗730~750℃，保温 0.5~1h；炉冷（10~20℃/h）至 600℃以下出炉	≤197
	等温退火	加热温度 750~770℃，保温 1~2h； 等温温度 680~700℃，等温 1~2h，炉冷（≤50℃/h）至 600℃以下出炉	≤197
	正火	830~850℃，保温：盐浴炉 20~25s/mm，空气炉 50~80s/mm，空冷	255~321
	高温回火	650~700℃，保温 2~3h，空冷	≤197
	淬火回火	780~800℃，空冷 640~680℃，炉冷或空冷	183~207
T12	退火	750~770℃，保温 1~2h，炉冷（≤50℃/h）至 600℃以下出炉	≤207
	球化退火	680~700℃，保温 8~10h，↗730~750℃，保温 0.5~1h；↘680~700℃，保温 0.5~1h，↗730~750℃，保温 0.5~1h；↘680~700℃，保温 0.5~1h，↗730~750℃，保温 0.5~1h；炉冷（10~20℃/h）至 600℃以下出炉	≤207
	等温退火	加热温度 750~770℃，保温 1~2h， 等温温度 680~700℃，等温 1~2h，炉冷（≤50℃/h）至 600℃以下出炉	≤207
	正火	850~870℃，保温：盐浴炉 20~25s/mm，空气炉 50~80s/mm，空冷	269~341
	高温回火	650~670℃，保温 2~3h，炉冷或空冷	≤207
	淬火回火	800~820℃，油冷 640~680℃，炉冷或空冷	183~207

（续）

钢号（代号）	工序	工 艺 规 范	硬度 HBW
9Mn2V （O2）	退火	750～770℃，保温2～8h，炉冷（≤30℃/h）至500℃以下出炉	≤229
	等温退火	加热温度760～780℃，保温3h，炉冷（≤30℃/h） 等温温度680～700℃，等温4～5h，炉冷（≤30℃/h）至500℃以下出炉	≤229
	正火	860～880℃，空冷	—
	高温回火	650～700℃，保温2～3h，空冷	—
9SiCr	退火	790～810℃，保温1～2h，炉冷（≤30℃/h）至600℃以下出炉	197～241
	等温退火	加热温度790～810℃，保温1～2h 等温温度700～720℃，等温3～4h，炉冷（≤30℃/h）至600℃以下出炉	197～241
	正火	900～920℃，保温：盐浴炉20～25s/mm，空气炉50～80s/mm，空冷	321～415
	高温回火	600～700℃，保温2～4h，炉冷或空冷	197～241
	淬火 回火	880～900℃，油冷 680～700℃，保温2～4h，炉冷或空冷	197～241
9CrWMn	退火	780～800℃，炉冷（≤50℃/h）至550℃出炉	197～241
	等温退火	加热温度780～800℃，保温2～3h 等温温度670～720℃，等温2～3h后，炉冷(≤50℃/h)至550℃出炉	197～241
	正火	930～950℃，空冷	302～388
	高温回火	650～670℃，保温2～3h，空冷	—
CrWMn	退火	770～790℃，保温1～4h，炉冷（≤30℃/h）至600℃以下出炉	207～255
	等温退火	加热温度770～790℃，保温1～2h 等温温度680～700℃，等温4～6h，炉冷（≤30℃/h）至600℃出炉	207～255
	正火	970～990℃，保温：盐浴炉25～30s/mm，空气炉70～90s/mm，空冷	388～514
	高温回火	600～700℃，保温2～3h，炉冷或空冷	207～255
	淬火 回火	840～860℃，油冷 660～680℃，炉冷或空冷	207～255
Cr6WV	退火	830～850℃，保温3～4h后炉冷（≤30℃/h）至550℃以下出炉	≤229
	等温退火	加热温度830～850℃，保温2～4h，炉冷（≤40℃/h） 等温温度700～720℃，等温2～4h，炉冷（≤50℃/h）至550℃出炉	≤229
Cr12 （D3）	退火	870～900℃，保温1.25～6h，炉冷（≤22℃/h）至540℃出炉	207～255
	等温退火	加热温度850～870℃，保温2～4h， 等温温度720～750℃，等温6～8h，炉冷（≤50℃/h）至550℃出炉	207～255

（续）

钢号（代号）	工序	工 艺 规 范	硬度 HBW
Cr12MoV	退火	870～900℃，保温 1.25～6h，炉冷（≤22℃/h）至 540℃出炉	217～255
	等温退火	加热温度 850～870℃，保温 1～2h， 等温温度 720～750℃，等温 3～4h，炉冷（≤30℃/h）至 600℃出炉	207～255
	高温回火	760～790℃，保温 2～3h，炉冷或空冷	207～255
Cr12Mo1V1（D2）	退火	870～890℃，保温 2～4h，炉冷（≤30℃/h）至 550℃以下出炉	≤255
	等温退火	加热温度 840～860℃，保温 2h， 等温温度 720～740℃，等温 4h，炉冷（≤30℃/h）至 600℃以下出炉	≤255
Cr4W2MoV（120）	退火	850～870℃，保温 3～6h，炉冷（≤30℃/h）至 600℃以下出炉	≤269
	等温退火	加热温度 850～870℃，保温 4～6h 等温温度 750～770℃，等温 6～8h，炉冷（≤30℃/h）冷至 600℃以下出炉	≤269
Cr5Mo1V	退火	840～860℃，保温 3～4h，炉冷（≤30℃/h）至 550℃以下出炉	—
	等温退火	加热温度 830～850℃，保温 2h 等温温度 710～730℃，等温 4h，炉冷（≤30℃/h）至 600℃以下出炉	—
Cr2Mn2SiWMnV	周期退火	加热温度 780～800℃，保温 2h，炉冷至 670～690℃，保温 6h，升温至 690～710℃，保温 6h 后炉冷（≤30℃/h）至 500℃以下出炉	≤269
	等温退火	加热温度 780～800℃，保温 2～3h， 等温温度 700～720℃，等温 8h，炉冷（≤30℃/h）至 500℃以下出炉	≤269
9Cr6W3Mo2V2（GM）	退火	820～840℃，保温 2h，炉冷（≤30℃/h）至 750℃以下出炉	≤227
	等温退火	加热温度 850～870℃，保温 3h 后炉冷（≤30℃/h） 等温温度 730～750℃，等温 6h 后炉冷（≤30℃/h）至 550℃以下出炉	≤227
Cr8MoWV3Si（ER5）	等温退火	加热温度 860℃，保温 2h 等温温度 760℃，等温 4h，炉冷至 500℃以下出炉	200～240
W18Cr4V（P18）	退火	850～870℃，保温 3～4h，以 10～20℃/h 冷速冷到 500℃以下出炉	217～255
	等温退火	加热温度 860～880℃，保温 2～4h 等温温度 740～760℃，等温 4～6h 后炉冷至 600℃以下出炉	207～255
	高温退火	720～780℃，保温 1h，油冷或空冷	—
	淬火 回火	920～950℃，油冷或空冷 700～720℃，保温 2～3h，空冷	260～270
W6Mo5Cr4V2（M2）	退火	840～860℃，保温 2～4h，炉冷（20～30℃/h）至 500～600℃炉冷或堆冷	285
	等温退火	加热温度 840～860℃，保温 3～4h 等温温度 740～760℃，等温 2～4h，炉冷到 500～600℃以下出炉	255
6W6Mo5Cr4V（6W6）	退火	850～860℃，保温 2～4h，炉冷（≤30℃/h）至 550℃以下出炉	197～229
	等温退火	加热温度 850～860℃，保温 2～4h 等温温度 740～750℃，等温 4～6h 后炉冷（≤30℃/h）至 500℃出炉	197～229

（续）

钢号（代号）	工序	工艺规范	硬度 HBW
W12Mo3Cr4V3N（V3N）	退火	840～860℃，保温2～4h，炉冷（≤20～30℃/h）至600℃以下出炉	≤293
	等温退火	加热温度840～860℃，保温2～4h， 等温温度740～750℃，等温4～6h后炉冷至500～600℃出炉	≤285
7Cr7Mo2V2Si（LD）	退火	860℃，保温2h，炉冷	210～270
	等温退火	加热温度860℃，保温2h 等温温度740℃，等温4～6h，冷至400℃以下出炉	220～250
7CrSiMnMoV（CH-1）	退火	840～860℃，保温4～5h，炉冷（≤20℃/h）至550℃出炉	217～241
	等温退火	加热温度840～860℃，保温2～4h 等温温度680～700℃，等温3～5h，炉冷至550℃出炉	217～241
6CrNiSiMnMoV（GD）	等温退火	加热温度760～780℃，保温2h后以30℃/h炉冷 等温温度680℃，等温6h，炉冷（≤30℃/h）至550℃以下出炉	230～240
8Cr2MnWMoVS（8Cr2S）	退火	790～810℃，保温4～6h，炉冷至550℃以下出炉	≈240
	等温退火	加热温度790～810℃，保温2h 等温温度690～710℃，等温4～8h后炉冷至550℃以下出炉	207～229
65Cr4W3Mo2VNb（65Nb）	退火	850～870℃，炉冷	≤217
	等温退火	加热温度860±10℃，保温2～3h 等温温度740±10℃，等温5～6h，炉冷	182～217
5Cr4Mo3SiMnVAl（012Al）	等温退火	加热温度860±10℃，保温4h炉冷（≤30℃/h） 等温温度710～720℃，等温6h后炉冷（30～50℃/h）至550℃以下出炉	≤217
6Cr4Mo3Ni2WV（CG-2）	等温退火	加热温度800～820℃，保温2～3h，炉冷（≤50℃/h） 等温温度650～670℃，等温4～6h，炉冷（50℃/h）至550℃以下出炉	≤255
	反复等温退火	加热温度830℃，保温1～2h，炉冷（≤50℃/h）至680℃保温1～2h后升温至830℃，保温1～2h，炉冷（≤50℃/h）至680℃，等温4～6h后炉冷（≤50℃/h）至550℃以下出炉	≤255
4CrW2Si	退火	800～820℃，保温3～5h，炉冷（≤30℃/h）至600～650℃出炉	197～217
	高温回火	710～740℃，保温3～6h，炉冷或空冷	197～217
5CrW2Si	退火	800～820℃，保温3～5h，炉冷（≤30℃/h）至600～650℃出炉	209～255
	高温回火	710～740℃，保温3～6h，炉冷或空冷	209～255
6CrW2Si	退火	800～820℃，保温3～5h，炉冷（≤30℃/h）至600℃以下出炉	229～285
	高温回火	700～730℃，保温2～4h，炉冷或空冷	229～285
7Mn15Cr2Al3V2WMo（7Mn15）	退火	870～890℃，保温3～6h，炉冷至500℃以下出炉	28～30HRC

（续）

钢号（代号）	工序	工 艺 规 范	硬度 HBW
5Cr4W5Mo2V（RM2）	等温退火	加热温度 850～870℃，保温 2～3h 等温温度 720～740℃，等温 3～4h，炉冷至 500℃以下出炉	≤255
4Cr5MoSiV（H11）	退火	860～890℃，保温 2～4h，炉冷（≤30℃/h）至 500℃以下出炉	≤229
	退火（消除内应力）	730～760℃，保温 3～4h，炉冷或空冷	—
3Cr2W8V	退火	750～770℃，保温 2～8h，炉冷（25～35℃/h）至 600～650℃出炉	≤229
	退火	800～820℃，保温 2～4h，炉冷（≤30～40℃/h）至 600～650℃出炉	207～255
	等温退火	加热温度 840～880℃，保温 2～4h 等温温度 720～740℃，等温 4～6h	≤241
5CrNiMo	退火	760～790℃，保温 1～4h，炉冷（≤22℃/h）至 540℃出炉	183～255
	退火	780～800℃，保温 4～6h，炉冷（≤50℃/h）至约 500℃出炉	179～241
	等温退火	加热温度 850～880℃，保温 3～4h 等温温度 720～740℃，等温 4～5h 炉冷至约 500℃出炉	197～241
	等温退火	加热温度 760～790℃ 等温温度 650～660℃	179～229
	高温回火	680～700℃，保温后空冷	207～241
5CrMnMo	退火	830～850℃，保温 4～6h，炉冷至 500℃出炉	≤230
	等温退火	加热温度 850～870℃，保温 2～4h 等温温度 680℃，等温 4～6h，炉冷至约 500℃出炉	197～241
	正火	850～870℃，保温 3～3.5h，空冷	—
	高温回火	650～670℃，保温 4h	197～228
	高温回火	650～690℃，保温后空冷	205～255
5CrNiTi	退火	760～790℃，炉冷	197～235
8Cr3	退火	790～810℃，保温 2～6h，炉冷（≤30℃/h）至 600℃以下出炉	207～255
	等温退火	加热温度 790～810℃，保温 2～3h 等温温度 700～720℃，等温 3～4h，炉冷至 600℃出炉	≤241
DT	等温退火	加热温度 860～880℃，保温 2～3h，炉冷 等温温度 700～720℃，等温 6h，炉冷至 550℃以下出炉	≤36HRC
CT35	等温退火	加热温度 860～880℃，保温 3～4h 等温温度 720～740℃，等温 3～4h，炉冷至 500℃以下出炉	≤356
TLMW50	等温退火	加热温度 860～880℃，保温 3～4h 等温温度 720～740℃，等温 3～4h，炉冷至 500℃以下出炉	≤409

二、冲压模具用钢的热处理

（一）冷作模具钢的热处理

淬火和回火是模具钢或模具零件强化的最主要手段。亦即最终热处理。

钢的淬火是将钢加热到 Ac_3（或 Ac_1）以上 30～50℃，充分保温使奥氏体化后迅速冷却，使钢的金相组织转变成固溶了第二相固溶体的工艺过程。对模具钢来说主要是马氏体或混有贝氏体的混合组织；其他钢类可能是奥氏体，此时叫固溶处理。回火是淬火的后续工序，是将淬火后的钢加热到 Ac_1 以下某一温度，充分保温后冷却的工艺过程。固溶处理后的钢使第二相析出而强化，此时称时效。

1. 低淬透性冷作模具钢的热处理

低淬透性冷作模具钢的热处理规范见表 11-47。

表 11-47 低淬透性冷作模具钢的热处理规范

钢号	淬火规范				回火规范		
	预热温度/℃	加热温度/℃	淬火介质	淬后硬度 HRC	回火温度/℃	保温时间/h	回火后硬度 HRC
T7A	400～500	700～800	5%[①]食盐水溶液 5%～10%碱水溶液	62～64	140～160	1～2	62～64
					160～180	1～2	58～61
	400～500	800～820	油或熔盐	59～61	180～200	1～2	56～60
T8	400～500	760～770	5%食盐水溶液 5%～10%碱水溶液	63～65	140～160	1～2	60～62
					160～180	1～2	58～61
	400～500	780～790	油或熔盐	60～62	180～200	1～2	56～60
T10	400～500	770～790	5%食盐水溶液 5%～10%碱水溶液	63～65	140～160	1～2	62～64
					160～180	1～2	61～63
	400～500	790～810	油或熔盐	61～62	180～200	1～2	59～61
T12	400～500	770～790	5%食盐水溶液 5%～10%碱水溶液	63～65	140～160	1～2	62～64
					160～180	1～2	61～63
	400～500	790～810	油或熔盐	61～62	180～200	1～2	60～62
GCr15	400～650	840～850	油	62～65	160～180	1～2	≥61

① 为质量分数，余同。

2. 低变形冷作模具钢的热处理

低变形冷作模具钢的热处理规范见表 11-48。

表 11-48 低变形冷作模具钢的热处理规范

钢号	淬火工艺				回火工艺	
	预热温度/℃	加热温度/℃	淬火介质	淬后硬度 HRC	回火温度/℃	硬度 HRC
9Mn2V	400～650	780～820	油	≥62	150～200	60～62
9SiCr	400～650	860～880	油	62～65	140～160	62～65
					160～180	61～63
					180～200	60～62
					200～220	58～62

（续）

钢号	淬火工艺				回火工艺	
	预热温度/℃	加热温度/℃	淬火介质	淬后硬度 HRC	回火温度/℃	硬度 HRC
CrWMn	400～650	820～840	油	63～65	140～160	62～65
					170～200	60～62
					230～280	55～60
	400～650	830～850	熔融硝盐或碱	62～64	300～350 保温>4h	≤56
9CrWMn	650	820～840	油	64～66	160～180	≥61
					170～230	60～62
					230～275	56～60

3. 高耐磨微变形冷作模具钢的热处理

高耐磨微变形冷作模具钢的热处理规范见表11-49。

表11-49　高耐磨微变形冷作模具钢的热处理规范

钢号	淬火工艺				回火工艺	
	预热温度/℃	加热温度/℃	淬火介质	淬后硬度HRC	回火温度/℃	硬度HRC
Cr12	800～850	950～980	油	61～64	180～200 2h×1次	60～62
		1000～1100	油	60～64	320～350 2h×1次	57～58
Cr12MoV	800～850	1000～1020	油	62～64	150～170	61～63
					200～275	57～59
					400～425	55～57
		1040～1140 1115～1130	油	60～64	510～520 （多次）	60～61
					-78℃冷处理后 510～520℃回火	60～61
					-78℃冷处理后 510～520℃回火， 再-78℃冷处理	61～62
Cr12Mo1V1 （D2）	820～860	980～1040	油或空	60～65	180～230	60～64
		1060～1100	油或空	60～65	510～540（2次）	60～64
Cr6WV	800～850	950～970	油	62～64	150～170（2～3h×1次）	62～63
					190～210（2～3h×1次）	58～60
		990～1010	硝盐或碱	62～64	500（2h×1次）	57～58
Cr4W2MoV （120）	800～850	940～960	油或空	62～64	180～220	60～64
		980～1010	油或空	62～64	510～520	57～60

（续）

钢号	淬火工艺				回火工艺	
	预热温度/℃	加热温度/℃	淬火介质	淬后硬度HRC	回火温度/℃	硬度HRC
Cr2Mn2SiMnMoV	800~850	860±10	空冷	≥62	180~200	62~64
		840±10	油或空		180~200	62~64
9Cr6W3Mo2V2（GM）	800~850	1080~1120	油	≥62	540~560（2h×2次）	64~66
Cr8MoWV3Si	800~850	1150	油		520~530（1h×3次）	64
		1120~1130	油		550（1h×3次）	64
Cr5Mo1V	一次300~400或	940~960	油或空	62~65	180~220	60~64
	二次800~850	980~1010	油或空	62~65	510~520两次	57~60

4. 高强度、高耐磨冷作模具钢的热处理

高强度、高耐磨冷作模具钢的热处理规范见表11-50。

表11-50 高强度、高耐磨冷作模具钢的热处理规范

钢号（代号）	淬火工艺									回火工艺				
	第1次预热		第2次预热		淬火加热			冷却介质	硬度HRC	温度/℃	时间/h	次数	冷却	硬度HRC
	温度/℃	时间/h	温度/℃	时间/(s/mm)	介质	温度/℃	时间/(s/mm)							
W18Cr4V	400	1	850	24	盐炉	1200~1240	15~20	油	62~64	560	1	2~3	空	≥62
W6Mo5Cr4V2	400	1	850	24	盐炉	1150~1200	20	油	65~66	560	1	3	空	62~66
W12Mo3Cr4V3N（V3N）	400	1	850	40	盐炉	1220~1280	—	油或盐	66~68	560	1	4	空	≥65

5. 高强韧冷作模具钢的热处理

高强韧冷作模具钢的热处理规范见表11-51。

表11-51 高强韧冷作模具钢的热处理规范

钢号（代号）	淬火工艺			回火工艺	
	加热温度/℃	淬火介质	硬度HRC	回火温度/℃	硬度HRC
6W6Mo5Cr4V（6W6）	1180~1200	油	>58	500~580 1~1.5h×3次	58~63
65Cr4W3Mo2VNb（65Nb）	1080~1160	油	≥61	540~580 1h×2次	≥56
7Cr7Mo2V2Si（LD）	1100~1150	油	60~61	530~540 1~2h×2次	59~62

（续）

钢号(代号)	淬火工艺			回火工艺	
	加热温度/℃	淬火介质	硬度 HRC	回火温度/℃	硬度 HRC
7CrSiMnMoV(CH-1)	900~920	油	≥60	220~260	56~60
				180~200	58~62
6CrNiSiMnMoV(GD)	870~930	油	>60	170~230	57~62
8Cr2MnWMoVS(8Cr2S)	860~900	空气	62~64	160~200	60~64
5Cr4Mo3SiMnVAl(012Al)	1090~1120	油	60~65	510 2h×2 次	60~62

6. 抗冲击冷作模具钢的热处理

抗冲击冷作模具钢的热处理规范见表 11-52。

表 11-52　抗冲击冷作模具钢的热处理规范

钢号	淬火工艺			回火工艺	
	加热温度/℃	淬火介质	硬度 HRC	回火温度/℃	硬度 HRC
4CrW2Si	860~900	油	≥53	200~250	53~58
				430~470	45~50
5CrW2Si	860~900	油	≥55	200~250	53~58
				430~470	45~50
6CrW2Si	860~900	油	≥57	200~250	53~58
				430~470	45~50
60Si2Mn	800~820	油	60~62	200~280	57~60
				380~400	49~52

7. 高耐磨高强韧性冷作模具钢的热处理

高耐磨高强韧性冷作模具钢的热处理见表 11-53。

表 11-53　高耐磨高强韧性冷作模具钢热处理

钢号(代号)	淬火工艺				回火工艺	
	加热温度/℃	淬火介质	时间	硬度 HRC	回火温度/℃	硬度 HRC
9Cr6W3Mo2V2(GM)	1080~1120	油	1.5min/mm	64~66	520~540 2h×2 次	62~64
Cr8MoWV3Si(ER5)	1150	油	—	—	520~530 1h×3 次	≤64
	1120~1130	油	—	—	550 1h×3 次	≤64

8. 无磁模具钢的热处理

无磁模具钢 7Mn15Cr2Al3V2WMo（7Mn15）的热处理及表面处理可参照表 11-54~表 11-56。

表 11-54　固溶处理规范

固溶温度/℃	保温时间/min	冷却介质	固溶后硬度 HRC
1150～1180	盐浴炉 15～20 空气炉 30	水	20～22

表 11-55　时 效 规 范

时效温度/℃	保温时间/h	冷却介质	时效硬度 HRC
650	20	空气	48.0
700	2	空气	48.5

表 11-56　气体氮碳共渗

温度/℃	时间/h	渗层厚度/mm	渗层硬度 HV
560～570	4～6	0.03～0.04	950～1100

注：为提高模具硬度、耐磨性而采用氮碳共渗。

（二）冷作模具钢的强韧化热处理工艺

冷作模具钢的强韧化热处理，是指采取一些热处理工艺的措施，以进一步提高冷作模具的寿命。这类的工艺方案主要有：低温淬火低温回火、高温淬火、微细化处理、等温淬火和分级淬火等处理工艺。

1. 冷作模具钢的低温淬火回火处理

低温淬火是指低于该钢的传统淬火温度进行的淬火操作。实践证明，适当地降低淬火温度，降低硬度，提高韧性，无论是碳素工具钢、合金工具钢还是高速钢，都可以不同程度地提高韧性和冲击疲劳抗力，降低冷作模具脆断、脆裂的倾向性。

几种常用冷作模具钢的低温淬火回火韧化热处理工艺规范见表 11-57。

表 11-57　冷作模具钢的低温淬火回火韧化热处理工艺规范

钢号	常规淬火温度/℃	低淬低回工艺规范	硬度 HRC
CrWMn	820～850	800～810℃加热，150℃热油中冷却 10min，210℃回火 1.5h	58～60
Cr12	970～990	850℃预热，930～950℃加热保温后油冷，320～360℃1.5h 回火二次	52～56
Cr12MoV	1020～1050	980～1000℃加热保温后油冷，400℃回火	56～59
W18Cr4V	1260～1280	1200℃加热保温后油冷，600℃1h 回火二次	59～61
W6Mo5Cr4V2	1150～1200	1160℃加热保温后油冷，300℃回火	59～61

2. 冷作模具钢的高温淬火处理

一些低淬透性的冷作模具钢，为了提高淬透层的厚度常常采用提高淬火温度的方法。如 T7A～T10A 可将淬火温度提高到 830～860℃；Cr2 钢可将原淬火温度提高到 880～920℃；GCr15 钢可将淬火温度提高到 900～920℃。通过高温淬火处理后的模具其使用寿命可延长 1 倍以上。

一些抗冲击冷作模具钢为了提高强韧性、耐磨性及抗压强度也可以采用高温淬火的方法。如：60Si2Mn 可采用 900～920℃淬火，4CrW2Si、5CrW2Si、6CrW2Si 等可把淬火温度提高到 950～980℃，其模具寿命都有显著提高。

3. 冷作模具钢的分级淬火和等温淬火

分级淬火和等温淬火不仅可以减少模具的变形和开裂，而且是提高冷作模具强韧性及使用寿命的重要方法。一般情况下，等温淬火可以免去回火。常用冷作模具钢的分级淬火和等温淬火工艺规范见表 11-58。

表 11-58 常用冷作模具钢的分级淬火和等温淬火工艺规范

钢号	分级淬火和等温淬火工艺规范	处理后硬度 HRC	使用范围
60Si2Mn	870℃加热保温后油冷，再加热到 790℃，保温后以 40℃/h 冷至 680℃，保温后炉冷至 550℃出炉空冷，然后 870℃加热保温后 250℃等温 1h	55 ~ 57	冷镦模
9SiCr	850℃加热保温后 240 ~ 250℃等温 25min，空冷	56 ~ 60	推丝模
	850℃加热保温后 240 ~ 250℃等温 25min，空冷，200 ~ 250℃回火		
	850℃加热保温后 210℃等温，250℃回火二次		
CrWMn	820 ~ 840℃加热，240℃等温 1h，空冷	57 ~ 58	冷挤凸模 钟表元件 小冲头等
	830 ~ 840℃加热，240℃等温 1h，空冷，250℃回火 1h	57 ~ 58	
	810 ~ 820℃加热，240℃等温 1h，空冷，250℃回火 1h	54 ~ 56	
Cr12	980℃加热，200 ~ 240℃分级 10min 后油冷 20min，180 ~ 200℃回火	61 ~ 64	硅钢片 冷冲裁模
	980℃加热，260℃等温 4h，220 ~ 240℃回火		
Cr12MoV	1000℃加热，280℃分级 400℃回火	57 ~ 59	滚丝模 下料冷 冲裁模等
	1000℃加热，280℃分级 550℃回火	54 ~ 56	
	1000℃加热，280℃等温 4h，400℃回火	54 ~ 56	
	980℃加热，260℃等温 2h，200℃回火	55 ~ 57	
W18Cr4V	1250 ~ 1270℃加热，240 ~ 260℃等温 3h，560℃回火（1h × 3 次）	62 ~ 64	冲头
Cr4W2MoV	1000℃加热，260℃等温 1h，220℃回火三次	56 ~ 58	弹簧孔冷 冲裁模
	1020℃加热，260℃等温 1h，520℃回火 2h，220℃回火 2h	58 ~ 59	

4. 冷作模具钢的微细化处理

微细化处理包括钢中基体组织的细化和碳化物的细化两个方面。基体组织的细化可提高钢的强韧性，碳化物的细化不仅有利于增加钢的强韧性，而且增加钢的耐磨性。微细化处理的方法通常有两种。

（1）四步热处理法　冷作模具钢的预备热处理一般都采用等温球化退火，但等温球化退火组织经淬、回火，其中碳化物的均匀性、圆整度和颗粒大小等因素对钢的强韧性和耐磨性的影响尚不够理想。采用四步热处理法，使钢的组织和性能得到很大的改善，模具的使用寿命可延长 1.5 ~ 3 倍。

四步热处理法的具体工艺过程为：第一步，采用高温奥氏体化，然后淬火或等温淬火；第二步是高温软化回火，回火温度以不超过 Ac_1 为界，从而得到回火托氏体或回火索氏体；第三步为低温淬火，由于淬火温度低，已细化的碳化物不会溶入奥氏体而得到保存；第四步为低温回火。

在此情况下，可取消模具毛坯的等温球化退火工序，而用上述工艺中第一步和第二步作为模具的预备热处理，并可在第一步结合模具的锻造进行锻造余热淬火，以减少能耗，提高工效。

典型的四步热处理工艺规范如下：

9Mn2V 钢：820℃油冷 + 650℃回火 + 750℃油冷 + 200℃回火。

GCr15 钢：1050℃奥氏体化后，180℃分级淬火 + 400℃回火 + 830℃加热保温后油冷 + 200℃

回火。

CrWMn 钢：970℃奥氏体化后油冷 +560℃回火 +820℃加热保温后 280℃等温 1h +200℃回火。

（2）循环超细化处理法　将冷作模具钢以较快速度加热到 Ac_1 或 Ac_{cm} 以上的温度，经短时停留后立即淬火冷却，如此循环多次。由于每加热一次，晶粒都得到一次细化，同时在快速奥氏体化过程中又保留了相当数量的未溶细小碳化物，循环次数一般控制在 2 ~4 次，经处理后的模具钢可获得 12 ~14 级超细化晶粒，其模具使用寿命可延长 1 ~4 倍左右。

典型的循环超细化处理工艺规范如下：

9SiCr 钢：（600℃预热升温至 800℃保温后，油冷至 600℃，等温 30min） +860℃加热保温 +160 ~180℃分级淬火 +180 ~200℃回火。

Cr12MoV 钢：1150℃加热油淬 +650℃回火 +1000℃加热油淬 +650℃回火 +（1030℃加热油淬，170℃等温 30min，空冷） +170℃回火。

5. 其他强韧化处理方法

除了上述方法以外，还有形变热处理、喷液淬火、快速加热淬火、消除链状碳化物组织的预处理工艺、片状珠光体组织预处理工艺等都可以明显提高冷作模具钢的强韧性。

（三）冲压热作模具用钢的热处理

由于各类模具工作条件的不同，对模具钢的性能要求也不同，设计热作模具不仅要正确地选择热作模具钢，也要根据模具的工作条件确定合适的热处理工艺方案。冲压热作模具用钢的热处理工艺规范见表 11-59。热模钢的强韧化处理规范参照表 11-60。

表 11-59　冲压模具热作模具用钢热处理规范

钢号	退火工艺				淬火工艺			回火工艺	
	加热温度/℃	保温时间/h	冷却方式	退火硬度 HBW	加热温度/℃	淬火介质	淬后硬度 HRC	回火温度/℃	回火硬度 HRC
低耐热性热作模具钢									
5CrNiMo	780 ~800	4 ~6	以≤50℃/h 炉内冷至 500℃后出炉空冷	197 ~241	830 ~860	油	53 ~58	490 ~510 0.5 ~1h ×1 次	44 ~47
								560 ~580 0.5 ~1h ×1 次	34 ~37
5CrMnMo	850 ~870	4 ~6		197 ~241	820 ~850	油	52 ~58	490 ~510 0.5 ~1h ×1 次	44 ~47
								520 ~540 0.5 ~1h ×1 次	38 ~42
中耐热性热作模具钢									
4Cr5MoSiV	860 ~890	2 ~4	以≤30℃/h 炉内冷至 500℃后出炉空冷	≤229	1000 ~1030	油或空气	53 ~55	530 ~560 2h ×2 次	47 ~49
8Cr3	790 ~810	2 ~6	以≤30℃/h 炉内冷至 600℃后出炉空冷	207 ~255	850 ~880	油	≥55	480 ~520	41 ~46

（续）

钢号	退火工艺				淬火工艺			回火工艺	
	加热温度/℃	保温时间/h	冷却方式	退火硬度HBW	加热温度/℃	淬火介质	淬后硬度HRC	回火温度/℃	回火硬度HRC
高耐热性热作模具钢									
3Cr2W8V	750～770	2～4	以25～35℃/h炉冷至600～650℃后出炉空冷	≤229	1050～1150	油	50～54	550～650 2h×2次	40～50
5Cr4W5Mo2V	850～870	2～3	炉冷至720～740℃，等温3～4h后炉冷至500℃以下出炉空冷	≤255	1130～1140	油	56～58	630 1～2h×1次	54～56
6Cr4Mo3Ni2WV（CG2）	800～820	2～3	以≤50℃/h炉冷至650～670℃，等温4～6h后炉冷至≤550℃出炉空冷	≤255	1100～1160	油	62～63	630 2h×2次	51～53
5Cr4Ni3SiMnVAl（012Al）	850～870	4	以≤30℃/h炉冷至710～720℃，等温6h，炉冷至600℃以下出炉空冷		1090～1120盐浴炉加热	油	62～64	620 2h×2次	53

表11-60　热模钢的强韧化处理规范

钢号	热处理工艺规范
3Cr3Mo3W2V	1. 双重热处理工艺
	1200℃加热油冷＋730℃回火＋1050℃油冷＋620～630℃回火
25Cr3Mo3VNb	2. 快速球化退火工艺
	500～550℃预热＋1070℃油冷小于200℃入炉＋860℃保温后炉冷小于450℃出炉空冷
5CrMnMo 3Cr2W8V	3. 高温淬火工艺
	550℃预热＋900℃保温后预冷至740～780℃油冷＋460℃回火＋400℃回火
	1140～1150℃油冷＋670～680℃回火（2次）
W18Cr4V W6Mo5Cr4V2	4. 低温淬火工艺
	1230～1240℃油淬＋550℃×3h回火＋610～620℃×3h回火
	1160℃油淬＋300℃回火
3Cr2W8V W18Cr4V	5. 贝氏体等温淬火工艺
	（1100±10）℃加热＋340～350℃等温＋610℃回火（2次）＋560℃回火
	1240～1250℃加热＋570℃分级淬火＋280～300℃等温淬火＋560℃回火
5CrMnMo	6. 复合等温淬火工艺
	600℃预热＋890～900℃加热油冷后＋260℃等温淬火＋450℃回火

（四）冷处理

冷处理亦叫冰冷处理、零下处理、深冷处理。是淬火冷却到室温后继续冷却到钢的马氏体转变开始点 M_s 以下某一温度，一般为 -60～-190℃，使在室温未完成转变的奥氏体转变为马氏体。冷处理的目的，一是使模具零件具有精度保持性，防止在室温因残余奥氏体转变而发生尺寸变化；二是促使未转变奥氏体更多地转变成马氏体，进一步提高硬度，从而提高零件的耐磨性和使用寿命。

冷处理工艺依据模具零件所采用的钢种而定，一般取 -60～-80℃已足够，过度地降温也不能使奥氏体全部转变，反而增加成本和开裂的可能性；特殊情况，可冷却到更低温度，如 -190℃左右。冷却介质，常用的有在工业冰箱中或特制的冷处理专用设备中用空气介质冷却；也有在干冰（固体 CO_2）加入酒精的溶液中冷却，此法一般只能冷却到 -60℃左右，且不易控温，能耗大；也有在液氮中（-196℃左右）冷却，此时为强调深冷，区别于一般的冷处理，称深冷处理。对于某些高铬钢的冷冲模，效果尤显。

冷处理时钢中残留奥氏体向马氏体转变主要发生在冷却过程中，中间停留会使奥氏体稳定化而影响马氏体转变的彻底完成。达到预定的冷处理温度，视零件尺寸大小和装炉情况，估计内外均温后即可，不需要特意延长保温时间。冷处理应在淬火后立即进行（即连续进行），但为了节约能源消耗，一般先用冷水冲洗，逐渐降温后再放入冷处理设备或介质中。降温宜缓慢，冷速过快，易造成开裂。冷处理完成后，取出零件在空气中自然缓慢地升到室温，然后再进行回火。也有为防止开裂，淬火后先行低温（小于200℃）回火再冷处理的工艺，但冷处理效果稍差。

冷处理主要用于冷作模具的精密零件。冷处理规范见表 11-61。

表 11-61　冷处理规范

钢号	冷却温度/℃	用　　途	硬度增量 HRC
T10	-50	高精度工件尺寸稳定化	1～2
T11	-50	高精度工件尺寸稳定化	1～2
T12	-50	高精度工件尺寸稳定化	1～2
CrWMn	-70	高精度工件尺寸稳定化	0～1
Cr2	-70	高精度工件尺寸稳定化	1～2
W18Cr4V	-(70～80)	高精度工件尺寸稳定化	63～65HRC

注：冷处理 W18Cr4V 淬火后不超过 2h 进行，其余均在淬火后 1h 内进行。

三、钢的真空热处理

实践证明，模具零件采用真空热处理是目前的最佳方式。真空热处理后模具寿命普遍有所提高，一般可提高 40%～400%。真空热处理的关键是采用合适的设备即真空热处理炉（真空退火炉、真空淬火炉和真空回火炉）。

（一）真空热处理炉

（1）真空退火炉　其主要特点是真空度要求（10^{-2}～10^{-3}Pa），退火炉的升降温应能自动控制，最好为微机系统。若有快冷装置，则可提高生产率。工艺与非真空炉退火基本相同。

（2）真空淬火炉　气淬炉比油淬炉好。油淬时零件表面会出现白亮层，其组织为大量残留奥氏体，不能用温度为 560℃左右的一般回火加以消除，需要更高温度（700～800℃）才能消除。气淬的表面质量好，变形小，不需清洗，炉子结构也比较简单。一般处理高合金模具钢或高速钢模具零件，选用高压气淬炉或高流率气淬炉较为理想。气淬压力为 0.5～0.6MPa 的高压气淬炉，直径为 80～110mm 的零件也能淬硬。

（3）真空回火炉　真空回火炉是不可缺少的，有些单位因无配套的真空回火炉而用普通炉回火，往往会出现表面质量差，硬度不均匀，回火不足等缺陷。若处理有回火脆性的钢种，一定要快冷，采用工作温度在700℃以下可进行对流加热的高压气淬炉最为理想，且一炉两用。

（二）真空热处理工艺

（1）清洗　采用真空脱脂方法是目前最先进和可靠的方法。

（2）真空度　真空度是重要的工艺参数。在高温高真空度下，钢中的合金元素易蒸发，会影响模具零件表面质量和性能。

模具钢加热温度与真空度的关系见表11-62。

表11-62　模具钢加热温度与真空度的关系

加热温度/℃	≤900	1000～1100	1100～1300
真空度/Pa	≥0.1	1.33～13.3	13.3～666.0

（3）加热与预热温度　真空热处理的加热温度为1000～1100℃时，应在800℃左右进行一次预热。加热温度高于1200℃时，形状简单、小型的零件，在850℃进行一次预热，较大的或形状复杂的零件，应进行两次预热；第一次500～600℃；第二次850℃左右。

（4）保温时间　由于真空加热主要靠辐射，而低温时辐射加热较慢，故平均加热速度比有对流的炉子慢，加热时间相应要延长，一般认为真空加热时间为盐浴炉的6倍；空气炉加热时间的2倍。

设 K 为保温时间系数，B 为零件有效厚度，T 为时间裕量、则保温时间 C 可按下式计算：$C=KB+T$。K 值和 T 值见表11-63。

表11-63　真空淬火保温时间计算参数

材料	淬火保温时间 保温时间系数 K/min·mm^{-1}	时间裕量 T/min	备注
非合金工具钢	1.9	5～10	560℃预热一次
合金工具钢	2.0	10～20	同上
高合金刚	0.48	20～40	800℃预热一次
高速钢	0.33	15～25	560℃预热一次 850℃预热一次

（5）冷却　真空炉常用冷却气体为 H_2、He、N_2、Ar。如以 H_2 的冷却时间为1，则He、N_2、Ar的冷却时间分别为1.2、1.5、1.75。空气中氢气含量大于5%时，就有爆炸危险；H_2 和 O_2 的混合气体中，当 O_2 含量超过5%时，也有爆炸危险。所以 H_2 虽然冷却最快，但仍然很少采用。H_2 气的价格为 N_2 气的10倍。国外最佳气体选择为60%～70%的He和30%～40%的 N_2。0.6MPa以上真空炉冷却气体可采用净化装置，再生利用，气体可多次循环利用（一般可达50次），可降低热处理成本。国内真空炉采用高纯氮（99.99%）较多，一般用液氮装置。实践证明：0.6MPa的循环气体。流速为60～80m/s时，其冷却能力已达到或超过550℃盐浴冷却或流态床冷却，有较满意的冷却效果。

常用模具钢真空热处理工艺见表11-64。

表 11-64 常用模具钢真空热处理工艺

钢材牌号	预热温度/℃	预热真空度/Pa	淬火温度/℃	淬火真空度/Pa	冷却	回火温度/℃	硬度HRC
9SiCr	500~600	0.1	850~870	0.1	油(40℃以上)	170~190	61~63
CrWMn	500~600	0.1	820~840	0.1	油(40℃以上)	170~185	62~63
9Mn2V	500~600	0.1	780~820	0.1	油	180~200	60~62
5CrNiMo	500~600	0.1	840~860	0.1	油或高纯 N_2 气	480~500	39~44
Cr6WV	一次 500~550 二次 800~850	0.1	970~1000	10~1	油或高纯 N_2 气	160~200	60~62
3Cr2W8V	一次 480~520 二次 800~850	0.1	1050~1100	10~1	油或高纯 N_2 气	560~580 600~640	42~47 39~44
4Cr5W2SiV	一次 480~520 二次 800~850	0.1	1050~1100	10~1	油或高纯 N_2 气	600~650	38~44
7CrSiMnMoV	500~600	0.1	880~900	0.1	油或高纯 N_2 气	450 200	52~54 60~62
H13	一次 500~550 二次 800~820	0.1	1020~1050	10~1	油或高纯 N_2 气	560~620	45~50
Cr12	500~550	0.1	960~980	10~1	油或高纯 N_2 气	180~240	60~64
Cr12MoV	一次 500~550 二次 800~850	0.1	980~1050 1080~1120	10~1	油或高纯 N_2 气	180~240 500~540	60~64 58~60
W6Mo5Cr4V2	一次 500~600 二次 800~850	0.1	1100~1150 1150~1250	10	油或高纯 N_2 气	200~300 540~600	58~62 62~66
W18Cr4V	一次 500~600 二次 800~850	0.1	1000~1100 1240~1300	10	油或高纯 N_2 气	180~220 540~600	58~62 62~66

（三）模具零件真空热处理注意事项

1）模具材料含有较多的合金元素，蒸气压较高的元素（如 Al、Mn、Cr、Si、Pb、Zn、Cu 等）在真空中加热时易发生元素蒸发现象，所以要适当控制淬火加热时的真空度，防止合金元素的挥发。

2）为减少加热模具零件因内外温差而产生的热应力和组织应力，对复杂的或大截面的模具零件要进行多次预热，而且，升温速度也不能太快。这是减少或防止变形的关键之一。

3）高速钢、高 Cr 钢和 3Cr2W8V 钢等较大截面的气淬钢模具零件，应尽量推荐在高压气淬炉内进行处理。如气冷速度不够要进行油淬时，必须采用气冷油淬工艺，以防油淬后工件表面出现白亮层组织。

4）真空淬火加热温度基本上可与盐浴加热和空气加热的温度相同或略低一些。

5）装料的合理与否对热处理后质量关系很大，考虑到真空加热是以辐射为主，模具零件在炉内应放置适当，小零件需要用金属网分隔，使加热和冷却均匀。

钢的真空热处理工艺可参考热处理工艺行业标准 JB/T 9210—1999《钢的真空热处理》。

四、钢结硬质合金的热处理

1. GT35 钢结硬质合金

（1）退火工艺　如图 11-3 所示。

（2）淬火、回火工艺　模具经加工成形后，进行淬火和回火，提高模具强度和耐磨性，淬火加热最好在盐浴炉中进行。其工艺如图 11-4 所示。回火温度 180 ~ 200℃，若要求合金有较高的韧性，可采用较高的回火温度。GT35 钢结硬质合金不同淬火、回火温度硬度值见表 11-65。

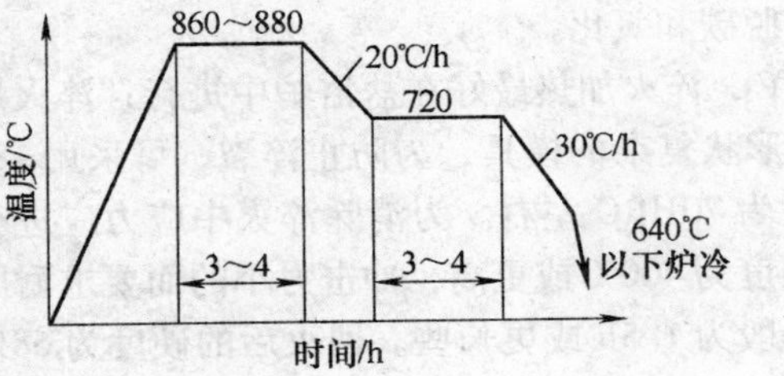

图 11-3　GT35 钢结硬质合金退火工艺

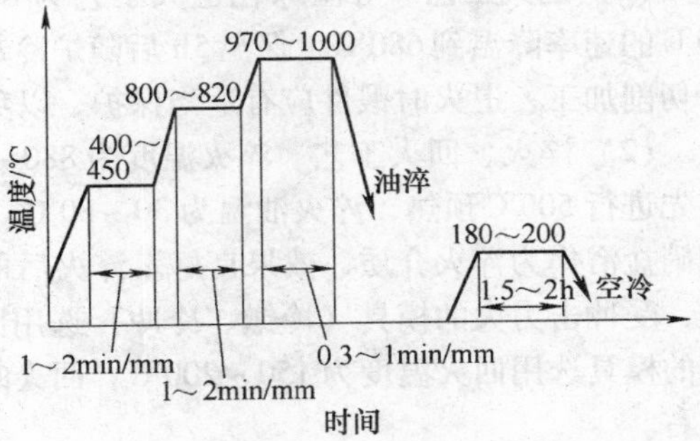

图 11-4　GT35 钢结硬质合金淬火、回火工艺

表 11-65　GT35 合金不同温度淬火、回火后的硬度值

淬火加热温度/℃	回火温度/℃	200	300	400	450	500	600
	淬火硬度 HRC	不同回火温度下的硬度 HRC					
880	67	64	64	63	63	61.5	58.5
920	69	67	65	64	64	63	60.8
950	71	68	66	65	64.7	63.2	61.0
980	71	69	67	66	65.8	64	61.6
1000	72	69	66.5	65	64.6	63.2	61
1050	68	68	66	65	64.2	63	61.7
1100	69 ~ 71	67 ~ 68	65 ~ 67	64.7 ~ 66	64 ~ 65	63 ~ 64	61.5

2. TLMW50 钢结硬质合金

（1）退火工艺　如图 11-5 所示。

（2）淬火、回火工艺　淬火在盐浴炉中进行，其淬火、回火工艺如图 11-6 所示。

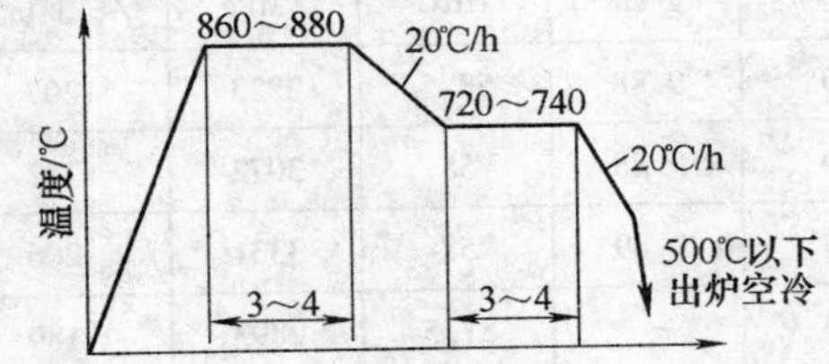

图 11-5　TLMW50 钢结硬质合金退火工艺曲线

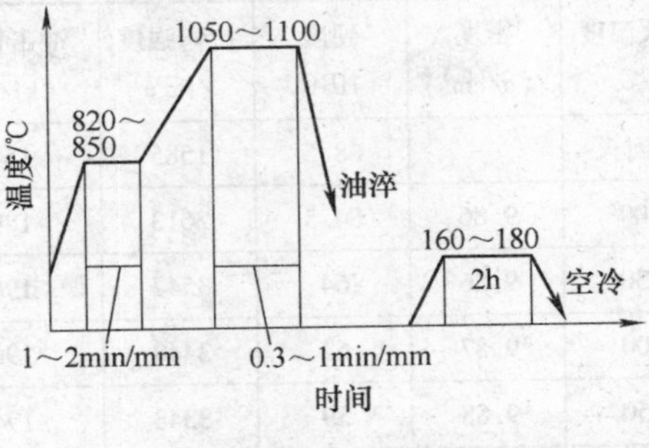

图 11-6　TLMW50 钢结硬质合金淬火、回火工艺曲线

TLMW50 钢结硬质合金不同回火温度的硬度值见表 11-66。实际使用时采用低温回火处理也可结合具体使用条件选择合适的回火温度。

表 11-66　TLMW50 合金不同回火温度的硬度值

淬火加热温度/℃	回火温度/℃	200	250	300	350	400	450	500	550	600	650
	淬火硬度 HRC	不同回火温度下的硬度 HRC									
1050	68	64.5	64.0	62.0	59.0	60.0	58.5	58.0	58.0	57.5	52.0

3. GW50 钢结硬质合金

（1）退火工艺　等温球化退火工艺为 860℃，保温 2h，随炉降温到 760℃后按每小时下降 10℃的速率降温到 680℃，保温 5h 后随炉冷却到 200℃以后出炉，硬度在 36～42HRC 之间，可进行切削加工，退火时锻件应有适当保护，以免锻件脱碳和氧化。

（2）淬火、回火工艺　淬火温度为 880～1050℃，淬火加热最好在盐浴炉中进行；淬火加热前先进行 500℃预热，淬火油温为 30～80℃。对于形状复杂的模具，为防止淬裂，可采用 180℃的硝盐浴作为淬火介质，效果良好。淬火后的硬度为 70HRC 左右。为消除淬火中应力应进行回火，受冲击力大的模具（冷镦、冷冲）选用回火温度为 400℃或更高，冲击力小的而要求耐磨性高的模具选用回火温度为 150～200℃，回火时间一般为 1.5h 或更长些。回火后的硬度为 68HRC 左右。

4. DT 钢结硬质合金

（1）退火工艺　如图 11-7 所示，硬度可降至 30HRC 以下。

（2）淬火、回火工艺　按图 11-8 工艺进行淬火、回火处理。淬火后采用不同温度进行回火、获得不同的组织和性能，见表 11-67。

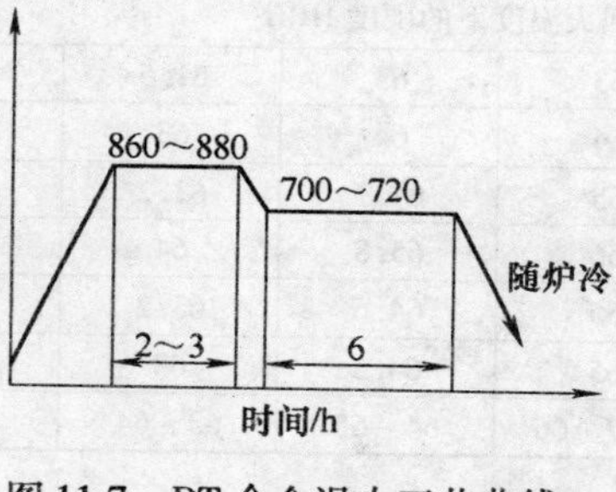

图 11-7　DT 合金退火工艺曲线

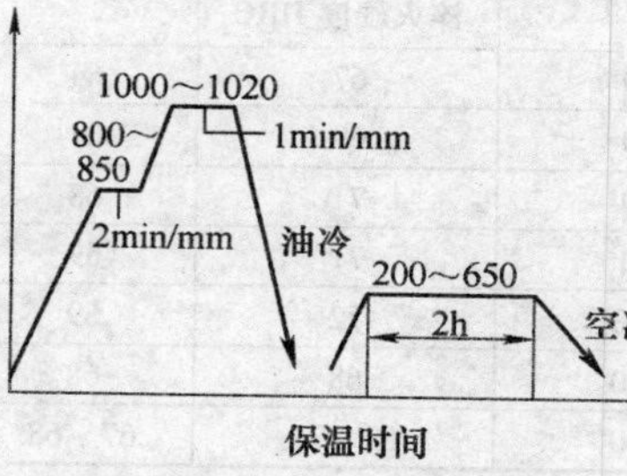

图 11-8　DT 钢结硬质合金淬、回火工艺曲线

表 11-67　DT 合金经 1000℃淬火及不同温度回火后的性能

回火温度/℃	密度/(g/cm³)	硬度 HRC	抗弯强度/MPa	冲击韧度/(kJ/m²)	回火温度/℃	密度/(g/cm³)	硬度 HRC	抗弯强度/MPa	冲击韧度/(kJ/m²)
未回火	—	68.5	1585	154	450	9.88	58.5	3323	207
200	9.86	64.5	3613	189	500	9.88	58	3072	212
250	9.86	64	3547	196	550	9.89	58	3331	206
300	9.87	62	3448	196	600	—	57.5	2893	189
350	9.88	59	3343	194	650	—	52	2613	243
400	9.89	60	3223	209					

（3）等温淬火　将 DT 合金加热到 1000～1020℃，然后分别在 200℃、250℃、270℃、320℃、350℃等温 30min，等温淬火工艺曲线如图 11-9 所示。力学性能见表 11-68。

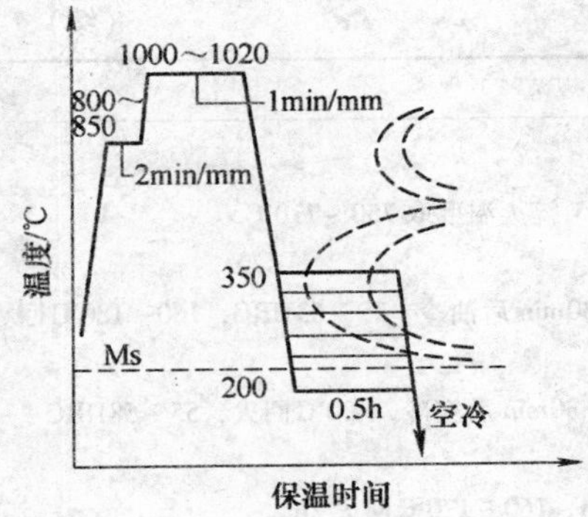

图 11-9　DT 钢结硬质合金等温淬火工艺曲线
（虚线为奥氏体等温转变曲线）

表 11-68　DT 合金经不同温度等温淬火的性能

等温温度/℃（保温 30min）	密度/(g/cm^3)	硬度 HRC	抗弯强度 /MPa	冲击韧度 /(kJ/m^2)
200	9.85	65	3100	212
250	9.87	63	3755	274
270	9.83	61	3661	287
300	9.84	59	3586	258
320	9.85	57	3573	338
350	9.84	55	3572	377

五、冲压模具的热处理特点

（一）冷冲裁模的热处理

冷冲裁模的工作条件、失效形式、性能要求不同，其热处理特点也不同。

冲裁模的主要失效形式是磨损。冲裁模热处理主要应考虑耐磨性与韧性的统一，硬度是影响耐磨性的主要因素。

1. 薄板冷冲裁模的热处理

对于薄板冲裁模应具有高的精度和耐磨性，在工艺上应保证热处理变形小，不开裂，且硬度高，通常根据模具材料类型采用不同的减少变形的热处理方法。典型的薄板冲裁模的热处理工艺规范见表 11-69。

表 11-69　典型薄板冲裁模的热处理工艺规范

钢材及特点	热处理工艺规范							
碳素工具钢淬透性差，耐磨性低，热处理操作难度大，淬火变形、开裂难以控制	1. 双液淬火工艺							
	钢号	淬火温度/℃	预冷时间	水淬规程	油冷规程	下列硬度的回火温度/℃		
						60～62	58～61	54～58
	T7A	780～820	1～2 s/mm	5%～10% NaCl 水溶液 1s/min	100～120℃热油	140～160	160～180	210～240
	T8A	760～800				150～170	180～200	220～260
	T10A	770～810				160～180	200～220	240～270
	2. 碱浴淬火工艺 T10A：830℃加热，预冷，170℃碱浴冷却 1min 后油冷 63～64HRC 3. 碱水-硝盐复合淬火工艺 T8A：780～800℃加热，10% NaOH 水溶液中冷却 8s，170℃硝盐中保温 7min 59～62HRC（刃口部分）							

（续）

钢材及特点	热处理工艺规范
低变形冷作模具钢9Mn2V、CrWMn、9CrWMn、MnCrWV等淬火工艺易操作，淬裂和变形敏感性小，淬透性高，淬火型腔易涨大，尖角处易开裂	1. 低温淬火工艺 CrWMn、MnCrWV，淬火温度取790～810℃、9Mn2V淬火温度取750～770℃ 2. 恒温预冷工艺 CrWMn820℃加热保温后转入700～720℃炉中保温30min后油冷，59～63HRC，160～180℃回火 3. 快速加热分级淬火工艺 CrWMn980℃快速加热后立即投入100℃热油中冷却30min后空冷，400℃回火，55～58HRC 4. 热油等温淬火 9Mn2V790～800℃加热，130～140℃热油等温30min，160～170℃回火2h 5. 冷油-硝盐复合淬火 CrWMn650℃预热，800℃加热预冷后入油冷13s，180℃硝盐等温30min，200℃回火 6. 硝盐淬火 （1）马氏体分级淬火（140～180℃硝盐） （2）马氏体等温淬火（140～160℃硝盐） （3）贝氏体等温淬火（200～260℃硝盐）
Cr12、Cr12MoV淬透性高，变形可以调节，淬火变形、开裂倾向小	采用贝氏体等温淬火、热浴分级淬火等方法可以减少开裂和变形

2. 厚板冷冲裁模的热处理

厚板冷冲裁模的主要失效形式是崩刃和折断，为延长模具寿命，关键是提高模具的强韧性，即保证模具具有高的断裂抗力。为提高厚板冷冲裁模的强韧性，采用细化奥氏体晶粒处理、细化碳化物处理、等温淬火工艺、低温淬火低温回火等方法。具体工艺已在冷作冲压模具用钢的强韧化处理中介绍。

3. 冷剪刀的热处理

对于冷剪刀，国内主要采用5CrW2Si，9SiCr，Cr12MoV钢制造，由于工作条件差异大，其工作硬度范围也大，通常硬度在42～61HRC之间。为减小淬火内应力，提高刀刃抗冲击能力，一般采用热浴淬火。大型剪刀采用热浴有困难时可以用间断淬火工艺，即加热保温后先油冷至200～250℃后转为空冷至80～140℃，立即进行预回火（150～200℃），最后再进行正式回火。

对于成型剪刀，重载荷工作时硬度可取48～53HRC，中等载荷时可取54～58HRC。淬火工艺可采用贝氏体等温淬火、马氏体等温淬火或分级淬火。

冷剪刀的常用热处理规范见表11-70。

表11-70 冷剪刀的常用热处理规范

钢号	淬火温度/℃	预冷时间/$s \cdot mm^{-1}$	淬火油温度/℃	回火温度/℃		
				薄板（57～60HRC）	中板（55～58HRC）	厚板（52～56HRC）
9CrWMn	840～860	2～3	60～100	—	230～260	—
CrWMn，MnCrWV	820～840	2～3	60～100	230～250	260～280	—
9SiCr	840～870	2～3	60～100	260～280	300～360	350～400

（续）

钢号	淬火温度/℃	预冷时间/s·mm⁻¹	淬火油温度/℃	回火温度/℃		
				薄板（57～60HRC）	中板（55～58HRC）	厚板（52～56HRC）
5CrW2Si，6CrW2Si	920～960	2～3	60～100	—	230～260	280～300
5SiMnMoV	870～900	2～3	60～100	200～240	260～300	260～320
Cr12MoV	1020～1040	2～3	60～100	250～270	400～420	—
	940～960	2～3	60～100	220～240	280～300	—
	910～930	2～3	60～100	220～240	—	—

4. 冷冲裁模的表面强化处理

常规热处理后，模具硬度在60HRC左右，难以满足对模具耐磨性及长寿命要求，为提高冷冲裁模的耐磨性和延长其使用寿命，常进行表面强化处理，主要工艺方法有：氮碳共渗、渗碳、化学气相沉积（CVD法）、化学镀等。

（二）拉深模的热处理

拉深模的主要失效形式是咬合，为此拉深模应具有较高的硬度，良好的耐磨性、抗咬合性。典型拉深模的热处理规范见表11-71。

表11-71　典型拉深模的热处理规范

钢号	工艺规范
Cr12MoV	①1030℃淬火+200℃硝盐分级5～8min+160～180℃回火3h，硬度为62～64HRC ②（1050～1080℃）×2h油淬+500℃×2h回火3次+450～480℃离子渗氮
QT500-7	600～650℃预热+890±10℃入盐水冲冷至550℃，入油中冷至250℃，入热油（180～220℃）进行分级淬火+160～180℃回火5～7h
7CrSiMnMoV	890℃油淬+200℃回火2h，硬度为60～62HRC

（三）综合实例

表11-72给出了冷作模具选材、热处理与使用寿命关系的实例，以供参考。

表11-72　冷作模具选材、热处理与使用寿命关系

模具	材料	原热处理工艺	寿命与失效方式	改进的热处理工艺	寿命与失效方式
冲头	W18Cr4V	1260℃淬火，560℃回火3次，63～65HRC	<2000件，脆断	改用W9Mo3Cr4V钢，1180～1190℃淬火，550～560℃回火2次，58～60HRC	1.6万件
手表零件冷冲模	CrWMn	常规工艺处理	脆断	670～790℃之间循环加热淬火，180～200℃回火	寿命延长3～4倍
轴承保持架冷冲模	GCr15	球化退火，840℃淬火，150℃～160℃回火	2000件，脆断	1040～1050℃正火，820℃4次循环加热淬火，150～160℃回火	1.4万件，疲劳断裂

（续）

模具	材料	原热处理工艺	寿命与失效方式	改进的热处理工艺	寿命与失效方式
高速钢锯条冷冲模	W9Mo3Cr4V	球化退火，1100℃淬火，200℃回火，63~64HRC	3万~5万件，断裂	锻后余热球化退火，1200℃淬火，350℃和550℃回火2次，61HRC	27万件
冷冲模	Cr12	960℃淬火，200℃回火，60~62HRC	4000~5000件，断裂	改用W18Cr4V钢，1180℃淬火，580℃回火2次，60~62HRC	>10万件
十字槽冷冲模	T10A	常规工艺处理58~60HRC	6000~7000件折断	改用9SiCr钢，900℃加热，270℃等温淬火，57~59HRC	>3万件
精密冷冲凹模	Cr12	常规工艺处理	淬火变形大，崩刃、软塌	改用8Cr2MnWMoVS钢，调质，气体氮碳共渗	满足使用要求
冷冲槽钢切断刀片	Cr12	常规工艺处理	2000~3000件	改用7CrSiMnMoV钢，900℃淬火，低温回火，59~62HRC	5000~6000件
丝杆轧丝模	Cr12MoV	常规工艺处理	200~300件，脆性开裂	高温调质，1020℃淬火，400℃回火	2000件
冲孔模	W18Cr4V	常规工艺处理	1000件左右，断裂和磨损	改用W9Mo3Cr4V钢，1120~1200℃真空淬火，深冷处理，540~580℃回火2次	>10万件，磨损
精密冷冲模	Cr12MoV	常规工艺处理	10万件，断裂	改用GM钢，1120℃淬火，540℃回火2次，64~66HRC	300万次
切边模	9SiCr	58~60HRC	6000件，崩刃或烧口	改用GD钢，900℃淬火，180℃回火，62HRC	5万件，崩刃

六、热处理冷却剂

冷却剂的种类、成分及使用温度见表11-73。

表11-73 冷却剂种类、成分及使用温度

冷却剂种类	成分	使用温度/℃
盐水	NaCl的质量分数是 $w_{NaCl}=5\%\sim15\%$	室温
碱水	NaOH的质量分数是 $w_{NaOH}=40\%\sim60\%$	室温
油	2号、3号锭子油、11号柴油机油、轻柴油、气缸油	室温或<80
热油	L-AN46、L-AN68全损耗系统用油、2号、3号锭子油	80~120
碱浴	KOH与NaOH的质量比为4∶1，外加二者总量3%的 KNO_3、3%的 $NaNO_2$ 和8%~15%的 H_2O	160~180
硝盐	KNO_3 与 $NaNO_2$ 的质量比为1∶1，外加二者总量1%~2%的 H_2O	160~220
2-3-5低温盐	NaCl与 $CaCl_2$ 和 $BaCl_2$ 质量比为2∶3∶5	480~780
	NaCl与KCl和 $BaCl_2$ 的质量比为2∶3∶5	500~650
水溶性有机溶液	聚乙烯醇的质量分数是5%	室温
铜板	板内通冷却水	室温
空气	静止或压缩空气	室温

七、模具热处理常见缺陷及防止措施

冷作模具形状复杂，存在引起应力集中的结构因素；材料多采用过共析钢或莱氏体钢，碳化物较多，且分布不均匀；模具钢淬火组织马氏体有较高的含碳量，体积变化大，塑性低。由此在热处理过程中容易出现变形（翘曲、畸变、尺寸胀缩等）或开裂。影响模具变形，不仅是与热处理有关，而且还有其他很多因素。钢的特性对热处理变形的影响列于表 11-74。

表 11-74　冷作模具钢的基本特性对热处理变形倾向的影响

序号	钢的特性	特性的变化方向	对变形倾向的影响
1	M_s 点的位置	高	残留奥氏体少，组织应力占主导，使型腔趋胀
		低	残留奥氏体多，热应力占主导，型腔趋缩
2	淬透性水平	高	有利于采用缓和的淬火介质，减少翘曲与畸变
		低	须用强烈淬火介质，变形大，难以控制
3	碳化物均匀性	优	各向变形均匀，减少翘曲的程度
		劣	导致异常变形，加重翘曲程度及各向胀缩差异
4	各组成相的影响	马氏体增多	导致体积膨胀，组织应力增大，减少固溶碳量，有利于减少变形
		残留奥氏体增多	能补偿马氏体的体积膨胀，有利于减少变形或实现微变形
		贝氏体增多	有利于减少变形
		碳化物增多	不发生体积变形。含量多而均匀，有利于微变形
5	回火转变	残留奥氏体分解	残余奥氏体分解，体积膨胀
		二次硬化	体积显著膨胀
6	塑性变形抗力	热强性高	有利于减少热应力引起的变形
		马氏体转变区强度高	有利于减少组织应力引起的变形

为了防止模具变形、防止开裂，根据模具的形状尺寸、技术要求及变形、淬裂的倾向，选择合适的材料，并正确地进行毛坯备料、锻造及预备热处理，在此基础上选择合理的热处理工艺，进行正确的热处理操作。模具热处理常见缺陷、产生原因及防止方法见表 11-75。

表 11-75　热处理常见缺陷、产生原因及防止方法

缺陷名称	产生原因	防止方法
过热与过烧	1. 钢材混淆 2. 加热温度过高（如仪表失灵，变压器挡数过高等） 3. 在高温的加热时间过长	1. 预先用火花法鉴别钢材 2. 定期检查仪表与设备，操作时注意炉温测量 3. 严格控制淬火加热规范
脆性大	1. 钢材内在质量（碳化物偏析级别大等） 2. 原始组织粗大 3. 淬火温度过高或保温时间过长 4. 在回火脆性区内回火 5. 回火温度偏低或回火时间不足	1. 严格控制钢材内在质量 2. 经适当的预备热处理，改善组织 3. 正确掌握加热温度和加热时间 4. 尽量避免在回火脆性区内回火 5. 选定合适的回火工艺
裂纹	1. 模具形状特殊，厚度不均，带尖角和螺纹孔等 2. 未经中间退火而再次淬火 3. 淬火后未及时回火	1. 堵塞螺纹孔，填补尖角，包扎危险截面和薄壁处采取分级淬火 2. 返修或翻新模具时，须进行退火或高温回火 3. 及时回火

（续）

缺陷名称	产生原因	防止方法
裂纹	4. 回火不足 5. 磨削操作不当 6. 用电火花法加工时，硬化层中存在有高的拉伸应力和显微裂纹	4. 保证回火时间，合金钢应按要求次数回火 5. 选定正确的磨削工艺 6. 改进电火花加工工艺，进行去应力退火，用电解法消除硬化层；经退火或高温回火后，用钳修方法或坐标磨削去除硬化层
硬度低	1. 钢中存在碳化物偏析与聚集 2. 大型模具选用淬透性低的钢种 3. 淬火温度过高（淬火后残留奥氏体过多）加热时间不足 4. 碱浴水分过少 5. 回火温度过高	1. 选择合理的锻造工艺 2. 正确选用钢种 3. 严格控制淬火工艺 4. 控制碱浴水分 5. 选择合适的回火温度
腐蚀	1. 盐浴脱氧不良 2. 硝盐使用温度过高 3. 盐浴加热淬火后未及时清洗	1. 严格进行脱氧 2. 硝盐使用温度应低于500℃ 3. 淬火后及时清洗

第七节　模具零件的表面强化技术

模具在使用过程中往往承受着各种形式的复杂应力，模具的表面更是处于较大的、较复杂的应力状态下，其工作条件尤为恶劣。模具的主要失效形式是磨损、腐蚀和断裂，而磨损和腐蚀均是发生于机件表面的材料流失过程。而且其他形式的机件失效有许多也是从表面开始的，模具的失效和破坏，也是发生在表面或由表面开始。因此，模具表面性能的优劣将直接影响模具的使用及寿命。实践证明，提高模具性能的有效途径除选择正确的加工方法、模具材料外，关键在于正确选择热处理方法和表面强化工艺。模具的表面强化是制造高质量模具的重要基础工艺之一。

模具表面强化使基体材料表面具有原来没有的性能，或者是进一步提高其所固有的性能。这些性能主要是表面的耐磨性、抗咬合性、抗冲击性、抗热黏附件、抗冷热疲劳性及耐蚀性等。

一、模具工作零件表面强化方法的分类及性能

模具工作零件表面强化的方法主要有三类，其分类见表11-76，在模具生产中表面强化的主要参数和性能见表11-77。部分表面强化方法对基体材料性能的影响见表11-78。

表11-76　模具工作零件表面强化方法

不改变表面化学成分的方法	改变表面化学成分的方法	表面形成覆盖层的方法
1. 高频感应淬火 2. 火焰淬火 3. 电子束相变硬化 4. 激光相变硬化 5. 加工硬化（如喷丸硬化）等	1. 渗碳 2. 渗氮 3. 碳氮共渗 4. 渗硫 5. 渗金属 6. 复合渗（多元共渗） 7. TD法 8. 离子注入等	1. 镀金属 2. 堆焊 3. 电火花强化 4. 化学气相沉积（CVD） 5. 物理气相沉积（PVD）等

表 11-77　常用表面强化处理的性能与效果比较

表面强化种类	表面层的状态：层深/mm	表面层的状态：强化后表层变化	表面层的状态：表层组织	表面层的状态：表层应力状况	表面层的状态：硬度 HV	表面层的状态：耐磨性	表面层的状态：接触疲劳强度	表面层的状态：抗弯强度	变形开裂倾向	适用钢材及工作条件
渗碳淬火	中等 0.1~1.5	表层硬化、高的残留压应力	$Ms+C_2+A'$①	(-)②（提高55%）	650~850	高	好	好	较大，不易开裂	低碳钢、低碳合金钢、铁基粉末合金、重载荷零件
碳氮共渗	较浅 0.1~1.0	表层硬化、高的残余压应力	含氮0.15%~0.5%含碳0.7%~1.0% $Ms+C_2+A'$	(-)	700~850	高	很好	很好	变形较小不易开裂	低碳钢、中碳钢、低中碳合金钢、铁基粉末合金
渗氮	薄层 0.1~0.4	表层硬化、高的残留压应力	$\varepsilon \to \varepsilon+\gamma' \to \alpha+\gamma'$	(-)	800~1200	提高	好	好（提高150%~180%）	变形甚小不易开裂	合金渗氮钢、球墨铸铁
氮碳共渗（软氮化）	扩散层 0.3~0.4 氮碳化合物层 5~20μm	表层硬化、高的残留压应力	表面氮碳化合物层、内层氮扩散层	(-)（提高22%~32%）	500~800	较好	较好	较好	变形甚小不易开裂	碳钢、铸铁、耐热钢等，轻载荷高速滑动零件
表面淬火	0.8~50	表层硬化、高的残留压应力	$Ms+A'$	(-)（提高68%）	600~850	高	好	好	较小	中碳钢或中碳合金钢、低淬透钢、球墨铸铁等
表面冷变形：表面滚压强化	0~0.5	表层加工硬化表面粗糙度增加，高残留压应力	位错密度增加	(-)	提高 0~150%	—	改善	较大提高	—	碳钢、合金钢零件
表面冷变形：喷丸强化	0~0.5	表层加工硬化高残留压应力，有凹痕	位错密度增加	(-)	>300 时不升高	—	改善	较大提高	—	碳钢、合金钢、球墨铸铁零件

① Ms 马氏体　C_2 碳化物　A′残留奥氏体

② (-)：表层压应力

表 11-78　表面强化处理对基体材料的影响

表面强化处理工艺	表面硬度：室温	表面硬度：高温	基体硬度：室温	基体硬度：高温	耐磨性	耐热性	抗氧化性	耐蚀性	韧性	耐热裂性	疲劳强度
镀铬	+	±	±	±	+	+	+	+	−	±	−
渗氮	+	±	+	+	+	+	±	+	−	±~+	+
渗硼	+	+	+	+	+	+	+	+	−	−	−
TD 处理(VC)	+	+	−~±	−~±	+	+	±	+	±	+	−~±
TD 处理(CrxCy)	+	+	−~±	−~±	+	+	+	+	±	+	−~±
沉积 TiC(CVD)	+	+	−~±	−~±	+	+	±	+	±	+	−~±
沉积 W_xC(CVD)	+	+	±	±	+	+	±	+	±	+	±
沉积 TiN(PVD)	+	+	±	±	+	+	±	+	±	+	±
离子氮化(N^+)	+	+	±	±	+	+	±	+	−	+	+

注：1. 本处基体硬度是指化合物层下面的基体硬度，扩散处理时为溶体层以下的基体硬度。

2. 符号意义：“+”为提高，“±”影响不大，“−”为降低。

二、改变表面化学成分的表面强化方法

表面化学热处理是将金属或合金工件置于一定温度的活性介质中保温，使一种或几种元素渗入工件表层，以改变其化学成分、组织和性能的热处理工艺。

（一）渗碳

渗碳是把钢件置于渗碳介质（即渗碳剂）中，加热到单相奥氏体区，保温一定时间，使碳原子渗入钢表层的表面化学热处理工艺。一般情况下，渗碳在 Ac_3 以上（850 ~ 950°C）进行。渗碳方法是应用最广泛的一种表面化学热处理工艺方法。

渗碳的目的在于使模具的表面在热处理后碳浓度提高，从而使表层的硬度、耐磨性及接触疲劳强度较心部有较大的提高，而心部仍保持一定强度和较高的韧性。

生产上所采用的渗碳深度一般在 0.5 ~ 2.5mm 之间，渗碳层碳的质量分数为 0.85% ~ 1.1% 时最佳。渗碳层硬度应≥56HRC，对采用合金钢制造的零件深碳层表面硬度≥60HRC。

根据采用的渗碳剂的不同，渗碳方法可分为固体渗碳、液体渗碳、气体渗碳、真空渗碳和离子渗碳。固体渗碳和气体渗碳在生产中经常采用，但气体渗碳正在取代固体渗碳。

1. 固体渗碳

固体渗碳是将工件埋在装有固体渗碳剂的箱子里，密封后放在炉中加热到奥氏体状态进行渗碳的一种工艺方法。固体渗碳不需要专用电炉，操作也较简单，特别适合于有不通孔及小孔工件的渗碳，它的主要缺点是质量不易控制，劳动条件差，生产周期长，渗碳后不易于直接淬火。

（1）固体渗碳剂　固体渗碳剂主要由产生活性碳原子的物质、催渗剂、粘结剂、填充剂等组成。

固体渗碳剂往往是购买加工好的颗粒状渗碳剂，也可以自行配置，生产中常用的固体渗碳剂的成分见表 11-79。

表 11-79　常用固体渗碳剂组成

组分名称	含量(质量分数,%)	使用情况
$BaCO_3$ $CaCO_3$ 木炭（白桦木）	20 ~ 25 3.5 ~ 5 余量	在 930 ~ 950°C，渗碳时间 4 ~ 15h，渗层厚度 0.5 ~ 1.5mm
$BaCO_3$ $CaCO_3$ 煤的半焦炭	10 ~ 15 3.5 余量	工作混合物由 25% ~ 30% 新渗碳剂和 75% 旧渗碳剂组成。工作物中含 w_{BaCO_3} 为 5% ~ 7%
$BaCO_3$ 木炭	3 ~ 5 余量	1. 20CrMnTi，930°C 渗碳 7h 层深 1.33mm，表面 w_C 为 1.07% 2. 用于低合金钢时，新旧渗碳剂比为 1:3；用于低碳钢 w_{BaCO_3} 应增至 15%
$BaCO_3$ $CaCO_3$ 木炭	15 5 余量	新旧渗剂比为 3:7，920°C 渗碳层深 1.0 ~ 1.5mm，平均渗碳速度为 0.11mm/h，表面 w_C 为 1.0%
$BaCO_3$ $CaCO_3$ 木炭	3 ~ 4 0.3 ~ 1.0 余量	18Cr2Ni4WA 及 20Cr2Ni4A，层深 1.3 ~ 1.9mm 时，表面 w_C 为 1.2% ~ 1.5%。用于 12CrNi3 钢是 w_{BaCO_3} 需增至 5% ~ 8%
$BaCO_3$ Na_2CO_3 $CaCO_3$ 木炭	10 3 1 余量	新旧渗剂的比例为 1:1，20CrMnTi 钢汽轮机被动齿轮，（ϕ561mm，m = 5mm）在 900°C 渗碳 12 ~ 15h，磨齿后层深达 0.8 ~ 1.0mm

（续）

组分名称	含量（质量分数,%）	使用情况
黄血盐 Na_2CO_3 木炭	10 10 余量	低碳钢及低碳合金钢，920°C 保温 3～4h，层深 1.2mm
醋酸钠 焦炭 木炭 重油	10 30～35 55～60 2～3	由于含醋酸钠（或醋酸钡），渗碳活性较高，速度较快，但容易使表面碳含量过高，因含焦炭，渗剂热强度高及抗烧损性能好

（2）渗碳工艺流程

1）清理工件表面。渗碳前要除去工件表面的油污、锈斑等，并对非渗碳面进行防渗处理。

2）装箱。装箱是保证固体渗碳层质量的重要环节。为了使工件在渗碳时迅速透热，以保证渗碳箱中各部位的工件和同一工件的各部位能获得深度均匀的渗碳层，应选用合适的渗碳箱。渗碳箱壁不应太厚，一般 4～8mm 为宜，其尺寸不应太大，形状可为圆柱形、矩形或环形。图 11-10 所示为装箱示意图。

3）装炉与升温。一般在 850～900℃装炉。装炉速度要快，以免炉温下降过多。由于固体渗碳剂导热性差，为了减小箱子边缘和中心的温度差，使箱中各处的零件渗碳深度较均匀，可采用分段加热的方法，即在 800～850℃保温一段时间，时间长短视装炉量和渗碳箱的大小而定，以使得箱内温度都均匀地达到或接近炉温，然后再将炉温升至渗碳温度。但对渗碳层厚度范围较宽的工件或采用小型渗碳箱时，也可直接升到渗碳温度。渗碳温度一般控制在 930 ± 10°C，对含 Ti、V、W、Mo 的合金钢，可提高到 950～980℃以加速渗碳过程。分段加热固体渗碳工艺曲线见图 11-11。

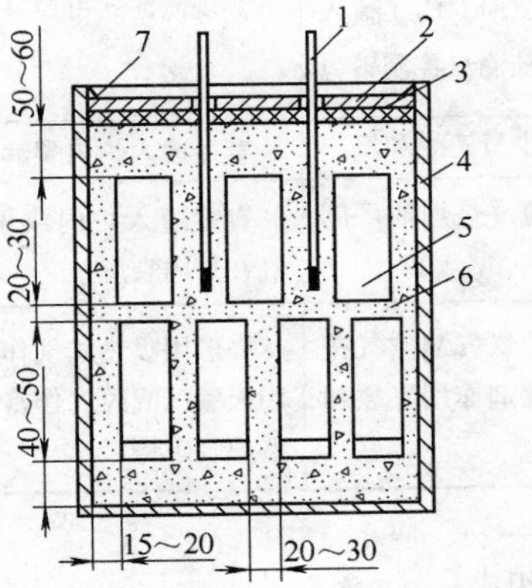

图 11-10 固体渗碳装箱示意图

1—试棒 2—箱盖 3—石棉板 4—箱体

5—工件 6—渗碳剂 7—黏土

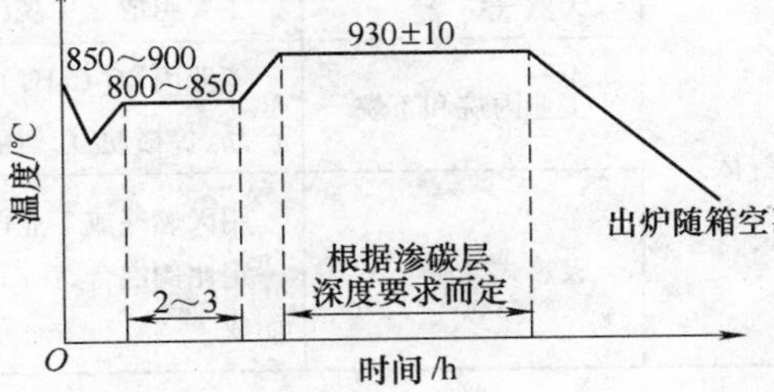

图 11-11 分段加热固体渗碳工艺曲线

4）保温时间。保温时间根据渗碳层深度而定。当渗碳温度为 930°C，渗碳层深度在 0.8～0.15mm 范围内时，保温时间一般可按平均渗速 0.10～0.15mm/h 估算。为了改善渗碳层中碳浓度分布，使表面碳浓度达到要求，在层深接近要求下限时，可将炉温降至 840～860℃保温一段时间，进行扩散。

5）出炉与开箱。在预计出炉时间前0.5～1h检查试棒，取出试棒，并在水中淬火，然后将试棒折断观察其断口，再根据已达到的渗碳层深度确定出炉时间。渗碳层深度符合要求后即可出炉。渗碳箱出炉后放在空气中，待在箱中冷却至200℃左右时开箱。过早开箱会增大零件的变形，并使渗碳剂烧损严重。

2. 气体渗碳

气体渗碳是将工件置于密封的渗碳炉中（如图11-12所示）。通入炉中的气体渗碳剂，在高温下通过反应分解出活性碳原子，活性碳原子渗入工件表面的高温奥氏体中，并通过扩散形成一定厚度的渗碳层。工件渗碳后必须进行淬火和低温回火。

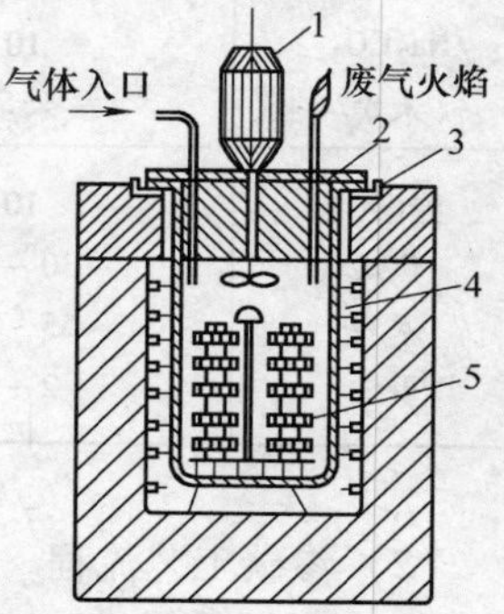

图11-12　气体渗碳示意图

1—风扇电动机　2—炉盖　3—砂封　4—电阻丝　5—工件

气体渗碳的渗碳层质量高，渗碳过程易于控制，生产率高，劳动条件好，易于实现机械化和自动化，适于成批或大量生产。

（1）气体渗碳剂　目前常用的气体渗碳剂有两大类：一类是碳氢化合物的有机液体，另一类是气体。

常用的气体渗碳剂成分见表11-80。在进行气体渗碳时，渗碳件在装箱前应清理干净，不得有油污、氧化皮等，非渗碳面应加以防护，防护涂料（防渗碳膏）见表11-81。

表11-80　常用气体渗碳剂及使用方法

类　别	渗　剂	组成及特点	使用方法
液体	煤油	为石蜡烃、烷烃及芳香烃的混合物。一般灯用煤油含 w_S <0.04%者均可使用，价格便宜，来源容易，但易产生炭黑	直接滴入或用燃料泵喷入渗碳炉内，调节液滴数量，以控制工件表面碳浓度。多用于井式炉。用甲醇和丙酮或醋酸乙酯可实现滴注式可控气氛渗碳
	甲醇添加酮、酯类有机化合物	甲醇（CH_3OH）和一定比例的丙酮（CH_3COCH_3）或醋酸乙酯（$CH_3COOC_2H_5$）滴入炉内裂解。靠调整丙酮或醋酸乙酯滴量控制碳势	
气体	天然气	主要组成是甲烷（CH_4）尚含有少量乙烷和氮	直接通入炉内裂解
	工业丙烷和丁烷	工业丙烷（C_3H_8）和丁烷（C_4H_{10}）是炼油厂副产品，价格便宜，运贮方便	直接通入炉内或添加少量空气在炉内裂解
	吸热式气	用天燃气或工业丙、丁烷或焦炉煤气与空气按一定比例混合，在高温和有镍催化剂作用下裂解而成	一般用吸热式气作运载气体，用天然气或丙烷作富化气，以调整炉气碳势

表11-81　防渗碳膏的组成

膏剂的组成（质量分数）			使用方法
氧化亚铜	2份	a	将a、b分别混合均匀后，用b将a调成浆糊状，用软毛刷向工件防渗部位涂抹，涂层厚度大于1mm，应致密无孔，无裂纹
铅丹	1份		
松香	1份	b	
酒精	2份		
熟耐火砖粉	40%		混合均匀后用水玻璃配成干稠状，填入轴孔处，并捣实，然后风干或低温烘干
耐火黏土	60%		

（续）

膏剂的组成(质量分数)		使用方法
玻璃粉 >>0.075mm	70% ~80%	涂层厚度约为 0.5 ~2mm,涂后经 130 ~150°C 烘干
滑石粉	30% ~20%	
水玻璃适量		
石英粉	85% ~90%	用水玻璃调匀后使用
硼砂	1.5% ~2.0%	
滑石粉	10% ~15%	
铅丹	4%	调匀后使用,涂敷两层,此剂适用于高温渗碳
氧化铝	8%	
滑石粉	16%	
水玻璃	72%	

（2）渗碳温度　气体渗碳的温度一般为 920 ~930°C。为提高渗碳速度，可采用较高的渗碳温度，即 940 ~950°C。但较高的温度容易使碳化物呈网状，并使晶粒长大，力学性能降低。

（3）渗碳保温时间　与固体渗碳一样，主要取决于渗碳层的厚度，根据平均渗碳速度计算。计算时应考虑渗碳速度的影响。例如，当渗碳温度为 920℃时，欲获得厚度为 1.0mm 的渗碳层，其保温时间可按平均渗碳速度为 0.15 ~0.17mm/h 计算，欲获得厚度大于 1.0mm 的渗碳层，其保温时间可按平均渗碳速度 0.12 ~0.15mm/h 计算。

按上述方法计算出的渗碳保温时间仅供操作时参考，工件出炉时间，需要在渗碳过程中抽样检查决定。

（4）出炉　气体渗碳以后，对一般工件可以随炉冷却至 850℃左右后出炉，直接在油中淬火。

（5）渗碳工件的检查　为了保证渗碳工件的力学性能，必须按工件的技术条件进行检验。渗碳工件的检验，在渗碳后或淬火并低温回火后进行。检验项目主要有：渗碳层厚度，渗碳表面、非渗碳表面和中心部分的硬度，变形量的检验等。对于重要工件，还需检验渗碳层和心部的组织，必要时还需抽检心部的力学性能。

关于渗碳层深度的检验方法，有宏观测定法和金相测定法两种。

宏观测定法是将与工件同时渗碳后的试样（试样钢材与工件相同）于淬火后折断，观察其断口，渗碳层呈银白色瓷状，未渗碳部分为灰色纤维状，并测定其渗碳层的厚度。为使渗碳层明显地显示出来，可以将试棒断口在砂轮上磨平，用 2% ~4% 硝酸酒精溶液浸蚀磨面，几秒钟后出现黑圈，黑圈厚度即可近似视为渗碳层的深度（实际渗碳层深度比黑圈略深），一般用读数放大镜来测定。

渗碳主要用于要求承受很大冲击载荷、高的强度和好的抗脆裂性能，使用硬度为 58 ~62HRC 的小型模具。如用 Cr12MoV 钢制的八角模寿命很短，往往不到 2000 件就断裂，现在用 20Cr 钢加渗碳强化处理来制造，在渗层深为 1.0 ~1.2mm、硬度为 60 ~62HRC 时，一次寿命可延长到 3 万件；W6Mo5Cr4V2 钢制螺母冲模经渗碳淬火强化后，使用寿命比常规工艺处理的延长 2 ~3 倍；W18Cr4V 钢制冲孔冲模，经渗碳淬火后，其使用寿命比常规工艺处理的延长 2 ~3 倍，还可以用 65Nb 钢渗碳处理来代替 Cr12MoV 钢制造冷挤压常规模具，65Nb 钢制的冷挤压模经真空渗碳处理后，其寿命可达 3 万件，而用 Cr12MoV 钢经淬火回火处理的冷挤压模具的寿命仅为 4000 件。

3. 真空渗碳

由于真空渗碳具有渗速快、渗层均匀、能直接使用天然气作渗碳剂，无烟（不需要可控气氛发生装置）等优点，在模具上得到了广泛的应用。

真空渗碳过程：工件入炉后先排气，当真空度达到133.3Pa（约15min），随后通电加热，达到渗碳温度（1030～1050°C）。在升温过程中由于工件与炉壁脱气会使炉内真空度降低，待净化作用完成后，炉内真空度又上升复原。经过一段均热保温后，通入天然气（渗碳介质）使工件渗碳。这时炉内真空度又下降，停止供给天然气数分钟后，炉内真空度重新上升，复原后再通天然气，真空度又下降。如此反复数次，使渗碳及扩散过程交替进行，直至渗碳终了。在真空渗碳过程中温度与炉内真空度的变化见图11-13。渗碳后按工艺要求进行淬火、回火处理。真空渗碳与气体渗碳工艺参数的比较见图11-14。

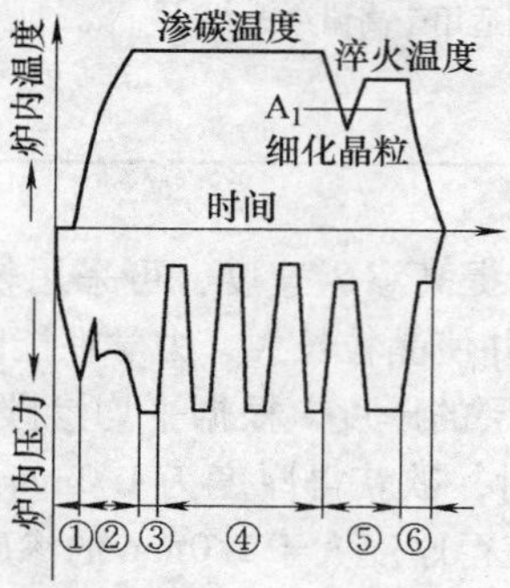

图11-13　在真空渗碳中温度与炉内真空度的变化
①排气，使真空度达133.3Pa　②升温，伴随有脱气发生　③均热　④渗碳与扩散　⑤淬火加热以细化晶粒　⑥淬火冷却

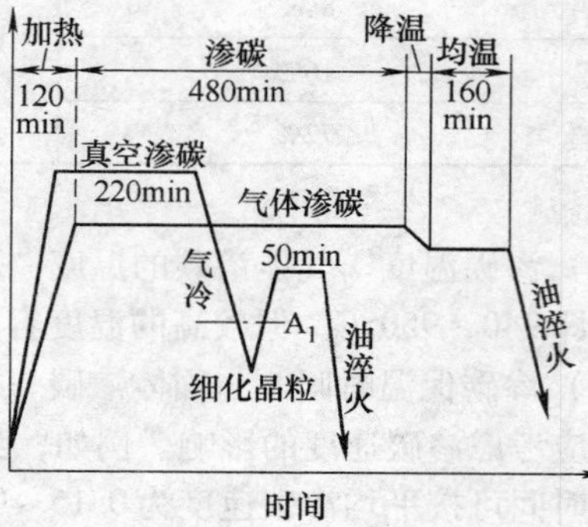

图11-14　真空渗碳与普通渗碳工艺参数的比较

4. 常见缺陷及其防止措施

渗碳件常见缺陷及防止措施见表11-82。

表11-82　渗碳件常见缺陷及防止措施

缺陷形式	形成原因及防止措施	返修方法
表层粗大块状或网状碳化物	渗碳剂活性太高或渗碳保温时间过长 降低渗剂活性：当渗层要求较深时，保温后期适当降低渗碳剂活性	1. 在降低碳势气氛下延长保温时间，重新淬火 2. 高温加热扩散后再淬火
表层大量残留奥氏体	淬火温度过高，奥氏体中碳及合金元素含量较高 降低渗剂活性，降低直接淬火或重新加热淬火的温度	1. 冷处理 2. 高温回火后，重新加热淬火 3. 采用合适的加热温度，重新淬火
表面脱碳	渗碳后期渗剂活性过分降低，气体渗碳炉漏气。液体渗碳时碳酸盐含量过高。在冷却罐中及淬火加热时保护不当，出炉时高温状态在空气中停留时间过长	1. 在活性合适的介质中补修 2. 喷丸处理（适用于脱碳层≤0.02mm时）
表面非马氏体组织	渗碳介质中的氧向钢中扩散，在晶界上形成Cr、Mn等元素的氧化物，致使该处合金元素贫化，淬透性降低，淬火后出现黑色网状组织（托氏体） 控制炉内介质成分，降低氧的含量，提高淬火冷却速度，合理选择钢材	当非马氏体组织出现处深度≤0.02mm时，可用喷丸处理强化补救，出现深度过深时，重新加热淬火

（续）

缺陷形式	形成原因及防止措施	返修方法
反常组织	当钢中含氧量较高（沸腾钢），固体渗碳时渗碳后冷却速度过慢，在渗碳层中出现二次碳化物网周围有铁素体层，淬火后出现软点	提高淬火温度或适当延长淬火加热保温时间，使奥氏体均匀化，并采用较快淬火冷却速度
心部铁素体过多	淬火温度低，或重新加热淬火保温时间不够	按正常工艺重新加热淬火
渗层深度不够	炉温低，渗剂活性低，炉子漏气或渗碳盐浴成分不正常，加强炉温校验及炉气成分或盐浴成分的监测	补渗
渗层深度不均匀	炉温不均匀；炉内气氛循环不良；升温过程中工作表面氧化；炭黑在工件表面沉积；工件表面氧化皮等没有清理干净；固体渗碳时渗碳箱内温差大及催渗剂拌和不均匀	
表面硬度低	表面碳浓度低或表面脱碳；残留奥氏体量过多，或表面形成托氏体网	1. 表面碳浓度低者可进行补渗 2. 残留奥氏体多者可采用高温回火或淬火后补一次冷处理，消除残留奥氏体 3. 表面有托氏体者可重新加热淬火
表面腐蚀和氧化	渗剂中含有硫或硫酸盐，催渗剂在工件表面熔化，液体渗碳后工件表面粘有残盐，有氧化皮的工件涂硼砂重新加热淬火等均引起腐蚀 工件高温出炉保护不当均引起氧化 应仔细控制渗剂及盐浴成分，对工件表面及时清理及清洗	
渗碳件开裂（渗碳缓冷工件，在冷却或室温放置时产生表面裂纹）	渗碳后慢冷时组织转变不均匀所致，如18CrMnMo钢渗碳后空冷时，在表层托氏体下面保留了一层未转变的奥氏体，后者在随后的冷却过程中或室温停留过程中转变为马氏体，使表面产生拉应力而出现裂纹 减慢冷却速度，使渗层完成共析转变，或加快冷却速度，使渗层全部转变为马氏体加残留奥氏体	

（二）渗氮

渗氮（氮化）是在一定的温度下使活性氮原子渗入工件表面的表面化学热处理工艺。其目的是提高工件表面硬度、耐磨性、疲劳极限、热硬性及抗咬合性，提高零件抗大气、过热蒸汽的腐蚀能力，降低缺口敏感性。目前常用的渗氮方法主要有气体渗氮、离子渗氮、真空渗氮、电解催渗渗氮和氮碳共渗等。

模具零件在渗氮前一般进行调质处理，为了不影响模具的性能，渗氮温度不得高于调质处理的回火温度，一般采用500～570°C。

为了使渗氮有较好的效果，必须选择含有铝、铬和钼元素的钢种，以便渗氮后形成AlN，CrN和Mo_2N，没有这些元素，则渗氮层硬度低，不足以提高模具的耐磨性。常用渗氮的钢种有Cr12、Cr12MoV、3Cr2W8V、38CrMoAlA、4Cr5MoVSi、40Cr5W2VSi、5CrNiMo、5CrMnMo等。

常用的渗氮渗剂有氨、氨与氮、氨与预分解氨（即氨、氢、氮混合气体）以及氨与氢等四种。一般渗氮气体采用脱水氨气。

1. 气体渗氮

气体渗氮是将工件置于通入氨气的炉中，加热至500~600°C，使氨分解出活性氮原子，渗入工件表层，并向内部扩散形成氮化层。

（1）气体渗氮设备　气体渗氮所用的设备如图11-15所示。

（2）气体渗氮工艺流程　渗氮时，先向渗氮罐中通入氨气，排除渗氮罐中的空气。当测量的氨气分解率为零时，即表示罐内的空气已被排尽。这一过程应在炉温为250℃以下进行，以免工件氧化。当罐内空气排尽后，即可加温渗氮，对于变形量有严格要求的工件，应缓慢升温，以免造成渗氮罐内超温。渗氮温度以罐温为准。

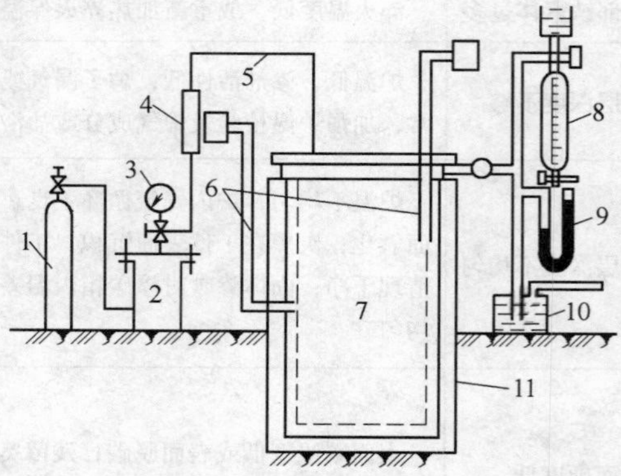

图11-15　RJX型炉渗氮装置示意图

1—氨瓶　2—干燥箱　3—氨压力表　4—流量计　5—进气管　6—热电偶　7—渗氮罐　8—氨分解测定计　9—U形压力计　10—泡泡瓶　11—炉

在渗氮保温阶段，应经常测定氨气分解率。影响氨气分解率大小的因素有：渗氮温度、炉内气体压力、氨气供给量、炉内是否有接触剂（即催渗剂）以及炉中工件总渗氮面积等。

渗氮持续足够时间后切断电源，让渗氮罐随炉冷却，或将渗氮箱置于空气中冷却。在冷却过程中，应继续向箱内供给氨气。当渗氮罐中的温度降至低于200℃时，即可停止供给氨气，开罐取出工件。

（3）渗氮的工艺规范　渗氮的加热方法，主要有一段渗氮法和二段渗氮法。

一段渗氮法，渗氮温度一般为480~530°C。其优点是操作简单，零件变形量小。缺点是渗氮速度较慢，生产周期长，适用于一些要求硬度高、变形量小的零件。

二段渗氮法是将零件先在较低温度下，一般为490~530°C渗氮一段时间，然后提高到渗氮温度，一般为535~560°C，再渗氮一段时间。在渗氮的第一阶段，零件表面获得较高的氮浓度，并形成含有高弥散度、高硬度的氮化物的渗氮层。在渗氮第二阶段，氮原子在钢中的扩散将加速进行，以迅速获得一定厚度的渗氮层。

气体渗氮的缺点主要是：处理时间长（约10~90h），渗层浅（小于0.7mm），渗层脆性较大，仅适用于合金渗氮钢。因此，气体渗氮现已逐渐由离子渗氮、氮碳共渗、真空渗氮、电解催渗渗氮等所取代。气体渗氮广泛用于模具制造业中，几种模具钢的气体渗氮工艺规范见表11-83。

表11-83　部分模具钢渗氮工艺规范

钢号	处理方法	渗氮工艺规范				渗氮层深度/mm	表面硬度
		阶段	渗氮温度/°C	时间/h	氮分解率（体积分数，%）		
3Cr2W8V	二段	Ⅰ Ⅱ	480~490 520~530	20~22 20~24	15~25 30~50	0.20~0.35	≥600HV
30CrMnSiA	一段		500±5	25~30	20~30	0.2~0.3	>58HRC

（续）

钢号	处理方法	渗氮工艺规范				渗氮层深度/mm	表面硬度
		阶段	渗氮温度/°C	时间/h	氮分解率（体积分数，%）		
Cr12MoV	二段	Ⅰ Ⅱ	480 530	18 25	14 ~ 27 36 ~ 60	≤0.2	720 ~ 860HV
40Cr	一段		490	24	15 ~ 35	0.2 ~ 0.3	≥600HV
	二段	Ⅰ Ⅱ	480 ± 10 500 ± 10	20 15 ~ 20	20 ~ 30 50 ~ 60	0.3 ~ 0.5	≥600HV
4Cr5MoSiV1（H13）	一段		530 ~ 550	12	30 ~ 60	0.15 ~ 0.20	760 ~ 800HV

2. 离子渗氮

离子渗氮是在一定真空度下，利用工件（阴极）和阳极之间产生的辉光放电现象进行的，所以又叫辉光离子渗氮，图 11-16 所示为离子渗氮装置示意图。

将被渗氮的工件 11 置于密闭的离子渗氮炉（真空室）内，加热到 350 ~ 570°C，在进行渗氮时先将炉内真空度抽到 2.6Pa 后，充入一定比例混合的氮、氢混合气体或氨气，气压在 70Pa 左右时，以需要渗碳的工件 11 为阴极，在真空容器内相对一定的距离设置阳极 9，在两极上加以 400 ~ 1000V 的直流电压，使之点燃辉光放电。在高压电场的作用下，工件 11 周围的氨气被电离成高能量的氮和氢的正离子及电子，此时阴极（工件）表面形成一层紫色辉光。具有高能量的氮离子以极高的速度轰击工件 11 表面，由动能转化成热能，使工件 11 表面温度升高到所需的渗氮温度（450 ~ 650°C），氮离子在阴极（工件）上夺取电子后，还原成氮原子而渗入工件 11 表面，并向内层扩散形成渗氮层。另外，氮离子轰击工件 11 表面时，还能产生阴极溅射效应而溅射出铁离子，这些铁离子与氮离子化合，形成含氮量很高的氮化铁（FeN），氮化铁又重新附着在工件 11 表面上，依次分解为 Fe_2N，Fe_3N，Fe_4N 等，并放出氮原子向工件内部扩散，于是在工件 11 表面形成渗氮层。随着时间的增加，渗氮层逐渐加深。

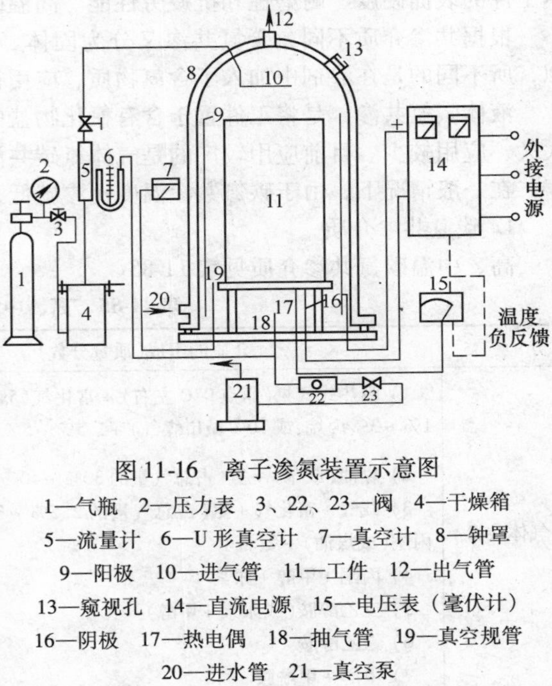

图 11-16 离子渗氮装置示意图

1—气瓶 2—压力表 3、22、23—阀 4—干燥箱 5—流量计 6—U 形真空计 7—真空计 8—钟罩 9—阳极 10—进气管 11—工件 12—出气管 13—窥视孔 14—直流电源 15—电压表（毫伏计） 16—阴极 17—热电偶 18—抽气管 19—真空规管 20—进水管 21—真空泵

离子渗氮有以下特点：

（1）渗氮速度快，生产周期短 以 38CrMoAlA 钢为例，要求渗氮层深度为 0.53 ~ 0.7mm、硬度大于 900HV 时，采用气体渗氮法需 50h 以上，而离子渗氮仅需 15 ~ 20h。

（2）渗氮层质量高 由于离子渗氮的阴极溅射有抑制生成脆性层的作用，所以明显地提高了渗氮层的韧性和疲劳极限。

（3）工件的变形小　阴极溅射效应使工件尺寸略有减小，可抵消氮化物形成而引起的尺寸增大，故适用于处理精密零件和复杂零件。

（4）对材料的适应性强　适用于各种钢种、铸铁和非铁金属。

离子渗氮广泛用于处理热锻模、冷挤压模、压铸模、冷冲裁模具等。离子渗氮的缺点是所用设备比较复杂。部分模具钢的离子渗碳工艺与使用效果见表11-84。

表11-84　部分模具钢的离子渗氮工艺与使用效果

模具名称	模具材料	离子渗氮工艺	使用效果	模具名称	模具材料	离子渗氮工艺	使用效果
冲头	W18Cr4V	550～520°C,6h	提高2～4倍	冷挤压模	W6Mo5Cr4V2	500～550°C,2h	提高1.5倍
铝压铸模	3Cr2W8V	500～520°C,6h	提高1～3倍				
热锻模	5CrMnMo	480～500°C,6h	提高3倍	拉深模	Cr12MoV	500～520°C,2h	提高5倍

（三）碳氮共渗

碳氮共渗是向工件的表面同时渗入碳和氮，并以渗碳为主的表面化学热处理工艺。根据操作时温度的不同可分为低温（500～600°C）、中温（700～800°C）、高温（900～950°C）三种。低温以渗氮为主称氮碳共渗，用于提高模具的耐磨性及抗咬合性。中温碳氮共渗主要用于提高结构钢工件的表面硬度、耐磨性和抗疲劳性能。高温碳氮共渗以渗碳为主。

根据共渗介质不同，碳氮共渗又分为固体、液体和气体三种。固体碳氮共渗与固体渗碳类似，所不同的是在渗剂中加入了含氮物质，应用很少。

液体碳氮共渗，是将工件置于含有氰化物盐的盐浴内加热。虽然其时间短，效果好，但毒性太大，应用较少。目前应用较广的是气体氮碳共渗和中温气体碳氮共渗两种方法。

在一般情况下，由于碳氮共渗温度比渗碳低，因此共渗后就可直接淬火，然后再低温回火。

1. 碳氮共渗介质

高、中温碳氮共渗介质见表11-85。

表11-85　高、中温碳氮共渗介质

分　类	介质的组成（质量分数）	说　明
气体共渗	1）吸热式气氛（露点0°C左右）+富化气（5%～10%甲烷或1%～3%丙烷，或10%城市煤气）+1.5%～5%氨	吸热式气氛流量应为炉膛容积的6～10倍，即每小时换气次数6～10次
	2）煤油（或苯）+氨（占总气量的30%～40%）	煤油产气量$0.75m^3/L$，其换气次数2～8次/h（按煤油产气量换算成渗碳气计算）
	3）载气+富化气+氨（占总气量的2.5%～3.5%）[甲醇+丙酮（或煤油）+氨]	
	4）丙酮+甲醇+尿素	
	5）三乙醇胺（或尿素+甲醇）	使用三乙醇胺在850°C共渗时，共渗速度约为0.2mm/h，其共渗速度比用甲苯+氨共渗时快
	6）三乙醇胺	
	7）甲醇+甲酰胺	
固体共渗	1）60%～80%木炭，20%～40%亚铁氰化钾$K_4Fe(CN)_6$	渗剂混合均匀与工件同时装入铁箱中，加盖，用泥封严入炉
	2）40%～50%木炭，15%～20%亚铁氰化钾，20%～30%骨炭，15%～20%碳酸盐	
	3）40%～60%木炭，20%～25%亚铁氰化钾，20%～40%骨炭	
液体共渗	1）30%氰化钠NaCN，40%碳酸钠Na_2CO_3，30%氯化钠NaCl	适用于840°C
	2）8%氰化钠，32%氯化钡，25%氯化钾，35%碳酸钠	适用于900°C
	3）40%尿素$(NH_2)_2CO$，25%氯化钾，35%碳酸钠	适用于780～820°C，原料无毒，反应产物有毒

2. 碳氮共渗工艺

几种气体碳氮共渗工艺见表11-86。共渗时碳氮浓度随温度的变化见表11-87。共渗层厚度与时间的关系见表11-88。

表11-86　几种气体碳氮共渗工艺参考数据

炉　型	渗碳剂用量	氨气用量 /$m^3 \cdot h$	氨气占炉气总体积的比例（%）	使用情况
RQ-25-9	煤油60滴/min	0.06	36	
	城市煤气0.2～0.3m^3/h	0.06～0.10	25	
RQ-35-9	煤油80滴/min	0.08	40	
RQ-45-9	液化石油气0.1m^3/h	0.05	8	
	城市煤气0.6～0.8m^3/h	0.2～0.3	25	
	煤油5mL/min	0.15	40	
RQ-60-9	煤油100滴/min	0.12	40	
RQ-75-9	煤油120滴/min	0.16	43	
	甲苯＋二甲苯0.38m^3/h	0.12	24	
RQ-90-9	煤油130滴/min	0.18	43	
RQ-105-9	煤油140滴/min	0.20	44	
密封箱式炉（炉膛尺寸：915mm×610mm×460mm）	煤气制备吸热式气氛（露点0°C）15m^3/h，液化石油气0.2m^3/h，炉气w_{CO_2}=0.1%，w_{CH_4}=3.5%	0.40	2.6	35钢，860°C层深0.15～0.25mm，50～60HRC，总时间65～70min
	丙烷制备吸热式气氛12m^3/h，丙烷0.4～0.5m^3/h炉气露点−8～−12℃	0.1～1.5	7.5～10.7	20CrMnTi，20Cr，850°C层深0.58～0.59mm，≥58HRC，总时间160min
连续推杆炉	丙烷制备吸热气氛28m^3/h，丙烷0.4m^3/h	0.5	1.7	共渗区880°C，20CrMnTi、20MnTiB，层深0.17～1.1mm，58～63HRC，总时间10h
连续式推杆炉（炉膛尺寸：5400mm×1000mm×941mm）	煤气制备吸热式气氛22m^3/h（露点0～7°C）丙烷0.35～0.5m^3/h	0.5～0.7	2.2～3.2	材料Q215，900°C，层深0.3～0.4mm，≥58HRC，总时间5h
密封振底炉（炉膛尺寸：4000mm×600mm×240mm）	煤气制备吸热式气氛15m^3/h	2.25～3	15～20	材料Q235 820～840°C，层深0.15～0.30mm，43～62HRC，总时间40～45min

表11-87　碳氮浓度随温度的变化规律性（共渗介质CO和NH_3的质量分数均为50%）

共渗温度/°C		700	750	800	850	900	950	1000
吸碳增量/g		0.50	0.83	1.13	1.54	1.82	1.98	2.04
吸氮增量/g		1.61	1.52	1.39	1.11	0.79	0.48	0.39
0.5mm处	w_C（%）	0.67	—	0.70	0.91	0.79	0.87	0.68
	w_N（%）	1.90	—	0.96	0.70	0.40	0.29	0.11
碳渗入深度/mm		0.75	—	1.1	1.7	2.4	3.0	—

表 11-88　共渗层深度与共渗时间的关系

共渗层深度/mm	0.3 ~ 0.5	0.5 ~ 0.7	0.7 ~ 0.9	0.9 ~ 1.1	1.1 ~ 1.3
共渗时间/h	3	6	8	10	13

3. 氮碳共渗

氮碳共渗是以渗氮为主，用得最多的是气体氮碳共渗。如多工位精密级进模的氮碳共渗处理，采用以尿素、甲酰胺、三乙醇胺为渗剂的气体氮碳共渗。氮碳共渗也称为软氮化，其实质是将工件放在具有活性碳、氮介质中 480 ~ 580°C 保温 3 ~ 4h 进行氮碳共渗。与一般的渗氮工艺相比，周期短、渗层脆性小，不易剥落，不需选用特殊的渗氮钢等优点。各种氮碳共渗方法的成分及工作特点见表 11-89，模具经氮碳共渗强化处理效果见表 11-90。

表 11-89　各种氮碳共渗方法的成分及工作特点

软氮化方法	常用氮化介质成分(质量分数)	熔点或使用温度	介质化学反应方程式或工作条件
液体氮碳共渗	47% KCN + 53% + N_2CN	470°C	$2KCN + O_2 \rightarrow 2KCNO$ $4KCNO \rightarrow 2KCN + K_2CO_3 + CO + 2[N]$ $2CO \rightarrow CO_2 + [C]$
	30% $(NH_2)_2CO$ + 20% Na_2CO_3 + 50% KCl	420°C	$3(NH_2)_2CO + K_2CO_3 \rightarrow 2KCNO + 4NH_3 + CO_2$
	40% $(NH_2)_2CO$ + 30% Na_2CO_3 + 20% KCl + 10% KOH	340°C	
气体氮碳共渗	50% 氨 + 50% 吸热式气氛	580 ~ 600°C	可适用于大型可控式滴控炉
尿素投入式气体氮碳共渗	将固体尿素直接送入 570°C 的炉膛内使其分解	570 ~ 600°C	$(NH_2)_2CO \rightarrow CO + 2H_2 + 2[N]$ $2CO \rightarrow CO_2 + [C]$ 适用于井式渗碳炉
滴注式气体氮碳共渗	甲酰胺、三乙醇胺加乙醇稀释	570 ~ 600°C	适用于井式气体渗碳炉
加氧氮碳共渗	①28% 的氨水溶液 ②80% N_2 + 20% NH_3 + 0.5% O_2 ③30% ~ 50% 甲酰胺水溶液	570 ~ 600°C	实现氧、碳、氮共渗，渗层硬度高，并在化合物内侧形成极细微的多孔性氧化物，可进一步提高渗层的抗咬合力、擦伤性和散热性
离子氮碳共渗	氨气 + 酒精或丙酮 C:N = 1:9 ~ 2:8	570°C	13.33 ~ 1333Pa，几百 ~ 1000V 的电场内，容器壁为正极，工件为负极，氨气等被电离为带正电的离子，在电场作用下，离子冲向工件将动能转化为热能加热工件，并实现 N、C 共氨
固体渗氮	木屑 60%，尿素 30%，生石灰 7%，氯化铵 3%	550 ~ 580°C 4 ~ 12h	—

表 11-90　模具氮碳共渗处理效果

模 具 名 称	模 具 材 料	使用寿命/件(一次修模)	
		常规处理	氮碳共渗处理
六角螺栓冷镦模	Cr12MoV	2000 ~ 3000	8000 ~ 19000
齿轮轴锻模	5CrMnMo	1200	12500
气门嘴热挤压模	3Cr2W8V	10000	20000 ~ 30000

（续）

模具名称	模具材料	使用寿命/件（一次修模）	
		常规处理	氮碳共渗处理
不锈钢表壳冷挤压凹模	W18Cr4V	粘模严重、表壳变形	消除了粘模现象 3500
铝合金挤压模	3Cr2W8V	—	磨损量降低 50%，寿命提高 1~2 倍
6mm 厚的 Q345（16Mn），钢板压弯模	Cr12MoV	10~20（件）拉毛	100~150（件）

4. 主要渗氮方法的比较

几种主要渗氮方法的比较见表 11-91 和表 11-92。

表 11-91 几种主要渗氮方法的比较

项目 \ 方法		离子渗氮	盐浴渗氮	气体氮碳共渗	气体渗氮
原理		真空炉内产生辉光放电，在 N_2、H_2 和其他气体或其混合气体的气氛中进行渗氮，在气氛为 NH_3 时：$2NH_3 \rightarrow 2N^+ + 6H^-$	XCN、XCNO、X_2CO_2（X-碱金属）根据盐浴反应，渗 N 和 C 例：$2XCN + O_2 \xrightarrow{空气} 2XCNO$ $2XCNO \xrightarrow{热分解} CO + 2N + X_2CO_3$ $2CO \rightarrow C + CO_2$	在 φ(RX)50% + φ(NH_3) 50% 的气氛中 N、C 往钢中扩散 $2NH_3 \rightarrow 2N + 3H_2$ $2CO \rightarrow C + CO_2$	在 NH_3 的气氛中，N 向钢表面扩散并与和 N 亲和力强的元素形成氮化物 $2NH_3 \rightarrow 2N + 3H_2$
适用钢种		全部钢种，包括非铁合金	全部钢种	全部钢种	渗氮钢
处理条件	温度	350~570°C	560~580°C	560~580°C	500~540°C
	热源	根据放电现象，自然加热	外部加热	外部电加热	外部电加热
	时间	一般 15min~20h	一般 15min~3h	一般 15min~6h	一般 40~100h
	氮化剂	N_2，H_2 渗碳性气氛或混合气体	XCN、XCNO	RX 气和 NH_3 气	NH_3 气
	局部渗氮	非常容易	难	难	难
	管理	控制电流、电压容易	控制盐浴成分，分析难	控制 NH_3 分解度、露点，难度一般	控制 NH_3 的分解度，难度一般
	变形	极小	小	小	小
渗氮后的清洗		不要清洗	彻底清洗	要清洗	不要清洗
公害	排水或油	不要	要	要	不要
	排除有毒物质	无任何有毒物质	废盐	燃烧气体	燃烧气体
作业环境		非常好	不好	一般	一般
渗层的针孔		完全没有	容易出现	可能出现	不可能出现
外表面的单相层		可能有 γ 和 ε 单相层	不可能出现单相层	不可能出现单相层	可能出现单相层
消耗	(1) 气 (2) 盐	(1) 极小	(2) 一般	(1) 多	(1) 多
	电	中	多	多	多

表 11-92　模具的不同渗氮工艺效果比较

钢种 \ 效果 \ 工艺	气体渗碳			离子渗氮			液体氮碳共渗			氨+酒精氮碳共渗			氧氨氮碳共渗		
	工艺	层深 mm	硬度 HV	工艺	层深 /mm	硬度 HV	化合层深 /μm	扩散层深 /mm	显微硬度 HV	化合物层深 /μm	扩散层深 /mm	显微硬度 HV	化合物层深 /μm	扩散层深 /mm	显微硬度 HV
3Cr2W8V	480°C×20h +520°C×20h	0.20~0.35	>600						1185~1260	5~10	0.10~0.20	752~893	12~16	0.20~0.25	998~1610
Cr12MoV	500°C×15h +520℃×30h	0.15~0.20	>750					0.06~0.08	1180~1200	5~7	0.05~0.10	752~839	6~8	0.10~0.15	888~940
W18Cr4V					0.025~0.10	800~1200				3~6	0.06~0.10	998~1063	6~8	0.06~0.15	1315~1740
GCr15				520°C×15min		325				7~10	0.10~0.20	795~940	12~16	0.20~0.35	888~1048
4Cr5MoSiV	520°C×70h	0.38~0.50	67~72 HRC		0.25~0.38	900~1150		0.08	1150						
3Cr5WMoVSi					0.25~0.38	900~1150									
5CrNiMo					0.25~0.50	600~700									
Cr12					0.08~0.20	850~1100									
9Mn2V					0.25~0.60	450~600									
W6Mo5Cr4V2	520~550°C 2~35h	0.025~0.203	70~75 HRC		0.025~0.10	900~1200									
Cr12Mo									1075~1110						
4Cr4Mo2WVSi								0.08~0.095	1075~1110						
W18Cr4MoV								0.03~0.06	1250~1400						
W6Mo5Cr4V2Co5								0.02~0.025	1300~1320						
W18Cr4VCo5								0.02~0.025	1200~1230						
W10Mo4Cr4V3Co10								0.02~0.025	1220~1250						
T10										7~10	0.15~0.30	537~562	18~20	0.20~0.30	789
W6Mo5Cr4V2Al				570°C×1h		1225									
Cr6WV				500°C×2h		603~633									

（四）渗硼

模具经氮碳共渗处理虽然能提高耐磨性，但氮化层的硬度还是比较低的，而且使用的钢还受到限制。渗硼是将处理工件的表面与硼原子接触，硼从工件表面开始渗入并扩散，生成 FeB、Fe_2B，从而使模具表面获得硼化物层的工艺过程。渗硼层的特点是硬度很高，FeB 层硬度为 1700 ~2000HV，Fe_2B 层为 1200~1500HV，合金钢渗硼层硬度可达 3000HV 以上；耐磨性高，超过渗碳层、渗氮层的耐磨性；在盐酸、硫酸、磷酸、碱中具有良好的耐蚀性，但不耐硝酸；热硬性高，在 800°C 时仍保持高的硬度；在 600°C 以下抗氧化性能较好。对于模具来说，渗硼层的深度在 0.05~0.15mm 即可。

渗硼的种类很多，根据使用的介质和设备的不同可作如下分类：

- 渗硼
  - 固体渗硼
    - 粉末渗硼
    - 膏剂渗硼
  - 液体渗硼
    - 盐浴渗硼
    - 电解渗硼
  - 气体渗硼

1. 粉末固体渗硼

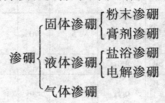

粉末固体渗硼是将粉末或颗粒介质进行渗硼的化学热处理工艺。

（1）渗剂的组成与作用　渗剂一般由供硼剂、活化剂和填充剂组成。

1）供硼剂。供硼剂是在活化剂的催化作用下提供硼原子。供硼剂是由含硼量较高的物质组成，常用的材料有硼粉（非晶质硼）B、碳化硼 B_4C、硼铁合金 B-Fe、硼砂 $Na_2B_4O_7$、硼酐 B_2O_3 等。供硼剂中硼粉的含硼量最高，价格昂贵，现较少采用。

2）活化剂。活化剂的主要作用是提高渗剂的活性，产生气态化合物，促进和加速渗硼的过程，活化剂常用的材料有氟硼酸钾 KBF_4；氟硼酸盐，如 $NaBF_4$ 和 $LiBF_4$；氟化物如 KF、NaF、AlF_3、CaF_2、BaF_2 等；碳酸盐，如 $(NH_4)_2CO_3$、NH_4HCO_3、Na_2CO_3 等；硼氢化钾 KBH_4；氯化铵 NH_4Cl；冰晶石 Na_3AlF_6；Na_2SiF_6；硫脲 $(NH_2)_2CS$；尿素 $(NH)_2CO_2$。

3）填充剂。常用的填充剂有三氧化二铝（Al_2O_3）、碳化硅（SiC）、木炭、活性炭、煤粉等。

（2）粉末固体渗硼剂的选用　国内外常用的粉末固体渗硼剂种类繁多，部分渗硼剂列于表 11-93 中。

表 11-93　国内外常用的粉末固体渗硼剂工艺配方与效果

序号	配方（质量分数）	渗硼工艺		厚度 /mm	单　位	备　注
		温度/°C	时间/h			
1	72% 硼铁（B23%）、6% KBF_4、2% NH_4HCO_3、20% 木炭	850	4	140	洛阳拖拉机研究所	45 钢
2	5% B4C、5% KBF_4、10% Mn-Fe、80% SiC	850	4	165	沈阳工业大学	45 钢
3	50% B_3C、33.7% SiO_2、16.3% NaF	850	3	180	日本铃木汽车工业公司	日专利昭 51~21381
4	85% B_4C、8% AlF_3、5% $NaBF_4$、2% KBF_4	750	6	130	日本铃木汽车工业公司	日专利昭 51~21381
5	66% B_4C、16% $Na_2B_4O_7$、10% KF、8% C	900	5	240	德国	申请日本专利昭 51-21383
6	85% 硼铁（>21% B）、15% KBF_4	900	5	100	日本丰田中央研究所	—

（续）

序号	配方（质量分数）	渗硼工艺		厚度/mm	单 位	备 注
		温度/°C	时间/h			
7	40% ~ 80% B_4C、2% ~ 10% 石墨、1% ~ 4% $KHCO_3$，余量 KBF_4 等	900	5	95	美国休斯工具公司	美国专利 3922038
8	5% 硼铁（B ≥ 23%）、7% KBF_4、2% 活性炭、8% 木炭、78% SiC	900	5	95	洛阳拖拉机研究所	45 钢
9	10% 硼铁（B < 14%），7% KBF_4、2% 活性炭、8% 木炭、78% SiC	900	5	95	洛阳拖拉机研究所	45 钢
10	1% B_4C、7% KBF_4、2% 活性炭、8% 木炭、82% SiC	900	5	90	洛阳拖拉机研究所	45 钢
11	2% B_4C、5% KBF_4、10% Mn-Fe、83% SiC	850	4	110	沈阳工业大学	45 钢
12	7% 硼铁（24% B）、3% KBF_4、12% 煤粉、78% Al_2O_3	900	4	140	福州大学	45 钢
13	15% ~ 20% 硼铁（B < 16%）、10% KBF_4、10% Mn-Fe、60% ~ 65% SiC	850	4	100	沈阳工业大学	45 钢
14	20% 硼铁（B ≥ 23%）、5% KBF_4、5% NH_4HCO_3、70% Al_2O_3	850	4	85	山东工业大学	45 钢
15	5% B_4C、5% KBF_4、90% SiC（具体配方不详，此为大概成分）	900	3	90	德国开普敦电熔炼设备厂	Ekabor1#、2#、3# 仍有少量双相
16	3% 硼铁、5% KBF_4、0.5% NH_4Cl、94% SiC	850	5	56	河北工业大学	T10
17	5% B_4C、5% KBF_4、2% 活性炭、88% SiC	900	4	104	北京理工大学	45 钢、T10

（3）渗硼工艺流程

1）配制渗硼剂和装箱。按照确定的渗硼剂配方、称重、准备好各种材料，进行充分的混合，由于各种材料的粒度，密度不同，各种材料所占比例相差较大，所以应在混料机中进行混料。

渗硼用铁箱，可用普通低碳钢板焊制。装箱方法和固体渗碳相似，先在箱底铺上一层 20 ~ 30mm 渗剂后再放入工件。工件与箱壁，工件与工件之间要保持 10 ~ 15mm 的间隙，然后填充渗硼剂，对于小工件可逐层填充，上层工件表面应覆盖 20 ~ 30mm 渗硼剂。盖上箱盖，用耐火泥或黄土泥密封。对于大型凹模的模腔，因非工作部位不需渗硼，所以只在模腔内填充渗剂，其他部位用木炭填充，防止表面脱碳。

操作时，要先将炉升温，采用热炉装箱，若冷炉装箱，随炉升温渗硼，KBF_4 等活化剂可能会过早分解，影响渗硼效果。

2）工艺参数。渗硼工艺参数，主要是温度和保温时间。

渗硼温度，粉末渗硼温度一般为 850 ~ 950°C。若温度在 950 ~ 1000°C 之间，渗硼时间可以缩短，但会引起晶粒粗大，影响基体的力学性能。

渗硼保温时间，渗硼保温时间一般为 3 ~ 5h，最长不超过 6h，渗硼层厚度为 0.07 ~ 0.15mm，过长的保温时间渗层厚度不再明显增加，而且易使基体材料的晶粒过分长大。渗硼时间的计算，应以渗箱温度达到炉温时算起。

渗硼后的冷却，工件经固体渗硼后，最好是将渗箱出炉空冷至300~400°C以下开箱取出工件。渗硼工件表面呈光亮的银灰色。对于需淬火及回火处理的渗硼件，也可在渗箱出炉后，立即开箱进行直接淬火。这种操作，劳动条件较差，且废气对环境也有污染。

2. 膏剂固体渗硼

膏剂是将粉末渗硼剂与粘结剂制成膏状。渗硼前将渗硼膏剂涂在需要渗硼的工件表面上。然后装箱在炉中加热达到渗硼的目的。

（1）渗剂的制备　渗剂由供硼剂、活化剂和粘结剂组成。

供硼剂，主要采用碳化硼（B_4C），技术条件为工业纯，粒径≥0.100mm号筛。

活化剂，主要有冰晶石Na_3AlF_6，工业纯，粉状；氟化钙CaF_2，工业纯，粉状。粘结剂，常用的有松香酒精溶液（松香占30%）、聚乙烯醇水溶液，硅酸乙酯水溶液等。膏剂配方参见表11-94。

表11-94　膏剂渗硼配方与渗硼工艺

序号	配方(质量分数)	渗层厚度/mm	渗硼工艺		工件材料
			温度/°C	时间/h	
1	70% B_4C + 30% Na_3AlF_6	0.14	950	4	20
2	60% B_4C + 40% Na_3AlF_6	0.12	950	4	20
3	50% B_4C + 50% Na_3AlF_6	0.10	950	4	T10
4	10% B_4C + 10% Na_3AlF_6 + 80% CaF_2	0.11	930	4	45
5	50% B_4C + 35% CaF_2 + 15% Na_2SiF_6	≥0.1	950	4	45
6	50% B_4C + 25% CaF_2 + 25% Na_2SiF_6	≥0.1	950	4	45

膏剂的制作方法：按选用渗剂含量的比例，称重配料，进行充分混料与研细，然后加入粘结剂制成膏糊。将渗硼工件去锈、除油清洗干净后，再将膏剂涂于工件表面。并压实使其贴紧工件。涂层厚度为1~2mm。经自然干燥或在≤150°C烘箱中烘干后便可装箱。对不需要渗硼的部位，可用三氧化二铝与水玻璃调成糊状涂上进行防护。

（2）工艺流程　用充分焙烧的三氧化二铝填充渗硼箱箱底后，将涂有膏剂的工件装入渗硼箱内，并与箱壁保持20~30mm距离。盖上箱盖后用水玻璃调制耐火土或黄土泥密封。然后装入已升温至渗硼温度的箱中或电炉中加热。

渗硼工艺参数：膏剂渗硼温度常用930~950°C，保温时间为3~6h，温度过高或保温时间过长，生成的连续FeB相越多，引起渗硼层脆性增大，反之渗层过薄。

3. 盐浴渗硼

盐浴渗硼具有设备简单，用盐资源丰富，成本低，无公害等优点，在模具渗硼处理上是目前国内应用最为广泛的一种方法。

（1）盐浴的组成　盐浴渗硼是利用硼砂作为供硼源，无水硼砂（$Na_2B_4O_7$）中硼的质量分数为20%左右，在高温熔融状态和还原剂作用下，有活性硼原子产生。在高温下游离状态的活性硼原子，被工件表面吸附，与铁原子生成硼化物FeB和Fe_2B。

渗硼盐浴的成分可分为母液、还原剂和添加剂三部分。

母液多用硼砂（$Na_2B_4O_7$）。

还原剂有：碳化硅（SiC）、硅钙合金、硅铁、铝粉等。

添加剂有：碳酸钠（Na_2CO_3）、碳酸钾（K_2CO_3）、氟化钠（NaF）、氟硅酸钠（Na_2SiF_6）、氯化钠（NaCl）等。表11-95列出了较成熟盐浴成分配方与渗硼效果。

表 11-95　盐浴成分配方与渗硼效果

序号	配方（质量分数）	应用效果
1	70% $Na_2B_4O_7$ + 30% B_4C	渗硼能力强，价格昂贵
2	70% $Na_2B_4O_7$ + 30% SiC	流动性差，应用少
3	80% $Na_2B_4O_7$ + 20% SiC	效果好，获 Fe_2B 单相，难清洗
4	90% $Na_2B_4O_7$ + 10% SiC	效果好，获 Fe_2B 单相，难清洗
5	70% $Na_2B_4O_7$ + 20% SiC + 10% NaCl	效果好，流动性改善，较易清洗
6	80% $Na_2B_4O_7$ + 13% SiC + 3.5% K_2CO_3 + 13.5% KCl	效果好，流动性改善，较易清洗
7	70% $Na_2B_4O_7$ + 20% SiC + 10% NaF（或 Na_2CO_3）	效果好，流动性改善，较易清洗
8	85% $Na_2B_4O_7$ + 8.5% SiC + 6.5% Na_2CO_3	效果好，流动性改善，较易清洗
9	90% $Na_2B_4O_7$ + 10% Al 粉	盐浴活性大，渗硼能力强，盐浴偏析大，获 FeB + Fe_2B 双相
10	80% $Na_2B_4O_7$ + 10% Al 粉 + 10% NaF	盐浴活性大，渗硼能力强，盐浴偏析大，获 FeB + Fe_2B 双相
11	85% $Na_2B_4O_7$ + 10% Al 粉 + 5% NaCl	盐浴活性大，渗硼能力强，盐浴偏析大，获 FeB + Fe_2B 双相
12	75% $Na_2B_4O_7$ + 10% Al 粉 + 10% NaF + 5% $NaBF_4$	盐浴活性大，渗硼能力强，盐浴偏析大，获 FeB + Fe_2B 双相
13	80% $Na_2B_4O_7$ + 8% SiC + 5% 硅钙合金粉 + 3.5% Na_2CO_3 + 3.5% K_2CO_3	渗硼能力强，流动性较好，较易清洗
14	40% $Na_2B_4O_7$ + 25% 硼酐（B_2O_3）+ 10% SiC + 5% 硅钙合金粉 + 20% Na_2CO_3	渗硼能力强，流动性较好，较易清洗
15	40% $Na_2B_4O_7$ + 25% B_2O_3 + 10% Na_2CO_3 + 10% K_2CO_3 + 15% 稀土	渗硼能力强，流动性较好，较易清洗
16	50% $Na_2B_4O_7$ + 10% SiC + 10% KCl + 20% Na_2AlF_6 + 5% B_4C + 5% Cr_2O_3	渗硼能力强，流动性较好，较易清洗
17	60% $Na_2B_4O_7$ + 20% SiC + 20% Na_2SiF_6	渗硼能力强，流动性较好，较易清洗
18	90% $Na_2B_4O_7$ + 10% 钛粉	渗硼能力好，获 Fe_2B 单相

（2）盐浴渗硼的工艺流程　盐浴渗硼多采用坩埚电阻炉，而且多是自制设备。电炉加热元件可采用铁铬铝电阻丝或碳化硅棒，炉内放置盐浴坩埚，盐浴坩埚为了防止腐蚀必须用不锈钢制作成。可用 8 ~ 10mm 厚的 1Cr18Ni9Ti 不锈钢板或钢管焊制。

渗硼工艺参数：渗硼温度一般为 930 ~ 950°C，保温时间为 4 ~ 6h。

渗硼操作：盐浴配制完成后加热到渗硼温度，保温 0.5h，再搅拌一次，方可放入渗硼工件。渗硼工件最好用多股的铁丝将工件绑牢，再用铁铬铝电阻丝做挂钩，吊装在坩埚内，捆绑工件的铁丝要浸入盐浴，铁丝决不可使用有镀锌层的铁丝，不然将会严重影响渗硼。

渗硼过程中的反应物所产生的浮渣必须捞出。每隔 0.5h ~ 1h 将渗硼工件适当地移动，以保证渗硼层均匀。

达到渗硼保温时间以后，即可出炉。不需淬火的工件从盐浴中取出，空冷，由于有粘在工件上的盐浴液保护，渗硼层不致损坏。需要淬火的工件应立即转入中性盐浴炉中加热，然后淬火。模具的渗硼与淬火规范见表 11-96。

4. 电解渗硼

电解渗硼是在熔融的硼砂中，以石墨或不锈钢作阳极，工件为阴极，电流密度在 0.1 ~ 0.5A/cm²，电压 10 ~ 20V，950°C 保温 2 ~ 6h 可以获得 100 ~ 400μm 的渗硼层。电解渗硼速度快，可实现低温渗硼，并可通过控制电流、电压来控制渗硼速度。但该方法坩埚容易腐蚀，渗剂容易老化，工件残盐难于清洗，仅适用于形状简单的零件。

表 11-96 模具的渗硼与淬火规范

模具材料	盐浴渗硼规程		淬火回火规范				
	温度/°C	时间/h	淬火		回火		
			温度/°C	冷却	温度/°C	时间/h	冷却
T8	900 ~ 920	3.5	780 ~ 800	水冷	160 ~ 200	2 ~ 3	空冷
5CrNiW	900 ~ 920		820 ~ 860	油冷	520 ~ 540		
30CrMnSi	920 ~ 950		890 ~ 920	油冷	520 ~ 560		
8Cr3	920 ~ 950		820 ~ 850	油冷	390 ~ 430		

5. 气体渗硼

气体渗硼是以 H_2 作载体和稀释气，将 BCl_3（或 B_2H_6、BBr_3、BF_3）等气体通入密封炉内，于 700 ~ 1000°C 实现气体渗硼。气体渗硼层均匀致密，表面质量好，渗后不需要清洗，特别适用于形状复杂和带有不通孔的零件，但是由于目前应用的气体渗硼介质均质量不稳定、有腐蚀性和爆炸性等问题，因此气体渗硼至今仍处于试验室阶段。

6. 几种渗硼方法的渗硼效果比较

几种渗硼方法的渗硼效果比较见表 11-97。

表 11-97 几种渗硼方法的渗硼效果比较

渗硼方法	渗剂成分	材质	渗硼时间/h	650°C	750°C	850°C	900°C	950°C	渗硼层组织
				渗硼层厚度/μm					
固体渗硼	KBF_4 $(NH_2)_2CS$ 木炭，Fe-B	45 钢	3	15	60	120	184	240	$FeB + Fe_2B$
固体渗硼	KBF_4、Fe-B	S55C	6	10	40	120	180	230	$FeB + Fe_2B$
固体渗硼	B_4C $Na_2B_4O_7$	45 钢	3	—	—	—	40	1000°C 75	$FeB + Fe_2B$
固体渗硼	B_4C、KBF_4 填充剂	45 钢	4	—	—	—	115	—	$FeB + Fe_2B$
固体膏剂渗硼	Li_2CO_3 Fe-B	S55C	6	—	—	65	100	140	Fe_2B
固体膏剂渗硼	B_4C CaF_2 Na_2SiF_6	45 钢	4	—	—	—	920 ~ 940°C 150	—	$FeB + Fe_2B$
盐浴渗硼	$Na_2B_4O_7$ B_2O_3、SiC $CaSi_2$ Na_2CO_3	45 钢	3	—	—	—	50	100	Fe_2B
盐浴渗硼	$CaSi_2$ $Na_2B_4O_7$	45 钢	6	—	—	—	72	108	900°C Fe_2B 950°C $FeB + Fe_2B$

（续）

渗硼方法	渗 剂 成 分	材质	渗硼时间 /h	650°C	750°C	850°C	900°C	950°C	渗硼层组织
电解渗硼	$Na_2B_4O_7$ SiC $0.2A/cm^2$	低碳钢	3	—	—	100	135	1000°C 240	$FeB + Fe_2B$
气体渗硼	BCl_3 H_2 或 Ar	纯铁	—	10 1h	20 1h	100 3h	150 3h	180 3h	$FeB + Fe_2B$

渗硼适用于各种成分的钢，它在多种冷、热作模具（如冷挤压模、拉丝模、冷冲裁模、热挤压模、热锻模、压铸模等）上应用，效果非常显著。例如，45 钢制硅碳棒成型模经膏剂渗硼后淬火，表面硬度达 2200HV，使用寿命比不渗硼的延长 3 倍以上。表 11-98 为部分模具渗硼的强化效果，供参考。

表 11-98　部分模具渗硼的强化效果

模具名称	钢　　号	淬火、回火态寿命	渗硼态寿命	模具名称	钢　　号	淬火、回火态寿命	渗硼态寿命
热锻模	5CrNiMo	5000 件	1.3 万件	热挤压模	30Cr3W5V	100h	261h
冷冲裁模	CrWMn	5000 件	1 万件	热锻用冲头	55Ni2CrMnMo	100h	240h

（五）渗铬

渗铬可提高模具的耐磨性、耐腐蚀性、抗氧化性和冷热疲劳抗力，提高模具使用寿命。

固体粉末渗铬剂成分为：50%（质量分数）铬粉（含铬质量分数≥98%，粒径 0.071 ~ 0.154mm 号筛）+48%（质量分数）氧化铝（经 1100°C 焙烧，粒径 0.071 ~ 0.154mm 号筛）+2%（质量分数）氯化铵。其中氧化铝为稀释剂，防粘结，氧化铵为催渗剂。其工艺为：1050 ~ 1100°C 加热，保温 6 ~ 12h。渗铬后低碳钢可获得 0.05 ~ 0.15mm 厚的渗层，高碳钢可获得 0.02 ~ 0.08mm 的渗层。

真空粉末渗铬剂的成分为：30%（质量分数）铬铁粉 +70%（质量分数）氧化铝。其工艺为：渗铬剂与工件一起装炉后抽真空，真空度为 0.1 ~ 1.0Torr（13.3 ~ 133Pa）时，关闭真空泵，密闭升温至 950 ~ 1100°C，炉内压力保持在 9.8×10^4Pa 左右，保温 5 ~ 10h，高碳模具钢，如 Cr12 可获得 0.01 ~ 0.03mm 厚的渗层。

渗铬层的组织为铬的碳化物 $(Cr、Fe)_7C_3$ 和含铬铁素体，次层为贫碳层。渗铬模具一般的变形规律为内孔收缩、外径胀大，变形量约为 20 ~ 50μm。

工模具钢渗铬后，需经淬火、回火处理，可按常规工艺进行。渗铬及淬火、回火后的硬度见表 11-99，渗铬模具的应用效果见表 11-100。

表 11-99　四种钢渗铬和热处理后的硬度

钢号	渗层深度 /mm	渗层表面硬度 $HV_{0.2}$	热处理后硬度 HRC		钢号	渗层深度 /mm	渗层表面硬度 $HV_{0.2}$	热处理后硬度 HRC	
			表面	基体				表面	基体
T8	0.038	1560	66	59	CrWMn	0.038	1620	66	63
T10	0.04	1620	66	61	Cr12	0.038	1560	67	65

表 11-100　T8A 钢制罩壳拉深模的应用效果

模具		被加工材料	热处理工艺		表面硬度 HRC	使用寿命
名称	材料		渗铬	淬火、回火		
罩壳拉深模	T8A	0.5mm 厚 08F 钢板	1100°C,8h	820°C 淬火 160°C 碱浴,低温回火	65～67	可拉深 1 万件以上
	T8A	0.5mm 厚 08F 钢板	未渗铬	820°C 淬火 160°C 碱浴,低温回火	58～62	每拉深 100～200 件需修模,总寿命为 1500 件

(六) 渗硫及硫氮、硫碳氮共渗

渗硫及硫氮、硫碳氮共渗是钢在铁素体状态的化学热处理，可以作为模具的最终处理。钢铁工件渗硫后，在表面形成 FeS 薄膜，在无润滑的条件下渗层具有很低的摩擦因数，可以和 MoS、磷化膜一样起润滑作用并具有抗烧伤、抗黏附、抗咬卡性能。渗硫剂的成分及工艺参数见表 11-101，渗硫的应用效果见表 11-102。

表 11-101　渗硫剂成分及工艺参数

方法	渗硫剂成分(质量分数)	工艺参数			备注
		温度 /°C	时间 /min	电流密度 /$A\cdot dm^{-2}$	
低温熔盐电解渗硫	75% KCNS + 25% NaCNS	180～200	10～20	1.5～3.5	工件为阳极,盐槽为阴极,到温后计时,因 FeS 转化膜形成速度高且保温 10min 后增厚甚微,故无需超过 15min/炉
	同上,再加 0.1% $K_4Fe(CN)_6$、0.9% $K_3Fe(CN)_6$	180～200	10～20	1.5～2.5	
	73% KCNS + 24% NaCNS + 2% $K_4Fe(CN)_6$ + 0.07% KCN + 0.03% NaCN,通氮气搅拌,流量 $59m^3/h$	180～200	10～20	2.5～4.5	
	60%～80% KCNS + 20%～40% NaCNS + 1%～4% $K_4Fe(CN)_6$ + S_X 添加剂	180～250	10～20	2.5～4.5	
	30%～70% NH_4CNS + 70%～30% KCNS	180～200	10～20	3～6	
离子渗硫	$H_2S + H_2 + Ar$	500～560	60～120	—	H_2 可活化工件表面,Ar 增大铁(Fe)的侧射量从而可形成厚达 25～50μm 的 FeS 层

表 11-102　高速钢刀具渗硫前后的使用寿命对比

刀具名称	被加工的材料	渗硫前每刃磨一次可切削工件的平均数	渗硫后每刃磨一次可切削工件的平均数	提高使用寿命(%)
插齿刀、梳齿刀	镍铬合金渗碳钢	30	90	300
样板刀	45 钢	150	400	160
钻头	45 钢	110	210	190
丝锥	45 钢	80	150	185
铰刀	黄铜	2000	7000	350

为了弥补渗硫层硬度、强度低，又发展了硫氮共渗、硫碳氮共渗，（又叫硫氰共渗、或渗硫软氮化），其渗层由最外层的硫化物和渗氮（或软氮化）层组成，该渗层既具有硫化物的优点，也具有渗氮层（或软氮化层）的优点。工模具钢经硫氮或硫碳氮共渗后，可提高耐磨性、抗擦伤、抗咬卡和疲劳强度，特别是硫碳氮共渗后的耐磨性比单纯的渗硫、渗氮、氮碳共渗都高。

硫氮共渗剂及工艺参数见表 11-103。硫氮碳共渗剂与工艺参数见表 11-104，共渗效果见表 11-105。

表 11-103　硫氮共渗剂及工艺参数

方法	硫氮共渗剂成分（质量分数）	工艺参数		生产周期/h	备注
		温度/°C	时间/h		
无氰熔盐法	50% $CaCl_2$ + 30% $BaCl_2$ + 20% NaCl（载体，加热介质）另外加 8% ~10% FeS，并将 NH_3 导入熔盐（1 ~3L/min）	520 ~600	0.25 ~2	0.5 ~2.5	熔盐由 30kg 增至 200kg，通氨量由 1L/min 增至 3L/min，处理件的强化效果好，防锈能力较差
气体法	<0.5% ~10% H_2S 90% ~99.5% 以上 NH_3	500 ~590	1 ~3	2 ~4.5	炉膛容积越大，H_2S 含量应越低
	1% ~2% SO_2 98% ~99% NH_3	540 ~580	1 ~3	2 ~4.5	波兰首先开发，又称氧硫氮共渗
硫氮共渗与蒸汽处理相结合的复合处理	H_2O（蒸汽） NH_3: H_2S = 9: 1	540 ~560	1 ~1.5	2 ~2.5	其实质是在气体硫氮共渗前、后各进行一次蒸汽处理，每一单元为 20 ~ 30min，共 1 ~1.5h
离子法	0.1% ~2% H_2S 40% ~60% NH_3 H_2（余量）	480 ~600	1 ~4	3 ~6	抽真空至 ≤13.3Pa 通入三种气体，保温，保持 133 ~666Pa

表 11-104　硫氮碳共渗剂与工艺参数

方法	商品名称或代号	渗剂成分或配方（质量分数）	工艺参数		生产周期/h	备注
			温度/°C	时间/h		
熔盐法	Sursulf	工作盐浴（基盐）CR_4 由钾、钠、锂的氰酸盐与碳酸盐和少量硫化钾组成，再生盐 CR_2 用于调整成分	500 ~590（常用 560 ~580）	0.2 ~3	0.3 ~3.5	法国于 1975 年开发，无污染，应用面广，处理时间通常为 1 ~2h。本工艺已取代高氰熔盐法
	LT 工艺	工作盐浴为基盐 J-1，成分与法国 CR_4 相同。加以调整的 J-2 基盐（无硫）则用于氮碳共渗或 QPQ 处理。再生盐 Z-1 与 CR_2 相同可用于调整硫氮共渗或氮碳共渗熔盐的成分	500 ~590（常用 550 ~580）	0.2 ~3	0.3 ~3.5	国家“六五”重点科技攻关成果，兼具 Sursulf 及德国的 Melonite、QPQ 工艺的功能，SNC 共渗后的工件直接转入 Y-1 氧化浴（性能与 AB1 浴相同的 LTC-1 处理与法国 oxynit 无异）
	ЛИВТ6а	57% $(NH_2)_2CO$ + 38% K_2CO_3 + 5% $Na_2S_2O_3$	500 ~590	0.5 ~3	0.7 ~3.5	原料无毒，工作状态下不断形成 KCN，NaCN，有较大的毒性

（续）

方法	商品名称或代号	渗剂成分或配方（质量分数）	工艺参数		生产周期/h	备注
			温度/°C	时间/h		
气体法	—	5% NH_3 +0.02% ~2% H_2S + 丙烷与空气制得的载气（余量）	500 ~650	1 ~4	2 ~5	必要时加滴碳当量小的煤油或苯，以提高碳势
	—	每 1L C_6H_6 中溶入 25g $(C_6H_2)_2NHS$ 及 9gs，NH_3 适量	500 ~650	1 ~4	2 ~5	在通氨的同时，滴入 CS_2 或其他硫的有机液体供硫剂（例如将 NH_4CNS 溶入 C_2H_5OH 中）均可
	DYGS 法	每 1L 含 C，N 的有机物液体（例如 CH_3OH 与 $HCONH_2$ 各半中加入 $(NH_2)_2CS$ 及 H_3BO_3 各 8g）	540 ~570	1 ~2	2 ~3	
膏剂法	—	37% $ZnSO_4$ + 18.5% K_2SO_4（18.5% Na_2SO_4）+37.5% $Na_2S_2O_3$ + 7% KCNS 14% H_2O（另加）	550 ~570	2 ~4	3 ~5	适用于单件或小批生产的大工件的局部表面强化
粉末包装（固体）法	—	35% ~60% FeS + 10% ~20% $K_4Fe(CN)_6$ + 石墨粉（余量）	550 ~650	4 ~8	5 ~9	效率低，有粉尘污染
离子法	—	CS_2 NH_3	500 ~650	1 ~4	2 ~5	可用含 S 的有机溶液代 CS_2

表 11-105 几种材料硫碳氮共渗后的显微硬度

铁基粉末冶金钢		W18Cr4V		1Cr18Ni9Ti		14Cr17Ni2		20Cr13	
离表面距离 /μm	硬度 HV0.1	离表面距离 /μm	硬度 HV0.1	离表面距离 /μm	硬度 HV0.1	离表面距离 /μm	硬度 HV0.1	离表面距离 /μm	硬度 HV0.1
12	655	12	1110	0	766	0	1030	0	1182
25	568	35	1100	10	1110	12	1070	8	1230
60	370	50	1182	25	590	30	975	20	1230
100	338	80	975	50	391	50	386	32	1182
150	357	110	940	75	377	75	305	45	1020
200	338	140	895	100	377	100	292	50	386
250	338	175	865	150	377	150	278	75	272
—	—	200	865	—	—	200	278	100	260
—	—	—	—	—	—	—	—	150	260

（七）硼砂盐浴渗金属

在硼砂盐浴中加入铬、钒、钛、铌等碳化物形成元素或它们的氧化物及还原剂可使模具钢表面形成完整的碳化物覆层，该碳化物层具有极高的硬度（高达4000HV）和耐磨性、抗氧化性、耐蚀性等，可使工具的使用寿命提高2~50倍。

金属碳化物层的性质见表11-106和表11-107。不同盐浴成分渗层效果见表11-108和表11-109。温度和时间对渗层厚度的影响见表11-110和表11-111。

表11-106　不同材料渗层硬度变化情况

扩散层	显微硬度(负荷100g)					备注
	Cr12	GCr15	T12	T8	45	
Cr碳化物	1765~1877	1404~1665	1404~1482	1404~1482	1331~1404	
V碳化物	2136~3380	2422~3259	2422~3380	2136~2280	1560~1870	
Nb碳化物	3259~3784	2897~3784	2897~3784	2400~2665	1812~2665	

注：本表指在硼砂浴中渗金属。

表11-107　金属碳化物和其他硬质材料的硬度

材料名称	硬度HV	材料名称	硬度HV	材料名称	硬度HV
碳化钛(TiC)	3000~3800	碳化铬	1400~2200	淬火钢	850~1000
碳化钒(VC)	2800~3800	碳化锰	1200~1700	金刚石	约10000
碳化钨(WC)	2400~3000	碳化铁(Fe_3C)	1200~1500	烧结刚玉	2300~2500
碳化铌(NbC)	2400~3000	[(Fe,M)B]渗硼层	1600~2200	金属陶瓷	1500~2300
碳化锆(ZrC)	2400~2800	[$(Fe,M)_2B$]渗硼层	1400~1800		
碳化钽(TaC)	1600~2400	镀硬铬	1000~1300		

注：基体材料成分不同时，硬度差别很大。

表11-108　T8钢硼砂浴渗铬　100°C×6h的效果比较

序号	盐浴组成(质量分数)	渗层厚度/μm	扩散层外观	熔盐情况
Cr-1	5%金属铬粉+95%无水硼砂	14.7~17.5	银灰色,完整	相对流动性很好
Cr-2	10%金属铬粉+90%无水硼砂	17.5	银灰色,完整	相对流动性好
Cr-3	15%金属铬粉+85%无水硼砂	14.7	银灰色,完整	相对流动性较好
Cr-4	20%金属铬粉+80%无水硼砂	12.5	银灰色,完整	相对流动性较差
Cr-5	15%碳素铬铁+85%无水硼砂	10.4~13	银灰色,完整	相对流动性较差
Cr-6	30%碳素铬铁+70%无水硼砂	18.2	银灰色,完整	相对流动性差
Cr-7	10%Cr_2O_3+5%Al+85%无水硼砂	14.7	银灰色,完整	相对流动性较好

表11-109　T12钢硼砂浴渗钒、铌（1000°C×5.5h）的效果比较

盐浴	序号	盐浴组成(质量分数)	渗层厚度/μm	扩散层外观	盐浴相对流动性
渗钒	V-1	10%V+90%无水硼砂	24.5	银灰色,完整	好
	V-2	10%钒铁(67%钒)+90%硼砂	22.0	浅金黄色,完整	好
	V-3	10%钒铁+90%硼砂	19.6	浅金黄色,完整	好
渗铌	Nb-1	10%Nb+90%硼砂	20	金黄色,局部脱落	好
	Nb-2	7%Nb+93%硼砂	17.2	浅金黄色,完整	好
	Nb-3	3%Nb+97%硼砂	14.7	浅金黄色,完整	好

表 11-110 T8、T12 钢在硼砂浴中不同温度下渗金属层厚度

扩散层	盐浴序号	钢材	渗层厚度/μm				备注
			900°C	950°C	1000°C	1050°C	
Cr	Cr-1	T8	9.8	12.2	14.7	24.5	保温 6h
		T12	12.2 ~ 14.7	14.7	19.6	26.9	
V	V-2	T8	9.8	14.7	19.6	—	保温 5.5h
		T12	14.7	19.6	24.5	—	
Nb	Nb-2	T8	7.3	9.8	12.2	—	保温 5.5h
		T12	9.8	14.7	17.2	—	

表 11-111 几种钢在硼砂浴中渗金属不同保温时间下的渗层厚度

扩散层	盐浴序号	钢材	渗层厚度/μm		扩散层质量
			3h	5.5 ~ 6h	
Cr	Cr-1	T8	12.2	14.7	完整
		T12	12.2	19.7	完整
		GCr15	9.8	14.7	完整
V	V-2	45	7.3	9.8	完整
		T8	14.7	19.6	完整
		T12	14.7	24.5	完整
		GCr15	14.7	17.2	完整
		Cr12	9.8	12.2	完整
		W18Cr4V	4.9	7.3	完整
Nb	Nb-2	45	7.35	9.8	脱落
		T8	9.8	12.2	脱落
		T12	14.7	17.2	处理 5.5h 局部脱落
		GCr15	12.2	12.2	完整
		Cr12	4.9	7.3	完整
		W18Cr4V	无	无	—

(八) TD 法涂覆碳化物

TD 处理（Toyota Diffusion coating process）是用熔盐浸镀法、电解法及粉末法进行扩散表面强化处理的总称。实际应用最为广泛的是用熔盐浸镀法在工件表面形成钒碳化物（VC），铌碳化物（NbC），铬碳化物（$Cr_7C_3 + Cr_{23}C_6$）等碳化物的超硬涂层。由于这些碳化物，具有很高的硬度。所以经 TD 法处理的工具、模具可以获得特别优异的性能。一般来说，工具、模具采用 TD 法进行表面处理，与采用 CVD、PVD、PCVD 等方法进行表面处理的效果相近。又由于 TD 法设备简单，容易操作所以是非常有前途的表面强化方法。

TD 法是将工件放在含有耐磨元素 V、Nb、Cr、Ti 等熔盐中，在 900 ~ 1050℃下保温 1 ~ 6h，由于熔盐的浸渍，在工件表面生成 VC、NbC、Cr_7C_3、TiC 等，使工件表面上涂上一层约为 50μm 厚的硬度高的碳化物。各种模具和工具最常用的是渗 V、VC 的显微硬度是 2000 ~ 3000HV，因而能提高模具的耐磨、抗熔着、抗咬合、耐腐蚀、耐热等性能。使落料模、拉深模等大大提高了使用寿命。

$Na_2B_4O_7$（硼砂）在 740℃熔化，沸点是 1753°C，熔化时热分解反应式为

$$Na_2B_4O_7 \rightarrow Na_2O + 2B_2O_3$$

因为钒、硼、铝与氧的亲和力依次递增，所以在熔融 $Na_2B_4O_7$（硼砂）中加入钒、钒铁合金粉末，不会与 B_2O_3 发生反应。在高温下钒原子将由于热振动而分解为活性钒原子，通过硼砂浴扩散至模具的表面。

在硼砂浴中加入钒的氧化物 V_2O_5，再加入适量的铝粉，也可以还原出活性钒原子，其反应式为

$$3V_2O_5 + 10Al \rightarrow 5Al_2O_3 + 6[V]$$

当加入钒或钒铁合金粉末的渗钒浴被硼砂浴中的氧所氧化而使渗钒浴老化时，可利用上述反应使其活化。

由于硼砂对含有高熔点金属氧化物的耐热砖有浸蚀作用，因此硼砂浴渗钒在外热式坩埚电阻炉中进行。坩埚用 1Cr18Ni9Ti 奥氏体不锈钢制造，并加有保温盖。

盐浴成分（质量分数）为 85% $Na_2B_4O_7$ + 15% V-Fe 合金粉末（含钒 5%）或 V_2O_5，粒径均为 0.125mm。

Cr12 钢经 950±10°C 保温 6h 渗钒处理后，在表面形成厚度为 10μm 左右的渗钒层。渗钒层中钒（质量分数）为 85%，碳（质量分数）为 11% 左右。碳和钒结合成为 VC 晶体。VC 是在面心立方的金属钒晶体的八面体间隙中，溶入碳原子而形成的一种间隙相，属立方晶系。经渗钒处理后，再经 980°C 淬火、200℃低温回火。

北京机床电器厂的螺母拉深模，拉深板为厚 2mm 的 08F 钢板，凸、凹模采用 Cr12 钢，经 900℃淬火，200℃回火，使用寿命为 1000~2000 件，后改为渗钒及淬火、回火处理，使用寿命提高到 10000 件以上，提高寿命 5~10 倍。

导磁板冲裁模，被冲材料为 4mm 厚的 Q235—B 钢板，原采用 CrWMn 钢制造，模具寿命仅有 7000~8000 件，后改用 7CrSiMnMoV（CH-1）钢，并进行 TD 法熔盐渗钒，加热到 900~1000℃，保温 3~7h，渗钒层厚 5~15μm，可使模具一次刃磨寿命达 15000 件。

轴用挡圈冲裁模凸凹模，被冲材料为 1.5mm 厚的 65Mn 钢板，原用 Cr12 钢制造的凸、凹模，模具容易断裂，平均寿命为 1000 件，后采用 65Nb 钢，解决了模具断裂问题，但耐磨性差，为此进行了 TD 法渗钒处理，模具寿命达 8000 件。

模具经渗钒处理后，表面粗糙度无明显变化，但尺寸略有增大，应预先留出增大量。

渗钒硼砂浴经使用后，渗入能力下降，再加入 0.7% 的铝粉，可恢复渗入能力。

采用 $Na_2B_4O_7$ 加 V-Fe 的硼砂浴，由于 V-Fe 的密度大于 $Na_2B_4O_7$，V-Fe 小颗粒容易沉底，造成密度偏析，使硼砂浴中的含钒量不均匀。当为恢复硼砂浴的活性而加入铝粉时，由于反应生成高熔点的 Al_2O_3，使硼砂浴的粘度增大，这有利于减轻密度偏析，但对渗钒不利。由于 V_2O_5 密度小于 $Na_2B_4O_7$，因而若采用 V_2O_3 + Al 代替 V-Fe，效果更好。

TD 法处理温度因接近钢的淬火温度，对于精度要求高的模具，应特别注意防止变形。

TD 法工艺过程如图 11-17 所示。

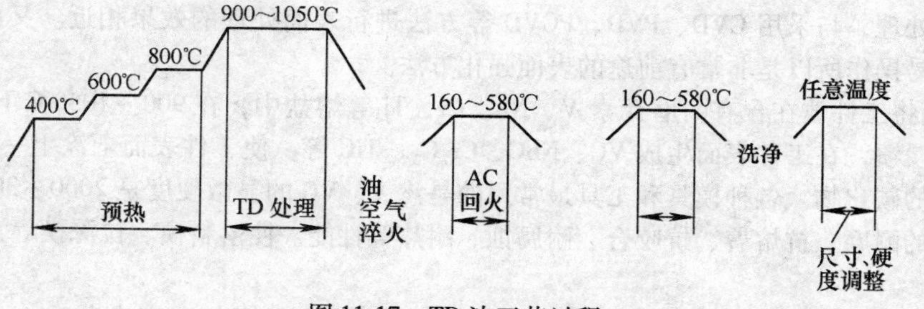

图 11-17 TD 法工艺过程

TD 法处理可以显著提高零件的耐磨性和抗粘附性，其处理后所具有的性能超过了以往所用的表面处理方法。用 TD 法可使冷作模具寿命提高数倍到数十倍，一般来说，这样大幅度地提高模具寿命是令人难以想象的。

三、表面形成覆盖层的强化方法

(一) 涂镀技术

1. 电镀

电镀的目的在于改变固体材料的表面特性，改善外观，提高耐蚀、耐磨、减摩性能，或制取特定成分和性能的金属履层，提供特殊的电、磁、光、热等表面特性和其他物理性能等。

电镀是应用电化学的基本原理，将金属工件浸入电解质溶液中，并将金属工件作为阴极与直流电源负极相连，以镀层金属板作为阳极与电源正极相连，通入直流电，在直流电场的作用下，电解质溶液中的阳离子在工件表面沉积出牢固镀层的工艺过程。镀层可以是单金属或合金。以镀锌为例，把待镀零件连在直流电源的负极上，把锌板（棒）连在电源正极上，二者之间充满镀液，如 $ZnCl_2$ 溶液。首先，镀液电离成大量的锌离子和氯离子，它们在溶解液中自由运动着。通电后，电解液中带正电的锌离子移向阴极（即工件），夺取阴极上的电子形成中性的锌原子并沉积于工件上。电镀液中的负离子移向正极（锌板），一方面把多余的电子交给正极，让电子由正极进入电路回至电源；另一方面氯离子和正极上的锌离子结合成 $ZnCl_2$ 进入电镀液，补充了电镀液中的 $ZnCl_2$。这样，电镀液成为通路，使电流不断通过。随着电镀过程的进行，锌板便逐渐损耗。实际用的镀锌液还需加入其他物质，如氯化铵、氯三乙酸等。其他电镀，如镀铬、镀银等原理都相同。

电镀工艺通常包括镀前表面处理、电镀和镀后处理三个部分。为了获得高质量的镀层，必须对工件进行镀前处理，主要是去油除锈和活化处理，活化处理是工件在弱酸中浸蚀一段时间。镀后处理有钝化处理（在一定溶液中进行的化学处理，使电镀层上形成一坚固致密和稳定的薄膜）、氧化处理、着色处理、抛光处理等，可根据不同需要选择使用。

在模具上应用较多的是镀铬。镀铬层硬度为 900 ~ 1200HV，可有效提高耐磨性，且不引起工件变形，对形状复杂的模具十分有利。镀层厚度一般为 0.03 ~ 0.30mm，如果镀层厚度选择不当，将会造成模具的过早损坏，在模具承受强压或冲击时，镀层易剥落，效果反而差，因此，冷镦模和冷冲裁模不宜使用电镀，电镀仅适用于加工应力较小的拉深模、塑料模等。镀硬铬配方为：铬酐（CrO_3）140 ~ 160g/L，硫酸 1.4 ~ 1.6g/L，其余为水。其工艺条件为：温度 57 ~ 63°C，电压 12V，电流密度 45 ~ 50A/dm^2。对胶木模进行镀铬处理后，其寿命可由原来的 2000 件延长到 8000 件。

随着电镀技术的发展，现已出现了合金电镀、复合电镀、电镀非晶体等技术。合金电镀是一个镀槽中，同时沉积含有两种或两种以上金属元素镀层的电镀方法；复合电镀则是将金属与悬浮在电镀液中的固体微粒同时沉积到工件表面，形成复合镀层的电镀方法；例如把金刚石粉和金属一起镀到工件表面，可以获得耐磨性很强的复合镀层。通过复合电镀还可以得到耐蚀性镀层、自润滑镀层和耐热性镀层等。电镀非晶体是在单金属镀液中添加 Mo，W，Fe 之类的高熔点金属，形成非晶态合金镀层。

2. 电刷镀

电刷镀是依靠一个与阳极连接的垫或刷提供电镀需要的电解液，电镀时垫或刷在被镀的阳极上移动的一种电镀方法。电刷镀是由电镀发展起来的，并已经成为一项独立的表面工程技术。它是有槽电镀技术的发展，仍然依靠电流的作用来获得所需的金属镀层。许多电镀的电化学原理和定律都适用于电刷镀。因此，电刷镀可以看做是电镀的一种特殊形式，不用镀槽，故又称无槽镀或涂镀。

电刷镀的工作原理如图 11-18 所示。电刷镀使用专门研制的系列电刷镀溶液 6，以各种形式的镀笔 2 为阳极，以专用的直流电为能源。在电刷镀过程中，镀笔 2 接电源 1 的正极，作为电刷镀时的阳极；表面处理好的被镀工件 5 接电源负极，作为电刷镀时的阴极。镀笔 2 前端 3 通常采用高纯细石墨块做阳极材料，石墨块外面包裹棉花和耐磨的涤面套，以储存镀液，并防止与工件 5 直接接触产生电弧，同时延长镀笔 2 的连续工作时间。镀笔 2 与工件 5 以一定的速度做相对运动，调整电源的输出电压至一定工作电压后，镀液中的金属离子在工件 5 表面与阳极接触的各点上发生放电结晶，形成金属镀层。随着时间延长，镀层厚度增加。

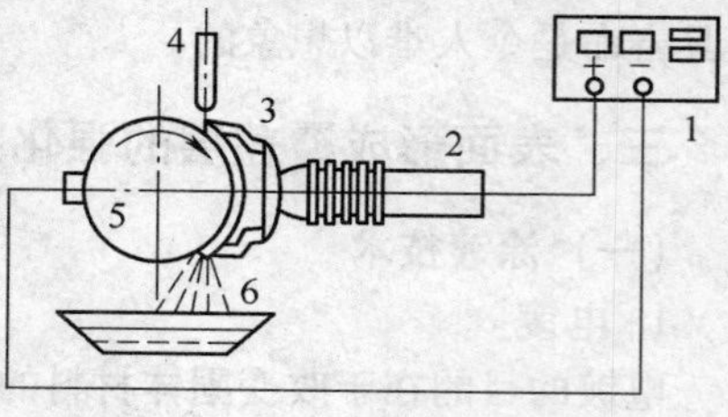

图 11-18　电刷镀工作原理图

1—电源　2—镀笔　3—阳极及包套　4—注射管　5—工件　6—溶液

由于电刷镀无需镀槽，两极距离很近，所以常规电镀的溶液不适合用来做电刷镀溶液。电刷镀溶液大多数是金属有机络合物水溶液，络合物在水中有相当大的溶解度，并且有很好的稳定性。电刷镀溶液中的金属离子的浓度要比电镀高得多，因此需要配制特殊的溶液。

电刷镀具有以下特点：

1）镀层结合强度高，在钛、铝、铬、铜、高合金钢和石墨上也具有很好的结合强度。

2）设备简单，工艺灵活，操作方便，可在现场作业。

3）可以进行槽镀困难或实现不了的局部电镀。例如对某些质量重、体积大的零件实行局部电镀。

4）生产率高。电刷镀的速度一般是槽镀的 10 ~ 15 倍，辅助时间少，可节约能源，是槽镀耗电量的几十分之一。

5）操作安全，对环境污染小。电刷镀的溶液不含氰化物和剧毒药品，可循环使用，耗量小，不会因大量废液排放而造成污染。

总之，电刷镀与槽镀相比，最大优点是镀层质量和性能优良，沉积速度快，镀层结合牢固，工艺简单，易于现场操作，且不受模具形状和大小的限制，成本低，经济效益显著。试验表明，电刷镀应用于热作模具，可延长模具寿命 50% ~ 200%，如 3Cr2W8V 钢制的连杆盖热锻模，利用电刷镀技术可显著延长模具寿命，其主要原因归功于电刷镀层还具有良好的热硬性、耐磨性和抗氧化能力。电刷镀也可大幅度延长冷作模具的寿命，这是由于电刷镀层有高的硬度和良好的抗黏着性能。在普通钢的塑料模具表面刷镀 3 ~ 10μm 的镍，经抛光后可使表面粗糙度由 1.5μm 降低至 0.1μm 以上，呈镜面光泽，由于降低了注射时的摩擦和磨损，以及镍层提高了对高温注射时分解出腐蚀性气体的抗蚀能力，使模具寿命大大延长。

一般的电刷镀层是晶体的，如果采用特殊镀液，使电刷镀时沉积的金属离子在镀层中进行不规则排列，即可获得无定形结构的非晶态镀层。这种镀层具有优异的物理、化学和力学性能，是延长模具寿命的经济方法。

用电刷镀法获得非晶态镀层，主要取决于电刷镀液的成分和电刷镀条件的控制。如某汽车厂 Cr12 钢制冷冲裁模经油淬、回火，再经非晶态 Co-W-P 合金电刷镀后，延长使用寿命近 1 倍，同时模具工作的稳定性明显提高，Co-W-P 镀层之所以能延长模具的寿命，全在于非晶态镀层的高强度和低的摩擦因数。表 11-112 列举了非晶态电刷镀层在模具上的应用效果。

3. 化学镀

化学镀是利用合适的还原剂，使溶液中的金属离子在经催化的表面上还原出金属镀层的一种化学方法。在化学镀中，溶液内的金属离子依靠镀液中的化学反应所产生的电子而还原成相应的金属。因此，它的沉积过程不是通过界面上固液两相间金属原子和离子的交换，而是液相离子通过液相中的还原剂在金属或其他材料表面上的还原沉积。它从本质上来说是一个无外加电场的电化学过程。

表 11-112　非晶态电刷镀层在模具上的应用效果

模具名称	材料	效果
齿轮模	5CrMnMo	延长寿命 80%
切边模	Cr12	从原平均寿命约 3000 件延长到 5000 件，延长寿命 67%
连杆模	4Cr5MoSiV	从原平均寿命 6832 件延长到 9090 件，提高寿命 33%
连杆盖模	3Cr2W8V	延长寿命 50%
管子割刀模	3Cr2W8V	平均寿命延长 2 倍，最长达 6～8 倍

由于化学镀具有独特的工艺特性和优良的镀层特性，现已发展为引人注目的表面处理技术。化学镀可获得单一金属镀层、合金镀层、复合镀层和非晶态镀层。与电镀、电刷镀相比，化学镀的优点是：均镀能力和深度能力好，具有良好的仿型性（即可在形状复杂的表面上产生均匀厚度的镀层）；沉积厚度可控，镀层致密与基体结合良好；设备简单，操作方便。复杂形状模具的化学镀，还可以避免常规热处理引起的变形。

化学镀现已在多种模具上获得应用。冷作模具钢 T10A 和 Cr12 表面分别镀覆非晶态 Co-P 和 Co-W-P 镀层，使硬度和耐磨性提高，在 350～400℃ 达到峰值。Cr12MoV 钢制拉深模，经化学镀 Ni-P 处理后镀层硬度为 60～64HRC，具有优良的耐磨性、高的硬度和小的摩擦因数，使用寿命从 2 万件延长到 9 万件。3Cr2W8V 钢制热作模具，经 4h 化学镀镀覆 Co-P，可获得 12μm 的镀层。再经 450°C×1h 的热处理，模具表面光亮，镀层与基体结合牢固，具有较高的硬度和良好的抗疲劳性能。当报废模具的热磨损超差尺寸不太大、热裂纹不太深时，还可以用此项工艺进行修复，从而获得良好的经济效益。

4. 热浸镀

热浸镀是将一种基体金属浸在熔融状态的另一种低熔点金属中，在其表面形成一层金属保护膜的方法。镀层金属主要有锌、锡、铝、铅等及其合金。镀层金属为锌时镀层耐蚀性好，黏附性好；镀层金属为铝时镀层有优异的耐蚀性，良好的耐热性，对光、热有良好的反射性。目前，热浸镀锌、热浸镀铝被广泛应用于模具制造业中。

根据热浸镀前处理方法的不同，其工艺可分为溶剂法和保护气法两大类。溶剂法是最常用的热浸镀方法。热浸镀之前，在清洁的金属表面涂一层助镀剂，防止钢铁腐蚀。浸入镀液后，助镀层能迅速分解，并起到清除基体金属表面的氧化物、降低熔融金属表面张力的作用，以提高镀层质量。热浸镀工艺分镀前表面处理、助镀处理、热浸镀和镀后处理四个基本工艺阶段，主要包括以下各个处理步骤：预镀件碱洗→酸洗→水洗→稀盐酸处理→水洗→溶剂处理→烘干→热浸镀→镀后处理→制品。其中，溶剂处理是该工艺的重要环节，是提高镀层质量、防止漏镀的关键步骤。

（二）电火花强化技术

电火花强化是利用脉冲放电产生的高温，将 YG8 等牌号硬质合金作为电极材料熔渗到冲模工作部分表面，形成一层高硬度、耐磨性好而又不剥离的白色合金耐磨材料强化层，厚度在 0.03mm 以下。

1. 溶渗层的特性

熔渗层的金相组织与电极材料、工件材料、加工规准等有关。用硬质合金电极强化钢时，形成的强化层含有电极材料的涂层和扩散层，它是由许多微小颗粒的碳化物紧密堆积而成。显微硬度可达1100~1400HV。

2. D9110型电火花强化机主要技术规格

表11-113为D9110型电火花强化机主要技术规格。

表11-113　D9110型电火花强化机技术规格

项　目	规　格	项　目	规　格
输入电源	220V　50Hz	允许短路时间/s	30
电源容量/VA	100	最大涂层厚度/μm	30
空载直流电压/V	35	最低表面粗糙度 Ra/μm	1.6
电容量/μF	1、5、25、45	YG8 电极	圆形 φ1~3mm×20~40mm
充电电感	10~14mH　4Ω		方形 1~2mm×20~40mm
充电电阻/Ω	15	振动频率/s^{-1}	200~400
振动器电感	2mH　0.5Ω	建议采用规准	强化:精Ⅰ、中Ⅱ、粗Ⅲ、Ⅳ
短路电流/A	<4.8		穿孔:变换极性开关，采用Ⅳ规准
允许连续工作时间/h	4		

3. 电火花强化工艺

1）强化前必须用汽油或丙酮将强化表面清洗，去除表面油污。

2）装夹方法，将工件与磁铁（负极）联接，电极固定在振动器的夹头内（正极）。

3）一般先用粗规准获得较厚的涂层，然后用精规准提高涂层均匀性和降低表面粗糙度值。对于细小工件，直接采用精规准强化。合理的生产率为3~5min/cm^2。

4）电极应垂直或稍倾斜于工件表面，但不宜正对工件的棱角部位。内凹角强化时，电极端部应制成斜楔形。

电极按小圈环形轨迹移动比按折线网状轨迹更容易得到均匀的强化层。电极移动速度以1~3mm/s匀速，并施加均匀压力。

5）电火花强化后，模具工作部分尺寸有些改变，改变量大小为涂层的厚度，故涂前的精加工尺寸应考虑涂层厚度的影响。

4. 冷冲模刃口强化方法

表11-114为冷冲模刃口强化方法。

表11-114　冷冲模刃口强化方法

强化部位图	说　明
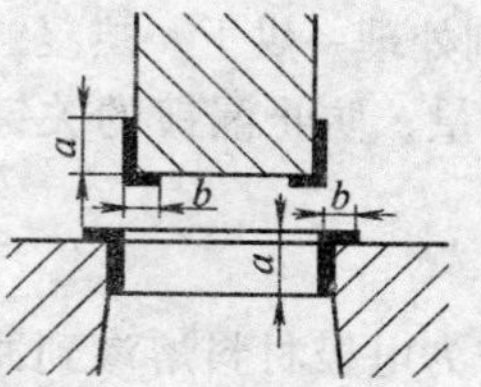	1. 强化冲模刃口正面 a 和侧面 b 强化层宽度 $a=1.5t$，t—冲件材料厚度，或取 $a=3\sim5$mm　$b=1\sim3$mm，一般取3mm 2. 仅强化侧面 a 部位时，强化后应刃磨端面，以保持刃口锋利，磨削量为0.2mm左右 3. 仅强化端面 b 部位，它适用于窄槽，凹模刃口的强化，对间隙无影响

（三）化学气相沉积（CVD）

根据化学沉积原理进行表面被覆的方法，称为化学气相沉积（Chemical Vapor Deposition,

CVD）。它是利用气态物质在一定的温度下于固体表面进行化学反应，并在其表面上生成固态沉积膜的过程。在模具上涂覆10μm左右的超硬耐磨材料，如TiN、TiC、TiB_2、Ti（CN）等，使模具零件有了涂层的优良性能；硬度高、自润滑性能好，摩擦因数低，抗磨损性能良好，涂层的熔点高，化学稳定性好，抗黏着磨损能力强。使用中发生冷焊和咬合的倾向性小，而且TiN比TiC更好；涂层的抗蚀能力强，而其中TiN的抗蚀能力一般都比TiC更强；涂层在高温下具有良好的抗大气氧化的能力TiC涂层大约可达400°C，TiN涂层大约可达500°C，高于500°C，在空气中的TiC、TiN将被氧化成TiO_2，而失去原有的性能。同时模具还具有基体材料的高强度、高韧性、价廉的优点。基体材料起作支撑硬质涂层的作用，而涂层则起到减少模具磨损的作用。

CVD法可沉积多种元素及碳化物，模具的表面强化多采用沉积TiN工艺。

1. 化学气相沉积TiN

（1）化学气相沉积TiN的原理　CVD法沉积TiN的设备原理图如图11-19所示。图中反应器2用不锈钢管制成，加热炉体4和加热炉电阻丝3组成电阻加热炉。被沉积TiN的工件5置于反应器2中，气体原料H_2和N_2经干燥器12，净化器13，流量计14，再经进气系统1输入反应器2中，气态$TiCl_4$由蒸发器11生成，并由N_2气带入反应器2中，反应后生成的废气经排气管7在机械泵8的作用下抽入废气处理系统9后排出。

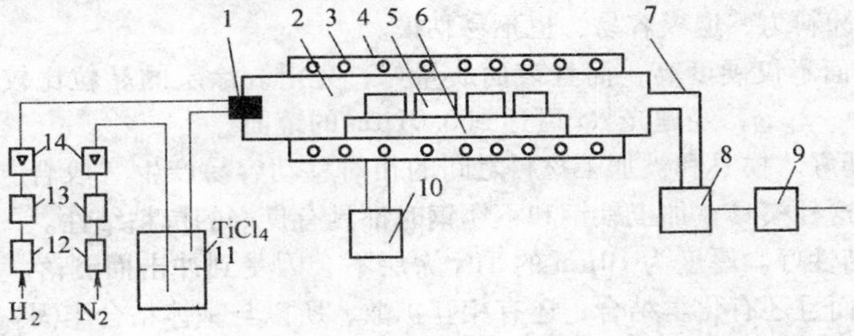

图11-19　CVD法装置示意图

1—进气系统　2—反应器　3—加热炉电阻丝　4—加热炉体　5—工件　6—夹具　7—排气管　8—机械泵　9—废气处理系统　10—加热炉电源及侧温仪表　11—蒸发器　12—干燥器　13—净化器　14—流量计

所用的原料要求如下：

氢气为高纯氢（体积分数为99.99%）

氮气为高纯氮（体积分数为99.99%）

氢气和氮气经硅胶和5A分子筛脱水，105催化剂除氧。

$TiCl_4$为化学纯，其体积分数不低于99.0%。$TiCl_4$为无色或淡黄色液体，熔点为-30°C，沸点为136.4°C，在潮湿空气中易分解为TiO_2和HCl。它由超级恒温水浴控制蒸发温度，并由净化后的氢气和氮气带入反应器。

气体流量均由针型阀（图中未标出）和转子流量计14控制和计量。

工件表面在900~1200℃温度下，与参加反应的气体进行化学反应，总的化学反应式为

$$TiCl_4(气)+1/2N_2(气)+2H_2(气)=TiN(固)+4HCl(气)$$

（2）工艺参数的控制

1）氮氢比对沉积TiN的影响。改变氮氢比对沉积速率和覆层硬度都有影响。在$TiCl_4$质量分数为1.6%左右，反应温度为950°C，反应时间为90min时，在$N_2/H_2<1/2$时，随着氮气量的增加，沉积速率增加，涂层显微硬度增加；当$N_2/H_2>1/2$时，随着N_2量的增加，沉积速率和硬度逐渐下降。当$N_2/H_2\approx1/2$（即$N_2\approx33\%$）时，沉积速率和硬度达最大值，涂层和基体之间没有

过渡层，结合是牢固的，涂层均匀致密，晶粒是细的 TiN 涂层，可以认为是接近化学计量的 TiN。

2）温度对沉积 TiN 的影响。沉积温度对沉积速率和涂层硬度有着很明显的影响。975°C 所沉积的 TiN 是接近化学计量的，此时硬度是最高的。975℃时涂层为细晶粒的致密涂层，与基体粘结牢固。

（3）涂层的特点和应用　在 Cr12MoV 和 9SiCr 钢制造的模具上沉积 TiN 涂层厚度都大于 3μm。CVD 法 TiN 涂层有许多优良的性能适用于各种模具，例如：冲裁模、挤压模、拉深模、弯曲模、拔丝模、成形模等。CVD 法 TiN 涂层有以下特点：

1）硬度高。TiN 的硬度为 2400HV，它比硬质合金的硬度（≤1500HV）还高，而 Cr12MoV 钢淬火后的硬度只有 765HV。模具的耐磨性在很大程度上与硬度有关，随着材料硬度的提高磨损率下降，一般冷冲压模具的表面硬度为 1500～2000HV 时，磨损率就相当低了。所以模具经 CVD 法沉积 TiN 处理后，模具必然会减少磨损，提高模具寿命。

2）摩擦因数低。TiN 与钢之间的干摩擦因数只有钢与钢之间干摩擦因数的 1/5。涂层还有很好的自润滑性能。由于摩擦因数低，对 TiN 涂层的切削刀具来说切削力可降低 20%。对冷挤压模具，由于摩擦力降低使模具的工作温度降低，因而也减少了刮磨倾向。对拉深模、挤压模、厚板冲裁模，可减少卸料力，退模容易，也不易粘模。

CVD 的 TiN 表面不仅硬度高，而且表面质量好，光滑。涂层的晶粒比较细而且均匀，表面粗糙度 *Ra* 通常为 1～2μm，经抛光 *Ra* 可达到 0.01μm 的镜面。

3）抗粘结性能好。模具和被加工材料之间的相对移动容易产生“咬合”现象。TiN 涂层模具的咬合倾向小。这种模具在加工软钢和不锈钢时都具有良好的抗粘结性。

4）和基体粘结性好。厚度为 10μm 的 TiN 涂层不会因受到冲击而剥落。因为在高温沉积时不仅有物理结合，而且还有化学结合，还有相互扩散，所以与基体粘合牢固。

2. 等离子体化学气相沉积（PCVD）

等离子体化学气相沉积（Plasma Chemical Vapor Deposition，PCVD）。它是将低压气体放电等离子体应用于化学气相沉积中的一项新技术。PCVD 具有 CVD 的良好绕镀性和 PVD 低温沉积的特点，更适于模具表面强化。

（1）设备与工作原理　PCVD 仍然采用 CVD 所用的源物质。如沉积 TiC，仍然采用 $TiCl_4$、H_2、N_2。其激发等离子体的装置有直流辉光、射频辉光、微波场等三种。

图 11-20 为直流等离子体化学气相沉积 PCVD 装置示意图。镀膜室 2 沉积时须为真空状态。故也称为真空室。镀膜室 2 一般用不锈钢制作。基板（工件）3 可以吊挂，也可以是托盘结构。镀膜室 2 接电源阳极，基极（工件）3 接阴极。基板负偏压为 1～2kV。阴极输电装置与离子镀相同，必须保证既要耐高温又要密封。进气系统的作用是输入 N_2、H_2、$TiCl_4$ 等气体。N_2 和 H_2 要有净化器净化。$TiCl_4$ 的容器与负压反应器相通，故 $TiCl_4$ 液体很容易汽化，$TiCl_4$ 的容器不需要加热。由于 PCVD 采用的源物质和产物中多含有还原性很强的卤元素或其他的氢化物（HCl）等气体，所以排放的气体腐蚀性较强。因此，在抽气管路上设置冷阱 5，使腐蚀气体冷凝，以减少对环境的污染。

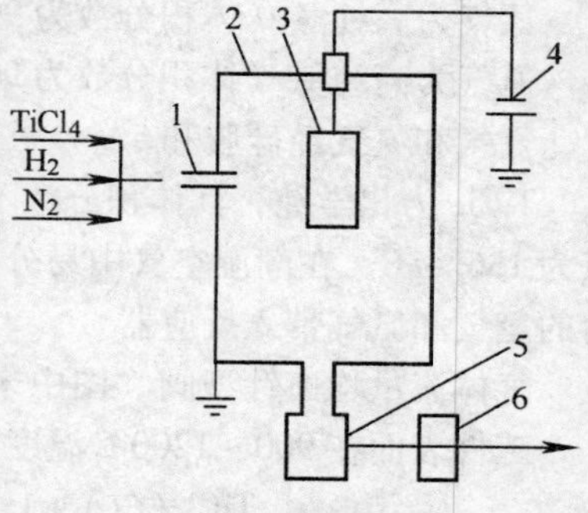

图 11-20　直流 PCVD 装置示意图
1—进气系统　2—镀膜室　3—工件　4—电源　5—冷阱　6—机械泵

镀膜的工作过程如下：首先用机械泵 6 将镀膜室 2 抽至 10Pa 左右的真空。通入氢气和氮气，接通电源 4 后，产生辉光放电。产生氢离子和氮离子轰击基板（工件）3，进行预轰击清洗净化工件，并使工件升温，工件达到500℃以后，通入 $TiCl_4$，气压调至 $10^{-2}\sim10^{-3}Pa$，进行等离子体化学气相沉积氮化钛的过程。

在辉光放电的条件下，电子与镀膜室中的气体分子产生非弹性碰撞，引起分子的分解、激发、电离和离解等过程。产生高能量基元粒子、激发态原子、原子离子、分子、离子和电子等大量活性粒子。这些活性组分导致化学反应，生成反应物，同时放出反应热。

（2）等离子体化学气相沉积的工艺流程 以铝型材挤压模具在 DC ~ PCVD 镀膜机上进行 TiN 沉积为例，说明工艺过程。

铝型材挤压模具的材料为 H13 钢。镀膜以前经 1070°C 油冷淬火和 560 ~ 580°C 两次回火处理。

镀膜所需的反应物为 N_2、H_2、$TiCl_4$ 等气体。

1）清洗镀膜室及其附件。将经过挤压研磨过的模具用酒精和丙酮严格清洗，烘干后放入镀膜室。

2）用真空泵将镀膜室抽真空至 $333.3\times10^{-2}Pa$。

3）以氮气和氢气 1:1 的比例向镀膜室通入氮气和氢气。接通工件的电源，电压为 1300V。以低电流溅射清洗模具表面。使模具温度升至 560 ~ 600°C。

4）关闭真空管，以 0.5 ~ 0.6L/min 的流量输入 $TiCl_4$ 气体。真空度保持 $333.3\times10^{-2}Pa$，进行 TiN 沉积。沉积速率一般为 5 ~ 10μm/h。一般沉积 30min。

5）关闭气体及电源，在真空状态下冷却至150℃以下出炉。

得到的镀膜为 2.6 ~ 3.8μm 厚的金黄色 TiN 涂层。

3. W_2C 化学气相沉积

沉积 TiC 和 TiCN 的反应温度都比较高，高温使工件产生内应力和变形，模具精度难以控制，而且容易引起组织变化，降低基体材料的力学性能。另外，基体材料和沉积材料中的合金元素在高温下，也容易发生互相扩散，在界面上可能生成脆性相，削弱涂层与基体的结合力。降低沉积温度的措施之一是选择合适的反应气体，W_2C 化学气相沉积由于采用 WF_6、C_6H_6、H_2 气体，沉积温度可在 300 ~ 500°C 低温下进行。图 11-21 为 W_2C 沉积装置示意图。装置由 WF_6、C_6H_6、H_2 气体，反应时间为 30 ~ 120min。形成的沉积层厚度为 5 ~ 10μm，硬度为 2000 ~ 2500HV，沉积层粘附性在 40N 以上。由于处理温度比较低，尺寸变化可控制在 1μm 左右。

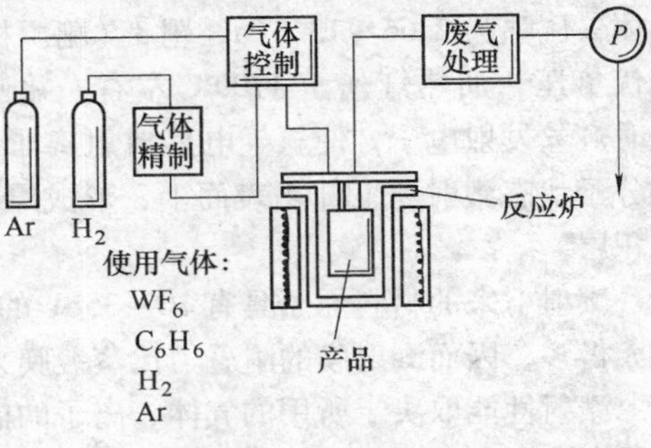

图 11-21 W_2C 化学气相沉积装置

（四）物理气相沉积（PVD）

物理气相沉积（简称 PVD）是将金属、合金或化合物放在真空室中蒸发（或称溅射），使这些气相原子或分子在一定条件下沉积在工件表面上的工艺。物理气相沉积可分为真空蒸镀、真空溅射和离子镀三类。与 CVD 法相比，PVD 法的主要优点是处理温度较低，工件变形小，沉积速度较快，无公害等，因而有很高的实用价值。它的不足之处是沉积层与工件的结合力较小，镀层的均匀性稍差，涂层比 CVD 法薄。此外，它的设备造价高，操作维护的技术要求也较高。

1. 真空蒸镀

真空蒸镀法一般在 $10^{-3}Pa$ 或更高真空度的反应室中，将镀层材料加热变成蒸发原子，蒸发原子在真空条件下撞击工件表面而形成沉积层，图 11-22 为真空蒸镀装置示意图。

真空蒸镀装置通常由真空室 1、排气系统（图中未画）、蒸发源 5、加热器 3 等几部分组成。

真空室 1 由高真空机组抽真空，真空度达 $10^{-3} \sim 10^{-2}$Pa。将欲蒸镀的材料放置在蒸发源 5 之上，在蒸发电极上通低电压、大电流交流电，使蒸镀材料加热至熔化、蒸发。大量的蒸发原子离开熔池表面进入气相，径直达到基板工件 4 表面，凝结成金属薄膜。

基板工件入槽前要进行充分地清洗。同时，蒸镀时，一般在基板背面设置一个加热器 3，使基板保持适当温度，使膜（涂层）和基层之间形成一薄的扩散层，以增大附着力。

膜厚的分布由蒸发源 5 和基板（工件）4 的相对位置以及蒸发源 5 的分布特性所决定。实际蒸镀过程中，为了得到均匀的镀膜，可以采取一些措施，诸如把多个蒸发源安排在适当的位置。其中最简单的方法是把多个点蒸发源排成一列，也可使基板相对点蒸发源移动。

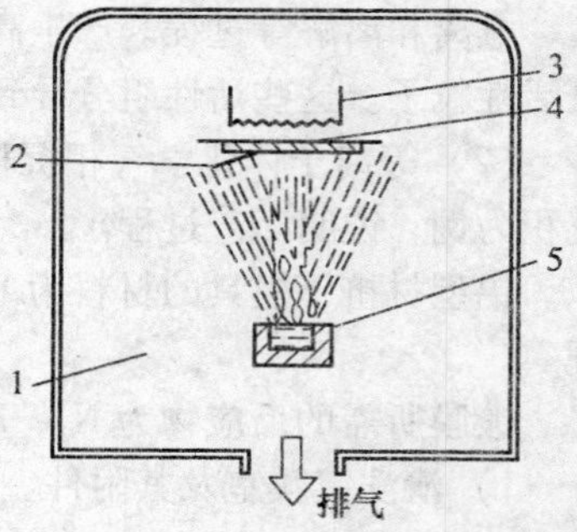

图 11-22　真空蒸镀装置示意图
1—真空室　2—膜面　3—加热器
4—基板工件　5—蒸镀材料（蒸发源）

蒸发用热源主要分三类：电阻加热源、电子束加热源和高频感应加热源。最近还采用了激光蒸镀法和离子蒸镀法（离子注入和蒸镀同时进行的镀膜法）。

真空蒸镀的主要缺点是膜-基结合力弱，镀膜不耐磨，并有方向性，但设备简单，工艺操作容易，可镀材料广，镀膜纯洁，广泛用于光学、电子器件和塑料制品的表面强化。

2. 真空溅射

真空溅射是不用蒸发技术的物理气相沉积方法。此法用高能离子冲击欲沉积的金属或化合物（靶子）表面，产生溅射现象，从靶子溅射出来的粒子堆积在工件上形成覆盖层。图 11-23 为真空溅射装置示意图。一般用氩气作为工作气体，压强为 2.66 ~ 13.3Pa，靶 3（靶源材料如 TiC）上带数百到数千伏负压，加热灯丝至 1700℃ 左右，并使之带负电（30 ~ 100V），此时灯丝发射电子，使氩气电离成氩离子轰击靶材，使靶材以原子或分子状态溅射到工件 4 表面上，形成厚度为几微米至几十微米的沉积层。

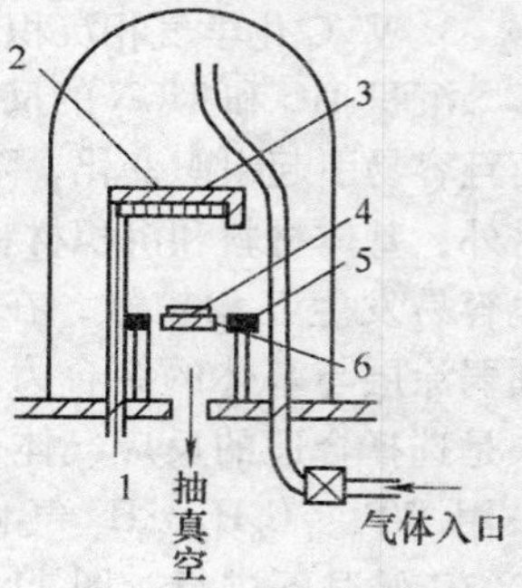

图 11-23　真空溅射装置示意图
1—高压线　2—阴极屏蔽
3—阴极（靶）　4—工件
5—阳极　6—固定装置

溅射下来的材料原子具有 10 ~ 35eV 的动能，比蒸镀时的原子动能大得多，因而溅射膜的附着力比蒸镀膜大。

溅射性能取决于所用的气体、离子的能量、轰击所用的材料等。离子轰击所产生的投射作用可用于任何类型的材料，难熔材料 W、Ta、C、Mo、WC、TiC、TiN 也能像那些低熔点材料一样容易被沉积。溅射出的合金组成常常相当于靶的成分。

具体的溅射工艺很多，如果按电极的构造及其配置方法进行分类，有代表性的几类如：二极溅射、三极溅射、磁控溅射、对置溅射、离子束溅射、吸收溅射等。常用的是磁控溅射，现已开发出多种磁控溅射装置。

常用的磁控高速溅射方法的工作原理为：用氩气作为工作气体，充氩气后反应室内压强为 1.3 ~ 2.6Pa，以欲沉积的金属和化合物为靶（如 Ti，TiC，TiN），在靶附近设置与靶表面平行的磁场，另在靶和工件之间设置阳极，以防工件过热。磁场导致靶附近等离子密度（即金属离化率）的提高，从而提高溅射与沉积速率。

磁控溅射效率高，成膜速度高（可达 2μm/min），而且基板温度低，因此，此法适用性广，可沉积纯金属、合金或化合物。例如以钛为靶，引入氮或碳氢化合物气体可分别沉积 TiN、TiC 等。

3. 离子镀

图 11-24 为离子镀装置示意图。离子镀是借助于一种惰性气体的辉光放电，使欲镀金属（或合金）蒸发离子化，离子经电场加速，而沉积在带负电荷的被镀物基板上。惰性气体一般采用氩气，压强为 $133\times10^{-3}\sim133\times10^{-2}$ Pa，两极电压在 500～2000V 之间。离子镀包括镀膜材料（如 TiC，TiN）的受热、蒸发、沉积的过程。蒸发的镀膜材料原子在经过辉光区时，一小部分发生电离，并在电场的作用下飞向工件，以几千电子伏的能量射到工件（模具）表面上，可以打入基体约几纳米的深度，从而大大提高涂层的结合力。而未经电离的蒸发材料原子直接在工件上沉积成膜。惰性气体离子与镀膜材料离子的基板表面上发生的溅射，还可以清除工件表面的污染物，从而改善结合力。

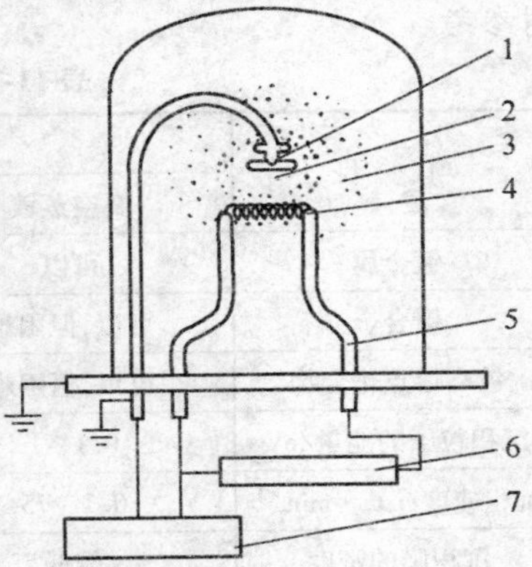

图 11-24　离子镀装置示意图
1—基板（阴极）　2—阴极暗部
3—辉光放电区　4—蒸发灯丝（阳极）
5—绝缘管　6—灯丝电源
7—高压电源

如果提高金属蒸发原子的离子化程度，显然可以增加镀层的结合力，为此而发展了一系列的离子镀设备和方法，如高频离子镀、空心阴极放电离子镀、热阴极离子镀、感应加热离子镀、活性化蒸发离子镀、低压等离子镀等。

离子镀除了涂层结合力强之外，还具有以下优点：离子绕射性强，没有明显的方向性沉积，工件的各个表面都能镀上；涂层均匀性较好，并且具有较高的致密度和细的晶粒度，即使经镜面研磨过的工件，进行离子镀后，表面依然光洁致密，无需再研磨。

表 11-115 所列是部分国产空心阴极离子镀膜设备的主要参数。

表 11-115　部分国产空心阴极离子镀膜设备的主要参数

型　号	LK-650	LK-900A	H44500-18	H44600-1
真空室尺寸 $\frac{A}{mm}\times\frac{B}{mm}$	ϕ650×700(卧式)	ϕ900×1350(卧式)	200×200	300×400
极限真空度/Pa	1.33×10^{-3}	1.33×10^{-3}	6.67×10^{-4}	6.67×10^{-4}
抽气时间/min	抽至 6.66×10^{-3}Pa ≤30	抽至 6.66×10^{-3}Pa ≤30	抽至 6.67×10^{-3}Pa ≤30	抽至 6.67×10^{-3}Pa ≤30
HCD 枪功率/kW 与数量/个	10×1	10×3	10×1	10×2
工件夹具分转速	(六杆)公转，自转平移	(五杆)自转 0.9r/min	多轴自转夹具 1 套	多轴自转夹具 1 套 行星转动夹具 1 套
总电源/kVA	40	120	20	30
烘烤温度/°C	≤500	≤500	500	500
外形尺寸(长×宽×高)/mm×mm×mm	3096×1281×1724	6000×4000×3090	4000×2500×2000	6000×4000×2500
制造厂	锦州真空设备厂		成都南光实业股份有限公司(国营南光机器厂)	

总之，采用 PVD 技术可以在各种材料上沉积致密、光滑、高精度的化合物（如 TiC，TiN）涂层，所以十分适合模具的表面强化处理。目前，应用 PVD 法沉积 TiC，TiN 等涂层已在模具生产中获得应用。例如，Cr12MoV 钢制油断路器指形触头精冲模，经 PVD 法沉积 TiN 后，表面硬度为 2500～3000HV，摩擦系数减小，抗黏着和抗咬合性改善。模具原使用 1 万～3 万次后即需

刃磨，经PVD法处理后，使用10万次不需刃磨，尺寸无变化，仍可使用。用于冲压和挤压黏性材料的冷作模具，采用PVD法处理后，其使用寿命大大延长。从发展趋势来看，PVD法将成为模具表面处理的主要技术方法之一。表11-116列出了三种PVD法与CVD法的特性比较，供选用时参考。

表11-116　三种PVD法和CVD法的特性比较

项　目	PVD法			CVD法
	真空蒸镀	真空溅射	离子镀	
镀金属	可以	可以	可以	可以
镀合金	可以，但困难	可以	可以，但困难	可以
镀高熔点化合物	可以，但困难	可以	可以，但困难	可以
沉积粒子的能量/eV	0.1~1	1~10	30~1000	—
沉积速度/$\mu m \cdot min^{-1}$	0.1~75	0.01~2	0.1~50	较快
沉积膜的密度	较低	高	高	高
孔隙度	中	小	小	极小
基体与镀层的连接	没有合金相	没有合金相	有合金相	有合金相
粘结力	差	好	最好	最好
均镀能力	不好	好	好	好
镀覆机理	真空蒸发	辉光放电、溅射	辉光放电	气相化学反应

（五）热喷涂

热喷涂是利用专用设备产生的热源将金属或非金属材料加热到熔化或半熔化状态，用高速气流将其吹成微小颗粒并喷射到工件表面，形成覆盖层。对被处理工件的形状、尺寸、材料等原则上没有限制（尺寸过小及小孔内壁的热喷涂工艺上还有困难）。无论是金属、合金，还是陶瓷、玻璃、水泥、石膏、塑料、木材，甚至纸张都是适用的基体材料。涂层材料也是多种多样的，金属、合金、陶瓷，复合材料都可选用。在模具制造业中，根据需要选用不同的涂层材料，可以获得耐磨损、耐腐蚀、抗氧化、耐热等方面的一种或多种性能，也可获得其他特殊性能的涂层，甚至可以成倍地延长零件的使用寿命。

喷涂材料在热源中被加热过程和颗粒与基材表面结合过程是热喷涂制备涂层的关键环节。尽管热喷涂的具体方法很多，且各具特色，但无论哪种方法，其喷涂过程、涂层形成原理和涂层结构基本相同。目前，常用的方法有火焰粉末喷涂、电弧喷涂、等离子喷涂。下面作简要介绍。

1. 火焰粉末喷涂

火焰粉末喷涂尤其是氧乙炔火焰粉末喷涂是目前应用面较广、数量较多的一种喷涂方法，它是通过采用粉末火焰喷枪来实现的。粉末随送粉气流从喷嘴中心喷出进入火焰，被加热熔化或软化，焰流推动熔流以一定速度喷射到基体材料（工件）表面形成涂层。火焰粉末喷涂可以获得结合力较高的涂层，可喷涂的材料也较广，而设备简单、便宜，操作方便；容易推广。

2. 电弧喷涂

电弧喷涂是将两根被喷涂的金属丝作为自耗性电极，输送直流或交流电，利用丝材端部产生的电弧做热源来熔化金属，用压缩气流雾化熔滴并喷射在基材（工件）表面形成涂层。电弧喷涂的优点是电弧喷涂枪构造简单，操作灵活，喷涂材料的利用率高，材料价格低，气源单一，总的处理成本低。缺点是喷涂材料局限于能制成丝的金属和合金材料。另外，金属丝导孔易磨损；金属丝往往由于接触不良而打火，甚至焊住；金属丝导孔内锈皮等脏物易卡住而不能顺利送丝。

3. 等离子喷涂

等离子喷涂是以电弧放电产生等离子体作为高温热源，以喷涂粉末材料为主，将喷涂粉末加热至熔化或熔融状态，在等离子射流加速下获得很高的速度，喷射到基材（工件）表面形成涂层。等离子喷涂温度高，可熔化目前所知的任何固体材料；喷射出的微粒高温、高速、形成的喷射涂层结合强度高，质量好，用途十分广泛。

四、不改变表面化学成分的强化方法

（一）火焰淬火

近年来国内开发出一些适用于火焰淬火的模具钢，其淬火后的力学性能优良，又由于火焰淬火工艺简单，可大大地简化模具制造工序，因而火焰淬火工艺在模具制造中的应用日趋广泛。

1. 火焰淬火的特点

1）模具韧性高。火焰淬火是只对模具刃口部分进行局部淬火硬化的方法，模具的其他部分仍可保持高韧性，因而经火焰淬火的模具零件既具有良好的硬度又具良好的韧性。

2）减少加工工序，提高生产效率。采用普通淬火工艺制造模具零件，由于淬火后的凸模、凹模等零件已整体硬化，几乎不能再进行钻孔、铰孔等加工、因而模具装配时往往先进行第一次装配，再拆开淬火，然后再一次进行装配研修的反复操作。由于模具已整体淬硬，装配加工难度很大，费工费时。

采用火焰淬火，模具零件表面虽被淬硬，其他部位仍处于可加工状态，钻孔、铰孔等加工很容易进行，模具全部装配完成后再进行火焰淬火。淬火后一般只需研磨抛光，免去多次拆装，不仅减少工时，还容易保证模具的精度。

2. 火焰淬火用模具材料

近年来我国已研制成功专用的火焰加热空冷淬硬冷作模具钢 7CrSiMnMoV（CH-1）钢。这种钢材经过多年来的推广使用已获得成功，已在包括汽车覆盖件大型模具在内的各种模具上广泛应用。

（1）淬火性能　淬火温度对硬度的影响如图 11-25 所示。由图可见，860℃淬火后的硬度为 62HRC，至 960℃之间硬度曲线平缓，表明有较宽的淬火温度范围。厚度在 40mm 以下模具零件均可采用空冷淬火，淬火温度以选用 880～920℃为宜。

（2）力学性能　7CrSiMnMoV 钢淬火后具有良好的力学性能，见表 11-117。

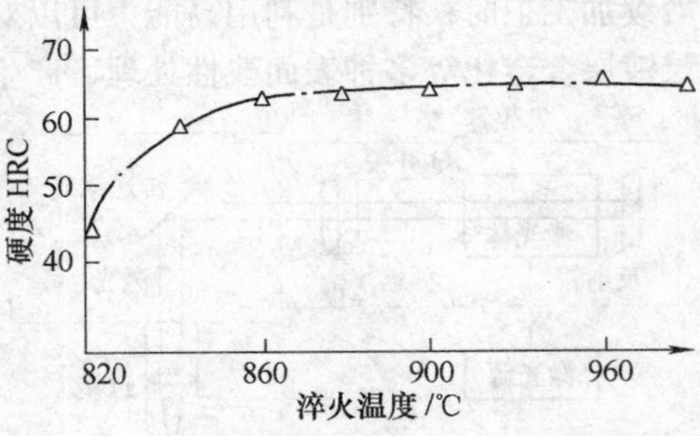

图 11-25　淬火温度对 7CrSiMnMoV 钢硬度的影响

表 11-117　淬火温度对 7CrSiMnMoV 钢力学性能的影响

淬火温度/°C	σ_b/MPa	a_K/J · cm^{-2}	硬度 HRC
820	3380	85	47～48
840	3410	87	60～61
880	3520	94	62～63
900	3560	105	62～63
920	3480	98	63～64
960	3320	89	62～63

3. 火焰淬火工艺和方法

模具淬火前应在 180～200°C 温度下预热 1～1.5h。对于大型整体封闭型腔模具可用喷枪直接预热。淬火加热火焰调节为氧化焰（或中性焰），内焰长度为 10～5mm，氧气压力控制在 0.5～0.7MPa。乙炔压力控制在 0.05～0.07MPa。加热时火焰内焰端部至工件表面的距离为 2～

3mm，距刃口边缘 4 ~ 6mm，加热带宽度控制在 8 ~ 12mm。对不同结构及尺寸的模具，应注意喷嘴的选择。

对于薄料冲裁模（料厚 < 2mm），加热方法如图 11-26a 所示，火焰加热刃口的竖直面，即模具沿冲压方向的工作面，喷枪与竖直面成 75°角。刃口部位的加热温度凭目测控制在 900 ~ 1000℃，当变成目标温度的颜色时，保持这种颜色沿刃口慢慢地移动。正确的温度应参考颜色温度表等仪器。绝对不能出现温度过高，造成熔化的现象。喷嘴的进给速度一般是 200mm/min，这仅是参考速度，应当按目标加热温度所要求的速度进给。

对于厚料冲裁模（料厚 > 2mm），为提高刃口强度、增加淬硬层深度，应选用双喷嘴，对刃口的上面和下面同时进行淬火，如图 11-26b 所示。

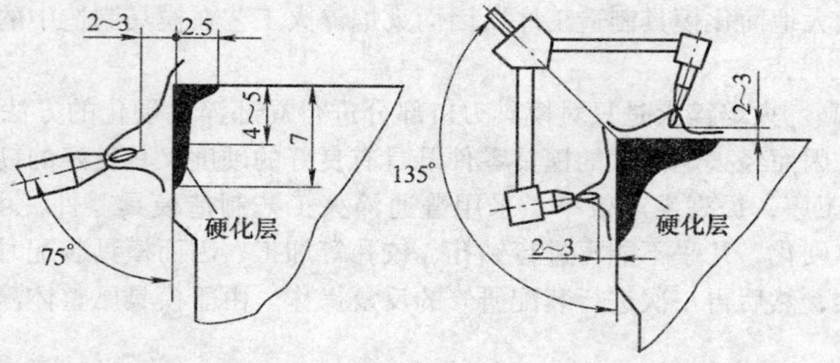

图 11-26　火焰淬火加热方法示意图

a）单喷嘴　b）双喷嘴

（二）激光表面强化

激光自 20 世纪 60 年代问世以来，在金属加工工业中迅速得到广泛的应用。利用专门的激光器发出能量极高的激光（即高功率密度激光束），以极快的速度加热工件表面，自冷淬火后使工件表面强化的热处理方法称为激光热处理。

激光热处理分为激光相变硬化（表面淬火、表面非晶化处理、表面重熔淬火）、激光表面合金化（表面敷层合金化、硬质粒子喷射合金化、气体合金化）。

激光热处理的特点是：能量集中，故可对工件表面实行选择性处理；能量利用率高，加热极为迅速并靠自激冷冷却；畸变极小，从而可大大减少后续加工工时；特别是利用高能束可以对材料的表面实现相变硬化、微晶化、冲击加热硬化、覆层镀层合金化等多种表面改性处理，产生用其他表面加热淬火强化难于达到的表面成分、组织、性能的改变。激光热处理一般采用功率为千瓦级的连续工作 CO_2 激光。通常的激光热处理实验装置如图 11-27 所示。激光热处理的关键设备是激光器，目前工业中应用最多的是 500W 级纵向直流放电 CO_2 激光器。利用激光照射事先经过黑化处理的工件表面，使表面薄层快速加热到相变温度以上（低于熔点），光束移开后通过自激冷冷却即可实现表面淬火硬化。用于激光表面加热淬火的功率密度为 10^3 ~ $10^5 W/cm^2$。由于加热工件表面温度及穿透深度均与激光照射持续时间的平方根成正比，因此当激光束功率及光斑尺寸确定后，通过改变激光束的扫描速率，就可以控制工件表面温度与加热层深度。

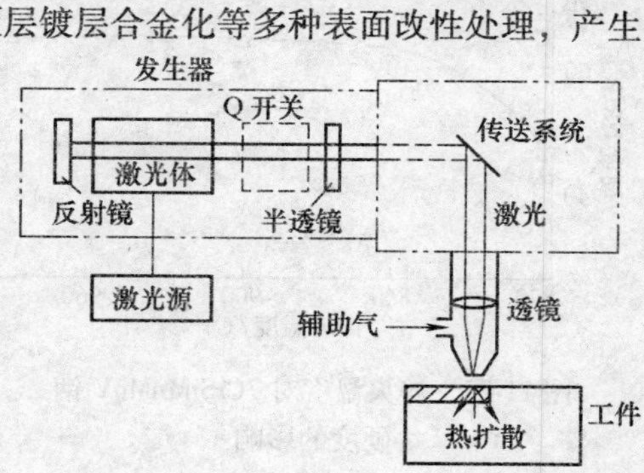

图 11-27　激光热处理装置示意图

激光淬火钢件表层可获得极细的马氏体，合金钢硬化区组织为极细板条或针状马氏体、未溶碳化物及少量残留奥氏体，激光硬化区与基体交界区呈现复杂的多相组织。

激光表面淬火与高频及火焰加热表面淬火相比较，前者受热及冷却区域极小，因此畸变极小，残余应力小，且由于毫无氧化脱碳作用，淬火表面更加光亮洁净，从而可在最终精加工工序以后进行。利用激光表面加热淬火还可以解决工件拐角、沟槽、不通孔、深孔内壁等用其他热处理方法很难解决的强化问题。

激光表面热处理可改善模具表面硬度、耐磨性、热稳定性、抗疲劳性和临界断裂韧性等力学性能，是延长模具寿命的有效途径之一。例如 GCr15 钢制轴承保持架冲孔用的冲孔凹模，经常规处理后的使用寿命为 1.12 万次，经激光硬化处理后的寿命达 2.8 万次。GCr15 钢制挤压孔边用的压坡模，经激光处理后，可连续冲压 6000 件，而按常规热处理工艺处理后，最长使用寿命为 3000 件。

（三）电子束表面强化

电子束淬火是利用电子枪发射成束电子，轰击工件表面，使之急速加热，自冷淬火后使工件表面强化的热处理，其能量利用率大大高于激光热处理，可达 80%。目前电子束和激光束一样已被用于钢和铸铁的表面强化，提高其抗疲劳、耐磨损和抗腐蚀性能。

第八节　工模具钢中、外牌号对照

我国工模具钢与国外钢号对照见表 11-118。

表 11-118　我国工模具钢与国外钢号对照表

钢　类	钢　号	国外钢号对照					
		美国 AISI	英国 BS	俄罗斯 ГОСТ	日本 JIS	德国 DIN	法国 AFNOR
标准钢号							
量具刃具用钢	T8，T9	W1 ~ W3	BW1 ~ BW3	У8，У9	SK6，SK5	C80W1	XC80
	T12	W4	BW4	У12	SK4，SK3 SK2	C105W1	XC120
	T13	W4	BW4	У13	SK1	—	XC120
	9SiCr	—	—	9ХС	—	90CrSi5	—
	8MnSi	—	—	—	—	C75W3	—
	CrMn	—	—	ХГ	—	145Cr6	—
	CrW5	F3	—	ХВ5	SKS1	X130W5	130C16
	Cr06	W5	—	13Х	SKS8	140CrV1	—
	Cr2	L3	—	Х	~SKS3	100Cr6	100C6
量具刃具用钢	9Cr2	L7	—	9Х	—	85Cr7	—
	V	W2	BW2	Ф	SKS43	100V1	—
	W	F1	BF1	В1	SKS21	120W4	—
耐冲击工具用钢	T7	W1	BW1	У7	SK7	—	—
	4CrW2Si	—	—	4ХВ2С	SKS41	35WCrV7	—
	5CrW2Si	S1，S2	BS1，BS2	5ХВ2С	—	45WCrV7	55WC20
	6CrW2Si	—	—	6ХВ2С	—	60WCrV7	—
冷作模具钢	Cr12	D3	BD3	Х12	SKD1	X210Cr12	Z200C12
	Cr12MoV	D2	BD2	Х12М	SKD11	X165CrMoV12	Z160CDV12
	Cr6WV	A2	BA2	Х6ВФ	SKD12	—	~Z100CDV5

（续）

钢类	钢号	国外钢号对照					
		美国 AISI	英国 BS	俄罗斯 ГОСТ	日本 JIS	德国 DIN	法国 AFNOR
标准钢号							
冷作模具钢	9Mn2	—	—	—	—	—	—
	9Mn2V	O2	—	—	~SKT6	90MnV8	—
	MnCrWV	O1	BO1	—	SKS3	—	—
	CrWMn	O7	—	ХВГ	SKS31	105WCr6	~90MCW5
	9CrWMn	—	—	9ХВГ	—	—	—
	MnSi	—	—	—	—	—	—
	Cr4W2MoV	—	—	—	—	—	—
	6Cr6Mo5Cr4V	—	—	—	—	—	—
	Cr2Mn2SiWMoV	—	—	—	—	—	—
热作模具钢	5CrMnMo	—	—	5ХГМ	SKT5	40CrMnMo7	—
	5CrNiMo	1.6	—	5ХНМ	SKT4	55NiCrMoV6	55NCDV7
	3Cr2W8V	H21	BH21	3Х2В8Ф	SKD5	X30WCrV93	~Z30WCV9
	4SiCrV	—	—	4ХС	—	45SiCrV6	—
	8Cr3	—	—	8Х3	—	—	—
	SiMnMoV	—	—	—	—	—	—
	4Cr5MoSiV	H11	BH11	4Х5МФС	SKD6	X38CrMoV51	Z38CDV5 ~ Z35CDWVS05
	4Cr5W2VSi	—	—	4Х5В2ФС	—	—	
堆焊模具用钢	5Cr4Mo	—	—	—	—	—	—
非标准钢号							
冷作模具钢	SiMnMo	O6	—	—	—	140SMD4	—
	6Cr4Mo3Ni2WV	—	—	—	—	—	—
	7Cr4W3Mo2VNb	—	—	—	—	—	—
	7W7Cr4MoV	—	—	—	—	—	—
热作模具钢	4Cr5MoSiV1	H13	BH13	4Х5МФ1С	SKD61	X40CrMoV51	Z35CDVS05
	4Cr4Mo2WVSi	~H12	~BH12	4Х4ВМФС	SKD62	X37CrMoW5	Z38CDWV5
	5Cr4W5Mo2V	—	—	—	—	—	—
	5CrMnSiMoV	—	—	—	—	—	—
	5Cr4Mo2W2VSi	—	—	—	—	—	—
	4Cr3Mo3W2V	—	—	—	—	—	—
	4Cr3Mo3W4TiNb	—	—	—	—	—	—
无磁模具用钢	7Mn15Cr2Al3V2WMo	—	—	—	—	—	—
标准钢号							
通用型	W18Cr4V	T1	BT1	Р18	SKH2	S18-0-1	Z80WCV18-01
	W6Mo5Cr4V2	M2	BM2	Р6М5	SKH9	S6-5-2	Z85WDCV06-05-02
高碳高钒型	W12Cr4V4Mo	—	—	РГ4Ф4	—	EV4	—
超硬型	W6Mo5Cr4V2Al	—	—	—	—	—	—
	W10Mo4Cr4V3Al	—	—	—	—	—	—
	W6Mo5Cr4V5SiNbAl	—	—	—	—	—	—
	W12Mo3Cr4V3Co5Si	—	—	—	—	—	—

（续）

钢　类	钢　号	国外钢号对照					
		美国 AISI	英国 BS	俄罗斯 ГОСТ	日本 JIS	德国 DIN	法国 AFNOR
非标准钢号							
通用型	W2Mo9Cr4V2	M7	—	—	—	—	—
高碳高钒型	W6Mo5Cr4V3	M3	—	—	SKH53	S6-5-3	—
一般含钴型	W6Mo5Cr4V2Co5	M35	—	P6M5K5	SKH55	S6-5-2-5	Z85WDKV06-05-05-02
高钒含钴型	W6Mo3Cr4V5Co5	M15	BM15	—	—	—	—
	W12Cr4V5Co5	T15	BT15	—	SKH10	S12-1-4-5	—
超硬型	W2Mo9Cr4VCo8	M42	BM42	—	—	—	—
	W10Mo4Cr4V3Co10	—	—	—	SKH57	S10-4-3-10	—
	W12Mo3Cr4V3N	—	—	—	—	—	—
	W18Cr4V4SiNbAl	—	—	—	—	—	—
耐蚀型塑料模具钢	2Cr13					X20Cr13	
	4Cr13		Zn56D	4X13	SUS420J2	X40Cr13	240Cr13
	3Cr17Mo		Zn58B	1X18H9T	SUS29	X36CrMo17	Z10CNT18-10
	1Cr18Ni9Ti	321				X10CrNiTi189	
预硬型塑料模具钢	3Cr2Mo	P20				40CrMnMo7	

注：1. AISI（美国钢铁学会缩写）——开头的字母表示：W—水淬钢，O—油淬钢，A—空淬钢，S—冲击负荷下使用的钢，F—终加工用工具钢，T—钨高速钢，M—钼高速钢。

2. ГОСТ（俄罗斯国家标准）——开头的数字表示碳的千分之几含量。俄文字母表示：У——般碳钢，Р—高速钢；Х—铬，Н—镍，В—钨，Ф—钒，С—硅，Г—锰，М—钼，К—钴，В—铌，Ц—锆；字母后数字为该元素的百分含量，若字母后无数字表示该元素含量为1%～1.5%。在高速钢牌号中，字母P后的数字是钨的百分含量。

3. DIN（德国工业标准）——不大于150的数字代表高硬度碳钢和低合金钢；开头的字母X代表高合金模具钢，S—高速钢。

4. AFNOR（法国国家标准局）——字母表示：Z—高合金钢，C—铬，K—钴，M—锰，D—钼，N—镍，S—硅，W—钨，V—钒；字母前的数字为碳的千分之几含量，字母后的数字为主要合金元素的百分含量。

5. 约略号（～）表示成分与之相近的钢。

第十二章　压　力　机

第一节　压力机的类型及规格

一、压力机的分类及型号

冲压设备的选择是冲压工艺及其模具设计中的一项重要内容，它直接影响到设备的安全和合理使用，也关系到冲压生产的产品质量、生产效率和成本，以及模具寿命等一系列重要问题。冲压设备的选择包括两个方面：类型及规格。

常规的冲压设备，在工程习惯上主要是指压力机。压力机的种类很多，按照不同的观点可以把压力机分成不同的类型。如：按驱动滑块力的种类分为机械的、液压的、气动的等，而最常用的是机械的和液压的。按滑块个数可分为单动、双动、三动等；按驱动滑块机构的种类又可分为曲柄式、肘杆式、摩擦式等；按机身结构形式可分为开式、闭式等等。

冲压加工中常用的机械压力机属于锻压机械中的一类。我国锻压机械的分类及代号见表12-1。锻压机械共分八类，每一类又分成十列，分别以0、1、2、…、9表示，每列又分成十组，也是以0、1、2、…、9表示。机械压力机的型号是根据结构形式和使用对象的不同按锻压机械标准的类、列、组编制的，表12-2为机械压力机的列、组划分表。

表12-1　锻压机械类别代号表

序号	类别名称	汉语简称	拼音代号	序号	类别名称	汉语简称	拼音代号
1	机械压力机	机	J	5	锻机	锻	D
2	液压机	液	Y	6	剪切机	切	Q
3	自动锻压机	自	Z	7	弯曲校正机	弯	W
4	锤	锤	C	8	其他	它	T

表12-2　机械压力机的列、组划分表

类别	汉字代号	拼音代号	组别＼列别	0		1		2
				其他		单柱偏心压力机		开式双柱曲轴压力机
机械压力机	机	J	0		0		0	
			1		1	单柱固定台压力机	1	开式双柱固定台压力机
			2		2	单柱活动台压力机	2	开式双柱活动台压力机
			3		3	单柱柱形台压力机	3	开式双柱可倾压力机
			4		4	单柱台式压力机	4	开式双柱转台压力机
			5		5		5	开式双柱双点压力机
			6		6		6	
			7		7		7	
			8		8		8	
			9		9		9	

（续）

类别	汉字代号	拼音代号	组别＼列别	3		4		5	
				闭式曲轴压力机		拉深压力机		摩擦压力机	
机械压力机	机	J		0		0		0	
				1	闭式单点压力机	1	闭式单点单动拉深压力机	1	无盘摩擦压力机
				2		2	闭式双点单动拉深压力机	2	单盘摩擦压力机
				3	闭式侧滑块压力机	3	开式双动拉深压力机	3	双盘摩擦压力机
				4		4	底传动双动拉深压力机	4	三盘摩擦压力机
				5	闭式双点压力机	5	闭式双动拉深压力机	5	上移式摩擦压力机
				6		6	闭式双点双动拉深压力机	6	
				7		7	闭式四点双动拉深压力机	7	
				8		8	闭式三动拉深压力机	8	
				9	闭式四点压力机	9		9	

类别	汉字代号	拼音代号	组别＼列别	6		7		8		9	
				粉末制品压力机				模锻精压、挤压用压力机		专门化压力机	
机械压力机	机	J		0		0		0		0	
				1	单面冲压粉末制品压力机	1		1		1	分度台压力机
				2	双面冲压粉末制品压力机	2		2		2	冲模回转头压力机
				3	轮转式粉末制品压力机	3		3		3	摩擦式压力机
				4		4		4	精压机	4	
				5		5		5		5	
				6		6		6	热模锻压力机	6	
				7		7		7	曲轴式金属挤压机	7	
				8		8		8	肘杆式金属挤压机	8	
				9		9		9		9	

下面举例说明型号的表示方法

例如：型号 JA31—160A

型号的第一个字母表示类别，J 即机械压力机类。

型号的第二个字母表示压力机的变型设计代号。即在类、列、组和主要规格完全相同，只是次要参数与基型不同的压力机，按变型处理，则在原型号的字母后（数字前）加一个字母 A、B、C、…等，依次表示第一种、第二种、第三种、…变型。

字母后面的第一个数字表示压力机的列别，第二个数字表示压力机的组别，如“31”表示闭式曲柄压力机系列中的闭式单点压力机组。

“—”后面的数字表示压力机的公称压力，也就是压力机的主要规格，如“160”表示公称压力为 1600kN。

型号最末端的字母表示压力机经改进设计的代号，如 A、B、C、…分别表示第一次、第二次、第三次、…改进设计。

表 12-2 中压力机的名词解释：

（1）开式压力机　操作者可以从前、左、右三个方向接近工作台，床身为整体型的压力机。

（2）闭式压力机　操作者只能从前后两个方面接近工作台，床身为左右封闭的压力机。

（3）单点压力机　压力机的滑块由一个连杆带动，用于台面比较小的压力机。

（4）双点压力机　压力机的滑块由两个连杆带动，用于左、右台面较宽的压力机。

（5）三点压力机　压力机的滑块由三个连杆带动，用于左右台面特宽的多工位压力机。

（6）四点压力机　压力机的滑块由四个连杆带动，用于前、后、左、右台面尺寸都比较大的压力机。

（7）单动压力机　只有一个滑块的压力机。

（8）双动压力机（拉深压力机）　压力机有内、外两个滑块的压力机。外滑块用于压边，内滑块用于拉深。

（9）上传动压力机　压力机的传动机构设置在工作台上面的压力机。

（10）下传动压力机　压力机的传动机构设置在工作台下面的压力机。

（11）可倾压力机　压力机的床身可以在一定角度范围内向后倾斜的压力机。

二、通用压力机

通用压力机是曲柄压力机的一种类型，是以曲柄传动的锻压机械，它能完成各种冲压工序，如冲裁、弯曲、拉深、胀形、挤压和模锻等，是冲压车间的主要设备。下面通过两种典型曲柄压力机来说明它的工作原理和结构。

1. 开式双柱可倾式压力机

图 12-1 所示为 JB23—63 型压力机运动原理图。图 12-2 为该压力机的结构图。其工作原理如下：

电动机 1 通过 V 带把运动传给大带轮 3，再经过小齿轮 4、大齿轮 5 传给曲轴 7。连杆 9 上端装在曲轴上，下端与滑块 10 连接，把曲轴的旋转运动变为滑块的直线往复运动。滑块运动的最高位置称为上死点位置，而最低位置称为下死点位置。冲压模具的上模 11 装在滑块上，下模 12 装在垫板 13 上。因此，当板料放在上、下模之间时，滑块向下移动进行冲压，即可获得工件。

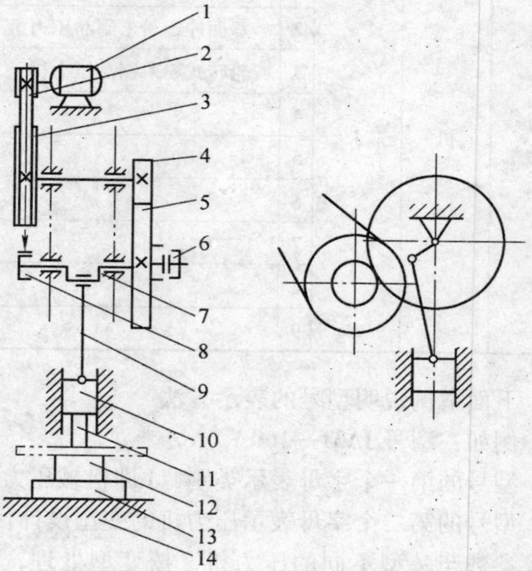

图 12-1　JB23—63 压力机运动原理图

1—电动机　2—小带轮　3—大带轮　4—小齿轮　5—大齿轮　6—离合器　7—曲轴　8—制动器　9—连杆　10—滑块　11—上模　12—下模　13—垫板　14—工作台

在使用压力机时，电动机始终在不停地运转，但由于生产工艺的需要，滑块有时运动，有时停止，所以装有离合器 6 和制动器 8。压力机在整个工作周期内进行工艺操作的时间很短，大部分是无负荷的空程时间，为了使电动机的负荷均匀、有效地利用能量，因而装有飞轮。大带轮 3 即起飞轮作用。

从上述工作原理并参见结构图 12-2，曲柄压力机一般由以下几个部分组成：

（1）工作机构　一般为曲柄连杆机构，由曲轴、连杆、滑块等主要零件组成。

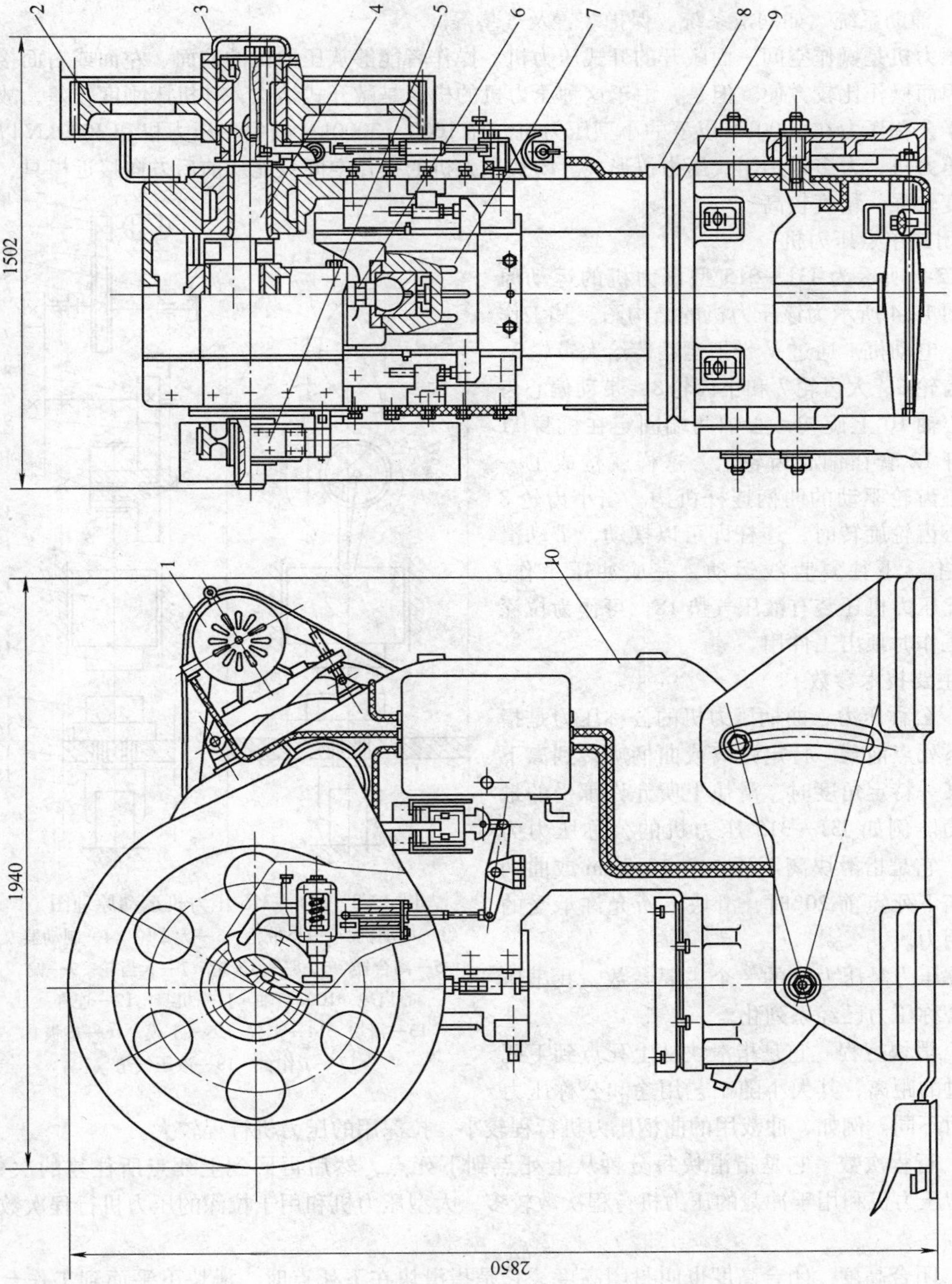

图 12-2 JB23—63 压力机结构图

1—电动机 2—大齿轮 3—离合器 4—曲轴 5—制动器 6—连杆 7—滑块 8—垫板 9—工作台 10—机身

（2）传动系统　包括电动机、带传动、齿轮传动等机构。

（3）操纵系统　如离合器、制动器等。

（4）支承部件　如床身、工作台等。

（5）辅助系统　如润滑系统、保护装置及气垫等。

该压力机是操作空间三面敞开的开式压力机。操作者能够从压力机的前面、左面或右面接近模具，因而操作比较方便。但是，由于这种压力机的机身是敞开式结构，其机床刚度较差，故一般适用于公称压力在1000kN以下的小型压力机。而1000～3000kN的中型压力机和3000kN以上的大型压力机，大多采用闭式压力机形式。闭式压力机的操作空间只能从前后方向接近模具，但机床刚度较强，精度较高。

2. 闭式单点压力机

图12-3所示为J31—315型压力机的运动原理图。图12-4所示为该压力机的结构图。其工作原理为：电动机1通过V带把运动传给大带轮3，再经小齿轮6、大齿轮7和小齿轮8，带动偏心齿轮9在心轴10上旋转，心轴两端固定在机身11上。连杆12套在偏心齿轮上，这样就构成了一个由偏心齿轮驱动的曲柄连杆机构。当小齿轮8带动偏心齿轮旋转时，连杆即可以摆动，带动滑块13做上、下往复直线运动，完成冲压工作。此外，此压力机还装有液压气垫18，可作为拉深压边及工作时顶出工件用。

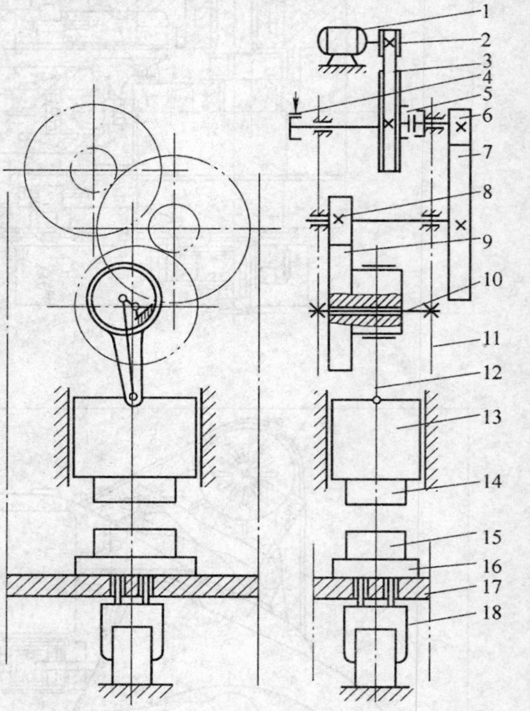

图12-3　J31—315压力机运动原理图

1—电动机　2—小带轮　3—大带轮　4—制动器　5—离合器　6、8—小齿轮　7—大齿轮　9—偏心齿轮　10—心轴　11—机身　12—连杆　13—滑块　14—上模　15—下模　16—垫板　17—工作台　18—液压气垫

3. 主要技术参数

（1）公称压力　曲柄压力机的公称压力是指滑块离下死点前某一特定距离或曲柄旋转到离下死点前某一特定角度时，滑块上所允许承受的最大作用力。例如J31—315压力机的公称压力为3150kN，它是指滑块离下死点前10.5mm或曲柄旋转到离下死点前20°时，滑块上所允许承受的最大作用力。

公称压力是压力机的一个主要参数，我国压力机的公称压力已经系列化。

（2）滑块行程　它是指滑块从上死点到下死点所经过的距离，其大小随工艺用途和公称压力的不同而不同。例如，冲裁用的曲柄压力机行程较小，拉深用的压力机行程较大。

（3）行程次数　它是指滑块每分钟从上死点到下死点，然后再回到上死点所往复的次数。一般小型压力机和用于冲裁的压力机行程次数较多，大型压力机和用于拉深的压力机行程次数较少。

（4）闭合高度　闭合高度也叫封闭高度，它是指滑块在下死点时，滑块下平面到工作台上平面的距离。当闭合高度调节装置将滑块调整到最上位置时，闭合高度最大，称为最大闭合高度；将滑块调整到最下位置时，闭合高度最小，称为最小闭合高度。闭合高度从最大到最小可以调节的范围，称为闭合高度调节量。

（5）装模高度　当工作台面上装有工作垫板，并且滑块在下死点时，滑块下平面到垫板上平面的距离为装模高度。在最大闭合高度状态时的装模高度为最大装模高度。在最小闭合高度状态时的装模高度为最小装模高度。装模高度与闭合高度之差为垫板厚度。

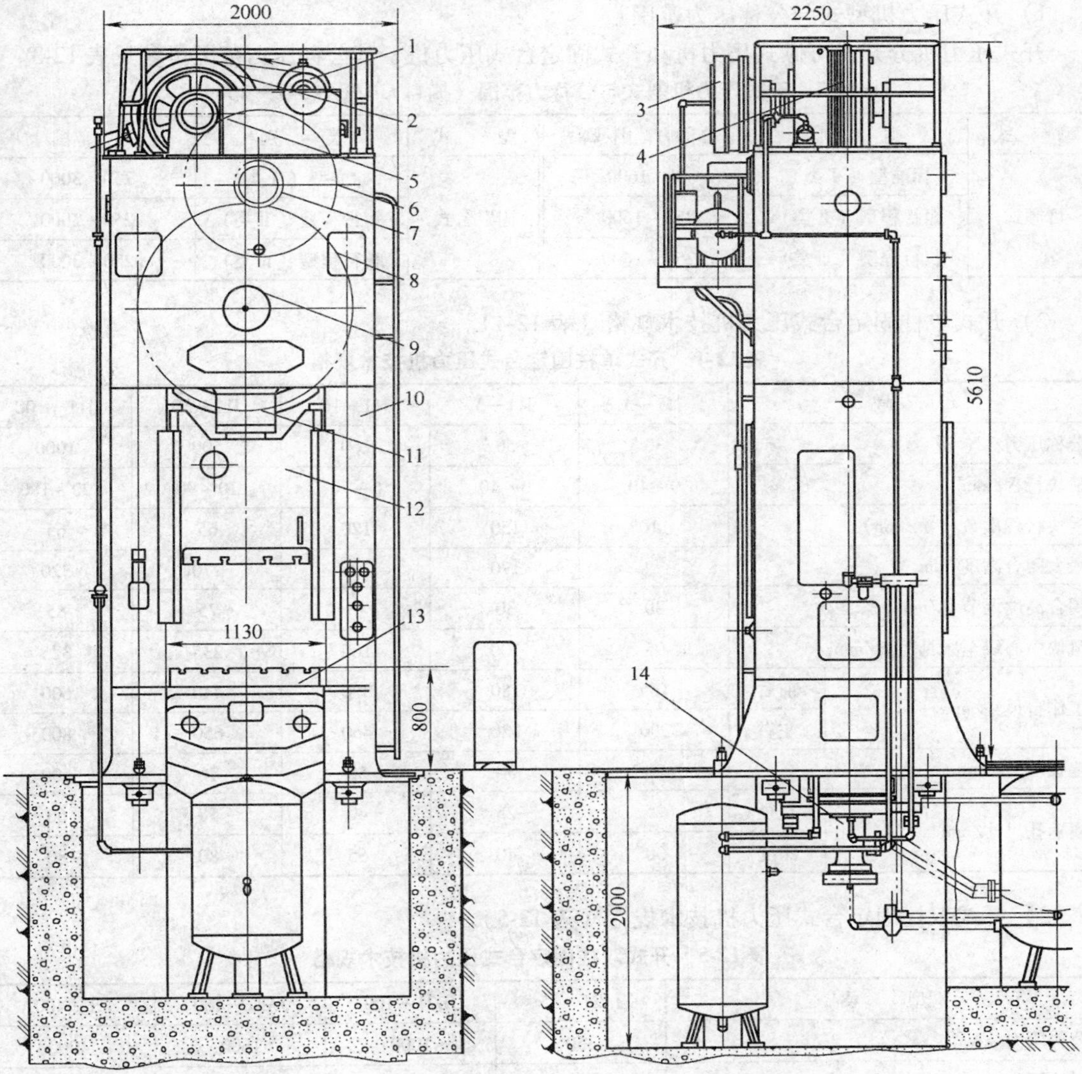

图 12-4　J31—315 压力机结构图

1—小带轮　2—大带轮　3—制动器　4—离合器　5、7—小齿轮　6—大齿轮　8—偏心齿轮　9—心轴　10—机身　11—连杆　12—滑块　13—垫板　14—气垫

（6）压力机工作台面尺寸及滑块底面尺寸　工作台面尺寸与滑块底面尺寸是与模架安装平面尺寸有关的尺寸。通常对于闭式压力机，这两者尺寸大体相同，而开式压力机则前者大于后者。为了用压板对模座进行固定，这两者尺寸比模座尺寸大出必要的加压板空间。

（7）漏料孔尺寸　工作台的中间设有漏料孔，工作台或垫板上的漏料孔尺寸应大于模具下面的漏料孔尺寸。当模具需要装有弹性顶料装置时，弹性顶料装置的外形尺寸应小于漏料孔尺寸。模具下模板的外形尺寸应大于漏料孔尺寸，否则需要增加附加垫板。

（8）模柄孔尺寸　当模具需要模柄与滑块相连时，滑块内模柄孔的直径和深度应与模具模柄尺寸相协调。

4. 通用压力机规格

(1) 开式压力机型式及规格

1) 开式压力机型式与公称压力范围

开式压力机分开式可倾式压力机和开式固定台式压力机，其公称压力范围可参见表12-3。

表12-3 开式压力机型式与公称力范围（摘自GB/T 14347—2009）

型 式	类 别	公称力范围/kN	型 式	类 别	公称力范围/kN
可倾式	标准型（Ⅰ类）	40～1600	固定台式	标准型（Ⅰ类）	250～3000
	短行程型（Ⅱ类）	250～1600		短行程型（Ⅱ类）	250～3000
	长行程型（Ⅲ类）	250～1600		长行程型（Ⅲ类）	250～3000

2) 开式单柱固定台式压力机技术规格（表12-4）。

表12-4 开式单柱固定台式压力机技术规格

型 号		J11—3	J11—5	J11—16	J11—50	J11—100
公称压力/kN		30	50	160	500	1000
滑块行程/mm		0～40	0～40	6～70	10～90	20～100
滑块行程次数/(次/min)		110	150	120	65	65
最大闭合高度/mm			170	226	270	320
闭合高度调节量/mm		30	30	45	75	85
滑块中心线至床身距离/mm		95	100	160	235	325
工作台尺寸/mm	前后	165	180	320	440	600
	左右	300	320	450	650	800
垫板厚度/mm		20	30	50	70	100
模柄孔尺寸/mm	直径	25	25	40	50	60
	深度	30	40	55	80	80

3) 开式双柱固定台式压力机技术规格（表12-5）。

表12-5 开式双柱固定台式压力机技术规格

型 号		JA21—35	JD21—100	JA21—160	J21—400A
公称压力/kN		350	1000	1600	4000
滑块行程/mm		130	可调10～120	160	200
滑块行程次数/(次/min)		50	75	40	25
最大闭合高度/mm		280	400	450	550
闭合高度调节量/mm		60	85	130	150
滑块中心线至床身距离/mm		205	325	380	480
立柱距离/mm		428	480	530	896
工作台尺寸/mm	前后	380	600	710	900
	左右	610	1000	1120	1400
工作台孔尺寸/mm	前后	200	300		480
	左右	290	420		750
	直径	260		460	600

（续）

型　号		JA21—35	JD21—100	JA21—160	J21—400A
垫板尺寸/mm	厚度	60	100	130	170
	直径	22.5	200		300
模柄孔尺寸/mm	直径	50	60	70	100
	深度	70	80	80	120
滑块底面尺寸/mm	前后	210	380	460	
	左右	270	500	650	

4）开式双柱可倾式压力机（部分）主要技术规格（表12-6）。

表12-6　开式双柱可倾式压力机（部分）主要技术规格

型　号		J23—3.15	J23—6.3	J23—10	J23—16	J23—25	J23—40	J23—63	J23—100
公称压力/kN		31.5	63	100	160	250	400	630	1000
滑块行程/mm		25	35	45	55	65	100	130	130
滑块行程次数/(次/min)		200	170	145	120	105	45	50	38
最大闭合高度/mm		120	150	180	220	270	330	360	480
最大装模高度/mm		95	120	145	180	220	265	280	380
连杆调节长度/mm		25	30	35	45	55	65	80	100
滑块中心线至床身距离/mm		90	110	130	160	200	250	260	380
床身两立柱间距离/mm		120	150	180	220	270	340	350	450
工作台尺寸/mm	前后	160	200	240	300	370	460	480	710
	左右	250	310	370	450	560	700	710	1080
垫板尺寸/mm	厚度	25	30	35	40	50	65	80	100
	孔径	110	140	170	210	200	220	250	250
模柄孔尺寸/mm	直径	25	30	30	40	40	50	50	60
	深度	45	50	55	60	60	70	80	75
最大倾斜角度/(°)		45	45	35	35	30	30	30	30
电动机功率/kW		0.55	0.75	1.10	1.50	2.20	5.5	5.5	10
机床外形尺寸/mm	前后	675	776	895	1130	1335	1685	1700	2472
	左右	478	550	651	921	1112	1325	1373	1736
	高度	1310	1488	1673	1890	2120	2470	2750	3312
机床总质量/kg		194	400	576	1055	1780	3540	4800	10000

（2）闭式压力机规格

1）闭式单点单动压力机技术规格（表12-7、表12-8）。

表12-7　闭式单点单动压力机规格

公称压力/kN	公称压力行程/mm	滑块行程/mm		滑块行程次数/次·min^{-1}		最大装模高度/mm	装模高度调节量/mm	导轨间距离/mm	滑块底面前后尺寸/mm	工作台板尺寸/mm	
		Ⅰ型	Ⅱ型	Ⅰ型	Ⅱ型					左右	前后
1600	13	250	200	20	32	450	200	880	700	800	800

（续）

公称压力/kN	公称压力行程/mm	滑块行程/mm		滑块行程次数/次·min⁻¹		最大装模高度/mm	装模高度调节量/mm	导轨间距离/mm	滑块底面前后尺寸/mm	工作台板尺寸/mm	
		Ⅰ型	Ⅱ型	Ⅰ型	Ⅱ型					左右	前后
2000	13	250	200	20	32	450	200	980	800	900	900
2500	13	315	250	20	28	500	250	1080	900	1000	1000
3150	13	400	250	16	28	500	250	1200	1020	1120	1120
4000	13	400	315	16	25	550	250	1330	1150	1250	1250
5000	13	400		12		550	250	1480	1300	1400	1400
6300	13	500		12		700	315	1580	1400	1500	1500
8000	13	500		10		700	315	1680	1500	1600	1600
10000	13	500		10		850	400	1680	1500	1600	1600
12500	13	500		8		850	400	1880	1700	1800	1800
16000	13	500		8		950	400	1880	1700	1800	1800
20000	13	500		8		950	400	1880	1700	1800	1800

表 12-8　E1S 系列闭式单点单动压力机技术规格（日本小松公司、第一重型机器厂）

参数名称	量值						
公称压力/kN	6000	8000	10000	12000	12500	16000	30000
滑块行程/mm	300	350	350	350	500	350	400
行程次数/(次/min)	15～30	15～30	15～30	15～30	10	15～30	15～30
最大闭合高度/mm	800	800	800	900	900	900	1200
闭合高度调节量/mm	200	300	300	300	500	300	300
工作台尺寸(左右×前后)/mm×mm	1200×1100	1200×1100	1200×1100	1200×1100		1200×1100	1200×1100
垫板尺寸(左右×前后×厚度)/mm×mm×mm					1800×1600×250		
主电动机功率/kW	55	75	75	90	132	90	110

2）闭式双点压力机技术规格（表 12-9～表 12-11）。

表 12-9　F2S 系列闭式双点单动压力机技术规格（日本小松公司、第一重型机器厂）

参数名称	量值					
公称压力/kN	4000	5000	6000	8000	10000	3600②
滑块行程/mm	600	600	600	600	650	600
行程次数/(次/min)	24	24	24	24	24	10
最大闭合高度/mm	1350	1350	1350	1400	1400	1200
闭合高度调节量/mm	400	400	400	400	400	400
工作台尺寸(左右×前后)/mm×mm	2800×1700	3100×1700	3100×1700	3100×1700	3100×1700	1200×1800
主电动机功率/kW	55	75	75	90	110	300

注：1. 适用于生产底盘纵梁。

2. 表内数据来自样本。

表 12-10 闭式双点压力机技术规格

公称压力/kN	公称压力行程/mm	滑块行程/mm	滑块行程次数/(次/min)	最大装模高度/mm	装模高度调节量/mm	导轨间距离①/mm	滑块底面前后尺寸/mm	工作台板尺寸/mm	
								左右①	前后
1600	13	400	18	600	250	1980	1020	1900	1120
2000	13	400	18	600	250	2430	1150	2350	1250
2500	13	400	18	700	315	2430	1150	2350	1250
3150	13	500	14	700	315	2880	1400	2800	1500
4000	13	500	14	800	400	2880	1400	2800	1500
5000	13	500	12	800	400	3230	1500	3150	1600
6300	13	500	12	950	500	3230	1500	3150	1600
8000	13	630	10	1250	600	3230/4080	1700	3150/4000	1800
10000	13	630	10	1250	600	3230/4080	1700	3150/4000	1800
12500	13	500	10	950	400	3230/4080	1700	3150/4000	1800
16000	13	500	10	950	400	5080/6080	1700	5000/6000	1800
20000	13	500	8	950	400	5080/7580	1700	5000/7500	1800
25000	13	500	8	950	400	7580	1700	7500	1800
31500	13	500	8	950	400	7580/10080	1900	7500/10000	2000
40000	13	500	8	950	400	10080	1900	10000	2000

① 分母数为大规格尺寸。

表 12-11 S2 系列闭式双点单动压力机技术规格（Verson 公司、济南二机床集团有限公司）

参数名称	型号						
	S2-200 2100×1200	S2-250 2500×1500	S2-300 3700×1500	S2-400 2100×1400	S2-400 4300×1500	S2-500 6100×1500	S2-600 3700×1500
公称压力/kN	2000	2500	3000	4000	4000	5000	6000
公称压力行程/mm	12	12	12	12	12	12	12
滑块行程/mm	400	300	300	350	300	300	640
行程次数/(次/min)	24	13～26	25～50	20～40	15	16～30	12
最大装模高度/mm	650	900	550	550	500	520	880
装模高度调节量/mm	150	350	150	200	250	280	600
工作台垫板（左右×前后）/mm×mm	2100×1200	2500×1500	3700×1500	2100×1400	4300×1500	6100×1500	3700×1500
垫板厚度/mm	150	160	180	200	175	180	220
主电动机功率/kW	30	30 调速	55 调速	25 调速	30	45 调速	55

（续）

参数名称	型号						
	S2-800 4000×1200	S2-1200 3700×1500	S2-1500 4000×1400	S2-1600 6500×1600	S2-2500 6700×1800	S2-2500 6100×1800	S2-3000 6100×2440
公称压力/kN	8000	12000	15000	160000	25000	25000	30000
公称压力行程/mm	12	12	6.5	13	12	12	12
滑块行程/mm	350	450	250	500	450	460	710
行程次数/(次/min)	20	15~30	6~15	10	12	12	8~35
最大装模高度/mm	650	1120	950	950	1050	720	925
装模高度调节量/mm	250	300	750	400	300	300	305
工作台垫板（左右×前后）/mm×mm	4000×1200	3700×1500	4000×1400	6500×1600	6700×1800	6100×1800	6100×2440
垫板厚度/mm	200	250	350	300	300	280	305
主电动机功率/kW	75	200 调速	75 调速	100	132	132	155

3）闭式四点压力机技术规格（表12-12、表12-13）。

表12-12 S4系列闭式四点单动压力机技术规格（Verson公司、济南二机床集团有限公司）

参数名称	型号								
	S4-250 2800× 1800	S4-300 3000× 1800	S4-400 4700× 2600	S4-500 4700× 2800	S4-600 4300× 1800	S4-800 4600× 2500	S4-1000 4600× 2500	S4-1500 4700× 2800	S4-2000 5500× 2500
公称压力/kN	2500	3000	4000	5000	6000	8000	10000	15000	20000
公称压力行程/km	12	12	12	12	12	12	12	12	12
滑块行程/mm	450	800	300	300	400	760	900	300	350
行程次数/(次/min)	26	20~25	8~24	10~50	15~45	11	16	15~45	15~30
最大装模高度/mm	1200	1500	1270	1200	750	900	1800	1600	
装模高度调节量/mm	350	250	250	500	250	500	600	300	250
工作台垫板（左右×前后）/mm×mm	2300× 1800	3000× 1800	4700× 2600	4700× 2800	4300× 1800	4600× 2500	4600× 2500	4700× 2800	5500× 2500
工作台垫板厚度/mm	125	200	200	690	250	250	300	690	300
电动机功率/kW	37	75	55 调速	110 调速	132 调速	55	110	280 调速	250 调速

表12-13 E4S系列闭式四点单动压力机技术规格（日本小松公司、第一重型机械集团公司）

参数名称	量值							
公称压力/kN	4000	5000	6000	6000①	8000	8000①	10000	12000
滑块行程/mm	600	600	750	600	750	700	850	850
行程次数/(次/min)	24	24	20	20	20	20	20	18
最大闭合高度/mm	1350	1350	1500	1400	1500	1400	1570	1570
闭合高度调节量/mm	400	400	600	700	600	750	600	600
工作台尺寸（左右×前后）/mm×mm	2800× 1850	2800× 1850	3400× 2000	—	3400× 2000	—	4000× 2150	4000× 2150

（续）

参数名称	量值							
垫板尺寸（左右×前后×厚度）/mm×mm×mm	—	—	—	3700×2200×260	—	4000×2000×270	—	—
主电动机功率/kW	55	55	75	50、75（双速）	90	90	110	132

① 已生产产品。

三、拉深压力机

专用的拉深压力机按动作分，有单动拉深压力机、双动拉深压力机及三动拉深压力机。单动拉深压力机常利用气垫压边。而双动拉深压力机有两个分别运动的滑块，内滑块用于拉深，外滑块主要用于压边。所谓三动拉深压力机是在双动拉深压力机的工作台上增设气垫，气垫可进行局部拉深。

1. J44—55B 型双动拉深压力机

图 12-5 所示为 J44—55B 型底传动双动拉深压力机结构简图。工作部分由拉深滑块 1、压边滑块 3、活动工作台 4 组成。主轴 7 通过偏心齿轮 8 和连杆 2 带动拉深滑块 1 做上、下移动，凸模装在拉深滑块 1 上。压边滑块在工作时不动，它与活动工作台的距离可通过丝杠调节。凹模装在活动工作台 4 上。活动工作台 4 的顶起与降落是靠凸轮 6 实现的。

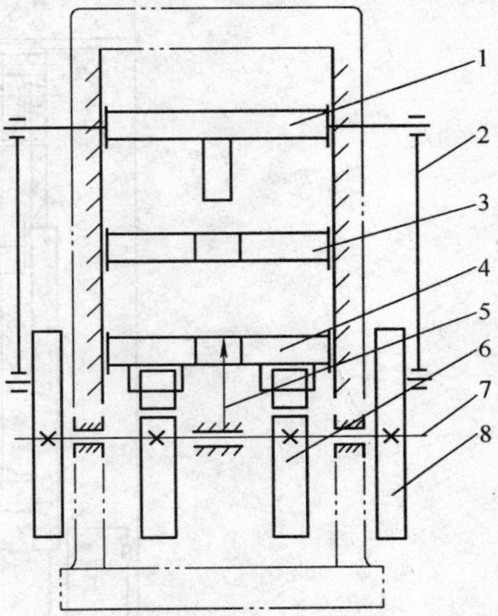

图 12-5 J44—55B 型双动拉深压力机
1—拉深滑块 2—连杆 3—压边滑块
4—活动工作台 5—顶件装置 6—凸轮
7—主轴 8—偏心齿轮

拉深时，凸模下降至还未伸出压边滑块之前，活动工作台就被凸轮顶起，把板料压紧在凹模与压边滑块之间，并停留在这一位置，直至凸模继续下降，拉深结束。然后凸模上升，活动工作台下降，顶件装置 5 把工件从凹模内顶出。

双动拉深压力机具有以下可满足拉深工艺要求的特点。

（1）内、外滑块的行程与运动配合 拉深压力机具有较大的压力行程，可适应具有一定高度的工件的拉深。内外滑块的运动有特殊的规律，外滑块（压边滑块）的行程要小于内滑块（拉深滑块）的行程，在内滑块开始拉深之前，外滑块首先要压紧毛坯的边缘，在内滑块拉深过程中，外滑块应以不变的压力保持压紧状态，提供可靠的压边力。拉深完毕，内滑块在回程到一定行程后，外滑块（或活动工作台）才回程。其目的是，外滑块不但起压边作用，而且要在拉深结束后给凸模卸件，以免拉深件卡在凸模上。

（2）内、外滑块速度 外滑块在到达下死点压边时，在压力机主轴转动大约 100°～110°的范围内，它在下死点静止不动速度几乎为零。实际上外滑块在下死点尚有微小的波动位移，位移的值不大于0.05mm。内滑块在拉深工作行程中要求速度慢，并且近于匀速运动，对材料冲击小，有利于材料在拉深中的流动，提高拉深的质量。内、外滑块这些优良的运动性能是通过压力机主轴采用多连杆机构或采用凸轮机构分别驱动内、外滑块实现的。

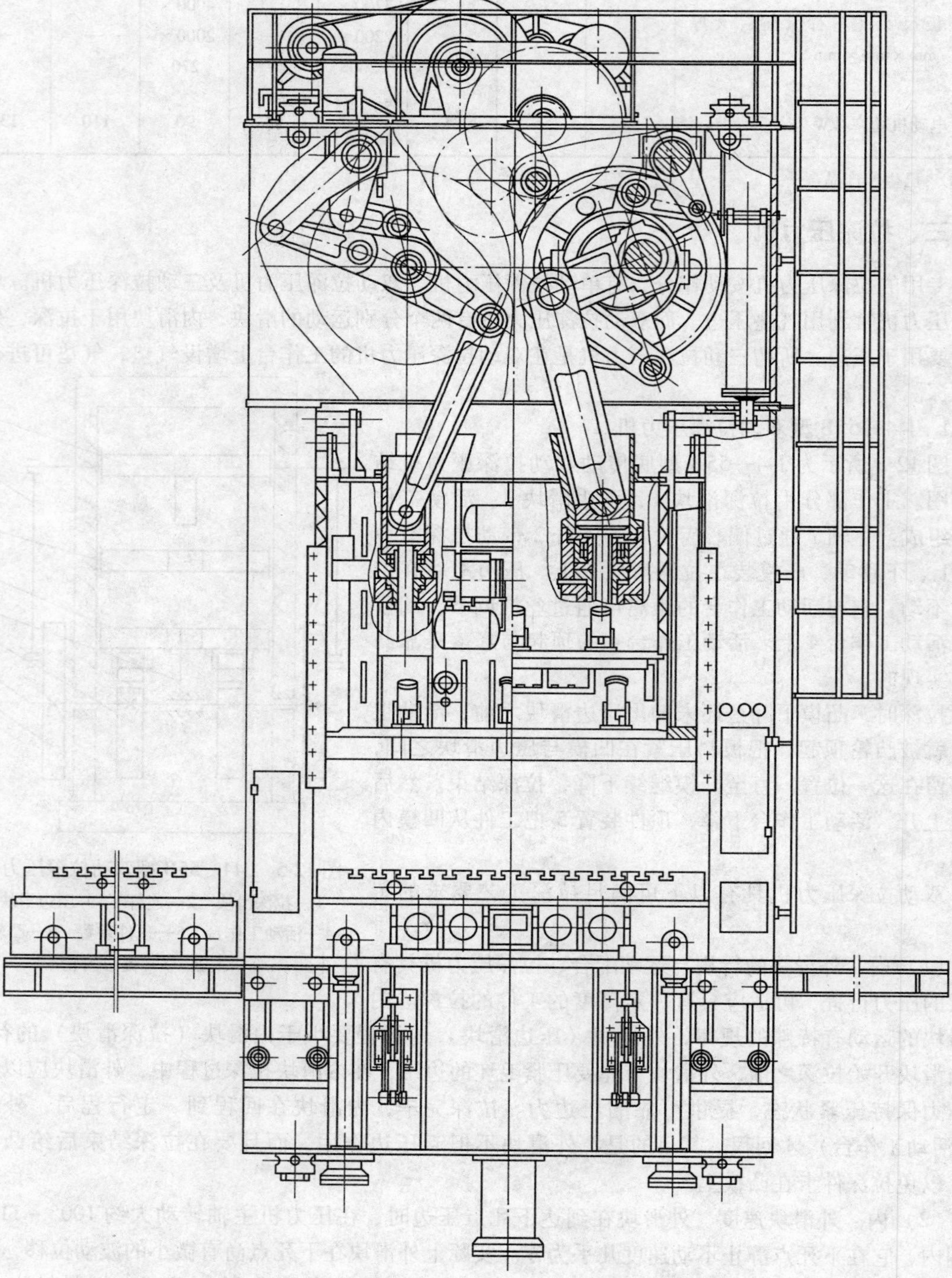

图 12-6　JB46—315 型双点双动拉深压力机总图

(3) 外滑块的压边力可调　形状复杂的拉深件，在拉深时要求在周边的不同区段，具有不同的变形阻力，来控制拉深时金属的均匀流动，这种各向不同的阻力是通过相应部位的不同压边力得到的。双动拉深压力机的外滑块可用机械或液压的方法，使各点的压边力得到调节，形成有利于金属各向均匀流动的变形条件。

2. JB46—315 型双动拉深压力机

JB46—315 型双点双动拉深压力机的结构如图 12-6 所示，采用上传动结构。其工作部分结构示意图如图 12-7 所示，外滑块用于压边，内滑块用于拉深。内、外滑块的运动特性是通过精确设计的多连杆机构来实现的。其连杆传动如图 12-8 所示，图 12-8a 为外滑块运动，图 12-8b 为内滑块运动。当主动曲柄 R，以等角速度逆时针方向旋转时，它通过连杆 l_1 与 l_2 和滑块连接，同时又通过 l_3、l_4、l_5（角杠杆）、l_6、l_7 和 l_2 与滑块连接，借以调节滑块的空行程与工作行程速度。角杠杆 l_4 同时又作为外滑块连杆机构的驱动杆，它通过轴 G 带动杆 l_8 和 l_9、l_{10}、l_{11} 与外滑块连接，可以使内、外滑块具有以下运动特性。

1) 内外滑块的工作循环图如图 12-9 所示，由图可知外滑块行程小于内滑块行程，在内滑块拉深之前，外滑块提前 10°～15°压紧坯料，然后内滑块进行拉深行程成形，在内滑块拉深过程中外滑块停止在下死点几乎以不变的压力将坯料压紧。拉深完毕，内滑块回程，外滑块大约滞后 10°～15°回程，以便工件与模具脱离。由于是多连杆机构，外滑块在下死点时有微小的移动，但最大位移不超过 0.05mm。压力机在工作时的机身变形通常在 2mm 以上，所以上述的外滑块微小位移对压紧板料没有影响。

2) 为了保证拉深质量，拉深时滑块的速度有一定的限制，对一般低碳钢的允许速度为 18～20m/min。该机的内滑块在拉深工作行程中速度低（最高速度 13.5m/min），并且比较均匀；内滑块在空下行程和空回行程时速度较高（最高速度为 47.2m/min）。

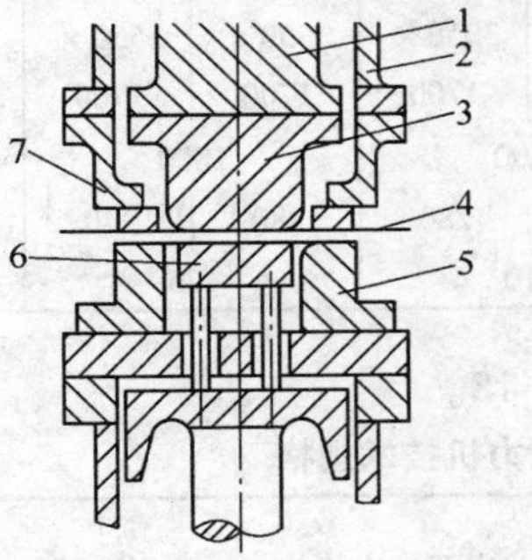

图 12-7　双动拉深压力机工作部分结构简图

1—内滑块　2—外滑块　3—凸模　4—板料　5—凹模　6—托板　7—压力圈

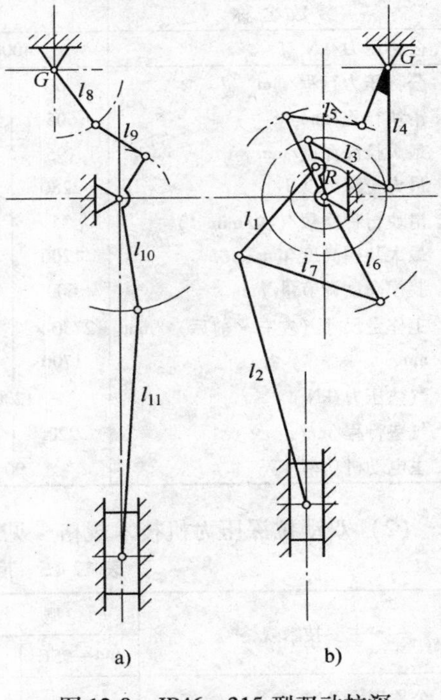

图 12-8　JB46—315 型双动拉深压力机内外滑块连杆机构传动图

a) 外滑块　b) 内滑块

3) 内滑块行程长度与外滑块行程长度之比为 1∶0.6～0.7。

此外，双动液压拉深压力机也适于板料的拉深，请参阅本章液压机的有关内容。

3. 拉深压力机规格

(1) 单动拉深压力机技术规格　见表 12-14。

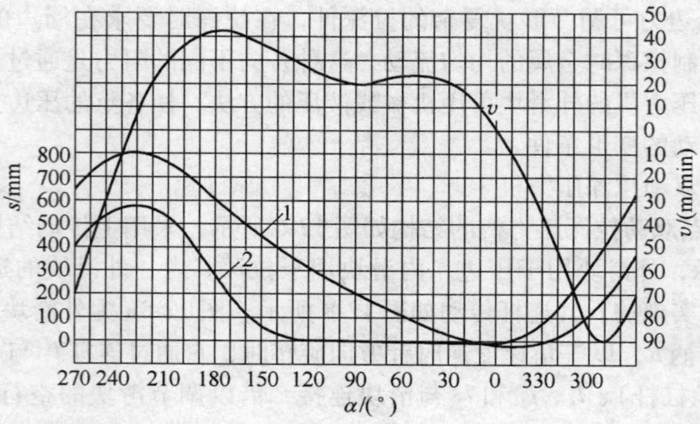

图 12-9　多连杆机构驱动滑块的工作循环图

1—内滑块行程曲线　2—外滑块行程曲线

v—内滑块速度曲线

表 12-14　日本会田（AIDA）公司单动拉深压力机技术规格

参数名称	量值							
公称压力/kN	4000		5000		6000		8000	
公称压力行程/mm	6	10.5	6	10.5	10.5	13	10.5	13
滑块行程/mm	605	807	605	807	807	1008	807	1008
最大拉深深度/mm	195	255	195	255	255	315	255	315
最大拉深力/kN	2280	2540	2850	3180	3550	3770	5080	—
滑块行程次数/(次/min^{-1})	25	20	25	20	20	16	20	16
最大装模高度/mm	1200	1200	1200	1200	1500	1500	1500	1500
装模高度调节量/mm	600	600	600	600	600	600	600	600
工作台尺寸（左右×前后）/mm×mm	2750×1700	3050×1700	2750×1700	3050×1700	3350×1700	3550×1700	3350×1700	3550×1700
气垫压力/kN	1200		1500		1800		2400	
气垫行程/mm	220	280	220	280	280	340	280	340
主电动机功率/kW	90		110		125		150	

（2）双动拉深压力机技术规格　见表 12-15 ~ 表 12-18。

表 12-15　底传动双动拉深压力机技术规格

主要技术规格	型号 J44—55C	型号 J44—80	主要技术规格	型号 J44—55C	型号 J44—80
公称压力/kN 拉深滑块 压料滑块	 550 550	 800 800	压料滑块底面至工作台最大距离/mm	480	900
拉深滑块行程/mm	560	640	工作台孔径/mm	$\phi120$	$\phi160$
滑块行程次数/min^{-1}	9	8	工作台尺寸（前后×左右）/mm×mm	720×660	1100×1000
最大坯料直径/mm	780	1100	装模螺杆 螺纹 螺纹长度/mm	 M72×6 90	 M80×6 130
最大拉深直径/mm	550	700			
最大拉深深度/mm	280	400			
导轨间距离/mm	800	1120	主电动机功率/kW	15	22

表 12-16　闭式上传动双动拉深压力机技术规格

主要技术规格	型号			
	JA45—100	JA45—200	JA45—315	JA46—315
公称压力/kN				
内滑块	1000	2000	3150	3150
外滑块	630	1250	3150	3150
滑块行程/mm				
内滑块	420	670	850	850
外滑块	260	425	530	530
滑块行程次数/(次/min)	15	8	5.5~9	10，低速 1
内外滑块闭合高度调节量/mm	100	165	300	500
最大闭合高度/mm				
内滑块	580	770	900	1300
外滑块	530	665	850	1000
立柱间距离/mm	950	1620	1930	3150
工作台板尺寸前后×左右(×厚)/mm×mm(×mm)	900×930×100	1400×1540	1800×1600	1900×3150
滑块底平面尺寸 前后×左右/mm×mm 内滑块	560×560	900×960	1000×1000	1300×2500
外滑块	850×850	1350×1420	1550×1600	1900×3150
气垫顶出力/kN	100	80	120	4400
主电动机功率/kW	22	30	75	100

表 12-17　闭式双动拉深压力机技术规格（日本小松公司、第一重型机械集团公司）

参数名称	量值							
	双点			四点				
公称压力：内滑块/kN	5000	6000	8000	6000	8000	8000①	10000	12500
外滑块/kN	3000	4000	5000	4000	5000	5000	6000	7500
滑块行程：内滑块/mm	860	860	950	990	940	940	990	990
外滑块/mm	660	660	800	740	690	690	835	835
滑块行程次数/次·min^{-1}	18	18	16	18	16	10，15 双速	16	16
最大闭合高度：内滑块/mm	1800	1800	1800	1750	1900	1800	1920	1980
外滑块/mm	1500	1500	1500	1650	1700	1600	1720	1730
闭合高度调节量：内滑块/mm	600	600	600	750	600	600	500	500
外滑块/mm	600	600	600	650	600	600	500	500
工作台尺寸（左右×前后）/mm×mm	2700×1700	2800×1850	2800×2200	3400×2000	3400×2000		4000×2150	4600×2200
垫板尺寸（左右×前后×厚度）/mm×mm×mm	—	—	—	—	—	3700×2200×300	—	—
主电动机功率/kW	75	90	110	90	110	88，132	132	250

① 为第一重型机械集团公司产品，其余摘自样本。

表 12-18　闭式双动拉深压力机技术规格（Verson 公司、济南二机床集团有限公司）

参数名称	型号 双点				四点		
	D2—400—250 2750×1800	D2—700—400 3660×2180	D2—700—500 3050×2200	D2—1000—600 2500×1500	D4—600—400 3750×2200	D4—800—500 3750×2200	D4—900—600 4500×2500
公称压力：内滑块/kN	4000	6300	7000	10000	6000	8000	9000
外滑块/kN	2500	3700	5000	6000	4000	5000	6000
公称压力行程：内滑块/mm	12	12	12	12	12.7	12.7	12
外滑块/mm	6.5	6	6.5	6.5	6.5	6.5	6.5
滑块行程：内滑块/mm	700	760	860	660	950	1000	1200
外滑块/mm	500	510	600	500	660	900	900
滑块行程次数/（次/min）	10～20	10～20	10～20	15	10	7～14	7.5～15
最大装模高度：内滑块/mm	2000	2100	2125	1500	1425	1800	2550
外滑块/mm	1850	2000	1950	1250	1225	1650	2450
装模高度调节量：内滑块/mm	400	410	—	—	250	500	600
外滑块/mm	400	410	460	250	250	500	600
滑块底面尺寸　内滑块/mm×mm	2310×1350	3200×1730	2600×1750	1200×1200	3150×1700	3150×1700	3910×2060
（左右×前后）　外滑块/mm×mm	2750×1800	3600×2180	3050×2200	2500×1500	3750×2200	3750×2200	4500×2500
工作台垫板尺寸（左右×前后）/mm×mm	2750×1800	3600×2180	3048×2134	2500×1500	3750×2200	3750×2200	4500×2500
工作台垫板厚度/mm	200	250	250	250	235	430	250
移动工作台高度/mm	550	—	—	—	550	500	550
最大拉深深度/mm	200	225	300	216	300	400	400
电动机功率/kW	160 调速	185 调速	185	185	95	115	395 调速

四、摩擦压力机

1. 工作原理

摩擦压力机是利用摩擦盘与飞轮之间相互接触，传递动力，并根据螺杆与螺母相对运动，使滑块产生上、下往复运动的锻压机械。

图 12-10 所示为摩擦压力机的传动示意图。其工作原理如下：电动机 1 通过 V 带 2 及大带轮把运动传给横轴 4 及左、右摩擦盘 3 和 5，使得横轴 4 与左、右摩擦盘始终在旋转。并且横轴 4 允许在轴承内作一定范围的水平轴向移动。工作时，压下手柄 13，横轴 4 右移，使左摩擦盘 3 与飞轮 6 的轮缘相压紧，迫使飞轮与螺杆 9 顺时针旋转，带动滑块向下做直线运动，进行冲压加工。反之，手柄向上抬起，滑块上升。

滑块的行程用安装在连杆 10 上的两个挡块 11 来调节。压力的大小可通过手柄压下多少控制飞轮与摩擦盘的接触松紧来调整。实际压力允许超过公称压力 25%～100%，超负荷时，由于飞轮与摩擦盘之间产生滑动，所以不会因过载而损坏机床。

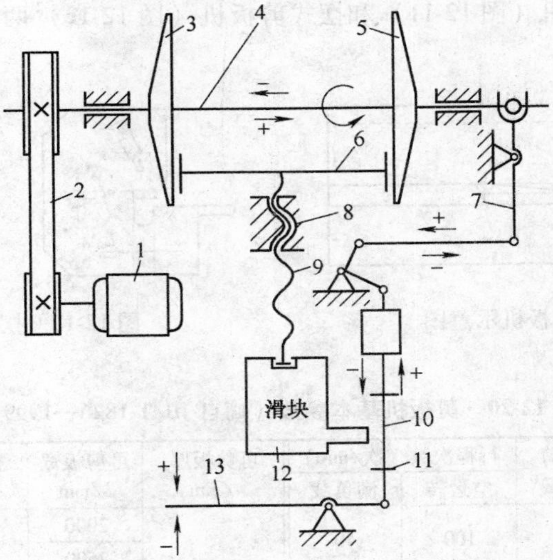

图 12-10 摩擦压力机的传动示意图

1—电动机 2—V 带 3、5—摩擦盘 4—轴 6—飞轮 7—杠杆 8—螺母 9—螺杆 10—连杆 11—挡块 12—滑块 13—手柄

由于摩擦压力机有较好的工艺适应性，结构简单，制造和使用成本较低，因此特别适用于校正、压印、成形等冲压工作。

2. 摩擦压力机技术规格

摩擦压力机技术规格见表 12-19。

表 12-19 摩擦压力机技术规格

型 号		J53—63	J53—100A	J53—160A
公称压力/kN		630	1000	1600
最大能量/J		2500	5000	10000
滑块行程/mm		270	310	360
滑块行程次数/(次/min)		22	19	17
最小闭合高度/mm		190	220	260
导轨距离/mm		350	400	460
滑块尺寸/mm	前 后	315	380	400
	左 右	348	350	458
模柄孔尺寸/mm	直 径	60	70	70
	深 度	80	90	90
工作台尺寸/mm	前 后	450	500	560
	左 右	400	450	510
	孔 径	80	100	100
横轴转速/(r/min)		240	230	220
主螺杆直径/mm		130	145	180

五、剪板机

剪板机分为闸式剪板机（图 12-11）和摆式剪板机（图 12-12）两种形式。剪板机的规格见表 12-20。

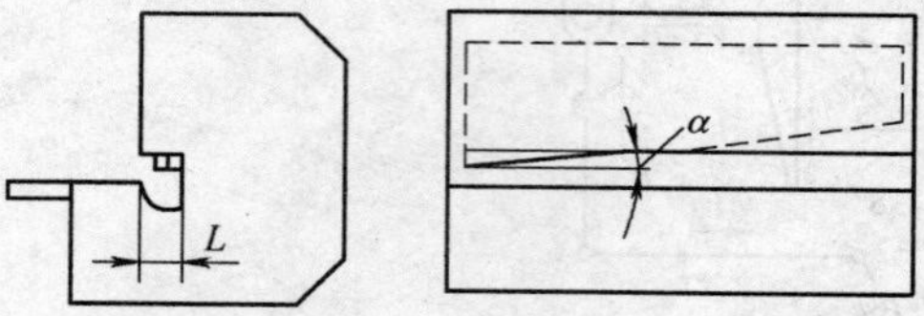

图 12-11 闸式剪板机示意图

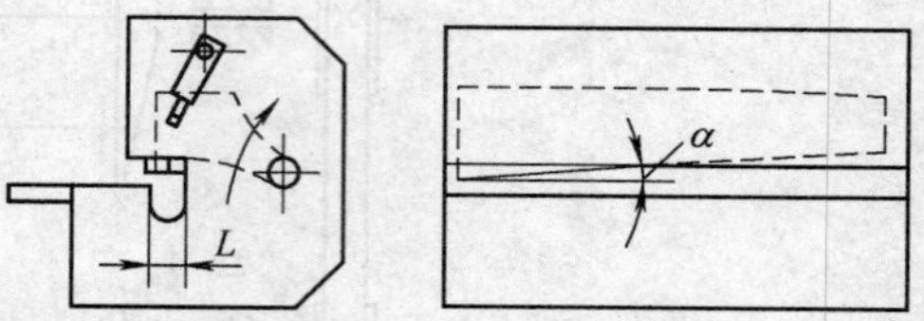

图 12-12 摆式剪板机示意图

表 12-20 剪板机基本参数（摘自 JB/T 1826—1999）

可剪板厚 t/mm	可剪板宽 b/mm	额定剪切角 α	行程次数/(次/min) 空运转	行程次数/(次/min) 满负载
1	1000	1°	100	40
	1250			
2.5	1250	1°	65	30
	1600			
	2000			
	2500			
	3200			
4	2000	1°30′	60	22
	2500			
	3200		55	20
	4000			
6	2000	1°30′	50	18
	2500			
	3200			14
	4000			
	5000		—	12
	6300			
8	2000	1°30′	50	14
	2500			
	3200		45	12
	4000			
	5000		—	10
	6300			
10	2000	2°	45	12
	2500			
	3200		40	10
	4000			
	5000		—	8
	6300			

可剪板厚 t/mm	可剪板宽 b/mm	额定剪切角 α	行程次数/(次/min) 空运转	行程次数/(次/min) 满负载
12	2000	2°	40	10
	2500			
	3200		35	8
	4000			
	5000		—	
	6300			
16	2000	2°30′	30	8
	2500			
	3200			
	4000			
	5000		—	6
	6300			
20	2000	2°30′	20	6
	2500			
	3200			
	4000			
	5000		—	5
	6300			
25	2000	3°	20	5
	2500			
	3200			
	4000			
	5000		—	4
	6300			
32	2500	3°30′	15	4
	3200			
	4000			
	5000		—	3
	6300			
40	2500	3°30′	15	3
	3200			
	4000			

注：1. 板料选用抗拉强度 $\sigma_b \leqslant 450$MPa。

2. 对液压传动剪板机。只规定满负载行程次数。

六、液压机

液压机与其他压力机相比，具有压力和速度可在较大范围内无级调整，动作灵活，各执行机构动作可方便地达到所希望的配合关系等特点。

1. 液压机的种类和型号

液压机在锻压机械标准中属于第二类，代号为“Y”。液压机型号表示方法如下：

□ △ □ △ □ △

- △——产品的重大改进序号
- □——主参数
- △——通用特性代号
- □——组型（系列）代号
- △——同一型号产品的产型顺序号
- □——类代号（Y）

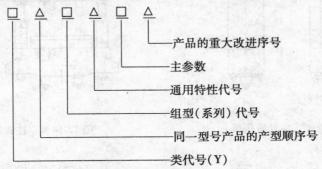

表 12-21 是通用特性代号，表 12-22 是部分组型代号。

表 12-21　液压机通用特性代号

通用特性	自动	半自动	数控	液压	缠绕结构	高速	精密	长行程或长杆	冷挤压	温热挤压
字母代号	Z	B	K	Y	R	G	M	C	L	W

表 12-22　液压机部分组型代号

组　型	名　称	组　型	名　称
Y11	单臂式锻造液压机	Y32	四柱液压机
Y12	下拉式锻造液压机	Y33	四柱上移式液压机
Y13	正装式锻造液压机	Y41	单柱校正压装液压机
Y16	模锻液压机	Y54	绝缘材料板热压机
Y23	单动厚板冲压液压机	Y63	轻合金管材挤压液压机
Y24	双动厚板冲压液压机	Y71	塑料制品液压机
Y26	精密冲裁液压机	Y75	金刚石液压机
Y27	单动薄板冲压液压机	Y76	耐火砖液压机
Y28	双动薄板冲压液压机	Y77	碳极液压机
Y29	橡皮囊冲压液压机	Y78	磨料制品液压机
Y30	单柱液压机	Y79	粉末制品液压机
Y31	双柱液压机	Y98	模具研配液压机

2. 单双动薄板冲压液压机

单双动薄板冲压液压机（以下简称单动液压机或双动液压机）的型式如图 12-13 ~ 图 12-16 所示。

3. 液压机规格

（1）四柱万能液压机技术规格　见表 12-23。

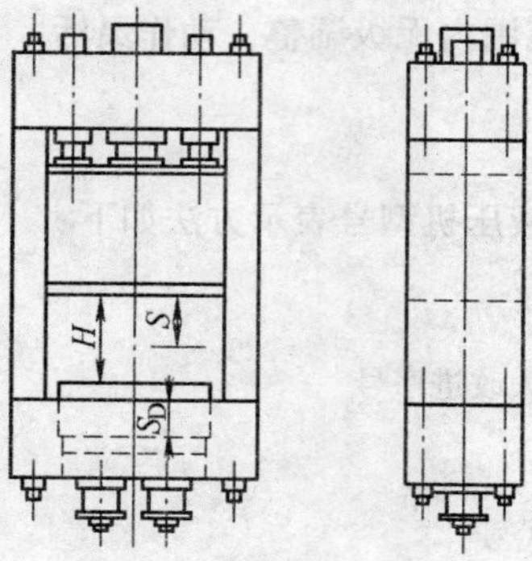

图 12-13 框架式单动液压机

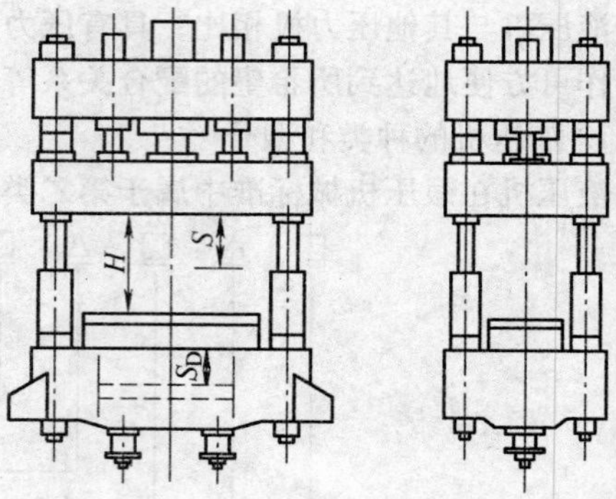

图 12-14 立柱式单动液压机

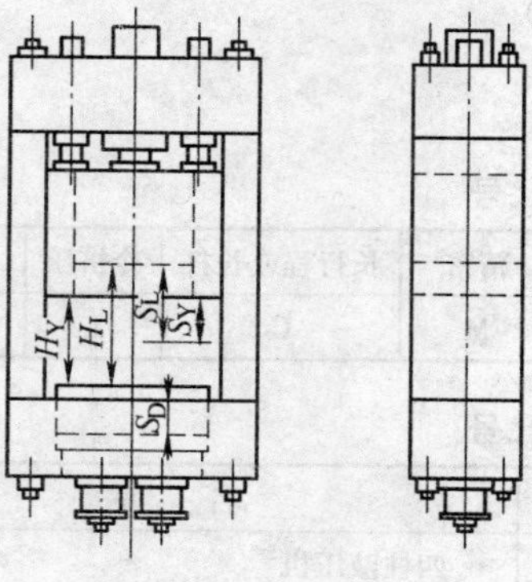

图 12-15 框架式双动液压机

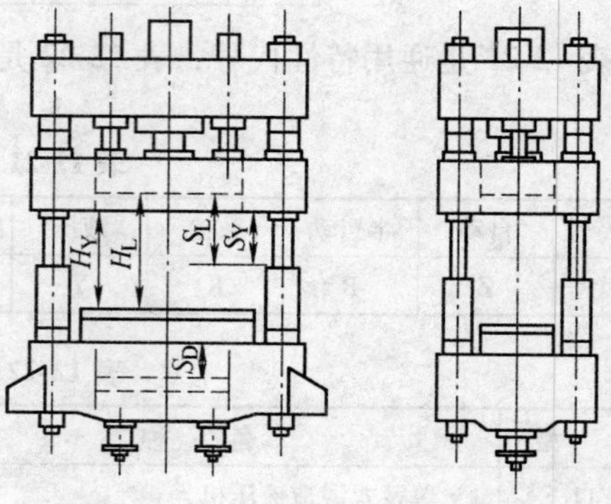

图 12-16 立柱式双动液压机

表 12-23 四柱万能液压机技术规格

主要技术规格	型号							
	Y32—50	YB32—63	Y32—100A	Y32—200	Y32—300	YA32—315	Y32—500	Y32—2000
公称压力/kN	500	630	1000	2000	3000	3150	5000	20000
滑块行程/mm	400	400	600	700	800	800	900	1200
顶出力/kN	75	95	165	300	300	630	1000	1000
工作台尺寸 前后/mm ×左右/mm×距地面高/mm	490×520 ×800	490×520 ×800	600×600 ×700	760×710 ×900	1140×1210 ×700	1160× 1260	1400× 1400	2400× 2000
工作行程速度/(mm/s)	16	6	20	6	4.3	8	10	5
活动横梁至工作台最大距离/mm	600	600	850	1100	1240	1250	1500	800~2000
液体工作压力/(N/cm²)	2000	2500	2100	2000	2000	2500	2500	2600

(2) 单动薄板冲压液压机技术规格 见表12-24~表12-33。

表12-24 单动液压机的公称力及拉深垫公称力参数(摘自JB/T 7343—2010)

型 号	YCBD 3.15	YCBD 4	YCBD 5	YCBD 6.3	YCBD 8	YCBD 10	YCBD 12.5	YCBD 16	YCBD 20	YCBD 25	YCBD 31.5
公称力 P/MN	3.15	4.0	5.0	6.3	8.0	10.0	12.5	16.0	20.0	25.0	31.5
拉深垫公称力 P_d/MN	1.25	1.6	2.0	2.5	3.15	4.0	5.0	6.3	8.0	10.0	12.5

表12-25 单动液压机滑块行程 *S*(摘自JB/T 7343—2010) (单位:mm)

800	900	1000	1100	1200	1300	1400	1500	1600	1700	1800	1900	2000	—

表12-26 单动液压机开口高度 *H*(摘自JB/T 7343—2010) (单位:mm)

1200	1300	1400	1500	1600	1700	1800	1900	2000	2100	2200	2300	2400	2500	2600	2800	3000	—

表12-27 单动液压机滑块及工作台面左右尺寸 X_0(摘自JB/T 7343—2010)

(单位:mm)

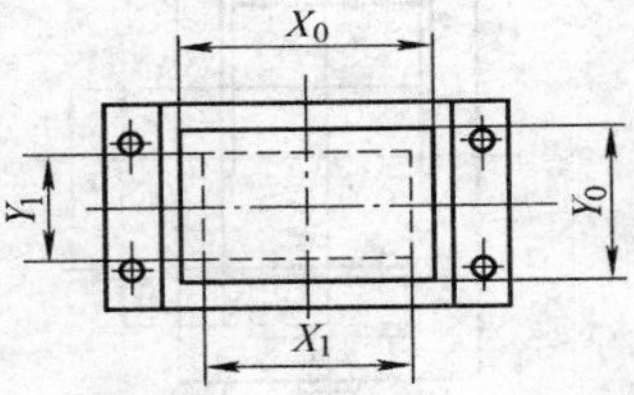

1600	1700	1800	1900	2000	2100	2200	2300	2400	2500	2600
2800	3000	3200	3400	3600	3800	4000	4500	5000	5500	6000

表12-28 单动液压机滑块及工作台面前后尺寸 Y_0(摘自JB/T 7343—2010)

(单位:mm)

1200	1300	1400	1500	1600	1700	1800	1900	2000	2100	2200	2300	2400	2500	2600	2800	3000	—

注:参见表12-27插图。

表12-29 单动液压机拉深垫台面左右尺寸 X_1(摘自JB/T 7343—2010)(单位:mm)

1000	1200	1400	1600	1800	2000	2200	2400	2600	2800
3000	3200	3400	3600	3800	4000	4400	4800	5200	5600

注:参见表12-27插图。

表12-30 单动液压机拉深垫台面前后尺寸 Y_1(摘自JB/T 7343—2010)(单位:mm)

800	900	1000	1100	1200	1300	1400	1500	1600	1700
1800	2000	2200	—	—	—	—	—	—	—

注:参见表12-27插图。

表12-31 单双动液压机拉深垫行程 S_d (单位:mm)

200	250	300	350	400	450	500	550	600	650

表 12-32　单动薄板冲压液压机参考系列参数（摘自 JB/T 7343—2010）

参　数		YCBD 3.15	YCBD 4	YCBD 5	YCBD 6.3	YCBD 8	YCBD 10	YCBD 12.5	YCBD 16	YCBD 20	YCBD 25	YCBD 31.5
公称力 P/MN		3.15	4	5	6.3	8	10	12.5	16	20	25	31.5
拉深垫力 P_d/MN		1.25	1.6	2	2.5	3.15	4	5	6.3	8	10	12.5
假设拉深深度 h/mm		400	400	400	500	500	500	500	600	600	600	600
滑块行程 S/mm		900	900	900	1100	1100	1200	1200	1400	1400	1600	1600
开口高度 H/mm		1400	1400	1400	1600	1600	1800	1800	2200	2200	2400	2400
拉深垫行程 S_d/mm		450	450	450	550	550	550	550	650	650	650	650
滑块及工作台面尺寸	前后/mm	1600	1600	1600	1800	1800	2000	2000	2200	2200	2500	2500
	左右/mm	3000	3000	3000	3500	3500	4000	4000	4500	4500	4500	5000
拉深垫台面尺寸	前后/mm	1000	1000	1000	1200	1200	1400	1400	1600	1600	1800	1800
	左右/mm	2400	2400	2400	3000	3000	3600	3600	4000	4000	4000	4500

表 12-33　单动薄板冲压液压机的基本参数和尺寸

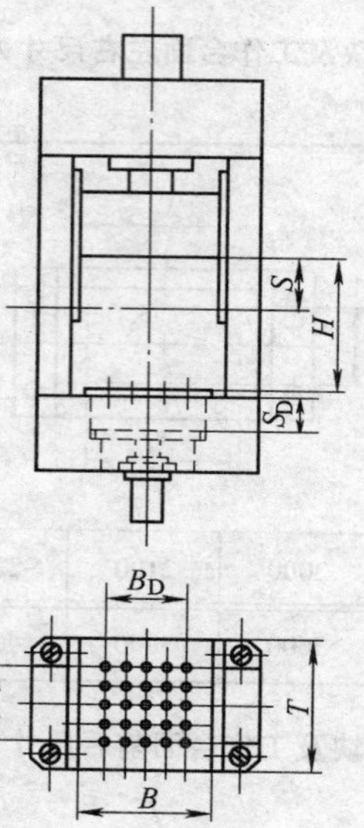

公称力 P		kN	400				630				800				1000			
液压垫力 P_D		kN	100	125	160	200	160	200	250	315	200	250	315	400	250	315	400	500
开口高度 H		mm	600				700		800		800		900		1000		1100	
滑块行程 S		mm	400				450		500		450		500		600		700	
液压垫行程 S_D		mm	160				180		200		180		200		250		300	
滑块及工作台尺寸	左右 B	mm	550				700				850				1000			
	前后 T	mm	450				550				600				750			
液压垫之顶杆孔分布尺寸	左右 B_D	mm	300				450				600				750			
	前后 T_D	mm	酌定				300				450				600			
滑块速度	空程下行 v_K	mm/s	100		150		200	250		300		350		400	450		500	
	工作 v_G	mm/s	5				10				15				20			

（续）

公称力 P		kN	—				1600				2000				2500			
液压垫力 P_D		kN	—				400	500	630	800	500	630	800	1000	630	800	1000	1250
开口高度 H		mm	800		900		1000		1100		1000		1100		1200		1400	
滑块行程 S		mm	450		500		600		700		500		600		700		800	
液压垫行程 S_D		mm	180		200		250		300		200		250		300		350	
滑块及工作台尺寸	左右 B	mm	850				1000				1300				1600			
	前后 T	mm	600				850				1000				1300			
液压垫之顶杆孔分布尺寸	左右 B_D	mm	600				750				900				1200			
	前后 T_D	mm	450				600				750				900			
滑块速度	空程下行 v_K	mm/s	100		150		200		250		300		350	400		450		500
	工作 v_G	mm/s	5				10				15				20			
公称力 P		kN	—				3150				4000				5000			
液压垫力 P_D		kN	—				800	1000	1250	1600	1000	1250	1600	2000	1250	1600	2000	2500
开口高度 H		mm	1000		1100		1200		1400		1200		1400		1500		1600	
滑块行程 S		mm	500		600		700		800		700		800		900		1000	
液压垫行程 S_D		mm	200		250		300		350		250		300		350		400	
滑块及工作台尺寸	左右 B	mm	1300				1600				1900				2200			
	前后 T	mm	1000				1300				1500				1800			
液压垫之顶杆孔分布尺寸	左右 B_D	mm	900				1200				1500				1650			
	前后 T_D	mm	600				900				1200				1350			
滑块速度	空程下行 v_K	mm/s	100		150		200		250		300		350	400		450		500
	工作 v_G	mm/s	5				10				15				20			
公称力 P		kN	—				6300				8000				10000			
液压垫力 P_D		kN	—				1600	2000	2500	3150	2000	2500	3150	4000	2500	3150	4000	5000
开口高度 H		mm	1200		1400		1500		1600		1400	1600		1800	2000		2200	2500
滑块行程 S		mm	700		800		900		1000		900	1000		1200	1400		1500	1800
液压垫行程 S_D		mm	250		300		350		400		300	350		400	450		500	550
滑块及工作台尺寸	左右 B	mm		2500		2800			3000			3200		3600			4000	
	前后 T	mm		1800		2000			2200			2500		2800			3000	
液压垫之顶杆孔分布尺寸	左右 B_D	mm		1650		1800			2100			2400		2700			3000	
	前后 T_D	mm		1200		1500			1800			2100		2400			2550	
滑块速度	空程下行 v_K	mm/s	100		150		200		250		300		350	400		450		500
	工作 v_G	mm/s	5				10				15				20			

（续）

公称力 P		kN	—	12500				16000				20000			
液压垫力 P_D		kN	—	3150	4000	5000	6300	4000	5000	6300	8000	5000	6300	8000	10000
开口高度 H		mm	1400	1600		1800		2000			2200		2500		
滑块行程 S		mm	900	1000		1200		1400			1500		1800		
液压垫行程 S_D		mm	300	350		400		450			500		550		
公称力 P		kN	—	3150				4000				5000			
滑块及工作台尺寸	左右 B	mm	2500	2800	3000	3200	3600	4000	3000	3600	4000	4500	4800		
	前后 T	mm	1800	2000	2200	2500	2800	3000	2000	2200	2500	2800	3000		
液压垫之顶杆孔分布尺寸	左右 B_D	mm	1650	1800	2100	2400	2700	3000	1800	2100	2400	2700	3000		
	前后 T_D	mm	1200	1500	1800	2100	2400	2550	1500	1800	2100	2400	2550		
滑块速度	空程下行 v_K	mm/s	100	150	200	250	300	350	400	450	500				
	工作 v_G	mm/s	5		10			15			20				

（3）双动薄板冲压液压机技术规格　见表 12-31、表 12-34 ~ 表 12-42。

表 12-34　双动液压机的公称力，拉深滑块公称力，压边滑块公称力，拉深垫公称力等参数（摘自 JB/T 7343—2010）

参　数	YCBS 2.5/1.6	YCBS 4/2.5	YCBS 5/3.15	YCBS 6.3/4	YCBS 8/5	YCBS 10/6.3	YCBS 12.5/8	YCBS 16/10
公称总力 P/MN	4	6.3	8	10	12.5	16	20	25
拉深滑块公称力 P_L/MN	2.5	4	5	6.3	8	10	12.5	16
压边滑块公称力 P_Y/MN	1.6	2.5	3.15	4	5	6.3	8	10
拉深垫公称力 P_d/MN	1	1.6	2	2.5	3.15	4	5	6.3

表 12-35　双动液压机拉深滑块行程 S_L（摘自 JB/T 7343—1994）　（单位：mm）

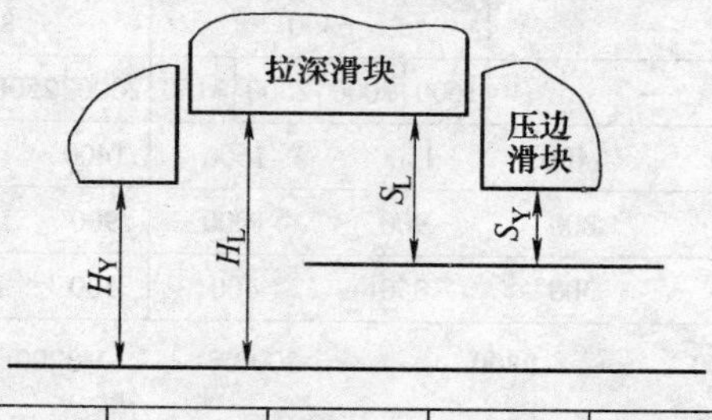

800	850	900	950	1000	1050	1100	1150	1200	1250	1300
1350	1400	1450	1500	1550	1600	1650	1700	1750	1800	—

表 12-36　双动液压机拉深滑块开口高度 H_L（摘自 JB/T 7343—2010）（单位：mm）

1300	1350	1400	1450	1500	1550	1600	1650	1700	1750	1800	1850	1900	1950
2000	2050	2150	2200	2250	2300	2350	2400	2500	2600	—	—	—	—

注：参见表 12-35 插图。

表 12-37 双动液压机压边滑块行程 s_Y（摘自 JB/T 7343—2010）（单位：mm）

500	600	700	800	900	1000	1100	1200	1300	1400	1500

注：参见表 12-35 插图。

表 12-38 双动液压机压边滑块开口高度 H_Y（摘自 JB/T 7343—2010）（单位：mm）

1000	1100	1200	1300	1400	1500	1600	1700	1800	1900	2000

注：参见表 12-35 插图。

表 12-39 双动液压机拉深滑块台面左右尺寸 X_3（摘自 JB/T 7343—2010）

（单位：mm）

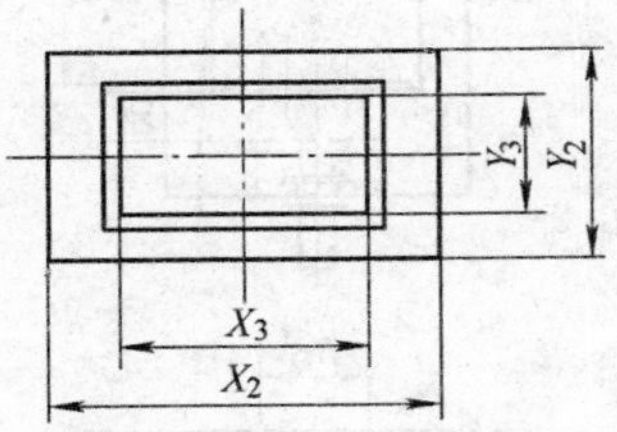

1000	1200	1400	1600	1800	2000	2200	2400	2600
2800	3000	3200	3400	3600	3800	4000	4400	4800
5200	5400	—	—	—	—	—	—	—

表 12-40 双动液压机拉深滑块前后尺寸 Y_3（摘自 JB/T 7343—2010）（单位：mm）

600	800	1000	1200	1400	1600	1800	2000	2200	2400

注：参见表 12-39 插图。

表 12-41 双动薄板冲压液压机参考系列参数（摘自 JB/T 7343—2010）

参数		YCBS 2.5/1.6	YCBS 4/2.5	YCBS 5/3.15	YCBS 6.3/4	YCBS 8/5	YCBS 10/6.3	YCBS 12.5/8	YCBS 16/10
公称总力 P/MN		4	6.3	8	10	12.5	16	20	25
拉深滑块公称力 P_L/MN		2.5	4	5	6.3	8	10	12.5	16
压边滑块公称力 P_Y/MN		1.6	2.5	3.15	4	5	6.3	8	10
拉深垫公称力 P_d/MN		1	1.6	2	2.5	3.15	4	5	6.3
假设拉深深度 h/mm		400	500	500	600	600	600	600	600
拉深滑块行程 S_L/mm		950	1150	1150	1350	1350	1450	1450	1450
压边滑块行程 S_Y/mm		500	600	600	700	700	800	800	800
拉深垫行程 S_d/mm		350	350	450	450	550	550	650	650
拉深滑块开口高度 H_L/mm		1450	1750	1750	2050	2050	2250	2250	2350
压边滑块开口高度 H_Y/mm		1000	1200	1200	1400	1400	1600	1600	1700
压边滑块及工作台台面尺寸	前后/mm	1800	1800	2000	2000	2200	2200	2500	2500
	左右/mm	3000	3500	3500	4000	4000	4500	4500	4500
拉深滑块及拉深垫台面尺寸	前后/mm	1200	1200	1400	1400	1600	1600	1800	1800
	左右/mm	2600	3000	3000	3600	3600	4000	4000	4000

表 12-42　双动薄板拉深液压机的基本参数和尺寸（摘自 JB/T 8493—1996）

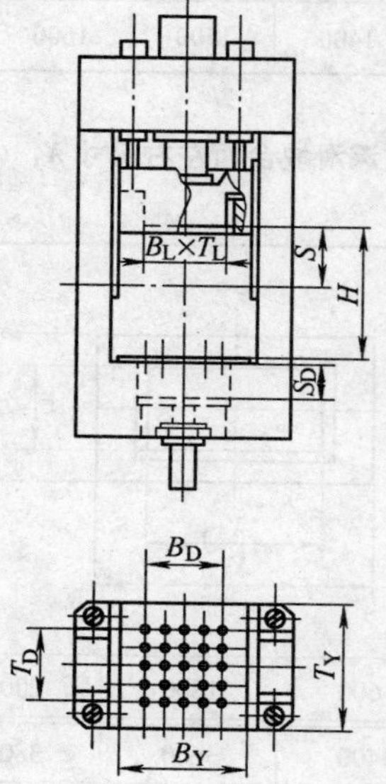

总力 P		kN			1600			2500					3150				4000	
拉深力 P_L		kN			1000			1600					2000				2500	
压边力 P_Y		kN			630			1000					1250				1600	
液压垫力 P_D		kN	250	400	500	630	400	630	800	1000	500	800	1000	1250	630	1000	1250	1600
拉深滑块开口高度 H		mm		800				1000			1100			1300			1600	
拉深滑块行程 S		mm		400				500			600			700			850	
液压垫行程 S_D		mm		160				200			250			300			350	
拉深滑块尺寸	左右 B_L	mm		700		850			1000			1200			1300		1500	
	前后 T_L	mm		450		600			700			750			850		1000	
液压垫之顶杆孔分布尺寸	左右 B_D	mm		600		750			900			1050			1200		1350	
	前后 T_D	mm		300		450			600			600			750		900	
压边滑块及工作台尺寸	左右 B_Y	mm		1200		1300			1500			1600			1800		2000	
	前后 T_Y	mm		850		1000			1200			1200			1300		1500	
拉深滑块速度	空程下行 v_K	mm/s	100		150		200		250	300		350		400		450		500
	工作 v_C	mm/s		5				10				15				20		

（续）

项目		单位																
总力 P		kN	5000				6300				8000							
拉深力 P_L		kN	3150				4000				5000							
压边力 P_Y		kN	2000				2500				3150							
液压垫力 P_D		kN	800	1250	1600	2000	1000	1600	2000	2500	1250	2000	2500	3150				
拉深滑块开口高度 H		mm	1400				1600				1800				2000			
拉深滑块行程 S		mm	800				900				1000				1100			
液压垫行程 S_D		mm	300				350				400				450			
拉深滑块尺寸	左右 B_L	mm		1600			1800			2000	2000		2400		2500		2800	
	前后 T_L	mm		1000			1200			1300	13000		1500		1600		1800	
液压垫之顶杆孔分布尺寸	左右 B_D	mm		1500			1650			1800	1800		2250		2400		2700	
	前后 T_D	mm		900			1050			1200	1200		1350		1500		1650	
压边滑块及工作台尺寸	左右 B_Y	mm		2000			2200			2500	2800		3000		3200		3600	
	前后 T_Y	mm		1500			1600			1800	2000		2200		2400		2600	
拉深滑块速度	空程下行 v_K	mm/s	100		150		200		250		300	350		400	450		500	
	工作 v_G	mm/s		5				10				15				20		

项目		单位																
总力 P		kN					10300				13000				16000			
拉深力 P_L		kN					6300				8000				10000			
压边力 P_Y		kN					4000				5000				6300			
液压垫力 P_D		kN					1600	2500	3150	4000	2000	3150	4000	5000	2500	4000	5000	6300
拉深滑块开口高度 H		mm					1800				2000				2200		2500	
拉深滑块行程 S		mm					1200				1300				1500		1700	
液压垫行程 S_D		mm					350				400				450		500	
拉深滑块尺寸	左右 B_L	mm		2000		2400	2500			2800	2500		2800		3000		3200	
	前后 T_L	mm		1300		1500	1600			1800	1500		1600		1800		2000	
液压垫之顶杆孔分布尺寸	左右 B_D	mm		1800		2250	2400			2700	2400		2700		2850		3000	
	前后 T_D	mm		1200		1350	1500			1650	1350		1500		1650		1800	
压边滑块及工作台尺寸	左右 B_Y	mm		2800		3000	3200			3600	3200		3400		3600		4000	
	前后 T_Y	mm		2000		2200	2400			2600	2200		2400		2500		2800	
拉深滑块速度	空程下行 v_K	mm/s	100		150		200		250		300	350		400	450		500	
	工作 v_G	mm/s		5				10				15				20		

对双动液压机，补充说明有关尺寸：

①双动液压机工作台左右尺寸及压边滑块左右尺寸 X_2 同表 12-27X_0。

②双动液压机工作台前后尺寸及压边滑块前后尺寸 Y_2 同表 12-28Y_0。

③双动液压机拉深垫台面左右尺寸 X_4 同 X_3（见表 12-39）。

④双动液压机拉深垫台面前后尺寸 Y_4 同 Y_3（见表 12-40）。

七、精压机

1. 工作原理

精压工艺属于少无切屑工艺，其特点是工件变形量小，但精度高。冲压件经平面精压后可以得到精确的高度尺寸和较低的表面粗糙度值。

图 12-17 为精压机的传动原理图。电动机 1 通过 V 带带动飞轮 2。在飞轮中装有摩擦离合器 11、小齿轮 5、大齿轮 6 驱动曲轴 7 旋转。在曲轴上装有连杆 8。连杆 8 通过销轴与两肘杆 9、10 相铰接。工作时调整滑块 14 通过弹簧紧固在上横梁上，工作滑块 12 通过肘杆带动作上下往复运动。当需要调整装模高度时，只需拨动调整楔铁 13，改变调整滑块的上下位置即可。

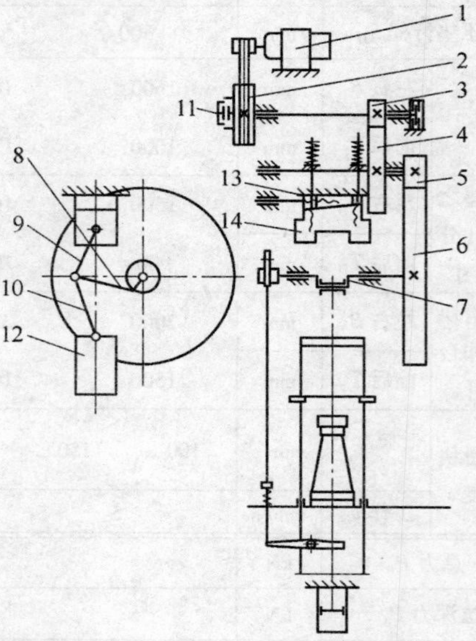

图 12-17　精压机传动原理图

1—电动机　2—飞轮　3、5—小齿轮　4、6—大齿轮　7—曲轴　8—连杆　9—上肘杆　10—下肘杆　11—离合器　12—工作滑块　13—调整楔铁　14—调整滑块

由此可知精压机的工作机构是曲柄肘杆机构，这种机构的特点是滑块行程小，大部分工作变形力由两肘杆承受，连杆受力很小，而且肘杆可以设计得粗短，采用这种机构即能满足精压工艺工作行程小的需要，又能减小工作机构的弹性变形，达到提高精压工件精度的目的。

此外，精压机当曲轴转角 $\alpha=0°$时，行程 s 极小，并有受力零件弹性变形的补偿，故滑块是紧紧压住工件的，也就是说滑块在下死点附近有一段保压时间，因此适合精压工艺的要求。

2. 精压机规格

精压机规格见表 12-43。

表 12-43　精压机规格

公称压力 /kN	滑块行程 /mm	公称压力行程 /mm	滑块行程次数 /次·min^{-1}	最大闭合高度 /mm	闭合高度调节量 /mm	导轨间距离 /mm	滑块底面尺寸（前后/mm×左右/mm）	工作台板尺寸（前后/mm×左右/mm）
4000	130	2	50	400	15	660	400×620	660×640
8000	125	1.5	26	340	15	600	410×715	800×720
12500	120	2	25	400	15	780	640×750	1010×980
20000	200	3	18	620	15	1030	850×900	1300×1280

八、机械及液压折弯机

机械及液压折弯机规格见表 12-44。

表 12-44　机械及液压折弯机的能力、尺寸、速度等特性

能力 行程中点 /kN(/tf)	能力 接近行程下部 /kN(/tf)	工作台长度 /m(/ft)	行程长度 /mm(/in)	速度每分钟行程数	弯曲能力 mm(in)标准行程低碳钢厚度为：1.6 /($^{1}/_{16}$in)	4.8 /($^{3}/_{16}$in)	6.4 /(¼in)	13 /(½in)	19 /(¾in)	25 /1in	电动机 /hp
机械折弯机											
…	130(15)	1.2～3.0(4～10)	50(2)	20～50	1.2	(4)0.2(¾)	…	…	…	…	0.75～1
…	220(25)	1.8～3.7(6～12)	50(2)	20～50	2.0(6½)	0.5(1½)	…	…	…	…	1.5
320(36)	490(55)	1.8～3.7(6～12)	64(2½)	40	3.7(12)	0.9(3)	…	…	…	…	3
530(60)	800(90)	1.8～4.3(6～14)	75(3)	40	…	1.8(6)	…	…	…	…	5
800(90)	1200(135)	1.8～4.3(6～14)	75(3)	36,12	…	3.4(11)	1.8(6)	…	…	…	7.5
1020(115)	1560(175)	1.8～4.3(6～14)	75(3)	36,12	…	…	3.0(10)	…	…	…	10
1330(150)	2000(225)	1.8～4.9(6～16)	75(3)	33,11	…	…	4.0(13)	…	…	…	15
1780(200)	2670(300)	2.4～5.5(8～18)	102(4)	30,10	…	…	5.5(18)	1.8(6)	…	…	20
2310(260)	3560(400)	2.6～5.8(8⅔～18½)	102(4)	30,10	…	…	…	2.4(8)	…	…	20
2980(335)	4450(500)	2.6～5.8(8⅔～18⅔)	102(4)	30,10	…	…	…	3.0(10)	1.5(5)	…	25
3560(400)	5340(600)	3.0～7.3(10～24)	102(4)	30,10	…	…	…	3.7(12)	1.5(5)	…	30
4630(520)	6670(750)	3.0～7.3(10～24)	102(4)	23,7	…	…	…	5.5(18)	3.0(10)	…	40
5780(650)	8900(1000)	3.0～7.3(10～24)	127(5)	23,7	…	…	…	7.3(24)	3.2(12)	1.8(6)	40
7340(825)	11100(1250)	4.2～6.7(14～22)	152(6)	20,6	…	…	…	…	5.2(17)	3.0(10)	50
8900(1000)	13300(1500)	4.2～7.3(14～24)	152(6)	20,6	…	…	…	…	6.4(21)	3.7(12)	50
液压折弯机											
	1780(200)	2.6～5.8(8⅔～18⅔	305(12)	21,34(a)	…	4.3(14)	3.7(12)	…	…	…	25
	2670(300)	2.6～5.8(8⅔～18⅔)	305(12)	25(b)	…	…	4.9(16)	2.4(8)	…	…	30
	3560(400)	2.6～5.8(8⅔～18⅔)	305(12)	26(c)	…	…	…	3.7(12)	1.8(6)	…	40
	4450(500)	2.6～5.8(8⅔～18⅔)	305(12)	25(d)	…	…	…	4.3(14)	2.7(9)	…	40
	5340(600)	3.0～7.3(10～24)	305(12)	25(e)	…	…	…	4.9(16)	3.0(10)	…	50
	6670(750)	4.2～7.3(14～24)	305(12)	21(f)	…	…	…	6.7(22)	4.3(14)	3.0(10)	60
	8900(1000)	4.2～7.3(14～24)	457(18)	21(g)	…	…	…	…	5.5(18)	4.3(14)	75

注：标准压机速度给出额定的能力。高压机速度，m/min(in/min)同时具有压机的吨位规定如下：(a) 1.4m/min 及 1.7m/min(57in/min 及 65in/min)于 620kN(70tf)；(b) 1.1m/min 及 1.6m/min(44in/min 及 62min/min)于 1070kN(120tf)；(c) 1.3m/min 及 1.6m/min(51m/min 及 62in/min)于 1420kN(160tf)；(d) 1.4m/min 及 1.5m/min(54in/min 及 58in/min)于 1780kN(200tf)；(e) 1.4m/min 及 1.3m/min(56in/min 及 51in/min)于 2140kN(240tf)；(f) 1.2m/min 及 1.2m/min(48in/min 及 47in/min)于 2670kN(300tf)；(g) 1.5m/min 及 1.1m/min(58in/min 及 44in/min)于 3560kN(400tf)。

第二节 现代精密压力机

一、精冲压力机

精冲压力机在我国属于新型冲压设备，国内有四川内江四海锻压机床有限公司、北京机电研究所生产，包括其经济型；国外已有几十年的生产历史和颇多的使用量。小型高速精冲压力机主要用于生产电传打字机、复印机、照相机等较厚的精密制件。其制件的种类、材料厚度、冲压工艺的难度、形状及尺寸各异，种类较多。总压力一般不超过2500kN。该压力机采用滑块式机械传动，结构紧凑，刚性好，导向精度高，适应性强，工作可靠，操作维修方便，应用较广。

表12-45、表12-46为瑞典生产的，表12-47为英国生产的，表12-48为日本生产的精冲压力机的型号与规格。

表12-45 Feintool-Osterwalder 机械式精冲机

技术指标 \ 型号	GKP-FS25	GKP-F40	GKP-F100	GKP-F160	GKP-F250	GKP-F320
总力/kN	250	400	1000	1600	2500	3200
压边力/kN	20～120	20～120	40～310	120～500	20～750	50～1000
反压力/kN	0.2～120	0.5～120	10～270	10～400	20～750	40～800
行程次数/(次/min)	63～160	36～90	20～80	18～72	15～60	10～40
行程/mm	25	45	50	61	61	63
冲裁速度/(mm/s)	5～15	5～15	5～15	5～15	5～15	5～15
模具闭合高度						
活动台面/mm	100～170	110～180	140～220	194～274		
固定台面/mm			175～255	234～314		
活动凸模用复合式台面/mm			140～～220	184～264	160～305	210～340
固定凸模用复合式台面/mm			150～230	194～274	175～320	225～355
模具安装面积						
上工作台/mm×mm	280×280	280×280	430×420	480×520	540×540	640×640
活动式下工作台/mm×mm	280×300	280×300	430×420	480×520		
固定式下工作台/mm×mm			430×420	480×520		
复合式下工作台/mm×mm			430×420	480×520	540×540	630×630
材料最大厚度/mm	2	4	5	6	10	10
材料最大宽度/mm	64	100	180	210	250	320
送料最大长度/mm	66	60	180	180	250	320
功率/kW	4.5	4	10	13	29	29
重量/t	3.3	3.3	6	10	16	24.5

表12-46 Feintool-SMG 液压式精冲机

技术指标 \ 型号	HFA250	HFA320	HFA630	HFA800	HFA1000	HFA1400	HFA2500
总力/kN	100～2500	180～3200	4000～6300	5000～8000	6500～10000	700～14000	700～25000
压边力/kN	100～1250	160～1600	320～3200	400～4000	500～5000	700～7000	700～12500

（续）

型号 技术指标	HFA250	HFA320	HFA630	HFA800	HFA1000	HFA1400	HFA2500
反压力/kN	100 ~ 1250	80 ~ 800	130 ~ 1300	200 ~ 2000	250 ~ 2500	350 ~ 3500	350 ~ 6300
最大行程次数/(次/min)	60	60	40	28	26	18	15
滑块行程/mm	30 ~ 80	30 ~ 80	30 ~ 100	30 ~ 100	30 ~ 100	30 ~ 100	30 ~ 100
压边柱塞行程/mm	30	30	40	40	40	40	40
反压柱塞行程/mm	30	30	40	40	40	40	40
冲裁速度/(mm/s)	3 ~ 40	3 ~ 50	3 ~ 45	3 ~ 50	3 ~ 50	4 ~ 22	4 ~ 22
上工作台模具安装面/mm × mm	600 × 600	630 × 630	900 × 900	1000 × 1000	1100 × 1100	1200 × 1200	1500 × 1500
下工作台模具安装面/mm × mm	600 × 600	630 × 960	900 × 1260	1000 × 1200	1100 × 1500	1200 × 1200	1500 × 1500
模具最大闭合高度/mm	380	380	400	450	450	600	800
模具最小闭合高度/mm	300	300	320	350	350	520	700
材料最大厚度/mm	15	16	16	16	16	20	40
材料最大宽度/mm	250	250	450	450	450	630	800
送料最大长度/mm	375	1 ~ 999.9	1 ~ 999.9	1 ~ 999.9	1 ~ 999.9	1 ~ 999.9	1 ~ 999.9
功率/kW	50	65	100	135	200	200	320
重量/t	12	14	27	38.5	48	69.5	90

表 12-47 Fine-O-Matic 液压精冲机

型号 技术指数	FB-75	FB-150	FB-250	FB-450	FB-650
总压力/kN	750	1500	2500	4500	6500
冲裁力/kN	450	950	1750	3450	4950
压边力/kN	—	—	—	—	—
反压力/kN	—	—	—	—	—
冲裁速度/(mm/s)	14	14	14	14	14
行程次数/(次/min)	45	35	25	15	10
闭合高度/mm	355	355	355	507	610
工作台面/mm × mm	457 × 457	610 × 610	762 × 762	915 × 915	1220 × 1220
机床功率/kW	25	30	40	80	120

表 12-48 AIDA 公司精冲机

型号 技术指标		F-3/5	F-5/10	F-8/15	F-10/20	F-15/30	F-20/40	F-30/60
总压力/kN		500	1000	1500	2000	3000	4000	6000
压边力/kN		180	350	500	700	1000	1500	2000
反压力/kN		70	150	250	350	500	750	1000
行程次数/(次/min)		60 ~ 100	40 ~ 80	35 ~ 70	30 ~ 60	20 ~ 45	15 ~ 40	15 ~ 13
行程/mm		40	55	60	65	80	100	125
模具闭合高度/mm	可调的	220	240	260	300	350	430	500
	固定的	235	255	275	320	370	450	520

（续）

技术指标＼型号	F-3/5	F-5/10	F-8/15	F-10/20	F-15/30	F-20/40	F-30/60
闭合高度调节量/mm	40	50	60	65	80	80	100
模具尺寸(左右/mm×前后/mm)	330×500	500×500	600×600	720×720	850×850	900×900	1000×1000
最大材料厚度/mm	4	5	6	6.5	8.5	10	12
最大材料宽度/mm	120	140	160	200	250	300	400
机床功率/kW	5.5	11	15	22	30	37	50

表12-45和表12-46是瑞典法因图尔（Feintool AG LYSS）公司生产的法因图尔精冲机的技术规格，该公司是世界上最大的精冲机生产厂家。

法因图尔精冲机的送料最大长度可达3600mm，材料宽度为40~630mm，材料厚度可达20mm，送料进距最大可达1m。

二、数控冲切及步冲压力机

数控冲切及步冲压力机是由计算机控制，并带有模具库的数控冲切及步冲，它不但能自动生产大型板料制件，而且还可利用步冲轮廓的特性，突破冲压加工离不开专用模具的概念，具有很大的通用性。现已发展到带有激光切削，进一步降低了对于模具的依赖。主要用于大于1m×1m的大、中型平面制件的冲裁和较浅的打凸、开百叶窗及压筋等工艺。日本的天田、村田公司和德国的通快机械公司等生产的设备规格列于表12-49。它们都是集冲切、步冲、成形和等离子切割于一体的通用数控压力机。

表12-49　数控步冲压力机的技术规格

设备生产厂名	通快公司		天田公司		村田公司
设备型号	TRUMATIC 225	TRUMATIC 235	COMA 506072	COMA 505072	W-4560
公称压力/kN	250	250	500	500	450
冲压次数/(次/min)	110	220	300	300	220~150
最大加工范围/mm×mm	1000×2000	1000×2000	1525×3660	1270×3660	1524×3048
冲压能力{厚度/孔径}/mm	冲切、步冲 $t=8$, $\phi105$	冲切、步冲 $t=6.4$, $\phi105$	$t=6.35$ $\phi120$	$t=6.35$ $\phi100$	$t=9.5$, $\phi43$ $t=6$, $\phi121$
转台速度/(r/min)	—	—	30	30	30
最大进给速度/(m/min)	50~30	50~30	50	50	65~40
最多工位数/个	—	—	72	72	60
加工精度/mm	±0.1	±0.1	±0.15	±0.15	±0.15
压缩空气/MPa	60	60	57	57	57
电动机功率/kW	14	14	15	15	25
机床净重/kg	8500	8500	1800	1700	15400
机床外形尺寸/mm×mm(或mm×mm×mm)	5500×6350×2300(H)	5500×6350×2300(H)	4845×2370	3819×2400	5360×5466
数控控制轴/个	2(x、y)	2(x、y)	3(x、y、T)	3(x、y、T)	3(x、y、T)
最低程式增量/(x、y、T轴)/(mm)(°)	0.01(x、y)	0.01(x、y)	0.01(x、y) 0.01°(T)	0.01(x、y) 0.01°(T)	0.01(x、y) 0.01°(T)
分散准确程度/mm	±0.03	±0.03	—	—	—

三、高速自动压力机

高速自动压力机是指滑块每分钟行程次数为相同公称压力通用压力机的5～9倍，并配用各种自动送料机构进行板料连续冲压的曲柄压力机。目前高速压力机的行程次数已从每分钟几百次发展到1000多次，公称压力也从几百千牛发展到上千千牛。主要用于电子、轻工、仪器仪表、汽车等行业中的大批量冲压件的生产，特别适于各种级进模。高速压力机有以下特点。

（1）滑块行程次数高。

（2）滑块惯性大，由于滑块和模具的高速往复运动，会产生很大的惯性力，造成振动。为了减小振动，必须采取减振措施。

（3）设有紧急制动装置。

（4）冲压材料采用卷状板料，并且要有可靠的供料系统，其供料系统如图12-18所示，一般由开卷机、校平机、气动送料器、供料缓冲装置、收卷机等组成。

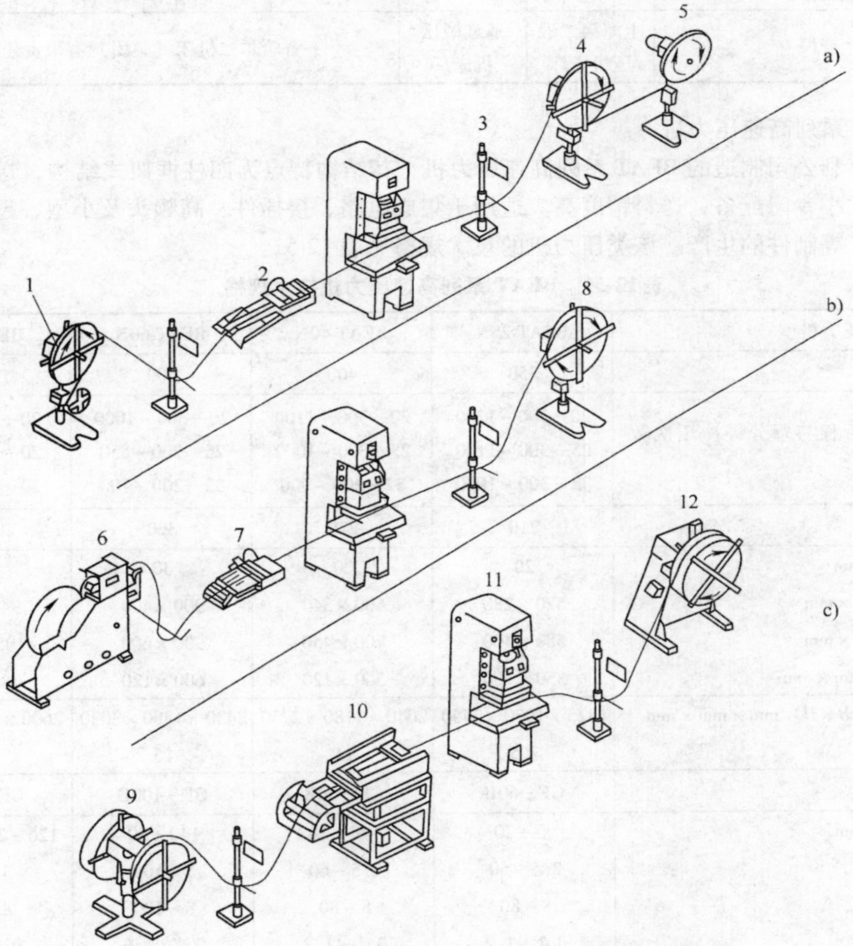

图12-18　自动供料冲压生产线布置图

a）薄料用自动生产线　b）一般冲压件的生产线　c）大型冲压件的生产线

1—开卷机　2—气动送料器　3—张弛控制器　4、8—收卷机　5—层压收卷机

6—带校平的开卷机　7—小型送料器　9—双头开卷机

10—大型送料器　11—压力机　12—大型收卷机

1. 国产板冲高速自动压力机规格（表 12-50）

表 12-50　部分国产板冲高速自动压力机主要技术参数

参数名称	量值					
	型号					
	J75G—30	J75G—60	JG95—30	SA95—80	SA95—125	SA95—200
公称压力/kN	300	600	300	800	1250	2000
滑块行程次数/次 · min^{-1}	150 ~ 750	120 ~ 400	150 ~ 500	90 ~ 900	70 ~ 700	60 ~ 560
滑块行程/mm	10 ~ 40	10 ~ 50	10 ~ 40	25	25	25
最大封闭高度/mm	260	350	300	330	375	400
封闭高度调整量/mm	50	50	50	60	60	80
送料长度/mm	6 ~ 80	5 ~ 150	80	220	220	220
宽度/mm	5 ~ 80	5 ~ 150	80	250	250	250
厚度/mm	0.1 ~ 2	0.2 ~ 2.5	2	1	1	1
主电动机功率/kW	7.5		7.5	38	43	54
生产厂	上海第二锻压机床厂	通辽锻压机床厂	齐齐哈尔二机床（集团）有限责任公司			

2. BEAT 系列高速压力机

由日本京利公司制造的 BEAT 系列高速压力机，其结构特点为四柱框架式结构，送料器按压力机压力的大小专门配备，送料精度高。适用于集成电路、接插件、高频头及小型、超小型电机的定子、转子等制件的生产。该类压力机的技术规格见表 12-51。

表 12-51　BEAT 系列高速压力机技术规格

压力机型号	BEAT-25N	BEAT-40N	BEAT-60N	BEAT-80N
公称压力/kN	250	400	600	800
固定的滑块行程与每分钟冲压次数/(mm—次/min)	20—300 ~ 1200 25—300 ~ 1100 32—300 ~ 1000	20—300 ~ 1100 25—300 ~ 1000 32—300 ~ 900	20—300 ~ 1000 25—200 ~ 850 32—200 ~ 700	20—200 ~ 800 20—200 ~ 720 20—200 ~ 650
闭合高度/mm	210	270	320	280,360
滑块调节量/mm	20	20	30	30
滑块面积/mm × mm	520 × 280	600 × 340	900 × 400	940 × 520
垫板面积/mm × mm	580 × 400	700 × 450	900 × 600	1050 × 800
垫板孔尺寸/mm × mm	350 × 100	500 × 120	600 × 120	780 × 120
机床尺寸($L \times B \times H$)/mm × mm × mm	1825 × 1070 × 2450	2040 × 1180 × 2730	2430 × 1380 × 3030	2600 × 1580 × 3500
主电动机功率/kW	7.5	11	15	22
送料装置型号	GF—60B	GF—60B	GF—100B	GF—100B
送料线高度/mm	90 ± 20	120 ± 20	140 ± 20	120 ± 20,170 ± 20
送料长度/mm	2.5 ~ 60	2.5 ~ 60	5 ~ 100	5 ~ 100
材料宽度/mm	8 ~ 80	8 ~ 80	8 ~ 100	8 ~ 100
材料厚度/mm	0.1 ~ 1.2	0.1 ~ 1.2	0.1 ~ 1.6	0.1 ~ 1.6

3. BSTA 与 FP 系列高速压力机

日本三井公司生产的 BSTA 系列高速压力机和山田公司生产的 FP 系列高速压力机结构类似，精度高。适用于中、小型制件的冲裁、弯曲、浅拉深等较精密的冲压工艺。当与材料开卷机、校平机及自动送料装置以及收卷机等联合使用后，对于像集成电路的引线框架一类的以冲裁为主的平板型制件，此类压力机具有很高的生产率。表 12-52 为它们的部分技术规格。

表 12-52　BSTA 与 FP 系列部分高速压力机的技术规格

压力机型号	BSTA—18	BSTA—30	BSTA—60HL	FP—60SWⅡ
公称压力/kN	180	300	600	600
滑块行程/mm	36～16	40～16	76～20	30
行程次数/(次/min)	100～600	100～600	100～650	200～900
封闭高度/mm	140～200	200～260	265～293	300
滑块调节量/mm	40	40	80	50
滑块面积/mm	ϕ196	ϕ250	700×458	940×420
垫板面积/mm	350×310	540×412	770×620	940×650
垫板厚度/mm	45	60	120	120
漏料孔尺寸/mm×mm	140×105	315×110	580×100	650×100
送料长度/mm	100～0	100～0	200～0	240～2
材料宽度/mm	120	170	300	120
最大料厚/mm	3	3	4	2.3
压缩空气压力/MPa	6.5～1.0	0.5～1.0	0.5～1.0	0.5～1.0
主电动机功率/kW	1.7	5.5	18.5	22
机床外形 L/mm×B/mm	700×925	920×1150	1450×1650	2410×1660
机床高度 H/mm	1800	2350	2350	2745
机床重量/kg	1100	2500	8500	10000

4. SP 系列高速压力机

日本山田公司生产的 SP 系列高速压力机为小型开式压力机，适用于电子工业的接插件、电位器、电容器等小型电子元件的制作生产，其技术规格见表 12-53。

表 12-53　SP 系列小型高速压力机技术规格

压力机型号	SP—10CS	SP—15CS	SP—30CS	SP—50CS
公称压力/kN	100	150	300	500
行程长度/mm	40～10	50～10	50～20	50～20
行程次数/(次/min)	75～850	80～850	100～800	150～450
滑块调节量/mm	25	30	50	50
垫板面积/mm×mm	400×300	450×330	620×390	1080×470
垫板厚度/mm	70	80	100	100
滑块面积/mm×mm	200×180	220×190	320×250	820×360
工作台孔尺寸/mm×mm	240×100	250×120	300×200	600×180
封闭高度/mm	185～200	200～220	250～265	290～315
主电动机功率/kW	0.75	2.2	5.5	7.5
机床重量/kg	900	1400	4000	6000
机床外形尺寸（L×B）/mm×mm	935×780	910×1200	1200×1275	1625×1495
机床高度 H/mm	1680	1900	2170	2500

5. A2 系列高速压力机

德国舒勒公司制造的 A2 系列高速压力机，采用框架式机架，结构紧凑。压力机设有凸轮式精密自动送料装置。适用于电器小零件的冲压加工，不适宜于浅拉深。

A2系列压力机共有从500~4000kN十个规格，表12-54所列是舒勒公司A2型高速压力机规格。

表12-54 舒勒（Schuler）公司A2系列闭式双点高速压力机主要技术参数

参数名称	量值 型号								
	A2—50	A2—80	A2—100	A2—125	A2—160	A2—200	A2—250	A2—315	A2—400
公称压力/kN	500	800	1000	1250	1600	2000	2500	3150	4000
标准行程长度/mm	25	25	25	25	30	30	30	35	35
最大行程长度/mm	50	50	50	50	50	50	50	50	50
最大行程次数（无级调速）/次·min^{-1}	600	500	450	400	375	350	300	275	250
工作台板尺寸/mm×mm	840×560	900×700	1050×800	1150×1000	1300×1000	1350×1100	1650×1100	1900×1200	2600×1200
封闭高度/mm	300	330	350	375	375	400	400	450	475
封闭高度调节量/mm	60	60	60	60	60	80	80	100	100

6. L系列高速压力机规格（表12-55）

表12-55 会田（AIDA）公司L系列高速压力机主要技术参数

参数名称	量值 型号				
	PDA6	PDA8	PDA12	PDA20	PDA30
公称压力/kN	600	800	1200	2000	3000
行程长度/mm	15	25 50 75	30 50 75	30 50 75	30 50 75
行程次数 最高/次·min^{-1}	800	400 250 200	350 200 160	300 180 150	250 150 120
行程次数 最高/次·min^{-1}	200	160 100 80	140 80 65	120 70 60	100 60 50
封闭高度/mm	280	300	360	380	420
封闭高度调节量/mm	40	50	50	60	80
工作台板尺寸（长/mm×宽/mm）	650×600	900×600	900×800 1100×800	1300×850 1500×850	1500×900 1700×900
主电动机功率/kW	15	15	18.5	22	30

7. HR系列高速压力机规格（表12-56）

表12-56 拉斯特（Raster）公司HR系列高速压力机主要技术参数

参数名称	量值 型号				
	HR—15	HR—30	HR—45	HR—60	HR—90
公称压力/kN	150	300	450	600	900
滑块行程次数/次·min^{-1}	200~2000	250~1200	200~1000	160~200	100~500
滑块行程/mm	10~30	10~40	10~40	10~50	10~50
最大封闭高度/mm	275	300	300	350	400
封闭高度调整量/mm	50	50	50	50	80
送料长度/mm	3~50	3~80	3~80	5~150	5~150
送料宽度/mm	5~50	5~80	5~80	5~150	10~300
机器总质量/t	3	3.8	6.2	7.6	13.6

8. HP系列高速压力机规格（表12-57）

表12-57　三菱公司HP系列高速压力机参数

参数名称	型号			
	HP—400	HP—60	HP—80	HP—110
公称力/kN	400	600	800	1100
行程次数/次·min^{-1}	1000，1200，1500	800，900，1000，1200	700，800，900	600，700，800
行程长度/mm	25，20，15	40，32，25，20	35，25，20	40，30，20
封闭高度/mm	280	280	340	380
封闭高度调节量/mm	50	60	80	70
工作台尺寸/mm×mm	750×550	950×650	1100×700	1200×800
滑块底面尺寸/mm×mm	750×450	950×500	1050×550	1150×600
工作台垫板厚度/mm	100	120	175	200
主电动机功率/kW	15	22	30	37

9. 脉冲星型（普尔萨型）超高速精密压力机

美国明斯特公司生产的脉冲星型（普尔萨型）超高速压力机，其结构特点是：机架为框架式，运动平稳，精度高，采用重型液压离合器与圆盘制动，模具的闭合高度调整用数字显示，设置有精密的凸轮式送料装置及高能量的飞轮等。该压力机不仅冲压速度高，而且运动精密，可冲压出高精密的制件。它是专门为集成电路引线框等导线板和终端接头等精密制件设计的。其技术规格见表12-58。

表12-58　普尔萨型超高速压力机技术规格

压力机型号	Pulsar20	Pulsar30	Pulsar60
公称压力/kN	200	300	600
固定的滑块行程与最大冲压速度/(mm—次/min)	13—2000 19—1800 25—1600 32—1400	13—1500 19—1400 25—1400 32—1200 38—1100 51—900	13—1300 19—1200 25—1200 32—1000 38—900 51—750
满载下的最低冲压速度/(次·min^{-1})	100	100	100
闭合高度调整范围/mm	45	45	45
有垫板时的闭合高度范围/mm	152～197	185～230	250～290
固定的滑块行程与送料范围/mm	13—51～102 19—54～105 25—57～108 32—60～110	13—51～102 19—54～105 25—57～108 32—60～111 38—67～117 51—79～130	13—73～137 19—76～140 25—79～143 32—83～146 38—86～149 51—99～162
快速脱模行程/mm	45～90	45～90	45～90
滑块尺寸/mm×mm	405×255	760×305	915×405
垫板尺寸/mm×mm	405×355	760×535	915×585
垫板孔尺寸/mm×mm	305×75	660×100	760×100

（续）

压力机型号	Pulsar20	Pulsar30	Pulsar60
承受模具重量/kg	最高速度时 18 75% 速度时 90	标准模架时 90 任选模架时 135	标准模架时 135 任选模架时 180
机床总高度/mm	3050	3150	3380
机床主电动机功率/kW	11	19	23
机床总重量/kg	7100	8460	12600
送料方向	自右至左	自右至左	自右至左
一般的材料厚度/mm	0.15～2	0.2～3	0.2～3
送料宽度/mm	51～111	51～130	73～162

四、多工位自动传递压力机

多工位自动传递压力机的特点是结构紧凑，集约程度高，可配置多种附属装置，以满足不同类型的精密、复杂制件的自动连续加工，主要加工小型拉深件。可在压力机上同时完成落料、成形、弯曲、翻边、修边等冲压工艺，还可完成少量的切品、横向冲孔、精压、攻螺纹、滚螺纹等工序。

多工位自动传递压力机的主要技术规格见表 12-59～表 12-62。

表 12-59 国产板料多工位压力机主要技术参数

参数名称	量值						
公称压力/kN	400	630	1250	1600	2500	主 4000 侧 800	8000
公称压力行程/mm	—	—	7.1	6.5	6.6	6.5	12.7
滑块行程/mm	150	220	200	200	200	400 80	450
滑块行程次数/次·min^{-1}	40	25～35	25	30	20～25	11～20	10
工位数/个	7	6	8	8	9	9	10
工位间距/mm	150	210	210	220	300	400	450
最大装模高度/mm	240	400	380	320	490	主 700 侧 300	650
制造厂	营口锻压机床有限责任公司			济南二机床集团有限公司			

表 12-60 日本旭精公司 TP 型多工位压力机主要技术规格

	型号	TP—15	TP—25	TP—45	TP—75	TP—45D	TP—65D
设备本体	额定压力/kN	150	250	450	750	450	650
	推荐压力/kN	90	160	300	550	300	450
	标准滑块行程/mm	38.1	50.8	63.5	76.2	127.0	177.8
	最大滑块行程（特殊规格）/mm	50.8	76.2	101.6	127.0	—	—
	滑块宽度/mm	478	630	936	1300	936	1300
	闭合高度/mm	219.1	254.0	330.2	457.2	387.4	508.0
	送料装置行程/mm	38.1～63.5	38.1～76.2	63.5～114.3	88.9～139.7	63.5～114.3	88.9～139.7
	电动机功率/kW	2.2	3.7	5.5	7.5	7.5	15
	作业速度/(r/min)	50～250	50～200	40～150	25～100	40～150	25～100
	工作台面积（宽/mm×长/mm）	1438×1771	1669×1850	2276×1401	2925×1476	2297×1375	3120×2048
	总重量（含模座）/kg	1500	2700	5500	10200	6000	13000

（续）

型　　号		TP—15	TP—25	TP—45	TP—75	TP—45D	TP—65D
模具	最大拉深深度（标准/特殊规格）/mm	15.9/20.6	20.6/31.8	25.4/41.3	31.8/57.2	57.2	76.2
	最大送进量/mm	70	76	82	102	82	102
	坯料最大宽度/mm	70	98	114	168	114	168
	工位数/个	7~11	8~15	8~14	9~14	10~12	11~12

表 12-61　日本会田（AIDA）公司多工位压力机主要技术参数

型　　号	公称压力/kN	工位数/个	滑块行程/mm	行程次数/次·min^{-1}	最大拉延深度/mm
双柱式机身 FT2-6	600	11	160	35~100	55
FT2-10	1000	10	230	20~40	75
FT2-20	2000	11	340	15~35	120
FT2-25	2500	13	400	20~40	150
FT2-30	3000	13	360	20~35	125
FT2-40	4000	9	400	15~30	150
FT2-50	5000	7	400	15~30	150
FT2-60	6000	8	400	15~30	150
FT2-80	8000	8	400	12~35	150
三柱式机身 FT3-100	10000	11	500	12~25	180
FT3-120	12000	11	500	12~25	180
FT3-150	15000	10	400	12~25	150
FT3-180	18000	10	550	12~25	200
FT3-200	20000	11	400	12~25	150
FT3-250	25000	9	300	18~30	65
FT3-350	35000	9	340	10~20	120
四柱式机身 FT4-400	40000	8		8~16	165

表 12-62　德国舒勒（Schuler）公司多工位压力机主要技术参数

参数名称		量值									
公称压力/kN		400	630	1000	1250	1600	2000	4000	8000	15000	22000
工位数/个		8~11	8~13	8~12	8~12	8~12	8~12	11	8~13	8	14
工位间距/mm		180	215	200	255	360	400	400	450	520	350
滑块行程/mm		160	220	230	280	380	380	400	360	380	400
最大落料直径	（单排）/mm	170	210	175	220	350	390	390	420	480	350
	（双排交叉）/mm	90	110	110	125	210	210	—	—	260	—
行程次数	（固定）/次·min^{-1}	30	25	22	22	20	18	15	12	16	15
	（可变）/次·min^{-1}	25~50	20~40	20~40	9~36	12~24	12~24	11~22	10~18	12~18	8~16

五、数控回转头压力机

数控回转头压力机技术规格见表 12-63。

表 12-63 数控冲模回转头压力机技术规格

公称吨位/kN		300	600	1000	1500
滑块行程/mm		25	30	40	50
滑块行程次数/次·min^{-1}		100	100	50	60
模具数量/个		20	32	30	32
模具中心到床身距离/mm		620	950	1300	1520
冲压板料尺寸	冲孔最大直径/mm	ϕ84	ϕ105	ϕ115	ϕ130
	最大厚度/mm	3	4	6.4	8
被加工板料尺寸（前后/mm×左右/mm）		600×1200	900×1500	1300×2000	1500×2500
孔距间定位精度/mm		±0.1	±0.1	±0.1	±0.1
主电动机功率/kW		4	4	10	10

第十三章　冲压生产自动化与安全技术

第一节　冲压生产自动化

一、概述

在通用压力机上采用手工操作，其行程次数的利用率较低，在中小吨位压力机上约为20%~30%，见表13-1。如果采用自动送料装置进行自动或半自动生产，可使行程次数利用率提高至80%~90%，一般可使生产率提高2~3倍以上。在高效自动冲压设备上配以相应的送出料装置和自动检测装置等，其生产率可提高4~5倍。在高速冲压情况下，其生产率提高的幅度更大。所以，冲压加工过程实行自动化，不仅可改善劳动条件，减轻工人劳动强度，确保生产安全，提高劳动生产率和产品质量，而且还能降低原材料消耗，节省设备投资，降低产品成本。当今，在大批量生产冲压件的汽车、家用电器和电子产品等行业中，冲压生产正不断向高速化、自动化方向发展。

表13-1　手工送料时压力机行程次数的利用率

压力机吨位/kN	滑块名义行程次数/（次/min）	实际利用的滑块行数次数/（次/min）	滑块行程次数利用率（%）	
			一般~最大	平均
50以下	110~200	21~45	19~41	23
63~100	130~170	20~40	15~31	24
150~200	90~120	18~35	20~35	28
250~400	45~75	16~25	30~45	32
600~1000	40~65	12~20	28~50	30
1600~2500	28~32	8~10	25~35	30
3000~4000	13~25	3~6	23~38	28

（一）冲压自动化的基本方式

冲压加工自动化主要是把被加工的材料，如条料、板料、卷料或半成品等，自动送到冲模的加工位置，经冲压加工后，把冲压件自动取出。冲压自动化主要包括：单机自动化、冲压自动生产线和冲压柔性加工系统三种类型，冲压自动化的基本方式如图13-1所示。实际选用时，应综合考虑冲压件品种、规格、形状和尺寸大小，生产批量及经济合理性。

（二）冲压自动化系统的组成

一般的冲压自动化系统的组成如图13-2所示。随着压力机滑块的上下往复运动，各机构作周期性的、单纯重复的动作。在一定的时间和确定的位置上，机构完成供料和送料，将原材料或单个毛坯送到模具的工作位置，完成产品零件的加工和零件的取出。整个过程中的供料、送料和取件等动作要求按预定的工作周期，有节奏、准确、协调地完成。要设计一个合理的自动冲压加工系统，就是对上述机构进行有选择的组合。

冲压生产自动化系统，可分为三个组成单元：加工单元、附属单元和信息单元。

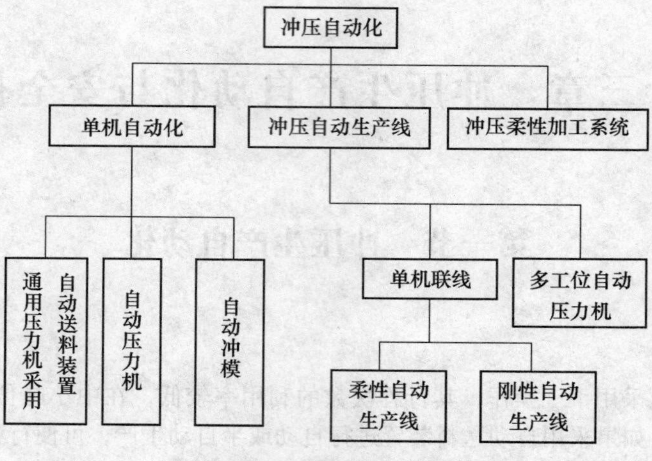

图 13-1　冲压自动化的基本方式

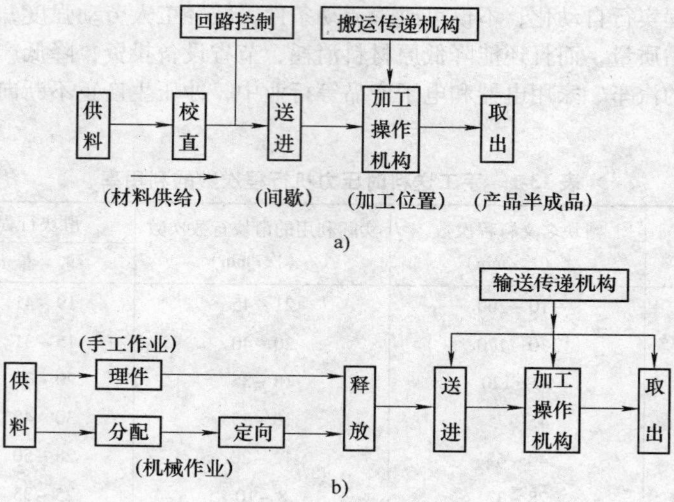

图 13-2　冲压自动化系统组成

a）带料或条料冲压自动化系统　b）单个毛坯冲压自动化系统

1. 加工单元

加工单元是自动冲压加工系统的核心，由以下几部分组成。

（1）供料装置　供料装置在自动冲压系统中，具有对原材料、半成品毛坯进行供给、校直、整理、定向和导向等功能。

（2）送料装置　送料装置是将供料装置中供出的原材料或半成品，以一定的规律，间歇地逐个送到加工工作位置，通过冲压设备完成零件的冲压。送料装置又可分为两种：原材料为卷料、板料或条料的送料装置，称一次加工送料装置；原材料为单个毛坯或半成品的送料装置，称二次加工送料装置。

（3）加工工作装置　对材料或半成品进行冲压成形，由压力机和模具共同完成，而且它们和前后装置相互联系，协调工作。加工工作装置的主体是模具，它具有导向、定位、冲压、卸料、出件和理件等功能。

（4）输送传递机构　多工位级进模冲压和多机生产线中，各工位间或压力机与压力机间的生产联系、半成品传送，需由输送传递机构来完成。

（5）动作控制装置　动作控制装置是使整个系统的机构传动一体化，使得生产过程中的供料、送料、冲压过程、产品零件或废料的退出等动作同步、协调。目前常采用一些简单的机构，如凸轮、连杆、棘轮等机构来控制；也可采用气动、液压、射流控制；使用电子技术来处理信息的反馈，实现对整个过程的控制，是目前的发展方向。

（6）检测保护装置　检测保护装置的功能是对生产系统中出现的异常情况自动报警，直至停机。

以上六个组成部分在使用时相互联系，同步、协调地完成整个自动冲压过程。此外，还设置有废料处理、润滑等系统。

2. 附属单元

在冲压自动化系统中，要实现从模具、材料的选择到产品收集入库全过程的自动化，需增设一些附属机构。附属单元有以下三方面。

（1）模具的交换装置和附属机构　模具被保管在模具库，在模具库和生产车间设有模具自动交换、安装机构。根据冲压加工的产品，从模具库中取出冲模运到生产车间。在生产车间利用模具自动交换安装机械，把模具安装到压力机上，然后进行试冲。产品生产完成后，模具被取下送入模具库。

（2）材料自动更换装置　这种装置能根据产品的要求，在材料库中选择材料的种类、规格，然后按需要量运送到工作位置。生产结束后，还能自动收集其产品和余料。

（3）工作协调装置——工作协调装置是对模具的选择、装卸，材料的选择和装卸，以及冲压过程的动作起调整、协调作用。采用电子技术对模具的选择到产品零件入库实现全过程自动控制。

3. 信息单元

随着计算机技术的迅速发展，利用计算机对冲压生产过程的信息进行分析和处理，直接控制冲压生产，是冲压生产的发展方向。信息单元主要包括以下内容：

（1）简单生产线的信息　简单生产线的信息是自动化生产过程中操作加工指令、操作监测仪表和自动控制指令的组合。机器在实际的运行过程中，通过信息系统进行资料的检索和信息的反馈，得到生产管理的信息源。

（2）保证质量的信息　在冲压生产自动化系统中，检测工序也应该是自动化的。随机检测能及时发现异常情况，命令生产线停止工作。掌握了这些异常情况的信息，查明它们的原因，采取办法加以消除，保证产品的合格率和生产线的正常运行。

（3）保护设备的信息　保护设备的信息是指提供给生产线设备的保护、维修信息。通过这个信息系统，可以诊断出设备维修的部位，选择最佳的维修方案，以最短的时间保质地完成维修工作。

（4）工厂的信息集中化　这是一个工厂信息的总体，集管理、控制、操作、设计为一体，通过信息指令来控制、管理生产。各种各样的信息全部集中到中央控制室，然后通过整理、分类、分析、决策并作出处理。

以上这些构成了现代冲压生产自动化的信息系统。

二、卷料、条料和板料送料装置

冲压生产所使用的原材料类型大多为卷料、条料和板料。一次加工送料装置由供料装置和送料装置两部分组成。

（一）一次加工供料装置

供料装置的作用主要是为送料装置做准备工作。供料装置的类型主要包括：卷料供料装置、开卷落料线和板料、条料供料装置。

1. 卷料供料装置

常见的卷料供料装置形式如下：

（1）卷料架　卷料架是一种既能支撑卷料，又能展卷的供料装置。卷料架有不带动力和带动力的两种，如图 13-3 所示。不带动力的卷料架（图 13-3a）工作时是依靠送料装置（或校平装置）的辊轴或夹钳等对卷料的拉力来实现展卷。它带有一个杠杆制动器，当材料少时，制动器放松，使卷料能自由运转；当材料足够时，制动器收紧，使卷料停止运转。该卷料架的特点是构造简单，维修保养容易。带动力的卷料架如图 13-3b 所示。它带有一个展卷电动机，在电动机的驱动下，它可根据送料速度的要求，主动放料以减轻送料装置（或矫平装置）的负担，并且可防止送料时卷料的滑移。为了防止展卷速度过快造成材料下垂过量和展卷速度过慢加重送料装置的负担，一般采用一限位开关和杠杆，以保证展卷速度与送料进给速度的协调。其工作原理是：杠杆 2 一端压在材料上，如展卷速度过快，材料下垂到一定位置时，杠杆另一端接触限位开关 4，切断电路，电动机停止转动，当下垂的材料逐渐提升到一定位置，电路闭合，电动机重新转动，展卷重新开始。

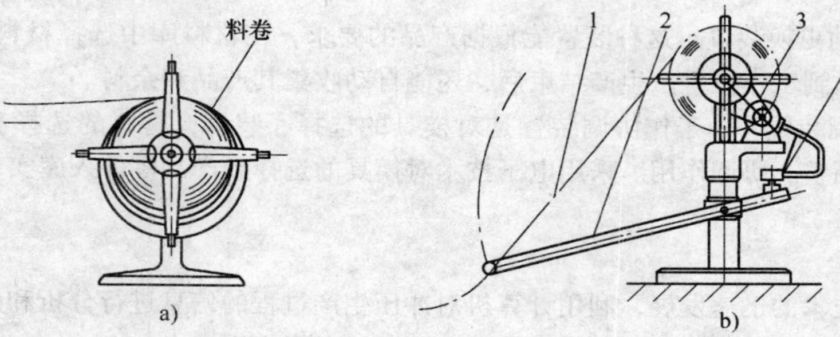

图 13-3　卷料架

a）不带动力　b）带动力

1—材料　2—杠杆　3—电动机　4—限位开关

（2）托架　托架是支撑中等重量卷料的供料装置，图 13-4 所示是采用活动夹板箱体结构的托架，在箱体的侧面和底面安置了一些滚轮以支撑卷料的外圈，通常托架上附有校平机构。托架的特点是卷料的装入比较简便，卷料的支撑比较稳定，因此适用于进给速度大以及进料力大的情况。但由于滚轮与卷料表面的摩擦，卷料表面容易被擦伤。

校平机构通过电动机驱动，采用限位传感器控制卷料供给，并利用校平机构的弹压辊与材料之间产生的摩擦力作为送料动力。另一种带动力的托架是依靠支撑卷料的滚轮回转而实现展卷的，滚轮由电动机驱动，并通过链条使几个滚轮同步。

托架的活动夹板可以对称地同时向内或向外调整以适应不同的卷料宽度。

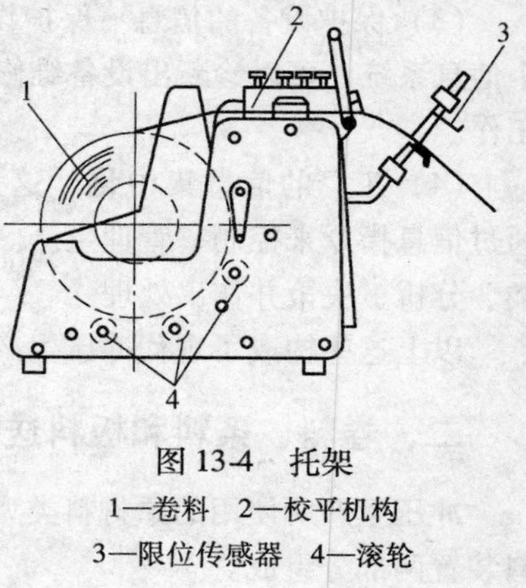

图 13-4　托架

1—卷料　2—校平机构

3—限位传感器　4—滚轮

（3）开卷机　开卷机是支撑并且兼作展开大型卷料的装置，它分为心轴式（图 13-5a）和锥体式（图 13-5b）两种。心轴式开卷机采用心轴水平悬臂支撑，卷料套在心轴上，由电动机驱动心轴转动，实施展卷。为了保证展卷速度与送料速度的协调，应设置一检测装置来调节展卷速度。锥体式开卷机分为左右两半，其上面均带有可移动的锥体心轴。大型卷料安放时，由左右两锥体心轴导入卷料内孔，调整两锥体心轴的轴向距离，可将卷料固定。锥体式开卷机可适应多种不同内径的卷料，其开卷时的工作原理与心轴式开卷机相同。

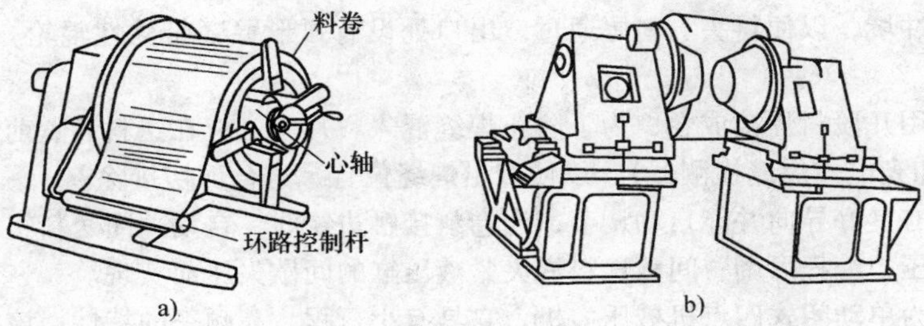

图 13-5　开卷机

a）心轴式　b）锥体式

（4）开卷落料生产线　目前，具有开卷、劈头、清洗、矫直、落料、剪切、堆垛工序的现代化开卷落料生产线已广泛用于高生产率、中高档轿车制造厂的冲压生产中。它主要由开卷送料系统、主压力机和料片堆垛装置等几大部分组成，如图 13-6 所示。

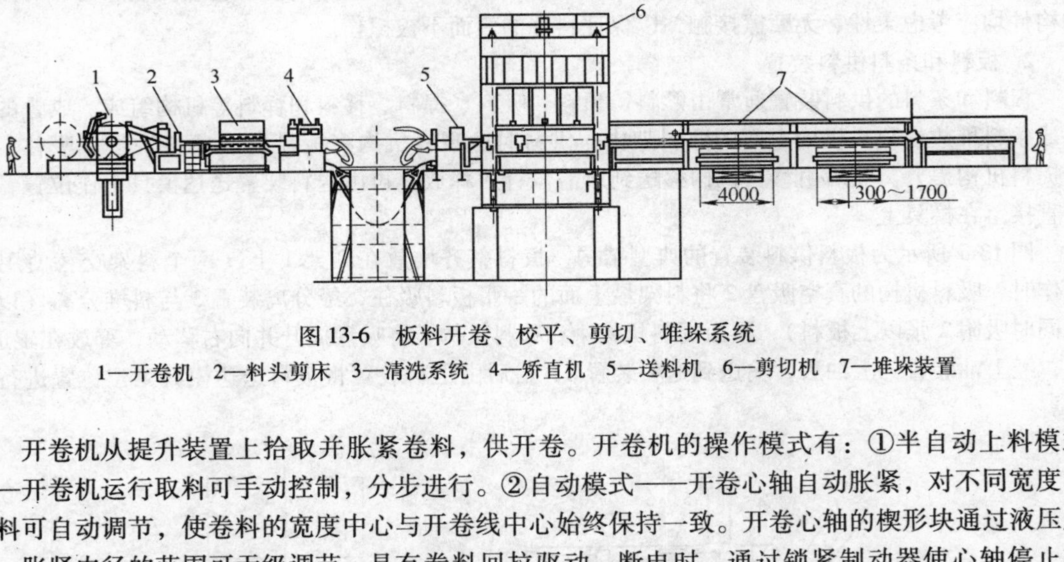

图 13-6　板料开卷、校平、剪切、堆垛系统

1—开卷机　2—料头剪床　3—清洗系统　4—矫直机　5—送料机　6—剪切机　7—堆垛装置

开卷机从提升装置上拾取并胀紧卷料，供开卷。开卷机的操作模式有：①半自动上料模式——开卷机运行取料可手动控制，分步进行。②自动模式——开卷心轴自动胀紧，对不同宽度的卷料可自动调节，使卷料的宽度中心与开卷线中心始终保持一致。开卷心轴的楔形块通过液压胀紧，胀紧内径的范围可无级调节。具有卷料回拉驱动。断电时，通过锁紧制动器使心轴停止转动。卷料经开卷和引料进入送料辊，由送料辊牵引进入清洗机。送料上下辊通过液压缸互相压紧，可编程调节上下辊之间的压力，以适应不同厚度和宽度的卷料。

料头剪切机（剪床）用于自动剪去卷料内外圈的脏料。

清洗系统是开卷线的一个重要组成部分，由一对送进辊（带聚氯酯涂层）、一个下刷辊、一个上刷辊、两对挤干辊（一对无纺布制，一对涂聚氨酯）组成。刷辊带有清洗油喷射系统。上下辊间压力编程可调。清洗油箱应具有双过滤器的循环系统，包括磁性分离过滤器。清洗挤干后的双面镀锌板，其残留油量为 $1\sim1.5g/m^2$。

清洗干净的卷料进入矫直机，通过一系列正、反弯曲，冷作变形而被矫直。矫直辊由 13 根刚性良好的辊子组成，所有辊子均以交流调速电动机驱动，矫直速度、辊间压力（间隙）均可程控调节。

为了解决连续工作的矫直机和间歇进给的落料之间材料送进速度的不平衡问题，在矫直机和压力机之间设有一个荡料缓冲装置。即清洗、矫直后的卷料先落入一个深6m的缓冲坑，再由送料装置送入压力机进行落料。坑内设有5道光栅，以控制荡料位置。当后续设备停机时，通过坑内的光栅控制，矫直机自动切换到最低的矫直速度。在缓冲坑出、入口处，安置两个可旋转的辊轮支架，跨接缓冲坑，以便料头、料尾通过。出口处设有弧形臂（带软性辊轮），以避免卷料跳动。

卷料一般是用几段料焊接成卷，为了防止焊缝混入料片中，应在送料装置前设置焊缝检测器（可采用感应式和光电式焊缝检测器），以便查出焊缝位置，进行剪切排除。

送料装置应有良好导向并能自动调节，当卷料接触边缘时，自动关闭送料辊；送料速度无级可调；送料辊间压力编程可调；间歇送料靠夹紧液压缸的间歇失压而实现。

落料压力机为单动闭式四点机械压力机，它具有小行程、高频率的特性。该机有两个移动工作台，由电动机驱动前后开出，快、慢速度可自动切换，在压力机内及终点可自动定位。移动工作台采用液压机械式夹紧。压力机装有通用摆剪式剪切模，可剪切直角（矩形）/平行四边形、梯形/等边或非等边多边形坯料。落料毛刺高度≤0.1×板厚。

堆垛装置是开卷线中较复杂的系统。它将高速落料的料片通过伸缩带间歇地运输至堆垛工位。根据料片的参数，自动精确定位、堆垛，移出后向冲压线提供坯料。

整个过程包括液压、气动和电动机传动系统以及所有检测装置均为全自动控制，与料片接触的构件均应考虑柔性、无摩擦接触，以保证料片的表面不被擦伤。

2. 板料和条料供料装置

板料和条料的供料装置通常由贮料、顶料、吸料、提料、移料和释料等机构组成。成叠的板料或条料堆放在顶料机构上面的贮料架内，供料时由吸料机构将板料（或条料）逐一吸住，并由提料机构提升，然后由移料机构移送到所需位置后释放，再由送料装置送达模具工作位置，也可直接落在模具上。

图13-7所示为板料供料装置的典型结构，板料整齐堆放在料架1上（两个料架交替使用），工作时，吸料机构的真空吸盘2将料架最上面的一张板料吸住，经分离装置3与料堆分离（以防止同时吸附2张以上板料），再由提料机构4和移料机构5将吸盘提升并向右移动，释放在辊道6上，经上油装置7上油后，输送到送料装置8，最后由送料装置将板料送达模具工位位置进行冲压。

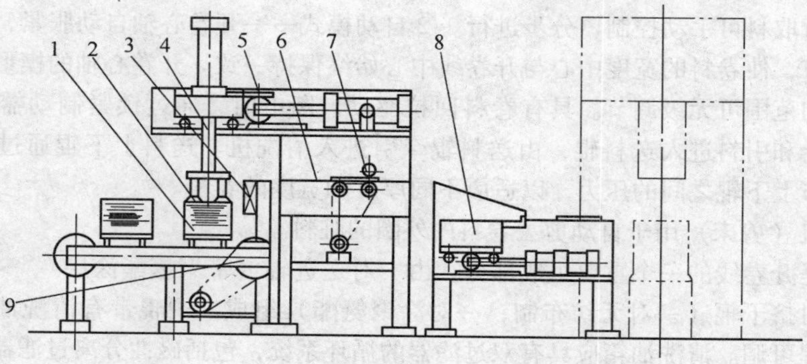

图13-7　板料供料装置

1—料架　2—真空吸盘　3—分离装置　4—提料机构　5—移料机构

6—辊道　7—上油装置　8—送料装置　9—顶料机构

为了使贮料架上板料的上平面始终保持在一定的高度，随着板料逐一提走，顶料机构9将剩下的板料及时顶升到预定的高度。

供料装置组成机构的常见形式简述如下：

（1）贮料架　图13-8所示为交替使用的贮料架。将板料或条料堆积在可在导轨上左右移动的料架内，供吸料机构逐个吸附提升。由于被吸材料需要保持在一定高度，因此，在料架上应设置分次顶料机构，常见的顶料机构有机械式和液压式两种。

图13-9所示为机械式顶料机构，由电动机带动蜗轮蜗杆将料架提升，料架的上下极限位置由限位开关控制。当需要提升时，通过信号使机构动作。

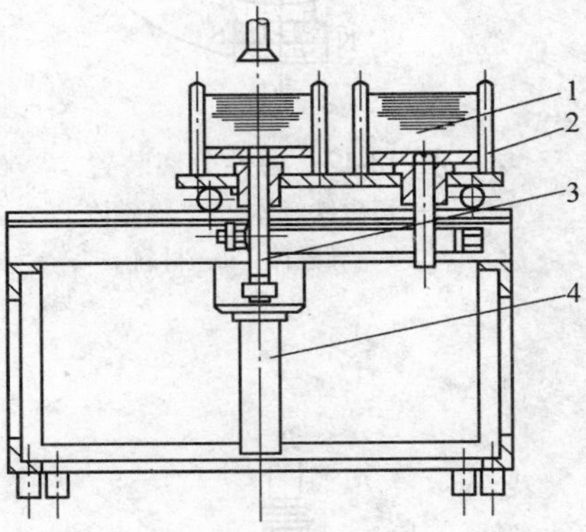

图13-8　贮料架

1—板料或条料　2—料架

3—顶料机构　4—液压缸

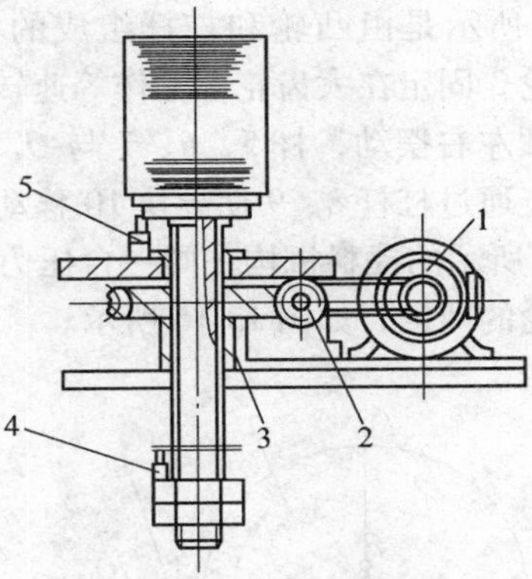

图13-9　机械式顶料机构

1—电动机　2—蜗杆　3—蜗轮

4、5—限位开关

图13-10所示为液压式顶料机构，当需要将材料提升时，液压泵与液压缸之间电磁阀动作，使压力油进入液压缸下腔，将料架顶起。

（2）分离装置　在吸盘吸料时，为了防止同时吸附2张以上的板料，需设置分离装置。常用的分离装置有两种形式，图13-11所示为齿形分离板，板料紧靠在上部有齿的分离板上，吸盘将板料向上提升时，如有两张以上的材料被吸附，可由分离板将叠料分开，这种结构简单，但可靠性较差。图13-12所示为磁性分离装置，每组磁铁产生磁力线Φ_1和Φ_2（其中Φ_1是主要的，Φ_2由于通过较长的空气磁路，强度大大削弱，可忽略不计），磁力线Φ_1的方向是由N极到S极，因此相邻的几片料都通过相同方向的磁力线Φ_1，根据"同向磁力线相排斥，异向磁力线相吸引"的原理，相邻的板料就相互排斥，使顶面几片分离，可有效防止吸附粘连的叠片。

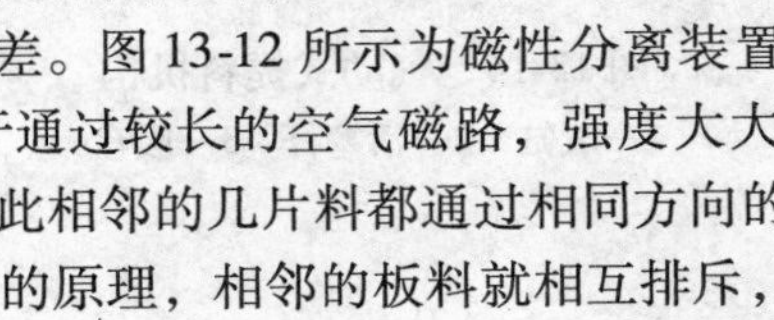

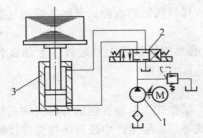

图13-10　液压式顶料机构

1—液压泵　2—电磁阀　3—液压缸

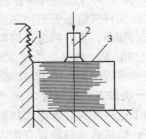

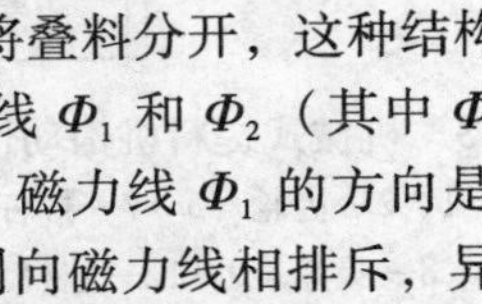

图13-11　齿形分离板

1—齿形板　2—吸盘　3—板坯

(3) 提料机构　提料机构常用机械式和气动式两种结构。图 13-13 所示为机械式提料机构，主要由杠杆组成，当大齿轮 2 被小齿轮 1 驱动，转动半周时，多杆平面机构由图示双点画线位置上升到实线位置，吸盘 8 即被提升；而再转动半周时，吸盘下降。图 13-14 所示为气动式提料机构，气缸 1 固定，活塞杆 2 带动吸盘 3 上下运动，板料面积较大时，可以用几个气缸同时动作。

(4) 移料机构　移料机构用来将吸盘吸住的板料移送到指定位置，它也分为机械式和气动式两种。图 13-15 所示是由凸轮和杠杆组成的机械式移料机构，凸轮 3 固定在大齿轮 2 上作等速转动，摆杆 4 沿凸轮轮廓左右摆动，杆 5、6、7 与 O_3、O_5 组成双摇杆机构，通过杠杆 8、9 使导块 10 移动。这个机构和图 13-13 所示的提料机构在同一台压力机上使用，位于大齿轮的两侧，如图 13-16 所示。

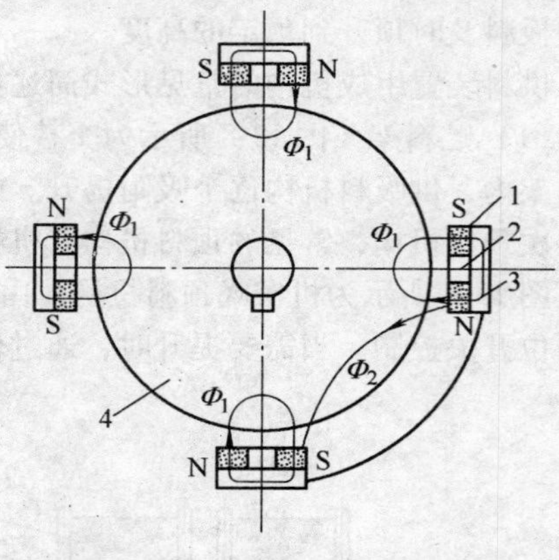

图 13-12　磁性分离装置
1—恒磁铁氧体　2—隔磁体
3—导磁体　4—材料

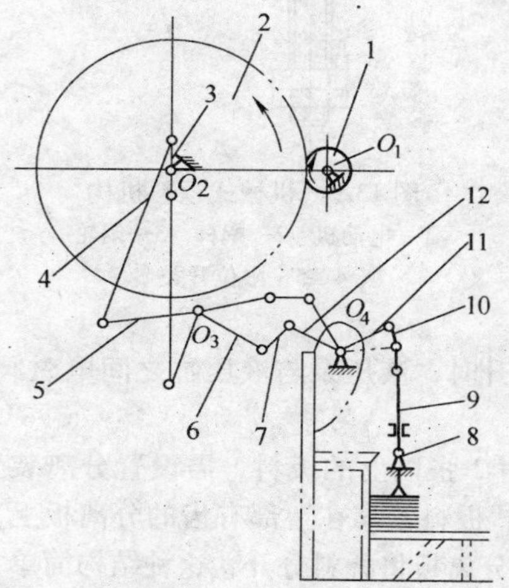

图 13-13　机械式提料机构动作原理图
1、2—齿轮　3～7—杠杆
8—吸盘　9～12—连杆

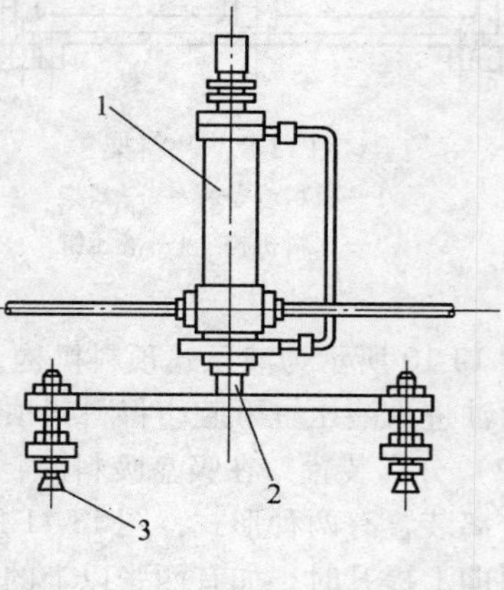

图 13-14　气动式提料机构
1—气缸　2—活塞杆　3—吸盘

图 13-17 所示为气动提料和移料机构。吸盘的提料气缸 1 固定在移料气缸 2 上，当材料由吸盘吸住，并由提料气缸提升到所需高度时，压缩空气进入移料气缸的右腔，气缸 2 带动气缸 1 沿活塞杆 3 向右移动，在材料进入送料装置时释放。

(5) 上油装置　为提高冲件表面质量和模具寿命，必要时应设置上油装置。上油装置常见有辊轴式和喷雾式两种。图 13-18 所示为带毛毡的辊轴式上油装置。

(二) 一次加工送料装置

一次加工送料装置有摩擦式和机械式两种基本形式。摩擦式送料装置包括有辊式和夹持式中的夹滚式等；机械式送料装置有钩式和夹持式中的夹刃式等。实际生产中按与坯料直接接触部分的结构特点将送料装置分为钩式送料装置、夹持式送料装置、辊式送料装置、排样式送料装置和高速精密送料装置等。

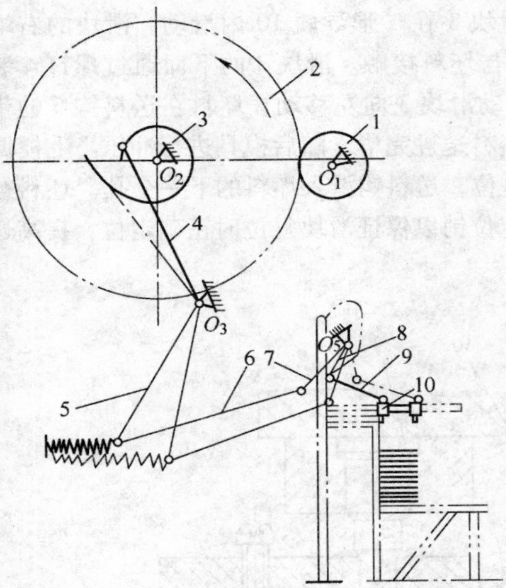

图 13-15　机械式移料机构动作原理图

1、2—齿轮　3—凸轮　4～9—杠杆　10—导块

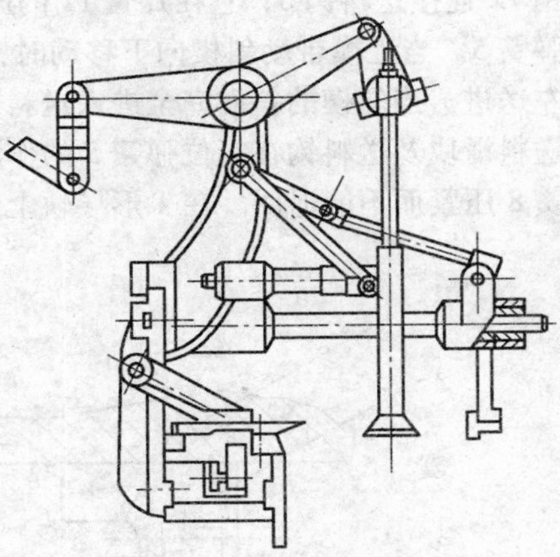

图 13-16　机械式提料移料机构

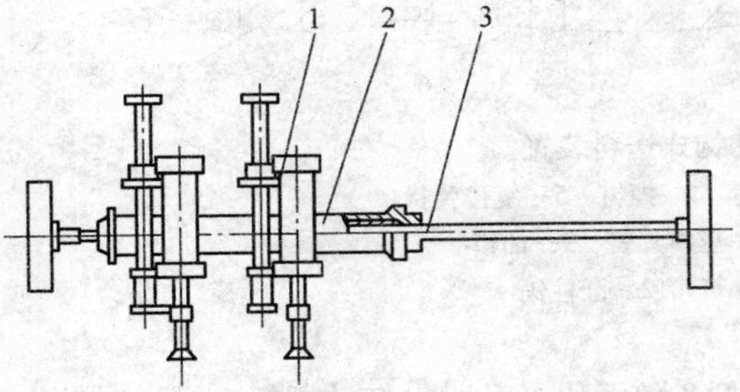

图 13-17　气动提料和移料机构

1—吸盘提料气缸　2—移料气缸　3—活塞杆

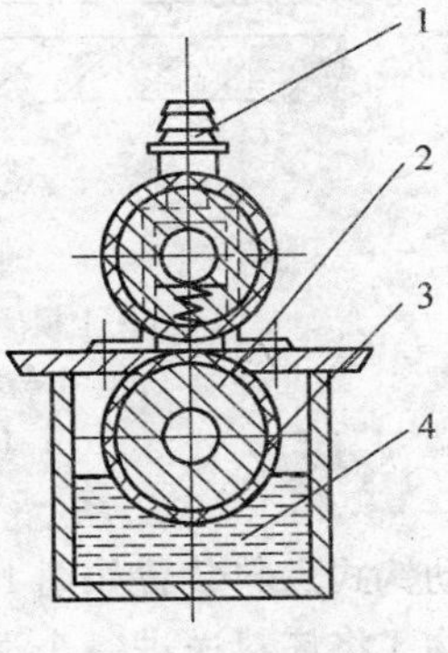

图 13-18　上油装置

1—油管接头　2—辊轴　3—毛毡　4—油箱

1. 钩式送料装置

钩式送料装置由送料钩、止回销和驱动机构组成。其工作原理是：压力机滑块或上模带动送料钩作往复运动，送料钩在进给过程中钩住条料（卷料）搭边沿送料方向送进。回程时止回销可阻止送料钩背面将条料（卷料）退回，如图 13-19 所示。

为保证送料钩顺利地落入下一个料孔内，送料钩行程 s_r 应满足条件

$$s_r = s_2 + f$$

式中　s_2——送料进距（mm）；

f——空行程（mm），$f=(0.2\sim0.8)\ s_2$。

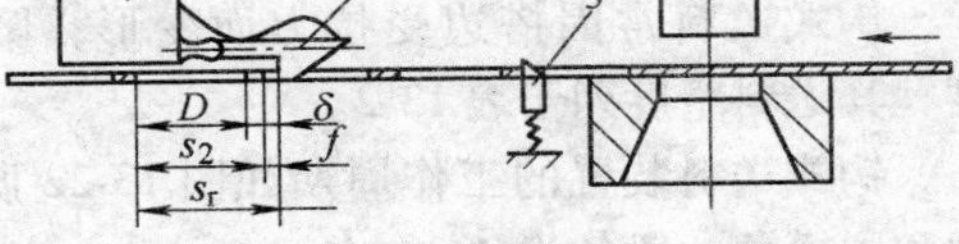

图 13-19　钩式送料装置原理结构图

1—驱动机构　2—送料钩　3—止回销

钩式送料装置的基本类型有斜楔传动式和连杆传动式两种。斜楔传动钩式送料装置如图 13-20 所

示。斜楔 2 固定在上模座 1 上，其下端的斜面推动滑块 3 在 T 形导轨 10 内滑动，滑块的右端用圆柱销 12 连接送料钩 6，它在片簧 11 的压力下始终与坯料接触。滑块 3 的下面通过螺钉 4 装有复位弹簧 5。当上模带动斜楔向下移动时，斜楔 2 推动滑块 3 向左移动，坯料在送料钩 6 的带动下向左送进。当斜楔的斜面完全进入送料滑块时，坯料送进完毕，随后模具进行冲压。上模回程时，送料滑块及送料钩在复位弹簧 5 的作用下向右复位，送料钩滑入坯料的下一个孔。坯料被压料片簧 8 压紧而不能退回。在 T 形导轨上还可安装定位销以保证滑块复位时正确定位，提高送料精度。

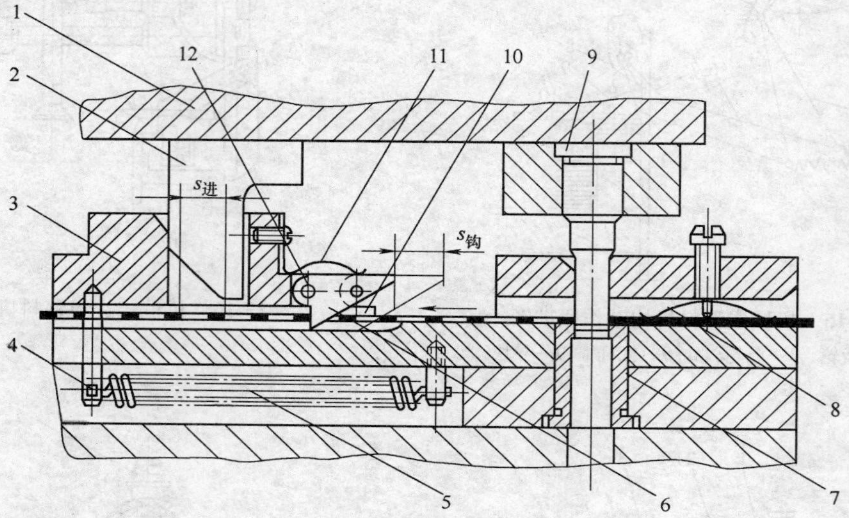

图 13-20　斜楔传动钩式送料装置

1—上模座　2—斜楔　3—滑块　4—螺钉　5—复位弹簧

6—送料钩　7—凹模　8—压料片簧　9—凸模

10—T 形导轨　11—片簧　12—圆柱销

连杆传动钩式送料装置如图 13-21 所示。当拉杆 8 随滑块上升时，带动摆杆 6 沿逆时针方向摆动，送料钩 3 将坯料送进一个送料进距。当拉杆向下运动时，送料钩沿相反方向移动，并可以跳过废料搭边而进入下一个孔。弹簧 4 的作用是将坯料压紧在料槽之上。模具内设有止回销 1，可阻止坯料向模具方向倒退。螺钉 5 的作用是调节钩子的倾斜度。

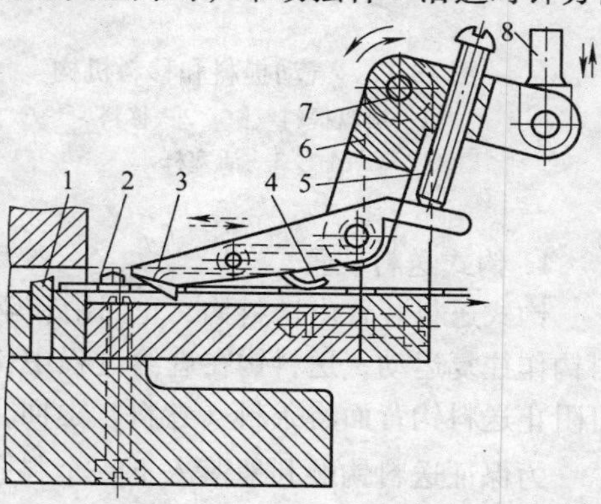

图 13-21　连杆传动钩式送料装置

1—止回销　2—坯料　3—送料钩　4—弹簧

5—螺钉　6—摆杆　7—轴　8—拉杆

钩式送料装置用于送进条料或卷料，压力机的行程次数不大于 200 次/min，料厚在 0.5 ~ 5mm 之间，宽度在 150mm 以下，搭边宽度大于 1.5mm，送料进距一般不超过 75mm。开始几件需要用手工送进，至料钩可以进入搭边空当时才能开始自动送料。

钩式送料常因搭边受拉力而变形，影响送料精度，其送料精度列于表 13-2。

钩式送料装置的工作周期如图 13-22 所示。冲压角和脱模角一般各为 30°左右。

2. 夹持式送料装置

按照夹持器的结构特点夹持式送料装置可分为夹刃式、夹滚式和夹钳式三种。

表 13-2　钩式送料的送料精度　　（单位：mm）

送料进距	≤10	>10～20	>20～30	>30～50	>50～75
送料精度	±0.15	±0.2	±0.25	±0.3	±0.5

（1）夹刃式送料装置　夹刃式送料装置是夹持式送料装置中结构最简单的一种，它有表面夹刃、侧面夹刃和兼有表面、侧面夹刃三种形式。夹刃式送料装置的形式、适用范围、结构原理及送料精度见表 13-3。常用夹刃的形状和应用范围见表 13-4。使用硬质合金夹刃，可以提高刃口的寿命。夹刃式送料装置的性能参数见表 13-5。图 13-23 所示为表面夹刃送料装置的结构图。该装置中，坯料由右向左送进，左面为止退夹座，右面为送料夹座。送料进距可通过斜楔宽度、调节螺钉和齿轮传动比调节。图 13-24 所示为侧面夹刃送料装置的结构图。该装置左面为送料夹座，右面为止退夹座，由摆杆推动凸块使送料夹座左移实现送料，这时装在止退刃架上的夹刃松开。送料夹座完成送料后，送料夹座借助复位弹簧向右回程，这时，止退夹刃夹住坯料侧面，保证坯料不被退回。图 13-25 所示为兼有表面侧面夹刃送料装置，该装置左面有两组侧面夹刃，侧面定料夹刃 6 安装在底板 3 上，侧面送料夹刃 7 安装在由气缸 1 驱动的移动架 8 上。右面有两组表面长夹刃，表面定料长夹刃 10 安装在底板 11 上，表面送料长夹刃 9 安装在移动架 8 上。当气缸中活塞向右移动时，侧面送料夹刃 7 和表面送料长夹刃 9 夹住料向右送进，而当活塞向左移动时，由于侧面定料夹刃 6 和表面定料长夹刃 10 夹住料，故料不能后退，侧面送料夹刃 7 和表面送料长夹刃 9 在料侧和表面滑动。

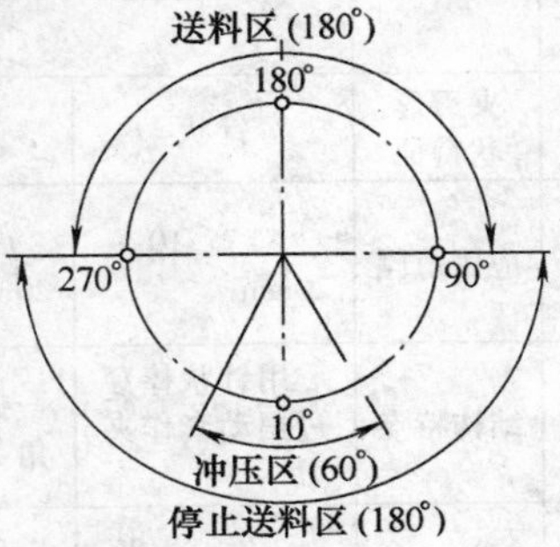

图 13-22　钩式送料装置的工作周期图

表 13-3　夹刃式送料装置

形式		结构特点	工作原理	优缺点	送料精度
夹刃式	表面夹刃	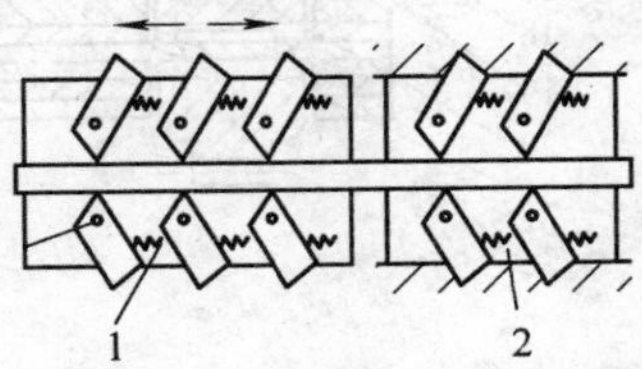 1—送料夹持器　2—止回夹持器	送料夹持器夹紧坯料，止回夹持器松开，送料夹持器带动坯料往前送进，完成送料。退回时，送料夹持器松开，而止回夹持器夹紧，防止坯料退回	适应不同厚度的坯料。送料时易损伤坯料表面，一般用于夹持较硬材料或工件表面要求不高时	±0.15mm
	侧面夹刃	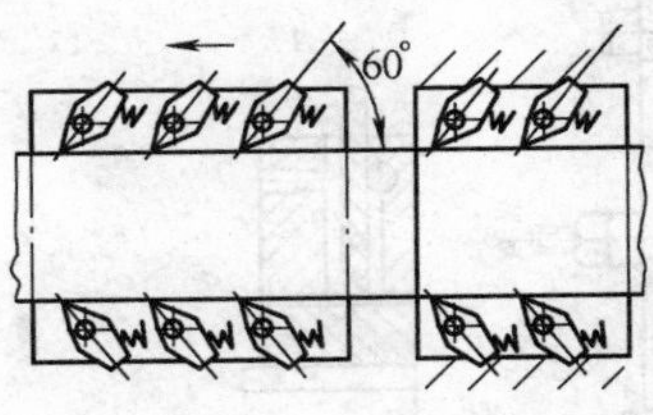		适用于厚度较大的坯料。不损伤坯料表面	
	表面与侧面夹刃	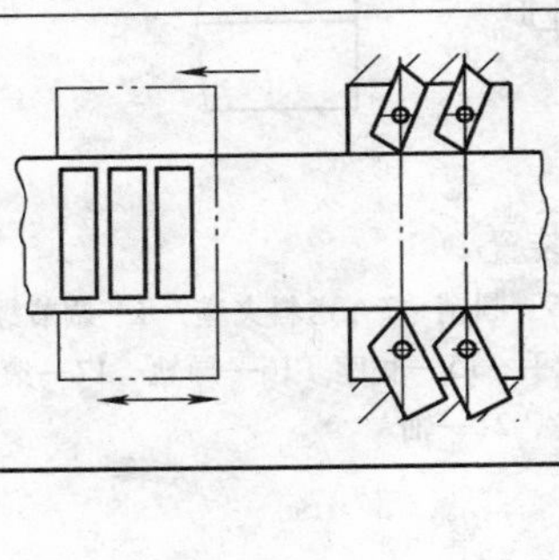		送料表面夹刃夹持器夹住已冲废料。送料厚度较大。止回夹持器为侧面夹刃，不损伤坯料表面	

表 13-4　夹刃形状和应用范围

序号	简图	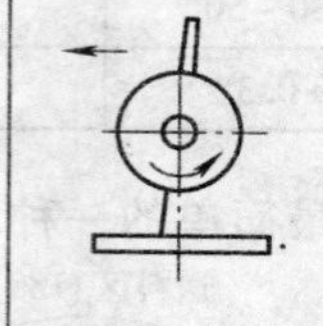	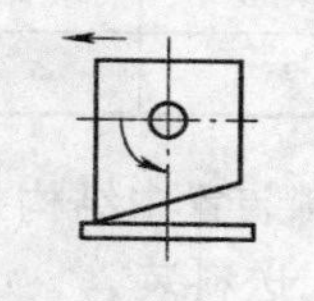	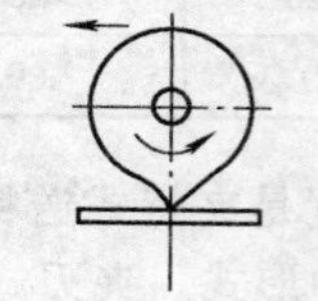	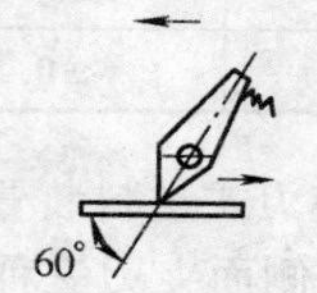	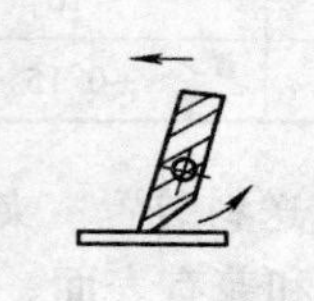	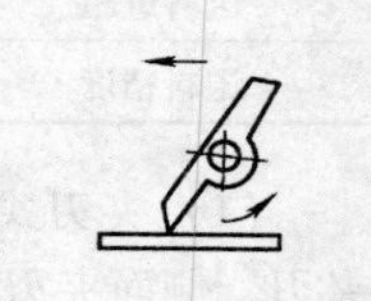
1	夹刃形状特征	针状	方体	凸轮	菱形	斧形	棘爪
2	应用范围	料宽 10 ~ 20mm	料宽 > 20mm	可以侧面，也可用于表面夹料	侧面夹料，不适于薄料	适用表面夹料，料宽任意	适用窄料，薄料的表面夹持
3	结构特点	用针状棒穿过摆动套作夹刃	夹刃前倾斜角 12° ~15°	歪头凸轮单向摆头	夹刃尖角 < 60°	夹刃尖角 30°	夹刃尖角≤30°
4	推荐夹刃材料	工具钢淬硬 60HRC 以上	碳素工具钢淬硬 62HRC 以上	高碳钢或合金结构钢淬硬	T7A、T10 淬硬	建议夹刃用硬质合金	合金工具钢或用硬质合金刃尖
5	备注	很少用		少用	一般多为多组夹刃组合	常用	常用

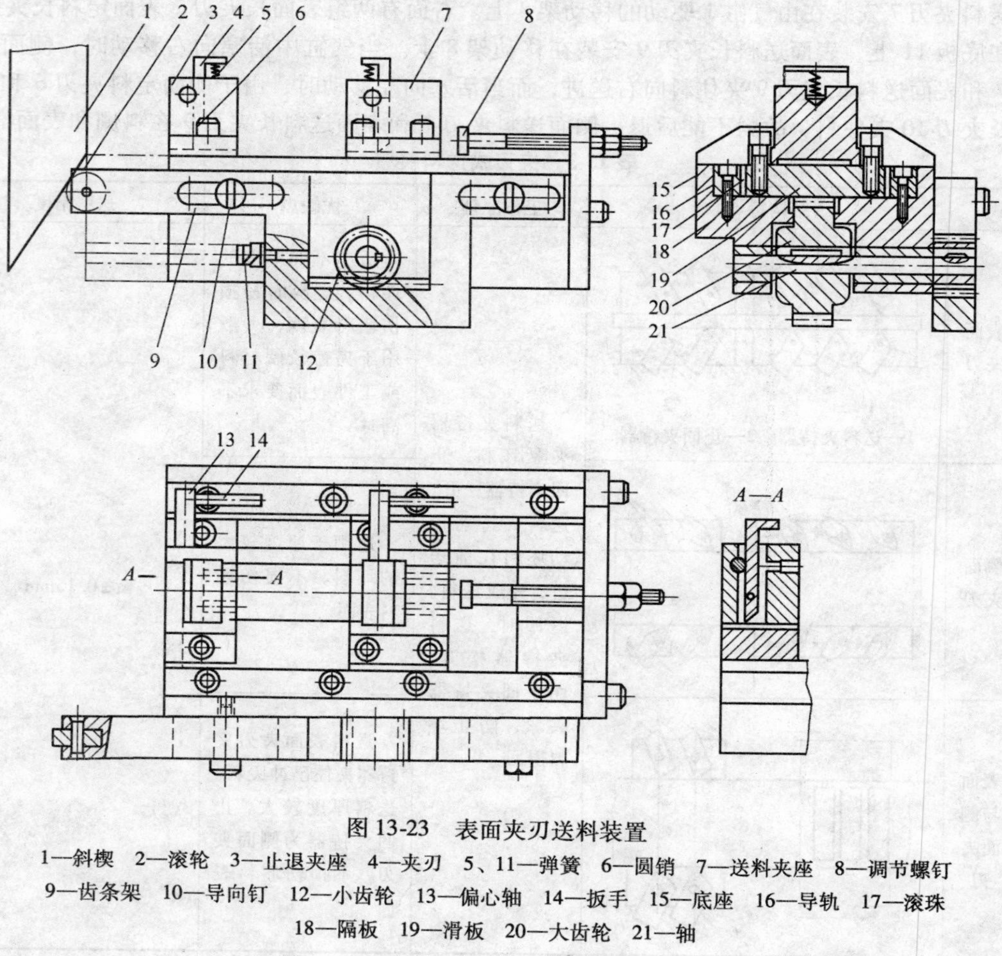

图 13-23　表面夹刃送料装置

1—斜楔　2—滚轮　3—止退夹座　4—夹刃　5、11—弹簧　6—圆销　7—送料夹座　8—调节螺钉　9—齿条架　10—导向钉　12—小齿轮　13—偏心轴　14—扳手　15—底座　16—导轨　17—滚珠　18—隔板　19—滑板　20—大齿轮　21—轴

表 13-5　夹刃式送料装置的性能参数

项　目	料宽/mm	料厚/mm	送进距/mm	滑块行程次数/次·min^{-1}	送料速度/mm·s^{-1}
应用范围	条料、带料 10～150 卷料 10～100	条料、带料 0.5～5 卷料 0.3～1	10～75	≤200	≤250

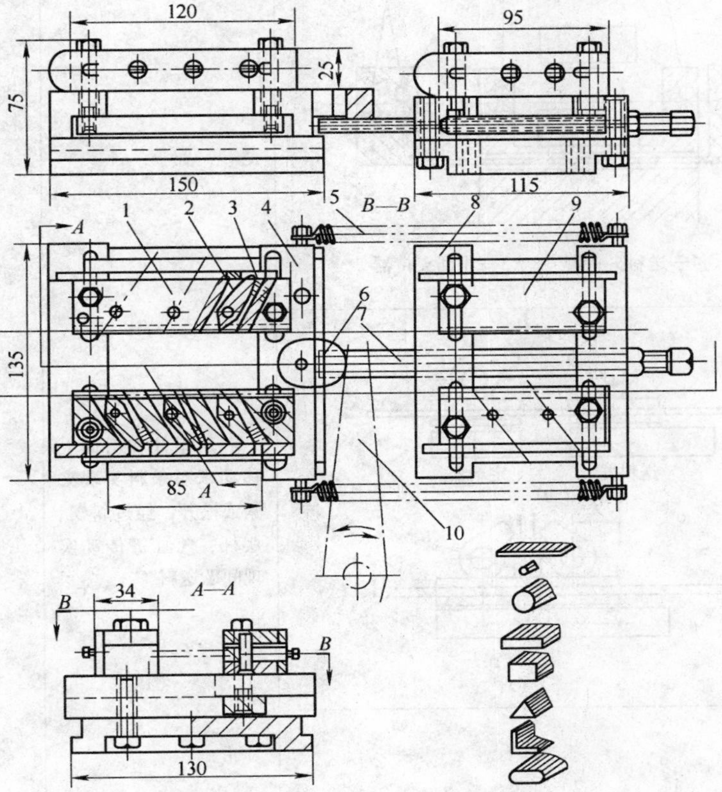

图 13-24　侧面夹刃送料装置

1—送料夹刃架　2—夹刃　3、5—弹簧　4—送料夹座　6—凸块　7—螺母、螺钉　8—止退夹座　9—止退刃架　10—摆杆

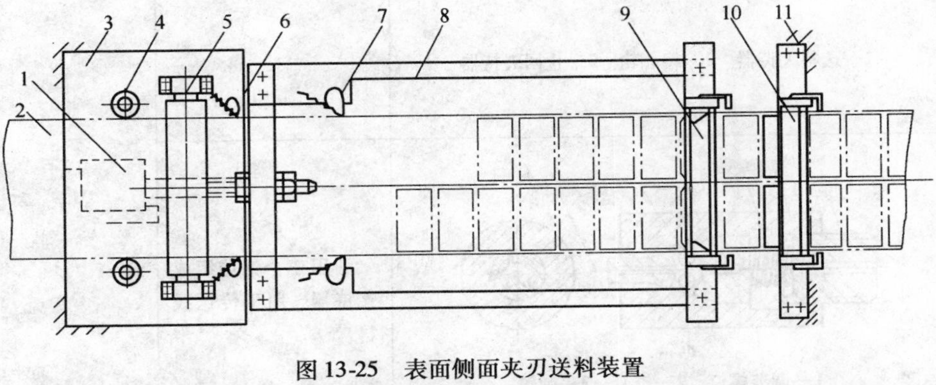

图 13-25　表面侧面夹刃送料装置

1—气缸　2—条料　3—底板　4—导料滚轮　5—压料辊　6—侧面定料夹刃　7—侧面送料夹刃　8—移动架　9—表面送料长夹刃　10—表面定料长夹刃　11—底板

（2）夹滚式送料装置　常见夹滚式送料装置的形式、结构原理及送料精度见表13-6，夹滚式送料装置的性能参数见表13-7。图13-26所示为夹滚式送料装置的工作周期图。

表13-6　夹滚式送料装置

形式		结构特点	工作原理	送料精度
夹滚式送料装置	滚柱夹持式	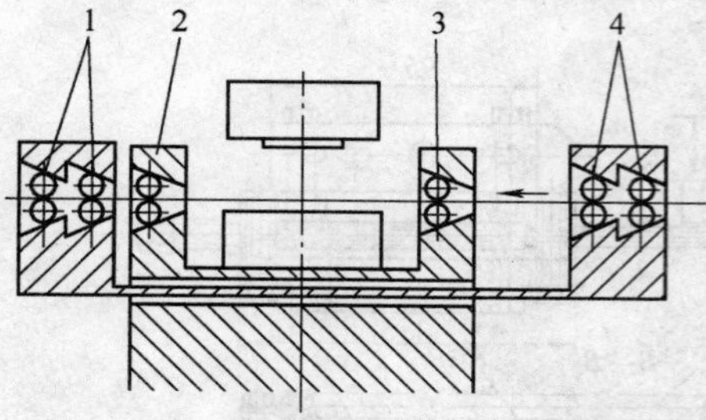 1、4—送料夹持器　2、3—止回夹持器		
	偏心滚柱夹板式	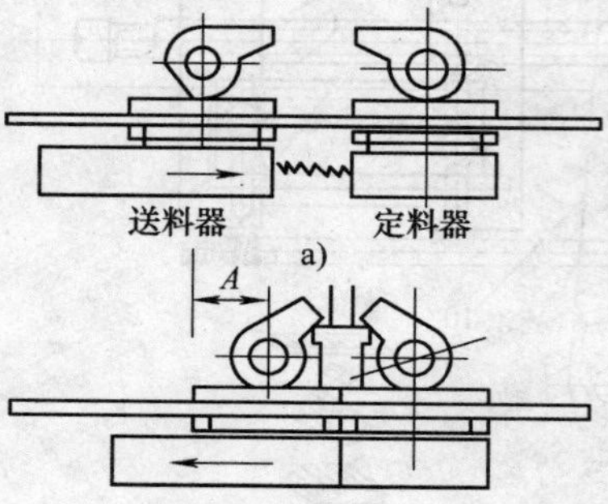 b)	利用滚柱在斜面上移动来对条料实现夹紧或松开，经过斜楔、摆杆、气缸等传动实现间歇送料	±(0.01~0.03)mm
	偏心轮夹持式	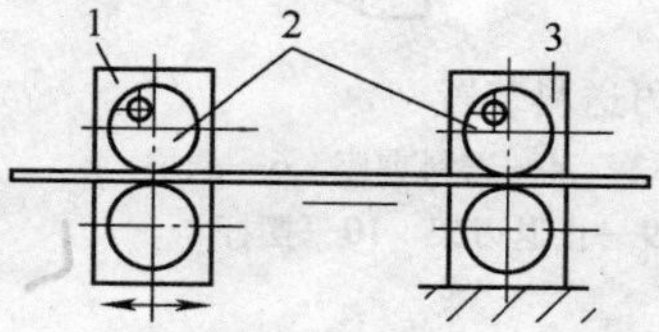 1—送料夹持器　2—偏心轮　3—止回夹持器		
	滚珠夹持式	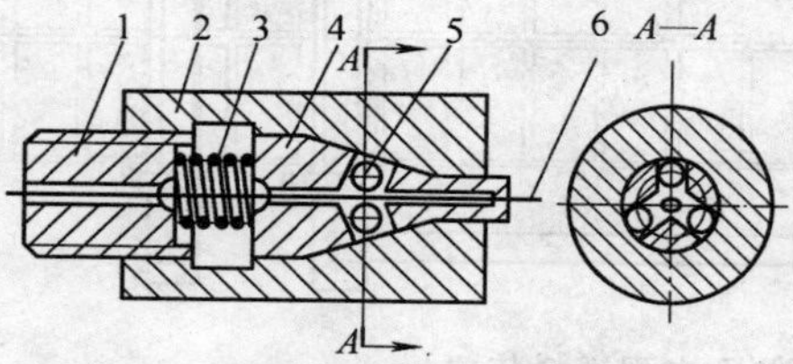 1—调节螺钉　2—锥套　3—弹簧 4—锥柱　5—滚珠　6—丝料	利用三个钢球组成夹持器。用于传送线材	

表 13-7　夹滚式送料装置的性能参数

项　目	料宽/mm	料厚/mm	送进距/mm	滑块行程次数 /次·min^{-1}	送料速度 /$mm \cdot s^{-1}$
范　围	10～200	0.3～3	10～230	≤600	417～667

夹滚式送料装置是利用滚柱或滚珠在斜面上移动将坯料夹紧和放松，经过斜楔、摆杆、气缸等传动实现间歇送料。

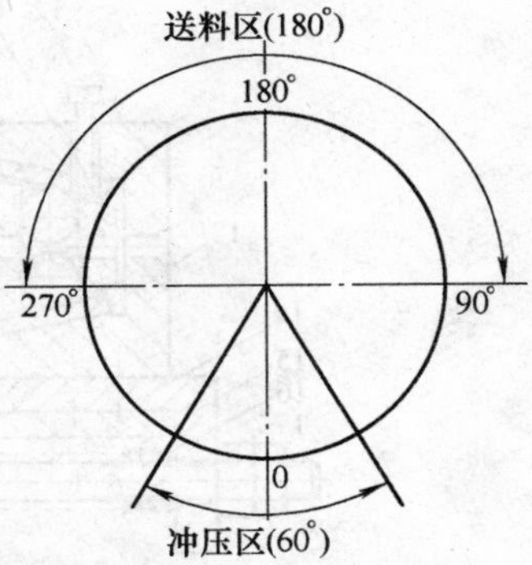

图 13-26　夹滚式送料装置工作周期图

按夹持坯料的方式，夹滚式送料装置的夹持器有以下几种形式。

①用两个滚柱直接夹在坯料上（图 13-27a），夹料比较均匀，坯料有局部弯曲现象，对软材料会有夹伤。

②用一个滚柱和一个淬硬的夹板夹料（图 13-27b），坯料仍有局部弯曲。

③用一个滚柱通过淬硬的夹板夹料（图 13-27c），不会夹伤坯料。

④用两个滚柱通过淬硬的夹板夹料（图 13-27d），这种夹料方式夹料均匀，不会夹伤坯料。

⑤用一个偏心轮和一个轮子夹持坯料（图 13-27e）。

⑥用三个滚珠组成夹持器（图 13-27f），用于传送线材。

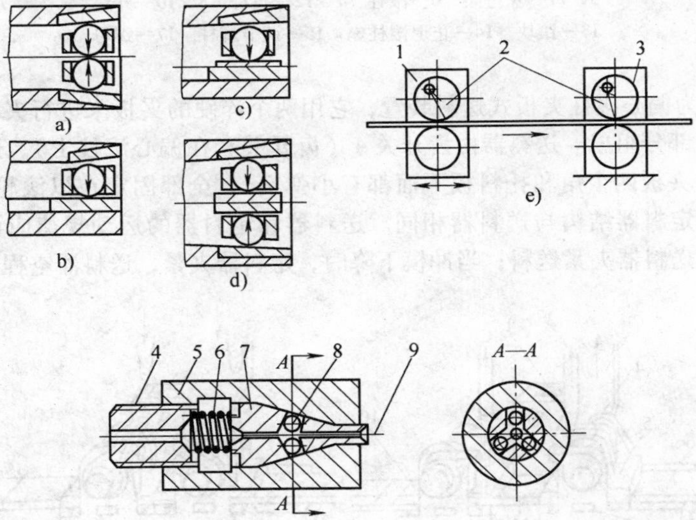

图 13-27　夹滚式送料装置的夹持形式

1—送料夹持器　2—偏心轮　3—止回夹持器　4—调节螺钉　5—锥套　6—弹簧　7—锥柱　8—滚珠　9—丝料

以下介绍几种生产中常用的夹滚式送料装置结构形式。

图 13-28 所示为滚柱夹持式送料装置，该装置直接用两个滚柱夹持条料，它由左右两部分组成，右面为送料部分，左面为止退部分，两部分的结构相同。装在压力机滑块或冲模上的斜楔 3 随滑块或上模下降时和滚轮 2 接触，推动送料滚柱座向左移动，但是条料被左面的止退滚柱座 14 中的滚柱夹紧，不能向左移动。由于条料对送料滚柱 6 的摩擦力方向与送料滚柱座 1 的运动

方向相反，所以滚柱 6 对条料放松，失去夹持作用，送料滚柱座得以空程向左运动。而坯料则被止退滚柱座中的滚柱夹紧不能后退。当滑块或上模回程时，斜楔随之上升，在复位弹簧 16 的作用下，送料滚柱座 1 被推向右面，其中的滚柱 6 夹紧坯料向右送进一个进距。同时左面的止退滚柱座中的滚柱，因受条料对其的摩擦力作用而放松条料。这样每一次往复运动便间歇完成一次送料。

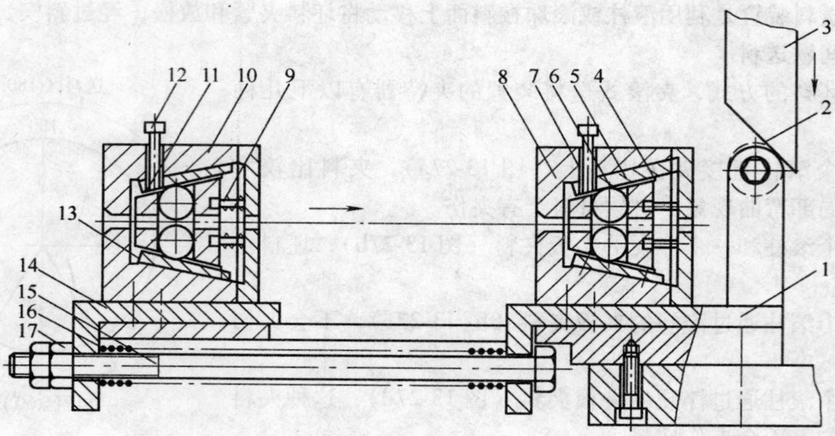

图 13-28 滚柱夹持式送料装置

1—送料滚柱座 2—滚轮 3—斜楔 4、9、16—弹簧 5、11—保持架 6—滚柱 7、12—拨杆 8、10—外座 13—镶块 14—止退滚柱座 15—调节螺柱 17—螺母

图 13-29 所示为偏心滚柱夹板式送料装置，它用两个淬硬的夹板来进行夹料送进，该装置由送料器和定料器两部分组成。送料器由齿开关 4（齿开关套在偏心滚柱上）、送料夹板 5 和托料板 7 等组成（送料夹板四个角和托料板下面都有小弹簧），全部固定在以滚轮运动的滑块 8 上，由斜楔控制送进。定料器结构与送料器相同。送料器和定料器的运动规律应该是：当冲模上升时，定料器放松，送料器夹紧送料；当冲模下降时，定料器夹紧，送料器空程退回。

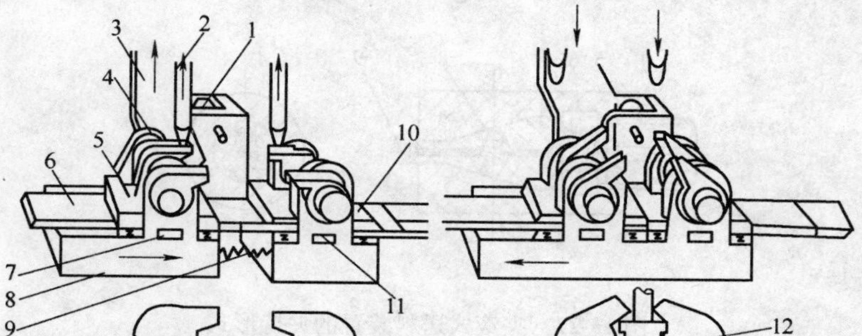

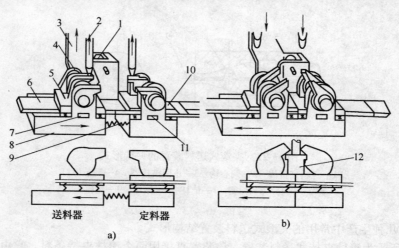

图 13-29 偏心滚柱夹板式送料原理图

1—滚轮 2—螺钉 3—斜楔 4—齿开关 5—送料夹板 6—条料 7—托料板 8—滑块 9—弹簧 10—定料板 11—定料托板 12—下套管

该装置的工作过程是：当斜楔随冲模上升时，滚轮1被斜楔3推向右面，使送料器从图13-29a状态变为图13-29b状态。由前一次冲压时冲模上的两个螺钉2分别压下送料器和定料器的齿开关4，使送料器的送料夹板5和托料板7把条料6压紧，同时定料器的定料板10和定料托板11对条料松开（图13-29a）。这样送料器把条料夹紧，由斜楔推动向右送进，条料通过定料器而进入冲压区，完成送进。当送料器快到送进终点时，有一个随冲模上升的下套管口，同时将送料器和定料器的齿开关抬起（图13-29b），使送料器的上下夹板松开，定料器的上下夹板夹紧。当冲模下冲时，斜楔也下降，由于送料器和定料器之间弹簧9的作用，使处于放松状态的送料器退回到起始位置。冲模向下冲压时，冲模上的螺钉2又分别压下送料器和定料器的齿开关，使定料器放松，送料器压紧，开始下一次送料，不断循环，完成送料、定料、退回、冲压等动作。

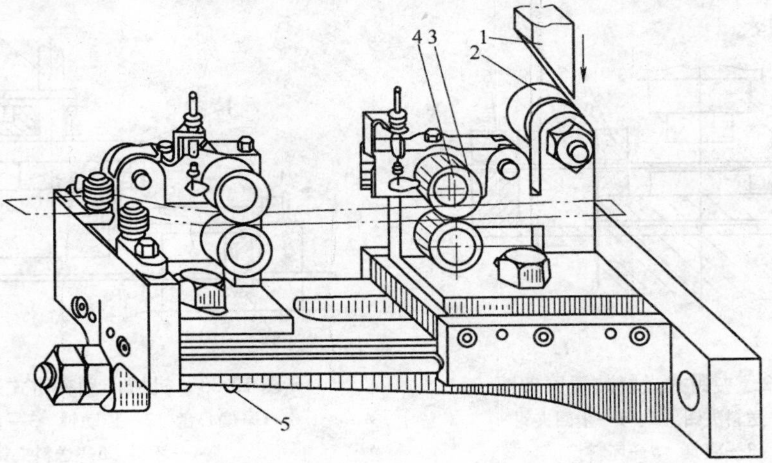

图13-30　偏心轮夹持式送料装置

1—斜楔　2—滚轮　3—偏心轮　4—轴　5—弹簧

图13-30所示为偏心轮夹持式送料装置，其工作过程是：装于上模的斜楔1下降时，通过滚轮2推动活动偏心轮座向左移动，此时偏心轮3受坯料表面摩擦而绕轴4逆时针方向转动，使上下两轮中心距增大，对坯料不起夹持作用。由于坯料受右面偏心轮的摩擦力，使左面固定偏心轮座上的偏心轮绕轴顺时针方向转动，因偏心距的作用，偏心轮对坯料夹紧，使坯料不能后退。斜楔回程时，活动偏心轮座在弹簧5的作用下向右移动，此时偏心轮受坯料表面摩擦力的作用，绕轴顺时针方向转动，坯料被夹紧并随活动偏心轮座向前推进一个送料进距。

偏心轮夹持式送料要满足两个条件：一是夹紧和松开的方向不能变更；二是保持自锁性能。

图13-31所示为滚珠夹持式送料装置，该装置适用于送进线材（丝料），它主要由两个锥形自动夹头组成。夹头如图13-27f所示，它由调节螺钉4、锥套5、弹簧6、锥柱7和三个滚珠8组成。丝料9穿入孔里后，在弹簧6的作用下，通过锥柱7使三个滚珠8夹紧丝料。

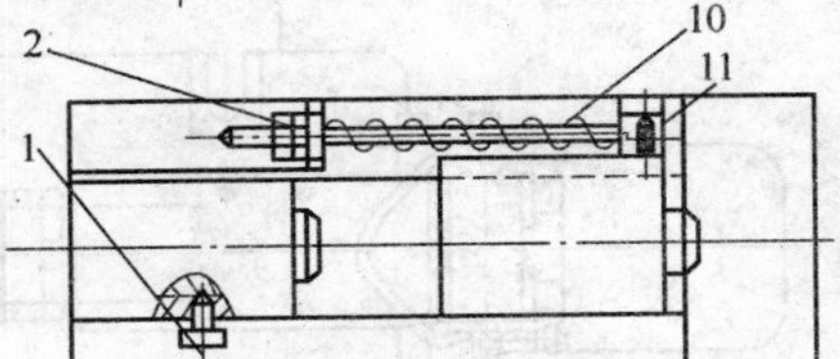

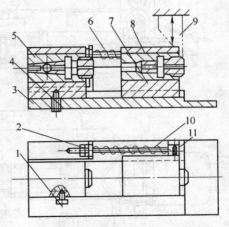

图13-31　滚珠夹持式送料装置

1、4—固定螺钉　2—调节螺母　3—导板　5—锥形夹头　6—进给弹簧　7—滑块　8—锥形夹头　9—斜楔　10—导杆　11—滚轮

丝料往左拉时，克服弹簧力使滚珠对丝料夹紧力减小，因而使丝料能向左移动。丝料往右拉时，滚珠对丝料夹紧力自动增加，当锥套的锥顶角在25°～30°时，滚珠能够自锁，丝料不能向右移动，因此丝料只可能产生单向移动。

（3）夹钳式送料装置　夹钳式送料装置的工作原理图如图13-32所示，送料夹钳在往复运动中完成送料，止回夹钳的作用是防止送料夹钳返回时坯料后退。常见夹钳式送料装置有由压力机曲轴驱动的机械传动夹钳式送料装置（图13-33），以及独立驱动的气动夹钳式送料装置（图13-34）和液压传动夹钳式送料装置（图13-35）。夹钳式送料装置的工作周期图如图13-36所示。夹钳式送料装置的性能参数见表13-8。

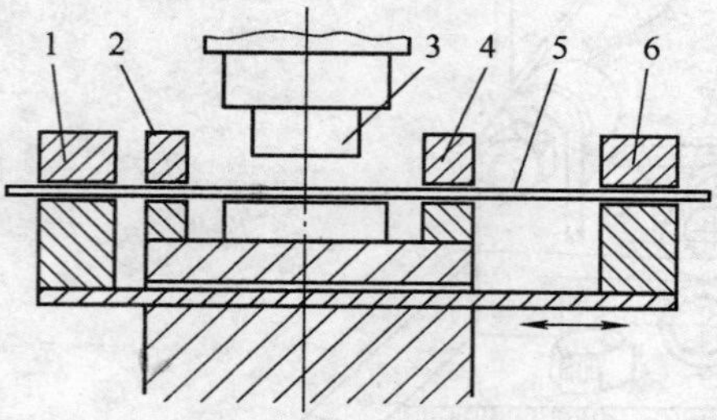

图13-32　夹钳式送料装置原理图
1、6—送料夹钳　2、4—止回夹钳
3—模具　5—坯料

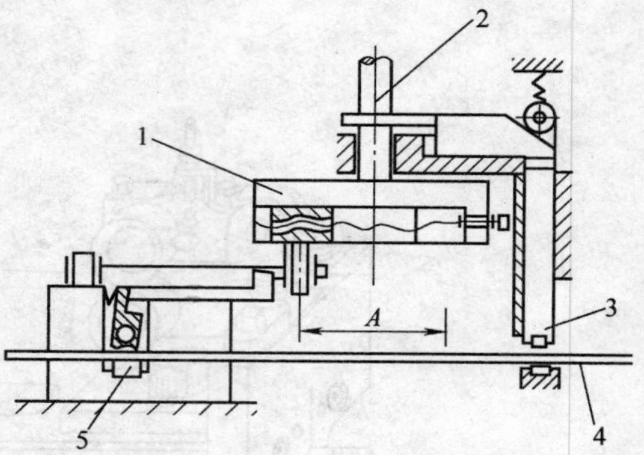

图13-33　机械传动夹钳式送料装置
1—偏心盘　2—传动轴　3—止回夹钳
4—坯料　5—送料夹钳
A—送料步距

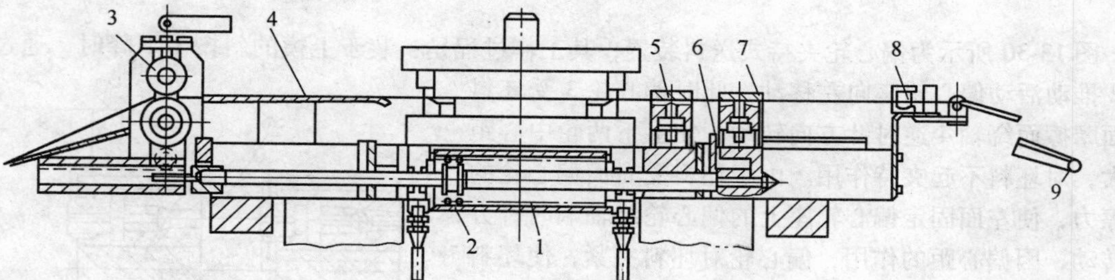

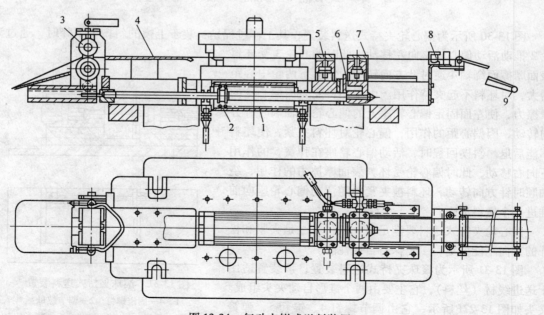

图13-34　气动夹钳式送料装置
1—气缸　2—活塞　3—张紧辊　4—导向板　5—止回夹钳
6—限位挡块　7—送料夹钳　8—洗洁器　9—滚子

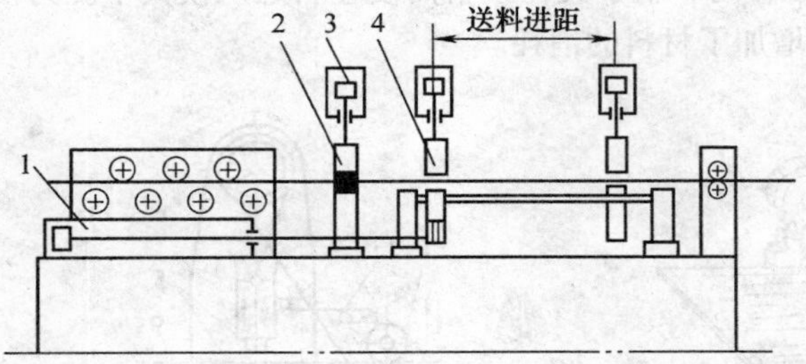

图 13-35　液压传动夹钳式送料装置

1—送料缸　2—止回夹钳

3—夹紧缸　4—送料夹钳

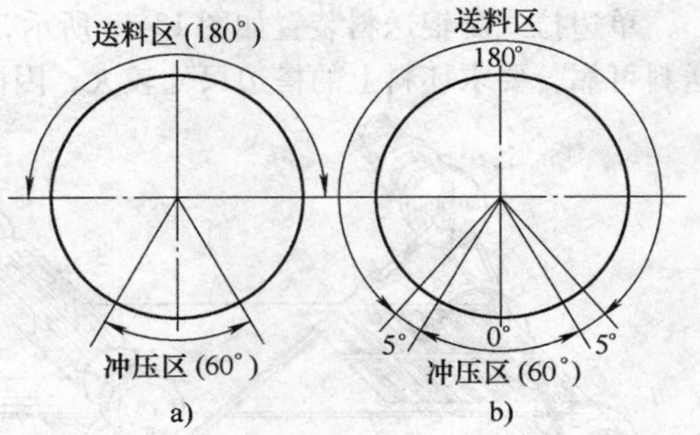

图 13-36　夹钳式送料装置工作周期图

a) 机械传动　b) 气动或液压传动

表 13-8　夹钳式送料装置的性能参数

型式	料宽/mm	料厚/mm	送进距/mm	送进速度 /mm · s⁻¹	送料精度 /mm
机械传动式	0～250	0～2.5	0～250	1000	±0.06
气动式	1200	0～6	≤100	167～250	±0.05
液压式	2000 以下	0～8	2000 以下	500～667	±1.0

3. 辊式送料装置

辊式送料装置结构简单、通用性好，便于调整，容易制造，是各种送料装置中使用最广泛的一种。该装置通过周期转动的一对或两对辊子与坯料产生摩擦力，来克服送料阻力，实现坯料的周期性自动送进。

(1) 辊式送料装置的类型　按辊子的安装形式，辊式送料装置有立辊和卧辊之分。卧辊式送料装置又分单边卧辊式和双边卧辊式两种。单边卧辊式一般是推式，双边卧辊式则是一推一拉式。

立辊式送料装置如图 13-37 所示，坯料通过辊轮 4、9 送进。安装在曲轴端部的可调偏心轮 1，通过拉杆 2 带动摇杆 3 作来回摆动，形成一个曲柄摇杆机构。摇杆的下端与齿条 6 铰接并带动齿轮 5，齿轮中装有超越离合器 7，辊轮 4 通过超越离合器和齿轮相连。由于超越离合器的性能，使辊轮只能单向旋转并带动条料前进，实现自动送料。立辊式送料装置高度尺寸小，送料时辊轮夹持坯料侧面，不会损伤坯料表面，一般用于厚料的冲压自动化生产。

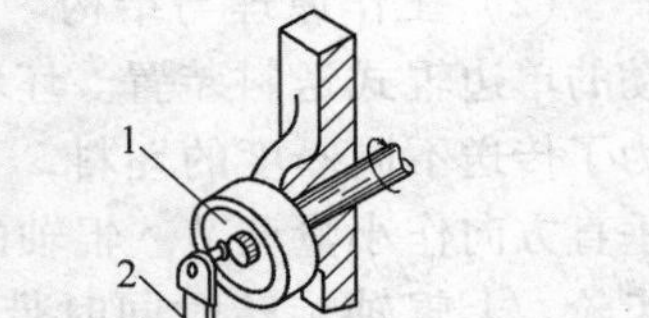

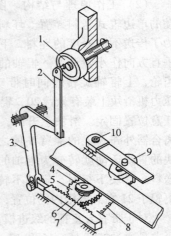

图 13-37　立辊式送料装置示意图

1—偏心轮　2—拉杆　3—摇杆　4、9—辊轮　5—齿轮　6—齿条　7—超越离合器　8—支点　10—弹簧

单边推式卧辊送料装置如图 13-38 所示，安装在曲轴端部的可调偏心轮 1 通过拉杆 3 带动棘爪作来回摆动，间歇推动棘轮 4 旋转。由于辊轴与棘轮装在同一轴上，故产生间歇送料。冲压后的废料由卷筒 7 卷起。该装置的辊子安装在模具之前，坯料受辊子推动而被送入模具，若坯料刚度较小则易发生弯曲现象。因此，单边推式卧辊送料装置主要用于料较厚（≥0.5mm），辊子和模具之间距离较小（≤500～700mm）的场合。否则应在辊子和模具之间设置良好的导向装置。

单边拉式卧辊送料装置如图 13-39 所示，工作时，辊子夹住废料而使坯料送入模具中。为使送料可靠，要求坯料上的搭边尺寸较大，因而增加了材料的消耗。

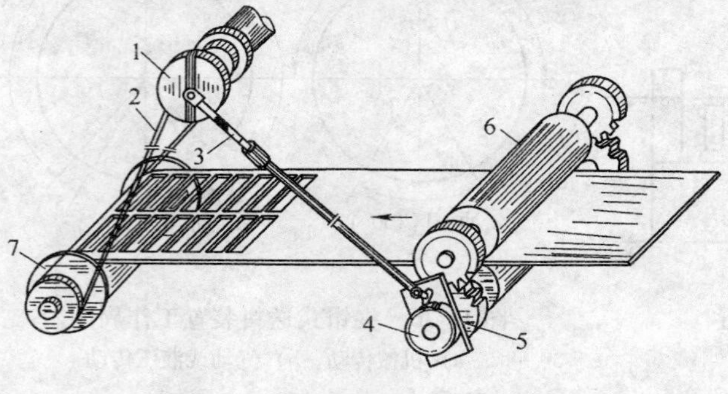

图 13-38　单边推式卧辊送料装置
1—偏心轮　2—传动带　3—拉杆　4—棘轮
5—齿轮　6—上辊轴　7—卷筒

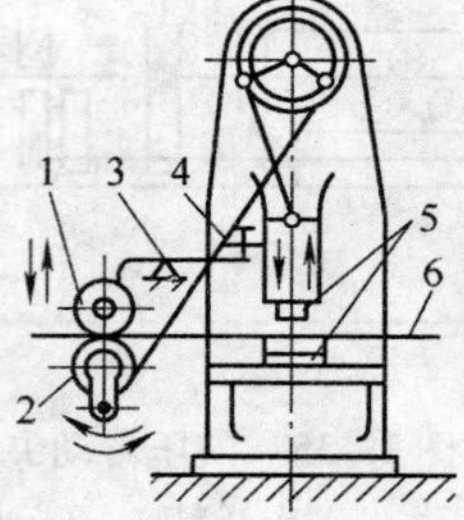

图 13-39　单边拉式卧辊送料装置
1、2—送料辊　3—支点
4—挡块　5—模具　6—板料

双边卧辊式送料装置如图 13-40 所示，曲轴端部的可调偏心轮 1 通过拉杆 2 带动超越离合器 3 的外壳作正反转动。超越离合器的内齿和齿轮 4 用键相连，使辊轴产生间歇送料运动。超越离合器 8 同样使辊轴 11 向左间歇送料。左右两对辊轴由推杆 7 实现联动。

双边辊式送料比立辊和单边卧辊送料通用性大，可用于更薄的条料，且具有较高的材料利用率。适当增大出料辊直径，使其线速度高于进料辊线速度 2% ~3%，使两对辊轴之间的条料具有一定的张力，从而避免条料挠曲，提高冲压精度。

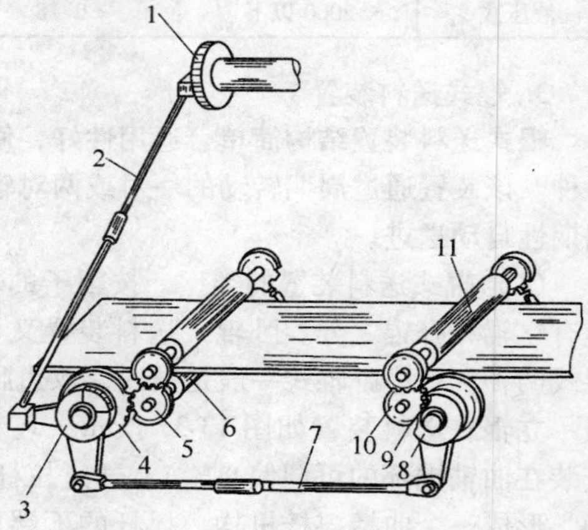

图 13-40　双边卧辊式送料装置
1—偏心轮　2—拉杆　3、8—超越离合器
4、5、9、10—齿轮　6、11—辊轴　7—推杆

（2）工作原理与结构　图 13-41 所示为滑块驱动的单边辊式送料装置。坯料通过辊轴 1、4 送进。为了传送不同厚度的坯料，下辊轴 4 的位置可以在垂直方向作小量调节。辊轴的一端设有相互啮合的齿轮，上辊轴旋转时同时带动下辊轴反方向转动。压力机滑块上装有悬臂 20，辊子 21 可在悬臂的槽内任意位置固定。滑块上升时，辊子带动固定在超越离合器外壳 6 上的摇臂 8 使之同时旋转，这样，滑块的直线运动就转变为辊轴的旋转运动，完成自动送料。滑块下行时，辊轴不转，坯料保持静止。变更辊子 21 在悬臂槽内的位置，即可改变摇臂 8 的转动角度，从而调节送料进距。

对于带有导正销的级进模，坯料在被导正销作精确定位前应能自由活动。在图 13-41 中，该要求是通过杠杆 15、16 和 17 达到的。压力机滑块下行一定距离时，固定在滑块上的撞头 18 开始与螺钉 19 接触，把杠杆 15、16 和 17 往下压。杠杆 15 与拉杆 22 相接触，故拉杆 22 也向下移动。下辊轴下降，坯料不再被压紧，允许导正销作精微调整。新的坯料送进时，可扳动手柄 9，杠杆系统产生同样的动作，使下辊轴移位松开。

辊子 14 的位置可以自由调节以适合不同宽度的坯料。

（3）辊式送料装置主要零部件

1）辊子　辊子是辊式送料装置的主要工作零件。在送料过程中，辊子直接与坯料接触，其

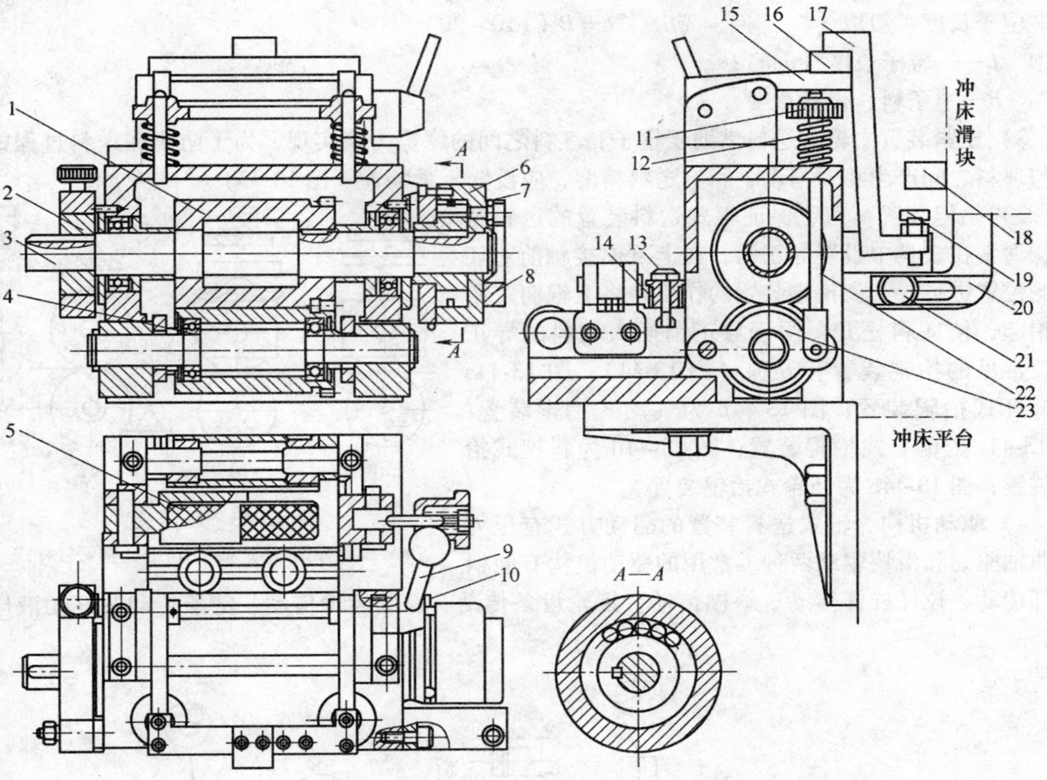

图 13-41　滑块驱动的单边辊式送料装置

1、4—辊轴　2—制动圈　3—轴　5—油毛毡　6—超越离合器外壳　7—异形辊子　8—摇臂　9—手柄　10、12—弹簧　11—螺母　13、19—螺钉　14、21—辊子　15、16、17、23—杠杆　18—撞头　20—悬臂　22—拉杆

表面应具有较高的耐磨性和良好的几何形状及尺寸精度。辊子结构如图 13-42 所示，当辊子直径 $d \leqslant 100$mm 时，宜采用实心辊，当辊子直径 >100mm 时，则采用空心辊。辊子材料通常为 45 钢，热处理后的硬度为 48 ~ 52HRC。表面镀铬可提高耐磨性。

辊子直径按下式计算：

$$d_1 = 360 s_2 / \pi\alpha$$

式中　d_1——下辊直径（mm）；

s_2——送料进距（mm）；

α——下辊转角（°），一般 $\alpha < 100°$。

通常，上下辊直径相等，若直径不等应满足下列关系：

$$\frac{d_1}{d_2} = \frac{n_2}{n_1} = \frac{z_1}{z_2}$$

式中　d_2——上辊直径（mm）；

n_1——下辊转速（r/min）；

n_2——上辊转速（r/min）；

z_1——下辊传动齿轮齿数；

z_2——上辊传动齿轮齿数。

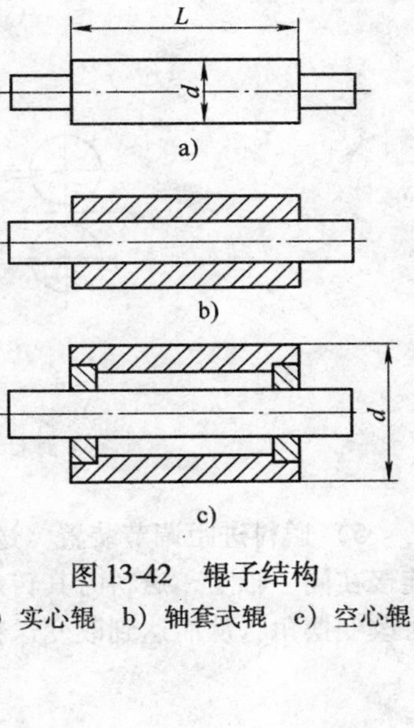

图 13-42　辊子结构

a）实心辊　b）轴套式辊　c）空心辊

辊子长度一般取

$$L=B+(10\sim20)$$

式中　L——辊子长度（mm）；

B——条料、板料宽度。

2）压紧装置　辊式送料借助于辊子和坯料之间的摩擦力来实现，为了防止在送料过程中辊子与坯料之间产生相对滑动，影响送料精度，应设置压紧装置（图 13-43）。

3）抬辊装置　为了保证辊式送料装置的送料精度，通常在模具中设置导正销，在上下模接触前对坯料的位置进行导正。抬辊装置的作用是将上辊向上稍稍抬起，使坯料松开，便于导正销插入坯料的导正孔。常见的抬辊装置有五种（图 13-44）：图 13-44a 为撞杆式抬辊装置；图 13-44b 为气动式抬辊装置；图 13-44c 为偏心式抬辊装置；图 13-44d 为斜楔式抬辊装置；图 13-44e 为凸轮式抬辊装置。

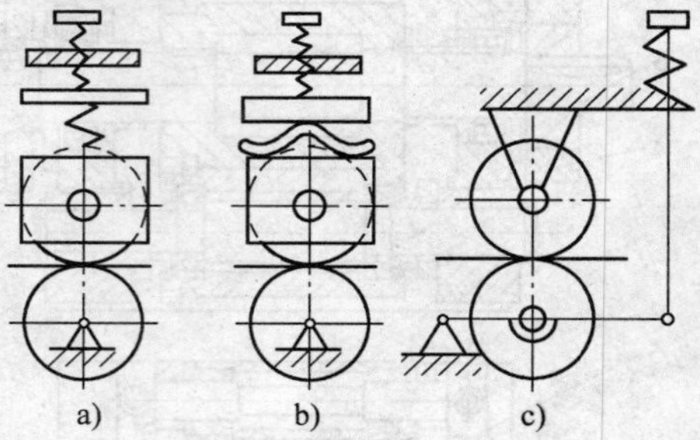

图 13-43　压紧装置

a）螺旋弹簧　b）板簧式　c）弹簧杠杆式

4）驱动机构　辊式送料装置的驱动方式有压力机曲轴驱动和滑块驱动两种。常用的驱动机构有曲柄摇杆传动、拉杆杠杆传动、斜楔传动、齿轮齿条传动、螺旋齿轮传动、链条传动及气动液压传动。

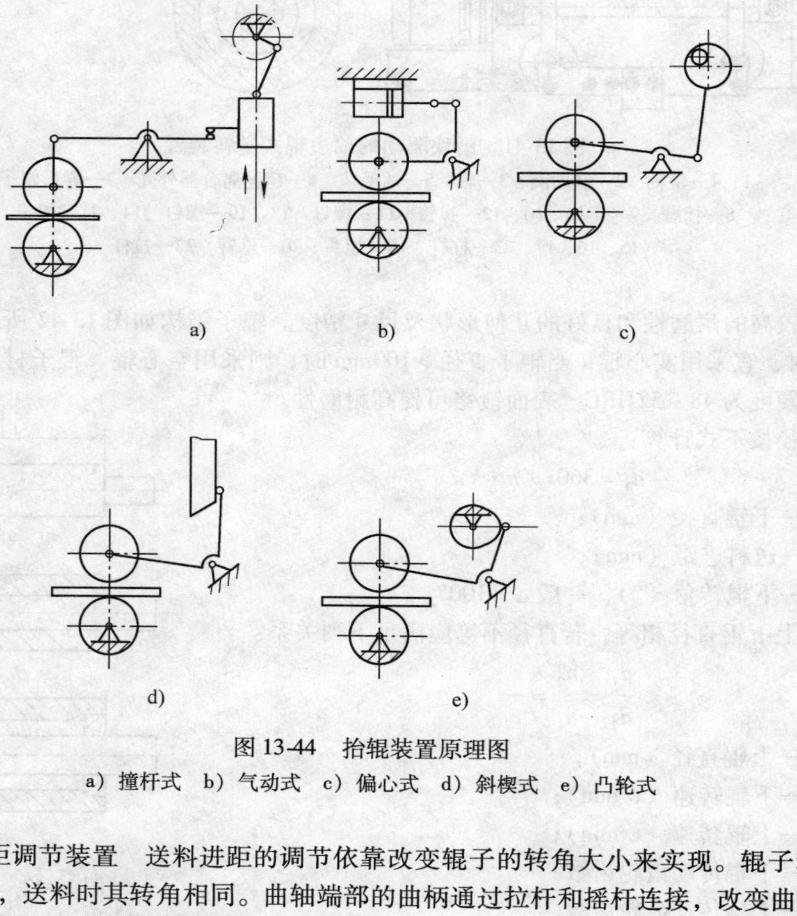

图 13-44　抬辊装置原理图

a）撞杆式　b）气动式　c）偏心式　d）斜楔式　e）凸轮式

5）送料进距调节装置　送料进距的调节依靠改变辊子的转角大小来实现。辊子和摇杆刚性连接在同一轴上，送料时其转角相同。曲轴端部的曲柄通过拉杆和摇杆连接，改变曲柄偏心值便可改变摆角，从而达到改变送料进距的目的。

送料进距按下式计算：

$$s_2 = \frac{\pi d}{360} \cdot \alpha$$

式中　s_2——送料进距（mm）；

α——辊子转角，$\alpha \leqslant 75° \sim 100°$；

d——辊子直径（mm）。

图 13-45 所示是曲柄偏心 e 和辊子转角之间的关系。偏心 e 可按下式计算：

$$e = \sqrt{(P^2 + R^2 + l^2) - 2\frac{l^2 - \cos\frac{\alpha}{2}\sqrt{\left(l^2 - P^2\sin^2\frac{\alpha}{2}\right)\left(l^2 - R^2\sin^2\frac{\alpha}{2}\right)}}{\sin^2\frac{\alpha}{2}}}$$

图 13-46 所示是偏心调节装置。

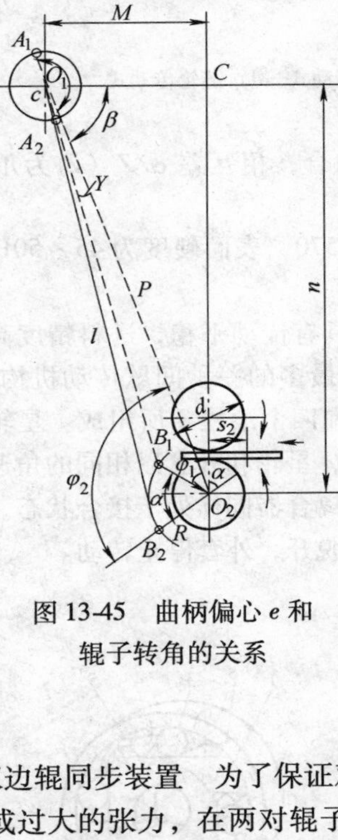

图 13-45　曲柄偏心 e 和辊子转角的关系

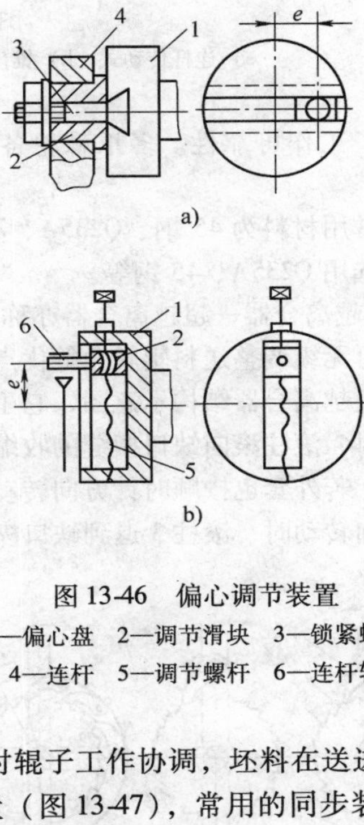

图 13-46　偏心调节装置

1—偏心盘　2—调节滑块　3—锁紧螺钉　4—连杆　5—调节螺杆　6—连杆轴

6）双边辊同步装置　为了保证双边辊式送料装置两对辊子工作协调，坯料在送进过程中不产生弯曲或过大的张力，在两对辊子之间应装设同步装置（图 13-47），常用的同步装置有：a）连杆传动式；b）锥齿轮传动式；c）齿轮齿条传动式；d）链轮传动式。

7）间歇运动机构　辊式送料装置由压力机的曲轴或滑块驱动。间歇运动机构的作用是将曲轴或滑块的连续运动转化为送料辊的间歇运动。常用的间歇运动机构有：棘轮机构；超越离合器；异形滚超越离合器；蜗杆凸轮滚子齿轮机构。

a）棘轮机构—棘轮机构为外啮合式。单爪式棘轮机构如图 13-48a 所示，棘轮的转动由一个棘爪驱动，棘爪 1 装在摇杆上，摇杆 2 与棘轮 3 绕同一轴自由转动。摇杆回程时由棘爪 4 制动棘轮。双爪式棘轮机构如图 13-48b 所示，它由两个棘爪驱动，若其中一个棘爪折断或发生溜滑，棘轮仍可继续工作。由于载荷由两个棘爪分担，因此减少了磨损，延长了使用寿命。多棘式棘轮机构如图 13-48c 所示，它应用于送料进距较小的场合。因为上述两种机构中带动棘轮的最小转角取决于一个齿所含的中心角 α，若要获得很小的转角势必减小棘轮的齿距，从而增加了制造难

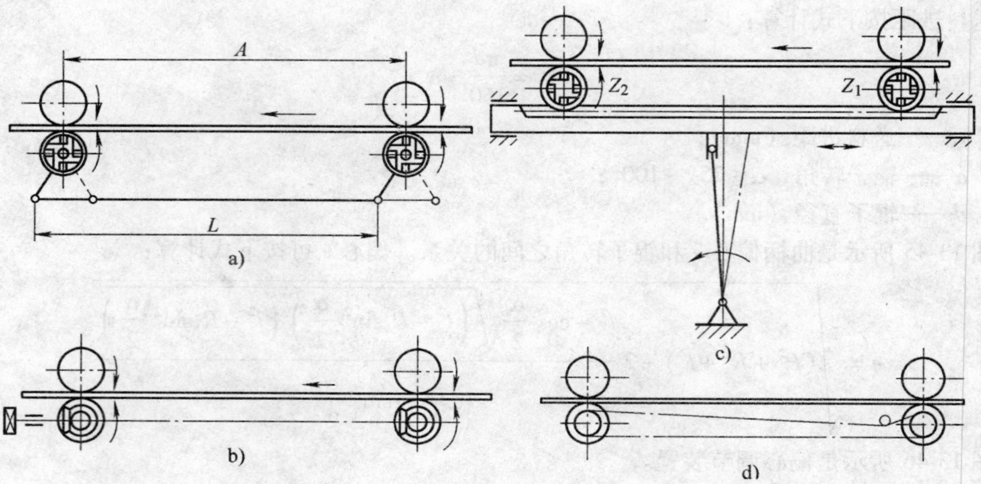

图 13-47　双边辊同步装置

a）连杆传动式　b）锥齿轮传动式　c）齿轮齿条传动式　d）链轮传动式

度，降低了工作可靠性。多爪棘轮各爪不同时与棘轮相啮合，相互差 α/Z（Z 为爪数）的角度。

棘轮常用材料为 45 钢、Q235A、ZG270—500，ZG310—570，表面硬度为 45～50HRC。棘爪材料一般选用 Q235A、45 钢等。

b）超越离合器—超越离合器亦称自锁式步进机构，它具有传动平稳，送料精度高，适合高速送料，可无级调整送料辊转角等优点，是辊式送料中应用最多的一种间歇传动机构。图 13-49 是一单向超越离合器结构示意图，它主要由星轮 1、外套 2 和四个滚柱 3 所组成。星轮按顺时针方向转动时，滚柱滚向缺口楔缝的收缩部分，并且卡牢其间，星轮和外套以相同的角速度和旋转方向转动。若外套也按顺时针方向转动，但角速度较小，则离合器同样处于接合状态。当星轮按逆时针方向转动时，滚柱 3 退到缺口楔缝的宽敞部分，二者脱开，外套停止转动。

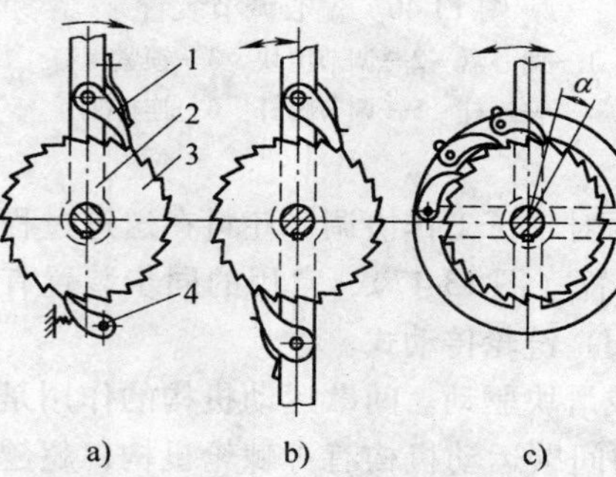

图 13-48　棘轮机构

1、4—棘爪　2—摇杆　3—棘轮

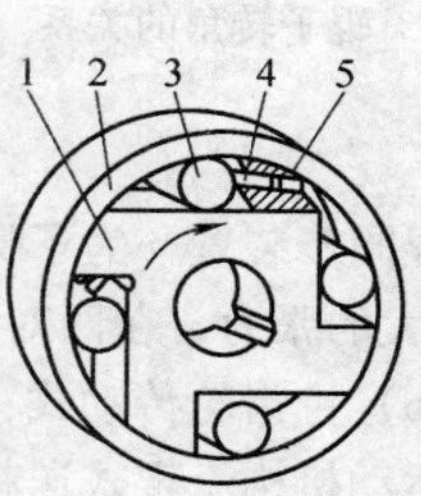

图 13-49　超越离合器

1—星轮　2—外套　3—滚柱

4—圆柱销　5—弹簧

超越离合器中的滚柱材料一般为 GCr12 或 GCr15，有时采用在油中淬火并回火到 46～53HRC 的 40Cr 制成。星轮及外套用 15Cr 钢淬碳，淬火到 58～62HRC。超越离合器不采用油脂润滑。

c）异形滚超越离合器—异形滚超越离合器如图 13-50 所示，由于螺旋弹簧或扭簧的作用，滚子上下两面始终与内外套筒及座圈表面保持接触。图 13-51 所示为异形滚形状，它一般采用 GCr15 冷拔成形，热处理后硬度达到 60 ~ 62HRC。套筒和内座圈可用 9Mn2V 钢制成，淬硬到 60HRC。

d）蜗杆凸轮滚子齿轮机构—蜗杆凸轮滚子齿轮机构如图 13-52 所示，它适用于高速自动送料，蜗杆凸轮类似于变螺旋角的球面蜗杆，其工作表面是与从动件 2 的周向均布着六个滚子的圆柱表面相共轭的曲面。

蜗杆凸轮滚子齿轮机构的参数见表 13-9，符号如图 13-53 所示。

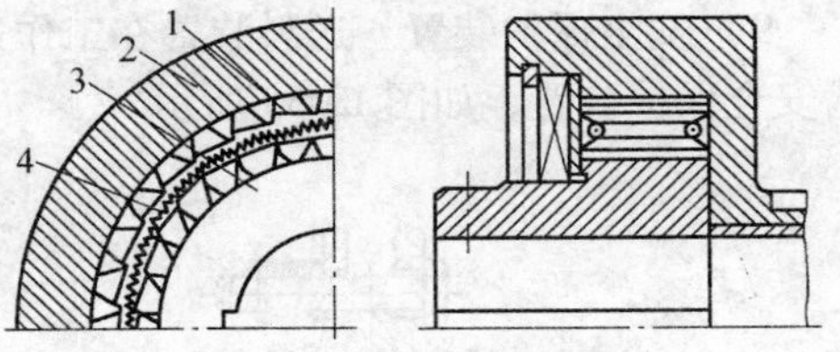

图 13-50　异形滚超越离合器

1—异形滚　2—套筒　3—内座圈　4—弹簧

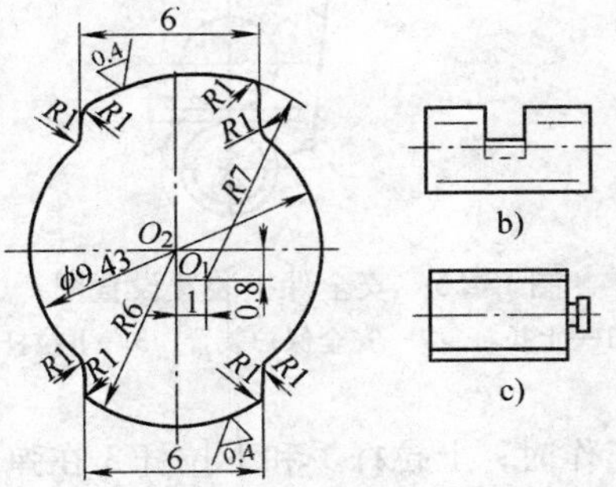

a)

图 13-51　异形滚

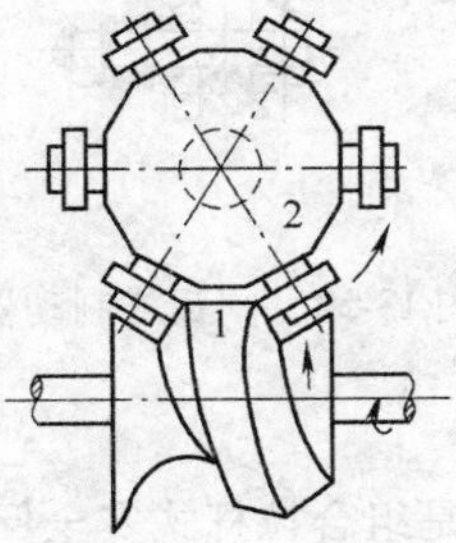

图 13-52　蜗杆凸轮滚子齿轮机构

1—蜗杆凸轮　2—滚子齿轮（从动件）

表 13-9　蜗杆凸轮滚子齿轮机构的参数（参数符号如图 13-53 所示）

滚子数 n	ψ_0/（°）	φ_0 最小值/（°）	某些产品的 φ_0/（°）			
4	90	180	270	300		
6	60	120	180	270		
8	45	90	120	180	270	
12	30	60	90	120	180	270
16	22.5	45	90	120	180	270
24	15	30	90	120	180	270

当最大压力角 $\alpha_{max}=45°$，$l/c=0.5$ 和采用正弦加速度曲线时，速度系数 $Cv=2$，ψ_0 和 φ_0 应为如下关系：

$$\varphi_0=2\psi_0$$

取用较大的 φ_0 值可减小压力角，提高机械效率。

当采用正弦加速曲线，$Cv=2$，从动件尺寸 l/c 为 0.5，压力角 $\alpha=33°$时，则有

$$\varphi_0\approx3\psi_0$$

8）制动装置　在送料过程中，由于辊子、坯料、传动系统的惯性，致使坯料在送料行程终点处的定位精度受到很大影响，特别在大辊径及高速送料情况下更为显著。故应在辊轴端部装设制动器。制动器的结构形式以闸瓦式（图 13-54）应用较为普遍，其结构简单，容易加工装配。缺点是长期处于制动状态，摩擦损失较

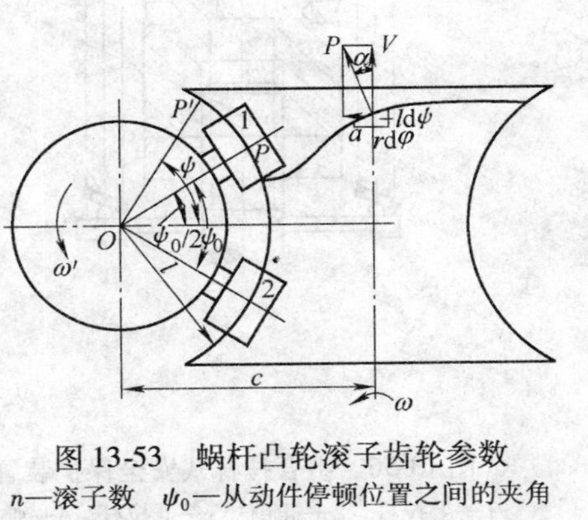

图 13-53　蜗杆凸轮滚子齿轮参数

n—滚子数　ψ_0—从动件停顿位置之间的夹角

$\psi_0=360°/n$　φ_0—与 ψ_0 对应的凸轮转角

大。常用的摩擦材料有石棉或铸铁。其他的制动器有带式和气动式。

9）安全保护装置　送料装置在工作过程中，为了避免由于超载引起的破坏，在拉杆上设置了安全保护装置，如图 13-55 所示。

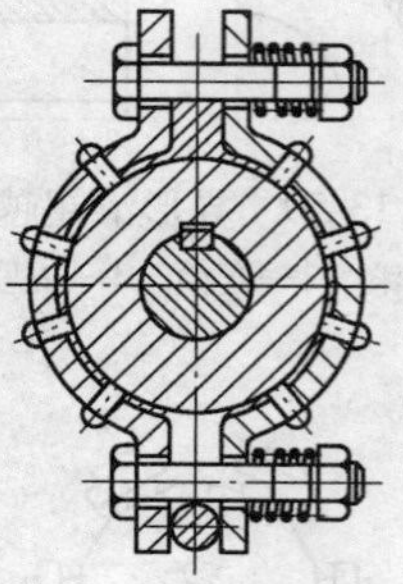

图 13-54　闸瓦式制动器

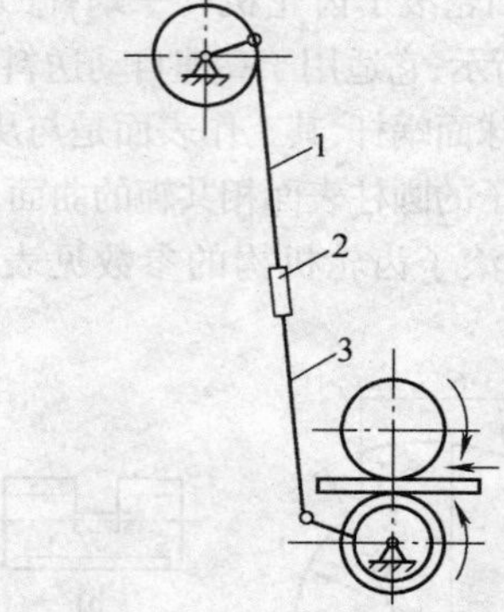

图 13-55　安全保护装置设置图

1—上拉杆　2—安全保护装置　3—下拉杆

图 13-56 是组合拉杆式安全保护装置。该装置正常工作时，上拉杆 1 和下拉杆 3 在弹簧 4 作用下组成一个整体。当出现故障时，送料装置被卡住，转动的曲轴将带动上拉杆克服弹簧力继续向上运动或剪断插销 2。

图 13-57 所示的超载脱扣器，其作用原理与组合拉杆式安全保护装置类似。它装设在送料装置的驱动部件内，固定在压力机曲轴端部的偏心调节盘 1，通过拉杆和角尺曲柄 4 使调节螺杆 5 作往复运动，调节螺杆再通过齿条使整个送料装置作排样送料。当送料装置发生故障时，负荷突然增加，脱扣器自动脱开，便可起到安全保护作用。

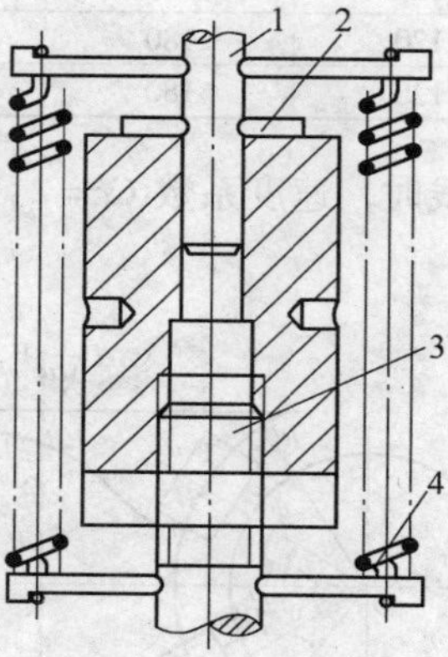

图 13-56　组合拉杆式安全保护装置

1—上拉杆　2—插销　3—下拉杆　4—弹簧

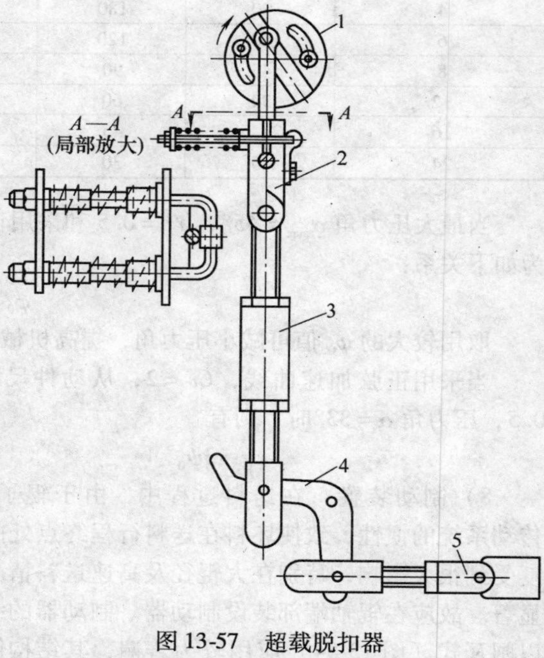

图 13-57　超载脱扣器

1—调节盘　2—超载脱扣器　3—伸缩螺杆

4—角尺曲柄　5—调节螺杆

（4）辊式送料装置工作周期图　冲压与送料过程时间上的配合关系可由工作周期图来表示，图 13-58 所示为有抬辊装置的工作周期图。图 13-59 所示为无抬辊装置的工作周期图。

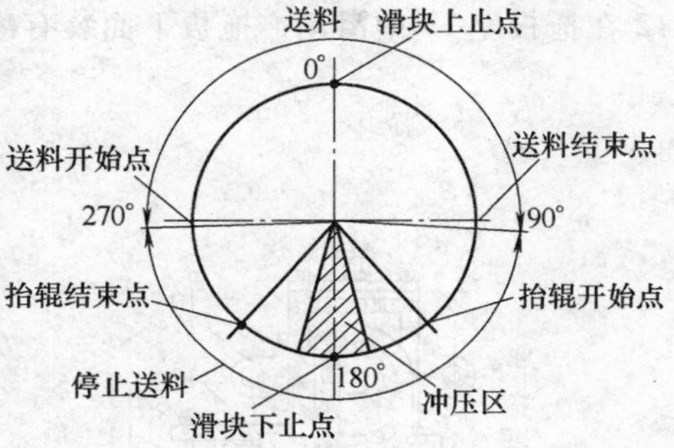

图 13-58　有抬辊装置的工作周期图

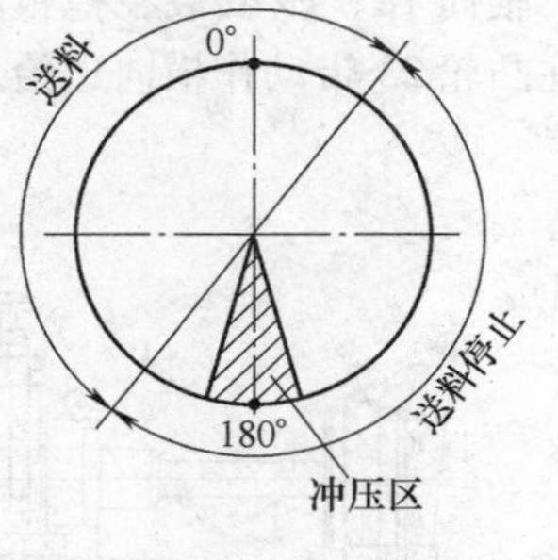

图 13-59　无抬辊装置的工作周期图

（5）辊式送料装置的送料精度　送料精度是衡量送料装置性能的重要指标。影响送料精度的主要因素有：送料速度、送料机构与坯料的惯性、送料机构主要工作零件的加工精度、间歇运动机构的设计与制造水平等。辊式送料的精度值见表 13-10。

表 13-10　辊式送料精度

送料速度/$mm \cdot s^{-1}$	行程次数/次 · min^{-1}	送料距/mm	送料精度/mm
250	300 ~ 150	50 ~ 100	±0.05
417 ~ 500	300 ~ 150	100 ~ 200	±0.1
583 ~ 667	200 ~ 135	200 ~ 300	±0.3 ~ 0.4

4. 卷料排样自动送料装置

卷料排样通常有横向直排、横向斜排和参差排样三种形式（图 13-60）。为了满足冲压工艺的不同排样要求，并使模具结构简单，卷料的送料装置也具有纵横向直排、纵横向斜排和参差排样三种形式。

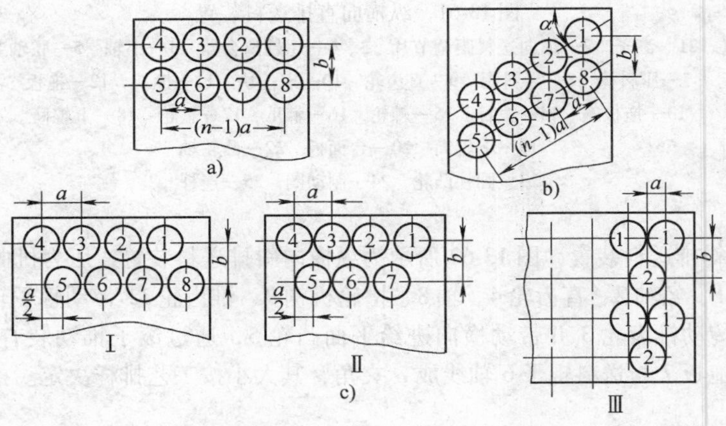

图 13-60　排样方式

a）横向直排　b）横向斜排　c）参差排样

Ⅰ—上下两排冲孔数相等　Ⅱ—上下两排冲孔数不等　Ⅲ—双冲头参差排样

(1) 纵横向直排送料装置　纵横向直排送料装置如图13-61所示。这种送料装置能完成如图13-60a所示的排样，该装置的纵向送进是采用拨杆14，纵向送料距调节片2和超越离合器3来完成。上、下辊筒18、19安装在拖板的支架上，拖板12在拖板座13中滑动，拖板下面装有滚子21，由圆柱凸轮23带动作横向送给运动。

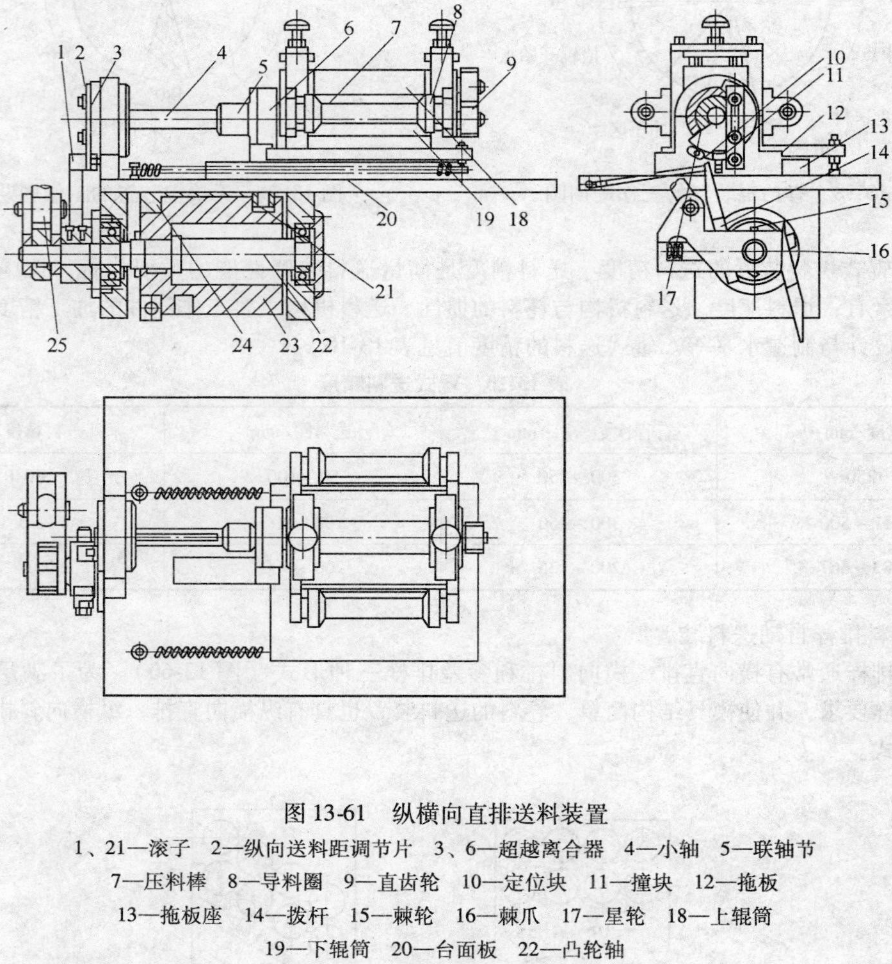

图13-61　纵横向直排送料装置

1、21—滚子　2—纵向送料距调节片　3、6—超越离合器　4—小轴　5—联轴节　7—压料棒　8—导料圈　9—直齿轮　10—定位块　11—撞块　12—拖板　13—拖板座　14—拨杆　15—棘轮　16—棘爪　17—星轮　18—上辊筒　19—下辊筒　20—台面板　22—凸轮轴　23—圆柱凸轮　24—制动圈　25—连杆

(2) 纵横向斜排送料装置　图13-62所示为纵横向斜排送料装置，压力机曲轴端的偏心盘通过拉杆带动棘轮1、经轴2、直齿轮4、轴8、槽轮机构9、锥齿轮11带动辊子转动，实现纵向送料。棘轮1同时传动锥齿轮3并带动横向进给平面凸轮5，通过滚子推动装有辊子架的拖板7，实现横向进给。拖板7与送料辊子6轴线成α夹角，其大小按工艺排样决定。拖板7的回程靠弹簧实现。

(3) 参差排样送料装置　图13-63所示为参差排样送料装置，由曲轴端的四杆机构带动棘轮机构1，棘轮2经传动轴3、直齿轮10带动辊子11转动，实现纵向送料。棘轮2经轴3带动圆柱凸轮4，拖板9的支架上安装有辊子，拖板的下面装有滚轮5，由于拖板左端装有拉簧，所以滚轮5始终贴紧圆柱凸轮，由圆柱凸轮的廓线保证横向送料。

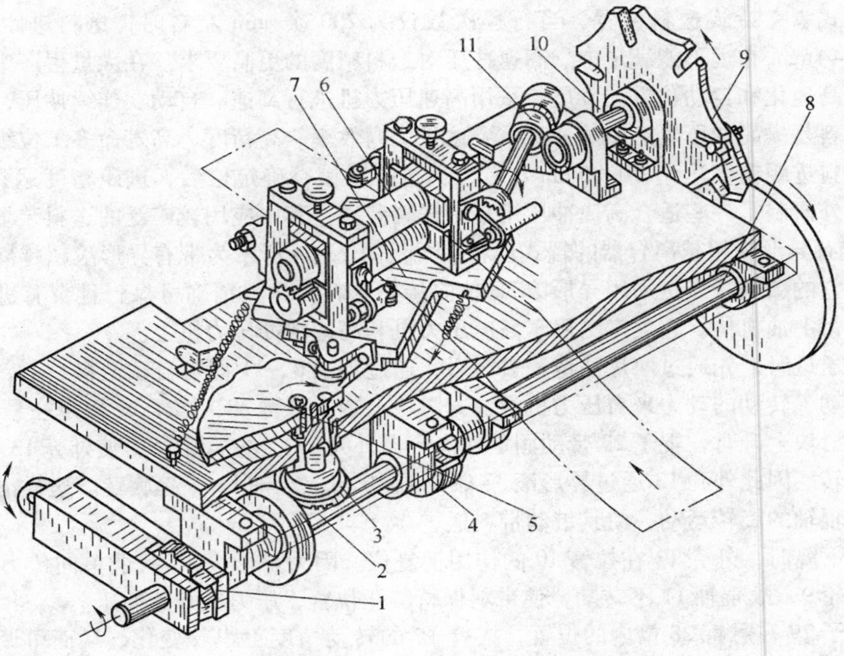

图 13-62　纵横向斜排送料装置

1—棘轮　2、8、10—轴　3、11—锥齿轮　4—直齿轮
5—平面凸轮　6—送料辊　7—拖板　9—槽轮机构

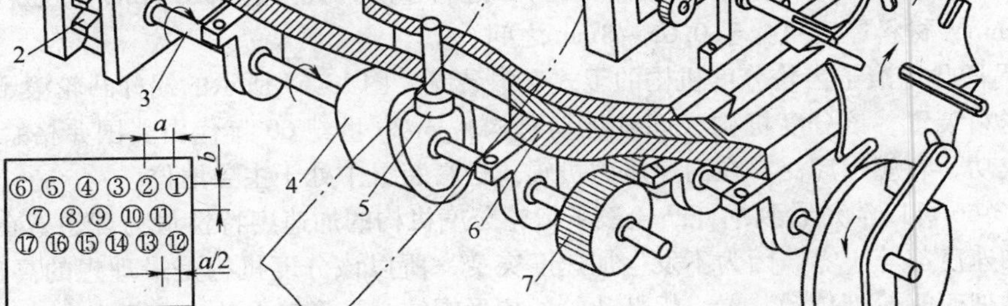

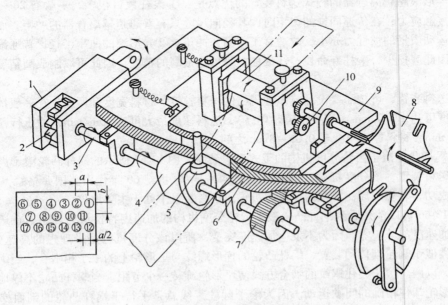

图 13-63　参差排样送料装置

1—棘爪机构　2—棘轮　3—传动轴　4—圆柱凸轮　5—滚轮　6—固定台面
7、10—直齿轮　8—槽轮机构　9—拖板　11—辊子

5. 高速精密送料装置

普通辊式、夹持式送料装置，当行程次数仅为200次/min左右时，送料进距误差就超过±(0.1~0.4)mm,它远不能满足中、高速冲压对送料精度的更高要求。在大量生产中，现代冲压技术不断向高速化和自动化方向发展。采用高速压力机进行高速、自动、连续冲压，取消后续设备和二次送料是提高冲压生产率的一个重要途径。高效率、高精度、高寿命多工位级进模要求送料装置的送料进距精度达到±0.05mm左右，通过导正销精确定位后，进距精度达到±0.03mm。为此，国内外研制了一些适合高速冲压用精密送料装置。其中应用较广泛的送料装置有：

（1）带有异形滚超越离合器的辊式送料装置　图13-64所示为带有异形滚超越离合器的辊式送料装置，它的结构特点是采用异形滚33单向传力送料，送料精确可靠，且带有进料调节机构以及带料去污上油机构。它被广泛用于高速压力机和高速精冲压力机上。

当带料送进时，先通过两片油毡了去污后，通过辊轴6、11即可自动送料。上、下辊同时作相反方向转动，转动的动力来自压力机滑块。滑块上装有悬臂28，辊子29固定在悬臂28的槽内任意位置。滑块上升时，辊子29带动固定在离合器外壳13上的摇臂15，使外壳13与摇臂15同时逆时针旋转。因此外壳13通过异形滚33带动轴10与上辊轴11一起旋转。这样滑块的上升运动即转换为辊轴的旋转运动，使其带动带料送进。

当滑块下降时，外壳13在拉簧19的作用下复位。因为异形滚33只能单向传力，而辊轴11又带动制动轮9，故辊轴11不转动，使带料保持静止位置，压力机开始冲压。

变更辊子29在悬臂28槽内的位置，摇臂15的转动角度也跟着变化，从而可调节带料送料进距的大小，以适应不同进距的要求。

对带有导正销的级进模，为实现导正销精确导正带料上的导正孔，送料装置应具备瞬时释料功能。当滑块下降到一定距离时，固定在滑块上的撞头26开始与螺栓27接触，把由杆23、24、25组成的杠杆向下压，使杆23压住杆30，下杠杆31带着下辊轴6也往下移动，带料不再被压紧，此时，导正销即时插入带料上的导正孔，实现精确定位。

采用异形滚超越离合器的辊式送料装置的优点是：①滚柱数目很多，一般有20~50只，因此降低了接触应力；在传递同样的扭矩时，其径向尺寸只有普通超越离合器的一半，而离合器尺寸减小，运动质量的惯性力亦小，故适宜于作高速冲压；②异形滚的曲率半径比普通滚柱大，摩擦力小，因此磨损少，滚柱寿命长；③滚柱本身可达很高的精度，因此可以制成高精度的送料装置。

这种送料装置，可按需要设计成多种规格的送料长度、材料宽度和厚度。在一般情况下，送料进距精度可达±0.05mm（用导正销时更高），送料速度最大可达50m/min，冲压行程次数应小于800次/min，材料厚度可介于0.05~8mm之间。

（2）蜗杆凸轮滚子齿轮分度机构的辊式送料装置　图13-65所示的蜗杆凸轮滚子齿轮分度机构的辊式送料装置，该分度机构（间歇运动机构）于20世纪60年代由美国弗格森（Ferguson）公司研制成功，它应用广泛，在高速压力机辊式送料装置中处于主导地位。

从图13-66可以清楚看到蜗杆凸轮滚子齿轮分度机构的加速度特性最为理想，在送料开始和结束时，加速度都等于零，因为不发生加速度突变，所以该分度机构是最理想的高速分度机构。这种机构类似于蜗轮副传动装置，蜗杆凸轮的梯形螺纹与星形轮上的滚子相啮合，当蜗杆凸轮旋转一周时，以两个滚子夹住蜗纹的啮合方式使星形轮旋转一个节距。当蜗杆凸轮不停地作等速旋转时，星形轮却作精确的间歇运动。因为滚子圆柱素线总是平行于蜗杆凸轮的剖面梯形的斜边的，所以滚子位置作径向调节，并不改变机构的运动性能。因此通过安装调整，可以调节滚子在蜗杆凸轮梯形筋上的接触的过盈量或补偿磨损，以消除侧隙，从而避免冲击与振动，在高速运行下，都能获得很高的传动精度。

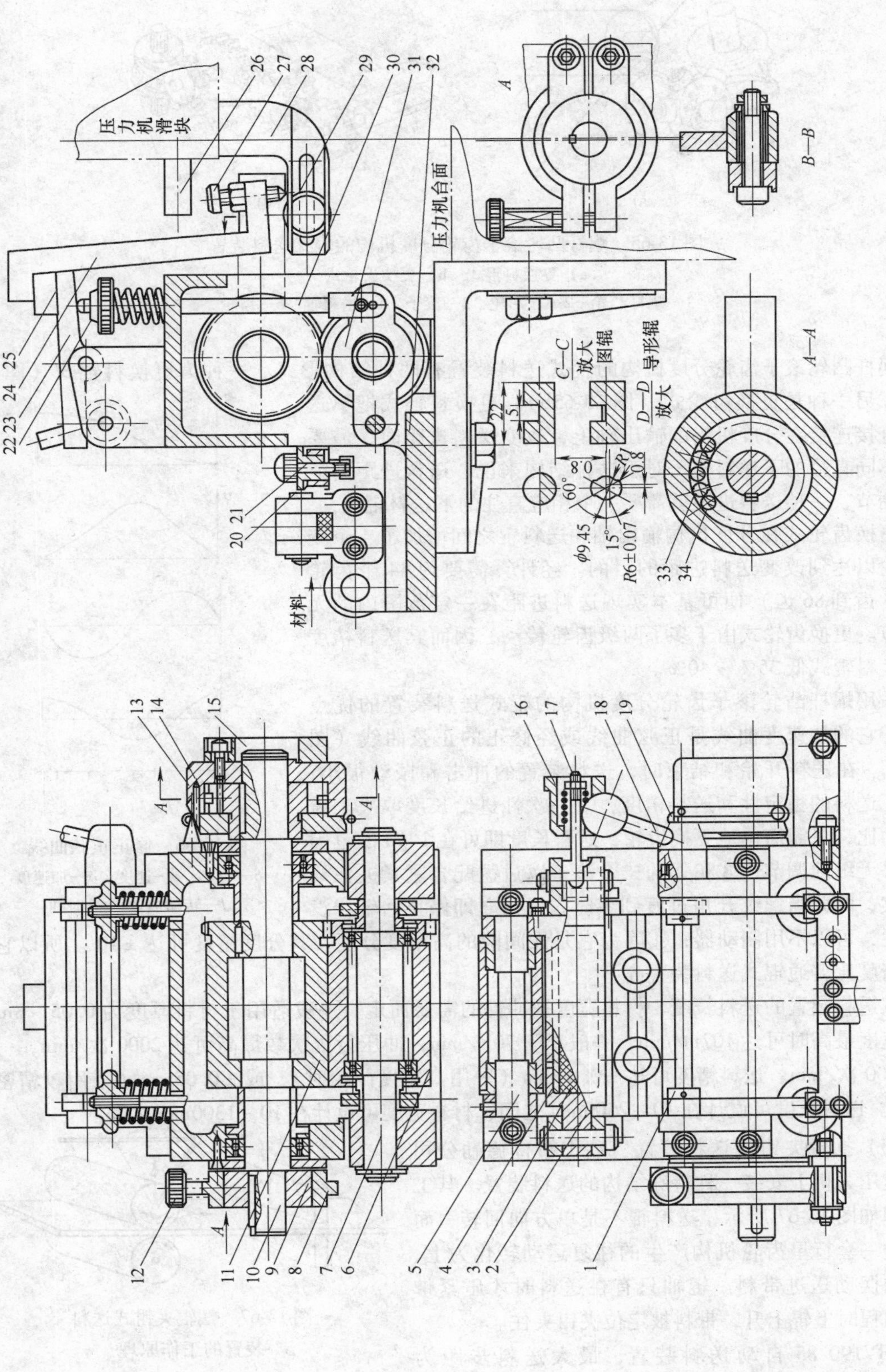

图13-64　带有异形滚超越离合器的辊式送料装置

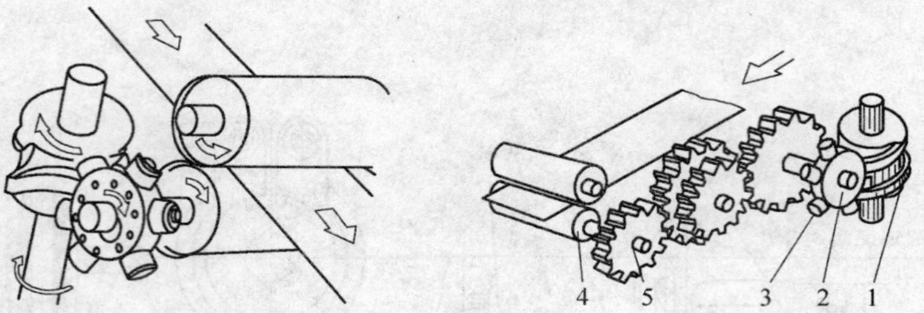

a)　　b)

图 13-65　蜗杆凸轮滚子齿轮分度机构的辊式送料装置

a）更换料辊式　b）更换齿轮式

1—蜗杆凸轮　2—星形轮　3—滚子　4—送料辊　6—齿轮

蜗杆凸轮滚子齿轮分度机构的辊式送料装置有两种结构形式。一种为更换料辊式（图 13-65a），另一种是更换齿轮式（图 13-65b）。更换料辊式把下送料辊直接连接在分度机构的输出轴上，改变送料进距时，需要更换不同直径的下送料辊。对于这种结构来说，送料进距不能无级调节，一种送料进距就需要一个相应直往的下送料辊。

更换齿轮式在分度机构输出轴和送料辊之间增加了 4 个变换齿轮以达到改变送料进距的目的。经计算需要约 44 个齿轮（由 43 齿到 86 齿）便可基本实现送料进距在一定范围内的无级调节。更换齿轮式由于多了两级齿轮传动，因而其送料精度比更换料辊式低 35% ~40% 。

采用蜗杆凸轮滚子齿轮分度机构的辊式送料装置的优点是：①它的加速度曲线是正弦曲线或经修正的正弦曲线（图 13-66）。在送料开始和结束时，送料装置的冲击和振动很小，提高了送料的稳定性和送料精度；②一次性进给长度取决于齿轮传动比，只需简单地更换齿轮，送料长度即可在 1∶10 的范围内几乎无级地调节；③相邻的二个滚子以过盈配合紧紧夹住蜗杆螺纹，因此当螺纹升角过渡到零时，机构立即停止回转，没有惯性，可以不用制动器；④因为它是无间隙的高精度分度，其分度精度可达 ±10′。所以它的送料精度比普通辊式送料装置高。

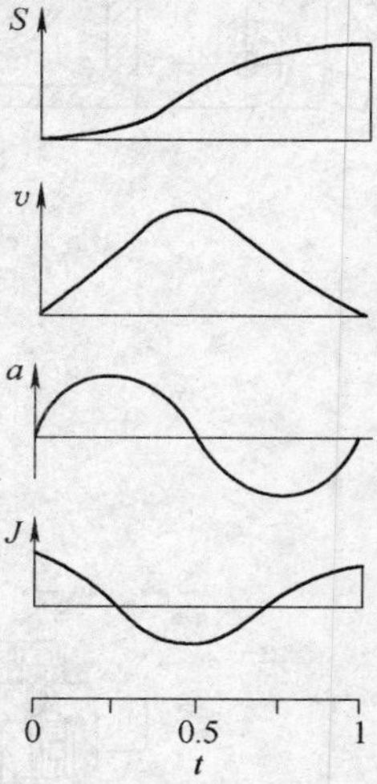

图 13-66　修正正弦曲线

S—位移　v—速度　a—加速度

J—转动惯量　t—时间

该送料装置的送料长度、材料宽度视冲件的需要而定。一般适用于材料厚度为 0.05 ~8mm；送料速度最高时可达 107m/min，一般小于 70m/min；冲压行程次数最高可达 2000 次/min，一般可达 700 次/min。送料精度可达 ±0.02mm（采用高精度凸轮时），或 ±0.05mm（采用较精密凸轮时）。送料长度可设计在 10 ~2500mm 之间；材料宽度可设计在 10 ~1300mm 之间。

（3）摆辊夹钳式送料装置　瑞士布鲁德勒公司在高速压力机上安装一种特殊结构的送料装置。其工作原理如图 13-67 所示，送料辊不是单方向回转，而是通过一套行星齿轮机构产生的往复运动转化为上、下辊的摆动送进带料。辊轴只有在送料时才压紧带料。回程时上辊上升，带料被定位夹钳夹住。

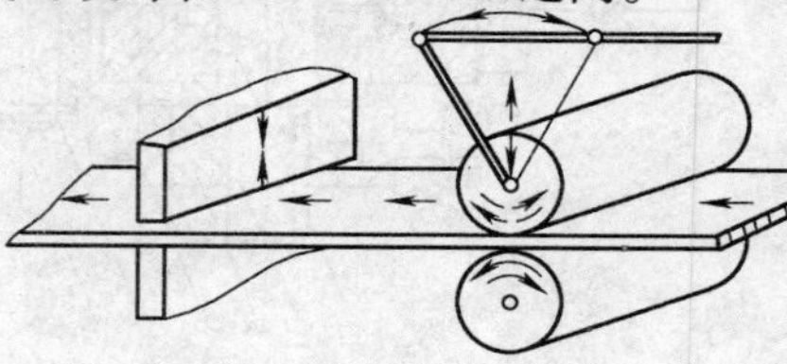

图 13-67　摆辊夹钳式送料装置的工作原理

BBV190/85 自动送料装置，最大送料步距为

85mm，带料最大宽度190mm。当送料步距为23mm时，最高送料频率2000次/min，送料精度为±0.025mm。

这种送料装置的缺点和机械夹钳式送料装置基本相同，主要是其加速度特性差，不适合在超高速压力机上使用。

（4）小型气动送料装置　小型气动送料装置是夹钳式送料装置的一种，它以压缩空气为驱动动力，压力机滑块下降时，由在滑块上固定的撞块撞击送料装置的导向阀，气动送料装置的主气缸推动固定夹紧机构的气缸和送料夹紧机构的气缸，使它们完成送料和定位的工作。气动送料装置灵巧轻便，通用性很强。因其送料长度和材料厚度均可调整，所以不但适用于大量生产的冲件，也适用于多品种、小批量的冲压生产。

AF型系列小型气动送料装置的外形图如图13-68所示。

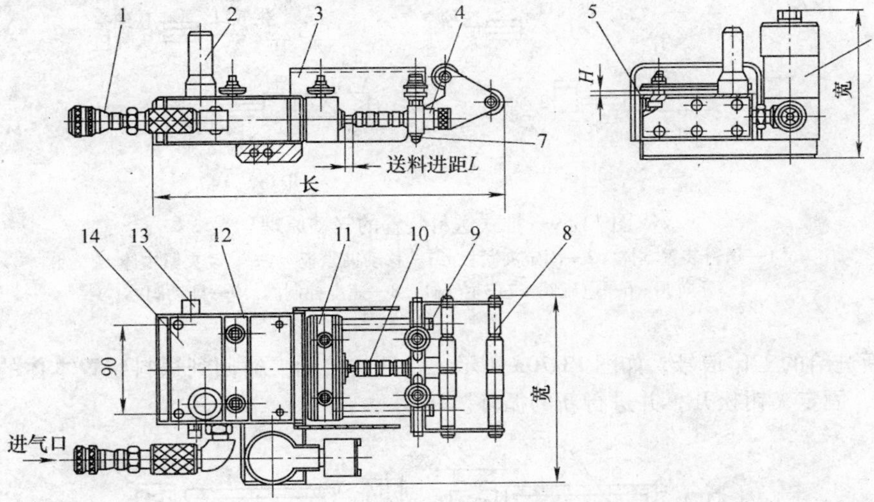

图13-68　AF系列小型气动送料装置外形图

1—气嘴接头　2—导向阀　3—安全罩　4—调节螺钉　5—调速阀
6—电磁阀　7—锁紧螺钉　8—托料架　9—导轮　10—调节垫
11—移动夹紧板　12—固定夹紧板　13—消音器　14—阀体

小型气动送料装置有推式和拉式两种。推式气动送料装置安装于模具最初工位的前面，拉式气动送料装置是安装于模具最后工位的后面。

推式气动送料装置的工作原理（图13-69）如下：

1）送料装置通入压缩空气，如图13-69a所示，固定夹钳开启，移动夹钳停留在送料装置本体的远侧，并夹紧带料。

2）送料装置接通工作信号，如图13-69b所示，移动夹钳夹住带料移动到送料装置的近侧，移动夹钳松开带料，固定夹钳夹紧带料定位。

3）切断进给的工作信号，如图13-69a所示，松开的移动夹钳回到送料装置本体的远侧，移动夹钳夹紧，固定夹钳松开。并开始新的循环。

拉式气动送料装置的工作原理（图13-70）如下：

1）送料装置通入压缩空气，如图13-70a所示，移动夹钳停留在送料装置本体的近侧，并开始夹紧带料，固定夹钳松开。

2）送料装置接通工作信号，如图13-70b所示，移动夹钳夹着带料移动到送料装置本体的远侧，移动夹钳松开带料，固定夹钳夹紧带料定位。

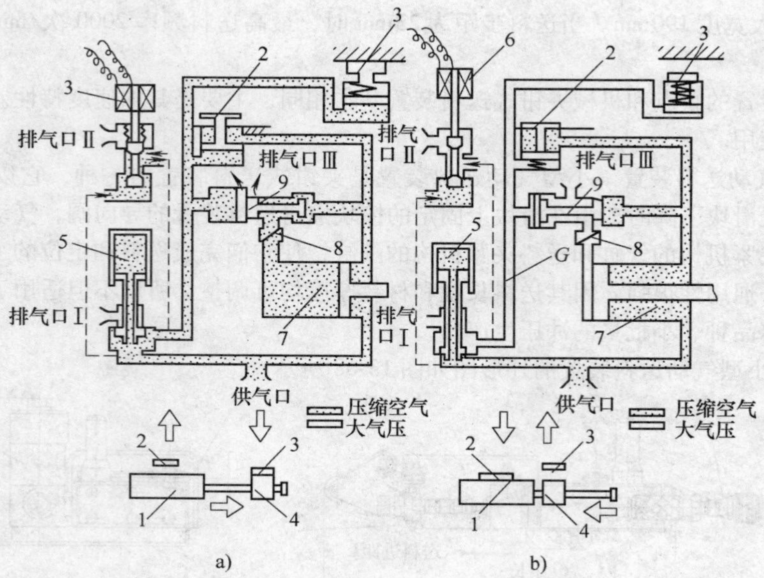

图 13-69　推式送料装置的气动原理

1—送料装置本体　2—固定夹紧板　3—移动夹紧板　4—移动夹紧主体

5—导向阀　6—电磁阀　7—主气缸　8—速度控制阀　9—推动阀

3）切断进给的工作信号，如图 13-70a 所示，松开的移动夹钳回到送料装置本体的近侧，移动夹钳夹紧，固定夹钳松开，并进行新的循环。

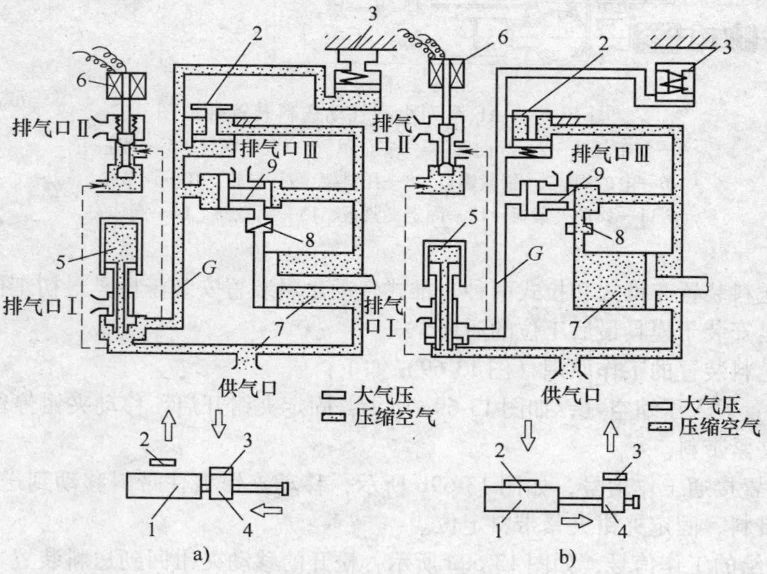

图 13-70　拉式送料装置的气动原理

1—送料装置本体　2—固定夹紧板　3—移动夹紧板　4—移动夹紧主体

5—导向阀　6—电磁阀　7—主气缸　8—速度控制阀　9—推动阀

小型气动送料装置因材料宽度、厚度和送料长度的不同，可提供多种规格。表 13-11 所列规格是日本双叶（FUTABA）公司制造的。

表 13-11　AF 型气动送料装置的技术规格（小型）

气动送料装置型号	AF-1C	AF-2C	AF-3C	AF-4D	AF-5D	AF-6D	AF-6S
最大送料宽度/mm	38	65	80	100	150	200	250
最大送料宽度时材料厚度/mm	0.8	1.0	1.2	1.5	1.6	1.5	1.2
所夹材料的最大厚度/mm	0.8	1.0	1.2	1.5	2.0	2.0	2.0
所夹材料的最小厚度/mm	0.1	0.1	0.1	0.1	0.1	0.2	0.2
最大送料长度/mm	50	80	80	130	150	200	200
最大送料长度时行程次数①（次/min）	200	160	150	100	80	70	60
最大空气消耗量①/（L/min）	27	47	70	70	100	100	100
最大材料厚度时材料宽度①/mm	38	65	80	100	120	150	150
固定夹板的夹紧力①/N（气压为 0.4MPa）	160	215	215	375	630	630	630
活动夹板的夹紧力①/N（气压为 0.4MPa）	215	340	395	675	1060	1200	1200
夹板拉力①/N（气压为 0.4MPa）	88	130	200	200	245	245	245
送料装置的净重/kg	6.5	8.5	10	16	38	46	51
送料装置的外形尺寸 L/mm × B/mm	279×150	335×168	362×184	483×220	544×314	648×376	648×404
送料装置高度 H/mm	98	98	105	105	120	120	120
最小保证气压②	0.4～0.5						
送料装置的一般精度/mm	±0.025						

① 表示有条件的规格。

② 1atm = 10325Pa。

表 13-12 所列是美国东发（TOHATSU）精密工业公司制造的 P/A 型系列气动送料装置的技术规格，它和 AF 型的两个不同点是：

1）帮助用户选好了送料次数和送料长度。

表 13-12　P/A 型系列气动送料装置技术规格

送料装置型号	最大材料宽度/mm	最大送料长度/mm	适用材料厚度/mm	最大送料次数（次/min）	压缩空气压力（MPa）	送料装置精度/mm	送料装置外形长度/mm	送料装置外形宽度/mm	送料装置的主气缸厚度（外形厚度）/mm
AX2	38	50	0.1～1.2	280	0.5	±0.025	238.3	98.6	34.8 (90.2)
AX4		101	0.1～1.1	220			339.9	101.6	
AX6		152	0.1～1.0	180			441.5		
CX3	76	76	0.1～1.7	220	0.5	±0.025	309.4	161.8	46 (117.1)
CX6		152	0.1～1.6	160			461.8		
CX9		228	0.1～1.5	110			614.2		
CX12		304	0.1～1.4	95			766.6		
DX4	101	101	0.1～1.8	195	0.5	±0.025	371.1	193.6	46 (117.1)
DX6		152	0.1～1.7	145			472.7		
DX12		304	0.1～1.6	85			766.6		

（续）

送料装置型号	最大材料宽度/mm	最大送料长度/mm	适用材料厚度/mm	最大送料次数（次/min）	压缩空气压力（MPa）	送料装置精度/mm	送料装置外形长度/mm	送料装置外形宽度/mm	送料装置的主气缸厚度（外形厚度）/mm
FX4	152	101	0.1～2.1	160	0.5	±0.025	438		52.4（124.3）
FX6		152	0.1～2.0	140			489		
FX9		228	0.1～1.9	110			641.4		
FX12		304	0.1～1.8	80			793.8		

2）由于上述两个可变因素均成定数，最大送料速度也就定了。因此送料装置的结构尺寸比较紧凑，精密度高且便于互换，适用于大量生产。

已经国产化的QZS/DL型系列的气动送料装置和日本的双叶（FUTABA）公司制造的AF型气动送料装置在结构上、功能上都是极其相近的，送料精度均可达到±0.025mm以内，送料速度可以达到200次/min。

气动送料装置的最大特点是送料进距精度较高且稳定可靠，一致性好。对于带导正销的高精度级进模，可使其送料浮动，在此期间，保证导正销的导入，从而可使经导正后的送料重复精度高达±0.003mm。对于一般无导正销的级进模，依靠送料装置本身的精度也能获得高于±0.025mm的送料进距精度。

由于气动送料装置在冲压速度、材料厚度、材料宽度和送料长度、原材料平整度等方面均有一定的要求，因此在使用气动送料装置的同时，最好具备相应的开卷装置、矫平装置、材料张弛控制架和收卷装置或废料切断装置。这样就可以在保证冲压质量的前提下，最大限度地提高气动送料装置的利用率，即提高冲压加工的劳动生产率。

三、半成品送料装置

半成品送料装置（即二次加工送料装置）是将原材料（卷料、条料和板料等）生产出的半成品进行二次加工时所采用的送料装置。由于半成品冲压件的形状多种多样，致使二次加工送料装置的形式繁多。常见半成品送料装置的结构形式有：闸门式、摆杆式、夹钳式、转盘式和多工位送料装置。

通常二次加工的供料、送料、出件过程如图13-71所示。它由料斗、定向机构、料槽、分配机构、送料装置、冲压、出件机构和理件机构等部分组成。

图13-71　二次加工供料、送料和出件过程

（一）二次加工供料装置

1. 料斗

料斗的作用是贮存一定数量的半成品冲压件，并把它们逐一地输送到送料装置，再由送料装置送达加工部位进行加工。它的安装位置根据送料装置的位置确定，通常安装在送料装置的前上方。料斗的形状有多种，如圆筒形、盒子形和圆盘形等。

料斗有定向料斗和非定向料斗两种。按结构和原理特性，可分为：顶出式、水车式、转盘式、滚筒式和振动式等。

（1）顶出式料斗　顶出式料斗在料斗内装有顶出机构。半成品零件装在料斗内，它被顶出机构顶起，然后落到料槽中。按顶出机构的结构特点可分为顶杆式和顶板式。

1）顶杆式料斗　顶杆式料斗具有定向性能，适用于杯形零件，其结构如图 13-72 所示。杯形零件装在料斗中，顶杆 2 在拨杆 1 的作用下作上下往复运动。顶杆下行时，零件堆积在顶杆的上方，顶杆上升时，从零件中顶出，顶杆上的零件如果口朝上便被顶杆顶开，如果口朝下则套入顶杆的上端，随顶杆上升推入料槽中。零件进入料槽时，顶开料槽入口处的左右止回销，当顶杆向下退回时，止回销在弹簧作用下挡住该零件，使之不随顶杆一起退下，这样，半成品零件就由下向上被逐个推出。

2）顶板式料斗　图 13-73 所示为顶板式料斗，它由料斗、顶板、料槽等组成。工作时，顶板在料斗中上下运动将半成品零件托起，被不断地送入出件槽中，然后沿出件槽倾斜的底面滚入料槽中。顶板式料斗具有定向性能，适用于小尺寸的圆块状零件。

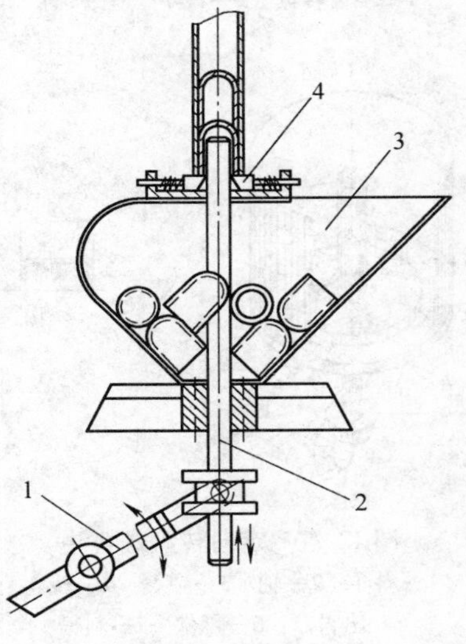

图 13-72　顶杆式料斗

1—拨杆　2—顶杆　3—料斗　4—止回销

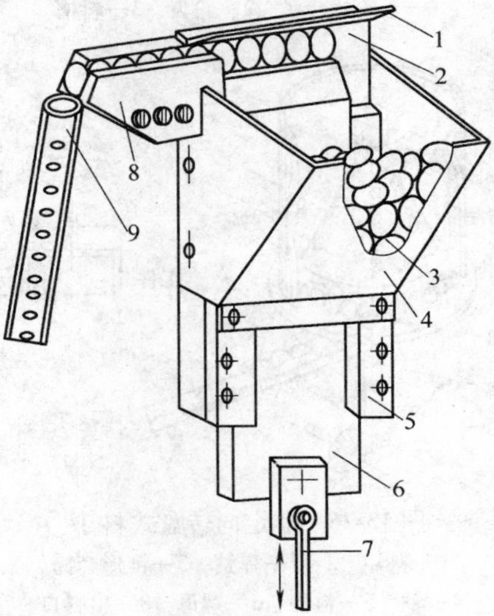

图 13-73　顶板式料斗

1—挡板　2—支撑板　3—半成品零件　4—料斗　5—滑道盖板　6—顶板　7—连杆　8—出件槽　9—料槽

（2）水车式料斗　图 13-74 所示为水车式料斗，它具有定向性能，适用于小型杯形零件。工作时，杯形零件放入料斗中，车轮状转盘 1 沿逆时针方向转动，其上的圆柱形轮齿 2 在通过料斗时，一方面拨动零件，使零件往车轮状转盘方向移动，另一方面使零件套在轮齿上被带出。套有零件的轮齿经过料槽底部的长孔时，零件被长孔的两侧边托住，轮齿则从零件中脱出。此后，具有正确方位的零件沿料槽滑走。

这种料斗经过变形，亦可用来输送其他形状的零件，如图 13-75 是一种适用于 Π 形零件的水车式料斗，它也具有定向性能。

（3）转盘式料斗　图 13-76 所示是一种非定向的转盘式料斗，零件的定向在料槽中完成，它适用于小型圆筒形拉深件。工作时，轴 4 带动锥形套筒 3 和弹簧 2、7 一起转动，搅动零件滚动，当底层的零件滚到出料口 8 时，就从出料口落入料槽中。

图 13-77 所示是一种定向转盘式料斗，它适用于小型的带凸缘的拉深件。零件杂乱地放入料斗 1 内，当锥齿轮 9 带动弹簧 3 和转盘 4 一起转动时，零件被搅动，并按照一定方向移动。当零

件在出料口边缘经过时，凸缘向下的零件通过出料口进入料槽 7，方位不正确的零件只能从出料口边缘滑过。

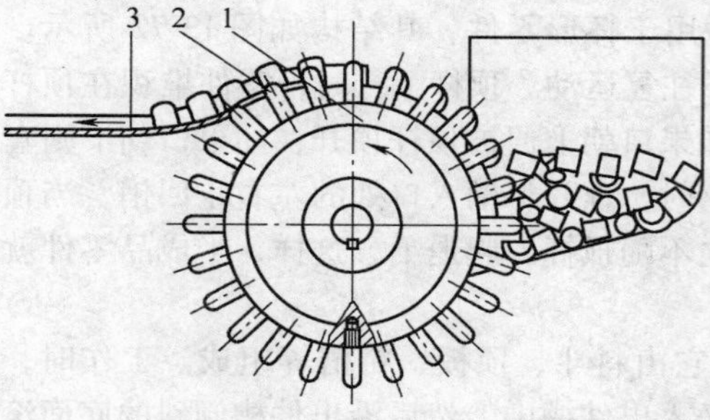

图 13-74　水车式料斗

1—车轮状转盘　2—轮齿　3—料槽

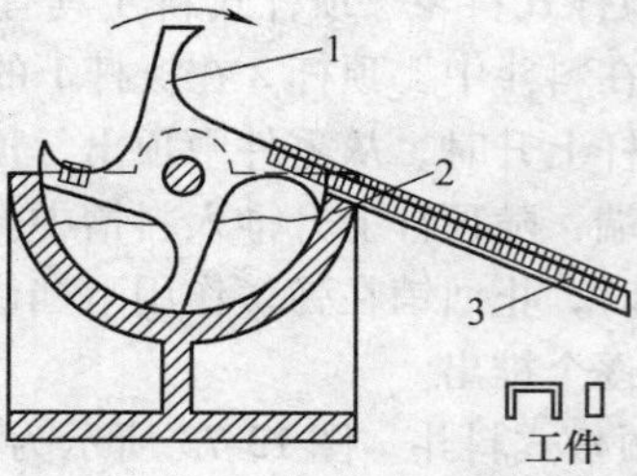

图 13-75　用于 Π 形零件的水车式料斗

1—四齿转盘　2—料斗　3—料槽

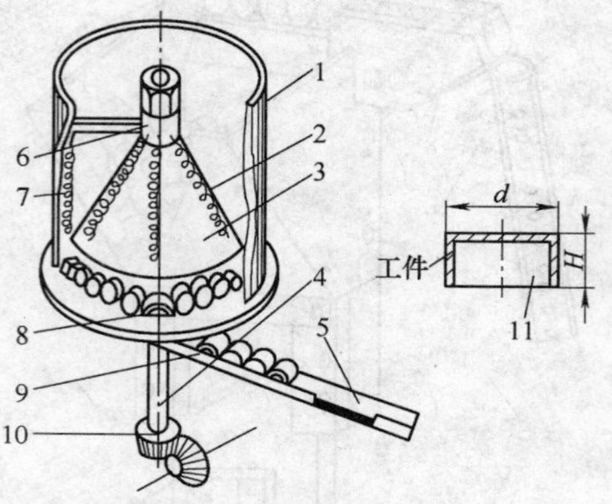

图 13-76　非定向转盘式料斗

1—料斗　2、7—弹簧　3—锥形套筒

4—轴　5—料槽　6—螺母　8—出料口

9—零件　10—锥齿轮　11—工件图

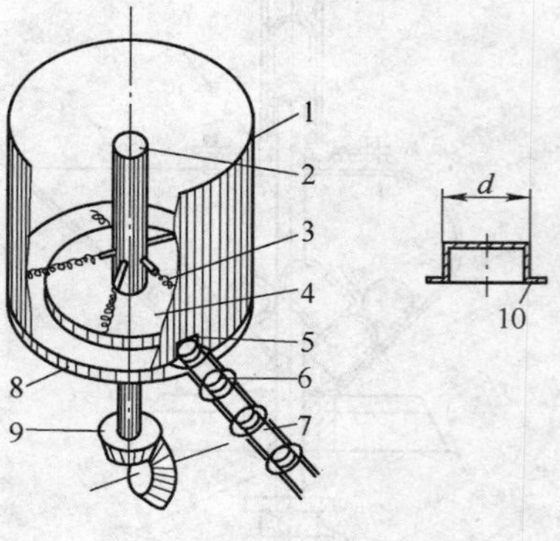

图 13-77　定向转盘式料斗

1—料斗　2—轴　3—弹簧　4—转盘

5—出料口　6—零件　7—料槽

8—料斗底盘　9—锥齿轮　10—工件图

（4）滚筒式料斗　图 13-78 所示为滚筒式料斗，它也是一种定向料斗，适用于 Π 形零件，零件由装料口 4 倒入滚筒 1，滚筒的内壁装有叶片，当滚筒转动时，叶片带着零件向上运动，到达一定高度，叶片向下倾斜使零件向下滑落，落到接料杆 5 上的零件，如凹边朝上就碰落到滚筒下部，凹边朝下的就可能落在接料杆上。接料杆倾斜一定角度，使骑在接料杆上的零件沿接料杆滑出。

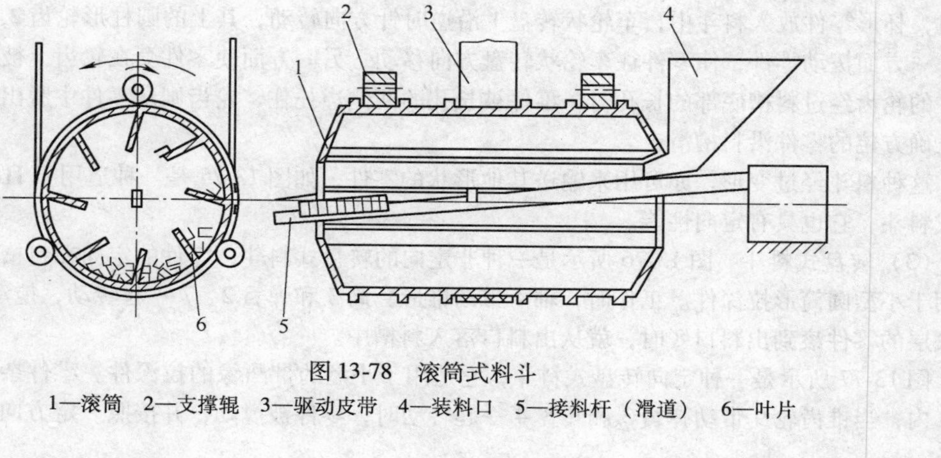

图 13-78　滚筒式料斗

1—滚筒　2—支撑辊　3—驱动皮带　4—装料口　5—接料杆（滑道）　6—叶片

（5）振动式料斗　图 13-79 所示为振动式料斗，该料斗利用电磁铁引起机械振动来进行工作。从电网送来 220V 的交流电经过降压和整流变为低压脉冲电流后输入电磁铁。电流随时间变化的情况如图 13-80 所示。在周期性交变磁场的作用下，衔铁 4 连同料斗 1 和毛坯一起作上下振动。因为料斗是用三片倾斜的弹簧片支承的，所以同时在圆周方向亦引起振动。二者的合成振动为螺旋形，其振幅约为十分之几毫米。振动的次数由脉冲电流的频率决定。随着料斗的振动，毛坯沿螺旋滑道运动逐渐上升，经出口而进入料槽。

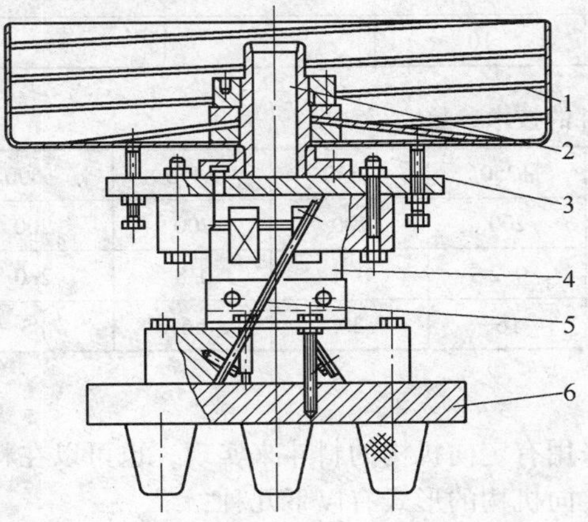

图 13-79　振动式料斗

1—料斗　2—中心轴　3—托板　4—电磁铁　5—弹性支架　6—底座

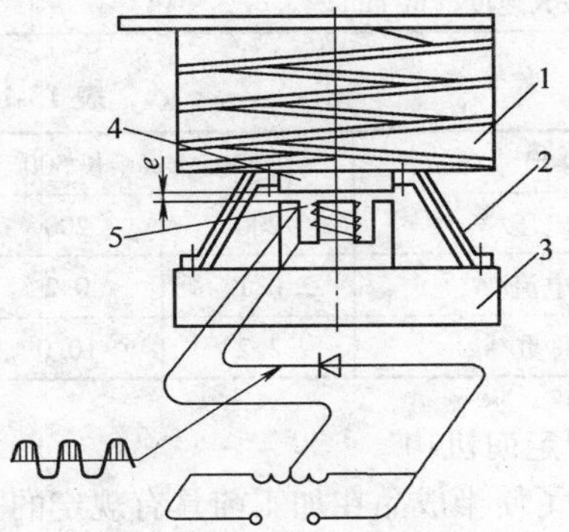

图 13-80　振动式料斗的工作原理图

1—料斗　2—弹性支架　3—底座　4—衔铁　5—电磁铁芯

振动式料斗的特点是利用振动和摩擦，使毛坯沿着螺旋滑道上升，撞击小，不易损伤零件表面。且结构简单、制造方便、尺寸小、通用性大，适用于小型冲压件。

表 13-13 ~ 表 13-16 列出几种振动式料斗的技术参数。

表 13-13　振动式料斗的技术参数

工件最大长度/mm	10	15	20	30	20	30	45
工件最大容量/kg	1	4	6	12	6	12	20
电磁铁数量/个	1				3		
电压/V	220						
电流/A	0.068	0.114	0.181	0.272	0.272	0.364	0.60
功率/W	15	25	40	60	60	85	150
工件最大移动速度/（m/min）	2 ~ 4	2 ~ 4	2 ~ 4	3 ~ 4	3 ~ 6	3 ~ 6	3 ~ 6
振动料斗重量/kg	2.9	7.3	10.2	38	17.5	63	142

表 13-14　振动式料斗的技术参数

工件最大长度/mm	4	10	16	20	25	30	40	60	70
工件最大容量/kg	0.05	0.3	0.7	2.0	5.0	10	15	30	60
料斗直径/mm	60	100	160	200	250	315	400	500	630
总体高度/mm	110	190	205	320	330	410	440	640	665
电压/V	220								
电流/A	0.087	0.22	0.22	0.44	0.44	1.09	1.09	2.73	2.73
功率/W	20	50	50	100	160	250	250	600	600
工件最大移动速度/（m/min）	0.5	1.0	2.0	3.0	4.0	5.0	6.0	8.0	10
总重/kg	1.1	3.8	3.8	20.5	20.5	71.5	71.5	122	122

表 13-15　振动式料斗的技术参数

料斗直径/mm	330	397	542	640	846
总体高度/mm	359	384	414	454	514
电压/V	200	200	200	200	200
电流/A	1.8	1.8	3.7	3.7	5.4
功率/W	360	360	640	640	1080
工件最大速度/(m/min)	14	—	10	—	—

表 13-16　振动式料斗的技术参数

料斗尺寸/mm	长 250	长 500	ϕ200	ϕ250	ϕ350	ϕ450	ϕ600
电压/V	200	200	200	200	200	200	200
电流/A	0.1	0.2	0.15	0.2	0.4	0.8	2.0
总重/kg	2.2	10.0	7.8	16	30	56	85

2. 定向机构

为了使半成品在加工前具有规定的方位，通常采用有定向机构的料斗来实现，也可以在料斗和料槽之间以及料槽中的定向机构上来实现。常见定向机构的形式有以下几种：

（1）环形式定向机构　图 13-81 所示为环形式定向机构，它适用于带凸缘拉深件。工件的定向是通过环形料槽来完成。在环形料槽上端的料槽底部中心有一条尖劈，将左右不同方位的工件分别滚入左右料槽内，所以当工件从环形料槽出来时，便具有同一方位进入后段料槽。

（2）深筒式定向机构　图 13-82 所示为深筒式定向机构，它适用于杯形工件。图 13-82a 中，由上段料槽滑下的工件，当底部朝下时，就直接落入下段料槽。当底部朝上时，则由于惯性的作用而斜落到挡销上，于是工件便在重力作用下翻滚下来，也使它的底朝下方能落入下段料槽中。

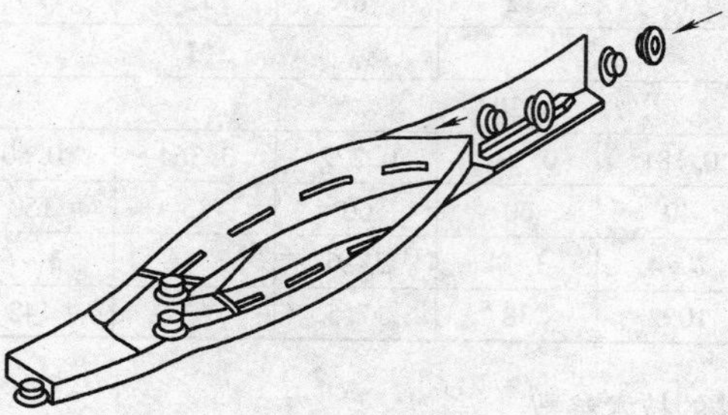

图 13-81　环形式定向机构

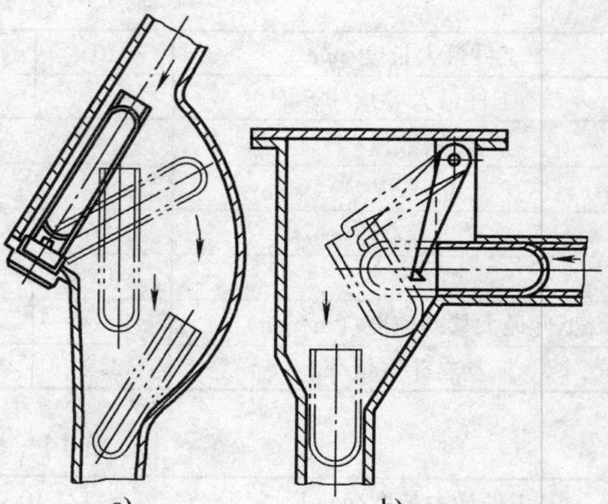

a)　b)

图 13-82　深筒式定向机构
a）自重式　b）钩式

图 13-82b 所示的定向机构，是通过钩子的作用来调节工件的方位。工件从右边料槽进入定向机构。当工件底部朝左时，钩子钩不到工件，工件底朝下落入下段料槽。当工件口部朝左时，钩子钩着它的边，也使工件底朝下落入料槽中。

（3）滑杆式定向机构　图 13-83 所示为滑杆式定向机构，它适用于浅杯形零件。它的结构简单，仅在料槽底部中间加一条钢丝，在料槽的一侧开一个缺口，并使此段料槽具有小的倾斜度。工件由上至下滚过料槽时，*A—A* 方位的工件就一直靠着料槽后沿滚入下段的分配机构，而处于 *B—B* 方位的工件，滚到料槽缺口处时，在重力的作用下，便从缺口处翻落下去而不能进入下段的分配机构。

（4）锥杆式定向机构　图 13-84 所示为推杆式定向机构，它是利用在水平方向往复运动的推杆来实现工件的定向，它适用于圆筒形工件。工件从上段料槽依次落下到推杆处，最下面的工件如果底部朝右，推杆向左运动时推工件的底部，使工件口朝下落入下段料槽（图 13-84a）。最下面的工件如果口部朝右，则推杆向左运动时插入工件并将它一直推到最左端位置。推杆退回时，带爪弹簧板挡住工件，使推杆拔出，工件则因自重而口朝下落入下段料槽（图 13-84b）。

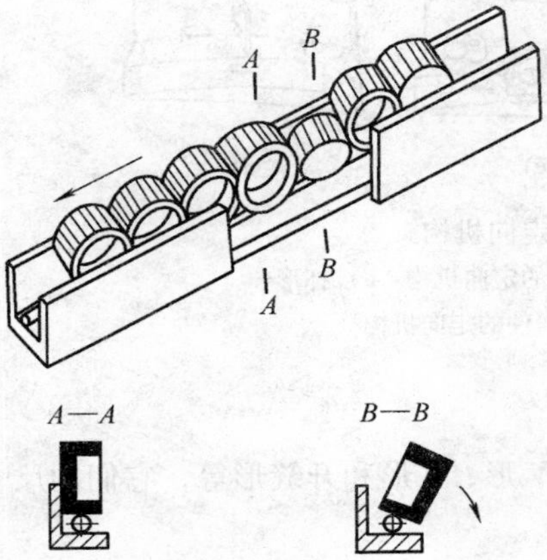

图 13-83　滑杆式定向机构

A—A—所需的方位　*B—B*—不正确方位

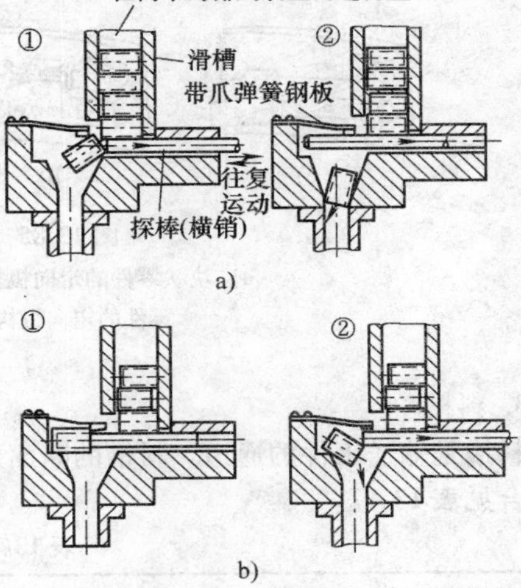

图 13-84　推杆式定向机构

a）推工件的底部　b）推工件的口部

（5）振动式料斗的定向机构　图 13-85 所示为振动式料斗的定向机构，这种定向机构在料斗的螺旋滑道上装有挡板、斜板和漏板来实现工件的定向过程。

图 13-85a 为块状零件的定向机构，上图为分配过程，工件通过缺口时，每次只能通过一个。中、下图为定向机构。中图是利用三角挡块定向，当工件经过三角挡块时，沿着长度方向运动的工件可以通过，而横着移动的工件到缺口处就会落下。

图 13-85b 为盒形零件的定向机构。上图表示当盒形零件通过挡板时，挡板把立起状态的工件推倒。中图是表示实现盒形零件的盒口都朝上的定向机构。口朝下的零件在到达漏板时，翻滚下去。口朝上的零件则可以通过。下图是控制零件水平方向方位的定向机构。零件的长度方向和滑道一致可以通过，反之，会翻落下去。

图 13-85c 为杯形零件的定向机构。上图表示只允许平放的杯形零件通过。中图表示每次只允许通过一个零件。下图表示只允许口朝上的零件能通过漏板。口朝下的零件在漏板处翻滚下去。

图 13-85d 为带凸缘拉深件的定向机构。上图表示零件经过三角挡板时，重叠的就被推下。达到使零件都处于平放状态（口朝上或口朝下都可以）。中图表示只允许凸缘朝上的零件通过挡板。反之，被挡下来。下图表示只允许凸缘朝下的零件通过闸门。闸门口的形状和零件正确方位时的形状相似。方位与此相反的零件被闸门挡住而滑落下去。

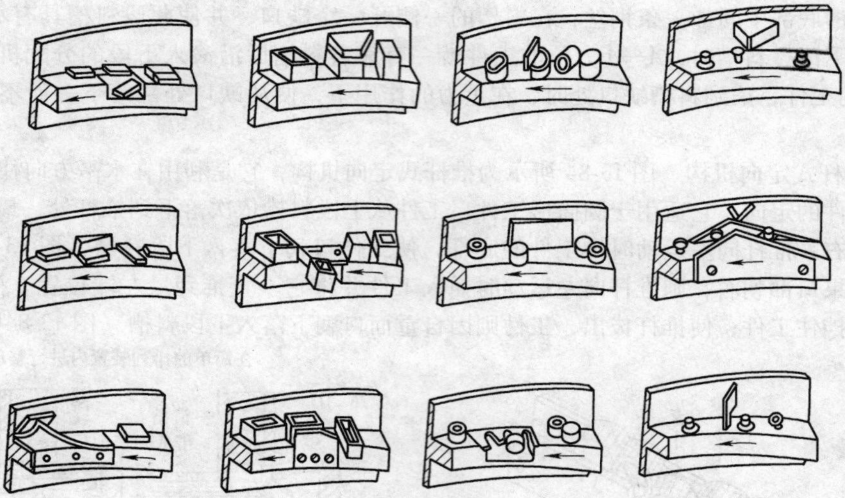

a)　　b)　　c)　　d)

图 13-85　振动式料斗的定向机构

a）块状零件的定向机构　b）盒形零件的定向机构　c）杯形零件的定向机构　d）带凸缘拉深件的定向机构

3. 料槽

料槽是输送工件的通道。料槽的断面形状有圆形、V 形、U 形和开缝形等，它们的尺寸和应用场合见表 13-17。

表 13-17　料槽的剖面尺寸

料槽形式	剖面形状	尺寸计算	应用场合
V 形		$\beta=45°$ $B=(0.7\sim0.8)d$	主要应用于长度小的旋转体工件，工件的移动方向与轴线平行
U 形	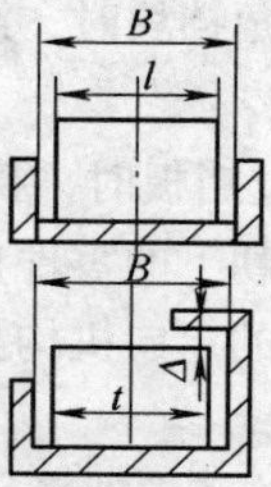	$B=l+2\Delta$ Δ——间隙值 取 $\Delta=1\sim2$mm l——毛坯长度（包括公差）	主要应用于输送旋转体工件和平板式工件
开缝形	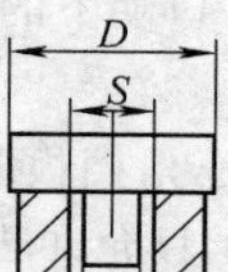	$1.1d<S<0.8D$	主要应用于输送大头的工件，如螺钉、铆钉等

4. 分配机构

半成品零件在料斗或定向机构中定向后连续不断地被推出，经料槽输送到送料装置，而送料装置按照压力机的工作节拍间歇性地送进。为了使供料与送进同步，即保证压力机每冲压一次后，料槽只输送一个工件给送料装置。分配机构可将连续供给的工件分开，间歇地输送给送料装置。常用的分配机构有以下几种：

（1）轮式分配机构　图 13-86 所示为轮式分配机构，它适用于圆形件。工作原理是：安装在料槽 2 中的转轮 3 作间歇转动，压力机每一个行程转过一个齿，分配出一个工件。

（2）拨叉式分配机构　图 13-87 所示为拨叉式分配机构，它的结构简单，便于制造，适应性强，在生产中得到广泛采用。拨叉由托杆 3 和摆杆 4 组成。工作原理是：轴 5 带动摆杆 4 摆动，在摆杆的上下端装有托杆 3，托杆 3 在摆杆推动下沿着料槽的导向孔作往复运动。当摆杆沿顺时针方向摆动时，料槽上部的工件同时下降相当于一个工件大小的距离，被托在下托杆上。当摆杆沿逆时针方向摆动时，上托杆插入，而下托杆从料槽中退出，于是便落下一个工件。

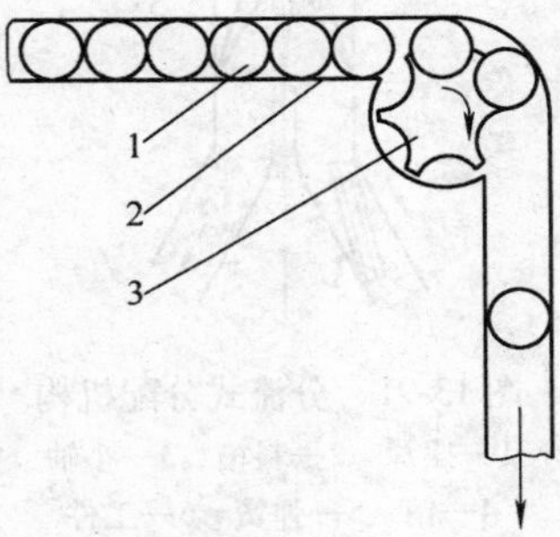

图 13-86　轮式分配机构

1—工件　2—料槽　3—转轮

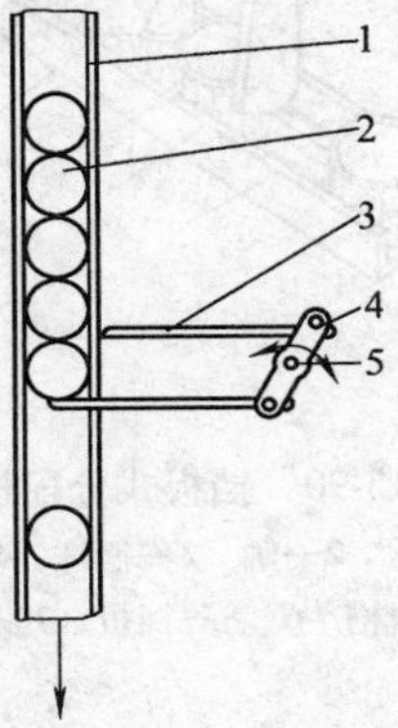

图 13-87　拨叉式分配机构

1—料槽　2—工件　3—托杆　4—摆杆　5—轴

（3）卡钳式分配机构　图 13-88 所示为卡钳式分配机构，连杆 1 带动卡钳 2 绕轴 3 摆动，当卡钳向逆时针方向摆动时，沿料槽滑下一个工件，卡钳顺时针方向摆动时，料槽上部的工件滑到钳口右边被挡住，等待下一次送进。

（4）闸门式分配机构　图 13-89 所示为闸门式分配机构，在倾斜的料槽中设置一个摆动的闸门，连杆带动闸门摆动时，闸门插入两个紧挨着的工件之间，将工件分离，同时给正被送进的工件一个加速度。

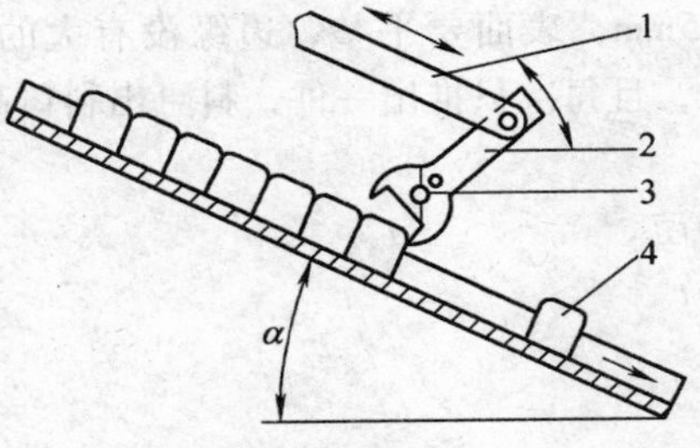

图 13-88　卡钳式分配机构

1—连杆　2—卡钳　3—轴　4—工件

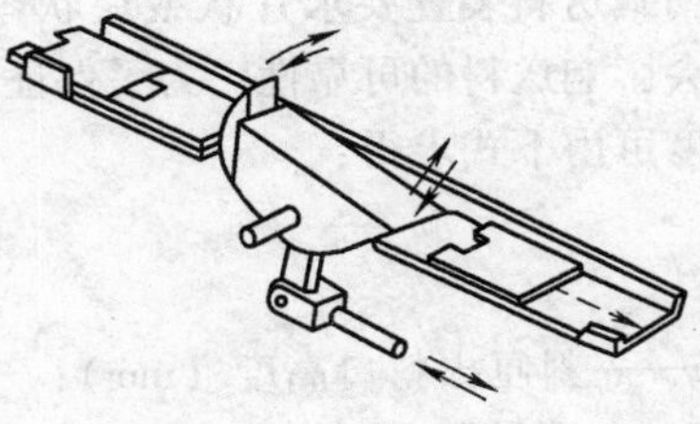

图 13-89　闸门式分配机构

（5）挡板式分配机构　图 13-90 所示为挡板式分配机构，它由连杆 4、摆杆 3、轴 2 和扇形挡板 6、8 等零件组成。工作原理是：连杆 4 带动摆杆 3 向上摆动时，挡板 6 离开工件向后摆出，挡板 8 摆进料槽上方挡住工件，原在两挡板间的那一个工件沿着料槽滑下。即挡板每往复摆动一次，送出一个工件。

（6）分流式分配机构　图 13-91 所示为分流式分配机构，它适用于一个料斗同时向两台压力机供料，它可以等量均匀地为两台压力机供料。工作时，分配机构依靠摆片的左右摆动，可以均匀地将工件分配到料槽的两个通道。

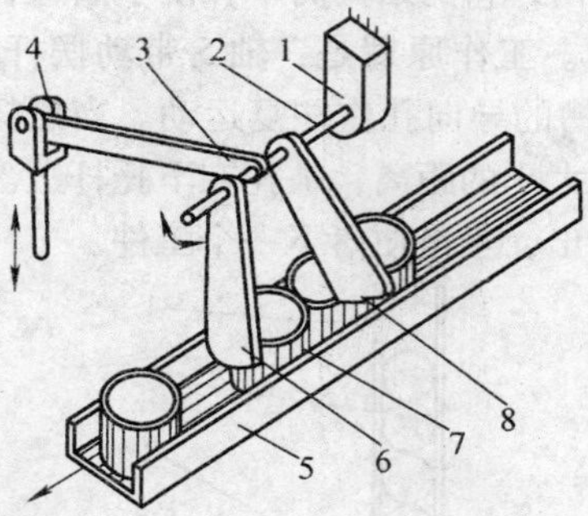

图 13-90　挡板式分配机构
1—轴承　2—轴　3—摆杆　4—连杆
5—料槽　6、8—挡板　7—工件

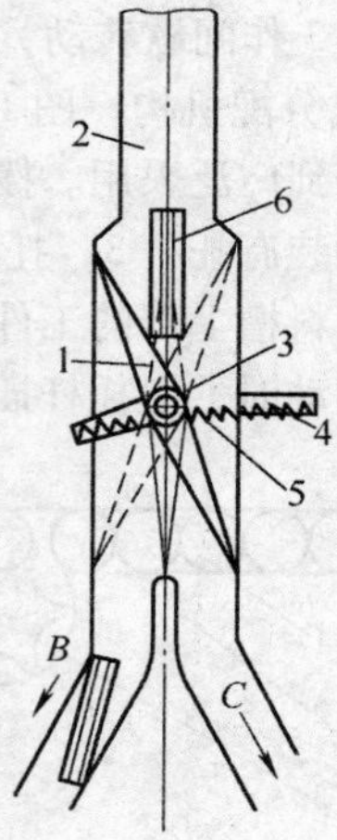

图 13-91　分流式分配机构
1—摆片　2—料槽　3—小轴
4—销　5—弹簧　6—工件

（二）二次加工送料装置

二次加工送料装置的作用是将卷料、条料或板料首次冲压后的半成品冲压件输送到后续工序的模具上，进行再次冲压加工。由于半成品冲压件的形状复杂多样，致使二次加工送料装置的形式多样、结构各异。常用的有：闸门式、摆杆式、夹钳式、转盘式和多工位送料装置。

1. 闸门式送料装置

该装置多用于片状或块状零件的输送，其结构简单、安全可靠、送料精度高。工作原理是：零件推放入料匣中，当推板往左运动时，把坯料从料匣底部出口推出一块，直接或逐步推到模具上。当推板回程从料匣底部退出时，料匣中的块状零件随即落下相当于一块料厚的高度，使最下一块坯料停在送料线上，完成一个送料循环。

闸门式送料装置要求片状或块状零件厚度大于 0.5mm，表面要平整，边缘没有大的毛刺，否则都会影响送料的可靠性。为了保证坯料能顺利推出，且每次只推出一件，料匣出料口高度和推板厚度可由下式求得：

$$h=(1.4\sim1.5)t$$
$$S=(0.6\sim0.7)t$$

式中　h——料匣出料口高度（mm）；

S——推板厚度（mm）；

t——坯料厚度（mm）。

推板行程由料匣的安装位置与模具工作部位间的距离、推料方式和压力机滑块行程的大小等因素决定。一般情况下，由推板一次行程把坯料送到模具上。当料匣与模具工作部位的距离较大而压力机滑块行程较小时，可以考虑采用多次行程送料，即推板把坯料分级送进或坯料在送进过程中是坯料推坯料，仅最后的那块坯料由推板推动。

按传动方式的不同，闸门式送料装置又分斜楔传动式、杠杆传动式和齿轮齿条传动式等。

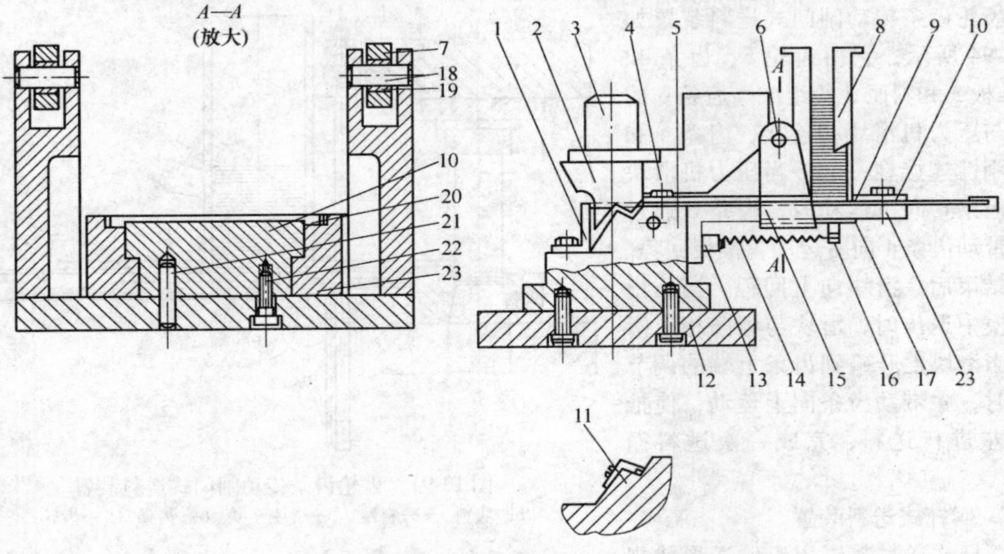

图 13-92　斜楔传动闸门式送料装置

1—定位板　2—凸模　3—模柄　4—斜楔　5—下模　6—滚轮支架　7—滚轮　8—料匣　9—料台盖板　10—推板　11—凹模压板　12—座板　13—挂钩　14—弹簧　15—滚轮支架座板　16—销钉　17—滑动导板　18—滚轮轴　19—滚轮轴瓦　20—坯料　21—定位销　22—螺栓　23—送料台

斜楔传动闸门式送料装置如图 13-92 所示，它主要由送料台 23、料匣 8、推板 10、滚轮支架 6、滑动导板 17 等组成。滚轮支架与座板 15 焊接在一起。滑动导板 17、推板 10 和滚轮支架座板 15 由铆接和螺栓连成一体，在导板 17 的下表面装有用于安装弹簧 14 的销钉 16。它的动作原理是：当压力机滑块向下行程时，装在模具上的斜楔 4 随着向下，斜楔推动滚轮，使滚轮支架 6 和滑动导板 17 向右移动，滑动导板 17 带动推板 10 从料匣 8 退出。推板 10 行至右端终点停止。冲压结束后，冲头退出凹模一定高度，滚轮接触斜楔工作面，在弹簧 14 的拉力作用下，使滑动导板向左移动，这时推板同时向左移动，并从料匣 8 底部通过，推出一块坯料至模具上。

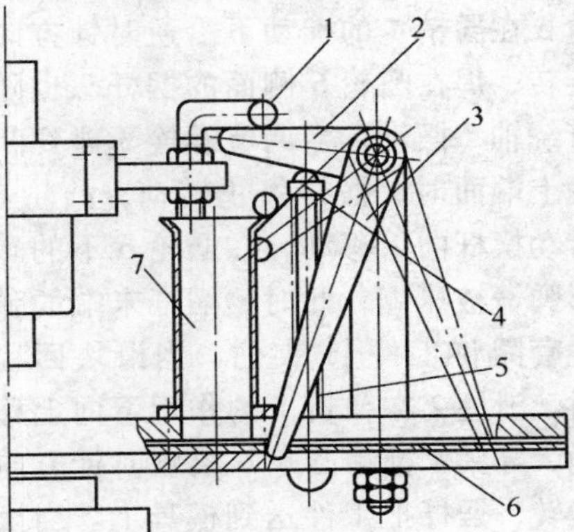

图 13-93　杠杆传动闸门式送料装置

1—压头　2—摆杆　3—推杆　4—顶杆　5—弹簧　6—推板　7—料匣

斜楔传动闸门式送料装置的送料进距受料楔工作面角度的影响，一般进距较小，可用在较高行程次数的压力机上工作。一般坯料尺寸小，则送进距也较小，当坯料在送进方向的尺寸为 20mm 以下时，压力机行程次数可达 150 次/min，对于尺寸为 20～40mm 的坯料，行程次数约 100～120 次/min。如果料匣与模具工作位置之间距离较大时，可采取级进送进。

杠杆传动闸门式送料装置如图 13-93 所示，该装置主要由摆杆 2、推杆 3、推板 6、料匣 7 等零件组成。摆杆 2 和推杆 3 固定在轴上。压头 1 固定在上模或滑块上。推杆 3 的外端插入推板的孔中。顶杆外套有弹簧 5。当滑块向下运动时，固定在模具上的压头 1 推动摆杆 2 向下摆动，顶杆 4 的弹簧被压缩，推杆就使推板空载回程。滑块向上运动时，摆杆 2 在弹簧力的作用下向上摆动，此时，推板把坯料推到模具上。

齿轮齿条传动闸门式送料装置如图 13-94 所示，它由齿轮 5、齿条 4、6、推板 3 和料匣 2 等组成。齿条 6 的上端与压力机滑块相连接，齿条 4 和推板刚性连接在一起。当压力机滑块推动齿条 6 向下运动时，齿条 6 通过齿轮带动齿条 4 向右运动，推板回程。冲压结束后，滑块向上回程。当凸模从凹模中退出时，滑块与齿条相对滑动；当滑块上升碰到齿条上端的调节螺母时，才带动齿条向上运动，使推板向左进行送料，完成一次送料循环。

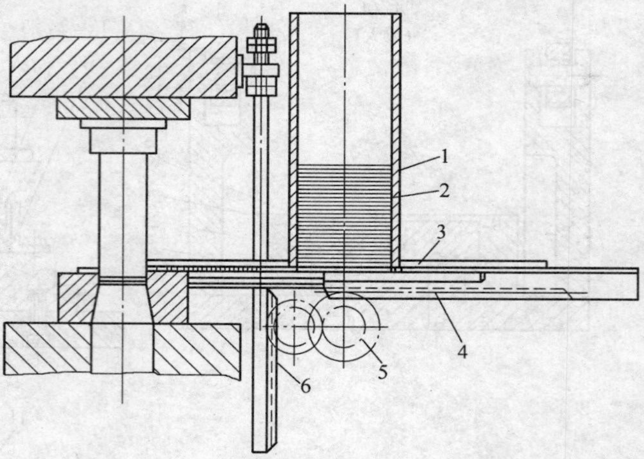

图 13-94　齿轮齿条传动闸门式送料装置
1—块料　2—料匣　3—推板　4、6—齿条　5—齿轮

2. 摆杆式送料装置

摆杆式送料装置用于输送形状规则简单的小型零件，例如圆形和环形零件。摆杆式送料装置一般是机械传动的，送料精度高，但结构复杂。图 13-95 所示为滑块驱动的摆杆式送料装置，它主要由摆杆、抓件部分、驱动部分等三部分组成。驱动部分使摆杆实现摆动和上下往复运动并完成抓件过程，摆动实现送料过程。当滑块下行时，滑块把滑柱 2 压下，装在滑柱 2 上的导销 4 也随着向下移动，凸轮 6 在导销 4 的推动下沿逆时针方向旋转，焊在凸轮 6 侧面的摆杆 9 也随着绕轴 5 摆动。当调节螺栓 3 碰到凸轮上端面时，摆杆停止转动，凸轮 6 带动摆杆向下移动，在凸轮 6 下的碟形弹簧被压缩，此时，摆杆末端的弹性套圈将工件 11 夹住，当滑块回程时，滑柱 2 在弹簧 1 的作用下向上移动，导销 4 推动凸轮 6 沿顺时针方向旋转，摆杆把工件送到模具上。当摆杆转到冲压部位时，松套螺栓 13 顶开套圈活动臂 12 使套圈 10 张开，工件就落到凹模上，完成一个工作循环。

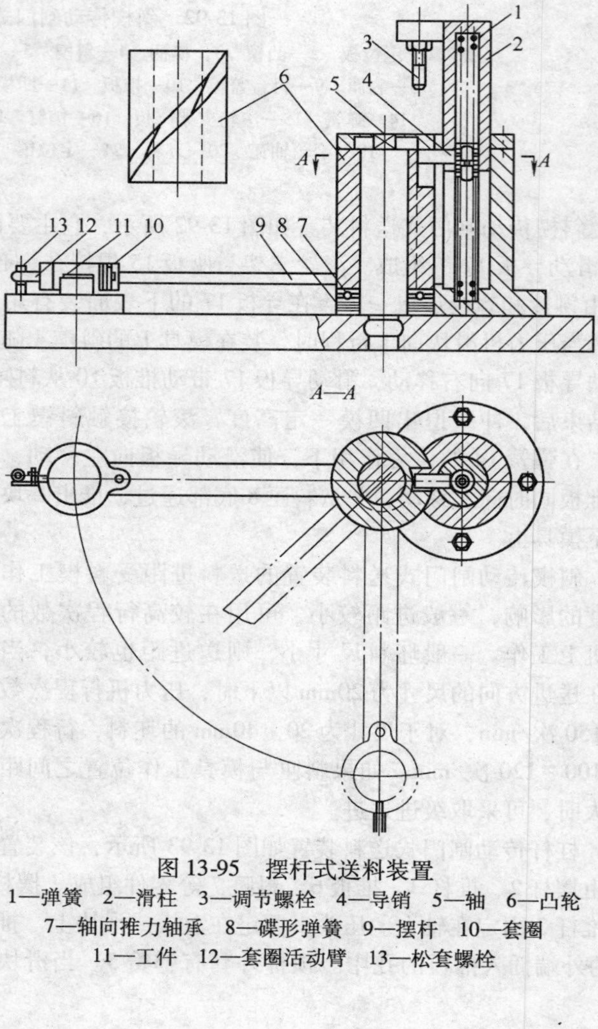

图 13-95　摆杆式送料装置
1—弹簧　2—滑柱　3—调节螺栓　4—导销　5—轴　6—凸轮
7—轴向推力轴承　8—碟形弹簧　9—摆杆　10—套圈
11—工件　12—套圈活动臂　13—松套螺栓

3. 夹钳式送料装置

夹钳式送料装置如图 13-96 所示，

它主要由夹钳、连杆、滑板、料槽和推料部分等组成，用于圆形块料的输送，其结构简单，送料精度高，但送料进距固定，通过改变连杆长度可微调送料进距。工作原理是：当压力机滑块下行时，装在上模1的弹性连杆2推动滑块8带动夹钳6向外退出，夹钳尾部两侧的斜面部分沿着挡块7滑动，挡块7压缩夹钳尾部间弹簧使钳口闭合停止在接件位置。在夹钳尾部的两侧各有一缺口，带动擒纵叉4推出一个工件，工件沿着料槽滑入钳口内。当滑块回程时，弹性连杆2带动夹钳前进，夹钳尾部沿着挡块7滑动，并在弹簧作用下使钳口松开，坯料被放到下模上。

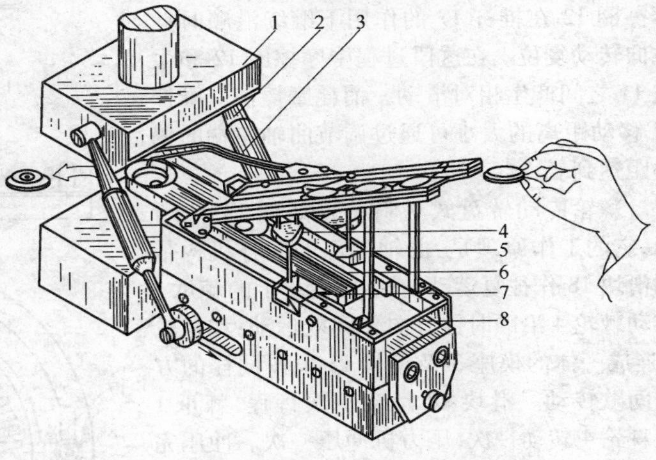

图13-96　夹钳式送料装置

1—上模　2—弹性连杆　3—压料叉　4—擒纵叉　5—拨块　6—夹钳　7—挡块　8—滑块

4. 转盘式送料装置

转盘式送料装置的工作特点是：由料斗、料槽落下来的单个毛坯沿着圆周方向送到模具上进行冲压，其工位数可以是单工位，也可以是多工位。由于放料可以在非模具工作区的地方进行，故操作安全。机构的大小与沿圆周排列的料穴的大小和数量有关，一般料穴的数量为24到30个。转盘直径与料穴数选取可查表13-18。

表13-18　料穴直径、转盘直径和料穴数关系

料穴直径 d/mm	转盘直径与料穴直径比 D/d						
	4	5	6	7	8	9	10
	料穴数 n/个						
20	—	—	—	—	12	15	18
30	—	—	—	13	15	18	20
40	—	—	10	13	15	18	20
50	—	—	11	14	16	19	21
60	—	10	12	15	18	20	23
70	7	10	12	16	19	21	—
80	7	10	12	16	19	—	—
90	7	10	12	15	—	—	—
100	7	10	12	—	—	—	—

按传动方式不同，转盘式送料装置可分为：摩擦传动式、棘轮传动式、蜗杆凸轮传动式和圆柱凸轮传动式等。

摩擦传动的转盘式送料装置如图13-97所示，用于生产电机转子片。工作原理是：毛坯放在定位台3上，其上的定位键20套入毛坯内孔处的键槽中。滑块向下运动时，曲轴四连杆机构驱动推杆17作往复运动，通过销轴18推动摩擦圈12作逆时针方向转动时，牛皮11紧包在摩擦盘10的圆周上，摩擦圈12通过作用在牛皮11的摩擦力带动摩擦盘10沿着逆时针方向转动，毛坯随着摩擦盘转过一个角度，此角度比要求的角度稍大一点。为使毛坯能停止在正确的冲压位置，在冲压之前，推杆17拉着摩擦圈12顺时针转动，带动摩擦盘10沿顺时针方向转动一个很微小的角度后，由于止推棘爪15挡住了棘轮圈14，和棘轮圈14刚性联系在一起的摩擦盘10就停止了转动，这时毛坯停止在正确的冲压位置。摩擦圈12在推杆17的作用下继续沿顺时针方向转动复位。在这段过程中摩擦圈12和牛皮11之间产生相对滑动，消耗摩擦功。推杆17移动距离的大小可通过调节曲轴左端的偏心距达到。

棘轮传动转盘式送料装置如图13-98所示，它的工作原理是：曲轴端部的四杆机构带动滑块18作往复运动，安装在滑块上的棘爪1推动棘轮4沿顺时针方向作间歇运动；和棘轮4连成一体的模座3及模具13也按同样的方向间歇转动。滑块18运动一次行程，棘爪1使棘轮4转动一次，压力机冲压一次。冲压完成后，再顺时针方向转一定角度后，顶销14在弹簧片15的作用下逐渐升高，顶出工件。

蜗杆凸轮传动转盘式送料装置如图13-99所示，它的特点是转盘的齿数和料穴数相等。适用于小尺寸坯料的送料。由于蜗杆凸轮制造困难，所以目前这种装置应用并不普遍。它的工作原理是：由压力机曲轴带动链轮等速转动，带动蜗杆凸轮转动，使转盘作间歇运动，压力机每一次行程蜗杆凸轮旋转一周，转盘转过一齿，转盘每次的转角为$\frac{2\pi}{Z}$（式中Z—转盘的齿数）。

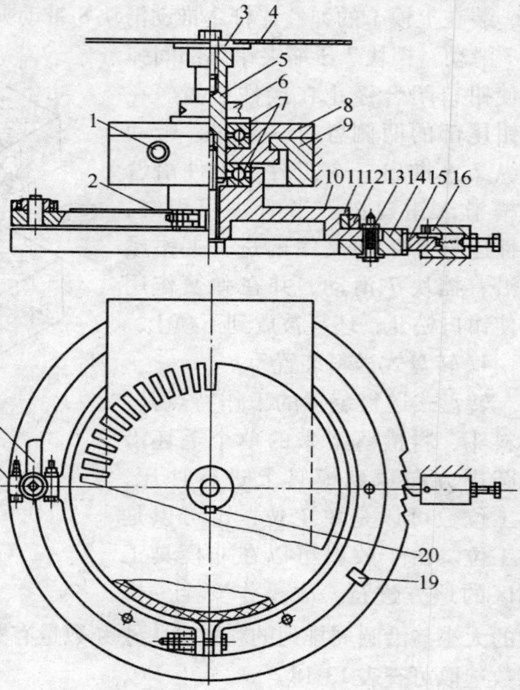

图13-97 摩擦传动转盘式送料装置

1—拖板定位螺钉 2—摩擦圈调节螺栓 3—定位台 4—转子片 5—轴 6—螺母 7—推力轴承 8—拖板 9—导轨 10—摩擦盘 11—牛皮 12—摩擦圈 13—螺栓 14—棘轮圈 15—止推棘爪 16—棘爪座 17—推杆 18—销轴 19—停止撞块 20—定位键

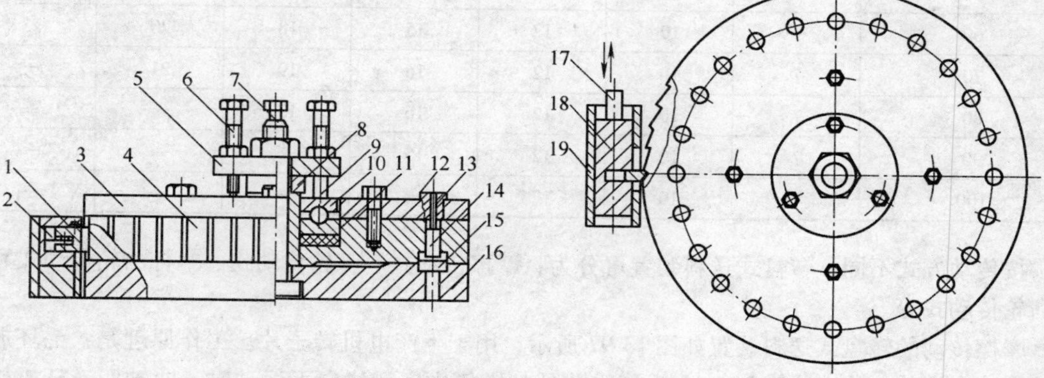

图13-98 棘轮传动转盘式送料装置

1—棘爪 2—弹簧 3—模座 4—棘轮 5—压板 6—微调螺栓 7—螺栓 8—压圈 9—套 10—止推轴承 11—橡皮圈 12—工件 13—模具 14—顶销 15—弹簧片 16—底板 17—连杆 18—滑块 19—导板

圆柱凸轮传动转盘式的送料装置如图 13-100 所示，该装置的间歇转动由圆柱凸轮来实现，适用于高冲次压力机，但当机构磨损后不能通过调节进行补偿。它的工作原理是：压力机曲轴通过齿轮传动或其他形式的传动带动圆柱凸轮转动，圆柱凸轮与转盘座的滚子啮合；圆柱凸轮旋转一周，转盘转过一个角度。转盘座下面的滚子数一般为 6 ~ 12 个。

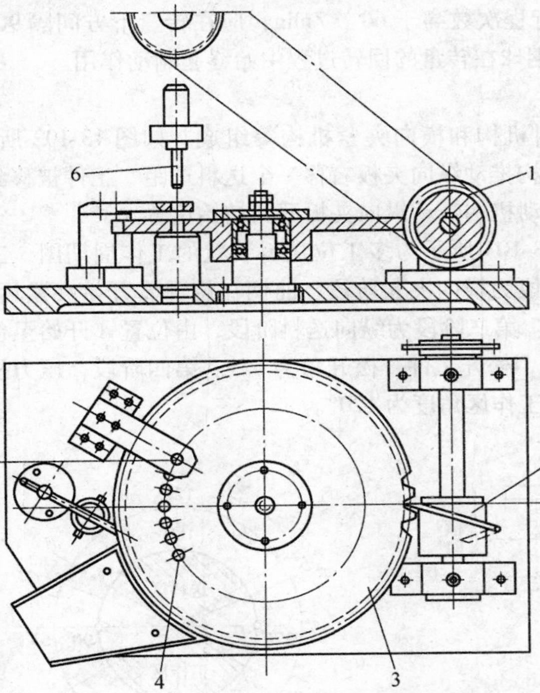

图 13-99　蜗杆凸轮传动转盘式的送料装置

1—链轮　2—蜗杆凸轮　3—转盘　4—料穴

5—工作部位　6—模具

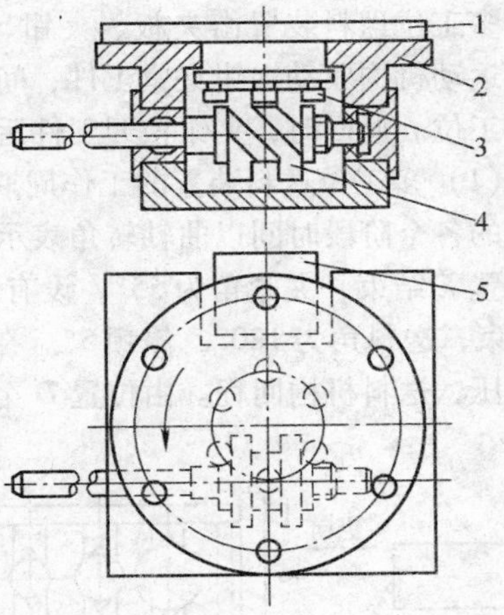

图 13-100　圆柱凸轮传动转盘式的送料装置

1—转盘　2—转盘座　3—滚子

4—圆柱凸轮　5—下模

为了提高转盘式送料装置的定位精度，其送料转盘上定位孔导向锥面的直径应大于或等于相邻两定位孔的中心距，这样相邻两孔的导向锥面的相交处就形成一个尖顶（图 13-101）。于是定位器 1 只要接触到导向锥面就可插入定位孔。若定位器落在尖顶上，则绕轴 2 回转，最终沿着锥面滑入某一定位孔中。弹簧 3 可使定位器恢复垂直位置。弹簧力 Q 的计算公式为

$$Q \geqslant \frac{2(M+J\varepsilon)}{D_{\phi}\sin\beta\cos\beta}$$

式中　M——转盘回转时的摩擦力矩；

J——转盘的惯性矩；

ε——转盘回转时的最大角加速度；

D_{ϕ}——定位孔分布圆的直径；

β——锥面的倾斜角，$\beta \leqslant 45°$。

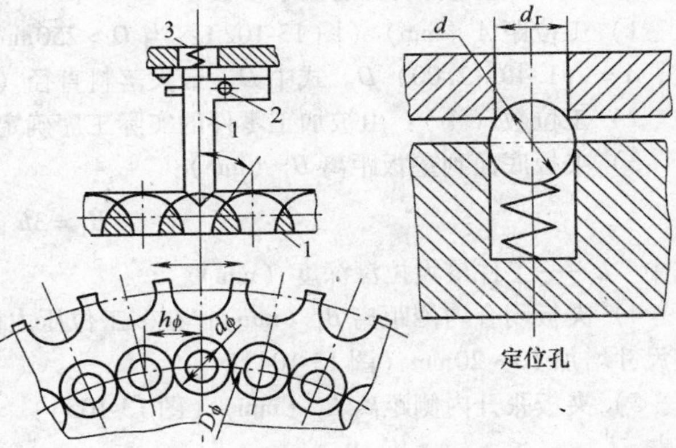

图 13-101　转盘式送料装置的定位机构

1—定位器　2—轴　3—弹簧

定位孔分布圆的直径（图 13-101）按下述公式计算

$$D_{\phi} \leqslant \frac{Nb_{\phi}}{\pi}$$

式中　N——定位孔数；

b_{ϕ}——相邻两定位孔的中心距。

若送料转盘的直径大于 200mm 或压力机行程次数高于 60 次/min，应在转盘下方间隔 90°或 120°装设弹簧支撑的钢球（图 13-101）。这些钢球在转盘的回转过程中始终起制动作用。

5. 多工位送料装置

多工位送料装置由夹板、夹钳、纵向送料机构和横向夹紧机构等组成。如图 13-102 所示，横向运动机构驱动夹钳夹紧工件，间歇运动机构推动纵向夹板右移一个送料进距，工件被移到下一个工位。返回时，夹钳松开工件后，间歇运动机构带动纵向夹板回到初始位置。

（1）多工位送料装置的工作周期图　图 13-103 所示为多工位送料装置的工作周期图，工作循环的各个阶段时间以曲轴转角表示。第一阶段为横向夹紧阶段，曲柄在位置 E 开始夹紧运动，到位置 F 结束，夹紧角为 55°，设有停止角 5°。第二阶段为纵向送料阶段，由位置 A 开始至位置 B 结束，送料角为 120°，停顿 5°。在第三阶段，松开工件，松开角为 55°。第四阶段，压力机进行冲压，送料机构回程。由位置 D 至位置 E，工作区角度为 120°。

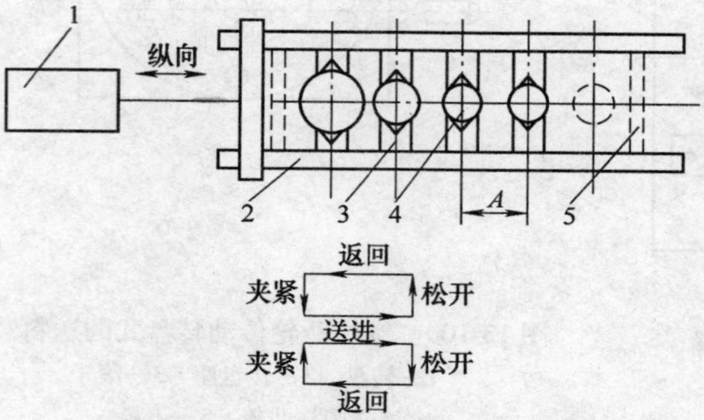

图 13-102　多工位送料装置原理结构图

1—纵向驱动机构　2—夹板　3—夹钳　4—工件　5—横向驱动机构

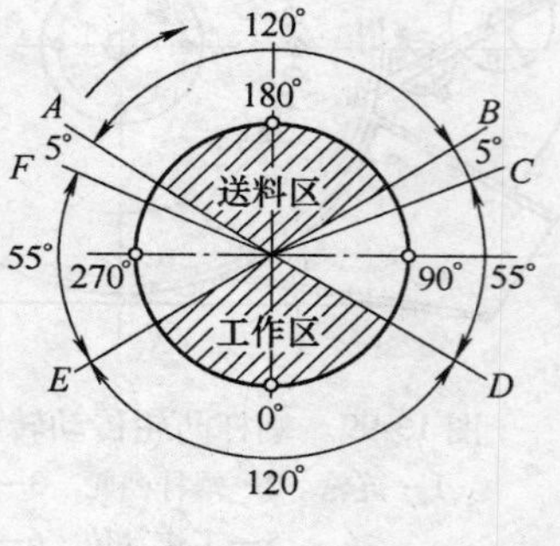

图 13-103　多工位送料装置工作周期图

（2）多工位送料装置的技术参数

1）工位距 A（mm）（图 13-102）：当 $D>250$mm 时，$A=(1.12\sim1.25)D$；当 $D<250$mm 时，$A=(1.40\sim2.00)D$。式中 D—最大落料直径（mm）。

2）工位数（个）：由被加工零件的实际工序确定，并适当考虑空工位及工件出料工位。

3）夹板底面到垫板距离 H_1（mm）：

$$H_1 = 3h$$

式中　h——工件最大拉深深度（mm）。

4）夹板闭合内侧距离 B_1（mm）：在多工位压力机上安装落料模时，其内侧距离根据落料模座尺寸增加 10～20mm（图 13-104）。

5）夹板张开内侧距离 B_2（mm）（图 13-105）：

$$B_2 = B_1 + 2B$$

式中　B——夹板单面张开量（mm）。

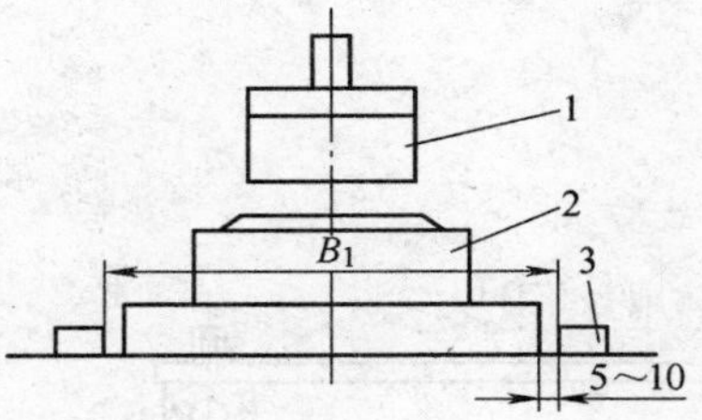

图 13-104　夹板闭合内侧距离

1—上模　2—下模　3—夹板

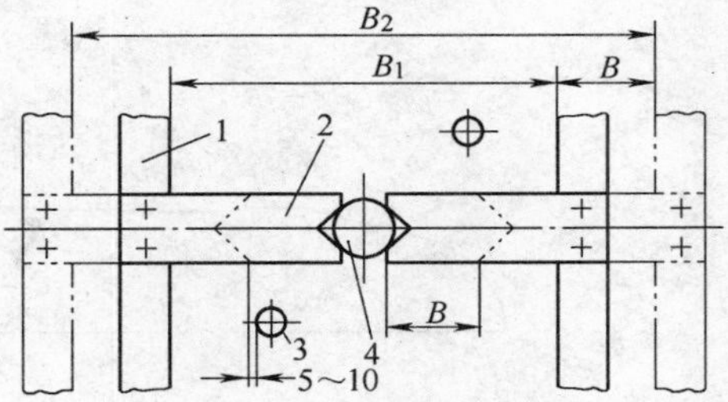

图 13-105　夹板单面张开量

1—夹板　2—夹钳　3—模具导柱　4—工件

夹板单面张开量 B 是根据夹板在闭合时夹住工件，张开时夹钳能自由通过模具导柱外侧的原则确定。

（3）多工位送料装置的结构　多工位送料装置的结构如图 13-106 所示。

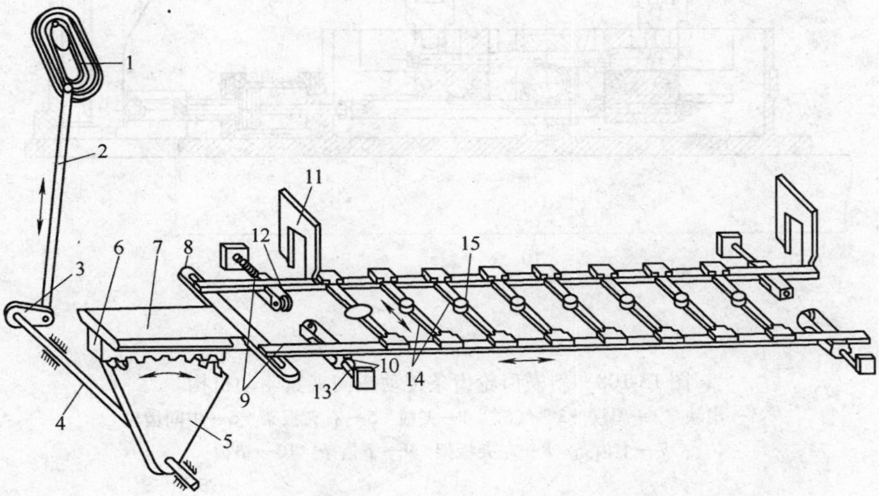

图 13-106　多工位送料装置

1—凸轮　2—拉杆　3—转臂　4—轴　5—扇形齿轮　6—齿条　7、10—滑块　8—连接板　9—夹板　11—斜楔　12—滑轮　13—弹簧　14—夹钳　15—工件

（4）横向夹紧驱动机构　横向夹紧驱动机构的类型有斜楔传动、斜楔齿轮齿条传动和曲柄连杆传动等几种，如图 13-107 ~ 图 13-109 所示。

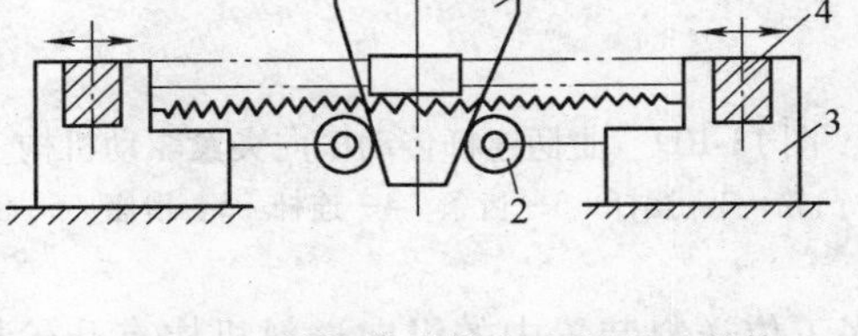

图 13-107　斜楔传动横向夹紧驱动机构

1—斜楔　2—滚轮　3—滑座　4—夹板

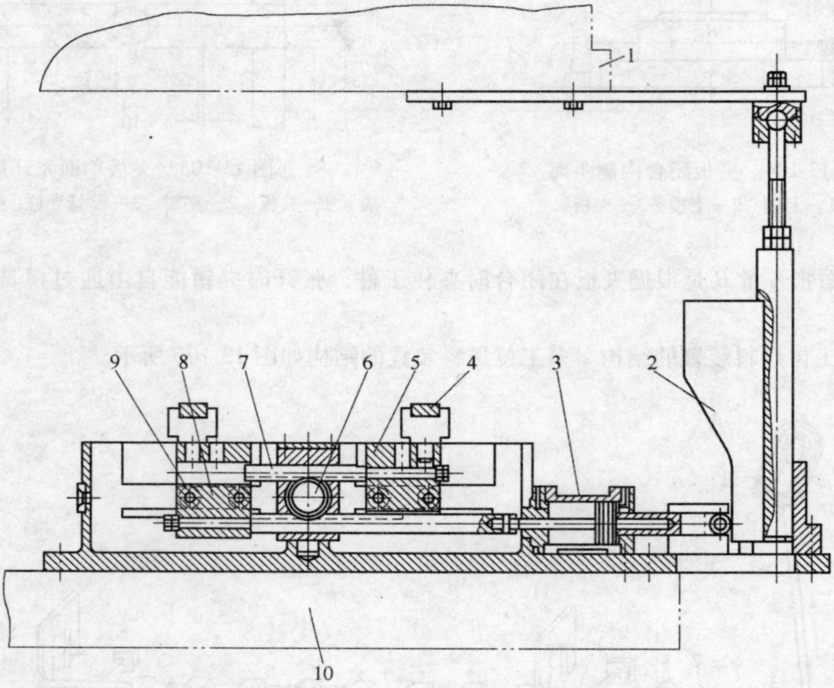

图 13-108　斜楔齿轮齿条传动横向夹紧驱动机构

1—滑块　2—斜楔　3—气缸　4—夹板　5—右夹板架　6—中间齿轮

7—上齿条　8—左夹板架　9—下齿条　10—垫板

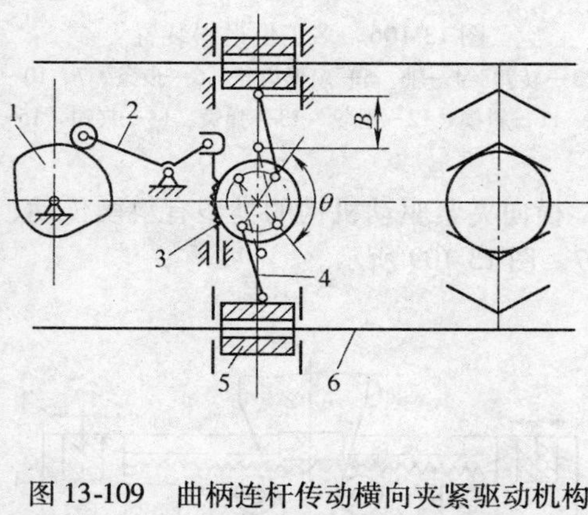

图 13-109　曲柄连杆传动横向夹紧驱动机构

1—凸轮　2—摆杆　3—齿条　4—连杆　5—滑座　6—夹板

（5）纵向送料机构　多工位送料装置中的纵向送料机构有凸轮杠杆传动、凸轮传动、齿轮齿条传动、气动和行星齿轮传动等几种，如图 13-110 ~ 图 13-114 所示。

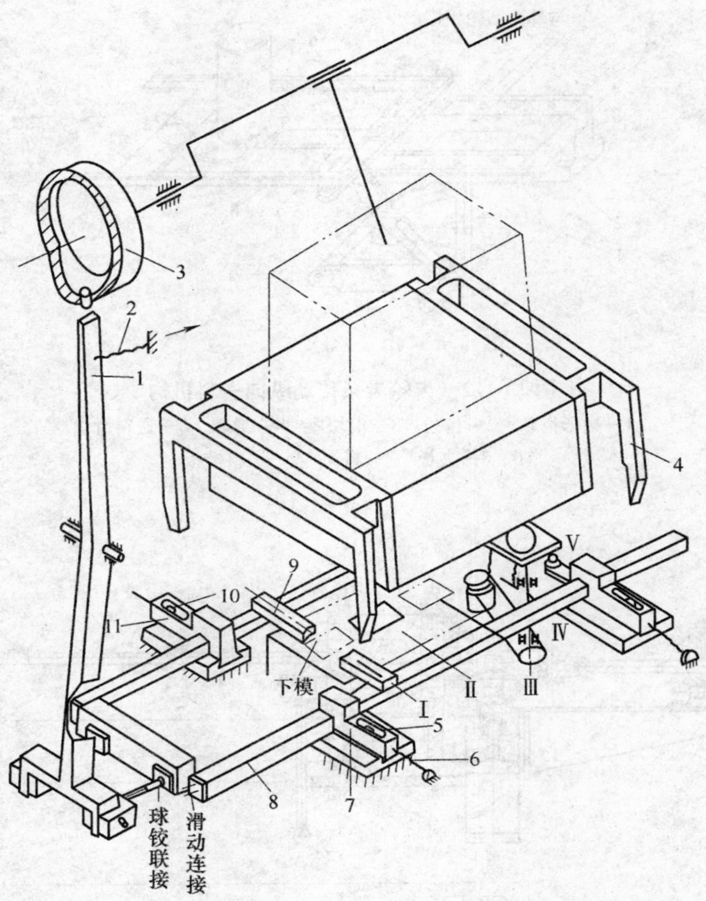

图 13-110　凸轮杠杆传动纵向送料机构

1—杠杆　2、6—弹簧　3—凸轮　4—斜楔　5—卡槽　7、11—滑架　8—夹条　9—夹爪　10—滚子

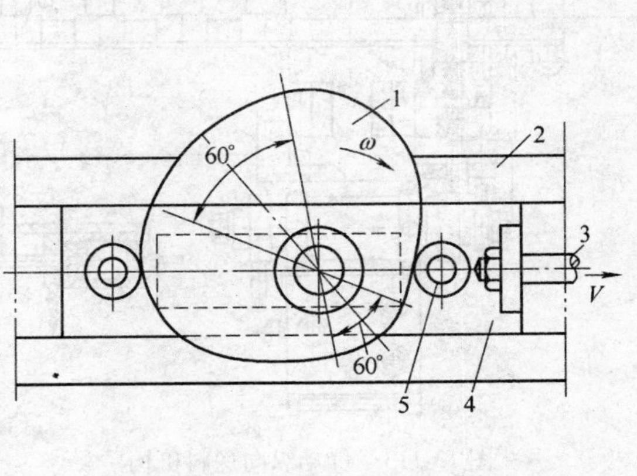

图 13-111　凸轮传动纵向送料机构

1—凸轮　2—机架　3—连接杆　4—滑块　5—滚子

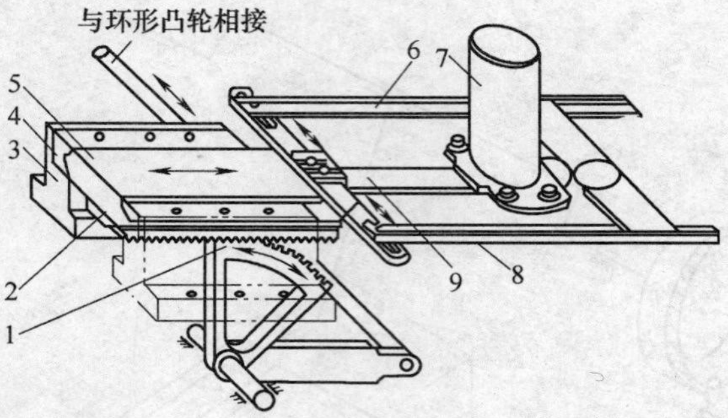

图 13-112　齿轮齿条传动纵向送料机构

1—扇形齿轮　2—齿条　3—滑块座　4—导轨　5—送料滑块

6、8—夹板　7—料筒　9—送料推板

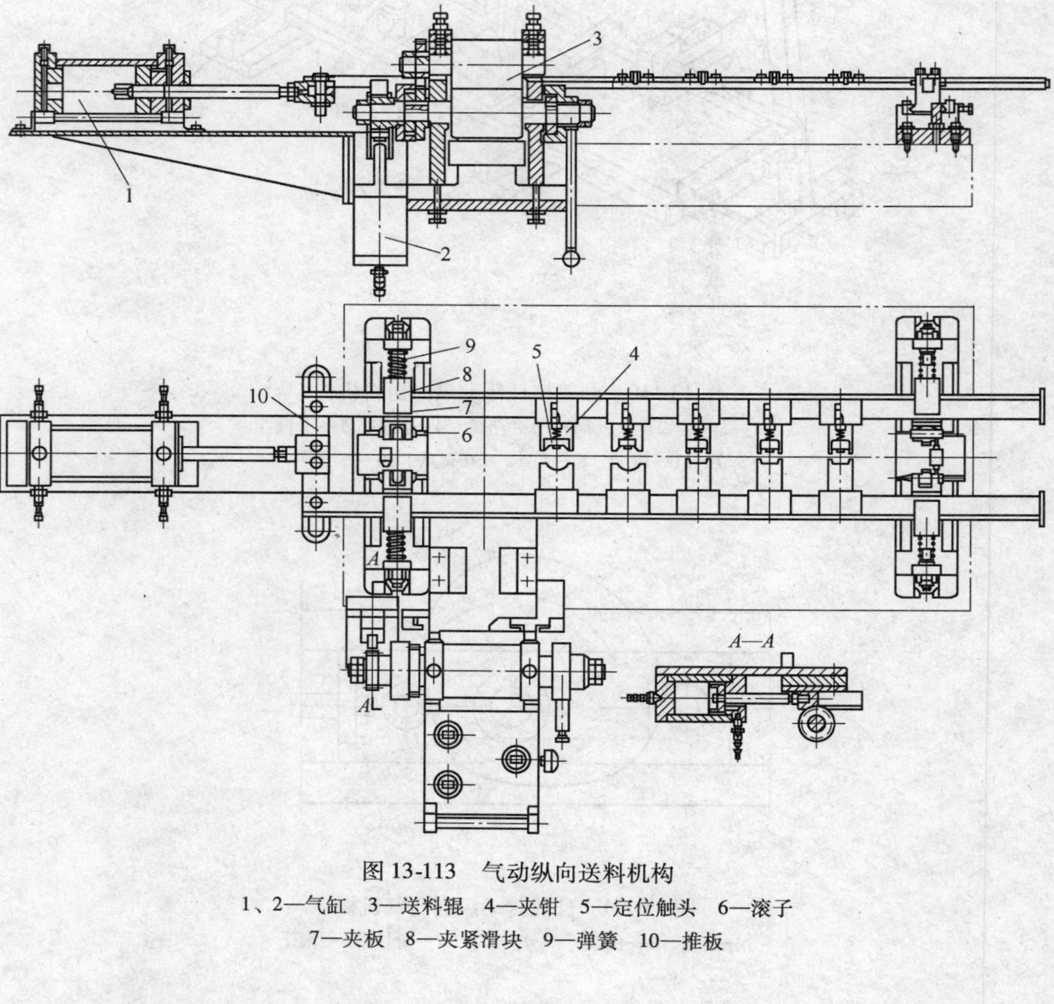

图 13-113　气动纵向送料机构

1、2—气缸　3—送料辊　4—夹钳　5—定位触头　6—滚子

7—夹板　8—夹紧滑块　9—弹簧　10—推板

行星齿轮传动纵向送料机构如图 13-114 所示，它是一种新型间歇运动机构，具有运行平稳，冲击小和定位精度高等优点，被用于多工位压力机的夹板纵向送料。它的工作原理（图 13-115）是：太阳齿轮 1 固定不动，节径为 D，行星齿轮 3，节径为 d，它绕着太阳齿轮滚动时，行星齿轮圆心 A 的轨迹为一圆周形。行星齿轮上有一偏心轴 2，其圆心为 B，偏心距为 e。当 $D:d:e=10:5:1$（或近似为 1）时，则 B 点的轨迹为一近似椭圆形，曲线左右有两条近似直线段（图 13-115 中点划线所示）ⅠⅣ与ⅡⅢ。

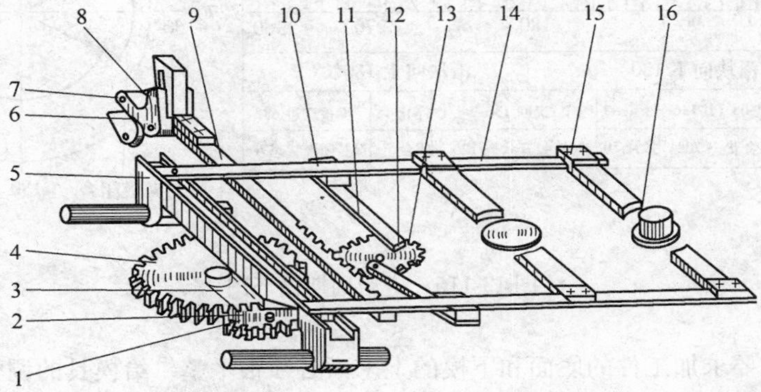

图 13-114　行星齿轮传动纵向送料机构

1—行星齿轮　2—偏心轴　3—连杆　4—太阳齿轮　5—槽形导轨　6—凸轮　7—滚子　8—拨杆　9—齿条　10—夹板架　11—拉杆　12—偏心销　13—齿轮　14—夹板　15—卡爪　16—工序件

偏心轴驱动夹板纵向运动，在近似直线部分纵向运动停止，仅有微量波动。此时张合机构动作，使夹板作横向运动。

夹板纵向送料机构（图 13-114）工作过程：行星齿轮 1 绕固定的太阳齿轮 4 回转，使行星齿轮 1 上的偏心轴 2 在槽形导轨 5 内滑动，使夹板 14 纵向来回移动。凸轮 6 通过滚子 7 使拨杆 8 带动齿条 9，齿条 9 与齿轮 13 啮合，偏心销 12 绕齿轮 13 中心回转，通过拉杆 11 使夹板架 10 及夹板 14 作张合运动，卡爪 15 夹紧或放松工序件 16。

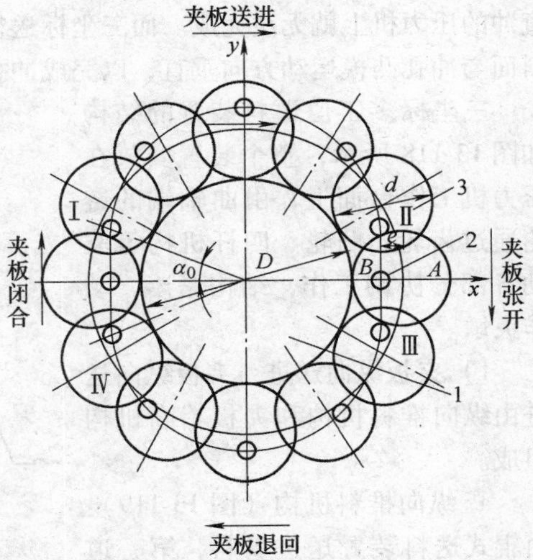

图 13-115　行星齿轮传动机构原理图

1—太阳齿轮　2—偏心轴　3—行星齿轮

夹板进给机构与压力机滑块动作的相互关系如图 13-116 所示。

（6）三坐标多工位送料装置　上述多工位送料装置为二向进给方式，即送料装置按“夹紧→送料→松开→退回”的方式工作，被加工工件在下模面上滑动，因此对冲压方法和冲压件的形状都有一定的限制。在二向进给方式的基础上加上“上升、下降”的动作，使送料装置的夹板具有三维的运动，可按“夹紧→上升→送料→下降→松开→退回”的方式工作，即被加工工件离开下模面某一距离作纵向送进，从而扩大了多工位送料装置的应用范围。

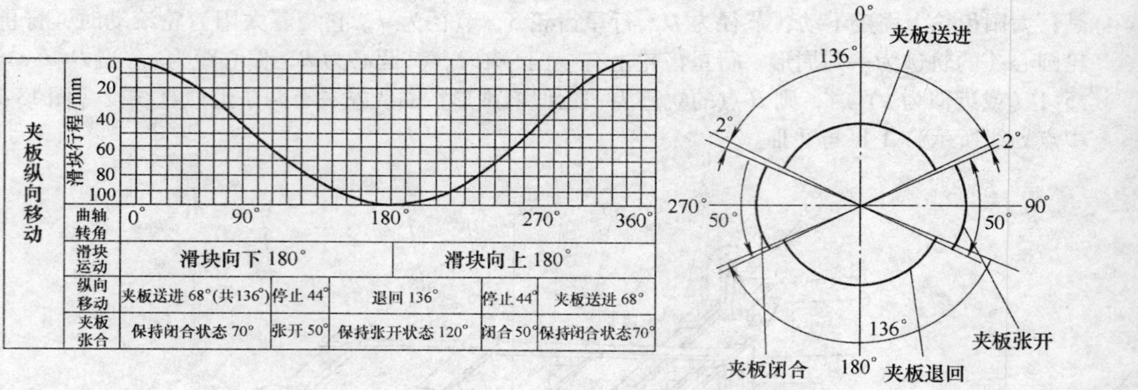

图 13-116　进给周期循环图

二向进给方式要求加工件的底面和下模的上平面必须很平整，给模具的调整和制造带来了困难。或者各工位下模的上平面需逐个降低 0.1 ~ 0.2mm。如果加工件底面不平，甚至带向下翻边或弯曲的工件，则无法解决。而三坐标送料装置不要求工件底面一定要平整。

二向进给方式一定要求把工件完全顶出凹模上表面，否则不能纵向送进。但三坐标送料装置无此要求，当顶件小时，可以不用卸料器，而直接由夹钳本身的上升动作来提升被加工件，这样可使模具结构变得简单。

由于三坐标送料装置的夹钳有升降动作，且夹钳上升高度可调，这样便可能在它上升过程中改变工件的姿态。如图 13-117 所示产品要求在顶部斜面上冲孔，当采用二向进给方式时，在垂直冲的压力机上就无法完成。而三坐标送料装置在夹钳上升时，可变更工件的姿态，使要冲孔的斜面与冲孔凸模运动方向垂直，以完成冲孔工序。

三坐标多工位送料装置的结构如图 13-118 所示，整个装置安放在压力机工作台面上，由曲轴端的链轮通过齿轮、凸轮、四杆机构等驱动各部分协调工作，结构紧凑，动作灵敏。

1）夹板纵向送进　夹板纵向送进由纵向推料机构和夹板抬高机构组成。

a. 纵向推料机构（图 13-119）：由辊式送料装置送进卷料，第一道工序必须先落料，由于落料模下面是封闭的，夹板上的夹钳夹不到落料片，所以必须设有纵向推料机构，将落好的料推送到第二个工位。它主要由齿条 1、槽钢 2、拖板 3、推料板 4、传动块 7 和撞块 9 等组成。槽钢 2 通过撞块 9 中的螺钉和齿条 1 固定为一体，推料板 4 安放在槽钢 2 中，推料板 4 与槽钢的相对位置由定位销 6 来限制。为了使夹板有时间夹紧上升或下降松开，在送进前后或退回前后应有一段时间保持不动（见图 13-120 送料周期图）。但纵向推料机构中的齿条 1

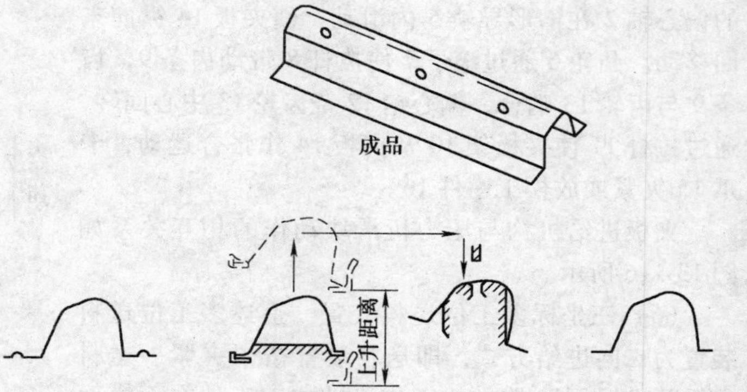

图 13-117　变换加工件姿态

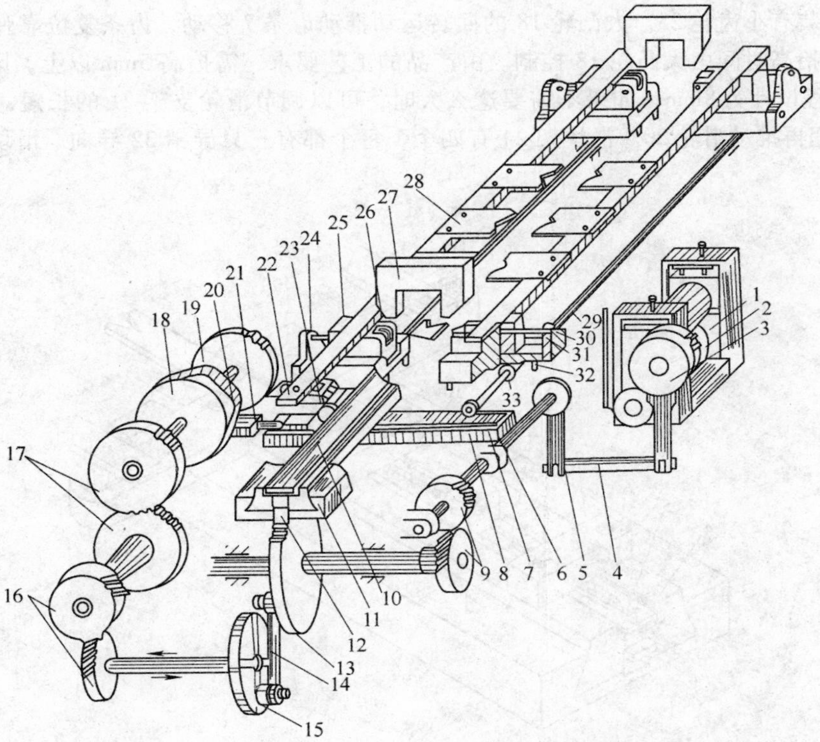

图 13-118 三坐标多工位送料装置结构图

1—辊轴 2、17—齿轮 3—超越离合器 4、14—连杆 5—摆杆 6、31—弹簧 7、12—齿条 8—槽钢 9、16—斜齿轮 10—推料板 11—燕尾槽 13—大齿轮 15—偏心盘 18—大凸轮 19—链轮 20、26—滑轮 21—滑轮支架 22—夹板 23—小齿轮 24—滑块架 25—滑块 27—斜楔 28—夹钳 29—凸轮轴 30—导柱 32—导销 33—小凸轮

是由偏心盘、连杆带动齿轮来实现往复运动的。如果在纵向推料机构中没有空行程机构，就不能实现夹板的夹紧、上升、下降、松开的动作。推料动作过程是：齿条 1 被齿轮驱动向右运动时，由于撞块 9、槽钢 2 和齿条 1 连为一体，也一起向右运动，安放在槽钢中的推料板 4 在弹簧 5 的作用下也随之向右运动，开始推料，但拖板 3 此时停止不动。夹板 12 通过横条 11 中的螺钉固定在拖板 3 上，拖板不动，夹板亦不动，此时，虽然撞块 9 随齿条向右运动，但并不带动夹板向右运动，这段时间就称谓空行程，这段空行程时间，正好让夹板夹紧和上升用。当撞块 9 和右面安装在传动块上的调节螺钉 10 相碰时，才开始带动已完成夹紧和上升动作的夹板 12 向右运动，开始送进。同样，回程时撞块 9 碰到左面传动块 7 上的螺钉时，才带动夹板 12 回程，这段空行程，可使夹板完成下降和松开动作。送料距的微调可以通过左右传动块上的调节螺钉来实行。如果工位间距要求为 110mm，撞块 9 的空行程距为 34mm，则推料板 4 的行程为 144mm，为了确保送料距为 110mm，可在推料板的右端安装一个限位挡块，由落料凹模座进行限位，当齿条 1 带动拖板 3 继续向右运动时，推料板 4 右端挡块受到落料凹模座限位，弹簧 5 拉长，拖板 3 向左复位时，推料板在弹簧的作用下复位。当落料工位发生故障，推料板不能向前继续推进时，弹簧被拉长，使传动的齿轮、齿条不致因此损坏。

b. 夹板升降机构（图 13-118）：夹板的纵向往复运动由偏心盘 15 通过连杆 14，大齿轮 13 和齿条 12 来实行。夹板 22 在滑块 25 中往复运动，滑块架 24 的底面座落在抬高小凸轮 33 上，凸轮轴 29 的一端装有小齿轮 23。大凸轮 18 的回转运动推动齿条 7 移动，齿条复位靠弹簧 6。因此，滑块架 24 的抬高时间由大凸轮 18 控制。由产品的工艺要求，需抬高 5mm 以上，因此，小凸轮 33 的顶高行程设计为 8mm，如果不需要这么大时，可以调节滑轮支架 21 的长短，使大凸轮 18 走一段空行程再推动滑轮 20。滑块架 24 有四个，每个都有三只导销 32 导向。滑块架降落靠自重。

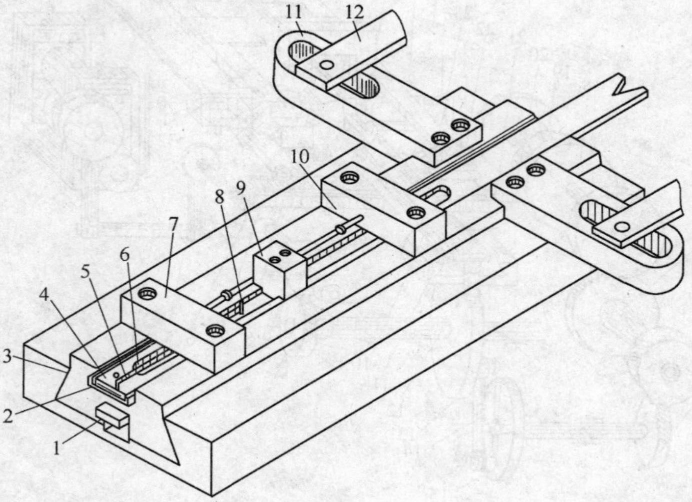

图 13-119　纵向推料机构

1—齿条　2—槽钢　3—拖板　4—推料板　5—弹簧　6—定位销　7—传动块
8—销钉　9—撞块　10—调节螺钉　11—横条　12—夹板

2）夹板横向张闭　夹板横向张开靠固定在压力机滑块上的斜楔 27，夹板的闭合由弹簧 31 实行。

3）辊式送料装置　辊式送料装置安排在工作台前面，处于落料模中心线上，使用卷料。它由上下辊轴和超越离合器 3 等组成，由曲轴通过一系列齿轮，连杆机构驱动，由超越离合器的单向转动而实现间歇送料。

三坐标多工位送料装置的工作周期图如图 13-120 所示，由图可见，上升和下降两个动作和送料有一段时间同时进行，即在上升一定高度使工件离开模具后，便一面上升一面纵向送进，在没有送达下一工位前，便一面下降一面继续送进。放松和夹紧也是这样，在完全放松前就开始边继续放松边开始退回。退回到前一工位前，夹钳开始闭合，同时继续退回。这样可使周期运动更紧凑。但是在上升前和下降后，工件必须停顿一段短时间，停顿后才进行其他动作，如图中有 5°的停顿。

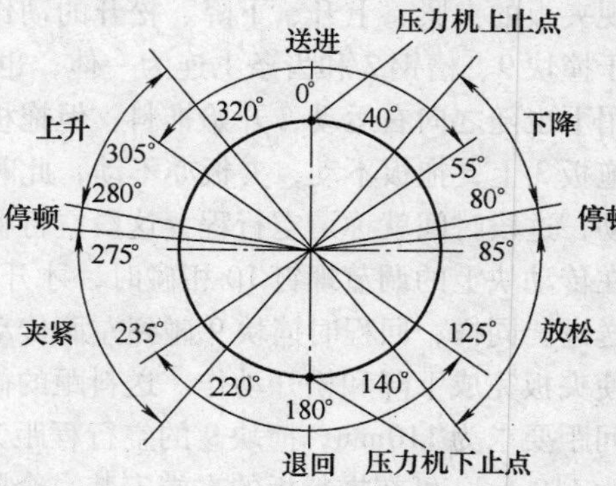

图 13-120　三坐标多工位送料装置工作周期图

（三）出件机构

出件机构的作用是把冲压下来的工件或废料及时送出。送料装置和出件机构配套使用，可大大减轻操作者劳动强度，有效防止工伤事故。

按传动方式，出件机构有气动和机械传动两种。机械传动出件机构主要有接盘式、托杆式和弹性出件机构。

气吹式出件机构如图 13-121 所示，其工作过程是：当滑块回程时，安装在压力机曲轴端部的凸轮 3 推动阀杆 2，气阀 1 被打开，储气筒 4 里的压缩空气经管道 5 由喷嘴 8 吹出，将已从下模 7 中顶出的工件 6 吹离模具。气吹式出件机构的结构简单，适用于小型冲压件，但工件被吹出后的方位不能控制，噪声也比较大。压缩空气的压力一般为 0.4 ~ 0.6MPa。

气动推杆式出件机构如图 13-122 所示，它是利用气缸中活塞杆的推力把工件从模具上推出。这种出件机构适用于中小型冲压件。

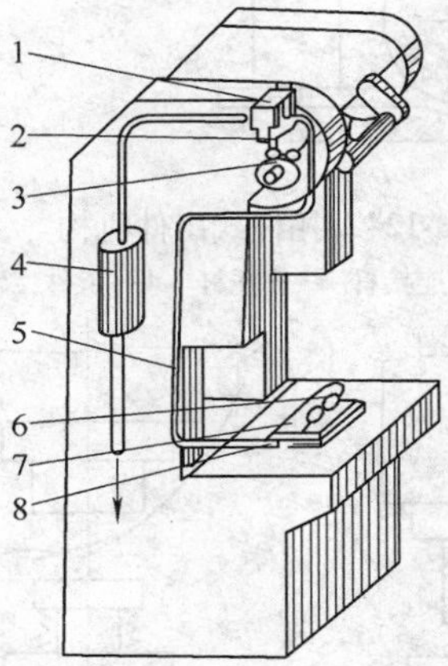

图 13-121 气吹式出件机构

1—气阀 2—阀杆 3—凸轮 4—储气筒 5—管道 6—工件 7—下模 8—喷嘴

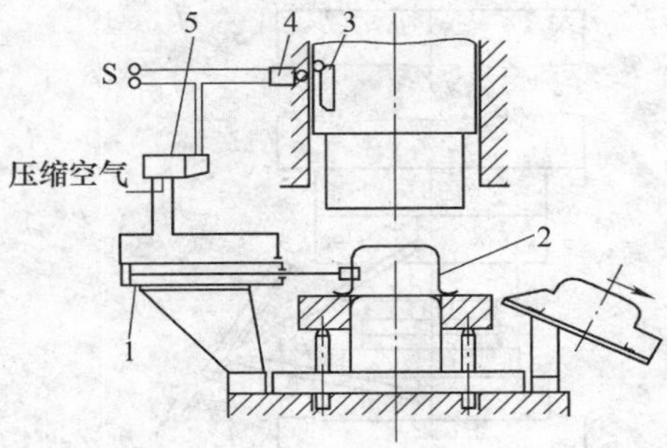

图 13-122 气动推杆式出件机构

1—气缸 2—活塞杆 3—工件 4—凸轮 5—行程开关

接盘式出件机构如图 13-123 所示，它由连杆 3，接盘 5 和下摆杆 6 等组成，连杆 3 的上端和上模相连接。接盘 5 和下摆杆 6 焊接成一个整体，焊后保持一个夹角 β。连杆 3 和下摆杆 6 之间是铰接，接盘对准上模。动作原理是：当压力机滑块带着上模上升时，连杆 3 在上模带动下，使下摆杆 6 向上摆动，α 角由大变小，使接盘处于水平位置，此时，上模内的工件在打料杆的推动下落到接盘上。滑块下行时，下摆杆 6 向下摆动，使接盘向外摆出，因接盘与下摆杆的夹角固定为 β，故下摆杆摆到最低位置时，接盘具有较大的倾斜度，使工件可沿着接盘的底面滑下。该出件机构主要适用于中小型冲压件。

托杆式出件机构如图 13-124 所示，它由托杆 3、连接杆 2 等组成。连接杆与托杆以及滑块上的固定杆均为球铰连接。动作原理是：压力机滑块下行时，托杆向下摆动，接触工件后，托杆向两侧摆开，并沿着工件的侧壁面滑下，一直滑到工件的下面。冲压完成后，滑块向上回程。此时，托杆托住工件向上脱模。滑块上升到一定高度，托杆与水平面形成一定倾角，工件便沿着托杆向左方滑出。

片弹簧式出件机构如图 13-125 所示，它的工作特点是，当工件从上模落下时，借助片弹簧的弹力把工件打出。这种出件机构适用于小型冲压件。片弹簧 1 的上端固定在支架 2 上，支架安装在压力机滑块的前方，并固定在床身上。当片弹簧的上端固定后，要求下端伸入上模的下方。当滑块下行时，滑块和模具推动片弹簧向外摆动。冲压完成后，滑块向上运动到某一高度时，工件由上模打料杆打出落下，与此同时，片弹簧向内摆动并把正在下落的工件打出。

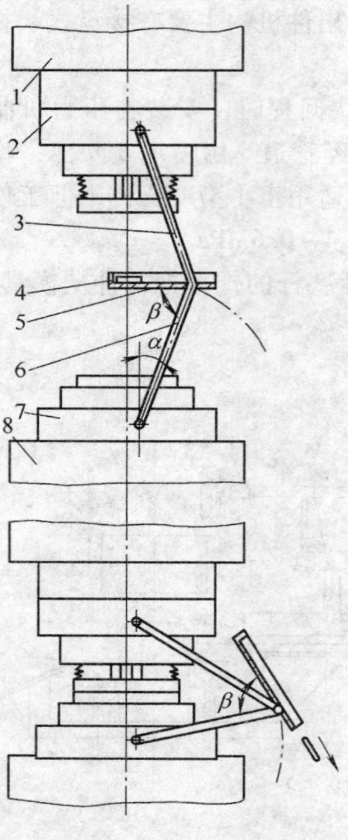

图 13-123　接盘式出件机构

1—压力机滑块　2—上模　3—连杆　4—工件　5—接盘　6—下摆杆　7—下模　8—工作台

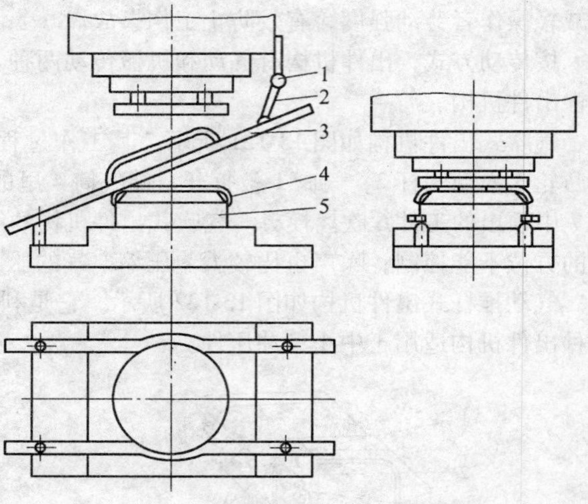

图 13-124　托杆式出件机构

1—球铰链　2—连接杆　3—托杆　4—工件　5—下模

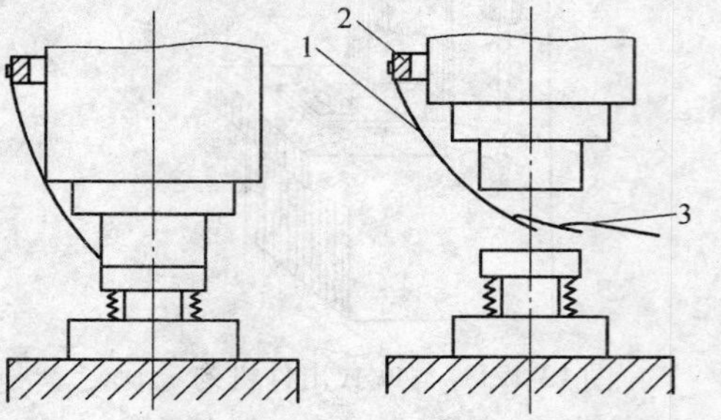

图 13-125　片弹簧式出件机构

1—片弹簧　2—固定支架　3—工件

（四）理件机构

理件机构的作用是将冲压后的工件按照一定的顺序排列起来。常见的理件机构有：柱式、槽式、滑道式、匣式和导出管式理件机构。

柱式理件机构如图 13-126 所示，它用于使冲压后的电机定子片同心地堆叠起来。接件柱是一个固定的柱子，其断面形状和尺寸应根据工件的内孔形状来确定。柱子的安装位置应使冲压后的工件沿着斜面滑道向压力机的后方滑出，工件离开滑道后，以一定速度滑落到接件柱上。

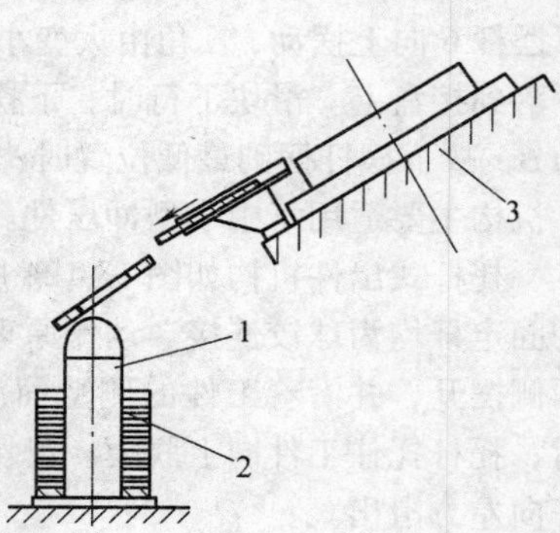

图 13-126　柱式理件机构

1—接件柱　2—定子片　3—工作台

图 13-127 所示的槽式理件机构用于将冲压后的矩形工件规则地叠起来。理件过程是在安装于模具出件方向的集件槽中完成，集件槽是一个上面开口的凹形槽，它由钢板焊成，根据需要沿长度的水平方向可是直的或弯曲形状的。工件由模具的斜面滑下落入集件槽中，推板 4 把工件向左推动，越过弹性挡销 3。当挡板退回时，弹性挡销阻止工件退回，并由支撑滑块 2 挡住使工件处于直立状态。随着集件槽内工件的增多，支撑滑块逐渐向左移动。当工件在集件槽中的数量达到一定值后，由人工把工件取出或通过专用机构自动地把工件推入存件

箱内。

图 13-128 所示的槽式理件机构用于将冲压后的电机转子片或圆盘状工件同心地叠起来。理件过程是由装在冲模下部的圆形断面的滑槽完成。滑槽可用四根钢丝弯制而成（图 13-128 中的 *A-A* 剖面）。

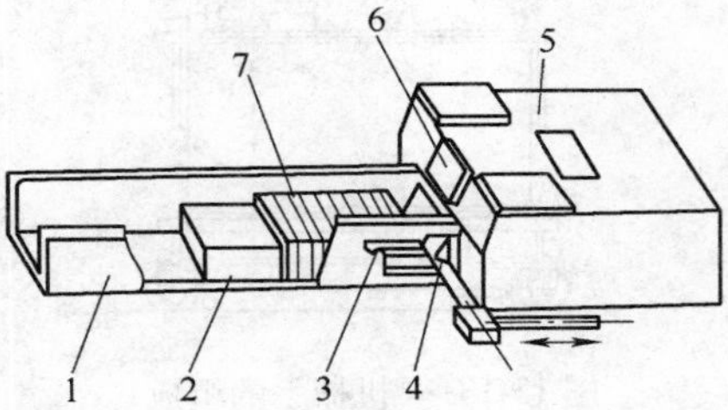

图 13-127　槽式理件机构

1—集件槽　2—支撑滑块　3—弹性挡销　4—推板　5—模具　6、7—工件

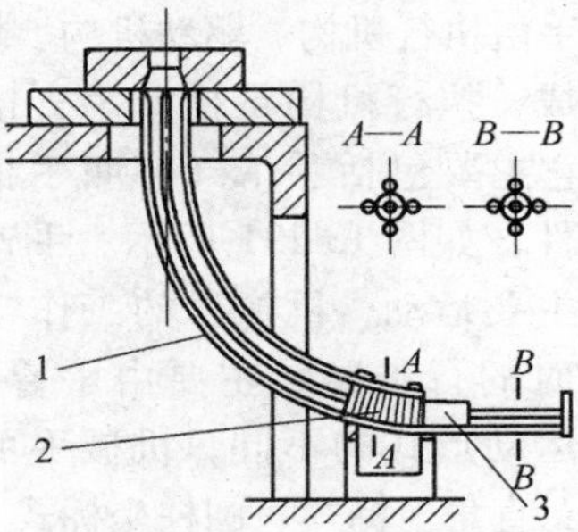

图 13-128　槽式理件机构

1—集件槽　2—转子片　3—支撑滑块

滑道式理件机构如图 13-129 所示，它适用于 Π 字形冲压件。冲压后的工件由出件机构推入导槽 2 内，工件沿导槽滑下并凹口朝下落入滑道 3 上，工件骑在滑道上便沿着滑道滑到挡销 4 前停止，并按次序排列起来。

匣式理件机构如图 13-130 所示，它适用于整理小型矩形工件。当工件由出件机构送到导槽 2 上，就会沿导槽的斜面滑落到集件匣 3 内，并在其中整齐叠在一起。

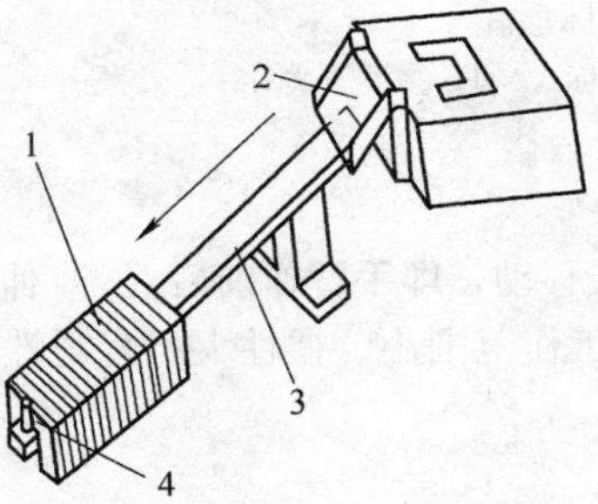

图 13-129　滑道式理件机构

1—工件　2—导槽　3—滑道　4—挡销

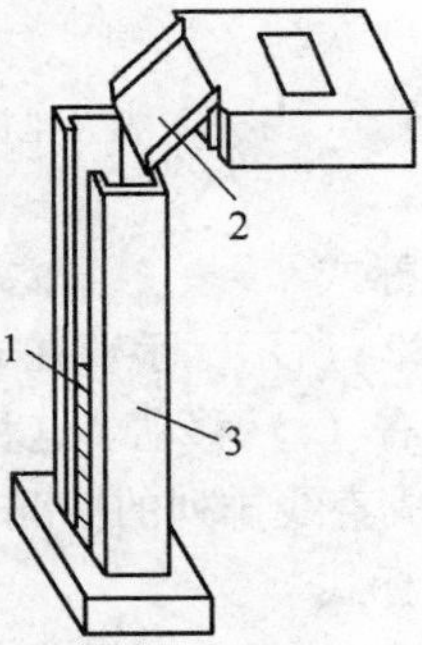

图 13-130　匣式理件机构

1—工件　2—导槽　3—集件匣

导出管式理件机构如图 6-81 和图 6-82 所示，多工位级进模冲出的工件与废料由凹模型孔内落下混杂在一起，冲完后工件与废料的分检工作量很大，所花费的辅助工时多，采用灯头插口固定式的工件导出管（图 6-81）或螺钉固定的工件导出管（图 6-82），不仅可以节约大量辅助工时，而且工件由导出管（集件器）引出后直接包装，可以保持工件的清洁度，且工件毛刺方向一致。

四、冲压机械手

（一）概述

机械手是一种模仿人的手部动作，按预定的程序实现抓取、运送工件和操作工具的自动化装置。它不仅被用于一台压力机上完成上、下料工作，实现单机自动化；也用在由若干台压力机组成的流水线上，实现各压力机之间工件的自动传递，形成冲压自动线。使用机械手可减轻工人的劳动强度，实现安全生产，还能大大提高冲压自动化水平和劳动生产率。

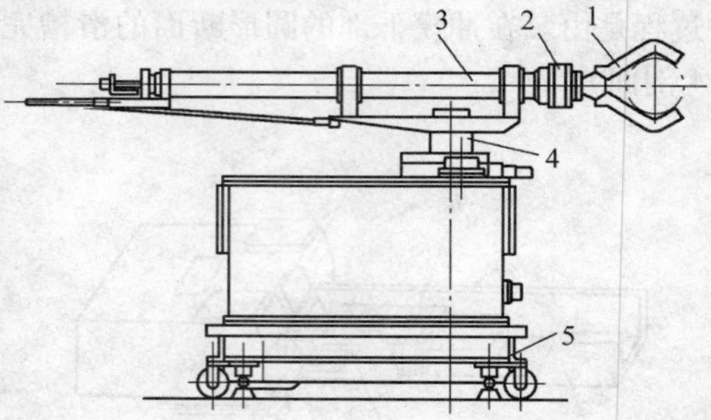

图 13-131　机械手的组成
1—手爪　2—手腕　3—手臂
4—立柱　5—基座

机械手由执行机构、驱动机构、控制系统和基座等组成。执行机构是机械手直接进行工作的部分，它主要包括手爪（亦叫手指）、手腕、手臂等构件，如图 13-131 所示。手臂的动作是机械手的主要运动，机械手的工作空间范围和运送工件时的行进路线主要由手臂动作决定。根据手臂运动形式的不同，机械手可分为四种坐标形式：直角坐标式、圆柱坐标式、极坐标式和多关节式，如图 13-132 所示。

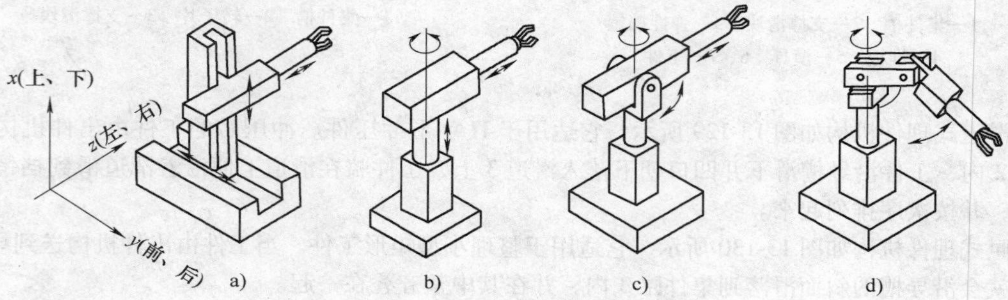

图 13-132　机械手的四种坐标形式
a）直角坐标式　b）圆柱坐标式　c）极坐标式　d）多关节式

1. 直角坐标式

如图 13-132a 所示，手臂在 x、y、z 三个坐标方向直线移动，即手臂作前后（y）伸缩、上下（x）升降和左右（z）移动。这种坐标形式占据空间大而工作范围小、惯性大、直观性好，它适用于工作位置成直线排列的情况。

2. 圆柱坐标式

如图 13-132b 所示，手臂作前后（y）伸缩、上下（x）升降和水平面内摆动（Q_z）。与直角坐标式相比，所占空间较小而工作范围较大，但由于机械结构的关系，高度方向上的最低位置受到限制，所以不能抓取地面上的物件，惯性也比较大，直观性较好。这是目前机械手应用较广的一种坐标形式。

3. 极坐标式

如图 13-132c 所示，手臂作前后（y）伸缩、上下俯仰（Q_x）和左右摆动（Q_z）。其最大的特点是以简单的机构得到较大的工作范围，并有可能抓取地面上的物体。它的运动惯性较小，但手臂摆角的误差通过手臂会引起线性的误差放大。

4. 多关节式

如图 13-132d 所示，类似人臂，有大小臂，肘关节（大、小臂之间），肩关节（大臂与本体之间），手腕和小臂之间有腕关节。可以有三个摆角：上下俯仰（Q_x）、左右旋转（Q_z）和大小臂之间摆动（φ）。多关节机械手动作灵活、运动惯性小，能抓取紧靠机座的工件，并能绕过障碍物进行工作。但多关节式是复合运动形式，直观性差。由于其机械结构及电气控制装置都比其他坐标形式复杂，所以用得不多。

机械手的自由度是指它所能完成的动作数目，自由度多数按升降运动、伸缩运动和左右运动的顺序安排，三个自由度以上的机械手，多数是在上述自由度之外再加上腕的回转和俯仰。3～6个自由度的机械手占多数。机械手的自由度愈多，其结构愈复杂，制造成本也相应增加，从经济性方面考虑，应权衡得失，优选最佳方案。

机械手的抓取机构所采用的抓取方法有：抓、夹、支持、吊挂、真空吸着、电磁吸着和万能指（具有人手似的关节式五指）等七种。

机械手的驱动方式有机械式、电动式、气动式和液压式四种，用得较多的为液压式和气动式，均占总量的76%。

机械手的控制系统可分为固定程序、可编程序和数控机械手三种。固定程序控制的机械手是利用行程开关控制的，程序固定不变。可编程序控制的机械手是利用步进选线器、插销板等部件控制的，改变插销的位置，即可改变程序。数控机械手是以数字形式输入电子计算机进行控制，能适应复杂多变的工作要求，通用性强，但成本较高。

机械手按用途可分为专用机械手和通用机械手。专用机械手为某一设备、某一作业适用，对象单一，动作简单，程序数少而且固定不变，适用大量生产的情况。通用机械手可以自成一独立装置，对象可变，手指可换，行程可调，程序多而且可变，动作较多，使用方便，通用性强，但成本较高。

（二）冲压机械手的主要结构

机械手是靠它的手臂、手腕及手爪的各种动作的配合，来获得夹取和运送工件的能力，以完成一定的生产操作。以下分别介绍手爪、手臂和手腕的结构形式及动作原理。

1. 手爪

手爪是直接抓取工件的机构，根据被抓取工件的形状、尺寸、重量、表面状态以及某些物理性能的不同，可采用不同形式的手爪。按抓取工件的不同方式，冲压机械手的手爪可以分为夹钳式和吸盘式两类。

(1) 夹钳式手爪　夹钳式手爪以两指式为最多。根据工作的需要，偶尔也有用三指式的。手抓夹持工件的方式可以是外卡式（以握紧动作夹住工件的外表面），也可以是内卡式（以张开动作卡住工件的内表面）。夹钳式手爪适用于具有足够高度的工件，如经过拉深后的杯形、匣形件。对于平板件则不易抓取。

以下介绍夹钳式手爪的几种典型结构：

1）滑槽杠杆式手爪　滑槽杠杆式手爪分双支点型（图13-133a）和单支点型（图13-133b）两种。双支点型在拉杆3的端部固定有一个圆柱销4，当拉杆向上提时，圆柱销就在两个手爪1的滑槽中移动，带动两手爪分别绕各自的支点2回转，夹紧工件。当拉杆向下运动时，则手爪松开工件。拉杆往往是气缸或液压缸的活塞杆。

单支点型的两手爪具有一个共同支点，拉杆3的下部制成叉状，在左右二叉齿的端部各有一个圆柱销4，当拉杆向下推时，二圆柱销分别在两个手爪的滑槽中移动，带动两手爪绕共同的支点回转，夹紧工件。当拉杆向上提时，手爪松开工件。

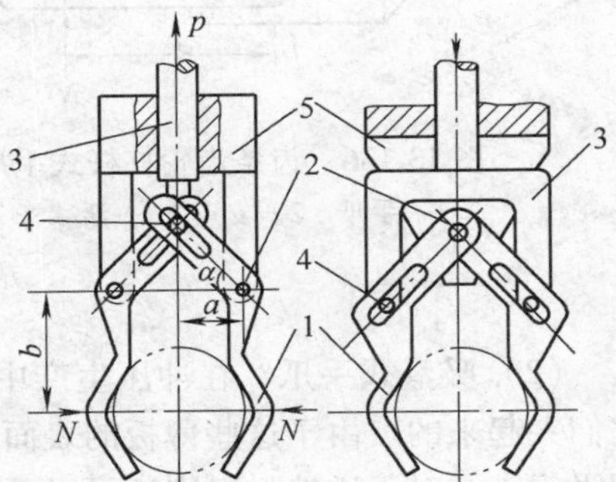

图13-133　滑槽杠杆式手爪

1—手爪　2—支点　3—拉杆

4—圆柱销　5—手腕

2）连杆杠杆式手爪　连杆杠杆式手爪如图13-134所示，两个连杆4的一端与活塞杆3铰接，另一端分别与两个手爪铰接，当活塞杆向右推时，手爪夹紧工件。

3）斜楔杠杆式手爪　斜楔杠杆式手爪如图13-135所示，活塞杆3的端部做成一个斜楔，当活塞杆3向右移动时，两手爪1绕支点2回转，夹紧工件；当活塞杆退回时，靠弹簧4的作用使手爪张开。

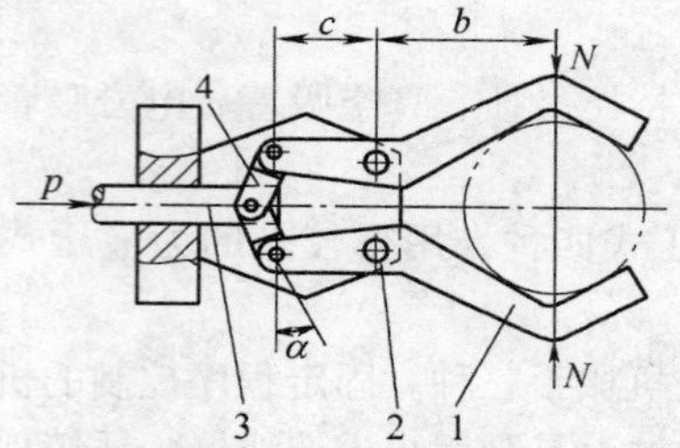

图13-134　连杆杠杆式手爪
1—手爪　2—支点　3—活塞杆
4—连杆

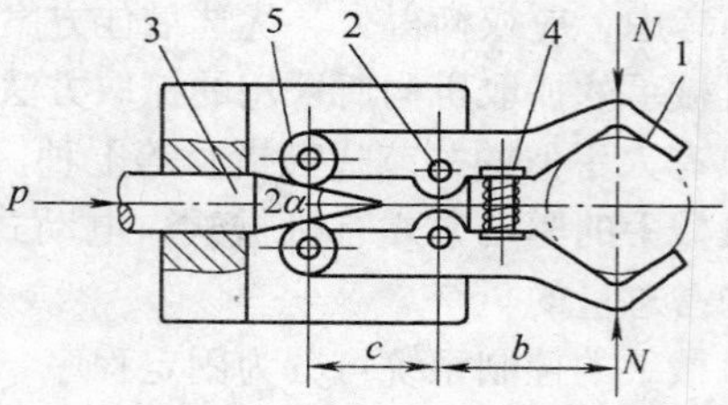

图13-135　斜楔杠杆式手爪
1—手爪　2—支点　3—活塞杆
4—弹簧　5—滚子

4）齿条齿轮杠杆式手爪　齿条齿轮杠杆式手爪如图13-136所示，活塞杆3上面有一段加工成齿条，手爪1的根部为一扇形齿轮，当活塞杆3向右推时，带动两手爪绕支点2回转，手爪张开；当活塞杆向左拉时，手爪夹紧。

5）弹簧杠杆式手爪　弹簧杠杆式手爪如图13-137所示，它靠弹簧力夹紧工件，不需要专门的驱动力，结构简单。在抓取工件之前，两手爪1在弹簧3的作用下闭合，靠在定位挡销4上。当机械手向右使手爪碰到工件时，工件把两手爪撑开而进到两手爪之间，并在弹簧力的作用下被夹紧。当机械手将工件送到指定位置后，弹簧手爪本身不会自动松开工件，必须依靠终点位置处的某一装置压住工件后，待机械手向左退回，手爪才会被撑开，而将工件留下。当夹送薄壁冲压件时，应选用软弹簧，使夹紧力小一些。

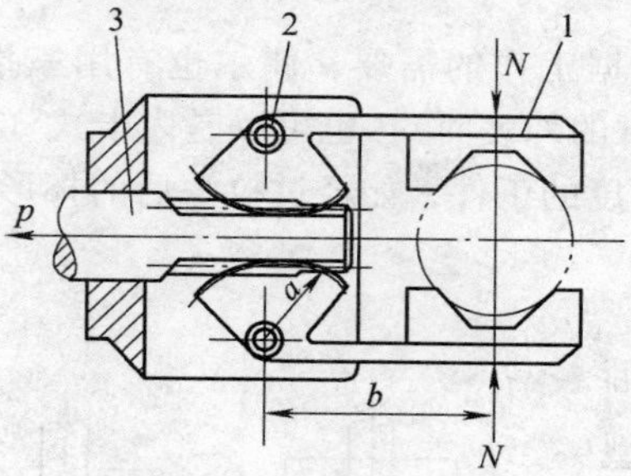

图13-136　齿条齿轮杠杆式手爪
1—手爪　2—支点　3—活塞杆

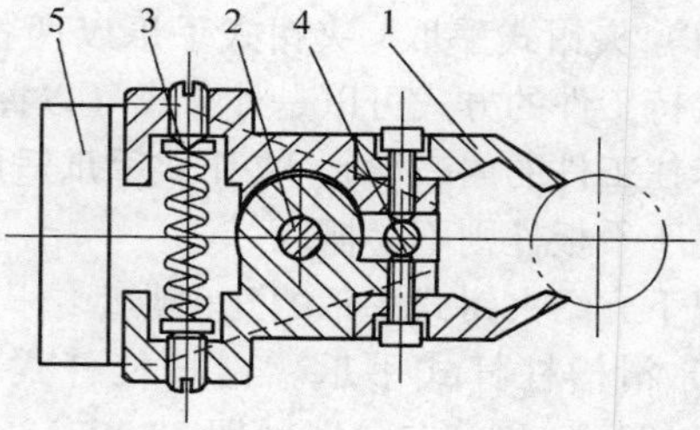

图13-137　弹簧杠杆式手爪
1—手爪　2—支点　3—弹簧
4—定位挡销　5—手腕

（2）吸盘式手爪　在冲压生产中，大量遇到平板状的毛坯或工件，用夹钳式手爪是很难把它们夹起来的。由于这些薄板的表面一般都相当光滑平整，所以采用真空吸盘可以很方便地把它们吸起来；对于磁性材料则还可以采用电磁吸盘。

1）真空吸盘　真空吸盘是利用橡皮碗中形成真空来把工件吸起的装置。按形成真空方法的不同，可以分为真空泵式、气流负压式和无气源式三种。

a. 真空泵式吸盘：图13-138所示为真空泵式吸盘，它将皮碗的空腔与真空泵连接起来，中间有换向阀控制。当皮碗与工件表面接触时，皮碗空腔即被密闭起来，若此时气阀使空腔与真空泵连接，则空腔被抽成真空，皮碗即可将工件吸住。机械手将工件送到指定位置后，气阀使皮碗空腔与大气接通，将工件放下。

采用真空泵式吸盘，必须有一套获得真空的设备，包括真空泵、空气滤清器等。

b. 气流负压式吸盘：图13-139所示为气流负压式吸盘，它是利用压缩空气从喷嘴内高速流过而使皮碗空腔形成负压，以吸取工件。由图13-139可见，压缩空气从右方进入喷嘴，从喷嘴左方的排气口排出，在喷嘴内产生很高的气流速度，从而使皮碗空腔内形成负压，皮碗即可吸起片料。当切断压缩空气，负压消失，片料即落下。

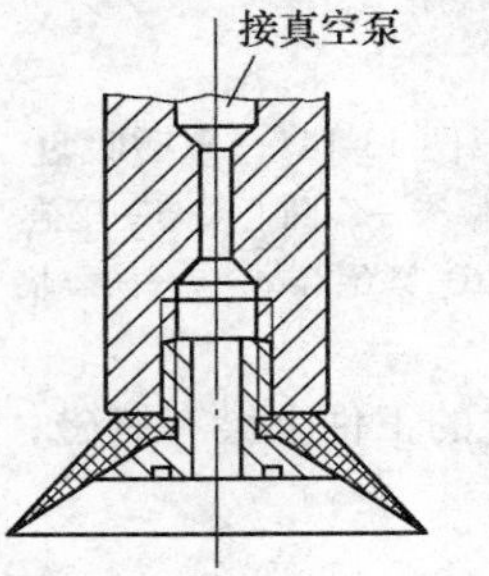

图13-138　真空泵式吸盘

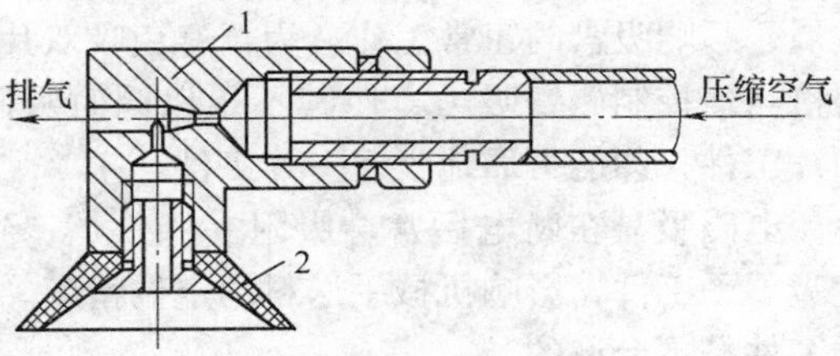

图13-139　气流负压式吸盘

1—喷嘴　2—皮碗

气流负压式吸盘的缺点是有较大的噪声，吸力也比真空泵式的小。气流负压式与真空泵式吸盘吸力的比较见表13-19。

表13-19　气流负压式与真空泵式吸盘吸力比较

吸盘外径/mm	真空泵式吸盘的吸力/N	气流负压式吸盘的吸力/N	吸盘外径/mm	真空泵式吸盘的吸力/N	气流负压式吸盘的吸力/N
22	10	10	111	250	200
51	60	50	126	450	—
83	150	130	232	1250	—

c. 无气源吸盘：图13-140所示为无气源吸盘，这种吸盘工作时既不需要真空泵，也不需要压缩空气。其工作原理是：在弹簧3的作用下，放气阀芯2被推向上，使放气阀经常处于关闭状态。需要吸料时，机械手下降使皮碗1与片料表面接触，皮碗空腔被密闭，机械手继续下降，将皮碗用力按压在片料上，使皮碗发生变形，皮碗内的空气被排出，然后机械手向上提升，皮碗由于本身的弹性而恢复原来形状，于是皮碗内腔形成一定的真空，即可将片料吸起。当需要释放工件时，用顶杆4顶开放气阀芯2，皮碗空腔与大气联通，工件即自行落下。无气源式吸盘由于其内腔形成的真空度一般都有限，所以其吸力比前两种吸盘都小。

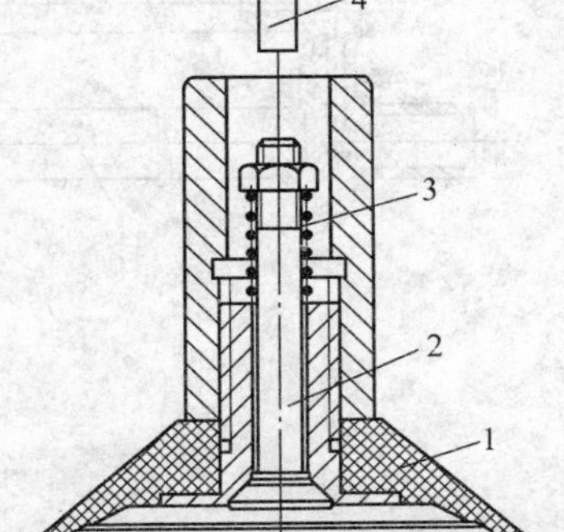

图13-140　无气源式吸盘

1—皮碗　2—放气阀芯

3—弹簧　4—顶杆

真空吸盘适用于各种金属或非金属材料，不像电磁吸盘要受到工件材质的限制；但真空吸盘要求被吸工件的表面相当平整光滑，且不得有孔洞。真空吸盘工作时，其边缘和工件表面之间应绝对避免碎屑。

2）电磁吸盘　如果工件是具有铁磁性的材料，可用电磁铁作为机械手的手爪，借助磁场吸力来抓取工作，操作起来是很方便的。根据所吸工件大小和形状不同，电磁吸盘可以制成各种不同形状，也可以采用多个磁吸头按适当方式布置，用来抓吸某一特定形状的工件。

图 13-141 所示是一个电磁吸盘的结构图。磁盘体 1 就是电磁铁铁芯，当线圈 2 被通入直流电时，压盖 3 和压盖 5 就成了磁铁的两个极，吸盘即可抓吸工件。当切断电源，工件即由于自重而落下。磁绝缘垫 6（铜片）是为了消除剩磁的影响，以免电磁铁在断电后还吸附很多铁屑，影响吸盘的正常工作。为了避免吸双片，要恰当地控制磁铁吸力，使其不足以同时吸起两片工件，却能可靠地吸起一片工件。

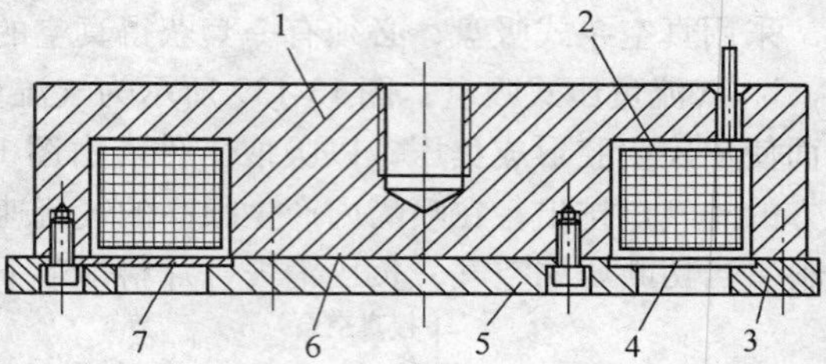

图 13-141　电磁吸盘
1—磁盘体　2—线圈　3、5—压盖　4—压圈
6—磁绝缘垫　7—防震垫

电磁吸盘在断电后常会吸附一些铁屑，致使吸不平工件，影响机械手送料的定位精度。另外，被抓吸过的工件上会有剩磁，对钟表及仪表类零件是不允许的。

2. 手臂

手臂是机械手的一个主要部件，它可以作前后伸缩、上下升降、左右摆动和上下俯仰等运动。手臂是支持手腕和手爪部分的构件，总的重量大，它在运动时将产生较大的惯性，造成冲击，影响定位准确。所以，合理进行手臂的结构设计，减少其运动部分的重量，同时又要保证足够的强度和刚度，是很重要的。

（1）手臂直线运动机构　手臂的直线运动主要是指它的伸缩和升降动作。另外，直角坐标式机械手的水平移动当然也属于直线运动。为了获得手臂的直线运动，最常见的是用往复式液压缸或气缸来驱动，也有用直线电机驱动的。

1）往复缸驱动：图 13-142 所示为机械手的手臂伸缩缸结构图。当压缩空气从 *A* 口进入气缸右腔，推动活塞 2 向左运动，则手臂 3 伸出。这时气缸左腔内的空气由 *B* 口排出。反之，则手臂向右缩回。为防止手臂在伸缩过程中绕本身轴线转动，在伸缩缸上方设置了导杆 4，导杆 4 做成空心的，可用它作为手爪夹紧缸供气的管道。

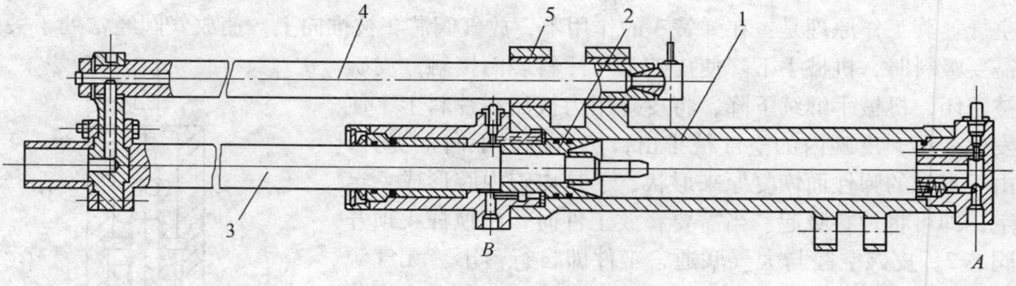

图 13-142　机械手的手臂伸缩缸
1—液压缸　2—活塞　3—手臂　4—导杆　5—导向套

图 13-143 所示为机械手的手臂升降液压缸。当压力油进入升降液压缸 1 下腔，推动升降缸活塞 2 上升，则装在活塞杆上端的手臂随之升起。反之，压力油进入升降液压缸 1 的上腔，则手臂下降，升降活塞的导向是由活塞体内的花键轴套和花键轴来完成的。活塞杆上端的摆动缸 5 是驱动手臂作水平摆动的。

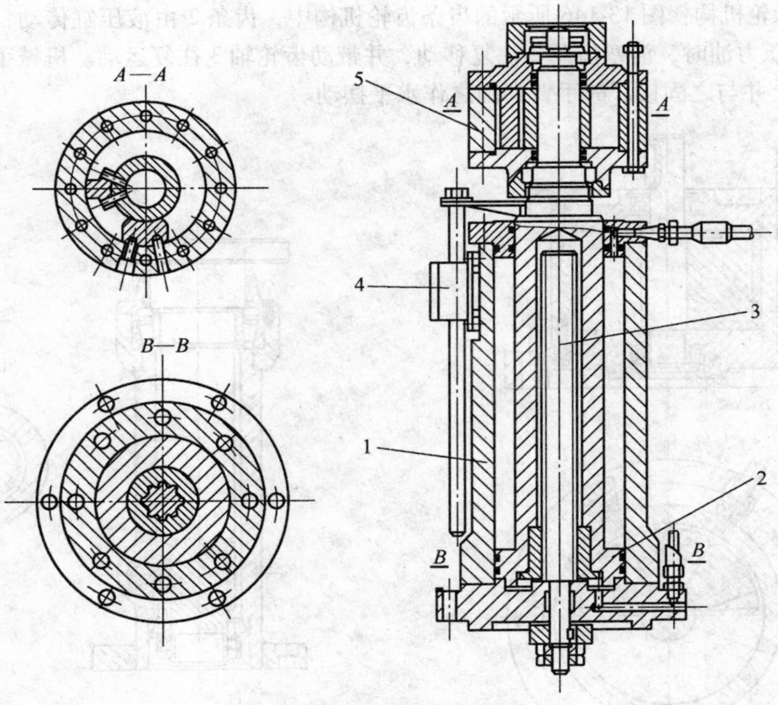

图 13-143　机械手的手臂升降液压缸

1—升降液压缸　2—升降缸活塞　3—花键轴　4—行程检测器　5—摆动缸

2）直线电动机驱动：直线感应电动机是一种直接将电能转化为直线运动的机械能的电力传动装置。其工作原理是：在多相电流通过直线感应电动机的初级（相当于旋转感应电动机的定子）绕组时，便在初、次级（相当于旋转感应电动机的转子）间的气隙中产生移动磁场，它的线速度为 $v_s=zf\tau_p$（f 为电源频率，τ_p 为极距）。在这个移动磁场的作用下，次级中便感应电势，由于次级是一整块导体，便有电流流动，这些感应电流与磁场相互作用产生推力，使次级沿着磁场移动的方向运动。反之，若将次级固定，则此时初级将逆磁场移动的方向运动。

直线电动机的初级铁芯也是由多层硅钢片叠成，其形状如图 13-144 所示。

由于直线电机本身就能实现直线往复转动，中间不需要气压、液压或机械传动环节，所以如采用它来驱动机械手手臂作直线运动时，可以使机械手结构大为简化，节省机械加工工时。

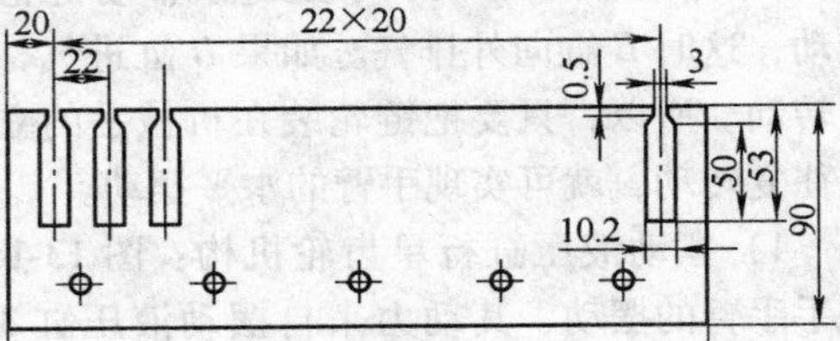

图 13-144　直线感应电动机初级的铁芯

（2）手臂左右摆动机构　圆柱坐标式和极坐标式机械手，其手臂皆有左右摆动动作。这一动作可以通过摆动缸、齿条齿轮机构、链条链轮机构、摆动缸行星齿轮机构或往复缸滑槽摆杆机构来实现。

1）摆动液压缸：图 13-145 所示为摆动液压缸结构图，定子 2 与缸体 1 固定，转子 3 和轴 4 联接，当压力油从 A 孔进入液压缸时，推动转子和轴逆时针方向转动，这时压力油从 B 孔排出。当压力油从 B 孔进入液压缸，则轴 4 顺时针方向转动。这样装在轴 4 上端的手臂即可在水平面内左右摆动。

2）齿条齿轮机构：图 13-146 所示的齿条齿轮机构中，齿条 2 由液压缸传动，当液压缸 1 的两腔交替进入压力油时，活塞齿条 2 往复移动，并带动齿轮轴 3 往复运动。机械手手臂横卧在轴 3 上端的凸缘上并与之固接，故手臂即随之作水平摆动。

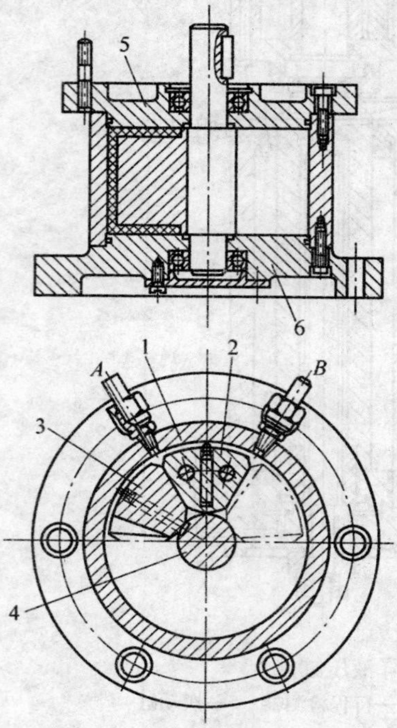

图 13-145　摆动液压缸

1—缸体　2—定子　3—转子　4—轴

5—上盖板　6—下盖板

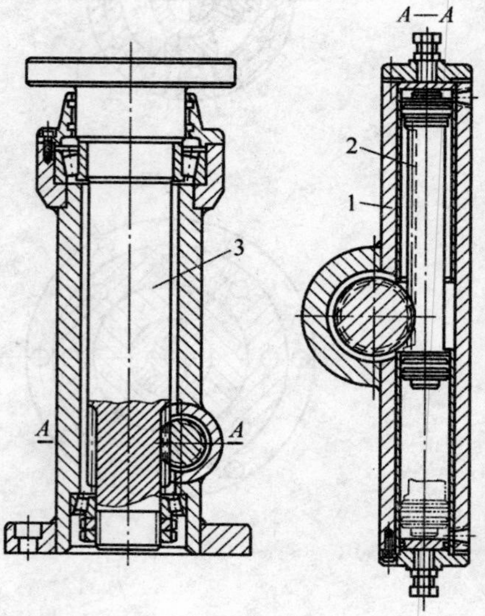

图 13-146　齿条齿轮机构

1—液压缸　2—活塞齿条　3—齿轮轴

3）链条链轮机构：其工作原理如图 13-147 所示。链条 1 从链轮 2 上绕过，链条的两端分别与两个气缸（或液压缸）的活塞杆联接。当气缸 A 进气时，A 缸活塞向右移动，于是链条带动链轮顺时针方向转动，这时 B 缸向外排气。如果 B 缸进气，则链轮反时针转动。所以，只要把链轮装在机械手的立柱上，由立柱往复转动，就可实现手臂的水平摆动。

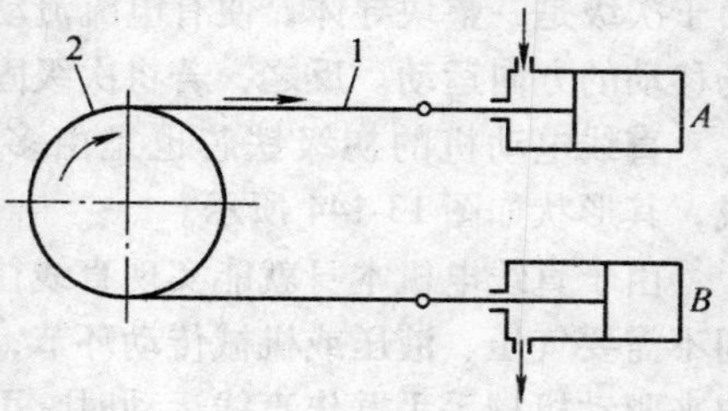

图 13-147　链条链轮机构

1—链条　2—链轮

4）摆动液压缸行星齿轮机构：图 13-148 所示的机械手手臂的摆动，其动力来自摆动液压缸 3；但摆动液压缸的输出轴并不直接作为手臂的摆动轴，手臂的摆动轴心线是 O—O。摆动液压缸 3 的输出轴上固定着行星轮 2，在机械手立柱壳体上固定有中心轮 1，摆动液压缸 3 的缸体与手臂 4 固接。这样，行星轮 2、中心轮 1 和手臂 4 组成一个行星轮系。当摆动液压缸驱动行星轮 2 转动（自转）时，它就同时绕中心轮 1 作公转运动，从而实现了手臂的水平摆动。

5）往复缸滑槽摆杆机构：图 13-149 所示是由一个往复式气缸，通过滑槽摆杆来驱动手臂摆动的机构。气缸 1 的活塞杆末端与滑块 2 铰接，当活塞杆往复运动时，滑块 2 在摆杆 3 的滑槽内滑动，并带动摆杆作往复摆动。摆动行程终点处的缓冲定位，是采用机械撞块 4 配合液压缓冲器 5 来实现的。

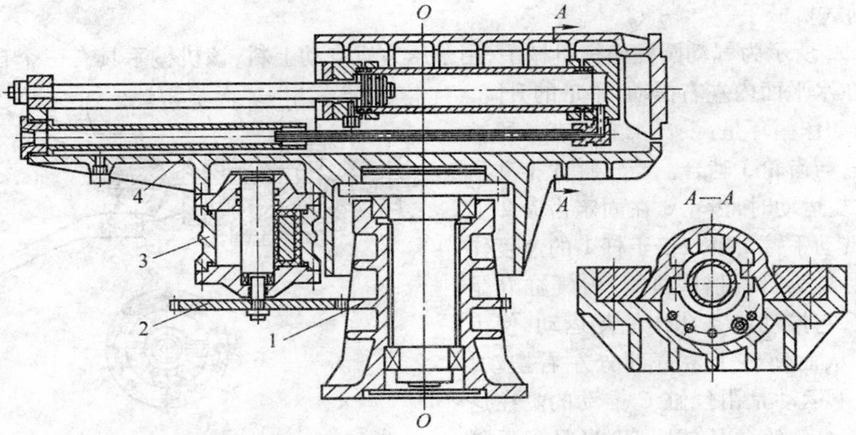

图 13-148　摆动液压缸行星齿轮机构

1—中心轮　2—行星轮　3—摆动液压缸　4—手臂

（3）手臂俯仰动作机构　机械手手臂俯仰动作最常用的机构是铰接往复缸，如图 13-150 所示。往复式液压缸 2 的活塞杆上端与手臂 1 铰接，液压缸底部与机械手立柱 3 铰接，当活塞杆向上伸出时，推动手臂向上举，活塞杆缩回时手臂下垂。

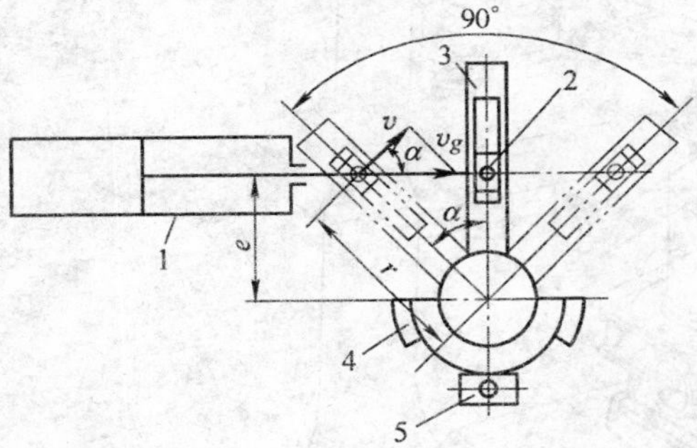

图 13-149　往复缸滑槽摆杆机构

1—气缸　2—滑块　3—摆杆

4—撞块　5—液压缓冲器

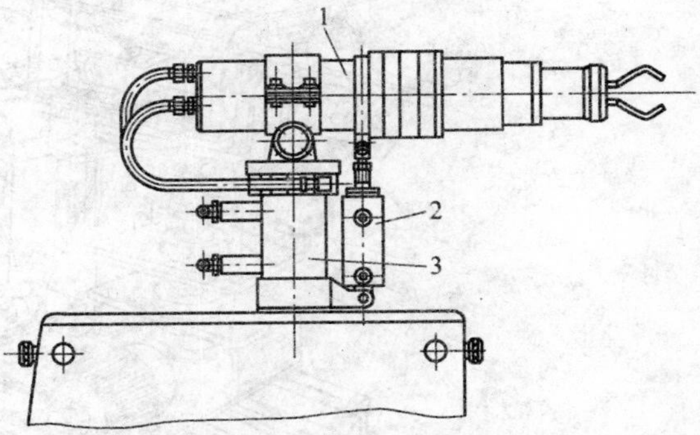

图 13-150　手臂俯仰机构

1—手臂　2—液压缸　3—立柱

3. 手腕

手腕是联接手臂和手爪的构件，它可以有独立的自由度，以使机械手适应复杂动作的要求。但是，为了使机械手结构简单一些，以便于制造、降低成本，当靠手臂的动作就可以满足抓取和传送工件等要求时，应尽可能不选用手腕的动作。

在某些情况下，不仅要求将工件作位置上的平移，还需要将工件翻转一定角度（一般为 90°或 180°），这时就需要增加一个手腕的回转动作。虽然，用手臂的回转也可以使工件翻转，但因手臂结构庞大，增加手臂回转动作易引起振动，影响定位精度，所以还是选用手腕回转的居多。

机构手手腕回转动作一般是采用摆动液压缸驱动，如图 13-151 所示，*A—A* 剖面处就是一个用于驱动手腕回转的摆动液压缸。缸体 1 和端盖 5、6 是固定的，当压力油驱动转子 4 和转轴 2 回转时，就形成手腕的回转动作。转轴 2 是空心的，它同时又是手爪的夹紧液压缸。

（三）冲压机械手的典型实例

1. 气动式机械手

图 13-152 所示为气动圆柱坐标机械手，用于压力机自动上料，该机械手具有三个自由度：手臂伸缩，手臂在水平面内左右摆动，手爪的升降。它的结构和动作循环是：手臂 4 上面有一段被加工成齿条，与齿轮 3 啮合。当气缸 *A* 推动活塞杆 1 作往复运动时，齿轮 3 在固定齿条 2 上滚动，从而带动手臂 4 以二倍于杆 1 的速度作伸缩动作（称此为行程倍增机构）。气缸 *B* 是手臂摆动缸，它推动齿条 9 作往复运动，使齿轮 10 回转，从而使整个手臂部分左右摆动。手爪 5 的上下运动是由气缸 *C* 推动的。在这里，手爪是三个气流负压式吸盘，当吸盘下降紧贴在片料上时，向喷嘴通入压缩空气，吸盘即将片料吸起；若切断气源，则片料落下。

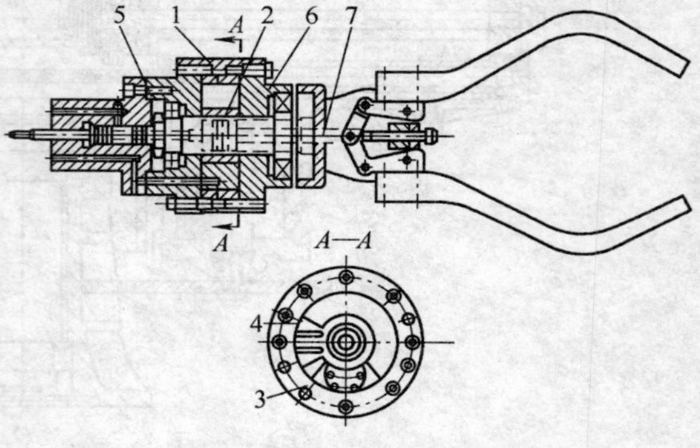

图 13-151　摆动液压缸驱动手腕回转

1—摆动液压缸缸体　2—转轴　3—定子　4—转子　5—左端盖　6—右端盖　7—夹紧缸活塞杆

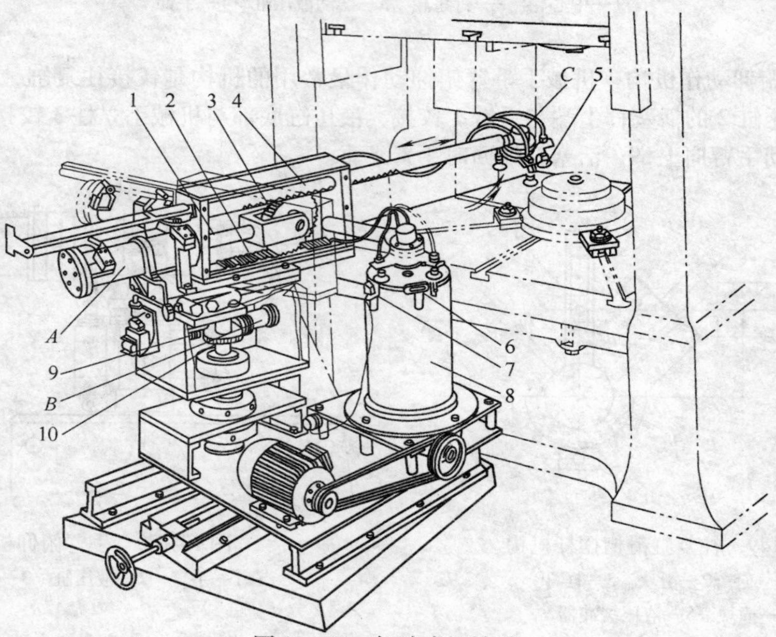

图 13-152　气动式机械手

1—活塞杆　2—固定齿条　3、10—齿轮　4—手臂　5—手爪
6—永久磁铁　7—无触点行程开关　8—贮料筒　9—齿条
A—手臂伸缩缸　*B*—手臂回转缸　*C*—手爪升降缸

当压力机滑块下行时，机械手正在吸料（图 13-152 中双点划线所示的状态：手臂顺时针转至极点位置，向后缩至极点位置），将料吸起后，手爪升起，手臂逆时针摆动到达送料方向，等待送料。当滑块到达下死点时，气缸 *A* 开始动作，手臂开始伸出，在滑块升起后，手爪带着片料进到模具中心位置，把片料放入模具内，手臂即开始缩回。在手臂缩回一定距离时，气缸 *B* 开始动作，使手臂顺时针摆动，同时继续往回缩。只有当手臂完全缩回时，才允许滑块下降。当手爪到达贮料筒 8 的上方时，手臂停止摆动，气缸 *C* 开始动作，手爪下降吸片，开始下一个循环。

片料存放在贮料筒8内，下面由一个可以升降的托板托着，托板的升降是靠一台小电动机通过带传动，蜗轮副带动丝杠转动来实现的。在贮料筒的上缘有一个无触点行程开关7，随着片料不断被取走，料垛的高度逐渐降低，当料垛的上平面低于无触点开关7时，小电动机就运转使托板上升，待料垛升至一定高度时，无触点开关又切断电源，料垛停止上升。这样，保证料垛的上平面始终处在手爪能够到达的高度。

在贮料筒的上缘还装有两个永久磁铁6，利用同性磁相互排斥的作用，使最上层的各相邻料片互相分离，以免同时吸两片的情况。

2. 液压式机械手

图13-153所示为液压驱动的圆柱坐标机械手，它用于双动压力机的下料工作（取出拉深件）。每次拉深之后，机械手进入压力机将拉深件取出并翻转180°，然后放到传送带上送往下道工序。

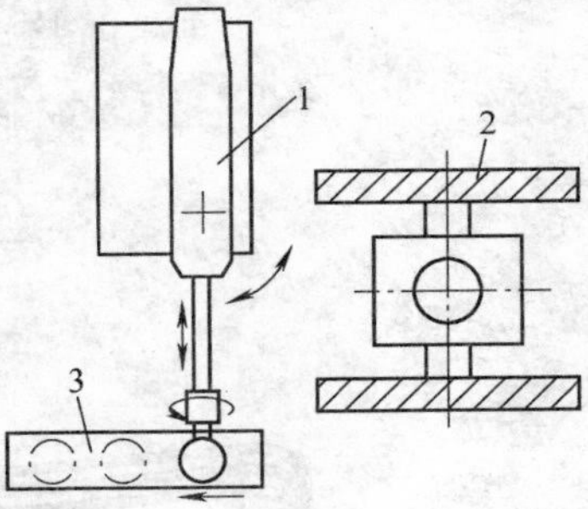

图13-153　用于双动压力机出料工作的液压式机械手
1—机械手　2—下传动双动压力机　3—传送带

图13-154所示为液压式机械手的结构示意图，该机械手有四个自由度：手臂伸缩、手臂水平摆动、手臂升降和手腕回转。机械手的结构和动作是：手臂2的伸缩由与它平行的液压缸1驱动，手臂的摆动由摆动液压缸5驱动，手臂的升降由升降液压缸8驱动，手腕的回转则是由摆动液压缸11驱动。在手腕内部，摆动液压缸11的转轴被加工成空心的，构成一个小的往复液压缸，用来驱动手爪的夹紧动作。

3. 电动式机械手

前已述及，采用直线电动机驱动可以直接得到往复的直线运动，而且结构简单、动作可靠。采用直线电动机驱动时，既可以将初级固定，让次级运动；也可以将次级固定，而让初级运动。

图13-155所示初级运动的电动式机械手，其直线电机推力为300N，它用于在压力机上冲裁硅钢片时的进、出料工作。这时直线电动机的次级2被做成一长的导轨，电动机的初级1在此导轨上往复运动。机械手包括进料和出料两部分，分别位于压力机的右侧和左侧。出料部分的手爪是用的电磁吸盘；因为这时模具是进行圆片“内落”作业，即从定子片坯里面冲下一个转子片，所以为了能分别吸起及释放定、转子片，吸盘相应地分为内外两圈—外圈为吸定子片的电磁吸盘7，内圈为吸转子片的电磁吸盘8。当压力机滑块完成一次冲裁工作回到上方时，机械手的出料手爪进到模具上方，吸起定、转子片，然后退回。在退回到起始位置之前，先释放转子片，退到起始位置时再释放定子片。进料部分的手爪是两只气动送料夹钳3，它装在随动滑车4上，滑车通过两根拉杆11与直线电动机初级1刚性联接，故可随之作往复运动，而与出料部分形成拉锯式的动作。在右方还有一供料装置，主要由负压吸盘12、磁性滑道5及升料台15组成。每次上料时，负压吸盘下降（由上料气缸13推动）吸起一片料，重又上升，当升到料片与磁性滑道5接触，吸盘即释放料片并继续上升直到起始位置，而料片则由于磁性滑道的吸力而仍紧贴在滑道的下表面。等到气动送料夹钳3向右退回，即夹住料，然后将其送入冲模。

机械手向右运动—即出料手爪前进、进料手爪后退—到达终点位置前，将电机反接，同时又有阻尼气缸的作用，使机械手逐渐减速直至停止，然后立即开始反向动作。此时出料手爪的电磁吸盘7和8分别吸起定、转子片，进料手爪的气动夹钳则退到了待送料片的右方准备送料。它们对终点位置精度都要求不高，故可不设置刚性定位。机械手向左运动到达终点位置时，进料手爪应将料片准确地送入模具，所以要求较高的定位精度。为此，采用提前切断电源使电机滑行、阻尼气缸缓冲、最后以定位销作刚性定位的方法，定位精度可达0.5～1mm，然后，在滑块行至下死点之前，令气动夹钳（由曲轴端部凸轮碰撞行程开关进行控制），以便模具上的导正销对料片作最后定位。

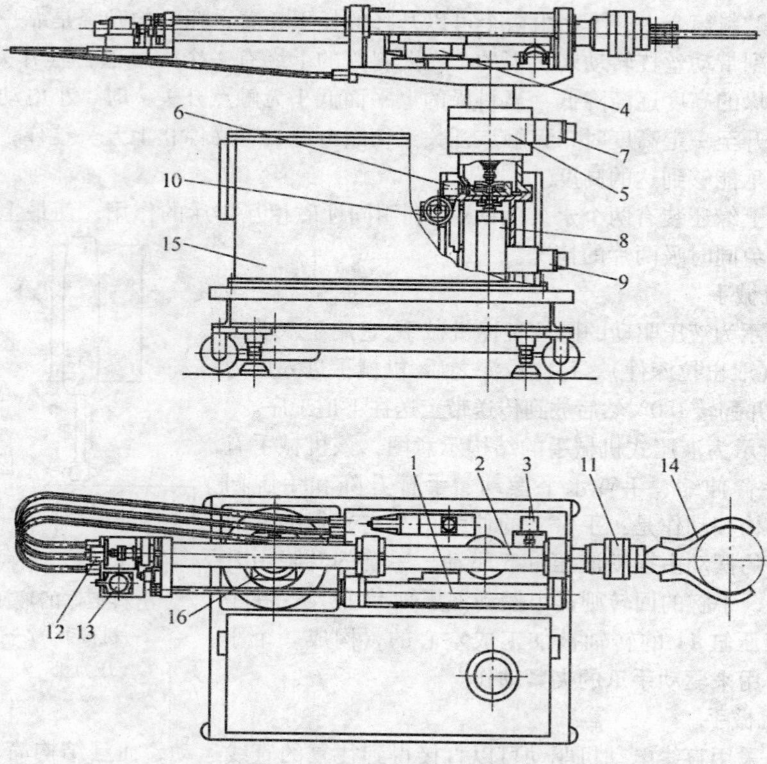

图 13-154　液压式机械手结构示意图

1—伸缩液压缸　2—手臂　3、6、12—步进电动机　4、7、9、13—伺服阀　5—摆动液压缸　8—升降液压缸　10—反馈齿轮　11—摆动缸　14—手爪　15—油箱　16—液压泵

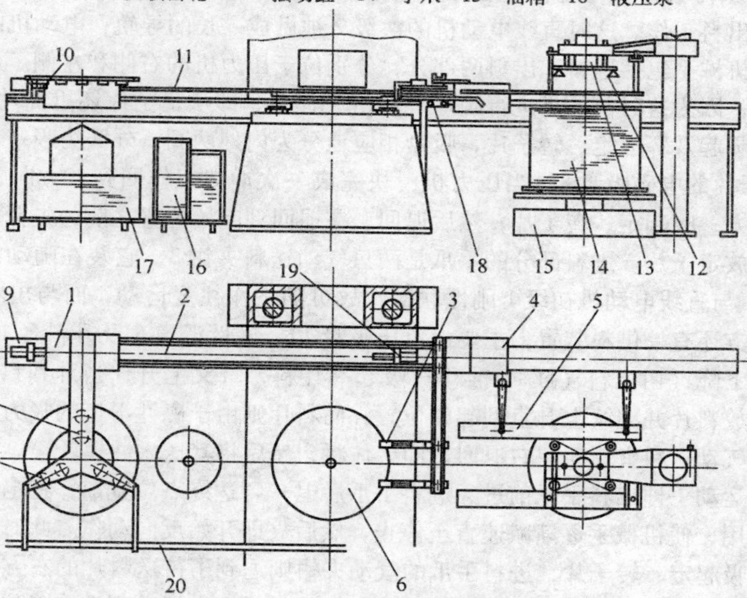

图 13-155　初级运动的电动式机械手

1—直线电动机初级　2—直线电动机次级　3—气动送料夹钳　4—随动滑车　5—磁性滑道　6—坯料　7—定子片电磁吸盘　8—转子片电磁吸盘　9—阻尼气缸　10—定位销　11—拉杆　12—负压吸盘　13—上料气缸　14—料垛　15—升料台　16—转子片　17—定子片　18—下滑道　19—阻尼气缸　20—辅助导轨

五、自动保护和检测装置

在高生产率的自动化生产过程中，单靠操作者来看管生产过程，发现和处理故障及废次品的产生，无论在精神上和体力上都是很大的负担。为此，必须在各个生产环节，采用各种监视和检测装置，当冲压过程中出现定位不准，工件重叠，工件未顶出，材料起拱，料宽超差或卷料用完等现象时，检测装置便发出故障信号，使压力机立即停车，以实现生产过程的自动控制，保证生产过程有节奏、稳定地进行。

图 13-156 所示为自动化冲压生产各个环节中具有各种监视机能的检测装置。

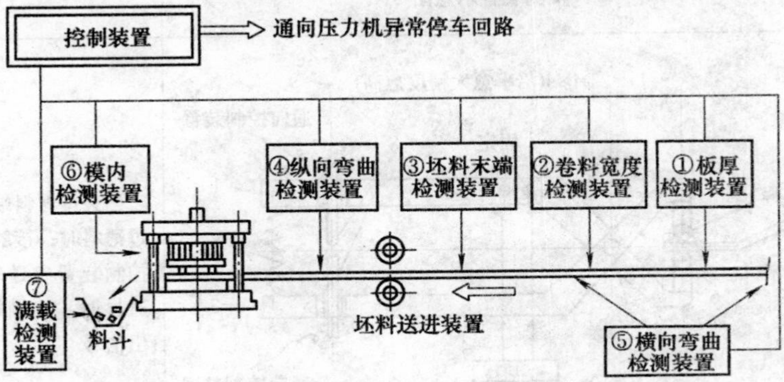

图 13-156　板料冲压自动作业的监视与检测装置示意图

1. 板厚检测

该检测在一般情况下不大使用，但在冲制电子仪器等精密零件时有必要使用。

2. 卷料宽度检测

在少、无废料冲压中，当使用原宽度卷料时，则需进行宽度检测。当采用多工位模具冲压时，常常采用测刃切边送进。这时，进行卷料横向弯曲（蛇形）的检测较之卷料宽度检测更为有利。

3. 带材末端检测

带材到达末端时进行显示，并立即停止压力机运转是很重要的工作，它告知操作者需添新料，便于多机床管理。

4. 带材纵向弯曲检测

当某工位模具发生故障时，下一个坯料就不能送进。在这种情况下如再次冲压时，带料送进受到阻碍，便会出现纵向弯曲。故纵向弯曲是因模具事故引起的暴露在带材表面的最典型的缺陷。

5. 带材横向弯曲检测

当冲压板厚较大的带材时，如果带材因横向弯曲严重而不能通行时，就会出现很多废品，还将导致模具损坏。

6. 模内检测

用以监视材料误送、定位不准、工件未顶出等故障，该检测不仅作为模具保护所需，还可检验制件精度和质量。

7. 成品贮存料斗满载检测

这是采用料斗或排列制件的方法进行入仓的。假如这个环节不加以检测，制件则将溢出料斗外，而造成不必要的事故。

自动保护和检测装置的传感方式有接触式和无接触式两种。传感器常用类型有机电式、光电式、电磁式和射线式等。

机电式检测装置的信号可分为两类，一类是从单独一个保护装置的信号（导通或切断）就可以判断有无故障的单独检测判断信号（称为Ⅰ型），另一类信号必须与冲压工作循环的特定位置或时刻相联系，才能判断有无故障的周期特定位置判断信号（称为Ⅱ型）。

冲压自动作业用检测装置的名称、传感器类型、结构示意图和工作原理见表13-20。

表13-20　冲压自动作业用检测装置

名称	传感器类型	检测装置示意图	工作原理
板厚检测装置	机电式	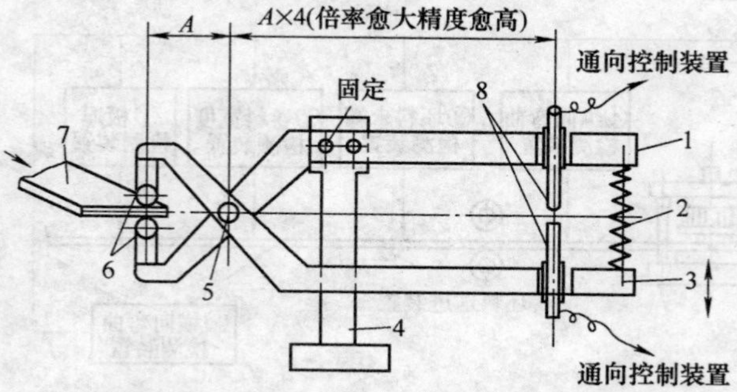 1—固定杆　2—反跳弹簧　3—活动杆　4—安装支柱 5—支点　6—钢球　7—材料　8—接触端子	当夹持材料端部的钢球6之间通过薄料时，接触端子8相接触，向控制装置发送输入信号，若厚料通过时，接触端子分离，发送输出信号
板厚检测装置	机电式	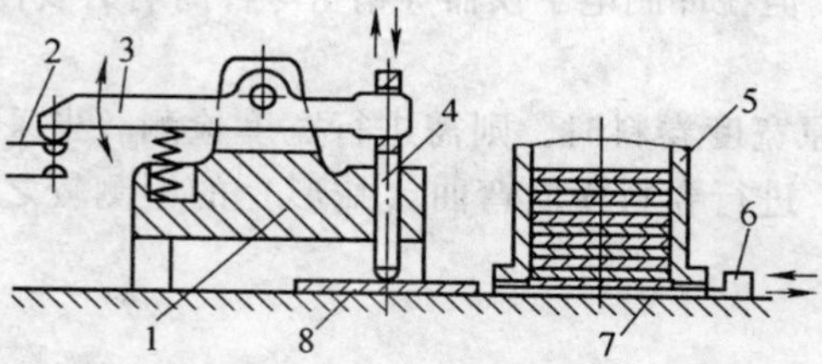 1—支架　2—触点　3—双臂杠杆　4—探测销 5—料仓　6—推板　7—底座　8—被测坯料	料仓5中的坯料由推板6依次送入冲模之前，先经过探测销4进行厚度检测，当厚度不合格的坯料经过探测销时，利用杠杆比放大的方法可以精确地测出，并推动触点2动作，由控制装置操纵压力机自动停机
板厚检测装置	射线式	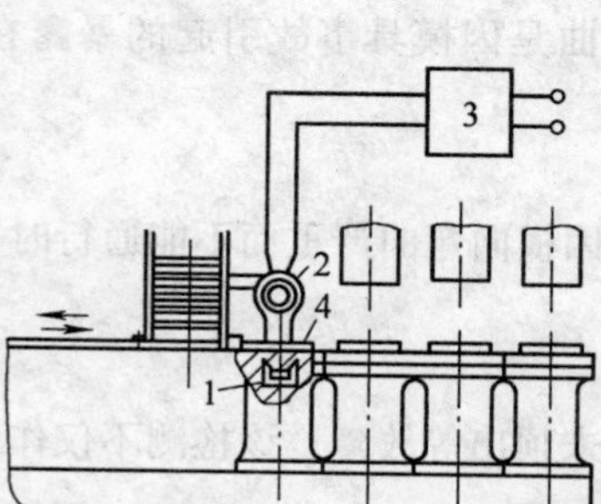 1—放射源　2—接收器　3—电子继电器　4—坯料	以同位素铯90（无害的β射线）制成的放射源1安放在坯料4的一侧，另一侧设有接收器2，由于射线通过金属时局部被吸收，金属板愈厚，射线被吸收得愈多，接收器接收的也就愈少；经电子继电器3通向控制线路，料厚不合格时，压力机自动停机

（续）

名称	传感器类型	检测装置示意图	工作原理
宽度检测装置	机电式	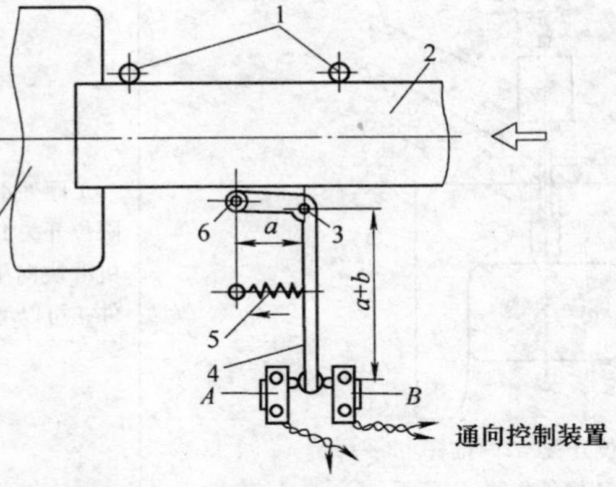 1—固定基准面　2—材料　3—支点　4—L形杆 5—张力螺旋弹簧　6—辊子　7—模具	卷料尺寸宽时，限位开关 *B* 接通，宽度过小时，在张力螺旋弹簧5的作用下，限位开关 *A* 接通，同时向控制装置发出输入信号，使压力机停止运转
纵向弯曲检测装置	机电式	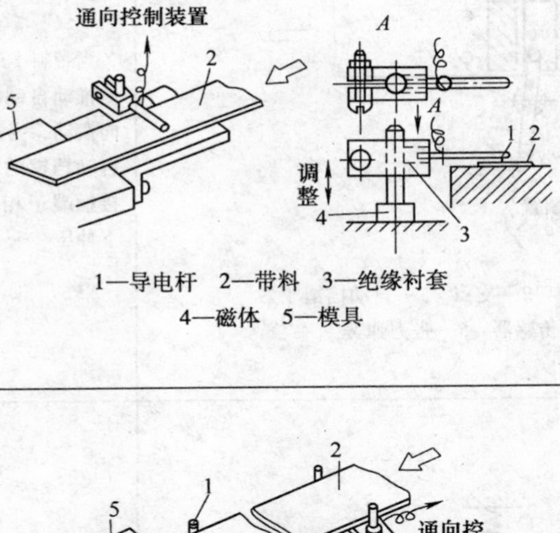 1—导电杆　2—带料　3—绝缘衬套 4—磁体　5—模具	带料纵向弯曲是模具内发生异常现象最明显的暴露，应在敏感的位置，利用导电杆检测弯曲度，当带料纵向弯曲值超过允许值时，电路通电，压力机立即停车
横向弯曲检测装置	机电式	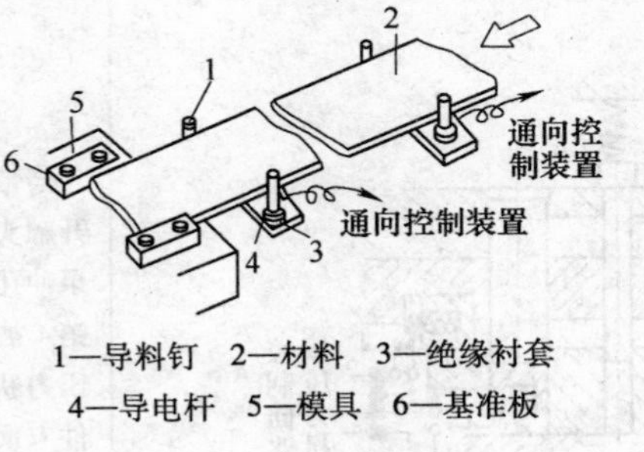 1—导料钉　2—材料　3—绝缘衬套 4—导电杆　5—模具　6—基准板	利用导电杆检测带料横向弯曲度，当横向弯曲值超过允许值时，电路通电，压力机立即停车
定位检测装置	机电式	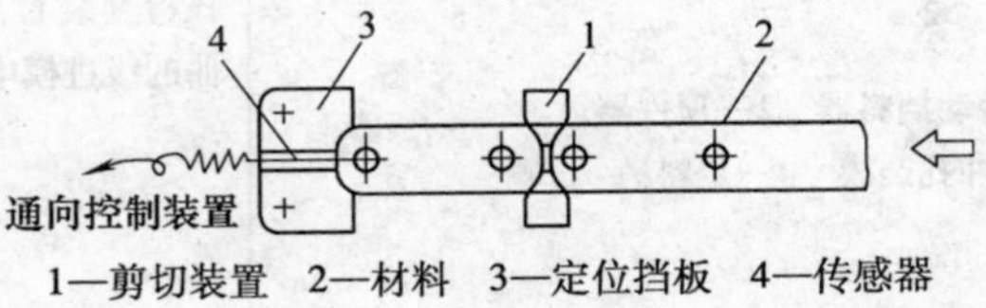 1—剪切装置　2—材料　3—定位挡板　4—传感器	在定位部分设置传感器4，当材料2送到预定位置，并接触传感器，压力机滑块向下冲压

（续）

<table>
<tr><th>名称</th><th>传感器类型</th><th>检测装置示意图</th><th>工作原理</th></tr>
<tr><td>定位检测装置</td><td>机电式</td><td>
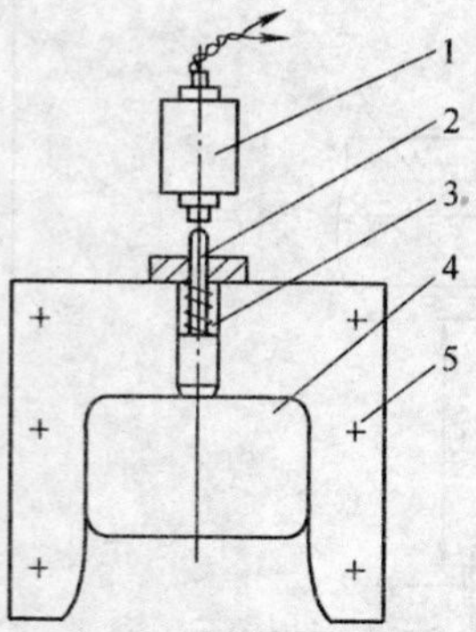

1—常分限位开关　2—推杆　3—弹簧
4—工序件　5—定位板
</td><td>工序件4定位正确时，推杆2与限位开关1接触，线路接通，压力机滑块向下冲压。对于较大的工件，可以增设几个类似检测装置</td></tr>
<tr><td>挡料检测装置</td><td>机电式</td><td>
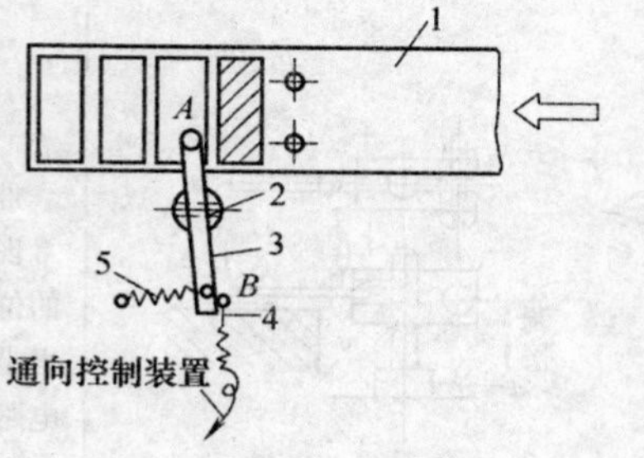

1—带料　2—支点　3—自动挡销
4—传感器　5—张力弹簧
</td><td>当带料1送进时，前后搭边的左侧推动自动挡销的 A 端逆时针方向摆动，当送料进距达到要求时，自动挡销的 B 端便与传感器4的接触端子相碰，压力机滑块即向下冲压</td></tr>
<tr><td>触头式检测装置</td><td>机电式</td><td>
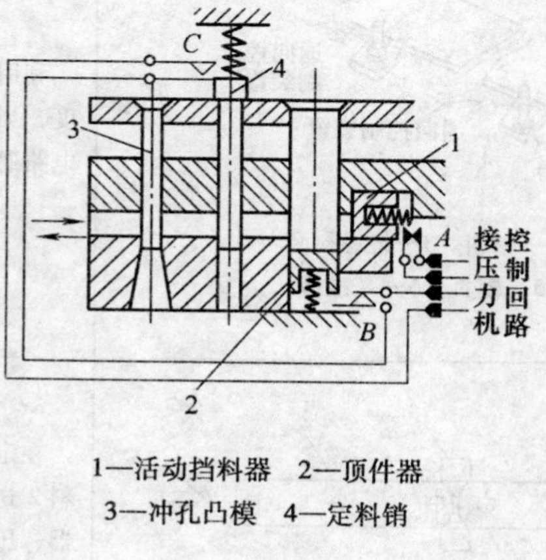

1—活动挡料器　2—顶件器
3—冲孔凸模　4—定料销
</td><td>当带料送到活动挡料器1时，常开触头 A 接通，压力机开动。如果冲孔凸模3折断未冲孔，则定料销4被顶起，使常闭触头 C 切断，压力机停车。如上次冲压后，零件未顶出，常闭触头 B 被顶件器2切断，滑块将停留在上死点不动。该检测装置用于冲孔、切断和弯曲的级进模中</td></tr>
</table>

（续）

名称	传感器类型	检测装置示意图	工作原理
顶出检测装置	机电式	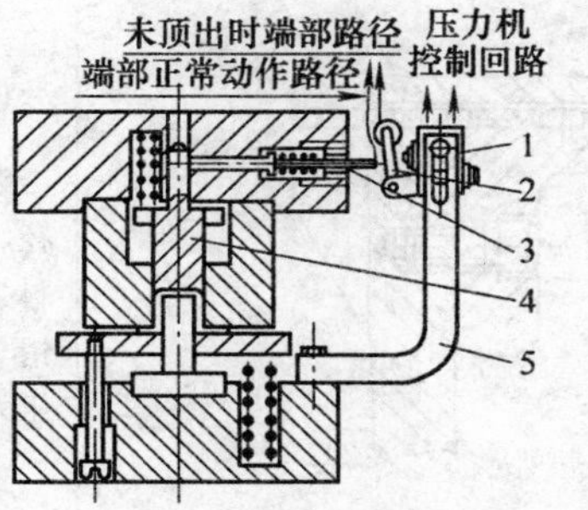 1—常合开关　2—转臂　3—弹簧圆销　4—顶板　5—支架	正常情况下，冲压后的制件由顶板4从上模中顶出。当发生故障，顶板未被弹簧顶出时，圆销3随上模上升触动转臂2，切断常合开关，使压力机立即停车
顶出检测装置	机电式	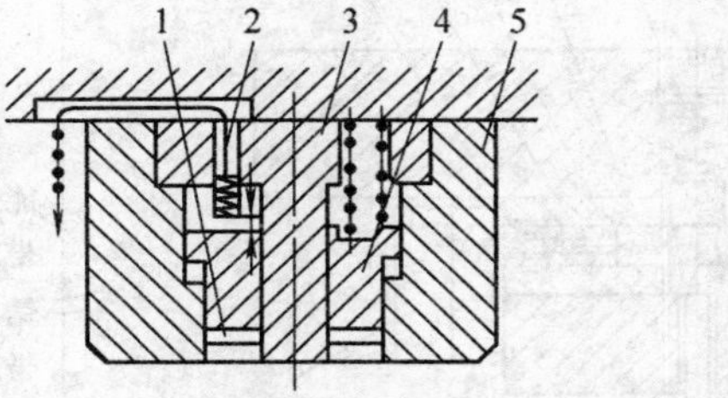 1—工件　2—传感器（头部绕成弹簧形）　3—冲孔凸模　4—顶板　5—落料凹模	正常工作时，顶板4和传感器2之间有一定的间隙，电路不通。如制件未被顶出，下次冲裁又多积一件，则顶板4与传感器2接触，导通电路，控制压力机停机
坯料方位检测装置	射线式	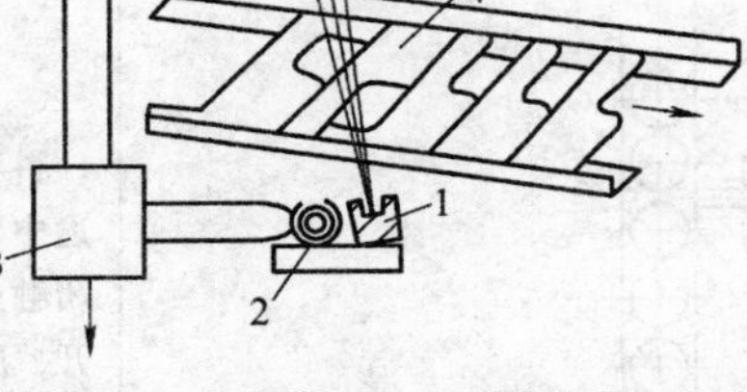 1—放射源　2—接收器　3—电子继电器　4—坯料	当坯料4方位不正确时，放射源1的射线由朝下缺口处放射出去，接收器2接收的射线多，经电子继电器3通向控制线路，压力机立即停机（坯料缺口朝上为正确方位）

（续）

名称	传感器类型	检测装置示意图	工作原理
坯料误送检测装置	机电式	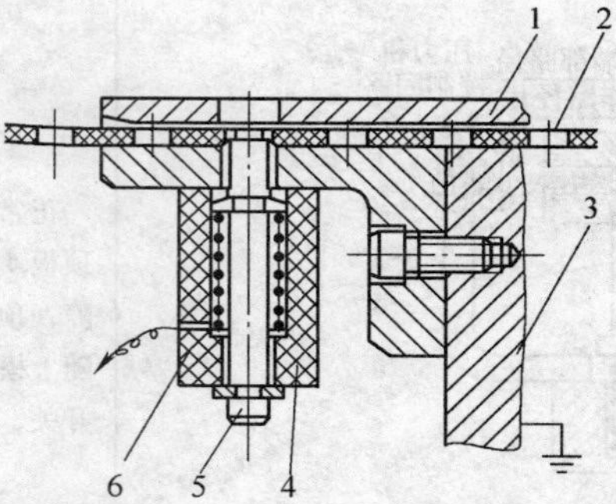 1—卸料板　2—坯料　3—凹模　4—绝缘套 5—导电销　6—弹簧	废料孔略大于导电销5前端的直径。送料正确时，导电销5不与坯料2接触，线路切断；误送时导电销与坯料接触，线路导通，控制压力机滑块停止下行
带料误送检测装置	机电式	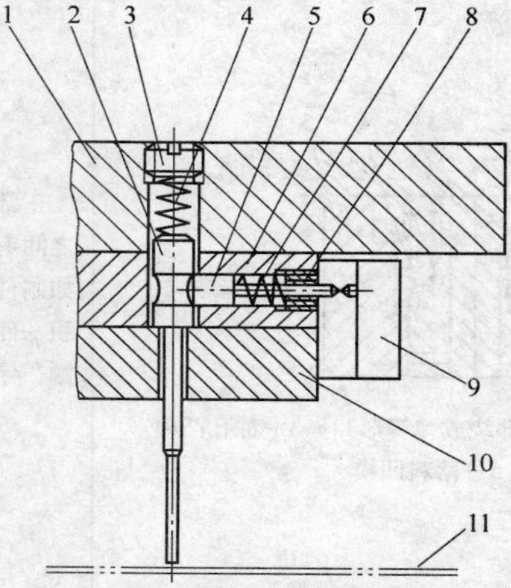 1—上模座　2—浮动检测销　3—螺塞　4、7—弹簧 5—导通杆　6—垫板　8—带孔螺塞　9—微动开关 10—凸模固定板　11—送进中的带料	在正常运转时，检测销2的端头能顺利通过带料的导正孔。如果带料发生误送等异常现象，检测销2的端头无法通过导正孔而接触带料并迫使检测销向上浮动，这时压迫导通杆5往右移动，使固定在固定板外侧的微动开关9发出信号，使压力机紧急停车
送料中断检测装置	机电式	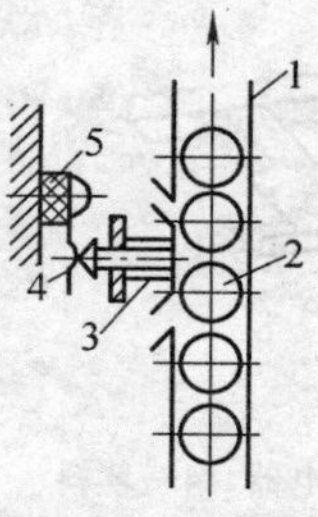 1—料槽　2—毛坯　3—弹簧 4—常闭触点　5—绝缘衬垫	料斗里的毛坯经料槽1送至冲模途中时，供料突然中断，这时常闭触点4在弹簧3的作用下被打开，压力机便立即停止工作

（续）

名称	传感器类型	检测装置示意图	工作原理
送料受阻检测装置	机电式	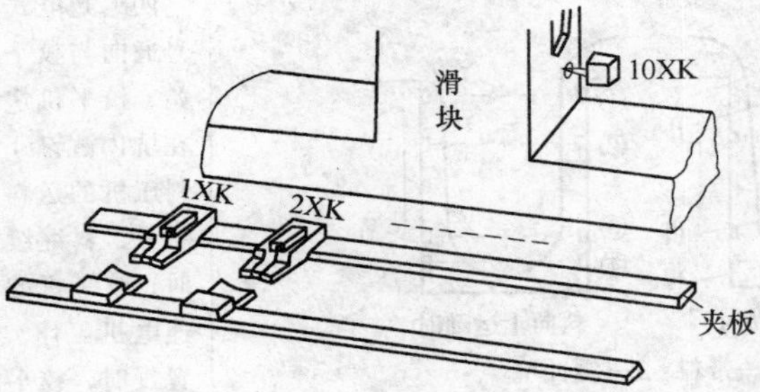	在多工位压力机传送单个毛坯的夹板式送料装置的每对卡爪上装有微动开关（1XK，2XK，…），并串联在一起，如果有一对卡爪未夹住工件，电路就不通，压力机停止冲压
缺件检测装置	射线式	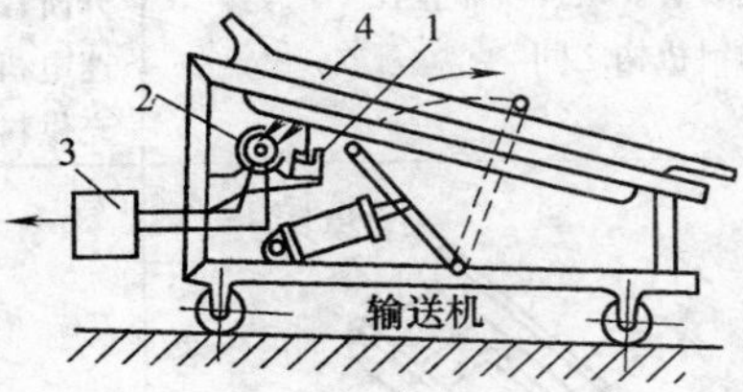 1—放射源　2—接收器　3—电子继电器　4—毛坯	检测冲压自动线压力机之间输送机（带翻转机构）上有否毛坯（工序件），当有毛坯4时，放射源1发出的射线被毛坯反射，由接收器2接收，并经电子继电器3输出信号，使控制线路操纵压力机正常运转。否则，停机
供料松紧检测装置	机电式	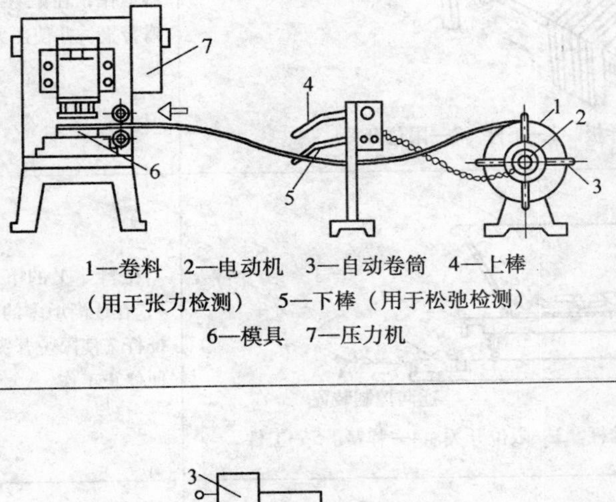 1—卷料　2—电动机　3—自动卷筒　4—上棒（用于张力检测）　5—下棒（用于松弛检测）　6—模具　7—压力机	可配合压力机的加工速度而自动送进带料，当松弛的带料与下棒5接触时，卷筒3的电动机2的开关就断开，电动机便停止转动。但经一段时间带材被拉紧后就与上棒4接触，从而使电动机接通，此时卷筒旋转，带料又继续送进，依此反复进行
供料松紧检测装置	射线式	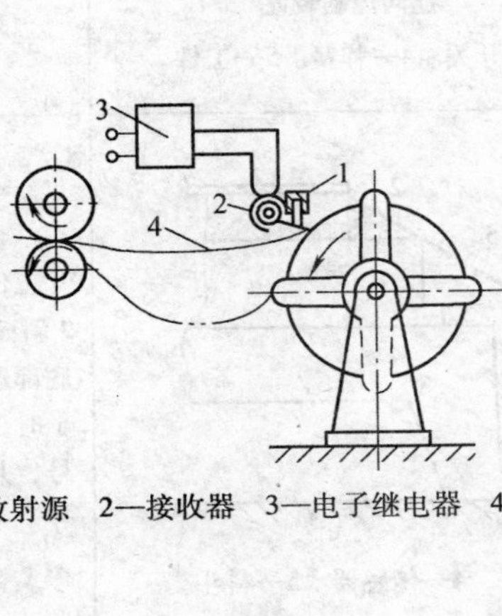 1—放射源　2—接收器　3—电子继电器　4—带料	由于放射源1发射到金属带料4上的射线反射回来的强度，与反射源和带料间的距离成反比，根据此特性便可借助接收器2相连的电子继电器3输出的不同信号来自动调节卷筒的供料速度

（续）

名称	传感器类型	检测装置示意图	工作原理
供料松紧检测装置	光电式	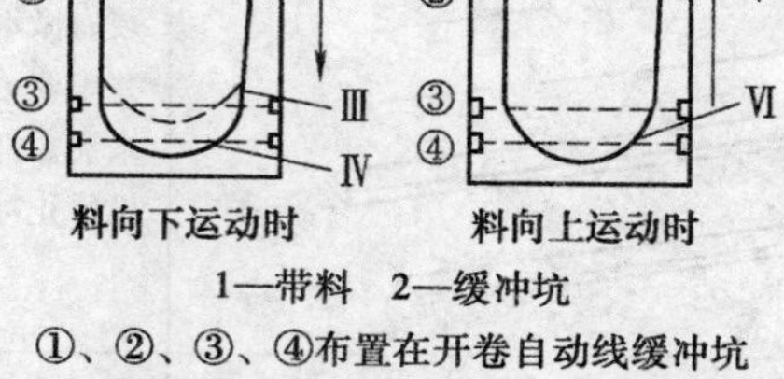 料向下运动时　料向上运动时 1—带料　2—缓冲坑 ①、②、③、④布置在开卷自动线缓冲坑壁的四组光电式检测装置。缓冲坑布置在校平机与送料机构之间	四组光电式检测装置的检测信号通向与校平机相联的电路。开始，校平机快速电机启动，带料在坑内逐渐下垂，在位置Ⅰ，落料压机的送料机构不动作，在位置Ⅱ，料继续下降，降至位置Ⅲ时，校平机的快速电机切断，慢速电机工作，料缓慢下降，至位置Ⅳ时，校平机停止工作。送料机构开始向压机送料，料处于上升阶段，到位置Ⅴ时，校平机快速电机再次工作，高速向坑内补充供料，如此往复
计数理件检测装置	机电式	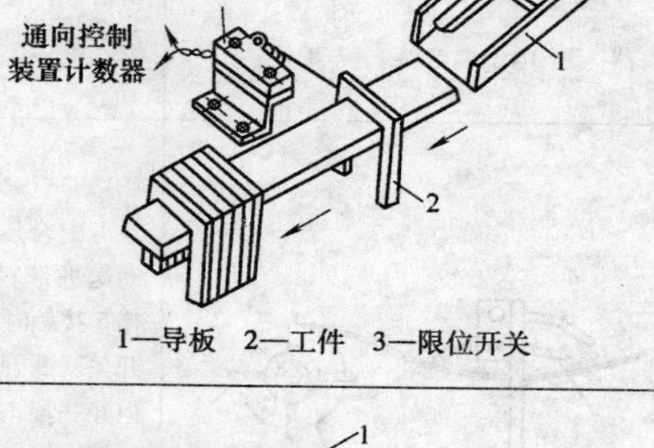 1—导板　2—工件　3—限位开关	冲压完成的工件2自模具经由导板1滑落到集件架上，当工件达到满载后，连接于限位开关3的计数器工作，在贮存到预定的数量时鸣警报，并使压力机停止工作
料斗满载检测装置	机电式	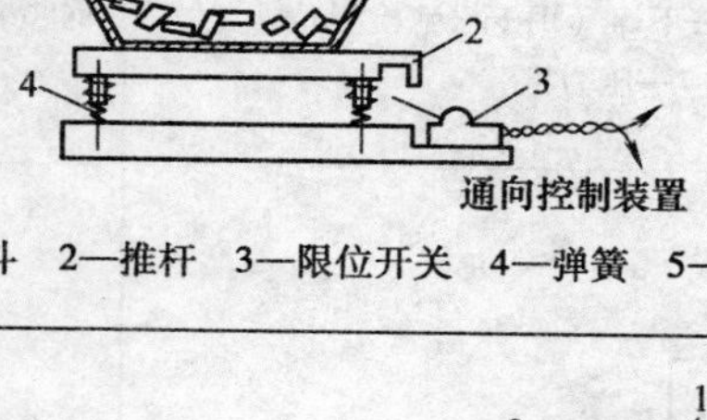 1—料斗　2—推杆　3—限位开关　4—弹簧　5—工件	在料斗1的下面装设一组弹簧4，在逐渐增多的工件5的作用下，推杆2使限位开关3接通，压力机便停止工作
料斗满载检测装置	机电式	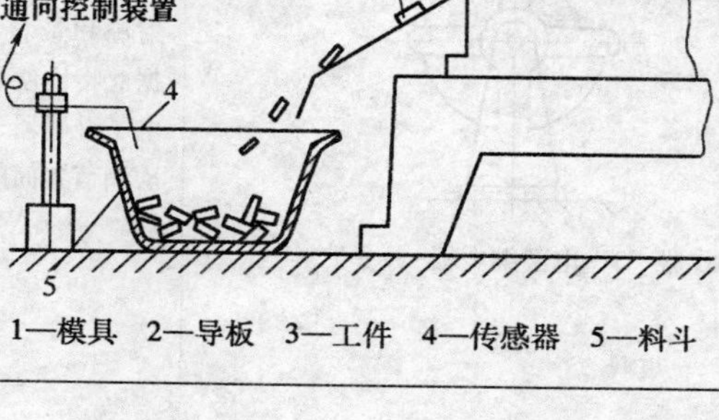 1—模具　2—导板　3—工件　4—传感器　5—料斗	工件3从装在模具1后侧的导板2斜面上纷纷掉进料斗5中，并由底部逐渐垒高到传感器4的接触端子时，就向控制装置发出输入信号，并使压力机停止工作

（续）

名称	传感器类型	检测装置示意图	工作原理
带材末端检测装置	机电式	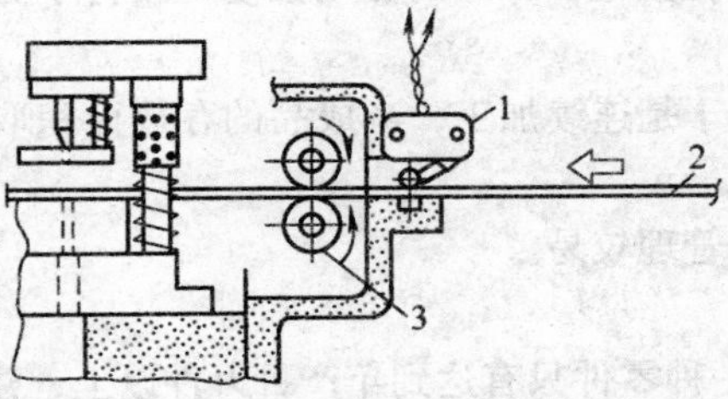 1—常开限位开关　2—材料　3—送料辊	送料辊3将带料2间歇送入模具，当带料末端通过限位开关接触端子时，常开限位开关给出切断回路信号，压力机停止工作
带材末端检测装置	机电式	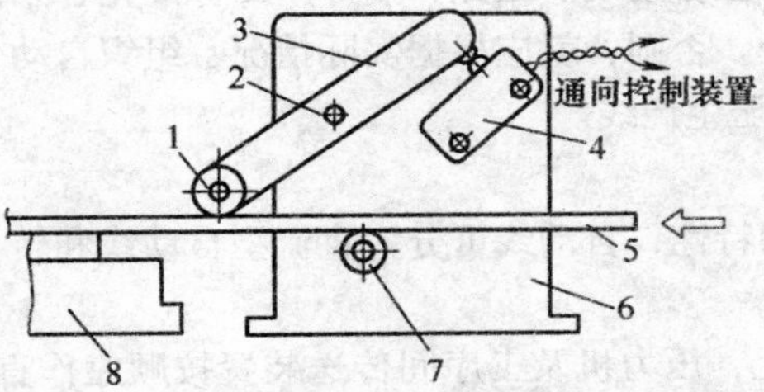 1—辊子　2—支点　3—杠杆　4—常开限位开关　5—材料　6—装配板　7—固定辊　8—模具	在带有支点2的杠杆3的一侧设置常开限位开关4，另一侧设置辊子1。当带料到达末端（即越过固定辊7）时，杠杆失去张力，平时带电的限位开关给出切断回路信号，压力机停止工作

六、冲压自动线

20世纪50年代以来，随着汽车工业生产规模的不断扩大，以及电机、电器、轻工、家电等大量生产的工业正在日益增多，冲压生产的高速化、自动化便成了冲压技术发展的主要方向。国内外实现冲压生产高速化、自动化的主要途径是：发展高速自动压力机和多工序连续自动生产的多工位压力机，应用机械手代替人工操作，采用冲压自动线。

冲压自动线是在原手工操作的冲压流水线的基础上，经半机械化、机械化（半自动化）生产线等阶段逐步发展完善起来的。冲压生产线的发展阶段见表13-21。

表13-21　冲压生产线的发展阶段

发展阶段	生产线类型	起始年代	压力机			自动化程度					全线操作方式	操作人数/人	小时生产率/件
			双动	单动	排列	上料	定位	取件	翻转	传输			
原始阶段	冲压流水线	20世纪50年代前	5~7次/min	10~12次/min	并列	手工	手工	手工	手工	皮带机	非同步间断流水	15~30	<400
第一阶段	半机械化生产线	50年代	5~7次/min	10~12次/min	并列或贯通	手工	手工	悬臂机械手	手工	皮带机	非同步流水	13~15	400
第二阶段	机械化（半自动化）生产线	60年代	10~12次/min	12~15次/min	贯通	上料器	手工（自动）	取料器	翻转器	输送器	间歇同步流水	5~7	400~600
第三阶段	自动化生产线	60~70年代	>12次/min	15~18次/min	贯通	上料器	自动	取料器	翻转器	输送器	自动连续同步	1~3	600~720

冲压自动线与手工操作的冲压流水线比较，具有如下优点：

1）提高了劳动生产率。

2）减少了操作人数。

3）降低了对工人熟练程度的要求，减轻了工人的劳动强度，改善了劳动条件，保证了安全生产。

4）压力机布置比较紧凑，同时由于是连续加工，半成品的存放面积取消或大大减少，因而缩小了生产面积，缩短了生产周期。

5）由于生产速度比较稳定，因而管理较易。

6）降低了生产成本。

冲压是一种高效的工艺方法，某一种零件只有达到年产百万件以上，建立一条专用的冲压自动线在技术经济上才是合适的。这样即使一个规模很大的工厂，由于多品种生产，只有那些年产量大的零件，才有可能建立专用的冲压自动线。因此，搞好产品标准化、系列化，并组织专业化生产才是建立冲压自动线的有效途径。否则，就应根据实际情况，组织自动化程度不同的半机械化、机械化（半自动化）、自动化冲压生产线。

（一）冲压自动线的分类

按加工及传送毛坯的相互联系的特性，自动线可分为直流型自动线和转子型自动线。

1. 直流型自动线

在直流型自动线（图13-157）上，压力机及工序间传送装置按顺序作直线排列。其特点是：在不同的时间内完成毛坯的加工和传送工作。即在加工时，毛坯不动；相反地在传送毛坯时，停止加工。因此，生产率受到一定限制。现在大多数自动线均属于此类。

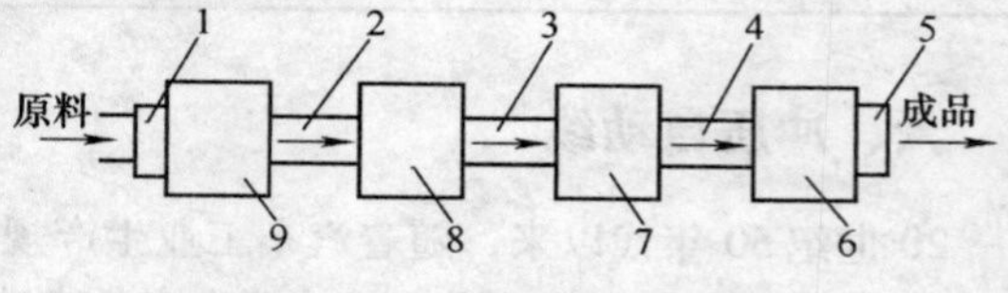

图13-157　直流型自动线

1—自动送料装置　2~4—传送装置　5—出件机构　6~9—压力机

按压力机的不同布排方式，直流型自动线可分为并列式、惯通式和混合排列式三种（图13-158）。并列式（图13-158a）虽灵活性较大，但占地面积大，工件传送路径长，应用较少。惯通式（图13-158b）为最常见的形式，压力机与工序间传送装置布置紧凑，工件传送路径短，最适用于大型薄板零件的冲压自动线。混合式（图13-158c）是根据不同的工艺要求由前两种基本形式派生出来的。图13-158c所示汽车车身顶盖冲压自动线便是混合式的一例，全线由三台通用压力机和六台专用压力机组成。三台通用压力机为贯通式排列，用于顶盖的拉深、修边和翻边。而六台开式专用压力机呈对置排列，用来冲制顶盖前后风窗。

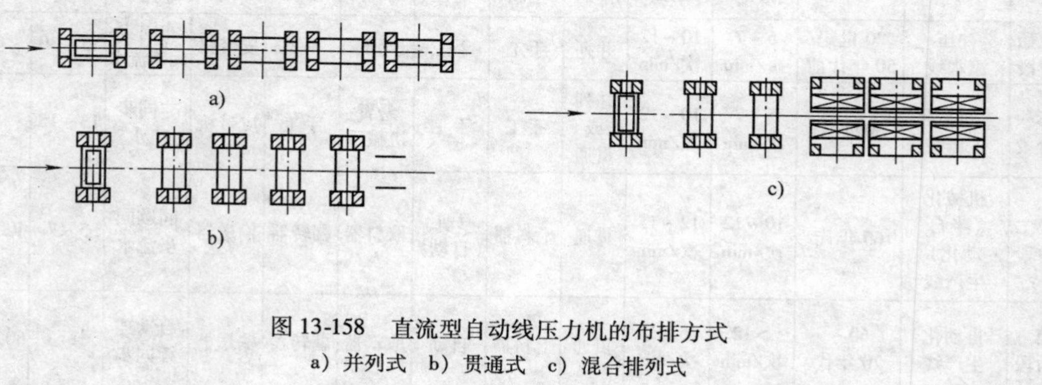

图13-158　直流型自动线压力机的布排方式

a）并列式　b）贯通式　c）混合排列式

2. 转子型自动线

在转子型自动线（图13-159）上，工作转子及传送转子作参差排列。其特点是：毛坯的加工不是在传送的毛坯停止的时间内进行，而是在工模具及被加工毛坯同时连续移动的过程中进行的，即是毛坯的加工和传送是复合进行的。这样使得生产率仅取决于转子的圆周速度及工件（工模具）在转子上的节距，而与工序的延续时间长短无关，从而保证获得很高的生产率。另外，有可能将磨损的工模具在空转时（角度 φ_2 内）加以更换，无须整个自动线停车。再者，于每次工序后，半成品在传送转子内的运动期间，有可能进行质量检查和观察；并有可能对毛坯的空间位置作任何方位的改变（如有必要的话）。但其缺点是专用性很强，故在设计、制造及调整上比直流型自动线费时间。

按工序间联系的特性可分为刚性联系的自动线和柔性联系的自动线。

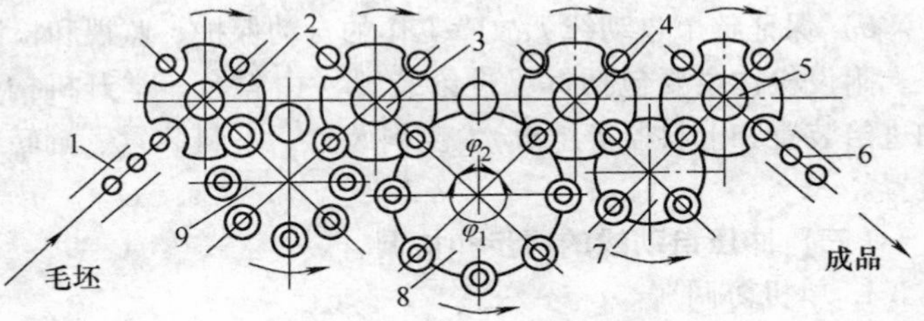

图13-159　转子型自动线

1—毛坯上料器　2～5—传送转子　6—成品接收器　7～9—工作转子

1. 刚性联系的自动线（图13-160a）

设备之间的传送装置有刚性联系，与多工位压力机的抓取机构相似。且工序间无半成品储备，各台设备要求严格的同步。其主要缺点是当某部位发生故障时，需要使整个自动线停车。这类自动线多用于大、中型零件的生产。

2. 柔性联系的自动线（图13-160b）

设备之间具有传送装置外，还设有贮料器和料斗，它们贮存一部分半成品，故设备之间不需要绝对的协调。由于工序间半成品储备，当个别设备出现故障时，允许该设备短时间停车，而无须将全线停车。工序间半成品的储备量决定于各工序设备生产率的不均匀程度及其不发生停顿的工作稳定性。其缺点是自动线的生产率必须根据生产率最低的一台设备来确定，因而其余的设备利用率便有所降低。这类自动线一般用于小型零件的生产。

（二）冲压自动线的组成

冲压自动线主要由主机和附设机构组成。

主机是指完成冲压工序加工的各类压力机和必要的其他加工机床。在自动线设计时，应根据冲压件的工艺特点，合理选用压力机的结构形式、吨位和行程次数，优先采用标准设备，这样技术经济性好。但在单一产品的大量生产中，有时为了使主机针对性强，自动线组织得更紧凑，并能获得更高的生产率，根据被加工零件的特点和工序特殊要求，改装通用设备或设计专用设备还是有必要的。

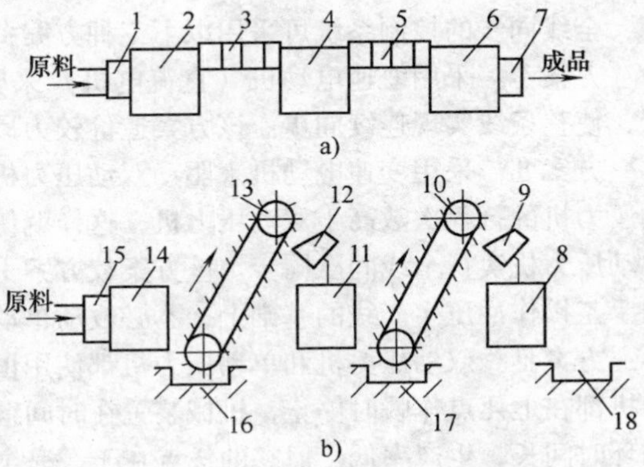

图13-160　自动线按工序间联系特点分类

a）刚性联系　b）柔性联系

1、15—自动送料装置　2、4、6、8、11、14—压力机　3、5—传送装置　7—出件机构　9、12—料斗　16～18—贮料器　10、13—叶片式提升机

对于大型薄板零件的冲压自动线，通常第一台为双动压力机，其余为单动压力机。若零件拉深深度不大（或不需要拉深工序），则可全部采用单动压力机，但不宜在同一条自动线上既采用液压机又采用机械压力机。自动线的压力机数量一般为4～8台，全线长度30～50m。

附设机构是完成自动线各种辅助工作所需的机械装置和检测装置。自动线中的附设机构是很重要的，它的好坏对自动线的工作有直接影响，因此，自动线设计中，对附设机构的设计和选用应予以足够的重视。

为保证冲压自动线的可靠性和稳定性，附设机构应圆满地完成以下任务：

1）毛坯及半成品向模具的送进。

2）毛坯的准确定位。

3）由模具出件。

4）工序间半成品的翻转和传送。

5）产品质量的自动检验。

6）保证整个自动线无故障工作的自动保护、监视和检测。

附设机构主要包括拆垛进给装置（由料台、举升机构、分页器、吸料器、双料检测器、涂油进给装置和上料器等组成）、上料装置、下料装置、翻转器、工件传送装置、检测和联锁保护装置。

（三）冲压自动线的同步和协调

1. 单机协调

必须和相应的机械装置（包括上料装置、下料装置、翻转器和工件传送装置等）动作协调。协调可以由两种方式保证。一种是机械装置由压力机通过取力轴驱动。另一种是机械装置单独驱动，但和压力机电器联锁。

2. 全线同步

冲压自动线的各组成部分（压力机同压力机、压力机同机械装置、各机械装置）之间需实行全线同步。全线同步有两种基本形式：即连续同步和间歇同步。所谓连续同步，既无论是压力机或机械装置都由变速电动机驱动，各运动单元在连续运行中靠电气控制不断向一个预选的固定速度靠拢，从而达到动作协调的目的。连续同步的生产率较高，但控制系统比较复杂。间歇同步则各台压力机单次运转，但第一台压力机如果是双动的，往往连续运转，其余的压力机由恒速交流电动机驱动，这些压力机必须在每一行程的上死点前后作瞬时停留，以求同其他运动单元动作协调。间歇同步的缺点是生产率较低，而且离合器和制动器容易发热磨损。

全线同步的控制系统可采用以下三种方案：

方案Ⅰ　采用变速电动机（直流电机）来驱动所有的双动和单动压力机以及所有的机械装置，使整条线实现连续同步。该方案造价较为昂贵，但可获得较高的生产率。

方案Ⅱ　采用变速电动机来驱动双动压力机和机械装置，由恒速电动机驱动单动压力机。单动压力机的行程次数高于双动压力机，这样就使双动压力机和机械装置与在上死点作瞬时停顿的单动压力机实行全线间歇同步。该方案较方案Ⅰ循环时间长一些，但是设备价格却低得多。它可在手工操作冲压生产线的基础上，不必改动单动压力机的主电机即可改造成冲压自动线。

方案Ⅲ　双动压力机和单动压力机都使用恒速电动机，仅机械装置采用变速电动机。所有压力机都在上死点作瞬时停止，机械装置在时间继电器控制下工作，以适应全线间歇同步。该方案循环时间长，生产率低。但它的优点在于，完全不必改动手工操作生产线上压力机的主电机即可改造成自动线。

（四）冲压自动线的机械化装置

冲压自动线的机械化装置主要包括：板料送进装置（也称拆垛进给装置）、上料装置、下料装置、翻转装置和传送装置等。

1. 板料送进装置

用于冲压自动线第一道工序，将板料送进首台压力机（大多为双动压力机）的冲模工作位置。这种装置包括料台、举升机构、吸料进给器、双料检测器、涂油装置、上料器等部分组成。图 13-161 所示为一种拆垛进给装置示意图。

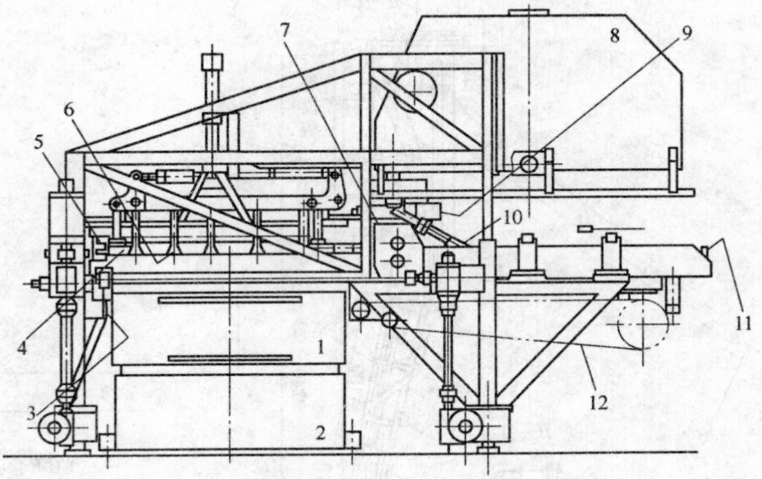

图 13-161　拆垛进给装置示意图

1—料架　2—升降台　3—磁力分层器　4—磁性辊　5—双料检测器
6—真空吸盘　7—涂油辊　8—凸轮箱　9—送料滑架
10—夹钳　11—挡铁　12—驱动装置

2. 上料、下料装置

上料、下料装置是一种用于两台压力机之间的组合式机构，同时完成工件（工序件）的下料、传送和上料三种动作。有的还与翻转器组成一个单元，完成四种动作。

图 13-162 所示为下料装置（气动式出件机械手），图 13-163 所示为兼有上、下料装置和间歇传送装置连接的两台压力机。

3. 翻转装置

在拉深成形工序和修边工序之间常常要将拉深件翻转 180°。所以，在自动线上的拉深成形后，要由翻转装置来完成这一动作。翻转装置可独立设置，也可与下料装置或传送装置连在一起。图 13-164 所示为真空吸盘翻转装置，工件被真空吸盘吸住，翻转板按箭头所指方向转动，工件被翻转 180°后落到输送机上被送到下一工序。

图 13-165 所示为板式翻转装置，工件取出后被放到翻转板 3 上，气缸 1 动作使齿轮 2 旋转，带动两个翻转板按箭头方向转动，于是翻转板 3 的工件被翻转 180°后转移到翻转板 4 上。接着气缸反向动作使两块翻转板分开，翻转板 3 复位准备接下一个工件，翻转板 4 复位则将工件放到输送机上送到下一工序。

图 13-166 所示为兼作下料（取件）的翻转装置，冲压后的工件随上模上升时，翻转装置的两根托杆从工件下面伸进去，工件被卸料装置从上模卸下并落在托杆上，托杆接到后，迅速后退并将它翻转。

4. 传送装置

在上料、下料装置独立工作时，中间要有传送装置，它将半成品从上一道工序传送到下一道工序。根据被传送工件的形状和大小，可采用不同类型的传送装置，见表 13-22 所列。

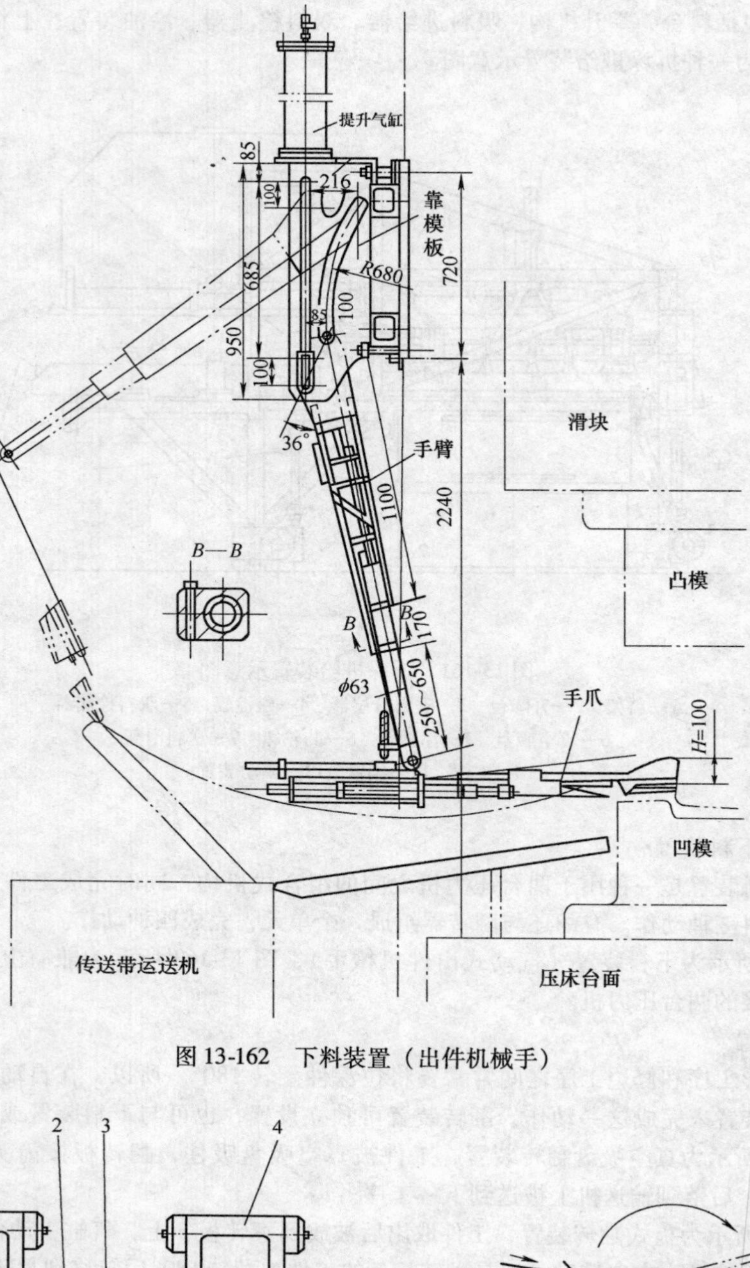

图 13-162 下料装置（出件机械手）

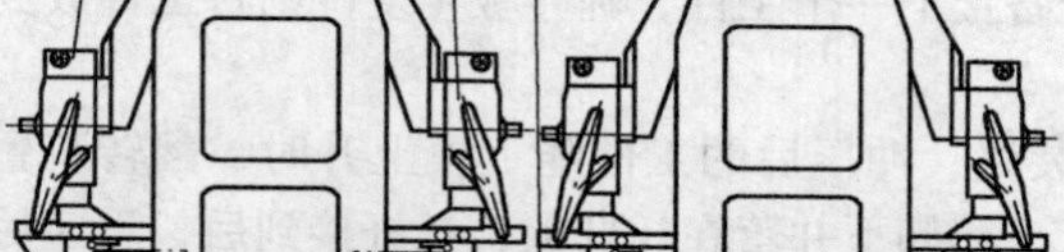

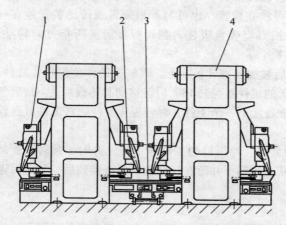

图 13-163 上、下料装置连接的两台压力机
1—上料装置 2—下料装置 3—间歇传送装置 4—单动压力机

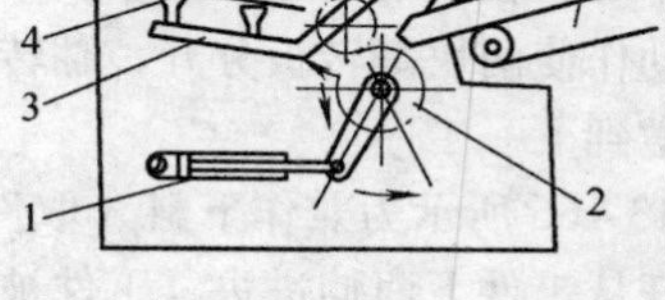

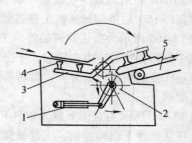

图 13-164 真空吸盘翻转装置
1—气缸 2—齿轮 3—翻转板
4—真空吸盘 5—传送带

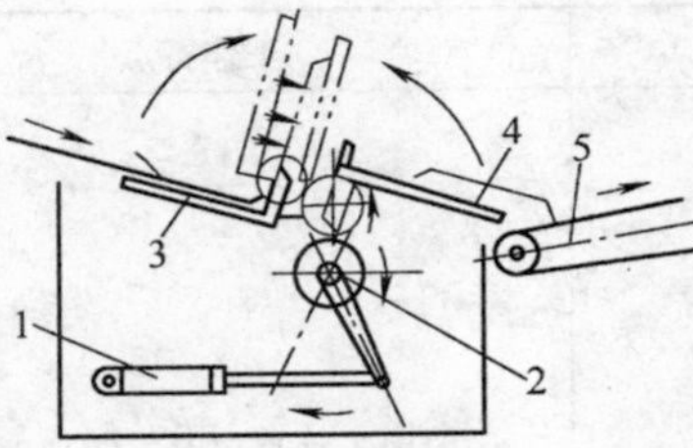

图 13-165　板式翻转装置
1—气缸　2—齿轮　3、4—翻转板
5—传送带

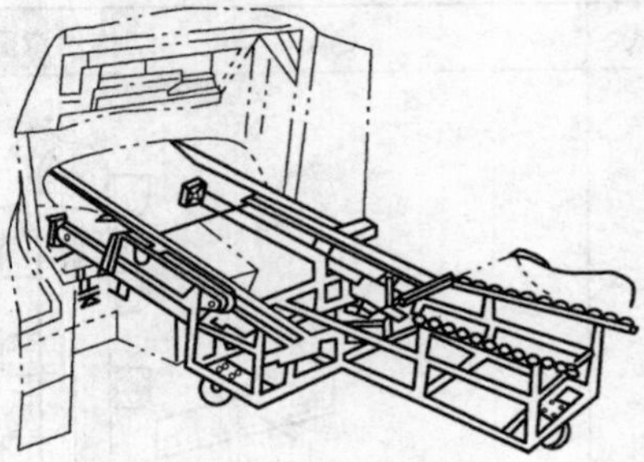

图 13-166　兼作下料的翻转装置

表 13-22　冲压自动线常用的传送装置形式

形　式	结构示意图	工作特点
重力、惯性力输送器	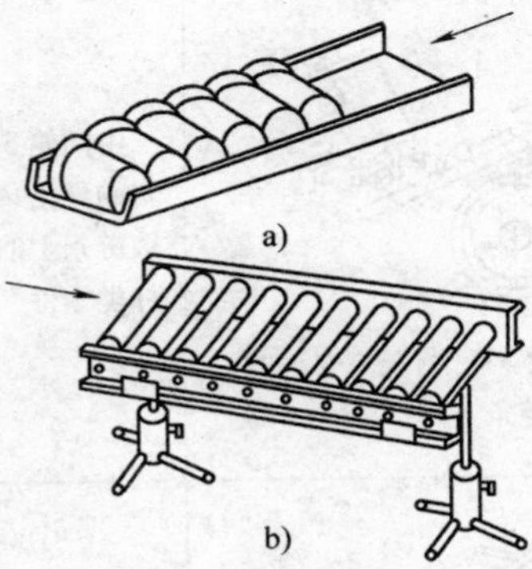 a）流料槽　b）滚道	利用工件本身的重力或加工完毕后作用在工件上的惯性力，来实现工件的传送
带式和链式输送机	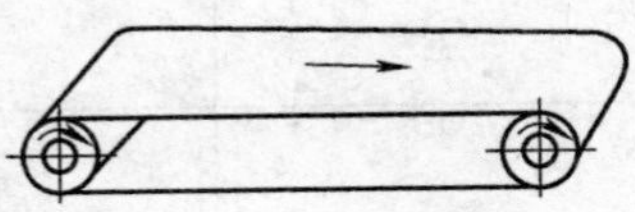	通过机械传动来连续地传送工件。加工时工件须从输送机上取下，因此，需要附加装料、卸料机构
刮板式提升机	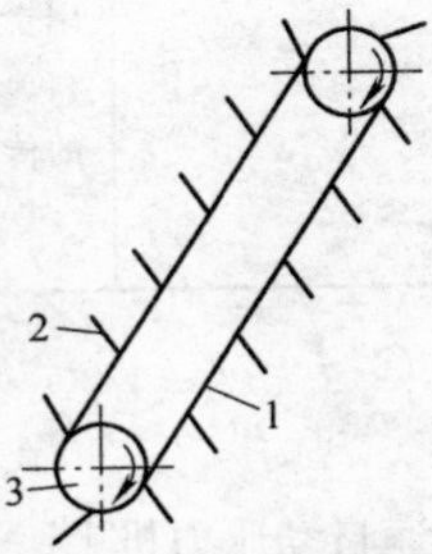 1—布带　2—刮板　3—导轮	利用滑道使工件直接滑到布带上被刮板带走，制造成本低，适用范围广

（续）

形　式	结构示意图	工作特点
斗式提升机	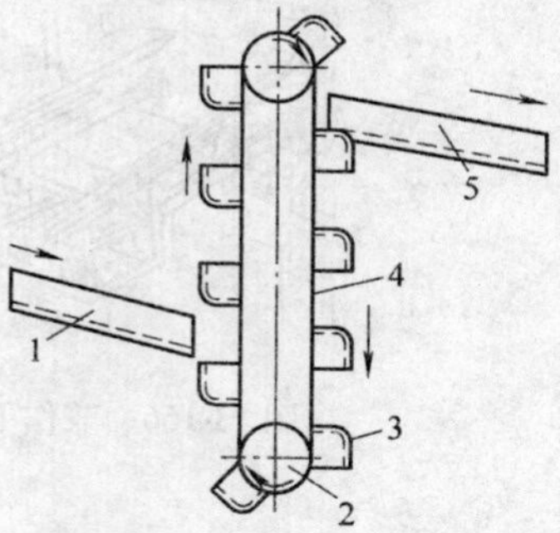 1—滑道　2—驱动轮　3—戽斗 4—胶带　5—接料板	一般用于垂直提升，需要时可倾斜成65°～75°。胶带的工作速度约为0.2～0.4m/s
链式提升机	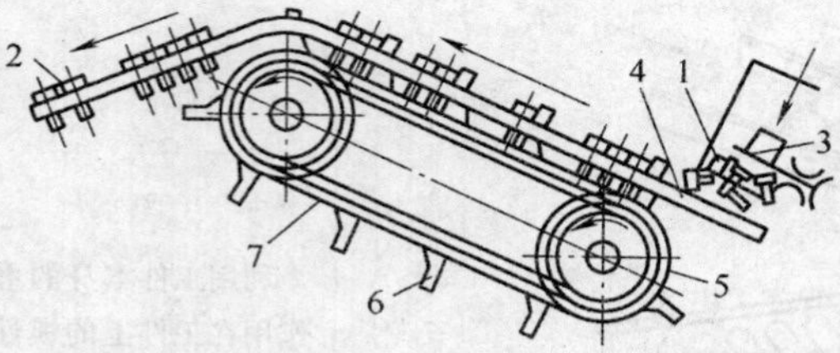 1—料斗　2—毛坯　3—螺旋凸轮　4—导槽 5—链轮　6—拨指　7—链条	由凸轮3搅拌使毛坯的尾部落入倾斜的导槽内，而头部担在槽的肩上。被链条上的拨指拨动。常用于带头的杆类零件
梭动传送机	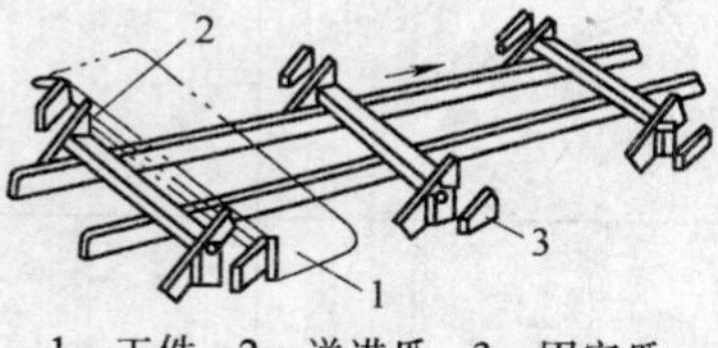 1—工件　2—送进爪　3—固定爪	装有送进爪的推板周期往复直线运动而推送工件，已送进的工件由于固定爪3（止回掣子）的阻挡，不再退回
机械手	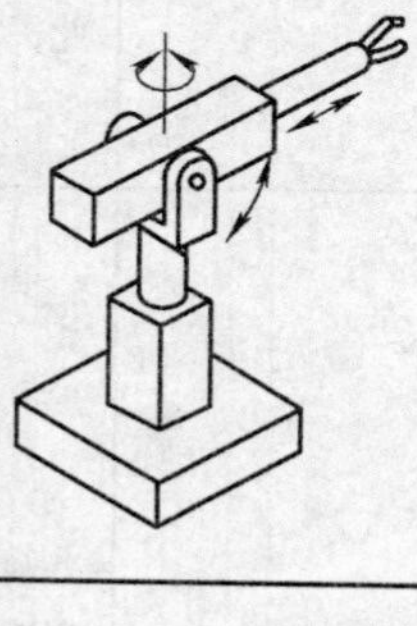	各种机械、电动、气动或液压驱动的机械手，由于工作可靠，动作灵活，通用性大，可调性好，愈益广泛用于冲压自动线。它不仅可用作上料、下料装置，亦可用作压力机之间的传送装置

（五）冲压自动线的实例

1. 定转子片冲压自动线

高生产率制造电动机定转子片的途径是：在高速自动压力机上，采用多工位级进模用硅钢带料实现自动化生产。或是采用机械、气动或液压自动装料机构和推爪式送料机构，将普通冲床连成自动线生产。后者可以使用条料，它是挖掘现有企业生产潜力，充分利用现有设备的有效方法。

这里介绍由液压自动装料机构、推爪式送料机构和三台普通冲床组成的定转子片冲压自动线（图 13-167），这条自动线与原来单机手工操作相比，提高工效近四倍。自动线的工艺流程见表 13-23。

表 13-23　工艺流程

冲床吨位	加工工序名称
第一台　400kN	先冲转子槽形及轴孔
第二台　600kN	以轴孔定位冲定子槽形及扣片槽
第三台　350kN	以轴孔定位冲落定子片及转子片

自动线的主机采用三台普通开式双柱压力机，吨位分别为：第一台 400kN；第二台 600kN；第三台 350kN。滑块行程次数分别为 65 次/min、70 次/min 和 75 次/min，采用逐步递减的节拍时间，可以保证各冲床之间的动作协调，使各台冲床在每张条料冲完后留有冲压空位，从而避免叠片现象。三台冲床成直线排列，自动线工作时，条料集中堆放在料架 1 上，通过升料机构 B（它由提升缸 G_1 驱动）和吸料机构 D，将料堆上最上面的一张条料 3 提升到装料高度，然后再由拨料机构 C（它由拨料缸 G_2 驱动）将条料拨入第一台冲床的送料轨道 4 上。接着送料机构 A_1 便带动推爪 5 将条料送至第一台冲床的模具上（转子复式冲槽模Ⅰ），冲压转子槽形和轴孔。在第一台冲床上冲压完后，再由送料机构 A_2 带动推爪将条料 6 推送到第二台冲床的模具上（定子复式冲槽模Ⅱ），由轴孔定位，冲出定子槽形及扣片槽。紧接着由送料机构 A_3 带动推爪将冲好转子和定子槽形的条料 7 推送到第三台冲床的模具上（定子、转子分离模Ⅲ），仍以轴孔定位，冲落定子片及转子片。由于第三台冲床的台面与地面成 50°倾斜度，因此，定子片很快地从模具上滑出，自动掉在冲床后面的理片棒上，而转子片则由模孔内落入装料桶里，废料则由出料机构 A_4 带动推爪将其推出轨道，这样就完成了一张条料的全部冲压过程。为了防止整条自动线在运转过程中产生故障，因此在每台冲床上面都设置了微动开关，万一产生机构卡住或条料重叠等情况，自动线均能自动停车。

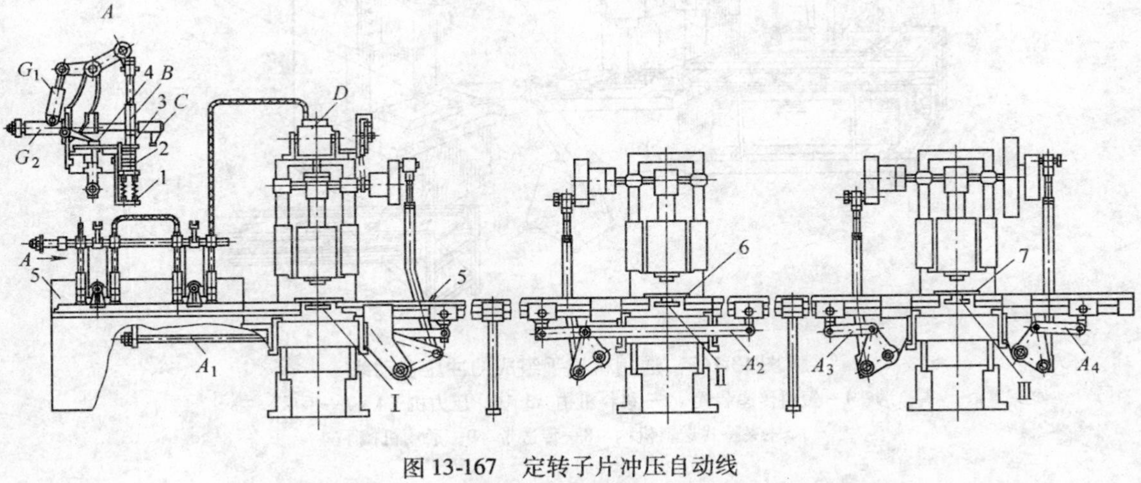

图 13-167　定转子片冲压自动线

1—料架　2—待冲条料　3—条料　4—送料轨道　5—推爪

6—冲好转子槽形和轴孔的条料　7—冲好定子和转子槽形的条料

A_1、A_2、A_3—送料机构　A_4—出料机构　B—升料机构

C—拨料机构　D—吸料机构　G_1—提升缸　G_2—拨料缸

Ⅰ—转子复式冲槽模　Ⅱ—定子复式冲槽模　Ⅲ—定子、转子分离模

2. 汽车覆盖件冲压自动线（图 13-168）

全线共六台压力机：一台 5000/4000kN 双动压力机和五台 5000kN 单动压力机。用于冲压车门板和仪表板等。自动线压力机的行程次数为 10～12 次/min，生产率为 600～720 件/h。

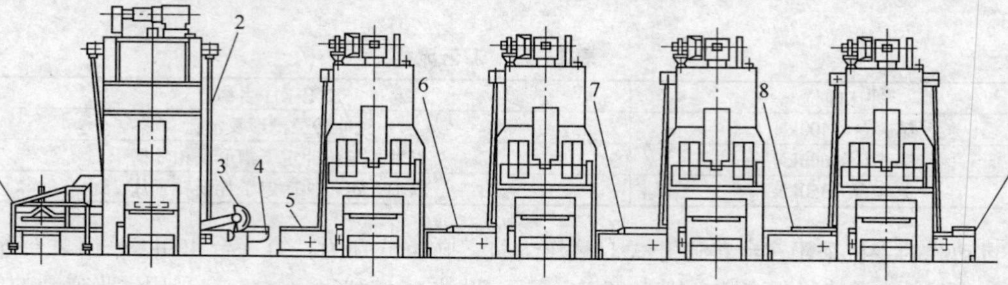

图 13-168　汽车覆盖件冲压自动线

1—开垛送料器　2—取力轴　3—翻转器　4—双动压力机下料器
5—上料器　6～8—组合式上下料器　9—单动压力机下料器

3. 通用机械手组成的冲压自动线（图 13-169）

该冲压自动线由短料传递装置、夹持式送料机构、两台压力机、一台通用机械手和传送带组成。机械手有两个手臂，作旋转运动。第一个手臂的手爪把第一台压力机加工完的工序件取出，放入第二台压力机。第二个手臂的手爪把第二台压力机冲出的工件取出，放到传送带上运走。该冲压自动线可用于中小型零件的大批量生产。近年来，国外开发了示教再现式机械手，它可将操作人员示范操作全过程的信息贮存下来，并模仿人的动作重复再现，以实现无人化生产。

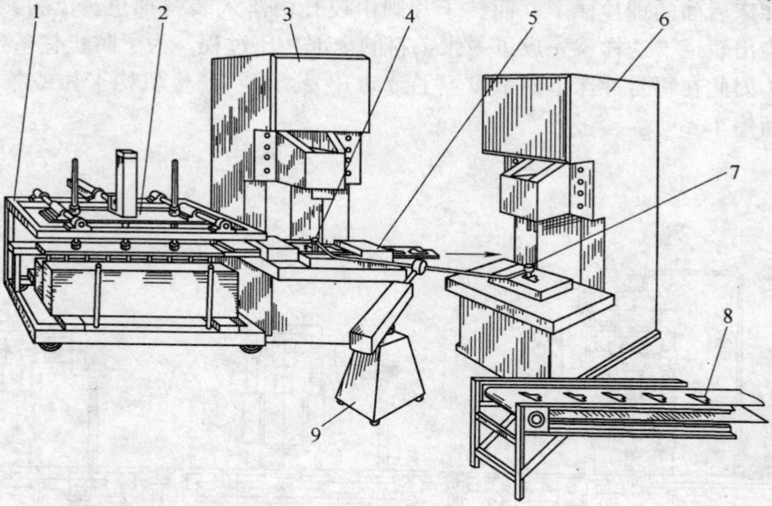

图 13-169　通用机械手组成的冲压自动线

1—短料传递装置　2—移料机构　3、6—压力机　4、7—手爪
5—夹持式送料机构　8—传送带　9—通用机械手

4. 车轮轮辐冲压自动线

车轮轮辐由 4 道工序冲压而成：冲孔落料、成形、冲孔和整形。坯料为 10mm 厚的低碳钢板，每一坯料冲 3 件，见表 13-24。车轮轮辐冲压自动线总体布局如图 13-170 所示。自动线配备一台 8000kN 闭式单点压力机和三台 12500kN 闭式单点压力机。自动线采用的主要装置分述如下：

表 13-24　车轮轮辐工艺流程

序号	1	2	3	4
工序名称	冲孔落料	成形	冲孔	整形
工序简图及技术要求	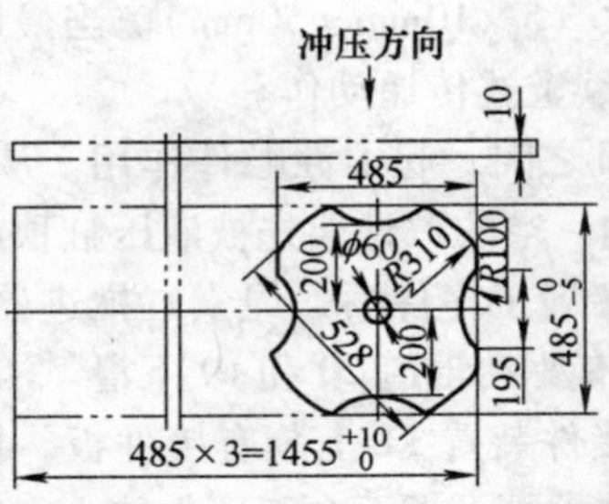	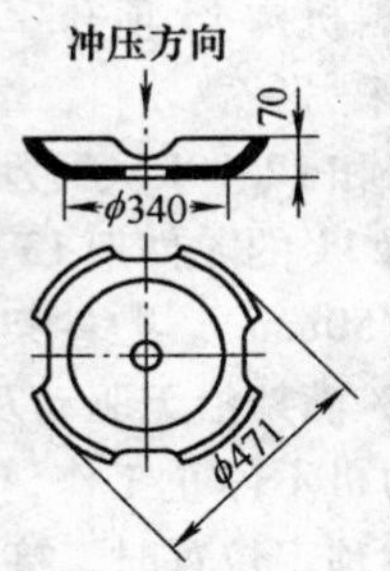	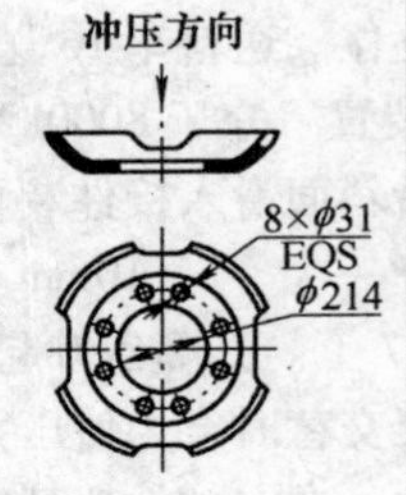	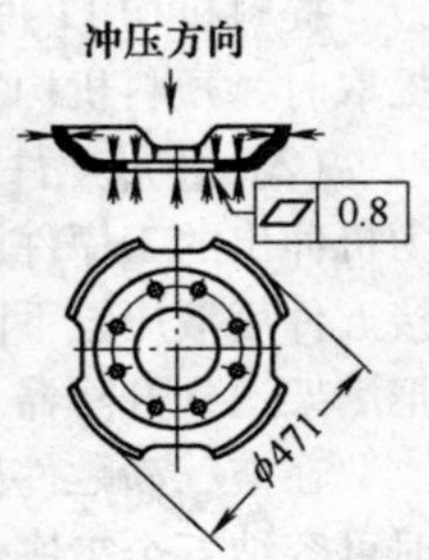
冲模结构	冲孔落料复合模，废料从下模孔漏入料箱	一般成形模	冲孔模，废料从下模板孔漏入料箱，卸料用聚氨酯弹性体	一般整形模

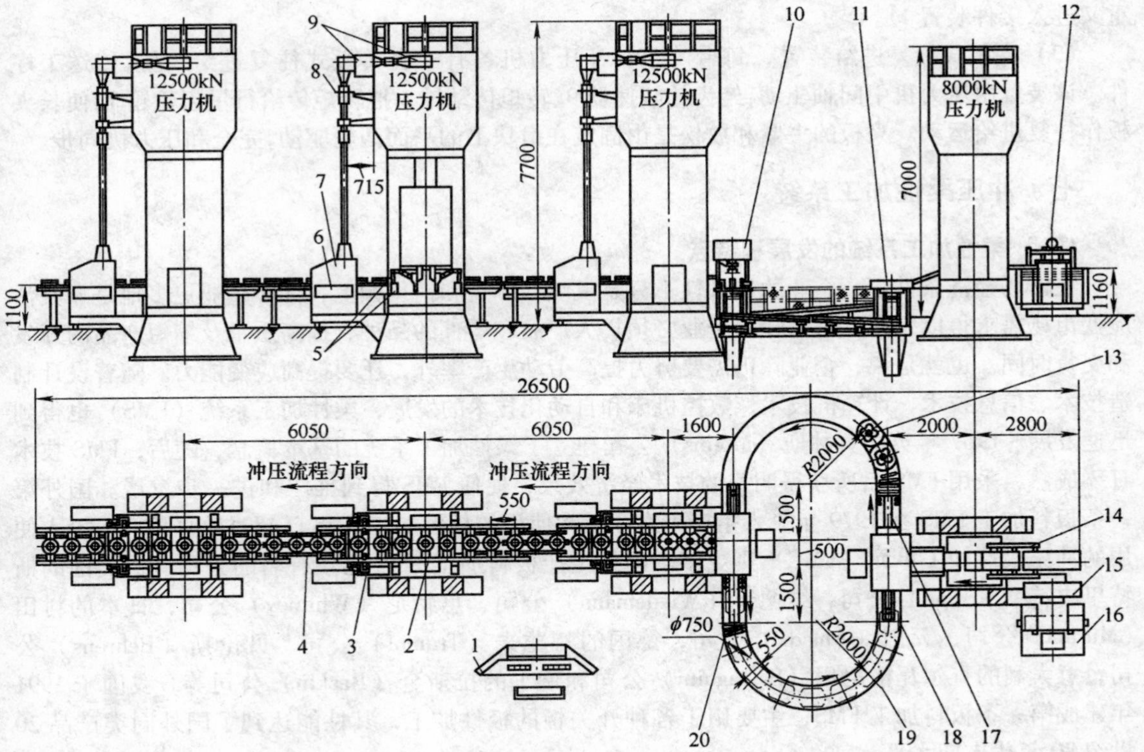

图 13-170　车轮轮辐冲压自动线

1—控制台　2—长夹板　3—夹板送进箱　4—柔性连接装置　5—夹板夹紧箱　6—凸轮控制器　7—行星齿轮箱　8—转矩传动轴　9—齿轮减速器　10—提升装置　11—接件装置　12—提料机构　13—贮件架　14—夹板送料机构　15—顶料机构　16—送料车　17—升降器　18—绳索缸推进器　19—有驱动斜辊道　20—无驱动斜辊道

（1）短料传递装置　叉式送料车16将成叠的短料送到顶料位置，顶料机构15把材料顶起，送料车16退回。提料机构12的电磁吸盘下降，吸料后回升，并将材料移至夹板送料机构14上面，吸盘释料。夹板送料机构按“夹紧—送进—放松—退回”程序，逐次将坯料送入8000kN压力机冲孔落料。每一坯料冲三个工序件。

提料机构12每提取五片料后，顶料机构15顶升一次（5×10mm=50mm）。当最后一片坯料提取时，顶料机构复位。送料车16送来另一叠坯料，继续上述传递动作。

（2）环形贮件装置　介于8000kN和12500kN压力机之间，起柔性贮件作用。从8000kN压力机冲出的工序件沿斜面滑入接件装置11的贮件架13内。空的贮件架先被液压缸顶起接件，每接五件后液压缸下降一次（5×10mm=50mm）。贮件架装满工序件后，绳索缸推进器18推空架把满架送到升降器17上。升降器升起，满架沿无驱动及有驱动辊道20和19下滑。

在空、满贮件架交替时，为使压力机不停止工作，接件装置11上装有接件板，接件板翻上时可容纳五个工序件。在空贮件架到达预定位置时，接件板翻下把五个工序件放入空架。满架滑至有驱动斜辊道的一端后，位于12500kN压力机的一侧的另一绳索缸推进器18将满架送到提升装置10。在装置10上，满架被逐步顶起（每次顶起10mm），电磁吸盘下降把最上面的工序件吸住提起，送给夹板式往复进给装置。吸盘运动由凸轮控制器指令，与压力机保持协调。当贮件架13被最后一次顶起时，架上的工序件（五件）由单向活动销钉托住。卸空的贮件架随顶升缸退回，贮件架前面的挡块抬起，绳索缸推进器又送来一个满架，同时推出空架，顺辊道循环运行，重又进入接件装置11。

（3）夹板式往复进给装置　每台12500kN压力机各有一套夹板式往复进给装置，传送工序件。该装置由压力机中间轴驱动，经齿轮减速器9、转矩传动轴8把转矩传给行星齿轮箱7，使长夹板作往复进给运动。夹板的夹紧和放松是由固定在滑块上的平面凸轮驱动，完全和压力机同步。

七、冲压柔性加工系统

（一）柔性加工系统的发展和特点

在市场经济条件下，企业的经济性不只是反映在产量和销售额上，许多企业更多地是靠灵活应变市场需求得以生存。这意味着企业必须扩大产品和零件的品种，提高质量及缩短产品的开发和交货时间。也就是说，企业除仍需要努力提高劳动生产率外，还要提高应变能力。随着设计制造技术、信息技术、计算机技术、数控机床和自动化技术的发展，柔性加工系统（FMS）也得到迅速发展。1967年英国莫林斯（Molins）公司建立了柔性加工系统的基本概念，随后，FMS技术日臻成熟，采用FMS后所获得明显的技术经济效果，促使FMS得到推广和进一步发展。国外第一条板料加工FMS在1979年投入生产，迄今投入使用的板料加工FMS已超过数百条，而投入使用的冲压柔性加工单元（FMC）则更多。国外生产板料加工FMS比较有名的公司有：美国的斯特里皮特（Strippit）公司、维德曼（Wiedemann）公司、惠特尼（Whitney）公司，日本的村田（Murata）公司、天田（Amada）公司，德国的特龙夫（Trumpf）公司、贝伦斯（Behrens）公司，意大利的查尔瓦格尼尼（Salvaguini）公司和瑞士的拉斯金（Raskin）公司等。我国于1991年建成第一条板料加工FMS，主要用于各种开关柜的板件加工，其性能达到了国外同类产品20世纪80年代末期水平。

冲压柔性加工系统是由一组数控压力机或其他设备组成的自动化冲压加工系统、物料的自动储存及输送系统、信息控制系统三者结合的，由计算机管理使之自动运转的加工系统。这种系统可按任意顺序加工一组不同工序与加工节拍的冲压件。工艺流程可随工件的不同而调整，能够适时地平衡资源的利用，因而该类系统可在设备的技术性能范围内自动地适应加工工件和生产规模的变化。在单件小批量、多品种生产中，可获得良好的经济效果。

（二）冲压柔性加工系统的技术经济效果

1. 可以缩短总加工时间

由于加工设备的利用率较单机使用时要高，因此在时间相同的情况下所完成的产量要高一倍以上。这是因为通过计算机来制订作业计划，各个设备装置的作业量均衡化。采用 FMS 后，板件总加工时间可缩短，因而提高了生产率，交货期就可提前。

2. 可以节省人力和降低劳动强度

由于生产自动化，完全在计算机和单元控制器控制下工作，所以不需要人来操作，只需少量人员对 FMS 的运转情况进行监视即可。

3. 可减少在制品数量和准备工作时间

与通常情况相比，在板料加工 FMS 中的在制品数量可大为减少，有的 FMS 可减少近 60%。因为库存减少，半成品库减少，就能有效地利用其等量空间，减少建筑投资。吊车也可节省。

4. 可削减各种费用

由于有的系统采用了优化排样，因而可节约原材料，材料费就可减少，其他如模具费、订货费、半成品费等均可减少，提高了生产性和经济效益。

5. 产品质量高

在 FMS 上加工除了提高生产性外，板件质量的稳定性和均衡性都有提高，也提高了板件的加工精度。

6. 产品变化时，应变能力强

当市场需求变化时或工程设计变更时，FMS 具有能加工出不同产品的柔性。

（三）冲压柔性加工系统的类型

冲压柔性加工系统按规模的大小和自动化程度的不同，可分为四种类型。

1. 单机柔性加工中心

冲压工作在单台数控压力机上完成，由计算机控制和协调送料装置及换模机械手的工作，使它能加工类型相同但尺寸规格不同的多种冲压件，如图 13-171 所示。

2. 柔性加工单元（FMS）

它由一台数控压力机，配备模具自动更换机构和物料自动储运机构组成。也可由带自动换模机构的数控压力机和物料自动储运机构组成。它能对不同类型冲压件自动完成冲压加工全过程，其柔性程度通常只限于设计时所规定的工件族。FMS 可以是一个独立的加工单元，也可以是柔性加工系统（FMS）的一个组成部分。图 13-172 为板料柔性加工单元的示例。

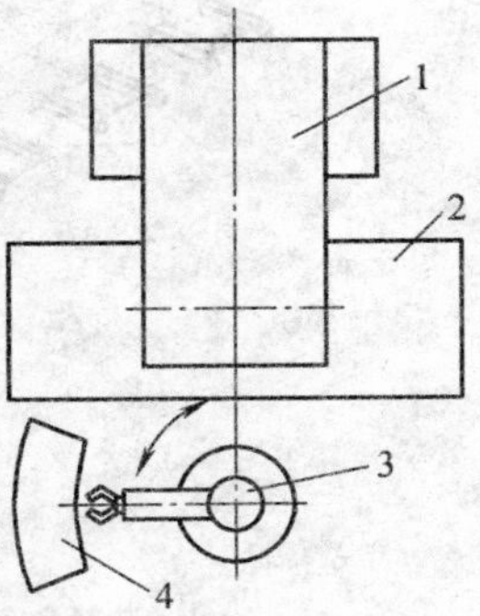

图 13-171　单机柔性加工中心
1—数控压力机　2—xy 方向送料台
3—换模机械手　4—模具库

3. 柔性加工系统（FMS）

它由多台数控冲压设备组成的冲压加工系统、物料储运系统和计算机信息系统三部分组成。或由多个柔性加工单元、自动化立体仓库和计算机分级控制系统组成。在柔性加工系统中，可以自动完成设计、制造工艺、物料输送、冲压加工和工件送出的全过程，具有生产率高，适应多品种加工，更换产品品种的辅助时间短、经济性好等优点。图 13-173 为冲压柔性加工系统示例。

4. 综合柔性制造工厂

它是一种规模大，自动化程度最高的柔性加工系统。它是由多个不同类型的柔性加工系统、集中统一的自动化仓库、物料运输系统和分布式多级计算机控制系统组成。在这种柔性制造工厂中，最高一级主计算机负责生产计划和日生产进度计划的制订及生产管理，并与 CAD/CAM 系统

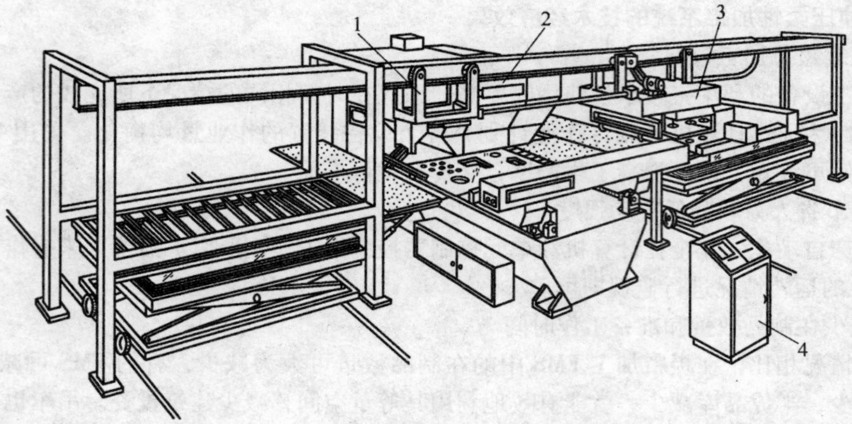

图 13-172　板料柔性加工单元

1—夹钳式下料装置　2—数控冲模回转头压力机　3—吸盘式上料装置　4—控制器

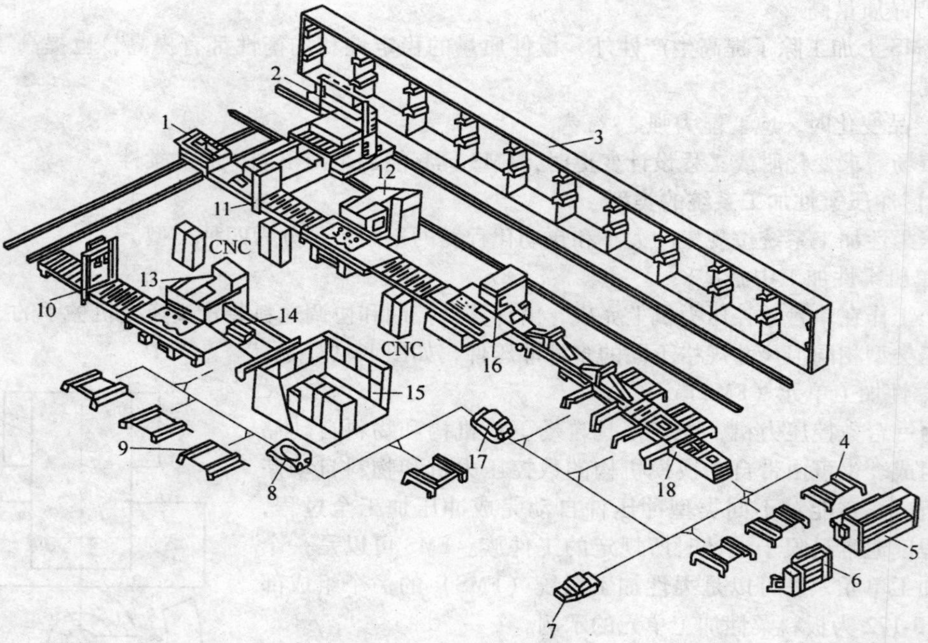

图 13-173　冲压柔性加工系统

1—装料台车　2—堆垛起重机　3—自动化仓库　4—板料平台　5、6—折弯机　7、8、17—自动导引运输车　9—焊接场　10、11—装料器　12、13—转塔式压力机　14—挪料机　15—中央控制室　16—角钢剪切机　18—分类装置

相连，以取得自动编制数控零件程序的数据，实现对整个系统的控制；自动化立体仓库能满足大量存取众多的材料、工件和工具的需要；数控机床可以是各种加工中心、数控板料加工压力机和其他数控机床。工具可自动装卸，废工具可自动更换、自动检测和自动补偿。故也可把这种工厂（车间）自动化（FA）称为无人化工厂。图 13-174 所示为日本天田公司于 1982 年设计的板料加工无人化车间，其中包括冲孔单元、剪切单元和折边单元等三个加工单元，还有一座板料存储自动化立体仓库，单元之间的运输由感应式无人输送车承担，全车间由中央计算机来实现控制和管理。

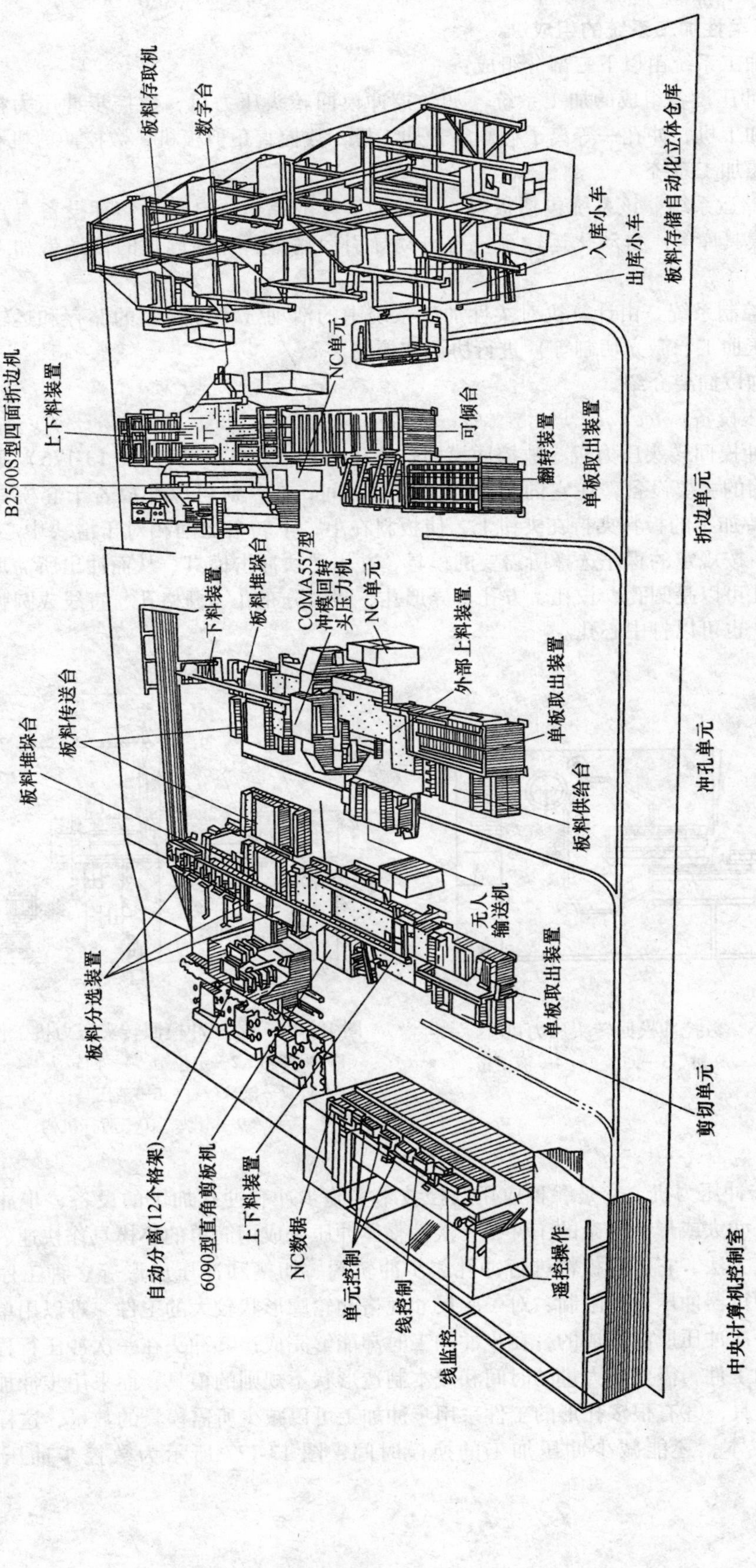

图13-174　板料加工无人化车间

（四）冲压柔性加工系统的组成

冲压柔性加工系统由以下三部分组成：

（1）数控冲压设备组成的加工系统　如数控冲模回转头压力机，数控步冲压力机，冲孔—激光切割复合加工机，冲孔—等离子切割复合加工机，数控直角剪板机，数控冲剪机和数控折弯机等组成的冲压加工系统。

（2）物料储运系统　该系统包括板料、工件和模具的储运。自动化储存设备有自动化立体仓库、自动化模具库等。自动化运输系统有自动导引运输车、各种形式的传送带和工业机器人等。

（3）信息控制系统　由计算机对柔性加工系统中的活动（例如板料的储存和运输、模具储存和更换、冲压加工、激光切割等）进行协调和控制。

以下分别加以简要介绍。

1. 数控冲压设备

（1）数控冲模回转头压力机　数控冲模回转头压力机（图 13-175 及图 13-176）是板料柔性加工系统中常用的主要设备，在它的滑块与工作台之间，有一对可以存放若干套模具的回转头（即转盘），把待加工的板料夹持在夹钳上，使板料在上、下转盘之间相对于滑块中心沿 x、y 轴方向移动定位。按规定的程序选择所需要的模具，并由滑块冲击模具，从而冲出所需尺寸和形状的孔来。这些孔可以是圆孔、长孔、方孔、异形孔、圆周分布孔、栅格孔、直线或圆弧排孔、直线或圆弧槽孔，也可以打中心孔。

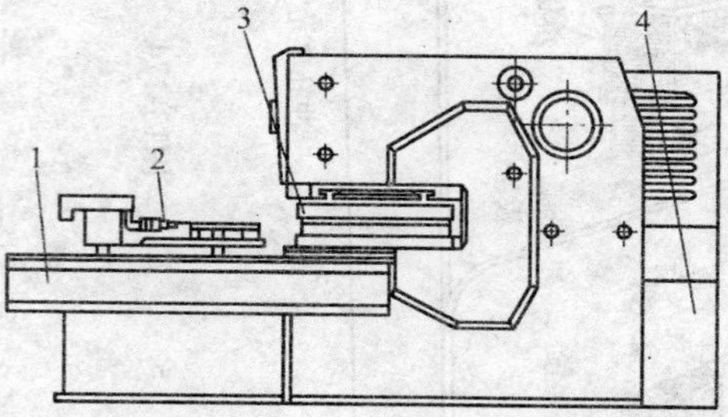

图 13-175　数控冲模回转头压力机

1—工作台　2—夹钳　3—回转头　4—液压箱

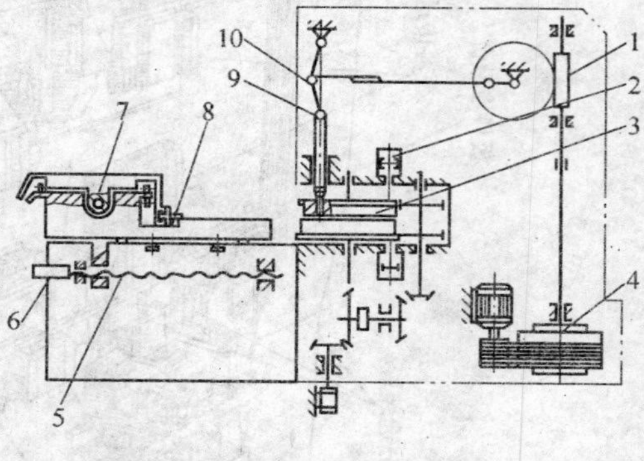

图 13-176　数控冲模回转头压力机工作原理图

1—蜗杆副　2—定位销　3—回转头　4—离合器　5、7—滚珠丝杠　6—液压马达　8—夹钳　9—滑块　10—肘杆机构

（2）数控步冲压力机　它是一种应用数控技术实施步冲和冲孔加工的设备，步冲加工实质上就是使一个尺寸大或形状复杂的工件，一次性整体冲压变成用简单的小模具作快速、连续的小部分冲压的工艺方法，它可对板料进行冲孔、步冲轮廓、切槽和冲压成形等多种工序。其优点是：①由于受到机器冲压力的限制，对一些尺寸规格和轮廓形状较大的工件，难以用单次行程操作使冲头仅作一次冲压所能完成的，在步冲加工时却能够完成；②冲头在一次冲压行程中冲切一些形状不规则的工件，需要用大量的时间和成本制造形状不规则的模具，而采用步冲加工只要用形状简单的小模具；③有很多孔形的工件采用步冲加工可以减少所需模具的数量，这样做，不但降低了模具的成本，还能减少冲压加工的换模时间，图 13-177 所示为数控步冲压力机示意图。

(3) 冲孔—激光切割复合加工机 它是由数控冲模回转头压力机和激光切割装置相结合的一种新型机器，国外于20世纪70年代中期推出。这种新型的压力机扩大了数控冲模回转头压力机的工艺范围，能够以最佳加工方案完成冲孔和激光切割复合工艺。激光切割是指依靠激光发生器发射出来的激光束，经过聚焦后把光束能量集中在一个极其微小的光斑上，光斑照射被切割的材料，就可使材料的温度迅速升高并达到汽化温度。若激光束与被切割的材料之间作相对移动，就可以在平面上或曲面上切割出所需要的形状来。激光切割所采用的激光发生器大都是 CO_2 激光器，用于切割的激光器其功率一般为600～1500W。激光切割的切缝很小，约为0.15mm。切口平滑，无毛刺，无噪声，加工速度快，切割板料的厚度可达10mm。激光切割时是不需要模具的，故可以节省模具，缩短生产准备时间，提高机器的生产率。图13-178所示为美国Wiedemann（维德曼）公司和日本Murata（村田）公司生产的冲孔—激光切割复合加工机。另外，德国Trumpf（特龙夫）公司于1979年向市场推出步冲—激光切割复合加工机。

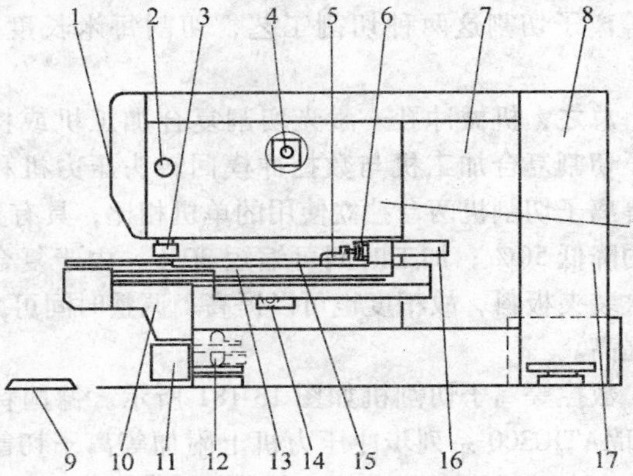

图13-177 数控步冲压力机示意图

1—控制盘 2—传动头 3—冲模配接器 4—带手柄的主电机 5—夹钳 6—坐标导轨 7—气动系统 8—电气柜 9—操作踏板 10—真空系统的支撑托架 11—废屑箱 12—除屑泵 13—支撑工作台 14—y轴电机 15—定位销 16—x轴电机 17—液压系统 18—机身

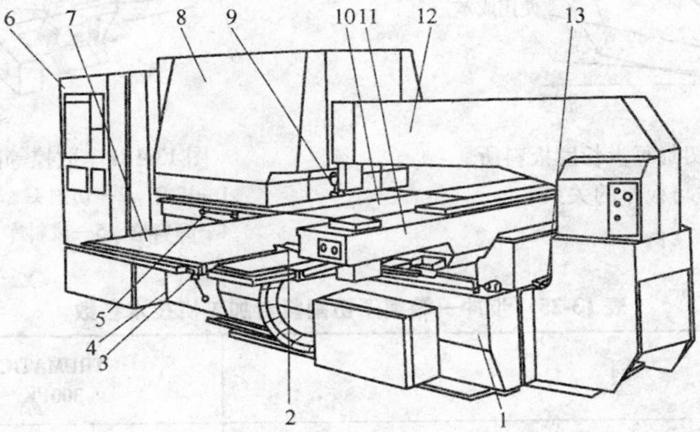

图13-178 冲孔—激光切割复合加工机

1—基座y轴传动 2—板料夹钳及其接近开关 3—定位器 4—机身 5—补充工作台 6—数控柜 7—前工作台 8—外罩 9—切割头 10—中心工作台，板件滑道 11—滑动托架，x轴传动 12—激光器机架 13—板件传送带

(4) 冲孔—等离子切割复合加工机 它是数控冲模回转头压力机和等离子切割装置相结合的一种新型机器，它既能用冲模完成机械冲孔，也能用等离子切割板件复杂的外形和内部形状，能充分发挥两种工艺的优点。等离子切割是利用电弧和工作气体高度压缩而产生的等离子体的高温（2000℃以上），迅速将被切割金属熔化和高速粒子流（300m/s以上）冲刷熔化金属来实现的。等离子切割速度很高，在切割6mm钢板时，切割速度为激光切割（1000W的 CO_2 激光发生器）的3倍；切割成本只有激光切割成本的45%。但切口质量不如激光切割的切口好。

激光切割和等离子切割的切割速度与被切割板料厚度的关系如图 13-179 所示。激光切割和等离子切割这两种切割工艺，切割每米长度板料时所需成本与板厚的关系如图 13-180 所示。

总之，机械冲孔—激光切割复合加工机或机械冲孔—等离子切割复合加工机与数控冲模回转头压力机和激光切割机或等离子切割机两台独立使用的单机相比，具有显著优点：投资约降低 50%；加工时间可缩短 30%；由于复合加工时只需一次装夹板料，故精度也可以提高；调整时间可减少，柔性可以提高。

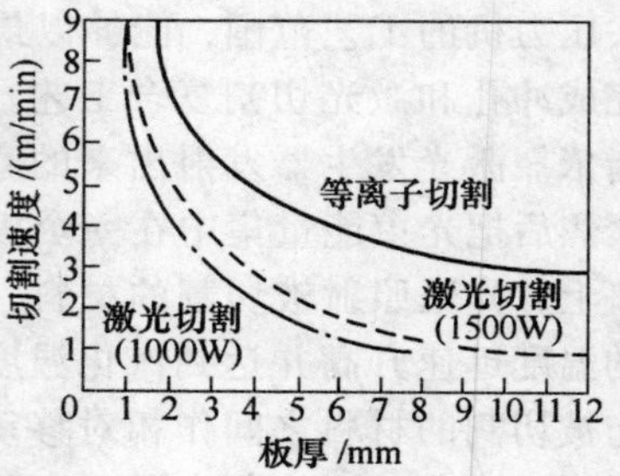

图 13-179　切割速度与板厚的关系

数控等离子切割机如图 13-181 所示。德国特龙夫公司在 TRUMATIC300 系列步冲压力机上附加等离子切割头，有半自动和全自动换模两种形式。其技术参数见表 13-25。美国惠特尼公司在步冲—等离子切割复合加工机上又增加了一个钻头，实现了冲、切、钻三种复合加工工序在一台设备上，扩大了设备的加工范围。另外，国外还有把机械冲孔与某些切削工艺（如攻螺纹、钻削、铣削）复合组成板料加工中心。

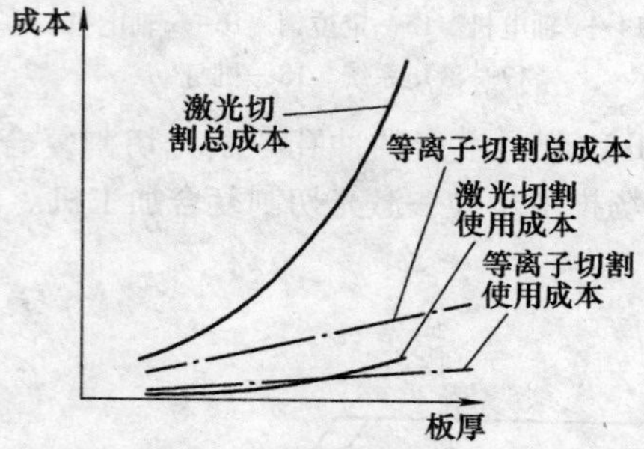

图 13-180　切割每米长度板料所需成本与板厚的关系

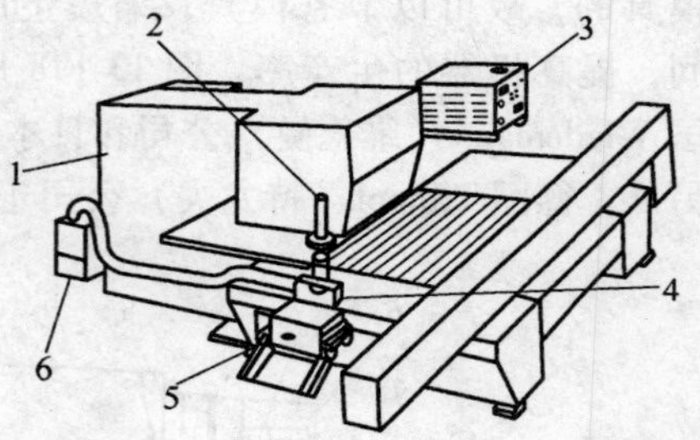

图 13-181　数控等离子切割机

1—机身　2—切割头　3—等离子装置
4—卸料槽　5—废料库　6—过滤装置

表 13-25　步冲—等离子切割复合加工机技术参数

型　号			TRUMATIC 300PK	TRUMATIC 300PW
公称压力		kN	300	330
加工板料尺寸		mm × mm	1600 × 2250 1600 × 2700	1600 × 2250 1600 × 2700
最大加工板料厚度	步　冲	mm	12.7	12.7
	等离子切割	mm	105	105
最大一次冲孔直径		mm	105	105
行程次数		min^{-1}	265/400	265/400
占地面积		mm × mm	8800 × 8550	8800 × 8550
机器高度		mm	2500	2500
机器质量		kg	18800	20800

几种工艺的应用范围见表13-26。

表13-26　几种工艺的应用范围

工艺名称	应用范围
机械冲孔与步冲	1. 数量多、形状和大小相同的冲孔或落料，冲制数量多的不同角度的孔。 2. 根据需要加工的轮廓形状和大小，步冲速度超过激光切割速度时。 3. 采用激光切割热敏感材料（铝、铜、镁）时其切割速度急剧降低，宜采用机械冲孔和步冲。 4. 对于有些工序（如压印、浅拉深、浅成形、压波纹等）不能用热切割加工时
激光切割	1. 加工大型落料件时，采用机械冲孔或步冲时，需要大型模具和很大的冲孔力，在这种情况下宜采用激光切割。 2. 为了加工出冲件来，需要特殊模具或要求换模和工序多时，比激光切割费时，这时宜采用激光切割。 3. 对于难加工的材料（如弹簧钢、脆塑料等）需采用激光切割。 4. 对于难加工的冲件（如直径很小的孔、尖劈等）采用激光切割
等离子切割	1. 等离子切割厚板冲件时，其切割速度高于激光切割和步冲。 2. 加工铝、镁、高级合金钢等热敏感材料，采用激光切割受到限制，采用等离子切割可以得到较快的加工速度，切边精度较高

（5）数控直角剪板机　它是在普通剪板机只有一个刀刃的基础上再增加一个刀刃，并使这两个刀刃互成直角。这种结构上的改进使数控直角剪板机的功能比普通剪板机优越得多，主要表现在可对板料作直角形剪切，它在刀架的一次或若干次工作行程中，能将大张板料套裁为若干小的矩形板件并随之分离出来。可有效地减少工序，缩短作业时间，大大提高工作效率；由于数控直角剪板机加工工件时，是由夹钳自动地向刀刃送料，因而能保证定位精度，提高板件的加工精度并获得最小的角度偏差；在数控直角剪板机的开发和应用中，人们已开发出自动优化排样软件，可实现在一张大板料上剪切若干小板件后，剩余的废料减少到最小程度，使材料的损失减少到5%～10%，从而大大地提高了原材料的利用率。因此，数控直角剪板机已成为现代化板料加工和柔性制造系统的关键设备之一。数控直角剪板机是美国威德曼公司首先开发的产品，并申请了专利权，随后西欧和日本一些公司相继生产了这类产品，我国自20世纪80年代初开始进口了多台数控直角剪板机，分别用于家用电器、仪器仪表，高低压开关柜，纺织机械等部门。图13-182所示为威德曼公司生产的S-7000型直角剪板机的外形图。

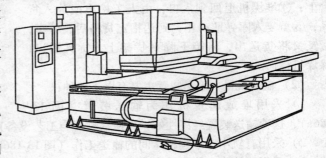

图13-182　S-7000型直角剪板机的外形图

数控直角剪板机主要由机身、工作台和控制系统等三大部分组成。执行剪切板件的工作机构及驱动机构安装在机身部分，主要包括机身本身、滑块、导轨、刀片、曲轴、连杆和液压缸等。图13-183所示为数控直角剪板机机身部分示意图。

2. 物料储运系统

它主要由自动化立体仓库（材料仓库、成品仓库等）、输送装置、装卸料装置、模具库及快速换模装置、废料输送装置、分类和分选装置、计算机管理和操纵台等组成。该系统实现材料、半成品、成品、废料和模具等物料的储存和流动。

（1）自动化立体仓库　自动化立体仓库主要由多层货架、堆垛机、货箱、运输车和控制装置等组成。这种仓库能充分利用空间，节约地面，增加存贮容量，提高出入库效率，便于管理。图 13-184 所示为高层货架，货架上下分层，层次的多少取决于存贮物料的容量。每两个货架之间设有巷道、巷道内设有堆垛机，它可以在轨道上行走。各个货格赋于一个地址，存放一个货箱。

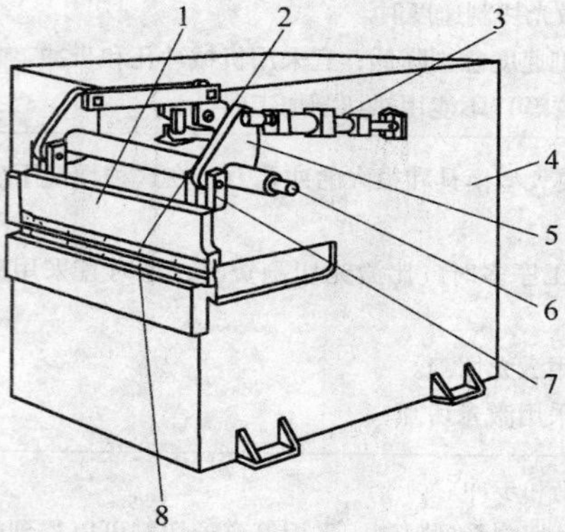

图 13-183　数控直角剪板机机身部分示意图

1—滑块　2—上刀片　3—液压缸
4—机身　5—角杠杆　6—曲轴
7—连杆　8—下刀片

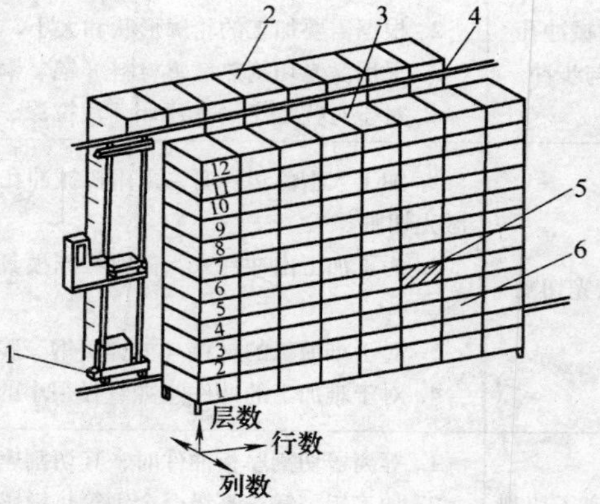

图 13-184　高层货架

1—堆垛机　2—左货架　3—右货架
4—巷道　5—货路　6—货箱

图 13-85 所示为某自动化立体仓库的平面图，其工作流程为：①在控制台上选定入库货格地址及堆垛机的运行速度和方向等；②起动堆垛机，自动寻址，到达指定货格后停止；③货叉按程序控制所规定的顺序，自动伸向货格中货箱的底部空隙，抬叉，将货箱微微抬起，然后收叉将货箱取运到货台上；④堆垛机退回到入口，由人工检出或放入货品；⑤重复入库寻址动作，到达指定货格后，停车，货叉又将货送出，将箱下降到货架上，货叉退出，垛垛机待命。

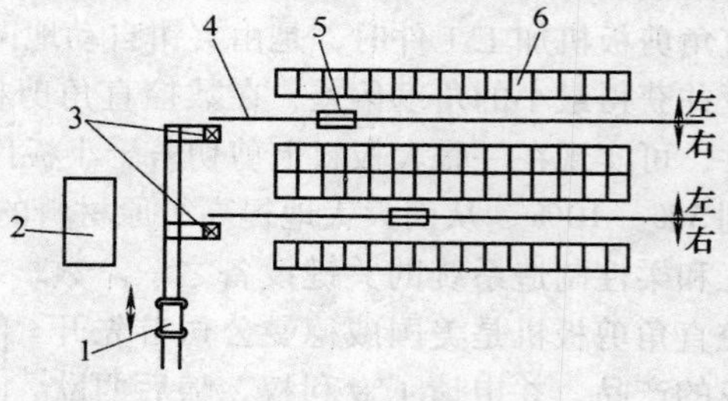

图 13-185　自动化立体仓库平面图

1—运输车　2—控制室　3—检货台
4—上、下梁轨道　5—堆垛机　6—货架

（2）输送装置　输送装置主要有以下四种：

1）采用堆放起重机作为输送装置（图 13-186a），这种输送装置经济性好，可使存贮库与工艺设备直接连接。

2）采用有轨小车承担机床间的输送工作（图 13-186b），这种输送装置造价低，结构简单。

3）采用无轨小车作为输送装置（图 13-186c），这种装置具有较高的柔性。

4）采用辊道传送机作为输送装置（图 13-188d），这种装置效率较高。

（3）装卸料装置　传统的一些装卸料装置已难于满足多品种的要求，带真空吸盘的机械手是适用于板料上下料的最新装置，如图 13-187 所示。德国特龙夫公司研制的板料上下料装置独具特色，它是一种可编程装卸料装置，由于上料时送入整块板料，而卸料时板料已冲出许多孔和槽，有的真空吸头可能已吸不着板料，或者整块板料已被切开成几种形状尺寸各不相同的零件；因此根据零件形状和重量对吸料盘上大大小小各种真空吸头的动作进行编程，使能一次吸起一块板料上分离下来的各种形状和尺寸的工件。同时由于在一块吸盘上共布置 4 种规格 72 个吸头，吸头的分布已作细致安排，所以废料可从工作空间顺利取出。此外，不同工件还可以按照要求堆叠在不同的料盘上。

（4）模具库及快速换模装置　模具库有固定型和回转型两种。图 13-188 所示为固定型模具库的应用实例，在扇形模具库中每层设有若干个存放模具的地址，模具按要求位置存放其中。模具存放工作由计算机控制的机器人来完成。

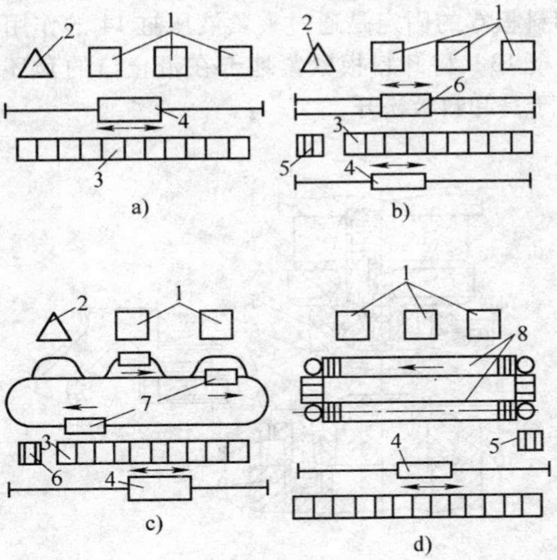

图 13-186　柔性加工系统的输送装置

a）堆放起重机　b）有轨小车

c）无轨小车　d）辊道式传送机

1—机床　2—检查站　3—架式存贮库　4—堆放机

5—托盘接收站　6—有轨小车

7—无轨小车　8—辊道式传送机

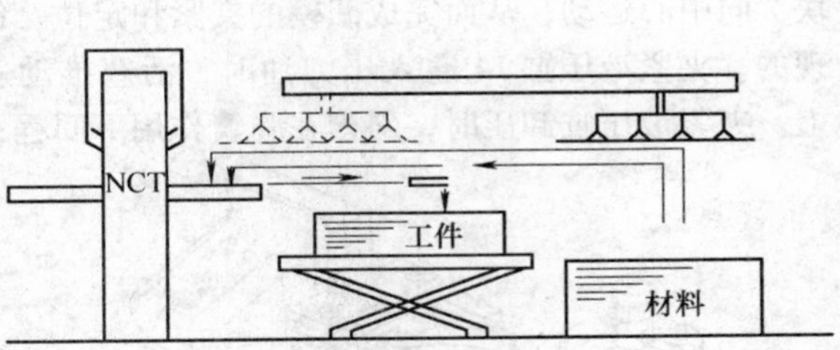

图 13-187　真空吸盘式上下料装置示意图

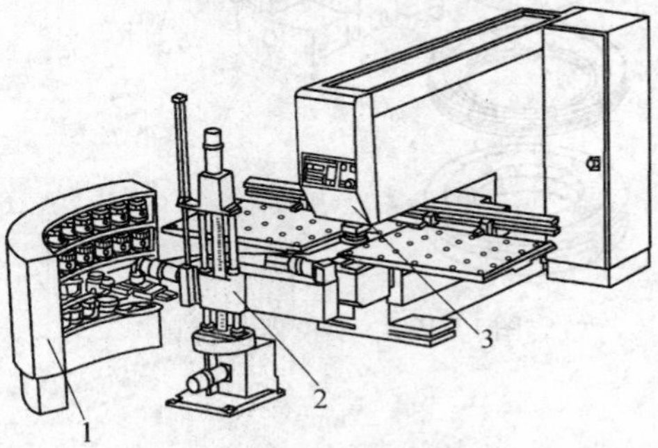

图 13-188　扇形模具库与冲压柔性加工单元

1—扇形模具库　2—机器人　3—冲压设备

图 13-189 所示为回转型模具库的应用实例，模具存放在多层转塔上，每层具有若干个模具安放地址，模具按照加工顺序存放在塔架上。在转塔的外廓有一个取模口，当模具转到取模位置时，由机器人取出，并送到压力机上。已完成工作的模具由机器人换下，并送回模具库。数控冲模回转头压力机自备有回转头式模具库，该模具库由存贮凸、凹模的两个回转盘组成，上回转盘存放凸模，下回转盘存放凹模。上下两回转盘由同一传动系统驱动如图 13-176 所示。

快速换模装置有半自动和全自动的两种。半自动换模装置借助于一个携带式换模器（图 13-190）来完成换模过程。换模器把待工作的凸模、凹模和卸料板分别安置在其上的不同部位，然后用调模器调节好凸、凹模之间的间隙。模具调整好后，由换模器推到压力机工作部位，模具被夹紧装置自动夹紧。完成冲压工作后的模具也由换模器整套取出。整个换模过程很短，一般为 6～12s。

全自动模具夹紧装置的工作原理如图 13-191 所示，先把凸模 5 的模柄推入凸模固定套 4 的模柄孔中，然

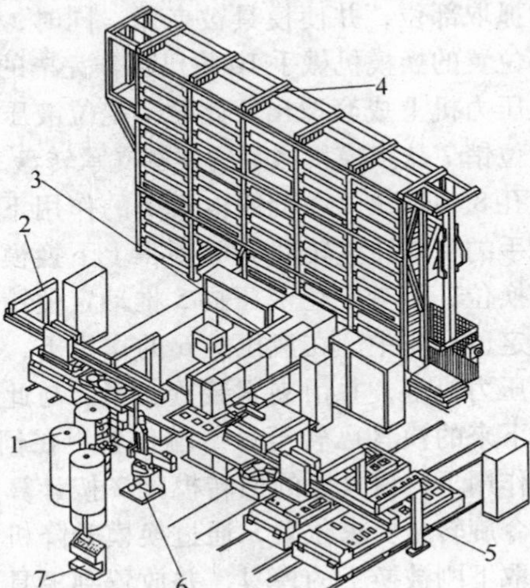

图 13-189　转塔式模具库与冲压柔性加工单元

1—转塔式模具库　2—上料站　3—冲孔-激光切割复合加工机　4—自动化立体仓库　5—卸料站　6—机器人　7—控制站

后夹紧液压缸1通入压力油推动活塞下行，活塞推动斜楔3，斜楔推模柄向滑块中心移动，并使凸模固定套孔中的锥形凸环钳入模柄的锥形槽内，从而完成了凸模的夹紧和定位。凹模的夹紧过程：当凹模11放入凹模座10时，夹紧油缸9通入压力油，活塞推动斜楔8，斜楔推动凹模夹紧块7向中心运动，从而完成凹模的夹紧和定位。卸料板6的固定是通过夹紧液压缸14的作用实现的。夹紧液压缸14通入压力油时，活塞推动斜楔13，将卸料板紧紧地卡在带止口的套环口上。夹紧液压缸卸压时，斜楔在弹簧作用下回程，于是卸料板松开。

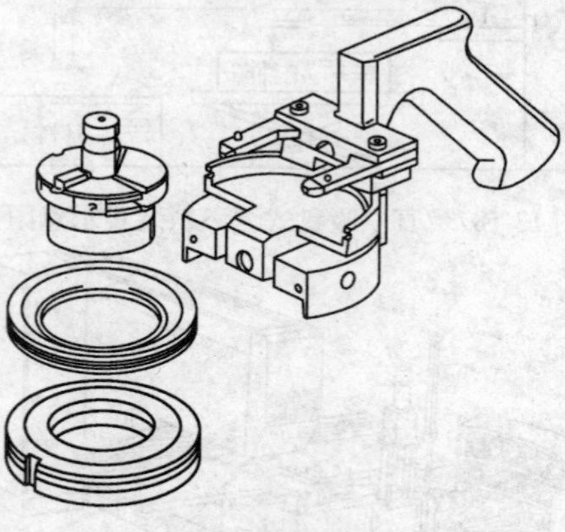

图 13-190　换模器与模具

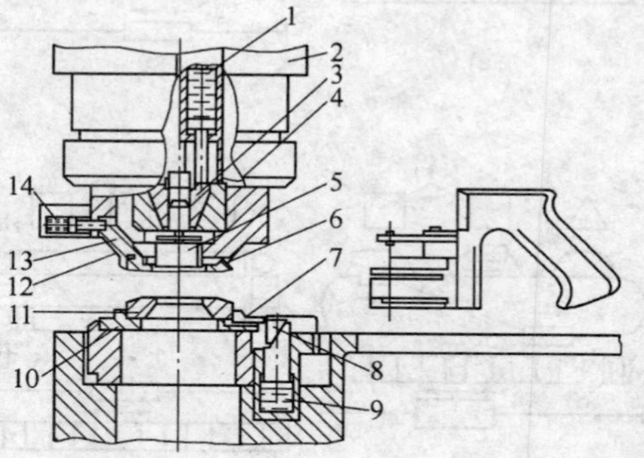

图 13-191　全自动模具夹紧装置

1、9、14—夹紧液压缸　2—导套　3、8、13—斜楔　4—凸模固定套　5—凸模　6—卸料板　7—凹模夹紧块　10—凹模座　11—凹模　12—套环

全自动换模装置在柔性加工系统中用的较多。图13-192为转盘式自动换模装置，换模过程是按计算机指令将模具库中所需的模具送至升降机械手16，升降机械手把模具送到换模机械手9的抓取部位，并使模具被夹紧。同时，由位于上部位置的换模机械手10将已工作完毕的模具分别从压力机上成套取出。此时，定位液压缸5上的定位销7从换模机械手的左端支承转盘14上的定位孔8中退出。在伺服电机3的作用下，换模机械手的支撑转盘转动180°使得上下换模机械手相互换位，接着定位液压缸5推动定位销7重新插入定位孔8中。在液压缸6的作用下，模具被送至压力机上，并由夹紧装置夹紧。与此同时，被换下来的模具已转至最下端位置，在伺服电机4的作用下，模具库的回转模架2按计算机发出的指令旋转至要求位置，通过换模升降机械手的作用取下刚被换下的模具，并放置到模具库回转架的预定位置上。

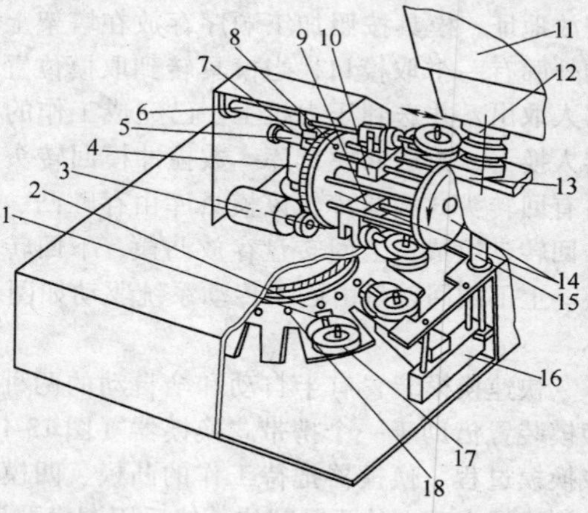

图 13-192　转盘式自动换模装置

1—模具支承卡头　2—回转模架　3、4—伺服电机　5—定位液压缸　6—液压缸　7—定位销　8—定位孔　9、10—换模机械手　11—压力机　12—凹模夹紧装置　13—工作台　4—回转盘　15—升降液压缸　16—升降机械手　17—模具　18—模具库转盘定位机构

（5）废料输送装置　在柔性加工单元和柔性加工系统中，要考虑废料处理的问题，必须把加工生产的废料输送到冲压设备之外。在数控冲模回转头压力机上冲孔的废料是一些不能加工的金

属小片，也可以用简易的滑道将废料收集到小箱中，也可用带式输送装置将废料运到主机机身之外。

对数控直角剪板机而言，其本身就已配置带式输送装置，将废料和工件一同送到主机机身之外，只是需采用分类装置将废料专门收集到废料箱中。

（6）分类和分选装置　该装置主要用于由数控直角剪板机组成的柔性加工单元和柔性加工系统中，因为板料经直角剪板机剪切后不仅得到各种形状和尺寸的工件，还得到可以利用的余料，以及完全不能利用的边角废料，要把它们区分开。对于尺寸大小及形状不同的多种工件，也需把它们分选出来，归类堆放，便于输送和存贮。

分类和分选装置主要是由各种带式输送装置和装载物料的箱盒组成，应用各种带式输送装置按流程需要，可组合排列成多种多样的分类和分选装置方案，如有：一字形方案；丁字形方案；十字形方案以及将这些基形组合成的多种方案。

若要使不同的物料自动地流向不同的通道，以及向不同的方向流动，需要控制系统指挥带式输送装置按编程软件规定的程序动作。同时还需要在这些输送装置和料箱上，安装各种检测装置发出反馈信号，协调动作顺序。通常采用光电开关和红外元件来发出和接受信号，检测传送带上是否通过板件。如红外检测装置是由安装在输送带两边的红外发射器，和安装在输送带上方中间位置的一串遮光片组成。若无板料通过遮光片就挡住射线，当板料通过时推动了遮光片，使射线穿过信号被接通。

3. 信息控制系统

冲压柔性加工系统一般采用计算机三级管理控制系统，如图 13-193 所示。

第一级为设计管理级，由板料规划与管理和 CAD/CAM 组成。板料规划与管理系统掌握库存情况和模具信息。向 DNC（直接控制）系统提供进料顺序，库存板料情况及模具清单。CAD/CAM 系统的任务是自动完成单件或套件设计。设计过程中需制订工艺、提供工艺数据，设计的工件图通过屏幕显示出，以便进行检查和修改，并将有关的设计信息送入 DNC 系统，作为生产依据。

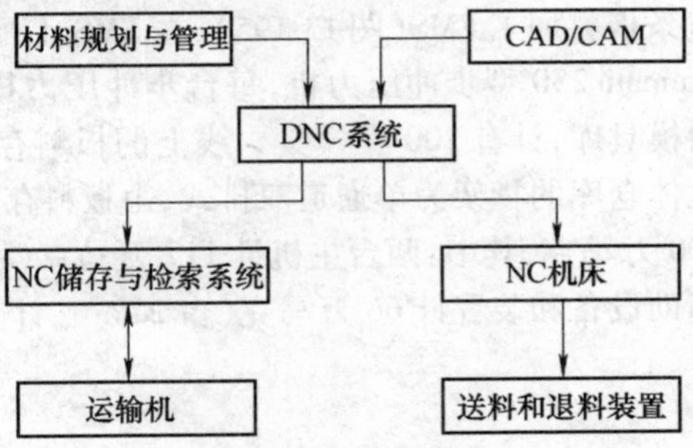

图 13-193　柔性加工系统的计算机管理控制系统

第二级为控制级，即 DNC 系统，该系统在得到上一级提供的设计加工信息后，开始进行系统设计。系统设计包括编排业务文件和控制业务文件，按优先顺序依次生效和对下级系统执行控制。

第三级为执行工作级，即图中 DNC 以下的各部分是完成加工过程的执行机构，包括 NC 机床和 NC 外围设备，如 NC 压力机、NC 剪板机、和 NC 自动化立体仓库等。

（五）冲压柔性加工系统实例

1. 美国 Tramemo 公司的板料加工 FMS

该公司于 20 世纪 80 年代中期研制出一条大型冲压件 FMS，用于生产七种规格的覆盖件、安装板和支撑件，最大尺寸为 1625mm × 1625mm，质量 30kg。所用模具的最大尺寸为 2030mm × 1725m，质量达 10t。

这条 FMS 主要由两台 5000kN 的液压机组成，如图 13-194 所示。其快速换模部分由模具库 12，模具传送台车 13 和模具快速夹紧装置组成。模具传送台车为液压传动，下有轮子，其运行轨道从液压机后部一直通到模具库。模具快速夹紧装置安装在液压机工作台模板上，由液压传动来自动夹紧或松开模具，整个换模时间在 10min 以内。

板料及工件的自动传递过程如下，剪切下料后的板料对齐成垛，由叉车送到板垛台车1上，运行到液压机4前等待加工。加工时，由机器人3吸取板料，放在液压机4的下模上，通过模具中的小气缸使板料的定位精度在±1mm之内。在液压机4上落料或成形后，上、下模分开，顶料杆将工件顶出，右侧机器人将工件送到转运台5上。当转运台5上的传感器测得有工件时，可移动式台车7上的机器人的夹钳夹住此工序件，送到第二台液压机9左侧的接料台5上。再由机器人3将此工序件送到液压机9的下模上，完成后续工序（如切边、切口、弯曲等）。全部工序完成后，液压机右侧的机器人取出工件并送到输送设备上运走。

当模具传送台车13在向液压机装卸模具时，可移动台车7应先让开。

这条FMS共用7台微型计算机进行控制，由一台中央计算机对各种功能进行协调和监控。这条FMS每分钟可生产同规格的工件四件，而在采用自动化的柔性加工方法之前，每四分钟才能生产一件。

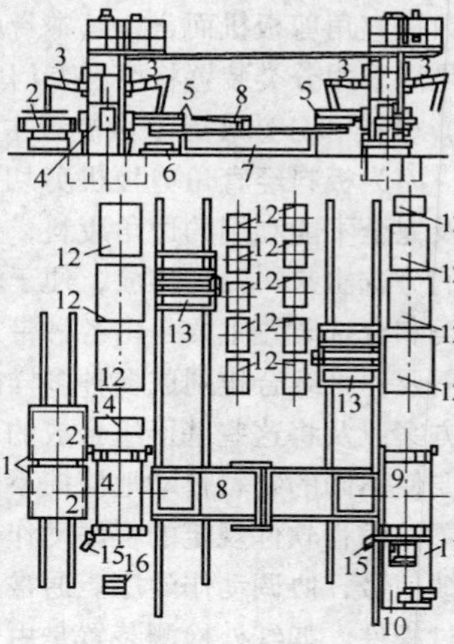

图13-194 Tranemo公司的板料加工FMS
1—板垛台车 2—板料 3—Flexarm1800机器人 4、9—液压机 5—转运台和接料台 6—切断装置 7—可移动式台车 8—Flexturm16/16机器人 10—开卷装置 11—卷料送进装置 12—模具库 13—模具传送台车 14—控制柜 15—编程和控制盒 16—中央计算机

2. 德国Trumpf公司的板料加工FMS

该公司于1986年为计算机和电子产品公司提供这条板料加工FMS(图13-195)，在FMS上配置了两台Trumatic250型步冲压力机，每台步冲压力机配备有2台模具库，计有200套模具。线上的板料存储自动化立体仓库的货架为单通道双排式，由板料存取机完成板料的存取工作。这条FMS当时的总投资计300万马克，其中：两台主机计117万马克（占39%），自动化立体仓库计66万马克（占22%），各种辅助设备和装置计66万马克（占22%），计算机硬件及软件费计51万马克（占17%）。

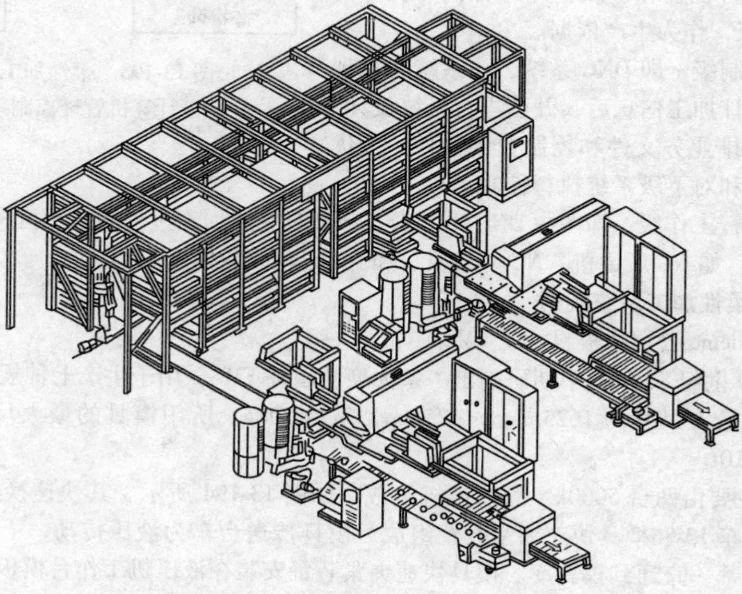

图13-195 Trumpf公司的板料加工FMS

3. 日本村田公司的板料加工 FMS

该板料加工柔性制造系统以 W4560 HYBRID 型冲孔—激光切割复合加工机为加工设备所组成的 FMS，如图 13-196 所示。FMS 的运转是根据中央计算机的指令进行的，利用板料存取机将板料送到台车上，再用吸盘式上料装置将板料送到定位传动装置上，在其上校正板料的位置。接着可根据指令将板料送到 W4560 HYBRID 型冲孔—激光切割复合加工机上进行加工。完成加工后的板件由下料装置送到升降台车上。当夜间运转或无人化运转时，板件和废料暂时存放在自动仓库中。由于采用了复合加工机，因此夜间运转时要注意防止火灾，必须配备有火情监视装置和自动灭火装置。FMS 的运转流程如图 13-197 所示。

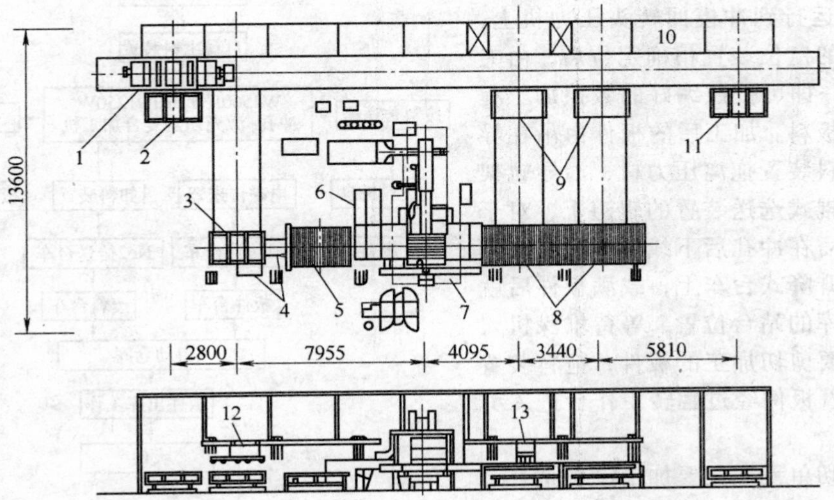

图 13-196　以冲孔—激光切割复合加工机为主组成的板料加工 FMS

1—板料存取机　2—板料入库工位　3—板料台车　4—托料架　5—定位传送装置
6—可折式辅助工作台　7—W4560 HYBRID 1250W 冲孔—激光切割复合加工机
8—板件传送装置　9—升降式台车　10—货架　11—板件出库工位
12—自动上料装置　13—下料装置（带磁性传送器）

4. 我国自主开发的第一条板料加工 FMS

由济南铸锻机械研究所等单位开发的我国第一条板料加工 FMS 于 1991 年建成，它安装在天水长城开关厂，该系统适用于多品种、小批量生产方式，用于加工各种开关柜的板件。

该条 FMS 由以下五部分组成：仓库单元、冲孔单元、剪切单元、中央计算机控制室和后援设备。其总体配置图如图 13-198 所示。

（1）仓库单元　它用于板料的自动存储和半成品的暂存，主要由高层货架和巷道式堆垛机组成。仓库单元的工作方式是根据指令由堆垛机将载货台上的板料运到货架指定的货格上完成入库操作。出库时仍由堆垛机根据指令自动运行到指定的货格上，将板料取出运送到载货台上，再放置在等待上料的台车上，以便进入冲孔单元。

（2）冲孔单元　主要设备为一台公称压力为 300kN 的 C3000 数控冲模回转头压力机，可加工最厚 6mm 的板料，最大板料尺寸为 2500mm × 1250mm，有 42 个模位，其中 2 个为分度模具。冲孔单元的其他组成有：供吸盘式上料装置和夹钳式拖料装置运行和导向的导轨架、在仓库单元和冲孔单元间输送板料的固定式台车、吸盘式上料装置、检测钢板厚度的测厚装置、磁力分层装置、初定位工作台、辊式选送装置、升降式台车、夹钳式拖料装置及单元控制器。

冲孔单元的工作方式是：固定式台车载料自仓库单元进入冲孔单元，自动运行到上料工位，经磁力分层装置将板料上、下层分离。吊在导轨架上的吸盘式上料装置将板料吸住并提升，经测厚装置检测确认是一张板料时，即带着此板料沿导轨架自动运行到初定位工作台，放下板料，按初定位要求的位置定位后的板料，再被上料装置吸起运行到冲模回转头压力机上，由压力机上的定位装置精确定位后，由夹钳夹住板料，即可按照编好的数控加工程序自动冲切板料。加工后的板件由吊在导轨架上的拖料装置拖离压力机，沿导轨架自动运行到辊式选送装置的辊道上，对于不需剪切或需在冲孔后下线的板件，则使其缓慢落到升降式台车上，载满板件后就自动回到仓库的站台位置，等待堆垛机入库。对于需要剪切加工的板件，拖料装置不停留，拖着板件经过翻转工作台进入剪切单元。

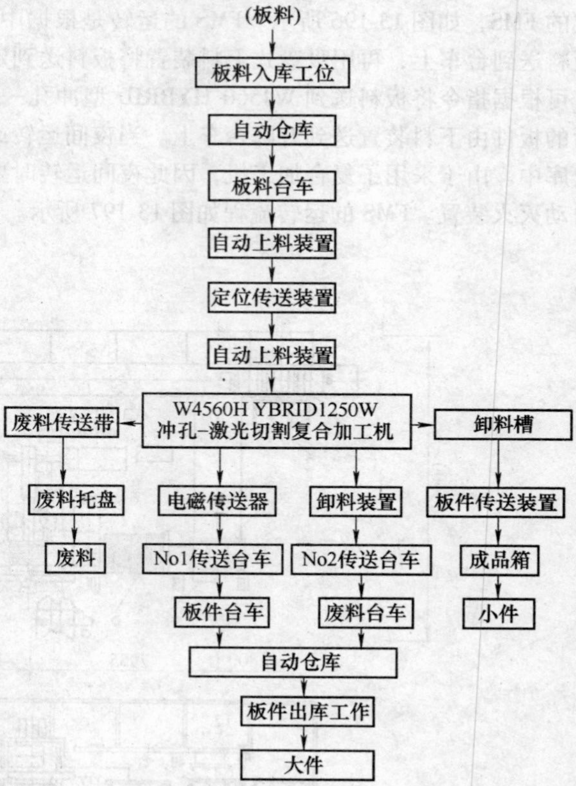

图 13-197　板料加工 FMS 的运转流程

(3) 剪切单元　主要加工设备是一台 S7000 直角剪板机，可加工板料的最大厚度为 4.8mm，最大尺寸为 2500mm × 1250mm。其工作方式为：对于需要经剪切分离的板件，夹钳式拖料装置拖着板件运行到数控直角剪板机上设定的位置处，停住并放下板件，埋伏夹钳伸出并夹住板件进行定位后，由剪板机上的夹钳装置夹住板件，按编好的优化排样程序自动剪切板件。剪切下来的中、小件和废料直接由剪板机刃口下的输送带运出，经过多台带式输送机组成的分类分选装置，分别将废料落入废料箱，而将不同尺寸的工件落入不同的工件箱。而对于大尺寸的板件则在剪切后由吊在导轨架上的另一台夹钳式拖料装置拖离直角剪板机，放到辊式输送装置的辊道上，其中一类大件可由正面滑到组合托盘上；另一类大件则由侧面滚到另一组合托盘上。

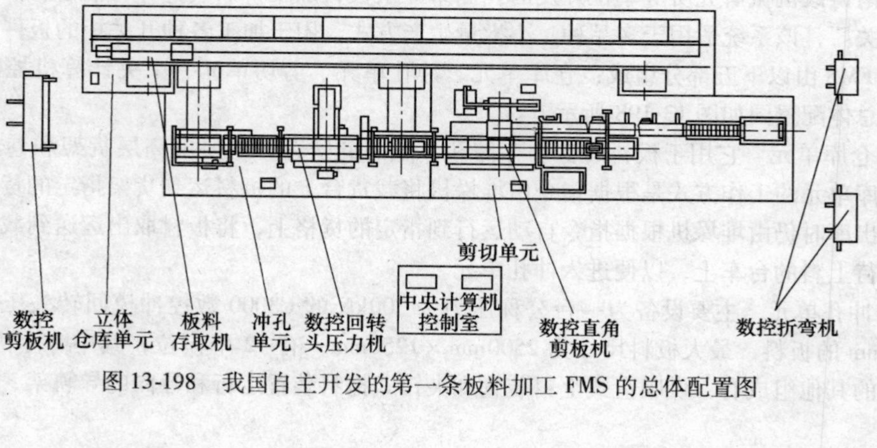

图 13-198　我国自主开发的第一条板料加工 FMS 的总体配置图

分类分选后的板件，经人工整理后可存放在仓库中，或送到后援设备的数控板料折弯机上，进行折弯等后处理加工。

(4) 中央控制室　板料成形 FMS 的全线控制与管理由中央计算机控制系统和自动编程系统组成，其工作方式是：根据生产计划的内容要求，经过自动编程系统编制的加工程序，生成 NC 代码，再将板件的优化排样输入中央计算机控制系统，同时在控制系统的集中控制和调度下，通过各单元控制器实现在线的自动运行。

(5) 后援设备　包括上线前或下线后对板料或板件进行剪切、折弯加工的设备。其中有 6×2500 数控液压剪板机，WC67K-100/3200 数控板料折弯机和 WC67K-160/4000 数控板料折弯机。

该板料加工 FMS 采用分布式三级管理控制方式，其控制系统结构图如图 13-199 所示。

这条板料加工 FMS 的特点有：①全线设置了九种组合运行方式和三种加工方式，因此使 FMS 具有充分的灵活性，有利于生产、调试和排除故障；②各单元设计合理，配置紧凑，结构轻巧，满足用户的实际需要；③为了确保安全，设置了多种安全装置，使仓库单元实现了全联锁控制；④单元控制器人机界面采用彩色显示，可显示各种操作员面部和信息诊断员面部，使操作灵便可靠，故障诊断及时；⑤通过在硬件和软件上的改进，扩大了规格小的数控直角剪板机的加工能力；⑥根据实际情况，采用了并行式分类分选布局，增加了大件分流通道；⑦通信的信息传输方式是在保证良好的通信效果的前提下，根据各种不同的需要分别采用了三种方式，既有电缆，又有先进的光缆和红外通讯。

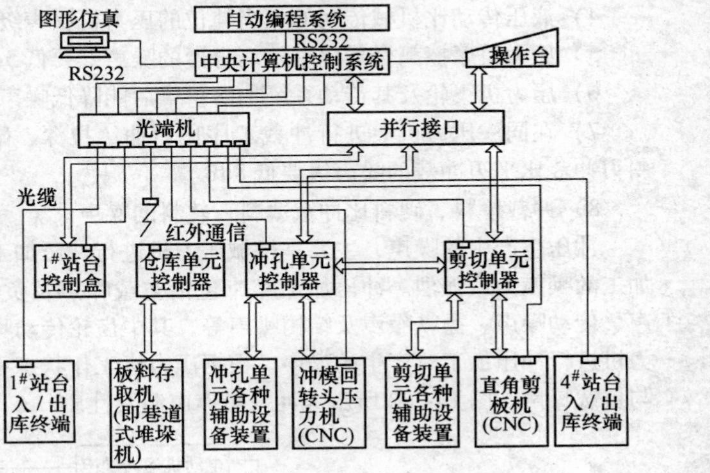

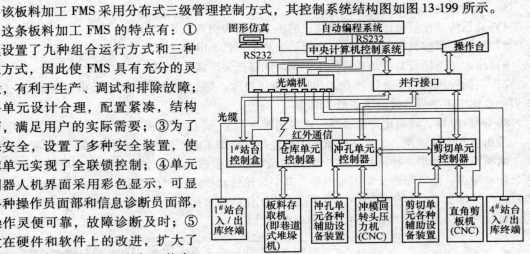

图 13-199　板料加工 FMS 控制系统结构图

这条板料加工 FMS 投入使用后，带来了明显的技术经济效果，具体归纳有：①与传统加工方法相比，采用 FMS 后生产率可提高二倍，即从原有的年产量 2000 台开关柜的板件，增加到 6000 台开关柜的板件；②提高了材料利用率，材料利用率平均可提高 12%～15%，因而降低了产品成本；③劳动力可以节约 50% 以上，实现了文明生产；④节约大量外汇，降低建线成本。因为这一条线是立足于国内自主开发的，因此节约了大量外汇，否则仅软件技术和技术引进费就需外汇 100～1400 万美元。如果从国外购进一条这样规模的 FMS，则需外汇 200～250 万美元；⑤采用 FMS 后，企业全年效益可增加几百万元以上。

第二节　冲压生产安全技术

一、冲压生产中的声害及防治

为了保证人体安全、舒适和高的生产率，必须创造良好的工作环境和合适的工具机件，亦即使环境系统、人机系统（包括操纵机器的人和他所操纵的机器及工模具在内的整个系统）适应于人体的各种要求，实现宜人化。

（一）噪声产生的原因

工业生产过程中产生的噪声主要有三种：电磁性噪声、流体动力性噪声和机械性噪声。冲压生产过程中兼有这三种噪声，如压力机驱动电动机起动和运行过程中伴随的电磁性噪声，摩擦离合器和制动器电磁阀的排气声，各种传动部件摩擦、冲击和动力不平衡所产生的噪声，刚性离合器（转键或滑销）结合时的冲击声，以及加工件受冲击振动和机械摩擦所辐射的噪声，工件与废料掉地或落入料箱相碰撞的噪声等等，其中以机械性噪声为主。

压力机运行时噪声的大小，除与其传动系统的结构有关以外，还与压力机吨位、滑块速度、使用的模具类型与结构、冲压工序性质、冲压材料厚度及强度等因素有关。

1）压力机吨位越大，噪声也越大。但负载越小，噪声也越小。

2）压力机行程次数越高，噪声越大。

3）连续性生产比间歇性生产噪声大。

4）液压传动比机械传动的相当吨位的压力机噪声级要低 8～10dB。

5）压力机摩擦离合器比刚性离合器的噪声级要低 5dB 以上。

6）压力机飞轮及其传动系统加防护罩后能降低噪声级 5～8dB。

7）在同一压力机上进行冲裁工序比弯曲、拉深、翻边等成形工序的噪声级要大 8～10dB。斜刃冲裁比平刃冲裁的噪声级要低 8dB。

8）冲裁厚料、硬料比冲裁薄料、软料的噪声大。

冲压生产中的噪声，主要是机械压力机进行冲压加工时产生的。而冲压加工中的噪声以冲裁加工的噪声为最强烈。冲压加工噪声包括空载噪声及负载噪声。空载噪声包括电动机运转的噪声、传动噪声、操纵噪声及结构噪声等，其中齿轮传动噪声和离合器噪声较大。负载噪声则是压力机进行冲压加工时产生的噪声。根据压力机工作状态不同，可分为单次行程与连续行程下空载与负载噪声。图 13-200 所示为冲裁噪声声源及性质。

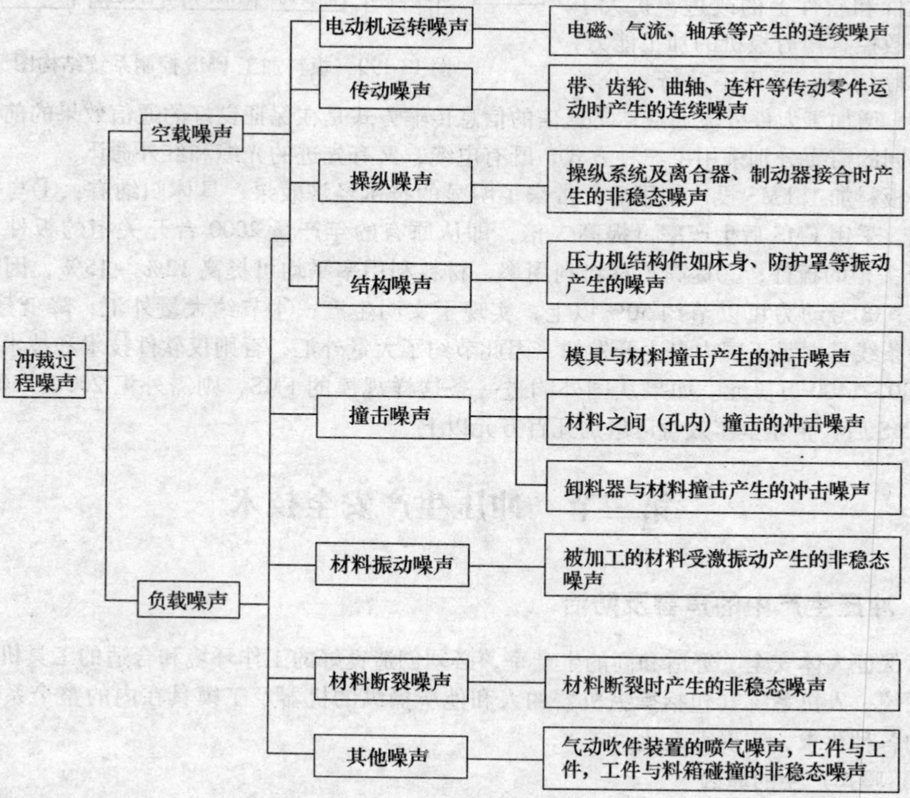

图 13-200　冲裁噪声声源

（二）噪声的危害及允许标准

噪声已经成为严重危害人类健康和污染环境的社会公害，成为仅次于大气污染和水质污染的第三大公害，因此引起人们的普遍重视。20世纪50年代以来，许多国家都大力开展了噪声控制的研究工作。

噪声对人体的危害是多方面的，其危害的程度主要取决于噪声级、频率和在噪声环境中停留（在声场暴露）时间的长短。

噪声对人体的主要危害是：

1）噪声可以损伤人的听力，人们在90dB以上噪声环境中长期工作，有可能导致噪声性耳聋。而在140～150dB以上的强烈噪声下即使暴露时间很短也可使耳鼓膜穿孔，造成爆振性耳聋。表13-27、表13-28列出了100dB以下噪声职业性暴露所引起的听觉损伤情况。强噪声的安全限度见表13-29。

表13-27　噪声暴露引起的听觉损失（以dB计）

暴露时间/年		1	2	4	10	30
噪声声压级/dB（A）	80	0	0	0	0	0
	88	4	5	7	9	14
	95	6.5	8	12	15	19

表13-28　工作40年后耳聋发病率（%）

噪声声压级/dB（A）	国际标准组织（ISO）统计	美国统计
80	0	0
85	10	8
90	21	18
95	29	28
100	41	40

表13-29　强噪声的安全限度

耳朵无防护		耳朵有防护	
噪声声压级/dB（A）	最大允许暴露时间	噪声声压级/dB（A）	最大允许暴露时间
108	1h	112	8h
120	5min	120	1h
130	30s	132	5min
135	<10s	142	30s
		147	10s

2）噪声能引起神经衰弱症、胃病、心动过速、心律不齐、高血压等多种疾病。

3）在高噪声环境中工作，使人感到烦躁不安，反应迟钝，精力难以集中，易于疲劳，因而工作容易失误，甚至发生人身和质量事故。

4）强噪声与振动对建筑物有一定的破坏作用。在极强的噪声作用下，可造成灵敏的自控、遥控设备失灵。

噪声控制概括地说是两方面的问题，一是控制到何种程度，二是如何控制。前者是噪声标准问题，后者是噪声控制技术问题。

噪声标准首先是要求不致引起耳聋及其他疾病。根据这一原则，制定了工业企业噪声卫生标准。为了保证生活和工作环境不受噪声干扰，制定了各类环境噪声标准。

研究表明：只要把噪声控制在85～90dB以下，就可以保护大多数（94%）工人连续工作20～30年不致发生噪声性耳聋、神经系统和心血管系统不致受到明显影响。因此，目前我国《工业企业噪声卫生标准》定为85dB（A），对现有企业由于经济技术条件限制，暂时达不到的，可放宽到90dB（A）。当噪声暴露时间每天不足8h，则暴露时间每减少一半，允许噪声级提高3dB。详见表13-30。国际标准组织建议的工业噪声标准见表13-31。

表 13-30　我国工业企业噪声卫生标准（试行草案）

新建、扩建、改建企业噪声卫生标准		现有企业暂时达不到标准时
每个工作日接触噪声时间/h	允许噪声/dB（A）	允许噪声参照值/dB（A）
8	85	90
4	88	93
2	91	96
1	94	99
最高不得超过	115	115

表 13-31　工业噪声卫生允许标准（国际标准组织建议）

标准类别	每天职业性暴露时间		8h	4h	2h	1h	30min	30s
	ISO（1961 年）	允许噪声级/dB（A）	90	93	96	99	102	120
	ISO（1974 年）		85	88	91	94	97	115

注：1. 工业噪声（听力保护）推荐标准为职业性暴露（每周 5 天，每天 8h）噪声（连续稳定）强度不超过 85～90dB。假如每周 40h 的职业暴露时间内噪声强度不稳定，或间断发生，那么这种噪声应当折算成相当于 40h 连续稳定地暴露于一种噪声之下的强度，这种折算后的数值，叫做“等效连续 A 声级”。表中允许噪声级实际上应是“等效连续 A 声级”。

2. 当噪声暴露时间每天不足 8h，则暴露时间每减少一半，允许噪声级提高 3dB。

（三）噪声的控制和消减

冲压车间是机械工厂的高噪声车间之一。大量的剪冲设备在生产运转过程中所产生的强烈噪声，危害工人健康，影响生产效率，干扰环境的安宁。当工人操作位置的噪声级大于人的听觉限度 90dB 时，就会引起操作者心情烦躁、疲劳、心慌、注意力不集中，而容易造成人身和设备事故。因此，对冲压车间的噪声问题应给予足够的重视，设法寻找合理和有效的控制措施。

控制机械噪声的方法，主要通过如下四种途径：

1）直接控制声源的振动和噪声。

2）将振源与噪声的辐射体隔离，减小固体声传播。

3）在噪声的辐射体上施加阻尼。

4）用隔声罩将声源封闭。

在上述四种方法中，直接控制声源的振动和噪声具有更突出的意义，这是一种“治本”的方法，可取得良好效果。

以下介绍冲压车间噪声控制和消减方法的两个主要方面：一次声防—消减声源噪声和二次声防—在噪声传播的途径上采取措施。

1. 消减声源噪声

1）齿轮是压力机运转噪声的主要噪声源之一。在减少噪声方面，直齿轮、斜齿轮和人字齿轮的平行轴传动较直角和交叉轴传动为好。

斜齿轮的重叠系数大，比直齿轮的冲击小，啮合时润滑油容易排出，用斜齿轮代替直齿轮可使噪声降低 12dB 之多。人字齿轮传动平稳，而且能平衡侧向分力，近年来国外生产的闭式压力机，特别是双点和四点压力机，多数已采用偏心人字齿轮，使噪声显著降低。

采用大变位齿，提高齿轮的重叠系数或齿顶修缘等方法以减少齿轮啮合中的撞击噪声。

在可能情况下，采用尼龙、夹布胶木、粉末冶金材料或铸铁代替钢来制造齿轮，可以增大阻尼、减少噪声。例如波兰曾在 2500kN 压力机上采用胶木齿轮，噪声从 85dB 降到 65dB。

在齿轮侧面开槽放置阻尼环或充填阻尼材料，可消耗齿轮振动的能量，达到降噪效果。

2）刚性离合器有强烈的冲击噪声，很难消除。摩擦离合器结合过程较平稳，比刚性离合器降低噪声10dB以上。而湿式摩擦离合器的结合噪声比干式摩擦离合器更低，因此在压力机上的应用日益广泛。

气动摩擦离合器空气管路中分配阀的排气声高达100dB以上，如果在分配阀的排气口装上消声器，可把噪声降到80dB以下。

3）提高床身抗振性能。高速压力机一般都采用减振性能好的铸铁床身或钢板和铸铁拼合床身。例如日本山田托比公司的高速压力机床身，由前后两块钢板，左右两个铸铁立柱，一个铸铁上梁和一个铸铁底座组成。与焊接床身相比，可以降低噪声5dB。

一般大、中型压力机普遍采用焊接床身，为了提高焊接床身的抗振性能，可以加焊筋板，也可以在床身的空腔内填入砂子。近年来出现的有效方法是填充混凝土，其抗振性能甚至超过铸铁床身。

4）做好飞轮等回转体的动平衡。

5）安装具有与滑块同样惯性效果的平衡装置以消除滑块的惯性力。

6）大力发展无噪声、小噪声的冲压设备。例如，为了降低凸模与板料的接触速度，冲裁压力机可用肘杆机构，使滑块在下死点前约10mm的冲裁区内，速度降低到普通压力机的2/3，可以降低噪声4dB，而采用变型肘杆机构，则滑块速度可降低到普通压力机的1/3，噪声降低12dB。虽然工作行程的速度降低了，但可通过提高空程和回程速度来补偿，使压力机的行程次数仍然不变。

7）厚料或大型冲裁件尽可能采用斜刃冲裁模。如在单副冲载模中，采用双斜刃凸模，斜角$\alpha=10°$，冲裁时，凸模受力对称，其刃口逐渐与板料接触，可以降低噪声4～6dB。压力机上同时有几副模具进行冲裁时，可以采用阶梯安装凸模，一般取每一阶梯的高度差为0.3～0.5倍的板厚。采用阶梯安装凸模可降低噪声5dB。

8）避免工件或废料直接掉地，而应沿斜坡面滑下，且滑坡采用低噪声材料做护面。对其他可能产生撞击噪声的支撑料架和料斗等，均应采用发声低的衬垫材料作护面。堆放工件的料箱宜用木板或塑料制成，或用金属丝编织。

9）输送工件的送料装置噪声也很高，夹钳送料是刚性定位，噪声较难降低。辊式送料装置中，送料辊覆盖塑料或橡胶，可以降低噪声。

10）加强冲压过程中设备、模具和材料的润滑，以消减因摩擦而产生的噪声。

11）用压缩空气喷嘴吹件会产生强烈的高频噪声，因此，最好改用磁力吸盘、抓取装置等噪声较小的机构。如果必须使用吹件装置时，可以采取降低气流速度、采用小直径喷嘴等措施。如把单孔喷嘴改成多孔喷嘴，可以降低噪声10dB，而吹力并不减弱。改变喷嘴形状，使能诱导更多的二次气流，可以加大混合后的气流流量，而降低其流速。这种消声喷嘴可降低噪声10～15dB。另外，喷嘴应最大限度地接近工件，尽可能装在模具里，以降低气流速度，减少噪声的发射。喷嘴与工件之间的距离应小于20mm。

2. 控制噪声的传播

1）压力机和混凝土之间放上胶皮、弹簧或防振装置。

2）在轴承和轴承座之间加弹性衬垫。

3）采用缓冲装置。缓冲器可以显著延长压力机卸载阶段的时间，避免突然卸载，减轻了床身的振动（见图13-201）。缓冲装置的结构形式有多种，应用较多的是液压缓冲器，它实质上是一个行程很短

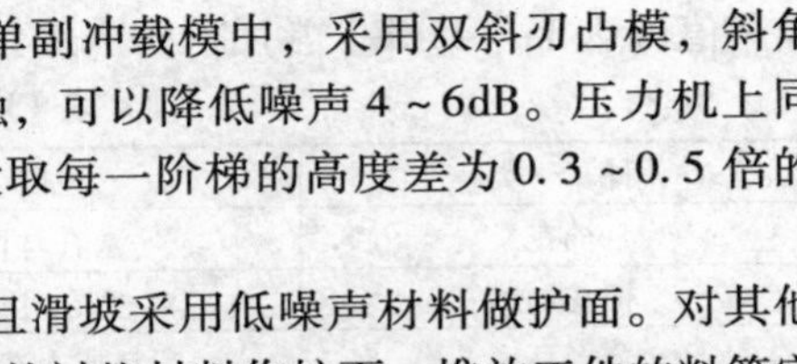

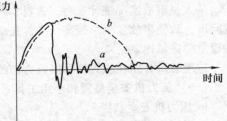

图13-201　冲裁时压力机的压力—时间曲线

a—没有缓冲器　*b*—有缓冲器

的液压缸，一般装在滑块与工作台之间。另外，还有弹簧缓冲器和聚氨酯弹性体缓冲器。采用缓冲器可以降低冲裁噪声 5 ~ 10dB。

4）将清理滚筒、振动光饰机等噪声大的设备隔开，安装在密闭房间里。

5）在压力机床身的敞开处装上隔声门，将整个模具空间封闭起来。门上有玻璃窗，可以观察生产过程。门能方便地启闭，开启时压力机自动停车，以保证安全。装上隔声门以后噪声可以降低 4 ~ 5dB。

6）用隔声罩将传动系统和曲柄连杆机构全部封闭起来。采用多层板式隔声罩可降低噪声 5 ~ 15dB，而用铅灌注夹层的封闭隔声罩，可使操作位置的噪声减小 21dB。

7）对于高速自动压力机等噪声大的设备，应采用全封闭的隔声室把整个压力机罩起来，这样能降低噪声 20 ~ 25dB。国外的隔声室已有完整系列，作为商品供应，应用日益广泛。但是隔声室只能用于自动送料的压力机，而且价格较贵。

8）车间设计时，应按闹静分区的原则，按设备的噪声高低分区布置，并在分区边界上悬挂吸声幕或隔声屏。

9）冲压车间墙壁使用良好的吸声材料，地板用吸声能力强的木砖以代替混凝土，屋顶悬吊吸声板或吸声幕，如车间屋顶挂上 100mm 厚的吸声泡沫塑料后，可使整个车间噪声降低 5 ~ 10dB。

10）对噪声场的工作人员采用个人防护，可用防护药棉，橡胶或塑料耳塞把外耳道塞住；也可佩戴防声耳罩把整个耳朵罩严。耳罩的隔声效果平均为 15 ~ 25dB，耳塞和耳罩一并使用时，隔声值可达 35 ~ 45dB。常用的防声用具及效果见表 13-32。

表 13-32　常用防声用具及效果

种　类	说明	质量/kg	衰减值/dB
棉花	塞在耳内	1 ~ 5	5 ~ 10
棉花加腊	塞在耳内	1 ~ 5	15 ~ 30
伞形耳塞	塑料或人造橡胶	1 ~ 5	15 ~ 35
柱形耳塞	乙烯套充腊	3 ~ 5	20 ~ 35
耳罩	罩壳上衬海绵	250 ~ 300	15 ~ 35
防声头盔	头盔上衬海绵	1500	30 ~ 50

二、冲压生产的安全防护

冲压生产是较容易发生工伤事故的一种作业，为防患未然，必须从各个方面采取有效措施。除了制订和贯彻合理的安全操作规程、加强安全技术教育以外，在有条件的情况下，应尽可能组织机械化与自动化生产，这是防止工伤事故极其有效的措施，也是提高劳动生产率、减轻劳动强度的重要途径。

从大量事故实况统计来看，送料、取件和清除废料的操作，由于操作者的手、臂、头等进入危险区，致使事故发生率最高，应首先解决好这方面的安全问题，务必设法防止操作时将手伸进冲模危险区域内。

这里着重介绍在压力机和模具方面的安全技术措施。

（一）压力机安全装置和手用工具

1. 压力机安全装置

根据压力机的种类和作业方法的不同，应采用与其相适应的安全装置。安全装置应安装调整方便，维护管理简单，工作可靠，不受外界环境（光、噪声、振动等）干扰，不影响操作者视线，不妨碍作业效率。表 13-33 所列为装于压力机上的几种安全装置。

表 13-33 装于压力机上的安全装置

序号	名称	简图	工作原理
1	踏脚板防护罩	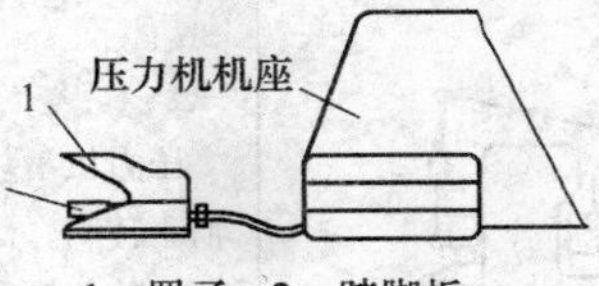 1—罩子 2—踏脚板	用罩子1将踏脚板2罩住，以免锹头、扳手等坠落冲击踏脚板而意外开动压力机造成工伤事故。操作时须将脚伸到罩子下面去踩动踏脚板
2	双按钮电磁铁安全装置	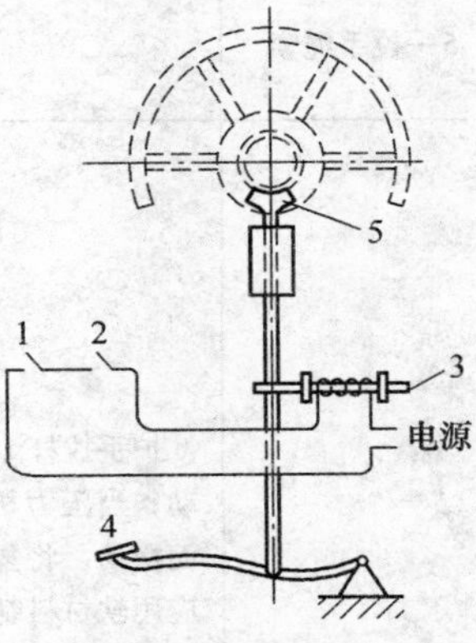 1、2—按钮 3—铁芯 4—踏脚板	电磁铁的铁芯3平时插在操纵杠杆5的销子孔内，使踏脚板4无法踩下。只有用两手同时按压力机前面的两个按钮1、2接通线路，产生吸力将铁芯拉出后，踏脚板才允许踩下。这样，两手必然脱离了危险区域
3	防打连车装置	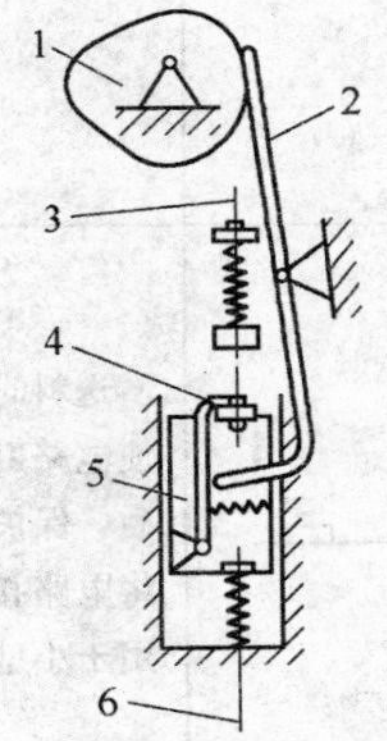 1—凸轮 2—杠杆 3—离合器拉杆 4—钩锁 5—小滑块 6—踏脚板拉杆	由踏脚板拉杆6通过小滑块5，钩锁4使离合器结合。当压力机滑块到达下死点时，凸轮1推动杠杆2使钩锁脱开，离合器拉杆3在弹簧的作用下复位，并在滑块回到上死点时使曲轴与飞轮脱开。这样即使操作者的脚一直踩住踏脚板，压力机滑块也不能再次下行。只有当操作者松开踏脚板使钩锁与离合器拉杆重新结合后才可能开始下一次行程。这种机构仅适用于装有刚性离合器的压力机
4	护板-拉杆安全起动装置	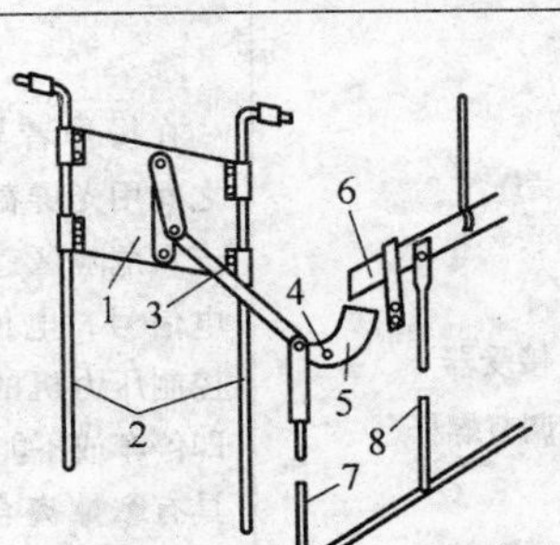 1—护板 2—护板架 3—驱动杠杆 4—支点 5—扇形板 6—启动杠杆 7、8—拉杆	采用同压力机操纵机构连锁的护板或安全栅。只有当护板或安全栅遮挡住危险区时，压力机才能启动。如左图所示，踩动踏脚板使拉杆7驱动杠杆3，从而带动与杠杆相连接的护板1下降。扇形板5回转，放松启动杠杆6，拉杆8落下，离合器结合，滑块下行完成冲压工作

（续）

序号	名　　称	简　　图	工作原理
5	拉手式安全装置	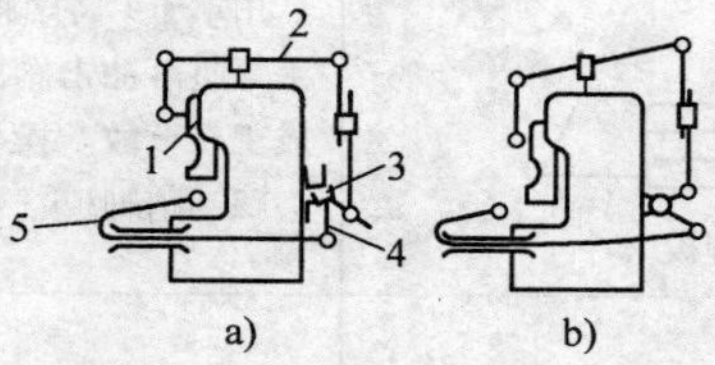 1—滑块　2—杠杆　3—轴　4—杆　5—拉手绳索	压力机滑块1下行时，通过天秤杠杆2使轴3转动，这时固定在轴两端的拉引量调整杆4随着摆动，一旦手臂仍在危险区，拉手绳索5便会把手拉出，以防事故发生
6	拨手式安全装置	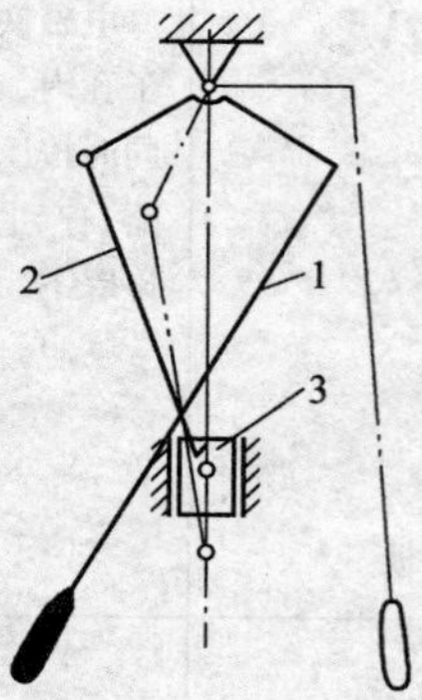 1—拨杆　2—拉杆　3—滑块	护手拨杆1通过拉杆2与压力机滑块3联动，当压力机滑块下行时，拨杆在冲模前面摆动，将操作者的手推出危险区。拨杆应用软材料制成
7	手推式安全装置	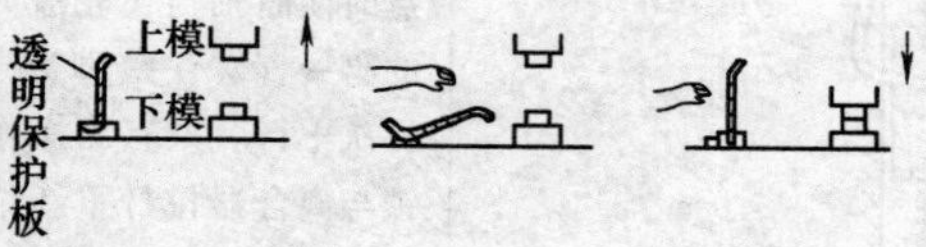	送料时操作者的手臂将透明保护板推下，使电路断开，压力机不能启动。手臂退出后，保护板在弹簧作用下恢复直立状态而将电路接通，压力机正常工作。本装置适用于小型压力机
8	光电保护装置	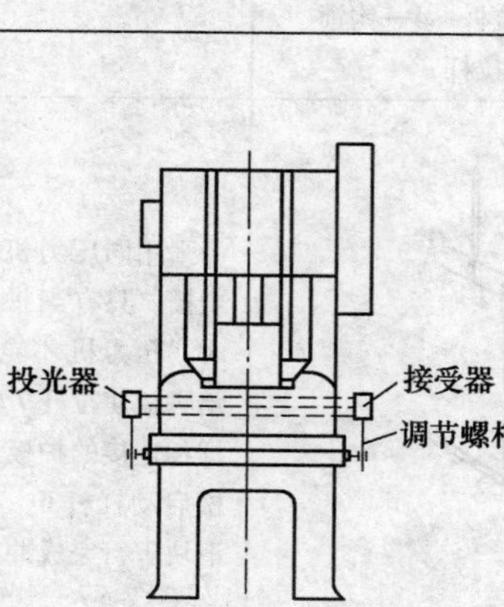	在操作者与危险区（上下模具的空间）之间用光屏截住，一旦操作者的手或肢躯进入危险区遮住光屏时，则光信号转换为电信号，电信号放大后，使继电器动作，控制压力机的启动控制线路，压力机便立即停车或不能启动。该装置适用范围较广，具有摩擦离合器及寸动刚性离合器的大、中、小型压力机均可应用

（续）

序号	名　称	简　图	工作原理
9	电容式保护装置	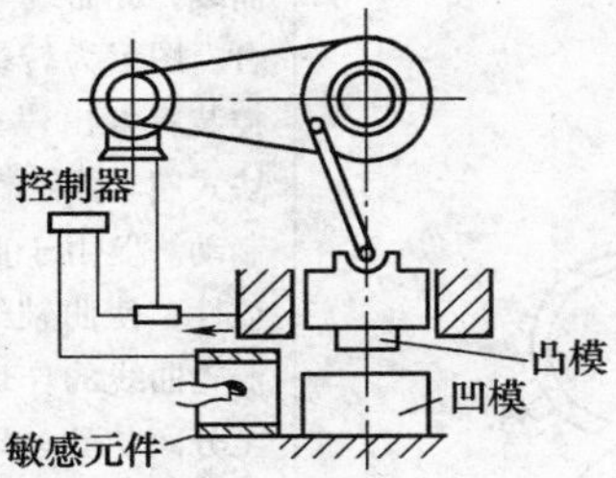 	敏感元件是构成一定电容的电容器。操作者的手在送料时必须通过敏感元件的空腔，电容器的电容量便发生变化，使与其相连的振荡器振幅减弱或停止振荡，再通过放大器和继电器使压力机停止运动或不能启动
10	红外开关	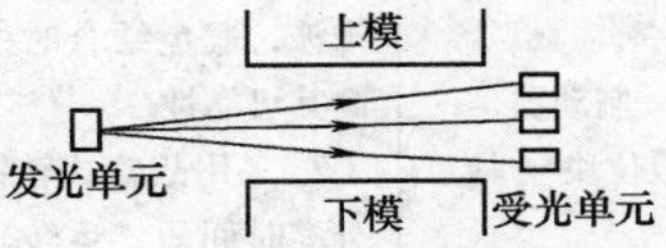 a) HK-B型红外开关方框图 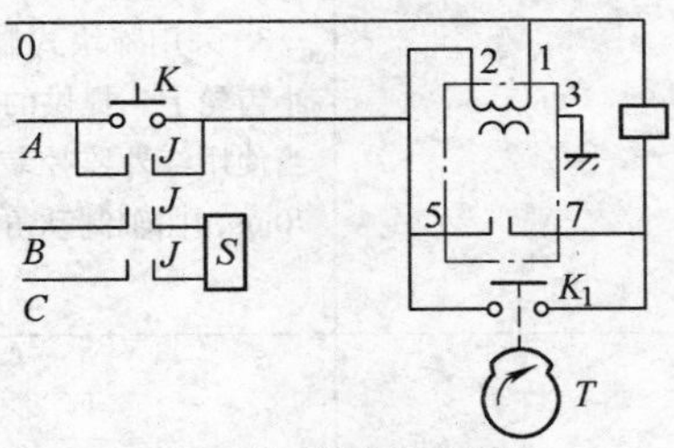 b) 红外开关安装位置图 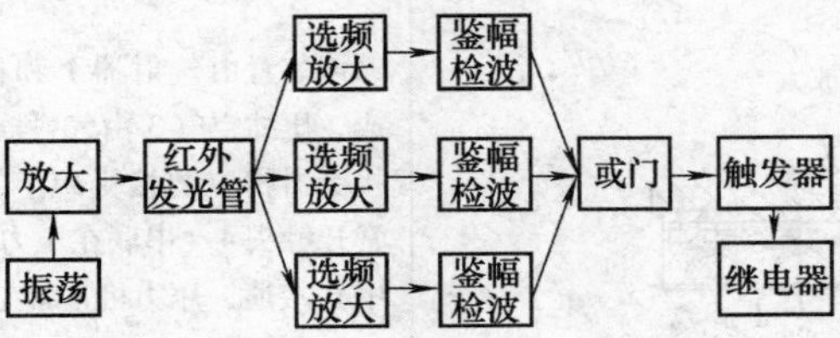 c) 红外开关的刹车控制电路	采用砷化镓红外发光管作光源，发出不可见红外光，利用它的散射效应，将已调制的红外光以45度正圆锥辐射出来，直接照射至硅光电池上，硅光电池把接收到的红外光变成电信号，经选频放大后，输送到鉴幅检波，然后到“或门”进行危险判别（图a） 当人手或异物遮住发光单元和受光单元之间的光屏（图b）时，受光单元接受不到红外线，“或门”发出危险信号给触发器，触发器推动继电器发出停车信号，控制二次刹车机构立即刹车，从而确保人机安全 刹车控制电路中采用随曲轴转动的凸轮来行使区别该不该紧急刹车。只有压力机滑块向下行程时，行程开关 K_1 断路，同时手在最危险区则使⑤、⑦断路，电磁铁断电，压力机立即刹车；而滑块在上死点和向上回程时，人手可以正常进行上、卸料作业，此时行程开关 K_1 通路，处于正常运行状态

（续）

<table>
<tr><th>序号</th><th>名　称</th><th>简　图</th><th>工作原理</th></tr>
<tr><td>11</td><td>凸轮式安全刚性离合器</td><td>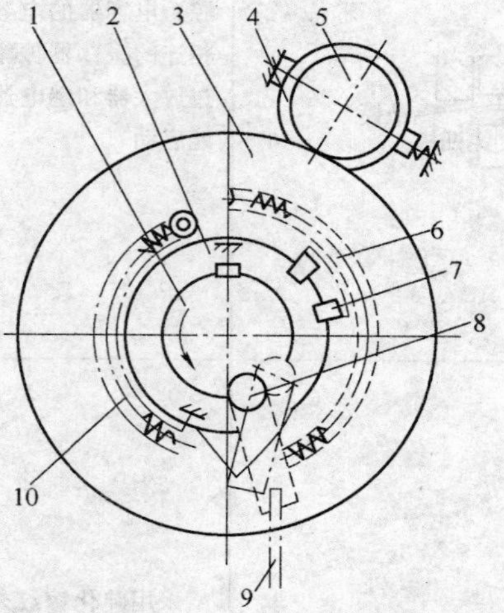

1—轴　2—限位套　3—大齿轮　4—制动器
5—小齿轮　6、10—弹簧　7—限位块
8—键　9—关闭器</td><td>在压力机原有离合器的限位套2上装上大齿轮3，在大齿轮内侧的轮毂上加工出凸轮曲线，此曲线与转键8尾部的凸轮曲线相配合。图示为转键结合时的位置，当红外监控装置发出停车信号时，电磁铁得电，蹄块式制动器4制动，通过小齿轮5使大齿轮制动。但由于曲轴、连杆和滑块等部件有惯性，使曲轴继续旋转，与此同时，由于凸轮曲线的作用，迫使转键从结合位置转至分离位置，即转至图示假想线位置，其从动系统的多余动能由限位块7与大齿轮的沟槽相碰后吸收。重新起动时，可将制动器松开，大齿轮在复位弹簧10的作用下复位，同时转键在结合弹簧6的作用下复位。在平常工作时，上述的急停机构不起作用，转键是靠结合弹簧和关闭器9的共同作用下达到开停目的
这种安全刚性离合器的特点是：
1. 急停机构和工作机构彻底分离，互不干涉，避免结合时的重复响声，并大大提高其可靠性
2. 采用凸轮式转键加速分离机构，转键分离时间短，运转平稳，大大提高了紧急制动的灵敏度
3. 采用蹄块式制动器，并且装在高速的小齿轮上，提供的制动力矩大，安全可靠。当使用红外监控装置时，制动时间为68～70ms，曲轴制动角约为20°</td></tr>
<tr><td>12</td><td>气幕式保护装置</td><td>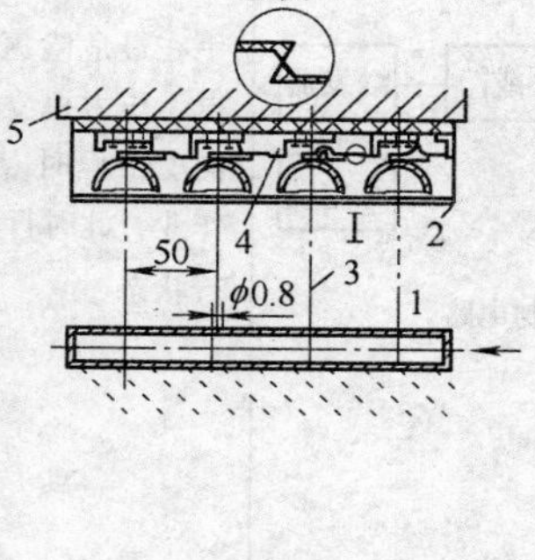
</td><td>该装置由气射器1和接受器2两部分组成，压缩空气3由气射器上的数个小孔射向接受器相应的接受碗上，使接受器的数个常开触头4（串联在压力机的启动控制线路中）接通，压力机正常工作
一旦操作者的手或其他物品挡住气幕，则接受碗靠自重断开常开触头，滑块5便停止运动</td></tr>
</table>

（续）

序号	名　　称	简　　图	工 作 原 理
13	光学式安全装置	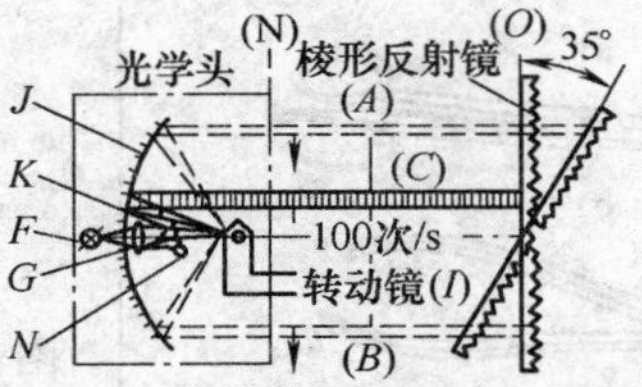 (A)：(B)(根据型号)200,300,450,700,1100,1400mm (N)：(O)(根据型号)2,3,8m	由光源灯 F 投射的光线用凸透或 G 集光，经安装在马达上的反射镜 I 用抛物面镜 J 反射到外部，通过压力机的立柱之间到达棱形反射镜，进一步由棱形反射镜反射，再过 J、I，用平面镜 K 反射，到达光电元件 M。在此被转变为电压 当马达用 3000r/min 转动时，光线在 C 的某一位置上，而实际上是 A 到 B 之间的反复。象这样由于光线的移动，在光学头和棱镜之间一旦发现手或肢躯，达到 M 的光量便起变化，从而改变了电压，压力机就立即停车
14	电视式安全装置	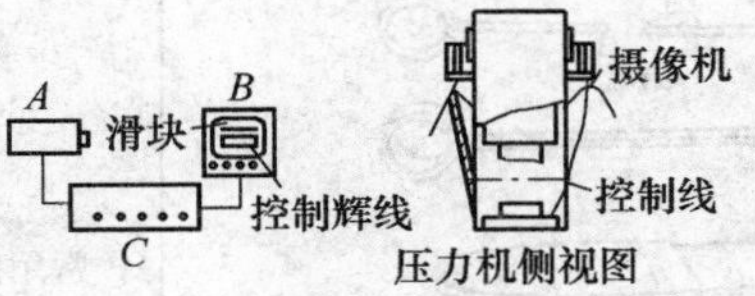	该装置由摄像机 A、监视器 B 和控制器 C 所构成。由摄像机摄像，再把图像信号输入监视器。控制器则在垂直、水平扫描线上有必要控制的地方重叠辉线信号 如果进入物体，控制器便把摄像机的图像信号的变化接受过来，作为控制信号传送给机械，进行紧急停车

2. 手用工具

为使操作者的手不伸入模口（危险区），在冲压中、小型工件时，常采用工具将单件毛坯放置到模具中或将冲压件由模具中取出。

严格说来，手用工具不能算作压力机安全装置，但由于在遵守操作规程情况下，使用手工具操作，还是可避免人身事故的发生，因而还是经常被采用。

手用工具一般采用低强度材料制造，以防一旦压入模具时，不致使模具破碎而飞出，造成人身伤害。

手用工具的各种类型见表 13-34。

（二）冲压模具安全技术

1. 冲压模具结构安全技术要求

除了在压力机上合理采用上述安全装置，从模具结构上解决好安全问题亦是很必要的。因此，在模具设计时，应周密地从各个不同角度考虑必要的安全技术措施，以保证操作方便，安全可靠，操作者勿需手、臂、头伸入危险区即可顺利完成冲压工作。表 13-35 所列为冲压模具结构安全技术措施。

表 13-34　手用工具

名称	防护原理	具体方法	
		简　图	说　明
钳子	手工具代手进入危险区域	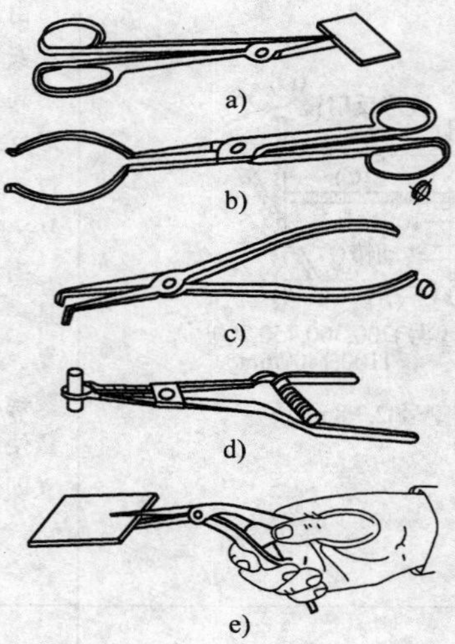	各种类型钳子，可根据不同冲件特征选用
常用手工具	手工具代手进入危险区域	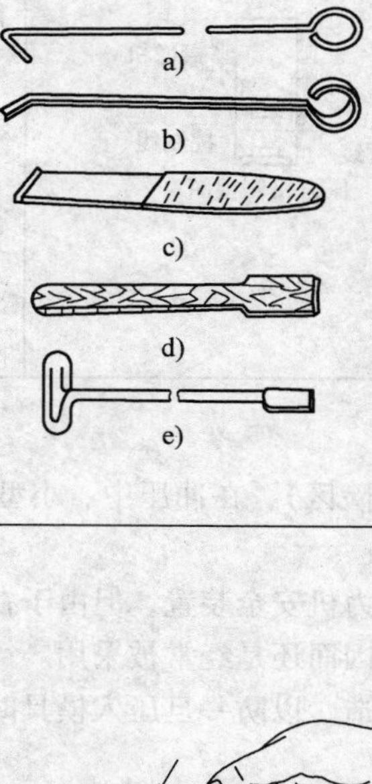	常用的手工具，用于推、拉坯料或冲件，以及清除粘在冲模工作面上的冲件或废料
真空吸取器	手工具代手进入危险区域	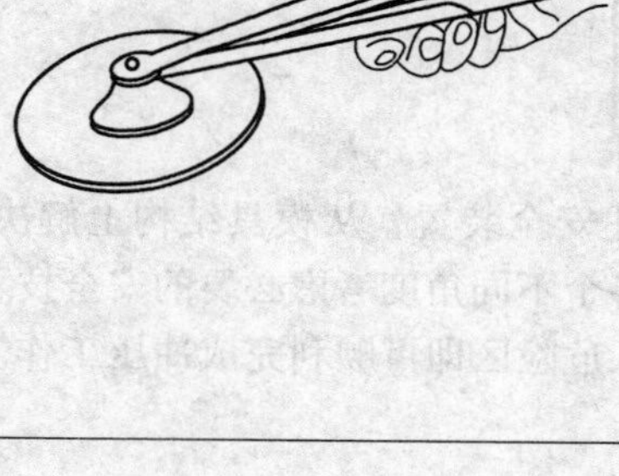	真空吸取器，主要用于扁平、光滑的坯料或工序件

（续）

名称	防护原理	具体方法：简图	具体方法：说明
磁钢吸取器	手工具代手进入危险区域	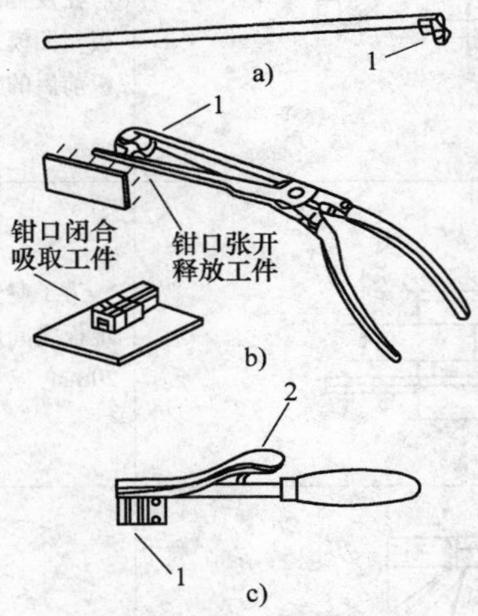 1—磁钢 2—释放手柄	磁钢吸取器，用于从冲模工作位置取出冲件、放置坯料
电磁吸盘	手工具代手进入危险区域	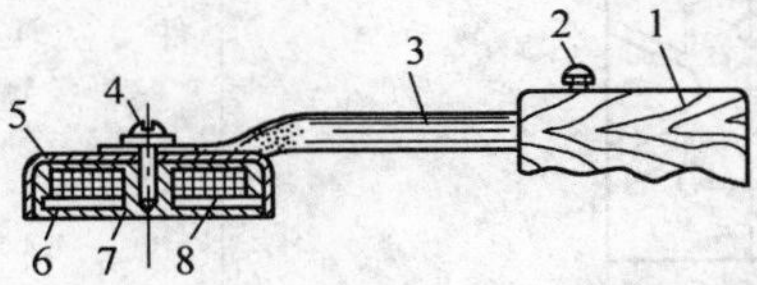 1—手柄 2—微动开关 3—连接管 4—连接螺钉 5—磁罩 6—绝缘板 7—磁芯 8—线圈	手持电磁吸盘通过电磁吸力，用于向冲模工作位置放置坯料和取出工件

表 13-35 冲压模具结构安全技术措施

序号	简图	模具安全化要求
1	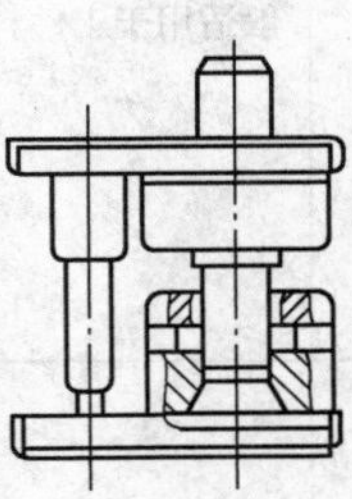	模具外部不能有突出部分或尖角部分，凡与机能无关的一切锐角都要倒棱，以免割伤皮肤或肢体
2	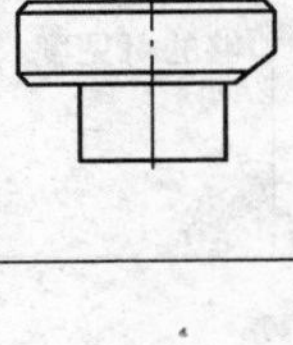	将模具上模座的正面做成斜面，以增加安全操作空间

（续）

序　号	简　图	模具安全化要求
3	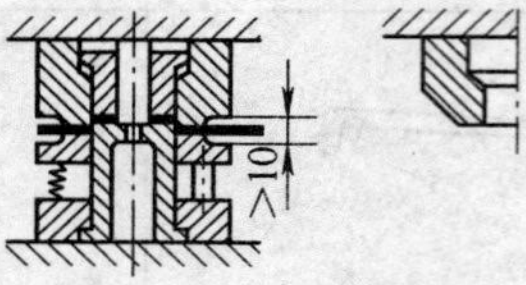	在复合模中，减少可能的危险面积，在卸料板与凹模之间，做成凹模或斜面，并减小卸料板前后的宽度
4	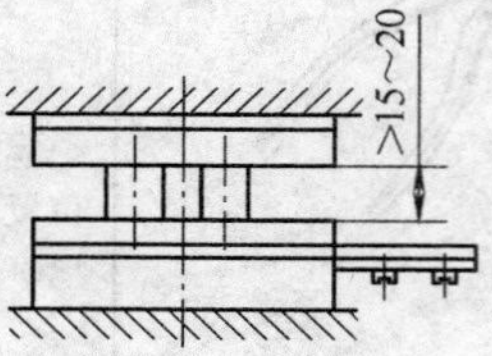	为了避免压手，导板或刚性卸料板与凸模固定板之间应保持足够的间隙，一般不小于15～20mm
5	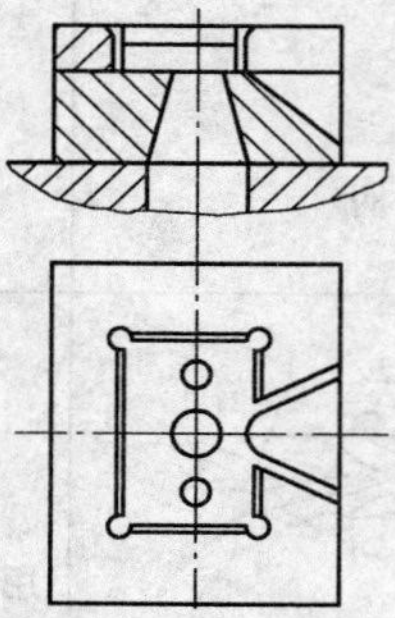	在需要用镊子将工件放入定位板时，应在凹模和弹性卸料板上各切去一凹槽，以便装卸工件
6	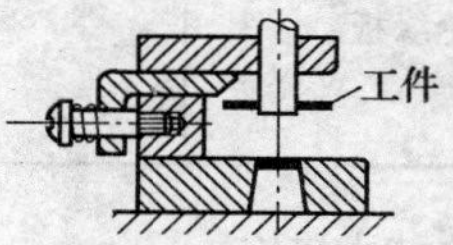 a) 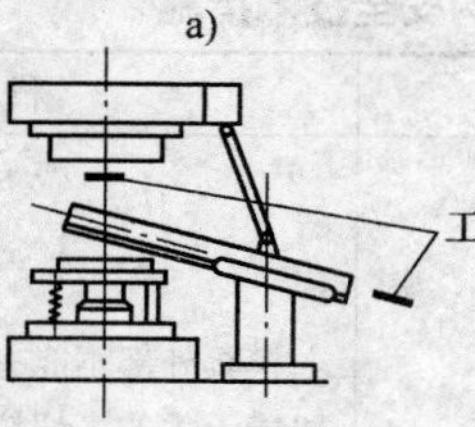 b)	采用弹性刮料板（图a）和自动接件装置（图b），以代替用手去卸工件。弹性刮料板一般适用于工件料厚>1.5mm的情况
7	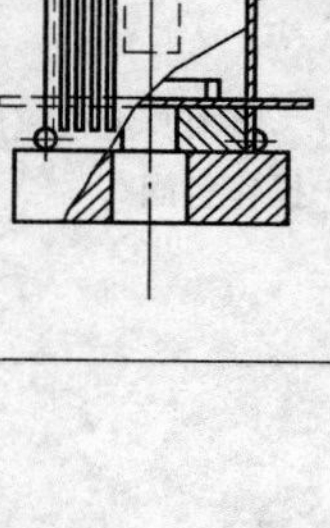	为防止冲压时，操作者的手指误入冲模危险区，可以在模具周围安装防护罩或安全栅栏。设置防护罩和安全栅栏时，应保证操作者有足够的可见度

（续）

序号	简图	模具安全化要求
8	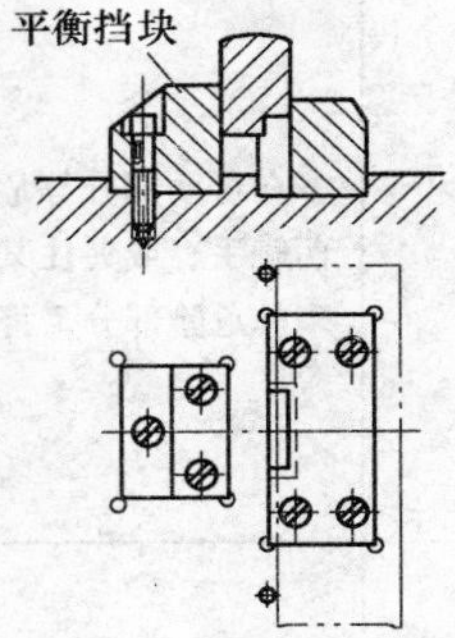	单面冲裁时，尽量将凸模的突起部分和平衡挡块安排在模具的后面
9	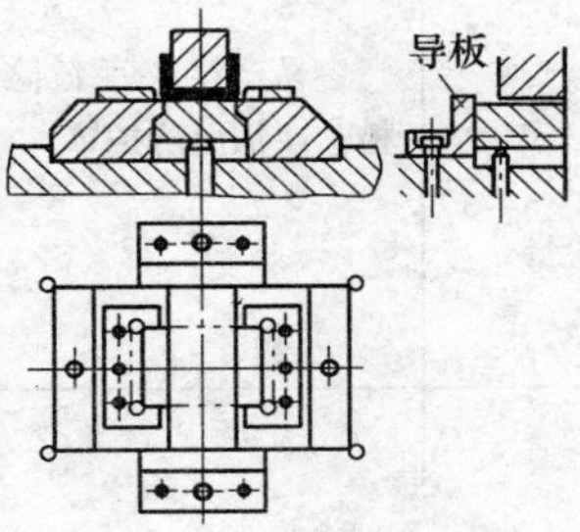	在拉深模与弯曲模中，压料板与下模座的空间必需用导板或角钢封闭起来
10	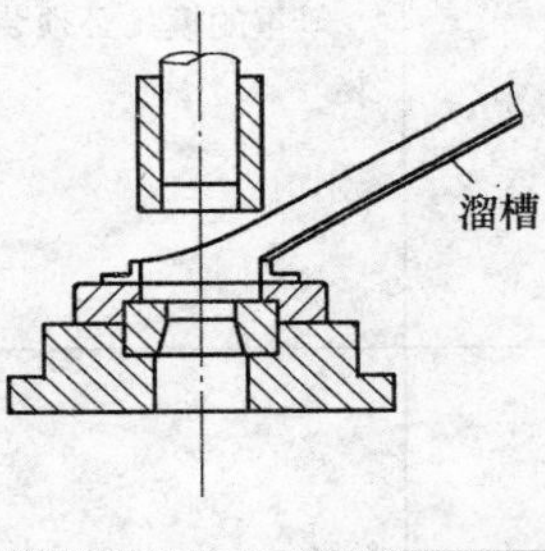	除使用各种专用的送料装置外，为了送进单个毛坯也可以采用溜槽，滑板等多种形式代替手工操作
11	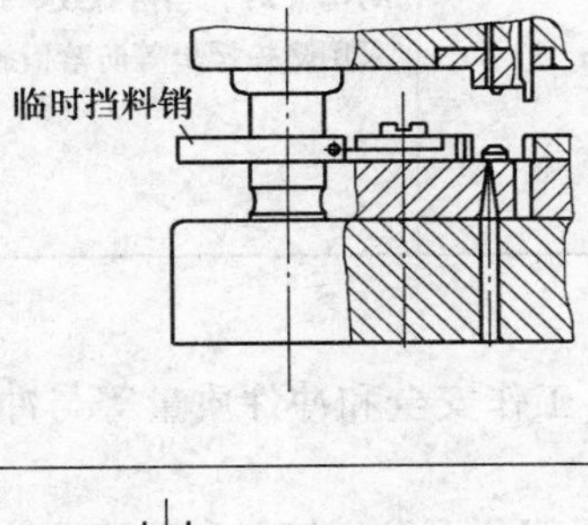	在带刚性卸料板的连续模中，临时挡料销的操纵端应加长，并引到模座的外廓尺寸之外，以免手接近危险区
12	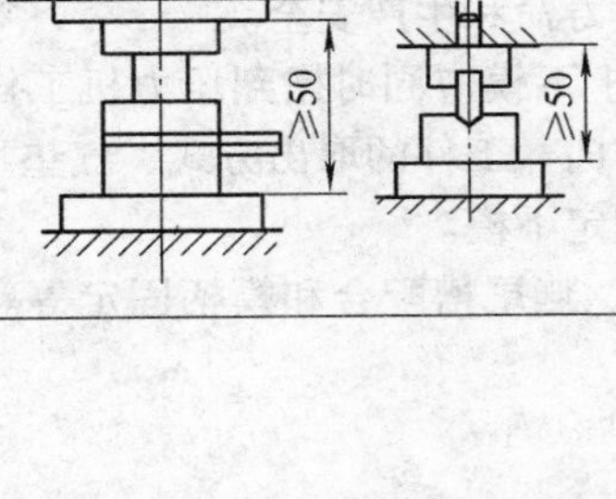	一般在压力机上使用的模具，从下模座上平面至上模座下平面或压力机滑块平面的最小间距不得小于50mm

（续）

序　号	简　图	模具安全化要求
13	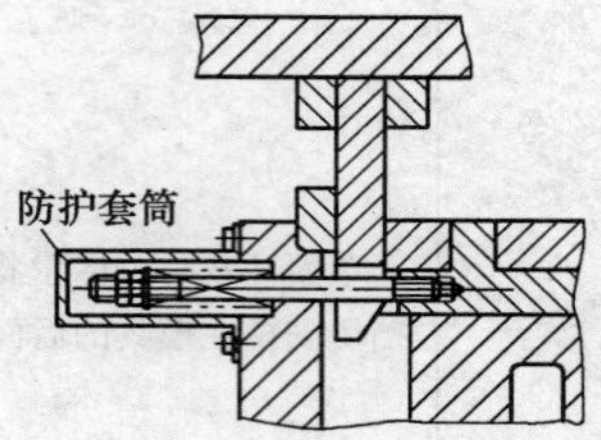	在可动部分等危险处所，操作者容易因不慎而触手、或夹住某部分、或因弹簧一类飞散出来的危险部分，都应保持起来，加上防护罩
14	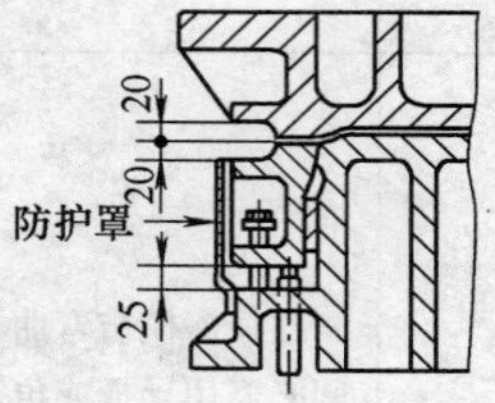	容易产生夹手危险的可动部分应留出空刀槽，或加上防护罩
15	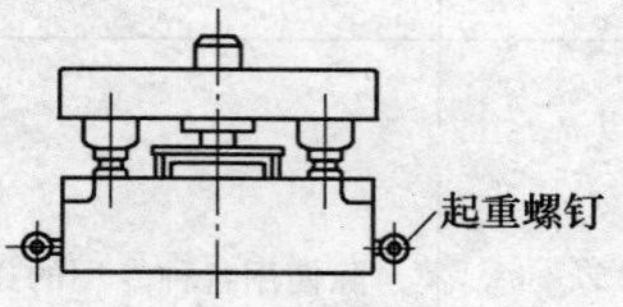	笨重的模具必须装起重螺钉，以利搬运和安装
16	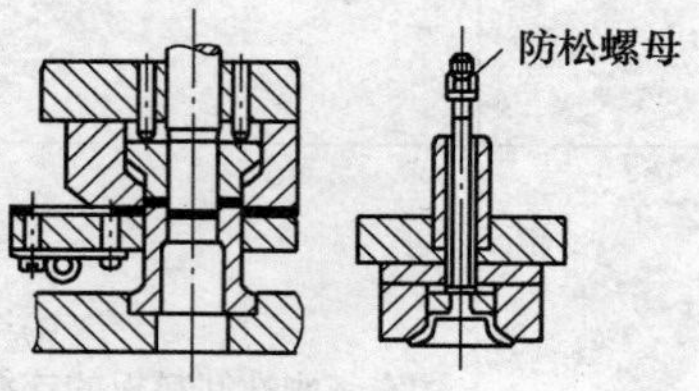 a)　b)	为防止顶件器因损坏而下落，应制成阶梯式结构（a），当由螺纹、铆接等方法制成时，应采用防松螺母等防落措施（b）

2. 冲模安装、搬运和储藏的安全技术

（1）冲模的安装和搬运　冲模的使用寿命、工作安全和冲件质量等与冲模的正确安装有着极大的关系。

1）冲模应正确安装在压力机上，使模具上下部分不发生偏斜和位移，这样可以保证模具有较高的准确性，避免产生废品。而且可保证模具寿命和生产安全。

2）模具安装时，将带有导向装置的模具，上下模应同时搬到压力机工作台面上。由于大型模具在工作台面上不便移动，应按材料的送料方向、工件的取出方式、气垫顶杆孔的位置等尽量准确定位。先固定上模，然后根据上模的位置固定下模。

3）固定上模的方法有压板压紧、螺钉紧固、燕尾槽配合和模柄固定等。对中小型模具，最常用的方法是模柄固定。模柄装入压力机模柄孔（图 13-202）后，采用模柄夹持器来固定。夹紧模柄时，旋紧夹持器上两螺母，再用方头螺钉顶紧模柄，如图 13-203 所示。

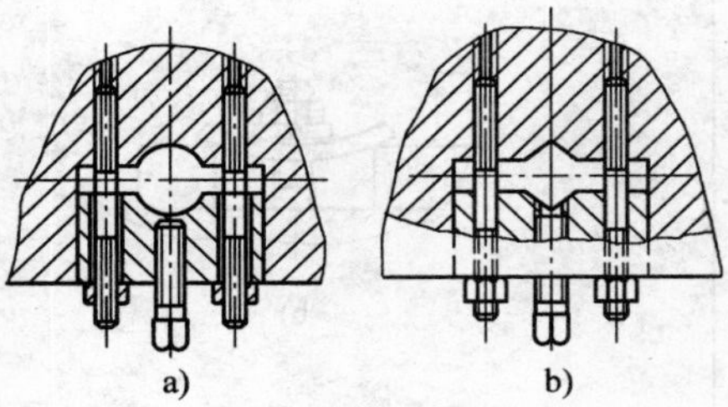

图 13-202　模柄孔

a）圆形　b）方形

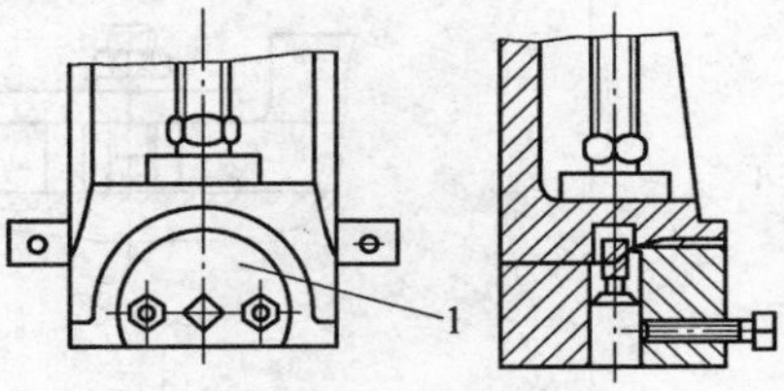

图 13-203　模柄的夹紧

1—夹持块

4）凡大型模具用模柄固定时，为增强固定的可靠性，制成带固定斜面的模柄把用固定螺钉紧固，或用吊挂螺钉安装模具的上模座。如图 13-204 和图 13-205 所示。

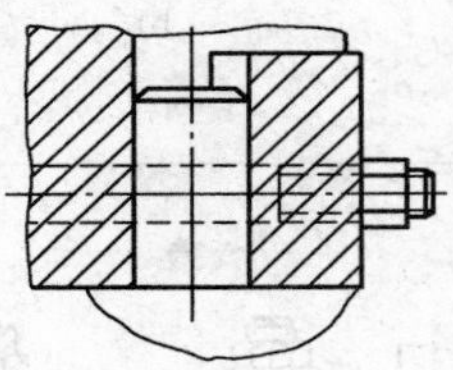

图 13-204　带固定斜面的模柄把

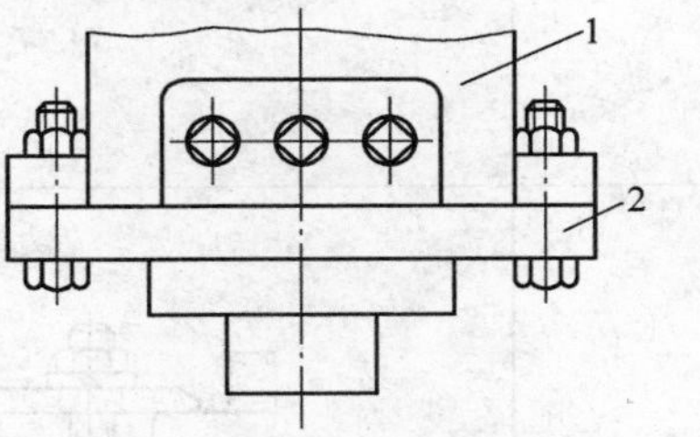

图 13-205　用吊挂螺钉安装上模座

1—压力机滑块　2—上模座

5）当模柄外形尺寸小于模柄孔尺寸时，禁止用随意能够得到的铁块、铁片等杂物作为衬垫，必须采用专门的开口衬套或对开衬套。图 13-206 所示为常用模柄衬套形式。

6）固定下模的方法主要有螺钉固定和压板固定。螺钉固定准确可靠，但增加了冲模制造工时，且装拆冲模也不方便，适用于大、中型冲模。图 13-207a 所示为带平底孔的下模座，由螺钉施加压力紧固，图 13-207b 所示为带开口槽的下模座，也由螺钉施加压力紧固。压板固定下模座较为方便和经济，生产中广泛采用。表 13-36 列出用压板固定下模座的正误示例。特别需要注意的是在安装下模座时，不要将废料孔堵住。

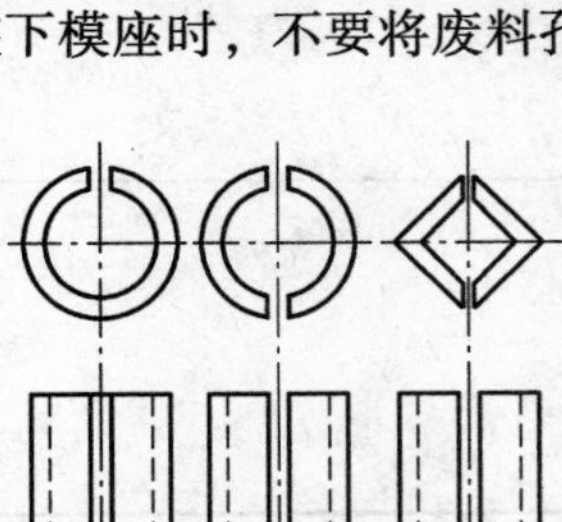

图 13-206　常用衬套形式

a）开口衬套　b）圆形对开衬套　c）方形对开衬套

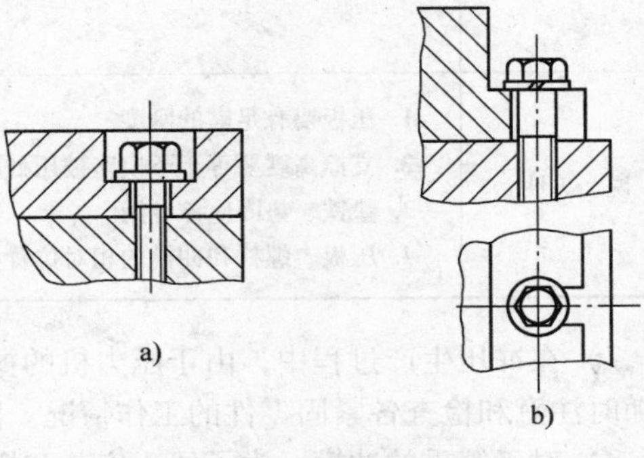

图 13-207　下模座用螺钉固定形式

a）带平底孔下模座　b）带开口槽下模座

表 13-36　压板固定下模座正误示例

序　号	正	误
1	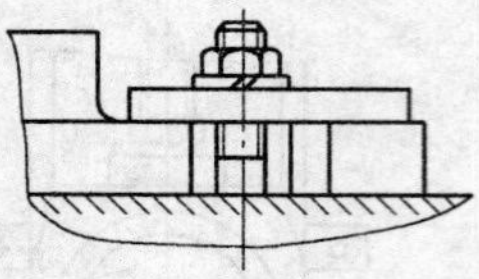 a)	 b)
2	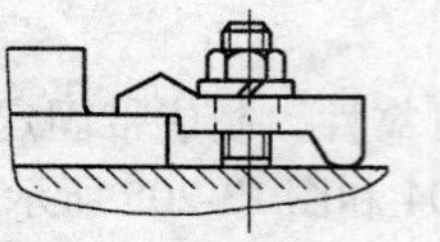 a)	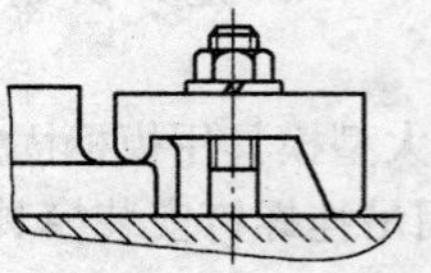 b)
3	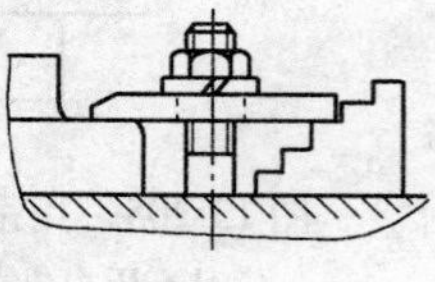 a)	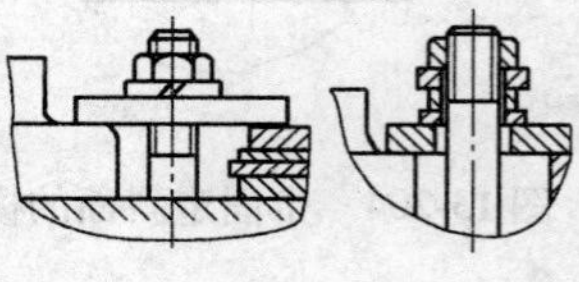 b)
4	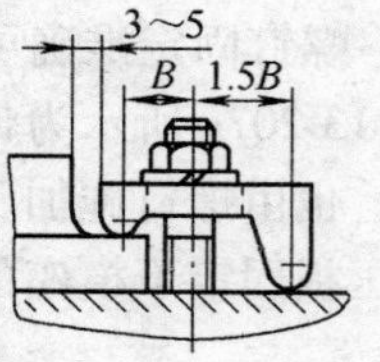 a)	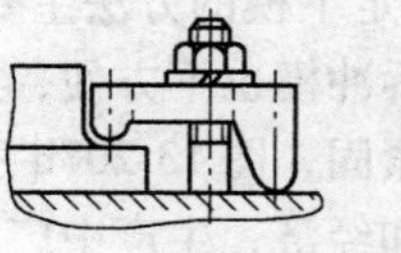 b)
说　明	1. 压板要有足够的刚度 2. 支撑高度要等于下模座被压处高度 3. 垫铁、垫圈应该专用 4. 压板、螺杆和冲模的相对位置必须恰当	

7）在冲压生产过程中，由于压力机的振动，可能引起固定冲模的紧固零件松动，操作者必须随时注意和检查各紧固零件的工作情况。图 13-208 所示为防止紧固螺母松动的几种方法。

8）对于笨重的冲模，为了便于安装和搬运，应设置起重吊钩，通常采用螺栓吊钩或焊接吊钩等，如图 13-209 所示，原则上一副模具使用 4 个吊钩，其正确安装位置是使模具起吊提升后能保持平衡。当模具质量为 300～500kg 时，使用图 13-209a 所示的垂直安装的焊接吊钩；当模具质量为 1000～5000kg 时，使用图 13-209b 所示的水平安装于模座侧面的螺栓吊钩。

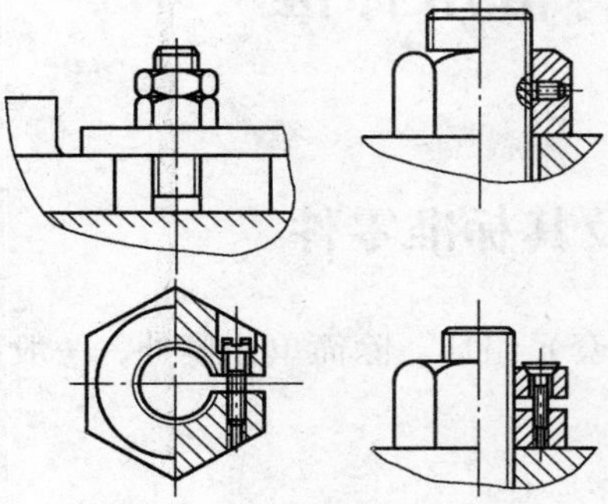

图 13-208　防止紧固螺母松动的方法

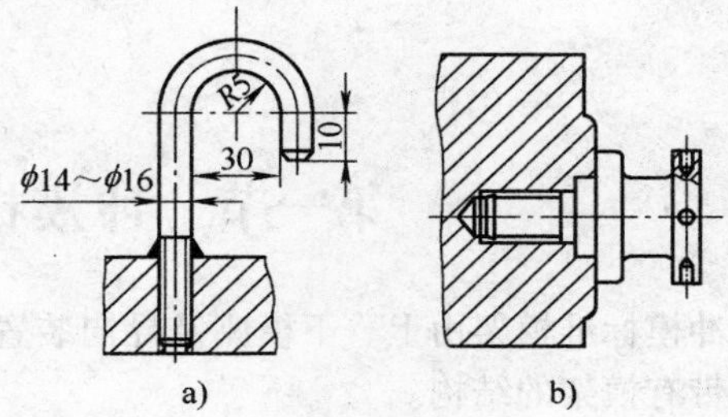

图 13-209　起重吊钩

a）焊接吊钩　b）螺栓吊钩

（2）模具存放的安全措施。为了保护模具的刃部和弹性卸料装置（弹簧或橡胶）不致过早失去弹性而损坏，在模具储藏时应设置支撑销支撑，使上下模之间具有一定的空隙，并存放在专用的工具架上，如图 13-210 所示。

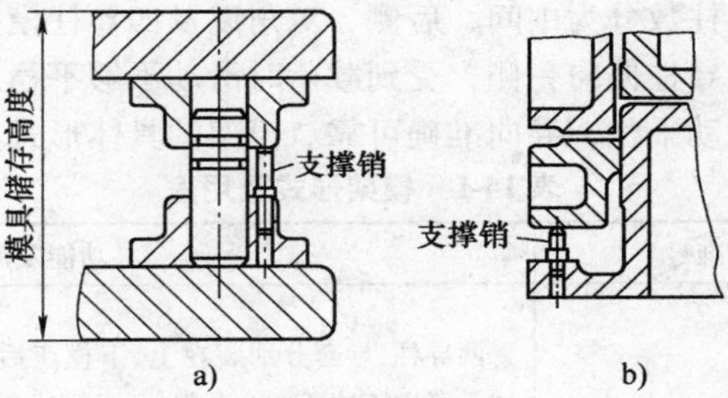

图 13-210　支撑销的设置形式

a）设置在导柱支架上　b）设置在下模与卸料板间

第十四章　冲压模具常用标准

第一节　冲模标准模架及其标准零件

冲模标准模架由上、下模座及导向装置（导柱与导套）组成。除简单冲模外，一般冲模多采用带有模架的结构。

本章表中所画图的表面粗糙度单位均为 μm。

一、冲模模架的形式

冲模模架按制造上、下模座的材料性质可分为铸铁模架和钢板模架两类，钢板模架具有更好的精度和刚度。按模架导向装置中导柱与导套间的摩擦性质，模架又可分为滑动与滚动导向两类。滑动导向的模架其导柱、导套具有配合间隙，所以其导向精度有一定的限制，而滚动导向配合稍有过盈量，模架空载运行时导柱与导套可实现零间隙，具有很高的导向精度。每类模架中，又可由导柱安装的位置及导柱数分为中间、后侧、对角以及四导柱模架。中间导柱模架限制了左右方向送料；后侧导柱模架导柱偏向一侧，受到载荷时滑动不够平稳；对角导柱模架对各类模具的适应性好；四导柱模架滑动平稳，导向准确可靠。模架的具体形式与用途见表 14-1。

表 14-1　模架形式及用途

模架类型		模架形式(标准号)	功能及用途
铸铁模架	滑动导向	后侧导柱模架 GB/T 2851—2008	两导柱,导套分别装在上、下模座后侧,凹模面积是导套前的有效区域。可用于冲压较宽条料,且可用边角料。送料及操作方便,可纵向、横向送料。主要适用于一般精度要求的冲模,不宜用于大型模具,因有弯曲力矩,上模座在导柱上运动不平稳。其凹模周界范围为 63mm×50mm ~400mm×250mm
		对角导柱模架 GB/T 2851—2008	在凹模面积的对角中心线上,装有前、后导柱,其有效区在毛坯进给方向的导套间。受力平衡,上模座在导柱上运动平稳,适用于纵向或横向送料,使用面宽,常用于级进模或复合模。其凹模周界范围为 63mm×50mm ~ 500mm×500mm
		中间导柱模架 GB/T 2851—2008	其凹模面积是导套间的有效区域,仅适用于横向送料,常用于弯曲模或复合模。具有导向精度高,上模座在导柱上运动平稳的特点。其凹模周界范围为 63mm×50mm ~ 500mm×500mm
		中间导柱圆形模架 GB/T 2851—2008	常用于电机行业冲模,或用于冲压圆形制件的冲模。其凹模周界范围为 63mm×100mm ~ 630mm×380mm
		四导柱模架 GB/T 2851—2008	模架受力平衡,导向精度高。适用于大型制件,精度很高的冲模,以及大批量生产的自动冲压生产线上的冲模,其凹模周界范围为 160mm×250mm ~ 630mm×400mm

（续）

模架类型		模架形式（标准号）	功能及用途	
铸铁模架	滚动导向	后侧导柱模架 GB/T 2852—2008	凹模周界范围为 80mm×63mm～200mm×160mm	滚动导向模架是在导柱与导套间装有预先过盈压配的钢球，进行相对滚动的模架。其特点是导向精度高、运动刚性好，使用寿命长。主要用于高精度、高寿命的硬质合金冲模、高速精密级进冲模等
		对角导柱模架 GB/T 2852—2008	凹模周界范围为 80mm×63mm～250mm×200mm	
		中间导柱模架 GB/T 2852—2008	凹模周界范围为 80mm×63mm～250mm×200mm	
		四导柱模架 GB/T 2852—2008	凹模周界范围为 160mm×125mm～400mm×250mm	
钢板模架	滑动导向	后侧导柱模架 GB/T 23565.1—2009	凹模周界范围 100mm×80mm～500mm×250mm	钢板模架具有强度高、加工工艺性较好等特点，但比铸铁模架稍贵。目前在精密模具中使用较多
		对角导柱模架 GB/T 23565.2—2009	凹模周界范围 100mm×80mm～800mm×400mm	
		中间导柱模架 GB/T 23565.3—2009	凹模周界范围 100mm×100mm～630mm×400mm	
		四导柱模架 GB/T 23565.4—2009	凹模周界范围 160mm×100mm～1000mm×630mm	
	滚动导向	后侧导柱模架 GB/T 23563.1—2009	凹模周界范围 100mm×80mm～500mm×250mm	
		对角导柱模架 GB/T 23563.2—2009	凹模周界范围 100mm×80mm～800mm×400mm	
		中间导柱模架 GB/T 23563.3—2009	凹模周界范围 100mm×100mm～630mm×400mm	
		四导柱模架 GB/T 23563.4—2009	凹模周界范围 160mm×100mm～1000mm×630mm	

二、冲模标准铸铁模架

（一）滑动导向模架

1. 后侧导柱模架

后侧导柱模架见表 14-2。

表 14-2 后侧导柱模架（摘自 GB/T 2851—2008） （单位：mm）

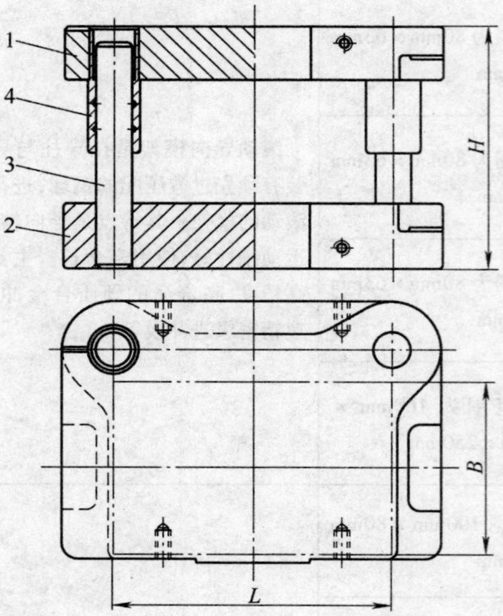

标记示例：

$L=200$mm、$B=125$mm、$H=170\sim205$mm、Ⅰ级精度的后侧导柱模架：

后侧导柱模架 200 × 125 × 170 ~ 205 Ⅰ GB/T 2851—2008

技术条件：按 JB/T 8050—2008 的确定

凹模周界		闭合高度（参考）H		零件件号、名称及标准编号			
				1	2	3	4
				上模座 GB/T 2855. 1	下模座 GB/T 2855. 2	导柱 GB/T 2861. 1	导套 GB/T 2861. 3
				数量			
L	B	最小	最大	1	1	2	2
				规格			
63	50	100	115	63 × 50 × 20	63 × 50 × 25	16 × 90	16 × 60 × 18
		110	125			16 × 100	
		110	130	63 × 50 × 25	63 × 50 × 30	16 × 100	16 × 65 × 23
		120	140			16 × 110	
63	63	100	115	63 × 63 × 20	63 × 63 × 25	16 × 90	16 × 60 × 18
		110	125			16 × 100	
		110	130	63 × 63 × 25	63 × 63 × 30	16 × 100	16 × 65 × 23
		120	140			16 × 110	
80	63	110	130	80 × 63 × 25	80 × 63 × 30	18 × 100	18 × 65 × 23
		130	150			18 × 120	
		120	145	80 × 63 × 30	80 × 63 × 40	18 × 110	18 × 70 × 28
		140	165			18 × 130	

（续）

凹模周界		闭合高度（参考）*H*		零件件号、名称及标准编号			
				1	2	3	4
				上模座 GB/T 2855.1	下模座 GB/T 2855.2	导柱 GB/T 2861.1	导套 GB/T 2861.3
				数量			
L	*B*	最小	最大	1	1	2	2
				规格			
100	63	110	130	100×63×25	100×63×30	18×100	18×65×23
		130	150			18×120	
		120	145	100×63×30	100×63×40	18×110	18×70×28
		140	165			18×130	
80	80	110	130	80×80×25	80×80×30	20×100	20×65×23
		130	150			20×120	
		120	145	80×80×30	80×80×40	20×110	20×70×28
		140	165			20×130	
100		110	130	100×80×25	100×80×30	20×100	20×65×23
		130	150			20×120	
		120	145	100×80×30	100×80×40	20×110	20×70×28
		140	165			20×130	
125		110	130	125×80×25	125×80×30	20×100	20×65×23
		130	150			20×120	
		120	145	125×80×30	125×80×40	20×110	20×70×28
		140	165			20×130	
100	100	110	130	100×100×25	100×100×30	20×100	20×65×23
		130	150			20×120	
		120	145	100×100×30	100×100×40	20×110	20×70×28
		140	165			20×130	
125		120	150	125×100×30	125×100×35	22×110	22×80×28
		140	165			22×130	
		140	170	125×100×35	125×100×45	22×130	22×80×33
		160	190			22×150	
160		140	170	160×100×35	160×100×40	25×130	25×85×33
		160	190			25×150	
		160	195	160×100×40	160×100×50	25×150	25×90×38
		190	225			25×180	

（续）

凹模周界		闭合高度（参考）H		零件件号、名称及标准编号			
				1	2	3	4
				上模座 GB/T 2855.1	下模座 GB/T 2855.2	导柱 GB/T 2861.1	导套 GB/T 2861.3
				数 量			
L	B	最小	最大	1	1	2	2
				规 格			
200	100	140	170	200×100×35	200×100×40	25×130	25×85×33
		160	190			25×150	
		160	195	200×100×40	200×100×50	25×150	25×90×38
		190	225			25×180	
125	125	120	150	125×125×30	125×125×35	22×110	22×80×28
		140	165			22×130	
		140	170	125×125×35	125×125×45	22×130	22×85×33
		160	190			22×150	
160		140	170	160×125×35	160×125×40	25×130	25×85×33
		160	190			25×150	
		170	205	160×125×40	160×125×50	25×160	25×95×38
		190	225			25×180	
200		140	170	200×125×35	200×125×40	25×130	25×85×33
		160	190			25×150	
		170	205	200×125×40	200×125×50	25×160	25×95×38
		190	225			25×180	
250		160	200	250×125×40	250×125×45	28×150	28×100×38
		180	220			28×170	
		190	235	250×125×45	250×125×55	28×180	28×110×43
		210	255			28×200	
160	160	160	200	160×160×40	160×160×45	28×150	28×100×38
		180	220			28×170	
		190	235	160×160×45	160×160×55	28×180	28×110×43
		210	255			28×200	
200		160	200	200×160×40	200×160×45	28×150	28×100×38
		180	220			28×170	
		190	235	200×160×45	200×160×55	28×180	28×110×43
		210	255			28×200	

（续）

凹模周界		闭合高度（参考）H		零件件号、名称及标准编号			
				1	2	3	4
				上模座 GB/T 2855.1	下模座 GB/T 2855.2	导柱 GB/T 2861.1	导套 GB/T 2861.3
				数量			
				1	1	2	2
L	B	最小	最大	规格			
250	160	170	210	250×160×45	250×160×50	32×160	32×105×43
		200	240			32×190	
		200	245	250×160×50	250×160×50	32×190	32×115×48
		220	265			32×210	
200	200	170	210	200×200×45	200×200×50	32×160	32×105×43
		200	240			32×190	
		200	245	200×200×50	200×200×60	32×190	32×115×48
		220	265			32×210	
250		170	210	250×200×45	250×200×50	32×160	32×105×43
		200	240			32×190	
		200	245	250×200×50	250×200×60	32×190	32×115×48
		220	265			32×210	
315		190	230	315×200×45	315×200×55	35×180	35×115×43
		220	260			35×210	
		210	255	315×200×50	315×200×65	35×200	35×125×48
		240	285			35×230	
250	250	190	230	250×250×45	250×250×55	35×180	35×115×43
		220	260			35×210	
		210	255	250×250×50	250×250×65	35×200	35×125×48
		240	285			35×230	
315		215	250	315×250×50	315×250×60	40×200	40×125×48
		245	280			40×230	
		245	290	315×250×55	315×250×70	40×230	40×140×53
		275	320			40×260	
400		215	250	400×250×50	400×250×60	40×200	40×125×48
		245	280			40×230	
		245	290	400×250×55	400×250×70	40×230	40×140×53
		275	320			40×260	

2. 中间导柱模架

中间导柱模架见表 14-3。

表 14-3　中间导柱模架(摘自 GB/T 2851—2008)　　　　(单位:mm)

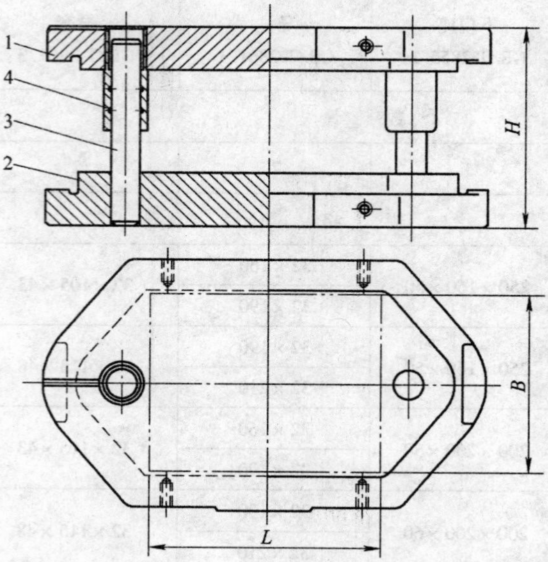

标记示例:

$L=250$mm、$B=200$mm、$H=200\sim245$mm、Ⅰ级精度的中间导柱模架:

中间导柱模架 250 × 200 × 200 ~ 245 Ⅰ GB/T 2851—2008

技术条件:按 JB/T 8050—2008 的规定

凹模周界		闭合高度(参考)H		零件件号、名称及标准编号					
				1	2	3		4	
				上模座 GB/T 2855.1	下模座 GB/T 2855.2	导柱 GB/T 2861.1		导套 GB/T 2861.3	
				数量					
L	B	最小	最大	1	1	1	1	1	1
				规格					
63	50	100	115	63×50×20	63×50×25	16×90	18×90	16×60×18	18×60×18
		110	125			16×100	18×100		
		110	130	63×50×25	63×50×30	16×100	18×100	16×65×23	18×65×23
		120	140			16×110	18×110		
63	63	100	115	63×63×20	63×63×25	16×90	18×90	16×60×18	18×60×18
		110	125			16×100	18×100		
		110	130	63×63×25	63×63×30	16×100	18×100	16×65×23	18×65×23
		120	140			16×110	18×110		
80	63	110	130	80×63×25	80×63×30	18×100	20×100	18×65×23	20×65×23
		130	150			18×120	20×120		
		120	145	80×63×30	80×63×40	18×110	20×110	18×70×28	20×70×28
		140	165			18×130	20×130		

（续）

凹模周界		闭合高度（参考）*H*		零件件号、名称及标准编号					
				1	2	3		4	
				上模座 GB/T 2855.1	下模座 GB/T 2855.2	导柱 GB/T 2861.1		导套 GB/T 2861.3	
				数量					
				1	1	1	1	1	1
L	*B*	最小	最大	规格					
100	63	110	130	100×63×25	100×63×30	18×100	20×100	18×65×23	20×65×23
		130	150			18×120	20×120		
		120	145	100×63×30	100×63×40	18×110	20×110	18×70×28	20×70×28
		140	165			18×130	20×130		
80	80	110	130	80×80×25	80×80×30	20×100	22×100	20×65×23	22×65×23
		130	150			20×120	22×120		
		120	145	80×80×30	80×80×40	20×110	22×110	20×70×28	22×70×28
		140	165			20×130	22×130		
100		110	130	100×80×25	100×80×30	20×100	22×100	20×65×23	22×65×23
		130	150			20×120	22×120		
		120	145	100×80×30	100×80×40	20×110	22×110	20×70×28	22×70×28
		140	165			20×130	22×130		
125		110	130	125×80×25	125×80×30	20×100	22×100	20×65×23	22×65×23
		130	150			20×120	22×120		
		120	145	125×80×30	125×80×40	20×110	22×110	20×70×28	22×70×28
		140	165			20×130	22×130		
140		120	150	140×80×30	140×80×35	22×110	25×110	22×80×28	25×80×28
		140	165			22×130	25×130		
		140	170	140×80×35	140×80×45	22×130	25×130	22×80×33	25×80×33
		160	190			22×150	25×150		
100	100	110	130	100×100×25	100×100×30	20×100	22×100	20×65×23	22×65×23
		130	150			20×120	22×120		
		120	145	100×100×30	100×100×40	20×110	22×110	20×70×28	22×70×28
		140	165			20×130	22×130		
125		120	150	125×100×30	125×100×35	22×110	25×110	22×80×28	25×80×28
		140	165			22×130	25×130		
		140	170	125×100×35	125×100×45	22×130	25×130	22×80×33	25×80×33
		160	190			22×150	25×150		

（续）

凹模周界		闭合高度（参考）H		零件件号、名称及标准编号					
				1	2	3		4	
				上模座 GB/T 2855.1	下模座 GB/T 2855.2	导柱 GB/T 2861.1		导套 GB/T 2861.3	
				数量					
L	B	最小	最大	1	1	1	1	1	1
				规格					
140	100	120	150	140×100×30	140×100×35	22×110	25×110	22×80×28	25×80×28
		140	165			22×130	25×130		
		140	170	140×100×35	140×100×45	22×130	25×130	22×80×33	25×80×33
		160	190			22×150	25×150		
160		140	170	160×100×35	160×100×40	25×130	28×130	25×85×33	28×85×33
		160	190			25×150	28×150		
		160	195	160×100×40	160×100×50	25×150	28×150	25×90×38	28×90×38
		190	225			25×180	28×180		
200		140	170	200×100×35	200×100×40	25×130	28×130	25×85×33	28×85×33
		160	190			25×150	28×150		
		160	195	200×100×40	200×100×50	25×150	28×150	25×90×38	28×90×38
		190	225			25×180	28×180		
125	125	120	150	125×125×30	125×125×35	22×110	25×110	22×80×28	25×80×28
		140	165			22×130	25×130		
		140	170	125×125×35	125×125×45	22×130	25×130	22×85×33	25×85×33
		160	190			22×150	25×150		
140		140	170	140×125×35	140×125×40	25×130	28×130	25×85×33	28×85×33
		160	190			25×150	28×150		
		160	195	140×125×40	140×125×50	25×150	28×150	25×90×38	28×90×38
		190	225			25×180	28×180		
160		140	170	160×125×35	160×125×40	25×130	28×130	25×85×33	28×85×33
		160	190			25×150	28×150		
		170	205	160×125×40	160×125×50	25×160	28×160	25×95×38	28×95×38
		190	225			25×180	28×180		
200		140	170	200×125×35	200×125×40	25×130	28×130	25×85×33	28×85×33
		160	190			25×150	28×150		
		170	205	200×125×40	200×125×50	25×160	28×160	25×95×38	28×95×38
		190	225			25×180	28×180		

（续）

凹模周界		闭合高度（参考）H		零件件号、名称及标准编号					
				1	2	3		4	
				上模座 GB/T 2855.1	下模座 GB/T 2855.2	导柱 GB/T 2861.1		导套 GB/T 2861.3	
				数　量					
				1	1	1	1	1	1
L	B	最小	最大	规　格					
250	125	160	200	250×125×40	250×125×45	28×150	32×150	28×100×38	32×100×38
		180	220			28×170	32×170		
		190	235	250×125×45	250×125×55	28×180	32×180	28×110×43	32×110×43
		210	255			28×200	32×200		
250	200	170	210	250×200×45	250×200×50	32×160	35×160	32×105×43	35×105×43
		200	240			32×190	35×190		
		200	245	250×200×50	250×200×60	32×190	35×190	32×115×48	35×115×48
		220	265			32×210	35×210		
280		190	230	280×200×45	280×200×55	35×180	40×180	35×115×43	40×115×43
		220	260			35×210	40×210		
		210	255	280×200×50	280×200×65	35×200	40×200	35×125×48	40×125×48
		240	285			35×230	40×230		
315		190	230	315×200×45	315×200×55	35×180	40×180	35×115×43	40×115×43
		220	260			35×210	40×210		
		210	255	315×200×50	315×200×65	35×200	40×200	35×125×48	40×125×48
		240	285			35×230	40×230		
250	250	190	230	250×250×45	250×250×55	35×180	40×180	35×115×43	40×115×43
		220	260			35×210	40×210		
		210	255	250×250×50	250×250×65	35×200	40×200	35×125×48	40×125×48
		240	285			35×230	40×230		
280		190	230	280×250×45	280×250×55	35×180	40×180	35×115×43	40×115×43
		220	260			35×210	40×210		
		210	255	280×250×50	280×250×65	35×200	40×200	35×125×48	40×125×48
		240	285			35×230	40×230		
315		215	250	315×250×50	315×250×60	40×200	45×200	40×125×48	45×125×48
		245	280			40×230	45×230		
		245	290	315×250×55	315×250×70	40×230	45×230	40×140×53	45×140×53
		275	320			40×260	45×260		

（续）

凹模周界		闭合高度（参考）H		零件件号、名称及标准编号					
				1	2	3		4	
				上模座 GB/T 2855.1	下模座 GB/T 2855.2	导柱 GB/T 2861.1		导套 GB/T 2861.3	
				数量					
L	B	最小	最大	1	1	1	1	1	1
				规格					
400	250	215	250	400×250×50	400×250×60	40×200	45×200	40×125×48	45×125×48
		245	280			40×230	45×230		
		245	290	400×250×55	400×250×70	40×230	45×230	40×140×53	45×140×53
		275	320			40×260	45×260		
280		215	250	280×280×50	280×280×60	40×200	45×200	40×125×48	45×125×48
		245	280			40×230	45×230		
		245	290	280×280×55	280×280×60	40×230	45×230	40×140×53	45×140×53
		275	320			40×260	45×260		
315	280	215	250	315×280×50	315×280×60	40×200	45×200	40×125×48	45×125×48
		245	280			40×230	45×230		
		245	290	315×280×55	315×280×70	40×230	45×230	40×140×53	45×140×53
		275	320			40×260	45×260		
400		215	250	400×280×50	400×280×60	40×200	45×200	40×125×48	45×125×48
		245	280			40×230	45×230		
		245	290	400×280×55	400×280×70	40×230	45×230	40×140×53	45×140×53
		275	320			40×260	45×260		
315	315	215	250	315×315×50	315×315×60	45×200	50×200	45×125×48	50×125×48
		245	280			45×230	50×230		
		245	290	315×315×55	315×315×70	45×230	50×230	45×140×53	50×140×53
		275	320			45×260	50×260		

（续）

凹模周界		闭合高度（参考）H		零件件号、名称及标准编号					
				1	2	3		4	
				上模座 GB/T 2855.1	下模座 GB/T 2855.2	导柱 GB/T 2861.1		导套 GB/T 2861.3	
				数量					
L	B	最小	最大	1	1	1	1	1	1
				规格					
400	315	245	290	400×315×55	400×315×65	45×230	50×230	45×140×53	50×140×53
		275	315			45×260	50×260		
		275	320	400×315×60	400×315×75	45×260	50×260	45×150×58	50×150×58
		305	350			45×290	50×290		
500		245	290	500×315×55	500×315×65	45×230	50×230	45×140×53	50×140×53
		275	315			45×260	50×260		
		275	320	500×315×60	500×315×75	45×260	50×260	45×150×58	50×150×58
		305	350			45×290	50×290		
400	400	245	290	400×400×55	400×400×65	45×230	50×230	45×140×53	50×140×53
		275	315			45×260	50×260		
		275	320	400×400×60	400×400×75	45×260	50×260	45×150×58	50×150×58
		305	350			45×290	50×290		
630		240	280	630×400×55	630×400×65	50×220	55×220	50×150×53	55×150×53
		270	305			50×250	55×250		
		270	310	630×400×65	630×400×80	50×250	55×250	50×160×63	55×160×63
		300	340			50×280	55×280		
500	500	260	300	500×500×55	500×500×65	50×240	55×240	50×150×53	55×150×53
		290	325			50×270	55×270		
		290	330	500×500×65	500×500×80	50×270	55×270	50×160×63	55×160×63
		320	360			50×300	55×300		

3. 中间导柱圆形模架

中间导柱圆形模架见表 14-4。

表 14-4　中间导柱圆形模架（摘自 GB/T 2851—2008）　　（单位：mm）

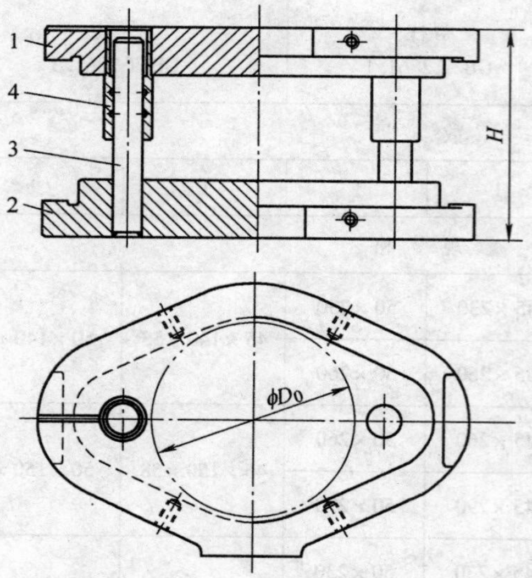

标记示例：

D_0 = 200mm、H = 245mm、Ⅰ级精度的中间导柱圆形模架：

中间导柱圆形模架 200 × 200 ~ 245 Ⅰ GB/T 2851—2008

技术条件：按 JB/T 8050—2008 的规定

凹模周界	闭合高度（参考）H		零件件号、名称及标准编号					
			1	2	3		4	
			上模座 GB/T 2855.1	下模座 GB/T 2855.2	导柱 GB/T 2861.1		导套 GB/T 2861.3	
			数量					
D_0	最小	最大	1	1	1	1	1	1
			规格					
63	100	115	63 × 20	63 × 25	16 × 90	18 × 90	16 × 60 × 18	18 × 60 × 18
	110	125			16 × 100	18 × 100		
	110	130	63 × 25	63 × 30	16 × 100	18 × 100	16 × 65 × 23	18 × 65 × 23
	120	140			16 × 110	18 × 110		
80	110	130	80 × 25	80 × 30	20 × 100	22 × 100	20 × 65 × 23	22 × 65 × 23
	130	150			20 × 120	22 × 120		
	120	145	80 × 30	80 × 40	20 × 110	22 × 110	20 × 70 × 28	22 × 70 × 28
	140	165			20 × 130	22 × 130		
100	110	130	100 × 25	100 × 30	20 × 100	22 × 100	20 × 65 × 23	22 × 65 × 23
	130	150			20 × 120	22 × 120		
	120	145	100 × 30	100 × 40	20 × 110	22 × 110	20 × 70 × 28	22 × 70 × 28
	140	165			20 × 130	22 × 130		

（续）

凹模周界	闭合高度（参考）H		零件件号、名称及标准编号					
			1	2	3		4	
			上模座 GB/T 2855.1	下模座 GB/T 2855.2	导柱 GB/T 2861.1		导套 GB/T 2861.3	
			数量					
D_0	最小	最大	1	1	1	1	1	1
			规格					
125	120	150	125×30	125×35	22×110	25×110	22×80×28	25×80×28
	140	165			22×130	25×130		
	140	170	125×35	125×45	22×130	25×130	22×85×33	25×85×33
	160	190			22×150	25×150		
160	160	200	160×40	160×45	28×150	32×150	28×110×38	32×110×38
	180	220			28×170	32×170		
	190	235	160×45	160×55	28×180	32×180	28×110×43	32×110×43
	210	255			28×200	32×200		
200	170	210	200×45	200×50	32×160	35×160	32×105×43	35×105×43
	200	240			32×190	35×190		
	200	245	200×50	200×60	32×190	35×190	32×115×48	35×115×48
	220	265			32×210	35×210		
250	190	230	250×45	250×55	35×180	40×180	35×115×43	40×115×43
	220	255			35×210	40×210		
	210	255	250×50	250×65	35×200	40×200	35×125×48	40×125×48
	240	285			35×230	40×230		
315	215	250	315×50	315×60	45×200	50×200	45×125×48	50×125×48
	245	280			45×230	50×230		
	245	290	315×55	315×70	45×230	50×230	45×140×53	50×140×53
	275	320			45×260	50×260		
400	245	290	400×55	400×65	45×230	50×230	45×140×53	50×140×53
	275	315			45×260	50×260		
	275	320	400×60	400×75	45×260	50×260	45×150×58	50×150×58
	305	350			45×290	50×290		
500	260	300	500×55	500×65	50×240	55×240	50×150×53	55×150×53
	290	325			50×270	55×270		
	290	330	500×65	500×80	50×270	55×270	50×160×63	55×160×63
	320	360			50×300	55×300		
630	270	310	630×60	630×70	55×250	60×250	55×160×58	60×160×58
	300	340			55×280	60×280		
	310	350	630×75	630×90	55×290	60×290	55×170×73	60×170×73
	340	380			55×320	60×320		

4. 对角导柱模架

对角导柱模架见表 14-5。

表 14-5　对角导柱模架（摘自 GB/T 2851—2008）　　（单位：mm）

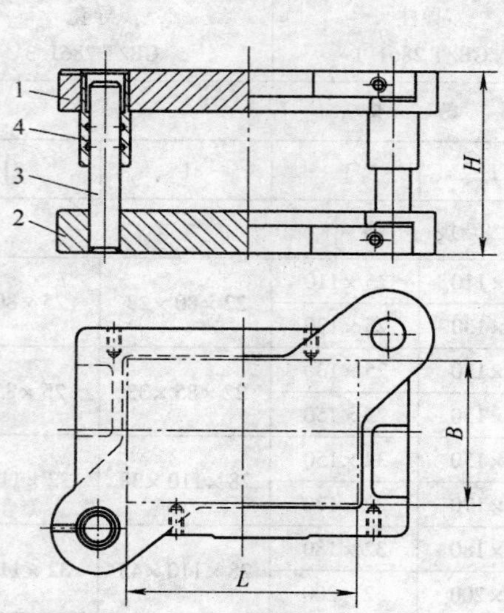

标记示例：

$L=200$mm、$B=125$mm、$H=170\sim205$mm、Ⅰ级精度的对角导柱模架：

对角导柱模架 200 × 125 × 170 ~ 205 Ⅰ GB/T 2851—2008

技术条件：按 JB/T 8050—2008 的规定

凹模周界		闭合高度（参考）H		零件件号、名称及标准编号					
				1	2	3		4	
				上模座 GB/T 2855. 1	下模座 GB/T 2855. 2	导柱 GB/T 2861. 1		导套 GB/T 2861. 3	
				数　量					
				1	1	1	1	1	1
L	B	最小	最大	规　格					
63	50	100	115	63 × 50 × 20	63 × 50 × 25	16 × 90	18 × 90	16 × 60 × 18	18 × 60 × 18
		110	125			16 × 100	18 × 100		
		110	130	63 × 50 × 25	63 × 50 × 30	16 × 100	18 × 100	16 × 65 × 23	18 × 65 × 23
		120	140			16 × 110	18 × 110		
63	63	100	115	63 × 63 × 20	63 × 63 × 25	16 × 90	18 × 90	16 × 60 × 18	18 × 60 × 18
		110	125			16 × 100	18 × 100		
		110	130	63 × 63 × 25	63 × 63 × 30	16 × 100	18 × 100	16 × 65 × 23	18 × 65 × 23
		120	140			16 × 110	18 × 110		
80		110	130	80 × 63 × 25	80 × 63 × 30	18 × 100	20 × 100	18 × 65 × 23	20 × 65 × 23
		130	150			18 × 120	20 × 120		
		120	145	80 × 63 × 30	80 × 63 × 40	18 × 110	20 × 110	18 × 70 × 28	20 × 70 × 28
		140	165			18 × 130	20 × 130		

（续）

凹模周界		闭合高度（参考）H		零件件号、名称及标准编号					
				1	2	3		4	
				上模座 GB/T 2855.1	下模座 GB/T 2855.2	导柱 GB/T 2861.1		导套 GB/T 2861.3	
				数量					
L	B	最小	最大	1	1	1	1	1	1
				规格					
100	63	110	130	100×63×25	100×63×30	18×100	20×100	18×65×23	20×65×23
		130	150			18×120	20×120		
		120	145	100×63×30	100×63×40	18×110	20×110	18×70×28	20×70×28
		140	165			18×130	20×130		
80	80	110	130	80×80×25	80×80×30	20×100	22×100	20×65×23	22×65×23
		130	150			20×120	22×120		
		120	145	80×80×30	80×80×40	20×110	22×110	20×70×28	22×70×28
		140	165			20×130	22×130		
100		110	130	100×80×25	100×80×30	20×100	22×100	20×65×23	22×65×23
		130	150			20×120	22×120		
		120	145	100×80×30	100×80×40	20×110	22×110	20×70×28	22×70×28
		140	165			20×130	22×130		
125		110	130	125×80×25	125×80×30	20×100	22×100	20×65×23	22×65×23
		130	150			20×120	22×120		
		120	145	125×80×30	125×80×40	20×110	22×110	20×70×28	22×70×28
		140	165			20×130	22×130		
100	100	110	130	100×100×25	100×100×30	20×100	22×100	20×65×23	22×65×23
		130	150			20×120	22×120		
		120	145	100×100×30	100×100×40	20×110	22×110	20×70×28	22×70×28
		140	165			20×130	22×130		
125		120	150	125×100×30	125×100×35	22×110	25×110	22×80×28	25×80×28
		140	165			22×130	25×130		
		140	170	125×100×35	125×100×45	22×130	25×130	22×80×33	25×80×33
		160	190			22×150	25×150		
160		140	170	160×100×35	160×100×40	25×130	28×130	25×85×33	28×85×33
		160	190			25×150	28×150		
		160	195	160×100×40	160×100×50	25×150	28×150	25×90×38	28×90×38
		190	225			25×180	28×180		

（续）

凹模周界		闭合高度（参考）H		零件件号、名称及标准编号					
				1	2	3		4	
				上模座 GB/T 2855.1	下模座 GB/T 2855.2	导柱 GB/T 2861.1		导套 GB/T 2861.3	
				数量					
L	B	最小	最大	1	1	1	1	1	1
				规格					
200	100	140	170	200×100×35	200×100×40	25×130	28×130	25×85×33	28×85×33
		160	190			25×150	28×150		
		160	195	200×100×40	200×100×50	25×150	28×150	25×90×38	28×90×38
		190	225			25×180	28×180		
125	125	120	150	125×125×30	125×125×35	22×110	25×110	22×80×28	25×80×28
		140	165			22×130	25×130		
		140	170	125×125×35	125×125×45	22×130	25×130	22×85×33	25×85×33
		160	190			22×150	25×150		
160		140	170	160×125×35	160×125×40	25×130	28×130	25×85×33	28×85×33
		160	190			25×150	28×150		
		170	205	160×125×40	160×125×50	25×160	28×160	25×95×38	28×95×38
		190	225			25×180	28×180		
200		140	170	200×125×35	200×125×40	25×130	28×130	25×85×33	28×85×33
		160	190			25×150	28×150		
		170	205	200×125×40	200×125×50	25×160	28×160	25×95×38	28×95×38
		190	225			25×180	28×180		
250		160	200	250×125×40	250×125×45	28×150	32×150	28×100×38	32×100×38
		180	220			28×170	32×170		
		190	235	250×125×45	250×125×55	28×180	32×180	28×110×43	32×110×43
		210	255			28×200	32×200		
160	160	160	200	160×160×40	160×160×45	28×150	32×150	28×100×38	32×100×38
		180	220			28×170	32×170		
		190	235	160×160×45	160×160×55	28×180	32×180	28×110×43	32×110×43
		210	255			28×200	32×200		
200		160	200	200×160×40	200×160×45	28×150	32×150	28×100×38	32×100×38
		180	220			28×170	32×170		
		190	235	200×160×45	200×160×55	28×180	32×180	28×110×43	32×110×43
		210	255			28×200	32×200		

（续）

凹模周界		闭合高度（参考）H		零件件号、名称及标准编号					
				1	2	3		4	
				上模座 GB/T 2855.1	下模座 GB/T 2855.2	导柱 GB/T 2861.1		导套 GB/T 2861.3	
				数量					
				1	1	1	1	1	1
L	B	最小	最大	规格					
250	160	170	210	250×160×45	250×160×50	32×160	35×160	32×105×43	35×105×43
		200	240			32×190	35×190		
		200	245	250×160×50	250×160×60	32×190	35×190	32×115×48	35×115×48
		220	265			32×210	35×210		
200	200	170	210	200×200×45	200×200×50	32×160	35×160	32×105×43	35×105×43
		200	240			32×190	35×190		
		200	245	200×200×50	200×200×60	32×190	35×190	32×115×48	35×115×48
		220	265			32×210	35×210		
250		170	210	250×200×45	250×200×50	32×160	35×160	32×105×43	35×105×43
		200	240			32×190	35×190		
		200	245	250×200×50	250×200×60	32×190	35×190	32×115×48	35×115×48
		220	265			32×210	35×210		
315		190	230	315×200×45	315×200×55	35×180	40×180	35×115×43	40×115×43
		220	260			35×210	40×210		
		210	255	315×200×50	315×200×65	35×200	40×200	35×125×48	40×125×48
		240	285			35×230	40×230		
250	250	190	230	250×250×45	250×250×55	35×180	40×180	35×115×43	40×115×43
		220	260			35×210	40×210		
		210	255	250×250×50	250×250×65	35×200	40×200	35×125×48	40×125×48
		240	285			35×230	40×230		
315		215	250	315×250×50	315×250×60	40×200	45×200	40×125×48	45×125×48
		245	280			40×230	45×230		
		245	290	315×250×55	315×250×70	40×230	45×230	40×140×53	45×140×53
		275	320			40×260	45×260		
400		215	250	400×250×50	400×250×60	40×200	45×200	40×125×48	45×125×48
		245	280			40×230	45×230		
		245	280	400×250×55	400×250×70	40×230	45×230	40×140×53	45×140×53
		275	320			40×260	45×260		

（续）

凹模周界		闭合高度（参考）H		零件件号、名称及标准编号					
				1	2	3		4	
				上模座 GB/T 2855.1	下模座 GB/T 2855.2	导柱 GB/T 2861.1		导套 GB/T 2861.3	
				数量					
L	B	最小	最大	1	1	1	1	1	1
				规格					
315	315	215	250	315×315×50	315×315×60	45×200	50×200	45×125×48	50×125×48
		245	280			45×230	50×230		
		245	290	315×315×55	315×315×70	45×230	50×230	45×140×53	50×140×53
		275	320			45×260	50×260		
400		245	290	400×315×55	400×315×65	45×230	50×230	45×140×53	50×140×53
		275	315			45×260	50×260		
		275	320	400×315×60	400×315×75	45×260	50×260	45×150×58	50×150×58
		305	350			45×290	50×290		
500		245	290	500×315×55	500×315×65	45×230	50×230	45×140×53	50×140×53
		275	315			45×260	50×260		
		275	320	500×315×60	500×315×75	45×260	50×260	45×150×58	50×150×58
		305	350			45×290	50×290		
400	400	245	290	400×400×55	400×400×65	45×230	50×230	45×140×53	50×140×53
		275	315			45×260	50×260		
		275	320	400×400×60	400×400×75	45×260	50×260	45×150×58	50×150×58
		305	350			45×290	50×290		
630		240	280	630×400×55	630×400×65	50×220	55×220	50×150×53	55×150×53
		270	305			50×250	55×250		
		270	310	630×400×65	630×400×80	50×250	55×250	50×160×63	55×160×63
		300	340			50×280	55×280		
500	500	260	300	500×500×55	500×500×65	50×240	55×240	50×150×53	55×150×53
		290	325			50×270	55×270		
		290	330	500×500×65	500×500×80	50×270	55×270	50×160×63	55×160×63
		320	360			50×300	55×300		

5. 四导柱模架

四导柱模架见表 14-6。

表 14-6　四导柱模架（摘自 GB/T 2851—2008）　　（单位：mm）

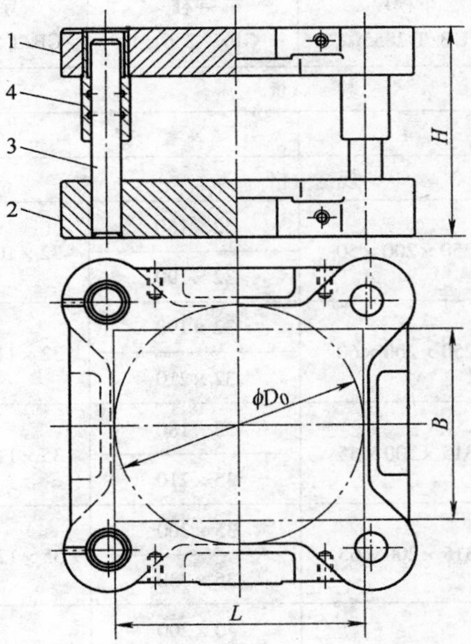

标记示例：

$L=250\text{mm}$、$B=200\text{mm}$、$H=200\sim245\text{mm}$、Ⅰ级精度的四导柱模架：

四导柱模架 250×200×200~245 Ⅰ GB/T 2851—2008

技术条件：按 JB/T 8050—2008 的规定

凹模周界			闭合高度（参考）H		零件件号、名称及标准编号			
					1 上模座 GB/T 2855.1	2 下模座 GB/T 2855.2	3 导柱 GB/T 2861.1	4 导套 GB/T 2861.3
					数量			
					1	1	4	4
L	B	D_0	最小	最大	规格			
160	125	160	140	170	160×125×35	160×125×40	25×130	25×85×33
			160	190			25×150	
			170	205	160×125×40	160×125×50	25×160	25×95×38
			190	225			25×180	
200	160	200	160	200	200×160×40	200×160×45	28×150	28×100×38
			180	220			28×170	
			190	235	200×160×45	200×160×55	28×180	28×100×43
			210	255			28×200	
250		250	170	210	250×160×45	250×160×50	32×160	32×105×43
			200	240			32×190	
			200	245	250×160×50	250×160×60	32×190	32×115×48
			220	265			32×210	

（续）

凹模周界			闭合高度（参考）H		零件件号、名称及标准编号			
					1	2	3	4
					上模座 GB/T 2855.1	下模座 GB/T 2855.2	导柱 GB/T 2861.1	导套 GB/T 2861.3
					数量			
L	*B*	D_0	最小	最大	1	1	4	4
					规格			
250	200	250	170	210	250×200×45	250×200×50	32×160	32×105×43
			200	240			32×190	
			200	245	250×200×50	250×200×60	32×190	32×115×48
			220	265			32×210	
315			190	230	315×200×45	315×200×55	35×180	35×115×43
			220	260			35×210	
			210	255	315×200×50	315×200×65	35×200	35×125×48
			240	285			35×230	
315	250		215	250	315×250×55	315×250×60	40×200	40×125×48
			245	280			40×230	
			245	290	315×250×55	315×250×70	40×230	40×140×53
			275	320			40×260	
400			215	250	400×250×50	400×250×60	40×200	40×125×48
			245	280			40×230	
			245	290	400×250×55	400×250×70	40×230	40×140×53
			275	320			40×260	
400	315		245	290	400×315×55	400×315×65	45×230	45×140×53
			275	315			45×260	
			275	320	400×315×60	400×315×75	45×260	45×150×58
			305	350			45×290	
500			245	290	500×315×55	500×315×65	45×230	45×140×53
			275	315			45×260	
			275	320	500×315×60	500×315×75	45×260	45×150×58
			305	350			45×290	
630			260	300	630×315×55	630×315×65	50×240	50×150×53
			290	325			50×270	
			290	330	630×315×65	630×315×80	50×270	50×160×63
			320	360			50×300	

（续）

<table>
<tr><td colspan="3" rowspan="4">凹模周界</td><td colspan="2" rowspan="4">闭合高度
（参考）H</td><td colspan="4">零件件号、名称及标准编号</td></tr>
<tr><td>1</td><td>2</td><td>3</td><td>4</td></tr>
<tr><td>上模座
GB/T 2855.1</td><td>下模座
GB/T 2855.2</td><td>导柱
GB/T 2861.1</td><td>导套
GB/T 2861.3</td></tr>
<tr><td colspan="4">数　量</td></tr>
<tr><td rowspan="2">L</td><td rowspan="2">B</td><td rowspan="2">D₀</td><td rowspan="2">最小</td><td rowspan="2">最大</td><td>1</td><td>1</td><td>4</td><td>4</td></tr>
<tr><td colspan="4">规　格</td></tr>
<tr><td rowspan="4">500</td><td rowspan="8">400</td><td rowspan="8">250</td><td>260</td><td>300</td><td rowspan="2">500×400×55</td><td rowspan="2">500×400×65</td><td>50×240</td><td rowspan="2">50×150×53</td></tr>
<tr><td>290</td><td>325</td><td>50×270</td></tr>
<tr><td>290</td><td>330</td><td rowspan="2">500×400×65</td><td rowspan="2">500×400×80</td><td>50×270</td><td rowspan="2">50×160×63</td></tr>
<tr><td>320</td><td>360</td><td>50×300</td></tr>
<tr><td rowspan="4">630</td><td>260</td><td>300</td><td rowspan="2">630×400×55</td><td rowspan="2">630×400×65</td><td>50×240</td><td rowspan="2">50×150×53</td></tr>
<tr><td>290</td><td>325</td><td>50×270</td></tr>
<tr><td>290</td><td>330</td><td rowspan="2">630×400×65</td><td rowspan="2">630×400×80</td><td>50×270</td><td rowspan="2">50×160×63</td></tr>
<tr><td>320</td><td>360</td><td>50×300</td></tr>
</table>

（二）滚动导向模架

1. 后侧导柱模架

后侧导柱模架见表14-7。

表14-7　后侧导柱模架（摘自GB/T 2852—2008）　　（单位：mm）

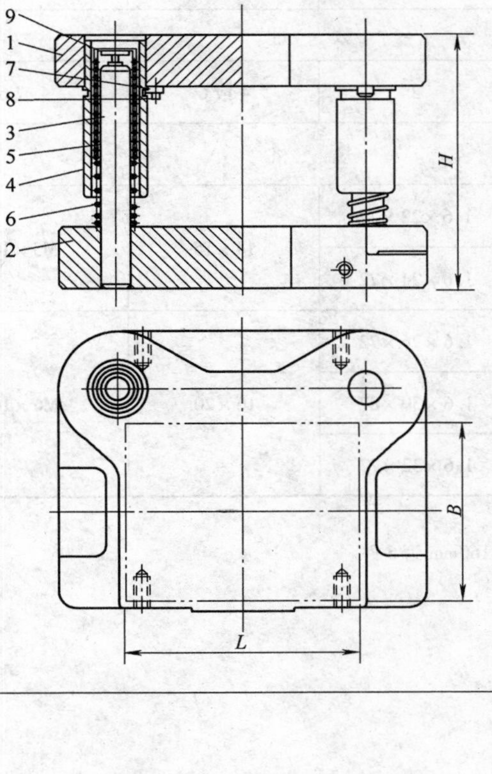

标记示例：

L=200mm、B=160mm、H=220mm、0Ⅰ级精度的后侧导柱模架：

后侧导柱模架 200×160×220 0Ⅰ GB/T 2852—2008

技术条件：按JB/T 8050—2008的规定

1—上模座
2—下模座
3—导柱
4—导套
5—钢球保持圈
6—弹簧
7—压板
8—螺钉
9—限程器

注：限程器结构和尺寸由制造者确定。

（续）

凹模周界		最大行程	设计最小闭合高度	零件件号、名称和标准编号			
				1	2	3	4
				上模座 GB/T 2856.1	下模座 GB/T 2856.2	导柱 GB/T 2861.2	导套 GB/T 2861.4
				数　量			
				1	1	2	2
L	*B*	*S*	*H*	规　格			
80	63			80×63×35	80×63×40	18×155	18×100×33
100	80	80	165	100×80×35	100×80×40	20×155	20×100×33
125	100			125×100×35	125×100×45	22×155	22×100×33
160	125	100	200	160×125×40	160×125×45	25×190	25×120×38
200	160	120	220	200×160×45	200×160×55	28×210	28×145×43
凹模周界		最大行程	设计最小闭合高度	零件件号、名称和标准编号			
				5	6	7	8
				钢球保持圈 GB/T 2861.5	弹簧 GB/T 2861.6	压板 GB/T 2861.11	螺钉 GB/T 70.1
				数　量			
				2	2	4 或 6	4 或 6
L	*B*	*S*	*H*	规　格			
80	63			18×23.5×64	1.6×22×72	14×15	M5×14
100	80	80	165	20×25.5×64	1.6×24×72		
125	100			22×27.5×64	1.6×26×72	16×20	M6×16
160	125	100	200	25×32.5×76	1.6×30×87		
200	160	120	220	28×35.5×84	1.6×32×77		

注：1. 最大行程指该模架许可的最大冲压行程。

2. 件号 7、件号 8 的数量：$L \leqslant 160$mm 为 4 件，$L > 160$mm 为 6 件。

2. 中间导柱模架

中间导柱模架见表 14-8。

表 14-8　中间导柱模架（摘自 GB/T 2852—2008）　　　　（单位：mm）

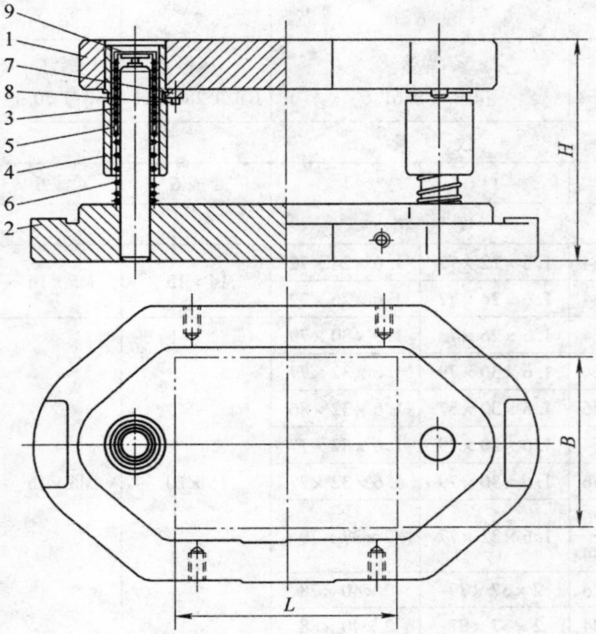

标记示例：

$L=200$mm、$B=160$mm、$H=220$mm、0 Ⅰ级精度的中间导柱模架：

中间导柱模架 200×160×220 0 Ⅰ　GB/T 2852—2008

技术条件：按 JB/T 8050—2008 的规定

1—上模座
2—下模座
3—导柱
4—导套
5—钢球保持圈
6—弹簧
7—压板
8—螺钉
9—限程器

注：限程器结构和尺寸由制造者确定。

凹模周界		最大行程	设计最小闭合高度	零件件号、名称和标准编号					
				1	2	3		4	
				上模座 GB/T 2856.1	下模座 GB/T 2856.2	导柱 GB/T 2861.2		导套 GB/T 2861.4	
				数　量					
L	B	S	H	1	1	1	1	1	1
				规　格					
80	63	80	165	80×63×35	80×63×40	18×155	20×155	18×100×33	20×100×33
100	80			100×80×35	100×80×40	20×155	22×155	20×100×33	22×100×33
125	100			125×100×35	125×100×45	22×155	25×155	22×100×33	25×100×33
140	125			140×125×40	140×125×45	25×155	28×155	25×100×38	28×100×38
		100	200			25×190	28×190	25×120×38	28×120×38
160	140	80	165	160×140×45	160×140×40	25×155	28×155	25×105×38	28×105×38
		100	200		160×140×50	25×190	28×190	25×125×38	28×125×38
200	160			200×160×45	200×160×55	28×190	32×190	28×125×43	32×125×43
		120	220			28×210	32×210	28×145×43	32×145×43
250	200	100	200	250×200×50	250×200×60	32×190	35×190	32×120×43	35×120×48
		120	230			32×215	35×215	32×150×48	35×150×48

（续）

凹模周界		最大行程	设计最小闭合高度	零件件号、名称及标准编号					
				5		6		7	8
				钢球保持圈 GB/T 2861.5		弹簧 GB/T 2861.6		压板 GB/T 2861.11	螺钉 GB/T 70.1
				数　量					
				1	1	1	1	4 或 6	4 或 6
L	*B*	*S*	*H*	规　格					
80	63	80	165	18×23.5×64	20×25.5×64	1.6×22×72	1.6×24×72	14×15	M5×14
100	80			20×25.5×64	22×27.5×64	1.6×24×72	1.6×26×72		
125	100			22×27.5×64	25×30.5×64	1.6×26×72	1.6×30×79	16×20	M6×16
140	125			25×32.5×76	28×35.5×64	1.6×30×79	1.6×32×77		
		100	200	25×32.5×76	28×35.5×76	1.6×30×87	1.6×32×86		
160	140	80	165	25×32.5×64	28×35.5×64	1.6×30×79	1.6×32×77		
		100	200	25×32.5×76	28×35.5×76	1.6×30×79	1.6×32×77		
200	160			28×35.5×76	32×39.5×76	1.6×32×77	2×37×79		
		120	220	28×35.5×84	32×39.5×84				
250	200	100	200	32×39.5×76	35×42.5×76	2×37×79	2×40×78		
		120	230	32×39.5×84	35×42.5×84	2×37×87	2×40×88		

注：1. 最大行程指该模架许可的最大冲压行程。

2. 件号 7、件号 8 的数量：$L \leqslant 160$mm 为 4 件，$L > 160$mm 为 6 件。

3. 对角导柱模架

对角导柱模架见表 14-9。

表 14-9　对角导柱模架（摘自 GB/T 2852—2008）　（单位：mm）

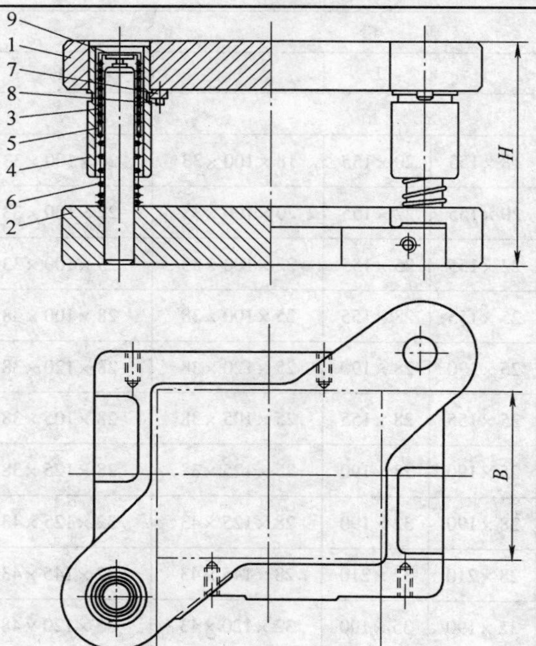

标记示例：

L = 200mm、B = 160mm、H = 220mm、0 Ⅰ级精度的对角导柱模架：

对角导柱模架 200×160×220 0 Ⅰ GB/T 2852—2008

技术条件：按 JB/T 8050—2008 的规定

1—上模座

2—下模座

3—导柱

4—导套

5—钢球保持圈

6—弹簧

7—压板

8—螺钉

9—限程器

注：限程器结构和尺寸由制造者确定。

（续）

凹模周界		最大行程	设计最小闭合高度	零件件号、名称和标准编号					
				1	2	3		4	
				上模座 GB/T 2856.1	下模座 GB/T 2856.2	导柱 GB/T 2861.2		导套 GB/T 2861.4	
				数量					
				1	1	1	1	1	1
L	*B*	*S*	*H*	规格					
80	63	80	165	80×63×35	80×63×40	18×155	20×155	18×100×33	20×100×33
100	80			100×80×35	100×80×40	20×155	22×155	20×100×33	22×100×33
125	100			125×100×35	125×100×45	22×155	25×155	22×100×33	25×100×33
160	125	100	200	160×125×40	160×125×45	25×190	28×190	25×120×38	28×120×38
200	160			200×160×45	200×160×55	28×190	32×190	28×125×43	32×125×43
		120	220			28×210	32×210	28×145×43	32×145×43
250	200	100	200	250×200×50	250×200×60	32×190	35×190	32×120×48	35×120×48
		120	230			32×210	35×210	35×150×48	35×150×48

凹模周界		最大行程	设计最小闭合高度	零件件号、名称和标准编号					
				5	6	7		8	
				钢球保持圈 GB/T 2861.5	弹簧 GB/T 2861.6	压板 GB/T 2861.11		螺钉 GB/T 70.1	
				数量					
				1	1	1	1	4 或 6	4 或 6
L	*B*	*S*	*H*	规格					
80	63	80	165	18×23.5×64	20×25.5×64	1.6×22×72	1.6×24×72	14×15	M5×14
100	80			20×25.5×64	22×27.5×64	1.6×24×72	1.6×26×72		
125	100			22×27.5×64	25×30.5×64	1.6×26×72	1.6×30×79	16×20	M6×16
160	125	100	200	25×32.5×76	28×35.5×76	1.6×30×87	1.6×32×86		
200	160			28×35.5×76	32×39.5×76	1.6×32×77	2×37×79		
		120	220	28×35.5×84	32×39.5×84				
250	200	100	200	32×39.5×76	35×42.5×76	2×37×79	2×40×78		
		120	230	32×39.5×84	35×42.5×84	2×37×87	2×40×88		

注：1. 最大行程指该模架许可的最大冲压行程。

2. 件号 7、件号 8 的数量：$L \leqslant 160$mm 为 4 件，$L > 160$mm 为 6 件。

4. 四导柱模架

四导柱模架见表 14-10。

表 14-10　四导柱模架（摘自 GB/T 2852—2008）　　（单位：mm）

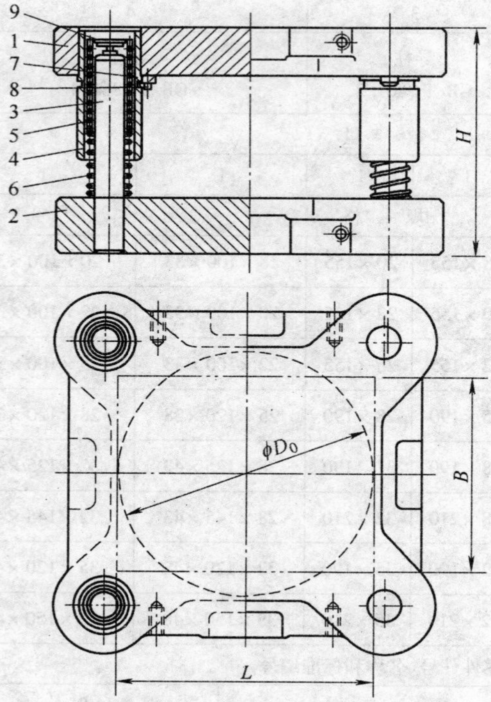

标记示例：

$L=200$mm、$B=160$mm、$H=220$mm、0Ⅰ级精度的四导柱模架：

四导柱模架 200×160×220 0Ⅰ　GB/T 2852—2008

技术条件：按 JB/T 8050—2008 的规定

1—上模座
2—下模座
3—导柱
4—导套
5—钢球保持圈
6—弹簧
7—压板
8—螺钉
9—限程器

注：限程器结构和尺寸由制造者确定。

凹模周界			最大行程	设计最小闭合高度	零件件号、名称和标准编号			
					1 上模座 GB/T 2856.1	2 下模座 GB/T 2856.2	3 导柱 GB/T 2861.2	4 导套 GB/T 2861.4
					数　量			
L	*B*	D_0	*S*	*H*	1	1	4	4
					规　格			
160	125	160	80	165	160×125×40	160×125×45	25×155	25×100×38
			100	200		160×125×50	25×190	25×125×38
200	160	200	100	200	200×160×45	200×160×55	28×190	28×100×38
			120	220			28×210	28×125×38
250		—	100	200	250×160×50	250×160×60	32×190	32×120×48
			120	230			32×215	32×150×48
250	200	250	100	200	250×200×50	250×200×60	32×190	32×120×48
			120	230			32×215	32×150×48
315		—	100	200	315×200×50	315×200×65	32×190	32×120×48
			120	230			32×215	32×150×48

（续）

凹模周界			最大行程	设计最小闭合高度	零件件号、名称和标准编号			
					1	2	3	4
					上模座 GB/T 2856.1	下模座 GB/T 2856.2	导柱 GB/T 2861.2	导套 GB/T 2861.4
					数　量			
L	*B*	D_0	*S*	*H*	1	1	4	4
					规　格			
400	25	—	100	220	400×250×60	400×250×70	35×210	35×120×58
			120	240			35×225	35×150×58

凹模周界			最大行程	设计最小闭合高度	零件件号、名称及标准编号			
					5	6	7	8
					钢球保持圈 GB/T 2861.5	弹簧 GB/T 2861.6	压板 GB/T 2861.11	螺钉 GB/T 70.1
					数　量			
L	*B*	D_0	*S*	*H*	4	4	12	12
					规　格			
160	125	160	80	165	25×32.5×64	1.6×30×65	16×20	M16×16
			100	200	25×32.5×76	1.6×30×79		
200	160	200	100	200	28×32.5×64	1.6×30×65		
			120	220	28×32.5×76	1.6×30×79		
250		—	100	200	32×39.5×76	2×37×79		
			120	230	32×39.5×84	2×37×87		
250	200	250	100	200	32×39.5×76	2×37×79		
			120	230	32×39.5×84	2×37×87		
315		—	100	200	32×39.5×76	2×37×79		
			120	230	32×39.5×84	2×37×87		
400	250	—	100	220	35×42.5×76	2×40×79	20×20	M8×20
			120	240	35×42.5×84	2×40×87		

注：最大行程指该模架许可的最大冲压行程。

三、冲模铸铁模座

模座材料由制造者选定，推荐采用 HT200，时效处理。

（一）滑动导向模座

1. 后侧导柱模座

后侧导柱模座见表 14-11、表 14-12。

表 14-11 后侧导柱上模座（摘自 GB/T 2855.1—2008） （单位：mm）

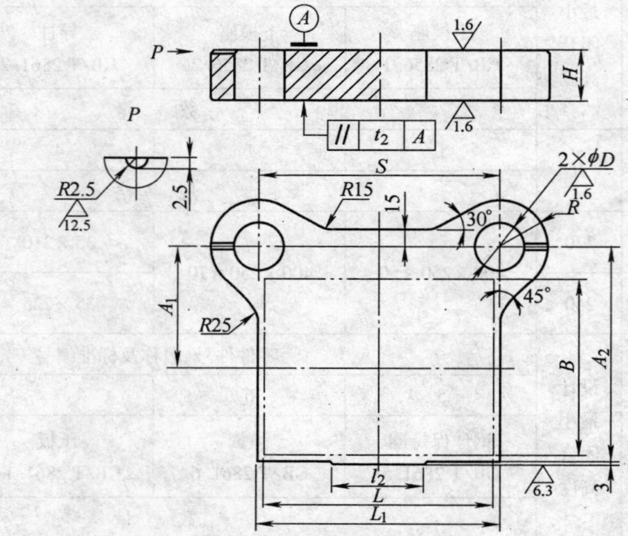

$L\times B \leq 200\times160$

未注粗糙度的表面为非加工表面。

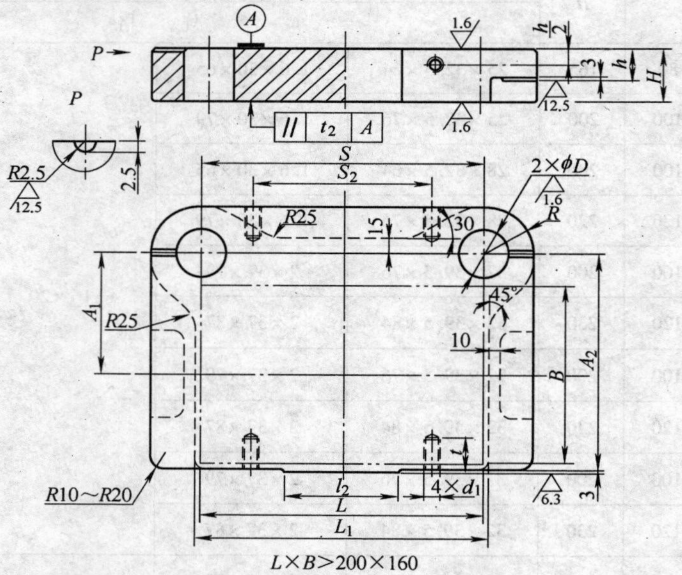

$L\times B > 200\times160$

未注粗糙度的表面为非加工表面。

标记示例：

$L=200$mm、$B=160$mm、$H=45$mm 的后侧导柱上模座：

后侧导柱上模座 200×160×45 GB/T 2855.1—2008

技术条件：按 JB/T 8070—2008 的规定

（续）

凹模周界 L	凹模周界 B	H	h	L_1	S	A_1	A_2	R	l_2	D H7	d_1	t	S_2
63	50	20		70	70	45	75	25	40	25			
		25											
63	63	20		70	70	50	85						
		25											
80		25		90	94			28	60	28			
		30											
100		25		110	116								
		30											
80	80	25		90	94	65	110	32		32			
		30											
100		25		110	116								
		30											
125		25		130	130								
		30											
100	100	25		110	116	75	130	35		35	—	—	
		30											
125		30	—	130	130								—
		35											
160		35		170	170			38	80	38			
		40											
200		35		210	210								
		40											
125	125	30		130	130	85	150	35	60	35			
		35											
160		35		170	170			38	80	38			
		40											
200		35		210	210								
		40											
250		40		260	250				100				
		45											
160	160	40	30	170	170	110	195	42	80	42	M14-6H	28	150
		45											
200		40		210	210								
		45											
250		45		260	250	110	195	45	100	45			
		50											

（续）

凹模周界 L	凹模周界 B	H	h	L_1	S	A_1	A_2	R	l_2	D H7	d_1	t	S_2
200	200	45	30	210	210	130	235	45	80	45	M14-6H	28	120
		50											
250		45		260	250				100				150
		50											
315		45		325	305			50		50			200
		50											
250	250	45		260	250	160	290				M16-6H	32	140
		50											
315		50	35	325	305			55		55			200
		55											
400		50		410	390								280
		55											

注：压板台的形状尺寸由制造者确定。

表 14-12　后侧导柱下模座（摘自 GB/T 2855. 2—2008）　　（单位：mm）

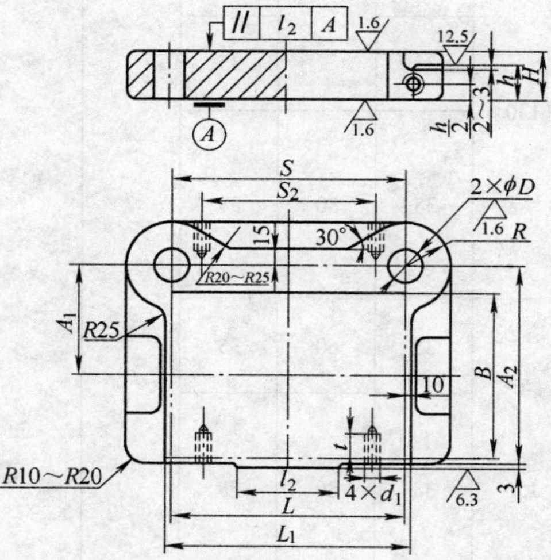

标记示例：

L = 250mm、B = 200mm、H = 50mm 的后侧导柱下模座：

后侧导柱下模座 250 × 200 × 50　GB/T 2855. 2—2008

技术条件：按 JB/T 8070—2008 的规定

未注粗糙度的表面为非加工表面。

凹模周界 L	凹模周界 B	H	h	L_1	S	A_1	A_2	R	l_2	D R7	d_1	t	S_2
63	50	25	20	70	70	45	75	25	40	16	—	—	—
		30											
63	63	25		70	70	50	85						
		30											

（续）

凹模周界		H	h	L_1	S	A_1	A_2	R	l_2	D R7	d_1	t	S_2
L	B												
80	63	30	20	90	94	50	85	28	60	18	—	—	—
		40											
100		30		110	116								
		40											
80	80	30		90	94	65	110	32		20			
		40											
100		30		110	116								
		40											
125		30	25	130	130								
		40											
100	100	30		110	116	75	130						
		40											
125		35		130	130			35		22			
		40											
160		40	30	170	170			38	80	25			
		50											
200		40		210	210								
		50											
125	125	35	25	130	130	85	150	35	60	22			
		45											
160		40	30	170	170			38	80	25			
		50											
200		40		210	210								
		50											
250		45	35	260	250			42	100	28			
		55											
160	160	45		170	170	110	195		80		M14-6H	28	
		55											
200		45		210	210								
		55											
250		50	40	260	250			45	100	32			150
		60											
200	200	50		210	210	130	235		80				120
		60											
250	200	50	40	260	250	130	235	45	100	32	M14-6H	28	150
		60											
315		55		325	305			50		35			200
		65											
250	250	55		260	250	160	290				M16-6H	32	140
		65											
315		60	45	325	305			55		40			200
		70											
400		60		410	390								280
		70											

注：1. 压板台的形状尺寸由制造者确定。

2. 安装 B 型导柱时，D R7 改为 D H7。

2. 中间导柱模座

中间导柱模座见表 14-13、表 14-14。

表 14-13　中间导柱上模座（摘自 GB/T 2855. 1—2008）　　（单位：mm）

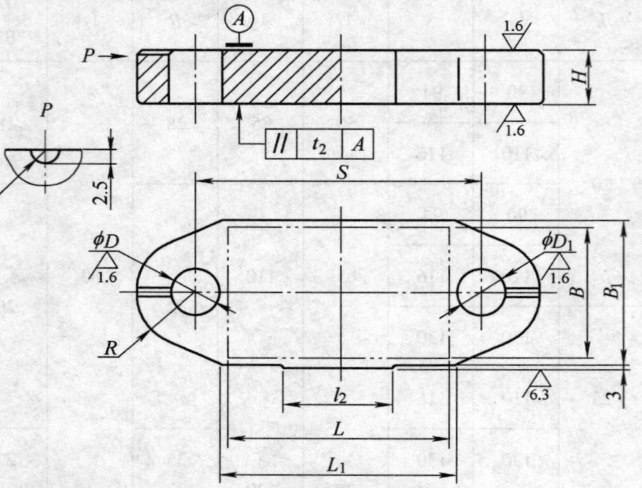

L×B≤200×160

未注粗糙度的表面为非加工表面。

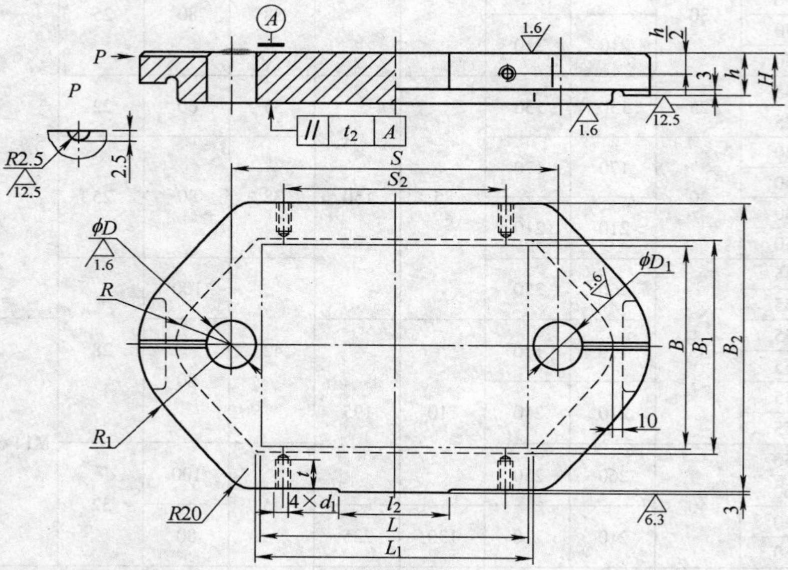

L×B>200×160

未注粗糙度的表面为非加工表面。

标记示例：

$L=200$mm、$B=160$mm、$H=45$mm 的中间导柱上模座：

中间导柱上模座 200×160×45 GB/T 2855. 1—2008

技术条件：按 JB/T 8070—2008 的规定

<table>
<tr><th colspan="2">凹模周界</th><th rowspan="2">H</th><th rowspan="2">h</th><th rowspan="2">LL_1</th><th rowspan="2">B_1</th><th rowspan="2">B_2</th><th rowspan="2">S</th><th rowspan="2">R</th><th rowspan="2">R_1</th><th rowspan="2">l_2</th><th rowspan="2">D
H7</th><th rowspan="2">D_1
H7</th><th rowspan="2">d_1</th><th rowspan="2">t</th><th rowspan="2">S_2</th></tr>
<tr><th>L</th><th>B</th></tr>
<tr><td rowspan="2">63</td><td rowspan="2">50</td><td>20</td><td rowspan="4">—</td><td rowspan="2">70</td><td rowspan="2">60</td><td rowspan="4">—</td><td rowspan="4">100</td><td rowspan="4">28</td><td rowspan="4">—</td><td rowspan="4">40</td><td rowspan="4">25</td><td rowspan="4">28</td><td rowspan="4">—</td><td rowspan="4">—</td><td rowspan="4">—</td></tr>
<tr><td>25</td></tr>
<tr><td rowspan="2">63</td><td rowspan="2">63</td><td>20</td><td rowspan="2">70</td><td rowspan="2">70</td></tr>
<tr><td>25</td></tr>
</table>

（续）

凹模周界 L	凹模周界 B	H	h	L_1	B_1	B_2	S	R	R_1	l_2	D H7	D_1 H7	d_1	t	S_2
80	63	25	—	90	70	—	120	32	—	60	28	32	—	—	—
		30													
100		25		110			140								
		30													
80	80	25		90	90		125	35			32	35			
		30													
100		25		110			145								
		30													
125		25		130			170								
		30													
140		30		150			185	38		80	35	38			
		35													
100	100	25		110	110		145	35		60	32	35			
		30													
125		30		130			170	38			35	38			
		35													
140		30		150			185			80					
		35													
160		35		170			210	42			38	42			
		40													
200		35		210			250								
		40													
125	125	30		130	130		170	38		60	35	38			
		35													
140		35		150			190	42		80	38	42			
		40													
160		35		170			210								
		40													
200		40		210			250								
		45													
250		40		260			305	45		100	42	45			
		45													
140	140	35		150	150		190	42		80	38	42			
		40													
160		35		170			210								
		40													

（续）

凹模周界 L	凹模周界 B	H	h	L_1	B_1	B_2	S	R	R_1	l_2	D H7	D_1 H7	d_1	t	S_2
200	140	40 45	—	210	150	—	255	45	—	80	42	45	—	—	—
250		40 45		260			305			100					
160	160	40 45		170	170		215			80					
200		40 45		210			255								
250		45 50	40	260		240	310	50	85	100	45	50	M14-6H	28	210
280		45 50		290			340								250
200	200	45 50		210	210	280	260			80					170
250		45 50		260			310			100					210
280		45 50		290		290	345	55	95		50	55			250
315		45 50		325			380								290
250	250	45 50		260	260	340	315						M16-6H	32	210
280		45 50		290			345								250
315		50 55	45	325		350	385	60	105		55	60			260
400		50 55		410			470			120					340
280	280	50 55		290	290	380	350			100			M20-6H	40	250
315		50 55		325			385								260
400		50 55		410			470			120					340
315	315	50 55		325	325	425	390	65	115	100	60	65			260

（续）

凹模周界 L	凹模周界 B	H	h	L_1	B_1	B_2	S	R	R_1	l_2	D H7	D_1 H7	d_1	t	S_2
400	315	55	45	410	325	425	475	65	115	120	60	65	M20-6H	40	340
		60													
500		55		510			575			140					440
		60													
400	400	55		410	410	510	475			120					360
		60													
630		55		640		520	710	70	125	160	65	70			570
		65													
500	500	55		510	510	620	580			140					440
		65													

注：压板台的形状尺寸由制造者确定。

表 14-14　中间导柱下模座（摘自 GB/T 2855.2—2008）　（单位：mm）

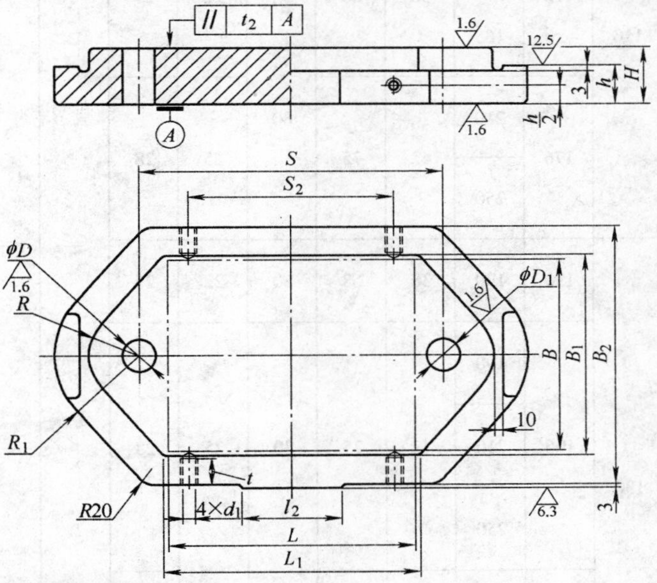

标记示例：

L = 250mm、B = 200mm、H = 50mm 的中间导柱下模座：

中间导柱下模座 250 × 200 × 50 GB/T 2855.2—2008

技术条件：按 JB/T 8070—2008 的规定

未注粗糙度的表面为非加工表面。

凹模周界 L	凹模周界 B	H	h	L_1	B_1	B_2	S	R	R_1	l_2	D H7	D_1 H7	d_1	t	S_2
63	50	25	20	70	60	92	100	28	44	40	16	18	—	—	—
		30													
63	63	25			70	102									
		30													
80		30		90		116	120	32	55	60	18	20			
		40													
100		30	25	110			140								
		40													

（续）

凹模周界 L	凹模周界 B	H	h	L_1	B_1	B_2	S	R	R_1	l_2	D H7	D_1 H7	d_1	t	S_2
80	80	30	25	90	90	140	125	35	60	60	20	22	—	—	—
		40													
100		30		110			145								
		40													
125		30		130			170								
		40													
140		35	30	150		150	185	38	68	80	22	25			
		45													
100	100	30	25	110	110	160	145	35	60	60	20	22			
		40													
125		35	30	130		170	170	38	68		22	25			
		45													
140		35		150			185			80					
		45													
160		40	35	170		176	210	42	75		25	28			
		50													
200		40		210			250								
		50													
125	125	35	30	130	130	190	170	38	68	60	22	25			
		45													
140		40	35	150		196	190	42	75	80	25	28			
		50													
160		40		170			210								
		50													
200		40		210			250								
		50													
250		45		260		200	305	45	80	100	28	32			
		55													
140	140	40		150	150	216	190	42	75	80	25	28			
		50													
160		40		170			210								
		50													
200		45		210		220	255	45	80		28	32			
		55													
250		45		260			305			100					
		55													

（续）

凹模周界		H	h	L_1	B_1	B_2	S	R	R_1	l_2	D H7	D_1 H7	d_1	t	S_2
L	B														
160		45 55	35	170			215	45	80	80	28	32	—	—	—
200	160	45 55		210	170	240	255								
250		50 60		260			310			100					210
280		50 60		290			340	50	85		32	35			250
200		50 60		210		280	260			80			M14-6H	28	170
250	200	50 60	40	260	210		310								210
280		55 65		290		290	345								250
315		55 65		325			380	55	95	100	35	40			290
250		55 65		260		340	315								210
280	250	55 65		290	260		345						M16-6H	32	250
315		60 70		325		350	385								260
400		60 70		410			470			120					340
280		60 70		290			350	60	105	100	40	45			250
315	280	60 70	45	325	290	380	385								260
400		60 70		410			470			120			M20-6H	40	340
315		60 70		325			390			100					260
400	315	65 75		410	325	425	475	65	115	120	45	50			340
500		65 75		510			575			140					440

（续）

凹模周界		H	h	L_1	B_1	B_2	S	R	R_1	l_2	D H7	D_1 H7	d_1	t	S_2
L	B														
400	400	65	45	410	410	510	475	65	115	120	45	50	M20-6H	40	360
		75													
630		65		640		520	710	70	125	160	50	55			570
		80													
500	500	65		510	510	620	580			140					440
		80													

注：1. 压板台的形状尺寸由制造者确定。

2. 安装 B 型导柱时，D R7，D_1 R7 改为 D H7，D_1 H7。

3. 中间导柱圆形模座

中间导柱圆形模座见表 14-15、表 14-16。

表 14-15　中间导柱圆形上模座（摘自 GB/T 2855.1—2008）　（单位：mm）

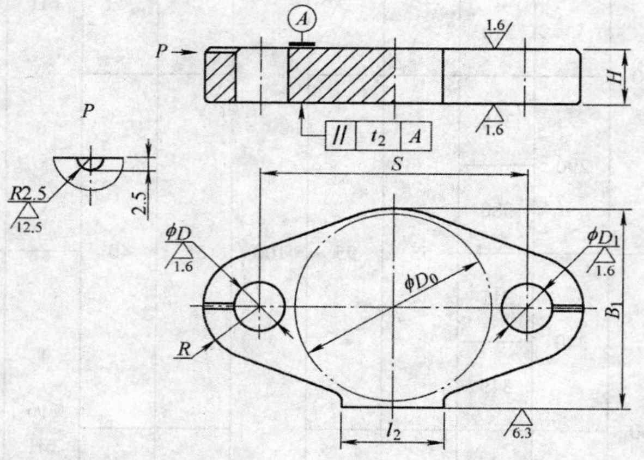

未注粗糙度的表面为非加工表面。　$D_0 \leqslant 160$

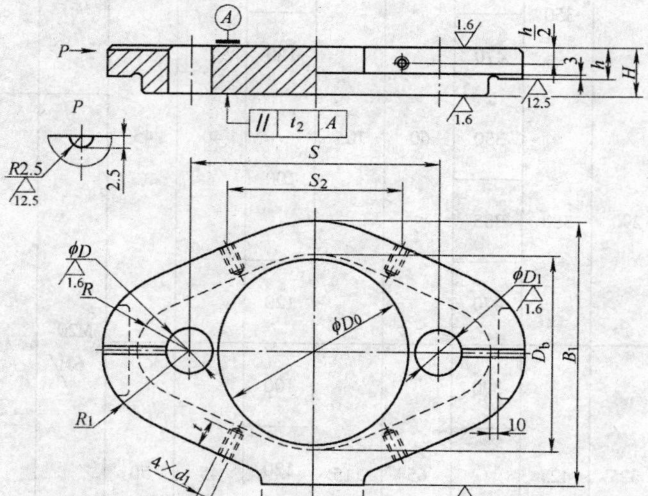

未注表面粗糙度为不加工表面。　$D_0 > 160$

标记示例：

$D_0 = 160$mm，$H = 45$mm 的中间导柱圆形上模座：

中间导柱圆形上模座 160 × 45 GB/T 2855.1—2008

技术条件：按 JB/T 8070—2008 的规定

（续）

凹模周界 D_0	H	h	D_b	B_1	S	R	R_1	l_2	D H7	D_1 H7	d_1	t	S_2
63	20	—	—	70	100	28	—	50	25	28	—	—	—
	25												
80	25			90	125	35		60	32	35			
	30												
100	25			110	145								
	30												
125	30			130	170	38		80	35	38			
	35												
160	40			170	215	45			42	45			
	45												
200	45	30	210	280	260	50	85	100	45	50	M14-6H	28	180
	50												
250	45		260	340	315	55	95		50	55	M16-6H	32	220
	50												
315	50	35	325	425	390	65	115		60	65	M20-6H	40	280
	55												
400	55		410	510	475								380
	60												
500	55	40	510	620	580	70	125		65	70			480
	65												
630	60		640	758	720	76	135		70	76			600
	75												

注：压板台的形状尺寸由制造者确定。

表 14-16　中间导柱圆形下模座（摘自 GB/T 2855.2—2008）　　（单位：mm）

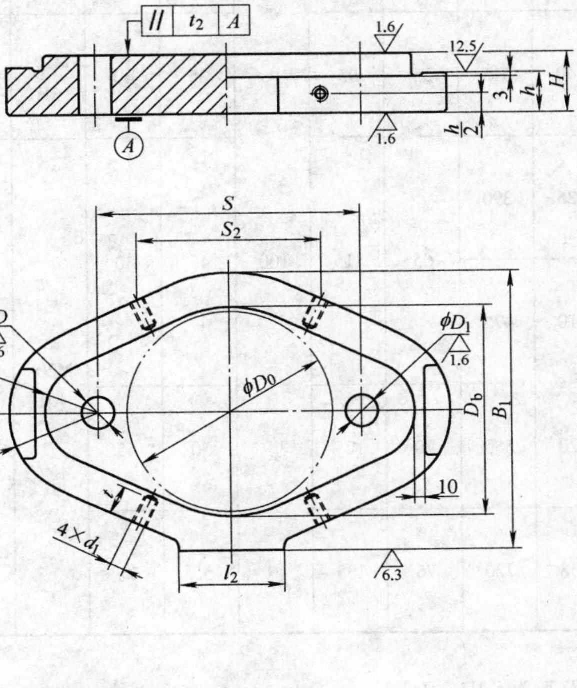

标记示例：

D_0 = 200mm、H = 60mm 的中间导柱圆形下模座：

中间导柱圆形下模座 200 × 60 GB/T 2855.2—2008

技术条件：按 JB/T 8070—2008 的规定

未注粗糙度的表面为非加工表面。

（续）

凹模周界 D_0	H	h	D_b	B_1	S	R	R_1	l_2	D R7	D_1 R7	d_1	t	S_2
63	25	20	70	102	100	28	44	50	16	18	—	—	—
	30												
80	30		90	136	125	35	58	60	20	22			
	40												
100	30		110	160	145		60						
	40												
125	35	25	130	190	170	38	68	80	22	25			
	45												
160	45	35	170	240	215	45	80		28	32			
	55												
200	50	40	210	280	260	50	85	100	32	35	M14-6H	28	180
	60												
250	55		260	340	315	55	95		35	40	M16-6H	32	220
	65												
315	60	45	325	425	390	65	115		45	50	M20-6H	40	280
	70												
400	65		410	510	475								380
	75												
500	65		510	620	580	70	125		50	55			480
	80												
630	70		640	758	720	76	135		55	76			600
	90												

注：1. 压板台的形状尺寸由制造者确定。

2. 安装 B 型导柱时，D R7，D_1 R7 改为 D H7，D_1 H7。

4. 对角导柱模座

对角导柱模座见表 14-17、表 14-18。

表 14-17　对角导柱上模座（摘自 GB/T 2855. 1—2008）　（单位：mm）

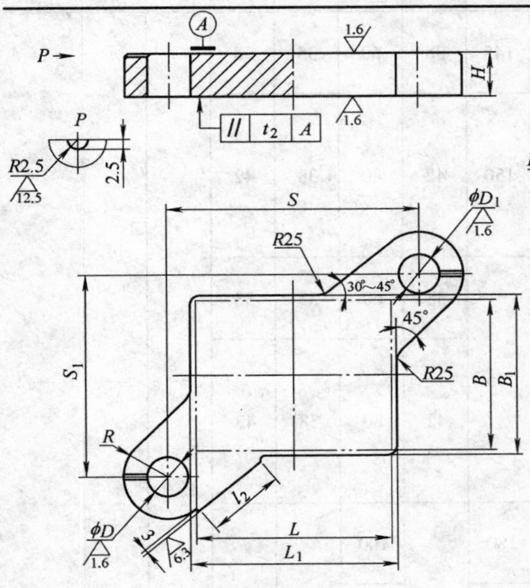

$L \times B \leqslant 200 \times 160$

未注粗糙度的表面为非加工表面。

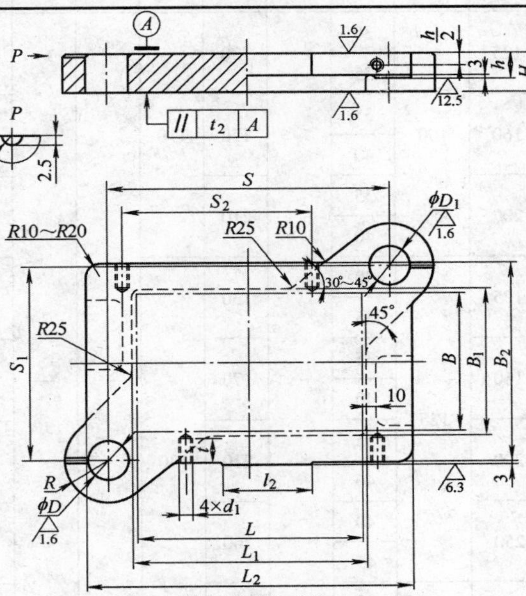

$L \times B > 200 \times 160$

未注粗糙度的表面为非加工表面。

标记示例：

$L = 200$mm、$B = 160$mm、$H = 45$mm 的对角导柱上模座：

对角导柱上模座 200 × 160 × 45　GB/T 2855. 1—2008

技术条件：按 JB/T 8070—2008 的规定

凹模周界 L	凹模周界 B	H	h	L_1	B_1	L_2	B_2	S	S_1	R	l_2	D H7	D_1 H7	d_1	t	S_2
63	50	20	—	70	60	—	—	100	85	28	40	25	28		—	—
		25	—			—	—								—	—
63		20	—	70		—	—		95						—	—
		25	—			—	—								—	—
80	63	25	—	90	70	—	—	120	105	32		28	32		—	—
		30	—			—	—								—	—
100		25	—	110		—	—	140							—	—
		30	—			—	—								—	—
80	80	25	—	90	90	—	—	125	125	35	60	32	35		—	—
		30	—			—	—								—	—
100		25	—	110		—	—	145							—	—
		30	—			—	—								—	—
125		25	—	130		—	—	170							—	—
		30	—			—	—								—	—
100	100	25	—	110	110	—	—	145	145						—	—
		30	—			—	—								—	—

（续）

凹模周界 L	凹模周界 B	H	h	L_1	B_1	L_2	B_2	S	S_1	R	l_2	D H7	D_1 H7	d_1	t	S_2
125		30		130				170	145	38	60	35	38			
		35														
160	100	35		170	110			210								
		40							150	42	80	38	42			
200		35		210				250								
		40														
125		30		130				170		38	60	35	38			
		35														
160		35	—	170		—	—	210	175					—	—	—
		40														
200	125	35		210	130			250		42	80	38	42			
		40														
250		40		260				305	180		100					
		45														
160		40		170				215	215	45	80	42	45			
		45														
200	160	40		210				255	215		80					
		45			170											
250		45		260		360	230	310	220		10					210
		50														
200		45		210		320		260	260	50	80	45	50			180
		50												M14-6H	28	
250	200	45	30	260	210	370	270	310	260							220
		50														
315		45		325		435		380	265							280
		50														
250		45		260		380		315	315	55		50	55			210
		50														
315	250	50		325	260	445	330	385			100			M16-6H	32	290
		55														
400		50	35	410		540		470	320	60		55	60			350
		55														
315		50		325		460		390								280
		55														
400	315	55	40	410	325	550	400	475	390	65		60	65	M20-6H	40	340
		60														

（续）

凹模周界 L	凹模周界 B	H	h	L_1	B_1	L_2	B_2	S	S_1	R	l_2	D H7	D_1 H7	d_1	t	S_2
500	315	55	40	510	325	655	400	575	390	65	100	60	65	M20-6H	40	460
		60														
400	400	55		410	410	560	490	475	475							370
		60														
630		55		640		780		710	480	70		65	70			580
		65														
500	500	55		510	510	650	590	580	580							460
		65														

注：压板台的形状、位置尺寸和标记面的位置尺寸由制造者确定。

表 14-18　对角导柱下模座（摘自 GB/T 2855.2—2008）　　（单位：mm）

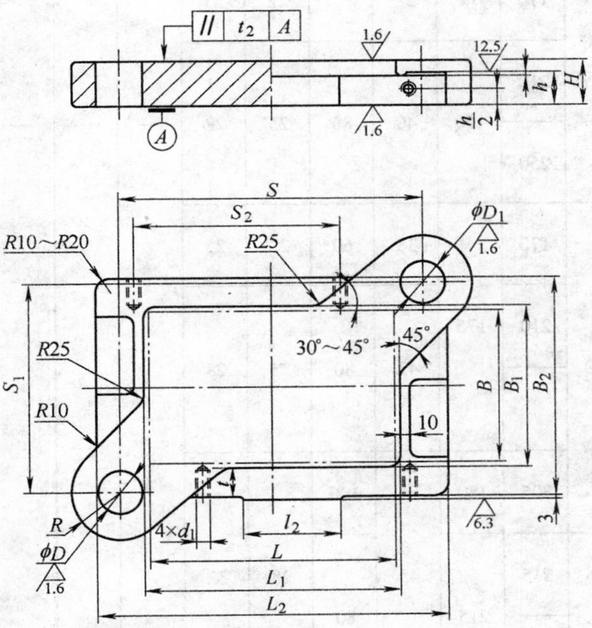

标记示例：

$L=250$mm、$B=200$mm、$H=60$mm 的对角导柱下模座：

对角导柱下模座 250 × 200 × 60 GB/T 2855.2—2008

技术条件：按 JB/T 8070—2008 的规定

未注粗糙度的表面为非加工表面。

凹模周界 L	凹模周界 B	H	h	L_1	B_1	L_2	B_2	S	S_1	R	l_2	D R7	D_1 R7	d_1	t	S_2
63	50	25	20	70	60	125	100	100	85	28	40	16	18	—	—	—
		30														
63	63	25		70	70	130	110		95							
		30														
80		30		90		150	120	120	105	32	60	18	20			
		40														

（续）

凹模周界 L	凹模周界 B	H	h	L_1	B_1	L_2	B_2	S	S_1	R	l_2	D R7	D_1 R7	d_1	t	S_2
100	63	30	20	110	70	170	120	140	105	32	60	18	20	—	—	—
		40														
80	80	30		90	90	150	140	125	125	35		20	22			
		40														
100		30		110		170		145								
		40														
125		30	25	130		200		170								
		40														
100	100	30		110	110	180	160	145	145							
		40														
125		35		130		200		170		38		22	25			
		45														
160		40	30	170		240		210	150	40	80	25	28			
		50														
200		45		210		280		250								
		50														
125	125	35	25	130	130	200	190	170	175	38	60	22	25			
		45														
160		40	30	170		250		210		42	80	25	28			
		50														
200		40		210		290										
		50														
250		45	35	260		340		305	180	45	100	28	32			
		55														
160	160	45		170	170	270	230	215	215		80					
		55														
200		45		210		310		255								
		50														
250		50	40	260		360		310	220	50	100	32	35	M14-6H	28	210
		60														
200	200	50		210	210	320	270	260	260		80					180
		60														
250		50		260		370		310			100					220
		60														
315		55		325		435		380	265	55		35	40			280
		65														

（续）

凹模周界		H	h	L_1	B_1	L_2	B_2	S	S_1	R	l_2	D R7	D_1 R7	d_1	t	S_2
L	B															
250	250	55	40	260	260	380	330	315	315	55	100	35	40	M16-6H	32	210
		65														
315		60	45	325		445		385	320	60		40	45			290
		70														
400		60		410		540		470								350
		70														
315	315	60		325	325	460	400	390	390	65		45	50	M20-6H	40	280
		70														
400		65		410		550		475								340
		75														
500		65		510		655		575								460
		75														
400	400	65		410	410	560	490	475	475							370
		75														
630		65		640		780		710	480	70		50	55			580
		80														
500	500	65		510	510	650	590	580	580							460
		80														

注：1. 压板台的形状、位置尺寸和标记面的位置尺寸由制造者确定。

2. 安装 B 型导柱时，D R7，D_1 R7 改为 D H7，D_1 H7。

5. 四导柱模座

四导柱模座见表 14-19、表 14-20。

表 14-19　四导柱上模座（摘自 GB/T 2855. 1—2008）　（单位：mm）

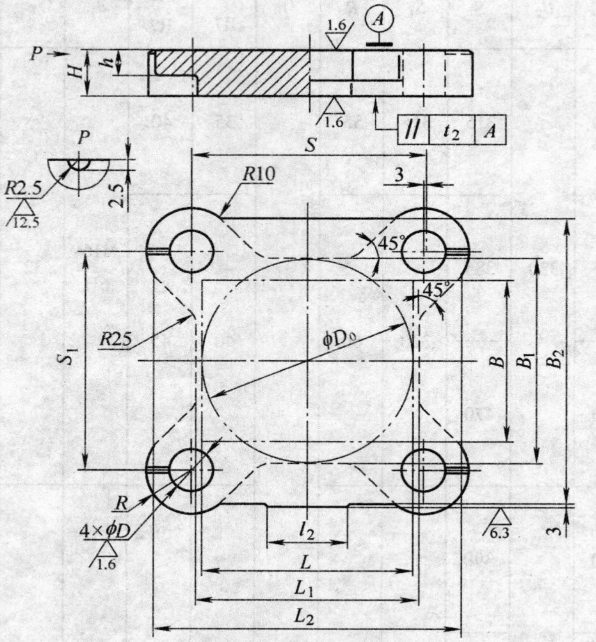

$L \times B \leq 200 \times 160$

未注粗糙度的表面为非加工表面。

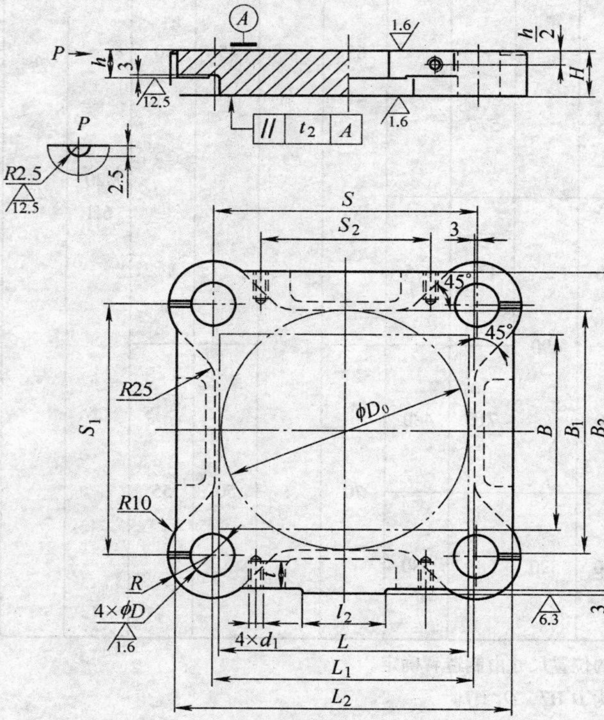

$L \times B > 200 \times 160$

未注粗糙度的表面为非加工表面。

标记示例：

L = 200mm、B = 160mm、H = 45mm 的四导柱上模座：

四导柱上模座 200 × 160 × 45 GB/T 2855. 1—2008

技术条件：按 JB/T 8070—2008 的规定

（续）

凹模周界			H	h	L_1	B_1	L_2	B_2	S	S_1	R	l_2	D H7	d_1	t	S_2
L	B	D_0														
160	125	160	35 40	20	170	160	240	230	175	190	38		38	—	—	—
200	160	200	40 45	25	210	200	290	280	220	215	42		42			
250		—	45 50		260		340		265		45	80	45	M14-6H	28	170
250	200	250	45 50	30	260	250	340	330		260						
315			45 50		325		425		340		50		50			200
315	250		50 55	35	325	300	425	400		315	55		55	M16-6H	32	230
400			50 55		410		500		410							290
400			55 60		410		510				60		60			300
500	315		55 60		510	375	610	495	510	390						380
630			55 65	40	640		750		640					M20-6H	40	500
500		—	55 65		510		620		510		65		65			380
630	400		55 65		640	460	750	590	640	480		100				500
800			60 75		810		930		810		70		70			650
630			60 75		640		760		640					M24-6H	46	500
800	500		70 85	45	810	580	940	710	810	590						650
1000			70 85		1010		1140		1010		76		76			800
800	630		70 85		810	700	940	840	810	720						650
1000			70 85		1010		1140		1010							800

注：压板台的形状尺寸由制造者确定。

表 14-20　四导柱下模座（摘自 GB/T 2855. 2—2008）　　　　（单位：mm）

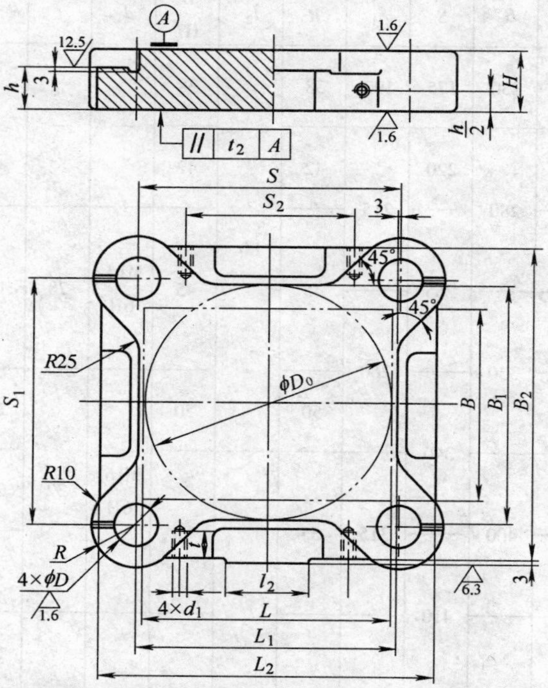

标记示例：

$L=200\text{mm}$、$B=160\text{mm}$、$H=55\text{mm}$ 的四导柱下模座：

四导柱下模座 200×160×55　GB/T 2855. 2—2008

技术条件：按 JB/T 8070—2008 的规定

未注粗糙度的表面为非加工表面。

凹模周界			H	h	L_1	B_1	L_2	B_2	S	S_1	R	l_2	D H7	d_1	t	S_2
L	B	D_0														
160	125	160	40	30	170	160	240	230	175	190	38	80	25	—	—	—
			50													
200	160	200	45	35	210	200	290	280	220	215	42		28			
			55													
250		—	50	40	260		340		265		45		32	M14-6H	28	170
			60													
250	200	250	50		260	250	340	330	265	260						
			60													
315		—	55		325		425		340		50		35			200
			65													
315	250		60	35	325	300	425	400	340	315	55	100	40	M16-6H	32	230
			70													
400			60		410		500		410							290
			70													
400	315		65	45	410	375	510	495	410	390	60		45	M20-6H	40	300
			75													
500			65		510		610		510							380
			75													
630			65		640		750		640		65		50			500
			80													

（续）

凹模周界																
L	B	D_0	H	h	L_1	B_1	L_2	B_2	S	S_1	R	l_2	D H7	d_1	t	S_2
500	400	—	65	45	510	460	620	590	510	480	65	100	50	M20-6H	40	380
			80													
630			65		640		750		640							500
			80													
800			70	50	810		930		810		70		55	M24-6H	46	650
			90													
630	500		70		640	580	760	710	640	590						500
			90													
800			80		810		940		810		76		60			650
			100													
1000			80		1010		1140		1010							800
			100													
800	630		80		810	700	940	840	810	720						650
			100													
1000			80		1010		1140		1010							800
			100													

注：1. 压板台的形状尺寸由制造者确定。下模座材料由制造者选定，推荐采用 HT200。

2. 安装 B 型导柱时，D R7 改为 D H7。

（二）滚动导向模座

1. 后侧导柱模座

后侧导柱模座见表 14-21、表 14-22。

表 14-21　后侧导柱上模座（摘自 GB/T 2856.1—2008）　（单位：mm）

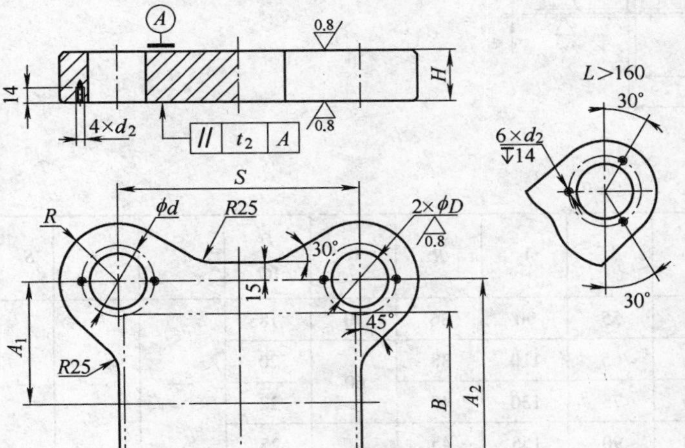

标记示例：

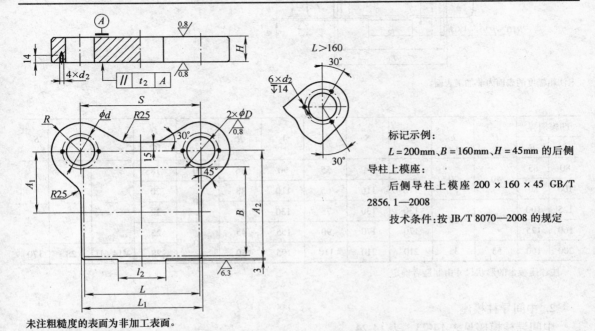

L=200mm、B=160mm、H=45mm 的后侧导柱上模座：

后侧导柱上模座 200 × 160 × 45　GB/T 2856.1—2008

技术条件：按 JB/T 8070—2008 的规定

未注粗糙度的表面为非加工表面。

（续）

凹模周界		H	L_1	S	A_1	A_2	R	l_2	D H6	d	d_2
L	B										
80	63	35	90	94	55	90	36	40	38	51	M5-6H
100	80		110	116	65	110	38	60	40	53	
125	100		130	130	75	130	40		42	55	M6-6H
160	125	40	170	170	90	155	45	80	48	62	
200	160	45	210	210	110	195	50		50	64	

表 14-22　后侧导柱下模座（摘自 GB/T 2856. 2—2008）　　（单位：mm）

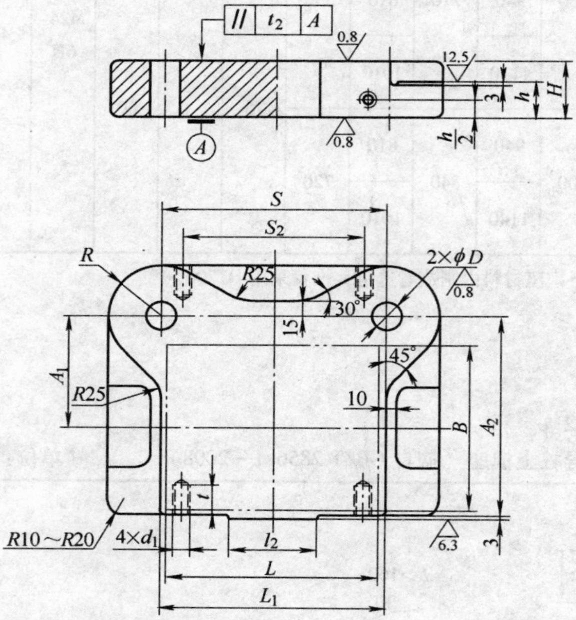

标记示例：

L = 200mm、B = 160mm、H = 55mm 的后侧导柱下模座：

后侧导柱下模座 200 × 160 × 55 GB/T 2856. 2—2008

技术条件：按 JB/T 8070—2008 的规定

未注粗糙度的表面为非加工表面。

凹模周界		H	h	L_1	S	A_1	A_2	R	l_2	D R7	d_1	t	S_2
L	B												
80	63	40	20	90	94	55	90	36	40	18	—	—	—
100	80			110	116	65	110	38	60	20			
125	100	45	25	130	130	75	130	40		22			
160	125			170	170	90	155	45	80	25			
200	160	55	35	210	210	110	195	50		28	M14-6H	28	170

注：压板台的形状尺寸由制造者确定。

2. 中间导柱模座

中间导柱模座见表 14-23、表 14-24。

表 14-23　中间导柱上模座（摘自 GB/T 2856.1—2008）　　（单位：mm）

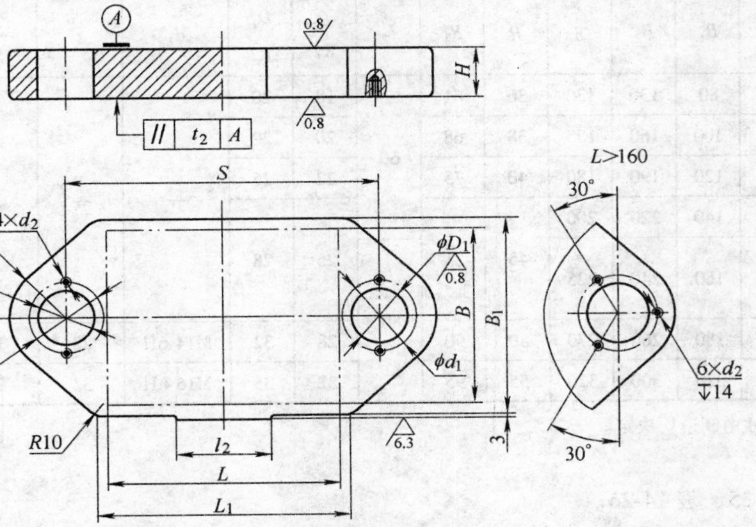

标记示例：

L = 200mm、B = 160mm、H = 45mm的中间导柱上模座：

中间导柱上模座 200 × 160 × 45 GB/T 2856.1—2008

技术条件：按 JB/T 8070—2008 的规定

未注粗糙度的表面为非加工表面。

凹模周界 L	凹模周界 B	H	L_1	B_1	S	R	l_2	D H6	D_1 H6	d	d_1	d_2
80	63	35	100	80	130	36	60	38	40	51	53	M5-6H
100	80		120	100	155	38		40	42	53	55	
125	100		140	120	180	40		42	45	55	59	M6-6H
140	125	40	160	140	200	45		48	50	62	64	
160	140		180	160	225		80					
200	160	45	220	180	270	50		50	55	64	69	
250	200	50	270	220	320	55		55	58	69	72	

表 14-24　中间导柱下模座（摘自 GB/T 2856.2—2008）　　（单位：mm）

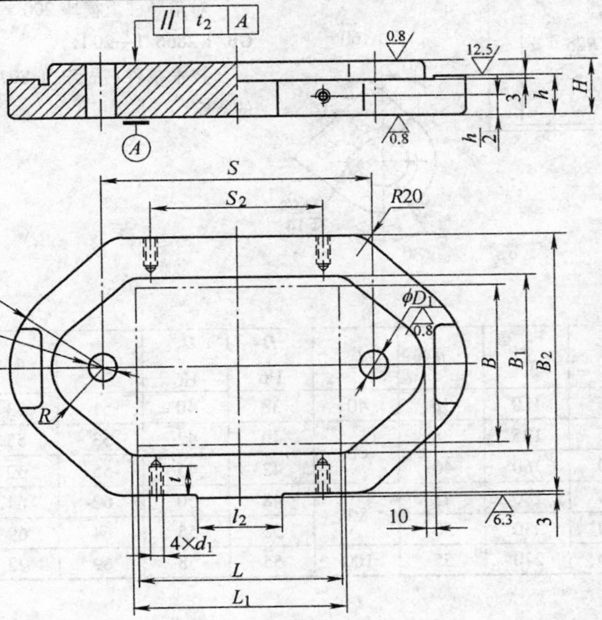

标记示例：

L = 200mm、B = 160mm、H = 55mm 的中间导柱下模座：

中间导柱下模座 200 × 160 × 55 GB/T 2856.2—2008

技术条件：按 JB/T 8070—2008 的规定

未注粗糙度的表面为非加工表面。

（续）

凹模周界		H	h	L_1	B_1	B_2	S	R	R_1	l_2	D R7	D_1 R7	d_1	t	S_2
L	B														
80	63	40	30	100	80	130	130	36	61	60	18	20	—	—	—
100	80			120	100	160	155	38	68		20	22			
125	100	45	35	140	120	190	180	40	75		22	25			
140	125			160	140	220	200	45	85		25	28			
160	140	40 50		180	160	240	225			80					
200	160	55	40	210	180	260	270	50	90		28	32	M14-6H	28	170
250	200	60		260	220	300	320	55	95		32	35	M16-6H	32	210

注：压板台的形状和平面尺寸由制造厂决定。

3. 对角导柱模座

对角导柱模座见表 14-25、表 14-26。

表 14-25 对角导柱上模座（摘自 GB/T 2856.1—2008） （单位：mm）

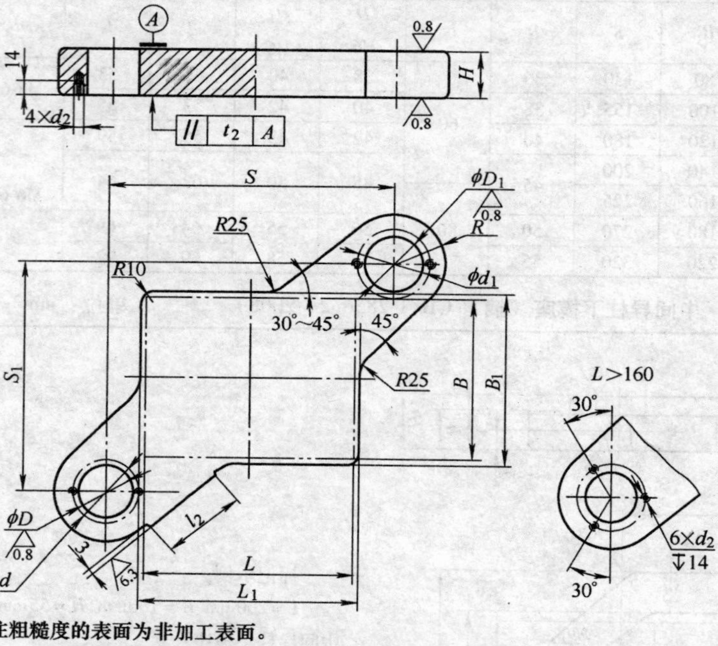

标记示例：

L = 200mm、B = 160mm、H = 45mm 的对角导柱上模座：

对角导柱上模座 200 × 160 × 45 GB/T 2856.1—2008

技术条件：按 JB/T 8070—2008 的规定

未注粗糙度的表面为非加工表面。

凹模周界		H	L_1	B_1	S	S_1	R	l_2	D H6	D_1 H6	d	d_1	d_2
L	B												
80	63	35	90	70	125	110	36	40	38	40	51	53	M5-6H
100	80		110	90	155	135	38	60	40	42	53	55	
125	100		130	110	180	160	40		42	45	55	59	M6-6H
160	125	40	170	130	225	180	45	80	48	50	62	64	
200	160	45	210	170	270	230	50		50	55	64	69	
250	200	50	260	210	320	270	55	100	55	58	69	72	

4. 四导柱模座

四导柱模座见表 14-27，表 14-28。

表 14-26　对角导柱下模座（摘自 GB/T 2856.2—2008）　　　　（单位：mm）

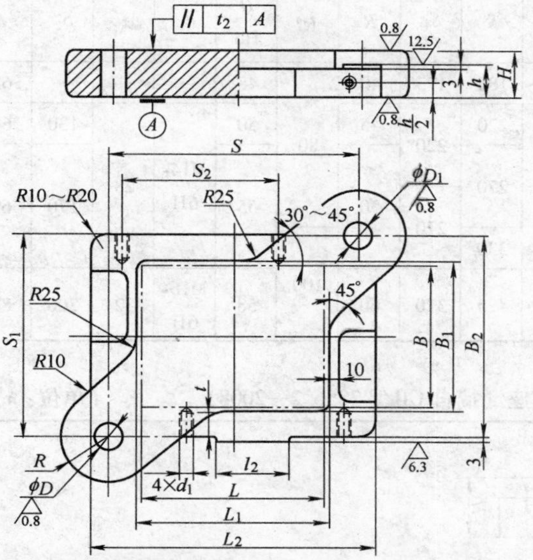

标记示例：

$L=200$mm、$B=160$mm、$H=55$mm 的对角导柱下模座：

对角导柱下模座 200 × 160 × 55　GB/T 2856.2—2008

技术条件：按 JB/T 8070—2008 的规定

未注粗糙度的表面为非加工表面。

凹模周界 L	凹模周界 B	H	h	L_1	B_1	L_2	B_2	S	S_1	R	l_2	D R7	D_1 R7	d_1	t	S_2
80	63	40	30	90	70	150	120	125	110	36	40	18	20	—	—	—
100	80			110	90	170	140	155	135	38	60	20	22			
125	100	45	35	130	110	200	160	180	160	40		22	25			
160	125			170	130	250	190	225	180	45	80	25	28			
200	160	55	40	210	170	310	230	270	230	50		28	32	M14-6H	28	170
250	200	60		260	210	360	270	320	270	55	100	32	35	M16-6H	32	190

注：压板台的形状、位置尺寸和标记面的位置尺寸由制造者确定。

表 14-27　四导柱上模座（摘自 GB/T 2856.1—2008）　　　　（单位：mm）

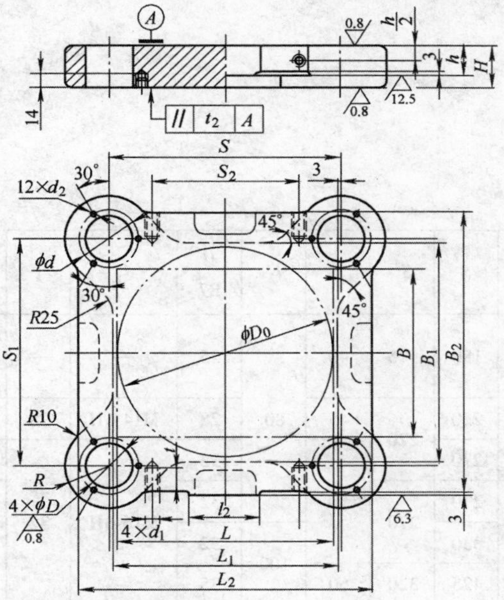

标记示例：

$L=200$mm、$B=160$mm、$H=45$mm 的四导柱上模座：

四导柱上模座 200 × 160 × 45　GB/T 2856.1—2008

技术条件：按 JB/T 8070—2008 的规定

未注粗糙度的表面为非加工表面。

（续）

凹模周界			H	h	L_1	B_1	L_2	B_2	S	S_1	R	l_2	D H6	d_1	t	S_2	d	d_2
L	B	D_0																
160	125	160	40	30	170	170	240	230	180	175	40	80	48	—	—	—	62	M6-6H
200	160	200	45	35	210	210	290	280	220	220	45		50	M14-6H	28	130	64	
250		—			260		340		270				55			170	69	
250	200	250	50			260		330		270	50							
315		—			325		425		330			100						
400	250	—	60		410	320	515	390	425	320	60		58	M16-6H	32	300	82	M8-6H

注：压板台的形状尺寸由制造者确定。

表 14-28　四导柱下模座（摘自 GB/T 2856.2—2008）　　（单位：mm）

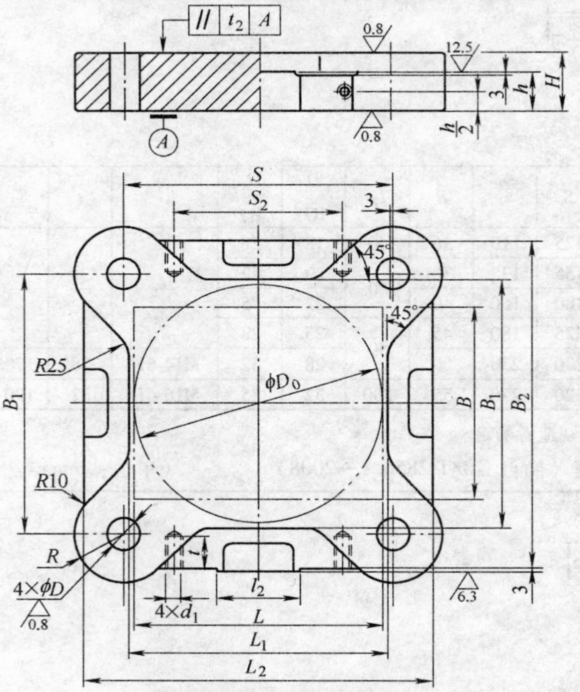

未注粗糙度的表面为非加工表面。

标记示例：

$L=200$mm、$B=160$mm、$H=55$mm 的四导柱下模座：

四导柱下模座 200×160×55　GB/T 2856.2—2008

技术条件：按 JB/T 8070—2008 的规定

凹模周界			H	h	L_1	B_1	L_2	B_2	S	S_1	R	l_2	D R7	d_1	t	S_2
L	B	D_0														
160	125	160	40 50	35	170	170	250	240	180	175	40	80	25	—	—	—
200	160	200	55	40	210	210	300	290	220	220	45		28	M14-6H	28	130
250		—	60		260		350		270				32			170
250	200	250	60		260	260	350	340	270	270	50		32	M16-6H	32	170
315		—	65		325		435		330			100	32			250
400	250	—	70	45	410	320	515	390	425	320	60		35			300

注：压板台的形状尺寸由制造者确定。

四、冲模标准钢板模架

（一）滑动导向模架

1. 后导柱模架

后导柱模架见表 14-29。

表 14-29　后导柱模架（摘自 GB/T 23565. 1—2009）　（单位：mm）

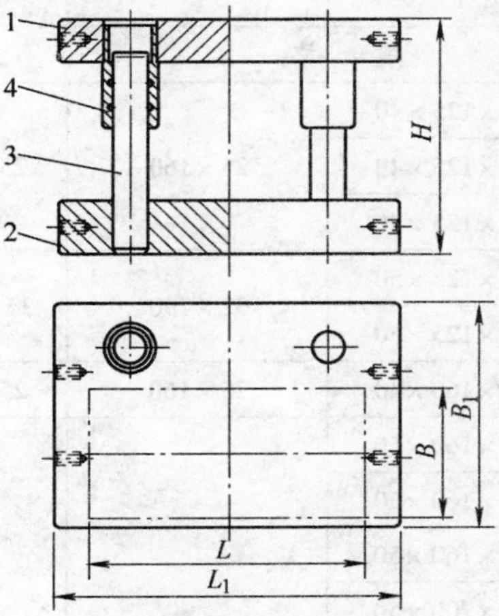

注：允许采用可卸导柱

标记示例：

$L=160$mm、$B=100$mm、$H=165$mm、Ⅰ级精度后侧导柱模架：

后侧导柱模架 160×100×165-Ⅰ GB/T 23565. 1—2009

技术要求：按 JB/T 8050—2008 的规定

凹模周界		外形尺寸		闭合高度 *H*		零件件号、名称及标准编号			
						1 上模座 GB/T 23566. 1	2 下模座 GB/T 23562. 1	3 导柱 GB/T 2861. 1	4 导套 GB/T 2861. 3
						数量			
L	*B*	L_1	B_1	最小	最大	1	1	2	2
						规格			
100	80	140	140	135	165	100×80×25	100×80×32	20×130	20×65×23
				165	200	100×80×32	100×80×40	20×160	20×70×28
125		160		135	165	125×80×25	125×80×32	20×130	20×65×23
				165	200	125×80×32	125×80×40	20×160	20×70×28
160		200		135	165	160×80×25	160×80×32	20×130	20×65×23
				165	200	160×80×32	160×80×40	20×160	20×70×28
200		250	150			200×80×32	200×80×40	25×160	25×80×28
250		315				250×80×32	250×80×40		
125	100	160	160	135	165	125×100×25	125×100×32	20×130	20×65×23
				165	200	125×100×32	125×100×40	20×160	20×70×28
160		200	170			160×100×32	160×100×40	25×160	25×80×28
200		250				200×100×32	200×100×40		
250		315				250×100×32	250×100×40		

（续）

凹模周界		外形尺寸		闭合高度 H		零件件号、名称及标准编号			
						1	2	3	4
						上模座 GB/T 23566.1	下模座 GB/T 23562.1	导柱 GB/T 2861.1	导套 GB/T 2861.3
						数量			
L	B	L_1	B_1	最小	最大	1	1	2	2
						规格			
125		160				125×125×32	125×125×40		
160		200	200	165	200	160×125×32	160×125×40	25×160	25×80×28
200	125	250				200×125×32	200×125×40		
250		315	210	195	240	250×125×40	250×125×50	32×190	32×100×38
315		400				315×125×40	315×125×50		
160		215	230	165	200	160×160×32	160×160×40	25×160	25×80×28
200	160	250				200×160×40	200×160×50		
250		315	240			250×160×40	250×160×50		
315		400				315×160×40	315×160×50		
200		280				200×200×40	200×200×50		
250		315		195	240	250×200×40	250×200×50	32×190	32×100×38
315	200	400	280			315×200×40	315×200×50		
400		500				400×200×40	400×200×50		
250		315	335			250×250×40	250×250×50		
315	250	400				315×250×40	315×250×50		
400		500	350	240	280	400×250×50	400×250×63	40×230	40×125×48
500		600				500×250×50	500×250×63		

2. 中间导柱模架

中间导柱模架见表14-30。

表14-30　中间导柱模架（摘自 GB/T 23565.3—2009）　（单位：mm）

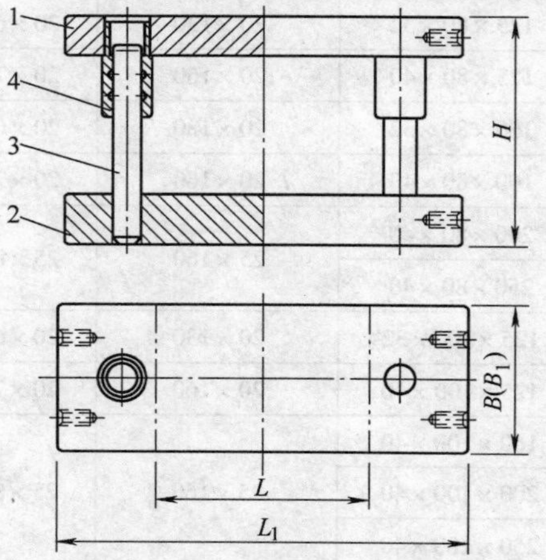

标记示例：

$L=200\text{mm}$、$B=160\text{mm}$、$H=195\text{mm}$、Ⅰ级精度的中间导柱模架：

中间导柱模架 200×165×195-Ⅰ GB/T 23565.3—2009

技术条件：按 JB/T 8050—2008 的规定

（续）

凹模周界		外形尺寸		闭合高度 H		零件件号、名称及标准编号					
						1	2	3		4	
						上模座 GB/T 23566.3	下模座 GB/T 23562.3	导柱 GB/T 2861.1		导套 GB/T 2861.3	
						数量					
L	B	L_1	B_1	最小	最大	1	1	1	1	1	1
						规格					
100	100	215	100	135	165	100×100×25	100×100×32	18×130	20×130	18×65×23	20×65×23
				165	200	100×100×32	100×100×40	18×160	20×160	18×70×28	20×70×28
125		250		135	165	125×100×25	125×100×32	18×130	20×130	18×65×23	20×65×23
				165	200	125×100×32	125×100×40	18×160	20×160	18×70×28	20×70×28
160		315				160×100×32	160×100×40				
200		355				200×100×32	200×100×40	22×160	25×160	22×80×28	25×80×28
250		400				250×100×32	250×100×40				
315		475		195	240	315×100×40	315×100×50	28×190	32×190	28×100×38	32×100×38
125	125	280	125	165	200	125×125×32	125×125×40	22×160	25×160	22×80×28	25×80×28
160		315				160×125×32	160×125×40				
200		355				200×125×32	200×125×40				
250		400		195	240	250×125×40	250×125×50	28×190	32×190	28×100×38	32×100×38
315		475				315×125×40	315×125×50				
400		560				400×125×40	400×125×50				
160	160	315	160	160	200	160×160×32	160×160×40	22×160	25×160	22×80×28	25×80×28
200		355		195	240	200×160×40	200×160×50	28×190	32×190	28×100×38	32×100×38
250		425				250×160×40	250×160×50				
315		475				315×160×40	315×160×50				
400		560				400×160×40	400×160×50				
500		670				500×160×50	500×160×50				
200	200	375	200			200×200×40	200×200×50				
250		425				250×200×40	250×200×50				
315		475				315×200×40	315×200×50				
400		560				400×200×40	400×200×50				
500		710		240	280	500×200×50	500×200×63	35×230	40×230	35×125×48	40×125×48
250	250	425	250	195	240	250×250×40	250×250×50	28×190	32×190	28×100×38	32×100×38
315		475				315×250×40	315×250×50				
400		600		240	280	400×250×50	400×250×63	35×230	40×230	35×125×48	40×125×48
500		710				500×250×50	500×250×63				
315	315	530	315			315×315×50	315×315×63				
400		600				400×315×50	400×315×63				
500		750				500×315×50	500×315×63	45×230	50×230	45×125×48	50×125×48
630		850				630×315×50	630×315×63				
500	400	750	400	240	280	500×400×50	500×400×63				
630		850		270	320	630×400×63	630×400×80	45×260	50×260	45×150×58	50×150×58

3. 对角导柱模架

对角导柱模架见表 14-31。

表 14-31　对角导柱模架（摘自 GB/T 23565.2—2009）　　（单位：mm）

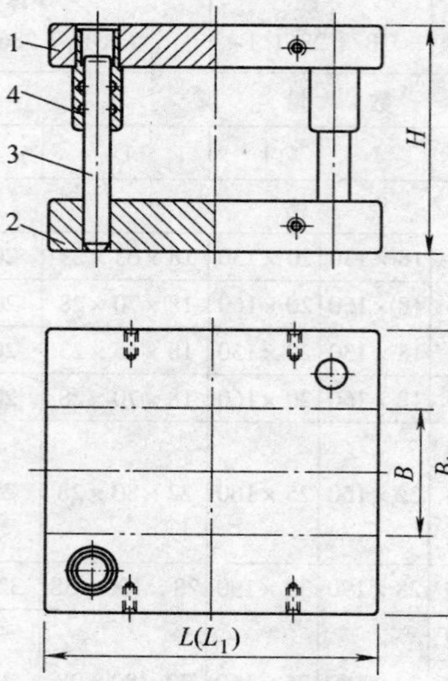

注：允许采用可卸导柱

标记示例：

$L=200$mm、$B=120$mm、$H=165$mm、Ⅰ级精度的对角导柱模架：

对角导柱模架 200×125×165-Ⅰ　GB/T 23565.2—2009

技术条件：按 JB/T 8050—2008 的规定

凹模周界		外形尺寸		闭合高度 H		零件件号、名称及标准编号					
						1	2	3		4	
						上模座 GB/T 23566.2	下模座 GB/T 23562.2	导柱 GB/T 2861.1		导套 GB/T 2861.3	
						数量					
L	B	L_1	B_1	最小	最大	1	1	1	1	1	1
						规格					
100	80	100	200	135	165	100×80×25	100×80×32	18×130	20×130	18×65×23	20×65×23
				165	200	100×80×32	100×80×40	18×160	20×160	18×70×28	20×70×28
125		125		135	165	125×80×25	125×80×32	18×130	20×130	18×65×23	20×65×23
				165	200	125×80×32	125×80×40	18×160	20×160	18×70×28	20×70×28
160		160		135	165	160×80×25	160×80×32	18×130	20×130	18×65×23	20×65×23
				165	200	160×80×32	160×80×40	18×160	20×160	18×70×28	20×70×28
200		200	225			200×80×32	200×80×40	22×160	25×160	22×80×28	25×80×28
250		250				250×80×32	250×80×40				
125	100	125		135	165	125×100×25	125×100×32	18×130	20×130	18×65×23	20×65×23
				165	200	125×100×32	125×100×40	18×160	20×160	18×70×28	20×70×28
160		160	250			160×100×32	160×100×40	22×160	25×160	22×80×28	25×80×28
200		200				200×100×32	200×100×40				
250		250				250×100×32	250×100×40				
315		315	265	195	240	315×100×40	315×100×50	28×190	32×190	28×100×38	32×100×38

（续）

凹模周界		外形尺寸		闭合高度 H		零件件号、名称及标准编号					
						1	2	3		4	
						上模座 GB/T 23566.2	下模座 GB/T 23562.2	导柱 GB/T 2861.1		导套 GB/T 2861.3	
						数　量					
L	B	L_1	B_1	最小	最大	1	1	1	1	1	1
						规　格					
160	125	160	280	165	200	160×125×32	160×125×40	22×160	25×160	22×80×28	25×80×28
200		200				200×125×32	200×125×40				
250		250		195	240	250×125×40	250×125×50	28×190	32×190	28×100×38	32×100×38
315		315				315×125×40	315×125×50				
400		400				400×125×40	400×125×50				
200	160	200	335			200×160×40	200×160×50				
250		250				250×160×40	250×160×50				
315		315				315×160×40	315×160×50				
400		400				400×160×40	400×160×50				
500		500				500×160×40	500×160×50				
250	200	250	375			250×200×40	250×200×50				
315		315				315×200×40	315×200×50				
400		400				400×200×40	400×200×50				
500		500	400	240	280	500×200×50	500×200×63	35×230	40×230	35×125×48	40×125×48
315	250	315	425	195	240	315×250×40	315×250×50	28×190	32×190	28×100×38	32×100×38
400		400	450	240	280	400×250×50	400×250×63	35×230	40×230	35×125×48	40×125×48
500		500				500×250×50	500×250×63				
630		630				630×250×50	630×250×63				
315	315	315	530			315×315×50	315×315×63	45×230	50×230	45×125×48	50×125×48
400		400				400×315×50	400×315×63				
500		500	560			500×315×50	500×315×63				
630		630				630×315×50	630×315×63				
400	400	400	630			400×400×50	400×400×63				
500		500				500×400×50	500×400×63				
630		630		270	320	630×400×63	630×400×80	45×260	50×260	45×150×58	50×150×58
800		800				800×400×63	800×400×80				

4. 四导柱模架

四导柱模架见表 14-32。

表 14-32 四导柱模架（摘自 GB/T 23565. 4—2009） （单位：mm）

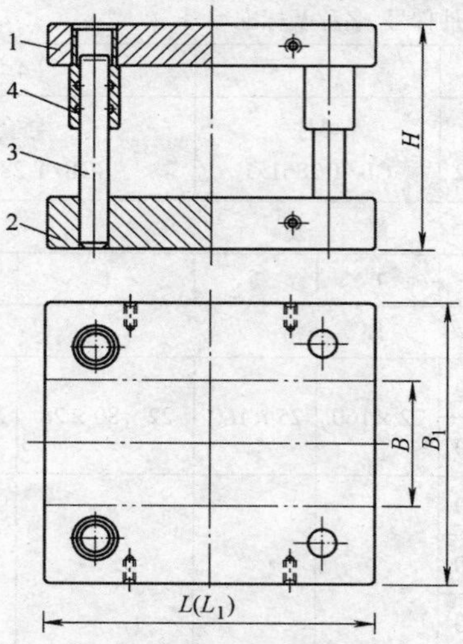

注:允许采用可卸导柱

标记示例：

L = 250mm、B = 200mm、H = 195mm、Ⅰ级精度的四导柱模架：

四导柱模架 250 × 200 × 195-Ⅰ GB/T 23565. 4—2009

技术条件：按 JB/T 8050—2009 的规定

凹模周界		外形尺寸		闭合高度 H		零件件号、名称及标准编号			
						1 上模座 GB/T 23566. 4	2 下模座 GB/T 23562. 4	3 导柱 GB/T 2861. 1	4 导套 GB/T 2861. 3
						数量			
L	B	L_1	B_1	最小	最大	1	1	4	4
						规格			
160		160				160 × 100 × 32	160 × 100 × 40		
200		200	250	165	200	200 × 100 × 32	200 × 100 × 40	25 × 160	25 × 80 × 28
250	100	250				250 × 100 × 32	250 × 100 × 40		
315		315				315 × 100 × 40	315 × 100 × 50		
400		400	265	195	240	400 × 100 × 40	400 × 100 × 50	32 × 190	32 × 100 × 38
200		200		165	200	200 × 125 × 32	200 × 125 × 40	25 × 160	25 × 80 × 28
250		250				250 × 125 × 40	250 × 125 × 50		
315	125	315	280			315 × 125 × 40	315 × 125 × 50		
400		400				400 × 125 × 40	400 × 125 × 50		
500		500				500 × 125 × 40	500 × 125 × 50		
250		250		195	240	250 × 160 × 40	250 × 160 × 50	32 × 190	32 × 100 × 38
315		315				315 × 160 × 40	315 × 160 × 50		
400	160	400	315			400 × 160 × 40	400 × 160 × 50		
500		500				500 × 160 × 40	500 × 160 × 50		
630		630		240	280	630 × 200 × 50	630 × 200 × 63	40 × 230	40 × 125 × 48
250		250	355			250 × 200 × 40	250 × 200 × 50		
315	200	315		195	240	315 × 200 × 40	315 × 200 × 50	32 × 190	32 × 100 × 38
400		400				400 × 200 × 40	400 × 200 × 50		

（二）滚动导向模架

1. 后侧导柱模架

后侧导柱模架见表 14-33。

表 14-33 后侧导柱模架（摘自 GB/T 23563.1—2009） （单位：mm）

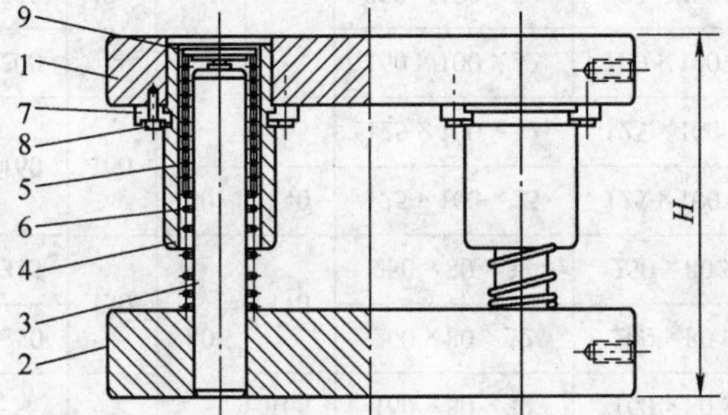

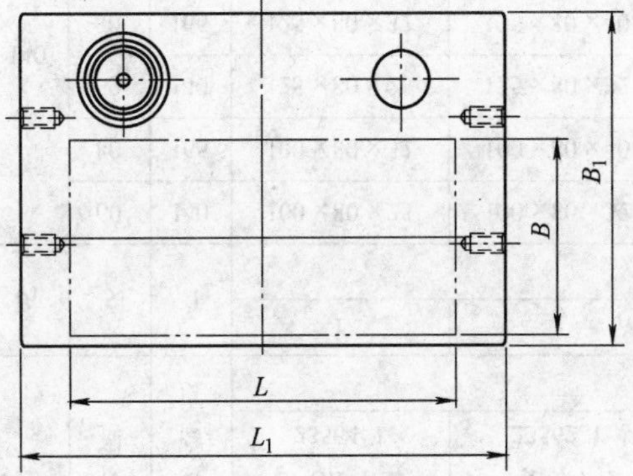

标记示例：

L = 125mm、B = 100mm、H（最小）= 135mm 的 0 Ⅰ 级精度的后侧导柱模架：

后侧导柱模架 125 × 100 × 135-0 Ⅰ GB/T 23563.1—2009

技术条件：按 JB/T 8050—2008 的规定

1—上模座
2—下模座
3—导柱
4—导套
5—钢球保持圈
6—弹簧
7—压板
8—螺钉
9—限程器

注：限程器结构和尺寸由制造者确定。
导套与上模座装配允许采用粘接方式。
允许采用可卸导柱。

（续）

凹模周界		外形尺寸		最大行程	最小闭合高度	零件件号、名称及标准编号							
						1	2	3	4	5	6	7	8
						上模座 GB/T 23564.1	下模座 GB/T 23562.1	导柱 GB/T 2861.2	导套 GB/T 2861.4	钢球保持圈 GB/T 2861.5	弹簧 GB/T 2861.6	压板 GB/T 2861.11	螺钉 GB/T 70.1
						数量							
L	*B*	L_1	B_1	*S*	*H*	1	1	2	2	2	2	4或6	4或6
						规格							
100	80	140	140	60	140	100×80×25	100×80×32	20×130	20×80×23	20×25.5×64	1.6×22×72	12×12	M4×14
				80	165	100×80×32	100×80×40	20×155	20×100×30				
125		160		60	140	125×80×25	125×80×32	20×130	20×80×23				
				80	165	125×80×32	125×80×40	20×155	20×100×30				
160		200		60	140	160×80×25	160×80×32	20×130	20×80×23				
					165	160×80×32	160×80×40	20×155	20×100×30				
200		250	150	80	170	200×80×32	200×80×40	25×160	25×100×30	25×30.5×64	1.6×29×79	16×20	M6×16
250		315				250×80×32	250×80×40						
125	100	160	160	60	140	125×100×25	125×100×32	20×130	20×80×23	20×25.5×64	1.6×22×72	12×12	M4×14
					165	125×100×32	125×100×40	20×155	20×100×30				
160		200	170	80	170	160×100×32	160×100×40	25×160	25×100×30	25×30.5×64	1.6×29×79	16×20	M6×16
200		250				200×100×32	200×400×40						
250		315				250×100×32	250×100×40						
125	125	160	200			125×125×32	125×125×40						
160		200				160×125×32	160×125×40						
200		250				200×125×32	200×125×40						

（续）

凹模周界		外形尺寸		最大行程	最小闭合高度	零件件号、名称及标准编号							
						1	2	3	4	5	6	7	8
						上模座 GB/T 23564.1	下模座 GB/T 23562.1	导柱 GB/T 2861.2	导套 GB/T 2861.4	钢球保持圈 GB/T 2861.5	弹簧 GB/T 2861.6	压板 GB/T 2861.11	螺钉 GB/T 70.1
						数量							
						1	1	2	2	2	2	4或6	4或6
L	*B*	L_1	B_1	*S*	*H*	规格							
250	125	315	210	100	200	250×125×40	250×125×50	32×190	32×120×38	32×39.5×84	2×37×87		
315		400				315×125×40	315×125×50						
160		215	230	80	170	160×160×32	160×160×40	25×160	25×100×30	25×30.5×64	1.6×29×79	16×20	M6×16
200	160	250	240			200×160×40	200×160×50						
250		315				250×160×40	250×160×50				2×37×87		
315		400				315×160×40	315×160×50						
200		280	280			200×200×40	200×200×50						
250	200	315		100	200	250×200×40	250×200×50	32×190	32×120×38	32×39.5×84		16×20	M6×16
315		400				315×200×40	315×200×50				2×37×87		
400		500				400×200×40	400×200×50						
250		315	335			250×250×40	250×250×50						
315	250	400				315×250×40	315×250×50					20×20	M8×20
400		500	350	120	245	400×250×50	400×250×63	40×230	40×150×48	40×49.5×84	2×45×107		
500		600				500×250×50	500×250×63						

（续）

凹模周界		外形尺寸		闭合高度 H		零件件号、名称及标准编号			
						1	2	3	4
						上模座 GB/T 23566.4	下模座 GB/T 23562.4	导柱 GB/T 2861.1	导套 GB/T 2861.3
						数量			
L	B	L_1	B_1	最小	最大	1	1	4	4
						规格			
500	200	500	400	240	280	500×200×50	500×200×63	40×230	40×125×48
630		630				630×200×50	630×200×63		
315	250	315	425	195	240	315×250×40	315×250×50	32×190	32×100×38
400		400	450	240	280	400×250×50	400×250×63	40×230	40×125×48
500		500				500×250×50	500×250×63		
630		630				630×250×50	630×250×63		
800		800				800×250×50	800×250×63		
400	315	400	530			400×315×50	400×315×63	50×230	
500		500	560			500×315×50	500×315×63		50×125×48
630		630				630×315×50	630×315×63		
800		800		270	320	800×315×63	800×315×80	50×260	50×150×58
500	400	500	630	240	280	500×400×50	500×400×63	50×230	50×125×48
630		630		270	320	630×400×63	630×400×80	50×260	50×150×58
800		800				800×400×63	800×400×80		
1000		1000	670	330	370	1000×400×80	1000×400×100	60×320	60×170×73
630	500	630	750	270	320	630×500×63	630×500×80	50×260	50×150×58
800		800		330	370	800×500×80	800×500×100	60×320	60×170×73
1000		1000				1000×500×80	1000×500×100		
1000	630	1000	900			1000×630×80	1000×630×100		

2. 中间导柱模架

中间导柱模架见表 14-34。

表 14-34　中间导柱模架（摘自 GB/T 23563.3—2009）　　（单位：mm）

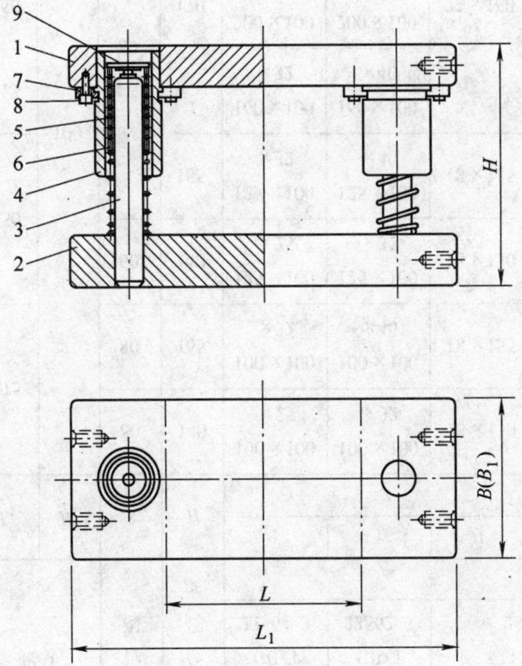

标记示例：

$L=200$mm、$B=160$mm、$H=195$mm 的 0 Ⅱ级精度的中间导柱模架：

中间导柱模架 200×160×195-0 Ⅱ　GB/T 23563.3—2009

技术条件：按 JB/T 8050—2008 的规定

1—上模座
2—下模座
3—导柱
4—导套
5—钢球保持圈
6—弹簧
7—压板
8—螺钉
9—限程器

注：限程器结构和尺寸由制造者确定。
导套与上模座装配允许采用粘接方式。
允许采用可卸导柱。

（续）

凹模周界		外形尺寸		最大行程	最小闭合高度	零件件号、名称及标准编号											
						1	2	3		4		5		6		7	8
						上模座 GB/T 23564.3	下模座 GB/T 23562.3	导柱 GB/T 2861.2		导套 GB/T 2861.4		钢球保持圈 GB/T 2861.5		弹簧 GB/T 2861.6		压板 GB/T 2861.11	螺钉 GB/T 70.1
						数量											
L	B	L_1	B_1	S	H	1	1	1	1	1	1	1	1	1	1	4或6	4或6
						规格											
100	100	215	100	60	140	100×100×25	100×100×32	18×130	20×130	18×80×23	20×80×23	18×23.5×64	20×25.5×64	1.6×22×72	1.6×22×72	12×12	M4×14
				80	165	100×100×32	100×100×40	18×155	20×155	18×100×30	20×100×30						
125		250		60	140	125×100×25	125×100×32	18×130	20×130	18×80×23	20×80×23						
				80	165	125×100×32	125×100×40	18×155	20×155	18×100×30	20×100×30						
160		315			170	160×100×32	160×100×40	22×160	25×160	22×100×30	25×100×30	22×27.5×64	25×30.5×64	1.6×26×72	1.6×29×79	16×20	M6×16
200		355				200×100×32	200×100×40										
250		400				250×100×32	250×100×40										
315		475		100	200	315×100×40	315×100×50	28×190	32×190	28×120×38	32×120×38	28×35.5×84	32×39.5×84	1.6×32×86	2×37×87		
125	125	280	125	80	170	125×125×32	125×125×40	22×160	25×160	22×100×30	25×100×30	22×27.5×64	25×30.5×64	1.6×26×72	1.6×29×79		

（续）

凹模周界		外形尺寸		最大行程	最小闭合高度	零件件号、名称及标准编号											
						1	2	3		4		5		6		7	8
						上模座 GB/T 23564.3	下模座 GB/T 23562.3	导柱 GB/T 2861.2		导套 GB/T 2861.4		钢球保持圈 GB/T 2861.5		弹簧 GB/T 2861.6		压板 GB/T 2861.11	螺钉 GB/T 70.1
						数量											
L	B	L_1	B_1	S	H	1	1	1	1	1	1	1	1	1	1	4或6	4或6
						规格											
160	125	315	125	80	170	160×125×32	160×125×40	22×160	25×160	22×100×30	25×100×30	22×27.5×64	25×30.5×64	1.6×26×72	1.6×29×79	16×20	M6×16
200		355				200×125×32	200×125×40										
250		400		100	200	250×125×40	250×125×50	28×190	32×190	28×120×38	32×120×38	28×35.5×84	32×39.5×84	1.6×32×86	2×37×87		
315		475				315×125×40	315×125×50										
400		560				400×125×40	400×125×50										
160	160	315	160	80	170	160×160×32	160×160×40	22×160	25×160	22×100×30	25×100×30	22×27.5×64	25×30.5×64	1.6×26×72	1.6×29×79		
200		355		100	200	200×160×40	200×160×50	28×190	32×190	28×120×38	32×120×38	28×35.5×84	32×39.5×84	1.6×32×86	2×37×87		
250		425				250×160×40	250×160×50										
315		475				315×160×40	315×160×50										

（续）

凹模周界		外形尺寸		最大行程	最小闭合高度	零件件号、名称及标准编号											
						1	2	3		4		5		6		7	8
						上模座 GB/T 23564.3	下模座 GB/T 23562.3	导柱 GB/T 2861.2		导套 GB/T 2861.4		钢球保持圈 GB/T 2861.5		弹簧 GB/T 2861.6		压板 GB/T 2861.11	螺钉 GB/T 70.1
						数量											
L	B	L_1	B_1	S	H	1	1	1	1	1	1	1	1	1	1	4或6	4或6
						规格											
400	160	560	160	100	200	400×160×40	400×160×50	28×190	32×190	28×120×38	32×120×38	28×35.5×84	32×39.5×84	1.6×32×86	2×37×87	16×20	M6×16
500		670				500×160×40	500×160×50										
200	200	375	200			200×200×40	200×200×50										
250		425				250×200×40	250×200×50										
315		475				315×200×40	315×200×50										
400		560				400×200×40	400×200×50										
500		710			245	500×200×50	500×200×63	35×230	40×230	35×150×48	40×150×48	35×44.5×84	40×49.5×84	2×40×88	2×45×88	20×20	M8×20
250	250	425	250		200	250×250×40	250×250×50	28×190	32×190	28×120×38	32×120×38	28×35.5×84	32×39.5×84	1.6×32×86	2×37×87		
315		475				315×250×40	315×250×50										

（续）

凹模周界		外形尺寸		最大行程	最小闭合高度	零件件号、名称及标准编号											
						1	2	3		4		5		6		7	8
						上模座 GB/T 23564.3	下模座 GB/T 23562.3	导柱 GB/T 2861.2		导套 GB/T 2861.4		钢球保持圈 GB/T 2861.5		弹簧 GB/T 2861.6		压板 GB/T 2861.11	螺钉 GB/T 70.1
						数量											
L	B	L_1	B_1	S	H	1	1	1	1	1	1	1	1	1	1	4或6	4或6
						规格											
400	250	600	250	120	245	400×250×50	400×250×63	35×230	40×230	35×150×48	40×150×48	35×44.5×84	40×49.5×84	2×40×88	2×45×88	20×20	M8×20
500		710				500×250×50	500×250×63										
315	315	530	315			315×315×50	315×315×63										
400		600				400×315×50	400×315×63										
500		750				500×315×50	500×315×63										
630		850				630×315×50	630×315×63	45×230	50×230	45×150×48	50×150×48	45×54.5×90	50×59.5×90	2×50×107	2×55×107		
500	400	750	400			500×400×50	500×400×63										
630		850			275	630×400×63	630×400×80	45×260	50×260	45×150×58	50×150×58			2×50×128	2×55×128		

3. 对角导柱模架

对角导柱模架见表 14-35。

表 14-35　对角导柱模架（摘自 GB/T 23563.2—2009）　（单位：mm）

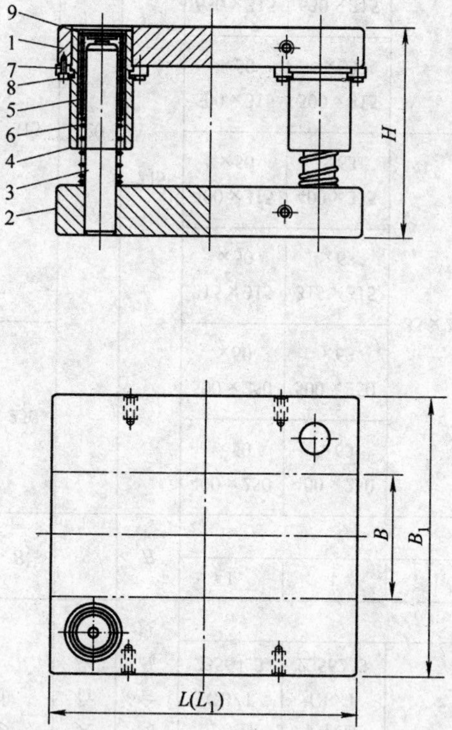

标记示例：

$L=250$mm、$B=125$mm、$H=195$mm 的 0 Ⅰ级精度的对角导柱模架：

对角导柱模架 250 × 125 × 195-0 Ⅰ　GB/T 23563.2—2009

技术条件：按 JB/T 8050—2008 的规定

1—上模座
2—下模座
3—导柱
4—导套
5—钢球保持圈
6—弹簧
7—压板
8—螺钉
9—限程器

注：限程器结构和尺寸由制造者确定。

导套与上模座装配允许采用粘接方式。

允许采用可卸导柱。

（续）

凹模周界		外形尺寸		最大行程	最小闭合高度	零件件号、名称及标准编号											
						1	2	3		4		5		6		7	8
						上模座 GB/T 23564.2	下模座 GB/T 23562.2	导柱 GB/T 2861.2		导套 GB/T 2861.4		钢球保持圈 GB/T 2861.5		弹簧 GB/T 2861.6		压板 GB/T 2861.11	螺钉 GB/T 70.1
						数量											
						1	1	1	1	1	1	1	1	1	1	4或6	4或6
L	*B*	L_1	B_1	*S*	*H*	规格											
100	80	100	200	60	140	100×80×25	100×80×32	18×130	20×130	18×80×23	20×80×23	18×23.5×64	20×25.5×64	1.6×22×72	1.6×22×72	12×12	M4×14
				80	165	100×80×32	100×80×40	18×155	20×155	18×100×30	20×100×30						
125		125		60	140	125×80×25	125×80×32	18×130	20×130	18×80×23	20×80×23						
				80	165	125×80×32	125×80×40	18×155	20×155	18×100×30	20×100×30						
160		160		60	140	160×80×25	160×80×32	18×130	20×130	18×80×23	20×80×23						
				80	165	160×80×32	160×80×40	18×155	20×155	18×100×30	20×100×30						
200		200	225	80	170	200×80×32	200×80×40	22×160	25×160	22×100×30	25×100×30	22×27.5×64	25×30.5×64	1.6×26×72	1.6×29×79	16×20	M6×16
250		250				250×80×32	250×80×40										

（续）

凹模周界		外形尺寸		最大行程	最小闭合高度	零件件号、名称及标准编号											
						1	2	3		4		5		6		7	8
						上模座 GB/T 23564.2	下模座 GB/T 23562.2	导柱 GB/T 2861.2		导套 GB/T 2861.4		钢球保持圈 GB/T 2861.5		弹簧 GB/T 2861.6		压板 GB/T 2861.11	螺钉 GB/T 70.1
						数量											
L	B	L_1	B_1	S	H	1	1	1	1	1	1	1	1	1	1	4 或 6	4 或 6
						规格											
125	100	125	225	60	140	125×100×25	125×100×32	18×130	20×130	18×80×23	20×80×23	18×23.5×64	20×25.5×64	1.6×22×72	1.6×22×72	12×12	M4×14
				80	165	125×100×32	125×100×40	18×155	20×155	18×100×30	20×100×30						
160		160	250		170	160×100×32	160×100×40	22×160	25×160	22×100×30	25×100×30	22×27.5×64	25×30.5×64	1.6×26×72	1.6×29×79	16×20	M6×16
200		200				200×100×32	200×100×40										
250		250				250×100×32	250×100×40										
315		315	265	100	200	315×100×40	315×100×50	28×190	32×190	28×120×38	32×120×38	28×35.5×84	32×39.5×84	1.6×32×86	2×37×87		
160	125	160	280	80	170	160×125×32	160×125×40	22×160	25×160	22×100×30	25×100×30	22×27.5×64	25×30.5×64	1.6×26×72	1.6×29×79		
200		200				200×125×32	200×125×40										

（续）

凹模周界		外形尺寸		最大行程	最小闭合高度	零件件号、名称及标准编号											
						1	2	3		4		5		6		7	8
						上模座 GB/T 23564.2	下模座 GB/T 23562.2	导柱 GB/T 2861.2		导套 GB/T 2861.4		钢球保持圈 GB/T 2861.5		弹簧 GB/T 2861.6		压板 GB/T 2861.11	螺钉 GB/T 70.1
						数量											
						1	1	1	1	1	1	1	1	1	1	4 或 6	4 或 6
L	*B*	L_1	B_1	*S*	*H*	规格											
250	125	250	280	100	200	250×125×40	250×125×50	28×190	32×190	28×120×38	32×120×38	28×35.5×84	32×39.5×84	1.6×32×86	2×37×87	16×20	M6×16
315		315				315×125×40	315×125×50										
400		400				400×125×40	400×125×50										
200	160	200	335			200×160×40	200×160×50										
250		250				250×160×40	250×160×50										
315		315				315×160×40	315×160×50										
400		400				400×160×40	400×160×50										
500		500				500×160×40	500×160×50										

（续）

凹模周界		外形尺寸		最大行程	最小闭合高度	零件件号、名称及标准编号											
						1	2	3		4		5		6		7	8
						上模座 GB/T 23564.2	下模座 GB/T 23562.2	导柱 GB/T 2861.2		导套 GB/T 2861.4		钢球保持圈 GB/T 2861.5		弹簧 GB/T 2861.6		压板 GB/T 2861.11	螺钉 GB/T 70.1
						数量											
L	*B*	L_1	B_1	*S*	*H*	1	1	1	1	1	1	1	1	1	1	4或6	4或6
						规格											
250		250				250×200×40	250×200×50										
315	200	315	375	100	200	315×200×40	315×200×50	28×190	32×190	28×120×38	32×120×38	28×35.5×84	32×39.5×84	1.6×32×86	2×37×87	16×20	M6×16
400		400				400×200×40	400×200×50										
500		500	400	120	245	500×200×50	500×200×63	35×230	40×230	35×150×48	40×150×48	35×44.5×84	40×49.5×84	2×40×88	2×45×88		
315		315	425	100	200	315×250×40	315×250×50	28×190	32×190	28×120×38	32×120×38	28×35.5×84	32×39.5×84	1.6×32×86	2×37×87		
400	250	400				400×250×50	400×250×63									20×20	M8×20
500		500	450	120	245	500×250×50	500×250×63	35×230	40×230	35×150×48	40×150×48	35×44.5×84	40×49.5×84	2×40×88	2×45×88		
630		630				630×250×50	630×250×63										

（续）

凹模周界 L	凹模周界 B	外形尺寸 L_1	外形尺寸 B_1	最大行程 S	最小闭合高度 H	1 上模座 GB/T 23564.2	2 下模座 GB/T 23562.2	3 导柱 GB/T 2861.2		4 导套 GB/T 2861.4		5 钢球保持圈 GB/T 2861.5		6 弹簧 GB/T 2861.6		7 压板 GB/T 2861.11	8 螺钉 GB/T 70.1
数量						1	1	1	1	1	1	1	1	1	1	4或6	4或6
规格																	
315	315	315	530	120	245	315×315×50	315×315×63	35×230	40×230	35×150×48	40×150×48	35×44.5×84	40×49.5×84	2×40×88	2×45×88	20×20	M8×20
400		400				400×315×50	400×315×63										
500		500	560			500×315×50	500×315×63										
630		630				630×315×50	630×315×63										
400	400	400	630			400×400×50	400×400×63										
500		500				500×400×50	500×400×63										
630		630			275	630×400×63	630×400×80	45×260	50×260	45×150×58	50×150×58	45×54.5×90	50×59.5×90	2×50×107	2×55×107		
800		800				800×400×63	800×400×80										

4. 四角导柱模架

四角导柱模架见表 14-36。

表 14-36 四角导柱模架（摘自 GB/T 23563.4—2009） （单位：mm）

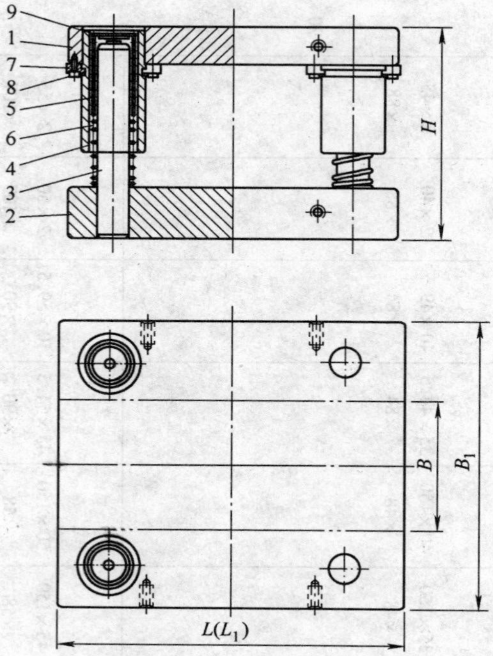

标记示例：

$L=630$mm、$B=500$mm、$H=275$mm、01 级精度的四角导柱模架：

四角导柱模架 630 × 500 × 275-01 GB/T 23563.4—2009

技术条件：按 JB/T 8050—2008 的规定

1—上模座

2—下模座

3—导柱

4—导套

5—钢球保持圈

6—弹簧

7—压板

8—螺钉

9—限程器

注：限程器结构和尺寸由制造者确定。导套与上模座装配允许采用粘接方式。允许采用可卸导柱。

凹模周界		外形尺寸		最大行程	最小闭合高度	零件件号、名称及标准编号							
						1	2	3	4	5	6	7	8
						上模座 GB/T 23564.4	下模座 GB/T 23562.4	导柱 GB/T 2861.2	导套 GB/T 2861.4	钢球保持圈 GB/T 2861.5	弹簧 GB/T 2861.6	压板 GB/T 2861.11	螺钉 GB/T 70.1
						数量							
L	B	L_1	B_1	S	H	1	1	4	4	4	4	8 或 12	8 或 12
						规格							
160	100	160	250	80	170	160×100×32	160×100×40	25×160	25×100×30	25×30.5×64	1.6×29×79	16×20	M6×16
200		200				200×100×32	200×100×40						
250		250				250×100×32	250×100×40						
315		315	265	100	200	315×100×40	315×100×50	32×190	32×120×38	32×39.5×84	2×37×87		
400		400				400×100×40	400×100×50						
200	125	200	280	80	170	200×125×32	200×125×40	25×160	25×100×30	25×30.5×64	1.6×29×79		
250		250		100	200	250×125×40	250×125×50	32×190	32×120×38	32×39.5×84	2×37×87		
315		315				315×125×40	315×125×50						
400		400				400×125×40	400×125×50						
500		500				500×125×40	500×125×50						

（续）

凹模周界		外形尺寸		最大行程	最小闭合高度	零件件号、名称及标准编号							
						1	2	3	4	5	6	7	8
						上模座 GB/T 23564.4	下模座 GB/T 23562.4	导柱 GB/T 2861.2	导套 GB/T 2861.4	钢球保持圈 GB/T 2861.5	弹簧 GB/T 2861.6	压板 GB/T 2861.11	螺钉 GB/T 70.1
						数量							
L	B	L_1	B_1	S	H	1	1	4	4	4	4	8或12	8或12
						规格							
250	160	250	315	100	200	250×125×40	250×160×50	32×190	32×120×38	32×39.5×84	2×37×87	16×20	M6×16
315		315				315×160×40	315×160×50						
400		400				400×160×40	400×160×50						
500		500				500×160×40	500×160×50						
630		630	355	120	245	630×160×50	630×160×63	40×230	40×150×48	40×49.5×84	2×45×88		
250	200	250		100	200	250×200×40	250×200×50	32×190	32×120×38	32×39.5×84	2×37×87		
315		315				315×200×40	315×200×50						
400		400				400×200×40	400×200×50						
500		500	400	120	245	500×200×50	500×200×63	40×230	40×150×48	40×49.5×84	2×45×88	20×20	M8×20
630		630				630×200×50	630×200×63						
315	250	315	425	100	200	315×250×40	315×250×50	32×190	32×120×38	32×39.5×84	2×37×87	16×20	M6×16
400		400	450	120	245	400×200×50	400×250×63	40×230	40×150×48	40×49.5×84	2×45×88	20×20	M8×20
500		500				500×250×50	500×250×63						
630		630				630×250×50	630×250×63						
800		800				800×250×50	800×250×63						
400	315	400	530			400×315×50	400×315×63	50×230	50×150×48	50×59.5×90	2×55×107		
500		500	560			500×315×50	500×315×63						
630		630				630×315×50	630×315×63						
800		800			275	800×315×63	800×315×80	50×260	50×150×58		2×50×128		
500	400	500	630		245	500×400×50	500×400×63	50×230	50×150×48		2×55×107		
630		630			275	630×400×63	630×400×80	50×260	50×150×58		2×55×128		
800		800				800×400×63	800×400×80						
1000		1000	670	140	335	1000×400×80	1000×400×100	60×320	60×180×78	60×69.5×110	3×65×135	24×24	M10×25
630	500	630	750	120	275	630×500×63	630×500×80	50×260	50×150×58	50×59.5×90	2×55×128	20×20	M8×20
800		800		140	335	800×500×80	800×500×100	60×320	60×180×78	60×69.5×110	3×65×135	24×24	M10×25
1000		1000				1000×500×80	1000×500×100						
1000	630	1000	900			1000×630×80	1000×630×100						

五、冲模钢板模座

冲模钢板模座的材料和硬度由制造者选定。

（一）冲模钢板下模座

1. 后侧导柱下模座

后侧导柱下模座见表 14-37。

表 14-37 后侧导柱下模座（摘自 GB/T 23562. 1—2009） （单位：mm）

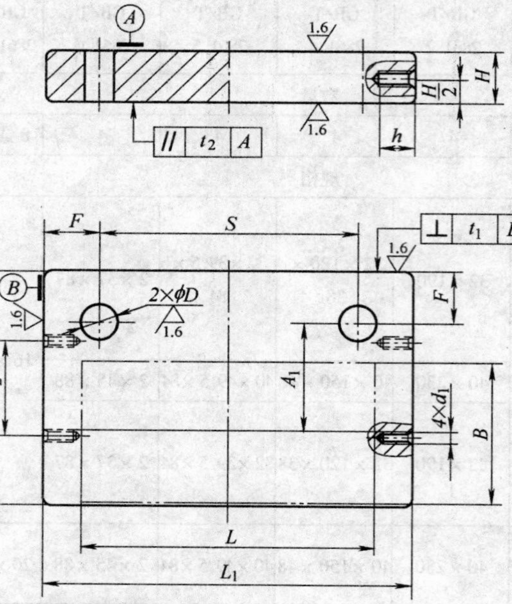

标记示例：

L = 200mm、B = 200mm、H = 50mm 的后侧导柱下模座：

后侧导柱下模座 200 × 200 × 50 GB/T 23562. 1—2009

技术条件：按 JB/T 8070—2008 的规定

注：未注表面粗糙度 Ra 6.3μm。
吊装螺孔的位置尺寸由制造者确定。

凹模周界 L	凹模周界 B	L_1	B_1	H	F	A_1	S	$DR7$	B_2	d_1-7H	h
100	80	140	140	32, 40	32	65	76	20	—	—	—
125	80	160	140	32, 40	32	65	96	20	—	—	—
160	80	200	140	32, 40	32	65	136	20	—	—	—
200	80	250	150	40	40	68	170	25	60	M12	25
250	80	315	150	40	40	68	235	25	60	M12	25
125	100	160	160	32	32	75	96	20	—	—	—
160	100	200	170	40	40	78	120	25	—	—	—
200	100	250	170	40	40	78	170	25	60	M12	25
250	100	315	170	40	40	78	235	25	60	M12	25
125	125	160	200	40	40	92	80	25	—	—	—
160	125	200	200	40	40	92	120	25	60	M12	25
200	125	250	200	40	40	92	170	25	60	M12	25
250	125	315	210	50	45	98	225	32	60	M12	25
315	125	400	210	50	45	98	310	32	60	M12	25
160	160	215	230	40	40	110	135	25	90	M12	25
200	160	250	240	50	45	112	160	32	90	M12	25
250	160	315	240	50	45	112	225	32	90	M12	25
315	160	400	240	50	45	112	310	32	90	M12	25

（续）

凹模周界 L	凹模周界 B	L_1	B_1	H	F	A_1	S	DR7	B_2	d_1-7H	h
200	200	280	280	50	45	132	190	32	140	M12	25
250		315					225				
315		400					310				
400		500					410				
250	250	315	335			160	225		170		
315		400					310				
400		500	350	63	55	165	390	40			
500		600					490				

2. 中间导柱下模座

中间导柱下模座见表 14-38。

表 14-38　中间导柱下模座（摘自 GB/T 23562.3—2009）　（单位：mm）

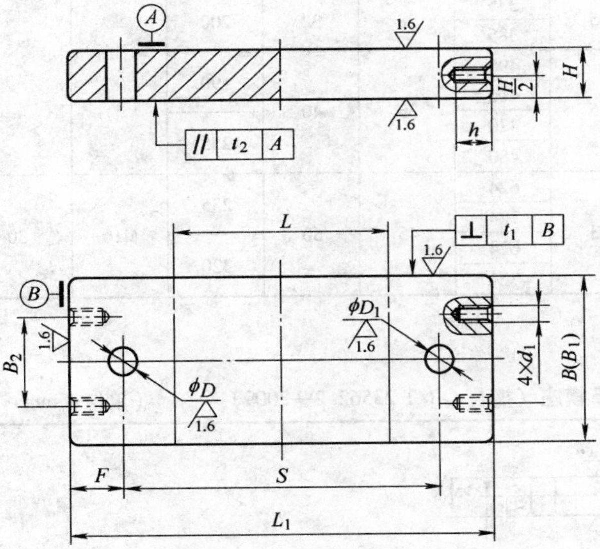

标记示例：

$L = 160$mm、$B = 160$mm、$H = 40$mm 的中间导柱下模座：

中间导柱下模座 160×160×40　GB/T 23562.3—2009

技术条件：按 JB/T 8070—2008 的规定

注：未注表面粗糙度 *Ra* 6.3μm。

凹模周界 L	凹模周界 B	L_1	B_1	H	F	S	DR7	D_1R7	B_2	d_1-7H	h
100	100	215	100	25	32	151	18	20	—	—	—
				32							
125		250		25		186					
				32							
160		315		40	40	235	22	25			
200		355				275					
250		400				320			60	M12	25
315		475		50	45	385	28	32			
125	125	280	125	40	40	200	22	25	—	—	—
160		315				235					
200		355				275			80	M12	25

（续）

凹模周界		L_1	B_1	H	F	S	DR7	D_1R7	B_2	d_1-7H	h
L	B										
250	125	400	125	50	45	310	28	32	80	M12	25
315		475				385			75		
400		560				470					
160	160	315	160	40	40	235	22	25	120		
200		355		50	45	265	28	32			
250		425				335					
315		475				385			110		
400		560				470					
500		670				580					
200	200	375	200			285			150		
250		425				335					
315		475				385					
400		560				470					
500		710		63	55	600	35	40			
250	250	425	250	50	45	335	28	32	200		
315		475				385					
400		600		63	55	490	35	40	190		
500		710				600					
315	315	530	315			420			255		
400		600				480					
500		750			63	624	45	50	235	M16	30
630		850				724					
500	400	750	400			624			320		
630		850		80		724					

3. 对角导柱下模座

对角导柱下模座见表14-39。

表14-39　对角导柱下模座（摘自GB/T 23562.2—2009）　（单位：mm）

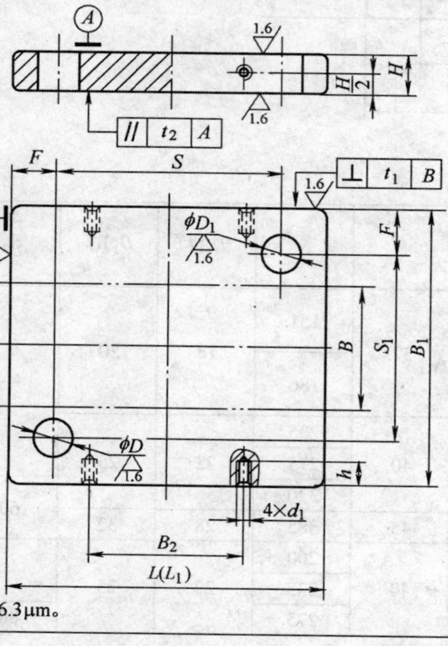

标记示例：

L=125mm、B=100mm、H=32mm的对角导柱下模座：

对角导柱下模座 125×100×32　GB/T 23562.2—2009

技术条件：按JB/T 8070—2008的规定

注：未注表面粗糙度Ra 6.3μm。

（续）

凹模周界		L_1	B_1	H	F	S	S_1	D R7	D_1 R7	B_2	d_1-7H	h
L	B											
100		100		32		36						
				40								
125		125	200	32	32	61	136	18	20	—	—	—
				40								
160	80	160		32		96						
200		200		40	40	120	145	22	25	60	M12	25
250		250	225			170				100		
125		125		32	32	61	161	18	20	—	—	—
160		160				80						
200	100	200	250	40	40	120	170	22	25	60		
250		250				170				100		
315		315	265	50	45	225	175	28	32	155		
160		160		40	40	80	200	22	25	60		
200		200				120						
250	125	250	280			160				100		
315		315				225	190			155		
400		400				310				220		
200		200				110				60	M12	25
250		250				160				100		
315	160	315	335	50	45	225	245	28	32	155		
400		400				310				220		
500		500				410				320		
250		250				160				80		
315		315	375			225	285			155		
400	200	400				310				220		
500		500	400	63	55	390	290	35	40	300		
315		315	425	50	50	215	325	28	32	145		
400		400				290				200		
500	250	500	450			390	340			300		
630		630			55	520		35	40	430		
315		315				205				115		
400		400	530	63		290	420			200		
500	315	500				374				280	M16	30
630		630	560			504	434			380		
400		400			63	274		45	50	180		
500		500				374				280		
630	400	630	630			504	504			380		
800		800		80		674				550	M20	35

4. 四导柱下模座

四导柱下模座见表 14-40。

表 14-40　四导柱下模座（摘自 GB/T 23562. 4—2009）　　　　（单位：mm）

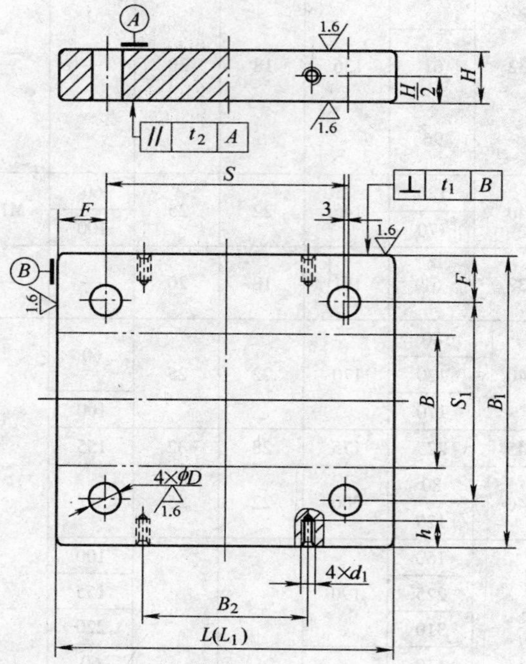

标记示例：

L = 250mm、B = 200mm、H = 50mm 的四导柱下模座：

四 导 柱 下 模 座　250　×　200　×　50　　GB/T 23562. 4—2009

技术条件：按 JB/T 8070—2008 的规定

注：未注表面粗糙度 Ra 6.3μm。

凹模周界		L_1	B_1	H	F	S	S_1	D R7	B_2	d_1-7H	h
L	B										
160	100	160	250	40	40	80	170	25	60	M12	25
200		200				120			80		
250		250				170			100		
315		315	265	50	45	225	175	32	155		
400		400				310			240		
200	125	200	280	40	40	120	185	25	80		
250		250		50	45	160	190	32	100		
315		315				225			155		
400		400				310			240		
500		500				410			330		
250	160	250	315			160	225		100		
315		315				225			155		
400		400				310			230		
500		500				410			330		
630		630		63	55	520	245	40	430		
250	200	250	355	50	45	160	265	32	100		
315		315				225			150		
400		400				310			230		
500		500	400	63	55	390	290	40	300		
630		630				520			430	M16	30

（续）

凹模周界		L_1	B_1	H	F	S	S_1	D R7	B_2	d_1-7H	h
L	B										
315	250	315	425	50	45	225	335	32	150	M12	25
400		400	450	63	55	290	340	40	200		
500		500				390			300	M16	30
630		630				520			430		
800		800				690			600		
400	315	400	530		63	290	420		200		
500		500	560			374	434	50	280		
630		630				504			380		
800		800		80		674			550		
500	400	500	630	63		374	504		280		
630		630		80		504			380		
800		800				674			550	M20	35
1000		1000	670	100	70	860	530	60	700		
630	500	630	750	80	63	504	624	50	380		
800		800		100	70	660	610	60	500		
1000		1000				860			700		
1000	630	1000	900				760				

（二）滑动导向上模座

1. 后侧导柱上模座

后侧导柱上模座见表 14-41。

表 14-41　后侧导柱上模座（摘自 GB/T 23566.1—2009）　　（单位：mm）

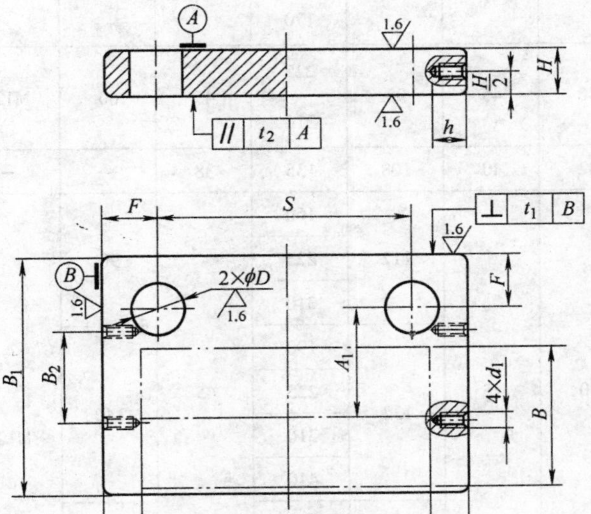

标记示例：

$L=200$mm、$B=200$mm、$H=40$mm 后侧导柱上模座：

后侧导柱上模座 200 × 200 × 40 GB/T 23566—2009

技术条件：按 JB/T 8070—2008 的规定

注：未注表面粗糙度 Ra 6.3μm。
吊装螺孔的位置尺寸由制造者确定。

（续）

凹模周界		L_1	B_1	H	F	A_1	S	D H7	B_2	d_1-7H	h
L	B										
100	80	140	140	25	32	65	76	32	—	—	—
				32							
125		160		25			96				
				32							
160		200		25			136				
				32							
200		250	150		40	68	170	38			
250		315					235				
125	100	160	160	25	32	75	96	32			
				32							
160		200	170		40	78	120	38			
200		250					170				
250		315					235				
125	125	160	200			92	80				
160		200					120				
200		250					170				
250		315	210	40	45	98	225	45	60	M12	25
315		400					310				
160	160	215	230	32	40	108	135	38	—	—	—
200		250	240	40	45	112	160	45	90	M12	25
250		315					225				
315		400					310				
200	200	280	280			132	190		140		
250		315					225				
315		400					310				
400		500					410				
250	250	315	335			160	225		170		
315		400					310				
400		500	350	50	55	165	390	55			
500		600					490				

2. 中间导柱上模座

中间导柱上模座见表 14-42。

表 14-42　中间导柱上模座（摘自 GB/T 23566. 3—2009）　　（单位：mm）

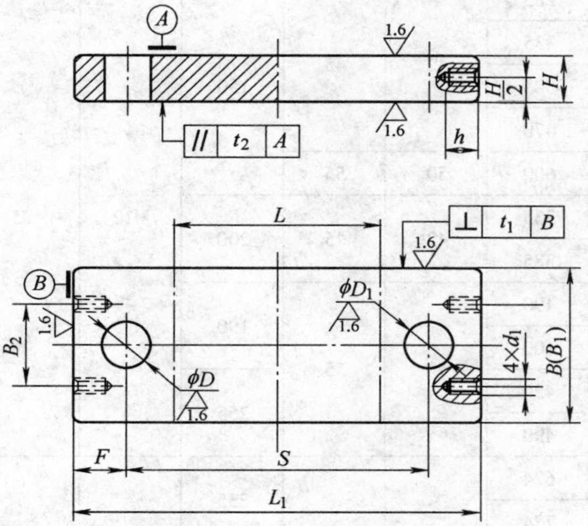

标记示例：

$L=160$mm、$B=160$mm、$H=32$mm 的中间导柱上模座：

中间导柱上模座　160 × 160 × 32　GB/T 23566. 3—2009

技术条件：按 JB/T 8070—2008 的规定

注：未注表面粗糙度 $Ra6.3\mu m$。

<table>
<tr><th colspan="2">凹模周界</th><th rowspan="2">L_1</th><th rowspan="2">B_1</th><th rowspan="2">H</th><th rowspan="2">F</th><th rowspan="2">S</th><th rowspan="2">D H7</th><th rowspan="2">D_1 H7</th><th rowspan="2">B_2</th><th rowspan="2">d_1-7H</th><th rowspan="2">h</th></tr>
<tr><th>L</th><th>B</th></tr>
<tr><td rowspan="2">100</td><td rowspan="8">100</td><td rowspan="2">215</td><td rowspan="8">100</td><td>25</td><td rowspan="4">32</td><td rowspan="2">151</td><td rowspan="4">28</td><td rowspan="4">32</td><td rowspan="13">—</td><td rowspan="13">—</td><td rowspan="13">—</td></tr>
<tr><td>32</td></tr>
<tr><td rowspan="2">125</td><td rowspan="2">250</td><td>25</td><td rowspan="2">186</td></tr>
<tr><td>32</td></tr>
<tr><td>160</td><td>315</td><td rowspan="3">32</td><td rowspan="3">40</td><td>235</td><td rowspan="3">35</td><td rowspan="3">38</td></tr>
<tr><td>200</td><td>355</td><td>275</td></tr>
<tr><td>250</td><td>400</td><td>320</td></tr>
<tr><td>315</td><td>475</td><td>40</td><td>45</td><td>385</td><td>42</td><td>45</td></tr>
<tr><td>125</td><td rowspan="6">125</td><td>280</td><td rowspan="6">125</td><td rowspan="3">32</td><td rowspan="3">40</td><td>200</td><td rowspan="3">35</td><td rowspan="3">38</td></tr>
<tr><td>160</td><td>315</td><td>235</td></tr>
<tr><td>200</td><td>355</td><td>275</td></tr>
<tr><td>250</td><td>400</td><td rowspan="3">40</td><td rowspan="3">45</td><td>310</td><td rowspan="3">42</td><td rowspan="3">45</td></tr>
<tr><td>315</td><td>475</td><td>385</td></tr>
<tr><td>400</td><td>560</td><td>470</td><td>75</td><td>M12</td><td>25</td></tr>
<tr><td>160</td><td rowspan="6">160</td><td>315</td><td rowspan="6">160</td><td>32</td><td>40</td><td>235</td><td>35</td><td>38</td><td rowspan="2">—</td><td rowspan="2">—</td><td rowspan="2">—</td></tr>
<tr><td>200</td><td>355</td><td rowspan="5">40</td><td rowspan="5">45</td><td>265</td><td rowspan="5">42</td><td rowspan="5">45</td></tr>
<tr><td>250</td><td>425</td><td>335</td><td>120</td><td rowspan="4">M12</td><td rowspan="4">25</td></tr>
<tr><td>315</td><td>475</td><td>385</td><td rowspan="3">110</td></tr>
<tr><td>400</td><td>560</td><td>470</td></tr>
<tr><td>500</td><td>670</td><td>580</td></tr>
</table>

（续）

凹模周界		L_1	B_1	H	F	S	D H7	D_1 H7	B_2	d_1-7H	h
L	B										
200	200	375	200	40	45	285	42	45	150	M12	25
250		425				335					
315		475				385					
400		560				470					
500		710		50	55	600	50	55			
250	250	425	250	40	45	335	42	45	200		
315		475				385					
400		600		50	55	490	50	55	190		
500		710				600					
315	315	530	315			420			255		
400		600				490					
500		750			63	624	60	65	235	M16	30
630		850				724					
500	400	750	400			624			320		
630		850		63		724					

3. 对角导柱上模座

对角导柱上模座见表 14-43。

表 14-43　对角导柱上模座（摘自 GB/T 23566. 2—2009）　　（单位：mm）

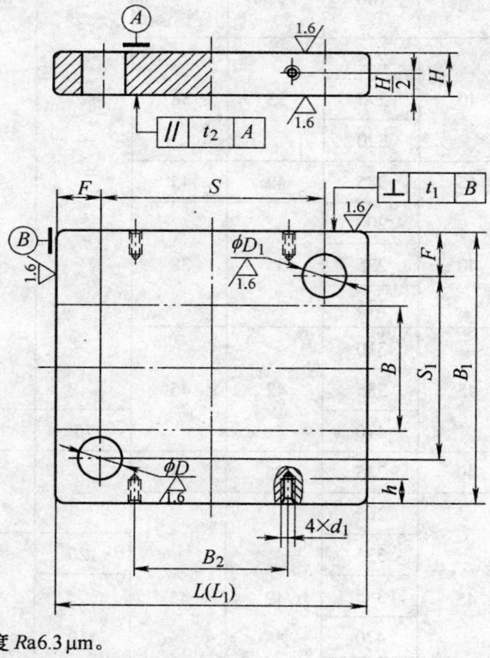

标记示例：

$L=125$mm、$B=100$mm、$H=25$mm 的对角导柱上模座

对角导柱上模座 125 × 100 × 25　GB/T 23566. 2—2009

技术条件：按 JB/T 8070—2008 的规定

注：未注表面粗糙度 $Ra6.3\mu m$。

吊装螺孔的位置尺寸由制造者确定。

（续）

凹模周界 L	凹模周界 B	L_1	B_1	H	F	S	S_1	D H7	D_1 H7	B_2	d_1-7H	h
100	80	100	200	25 32	32	36	136	28	32	—	—	—
125		125		25 32		61						
160		160		25 32		96						
200		200	225		40	120	145	35	38			
250		250				170						
125	100	125		25	32	61	161	28	32			
160		160	250	32	40	80	170	35	38			
200		200				120						
250		250				170						
315		315	265	40	45	225	175	42	45	155	M12	25
160	125	160	280	32	40	80	200	35	38	—	—	—
200		200				120						
250		250		40	45	160	190	42	45	100	M12	25
315		315				225				155		
400		400				310				220		
200	160	200	335			110	245			—	—	—
250		250				160				100	M12	25
315		315				225				155		
400		400				310				220		
500		500				410				320		
250	200	250	375			160	285			80		
315		315				225				155		
400		400				310				220		
500		500	400	50	55	390	290	50	55	300		
315	250	315	425	40	50	215	325	42	45	145		
400		400	450	50	55	290	340	50	55	200		
500		500				390				300	M16	30
630		630				520				430		
315	315	315	530			205	420			115		
400		400				290				200		
500		500	560		63	374	434	60	65	280		
630		630				504				380		
400	400	400	630			274	504			180		
500		500				374				280		
630		630		63		504				380		
800		800				674				550	M20	35

4. 四导柱上模座

四导柱上模座见表 14-44。

表 14-44　四导柱上模座（摘自 GB/T 23566.4—2009）　　　　（单位：mm）

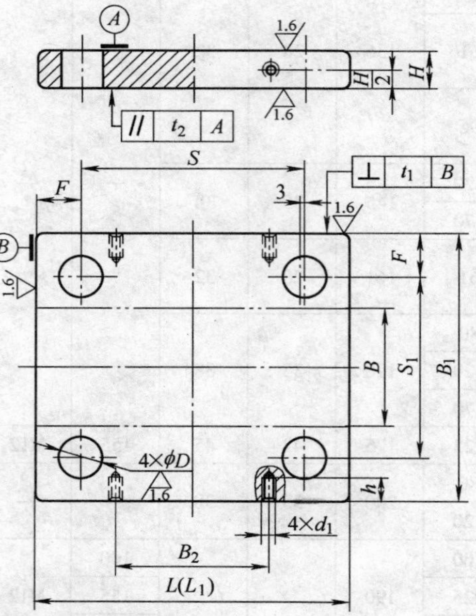

标记示例：

$L=400\text{mm}$、$B=250\text{mm}$、$H=40\text{mm}$ 的四导柱上模座

四导柱上模座 400 × 250 × 40　GB/T 23564.4—2009

技术条件：按 JB/T 8070—2008 的规定。

注：未注表面粗糙度 $Ra6.3\mu m$。

凹模周界		L_1	B_1	H	F	S	S_1	D H7	B_2	d_1-7H	h
L	B										
160	100	160	250	32	40	80	170	38	—	—	—
200		200				120					
250		250				170					
315		315	265	40	45	225	175	45	155	M12	25
400		400				310			240		
200	125	200	280	32	40	120	185	38	—	—	—
250		250		40	45	160	190	45	100	M12	25
315		315				225			155		
400		400				310			240		
500		500				410			330		
250	160	250	315			160	225		100		
315		315				225			155		
400		400				310			230		
500		500				410			330		
630		630		50	55	520	245	55	430		
250	200	250	355	40	45	160	265	45	100		
315		315				225			150		
400		400				310			230		
500		500	400	50	55	390	290	55	300		
630		630				520			430	M16	30

（续）

凹模周界		L_1	B_1	H	F	S	S_1	D H7	B_2	d_1-7H	h
L	B										
315	250	315	425	40	45	225	335	45	150	M12	25
400		400	450	50	55	290	340	55	200		
500		500				390			300	M16	30
630		630				520			430		
800		800				690			600		
400	315	400	530			290	420		200		
500		500	560		63	374	434	65	280		
630		630				504			380		
800		800		63		674			550		
500	400	500	630	50		374	504		280		
630		630		63		504			380		
800		800				674			550		
1000		1000	670	80	70	860	530	76	700	M20	35
630	500	630	750	63	63	504	624	65	380		
800		800		80	70	660	610	76	500		
1000		1000				860			700		
1000	630	1000	900			860	760				

（三）滚动导向上模座

1. 后侧导柱上模座

后侧导柱上模座见表 14-45。

表 14-45 后侧导柱上模座（摘自 GB/T 23564.1—2009） （单位：mm）

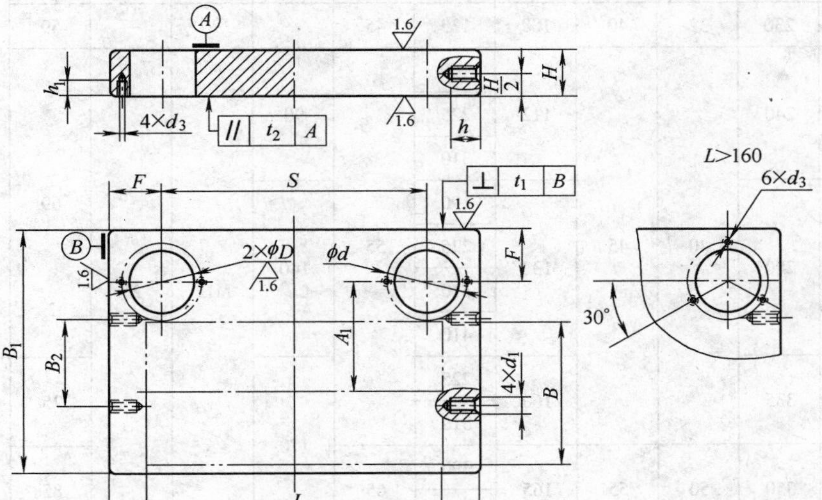

标记示例：

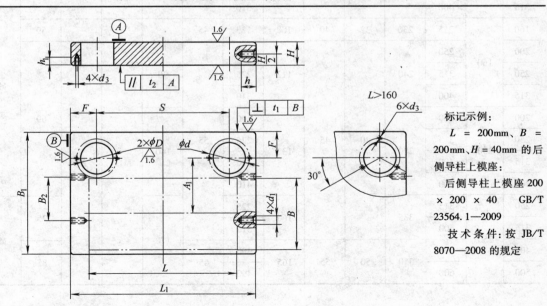

L = 200mm、B = 200mm、H = 40mm 的后侧导柱上模座：

后侧导柱上模座 200 × 200 × 40 GB/T 23564.1—2009

技术条件：按 JB/T 8070—2008 的规定

注：未注表面粗糙度 Ra6.3μm。
h_1 为 2 倍的 d_3。
吊装螺孔的位置尺寸由制造者确定。

（续）

凹模周界 L	凹模周界 B	L_1	B_1	H	F	A_1	S	D H6	B_2	d_1-7H	h	d	d_3-6H
100		140		25 32			76						
125		160	140	25 32	32	65	96	40				51	M4
160	80	200		25			136						
200		250	150	32	40	68	170	45				59	M6
250		315					235		—	—	—		
125		160	160	25	32	75	96	40				51	M4
160	100	200					120						
200		250	170			78	170						
250		315		32	40		235	45				59	M6
125		160					80						
160		200	200			92	120						
200	125	250					170						
250		315					225						
315		400	210	40	45	98	310	55	60	M12	25	69	
160		215	230	32	40	108	135	45	—	—	—	59	
200		250					160						
250	160	315	240			112	225		90				M6
315		400					310						
200		280					190					69	
250		315		40	45		225	55					
315	200	400	280			132	310		140	M12	25		
400		500					410						
250		315					225						
315		400	335			160	310					75	
400	250	500					390		170				M8
500		600	350	50	55	165	490	65				85	

2. 中间导柱上模座

中间导柱上模座见表 14-46。

表 14-46　中间导柱上模座（摘自 GB/T 23564.3—2009）　　（单位：mm）

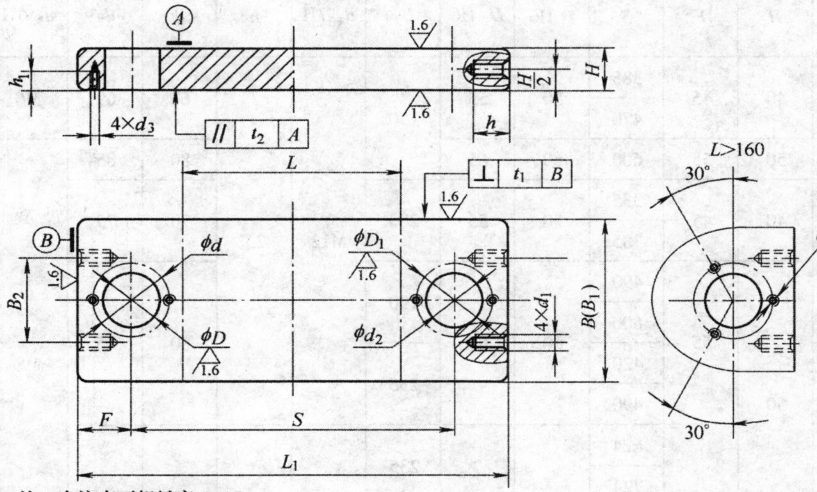

标记示例：

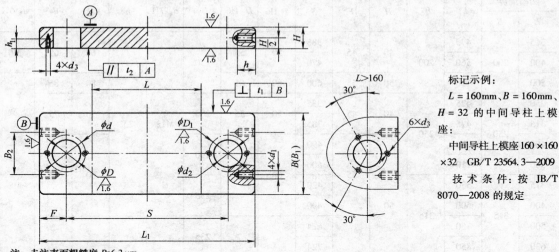

L = 160mm、B = 160mm、H = 32 的中间导柱上模座：

中间导柱上模座 160×160×32　GB/T 23564.3—2009

技术条件：按 JB/T 8070—2008 的规定

注：未注表面粗糙度 Ra6.3μm。

h_1 为 2 倍的 d_3。

凹模周界 L	凹模周界 B	L_1	B_1	H	F	S	D H6	D_1 H6	B_2	d_1-7H	h	d	d_2	d_3-6H
100	100	215	100	25 32	32	151	38	40	—	—	—	49	51	M4
125	100	250	100	25 32	32	186	38	40	—	—	—	49	51	M4
160	100	315	100	32	40	235	42	45	—	—	—	46	59	M6
200	100	355	100	32	40	275	42	45	—	—	—	46	59	M6
250	100	400	100	32	40	320	42	45	—	—	—	46	59	M6
315	100	475	100	40	45	385	50	55	—	—	—	64	69	M6
125	125	280	125	32	40	200	42	45	—	—	—	56	59	M6
160	125	315	125	32	40	235	42	45	—	—	—	56	59	M6
200	125	355	125	32	40	275	42	45	—	—	—	56	59	M6
250	125	400	125	40	45	310	50	55	—	—	—	64	69	M6
315	125	475	125	40	45	385	50	55	—	—	—	64	69	M6
400	125	560	125	40	45	470	50	55	75	M12	25	64	69	M6
160	160	315	160	32	40	235	42	45	—	—	—	56	59	M6
200	160	355	160	40	45	265	50	55	—	—	—	64	69	M6
250	160	425	160	40	45	335	50	55	120	M12	25	64	69	M6
315	160	475	160	40	45	385	50	55	110	M12	25	64	69	M6
400	160	560	160	40	45	470	50	55	110	M12	25	64	69	M6
500	160	670	160	40	45	580	50	55	110	M12	25	64	69	M6
200	200	375	200	40	45	285	50	55	150	M12	25	64	69	M6
250	200	425	200	40	45	335	50	55	150	M12	25	64	69	M6

（续）

凹模周界		L_1	B_1	H	F	S	D H6	D_1 H6	B_2	d_1-7H	h	d	d_2	d_3-6H
L	B													
315	200	475	200	40	45	385	50	55	150	M12	25	64	69	M6
400		560				470								
500		710		50	55	600	60	65				80	85	M8
250	250	425	250	40	45	335	50	55	200			70	75	
315		475				385								
400		600		50	55	490	60	65	190			80	85	
500		710				600								
315	315	530	315			420			255					
400		600				490								
500		750			63	624	70	76	235	M16	30	91	97	
630		850				724								
500	400	750	400			624			320					
630		850		63		724								

3. 对角导柱上模座

对角导柱上模座见表 14-47。

表 14-47 对角导柱上模座（摘自 GB/T 23564.2—2009） （单位：mm）

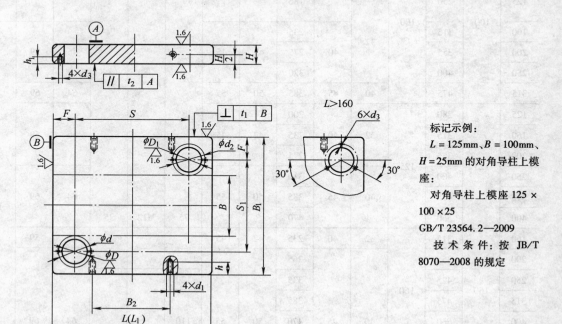

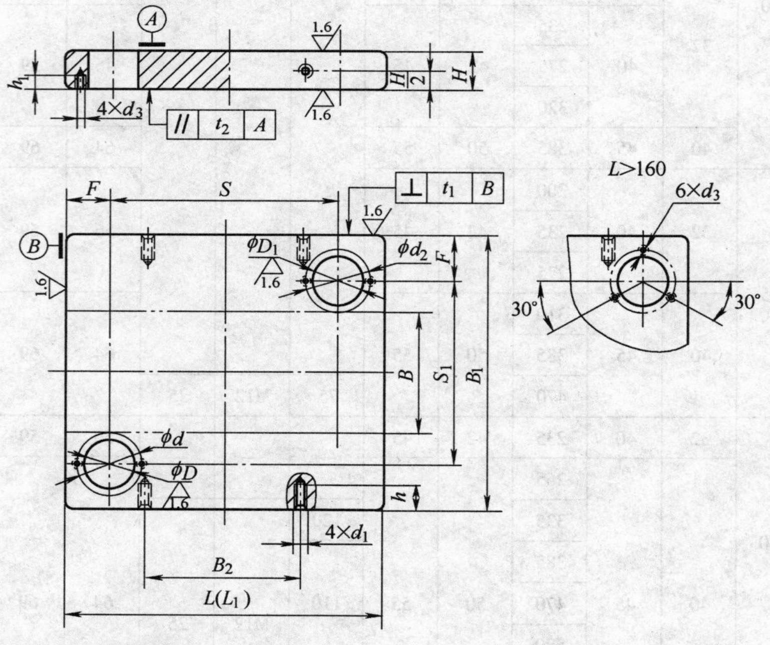

标记示例：

$L=125$mm、$B=100$mm、$H=25$mm 的对角导柱上模座：

对角导柱上模座 125×100×25 GB/T 23564.2—2009

技术条件：按 JB/T 8070—2008 的规定

注：未注表面粗糙度 $Ra6.3\mu m$。
h_1为 2 倍的 d_3。

（续）

凹模周界 L	凹模周界 B	L_1	B_1	H	F	S	S_1	D H6	D_1 H6	B_2	d_1-7H	h	d	d_2	d_3-6H
				25											
100		100				36				—					
				32											
				25											
125		125	200		32	61	136	38	40	—			49	51	M4
	80			32											
				25											
160		160				96				—					
200		200		32		120				—	—	—			
					40		145	42	45				56	59	M6
250		250	225			170				—					
125		125		25	32	61	161	38	40	—			49	51	M4
160		160				80				—					
200	100	200	250	32	40	120	170	42	45	—			56	59	
250		250				170				—					
315		315	265	40	45	225	175	50	55	155	M12	25	64	69	
160		160		32	40	80	200	42	45	—	—	—	56	59	
200		200				120				—					
250	125	250	280			160				100					
315		315				225	190			155	M12	25			
400		400				310				220					M6
200		200				110				—	—	—			
250		250				160				100					
315	160	315	335	40	45	225	245	50	55	155			64	69	
400		400				310				220					
500		500				410				320					
250		250				160				80	M12	25			
315		315	375			225	285			155					
400	200	400				310				220					
500		500	400	50	55	390	290	60	65	300			80	85	
315		315	425	40	50	215	325	50	55	145			64	69	
400	250	400				290				200					
500		500	450			390	340			300					
630		630			55	520		60	65	430			80	85	
315		315	530			205	420			115					
400	315	400		50		290				200					M8
500		500	560			374	434			280	M16	30			
630		630				504				380					
400		400			63	274		70	76	180			91	97	
500	400	500	630			374	504			280					
630		630		63		504				380					
800		800				674				550	M20	35			

4. 四导柱上模座

四导柱上模座见表 14-48。

表 14-48　四导柱上模座（摘自 GB/T 23564.4—2009）　　（单位：mm）

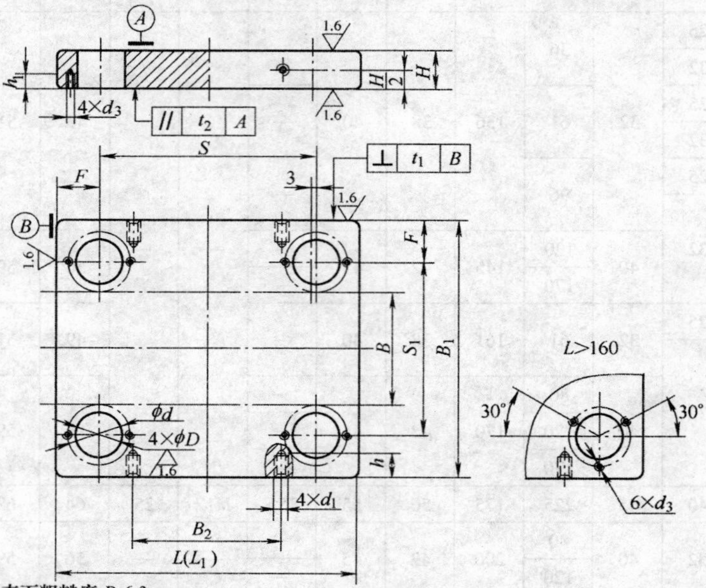

标记示例：

$L=400\text{mm}$、$B=250\text{mm}$、$H=40\text{mm}$ 的四导柱上模座：

四导柱上模座 400×250×40 GB/T 23564—2009

技术条件：JB/T 8070—2008 的规定

注：未注表面粗糙度 $Ra6.3\mu m$。
h_1 为 2 倍的 d_3。

凹模周界		L_1	B_1	H	F	S	S_1	D H6	B_2	d_1-7H	h	d	d_3-6H
L	B												
160	100	160	250	32	40	80	170	45	—	—	—	59	M6
200	100	200	250	32	40	120	170	45	—	—	—	59	M6
250	100	250	250	32	40	170	170	45	—	—	—	59	M6
315	100	315	265	40	45	225	175	55	155	M12	25	69	M6
400	100	400	265	40	45	310	175	55	240	M12	25	69	M6
200	125	200	280	32	40	120	185	45	—	—	—	59	M6
250	125	250	280	40	45	160	190	55	100	M12	25	69	M6
315	125	315	280	40	45	225	190	55	155	M12	25	69	M6
400	125	400	280	40	45	310	190	55	240	M12	25	69	M6
500	125	500	280	40	45	410	190	55	330	M12	25	69	M6
250	160	250	315	40	45	160	225	55	100	M12	25	69	M6
315	160	315	315	40	45	225	225	55	155	M12	25	69	M6
400	160	400	315	40	45	310	225	55	230	M12	25	69	M6
500	160	500	315	40	45	410	225	55	330	M12	25	69	M6
630	160	630	315	50	55	520	245	65	430	M12	25	79	M6
250	200	250	355	40	45	160	265	55	100	M12	25	69	M6
315	200	315	355	40	45	225	265	55	150	M12	25	69	M6
400	200	400	355	40	45	310	265	55	230	M12	25	69	M6

（续）

凹模周界		L_1	B_1	H	F	S	S_1	D H6	B_2	d_1-7H	h	d	d_3-6H
L	B												
500	200	500	400	50	55	390	290	65	300	M12	25	85	M8
630		630				520			430	M16	30		
315	250	315	425	40	45	225	335	55	150	M12	25	69	M6
400		400	450	50	55	290	340	65	200			85	M8
500		500				390			300	M16	30		
630		630				520			430				
800		800				690			600				
400	315	400	530			290	420		200				
500		500	560		63	374	434	76	280			96	
630		630				504			380				
800		800		63		674			550				
500	400	500	630	50		374	504		280				
630		630		63		504			380				
800		800				674			550	M20	35		
1000		1000	670	80	70	860	530	88	700			109	M10
630	500	630	750	63	63	504	624	76	380			97	M8
800		800		80	70	660	610	88	500			109	M10
1000		1000				860			700				
1000	630	1000	900			860	760						

六、模架导向装置

（一）滑动导向导柱

1. A 型导柱

A 型导柱见表 14-49。

表 14-49 A 型导柱（摘自 GB/T 2861.1—2008） （单位：mm）

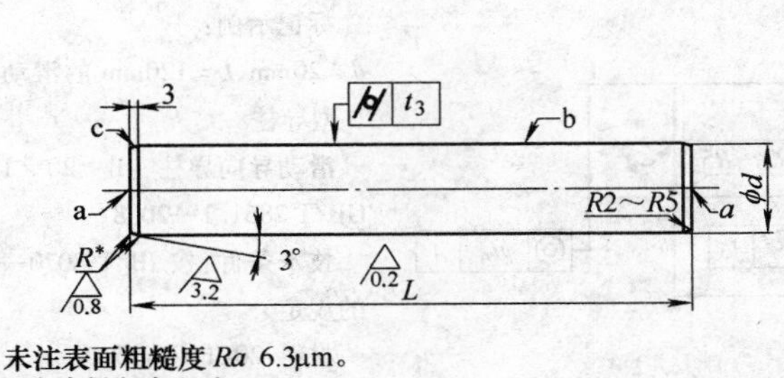

未注表面粗糙度 Ra 6.3μm。
a 允许保留中心孔。
b 允许开油槽。
c 压入端允许采用台阶式导入结构。
注：R^* 由制造者确定。

标记示例：

$d=20$mm、$L=120$mm 的滑动导向 A 型导柱：

滑动导向导柱 A 20×120 GB/T 2861.1—2008

技术条件：按 JB/T 8070—2008 的规定

材料：20Cr、GCr15

20Cr，渗碳深度 0.8～1.2mm，硬度 58～62HRC

GCr15，硬度 58～62HRC

（续）

d h5 或 d h6	L	d h5 或 d h6	L	d h5 或 d h6	L	d h5 或 d h6	L
16	90	22	160	32	210	50	240
	100		180	35	160		250
	110	25	110		180		260
18	90		130		190		270
	100		150		200		280
	110		160		210		290
	120		170		230		300
	130		180	40	180	55	220
	150	28	130		190		240
	160		150		200		250
20	100		160		210		270
	110		170		230		280
	120		180		260		290
	130		190	45	190		300
	150		200		200		320
	160	32	150		230	60	250
22	100		160		260		270
	110		170		290		280
	120		180	50	200		290
	130		190		220		300
	150		200		230		320

注：Ⅰ级精度模架导柱采用 d h5，Ⅱ级精度模架导柱采用 d h6。

2. B 型导柱

B 型导柱见表 14-50。

表 14-50 B 型导柱（摘自 GB/T 2861.1—2008） （单位：mm）

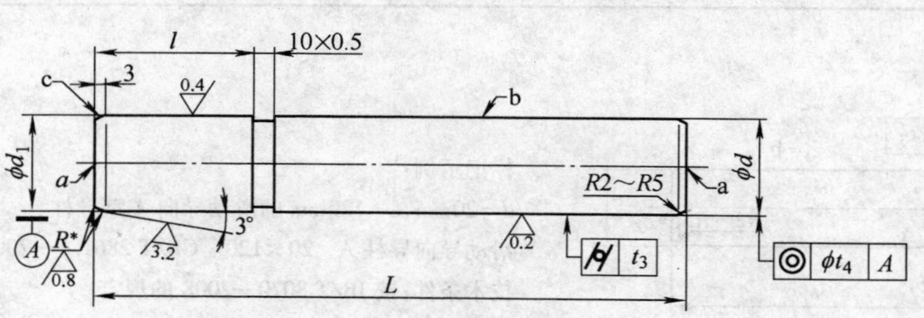

未注表面粗糙度 Ra 6.3μm。

a 允许保留中心孔。

b 允许开油槽。

c 压入端允许采用台阶式导入结构。

注：R^* 由制造者确定。

标记示例：

d = 20mm、L = 120mm 的滑动导向 B 型导柱

滑动导向导柱 B 20×120 GB/T 2861.1—2008

技术条件：按 JB/T 8070—2008 的规定

材料：20Cr、GCr15

20Cr，渗碳深度 0.8～1.2mm，硬度 58～62HRC；

GCr15，硬度 58～62HRC

（续）

d h5 或 d h6	d_1 r6	L	l
16	16	90	25
		100	
		100	30
		110	
18	18	90	25
		100	
		100	30
		110	
		120	
		110	40
		130	
20	20	100	30
		120	
		120	35
		110	40
		130	
22	22	100	30
		120	
		110	35
		120	
		130	
		110	40
		130	
		130	45
		150	
25	25	110	35
		130	
		130	40
		150	
		130	45
		150	
		150	50
		160	
		180	
28	28	130	40
		150	
		150	45

d h5 或 d h6	d_1 r6	L	l
28	28	170	45
		150	50
		160	
		180	
		180	55
		200	
32	32	150	45
		170	
		160	50
		190	
		180	55
		210	
		190	60
		210	
35	35	160	50
		190	
		180	55
		190	
		210	
		190	60
		210	
		200	65
		230	
40	40	180	55
		210	
		190	60
		200	
		210	
		230	
		200	65
		230	
		230	70
		260	
45	45	200	60
		230	
		200	65
		230	

（续）

d h5 或 d h6	d_1 r6	L	l
45	45	260	65
		230	70
		260	
		260	75
		290	
50	50	200	60
		230	
		220	65
		230	
		240	
		250	
		260	
		270	
		230	70
		260	
		260	75
		290	
		250	80
		270	
		280	

d h5 或 d h6	d_1 r6	L	l
50	50	300	80
55	55	220	65
		240	
		250	
		270	
		250	70
		280	
		250	75
		280	
		250	80
		270	
		280	
		300	
		290	90
		320	
60	60	250	70
		280	
		290	90
		320	

注：Ⅰ级精度模架导柱采用 d h5，Ⅱ级精度模架导柱采用 d h6。

（二）滚动导向导柱

滚动导向导柱见表 14-51。

表 14-51　滚动导向导柱（摘自 GB/T 2861.2—2008）　　（单位：mm）

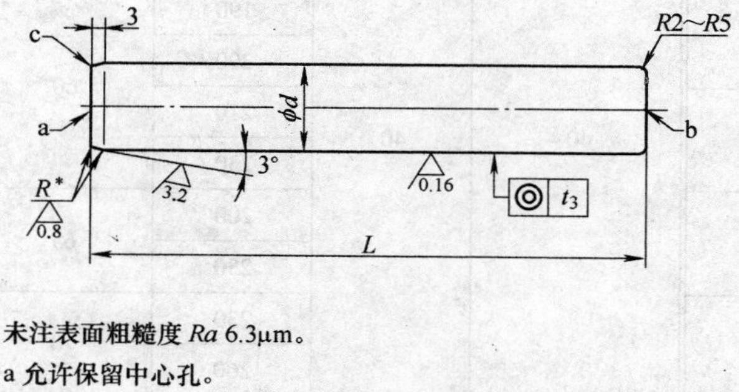

标记示例：

d = 25mm、L = 160mm 的滚动导向导柱：

滚动导向导柱　25 × 160　GB/T 2861.2—2008

技术条件：按 JB/T 8070—2008 的规定

材料：20Cr、GCr15。

20Cr，渗碳深度 0.8 ~ 1.2mm，硬度 60 ~ 64HRC

GCr15，硬度 60 ~ 64HRC。

未注表面粗糙度 Ra 6.3μm。

a 允许保留中心孔。

b 允许保留中心孔，与限程器相关的结构和尺寸由制造者确定。

c 压入端允许采用台阶式导入结构。

注：R^* 由制造者确定。

（续）

d h5	L	d h5	L	d h5	L	d h5	L
18	130	25	170	35	190	45	290
	140		190		210		320
	155	28	155		215	50	230
20	130		160		225		260
	140		170		230		290
	145		190	40	225		320
	155		210		230	55	260
22	145	32	170		260		290
	155		190		290		320
	160		210		320	60	260
25	155		215	45	230		290
	160		225		260		320

（三）滑动导向导套

1. A型导套

A型导套见表14-52。

表14-52　A型导套（摘自GB/T 2861.3—2008）　（单位：mm）

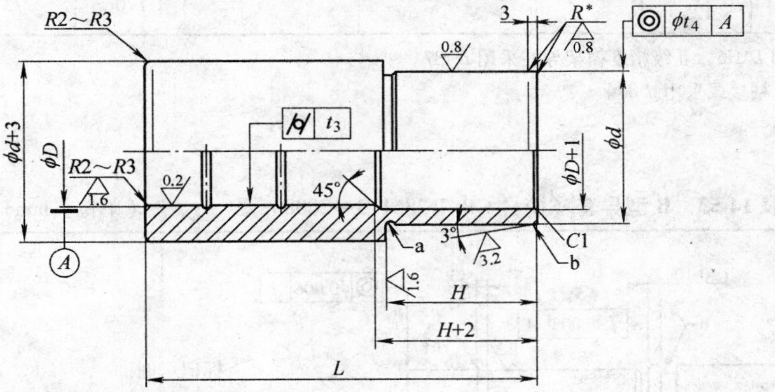

标记示例：

D = 20mm、L = 70mm、H = 28mm的滑动导向A型导套：

滑动导向导套　A　20×70×28　GB/T 2861.3—2008

技术条件：按JB/T 8070—2008的规定。

材料：20Cr、GCr15

20Cr，渗碳深度0.8～1.2mm，硬度58～62HRC

GCr15，硬度58～62HRC。

未注表面粗糙度 Ra 6.3μm。

a 砂轮越程槽由制造者确定。

b 压入端允许采用台阶式导入结构。

注1：油槽数量及尺寸由制造者确定。

注2：R^* 由制造者确定。

D H6或 D H7	d r6或 d d3	L	H	D H6或 D H7	d r6或 d d3	L	H
16	25	60	18	20	32	70	28
		65	23	22	35	65	23
18	28	60	18			70	28
		65	23			80	
		70	28			80	33
20	32	65	23			85	

（续）

D H6 或 D H7	d r6 或 d d3	L	H
25	38	80	28
		80	33
		85	
		90	38
		95	
28	42	85	33
		90	38
		95	
		100	
		110	43
32	45	100	38
		105	43
		110	
		115	48
35	50	105	43
		115	
		115	48
		125	

D H6 或 D H7	d r6 或 d d3	L	H
40	55	115	43
		125	48
		140	53
	60	125	48
45		140	53
		150	58
	65	125	48
50	65	140	53
		150	53
		150	58
		160	63
55	70	150	53
		160	58
		160	63
		170	73
60	76	160	58
		170	73

注（1）Ⅰ级精度模架导柱采用 D H6，Ⅱ级精度模架导柱采用 D H7。

（2）导套压入式采用 d r6，粘接式采用 d d3。

2. B 型导套

B 型导套见表 14-53。

表 14-53　B 型导套（摘自 GB/T 2861.3—2008）　　（单位：mm）

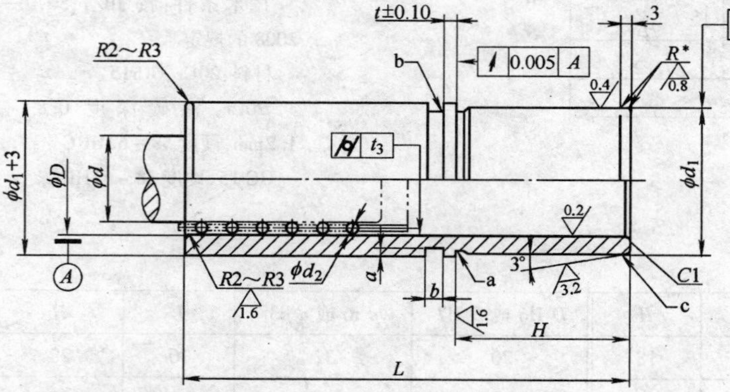

标记示例：

D = 20mm、L = 70mm、H = 28mm 的滑动导向 B 型导套：

滑动导向导套　B　20×70×28　GB/T 2861.3—2008

技术条件：按 JB/T 8070—2008 的规定。

材料：20Cr、GCr15

20Cr，渗碳深度 0.8～1.2mm，硬度 58～62HRC

GCr15，硬度 58～62HRC。

未注表面粗糙度 Ra 6.3μm。

a 砂轮越程槽由制造者确定。

b 采用粘结工艺压板槽可取消，相应上模座中螺纹孔不加工。

c 压入端允许采用台阶式导入结构。

注：R^* 由制造者确定。

（续）

D H6 或 D H7	d r6	L	H	D H6 或 D H7	d r6	L	H
16	25	40	18	28	42	95	38
		60	18			100	
		65	23			110	43
18	28	40	18	32	45	65	30
		45	23			70	33
		60	18			100	38
		65	23			105	43
		70	28			110	
20	32	45	23			115	48
		50	25	35	50	70	33
		65	23			105	43
		70	28			115	48
22	35	50	25			125	
		55	27	40	55	115	43
		65	23			125	48
		70	28			140	53
		80	33	45	60	125	48
		85	38			140	53
25	38	55	27			150	58
		60	30	50	65	125	48
		80	33			140	53
		85				150	58
		90	38			160	63
		95		55	70	150	53
28	42	60	30			160	63
		65				170	73
		85	33	60	76	160	58
		90	38			170	73

注：0Ⅰ级精度模架导柱采用 D H6，0Ⅱ级精度模架导柱采用 D H7。

（四）滚动导向导套

滚动导向导套见表 14-54。

表 14-54　滚动导向导套（摘自 GB/T 2861.4—2008）　　（单位：mm）

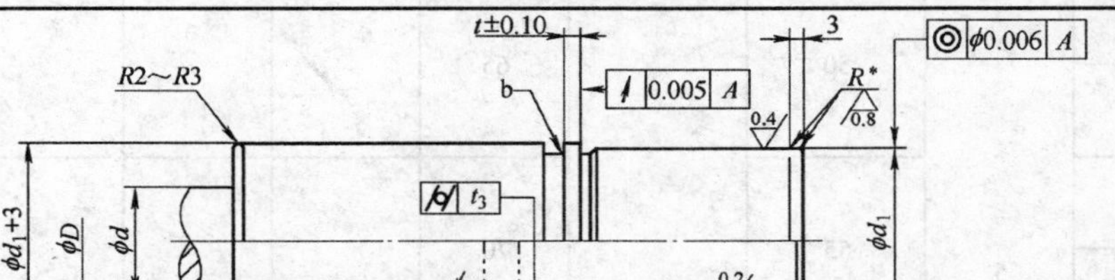

标记示例：

d = 28mm、L = 100mm、H = 38mm 的滚动导向导套：

滚动导向导套　28 × 100 × 38　GB/T 2861.4—2008

技术条件：按 JB/T 8070—2008 的规定。

材料：20Cr、GCr15

20Cr，渗碳深度 0.8 ~ 1.2mm，硬度 60 ~ 64HRC；

GCr15，硬度 60 ~ 64HRC。

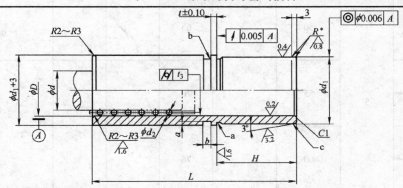

未注表面粗糙度 Ra 6.3μm。

a 砂轮越程槽由制造者确定。

b 采用粘结工艺压板槽可取消，相应上模座中螺纹孔不加工。

c 压入端允许采用台阶式导入结构。

注：R^* 由制造者确定。

(续)

基本尺寸		H	钢球 d_2	D		d_1 m5	t	b	a
d	L			基本尺寸	配合要求				
18	80	23	3	24	与滚动导向导柱配合的径向过盈量为0.01~0.02	38	3	5	3
	100	30							
	100	33							
20	80	23		26		40			
	100	30							
	100	33							
22	100	30		28		42			
	100	33							
25	100	30	4	31		45	4	6	3.5
	100	33							
	120	38							
	100	38		33		48			
	105	38							
	125	38							
28	100	38		36		50			
	105	38							
	120	38							
	125	38							
	125	43							
	145	43							
32	120	38		40		55			
	120	48							
	125	43							
	145								
	150	48							
35	120			45		60			
	150								
	120	58							
	150								
40	120	48	5	50		65			
	150								
	120	58							
	150								
45	120	58		55		70	5	7	4
	150								
	120	63							
	150								
50	120	58		60		76			
	150								
	120	63							
	150								
60	180	78		70		88			

注：导套压入式采用 d r6，粘接式采用 d d3。

(五) 钢球保持圈

该钢球保持圈适用于冲模滚动导向模架，见表14-55、表14-56。

表 14-55　钢球保持圈（摘自 GB/T 2861.5—2008）　（单位：mm）

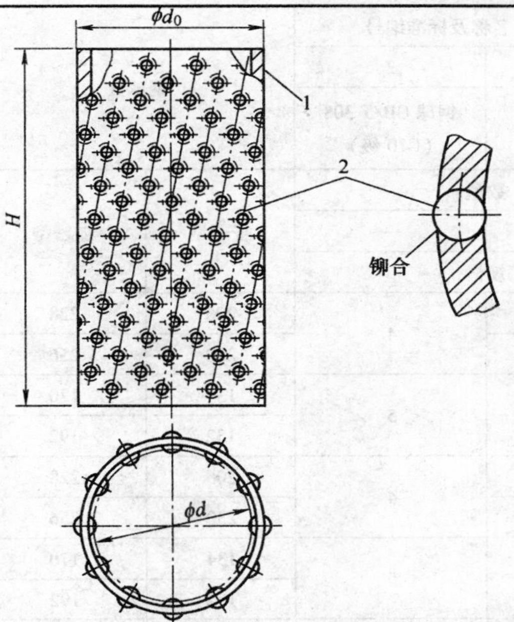

标记示例：

$d=25$mm、$d_0=30.5$mm、$H=64$mm 的钢球保持圈：

钢球保持圈　25×30.5×64　GB/T 2861.5—2008

技术条件：按 JB/T 8070—2008 的规定

基本尺寸			零件件号、名称及标准编号		钢球数	
			1	2		
导柱直径 d	钢球保持圈直径 d_0	钢球保持圈长度 H	保持圈	钢球 GB/T 308（G10 级）		
			数量			
			1	—	普通型	加密型
			规格			
18	23.5	64	18×23.5×64	3	124	146
20	25.5		20×25.5×64		146	170
22	27.5		22×27.5×64		146	170
25	30.5		25×30.5×64		170	190
	32.5		25×32.5×64	4	114	132
		76	25×32.5×76		140	162
28	35.5	64	28×33.5×64	3	100	114
		76	28×33.5×76		232	260
		84	28×33.5×84		260	290
	35.5	64	28×35.5×64	4	132	150
		76	28×35.5×76		162	184
		84	28×35.5×84		182	206
32	39.5	76	32×39.5×76		184	206
		84	32×39.5×84		206	230
35	42.5	76	35×42.5×76		206	228
		84	35×42.5×84		230	256

（续）

基本尺寸			零件件号、名称及标准编号		钢球数	
			1	2		
			保持圈	钢球 GB/T 308 (G10 级)		
导柱直径 d	钢球保持圈直径 d_0	钢球保持圈长度 H	数量			
			1	—	普通型	加密型
			规格			
38	45.5	76	38×45.5×76	4	206	228
		84	38×45.5×84		230	256
	47.5	76	38×47.5×76	5	134	170
		84	38×47.5×84		152	192
40	47.5	76	40×47.5×76	4	206	228
		84	40×47.5×84		230	256
	49.5	76	40×49.5×76	5	134	170
		84	40×49.5×84		152	192
45	52.5	70	45×52.5×70	4	206	226
		80	45×52.5×80		240	264
		90	45×52.5×90		276	302
	54.5	70	45×54.5×70	5	134	170
		80	45×54.5×80		162	200
		90	45×54.5×90		186	230
50	57.5	70	50×57.5×70	4	226	246
		80	50×57.5×80		264	288
		90	50×57.5×90		302	330
	59.5	70	50×59.5×70	5	154	186
		80	50×59.5×80		180	220
		90	50×59.5×90		208	252
55	64.5	80	55×64.5×80	5	200	238
		90	55×64.5×90		230	274
		100	55×64.5×100		260	310
	66.5	80	55×66.5×80	6	146	180
		90	55×66.5×90		168	208
		100	55×66.5×100		190	234
60	69.5	90	60×69.5×90	5	252	296
		100	60×69.5×100		284	334
		110	60×69.5×110		318	372
	71.5	90	60×71.5×90	6	188	226
		100	60×71.5×100		212	256
		110	60×71.5×110		236	284

表 14-56　保持圈（摘自 GB/T 2861.5—2008）　（单位：mm）

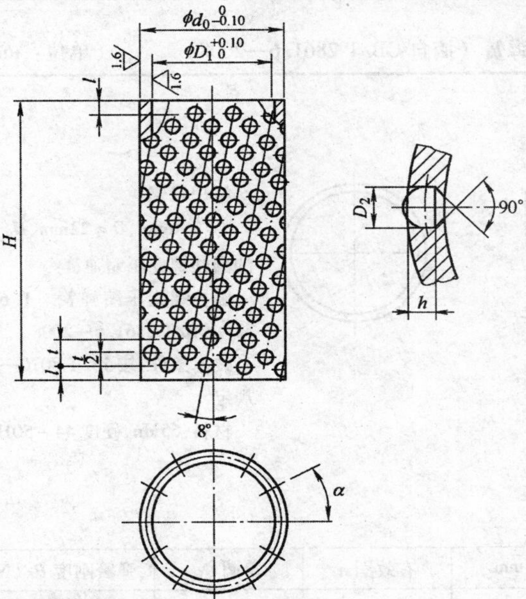

标记示例：

$d=25$mm、$d_0=30.5$mm、$H=64$mm 的保持圈：

保持圈 25×30.5×64　GB/T 2861.5—2008

技术条件：按 JB/T 8070—2008 的规定

材料：H62、LY11、SFB-1（聚四氟乙烯）

未注表面粗糙度 Ra 6.3μm。

导柱直径 d	d_0	D_1	H	α 普通型	α 加密型	l	t	h	D_2
18	23.5	18.5	64	33°	28°	3	5	1.8	3.1
20	25.5	20.5		28°	24.2°				
22	27.5	22.5							
25	30.5	25.5		24.2°	21°				
	32.5		64,76	28°	24.2°	4	6	2.5	4.1
28	33.5	28.5	64,76,84	21.4°	19°	3	5	1.8	3.1
	35.5			28°	21.4°	4	6	2.5	4.1
32	39.5	32.5	64,76,84	21.4°	19°				
35	42.5	35.5	76,84	19°	17°				
38	45.5	38.5							
	47.5			24.2°	19°	5	7	3.2	5.1
40	47.5	40.5		19°	17°	4	6	2.5	4.1
	49.5			24.2°	19°	5	7	3.2	5.1
45	52.5	45.5	70,80,90	17°	15.8°	4	6	2.5	4.1
	54.5			21.4°	17°	5	7	3.2	5.1
50	57.5	50.5		15.8°	14.5°	4	6	2.5	4.1
	59.5			19°	15.8°	5	7	3.2	5.1
55	64.5	55.5	80,90,100	17°	14.5°	5	7	3.2	5.1
	66.5			21.4°	17°	6	8	3.9	6.1
60	69.5	60.5	90,100,110	15.8°	13.4°	5	7	3.2	5.1
	71.5			21.4°	17	6	8	3.9	6.1

（六）圆柱螺旋压缩弹簧

圆柱螺旋压缩弹簧见表 14-57。

表 14-57　圆柱螺旋压缩弹簧（摘自 GB/T 2861.6—2008）　　（单位：mm）

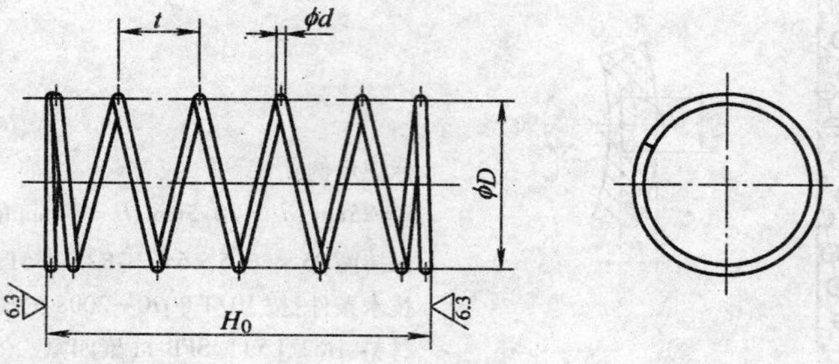

标记示例：

$d=1.6$mm、$D=22$mm、$H_0=72$mm 的圆柱螺旋压缩弹簧：

圆柱螺旋压缩弹簧　1.6×22×72　GB/T 2861.6—2008

技术条件：按 JB/T 8070—2008 的规定

材料：65Mn，硬度 44～50HRC

未注粗糙度的表面为非加工表面。

两端面压紧 1.75 圈并磨平。

d/mm	D/mm	t/mm	H_0/mm	有效圈 n	总圈 n_1	弹簧刚度 P'/(N/mm)
1.6	22	10	72	7	8.5	1.08
	24		72	7	8.5	0.81
	26		62	6	6.5	0.74
			72	7	8.5	0.63
	30	14	65	4.5	6	0.63
			79	5.5	7	0.51
			87	6	7.5	0.47
	32	15	62	4	5.5	0.57
			69	4.5	6	0.50
			77	5	6.5	0.46
			86	5.5	7	0.41
2	37	17	79	4.5	6	0.69
			87	5	6.5	0.62
	40	19	78	4	5.5	0.72
			88	4.5	6	0.55
	45		88	4.5	6	0.72
		21	107	5	6.5	0.72
	50		128	6	7.5	0.72
			149	7	8.5	0.72
	55		107	5	6.5	0.74
			128	6	7.5	0.74
			149	7	8.5	0.74

（七）压板

压板见表 14-58。

表 14-58 压板（摘自 GB/T 2861.11—2008） （单位：mm）

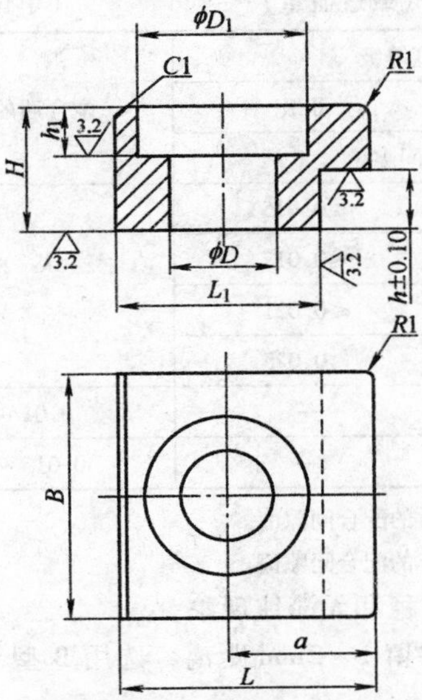

标记示例：

$L=16\text{mm}$、$B=20\text{mm}$ 的压板

压板 16×20 GB/T 2861.11—2008

技术条件：按 JB/T 8070—2008 的规定

材料：45 钢，硬度 28～32HRC，表面发蓝处理

未注表面粗糙度 *Ra* 6.3μm。

螺钉直径	D	L	B	H	a	L_1	h	D_1	h_1
4	4.5	12	12	6	6.5	9	2.7	8	2
5	5.5	14	15	8	7.5	11	2.7	10	3
6	6.5	16	20	8	8.5	12.5	3.7	11	3
8	8.5	20	20	10	11.5	16	4.7	14	4
10	10.5	24	24	12	12.5	19.5	5.7	17	5

七、冲模模架技术条件（JB/T 8050—2008）

本标准适用于冲模铸铁模架和钢板模架。模架的精度检查按 JB/T 8071—2008 的规定。

（一）技术要求

模架的精度对模具的精度影响很大，必需符合以下技术要求：

1）组成模架的零件，应符合相应的标准要求和技术条件规定。

2）滑动导向模架的精度为Ⅰ级和Ⅱ级；滚动导向模架的精度分为0Ⅰ级和0Ⅱ级。各级精度的模架应符合表 14-59 所规定的各项技术指标。

表 14-59 模架分级技术指标 （单位：mm）

项	检查项目	被测尺寸	模架精度等级 0Ⅰ、Ⅰ级	模架精度等级 0Ⅱ、Ⅱ级
			公差等级	
A	上模座上平面对下模座下平面的平行度	≤400	5	6
		>400	6	7
B	导柱轴心线对下模座下平面的垂直度	≤160	4	5
		>160	5	6

注；公差等级按 GB/T 1184。

3）组装后的钢板模架上、下模座两个对应的基准面在同一平面内，误差≤0.05：300。

4）装入模架的每对导柱和导套（包括可卸导柱和导套）的配合间隙值（或过盈量）应符合表14-60的规定。

表14-60　导柱导套配合间隙（或过盈量）　　（单位：mm）

配合形式	导柱直径	模架精度等级		配合后的过盈量
		Ⅰ级	Ⅱ级	
		配合后的间隙量		
滑动配合	≤18	≤0.010	≤0.015	—
	>18～30	≤0.011	≤0.017	
	>30～50	≤0.014	≤0.021	
	>50～80	≤0.016	≤0.025	
滚动配合	>18～30	—	—	0.01～0.02
	>30～50	—	—	0.015～0.025

注：Ⅰ级精度模架导套、导柱配合精度为H6/h5时应符合表14-60的配合间隙值。
　　Ⅱ级精度模架导套、导柱配合精度为H7/h6时应符合表14-60的配合间隙值。

5）装配后的模架，其上模座沿导柱上、下移动应平稳和无滞住现象。

6）装配后的导柱，其固定端面与下模座下平面应保留1～2mm距离，选用B型导套时，装配后其固定端面应低于上模座上平面1～2mm。

7）模架的各零件工作表面不允许有裂纹和影响使用的砂眼、缩孔、机械损伤等缺陷。

8）在保证本标准规定质量的情况下，允许用其他工艺方法（如环氧树脂、厌氧胶、低熔点合金浇注等）固定导柱、导套，其零件结构尺寸允许相应改动。

（二）检验

1）组合后的模架应按技术要求1）～7）的要求进行检验。

2）模架的精度检查应符合JB/T 8071—2008的规定。

3）检验合格的模架应作出合格标志，标志应包含以下内容：检验部门、检验员、检验日期。

（三）标志、包装、运输和贮存

1）模架应挂、贴标志，标志应包含以下内容：模架品种、规格、生产日期、供方名称。

2）检验合格的模架应清理干净，经防锈处理后入库贮存。

3）模架应根据运输条件进行包装，应防潮、防止磕碰，保证在正常运输中完好无损。

八、冲模模架零件技术条件（JB/T 8070—2008）

（一）零件技术要求

1）零件的尺寸、精度、表面粗糙度和热处理等应符合有关零件标准的技术要求和本技术条件的规定。

2）零件的材料除按有关零件标准的规定使用材料外，允许代用材料，但代用材料的力学性能不得低于原定材料。

3）零件图上未注公差尺寸的极限偏差应符合GB/T 1804中m的规定。

4）零件所有锐边均应倒角或倒圆，视零件大小未注倒角尺寸为0.5～3mm，倒圆尺寸为$R0.5 \sim R3$mm。

5）零件图上未注明的铸造圆角半径为$R3 \sim R5$mm。

6）铸件的非加工表面应光滑平整，无明显凹凸缺陷，清理后涂漆。

7）铸造模座加工前应进行时效处理，要求高的铸造模座在粗加工后再进行一次消除内应力的时效处理。

8）加工后的零件表面，不允许有裂纹和影响使用的砂眼、缩孔、机械损伤等缺陷。

9）经热处理后的零件不允许有裂纹和影响使用的软点与脱碳。

10）表面渗碳淬火的零件，要求的渗碳层应为加工后的渗碳层厚度。

11）钢板模架模座的两基准垂直面应加标识，其垂直度公差 t_1 应符合表 14-61 的规定。

12）模座平行度公差 t_2 应符合表 14-62 的规定。

13）质量超过 10kg 的模座应设起吊螺孔，其基本尺寸应符合 GB/T 196 的规定，选用的公差与配合应符合 GB/T 197 中 7 级的规定。

14）可卸导柱与衬套的锥度配合面，其吻合面积应在 70% 以上。

15）铆合在钢球保持圈上的钢球应在孔内自由转动而不脱落。

表 14-61　模座的垂直度　（单位：mm）

基本尺寸	垂直度公差 t_1	基本尺寸	垂直度公差 t_1
>63～100	0.03	>250～400	0.06
>100～160	0.04	>400～630	0.08
>160～250	0.05	>630～1000	0.10

表 14-62　模座的平行度　（单位：mm）

基本尺寸	模架精度等级	
	0Ⅰ、Ⅰ级	0Ⅱ、Ⅱ级
	平行度公差 t_2	
>40～63	0.008	0.012
>63～100	0.010	0.015
>100～160	0.012	0.020
>160～250	0.015	0.025
>250～400	0.020	0.030
>400～630	0.025	0.040
>630～1000	0.030	0.050
>1000～1600	0.040	0.060

（二）检验

1）模架零件应按技术要求中的 1）～15）的要求进行检验。

2）模架零件的精度检查应符合 JB/T 8071—2008 的规定。

3）检验合格的模架零件应作出合格标志，标志应包含以下内容；检验部门、检验员、检验日期。

（三）标志、包装、运输和贮存

1）模架零件应挂、贴标志，标志应包含以下内容：模架零件品种、规格、生产日期、供方名称。

2）检验合格的模架零件应清理干净，经防锈处理后入库贮存。

3）模架零件应根据运输条件进行包装，应防潮、防止磕碰，保证在正常运输中完好无损。

第二节　冲模标准零件

一、冲模模柄

模柄有多种形式，要根据模具的结构特点选用模柄的形式。模柄的直径根据所选用压力机的模柄孔径确定。

1. 压入式模柄

这种模柄应用比较广泛，压入式模柄的结构和尺寸见表 14-63 表中的 B 型模柄中间有孔，可安装打料杆，用压力机的打料横杆进行打料。

表 14-63　压入式模柄（摘自 JB/T 7646.1—2008）　　（单位：mm）

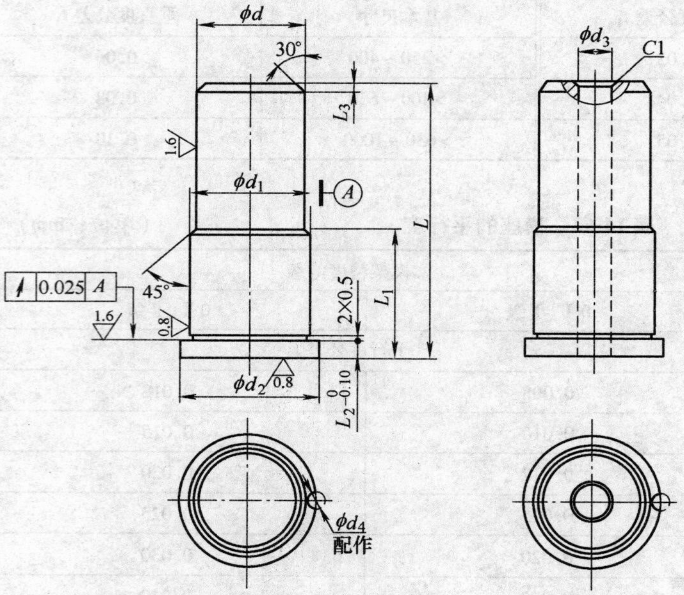

A 型　　B 型

未注表面粗糙度 Ra6.3μm。

材料：Q235A、45 钢

技术条件：按 JB/T 7653—2008 的规定

标记示例：

d = 32mm、L = 80mm 的 A 型压入式模柄：

压入式模柄　A　32 × 80　JB/T 7646.1—2008

d js10	d_1 m6	d_2	L	L_1	L_2	L_3	d_3	d_4 H7
20	22	29	60	20	4	2	7	6
			65	25				
			70	30				
25	26	33	65	20		2.5		
			70	25				
			75	30				
			80	35				
32	34	42	80	25	5	3	11	
			85	30				
			90	35				
			95	40				

（续）

d js10	d_1 m6	d_2	L	L_1	L_2	L_3	d_3	d_4 H7
40	42	50	100	30	6	4	11	6
			105	35				
			110	40				
			115	45				
			120	50				
50	52	61	105	35	8	5	15	8
			110	40				
			115	45				
			120	50				
			125	55				
			130	60				
60	62	71	115	40	8	5	15	8
			120	45				
			125	50				
			130	55				
			135	60				
			140	65				
			145	70				

2. 旋入式模柄

用于小型模具，旋入式模柄的结构和尺寸见表14-64，有A型和B型之分。

表14-64 旋入式模柄（摘自JB/T 7646.2—2008） （单位：mm）

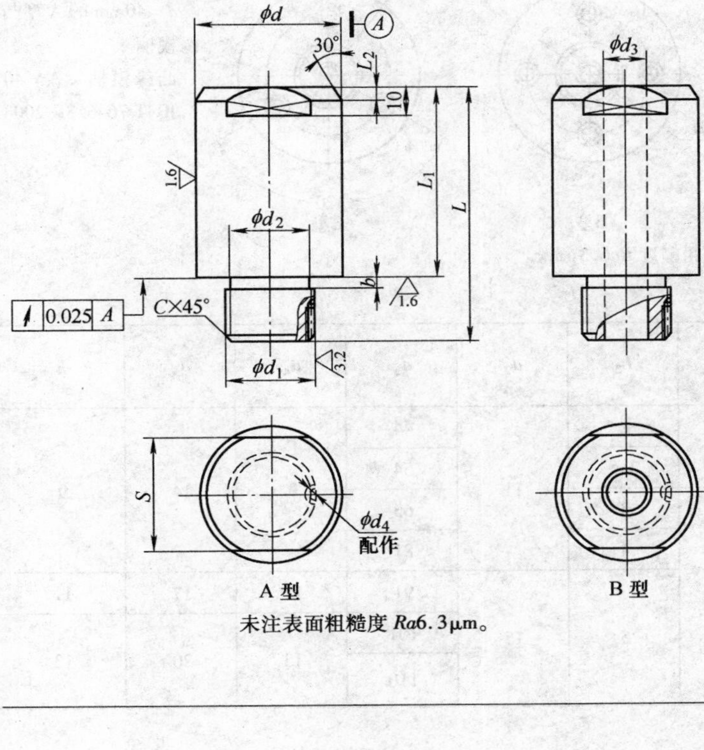

材料：Q235A、45钢

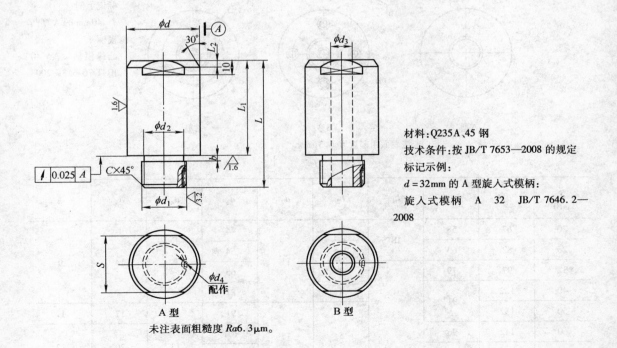

技术条件：按JB/T 7653—2008的规定

标记示例：

d=32mm的A型旋入式模柄：

旋入式模柄 A 32 JB/T 7646.2—2008

未注表面粗糙度 Ra6.3μm。

（续）

d js10	d_1	L	L_1	L_2	S	d_2	d_3	d_4	b	C
20	M16×1.5	58	40	2	17	14.5	11	M6	2.5	1
25	M16×1.5	68	45	2.5	21	14.5				
32	M20×1.5	79	56	3	27	18.0			3.5	1.5
40	M24×1.5	91	68	4	36	21.5				
50	M30×1.5			5	41	27.5	15	M8	4.5	2
60	M36×1.5	100	73		50	33.5				

3. 凸缘模柄

用于较大模具，也用于模具结构复杂，不宜采用压入、旋入式模柄的模具。凸缘模柄的结构和尺寸见表14-65。

表14-65　凸缘模柄（摘自JB/T 7646.3—2008）　（单位：mm）

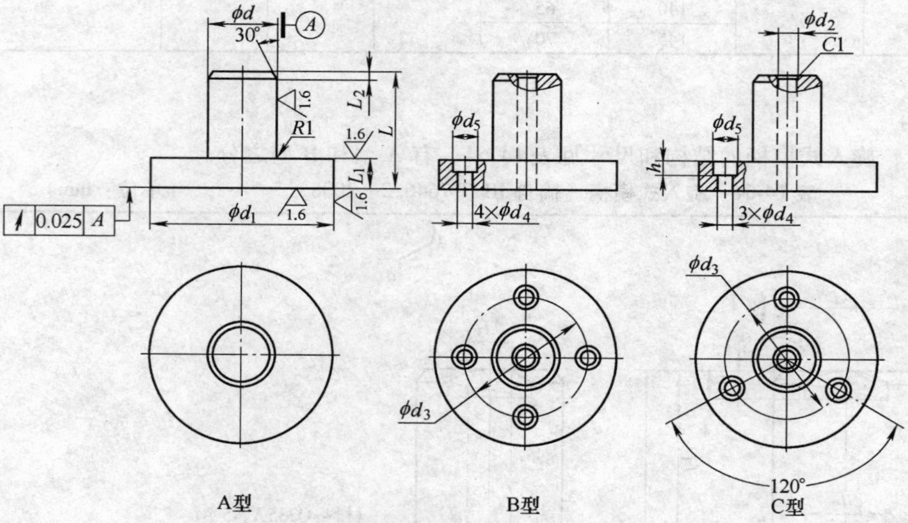

材料：Q235、45钢

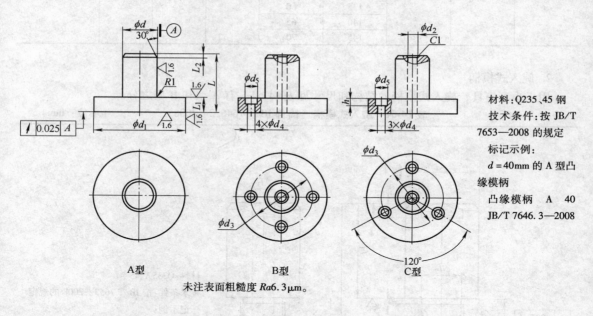

技术条件：按JB/T 7653—2008的规定

标记示例：

d=40mm的A型凸缘模柄

凸缘模柄　A　40　JB/T 7646.3—2008

未注表面粗糙度 $Ra6.3\mu m$。

d js10	d_1	L	L_1	L_2	d_2	d_3	d_4	d_5	h
20	67	58	18	2	11	44	9	14	9
25	82	63		2.5		54			
32	97	79		3		65			
40	122	91	23	4		81			
50	132			5	15	91	11	17	11
60	142	96				101	13	20	13
70	152	100				110			

4. 浮动模柄

这种模柄可使模柄与模架之间产生游动，当模架的导向精度高，不依靠压力机的导向精度时可选用浮动模柄。浮动模柄的结构和尺寸见表 14-66。其零件见表 14-67、表 14-68 及表 14-69。

表 14-66　浮动模柄（摘自 JB/T 7646.5—2008）　　（单位：mm）

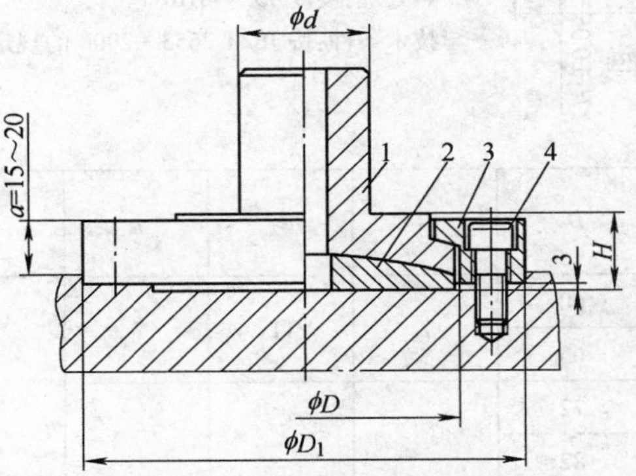

1—凹球面模柄　2—凸球面垫块　3—锥面压圈　4—螺钉

标记示例：

$d=40\text{mm}$、$D=85\text{mm}$、$D_1=120\text{mm}$ 的浮动模柄：

浮动模柄　40×85×120　JB/T 7646.5—2008

技术条件：按 JB/T 7653—2008 的规定。

基本尺寸				锥面压圈	凹球面模柄	凸球面垫块	螺钉
d	D	D_1	H				
25	46	74	21.5	74	25×44	46	M6×20
	50	80		80	25×48	50	
32	55	90	25	90	30×53	55	M8×25
	65	100		100	30×63	65	
	75	110	25.5	110	30×73	75	
	85	120	27	120	30×83	85	
40	65	100	25	100	40×63	65	
	75	110	25.5	110	40×73	75	
	85	120	27	120	40×83	85	
		130		130			M10×30
	95	140		140	40×93	95	
	105	150	29	150	40×103	105	
50	85	130	27	130	50×83	85	
	95	140		140	50×93	95	
	105	150	29	150	50×103	105	
	115	160		160	50×113	115	
	120	170	31.5	170	50×118	120	M12×30
	130	180		180	50×128	130	

注：螺钉数量：当 $D_1\leqslant100\text{mm}$ 为四件，$D_1>100\text{mm}$ 为六件。

表 14-67　锥面压圈（摘自 JB/T 7646.5—2008）　　（单位：mm）

表面粗糙度以微米为单位

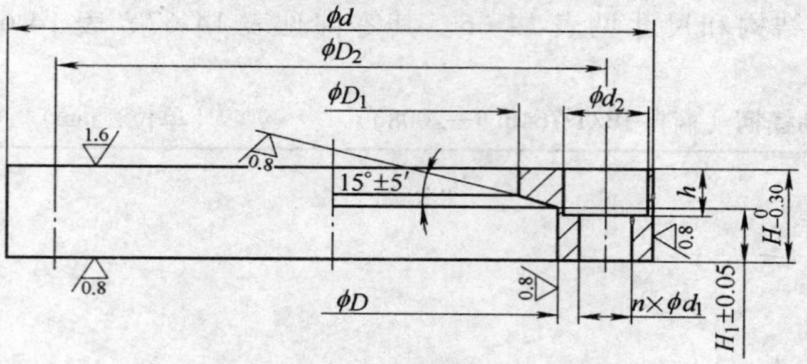

标记示例：

d = 120mm 的锥面压圈

锥面压圈　120　JB/T 7646.5—2008

材料:45

热处理:硬度 43 ~ 48HRC

技术条件:按 JB/T 7653—2008 的规定

未注表面粗糙度 $Ra6.3\mu m$。

d js7	H	D H7	H_1	D_1	D_2	d_1	d_2	h	n
74	16	46	8.5	36	60	7	11	7	4
80		50	8.6	38	65				
90	20	55	10.9	43	72	9	14	9	
100		65	10.7	53	82				
110		75	10.6	63	92				6
120	22	85	12.8	69	102				
130					107	11	17	11	
140		95		79	117				
150	24	105		89	127				
160		115	12.7	99	137				
170	26	120	15.2	100	145	13.5	20	13	
180		130		110	155				

表 14-68　凹球面模柄（摘自 JB/T 7646.5—2008）　　（单位：mm）

表面粗糙度以微米为单位

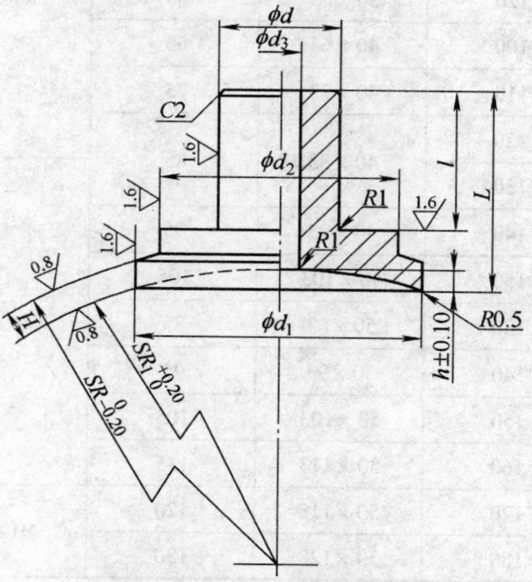

标记示例：

d = 40mm、d_1 = 83mm 的凹球面模柄：

凹球面模柄　40 × 83　JB/T 7646.5—2008

材料:45 钢

热处理:硬度 43 ~ 48HRC

技术条件:按 JB/T 7653—2008 的规定

未注表面粗糙度 $Ra6.3\mu m$。

（续）

d js10	d_1	d_2	L	l	h	SR_1	SR	H	d_3
25	44	34	64	48	3.5	69	75	6	7
25	48	36	64	48	4	74	80	6	7
32	53	41	67	48	4.5	82	90	8	11
32	63	51	67	48	5.5	102	110	8	11
32	73	61	68	48	6	122	130	8	11
32	83	67	69	48	4.5	135	145	10	11
40	63	51	79	60	5.5	102	110	8	13
40	73	61	80	60	6	122	130	8	13
40	83	67	81	60	6.5	135	145	10	13
40	93	77	81	60	7.5	155	165	10	13
40	103	87	83	60	6	170	180	10	13
50	83	67	81	60	6.5	135	145	10	17
50	93	77	81	60	7.5	155	165	10	17
50	103	87	83	60	8	170	180	10	17
50	113	97	83	60	8.5	190	200	10	17
50	118	98	85	60	9	193	205	12	17
50	128	108	85	60	9	213	225	12	17

注：SR_1 与凸球面垫块在摇摆旋转时吻合接触面不小于80%。

表 14-69　凸球面垫块（摘自 JB/T 7646.5—2008）　（单位：mm）

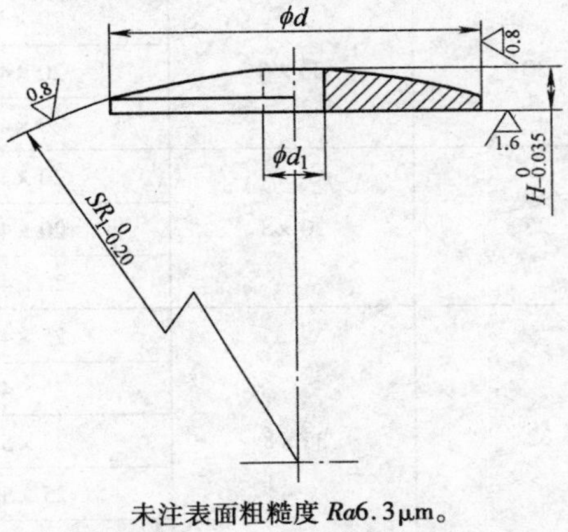

标记示例：

d = 85mm 的凸球面垫块

凸球面垫块　85　JB/T 7646.5—2008

材料：45 钢

热处理：硬度 43 ~ 48HRC

技术条件：按 JB/T 7653—2008 的规定

未注表面粗糙度 Ra6.3μm。

d g6	H	SR_1	d_1	d g6	H	SR_1	d_1
46	9	69	10	95	12.5	155	16
50	9.5	74	10	105	13.5	170	16
55	10	82	14	115	14	190	20
65	10.5	102	14	120	15	193	20
75	11	122	14	130	15.5	213	20
85	12	135	14				

5. 推入式活动模柄

模柄接头与凹球面垫块之间有很大的间隙，具有浮动模柄的性能。其推入式的结构，便于模具的安装。推入式活动模柄见表 14-70，其零件见表 14-71、表 14-72 及表 14-73。

表 14-70　推入式活动模柄（摘自 JB/T 7646.6—2008）　（单位：mm）

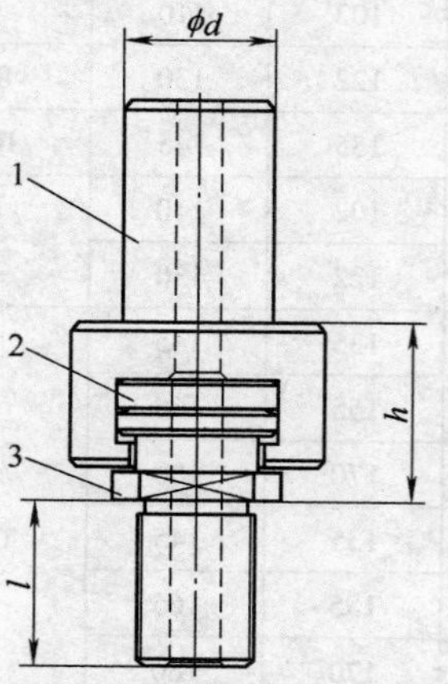

1—模柄接头　2—凹球面垫块　3—活动模柄

标记示例：

d = 25mm、l = 30mm 的推入式活动模柄：

推入式活动模柄　25 × 30　JB/T 7646.6—2008

技术条件：按 JB/T 7653—2008 的规定

基本尺寸			模柄接头	凹球面垫块	活动模柄
d	l	h			
20	20	28.5	20	30 × 6	20 × 37
	25				20 × 42
	30				20 × 47
25	20	33.5	25	30 × 8	20 × 38
	25				20 × 43
	30				20 × 48
32	20	36.5	32	35 × 8	25 × 41
	25				25 × 46
	30				25 × 51
	35				25 × 56
	40				25 × 61
40	25	48.5	40	42 × 8.5	32 × 52
	30				32 × 57
	35				32 × 62
	40				32 × 67
	45				32 × 72
	50				32 × 77

表 14-71　模柄接头（摘自 JB/T 7646.6—2008）　　（单位：mm）

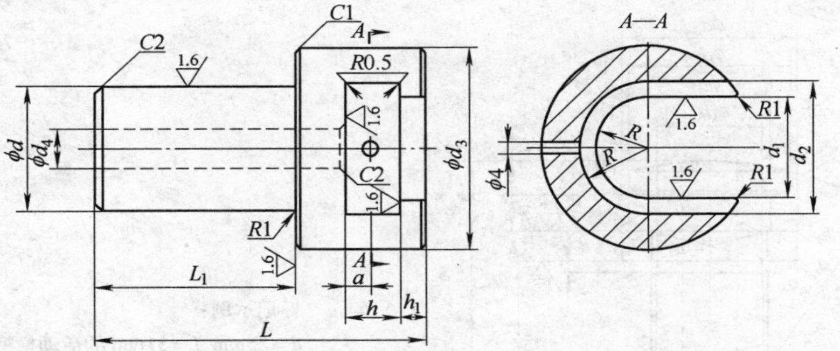

未注表面粗糙度 $Ra6.3\mu m$

材料：Q235

技术条件：按 JB/T 7653—2008 的规定

标记示例：

$d=25mm$ 的模柄接头

模柄接头　25　JB/T 7646.6—2008

d js10	L	L_1	d_1 H12	d_2 js10	d_3	h_1	h H13	a	d_4
20	68	45	20	30	45	5	10.5	3.5	6.5
25	73				50	6	12.5		8.5
32	78	48	25	35	55		14.5	5.5	10.5
40	100	60	32	42	65	8	16.5	7.5	12.5

表 14-72　凹球面垫块（摘自 JB/T 7646.6—2008）　　（单位：mm）

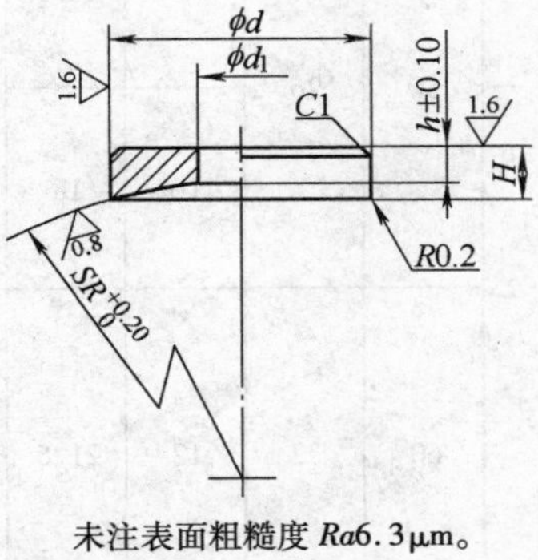

未注表面粗糙度 $Ra6.3\mu m$。

标记示例：

$d=35mm$、$H=8mm$ 的凹球面垫块：

凹球面垫块　35×8　JB/T 7646.6—2008

材料：45 钢

热处理：硬度 43～48HRC

技术条件：按 JB/T 7653—2008 的规定

d a11	H	h	SR	d_1
30	6	4	50	8
	8	6		10
35			60	12
42	8.5		80	14

注：SR 与活动模柄在摇摆旋转时吻合接触面不小于 80%。

表 14-73　活动模柄（摘自 JB/T 7646.6—2008）　　（单位：mm）

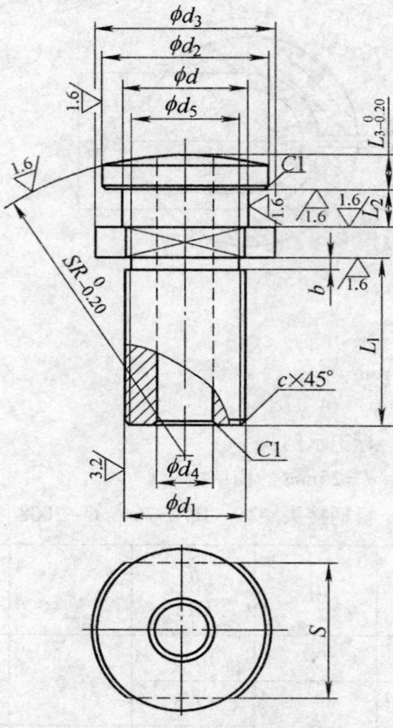

未注表面粗糙度 $Ra6.3\mu m$

标记示例：

$d=25mm$、$L=51mm$ 的活动模柄：

活动模柄　25×51　JB/T 7646.6—2008

材料：45 钢，硬度 43～48HRC

技术条件：按 JB/T 7653—2008 的规定

d a11	d_1	d_2 a11	d_3	L	L_1	L_2	L_3	SR	S	d_4	d_5	b	c
20	M16×1.5	30	35	37	20	6	6	50	26	8	14.5	2.5	1
				42	25								
				47	30								
	M20×1.5			38	20		7			10	18		
				43	25								
				48	30								
25	M24×1.5	35	40	41	20	8		60	32	12	21.5	3.5	1.5
				46	25								
				51	30								
				56	35								
				61	40								
32	M30×2	42	45	52	25	10	9	80	36	14	27.5		
				57	30								
				62	35								
				67	40								
				72	45								
				77	50								

注：SR 与凹球面垫块在摇摆旋转时吻合接触面不少于 80%。

6. 槽形模柄

槽形模柄见表 14-74，用于小型模具。

表 14-74　槽形模柄（摘自 JB/T 7646.4—2008）　　（单位：mm）

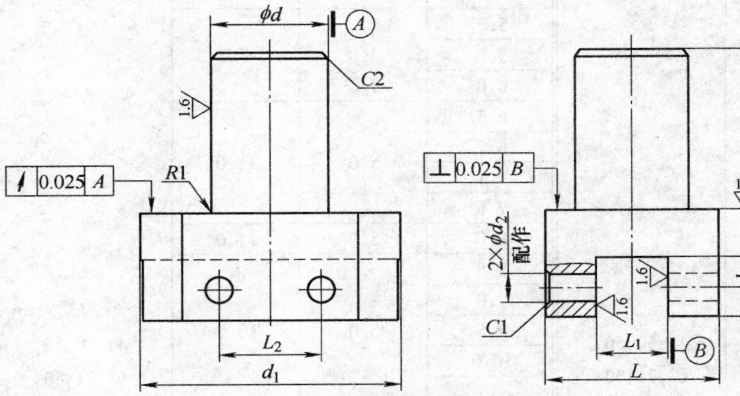

未注表面粗糙度 $Ra6.3\mu m$。

材料：Q235A、45 钢。

标记示例：

$d=25mm$ 的槽形模柄：

槽形模柄　25　JB/T 7646.4—2008

技术条件：按 JB/T 7653—2008 的规定

d js10	d_1	d_2 H7	H	h	h_1	h_2	L	L_1 H7	L_2
20	45	6	70	48	14	7	30	10	20
25	55		75		16	8	40	15	25
32	70	8	85		20	10	50	20	30
40	90	10	100	60	22	11	60	25	35
50	110		115		25	12	70	30	45
60	120		130	70	30	15	80	35	50

二、冲模凸、凹模

（一）凸模

1. 圆柱头直杆圆凸模

圆柱头直杆圆凸模见表 14-75。

表 14-75　圆柱头直杆圆凸模（摘自 JB/T 5825—2008）　　（单位：mm）

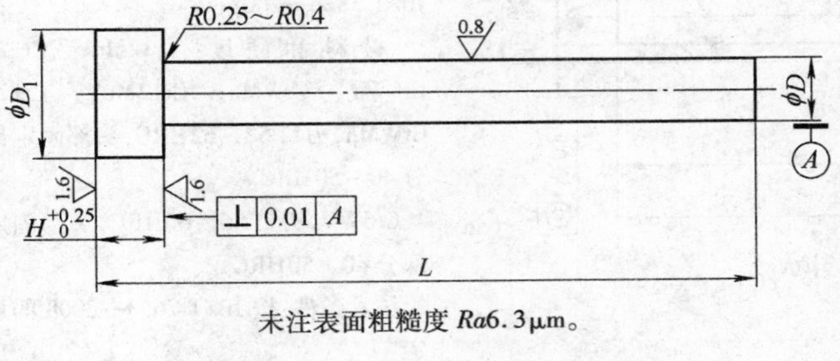

未注表面粗糙度 $Ra6.3\mu m$。

标记示例：

$D=6.3mm$、$L=80mm$ 的圆柱头直杆圆凸模：

圆柱头直杆圆凸模　6.3×80　JB/T 5825—2008

材料　Cr12MoV、Cr12、Cr6WV、CrWMn、Cr12MoV、Cr12、CrWMn 刃口 58～62HRC，头部固定部分 40～50HRC，Cr6WV 刃口 56～60HRC，头部固定部分 40～50HRC

技术条件：按 JB/T 7653—2008 的规定

（续）

D m5	H	$D_{1\ -0.25}^{\ 0}$	$L_{\ 0}^{+1.0}$	D m5	H	$D_{1\ -0.25}^{\ 0}$	$L_{\ 0}^{+1.0}$
1.0	3.0	3.0	45,50,56,63,71,80,90,100	5.0	5.0	8.0	45,50,56,63,71,80,90,100
1.05				5.3	5.0	9.0	
1.1				5.6			
1.2				6.0			
1.25				6.3	5.0	11.0	
1.3				6.7			
1.4				7.1			
1.5				7.5			
1.6				8.0	5.0	11.0	
1.7	3.0	4.0		8.5	5.0	13.0	
1.8				9.0			
1.9				9.5			
2.0				10.0			
2.1	3.0	5.0		10.5	5.0	16.0	
2.2				11.0			
2.4				12.0			
2.5				12.5			
2.6				13.0			
2.8				14.0	5.0	19.0	
3.0				15.0			
3.2	3.0	6.0		16.0			
3.4				20.0	5.0	24.0	
3.6				25.0		29.0	
3.8				32.0		36.0	
4.0				36.0		40.0	
4.2	3.0	7.0					
4.5							
4.8							

2. 圆柱头缩杆圆凸模

圆柱头缩杆圆凸模见表14-76。

表14-76　圆柱头缩杆圆凸模（摘自JB/T 5826—2008）　（单位：mm）

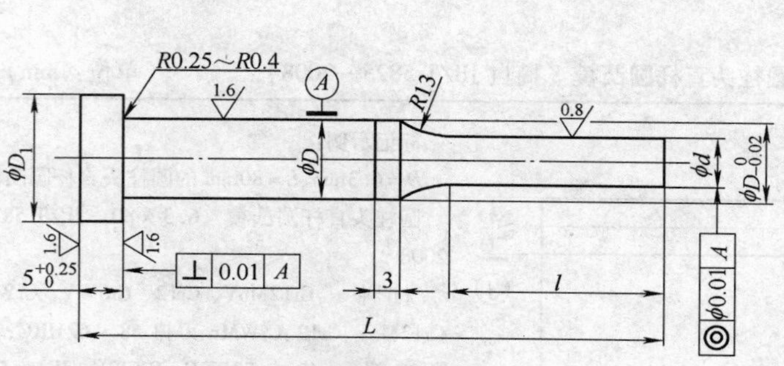

未注表面粗糙度 $Ra6.3\mu m$。

标记示例：

$D=5$mm、$d=2$mm、$L=56$mm 圆柱头缩杆圆凸模：

圆柱头缩杆圆凸模　5×2×56　JB/T 5826—2008

材料和硬度：Cr12MoV、Cr12、Cr6WV、CrWMn。Cr12MoV、Cr12、CrWMn，刃口58～62HRC，头部固定部分40～50HRC。

Cr6WV，刃口56～60HRC，头部固定部分40～50HRC

技术条件：按JB/T 7653—2008的规定

（续）

D m5	d 下限	d 上限	D_1	L
5	1	4.9	8	45,50,56,63,71,80,90,100
6	1.6	5.9	9	
8	2.5	7.9	11	
10	4	9.9	13	
13	5	12.9	16	
16	8	15.9	19	
20	12	19.9	24	
25	16.5	24.9	29	
32	20	31.9	36	
36	25	35.9	40	

注：刃口长度 l 由制造者自行选定。

3. 球锁紧圆凸模

球锁紧圆凸模见表 14-77，适用于直径在 6～22mm 的球锁紧圆凸模。

表 14-77　球锁紧圆凸模（摘自 JB/T 5829—2008）　（单位：mm）

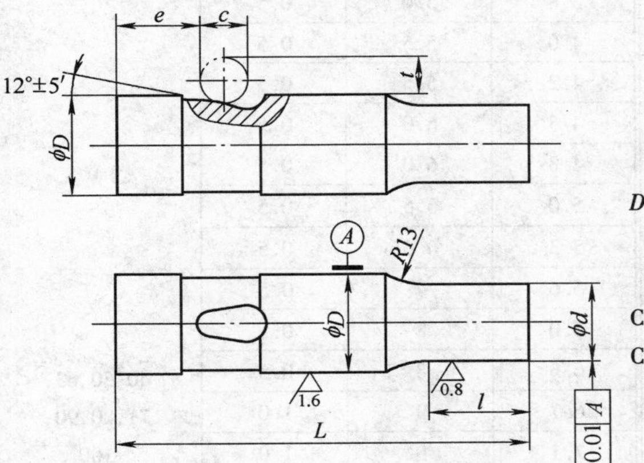

标记示例：

$D=6$mm、$d=2$mm、$L=71$mm 球锁紧圆凸模：

球锁紧圆凸模　6×2×71　JB/T 5829—2008

材料和硬度：Cr12MoV、Cr12、Cr6WV、CrWMn。Cr12MoV、Cr12、CrWMn，刃口 58～62HRC，头部固定部分 40～50HRC。Cr6WV，刃口 56～60HRC，头部固定部分 40～50HRC

技术条件：按 JB/T 7653—2008 的规定

未注表面粗糙度 Ra6.3μm。

D g5	刃口直径 d j6 的范围 下限	上限	c	$e^{+0.2}_{0}$	$t^{0}_{-0.1}$	$L^{+0.5}_{0}$ 50	56	63	71	80
6.0	1.6	5.9	6.0	14.0	5.2	×	×	×	×	×
10.0	4.0	9.9	8.0	12.4	6.7	×	×	×	×	×
13.0	6.0	12.9	8.0	12.4	6.7	×	×	×	×	×
16.0	8.5	15.9	8.0	12.4	6.7	—	×	×	×	×
20.0	12.5	19.9	8.0	12.4	6.7	—	×	×	×	×
25.0	18.0	24.9	8.0	12.4	6.7	—	×	×	×	×
32.0	25.0	31.9	8.0	12.4	6.7	—	×	×	×	×

注：刃口长度 l 由制造者自行选定。

4. 60°锥头直杆圆凸模

60°锥头直杆圆凸模见表 14-78。

表 14-78　60°锥头直杆圆凸模（摘自 JB/T 5827—2008）　　（单位：mm）

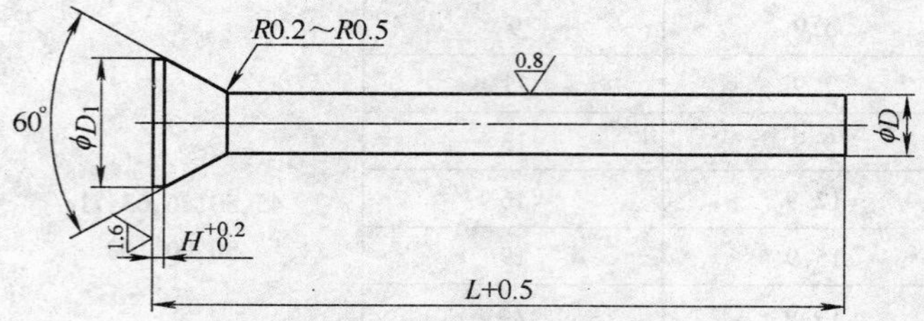

未注表面粗糙度 $Ra6.3\mu m$。

标记示例：

D = 6.3mm、L = 80mm 的 60° 锥头直杆圆凸模：

锥头直杆圆凸模　6.3 × 80　JB/T 5827—2008

材料和硬度：Cr12MoV、Cr12、Cr6WV、CrWMn。Cr12MoV、Cr12、CrWMn，刃口 58 ~ 62HRC，Cr6WV，刃口 56 ~ 60HRC，头部固定部分 40 ~ 50HRC

技术条件：按 JB/T 7653—2008 的规定

D m5	D_1	H	L	D m5	D_1	H	L
0.5	0.9	0.2	40,50,63,71,80,90,100	3.0	4.5	0.5	40,50,63,71,80,90,100
0.55	1.0	0.2		3.2	4.5	0.5	
0.6	1.1	0.2		3.4	4.5	0.5	
0.65	1.2	0.2		3.6	5.0	0.5	
0.7	1.3	0.2		3.8	5.0	0.5	
0.75	1.3	0.2		4.0	5.5	0.5	
0.8	1.4	0.4		4.2	5.5	0.5	
0.85	1.4	0.4		4.5	6.0	0.5	
0.9	1.6	0.4		4.8	6.0	0.5	
0.95	1.6	0.4		5.0	6.5	0.5	
1.0	1.8	0.5		5.3	6.5	0.5	
1.05	1.8	0.5		5.6	7	0.5	
1.1	1.8	0.5		6.0	8	0.5	
1.2	2.0	0.5		6.3	8	0.5	
1.25	2.0	0.5		6.7	9	1.0	
1.3	2.0	0.5		7.1	9	1.0	
1.4	2.2	0.5		7.5	10	1.0	
1.5	2.2	0.5		8.0	10	1.0	
1.6	2.5	0.5		8.5	11	1.0	
1.7	2.5	0.5		9.0	11	1.0	
1.8	2.8	0.5		9.5	12	1.0	
1.9	2.8	0.5		10	12	1.0	
2.0	3.0	0.5		10.5	13	1.0	
2.1	3.2	0.5		11	13	1.0	
2.2	3.2	0.5		12	14	1.0	
2.4	3.5	0.5		12.5	15	1.0	
2.5	3.5	0.5		13	15	1.0	
2.6	4.0	0.5		14	16	1.5	
2.8	4.0	0.5		15	17	1.5	

5. 60°锥头缩杆圆凸模

60°锥头缩杆圆凸模见表 14-79。

表 14-79　60°锥头缩杆圆凸模（摘自 JB/T 5828—2008）　（单位：mm）

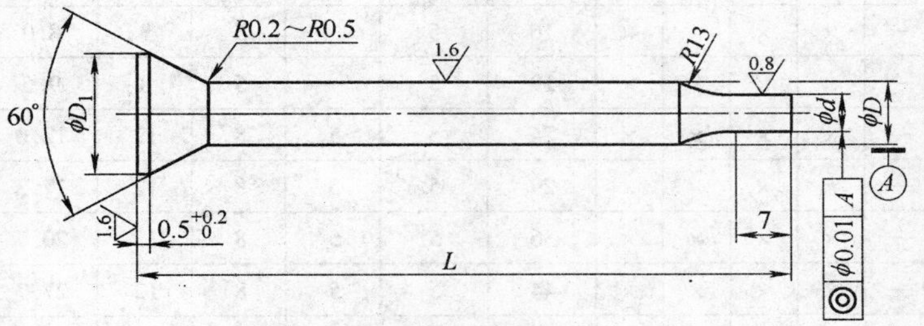

未注表面粗糙度 $Ra6.3\mu m$。

标记示例：

$D=2mm$、$d=0.5mm$、$L=71mm$ 的 60°锥头缩杆圆凸模：

锥头缩杆圆凸模　2×0.5×71　JB/T 5828—2008

材料和硬度：Cr12MoV、Cr12、Cr6WV、CrWMn。Cr12MoV、Cr12、CrWMn，刃口 58～62HRC，头部固定部分 40～50HRC。Cr6WV，刃口 56～60HRC，头部固定部分 40～50HRC

技术条件：按 JB/T 7653—2008 的规定

D m5	d j6	D_1	$L^{+0.5}_{0}$	
2	$0.5\leqslant d\leqslant1.6$	3.0	71	80
3	$1.4\leqslant d\leqslant2.9$	4.5	71	80

（二）凹模

圆凹模见表 14-80。

表 14-80　圆凹模（摘自 JB/T 5830—2008）　（单位：mm）

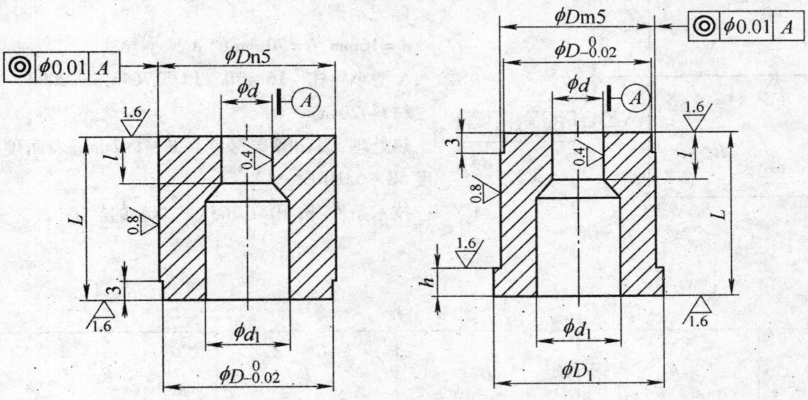

A 型　　B 型

未注表面粗糙度 $Ra6.3\mu m$。

标记示例：

$D=5mm$、$d=1mm$、$L=16mm$、$l=2mm$ 的 A 型圆凹模：

圆凹模　A　5×1×16×2　JB/T 5830—2008

材料：Cr12MoV、Cr12、Cr6WV、CrWMn

硬度 58～62HRC

技术条件：按 JB/T 7653—2008 的规定

D	d H8	$L^{+0.5}_{0}$						$D_1{}^{0}_{-0.25}$	$h^{+0.25}_{0}$	l 选择其			d_1 max
		12	16	20	25	32	40			min	标准值	max	
5	1,1.1,1.2……,2.4	×	×	×	×	—	—	8	3	—	2	4	2.8
6	1.6,1.7,1.8……,3	×	×	×	×	—	—	9	3	—	3	4	3.5
8	2,2.1,2.2,……,3.5	×	×	×	×	×	—	11	3	—	4	5	4.0
10	3,3.1,3.2……,5	×	×	×	×	×	—	13	3	—	4	8	5.8

（续）

D	d H8	$L^{+0.5}_{0}$						$D_{1\ -0.25}^{\ 0}$	$h^{+0.25}_{0}$	l 选择其			d_1 max
		12	16	20	25	32	40			min	标准值	max	
13	4,4.1,4.2……,7.2	—	—	×	×	×	×	16	5	—	5	8	8.0
16	6,6.1,6.2,……,8.8	—	—	×	×	×	×	19	5	—	5	8	9.5
20	7.5,7.6,7.7……,11.3	—	—	×	×	×	×	24	5	5	8	12	12.0
25	11,11.1,11.2……,16.6	—	—	×	×	×	×	29	5	5	8	12	17.3
32	15,15.1,15.2,……,20	—	—	×	×	×	×	36	5	5	8	12	20.7
40	18,18.1,18.2,……,27	—	—	×	×	×	×	44	5	5	8	12	27.7
50	26,26.1,26.2……,36	—	—	×	×	×	×	44	5	5	8	12	37.0

注：（1）*d* 的增量为 0.1mm。

（2）作为专用的凹模，工作部分可以在 *d* 的公差范围内加工成锥孔，而上表面具有最小直径。

三、冲模导向装置

1. A 型小导柱

A 型小导柱见表 14-81。

表 14-81　A 型小导柱（摘自 JB/T 7645.1—2008）　　（单位：mm）

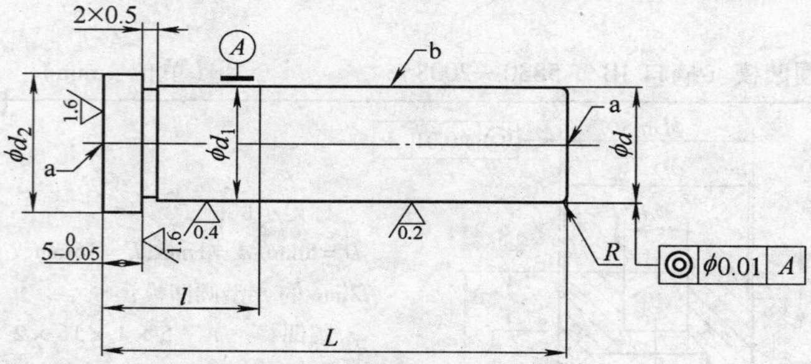

未注表面粗糙度 *Ra*6.3μm。

a 允许保留两端的中心孔。

b 允许开油槽。

标记示例：

d = 16mm、*L* = 70mm 的 A 型小导柱：

A 型小导柱　16×70　JB/T 7645.1—2008

材料：20Cr

热处理：表面渗碳深度 0.8～1.2mm，表面硬度 58～62HRC

技术条件：按 JB/T 7653—2008 的规定

d h5	d_1 m6	d_2	L	l	R
10	10	13	40	14	1
			50		
			60		
12	12	15	50	16	
			60		
			70		
16	16	19	60	20	2
			70		
			80		
20	20	24	80	25	3
			100		
			120		

2. B 型小导柱

B 型小导柱见表 14-82。

表 14-82　B 型小导柱（摘自 JB/T 7645.2—2008）　（单位：mm）

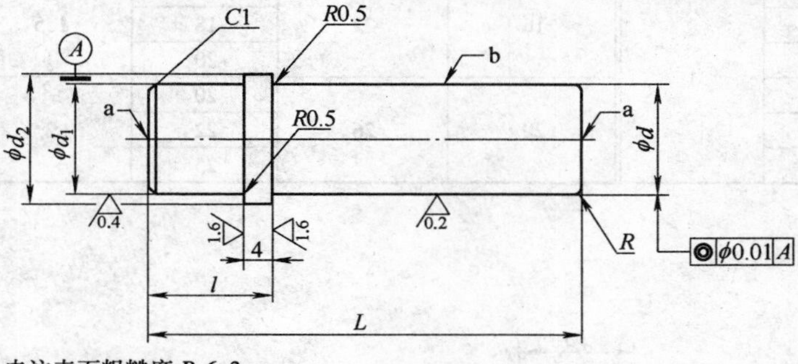

材料：20Cr。

热处理：表面渗碳深度 0.8～1.2mm，表面硬度 58～62HRC。

技术条件：按 JB/T 7653—2008 的规定

标记示例：

$d=16$mm、$L=60$mm 的 B 型小导柱

B 型小导柱　16×60　JB/T 7645.2—2008

未注表面粗糙度 $Ra6.3\mu m$。

a 允许保留两端的中心孔。

b 允许开油槽。

d h5	d_1 m6	d_2	L	l	R
10	10	13	40	13	1
			50		
			60		
12	12	15	50	15	
			60		
			70		
16	16	19	60	19	2
			70		
			80		
20	20	24	80	24	3
			100		
			120		

3. 小导套

小导套见表 14-83。

表 14-83　小导套（摘自 JB/T 7645.3—2008）　（单位：mm）

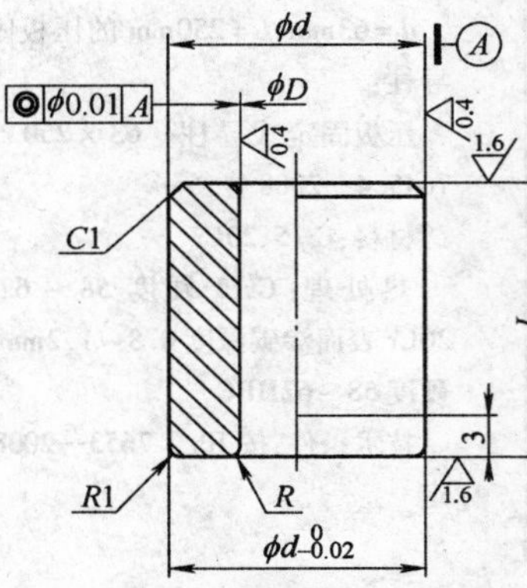

未注表面粗糙度 $Ra6.3\mu m$。

标记示例：

$d=12$mm、$L=16$mm 的小导套：

小导套　12×16　JB/T 7645.3—2008

材料：20Cr

热处理：表面渗碳深度 0.8～1.2mm，表面硬度 58～62HRC

技术条件：按 JB/T 7653—2008 的规定

（续）

D H5	d r6	L	R	D H5	d r6	L	R
10	16	10	1	16	22	16	1.5
		12				18	
		14				20	
12	18	12		20	26	20	2
		14				22	
		16				25	

4. 压板固定式导柱

（1）安装形式如图 14-1 所示。

（2）结构尺寸见表 14-84。

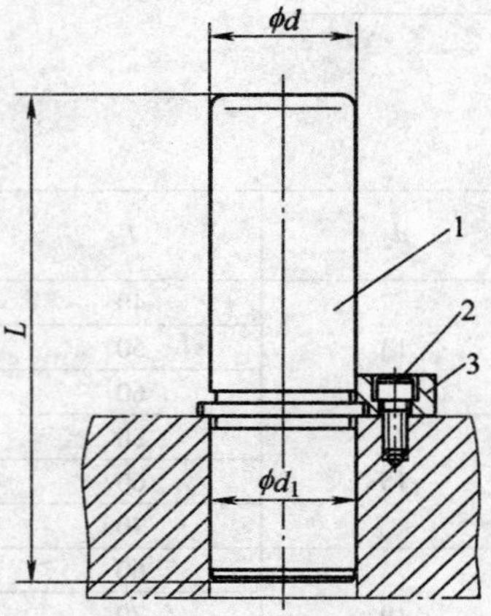

图 14-1　压板固定式导柱安装形式

1—导柱　2—螺钉　3—压板

表 14-84　压板固定式导柱（摘自 JB/T 7645.4—2008）　　（单位：mm）

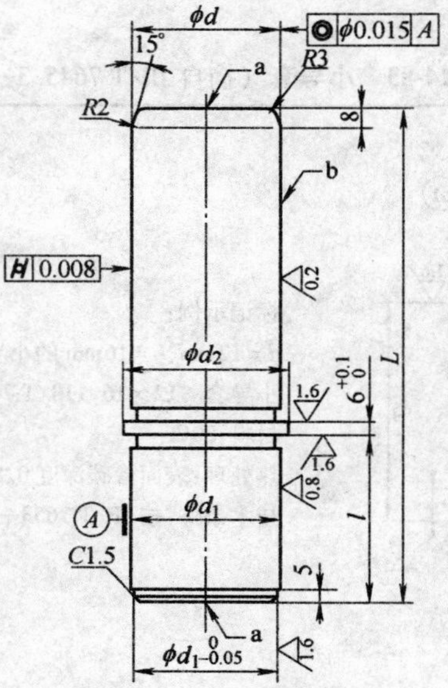

未注表面粗糙度 $Ra6.3\mu m$。

a 允许保留两端的中心孔。

b 允许开油槽。

标记示例：

$d=63mm$、$L=250mm$ 的压板固定式导柱：

压板固定式导柱　63 × 250　JB/T 7645.4—2008

材料：Cr15、20Cr

热处理：Gr15 硬度 58 ~ 62HRC。20Cr 表面渗碳深度 0.8 ~ 1.2mm，表面硬度 58 ~ 62HRC

技术条件：按 JB/T 7653—2008 的规定

（续）

d h6	L	d_1 m6	d	l
63	224	63	71	76
	250			
	280			
	315			
80	250	80	90	100
	280			
	315			
	355			
	400			
100	315	100	112	125
	355			
	400			
	450			

5. 压板固定式导套

（1）安装形式如图 14-2 所示。

（2）结构尺寸见表 14-85。

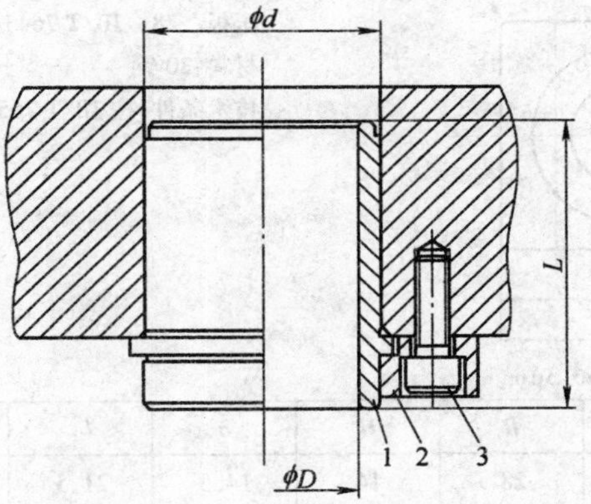

图 14-2　压板固定式导套安装形式

1—导套　2—压板　3—螺钉

表 14-85　压板固定式导套（摘自 JB/T 7645.5—2008）　（单位：mm）

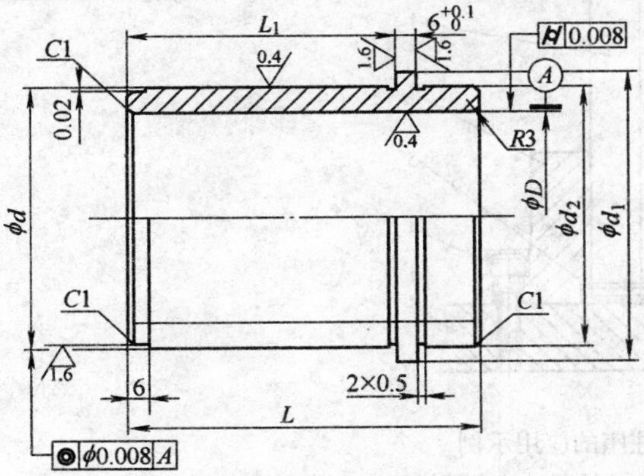

标记示例：

$D=63$mm 的压板固定式导套：

压板固定式导套　63　JB/T 7645.5—2008

材料 Gr15、20Cr

热处理：Gr15，硬度 58～62HRC。20Cr，表面渗碳深度 0.8～1.2mm，表面硬度 58～62HRC

技术条件：按 JB/T 7653—2008 的规定

未注表面粗糙度 Ra6.3μm。

（续）

D H7	d m6	d_1	d_2	L	L_1
63	78	87	78	100	76
80	100	110	100	125	100
100	120	130	120	160	125

6. 压板

压板见表 14-86。

表 14-86 压板（摘自 GB/T 7645.6—2008） （单位：mm）

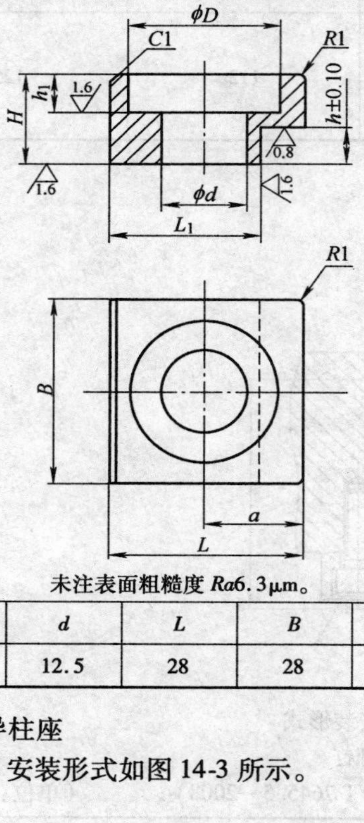

未注表面粗糙度 Ra6.3μm。

标记示例：

L＝28mm 的压板：

压板 28 JB/T 7645.6—2008

材料:20 钢

技术条件:按 JB/T 7653—2008 的规定

螺钉直径	d	L	B	H	a	L_1	h	D	h_1
12	12.5	28	28	14	14.5	21.5	5.7	22	6

7. 导柱座

（1）安装形式如图 14-3 所示。

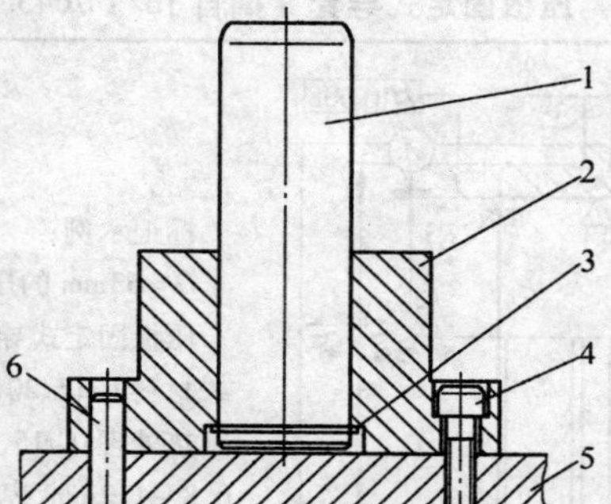

图 14-3 导柱座的应用示例

1—导柱 2—导柱座 3—轴用弹性挡圈 4—圆柱头内六角螺钉 5—下模座 6—圆柱销

（2）结构尺寸见表 14-87。

表 14-87　导柱座（摘自 JB/T 7645.7—2008）　　（单位：mm）

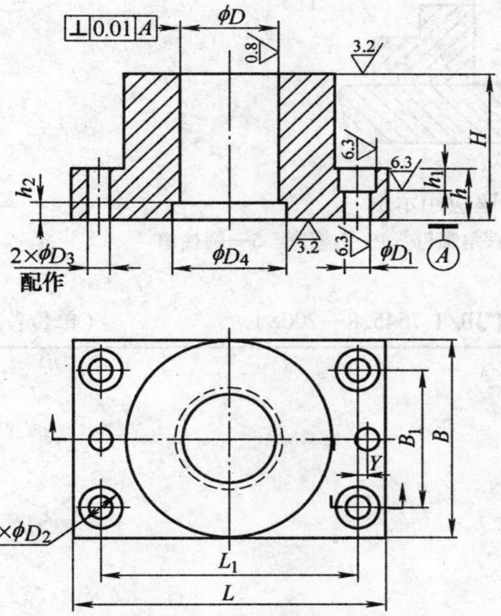

未注表面粗糙度 $Ra6.3\mu m$

标记示例：

$D=20$mm 的导柱座：

导柱座　20　JB/T 7645.7—2008

材料：HT200

技术条件：按 JB/T 7653—2008 的规定

D N7	L	B	H	h	D_1	D_2	h_1	L_1	B_1	D_3 H7	Y	D_4	h_2
20	80	45	32	18				60	25		3	30	6.5
25	90	56	40	18	9	15	8	71	35.5	8		36	
32	112	71	50	20				90	50		4	46	7.5
40	132	85	63	25	11	18	10	106	60	10		52	
50	160	112	80	28	13	22	12	132	80	12	5	66	8
63	200	132	100	40	17	28	16	160	90	16		80	

8. 导套座

（1）安装形式如图 14-4 所示。

（2）结构尺寸见表 14-88。

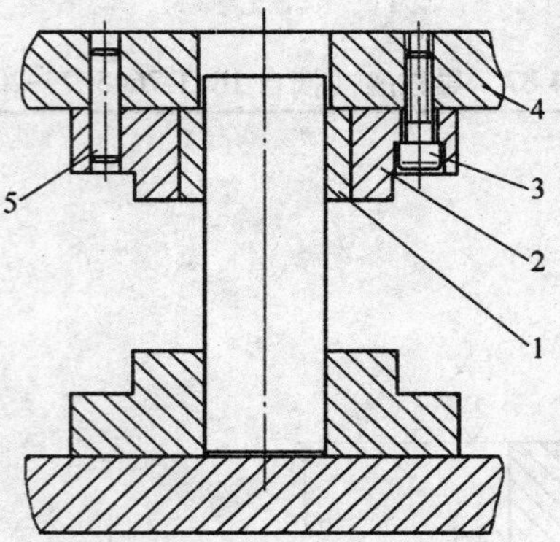

图 14-4　导套座应用示例

1—导套　2—导套座　3—圆柱头内六角螺钉　4—上模座　5—圆柱销

表 14-88　导套座（摘自 JB/T 7645.8—2008）　　　　（单位：mm）

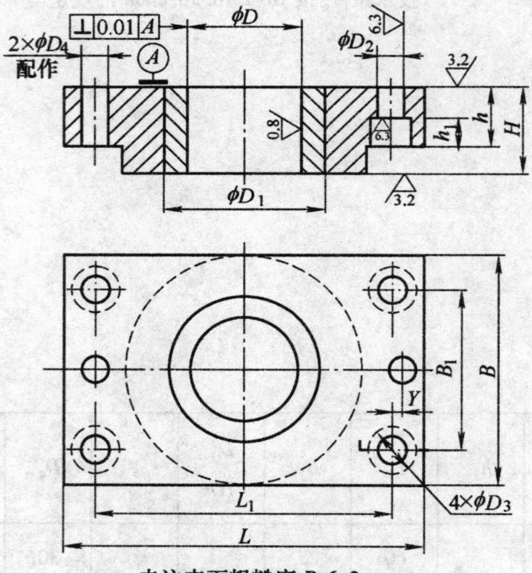

未注表面粗糙度 $Ra6.3\mu m$

标记示例：

D = 20mm 的导套座：

导套座　20　JB/T 7645.8—2008

材料：HT200

技术条件按 JB/T 7653—2008 规定

<table>
<tr><th>D
N7</th><th>L</th><th>B</th><th>H</th><th>h</th><th>D₁</th><th>D₂</th><th>D₃</th><th>h₁</th><th>L₁</th><th>B₁</th><th>D₄
H7</th><th>Y</th></tr>
<tr><td>20</td><td>80</td><td>45</td><td>32</td><td>18</td><td>32</td><td rowspan="3">9</td><td rowspan="3">15</td><td rowspan="3">8</td><td>60</td><td>25</td><td rowspan="3">8</td><td rowspan="2">3</td></tr>
<tr><td>25</td><td>90</td><td>56</td><td>40</td><td>18</td><td>38</td><td>71</td><td>35.5</td></tr>
<tr><td>32</td><td>112</td><td>71</td><td>50</td><td>20</td><td>45</td><td>90</td><td>50</td><td rowspan="2">4</td></tr>
<tr><td>40</td><td>132</td><td>85</td><td>63</td><td>25</td><td>56</td><td>11</td><td>18</td><td>10</td><td>106</td><td>60</td><td>10</td></tr>
<tr><td>50</td><td>160</td><td>112</td><td>80</td><td>28</td><td>71</td><td>13</td><td>22</td><td>12</td><td>132</td><td>80</td><td>12</td><td rowspan="2">5</td></tr>
<tr><td>63</td><td>200</td><td>132</td><td>100</td><td>40</td><td>80</td><td>17</td><td>28</td><td>16</td><td>160</td><td>90</td><td>16</td></tr>
</table>

注：油槽的设置由制造者决定。

四、导正销

1. A 型导正销

A 型导正销见表 14-89。

表 14-89　A 型导正销（摘自 JB/T 7647.1—2008）　（单位：mm）

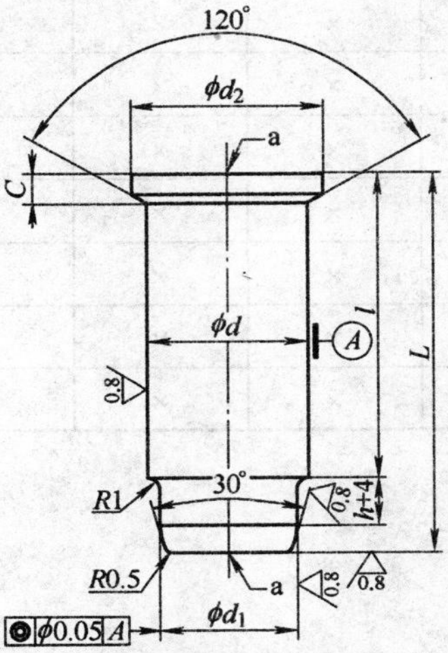

未注表面粗糙度 $Ra6.3\mu m$。
允许保留中心孔。

标记示例：
$d = 6mm$、$d_1 = 2mm$、$L = 32mm$ 的 A 型导正销：
A 型导正销　6 ×2 ×32　JB/T 7647.1—2008
材料：Mn2V，硬度 52 ~56HRC
技术条件：按 JB/T 7653—2008 的规定

d h6	d_1 h6	d_2	C	L	l	d h6	d_1 h6	d_2	C	L	l
5	0.99 ~4.9	8	2	25	16	10	3.9 ~9.9	13	3	36	25
6	1.5 ~5.9	9		32	20	13	4.9 ~11.9	16			
8	2.4 ~7.9	11	3			16	7.9 ~15.9	19		40	32

注：h 尺寸设计时决定。

2. B 型导正销

B 型导正销见表 14-90。

表 14-90　B 型导正销（摘自 JB/T 7647.2—2008）　（单位：mm）

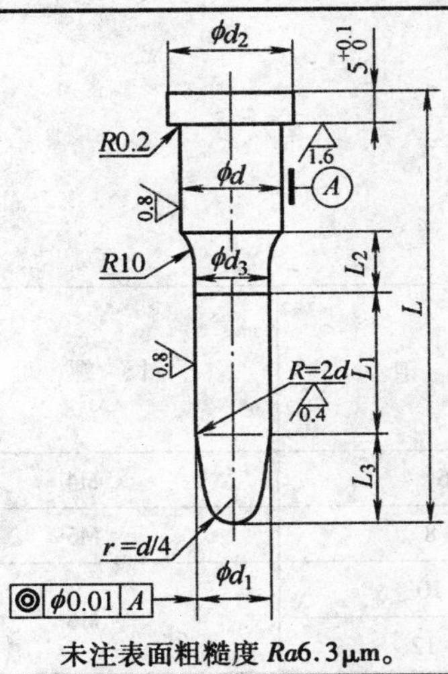

未注表面粗糙度 $Ra6.3\mu m$。

标记示例：
$d = 8mm$、$d_1 = 6mm$、$L = 63mm$：
B 型导正销　8 ×6 ×63　JB/T 7647.2—2008
材料：9Mn2V，热处理硬度 52 ~56HRC
技术条件：按 JB/T 7653—2008 的规定

（续）

d h6	d_1 h6	d_2	L					
			56	63	71	80	90	100
5	0.99～4.9	8	×	×	×	×	×	
6	1.9～5.9	9	×	×	×	×	×	×
8	2.4～7.9	11	×	×	×	×	×	×
10	3.9～9.9	13	×	×	×	×	×	×
13	4.9～12.9	16	×	×	×	×	×	×
16	7.9～15.9	19	×	×	×	×	×	×
20	11.9～19.9	24	×	×	×	×	×	×
25	15.0～24.9	29	×	×	×	×	×	×
32	19.9～31.9	36	×	×	×	×	×	×

注：L_1、L_2、L_3、d_3 尺寸和头部形状由设计时决定。

3. C 型导正销

C 型导正销见表 14-91～表 14-93。

表 14-91　C 型导正销（摘自 JB/T 7647.3—2008）　（单位：mm）

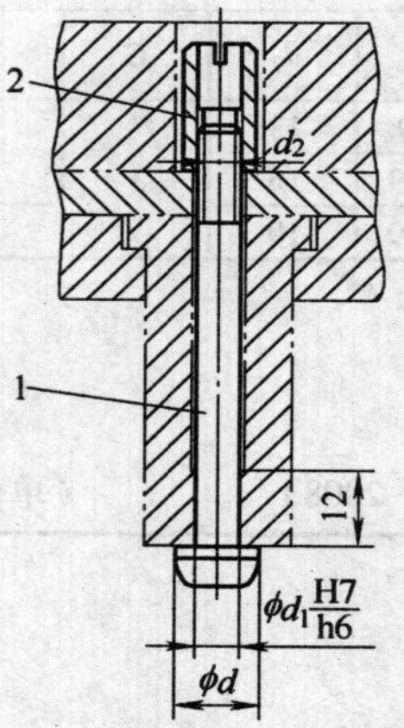

1—导正销　2—长螺母

标记示例：

d=6.2mm 的 C 型导正销：

C 型导正销　6.2　JB/T 7647.3—2008

技术条件：按 JB/T 7653—2008 规定

基本尺寸		导 正 销	长 螺 母
d h6	d_1		
4～6	4	4～6	M4
>6～8	5	>6～8	M5
>8～10	6	>8～10	M6
>10～12		>10～12	

表 14-92　导正销（摘自 JB/T 7647.3—2008）　（单位：mm）

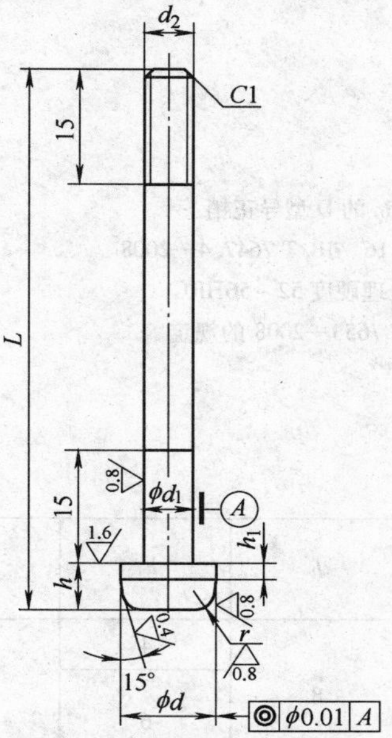

未注表面粗糙度 *Ra*6.3μm。

标记示例：
d=6.2mm 的导正销：
导正销　6.2　JB/T 7647.3—2008
材料:9Mn2V,热处理硬度 52～56HRC
技术条件:按 JB/T 7653—2008 的规定

d h6	d_1 h6	d_2	h	r	L					
					71	80	90	100	112	125
4～6	4	M4	4	1	×	×	×	×	×	
>6～8	5	M5	5	1	×	×	×	×	×	×
>8～10	6	M6		2	×	×	×	×	×	×
>10～12			6		×	×	×	×	×	×

注：h_1 尺寸设计时确定。

表 14-93　长螺母（摘自 JB/T 7647.3—2008）　（单位：mm）

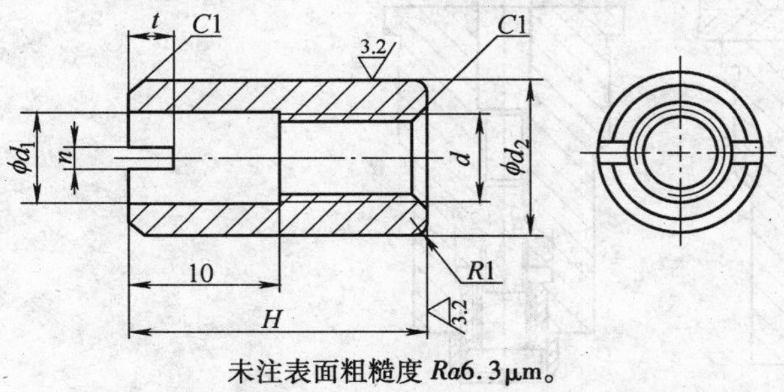

未注表面粗糙度 *Ra*6.3μm。

标记示例：
d=M5 的长螺母：
长螺母　M5　JB/T 7647.3—2008
材料:45 钢,热处理硬度 43～48HRC
技术条件:按 JB/T 7653—2008 的规定

d	d_1	d_2	n	t	H
M4	4.5	8	1.2	2.5	16
M5	5.5	9			18
M6	6.5	11	1.5	3	20

4. D 型导正销

D 型导正销见表 14-94。

表 14-94 D 型导正销（摘自 JB/T 7647.4—2008） （单位：mm）

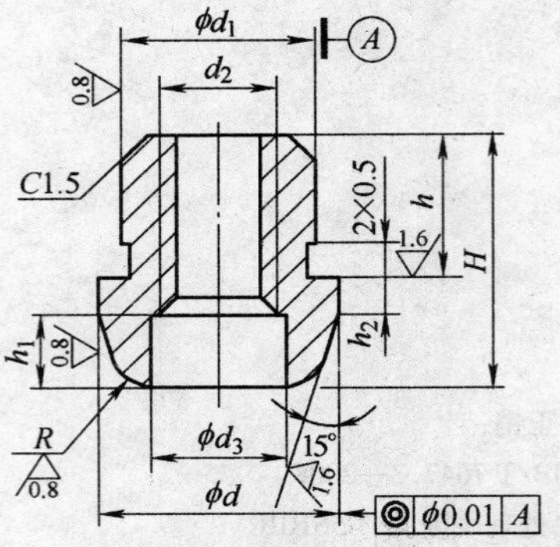

未注表面粗糙度 $Ra6.3\mu m$。

标记示例：

$d=20mm$、$H=16mm$ 的 D 型导正销：

D 型导正销 20×16 JB/T 7647.4—2008

材料：9Mn2V，热处理硬度 52～56HRC

技术条件：按 JB/T 7653—2008 的规定

d h6	d_1 h6	d_2	d_3	H	h	h_1	R
12～14	10	M6	7	14	8	4	2
>14～18	12	M8	9			6	
>18～22	14			16			
>22～26	16	M10	16	20	10	7	
>26～30	18	M12	19	22		8	3
>30～40	22			26	12		
>40～50	26			28			

注：h_2 尺寸设计时确定。

D 型导正销的应用示例如图 14-5 所示。

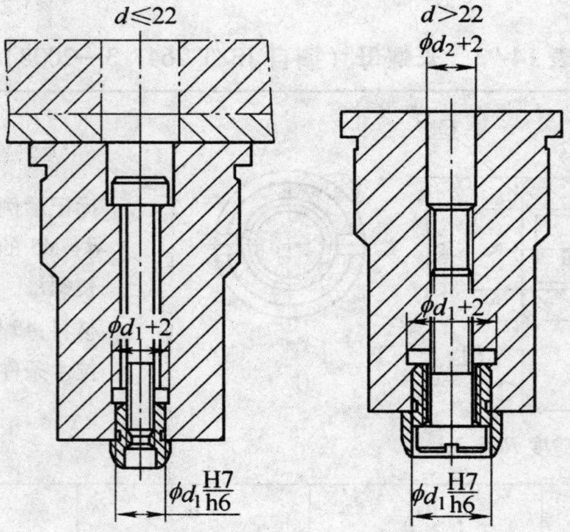

图 14-5 D 型导正销的应用示例

五、冲模挡料装置

1. 固定挡料销

固定挡料销见表 14-95。

表 14-95　固定挡料销（摘自 JB/T 7649.10—2008）　（单位：mm）

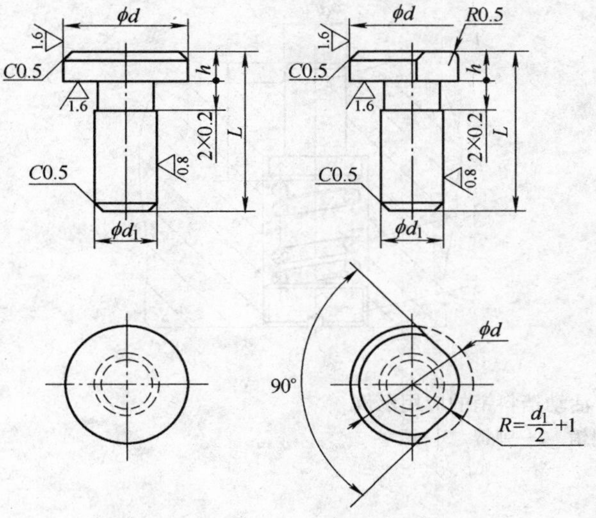

标记示例：

d = 10mm 的 A 型固定挡料销：

固定挡料销　A10　JB/T 7649.10—2008

材料：45 钢，热处理硬度 43 ~ 48HRC

技术条件：按 JB/T 7653—2008 的规定

未注表面粗糙度 Ra6.3μm。

d h11	d_1 m6	h	L	d h11	d_1 m6	h	L
6	3	3	8	16	8	3	13
8	4	2	10	20	10	4	16
10		3	13	25	12		20

2. 活动挡料销

活动挡料销见表 14-96。

表 14-96　活动挡料销（摘自 JB/T 7649.9—2008）　（单位：mm）

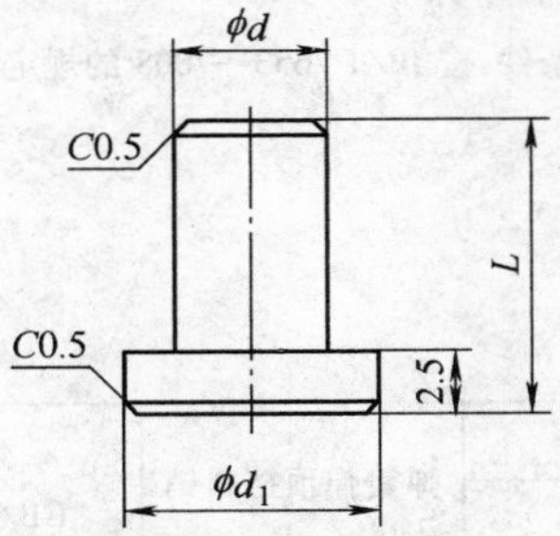

标记示例：

d = 6mm、L = 14mm 的活动挡料销：

活动挡料销 6 × 14 JB/T 7649.9—2008

材料：45 钢，热处理硬度 43 ~ 48HRC

技术条件：按 JB/T 7653—2008 的规定

未注表面粗糙度 Ra6.3μm。

d d9	d_1	L	d d9	d_1	L
3	6	8	6	10	14
		10			16
		12			18
		14			20
		16	8	14	10
4	8	8			16
		10			18
		12			20
		14			22
		16			24
		18	10	16	16
6	10	8			20
		12			

活动挡料销的应用示例如图 14-6 所示。

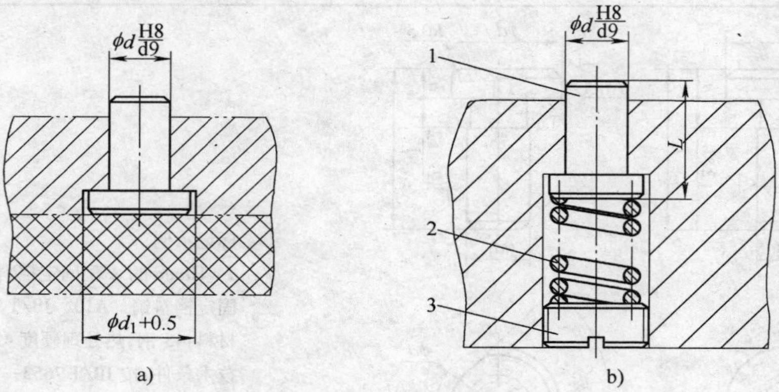

图 14-6　活动挡料销的应用示例

1—挡料销　2—弹簧　3—螺塞

3. 弹簧弹顶挡料装置

弹簧弹顶挡料装置见表 14-97、表 14-98。

表 14-97　弹簧弹顶挡料装置（摘自 JB/T 7649.5—2008）　（单位：mm）

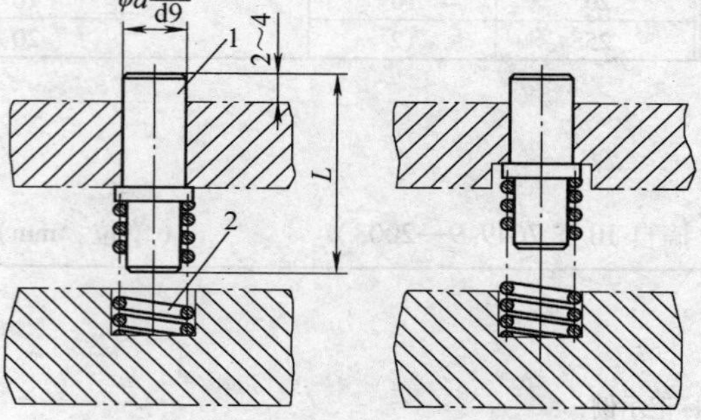

1—弹簧弹顶挡料销　2—弹簧

标记示例：

d = 6mm、L = 22mm 的弹簧弹顶挡料装置：

弹簧弹顶挡料装置　6 × 22　JB/T 7649.5—2008

技术条件：按 JB/T 7653—2008 的规定

基本尺寸 d	基本尺寸 L	弹簧弹顶挡料销	弹簧 GB/T 2089
4	18	4×18	0.5×6×20
	20	4×20	
6	20	6×20	0.8×8×20
	22	6×22	
	24	6×24	0.8×8×30
	26	6×26	
8	24	8×24	1×10×30
	26	8×26	
	28	8×28	
	30	8×30	
10	26	10×26	1.6×12×30
	28	10×28	
10	30	10×30	1.6×12×30
	32	10×32	
12	34	12×34	1.6×16×40
	36	12×36	
	40	12×40	
16	36	16×36	2×20×40
	40	16×40	
	50	16×50	
20	50	20×50	2×20×50
	55	20×55	
	60	20×60	

表 14-98　弹簧弹顶挡料销（摘自 JB/T 7649.5—2008）　　（单位：mm）

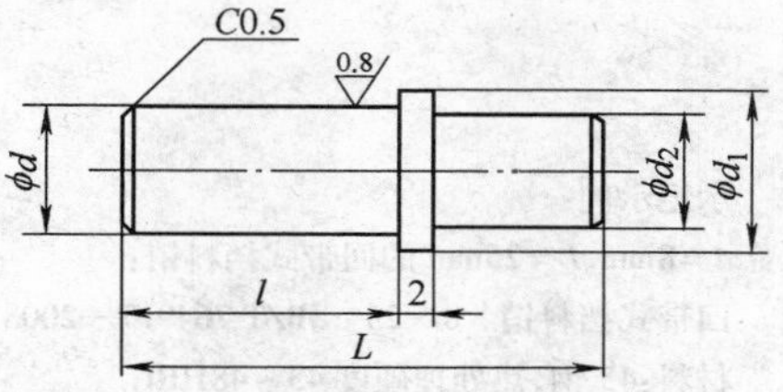

未注表面粗糙度 Ra6.3μm。

标记示例：

d = 6mm、L = 22mm 的弹簧弹顶挡料销：

弹簧弹顶挡料销　6 × 22　JB/T 7649.5—2008

材料：45 钢，热处理硬度 43 ~ 48HRC

技术条件：按 JB/T 7653—2008 的规定

d d9	d_1	d_2	l	L
4	6	3.5	10	18
			12	20
6	8	5.5	10	20
			12	22
			14	24
			16	26
8	10	7	12	24
			14	26
			16	28
			18	30
10	12	8	14	26
			16	28

d d9	d_1	d_2	l	L
10	12	8	18	30
			20	32
12	14	10	22	34
			24	36
			28	40
16	18	14	24	36
			28	40
			35	50
20	23	15	35	50
			40	55
			45	60

4. 回带式挡料装置

回带式挡料装置见表 14-99 ~ 表 14-101。

表 14-99　回带式挡料装置（摘自 JB/T 7649.7—2008）　　（单位：mm）

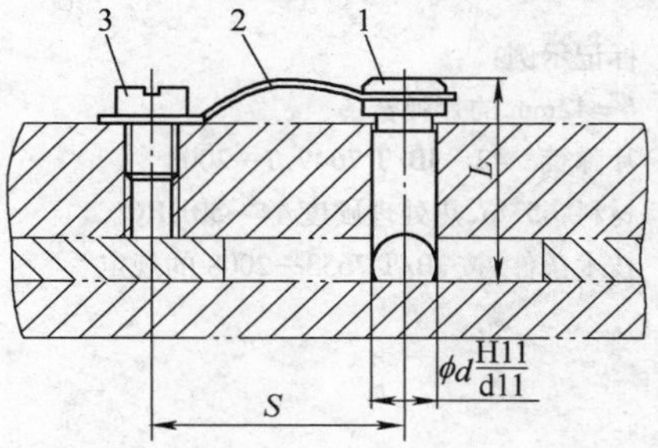

1—回带式挡料销　2—片弹簧　3—螺钉

标记示例：

d = 8mm、L = 25mm 的回带式挡料装置：

回带式挡料装置　8 × 25　JB/T 7649.7—2008

技术条件：按 JB/T 7653—2008 的规定

基本尺寸			回带式挡料销	片弹簧	螺钉
d	L	S			
8	20	30	8 × 20	42	M6 × 8
	22		8 × 22		
	25		8 × 25		
	30		8 × 30		
10	25	40	10 × 25	55	

基本尺寸			回带式挡料销	片弹簧	螺钉
d	L	S			
10	32	40	10 × 32	55	M6 × 8
	35		10 × 35		
	40		10 × 40		
12	40	50	12 × 40	65	
	45		12 × 45		

表 14-100　回带式挡料销（摘自 JB/T 7649.7—2008）　（单位：mm）

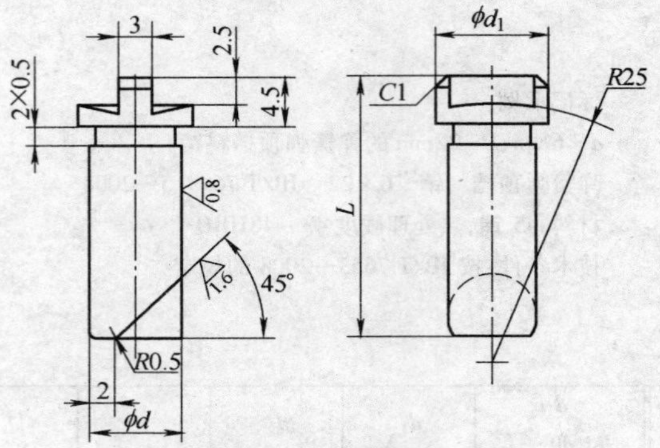

未注表面粗糙度 $Ra6.3\mu m$。

示记示例：

$d=8mm$、$L=25mm$ 的回带式挡料销：

回带式挡料销　8×25　JB/T 7649.7—2008

材料：45 钢，热处理硬度 43～48HRC

技术条件：按 JB/T 7653—2008 的规定

d d11	L	d_1	d d11	L	d_1
8	20	10	10	32	12
	22			35	
	25			40	
	30		12	40	14
10	25	12		45	

表 14-101　片弹簧（摘自 JB/T 7649.7—2008）　（单位：mm）

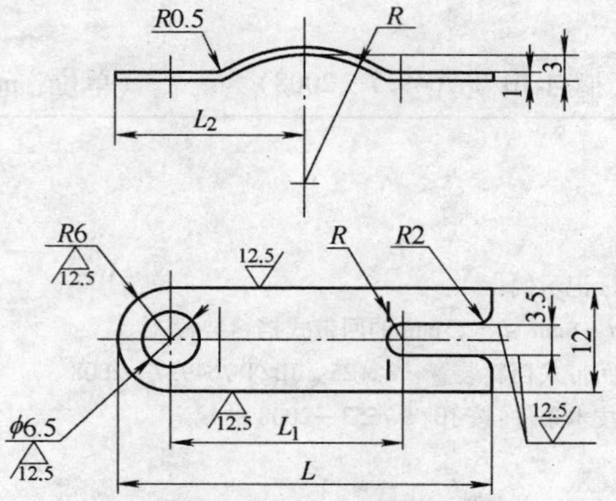

未注粗糙度的表面为非加工表面。

标记示例：

$L=42mm$ 的片弹簧：

片弹簧　42　JB/T 7649.7—2008

材料：65Mn，热处理硬度 44～50HRC

技术条件：按 JB/T 7653—2008 的规定

L	L_1	L_2	R
42	26	21	15
55	35	26	20
65	44	31	30

5. 始用挡料装置

始用挡料装置见表 14-102、表 14-103。

表 14-102　始用挡料装置（摘自 JB/T 7649.1—2008）　（单位：mm）

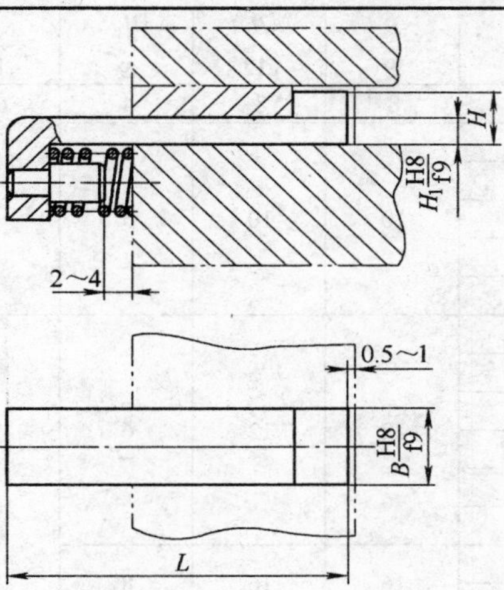

标记示例：

L = 45mm、H = 8mm 的始用挡料装置：

始用挡料装置 45 × 8 JB/T 7649.1—2008

技术条件：按 JB/T 7653—2008 的规定

基本尺寸 L	基本尺寸 H	始用挡料块	弹簧 GB/T 2089	弹簧芯柱 JB/T 7649.2	基本尺寸 L	基本尺寸 H	始用挡料块	弹簧 GB/T 2089	弹簧芯柱 JB/T 7649.2
36		36 × 4			71	8	71 × 8		
40	4	40 × 4	0.5 × 6 × 20	4 × 16	50		50 × 10		
45		45 × 4			56		56 × 10	0.8 × 8 × 20	6 × 16
36		36 × 6			63	10	63 × 10		
40		40 × 6			71		71 × 10		
45		45 × 6			80		80 × 10		
50	6	50 × 6			50		50 × 12		
56		56 × 6			56		56 × 12		
63		63 × 6	0.8 × 8 × 20	6 × 16	63	12	63 × 12		
71		71 × 6			71		71 × 12	1.0 × 10 × 20	8 × 18
45		45 × 8			80		80 × 12		
50	8	50 × 8			90		90 × 12		
56		56 × 8			80	16	80 × 16		
63		63 × 8			90		90 × 16		

表 14-103　始用挡料块（摘自 JB/T 7649.1—2008）　（单位：mm）

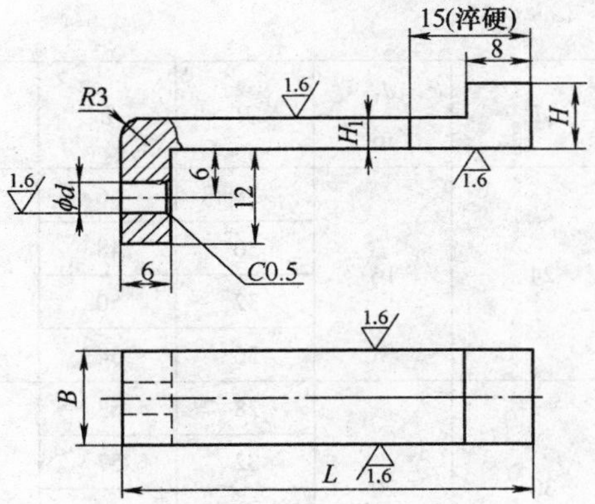

标记示例：

L = 45mm、H = 6mm 的始用挡料块：

始用挡料块　45 × 6　JB/T 7649.1—2008

材料：45 钢，热处理硬度 43 ~ 48HRC

技术条件：按 JB/T 7653—2008 的规定

未注表面粗糙度 $Ra6.3\mu m$。

（续）

L	B f9	H c12	H_1 f9	d H7
36	6	4	2	3
40				
45				
36		6	3	4
40				
45				
50				
56				
63				
71				
45	8	8	4	
50				
56				
63				

L	B f9	H c12	H_1 f9	d H7
71	8	8	4	4
50	10	10	5	
56				
63				
71				
80				
50	12	12	6	6
56				
63				
71				
80				
90				
80	16	16	8	
90				

六、冲模废料切刀

1. 圆废料切刀

圆废料切刀见表 14-104。

表 14-104　圆废料切刀（摘自 JB/T 7651.1—2008）　　（单位：mm）

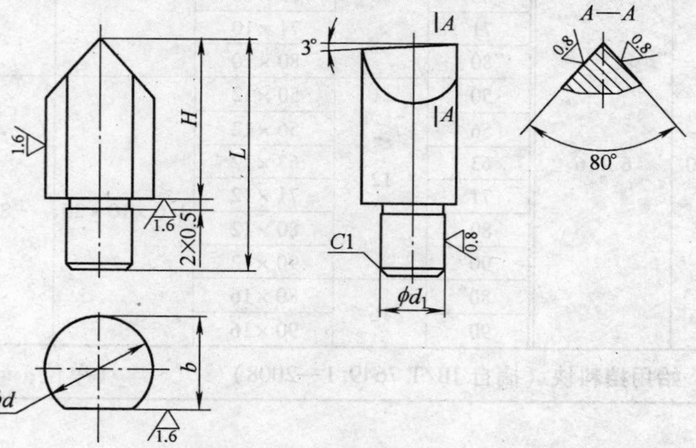

未注表面粗糙度 Ra6.3μm。

标记示例：

d = 14mm、H = 18mm 的圆废料切刀：

圆废料切刀　14 × 18　JB/T 7651.1—2008

材料：T10A，热处理硬度 56 ~ 60HRC

技术条件：按 JB/T 7653—2008 的规定

d	d_1 r6	H	L	b
14	8	18	30	12
		20	32	
		22	34	
		26	38	
20	12	24	38	18
		26	40	
		28	42	
		32	46	
24	16	28	46	22
		30	48	
		32	50	
		36	54	
30	20	28	53	27
		32	57	
		36	61	
		40	65	

2. 方废料切刀

方废料切刀见表 14-105。

表 14-105　方废料切刀（摘自 JB/T 7651.2—2008）　（单位：mm）

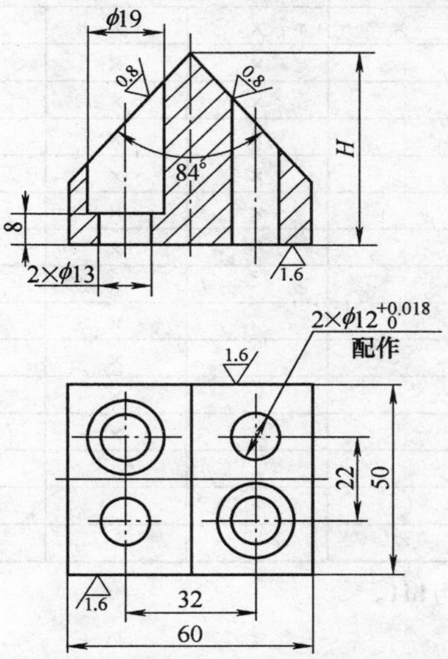

标记示例：

H = 60mm 的方废料切刀：

方废料切刀　60　JB/T 7651.2—2008

材料：T10A，热处理硬度 56～60HRC

技术条件：按 JB/T 7653—2008 的规定

未注表面粗糙度 $Ra6.3\mu m$。

H	45	50	55	60	65

七、冲模卸料装置

1. 顶杆

顶杆见表 14-106。

表 14-106　顶杆（摘自 JB/T 7650.3—2008）　（单位：mm）

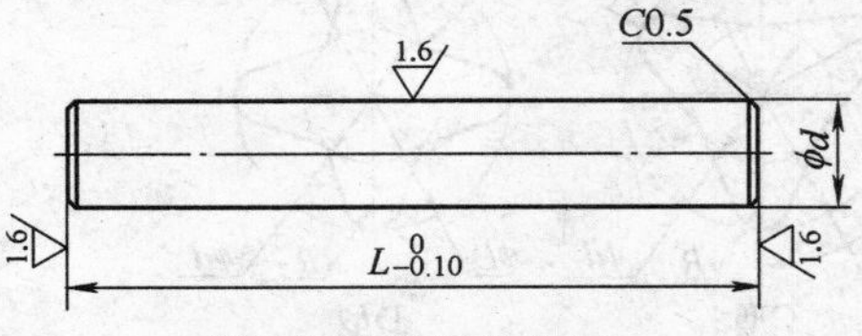

标记示例：

d = 8mm、L = 40mm 的顶杆：

顶杆　8×40　JB/T 7650.3—2008

材料：45 钢，热处理硬度 43～48HRC

技术条件：按 JB/T 7653—2008 的规定

未注表面粗糙度 $Ra6.3\mu m$。

d	基本尺寸	4	6	8	10	12	16	20
	极限偏差	−0.070 −0.145		−0.080 −0.170		−0.150 −0.260		−0.160 −0.290
L	15	×						
	20	×	×					
	25	×	×	×				
	30	×	×	×	×			
	35		×	×	×	×		
	40		×	×	×	×		
	45		×	×	×	×		
	50			×	×	×	×	
	55			×	×	×	×	
	60			×	×	×	×	×
	65				×	×	×	×
	70				×	×	×	×

（续）

	基本尺寸	4	6	8	10	12	16	20
d	极限偏差	−0.070 −0.145		−0.080 −0.170		−0.150 −0.260		−0.160 −0.290
L	75				×	×	×	×
	80					×	×	×
	85					×	×	×
	90					×	×	×
	95					×	×	×
	100					×	×	×
	105						×	×
	110						×	×
	115						×	×
	120						×	×
	125						×	×
	130						×	×
	140							×
	150							×
	160							×

注：当 $d \leqslant 10$mm 时，极限偏差为 c11；当 $d > 10$mm 时，极限偏差为 b11。

2. 顶板

顶板见表 14-107。

表 14-107　顶板（摘自 JB/T 7650.4—2008）　（单位：mm）

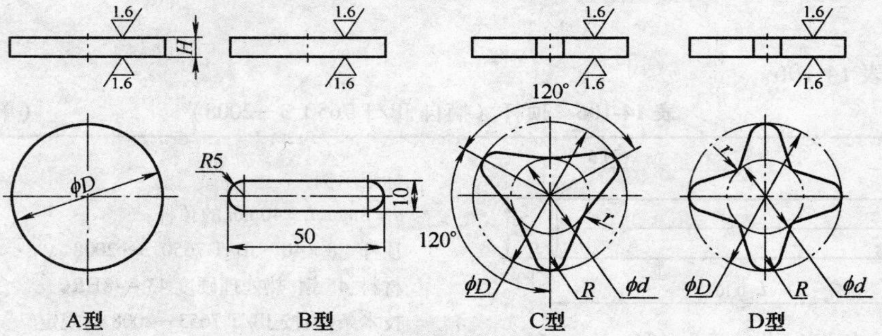

未注表面粗糙度 *Ra*6.3μm。

标记示例：

D =40mm 的 A 型顶板

顶板　A　40　JB/T 7650.4—2008

材料:45 钢,热处理硬度 43 ~48HRC

技术条件:按 JB/T 7653—2008 的规定

D	*d*	*R*	*r*	*H*	*b*	*D*	*d*	*R*	*r*	*H*	*b*
20	—	—	—	4	8	71	30	6	5	7	12
25	15	4	3			80				9	
32	16			5		90	32	8	6		16
35	18					100	35			12	
40	20	5	4	6	10	125	42	9	7		18
50	25					160	55	11	8	16	22
63		6	5	7	12	200	70	12	9	18	24

3. 定距套件

定距套件见表 14-108 ~ 表 14-110。

表 14-108　定距套件（摘自 JB/T 7650. 7—2008）　　（单位：mm）

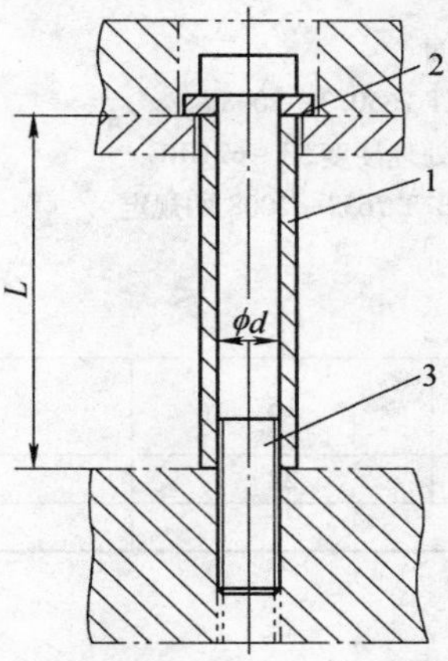

1—套管　2—垫圈　3—螺钉

标记示例：

$d=12$mm、$L=63$mm 的定距套件：

定距套件　12 ×63　JB/T 7650. 7—2008

技术条件：按 JB/T 7653—2008 的规定

d	L	套管	垫圈	螺钉
8	50	8 ×50	8	M8 ×70
	63	8 ×63		M8 ×80
	71	8 ×71		M8 ×90
10	50	10 ×50	10	M10 ×70
	63	10 ×63		M10 ×80
	71	10 ×71		M10 ×90
	80	10 ×80		M10 ×100
12	63	12 ×63	12	M12 ×90
	71	12 ×71		M12 ×100
	80	12 ×80		M12 ×100
16	63	16 ×63	16	M16 ×90
	71	16 ×71		M16 ×100
	80	16 ×80		M16 ×110
	90	16 ×90		M16 ×120
20	71	20 ×71	20	M20 ×110
	80	20 ×80		M20 ×120
	90	20 ×90		M20 ×130

表 14-109　套管（摘自 JB/T 7650. 7—2008）　　（单位：mm）

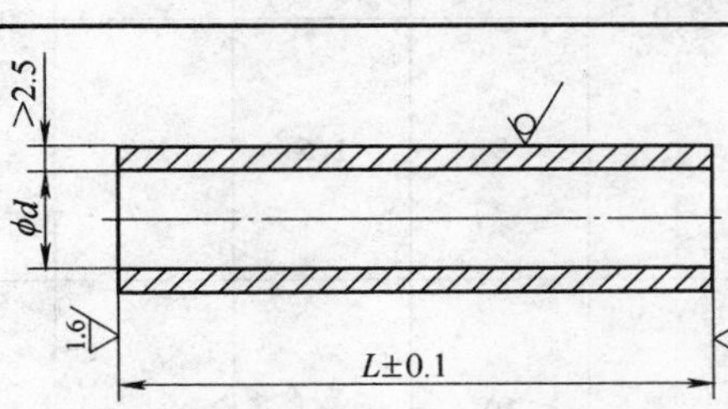

未注表面粗糙度 $Ra6.3\mu m$。

标记示例：

$d=10$mm、$L=71$mm 的套管：

套管　10 ×71　JB/T 7650. 7—2008

材料：冷拔无缝钢管

技术条件：按 JB/T 7653—2008 的规定

d H10		8	10	12	16	20
L	50	×	×			
	63	×	×	×	×	
	71	×	×	×	×	×
	80		×	×	×	×
	90				×	×

表 14-110　垫圈（摘自 JB/T 7650.7—1994）　　（单位：mm）

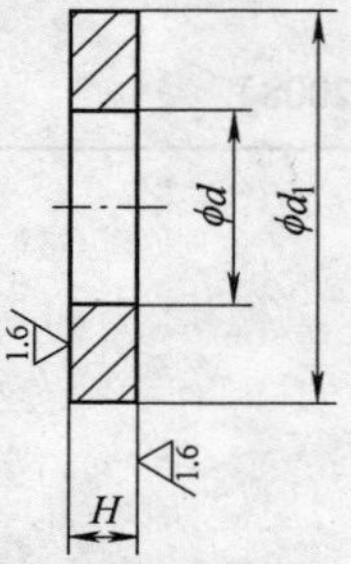

标记示例：

d = 10mm 的垫圈

垫圈　10　JB/T 7650.7—2008

材料：T10A，热处理硬度 58 ~ 62HRC

技术条件：按 JB/T 7653—2008 的规定

未注表面粗糙度 Ra6.3μm。

d H10	8	10	12	16	20
d_1	18	22	24	28	36
H	4				5

4. 带螺纹推杆

带螺纹推杆见表 14-111。

表 14-111　带螺纹推杆（摘自 JB/T 7650.2—2008）　　（单位：mm）

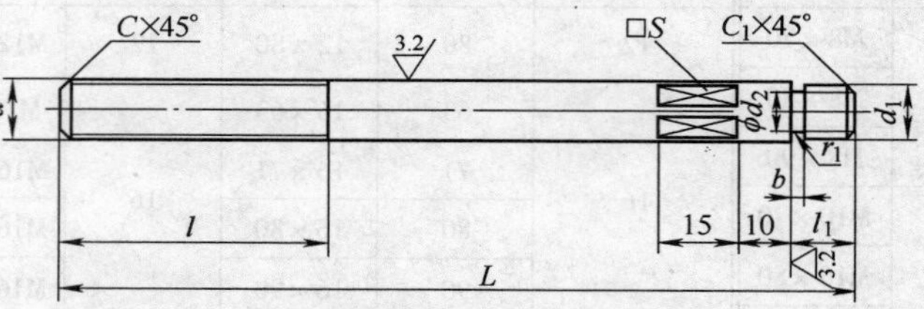

未注表面粗糙度 Ra6.3μm。

标记示例：

d = M10mm、L = 130mm 的带螺纹推杆：

带螺纹推杆　M10 × 130　JB/T 7650.2—2008

材料：45 钢，热处理硬度 43 ~ 48HRC

技术条件：按 JB/T 7653—2008 的规定

d	d_1	L	l	l_1	d_2	b	S	C	C_1	$r_1 \leqslant$
M8	M6	110	30	8	4.5	2.0	6	1.2	1	0.5
		120								
		130								
		140								
		150								
M10	M8	130	40	10	6.2		8	1.5	1.2	
		140								
		150								
		160								
		180								
M12	M10	130	50	12	7.8	2.5	10	2	1.5	1
		140								
		150								
		160								
		180								
M14	M12	140	60	14	9.5		12			
		150								
		160								
		180								
		200								
		220								

（续）

d	d_1	L	l	l_1	d_2	b	S	C	C_1	$r_1 \leqslant$
M16	M14	160	70	16	11.5	2.5	14	2	1.5	1.2
		180								
		200								
		220								
M20	M16	180	80	18	13	3	16	2.5	2	
		200								
		220								
		240								
		260								

5. 带肩推杆

带肩推杆见表 14-112。

表 14-112　带肩推杆（摘自 JB/T 7650.1—2008）　（单位：mm）

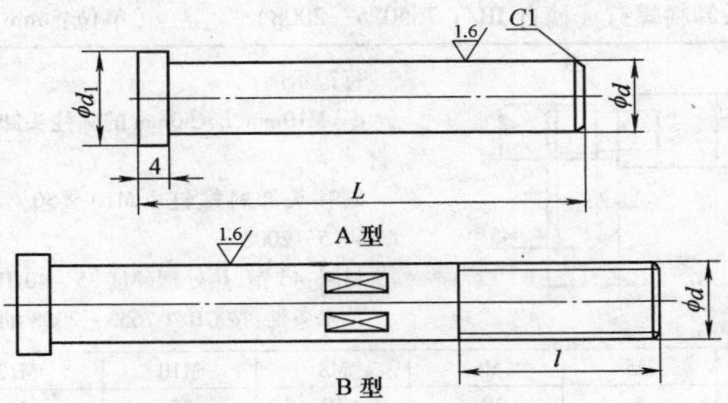

未注表面粗糙度 $Ra6.3\mu m$。

标记示例：

d=8mm、L=90mm 的 A 型带肩推杆：

带肩推杆　A　8×90　JB/T 7650.1—2008

材料：45 钢，热处理硬度 43～48HRC

技术条件：按 JB/T 7653—2008 的规定

d A 型	d B 型	L	d_1	l
6	M6	40	8	—
		45		
		50		
		55		
		60		
		70		
		80		20
		90		
		100		
		110		
		120		
		130		
8	M8	50	10	—
		55		
		60		
		65		
		70		
8	M8	80	10	—
		90		25
		100		
		110		

d A 型	d B 型	L	d_1	l
8	M8	120	10	25
		130		
		140		
		150		
10	M10	60	13	—
		65		
		70		
		75		
		80		
		90		
		100		30
		110		
		120		
		130		
		140		
		150		
		160		
		170		
12	M12	70	15	—
		75		
		80		

d A 型	d B 型	L	d_1	l
12	M12	85	15	—
		90		
		100		
		110		
		120		
		130		35
12	M12	140	15	
		150		
		160		
		170		
		180		
		190		—
16	M16	80	20	
		90		
		100		
		110		40
		120		
		130		
		140		
		150		
		160		

（续）

d		L	d_1	l	d		L	d_1	l	d		L	d_1	l
A型	B型				A型	B型				A型	B型			
16	M16	180	20	40	20	M20	160	24	45	25	M25	140	30	50
		200					180					150		
		220					200					160		
20	M20	90	24	—			220					180		
		100					240					200		
		110					260					220		
		120			25	M25	100	30	—			240		
		130		45			110					260		
		140					120					280		
		150					130							

6. 圆柱头卸料螺钉

圆柱头卸料螺钉见表 14-113。

表 14-113　圆柱头卸料螺钉（摘自 JB/T 7650.5—2008）　　（单位：mm）

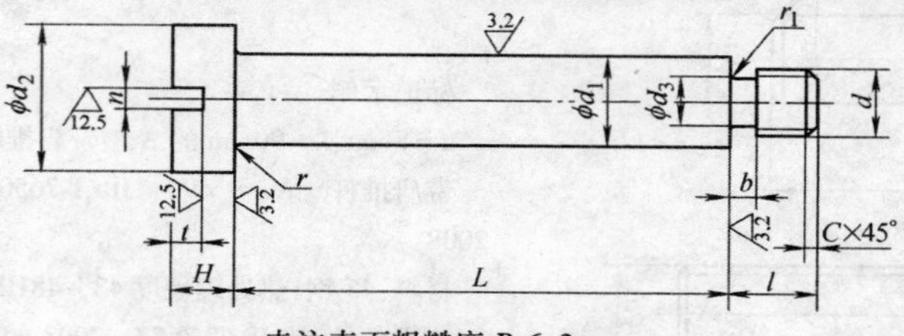

未注表面粗糙度 Ra6.3μm。

标记示例：

d = M10mm、L = 50mm 的圆柱头卸料螺钉

圆柱头卸料螺钉　M10 × 50　JB/T 7650.5—2008

材料：45 钢，热处理硬度 35 ~ 40HRC

技术条件：按 GB/T 7653—2008 的规定

d		M3	M4	M5	M6	M8	M10	M12
d_1		4	5	6	8	10	12	16
l		5	5.5	6	7	8	10	14
d_2		7	8.5	10	12.5	15	18	24
H		3	3.5	4	5	6	7	9
t		1.4	1.7	2	2.5	3	3.5	3.5
n		1	1.2	1.5	2	2.5	3	3
$r \leqslant$		0.2	0.4	0.4	0.4	0.5	0.8	1.0
$r_1 \leqslant$		0.3	0.5	0.5	0.5	0.5	1	1
d_3		2.2	3	4	4.5	6.2	7.8	9.5
C		0.6	0.8	1	1.2	1.5	2	2
b		1	1.5	1.5	2	2	2	3
L	20	×	×					
	22	×	×					
	25	×	×	×	×			
	28	×	×	×	×			
	30	×	×	×	×	×		
	32	×	×	×	×	×		
	35	×	×	×	×	×	×	
	38		×	×	×	×	×	
	40		×	×	×	×	×	×
	42			×	×	×	×	×
	45			×	×	×	×	×
	48			×	×	×	×	×
	50			×	×	×	×	×
	55				×	×	×	×

（续）

d		M3	M4	M5	M6	M8	M10	M12
L	60				×	×	×	×
	65				×	×	×	×
	70				×	×	×	×
	75					×	×	×
	80					×	×	×
	90							×
	100							×

7. 圆柱头内六角卸料螺钉

圆柱头内六角卸料螺钉见表 14-114。

表 14-114　圆柱头内六角卸料螺钉（摘自 JB/T 7650.6—2008）　（单位：mm）

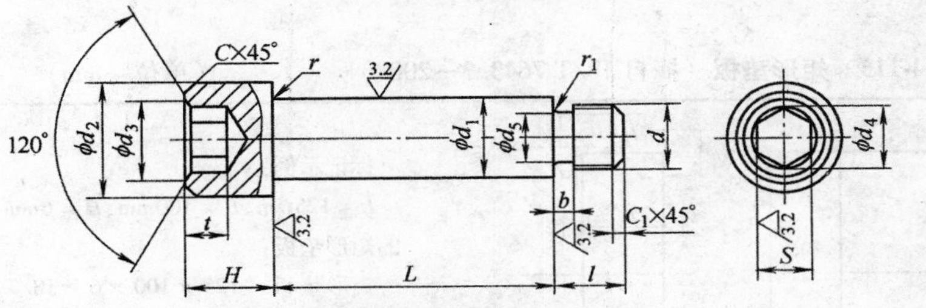

未注表面粗糙度 $Ra6.3\mu m$。

材料：45 钢，热处理硬度 35～40HRC

技术条件：按 GB/T 7653—2008 的规定

标记示例：

d = M10mm、L = 50mm 的圆柱头内六角卸料螺钉：

圆柱头内六角卸料螺钉　M10×50　JB/T 7650.6—2008

d		M6	M8	M10	M12	M16	M20
d_1		8	10	12	16	20	24
l		7	8	10	14	20	26
d_2		12.5	15	18	24	30	36
H		8	10	12	16	20	24
t		4	5	6	8	10	12
S		5	6	8	10	14	17
d_3		7.5	9.8	12	14.5	17	20.5
d_4		5.7	6.9	9.2	11.4	16	19.4
$r\leqslant$		0.4	0.4	0.6	0.6	0.8	1
$r_1\leqslant$		0.5	0.5	1	1	1.2	1.5
d_5		4.5	6.2	7.8	9.5	13	16.5
C		1	1.2	1.5	1.8	2	2.5
C_1		0.3	0.5	0.5	0.5	1	1
b		2	2	3	4	4	4
L	35	×					
	40	×	×				
	45	×	×	×			
	50	×	×	×			
	55	×	×	×			
	60	×	×	×			
	65	×	×	×	×		
	70	×	×	×	×		
	80		×	×	×		×
	90			×	×	×	×
	100			×	×	×	×
	110					×	×
	120					×	×
	130					×	×

（续）

d		M6	M8	M10	M12	M16	M20
L	140					×	×
	150					×	×
	160						×
	180						×
	200						×

注：×为选用尺寸。

八、冲模模板

（一）垫板

1. 矩形垫板

矩形垫板见表 14-115。

表 14-115　矩形垫板（摘自 JB/T 7643.3—2008）　（单位：mm）

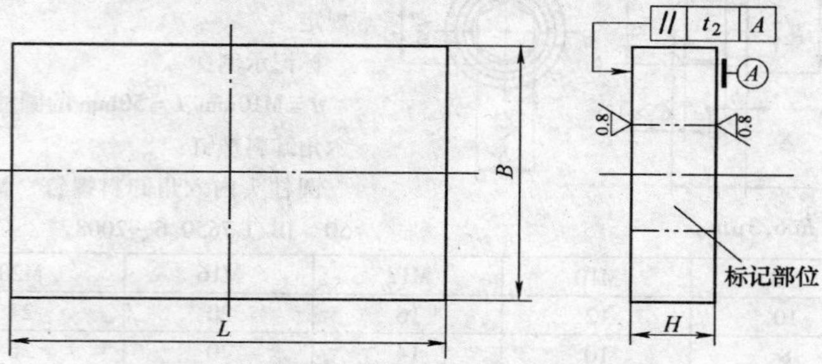

标记示例：

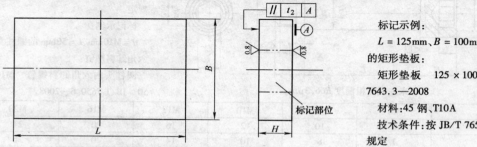

L = 125mm、B = 100mm、H = 6mm 的矩形垫板：

矩形垫板　125 × 100 × 6　JB/T 7643.3—2008

材料：45 钢、T10A

技术条件：按 JB/T 7653—2008 的规定

未注表面粗糙度 Ra6.3μm；全部棱边倒角 C2。

L	B	H 6	H 8	H 10	H 12	H 16	H 20	L	B	H 6	H 8	H 10	H 12	H 16	H 20
63	50	×						160	125	×	×				
63	63	×						200		×	×				
80		×						250		×	×				
100		×						355			×	×	×		
80	80	×						500			×	×	×		
100		×						160	160		×	×			
125		×						200			×	×			
250			×	×				250			×	×	×		
315			×	×				500				×	×	×	
100	100	×						200	200		×	×			
125		×	×					250			×	×			
160		×	×					315			×	×			
200		×	×					630				×	×	×	
315			×	×	×			250	250			×	×		
400			×	×	×			315				×	×		
125	125	×	×					400				×	×	×	

注：×为选用尺寸。

2. 圆形垫板

圆形垫板见表 14-116。

表 14-116　圆形垫板（摘自 JB/T 7643.6—2008）　（单位：mm）

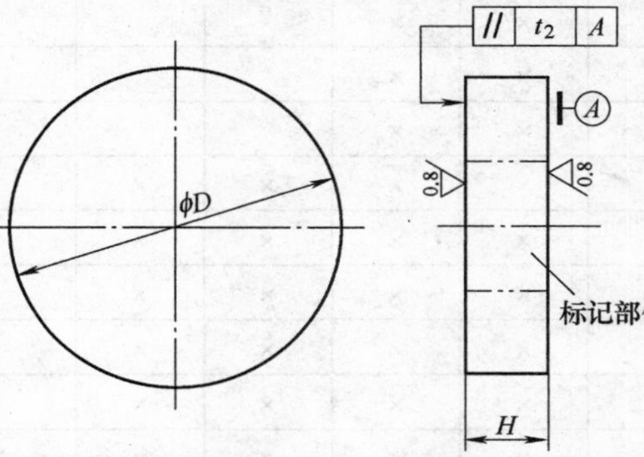

标记示例：

$D=100\text{mm}$、$H=6\text{mm}$ 的圆形垫板：

圆形垫板　100×6　JB/T 7643.6—2008

材料：45 钢、T10A

技术条件：按 JB/T 7653—2008 的规定

未注表面粗糙度 $Ra6.3\mu m$；全部棱边倒角 $C2$。

D	H				D	H			
	6	8	10	12		6	8	10	12
63	×				160		×	×	
80	×				200		×	×	
100	×				250			×	×
125	×	×							

注：×为选用尺寸。

（二）固定板

1. 矩形固定板

矩形固定板见表 14-117。

表 14-117　矩形固定板（摘自 JB/T 7643.2—2008）　（单位：mm）

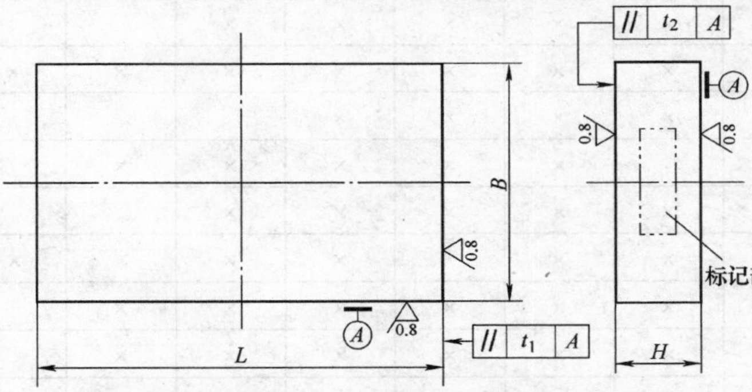

标记示例：

$L=125\text{mm}$、$B=100\text{mm}$、$H=20\text{mm}$ 的矩形固定板：

矩形固定板　125×100×20　JB/T 7643.2—2008

材料：45 钢，硬度 28～32HRC

技术条件：按 JB/T 7653—2008 的规定

未注表面粗糙度 $Ra6.3\mu m$；全部棱边倒角 $C2$。

L	B	H									
		10	12	16	20	24	28	32	36	40	45
63	50	×	×	×	×	×	×				
63		×	×	×	×	×	×				
80	63		×	×	×	×	×	×			
100			×	×	×	×	×	×			
80	80	×	×	×	×	×	×	×	×		
100		×	×	×	×	×	×	×	×		

（续）

L	B	H									
		10	12	16	20	24	28	32	36	40	45
125	80		×	×	×	×	×	×			
250				×	×	×	×	×			
315				×	×	×	×	×			
100	100		×	×	×	×	×	×	×	×	
125			×	×	×	×	×	×	×	×	
160				×	×	×	×	×	×	×	
200				×	×	×	×	×	×	×	
315				×	×	×	×	×	×	×	
400					×	×	×	×	×	×	
125	125		×	×	×	×	×	×	×	×	
160				×	×	×	×	×	×	×	
200				×	×	×	×	×	×	×	×
250				×	×	×	×	×	×	×	×
355				×	×	×	×	×	×	×	
500				×	×	×	×	×	×	×	
160	160			×	×	×	×	×	×	×	×
200				×	×	×	×	×	×	×	×
250					×	×	×	×	×	×	×
500					×	×	×	×	×	×	
200	200			×	×	×	×	×	×		
250					×	×	×	×	×	×	×
315					×	×	×	×			
630						×	×	×	×	×	
250	250			×	×	×	×	×	×		
315				×	×	×	×	×	×	×	×
400					×	×	×	×	×	×	
315	315				×	×	×	×	×	×	
400						×	×	×	×		
500						×	×	×	×	×	×
630							×	×	×	×	×
400	400					×	×	×	×	×	
500							×	×	×	×	
630								×	×	×	×

注：×为选用尺寸。

2. 圆形固定板

圆形固定板见表14-118。

表 14-118　圆形固定板（摘自 JB/T 7643.5—2008）　（单位：mm）

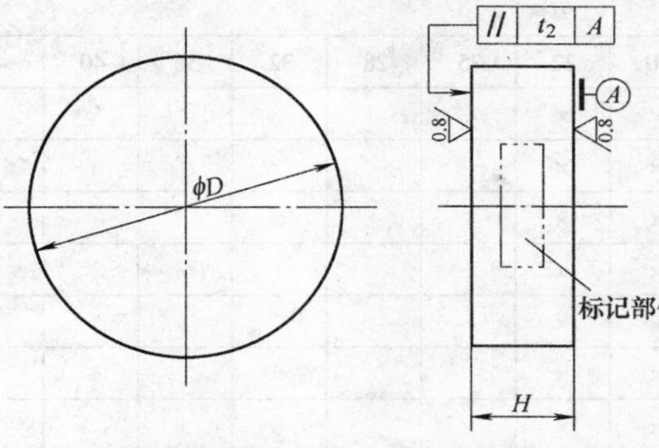

标记示例：

$D=100$mm、$H=20$mm 的圆形固定板：

圆形固定板　100×20　JB/T 7643.5—2008

材料：45 钢，硬度 28～32HRC

技术条件：按 JB/T 7653—2008 的规定

未注表面粗糙度 Ra6.3μm；全部棱边倒角 C2。

D	H								
	10	12	16	20	25	32	36	40	45
63	×	×	×	×	×				
80	×	×	×	×	×	×	×		
100		×	×	×	×	×	×	×	
125		×	×	×	×	×	×	×	
160			×	×	×	×	×	×	×
200			×	×	×	×	×		
250			×	×	×	×	×		
315			×	×	×	×	×		

注：×为选用尺寸。

（三）凹模板

1. 矩形凹模板

矩形凹模板见表 14-119。

表 14-119　矩形凹模板（摘自 JB/T 7643.1—2008）　（单位：mm）

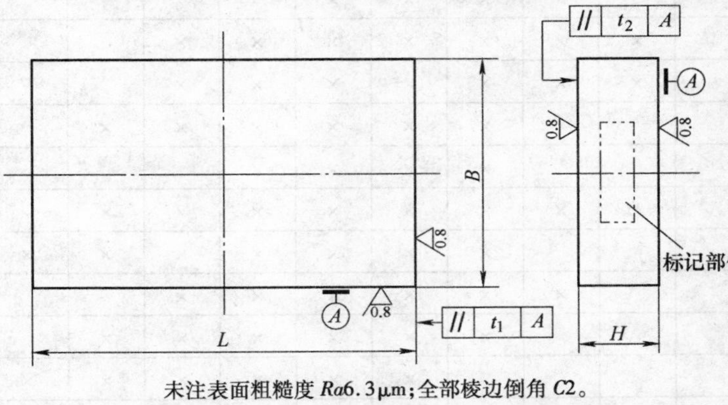

标记示例：

$L=125$mm、$B=100$mm、$H=20$mm 的矩形凹模板：

矩形凹模板　125×100×20　JB/T 7643.1—2008

材料：T10A、9Mn2V、CrWMn、Cr12、Cr12MoV

技术条件：按 JB/T 7653—2008 的规定

未注表面粗糙度 Ra6.3μm；全部棱边倒角 C2。

L	B	H												
		10	12	14	16	18	20	22	25	28	32	36	40	45
63	50	×	×	×	×	×	×							
63		×	×	×	×	×	×							
80	63		×	×	×	×	×	×						
100			×	×	×	×	×	×						

（续）

L	B	H												
		10	12	14	16	18	20	22	25	28	32	36	40	45
80	80		×	×	×	×	×	×						
100			×	×	×	×	×	×						
125			×	×	×	×	×	×						
250					×	×	×	×						
315					×	×	×	×						
100	100		×	×	×	×	×	×						
125				×	×	×	×	×	×					
160					×	×	×	×	×	×				
200					×	×	×	×	×	×	×			
315						×	×	×	×					
400						×	×	×	×					
125	125			×	×	×	×	×	×					
160					×	×	×	×	×	×				
200					×	×	×	×	×	×				
250					×	×	×	×	×	×	×			
355						×	×	×	×					
500						×	×	×	×					
160	160				×	×	×	×	×	×	×			
200					×	×	×	×	×	×	×			
250						×	×	×	×	×	×	×		
500							×	×	×	×				
200	200					×	×	×	×	×	×	×		
250						×	×	×	×	×	×	×		
315							×	×	×	×	×	×	×	
630								×	×	×	×			
250	250						×	×	×	×	×	×	×	
315								×	×	×	×	×	×	×
400							×	×	×	×	×	×		
315	315							×	×	×	×	×	×	
400									×	×	×	×	×	×
500									×	×	×	×	×	×
630										×	×	×	×	×
400	400							×	×	×	×	×	×	
500									×	×	×	×	×	×
630										×	×	×	×	×

注：×为选用尺寸。

2. 圆形凹模板

圆形凹模板见表 14-120。

表 14-120　圆形凹模板（摘自 JB/T 7643.4—2008）　（单位：mm）

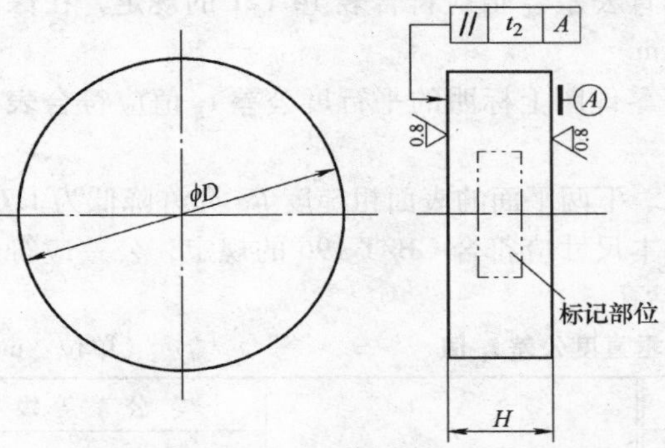

标记示例：

$D=100$mm、$H=20$mm 的圆形凹模板：

圆形凹模板　100×20　JB/T 7643.4—2008

材料：T10A、9Mn2V、CrWMn、Cr12、Cr12MoV

技术条件：按 JB/T 7653—2008 的规定

未注表面粗糙度 Ra6.3μm。全部棱边倒角 C2。

D	H												
	10	12	14	16	18	20	22	25	28	32	36	40	45
63	×	×	×	×	×	×							
80		×	×	×	×	×	×						
100		×	×	×	×	×	×						
125			×	×	×	×	×	×					
160				×	×	×	×	×	×	×			
200					×	×	×	×	×	×	×		
250						×	×	×	×	×	×	×	
315						×	×	×	×	×	×	×	×

注：×为选用尺寸。

九、冲模零件技术条件（JB/T 7653—2008）

（一）技术要求

1）图样中未注公差尺寸的极限偏差应符合 GB/T 1804—2000 中 m 级的规定。

2）图样中未注的形状和位置公差应符合 GB/T 1184—1996 中 H 级的规定。

3）零件不允许有锈斑、碰伤和凹痕等缺陷，保持无脏物和油污。

4）模具零件所选用的材料应符合相应牌号的技术标准。

5）图标中未注尺寸的砂轮越程槽应符合 GB/T 6403.5 的规定。

6）图标中未注尺寸的中心孔应符合 GB/T 145 的规定。

7）制造方应在模板的侧向基准面上设 ϕ6mm、深 0.5mm 的涂色平底坑作为标记，其位置离各基准面的边距为 8mm。

8）当模具零件重量超过 25kg 时，应设起吊螺孔。

9）零件均应去毛刺，图样中未注明倒角尺寸，除刃口外所有锐边和锐角均应倒角或倒圆，视零件大小，倒角尺寸为 0.5～2mm，倒圆尺寸为 R0.5～R1mm。

10）零件图上未注明的铸造圆角半径为 R3～R5mm。

11）铸件的非加工表面须清砂处理，表面应光滑平整，无明显凹痕缺陷。

12）铸件不应有过热，过烧的内部组织和机械加工不能去除的裂纹，夹层及凹坑。

13）加工后的零件表面，不允许有影响使用的砂眼、缩孔、裂纹和机械损伤等缺陷。

14）零件经热处理后硬度应均匀，不允许有裂纹、脱碳、氧化斑点。

15）表面渗碳淬火的零件，所规定的渗碳层厚度为成品加工后的渗碳层厚度。

16）凹模板、固定板等零件图上标明的垂直公差 t_1 值应符合表 14-121 的规定，在保证垂直度 t_1 值要求下其表面粗糙度 Ra 允许降为 1.6μm。

17）所有模座、凹模板、固定板、垫板等零件图上标明的平行度公差 t_2 值应符合表 14-122 的规定。

18）通用模座在保证平行度要求下，其上、下两平面的表面粗糙度 Ra 允许降低为 1.6μm。

19）通用模座的起吊孔为螺孔，螺孔的基本尺寸应符合 GB/T 196 的规定，公差应符合 GB/T 197 中 7 级的规定，经供需双方协议可改为钻孔。

表 14-121　垂直度公差 t_1 值　（单位：mm）

基本尺寸	公差等级	基本尺寸	公差等级
	5		5
	公差值 t_1		公差值 t_1
>40~63	0.012	>100~160	0.020
>63~100	0.015	>160~250	0.025

注：1. 尺寸是指被测零件的短边长度。

2. 垂直度误差是指以长边为基准对短边的垂直度最大允许值。

3. 公差等级按 GB/T 1184。

表 14-122　平行度公差 t_2 值　（单位：mm）

基本尺寸	公差值 t_2	基本尺寸	公差值 t_2
>40~63	0.008	>250~400	0.020
>63~100	0.010	>400~630	0.025
>100~160	0.012	>630~1000	0.030
>160~250	0.015	>1000~1600	0.040

注：基本尺寸是指被测表面的最大长度尺寸或最大宽度尺寸。

（二）检验

1）用户和制造单位对标准零件按相应的标准要求和技术要求进行尺寸检查和外观检查。

2）检验合格后应做出检验合格标志，标志应包含以下内容：检验部门、检验员、检验日期。

（三）标志、包装、运输和贮存

1）在零件的非工作表面应做出零件的规格和材质标志。

2）检验合格的零件应清理干净，经防锈处理后入库贮存。

3）零件应根据运输要求进行包装，应防潮、防止磕碰，保证在正常运输中完好无损。

第三节　通用标准件

一、螺钉、螺母

1. 内六角圆柱头螺钉

内六角圆柱头螺钉见表 14-123。

表 14-123　内六角圆柱头螺钉（摘自 GB/T 70.1—2008）　　（单位：mm）

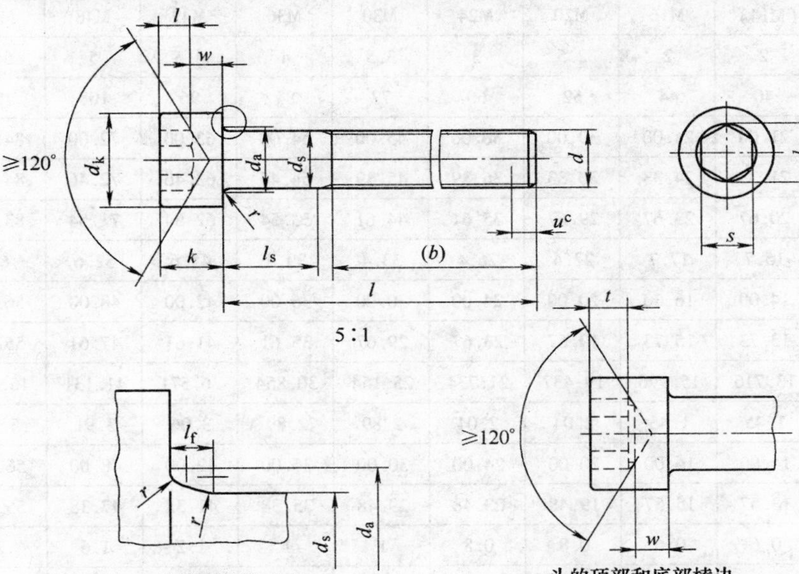

允许制造的形式　　头的顶部和底部棱边

标记示例

螺纹规格 d = M5、公称长度 l = 20mm、性能等级为 8.8 级、表面氧化的 A 级内六角圆柱头螺钉标记为：

内六角圆柱头螺钉　M5×20　GB/T 70.1—2008

螺纹规格 d		M1.6	M2	M2.5	M3	M4	M5	M6	M8	M10	M12
P^{a}		0.35	0.4	0.45	0.5	0.7	0.8	1	1.25	1.5	1.75
b	参考	15	16	17	18	20	22	24	28	32	36
d_k	max[c]	3.00	3.80	4.50	5.50	7.00	8.50	10.00	13.00	16.00	18.00
	max[d]	3.14	3.98	4.68	5.68	7.22	8.72	10.22	13.27	16.27	18.27
	min	2.86	3.62	4.32	5.32	6.78	8.28	9.78	12.73	15.73	17.73
d_a	max	2	2.6	3.1	3.6	4.7	5.7	6.8	9.2	11.2	13.7
d_s	max	1.60	2.00	2.50	3.00	4.00	5.00	6.00	8.00	10.00	12.00
	min	1.46	1.86	2.36	2.86	3.82	4.82	5.82	7.78	9.78	11.73
$e^{e,f}$	min	1.733	1.733	2.303	2.873	3.443	4.583	5.723	6.683	9.149	11.429
l_f	max	0.34	0.51	0.51	0.51	0.6	0.6	0.68	1.02	1.02	1.45
k	max	1.60	2.00	2.50	3.00	4.00	5.00	6.00	8.00	10.00	12.00
	min	1.46	1.86	2.36	2.86	3.82	4.82	5.7	7.64	9.64	11.57
r	min	0.1	0.1	0.1	0.1	0.2	0.2	0.25	0.4	0.4	0.6
s^{f}	公称	1.5	1.5	2	2.5	3	4	5	6	8	10
	max	1.58	1.58	2.08	2.58	3.08	4.095	5.14	6.14	8.175	10.175
	min	1.52	1.52	2.02	2.52	3.02	4.020	5.02	6.02	8.025	10.025
t	min	0.7	1	1.1	1.3	2	2.5	3	4	5	6
v	max	0.16	0.2	0.25	0.3	0.4	0.5	0.6	0.8	1	1.2
d_w	min	2.72	3.48	4.18	5.07	6.53	8.03	9.38	12.33	15.33	17.23
w	min	0.55	0.55	0.85	1.15	1.4	1.9	2.3	3.3	4	4.8

（续）

螺纹规格 *d*		(M14)[h]	M16	M20	M24	M30	M36	M42	M48	M56	M64
P[a]		2	2	2.5	3	3.5	4	4.5	5	5.5	6
b	参考	40	44	52	60	72	84	96	108	124	140
d_k	max[c]	21.00	24.00	30.00	36.00	45.00	54.00	63.00	72.00	84.00	96.00
	max[d]	21.33	24.33	30.33	36.39	45.39	54.46	63.46	72.46	84.54	96.54
	min	20.67	23.67	29.67	35.61	44.61	53.54	62.54	71.54	83.46	95.46
d_a	max	15.7	17.7	22.4	26.4	33.4	39.4	45.6	52.6	63	71
d_s	max	14.00	16.00	20.00	24.00	30.00	36.00	42.00	48.00	56.00	64.00
	min	13.73	15.73	19.67	23.67	29.67	35.61	41.61	47.61	55.54	63.54
e[e,f]	min	13.716	15.996	19.437	21.734	25.154	30.854	36.571	41.131	46.831	52.531
l_f	max	1.45	1.45	2.04	2.04	2.89	2.89	3.06	3.91	5.95	5.95
k	max	14.00	16.00	20.00	24.00	30.00	36.00	42.00	48.00	56.00	64.00
	min	13.57	15.57	19.48	23.48	29.48	35.38	41.38	47.38	55.26	63.26
r	min	0.6	0.6	0.8	0.8	1	1	1.2	1.6	2	2
s[f]	公称	12	14	17	19	22	27	32	36	41	46
	max	12.212	14.212	17.23	19.275	22.275	27.275	32.33	36.33	41.33	46.33
	min	12.032	14.032	17.05	19.065	22.065	27.065	32.08	36.08	41.08	46.08
t	min	7	8	10	12	15.5	19	24	28	34	38
v	max	1.4	1.6	2	2.4	3	3.6	4.2	4.8	5.6	6.4
d_w	min	20.17	23.17	28.87	34.81	43.61	52.54	61.34	70.34	82.26	94.26
w	min	5.8	6.8	8.6	10.4	13.1	15.3	16.3	17.5	19	22

注：$l_{公称}$尺寸系列为：2.5、3、4、5、6、8、10、12、16、20、25、30、35、40、45、50、55、60、65、70、80、90、100、110、120、130、140、150、160、180、200、220、240、260、280、300mm。

2. 紧定螺钉

紧定螺钉见表14-124。

表14-124 紧 定 螺 钉 （单位：mm）

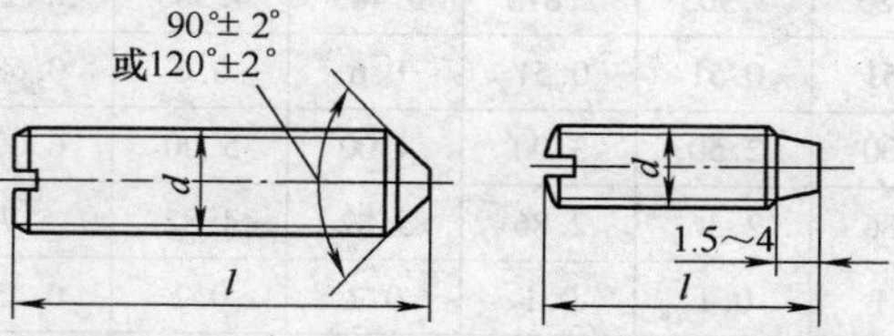

主要尺寸							常用 *l* 系列
螺纹规格 *d*		3	4	5	6	8	4,5,6,8,10,12,16,20,25,30
L	GB/T 71—1985	4~16	6~20	8~25	8~30	10~40	
	GB/T 73—1985	3~16	4~20	5~25	6~30	8~40	

3. 螺母

螺母见表14-125。

表 14-125　螺　　母　（单位：mm）

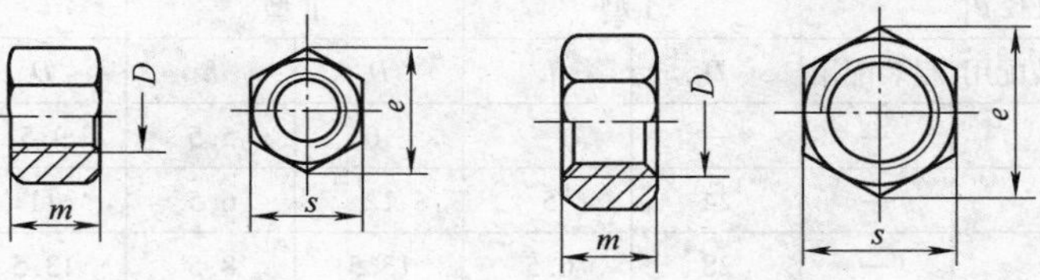

b21A(Ⅰ型)　　b21B(Ⅱ型)

D	s			e			m			
	Ⅰ型六角 六角薄	Ⅱ型六角	六角厚	Ⅰ型六角 六角薄	Ⅱ型六角	六角厚	Ⅰ型六角	六角薄	Ⅱ型六角	六角厚
4	7			7.7			3.2	2.2		
5	8	8		8.8	8.8		4.7	2.7	5.1	
6	10	10		11	11.1		5.2	3.6	5.7	
8	13	13		14.4	14.4		6.8	4	7.5	
10	16	16		17.8	17.8		8.4	5	9.3	
12	18	18		20	20.1		10.8	6	12	
16	24	24	24	26.8	26.8	26.2	14.8	8	16.4	25
20	30	30	30	33	33	33	18	10	20.3	32
24	36	36	36	39.6	39.6	39.6	21.5	12	23.9	38
30	46	46	46	50.9	50.9	50.9	25.6	15	28.6	48
36	55	55	55	60.8	60.8	60.8	31	18	34.7	55

注：Ⅰ型六角螺母——A 级和 B 级（GB/T 6170—2000），六角螺母——A 级和 B 级（GB/T 6172.1—2000），Ⅱ型六角螺母——A 级和 B 级（GB/T 6175—2000），六角厚螺母（GB/T 56—1988）。

4. 螺钉、螺栓沉头孔尺寸

螺钉、螺栓沉头孔尺寸见表 14-126。

表 14-126　螺钉、螺栓沉头孔尺寸　（单位：mm）

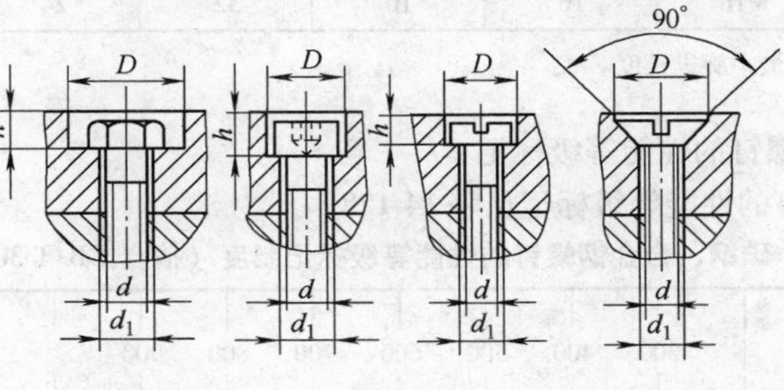

Ⅰ型　Ⅱ型　Ⅲ型　Ⅳ型

d	钻孔直径 d_1			Ⅰ型		Ⅱ型		Ⅲ型		Ⅳ型
	精装配用	普通装配用	粗装配用	D	h	D	h	D	h	D
M3	3.2	3.6	—	—	—	—	—	6	3	7
M4	4.3	4.8	—	—	—	—	—	8	3.5	9.5

（续）

d	钻孔直径 d_1			Ⅰ型		Ⅱ型		Ⅲ型		Ⅳ型
	精装配用	普通装配用	粗装配用	D	h	D	h	D	h	D
M5	5.5	6	—	—	—	10	5.5	9.5	4	11
M6	6.5	7	—	24	5	12	6.5	11	4.5	13
M8	8.5	9	—	28	6.5	13.5	8.5	13.5	6.5	17
M10	10.5	11	12	30	8	16	10.5	16	8	21
M12	12.5	13	14	34	9	20	13	20	10	25
M14	14.5	15	16	37	10	23	15	—	—	—
M16	16.5	17	18	41	12	26	17	—	—	—
M18	19	20	21	46	14	30	19.5	—	—	—
M20	21	22	23	49	15	33	21.5	—	—	—
M22	23	24	25	55.5	16	36	23.5	—	—	—
M24	25	26	27	60	17	39	25.5	—	—	—

螺钉连接尺寸见表 14-127。

表 14-127　螺钉连接尺寸　（单位：mm）

简　图	螺纹直径	旋进长度 l				螺纹孔外加深度 l_1	螺钉增加螺纹长度 l_2
		最小值		应用值			
		铸铁	钢	铸铁	钢		
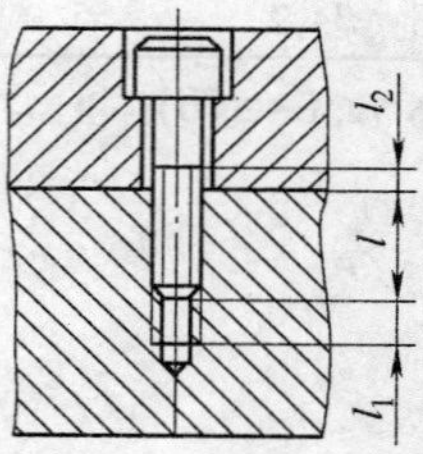 b23A1	M3	3.5	2	6	4.5	3	1
	M4	4.5	2.5	8	6	4	1.5
	M5	5	3	10	7.5	4	1.5
	M6	6	3.5	12	9	6	2
	M8	8	4.5	16	12	6	2
	M10	10	5.5	20	15	8	2.5
	M12	12	7	24	18	8	2.5
	M16	16	10	32	24	8	2.5

注：一般情况下不采用最小旋进长度。

5. 碳钢、合金钢螺钉的性能等级标记

碳钢、合金钢螺钉的性能等级标记见表 14-128。

表 14-128　碳钢、合金钢螺钉的性能等级标记制度（摘自 GB/T 3098.1—2000）

公称抗拉强度 σ_b/MPa		300	400	500	600	700	800	900	1000	1200	1400
最小断后伸长率 δ（%）	7										
	8										

（续）

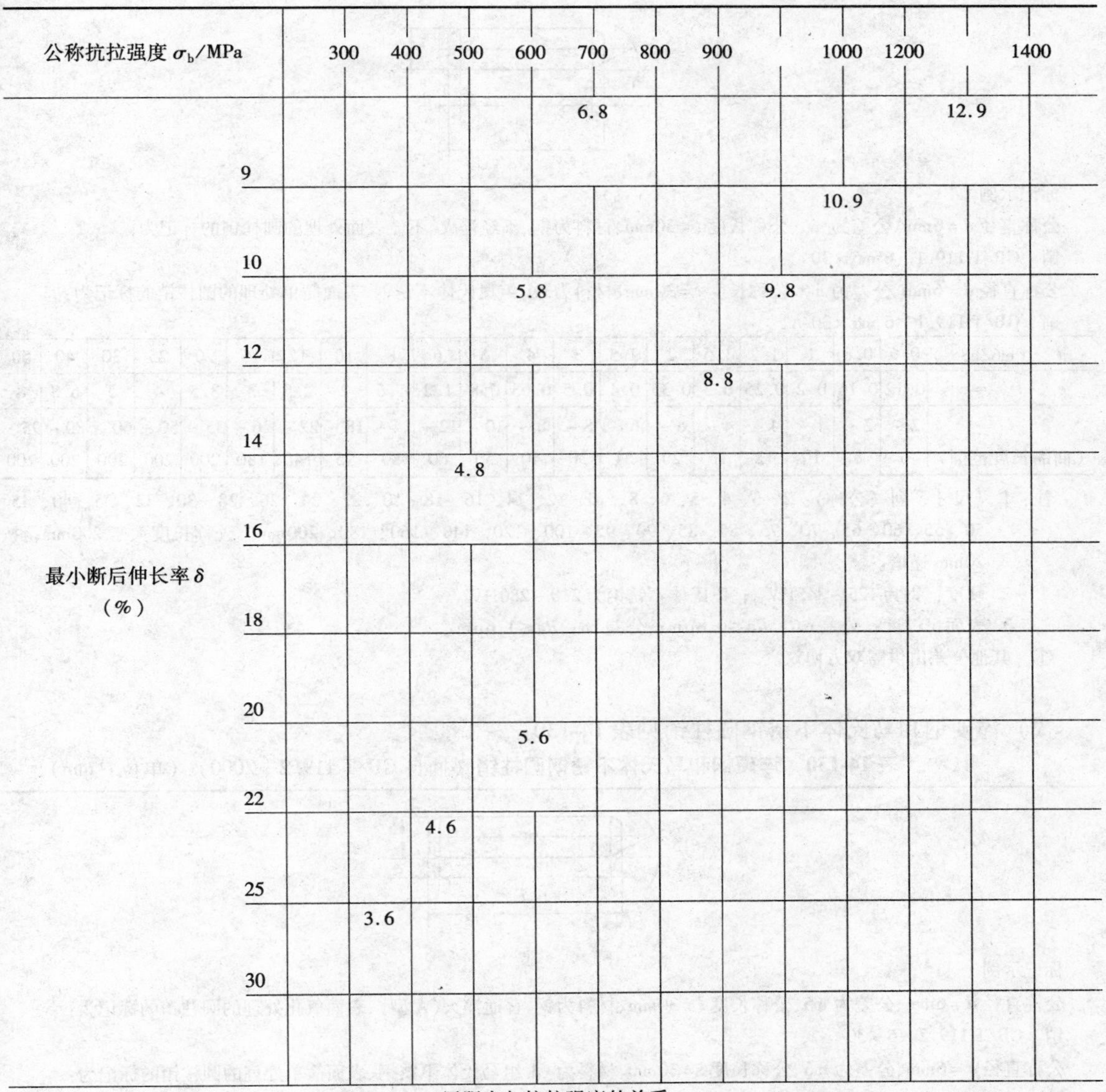

屈服点与抗拉强度的关系

第二部分数字代号	.6	.8	.9
$\frac{公称屈服点(\sigma_s)}{公称抗拉强度(\sigma_b)}\times 100\%$ 或 $\frac{公称规定非比例伸长应力(\sigma_{p0.2})}{公称抗拉强度(\sigma_b)}\times 100\%$	60	80	90

注：虽然本表给出了高级别的性能等级，但并不意味着这些等级适用于所有的产品。适用的性能等级应按产品标准的规定。对非标准紧固件，尽量参照类似的标准紧固件选用。

仅适用于 $d\leqslant 16$mm。

二、销钉

1. 圆柱销

1）不淬硬钢和奥氏体不锈钢圆柱销见表14-129。

表 14-129　不淬硬钢和奥氏体不锈钢圆柱销（摘自 GB/T 119.1—2000）（单位：mm）

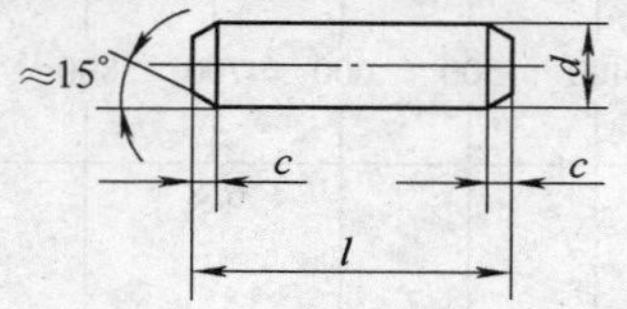

标记示例

公称直径 $d=6$mm、公差为 m6、公称长度 $l=30$mm、材料为钢、不经淬火、不经表面处理的圆柱销的标记为：

销　GB/T 119.1　6 m6 ×30

公称直径 $d=6$mm、公差为 m6、公称长度 $l=30$mm、材料为 A1 组奥氏体不锈钢、表面简单处理的圆柱销的标记为：

销　GB/T 119.1　6 m6 ×30-A1

d　(m6/h8①)	0.6	0.8	1	1.2	1.5	2	2.5	3	4	5	6	8	10	12	16	20	25	30	40	50
c　≈	0.12	0.16	0.2	0.25	0.3	0.35	0.4	0.5	0.63	0.8	1.2	1.6	2	2.5	3	3.5	4	5	6.3	8
l（商品长度范围）	2 ~ 6	2 ~ 8	4 ~ 10	4 ~ 12	4 ~ 16	6 ~ 20	6 ~ 24	8 ~ 30	8 ~ 40	10 ~ 50	12 ~ 60	14 ~ 80	18 ~ 95	22 ~ 140	26 ~ 180	35 ~ 200	50 ~ 200	60 ~ 200	80 ~ 200	95 ~ 200

注：1. l 尺寸系列（公称）：2、3、4、5、6、8、10、12、14、16、18、20、22、24、26、28、30、32、35、40、45、50、55、60、65、70、75、80、85、90、95、100、120、140、160、180、200mm。公称长度大于 200mm，按 20mm 递增。

2. 硬度：钢为 125 ~ 245HV_{30}；奥氏体不锈钢为 210 ~ 280HV_{30}。

3. 表面粗糙度：公差 m6：$Ra \leqslant 0.8\mu m$；公差 h8：$Ra \leqslant 1.6\mu m$。

① 其他公差由供需双方协议。

2）淬硬钢和马氏体不锈钢圆柱销见表 14-130。

表 14-130　淬硬钢和马氏体不锈钢圆柱销（摘自 GB/T 119.2—2000）（单位：mm）

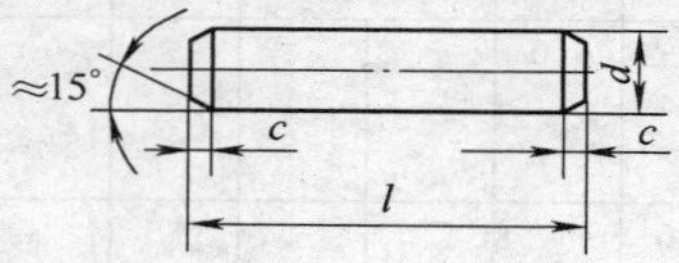

标记示例

公称直径 $d=6$mm、公差为 m6、公称长度 $l=30$mm、材料为钢、普通淬火（A 型）、表面氧化处理的圆柱销的标记为：

销　GB/T 119.2　6 ×30

公称直径 $d=6$mm、公差为 m6、公称长度 $l=30$mm、材料为 C1 组马氏体不锈钢、表面简单处理的圆柱销的标记为：

销　GB/T 119.2　6 ×30-C1

d　(m6①)	1	1.5	2	2.5	3	4	5	6	8	10	12	16	20
c　≈	0.2	0.3	0.35	0.4	0.5	0.63	0.8	1.2	1.6	2	2.5	3	3.5
l（商品长度范围）	3 ~ 10	4 ~ 16	5 ~ 20	6 ~ 24	8 ~ 30	10 ~ 40	12 ~ 50	14 ~ 60	18 ~ 80	22 ~ 100	26 ~ 100	40 ~ 100	50 ~ 100

注：1. l 尺寸系列（公称）：3、4、5、6、8、10、12、14、16、18、20、22、24、26、28、30、32、35、40、45、50、55、60、65、70、75、80、85、90、95、100mm。公称长度大于 100mm，按 20mm 递增。

2. 材料为钢：A 型（普通淬火）的硬度为 550 ~ 650HV30，B 型（表面淬火）的表面硬度为 600 ~ 700HV1，渗碳层深度 0.25 ~ 0.4mm 的硬度为 550HV1min；材料为马氏体不锈钢、淬火并回火硬度为 460 ~ 560HV_{30}。

3. 表面粗糙度：$Ra \leqslant 0.8\mu m$。

① 其他公差由供需双方协议。

3）不淬硬钢和奥氏体不锈钢内螺纹圆柱销见表 14-131。

表 14-131　不淬硬钢和奥氏体不锈钢内螺纹圆柱销（摘自 GB/T 120.1—2000）

（单位：mm）

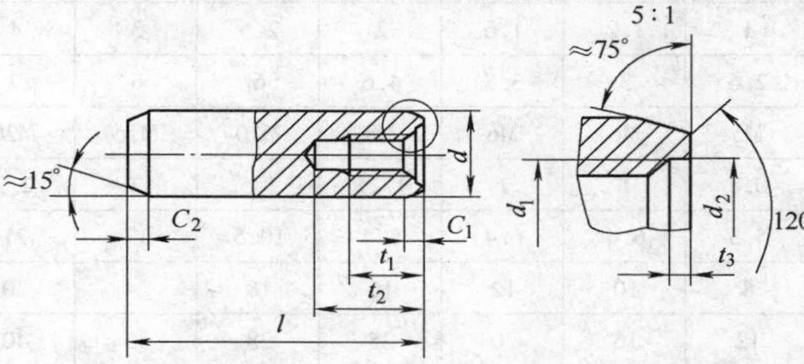

标记示例

公称直径 d = 6mm、公差为 m6、公称长度 l = 30mm、材料为钢、不经淬火、不经表面处理的内螺纹圆柱销的标记为：

销　GB/T 120.1　6 × 30

公称直径 d = 6mm、公差为 m6、公称长度 l = 30mm、材料为 A1 组奥氏体不锈钢、表面简单处理的内螺纹圆柱销的标记为：

销　GB/T 120.1　6 × 30-A1

d	(m6①)	6	8	10	12	16	20	25	30	40	50
C_1	≈	0.8	1	1.2	1.6	2	2.5	3	4	5	6.3
C_2	≈	1.2	1.6	2	2.5	3	3.5	4	5	6.3	8
d_1		M4	M5	M6	M6	M8	M10	M16	M20	M20	M24
P②		0.7	0.8	1	1	1.25	1.5	2	2.5	2.5	3
d_2		4.3	5.3	6.4	6.4	8.4	10.5	17	21	21	25
t_1		6	8	10	12	16	18	24	30	30	36
t_2	min	10	12	16	20	25	28	35	40	40	50
t_3		1	1.2	1.2	1.2	1.5	1.5	2	2	2.5	2.5
l (商品长度范围)		16 ~ 60	18 ~ 80	22 ~ 100	26 ~ 120	32 ~ 160	40 ~ 200	50 ~ 200	60 ~ 200	80 ~ 200	100 ~ 200

注：1. l 尺寸系列（公称）：16、18、20、22、24、26、28、30、32、35、40、45、50、55、60、65、70、75、80、85、90、95、100、120、140、160、180、200mm。公称长度大于 200mm，按 20mm 递增。

2. 材料为钢，硬度为 125 ~ 245HV 30；材料为奥氏体不锈钢，硬度为 210 ~ 280HV 30。

3. 表面粗糙度：$Ra \leqslant 0.8\mu m$。

① 其他公差由供需双方协议。

② P 为螺距。

4）淬硬钢和马氏体不锈钢内螺纹圆柱销见表 14-132。

表 14-132　淬硬钢和马氏体不锈钢内螺纹圆柱销（摘自 GB/T 120.2—2000）

（单位：mm）

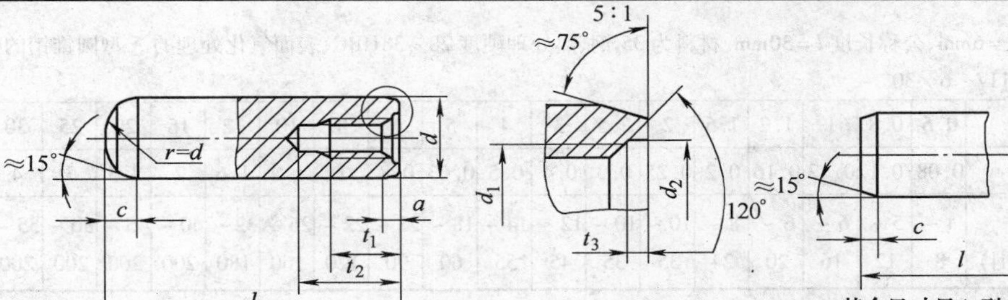

其余尺寸见A型

A型 — 球面圆柱端，适用于普通淬火钢和马氏体不锈钢　　B型 — 平端，适用于表面淬火钢

标记示例

公称直径 d = 6mm、公差为 m6、公称长度 l = 30mm、材料为钢、普通淬火（A 型）、表面氧化处理的内螺纹圆柱销的标记为：

销　GB/T 120.2　6 × 30-A

公称直径 d = 6mm、公差为 m6、公称长度 l = 30mm、材料为 C1 组马氏体不锈钢、表面简单处理的内螺纹圆柱销的标记为：

销　GB/T 120.2　6 × 30-C1

（续）

d （m6①）	6	8	10	12	16	20	25	30	40	50
a ≈	0.8	1	1.2	1.6	2	2.5	3	4	5	6.3
c	2.1	2.6	3	3.8	4.6	6	6	7	8	10
d_1	M4	M5	M6	M6	M8	M10	M16	M20	M20	M24
P②	0.7	0.8	1	1	1.25	1.5	2	2.5	2.5	3
d_2	4.3	5.3	6.4	6.4	8.4	10.5	17	21	21	25
t_1	6	8	10	12	16	18	24	30	30	36
t_2 min	10	12	16	20	25	28	35	40	40	50
t_3	1	1.2	1.2	1.2	1.5	1.5	2	2	2.5	2.5
l （商品长度范围）	16 ~ 60	18 ~ 80	22 ~ 100	26 ~ 120	32 ~ 160	40 ~ 200	50 ~ 200	60 ~ 200	80 ~ 200	100 ~ 200

注：1. l 尺寸系列（公称）：16、18、20、22、24、26、28、30、32、35、40、45、50、55、60、65、70、75、80、85、90、95、100、120、140、160、180、200mm。公称长度大于 200mm，按 20mm 递增。

2. 材料为钢：A 型（普通淬火）的硬度为 550 ~ 650HV 30，B 型（表面淬火）的表面硬度为 600 ~ 700HV1，渗碳层深度 0.25 ~ 0.4mm 的硬度为 550HV1mm；材料为马氏体不锈钢：淬火并回火硬度为 460 ~ 560HV 30。

3. 表面粗糙度：$Ra \leqslant 0.8\mu m$。

① 其他公差由供需双方协议。

② P 为螺距。

2. 圆锥销

圆锥销见表 14-133 和表 14-134。

表 14-133 圆锥销（摘自 GB/T 117—2000） （单位：mm）

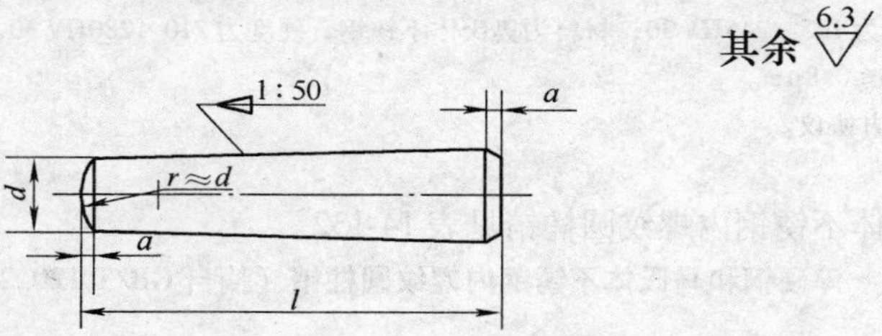

标记示例

公称直径 d = 6mm、公称长度 l = 30mm、材料为 35 钢、热处理硬度 28 ~ 38HRC、表面氧化处理的 A 型圆锥销的标记为：

销 GB/T 117 6 × 30

d （h10①）	0.6	0.8	1	1.2	1.5	2	2.5	3	4	5	6	8	10	12	16	20	25	30	40	50
a ≈	0.08	0.1	0.12	0.16	0.2	0.25	0.3	0.4	0.5	0.63	0.8	1	1.2	1.6	2	2.5	3	4	5	6.3
l （商品长度范围）	4 ~ 8	5 ~ 12	6 ~ 16	6 ~ 20	8 ~ 24	10 ~ 35	10 ~ 35	12 ~ 45	14 ~ 55	18 ~ 60	22 ~ 90	22 ~ 120	26 ~ 160	32 ~ 180	40 ~ 200	45 ~ 200	50 ~ 200	55 ~ 200	60 ~ 200	65 ~ 200

注：1. l 尺寸系列（公称）：2、3、4、5、6、8、10、12、14、16、18、20、22、24、26、28、30、32、35、40、45、50、55、60、65、70、75、80、85、90、95、100、120、140、160、180、200mm。公称长度大于 200mm，按 20mm 递增。

2. 材料：Y12、Y15、35（28 ~ 38HRC）、45（38 ~ 46HRC）、30CrMnSiA（35 ~ 41HRC）、1Cr13、2Cr13、Cr17Ni2、0Cr18Ni9Ti。

3. A 型（磨削）：锥面表面粗糙度 $Ra = 0.8\mu m$；B 型（切削或冷镦）：锥面表面粗糙度 $Ra = 3.2\mu m$。

① 其他公差，如 a11，c11 和 f8，由供需双方协议。

表 14-134 内螺纹圆锥销（摘自 GB/T 118—2000） （单位：mm）

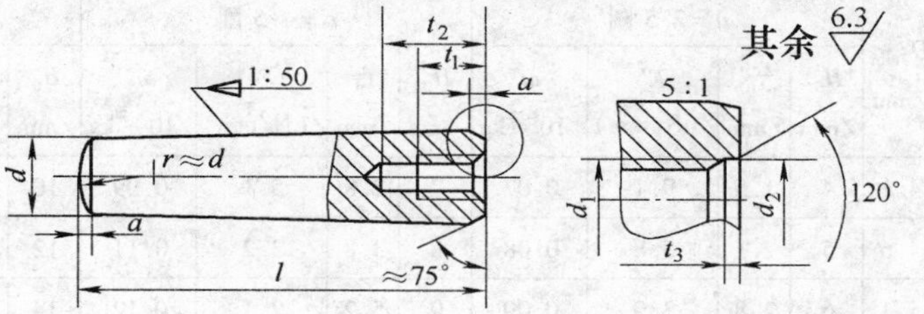

标记示例

公称直径 $d=6$mm、公称长度 $l=30$mm、材料为 35 钢、热处理硬度 28 ~ 38HRC、表面氧化处理的 A 型内螺纹圆锥销的标记为：

销 GB/T 118 6×30

d	(h10①)	6	8	10	12	16	20	25	30	40	50
a	≈	0.8	1	1.2	1.6	2	2.5	3	4	5	6.3
d_1		M4	M5	M6	M8	M10	M12	M16	M20	M20	M24
P②		0.7	0.8	1	1.25	1.5	1.75	2	2.5	2.5	3
d_2		4.3	5.3	6.4	8.4	10.5	13	17	21	21	25
t_1		6	8	10	12	16	18	24	30	30	36
t_2	min	10	12	16	20	25	28	35	40	40	50

① 其他公差由供需双方协议。

② P 为螺距。

第四节 弹 性 元 件

弹簧和橡胶是冲模中广泛应用的弹性元件，主要用于卸料推件和压边等工作。

一、圆钢丝圆柱螺旋压缩弹簧

冲模中常用的圆钢丝圆柱螺旋压缩弹簧是用 65Mn、60Si2MnA、60Si2Mn 或碳素弹簧钢丝等卷制而成，热处理硬度 40 ~ 48HRC，弹簧两端拼紧并磨平。设计冲模时一般选用标准弹簧。

弹簧类型分：YA 冷卷两端圈并紧磨平型和 YB 热卷两端圈并紧制扁型，弹簧高径比 $b=H_0/D>3.7$ 时应考虑设置芯轴套筒。弹簧的主要尺寸及参数按表 14-135 的规定。表 14-136 中使用的术语和符号按 GB/T 1805 和表 14-135 的规定。

表 14-135 圆柱螺旋压缩弹簧使用的术语和符号

参数名称	代号	单位	参数名称	代号	单位
材料直径	d	mm	抗拉强度	R_m	MPa
弹簧中径	D	mm	试验负荷	F_s	N
弹簧内径	D_1	mm	试验切应力	τ_s	MPa
弹簧外径	D_2	mm	许用切应力	$[\tau]$	MPa
有效圈数	n	圈	展开长度	L	mm
总圈数	n_1	圈	弹簧单件质量	m	kg
支承圈	n_z	圈	最大芯轴直径	D_{Xmax}	mm
自由高度	H_0	mm	最小套筒直径	D_{Tmin}	mm
弹簧刚度	F'	N/mm	最大工作负荷	F_n	N
旋绕比	C		最大工作变形量	f_n	mm
高径比	b				

表 14-136 圆柱螺旋压缩弹簧尺寸及参数

d /mm	D /mm	F_n /N	D_{Xmax} /mm	D_{Tmin} /mm	$n=2.5$ 圈				$n=4.5$ 圈				$n=6.5$ 圈			
					H_0 /mm	f_n /mm	F' /(N/mm)	m /10^{-3}kg	H_0 /mm	f_n /mm	F' /(N/mm)	m /10^{-3}kg	H_0 /mm	f_n /mm	F' /(N/mm)	m /10^{-3}kg
0.5	3	14	1.9	4.1	4	1.5	9.1	0.07	7	2.8	5.1	0.09	10	4.0	3.5	0.12
	3.5	12	2.4	4.6	5	2.1	5.8	0.08	8	3.8	3.2	0.11	12	5.5	2.2	0.14
	4	11	2.9	5.1	6	2.8	3.9	0.09	9	5.2	2.1	0.12	14	7.3	1.5	0.16
	4.5	9.6	3.4	5.6	7	3.6	2.7	0.10	10	6.4	1.5	0.14	16	9.6	1.0	0.18
	5	8.6	3.9	6.1	8	4.3	2.0	0.11	12	7.8	1.1	0.16	18	11	0.8	0.20
0.8	4	40	2.6	5.4	6	1.6	25	0.22	9	2.9	14	0.32	12	4.1	9.7	0.42
	4.5	36	3.1	5.9	7	2.0	18	0.25	10	3.6	10	0.36	14	5.3	6.8	0.47
	5	32	3.6	6.4	8	2.5	13	0.28	11	4.4	7.2	0.40	15	6.4	5.0	0.52
	6	27	4.2	7.8	9	3.6	7.5	0.33	13	6.4	4.2	0.48	19	9.3	2.9	0.63
	7	23	5.2	8.8	10	4.9	4.7	0.39	15	8.8	2.6	0.56	23	13	1.8	0.73
	8	20	6.2	9.8	12	6.3	3.2	0.44	18	11	1.8	0.64	28	17	1.2	0.84
1	4.5	68	2.9	6.1	7	1.6	43	0.39	10	2.8	24	0.56	14	4.0	17	0.74
	5	62	3.4	6.6	8	1.9	32	0.43	11	3.4	18	0.62	15	5.2	12	0.82
	6	51	4	8	9	2.8	18	0.52	12	5.1	10	0.75	18	7.3	7.0	0.98
	7	44	5	9	10	3.7	12	0.61	14	6.9	6.4	0.87	21	10	4.4	1.14
	8	38	6	10	12	4.9	7.7	0.69	17	8.8	4.3	1.00	25	13	3.0	1.31
	9	34	7	11	13	6.3	5.4	0.78	20	11	3.0	1.12	29	16	2.1	1.47
	10	31	8	12	15	7.8	4.0	0.87	22	14	2.2	1.25	35	21	1.5	1.63
1.2	6	86	3.8	8.2	9	2.3	38	0.75	12	4.1	21	1.08	17	5.7	15	1.41
	7	74	4.8	9.2	10	3.1	24	0.87	14	5.7	13	1.26	20	8.0	9.2	1.65
	8	65	5.8	10	11	4.1	16	1.00	16	7.3	8.9	1.44	24	11	6.2	1.88
	9	58	6.8	11	12	5.3	11	1.12	20	9.4	6.2	1.62	28	13	4.3	2.12
	10	52	7.8	12	14	6.3	8.2	1.25	24	11	4.6	1.80	32	16	3.2	2.35
	12	43	8.8	15	17	9.1	4.7	1.50	26	17	2.6	2.16	40	24	1.8	2.82
1.4	7	114	4.6	9.4	10	2.6	44	1.19	15	4.6	25	1.71	20	6.7	17	2.24
	8	100	5.6	10	11	3.3	30	1.36	16	6.3	16	1.96	22	9.1	11	2.56
	9	89	6.6	11	12	4.2	21	1.53	18	7.4	12	2.20	24	11	8.0	2.88
	10	80	7.6	12	13	5.3	15	1.70	20	9.5	8.4	2.45	28	14	5.8	3.20
	12	67	8.6	15	16	7.6	8.8	2.03	24	14	4.9	2.94	35	20	3.4	3.84
	14	57	11	17	19	10	5.5	2.37	30	18	3.1	3.43	42	27	2.1	4.48
1.6	8	145	5.4	11	11	2.8	51	1.77	17	5.2	28	2.56	22	7.6	19	3.35
	9	129	6.4	12	12	3.6	36	1.99	19	6.5	20	2.88	24	9.2	14	3.77

（续）

d /mm	D /mm	F_n /N	D_{Xmax} /mm	D_{Tmin} /mm	n=2.5圈				n=4.5圈				n=6.5圈			
					H_0 /mm	f_n /mm	F' /(N/mm)	m /10^{-3}kg	H_0 /mm	f_n /mm	F' /(N/mm)	m /10^{-3}kg	H_0 /mm	f_n /mm	F' /(N/mm)	m /10^{-3}kg
1.6	10	116	7.4	13	13	4.5	26	2.21	20	8.3	14	3.20	28	12	10	4.18
	12	97	8.4	16	15	6.5	15	2.66	24	12	8.3	3.84	32	17	5.8	5.02
	14	83	10	18	18	8.8	9.4	3.10	28	16	5.2	4.48	40	23	3.6	5.86
	16	73	12	20	22	12	6.3	3.54	36	21	3.5	5.12	48	30	2.4	6.69
1.8	9	179	6.2	12	13	3.1	57	2.52	18	5.6	32	3.64	25	8.1	22	4.77
	10	161	7.2	13	15	3.9	41	2.80	20	7.0	23	4.05	28	10	16	5.29
	12	134	8.2	16	16	5.6	24	3.36	24	10	13	4.86	32	15	9.2	6.35
	14	115	10	18	18	7.7	15	3.92	28	14	8.4	5.67	38	20	5.8	7.41
	16	101	12	20	20	10	10	4.49	32	18	5.6	6.48	45	26	3.9	8.47
	18	90	14	22	22	13	7	5.05	38	23	4.0	7.29	52	33	2.7	9.53
2	10	215	7	13	13	3.4	63	3.46	20	6.1	35	5.00	28	9.0	24	6.54
	12	179	8	16	15	4.8	37	4.15	24	9.0	20	6.00	32	13	14	7.84
	14	153	10	18	17	6.7	23	4.85	26	12	13	7.00	38	17	8.9	9.15
	16	134	12	20	19	8.9	15	5.54	30	16	8.6	8.00	42	23	5.9	10.46
	18	119	14	22	22	11	11	6.23	35	20	6.0	9.00	48	28	4.2	11.77
	20	107	15	25	24	14	7.9	6.92	40	24	4.4	10.00	55	36	3.0	13.07
2.5	12	339	7.5	17	16	3.8	89	6.49	24	6.8	50	9.37	32	10	34	12.26
	14	291	9.5	19	17	5.2	56	7.57	28	9.4	31	10.93	38	13	22	14.30
	16	255	12	21	19	6.7	38	8.65	30	12	21	12.50	40	18	14	16.34
	18	226	14	23	20	8.7	26	9.73	30	15	15	14.06	48	23	10	18.39
	20	204	15	26	24	11	19	10.81	38	19	11	15.62	52	28	7.4	20.43
	22	185	17	28	26	13	14	11.90	42	23	8.1	17.18	58	33	5.6	22.47
	25	163	20	31	30	16	10	13.52	48	30	5.5	19.53	70	43	3.8	25.53
3	14	475	9	19	18	4.1	117	10.90	28	7.3	65	15.75	38	11	45	20.59
	16	416	11	21	20	5.3	78	12.46	30	9.7	43	18.00	40	14	30	23.53
	18	370	13	23	22	6.7	55	14.02	35	12	30	20.25	45	18	21	26.47
	20	333	14	26	24	8.3	40	15.57	38	15	22	22.49	50	22	15	29.42
	22	303	16	28	24	10	30	17.13	40	18	17	24.74	58	25	12	32.36
	25	266	19	31	28	13	20	19.47	45	23	11	28.12	65	34	7.9	36.77
	28	238	22	34	32	16	15	21.80	52	29	8.1	31.49	70	43	5.6	41.18
	30	222	24	36	35	19	12	23.36	58	34	6.6	33.74	80	48	4.6	44.12
3.5	16	661	11	22	22	4.6	145	16.96	32	8.3	80	24.49	45	12	56	32.03
	18	587	13	24	22	5.8	102	19.08	35	10	56	27.56	48	15	39	36.03
	20	528	14	27	24	7.1	74	21.20	38	13	41	30.62	50	19	28	40.04
	22	480	16	29	26	8.6	56	23.32	40	15	31	33.68	55	23	21	44.04
	25	423	19	32	28	11	38	26.50	45	20	21	38.27	65	28	15	50.05

（续）

d /mm	D /mm	F_n /N	D_{Xmax} /mm	D_{Tmin} /mm	$n=2.5$ 圈 H_0 /mm	f_n /mm	F' /(N/mm)	m /10^{-3}kg	$n=4.5$ 圈 H_0 /mm	f_n /mm	F' /(N/mm)	m /10^{-3}kg	$n=6.5$ 圈 H_0 /mm	f_n /mm	F' /(N/mm)	m /10^{-3}kg
3.5	28	377	22	35	32	14	27	29.68	50	25	15	42.86	70	38	10	56.05
	30	352	24	37	35	16	22	31.80	55	29	12	45.93	75	42	8.4	60.06
	32	330	25	40	38	18	18	33.92	60	33	10	48.99	80	47	7.0	64.06
	35	302	28	43	40	22	14	37.09	65	39	7.7	53.58	90	57	5.3	70.07
4	20	764	13	27	26	6.1	126	27.69	38	11	70	39.99	52	16	49	52.30
	22	694	15	29	28	7.3	95	30.45	40	13	53	43.99	55	19	37	57.52
	25	611	18	32	30	9.4	65	34.61	45	17	36	49.99	60	24	25	65.37
	28	545	21	35	34	12	46	38.76	50	21	26	55.99	70	30	18	73.21
	30	509	23	37	36	14	37	41.53	55	24	21	59.99	75	36	14	78.44
	32	477	24	40	37	15	31	44.30	58	28	17	63.98	80	40	12	83.67
	35	436	27	43	41	18	24	48.45	65	34	13	69.98	90	48	9.1	91.52
	38	402	30	46	46	22	18	52.60	70	40	10	75.98	100	57	7.1	99.36
	40	382	32	48	48	24	16	55.37	75	43	8.8	79.98	105	63	6.1	104.6
4.5	22	988	15	30	28	6.5	152	38.54	42	12	85	55.67	58	17	59	72.80
	25	870	18	33	30	8.4	104	43.80	48	15	58	63.27	60	22	40	82.73
	28	777	21	36	32	11	74	49.06	50	19	41	70.86	70	28	28	92.66
	30	725	23	38	36	12	60	52.56	52	22	33	75.92	75	32	23	99.28
	32	680	24	41	37	14	49	56.06	58	25	27	80.98	75	36	19	105.9
	35	621	27	44	40	16	38	61.32	60	30	21	88.57	85	41	15	115.8
	38	572	30	47	44	19	30	66.58	65	36	16	96.16	90	52	11	125.8
	40	544	42	49	48	22	25	70.08	70	39	14	101.2	100	56	9.7	132.4
	45	483	37	54	54	27	18	78.84	85	48	10	113.9	120	71	6.8	148.9
5	25	1154	17	33	30	7	158	54.07	48	13	88	78.11	65	19	61	102.1
	28	1030	20	36	32	9	112	60.56	52	17	62	87.48	70	24	43	114.4
	30	962	22	38	35	11	91	64.89	55	19	51	93.73	75	27	35	122.6
	32	902	23	41	38	12	75	69.21	58	21	42	99.98	80	31	29	130.7
	35	824	26	44	40	14	58	75.70	60	26	32	109.3	85	37	22	143.0
	38	759	29	47	42	17	45	82.19	65	30	25	118.7	90	44	17	155.3
	40	721	31	49	45	18	39	86.52	70	34	21	125.0	100	48	15	163.4
	45	641	36	54	50	24	27	97.33	80	43	15	140.6	115	64	10	183.9
	50	577	41	59	55	29	20	108.1	95	52	11	156.2	130	76	7.6	204.3
6	30	1605	21	39	38	8	190	93.44	55	15	105	135.0	75	22	73	176.5
	32	1505	22	42	38	10	156	99.67	58	17	87	144.0	80	25	60	188.3
	35	1376	25	45	40	12	119	109.0	60	21	66	157.5	85	30	46	205.9
	38	1267	28	48	42	14	93	118.4	65	24	52	171.0	90	35	36	223.6
	40	1204	30	50	45	15	80	124.6	70	27	44	180.0	95	39	31	235.3
	45	1070	35	55	48	19	56	140.2	75	35	31	202.5	105	49	22	264.7
	50	963	40	60	52	23	41	155.7	85	42	23	224.9	120	60	16	294.2
	55	876	44	66	58	28	31	171.3	95	52	17	247.4	130	73	12	323.6
	60	803	49	71	65	33	24	180.9	105	62	13	269.9	150	88	9.1	353.0

（续）

d /mm	D /mm	F_n /N	D_{Xmax} /mm	D_{Tmin} /mm	$n=8.5$ 圈				$n=10.5$ 圈				$n=12.5$ 圈			
					H_0 /mm	f_n /mm	F' /(N/mm)	m /10^{-3}kg	H_0 /mm	f_n /mm	F' /(N/mm)	m /10^{-3}kg	H_0 /mm	f_n /mm	F' /(N/mm)	m /10^{-3}kg
0.5	3	14	1.9	4.1	11	5.2	2.7	0.15	14	6.4	2.2	0.18	16	7.8	1.8	0.21
	3.5	12	2.4	4.6	13	7.1	1.7	0.18	16	8.6	1.4	0.21	19	10	1.2	0.24
	4	11	2.9	5.1	15	10	1.1	0.20	19	12	0.9	0.24	22	14	0.8	0.28
	4.5	9.6	3.4	5.6	18	12	0.8	0.23	22	16	0.6	0.27	26	19	0.5	0.31
	5	8.6	3.9	6.1	21	14	0.6	0.25	26	17	0.5	0.30	30	22	0.4	0.35
0.8	4	40	2.6	5.4	15	5.4	7.4	0.52	18	6.7	6.0	0.62	22	7.8	5.1	0.71
	4.5	36	3.1	5.9	16	6.9	5.2	0.58	20	8.6	4.2	0.69	24	10	3.6	0.80
	5	32	3.6	6.4	18	8.4	3.8	0.65	22	10	3.1	0.77	28	12	2.6	0.89
	6	27	4.2	7.8	22	12	2.2	0.78	28	15	1.8	0.92	32	18	1.5	1.07
	7	23	5.2	8.8	28	16	1.4	0.90	32	21	1.1	1.08	38	26	0.9	1.25
	8	20	6.2	9.8	32	22	0.9	1.03	40	25	0.8	1.23	48	33	0.6	1.43
1	4.5	68	2.9	6.1	16	5.2	13	0.91	20	6.8	10	1.08	24	7.8	8.7	1.25
	5	62	3.4	6.6	18	6.7	9.3	1.01	22	8.3	7.5	1.20	26	9.8	6.3	1.39
	6	51	4	8	20	9.4	5.4	1.21	26	12	4.4	1.44	30	14	3.7	1.67
	7	44	5	9	26	13	3.4	1.41	30	16	2.7	1.68	35	19	2.3	1.95
	8	38	6	10	30	17	2.3	1.62	35	21	1.8	1.92	42	25	1.5	2.23
	9	34	7	11	35	21	1.6	1.82	42	26	1.3	2.16	48	31	1.1	2.51
	10	31	8	12	40	26	1.2	2.02	48	34	0.9	2.40	58	39	0.8	2.79
1.2	6	86	3.8	8.2	22	7.8	11	1.74	25	9.6	9.0	2.08	30	11	7.6	2.41
	7	74	4.8	9.2	25	11	7.0	2.03	30	13	5.7	2.42	35	15	4.8	2.81
	8	65	5.8	10	28	14	4.7	2.33	35	17	3.8	2.77	40	20	3.2	3.21
	9	58	6.8	11	35	18	3.3	2.62	45	22	2.7	3.11	50	26	2.2	3.61
	10	52	7.8	12	40	22	2.4	2.91	50	26	2.0	3.46	58	33	1.6	4.01
	12	43	8.8	15	48	31	1.4	3.49	58	39	1.1	4.15	70	48	0.9	4.82
1.4	7	114	4.6	9.4	26	8.8	13	2.77	30	10	11	3.30	35	13	8.8	3.82
	8	100	5.6	10	28	11	8.7	3.17	35	14	7.1	3.77	40	17	5.9	4.37
	9	89	6.6	11	32	15	6.1	3.56	38	18	5.0	4.24	45	21	4.2	4.92
	10	80	7.6	12	35	18	4.5	3.96	42	22	3.6	4.71	50	27	3.0	5.46
	12	67	8.6	15	45	26	2.6	4.75	52	32	2.1	5.65	60	37	1.8	6.56
	14	57	11	17	55	36	1.6	5.54	65	44	1.3	6.59	75	52	1.1	7.65
1.6	8	145	5.4	11	28	9.7	15	4.13	35	12	12	4.92	40	15	10	5.71
	9	129	6.4	12	32	13	10	4.65	38	15	8.5	5.54	45	18	7.1	6.42
	10	116	7.4	13	35	15	7.6	5.17	42	19	6.2	6.15	48	22	5.2	7.14
	12	97	8.4	16	42	22	4.4	6.20	50	27	3.6	7.38	60	32	3.0	8.56
	14	83	10	18	50	30	2.8	7.24	60	38	2.2	8.61	70	44	1.9	9.99
	16	73	12	20	60	38	1.9	8.27	70	49	1.5	9.84	85	56	1.3	11.42

（续）

d /mm	D /mm	F_n /N	D_{Xmax} /mm	D_{Tmin} /mm	n=8.5圈				n=10.5圈				n=12.5圈			
					H_0 /mm	f_n /mm	F' /(N/mm)	m /10^{-3}kg	H_0 /mm	f_n /mm	F' /(N/mm)	m /10^{-3}kg	H_0 /mm	f_n /mm	F' /(N/mm)	m /10^{-3}kg
1.8	9	179	6.2	12	32	11	17	5.89	38	13	14	7.01	42	16	11	8.13
	10	161	7.2	13	35	13	12	6.54	40	16	9.9	7.79	48	19	8.3	9.03
	12	134	8.2	16	40	19	7.1	7.85	50	24	5.7	9.34	58	28	4.8	10.84
	14	115	10	18	48	26	4.4	9.16	58	32	3.6	10.90	70	38	3.0	12.65
	16	101	12	20	60	34	3.0	10.47	70	42	2.4	12.46	80	51	2.0	14.45
	18	90	14	22	65	43	2.1	11.77	80	53	1.7	14.02	95	64	1.4	16.26
2	10	215	7	13	35	11	19	8.08	40	14	15	9.61	48	17	13	11.15
	12	179	8	16	40	16	11	9.69	48	21	8.7	11.54	58	25	7.3	13.38
	14	153	10	18	50	23	6.8	11.31	55	28	5.5	13.46	65	33	4.6	15.61
	16	134	12	20	55	30	4.5	12.92	65	37	3.7	15.38	75	43	3.1	17.84
	18	119	14	22	65	37	3.2	14.54	75	46	2.6	17.30	90	54	2.2	20.07
	20	107	15	25	75	47	2.3	16.15	90	56	1.9	19.23	105	67	1.6	22.30
2.5	12	339	7.5	17	40	13	26	15.14	50	16	21	18.02	58	19	18	20.91
	14	291	9.5	19	45	17	17	17.66	55	22	13	21.03	65	26	11	24.39
	16	255	12	21	52	23	11	20.19	65	28	9.0	24.03	75	34	7.5	27.88
	18	226	14	23	58	29	7.8	22.71	70	36	6.3	27.04	85	43	5.3	31.36
	20	204	15	26	65	36	5.7	25.23	80	44	4.6	30.04	95	52	3.9	34.85
	22	185	17	28	75	43	4.3	27.76	90	53	3.5	33.05	105	64	2.9	38.33
	25	163	20	31	90	56	2.9	31.54	105	68	2.4	37.55	120	82	2.0	43.56
3	14	475	9	19	48	14	34	25.44	58	17	28	30.28	65	21	23	35.13
	16	416	11	21	52	18	23	29.07	65	22	19	34.61	75	26	16	40.14
	18	370	13	23	58	23	16	32.70	70	28	13	38.93	80	34	11	45.16
	20	333	14	26	65	28	12	36.34	75	35	9.5	43.26	90	42	8.0	50.18
	22	303	16	28	70	34	8.8	39.97	85	42	7.2	47.58	100	51	6.0	55.20
	25	266	19	31	80	44	6.0	45.42	100	54	4.9	54.07	115	65	4.1	62.73
	28	238	22	34	95	55	4.3	50.87	115	68	3.5	60.56	140	82	2.9	70.25
	30	222	24	36	100	63	3.5	54.51	120	79	2.8	64.89	150	93	2.4	75.27
3.5	16	661	11	22	55	15	43	39.57	65	19	34	47.10	75	23	29	54.64
	18	587	13	24	58	20	30	44.51	70	24	24	52.99	80	29	20	61.47
	20	528	14	27	65	24	22	49.46	75	29	18	58.88	90	35	15	68.30
	22	480	16	29	70	30	16	54.41	85	37	13	64.77	100	44	11	75.13
	25	423	19	32	80	38	11	61.82	95	47	9.0	73.60	110	56	7.6	85.38
	28	377	22	35	90	48	7.9	69.24	110	59	6.4	82.43	130	70	5.4	95.62
	30	352	24	37	95	54	6.5	74.19	115	68	5.2	88.32	140	80	4.4	102.5
	32	330	25	40	105	62	5.3	79.14	130	77	4.3	94.21	150	92	3.6	109.3
	35	302	28	43	115	74	4.1	86.55	140	92	3.3	103.0	170	108	2.8	119.5

（续）

d /mm	D /mm	F_n /N	D_{Xmax} /mm	D_{Tmin} /mm	n=8.5圈 H_0 /mm	f_n /mm	F' /(N/mm)	m /10^{-3}kg	n=10.5圈 H_0 /mm	f_n /mm	F' /(N/mm)	m /10^{-3}kg	n=12.5圈 H_0 /mm	f_n /mm	F' /(N/mm)	m /10^{-3}kg
4	20	764	13	27	65	21	37	64.60	80	25	30	76.90	90	30	25	89.21
	22	694	15	29	70	25	28	71.06	85	30	23	84.60	100	37	19	98.13
	25	611	18	32	80	32	19	80.75	95	41	15	96.13	110	47	13	111.5
	28	545	21	35	90	39	14	90.44	105	50	11	107.7	130	59	9.2	124.9
	30	509	23	37	95	46	11	96.90	115	57	8.9	115.4	140	68	7.5	133.8
	32	477	24	40	100	52	9.1	103.4	120	65	7.3	123.0	150	77	6.2	142.7
	35	436	27	43	115	63	6.9	113.1	140	78	5.6	134.6	160	93	4.7	156.1
	38	402	30	46	130	74	5.4	122.7	150	91	4.4	146.1	180	109	3.7	169.5
	40	382	32	48	142	83	4.6	129.2	160	101	3.8	153.8	190	119	3.2	178.4
4.5	22	988	15	30	70	22	45	89.9	85	27	36	107.1	100	33	30	124.2
	25	870	18	33	80	29	30	102.2	95	35	25	121.7	110	41	21	141.1
	28	777	21	36	85	35	22	114.5	105	43	18	136.3	120	52	15	158.1
	30	725	23	38	90	40	18	122.6	110	52	14	146.0	130	60	12	169.4
	32	680	24	41	100	45	15	130.8	120	57	12	155.7	140	69	9.9	180.6
	35	621	27	44	105	56	11	143.1	130	69	9.0	170.3	150	82	7.6	197.6
	38	572	30	47	110	66	8.7	155.3	145	82	7.0	184.9	160	97	5.9	214.5
	40	544	34	49	130	74	7.4	163.5	160	91	6.0	194.7	190	107	5.1	225.8
	45	483	37	54	150	93	5.2	184.0	180	115	4.2	219.0	220	134	3.6	254.0
5	25	1154	17	33	80	25	46	126.2	100	30	38	150.2	115	36	32	174.2
	28	1030	20	36	90	31	33	141.3	105	38	27	168.2	120	47	22	195.1
	30	962	22	38	95	36	27	151.4	115	44	22	180.2	130	53	18	209.1
	32	902	23	41	100	41	22	161.5	120	50	18	192.3	140	60	15	223.0
	35	824	26	44	110	48	17	176.6	130	59	14	210.3	150	69	12	243.9
	38	759	29	47	120	58	13	191.8	140	69	11	228.3	170	84	9.0	264.8
	40	721	31	49	130	66	11	201.9	150	78	9.2	240.3	180	93	7.7	278.8
	45	641	36	54	140	80	8.0	227.1	180	99	6.5	270.4	200	118	5.4	313.6
	50	577	41	59	170	99	5.8	252.3	200	123	4.7	300.4	240	144	4.0	348.5
6	30	1605	21	39	95	29	56	218.0	115	36	45	259.6	130	42	38	301.1
	32	1505	22	42	100	33	46	232.6	120	41	37	276.9	140	49	31	321.2
	35	1376	25	45	105	39	35	254.4	130	49	28	302.8	150	57	24	351.3
	38	1267	28	48	115	47	27	276.2	140	58	22	328.8	160	67	19	381.4
	40	1204	30	50	120	50	24	290.7	140	63	19	346.1	170	75	16	401.4
	45	1070	35	55	140	63	17	327.0	160	82	13	389.3	190	97	11	451.6
	50	963	40	60	150	80	12	363.4	190	98	9.8	432.6	220	117	8.2	501.8
	55	876	44	66	170	97	9.0	399.7	200	120	7.3	475.8	240	141	6.2	552.0
	60	803	49	71	190	115	7.0	436.1	240	143	5.6	519.1	280	171	4.7	602.2

二、矩形截面圆柱弹簧

矩形截面圆柱弹簧简称矩形截面弹簧，具有体积小、刚度大、疲劳寿命长等特点。现已普及应用。适用于高速级进模、汽车覆盖件模、注射模、压铸模等模具。

矩形截面弹簧按等级分为：TL 轻负荷（绿色）；TM 中负荷（兰色）；TH 重负荷（红色）；TB 特重负荷（红色），括号中所标的颜色是出厂时涂的颜色，以区分弹簧的负荷种类。标准弹簧规格见表 14-137 ~ 表 14-140，表中参数可参见图 14-7。

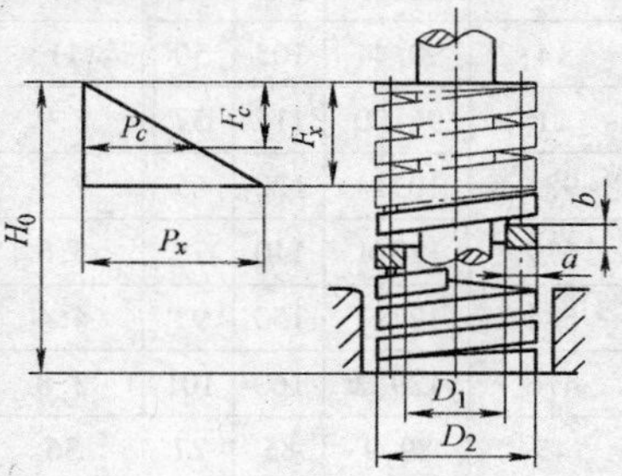

图 14-7　矩形截面弹簧

表 14-137　TL 轻负荷弹簧的规格

规格	D_1 /mm	P' /(N/mm)	许用值 F_x/mm	许用值 P_x/N	规格	D_1 /mm	P' /(N/mm)	许用值 F_x/mm	许用值 P_x/N
10×25	4.5	10.0	10.0	100	16×65	8.0	10.5	26.0	273
10×32		8.5	12.8	288	16×75		10.0	30.0	300
10×38		6.8	15.2	290	16×90		8.5	36.0	306
10×45		6.0	18.0	300	16×100		7.9	40.0	316
10×50		5.0	20.0	320	16×300		2.5	120.0	300
10×65		4.5	26.0	273	20×25	10	53.0	10.0	530
10×75		3.5	30.0	300	20×32		43.0	12.8	550
10×300		1.0	120.0	120	20×38		34.0	15.2	517
13×25	6.5	17.9	10.0	179	20×45		29.0	18.0	522
13×32		16.4	12.8	210	20×50		25.0	20.0	500
13×38		13.6	15.2	206	20×65		19.7	26.0	512
13×45		12.0	18.0	216	20×75		16.2	30.0	486
13×50		11.5	20.0	230	20×90		13.8	36.0	497
13×65		9.2	26.0	239	20×100		12.2	40.0	488
13×75		7.1	30.0	213	20×115		10.9	46.0	501
13×300		1.5	120.0	180	20×125		9.6	50.0	480
16×25	8.0	23.4	10.0	234	20×140		140	56.0	470
16×32		22.5	12.8	288	20×150		150	60.0	456
16×38		19.1	15.2	290	20×300		300	120.0	480
16×45		16.7	18.0	300	25×25	12.5	25	10.0	1000
16×50		16.0	20.0	320	25×32		32	12.8	1028

（续）

规　格	D_1 /mm	P' /(N/mm)	许　用　值		规　格	D_1 /mm	P' /(N/mm)	许　用　值	
			F_x/mm	P_x/N				F_x/mm	P_x/N
25×38	12.5	38	15.2	942	40×90	21	90	36.0	1814
25×45		45	18.0	936	40×100		100	40.0	1756
25×50		50	20.0	900	40×115		115	46.0	1822
25×65		65	26.0	910	40×125		125	50.0	1880
25×75		75	30.0	840	40×140		140	56.0	1781
25×90		90	36.0	853	40×150		150	60.0	1704
25×100		100	40.0	860	40×180		180	72.0	1793
25×115		115	46.0	860	40×200		200	80.0	1840
25×125		125	50.0	845	40×250		250	100.0	1730
25×140		140	56.0	851	40×300		300	120.0	1800
25×150		150	60.0	852	50×65	26	65	26.0	3993
25×180		180	72.0	893	50×75		75	30.0	3801
25×200		200	80.0	840	50×90		90	36.0	3881
25×300		300	120.0	840	50×100		100	40.0	3836
32×38	16	38	15.2	1429	50×115		115	46.0	3726
32×45		45	18.0	1399	50×125		125	50.0	3605
32×50		50	20.0	1360	50×140		140	56.0	3696
32×65		65	26.0	1357	50×150		150	60.0	3648
32×75		75	30.0	1338	50×180		51.4	72.0	3701
32×90		90	36.0	1325	50×200		44.7	80.0	3576
32×100		100	40.0	1304	50×250		35.6	100.0	3560
32×115		115	46.0	1334	50×300		29.0	120.0	3480
32×125		125	50.0	1270	63×75	38	189.0	30.0	5670
32×140		140	56.0	1277	63×90		158.0	36.0	5688
32×150		150	60.0	1308	63×100		135.0	40.0	5400
32×180		180	72.0	1296	63×115		116.0	46.0	5336
32×200		200	80.0	1280	63×125		103.0	50.0	5150
32×250		250	100.0	1270	63×150		84.3	60.0	5070
32×300		300	120.0	1260	63×180		71.5	72.0	5148
40×50	21	50	20.0	1876	63×200		61.7	80.0	4936
40×65		65	26.0	1872	63×250		47.0	100.0	4700
40×75		75	30.0	1914	63×300		38.2	120.0	4584

表 14-138 TM 中负荷弹簧的规格

规 格	D_1 /mm	P' /(N/mm)	许用值		规 格	D_1 /mm	P' /(N/mm)	许用值	
			F_x/mm	P_x/N				F_x/mm	P_x/N
10×25		16.0	9.5	152	20×115		18.1	43.7	791
10×32		13.0	12.2	159	20×125		16.9	47.5	803
10×38		11.9	14.4	171	20×140	10	15.0	53.2	798
10×45	4.5	10.0	17.1	171	20×150		13.3	57.0	758
10×50		9.0	19.0	171	20×300		6.2	114.0	707
10×65		7.4	24.7	182	25×25		147.0	9.5	1397
10×75		5.4	28.5	154	25×32		118.0	12.2	1440
10×300		1.6	114.0	182	25×38		93.0	14.4	1339
13×25		30.0	9.5	285	25×45		79.0	17.1	1351
13×32		24.8	12.2	303	25×50		69.7	19.0	1324
13×38		21.4	14.4	308	25×65		52.2	24.7	1289
13×45		18.5	17.1	316	25×75		43.8	28.5	1248
13×50	6.5	15.5	19.0	295	25×90	12.5	37.8	34.2	1293
13×65		12.1	24.7	299	25×100		33.7	38.0	1281
13×75		10.2	28.5	291	25×115		28.0	43.7	1224
13×90		8.4	34.2	287	25×125		26.3	47.5	1249
13×300		2.1	114.0	239	25×140		23.0	53.2	1224
16×25		49.4	9.5	469	25×150		21.0	57.0	1197
16×32		37.1	12.2	453	25×180		17.6	68.4	1204
16×38		33.9	14.4	488	25×200		16.0	76.0	1216
16×45		29.3	17.1	501	25×300		10.4	114.0	1186
16×50	8.0	26.9	19.0	511	32×38		185.0	14.4	2664
16×65		20.2	24.7	499	32×45		154.0	17.1	2633
16×75		18.0	28.5	513	22×50		137.0	19.0	2603
16×90		15.0	34.2	513	32×65		97.0	24.7	2396
16×100		13.8	38.0	524	32×75		81.6	28.5	2326
16×300		4.9	114.0	558	32×90		68.3	34.2	2336
20×25		98.0	9.5	931	32×100		60.0	38.0	2280
20×32		72.6	12.2	886	32×115	16	51.5	43.7	2250
20×38		56.0	14.4	806	32×125		45.5	47.5	2161
20×45		46.0	17.1	787	32×140		42.0	53.2	2234
20×50	10	42.5	19.0	808	32×150		38.3	57.0	2183
20×65		31.8	24.7	785	32×180		32.1	68.4	2196
20×75		25.4	28.5	724	32×200		29.3	76.0	2227
20×90		21.8	34.2	746	32×250		21.7	95.0	2062
20×100		20.2	38.0	768	32×300		18.6	114.0	2120

（续）

规格	D_1 /mm	P' /(N/mm)	许用值 F_x/mm	许用值 P_x/N	规格	D_1 /mm	P' /(N/mm)	许用值 F_x/mm	许用值 P_x/N
40×50	21	184.6	19.0	3507	50×140	26	86.4	53.2	4596
40×65		137.8	24.7	3404	50×150		81.0	57.0	4617
40×75		109.4	28.5	3117	50×180		68.7	68.4	4699
40×90		89.7	34.2	3068	50×200		60.7	76.0	4613
40×100		82.6	38.0	3139	50×230		50.7	87.4	4431
40×115		71.8	43.7	3138	50×250		44.6	95.0	4237
40×125		63.7	47.5	3026	50×300		39.2	114.0	4469
40×140		57.0	53.2	3032	63×75	38	312	28.5	8892
40×150		52.3	57.0	2981	63×90		257.0	34.2	8789
40×180		43.6	68.4	2982	63×100		225.0	38.0	8550
40×200		37.2	76.0	2827	63×115		187.0	43.7	8172
40×250		30.6	95.0	2907	63×125		170.7	47.5	8108
40×300		25.0	114.0	2850	63×150		137.8	57.0	7855
50×65	26	205.8	24.7	5083	63×180		112.7	68.4	7708
50×75		170.2	28.5	4851	63×200		101.5	76.0	7714
50×90		138.4	34.2	4733	63×230		88.8	87.4	7761
50×100		121.4	38.0	4613	63×250		79.7	95.0	7572
50×115		106.0	43.7	4632	63×300		65.8	114.0	7501
50×125		98.6	47.5	4683					

表 14-139　TH 重负荷弹簧的规格

规格	D_1 /mm	P' /(N/mm)	许用值 F_x/mm	许用值 P_x/N	规格	D_1 /mm	P' /(N/mm)	许用值 F_x/mm	许用值 P_x/N
10×25	4.5	22.1	7.5	166	13×65	6.5	14.8	19.5	288
10×32		17.5	9.6	168	13×75		13.4	22.5	301
10×38		16.8	11.4	192	13×90		11.3	27.0	305
10×45		14.7	13.5	198	13×300		2.8	90.0	252
10×50		13.0	15.0	195	16×25	8.0	75.7	7.5	568
10×65		10.5	19.5	205	16×32		52.8	9.6	507
10×75		7.6	22.5	171	16×38		48.5	11.4	553
10×300		2.1	90.0	189	16×45		41.8	13.5	564
13×25	6.5	42.1	7.5	316	16×50		37.8	15.0	567
13×32		33.2	9.6	319	16×65		29.8	19.5	581
13×38		29.3	11.4	334	16×75		26.0	22.5	585
13×45		24.0	13.5	324	16×90		21.4	27.0	578
13×50		20.0	15.0	300	16×100		19.7	30.0	591

（续）

规格	D_1 /mm	P' /(N/mm)	许用值	
			F_x/mm	P_x/N
16×300	8.0	7.2	90.0	648
20×25		216.0	7.5	1620
20×32		168.0	9.6	1613
20×38		129.0	11.4	1471
20×45		109.5	13.5	1478
20×50		95.9	15.0	1439
20×65		71.0	19.5	1385
20×75	10	60.5	22.5	1361
20×90		49.9	27.0	1347
20×100		45.0	30.0	1350
20×115		38.4	34.0	1305
20×125		34.6	37.0	1280
20×140		30.7	42.0	1289
20×150		28.6	45.0	1287
20×300		15.3	90.0	1377
25×25		375.0	7.5	2813
25×32		297.0	9.6	2851
25×38		219.0	11.4	2497
25×45		182.8	13.5	2468
25×50		159.1	15.0	2387
25×65		121.1	19.5	2361
25×75		100.3	22.5	2257
25×90	12.5	83.0	27.0	2241
25×100		74.5	30.0	2235
25×115		65.0	34.0	2210
25×125		58.6	37.0	2168
25×140		52.3	42.0	2197
25×150		48.4	45.0	2178
25×180		40.5	48.0	1944
25×200		36.3	60.0	2178
25×300		23.3	90.0	2097
32×38		388.0	11.4	4423
32×45		316.8	13.5	4277
32×50	16	277.4	15.0	4161
32×65		208.0	19.5	4056
32×75		174.3	22.5	3922

规格	D_1 /mm	P' /(N/mm)	许用值	
			F_x/mm	P_x/N
32×90		139.4	27.0	3764
32×100		124.4	30.0	3732
32×115		107.0	34.0	3638
32×125		94.5	37.0	3497
32×140		85.4	42.0	3587
32×150	16	79.0	45.0	3555
32×180		66.5	48.0	3192
32×200		60.0	60.0	3600
32×250		47.1	75.0	3533
32×300		38.6	90.0	3474
40×50		357.0	15.0	5355
40×65		265.0	19.5	5168
40×75		222.0	22.5	4995
40×90		188.0	27.0	5076
40×100		166.0	30.0	4980
40×115		142.0	34.0	4828
40×125	21	130.0	37.0	4810
40×140		114.0	42.0	4788
40×150		106.0	45.0	4770
40×180		88.0	48.0	4224
40×200		78.0	60.0	4680
40×250		62.0	75.0	4650
40×300		52.0	90.0	4680
50×65		406.0	19.5	7917
50×75		343.0	22.5	7717
50×90		285.0	27.0	7695
50×100		250.0	30.0	7500
50×115		215.0	34.0	7310
50×125		195.0	37.0	7215
50×140	25	167.0	42.0	7014
50×150		156.0	45.0	7020
50×180		132.0	48.0	6336
50×200		119.0	60.0	7140
50×250		90.0	75.0	6750
50×300		74.0	90.0	6660

表 14-140　TB 特重负荷弹簧规格

规　格	D_1 /mm	P' /(N/mm)	许用值 F_x/mm	许用值 P_x/N	规　格	D_1 /mm	P' /(N/mm)	许用值 F_x/mm	许用值 P_x/N
10×25	4.5	36.8	6.2	228	20×115	10	53.0	29.0	1537
10×32		27.9	8.0	223	20×125		48.2	31.0	1494
10×38		23.7	9.5	225	20×140		42.7	35.0	1495
10×45		18.8	11.2	210	20×150		39.5	37.0	1461
10×50		16.8	12.5	210	20×180		32.9	45.0	1480
10×65		13.0	16.0	208	20×300		21.5	75.0	1612
10×75		11.0	19.0	209	25×32	12.5	374.4	8.0	2994
10×300		2.6	75.0	195	25×38		346.0	9.5	3287
13×25	6.5	58.5	6.2	363	25×45		238.6	11.2	2672
13×32		43.9	8.0	351	25×50		211.6	12.5	2645
13×38		36.0	9.5	342	25×65		158.5	16.0	2536
13×45		29.6	11.2	331	25×75		132.5	19.0	2517
13×50		26.7	12.5	334	25×90		109.3	22.0	2405
13×65		20.9	16.0	334	25×100		98.2	25.0	2455
13×75		17.3	19.0	329	25×115		85.7	29.0	2485
13×90		14.3	22.0	315	25×125		77.5	31.0	2402
13×300		4.4	75.0	330	25×150		64.3	37.0	2379
16×25	8.5	118.0	6.2	731	25×180		53.3	45.0	2398
16×32		89.0	8.0	712	25×200		47.7	50.0	2385
16×38		72.1	9.5	685	25×300		31.4	75.0	2355
16×45		59.5	11.2	666	32×38	16	528.2	9.5	5018
16×50		53.3	12.5	666	32×45		415.0	11.2	4648
16×65		41.5	16.0	664	32×50		360.0	12.5	4500
16×75		34.5	19.0	665	32×65		265.0	16.0	4240
16×90		29.2	22.0	642	32×75		221.4	19.0	4206
16×100		26.1	25.0	652	32×90		178.3	22.0	3923
16×300		8.5	75.0	637	32×100		158.0	25.0	3950
20×25	10	293.0	6.2	1817	32×115		140.0	29.0	4060
20×32		224.0	8.0	1792	32×125		126.0	31.0	3906
20×38		177.0	9.5	1681	32×150		103.4	37.0	3826
20×45		145.7	11.2	1632	32×180		87.2	45.0	3924
20×50		130.5	12.5	1631	32×200		77.1	50.0	3855
20×65		97.5	16.0	1560	32×250		61.8	62.5	3862
20×75		82.0	19.0	1558	32×300		49.8	75.0	3735
20×90		68.7	22.0	1511	40×50	21	640.0	12.5	8000
20×100		61.8	25.0	1545	40×65		479.0	16.0	7664

（续）

规　格	D_1 /mm	P' /(N/mm)	许用值 F_x/mm	许用值 P_x/N	规　格	D_1 /mm	P' /(N/mm)	许用值 F_x/mm	许用值 P_x/N
40×75	21	384.0	19.0	7296	50×75	25	580.0	19.0	11020
40×90		317.0	22.0	6974	50×90		470.0	22.0	10340
40×100		286.0	25.0	7150	50×100		413.0	25.0	10325
40×115		245.0	29.0	7105	50×115		352.0	29.0	10208
40×125		224.0	31.0	6944	50×125		321.0	31.0	9951
40×150		170.0	37.0	6290	50×150		242.0	37.0	8954
40×200		134.0	50.0	6700	50×200		190.0	50.0	9500
40×250		109.0	62.5	6812	50×250		155.0	62.5	9687
40×300		89.0	75.0	6675	50×300		129.0	75.0	9675
50×65	25	698.0	16.0	11168					

三、碟形弹簧

碟形弹簧（图14-8）具有以小变形承受大负荷的特点，且结构紧凑，在冷冲模中得到日益广泛的应用。

碟形弹簧在冲模中的安装方法可采用单个或多个装置，在选用同一规格碟形弹簧时，多个装置比单个装置安装允许承受的负荷可成倍增加，其增加的倍数为每一叠的弹簧个数。

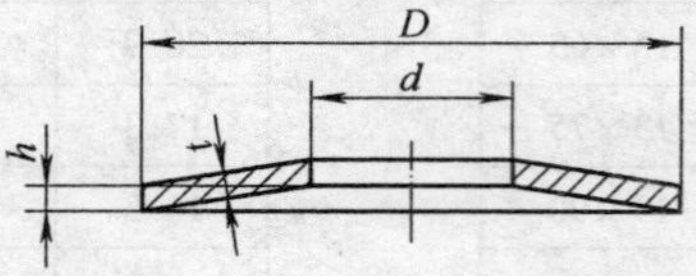

图14-8　碟形弹簧尺寸参数

D—外径　d—内径　t—料厚

h—内截锥高

碟形弹簧在使用过程中容易破裂，需将脆裂片更换。而且弹簧的导杆容易磨损，因此导杆需渗碳，并进行淬火处理。

碟形弹簧材料一般采用60Si2MnA或50CrVA，淬硬42～50HRC。导杆淬硬55HRC，并磨光。

表14-141列出的弹簧负荷P和变形（压缩）量f，都是指单片碟形弹簧。蝶形弹簧各种组合方式及设计计算见表14-142。

表14-141　碟形弹簧的选用

序　号	1	2	3	4	5	6	7	8	9	10	11	12	13	14
外径 D/mm	18	25	28	28	35.5	40	40	45	50	50	56	63	71	80
内径 d/mm	9.2	12.2	14.2	14.2	18.3	20.4	20.4	22.4	25.4	25.4	28.5	32.5	35.5	40.6
料厚 t/mm	1	1.5	1	1.5	2	1	1.5	2.5	2	3	1.5	2.5	2	3
内截锥高 h/mm	0.4	0.55	0.8	0.65	0.8	1.3	1.15	1	1.4	1.1	1.95	1.75	2.6	2.3
允许负荷 F_{max}/N	1255	2920	1110	2840	5180	1020	2620	7520	4770	12000	2630	7390	5100	10500
允许变形 f_{max}/mm	0.3	0.41	0.6	0.49	0.6	0.98	0.86	0.75	1.05	0.83	1.46	1.31	1.95	1.73
导向杆径 d_1/mm	9	12	14	14	18	20	20	22	25	25	28	32	35	40
压平时负荷 F_h/N	1630	3820	1340	3680	6730	1070	3200	10030	5890	15630	2760	9140	5380	12770
$K=\frac{F}{F_h}$	工作负荷 F(N) / 受力 F 时每片弹簧的变形 f(mm)													
0.15	245/0.06	570/0.08		550/0.10	1010/0.12			1500/0.15		2340/0.17				
0.2	330/0.08	760/0.11		740/0.13	1350/0.16			2010/0.2	1180/0.22	3130/0.22		1830/0.28		

（续）

序　　号	1	2	3	4	5	6	7	8	9	10	11	12	13	14
$K=\frac{F}{F_h}$	工作负荷 F(N) / 受力 F 时每片弹簧的变形 f(mm)													
0.25	410/0.1	960/0.14	335/0.13	920/0.16	1680/0.2		800/0.2	2510/0.25	1470/0.28	3910/0.28		2290/0.35		3190/0.39
0.3	490/0.12	1150/0.17	400/0.17	1100/0.20	2020/0.24		960/0.25	3010/0.3	1770/0.35	4690/0.33		2740/0.44		3830/0.51
0.35	570/0.14	1340/0.19	470/0.2	1290/0.23	2360/0.28	370/0.2	1120/0.30	3510/0.35	2060/0.42	5470/0.39	970/0.29	3200/0.53	1880/0.39	4470/0.61
0.4	650/0.16	1530/0.22	540/0.24	1470/0.26	2690/0.32	430/0.24	1280/0.36	4010/0.4	2360/0.48	6250/0.44	1100/0.36	3660/0.60	2150/0.48	5110/0.71
0.45	730/0.18	1720/0.25	600/0.27	1660/0.29	3030/0.36	480/0.27	1440/0.40	4510/0.45	2650/0.53	7030/0.50	1240/0.41	4110/0.67	2420/0.55	5750/0.81
0.5	815/0.2	1910/0.28	670/0.31	1840/0.33	3370/0.4	535/0.30	1600/0.46	5020/0.5	2950/0.60	7810/0.55	1380/0.45	4570/0.75	2690/0.60	6390/0.92
0.55	900/0.22	2100/0.30	740/0.35	2020/0.36	3700/0.44	590/0.35	1760/0.52	5520/0.55	3240/0.67	8600/0.61	1520/0.53	5030/0.84	2960/0.70	7020/1.04
0.6	980/0.24	2290/0.33	800/0.38	2210/0.39	4040/0.48	640/0.39	1920/0.57	6020/0.6	3530/0.74	9380/0.66	1660/0.59	5480/0.93	3230/0.78	7660/1.14
0.65	1060/0.26	2480/0.36	870/0.42	2390/0.42	4370/0.52	700/0.44	2080/0.63	6520/0.65	3830/0.81	10160/0.72	1790/0.66	5940/1.02	3500/0.88	8300/1.27
0.7	1140/0.28	2670/0.39	940/0.48	2580/0.46	4710/0.56	750/0.49	2240/0.70	7020/0.7	4120/0.9	10940/0.77	1930/0.74	6400/1.12	3770/0.99	8940/1.40
0.75	1220/0.3	2870/0.41	1010/0.52	2760/0.49	5050/0.6	800/0.56	2400/0.78	7520/0.75	4420/0.98	11720/0.83	2070/0.84	6860/1.23	4040/1.12	9580/1.56
0.8			1070/0.58			860/0.62	2560/0.84		4710/1.05		2210/0.94	7310/1.31	4300/1.25	10210/1.68
0.85						910/0.72					2350/1.07		4570/1.43	
0.9						960/0.82					2480/1.23		4840/1.64	
0.95						1020/0.98					2620/1.46		5110/1.95	

表 14-142　碟形弹簧的计算

碟形弹簧计算项目	单个装置	多个装置
	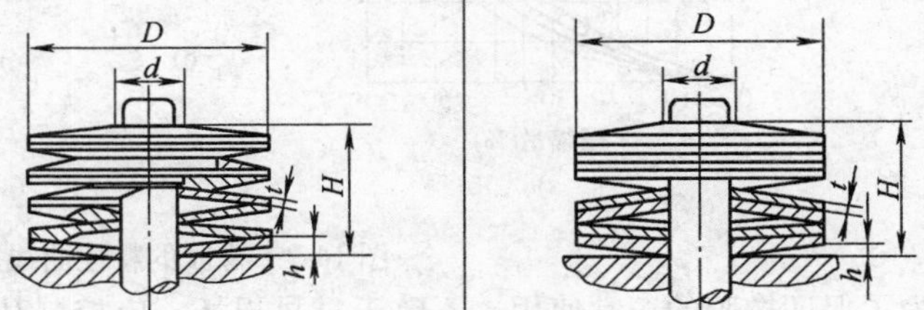	
整个弹簧允许负荷/N	$F=\frac{10000\mathrm{tg}^2\alpha f_m t^2}{n\left(1-\frac{d}{1.5D}\right)}$	$F=\frac{10000\mathrm{tg}^2\alpha K f_m t^2}{n\left(1-\frac{d}{1.5D}\right)}$
一片弹簧的允许行程/mm	$L=0.65f_m$	
弹簧的工作行程/mm	$L_w=L_t-L_p$	

（续）

整个弹簧的允许行程/mm	$L_t = 0.65nf_m$	$L_t = 0.65\dfrac{n}{K}f_m$
安装时弹簧预先压缩量/mm	$L_p = (0.15 \sim 0.20)nf_m$	$L_p = (0.15 \sim 0.20)\dfrac{n}{K}f_m$
保证规定行程的弹簧个数	$k = \dfrac{L_w}{0.5f_m}$	$k = \dfrac{L_w K}{0.5f_m}$
整个弹簧自由高度	$H = n \cdot h$	$H = \dfrac{n}{K}[h + t(K-1)]$

表中 F——一个弹簧在挠度等于 $0.65f_m$ 时的最大允许负荷
f_m——弹簧内锥高度
K——多个装置中每一叠的弹簧数，见上栏右图，$K=2$
k——装置弹簧总数
n——一片弹簧高度
t——弹簧板厚度

四、橡胶弹性体

橡胶能承受的负荷比弹簧大，且安装调整方便，价格便宜，是模具中广泛使用的弹性元件。橡胶在受压方向所产生的变形与其受到的压力不是成正比的线性关系，其特性曲线如图 14-9 所示。由图可知橡胶单位压力与橡胶的压缩量、形状、尺寸之间的关系。

橡胶所能产生的压力

$$F = Ap \tag{14-1}$$

式中 F——橡胶所能产生的压力（N）；
A——橡胶的横截面积（mm^2）；
p——与橡胶压缩量有关的单位压力（MPa）。

由表 14-143 或图 14-9 可查出橡胶压缩量与单位压力值的对应关系。

表 14-143 橡胶压缩量与单位压力值

压缩量(%)	10	15	20	25	30	35
单位压力/MPa	0.26	0.5	0.74	1.06	1.52	2.10

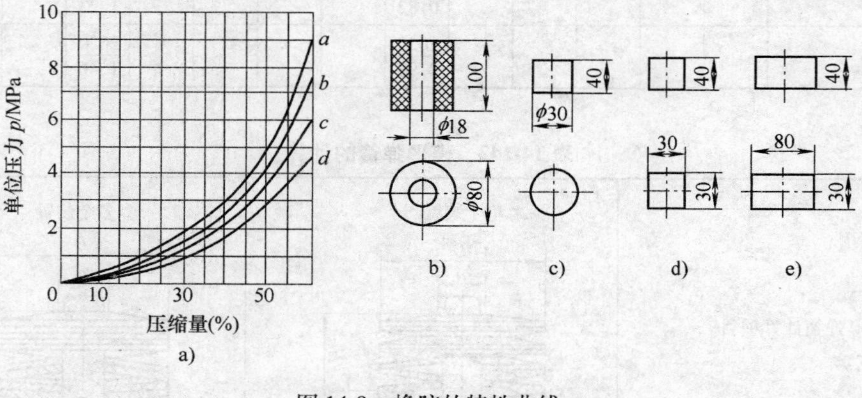

图 14-9 橡胶的特性曲线

为了保证橡胶的正常使用，不致于过早损坏，应控制其最大的压缩量 $S_{总}$ 为自由高度 H_0 的 35% ~45%。而橡胶的预压缩量 $S_{预}$，一般取 H_0 的 10% ~15%。则橡胶的工作行程为

$$S_{工作} = S_{总} - S_{预} = (0.25 \sim 0.3)H_0$$

所以橡胶的自由高度为

$$H_0 = \frac{S_{工作}}{(0.25 \sim 0.30)} \approx (3.5 \sim 4.0)S_{工作} \tag{14-2}$$

式中　$S_{工作}$——卸料板或推件块、压边圈等的工作行程与模具修磨量或调整量（4～6mm）之和再加1。

橡胶的高度 H 与直径 D 之比必须满足下列条件

$$0.5\leqslant\frac{H}{D}\leqslant1.5 \tag{14-3}$$

如果超过1.5，应将橡胶分为若干段，在其间加钢垫圈，并使每段橡胶的 H/D 值仍在上述范围内。

橡胶所能产生的工作压力，由于缺乏橡胶的性能资料，很少作详细计算。所以橡胶断面面积的确定，一般是凭经验估计，并根据模具空间的大小进行合理布置。同时，在橡胶装上模具后，周围要留有足够的空隙位置，以允许橡胶压缩时断面尺寸的胀大。

选用橡胶的计算步骤如下：

1）根据工作行程 $S_{工作}$ 按式14-2计算橡胶的自由高度 H_0。

2）根据 H_0 计算橡胶的装配高度 H_2

$$H_2=(0.85\sim0.9)H_0 \tag{14-4}$$

3）在模具装配时，根据模具空间大小确定橡胶的断面面积。

五、聚氨酯弹性体

聚氨酯弹性体比橡胶能承受更大的负荷，具有较好的流动性、耐磨性、耐油性，其耐磨性是橡胶的5～10倍、耐油性是天然橡胶的5～6倍。

1. 聚氨酯弹性体的力学性能与规格

聚氨酯弹性体的力学性能见第十一章表11-23。

聚氨酯弹性体外形的品种标准件见表14-144，也有圆棒和平板之分。

表14-144　聚氨酯弹性体（摘自JB/T 7650.9—1995）　　（单位：mm）

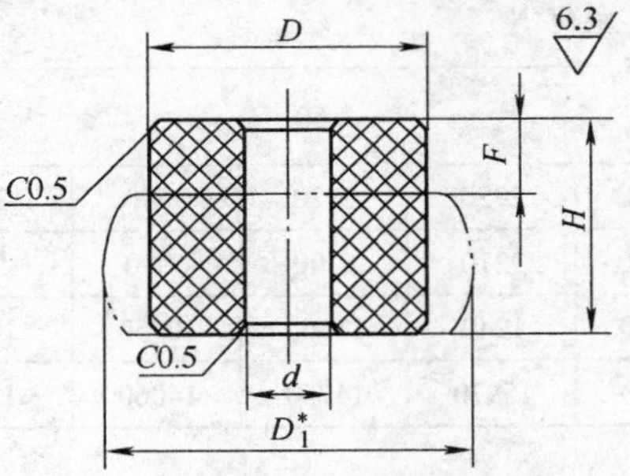

标记示例：

$D=32$mm、$d=10.5$mm、$H=25$mm 的聚胺酯弹性体：

聚胺酯弹性体 32×10.5×25　JB/T 7650.9—1995

D	d	H	D_1	D	d	H	D_1
16	6.5	12	21	45	12.5	25	58
20	8.5		26			32	
25		16	33			40	
		20		60	16.5	20	78
32	10.5	16	42			25	
		20				32	
		25				40	
45	12.5	20	58			50	

注：1. D_1 参考尺寸（$F=0.3H$ 时的直径）。

2. 材料：浇注型聚氨酯橡胶硬度（邵氏A）80±5。

3. 聚氨酯弹性体的工作温度应控制在70℃以下。

2. 聚氨酯弹性体的选用

选用聚氨酯弹性体的计算步骤参照选用橡胶时的计算步骤进行。聚氨酯弹性体压缩量与工作负荷的关系见表 14-145。在模具结构上，当卸料力或顶件力已定的情况下，为了增加弹性体的工作行程，可以采取将几个聚氨酯弹性体串联在一起使用的方法，如图 14-10 所示。

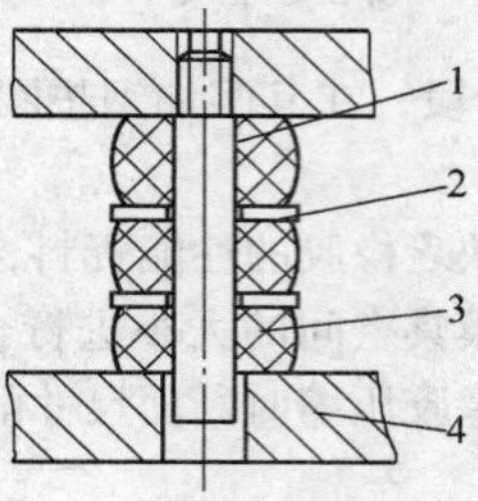

图 14-10　串联使用聚氨酯弹性体

1—卸料螺钉　2—间隔盘　3—弹性体　4—卸料板

表 14-145　压缩量与工作负荷参照表（摘自 JB/T 7650.9—1995）

工作负荷 \ D/mm \ 压缩量 F/mm	负荷/N								
	16	20	25			32			45
0.1H	167	294	500	441	461	824	726	686	1784
0.2H	392	608	1098	1000	1039	1785	1275	1686	3805
0.3H	677	1059	1932	1804	1755	3160	2980	2880	6820
0.35H	863	1363	2480	2310	2250	4040	3820	3730	8730

工作负荷 \ D/mm \ 压缩量 F/mm	负荷/N							
	45			60				
0.1H	1690	1600	1650	3560	2920	2820	3650	2650
0.2H	3650	3510	3510	7580	7210	6390	6390	5930
0.3H	6390	6080	5880	14100	1240	11500	10950	10590
0.35H	8200	7780	7530	18070	15970	14750	14060	13530

注：符号 D、F、H 见表 14-144 中图。

表中数值按聚氨酯弹性体邵氏硬度 A80 ±5 确定。其他硬度聚氨酯弹性体的工作负荷用修正系数乘以表中数值。修正系数的值参见表 14-146。

表 14-146　工作负荷修正系数（摘自 JB/T 7650.9—1995）

硬度 A	修 正 系 数	硬度 A	修 正 系 数	硬度 A	修 正 系 数
75	0.843	79	0.966	83	1.116
76	0.873	80	1.000	84	1.212
77	0.903	81	1.035	85	1.270
78	0.934	82	1.074		

第五节　冲压模具常用公差配合

一、标准公差数值

标准公差数值见表14-147。

表14-147　标准公差数值（摘自GB/T 1800.2—2009）

公称尺寸/mm		标准公差等级																	
		IT1	IT2	IT3	IT4	IT5	IT6	IT7	IT8	IT9	IT10	IT11	IT12	IT13	IT14	IT15	IT16	IT17	IT18
大于	至	μm											mm						
—	3	0.8	1.2	2	3	4	6	10	14	25	40	60	0.1	0.14	0.25	0.4	0.6	1	1.4
3	6	1	1.5	2.5	4	5	8	12	18	30	48	75	0.12	0.18	0.3	0.48	0.75	1.2	1.8
6	10	1	1.5	2.5	4	6	9	15	22	36	58	90	0.15	0.22	0.36	0.58	0.9	1.5	2.2
10	18	1.2	2	3	5	8	11	18	27	43	70	110	0.18	0.27	0.43	0.7	1.1	1.8	2.7
18	30	1.5	2.5	4	6	9	13	21	33	52	84	130	0.21	0.33	0.52	0.84	1.3	2.1	3.3
30	50	1.5	2.5	4	7	11	16	25	39	62	100	160	0.25	0.39	0.62	1	1.6	2.5	3.9
50	80	2	3	5	8	13	19	30	46	74	120	190	0.3	0.46	0.74	1.2	1.9	3	4.6
80	120	2.5	4	6	10	15	22	35	54	87	140	220	0.35	0.54	0.87	1.4	2.2	3.5	5.4
120	180	3.5	5	8	12	18	25	40	63	100	160	250	0.4	0.63	1	1.6	2.5	4	6.3
180	250	4.5	7	10	14	20	29	46	72	115	185	290	0.46	0.72	1.15	1.85	2.9	4.6	7.2
250	315	6	8	12	16	23	32	52	81	130	210	320	0.52	0.81	1.3	2.1	3.2	5.2	8.1
315	400	7	9	13	18	25	36	57	89	140	230	360	0.57	0.89	1.4	2.3	3.6	5.7	8.9
400	500	8	10	15	20	27	40	63	97	155	250	400	0.63	0.97	1.55	2.5	4	6.3	9.7
500	630	9	11	16	22	32	44	70	110	175	280	440	0.7	1.1	1.75	2.8	4.4	7	11
630	800	10	13	18	25	36	50	80	125	200	320	500	0.8	1.25	2	3.2	5	8	12.5
800	1000	11	15	21	28	40	56	90	140	230	360	560	0.9	1.4	2.3	3.6	5.6	9	14
1000	1250	13	18	24	33	47	66	105	165	260	420	660	1.05	1.65	2.6	4.2	6.6	10.5	16.5
1250	1600	15	21	29	39	55	78	125	195	310	500	780	1.25	1.95	3.1	5	7.8	12.5	19.5
1600	2000	18	25	35	46	65	92	150	230	370	600	920	1.5	2.3	3.7	6	9.2	15	23
2000	2500	22	30	41	55	78	110	175	280	440	700	1100	1.75	2.8	4.4	7	11	17.5	28
2500	3150	26	36	50	68	96	135	210	330	540	860	1350	2.1	3.3	5.4	8.6	13.5	21	33

注：1. 公称尺寸大于500mm的IT1～IT5的标准公差数值为试行。

2. 公称尺寸小于或等于1mm时，无IT14～IT18。

二、配合的选择

1. 公称尺寸至500mm的配合

公称尺寸至500mm的基孔制优先和常用配合规定于表14-148，基轴制的优先和常用配合规定于表14-149其极限间隙或极限过盈的数值参见表14-150选择时，首先选用表中的优先配合，其次选用常用配合。

2. 公称尺寸大于500mm～3150mm的配合

公称尺寸大于500mm～3150mm的配合一般采用基孔制的同级配合。根据零件制造特点可采用配制配合。

表 14-148　基孔制优先、常用配合（摘自 GB/T 1801—2009）

基准孔	轴																				
	a	b	c	d	e	f	g	h	js	k	m	n	p	r	s	t	u	v	x	y	z
	间隙配合								过渡配合			过盈配合									
H6						$\frac{H6}{f5}$	$\frac{H6}{g5}$	$\frac{H6}{h5}$	$\frac{H6}{js5}$	$\frac{H6}{k5}$	$\frac{H6}{m5}$	$\frac{H6}{n5}$	$\frac{H6}{p5}$	$\frac{H6}{r5}$	$\frac{H6}{s5}$	$\frac{H6}{t5}$					
H7						$\frac{H7}{f6}$	◤$\frac{H7}{g6}$	◤$\frac{H7}{h6}$	$\frac{H7}{js6}$	◤$\frac{H7}{k6}$	$\frac{H7}{m6}$	◤$\frac{H7}{n6}$	◤$\frac{H7}{p6}$	$\frac{H7}{r6}$	◤$\frac{H7}{s6}$	$\frac{H7}{t6}$	◤$\frac{H7}{u6}$	$\frac{H7}{v6}$	$\frac{H7}{x6}$	$\frac{H7}{y6}$	$\frac{H7}{z6}$
H8					$\frac{H8}{e7}$	◤$\frac{H8}{f7}$	$\frac{H8}{g7}$	◤$\frac{H8}{h7}$	$\frac{H8}{js7}$	$\frac{H8}{k7}$	$\frac{H8}{m7}$	$\frac{H8}{n7}$	$\frac{H8}{p7}$	$\frac{H8}{r7}$	$\frac{H8}{s7}$	$\frac{H8}{t7}$	$\frac{H8}{u7}$				
				$\frac{H8}{d8}$	$\frac{H8}{e8}$	$\frac{H8}{f8}$		$\frac{H8}{h8}$													
H9			$\frac{H9}{c9}$	◤$\frac{H9}{d9}$	$\frac{H9}{e9}$	$\frac{H9}{f9}$		◤$\frac{H9}{h9}$													
H10			$\frac{H10}{c10}$	$\frac{H10}{d10}$				$\frac{H10}{h10}$													
H11	$\frac{H11}{a11}$	$\frac{H11}{b11}$	◤$\frac{H11}{c11}$	$\frac{H11}{d11}$				◤$\frac{H11}{h11}$													
H12		$\frac{H12}{b12}$						$\frac{H12}{h12}$													

注：1. $\frac{H6}{n5}$、$\frac{H7}{p6}$在公称尺寸小于或等于 3mm 和$\frac{H8}{r7}$在小于或等于 100mm 时，为过渡配合。

2. 标注◤的配合为优先配合。

表 14-149　基轴制优先、常用配合（摘自 GB/T 1801—2009）

基准轴	孔																				
	A	B	C	D	E	F	G	H	JS	K	M	N	P	R	S	T	U	V	X	Y	Z
	间隙配合								过渡配合			过盈配合									
h5						$\frac{F6}{h5}$	$\frac{G6}{h5}$	$\frac{H6}{h5}$	$\frac{JS6}{h5}$	$\frac{K6}{h5}$	$\frac{M6}{h5}$	$\frac{N6}{h5}$	$\frac{P6}{h5}$	$\frac{R6}{h5}$	$\frac{S6}{h5}$	$\frac{T6}{h5}$					
h6						$\frac{F7}{h6}$	◤$\frac{G7}{h6}$	◤$\frac{H7}{h6}$	$\frac{JS7}{h6}$	◤$\frac{K7}{h6}$	$\frac{M7}{h6}$	◤$\frac{N7}{h6}$	◤$\frac{P7}{h6}$	$\frac{R7}{h6}$	◤$\frac{S7}{h6}$	$\frac{T7}{h6}$	◤$\frac{U7}{h6}$				
h7					$\frac{E8}{h7}$	◤$\frac{F8}{h7}$		◤$\frac{H8}{h7}$	$\frac{JS8}{h7}$	$\frac{K8}{h7}$	$\frac{M8}{h7}$	$\frac{N8}{h7}$									
h8				$\frac{D8}{h8}$	$\frac{E8}{h8}$	$\frac{F8}{h8}$		$\frac{H8}{h8}$													
h9				◤$\frac{D9}{h9}$	$\frac{E9}{h9}$	$\frac{F9}{h9}$		◤$\frac{H9}{h9}$													
h10				$\frac{D10}{h10}$				$\frac{H10}{h10}$													
h11	$\frac{A11}{h11}$	$\frac{B11}{h11}$	◤$\frac{C11}{h11}$	$\frac{D11}{h11}$				◤$\frac{H11}{h11}$													
h12		$\frac{B12}{h12}$						$\frac{H12}{h12}$													

注：标注◤的配合为优先配合。

表 14-150　极限间隙或极限过盈（摘自 GB/T 1801—2009）　（单位：μm）

基孔制		H6/f5	H6/g5	H6/h5	H7/f6	◤H7/g6	◤H7/h6	H8/e7	◤H8/f7	H8/g7	◤H8/h7	H8/d8	H8/e8	H8/f8	H8/h9	H9/c9	◤H9/d9
基轴制		F6/h5	G6/h5	H6/h5	F7/h6	◤G7/h6	◤H7/h6	E8/h7	◤F8/h7		◤H8/h7	D8/h8	E8/h8	F8/h8	H8/h8		◤D9/h9
公称尺寸/mm		间隙配合															
大于	至																
—	3	+16 +6	+12 +2	+10 0	+22 +6	+18 +2	+16 0	+38 +14	+30 +6	+26 +2	+24 0	+48 +20	+42 +14	+34 +6	+28 0	+110 +60	+70 +20
3	6	+23 +10	+17 +4	+13 0	+30 +10	+24 +4	+20 0	+50 +20	+40 +10	+34 +4	+30 0	+66 +30	+56 +20	+46 +10	+36 0	+130 +70	+90 +30
6	10	+28 +13	+20 +5	+15 0	+37 +13	+29 +5	+24 0	+62 +25	+50 +13	+42 +5	+37 0	+84 +40	+69 +25	+57 +13	+44 0	+152 +80	+112 +40
10	14	+35 +16	+25 +6	+19 0	+45 +16	+35 +6	+29 0	+77 +32	+61 +16	+51 +6	+45 0	+104 +50	+86 +32	+70 +16	+54 0	+181 +95	+136 +50
14	18																
18	24	+42 +20	+29 +7	+22 0	+54 +20	+41 +7	+34 0	+94 +40	+74 +20	+61 +7	+54 0	+131 +65	+106 +40	+86 +20	+65 0	+214 +110	+169 +65
24	30																
30	40	+52 +25	+36 +9	+27 0	+66 +25	+50 +9	+41 0	+114 +50	+89 +25	+73 +9	+64 0	+158 +80	+128 +50	+103 +25	+78 0	+244 +120	+204 +80
40	50															+254 +130	
50	65	+62 +30	+42 +10	+32 0	+79 +30	+59 +10	+49 0	+136 +60	+106 +30	+86 +10	+76 0	+192 +100	+152 +60	+122 +30	+92 0	+288 +140	+248 +100
65	80															+298 +150	
80	100	+73 +36	+49 +12	+37 0	+93 +36	+69 +12	+57 0	+161 +72	+125 +36	+101 +12	+89 0	+228 +120	+180 +72	+144 +36	+108 0	+344 +170	+294 +120
100	120															+354 +180	
120	140	+86 +43	+57 +14	+43 0	+108 +43	+79 +14	+65 0	+188 +85	+146 +43	+117 +14	+103 0	+271 +145	+211 +85	+169 +43	+126 0	+400 +200	+345 +145
140	160															+410 +210	
160	180															+430 +230	
180	200	+99 +50	+64 +15	+49 0	+125 +50	+90 +15	+75 0	+218 +100	+168 +50	+133 +15	+118 0	+314 +170	+244 +100	+194 +50	+144 0	+470 +240	+400 +170
200	225															+490 +260	
225	250															+510 +280	
250	280	+111 +56	+72 +17	+55 0	+140 +56	+101 +17	+84 0	+243 +110	+189 +56	+150 +17	+133 0	+352 +190	+272 +110	+218 +56	+162 0	+560 +300	+450 +190
280	315															+590 +330	
315	355	+123 +62	+79 +18	+61 0	+155 +62	+111 +18	+93 0	+271 +125	+208 +62	+164 +18	+146 0	+388 +210	+303 +125	+240 +62	+178 0	+640 +360	+490 +210
355	400															+680 +400	
400	450	+135 +68	+87 +20	+67 0	+171 +68	+123 +20	+103 0	+295 +135	+228 +68	+180 +20	+160 0	+424 +230	+329 +135	+262 +68	+194 0	+750 +440	+540 +230
450	500															+790 +480	

注：1. 表中“+”值为间隙量，“-”值为过盈量。

2. 标注◤的配合为优先配合。

（续）

基孔制		H9/e9	H9/f9	H9/h9	H10/c10	H10/d10	H10/h10	H11/a11	H11/b11	H11/c11	H11/d11	H11/h11	H12/b12	H12/h12	H6/js5	
基轴制		E9/h9	F9/h9	H9/h9		D10/h10	H10/h10	A11/h11	B11/h11	C11/h11	D11/h11	H11/h11	B12/h12	H12/h12		JS6/h5
公称尺寸/mm		间隙配合													过渡配合	
大于	至															
—	3	+64 +14	+56 +6	+50 0	+140 +60	+100 +20	+80 0	+390 +270	+260 +140	+180 +60	+140 +20	+120 0	+340 +140	+200 0	+8 −2	+7 −3
3	6	+80 +20	+70 +10	+60 0	+166 +70	+126 +30	+96 0	+420 +270	+290 +140	+220 +70	+180 +30	+150 0	+380 +140	+240 0	+10.5 −25	+9 −4
6	10	+97 +25	+85 +13	+72 0	+196 +80	+156 +40	+116 0	+460 +280	+330 +150	+260 +80	+220 +40	+180 0	+450 +150	+300 0	+12 −3	+10.5 −4.5
10	14	+118 +32	+102 +16	+86 0	+235 +95	+190 +50	+140 0	+510 +290	+370 +150	+315 +95	+270 +50	+220 0	+510 +150	+360 0	+15 −4	+13.5 −5.5
14	18															
18	24	+144 +40	+124 +20	+104 0	+278 +110	+233 +65	+168 0	+560 +300	+420 +160	+370 +110	+325 +65	+260 0	+580 +160	+420 0	+17.5 −4.5	+15.5 −6.5
24	30															
30	40	+174 +50	+149 +25	+124 0	+320 +120	+280 +80	+200 0	+630 +310	+490 +170	+440 +120	+400 +80	+320 0	+670 +170	+500 0	+21.5 −5.5	+19 −8
40	50				+330 +130			+640 +320	+500 +180	+450 +130			+680 +180			
50	65	+208 +60	+178 +30	+148 0	+380 +140	+340 +100	+240 0	+720 +340	+570 +190	+520 +140	+480 +100	+380 0	+790 +190	+600 0	+25.5 −6.5	+22.5 −9.5
65	80				+390 +150			+740 +360	+580 +200	+530 +150			+800 +200			
80	100	+246 +72	+210 +36	+174 0	+450 +170	+400 +120	+280 0	+820 +380	+660 +220	+610 +170	+560 +120	+440 0	+920 +220	+700 0	+29.5 −7.5	+26 −11
100	120				+460 +180			+850 +410	+680 +240	+620 +180			+940 +240			
120	140				+520 +200			+960 +460	+760 +260	+700 +200			+1060 +260			
140	160	+285 +85	+243 +43	+200 0	+530 +210	+465 +145	+320 0	+1020 +520	+780 +280	+710 +210	+645 +145	+500 0	+1080 +280	+800 0	+34 −9	+30.5 −12.5
160	180				+550 +230			+1080 +580	+810 +310	+730 +230			+1110 +310			
180	200				+610 +240			+1240 +660	+920 +340	+820 +240			+1260 +340			
200	225	+330 +100	+280 +50	+230 0	+630 +260	+540 +170	+370 0	+1320 +740	+960 +380	+840 +260	+750 +170	+580 0	+1300 +380	+920 0	+39 −10	+34.5 −14.5
225	250				+650 +280			+1400 +820	+1000 +420	+860 +280			+1340 +420			
250	280	+370 +110	+316 +56	+260 0	+720 +300	+610 +190	+420 0	+1560 +920	+1120 +480	+940 +300	+830 +190	+640 0	+1520 +480	+1040 0	+435 −11.5	+39 −16
280	315				+750 +330			+1690 +1050	+1180 +540	+970 +330			+1580 +540			
315	355	+405 +125	+342 +62	+280 0	+820 +360	+670 +210	+460 0	+1920 +1200	+1320 +600	+1080 +360	+930 +210	+720 0	+1740 +600	+1140 0	+48.5 −12.5	+43 −18
355	400				+860 +400			+2070 +1350	+1400 +680	+1120 +400			+1820 +680			
400	450	+445 +135	+378 +68	+310 0	+940 +440	+730 +230	+500 0	+2300 +1500	+1560 +760	+1240 +440	+1030 +230	+800 0	+2020 +760	+1260 0	+53.5 −13.5	+47 −20
450	500				+980 +480			+2450 +1650	+1640 +840	+1280 +480			+2100 +840			

（续）

基孔制		H6/k5		H6/m5		H7/js6		H7/k6		H7/m6		H7/n6		H8/js7		H8/k7	
基轴制			K6/h5		M6/h5		JS7/h6		K7/h6		M7/h6		N7/h6		JS8/h7		K8/h7
公称尺寸/mm		过渡配合															
大于	至																
—	3	+6 -4	+4 -6	+4 -6	+2 -8	+13 -3	+11 -5	+10 -6	+6 -10	±8	+4 -12	+6 -10	+2 -14	+19 -5	+17 -7	+14 -10	+10 -14
3	6	+7 -6		+4 -9		+16 -4	+14 -6	+11 -9		+8 -12		+4 -16		+24 -6	+21 -9	+17 -13	
6	10	+8 -7		+3 -12		+195 -4.5	+16 -7	+14 -10		+9 -15		+5 -19		+29 -7	+25 -11	+21 -16	
10	14	+10 -9		+4 +15		+235 -5.5	+20 -9	+17 -12		+11 -18		+6 -23		+36 -9	+31 -13	+26 -19	
14	18																
18	24	±11		+5 -17		+275 -6.5	+23 -10	+19 -15		+13 -21		+6 -28		+43 -10	+37 -16	+31 -23	
24	30																
30	40	+14 -13		+7 -20		+33 -8	+28 -12	+23 -18		+16 -25		+8 -33		+51 -12	+44 -19	+37 -27	
40	50																
50	65	+17 -15		+8 -24		+39.5 -9.5	+34 -15	+28 -21		+19 -30		+10 -39		+61 -15	+53 -23	+44 -32	
65	80																
80	100	+19 -18		+9 -28		+46 -11	+39 -17	+32 -25		+22 -35		+12 -45		+71 -17	+62 -27	+51 -38	
100	120																
120	140	+22 -21		+10 -33		+52.5 -12.5	+45 -20	+37 -28		+25 -40		+13 -52		+83 -20	+71 -31	+60 -43	
140	160																
160	180																
180	200	+25 -24		+12 -37		+60.5 -14.5	+52 -23	+42 -33		+29 -46		+15 -60		+95 -23	+82 -36	+68 -50	
200	225																
225	250																
250	280	+28 -27		+12 -43	+14 -41	+68 -16	+58 -26	+48 -36		+32 -52		+18 -66		+107 -26	+92 -40	+77 -56	
280	315																
315	355	+32 -29		+15 -46		+75 -18	+64 -28	+53 -40		+36 -57		+20 -73		+117 -28	+101 -44	+85 -61	
355	400																
400	450	+35 -32		+17 -50		+83 -20	+71 -31	+58 -45		+40 -63		+23 -80		+128 -31	+111 -48	+92 -68	
450	500																

（续）

基孔制		$\frac{H8}{m7}$		$\frac{H8}{n7}$		$\frac{H8}{p7}$	$\frac{H6}{n5}$		$\frac{H6}{p5}$		$\frac{H6}{r5}$		$\frac{H6}{s5}$		$\frac{H6}{t5}$	$\frac{H7}{p6}$	
基轴制			$\frac{M8}{h7}$		$\frac{N8}{h7}$			$\frac{N6}{h5}$		$\frac{P6}{h5}$		$\frac{R6}{h5}$		$\frac{S6}{h5}$	$\frac{T6}{h5}$		$\frac{P7}{h6}$
公称尺寸/mm		过渡配合					过 盈 配 合										
大于	至																
—	3	+12 −12	+8 −16	+10 −14	+6 −18	+8 −16	+2 −8	0 −10	0 −10	−2 −12	−4 −14	−6 −16	−8 −18	−10 −20	—	+4 −12	0 −16
3	6	+14 −16		+10 −20		+6 −24	0 −13		−4 −17		−7 −20		−11 −24		—	0 −20	
6	10	+16 −21		+12 −25		+7 −30	−1 −16		−6 −21		−10 −25		−14 −29		—	0 −24	
10	14	+20 −25		+15 −30		+9 −36	−1 −20		−7 −26		−12 −31		−17 −36		—	0 −29	
14	18																
18	24	+25 −29		+18 −36		+11 −43	−2 −24		−9 −31		−15 −37		−22 −44		—	−1 −35	
24	30														−28 −50		
30	40	+30 −34		+22 −42		+13 −51	−1 −28		−10 −37		−18 −45		−27 −54		−32 −59	−1 −42	
45	50														−38 −65		
50	65	+35 −41		+26 −50		+14 −62	−1 −33		−13 −45		−22 −54		−34 −66		−47 −79	−2 −51	
65	80										−24 −56		−40 −72		−56 −88		
80	100	+41 −48		+31 −58		+17 −72	−1 −38		−15 −52		−29 −66		−49 −86		−69 −106	−2 −59	
100	120										−32 −69		−57 −94		−82 −119		
120	140	+48 −55		+36 −67		+20 −83	−2 −45		−18 −61		−38 −81		−67 −110		−97 −140	−3 −68	
140	160										−40 −83		−75 −118		−109 −152		
160	180										−43 −86		−83 −126		−121 −164		
180	200	+55 −63		+41 −77		+22 −96	−2 −51		−21 −70		−48 −97		−93 −142		−137 −186	−4 −79	
200	225										−51 −100		−101 −150		−151 −200		
225	250										−55 −104		−111 −160		−167 −216		
250	280	+61 −72		+47 −86		+25 −108	−2 −57		−24 −79		−62 −117		−126 −181		−186 −241	−4 −88	
280	315										−66 −121		−138 −193		−208 −263		
315	355	+68 −78		+52 −94		+27 −119	−1 −62		−26 −87		−72 −133		−154 −215		−232 −293	−5 −98	
355	400										−78 −139		−172 −233		−258 −319		
400	450	+74 −86		+57 −103		−29 −131	0 −67		−28 −95		−86 −153		−192 −259		−290 −357	−5 −108	
450	500										−92 −159		−212 −279		−320 −387		

注：$\frac{H6}{n5}$、$\frac{H7}{p6}$在公称尺寸小于或等于3mm时，为过渡配合。

（续）

基孔制		H7/r6		H7/s6		H7/t6	H7/u6		H7/v6	H7/x6	H7/y6	H7/z6	H8/r7	H8/s7	H8/t7	H8/u7
基轴制			R7/h6		S7/h6	T7/h6		U7/h6								
公称尺寸/mm		过盈配合														
大于	至															
—	3	0 -16	-4 -20	-4 -20	-8 -24	—	-8 -24	-12 -28	—	-10 -26	—	-16 -32	+4 -20	0 -24	—	-4 -28
3	6	-3 -23		-7 -27		—	-11 -31		—	-16 -36	—	-23 -43	+3 -27	-1 -31	—	-5 -35
6	10	-4 -28		-8 -32		—	-13 -37		—	-19 -43	—	-27 -51	+3 -34	-1 -38	—	-6 -43
10	14	-5 -34		-10 -39		—	-15 -44		—	-22 -51	—	-32 -61	+4 -41	-1 -46	—	-6 -51
14	18								-21 -50	-27 -56	—	-42 -71				
18	24	-7 -41		-14 -48		—	-20 -54		-26 -60	-33 -67	-42 -76	-52 -86	+5 -49	-2 -56	—	-8 -62
24	30					-20 -54	-27 -61		-34 -68	-43 -77	-54 -88	-67 -101			-8 -62	-15 -69
30	40	-9 -50		-18 -59		-23 -64	-35 -76		-43 -84	-55 -96	-69 -110	-87 -128	+5 -59	-4 -68	-9 -73	-21 -85
40	50					-29 -70	-45 -86		-56 -97	-72 -113	-89 -130	-111 -152			-15 -79	-31 -95
50	65	-11 -60		-23 -72		-36 -85	-57 -106		-72 -121	-92 -141	-114 -163	-142 -191	+5 -71	-7 -83	-20 -96	-41 -117
65	80	-13 -62		-29 -78		-45 -94	-72 -121		-90 -139	-116 -165	-144 -193	-180 -229	+3 -73	-13 -89	-29 -105	-56 -132
80	100	-16 -73		-36 -93		-56 -113	-89 -146		-111 -168	-143 -200	-179 -236	-223 -280	+3 -86	-17 -106	-37 -126	-70 -159
100	120	-19 -76		-44 -101		-69 -126	-109 -166		-137 -194	-175 -232	-219 -276	-275 -332	0 -89	-25 -114	-50 -139	-90 -179
120	140	-23 -88		-52 -117		-82 -147	-130 -195		-162 -227	-208 -273	-260 -325	-325 -390	0 -103	-29 -132	-59 -162	-107 -210
140	160	-25 -90		-60 -125		-94 -159	-150 -215		-188 -253	-240 -305	-300 -365	-375 -440	-2 -105	-37 -140	-71 -174	-127 -230
160	180	-28 -93		-68 -133		-106 -171	-170 -235		-212 -277	-270 -335	-340 -405	-425 -490	-5 -108	-45 -148	-83 -186	-147 -250
180	200	-31 -106		-76 -151		-120 -195	-190 -265		-238 -313	-304 -379	-379 -454	-474 -549	-5 -123	-50 -168	-94 -212	-164 -282
200	225	-34 -109		-84 -159		-134 -209	-212 -287		-264 -339	-339 -414	-424 -499	-529 -604	-8 -126	-58 -176	-108 -226	-186 -304
225	250	-38 -113		-94 -169		-150 -225	-238 -313		-294 -369	-379 -454	-474 -549	-594 -669	-12 -130	-68 -186	-124 -242	-212 -330
250	280	-42 -126		-106 -190		-166 -250	-263 -347		-333 -417	-423 -507	-528 -612	-658 -742	-13 -146	-77 -210	-137 -270	-234 -367
280	315	-46 -130		-118 -202		-188 -272	-298 -382		-373 -457	-473 -557	-598 -682	-738 -822	-17 -150	-89 -222	-159 -292	-269 -402
315	355	-51 -144		-133 -226		-211 -304	-333 -426		-418 -511	-533 -626	-673 -766	-843 -936	-19 -165	-101 -247	-179 -325	-301 -447
355	400	-57 -150		-151 -244		-237 -330	-378 -471		-473 -566	-603 -696	-763 -856	-943 -1036	-25 -171	-119 -265	-205 -351	-346 -492
400	450	-63 -166		-169 -272		-267 -370	-427 -530		-532 -635	-677 -780	-857 -960	-1037 -1140	-29 -189	-135 -295	-233 -393	-393 -553
450	500	-69 -172		-189 -292		-297 -400	-477 -580		-597 -700	-757 -860	-937 -1040	-1187 -1290	-35 -195	-155 -315	-263 -423	-443 -603

注：$\frac{H8}{r7}$在小于或等于100mm时，为过渡配合。

3. 冲模零件的加工精度及相互配合

冲模零件的加工精度及相互配合见表14-151。

表14-151　冲压模具零件的加工精度及其相互配合

配合零件名称		精度及配合	
导柱与下模座	$\frac{H7}{r6}$	固定挡料销与凹模	$\frac{H7}{r6}$或$\frac{H7}{m6}$
导套与上模座	$\frac{H7}{r6}$	活动挡料销与卸料板	$\frac{H9}{h8}$，$\frac{H9}{h9}$
导柱与导套	$\frac{H6}{h5}$或$\frac{H7}{h6}$，$\frac{H7}{f7}$	圆柱销与凸模固定板、上下模座等	$\frac{H7}{n6}$
模柄（带法兰盘）与上模座	$\frac{H8}{h8}$，$\frac{H9}{h9}$	螺钉与螺杆孔	0.5或1mm（单边）
凸模与凸模固定板	$\frac{H7}{m6}$或$\frac{H7}{k6}$	卸料板与凸模或凸凹模	0.1～0.5mm（单边）
		顶件板与凹模	0.1～0.5mm（单边）
凸模（凹模）与上、下模座（镶入式）	$\frac{H7}{h6}$	推杆（打杆）与模柄	0.5～1mm（单边）
		推销（顶销）与凸模固定板	0.2～0.5mm（单边）

4. 固定板方孔、槽及模座窝座的制造偏差

固定板方孔、槽及模座窝座的制造偏差见表14-152。

表14-152　固定板方孔、槽及模座窝座的制造偏差　（单位：mm）

基本尺寸	尺寸偏差	基本尺寸	尺寸偏差
≤50	±0.10	>260～500	±0.18
>50～150	±0.10	>500	±0.20
>150～260	±0.15		

5. 模座上的导柱孔和导套孔直径偏差

模座上的导柱孔和导套孔直径偏差见表14-153。

6. 凸凹模、凹模和固定板的圆孔中心距偏差

凸凹模、凹模和固定板的圆孔中心距偏差见表14-154。

表14-153　模座上的导柱孔和导套孔直径偏差　（单位：mm）

基本尺寸	尺寸偏差
ϕ25～45	+0.025
ϕ50～145	+0.036

表14-154　凸凹模、凹模和固定板的圆孔中心距偏差　（单位：mm）

精度要求	精密	一般
中心距偏差	±0.01	±0.02

7. 模柄（含带柄上模座）的圆跳动公差

模柄（含带柄上模座）的圆跳动公差见表14-155。

表14-155　模柄圆跳动公差　（单位：mm）

基本尺寸	公差等级	基本尺寸	公差等级
	8		8
	公差值		公差值
>18～30	0.025	>50～120	0.040
>30～50	0.030	>120～250	0.050

注：1. 基本尺寸是指模柄（包括带柄上模座）零件图上标明的被测部分的最大尺寸。

2. 公差等级：按GB/T 1184—1996《形位公差未注公差的规定》。

第十五章　冲压工艺与模具设计实例

第一节　冲压工艺与模具设计内容及步骤

冲压工艺与模具设计是冲压生产前十分重要的技术准备工作，对于产品质量、劳动生产率、冲压件成本、减轻劳动强度和保证安全生产都有重要影响。工艺人员应与产品设计人员、模具制造工人和冲压生产工人紧密结合，从现有的生产条件出发，综合考虑各方面的因素，尽量采用国内外先进技术，有根据地选择和设计出技术上先进、经济上合理、使用上安全可靠的工艺方案和模具结构，以便使冲压件的生产在保证达到设计图样上所提出的各项技术要求的前提下，尽可能降低冲压件的生产成本和保证安全生产。

一、设计的原始资料

1）冲压件的图样及技术条件。

2）原材料的尺寸规格、力学性能和工艺性能。

3）生产的批量（大量、大批或小批）。

4）供选用的冲压设备的型号、规格、主要技术参数及使用说明书。

5）模具制造条件及技术水平。

6）各种技术标准（主要是冲压工艺标准和冲模标准）、设计手册等技术资料。

二、冲压工艺设计的主要内容及步骤

（一）冲压件的工艺性分析

根据产品图样分析冲压件的形状特点、尺寸大小、精度要求及所用材料是否符合冲压工艺要求。良好的冲压工艺性应保证材料消耗少、工序数目少、占用设备数量和台时少、模具结构简单、制造容易而寿命高、产品质量稳定、操作简单等。如果发现冲压件的工艺性很差，则应会同产品设计人员，在保证产品使用要求的前提下，对冲压件的形状、尺寸、精度要求乃至原材料的选用进行必要的合理的修改。

（二）必要的工艺计算

主要包括毛坯尺寸展开计算；排样、裁板方式选择及材料利用率计算；工序次数、半成品形状及尺寸计算；冲压力能计算等。

（三）分析比较和确定工艺方案

在冲压件工艺分析的基础上，以极限的变形参数、变形的趋向性分析及生产的批量为依据，提出各种可能的冲压工艺方案（包括工序性质、工序数目、工序顺序及组合方式），以产品质量、生产效率、设备占用情况、模具制造的难易程度和寿命高低、生产成本、操作方便与安全程度等方面，进行综合分析、比较，然后确定适合所给生产条件的最佳工艺方案。

三、冲模设计的主要内容及步骤

（一）选定冲模类型及结构形式

根据确定的工艺方案和冲压件的形状特点、精度要求、生产批量、模具加工条件、操作方便

与安全技术要求，以及利用现有通用机械化、自动化装置的可能等，选定冲模类型及结构形式。

（二）模具零部件设计

对模具零部件主要包括工作零件（凸模、凹模、凸凹模等）、定位零件、卸料及推件（或顶件）装置、导向装置及模架形式进行设计和选择。

（三）模具结构参数计算

计算或校核模具结构上的有关参数，主要包括工作零件（凸模、凹模等）的刃口尺寸、制造偏差、模具间隙及凸、凹模圆角半径；模具零件的强度与刚度；模具运动部件的运动参数；模具压力中心、模具闭合高度、模具与冲压设备之间的安装尺寸；弹性元件（弹簧或橡胶等）的选用和校核等。

（四）选择冲压设备

根据工厂现有设备情况，负荷率，工艺流程以及要完成的冲压工序性质，冲压加工所需的变形力、变形功及模具闭合高度和轮廓尺寸的大小等主要因素，进行合理选用冲压设备类型和吨位。

（五）绘制模具图

模具图由总装配图和非标准的零件图组成，它是冲压工艺与模具设计结果的最终体现，一套完整的模具图应该包括制造、装配和使用模具的完备信息。模具图的绘制应该符合国家制定的制图标准，同时考虑到模具行业的特殊要求与习惯。

总装配图主要反映整套模具各个零件之间的装配关系，它应包括主视图和俯视图及必要的剖面、剖视图，并注明主要结构尺寸，如闭合高度、轮廓尺寸等。习惯上俯视图由下模部分投影而得，同时在图样的右上角绘出工件图、排样图，右下方列出模具零件的明细表，写明技术要求等。零件图一般根据模具总装配图测绘，也应该有足够的投影和必要的剖面、剖视图以将零件结构表达完整、清楚。此外要标注出零件加工所需的所有结构尺寸、公差；形位公差；表面粗糙度；热处理及其他技术要求。

在进行工艺与模具设计过程中，以上步骤在许多场合需要交叉反复进行，如工艺方案是否切实可行，往往与模具强度有关。模具结构和形式的选定，又与使用的冲压设备类型和技术参数有关。如方案在中途被否定后，又要另选新的方案，则需再次进行必要的计算。

四、编写工艺文件及设计计算说明书

把冲压工艺过程按一定格式用文件的形式固定下来，便成为工艺规程。它是一切有关的生产人员都应严格执行的纪律性文件。为了稳定生产秩序，保证产品质量，指导车间的生产工作，需根据不同生产方式编写不同详细程度的工艺规程。

在大量和大批生产中，一般需编制每一个工件的工艺过程卡片、每一工序的工序卡片和材料的排样卡片。

成批生产中，需编制工件的工艺过程卡片。

小批生产中，只填写工艺路线明细表。

对一些重要冲压件的工艺制定和模具设计，在设计的最后阶段应编写设计计算说明书，以供日后查阅。设计计算说明书应包括下列主要内容：

1）冲压件的工艺性分析。

2）毛坯尺寸展开计算。

3）排样及裁板方式的经济性分析。

4）工序次数的确定，半成品过渡形状及尺寸计算。

5）工艺方案的技术、经济综合分析比较。

6）选定模具结构形式的合理性分析。

7）模具主要零件结构形式、材料选择、公差配合、技术要求的说明。

8）凸、凹模工作部分尺寸与公差的计算。

9）模具主要零件的强度计算、压力中心的确定、弹性元件的选用和核算等。

10）选择冲压设备类型及规格。

11）其他需要说明的内容。

下面列举实例介绍冲压件工艺和模具设计的主要内容及计算步骤。

第二节　冲压工艺与模具设计实例

一、微型电机转子冲片的工艺与模具设计

试制定微型电机转子冲片（图 15-1）的工艺方案，并设计模具。零件材料为坡莫合金，厚度为 0.2mm，属大量生产。

（一）分析零件的冲压工艺性

微型电机转子冲片是典型的冲裁件，其特点是工件尺寸小，尺寸精度高，材料强度高，材料薄。经分析可知：除外圆尺寸 $\phi6_{-0.1}^{0}$ mm 属普通冲裁精度外，其余尺寸均为较高冲裁精度（见表 2-22），需要采用 IT7 级以上的冲裁模，才能满足零件的精度要求。

转子槽形中 $\phi7.2 \pm 0.02$mm、$\phi8.3 \pm 0.02$mm 与 $\phi12.92 \pm 0.02$mm 三个同心圆，相当于槽形孔中心距，由表 2-23 可知，属高级冲孔精度。要满足高精度的孔中心距，需要采用槽形孔一次同时冲出的高精度冲模。

零件上 $\phi7.2 \pm 0.02$mm、$\phi12.92 \pm 0.02$mm 及 $\phi16.1_{-0.1}^{0}$ mm 对 $\phi3.2_{0}^{+0.018}$ mm 轴孔的同轴度分别为 0.01mm 与 0.02mm，可视为孔对外缘轮廓的偏移公差，对照表 2-24 可知，只有采用高级精度的复合模才能满足。

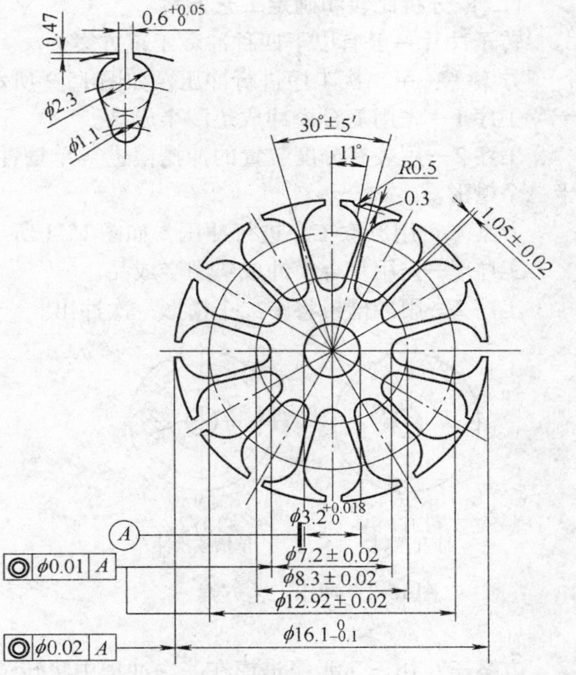

图 15-1　微型电机转子冲片

材料：Ni50 坡莫合金　厚度：0.2mm

十二个椭圆形槽沿圆周均匀分布，槽的分度精度要求很高，为 ±5′。

由于该产品对性能要求较高，所以对冲片的轧制方向有严格的要求。在外圆上有 R 为 0.5mm 的缺口标记，以便控制轧制方向。

零件外形共有十二个缺口，缺口与外圆 $\phi16.1$mm 的连接处宽度较小，仅有 0.47mm，应注意校核模壁强度是否足够。

转子冲片的材料用坡莫合金 Ni50，其化学成分为 $w_{Ni}=50\%$，$w_{Fe}=50\%$。坡莫合金属软磁合金，强度较高，其力学性能见表 15-1，从表中数据可知，坡莫合金的机械强度既高于奥氏体不锈钢，也高于硅钢片，它的强度是低碳钢 08 的 2～3 倍。

表 15-1 坡莫合金 Ni50 的力学性能

材料 / 力学性能	坡莫合金 Ni50	不锈钢 1Cr18Ni9Ti	硅钢片 D41	低碳钢 08
抗拉强度 σ_b/MPa	588～736	490	490	255～324
抗剪强度 τ/MPa	511～628	451	422	216～275
延伸率(%)	30～35	40	—	44

综上分析，转子冲片冲裁工艺与模具设计中需要着重解决好以下几个问题：

1）工艺方案和模具结构应保证能达到冲件所要求的高精度。

2）冲模结构应能冲出冲件的复杂外形。

3）冲裁模的制造精度和导向精度应适应冲件厚度薄（$t=0.2$mm），模具间隙极小（单面间隙为 0.01mm）的特点。

4）冲裁模的强度和耐磨性应适应冲压材料强度高的特点。

（二）分析比较和确定工艺方案

转子冲片一般有以下四种冲裁工艺方案：

方案一：用二次工序进行冲压，如图 15-2 所示。

工序 1—先用复合模冲成垫圈半成品。

工序 2—用装有分度装置的冲槽模进行单槽冲压，每冲好一槽就将工件转过 30°，依次冲出十二个槽形。

方案二：用二次工序进行冲压，如图 15-3 所示。

工序 1—先用复合模冲成垫圈半成品。

工序 2—用冲槽模将十二个槽形一次冲出。

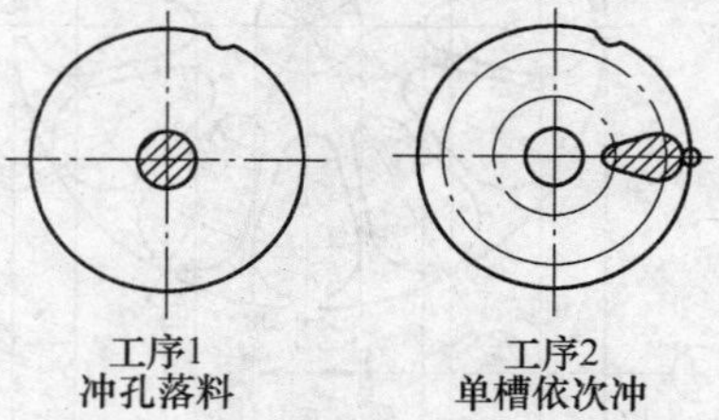

图 15-2 冲压工艺方案一

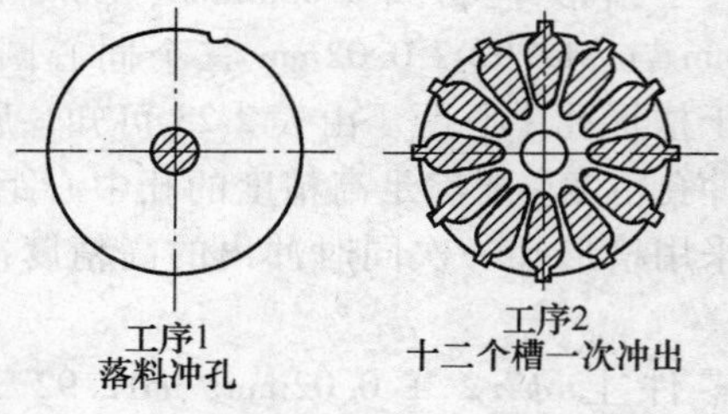

图 15-3 冲压工艺方案二

方案三：用三工步级进模在一次冲程中将转子冲片冲出，如图 15-4 所示。

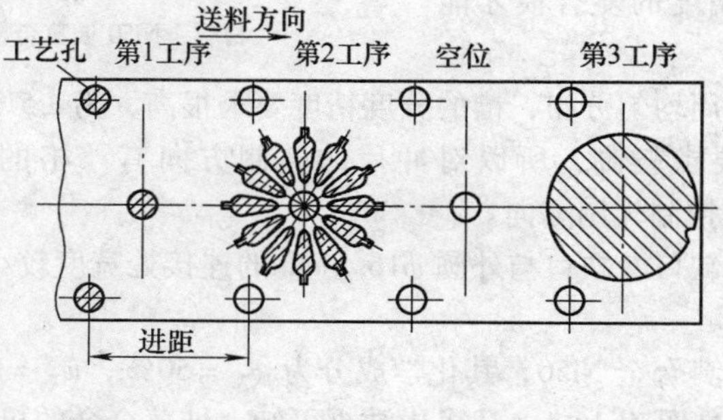

图 15-4 冲压工艺方案三

第一工步冲出 $\phi3.2^{+0.018}_{0}$mm 轴孔和二个工艺孔，第二工步冲出全部槽形，第三工步外形落料。压力机一次行程生产一个完整的转子冲片零件。

方案四：在复合模中将轴孔、槽形及外形一次冲出。

现分析比较各个方案的优缺点：

第一方案的特点是化整为零，将原先很复杂的工件形状分解成内孔、一个槽形和外圆三个形状较简单的单元，从而简化了模具刃口形状，使模具制造简便。另外，各次工序所需的冲压力小了，可以解决冲压设备吨位不够的问题。

这个方案的缺点是需要二次冲压工序，且第二次工序又是单槽冲出，生产效率较低；在冲槽过程中要进行多次分度定位，操作不便（若有自动分度机构，则此缺点可以避免）；由于多次分度定位，转子冲片槽形的同轴度与分度误差都较难达到高的精度。

多工序冲裁时，生产效率低，累积误差大，与本零件生产批量大和尺寸精度要求高之间有矛盾，后者是矛盾的主要方面，起支配地位。同时，要考虑到冲压工人的人身安全，对于 $\phi16.1$mm 这样的小零件，在第二次工序中的送出料是不够安全的。

第一方案在以下几种情况下可以采用：

1）小批试制时，或产量不大而复合模制造存在一定困难时。

2）同轴度与槽形分度要求不很严格时。

3）冲压大型转子冲片，因压力机吨位不够或压力机工作台面不足以安装一次冲出零件的大冲模时。

以上是在一般条件下的分析，但如果生产任务紧迫，生产批量不大，而加工复合模周期长，这时，简化模具结构，采用单槽冲压就变得合理了。但为了保证零件较高的精度要求，必须设法提高分度机构的精度，采用经选配补偿的滚柱轴承的分度盘和外圆定位结构，单槽冲模可达5′的分度精度。

第二方案与第一方案基本相同。差异之处在于第二方案可一次冲出十二个槽形，故槽的分度误差较第一方案小，能够满足槽形分度精度要求。但此方案在冲槽时，仍以内孔定位，同轴度要求（0.01～0.02）mm 仍较难保证。该方案在第二工序冲槽时，由于零件很小，操作是不安全的。这一方案对于中型电机转子冲片在中批生产时有成功的使用经验。

第三方案由于工件与槽孔废料都可由压力机台下排出，操作方便安全，生产效率高。同时级进模上如果没有弹性（弹簧和橡皮）卸料装置，就能在高速冲床上进行连续冲压（而复合模是有困难的）。

该方案的主要缺点是冲出转子冲片的精度不及复合模高，虽然在带料两侧预先冲出工艺孔用导正销定位，但冲出零件的同轴度仍不如复合模。此外，为了冲工艺孔，加宽了带料宽度，使材料的经济利用不够理想。再者，级进模的加工比起复合模要困难一些，为了保证工件向下漏料畅通，各槽孔凹模要有30′的斜度，而用线切割方法加工有斜度的凹模洞口有一定困难。

第四方案由于将各工序复合在一起一次冲成，能保证较高的生产率，而且操作比较安全。再者，复合模冲裁时，零件精度主要决定于模具制造精度，当采用高级精度（IT7 级以上）复合模冲压本零件时，可以保证零件所要求的各项精度指标。此外，由于复合模进行冲裁时，弹性卸料板先将毛坯压紧，再进行冲压，因此剪切断面质量较高，工件平整。

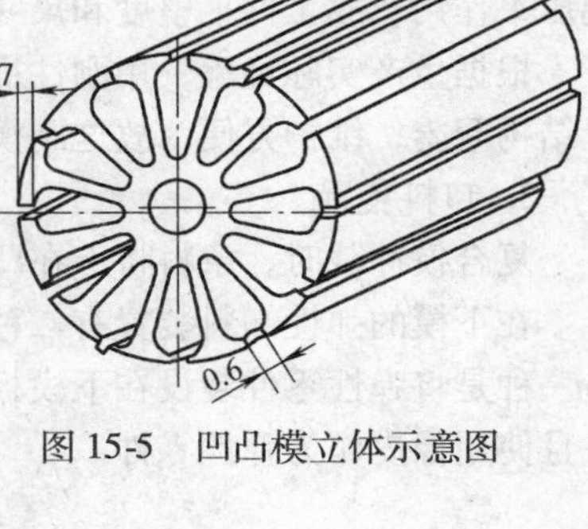

图 15-5　凹凸模立体示意图

现在的问题是采用该方案后，凹凸模刃口 0.47mm 处（图 15-5）模壁是否过小而强度不够，根据表 15-2 凹凸模

最小壁厚 a 的参考数值，被冲材料（Ni50）的抗拉强度是 588 ~ 736MPa，按 $l=2t$ 情况，最小壁厚应为 $2t=2\times0.2\text{mm}=0.4\text{mm}$，实际壁厚达 0.47mm，故是安全的。考虑到复合模的刃口形状复杂，而且壁厚较薄，凹凸模应当用 Cr12 高碳高铬钢制成。应当指出，如果凹凸模内积存有废料，则对凹凸模的胀开力就会增大，而容易胀裂刃口。因此，在较小壁厚的情况下，为安全起见，应避免凹凸模内积存废料。

表 15-2　凹凸模最小壁厚 a 的参考数值

零件情况		被冲裁材料的抗拉强度 σ_b/MPa			
		981	588	294	98
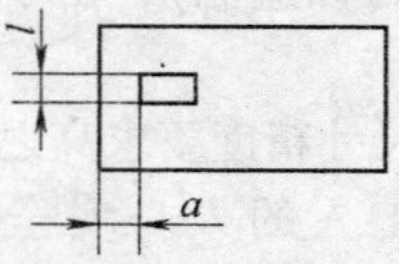	$l=t$	1.5t	t	0.8t	0.6t
	$l=2t$	2t	1.5t	t	t
	$l=5t$	2.5t	2t	1.5t	t

以上四个方案分析比较结果表明，本零件采用第四方案最为适宜。

（三）模具结构形式的选择

确定冲压工艺方案以后，应通过分析比较，选择合理的模具结构形式，使它尽可能满足以下要求：

1）能冲出符合技术要求的工件。

2）能提高生产率。

3）模具制造和修磨方便。

4）模具有足够的寿命。

5）模具易于安装调整，且操作方便、安全。

1. 模具结构形式

在确定采用复合模后，便要考虑采用正装式还是倒装式复合模。大多数情况优先采用倒装式复合模，这是因为倒装式复合模的冲孔废料可以通过凹凸模，从压力机工作台孔中漏出。工件由上面的凹模带上后，由推件装置推出，再由压力机上附加的接件装置接走。条料由下模的卸料装置脱出。这样操作方便而且安全，能保证较高的生产率。而正装式复合模，冲孔废料由上模带上，再由推料装置推出，工件则由下模的顶件装置向上顶出，条料由上模卸料装置脱出，三者混杂在一起，如果万一来不及排除废料或工件而进行下一次冲压，就容易崩裂模具刃口。因此，这副转子冲片复合模采用倒装结构。

2. 推件装置

在倒装式复合模中，冲裁后工件嵌在上模部分的落料凹模内，需由刚性或弹性推件装置推出。刚性推件装置推件可靠，可以将工件稳当地推出凹模。但在冲裁时，刚性推件装置对工件不起压平作用，故工件平整度和尺寸精度比用弹性推件装置时要低些。

根据生产实际经验，用刚性推件装置已能保证转子冲片所有尺寸精度，又考虑到刚性推件装置结构紧凑，维护方便，故这副模具采用刚性推件装置。

3. 卸料装置

复合模冲裁时，条料将卡在凹凸模外缘，因此需要在下模装卸料装置。

在下模的弹性卸料装置有二种形式：一种是将弹性零件装设在卸料板与凹凸模固定板之间；另一种是将弹性零件装设在下模板下面。由于转子冲片的条料卸料力不大，故采用前一种结构，并且使用橡皮作为弹性零件。

4. 导向装置

由于工件精度要求高，而且材料薄，模具间隙小，故采用四导柱式高精度模架。

另外在下模座和卸料板之间安装三根小导柱，使卸料板能起导板作用（对于凹凸模起护套保护作用）。卸料板上装有导套，以保证卸料板不致被卡死。

综上所述，如图 15-6 所示的这副微电机转子冲片复合冲裁模的结构要点如下：

1）采用倒装式复合模，凹凸模 11 装在下模，冲孔凸模 4 和落料凹模 6 装在上模。这样可以使冲孔废料向下出料，有利于安全操作，有利于保护模具刃口。

2）上模采用刚性推件装置，当上模向上回程时，压力机的横闩使打杆 1 通过推销 19 使推件板 8 将冲好的转子冲片由凹模 6 内推出。

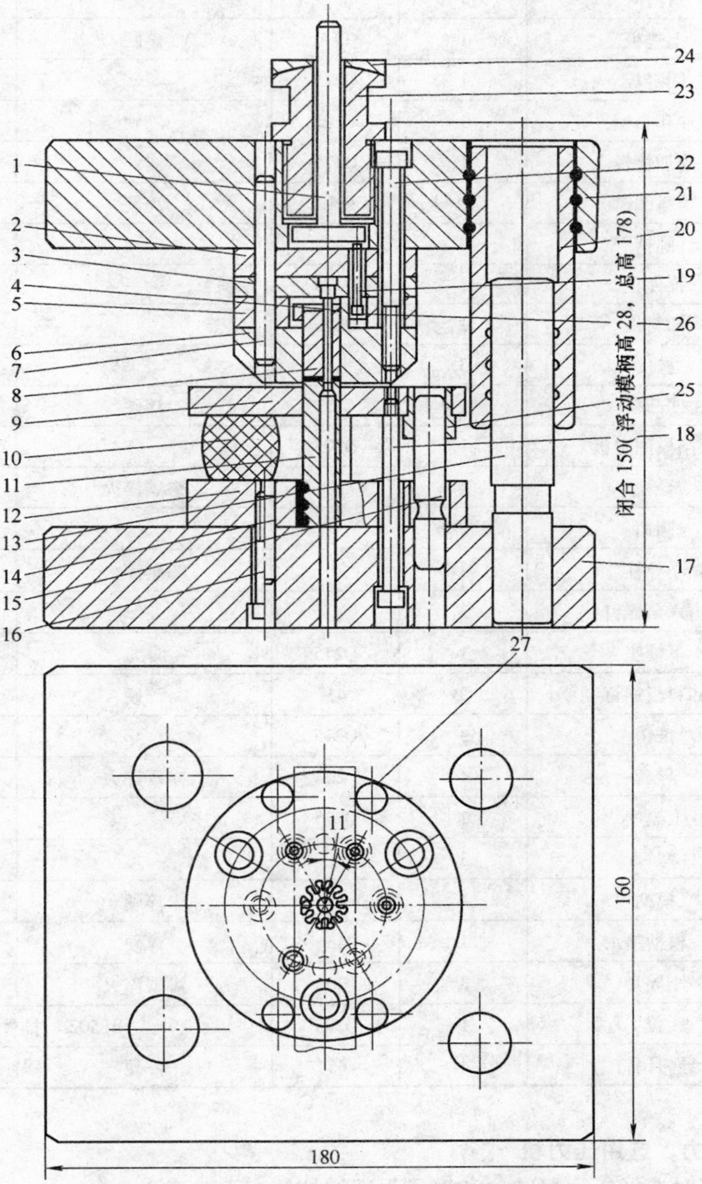

图 15-6　转子冲片复合冲裁模

3）下模采用弹性卸料装置。橡皮的压力通过卸料板9使废料从凹凸模上脱出。并采用三根小导柱15，保证卸料板的运动精度。

4）在装配上采用环氧树脂浇合导套20和上模座21，保证了导柱和导套的装配精度。并用环氧树脂浇合凹凸模11和固定板12，保证了上下模间的间隙均匀，又使装配方便（用低熔点合金浇注也可达到同样效果）。

5）采用四导柱模架导向，并采用浮动式模柄，避免了压力机精度不足对冲压的影响。

转子冲片复合冲裁模的零件表列于表15-3。

表15-3 转子冲片复合冲裁模零件表

序号	零件名称	件数	材料	热处理	备注
1	打杆	1			
2	上垫板	1	T7A	淬硬	54~58HRC
3	固定板	1	Q275		
4	冲孔凸模	1	Cr12	淬硬	60~64HRC
5	附加垫板	1	Q275		
6	落料凹模	1	Cr12	淬硬	60~63HRC
7	圆销	2			ϕ6mm×60mm
8	推件板	1	Q275		
9	卸料板	1	Q275		
10	橡皮	3			
11	凹凸模	1	Cr12	淬硬	60~63HRC
12	凹凸模固定板	1	Q275		
13	导柱	4	20	渗碳淬火	60~62HRC
14	圆销	2			ϕ6mm×40mm
15	小导柱	3	20	渗碳淬火	60~62HRC
16	内六角螺钉	3			M6×40
17	下模座	1	Q275		
18	卸料板螺钉	3	45	淬硬	40~45HRC
19	推销	3	Q275		ϕ3mm×27mm
20	导套	4	20	渗碳淬火	57~60HRC
21	上模座	1	Q275		
22	螺钉	3			M6×60
23	模柄	1	45	淬硬	43~48HRC
24	模柄垫	1	45	淬硬	43~48HRC
25	小导套	3	20	渗碳淬火	57~60HRC
26	盖	1	Q275	用502与推件板胶合	
27	导料销钉	4	45	淬硬	40~45HRC

（四）计算压力、选用压力机

冲裁力的计算对选择压力机吨位和模具强度校核等有重要意义。

根据冲裁力的计算公式（2-3）

$$F_{冲}=1.3Lt\tau_b=1.3\times182\times0.2\times588\text{N}=27824\text{N}$$

式中　L——冲裁总周长（mm）；

L_1——十二个椭圆槽周长为126mm；

L_2——落料外形周长为43mm；

L_3——内孔周长为13mm。

$$L=L_1+L_2+L_3=(126+43+13)\text{mm}=182\text{mm}$$

τ_b——抗剪强度，按表15-1取为588MPa；

t——材料厚度为0.2mm。

卸料力的计算按式（2-5）

$$F_{卸}=K_{卸}\ F_{落料}=0.05\times25837\text{N}=1292\text{N}$$

式中　$K_{卸}=0.05$，由表2-9查得。

$$F_{落料}=1.3\times169\times0.2\times588\text{N}=25837\text{N}$$

拟选用自由高度为30mm，总面积为750mm²（共三块）的矩形块橡皮，当预压量为35%时，单位压力$p=2.1$MPa（由表14-143查得）

$$F=Ap=750\times2.1\text{N}=1575\text{N}$$

比所需的卸料力稍大些，故橡皮选用合适。

推件力的计算按式（2-6）

$$F_{推}=K_{推}\ F_{冲}=0.063\times27824\text{N}=1753\text{N}\ （由刚性推件装置产生）$$

式中　$K_{推}=0.063$，由表2-9查得：

顶件力的计算

$$F_{顶}=K_{顶}\ F_{冲孔}n=0.08\times1987\times\frac{4}{0.2}\text{N}=3179\text{N}\ （冲孔凹模直筒部分高度为4mm）$$

$$F_{总}=F_{冲}+F_{卸}+F_{顶}=(27824+1292+3179)\text{mm}=32295\text{N}$$

拟选用J23-6.3、公称压力63kN压力机

查压力机参数表（12-6）可知63kN压力机：

最大闭合高度$h_{max}=150$mm

最小闭合高度$h_{min}=120$mm

应使模具闭合高度$h_{模}$符合

$$h_{max}-5\geqslant h_{模}\geqslant h_{min}+10$$

现在结构设计需要模具闭合高度150mm，再加上浮动模柄高28mm，所以模具总闭合高度为178mm，已超出63kN压力机的最大闭合高度。故改选J23-10、公称压力100kN压力机，其最大闭合高度180mm，最小闭合高度135mm，完全符合要求。

压力机的工作台面尺寸，台面孔尺寸和模柄孔尺寸，也必须与模具的有关尺寸相适应。

此转子冲片是轴对称零件，其压力中心就是转子冲片的对称中心。凹模中心、下模座中心和浮动模柄中心应在一条直线上。

（五）模具工作部分尺寸及公差

刃口工作部分尺寸计算是模具设计过程中的关键。

对于复合模来说，工作部分包括凹凸模、凸模和凹模三个零件。现在这副模具的凹凸模用电火花线切割一次割出，所以要将凹凸模的刃口尺寸全部算出，其外形按冲孔凸模计算，内孔按落料凹模计算。凸模按凹凸模内孔配磨，也需标出刃口尺寸。凹模也用线切割加工，无论是光电跟踪还是程序控制的线切割，在制作光电跟踪图或者计算输入方程时，均需以凹模刃口工作部分尺寸作为依据，因此凹模刃口尺寸也需计算，若凹模用凹凸模作电极，以电火花穿孔方法制造时，

就无需计算了。

这副转子冲片模具由于冲薄材料，$C_{max}=0.02$mm，$C_{min}=0.01$mm，间隙太小，用一般电火花穿孔工艺无法加工。用线切割的加工工艺需将凹模和凸模二次割出。只有在较大间隙（0.1mm以上时），凹模和凸模才有可能用一块材料一次割出（即一坯两用）。所以说，在计算刃口工作部分尺寸以前，应该首先确定凹凸模的加工工艺。

1. 落料凹模工作部分尺寸与公差

用虚线表示磨损后凹模尺寸的变化情况，由图 15-7 可知，模具磨损后尺寸变大的有：

1.05 ± 0.02mm　（IT10 级）

$\phi 7.2 \pm 0.02$mm　（IT8 ~ IT9 级）

$\phi 16.1_{-0.1}^{\ 0}$mm　（IT10 级）

尺寸变小的有：

$\phi 8.3 \pm 0.02$mm　（IT8 ~ IT9 级）

$\phi 12.92 \pm 0.02$mm　（IT8 ~ IT9 级）

落料尺寸变大情况使用公式

$$A_{凹}=(A-x\Delta)_{\ 0}^{+\delta_{凹}}（表 2\text{-}33）$$

$x=1$（冲件精度为 IT10 级以上时）

$x=0.75$ 或 0.8mm（冲件精度为 IT11 ~ IT13 级时）

$\delta_{凹}$ 按 IT7 级选取。

故得：$1.03_{\ 0}^{+0.01}$mm，$\phi 7.18_{\ 0}^{+0.016}$mm，$\phi 16_{\ 0}^{+0.019}$mm

落料尺寸变小情况使用公式

$$B_{凹}=(B+x\Delta)_{-\delta_{凹}}^{\ 0}（表 2\text{-}33）$$

故得：$0.65_{-0.007}^{\ 0}$mm

落料尺寸不变情况使用公式

$$C_{凹}=C \pm \delta_{凹}（表 2\text{-}33）$$

故得：$\phi 8.3 \pm 0.008$mm，$\phi 12.92 \pm 0.01$mm

将以上尺寸标注到落料凹模零件图上，如图 15-8 所示。

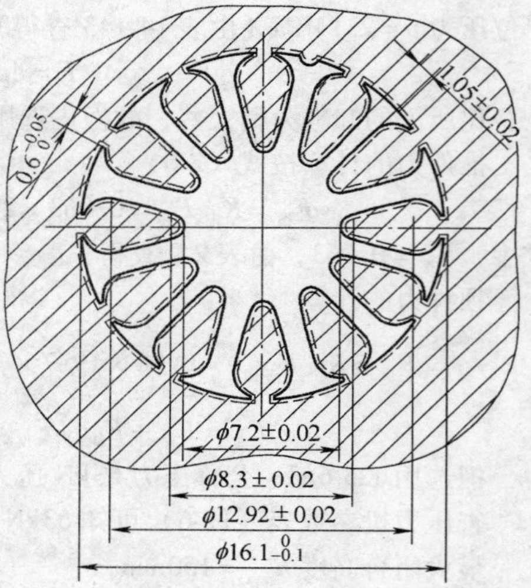

图 15-7　转子冲片落料凹模刃口

2. 凹凸模工作部分尺寸与公差

凹凸模尺寸计算，其外形是落料凸模，而内孔是冲孔凹模。

落料尺寸变大情况使用公式

$$A_{凸}=(A-x\Delta-2C_{min})_{-\delta_{凸}}^{\ 0}（表 2\text{-}33）$$

$C_{min}=0.01$

故得：$1.01_{-0.006}^{\ 0}$mm，$\phi 7.16_{-0.019}^{\ 0}$mm，$\phi 15.98_{-0.012}^{\ 0}$mm

落料尺寸变小情况使用公式

$$B_{凸}=(B+x\Delta+2C_{min})_{\ 0}^{+\delta_{凸}}（表 2\text{-}33）$$

故得：$0.67_{\ 0}^{+0.007}$mm

落料尺寸不变情况使用公式

$$C_{凸}=C \pm \delta_{凸}（表 2\text{-}33）$$

故得：$\phi 8.3 \pm 0.008$mm，$\phi 12.92 \pm 0.01$mm

而内孔 $\phi 3.2_{\ 0}^{+0.018}$mm（IT8 级）的凹模工作部分尺寸计算应使用公式

$$d_{凹}=(d+x\Delta+2C_{min})_{\ 0}^{+\delta_{凹}}（表 2\text{-}32）$$

故得：$\phi 3.238^{+0.013}_{0}$mm

将以上尺寸标注到凹凸模零件图上，如图 15-9 所示。

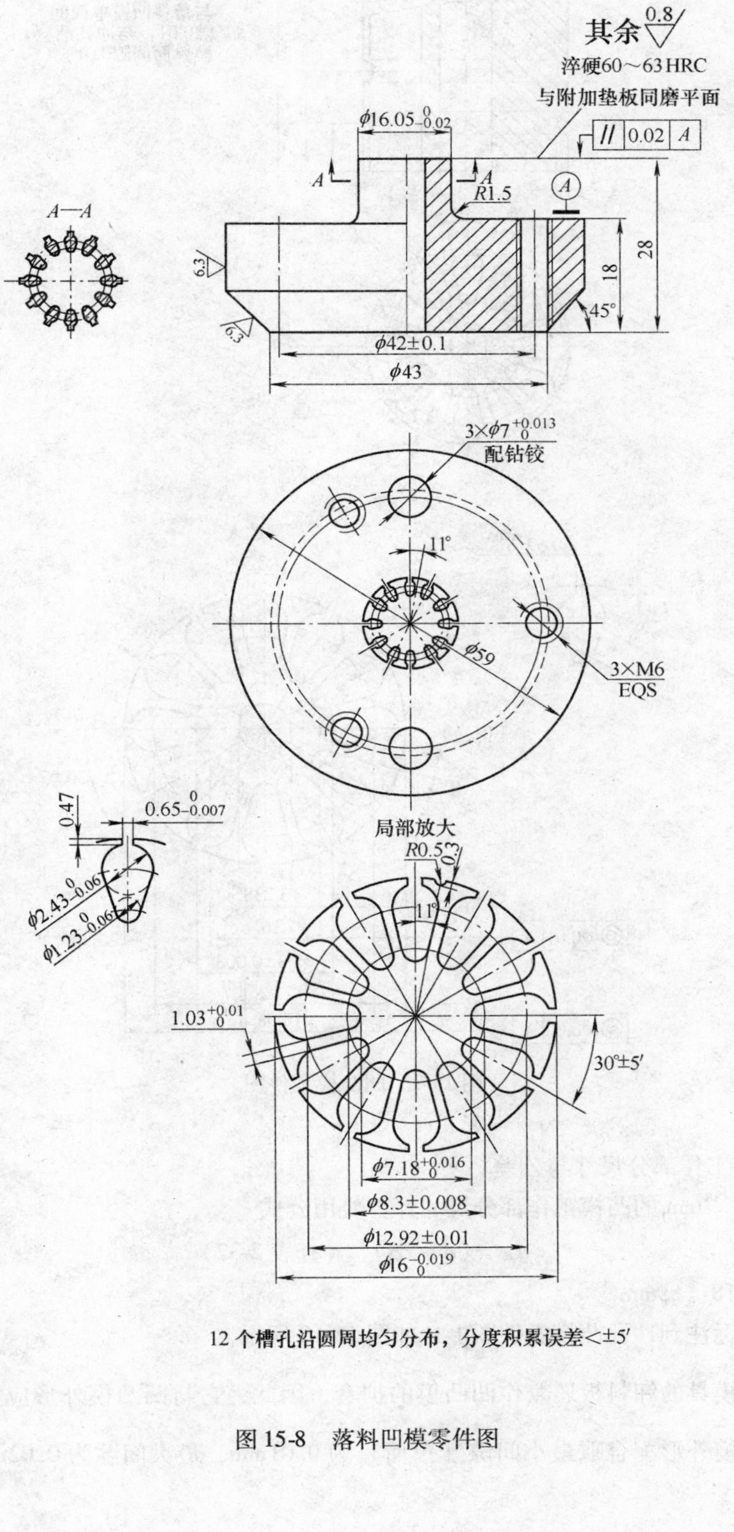

图 15-8　落料凹模零件图

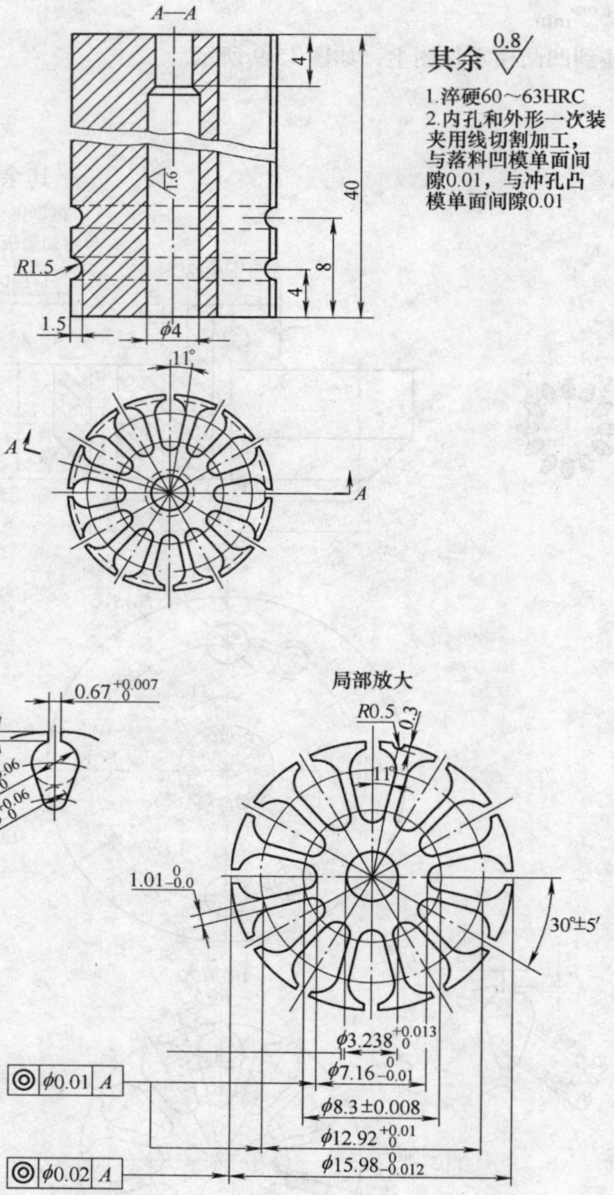

图 15-9　凹凸模零件图

3. 冲孔凸模工作部分尺寸与公差

内孔 $\phi3.2^{+0.018}_{0}$mm 的凸模工作部分尺寸计算使用公式

$$d_{凸}=(d+x\Delta)^{0}_{-\delta_{凸}}\text{（查表 2-32）}$$

故得：$\phi3.218^{0}_{-0.008}$mm

将以上尺寸标注到冲孔凸模零件图上，如图 15-10 所示。

另外，这副模具的卸料板还兼作凹凸模的护套，因此，它与凹凸模外形应该采用$\frac{H7}{h6}$的间隙配合，若与凹凸模外形配合取最小间隙（单面）为 0.01mm，最大间隙为 0.02mm，便与落料凹模尺寸一致，就可以与凹模一起割出，或者同一输入方程二次割出。有时要求间隙大于凹凸模之间的间隙时，可以用换置较粗钼丝的方法，用同凹模一样输入方程来割出卸料板，在卸料板零件图上只要注明间隙要求就可以了。

二、侧盖前支承的工艺与模具设计

试制订摩托车侧盖前支撑（图 15-11）的冲压工艺方案，并确定模具结构形式。该零件材料为 Q215 钢，厚度 1.5mm，年生产量 5 万件。

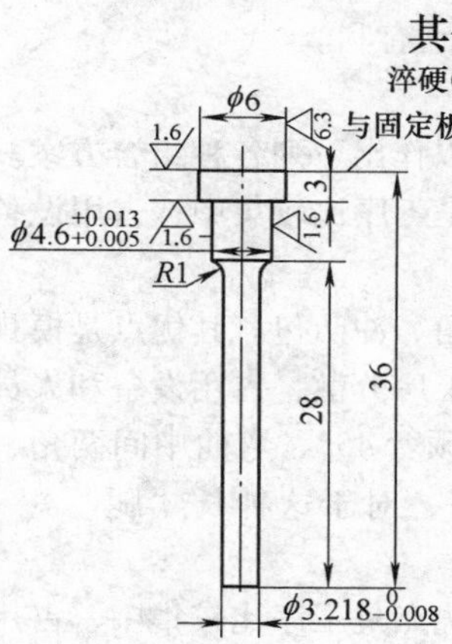

图 15-10　冲孔凸模零件图

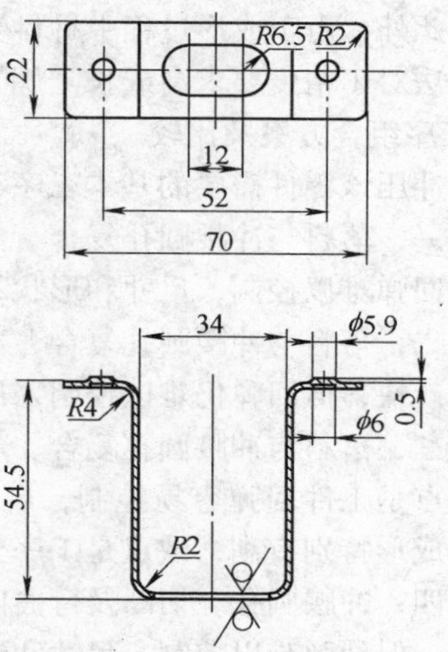

图 15-11　侧盖前支撑零件图

（一）分析零件的冲压工艺性

摩托车侧盖前支撑零件是以 2 个 ϕ5.9mm 的凸包定位且焊接组合在车架的电气元件支架上，腰圆孔用于侧盖的装配，故腰圆孔位置是该零件要保证的重点。另外，该零件属隐蔽件，被侧盖完全遮蔽，外观上要求不高，只需平整。

该零件端部四角原为尖角，若采用落料工艺，则工艺性较差，根据该零件的装配使用情况，为了改善落料的工艺性，宜将四角修改为圆角，取圆角半径为 2mm。此外零件的“腿”较长，若能有效地利用过弯和校正弯曲来控制回弹，则可以得到形状和尺寸比较准确的零件。

腰圆孔边至弯曲半径 R 中心的距离为 2.5mm，大于材料厚度（1.5mm），使腰圆孔位于弯曲变形区之外，弯曲时不会引起孔变形，故该孔可在弯形前冲出。

（二）分析比较和确定工艺方案

首先根据零件形状确定冲压工序类型和选择工序顺序。冲压该零件需要的基本工序有剪切（或落料）、冲腰圆孔、一次弯曲、二次弯曲和冲凸包。其中弯曲决定了零件的总体形状的尺寸，因此选择合理的弯曲方法十分重要。

1. 弯曲变形的方法及比较

该零件弯曲变形的方法可采用如图 15-12 所示中的任何一种。

第一种方法（图 15-12a）为一次成形，其优点是用一副模具成形，可以提高生产率，减少所需设备和操作人员。缺点是毛坯的整个面积几乎都参与激烈的变形，零件表面擦伤严重，且擦伤面积大，

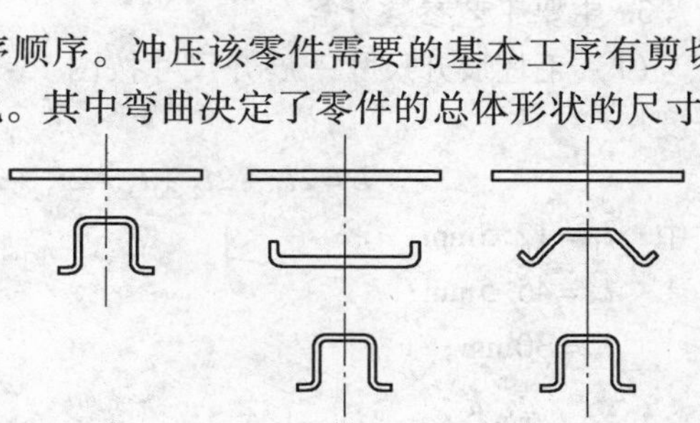

图 15-12　弯曲成形方法
a）一副模具成形　b）、c）两副模具成形

零件的形状与尺寸不精确，弯曲处变薄严重，这些缺陷将随零件“腿”长的增加和“脚”长的减小而愈加明显。

第二种方法（图 15-12b）是先用一副模具弯曲端部两角，然后在另一副模具上弯曲中间两角。这显然比第一种方法弯曲变形的激烈程度缓和得多，但回弹现象仍难以控制，且增加了模具、设备和操作人员。

第三种方法（图 15-12c）是先在一副模具上弯曲端部两角并使中间两角预弯 45°，然后在另一副模具上弯曲成形，这样由于能够实现过弯曲和校正弯曲来控制回弹，故零件的形状和尺寸精确度高。此外，由于成形过程中材料受凸、凹模圆角的阻力较小，零件的表面质量较好。这种弯曲变形方法对于精度要求高或长“腿”短“脚”弯曲件的成形特别有利。

2. 工序组合方案及比较

根据冲压该零件需要的基本工序和弯曲成形的不同方法，可以作出下列各种组合方案。

方案一，落料与冲腰圆孔复合、弯曲四角、冲凸包。其优点是工序比较集中，占用设备和人员少，但回弹难以控制，尺寸和形状不精确，表面擦伤严重。

方案二，落料与冲腰圆孔复合、弯曲端部两角、弯曲中间两角、冲凸包。其优点是模具结构简单，投产快，但回弹仍难以控制，尺寸和形状也不精确，而且工序分散，占用设备和人员多。

方案三，落料与冲腰圆孔复合、弯曲端部两角并使中间两角预弯 45°、弯曲中间两角、冲凸包。其优点是工件回弹容易控制，尺寸和形状精确，表面质量好，对于这种长“腿”短“脚”弯曲件的成形特别有利，缺点是工序分散，占用设备和人员多。

方案四，冲腰圆孔、切断及弯曲四角连续冲压、冲凸包。其优点是工序比较集中，占用设备和人员少，但回弹难以控制，尺寸和形状不精确，表面擦伤严重。

方案五，冲腰圆孔、切断及弯曲端部两角连续冲压、弯曲中间两角、冲凸包。这种方案实质上与方案二差不多，只是采用了结构复杂的级进模，故工件回弹仍难以控制，尺寸和形状也不精确。

方案六，将方案三全部工序组合，采用带料连续冲压。其优点是工序集中，只用一副模具完成全部工序，其实质是把方案三的各工序分别布置在级进模的各工位上，所以还具有方案三的各项优点，缺点是模具结构复杂，安装、调试和维修困难。制造周期长。

综上所述，该零件虽然对表面外观要求不高，但由于“腿”特别长，需要有效地利用过弯和校正弯曲来控制回弹，其中方案三和方案六都能满足这一要求，但考虑到该零件生产批量不是太大，故选用方案三，其冲压工序如下：

落料冲孔、一次弯曲（弯曲端部两角并使中间两角预弯 45°）、二次弯曲（弯曲中间两角）、冲凸包。

3. 主要工艺参数计算

（1）毛坯展开尺寸　展开尺寸按图 15-13 分段计算。毛坯展开长度

$$L = 2l_1 + 2l_2 + l_3 + 2l_4 + 2l_5$$

式中　$l_1 = 12.5\text{mm}$；

$l_2 = 45.5\text{mm}$；

$l_3 = 30\text{mm}$；

l_4 和 l_5 按 $\frac{\pi}{2}(r + xt)$ 计算。

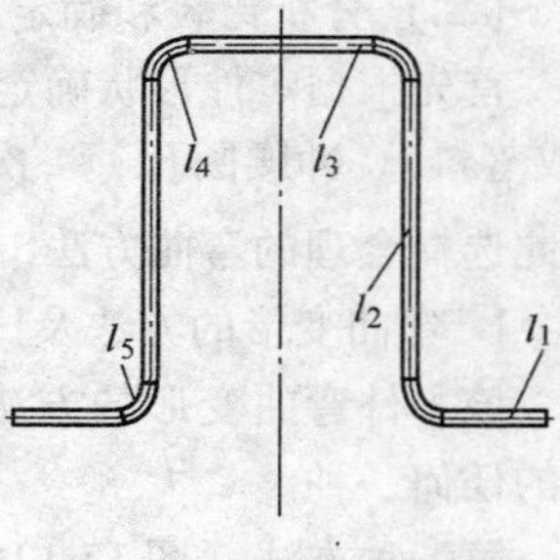

图 15-13　毛坯展开长度计算图

其中圆角半径 r 分别为 2mm 和 4mm，材料厚度 $t = 1.5\text{mm}$，中性层位置系数 x 按 r/t 由表 3-3 查取。当 $r = 2\text{mm}$ 时，取 $x = 0.43$；$r = 4\text{mm}$ 时，取 $x = 0.46$。

将以上数值代入上式得

$$L=\left[2\times12.5+2\times45.5+30+\frac{2\pi}{2}(2+0.43\times1.5)+\frac{2\pi}{2}(4+0.46\times1.5)\right]\text{mm}$$

$$=169\text{mm}$$

考虑到弯曲时材料略有伸长，故取毛坯展开长度 $L=168$mm。

对于精度要求高的弯曲件，还需要通过试弯后进行修正，以获得准确的展开尺寸。

（2）确定排样方案和计算材料利用率

1）确定排样方案。根据零件形状选用合理的排样方案，以提高材料利用率。该零件采用落料与冲孔复合冲压，毛坯形状为矩形，长度方向尺寸较大，为便于送料，采用单排排样方案，如图15-14所示。

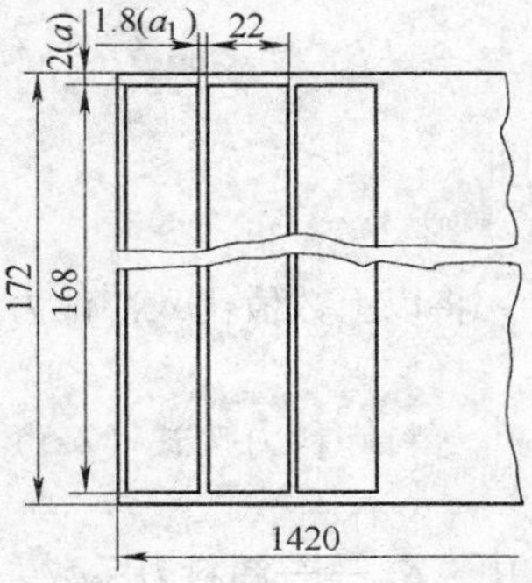

图15-14　排样方案

搭边值 a 和 a_1 由表2-13查取，得 $a=2$mm，$a_1=1.8$mm。

2）确定板料规格和裁料方式。根据条料的宽度尺寸，选择合适的板料规格，使剩余的边料越小越好。该零件宽度用料为172mm，以选择1.5mm×710mm×1420mm的板料规格为宜。

裁料方式既要考虑所选板料规格、冲制零件的数量，又要考虑裁料操作的方便性，该零件以纵裁下料为宜，对于较为大型的零件，则着重考虑冲制零件的数量，以降低零件的材料费用。

（3）计算材料消耗工艺定额和材料利用率　根据排样计算，一张钢板可冲制的零件数量为 $n=4\times59$ 件 $=236$ 件。

材料消耗工艺定额

$$G=\frac{\text{一张钢板的质量}}{\text{一张钢板冲制零件的数量}}=\frac{1.5\times710\times1420\times0.0000078}{236}\text{kg}$$

$$=0.04998\text{kg}$$

材料利用率

$$\eta=\frac{\text{一张钢板冲制零件数量}\times\text{零件面积}}{\text{一张钢板面积}}\times100\%$$

$$=\frac{236\times(168\times22-12\times13-\pi\times6.5^2)}{710\times1420}\times100\%$$

$$=79.7\%$$

零件面积由图15-15计算得出。

4. 计算各工序冲压力和选择冲压设备

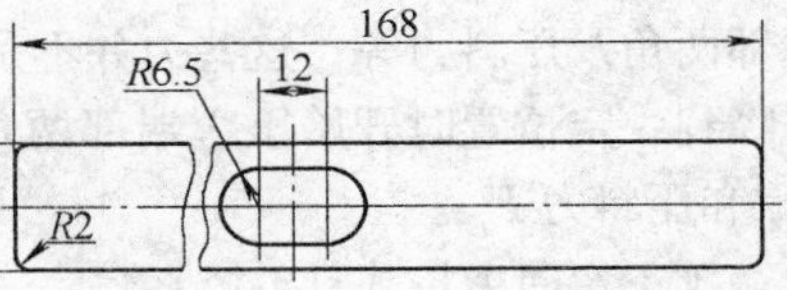

图15-15　落料、冲孔工序略图

（1）第一道工序—落料冲孔（图15-16）　该工序冲压力包括冲裁力 $F_{冲}$，卸料力 $F_{卸}$ 和推件力 $F_{推}$，按图15-16所示的模具结构形式，系采用打杆在滑块快回到最高位置时将工件直接从凹模内打出，故不再考虑顶件力 $F_{顶}$。

冲裁力按式（2-3）

$$F_{冲}=Lt\sigma_b(\text{或}\ 1.3Lt\tau)$$

式中　L——剪切长度；

t——材料厚度（1.5mm）；

σ_b——抗拉强度，由附录A1查取，取 $\sigma_b=400$MPa；

τ——抗剪强度。

剪切长度 L 按图 15-15 所示尺寸计算

$$L = L_1 + L_2$$

式中 L_1——落料长度（mm）；

L_2——冲孔长度（mm）。

将图示尺寸代入 L 计算公式可得

$$L_1 = [2\times(168-2\times2+22-2\times2)+2\times2\pi]\text{mm} = 376\text{mm}$$

$$L_2 = 2\times(12+6.5\pi)\text{mm} = 65\text{mm}$$

因此，

$$L = (376+65)\text{mm} = 441\text{mm}$$

将以上数值代入冲裁力计算公式可得

$$F_{冲} = Lt\sigma_b = 441\times1.5\times400\text{N} = 264600\text{N}$$

落料卸料力按式（2-5）

$$F_{卸} = K_{卸}F_{落} = K_{卸}L_1t\sigma_b$$

式中 $K_{卸}$——卸料力系数，由表 2-9 查取；

$F_{落}$——落料力（N）。

将数值代入卸料力公式可得

$$F_{卸} = 0.04\times376\times1.5\times400\text{N} = 9024\text{N}$$

冲孔推件力按式（2-6）

$$F_{推} = nK_{推}F_{冲孔} = nK_{推}L_2t\sigma_b$$

式中 n——梗塞件数量（即腰圆形废料数），取 $n=4$；

$K_{推}$——推件力系数，由表 2-9 查取；

$F_{冲孔}$——冲孔力（N）。

将数值代入推件力公式（2-6）可得

$$F_{推} = 4\times0.055\times65\times1.5\times400\text{N} = 8580\text{N}$$

第一道工序总冲压力 $F_{总} = F_{冲} + F_{卸} + F_{推}$

$$F_{总} = (264600+9024+8580)\text{N} = 282204\text{N} \approx 282\text{kN}$$

选择冲压设备时着重考虑的主要参数是公称压力、装模高度、滑块行程、台面尺寸等。

根据第一道工序所需的冲压力，选用 J23-40、公称压力为 400kN 的压力机就完全能够满足使用要求。

（2）第二道工序——一次弯形（图 15-17） 该工序的冲压力包括预弯中部两角和弯曲、校正端部两角及压料力等，这些力并不是同时发生或达到最大值的，最初只有压弯力和预弯力，滑块下降到一定位置时开始压弯端部两角，最后进行校正弯曲，故最大冲压力只需考虑校正弯曲力 $F_{校}$ 和压料力 $F_{压}$。

校正弯曲力按式（3-15）

$$F_{校} = Ap$$

式中 A——校正部分的投影面积（mm^2）；

p——单位面积校正力（MPa），由表 3-15 查取，取 $p = 100\text{MPa}$。

结合图 15-11、图 15-12 所示尺寸计算如下

$$A = [34+(168-34)\cos45°]\times22\text{mm} - (12\times13+6.5^2\times\pi)\text{mm} = 2544\text{mm}^2$$

校正弯曲力 $F_{校} = Ap = 2544\times100\text{N} = 254400\text{N}$

压料力 $F_{压}$ 为自由弯曲力 $F_{自}$ 的 30% ~80%。

自由弯曲力按式（3-13）　$F_{自}=\frac{Cbt^2\sigma_b}{2L}$ 。

式中　系数　取$C=1.2$；

弯曲件宽度　$b=22\text{mm}$；

料厚　$t=1.5\text{mm}$；

抗拉强度　$\sigma_b=400\text{MPa}$；

支点间距$2L$近似取10mm。将上述数据代入$F_{自}$表达式，得：

$$F_{自}=\frac{1.2\times22\times1.5^2\times400}{10}\text{N}=2376\text{N}$$

取$F_{压}=50\%F_{自}$，得

压料力　$F_{压}=0.5\times2376\text{N}=1188\text{N}$

则第二道工序总冲压力　$F_{总}=F_{校}+F_{压}$

$$F_{总}=(254400+1188)\text{mm}=255588\text{N}\approx256\text{kN}$$

根据第二道工序所需的冲压力，选用公称压力为400kN的压力机完全能够满足使用要求。

（3）第三道工序—二次弯形（图15-18）　该工序仍需要压料，故冲压力包括自由弯曲力$F_{自}$和压料力$F_{压}$。

自由弯曲力

$$F_{自}=\frac{1.2\times22\times1.5^2\times400}{34}\text{N}=699\text{N}$$

压料力

$$F_{压}=50\%\times F_{自}=0.5\times699\text{N}=349\text{N}$$

则第三道工序总冲压力

$$F_{总}=F_{自}+F_{压}=(699+349)\text{N}=1048\text{N}$$

第三道工序所需的冲压力很小，若单从这一角度考虑，所选的压力机太小，滑块行程远远不能满足该工序的加工需要。故该工序宜选用滑块行程较大的400kN的压力机。

（4）第四道工序—冲凸包（图15-19）　该工序需要压料和顶料，其冲压力包括凸包成形力F和卸料力$F_{卸}$及顶件力$F_{顶}$，从图15-11所示标注的尺寸来看，凸包的成形情况与冲裁相似，故凸包成形力F可按冲裁力公式计算得

凸包成形力

$$F_{冲}=Lt\sigma_b=2\times6\pi\times1.5\times400\text{N}=22608\text{N}$$

卸料力

$$F_{卸}=K_{卸}F_{冲}=0.04\times22608\text{N}=904\text{N}$$

顶件力

$$F_{顶}=K_{顶}F_{冲}=0.06\times22608\text{N}=1356\text{N}$$（系数$K_{卸}$、$K_{顶}$由表2-9查取）

则第四道工序总冲压力

$$F_{总}=F+F_{卸}+F_{顶}=(22608+904+1356)\text{N}=24868\text{N}\approx25\text{kN}$$

从该工序所需的冲压力考虑，选用公称压力为40kN的压力机就行了，但是该工件高度大，需要滑块行程也相应要大，故该工序选用J23-25压力机，公称压力为250kN。

5. 模具结构形式的确定

落料冲孔模具、一次弯形模具、二次弯形模具、冲凸包模具所确定的结构形式分别如图15-16～图15-19所示。

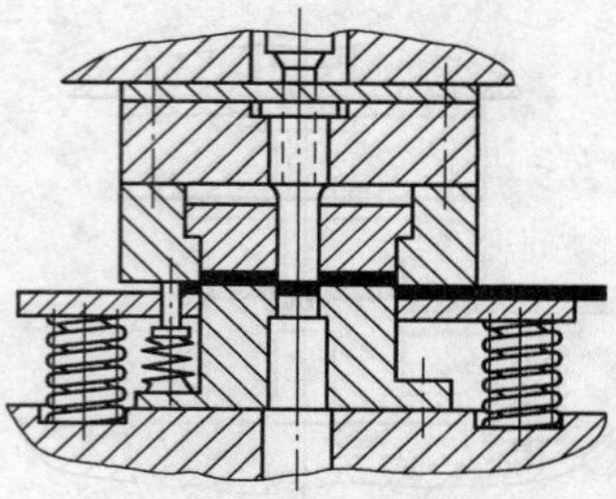

图 15-16　落料冲孔模具结构形式

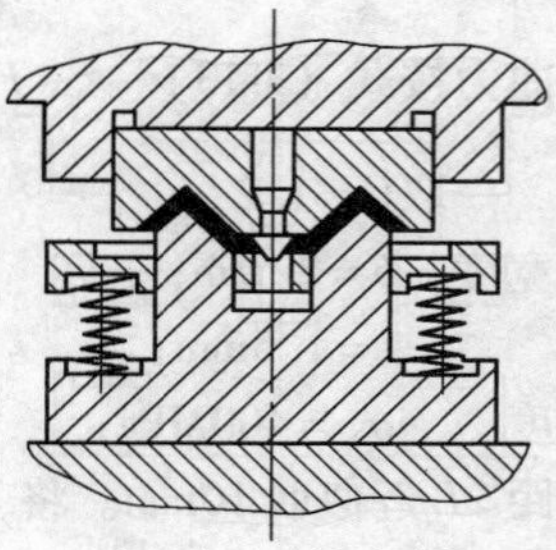

图 15-17　一次弯形模具结构形式

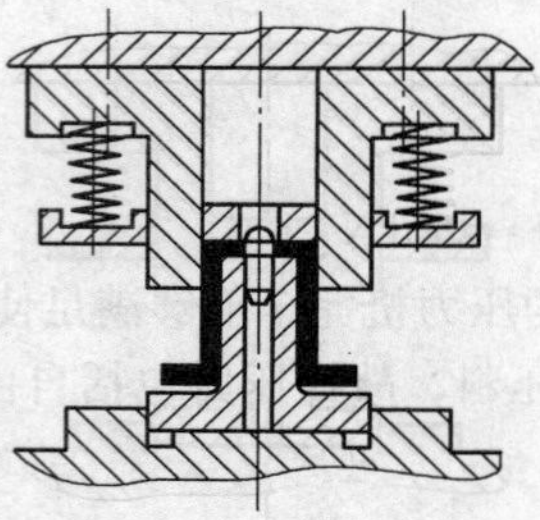

图 15-18　二次弯形模具结构形式

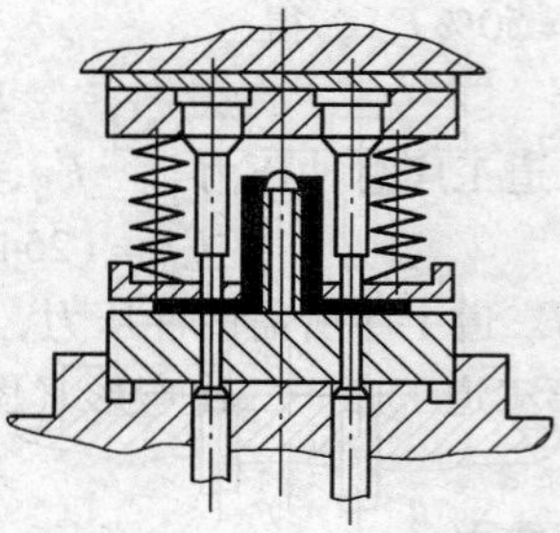

图 15-19　冲凸包模具结构形式

三、玻璃升降器外壳的工艺与模具设计

试制定玻璃升降器外壳（图 15-20）的工艺方案，并设计模具。零件材料为 08 钢、厚度 1.5mm，中批量生产。

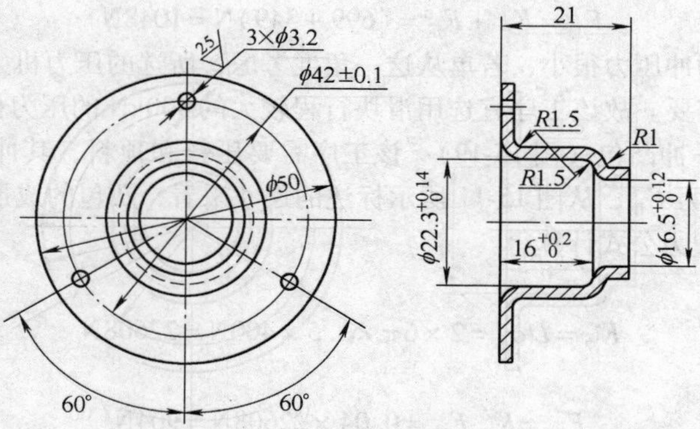

图 15-20　玻璃升降器外壳

材料：08 钢　厚度：1.5mm

（一）分析零件的冲压工艺性

制订工艺时首先应仔细了解零件的使用条件和技术要求，并进行工艺分析。

该零件是汽车车门上玻璃升降器的外壳，部件装配简图如图 15-21 所示。升降器的传动机构装于外壳内腔，并通过外壳凸缘上均布的三个小孔 $\phi3.2$mm 以铆钉铆接在车门的座板上，一传动轴以 IT11 级的间隙配合装在外壳右端 $\phi16.5$mm 的承托部位，传动轴通过制动弹簧、联动片、心轴与小齿轮联接，摇动手柄时，传动轴将动力传递至小齿轮，再带动大齿轮，推动车门玻璃升降。

外壳采用 1.5mm 厚的钢板冲成，保证了足够的刚度和强度。外壳内腔主要配合尺寸 $\phi16.5^{+0.12}_{0}$mm，$\phi22.3^{+0.14}_{0}$mm，$16^{+0.2}_{0}$mm 为 IT11～IT12 级。为使外壳与座板铆装后，保证外壳承托部位 $\phi16.5$ 与轴套同轴，三个小孔 $\phi3.2$mm 与 $\phi16.5$mm 的相互位置要准确，小孔中心圆直径 $\phi42\pm0.1$mm 为 IT10 级。

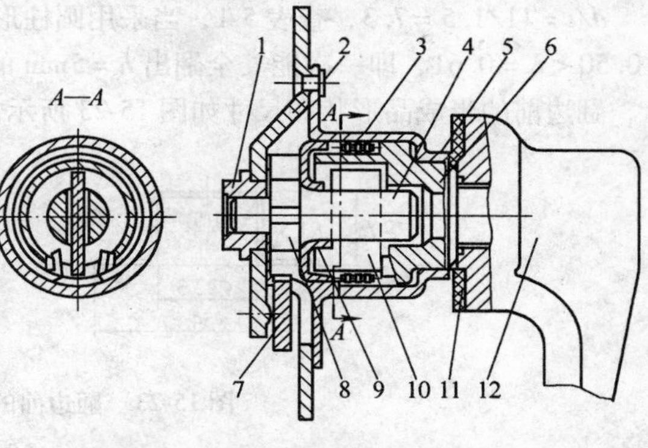

图 15-21　玻璃升降器装配简图

1—轴承　2—座板　3—制动扭簧　4—心轴　5—外壳　6—传动轴　7—大齿轮　8—小齿轮　9—挡圈　10—联动片　11—油毡　12—手柄

根据零件的技术要求，进行冲压工艺性分析，可以认为：该零件形状属旋转体，是一般带凸缘圆筒件，且 $d_{凸}/d$，h/d 都比较合适，拉深工艺性较好。只是圆角半径偏小些，$\phi22.3^{+0.14}_{0}$mm，$\phi16.5^{+0.12}_{0}$mm，$16^{+0.2}_{0}$mm 几个尺寸精度偏高些（均高于表 2-22 和表 2-24 所列尺寸偏差），这可在末次拉深时采取较高的模具制造精度和较小的模具间隙，并安排整形工序来达到。

由于 $\phi3.2$mm，小孔中心距要求较高精度，按表 2-23 规定，需采用高级冲模（即工作部分采用 IT7 级以上制造精度）同时冲出三孔，且冲孔时应以 $\phi22.3$mm 内孔定位。

该零件底部 $\phi16.5$mm 区段的成形，可有三种方法：一种可以采用阶梯拉深后车去底部；另一种可以采用阶梯拉深后冲去底部；再一种可以采用拉深后冲底孔，再翻边，如图 15-22 所示。这三种方法中，第一种方法质量高，但生产率低，且费料，该零件底部要求不高的情况下不宜采用；第二种冲底，要求零件底部的圆角半径压成接近清角（$R\backsimeq0$），这就需要增加一道整形工序且质量不易保证；第三种采用翻边，生产率较高且省料，翻边端部虽不如以上的好，但该零件高度 21mm 为未注公差尺寸，翻边完全可以保证要求，所以采用第三种方法是较合理的。

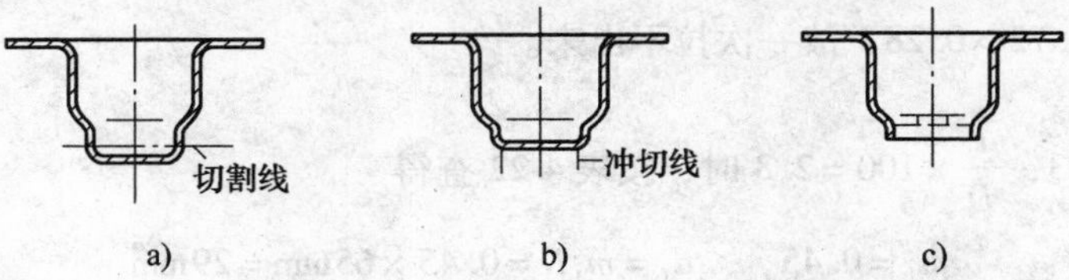

图 15-22　外壳底部成形方案

a）切割　b）冲切　c）冲孔翻边

（二）分析比较和确定工艺方案

1. 计算毛坯尺寸

计算毛坯尺寸需先确定翻边前的半成品尺寸。翻边前是否也需拉成阶梯零件？这要核算翻边的变形程度。

$\phi16.5$mm 处的高度尺寸为　　　　$h=(21-16)\text{mm}=5\text{mm}$

根据翻边公式，翻边的高度 h 为

$$h=\frac{D}{2}(1-K)+0.43r+0.72t$$

经变换后

$$K=1-\frac{2}{D}(h-0.43r-0.72t)=1-\frac{2}{18}(5-0.43\times1-0.72\times1.5)$$
$$=0.61$$

即翻边出高度 $h=5\text{mm}$ 时，翻边系数 $K=0.61$

$$d=D\times K=18\times0.61\text{mm}=11\text{mm}$$

$d/t=11/1.5=7.3$，查表 5-1，当采用圆柱形凸模，用冲孔模冲孔时，$[K]$（极限翻边系数）$=0.50<K=0.61$，即一次能安全翻出 $h=5\text{mm}$ 的高度。

翻边前的半成品形状和尺寸如图 15-23 所示。

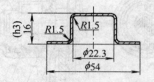

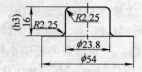

图 15-23　翻边前的半成品形状和尺寸

$\dfrac{d_{凸}}{d}=\dfrac{50}{22.3}=2.25$，查表 4-5，修边余量 $\delta=1.8\text{mm}$，实际凸缘直径 $d'_{凸}=d_{凸}+2\delta=(50+3.6)\text{mm}\approx54\text{mm}$，直径 D 按表 4-7 第 20 号公式计算：

$$D=\sqrt{d_4^2+4d_2h-3.44rd_2}=\sqrt{54^2+4\times23.8\times16-3.44\times2.25\times23.8}\text{mm}\approx65\text{mm}$$

2. 计算拉深次数

$\dfrac{d'_{凸}}{d}=\dfrac{54}{22.3}=2.42>1.4$，属宽凸缘筒形件

$\dfrac{t}{D}\times100=\dfrac{1.5}{65}\times100=2.3$，由表 4-20 查得 $\dfrac{h_1}{d_1}=0.28$

而 $\dfrac{h}{d}=\dfrac{16}{22.3}=0.72>0.28$，故一次拉不出来。

当 $\dfrac{d'_{凸}}{D}=\dfrac{54}{65}=0.83$，$\dfrac{t}{D}\times100=2.3$ 时，按表 4-22 查得

$$m_1=0.45,\ \therefore d_1=m_1D=0.45\times65\text{mm}=29\text{mm}$$

$$\frac{d_2}{d_1}=\frac{22.3}{29}=0.77$$

查表 4-22，$[m_2]=0.75<m_2=0.77$，故二次可以拉出。

但考虑到二次拉深时，均采用极限拉深系数，故需保证较好的拉深条件，而选用大的圆角半径，这对本零件材料厚度 $t=1.5\text{mm}$，零件直径又较小时是难以做到的。况且零件所要达到的圆角半径（$R=1.5\text{mm}$）又偏小，这就需要在二次拉深工序后，增加一次整形工序。

在这种情况下，可采用三次拉深工序，以减小各次拉深工序的变形程度，而选用较小的圆角半径，从而可能在不增加模具套数的情况下，既能保证零件质量，又可稳定生产。

零件总的拉深系数 $\dfrac{d}{D}=\dfrac{23.8}{65}=0.366$，调整后三次拉深工序的拉深系数为：

$$m_1=0.56,\ m_2=0.805,\ m_3=0.81$$

$$m_1\cdot m_2\cdot m_3=0.56\times0.805\times0.81=0.366$$

3. 确定工序的合并与工序顺序

当工序较多，不易立刻确定工艺方案时，最好先确定出零件的基本工序，然后将各基本工序

作各种可能的组合并排出顺序，以得出不同工艺方案，再根据各种因素，进行分析比较，找出适合于具体生产条件的最佳方案。

对于外壳，需包括以下基本工序：

落料，首次拉深，二次拉深，三次拉深，冲 $\phi11$ 孔，翻边，冲三个 $\phi3.2$mm 孔，切边。

根据这些基本工序，可拟出以下五种方案：

方案一，落料与首次拉深复合，其余按基本工序。图 15-24 所示为模具结构原理图。

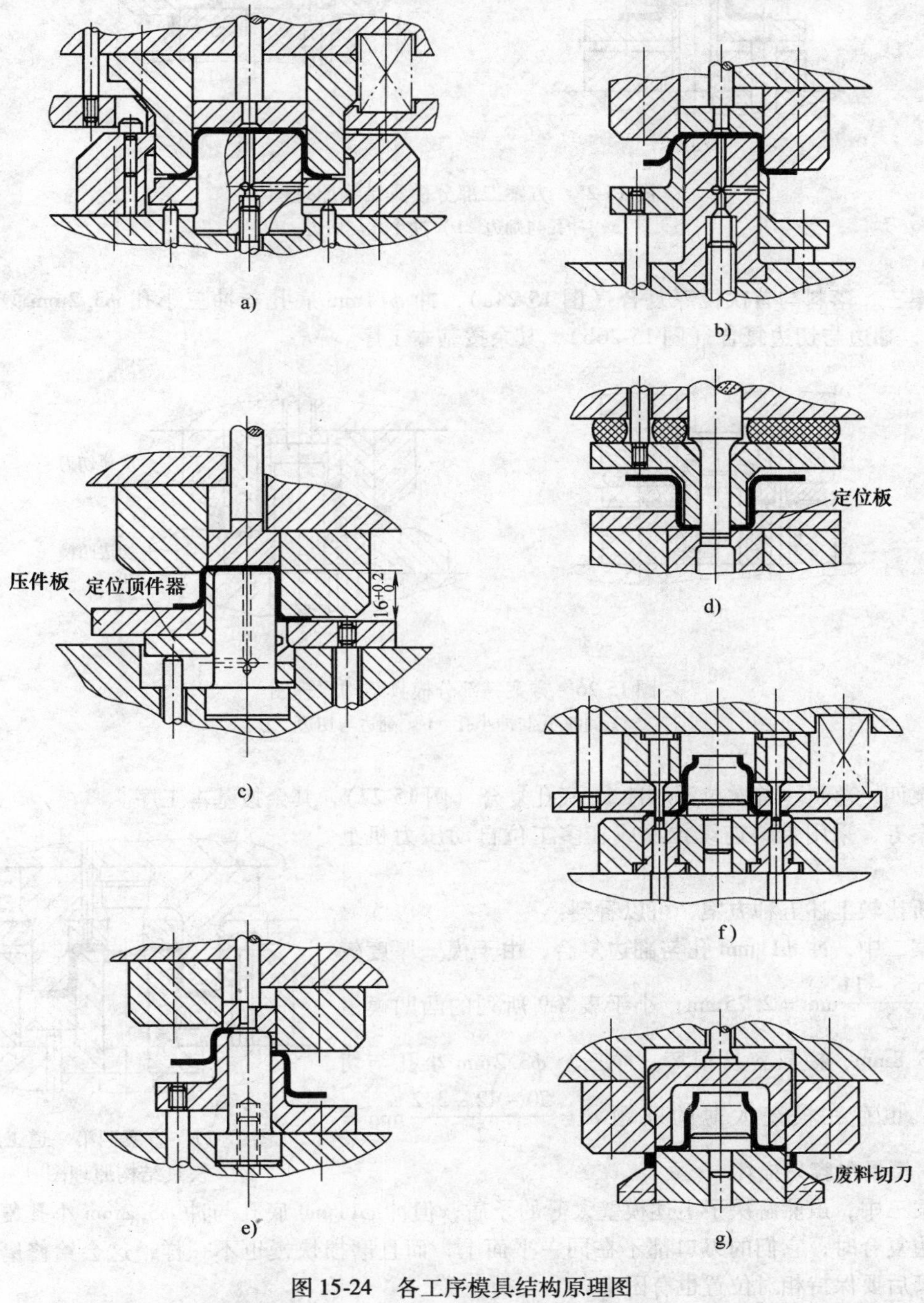

图 15-24　各工序模具结构原理图

a）落料与拉深　b）二次拉深　c）三次拉深　d）冲底孔　e）翻边　f）冲小孔　g）切边

方案二，落料与首次拉深复合（图 15-24a），冲 ϕ11mm 底孔与翻边复合（图 15-25a），冲三个小孔 ϕ3.2mm 与切边复合（图 15-25b），其余按基本工序。

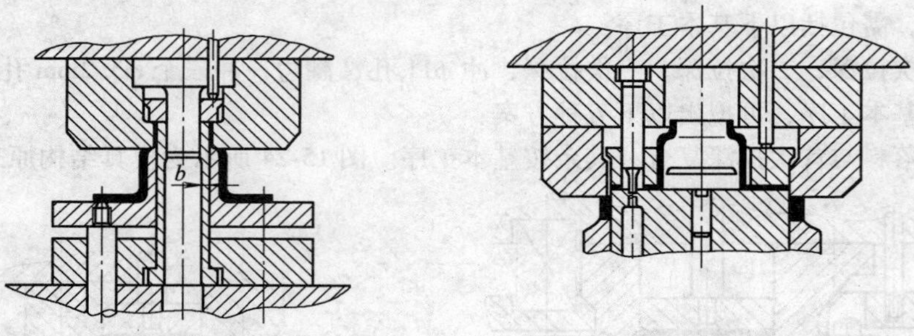

图 15-25　方案二部分模具结构原理图

a）冲孔与翻边　b）冲小孔与切边

方案三，落料与首次拉深复合（图 15-24a），冲 ϕ11mm 底孔与冲三小孔 ϕ3.2mm 复合（图 15-26a），翻边与切边复合（图 15-26b），其余按基本工序。

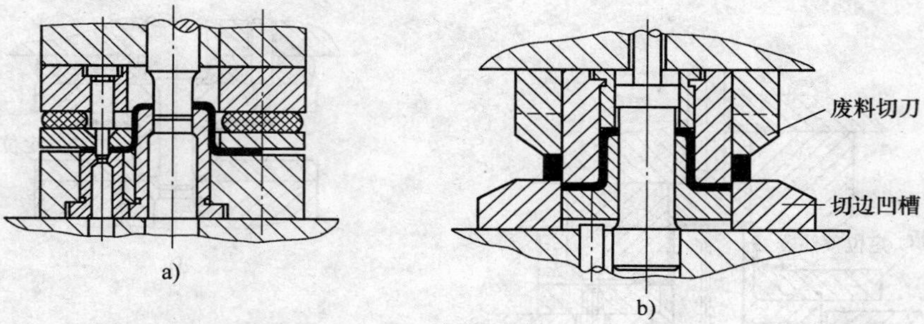

图 15-26　方案三部分模具结构原理图

a）冲底孔与冲小孔　b）翻边与切边

方案四，落料、首次拉深与冲 11 底孔复合（图 15-27），其余按基本工序。

方案五，采用带料连续拉深或在多工位自动压力机上冲压。

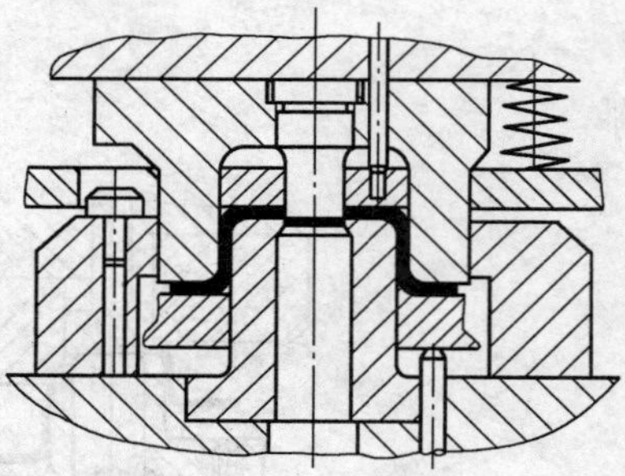

图 15-27　方案四第一道工序模具结构原理图

分析比较上述五种方案，可以看到：

方案二中，冲 ϕ11mm 孔与翻边复合，由于模壁厚度较小 $a=\dfrac{16.5-11}{2}\text{mm}=2.75\text{mm}$，小于表 8-9 所列的凸凹模最小壁厚 3.8mm，模具容易损坏。冲三个 ϕ3.2mm 小孔与切边复合，也存在模壁太薄的问题 $a=\dfrac{50-42-3.2}{2}\text{mm}=2.4\text{mm}$，模具也容易损坏。

方案三中，虽然解决了上述模壁太薄的矛盾，但冲 ϕ11mm 底孔与冲 ϕ3.2mm 小孔复合及翻边与切边复合时，它们的刃口都不在同一平面上，而且磨损快慢也不一样，这会给修磨带来不便，修磨后要保持相对位置也有困难。

方案四中，落料、首次拉深与冲 ϕ11mm 底孔复合，冲孔凹模与拉深凸模做成一体，也给修磨造成困难。特别是冲底孔后再经二次和三次拉深，孔径一旦变化，将会影响到翻边的高度尺寸和翻边口缘质量。

方案五，采用带料连续拉深或多工位自动压力机冲压，可获得较高的生产率，而且操作安全，还避免了上述方案所指出的缺点，但这一方案需要专用压力机或自动送料装置，而且模具结构复杂，制造周期长，生产成本高，因此，只有在大量生产中才较适宜。

方案一，没有上述的缺点，但其工序复合程度较低，生产率较低。不过单工序模具结构简单，制造费用低，这在中小批生产中却是合理的，因此决定采用第一方案。本方案在第三次拉深和翻边工序中，于冲压行程临近终了时，模具可对工件产生刚性锤击而起到整形作用（如图15-24c，e所示），故无需另加整形工序。

（三）主要工艺参数的计算

1. 确定排样、裁板方案

这里毛坯直径 $\phi65$mm 不算太小，考虑到操作方便，采用单排。

由表2-12查得搭边数值　$a=2$，$a_1=1.5$

进距　$S=D+a_1=(65+1.5)\text{mm}=66.5\text{mm}$

条料宽度　$b=D+2a=(65+2\times2)\text{mm}=69\text{mm}$

板料规格选用　$1.5\text{mm}\times900\text{mm}\times1800\text{mm}$

采用纵裁：裁板条数　$n_1=\dfrac{B}{b}=\dfrac{900}{69}=13$ 条余3mm

每条个数　$n_2=\dfrac{L-a_1}{S}=\dfrac{1800-1.5}{66.5}$

$=27$ 个余3mm

每板总个数　$n_{总}=n_1\cdot n_2=13\times27=351$ 个

板的材料利用率

$$\eta_{总}=\frac{n_{总}\dfrac{\pi}{4}(D^2-d^2)}{L\cdot B}\times100\%$$

$$=\frac{351\times\dfrac{\pi}{4}(65^2-11^2)}{900\times1800}\times100\%=69.5\%$$

采用横裁：裁板条数　$n_1=\dfrac{L}{b}=\dfrac{1800}{69}=26$ 条余6mm

每条个数　$n_2=\dfrac{B-a_1}{S}=\dfrac{900-1.5}{66.5}$

$=13$ 个余34mm

每板总个数　$n_{总}=n_1\cdot n_2=26\times13=338$ 个

板的材料利用率

$$\eta_{总}=\frac{338\times\dfrac{\pi}{4}(65^2-11^2)}{900\times1800}\times100\%=66.5\%$$

由此可见，采用纵裁有较高的材料利用率和有较高的剪裁生产率。

计算零件的净重 G 及材料消耗定额 G_0

$$G=At\rho=\frac{\pi}{4}[65^2-11^2-3\times3.2^2-(54^2-50^2)]\times10^{-2}\times1.5\times10^{-1}\times7.85\text{g}$$

$$\backsimeq33\text{g}$$

式中　ρ——密度，低碳钢取 $\rho = 7.85\text{g/cm}^3$。

[ ] 内第一项为毛坯面积，第二项为底孔废料面积，第三项为三个小孔面积，( ) 内为切边废料面积。

$$G_0 = \frac{LBt\rho}{351} = \frac{900\times10^{-1}\times1800\times10^{-1}\times1.5\times10^{-1}\times7.85}{351}\text{g}$$

$$= 54\text{g} = 0.054\text{kg}$$

2. 确定各中间工序尺寸

(1) 首次拉深

首次拉深直径　　$d_1 = m_1 \cdot D = 0.56\times65\text{mm} = 36.5\text{mm}$ (中线直径)

首次拉深时凹模圆角半径按表 4-73 应取 5.5mm，由于增加了一次拉深工序，使各次拉深工序的变形程度有所减小，故允许选用较小的圆角半径，这里取 $r_{凹1} = 5\text{mm}$，$r_{凹1} = 4\text{mm}$。

首次拉深高度按公式 4-8 计算

$$h_1 = \frac{0.25}{d_1}(D^2 - d_{凸}^2) + 0.43(r_{凹1} + r_{凸1}) + \frac{0.14}{d_1}(r_{凹1}^2 - r_{凸1}^2)$$

$$= \frac{0.25}{36.5}(65^2 - 54^2) + 0.43(5.75 + 4.75) + \frac{0.14}{36.5}(5.75^2 - 4.75^2)\text{mm}$$

$$= 13.5\text{mm}(\text{实际生产中取 } h_1 = 13.8\text{mm})(\text{图 15-28})。$$

(2) 二次拉深

$$d_2 = m_2 \cdot d_1 = 0.805\times36.5\text{mm} = 29.5\text{mm}(\text{中线直径})$$

取 $r_{凹2} = r_{凸2} = 2.5\text{mm}$

$$h_2 = \frac{0.25}{d_2}(D^2 - d_{凸}^2) + 0.43(r_{凹2} + r_{凸2})$$

$$= \left[\frac{0.25}{29.5}(65^2 - 54^2) + 0.43\times2\times3.25\right]\text{mm}$$

$$\backsimeq 13.9\text{mm}(\text{与生产实际相符})(\text{图 15-29})。$$

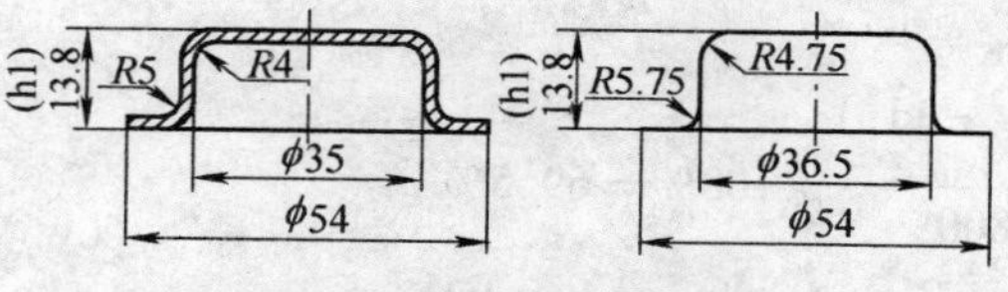

图 15-28　首次拉深半成品尺寸

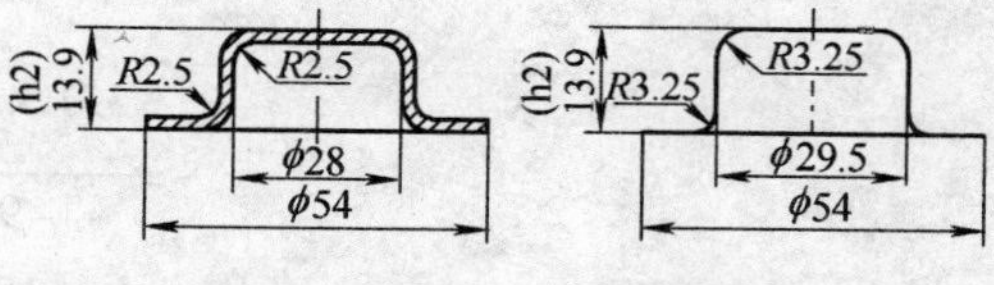

图 15-29　二次拉深半成品尺寸

(3) 三次拉深

$$d_3 = m_3 \cdot d_2 = 0.81\times29.5\text{mm} = 23.8\text{mm}\ (\text{中线直径})$$

取 $r_{凹3} = r_{凸3} = 1.5\text{mm}$ (达到零件要求圆角半径)，比推荐值稍小了些，因第三次拉深兼有整形作用，此值是可以达到的。

$$h_3 = 16\text{mm}\ (\text{图 15-30})。$$

其余中间工序尺寸均按零件要求尺寸而定，各工序尺寸如图 15-30 所示。

3. 计算各工序压力、选用压力机

(1) 落料拉深工序 (模具结构形式如图 15-24a 所示)

落料力按下式计算：

$$F_{落料} = 1.3\pi Dt\tau = 1.3\times3.14\times65\times1.5\times294\text{N}$$

$$= 117011\text{N}$$

式中　$\tau = 294\text{MPa}$，由附录 A1 查得。

落料的卸料力为：

$$F_{卸} = K_{卸} \cdot F_{落料} = 0.04 \times 117011\text{N} \backsimeq 4680\text{N}$$

式中　$K_{卸} = 0.04$，由表 2-9 查得。

拉深力按表 4-80 所推荐的公式计算：

$$F_{拉深} = \pi d_1 t \sigma_b K_1 = 3.14 \times 36.5 \times 1.5 \times 392 \times 0.75\text{N} = 50543\text{N}$$

式中　$\sigma_b = 392\text{MPa}$，由表附录 A1 查得。

$K_1 = 0.75$，由表 4-81 查得。

压边力由表 4-76 所推荐的公式计算：

$$F_{压边} = \frac{\pi}{4}[D^2 - (d_1 + 2r_{凹1})^2]p$$

$$= \frac{\pi}{4}[65^2 - (36.5 + 2 \times 5.75)^2] \times 2.5\text{N}$$

$$\backsimeq 3772\text{N}$$

式中　$p = 2.5\text{MPa}$，由表 4-77 查得。

这一工序的最大总压力，在离下死点 13.8mm 稍后些就需达到：

$$F_{总} = F_{落料} + F_{卸} + F_{压边} = 125463\text{N}$$

精确确定压力机压力应参考压力机说明书中所给出的允许工作负荷曲线。但根据冲压车间小型工段现有压力机为 250kN、350kN、630kN、800kN 等，故选用 250kN 压力机，其压力就足够了。

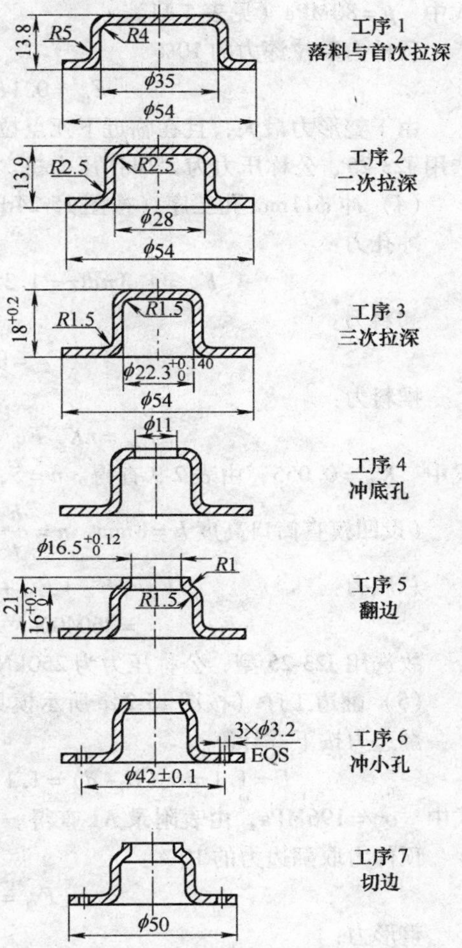

图 15-30　外壳冲压工序图

（2）二次拉深工序（按图 15-24b 所示模具结构）

拉深力：

$$F = \pi d_2 t \sigma_b K_2 = 3.14 \times 29.5 \times 1.5 \times 392 \times 0.52\text{N} = 28323\text{N}$$

式中　$K_2 = 0.52$，由表 4-82 查得。

压边力按表 4-76 所推荐的公式计算：

$$F_{压边} = \frac{\pi}{4}[d_1^2 - (d_2 + 2r_{凹2})^2]p = \frac{\pi}{4}[35^2 - (29.5 + 5)^2] \times 2.5\text{N} = 69\text{N}$$

（由于采用较大的拉深系数 $m_2 = 0.805$，毛坯相对厚度 $\frac{t}{d_1} \times 100 = \frac{1.5}{35} \times 100 = 4.3$ 又足够大，可不用压边，这里的压边圈实际上是作为定位与顶件之用）。

总压力　　　　$F + F_{压边} = (28323 + 69)\text{N} = 28392\text{N}$

故选用 250kN 压力机。

（3）第三次拉深兼整形工序（按图 15-24c 所示模具结构）

拉深力：

$$F = \pi d_3 t \sigma_b K_2 = 3.14 \times 23.8 \times 1.5 \times 392 \times 0.52\text{N} = 22850\text{N}$$

整形力按下式计算：

$$F_{整}=A\cdot p\backsimeq\frac{\pi}{4}[(54^2-25.3^2)+(22.3-2\times1.5)^2]\times80\text{N}$$
$$=166000\text{N}$$

式中 $p=80\text{MPa}$（见表5-11）。

顶件力取拉深力的10%

$$F_{顶}=0.1F=0.1\times22850\text{N}=2285\text{N}$$

由于整形力最大，且在临近下死点拉深工序快完成时产生，可只按整形力选用压力机，这里选用J23-25、公称压力为250kN压力机。

（4）冲ϕ11mm孔工序（按图15-24d所示模具结构）

冲孔力：

$$F_{冲}=1.3\pi dt\tau=1.3\times3.14\times11\times1.5\times294\text{N}=19802\text{N}$$

卸料力：

$$F_{卸}=0.04\times19802\text{N}=792\text{N}$$

推料力：

$$F_{推}=nK_{推}F_{冲}=5\times0.055\times19802\text{N}=5446\text{N}$$

式中 $K_{推}=0.055$，由表2-9查得。$n=5$，同时卡在凹模里的废料片数。

（设凹模直筒口高度 $h=8\text{mm}$，$n=\frac{h}{t}=\frac{8}{1.5}\approx5$）

总压力：
$$F_{总}=F_{冲}+F_{卸}+F_{推}=(19802+792+5446)\text{mm}$$
$$=26040\text{N}$$

故选用J23-25型，公称压力为250kN的压力机。

（5）翻边工序（按图15-24e所示模具结构）

翻边力按下式计算：

$$F=1.1\pi t\sigma_s(D-d)=1.1\times3.14\times1.5\times196\times(18-11)\text{N}\backsimeq7108\text{N}$$

式中 $\sigma_s=196\text{MPa}$，由表附录A1查得。

顶件力取翻边力的10%：

$$F_{顶}=0.1\times7108\text{N}=711\text{N}$$

整形力：

$$F_{整}=A\cdot p=\frac{\pi}{4}(22.3^2-16.5^2)\times80\text{N}=14200\text{N}$$

整形力最大，故按整形力选用压力机，这里选用250kN压力机。

（6）冲三个ϕ3.2孔工序（按图15-24f所示模具结构）

冲孔力：

$$F_{冲}=3\times1.3\pi dt\tau=3\times1.3\times3.14\times3.2\times1.5\times294\text{N}=17282\text{N}$$

卸料力：

$$F_{卸}=0.04\times17282\text{N}=691\text{N}$$

推料力：

$$F_{推}=nK_{推}F_{冲}=5\times0.055\times17282\text{N}=4753\text{N}$$

总压力：
$$F_{总}=F_{冲}+F_{卸}+F_{推}=(17282+691+4753)\text{N}=22726\text{N}$$

故选用250kN压力机。

（7）切边工序（按图15-24g所示模具结构）

$$F=1.3\pi Dt\tau=1.3\times3.14\times50\times1.5\times294\text{N}=90008\text{N}$$

废料刀切断废料所需压力（设两把废料刀）

$$F' = 2 \times 1.3 \times (54 - 50) \times 1.5 \times 294\text{N} = 4586\text{N}$$

总压力：
$$F_{总} = F + F' = (90008 + 4586)\text{N} = 94594\text{N}$$

故选用250kN压力机。

在实际选用设备时，尚需考虑模具空间大小、工艺流程、设备负荷情况等因素，再作合理安排。

（四）编写冲压工艺过程卡片（见表15-4）。

（五）模具设计

根据确定的工艺方案和零件的形状特点、精度要求、所选设备的主要技术参数、模具制造条件及安全生产等选定其冲模的类型及结构型式。下面仅讨论第一次工序所用的落料和首次拉深复合模的设计要点。其他各工序所用模具的设计与此相仿，不再赘述。

1. 模具结构形式选择

只有当拉深件高度较高时，才有可能采用落料、拉深复合模，因为浅拉深件若采用复合模，落料凸模（兼拉深凹模）的壁厚过薄，强度不足。本例凸凹模壁厚 $b = \dfrac{65-38}{2}\text{mm} = 13.5\text{mm}$，能保证足够强度，故采用复合模是合理的。

落料、拉深复合模常采用图15-24a所示的典型结构，即落料采用正装式，拉深采用倒装式。模座下的缓冲器兼作压边与顶件装置，另设有弹性卸料与刚性推件装置。该结构的优点是操作方便，出件畅通无阻，生产率高。缺点是弹性卸料装置使模具结构较复杂与庞大，特别是拉深深度大，料厚，卸料力大的情况，需要较多、较长的弹簧，使模具结构过分地庞大。所以它适用于拉深深度不太大，材料较薄的情况。

为了简化上模部分，可采用刚性卸料板，如图15-31所示，但其缺点是拉深件留在刚性卸料板内，不易出件，带来操作上的不便，并影响生产率。这种结构适用于拉深深度较大、材料较厚的情况。

对于本例，由于拉深深度不算深，材料也不厚，因此采用弹性卸料较合适。考虑到装模方便，模具采用后侧布置的导柱导套模架。

2. 卸料弹簧的选择

卸料力前面已算出 $F_{卸} = 4680\text{N}$，拟选用八个弹簧，每个弹簧担负卸料力为585N。

弹簧的工作压缩量 $h_{工}$（图15-32）

$$h_{工} = 13.8 + a + b = (13.8 + 1 + 0.4)\text{mm} = 15.2\text{mm}$$

式中 a——落料凹模高出拉深凸模距离，取 $a = 1\text{mm}$；

b——卸料板超出凸凹模刃口的距离，以保证卸料，取 $b = 0.4\text{mm}$。

查表14-136选用弹簧为 $D = 28\text{mm}$，$d = 5\text{mm}$，$p = 8.79\text{mm}$，$f = 3.375\text{mm}$，$H_0 = 85\text{mm}$，$n = 8.5$，根据该号弹簧压力特性可知，弹簧最大工作负荷下的总变形量 $h_j = 28.8\text{mm}$，最大工作负荷 F_{lim} 为945N。除去15.2mm工作压缩量外，取预压量为13.6mm，此时弹簧预压力约为455N。这比计算需要值小，若调整中发现卸料力不足时，可修磨落料凸模增大间隙以减小所需的卸料力。

这里没有考虑凸模高度修磨后会增大弹簧压缩量，为避免这种情况，可以挖深弹簧沉孔，或在凸凹模上面垫以垫片。

3. 模具工作部分尺寸和公差计算

落料模：

圆形凸模和凹模，可采用分开加工。

拉深前的毛坯取未注公差尺寸的极限偏差，故取落料件的尺寸公差为 $\phi 65_{-0.74}^{\ 0}\text{mm}$。

表 15-4　冷冲压

厂 车间	冷冲压工艺卡片

材料排样

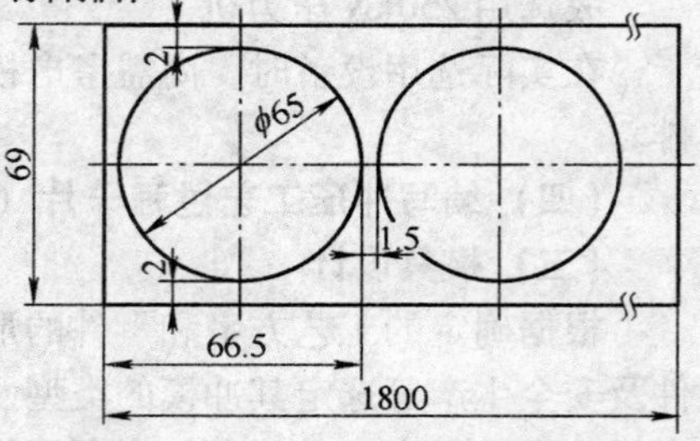

工序	工序说明	加工草图	设备型号名称
0	剪床下料		
1	落料与首次拉深	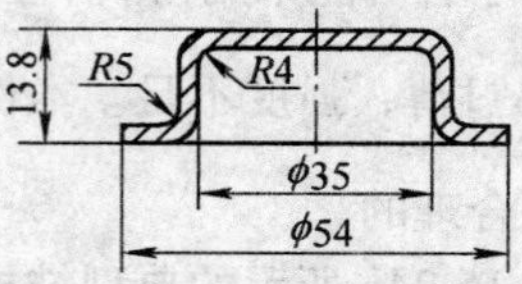	350kN 压力机
2	二次拉深	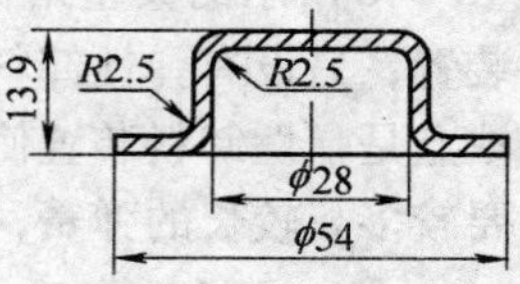	250kN 压力机
3	三次拉深(带整形)	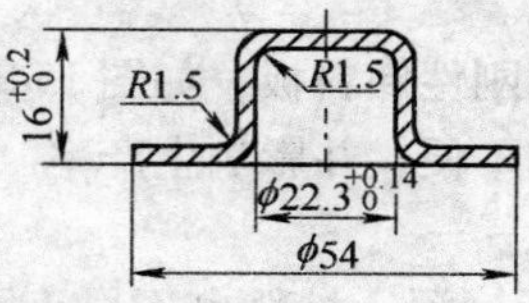	250kN 压力机
4	冲 φ11 底孔	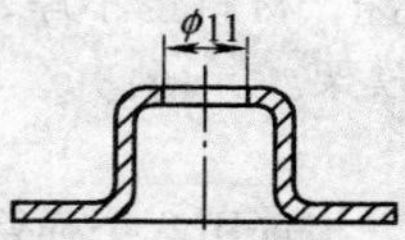	250kN 压力机
5	翻边(带整形)	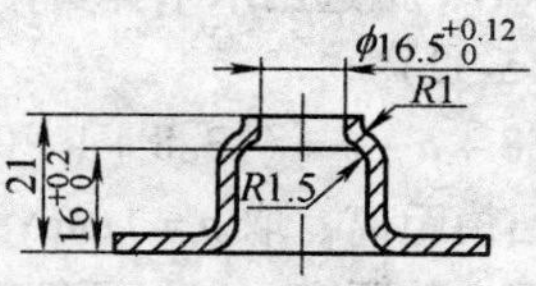	250kN 压力机
6	冲三个小孔 φ3.2	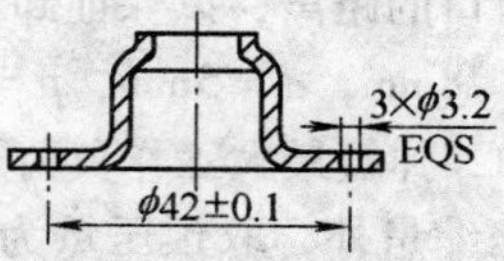	250kN 压力机
7	切边	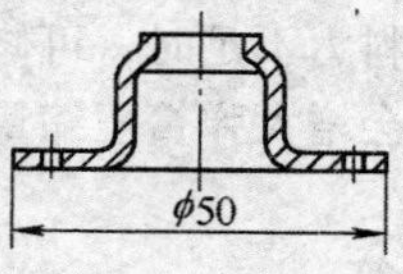	350kN 压力机
8	检验		

更改标记	处数	文件号	签字	日期					设计:

工艺卡片

<table>
<tr><td colspan="2">标记</td><td colspan="2">产品名称</td><td>CA10B 型载重汽车</td><td>文件代号</td><td colspan="4"></td></tr>
<tr><td></td><td></td><td colspan="2">零件名称</td><td>玻璃升降制动机构外壳</td><td>共　页</td><td colspan="4">第　页</td></tr>
<tr><td colspan="2" rowspan="4"></td><td rowspan="4">材料</td><td rowspan="2">名称牌号</td><td rowspan="2">08 号钢</td><td>剪后毛坯</td><td colspan="4">1.5×69×1800</td></tr>
<tr><td>每条件数</td><td colspan="4">27 个</td></tr>
<tr><td rowspan="2">形状尺寸</td><td rowspan="2">1.5±0.11×1800×900</td><td>每张件数</td><td colspan="4">351 个</td></tr>
<tr><td>消耗定额</td><td colspan="4">0.054kg</td></tr>
<tr><td colspan="2" rowspan="3"></td><td colspan="2">零件送来部门</td><td>备料工段</td><td rowspan="2">工种</td><td>冲</td><td>钳</td><td></td><td>总计</td></tr>
<tr><td colspan="2">零件送往部门</td><td>装配工段</td><td></td><td></td><td></td><td></td></tr>
<tr><td colspan="2">每产品零件数</td><td>2</td><td>工时</td><td></td><td></td><td></td><td></td></tr>
</table>

模具名称图号	工具量具名称编号	每小时生产量	单件定额(分)	工人数量	备　注
落料拉深复合模					
拉深模					
拉深模					
冲孔模					
翻边模					
冲孔模					
切边模					

	校对：	审核：	批准：

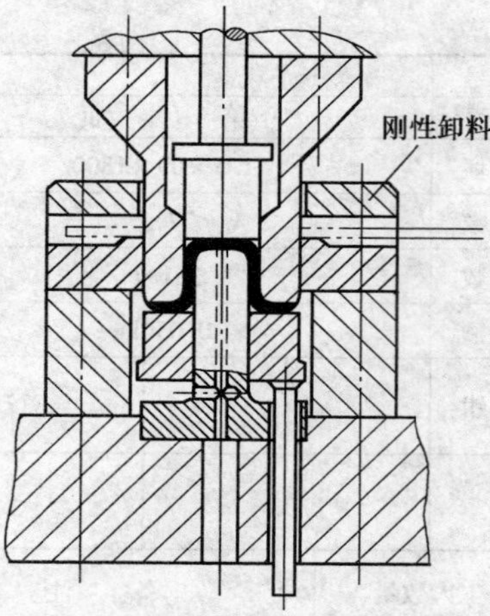

图 15-31 采用刚性卸料板的落料拉深复合模

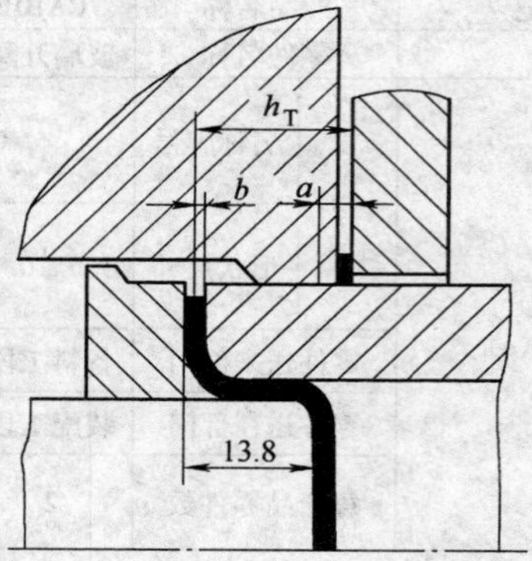

图 15-32 计算弹簧工作压缩量示意图

由表 2-28 的公式进行计算

$$D_{凹} = (D - x\Delta)^{+\delta_{凹}}_{0} = (65 - 0.5 \times 0.74)^{+0.030}_{0}\text{mm}$$
$$= 64.63^{+0.030}_{0}\text{mm}$$

式中 $x = 0.5$，由表 2-31 查得。

$\delta_{凹} = +0.030\text{mm}$，由表 2-29 查得。

$$D_{凸} = (D - x\Delta - 2C_{min})^{0}_{-\delta_{凸}} = (65 - 0.5 \times 0.74 - 0.132)^{0}_{-0.020}\text{mm}$$
$$= 64.50^{0}_{-0.020}\text{mm}$$

式中 $C_{min} = 0.066\text{mm}$，由表 2-2 查得（同表查得 $C_{max} = 0.12\text{mm}$）。

$\delta_{凸} = -0.020\text{mm}$，由表 2-29 查得。

$$|\delta_{凹}| + |\delta_{凸}| = (0.03 + 0.02)\text{mm} = 0.05\text{mm} < 2C_{max} - 2C_{min} = (0.24 - 0.132)\text{mm}$$
$$= 0.108\text{mm}$$

故上述计算是恰当的。

落料凹模模壁 c，由表 8-7 查得为 30mm，实际取为 32.5mm。

拉深模：

首次拉深件按未注公差尺寸的极限偏差考虑，并标注内形尺寸（本例内形尺寸有要求），故拉深件的尺寸公差为 $\phi 35^{+0.62}_{0}\text{mm}$。

由表 4-70 的公式进行计算

$$D_{凹} = (d + 0.4\Delta + 2C)^{+\delta_{凹}}_{0} = (35 + 0.4 \times 0.62 + 2 \times 1.8)^{+0.09}_{0}\text{mm}$$
$$= 38.85^{+0.09}_{0}\text{mm}$$

式中 C 由表 4-69 取为 $C = 1.2t = 1.2 \times 1.5\text{mm} = 1.8\text{mm}$

$\delta_{凹}$ 由表 4-71 取为 $\delta_{凹} = +0.09\text{mm}$

$$d_{凸} = (d + 0.4\Delta)^{0}_{-\delta_{凸}} = (35 + 0.4 \times 0.62)^{0}_{-0.06}\text{mm} = 35.25^{0}_{-0.06}\text{mm}$$

式中 $\delta_{凸}$ 由表 4-71 取为 $\delta_{凸} = -0.06\text{mm}$。

4. 模具其他零件的结构尺寸计算

（1）闭合高度（图 15-33）

$h_{模}$ = 下模座厚 + 上模座 + 凸凹模高 + 凹模高 −（凹模与凸模的刃面高度差 + 拉深件高度 − t）

$= [40 + 35 + 62 + 44 - (1 + 13.8 - 1.5)]\text{mm} = 167.7\text{mm}$

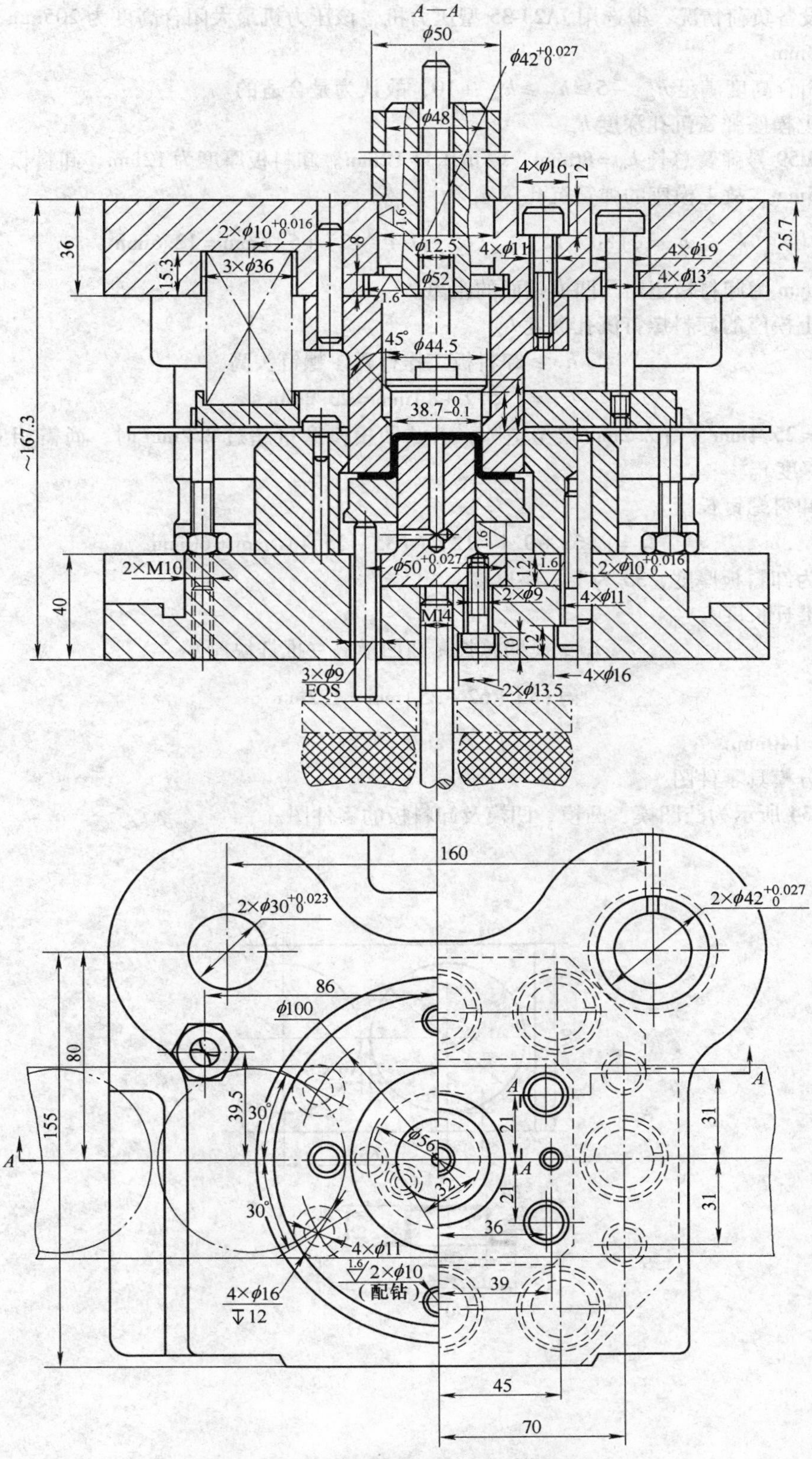

图 15-33　落料拉深复合模总装配图

根据设备负荷情况，拟选用 JA23-35 型压力机，该压力机最大闭合高度为 205mm，最小闭合高度为 130mm。

模具闭合高度满足 $h_{max}-5 \geqslant h_{模} \geqslant h_{min}+10$，故认为是合适的。

（2）上模座弹簧沉孔深度 h_1

所选№59 号弹簧总长 $h_0=80$mm，取预压量 12mm。卸料板厚度为 12mm，卸料板上的弹簧沉孔深拟取 5mm，故上模座的弹簧沉孔深 h_1 为

$$h_1=\{(80-12)-[(62-0.4-12)+5]\}\text{mm}=12.6\text{mm}$$

式中　0.4mm 为卸料板超出凸凹模端面的距离。

（3）上模座的卸料螺钉沉孔深度 h_2

$$h_2 \geqslant \text{卸料板工作行程}+\text{螺钉头高}$$
$$=(15.2+8)\text{mm}=23.2\text{mm}$$

取 $h_2=25.4$mm（留 2.2mm 安全空隙，若凸凹模修磨量超过 2.2mm 时，尚需相应加深卸料螺钉沉孔深度）。

（4）卸料螺钉长度 l_1

$$l_1=[(62+0.4-12)+(35-25.4)]\text{mm}=60\text{mm}$$

式中　12 为卸料板厚度，35 为上模座厚度。

（5）推杆长度 l_2

$$l_2>\text{模柄总长}+\text{凸凹模高}-\text{推杆块厚}$$
$$=(85+62-25)\text{mm}=122\text{mm}$$

取 $l_2=140$mm。

5. 部分模具零件图

图 15-34 所示为凸凹模、凸模、凹模及卸料板的零件图。

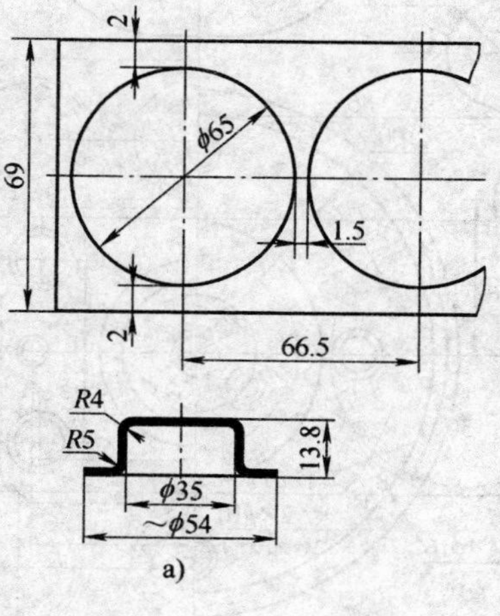

图 15-34　部分模具零件图

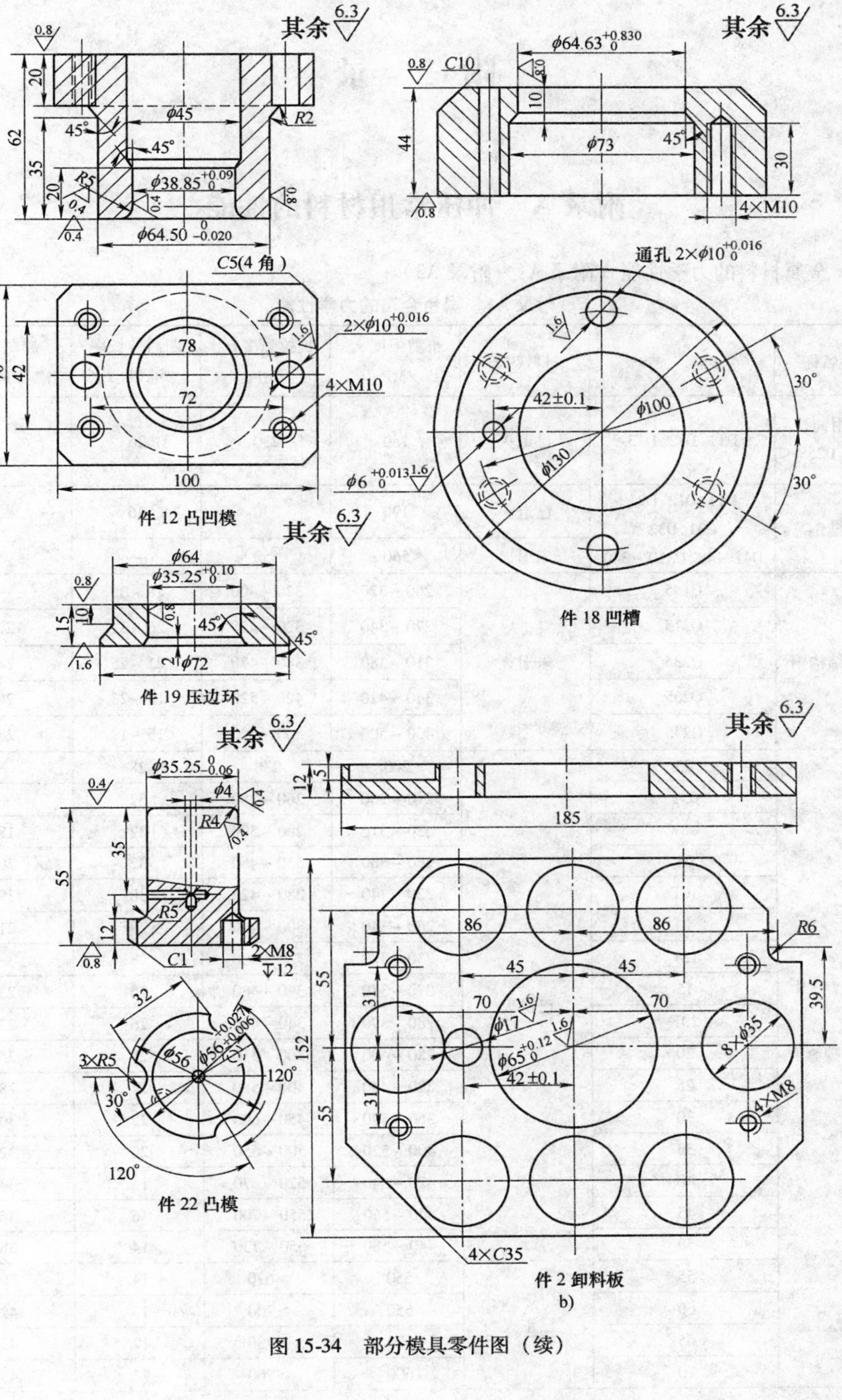

b)

图 15-34　部分模具零件图（续）

附　　录

附录 A　冲压常用材料的性能

1. 金属材料的力学性能（附录 A1 ~ 附录 A3）

附录 A1　黑色金属的力学性能

材料名称	牌　　号	材料状态	抗剪强度 τ_b /MPa	抗拉强度 σ_b /MPa	断后伸长率 δ_{10}(%)	屈服点 σ_s /MPa
电工用钝铁 $w_C<0.025\%$	DT1、DT2、DT3	已退火	180	230	26	—
电工硅钢	D11、D12、D21 D31、D32 D41 ~ 48、D310 ~ 340	已退火	190	230	26	—
		未退火	560	650	—	
碳素结构钢	Q195	未退火	260 ~ 320	320 ~ 400	28 ~ 33	—
	Q215		270 ~ 340	320 ~ 420	26 ~ 31	220
	Q235		310 ~ 380	380 ~ 470	21 ~ 25	240
	Q255		340 ~ 420	420 ~ 520	19 ~ 23	260
	Q275		400 ~ 500	500 ~ 620	15 ~ 19	280
优质碳素结构钢	05	已退火	200	230	28	—
	05F		210 ~ 300	260 ~ 380	32	—
	08F		220 ~ 310	280 ~ 390	32	180
	08		260 ~ 360	330 ~ 450	32	200
	10F		220 ~ 340	280 ~ 420	30	190
	10		260 ~ 340	300 ~ 440	29	210
	15F		250 ~ 370	320 ~ 460	28	—
	15		270 ~ 380	340 ~ 480	26	230
	20F		280 ~ 390	340 ~ 480	26	230
	20		280 ~ 400	360 ~ 510	25	250
	25		320 ~ 440	400 ~ 550	24	280
	30		360 ~ 480	450 ~ 600	22	300
	35		400 ~ 520	500 ~ 650	20	320
	40		420 ~ 540	520 ~ 670	18	340
	45		440 ~ 560	550 ~ 700	16	360
	50		440 ~ 580	550 ~ 730	14	380
	55	已正火	550	≥670	14	390
	60		550	≥700	13	410
	65		600	≥730	12	420
	70		600	≥760	11	430

（续）

材料名称	牌　号	材料状态	抗剪强度 τ_b /MPa	抗拉强度 σ_b /MPa	断后伸长率 δ_{10}(%)	屈服点 σ_s /MPa
优质碳素结构钢	65Mn	已退火	600	750	12	400
碳素工具钢热轧钢板	T7～T12 T7A～T12A	已退火	600	750	10	—
	T13　T13A		720	900	10	—
	T8A　T9A	冷作硬化	600～950	750～1200	—	—
合金工具钢	10Mn2	已退火	320～460	400～580	22	230
合金结构钢	25CrMnSiA 25CrMnSi	已低温退火	400～560	500～700	18	—
	30CrMnSiA 30CrMnSi		440～600	550～750	16	—
弹簧钢	60Si2Mn 60Si2MnA 65Si2MnWA	已低温退火	720	900	10	—
		冷作硬化	640～960	800～1200	10	
不锈钢	1Cr13	已退火	320～380	400～470	21	—
	2Cr13		320～400	400～500	20	—
	3Cr13		400～480	500～600	18	480
	4Cr13		400～480	500～600	15	500
	1Cr18Ni9 2Cr18Ni9	经热处理	460～520	580～640	35	200
		冷辗压的冷作硬化	800～880	1000～1100	38	220
	1Cr18Ni9Ti	经热处理退软	430～550	540～700	40	200

附录 A2　有色金属的力学性能

材料名称	牌　号	材料状态	抗剪强度 τ_b /MPa	抗拉强度 σ_b /MPa	断后伸长率 δ_{10}(%)	屈服点 σ_s /MPa
铝	1070A(L2)、1050A(L3) 1200(L5)	已退火的	80	75～110	25	50～80
		冷作硬化	100	120～150	4	—
铝锰合金	3A21(LF21)	已退火的	70～100	110～145	19	50
		半冷作硬化的	100～140	155～200	13	130
铝镁合金 铝铜镁合金	5A02(LF2)	已退火的	130～160	180～230	—	100
		半冷作硬化的	160～200	230～280	—	210
高强度的铝镁铜合金	7A04(LC4)	已退火的	170	250	—	—
		淬硬并经人工时效	350	500	—	460

（续）

材料名称	牌　号	材料状态	抗剪强度 τ_b /MPa	抗拉强度 σ_b /MPa	断后伸长率 δ_{10}(%)	屈服点 σ_s /MPa
镁锰合金	MB1	已退火的	120～240	170～190	3～5	98
	MB8	已退火的	170～190	220～230	12～14	140
		冷作硬化的	190～200	240～250	8～10	160
硬铝（杜拉铝）	2A12(LY12)	已退火的	105～150	150～215	12	—
		淬硬并经自然时效	280～310	400～440	15	368
		淬硬后冷作硬化	280～320	400～460	10	340
纯　铜	T1、T2、T3	软的	160	200	30	7
		硬的	240	300	3	—
黄　铜	H62	软的	260	300	35	—
		半硬的	300	380	20	200
		硬的	420	420	10	—
	H68	软的	240	300	40	100
		半硬的	280	350	25	—
		硬的	400	400	15	250
铅黄铜	HPb59-1	软的	300	350	25	145
		硬的	400	450	5	420
锰黄铜	HMn58-2	软的	340	390	25	170
		半硬的	400	450	15	—
		硬的	520	600	5	—
锡磷青铜 锡锌青铜	QSn6.5-2.5 QSn4-3	软的	260	300	38	140
		硬的	480	550	3～5	—
		特硬的	500	650	1～2	546
铝青铜	QA17	退火的	520	600	10	186
		不退火的	560	650	5	250
铝锰青铜	QA19-2	软的	360	450	18	300
		硬的	480	600	5	500
硅锰青铜	QSi3-1	软的	280～300	350～380	40～45	239
		硬的	480～520	600～650	3～5	540
		特硬的	560～600	700～750	1～2	—
铍青铜	QBe2	软的	240～480	300～600	30	250～350
		硬的	520	660	2	—
钛合金	BT1-1	退火的	360～480	450～600	25～30	—
	BT1-2		440～600	550～750	20～25	—
	BT5		640～680	800～850	15	—
镁合金	MB1	冷态	120～140	170～190	3～5	120
	MB8		150～180	230～240	14～15	220
	MB1	预热 300℃	30～50	30～50	50～52	—
	MB8		50～70	50～70	58～62	—

附录 A3　常用航空非铁板料的力学性能

牌号＼性能	$\sigma_{0.2}$ /MPa	σ_b /MPa	$\frac{\sigma_{0.2}}{\sigma_b}$	δ (%)	ψ (%)	$n=\varepsilon_1$	$c=\frac{\sigma_j}{\varepsilon_j^n}$ /MPa	r	E/MPa
3A21O	63	106	0.59	30	80	0.21	177	0.44	71000
5A02O	90	177	0.51	20	70	0.16	275	0.63	
2A12O	104	166	0.63	19	53	0.13	246	0.64	71000
2A12C	295	457	0.65	15.6	35	0.13	681		71000
7A04O	100	210	0.48	17	52	0.12	305		71000
7A04C	491	576	0.85	10.3	25.2	0.04	637		71000
MB8	211	270	0.78	15～20	25～30	0.11	384		41000
T2	174	220	0.79	43	61	0.27	411	1.09	110000
H62	161	320	0.5	50	58	0.38	672	1.00	
TC1	460～650	600～750	0.8～0.85	(20～35)	30～50	0.08～0.09			110000

2. 非金属材料的抗剪强度（附录 A4、附录 A5）

附录 A4　非金属材料的抗剪强度

材料名称	抗剪强度 τ/MPa 用尖刃凸模冲裁	抗剪强度 τ/MPa 用平刃凸模冲裁	材料名称	抗剪强度 τ/MPa 用尖刃凸模冲裁	抗剪强度 τ/MPa 用平刃凸模冲裁
低胶板	100～130	140～200	橡皮	1～6	20～80
布胶板	90～100	120～180	人造橡胶、硬橡胶	40～70	—
玻璃布胶板	120～140	160～190	柔软的皮革	6～8	30～50
金属箔的玻璃布胶板	130～150	160～220	硝过的及铬化的皮革	—	50～60
金属箔的纸胶板	110～130	140～200	未硝过的皮革	—	80～100
玻璃纤维丝胶板	100～110	140～160	云母	50～80	60～100
石棉纤维塑料	80～90	120～180	人造云母	120～150	140～180
有机玻璃	70～80	90～100	桦木胶合板	20	—
聚氯乙烯塑料、透明橡胶	60～80	100～130	硬马粪纸	70	60～100
赛璐珞	40～60	80～100	绝缘纸板	40～70	60～100
氯乙烯	30～40	50	红纸板	—	140～200
石棉橡胶	40		漆布、绝缘漆布	30～60	—
石棉板	40～50		绝缘板	150～160	180～240

附录 A5　加热时非金属材料的抗剪强度

材料	温度/℃	孔的直径/mm 1～3	孔的直径/mm >3～5	孔的直径/mm >5～10	孔的直径/mm >10和外形
		抗剪强度 τ/MPa			
纸胶板	22	150～180	120～150	110～120	100～110
	70～100	120～140	100～120	90～100	95
	105～130	110～130	100～110	90～100	90
布胶板	22	130～150	120～130	105～120	90～100
	80～100	100～120	80～110	90～100	70～80
玻璃布胶板	22	160～185	150～155	150	40～130
	80～100	121～140	115～120	110	90～100

（续）

材料	温度/℃	孔的直径/mm			
		1~3	>3~5	>5~10	>10 和外形
		抗剪强度 τ/MPa			
玻璃纤维丝胶板	22	140~160	130~140	120~130	70
	80~100	100~120	90~110	90	40
有机玻璃	22	90~100	80~90	70~80	70
	70~80	60~80	70	50	40
聚氯乙烯塑料	22	120~130	100~110	50~90	60~80
	100	60~80	50~60	40~50	40
赛璐珞	22	80~100	70~80	60~65	60
	70	50	40	35	30

3. 冲压成形性能（附录 A6、附录 A7）

附录 A6　钛合金的冲压成形性能

牌号	极限拉深比 LDR	极限翻边系数 K_{fc}	胀形深度 h/d		最小弯曲半径 r_{min}
			平冲头	球冲头	
BT1-1	$\frac{2.0\sim2.1}{2.5}$	$\frac{0.57\sim0.55}{0.5}$	$\frac{0.22\sim0.24}{0.3}$	$\frac{0.44\sim0.46}{0.5}$	$\frac{(1.5\sim2.0)t^{①}}{(1.0\sim1.2)t}$
BT1-2	$\frac{1.96\sim2.0}{2.5}$	$\frac{0.59\sim0.56}{0.5}$	$\frac{0.2\sim0.24}{0.3}$	$\frac{0.40\sim0.44}{0.5}$	$\frac{(1.7\sim2.2)t}{(1.0\sim1.5)t}$
OT4-1	$\frac{1.75\sim1.9}{2.4}$	$\frac{0.63\sim0.57}{0.5}$	$\frac{0.2\sim0.22}{0.3}$	$\frac{0.37\sim0.42}{0.5}$	$\frac{(1.7\sim2.5)t}{(1.2\sim2.0)t}$
OT4	$\frac{1.55\sim1.75}{2.2}$	$\frac{0.67\sim0.59}{0.57\sim0.53}$	$\frac{0.12\sim0.20}{0.20\sim0.24}$	$\frac{0.25\sim0.40}{0.28\sim0.32}$	$\frac{(2.5\sim3.0)t}{(1.5\sim2.0)t}$
BT4	$\frac{1.4\sim1.6}{2.0}$	$\frac{0.77\sim0.63}{0.59\sim0.56}$	$\frac{0.10\sim0.15}{0.16\sim0.20}$	$\frac{0.20\sim0.30}{0.25\sim0.30}$	$\frac{(3.5\sim4.0)t}{(2.2\sim2.7)t}$
BT5-1	$\frac{1.3\sim1.5}{2.0\sim2.1}$	$\frac{0.80\sim0.71}{0.59\sim0.57}$	$\frac{—}{0.18\sim0.22}$	$\frac{—}{0.40\sim0.42}$	$\frac{(4.0\sim4.5)t}{(2.5\sim3.5)t}$
OT4-2	$\frac{1.2\sim1.3}{1.6\sim1.7}$	$\frac{0.83\sim0.74}{0.63\sim0.59}$	$\frac{—}{0.12\sim0.16}$	$\frac{—}{0.25\sim0.35}$	$\frac{(4.5\sim5.5)t}{(3.0\sim3.5)t}$
BT6（退火态）	$\frac{1.1\sim1.15}{1.5\sim1.55}$	$\frac{0.83\sim0.77}{0.67\sim0.57}$	$\frac{—}{0.10\sim0.15}$	$\frac{—}{0.20\sim0.35}$	$\frac{(5.5\sim6.0)t}{(3.5\sim4.0)t}$
BT14（退火态）	$\frac{1.5\sim1.6}{—}$	$\frac{0.67\sim0.61}{0.63\sim0.59}$	$\frac{0.10\sim0.15}{—}$	$\frac{0.25\sim0.30}{—}$	$\frac{(3.5\sim4.5)t}{(2.0\sim2.5)t}$

注：表中分子代表冷冲压、分母代表热冲压时的实验数据。

① t—板料厚度。

由附录 A6 表中数据可知，钛合金热板冲压性能比冷冲压性能要好得多。故钛合金零件常采用热成形、热校或超塑性成形工艺。

附录 A7　深冲冷轧薄板的杯突试验值（摘自 GB/T 5213—2008 和 GB/T 710—2008）

钢板厚度/mm	钢号及级别							
	08Al			08,08F			10,15,20	
	ZF①	HF	F	Z②	S	P	Z②	S
	E_r 值（杯突试验深度）不小于/mm							
0.5	—	—	—	9.0	8.4	8.0	8.0	7.4
0.6	—	—	—	9.4	8.9	8.5	8.4	7.8
0.7	—	—	—	9.7	9.2	8.9	8.6	8.0
0.8	10.6	10.5	10.3	10.0	9.5	9.3	8.8	8.2
0.9	10.8	10.7	10.5	10.3	9.9	9.6	9.0	8.4
1.0	11.2	10.8	10.7	10.5	10.1	9.9	9.2	8.6
1.1	11.3	11.0	10.9	10.8	10.4	10.2	—	—
1.2	11.5	11.2	11.1	11.0	10.6	10.4	—	—
1.3	11.7	11.3	11.3	11.2	10.8	10.6	—	—
1.4	11.8	11.4	11.4	11.3	11.0	10.8	—	—
1.5	12.0	11.6	11.5	11.5	11.2	11.0	—	—
1.6	—	11.8	11.7	11.6	11.4	11.2	—	—
1.7	—	12.0	11.9	11.8	11.6	11.4	—	—
1.8	—	12.1	12.0	11.9	11.7	11.5	—	—
1.9	—	12.2	12.1	12.0	11.8	11.7	—	—
2.0	—	12.3	12.2	12.1	11.9	11.8	—	—

① 铝镇静钢 08Al 按其拉深质量分为三级：ZF—拉深最复杂零件，HF—拉深很复杂零件，F—拉深复杂零件。
② 深冲薄钢板（包括热轧板）按冲压性能分级为：Z—最深拉深级，S—深拉深级，P—普通拉深级。

附录 B　冲压常用板料规格

1. 钢板、钢带规格（附录 B1 ~ 附录 B14）

附录 B1　钢板品种与常用规格举例

类　别	品　种	名　称	厚度/mm
普通钢板	热轧普通厚钢板（$t>4$mm） 热轧普通薄钢板（$t\leqslant4$mm） 冷轧普通薄钢板（$t\leqslant4$mm）	汽车大梁用钢板	2.5 ~ 10
		锅炉钢板	4.5 ~ 120
		碳素结构钢钢板	0.3 ~ 120
		低合金钢钢板	1.0 ~ 120
		花纹钢板	3.0 ~ 7
		镀锌薄钢板	0.3 ~ 2.0
		桥梁用钢板	4.5 ~ 50
		造船用钢板	1.0 ~ 120
优质钢带	（与上述三个品种相对应）	碳素结构钢钢板	0.5 ~ 120
		合金结构钢钢板	1.0 ~ 50
		高速工具钢钢板	1.0 ~ 8
		弹簧钢板	1.0 ~ 20
		不锈钢板	0.5 ~ 20
复合钢板		不锈复合厚钢板	6 ~ 30
		塑料复合薄钢板	0.35 ~ 2.0
		犁铧用三层钢板	7 ~ 9

附录 B2　钢带品种及常用规格举例

类　别	品　种	名　称	厚度/mm
普通钢带	热轧普通钢钢带 冷轧普通钢钢带	碳素结构钢钢带	2.5～6(热轧) 0.05～4(冷轧)
		镀锡钢带	0.08～0.6(冷轧)
		软管用钢带	0.25～0.7(冷轧)
优质钢带	（与上述两个品种相对应）	碳素结构钢钢带	2.5～7(热轧) 0.05～3(冷轧)
		合金结构钢钢带	0.25～3(冷轧)
		高速工具钢钢带	1～1.5(冷轧) 2.5～6(热轧)
		弹簧钢带	0.05～3(冷轧)
		不锈钢带	2.5～9(热轧) 0.05～2.5(冷轧)

附录 B3　专用钢带品种举例

名　称	执行标准号或规格	生产厂家
1. 自行车用冷轧钢带		首钢带钢厂
2. 自行车链条用冷轧钢带	20MnSi　1.25mm×81mm	首钢带钢厂
3. 电梯选层器用调质钢带	65Mn　0.4mm×25mm	首钢带钢厂
4. 带落砂孔石材锯条钢带	65Mn　6mm×180mm×3300～4500mm	首钢带钢厂
5. 手表、照相机及各种阀片用热处理弹簧钢带	65Mn,T10A 0.2～1.0mm×5～40mm	首钢带钢厂

附录 B4　轧制薄钢板的尺寸（摘自 GB/T 708—2006）　　（单位：mm）

钢板厚度	钢板宽度												
	500	600	710	750	800	850	900	950	1000	1100	1250	1400	1500
	冷轧钢板长度												
0.2,0.25	1200	1420	1500	1500	1500								
0.3,0.4	1000	1800	1800	1800	1800	1800	1500	1500					
	1500	2000	2000	2000	2000	2000	1800	2000					
0.5,0.55		1200	1420	1500	1500	1500							
0.6	1000	1800	1800	1800	1800	1800	1500	1500					
	1500	2000	2000	2000	2000	2000	1800	2000					
0.7,0.75		1200	1420	1500	1500	1500							
	1000	1800	1800	1800	1800	1800	1500	1500					
	1500	2000	2000	2000	2000	2000	1800	2000					
0.8,0.9		1200	1420	1500	1500	1500	1500						
	1000	1800	1800	1800	1800	1800	1800	1500	2000	2000			
	1500	2000	2000	2000	2000	2000	2000	2000	2200	2500			
1.0,1.1	1000	1200	1420	1500	1500	1500					2800	2800	
1.2,1.4	1500	1800	1800	1800	1800	1800	1800		2000	2000	3000	3000	
1.5,1.6													
1.8,2.0	2000	2000	2000	2000	2000	2000	2000	2000	2200	2500	3500	3500	

（续）

钢板厚度	钢板宽度												
	500	600	710	750	800	850	900	950	1000	1100	1250	1400	1500
	冷轧钢板长度												
2.2,2.5	500	600											
2.8,3.0	1000	1200	1420	1500	1500	1500							
3.2,3.5	1500	1800	1800	1800	1800	1800	1800	2000					
3.8,4.0	2000	2000	2000	2000	2000	2000							
	热轧钢板长度												
0.35,0.4		1200		1000									
0.45,0.5	1000	1500	1000	1500	1500		1500	1500					
0.55,0.6	1500	1800	1420	1800	1600	1700	1800	1900	1500				
0.7,0.75	2000	2000	2000	2000	2000	2000	2000	2000	2000				
0.8,0.9				1500	1500	1500	1500	1500					
	1000	1200	1420	1800	1600	1700	1800	1900	1500				
	1500	1420	2000	2000	2000	2000	2000	2000	2000				
1.0,1.1				1000			1000						
1.2,1.25	1000	1200	1000	1500	1500	1500	1500	1500					
1.4,1.5	1500	1420	1420	1800	1600	1700	1800	1900	1500				
1.6,1.8	2000	2000	2000	2000	2000	2000	2000	2000	2000				
2.0,2.2							1000						
2.5,2.8	500	600	1000	1500	1500	1500	1500	1500	1500	2200	2500	2800	
	1000	1200	1420	1800	1600	1700	1800	1900	2000	3000	3000	3000	3000
	1500	1500	2000	2000	2000	2000	2000	2000	3000	4000	4000	4000	4000
3.0,3.2				1000			1000					2800	
3.5,3.8				1500	1500	1500	1500	1500	2000	2200	2500	3000	3000
4.0	500	600	1420	1800	1600	1700	1800	1900	3000	3000	3000	3500	3500
	1000	1200	1200	2000	2000	2000	2000	2000	4000	4000	4000	4000	4000

附录 B5　钢板厚度的极限偏差（摘自 GB/T 708—2006）　　（单位：mm）

钢板厚度	A	B	C	
	高级精度	较高精度	普通精度	
	冷轧优质钢板	普通和优质钢板		
		冷轧和热轧	热　轧	
	全部宽度		宽度＜1000	宽度≥1000
0.2～0.4	±0.03	±0.04	±0.06	±0.06
0.45～0.5	±0.04	±0.05	±0.07	±0.07
0.55～0.60	±0.05	±0.06	±0.08	±0.08
0.70～0.75	±0.06	±0.07	±0.09	±0.09

（续）

钢板厚度	A	B	C	
	高级精度	较高精度	普通精度	
	冷轧优质钢板	普通和优质钢板		
		冷轧和热轧	热　轧	
	全部宽度		宽度＜1000	宽度≥1000
1.0～1.1	±0.07	±0.09	±0.12	±0.12
1.2～1.25	±0.09	±0.11	±0.13	±0.13
1.4	±0.10	±0.12	±0.15	±0.15
1.5	±0.11	±0.12	±0.15	±0.15
1.6～1.8	±0.12	±0.14	±0.16	±0.16
2.0	±0.13	±0.15	+0.15 −0.18	±0.18
2.2	±0.14	±0.16	+0.15 −0.19	±0.19
2.5	±0.15	±0.17	+0.16 −0.20	±0.20
2.8～3.0	±0.16	±0.18	+0.17 −0.22	±0.22
3.2～3.5	±0.18	±0.20	+0.18 −0.25	±0.25
3.8～4.0	±0.20	±0.22	+0.20 −0.30	±0.30

附录 B6　热轧厚钢板的尺寸（GB/T 709—2006）　　（单位：mm）

厚　度	宽　度									
	600～1200	1200～1500	1500～1600	1600～1700	1700～1800	1800～2000	2000～2200	2200～2500	2500～2800	2800～3000
	最大长度									
4.5～5.5	12000	12000	12000	12000	12000	6000	—	—	—	—
6～7	12000	12000	12000	12000	12000	10000	—	—	—	—
8～10	12000	12000	12000	12000	12000	12000	9000	9000	—	—
11～15	12000	12000	12000	12000	12000	12000	9000	8000	8000	8000
16～20	12000	12000	12000	10000	10000	9000	8000	7000	7000	7000
21～25	12000	11000	11000	10000	9000	8000	7000	6000	6000	6000
26～30	12000	10000	9000	9000	9000	8000	7000	6000	6000	6000
32～34	12000	9000	8000	7000	7000	7000	7000	7000	6000	5000
36～40	10000	8000	7000	7000	6500	6500	5500	5500	5000	—
42～50	9000	8000	7000	7000	6500	6000	5000	4000	—	—
52～60	8000	6000	6000	6000	5500	5000	4500	4000	—	—

附录 B7　镀锌和酸洗钢板的规格和厚度公差（极限偏差）

（单位：mm）

材料厚度	公差（极限偏差）	常用的钢板的宽度×长度/mm×mm
0.25，0.30，0.35 0.40，0.45	±0.05	510×710　850×1700 710×1420　900×1800 750×1500　900×2000
0.50，0.55	±0.05	710×1420　900×1800 750×1500　900×2000 750×1800　1000×2000 850×1700
0.60，0.65	±0.06	
0.70，0.75	±0.70	
0.80，0.90	±0.08	
1.00，1.10	±0.09	
1.20，1.30	±0.11	710×1420　750×1800 750×1500　850×1700 900×1800　1000×2000
1.40，1.50	±0.12	
1.60，1.80	±0.14	
2.00	±0.16	

附录 B8　热轧硅钢薄板的规格

（单位：mm）

分类	检验条件	钢　号	厚　度	宽度×长度/mm×mm
低硅钢板	强磁场	D11	1.0，0.5	600×1200 670×1340 750×1500 860×1720 900×1800 1000×2000 0.2、0.1mm 厚度，其宽度×长度由双方协议规定
		D12	0.5	
		D21	1.0，0.5，0.35	
		D22	0.5	
		D23	0.5	
		D24	0.5	
高硅钢板		D31	0.5，0.35	
		D32	0.5，0.35	
		D41	0.5，0.35	
		D42	0.5，0.35	
		D43	0.5，0.35	
		D44	0.5，0.35	
	中磁场	DH41	0.35，0.2，0.1	
	弱磁场	DR41	0.35，0.2，0.1	
	高频率	DG41	0.35，0.2，0.1	

附录 B9　钢板的理论质量

厚度/mm	理论质量/(kg/m^2)	厚度/mm	理论质量/(kg/m^2)	厚度/mm	理论质量/(kg/m^2)
0.2	1.570	0.45	3.533	0.7	5.495
0.25	1.963	0.5	3.925	0.75	5.888
0.3	2.355	0.55	4.318	0.8	6.280
0.4	3.140	0.6	4.710	0.9	7.065

（续）

厚度/mm	理论质量/(kg/m²)	厚度/mm	理论质量/(kg/m²)	厚度/mm	理论质量/(kg/m²)
1.0	7.850	2.0	15.70	4.0	31.40
1.1	8.635	2.2	17.27	4.5	35.33
1.2	9.420	2.5	19.63	5.0	39.25
1.25	9.813	2.8	21.98	5.5	43.18
1.4	10.99	3.0	23.55	6.0	47.10
1.5	11.78	3.2	25.12	7.0	54.95
1.6	12.56	3.5	27.48	8.0	62.80
1.8	14.13	3.8	29.83	9.0	70.65

附录 B10　碳素钢热轧钢带尺寸（摘自 GB/T 3524—2005）　（单位：mm）

厚　度	宽　度
2.0,2.25	50,60,65,70,75,80,85,90,95,100,110,120,130,140,150,160
2.5,2.75	50,60,65,70,75,80,85,90,95,100,110,120,130,140,150,160,170,180,190,200
3.0,3.25,3.5,4.0,4.25,4.5,4.75,5.0,5.25,5.5,5.75,6.0	50,60,65,70,75,80,85,90,95,100,110,120,130,140,150,160,170,180,190,200,210,220,230,240,250,260,270,280,290,300

注：碳素钢热轧钢带，钢号在合同中注明，其化学成分和力学性能应符合 GB/T 700—1988 中的规定。

附录 B11　碳素钢冷轧钢带的分类（摘自 GB/T 716—1991）

按制造精度分		按力学性能分		按边缘状态分		按表面质量分	
名　称	符号	名　称	符号	名　称	符号	名　称	符号
普通精度钢带	P	软钢带	R	切边钢带	Q	Ⅰ组钢带	Ⅰ
宽度精度较高钢带	K	半软钢带	BR				
厚度精度较高钢带	H						
宽度和厚度精度较高钢带	KH	冷硬钢带	Y	不切边钢带	BQ	Ⅱ组钢带	Ⅱ

附录 B12　碳素钢冷轧钢带尺寸（摘自 GB/T 716—1991）　（单位：mm）

厚　度	宽　度
0.05,0.06,0.08	5~100
0.10	5~150
0.15,0.20,0.30,0.35,0.40,0.45,0.50,0.55,0.60,0.65,0.70,0.75,0.80,0.85,0.90,0.95,1.00,1.05,1.10,1.15,1.20,1.25,1.30,1.35,1.40,1.45,1.50	10~200
1.60,1.70,1.80,1.90,2.00,2.10,2.20,2.30,2.40,2.50,2.60,2.70,2.80,2.90,3.00	50~200

注：宽度等于和小于 150mm 的，按 5mm 进级；大于 150mm 的，按 10mm 进级。

附录 B13　优质碳素钢冷轧钢带尺寸（摘自 GB/T 716—1991）　（单位：mm）

厚度	0.05,0.06,0.08,0.10,0.12,0.15,0.18,0.20,0.22,0.25,0.28,0.30,0.35,0.40,0.45,0.50,0.55,0.60,0.65,0.70,0.75,0.80,0.85,0.90,0.95,1.00,1.05,1.10,1.15,1.20,1.25,1.30,1.35,1.40,1.45,1.50,1.55,1.60,1.65,1.70,1.75,1.80,1.85,1.90,1.95,2.00,2.10,2.20,2.30,2.40,2.50,2.60,2.70,2.80,2.90,3.00,3.10,3.20,3.30,3.40,3.50,3.60

（续）

宽度	4～20（按1mm进级），22～40（按2mm进级），43，46，50，53，56，60，63，66，70，73，76，80，83，86，90，93，96，100，105～250（按5mm进级），260，270，280，290，300

注：宽度在0.2mm以下的钢带，只订制TR（特级）及Y（硬）两种。

附录B14　冷轧不锈耐热钢带的厚度及允许偏差　（单位：mm）

厚　度	宽　度			厚　度	宽　度		
	20～150	>150～400	>400～600		20～150	>150～400	>400～600
0.05～0.10	-0.015	-0.02		>0.90～1.20	-0.07	-0.08	-0.09
>0.10～0.15	-0.02	-0.02		>1.20～1.50	-0.09	-0.10	-0.11
>0.15～0.25	-0.03	-0.03	-0.04	>1.50～1.80	-0.12	-0.12	-0.14
>0.25～0.45	-0.04	-0.04	-0.05	>1.80～2.00	-0.15	-0.15	-0.16
>0.45～0.65	-0.05	-0.05	-0.06	>2.00～2.30	-0.16	-0.17	-0.17
>0.65～0.90	-0.06	-0.06	-0.08	>2.30～2.50	-0.17	-0.18	-0.18

注：酸洗状态的钢带厚度允许偏差：厚度<0.9mm表中值+0.01mm；厚度≥0.9mm表中值+0.02mm。

2. 有色金属及其合金板规格（附录B15～附录B19）

附录B15　铜板、带材的供应状态

铜板名称	供应状态	执行标准号	铜带名称	供应状态	执行标准号
纯铜板	热轧(R) 软(M) 硬(Y)	GB/T 2040—1989	纯铜带	(B) (M) (Y)	GB/T 2059—1989
黄铜板	热轧(R) 软(M) 半硬(Y_2) 硬(Y) 特硬(T)	GB/T 2041—1989	黄铜带	(M) (Y_2) (Y) (T)	GB/T 2060—1989
铝青铜板	软(M) 半硬(Y_2) 硬(Y)	GB/T 2043—1989	铝青铜带	(M) (Y_2) (Y) (T)	GB/T 2062—1989
锰青铜板 硅青铜板	软(M) 硬(Y) 特硬(T)	GB/T 2046—1989 GB/T 2047—1989	锰青铜带 硅青铜带	(M) (Y) (T)	GB/T 2064—1989 GB/T 2065—1989
锡青铜板	热轧(R) 软(M) 半硬(Y_2) 硬(Y) 特硬(T)	GB/T 2048—1989	锡青铜带	(M) (Y_2) (Y) (T)	GB/T 2066—1989

（续）

<table>
<tr><th>铜板名称</th><th>供应状态</th><th>执行标准号</th><th>铜带名称</th><th>供应状态</th><th>执行标准号</th></tr>
<tr><td>锡锌铅青铜板</td><td>软(M)
1/3 硬(Y_3)
半硬(Y_2)
硬(T)</td><td>GB/T 2049—1989</td><td>锡锌铅青铜带</td><td>(M)
(Y_3)
(Y_2)
(Y)</td><td>GB/T 2067—1989</td></tr>
</table>

附录 B16　铜板厚度的极限偏差

（单位：mm）

<table>
<tr><th rowspan="4">公称厚度</th><th colspan="2">黄铜板</th><th colspan="6">宽度×长度/mm×mm</th></tr>
<tr><th colspan="2">宽 200~500</th><th colspan="2">700×1430</th><th colspan="2">800×1500</th><th colspan="2">1000×2000</th></tr>
<tr><th colspan="8">厚度的极限偏差</th></tr>
<tr><th>普通级</th><th>较高级</th><th>纯铜</th><th>黄铜</th><th>纯铜</th><th>黄铜</th><th>纯铜</th><th>黄铜</th></tr>
<tr><td>0.4</td><td rowspan="4">0
-0.07</td><td rowspan="5">—</td><td rowspan="3">0
-0.09</td><td rowspan="2">—</td><td colspan="2" rowspan="4">—</td><td rowspan="4">—</td><td rowspan="7"></td></tr>
<tr><td>0.45</td></tr>
<tr><td>0.5</td><td>0
-0.09</td></tr>
<tr><td>0.6</td><td colspan="2" rowspan="3">0
-0.10</td></tr>
<tr><td>0.7</td><td rowspan="2">0
-0.08</td><td colspan="2" rowspan="2">0
-0.12</td><td rowspan="2">0
-0.15</td></tr>
<tr><td>0.8</td></tr>
<tr><td>0.9</td><td rowspan="2">0
-0.09</td><td rowspan="2">0
-0.08</td><td colspan="2" rowspan="3">0
-0.12</td><td rowspan="3">0
-0.14</td><td>0
-0.12</td><td>0
-0.17</td></tr>
<tr><td>1.0</td><td>0
-0.14</td><td>0
-0.17</td><td rowspan="4">0
0.18</td></tr>
<tr><td>1.1</td><td rowspan="4">0
-0.10</td><td rowspan="4">0
-0.09</td><td>0
-0.14</td><td rowspan="3">0
-0.18</td></tr>
<tr><td>1.2</td><td colspan="2">0
-0.14</td><td colspan="2" rowspan="2">0
-0.16</td></tr>
<tr><td>1.35</td><td>0
-0.14</td><td rowspan="4">0
-0.16</td></tr>
<tr><td>1.5</td><td rowspan="3">0
-0.15</td><td colspan="2" rowspan="3">0
-0.18</td><td colspan="2" rowspan="4">0
-0.21</td></tr>
<tr><td>1.65</td><td rowspan="5">0
-0.12</td><td rowspan="5">0
-0.10</td></tr>
<tr><td>1.8</td></tr>
<tr><td>2.0</td><td colspan="2" rowspan="2">0
-0.18</td><td colspan="2" rowspan="2">0
-0.20</td></tr>
<tr><td>2.25</td><td colspan="2" rowspan="4">0
-0.24</td></tr>
<tr><td>2.5</td><td colspan="2" rowspan="3">0
-0.21</td><td>0
-0.22</td><td>0
-0.22</td></tr>
<tr><td>2.75</td><td rowspan="2">0
-0.14</td><td rowspan="4">0
-0.12</td><td colspan="2" rowspan="2">0
-0.24</td></tr>
<tr><td>3.0</td></tr>
<tr><td>3.5</td><td>0
-0.16</td><td colspan="2" rowspan="2">0
0.24</td><td colspan="2" rowspan="2">0
-0.27</td><td colspan="2" rowspan="2">0
-0.30</td></tr>
<tr><td>4.0</td><td>0
-0.18</td></tr>
</table>

附录 B17　铝及合金板的厚度和宽度的极限偏差　（单位：mm）

板料公称厚度	板料公称宽度 400 500	600	800	1000	1200	1400	1500	2000	宽度的极限偏差
	厚度的极限下偏差（极限上偏差为0）								
0.3	−0.05								
0.4	−0.05								
0.5	−0.05	−0.05	−0.08	−0.10	−0.12				宽度≤1000者
0.6	−0.05	−0.06	−0.10	−0.12	−0.12				
0.8	−0.08	−0.08	−0.12	−0.12	−0.13	−0.14	−0.14		
0.10	−0.10	−0.10	−0.15	−0.15	−0.16	−0.17	−0.17		为 $^{-5}_{-3}$
1.2	−0.10	−0.10	−0.10	−0.15	−0.16	−0.17	−0.17		
1.5	−0.15	−0.15	−0.20	−0.20	−0.22	−0.25	−0.25	−0.27	宽度＞1000者
1.8	−0.15	−0.15	−0.20	−0.20	−0.22	−0.25	−0.25	−0.27	
2.0	−0.15	−0.15	−0.20	−0.20	−0.24	−0.26	−0.26	−0.28	为 $^{+10}_{-5}$
2.5	−0.20	−0.20	−0.25	−0.25	−0.28	−0.29	−0.29	−0.30	
3.0	−0.25	−0.25	−0.30	−0.30	−0.33	−0.34	−0.34	−0.35	

附录 B18　铝及铝合金（密度 2.85）板料每 $1m^2$ 理论质量（GB/T 3880.3—2006）

公称厚度 /mm	理论质量 /(kg/m^2)	公称厚度 /mm	理论质量 /(kg/m^2)	公称厚度 /mm	理论质量 /(kg/m^2)	公称厚度 /mm	理论质量 /(kg/m^2)
0.2	0.570	2.0	5.700	10	28.500	50	142.500
0.3	0.855	2.3	6.555	12	34.200	60	171.000
0.4	1.140	2.5	7.125	14	39.900	70	199.500
0.5	1.425	2.8	7.980	15	42.750	80	228.000
0.6	1.710	3.0	8.550	16	45.600	90	256.500
0.7	1.995	3.5	9.975	18	51.300	100	285.000
0.8	2.280	4.0	11.400	20	57.000	110	313.500
0.9	2.565	5.0	14.250	22	62.700	120	342.000
1.0	2.850	6.0	17.100	25	71.250	130	370.500
1.2	3.420	7.0	19.950	30	85.500	140	399.000
1.5	4.275	8.0	22.800	35	99.750	150	427.500
1.8	5.130	9.0	25.650	40	114.000	160	456.000

注：表中铝板每 $1m^2$ 的理论质量，系按 7A04 的密度 2.85 计算，其他铝及铝合金应乘以下换算系数：

纯铝 1070A、1060、1050A、1035、1200、8A06 为 0.951；6A02 为 0.947；5A02 为 0.940；2A14、2A11 为 0.982；5A05、5A12 为 0.930；2A06 为 0.968；5A06 为 0.926；2A12 为 0.975；2A16 为 0.996；3A21 为 0.958；5A03 为 0.937。

附录 B19　冷轧镍及镍合金板的厚度和允许偏差（GB/T 2054—2005）（单位：mm）

厚　度	宽　度		
	100~300	>300~600	>600~1000
	厚度允许偏差		
0.5 0.6 0.7	−0.06		
0.8 0.9 1.0	−0.08	−0.12	−0.16
1.2	−0.09	−0.14	−0.18
1.5	−0.10	−0.16	
1.8 2.0	−0.11	−0.18	−0.22
2.5	−0.12	−0.21	−0.24
3.0	−0.13	−0.22	−0.27
3.5	−0.15	−0.24	
4.0	−0.20	−0.27	−0.30

注：1. 大于4mm 的冷轧板有4.5、5.0、5.5、6.0、6.5、7.0、7.5、8.0、8.5、9.0、10。

2. 材料的牌号为 N6、N7、NSi0.19、NSi0.2、NMg0.1、NCu28-2.5-1.5、NCu40-2-1，供应状态有软（M），半硬（Y_2）或硬（Y）。

附录 C　国外部分冲压板料的性能及规格

1. 日本轧制钢板（附录 C1~附录 C4）

附录 C1　钢板的力学性能和用途（JIS G 3131、G 3141、G 3302）

种　类	牌号	用途	抗拉强度/MPa	伸长率(%)		适用厚度/mm	备　注
				>1.0~1.6	>2.5		
热轧钢板（JIS G 3131）	SPHC	一般用	275	27	24	1.2~14	滚桶、卷筒等
	SPHD	拉深用	275	30	35	1.2~14	汽车部件
	SPHE	深拉深用	275	31	37	1.2~6	属镇静钢
冷轧钢板（JIS G 3141）	SPCC	一般用	275	37	39	0.4~3.2	
	SPCD	拉深用	275	39	41	0.4~3.2	
	SPCE	深拉深用	275	41	43	0.4~3.2	属镇静钢
彩色镀锌钢板（JIS G3302）	SGHC	一般用	275	—	—	1.6~6.0	用热轧原板
	SGCC	一般用	275	—	—	0.25~3.2	用冷轧原板
	SGCD	拉深用	275	37	—	0.4~2.3	用冷轧原板

附录 C2　软钢板的化学成分（JIS G 3131）

牌　号	w_P(%)	w_S(%)	w_C(%)	w_{Mn}(%)
SPHC	≤0.05	≤0.05	≤0.15	≤0.6
SPHD	≤0.04	≤0.04	≤0.1	≤0.5
SPHE	≤0.03	≤0.035	≤0.1	≤0.5

附录 C3　钢板的硬度（JIS G 3141）

区　分	记　号	硬　度	
		HRB	HV
1/8 硬质	8	50～71	95～130
1/4 硬质	4	65～80	115～150
1/2 硬质	2	74～89	135～185
硬质	1	85	170

附录 C4　钢板厚度的极限偏差（JIS G 3131，G 3141，G 3302）　（单位：mm）

厚度	热轧钢板	冷轧钢板	镀锌钢板		厚度	热轧钢板	冷轧钢板	镀锌钢板	
			SGHC	SGCC				SGHC	SGCC
<0.25	—	±0.03	—	±0.04	2.5～3.15	±0.19	±0.15	±0.21	±0.16
0.25～0.4	—	±0.04	—	±0.05	3.15～4.0	±0.21	±0.17	±0.30	±0.18
0.4～0.6	—	±0.05	—	±0.06	4.0～5.0	±0.24	—	±0.33	—
0.6～0.8	—	±0.06	—	±0.07	5.0～6.0	±0.26	—	±0.33	—
0.8～1.0	—	±0.06	—	±0.08	6.0～8.0	±0.29	—	—	—
1.0～1.25	—	±0.07	—	±0.09	8.0～10.0	±0.32	—	—	—
1.25～1.6	—	±0.09	—	±0.11	10.0～12.5	±0.35	—	—	—
1.6～2.0	±0.16	±0.11	±0.17	±0.12	12.5～14	±0.38	—	—	—
2.0～2.5	±0.17	±0.13	±0.17	±0.14					

2. 日本轧制不锈钢板（附录 C5～附录 C8）

附录 C5　主要冷轧不锈钢板的力学性能、特征和用途（JIS G 4305）

牌号	屈服点 σ_s/MPa	抗拉强度 σ_b/MPa	伸长率 δ（%）	硬　度			磁性	特征和用途
				HRB	HV			
SUS304	210	530	40	90	≤200		无	1）18-8 系不锈钢，冷加工性、耐蚀性、耐热性良好 2）家庭用品，食品工业，机械，汽车零件，暖气设备
SUS430	210	460	22	88	200		有	1）Cr 系不锈钢，冷加工性、耐蚀性良好 2）家庭用品，电气、煤气机器，石油器具零件
$SUS420J_2$	230	550	18	99	247	退火后 40HRC	有	1）强磁性体，退火后具有很高硬度 2）机械零件
SUS631S	390	1050	20			200HV	无	1）热处理后可成为强韧性材料 2）弹簧、耐磨损机械零件
SUS631TH-1050	980	1160	3			40HRC 345HV	无	

附录 C6　不锈钢板板厚的极限偏差（JIS G 4305）　（单位：mm）

板　厚	厚度极限偏差	板　厚	厚度极限偏差
0.3　0.4　0.5	±0.05	1.5	±0.12
0.6　0.7	±0.07	2.0	±0.17
0.8　0.9	±0.09	2.5　3.0	±0.22
1.0　1.2	±0.10		

附录 C7　冷轧不锈钢板的化学成分（JIS G 4305）

分类	牌号	w_C (%)	w_{Si} (%)	w_{Mn} (%)	w_P (%)	w_S (%)	w_{Ni} (%)	w_{Cr} (%)	w_{Mo} (%)	w_N (%)	其他
奥氏体型	SUS201	0.15	1.0	5.5 ~ 7.5	≤0.06	≤0.03	3.5 ~ 5.5	16.0 ~ 18.0	—	0.25	—
	SUS301	0.15	1.0	2.0	0.04	≤0.03	6.0 ~ 8.0	16.0 ~ 18.0	—	—	—
	SUS304	0.08	1.0	2.0	0.045	≤0.03	8.0 ~ 10.5	18.0 ~ 20.0	—	—	—
	SUS304N	0.08	1.0	2.5	0.045	≤0.03	7.0 ~ 10.5	18.0 ~ 20.0	—	0.1 ~ 0.25	—
	SUS316	0.08	1.0	2.0	0.045	≤0.03	10.0 ~ 14.0	16.0 ~ 18.0	2.0 ~ 3.0	—	—
	SUS321	0.08	1.0	2.0	0.045	≤0.03	9.0 ~ 13.0	17.0 ~ 19.0	—	—	Ti 5×C% 以上
奥氏体、铁素体型	$SUS329J_1$	0.08	1.0	1.5	0.04	≤0.03	3.0 ~ 6.0	23.0 ~ 28.0	1.0 ~ 3.0	—	—
铁素体型	SUS410L	0.03	1.0	1.0	0.04	≤0.03	—	11.0 ~ 13.5	—	—	—
	SUS430	0.12	0.75	1.0	0.04	≤0.03	—	16.0 ~ 18.0	—	—	—
	SUS434	0.12	1.0	1.0	0.04	≤0.03	—	16.0 ~ 18.0	0.75 ~ 1.25	—	—
马氏体型	SUS403	0.15	0.50	1.0	0.04	≤0.03	—	11.5 ~ 13.0	—	—	—
	SUS410	0.15	1.0	1.0	0.04	≤0.03	—	11.5 ~ 13.5	—	—	—
	$SUS420J_2$	0.26 ~ 0.40	1.0	1.0	0.04	≤0.03	—	12.0 ~ 14.0	—	—	—
沉淀硬化型	SUS631	0.09	1.0	1.0	0.04	≤0.03	6.5 ~ 7.75	16.0 ~ 18.0	—	—	Al 0.75 ~ 1.50

附录 C8　弹簧用不锈钢带的力学性能（JIS G 4313）

分　类	牌　号	硬化 HV（冷轧后）	抗拉强度 σ_b /MPa	热处理后硬度 HV	硬度/mm
奥氏体型	SUS301-CSP-H	>490	1350	—	0.1,0.12 0.15,0.2
	SUS304-CSP-H	370	1150	—	0.25,0.28 0.3,0.35
马氏体型	SUS420J_2-CSP-O	210	—	410~570	0.4,0.45 0.5,0.55
沉淀硬化型	SUS631-CSP-H	450	1450	530	0.6,0.7,0.8 0.9,1.0,1.1

3. 日本铝及其合金板（附录 C9、附录 C10）

附录 C9　铝及铝合金板与带的厚度的极限偏差（JIS H 4000）　　（单位：mm）

宽度 / 厚度	板		带		宽度 / 厚度	板		带	
	390	390~690	190 以下	190~290		390	390~690	190 以下	190~290
0.1~0.15	±0.02	—	±0.01	±0.02	>0.5~0.8	±0.06	±0.07	±0.04	±0.05
>0.15~0.25	±0.03	±0.04	±0.02	±0.03	>0.8~1.2	±0.06	±0.09	±0.05	±0.06
>0.25~0.35	±0.04	±0.05	±0.02	±0.03	>1.2~2	±0.07	±0.11	±0.06	±0.07
>0.35~0.50	±0.05	±0.07	±0.03	±0.04	>2~3.2	±0.09	±0.14	±0.07	±0.08

附录 C10　铝及其合金板的化学成分、特征与用途（JIS H 4000）

分类	牌号	化学成分(质量分数)(%) Cu	Si	Fe	Mn	Mg	Zn	Cr	Ti	Al	质别	抗拉强度 σ_b/MPa	伸长率 δ(%)	特征和用途
纯铝 Al99%以上	A1050	0.05 以下	0.25 以下	0.4 以下	0.05 以下	0.05 以下	0.05 以下	—	0.03 以下	99.5 以上	O H12	100 120	25 6	1）导电率、导热率、光反射率高，耐蚀性良好 2）反射板，热交换器，照明器具，装饰品
	A1080	0.03	0.15	0.16	0.02	0.02	0.03	—	0.03	99.8 以上	O H12	95 110	30 6	
	A1100	0.05~0.2	Si+Fe 1.0 以下		0.05	—	0.1 以下	—	—	99.0	O H12	110 130	25 6	1）深拉深加工用，加工性、耐蚀性良好 2）家庭用各种容器，电器具零件，箔
	A1200	0.05 以下	Si+Fe 1.0 以下		0.05	—	0.1 以下	—	—	残	O H12	110 120	25 6	
Al-Cu 系合金	A2017	3.5~4.5	0.8 以下	0.7 以下	0.4~1.0	0.2~0.8	0.25 以下	0.1 以下	—	—	O T4	220 360	12 15	1）高强度铝合金中的一种：其强度高，但耐蚀性差 2）航空机械、输送机器零件
Al-Mn	A3003	0.05~0.2	0.6 以下	0.7 以下	1.0~1.5	—	0.1 以下	—	—	—	O H12	130 120	23 5	1）成形性，焊接性、耐蚀性良好 2）饮料罐，深拉深制品，电灯灯头，建筑用材
	A3004	0.25 以下	0.3 以下	0.7 以下	1.0~1.5	0.8~1.3	0.25 以下	—	—	—	O H12	200 250	16 4	
Al-Mg 系合金	A5005	0.2 以下	0.4 以下	0.7 以下	0.2 以下	0.5~1.1	0.25 以下	0.1 以下	—	—	O H12	110 120	20 6	1）拉深性、耐蚀性良好，阳极酸化处理良好 2）一般调理器具

（续）

分类	牌号	化学成分（质量分数）（%）									质别	抗拉强度 σ_b/MPa	伸长率 δ(%)	特征和用途
		Cu	Si	Fe	Mn	Mg	Zn	Cr	Ti	Al				
Al-Mg 系合金	A5052	0.1	Si+Fe 0.45 以下		0.1 以下	2.2～2.8	0.1	0.15～0.35	—	—	O H12	180 220	18 5	1）成形性，耐蚀性，焊接性良好 2）用途广泛，家电机器，OA 机器零件，容器等
	A5083	0.1	0.4 以下	0.4 以下	0.3～1.0	4.0～4.9	0.25 以下	0.05～0.25	0.15 以下	—	O H22	280 320	16 8	1）耐蚀性、焊接性良好，耐海水侵蚀性优 2）压力容器，低温容器
Al-Mg-Si	A6061	0.15～0.4	0.4～0.8	0.7 以下	0.15 以下	0.8～1.2	0.25 以下	0.04～0.35	0.15 以下	—	O T4	150 210	18 11	1）耐蚀性、焊接性良好 2）汽车车身，机械零件及结构件
Al-Zn	A7075	1.2～2.0	0.4 以下	0.4 以下	0.3	2.1～2.9	5.1～6.1	0.18～0.35	0.2	—	O T651	280 550	10 9	1）在铝合金中强度最高 2）航空机械及汽车用材

4. 日本铜及铜合金板（附录 C11～附录 C13）

附录 C11 磷青铜、锌白铜板、带厚度的极限偏差（JIS H 3110） （单位：mm）

厚度＼宽度	厚度极限偏差			厚度＼宽度	厚度极限偏差		
	<190	190～390	>390～650		<190	190～390	>390～650
0.05～0.12	±0.010			>0.5～0.6	±0.035	±0.05	±0.06
>0.12～0.2	±0.015			>0.6～0.8	±0.040	±0.06	±0.07
>0.2～0.3	±0.020			>0.8～1.2	±0.045	±0.07	±0.08
>0.3～0.4	±0.025	±0.040		>1.2～1.5	±0.05	±0.08	±0.10
>0.4～0.5	±0.030	±0.045	±0.05	>1.5～2.0	±0.06	±0.09	±0.12

附录 C12 弹簧用铜合金板、带厚度的极限偏差（JIS H 3130） （单位：mm）

厚度＼宽度	厚度的极限偏差	厚度＼宽度	厚度的极限偏差
	<200 以下		<200
0.05～0.08	±0.005	>0.7～0.9	±0.035
>0.08～0.16	±0.010	>0.9～1.2	±0.040
>0.16～0.26	±0.015	>1.2～1.5	±0.045
>0.26～0.40	±0.020	>1.5～1.8	±0.050
>0.40～0.55	±0.025	>1.8～2	±0.055
>0.55～0.7	±0.030		

附录 C13　铜及铜合金的化学成分、力学性能和用途（JIS H 3100、H 3110、H 3130）

分类	牌号	化学成分(质量分数)(%)								质别	抗拉强度 σ_b/MPa	伸长率 δ(%)	特征和用途
		Cu	Pb	Fe	Sn	Zn	Ni	Mn	P				
铜	C-1100	99.9 以上	—	—	—	—	—	—	—	O $\frac{1}{2}$H	200 250~320	35 以上 15	1）导电性、导热性、延展性、拉深弯曲加工性、耐蚀性、耐候性良好 2）电气器具零件,端子类
红铜	C-2200	89.0~91.0	0.05 以下	0.05 以下	—	残	—	—	—	$\frac{1}{2}$H	260~340	25	1）外观光亮,延展性、拉深加工性、耐蚀性良好 2）化妆品盒、盖
黄铜	C-2600	68.5~71.5	0.05 以下	0.05 以下	—	残	—	—	—	O $\frac{1}{2}$H	280 350~450	50 以上 28	1）延展性、拉深加工性良好 2）拉深件、抛物天线、暖气部件
黄铜	C-2680	64.0~68.0	0.07	0.05 以下	—	残	—	—	—	O $\frac{1}{2}$H	280 360~450	50 28	复杂形状拉深件、按钮类
易切削黄铜	C-3560	61.0~64.0	2.0~3.0	0.1 以下	—	残	—	—	—	$\frac{1}{2}$H	380~470	10	1）冲裁性良好 2）钟表零件、齿轮
加锡黄铜	C-4250	87.0~90.0	0.05 以下	0.05 以下	1.5~3.0	残	—	—	—	O $\frac{1}{2}$H	300 400~490	35 15	1）耐应力、耐腐蚀性、耐磨性、弹性好 2）开关、继电器、接插件、各种弹簧
磷青铜	C-5111	Cu+Sn+P 99.5 以上	—	—	3.5~4.5	—	—	—	0.03~0.35	O $\frac{1}{2}$H	300 420~520	38 12	1）延展性、耐疲劳性、耐蚀性好 2）电子与电气产品用,如弹簧、开关、继电器、隔离板、真空管、引线架
磷青铜	C-5212	Cu+Sn+P 99.5 以上	—	—	7.0~9.0	—	—	—	0.03~0.35	$\frac{1}{2}$H	500~620 600~720	30 8	
白铜	C-7060	Cu+Ni+Fe+Mn 99.5 以上	0.05 以下	1.0~1.8	—	0.5	9.0~11.0	0.2~1.0	—	F	280	30	1）耐蚀性尤其耐海水性良好,质硬 2）热交换器零件
白铜	C-7150	Cu+Ni+Fe+Mn 99.5	0.05 以下	0.4~1.0	—	0.05	29.0~33.0	0.2~1.0	—	F	350	35	

（续）

分类		牌号	化学成分（质量分数）（%）								质别	抗拉强度 σ_b/MPa	伸长率 δ（%）	特征和用途
			Cu	Pb	Fe	Sn	Zn	Ni	Mn	P				
锌白铜		C-7351	70.0～75.0	0.1以下	0.25以下	—	残	16.5～19.5	0～0.5	—	O $\frac{1}{2}$H	330 400～520	20 5	1）外观光亮，延展性、耐疲劳性、耐蚀性良好 2）餐具、装饰件、半导体晶体管盒、盖
锌白铜		C-7451	59.0～65.0	0.1以下	0.25以下	—	残	12.5～15.5	0～0.5	—	O $\frac{1}{2}$H	330 400～520	20 5	
弹簧用	铍青铜	C-1720	Cu+Be+Ni+Co+Fe 99.5	—	—	—	—	—	—	(Be) 1.8～2.0	O $\frac{1}{2}$H	420～550 600～710	35 5	1）SH级用于不弯曲的弹簧 2）高性能的弹簧、连接器、插座
弹簧用	磷青铜	C-5210	Cu+Sn+P 99.7	0.05以下	0.1以下	7.0～9.0	0.2以下	—	—	—	H SH	600～720 750～850	20 9	
弹簧用	锌白铜	C-7701	54.0～58.0	0.1	0.25	—	残	16.5～19.5	0～0.5	—	H SH	640～750 780～880	— —	1）外观光亮，延展性、耐疲劳性、耐蚀性良好 2）弹簧

5. 瑞典钢板（附录 C14）

附录 C14　瑞典阀片钢化学成分与力学性能（摘自 WHB 20）

化学成分（质量分数）（%）				
C	Si	Mn	P	S
0.97～1.07	0.18～0.30	0.28～0.52	<0.030	<0.025

力学性能			
料厚/mm	抗拉强度 σ_b/MPa	断后伸长率 δ（%）	硬度 HV
0.152	2050±60	4以上	593±25
0.203	2000±60		580±25
0.254	1950±60		565±25
0.305	1900±60		553±25
0.381	1850±60		540±25
0.457	1850±60		540±25
0.508	1800±60		525±25

注：资料来自西安远东机械公司。

6. 韩国钢板（附录 C15）

附录 C15　韩国产 SPCC-SD 的力学性能

料厚/mm	力学性能			
	屈服点 σ_s/MPa	抗拉强度 σ_b/MPa	伸长率 δ（%）	硬度 HRB
0.23	250～280	360～380	37～39	52～55

注：资料来自南昌搪瓷厂。

附录D　常用非金属材料尺寸及其允许偏差

（单位：mm）

名称	厚度	厚度允差	卷纸带宽度
电缆纸	0.08	±0.005	500和750
	0.12	±0.007	
	0.17	±0.01	

名称	厚度	厚度
毛毡	1.5～2.5 ±18%	5.1～13 ±9%
	2.6～5 ±12%	13～25 ±8%

名称	长度×宽度	厚度
软钢纸板	920×650	0.5～0.8
	650×490	0.9～1.0
	650×400	1.1～2.0
	400×300	2.1～3.0

名称	厚度	厚度允差	厚度	厚度允差
硅橡胶板	0.5	±0.15	5.0,6.0	±0.7
	1.0	±0.2	8.0,10.0	±1.0
	1.5,2.0	±0.3	12.0	±1.2
	3.0,4.0	±0.5		

名称	厚度	厚度允差	厚度	厚度允差
玻璃布板	0.5,0.8	±0.20	2.5,3.0,3.5	±0.33
	1.0,1.2,1.5	±0.25	4.0,4.5	±0.38
	1.8,2.0	±0.30	5.0,5.5	±0.48

名称	厚度	允许偏差（一级）	允许偏差（二级）
有机玻璃板	1.0	±0.20	±0.40
	2.0～3.0	±0.25	±0.60
	4.0～5.0	±0.50	±0.80
	6.0～7.0	±0.60	±0.90
	8.0～9.0	±0.70	±1.00

名称	厚度	允差（平均值）	允差（个别值）
云母板	0.15	±0.04	±0.08
	0.20,0.25	±0.05	±0.12
	0.30,0.40,0.50	±0.07	±0.15

名称	厚度	厚度允差	厚度	厚度允差
电工用纸板	0.2	±0.06	1.0	±0.13
	0.3		1.2	±0.15
	0.4	±0.07	1.5	
	0.5		2.0	±0.23
	0.6	±0.11	2.5	±0.28
	0.7		3.0	
	0.8	±0.13		
电工用布胶板	0.5	±0.15	1.5	±0.18
	0.8		2.0	±0.23
	1.0		2.5	±0.23
	1.2	±0.18	3.0	±0.23
航空胶板	0.5	±0.1	4.0	±0.4
	1.0,1.5	±0.15	5.0,6.0	±0.5
	2.0,2.5	±0.2	8.0	±0.7
	3.0	±0.25	10.0	±1.0
绝缘纸板	0.10	+0.02 −0.01	1.0	±0.10
	0.15	±0.02	1.5	
	0.20		2.0	
	0.30	+0.03 −0.02	2.5	±0.25
	0.40	+0.04 −0.02	3.0	±0.30
	0.50	0.50	±0.05	

名称	卷筒		平板	
	厚度	厚度允差	厚度	厚度允差
绝缘纸板	0.5	±0.05	0.5	±0.05
			1.0	±0.10
			1.5	±0.15
			2.0	+0.20 −0.15
			2.5	±0.20
			3.0	

附录 E　冲压常用金属管材规格

1. 直缝电焊钢管（附录 E1、附录 E2）

附录 E1　直缝电焊钢管规格

外径 /mm	壁厚															
	0.5	0.6	0.8	1.0	1.2	1.4	1.5	1.6	1.8	2.0	2.2	2.5	2.8	3.0	3.2	3.5
	钢管的理论															
5	0.055	0.065	0.083	0.099												
8	0.092	0.109	0.142	0.173	0.201											
10	0.117	0.139	0.181	0.222	0.260											
12	0.142	0.169	0.221	0.271	0.320	0.366	0.388	0.410								
13		0.183	0.241	0.296	0.349	0.400	0.425	0.450								
14		0.198	0.260	0.321	0.379	0.435	0.462	0.489								
15		0.213	0.280	0.345	0.408	0.470	0.499	0.529								
16		0.228	0.300	0.370	0.438	0.504	0.536	0.568								
17		0.243	0.320	0.395	0.468	0.539	0.573	0.608								
18		0.257	0.339	0.419	0.497	0.573	0.610	0.647								
19		0.272	0.359	0.444	0.527	0.608	0.647	0.687								
20		0.287	0.379	0.469	0.556	0.642	0.684	0.726	0.808	0.888						
21			0.399	0.493	0.586	0.677	0.721	0.765	0.852	0.937						
22			0.418	0.518	0.616	0.711	0.758	0.805	0.897	0.986	1.074					
25			0.477	0.592	0.704	0.815	0.869	0.923	1.030	1.134	1.237	1.387				
28			0.537	0.666	0.793	0.918	0.980	1.042	1.163	1.282	1.400	1.572	1.740			
30			0.576	0.715	0.852	0.987	1.054	1.121	1.252	1.381	1.508	1.695	1.878	1.997		
32				0.764	0.911	1.056	1.128	1.199	1.341	1.480	1.617	1.819	2.016	2.145		
34				0.814	0.971	1.125	1.202	1.278	1.429	1.578	1.725	1.942	2.154	2.293		
37				0.888	1.059	1.229	1.313	1.397	1.562	1.726	1.888	2.127	2.361	2.515		
38				0.912	1.089	1.264	1.350	1.436	1.607	1.776	1.942	2.189	2.430	2.589	2.746	2.978
40				0.962	1.148	1.333	1.424	1.515	1.696	1.874	2.051	2.312	2.569	2.737	2.904	3.150
45				1.09	1.30	1.51	1.61	1.71	1.92	2.12	2.32	2.62	2.91	3.11	3.30	3.58
46					1.33	1.54	1.65	1.75	1.96	2.17	2.38	2.68	2.98	3.18	3.38	3.668
48					1.38	1.61	1.72	1.83	2.05	2.27	2.48	2.81	3.12	3.33	3.54	3.84
50					1.44	1.68	1.79	1.91	2.14	2.37	2.59	2.93	3.26	3.48	3.69	4.01
51					1.47	1.71	1.83	1.95	2.18	2.42	2.65	2.99	3.33	3.55	3.77	4.10
53					1.53	1.78	1.90	2.03	2.27	2.52	2.75	3.11	3.47	3.70	3.93	4.27
54					1.56	1.82	1.94	2.07	2.32	2.56	2.81	3.17	3.54	3.77	4.01	4.36
60					1.74	2.02	2.16	2.30	2.58	2.86	3.14	3.54	3.95	4.22	4.48	4.88
63.5					1.84	2.14	2.29	2.44	2.74	3.03	3.33	3.76	4.19	4.48	4.76	5.18
65							2.35	2.50	2.81	3.11	3.41	3.85	4.29	4.59	4.88	5.31
70							2.37	2.70	3.03	3.35	3.68	4.16	4.64	4.96	5.27	5.74
76							2.76	2.94	3.29	3.65	4.00	4.53	5.05	5.40	5.74	6.26
80							2.90	3.09	3.47	3.85	4.22	4.78	5.33	5.70	6.06	6.60
83							3.01	3.21	3.60	3.99	4.38	4.96	5.54	5.92	6.30	6.86
89							3.24	3.45	3.87	4.29	4.71	5.33	5.95	6.36	6.77	7.38
95							3.46	3.69	4.14	4.59	5.03	5.70	6.37	6.81	7.24	7.90
101.6							3.70	3.95	4.43	4.91	5.39	6.11	6.82	7.29	7.76	8.47
102							3.72	3.96	4.45	4.93	5.41	6.13	6.85	7.32	7.80	8.50
108														7.77	8.27	9.02
114														8.21	8.74	9.54
114.3														8.23	8.77	9.56
121														8.73	9.30	10.14

（GB/T 13793—1992）

/mm

3.8	4.0	4.2	4.5	4.8	5.0	5.4	5.6	6.0	6.5	7.0	8.0	9.0	10.0	11.0	12.0	12.7
质量/（kg/m）																
3.86																
3.95																
4.14																
4.33																
4.42																
4.61																
4.93																
5.27																
5.59																
5.73																
6.20																
6.77																
7.14																
7.42	7.79															
7.98	8.38															
8.55	8.98															
9.16	9.63															
9.20	9.67															
9.76	10.26	10.75	11.49	12.22	12.70											
10.33	10.85	11.37	12.15	12.93	13.44	14.46	14.97									
10.35	10.88	11.40	12.18	12.96	13.48	14.50	15.01									
10.98	11.54	12.10	12.93	13.75	14.30	15.39	15.94									

附录 E2　直缝电焊钢管尺寸允许偏差（GB/T 13793—1992）　（单位：mm）

<table>
<tr><td>外径</td><td>D_1</td><td>D_2</td><td>D_3</td></tr>
<tr><td>5 ~ 20</td><td>±0.10</td><td>±0.20</td><td>±0.30</td></tr>
<tr><td>21 ~ 30</td><td>±0.10</td><td>±0.25</td><td>±0.50</td></tr>
<tr><td>31 ~ 40</td><td>±0.15</td><td>±0.30</td><td>±0.50</td></tr>
<tr><td>41 ~ 50</td><td>±0.20</td><td>±0.35</td><td>±0.50</td></tr>
<tr><td>51 ~ 323.9</td><td>±0.5%</td><td>±0.8%</td><td>±1.0%</td></tr>
<tr><td>>323.9</td><td>±0.7%</td><td>±0.8%</td><td>±1.0%</td></tr>
<tr><td>壁厚</td><td>S_1</td><td>S_2</td><td>S_3</td></tr>
<tr><td>0.50</td><td>+0.13
−0.05</td><td>±0.06</td><td rowspan="3">±0.10</td></tr>
<tr><td>0.60</td><td rowspan="2">+0.04
−0.07</td><td>±0.07</td></tr>
<tr><td>0.80</td><td>±0.08</td></tr>
<tr><td>1.0</td><td rowspan="2">+0.05
−0.09</td><td>±0.09</td><td rowspan="16">±10%</td></tr>
<tr><td>1.2</td><td>±0.11</td></tr>
<tr><td>1.4</td><td rowspan="2">+0.06
−0.11</td><td>±0.12</td></tr>
<tr><td>1.5</td><td>±0.13</td></tr>
<tr><td>1.6</td><td rowspan="4">+0.07
−0.13</td><td rowspan="2">±0.14</td></tr>
<tr><td>1.8</td></tr>
<tr><td>2.0</td><td>±0.15</td></tr>
<tr><td>2.2</td><td>±0.16</td></tr>
<tr><td>2.5</td><td rowspan="3">+0.08
−0.16</td><td>±0.17</td></tr>
<tr><td>2.8</td><td rowspan="2">±0.18</td></tr>
<tr><td>3.0</td></tr>
<tr><td>3.2</td><td rowspan="4">+0.10
−0.20</td><td rowspan="2">±0.20</td></tr>
<tr><td>3.5</td></tr>
<tr><td>3.8</td><td rowspan="2">±0.22</td></tr>
<tr><td>4.0</td></tr>
<tr><td>4.2 ~ 5.5</td><td>—</td><td>±8%</td></tr>
<tr><td>>5.5</td><td>—</td><td>±10%</td><td>±15%</td></tr>
</table>

注：1. 钢管应用 GB699 中的 08F、08、10F、10、15F、15、20 钢和 GB700 中 Q195 及 Q215、Q235 等级为 A、B 的钢（沸腾钢、半镇静钢、镇静钢）制造。钢的化学成分（熔炼成分）应符合相应标准的规定。经供需双方协议也可供应其他易焊接钢牌号的钢管。

2. 钢管的化学成分允许偏差应符合 GB/T 222—2006 的规定。

3. D_1—外径高精度的钢管；D_2—外径较高精度的钢管；D_3—外径普通精度的钢管

S_1—壁厚高精度的钢管；S_2—壁厚较高精度的钢管；S_3—壁厚普通精度的钢管。

2. 拉制铜和铜合金管（附录 E3 ~ 附录 E6）

附录E3　拉制铜及铜合金管规格（GB/T 16866—2006）　（单位：mm）

公称外径	公称壁厚																
	0.5	0.75	1.0	(1.25)	1.5	2.0	2.5	3.0	3.5	4.0	4.5	5.0	6.0	7.0	8.0	(9.0)	10.0
3,4,5,6,7	○	○	○	○	○												
8,9,10,11,12,13,14,15	○	○	○	○	○	○	○	○	○								
16,17,18,19,20	○	○	○	○	○	○	○	○	○	○	○						
21,22,23,24,25,26,27,28,(29),30			○	○	○	○	○	○	○	○	○	○					
31,32,33,34,35,36,37,38,(39),40			○	○	○	○	○	○	○	○	○	○					
(41),42,(43),(44),45,(46),(47),48,(49),50			○		○	○	○	○	○	○	○	○	○				
(52),54,55,(56),58,60			○		○	○	○	○	○	○	○	○	○				
(62),(64),65,(66),68,70						○	○	○	○	○	○	○	○	○	○	○	○
(72),(74),75,76,(78),80						○	○	○	○	○	○	○	○	○	○	○	○
(82),(84),85,86,(88),90,(92),(94),96,(98),100						○	○	○	○	○	○	○	○	○	○	○	○
105,110,115,120,125,130,135,140,145,150						○	○	○	○	○	○	○	○	○	○	○	
155,160,165,170,175,180,185,190,195,200								○	○	○	○	○	○	○	○	○	○
210,220,230,240,250								○	○	○	○	○	○	○			
260,270,280,290,300,310,320,330,340,350,360									○	○	○	○					

注：1.“○”表示可供应规格，其中壁厚为1.25mm仅供拉制锌白铜管。（　）表示不推荐采用的规格。需要其他规格的产品应由供需双方商定。

2. 拉制管材外形尺寸范围：纯铜管，外径3~360mm，壁厚0.5~10.0mm（1.25mm除外）；

黄铜管，外径3~200mm，壁厚0.5~10.0mm（1.25mm除外）；

锌白铜管，外径4~40mm，壁厚0.5~4.0mm。

附录 E4　拉制铜及铜合金管平均外径允许偏差

（GB/T 16866—2006）　（单位：mm）

外　径	平均外径允许偏差，±		外　径	平均外径允许偏差，±	
	普通级	高精度		普通级	高精度
3～15	0.09	0.05	>75～100	0.28	0.13
>15～25	0.10	0.06	>100～125	0.35	0.15
>25～50	0.15	0.08	>125～150	0.45	0.18
>50～75	0.22	0.10			

注：1. 平均外径是指在管材任意截（断）面上测得的最大外径和最小外径的平均值。

2. 当要求平均外径允许偏差全为正（+）或全为负（-）时，其允许偏差值应为表中对应数值的2倍。

附录 E5　（1）　拉制铜及铜合金管壁厚（普通级）允许偏差

（单位：mm）

外　径	壁　厚																
	0.5	0.75	1.0	1.25	1.5	2.0	2.5	3.0	3.5	4.0	4.5	5.0	6.0	7.0	8.0	9.0	10.0
	壁厚允许偏差，±																
3～15	0.07	0.10	0.13	0.13	0.15	0.15	0.20	0.25	0.25	—	—	—	—	—	—	—	—
>15～25	0.08	0.10	0.15	0.15	0.18	0.18	0.25	0.25	0.30	0.30	0.40	0.40	—	—	—	—	—
>25～50	—	—	0.15	0.15	0.18	0.18	0.25	0.25	0.30	0.30	0.40	0.40	0.45	—	—	—	—
>50～100	—	—	0.18	0.18	0.22	0.22	0.25	0.25	0.30	0.30	0.40	0.40	0.45	0.55	8%	8%	8%
>100～175	—	—	—	—	—	0.25	0.30	0.30	0.35	0.35	0.42	0.42	0.45	0.60	9%	9%	9%
>175～250	—	—	—	—	—	—	0.35	0.35	0.40	0.40	0.45	0.50	0.55	0.65	10%	10%	10%
>250～360	供需双方协商																

注：当要求壁厚允许偏差全为正（+）或全为负（-）时，其允许偏差值应为表中对应数值的2倍。

附录 E6　（2）　拉制铜及铜合金管壁厚（高精级）允许偏差

（单位：mm）

外　径	壁　厚									
	0.5	0.75	1.0	1.25	1.5	2.0	2.5	3.0	3.5	4.0
	壁厚允许偏差，±									
3～15	0.05	0.06	0.08	0.08	0.09	0.09	0.10	0.10	0.13	—
>15～25	0.05	0.06	0.09	0.09	0.10	0.10	0.13	0.13	0.15	0.15
>25～50	—	—	0.09	0.09	0.10	0.10	0.13	0.13	0.18	0.18
>50～100	—	—	0.13	0.13	0.15	0.15	0.18	0.18	0.20	0.20

注：当要求壁厚允许偏差全为正（+）或全为负（-）时，其允许偏差值应为表中对应数值的2倍。

附录 E7　冷拉铝及铝合金圆管的规格（GB/T 4436—1995）

公称外径/mm	壁厚/mm 0.5	0.75	1.0	1.5	2.0	2.5	3.0	3.5	4.0	4.5	5.0
6				—	—	—	—	—	—	—	—
8						—	—	—	—	—	—
10							—	—	—	—	—
11							—	—	—	—	—
12								—	—	—	—
14								—	—	—	—
15								—	—	—	—
16									—	—	—
18									—	—	—
20										—	—
22											
24											
25											
26	—										
27	—										
28	—										
30	—										
32	—										
34	—										
36	—										
38	—										
40	—										
42	—										
45	—										
48	—										
50	—										
52	—										
55	—										
58	—										
60	—										
65	—	—	—								
70	—	—	—								
75	—	—	—								
80	—	—	—	—							
85	—	—	—	—							
90	—	—	—	—							
95	—	—	—	—							
100	—	—	—	—	—						
105	—	—	—	—	—						
110	—	—	—	—	—						
115	—	—	—	—	—	—					
120	—	—	—	—	—	—	—				

注：1. 冷拉管的定尺长度在 1～6m 范围内，不定尺长度为 2～5.5m。

2. 空白区表示可供规格，需要其他规格可双方协商。

附录 F 中外冲压常用金属材料牌号对照

1. 中外常用黑色金属钢号对照（附录 F1）

附录 F1 中外常用钢号近似对照举例

钢种类别	中国	俄罗斯	美国		法国	德国	日本	英国
	GB	ГОСТ	SAE	AISI	NF	DIN	JIS	B. S.
优质碳素结构钢	08	08	1008	C1008			S9CK	030A04 040A04
	08F	08КЛ	1006	C1006			SPCH1	
	10	10	1010	C1010	XC10	C10、CK10	S10C	040A10 050A10
	15	15	1015	C1015	XC12	C15、CK15	S15C	040A15 050A15
	20	20	1020	C1020	XC18	C20、C22	S20C	040A20 050A20
	35	35	1035	C1035	XC35	C35、CK35	S35C	060A35
	45	45	1045	C1045	XC45	C45、CK45	S45C	060A42 060A47
	40Mn	40Г	1039	C1039		40Mn4	S40C	080A40 120A36
弹簧钢	65Mn	65Г	1066	1566				080A67
	60Si2Mn	C0C2	9260	9260	60S7	60SiMn5	SUP7	250A58 250A61
	50CrVA	50ХФА	6150	6150	50Cr4	50CrV4	SUP10	735A50
合金结构钢	15Cr	15X	5115	5117	12C3	15Cr3	SCr415 (SCr21)	523A14 523M15
	40Cr	40X	5140	5140	42C4	41Cr4	SCr440 (SCr4)	530A40 530M40
	15CrMo	15XM	4015	4015	15CD35	16CrMo4. 4	SCM415 (SCM21)	(1652)
	20CrNi	20XH	3120	A3120	20NC6	18CrNi8		635M15 637M17
滚动轴承钢	GCr6	ШХ6	50100	E50100	100C2	105Cr2		
	GCr9	ШХ9	51100	E51100	100C3	105Cr4	SUJ1	
	GCr15	ШХ15	52100	E52100	100C5 (100C6)	100Cr6	SUJ2	534A99 535A99
碳素工具钢	T8、T8A	Y8、Y8A	W108Commercial W108Special		Y275 Y175	C80W2 C80W1	SK5 SK6	
	T10、T10A	Y10、Y10A	W110Commercial W110Special		Y2105 Y1105	C105W2 C105W1	SK3 SK4	BWIB
	T12、T12A	Y12、Y12A	W112Commercial W112Special		Y2120	C125W2 C125W1	SK2	BWIC

（续）

钢种类别	中国 GB	俄罗斯 ГОСТ	美国 SAE	美国 AISI	法国 NF	德国 DIN	日本 JIS	英国 B. S.
合金工具钢	9SiCr	9XC				90CrSi5		
	Cr12	X12	D3	D3	Z200C12	X210Cr12	SKD1	BD3
	Cr12MoV	X12M	D2	D2	Z160CDV12	X165CrMoV12	SKD11	BD2
	3Cr2W8V	3X2B8Ф	（H21）	（H21）	Z30WCV9（100WC15-04）	30WCrV9. 3	SKD5	BH21
	CrWMn	XBГ				105WCr6	SKS31	（B01）
	5CrNiMo	5XHM	6F2	6F2	60NCDV06-02	56NiCrMoV6	SKT4	
高速工具钢	W18Cr4V	P18	T1	T1	Z80W18	S18-0-1（B18）	SKH2	BT1
	W9Cr4V2	P9	T7	T7	Z70WD12	（ABC Ⅱ）	SKH6	BT7
不锈钢	1Cr13	1X13	51403 51410	403 410	Z12C13	X10Cr13	SUS403 SUS410	（403S17） 410S21
	2Cr13	2X13	51420	420	Z20C13	X15CH3	SUS420J1	420S29 420S37
	3Cr13	3X13	51420	420	Z30C13	X30Cr13	SUS420J2	420S45
	1Cr17	12X17	51430	430	Z8C17	X8Cr17	SUS430	430S15
	1Cr18Ni9	12X18H9（1X18H9）	30302	302	Z12CN18-10	X12CrNi18. 8	SUS302	302S25
	1Cr18Ni9Ti	12X18H10T（1X18H9T）	（30321）	322	Z10CNT18-10	X12CrNiTi18. 9	（SUS321）	321S20 （325S21）

2. 中外常用有色金属牌号对照（附录 F2、F3）

附录 F2　铝合金板中外牌号近似对照举例

合金类别	中国（GB[①]）	俄罗斯（ГОСТ）	美国（AA、ASTM）	法国（NF）	德国（DIN）	日本（JIS）	英国（B. S.）
工业纯铝	1070A（L1）	АД00	1070	A7	Al99. 7	A1070P	SIA
	1060（L2）	A0	1060		Al99. 6	A1060P	
	1050A（L3）	АД0	1050	A5	Al99. 5	A1050P	S1B
	8A06（L6）	АД	1080		Al99. 8	A1080P	S1A
防锈铝	（LF1）	Д12	3004		AlMn1Mg1	A3004P	
	5A03（LF3）	АМГ3	5154		AlMg4	A5154P	NS5
	5B05（LF10）	АМГ5	5056		ALMg5（AlMg4. 5Mn）	A5056P	NS6
	3A21（LF21）	АМЦ	3003		Al-Mn	A3003TE A3203	N3

（续）

合金类别	中国（GB[①]）	俄罗斯（ГОСТ）	美国（AA、ASTM）	法国（NF）	德国（DIN）	日本（JIS）	英国（B. S.）
硬铝	2A01（LY1）	Д18П	2117		AlCu2. 5Mg0. 5	A2117P	
	2A10（LY10）	B65	2017		AlCuMg1	A2017P	HS14
	2A11（LY11）	Д1	2017		AlCuMg1	A2017P	HS15
	2A12（LY12）	Д16	2024	A-UAG1	AlCuMg2	A2024P	
锻铝	2A80（LD8）	AK4	2618	A-U2N		A2N01FD A2N01FH	HF16
	2A90（LD9）	AK2	2018	A-U4N		A2018FD	
	2A14（LD10）	AK8	2014		AlCuSiMn	A2014FD A2014FH	HF15
特殊铝	4A01（LT1）	AK	4032 4043		AlSi5	A4032FD A4032	N21

① 为 GB/T 3190—1996 规定的牌号；括号内为 GB/T 3190—1982 的牌号。

附录 F3　铜合金板中外牌号近似对照举例

合金类别	中国（GB）	俄罗斯（ГОСТ）	美国（ASTM）	法国（NF）	德国（DIN）	日本（JIS）	英国（B. S.）	国际标准化组织（ISO）
紫铜	T1	M0	C10200		0F-Cu	C1020P	C103	Cu-0F
	T2	M1	C11000	Cu/a2	0F-Cu57	C1100P	C101 C102	Cu-ETP
	T3	M2	C12700			C1221P	C104	
黄铜	H96	Л96	C21000	CuZn5	CuZn5	C2100P		CuZn5
	H80	Л80	C24000	CuZn20	CuZn20	C2400P	CZ103	CuZn20
	H70	Л70	C26000	CuZn30	CuZn30	C2600P	CZ106	CuZn30
	H68	Л68	C26200	CuZn33	CuZn33	C2600P	CZ106	CuZn30
	H65	Л65	C27000		CuZn36	C26800P	CZ107	CuZn35
	H62	Л62	C28000		CuZn40	C2801P	CZ109	CuZn40
	HPb63-3	ЛС63-3	C36000	U-Z29E1	CuZn36Pb3	C3650P	CZ124	CuZn36Pb3
	HSn70-1	Л070-1	C44300		CuZn28Sn	C4430P	CZ111	CuZn28Sn
	HSn62-1	Л062-1	C46400		CuZn39Sn	C4621P	CZ112	CuZn39Sn
青铜	QSn4-3	БР. ОЦ4-3	C51000		Cu-Sn4Zn2			CuZn4Zn2
	QSn4-4-2. 5	БР. ОЦС 4-4-2. 5	C5441			C5441P		
	QAl5	БР. А5	C60600	CuA16	Cu-Al5		CA101	CuA15
	QBe2	БР. Б2	C17200	CuBe19	Cu-Be2	C1720P	CB101	CuBe2
白铜	B30	MH30	C71500	CuNi30	CuNi30Fe	C7150P	CN107	CuNi30Mn1Fe

3. 中日板（带）材表示方法对照（附录 F4）

附录 F4　中日板（带）材表示方法对照

序号	中国板料类别	日本标准牌号		备　注
1	冷轧薄钢板(带)	SPC	SPCC	普通用途冷轧板或带
			SPCD	拉深用
			SPCE	深拉深用
			SPCEN	深拉深用(无时效)
2	热轧薄钢板(带)	SPH	SPHC	普通用途热轧钢板(带)
			SPHD	拉深用
			SPHE	深拉深用
3	冷轧不锈钢板(带)	SUS××CP(SUS××CS)①		
	热轧不锈钢板(带)	SUS××HP(SUS××HS)		
4	镀锌薄钢板	SPG	SPG1	一般用途
			SPG2	弯曲加工用
			SPG3	拉深用
			SPG4	结构件用
	彩色镀锌薄钢板	SGC	SGCC、SGCD	一般用途,拉深用
5	镀锡薄钢板	SPT	SPTE	电镀锡板
			SPTE-D	差后电镀锡板
			SPTH	热电镀锡板
6	冷轧电工钢板	S××①		
	热轧电工钢板	S××F		
7	铝板	A××P①		
	铝带	A××R		
			-O材	软质
			$-\frac{1}{4}$H材	$\frac{1}{4}$硬
			$-\frac{1}{2}$H材	$\frac{1}{2}$硬
	铝板		$-\frac{3}{4}$H材	$\frac{3}{4}$硬
	铝带		-H材	硬质
			-R材	冷轧后自然时效
8	铜板(带)			
	紫铜板(带)	RBSP(RBSR)		
	黄铜板(带)	BSP(BSR)		
	磷青铜板(带)	PBP(PBR)		
	锌白铜板(带)	NSP(NSR)		
	白铜板(带)	CNP(CNR)		
9	钛板	TP		

①　××为具体钢种代号数字。

附录 G　材料硬度及强度的换算

1. 各种硬度对照（附录 G1）

附录 G1　各种硬度对照表

硬度就是指金属抵抗更硬物体压入其表面的能力，硬度不是一个单纯的物理量，而是反映弹性、强度、塑性等的一个综合性能指标

<table>
<tr><th>名　称</th><th>符号</th><th>单位</th><th colspan="5">含　义</th></tr>
<tr><td>（1）布氏硬度（GB/T 231.1—2002）</td><td>HBW</td><td>（一般不标注）</td><td colspan="5">用淬硬小钢球或硬质合金球压入金属表面，以其压痕面积除加在钢球上的载荷，所得之商，即为金属的布氏硬度数值。
$$HB=\frac{2F}{\pi D(D-\sqrt{D^2-d^2})}$$
式中　F——所加的规定负荷（N）
D——钢球直径（mm）
d——压痕直径（mm）</td></tr>
<tr><td rowspan="10">（2）金属洛氏硬度（GB/T 230.1—2004）</td><td></td><td rowspan="16">无单位</td><td colspan="5">利用金刚石圆锥或淬硬钢球，在一定预压力下压入试件表面，然后根据压痕深度表示材料的硬度。</td></tr>
<tr><td></td><td>硬度标尺</td><td>硬度符号</td><td>压头类型</td><td>总试验力 F</td><td>洛氏硬度范围</td></tr>
<tr><td>HRA</td><td>A</td><td>HRA</td><td>金刚石圆锥</td><td>588.4N</td><td>(20～88)HRA</td></tr>
<tr><td>HRB</td><td>B</td><td>HRB</td><td>1.5875mm 钢球</td><td>980.7N</td><td>(20～100)HRB</td></tr>
<tr><td>HRC</td><td>C</td><td>HRC</td><td>金刚石圆锥</td><td>1.471kN</td><td>(20～70)HRC</td></tr>
<tr><td>HRD</td><td>D</td><td>HRD</td><td>金刚石圆锥</td><td>980.7N</td><td>(40～77)HRD</td></tr>
<tr><td>HRE</td><td>E</td><td>HRE</td><td>3.175mm 钢球</td><td>980.7N</td><td>(70～100)HRE</td></tr>
<tr><td>HRF</td><td>F</td><td>HRF</td><td>1.5875mm 钢球</td><td>588.4N</td><td>(60～100)HRF</td></tr>
<tr><td>HRG</td><td>G</td><td>HRG</td><td>1.5875mm 钢球</td><td>1.471kN</td><td>(30～94)HRG</td></tr>
<tr><td>HRH</td><td>H</td><td>HRH</td><td>3.175mm 钢球</td><td>588.4N</td><td>(80～100)HRH</td></tr>
<tr><td></td><td>HRK</td><td>K</td><td>HRK</td><td>3.175mm 钢球</td><td>1.471kN</td><td>(40～100)HRK</td></tr>
<tr><td rowspan="6">（3）金属表面洛氏硬度（GB/T 230.1—2004）</td><td>HR15T</td><td>15T</td><td>HR15T</td><td>1.5875mm 钢球</td><td>147.1N</td><td>(68～92)HR15T</td></tr>
<tr><td>HR30T</td><td>30T</td><td>HR30T</td><td>1.5875mm 钢球</td><td>294.2N</td><td>(39～83)HR30T</td></tr>
<tr><td>HR45T</td><td>45T</td><td>HR45T</td><td>1.5875mm 钢球</td><td>441.3N</td><td>(17～72)HR45T</td></tr>
<tr><td>HR15N</td><td>15N</td><td>HR15N</td><td>金刚石圆锥</td><td>147.1N</td><td>(70～92)HR15N</td></tr>
<tr><td>HR30N</td><td>30N</td><td>HR30N</td><td>金刚石圆锥</td><td>294.2N</td><td>(35～82)HR30N</td></tr>
<tr><td>HR45N</td><td>45N</td><td>HR45N</td><td>金刚石圆锥</td><td>441.3N</td><td>(7～72)HR45N</td></tr>
</table>

（续）

硬度就是指金属抵抗更硬物体压入其表面的能力，硬度不是一个单纯的物理量，而是反映弹性、强度、塑性等的一个综合性能指标			
名　称	符号	单位	含　义
（4）维氏硬度（GB/T 4340.1—GB/T 4340.2—1999）	HV	MPa	用夹角 α 为136°的金刚石四棱锥压头，压入试件，以单位压痕面积上所受载荷表示材料的硬度 $HV=\frac{2F}{d^2}\sin\frac{\alpha}{2}=1.8544\frac{2F}{d^2}$ 式中　F——载荷（N）； d——压痕对角线的长度（mm）。
（5）肖氏硬度（GB/T 4341—2001）	HS	h（回跳高度）	利用压头（撞针）在一定高度落于被测试样的表面，以其撞针回跳的高度表示材料的硬度

2. 材料的硬度换算（附录 G2、附录 G3）

附录 G2　材料的硬度换算表

（1）钢的硬度换算表

HV	HB	HRB	HRC	HS	HV	HB	HRB	HRC	HS
85	81	41.0	—	—	280	265	103.5	27.1	40
90	86	48.0	—	—	290	275	104.5	28.5	41
95	90	52.0	—	—	300	284	105.5	29.8	42
105	95	56.2	—	—	310	294	—	31.0	—
110	105	62.3	—	—	320	303	107.0	32.2	45
120	114	66.7	—	—	330	313	—	33.3	—
130	124	71.2	—	20	340	322	108.0	34.4	47
140	133	75.0	—	21	350	331	—	35.5	—
150	143	78.7	—	22	360	341	109.0	36.6	50
160	152	81.7	0.0	24	370	350	—	37.7	—
170	162	85.0	3.0	25	380	360	110.0	38.8	52
180	171	87.1	6.0	26	390	369	—	39.8	—
190	181	89.5	8.5	28	400	379	—	40.8	55
200	190	91.5	11.0	29	410	388	—	41.8	—
210	200	93.4	13.4	30	420	397	—	42.7	57
220	209	95.0	15.7	32	430	405	—	43.6	—
230	219	96.7	18.0	33	440	415	—	44.5	59
240	228	98.1	20.3	34	450	425	—	45.3	—
250	238	99.5	22.2	36	460	433	—	46.1	62
260	247	101.0	24.0	37	470	441	—	46.9	—
270	256	102.0	25.6	38	480	448	—	47.7	64

（续）

HV	HB	HRB	HRC	HS	HV	HB	HRB	HRC	HS
490	456	—	48.4	—	660	—	—	58.3	79
500	465	—	49.1	66	670	—	—	58.8	—
510	473	—	49.8	—	680	—	—	59.2	80
520	480	—	50.5	67	690	—	—	59.7	—
530	488	—	51.1	—	700	—	—	60.1	81
540	496	—	51.7	69	720	—	—	61.0	83
550	505	—	52.3	—	740	—	—	61.8	84
560	—	—	53.0	71	760	—	—	62.5	86
570	—	—	53.6	—	780	—	—	63.3	87
580	—	—	54.1	72	800	—	—	64.0	88
590	—	—	54.7	—	820	—	—	64.7	90
600	—	—	55.2	74	840	—	—	65.3	91
610	—	—	55.7	—	860	—	—	65.9	92
620	—	—	56.3	75	880	—	—	66.4	93
630	—	—	56.8	—	900	—	—	67.0	95
640	—	—	57.3	77	920	—	—	67.5	96
650	—	—	57.8	—	940	—	—	68.0	97

HV：维氏硬度，HB：布氏硬度，HRB：洛氏硬度 B 数值，HRC：洛氏硬度 C 数值，HS：肖氏硬度

（2）有色金属的硬度换算表

HV	HB	HRB	HV	HB	HRB
50	47	—	130	114	72.0
60	55	10.0	140	122	76.0
70	63	24.5	150	131	80.0
80	72	37.5	160	139	83.5
90	80	47.5	170	147	87.0
100	88	56.0	180	156	90.0
110	97	62.0	190	164	92.5
120	106	67.0			

（3）黑色金属硬度及强度换算值（适用于含碳量由低到高的钢种）（GB/T 1172—1999）

硬　度							抗拉强度 σ_b/MPa								
洛　氏		表面洛氏			维氏	布氏	碳钢	铬钢	铬钒钢	铬镍钢	铬钼钢	铬镍钼钢	铬锰硅钢	超高强度钢	不锈钢
HRC	HRA	HR15N	HR30N	HR45N	HV	HBW									
20.0	60.2	68.8	40.7	19.2	226	225	774	742	736	782	747		781		740
20.5	60.4	69.0	41.2	19.8	228	227	784	751	744	787	753		788		749
21.0	60.7	69.3	41.7	20.4	230	229	793	760	753	792	760		794		758

（续）

硬	度						抗拉强度 σ_b/MPa								
洛氏		表面洛氏			维氏	布氏	碳钢	铬钢	铬钒钢	铬镍钢	铬钼钢	铬镍钼钢	铬锰硅钢	超高强度钢	不锈钢
HRC	HRA	HR15N	HR30N	HR45N	HV	HBW									
21.5	61.0	69.5	42.2	21.0	233	232	803	769	761	797	767		801		767
22.0	61.2	69.8	42.6	21.5	235	234	813	779	770	803	774		809		777
22.5	61.5	70.0	43.1	22.1	238	237	823	788	779	809	781		816		786
23.0	61.7	70.3	43.6	22.7	241	240	833	798	788	815	789		824		796
23.5	62.0	70.6	44.0	23.3	244	242	843	808	797	822	797		832		806
24.0	62.2	70.8	44.5	23.9	247	245	854	818	807	829	805		840		816
24.5	62.5	71.1	45.0	24.5	250	248	864	828	816	836	813		848		826
25.0	62.8	71.4	45.5	25.1	253	251	875	838	826	843	822		856		837
25.5	63.0	71.6	45.9	25.7	256	254	886	848	837	851	831	850	865		847
26.0	63.3	71.9	46.4	26.3	259	257	897	859	847	859	840	859	874		858
26.5	63.5	72.2	46.9	26.9	262	260	908	870	858	867	850	869	883		868
27.0	63.8	72.4	47.3	27.5	266	263	919	880	869	876	860	879	893		879
27.5	64.0	72.7	47.8	28.1	269	266	930	891	880	885	870	890	902		890
28.0	64.3	73.0	48.3	28.7	273	269	942	902	892	894	880	901	912		901
28.5	64.6	73.3	48.7	29.3	276	273	954	914	903	904	891	912	922		913
29.0	64.8	73.5	49.2	29.9	280	276	965	925	915	914	902	923	933		924
29.5	65.1	73.8	49.7	30.5	284	280	977	937	928	924	913	935	943		936
30.0	65.3	74.1	50.2	31.1	288	283	989	948	940	935	924	947	954		947
30.5	65.6	74.4	50.6	31.7	292	287	1002	960	953	946	936	959	965		959
31.0	65.8	74.7	51.1	32.3	296	291	1014	972	966	957	948	972	977		971
31.5	66.1	74.9	51.6	32.9	300	294	1027	984	980	969	961	985	989		983
32.0	66.4	75.2	52.0	33.5	304	298	1039	996	993	981	974	999	1001		996
32.5	66.6	75.5	52.5	34.1	308	302	1052	1009	1007	994	987	1012	1013		1008
33.0	66.9	75.8	53.0	34.7	313	306	1065	1022	1022	1007	1001	1027	1026		1021
33.5	67.1	76.1	53.4	35.3	317	310	1078	1034	1036	1020	1015	1041	1039		1034
34.0	67.4	76.4	53.9	35.9	321	314	1092	1048	1051	1034	1029	1056	1052		1047
34.5	67.7	76.7	54.4	36.5	326	318	1105	1061	1067	1048	1043	1071	1066		1060
35.0	67.9	77.0	54.8	37.0	331	323	1119	1074	1082	1063	1058	1087	1079		1074
35.5	68.2	77.2	55.3	37.6	335	327	1133	1088	1098	1078	1074	1103	1094		1087
36.0	68.4	77.5	55.8	38.2	340	332	1147	1102	1114	1093	1090	1119	1108		1101
36.5	68.7	77.8	56.2	38.8	345	336	1162	1116	1131	1109	1106	1136	1123		1116
37.0	69.0	78.1	56.7	39.4	350	341	1177	1131	1148	1125	1122	1153	1139		1130
37.5	69.2	78.4	57.2	40.0	355	345	1192	1146	1165	1142	1139	1171	1155		1145
38.0	69.5	78.7	57.6	40.6	360	350	1207	1161	1183	1159	1157	1189	1171		1161
38.5	69.7	79.0	58.1	41.2	365	355	1222	1176	1201	1177	1174	1207	1187	1170	1176

（续）

硬度							抗拉强度 σ_b/MPa								
洛氏		表面洛氏			维氏	布氏	碳钢	铬钢	铬钒钢	铬镍钢	铬钼钢	铬镍钼钢	铬锰硅钢	超高强度钢	不锈钢
HRC	HRA	HR15N	HR30N	HR45N	HV	HBW									
39.0	70.0	79.3	58.6	41.8	371	360	1238	1192	1219	1195	1192	1226	1204	1195	1193
39.5	70.3	79.6	59.0	42.4	376	365	1254	1208	1238	1214	1211	1245	1222	1219	1209
40.0	70.5	79.9	59.5	43.0	381	370	1271	1225	1257	1233	1230	1265	1240	1243	1226
40.5	70.8	80.2	60.0	43.6	387	375	1288	1242	1276	1252	1249	1285	1258	1267	1244
41.0	71.1	80.5	60.4	44.2	393	381	1305	1260	1296	1273	1269	1306	1277	1290	1262
41.5	71.3	80.8	60.9	44.8	398	386	1322	1278	1317	1293	1289	1327	1296	1313	1280
42.0	71.6	81.1	61.3	45.4	404	392	1340	1296	1337	1314	1310	1348	1316	1336	1299
42.5	71.8	81.4	61.8	45.9	410	397	1359	1315	1358	1336	1331	1370	1336	1359	1319
43.0	72.1	81.7	62.3	46.5	416	403	1378	1335	1380	1358	1353	1392	1357	1381	1339
43.5	72.4	82.0	62.7	47.1	422	409	1397	1355	1401	1380	1375	1415	1378	1404	1361
44.0	72.6	82.3	63.2	47.7	428	415	1417	1376	1424	1404	1397	1439	1400	1427	1383
44.5	72.9	82.6	63.6	48.3	435	422	1438	1398	1446	1427	1420	1462	1422	1450	1405
45.0	73.2	82.9	64.1	48.9	441	428	1459	1420	1469	1451	1444	1487	1445	1473	1429
45.5	73.4	83.2	64.6	49.5	448	435	1481	1444	1493	1476	1468	1512	1469	1496	1453
46.0	73.7	83.5	65.0	50.1	454	441	1503	1468	1517	1502	1492	1537	1493	1520	1479
46.5	73.9	83.7	65.5	50.7	461	448	1526	1493	1541	1527	1517	1563	1517	1544	1505
47.0	74.2	84.0	65.9	51.2	468	455	1550	1519	1566	1554	1542	1589	1543	1569	1533
47.5	74.5	84.3	66.4	51.8	475	463	1575	1546	1591	1581	1568	1616	1569	1594	1562
48.0	74.7	84.6	66.8	52.4	482	470	1600	1574	1617	1608	1595	1643	1595	1620	1592
48.5	75.0	84.9	67.3	53.0	489	478	1626	1603	1643	1636	1622	1671	1623	1646	1623
49.0	75.3	85.2	67.7	53.6	497	486	1653	1633	1670	1665	1649	1699	1651	1674	1655
49.5	75.5	85.5	68.2	54.2	504	494	1681	1665	1697	1695	1677	1728	1679	1702	1689
50.0	75.8	85.7	68.6	54.7	512	502	1710	1698	1724	1724	1706	1758	1709	1731	1725
50.5	76.1	86.0	69.1	55.3	520	510		1732	1752	1755	1735	1788	1739	1761	
51.0	76.3	86.3	69.5	55.9	527	518		1768	1780	1786	1764	1819	1770	1792	
51.5	76.6	86.6	70.0	56.5	535	527		1806	1809	1818	1794	1850	1801	1824	
52.0	76.9	86.8	70.4	57.1	544	535		1845	1839	1850	1825	1881	1834	1857	
52.5	77.1	87.1	70.9	57.6	552	544			1869	1883	1856	1914	1867	1892	
53.0	77.4	87.4	71.3	58.2	561	552			1899	1917	1888	1947	1901	1929	
53.5	77.7	87.6	71.8	58.8	569	561			1930	1951			1936	1966	
54.0	77.9	87.9	72.2	59.4	578	569			1961	1986			1971	2006	
54.5	78.2	88.1	72.6	59.9	587	577			1993	2022			2008	2047	
55.0	78.5	88.4	73.1	60.5	596	585			2026	2058			2045	2090	
55.5	78.7	88.6	73.5	61.1	606	593								2135	
56.0	79.0	88.9	73.9	61.7	615	601								2181	

（续）

硬　　度							抗拉强度 σ_b/MPa								
洛　氏		表面洛氏			维氏	布氏	碳钢	铬钢	铬钒钢	铬镍钢	铬钼钢	铬镍钼钢	铬锰硅钢	超高强度钢	不锈钢
HRC	HRA	HR15N	HR30N	HR45N	HV	HBW									
56.5	79.3	89.1	74.4	62.2	625	608								2230	
57.0	79.5	89.4	74.8	62.8	635	616								2281	
57.5	79.8	89.6	75.2	63.4	645	622								2334	
58.0	80.1	89.8	75.6	63.9	655	628								2390	
58.5	80.3	90.0	76.1	64.5	666	634								2448	
59.0	80.6	90.2	76.5	65.1	676	639								2509	
59.5	80.9	90.4	76.9	65.6	687	643								2572	
60.0	81.2	90.6	77.3	66.2	698	647								2639	
60.5	81.4	90.8	77.7	66.8	710	650									
61.0	81.7	91.0	78.1	67.3	721										
61.5	82.0	91.2	78.6	67.9	733										
62.0	82.2	91.4	79.0	68.4	745										
62.5	82.5	91.5	79.4	69.0	757										
63.0	82.8	91.7	79.8	69.5	770										
63.5	83.1	91.8	80.2	70.1	782										
64.0	83.3	91.9	80.6	70.6	795										
64.5	83.6	92.1	81.0	71.2	809										
65.0	83.9	92.2	81.3	71.7	822										
65.5	84.1				836										
66.0	84.4				850										
66.5	84.7				865										
67.0	85.0				879										
67.5	85.2				894										
68.0	85.5				909										

附录 G3　黑色金属硬度及强度换算值

（主要适用于低碳钢）（GB/T 1172—1999）

硬　　度						抗拉强度 σ_b /MPa
洛　氏	表面洛氏			维　氏	布　氏	
HRB	HR15T	HR30T	HR45T	HV	HBW	
60.0	80.4	56.1	30.4	105	102	375
60.5	80.5	56.4	30.9	105	102	377
61.0	80.7	56.7	31.4	106	103	379
61.5	80.8	57.1	31.9	107	103	381
62.0	80.9	57.4	32.4	108	104	382

（续）

硬 度						抗拉强度 σ_b /MPa
洛 氏	表面洛氏			维 氏	布 氏	
HRB	HR15T	HR30T	HR45T	HV	HBW	
62.5	81.1	57.7	32.9	108	104	384
63.0	81.2	58.0	33.5	109	105	386
63.5	81.4	58.3	34.0	110	105	388
64.0	81.5	58.7	34.5	110	106	390
64.5	81.6	59.0	35.0	111	106	393
65.0	81.8	59.3	35.5	112	107	395
65.5	81.9	59.6	36.1	113	107	397
66.0	82.1	59.9	36.6	114	108	399
66.5	82.2	60.3	37.1	115	108	402
67.0	82.3	60.6	37.6	115	109	404
67.5	82.5	60.9	38.1	116	110	407
68.0	82.6	61.2	38.6	117	110	409
68.5	82.7	61.5	39.2	118	111	412
69.0	82.9	61.9	39.7	119	112	415
69.5	83.0	62.2	40.2	120	112	418
70.0	83.2	62.5	40.7	121	113	421
70.5	83.3	62.8	41.2	122	114	424
71.0	83.4	63.1	41.7	123	115	427
71.5	83.6	63.5	42.3	124	115	430
72.0	83.7	63.8	42.8	125	116	433
72.5	83.9	64.1	43.3	126	117	437
73.0	84.0	64.4	43.8	128	118	440
73.5	84.1	64.7	44.3	129	119	444
74.0	84.3	65.1	44.8	130	120	447
74.5	84.4	65.4	45.4	131	121	451
75.0	84.5	65.7	45.9	132	122	455
75.5	84.7	66.0	46.4	134	123	459
76.0	84.8	66.3	46.9	135	124	463
76.5	85.0	66.6	47.4	136	125	467
77.0	85.1	67.0	47.9	138	126	471
77.5	85.2	67.3	48.5	139	127	475
78.0	85.4	67.6	49.0	140	128	480
78.5	85.5	67.9	49.5	142	129	484
79.0	85.7	68.2	50.0	143	130	489
79.5	85.8	68.6	50.5	145	132	493

（续）

硬度						抗拉强度 σ_b /MPa
洛氏	表面洛氏			维氏	布氏	
HRB	HR15T	HR30T	HR45T	HV	HBW	
80.0	85.9	68.9	51.0	146	133	498
80.5	86.1	69.2	51.6	148	134	503
81.0	86.2	69.5	52.1	149	136	508
81.5	86.3	69.8	52.6	151	137	513
82.0	86.5	70.2	53.1	152	138	518
82.5	86.6	70.5	53.6	154	140	523
83.0	86.8	70.8	54.1	156	152	529
83.5	86.9	71.1	54.7	157	154	534
84.0	87.0	71.4	55.2	159	155	540
84.5	87.2	71.8	55.7	161	156	546
85.0	87.3	72.1	56.2	163	158	551
85.5	87.5	72.4	56.7	165	159	557
86.0	87.6	72.7	57.2	166	161	563
86.5	87.7	73.0	57.8	168	163	570
87.0	87.9	73.4	58.3	170	164	576
87.5	88.0	73.7	58.8	172	166	582
88.0	88.1	74.0	59.3	174	168	589
88.5	88.3	74.3	59.8	176	170	596
89.0	88.4	74.6	60.3	178	172	603
89.5	88.6	75.0	60.9	180	174	609
90.0	88.7	75.3	61.4	183	176	617
90.5	88.8	75.6	61.9	185	178	624
91.0	89.0	75.9	62.4	187	180	631
91.5	89.1	76.2	62.9	189	182	639
92.0	89.3	76.6	63.4	191	184	646
92.5	89.4	76.9	64.0	194	187	654
93.0	89.5	77.2	64.5	196	189	662
93.5	89.7	77.5	65.0	199	192	670
94.0	89.8	77.8	65.5	201	195	678
94.5	89.9	78.2	66.0	203	197	686
95.5	90.1	78.5	66.5	206	200	695
95.0	90.2	78.8	67.1	208	203	703
96.0	90.4	79.1	67.6	211	206	712
96.5	90.5	79.4	68.1	214	209	721
97.0	90.6	79.8	68.6	216	212	730

（续）

硬度						抗拉强度 σ_b /MPa
洛氏	表面洛氏			维氏	布氏	
HRB	HR15T	HR30T	HR45T	HV	HBW	
97.5	90.8	80.1	69.1	219	215	739
98.0	90.9	80.4	69.6	222	218	749
98.5	91.1	80.7	70.2	225	222	758
99.0	91.2	81.0	70.7	227	226	768
99.5	91.3	81.4	71.2	230	229	778
100.0	91.5	81.7	71.7	233	232	788

附录H 常用国际计量单位换算

附录H1 有关国际单位与公制单位的换算关系

量	国际计量单位、符号	旧计量单位、符号	计量单位换算
力	牛[顿]N	千克力 kgf	1N = 0.102kgf 1kgf = 9.81N
应力(强度)	牛[顿]/毫米^2 N/mm^2	千克力/毫米^2 kgf/mm^2	1N/mm^2 = 0.102kgf/mm^2 1kgf/mm^2 = 9.81N/mm^2
	兆牛[顿]/毫米^2 MN/mm^2	千克力/毫米^2 kgf/mm^2	1MN/m^2 = 0.102kgf/mm^2 1kgf/mm^2 = 9.81MN/m^2
应力场强度因子	兆牛[顿]/米$^{3/2}$ MN/m$^{3/2}$ 兆帕·米$^{1/2}$ MPa·m$^{1/2}$	千克力/毫米$^{3/2}$ kgf/mm$^{3/2}$ 公斤力/毫米$^{3/2}$ kgf/mm$^{3/2}$	1kgf/mm$^{3/2}$ = 0.310MN/m$^{3/2}$ = 0.310MPa·m$^{1/2}$ 1MPa·m$^{1/2}$ = 3.225kgf/mm$^{3/2}$
功	瓦[特] W	千克力·米/秒 kgf·m/s	1W = 0.102kgf·m/s 1kgf·m/s = 9.81W
冲击功	焦[耳] J	千克力·米 kgf·m	1J = 0.102kgf·m 1kgf·m = 9.81J
冲击韧度	焦[耳]/厘米^2 J/cm^2	千克力·米/厘米^2 kgf·m/cm^2	1J/cm^2 = 0.102kgf·m/cm^2 1kgf·m/cm^2 = 9.81J/cm^2

注：1. 精确换算时：1N = 0.010197kgf，1kgf = 9.80665N。

2. 1kgf/cm^2 = 0.0980665MPa，1MPa = 10.197162kgf/cm^2。

附录H2 长度换算表

1 英寸(in) = 25.399956 毫米(mm)；1 毫米(mm) = 0.03937 英寸(in)

in	mm	in	mm	in	mm	in	mm	in	mm
1/64	0.397	5/64	1.984	1/4	6.350	1/2	12.700	3/4	19.050
1/32	0.794	3/32	2.381	5/16	7.937	9/16	14.287	13/16	20.637
3/64	1.191	1/8	3.175	3/8	9.525	5/8	15.875	7/8	22.225
1/16	1.587	3/16	4.762	7/16	11.112	11/16	17.462	15/16	23.812

（续）

in	mm	in	mm	in	mm	in	mm	in	mm
1	25.4	21	533.4	41	1041.4	61	1549.4	81	2057.4
2	50.8	22	558.8	42	1066.8	62	1574.8	82	2082.8
3	76.2	23	584.2	43	1092.3	63	1600.2	83	2108.2
4	101.6	24	609.6	44	1117.6	64	1625.6	84	2133.6
5	127.0	25	635.0	45	1143.0	65	1651.0	85	2159.0
6	152.4	26	660.4	46	1168.4	66	1676.4	86	2184.4
7	177.8	27	685.8	47	1193.8	67	1701.8	87	2209.8
8	203.2	28	711.2	48	1219.2	68	1727.2	88	2235.2
9	228.6	29	736.0	49	1244.6	69	1752.6	89	2260.6
10	254.0	30	762.0	50	1270.0	70	1778.0	90	2286.0
11	279.4	31	787.4	51	1295.4	71	1803.4	91	2311.4
12	304.8	32	812.8	52	1320.8	72	1828.8	92	2336.8
13	330.2	33	838.2	53	1346.2	73	1854.2	93	2362.2
14	355.6	34	863.6	54	1371.6	74	1879.6	94	2387.6
15	381.0	35	889.0	55	1397.0	75	1905.0	95	2413.0
16	406.4	36	914.4	56	1422.4	76	1930.4	96	2438.4
17	431.8	37	939.8	57	1447.8	77	1955.8	97	2463.8
18	457.2	38	965.2	58	1473.2	78	1981.2	98	2489.2
19	482.6	39	990.6	59	1498.6	79	2006.6	99	2514.6
20	508.0	40	1016.0	60	1524.0	80	2032.0	100	2540.0

附录 H3　力的单位换算表

	吨力 (tf)	英吨力 (tonf)	美吨力 (US tonf)	千克力 (kgf)	克力 (gf)	牛 (N)	达因 (dyne)	磅力 (lbf)	磅达 (pdl)	开皮 (kip)
1 吨力(tf)	1	0.984	1.102	1×10^{3}	1×10^{6}	9.81×10^{3}	9.81×10^{8}	2205	7.09×10^{4}	2.205
1 英吨力(tonf)	1.016	1	1.12	1.016×10^{3}	1.016×10^{6}	9960	9960×10^{5}	2240	72100	2.240
1 美吨力(US tonf)	0.907	0.893	1	0.907×10^{3}	0.907×10^{6}	8.9×10^{3}	8.9×10^{8}	2000	64300	2
1 千克力(kgf)	1×10^{-3}	0.984×10^{-3}	0.1102×10^{-2}	1	10^{3}	9.81	9.81×10^{5}	2.205	70.9	2.205×10^{-3}
1 克力(gf)	1×10^{-6}	0.984×10^{-6}	0.1102×10^{-5}	10^{-3}	1	9.81×10^{-3}	981	2.205×10^{-3}	0.0709	2.205×10^{-6}
1 牛(N)	0.102×10^{-3}	0.1004×10^{-3}	0.1124×10^{-3}	0.102	102	1	10^{5}	0.225	7.23	0.225×10^{-3}

（续）

	吨力 (tf)	英吨力 (tonf)	美吨力 (US tonf)	千克力 (kgf)	克力 (gf)	牛 (N)	达因 (dyne)	磅力 (lbf)	磅达 (pdl)	开皮 (kip)
1 达因(dyne)	0.102×10^{-8}	0.1004×20^{-8}	0.1124×10^{-8}	0.102×10^{-5}	0.102×10^{-2}	10^{-5}	1	0.225×10^{-5}	7.23×10^{-5}	0.225×10^{-8}
1 磅力(lbf)	0.454×10^{-3}	0.446×10^{-3}	0.5×10^{-3}	0.454	454	4.45	4.45×10^{5}	1	32.2	0.001
1 磅达(dpl)	1.41×10^{-5}	1.388×10^{-5}	0.1554×10^{-4}	0.0141	14.1	0.1383	0.1383×10^{5}	0.0311	1	0.311×10^{-4}
1 开皮(kip)	0.454	0.446	0.5	0.454×10^{3}	0.454×10^{6}	4.45	4.45×10^{8}	1000	32200	1

注：单位开皮（kip）仅在美国使用。

附录 H4 压力单位换算表

	千克力/米^2(kgf/m^2)	千克力/厘米^2(kgf/cm^2)	标准大气压(atm)	达因/厘米^2(dyne/cm^2)	帕;牛/米^2(Pa;Pascal;N/m^2)	牛/毫米^2(N/mm^2)	百巴(hbar)	磅达/英尺^2(pdl/ft^2)	磅力/英寸^2(lbf/in^2)	磅力/英尺^2(lbf/ft^2)
1 千克力/米^2(kgf/m^2)	1	1×10^{-4}	9.68×10^{-5}	98.1	9.81	9.81×10^{-6}	9.81×10^{-7}	6.59	0.001422	0.205
1 千克力/厘米^2(kgf/cm^2)	1×10^{4}	1	0.968	0.981×10^{6}	9.81×10^{4}	9.81×10^{-2}	9.81×10^{-3}	65900	14.22	2050
1 标准大气压(atm)	1.033×10^{4}	1.033	1	1.013×10^{6}	101300	0.1013	1.013×10^{-2}	68100	14.7	2120
1 达因/厘米^2(dyne/cm^2)	0.0102	1.02×10^{-6}	0.987×10^{-6}	1	0.1	1×10^{-7}	1×10^{-8}	0.672	1.45×10^{-5}	0.209×10^{-2}
1 帕 = 1 牛/米^2(Pa;Pascal;N/m^2)	0.102	1.02×10^{-5}	9.87×10^{-6}	10	1	1×10^{-6}	1×10^{-7}	0.672	1.45×10^{-4}	0.0209
1 牛/毫米^2(N/mm^2)	1.02×10^{5}	10.2	9.87	1×10^{7}	1×10^{6}	1	0.1	672000	145	20900
1 百巴(hbar)	1.02×10^{6}	102	98.7	1×10^{8}	1×10^{7}	10	1	0.672×10^{7}	1450	20900
1 磅达/英尺^2(pdl/ft^2)	0.152	1.518×10^{-5}	0.1469×10^{-4}	14.88	1.488	1.488×10^{-6}	1.488×10^{-7}	1	2.16×10^{-4}	0.0311
1 磅力/英寸^2(lbf/in^2)	0.703×10^{3}	0.0703	0.068	6.89×10^{4}	6.89×10^{3}	6.89×10^{-3}	6.89×10^{-4}	4630	1	144
1 磅力/英尺^2(lbf/ft^2)	4.88	4.88×10^{-4}	4.73×10^{-4}	479	47.9	4.79×10^{-5}	4.79×10^{-6}	32.2	4.94×10^{-3}	1

注：在德国和其他欧洲大陆一些国家，常用符号 KP 代替 kgf。

附录 H5　功率单位换算表

	瓦(W)	千瓦(kW)	尔格/秒(erg/s)	千克力·米/秒(kgf·m/s)	公制马力(Hp)	英尺·磅力/秒(ft·lbf/s)	英制马力(hp)	卡/秒(cal/s)	千卡/时(kcal/h)	英热单位/时(Btu/h)
1 瓦(W)	1	1×10^{-3}	1×10^{7}	0.102	1.36×10^{-3}	0.738	1.341×10^{-3}	0.239	0.86	3.41
1 千瓦(kW)	1×10^{3}	1	1×10^{10}	0.102×10^{3}	1.36	0.738×10^{3}	1.341	0.239×10^{3}	0.86×10^{3}	3.41×10^{3}
1 尔格/秒(erg/s)	1×10^{-7}	1×10^{-10}	1	0.102×10^{-7}	1.36×10^{-10}	0.738×10^{-7}	1.341×10^{-10}	0.239×10^{-7}	0.86×10^{-7}	3.41×10^{-7}
1 千克力·米/秒(kgf·m/s)	9.81	9.81×10^{-3}	9.81×10^{7}	1	0.01333	7.23	0.01315	2.34	8.43	33.5
1 公制马力(Hp)	735	0.735	0.735×10^{10}	75	1	542	0.986	175.7	632	2510
1 英尺·磅力/秒(ft·lbf/s)	1.356	1.356	1.356×10^{7}	0.1383	1.843×10^{-3}	1	1.818×10^{-3}	0.324	1.166	4.63
1 英制马力(hp)	746	0.746	0.746×10^{10}	76	1.014	550	1	178.1	641	2540
1 卡/秒(cal/s)	4.19	4.19×10^{-3}	4.19×10^{7}	0.427	5.69×10^{-3}	3.09	5.61×10^{-3}	1	3.6	14.29
1 千卡时(kcal/h)	1.163	1.163×10^{-3}	1.163×10^{7}	0.1186	1.581×10^{-3}	0.858	1.56×10^{-3}	0.278	1	3.97
1 英热单位/时(Btu/h)	0.293	0.293×10^{-3}	0.293×10^{7}	2.99×10^{-2}	3.98×10^{-4}	0.216	3.93×10^{-4}	0.07	0.252	1

注：1 瓦 = 1 焦耳/秒 = 1 安培·伏特 = 1 米^2·千克·秒$^{-3}$。

附录 I　各种常用截面重心位置

截面形状	重心位置
1. 三角形 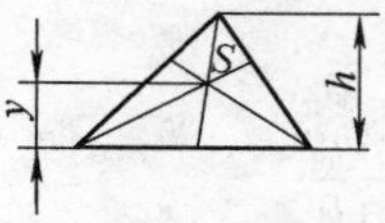	三边中线的交点 $y=\frac{1}{3}h$
2. 平行四边形 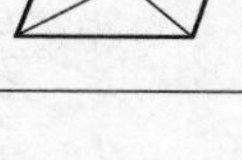	对角线的交点
3. 四边形 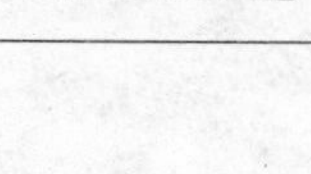	T 为对角线交点。O 为对边中点线连线交点。重心 S 点在 TO 延长线上。且 $OS=\frac{1}{3}TO$

（续）

截面形状	重心位置
4. 梯形 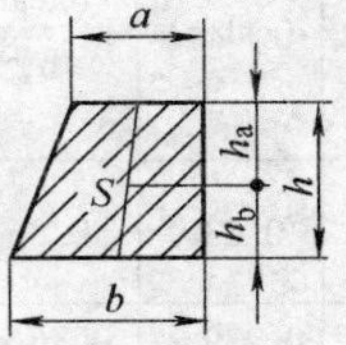	重心 S 点在上下底边中点的连线上，且 $h_a = \frac{h(a+2b)}{3(a+b)}$ $h_b = \frac{h(2a+b)}{3(a+b)}$
5. 任意多边形 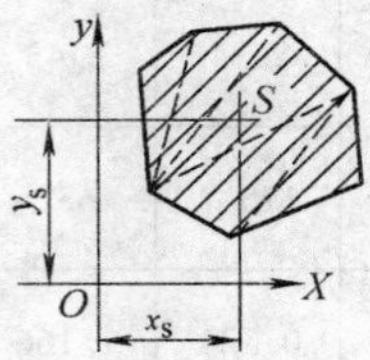	重心位置，用划分成三角形的方法来找，设 A_K 是其中一三角形面积，x_{Ri}，y_{Ri}（$i=1,2,3$）是这三角形三顶点的坐标，则多边形面重心坐标为： $x_s = \frac{\sum_{K-1}^{n} A_K(x_{K_1}+x_{K_2}+x_{K_3})}{3A}$ $y_s = \frac{\sum_{K-1}^{n} A_K(y_{K_1}+y_{K_2}+y_{K_3})}{3A}$ 式中　$A = \sum_{K-1}^{n} A_K$
6. 等边角形 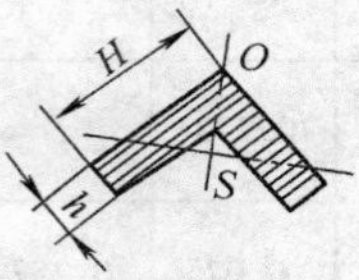	重心 S 点在对称线上。且 $OS = \frac{H^2+hH-h^2}{2(2H-h)\cos 45°}$
7. 不等边角形 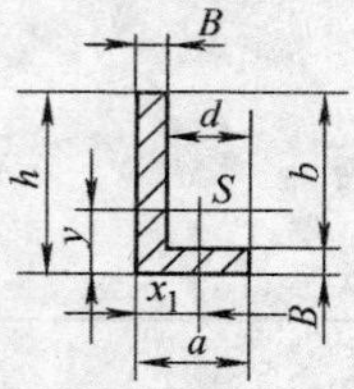	重心 S 位置： $x_1 = \frac{a^2+bB}{2(a+b)}$ $y = \frac{h^2+dB}{2(h+d)}$
8. 丁字形 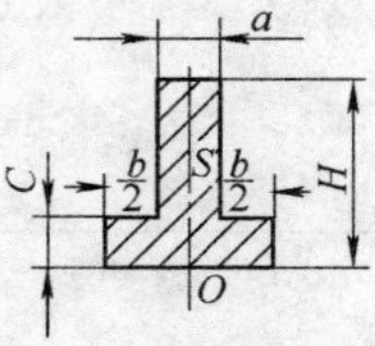	重心 S 点在对称线上，且 $OS = \frac{1}{2} \cdot \frac{aH^2+bc^2}{aH+bc}$
9. 扇形 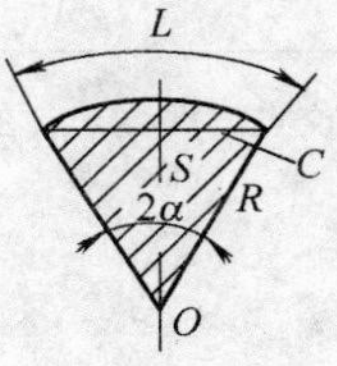	重心 S 点在圆心角 2α 平分线上，且 $OS = \frac{2RC}{3L} = \frac{2R\sin\alpha}{3 \cdot 弧\alpha}$ 对半圆　$OS \approx 0.4244R$ 对 $\frac{1}{4}$ 圆　$OS \approx 0.6002R$

（续）

截面形状	重心位置
10. 圆弓形 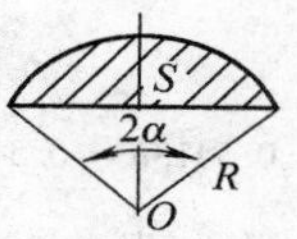	重心 S 点在圆心角 2α 平分线上，且 $$OS=\frac{4R\sin^3\alpha}{3(弧\,2\alpha-\sin2\alpha)}$$
11. 圆环扇面形 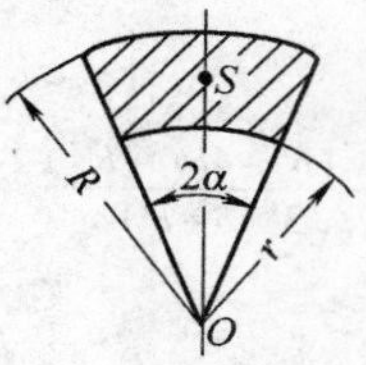	重心 S 在圆心角 2α 平分线上，且 $$OS=\frac{2}{3}\cdot\frac{(R^3-r^3)\sin\alpha}{(R^2-r^2)\cdot 弧\,\alpha}$$
12. 对称抛物线面 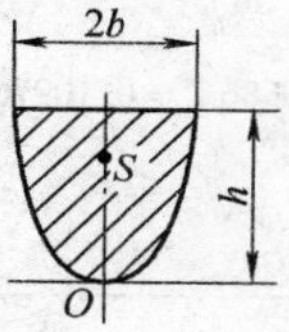	重心在对称轴上，且 $$OS=\frac{3}{5}h$$

附录 J　常用截面形状的面积与最小截面惯性矩计算公式

截面形状	计算公式	
	面积(A)	最小轴惯矩(J)
1. 正方形 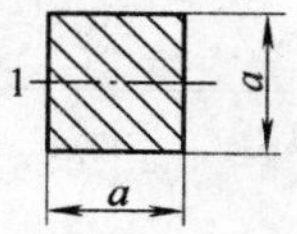	$A=a^2$	$J=\frac{a^4}{12}$
2. 三角形 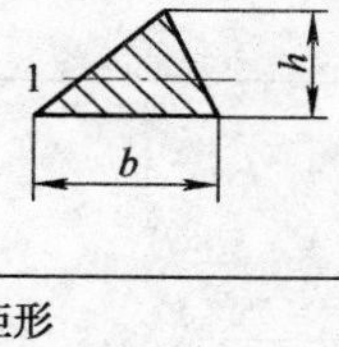	$A=\frac{bh}{2}$	$J_1=\frac{bh^3}{36}$
3. 矩形 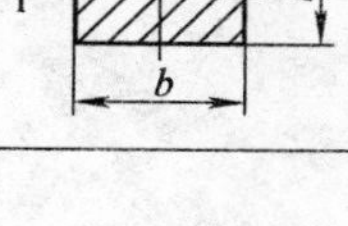	$A=bh$	$J=\frac{bh^3}{12}$

（续）

截面形状	计算公式	
	面积(A)	最小轴惯矩(J)
4. 正六角形 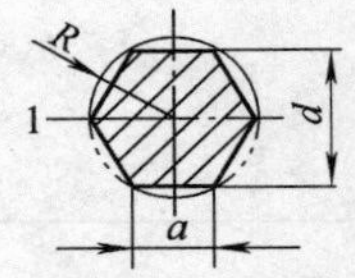	$A=0.866d^2$	$J_1=0.06d^4=0.5413a^4=0.5413R^4$
5. 梯形 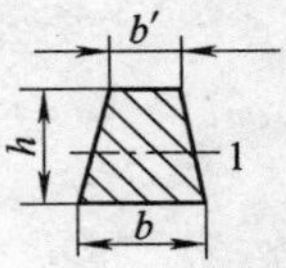	$A=\frac{b+b'}{2}\cdot h$	$J_1=\frac{h^3(b^2+4bb'+b'^2)}{36(b+b')}$
6. 半圆形 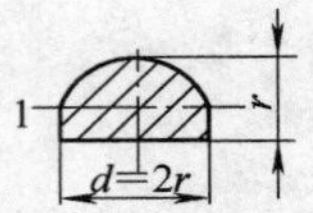	$A=\frac{\pi d^2}{8}$	$J_1=0.00686d^4=0.10976r^4$
7. 空心圆截面的一半 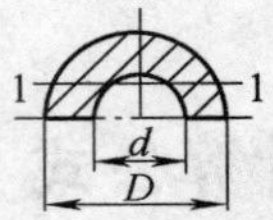	$A=\frac{\pi}{8}(D^2-d^2)$	$J_1=0.00686(D^4-d^4)$
8. 弓形 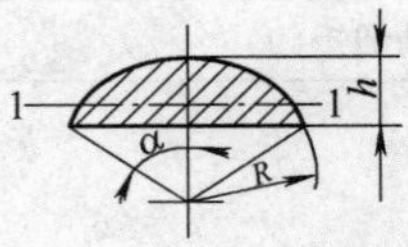	$A=\frac{R^2}{2}(2\alpha-\sin2\alpha)$	$J_1=\frac{AR^2}{4}\left[1-\frac{2}{3}\frac{\sin3\alpha\cos\alpha}{\alpha-\sin\alpha\cos\alpha}\right]$
9. 实心椭圆 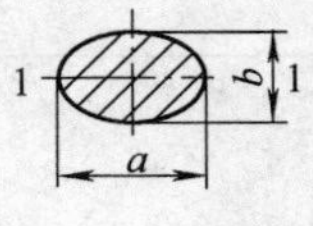	$A=\frac{\pi}{4}ab$	$J_1=\frac{\pi ab^3}{64}$
10. 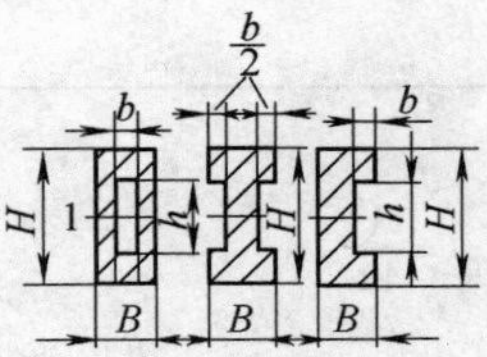	$A=BH-bh$	$J_1=\frac{BH^3-bh^3}{12}$

（续）

截面形状	计算公式	
	面积(A)	最小轴惯矩(J)
11. 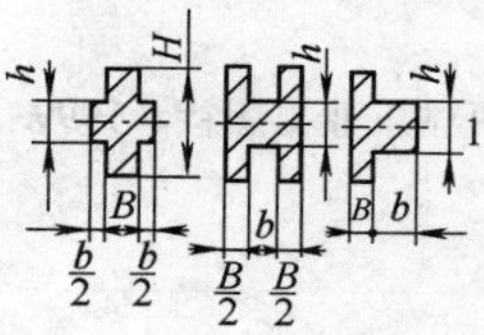	$A=BH+bh$	$J_1=\frac{BH^3+bh^3}{12}$
12. 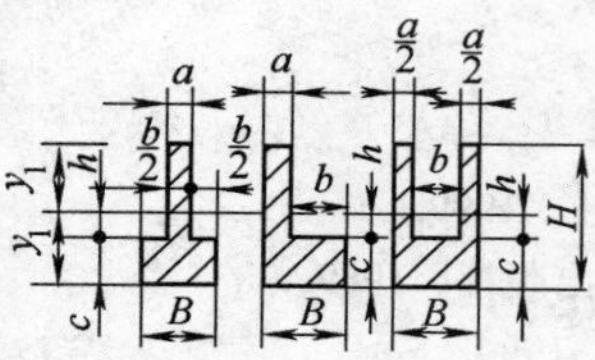	$A=aH+bc$	$J_1=\frac{1}{3}(By_1^3-bh^3+ay_1^3)$ 式中 $y_1=\frac{1}{2}\frac{aH^2+bc^2}{aH+bc}$ $y_1'=H-y_1$
13. 等边角形 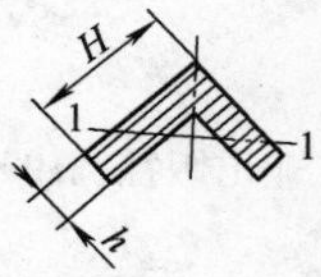	$A=h(2H-h)$	$J_1=\frac{1}{3}\left[2c^4-2(c-h)^4+h\left(H-2c+\frac{h}{2}\right)\right]$ 式中 $c=\frac{H^2+hH-h^2}{2(2H-h)}$
14. 不等边角形 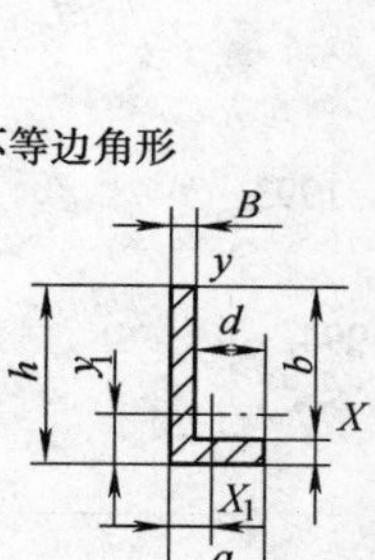	$A=B(a+b)$	$J_x=\frac{1}{3}[B(h-y_1)^3+ay_1^3-d(y_1-B)^3]$ $J_y=\frac{1}{3}[B(a-x_1)^3+hx_1^3-b(x_1-B)^3]$ $J_{xy}=-\frac{abdhB}{4(a+b)}$ $x_1=\frac{a^2+bB}{2(a+b)}$ $y_1=\frac{h^2+dB}{2(h+d)}$ 轴线 x 和 y 通过重心

注：表中轴线 1—1 均通过截面重心。

参 考 文 献

[1] 王孝培．冲压手册［M］．北京：机械工业出版社，1990.
[2] 肖祥芷，王孝培．中国模具设计大典：3 卷．冲压模具设计［M］．南昌：江西科学技术出版社，2003.
[3] 中国机械工程学会锻压学会．锻压手册：2 卷．冲压［M］．2 版．北京：机械工业出版社，1999.
[4] 涂光祺．冲模技术［M］．北京：机械工业出版社，2002.
[5] 许发樾．模具标准应用手册［M］．北京：机械工业出版社，1994.
[6] 王孝培．实用冲压技术手册［M］．北京：机械工业出版社，2001.
[7] 陈锡栋，周小玉．实用模具技术手册［M］．北京：机械工业出版社，2001.
[8] 徐进，陈再枝．模具材料应用手册［M］．北京：机械工业出版社，2001.
[9] 张清辉．模具材料及表面处理［M］．北京：电子工业出版社，2002.
[10] 姜奎华．冲压工艺与模具设计［M］．北京：机械工业出版社，1997.
[11]《冲模设计手册》编写组．冲模设计手册［M］．北京：机械工业出版社，1999.
[12] 钣金冲压工艺手册编委会．钣金冲压工艺手册［M］．北京：国防工业出版社，1989.
[13] 美国金属学会．金属手册：14 卷［M］．9 版．北京：机械工业出版社，1994.
[14] 周大隽．锻压技术数据手册［M］．北京：机械工业出版社，1998.
[15] 杨玉英．大型薄板成形技术［M］．北京：国防工业出版社，1996.
[16] 王同海．管材塑性加工技术［M］．北京：机械工业出版社，1998.
[17] 肖景容，姜奎华．冲压工艺学［M］．北京：机械工业出版社，1990.
[18] 冲压工艺及冲模设计编写委员会．冲压工艺及冲模设计［M］．北京：国防工业出版社，1993.
[19] 侯义馨．冲压工艺及模具设计［M］．北京：兵器工业出版社，1994.
[20] 卢险峰．冲压工艺模具学［M］．北京：机械工业出版社，1999.
[21] 郑智受，关厚德．氮气弹簧技术在模具中的应用［M］．北京：机械工业出版社，1998.
[22] 史翔．模具 CAD/CAM 技术及应用［M］．北京：机械工业出版社，1998.
[23] 胡亚民．材料成形技术基础［M］．重庆：重庆大学出版社，2000.
[24] 邓陟，王先进，陈鹤峥．金属薄板成形技术［M］．北京：兵器工业出版社，1993.
[25] 马正元，韩启．冲压工艺与模具设计［M］．北京：机械工业出版社，1998.
[26] 刘湘云，邹金编．冷冲压工艺与模具设计［M］．北京：航空工业出版社，1994.
[27] 彭建声．冷冲压技术问答：上册［M］．北京：机械工业出版社，1995.
[28] 茹铮，余望．塑性加工摩擦学［M］．北京：科学出版社，1992.
[29] 张广林，王世富．冲压加工润滑技术［M］．北京：中国石化出版社，1996.
[30] 鼓福泉．金属材料实用手册［M］．北京：机械工业出版社，1987.
[31] 陈尖嗣，郭景仪．冲压模具设计与制造技术［M］．北京：北京出版社，1991.
[32] 万战胜．冲压工艺及模具设计［M］．北京：中国铁道出版社，1995.
[33] 冯晓勇，王家瑛，何世禹．提高模具寿命指南——选材及热处理［M］．北京：机械工业出版社，1998.
[34] 张毅．现代冲压技术［M］．北京：国防工业出版社，1994.
[35] 王孝培，等．管材翻转成形研究［J］．重庆大学学报，1997，20（3）．
[36] 王孝培，等，各向异性管材翻转成形解析分析研究［J］．重庆大学学报，1997，20（4）．
[37] 温彤，等．薄壁管端头弧口冲切凸模几何参数的分析［J］．重庆大学学报，1999，22（1）．
[38] 何大钧，等．冲模切管的受力分析及刀片设计［J］．重庆大学学报，1997，22（6）．
[39] 何大钧，等．冲压剪切管料及型材的刀片设计［J］．锻压机械，1997（5）．
[40] 李寿萱．钣金成形原理与工艺［M］．西安：西北工业大学出版社，1985.

[41] 管延锦，等．激光弯曲成形设备及其闭环成形过程［J］．应用激光，2001（5）．
[42] 方刚．激光成形技术的特点及其应用［J］．应用激光，2001（2）．
[43] 李明哲．板料多点成形方法介绍［J］．模具工业，1999（2）．
[44] 王秀凤，等．板料激光成形技术［J］．锻压技术，1998（6）．
[45] 季忠，等．板料激光弯曲成形的技术参数研究［J］．模具技术，1998（1）．
[46] 李明哲．板壳类件的多点成形工艺［J］．新技术新工艺（热加工技术），2002（8）．
[47] 李东平．板材多点成形技术研究综述［J］．塑性工程学报，2001（2）．
[48] 韩明．金属材料无模单点渐近成形控制系统研究［J］．锻压机械，2002（1）．
[49] 李庆．薄板无模分层成形技术［J］．锻压机械，2001（3）．
[50] 陈建军．多点分段成形技术应用研究［J］．哈尔滨工业大学学报，2000，32（4）．
[51] 苏岚．汽车行业中管材液压成形技术的新进展［J］．金属成形工艺，2002（1）．
[52] 孙友松，等．面向新世纪的塑性加工技术［J］．锻压技术，2002（2）．
[53] 王仲仁，等．球形容器整体成形新工艺［J］．压力容器，1988（1）．
[54] 吴有生，等．板料液压成形技术的发展动态及应用［J］．金属成形工艺，2002（4）．
[55] 谭晶，等．液压成形技术的最新进展［J］．锻压机械，2001（2）．
[56] 洪慎章．三通管液压挤胀成形模设计［J］．模具工业，1999（2）．
[57] 王新云，等．粘性介质反向压力胀形对5A02铝合金板成形性的影响［J］．锻压机械，2002（6）．
[58] 韩英淳，等．汽车轻量化的设计与制造工艺［J］．汽车工艺与材料，2003（5）．
[59] 韩英淳，等．汽车轻量化的管材液压成形技术［J］．汽车工艺与材料，2003（8）．
[60] 王强．内高压成形工艺与设备的新进展［J］．锻压装备与制造技术，2003（1）．
[61] 季忠，等．板料激光弯曲成形工艺参数优化设计［J］．锻压技术，2002（6）．
[62] 隋振，等．板材多点成形设备控制系统的研制［J］．锻压机械，2002（6）．
[63] 敖炳秋．轻量化汽车材料技术的最新动态［J］．汽车工艺与材料，2002（8/9）．
[64] 梁炳文．板金冲压工艺与窍门精选：上册［M］．北京：机械工业出版社，2001.
[65] 李明哲，等．板材无模成形压力机［J］．新技术新工艺（热加工技术），2002（7）．
[66] 崔令江．汽车覆盖件冲压成形技术［M］．北京：机械工业出版社，2003.
[67] 张小光，等．精冲复合工艺与FCF加工法的分析比较［J］．锻压技术，2002（2）．
[68] 邓明，等．筒体定位式微电机端盖成形工艺及模具［J］．锻压机械，2002（4）．
[69] 王俊彪．冲压手册［M］．北京：机械工业出版社，1990.
[70] 成虹．冲压工艺与模具设计［M］．成都：电子科技大学出版社，2000.
[71] 储家佑．国内外模具工业的发展动态［J］．电子工艺技术，1985（12）．
[72] 王新华，袁联富．冲模结构图册［M］．北京：机械工业出版社，2003.
[73] 范宏才．现代锻压机械［M］．北京：机械工业出版社，1994.
[74] 蔡军，等．现代轿车制造业中的开卷落料线［J］．锻压机械，2002（1）．
[75] 张小平．板材柔性加工系统发展概述［J］．锻压技术．1987（6）．
[76] 李硕本，李春峰，郭斌，等．冲压工艺理论与新技术［M］．北京：机械工业出版社，2002.
[77] 梁炳文，陈孝戴，王志恒．板金成形性能［M］．北京：机械工业出版社，1999.
[78] 李忠盛，潘复生，张静．AZ31镁合金的研究现状和发展前景［J］．金属成形工艺，2004（1）．
[79] 关小军，等．冷轧深冲薄板的FLD与成型性［J］．汽车技术，2003（3）．
[80] 程振彪．世界汽车轻量化新进展及新型材料的研发应用［J］．汽车与技术，2002（世界汽车）（9）．
[81] 李元元，等．镁合金的发展动态和前景展望［J］．特种铸造及有色合金，2004（1）．
[82] 刘奎之，张治民，杨宝付．镁合金的成形技术及其应用研究［J］．锻压技术，2004（5）．
[83] 曾健华．锌基合金模具的设计制造及应用［M］．北京：机械工业出版社，1997.
[84] 李志刚．中国模具设计大典：1卷［M］．南昌：江西科学技术出版社，2003.

[85] 骆志斌．模具工实用技术手册［M］．南京：江苏科学技术出版社，2002.
[86] 韩光辉，等．多点成形理论与技术［J］．锻压机械，2000（5）．
[87] 孔令波，等．多点冲模几个问题的探讨［J］．锻压技术，2001（5）．
[88] 李志刚．模具 CAD/CAM［M］．北京：机械工业出版社，1997.
[89] 娄臻亮，等．工程设计 KBE 系统（1）［J］．机械科学与技术，2001，20（3）．
[90] 温彤等．复杂冲压零件数字模型的反求技术［J］．锻压机械，2002（6）．
[91] 杨祖孝，柳涛．快速原型技术及在模具制造中的应用［J］．机械工程师，2004（5）．
[92] 史玉升，等．常用快速成形系统及其选择原则［J］．锻压机械，2001（2）．
[93] 王秀峰，罗宏杰．快速原型制造技术［M］．北京：中国轻工业出版社，2001.
[94] 温彤．管材的冲切加工［J］．金属成形工艺．1998，16（2）．
[95] Tomesani，L. Analysis of a tension-driven outsidein tube inversion［J］. Jouranl of Material Processing Technology，1997，64.
[96] 模具实用技术从书编委会．冲模设计应用实例［M］．北京：机械工业出版社，2003.
[97] 黄早文，俞彦勤．轴压外翻管通用模［J］．金属成形工艺，1994，12（3）．
[98] 黄早文，俞彦勤，李尚健．圆角模翻管特征的研究［J］．锻压技术，1995（2）．
[99] 俞彦勤，黄早文．翻管技术及其模具［J］．模具工业，1999（4）．
[100] 郭成，等．冲压件废次品的产生与防止 200 例［M］．北京：机械工业出版社，1994.
[101] Pearce，R. Sheet Matal Forming，Bristol、philadelphia：Adam hilger，c1991.
[102] Liescu，constantin. Cold-pressing technology/constantin iliescu. ——Amsterdam：Elsevior，1990.
[103] 胡亚民．氮气弹簧在冲模上的应用［J］．锻压机械，2001（1）．
[104] 德国 OPTIMA 夹紧技术公司产品样本［M］．冲锻压模具的快速夹紧，2001.
[105] 许发樾．实用模具设计与制造手册［M］．北京：机械工业出版社，2003.
[106] 李发致．模具先进制造技术［M］．北京：机械工业出版社，2003.
[107] 薛启翔．冲压模具设计制造难点与窍门［M］．北京：机械工业出版社，2003.